JN415553

개정증보3판

식품화학

김동훈 저

탐구당

저자약력

1954년 서울대학교 문리과학대학 화학과 졸업
1957년 서울대학교 대학원 화학과 졸업(이공학 석사학위)
1961년 미국 일리노이대학교 대학원 식품공학과 졸업
(식품공학박사 학위)
1996년 한국식품과학회 학술상 수상
1995년 고려대학교 자연자원대학 식품공학과 교수
정년퇴임 후 동 대학교 명예교수

주요저서 및 역서
저서: 식품화학개론, 식용유지의 산패
역서: 통조림식품, 식품저장학

(개정증보3판) 식품화학

2010년 2월 25일 개정증보3판 1쇄발행
2015년 2월 25일 개정증보3판 3쇄발행

지은이 김동훈
펴낸이 홍정수
펴낸곳 탐구당

서울특별시 용산구 한강로1가 158번지
전화 (02) 3785-2211
팩스 (02) 3785-2272
등록 1950. 11. 1 서울 제 03-00993호
www.tamgudang.co.kr

값 35,000원

ISBN 978-89-87314-21-1

머 리 말

근래에 와서 과학 기술의 발달과 국민들의 생활 수준의 향상은 식생활에 있어서 많은 변천을 가져왔다.

이와 같은 식생활의 변천은 식생활의 개선, 즉, 좀 더 균형잡힌 식생활로의 지향, 각종 가공식품의 소비량의 증가. 이에 따른 식품공업의 질적, 양적인 발전에서도 볼 수가 있다. 그러나 이와 같은 급속한 발전 뒤에는 주로 우리들의 인식부족에 기인되는 각종의 부작용이 뒤따르고 있음을 간과해서는 안 될 것이다. 이상의 점들을 감안할 때 이 방면의 전문적인 지식을 가진 인재들이 앞으로 더 필요하게 될 것이며, 결국 식품공학을 비롯한 이와 관련된 과학, 기술분야의 가일층의 발전이 불가피한 것으로 생각된다.

한편, 식품화학이란 간단히 말해서 자연식품이나 가공식품, 또는 식품첨가물들의 화학적인 본질, 이상의 식품, 또는 식품성분들의 저장 또는 가공에 있어서의 화학적인 변화 등을 다루는 식품과학의 한 분야로 볼 수 있다.

이 식품화학의 분야는 그 동안 국내외의 여러 선배들의 노력의 결과 이미 다른 화학분야의 일 영역이라는 입장을 벗어나 그 자체의 학문 영역이 확립되어 가고 있다. 다시 말해서 식품화학은 이미 그 자체의 독자적인 하나의 전문분야를 형성하고 있다.

본서는 식품공학을 비롯하여 여러 식품분야를 전공하고 있거나 전공하고자 하는 학생들에게 식품화학에 관한 기본적인 지식을 주기 위한 목적으로 만들어졌다. 아울러 본서는 그동안 식품분야를 전공해온 우리나라 학생들이 아쉬워하던 한 두 가지의 애로점들을 다소라도 해소 하는데 도움이 될까하는 의도도 포함되었다.

즉, 그 의도란 첫째로 학생들의 종종 느껴온 전문서적의 부족을 다소라도 메우기 위함이요, 둘째로는 학생들에게 현재의 국내외의 식품화학분야의 발전방향을 제시하여 주고, 또 이들이 좀 더 구체적이고 전문적인 여러 식품분야로 진출하는 데 있어서 길잡이가 되는 일이다.

한편, 저자의 능력과 학식, 그리고 기초적인 사항에 대해서 포괄적으로 설명해 나가야 할 본서의 성질로 미루어 보아 현재 식품화학 분야에서 이루어진 모든 학문적 성과들에 대해서 자세하게 설명을 펴나간다는 것은 불가능에 가까운 일이였다. 그러나 그 내용에 있어서 가급적이면 지금까지의 식품화학 분야의 국내외의 발전 추세에 따르도록 노력은 기울였었다. 그런 의미에서 더 전문적인 학술적 지식을 원하거나 방향을 모색하는 학생들을 위해서 각장마다 참고문헌을 비교적 많이 싣도록 하였다.

저자는 원래 본서를 식품공학과를 비롯하여 식품분야를 전공하는 학과의 학생들, 특히 고학년 학생들의 1년 연속강의에 충당되도록 계획하였다.

본서의 각 장의 배열순서는 어느 정도 임의적인 것이며, 따라서 반드시 본서의 각 장의 배열순서대로 학습이 진행될 필요는 저자 자신도 느끼지 않는다.

다만 독자들이 본서에 언급된 여러 사항에 대해서 효율적으로 학습하고 이해하기 위해서는 본서를 보기 전에 일반화학, 일반물리학, 일반미생물학, 식품학개론, 영양학, 물리화학, 유기화학, 생화학 등에 대한 기본적인 정규과정을 미리 필하거나, 이와 같은 분야들에 대한 충분한 지식을 갖는 것이 매우 바람직하다는 점에 대해서 특별히 강조하고 싶다.

본서를 꾸며나가는 데 있어서 저자는 종종 자기 자신에 대해서 여러모로 불만족스럽게 느껴질 때가 있었으며, 따라서 본서를 보는 독자들에게도 불만족스러운 점이 적지 않을 줄로 짐작된다. 저자의 천학과 독단으로 인한 많은 오류가 있을 것으로 예상되며 걱정이 된다.

이와 같은 점들은 앞으로 기회가 있을 때 시정, 보완해나가기로 하고, 우선 독자들의 넓은 관용을 미리 바라는 바이다.

끝으로 본서의 출판을 가능케 하여 주진 探求堂 社長 洪錫禹 선생과 본서 출판에 힘써주신 은사 金泰鳳 선생님께 진심으로 감사드리는 바이다.

또, 본서 출판에 있어서 많은 수고를 하여 주신 探求堂의 여러분들과 저자가 봉직하고 있는 高麗大學校 食品工學科 연구실의 여러분들의 수고에 깊은 사의를 표명하는 바이다.

1971년 11월 7일

저 자 식

개정판 머리말

1972년 본서가 나온 지 벌써 16년이란 세월이 지났으며 그동안 여러모로 부족했음에도 불구하고 이 책을 이용해 준 여러 분에게 감사하는 바이다.

그동안 우리나라는 대표적인 신생 산업국가의 하나로서 크게 성장하여 왔다. 이와 같은 사회적, 경제적 발전은 물론 그 기초가 되는 과학, 기술 분야의 급속한 발전의 결과임은 아무도 부인할 수 없다.

이중에서도 식품과학 분야의 거듭되는 발전은 우리나라 국민들의 일상 식생활 수준의 급속한 향상과 그 직접적인 결과에 따른 전 국민의 건강향상, 특히 청소년층의 두드러진 체위 향상으로 실증할 수 있다.

현재까지 식품과학 분야의 모든 연구들의 결과는 한결같이 우리 인류의 향상된 식생활이 건강유지와 체위향상뿐만 아니라 정신적 발전에도 직접적인 영향을 주는 사실을 명확하게 해주고 있다.

그러나 한편으로는 세계 여러 나라들 사이의 식생활 수준의 너무나 현격한 불균형, 특히 우리나라의 경우 취학아동들에 균형된 점심식사를 제공해 주는 급식제도의 미비, 너무나 많은 식품들이 잘못 다루어지고 있는 사례들, 주위 환경의 점진적이고 전반적인 오염들의 문제들에 대해서 신속하고 효과적으로 대처하지 못하고 있음을 부인할 수 없다.

이와 같은 긍정적이거나 부정적일 수 있는 과학, 기술의 급속한 발전과 우리들의 환경의 변화에 성공적으로 적응하고 대처해 나가려면 더 새롭고 바른 지식의 배움과 그 나눔, 그리고 각자의 어느 정도의 상호 희생이 필요함은 물론이다.

더 새롭고 바른 지식을 배우는 데 있어서 하나의 효과적인 방편이 될 수 있다고 생각되는 본 개정판의 출판이 이렇게 늦어진 데 대해서는 매우 부끄럽게 생각하면서 그나마라도 더 이상 늦출 수는 없다는 일념에 여러 가지 부족함을 무릅쓰고 이번에 이 개정판을 내도록 했다.

이번 개정판을 내는 데 있어서 구판이 지닌 목적이나 범위, 서술양식 등에는 전혀 변화가 없으며, 다만 발전을 거듭하고 있는 식품화학 분야 전반에 걸쳐 더 새롭고,

더 바른 지식들과 식품화학 각 분야의 추세들을 가급적 충실히 반영하도록 노력하였다. 따라서 본 개정판은 구판이 지니고 있었던 여러 양식상의 결점도 그대로 전승하고 있는 셈이다. 이 개정판을 내는 데 있어서 많은 독단과 오류로 말미암아 독자들에게 큰 불편을 주지 않는지 두렵게 생각한다. 이와 같은 저자의 천학과 태만에 의한 오류는 적당한 시기에 시정하도록 하겠다. 독자의 가책 없는 비판과 함께 관용을 비는 바이다.

한편, 이 개정판의 출판을 가능하게 해주신 探求堂 洪錫禹 社長, 항상 격려해 주신 은사 金泰鳳 先生, 그리고 많은 까다로운 주문을 참고 처리해 주신 편집부 여러분께 진심으로 감사드리는 바이다.

또한 본인이 봉직하고 있는 高麗大學校 食品工學科와 食品化學硏究室의 여러 학생들의 격려, 협조에도 감사하는 바이다. 끝으로 이 개정판의 준비와 기타의 모든 일에 있어서 항상 정신적인 지지를 보내준 珪顯과 湘顯, 집사람(吳貞珠), 그리고 식품화학의 분야에 처음으로 본인의 눈을 뜨게 해주신 박사과정 지도교수였던 F. A. Kummerow 교수에게 감사하는 바이다.

1988년 7월 17일

저 자 식

개정증보 3판 머리말

본서의 초판이 나온 지 어느새 40여 년, 개정판이 나온 지도 20여 년이라는 오랜 세월이 지났다. 주지하다시피 그 기간 우리나라는 신흥 개발도상국에서 OECD 가입국이자 국내총생산(GDP) 규모 세계 10위권에 속하는 고도의 산업국가로 성장하게 되었다. 이에 따라 식생활이 양적 · 질적으로 크게 향상되었으며, 식품산업도 괄목할 만한 성장을 이루었다. 다른 한편 식품안전 및 위생 문제, 환경과 생태계에 미치는 영향, 또는 지속되는 식생활 수준의 불균등 등 대중들을 우려케 하는 여러 이슈들이 끊임없이 제기되고 있다.

식생활의 향상과 개선을 모색하는 동시에 이에 수반되는 부정적 측면들에 적절히 대응하기 위해서는 올바른 정책의 수립과 실행을 위한 사회적 노력도 필요하지만 식품에 관한 기초과학적 이해를 증진시키는 것 역시 매우 중요하다. 본인이 처음 이 책을 저술하게 된 것도 식품 관련 전공 학부 상급학년생이나 대학원생들이 외국서적에 의존하지 않고 식품화학 분야를 공부할 수 있는 마땅한 교재를 제공함으로써 우리 사회에서 식품과학의 기초적 토대가 확립되는데 기여할 수 있기를 바랐기 때문이다.

그러나 개정판 출간 이후에도 식품화학 분야에 많은 진전들이 있었으며, 시간이 지남에 따라 본서의 학문적 · 교육적 유용성도 점차 줄어들게 되었다. 이에 일찍이 개정증보 3판의 준비를 계획하였으나 본인의 부족함으로 인해 또 다시 20여 년이 지나서야 그 결과물을 선보이게 되었다. 이번 개정증보 3판은 개정판과 마찬가지로 초판의 구조를 그대로 유지하고 있다. 다만 각 장의 소주제들과 관련하여 중요하다고 생각되는 새로운 연구 성과들을 최대한 통합시키려 노력했고, 그 결과 400여 페이지가 늘어나게 되었다.

이 책이 가지고 있을 오류들 외에도 한 가지 더 독자들께 사과드리고 양해를 구해야 할 점은 본인의 건강 문제로 말미암아 교정 작업이 지체되면서 원고 탈고와 출간

사이의 기간이 너무 길어졌다는 것이다. 때문에 출간 시점에서 보면 최신 연구 성과들을 충분히 반영하지 못하는 문제가 있을지 모르겠다. 아쉽지만 이번 개정증보 3판이 남기게 된 학문적 간극은 식품화학 분야의 후학들이 앞으로 더 훌륭한 집필과 교육 활동을 통해 메워주기를 기대하는 수밖에 없을 것 같다.

이와 같은 한계는 전적으로 본인의 책임이지만, 이 책이 출간되기까지 많은 분들의 도움을 받았다.

본인이 봉직했던 고려대학교 식품공학과 (식품화학연구실) 출신의 제자와 후학들은 여러 경로를 통해 본서의 준비를 격려하고 도움을 주었으며, 이에 감사드린다. 특히 안명수 교수는 본인이 건강상의 문제로 원고 교정을 신속하게 진행하지 못하고 있을 때 바쁜 일정에도 불구하고 시간을 내어 헌신적으로 교정 작업을 도와주었다. 안 교수의 도움이 없었다면 이번 개정증보 3판의 출간은 더욱 늦어졌을 것이다. 이 자리를 빌려 진심으로 감사의 말씀을 드린다.

또한 구태의연한 집필 스타일과 까다로운 주문 그리고 계속되는 일정의 연기에도 굴하지 않고 본서의 출간을 위해 묵묵히 노력해주신 탐구당 편집부 여러분께 심심한 사의를 표하는 바이다.

끝으로 개정증보 3판의 구상에서부터 마무리 단계에 이르기까지 누구보다 깊은 관심을 표하고 격려해준 가족들—장남 김규현 교수 · 박영미 박사 부부, 차남 김상현 교수 · 심원목 교수 부부와 손녀 김윤—에게도 감사의 뜻을 전한다. 김상현 교수는 본인이 힘이 부칠 때마다 본서 출간의 의의를 상기시켜주고 교정 과정에서 필요한 문헌들을 찾아주는 등 수고해 주었는데, 다시 한 번 감사의 마음을 전하고 싶다.

2010년 1월 25일

저 자 식

차 례

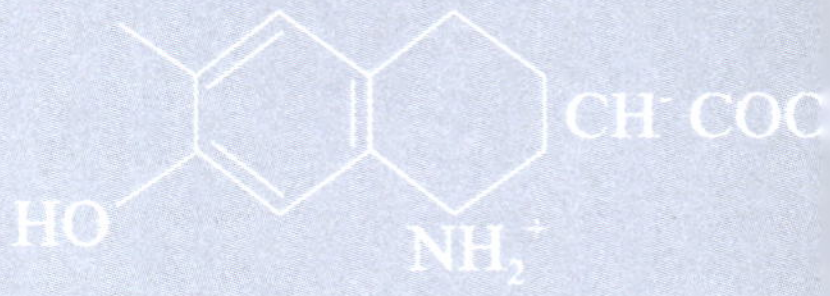

Contents

차 례

Contents

차 례

Chapter 16 식품 단백질

Chapter 17 식품 속의 독성물질들

Chapter 18 식품 첨가물

Chapter 1 식품 속의 수분

식품 중의 수분의 의의

우리 인간들은 수분 또는 수분함유 식품들을 매일 섭취함으로써 생명을 유지하고 각종 활동을 할 수 있다. 식품 중의 수분이 갖는 중요한 의의는 다음과 같이 생각되고 있다.

첫째로 식품 자체에 대한 수분의 화학적 의의이다. 즉, 식품 중의 수분은 그 중의 성분들, 혹은 외부에서 들어오는 화학적 성분들과의 여러 화학적 반응 시에 용매(solvent)로서, 또는 이와 같은 성분들의 운반체(vehicle)로서, 또는 가소제(可塑劑, plasticiser)로 작용함으로써 식품 내부에서의 화학적 변화를 촉진하여 준다. 또한 경우에 따라서는 식품 중의 수분이 그 속의 어떤 성분들에 대해서 직접 반응성분(reactant)으로서 작용 할 수도 있다. 이 경우의 가장 좋은 예로는 식품 중의 여러 성분들의 저장 또는 가공 중에 일어나는 가수분해(hydrolysis)를 들 수 있다.

둘째로는 많은 식품류에 있어서는 그 중의 성분들이 친수성 콜로이드(hydrophilic colloid)의 형태로 있는 경우가 많으며, 수분함량의 변화, 특히 감소, 즉 탈수(dehydration) 또는 건조(drying)는 식품의 조직(texture)에 큰 변화를 가져온다. 실제로 많은 식품의 경우, 자연적인 건조(natural drying)나 건조식품 제조시의 탈수 건조(artificial dehydration)에서 그 식품의 조직, 밀도, 기타 물리적인 구조의 변경(structual modifications), 예로서 수축(shrinkage) 등을 가져온다. 따라서 식품 중의 수분의 물리적 또는 물리화학적 의의도 매우 중요하다(예로서 Schwartzberg, H. G. and Hartel, R. W., 1992 참조).

셋째로는 식품 중의 수분함량은 그 식품에 부패를 일으키는 미생물들(spoilage microorganisms)이나 독성성분들(toxins)을 형성하는 미생물들이 그 식품 중에서의 성장과 독성형성 문제들과 직접적인 관계를 갖고 있기 때문에 식품 중의 수분의 미생물학적인 의의는 매우 크다.

넷째로 많은 식품들은 곡류처럼 그 성질상 다량 저장되어야 하며, 또한 많은 양이 생산지역, 즉 농어촌지역에서 대량소비지역 즉 도시, 산업지역으로 수송되어야 한다. 따라서 한 식품 중의 수분함량은 그 식품의 전체적인 경제성에 큰 영향을 미치게 된다. 한편, 국가 전체로 볼 때에는 엄청나게 많은 양이 소비되는 쌀, 즉 도정미(搗精米, polished rice) 또는 밀가루와 같은 곡류제품, 육류, 어류, 설탕류, 조미료류 등은 중량에 의해서 일차적으로 금전적 가치가 결정되므로, 이상과 같은 식품류 중의 수분함량은 그 금전적 가치, 즉 경제적 가치에 직접 영향을 주는 사실을 알 수 있다. 다시 말해서 식품 중의 수분함량은 일반적으로 대단히 중요한 경제적 의의를 갖고 있는 것이다.

다섯째로 식품 중의 수분은 영양학적(nutritionally)으로도 매우 중요하다. 모든 생명체들은 물 없이는 그 생명을 지속해 나갈 수 없음은 모두 다 알고 있는 사실이다. 발테스(Baltes, W., 1983)에 의하면 성인의 경우, 근육조직의 수분함량은 대략 74%, 내장(inner organs)의 경우에는 74~80% 정도이며, 한편 전체 수분의 10%가 감소될 때는 신체기능의 장애가 일어나며, 15%가 감소되었을 때는 죽을 수도 있다고 말하고 있다.

단일세포 또는 다세포조직(多細胞組織, multicelluar structure)으로 된 다른 생물체의 경우와 마찬가지로 인간의 경우에도 체내 수분의 양은 항상 일정한 수준을 유지해야 하며 또한 실제로 배설 또는 증발되어 체외로 나가는 수분만큼 새 수분을 음식물을 통해서 또는 직접 음료수로써 보충하여, 항상성(恒常性, homeostasis)을 유지하고 있다.

보통 성인의 경우, 대략 2.5ℓ 의 수분이 매일 체외로 빠져나가는 대신 2.5ℓ 의 수분을 외부에서 취해야 하며, 그 세부적인 내용은 대체로 다음과 같다(Whitney, E. N. and Hamilton, E. M. N., 1977).

매일 체외로 배출되는 수분		매일 체내로 섭취되는 수분	
신장(kidneys)에서 뇨로서	900~1,400ml	음료수의 형태로서	1,200~1,500ml
폐(lungs)에서 호흡과정 중	350ml	각종 식품에서	700~1,000ml
변(feces)의 한 성분으로서	150ml	각종 식품들이 체내에서 대사되는 과정에서(metabolic water)	200~300ml
피부(skin)에서 땀으로	450~900ml		
합 계	1,850~2,800ml	합 계	2,100~2,800ml

이상의 표에서 식품의 한 성분 형태로 섭취되는 수분이 매우 중요함을 알 수 있다. 한편, 식품 중의 많은 영양성분들, 예로서 비타민 B류, 비타민 C, 일부 단백질류, 아미노산들은 대체로 수용성의 형태로 있으나, 그 식품의 수분함량이 변화함에 따라 그 형태와 성질들이 변하는 것도 많기 때문에, 이런 관점에서도 식품 중의 수분함량은 중요하다.

식품 중의 수분함량과 감각적 인식

보통 우리가 섭취하고 있는 자연 또는 가공식품류의 일반적인 수분함량은 표 1-1과 같다. 우리가 해파리류를 식품으로 사용하는 경우는 별로 없으나, 여러 생물체 중 수분함량이 극단하게 큰 예로서 이 표에 포함시켰다. 일상 식품류의 수분함량에 대해서 일일이 기억할 수도 없으며 또한 그럴 필요도 거의 없으나, 곡류의 경우 13∼15%, 과실과 채소류의 경우 75∼90%, 빵류 30∼40%, 육류 60∼80%, 어류 70∼90% 정도로 볼 수 있다.

표 1-1 일부 식품들 중의 수분함량

식품의 종류	%수분함량	식품의 종류	%수분함량
해파리(jelly fish)	99.9	쌀(백미)	14.1
가자미	83.7	밀가루	11.1
맛살(생어, 生魚)	89.9	우유	87.6
문어	84.9	아이스크림	65.3
새우	83.5	토마토 주스	92.6
가다랭이(붉은 살)	88.4	토마토케첩	66.5
딸기	91.1	꿀(honey)	14.3∼20.6
복숭아	92.1	밥	65.0
수박	94.5	식빵	26.1
배추	94.7		

한 식품의 수분함량이 많고 적은 것은 그 외관이나 감촉 등 우리의 감각적 인식(感覺的 認識)으로써 어느 정도 판단할 수 있으며, 또한 대부분의 경우 그와 같은 판단은 어느 정도 잘 맞는다. 그러나 경우에 따라서는 한 식품의 수분함량과 그 식품에서 받는 우리의 감각 사이에는 큰 차이가 있을 수 있다. 예로서 신선한 수박의 수분함량은 95%나 되어 10%의 설탕물보다 수분함량이 많다. 한편 잼의 수분함량은 25% 내외, 벌꿀의 수분함량은 14∼20%로서 일반적으로 과실류, 채소류, 육류보다 훨씬 적다.

한편 한 과실이나 채소의 수분함량과 그 과실이나 채소류를 압착해서 얻은 과즙, 채소즙의 수분함량은 우리가 한쪽에서는 단단한 고체의 인상을, 다른 쪽에서는 물과 같은 액체의 인상을 받음에도 불구하고 대체적으로 동일하다.

물의 기본적 성질

화학물질로서의 물에 대한 물리, 화학적 성질들(physico-chemical properties)을 중심으로 한, 매우 전문적인 연구는 여러 학자들에 의해서 깊이 연구되어 왔다(한 예로서 Franks, F.에 의해서, 1972년부터 1982까지 편집되어 발간된 전7권의 전문서적들 "Water - a Comprehensive Treatise", 그리고 역시 Frank, F.에 의해서 100페이지 미만으로 요약된 "Water"란 전문서적이 1983, 1984 개정판 등이 있다). 그 후에도 많은 학자들에 대해서 물에 대한 물리적, 화학적 성질들이 연구되고 이미 발표되어 있으나, 여기서는 다만 식품에 관련된 물의 아주 기본적인 성질에 대해서 설명하기로 한다.

물 분자의 형태 물 분자의 화학적 구조는 대략 아래의 그림과 같으며, 그 분자가 메탄(methane, CH_4), 사염화탄소(carbon tetrachloride, CCl_4) 분자들과 같이 대칭형의 구조(symmetrical structure)가 아니고 비대칭형의 구조(asymmetrical structure)를 갖고 있다. 이와 같은 비대칭성(asymmetry) 때문에 물 분자의 양전하(positive charge)와 음전하(negative charge)는 분자 내에서 분극화(polarize)되고 있다.

수소결합 그리고 물 분자의 수소원자는 그 부분적인 양전하를 통해서 인접하고 있는 물 분자의 부분적인 음전하를 가진 산소원자와 느슨한 결합을 하게 된다. 이와 같은 결합은 수소결합(水素結合, hydrogen bond)이라고 불리고 있으며, 에탄(C_2H_6)에서의 C-H 또는 C-C와 같은 공유결합(covalent bond)이나 소금에서의 Na^+ Cl^-의 이온결합(ionic bond)과 같은 기본적인 결합 형태와는 구별된다. 이 수소결합의 해리에너지는 상기 공유결합의 해리에너지 80~150 kcal/mole, 또는 이온결합의 해리에너지 60~100 kcal/mole에 비해서 매우 적으며, 보통 3~8 kcal/mole 정도(Katayama, S., 1982)로 알려져 있다. 물속에서의 두 개의 인접한 물 분자 사이의 수소결합의 경우 4.5 kcal/mole(Powrie, W. D., 1984), 얼음 속의 인접된 물 분자 사이의 수소결합의 경우 보통 5 kcal/mole로 알려져 있다.

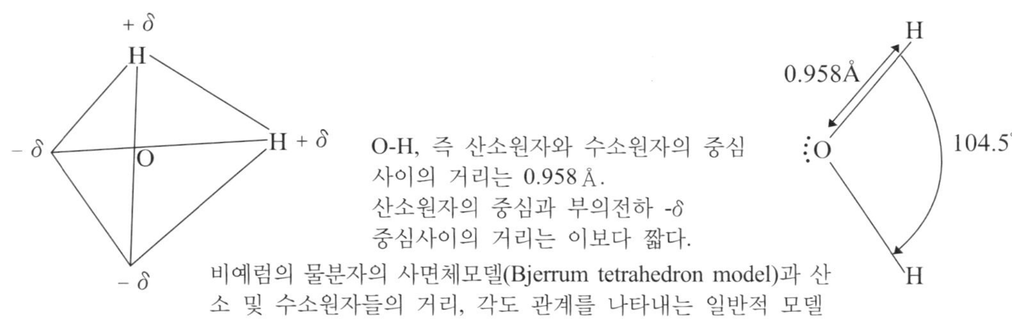

[그림 1-1] 물 분자의 형태는 비대칭성과 강한 극성으로 특정 지워진다. 수소-산소-수소원자의 각도는 104.5° 이며, 전자밀도(electron density)는 산소원자측이 높고 수소원자측은 매우 낮다.

물 분자가 형성하는 수소결합은 전술한 대로 공유결합이나 이온결합과 같은 제일차적 결합들(the primary bonds)과 다른 제이차적인 결합들(the secondary bonds)에 속하며, 대개의 경우 그 형성과 해리가 매우 쉽게, 가역적(reversible)으로 일어날 수 있다. 한편 이와 같은 수소결합은 물 분자와 다른 화합물의 -OH, -NH-, -C=O, -CONH-그룹 등과도 쉽게 형성된다. 또한 용액 중의 수소이온 H^+, 나트륨이온 Na^+등을 중심으로 수소결합을 형성하기도 한다. 이상과 같은 경우, 보통 수화(水和, hydration)로 표현되기도 한다. 식품 중의 단백질류, 전분, 당류의 탄수화물들, 각종의 염류 등은 이상의 기능기(functional group)를 그 분자 내에 갖고 있으므로, 이상의 식품성분들과 물 분자들과 수소결합, 즉 수화현상(hydration phenomena)은 실제적으로 일어나고 있는 매우 중요한 물의 작용의 한 형태라고 할 수 있다.

물의 특수한 여러 성질들

액체상의 물, 보통 우리가 알고 있는 물속에서 바로 그 물을 구성하고 있는 물 분자들의 상호간의 관계, 즉 물의 구조에 대해서는 지금까지 많은 연구들에도 불구하고 아직 확정적으로 알려져 있지는 않다. 그러나 물속에서도 인접된 물 분자들이 여러 개가 동시에 서로 수소결합을 통해서 하나의 큰 덩어리 내지는 집합체를 형성하고 있으며, 이 덩어리들은 다시 곧 구성 물 분자들로 분산되었다가 또 다시 다른 덩어리들을 형성한다는 프랑크와 웬 들(Frank, H. S. and Wen, W. Y.)이 1957년에 제안한 "순간적 덩어리 형성" 학설(the flickering-cluster theory)이 가장 널리 받아들여지고 있다(Powrie, W. D., 1984).

이 학설은 보통 물속에서도 물 분자들이 서로 수소결합을 통해 회합(會合, association)되어 있음을, 즉 일부 물 분자들이 구조화(構造化, structurization)되어 있음을 말해 주고 있다. 여기서 수소 결합으로 회합된 상태(an associated state of water molecules by hydrogen bonding)와 수소결합으로 광범위한 회합이 존재하지 않은 상태(a non-associated state)로 물을 볼 때는, 물은 두상태(二狀態)로 존재한다고 단순화시킬 수 있다. 어떤 학자는 이 두상태의 물은 수소결합으로 회합되어 부피가 커진 상태(bulky state), 즉 밀도가 더 낮은 상태와 물 분자들 사이에 수소결합이 없으며, 부피가 더 커졌던 영역에 물 분자들이 더 밀집하는, 따라서 밀도가 상대적으로 더 커진 상태(dense state)인 두 개의 상태가 생기는 것으로 생각하고 있다(Nakanishi, K., 1990). 한 연구의 결과는 0℃의 물에서는 전체 물 분자들의 52.8%가, 100℃에서는 32.5%가 항상 순간적으로 수소결합을 통해서 덩어리들을 형성, 즉 구조화되어 있다고 한다(Katayama, S., 1882).

이와 같은 물속의 물 분자의 회합현상은 물로 하여금, 물 분자와 그 분자량이 비슷한 여러 화합물들의 특성들과 매우 다른 특이한 성질을 갖게 하고 있다.

물의 융점, 비등점, 증발열 전술한 대로 물(분자량 18)은 비슷한 분자량을 가진 메탄(CH_4, 16.0), 암모니아(NH_3, 17.0), 불화수소(HF, 20.0)에 비해서 월등히 높은 융점(melting point)과 비등점(boiling point)을 갖고 있으며, 또한 그 증발열(heat of vaporization)도 이들 중에서 가장 크다(표 1-2 참조). 특히 물의 비등점은 그 분자량이 물의 대략 5~6배인 n-헵탄(n-heptane)의 비등점인 98.4℃보다 1.6℃나 더 높다.

표 1-2 물 및 물과 비슷한 분자량을 가진 화합물들의 일부 물리적 성질들

화합물	분자량	융점 (MP)	비등점 (BP)	몰증발열 (molar heat of vaporization)
CH_4(methane)	16.043	-184℃	-161℃	2.20kcal/mole
NH_3(ammonia)	17.031	-78	-33	5.55
HF(hydrogen fluoride)	20.006	-92	+19	7.22
H_2C(water)	18.015	0	+100	9.75
n-C_7H1_6(n-heptane)	100.20	-90.7	+98.4	–

이상과 같은 특이한 성질은 앞서 설명한 바와 같은 물속에서 물 분자들 여러 개가 함께 수시로 큰 덩어리들(clusters)을 형성하기 때문에, 즉 회합(association)의 결과 평균적으로는 마치 분자량이 큰 화합물과 같은 행동을 하기 때문인 것으로 생각되고 있다.

물의 유전항수와 용매로서의 작용이 많은 식품성분들, 예로서 소금을 비롯한 각종 염류, 설탕이나 포도당과 같은 당류, 각종의 산들, 일부 단백질, 펩타이드류 등은 쉽게 물에 녹는다. 우리는 실제로 모든 용액을 수용액(aqueous solution)과 비수용액(non-aqueous solution)으로 분류하기도 한다. 물이 이러한 식품성분들을 녹일 수 있는 사실은 역시 전술한 바 있는 물 분자의 비대칭성에 유래된다. 물은 염류와 같은 이온 결합 화합물들을 특히 잘 녹인다. 표 1-2에서 볼 수 있듯이 물이 용매로 사용될 수 있는 많은 액체 화합물들 중에서 특별히 그 유전항수(誘電恒數, dielectric constant)가 크며, 이 사실 역시 근본적으로 물 분자의 비대칭성에 기인한다.

한편 이온 화합물들(ionic compounds)을 한 용매 중에서 각 성분이온들로 해리시키는데 필요한

에너지, 즉 이온화내지, 해리에너지(dissociation energy) F는 다음 식에 의해서 정해진다.

$$F = \frac{1}{\varepsilon} \cdot \frac{e_1 \quad e_2}{(r_1 \quad r_2)^2}$$

여기서 F, 즉 해리에너지는 전하(電荷)가 각각 e_1, e_2, 반경이 각각 r_1, r_2인 이온들로 해리되는 데 필요한 에너지이며, ε 는 그 용매(solvent)의 유전항수이다.

한편, 한 이온 화합물이 어떤 용매에 얼마나 쉽게 녹느냐 하는 문제는 그 용매에서 얼마나 쉽게 이온화, 즉 해리되느냐는 문제, 따라서 얼마나 그 해리에너지 F가 적으냐에 크게 관계된다. 또한 해리에너지 F는 그 용매의 유전항수 ε 의 크기와 반비례하므로, 유전항수가 큰 물에는 쉽게 이온화, 즉 잘 녹는다는 결론을 얻을 수 있다.

표 1-3 대표적인 용매의 유전항수(dielectric constants)

용매의 종류	유전항수 (25℃ 기준)	용매의 종류	유전항수 (25℃ 기준)
n-pentane	1084	ethylene chloride	10.35
cyclohexane	2.01	pyridine	12.3
carbon tetrachloride	2.23	ammonia	16.9
benzene	2.28	acetone	20.7
trichloroethane	3.40	ethanol	24.3
chloroform	4.75	methanol	32.6
diethyl ether	5.02	acetonitrile	37.5
ethyl acetate	6.02	water	78.54
tetrahydrofuran	8.02	formamide	110.0

이와 같은 이온 화합물들, 즉 더 넓게 표현해서 극성화합물들(polar compounds)이 비극성 용매들(非極性 溶媒, non-polar solvent), 예로서 펜탄(pentane)이나 사염화탄소(carbonte trachloride)와 같은 유전항수가 극히 적은 용매들에 잘 이온화되지 않는 사실도 잘 알 수 있다.

한편 당류, 기타의 많은 탄수화물들, 그리고 일부 폴리펩타이드와 단백질들은 염류와 같은 이온 화합물들처럼 물속에서 이온화되지 않으나 물과 수소결합을 할 수 있는 -OH, -NH, -C=O, -CONH 등의 그룹들을 많이 갖고 있으므로 물에 잘 녹게 된다.

식품 속의 물의 두 가지 형태, 즉 자유수와 결합수

식품 속에서 다른 성분들과 함께 존재하는 물, 즉 탄수화물이나 단백질들과 함께 존재하는 물은

1. 탄수화물이나 단백질분자들과 결합하여 그 일부분을 형성하거나, 수소결합에 의해서 그 행동에 구속받고 있는 물 또는
2. 염류, 당류, 수용성 단백질들을 녹이고 있는 물, 즉 용매로서 작용하는 물로 존재한다.

전자의 경우 그 물, 즉 수분은 결합수(結合水, bound water)라고 불리며, 탄수화물이나 단백질분자들

내의 여러 극성 기능그룹(polar functional groups)들과 직접적 또는 간접적으로 수소결합(hydrogen bond)에 의해서 결합되고 있다. 이 형태의 물은 수화수(水和水, water of hydration)라고도 불려진다.

근래에 와서 수화(水和, hydration)의 개념이 확대되어 사용되는 경우가 있다. 예로서 탄화수소들(hydrocarbons)과 같이 소수성(疏水性, hydrophobicity)이 강한, 물에 잘 녹지 않은 화합물이 물속에 들어 갈 때는, 즉 소량이라도 녹아들어갈 때는 이 화합물의 주변에 있는 물 분자들 사이에 수소결합을 통한 구조화(structurization)가 일어나는 사실이 알려져 있으며, 이 현상은 소수화수화(疏水化水和, hydrophobic hydration)로 알려져 있다. 이와 같이 물에 잘 녹지 않은 화합물 또는 한 화합물 중 이러한 원자들의 그룹, 즉 소수성 그룹 또는 소수성기(疏水性基, hydrophbic group)가 존재할 때는 물속에서 이들 소수성을 가진 부분을 먼저 수소결합을 통해서 구조화된 물 분자의 집합체가 둘러쌓은 후, 이들 구조화된 물 분자들이 수화를 일으켜서 이상의 화합물의 용해를 돕는 것으로 알려져 있다.(Nakanishi, K., 1990).

이에 반하여 두 번째 형태의 물, 즉 일반적인, 형태의 물은 자유수(自由水, free water)라고 불려진다.

결합수

결합수의 정의

결합수(結合水, bound water)의 좀 더 구체적인 정의에 대해서는 아직 일치된 견해가 없다(Karmas, E., 1980; Powrie, W. D., 1984; Katayama, S., 1982 등 참조).

일반적으로 결합수란 한 식품 또는 체계 내에서 그 속의 식품성분들 또는 화합물들과 수소결합을 통해서 직접적 또는 간접적으로 결합되어 있어서 다른 비결합상태의 물, 즉 정상적인 물, 자유수와 그 성질이 다른 물이라고 말할 수 있다.

메리맨(Meryman, H. T., 1966, 다음의 Mazur, P.의 문헌 참조)은 결합수를 극히 저온에서도 얼지 않는 물, 마저어(Mazur, P., 1966)는 세포질 내의 성분들(cellular solids)과 결합되어 저온에서도 세포 내에서 얼지 않고 있는 물이라고 말하고 있다.

한편 결합수의 기본적인 성격을 부여해 주고 있는, 한 식품체계 중의 식품성분들과 물 분자들 사이의 수소결합의 강도는 일정하지 않으며, 기능기의 종류, 구조 등에 따라 다르다. 또한 후술하는 바와 같이, 언제나 식품성분들 중의 기능기들과 직접 결합되어 있는 것도 아니다. 식품의 저장온도가 영하로 계속 내려가서 자유수가 얼음결정(ice crystal)을 형성해 나갈 때, 얼음의 융해열은 1.44kcal/mole이고, 물 분자의 수소결합의 해리에너지는 보통 3~8kcal/mole이므로, 식품성분에 강하게 결합된 결합수는 얼음 형성에 직접 참여하지 않는 것으로 보인다. 한편, 결합수 중의 물 분자들의 일부는 간접적으로 수소결합을 하고 있기 때문에, 수소결합의 강도는 어느 정도는 단계적으로 분포되고 있으며, 따라서 어떤 온도에서나 한 식품체계 내에서의 결합수의 양과 자유수의 양 사이에는 항상 어떤 평형상태에 있다고 생각된다.

$$H_2O(\text{결합수}) \rightleftarrows H_2O(\text{얼음 형성에 참여한 자유수})$$

이상과 같은 관계는 한 식품 중의 결합수 함량의 정량적인 연구(quantitative study)를 어렵게 만들고 있다. 따라서 결합수의 정량적인 연구를 위해서는 수치로 표시한 임의적이기는 하나 구체적인 결합수의 정의가 필요하다.

쿠프리아노프(Kuprianoff, J., 1958)는 결합수를 빙점(氷點, freezing point)이하의 저온에서도 액상(liquid phase)으로 존재하는 물이라고 정의하고 있으나, 바로 위에서 지적한 문제를 고려하여 이 저온은 보통 0℉, 즉 -18℃ 이하의 온도를 의미하여 왔다.

그러나 만하임들(Mannheim, H. C., Steinberg, M. P., Nelson, A. I., and Kendall, T. W., 1957)은 빵 속에 함유된 물의 일부는 -70℉, 즉 -57℃이하에서도 액상으로 존재하였음을 보고하고 있다. 한편, 톨레도들(Toledo, R., Steinberg M. P., and Neldon, A. I., 1968)은 결합수를 0℉, 즉 -18℃에서도 액상으로 존재하는 물이라고 정의할 때, 보통 밀가루 반죽(wheat flour dough)에는 1그램의 건조 고체성분에 대해서 0.29±0.01그램의 결합수가 존재하였으며, 이 결합수의 양은 반죽의 전체 수분함량이 변화해도 일정하였다고 보고하고 있다.

데만(Deman, J. M., 1990 또한 1999)은 보통 -20℃에서 얼지 않으며, 용매로 이용될 수 없는 물을 결합수로 정의하고 있는 반면에, 펜네마(Fennema, O. R., 1985 또는 1996)는 잠정적으로 일단 -40℃에서도 얼지 않는 물로 정의하고 있다.

결합수의 정의 중, 용매로 이용할 수 없는 물이라는 정의는 결합수의 기본적인 성질에 유래되고 있는 반면에, -20℃ 또는 -40℃에서 얼지 않는 물이라는 정의는 임의적인 그러나 수량화(數量化)된 정의임에 다시 한 번 유의할 필요가 있다.

결합수의 성질

결합수(bound water)는 전술한 바와 같은 여러 예에서 짐작될 수 있듯이 탄수화물이나 단백질 분자들과 결합되어 있으므로 보통 우리가 알고 있는 물, 즉 자유수(自由水, free water)의 특징들을 그대로 갖고 있지 않다. 결합수는 보통 형태의 물, 즉 자유수와는 달리

1. 당류와 같은 용질들(solutes)에 대해서 용매로서 작용하지 않으며,
2. 그 수증기압(vapor pressure)은 정상적인 물의 경우보다 낮으며, 따라서 대기 중에서 100℃ 이상으로 가열하여도 증발하지 않으며,
3. 0℃에서는 물론 그보다 낮은 온도에서도 얼지 않으며,
4. 식물이나 동물조직에 존재할 때 이 조직에 큰 압력을 가하여 압착해도 제거될 수 없다는 여러 특징들을 갖고 있다.

로이드와 모란들(Lloyd, D. J. and Moran, T., 1934)에 의하면, 1그램의 건조된 젤라틴은 약 0.5그램의 결합수를 함유하고 있다고 한다. 지금 젤라틴의 분자량을 34.500이라고 한다면, 한 분자의 젤라틴은 960개의 물 분자들과 수소결합을 통해서 매우 강하게 결합된 셈이 된다. 이 젤라틴에 함유된 자유수는 대략 37.5℃에서 거의 전부가 얼게 되나, 위에서 말한 결합수들은 -105℃에서도 얼지 않는다고 한다(Low, B., 1955).

쿤츠들(Kuntz, I. D. *et al.*, 1969)이 측정한 각종 단백질들의 수용액 중에 존재하는 단백질과 결합된 결합수(-35℃에서 얼지 않는 물)의 양은 표 1-4와 같다.

표 1-4 단백질 수용액에서 단백질과 강하게 결합하여 -35℃에서도 동결되지 않는 물, 즉 결합수 또는 수화수(water of hydration)의 함량

단백질의 종류	수화수의 함량(gH_2O/g단백질)
젤라틴(gelatin)	0.4~0.5
라이조자임(lysozyme)	0.36
α-카이모트립신(α-chymotripsin)	0.37
소의 혈청 알부민(bovine serum albumin)	0.43
옥시헤모글로빈(oxyhemoglobin)	0.45
오발부민(ovalabumin)	0.31
변성된 α-카이모트립신(denatured α-chymotrypsin)	0.4
변성된 오발부민(denatured ovalbumin)	0.3
소의 혈청 알부민(bovine serum albumin)	
pH 4.5~5.3	0.37
pH 3.4~4.0	0.31
pH 2.0~3.0	0.28

1. 단백질 수용액의 농도는 모두 1㎎/㎖ H_2O임.
2. 고성능 핵자기 공명장치를 사용하여 추정했음.
Kuntz, I. D., Brassfield, T. S., Law, G., and Purcell, G. 1969. Hydration of Macromolecules. Ⅱ. Hydration of Proteins. Science, 163, 1329.

한편 식물이나 동물의 조직을 8,000~38,000 p.s.i.의 압력으로 압착하였으나 그 속에 함유된 결합수는 제거하지 못하였다는 보고가 있다.

전술한 대로 한 식품 내의 결합수와 자유수는 완전히 서로 독립적으로 존재하는 것은 아니며, 어떤 제한된 범위 내에서는 일부의 결합수는 상황에 따라 자유수가 될 수 있으며, 또 일부 자유수도 결합수로 될 수 있다. 즉, 이들 사이의 이동은 일반적으로 어떤 제한된 범위 내에서는 가역적(reversible)이며, 그 평형(equilibrium)은 온도나 물에 녹아 있는 물질들의 종류, 양 등에 의해서 크게 영향을 받는다.

근래에 와서 소위 결합수(結合水, bound water)와 저온에서도 얼지 않은 물(unfreezable water)의 관계에 대해서 재검토가 가해지고 있다.

많은 연구자들은 결합수란 평형상태에서 어떤 화합물 또는 식품성분에 수소결합을 통해서 강하게 결합된 물 분자들이라는 개념 대신에, 어떤 준안정적인 유리상의 상태로 전이된 한 고체상태(a meta-state glassy solid state)에 있는 물 분자들로서 그 움직임과 이동이 크게 제한 받고 있는 물 분자들이라고 생각하고 있다. 이상과 같은 결합에 대한 새로운 설명에 대해서는 더 많은 연구가 필요한 것 같다.

예로서 리들(Li,S. *et al.*, 1998)은 전분수용액 또는 현탁액에서, 그 온도가 빙점에서 -32℃까지 내려가는 동안 얼지 않은 물 분자들의 이동성(mobility)은 계속 감소하기는 했으나, 전분분자들 사이에 유리상태(a glassy solid state)로 존재하는 물 분자들 중 50%이상이 매우 높은 이동성을 갖고 있었다고 보고하고 있다. 이 사실은 보통 한 시스템에 존재하는 거의 모든 물들의 형태가 결합수로 구성되어 있다고 생각되는 저온에서도 얼지 않은 물의 예상외로 많은 부분이 -32℃에서도 액체상태의 물 분자들과 비교할 만한 큰 이동성을 갖고 있었음을 말해준다.

식품 속의 결합수의 함량

대표적인 측정방법들 식품 속의 결합수의 함량은 그 식품이 빙점 이하로 온도가 내려감에 따라 감소되나 -40℃, 또는 -50℃이하에서도 존재할 수 있음은 이미 언급한 바 있다. 또 이 결합수는 언제나 자유수와 평형상태로 존재하며, 자유수가 얼음으로 변하여 그 양이 감소하면 그 평형이 다시 자유수 쪽으로 기울어지기 때문에 어떤 임의적인 온도를 기준으로 삼지 않는 한, 엄밀하게 자유수와 결합수의 한계를 구별 짓기는 힘든 사실에 대해서도 이미 언급한 바 있다.

이 결합수 함량의 정량에는 핵자기공명현상(核磁氣共鳴現象, nuclear magnetic resonance, NMR)을 이용한 방법이 널리 사용되어 왔으나(Miller, B. S. and Kaplow, H. D., 1963), 근래에 와서는 시차열 분석법(示差熱 分析法, differential thermal analysis, DTA)과 시차주사 열량 측정법(示差走查 熱量 測定法, differential scanning calorimetry, DSC) 등이 함께 널리 사용되고 있다. 이 두 방법들은 모두 연구시료 속의 물, 즉 물 분자들의 액체상(液體相, liquid phase)과 고체상(固體相, solid phase) 사이의 이동에 따르는 융해열(融解熱, heat of fusion)을 측정함으로써 얻게 된 물, 따라서 또 한편으로는 얼지 않는 물의 양을 측정한다는 점에서는 같다.

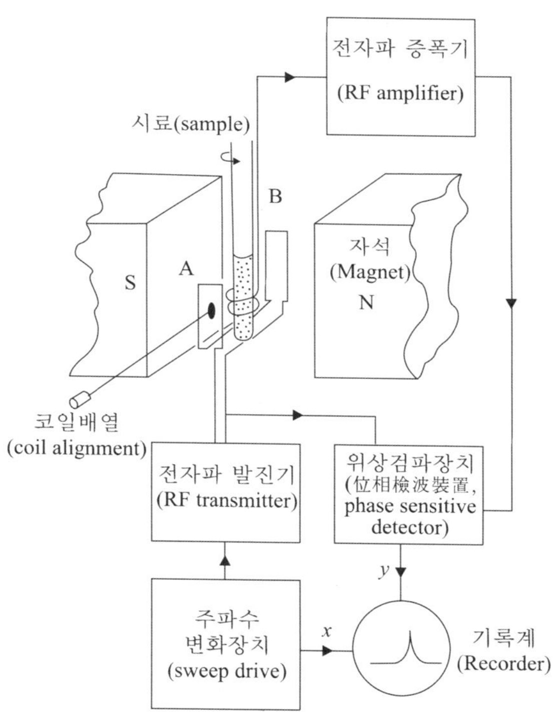

[그림 1-2] 핵자기 공명 분광분석장치(核磁氣 共鳴 分光分析裝置, nuclear magetic resonance spectrometer)의 기본적인 구조.
Akitt, J. W. 1973. "NMR and Chemistry", p.15, Chapman and Hall, Ltd., London.

또한 이 두 방법들 모두 융해열의 절대치(absolute value)를 직접 측정하는 것이 아니고 어떤 기준시료, 예로서 수분함량이 거의 없는 기준시료와 연구대상이 되는 시료 속의 물 분자들이 한 상(相, phase)에서 다른 상으로 이동할 때의 온도변화의 차이(differential temperature)- 시차열 분석법의 경우-, 또는 열량변화의 차이(differential calorie)를 구함으로써 어떤 낮은 온도에서 얼지 않고 있는 물, 즉 결합수의 양을 측정한다는 점에서 같다. 다만 원리적으로 전자(前者, 즉 DTA)에서는 온도변화의 차에서 융해열이 계산되는 데 반해서, 후자(後者, 즉 DSC)에서는 융해열이 열량변화의 차이로부터 직접 구해질 수 있다는 점이 다르다.

핵자기 공명장치 한편, 핵자기 공명장치(NMR-spectrometer)는 1960년 이후 각종 유기화합물들의 구조결정, 양적(量的) 측정 등에 응용되기 시작한 이후, 화학, 물리, 생물, 식품, 의약품, 의학 분야 등에서 새로운 분석 장치로서 그 응용이 계속 확대되고 있다.

특히, 핵자기 공명장치는 보통 광학측정 장치에서 사용되는 전자파(電磁波)에 비해서 그 파장이 월등히 긴 전자파를 사용하기 때문에 생체조직에 대한 투과력이 강하다. 그리고 X-선 촬영시 사용되는 컴퓨터 단층화상촬영 장치들(computed tomographs)과 비슷한 장치를 사용하여 화상(畵像)을 얻는 핵자기공명 영상법(核磁氣共鳴 映像法, nuclear magnetic resonance imaging, MRI)은 X-선처럼 인체에 유해하지 않으며, 생체내의 수분, 지방질 성분들의 분포에 대해서 그 화상들이 예민하게 대응하기 때문에 1970년대부터 그 개발이 시작되고, 1980년대에 들어서 식품분야와 특히 의학 분야에서 널리 사용되기 시작하고 있다.

이 방법은 조사 대상물에 침투하지도 않고(non-invasive), 파괴하지 않아도(non-destructive), 대상물의 외부에서 내부구조의 변화나 그 성분들, 즉 수분이나 지방질의 분포와 그 상태에 대해서 조사할 수 있는 장점이 있다. 식품시료의 경우, 그 내부 구조의 변화와 수분, 지방질 성분들의 분포와 상태들을, 한편 의료용의 경우에는, 기관내부구조들의 변화나 이상(異狀)발견 등에 매우 유용하게 사용되고 있다(McCarthy, M. J., 1994; Brown, J. S., 1944; Crookel, A., 1997; Saito, H., 1990 참조).

이 핵자기 공명장치는 그림 1-2에서 볼 수 있듯이 1. 강력한 자석, 2. 무선고주파 발진기들의 3. 증폭기(增幅器, amplifer) 4. 무선고주파 검지기(無線高周波 檢知器, radio-frequency detector)와 기록계 등으로 구성되어 있다.

어떤 일정한 자장(magnetic field)에 발진기에서 보내지는 고주파전자파(high-frequency radio wave)의 주파수를 바꾸면 시료 중의 화합물 중 쌍을 형성하고 있지 않는, 즉 기수(奇數, odd number, 즉 홀수)의 프로톤(proton)을 가진 원자핵, 예로서 수소의 원자핵 - 따라서 이 경우에는 프로톤 자체 - 는 핵자기공명현상을 일으킨다. 다시 말해서 어떤 주파수 내지는 파장의 에너지를 일부 흡수하고 그 자신은 그것과는 다른, 고유한 파장의 에너지를 발산한다. 이때 발산되는 공명에너지(resonnance energy)의 전체량은 시료 중에 존재하는 공명된 원자핵, 이 경우에는 프로톤의 수에 비례하며, 에너지양은 증폭되어 기록될 수 있다.

탄소(C), 산소(O), 질소(N), 황(S) 원자들의 원자핵들은 우수(偶數, even number, 짝수)의 프로톤들을 갖고 있으므로 핵자기공명현상을 일으키지 않는다. 식품을 형성하고 있는 화합물들은 거의 전부가 이상의 원소와 수소로 구성되고 있으나, 이상의 화합물들의 수소원자핵도 어떤 화합물의 어떤 기능기에 속하고 있느냐에 따라 공명을 일으키는 주파수와 강도가 달라진다.

물 분자를 형성하고 있는 수소원자핵, 즉 프로톤은 자장의 크기가 1,700가우스(gauss)일 때는 주파수 7.25 메가사이클(megacycle) 또는 근래 메가사이클 대신 사용되고 있는 7.25 메가헤르츠(megahertz, MH)에서 공명을 일으키나, 10,000가우스의 자장에서는 42.6 메가사이클에서 공명을 일으키며, 그 공명에너지는 전술한 대로 시료 중의 전체 프로톤의 수, 즉 전체 물 분자의 수와 비례한다.

이 핵자기공명을 이용한 결합수 측정방법은 한 체계(system) 내에 같은 상태로 존재하는 수소원자들의 수를 측정하는 데 있다.

일반적으로 얼음과 같은 고체를 구성하고 있는 물 분자에 존재하는 수소원자들은 예민한 공명현상을 일으키지 않으나, 물과 같은 액상의 물 분자에 존재하는 수소원자들은 예민한 공명현상을 일으킨다.

따라서, 핵자기 공명현상을 측정하는 계기를 조절하여 액상의 수분에서 오는 신호만 받고 얼음과 같은 고체에서 오는 신호는 무시할 수 있도록 할 수 있다.

이와 같은 원리를 이용한 계측기(計測器) 즉 계기를 사용하여 저온에서의 액상인 물의 양을 정량적으로 측정할 수 있다.

결합수의 측정 물 분자의 수소원자핵, 즉 프로톤의 경우, 얼음을 형성하고 있는 고체 형태의 물 분자들의 프로톤들은 물분자 자체의 운동이 액체상의 물분자 경우처럼 자유롭지 못하며, 여러 위치와 각도에서 고정된 상태에 있기 때문에 여러 분산된 주파수에서 개별적으로 공명하게 된다.

한편 액체상인 물 분자들은 자유로이 운동하기 때문에 자장의 영향을 크게 받으며, 여러 위치와 각도를 순간적으로 취할 수 있으나 곧 서로 상쇄(相殺)되어, 일정한 주파수에서 매우 강한, 예민한 공명에너지를 동시에 발산하게 된다.

보통 핵자기공명장치는 수 밀리가우스(milligauss)의 주파수의 국한된 범위를 다루고 있으나, 특별하게 연속적으로 수백 가우스의 주파수 범위를 다루게 만들 수도 있다.

후자의 경우 보통 광영역(廣領域) 핵자기 공명장치(wide-line NMR-spectrometer)로 알려져 있다. 한 식품시료에 대해서 -20℃나 -40℃와 같은 낮은 온도에서 이상의 광영역 핵자기 공명장치로, 주파수에 따른 공명에너지의 크기를 조사하면 그림 1-3과 같은 기록도표를 얻게 된다. 여기서 날카롭게 나타난 부분(A)은 상기와 같은 저온에서 액체상으로 있는 물 분자들의 프로톤에 의해서 발진된 공명에너지의 크기를, 넓은 주파수에 걸쳐 얕게 분산된 부분(B)은 얼음결정을 구성하고 있는 물 분자들의 프로톤에 의한 것이다. -20℃또는 -40℃에서 액체상의 물이란 곧 이 온도에서 얼지 않는 물, 즉 결합수를 말하며, 기록도표(NMR spectragram)상의 곡선의 A부분과 B부분의 면적을 적분(積分, integration)함으로써 결합수, 자유수의 양과 두 가지 형태의 물의 양적관계를 산출해 낼 수 있다.

핵자기 공명장치를 이용한 지방질 함량의 측정

물 분자들이 그 분자들 내부에 산소와 수소 원자들의 결합, 즉 결합형태의 프로톤(proton)들을 갖고 있듯이 지방질성분들, 특히 유지류(油脂類, fats and oils, 즉 mixtures of triacylglycerols)도 그 분자 내에 탄소와 수소, 그리고 산소와 수소 사이의 결합을 갖고 있어서, 이미 설명한 바와 유사한 방법들에 의해서 한 식품시료 중의 유지함량을 비파괴적인 방법(a non-destructive method)을 통해서 간편하게 측정하는 방법이 1960년 이후 개발되어 왔었다.

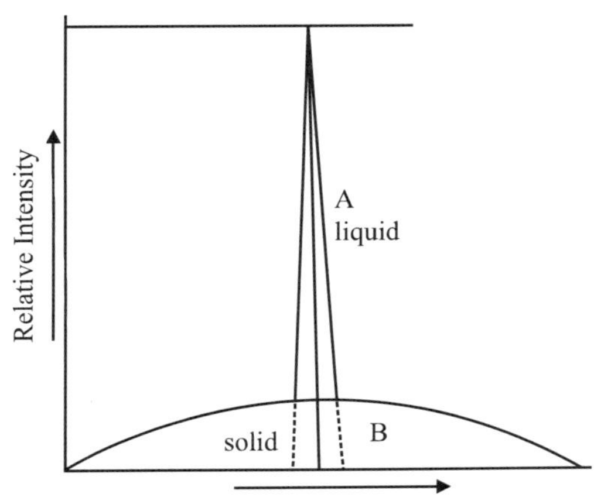

[그림 1-3] Wide-line NMR spectrometer를 사용해서 얻은 저온(-20℃~-40℃)에 있는 한 식품의 NMR spectrogram의 예.

처음에 개발된 유지함량 측정 장치들로서는 연속파 NMR 장치들(the continuous wave NMR units)이 잘 알려져 있으나, 이 경우 시료 속의 수분에 핵자기 공명(核磁氣 共鳴)이 유지분자들의 핵자기 공명에 미치는 영향을 극소화시키기 위해서 시료들(예로서 대두, 해바라기, 평자씨, 아가 등의 종자들, oilseeds)은 유지함량을 측정하기에 앞서 130℃에서 3시간 가열하여 시료 중의 수분을 제거할 필요가 있다. 이상의 측정 장치의 사용절차 또는 측정법은 ISO 5511(유럽, Europe), USDA NMR Handbook(미국) 등에 의해서 규격화되어 있다.

그 후 유지 시료들 중에 함유된 수분을 그대로 두고 시료 중의 유지함량과 수분함량을 동시에 측정할 수 있는 펄스 NMR 장치들(the pulsed NMR units)이 개발되어 사용되고 있으며, 이상의 장치들을 사용할 때의 측정 장치들도 유럽 국가들과 미국 등에서는 각각 ISO 10565 또는 AOCS AK 4-95 등으로 규격화되어 있다(Brown, J. S., 1994; 특히 Crookell, A., 1997 참조).

세포 내의 물

전술한 대로 모든 형태의 생체들은 그 생존을 위하여 일정량의 수분을 필요로 한다. 따라서 모든 동식물조직들, 즉 그 조직세포들 중에는 수분이 존재하며, 이 수분은 그 동식물조직의 물리적, 화학적, 미생물학적 성질에 중대한 영향을 미친다.

현재까지 널리 인정받아 온 페퍼어(Pfeffer, H., 1921)의 세포막 설(cell membrane theory)에 의하면, 생세포(生細胞, a living cells)란 미세한 막(submicroscopic membrane)에 의해서 둘러싸여지고 있는 수용액의 주머니 같은 것이며, 따라서 세포액은 묽은 수용액과 다름없다는 것이었다.

현재에 있어서는 이와 같은 생각은 여러 실험결과들과 일치되지 않기 때문에, 이상의 결과들을 더 잘 설명할 수 있는 이론이 요구되고 있다. 즉, 세포 내외의 수용액의 농도는 항상 차이가 있으나, 이와 같은 농도의 차이는 세포막이 반투막성(半透膜性, semi-permeability)을 갖고 있으며, 따라서 일부 용질들은 쉽게 투과시키나 다른 용질들은 투과시키지 않는 결과가 일어난다고 가정함으로써 설명되어 왔다.

한편, 이상과 같은 세포막의 반투막성은 방사성 지시물질(放射線 指示物質, a radioactive tracer)을 사용한 실험들의 결과, 이와 같은 반투막을 자유로이 통과할 수 있는 작은 성분들의 경우에도 세포막 내외의 농도가 다른 경우가 많으며, 또한 세포막이 거의 대부분의 용질에 대해서 투과성을 가진다는 사실이 밝혀짐에 따라 부인되었었다.

여러 연구자들(예; Ling, G. N., 1968)은 세포 내의 세포액을 형성하는 물의 물리적인 상태는 세포 외의 정상적인 물의 물리적 상태와 동일하지 않으며, 세포 내의 물은 균일하게 퍼져 있는 것이 아니라 단백질과 같은 세포 내의 성분들의 영향을 받아 분극화(分極化)된, 여러 층(polarized multilayers)으로 존재하는 듯하다고 주장하고 있다.

이상과 같은 생물체 내의 물의 형태에 대해서는 현재도 계속 연구 중에 있다. 여러 가지 견해들이 많으나, 다음에 설명할 이상태(二狀態)모델 이외에도, 삼상태(三狀態)모델, 연속분포상태(連續分布狀態)모델 등이 알려져 있다. 여기서 이상태모델은 생명체 내의 물이 자유수와 결합수로 되어 있다고 가정하는 이론이며, 삼상태모델은 생물체 내의 물이 자유수 그리고 약하게 결합된 결합수, 강하게 결합된 결합수들로 구성되어 있다고 가정하는 이론이다. 한편 연속분포상태모델은 자유수 그리고 연속적으로 변화하는 강도로 결합된 결합수들로 구성되고 있다는 이론으로서, 전술한 링(Ling. G. N., 1968)들의 이론은 실질적으로 이 이론에 포함된다(Katayama, S., 1982 참조).

일반적으로 세포는 원형질막(原形質膜, cytoplasmic membrane)과 원형질(cytoplasm)로 구성되어 있으며 - 식물세포의 경우에는 원형질막 외부에 세포벽이 더 있다 - 원형질은 다시 막(膜, membane)에 둘러싸인 형태 내지는 구조를 가진 마이토콘드리아(mitochondria), 골지체(Golgi body) 등의 소포체(小胞體)들, 라이보좀(ribosome) 등의 과립체(顆粒體, granules)들, 각종 섬유상구조체(纖維狀構造體, fibrous materials)들과 핵산들(nucleic acids)을 둘러싼 핵(核, nucleus) 등의 세포질물질들 그리고 각종 염류, 당류, 유기산류, 단백질류 등이 함유된 세포액으로 구성되고 있음은 주지의 사실이다.

이와 같은 복잡한 세포, 즉 생체계(biological system)의 구조물들의 내부에 존재하는 물에 대해서 미야지마(Miyajima, K., 1990)는 여러 문헌들을 조사한 결과 생체시스템 내의 물을 이 시스템 내에 존재하는 단백질을 비롯한 고분자화합물들(biopolymers)에 가장 접근한 상태의, 그 삼차원 구조(三次元 構造)의 평균수명이 10^{-6}s(초) 정도인 물 분자들의 상태와, 바로 이상의 구조화된 물 분자들의 외곽에서 결합하고 있는 그 평균수명이 10^{-9}s인 물 등을 통해서, 전체적으로 고도로 구조화된 구조를 갖고 있다는 견해를 보이고 있다.

즉, 결론적으로는 세포내 또는 생체시스템 내에 존재하는 물은 고도로 구조화된 삼상태(三狀態)모델의 형태를 갖고 있는 것으로 보인다고 설명하고 있다. 참고로 순수한 물의 삼차원 구조형성(three dimensional cluster formation)시의 그 평균수명은 10^{-12}s 정도로 보고 있다.

수분활성도

식품의 평형수분함량과 평형상태습도

전술한 대로 모든 생물들은 일정한 수준의 수분이 그 생명을 유지하는데 필요하지만 그 수분은 생물들이 자유로이 이용할 수 있는 수분(available water)이어야 함은 물론이다. 그러므로 어떤 식품에서 한 미생물이 번식할 수 있는 가능성은 미생물이 실제로 이용할 수 있는 그 식품 중의 수분량에 의해서 정해진다.

한 식품의 수분함량은 통조림이나 병조림과 같이 완전히 조밀하게 밀폐되어 있는 용기(hermetically sealed containers)속에 존재하지 않는 한, 오래 방치되는 동안에 식품 중의 수분과 대기 중의 수분 사이의 자유로운 출입의 결과로 궁극적으로는 대기 중의 수분과 평형상태(equilibrium state)에 이르게 된다.

평형상태에 이르렀을 때의 한 식품의 수분함량은 그 온도, 대기 중의 수분함량, 즉 상대습도(relative humidity, RH), 그리고 식품 자체의 특성 등에 의해서 정해진다.

한편, 대기 중에서나, 완전히 밀폐된 한 체계(a closed system) 내에서는 그 속에 있는 한 식품에 함유된 수분은 이 식품을 둘러싸고 있는 대기(大氣, the atmosphere) 또는 밀폐된 체계 내의 공기 중의 수분과 서로 출입을 하여 평형을 이루게 된다. 이 경우 그 식품 속의 수분이 외부의 공기 중으로 옮겨갈 때는 탈습(脫濕, desorption)이라고 부르며, 한편 외부의 공기 중의 수분이 식품 속으로 이동할 때는 흡습(吸濕, sorption)이라고 부른다.

임의의 일정한 온도에서 이와 같은 밀폐된 체계에서 수분의 교환이 일어나면, 결국은 식품과 그 식품을 둘러싸고 있는 공기 중의 수분의 탈습과 흡습과정은 평형(平衡, equilibrium)에 도달하게 된다. 이때 그 식품은 일정한 수분함량을 유지하게 되는 동시에 그 식품을 둘러싼 공기의 수분함량(상대습도, relative humidity, RH)도 일정한 수준을 유지하게 된다.

이와 같은 평형상태에 도달했을 때의 그 식품의 수분함량을 보통 평형수분함량(平衡水分含量, equilibrium moisture content, EMC)이라고 부르며, 한편 이때의 이 식품을 둘러싼 공기의 수분함량을 평형상대습도(平衡相對濕度, equilibriun relative humidity, ERH)라고 부른다. 온도가 달라지면 다시 새로운 평형상태가 형성되므로, 다시 새로운 평형수분함량과 평형상대습도가 정해짐은 물론이다.

한편, 지구상의 대기권도 하나의 거대한 밀폐된 체계로 볼 수 있으며, 통조림, 병조림, 일부 특수한 플라스틱 용기들 이외의 모든 포장 또는 비포장 식품류의 생산, 유통, 소비과정에서의 이상과 같은 문제들의 연구와 실제적인 처리는 바로 위와 같은 전제하에 문제의 해결이 모색되고 있다.

수분활성도의 정의와 의의

보통 식품 속의 수분의 함량은 퍼센트 함량(percent moisture content)으로 표시되는 경우가 많으나, 식품의 수분함량은 전술한 대로 대기 중의 수분함량, 즉 대기 중의 상대습도에 의해서 크게 영향 받는다. 따라서 대기 중의 상대습도까지 고려한 수분함량의 이론적 연구, 예를 들어서 대기 중에 노출된 건조식품들이나, 수분의 투과(透過, transmission)가 가능한 포장 재료로 포장된 식품들의 수분함량의 이론적 연구에는 퍼센트 수분함량은 적당하지 않다.

한편, 미생물들, 특히 부패를 일으키는 부패미생물들(腐敗誘發 微生物類, spoilage microorganisms)의 활동과 식품 속의 수분함량과의 관계를 연구할 때, 그 활동에 실제로 영향을 주는 식품의 수분량은 전체 수분함량이 아니며, 어디까지나 미생물이 실제로 이용할 수 있는 수분량(available water or available moisture content)이 문제가 된다. 식품의 전체 수분함량 자체는 이런 경우에는 별로 도움이 되지 않는다.

이상에서 설명한 바와 같은 두 가지의 경우에는 다 같이 식품의 전체 수분함량보다도 그 식품의 수분활성도(水分活性度, water activity, aw)라는 개념을 사용하는 것이 더 적절하다.

한 식품의 수분활성도는 어떤 임의의 온도에 있어서의 그 식품의 수증기압(P_s)에 대한 그 온도에서의 순수한 물의 수증기압(P_o)의 비율로 정의되며, 그 식품 속의 각 구성 성분들과 수분과의 결합능력을 나타내는 하나의 척도(尺度, measure)로 볼 수 있다.

한편, 한 식품의 수증기압은 그 식품 속의 수분에 녹아 있는 용매의 종류와 양에 의해서 직접 영향을 받으며, 지금 N_w를 물의 몰수(mole number), N_s를 용질의 몰수라고 할 때는 이론적으로는 라울의 법칙(Raoult's law)에 따라 다음과 같은 식이 성립된다.

$$a_w = \frac{P_s}{P_o} = \frac{N_w}{N_w + N_s}$$

a_w = 수분활성도

P_s = 식품 속의 수증기압

P_o = 동일 온도에서의 순수한 물의 수증기압

N_w = 물의 몰수(number of moles)

N_s = 용질(solute)의 몰수

한편, 이상의 식은 엄격하게는 한 용액 내의 분자들 또는 이온들 사이의 상호작용을 무시할 수 있는 이상적인 용액(an ideal solution)에서만 정확하게 적용되는, 라울의 법칙의 근본이 되는 이상적인 액체의 속일성(束一性, colligative properties)의 하나의 결과이므로 실제 용액이나, 특히 그 성분이 복잡한 식품들의 경우에는 근사치(近似値, approximate values)만을 주거나 이상과 같은 식의 적용이 불가능하기도 한다.

따라서 실제 식품의 경우에는 그 수분활성도는 위 식에 의존치 않고 직접 측정되어야 한다. 그러나 비교적 농도가 낮은 수용액이나 이러한 상태로 취급할 수 있는 식품에서는 대략의 수분활성도를 간단하게 추정할 수 있는 이점이 있다. 한 예로서 로스(Ross, K. D., 1975)는 포도당의 1.39몰랄농도(molal concentration, 중량몰농도, 용질 1몰/용매 1000g, 참고로 몰농도, molar concentration은 용질 1몰/용매 1liter 즉 $1dm^3$임)의 용액 25℃에서 실제로 측정한 수분활성도는 0.976이나, 위 식에서 계산된 수치는 0.974로서 그 오차는 0.2%라고 말하고 있다.

본래 수분활성도(a_w)는 이상액체의 경우에는 온도의 영향을 받지 않고 항상 일정한 값을 갖는다. 그러나 실제 각종 염류용액(aqueous salt solutions)의 수분활성도는 동일한 농도에서도 온도가 상승함에 따라 다소 감소하는 것으로 알려지고 있다(Scott, V. N. and Bernard, D. T., 1983).

한편 0.1몰랄농도에서 6.0몰랄농도의 소금(NaCl)의 수분활성도의 경우, 15℃에서 50℃사이의 온도범위 내에서는 각 농도별 수분활성도는 거의 변하지 않는다. 예로서 소금의 1몰랄 용액의 경우, 25℃에서의 수분활성도는 0.9669이나 15℃의 경우에는 0.9671, 60℃에서는 0.9666이다(Chirife, J. and Resnik, S. L., 1984).

전술한 대로 각종 식품들의 수분활성도는 구성이 간단한 식품들의 경우에는 이상의 식품들을 각각 하나의 용액 체계와 같이 생각해서 대략의 수분활성도를 추정할 수는 있다. 한 예로서 25%

의 수분과 20%의 설탕을 함유하고 있는 어떤 식품의 수분활성도는 표1-5의 아래에 표시한 식에 의해서 0.960이 된다(Kaplow, T., 1970).

표 1-5 소금(NaCl), 염화칼슘(CaCl2), 설탕(sucrose)의 몰랄(molel)농도와 수분활성도(25℃)

수분활성도(a_w)	NaCl의 농도	$CaCl_2$의 농도	sucrose의 농도
0.995	0.150	0.101	0.272
0.990	0.300	0.251	0.534
0.980	0.607	0.418	1.03
0.960	1.20	0.770	1.92
0.940	1.77	1.08	2.72
0.920	2.31	1.34	3.48
0.900	2.83	1.58	4.11
0.850	4.03	2.12	5.98
0.800	5.15	2.58	–

$$a_w = \frac{\frac{25}{18}}{\frac{25}{18} + \frac{20}{342}} = \frac{1.389}{1.389 + 0.058} = 0.960$$

이상의 식품들의 경우, 즉 식품 모델 또는 시스템들의 경우에는 각 구성성분들 사이에 특별한 상호작용들이 일어날 가능성을 무시한, 극단적으로 단순화시킨 모델임을 부언해둘 필요가 있다.

예로서 전분과 물로 된 혼합체에 설탕을 가하면, 이 혼합체에 존재하는 물(자유수거나 결합수를 막론하고)의 이동성이 크게 증가하는 사실이 알려져 있으며(Chinachoti, P., 1993), 이와 같은 변화는 이 혼합물의 물리적, 화학적 성질들에 영향을 줄 것이 분명하다. 이런 경우에는 관련된 식품 또는 식품시스템의 수분활성도(a_w)는 실제로 측정하는 일이 가장 확실함은 자명하다.

한편, 1.000그램의 수분을 함유하고 있는 식품 중에 1몰(mole)의 설탕이 함유된 경우에는 위 식을 이용하면 그 식품의 수분활성도는 0.9823이 된다. 그러나 설탕 1몰랄(molal)용액의 실제 수분활성도는 전술한 대로 0.967(25℃)이다. 같은 식으로 1몰의 소금, 즉 NaCl은 물속에서 각각 1몰의 Na^+ 이온과 Cl^- 이온으로 되어 2mol을 형성하므로, 그 식품의 수분활성도(a_w)는 0.9652가 될 것이다. 그러나 소금 1몰랄용액(molal (molal solution)의 수분활성도(a_w)의 실측치(實測値)는 전술한 대로 0.9669이다. 한편, 염화칼슘($CaCl_2$)의 경우에도 물속에서 1몰의 Ca^{2+} 이온과 2mol의 Cl^-에서 세 개의 이온들, 도합 3몰의 이온들의 용액이 될 것이다. 표 1-5를 볼 때, $CaCl_2$의 1.08몰랄 용액의 수분활성도(a_w at 25℃)는 설탕의 2.72 몰랄용액의 수분활성도와 동일한 0.940이라는 실제의 측정치를 보이고 있다. 또한 포도당 1.03 몰랄용액의 수분활성도는 소금 0.607 몰랄농도의 수분활성도와 동일한 0.980임을 알 수 있다.

한편, 설탕, 소금, 염화칼슘의 몰랄농도 즉, 중량몰농도(molality - 용매 1000그램에 녹아있는 용질의 몰수-이 농도 단위는 온도의 변화에 관계없이 일정한 이점이 있다)와 수분활성도 사이의 관계는 표 1-5와 같다.

표 1-6 여러 연구자들에 의해서 보고된 신선한 식품의 수분활성도(water activity)

신선한 식품의 종류	수분활성도	신선한 식품의 종류	수분활성도
사과	0.988～0.975	깍지콩(beans, green)	0.990
사과즙	0.986	당무우(beets)	0.985
바나나	0.987	당근	0.989
앵두(cherries)	0.977	오이(cucumber)	0.662
포도	0.986～0.974	양파	0.990
포도즙	0.983	감자	0.988
오렌지	0.987～0.979	고구마	0.985
오렌지즙	0.988	무우(radishes)	0.990
복숭아	0.987	시금치	0.996
배	0.985	토마토	0.991
감(persimmons)	0.976	쇠고기(beef)	0.990～0.980
파인애플	0.988～0.985	생선, 대구(fish, cod)	0.990
딸기	0.991	생선(여러 종류)	0.989
딸기즙	0.991	돼지고기	0.990
수박	0.992	우유	0.995

Chirife, J. and Fontan, C. F. 1982. Water Activity of Fresh Foods, *J. Food Sci.*, 47, 662.

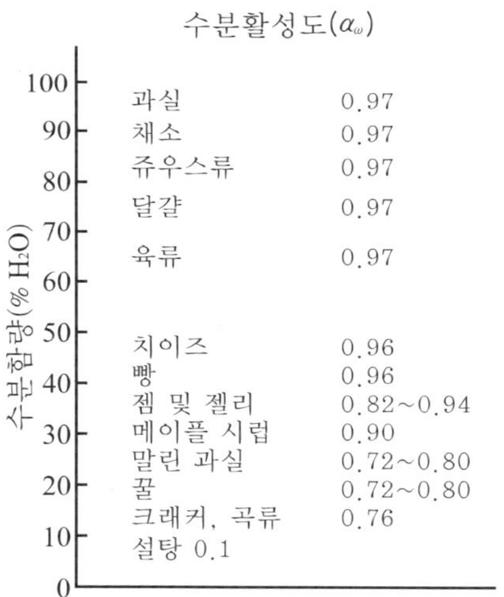

[그림 1-4] 일부 식품의 퍼센트 수분함량과 수분활성도.
Kaplow, M. 1970. *Food Technol.*, 24, 891.

전술한 대로 실제 식품에 있어서는 미처 예측하기 어려운 요인들이 많으므로 언제나 실측함을 원칙으로 한다. 일부 연구자들(Chirife, J. and Fontan, C. F., 1982)은 그 동안에 실제로 조사한 각종의 신선한 식품류의 수분활성도를 수록하여 발표하고 있다(표 1-6 참조).

각종 식품류의 수분활성도와 관련된 연구들은 계속되고 있다. 한 예로서 신들(Shin, D. H. *et al.*, 1996)은 국내 각 지방서 만들어진 전통고추장들(fermented hot pepper soybean paste)의 여러 성질들을 조사하는 가운데 이들 고추장의 실제 수분활성도(a_w at 20℃)를 스위스제 노바시나 수분활성도 측정기(Novasina water activity measureing instrument, Humidat-IC II, Swiss)로 측정한 바 있다. 이들에 의하면, 한국산 전통 고추장들의 20℃에서의 평균 수분활성도는 0.79±0.04였다고 다른 여러 실험결과들과 함께 보고하고 있다.

한편, 수분활성도의 실측방법에 대해서는 여러 전문서적들(예 : Troller, J. A. and Christian, J. H. B., 1978) 또는 여러 문헌들(예 : Chuang, L. and Toledo, R. T., 1976; Labuza, T. P., *et al.*, 1976)을, 또한 수분활성도 전반에 대한 더 자세한 설명은 다음 문헌 등을 참고해주기 바란다(Rockland, L. B. and Beuchat, L. R., 1987).

그림 1-4는 캅로우(Kaplow, M., 1970)에 의해서 만들어진, 일부 식품들의 퍼센트 수분함량과 수분활성도를 표시한 것이다.

상대습도와 수분활성도의 관계

보통 임의의 온도에서의 대기 중 또는 어떤 밀폐된 체계에서의 수증기압을 P, 그리고 같은 온도에서의 포화수증기압(saturated vapor pressure)을 P_o라고 할 때, 대기 중 또는 이 체계 중의 상대습도(相對濕度, relative humidity, RH)는 다음 식으로 표시된다. 다만 위에서 말하는 수증기압 P는 대기 중 또는 밀폐된 체계에서 완전히 평형에 도달한 후의 변하지 않는 일정한 수증기압을 말하므로, 여기서 말하는 상대습도는 평형상대습도(平衡相對濕度, equilibrium relative humidity, ERH)를 의미하는 사실에 유의해야 한다.

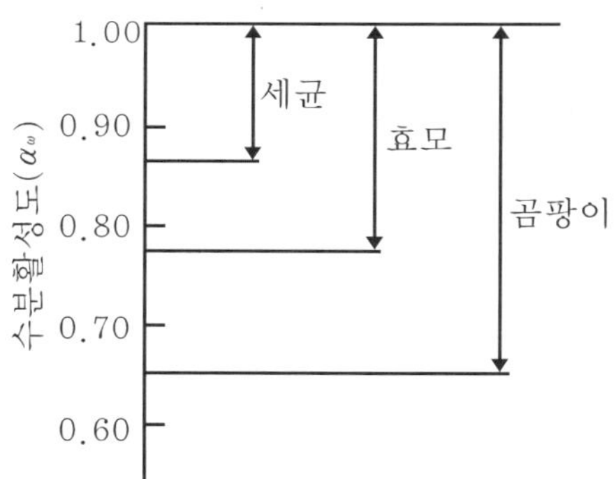

[그림 1-5] 미생물의 성장에 대한 수분활성도의 영향.
Kaplow, M. 1970. *Food Technol,* 24, 890.

수분활성도 $a_w = \dfrac{P}{P_o}$

평형상대습도(ERH)= $\dfrac{P}{P_o} \times 100 = a_w \times 100$

한편 평형상대습도의 정의는 그 형식상, 수치적으로는 식품의 경우 수분활성도(water activity, aw)의 정의(定義)와 같으며, 평형상대습도의 수치는 바로 그 상대습도와 평형을 이루고 있는 식품들의 수분활성도의 100배가 된다. 이상과 같은 이유 때문에 많은 연구자들은 어떤 수용액이나 식품들의 흡습(吸濕, sorption), 탈습(脫濕, desorption) 등 수분함량의 변화와 관련된 연구 등에서는 수분활성도와 평형상대습도를 구별하지 않고 사용하고 있다.

미생물의 성장과 수분활성도

미생물의 성장, 번식에는 일정량 이상의 수분이 반드시 필요하나 이 수분이 당류, 또는 염류 등의 용액 상태로 존재할 때는 미생물이 실제로 이용할 수 있는 수분함량(available water)은 관련된 식품들의 외관상의 수분함량보다 적다.

다시 말해서 미생물이 실제로 이용할 수 있는 수분의 양은 관련된 식품들의 퍼센트 수분함량(% moisture contents)보다는 수분활성도(a_w)에 의해서 더 적절히 표시될 수 있음은 이미 언급한 바 있다.

대체적으로 말해서 식품들 중에서 이용할 수 있는 수분이 비교적 적어도 잘 성장할 수 있는 곰팡이류(molds)에 있어서는 성장 가능한 수분활성도의 범위는 일반적으로 1.00에서 0.80정도로 생각된다.

그러나 일부 내건성(耐乾性)곰팡이들(xerophilic molds)의 경우에는 0.65 전후의 수분활성도에서도 성장이 가능한 사실들이 알려져 있다(그림 1-5참조).

효모들(酵母, yeasts)이 성장, 번식할 수 있는 수분활성도는 일반적으로 곰팡이들 보다는 높으며, 대부분의 효모들의 경우, 성장이 가능한 수분활성도의 범위는 1.00에서 0.88정도로 알려져 왔다. 그러나 일부 내삼투압성(耐滲透壓性) 효모들(osmophilic yeasts)의 경우에는 0.60정도의 매우 낮은 수분 활성도에서도 성장을 계속할 수 있다고 한다(Labuza, T. P. *et al.*, 1972; Bone, D., 1973).

한편, 대부분의 세균(bacteria)들은 습기가 많은 상태를 좋아하는 생체(hydrophytes)로서 수분활성도가 1.00에서 0.90이상이어야만 정상적인 성장을 계속할 수 있다고 한다.

그러나 대부분의 내염성(耐鹽性) 세균들(halophilic bacteria)은 수분활성도가 0.85～0.80에서도 성장을 계속할 수 있으며, 극소수의 내염성균들의 경우에는 0.75라는 낮은 수분활성도에서도 성장이 계속되었다는 보고가 있다(Labuza, T. P. *et al.*, 1972; Bone, D., 1973).

육류와 곡류 속에서의 미생물의 번식

베이컨, 각종 소세지 등의 절임 육류가공품(brine cured meat products)들에서 성장하여 부패를 일으키거나 독성성분들을 형성하는 곰팡이, 효모와 세균들(예; 세균, C.botulinum), 특히 높은 염(NaCl) 농도에 견딜 수 있는 내염성 세균들(耐鹽性 細菌類, halophilic bacteria)의 이름, 성장할 수 있는 한계 수분활성도와 염농도들은 표 1-7과 같다(Rieman, H., 1967).

곡류에서 흔히 성장하는 곰팡이들은 건조 상태를 좋아하는 종류들(xerohytes)로서 수분활성도 0.80 또는 그 이하에서도 생육할 수 있다. 예로서, 일부 아스퍼어질러스 균종(Aspergillus species)들과 일부 페니실리엄 균종(Penicillium species)들은 0.80의 수분활성도를 가진 밀, 즉 16%의 수분함량을 가진 밀에서 성장하였으며, 아스퍼어질러스 글로오커스(Aspergillus glaucus)는 0.75의 수분활성도에서도 성장할 수 있었다고 보고되고 있다(Shibasaki, K. 1966 참조).

또한 크리스텐센(Christensen, C. M., 1955)은 아스퍼어질러스 레스트리크터스(Aspergillus restrictus)는 13.5%의 수분함량을 갖고 있는 밀이나 보리에서도 성장할 수 있었다고 보고하고 있다. 이 수분함량에 해당되는 밀이나 보리의 수분활성도는 0.70내외이다.

표 1-7 육류제품들(meat products)에서 각종 미생물들의 성장이 억제되는 수분활성도(limiting water activity)와 이에 해당되는 소금물 농도(brine concentration)

미생물의 종류	수분활성도(limiting water activity)	소금물 농도(brine concentration)%	전형적인 제품들(typical products)
효모와 곰팡이들	0.80	22	건조된 살라미
스탓필로콕커스 오오레어스 (S.aureus, aerobic)	0.85	19	
마이크로콕사이	0.85		
스탓필로콕커스 오오레어스 (S.aureus, anaerobic)	0.90	14	
불변성 스트랩토콕커스 (fecal Streptococci)	0.90		
락토밧실러스(Loctobacilli)	0.90		
클로스트디엄 보틀리넘 A 및 B형(C.botulinum A&B)	0.90	11	베이컨(bacon)
밧실리스 세리어스(B.cereus)	0.90		
살모넬라(Salmonella)	0.95	8	살라미(salami), 프랜크 플터(frankfurter), 보로냐(bologna), 런천육류(luncheon meats)
클로스트디엄 퍼어프린젠스 (C. perfringens)	0.95		
아크로모박터(Achromobacter)	0.95	4	
슈우도모나스(Pseudomons)	0.95		신선한 육류(fresh meat), 진공충전된 칠면조(vacuum packed turkey)
클로스트리디엄 보튤리넘 E형 (C. botulinum E)	0.95		

Rieman, H. 1967. *Food Technol.*, 21, 762.

한편, 김치를 담글 때, 특히 대량으로 담글 때의 소금 절임과정(salting process)은 만들어진 김치의 품질에 매우 중요한 영향을 미친다고 한다. 소금 절임과정에는 배춧잎 사이에 소금을 뿌리는 방법(dry salting), 소금 절임액에 담그는 방법(brine salting), 이상의 두 방법을 절충(折衷)한 절충법(mixed salting) 등이 있으나, 대규모로 김치를 제조할 때는 각각의 배추 폭에 균일한 처리가 가능한 절임법(brine salting)이 가장 적합하다고 한다. 그러나 이 경우 동일하게 처리되지만 개개의 배추내의 수분함량이 다르다고 한다(다음의 한들의 논문 참조).

한들(Han, E. S. *et al.*, 1998)은 배추(Chinese cabbage, Brassica campestris L. ssp. Pekinensis (Lour) Olsson)를 잘 씻고 다듬은 후, 절임용액에서 뜨지 않도록 압착하여 공기, 호흡가스를 제거한 다음, 12%(w/v)의 소금물(순도 80.5%)에 15℃에서 15시간 담그었다. 그 다음에 5회 가량 수세(水洗)한 후, 밑에 구멍이 있는 상자에서 4시간 탈수한 시료 배추의 각 부위(배추의 가장 안쪽 잎부터 바깥 잎으로 번호를 매겼음)의 수분함량을 측정한 바 있다.

이들에 의하면, 신선한 배추의 경우 평균 수분함량은 95%였으며, 안쪽에서 여덟 번째 잎이 대표적인 수분함량을 갖고 있었으나, 절임국물에 15시간 담근 후에는 전체의 평균 수분함량은 92.5%로 감소했으나, 신선한 배추의 경우와 달리, 바깥쪽잎보다는 중간층의 잎의 수분함량이 더 컸었다고 한다. 즉, 절임 후에는 안쪽에서 다섯 번째의 잎이 대표적인 수분함량(92.5%)을 나타냈다고 한다.

식물성 식품들은 - 그리고 아마도 동물성 식품들의 경우에도 - 외부로 부터의 균일(均一)한 수분활성도 또는 상대습도의 변화에 대해서 개개의 식품들의 고유한 물리적, 화학적 구조들 때문에, 내부의 수분활성도가 똑같이 그 변화에 대응하지는 않는 것 같다.

효소작용과 수분활성도

식품속의 효소작용(enzymatic action)의 경우에도 식품 속에 수분이 얼마나 많이 존재하느냐는 사실을 반영(反映)하고 있는 단순한 퍼센트 수분함량(% moisture content)보다는 수분이 어떤 상태로 존재하느냐는 사실을 더 구체적으로 반영하고 있는 수분활성도(water activity, a_w)에 의해서 더 잘 설명될 수 있다.

이와 같은 사실은 수분함량이 적은 식품들, 즉 건조식품들에서의 효소작용을 고려할 때 특히 중요한 사실이다. 수분활성도로 대표되는 수분은 한 효소작용의 속도에 큰 영향을 줄 뿐만 아니라, 그 효소의 최종 활동단계도 결정하여 주는 듯하다. 예로서, 그 효소작용이 어떤 가수분해과정(hydrolysis)이라면 그 최종 가수분해 정도(the final degree of hydrolysis)도 수분활성도(a_w)에 의해서 결정되는 것 같다.

악카(Acker, I. W., 1969)는 마쇄된 보리 엿기름(ground barley malt)에 2%의 레시틴(lecithin)을 섞어, 이 엿기름 속의 포스포라이페이스(phospholipase)에 의해서 레시틴이 가수분해 되는 과정(본문 제12장 지방질 중 라이조포스파타이드류 항목의 포스포라이페이스류, 참조)에 대한 수분활성도의 영향을 조사 연구하였다. 그림 1-6은 여러 수분활성도에 있어서 저장일수경과(貯藏日數經過)에 따른 전체 레시틴의 양에 대한 가수분해된 레시틴의 퍼센트 비율을 표시한 곡선이다.

이 그림 1-6에서부터 수분활성도가 아주 낮은 경우에는 레시틴은 거의 가수분해 되지 않음을 알 수 있다. 또한 가수분해율(rate of hydrolysis)뿐만 아니라, 최종 가수분해의 정도(the final value of hydrolysis)도 수분활성도에 의해서 크게 영향 받는 사실도 알 수 있다.

예로서, 수분활성도가 0.25, 0.35, 0.45, 0.60 및 0.65인 반응시스템들(reaction systems)의 수분활성도를 저장실험 도중에 갑자기 0.70으로 바꿈으로써 그 최종 가수분해의정도가 원래 수분활성도가 0.70이었던 시스템의 최종 가수분해도에 가까워지는 실험 사실이 보고되고(그림 1-7 참조) 있다.

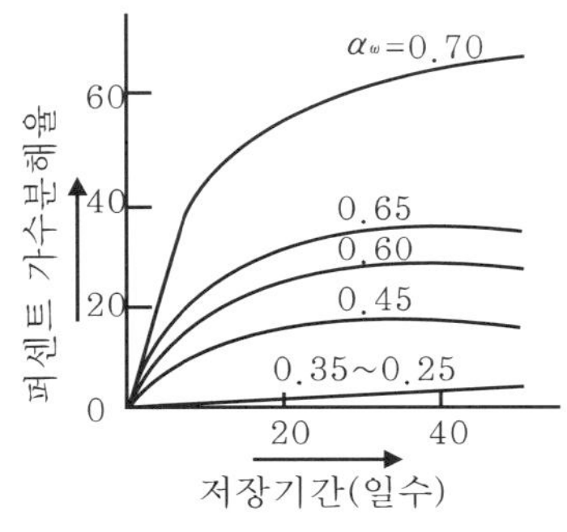

[그림 1-6] 레시틴(lecithin)의 보리엿기름(barley malt) 속의 포스포라이페이스(phospholipase)에 의한 퍼센트 가수분해율에 미치는 수분활성도(water activity, a_w)의 영향.
Acker, L. W. 1969. *Food Technol.*, 23, 1257.

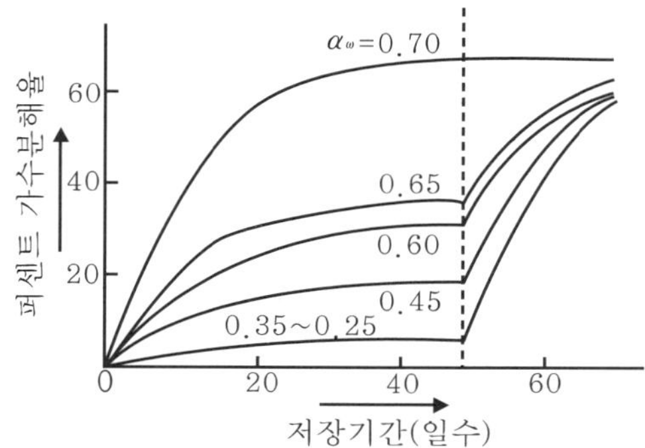

[그림 1-7] 48일간 그림과 동일한 조건하에 둔 후 모든 시스템들(systems)의 수분활성도(a_w)를 0.70으로 재조절 하였을 때의 각 시스템에서 레시틴의 퍼센트 가수분해율.
Acker, L. W. 1969. *Food Technol.*, 23, 1257.

화학반응과 수분활성도

한 식품 속에서 용매 또는 실제 반응물질(reactant)로서 작용할 수분은 우리가 흔히 생각하는 것보다 훨씬 적은 양에서도 일어난다.

예로서, 쇼벨들(Schobell, T. *et al.*, 1969)은 구연산(citric acid)을 함유하고 있는 포화 설탕용액(satruated sucrose solution)의 한 시스템을 냉동 건조하여, 그 수분함량을 고체함량 100그램당 3그램으로 조절하였었다. 이 시스템의 수분활성도는 0.6 내지 0.7에 해당한다.

이와 같이 수분함량이 적은 시스템에서도 설탕의 분해과정은 포화 설탕용액에서와 똑같이 진행되었다고 한다. 즉 이와 같이 수분함량이 적은 시스템에서도 물 분자들은 직접 반응물질로서 설탕분자들의 가수분해에 참여했을 뿐만 아니라 설탕분자들을 용해하고 반응장소(reaction sites)에 옮겨주는 용매로서의 역할도 동시에 담당하고 있는 듯하다고 보고하고 있다.

한편, 카렐들(Karel, M. *et al.*, 1970)은 설탕을 주성분으로 하고 있는 한 시스템에서 갈색화 반응(browning reaction)의 속도가 수분활성도에 의해서 크게 영향을 받으나, 수분활성도 0.75 뿐만 아니라 0.31에서도 갈색화는 거의 비슷한 속도로 진행된 사실을 밝히고 있다(그림 1-8 참조).

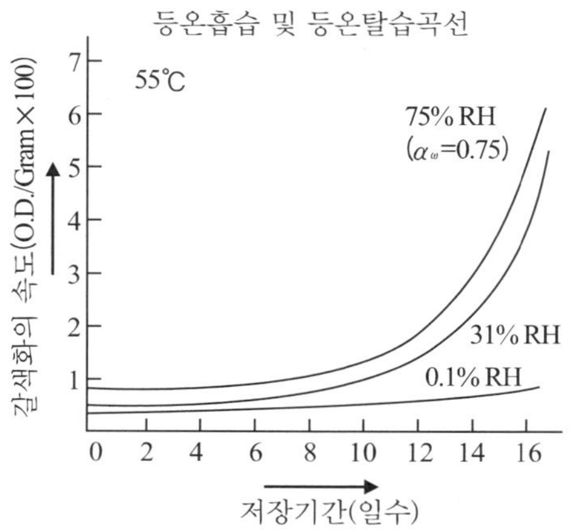

[그림 1-8] 설탕(sucrose)을 함유한 모델 시스템(model system)에서 여러 가지 상대습도(relative humidity)에서의 갈색화 반응(browning reaction)의 속도.
Labuza, T. P., Tannenbaum, S. R., and Karel, M. 1970. *Food Technol*, 24, 543.

등온흡습 및 등온탈습곡선

전술한 대로 한 식품의 수분함량은 일반적으로 대기 중의 수분함량, 즉 상대습도(RH) - 더 정확하게는 평형상대습도(ERH) - 와 평형에 이르며, 이때의 수분함량을 평형수분함량(equilibrium moisture content, EMC)이라고 부른다.

어떤 일정한 온도와 상대습도에 있는 대기 중에서 한 식품의 수분함량은 그 식품 중 수분의 바깥으로의 출입이 완전히 봉쇄되지 않는 한, 궁극적으로는 평형수분함량을 나타낼 것이다. 또한 동일 온도가 유지되는 경우에도 대기 또는 외부의 수분의 양, 즉 상대습도가 변화하면 다시 식품의 수분함량은 새로운 평형수분함량을 갖게 될 것이다.

이와 같은 관계는 하나의 완전히 밀폐된 체계에서도 그대로 적용된다. 예로서 일부 염류의 포화수용액들은 일정한 온도에서 일정한 상대습도를 나타내기 때문에(표 1-8 참조, 더 자세한 각종의 염류의 포화수용액의 상대습도는 Rockland, L. B. and Nishi, S. K 1980. *Food Technol.*, 34(4), 48 참조), 한 식품의 어떤 상대습도에 대응하는 평형수분함량을 측정함으로써 얻어지는 자료(資料, data)들은 수분활성도의 측정(Resnik, S. *et al.*, 1984), 또는 후술하게 될 BET 단분자막형성 수분함량 측정 등에 널리 이용되고 있다. 한편 이미 설명한 바 있는 대기 중에서의 그 상대습도는 우리가 인위적으로 변동시킬 수 없는 하나의 거대한 밀폐된 체계에서의 상대습도로 볼 수 있을 것이다.

표 1-8 각종 염류의 포화용액(saturated solutions)의 25℃(77℉)에서 상대습도(relative humidity)

포화염 용액의 종류	퍼센트 상대습도(% R.H.)
염화리튬(lithium chliride)	12.0
초산칼륨(potassium acetate)	22.5
탄산칼륨(potassium carbonate)	43.7
질산암모늄(ammonium nitrate)	63.5
염화나트륨(sodium chloride)	75.8

Strolle, E. O. and Cording , J. 1965. *Food Technol.*, 19(5), 171.

이상과 같이 일정한 온도에서의 평형상대습도와 평형수분함량 사이의 관계를 상대습도의 증감에 따라 표시한 곡선을 일반적으로 등온흡습곡선(等溫吸濕曲線, moisture sorption isotherm) 또는 등온탈습곡선(等溫脫濕曲線, moisture desorption isotherm)이라고 부른다.

일정한 식품 자체의 성질에 영향을 받으므로 각 식품의 등온흡습곡선의 세부적인 형태가 각각 다르다는 것은 당연하다.

반복 설명하지만, 한 식품이 대기 중의 수분을 흡수하여 평형수분함량을 이루는 경우, 평형상대습도와 평형수분함량 사이의 관계를 표시하는 곡선은 등온흡습곡선으로 불려진다(그림 1-9 참조). 한편, 식품이 수분을 대기 중에 방출함으로써 평형수분함량에 이르는 경우, 이때 얻어지는 곡선은 등온탈습곡선이라고 불려진다(그림 1-9 참조).

대부분의 식품들의 등온흡습, 또는 탈습곡선은 S형 곡선(a sigmoid curve)을 나타낸다. 예로서, 건조 두부분말의 15℃와 30℃에서의 등온흡습곡선(그림 1-9 참조), 당근, 완두, 양배추, 감자 등의 18 내지 21℃에서의 등온탈습곡선(그림 1-10 참조), 30℃에서의 각종 형태의 감자의 등온흡습곡선(그림 1-11 참조)들은 모두 특징 있는 S형 곡선을 보이고 있다.

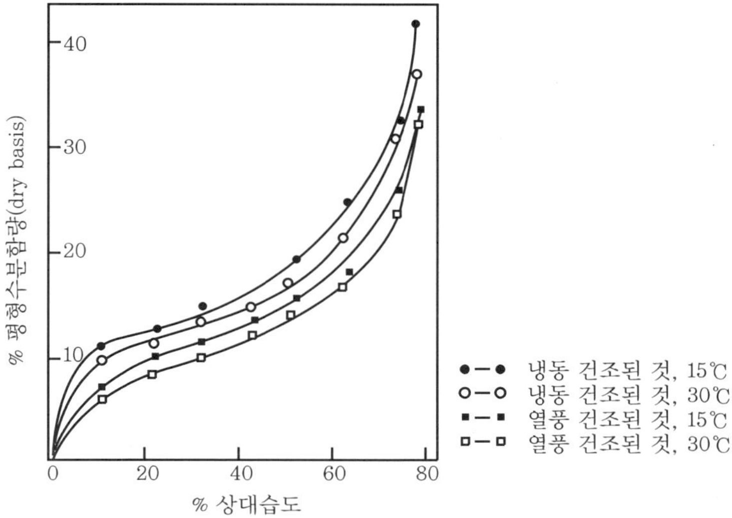

[그림 1-9] 건조 두부 분말(powdered soybean curd)의 15℃와 30℃에서의 등온 흡습곡선(sorption isotherms).
Kim, D. M., Chang, K. S., and Yoon, H. K. 1980. *Korean J. Food Sci Technol.,* 12(4), 295.

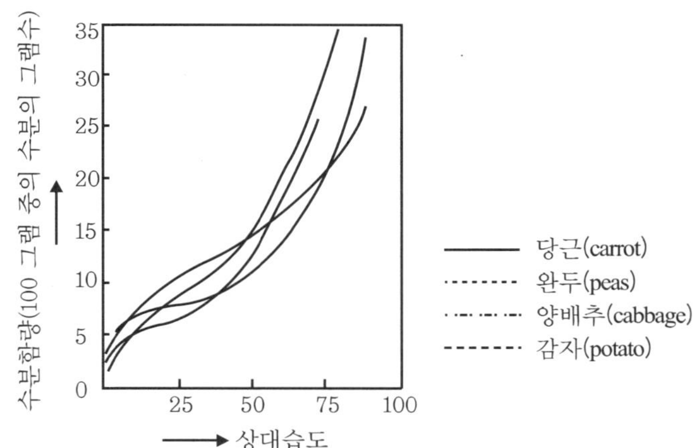

[그림 1-10] 당근, 완두, 양배추, 감자 등의 18℃~27℃에서의 등온탈습곡선(desorption isotherms).
Taylor, A. A. 1961. *Food Technol,* 15, 536.

이 등온곡선의 경사(slope)와 굴곡점(the point of inflection)은 그 식품의 수분과 각 성분들과의 전체적인 결합력(water-binding capacity), 또는 자유수와 결합수의 상대적인 양과 비율을 나타내준다고 한다. 이 점에 대해서는 후에 다시 상술하겠다.

한편, 대부분의 식품에 있어서는 수분의 등온흡습곡선과 등온탈습곡선은 일반적으로 일치되지 않으며(그림 1-9 참조), 이와 같은 일치되지 않는 현상은 히스테리시스 효과(hysteresis effect)로 불리고 있다.

이 히스테리시스 효과는 등온곡선의 굴곡점에서 가장 크다. 이 효과에 대해서는 후에 더 자세하게 설명하겠다.

등온흡습(탈습)곡선에 대한 온도의 영향 등온흡습(탈습)곡선의 형태는 물론 온도에 의해서 영향을 받는다. 즉 온도가 높아질수록 어떤 평형상대습도(ERH)에 대응하는 수분함량은 적어지며, 반대로 온도가 낮아질수록 어떤 상대습도에 대응하는 수분함량은 커진다(그림 1-12 참조).

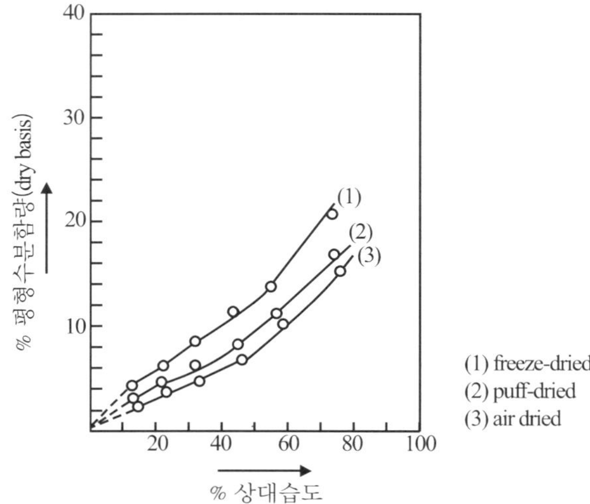

[그림 1-11] 30℃에서의 여러 형태의 감자의 등온흡습곡선(moisture sorption isotherm).
Saravacos, C. D. 1967, *J. Food Science*, 32, 81.

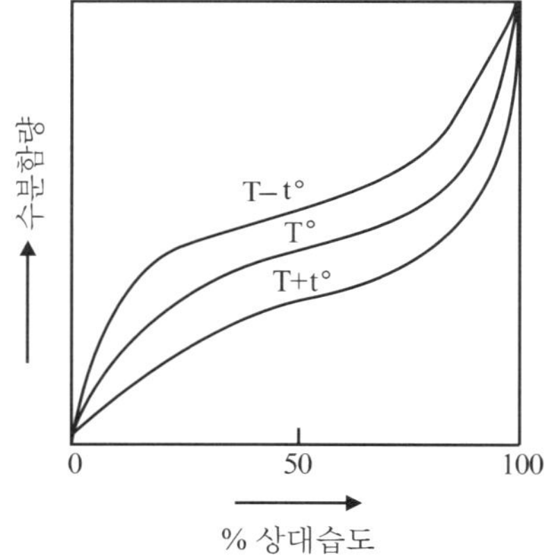

[그림 1-12] 등온흡습(또는 탈습)곡선(moisture sorption isotherms)에 미치는 온도의 영향, 온도가 낮을수록 어떤 상대습도에 대응하는 식품의 수분함량은 커진다.
Rockland, L. B. 1969. *Food Technol,* 23, 1241.

등온흡습 또는 탈습곡선에 관한 이론적인 연구

이상의 각종 식품들의 실제 실험을 통한 평형상대습도(ERH)와 이에 대응하는 이상의 식품들의 평형수분함량(EMC) 사이의 관계를 나타내는 자료들(sorption data), 그리고 전술한 자료들 사이의 관계를 정립(定立)하여 주고 있는 등온흡습 또는 탈습곡선들(sorption or desorption isotherms)에 관한 이론적 연구는 비단 학술적으로 중요할 뿐 아니라, 각종 식품들의 가공과 저장 등의 실제적인 문제들에 있어서도 매우 중요하다.

계면현상으로서의 흡착이론 고체와 액체, 고체와 기체, 그리고 기체와 액체가 서로 접촉하는 계면(界面, surface or interface)에서 두 상(相, phase)의 물체들 사이에 일어나는 물리적, 화학적 변화들은 보통 계면현상(界面現象, surface phenomena)으로 알려져 왔으며, 이와 같은 계면현상을 화학적인 측면에서 연구할 때 계면화학(surface chemistry)이라고 부른다. 이 중에서도 두 번째의 고체와 기체 사이의 관계에서, 고체 표면에 기체분자들이 흡착(吸着, sorption)되는 현상은 일찍부터, 특히 후술하는 랑뮤어(Langmuir, I, 1968 참조)들에 의해서 그 흡착과정에 관한 여러 이론적 연구들, 즉 흡착이론들(吸着理論)이 발전되어 왔다.

여기서 사용하고 있는 흡착이라는 말은 고체의 표면에 기체분자들이 반 데르 바알스의 힘(van der Waals force) 등의 단순한 물리적인 힘들에 의해서 고체표면에 부착하는, 따라서 상황이 이와 반대로 진행될 때는 가역적(可逆的, reversible)으로 원상태로 되돌아가는 물리적 흡착(physical adsorption)과 고체표면에 기체분자들이 부착할 때 분자-분자간의 화학적 결합 등에 의해서 비가역적(非可逆的, inreversible)인 변화가 일어나며, 상황이 반대로 진행되어도 완전히 원상(原狀)으로 되돌아가지 않는 화학적 흡착(chemical adsorption, 즉 chemisorption)의 두 형태를 모두 지칭한다. 보통 위에서 설명한 두 형태의 흡착이 동시에 일어나는 경우도 많다. 예로서 물 분자들이 흡착될 때는 많은 경우 위의 두 형태의 흡착을 함께 수반하게 된다.

한편, 보통 사용되는 흡수(吸收, absorption) 흡착과는 달리 표면에서만 일어나는 현상이 아니라 흡수제(adsorbent) 즉, 흡수하는 매체(媒體, an absorbing medium)에 가스나 액체가 이들의 내부에 스며들어 가는 현상을 말한다고 할 수 있다. 그러나 흡착된 분자들, 예로서 물 분자들이 모세관을 통해서 내부에 확산될 때는 흡착과정의 일부로 포함시켜서 연구하는 경우가 많다. 이 흡착, 즉 sorption의 반대 개념은 곧 desorption이다.

한편, 고체표면에서의 기체분자들의 흡착현상에 대해서는 랑뮤어(Langmuir, I., 1918 참조)가 가장 기본적인 흡착이론을 제안하여 왔으며, 이 흡착이론은 소위 랑뮤어 등온흡착식(Langmuir isotherm)으로 상징(象徵)되어 왔다. 여기서 특기(特記)할 일은 이 랑뮤어의 흡착이론에는 고체표면에 흡착되는 기체분자들은 고체표면에서 단분자막(單分子膜, monomolecular layer)을 형성한다는 개념이 포함되고 있는 사실이다.

BET 흡착이론과 흡착식

1938년에 브루나우어들(Brunauer, S., Emmet, P. H., and Teller, E., 1938)은 고체 표면에서 흡착되는 기체분자들에 관한 연구에서 S자형 등온흡습곡선을 가져다주는, 단분자막의 개념을 복수분자막(複數分子膜, multimolecular layers)으로 확대해서 만든 소위 BET 복수분자막 흡착이론과 여기에 근거를 둔 BET 복수분자막 흡착식(BET multimolecular isotherm)을 제안했다.

이 BET 복수분자막 흡착이론에서 얻어지는 흡착식은, 많은 식품들의 경우, 그 평형상대습도(ERH)와 평형수분함량(EMC) 사이의 관계를 나타내는 자료들(sorption data)에서 실제적으로 S자형 등온흡습(또는 탈습)곡선들이 얻어지고 있는 사실들을 잘 설명해 주고 있으며, 따라서 이 BET 복수분자막 흡착이론은 각종 식품들 중의 수분들의 행동(behavior)을 매우 잘 설명해주는 흡착이론으로서 널리 응용되어 왔다. 이 BET 복수분자막 흡착이론은 기체분자들에 의한 단분자막(monomolecular layer)형성이라는 기본적 개념을 확대한, 복수분자막(multimolecular layer)의 형성이라는 새로운 개념에 입각하고 있음에 유의해야 한다.

따라서, 각종 식품들에 적용되었을 경우, 식품 표면에서의 물 분자들에 의한 단분자막과 복수 분자막형성이란 개념이 도입되게 된다.

한편 BET 단분자막형성 영역과 BET 복수분자막형성 영역의 구분과 그 성질들은 다음과 같다.

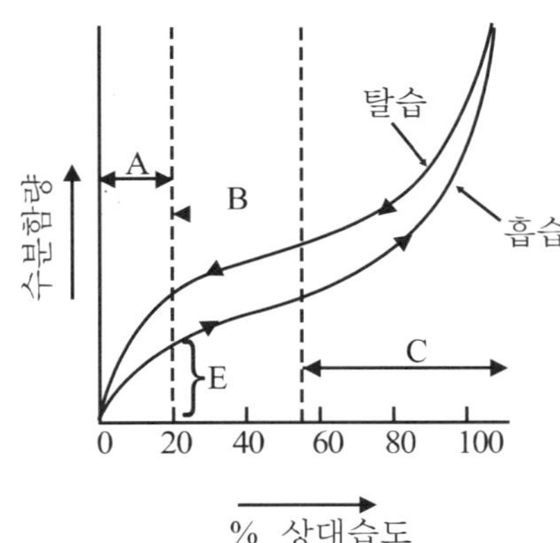

[그림 1-13] 식품의 전형적인 등온흡습곡선(typical sorption isotherm). Labuza, T. P., Tannenbaum, S. R. T., and Karel, M. 1970. *Food Technol.*, 24, 543.

등온흡습(또는 탈습)곡선의 구분

현재까지 많은 식품들의 등온흡습(또는 탈습)곡선들은 지금까지 브루나오어들의 BET 흡착이론에 따라서 보통 그 식품의 수분함량의 5%내지 10%사이에 해당되는, 그 식품 내의 물 분자들이 단분자막을 형성하는 수분함량을 포함하는 소위 단분자막형성 영역(單分子膜形成 領域, monomolecular layer region), 즉 그림 1-13에서 A로 표시되는 영역과 등온흡습(또는 탈습)곡선에서 상대습도의 증가에 따라 수분함량이 비교적 완만하게 증가하는 영역, 즉 그 식품 속의 물 분자들이 복수분자막을 형성하는 영역(複數分子膜形成 領域, multimolecular layer region), 즉 B로 표시되는 영역, 그리고 그 식품의 다공질 구조(porous structure), 특히 모세관(毛細管, capillary Tubes) 등 안에서 수분이 자유로이 응결되며, 식품 속의 수분이 여러 식품성분들에 대해서 용매로서 작용할 수 있는 모세관응고 영역(毛細管凝固 領域, capillary condensation region), 즉 C로 표시된 영역으로 구분되어 각 영역들의 그 성질들이 연구되어 왔었다.

대부분의 소위 건조식품들의 수분함량은 단일, 또는 복수분자막을 형성하는 영역(A 및 B영역)에 해당되는 수분함량을 가지고 있음이 알려져 있다.

등온흡습(탈습)곡선의 각 영역의 성질

로크랜드(Lockland, L. B., 1969)는 등온곡선의 본질을 세 개의 부분적 등온흡습곡선(local moisture sorption isotherm)의 영역들로 세분하여 설명하고 있다.

첫 번째의 등온흡습곡선의 영역은 식품의 평형수분함량(equilibrium moisture content)이 소위 BET 단분자막형성 수분함량(the Brunauer-Emmer-Teller monomolecular layer moisture content)에

해당하는 수분함량과 그보다 적은 수분함량을 가진 영역, 즉 단분자막형성 영역(그림 1-13의 A, 그림 1-14의 Ⅰ)이다. 이 영역에서의 식품 속의 수분, 즉 물 분자들은 주로 식품성분 중의 카아복실기(carboxyl group)나 아미노기(amino group)와 같은 이온 그룹(ionic group)들과 강한 이온결합(ionic bond)을 형성하고 있는, 즉 해당 식품들 속의 물 분자들이 결합수로 존재하는 영역이다.

실제로 이 단분자막이 형성되는 수분함량 이하의 수분함량을 가진 식품에 있어서는 그 식품속의 수분은 식품 속의 성분들과 강하게 결합된, 흡착열(吸着熱, heat of adsorption)이 매우 큰 결합수(結合水, bound water)의 형태로 존재한다는 여러 증거가 있다. 예로서 전분(澱粉)의 경우, 전분에서 단분자막이 형성되는 수분함량, 즉 6%의 수분함량 이하의 수분함량에서는 이 전분에 함유된 물 분자들의 수소핵(hydrogen nuclei)의 핵자기 공명 흡수신호(nuclear magnetic resonnance adsorption signal)는 매우 약하다. 이 사실은 단분자막형성 수분함량 이하의 수분함량에서는 전분 속의 물 분자들이 전분분자들과 강한 결합상태에 있기 때문에 그 운동성(mobility)이 제한되고 있음을 나타내 주는 것으로 생각되고 있다(Salwin, H., 1959).

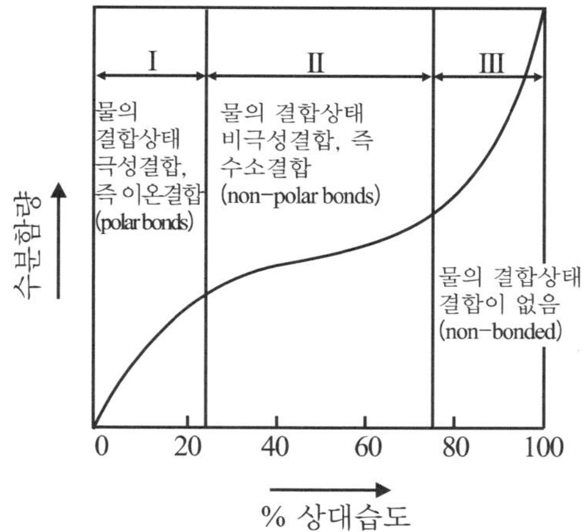

[그림 1-14] 등온흡습 또는 탈습곡선(sorption isotherms)의 세분화 Ⅰ: 제Ⅰ형의 등온곡선을 나타내는 영역, Ⅱ, Ⅲ:각각 제2및 제3형 등온곡선을 나타내는 영역들.
Rockland, L. B. 1969. *Food Technol*, 23, 1244.

그러나 중요하고 또 흥미 있는 사실은 그 평형수분함량이 단분자막형성 영역에 속하지만 BET 단분자막형성 수분함량보다는 훨씬 낮은 수분함량을 가진 식품들의 저장성 너지는 안정성(安定性)은 오히려 다음에 설명할 두 번째의 등온흡습곡선의 영역, 즉 복수분자막 형성영역에 해당되는 수분함량을 가진 식품들의 안정성보다 일반적으로 더 낮다는 사실이다. 예로서 이 영역에 속하는 수분함량을 가진 식품들의 경우, 다시 말해서 BET 단분자막형성 수분함량보다 적은 평형수분함량을 가진 식품들의 경우, 광선조사(irradiation) 에 의한 그 식품들 속의 지방질의 산패는 복수분자막형성 영역에 속하는 수분함량을 가진, 같은 식품들의 경우보다 그 속도가 더 빠르다고 한다.

두 번째의 영역, 즉 복수분자막형성 영역은 식품의 평형수분함량이 바로 BET 단분자막형성 수분함량보다 많은 평형수분함량을 가진 영역으로서 식품 속의 물 분자들이 단분자막층을 넘어서서 복수분자막층을 형성하는 수분함량 영역이기도 하다.

이 영역은 건조식품의 경우, BET 단분자막형성 수분함량에 이어 가장 안정성이 큰 수분함량

영역이기 때문에 최적 수분함량(最適 水分含量, optimum moisture content)을 나타내는 영역이라고도 말할 수 있다.

이 영역에서는 수분은 주로 결합수의 형태로 존재하나, 단분자막형성 영역과 같은 이온결합에 의해서가 아니고 주로 이온화되지 않고 있는 여러 가지 기능기들(functional groups)과 수소결합, 즉 비극성 결합(non-polar bond)에 의해서 결합되고 있는 것으로 생각되고 있다.

세 번째의 영역, 즉 모세관 응고영역은 두 번째의 복수분자막형성 영역을 나타내는 수분함량을 넘는 수분함량을 가진 영역(領域, region)이다. 이 영역에서는 식품의 품질저하(quality deterioration)를 가져오는 화학반응, 효소들에 의한 반응들이 촉진될 뿐만 아니라, 미생물들의 증식마저도 일어날 수 있는 영역이기도 하다.

이 영역에서는 식품 속의 수분, 즉 물 분자들은 주로 자유수(自由水, free water)의 형태로 존재하나, 일부 자유수의 수증기압이나 기타의 성질들은 용질성분들(溶質成分, solute constituents)의 용해, 또는 모세관력(capillary forces) 등에 의해서 영향 받고 있는 것으로 생각된다.

전반적으로 볼 때, 식품류, 특히 건조식품들에서 실제적으로 중요한 것은 두 번째 및 세 번째의 등온흡습, 또는 탈습곡선을 나타내는 영역에 해당되는 수분함량이다.

한편 BET 복수분자막 흡착이론에 의해서 유도된 이론적인 평형수분함량과 전흡착열(全吸着熱, total heat of sorption) 사이의 관계는 그림 1-15에서 점선으로 표시되고 있으나, 실제의 실험결과들은 BET 복수분자막 흡착이론에 의해서 유도된 이론치들(theoretical values)과는 다소 다르며, 실선으로 표시된 바와 같다고 보고하고 있다(Lubuza, T. P., 1968). 즉 이론적으로는 전술한 첫 번째의 영역과 두 번째의 영역의 경계가 되는 그림의 Vm에 해당하는 수분함량, 즉 BET 단분자막형성 수분함량보다 클 때는 전체 흡착열은 그 식품 중의 수분의 증발열(heat of vaporization, ΔH=약 10.4kcal/mole)로 대표되나, 그 보다 적을 때는 전체 흡착열은 증발열 ΔH와 *Qs*로 표시되는 흡착열이 더 필요함을 알 수 있다. 보통 식품들의 이 흡착열 *Qs*는 2～10kcal/mole로 추정되고 있다. 실제의 실험결과들이 이론적으로 추정되는 결과들과 완전히 일치하고 있지 않는 사실에 대해서는 이미 언급한 바 있다.

근래에 와서, 예로서 아이란시들(Ayranci, E. *et al.*, 1990)은 그동안 각종 식품들의 수분흡착에 관한 이론적 연구에는 BET 흡착이론, 따라서 BET 흡착식이 가장 널리 사용되어 왔으나, BET 흡착식이 잘 적용되는 수분활성도의 범위는 a_w=0.5 정도까지며, 수분활성도(a_w)가 0.5이상인 식품들의 경우, 평형상대습도(ERH)와 평형수분함량(EMC) 사이의 관계를 정확하게 정립하지 못하는 경우가 많다고 설명하고 있다.

이들은 수분활성도가 상대적으로 큰 식품들의 경우, 예로서 당함량(sugar content)이 아주 큰 식품들의 경우에는 구겐하임-앤더슨-데보아 흡착식(Guggenheim-Anderson-de Boer equation, GAB equation) 등이 더 적절하게 적용할 수 있다고 생각하고 있으며, 이글레시아스 및 키리페(Iglesias and Chirife), 할세이(Halsay), GAB 흡착식들과 BET 흡착식들의 적절성을 비교한 바 있다.

이들은 당함량이 큰, 따라서 수분활성도가 큰 일부 식품류에 대해서 이상의 여러 흡착식들을 적용했을 때의 타당성을 검토한 결과, 각각 20℃와 36℃에서 유지된 말린 살구(dried apricot)와 20℃에 둔 건포도의 경우에는 GAB 흡착식이, 36℃에 저장했던 말린 무화과(dried fig)와 36℃에 저장했던 건포도의 경우에는 할세이 흡착식이, 20℃로 유지된 무화과의 경우에는 이글레시아스와 키리페들의 흡착식들이 실제 실험결과들을 가장 잘 설명하고 있는 것으로 결론짓고 있다.

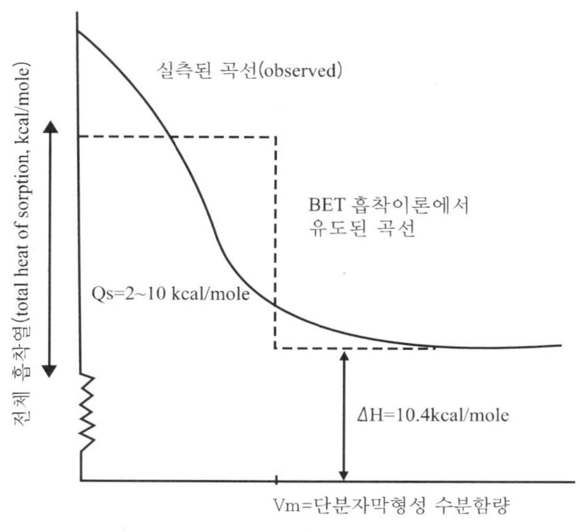

[그림 1-15] 평형수분함량의 함수로 본 전흡착열(total heat of sorption)곡선.
Labuza, T. P. 1968. Sorption Phenomena in Foods. *Food Technology*, 22, 270.

한편, 각종 식품들에 대해서 어떤 흡착이론, 따라서 흡착식을 적용하기 전, 식품들의 구조에 따라서는 등온(等溫, isotherm)에서도 수분의 이동성(mobility) 이외에도 열(heat)의 이동까지도 고려해야할 경우가 있다. 즉 수분활성도가 상대적으로 낮은 크래커들(crackers)과 수분활성도가 상대적으로 더 높은 크러스트(crust)로 복합된 스넥 식품들(snacks), 예로서 크래커-마슈멜로우-크래커, 쿠키-마슈멜로우-쿠키 형의 스넥 식품들이 이 경우에 속한다고 한다(Kim, S. S. *et. al.*, 1995).

이런 경우에는 이들의 등온흡습(또는 탈습)곡선들을 설명하는 데는 이들의 등온흡습(또는 탈습)곡선 구성에 필요한 자료들, 즉 평형상대습도(ERH)나 평형수분함량(EMC) 등의 변수들 중에 온도에 의존하는 변수를 사용한 구겐하임-앤더슨-데보아 흡착식(GAB isotherm)을 적용하는 것이 더 적합한 경우가 있다고 한다. 실제로 김들(Kim S. S. *et. al.*, 1995)은 이 GAB 흡착식을 사용하여, 전술한 두 개의 서로 다른 식품재료들로 구성된 복합스넥 식품들의 여러 상황에서의 평형수분함량을 각각의 식품재료의, 해당되는 평형수분함량들에서 추정하고 있다.

이상의 추정치(推定値)들은 전술한 복합스넥 식품들의 실제 실험을 통해서 얻은 수치들, 즉 실측치(實側値)들과 별 차이가 없었다고 보고하고 있다.

식품들의 평형상대습도(ERH)와 평형수분함량(EMC) 사이의 관계는 경우에 따라서는 뜻밖에 큰 의의를 가질 수도 있다. 예로서, 1995년에서 1999년 사이의 연간 쌀(情穀)의 생산량은 370만 톤에서 396만 톤으로, 평균 385만 톤을 생산하여왔다(농업협동조합중앙회, 2000년 농협연감,. 2000년 7월 25일 발행 등 참조). 현미에서 정곡미로 도정할 때 그 수율(收率)은 91～92%정도로 생각되고 있으며, 대부분은 겨(외피와 배아)로 제거되나, 1%내외는 쇄미(碎米)로서 제거되는 것으로 알려져 있다. 쇄미는 양질의 전분자원으로 주조미(酒造米) 등에 사용되기는 하나, 연간 4만 톤 가까운 쌀이 손실된다고 추정할 수 있다.

이와 관련해서 목들(Mok, C. K. and Lee, S. K., 1999)은 우리나라의 주식(主食, main staple)으로서 농업소득 및 농가소득의 각각 44%와 23%를 차지하고 있는 쌀의 경우, 쌀의 평형수분함량(ERH)과 대기의 평형상대습도(EMC) 사이의 관계가 어떻게 저장 중인 쌀의 균열(cracking), 따라서 동할미(胴割米), 즉 궁극적으로는 쇄미의 발생에 영향을 주는지를 조사한 바 있다.

즉, 쌀을 10일간 상온(常溫, ambient temperature)에서 진공건조(vacuum drying)한 후 25℃에서 3~21일간 수분을 흡습(吸濕)시킨 다음에 쌀 시료들의 건조온도별 수분활성도와 수분함량을 측정하여, 아래와 같은 GAB 흡착식(앞부분 설명 참조)을 사용하여 등온흡습곡선을 작성하였다. 이들은 또한

$$m = \frac{A_W}{A \cdot A_W^{\,2} + B \cdot A_W + C} \qquad (1)$$

여기서 m=수분함량(g water/g solid)

Aw=수분활성도

A,B,C=상수(constants)

다음과 같은 와이불 분배함수(Weibull partition function)를 사용하여, 시료로 사용한 쌀의 시간별 균열(cracking) 발생률을 조사하였다.

$$\frac{C - C_e}{C_o - C_e} = \exp\left[-(A \cdot t)^n\right] \qquad (2)$$

여기서 C=시간 t에서의 동할미(胴割米)의 개수

Co=초기(t=0)에서의 동할미의 개수

Ce=최종 동할미 개수

A=균열상수(m^{-1}), t=시간

n=형상인자(상수)

그 결과, 탈습(脫濕)환경에서는 평형 상대습도, ERH가 32.8% 이하인 경우, 쌀알의 외부에 균열이 발생했고, ERH가 낮을수록 동할미의 발생률은 증가하였다고 한다. 한편, 흡습환경에서는 ERH 64.5% 이상에서 쌀알 내부에 균열이 형성되었으며, ERH가 증가할수록 균열상수의 값은 높아 졌다고 한다. 즉, 동할미의 발생률이 증가하였다고 한다.

수분흡습 히스테리시스

수분흡습 히스테리시스(moisture sorption hysteresis), 간단히 히스테리시스(hysteresis)로 알려진 현상은 어떤 일정한 평형상대습도(ERH)에 해당되는 수분함량이 등온탈습과정(isothermal dehydration process)의 경우, 등온흡습과정(isothermal rehydration process)의 경우보다 언제나 큰 현상을 말한다(그림 1-16 참조). 또한 등온탈습곡선과 등온흡습곡선 사이의 영역은 일반적으로 히스테리시스 루우프(hysteresis loop)로도 불려져 있으며, 그 형태는 식품 자체의 특성으로 생각되고 있다(Wolf, M. *et. al.*, 1972).

이 히스테리시스는 전술한 바 있는 흡착이론이 식품에 적용되기 전부터 널리 알려져 왔으며,

매우 복잡한 현상으로, 물리적인 원인들과 화학적 원인들에 기인하는 것으로 생각되어 왔다.

물리적 현상으로서의 설명의 하나는 식품표면이나 어떤 고체표면에 존재하는 모세관들(capillary tubes)에 존재하는 수분(capillary water)이 탈습과 흡습과정에서 가역적(可逆的, reversible)으로 출입하지 않는 데서, 즉 탈습시 나간 모세관들에 있던 수분이 흡습 시에는 주변의 상대습도가 더 크지 않는 한, 전량(全量)이 다시 흡습되지 않는 데서 일어난다는 막베인(McBain, J. W., 1935) 등이 제창한 소위 잉크병 학설(ink-bottle theory)이 있다.

또 하나의 물리적인 현상으로서의 설명은 코오한(Cohan, L., H., 1932) 등이 제안한 개방기공(開放氣孔, open-pore)학설이 있다. 이 학설은 탈습과정 중 식품들의 조직을 형성하고 있는 분자조직체의 수축(molecular shrinkage)에 의해서 흡착표면(adsorbent surface)에서 이용할 수 있는 흡착장소들(sorption sites)의 수가 감소됨으로써 수분의 가역적인 흡습이 불가능하게 된다는 것이다.

흡습 또는 흡착시의 식품들이나 기타의 고체표면에서의 화학적 변화, 즉 화학적 흡착(chemisorption)도 물론 중요한 요인들의 하나가 되고 있다. 예로서 스타인버그들(Chinachoti, P. and Steinberg, M. P., 1986)은 설탕과 전분은 그 자체로서는 히스테리시스 현상을 보이지 않거나 그 정도가 아주 미미한데 비해서, 전분-설탕 혼합체의 경우에는 히스테리시스의 정도가 큰 데 대해서 연구한 결과 이 혼합물에서는 같은 상대습도에서도 더 큰 수분함량을 갖는 무정형 설탕(amorphous sucrose)의 함량이 컸었다고 보고하고 있다.

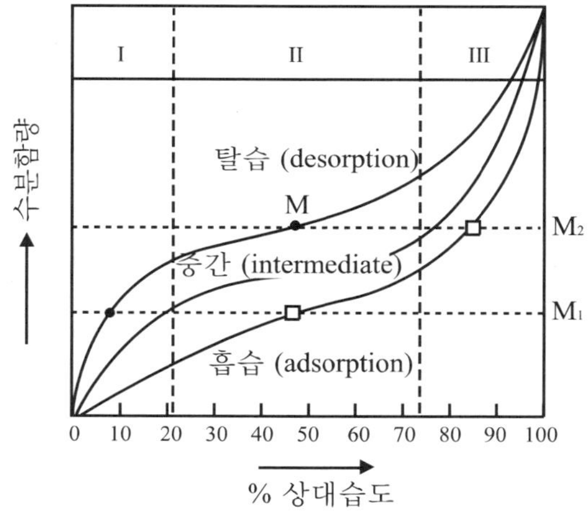

[그림 1-16] 수분흡습(또는 탈습) 히스테리시스(moisture sorption hysteresis)를 나타내는 등온곡선들(isotherms).
Rockland, L. B. 1969. *Food Technol.*, 23, 1244.

즉, 수분 흡습과정에서 흡수된 수분은 결정형 설탕(crystalline sucrose)과 작용하여 용액 상태(liquid state)가 되는데, 급속한 탈습과정에서는 일단 용액 상태로 된 모든 설탕분자들이 다시 가역적으로 결정형 설탕이 되지 못하고 그 일부는 수분함량이 결정형 설탕보다 큰 무정형 설탕으로 남아 있기 때문에 현저한 히스테리시스가 일어난다는 것이다.

한편, 식품들의 히스테리시스의 경우, 등온탈습곡선과 흡습곡선 사이의 간격의 차는 온도가 높아짐에 따라 감소하며, 저장기간이 길어지면 주로 식품의 흡습능력(adsorptive capacity)이 일반적으로 감소되기 때문에 히스테리시스 정도, 그러니까 히스테리시스 루우프(hysteresis loop)의 크기는 점차 커진다고 한다(Wolf, M. *et. al.*, 1972).

한편, 이 히스테리시스 현상은 식품들, 특히 건조식품들의 제조 또는 저장에 있어서, 그 품질에 큰 영향을 줄 수 있다. 가령 한 식품의 최적 수분함량을 M_2라고 할 때(그림 1-16 참조), 습기에 찬 식품을 건조시켜서 그 수분함량을 M_2로 감소시키는 과정은, 잘못하면 그 수분함량을 M_1까지 감소시킬 수 있으며, 만일 이 식품의 수분함량이 전술한 바와 같은 첫 번째의 영역, 즉 단분자막 형성영역에 도달할 때는 산패(rancidity)에 의한 식품의 품질저하가 비교적 빨리 일어나므로, 흡습과정에 의해서 그 수분함량을 M_2까지 증가시킬 필요가 있다.

그러나 이와 같은 흡습과정에 의해서 그 수분함량을 M_2까지 증가시킬 경우에는 히스테리시스 현상에 의해서 이 식품의 수분함량은 세 번째의 영역, 즉 모세관 응고 영역에 있게 된다. 물론, 이 상태는 완전히 안정된 상태가 아니므로(metastable state), 이 식품은 점차로 두 번째의 영역, 즉 복수분자막 형성영역에 이행되나 세 번째의 영역에 있는 동안 이 식품은 화학적 반응, 효소에 의한 반응, 그리고 특히 미생물들의 성장에 의한 변질 등이 일어날 가능성이 생기게 된다.

BET 단분자막형성 수분함량의 의의

솔윈(Salwin, H., 1959), 스트롤리와 코오딩(Strolle, E. O. and Cording, J. Jr., 1965), 라버자(Labuza, T. P., 1976, 1980) 등은 다 같이 일부 건조식품들의 경우, 가장 좋은 저장성(keeping quality)을 나타내는 수분함량은 그 식품들 중에 흡수된 물 분자들이 단분자(monomolecular layer moisture water)를 형성한다고 생각되는 수분함량, 즉 BET 단분자막형성 수분함량(BET-monomolecular layer moisture content)과 잘 일치한다고 보고 있다. 그러나 식품들의 종류에 따라서는 BET 단분자막형성 수분함량보다 더 적거나 더 큰 수분함량에서 최대의 안정성을 나타내는 경우도 보고되고 있으며(예 : Martinezz, F. and Labuza, T. P., 1968), 따라서 항상 이 BET 단분자막형성 수분함량만이 최대의 안정성을 갖고 있는 것은 아닐 수 있다. 그러나 대다수의 연구자들은 이 BET 단분자막형성 수분함량을 중심으로 한, 어떤 제한된 범위 내의 수분함량에서 최대 안정성을 갖고 있는 것으로 생각하고 있다.

한편, 한 식품의 BET 단분자막형성 수분함량은 그 식품의 수분흡수자료(moisture sorption data)를 갖고 있으며, 이미 언급한 바 있는 브루나우어, 에멧트, 텔러들(Brunauer, S. P., Emmet, P. H., and Teller, E., 1938)의 복수분자 흡착설(theory of multimolecular adsorption)에서 유도(誘導)되는 흡착식(BET-isotherm)을 직접 적용하거나(Salwin, H., 1959, Strolle, E. O. and Cording, J. Jr., 1965 등 참조), 이 식에 근거를 둔 수정된 흡착식(Iglesias, H. *et al.*, 1977 참조)을 사용해서 계산, 추정할 수 있다고 한다.

일반적으로 식품들 중의 단분자막의 형성은 그 식품들 속의 반응활성이 큰, 물 분자들의 강한 흡착을 허용하는 장소들(adsorptive sites)이 일단 물 분자들에 의해서 고루 덮혀졌음을 의미함으로, 이 단분자막을 형성하고 있는 물 분자들이 식품 내의 다른 성분들이 대기 중의 산소에 직접 노출됨으로써 산화되는 것을 방지하여 주는 것으로 생각되고 있다.

실제로 버튼(Burton, W. G., 1945, 1949)은 과도하게 건조된 감자입자들(potate granules)은 산패되기 쉬운 사실을 보고하고 있으며(Strolle, E. O. *et al.*, 1965 참조), 또 말로네이 들(Maloney, J. F. *et al.*, 1966)은 식품 속의 수분함량이 그 단분자막형성 수분함량보다 적을 때는 식품 속의 유지(油指)나 지방질(指肪質)들의 산화가 촉진되는 사실을 확인하고 있다.

전술한 솔윈(Salwin, H., 1959) 등의 연구들이 있기까지는 건조식품들의 저장성과 품질들은 그 식품들 중의 수분함량이 적을수록 더욱 향상된다는 잘못된 통념이 팽배했었다. 일반적으로는 소위 BET 단분자막형성 수분함량을 중심으로 한 일정한 범위내의 수분함량, 거의 대부분의 경우에는 그 보다 약간 높은 수분함량에서 그 품질이 최대로 유지될 수 있는 사실이 알려졌기 때문에, 지금은 각종 건조식품들을 이전보다는 더 좋은, 향상된 품질을 유지할 수가 있다.

표 1-9 미리 가열조리한 후 건조시킨 각종 건조식품들(dehydrated precooked foods)의 BET 단분자막형성 수분함량과 종전의 규격(1959년 당시)에 정해진 수분함량 및 실제로 측정한 수분함량들의 비교 (단위 : %)

건조식품의 종류	BET 단분자막 형성 수분함량	실제 분석된 수분함량	제품규격에 규정된 수분함량
감자 조각(potato dice)	5.46	5.84	6
라이마 콩(Lima beans)	5.37	3.93	4
	5.21	3.93	4
양파 분말(onion powder)	3.58	4.10	4
크래커(cracker)	4.23	5.04	5
즉석 마카로니(instant macaroni)	5.87	6.99	—
즉석 전분(instant starch)	5.68	6.28	—
분말 전유(dry whole milk)	1.97	1.87	2.25
분말 탈지유(nonfat dry milk)	2.98	3.42	3.50
즉석 분말 탈지유(instant nonfat dry milk)	3.52	4.19	3.50
분말 치즈(spray dried cheese)	2.22	1.82	2.50
분말 코코아 음료(cocoa beverage powder)	2.37	2.92	3
분말 쇠고기 스프(beef soup with gravy base)	2.38	2.78	4
분말 닭고기 스프(chicken soup with gravy base)	1.68	3.43	4
건조 새우(shrimp)	5.56	3.09	2.5
건조 닭고기(chicken, fat-free)	5.48	1.53	1.5
건조 마쇄 쇠고기(ground beef, fat-free)	6.19	0.78	2.5

Salwin, H. 1959. *Food Technol.*, 13, 594.

또한 식품들을 건조할 때, 건조 후반기의 소위 건조속도 감소기간(乾燥速度 減少期間, the falling drying rate period)에 들어서면, 불과 1~2%의 수분함량을 줄이는 데도 엄청난 건조시간과 연료가 소비된다. 따라서 대부분의 경우 BET 단분자막형성 수분함량보다 수분함량을 더 줄일 때는 무익한 건조시간과 연료비가 허비될 뿐만 아니라, 건조식품들의 저장 중에 품질저하가 더 촉진되는 경우가 많은 것으로 생각되고 있다.

단분자막에 해당되는 수분함량의 결정

이상에서 언급한 바와 같이 한 식품, 특히 건조식품에 있어서 그 식품의 흡습 내지는 탈습곡선(moisture sorption or desorption curves)을 구하고, 그 식품의 단분자막을 나타내는 수분함량을 결정하는 일은 건조식품들의 저장조건의 결정, 포장조건(packaging condition)의 선택 등을 위해서 매우 중요할 뿐 아니라, 이상의 여러 실험결과들을 BET 흡착이론에 적용함으로써 그 식품에 고유한 여러 상황에서의 물 분자들의 흡착열(adsorption energy)을 추정할 수 있는 등, 식품 중의 물의 성질을 연구하는데 큰 도움이 된다.

한 식품의 평형상대습도(ERH)가 5%와 35% 사이에 있을 때의 등온흡습 내지는 탈습곡선(sorption or desorption isotherms)이 알려져 있을 때는 전술한 브르나우오들(Brunauer, S. P. *et al*., 1938)이 유도해 낸 BET 방정식에 의해서 그 식품의 단분자막형성 수분함량을 구할 수가 있다.

한편, 등온흡수 또는 탈습곡선은 여러 연구자들이 이미 사용한 방법들, 예로서 테일러(Taylor, A. A., 1961), 카렐들(Karrel, M. *et. al*., 1962) 등의 방법으로 결정할 수 있다.

브루나우어들이 유도한 BET 방정식은 다음과 같다. 즉,

$$\frac{p}{a(p_0-p)}=\frac{1}{a_1c}+\frac{c-1}{a_1c}\bullet\frac{p}{p_0} \tag{1-1}$$

식 (1-1)에서 a는 식품의 수증기압(vapor pressure) p에 해당되는 100그램의 식품(수분을 제외한 건조중량, dry matter) 중의 수분의 그램 수이며, p는 식품의 수증기압, p_0는 같은 온도에서의 순수한 물의 수증기압이다.

한편, c는 흡착열과 관련된 항수(constant)이며, a_1은 100그램의 완전 건조 상태의 식품에 흡착된 단분자막에 상당하는 수분의 그램 수를 나타낸다.

지금 식 (1-1)에서 p/p_0는 정의상(定義上) 곧 특정 온도에서의 수분활성도 Aw를 나타내며, a와 a_1 대신에 1그램의 식품시료의 특정 온도에서의 평형수분함량과 단분자막형성 수분함량을 각각 m_1(g H_2O/g solid), m_1(g H_2O/g solid)로 표시하면, 식(1-1)은 다음과 같은 (1-1')의 더 간단한 - 실제 연구자들이 잘 쓰는 - BET 흡착식으로 표시될 수 있다(Kim, D. W. *et al*., 1996 참조).

$$\frac{A_w}{m(1-A_w)}=\frac{1}{(m_1c)}-\frac{c-1}{(m_1c)}A_w \tag{1-1}$$

한편, 식 (1-1)의 양변에 100을 곱(乘)하면, 식 (1-1)은 다음과 같이 된다.

$$\frac{p(100)}{a(1-A_w)}=\frac{100}{a_1c}+\frac{c-1}{a_1c}\bullet 100\bullet\frac{p}{p_0} \tag{1-2}$$

이 식 (1-2)에서 $100\times\frac{p}{p_0}$ 는 바로 평형상대습도(ERH)를 나타내며, 여기서 평형상대습도를 x축에 $\frac{p(100)}{a(p_0-p)}$ 를 y축에 표시한 선(line)을 그리면, 한 직선을 얻게 된다.

이때 얻어진 직선의 경사(slope)는 $\frac{c-1}{a_1c}$ 이며, 이 직선의 절선(intercept)은 $\frac{100}{a_1c}$가 된다(그림 1-17참조).

또한 $\frac{c-1}{a_1c}$ 그리고 $\frac{100}{a_1c}$ 들은 각각 전술한 평형상대습도의 변화에 따른 $\frac{p(100)}{a(p_0-p)}$ 의 변화를

추적하여 얻은 BET 도표(BET plot)상의 직선의 경사와 절선을 실제 측정함으로써 얻을 수 있으며, 다시 이상의 두 개의 관계식에서 a_1, 즉 단분자막층에 해당되는 100그램 식품 중의 수분함량을 구할 수 있다.

이미 여러 번 언급한 바 있듯이, BET 흡착식 이외에 여러 흡착식들이 각종 식품의 흡착식 모델(sorption model)로 사용되기 시작하고 있으며, 라버자들(Labuza, T. P. *et al.*, 1985)은 일부 연구자들, 특히 유럽의 일부 연구자들은, BET 흡착식보다 GAB 흡착식(Guggenheim-Anderson- de Bore isothem)이 더 넓은 수분활성도에서도 잘 대응하는 특성이 있어서, 더 선호하는 경우가 많다고 언급하고 있다. 이 GAB 흡착식은 세 개의 변수들과 두 개의 상수들을 포함한 다음과 같은 식으로 표시되는 흡착식이다. 즉,

$$\frac{m}{m_0} = \frac{C \cdot K \cdot A_W}{(1 - A_W)(1 - K \cdot A_W + C \cdot K \cdot A_W)}$$

여기서 Aw=수분활성도

m=식품시료 중의 평형수분함량

m_0=식품시료 중의 단분자막형성 수분함량

C, K=상수(常數, constant)들로서 두 상수 모두 RT(gas constant × absolute temperature) 에 의해서 영향 받는다.

즉, 온도에 의해서 영향 받는 상수들이다.

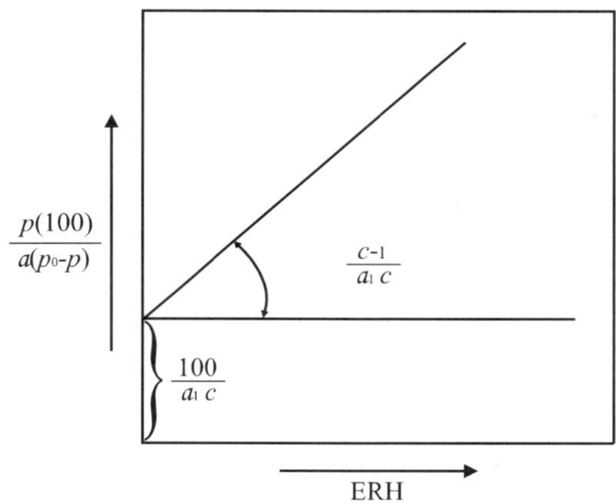

[그림 1-17] BET 도표(BET plot)의 한 예.

라버자들(Labuza, T. P. *et al.*, 1985)은 두 종류의 식품 시료들에 대해서 그 단분자막형성 수분함량을 BET 흡착식과 GAB 흡착식을 사용하여 결정한 후, 그 결과를 비교한 결과, 25℃~65℃ 사이의 온도에서는 95%의 유의수준(有意水準)에서 두 흡착 시에서 얻은 단분자막형성 수분함량의 수치들 사이에는 차이가 없었다고 보고하고 있다.

그러나 GAB 흡착식의 경우, Aw = 0에서 0.9까지의 등온흡습곡선자료(sorption data)를 객관적인 방법, 즉 실험적인 방법을 통해서 얻을 수 있는데 비해서, BET 흡착식의 경우 이와 같은 등온흡습곡선 자료를 얻을 수 있는 범위는 훨씬 제한되어 있어서, Aw = 0에서 0.45 또는 0.5 정도

까지가 한계였다고 한다.

한편, 김들(Kim, D. W. *et al*., 1996)은 감자전분, 옥수수전분, 밀단백질, 대두단백질, 그리고 감자전분과 밀단백질(모두 분말상태)을 혼합한 모델 분말 식품들(model food powders)에 대해서 10℃, 20℃, 30℃에서의 평형수분함량(EMC), BET 단분자막형성 수분함량, 그리고 흡착 엔탈피(sorption enthalpy) 등을 조사한 바 있다.

흡착 엔탈피는 다음과 같은 Clasius-Clapeyron의 식에서 얻었다고 한다.

$$\ln P = \frac{\triangle H_S}{RT}$$

여기서 P = 주어진 절대온도(K^0)에서의 평형수증기압(equilibrium vapor pressure)

Hs=흡착 엔탈피(sorption enthalpy, kcal/mol)

R=기체항수(gas constant)

T=절대온도(absolute temperature, K^0)를 나타낸다.

이상의 분말식품 시료들의 10℃, 20℃, 30℃ 에서의 평형수분함량(EMC)은 여러 수분활성도에서의 실측에 의해서, BET 단분자막형성 수분함량은 BET 도표(BET plot, 그림 1-17 참조)에서, 흡착엔탈피는 평형수증기압을 위의 각 온도에서 실측함으로서 결정하고 있다. 이들은 BET 단분자막형성 수분함량은 10℃에서 4.4~7.6%(dry basis), 20℃에서 3.9~7.2%, 30℃에서 3.6~6.9% 정도였으며, 온도상승에 따라 감소했으나, 감자, 옥수수전분의 경우, 그 BET 단분자막형성 수분함량들은 밀이나 대두 단백질의 경우 보다, 같은 온도에서는 항상 컸었다고 한다.

한편 흡착 엔탈피는 수분함량이 6%일 때, -40 내지는 -5.7kcal/mole 이였으나, 수분함량이 18%일 때는 -1.0 내지는 -1.3kcal/mole 로 증가했었다고 한다. 즉, 수분함량이 큰 분말 시료들은 수분함량이 적은 분말 시료들의 경우보다 흡착 정도가 낮았다.

최근에 고들(Ko, J. W. *et al*., 1999)은 열풍건조, 진공건조, 냉동건조법 등을 사용해서 건조한 표고버섯의 분말들의 품질을 비교하는 연구에서, 시료들이 분말인 점, 그리고 저장온도 등 온도의 영향에 예민한 점 등을 고려해서 GAB 흡착식을 사용하여 단분자막형성 수분함량을 산출했을 뿐만 아니라, Iglesias-Chirife 흡착식, Bradley 흡착식, Kuhn 흡착식, Caurie 흡착식, Halsey 흡착식 또는 Frenkel-Halsey-Hill 흡착식, Henderson 흡착식, Olswin 흡착식, Mizrahi 흡착식 등을 함께 사용하여 실험하여, 평형수분함량 예측에 초점을 맞추어, 그 적합성을 조사한 바 있다(이상의 각종 흡착식에 대해서는 Noguchi, J., 1992 등 참조).

세 종류의 표고버섯 분말 중 가장 다공질성(porosity)이 큰 것은 냉동 건조한 분말 이였으며, 흡수성(吸收性)도 가장 컸으며, 갈색화정도(degree of browning)도 가장 컸으며, 전체적인 품질에서 특별히 우수한 특성은 발견하지 못했다고 한다.

한편, GAB 흡착식에서 얻은 표고버섯 분말들의 단분자막형성 수분함량은 5.3~7.7%였으며, 이상의 표고버섯 분말의 평형수분함량의 여러 상황에서 예측에 가장 적합한 흡착식들로서는 Kuhn 및 Mizrahi의 흡착식들을 들 수 있었다고 보고하고 있다.

한편, 1918년에 Langmuir에 의해서 도입된 고체표면에서의 기체분자들의 단분자막 형성에 의한 등온흡착식(adsorption isotherm), 즉 Langmuir 등온흡작식을 비롯한 BET 흡착식을 포함한 이상의 흡착식들에 대한 일반적이며, 간결한 설명은 여러 전문서적들, 예로서 전술한 바 있는 전문서적이나 기타의 문헌들을 참고해주기 바란다.

BET 단분자막형성 수분함량과 효소작용

전술한 대로 수분함량이 적은 식품 속에서의 효소작용(酵素作用)은 한 식품의 수분함량보다는 그 수분활성도(Aw)에 의해서 크게 영향을 받는다.

한 식품의 등온흡습, 또는 탈습곡선에서 소위 BET 단분자막형성 영역 또는 그 보다 낮은 수분활성도에서는 효소작용은 거의 일어나지 않거나 일어난다 해도 극히 서서히 일어난다. 일반적으로 수분이 충분히 존재하는 조건 아래서는 수분은 기질(基質)과 효소 사이의 상호작용에서 매개체(媒介體, a medium)의 역할을 하거나, 기질 운반체(運般體, a vehicle for substrate transport)로서 작용한다.

그러나 BET 단분자막형성 영역 내에서도 수분함량이 극히 적은 경우에는 수분은 매개체, 또는 운반체로서의 기능을 잃고 그 자체가 한 반응물질로 작용하는 경우가 있다. 이와 같은 상황에서의 효소작용은 보통 잘 일어나지 않으나, 기질의 유동성(流動性, mobility)이 큰 물질들, 예로서 식용유지류(食用油脂類, edible fats and oils)와 같은 경우에는 기질 자체의 이동에 의해 효소와의 작용이 가능해지므로 그 효소작용은 상당한 활성을 가질 수 있다.

한편, 일반 산화과정(oxidation process)의 경우와 같이, 공기 중의 산소가 어떤 식품성분과의 반응에 참여하는 경우에는, 물 분자들이 흡착에 의해서 단분자막을 형성할 때에는 산소의 흡수 내지는 산소와 식품성분과의 접촉이 억제될 가능성이 있으며, 이런 경우에 대해서는 이미 언급한 바 있다. 따라서 수분의 흡착이 미흡한, 즉 수분함량이 극히 적은 식품 중에서라도 기질이 유동성이 있을 경우, 예로서 유지성분들이 존재할 경우에는 효소에 의한 산화작용도 오히려 활발하게 일어날 가능성도 있다.

복수분자막형성 영역에서는 물 분자들의 단분자막이 완성된 후에는 나머지의 흡착된 물 분자들은 다소는 이동할 수 있는 물(mobile water)로서 존재할 가능성이 크며, 따라서 일단 단분자막이 형성된 이후에는 수용성 물질들, 예로서 포도당 등의 확산(diffusion)이 가능하게 된다.

그러므로 그 수분함량이 단분자막형성에 필요한 양을 초과할수록 효소에 의한 작용은 가속될 것이 예상된다.

수분활성도와 식품 중의 여러 변화

수분함량이 적은 식품들(low-moisture foods), 특히 건조식품들에 있어서는 그 수분함량은 지금까지 설명한 여러 이유들 때문에 그 건조식품들의 장기적인 안정성에 대해서 지배적인 영향을 미친다.

일반적으로 수분함량의 무게가 고체성분의 무게보다 더 큰 식품들의 경우에는 그림 1-18에서 볼 수 있듯이 그 수분활성도(또는 상대습도)는 거의 1.0에 가까운 경우들이 많다. 그러므로 이와 같이 수분함량이 더 큰 식품들 속의 고체성분들의 작용은 이들이 용해되고 있는 희석용액(dilute solutions)들 중에서의 작용과 다름없으며, 따라서 이들 식품 속에서의 어떤 변화는 대체로 일반적인 수용액 상태에서의 변화와 같을 것이다.

한편, 수분함량이 50%이하, 즉 수분함량이 0.5g H_2O/1g solids 이하인 경우에는 수분함량이 감소됨에 따라 수분활성도는 급격하게 감소된다(그림 1-18 참조).

이와 같은 수분함량이 극히 적은 식품들에 있어서의 일부 변화들, 특히 BET 단분자막형성 수분함량, 즉, 임계 평형수분함량(critical equilibrium moisture content)을 전후한 일부 변화들에 대해서는 이미 언급한 바 있다.

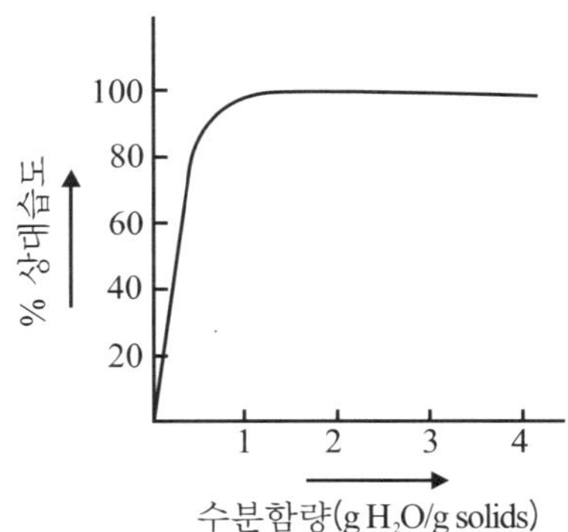

[그림 1-18] 식품에 있어서의 수분함량과 상대습도 사이의 관계.
Labuza, T. P., Tannenbaum, S. R., and Karel, M. 1970. *Food Techanol.*, 24, 543

카렐들(Karrel, M. *et al.*, 1970)과 로크랜드들(Rockland, L. B. and Nishi, S. K., 1980)은 식품의 수분활성도(Aw) 또는 평형상대습도(ERH)와 그 식품에서 일어날 수 있는, 즉 그 식품의 품질에 나쁜 영향을 줄 수 있는 여러 변패과정들, 예로서 미생물들의 성장, 유지류 또는 더 넓게 지방질들의 산패, 비효소 갈색화반응 등의 상대적인 반응속도들 사이의 관계를 도표로 표시하여 설명한 바 있다. 그림 1-19는 이들의 도표들을 종합하여 만든 그림이다.

그림 1-19에서 볼 수 있듯이 유지류, 즉 지방질류의 산화 시에는 수분활성도 또는 평형상대습도(ERH)의 증가에 따라 산화속도는 감소되며, 결과적으로 수분은 유지류, 즉 지방질류의 산화에 있어서 보호 작용을 하는 셈이 된다. 이 수분의 보호작용(protective effect)에 대해서 말로네이들(Maloney, J. F. *et al.*, 1966)이나, 라버자들(Labuza, T. P. *et al.*, 1970)은 다음과 같은 기구(mechanism)에 의해서 이루어진다고 설명하고 있다. 즉,

1. 식품 표면에 존재하는 물 분자들이, 유리 라디칼 반응(free radical reaction)에 의해서 형성된 하이드로파록사이드들(hydroperoxides)과 수소결합을 통해서 복합체들을 형성하여, 하이드로파록사이드들의 분해를 억제한다. 하이드로퍼키사이드 한 분자가 분해될 때마다 한 개 내지 두 개의 활성 라디칼들이 형성되어 산화는 촉진된다.
2. 한 식품 중의 물 분자들은 산화촉진제(prooxidant)로 작용하는, 그 식품 중에 흔적량(痕迹量, a trace amount)으로 존재하는 금속들(trace metals)을 수화(水和, hydrate)시켜 금속 수산화물(metal hydroxides)들의 형태로 바꿈으로써 이상의 금속을(예로서 Cu, Fe, Ni, Co, Mn 등) 유지 또는 지방질 성분들에 대한 산화촉진작용 등과 같은 촉매작용을 억제하거나 제거한다는 것이다.

쇼오벨들(Schobell, T., Tannenbaum, S. R., and Labuza, T. P., 1969)은 그 수분활성도가 0.001

이하인 설탕시료에서도 설탕의 포화용액의 경우와 같은 반응기구(pseudo-first order kinetics)에 의해서 가수분해가 진행되었으며, 가수분해에서 반응물질로 작용한 물은 설탕이 흡착된 물(adsorbed water)이었다고 한다. 이 실험결과는 효소작용의 경우와 마찬가지로 화학반응에 있어서도 수분활성도가 극도로 낮아질 때, 반응속도는 억제되기는 하나 완전히 정지되지는 않는 사실을 보여주고 있다.

한편, 비효소 갈색화반응(非酵素 褐色化反應. non-enzymatic browning reaction)은 그림 1-19에서 볼 수 있듯이 일반적으로 수분함량이 증가함에 따라 그 속도도 증가하지만, 어떤 최대치에 도달한 후에는 수분활성도가 증가되어도 비효소 갈색화반응의 속도는 증가하지 않는다고 한다.

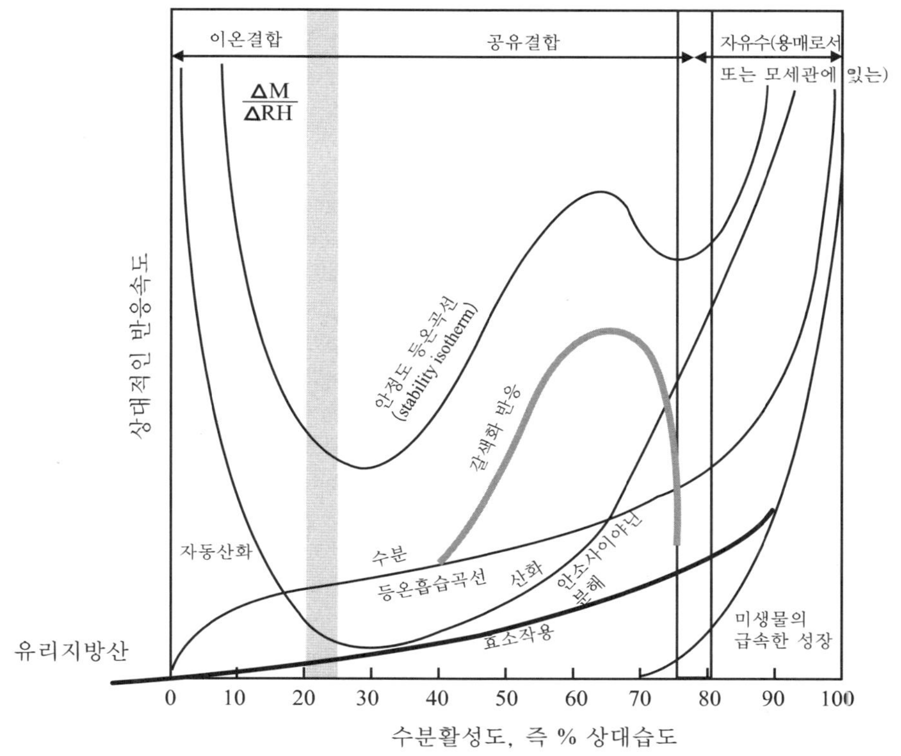

[그림 1-19] 식품의 수분활성도(water activity, aw) 즉, 평형상대습도(ERH)와 여러 변패 과정들(various deteriorations)의 상대적인 반응속도들(relative reaction rates) 사이의 관계를 표시한 도표. 여기서 ΔM/ΔRH는 안정도 등온곡선(stability isotherm)을 나타낸다. Rockland. L. B. and Nishi, S. K. 1980. *Food Technol.*, 34(4), 41.

한 예로서 토리비오들(Toribio, J. L. *et al.*, 1984)은 농축된 사과즙(apple juice concentrate)에서의 비효소 갈색화반응의 속도는 수분활성도 0.53~0.55(대략 78~80%에 해당됨)에서 가장 컸으며, 그 보다 수분활성도가 컸을 경우에는 수분에 의한 희석효과(dilution effect)에 의해서, 반대로 그 보다 작았을 때는 농축 사과즙의 급증되는 점성(viscosity)에 의한 반응 억제에 의해서, 그 비효소 갈색화반응의 속도는 감소되었다고 보고하고 있다.

한편, 수분활성도가 감소되면 이 비효소 갈색화반응의 속도도 감소하나 완전히 억제되지는 않는다. 예로서, 카렐들(Karrel, M. *et al.*, 1968)에 의하면, 환원당들(reducing sugars)과 유리아미노기(free amino group)를 가진 질소화합물들이 함께 존재하는 모델 시스템에서는 수분함량이 단분자막 수분함량 이하의 경우, 심지어는 그 수분함량이 1%이하의 경우에도 급속한 비효소 갈색화 반응이 일어났다고 한다.

이들에 의하면, 설탕, 유기산(organic acid), 그리고 단백질 등의 혼합물들의 경우에는 1%의 수분함량에서도 설탕분자는 함께 존재하는 유기산에 의해서 포도당과 과당(fructose)으로 가수분해되었을 뿐만 아니라 이들 환원당들은 함께 존재하는 단백질들과 반응하여 비효소 갈색화반응을 급격하게 진행시켰다고 한다.

한편, 이미 언급한 대로 곰팡이, 효모, 세균들의 활동은 수분활성도에 의해서 크게 영향을 받으며, 이상의 미생물들에 대해서 알려지고 있는 어떤 제한 수분활성도(limiting water activity)이하에서는 그 활동들은 거의 완전히 억제되는 것으로 알려져 있다.

참고문헌

Acker, L. 1962. Enzymic Reactions in Foods of Low Moisture Content. *Advances in Food Research*, 11, 263.

Acker, L. 1969. Water Activity and Enzyme Activity. *Food Technol.*, 23, 1257.

Akitt, J. A. 1973. "*NMR and Chemistry*," p.15. Chapman and Hall Co., Inc., New York.

Ayranci, E., Ayranci, G., and Dogantan, Z. 1990. Moisture Sorption Isotherms of Dried Apricot, Fig and Raisin at 20℃ and 36℃., *J. Food Science*, 55(6), 1591~1593.

Baltes, W. 1993. "*Lebensmittelchemie*," 2. Wasser, Springer-Verlag, Berlin.

Bartsch, A. G. and Walker, H. W. 1982. Effect of Temperature, Solute, and pH on the Tolerance of Clostridium Perfringens to Reduced Water Activity *J. Food Science*, 47, 1754.

Benado, A. L. and Rizvi, S. S. H. 1987. Water Activity Calculation by Direct Measurement of Vapor Pressure. *J. Food Science.*, 52(2), 429.

Bone, D. 1973. Water Activity in Intermediate Moisture Foods. *Food Technol.*, 27(4), 71.

Bosin, W. A. and Easthouse, H. D. 1970. Use of Constant Relative Humidity Desiccator. *Food Technol.*, 24(10), 113.

Bosin, W. A. *et al.* 1970. Rapid Method for Obtaining Humidity Equilibrium Data. *Food Technol.*, 24, 1155.

Brockman, M. G. 1970. Development of Intermediate-Moisture Foods for Military Use. *Food Technol.*, 24, 896.

Brown, S. 1994. NMR Methods to Determine Oil Content. *Inform*, 5(3), 320~321.

Brunauer, S. P. *et al.* 1938. Absorption of Gases in Multimolecular Layers. *J. Am. Chem. Soc.*, 60, 309.

Bull, H. H. 1944. Absorption of Water by Proteins. *J. Am. Chem. Soc.*, 66, 1499.

Caurie, M., Lee. T. C., Salomon, M., and Chichester, C. O. 1976. A Rearranged BET Plot for a More Direct Estimation of B. E. T. Constants. *J. Food Science.*, 41, 448.

Chinachoti, P. and Steinberg, M. P. 1986. Moisture Hysteresis due to Amorphous Sugar. *J. Food Science.*, 51(2), 453.

Chinachoti, P. 1993. Water Mobility and Its Relation to Functionality of Sucrose-containing Food Systems, *Food Technol.*, 47, 134~140.

Chirife, J. and Fontan, C. F. 1980. A Study of the Water Activity Lowering Bihavior of Polyethylene Glycols in the Intermediate Moisture Range. *J. Food Science.*, 45, 1717.

Chirife, J. and Fontan, C. F. 1982. Water Activity of Fresh Foods. *J. Food Science.*, 47, 661.

Chirife, J., Vaamonde, G., and Scarmato, G. 1982. On the Minimal Water Activity for the Growth of

Staphylococcus aureus. *J. Food Science.*, 47, 2054.
Chirife, J. and Resnik, S. 1984. Unsaturated Solutions of Sodium Chloride as Reference Source of Water Activity at Various Temperatures. *J. Food Science.*, 49, 1486.
Christensen, C. M. 1955. Grain Storage Studies, XⅧ, Mold Invasion of Wheat Stored for 16 Months at Moisture Content below 15%. *Cereal Chem.*, 33, 107.
Chuang, L. and Toledo, R. T. 1976. Predicting the Water Activity of Multi-Component Systems from Water Sorption Isotherms of Individual Components. *J. Food Science.*, 41, 922.
Cohan, L. H. 1938. Sorption Hysteresis and the Vapor Pressure of Concave Surfaces, *J. Am. Chem. Soc.*, 60, 433.
Cohan, L. H. 1944. Hysteresis and the Capillary Theory of Adsorption of Vapors, *J. Am. Chem. Soc.*, 66, 98.
Crookell, A. 1997. NMR Oilseed Analysis in the Plant and Lab. *Inform*, 8(5), 515~520.
De Man, J. M. 1990. "Principles of Food Chemistry." Second edition, The Avi Publishing Co., Inc., Westport, Conneticut, USA, p.16.
Duckworth, R. B. 1975. "Water Relations of Foods," Academic Press, New York.
Dennison, D. B. and Kirk, J. R. 1982. Effect of Trace Mineral Fortification on the Storage Stabillity of Ascorbic Acid in a Dehydrated Model Food System. *J. Food Science.*, 47, 1198.
Desrosier, N. W. 1970. "The Technology of Food Preservation," 3rd ed., Avi Publishiong Co., Inc., Westport, Conn.
Ewing, G. W. 1969. "Instrumental Methods of Chemical Analysis," 3rd edition, McGraw-Hill, Inc., New York.
Favetto, G., Chirife, J., and Bartholomai, G. 1979. Determination of Moisture Content in Glycerol-Containing Intermediate Moisture Foods. *J. Food Science*, 44, 1258.
Fennema, O. R. (editor) 1985. "Food Chemistry," Second edition, revised and expanded, Marcel Dekker, Inc., New York and Basel.
Franks, F. 1984. "Water" Royal Society of Chemistry, Burlington House, London.
Gur-Arieb, C. *et al.* 1967. Moisture Absorption by Wheat Flours and Their Cake Baking Performance. *Food Technol.*, 21, 412.
Han, Y. S., Seok, M. S., Park, J. H., Jo, J. S. 1998. Changes in Moisture Content of Autumn *Baechu* during Brine Salting. *Food Science. Biotechnol.*, 7(4), 258~262.
Hearne, J. F. 1964. Long-Term Storage of *Food Technol.*, 18, 318.
Homma, S. and Fujimaki, M. 1982. Effect of Water Activity of Lipid Oxidation and Browning of Koritofu. *Agric. Biol. Chem. (Japan)*, 46(1), 301.
Iglesias, H., Boquet, R., and Chirife, J. 1977. On the Evaluation of B. E. T. Constants from the B. E. T. Isotherm. *J. Food Science*, 42(5), 1387.
Iglesias, H., Chirife, J., and Bouquet, R. 1980. Prediction of Water Sorption Isotherms of Food Models from Knowledge of Components Sorption Behavior. *J. Food Science*, 45, 450.
Iglesias, H. A., Chirife, J., and Fontan, C. F. 1986. Temperature Dependence of Water Sorption Isotherms of Some Foods. *J. Food Science.*, 51(3), 551.
Jo, J. S. and Kwon, T. W. 1972. An Intermediate Moisture Food from a Composite Meat of Squid and Pork. *Korean J. Food Science. Technol.*, 4, 265.
Kannane, A. and Labuza, T. P. 1985. Change in Available Lysine Loss Reaction Rate in Fish Flour due to an a Change Induced by a Temperature Shift. *J. Food Science*, 50, 582.
Kaplow, M. 1970. Commercial Development of Intermediate Moisture *Food Technol.*, 24, 889.
Karel, M. and Nickerson, J. T. R. 1964. Effects of Relative Humidity, Air and Vacum on Browing of Dehydrated Orange Juice, *Food Technol.*, 18(8), 104.

Karel, M. and Kabuza, T. P. 1968. Non-enzymatic Browning in Model Systems Containing Sucrose. *J. Agr. Food Chem.*, 16, 717.

Karel, M. *et al.* 1970. Water Content and Stability of Low-Moisture and Intermediate-Moisture Foods. *Food Technol.*, 24, 543.

Karmas, E. and Chen, C. C. 1975. Relationship Between Water Activity and Water Binding in High and Intermediate Moisture Foods. *J. Food Science*, 40, 800.

Karmas, E. 1980. Techniques for Measurement of Moisture Content of Foods, *Food Technol.*, 34(4), 52.

Katayama, S. 1982. Characterization of Bound Water in Biosystems. *Kagaku-no Ryo-iki* (*Japan*), 36(2), 100.

Kim, D. M., Chang, K. S., and Yoon, H. K. 1980. Moisture Sorption Characteristics of Powdered Soybean Curd. *Korean J. Food Science. Technol.*, 12(4), 292.

Kim, D. W., Chang, K. S., Lee, U. H., and Kim, S. S. 1996. Moisture Sorption Characteristics of Model Food Powders, *Korean J. Food Science. and Technol.*, 28(6), 1146~1150.

Kim, J. S. and Park, K. H. 1986. Characterization of Water Sorption for Defatted Soybean Hydrolysates. *Korean J. Food Science. Technol.*, 18(3), 234.

King, C. J. 1968. Rates of Moisture Sorption and Desorption in Porous, Dried Foodstuffs. *Food Technol.*, 22, 509.

Kim, S. S., Kim, K. S., and Chang, K. S. 1995. Evaluation and Prediction of Moisture Sorption Characteristics of Pie-style Composite Foods., *Foods and Biotechnology*, 4(4), 231~237.

Ko, J. W., Lee, W. Y., Lee, J. H., Ha, Y. S., and Choi, Y. H. 1999. Adsorption Characteristics of Dried Shiitake Mushroom Powder Using Different Drying Methods., *Korean J. Food Science. Technol.*, 31(1), 128~137.

Kuntz, I. D., Brassfield, T. S., Law, G., and Purcell, G. 1969. *Science*, 163, 1329.

Kuntz, I. D. 1971. Hydration of Macromolecules. Ⅲ Hydration of Polypeptides. *J. Am. Chem. Solutions*. 93, 514.

Kuntz, I. D. 1971. Hydration of Macromolecules. Ⅳ Polypeptide Conformation in Frozen Solution. *J. Am. Chem. Soc.*, 93, 516.

Kuprianoff, J. 1960. Bound and Free Water in Foods in "Fundamental Aspects of the Dehydration Foodstuffs," McMillan Co., New York, p.14.

Labuza, T. P. 1968. Sorption Phenomena in Foods. *Food Technol.*, 22, 263.

Labuza, T. P. *et al.* 1970. Water Content and Stability of Low-Moisture and Intermediate-Moisture Foods. *Food Technol.*, 24, 543.

Labuza, T. P., Cassil, S., and Sinsky, A. J. 1972. Stability of Intermediate Moisture Foods. Microbiology. *J. Food Science.*, 37, 160.

Labuza, T. P. and Chou, H. E. 1974. Decrease of Linoleate Oxidation Rate due to Water at Intermediate Water Activity. *J. Food Science.*, 39, 112.

Labuza, T. P., Acott, K., Tatini, S. R., and Lee, R. Y. 1976. Water Activity Determination : A Collaborative Study of Different Methods. *J. Food Sience*, 41, 910.

Labuza, T. P. 1980. The Effect of Water Activity on Reaction Kinetics of Food Detrioration. *Food Technol.*, 34(4), 36.

Lang, K. W. and Steinberg, M. P. 1981. Predicting Water Acivity from 0.35 to 0.95 of Multicomponent Food Formulation. *J. Food Science*, 46, 670.

Lang, K. W. and Steinberg, M. P. 1981. Linearization of the Water Sorption Isotherm for Homegeneous Ingrdients over aw 0.30-0.95. *J. Food Science*, 46, 1450.

Langmuir, Ⅰ. 1915. Chemical Reactions at Low Pressure. *J. Am. Chem. Soc.*, 37, 1139.

Langmuir, Ⅰ. 1918. The Adsorption of Gases on Plane Surfaces of Glass, Mica, and Platinum. *J. Am. Chem. Soc.*, 40, 1361.

Lee, S. H. and Labuza, T. P. 1975. Destruction of Ascorbic Acid as a Function of Water Activity. *J. Food Science*, 40, 370.

Li, S., Dickinson, L. C., and Chinachoti, P. 1998. Mobility of "Unfreezable" and "Freezable" Water in Waxy Corn Starch by 2H and 1H NMR. *J. Agric Food Chem.*, 46(1), 62~71.

Ling, G. N. 1968. The Phisical States of Water in Biological Systems. *Food Technol.*, 22, 1254.

Makower, B. *et al.* 1943. Equilibrium Moisture Content of Dehydrated Vegetables. *Ind. Eng. Chem.*, 35, 193.

Maloney, J. F. *et al.* 1966. Autoxidation of Methyl Linoleate in Freeze-Dried Model System. Ⅰ. Effect of Water on the Autocatalyzed Oxidation. *J. Food Science*. 31, 878.

Mannheim, H. C. *et al.* 1957. Heat Content of Bread. *Food Technol.*, 11, 384.

Martinez, F. and Labuza, T. P. 1968. Rate of Deterioration of Freeze-Dried Salmon as a Function of Relative Humidity. *J. Food Science*. 33, 247.

Mazur, P. 1966. "*Cryobiology*" ed. by Meryman, H. T., Academic Press, New York.

McBain, J. W. 1935. An Explanation of Hysteresis in the Hydration and Dehydration of Gels. *J. Am. Chem. Soc.*, 57, 699.

McCarthy, M. J. 1994. "*Magnetic Resonance Imaging in Foods*" Chapman and Hall, Inc., New York.

McCune, T. D., Lang, K. W., and Steinberg, M. P. 1981. Water Activity Determination with the Proximity Equilibration Cell. *J. Food Science.*, 46, 1978.

Miller, B. S. *et al.* 1963. Determination of Moisture by Nuclear Magnetic Resonance and Oven Methods in Wheat, Flour. Doughs, and Dried Fruits, *Food Technol.*, 17, 142.

Miyajima, K. (官嶋一郎). 1990. 特集 生體系の 水, 化學と 工業, 43(9), 1455~58. - Miyajima, K. 1990. Water in Biological System. *Kagaku to Kogyo*, 43(9), 1455~58. The Chemical Society of Japan.

Mok, C. K. and Lee, S. K. 1999. Cracking of Rice Caused by Moisture Migration during Storage., *Korean J. Food Science. Technol*, 31(1), 164~170.

Morioka, Y. and Kobayashio, J. Ⅰ. 1979. Sorption Hysteresis and Network Structure of Pores in Porous Substances. Part. 1. Simulation of Capillary Condensation in Adsorption Process. *J. of Japanese Chem. Soc.*, 2, 157.

Mousseri, J., Steinberg, M. P., Nelson, A. I., and Wei, L. S. 1974. Bound Water Capacity of Corn Starch and its Derivatives by NMR. J. Food Science. 39, 114.

Moy, J. H. *et al.* 1971. Bound Water in Fruit Products by the Freezing Method. *J. Food Science*. 36, 498.

Nakanishi, K. 1990. The Structure of Water and Aqueous Solutions as Studied by Computer Simulations. *Kagaku to Kogyo*(科學と 工業), 43(9), 1451~54.

Naesens, W., Bresseleers, G., and Tobback, P. 1982. Diffusional Behavior of Tripalmitin in a Freeze-Dried Model System at Different Water Activities. *J. Food Science*. 47, 1245.

Noguchi, J. (野口駿). 1992. 尿秕ー"*食品と 水の 科學*". 幸書房, 東京(Tokyo, Japan).

Petriella, C., Resnik, S., Lozano, R. D., and Chirife, J. 1985. Kinetics of Deteriorative Reactions on Model food Systems of High Water Activity : Color Changes due to Nonenzymatic Browning. *J. Food Science.*, 50, 622.

Powrie, W. D. 1984. Chemical Effects during Storage of Frozen Foods. *J. of Chemical Education*, 61(4), 340.

Resnik, S., Favetto, G., Chirife, J., and Fontan, C. F. 1984. A World Survey of Water Activity of Selected Saturated Salt Solutions Used as Standards at 25℃. *J. Food Science*. 49, 510.

Rhee, C. and Maeng, Y. S. 1983. Water Vapor Sorption Behavior of Some Agricultural Products Produced in Korea. *Korean J. Food Science. Technol*. 15(4), 315~320.

Rieman, Hans. 1967. Microbial Selection due to Food Processing Public Health Aspects. *Food Technol.*, 21, 759.

Rockland, L. B. 1969. Water Activity and Storage Stability. *Food Technol*, 23, 1241.

Rockland, L. B. and Nishi, S. K. 1980. Influence of Water Activity on Food Product Quality and Stability. *Food Technol.*, 34(4), 42.

Rockland, L. B. and Beuchat, L. R. 1987. "*Water Activity : Theory and Applications to Food*," Marcel Dekker, Inc., New York.

Roman, G. N., Urbicatin, M. J., and Rostein, E. 1982. Moisture Equilibrium in Apples at Several Temperatures : Experimental Data and Theoretical Consideration. *J. Food Science*. 47, 1484.

Roos, Y. H. 1986. Phase Transitions and Unfreezable Water Content of Carrots, Reindeer Meat, and White Bread Studied Using Differential Scanning Calorimetry. *J. Food Science*. 51(3), 684.

Ross, K. D. 1975. Estimation of Water Activity in Intermediate Moisture Foods. *Food Technol.*, 29(3), 26.

Saito, H. 1990. Water in Biological Tissues - Medical Application of NMR. *Kagako to Kogyo*, 43(9), 68~71.

Salwin, Harold. 1959. Defining Minimum Moisture Contents for Dehydrated Foods. *Food Technol.*, 13, 594.

Salwin, H. 1963. Moisture Levels Required for Stability in Dehydrated Foods. *Food Technol.*, 17, 34.

Saravacos, G. D. 1967. Effects of the Drying Method on the Water Sorption of Dehydrated Apple and Potato. *J. Food Science*, 32, 81.

Saravacos, G. D. 1965. Freezing-Drying Rates and Water Sorption of Model *Food Gels. Food Technol.*, 19, 625.

Saravacos, G. D. 1969, Sorption and Diffusion of Water in Dry Soybeans. *Food Technol.*, 23, 477.

Schobell, T. *et al.* 1969. Reaction at Limited Concentration Ⅰ. Sucrose Hydrolysis. *J. Food Science*, 34, 324.

Schwartzberg, H. G. and Hartel, R. W. (editors). 1992. "*Physical Chemistry of Foods*" Marcel Dekker, Inc., New York.

Scott, V. N. and Bernado, D. T. 1983. Influence of Temperature on the Measurement of Water Activity of Food and Salt Systems. *J. Food Science.*, 48, 552.

Shibasaki, K. *et al.* 1967. Studies on Freezing and Freeze-Drying of Foods. *J. Food Science and Technol(Japan)*, 14, 296.

Shibasaki, K. or 柴崎 一雄. 1966. Ⅱ. 水分と 惡變. "食品保藏," 櫻井 芳人 其他 編集, 朝倉書店, 東京(특히 p.24~28).

심상철. 1981. 핵자기 공명분광학. 화학과 공업의 진보, 21(5), 257.

Shin, D. H., Kim, D. H., Choi, U., Lim, D. K., and Lim, M. S. 1996. Studies of the Physicochemical Characteristics of Traditional *Kochujang. Korean J. Food Science. Technol.*, 28(1), 157~161.

Siddappa, G. S. *et al.* 1960. Equilibrium Relative Humidity (ERH) Relationships of Fruit Juice and Custard Powders. *Food Technol.*, 14, 533.

Sloan, A. E. and Labuza, T. P. 1976. Prediction of Water Activity Lowering Ability of Food Humectants at High a_w. *J. Food Science.*, 41, 532.

Strolle, E. O. et al. 1965. Moisture Equilibria of Dehydrated Mashed Potato Flakes. *Food Technol.*, 19, 853.

Taylor, A. A. 1961. Determination of Moisture Equilibria in Dehydrated Foods. *Food Technol.*, 15, 536.

Templema, G. J., Sholl, J. J., and Labuza, T. P. 1977. Evaluation of Several Pulsed NMR Techniques for Solids-in-Fat Determination of Commercial Fats. *J. Food Science*. 42(2), 432.

Toledo, T. *et al.* 1968. Quantitative Determination of Bound Water by NMR. *J. Food Science*. 33, 315.

Toribio, J. L., Nunes, R. V., and Lozano, J. E. 1984, Influence of Water Activity on the Nonenzymatic Browning of Apple Juice Concentrate during storage. *J. Food Science*. 49, 1630.

Troller, J. A. and Christian, J. H. B. 1978. "Water Activity and Food" Academic Press, New York.

Troller, J. A. 1983. Water Activity Measurement with a Capacitans Manometer. *J. Food Science*. 48, 739.

Whitney, E. N. and Hamilton, E. M. N. 1977. "Understanding Nutrition" West Publishing Co., St. Paul, USA, p.431.

Wolf, M., Walker, J. E., and Kapsalis, J. G. 1972. Water Vapor Sorption Hysteresis. *J. Agr. Food Chem.*, 20(5), 1073.

Zapsalis, C. and Anderle Beck, R. 1985. "Food Chemistry and Nutritional Biochemistry" John Wiley & Sons, New York, p.27.

Chapter 2 식품의 색깔

식품의 색깔이 중요한 첫째 이유는 개개의 식품이 모두 그 특유한 색깔을 갖고 있으며, 각 식품의 형태, 크기, 향미 등과 함께 우리가 받아들이는 식품의 특성(characteristics)을 형성하고 있기 때문이다. 어떤 특정 식품에 대해서는 과거의 경험과 우리가 가진 상식(common sense), 경우에 따라서는 편견(prejudice)을 통해서 어떤 특정된 색깔을 기대, 또는 연상한다.

따라서, 한 식품의 색깔은 우리가 그 식품을 받아들이는지(accept), 또는 거절하는지(reject)를 결정하는데 있어서 하나의 중요한 근거가 된다. 더 나아가서, 한 식품의 색깔은 그 식품의 품질(food quality)을 결정하는 하나의 중요한, 경험을 통해서 터득한, 그러나 많은 경우 과학적 연구를 통해서 입증된 척도(measure)가 된다.

보통 우리는 색깔이 선명한 식품들이, 색깔이 흐리며 회색(gray)또는 갈색(brown)이 섞인 어두운 색깔을 가진 동일 종류의 식품들보다 그 품질이 더 우수한 것으로 판단한다.

식품의 색깔이 중요한 둘째 이유는 식품의 외형적인 색깔이 그 식품의 영양가(nutritional value)와 같이 겉으로는 판단할 수 없는 내적인 가치(inherent value)와 밀접한 관계가 있기 때문이다. 나중에 설명하듯이 자연식품에 존재하는 색소들, 즉 자연식품 색소들(natural food pigments)은 대부분의 경우 그 본래의 색깔이 밝고 산뜻하며, 본래 회색 또는 갈색을 가진 자연식품 색소들은 일부 예외적인 경우들을 제외하고는 거의 존재하지 않는다.

따라서, 어떤 가공식품이나 오래 저장된 식품의 색깔이 회색이거나 암갈색(dark brown)인 경우에는 본래의 색소들이 변화하였거나, 파괴되었거나, 가열처리 또는 가공과정에서 식품 내의 각 성분들의 상호작용에 의해서 새로운 색소들, 예로서 갈색 또는 흑갈색의 착색물질들이 형성되었음을 의미한다.

이와 같은 자연 색소들의 색깔변화를 가져오게 한 여러 조건들은 색소 이외의 여러 식품성분들, 예로서 비타민류, 아미노산류, 단백질들, 당류, 향기성분들, 맛을 주는 성분들의 변화도 함께 가져온다고 생각할 수 있으며, 또한 그렇게 생각하는 것이 더 자연스러울 것이다.

즉, 어떤 식품의 색깔 변화는 곧 그 식품의 내적 품질의 변화를 보여주는 척도(尺度)이며, 따라서 그 식품의 색깔은, 특히 신선한 식품들의 경우, 바로 자연에 의한 품질보증서(品質保證書)라고 생각할 수 있다.

그러므로 자연식품들 중의 주요 색소들의 화학적 성질들과 기본적인 화학적 변화들을 바르게 인식한다는 것은 식품들의 가공, 저장 등의 여러 국면에서의 변화들을 생각할 때 매우 중요하다.

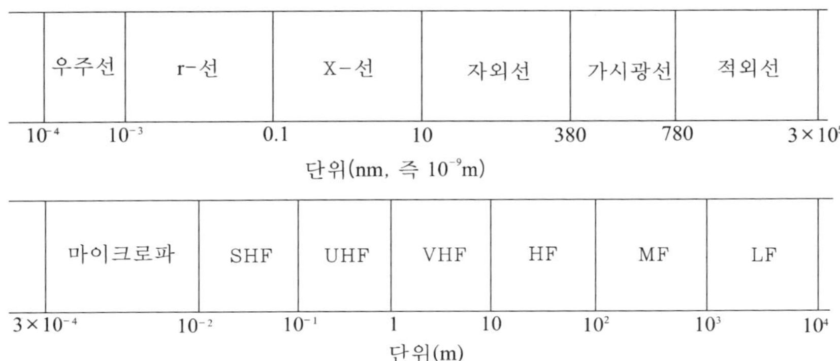

[그림 2-1] 전자파(electromagnetic radiation or wave)의 파장(wave length)별로 구분한 스펙트럼(spectrum).

전자파, 즉 빛(light)의 속도(C in a vacuum = 3.00×10^{8}m/sec)와 파장, 그리고 진동수, 즉 주파수(frequency, f) 사이의 관계는 $c = \lambda \times f$ 로 정의된다.

한편, 위 그림에서 SHF, UHF, VHF, HF, MF, LF 등은 각각 super high frequency, ultra high frequency, very high frequency, medium frequency, low frequency, 등의 라디오파(radio waves)의 영역을 나타낸다.

색깔을 인식하게 되는 기구

색깔을 인식하게 되는 기구(機構, mechanism)에 대한 생리 화학적 연구나 색깔의 분류, 그 종류와 강도의 측정방법 등에 대해서는 그동안 많은 연구가 이루어져 왔으며, 또한 계속되고 있다.

색깔을 인식하게 되는 기구에 관한 연구와 설명은 후술하는 미각, 즉 맛 또는 후각, 즉 냄새의 경우보다 훨씬 앞서 왔다. 특히 후자의 경우 그 종류나 강도를 측정할 신뢰할만한 객관적인 방법들(objective methods), 즉 물리·화학적 방법들이 아직까지 만족스럽지 못한데 비해서, 색깔의 경우에는 이와 같은 물리·화학적 측정방법들이 발달되어 있을 뿐만 아니라, 눈으로 직접 판단하는 경우보다 월등히 정확하고 특히 재현성(reproducibility)이 높은 경우가 많다.

색깔은 물체에서 발산 또는 반사되는 각양의 파장(wave length)을 가진 광선이 인체의 눈을 통해서 망막(retina)에 도달하여 이 망막을 시발점으로 하여 복잡하고 다양한 생리 화학적 변화가 일어나, 신경자극(nerve impulse)으로서 더욱 복잡한 경로를 거쳐서 뇌에 전달되어, 결국 형태와 색깔로서 인식하게 된다.

한편, 사람이 색깔로서 인식하게 되는 광선의 파장은 매우 제한되어 있으며, 대체로 380nm에서 780nm 사이로 알려져 있다(그림 2-1의 위 부분 참조).

뉴우톤의 색깔원　색깔의 분류방법 중 아마도 가장 단순하고 기본적인 것으로는 소위 뉴우톤의 색깔원(Newton's color circle)이 있다. 뉴우톤은 태양의 광선을 프리즘(prism)으로 분리하여 9종류의 단색(單色) 스펙트럼을 얻었으며, 이 색깔들을 원의 둘레에 분류하였다.

이들 색깔은 스펙트럼(spectrum) 중의 단색광(單色光, monochromatic light)으로 얻을 수 있으므로 스펙트럼 색깔(spectrum color)로 알려져 있으나, 뉴우톤의 색깔원을 구성하고 있는 적자색(赤紫色, reddish violet)은 스펙트럼 중의 단색광으로서는 얻을 수 없으며, 이들 단색광을 적절하게 혼합함으로서만 얻을 수 있기 때문에 비스펙트럼 색깔(nonspectrum color)이라고 불려진다(그림 2-2참조).

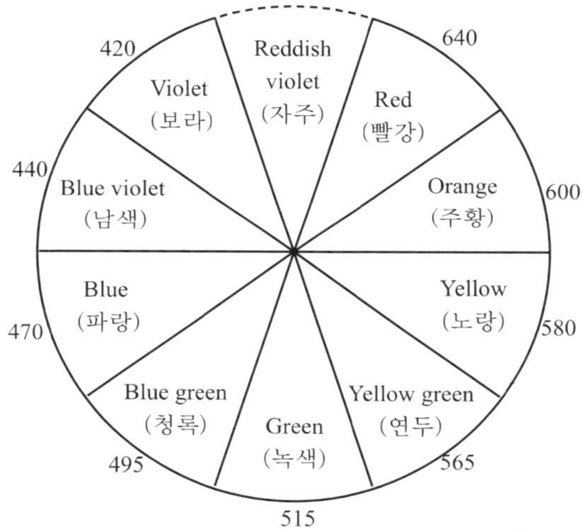

[그림 2-2] 뉴우톤의 색깔원(Newton's color circle) : 실선 부분의 색깔은 Newton의 실험에서 실제 스펙트럼 중의 색깔을 나타내기 때문에 스펙트럼색(spectrum colors)을 표시하며, 한편 점선부분의 색깔은 스펙트럼 중의 색깔이 아니며, 스펙트럼 중의 색깔을 적절히 혼합함으로서 얻을 수 있기 때문에 비스펙트럼 색깔(non-spectrum color)로 알려져 있다. 또한 둘레의 수치는 각 색깔의 중심파장(wave length)의 수치를 나타낸다.

이상의 색깔원에서 서로 마주치고 있는 색깔들은 보색(補色, complementary color)으로 알려져 있으며, 이 서로 보색관계에 있는 단색광들을 일정한 비율로 혼합할 때는 백색(white color)으로 보인다.

반대로 태양광선과 같은 백광(white light)이 어떤 용액을 통과할 때, 실제 흡수되는 단색파장(monochromatic wave length)은, 그 용액의 색깔이 가령 빨간색이라고 할 때 그 빨간색과 서로 보색관계에 있는 청녹색(青綠色, bluish green)이 된다.

한편, 백광에서 9종류의 스펙트럼 색깔을 얻을 수 있는 것과 마찬가지로 이상의 9종류의 스펙트럼 색깔을 적당히 섞을 때는 백광을 얻게 되는 사실이 알려져 있다.

영-헬름홀츠의 삼원색 학설　1804년에 물리학자 영(Young, T.)은 물리학 이외의 분야에서도 많은 업적을 남긴 것으로 알려져 있다. - 사람의 눈의 망막에는 주로 빨간색(red), 초록색(green), 푸른색(blue)에 해당하는 파장의 광선에 반응하는 세 종류의 수용체들(受容體, receptors)

이 분포되고 있으며, 모든 색깔은 이상의 수용체를 통해서 얻어지는 신경자극이 합성되어 뇌에 전달되어 얻어진다는 삼원색 학설(三原色 學說, the tricolor theory)을 제안했었다.

이와 같은 영의 삼원색 학설은 1896년에 물리학자며, 생리학자였던 헬름홀츠(Helmholtz. H.)에 의해서 좀 더 정량적(quatitative)으로, 다시 말해서 수량적으로 정리되어 발표되었기 때문에, 일반적으로 영-헬름홀츠의 삼원색 학설(Young-Helmholtz tricolor theory)로 알려져 왔다.

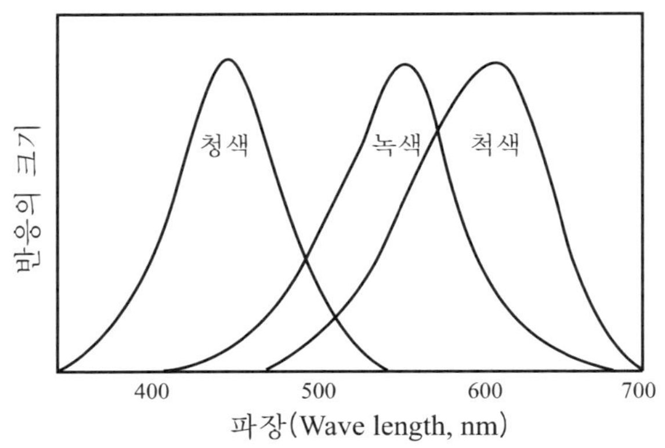

[그림 2-3] 사람의 망막에 있는 원추체는 각각 청색, 녹색, 빨간색에 특히 강하게 반응하는 청추체(靑錐體), 녹추체(綠錐體)와 적추체(赤錐體)로 구성되는 사실이 알려져 있다.

이 학설은 각종의 해부학적 연구(anatomical studies) 결과들, 예로서 사람 눈의 망막에 실제로 주로 빨간색, 초록색, 푸른색의 광선에 반응하는 세 종류의 수용체들만 존재한다는 사실, 그리고 지금까지의 여러 연구들에 의해서 지지받아 왔다.

한편, 색맹(色盲, color blindness)의 원인은 이상과 같은 영-헬름홀츠의 삼원색학설로서는 잘 설명하지 못하였었다. 다만 근래에 와서 원추체들을 형성하는 유전자의 결함에 기인하는 것으로 생각되고 있다(Nathans, J. *et al.*, 1986. *Science*, 232(4747), 203 참조).

헤링의 사원색 학설 이상의 난점(難點)을 설명하기 위해 생리학자 헤링(Hering, E.)은 1875년에 전술한 삼원색(三原色) 이외에 노란색(yellow)을 더 추가하여, 사원색 학설(Hering's four color theory)을 제안했다. 이 학설에서는 빨간색과 초록색을 한 쌍의 관련된 색깔로, 노란색과 푸른색을 위의 쌍과 반대가 되는 또 하나의 한 쌍의 색깔들로 설명하고 있다.

그러나 현재에 있어서는 이상의 두 학설은 서로 모순되는, 또는 상반(相反)되는 학설들이 아니라, 사람이 색깔을 인식하게 되는 단계적 과정들을 차례로 설명하고, 서로 보완해 주는 학설들로 생각되고 있다(MacNichol, E. D. Jr. 1964.; *Scicntific American*, 211(6), 48 참조).

즉 사람 눈의 망막에는 광선의 명암도(明暗度, brightness), 다시 말해서 흑(black), 백(white)의 인식에 관계되는 간상체들(杆狀體, rods)과 빨간색, 초록색, 푸른색에 반응하는 세 종류의 원추체들(圓錐體, cones)이 존재하지만(즉, 여기서는 삼원색설이 적용된다), 이상의 수용체에서 받은 자극들이 색깔에 관한 정보로 뇌에 전달되는 바로 다음의 단계적 과정에서 신경신호로 바뀌질 때 명암도(black and white), 빨간색과 초록색, 노란색과 푸른색 등의 서로 대비되는 신경신호들로 바꿔져서 전달되는(따라서 여기서는 사원색설이 적용된다) 것으로 생각되고 있다. 즉, 색깔이 인식되는 과정은 전술한 망막에 있는 세 종류의 원추체들에 의해서 영-헬름홀츠의 삼원색 학설(the tricolor 또는 trichromatic receptor theory)에 의해서 처리된 후, 뇌에 전달되는 신경신호들을 처리하는 과정에서, 방금 설명한 헤링의 사원색 학설(the four color 또는 opponent process theory)에서와 같이 빨간색-초록색, 노란색-푸른색, 흑색-백색의 서로 대비되는 신호들 또는 정보들로 처리되어 전달되는, 두 개의 과정들로 구성되어 있는 것으로 생각되고 있다(더 자세한 것 Schiffman, H, R., 1996 참조).

색깔의 분류와 측정

색깔의 분류와 측정에 실제 사용되고 있는 방법으로서는 가장 일반적으로 사용되고 있는 C.I.E. 체계(C.I.E. system), 그리고 특히 식품류에 널리 사용되고 있는 먼셀 체계(Munsell system)와 헌터 체계(Hunter system) 등이 있다. 이상의 여러 체계 등에 대해서 간단히 설명하면 다음과 같다.

C. I. E. 체계 이 C.I.E.체계(Commission International de I'Eclairge 즉, International Commission on Illumination System)는 모든 색깔은 빨간색, 초록색과 푸른색 세 종류의 기본색(primary color)을 적당하게 배합함으로써 재현할 수 있다는 원칙에 그 근거를 두고 있다. 이상의 기본색들의 기준으로는 파장 700.0nm의 빨간색(R), 546.1nm의 초록색(G)과 435.8nm의 푸른색(B)을 1:4.597:0.0601의 강도비율(intensity ratio)로 혼합할 때 백광(white light)을 형성하는 사실에 입각하여 이상의 강도비율의 단파장(單波長) 광선들을 기본색들(the three primary color)로 정하고 있다.

어떤 임의의 색깔인 빨간색, 초록색과 푸른색의 비율, a,b,c는 다음과 같은 식으로 표시될 수 있으며, 그 색깔의 삼 자극치(三刺戟値, the tristimulus values of the color)라고 불려진다.

$$a = \frac{a}{a+b+c}, \quad b = \frac{b}{a+b+c}, \quad c = \frac{c}{a+b+c}$$

실제에 있어서는 이상의 자극치 중에도 부(否, negative)의 수치를 갖는 경우가 있기 때문에, 좌표전환(座標轉換)을 실시하여, 언제나 정(正, positive)의 수치를 갖도록 하며, X,Y,Z의 삼 자극치로 표시하도록 하고 있다.

따라서, CIE R,B,G 표색(標色)시스템(color system)을 좌표로 전환시킨, CIE의 X,Y,Z 표색시스템이 현재 사용 중에 있으나, X,Y,Z는 R,B,G와 같은 실제로 존재하는 스펙트럼색이 아님을 유의해야 한다. R,B,G 시스템에서 a,b,c로 표시된X,Y,Z의 기본색의 비율 또는 분포계수들(distribution coefficients)은 x,y,z로 표시되며, 다음과 같은 식들로 표시된다.

$$x = \frac{X}{X-Y-Z}, \quad y = \frac{Y}{X-Y-Z}, \quad z = \frac{Z}{X-Y-Z}$$

$$z = 1-(x+y)$$

특히, z는 x,y에 의해서 정해지는 특성을 이용하여, CIE의 X,Y,Z 표색시스템을 각각 x,y를 좌표축(座標軸)으로 하는 CIE 색채도표(CIE chromaticity diagram)를 작성, 사용할 수 있다.

먼셀의 색깔 분류체계 이 시스템에서는 어떤 임의의 색깔에 대하여 색상(色相, hue), 명도 또는 명암도(明暗度, value 또는 lightness), 채도 또는 색채도(色彩度, chroma) 세 가지의 특성으로 설명하고자 하는 간소화된 삼원색 체계의 하나이다.

색상은 10개의 색상으로 구성되고 있으며, R, Y, G, B, P(Purple)로 하고 그 중간 색상인 YR, GY, BG, PB, RP로 표시되고 있다. 이 개개의 색상은 0에서 10까지 구분(區分) 또는 분류되고 있으며, 위의 기호에 해당하는 색상들은 각각 그 중간치, 즉 5에 해당한다.

명암도는 밝기를 나타내는 수치로, 색상에 대해서 수직으로 표시되고 있으며(그림 2-4 참조), 0(black)에서 10(white)으로 구분되고 있다.

색채도는 구형(球型)모델(spherical model, 그림 2-4)의 중심을 0으로 시작하여 표시되며, 실제 존재하는 색소들에 의해서 표시될 수 있는 가장 맑은, 선명한 색채도가 10이 된다. 따라서 0이란 수치는 가장 맑지 않은, 즉 흐린, 침침한 색깔을 의미한다.

예로서 3R 2.5/8.0인 색깔은 빨간 색상 R은 3이고, 명암도가 2.5, 색채도가 8.0인 색깔을 말한다.

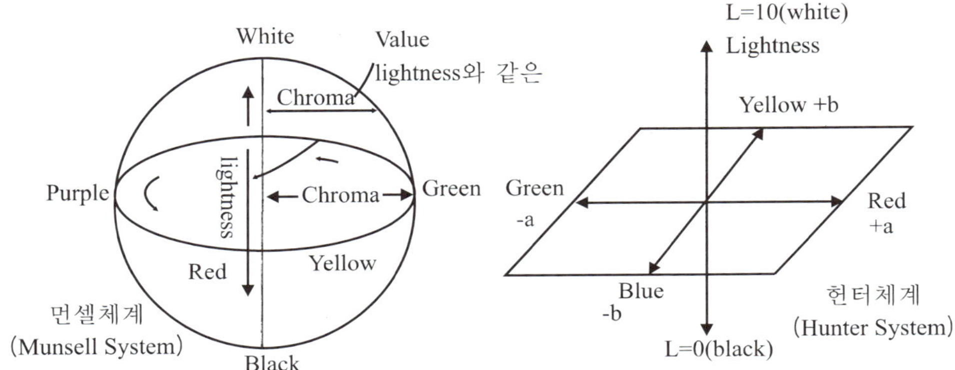

[그림 2-4] 먼셀체계(Munsell system)와 헌터 체계(Hunter system)

헌터의 색깔 분류체계 이 헌터의 색깔 분류체계는 엄격하게는 삼원색 분류체계(tristimules color system)의 하나라기보다, 헤링의 사원색 학설에 근거를 두고 있는 분류법이다. 헌터 체계에서는 어떤 임의의 색깔의 특성들(color characteristics)은 명암도(lightness)를 나타내는 L, 빨간색과 초록색으로 이어진 좌표상(座標上)에 표시되는 a 또는 -a, 노락색과 푸른색으로 이어지는 좌표상에 표시되는 b 또는 −b 로써 표시된다.

여기서 명암도 L은 10(white)과 0(black) 사이의 어떤 위치에 표시되나, 0과 10사이의 수치는 비례적으로 설정되어 있지 않다는 점(non−linear)에 유의해야 한다. 그리고 어떤 임의의 색깔은 먼셀 색깔 분류체계(Munsell color system)의 경우와 마찬가지로 입체적(立體的)으로 표시되는 점에도 유의할 필요가 있다.

이상 두 개의 색깔 분류체계들은 이들을 위하여 개발된 각종의 기기(機器, instruments)를 사용하여, 그 특성을 측정할 수 있도록 되어 있으며, 전술한 바와 같이 먼셀의 색깔 분류체계와 함께 각종 식품의 색깔 특성 측정에 널리 사용되고 있다.

식품에 존재하는 자연색소의 분류

한 식품 속에 존재하는 색소들은 원래 식품들 속에 존재하는 자연 색소들(natural pigments)과 착색(着色)을 목적으로 첨가되는 식품첨가물들(food additives)인 착색제들(colorants 또는 coloring materials)로 구분된다. 여기서는 자연 색소들에 대해서만 논의하고, 착색제들에 대해서는 제18장 식품첨가물에서 논의하기로 한다.

한편, 자연 색소들은 그 출처에 따라 크게 식물성 색소들(plant pigments)과 동물성 색소들(animal pigments)로 나뉘어지며, 보통 다음과 같이 세분된다.

식물성 색소들　이 식물성 색소들은 물에 녹지 않는, 즉 주로 식물체의 원형질체(protoplasts)의 플라스티드, 즉 유색체(plastid)에 존재하는 색소들(water insoluble plastid pigments)과 수용성인 세포액에 녹아있는 색소들(cell sap water soluble pigments)로 분류될 수 있다.

수용성 색소들로는 안소잔틴류(anthoxanthins), 즉 소위 플라보노이드들(flavonoids)과 안토사이아닌들(anthocyanins)이 있으며, 이외에 이상의 색소들과는 별도의 특유한 구조들을 가진 베탈레인류(betalains)가 여기에 속한다. 한편, 물에 불용성인 색소들로서는 클로로필류(chlorophylls)와 카로티노이드들(carotenoids)이 여기에 속한다.

수렴성(收斂性, astringent properties)을 가진 탄닌들(tannis)은 보통 무색투명의 교질상태로 존재하나 쉽게 산화, 중합되어 갈색 또는 흑갈색의 불용성 물질들로 변하며, 따라서 연구자들에 따라서는 불용성인 색소류에 일부 탄닌들을 포함시키는 경우도 있다.

본 장에서는 이상에서 언급한 다섯 종류의 색소들에 대한 설명을 끝낸 후, 전술한 탄닌류에 대해서 간단하게 설명하기로 한다.

동물성 색소들　동물성 색소들(animal pigments)로서 가장 주요한 것으로는 동물들의 혈액에 존재하는 헤모글로빈(hemoglobin)과 근육조직에 존재하는 마이요글로빈(myoglobin) 등이 있으나, 육류 등을 식용으로 하기 전에, 그 혈액을 가급적 많이 제거하는 것이 상례임으로 마이요글로빈이 더 중요하다.

일부 동물조직이나 기타의 동물성 식품들, 예로서 우유 등에는 그 자연 색소들인 카로티노이드(carotenoids)에 속하는 여러 색소들이 존재한다. 이들에 대해서는 그 출처와 관계없이 카로티노이드 색소들을 논의할 때, 함께 포함시켜서 논의하기로 한다.

한편, 식품들 중의 많은 성분들은 효소 존재 하에, 또는 효소의 참여 없이 소위 갈색화반응(enzymatic browning, or non-enzymatic browning reaction)을 일으켜 착색물질들을 형성한다. 이들 착색물질들, 즉 갈색색소들은 식품의 색깔을 논의할 때 매우 중요한 물질들이나, 원래 식품들 중에 존재하는 자연 색소들이 아니므로 본 장에서는 제외한다. 식품의 갈색화에 관한 중요한 사항들에 대해서는 별도로 "제11장 갈색화반응"에서 논의하기로 한다.

식물성 색소들

클로로필류, 즉 엽록소들

식물의 잎이나 줄기의 초록색은 주로 클로로필류, 즉 엽록소들(chlorophylls)에 의한다. 이 클로로필들은 카로티노이드 색소에 속하는 카로틴류(carotenes) 그리고 잔토필 색소들(xanthophylls)과 함께 세포 내의 엽록체(chloroplast)에 존재한다(표 2-1 참조).

표 2-1 양배추 잎사귀의 클로로플라스트(chloroplasts of cabbage leaves)의 성분 분석치

클로로플라스트의 성분	퍼센트함량	클로로플라스트의 성분	퍼센트함량
클로로필(chlorophylls)	9.3%	왁스(wax)	12.3
카로틴(carotenes)	0.5	스테롤(sterols)	4.5
잔토필(xanthophylls)	0.8	불감화물(unsaponifiable)	13.3
지방산의 글리세라이드(glycerides)	17.5	인산칼슘(calcium phosphate)	18.4

이 엽록체는 식물의 광합성(photosynthesis)에 있어서 중요한 역할을 하고 있는 것으로 알려져 있다. 즉 엽록체에서는 공기 중의 탄산가스가 광에너지(light energy)를 에너지원으로 하여 당류로 동화(同化, assimilate)된다. 이 광합성 과정은 간단히 다음과 같이 표시될 수 있다.

$$6\,CO_2 + 6\,H_2O + 673\text{kcal(광에너지)} \rightarrow C_6H_{12}O_6 + 6\,O_2$$

클로로필들은 일반적으로 포오피린류(porphyrins)로 알려진 매우 중요한 환상(環狀)화합물들에 속한다. 이 포오피린류에 속하는 또 하나의 중요한 색소들로는 헤모글로빈과 마이요글로빈이 있다.

클로로필류의 구조 클로로필에는 클로로필 a, 클로로필 b, 클로로필 c 및 클로로필 d 등이 있다. 보통 식물체에서는 주로 클로로필 a와 b가 대략 3:1정도의 비율로 분포되어 있는 것으로 알려져 있다. 클로로필 a의 색깔은 청록색(bluish green)이며, 클로로필 b의 색깔은 황록색(yellowish green)이다. 클로로필 c와 d는 어떤 특정의 해조(algae)류에 존재하는 것으로 알려져 있다.

클로로필의 구조는 이미 핏셔어(Fischer, H. ca. 1916)와 빌슈텟터(Willstätter, R. 1905∼1912) 등에 의해서 널리 연구되어 왔으며, 그 기본구조는 마그네슘 포오피린(magnesium porphyrin)임이 알려져 있다. 클로로필의 포오피린 환(porphyrin ring)과 그 중심에 있는 마그네슘(Mg)은 두 개의 공유결합(covalent bond)과 두 개의 배위결합(coordinate bond)에 의해서 결합되고 있다(그림 2-5). 자연 상태에서 이 클로로필들은 단백질, 또는 리포프로테인(lipoprotein)과 결합한 상태로 존재하는 것이 알려져 있다.

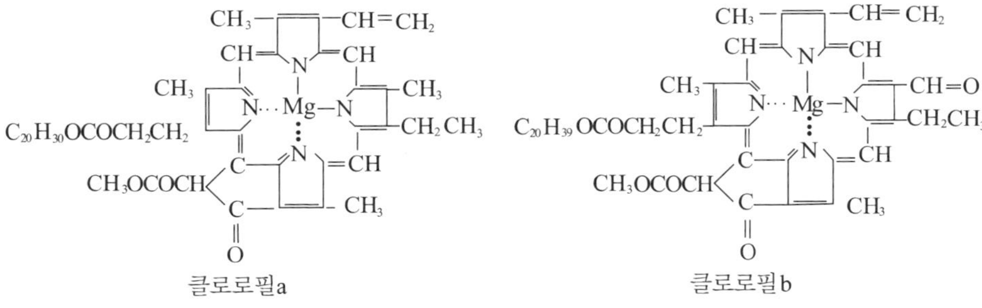

클로로필a 클로로필b

[그림 2-5] 클로로필(chlorophylls)의 구조.

클로로필류의 성질 순수한 클로로필들은 물에 녹지 않으나, 아세톤(acetone), 무수 에탄올(absolute ethanol), 에틸 에텔, 벤젠, 클로로포름($CHCl_3$) 등에는 잘 녹으며, 찬 에탄올(cold ethanol)에는 덜 녹고, 석유 에텔(petroleum ether)에는 전혀 녹지 않는다.

채소류의 잎이나 줄기를 잠시 동안 물에 침지하거나 블렌칭(blanching)할 때는 녹색의 색깔이 더 진해지며, 그 속에 있는 클로로필류는 에텔(에틸 에텔 더 정확하게는 다이에틸 에텔을 뜻함) 등에 쉽게 추출되는 상태가 된다.

한편, 잠시 가열함으로써 색깔이 더 진해지거나 에텔에 쉽게 추출되는 이유에 대해서는 여러 설명들이 있다.

그 중의 하나는 클로로필들이 식물체 표면에 존재하는 밀납물질들(waxy substances)에 녹아 들어가서 진 용액(true solution)을 형성한다는 설이며, 이것은 가열에 의해 형성된 뜨거운 물이 클로로필과 결합하고 있는 염류나 기타의 물질들을 용해 제거함으로써 클로로필이 밀납물질들 속으로 확산(diffuse)되는 것을 도와준다고 하는 것이다.

또 다른 하나의 설명은 원래 클로로필은 단백질이나 리포프로테인(lipoprotein)과 함께 결합된 상태로 존재하나, 잠시 가열할 때는 이와 같은 단백질이나 리포프로테인들이 분리되어 클로로필은 더 쉽게 녹는다는 것이다.

하여간에 채소의 푸른 잎이나 줄기의 색깔이 잠깐 가열 또는 블랜칭하여 줌으로써 더 선명해지는 사실은 오래 전부터 알려져 왔으며, 채소류의 조리시 고려해야 할 중요한 현상으로 생각되고 있다.

클로로필과 산과의 반응 클로로필들을 산(acids)으로 처리하면 클로로필들의 프오피린 환(porphyrin ring)에 결합되고 있는 마그네슘이온(magnesium ion)이 수소이온들(hydrogen ions)로 치환되어, 그 결과 갈색의 페오파이틴(brown colored pheophytin)들이 형성된다.

이 반응은 비가역적(irreversible)으로 급속하게 일어나며, 채소류 가공시의 색깔변화와 관계되는 변화들 중 가장 중요한 변화이다.

$$C_{32}H_{30}ON_4(Mg^{++})\begin{cases}COOC_{20}H_{39}\\COOCH_3\end{cases} + 2H^+ \xrightarrow[\text{(irreversible)}]{\text{비가역적}} C_{32}H_{30}ON_4(2H)\begin{cases}COOC_{20}H_{39}\\COOCH_3\end{cases} + Mg^{++}$$

클로로필 : 초록색 페오파이틴(pheophytin) : 갈색

한편, 산의 작용과 특히 가열이 지속될 때는 클로로필의 포오피린에 결합하고 있는 메틸 에스터 그룹(methyl ester group)은 다음 식에서와 같이 가수분해 되어 파이로페오파이틴(pyropheophytin)을 형성한다.

$$C_{32}H_{30}ON_4(2H^+)\begin{cases}COOC_{20}H_{39}\\COOCH_3\end{cases} \xrightarrow[\text{가수분해}]{H^-} C_{32}H_{30}ON_4(2H^+)\begin{cases}COOC\\COOCH_3\end{cases} + C_{20}H_{39}OH$$

페오파이틴 파이로페오파이틴(pyropheophytin) : 갈색

클로로필과 알칼리와의 반응 클로로필들은 알칼리성 용액에서는 먼저 파이틸 에스터 그룹(phytyl ester group)이 급속하게 가수분해 되어 짙은 초록색을 가진 클로로필라이드(chlorophyllide)들로 되며, 다시 메틸 에스터 그룹(methyl ester group)이 가수분해 되어 역시 짙은 초록색의 수용성인 클로로필린(chlorophyline)들이 된다.

$$C_{32}H_{30}ON_4(Mg^{++})\left\langle\begin{matrix}COOC_{20}H_{39}\\COOCH_3\end{matrix}\right.\xrightarrow{\text{알카리}}C_{32}H_{30}ON_4(Mg^{++})\left\langle\begin{matrix}COOCH\\COOCH_3\end{matrix}\right.+C_{20}H_{39}OH$$

클로로필라이드(chlorophyllide) : 청록색 파이톨(phytol)

$$C_{32}H_{30}ON_4(Mg^{++})\left\langle\begin{matrix}COOC\\COOCH_3\end{matrix}\right.\xrightarrow{\text{알카리}}C_{32}H_{30}ON_4(Mg^{++})\left\langle\begin{matrix}COOH\\COOH\end{matrix}\right.+CH_3OH$$

클로로필린(chlorophylline) : 청록색

$$C_{32}H_{30}ON_4(Mg^{++})\left\langle\begin{matrix}COOH\\COOH\end{matrix}\right.\xrightarrow[\text{강한 알카리}]{NaOH}C_{32}H_{30}ON_4(Mg^{++})\left\langle\begin{matrix}COONa\\COONa\end{matrix}\right.$$

클로로필린의 Na염

클로로필의 알카리에 의한 가수분해 과정

알칼리의 농도가 클 때는 클로로필린들은 염의 형태, 예로서 소듐염의 형태로 존재한다. 이 염류는 짙은 청록색을 갖고 있으며, 또한 물에 잘 녹기 때문에 수용성 클로로필(soluble chlorophyll)로도 알려져 있다.

그러나 자연식품들은 물론 가공식품들의 경우에도 알칼리성인 경우는 거의 없으므로, 이 클로로필류와 알칼리와의 반응이 실제 식품들 중의 클로로필들에서 흔히 일어나는 반응으로 보기는 어렵다.

클로로필레이스에 의한 가수분해

식물조직에 분포되고 있는 효소 클로로필레이스(chlorophyllase)는 그 식물조직이 파괴될 때 유리(liberate)되어 클로로필류에 작용하여 클로로필류의 파이틸 에스터 그룹을 선택적으로 가수분해하고, 짙은 청록색의 클로로필라이드(chlorophillide)를 형성한다.

$$C_{32}H_{30}ON_4(Mg^{++})\left\langle\begin{matrix}COOC_{20}H_{39}\\COOCH_3\end{matrix}\right.\xrightarrow[\substack{\text{클로로필레이스}\\(chlorophyllase)}]{}C_{32}H_{30}ON_4(Mg^{++})\left\langle\begin{matrix}COOCH\\COOCH_3\end{matrix}\right.+C_{20}H_{39}OH$$

클로로필라이드 파이톨

클로로필들의 클로로필레이스에 의한 가수분해

한편, 클로로필의 파이틸 그룹(phytyl group)이 먼저 가수분해 된 다음 여기에 형성된 클로로필라이드(chlorophillide)속의 Mg^{++}이온이 H^{+}이온과 치환되어 갈색의 페오포오바이드(pheophorbide)가 형성될 수도 있다.

$$C_{32}H_{30}ON_4(Mg^{++})\left\langle\begin{matrix}COOH\\COOCH_3\end{matrix}\right.\xrightarrow[\text{가수분해}]{H^{+}}C_{32}H_{30}ON_4(2H^{+})\left\langle\begin{matrix}COOH\\COOCH_3\end{matrix}\right.$$

클로로필라이드 : 짙은 청록색 페오포오바이드 : 갈색

이 클로로필레이스의 작용은 실질적으로는 채소의 색깔에 아무 변동을 가지고 오지 않으나, 클로로필을 수용성인 클로로필라이드로 바꿈으로써 채소조직 내의 안정(安定)된 클로로필의 함량의 감소시키는 사실은 중요하다.

표 2-2 완두콩(Kentucky Wonder string beans)을 물에서 끓일 때, 가열시간(min), 페오파이틴의 함량(% pheophytin content)과 색깔 사이의 관계

가열시간(분수)	페오파이틴 함량(%)	콩의 색깔
0	0	초록색(green)
5	7	초록색(green)
15	37.5	초록색(green)
20	72.5	갈색 짙은 초록색(brownish green)
30	86.5	황색 짙은 초록색(yellowish green)
60	100.0	황색 짙은 초록색(yellowish green)

Meyer, L. H. 1960. "*Food Chemistry*," p.238.

클로로필류의 조리과정에서의 변화 시금치나 양배추 등과 같은 채소류를 물속에서 끓일 때는 이들 채소조직(tissues)의 부분적인 파괴로 말미암아 세포 내에 존재하던 상당한 양의 휘발성 및 비휘발성 유기산들(volatile and non-volatile organic acids)이 유리(遊離)되며, 이 유기산들은 이와 같은 채소류에 존재하는 클로로필을 페오파이틴(pheophytin)으로 전환, 채소류의 색깔은 곧 갈색으로 변하게 된다. 이 유기산의 발생량은 채소를 가열한 후의 처음 몇 분간에 가장 많다.

표 2-2는 완두콩을 물속에서 끓일 때, 가열시간의 경과에 따르는 페오파이틴(pheophytin)의 함량과 그 색깔의 변화를 보여주고 있다.

한편, 채소류를 가열조리 할 때, 클로로필 a와 b 등이 페오파이틴으로 전환되는 속도에는 상당한 차이가 있는 듯하다.

스위니들(Sweeney, J. P., *et al.*, 1961)은 가열조리 된 브로콜리(broccoli) 속에서 클로로필 a와 b의 퍼센트 잔존율(% retention)을 조사한 결과 클로로필 b의 파괴율이, 클로로필 a의 경우보다 더 적은 사실을 밝히고 있다(표 2-3 참조).

한편, 스티이트들(Steet. J. A. *et al.*, 1996)은 마쇄한 완두콩(pureed green peas, 80% moisture w/w)시료를 70℃, 80℃, 90℃서 가열할 때, 클로로필 a와 b의 파괴율, 초록색의 감소율 등을 조사한 바 있다. 이들은 클로로필류의 파괴율은 HPLC법에 의해서, 초록색 감소율은 헌터 색도계(Hunter colorimeter)로 -a의 감소율을 측정하여 조사하고 있다. 이들은 이상의 실험 결과들을 분석하여, 클로로필들의 파괴율이나 초록색의 감소율은 모두 반응속도론적으로 일차반응(a first order reaction)에 따랐다고 한다. 즉, 그 반응속도는 클로로필들의 농도에 비례했다는 의미다. 또한 이상의 반응(클로로필 a와 b의 파괴율 및 초록색의 감소율)은 온도의 영향을 받았으며, 70℃, 80℃와 90℃에서의 활성화 에너지(activation energy)는 각각 19.5, 17.1과 18.2kcal/mole 이었다고 보고하고 있다.

표 2-3 가열된 양배추의 일종(broccoli)에서의 클로로필 a와 b의 신선한 채소에 대한 퍼센트 잔존율(% retention)

가열조리시간(cooking time, min.)	클로로필(chlorophyll)의 퍼센트 잔존율(% retention)	
	클로로필 a	클로로필 b
5	78.7%	90.3%
10	45.2	86.7
15	35.1	71.2
20	18.4	57.6

Sweeney, J. P. and Martin, M. E. 1961. *Food Technol.*, 15, 265.

블렌칭의 영향

통조림식품, 건조식품 등의 가공식품들의 전처리(pre-treatment)로서 과실이나 채소류 속의 호흡가스를 제거하여 주는 블렌칭 과정(a blanching process)은 필수적으로 되어 있다. 이 블렌칭 과정은 물, 또는 수증기로 60℃이상 100℃ 사이에서 수분간 가열하는 과정이므로, 채소류의 색깔, 즉 클로로필에 의한 색깔에 어떤 영향을 줄 것이 예상된다.

반 뷰렌들(Van Buren, J. P. *et al*., 1964)에 의하면, 블렌칭 과정은 클로로필의 페오파이틴(pheophytin)으로의 전환을 촉진하며, 그 작용은 블렌칭 온도가 60℃와 80℃ 사이에서 최고였고, 100℃에서의 극히 짧은 시간의 블렌칭의 경우, 이 블렌칭에 의한 촉진효과는 오히려 적었다고 한다.

클로로필류에 대한 가열조리, 또는 가열살균의 영향 한편, 채소류를 급격히 고온으로 가열하는 경우, 동일 온도로 서서히 가열해가는 경우보다 클로로필의 색깔유지가 더 잘 되는 사실들이 보고되고 있다.

실제로 탄(Tan, C. T., 1962)은 시금치 퓨레이 통조림(canned spinach puree)의 경우, 138℃(280°F)에서 열처리된 것은 원료 시금치의 25%의 클로로필을 함유하고 있었으나, 116℃(240°F)에서 열처리된 퓨레이는 다만 3.8%의 클로로필을 함유하고 있을 뿐이었다고 보고하고 있다.

클로로필류는 강한 가열 또는 장기간의 가열에 의해 분해되어 황록색의 분해생성물인 파이로에티오포오피린(pyroetioporphyrin) 등과 같은 포오피린류를 형성한다.

클로로필 (chlorophylls) 청록색	⟶ 강한 가열 또는 장기간의 가열	포오피린류 (porphyrings) 갈색, 기타

클로로필류와 금속과의 반응 클로로필류를 구리(copper), 철(iron), 아연(zinc) 등의 염들과 함께 가열하면 클로로필속의 마그네슘 이온(Mg^{++})은 구리, 철, 아연 이온들과 치환되어 구리 클로로필, 즉 동 클로로필, 철 클로로필 등이 형성된다.

동 클로로필 또는 철 클로로필 등은 대단히 선명한 청록색(동 클로로필의 경우), 또는 선명한 갈색(철 클로로필의 경우)을 나타낸다. 이상의 치환체들은 매우 안정하며, 가열 시에도 그 색깔이 그대로 유지된다.

그러나 이들은 물에 잘 녹지 않으므로, 강한 알칼리, 예로서 가성소오다(NaOH)로 가수분해하여 동 클로로필린, 또는 철 클로로필린의 소듐염으로 만들어 수용성으로 한 다음 식품착색제들(food coloring materials)로서 사용되고 있다(제 18장 해당항목 참조).

한편, 일부의 채소류에서는 그 조리액(調理液) 중의 산(acids)의 작용에 의해서 페오파이틴(pheophytin)으로 되어 갈색으로 변화된 경우에도 구리의 염류를 첨가하면, 페오파이틴의 수소이온은 구리 이온과 치환되어 동 클로로필린의 밝고 짙은 청록색을 갖게 할 수 있다.

예로서, 완두(green peas) 등의 통조림에서는 가열살균, 조리과정, 또는 가열살균과정에서의 퇴색(discoloration)을 억제하기 위해서 150 ppm 정도까지의 황산동($CuSO_4$)의 사용이 우리나라를 비롯한 대부분의 나라에서 허용되고 있다(그림 2-6 참조).

$$C_{32}H_{30}ON_4(Mg^{++})\begin{cases}COOC_{20}H_{39}\\COOCH_3\end{cases}\xrightarrow[Cu^{++},\ Fe^{++},\ Zn^{++}\ ions]{}C_{32}H_{30}ON_4(Cu^{++})\begin{cases}COOC_{20}H_{39}\\COOCH_3\end{cases}$$

동 클로로필(copper chlorophyll)

$$\xrightarrow[conc\ \ NaOH]{}C_{32}H_{30}ON_4(Cu^{++})\begin{cases}COONa\\COONa\end{cases}$$

동 클로로필린의 소듐염 (sodium salt of copper chlorophyline)

$$C_{32}H_{30}ON_4(Mg^{++})\begin{cases}COOC_{20}H_{39}\\COOCH_3\end{cases}\xrightarrow[\text{가열조리}]{H^+}C_{32}H_{30}ON_4(2H^+)\begin{cases}COOC_{20}H_{39}\\COOCH_3\end{cases}$$

페오파이틴(pheophytin)

$$\xrightarrow[Cu^{++}\ \text{첨가}]{}C_{32}H_{30}ON_4(Cu^{++})\begin{cases}COOC_{20}H_{39}\\COOCH_3\end{cases}$$

동 클로로필

[그림 2-6] 클로로필과 구리, 철 이온들과의 반응들.

식품가공 중의 클로로필 색깔 퇴색을 억제하는 방법

실제 채소류의 가공 시 일어나는 클로로필의 파괴에 의한 퇴색(褪色)을 억제하기 위해서는 여러 가지 방법들이 사용되고 있다. 그 중의 한 방법은 클로로필의 페오파이틴(pheophytin)으로의 전환이 pH가 산성일수록 촉진되며, 반대로 알칼리성일수록 억제되는 사실을 이용하여 알칼리, 또는 알칼리염을 가공식품류에 첨가하는 방법이 있다.

실제적인 문제로서 가공식품류에 첨가할 수 있는 알칼리나 알칼리염의 종류나 양은 극히 제한되고 있다. 현재 가장 성공적으로 사용되고 있는 알칼리화제(alkalizing agent)는 탄산마그네슘($MgCO_3$)이다. 그러나 굽테들(Gupte, S. M. *et al.*, 1964)에 의하면, 이상의 방법은 단기적으로 밖에는 효과가 없다고 한다.

한편, 클로로필류 또는 그 유도체들과 아연 이온(zinc ion, Zn^{+2})과의 복합체들(complexes)의 색깔은 클로로필류 원래의 색깔과 매우 비슷한데다가, 각종 가공업, 예로서 채소류 가공(vegetable processing)에서 사용되는 열처리 과정에 의해서 쉽게 그 초록색을 잃지 않는다.

실제로, 완두, 시금치 등의 통조림 공장에서 통조림하기 전의 블랜칭 과정에 사용되는 블랜칭 용액(blanch solution)에 아연 염류를 첨가하여, 이상의 완두나 시금치의 특색 있는 초록색의 색깔을 유지하게 하는 방법을 Veri-Green 이라는 이름 아래 사용하여 왔다. 이 경우, 이상의 채소류 속의 클로로필류에서 형성된 페오파이틴(pheophytin)이나 파이로페오파이틴(pyropheophytin)들이 블랜칭 용액에 녹아있는 아연 이온들(zinc ions, Zn^{+2})과 반응하여 안정된 초록색의 아연 페오파이틴(zinc pheophytin) 또는 아연 파이로페오파이틴(zinc pyropheophytin)을 형성하는 것으로 밝혀지고 있다(von Elbe, J. H. *et al.*, 1986; Tonucci, L. H. and von Elbe, J. H., 1992 참조).

한편, 토누치들(Tonucci, L. H. and von Elbe, J. H., 1992)은 시금치에서 추출한 클로로필 a 를 산성용액에서 페오포오바이드, 파이로페오파이틴, 페오파이틴 등을 만든 후, 아연 이온(Zn^{+2})과 반응시켜 각각의 복합체를 만들고, 이들 아연 복합체들의 20℃, 25℃, 30℃와 35℃ 에서의 초록색 색깔의 안정성(安定性, stability)을 그 반감치(半減値, half-life values)로 비교한 바 있다. 위에서 언급한 페오포오바이드, 파이로페오파이틴과 페오파이틴들과 아연 이온과의 복합체들의 색깔의 20℃에서의 반감치 또는 반감기수명(半減期壽命, the half-life values)은 각각 90, 174와 304분 이였으며, 온도변화에 의해서 크게 변하지 않았다고 한다. 그리고 클로로필 a 의 유도체들과 아연이온과의 복합체 형성시의 활성화 에너지들(the activation energies, Ea)은 모든 경우 거의 비슷하여 21.8±0.5kcal/mole 로서 유도체들의 구조가 복합체 형성속도에 영향을 주었다고 볼 수 있다.

클로로필류의 제거문제

식물체에 존재하는 클로로필류가 대부분의 경우 단백질과 복합체를 형성하고 있는 사실에 대해서는 이미 언급한 바 있다. 근래 새로운 형태의 식품 단백질들(food proteins)의 하나로서 녹엽 단백질(綠葉 蛋白質, leaf protein)의 이용이 연구되고 있다(제16장 식품 단백질 참조). 이 녹엽 단백질을 동물 사료(animal feed)로 사용하는 경우에는 덜 심각하나, 식품 단백질로 사용할 때는 이 단백질과 결합하고 있는 클로로필류를 제거하는 일이 매우 중요한 과제가 되고 있다.

많은 양의 녹엽 단백질은 엽록체 내의 타일라코이드막(thylakoid membranes)에 클로로필-단백질 복합체로 존재하며, 이와 같은 복합체들 중의 클로로필류의 구성 비율은 20%에 달하는 경우도 있다고 한다. 또한 핵산(n-hexane)과 같은 비극성용매들(non-polar solvents)은 클로로필류를 잘 추출, 제거하지 못하는 반면에, 아세톤(acetone), 다이메틸폼아마이드(dimethyl form-amide)와 같은 물과 잘 섞이는 극성용매들(water-miscible polar solvents)의 경우에는 클로로필류가 잘 추출되나, 단백질 부분에 변화를 가져올 가능성이 있다고 한다. 반 뷰렌(Van Buren, J. P., 1985)에 의하면, 클로로필류와 단백질의 결합은 공유결합이 아닌 제이차적 결합(第二次的 結合, non-covalent bonds)에 의한 것으로 생각되고 있다.

카로티노이드

카로티노이드류

카로티노이드류(carotenoids)는 그 색깔이 오렌지색(orange), 노란색, 또는 빨간색을 가진, 물에 녹지 않으나 지방(fat) 또는 지용성 용매들(fat solvents)에 잘 녹는, 구조가 서로 유사한 색소들을 함께 묶어서 부르는 이름이며, 당근(carrot)에서 얻어진 색소와 같은 것이라 해서 카로틴류(carotenes), 다시 카로티노이드류란 이름이 사용되고 있다.

표 2-4 일부 카로티노이드 색소들(carotenoids)의 역사적인 발전(historical development)

연대	베타-카로틴 (β-carotene)	다이하이드로-베타-카로틴 (dihydro-β-carotene)	잔소필 (xanthophyll)	제아잔신 (zeaxanthin)
1830～1850			벨첼리우스(Berzelius) 1837	
1850～1870				튜디컴(Thudichum)[1] 1869
1870～1890				
1890～1910	빌슈텟터(Willstatter)[2] 1906		빌슈텟터(Willstatter)[2] 1907	
1910～1930		부에스트(Wuest)[1] 1918		

1930~1950	카러(Karrer)[3] 1929~1931	카러(Karrer)[3] 1931~1941	카러(Karrer)[3] 1931~1941	카러(Karrer)[3] 1930~1933
1950~	아이슬러들(Isler. et al)[5] 1953 카러-인호펜(Karrer-Inhoffen)[4]1950	인호펜(Inhoffen)[4] 1950		아이슬러들 (Isler. et al)[4] 1955

1) 처음에 언급한 사람 2) 분자식(molecular formula)을 알아낸 사람 3) 분자구조(constitution)를 결정한 사람
4) 전체합성(total synthesis)에 성공한 사람 5) 공업적인 제조방법을 개발한 사람
Isler, O., Ofner, A., and Siemers, G. F. 1958. *Food Technol.*, 12, 520.

표 2-5 일부 카로티노이드 색소(carotenoids)들의 역사적인 발전(historical development)

연대	크립토잔신 (cryptoxanthin)	파이살리엔 (physalien)	비키신 (bixin)	라이코핀 (capsanthin)	사잔신 (canthaxanthin)
1830~1850			부산골 (Boussingault)[1] 1825		
1850~1870					
1870~1890				할슈텐 (Harsten)[1] 1873	
1890~1910					
1910~1930		쿤(Kuhn)[1] 1929	하이두슈카 (Heiduschuka)[2] 1917	빌슈텟터 (Willstatter)[2] 1910	
1930~1950	야마모토 (Yamamoto)[1] 1932 쿤(Kuhn)[3] 1933	쿤(Kuhn)[3] 1929~1931	쿤(Kuhn)[3] 1928~1931	카러(Karrer)[3] 1929~1931	학소(Haxo)[4] 1850
1950~	아이슬러들 (Isler. et al)[4] 1956	아이슬러들 (Isler. et al)[4] 1955	위든(Weedon)[4] 1951	카러(Karrer)[5] 1950 아이슬러들 (Isler. et al)[6] 1956	제히마이스터 (Zechmeister)[2] 1956 제히마이스터 (Zechmeister)[3] 1956

1) 처음에 언급한 사람 2) 분자식(molecular formula)을 알아낸 사람 3) 분자구조(constitution)를 결정한 사람
4) 전체합성(total synthesis)에 성공한 사람 5) 공업적인 제조방법을 개발한 사람
Isler, O., Ofner, A., and Siemers, G. F. 1958. *Food Technol.*, 12, 521.

표 2-6 일부 카로티노이드 색소(carotenoids)들의 역사적인 발전(historical development)

연대	아스타잔신 (astaxanthin)	캅소루빈 (capsorubin)	토룰라호딘 (torularhodin)	캅잔신 (capsanthin)
1830~1850				부란코네 (Branconnet)[1] 1817
1850~1870				
1870~1890	푸세(Pouchet)[1] 1876			
1890~1910				
1910~1930				제히마이스터 (Zechmeister)[4] 1927
1930~1950	쿤들(Kuhn et al)[4] 1934 쿤들(Kuhn et al)[2,3] 1938	제히마이스터들 (Zechmeister et al)[4] 1934 제히마이스터들 (Zechmeister et al)[2]	레데러(Leaderer)[1] 1933 카러들(Karrer et al)[4] 1943 카러들(Karrer et al)[3]	제히마이스터들 (Zechmeister et al)[3] 1927~1935 카러들(Karrer et al)[4] 1927~1935

	1935 제히마이스터들 (Zechmeister et al)[3] 1934～1935	1946
1950～	카러들 (Karrer et al)[3] 1956	

1) 처음에 언급한 사람 2) 분자식(molecular formula)을 알아낸 사람 3) 분자구조(constitution)를 결정한 사람
4) 전체합성(total synthesis)에 성공한 사람 5) 공업적인 제조방법을 개발한 사람
Isler, O., Ofner, A., and Siemers, G. F. 1958. *Food Technol.*, 12, 521.

카로티노이드류는 아이소프렌 구성단위(isoprene unit) 8개가 결합하여 형성된 테트라테르펜(tetraterpene)의 기본구조를 갖고 있다.

그 분자구조 내에는 많은 수의 공액이중결합들(conjugated double bonds)이 있어 이 결합들이 그 색깔의 원인이 되고 있는 것으로 믿어지고 있다. 카로티노이드에 속하는 색소들은 1800년대 중엽부터 알려져 왔으며, 1900년대 전반기에는 많은 카로티노이드 색소들의 분자식과 구조식들이 밝혀졌었다. 한편 1900년대의 후반기에는 많은 색소들의 전체 합성(total synthesis)과 공업적인 생산방법 등이 확립되었다.

카로티노이드의 색깔 전술한 대로 카로티노이드에 속하는 색소들은 노란색, 오렌지색 또는 빨간색을 갖고 있으며, 노란색을 가진 대표적인 색소들로서는 β-카로틴(β-carotene), β-아포-8'-카로테날(β-apo-8'-carotenal), 잔토필(xanthophyll), 메틸 비키신(methyl bixin), 크립토잔틴(cryptoxanthin), 루테인(lutein) 등을 들 수 있다. 한편, 빨간색을 갖고 있는 대표적인 카로티노이들로서는 라이코펜(lycopene), 캅잔틴(capsanthin), 캅사잔틴(canthaxanthin), 아스타잔틴(astaxanthin) 등을 들 수 있다.

이상의 색소들의 구조와 이 색소들이 존재하는 식품들은 그림 2-7 그리고 그림 2-8과 같다.

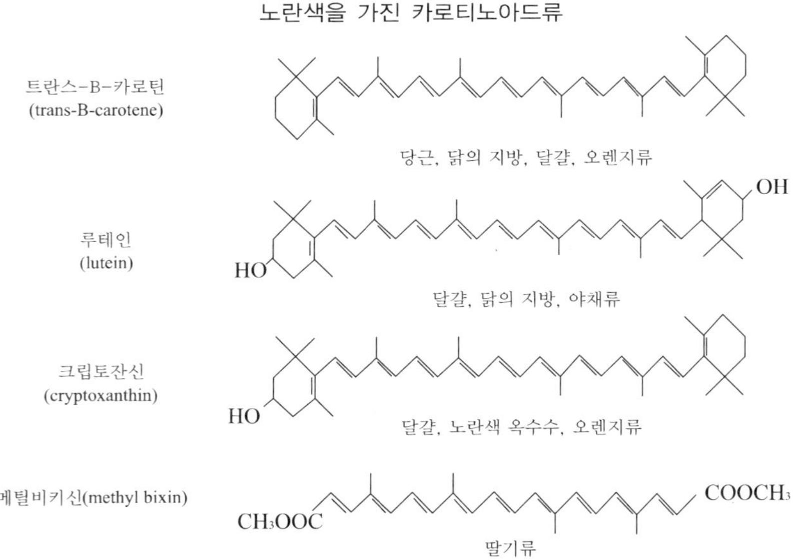

[그림 2-7] 노란색을 가진 카로티노이드류의 일부의 이름, 구조 및 함유하고 있는 식품들.
Isler, O., Ofner, A., and Siemers, G. F. 1958. *Food Technol.*, 12, 520.

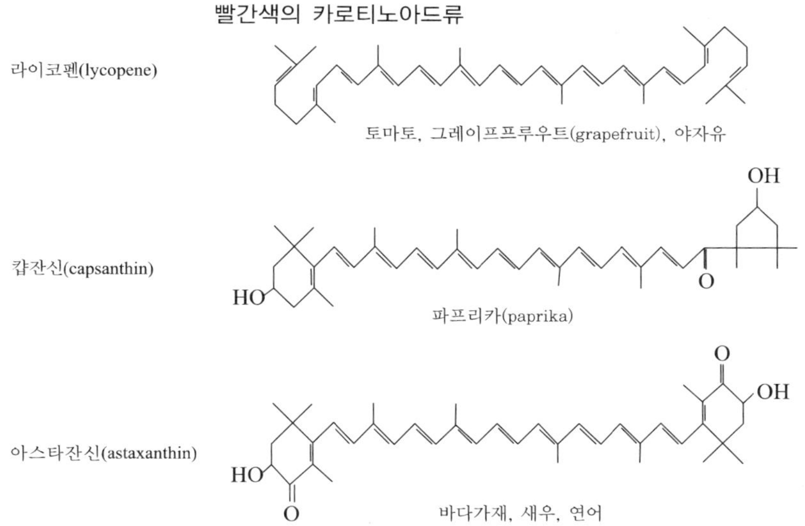

빨간색의 카로티노아드류

라이코펜(lycopene)

토마토, 그레이프프루우트(grapefruit), 야자유

캽잔신(capsanthin)

파프리카(paprika)

아스타잔신(astaxanthin)

바다가재, 새우, 연어

[그림 2-8] 빨간색을 가진 일부 카로티노이드류의 이름, 구조 및 함유 식품들.
Isler, O., Ofner, A., and Siemers, G. F. 1958. *Food Technol.*, 12, 520.

카로티노이드류에 속하는 색소들의 분류

이 카로티노이드류에 속하는 색소들이 아이소프렌 구성단위(isoprene unit) 8개가 결합하여 형성된 테트라텔펜(tetraterpenes)의 기본구조를 갖고 있음은 이미 설명한 바 있다.

표 2-7 일부 주요한 식물성 카로티노이드 색소들(plant carotenoids)의 분포

종 류	명 칭	한 분자에서 생기는 비타민 A분자의 수	분 포
카로틴(carotenes)	α-카로틴(α-carotene)	1	당근, 고구마, 수박, 밤, 대두유(soybean oil)
카로틴(carotenes)	β-카로틴(β-carotene)	2	당근, 오렌지, 토마토, 파프리카(paprika)
카로틴(carotenes)	γ-카로틴(γ-carotene)	1	야자유(plam oil)
카로틴(carotenes)	라이코펜(lycopene)	0	토마토, 수박, 살구
잔소필(xanthophylls)	캅잔신(capsanthin)	0	고추(red pepper), 파프리카(paprika)
잔소필(xanthophylls)	크립토잔신(cryptoxanthin)	0	노란 옥수수, 오렌지껍질, 감, 파프리카
잔소필(xanthophylls)	플라보잔신(flavoxanthin)	0	채소의 푸른 잎(green leaves)
잔소필(xanthophylls)	루테인(lutein)	0	채소의 푸른 잎, 호박, 밀의 배종유(wheat germ oil)
잔소필(xanthophylls)	타라잔신(taraxanthin)	0	여러 종류의 꽃들
잔소필(xanthophylls)	바이올라잔신(violaxanthin)	0	감, 파파야(papaya)
잔소필(xanthophylls)	제아잔신(zeathxanthin)	0	노란 옥수수, 토마토, 복숭아, 호박, 오렌지

Black, F. C. 1955. "*Handbook of Food and Agricuiture*", p.607, Reinhold Pub. Corp., New York.

그러므로 카로티노이드 색소들은 아이소프렌 구성단위(isoprene structural unit, 제12장의 그림 12-17 참조)로 형성된 매우 그 범위가 넓은 아이소프레노이드류(isoprenoids)에 속하는 화합물들이다. 이 아이소프레노이드류는 서로 구조와 성질들이 유사한 텔페노이드 화합물들, 즉 텔페노이드류(terpenoids)와 스테로이드 화합물들, 즉 스테로이드류(steroids)로 크게 나눠진다. 본 장(즉, 2

章)에서 다루고 있는 카로티노이드 색소들, 즉 카로티노이드류(carotenoids)는 이상의 두 그룹 중의 첫 번째의 그룹, 즉 텔페노이드류(terpenoids)의 일부를 구성하는, 구조와 성질들이 비슷한 화합물들의 한 그룹이라고 할 수 있다.

한편, 이 카로티노이드류에 속하는 색소들은 크게 수소 및 탄소만으로 구성되고 있는, 소위 탄화수소 카로티노이드류(hydrocarbon carotenoids)인 카로틴류(carotenes)와 이상의 카로틴류에 속하는 색소들의 분자 중의 수소원자가 산소원자나 수산기(-OH)로 치환되어 형성된 카로틴류의 유도체, 즉 산화된 카로틴류(oxygenated carotenes)로 볼 수 있는 넓은 의미의 잔토필류(xanthophylls)로 분류된다.

카로티노이드(carotenoids)　　카로틴류(carotenes : hydrocarbon carotenoids)
잔토필류(xanthophylls : oxygenated carotenes)

일부 카로틴류에 속하는 색소들과 잔토필류에 속하는 색소들의 예를 들면 표 2-7과 같다.

한편, 커펫트(Cuppett, S., 1998)는 식물체에서 얻어지는 많은 중요한 화합물들이 식물체 내에서 아세틸 CoA(acetyl CoA), 아세토아세틸 CoA(acetoacetyl CoA), 하이드록시메틸글루타릴 CoA(hydroxymethylglutaryl CoA, HMG CoA) 등의 과정들을 거쳐서 메발로닌산(mevalonic acid, MVA)이 형성된 후, 이 MVA가 ATP, 즉 adenosine triphosphate와 반응한 후, 다시 탈탄산 과정(decarboxylation)을 거쳐 만들어진 아이소펜틸파이로포스페이트(isopentyl pyrophosphate, IPP)의 중합반응(polymerization)을 통해서 형성된다고 설명하고 있다. 즉, IPP는 실질적으로 아이소프렌 단위(isoprene unit)로서, 각종 중합반응들에 참여하는데, 이와 같은 중합반응을 통해서 형성되는 화합물들로서는 모노텔페노이드류(monoterpenoids), 다이텔페노이드류(deterpenoids), 테트라텔페노이드류(tetraterpenoids), 즉 카로테노이드류(carotenoids), 플라보노이드류(flavonoids), 각종 정유들(精油, essential oils), 로스마린산(rosemaric acid, RA) 등을 들 수 있다.

카로티노이드류의 성질

카로티노이드 분자들 속의 이중결합　자연에 존재하는 카로티노이드들은 그 분자들 속에 많은 수의 공액이중결합들(conjugated double bonds)을 갖고 있는 사실에 대해서는 이미 언급한 바 있다.

이상의 공액이중결합들은 베타-카로틴(β -carotene)을 비롯한 거의 대부분의 카로티노이드들의 경우, 모두 트란스형(all trans form)들로 되어 있으나, 극히 일부의 카로티노이드들에 있어서는 그 분자 내의 이중결합들의 일부가 예외적으로 시스형(cis form)으로 된 경우도 있다.

또한 원래 그 분자 내의 공액이중결합들이 모두 트란스형인 카로티노이드 색소들도 가열, 산(acids), 광선의 조사(irradiation) 등의 영향에 의해서 일부 공액이중결합들이 시스형으로 이성화(isomerize)되는 경우가 많다.

카로티노이드류의 산, 알칼리에 대한 반응　카로티노이드류에 속하는 색소들은 물에 녹지 않으며, 약한 산이나 알칼리들에 의해서 파괴되지 않는다. 따라서 그 색깔도 일반적으로 변색되지 않는다.

카로티노이드류의 산화 카로티노이드류에 속하는 색소들은 산소가 없는 조건하에서는 고온으로 가열 되어도 별 변화가 없으며 매우 안정하다.

그러나 이 색소들은 불포화도(degree of unsaturation)가 매우 크므로 자동산화(autoxidation), 가열산화(thermal oxidation), 화학약품류에 의한 산화(oxidation by chemicals) 등에 대해서 매우 약하다. 이와 같은 산화에 의한 카로티노이드들의 파괴에 의한 식품의 색깔 변화, 즉 퇴색(褪色, discoloration)은 건조식품류의 경우 특히 심하다.

한편, 헨리들(Henry, L. K. *et al.*, 1998)은 베타-카로틴의 두 이성체들(all-trans 및 9-cis β-carotene), 라이코펜(lycopene), 그리고 루테인(lutein) 등의 여러 온도(75°, 85°, 95℃)와 가열시간(24, 12, 5시간)에서의 산화에 의한 파괴속도를 반응속도론적으로 분석한 바 있다.

이들에 의하면, 이상의 카로티노이드 색소들의 파괴속도(the rates of the oxidative destruction)는 모두 일차 반응속도식에 따랐다고 한다. 즉, 그 파괴속도를 색소들 자체의 농도에 비례하였다고 한다. 한편, 라이코펜(lycopene)의 경우, 그 파괴속도는 다른 카로티노이드 색소들의 경우에 비해서 2배가량 컸었다고 한다. 그리고 이들 카로티노이드 색소들의 파괴반응에서의 활성화 에너지들(the activation energies, Ea)은 라이코펜의 경우에는 19.8kcal/mole, all-trans 및 9-cis 베타-카로틴들의 경우 각각 26.2와 25.1 그리고 루테인의 경우 24.9kcal/mole 이었다고 한다. 전체 결과들을 종합하여 볼 때, 루테인이 가장 안정했으며, 두 베타-카로테인 이성체들이 그 다음, 그리고 라이코펜은 그 안정도가 가장 낮았다고 보고하고 있다.

카로티노이드들은 생체내(生體內)에서의 자동산화(autoxidation)에 의해서도 파괴되며, 식물이나 동물조직체 내에는 카로티노이드들의 산화를 촉진하는 효소 시스템들(enzyme systems)이 존재하는 것으로 알려져 있다.

카로틴 색소들에 의한 색깔이 식품의 품질에 나쁜 영향을 주는 경우도 많다. 우선 식물성 식용유들의 경우와 밀가루의 경우를 들을 수 있다. 팜 야자유(palm oil)를 비롯한 거의 대부분의 식용유들의 경우, 이상의 카로틴색소들에 의해서 갈색으로 착색이 되어 있어 정제과정(refining processes)중 활성백토(活性白土), 활성골탄(活性骨炭) 등으로 흡착, 제거하는 탈색과정(a bleaching process)이 필수적이다.

액체상이 아니고 분말 상인 밀가루는 카로틴 함량이 큰, 즉, 갈색의 외피(bran)의 마쇄된 분말(粉末)이 밀가루에 혼합되어 밀가루 전체의 색깔이 어둡다. 옛날에는 이 밀가루를 오래 저장함으로써 자동산화를 통하여 카로틴의 파괴, 즉 표백(漂白)과 효소작용이 조정되도록 하였다. 소위 숙성(aging)과정이다. 그러나 근래에 와서는 각종의 화학표백제들을 사용하여 카로틴색소를 산화 내지는 환원 파괴하여 표백하는 방법이 사용되고 있다.

카로티노이드류에 대한 광선의 영향 카로티노이드류는 광선(light)에 대해서 매우 민감하나, 이 예민도(sensitivity)는 산소의 존재 유무에 따라 크게 좌우된다.

한편, 이상의 카로틴 색소들이 쉽게 산화될 수 있는 식품성분들, 예로서 식용유지 등에 존재할 경우라도 광선에 의해서 촉발 내지는 유발되는 감광체에 의한 산화(photosensitized oxidation)가 일어나는 경우에는 토코페롤류, 예로서 알파-토코페롤(α-tocopherol)들과 함께 광선에 의해서 형성된 활성화된 산소에 대한 가장 강력한 소거제(quenchers)로 작용하는 사실이 알려져 있다(Frankel, E. N., 1985, 1998 그리고 Min, D. B. *et al.*, 1989).

즉, 형성되는 활성화된 일중항 산소(excited state singlet oxygen, $^1O_2$)와 반응하여, 이보다 상대적으로 반응성이 더 약한 보통 산소(ground state triplet oxygen, $^3O_2$)로 바꿈으로써 전체 산화반응의 진행을 억제하여 주는 것으로 알려져 있다.

그 반면에 전술한 바 있는 클로로필류는 이상의 감광체에 의한 산화에서 강력한 감광체(photosensitizer), 즉 활성화된 일중항 산소의 형성을 촉진하여 주는 색소들로 알려져 있다.

프로비타민 A로서의 카로티노이드 색소들

카로티노이드류에 속하는 색소들의 일부에는 그 구조상 비타민 A(여기서는 비타민 A류의 총칭으로서 사용)와 매우 밀접한 관계를 갖고 있으며, 체내에서는 쉽게 비타민 A가 될 수 있는 소위 프로비타민 A들(provitamin As)이 있다.

예로서, β-카로틴(β-carotene) 한 분자는 이론적으로는 체내에서 산화, 분해되어 두 개의 비타민 A분자들이 될 수 있으며, 한편, 한 분자의 α-카로틴(α-carotene)은 체내에서 한 분자의 비타민 A를 형성하며, 한편, 한 분자의 γ-카로틴(γ-carotene)에서도 역시 한 분자의 비타민 A가 형성된다.

그러나 실제로는 체내에서 β-카로틴이 비타민 A로 전환되는 율은 섭취할 때의 흡수율, 기타의 여러 상황에 따라, 예로서 체내에서의 비타민 A의 수급상황 등에 따라 다르다. 한편, 근래에 와서 6㎍의 β-카로틴은 1㎍의 레티놀(retinol), 즉 비타민 A 알콜에 해당하는 것으로 규정되고 있다(본문 제12장 지방질 중의 카로티노이드 색소들과 비타민 A 항목 참조).

이상의 α, β 및 γ-카로틴들(α, β and γ-carotenes)과 같은 체내에서 비타민 A를 형성할 수 있는 카로티노이드에 속하는 색소들은 그 특유한 색깔보다는 오히려 영양학적으로도 매우 중요한 식품성분들이라고 할 수 있다.

한편, 비타민 A의 종류와 화학적 구조, 각종 식품 중의 분포와 생리적 작용 등에 대해서는 전술한 제12장 지방질중의 해당항목(본문 p. 703～704)을 참고하여 주기 바란다.

대표적인 카로틴류

α−카로틴 α-카로틴(α-carotene)은 보통 β-, γ-카로틴들(β-, γ-carotenes)과 함께 존재한다.

예로서, 고추(red pepper)에는 α- 및 β-카로틴들이 함유되어 있으며, 당근(carrot)에는 α-, β- 및 γ-카로틴, 그리고 잔토필들(xanthophylls)이 함유되어 있으며, 대두(soybean)에는 α-, β-카로틴 등이 함유되어 있다.

다음의 그림 2-9에서 설명하는 대로 α-카로틴은 α-요논환(α-ionone ring)과 β-요논환(β-ionone ring)을 갖고 있으며, 따라서 α-카로틴 한 분자가 산화, 분해(分解)되면, 이론적으로는 β-요논환(β-ionone ring)을 갖고 있는 바타민 A(정확하게는 비타민 A_1, 알데하이드 또는 레티날)를 한 분자 형성하게 된다.

한편, 여러 식물의 잎에 함유된 α- 및 β-카로틴의 함량은 표 2-8과 같다.

β−카로틴 β-카로틴(β-carotene)은 채소류에 널리 분포되고 있으며(표 2-8 참조), 특히 당근, 고추, 오렌지, 대두 등에 그 함량이 많다. β-카로틴은 그 분자 내의 공액이중결합이 모두 트란스형(all trans form)이며, 짙은 빨간색의 색소이나, 묽은 용액, 또는 그 함량이 적을 때는 노란색을 나타낸다.

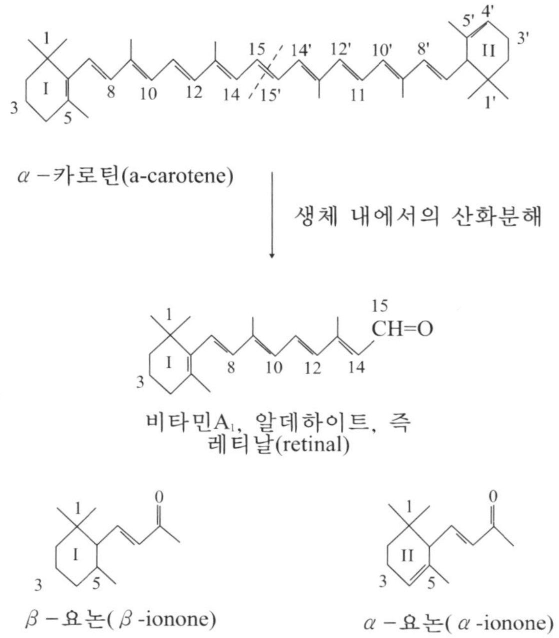

α−카로틴(a-carotene)

생체 내에서의 산화분해

비타민A_1, 알데하이트, 즉
레티날(retinal)

β−요논(β-ionone)

α−요논(α-ionone)

[그림 2-9] α−카로틴과 비타민 A의 구조. α−카로틴의 양단에 있는 환상구조 부분(cyclic structural parts)은 한쪽은 β−요논의 환상구조 부분, 즉 한쪽은 β−요논 환을, 다른 한쪽은 α−요논 환을 갖고 있다. 한편, 비타민 A는 즉, 비타민 A1 알콜, 비타민 A1 알데하이드, 비타민 A2 알콜, 비타민 A2 알데하이드 등이 있으나 모두 언제나 β−요논 환(β−ionone ring)만을 갖고 있다.

표 2-8 여러 식물 잎(leaves)의 α 및 β−카로틴 함량(α, β−carotene content)

식물의 종류	카로틴함량(carotene content) (moisture free basis)		
	α−카로틴 함량 (mg/100g)	β−카로틴 함량 (mg/100g)	전체 카로틴 함량 (mg/100g)
토마토(tomato)	5	37	42
호 박(squash, winter)	흔적	22	22
감 자(potato)	1.5	13.5	15
당 근(carrot)	8.5	6	14.5
상 추(lettrrce)	0	6	6
살 구(apricot)	0	4	4

Blanck, F.C. 1995. "*Handbook of Food and Agriculture*", p. 591, Reinhold Publishing Corp., New York.

또한, 바오에른파인드들(Bauernfeind, J. C. *et al.*, 1958)이 조사한 β-카로틴의 자서한 성질은 표 2-9와 같다.

한편, 크래프트들(Craft, N. E. and Soares, Jr., J. H., 1992)은 β -카로틴과 그 분자 내에 수산기(-OH기)를 두개나 갖고 있는 잔토필류에 속하는 루테인(lutein, 3,3'-dihydroxy-α-carotene, 그림 2-11 참조) 또한 18종류의 유기용매들(organic solvents)에 대한 용해도(solubility)를 측정하고, 파장(λ max) 442∼460nm에서의 흡광도계수(absorptivity, E)를 측정하여 이로부터 흡광도(absorbance)를 유도하고 있다. 크래프트들은 또한 작은 바이알(vials)에 들은 이상의 β-카로틴과 루테인의 유기용매의 용액들을 실온에서 10일간 두었을 때의 안정성을 각각의 카로티노이드 색소들의 %잔존율(%

retention)로 부터 추정하고 있다. 이들에 의하면, 두 색소들 모두 테트라하이드로후란(tetrahydrofuran, THF)에 가장 잘 녹았으며, β-카로틴은 메탄올(methanol), 아세토나이트릴(acetonitrile)에 잘 녹지 않은 반면에 루테인은 헥산(hexane)에 잘 녹지 않았다고 한다. 그리고 이상의 두 색소의 용액들은 모두 베아의 법칙(Beer's law)에 따랐으며, 10일간 두 종류의 용액들을 두는 동안, 이상의 두 색소들의 %잔존율들은 약간의 차이는 있었으나, 거의 대부분의 경우, 90%가 넘었으며(따라서 파괴율은 10%정도), β-카로틴 보다는 루테인의 안정성이 더 컸었다고 보고하였다.

표 2-9 트란스 β-카로틴(trans-β-carotene, $C_{40}H_{56}$) 결정의 특성

외 관(appearance)	자색 내지는 빨간색의 작은 판상의 결정(platelet crystals). 불활성가스(inert gas)속, 또는 진공(vacuum)속에서만 안정하다.
냄 새	약한 향기를 가졌음(faintly aromatic).

사이클로헥산(cyclohexane)에서의 특성 흡수파장(absorption wave length spectrum)	$E^{1\%}_{1cm}$
340 m	150
454～455 max.	2,450
469～471 min.	1,970
482～484 max.	2,150

24℃(75°F)에서의 용해도	퍼센트(중량)
식물유(vegetable oils)	0.05～0.10
오렌지 기름(orange oils, cold pressed)	0.5～1.0
에틸 알콜(ethyl alcohol)	흔 적(trace)
프로필렌 글라이콜(propylene glycol)	불 용
글리세롤(glycerol)	불 용
물	불 용
클로로포름(chloroform)	3.0～5.0

Bauernfeind, J. C., Smith, G. E., and Bunnel, R. H. 1958. *Food Technol.*, 12, 527.

한편, β-카로틴의 구조는 그림 2-10과 같으며, 전술한 대로 이론적으로는 체내에서 두 분자의 비타민 A로 될 수 있는 프로비타민 A(provitamin A)이다. β-카로틴은 그 색깔과 높은 영양가 때문에 식품에 사용되는 첨가물로서도 널리 사용되고 있으며, 아이슬러들(Isler, O. *et al.*, 1958)은 일찍이 그들의 논문에서 공업적인 전합성(total synthesis)과정에 대해서 설명한 바 있다.

β-카로틴은 대기 중에서는 쉽게 산화되며, 이에 따라 비타민 A로서의 잠재적 효력도 상실하게 된다. 여러 항산화제들(antioxidants)이 이와 같은 β-카로틴의 산화에 의한 파괴를 억제하는데 사용되고 있다.

근래에 와서 개발된 β-카로틴의 산화 억제 방법으로서 전분, 젤라틴(gelatin), 아라비아고무(gum arabic), CMC(carboxymethylcellulose) 등의 고무질물질들(제10장의 p. 518과 제8장의 p. 449 각각 참조)의 용액 속에 카로틴을 분산(desperse)시킨 후, 건조시키는 방법이 시도되고 있다.

이와 같은 방법으로 안정화된 카로틴은 41℃에서 1년간 저장할 때, 약 80%의 카로틴이 파괴되지 않고 남아 있었다는 실험 예가 있다.

γ-카로틴 γ-카로틴(γ-carotene)도 당근을 비롯한 여러 채소류나, 감귤류(citrus fruits)를 비롯한 여러 과실들에 널리 분포되고 있다. 그 구조는 그림 2-9와 같다.

표 2-10 여러 과실과 채소의 β-카로틴과 라이코펜(β-carotene and lycopene)의 함량

과실과 채소의 종류	β-카로틴 함량(μg/g)	라이코펜의 함량(μg/g)
미숙한 토마토의 즙(tomato juice, green)	1.5	1.71
부분적으로 익은 토마토의 즙	5.5	24.0
당근(carrot)	78.9	6.5
호박(pumpkin)	7.6	3.8
고구마	-	0.2
파파야(papaya)	7.1	1.1
사과 펄프(apple pulp)	0.5	1.8
성숙한 토마토의 즙(tomato juice, pulp)	6.1	37.1

Beerh, O. P. and Siddappa, G. S. 1959. *Food Technol.*, 13, 415.

라이코펜 라이코펜(lycopene)의 구조는 β-카로틴 양단(兩端)의 β-요논 환(β-ionone ring)의 1,6- 및 1',6'의 결합들이 끊어진 상태며, β-요논 환을 갖고 있지 않음으로(그림 2-9와 특히, 그림 2-10 참조), 비타민 A의 활성도 전혀 갖고 있지 않다. 따라서 프로비타민도 아니다. 이 라이코펜은 여러 종류의 빨간색, 자색의 포도들(grapes), 수박들(watermelons), 일부 감귤류(citrus fruits), 그리고 특히 빨간색 토마토들(red colored tomatoes)에 특유한 빨간색을 주는, 주요 카로틴 색소들(carotene pigments)의 하나로서 널리 알려져 있다.

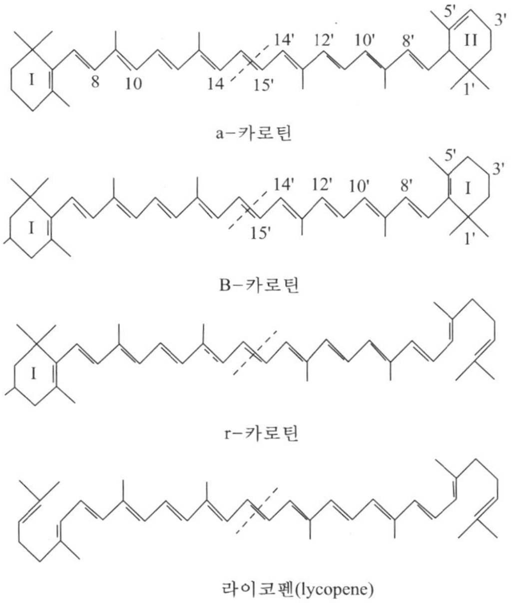

I 8 10 14 15' 14' 12' 10' 8' 5' 3' II 1'

a-카로틴

I 15' 14' 12' 10' 8' 5' 3' I 1'

B-카로틴

I

r-카로틴

라이코펜(lycopene)

여기서 I는 B-요논 환(B-ionone ring) II는 a-요논 환(a-ionne ring)

[그림 2-10] 가장 흔히 분포되고 있는 대표적인 카로틴류(carotenes)의 구조

하칙들(Khachik, F. *et al.*, 1998)은 전술한 대로 라이코펜은 비타민 A의 선구물질(先驅物質, a Vitamin A precursor)은 아닌데도 불구하고, 라이코펜 함량이 큰 토마토를 원료로 하는 가공식품들을 많이 섭취할 때는 전립선암(前立腺癌, prostate cancer)의 발생률이 억제되며, 또한 실험쥐의 경우엔 라이코펜이나 루테인(lutein) 등은 실험쥐의 직장암(直腸癌, colon cancer) 예방에 효과적인

사실도 언급하고 있다.

한편, 이들은 토마토 페이스트(tomato paste)나 토마토 가공식품들을 많이 섭취한 사람의 혈청(人體血淸, human plasma)에서 라이코펜의 산화물질들인 라이코펜 5,6-diol(lycopene 5,6-diol)을 검출했다고 발표한 바 있다.

그 후 이들은 다시 토마토 페이스트(tomato paste), 토마토 주스(tomato juice), 등의 토마토 가공품들을 다량 섭취한 사람들의 혈청(blood plasma)에서 검출된 화합물들의 구조를, 라이코펜의 산화와 부분적인 합성으로 얻어진 산화생성물들의 구조와 대비하여 그 구조들을 규명한 바 있다. 그 결과 토마토 가공품이나, 혈청에서 형성되는 라이코펜의 산화생성물들은 라이코펜 1,2-에폭사이드와 라이코펜 5,6-에폭사이드(lycopene 1,2- and 5,6-epoxides)며, 후자는 다시 환 형성반응(ring formation)을 통해서 2,6-사이클로라이코펜-1.5-다이올(2,6-cyclolycopene-1.5-diol)을 형성하는 사실을 입증하였다고 한다.

이미 언급한 바 있는 라이코펜 5,6-다이올은 바로 위의 화합물의 구조를 잘못 판단한 결과, 잘못된 화학명을 사용한 결과라고 한다.

그러나 이상과 같은 사실보다도 더 중요한 사실은 전술한 2,6-사이클로라이코펜-1,5-다이올(2,6-cyclolyoopene-1,5-dial)이 토마토나 각종 토마토 가공품들을 먹은 후, 그 식품류에서 흡수된 라이코펜(lycopene)의 산화 신진대사물들(the oxidative metabolites)의 하나로서, 전술한 각종 암들(cancers)에 대한 매우 중요한 잠재적인 암 예방물질(a potential cancer preventive agent)로서 계속 연구 대상물이 되고 있다는 점일 것이다(King, T. J. *et al*., 1997; khachik, F, *et al*. 1998 참조).

잔토필류

잔토필류(xanthophylls)는 전술한 바와 같이 카로틴 분자 중의 수소원자가 산소원자 또는 산소원자를 포함하는 그룹, 예로서 수산기(-OH), 케톤기(> C = O)들과 치환(置換, substitute)된, 그러나 그 구조나 성질들이 카로틴류와 매우 유사한 색소들이다. 어떤 잔토필들은 그 분자 내에 에폭사이드(epoxide)그룹을 갖고 있기도 한다.

잔토필류는 그 색깔이나 성질뿐만 아니라 그 분포(destribution) 형태도 대체로 카로틴류와 비슷하다. 예로서, 감귤류 중의 하나인 오렌지에 함유된 카로티노이드류(carotenoids)의 전체 함량의 66%는 잔토필류의 에스터들(esters)이며, 25%는 비결합상태, 즉 유리상태의 잔토필류이며, 나머지는 9%만이 카로틴류라고 한다.

한편, 전술한 대로 일부 잔토필류, 예로서 크립토잔틴(cryptoxanthin)은 β-요논 환(β-ionone ring)을 갖고 있기 때문에, 생체 내에서는 그 분자의 절반이 비타민 A로 전환될 수 있으며, 따라서 프로비타민 A, 즉 비타민 A의 선구물질(precursor)이다. 이제 일부 대표적인 잔토필들에 대해서 설명하면 다음과 같다.

크립토잔틴 크립토잔틴(cryptoxanthin, 즉 3-hydroxy-β-carotene)은 딸기류, 앵두, 노란색 껍질을 가진 옥수수(yellow corn) 등에 함유되어 있으며, 전술한 대로 프로비타민 A(provitamin A)들의 하나다. 그 구조는 그림 2-11과 같다.

한편, 크립토잔틴의 다른 쪽의 β-요논 환의 3'의 위치에도 수산기(-OH기)가 들어 있는 잔토필 화합물인 제아잔틴(zeaxanthin, 3,3'-dehydroxy-β-carotene)도 노란색의 옥수수(yellow corn)의 주요 잔토필 색소들(xanthophyll pigments)의 하나로 알려져 있다.

루테인 루테인(lutein, 즉 3,3'-dehydroxy-α -carotene)은 밀, 고추, 오이, 일부의 해조류(sea weeds), 채소의 녹색 잎 등에 널리 함유되어 있는 α-카로틴의 유도체로 볼 수 있는 잔토필이며, 그 구조는 그림 2-11과 같다.

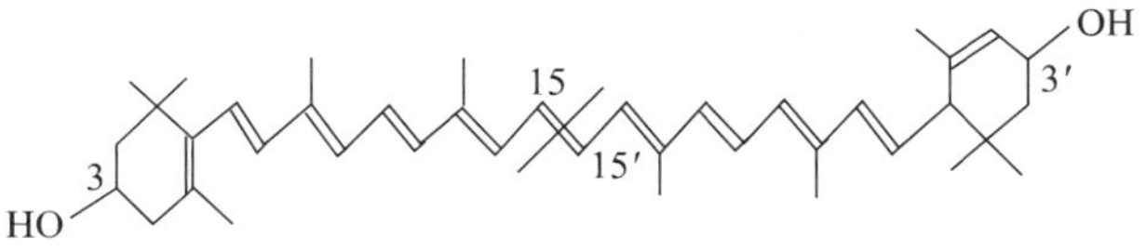

루테인(lutein, 3,3 - dilydroxy- α -caroteme)

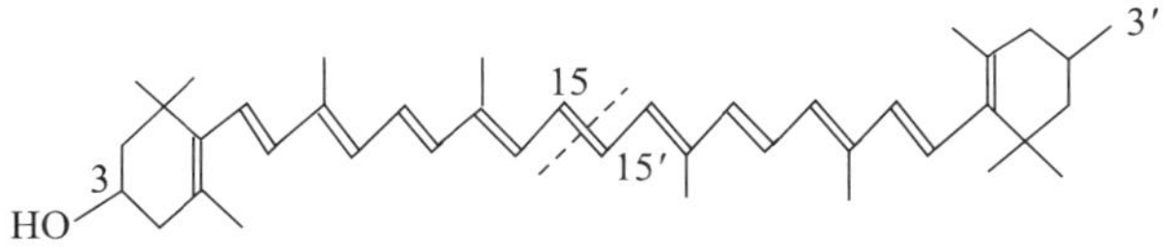

크립토잔틴(cryptoxanthin, 3-hydroxy- β -caroteme)

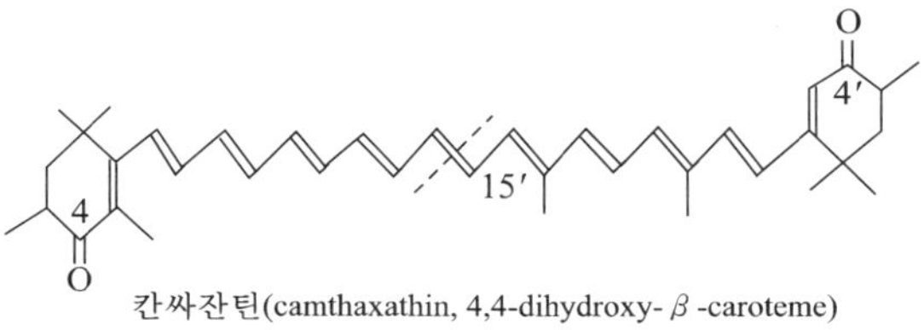

칸싸잔틴(camthaxathin, 4,4-dihydroxy- β -caroteme)

[그림 2-11] 일부 잔토필류(xanthophylls)의 구조.

칸싸잔틴 칸싸잔틴(canthaxanthin, 4,4'-diketo-β-carotene)은 버섯류, 해조(algae) 등에 존재할 뿐만 아니라 동물계 생물체(動物系 生物體), 예로서 송어(trout), 새우(brine shrimp) 등에도 널리 분포되어 있는 잔토필(a xanthophyll)로서 그 구조는 그림 2-11에 표시된 바 와 같다.

그 구조를 보아서 알 수 있듯이 칸싸잔틴은 분자 내의 요논환(ionone ring)의 4 및 4' 위치에 카아복실 그룹(carboxyl group)을 갖고 있기 때문에 생체 내에서 비타민 A로 전환(轉換)될 수는 없다.

한편, 이 잔토필은 β-카로틴들과는 달리 뛰어나게 선명한 빨간색을 갖고 있는 특성을 갖고 있다.

분넬들(Bunnel, R. H. *et al.*, 1967)에 의하면, 이 칸싸잔틴은 다른 대표적인 카로티노이드 색소들, 예로서 β-카로틴들과는 달리 그 색깔이 매우 선명하기 때문에 식용색소로서의 사용이 오래전부터 고려되어 왔다고 한다. 이들이 조사한 칸싸잔틴의 특성들(characteristics), 즉 물리적 형태, 융점, 분자량, 여러 유기용매들(organic solvents)에 대한 용해도(solubility) 등을 보면 표 2-11과 같다.

한편, 많은 카로티노이드 색소들, 예로서 β-카로틴은 감광체에 의한 산화에서 매우 효과적이고 따라서 매우 중요한 일중항 산소의 소거재(an extremely efficient quencher of $^1O_2$ in photo-sensetiged oxidation)로 작용하는 사실이 널리 알려져 왔을(제14장의 감광체에 의한 산화 중 일중항 산소제거제의 항목 참조) 뿐만 아니라, 일반적인 자동산화(autoxidation)에서도 유리 라디칼 소거제(消去劑, a free radical scavenger)로서, 따라서 효과적인 항산화제(抗酸化劑, antioxidant)로서 작용하는 사실이 오래전부터 널리 알려져 왔다.

후자 형태의 항산화작용은 여러 카로티노이드 색소들 중 다이케토카로티노이드류, 즉 잔토필류 중의 칸싸잔틴(canthaxanthin)과 아스타잔틴(astaxanthin)의 경우 뛰어나다고 한다(Yamuchi, R. *et al*., 1998 참조).

표 2-11 칸싸잔틴(trans-canthaxanthin, $C_{40}H_{52}O_2$)의 특성(characteristics)

외 관(appearance)		갈자색 결정(brown-violet crystals)	
냄 새(odor)		약간의 방향(faintly aromatic)	
융 점(melting point)		210℃	
분자량(moleculer weight)		564.8℃	
생물학적 활력(biological activity)		비타민 A 활력은 없음	
20℃에서의 용해도 (solubility % w/w)	식물유	(vegetable oils)	0.02
	오렌지유	(orange oils)	2.0
	에틸알콜	(ethanol)	용해되지 않음
	아세톤	(acetone)	0.03
	프로필렌글라이콜	(propylene glycol)	흔적(trace)
	벤젠	(benzene)	0.2
	클로로포름	(chloroform)	1.0

Bunnell, R. H. and Borenstein, B. 1967. *Food Technol*., 21, 331.

전술한 야마우찌들은 리놀레인산의 메틸에스터(methyl linoleate)를 기질(基質, substrate)로 사용한 AMVN, 즉 2,2'-azobis(dimethyl valeronitrile)로 유발되는 유리 라디칼에 의한 자동산화에서, 초기에 형성된 유리 라디칼들, 즉 퍼록시 라디칼들(peroxy radicals)과 결합, 제거하여 유리 라디칼 제거형 항산화제로 작용했음을 확인하고 있다.

식품 속의 카로티노이드류

오렌지 속의 카로티노이드류 컬들(Curl, A. L., *et al*. 1959)에 의하면, 발렌시아 품종의 오렌지에서 얻은 즙(Valencia orange juice)에 함유된 카로티노이드 색소 또는 화합물들의 종류는 최소한 20여종에 달하며, 이 즙에 함유된 α-, β-카로틴(α, β-carotenes), 크립토잔틴들의 전체 카로티노이드 색소들에 대한 퍼센트 비율은 각각 1.0, 1.2 및 5.4%였다고 한다.

한편, 이 즙에 존재하는 기타의 주요한 카로티노이드 색소들의 전체 카로티노이드에 대한 퍼센트 함량은 루테인(lutein) 7.1%, 제아잔틴(zeaxanthin) 9.2%, 안세라잔틴(antheraxanthin) 11.6%, 뮤타잔틴(mutaxanthin) 7.3%, 루테오잔틴(luteoxanthin) 12.7%, 토룰라잔틴(torullaxanthin) 10.4% 등이었다고 한다.

한편, 황들(Whang, H. J. and Yoon, K. R., 1995)은 14종류의 한국산 감귤류의 카로티노이드 색소들의 함량을 HPLC(high performance liquid chromatography)분석법을 사용하여 조사한 바 있다.

이들에 의하면, 감귤류의 껍질(peel)과 즙(juice)의 카로티노이드 색소들의 분포는 각각 0.82～10.64mg/100g과 0.23~3.38mg/100g였으며, 한편 각 감귤류에서는, α-카로틴, β-카로틴, 라이코펜, 루테인 등이 검출되었었다고 한다. 또한 네오잔틴(neoxanthin), 비올라잔신틴(violaxanthin), 안스라잔틴(anthraxanthin), 루테인-5,6-에폭사이드(lutein 5,6-epoxide), β-크립토잔틴(β-cryptoxanthin) 등의 존재가 추정되었었다고 보고하고 있다. 이들이 조사한 감귤류는 조생종(早生種), 중생종(中生種), 만생종(晩生種)의 온주밀감(溫州蜜柑) 즉 Satsuma mandarin(*Citrus unshu Mars*) 9종과 그 이외에 Iyeagam(*Citrus iyo Hort, ex Tanaka*;官內伊像柑), Marumeru(*Citrus obovidea Hort, ex Takahashi*;金柑子), Navel orange(*Citrus sinensis Osbeck*), Ponkan mandarin(*Citrus reticulata Blanko*) 등 4종이였었다고 한다.

파프리카 속의 카로티노이드 캅시컵(genus Capsicum)에 속하는 파프리카(paprika, *Capsicum annum*)는 같은 캅시컴에 속하는 고추(red pepper, *Capsicum frustescens*)와 그 화학적 성분들의 조성 등이 매우 유사한 고추의 일종이다(제3장 식품의 맛의 p. 213 참조). 이 파프리카는 그 맛과 색깔 때문에 전 유럽 여러 나라들, 미국, 멕시코, 남미, 아프리카, 동남아 여러 나라들에 걸쳐, 전 세계에서 널리 사용되고 있다.

지금까지의 연구에 의하면 파프리카에는 37여 종 이상의 색소들이 유리되어 있으며, 그 대부분이 카로티노이드류에 속하는 색소들임이 알려져 있다.

데 르 말들(De Le Mar, R. R. *et al*., 1969)은 파프리카에서 발견된 카로티노이드류로서는 안세라잔틴(antheraxanthin), 캅산틴(capsanthin), 캅소루빈(capsorubin), 캅산톨(capsanthol), 캅소루비놀(capsorubinol), 메타크롬(metachrome), 캅산틴-5,6-에폭사이드(capsanthin 5,6-epoxide) 등을 들 수 있다(표 2-12 참조). 그 중 대표적인 카로티노이드들의 구조는 그림 2-12와 같다.

표 2-12 파프리카(paprika, Capsicum annum)에서 발견된 카로티노이드 색소들

카로티노이드(carotenoid)의 종류	최고 흡수 파장 (spectral absorption maxima, nm)
1. 탄화수소계(hydrocarbons)	
파이토홀루엔(phytofluene)	370, 349, 332
베타-카로틴(beta-carotene)	479, 449
제타-카로틴(zeta-carotene)	429, 401, 375
2. 모놀계(monols)	
크립토잔틴(cryptoxanthin)	476, 447, 428~429, 404, 374
크립토플라빈(crytoflavin)	451, 427, 403
3. 다이올-모노에폭사이드 다이올계(diol-monoepoxide diols)	
제아잔틴(zeaxanthin)	485, 463
안세라잔틴(antheraxanthin)	458~459
4. 다이에폭사이드 다이올계(diepoxide diols)	
캅산틴(capsanthin)	481,363
케토-캅산틴(keto-caapsanthin)	447
5. 캅소루빈계(capsorubin fraction)	
캅소루빈(capsorubin)	522, 488, 460
케토-캅소루빈(keto-capsorubin)	540

De Le Mar, R. R. and Francis, F. J. 1969. *J.Food Science*, 34, 287.

한편, 칠리 고추(chili pepper, *Capsicum frustescens*)의 주요한 색소들로서 캅산틴(capsanthin), 캅소루빈(capsorubin), *β*-카로틴, 제아잔틴(zeaxanthin), 크립토잔틴(cryptoxanthin) 등이 알려져 있으며, 이외에도 크립토캅신(cryptocapsin), 루테인 에폭사이드(lutein epoxide), 안세라잔틴(antheraxanthin), 바이올라잔틴(violaxanthin), 뮤타잔틴(mutaxanthin) 등이 검출되고 있다.

안세라잔틴(antheraxanthin)

캡산틴(capsonthin)

캡소루빈(capsorubin)

[그림 2-12] 파프리카(paprika) 속의 일부 카로티노이드 색소들의 구조.

이상과 같은 고추의 색깔은 저장 중에 퇴색(discoloration)되나, 이 퇴색은 이상의 카로티노이드류에 속하는 색소들의 자동산화(autoxidation)에 의한 사실들이 밝혀져 있다.

한편, 첸들(Chen, S. L. *et al.*, 1968)은 이상과 같은 저장 중 카로티노이드 색소들의 산화에 의한 색깔의 변화(color deterioration)를 방지하는 데 있어서 일부의 유용성 항산화제들(oil-soluble anti-oxidants, 제 14장 유지의 산패 중 해당 항목 참조)의 사용이 매우 효과적임을 실험적으로 밝히고 있다.

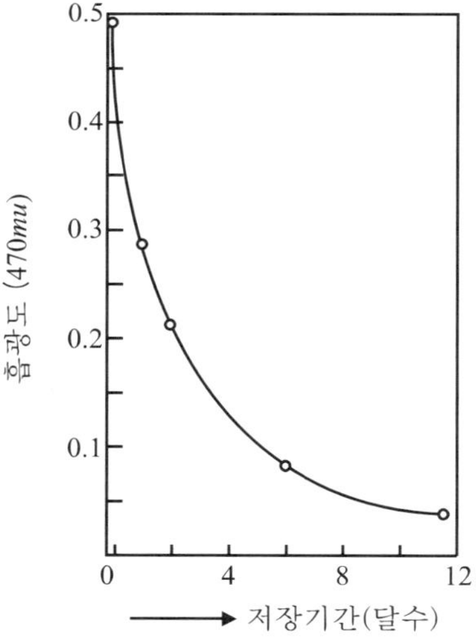

[그림 2-13] 저장 중의 칠리 고추(chili pepper)의 색깔의 퇴색(color deterioration).
Chen, S. L. and Gutmanis, F. 1968. *J. Food Science*, 33, 274.

그림 2-13은 칠리 고추를 저장 중 시간이 지남에 따라 그 색깔이 퇴색되어 가는 과정을 표시한 것이다. 일반적으로 470㎛(㎚)전후의 파장을 흡수하는 물질들의 색깔은 오렌지색이다.

한편, 고추류의 색깔의 안정을 위해서, 즉 그 속의 카로티노이드 색소들의 안정을 위해서 항산화제(antioxidant)를 사용하는 시도는 계속되어 왔다. 예로서 오수나-갈시아들(Osuna-Garcia, J. A. *et al.*, 1997)은 고추(paprika 두 종류)의 시료들을 선별하고, 1mm의 눈의 체(sieves)를 통과할 수 있는 분말시료들로서 그 수분 함량은 원래의 35%에서 12%로 건조한 것을 실험에 사용하고 있다. 이들은 이 파프리카분말의 저장 중의 퇴색(color loss)을 억제할 목적으로 에톡시퀸(ethoxyquin), 로즈매리 추출물들(rosemary extracts), 아스콜빈산(ascorbic acid), 델다-토코페롤(δ-tocopherol), 토코페롤 혼합물류(mixed tocopherols) 등의 항산화제들의 효과를 조사한 바 있다.

이 중 에톡시퀸(ethoxyquin, 1,2-dihydro-6-ethoxy-2,2,4-trimethylquinoline)은 고추를 주원료로 하는 향신료 제조업계(the spice industry)에서, 고추 수확후의 카로티노이드류의 손실을 억제하는 항산화제로 과거에는 널리 사용되어 왔으나, 일부 상품시장이나 소비자들에게 잘 받아들여지지 않았다고 한다.

이상의 여러 항산화제들을 헥산(hexane) 또는 증류수(아스콜빈산의 경우)에 녹여서, 고추가루에 분무한 후 건조시켜 실온에서 4개월간 저장 후, 카로티노이드류 추출량, 고추가루 표면의 색깔, 그리고 카로티노이드류의 농도들을 측정하여, 각각의 항산화제들의 효과를 평가하고 있다.

이들에 의하면, 실험대조로 사용한 고추가루의 경우, 실험직전의 색소추출량의 63%, 델타-토코페롤의 경우 32%, 에톡시퀸의 경우 6%의 색소추출량의 손실이 있었다고 한다. 결국, 식품항산화제의 첨가는 고추가루의 색깔 유지(維持)에 크게 도움을 주는 것으로 생각된다.

수박 속의 카로티노이드류 모오간(Morgan, R. C., 1967)은 수박의 과육(flesh)에서 14종의 카로티노이드에 속하는 색소들을 분리하고 있다. 이상의 색소들 중 중요한 것은 라이코펜(lycopene)과 그 이성체(n isomer)로서 각각 전체 카로티노이드류 함량의 73.8% 및 7.6%였다고 한다. 다른 색소들로는 β-카로틴 4.1%, 제타-카로틴(zeta-carotene) 1.6%, γ-카로틴 0.4% 등이었다고 한다.

오이 속의 카로티노이드류 오이에서는 클로로필류 이외에 β-카로틴 그리고 루테인(lutein), 바이올라잔틴(violaxanthin), 네오잔틴(neoxanthin) 등의 잔토필류(xanthophylls) 등이 발견되고 있다.

곡류 속의 카로티노이드류 곡류 속의 카로티노이드 색소들은 그 곡류의 특유한 색깔에 크게 기여하며, 대개의 경우 곡류제품의 품질 평가에 매우 큰 영향을 주기 때문에 중요하다. 노란색 옥수수들의 색깔을 구성하는 카로티노이드 색소들은 오래전부터 주목되어 왔으며, 그 중의 하나가 크립토잔틴(cryptoxanthin)임은 이미 언급한 바 있다.

근래에 와서 쿠릴리크들(Kurilick, A. C. and Juvick, J. A, 1999)은 44종의 보통 옥수수들(*Zea mays* 중 dent corn 계통의 동계종, 同系種, inbreds; 잡종, hybrids; 순종, genetic stacks) 중에 함유된 카로티노이드류와 토코페롤류의 함량을 조사한 바 있다.

이들에 의하면 주요 카로티노이드류로서는 루테인(lutein), 제아잔틴(zeaxanthin), β-크립토잔틴(β-cryptoxanthin), α-카로틴(α -carotene), β-카로틴(β -carotene) 등을, 한편 함유되었던 토코페롤류(tocopherols)로서는 α-, δ-와 γ-토코페롤류(α-, δ-, and γ-tocopherols)들이 검출되었다고 한다.

이상의 44종의 옥수수 품종의 α-카로틴, β-카로틴, β-크립토잔틴, 루테인, 제아잔틴 등의 평균함량은 각각 0.16, 0.68, 0.55, 5.95 와 2.16㎍/g dry weight sample 이었으며, δ-, γ-, α-토코페롤류의 각각의 평균함량은 1.10, 20.03과 8.06㎍/g dry weight sample 이었다고 보고하고 있다.

한편, 밀에 함유된 카로티노이드 색소들은 이 밀에서 만들어진 밀가루의 색깔, 따라서 밀가루의 품질에 제일차적인 영향을 주기 때문에 매우 중요하다. 밀에서는 잔토필, 옥수수에서는 제아잔틴, 크립토잔틴, 잔토필, α, β 및 γ-카로틴들, 네오크립토잔틴(neocryptoxanthin), 하이드록시카로틴(hydroxycarotene) 등이 보고되고 있다.

한편, 인류에게 가장 중요한 곡류(cereals)로서는 밀(wheat)과 쌀(rice)을 들 수 있을 것이다.

밀은 다른 곡류들 보다 육종(育種)을 통한 품종개량으로 그 종류도 엄청나게 많으며, 따라서 그 조성(組成)도 다른 곡류들과는 물론, 같은 밀이라도 그 품종에 따라 다르다. 또한 같은 품종의 밀이라도 외피(外皮, bran), 배아(胚芽, germ), 배유(胚乳, endosperm) 등에 따라서도 그 조성은 크게 달라진다.

켄트-존스와 아모스들(Kent-Jones, D. W. and Amos, A. J., 1967)은 수분, 단백질, 유지성분, 탄수화물, 섬유질(fibers)과 회분(ash)의 대체적인 함량을 대략 13.4, 12.1, 1.9, 69.0, 1.9 및 1.7% 정도로 보고 있다. 한편, 밀가루의 주성분이 되고 있는 배유에는 카로티노이드류에 속하는 β-카로틴류와 잔토필류(xanthophylls)가 함유되고 있는 사실도 알려져 있다.

근래에 와서, 화이트와 시앙들(White, P. J. and Xing, Y., 1997)의 밀에 대한 여러 연구 결과들이 보고되어 왔으나, 대체로 α- 및 β-토코페롤들과 α- 및 β-트라이토코페롤 등이 함유되어 있는 것으로 설명하고 있다.

한편, 쌀의 경우에도, 그 품종은 많으나, 정백미(精白米, polished rice)의 경우, 지방질 성분의 함량은 대략 2.2% 정도라고 한다(Kent-Jones, D. W. and Amos, A. J. 1967). 정백미의 경우, 캄페스테롤(campesterol), 스티그마스테롤(stigmasterol), β-사이토스테롤(β-sitosterol). α-, β-, γ-토코페롤들, α-, β-, γ-토코트라이에놀들, 그리고 쌀에 특유한 γ-오라이자놀(γ-oryganol) 등이 함유되고 있다고 한다(White, P. J. and Xing, Y., 1997).

해조류 속의 카로티노이드들 해조류(海藻類, sea weeds)에는 그 색깔에서 짐작할 수 있듯이 클로로필류(chlorophyll a, b, c 및 d)이외에 상당한 양의 카로티노이드 색소들이 함유된 사실이 알려져 왔다.

즉, 녹조(green algae)들에는 α- 및 β-카로틴들과 이들 이외에 루테인, 제아잔틴, 바이올라잔틴, 미키소잔틴(myxoxanthin) 등이 함유되고 있으며, 갈조류(褐藻類, brown algae)에는 β-카로틴과 루테인, 바이올라잔틴, 휴코잔틴(fucoxanthin), 미키소잔틴(myxoxanthin) 등이 함유되고 있다. 한편, 홍조(red algae)에는 α-, β-카로틴, 미키소잔틴, 미키소잔토필(myxoxanthophyll) 등이 함유되고 있다(표 2-13 참조).

또한 홍조류(紅藻類, red algae), 남조류(藍藻類, blue algae) 등에 함유된 짙은 빨간색, 또는 청색의 형광성(螢光性)이 강한 광수용체들(光受容體)로 작용하는 색소들(highly fluorescent photo-recepter pigments)은 파이코빌리단백질(phycobiliproteins)로 알려져 왔으며, 담즙 색소류(bile pigments)에 속하는 파이코빌린(phycobilin)과 결합 단백질(apoprotein)로 구성된, 소위 색소 단백질류에 속한다.

홍조류에는 이상의 파이코빌리단백질들 중 빨간색의 파이코빌린들과 단백질들이 결합하여 형성된 파이코에리쓰린류(phycoerythrins)가, 남조류에는 청색의 파이코빌린들과 단백질들이 결합하여 형성된 파이코사이아닌류(phycocyanins) 등이 함유되어 있는 것으로 알려져 있다. 이상의 색소 단백질들은 홍조류나 남조류의 클로로필류를 중심으로 한 광합성작용(光合成作用, photosynthetic activity)에 참여하고 있는 것으로 생각되고 있다.

표 2-13 각종 조류(sea weeds)중의 주요 색소들의 분포표

주요 색소그룹	색소의 이름	녹 조 (green algae)	갈 조 (brown algae)	홍 조 (red algae)	남 조 (blue algae)
클로로필	클로로필 a(chlorophyll a)	+++	+++	+++	+++
	클로로필 b(chlorophyll b)	++	—	—	—
	클로로필 c(chlorophyll c)	—	+	—	—
	클로로필 d(chlorophyll d)	—	—	+	—
카로티노이드	α-카로틴(α-carotene)	+	—	+	—
	β-카로틴(β-carotene)	+++	+++	+++	+++
	루테인(lutein)	+++	+++	++	?
	제아잔틴(zeaxanthin)	+	—	—	?
	바이올라잔틴(violaxanthin)	+	+	—	—
	휴코잔틴(fucoxanthin)	-	++	?	—
	미키소잔틴(myxoxanthin)	+	+	—	++
	미키잔토필(myxoxanthophyll)	—	—	—	++
프로테인-색소	γ-파이코메리트린(γ-phycoerythrin)	—	—	+++	—
	γ-파이코시아닌(γ-phycocyanin)	—	—	—	—
	c-파이코에리쓰린(c-phycoerythrin)	—	—	—	+
	c-파이코시아닌(c-phycocyanin)	—	—	—	+++

동물성 식품들 속의 카로티노이드류

앞에서 잠깐 언급한 바와 같이 일부 동물성 식품류 속에도 카로티노이드류에 속하는 색소들이 존재한다. 이들 동물성 식품류에 존재하는 카로티노이드류에 대해서 살펴보면 다음과 같다.

우유, 달걀노른자 속의 카로티노이드류 우유의 지방(butterfat)에는 카로틴류(carotenes)가 중량으로 0.5ppm 내지 6.0ppm, 잔토필류(xanthophylls)가 0.1ppm 내지 0.7ppm 가량 함유되고 있는 것으로 알려져 있다.

한편, 달걀의 노른자(egg yolk)에도 카로티노이드들에 속하는 색소들이 3ppm 내지 89ppm 정도가 함유되어 있으며, 그 중 주요한 것들은 루테인(lutein), 제아잔틴(zeaxanthins), 크립토잔틴(cryptoxanthin)들이라고 한다.

갑각류와 연어, 송어 등의 어류 속의 카로티노이드류 갑각류(甲殼類, *Crustacean*)에 속하는 새우, 바다가재, 게 등에는 잔토필류에 속하는 아스타잔틴(astaxanthin, 즉 3,3'-dehydroxy-4,4'-diketo-β-carotene)이 함유되어 있다. 이 카로티노이드 색소는 원래 빨간색을 갖고 있으나, 이들 동물조직 내에서는 단백질과 결합하여 복합체의 형태로 존재하는 까닭에 청색 내지는 남색(藍色)을 나타낸다.

그러나 새우나 게를 가열조리하면 아스타잔틴과 결합하고 있는 단백질이 변성(denaturation), 분리되어 아스타잔틴이 유리된다. 이 아스타잔틴은 공기 중에서 계속 가열되는 동안에 다시 산화되어 선홍색(鮮紅色), 즉 짙은 홍색을 가진 아스타신(astacin, 즉 3,3'-diketoastaxanthin)으로 변한

다(그림 2-14 참조).

한편, 연어나 송어 등과 같은 연어과(*Salmonidae*)에 속하는 물고기의 살코기에도 전술한 아스타잔틴(astaxanthin)을 비롯한 각종의 카로티노이드 색소들이 함유되고 있는 사실이 알려져 있다. 이와 같은 카로티노이드류에 의한 색깔은 이들 물고기의 품질 평가에 큰 영향을 주기 때문에 매우 중요하다. 첸들(Chen, H. M. *et al.*, 1984)은 무지개 송어(Rainbow trout)의 살코기를 포장할 때, 이상의 색소들의 안정성에 대해서 조사하여 낮은 온도(1~2℃)에 저장할 때는 쉽게 산화, 파괴되지 않는다는 사실을 보고하였다.

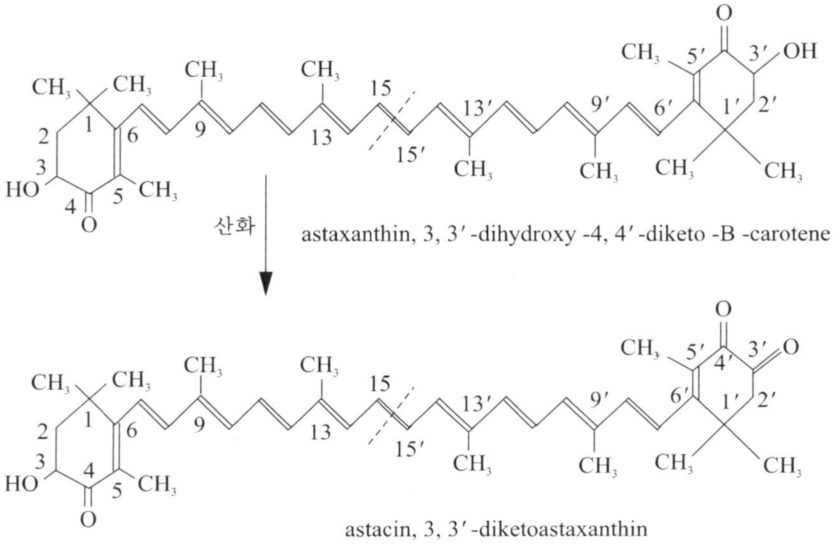

astaxanthin, 3, 3′-dihydroxy -4, 4′-diketo -B -carotene

산화

astacin, 3, 3′-diketoastaxanthin

[그림 2-14] 아스타잔틴의 공기 중에서의 가열, 산화 시 아스타신으로의 변화과정.

연어나 송어 살코기의 분홍색 또는 빨간색 색소들, 즉 아스타잔틴, 칸싸잔틴(cathaxanthin) 등은 이들 어류 자체가 만들지 못하며, 그 먹이들, 예로서, 새우, 바다가재, 게 등에서 얻은 것임이 알려져 왔을 뿐만 아니라 이와 같은 사실이 직접 실험을 통해서 알려져 있다(Gobnates, I. *et al.*, 1997 참조).

한편, 벨들(Bell, J. Q. *et al*, 1998)은 스코틀랜드의 양어장들에서 키우고 있는 대서양 연어(Atlantic salmon, *Salmon salas*)들의 스테이크용(steak用)의 살코기들과 매일 주는 사료의 아스타잔틴, 칸사잔틴 그리고 지방질 성분들에 관한 자료를 2년에 걸쳐 5개의 양어 생산업체(salmon producers)로부터 공급받아 연어의 아스타잔틴(AX), 칸사잔틴(CX), 지방질 성분들의 함량과 분포를 조사하고, 또한 5일간 살코기를 저장했을 때의 AX와 CX의 손실 정도를 조사한 바 있다.

이들에 의하면, 사료들에 사용한 아스타잔틴(astaxanthin, AX)과 칸싸잔틴(canthaxanthin, CX)의 20% 정도가 양식 연어들의 살코기에서 검출되었으며, 양어장에서는 AX 7mg/kg을 함량 목표치로 삼고 있었다고 한다. 그리고, AX만을 사료에 넣는 것 보다는 GX와 함께 사용하는 것이 더 좋은 색깔을 준다는 양어 업자들의 경험이 실험을 통해서 실증되었다고 한다. 살코기를 5일간 저장할 때의 AX의 손실도, AX 단독의 경우 보다 CX와 함께 존재할 때, 그 손실률이 더 적었다고 보고하였다.

식용색소로 사용되고 있는 카로티노이드 색소들

비키신류 종래부터 버터, 마가린, 치즈 등의 노란색의 착색제(着色劑), 즉 식용색소(food color)로 널리 사용되어 온 것으로 소위 안나토(annatto)가 있다. 이 자연 식용색소는 열대지방에서 자라나는 안나토 나무(*Bixa orellana*)의 씨에서 추출되며, 그 주요 성분은 알파-비키신(α-bixin)으로 알려져 있다. 안나토에서는 알파-비키신(전체 색소함량의 80%) 이외에 베타-비키신(β-bixin), 알파-놀비키신(α-norbixin), 베타-놀비키신(β-norbixin) 등이 알려져 있다.

라이트들(Reith J. F. and Gielen, J. W., 1971)은 시판 중인 버터에서 이상의 색소들을 추출하고 알파-비키신이 주요 색소였음을 밝히고 있다.

한편, 스콧터들(Scotter, M. J. *et al*., 1998)은 식품착색료(食品着色料)로 사용되고 있는 21종의 시판중인 안나토 제품들(commercial annatto formulations)의 성분 함량을 정량한 바 있다.

이들에 의하면, 시판되고 있는 안나토 제품들의 각 성분 함량은 제품에 따라 크게 달랐다고 한다. 예로서, 유용성인 제품들(oil-soluble annatto formulations)의 경우, 주성분은 비키신류(bixins)로서 Smith법으로 측정했을 때 그 함량들은 0.8～78.5%였다고 한다. 수용성인 시판 제품들(water-soluble formulations)의 경우, 그 주성분은 놀비키신류(norbixins)였으며, 그 함량의 분포는 1.5～47.3% 정도였다고(HPLC method 사용 시)보고하였다. 안나토의 주성분들인 비키신, 놀비키신들의 구조는 그림 2-15와 같다.

여기서 R=CH_3 α-bixin, R=H α-norbixin

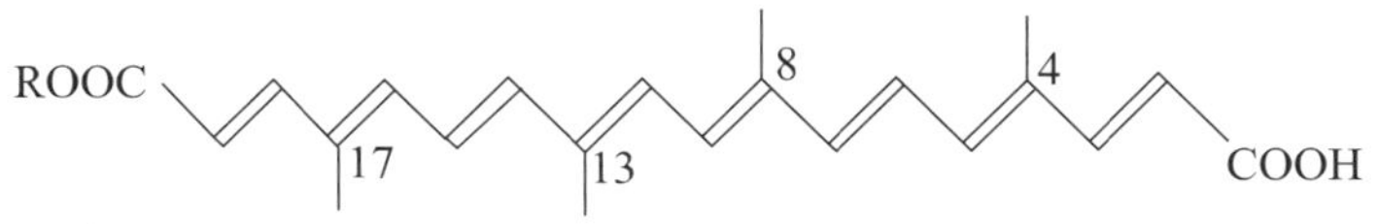

여기서 R=CH_3 β-bixin, R=H β-norbixin

[그림 2-15] 아나토의 구성 카로티노이드 색소들인 α-비키신(α-bixin, 즉 16-cis-bixin) 그리고 α-놀비키신(α-norbixin), β-비키신(β-bixin, 즉 all-trans-bixin) 그리고 β-놀비키신(β-norbixin, 즉 all-trans-norbixin), 자연에 존재하는, 즉 아나토에 원래 함유된 성분들은 모두 α-형들이나, 모두 불안정(unstable)하다고 한다. 이에 반해서 α-형들의 이성화(isomerigation)로 얻어지는 β-형들은 매우 안정성이 크다고 한다.

크로세틴 유도체

사프란(saffron)의 말린 꽃의 주두(柱頭)에서 추출한 노란색 또는 등색(橙色)의 착색료(着色料, colorant)의 주성분은 크로신(crocin)으로 알려져 있으며, 크로세틴(crocetin)의 다이젠티오비오실 에스터(digentiobiosyl ester)이며, 전술한 크로세틴 구조식의 양단(兩端)의 R_1과 R_2가 이당류인 젠티오비오스(disaccharide, gentiobiose, 본문 p. 346 참조)인 경우에 해당한다. 이 크로신, 즉 크로세틴의 에스터는 크로세틴 자신이 카로티노이드 색소들의 하나임에도 불구하고 물에 잘 녹는 카로티노이드 색소의 유도체로서는 매우 특이한 성질 또는 장점을 갖고 있어서, 종전부터 식품착색료(a food colorant)로서 널리 사용되어 왔다.

반 칼스터렌들(Van Calsteren, M. R. *et al.*, 1998)은 사프란의 주두(saffron stigmas), 그리고 치자나무 열매들(gardenia fruits)에서 추출한 색소들의 화학구조를 조사하여 보고하고 있다.

이들에 의하면, 사프란의 경우, 전술한 크로세틴(crocetin) 양끝의 R_1, R_2가 이당류 젠티이비오스, 또는 글루코오스(glucose)와 결합한, 6개의 크로세틴 유도체(또는 에스터)들이 검출되었으며, 한편 가다니아의 경우에도 위에서 언급한 유도체들 중 몇 가지가 검출되었다고 보고하고 있다.

이상의 안나토(annato)제품들, 즉 비키신류, 크로세틴의 유도체류, 그리고 베타-카로틴, 베타-아포-8'-카로테날, 칸싸잔틴 등 이외에도 여러 종류의 카로티노이드 색소들이 식용색소로서 그 사용이 시도되어 왔다.

이 중에서도 베타-카로틴, 베타-아포-8'-카로테날(β-apo-8'-carotenal), 칸싸잔틴(canthaxanthin) 등은 미국 등의 나라에서는 공업적으로 대량 합성되고 있으며, 이 합성품들은 그 화학구조나 성질들이 천연품 재료들에서 추출한 색소들과 동일한 것임으로, 엄격한 식용색소 사용규제에서 면제되어 제한 없이 사용할 수 있게 되어 있다(Furia, T.E., 1977). 이 중 베타-아포-8'-카로테날은 우리나라에서도 그 사용이 최근에 허용되고 있다. 이상 색소들의 결정들(crystallines)의 일부 특성(characteristics)은 표 2-14와 같다.

플라보노이드류

넓은 의미에 있어서의 플라보노이드류(the flavonoids)에는 안토잔틴류(anthoxanthins), 안토시아닌류(anthocyanins), 캬테킨류(catechins), 류우코잔틴류(leucoxanthins) 등이 포함되나, 좁은 의미의 플라보노이드류는 보통 이 중의 안토잔틴류만을 지칭한다.

카테킨류와 류우코잔틴류는 원래 색깔이 없으나, 산화되어 흑갈색으로 변한다. 이들은 보통 탄닌류(tannins)로 분류한다.

한편, 이 안토잔틴류에 속하는 색소들은 자연에 널리 분포되어 있으며, 그 색깔은 플라본(flavone), 또는 플라보노이드류(flavonoids)라는 용어 자체가 라틴어(Latin)의 노란 색깔(flavus)에서 나온 것으로, 짐작할 수 있듯이 담황색(pale yellow) 내지는 노란색이다.

표 2-14 베타-카로틴, 베타-아포-8'-카로테날(β-apo-8'-carotenal), 칸싸잔틴(canthaxanthin) 결정들의 특성

	베타-카로틴	베타-아포-8'-카로테날	칸싸잔틴
사용되는 색깔의 범위	엷은 노란색에서 오렌지색	엷은 노란색에서 빨간색 짙은 오렌지색	토마토와 같은 빨간색
25℃(77°F)에서의 용해도			
물	불용(insoluble)	불용	불용
에탄올	0.01% 이하	대략 0.1%	0.01% 이하
식물성 식용유	0.05∼0.08%	0.7∼1.5%	대략 0.005%
클로로포름	대략 3%	대략 20%	대략 10%
비타민 A의 활력	0.6㎍=1IU (1,666,667 IU/g)	0.83㎍=1IU 1,200,000 IU/g	없음

Furia, T. E. 1977. "*Current Aspects of Food Colorants*", CRC Press, Inc., Cleveland, p.43.

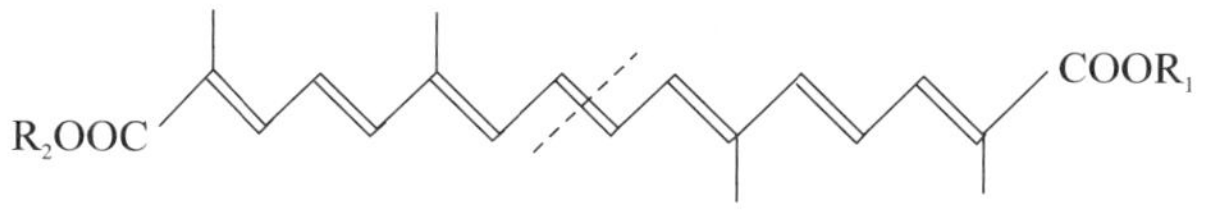

R_2OOC … $COOR_1$

R_1 R_2 H의 경우 크로세틴(all trans crocetin)

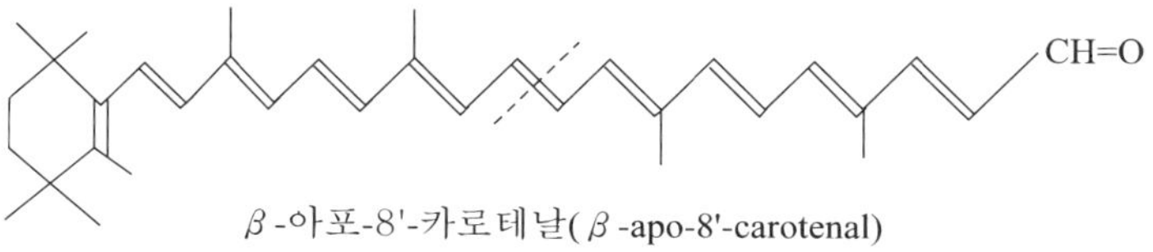

CH=O

β-아포-8'-카로테날(β-apo-8'-carotenal)

[그림 2-16] 크로세틴(crocetin)과 베타-아포-8'-카로테날 등의 구조.

실제로 이 안토잔틴류에 속하는 식물색소들은 옛날부터 노란색의 물감으로 사용되어 왔다. 예로서, 어떤 종류의 목서초(weld, *Reseda luteola*)에서 추출되는 노란색의 루테올린(luteolin)은 유럽에서 가장 오랜 역사를 가진 노란색 물감으로 알려져 있다. 안토잔틴(antho-xanthin=flow-er-yellow)이라는 이름 자체도 노란 꽃의 색소들이라는 뜻을 내포하고 있다.

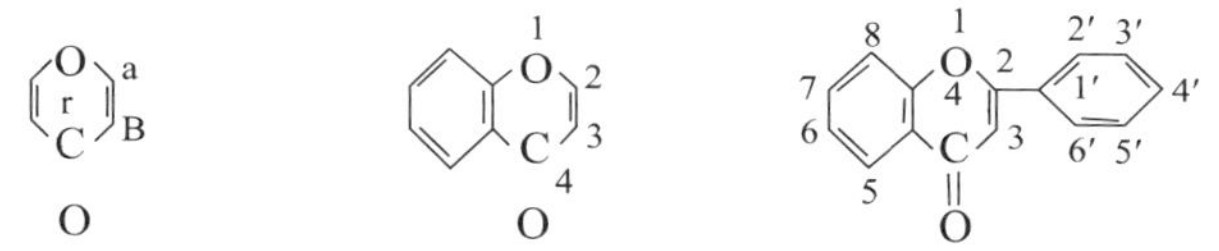

r-파이론(r-pyrone) 벤조파이론(benzopyrone) 플라본(flavone) 즉,
2-페닐벤조파이론(2-phenylbenzopyron) 즉,

[그림 2-17] 안토잔틴(anthoxanthin)류, 즉 플라보노이드(flavonoid) 색소들의 기본 구조

본 장에서는 플라보노이드류를 좁은 뜻으로, 즉 안토잔틴류(anthoxanthins)만을 지칭하는 것으로 사용하기로 한다.

플라보노이드류의 구조

이 안토잔틴류, 즉 플라보노이드류의 기본구조는 일부의 예외, 예로서 아이소플라본류(isoflavones), 잔톤류(xanthones)들을 제외하고는 모두 벤조파이론 환(環, ring)의 2의 위치에 페닐기(phenyl group)를 가진 2-페닐벤조파이론(2-phenylbenzopyrone), 즉 플라본(flavone)이다(그림 2-17 참조).

이 안토잔틴류, 즉 플라보노이드류는 다시 그 기본구조인 플라본 환의 3의 위치의 수소가 수산기(-OH)로 치환된 플라보놀류(flavonols), 2, 3의 이중결합이 포화된 플라바논류(flavanones), 이 플라바논의 3의 위치의 수소가 수산기(-OH)로 치환된 플라바놀류(flavanols), 그리고 전술한 바 있는 아이소플라본류(isoflavones) 등으로 세분된다.

이상의 화합물들은 플라본(flavone)과 함께 플라보노이드의 주요한 그룹을 형성하고 있으나, 그 구조상 플라본의 유도체들로 볼 수도 있다.

이들을 다시 분류하면 다음과 같다. 즉,

1. 플라본류(flavones)
2. 플라보놀류(flavonols)
3. 플라바논류(flavanones)

4. 플라바놀류(flavanols)
5. 아이소플라본류(isoflavones)

들이며, 이들의 기본구조는 그림 2-18과 같다.

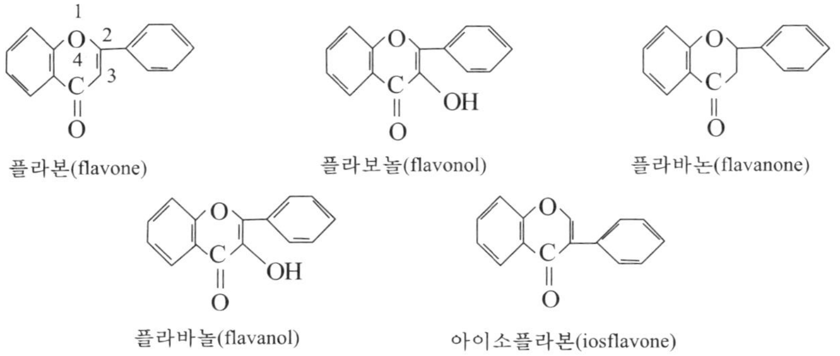

[그림 2-18] 플라본, 플라보놀, 플라바논, 플라바놀, 아이소플라본들의 구조.

한편, 하아보온들(Harborne, J. B., 1967; Harborne, J. B. and Mabry, T. J., 1982)을 비롯한 많은 연구자들은 좁은 뜻의 플라보노이드 화합물들 중 가장 기본적이고 실제로 중요한 그룹으로서 플라본(flavone)과 플라보놀(flavonol) 두 그룹을 들고 있다. 이 두 그룹의 플라보노이드들은 색깔, 따라서 흡수파장 특성(吸收波長 特性, characteristic absorption spectrum)도 크게 다르며, 또한 화학적 성질도 서로 대조적인 점이 있다고 한다. 그러나 이상의 플라보노이드 화합물들이 다 같이 그 탄소 골격이 C_6-C_3-C_6 으로 되어 있는 공통점이 있는 사실에 대해서는 특별히 유의할 필요가 있다.

이상의 플라보노이드 화합물들 또는 그 유도체들은 자연에서는 비결합상태, 즉 유리상태(free state)로도 존재하나 대개의 경우 당류와 결합하여 배당체(配糖體, glycosides)의 형태로 존재한다.

따라서 안소잔신류, 즉 플라보노이드류에는 전술한 유리상태의 플라보노이드들 뿐만 아니라 그 배당체들도 함께 포함됨은 당연하다.

이상의 플라본 내지는 플라본 유도체들과 결합하고 있는 당류는 대부분의 경우 람노오스(rhamnose), 포도당, 루티노오스(rutinose) 등이다. 이들 배당체들은 보통 식물조직의 표피(epidermis)에 존재한다.

플라보노이드들과 산, 알카리와의 반응 이상의 플라보노이드 색소들과 그 배당체들은 대체로 그 색깔이 엷은 황색이며, 산성 수용액에 잘 녹으나, 함수(含水) 에탄올(ethanol)에도 잘 녹는다.

이 배당체들은 일반적으로 산(acids)들에 대해서는 안정하나, 알칼리(alkalies)들에 대해서는 불안정하며, 일부 플라보노이드들, 특히 헤스페리딘의 경우에는 그 C_6-C_3-C_6의 기본구조 중 중간에 위치한 C_3의 환구조(cyclic structure)가 개열(開裂)되어서 해당되는 칼콘(chalcone)이 형성된다. 이 해당되는 칼콘형은 일반적으로 더 짙은 황색 또는 갈색을 지니고 있다.

그러나 pH가 다시 산성으로 기울어지면 개환(開環)된 칼콘형의 일부는 다시 환(the ring)을 재형성하여 해당하는 원래의 환구조로 복귀한다(그림 2-19 참조). 즉, 이 반응은 가역적(reversible)이며, 그 평형(平衡, equilibrium)은 산, 알칼리 등의 농도, 반응온도 등에 의해서 정해진다. 이 반응은 플라보노이드 색소들 중 플라바논류에서만 일어나는 반응인 사실에 유의할 필요가 있다.

또한 플라바논 칼콘들 중 헤스페리딘(hesperidin)과 나린진(naringin)의 칼콘들은 강력한 단맛(甘味)을 갖고 있다(제 3장의 인공 및 천연 감미료 항목 참조).

한편, 대부분의 플라보노이드 색소들은 알칼리에서는 배당체들(配糖體, glycosides)의 당과, 그 아글리콘(aglycone)인 플라본들 사이의 결합(glycosidic linkage)이 가수분해 되어 당류는 분리된다. 이와 같이 가수분해 된 후 유리된 플라본 또는 플라본 유도체들은 짙은 황색을 나타낸다.

한편, 이들 플라본 유도체들은 그 배당체들과는 달리 물에는 잘 녹지 않으나, 유기용매들(organic solvents)에는 잘 녹게 된다.

플라보노이드들의 가열조리시의 변화 일반적으로 플라보노이드 색소들을 함유한 식품들을 가열조리 할 때는 그 배당체들은 전술한 바와 같은 가수분해를 일으켜 일반적으로 그 식품의 노란색깔이 더 짙어진다.

한편, 플라보노이드 색소들의 함량이 많지 않아 거의 무색이거나 매우 엷은 노란색을 가진 식품들을 가열조리 할 때, 사용하는 물이 알칼리염의 함량이 높은 경수(hard water)인 경우에는, 가열조리 시에 위에서 설명한 바와 같은 가수분해에 의해서, 식품의 색깔이 노란색으로 변하거나, 뚜렷한 노란색을 갖게 될 때가 있다. 예로서, 흰 배추, 흰 양파, 흰 감자, 고구마, 쌀 등을 경수(hard water)로 끓일 때는 노란색으로 착색되거나 그 색이 더 뚜렷해지는 경우가 많다.

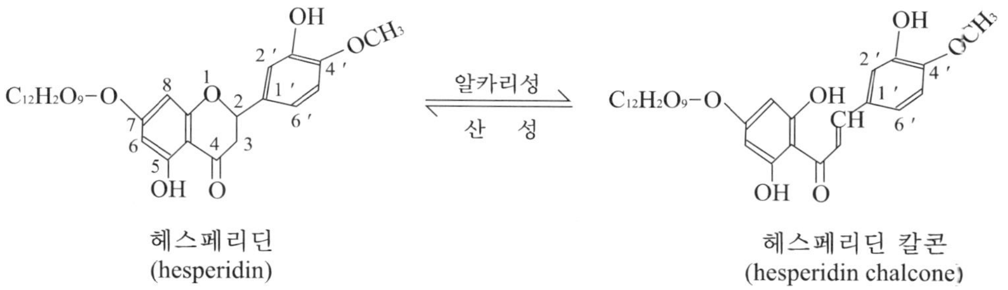

알카리성 ⇌ 산 성

헤스페리딘 (hesperidin) — 헤스페리딘 칼콘 (hesperidin chalcone)

[그림 2-19] 플라보노이드 색소들(flavonoids)은 일반적으로 $C_6-C_3-C_6$의 구조를 갖고 있다. 이들 중에서 플라바논류(flavanones)는 알칼리성(allkaline pH)에서는 1번의 산소원자와 2번의 탄소원자 사이에서 개환(ring opening)되어 플라바논 칼콘류(flavanone chalcones)를 형성한다. 예로서, 플라바논류에 속하는 헤스페리딘(hesperidine)의 경우, 짙은 황색을 가진, 헤스페리딘 칼콘을 형성한다. 그러나 산(acid)을 첨가하여 산성(acid pH)이 되면, 대부분의 칼콘은 가역적(可逆的)으로 본래의 플라바논류, 이 경우 헤스페리딘이 재형성된다.

플라보노이드들과 금속과의 염 안토잔틴류, 즉 플라보노이드류는 주석(tin, Sn)의 이온과 결합하여 복합체(complex)를 형성하나, 뚜렷한 색깔변화는 없다.

한편, 철(iron)과 결합될 때는 처음에는 녹색으로 착색된 복합체를 형성하나, 이 복합체의 색깔은 곧 흑갈색으로 변한다. 이 복합체의 형성은 감자 등을 칼로 썰 때 가끔 일어나는 변색(discoloration)의 원인들의 하나로 생각되고 있다.

플라보노이드들의 산화 일반적으로 플라보노이드류에 속하는 색소들은 다른 폴리페놀 화합물들(polyphenolic compounds)과 마찬가지로 매우 쉽게 산화되며, 그 산화과정도 대체로 다른 폴리페놀 화합물들과 같을 것으로 생각된다.

폴리페놀 화합물들의 산화과정에 대해서는 제11장 갈색화반응에서 다시 자세히 설명하겠다.

식품들 중의 대표적인 플라보노이드류, 특히 쿠어세틴과 헤스페리딘 식품류에 존재하는 플라보노이드류 중에서 대표적인 것으로는, 가장 흔하게 분포되어 있는 것으로 알려진 쿠어세틴(quercetin)과 헤스페리딘(hesperidin)이 있다.

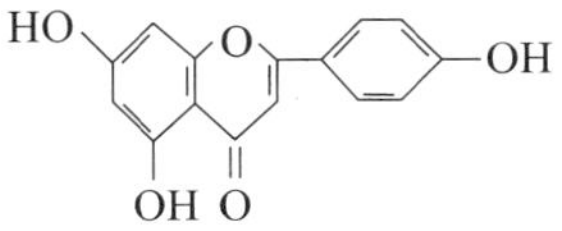

아피제닌(apigenin) 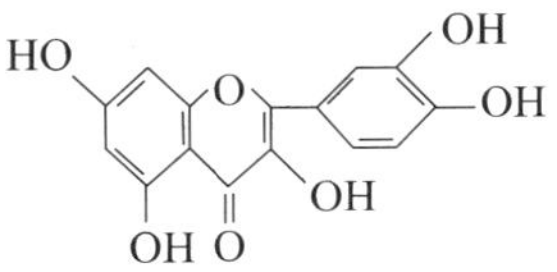 쿠어세틴(quercetin)

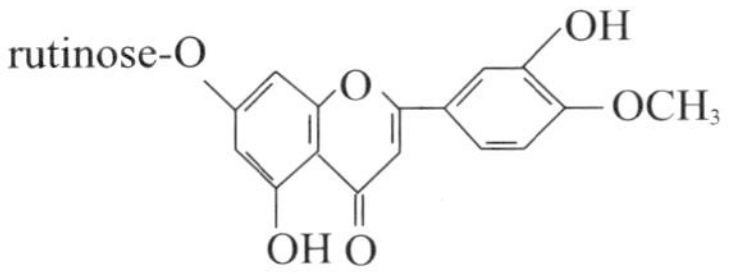

헤스페리딘(hesperidin) 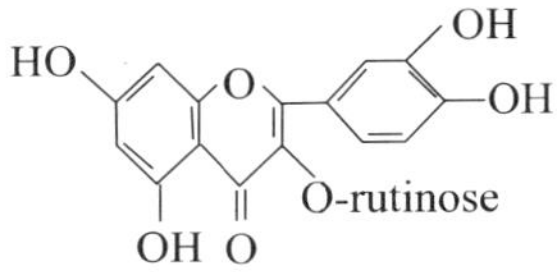 루틴(rutin)

루티노오스(rutinose ; 6-O-a-L-rhamnosyl-D-glucose)

[그림 2-20] 대표적인 안토잔틴들(anthoxanthins), 즉 대표적인 일부 플라보노이드 색소들의 구조

쿠어세틴은 보통 유리형(free state)으로 양파 등에 널리 분포되고 있으며, 한편, 헤스페리딘은 배당체(glycoside)로서 감귤류(citrust fruits)의 과즙, 또는 껍질 등에 상당량이 존재하며, 이를 분리, 정제하여 결정으로 얻을 수 있다. 이 결정의 융점은 252℃이며, 물에는 거의 녹지 않으나, 알콜에는 잘 녹는다.

헤스페리딘은 가수분해에 의해서 그 아글리콘인 헤스페레틴(hesperetin)과 다이삭카라이드, 즉 이당류인 루티노오스(a dissachride, rutinose)로 된다. 헤스페리딘과 루티노오스의 구조는 그림 2-20과 같다.

헤스페리딘 혈관 투과성 억제작용 1936년에 쎈트-졸지(Szent-Gyorgyi, A.)는 일부 플라보노이드 색소들이 정상적인 모세혈관(毛細血管)의 투과성(normal permeability)을 유지하는데 필요하다고 생각하여, 이상의 성분들에 대해서 투과성 비타민(permeability vitamin), 즉 비타민 P라고 명명했으나, 현재로서는 일반적으로 비타민 또는 필수 영양소로 인정되고 있지 않다.

그러나 이상의 비타민 P로 알려졌던 플라보노이드 색소들, 즉 헤스페리딘(hesperidin), 에리오딕틴(eriodictin), 루틴(rutin) 등은 다량의 비타민 C와 함께 존재할 때는, 생체에서 혈관의 지나친 투과성(permeability)을 억제시켜 주는 약리작용(pharmacological action)을 갖고 있는 사실은 인정되고 있다.

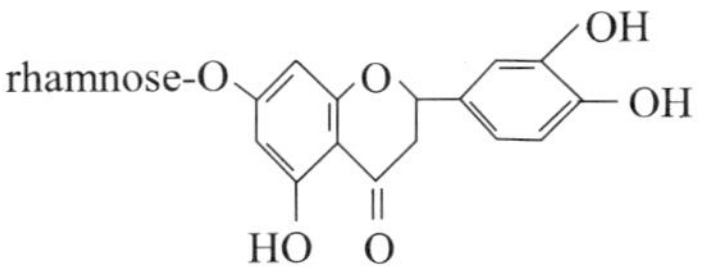

에리오딕틴(eriodictin) 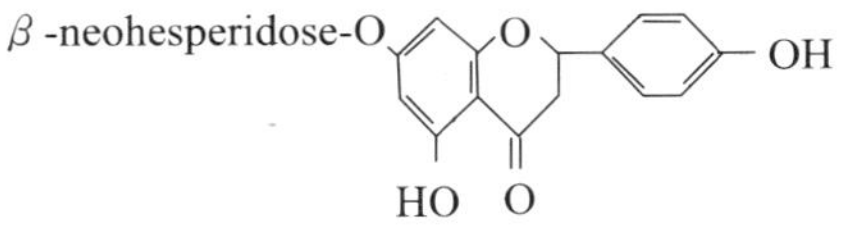 나린진(naringin)

[그림 2-21] 에리오딕틴(eriodictin)및 나린진(naringin)의 구조

나린진 나린진(naringin, 또는 naringenin 7-β-neohesperidoside, 한편 이 배당체, glycoside의 당이 아닌 부분(aglycone)인 naringenin 자체의 구조식은 4',5,7-trihydroxy-flavanone이다.)은 감귤류, 특히 그레이프프루우트(grapefruit) 등의 감귤류(citrus fruits)의 껍질에 다량 존재하는 플라보노이드 색소로서 가수분해 되면, 이미 설명한 대로 플라바논류(flavanones)에 속하는 나린제닌(naringenin)과 이당류(disaccharides)에 속하는 β-네오헤스페리도오스(β-neohesperidose)로 분리된다.

나린진은 감귤류의 고미성분(bitter principle)이며, 여기에 대해서는 제3장 식품의 맛에서 다시 설명하기로 한다. 배당체인 나린진에서 당류가 떨어져 나간 후 형성되는 나린제닌(naringenin) 자체는 쓴 맛을 갖고 있지 않다.

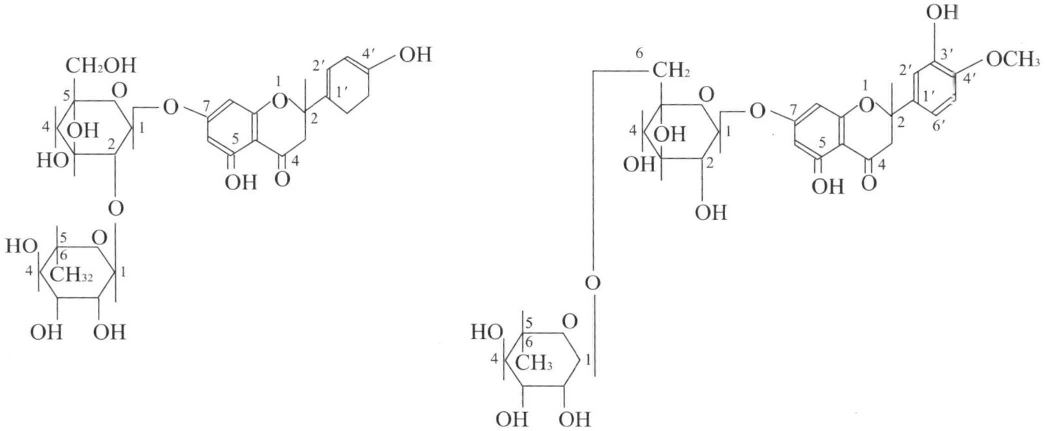

CH₂OH O O 7 1 O 2 2' 1' 4' OH 4 OH 2 1 HO 5 OH O 4 O HO 5 O 6 4 CH₃₂ 1 OH OH

6 CH₂ O O 7 1 O 2 2' 1' 3' OH 4' OCH₃ 6' 4 OH 1 OH 2 5 OH O 4 OH O HO 5 O 6 4 CH₃ 1 OH OH

[그림 2-22] 감귤류(citrus-fruits)에 가장 널리 분포되고 있는, 플라보노이드류로는 나린진과 헤스페리딘 등이 있다. 특히 그 껍질(外皮)에 주로 존재하는 나린진은 무미(無味, tasteless)한 헤스페리딘과 달리 강한 쓴맛(苦味, bitter taste)을 갖고 있어서, 감귤 판매, 가공품 판매 업계 등에서 아마도 가장 중요한 플라본 화합물이다. 나린진의 경우, 나린제닌 자체는 쓴맛이 없으며, 나린제닌과 루티노오즈가 결합한 배당체 나리루틴(narirutin)도 쓴맛이 없다. 또한 나린진에 효소 α-람노시데이스(α-rhamnosidade)를 작용시키면, 나린진과 결합된 이당류(二糖類)의 끝의 α-D-람노오스가 떨어져 나가면서, 프루닌(prunin)이 형성되면서 쓴맛이 없어지게 된다. 결국, 나란진의 쓴맛을 가져오게 하는 구조는 이 이당류의 람노오스와 글루코오스의 결합이 (1→6)이 아니라, (1→2)로 결합된 구조와 깊은 관련이 있다고 생각되고 있다. 실제로, 플라보노이드류 중 결합된 당류가 β-neohesperidin의 경우, 쓴맛을 나타내는 경우가 많다고 한다.

기타의 대표적인 일부 플라보노이드들의 이름과 그 출처를 보면 표 2-15와 같다.

표 2-15 곡류, 채소, 과실류 등에 함유된 안토잔틴류(anthoxanthins)

명칭		세분된 종류별 구분	출처
아피제닌(apigenin)		flavone	수수
노빌레틴(nobiletin)	배당체	flavone	감귤류 껍질
헤스페라딘(hesperidin)	배당체	flavanone	감귤류
나린진(naringin)	배당체	flavanone	감귤류 껍질
쿠어세틴(quercetin)		flavonol	양파
루틴(rutin)	배당체	flavonol	토마토
다이진(daizin)	배당체	isoflavone	대두

鎌田榮基, 井山修. 1964. "食品의 色", p45, 光琳書院, 東京

안토시아닌류

안토시아닌류(anthocyanins)는 그 이름(antho-cyanin=flower-blue)에서 짐작할 수 있듯이 과실류나 채소류에 존재하는 선명한 빨간색, 자색, 또는 청색의 색깔을 가진 수용성인 색소들이며, 전에는 화청소(花青素)라고도 불려 졌었다.

자연에는 수백 종에 달하는 안토시아닌류에 속하는 색소들이 존재하는 것으로 생각되고 있으며, 하아보온(Harborne, J. B., 1967)은 대략 119종에 달하는 안토시아닌류에 속하는 색소들의 각종 크로마토그래피 전개용매(展開溶媒)에서의 R_f값들을 수록 발표하고 있다. 한편, 라지나(Hrazdina, G., 1982)는 1980년까지 전 세계적으로 학술지에 발표된 안토시아니딘과 안토시아닌들의 총수를 225종으로 보고 있다.

이 색소들은 주로 여러 과실들에 그 특유한 선명한 색깔을 주는 색소들이나, 그 반면에 가공 중 산화에 의해서, 그리고 가공처리과정 중에 다른 성분들과의 상호작용(相互作用) 또는 오염된 여러 금속들과 복합체를 형성함으로써 쉽게 퇴색(褪色, discoloration)할 수 있는 색소들이기도 하다. 따라서 이와 같은 색소들의 구조와 성질 등의 규명은 이들을 함유하고 있는 과실들의 적절한 취급과 가공처리를 위해서 매우 중요한 일이다.

안토시아닌류의 구조 안토시아닌 색소들은 보통 배당체(配糖體, glycosides)로서 존재하며, 이들 배당체는 일반적으로 물에 잘 녹는다.

이 배당체들은 산, 알칼리, 또는 효소 등에 의해서 쉽게 가수분해 되어 아글리콘(aglycone)인 안토시아니딘류(anthocyanidins)와 당류로 분리된다.

안토시아니딘과 결합하여 배당체, 즉 안토시아닌을 형성하는 당류로서는 갈락토오스(galactose), 람노오스(rhamnose, 6-deoxy-L-mannose), 그리고 때로는 펜토오스들(pentoses) 등이 알려져 있다.

안토시아니딘(anthocyanidin)은 그림 2-23과 같은 기본 구조, 즉 3,5,7-트리하이드록시 플라빌륨 클로라이드(3,5,7-trihydroxyflavylium chloride)의 구조를 갖고 있다.

안토사이야닌 (anthocyanin) 배당체(glycoside) ——→ (산, 알카리, 효소) 안토사이야니딘 (anthocyanidin) 아글리콘(aglycone) + 당류

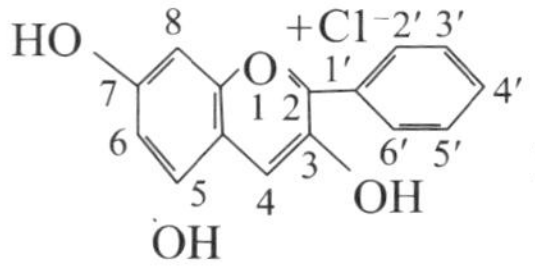

안소사이야니딘(anthocyanidin)의 기본구조
2-phenyl-3, 5, 7-trihydroxvflavylium chloride

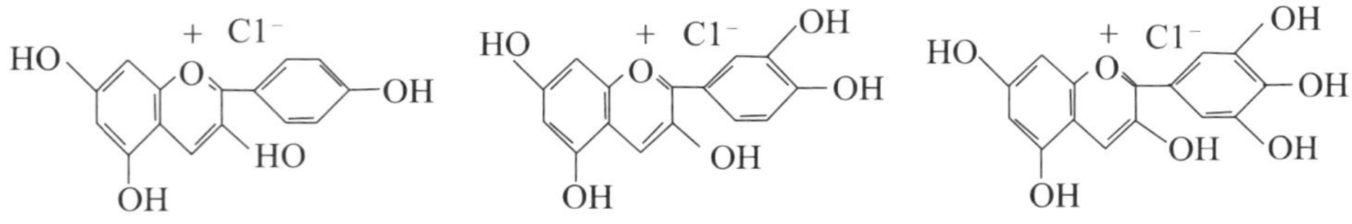

펠라고니딘(pelargonidin) 시아니딘(cyanidin) 델피니딘(delphinidin)

[그림 2-23] 안토시아야닌 색소들(anthocyanin pigments)의 그룹들과 그 기본 구조들.

한편, 안토시아니딘은 그 기본구조식에서 2의 위치에 있는 페닐기(phenyl group)에 수산기(-OH)가 한 개 있는 경우, 두 개 있는 경우, 세 개 있는 경우에 따라 펠라고니딘(pelargonidin), 시아니딘(cyanidin), 델피니딘(delphinidin) 등으로 다시 분류된다.

한편, 이상의 안토시아니딘들을 공기가 없는 상태에서 10%의 수산화바륨(barium hydroxide)용액과 함께 가열하면서 분해시키면, 각각 플로로글루시놀(phloroglucinol)과 파라하이드록시벤졸산(phydroxybenzoic acid), 또는 프로토카테츄인산(protocatechuic acid), 또는 갈린산(gallic acid)이 함께 형성된다(그림 2-24 참조).

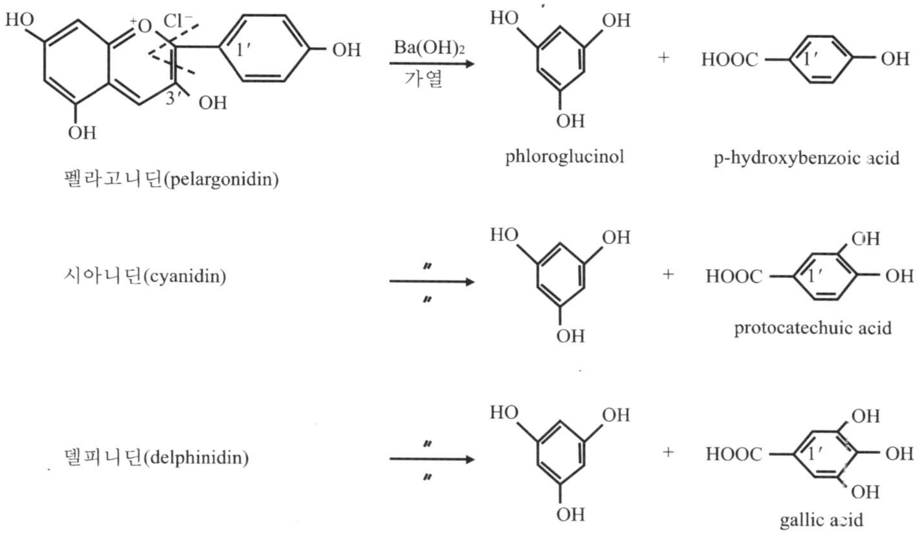

[그림 2-24] 안토시아닌들의 수산화바륨용액에 의한 분해 생성물들.

이와 같은 분해과정을 통해서 파라하이드록시벤졸산을 형성하는 안토시아니딘들은 펠라고니딘, 그리고 프로토카테츄인산이나 갈린산을 형성하는 안토시아니딘들은 각각 시아니딘과 델피니딘에 속함을 알 수 있다.

이 외에도 2의 위치에 결합된 페닐기(phenyl group)에 한 개의 수산기(hydroxyl group)와 한 개의 메톡실기(methoxyl group)를 가진 피오니딘(peonidin), 두 개의 수산기와 한 개의 메톡실기를 가진 페튜이딘(petuidin), 한 개의 수산기와 두 개의 메톡실기를 가진 말비딘(malvidin) 등의 안소시아니딘들이 알려져 있으며, 결국 6개종의 주요 안토시아니딘들의 그룹들이 있는 셈이다(그림 2-25 참조).

한편, 라지나(Hrazdina, G., 1982)는 1975년 부터 1980년 사이에 세계적으로 보고된 안토시아닌들의 종류는 아피제니딘(apigenidin)과 배당체들, 루테올리니딘(luteolinidin)과 그 배당체들, 트리세니딘(tricenidin)과 그 배당체들, 펠라고니딘(pelargonidin)과 그 배당체들, 시아니딘(cyanidin)과 그 배당체들, 피오니딘(peonidine)과 그 배당체들, 델피니딘(delphinidine)과 그 배당체들, 페튜니딘(petunidin)과 그 배당체들, 말비딘(malvidin)과 그 배당체들, 오란티니딘(ourantinidin)과 그 배당체들, 유로피니딘(europinidin)과 그 배당체들, 카펜시니딘(capensinidin)과 그 유도체들, 그리고 허스티딘(hirsutidin)과 그 유도체들의 15 종류로 밝히고 있다.

전체 안토시아니딘류와 그 배당체류의 수는 1980년 기준으로 225종이고, 가장 수가 많던 그룹은 시아니딘(cyanidin)과 그 배당체들의 58종, 그 다음이 펠라고니딘(pelargonidin)과 그 배당체들의 43종, 피오니딘(peonidin)과 그 배당체들 26종, 델피니딘(delphinidine)과 그 배당체들 26종, 말비딘(malvidin)과 그 배당체들 22종, 페튜니딘(petunisin)과 그 배당체들 20종이였으며(이상의 6개 그룹들의 총수 195종), 나머지 그룹들은 8종에서 2종 정도로 조사되고 있다.

이상의 안토시아닌 색소들 중 1975년과 1980년 사이에 새로 발견 된 것은 12종, 이상의 225종 중 아직 그 구조가 잠정적인 것이 5종인 것으로 조사되고 있다(Hrazdina, G., 1982).

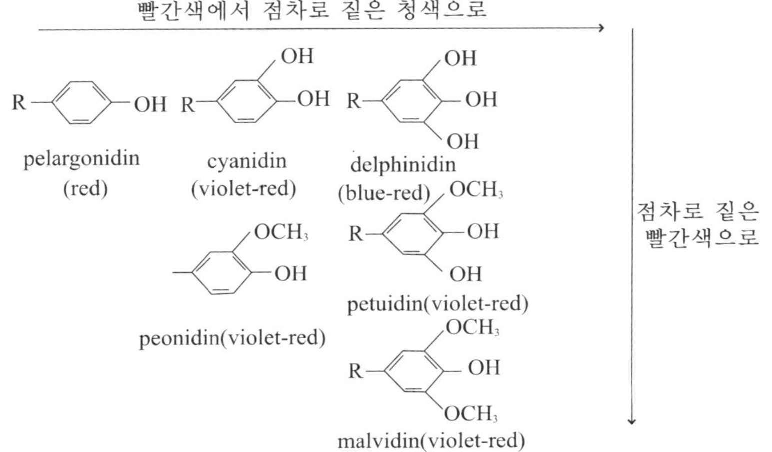

[그림 2-25] 각종 안토시아니딘들과 그 색깔과의 관계. 여기서 R은 안토시아니딘류의 2의 위치에 페닐기(the phenyl group) 이외의 전체 부분, 즉 $C_6-C_3-C_6$의 구조에서 왼쪽의 C_6-C_3의 구조를 나타낸다.

안토시아니딘들과 그 색깔 지금까지 설명한 여러 종류의 안토시아니딘들은 대체로 그 종류에 따라 그 색깔에 특징을 갖고 있음이 오래 전부터 알려져 있다.

예로서, 펠라고니딘(pelargonidin), 시아니딘(cyanidin), 델피니딘(delpginidin) 등에 있어서는, 펠라고니딘이 가장 빨간색이 강하며, 다음 시아니딘, 델피니딘의 순서로 점차로 청색이 짙어진다. 한편, 델피니딘의 유도체로 볼 수 있는(즉, 델피니딘의 한 개 내지는 두 개의 수산기가 메톡실기로 치환될 것으로 볼 수 있는) 페튜이딘(petuidin)과 말비딘(malvidin)에 있어서는 델피니딘, 페튜이딘, 말비딘의 순서로 그 빨간색이 점차로 짙어지는 사실이 알려져 있다(그림 2-25 참조).

한편, 델피니딘의 유도체로 볼 수 있는(즉, 델피니딘의 한 개 내지는 두 개의 수산기가 메톡실기로 치환된) 페튜이딘(petuidin)과 말비딘(malvidin)에 있어서는 델피니딘, 페튜이딘, 말비딘의 순서로 그 빨간색이 점차로 짙어지는 사실이 알려져 있다(그림 2-25 참조).

안토시아니딘들과 플라보노이드들 및 일부 탄닌들과의 관계 그 화학구조들을 산화의 진행 정도로 비교해 볼 때 안토시아니딘들은 일부 탄닌들(tannins)과, 탄닌들의 산화생성체들(oxidation products)로 볼 수 있는 플라보노이드 화합물들(flavonoid compounds) 사이의 중간체들(intermediates)의 위치에 있음을 알 수 있다(그림 2-26 참조).

예로서, 안토시아딘류에 속하는 색소의 하나인 시아니딘(cyanidin)은 탄닌들의 하나인 에피-캬데킨(epi-catechin)의 산화형(oxidized form)으로 볼 수 있다. 한편, 플라보노이드들의 하나인 쿠어세틴(quercetin)은 시아니딘의 산화형으로 볼 수 있다.

실제로 실험실에서는 쿠어세틴(quercetin)을 환원시켜서 시아니딘(cyanidin)을 만들 수 있으며(Shibata, K., *et al.*, 1919 참조), 한편 시아니딘을 환원시켜, 에피-캬테킨(epi-catechin)을 만들 수 있었다. 그러나, 자연에 있어서 실제로 에피-캬테킨이 산화되어 시아니딘이 되며, 시아니딘이 산화되어 쿠어세틴이 되는지는 확실하지 않다(그림 2-26 참조).

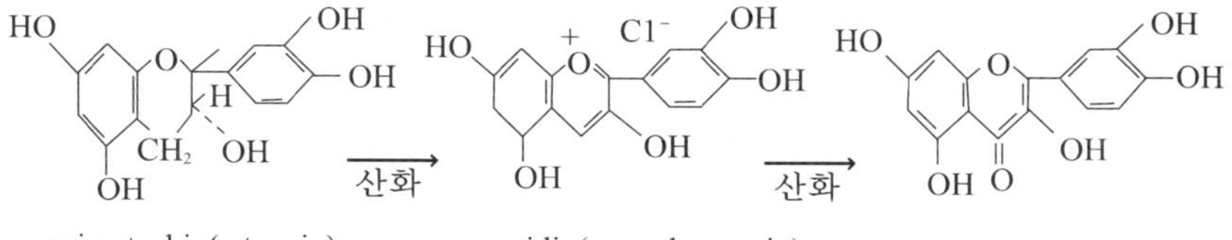

epi-catechin(a tannin) → (산화) → cyanidin(an anthocyanin) → (산화) → quercetin(a flavonol)

[그림 2-26] 안토시아닌 색소와 플라보노이드 색소 및 탄닌 사이의 구조상의 관계.

안토시아닌류 가수분해 또는 산화효소들과 그 이용 1850년 말부터 1960년대에 걸쳐, 안토시아닌들의 배당체(配糖體)로 결합된 당류를 가수분해하는 효소로서 일부 곰팡이류(예로서 Aspergillus niger)에서 얻은 효소 추출물에 존재하는 한 효소가 안토시아네이스(anthocynase)로 불려져 왔으나, 근래에 와서 이와 같은 효소의 존재에 의문이 제기되고 있다(예 Eskin, N. A. M., 1979 의 일어역 1983).

현재로서는, 안토시아닌들에 작용하는 효소들로서는 안토시아닌들의 탄소 3번을 비롯한 5,7번에 결합된 -OH그룹들이 당류의 α-위치의 -OH그룹에 결합한 α-글루코사이드(α-glucoside) 또는 α-글라이코사이드(α-glycoside) 등의 가수분해에 참여하는 α-글루코시데이스나 α-글라이코시데이스 등과 같은 가수분해 효소들과, 아이소시아닌류의 탈 수소이온 반응(deprotonation)을 통해서 형성되는 A환(ring)의 벤젠(bengene) 구조가 변함으로써 이 O-키논 구조(ortho-quinone structure)를 형성하게 되는 과정과 그 후에 계속되는 신화들에 참여하는 폴리페놀 옥시데이스(polyhend oxidase)나 파록시데이스(peroxidase) 등 산화효소들의 활동을 함께 작용하여 안토시아닌들의 파괴가 급속하게 진행되는 것으로 생각되고 있다.

한편, 비교적 안정성이 큰 배당체들인 안토시아닌들의 효소들에 의해서 촉진되는 가수분해의 결과 형성된 안토시아니딘(anthocyanidins)들은 탈색(脫色, decolorization)되어 무색(無色, colorless)이나, 화학적으로 매우 불안정(chemically unstable)하여 급속도로 산화, 분해되어, 전에 갖고 있었던 산뜻한 색깔은 완전히 소실된다.

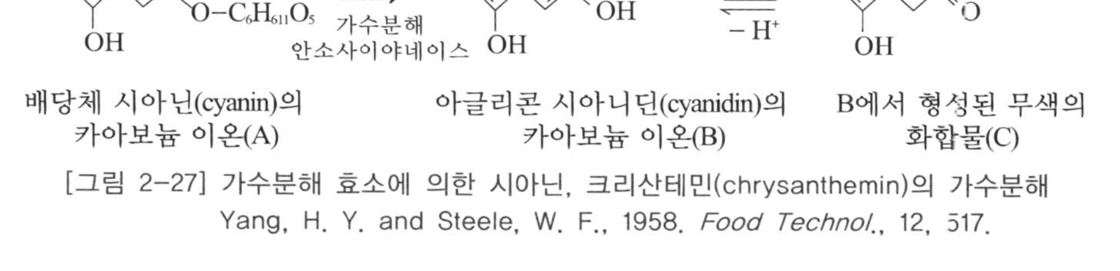

배당체 시아닌(cyanin)의 카아보늄 이온(A) → (가수분해 안소사이야네이스) → 아글리콘 시아니딘(cyanidin)의 카아보늄 이온(B) ⇌ ($+OH^-$ / $-H^+$) B에서 형성된 무색의 화합물(C)

[그림 2-27] 가수분해 효소에 의한 시아닌, 크리산테민(chrysanthemin)의 가수분해
Yang, H. Y. and Steele, W. F., 1958. *Food Technol.*, 12, 517.

일반적으로 대부분의 과실류 또는 과실 가공품들의 경우, 안토시아닌류의 함량이 큰 것은 일반적으로 바람직하다. 그러나 그 함량이 너무 커서 색깔이 흑색, 흑청색(黑靑色), 또는 흑청색이 짙은 빨간색으로 보이는 각종 딸기류(balckberry, raspberry, cranberry, strawberry 등)의 경우에는 안토시아닌류의 함량을 줄이는 것이 바람직하며, 이런 경우 안토시아네이스에 의한 탈색이 바람직할 수도 있다.

이 안토시아닌들에 작용하는, 곰팡이에서 추출한 가수분해 효소(fungal hydrolase)의 작용기구(mechanism)는, 양들(Yang, H. Y. *et al.*, 1958)에 의하면 다음과 같은 반응과정으로 표시된다고 한다(그림 2-27 참조).

즉, 안토시아닌들은 먼저 그 정상적인 형태인 옥소늄 이온(oxonium ion)의 형태와 카아보늄 이온(carbonium ion)의 형태(그림 2-27의 A)의 평형 혼합물(equilibrium mixtures)로 존재한다.

이상의 카아보늄 이온, 즉 A는 안토시아네이스의 가수분해 작용을 받아 3의 위치의 당이 가수분해 되어 이에 해당하는 시아니딘 형태(cyanidin form)의 B를 형성한다.

이 카아보늄 이온 B는 다시 가역적인 전위반응(轉位反應, reversible rearrangement)을 일으켜 C를 형성한다. 이 최종생성물, 즉 C는 무색이므로 결과적으로 가수 분해효소의 작용에 의해서 안토시아닌들의 함량은 감소하며, 그 색깔도 점차 탈색된다고 볼 수 있다.

안토시아닌들의 색깔과 pH 안토시아닌들은 산성에서는 보통 양이온(cations), 알칼리성에서는 음이온(anions)으로 존재하는 양성물질들(兩性物質, amphoteric substances)의 하나이며, 그 색깔은 pH에 따라 크게 달라진다. 즉 안토시아닌 색소들은 대체로 산성에서는 빨간색을, 중성에서는 자색, 알칼리성에서는 청색 또는 청록색을 나타낸다. 예로서

대표적인 안토시아닌 색소인 시아닌(cyanin)의 pH에 따른 구조변화 및 그 색깔변화는 그림 2-28과 같다. 한편 대표적인 과실에 존재하는 여러 안토시아닌들의 산성, 중성 및 알칼리성에 있어서의 색깔은 대체로 표 2-16과 같다.

여기서 유의할 점은 이상에서 언급한 색깔의 변화과정은 일반적인 것이며 실제 pH에 따른 각 안토시아닌의 색깔변화는 과실이나 채소에 존재하는 특정 안토시아닌 자체의 특유한 성질과 그 색소가 놓여있는 상황에 따라, 예로서 플라보노이드 색소들과 공존한다든지, 어떤 금속이온들이 함께 존재한다든지 하는 경우에는 크게 달라질 수 있다는 점이다. 이런 문제들에 대해서는 나중에 좀 더 자세히 언급하기로 한다.

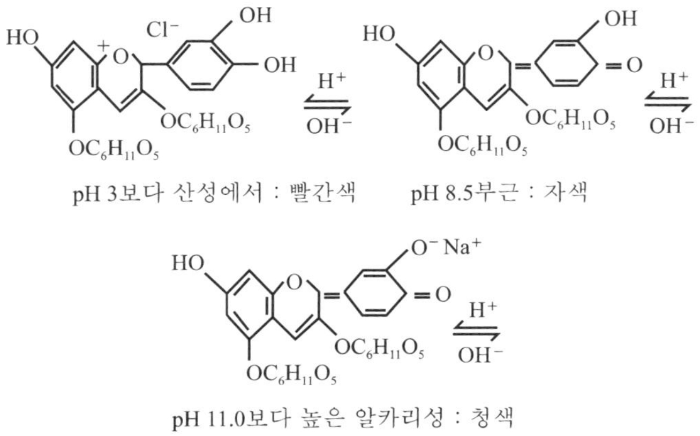
HO
Cl⁻
OH
OH
$OC_6H_{11}O_5$
$OC_6H_{11}O_5$
H⁺
OH⁻
pH 3보다 산성에서 : 빨간색
HO
OH
=O
$OC_6H_{11}O_5$
$OC_6H_{11}O_5$
H⁺
OH⁻
pH 8.5부근 : 자색
HO
O⁻ Na⁺
=O
$OC_6H_{11}O_5$
$OC_6H_{11}O_5$
H⁺
OH⁻
pH 11.0보다 높은 알카리성 : 청색

[그림 2-28] 시아닌(cyanin)의 pH에 따른 구조 및 색깔의 변화

표 2-16 산성, 중성, 알칼리성에서의 과즙류(fruit juices) 중의 색소들의 색깔변화

과 실 명	산성(pH 2.4~4.0) 에서의 색깔	중성(pH 7.0~9.0) 에서의 색깔	알칼리성(pH 9.0 이상) 에서의 색깔
사과(apples)	빨간색(red)	회색 짙은 자색 (grayish purple)	녹색(green)
검은딸기(blackberries)	빨간색(red)	자색(purple)	청색 짙은 녹색(bluish green)
월귤나무열매(blueberries)	빨간색(red)	자색(purple)	청색(blue)
앵두(cherries)	빨간색(red)	빨간색 짙은 자색 (reddish purple)	청색 짙은 녹색(bluish green)
크란베리(cranberries)	빨간색(red)	엷은 자색(faint purple)	담녹색(light green)
포도(grapes)	빨간색(red)	자색(purple)	청색 짙은 녹색(bluish green)
서양자두(plums)	빨간색(red)	엷은 자색(faint purple)	담녹색(light green)
석류(pomegranates)	빨간색(red)	자색(purple)	청색 짙은 녹색(bluish green)
딸기(strawberries)	빨간색(red)	빨간색 짙은 자색 (reddish purple)	담녹색(light green)

Lowe, B. 1955. "*Experimental Cookery*", p.126 4th ed., , John Wiley and Sons. Inc., New York.

안토시아닌류와 과실, 채소류의 색깔 그리고 색소간 상호작용효과 그림 2-25에서 설명한 바와 같은 pH와 안토시아닌들의 색깔 사이의 관계에 대한 설명은 주로 실험실에서의 결과들에 근거를 둔 빌슈텟터(Willstaer, R., 1913) 등의 연구들이 기초가 되어 발전되어 왔다.

그러나 거의 모든 채소류나, 특히 과실류의 pH는 산성 영역(acidic region) 아니면 최소한 pH 7.0보다 산성이나, 그럼에도 불구하고 짙은 청색, 자색, 흑자색 등의 색깔을 갖고 있는 경우(예; 검은 딸기류, 포도류)가 많은 것도 사실이다.

이와 같은 이유에 대해서는 개개의 안토시아닌 색소들의 색깔에 관한 특성이 다른 점도 중요하나, 그 함량 내지는 농도도 매우 중요한 영향을 미치는 사실에 대해서도 언급해 둘 필요가 있다. 이외에도 안토시아닌 색소들이 채소나 과실류에 존재하는 마그네슘(Mg), 철(Fe) 등의 금속과 청색 또는 녹색의 복합체들, 즉 금속 안토시아닌(metallo-anthocyanins)들의 복합체들을 형성하는 사실에 대해서도 유의할 필요가 있다(Shibata, K., *et al*., 1918; Van Teeling, G. G. *et al*., 1971). 또한 단순한 복합체 형성이 아니라, 그 분자구조 자체 내에 철을 함유하고 있는 청색의 자연색소인 프로토시아닌들(protocyanins)의 존재가 제안되어 왔으며, 계속 확실한 화학적 구조와 성질이 연구되어 왔다.

특히 근래에 와서, 일부의 무색 또는 엷은 색깔을 가진 플라보노이드 색소들 또는 루우코안토시아닌들(leucoanthocyanins)과 같은 탄닌들이 일부 안토시아닌 색소들과 결합하여 복합체 또는 결합체를 형성함으로써 본래의 안토시아닌 색소의 색깔보다 청색이 더 짙은 색깔로 만드는 효과(bathochromic effect, 長波長移動效果 또는 深色效果)와 함께 그 색깔의 강도(强度, color intensity)를 증가시키는 효과(hyperchromic effect)와 색깔의 안정도(安定度, color stability)를 크게 증대시키는 사실들이 알려져 왔다(예로서, Davise, A. J. and Magga, G., 1993 참조).

또한 이와 같은 색조상승작용으로도 알려져 온 색소간 상호작용효과(色素間 相互作用效果, co-pigmentation effects)는 실제의 과실류나 채소류의 특유한 색깔들의 형성과 안정성 유지에 크게 기여하는 것으로 믿어지고 있다.

이와 같은 색소간 상호작용효과(copigmentation)와 그 효과들은 실은 1970년대 초부터 본격적으로 연구되기 시작하여, 현재에 이르고 있다. 근래에 와서, 검출, 분석, 특히 복잡한 구조결정에 큰 도움을 주는 각종 기기류의 발달에 따라, 이 색소간 상호작용효과(copigmentation)와 그 여러 효과들이 광범하게 일어나고 있는 사실들이 계속 알려져 왔다.

한편, 색소간 상호작용(copigmentation)의 주체가 되는 색소에 대해서, 분자간 결합을 통해서 상호작용을 가져오는 색소 내지는 색소들은 관례적으로 copigment 또는 copigments, 즉 결합체 또는 복합체형성 색소 또는 색소들로 불리고 있다.

로빈손(Robinson, D. S., 1987)은 안토시아닌(cyanidin 3-glucoside)이 후술하는, 역시 C_6-C_3-C_6의 기본구조를 가진 카테킨(catechin)과 분자간 상호작용(copigmentation)을 통해서 안토시아닌 색소의 색깔이 안정화되는 사실을 설명하고 있다.

로빈손은 이와 같은 상호작용의 본질, 즉 copigmentation의 본질이 실질적으로는 분자간의 회합(會合, intermolecular association)으로 볼 수 있으며, 이와 같이 형성된 복합체(또는 결합체) 자체가 기본단위가 되는 중합반응(copolymerigation)을 통해서 중합체들(copolymers)을 형성하는 경우에 대해서도 설명하고 있다.

다만 전술한 copigment 또는 copigments에 대해서, 많은 연구자들은 copigmentation의 결과 형성된 결합체 또는 복합체의 뜻으로 사용하는 경우가 많은 사실들에 유의할 필요가 있다.

예로서, 바라니크들(Baranac, J. H. *et al.*, 1996)은 말빈의 염화물(malvin chloside, 즉 malvidin 3,5-diglucoside의 chloride salt)이 플라본 색소인 루틴(rutin, 즉 quercetin 3-nutinoside)과 pH 3.65에서 색소간 상호작용(copigmentation)을 일으켰으며, 그 반응은 두 반응물질들의 몰비율(molar ratio)과 반응온도에 크게 의존함을 밝혔었다. 이들(Baranac, J. H. *et al.*, 1997a)은 또한 안토시아닌 색소의 하나인 말빈의 염화물(malvidin chloride)은 배당체의 형태가 아닌 모린 수화물(morin hydrate, 즉 3,5,7,2',4'-penta hydroxy flavone)과도 색소간 상호작용을 통해서 결합체색소(a copigment)를 형성했는데, 이 결합체색소는 루틴(rutin)과의 결합체 색소의 경우와는 달리, 온도에 의한 가역성(reversibility)은 없었으며, 온도가 상승되어도 해리되지 않았다고 한다.

한편, 이들(Baranac, J. H. *et al.*, 1997b)은 이 결합체색소가 색소의 흡광파장(吸光波長) 중 최장흡광파장대(最長吸光波長帶, the longest wavelength absorption band)에서 두드러진 장파장이동효과(長波長移動效果, bathochronic effect)와 UV 및 가시광선영역(UV and visible light regions)에서의 흡수강도(吸收强度)의 증가효과(hyperchromic effect) 등으로 특정 지워졌었다고 보고하고 있다. 또한, 이들(Baranac, J. H. *et al.*, 1997c)은 말빈의 염화물(malvidin chloride)과 플라보노이드 색소인 아피제닌 7-글루코사이드(a flavonoid, apigenin 7-glucoside)사이의 색소간 상호반응(copigmentation)을 통해서, 결합체 색소, 또는 복합체 색소가 형성되었는데, 이상의 색소간 상호반응의 최적 pH는 3.65, 최적 몰비율(moler ratio)은 1 : 1이였다고 한다. 이상의 반응의 평형상수(equilibrium constant, K)는 $K=137/M^{-1}$로서, 이미 언급한 바 있는 루틴(rutin)과의 반응 경우에 비해서 30분의 1정도 이었다고 한다. 그러나 반응 전후의 깁브스 자유 에너지(Gibb's free energy)의 차이는 $\Delta G^0=-12.2kJ/mol$로서, 반응 자체는 자연발생적으로(spontaneously) 진행되었다고 한다.

이상의 여러 색소 결합체들 내지는 복합체 색소들은 모두 분자간의 수소결합(hydrogen bond)을 통해서 형성된 것으로 생각되며, 반응색소분자들의 수산기(hydroxyl groups)의 수가 감소할수록, 형성된 결합체색소들(copigments)의 안정성은 감소하였다고 보고하고 있다.

프란시아-아리카들(Francia-Aricha, E. M. *et al.*, 1997)은 빨간색 포도주(red wine)의 주요 색소들의 종류와 그 구조들을 규명하는 과정에서, 먼저 안토시아닌 색소인 말비딘 3-글루코사이드(an anthocyanin pigment, malvidin), 프로시아니딘 B_2(procyanidin B_2, PB_2), 아세트알데하이드(acetaldehyde)의 혼합용액을 밀폐용기(a vial)에 넣어서 15℃에서 4개월 방치한 후, 이 반응액들에서 세 개의 축합 화합물(縮合 化合物, condensation product)들을 검출하여, 그 구조를 발표하고 있다. 이 색소들의 색깔, 그 형성과정, 특히 색소들의 흡광특성들(吸光特性)은 포도주의 색소들과 매우 비슷하다고 한다.

이상 세 개의 복합제 -이들은 색소상호작용(copigmentation)의 결과, 형성된 것으로 볼 수 있다 -중 가장 안정성이 큰 결합체 색소(the copigment)들의 구조는 이들에 의해서, B_2Ⅰ 및 B_2Ⅱ들과 B_2Ⅲ의 두 형태의 구조가 제안되고 있으며, 그림 2-29에 표시된 구조는 이들 중 광학적 이성체들인 B_2Ⅰ과 B_2Ⅱ의 구조를 표시하고 있다.

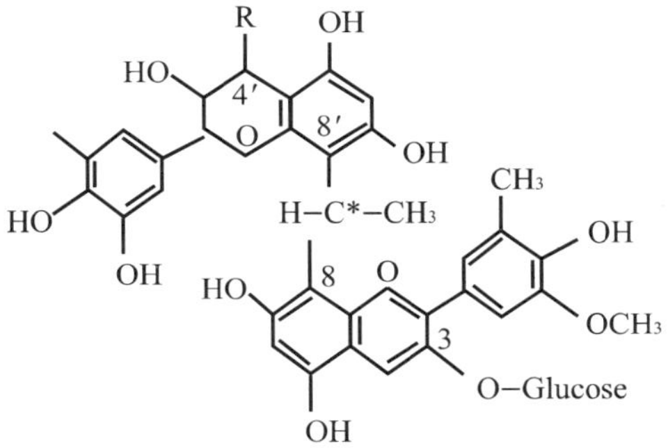

[그림 2-29] 일부 포도주의 성분들로 알려진 Malvidin 3-glucoside(그림 하단 부분 해당)과 Procyanidin B2(그림 상단 부분 해당) 그리고 아세트알데하이드의 pH 3.2의 용액을 15℃에서 4개월 저장한 후 검출한 복합 또는 결합체 색소는 중심부의 별표*가 달린 탄소원자는 부제탄소(asymmetric carbon atom)여서 두개의 광학적 이성체들, 즉 결합 또는 복합체 색소 B2Ⅰ과 B2Ⅱ이 있다. procyanin B2의 4' 위치의 R은 epicatechin 단위임.
Francia-Aricha, E. M. et al., 1997.

색소상호작용(copigmentation)에 의한 결합체색소들(copigments)의 형성은, 이상과 같은 반응시스템 내에 중합반응(polymerization, including condensation)을 촉진하는 저분자량 활성 화합물들(위의 경우의 아세트알데하이드)이 존재할 때는 자연스럽게 이루어지며, 형성된 결합체 색소들의 결합은, 이 경우 공유결합(a covalent bond)을 통해서 형성된다고 한다.

한편, 윤들(Yoon, J. H. *et al.*, 1998)은 유색미(有色米, pigmented rice, Oryza satira van. Suwon 415)에서 추출한 안토시아닌 색소들(주성분 적자색, 赤紫色, 인 cyanidin 3-glucoside로 추정됨)을 사용하여, pH 3.0에서 탄닌산(tannic acid, TA), 클로로제닌산(chlorogenic acid, CA), 카페인산(caffeic acid, CA) 등의 용액들을 pH 6.3의 완충용액에 첨가하여 색소간 상호작용(copigmentation)을 일으키게 한 후, 형성된 결합체 색소들의 흡광특성의 변화를 조사하고, 또한 이 결합체 색소들의 용액을 25℃에서 21일간 두어, 그 안정성을 조사한 바 있다.

이들에 의하면, 탄닌산을 첨가했을 경우, 그 최장 흡수파장대가 514nm에서 528nm로 이동했으며(bathchromic effect), 그 흡광도도 크게 증가(hyperchromic effect)하였으나, GA나 CA의 경우에는 최장 흡수파장대의 이동은 볼 수 없었다고 한다. TA, GA, CA 모두 안토시아닌 색소들의 안정성을 증가시켰으나, TA가 가장 그 효과가 컸었다고 한다. 특히, TA의 경우, 광선조사에 의한 색소들의 파괴를 가장 효과적으로 억제하였다고 보고하고 있다.

로메로들(Romero, C. and Bakker, J., 1999)은 숙성 중인 적색 포도주(maturing port wine)에서 자연적으로 형성되는 안토시아닌 색소들의 유도체, 또는 안토시아닌 색소들의 결합체 색소(a pigment)로 볼 수 있는 바이티신 A(vitisin A)의 수용액(水溶液)을 모델 적색포도주 시스템으로 사용하여, 결합체 내지는 복합체 색소들의 형성과정과 흡광특성 등을 조사한 바 있다.

숙성 중인 적색포도주에서 검출되는, 색소간 상호작용(copigmentation)에 의해서 형성되는 결합체 색소들(copigments)은 최근까지도 안토시아닌 색소들의 하나인 말비딘 3-글루코사이드와 예로서 프로시아니딘 B_2(procyanidin B_2, PB_2)와 같은 플라반 3-올들(flavan 3-ols) 사이의 색소간 상호작용에 의해서 주로 형성되는 것으로 알려져 왔다(전술한 바라니크들 그리고 프란시아-아리카들의 연구들 참조).

그러나 로메로들(Romero, C. and Bakker, J., 1999)은 바이티신 A가 포도주 중에서 말비딘 3-글루코사이드(malvidin 3-glucoside)와 과량의 피루빈산(pyruvic acid)들 pyruvic acid 전량/전체 안토시아닌들의 물농도 비율, molas ratio, 12.2~172.4:1) 사이의 축합반응(condensation)을 통해서 형성됨을 밝히고 있다. 이들에 의하면, pH 2.7～3.0에서 분자간 상호작용의 결과 형성된 바이티신 A(vitisin A)의 형성량은 최대치에 달하며, 바이타신 A는 안토시아닌 색소(malvidin 3-glucoside)의 색깔의 강도를 pH 3에서 11배, pH 2에서 14배나 증대시켰으며, 그 색깔을 더 빨간색이 강하게 변화시켰다고 보고하고 있다. 또한 여러 바이티신 A 유도체들과 그 형성과정에 대해서도 설명하고 있다.

안토시아닌류의 안정성

일반적으로 말할 때는 안토시아닌 색소들에 의한 밝은 색깔은 과실류나 일부 채소류 그리고 그 가공품들, 특히 그 과즙 가공품들의 품질을 평가하는데 중요한 요인(要因)이 되며, 따라서 그 색깔들의 안정성은 이와 관련해서 매우 중요하다. 한편, 안토시아닌류의 안정성(stability)은 여러 요인들에 의해서 영향을 받는다. 그 중에서도 중요한 것으로는 효소들의 작용, pH, 산소의 유무, 배당체들(配糖體, glycosides)을 형성했던 당류들의 분해물질들의 유무, 금속류의 존재유무 등이다.

안토시아닌 파괴효소들의 작용 안토시아닌 색소들은 70년대 초기까지 효소 안토시아네이스(anthocyanase)로 알려져 온 일부 곰팡이류(예 Aspergillus niger)에서 추출한 안토시아닌 파괴효소들의 작용을 받아서, 안토사이니닌 색소들은 결합되어 있던 당류들이 가수분해(加水分解, hydrolysis) 되어, 무색이며, 안정성이 매우 낮은 안토시아니딘(aglycone, anthocyanidin)으로 된 후, 급격하게 파괴, 소실되거나, 폴리페놀 옥시데이스(polyphenol oxidase)와 같은 산화효소들의 작용을 받아서, 변색되고, 파괴되는 사실들이 알려지고 있다. 따라서 딸기류나 포도류에 자주 오염되는 곰팡이류나 효모류는 이와 같은 효소를 형성하는 사실이 알려져 있다. 이들 안토시아닌 파괴효소들의 작용은 다행하게도 가열처리에 의해서 쉽게 불활성화(不活性化) 할 수는 있다.

pH의 영향 안토시아닌류의 색깔, 안정성 등에 가장 중요한 영향을 주는 요인(要因)은 대부분의 연구자들에 의해서 pH로 생각되어 왔다. 한 예로서 에스킨(Eskin, N. A. M., 1979)은 식물성 색소들에 관한 저서에서 안토시아닌 색소들의 구조, 따라서 그 색깔에 영향을 주는 여러 요인(要因)들에 대해서, 이전의 여러 연구 결과들을 들어 설명한 바 있다. 이 중에서 딸기 퓨레이(strawberry puree) 속의 안토시아닌 색소들의 안정성(安定性)은, pH를 내리는 일, 즉 더 산성(酸性)으로 가져가는 일이, 다른 어떤 방법들 보다 더 효과적임을 강조한 시스트런크들(Sistrunk, W. A. and Cash, R., 1968)의 연구를 들고 있다.

그는 또한 냉동 딸기(frozen strawberry)의 과실 전체로서의 품질(quality)과 정(正, positive)의 상관관계(correlation)를 나타낸 객관적 측정법으로서는 pH 측정뿐이었으며, 이 경우에도 전체적인 산도(全酸度)보다는 단순하게 측정한 pH가 더 뛰어난 상관관계를 나타낸다는 롤스탓드들(Wrolstad, R. E. *et al.*, 1970)의 연구 결과를 설명하고 있다. pH가 산성일수록 안정성이 큰 양이온(cations)의 형태로 존재하는 안토시아닌류의 양이 증가하기 때문에 안토시아닌의 안정성은 증가한다. 그리고 그 색깔들도 pH의 변화에 대해서 극히 예민하다고 한다. pH가 낮을수록 그 색깔들은 일반적으로 밝은 빨간색을 갖는다.

그러나 pH 산성이 높아지면, 안토시아닌 자체가 산에 의해 가수분해 되어 안정성이 낮은 안토시아닌류가 유지되는 상한(上限) pH는 대략 1.8 정도로 생각되고 있다.

산소의 존재유무 pH 다음으로 안토시아닌류의 안정성에 큰 영향을 주는 요인으로서는 공기의 유무, 즉 분자상 산소(molecular oxygen)의 유무이다.

주변 산소의 농도가 적은 환경일수록 과실류 등에 함유된 안토시아닌류 그리고 그 보다 구조적으로 산화(酸化) 등에 취약한 안토시아니딘류(anthocyanidins)의 안정성은 증가되며, 이 경우의 파괴속도(rate of degradation)는 1차 반응속도(first order kinetics)를 갖는다. 즉 그 파괴속도는 안토시아닌, 또는 안토시아니딘 자체의 농도에 비례한다.

특히 가공처리 받은 과실류(또는 채소류)의 경우, 마쇄, 가열 등의 과정을 거치는 과정에서 갈색화 효소들(browning enzymes)의 작용은 억제될지도 모르나, 공기 중의 산소에 의한 갈색화(褐色化)는 중요한 문제가 될 수 있다. 비록 가공품들을 용기 속에 충전하기 전의 탈기공정(脫氣工程)에 의해서 공기 중의 산소 일부를 제거한다 하여도 이 방법은 어디까지나 부분적인 효과를 줄 뿐이다.

이런 경우, 가장 적절한 산소제거 방법은 아스콜빈산(ascorbic acid, 즉 vitamin C)을 첨가하는 방법일 것이다. 이 방법은 색깔의 유지 그리고 갈색화 억제를 위해서 사과, 복숭아 등의 통조림 제조 시에 오랫동안 사용된 방법이다. 아스콜빈산 첨가는 이들 과실류 가공품들에 유기산인 비타민C를 첨가한다는 점에서 유용하다. 더 자세한 것은 본서의 제 11장 갈색화 반응의, 갈색화 반응의 억제에 의한 아스콜빈산의 첨가 항목을 참고하기 바란다.

당류, 또는 당류 분해물질들의 존재유무 당류, 예로서 설탕(sucrose), 포도당(glucose), 과당(frutose), 자일로오스(xylose) 등이나 이들 당류의 분해물질들(degradation products)의 존재는 안토시아닌류의 파괴를 촉진하여 주는 것으로 생각되고 있다.

한편, 당류의 분해물질들의 안토시아닌류 파괴속도에 대한 촉진작용은 당류 자체보다도 더 강하다는 사실이 다라빈가스(Daravingas, G., 1968) 등의 연구에 의해서 밝혀지고 있다.

즉, 그림 2-30는 포도당 또는 포도당의 가열분해물질들인 의산(formic acid), 레뷸리닌산(levulinic acid), 5-하이드록시메틸훌후랄(5-hydroxymethylfurfural, 5-HMF), 훌후랄(furfural) 등이 함께 존재할 때는 안토시아닌류의 파괴는 급속도로 일어나며, 이상의 가열분해물질들의 파괴속도는 포도당의 경우보다 훨씬 더 큰 사실을 보여주고 있다.

금속의 영향 한편, 안토시아닌들은 금속염들(metal salts), 즉 각종 금속이온들(metal ions)과 여러 가지 색깔의 복합체들을 형성한다. 이들 복합체들의 색깔은 청색, 자색, 회색, 갈색 등 원래의 안토시아닌들과는 다른 색깔을 가지고 있으며, 따라서 이들 금속이온들과의 복합체 형성은 궁극적으로는 안토시아닌 색소들 고유의 산뜻한 색깔에 바람직하지 않은 변색을 가져오는 결과가 된다. 특히, 구리(copper), 철(iron) 등의 금속들은 안토시아닌들의 퇴색을 크게 촉진시킨다.

주석(tin)이나 알미늄 등은 전술한 금속들보다 안토시아닌의 파괴를 덜 가져오며, 복합체들의 색깔도 다른 복합체들의 색깔에 비해서 연하다고 한다.

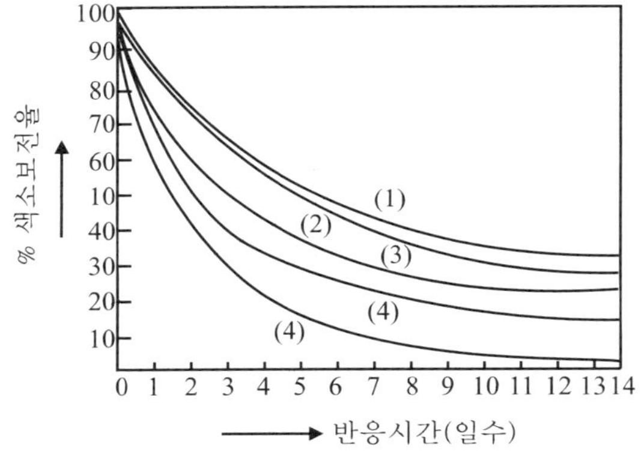

[그림 2-30] 시아니딘-3-다이글루코사이드(cyanidin-3-diglucoside, C-3-di-G)의 파괴속도에 미치는 당 및 각종 당분해물질들의 영향, 온도 50℃. pH 3.25, 산소 존재하에서. Daravingas, G and Cain, R. F. 1968. J. Food Science, 33, 141

여러 과실, 채소류 중의 안토시아닌들

포도 속의 안토시아닌류 빌슈텟터들(Willst ttera R. *et al.*, 1915, 1916)은 포도의 주요 색소들로서 말비딘 3-모노글루코사이드(malvidin 3-monoglucoside), 말비딘(malvidin), 말비딘 3,5-다이글루코사이드(malvidin 3,5-diglucoside) 등을 들고 있으며, 그 후, 마스커딘 품종의 포도들(Hunt muscadine grapes)에서는 주요 색소들로서 페튜니딘 3,5-다이글루코사이드(petunidin 3,5-diglucoside)가 보고되고 있다(아래 Chen들의 문헌 참조).

한편, 루우들(Chen, L. F and Luh, B. S., 1967)은 로얄티 품종의 포도(Royalty grape) 색소들을 크로마토그래피법에 의해서 그림 2-31과 같은 11종의 안토시아닌들을 분리, 검출하고 있다.

이들이 분리, 검출한 안토시아닌들로는 말비딘 3,5-다이글루코사이드(malvidin 3,5-diglucoside), 페오니딘 3-모노글루코사이드, 말비딘 3-모노글루코사이드 등이 있었다고 한다.

한편, 유럽원산 포도 품종(*Vitis vinifera*)의 경우, 포도에 함유된 안토시아닌 색소들 중의 배당체(配糖體)들에서는 3,5-다이글루코사이드(3,5-diglucoside)가 일체 검출되지 않는 반면, 미국 등에서 재배되는 포도 품종(예로서 *V. viparia, V. rupestrias*)들과 그 교배종(交配種)들에서는 이와 같은 배당체들이 3-모노글루코사이드(3-monoglucoside)와 같은 단당체류(單糖體類, monoglycosides)와 함께 검출되기 때문에, 이 사실은 한 포도주의 원산지를 추정하는데 도움이 된다고 한다(Coultate, T. P., 1989 참조).

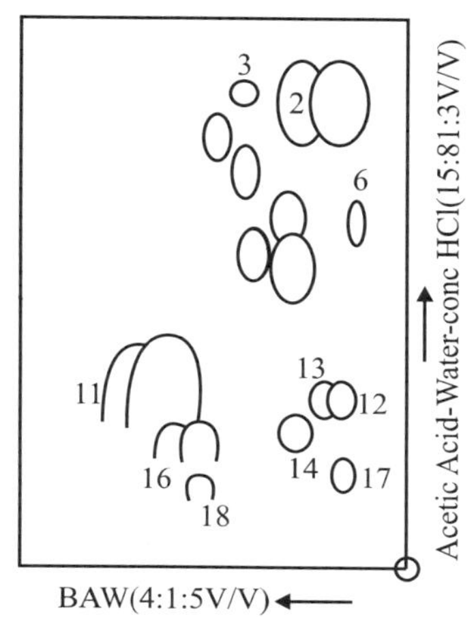

[그림 2-31] 로얄티 품종의 포도(Royalty grape)의 안토시아닌류(anthocyanins)의 2차원 크로마토그램(two-dimensional chromatogram)
Chen, L. F. and Luh, B. S. 1967. *J. Food Science*, 32 66.

레빌라들(Revilla, E. *et al.*, 1998)은 여러 문헌들에 발표된, 포도에서 안토시아닌류를 추출하는 방법들을 비교, 분석한 결과, 통상적으로 사용되어 온 염산(12N HCl)의 수용액(염산의 농도 1%까지의)을 사용해서 추출하는 방법들의 사용을 가급적 피할 것을 권하고 있다.

즉, 이들에 의하면 이상의 방법 그리고 유사한 방법들은 포도류의 경우뿐만 아니라, 다른 식물체들의 경우에도, 안토시아닌들이나, 그 유도체들, 그 중에도 특히 부분적으로 아세틸화된(acetylated) 안토시아닌류, 예로서 말비딘 3-O-아세틸글루코사이드(malvidin O-acetylglucoside) 등의 부분적인 가수분해를 가져와, 본래 존재하는 안토시아닌류나 그 유도체들의 종류나, 함량에 변화를 가져올 수 있기 때문에, 이상의 추출방법들은 피하는 것이 좋다고 설명하고 있다.

한편, 포도주에 함유된 안토시아닌 색소들의 색소간 상호작용(copigmentation)에 대해서는 이미 본문의 "안토시아닌류와 과실, 채소류의 색깔 그리고 색소간 상호작용 효과"의 항목을 참고해주기 바란다.

또한 근래에 와서 포도주에 함유된 안토시아닌 색소들의 항산화제(antioxidants)로서의 작용에 대해서 조사한 논문들이 계속 보고되고 있다. 항산화제의 본질과 그 작용에 대해서는 유지나 지방질의 산화를 억제하는 자연 항산화제들(natural antioxidents)을 다루는 해당항목(제14장 유지의 산패 해당항목 참조)에서 설명하기로 하고, 여기서는 한 예만 들기로 한다.

즉, 라피도트들(Lapidot, T. *et al.*, 1999)은 안토시아닌류를 함유한 적색 포도주의 경우, 인체에서 흡수, 소화되는 동안 체내소화기기관들의 pH가 증가함에 따라 안토시아닌들의 형태는 칼비놀 슈도-염기체(carbinol pseudo-base), 키논형의 염기체(鹽基體, quinoidal base) 또는 칼콘(chalcone)으로 변화하는 것으로 생각하고 있다.

이들에 의하면, 말비딘 3-글루코사이드(malvidin 3-glucoside)의 칼비놀 슈도-염기체나 키논형-염기체들이 지방질 산화(脂肪質 酸化) 모델 시스템에서, 금속에 의해서 활성화된 마이요글로빈에 의해서 촉진된 리놀레인산 에스터들(linoleate esters)의 산화(oxidation)를 억제하였다고 한다.

한편, 과산화수소에 의해서 활성화된 마이요글로빈(H_2O_2-activated myoglobin)의 산화촉진작용에 대해서, 카테킨(catechin), 말비딘(malvidin), 레즈베라트롤(resveratrol) 등과 함께 동일조건에서 그 억제작용, 즉 항산화효과(antioxiclent efficiency)를 조사한 결과, malvidin 3-glucoside > catechin > malvidin > resveratrol 이었다고 보고하고 있다.

사과 속의 안토시아닌들 프란시스들(Francis, F. J. *et al.*, 1967)에 의하면, 사과의 주요한 안토시아닌들로서는 시아니딘 3-갈락토사이드(cyanidin 3-galactoside)가 있으며, 이 외에도 시아니딘 3-아라비노사이드(cyanidin 3-arabinoside)와 시아니딘 7-아라비노사이드(cyanidin 7-arabinoside) 등이 존재한다고 한다.

한편, 위치 이성체들(geometrical isomers)의 관계에 있는 시아니딘 3-아라비노사이드와 시아니딘 7-아라비노사이드의 메탄올 용액(methanol solution)에서의 흡수곡선들(absorption curves)을 보면 그림 2-31과 같다.

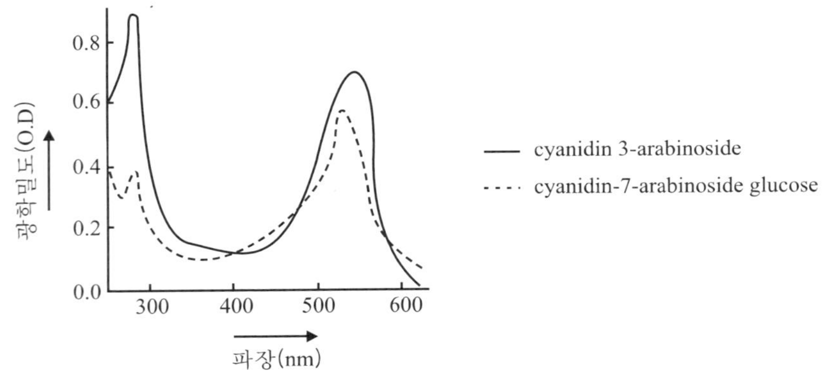

[그림 2-32] 사과(Red Delicious) 속의 안소시아닌 색소(anthocyanin pigments) 중 일부 색소들의 흡수곡선(absorption curves).0.01%. HCl in Me OH
Sun, B. H. and Francis, F. J. 1967. *J. Food Science*, 32, 647.

한편, 쇼지들(Shoji, T. *et al.*, 1999)은 적색 포도주(red wine)에서는 그 숙성(熟成, maturing) 중, 원래 포도에 함유되어 있던 안토시아닌 색소들이 색소간 상호작용(copigmentation)을 통해서, 지속적으로 안토시아닌류와 다른 플라바날류(flavanals), 예로서 카테킨(catechin), 프로시아니딘 B_1(procyanidin B_1, 즉 PB_1)들과의 탈수축합(脫水縮合) 안토시아닌 중합체들(condensed polymeric anthocyanins)이 형성되는 사실과 관련해서, 역시 안토시아닌 색소들이 주요 색소들인 사과에서 만든 장미빛 사과사이다 즉, 발효주스(Rose cider) 그리고 사과를 원료로 만든 과실주(red apple wine)의 안토시아닌 색소들을 젤-크로마토그래피(gel permeation chromatography)법을 이용, 조사, 분석한 바 있다.

이들은 위에서 언급한 두 종류의 사과 가공품들(빨간 사과로 만든 과실주, red apple wine, 사과 발효주스, Rose cider)에서 시아니딘 3-갈락토사이드(cyanidin 3-galactoside)를 주로 하는 각종 안토시아닌 색소 단체류(單體類, monomeric anthocyanins), 기타의 안토시아닌 색소들, 클로로제닌산(chlorogenid acid), 캬테킨(catechin), 에피캬테킨(epicatechin), 프로시아니딘 B_1(prc- cyanidin B_1, PB_1), 그리고 프로시아니딘 C_1(PC_1) 등의 과당체류(oligomers)와 중합체들(polymers) 등을 검출하고 있다.

이들은 사과의 신선한 즙에서는 이상과 같은 과당체류나 중합체류가 전혀 검출되지 않았으며, 사과 발효주스(Rose cider) 중의 시아니딘 3-갈락토사이드의 함량이 발효(fermentation, pro- cesses) 중 급속히 감소한 사실로 미루어보아, 과당체나 중합체 등은 발효과정과 그 뒤를 이은 숙성과정(maturation processes) 등에서 형성된 것으로 보고 있다.

한편, 지금까지 설명한 여러 연구들을 종합해 볼 때, 포도주를 비롯한 과실주들, 특히 적색 과실주들(red wines)의 경우, 그 원료 중의 안토시아닌 색소들의 색소간 상호작용(copigmentation)과 이에 따른 결합체 색소들(copigments)의 형성은 일반적으로 발효과정(fermentation processes)과 숙성과정 중에 이루어지는 것으로 생각된다.

딸기 속의 안토시아닌류 딸기의 빨간색을 나타내는 색소들이 안토시아닌들임은 잘 알려진 사실이다. 딸기 속의 안토시아닌들로서는 시아니딘(cyanidin), 시아니딘 3-모노글루코사이드(cyanidin 3-monoglucoside) 그리고 특히 이전에 일부 연구자들이 칼리스테핀(calistephin)이라고 불러온 펠라고니딘 3-모노글루코사이드(pelargonidin 3-monoglucoside) 등이 다른 안토시아니딘 배당체들과 함께 알려져 왔다.

오래 전부터, 재배종(栽培種)의 딸기류(*Fragaria chiloensis*)에서는 펠라고니딘 3-모노글루코사이드들이 한편, 야생종의 딸기류(*Fragaria virginiana*)에서는 펠라고니딘 3-갈락토사이드가 주요 색소로 보고되어 왔다. 존트하이머와 카테즈들(Sondheimer, E. and Kertesz, 1948)은 재배종 딸기류(*Fragara chiloensis*)의 주요색소를 조사하여, 딸기류의 색깔에 기여하고 있는 가장 주요한 색소는 안토시아닌 색소인 펠라고니딘 3-모노글루코사이드라고 밝히고 있다.

다 같이 장미과(科), 즉 *Rosaceous* order에 속하는, 전술한 재배종과 야생종 그리고 그 교배종(交配種)들은 원래 유럽(Europe)에서 널리 재배되거나, 야생하고 있었으나, 18세기 초에 미 대륙으로 옮겨온 후, 미국 등 각지에서 재배되거나, 야생하게 되었다고 한다. 미국에서의 재배종은 태평양 연암지대(沿庵地帶)에, 야생종은 반대로 대서양을 향한 동부지대에 분포하고 있다고 한다.

그런 까닭에 본래의 재배종은 기후, 토양, 병충해, 딸기류의 색깔과 수확, 가공과정에 대한 내성 등을 위해 육종(育種), 개량(改良)을 거듭해 왔기 때문에 크게 변했으나, 기본이 된 재배종은 동일하다고 할 수 있는 것 같다(Garcia-Viguera, C. *et al.*, 1999의 서문; Lapedes, D. N., 1977 참조).

한편 전술한 갈시아-비궤라들(Garcia-Viguera. C. *et al.*, 1999)은 푸라가리아종(*Fragaria xananassa*) 세 개의 재배품종(cultivars), 즉 Chandler, Tudla, Oso Grande의 딸기를 수확한 후(Lepe, Huelva Spain), 잼을 만들기 위해서 딸기 450g/kg, 펙틴과 구연산(citric acid) 각각 2g/kg, 0.4g/kg을 첨가한 후 설탕을 가하여 63°Brix(대체로 20℃의 수용액 중의 설탕의 %중량을 나타내는 단위가 Brix임)로 만든 후 78℃에서 15분 가열처리 후 유리병에 병조림하고 20℃로 우지한 딸기잼 병조림들을 실험에 사용했다고 한다.

이상의 딸기류 세 품종의 잼 병조림들을 암소(暗所)에서 각각의 품종의 병조림마다 20℃, 3

0℃, 37℃에 저장하여, 초기의 안토시아닌 색소들의 총 함량, 초기 pH의 영향, 그리고 색도계와 검사원들이 평가한 색깔 등을 조사한 바 있다.

그 결과 총 안토시아닌 색소 함량이 가장 많았던 Chandler품종의 경우, 195.6㎍/g과실, Tudle품종과 Oso Grande품종의 경우, 각각 130.03과 110.80㎍/g과실이었다고 한다. 초기 pH는 Chandler, Oso Grande품종의 경우, 각각 pH 2.98과 3.39였으나, 일반적으로 딸기류의 pH는 여러 요인들 중 pH의 영향을 가장 크게 받는다는 것이 정설(定說)로 되어 있으나 Chandler품종보다 pH가 높았던 Tudla품종의 색깔이 거의 비슷했다고 한다.

이들은 또한 병조림 전에 폴리페놀옥시데이스(polyphenol oxidase)가 함께 존재했던 카테킨류(cantechins)를 급속하게 산화시켜, 이렇게 형성된 산화 생성물들(oxcidation products)이 각 품종의 딸기들의 안토시아닌들과 상호작용을 일으켜, 안토시아닌 색소들의 색깔을 흐리게 한 것 같다고 설명하고 있다.

아마도 이와 같은 내부의 상호작용이 pH의 영향에 대해서 복잡한 영향을 주었는지도 모른다고 생각된다.

앵두 또는 버찌 속의 안토시아닌류 버찌 또는 앵두(櫻桃, 앵도)로 오래전부터 알려져 왔으며, 그대로 또는 가공하여 사용되어 온 종류들로는 단맛을 가진 버찌(the sweet cherry, *Prunus avium*)와 신맛이 강한 버찌(the tart cherry, *Prunus cerasus*) 등이 가장 대표적인 재배품종들이다. 이들은 다 같이 흑해(黑海, the Black sea)나 카스피안해(the Caspian sea) 연안지역을 원산지(原産地)로 하여, 전 세계적으로 전파된 것으로 알려져 있다(Lapedes, D. N., 1977 참조).

이들 버찌 또는 앵두 품종들 중에서, 가공용(加工用)으로 미국 등에서 널리 사용되어 온, 신맛의 버찌의 대표적인 재배품종(cultivar)으로서는 몬트모렌시 품종(*Prunus cerasus L. cv* Montmorency)이 있다.

이상의 모든 버찌들은 그 과피(果皮)의 빨간색, 또는 아래 부분이 약간 노란색의, 밝고, 산뜻한 빨간색의 보기 좋은 색깔을 갖고 있는데, 이런 색깔들은 과피 중의 안토시아닌 색소들에 의한 것이다.

예로서, 전술한 몬트모헨시 품종의 경우에는, 시아니딘 3-글루코사이드, 시아니딘 3-소포로사이드(cyanidin 3-sophoroside; sophorose는 2-O-β-D-glucopyranosyl-α -D-glucose), 시아니딘 3-루티노사이드, 시아니딘 3-글루코실루티노사이드(cyanidin 3-glucosylrutinoside), 그리고 피오니딘 3-갈락토사이드(peonidine 3-galactoside) 등의 존재가 보고된 바 있다(Chandra, A. *et al.*, 1992 참조).

단맛이 강한 앵두(sweet cherry, *Prunus avium L.*)는 식탁에 올리는 신선한 과실로서, 술에 담근 마라스키노 앵두(maraschino cherries)의 원료 등으로 널리 사용되고 있다.

이들 앵두의 색소들에 대해서, 가오들(Gao, L. *et al.*, 1995)은 11종의 재배종(cultivars)들을 대상으로 조사한 바 있다.

이들에 의하면, 이상의 품종의 앵두들의 안토시아닌 색소들로는, 시아니딘 3-루티노사이드(cyanidin 3-nutinoside)와 시아니딘 3-글루코사이드(cyanidin 3-glucoside)들이 주가 되었으며, 그 외에도 펠라고니딘 3-루티노사이드(pelargonidin 3-rutinoside), 페놀류(phenolics)로서 네오클로로제닌산(chlorogenic acid), 파라-쿠마릴퀴닌산(p-coumarylquinic acid)들이 검출되었다고 한다. 이들 앵두의 안토시아닌 색소들의 총 함량은 색깔이 진한 앵두(dark cherries)의 경우, 82～297mg/100g(씨들을 제거한 시료), 색깔이 엷은 앵두(light-colored cherries)의 경우, 2～41mg/100g(씨들을 제거한 시료)였다고 한다.

한편, 왕들(Wang, H. *et al.*, 1997)은 발라톤과 몬트모렌시 품종의 신맛이 강한 앵두(Balaton and Montmorency tart cherries) 색소의 종류와 함량을 조사한 바 있다.

이들의 조사결과에 의하면, 이상의 두 품종의 주된 색소들은 안토시아닌 색소들인 시아니딘 3-글루코사이드(cyanidin 3-glucoside), 시아니딘 3-루티노사이드(cyanidin 3-rutinoside), 시아니딘 3-글루코실루티노사이드(cyanidin 3-glucosylrutinoside) 등을 들고 있다.

한편, 몬트모렌시 품종의 신선한 앵두 100g 중의 안토시아닌 색소들의 함량(위의 색소들의 순서에 따름)은 각각 0.35, 0.97 및 6.20mg였으며, 발라톤 품종은 각각 2.42, 6.81 및 14.99mg로서, 그 함량에 큰 차이가 있었다고 보고하였다.

이들은 이전의 연구자들이 보고한 피오니딘 3-루티노사이드(peonidin 3-rutinoside), 시아니딘 3-소포로오사이드(cyanidin 3-sophoroside) 등은 검출하지 못했다고 한다.

기타 식용 식물체들 속의 안토시아닌류 빨간 나무딸기, 즉 빨간 라즈벨리(red resplerry, *Rubus idaeus. L.*)에 함유된 안토시아닌류에 대해서 1970년대 이후 계속 연구되어 왔으며, 다양한 종류의 안터시아닌류가 보고되어 왔다.

위티들(Withy, T. T. *et al.*, 1993)은 전술한 빨간 나무딸기 품종의 열매에서 얻은 농축 즙(Juice concentrates)에서 시아니딘 3-소포로사이드(cyanidin 3-sophoroside), 시아니딘 3-glucorutinoside, cyanidin 3-glucoside, cyanidin 3-rutinoside, pelargonidin 3- sophoroside, pelagonidin 3-glucorutinoside 등 6개의 안토시아닌 색소들이 검출되었다고 한다.

라즈벨리 농축물을 20℃에서 3개월 저장했을 때, cyanidin 3-sophoroside, 3-glucorutinaside, 3-glucoside의 3개의 시아닌 색소들의 함량이 크게 감소했었으나, -20℃에서 저장했을 때는 전체적으로 감소율이 크게 억제되었다고 한다.

한편, 피펜들(phoppen, W. B. and Simmon, J. E., 1998)은 자소(紫蘇, *Ocimun basilcum L*)에서 8개의 시아니딘 계통의 색소들과 3개의 pelargonidin계통의 색소들, 합계 11개의 안토시아닌 색소들을 검출하고 있다. 이들은 자소(basil)가 아실화(acylated) 또는 배당체화된(glycosylated), 안토시아닌들의 좋은 원료가 될 수 있으며, 특히 적자색(赤紫色)의 안정된 색소의 공급원이 될 수 있을 것으로 보고하고 있다. 이들은 또한 자소가 속하는 자소과(紫蘇科, the *Lamiaceae* Family)는 세이지(sage), 타임(thyme)들과 함께 다양하고, 특수한 안토시아닌들(diverse and unique anthocyanins)의 출처로서 오래전부터 알려져 왔다고 설명하고 있다.

무(radish, *Raphanus sativus L.*)는 여러 형태와 색깔들을 갖고 있는, 채소류의 한 종류지만, 빨간색 또는 자색을 가진 무, 특히 홍당무(red radish)로 알려진 재배종은 안토시아닌 색소들의 함량이 많다고 한다.

규스티들(Giusti, M. M. *et al.*, 1998)은 홍당무의 안토시아닌 색소들의 함량을 조사하여, 식품류에서 얻을 수 있는 착색료(食品着色料, Food coloranto)로 이용할 가능성을 조사, 검토한 바 있다.

이들에 의하면, 안토시아닌 함량은 홍당무의 재배품종(cultivar), 뿌리의 무게, 재배지역 등에 따라 다르나 봄 재배품종(Spring cultivar)의 경우, 외피에서의 함량은 39.3~185mg ACN/100skin이었으며, 무의 육질(肉質)까지도 빨간 겨울 홍당무(red-Fleshed Winter cultivar)의 경우, 안토시아닌 색소들, 즉 ACN의 함량은 12.2~53mg ACN/100g root 이었다고 한다.

한편, 구성 안토시아닌 색소들의 종류는 재배품종들과 관계없이 대체로 비슷했으며, 이들 중 가장 중요한 색소는 pelargonidin 3-sophoroside-5-glucoside로서 cinnamic acid나 malonic acid의 한 분자 또는, 두 분자가 3 위치의 당류 측쇄(glucoside side chain)와 >C=0 그룹을 통해서 결합한, 즉 아실화(acylated)된 구조를 가진 안토시아닌 색소였었다고 한다.

이들은 또한 홍당무를 재배했을 때, 여기서 얻을 수 있는 안토시아닌 색소들의 수량(收量)을 1.3~1.4kg/ha(hectar, 즉 10,000m^2)로 추정하고 있다.

한편, 김과 임들(Kim, S. J. and Rhim, J. W., 1997)은 고구마(sweet potato, *Ipomoea Potatos*) 중 표피 뿐만 아니라, 육질부(肉質部)까지 자색(紫色, purple)인 안토시아닌 색소들이 함유된, 자색 고구마(purple sweet potato)의 재배품종(cultivar)에서 자색 안토시아닌 색소들을 연속적인 나노 여과법(a nanofiltration method)에 의해 원래의 색소 추출액(안토시아닌 색소 함량 1.6g/L)을 농축하여, 5시간 후 10.6g/L로 만들었음을 보고하였다.

이 과정에서 색소들의 분해지표(分解脂標, the degradation index)의 변화는 거의 변하지 않았으며, 따라서 농축과정 중 색소들의 파괴는 거의 없었다고 설명하였다. 자색 고구마의 주요 안토시아닌 색소는 cyanidin-(3,6)-α-D-glucopyranosyl-(1,2)-β-D-gructoside cyanidin-(3,6)-α-D-glucopyranosyl-(5,1)-α-D-xylode 들로서, 3의 측쇄(側鎖, side chain)에 caffeic acid, 4 ferulic acid가 >C=0 그룹을 통한 결합, 즉 아실화(acylated)된 구조들을 갖고 있었다고 한다(Tsukui, A. *et al*., 1983; Kim, S. J. and Rhim, J. W., 1997 참조).

한편, 로드리케즈-사오나들(odorigueg-Saona, L. E. *et al*., 1998)은 자주색 감자(Solanum tulerasum and Solanum stenotomum)들이 자연산 빨간색 식용색소들(natural red colorants)로써의 잠재성을 조사한 바 있다.

이들은 33 재배품종들의 단량체 안토시아닌 색소들(monomeric anthocyanin pigments)의 함량을 조사하여, 2~40mg/100g(신선한 감자무게)의 결과를 얻었는데, 그 중 두 품종의 경우, 35mg/100g (신선한 감자무게)였다고 한다.

주요 안토시아닌 색소들로서, pelargonidin-3-rutinoside-5-glucoside의 기본구조에서 3 또는 5의 위치의 측쇄들에 대해서 p-coumaric acid가 이실화(acylated)된 구조를 갖고 있었다고 보고하고 있다.

안토시아닌들의 생체 내에서의 항산화작용(antioxidant activity), 항아테롬성 동맥경화증(anti-atherosclerotic activity), 항암작용(anticarcinogenic action) 등이 최근 10년간에 활발히 연구되어 왔다고 한다(Miyazawa, T. *et al*., 1999).

이들(Miyazawa, T. *et al*., 1999)은 생체 내에서의 시아니딘 3-글루코사이드와 시아니딘 3,5-다이글루고사이드들의 움직임을 먼저 조사하기 위해, 실험쥐와 사람에게 이상의 두 안토시아닌들을 경구적(經口的)으로 섭취시킨 후, 간(肝), 혈장에서의 농도, 분포 등을 조사한 바 있다.

이상의 실험 결과 섭취된 안토시아닌들이 포유동물의 소화기관에서 혈액순환 시스템(Blood eirculating system)에 이행하는 과정에서 원래의 배당체(glycosides) 구조를 그대로 유지된 것이 실험을 통해서 잘 나타났음을 보고하였다.

베탈레인류

아로노프들(Aronoff, S. and Aronoff, E. M.)은 1948년에 사탕무(beet)에서 여러 개의 색다른 색소들을 분리하여 보고한 바 있다. 특히 그 중의 하나인 베타닌(betanin)에 대해서는 그 구조와 성질들이 계속 연구되었다. 과거에는 이 새로운 한 그룹의 색소들을 질소(nitrogen), 또는 아미노기(amino group)를 가진, 안토시아닌들과 계통적, 구조적으로 관련된 색소들로 오인(誤認)하여, 질소 함유 또는 아미노-안토시아닌류(nitrogenous or amino-anthocyanins)로 불려 졌었다.

그러나 현재는 안토시아닌과는 여러모로 그 계통이나, 구조들이 전혀 다른 색소들임이 밝혀지고 있다.

이상과 같은 사탕무, 홍당무(red beet) 등이 속하는 채소류(*Beta vulgaris*)나, 순무 등의 채소류(*Brassica rapa*)에 함유된 전술한 질소함유 색소들은 일반적으로 베탈레인류(betalains)로 알려지고 있으며, 빨간색을 갖고 있는 베타시아닌류(betacyanins)와 노란색을 갖고 있는 베타잔틴류(betaxanthins)로 분류되고 있다.

베탈레인류의 화학구조와 성질들 빨간색을 가진 베타시아닌류는 대개의 경우, 배당체들(glycosides)로 존재하며, 가장 대표적인 것은 베타닌(betanin)이다. 한편, 노란색을 가진 베타잔틴류 중 가장 널리 알려진 것은 불가잔틴 Ⅰ과 불가잔틴 Ⅱ(vulgaxanthin Ⅰ과Ⅱ)이다(그림 2-33 참조). 이상의 베탈레인 색소들의 화학적 구조 중 색깔과 관련된 구조, 즉 발색단(發色團, chromophore)의 구조는 그림 2-32에 표시한 바와 같은 구조로 믿어지고 있다.

이상의 베탈레인류의 색소들의 구조는 안토시아닌류나 플라보노이드 색소들의 구조와 전혀 다르며, 따라서 그 세부적인 화학적 성질들도 다르다. 하아보온(Harborne, J. B., 1967)은 베타시아닌류와 베타잔틴류, 즉 베탈레인류와 안토시아닌류의 성질의 차이를 표 2-17로 요약하고 있다.

한편 이상의 베탈레인류에 속하는 색소들은 대체로 산성에서는 빨간색 또는 황색의 색깔을 갖고 있으며, pH 4.0과 6.0 사이에서 가장 안정하다. 한편 pH가 알칼리성으로 되면 베타시아닌류의 색깔은 자색, 청색 쪽으로 변하게 된다. 배당체(配糖體, glycoside)인 베타닌(betanin)의 아글리콘은 베타니딘(betanidin)으로 불리고 있다.

표 2-17 안토시아닌들과 베탈레인들. 즉 베타시아닌류 및 베타잔틴류들과의 성질상의 차이들

성 질	베타시아닌류와 베타잔틴류	안토시아닌류
식물체에서 추출할 때의 방법	물로 추출, 그러나 메탄올(methanol)로는 추출 안됨	메탄올로 추출됨. 그러나 물로는 추출 안됨
뜨거운 무기산(2N HCl at 100℃)에 대한 반응	색소는 파괴됨	비교적 안정(stable)함
가시광선파장의 스펙트럼 (visible spectrum)	$\lambda_{max}^{H_2O}$ 532~554nm $\lambda_{max}^{H_2O}$ 459~471nm	$\lambda_{max}^{MeOH-HCl}$ 499~545nm $\lambda_{max}^{MeOH-HCl}$ 473~497nm
크로마토그래피 분석을 실시할 때의 이동성(chromatographic mobility)	butanol-acetic acid-water에서의 Rf값들이 매우 낮다(0.03~0.06)	butanol-acetic acid-water에서의 Rf값들이 중간 정도이다(0.09~0.50)
전기영동분석을 실시할 때의 거동 (electrophoretic behavior)	pH 2.4에서 이동성 가짐(mobile)	pH 2.4에서 움직이지 않는다.(immobile)

Harborne, J. B. 1967. "*Comparative Biochemistry of the Flavonoids*", p.106, Academic Press, London.

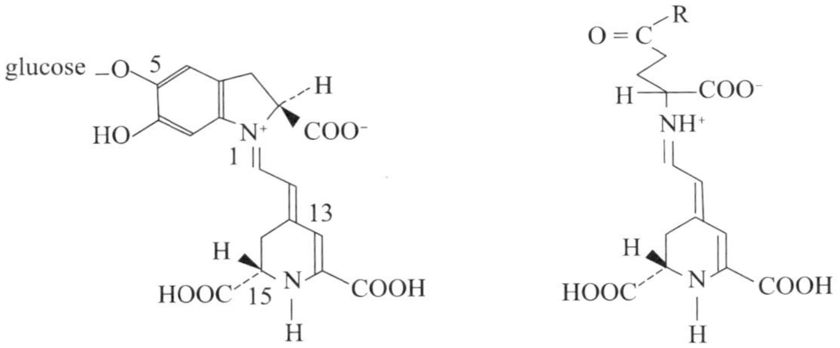

베타닌(betanin)

R = − NH_2인 경우 불가잔신 I
OH인 경우 불가잔신 II

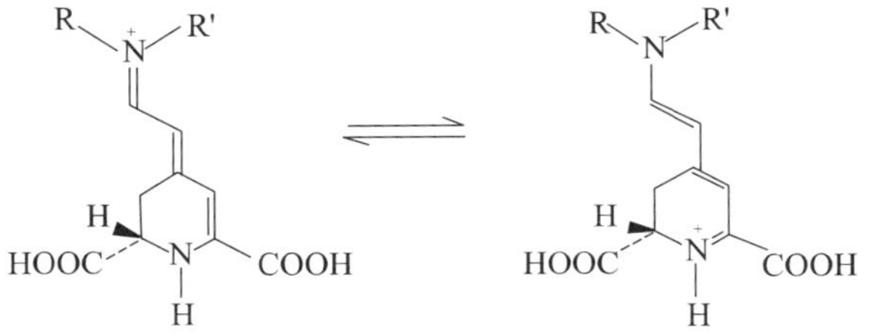

베탈레인 색소들 속의 발색단(chromophore)의 구조

[그림 2-33] 대표적인 베탈레인 색소들(betalains), 즉 베타시아닌류(betacyanins) 중의 베타닌 (betanin)과 베타잔틴류(betaxanthin) 중의 불가잔틴 Ⅰ과Ⅱ(vulgaxanthin Ⅰ and Ⅱ)

베탈레인류(betalains)의 색소들이 지금까지 중심자목(中心子目, the order Centrospermae)에 속하는 식물체에서만 발견되어 왔으며, 중심자목에 속하는 식물체의 종류 중에서도 안토시아닌류를 갖고 있는 종류들은 이상의 베탈레인류 색소들을 함유하고 있지 않는 사실은 식물학적으로, 특히 식물의 화학적 특성에 의한 분류상 대단히 중요한 사실로 생각되고 있다. 800여 종의 무(beets)에 속하는 식물체(植物體)들 중에서 300여 종에서 베탈레인들이 검출되고 있으나, 이 베탈레인 색소들을 함유하고 있는 식물체들에서는 안토시아닌 색소들이 전혀 검출되고 있지 않다고 한다(安田, 1980).

이상의 베탈레인류는, 잭크맨들(Jackman, R. L. *et al*., 1992; Reynoso, R. *et al*., 1997의 문헌 참조)에 의하면, 세계 식품공업계에서 가장 널리 사용되고 있는 다섯 개의 자연 색소들 중의 하나라고 한다.

이 빨간색 또는 자색(violet color)의 베탈레인 색소들은 수용성 색소들(water-soluble red or violet colorants)로서, pH 4∼6에서, 안정된 색깔을 유지하는 특성이 있다.

레이노소들(Reynoso, R. *et al*., 1997)은 멕시코(Mexico)의 사막지대(deserts)에서 잘 자라나는 선인장과(仙人掌科, *Cactaceae family*)에 속하는 가람불로 나무(*Myrtillocactus geometrizans*)의 자주색 열매에서, 베탈레인 색소류를 추출하고 그 성질을 조사한 바 있다.

이들에 의하면, 그 조성은 대략 베타닌(betanin) 57.2%, 베타잔틴류(betaxanthins) 2.9%, 기타 미지의 색소들 두 종류 각각 9.8%와 4.4% 등으로 추정하고 있다. 이들 색소 추출물의 함량은 214mg/100g(건조시료) 이었으며, pH 4∼6 사이에서의 안정도는 홍당무(red beet)의 베탈레인류의 추출물들보다 안정도가 더 컸다고 한다. 이상의 색소 추출물들의 안정성은 크로미움(chromium)과 철(iron)의 존재, 특히 철의 존재에 의해서 감소되었으나, 아스콜빈산(ascorlic acid)의 첨가는 그 안정성을 증가시켰다고 한다.

이들은 이 색소 추출물들이 저온에서 매우 안정성이 큰 특성을 살려, 아이스크림(ice cream), 저온저장하게 되는 유제품 음료들(dairy drinks)의 자연착색료(natural colorant)로서의 잠재성(potential)에 대해서 설명하였다.

한편, 카이들(Cai, Y. *et al*., 1998a)은 아마란투스속(*Amaranthus* genus)에 속하는, 7품종(species) 중 21종의 유전자형(遺傳子型, genotypes)의 시료(試料)들 중에 함유되었었던 색소들에 대해서 여러 방법들을 통해서 분석한 바 있다.

아마란트류(amaranths)에서 추출되었던 색소들의 색깔들은 대체로 적자색(red-violet)이며, 수용성이고, 그 주성분들은 베타시아닌류(betacyanins)에 속하는 아마란틴(amaranthine)과 아이소아마란틴(isoamaranthine)으로 알려져 왔다. 카이들(Cai, Y. *et al*., 1998a)은 21종의 시료들을 분석한 결과, 추출된 색소들은 평균해서 80.9%의 아마란틴(amaranthine)과 19.2%의 아이소아마란틴(isoamaranthine)으로 구성되어 있었으며, 이들의 평균함량은 46.1%～199mg/100g(신선한 시료) 또는 15.4～46.9mg/100g(건조시료) 이었다고 한다. 이들은 아마란트 색소들의 함량이 큰 유전자형 품종(genotype)의 경우, 자연색소 자원으로서의 잠재성이 크다고 보고하였다.

그리고 카이들(Cai, Y. *et al*., 1998b)은 21종의 아마란트류(amaranths) 시료들에서 추출한, 베타시아닌 색소들, 즉 아마란틴 색소(amaranthine pigments) 시료들에서 추출한 베타시아닌 색소들, 즉 아마란틴 색소들(amaranthine pigments)의 색깔, 스펙트럼 특성들(spectral characteristics), 그 안정성 등에 대해서 연구한 바 있다. 즉 이들은 베타닌 색소들(betanins)의 용액을 가열하면, 이들 색소들은 분해되어 퇴색(褪色, discoloration)되나, 분해가 심하지 않은 경우에는, 낮은 온도에 두면 퇴색된 색소들이 재생(再生)되어, 퇴색된 색깔이 부분적으로 원상 복귀되는 사실들(von Elle, J. H. *et al*., 1981)과, 베타닌 색소들의 가열시 퇴색형상은 베타닌 색소들의 가수분해(加水分解)의 결과에 의하며 한편, 낮은 온도에 계속 둘 때는, 가수분해에 의해서 형성된 사이클로도파 5-글루코사이드들과 베탈리민산(betalamic acid)들의 일부가 재결합해서 베타닌 색소들을 재생하는 것으로 알려져 왔다(Huang, S. A. *et al*., 1987, 또한 그림 2-34 참조).

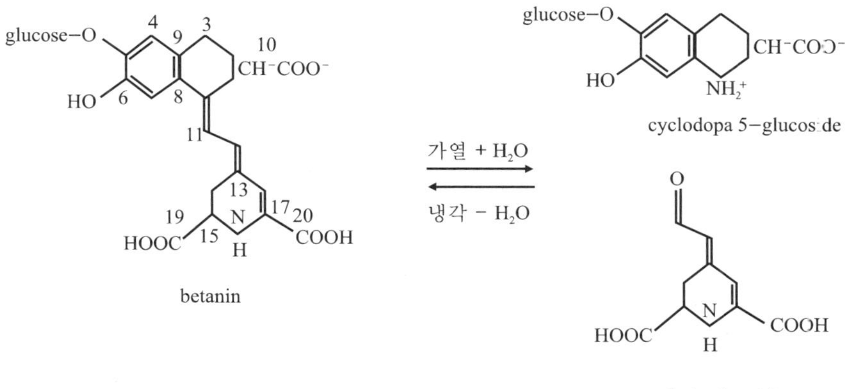

[그림 2-34] 베타닌(betanin)의 수용액(pH 3～7)을 가열하면, 베타닌 분자는 가수분해 되어 사이클로도파 5-0-글루코사이드(cyclodopa 5-glucoside)와 베탈라민산(betalamin acid)으로 형성되지만, 낮은 온도 상태로 방치해 두면, 일부가 다시 결합하여, 분해된 베타닌들의 일부가 재생(再生, regeneration)되고, 퇴색된 색깔도 일부 원래의 색깔로 되돌아가는 사실이 알려져 있다.

한편 한들(Han, D. *et al*., 1998)은 시판 홍당무(red beet, *Beta vulgaris*)를 잘 씻고 박피(剝皮), 1㎝×1㎝×1㎝의 입방체들(cubes)로 썬 후, 1 : 1로 물을 가하여, 끓이고 홍당무 즙을 만들어 냉동 저장 하였다.

그 다음에 이 홍당무 즙의 일정량에 각각 40mm의 아스콜빈산(ascorbic acid), 아이소아스콜빈산(isoasorlic acid), 메타인산(metaphosphoric acid), 글루콘산(gluconic acid) 등을 첨가 후, pH를 조절하고, 밀폐용기에 넣어서 100℃에서 3분 가열한 후, 10℃에서 24시간 방치하면서 이상의 홍당무 즙 속의 베타닌 색소들의 재생에 대한, 각 첨가물들의 효과를 조사한 바 있다.

이들에 의하면, 아스콜빈산, 아이소아스콜빈산, 메타인산과 글루콘산들은 가열처리된 홍색무 즙의 베타닌 색소들의 재생을 크게 도와주었으며, 열처리 받은 홍당무 즙의 베타닌 색소들의 함량이 가공 및 저장과정 등에서 더 잘 보존되는 사실, 즉, 홍당무 즙의 색깔이 더 효과적으로 유지되었다고 한다.

이상의 항산화제들의 효과는 홍당무 즙의 pH에 따라 달랐다고 한다. 즉, 아스콜빈산과 아이소알콜빈산들의 경우에는, 홍색무 즙의 pH가 3.8일 때, 가장 효과적으로 베타닌 색소들이 재생(regeneration) 되어 베타닌 색소들이 가장 큰 안정도를 나타냈으며, 메타인산과 글루콘산들은, pH가 6.2일 때 가장 효과적이었다고 한다.

아스콜빈산의 경우, 가열실험 전에 첨가했을 때는 100℃에서 3분간 가열하고, 10℃에서 24시간 방치하는 과정을 5회 반복했을 때에도, 실험직전의 베타닌 색소들의 농도가 그대로 유지되었으나, 실험대조로 사용한 홍색무 즙은 이상과 같은 조건하에서 그 즙 속의 베타닌 색소들은 완전히 파괴되었다고 한다.

탄닌들

탄닌들(tannins)은 후술하는 바와 같은 여러 특징들을 공통적으로 갖고 있는, 하나의 방대한 그룹의 식용 또는 비식용 식물체들에 존재하는 페놀(phenol) 또는 폴리페놀(polyphenol) 화합물들을 지칭한다. 가장 좁은 의미에서는 다이갈린산(digallic acid), 갈로탄닌산(gallotannic acid)들을 말한다.

탄닌은 식물의 줄기, 잎사귀, 뿌리줄기(root stocks)에 널리 함유되어 있으며, 한편 과실과 채소류, 특히 미숙한 과실과 채소류, 그리고 식물의 종자 등에도 상당량이 함유되어 있다.

탄닌은 그 자체로서도 떫은맛과 특수한 맛(제3장 식품의 맛 참조) 등을 여러 식품들에 부여할 뿐만 아니라, 탄닌의 산화생성물들(oxidized products)은 짙은 갈색, 또는 흑색, 또는 짙은 홍색 등과 같은 색깔을 가지고 있어서, 탄닌을 함유한 식품들의 색깔에 중요한 영향을 준다.

여러 식품들 중에서 탄닌의 함량이 특히 많은 것으로는 차(tea), 커피(coffee) 등이 있으며, 특히 차의 탄닌 함량은 건조중량(dry weight)으로서 10% 내지 15%에 달하며, 커피의 경우 날것(raw coffee)의 경우에는 4%, 가공처리된 것(processed coffee)은 4.6% 정도라고 한다.

탄닌의 분류 탄닌의 분류방법에 대해서는 여러 가지 논의가 되어왔으나, 아직도 만족스러운 분류방법은 존재하지 않는다.

과거로부터 오랫동안 비교적 널리 사용되어온 실용적인 분류 방법으로는 탄닌류를 피로갈롤 탄닌류(the pyrogallol tannins)와 카테콜 탄닌류(the catechol tarnins)로 분류하는(Fhateher, R. W.,

1921, Lowe, B., 1955의 저서 참조), 소위 스텐하우스-프록터(Stenhouse-Procter)의 분류법이 있다.

이 분류법은 190℃ 이상으로 탄닌들을 가열할 때 캬테콜(catechol)을 형성하는 탄닌을 캬테콜 탄닌류(the catechol tannins), 피로갈롤(pyrogallol)을 형성하는 탄닌을 피로갈롤 탄닌류(the pyrogallol tannins)로 분류하는 방법이다. 그러나 이 분류방법은 제혁(製革, tanning)과 같은 어떤 특정의 실용적인 면을 고려할 경우에는 매우 적절하나, 일반적인 분류방법으로는 불충분한 것으로 알려져 있다(그림 2-30 참조).

에스터형과 비에스터형 탄닌류 1950년대 이후 일부 학자들은 탄닌류를 에스터형(ester type)과 비 에스터형(non-ester type)으로 분류(分類)하고 있다(예 Fieser, L. F. *et al.*, 1961 참조).

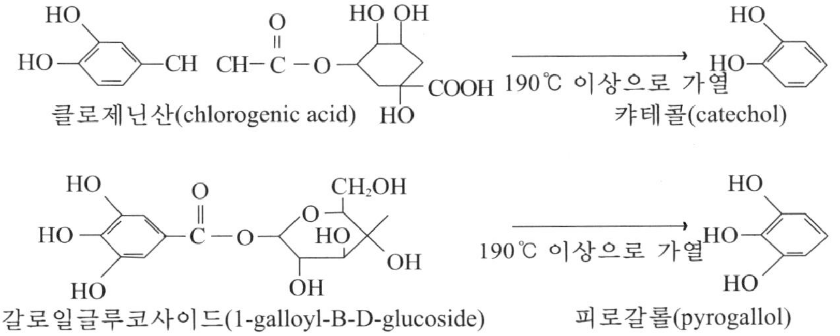

클로제닌산(chlorogenic acid) → 190℃ 이상으로 가열 → 캬테콜(catechol)

갈로일글루코사이드(1-galloyl-B-D-glucoside) → 190℃ 이상으로 가열 → 피로갈롤(pyrogallol)

[그림 2-35] 캬테콜 탄닌(catechol tannins)과 피로갈롤 탄닌(pyrogallol tannins)의 예.

이 에스터형의 탄닌류(the ester type tannins)는 가수분해(hydrolysis)될 때, 갈린산(沒食子酸, gallic acid)을, 경우에 따라서는 갈린산과 β-D-포도당 - 원래의 에스터는 1-galloyl-β-D-glucoside-, 갈린산의 -COOH 그룹과 또 하나의 갈린산의 2 또는 4번 위치의 -OH 그룹과 에스터 결합을 한 m-다이갈린산(m-digallic acid)일 수도 있다.

이 에스터형 탄닌류의 주요 구성단위가 되는 갈린산은 그 에스터들이 쉽게 탈탄산(脫炭酸)하여 피로갈롤을 형성하며(그림 2-35), 전술한 피로갈롤 탄닌류의 주성분이기도 하며, 생피(生皮, hide) 즉 동물들의 가죽들을 부드럽게 하는 제혁작용(製革作用, tanning action)이 있으며, 한편 전술한 다이갈린산도 이와 같은 작용이 있음으로 뎁사이드(a depside, depsein = 히랍어 to tan)로 불려진다고 한다(Fieser, L. F. *et al.*, 1961).

비 에스터형(non-ester type)의 탄닌류는 페놀 그룹들(phenolic group)이 C-C 결합, 또는 C-O-C 결합을 통해서 결합된 탄닌류로서 (-)-에피카테킨((-)-epicatechin), 그리고 그 3-갈로일 유도체인 (-)-에피캬테킨 갈레이트((-)-epicatechin gallate) 등을 들 수 있다.

이상에서 볼 수 있듯이, 탄닌류에 대한 정의와 분류는 연구자들에 따라 다소 다르게 사용되어 온 것도 사실이다. 그러나, 탄닌류가 곡류, 채소류, 과실류, 그리고 기타의 식물체에서 형성된 폴리페놀류(polyphenols)와 그 유도체들(polyphenol derivatives)인 사실에 대해서 이론을 갖는 사람들은 별로 없을 것이다. 탄닌이란 이름이 시사하고 있듯이 폴리페놀류(그 유도체들도 포함해서) 중 동물의 생피에서 가죽(leather)을 만드는 과정에서 사용되는 물질들, 또는 염색하는데 사용되는 물감들과 일차적으로 관련이 있었던 것은 사실이다.

그러나 시간이 경과함에 따라 이상과 같은 작용들을 넘어서, 우리가 먹는 각종 식품류의 색깔,

맛, 향 기타 많은 식품류, 또는 가공식품류의 품질 등을 좌우하는 중요한 성분들로 이해되기 시작한지 오래이다. 예로서, 다른 면에서 최고의 품질을 자랑하는 과즙류나 포도주나 맥주류라도, 그 내용물이 투명하지 못하고 흐리게(hazy) 보인다면, 아무도 고품질의 상품들(high quality products)로 인정하지 않을 것이다. 이런 식품들, 특히 가공식품들의 고유한 색깔, 특유한 쓴맛, 떫은 맛(astringency) 등 이들 식품의 품질에 매우 미묘한 작용을 가져오는 사실들을 생각할 때, 이상의 식품들에 존재하는 탄닌류의 처리는 매우 중요한 과제가 될 수 있다.

가수분해 될 수 있는 탄닌류와 가수분해 될 수 없는 탄닌류 한편, 탄닌류를 더 합리적으로 분류함으로서, 그 정의를 더 명확하게 하는데 도움을 줄 수 있다. 예전부터 사용되어 왔으며, 현재도 많은 연구자들이 사용하고 있는 분류법은 탄닌류를 가수분해 할 수 있는 탄닌류(hydrolyzable tanins)와 가수분해 되지 않는 축합 탄닌류(condensed tannins)로 분류하는 방법이다.

폰 앨배들(von Elbe, J. H. *et al.*, 1996)은 탄닌류의 엄격한 정의란 내리기가 어려우며, 따라서 그 기능상의 공통점을 고려해서 알칼로이드류(alkaloids), 젤라틴(gelatin), 기타 단백질들을 침전시키는 특성을 가진, 분자량이 500에서 3000까지의 수용성인 폴리페놀화합물들(water-soluble polyphenolic compounds)로 정의하고 있다.

한편, 탄닌의 이상의 특성들과 관련해서 루우(Roux, D. G., 1992)는 콜라젠(collagen)의 필름상에서의 탄닌류의 이동성(mobility)을 측정하여 이들과 콜라젠(또는 셀룰로오스 등)과의 친화력(affinity)을 측정하여 탄닌의 분류 또는 판별에 이용하고자 했었다. 여러 연구들을 통해서 이상의 특이한 기능 등을 가진 식물성 폴리페놀 화합물들(plant polyphenolic compounds)인 탄닌류(tannins)는

첫째, 가수분해 될 수 있는 탄닌류(hycholyzable tanins)로서 먼저 갈린산(gallic acid)의 카아복실기(carboxyl group, -COOH)와 당류(sugars), 특히 β-D-포도당(β-D-glucose)의 수산기(-OH) 사이의 에스터 결합으로 형성된, β-글루코갈린(β-glycogallin)에서 시작된, 여러 글루코갈린 유도체류(β-glycogallin derivatives), 그리고 특히 1,2,3,4,6-펜타갈로일글루코오스(1,2,3,4,6-pentagalloyl glucose)에서 형성된 것으로 알려진 갈로탄닌류(gallotannins)와, 갈린산 두 분자가 결합하여 형성된 헥사하이드록시다이페닌산(hexahydroxydiphenic acid) 그리고 그 락톤(a lactone)으로 볼 수 있는 엘라진산 등을 거쳐서 형성된 엘라지 탄닌류(ellagitannins) 중, 수용성인, 중합도(重合度)가 아주 크지 않은 화합물들이 여기에 속한다. 즉, 한마디로 갈린산, 또는 갈린산 유도체들로 형성된 탄닌류이다.

둘째, 가수분해 되지 않은 탄닌류(non-hydrolyzable tannins)로서 축합 탄닌류(condensed tannins)가 있다. 이전에는 류코안토시아니딘류(leucoanthocyanidins)로도 불려 왔었으나, 근래에 와서는 프로안토시아니딘류(proanthocyanidins)로 불려지는 경우가 많다. 이 프로안토시아닌류 중 대표적인 것은 프로시아니딘류(procyanidins)가 있으며 다 같이 플라반 3-올(flavan 3-ol)이 구성단위(the structural unit)가 되고 있으며, 서로 인접된 구성단위들의 4→6, 또는 4→8의 탄소-탄소 결합(C-C bonds)들을 통해서 중합체들(polymers)을 형성하고 있다. 이것은 또한 4→6의 -C-C-결합을 가진 프로시아니딘은 A형, 4→8의 -C-C-결합을 가진 것은 B형으로 분류되며, 따라서 프로시아니딘A와 프로시아니딘B로 구분할 때가 있다. 또한 비가수분해 탄닌류(non-hydrolyzable tannins)에는 플라반 3-올류(flavan 3-ols), 즉 카테킨(catechin)들이 갈린산(gallic acid)과 에스터 결합을 한 카테킨류(catechins)가 포함된다.

가수분해될 수 있는 탄닌류 이 가수분해 될 수 있는 탄닌류(hydrolygable tannins) 중의 주요 화합물로는 식물성 폴리페놀류(plant polyphenols) 중의 갈린산(gallic acid)의 카아복실 그룹(caboxyl group, -COOH)과 당류(sugars), 특히 β-D-포도당(β-D-glucose)의 수산기(-OH)와 가역적(加逆的)인 에스터 결합(reversible esterification)에 의해서 형성된 β-글루코갈린(β-glucogallin, 1-0-galloyl-β-D-glucoside)을 거쳐, β-글루코갈린의 나머지 2,3,4,6의 위치의 수산기(-OH)들과 갈린산들이 에스터 결합을 한, 1,2,3,4,6-펜타갈로일 글루코오스(1,2,3,4,6-pentagalloyl β-0-glucose)를 통해서 대부분이 형성된다.

이 화합물은 축합반응을 통해서 갈로탄닌류(gallotannins)로 알려진 수용성의 과당체들(寡糖體類, oligomers) 또는 중합도(重合度, degree of polymerigation)가 비교적 낮은 다당체들(多糖體類, polymers)을 형성한다.

한편, 이 1,2,3,4,6-펜타갈로일 글루코오스는 두 분자가 산화반응(oxidation)을 통해서 헥사하이드록시다이페닌산(hexahydroxydiphenic acid, HHDP)을 형성한다. 이 HHDP는 두 개의 쌍이 인접된 카아복실기와 수산기(two pairs of adjacent -COOH and -OH)들을 분자 내에 갖고 있어서, 쉽게 탈수반응을 통해서 HHDP의 락톤(lactone)을 형성한다. 이 락톤은 엘라진산(ellagic acid)으로 알려져 있다. 이상의 1,2,3,4,6-펜타갈로일 글루코오스, 헥사하이드록시다이페닌산, 그리고 엘라진산들은, 다 같이 또 한 형태의 과당류(oligomers)와 중합도가 낮은 중합체들(polymers)인, 엘라지탄닌류(ellagitannins)를 형성하는 것으로 알려져 있다.

gallic acid + β-D-glucose ⇌ ($-H_2O$ / $+H_2O$) β-D-glucogallin, 즉 1-0-galloyl-β-D-glucose

G=gallic acid group, 즉 galloyl group
1, 2, 3, 4, 6-penta-O-galloyl-β-D-glucose → (산화) hexahydroxy diphenic acid (HHDPA) → ($-H_2O$ 탈수) ellagic acid (lactone of HHDPA)

ellagic acid → polymerization → ellagitannics

1, 2, 3, 4, 6-penta-O-galloyl-β-D-glucose → polymerization → gallotannins

[그림 2-36] 가수분해 될 수 있는 탄닌류(hydrolyzable tannins)의 주류를 이루고 있는 갈린산, β-D-글루코갈린, 1,2,3,4,6-펜타-O-갈로일-β-D-글루코오스, 헥사하이드록시다이페닌산, 그 락톤형, 그리고 갈로탄닌류(the gallotannins)와 엘라지탄닌류(the ellagi tannins)의 상호관계를 나타내는 그림. Gross,G. G., 1992 참조.

가수분해 되지 않은 탄닌류 이 가수분해 되지 않은 탄닌류(non-hydrolyzable tannins)에 속하는 탄닌들로는 종래 응축(凝縮) 탄닌류(condensed tannins)로 알려져 온, 플라반 3-올(flavan 3-ol)들이 4→6, 또는 4→8의 탄소-탄소 결합(-C-C-bondings)을 통해서 중합(重合, polymerize)한 프로안토시아니딘류(proanthocyanidins)가 있으며, 에스터 결합한 카테킨류(catechins)가 포함되고 있다. 가수분해 되지 않은 탄닌류는 근본적으로는 플라보노이드류(flavonoids)와 그 유도체들, 특히 갈린산(gallic acid)과의 유도체들, 그리고 이들 화합물들의 과당체들(oligomers)과, 그 수용성(水溶性)이 유지될 정도의 중합도가 낮은 중합체들(polymers)로 볼 수 있다.

이미 언급한 바 있는, 탄닌류를 가수분해 될 수 있는 탄닌류(hydrolyzable tannins)와 축합 탄닌류(condensed tannins)로 분류하는 방법은 지금까지도 계속 널리 사용되어 왔다. 그러나 많은 식물체 탄닌류, 특히 그 대표적인 프로안토시아니딘류의 중합체들(polymers)의 경우, 합성 중합체들(synthetic polymers)과 달리 식물체들에 따라, 경우에 따라서는 같은 식물체들의 경우에도 그 중합도(重合度, degree of polymerization), 부차적인 구성단위들(secondary structural units)의 구성, 결합양식 등이 극히 다양한 사실들이 알려져 있다.

즉, 축합 탄닌류(condensed tannins)를 구성하는 주요 중합체들, 예로서 프로안토시아니딘류의 중합체들은 매우 다양한 중합체들을 형성하는 성질(polydispersity)이 매우 강하며, 축합 탄닌류(condensed tannins)를 정확히 정의하기가 어렵게 된다.

이상과 같은 관계도 있어서 탄닌류의 분류는 실제상황을 그대로 반영하는 가수분해 될 수 있는 탄닌류와 가수분해 되지 않은 탄닌류로 분류하는 경우가 많아지고 있다.

가수분해 되지 않은 탄닌류 형성에 관여하는 기본적 구성단위들(major structural units)의 일부는 다음의 그림 2-37에 간단히 표시하였다.

한편, 일부 식품류에 특유한 특성들(unique charaeteristies)을 부여하고 있는, 일부 탄닌 성분들에 대해서는 항목별로 간단히 설명해 나가기로 했다.

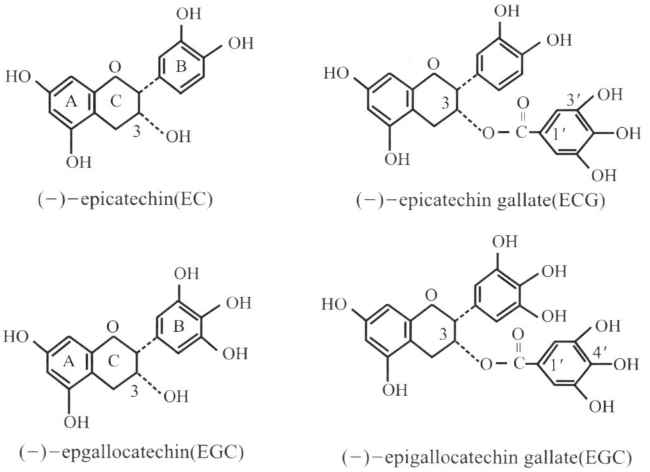

(−)−epicatechin(EC)

(−)−epicatechin gallate(ECG)

(−)−epgallocatechin(EGC)

(−)−epigallocatechin gallate(EGC)

[그림 2-37] 가수분해 되지 않은 탄닌류(nonhydrolyzable tannins)에 속하는 카테킨류(catechins)의 구성단위(a structural unit)가 되는 (−)−에피카테킨, (−)−epicatechin과 (+)−카테킨, (+)−catechin, 그리고 프로안토시아니딘류,(proanthocyanidins)의 주요 구성단위인 플라반−3−ol, flavan 3−ol,와 플라반 3−ol 두 분자가 각각 탄소 4번과 8번 (4→8)을 통해서 결합한, 프로안토시아니딘 중의 이중체(dimer)인 프로시아니딘 B3, pronthocyanidin B3 등의 구조. proanthocyanidins 중 −C−C−결합이 4→8인 경우, B type으로 부른다. B3는 B type의 세 번째 형이라는 뜻임.

캬테킨류 캬테킨류(catechins) 중 대표적인 것은 바로 캬테킨(catechin)이며, 이 캬테킨은 플라보노이드류(flavonoids), 안토시아닌류(anthocyanins) 등의 공통적인 구조상의 특징인 C_6-C_3-C_6의 탄소 골격(carbon skelton)을 그래도 갖고 있다(그림 2-38 참조).

이 캬테킨의 2 및 3의 위치의 탄소는 비대칭형 탄소(asymmetric carbon)이므로 2와 3의 위치에 있는 수소는 각각 R 또는 S로 표시되는, 절대 위치 이성체들(the absolute stereo chemical isomers) 중의 하나를 갖게 된다. 그림 2-37에서 카테킨, 즉 (+)-catechin의 경우, 탄소 2번과 3번의 수소는 각각 R과 S의 구조를 갖고 있으며, 2R, 3R로 표시된다.

한편, 탄소 2번과 3번의 구조가 각각 R로 표시된 이성체, 즉 2R, 3R로 표시된 이성체는 에피-카테킨, 즉 (-)-epicatechin으로 알려져 있다.

분자식과 분자량은 모두 $C_{15}H_{14}O_6$과 290.27로 같으나, 비선광도(比旋光度)는 각각 $[\alpha]_D$=+16°(물 안에서)와 -69°로 크게 다르며 융점(MP)도 각각 175~177℃(무수물, 분해온도), 237~238℃(분해온도)로서 크게 다르다 또한 카테킨은 물에 잘 녹으나, 에피-카테킨은 물에 잘 녹지 않는다고 한다.

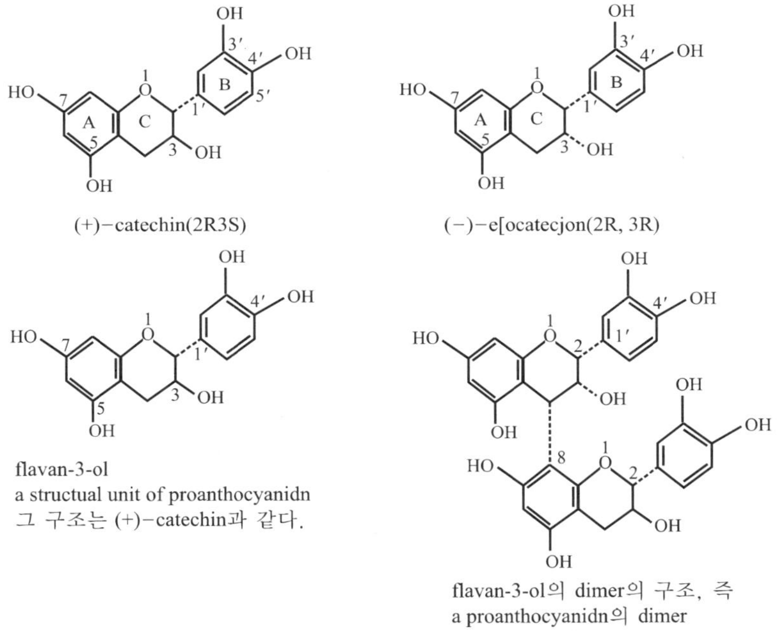

(+)−catechin(2R3S)

(−)−e[ocatecjon(2R, 3R)

flavan-3-ol
a structual unit of proanthocyanidn
그 구조는 (+)−catechin과 같다.

flavan-3-ol의 dimer의 구조, 즉
a proanthocyanidn의 dimer

[그림 2-38] 녹차류(green teas)에 함유된 카테킨류(green tea catechins, GTCs) 중 가장 대표적인 것으로 알려진, 네 가지의 카테킨류, 즉 (−)−에피카테킨(−epicatechin, EC), 그 탄소 3번에 있는 −OH 그룹이 갈린산(gallic acid)의 −COOH 그룹과 에스터 결합을 하고 있는, (−)−에피카테킨 갈레이트(−epicatechin gallate, ECG 또는 3−O−galloyl,−epicatechin), (−)−에피갈로카테킨(−epigallocatechin, EGC), (−)−에피갈로카테킨의 탄소 3번에 있는 −OH 그룹과 갈린산(gallic acid)의 −COOH 그룹에 에스터결합을 하고 있는 (−)−에피갈로카테킨 갈레이트(−epigallocatechin gallate, EGCG, 또는 3−O−galloyl−epigallocatechin) 등의 구조.

한편 차(*Camelia sinensis* plants)의 잎에서 얻어지는 녹차류에 함유된 캬테킨류(green tea catechins, GTCs)로서 가장 중요한 것은 (-)-에피카테킨(-epicatechin, EC), (-)-에피갈로카테킨(-epigallocatechin, EGC), 그리고 이상의 두 카테킨들의 3번 위치의 -OH 그룹이 갈린산(gallic acid)의

-COOH 그룹과 에스터결합을 통해서 결합된(-)-에피카테킨 갈레이트(-epicatechin gallate, ECG), (-)-에피갈로카테킨 갈레이트(-epigallocatechin gallate, EGCG) 등 네 종류(그림 2-38 참조)인 사실이 1980년대 초기부터 많은 연구자들에 의해서 알려지고 집중적으로 연구되어 왔다(예 Wee, J. H. *et al*., 1999; Sano, M. *et al*., 1999; Zhu, Q. Y. *et al*., 1997; Chen, Z. Y. *et al*., 1998; zhu, Q. Y. *et al*., 1999). 또한 (+)-카테킨, (+)-갈로카테킨, 그리고 기타 카테킨 화합물들(catechins)도 소량 함유되고 있는 것으로 알려져 있다.

한 예로서 위들(Wee, J. H. *et al*., 1999)은 한국에서 재배된 차(전남, 보성군)의 잎을 채취하는 시기(5월 하순, 7월 중순, 8월 중순)에 따라 채취한 찻잎에 함유된 이상 4종의 카테킨류 EC, ECG, EGC, EGCG와 (+)-갈로카테킨의 함량을 조사한 바 있다. 이들에 의하면 8월 중순에 채취한 잎에 카테킨류 함량이 가장 높았다고 한다. 그리고 이들 찻잎에서 추출한 카테킨류의 함량이 잎의 위치에 따라 달랐으며, 가장 함량이 많았던 부위(위에서부터 꽃봉오리와 첫 번째 찻잎)의 함량은 EGC, EC, EGCG, ECG가 각각 0.6, 2.4, 38.4, 23.1%씩 함유되어 있었다고 한다. 또한 (-)-에피갈로카테킨 갈레이트(EGCG)는 추출된 전 카테킨류의 38～42%가량 함유되어 있어 가장 많았다고 한다.

일반적으로 말할 때 찻잎을 제공하는 차나무들은 *Camellia sinensis*(동백나무과의 동백나무속)에 속하는 식물이며, 인도 동북지방 앗쌈주가 원산지로 생각되는 재배품종 *Camellia sinensis var assamics*와 중국의 서남부 지방의 운남성이 원산지로 생각되는 *Camellia sinensis var sinensis* 재배품종이 알려져 있으나, 차의 정확한 원산지와 원품종 등에 대해서는 더 연구의 여지가 있다고 한다.

한편, 차의 종류는 그 가공처리 과정에 따라 크게 녹차(green tea, or non-fermented tea), 홍차(black tea, 즉 fermented tea) 그리고 그 제조과정으로 볼 때 그 중간에 위치하는 우롱차(Oolong tea, 즉 semi-fermented tea)가 있다.

그 제조과정으로 볼 때, 녹차(綠茶)류의 경우 가공처리 중 효소작용이나 다른 화학작용을 가장 적게 받은 차 종류이며, 반대로 찻잎들을 마쇠한 후 효소작용과 갈색화반응(browning reaction) 등이 크게 촉진된 홍차(紅茶)류의 경우, 내부 성분들, 즉 탄닌 성분들 사이의 변화가 가장 컸던 것으로 생각된다. 한편, 우롱차류의 경우에는, 그 색깔이나 내부적인 변화들이 그 중간정도로 생각된다(Hashimoto, M., 1997; Ensminger, A. H. *et al*., 1995 참조).

한편, 사노들(Sano, M. *et al*., 1999)은 대만(Taiwan)산의 우롱차에서 아직 그 구조를 확정하지 못한 두 종류의 (-)에피갈로카테킨 갈레이트(-epigallocatechin gallate, EGCG)의 유도체들(C_1과 C_2)을 검출했는데 그 함량은 각각 우롱차 추출물(건조중량)의 각각 0.34%와 0.20% 이었다고 한다.

카테킨류는 종래 항 알레르기성(anti-allergic properties)을 가진 것으로 알려져 온 (-)-에피갈로카테킨갈레이트(EGCG)의 알레르기 억제효과 보다 월등이 그 효과가 컸었다고 보고하고 있다.

같은 차품종(tea variety)으로 만든 녹차나 홍차에서는 이상의 C_1, C_2가 검출되지 않았다고 한다. C_1은 아쌈 잡종(교배종)(Assam hybrids)으로 알려진 차 재배품종(cultivars)에 건조중량으로 0.50～0.82% 함유되어 있었으며, 녹차품종 18품종 중 13품종에서 검출되었으나, C_2의 경우 한 품종에서만 흔적량(trace amounts)으로 검출되었다고 한다.

계속하여 C_1과 C_2의 구조를 조사한 결과, C_1은 (-)-에피갈로카테킨 3-0-(3'-0-메틸)갈레이트로 밝혀졌으며, 한편 C_2는 (-)-epigallocatechin 3-0-(4'-0-methyl)gallate였다고 보고하였다.

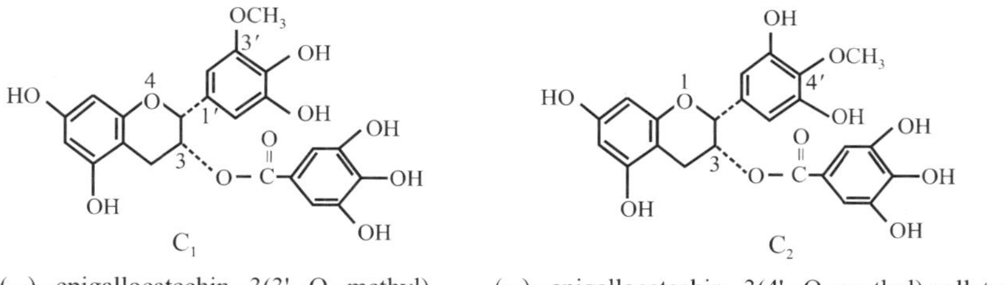

C_1

(−)−epigallocatechin−3(3'−O−methyl)

C_2

(−)−epigallocatechin−3(4'−O−methyl) gallate

[그림 2-39] 아쌈 잡종 재배종류(Assam hybrid cultivars)로 만들어진 대만산 우롱차들 (Taiwanese oolong tea)에서 추출한 강력한 항 알레르기 작용(potent anti-anaphylactic, i. e., anti-Type I allergic actirty)을 가진 카테킨류의 구조들.
Sano, M. et al., 1999.

한편 첸들(Chen, Z. Y. *et al.*, 1998)은 녹차에서 추출한 카테킨류(green tea catechins)의 안정성(安定性, stability)이 pH에 대해서 매우 민감하며, 알칼리성 pH에서는 수분 내에 완전히 분해되는데 반해서 pH 4보다 산성인 영역에서는 매우 안정하다고 한다. 이들은 아스콜빈산(ascorbic acid)의 첨가에 의해서, 전술한 네 종류의 차카테킨류(tea catechins)의 안정도를 크게 개선하였으며, 특히 EGC와 EGCG의 안정성을 크게 개선하였다고 보고하고 있다. 다만 이상의 결과는 실험실에서의 실험결과(in vitro)지만 아스콜빈산 첨가는 체내에서도 그 안정성 개선에 큰 효과가 있을 것으로 생각하였다.

한편 쥬들(Zhu, Q. Y. *et al.*, 1999)은 녹차 중의 카테킨류(green tea catechins)가 사람의 혈장(blood plasma)중의 저밀도 리포프로테인(low-density lipoprotein)의 산화를 억제해주는 α-토코페롤의 산화를 억제하고, 산화된 토코페롤(oxidiged α-tocopherol)을 원상태로 재생(再生, regeneration)하는 작용이 있다는 사실을 보고하였다.

이와 같은 작용은, 녹차 중의 주요 카테킨들 중에서는 (-)-에피카테킨(EC)과 (-)-에피카테킨 갈레이트(ECG)들의 작용이 (-)-에피갈로카테킨(EGC)이나 (-)-에피갈로카테킨 갈레이트(EGCG)들의 경우보다 더 컸었다고 한다.

프로안토시아니딘류 이전에 류우코안토시아니딘류(leucoanthocyanidins)로 알려져 있던 프로안토시아니딘류(proanthocyanidins)는 사과, 복숭아, 배, 버찌, 포도 등과 같은 과실이나 커피콩, 각종콩류, 차 등에 존재한다.

이 프로안토시아니딘류는 과실이나 채소류 그리고 그 가공식품류, 예로서 포도주를 비롯한 각종 과실주들의 색깔에 대해서 지금까지 인식되어 온 바 보다는 훨씬 더 중요한 역할을 하고 있음이 점차 밝혀지고 있다.

전술한 바와 같이, 프로안토시아니딘류(proanthocyanidins)는 그 최소 구성단위인 플라반-3올(flavan-3-ol)들의 탄소 4번과 6번(4→6), 또는 4번과 8번(4→8)이 탄소-탄소 결합(C-C bond)을 통해서 결합한 과당체류(寡糖體類, oligomers), 또는 중합도가 낮은 중합체(polymers)라고 할 수 있다.

한편, 포터(Porter, L. J., 1992)는 프로안토시아니딘류(proanthocyanidins)에 대해서 더 포괄적이고 엄격한 정의를 내리고 있다. 즉 프로안토시아니딘류는 그 기본 구성단위인 폴리하이드록시 플라빈들이 연쇄적으로 결합한 과당체들과 중합체들(oligomers and polymers consisting of chains of polyhydroxy flavan units)이라고 정의하고 있다.

포터는 프로안토시아닌을 구성하는 기본 구성단위로서, 카테킨(catechin), 에피카테킨(epi-catechin), 갈로카테킨(gallo-catechin), 에피갈로카테킨(epi-gallocatechin), 피세티니들(fisetinidol), 로비네티니들(robinetinidol)을 들고 있으며, 이들 단체들(monomers)이 형성하는 중합체들(polymers)을 프로시아니딘(procyanidin), 프로델피니딘(prodelphinidin), 프로피세티니딘(proqisetinidin), 로비네티니딘(prorofinetinidin) 등의 명칭을 소개하고 있다.

자연에 존재하는 식물체들이 함유하고 있는 프로안토시아니딘류 중에는 한 종류 이상의 구성단위로 형성된 중합체들 또는 두 종류 이상의 중합체들이 참여하고 있는 프로안토시아니딘류도 존재한다고 한다.

식물체내에 존재하는 프로안토시아니딘 중합체들의 함량 또는 구조 조사방법은 많은 기존의 방법들이 응용(應用)되고 있다.

마튜우즈들(Matthews, S. *et al.*, 1997)은 시료 중의 프로안토시아니딘류에 바닐린(vanilin) 또는 다이메틸신남알데하이드(dimethylcinnamaldehyde)를 반응시켜, 이때, 형성된 착색(着色)된 부가물(colored adduct)의 흡광도(吸光度)를 일정한 파장(wave-length)에서 측정하는 방법과 산(acid) 존재 하에 벤질 멜캅탄(Bengylmercaptan, $C_6H_5CH_2SH$)을 반응시켜, 프로안토시아니딘의 분해와 착색 분해물질들의 흡광도를 조사하는 방법 등을 소개하고 있다. 후자의 방법은 프로안토시아니딘의 함량이 적을 때, 또는 불용성 프로안토시아니딘의 경우에도 효과적 이였다고 한다.

라자루스들(Lagarus, S. A. *et al.*, 1999)은 HPLC 장치(normal-phase high performance liquid chromatography apparatus)를 상압 이온화 전자분무실(an atmospheric pressure ionization electrospray chamber)가 장치된 질량분광분석기(on-line mass spectrometer with the ionizing electrospray chamler)에 직접 연동시켜서 시료들 중의 단량체(monmers) 또는 과당체(oligomer)의 형태의 프로시아니딘류를 분석한 바 있다.

이들에 의하면, 이 분야의 분석에 가장 널리 사용되어 온, 자외선 검출법(UV detection method)과 형광 검출법(Fluorescence detection method)도 함께 사용했으며, 특히 형광 검출법은 그 예민도(sensitivity)와 식품시료 중의 다른 성분들에서 오는 신호를 억제, 감소시켜 검출을 더 쉽게 하는 우수한 장점이 있었다고 한다.

조사한 시료들은 티백(tea bags)에 들은 녹차를 끓인 차, 포도씨에서 얻은 추출액, 육계피(cinnamon) 추출액, 땅콩 껍질(peanut skins)과 그 과육(peanut nutmeat)의 추출액, 사과(Red delicious apples)의 추출액 등 이었으며, 검출된 프로안토시아니딘류는 중합도가 대체로 10정도까지의 프로시아니딘류(procyanidins)와 프로델피니딘류(prodelphinidins) 그리고 이들의 혼합중합제들(copolymers) 중의 과당체류(oligomers)였다고 보고하고 있다.

이들 프로시아니딘류나 프로델피니딘류는 산성용액(acidic solution)에서 쉽게 가수분해 되어 프로시아니딘류의 경우 각종의 카테킨류와 함께 안토시아닌 색소인 시아니딘들(cyanidins)을, 프로델피니딘류의 경우에는 각종 카테킨류와 함께 델피니딘들(delphinidins)을 형성하는 사실이 오래전부터 알려져 왔으며 탄닌류의 정량(定量)에 이용되어 왔다.

이 탄닌 색소들은 효소에 의한 산화(enzymatic oxidation)나 자동산화(autoxidation)를 받기 쉬우며, 카테킨류보다 훨씬 더 쉽게 중합(polymerize)된다.

한 예로서, 사과즙에 존재하는 프로안토시아니딘류(proanthocyanidins)는 효소, 또는 산에 의해서 쉽게 산화, 중합되어, 각종의 착색된 중합체들(colored polymerized products)을 형성함으로써 사과즙의 갈색화(browning)에 참여할 분만 아니라 계속 중합되어 침전물을 형성함으로써 과즙을 탁하게 한다.

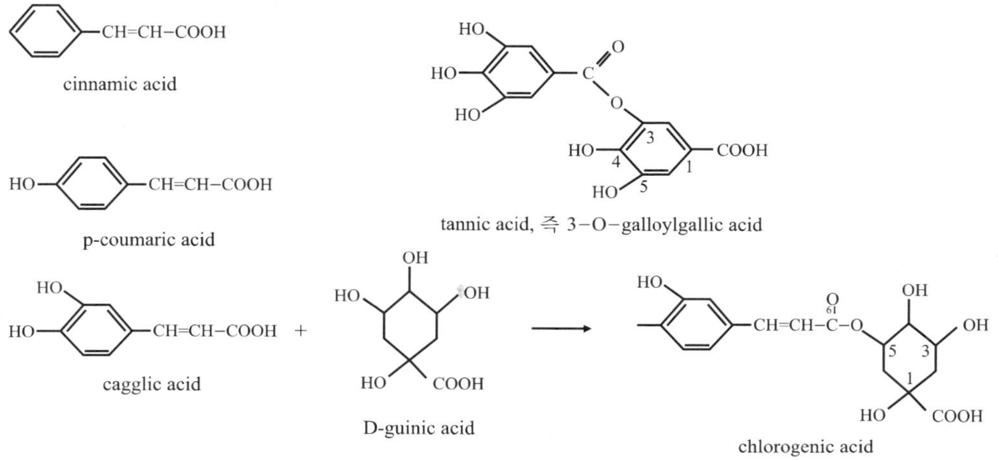

CH=CH−COOH
cinnamic acid

HO−CH=CH−COOH
p-coumaric acid

tannic acid, 즉 3−O−galloylgallic acid

cagglic acid + D-guinic acid → chlorogenic acid

[그림 2-40] 가장 좁은 뜻의 탄닌산(tannic acid): 폴리패놀류(polyphenols)에 속하는 탄닌류(tannins)의 기본 화합물, 시나민산(cinnamic acid): 쉽게 폴리페놀류 형성, 파라-쿠마린산(p-coumaric acid): 쉽게 폴리페놀류 형성, 카페인산(caffeic acid): 감자 등 식물체 내에서 D-퀴닌산과 결합하여 클로로제닌산을 형성하고 있음.

일반적으로 중합도가 아주 낮은 프로안토시아니딘류는 무색이나, 강한 산성 수용액에서 가열될 때는 핑크색(Luh, B. S. *et al*., 1960), 또는 적갈색(red brown color)의 착색물질들이 형성되는 사실이 오래전부터 알려져 왔었다(Bate Smith, E. C. 1954).

과실류의 경우, 특히 축합된 프로안토시아니딘류의 과당체들(condensed proanthocyanidin oligomers), 그 중에서도 특히 프로시아니딘류의 과당체들(condensed procyanidin oligomers)의 함량이 큰 것으로 알려져 왔다.

이들 프로안토시아니딘류의 과당체들(물론, 프로시아니딘류의 과당체들도 포함)은 전형적인 축합탄닌류(condensed tannins)로서, 단백질들, 각종 다당류, 알칼로이드류의 침전(the precipitation of proteins, polysaccharides, and alkaloids), 일부 식품류의 수렴성(收斂性, astringency) 또는 떫은맛을 주는, 소위 탄닌류의 특성을 가져다주는 성분들로 알려져 있다.

한편, 이상의 과당체들(oligomers)의 정식 학술명은 매우 복잡함으로, 이미 부분적으로, 여러 기회에 설명한 바와 같이 프로시아니딘의 이중체들(二重體, dimers)의 경우, 그 정식 학술명과 함께 프로시아니딘 B1, B2, … 등의 명칭이 학술지에서도 사용되고 있다. 이중체의 경우, 이상과 같이 지칭되는 이중체들이 주가 되나, 프로시아니딘 A1, A2 등도 알려져 있다. 프로시아니딘의 삼중체들(trimers)의 경우, 프로시아니딘 C1, C2 등이 널리 알려져 있다.

드프레타들(de Freitas, V. A. P. *et al*., 1998)은 모델 포도주(model wine solution)에서 포도의 씨(grape seed)의 탄닌들이 숙성, 저장 중 산화에 의해서 형성되는 탄닌 성분들을 세밀하게 분리, 그 구조를 분석하여 프로시아니딘 B1, B2, B3, B4, B6, B7의 7개의 이중체들(dimers)과 프로시아니딘 C1과 이와 같은 명칭을 안 가진 또 하나의 삼중체(trimers)들을 그 정식 학술명과 함께 보고하고 있다.

한편, 본문에서도 포도주의 숙성 중 진행되는 색소간 상호작용(copigmentation)에서 형성되는 색소결합체들(copigments)에 관해서 설명할 때, 프로시아니딘 B_2(즉, PB_2)에 대해서는 이미 언급한 바 있다.

폴리페놀류와 폴리페놀산 수산기(-OH)를 두 개 이상 가진, 페놀류(phenols)는 느슨하게 폴리페놀류(polyphenols)로 분류하는 경우가 있다. 수산기를 한 개만 갖고 있는 페놀들도 생체 내에서, 또는 어떤 화학 또는 효소반응 등을 통해서 중요한 폴리페놀들을 만들 때, 즉 이런 폴리페놀류의 잠정적인 중간체(intermediates)들로 작용할 때는 폴리페놀류와 함께 논의할 수 있을 것이다.

이와 같은 폴리페놀류에는 플라보노이드류, 안토시아니딘류, 탄닌류의 대부분이 포함될 것이다. 한편, 폴리페놀류의 페놀기(phenol nucleus)에 카아복실 그룹(caboxyl group, -COOH)을 가진 폴리페놀 산들(polyphenolic acids)도 폴리페놀류의 한 형태로서, 여기에 포함시킬 수 있을 것이다.

근래에 와서 이상의 폴리페놀류의 특출한 생리작용들(physiological activities), 기능성(機能性, functions) 등이 점차 알려짐으로서 많은 주목들을 받고 있다. 여기서는 지금까지 언급이 없었던, 일부 폴리페놀들에 대해서 소개하기로 한다(그림 2-40 참조).

전술한 바 있는 탄닌류 전체에 대해서 중요한 구성성분이 되고 있는 갈린산(gallic acid)은 그 자체로서 공기 중의 산소를 강력하게 흡수하는 특이한 성질을 갖고 있다.

갈린산(gallic acid)의 프로필 알콜(n-propyl alcohol, C_3H_7OH)과의 에스터, 즉 프로필 갈레이트(propyl gallate)는 제14장 중의 식품항산화제들(Food antioxidants)의 항목에서 설명하고 있듯이, 식용유지류에 천연 항산화제들(natural antioxidants)의 하나로서 오래전부터 사용되어 왔다.

한편, 이 갈린산 두 분자가 에스터 결합을 한, 3-0-갈로일갈린산(3-0-galloylgallic acid)은 가장 좁은 뜻의 탄닌산(tannic acid)으로서, 탄닌류의 기본이 되는 화합물이다.

한편, 클로로제닌산(chlorogenic acid)은 각종 농산물들에 널리 분포되고 있는 폴리페놀산의 에스터로서, 커피콩(coffee beans), 감자 등에 그 함량이 큰 것으로 알려져 있다.

감자의 폴리페놀류에 대해서 레뷰(a reviews)를 발표한 바 있는 프리드맨(Friedman, M., 1997)에 의하면, 감자 중 폴리페놀류의 90%는 이 클로로제닌산의 유도체라고 한다. 프리드맨은 이 폴리페놀 유도체인 클로로제닌산이 감자에 함유된 단백질 페닐알라닌(phenyl alanine)에서 시나민산(cinnamic acid)과 포도당(D-glucose)의 에스터(ester)로, 다시 파라쿠마린산(p-coumaric acid)의 에스터를 거쳐 카페인산(caffeic acid)의 에스터가 된 후, D-퀴닌산(D-quinic acid)과의 에스터 결합을 통해서 클로로제닌산(chlorogenic acid)이 형성된다고 한다.

한편, 감자 중의 클로로제닌산은 다른 폴리페놀류와 함께 효소에 의한 갈색화반응(engymatic browning reaction 제11장 p. 595 참조)에 참여하는 사실이 널리 알려져 왔으며, 또한 감자 중의 당류와 작용, 튀김감자 제품들(예로서, potato chips, French fries)의 색깔을 어둡게 하는 사실도 널리 알려져 왔다(제11장 갈색화반응, p. 591 참조).

특히 클로로제닌산과 그 유도체들은 감자를 물이나 수증기로 익힌 후, 일어나는 감자표면의 암청색(暗靑色) 발생(after-cooking blackening or darkening)의 원인 물질들임이 밝혀져 왔다. 이 변화는 감자 속의 클로로제닌산과 그 유도체들이 제일철이온(ferrous ion, Fe^{+2})과 결합하여, 무색의 복합체들(colorless complexes)을 형성한 후, 공기 중의 산소에 의해서 복합체 내의 제일철 이온이 제이철 이온(ferric ion, Fe^{+3})으로 산화되어, 암청색을 나타내는 것으로 알려져 있다.

또한, 프리드맨(Friedman, M., 1997)은 클로로제닌산과 그 유도체들이 항산화작용(antioxidative activities)과 항 돌연변이 및 항암효과(antimutagenic and anticarcinogenic effects) 등에 대해서 많은 문헌들을 인용하여 설명하고 있다. 이상의 작용 또는 효과들은 클로로제닌산의 특이한 구조, 즉 활성 유리 라디칼들(active free radicals)과 쉽게 반응하여 안정된 화합물들로 만들어, 결국 활성 유리 라디칼들을 제거(scavenging)할 수 있는 구조와 깊은 관련이 있는 것으로 생각하고 있다. 다시 말해서 클로로제닌산은 지방질의 산화나 유전자 DNA의 파손을 가져오는 여러 활성 유리 라디칼들을 제거하는 물질물(a free radical scavenger)로 작용하는 것으로 생각하고 있다.

탄닌과 금속이온과의 반응 탄닌은 여러 금속들과 복합염들을(complex salts)을 형성하며, 그 복합염들의 색깔은 대체로 회색, 갈색, 흑청색, 청록색 등을 갖는다.

예로서, 제이철 이온(ferric ion, Fe^{+3})이 존재하는 경우에는 이 장(章)의 앞부분에서 설명한 캬테콜 탄닌들(catechol tannins)은 청록색의 복합염을, 피로갈롤 탄닌들의 경우에는 흑청색의 복합염을 형성한다.

탄닌 함량이 많은 채소나 과실들, 예를 들면 고구마, 감자, 밤, 아스파라거스 등의 통조림에서는 주석 도금판(tin-coated steel plate)에서 녹아 나오는 제일철 이온(ferrous ion, Fe^{+2})들이 과실이나 채소 중의 탄닌들과 반응하여 회색의 복합염을 형성하며, 만일 통조림통 내부에 대기 중의 산소가 약간 남아 있는 경우에는 이상의 이 제일철 이온의 복합염들은 곧 제이철 이온의 복합염들이 됨으로써 그 색깔은 흑청색, 또는 청록색으로 변한다.

아연(zinc), 주석(tin)의 염 또는 그 이온들도 탄닌과 복합염을 형성하나 그 색깔은 엷은 회색이며, 비교적 안정하여 과실이나 채소류의 색깔에 현저한 변색을 일으키지 않는다.

한편, 마그네슘, 칼슘염 그리고 그 이온들도 불용성인 침전, 즉 복합염들을 형성한다.

과실들 속의 탄닌류 미숙(未熟)한 과실들에는 탄닌류의 함량이 비교적 많으며, 따라서 탄닌류의 특유한 쓴맛과 떫은맛을 갖는 경우가 많다. 그러나 과실들이 성숙(maturing)됨에 따라 탄닌들의 함량은 점차로 감소되며, 쓴맛과 떫은맛들도 점차로 소실된다.

이와 같이 과실들이 성숙하여짐에 따라 탄닌 함량이 감소되는 데는 두 가지의 설명이 있다.

한 설명은 미숙한 과실들에 존재하는 탄닌들이 과실이 성숙해짐에 따라 산화되어 안토시아닌, 또는 안토잔신들로 전환된다는 설명이다. 실제로 과일들의 성숙과 함께 탄닌들의 함량은 감소되며, 동시에 안토시아닌들(anthocyanins)이나 안토잔신들(anthoxanthins)의 함량이 증가되는 사실은 이상과 같은 설명이 사실일 가능성을 보여주고 있다.

한편, 또 하나의 설명은 과실들이 성숙됨에 따라 탄닌들은 산화, 중합되어 불용성 물질들(insoluble substances)로 변화하여 탄닌들의 쓴맛이나 떫은맛이 소실된다는 설이다.

사실, 감(persimmons)과 같은 경우에는 미숙한 경우에는 다량의 탄닌들이 함유되어 있어, 강한 쓴맛과 떫은맛을 갖고 있으나, 탄산가스 속에서 저장하여 숙성(熟成, ripening)시킬 때는 소위 탄닌세포들(giant tannin cells)로 불리는 세포들 중의 탄닌들은 산화, 중합되어 불용성인 물질들로 변하여, 탄닌들의 쓴맛과 떫은맛들이 가려지는 사실이 알려져 있다.

곡류 속의 탄닌류 탄닌들은 곡류 중에는 일반적으로 그 함량이 매우 적으나, 보리와 수수(sorghum)들의 경우에는 예외적이다.

특히, 곡류로서 사용되는 수수(Sorghum vulgare)의 종자피막(the seed coat)에는 상당량의 탄닌류가 함유되고 있는 것으로 알려져 있다. 이 수수에서 발견되는 탄닌들은 주로 (+)-카테킨과 프로시아니딘 B-1 그리고 이 보다 중합도(the degree of polymerization)가 더 큰 과당류(寡糖類, oligomers), 예로서 B-4 등이라고 한다(Haslam, E., 1982).

한편, 프로시아니딘류의 기본 구성단위는 플라반-3-올(Flavan-3-ol)이며, 플라반-3-올이 각각 탄소 4→8번에서 결합했을 때는 B형으로 (4→6번에서 결합했을 때는 A형), 그 다음의 숫자는 중합도를 나타내는 사실에 대해서는 이미 설명한 바 있다.

홍차의 색깔 발효과정의 결과 형성되는 최종 생산물들(the end products) 중에서 대표적인 성분들로는 이미 언급한 바 있는 여러 탄닌류 이외에 홍차 특유의 매우 선명하고 투명한 빨간색의 주요 색소인 테아플라빈류(theaflavins)와 그 구조가 아직 확실하게 알려져 있지 않는, 주로 적갈색(赤褐色, reddish-brown)을 나타내는 테아루비진류(thearubigins) 등이 있다(그림 2-41 참조).

홍차(black tea)의 경우, 소위 발효기간(fermentation period, 실제 미생물에 의한 발효가 아니라, 차 카테콜 옥시데이스(tea catechol oxidase, EC 1.10.3.1) 또는 그 출처나 작용이 거의 같은 폴리페놀 옥시데이스(polyphenol oxidase, P.P.O.) 등 효소들의 작용에 의하여 일어나는 카테킨류의 산화, 중합이 진행되는, 즉 발효과정이 없는 녹차나 그 기간이 짧은 우롱차(oolong tea)와는 다르다. 원래 원료차에 함유되었던 (-)-에피카테킨(-epicatechin, EC), (-)-에피카테킨 갈레이트(-epicatechin gallate, ECG), (-)-에피갈로카테킨(-epigallocatechin, EGC), (-)-에피갈로카테킨 갈레이트(-epigallocatechin gallate, EGCG) 등이 급속하게 공기 중의 산소의 존재 하에, 차 카테콜 옥시데이스(the tea catechol oxidase 또는 폴리페놀 옥시데이스(PPO) 등의 효소에 의한 산화작용에 의해서, 그 카테콜 또는 피로갈롤 그룹들(catechol or pyrogallol group)의 -OH 그룹들이 산화되어, 각각 퀴논(quinone)의 형태를 취한 후, 수산기(hydroxyl group, -OH 그룹 세 개를 옆자리에 갖고 있는 (-)-에피카테킨(EP)또는 -OH 그룹 세 개를 옆자리에 갖고 있는 에피갈로카테킨(EGC)과 1 : 1로 축합반응(condensation)과 계속적인 산화반응 등을 통해서 테아플라빈(theaflavin)을 형성하는 것으로 알려져 있다(Sanderson, G. W. and Graham, H. N., 1973 그리고 Lea, A. G. H., 1992 참조).

한편, (-)-에피카테킨(EC) 그리고 (-)-에피갈로카테킨 갈레이트(EGCG) 등의 퀴논 등의 (quinone) 사이에, 위에서와 같은 축합, 산화반응들이 일어날 때는, 테이플라빈의 유도체로 볼 수 있는 테아플라빈 갈레이트(theaflavin gallate)가 형성된다(그림 2-41 참조). 이상의 테아플라빈들은 계속 산화, 중합반응을 일으켜, 결국 테아루비진들(thearubigins)을 형성하는 것으로 생각되고 있다.

한편, 홍차의 특유한 맛과 향기 그리고 그 색깔에 관여하고 있는 테아루비진류에 대해서는 아직 확실하게 연구되어 있지는 않은 것 같으나, 각종 카테킨류, 따라서 테아플라빈류의 경우처럼 차속에 함유된 카테킨류, 더 포괄적으로 그 특징을 강조하면, 플라반-3-올(flavan-3-ol)과 그 유도체들이 대체로 차에 함유된 산화효소들에 의해서 테아플라빈처럼 산화, 축합, 중합한 탄닌류로 생각할 수 있다.

테아루비진류는 그 이름이 시사하는 것처럼, 적갈색(赤褐色, thea 차 + rubigin 루비 색깔) 또는 갈색이여서 산화 또는 중합이 계속 진행되었음을 표시하고 있다.

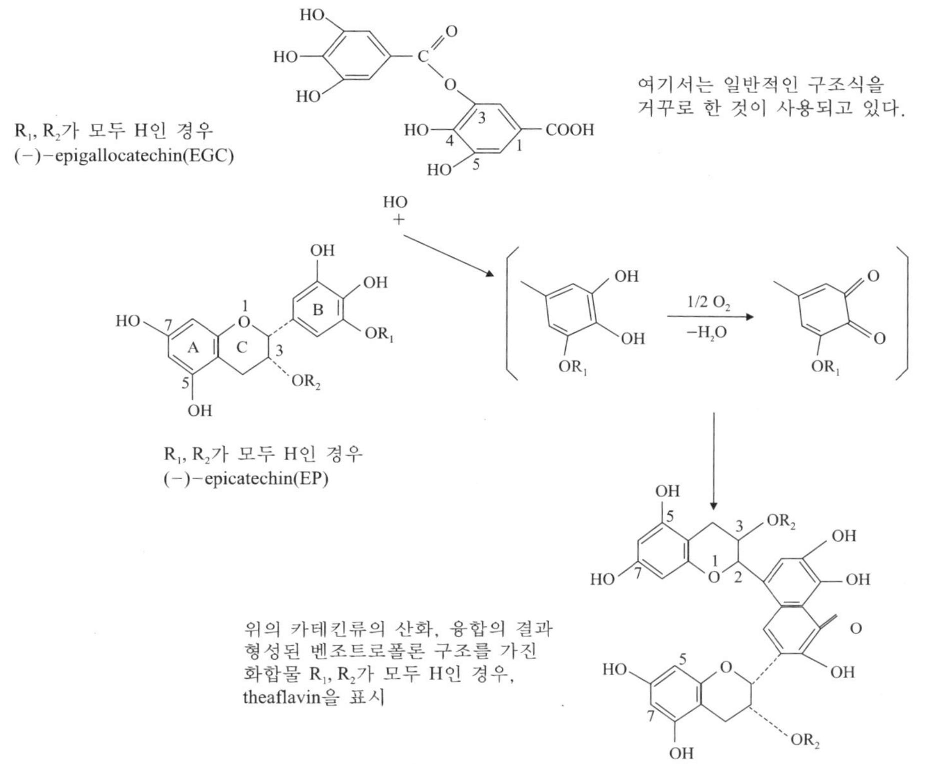

[그림 2-41] 홍차(black tea)의 특유한 색깔(clean red−orange)과 맛(astringent and bitter)을 주는 주요 탄닌 성분인 테아플라빈류(theaflavins)의 형성과정의 예. 차의 효소에 의한 발효 중에 에피갈로카테킨의 산화생성체, 즉 그 퀴논형과 (−)−에피카테킨의 각각의 B환의 계속 산화, 융합에 의해서, 벤조일트로폴론 구조를 가진 테아플라빈류가 형성된다. 위의 그림에서 R_1 및 R_2가 모두 수소인 경우, EP와 EGC의 산화형이 융합, 계속 산화에 의해서 테아플라빈이 형성된다. 가타의 테아플라빈류, 그 형성 과정이나 형성된 화합물들의 구조가 테아플라빈류와 비슷한 테아루비진류에 대해서는 본문의 설명을 참조해주기 바란다.

전술한 산더슨들(Sanderson, G. W. and Graham, H. N., 1973)은 테이루비진들의 형성과정을 표시한 그림을 대폭 간소화시킨 것이 그림 2-42이다. 더 자세한 것은 각종 해당 실험논물들 그리고 다음 저자들의 논문들(Wickremasinghe, R. L., 1978; Lea, A. G. H., 1992)과 그 인용문헌 등을 참고하기 바란다.

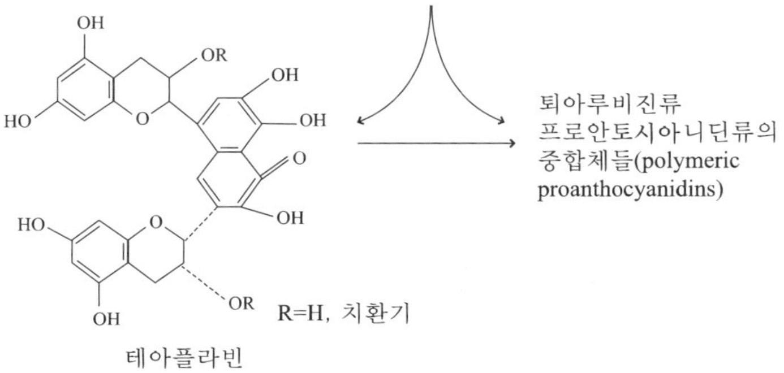

[그림 2-42] 테아플라진류의 추정적인 일부 형성경로들, 그리고 테아플라빈과의 관계.

동물성 색소들

동물성 색소들(animal pigments)로서는 헤모글로빈(hemoglobin)과 마이요글로빈(myoglobin) 그리고 일부 카로티노이드에 속하는 색소들이 있다. 특히, 육류의 색깔은 육류, 즉 근육조직에 함유되어 있는 마이요글로빈과 혈액에 존재하는 헤모글로빈 등의 색소들에 의해서 대표된다.

일반적으로 생체 내 전체 철분함량(iron content)의 90%가 헤모글로빈, 나머지 10%가 마이요글로빈임이 알려져 있다. 그러나 육류나 육류가공품에 있어서는 가급적 많은 피를 육류로 사용하기 전에 제거해야하므로, 육류나 육류가공품의 경우에는 전체 철분함량(total iron content)의 5%만이 헤모글로빈(hemoglobin)에서 오며, 나머지 95%는 마이요글로빈에서 온다는 사실이 알려져 있다. 이 사실은 육류, 또는 육류가공품의 전체 색소함량의 대략 70% 내지 80% 이상이 마이요글로빈으로 되어 있음을 의미한다.

실제로 헨리크슨들(Henrickson, R. L. *et al.*, 1967)의 조사에 의하면, 쇠고기 근육조직에 함유되어 있는 전체 색소함량에 대한 마이요글로빈(myoglobin) 함량의 퍼센트 비율은 대체로 62%에서 80%내외였다고 한다(표 2-18 참조).

동물성 색소들 중 카로티노이드에 속하는 색소들에 대해서는 본장의 카로티노이드류(carotenoids)에서 이미 언급한 바 있음으로 해당 항목을 참조하여 주기 바란다.

표 2-18 쇠고기(bovine)의 네 부위 근육(muscle) 속의 색소의 함량

색소(pigments)의 함량	등부분의 근육 (Longissimus dorsi)	허리부분의 근육 (Psoas major)	허벅다리 부분의 근육 (Biceps femoris)	전부분의 근육 (Semitendinous)
전체 색소함량, mg/g (수분포함)	3.97%	3.84%	4.85%	2.89%
전체 색소함량, mg/g (수분제외)	13.94	12.91	16.35	10.34
마이요글로빈함량, mg/g (수분포함)	3.18	2.40	3.64	1.99
마이요글로빈함량, mg/g (수분제외)	11.16	8.10	12.26	7.13
마이요글로빈의 전체 색소에 대한 함량 비율량	79.81	62.31	75.00	68.21

Richansrud, D. A. and Henrickson, R. L. 1967. *J. Food Science*, 32, 57.

마이요글로빈

마이요글로빈(myoglobin)은 헤모글로빈(hemoglobin)과 마찬가지로 보통 햄(heme)으로 알려진 철을 함유하고 있는 특정한 포오피린 유도체(iron-containing phorphyrin)와 단백질이 결합되어 형성된 색소이며, 헤모글로빈이 혈액에 존재하는데 대해서, 마이요글로빈은 근육 중에 존재한다. 또한 헤모글로빈이 빨간색을 갖고 있는데 비해서 마이요글로빈은 짙은 빨간색 또는 적자색(赤紫色, a purple-red color)을 갖고 있으며, 헤모글로빈이 체내에서 산소의 운반체(oxygen carrier)로서

작용하는 데 비해서 마이요글로빈은 조직 내에서 산소의 저장체로서 작용한다.

동물의 근육조직 내의 마이요글로빈의 함량은 그 동물의 연령이 많아질수록 증가하는 경향이 있으며, 쇠고기의 경우, 그 함량은 1그램의 조직(수분 함유상태에서)에 보통 4 내지 10mg 정도이다. 한편 송아지 고기에는 1 내지 3mg 정도, 늙은 소고기에는 16 내지 20mg이나 함유되어 있다고 한다.

근육조직 중의 마이요글로빈의 함량은 활동이 심한 근육 부위일수록 그 함량이 큰 것으로 알려져 있다. 예로서 비둘기와 같은 새들의 가슴근육 부분, 외양성(外洋性)의 회유어(回游魚)의 하나인 다랑어(tuna 또는 tunny)의 살코기 등에는 그 함량이 특히 큰 것으로 알려져 있다.

전술한 바와 같이 육류나 육류제품의 색깔은 실질적으로 마이요글로빈 자체의 색깔이므로 마이요글로빈의 성질과, 특히 여러 가지 요인들에 기인된 마이요글로빈 색깔변화의 연구는 육류나 육류 가공품들의 색깔, 따라서 그 품질평가와 직결된 문제로서 매우 중요하다.

마이요글로빈의 구조 마이요글로빈은 전술한 대로 하나의 복합 단백질(a complex protein)이며, 글로빈(globin)으로 알려진 단백질 부분과 헴(heme)으로 알려진 비단백질 부분(non-protein part)으로 구성되고 있다. 이 글로빈으로 알려진 부분에 대해서는 사람의 경우를 비롯한 포유동물의 경우에는 정밀한 분자량들과 구성 아미노산의 결합상태와 그 순서들(sequences) 그리고 전체적인 구조들에 대해서 이미 자세하게 밝혀지고 있다. 그 분자량은 생체의 종류에 따라 다르나 대체로 17,000 정도이며, 대략 150여 개의 아미노산들이 펩타이드 결합(peptide bond)을 통해서 α-나선형(α -helical form)을 유지하면서 입체구조(three dimensional structure)를 형성하고 있는 것으로 알려져 있다.

한편, 헤모글로빈을 형성하고 있는 글로빈의 분자량도 정밀하게 알려져 있으나, 대략 마이요글로빈의 4배에 해당하는 68,000정도이다. 자세한 것은 나중에 설명하겠다.

실제로 포유동물들의 경우 마이요글로빈과 헤모글로빈들의 구조적인 특성들은 매우 유사하다. 다만 헤모글로빈의 글로빈 부분, 즉 단백질 부분은 마이요글로빈의 글로빈과 구조나 크기에 있어서 유사한 α_1, α_2, β_1, β_2 등의 네 개의 세부적 단위(細部的 單位, subunit)들이 α_1 과 β_1, α_2 와 β_2의 두 쌍을 형성하고, 이 쌍이 다시 전체의 글로빈을 형성하고 있는 것으로 알려져 있다. 따라서 그 분자량은 마이요글로빈 경우의 대략 4배가량이 된다.

마이요글로빈의 헴 부분(heme part)은 철 포오피린(iron porphyrin), 즉 페로프로토포오피린(ferroprotoporphyrin)이며, 이는 헤모글로빈의 헴 부분과 동일하다(그림 2-43 참조).

헴 부분의 화학적 구조 마이요글로빈 또는 헤모글로빈의 예에서 볼 수 있듯이 일반적으로 공액 단백질류(共軛, conjugated proteins)의 비단백질 부분(non-protein parts, prosthetic groups)이 포오피린 화합물들(porphyrins)인 경우가 많다. 마이요글로빈이나 헤모글로빈(이하 마이요글로빈에 포함)의 비단백질 부분은 보통 헴(heme)으로 알려지고 있으며, 특정한 부류에 속하는 포오피린들이다.

포오피린(porphyrin) 자체는 그림 2-42에서 볼 수 있듯이 파이롤(pyrrole) 네 개가 메타인 그룹(methine group, -CH)를 통해서 결합하여 형성된 구조를 갖고 있다. 이 포오피린의 파이롤 부분의 외곽에는 다른 기능 치환(置換, substitution) 할 수 있는 각각 한 개의 수소원자를 가진 8개의 -CH=기가 있어서, 치환 그룹(substitution group)의 종류와 그 위치에 따라 포오피린류는 다시 다섯 가지의 종류로 분류된다.

이 포오피린류(porphyrins)의 세부적인 분류에 앞서 포오피린(porphyrin) 구조의 가장 기본적이고, 또한 중요한 특징은 포오피린의 외곽을 형성하고 있는 탄소-탄소 결합들이 완전한 공액이중결합 체계(共軛二重結合 體系, a conjugated double-bond system)를 형성하고 있다는 사실로 생각된다. 이 공액이중결합 체계는 내부의 네 개의 질소원자들 중 두 개의 NH 그룹을 제외한 질소원자들과도 그 공액 이중결합 체계를 유지하고 있다는 점이다. 이와 같은 구조는 식물체 색소들인 카로틴류(carotenes)나 특히 클로로필류(chlorophylls)에서 볼 수 있었던 구조다.

한편, 포오피린은 외곽의 탄소들(그림 2-43의 탄소원자 1~8번)의 치환기들(subtituent groups)의 종류에 따라 코프로포오피린 I (Koproporphyrin I)들, 코프로포오피린 II (Koproporphyrin II)들, 유로포오피린 I (Uroporphyrin I)들, 유로포오피린 II (Uroporphyrin II)들, 그리고 프로토포오피린들로 분류된다.

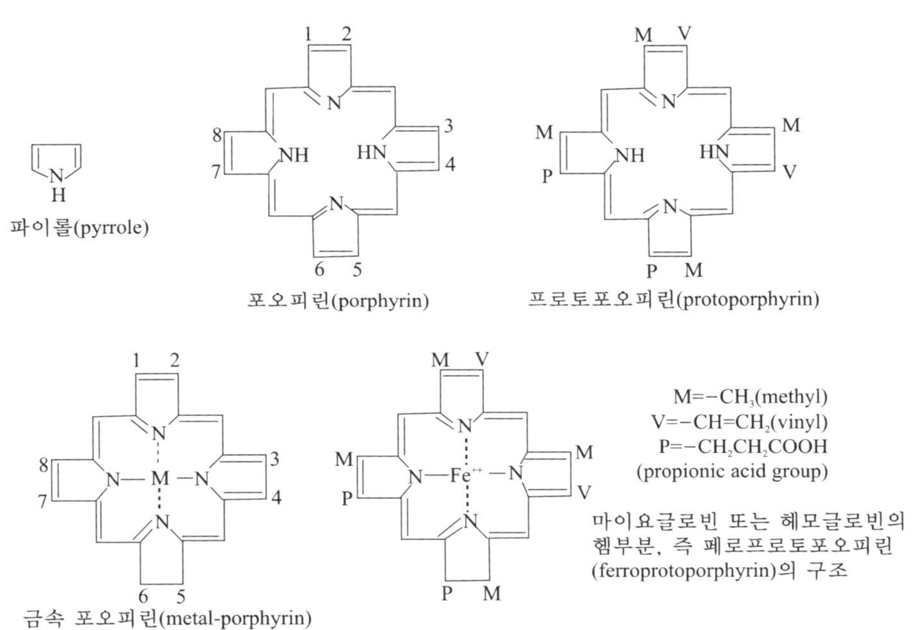

[그림 2-43] 마이요글로빈과 헤모글로빈의 헴부분(heme part), 즉 페로프로토포오피린의 구조. 포오피린류의 기본 구성단위(the structural unit)인 파이롤에서부터 포오피린, 프로토포오피린, 금속 포오피린, 페로프로토포오피린의 구조들을 순서대로 표시한 그림.

제일 마지막의 그룹, 포로토포오피린류(protoporphyrins)는 1,3,5,8의 위치에 메틸기, 2,4의 위치에 비닐기, 그리고 6,7,의 위치에 프로피온산기를 가진 포오피린들로 구성되고 있으며, 따라서, 1,3,5,8-테트라메틸-2,4-다이비닐-6,7-다이프로피온산포오피린(1,3,5,8-tetramethyl-2,4-divinyl-6,7-dipropionic acid porphyrin, $C_{34}H_{34}O_4N_4$)이라고 부를 수도 있다.

한편, 포오피린 환(porphyrin ring)의 중심부를 향해서 위치하고 있는 질소원자들과 결합하는 금속 이온(metal ion)의 종류에 따라 분류될 수도 있다. 보통 철, 구리, 마그네슘 이온들이 이상의 질소원자들과 공유결합(covalent bond)과 배위결합(coordinate bond)을 통해서 결합하며, 이런 경우에는 각각 철 포오피린류(iron porphyrins), 구리 또는 동 포오피린류(copper porphyrins), 마그네슘 포오피린류(magnesium porphyrins) 등으로 분류된다.

마이요글로빈의 헴부분, 산화효소 사이토크롬 a(cytochrome a)의 비단백질 부분, 클로로필류는 이상의 금속 포오피린류(metal-porphyrins)의 각각의 대표적인 예가 된다.

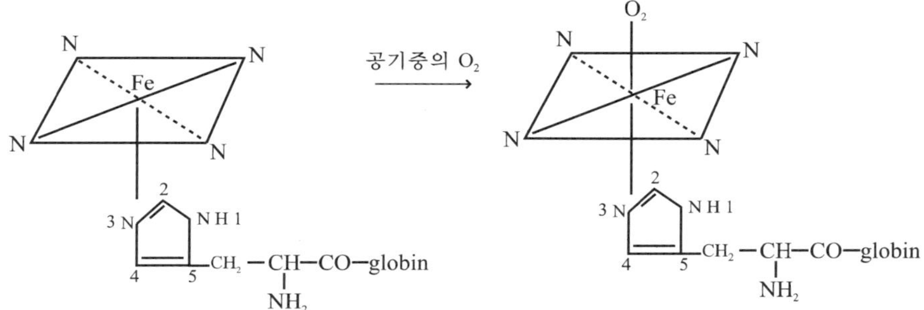

[그림 2-44] 마이요글로빈 및 옥시마이요글로빈의 기능상의 특징을 강조한 구조식들.

한편 마이요글로빈이나 헤모글로빈의 포오피린들은 프로토포오피린(protoporphyrin)에 속하며, 그 중심에 결합되고 있는 철 이온은 산화작용을 받지 않은 상태에서는 제일철 이온(ferrous ion)이그로 페로프로토포오피린(ferroprotoporphyrin)이라고 부를 수 있다. 즉 아직 산화되지 않은 신선한 마이요글로빈이나 헤모글로빈의 헴부분(heme part)은 페로프로토포오피린이다.

프로토포오피린 환(protoporphyrin ring)의 중심에 위치하고 있는 제일철 이온은 배위수(配位數, coordinate number)가 6이므로, 프로토포오피린 환의 중심부를 향한 네 개의 질소원자 중 두 개하고는 공유결합(共有結合)으로, 나머지 두 개의 질소원자들 하고는 배위결합(配位結合)으로 결합하고 있으며, 다른 하나는 글로빈의 끝의 아미노산의 질소원자와 결합하고 있는 동시에 또 다른 하나는 분자상의 산소분자(molecular oxygen)와 결합할 수가 있다.

이 페로프로토포오피린은 그 중심부에 있는 제일철 이온(ferrous ion, Fe^{++})이 글로빈의 히스티딘 그룹(histidine group)의 이미다졸 환(imidazole ring)의 질소원자와 직접 결합되어 있으며, 이 철 이온은 동시에 분자상(分子狀)의 산소(molecular oxygen)와도 쉽게 산소와 결합할 수 있는 상태에 있다.

따라서 이 마이요글로빈은 공기 중의 분자상의 산소(O_2)에 노출될 때는 쉽게 산소와 결합하여 매우 선명한, 밝은 빨간색의 옥시마이요글로빈(oxymyoglobin, MbO_2)이 된다(그림 2-44 참조).

마이요글로빈의 산화에 의한 변화 전술한대로 짙은 빨간색 또는 적자색(a purple-red color)의 마이요글로빈은 분자상의 산소(molecular oxygen)와 매우 결합하기 쉬우며, 따라서 육류조직 내에 존재한 마이요글로빈은 공기 중에 노출되어 있으면, 30분 내에 분자상의 산소와 결합하여 선명한 빨간색(a bright red-pink color)을 가진 옥시마이요글로빈(oxymyoglobin, MbO_2)이 된다.

이 옥시마이요글로빈은 그 자체로서는 비교적 안정된 색소이나, 계속 천천히 산화되어 궁극적으로는 갈색(brown color)을 가진 메트마이요글로빈(metmyoglobin)이 된다. 실제로 신선한 육류 속에서는 갈색을 가진 메트마이요글로빈이 계속 축적되는데, 이 메트마이요글로빈은 육류 속의 마이요글로빈, 옥시마이요글로빈(MbO_2)들이 자동산화(autoxidation) 되는 결과 형성되는 것으로 생각된다.

1990년대 초기에서부터 이미 육류조직 내의 지방질의 자동산화를 유발하는 활성 유리 라디칼(reactive free radicals)들을 항산화제(antioxidant)인 알파-토코페롤(α-tocopherol)이 제거함으로써,

옥시마이요글로빈(MbO_2)의 메트마이요글로빈(Met.Mb)으로의 계속적인 산화진행을 억제하는 사실이 널리 알려져 왔다.

라나리들(Lanari, M. C *et al*., 1996)은 72마리의 식용 수송아지(steers)에 알파-토코페롤(α-tocopherol)을 첨가한 사료로 사육하여, 이들 소의 육류 중의 옥시마이요글로빈의 자동산화에 의한 메트마이요글로빈으로의 산화과정의 기구를 조사한 바 있다. 이들에 의하면, $MbO_2 \rightarrow Met.Mb$의 자동산화(autoxidation)이

(a) 이 시스템(system)에 존재하는 MbO_2가 산화되어, Met.Mb과 슈퍼옥사이드 아니온(superoxide anion, O_2^-)을 형성하는 과정,

(b) 이때 형성된 O_2^-가 다른 MbO_2를 산화시킬 수 있는 활성물질들을 형성하는 과정, 그리고

(c) 유도기간(an induction period) 중에 MbO_2의 산화가 항산화제 알파-토코페롤의 작용에 의해서 억제되는 과정

등 세 개의 과정들로 이루어진다고 한다. 이상의 과정들을 반응식으로 표시하면, 다음과 같다.

$$MbO_2 \xrightarrow{K_1} Met.Mb + O_2^- \quad (1)$$

$$O_2^- \xrightarrow{K_2} R + NRS \quad (2)$$

$$MbO_2 + R \longrightarrow Met.Mb + NRS \quad (3)$$

여기서, R = H_2O_2와 같은 중간 산화촉진제들(intermediate prooxidents)

NRS = 비활성 물질들(non-reactive substances)이다.

육류 중에서 일어나는, 옥시마이요글로빈(MbO_2)이 자동산화(autoxidation)를 통해서 메트마이요글로빈(Met,Mb)으로 되는 과정이 육류 중에서 일어나는 지방질의 자동산화와 어떤 관련이 있는 사실은, 육류에 알파-토코페롤(α-tocopherol)과 같은 항산화제들을 첨가할 때, 지방질의 자동산화가 억제될 뿐 아니라 $MbO_2 \rightarrow Met.Mb$ 과정도 억제되는 사실로 알 수 있다. 이때 항산화제는 지방질의 자동산화 때 형성되는 활성물질들이 $MbO_2 \rightarrow Met.Mb$의 자동산화과정에 참여하는 것을, 사전에 제거하는 것으로 설명하고 있다.

한편, 지방질의 자동산화에서 형성되는 각종 알데하이드류(예로서 acetaldehyde), 특히 α, β-불포화알데하이드류(α, β-unsaturated aldehydes)는 MbO_2의 자동산화에서 강력한 산화촉진제로 작용하는 사실도 널리 알려져 있다.

파우스트맨들(Faustman, C. *et al*., 1999)은 α, β-불포화알데하이드류의 하나인 4-하이드록시노네날(4-hydroxynonenal, HNE)이 30℃, pH 7.4의 수용액에서 MbO_2의 산화를 크게 촉진시켰음을 보고한 바 있다.

이 산화촉진작용은 α, β-불포화알데하이드의 탄소사슬의 길이(carbon-chain length)가 6개 이상 9개인 경우 가장 강했으며, HNE의 경우, 그 한 분자가 세 분자들의 MbO_2와 공유결합(共有結合, covalent bond)을 통해서, 복합체, 즉 부가물(附加物, an adduct)들을 형성했다고 한다.

이들은 이와 같은 부가물들이 형성될 때, MbO_2 분자의 제3차 구조(the tertiary structure)에 변

화가 생겨, 결과적으로 MbO_2의 구조가 가장 산화되기 쉬운 형태를 갖게 되어, 결과적으로 MbO_2의 산화가 가장 크게 일어난다고 설명하고 있다.

한편, 쥬들(Zhu, LG. *et al*., 1998)은 여러 종류의 신선(新鮮, fresh)한 돼지고기를 4℃에서 7일 저장하는 동안, 육류 표면 부위의 산소흡수속도, 메트마이요글로빈 레덕테이스(metmyoglobin reductase)의 활력, 마이요글로빈(Mb), 옥시마이요글로빈(MbO_2), 메트마이요글로빈(Met.Mb)의 농도를 조사한 바 있다.

이들에 의하면, 산소흡수속도는 저장 하루 만에 크게 감소되었다고 한다. 또한 Met.Mb 레덕테이스의 활력은 암소(暗所)에서는 서서히 감소되었으나, 광선의 조사가 있을 경우, 급속도로 감소했다고 한다. 신선한 육류를 저온저장 할 때, 위의 세 종류의 색소분자들 사이에 끊임없는 상호반응이 있는 것으로 생각되며, 신선한 육류의 색깔은 최종적인, 위 세 색소분자들의 분포 또는 농도에 의해서 정해진다고 설명하고 있다.

이 마이요글로빈이나 옥시마이요글로빈의 자동산화의 본질은, 프로토포오피린 환의 중심에 있는 철 이온이 제일철 이온(ferrous ion, Fe^{+2})에서 제이철 이온(ferric ion, Fe^{+3})으로 산화되는 데 있으며, 이때 형성되는 메트마이요글로빈(metmyoglobin)의 색깔은 갈색으로 된다.

한편, 이 자동산화가 산소분압(partial oxygen pressure)이 감소됨에 따라 촉진되는 특이한 사실에 대해서는 여러 연구자들에 의해서 주목되어 왔었다. 이와 같은 특이한 현상은 마이요글로빈(myoglobin, Mb)뿐만 아니라 헤모글로빈(hemoglobin, Hb)에서도 볼 수 있는 사실임이 역시 여러 연구자들에 의해서 보고되고 있다.

한편, 마이요글로빈이 공기 중의 분자상의 산소(molecular oxygen in the air)와 결합하거나 분리하는(oxygenation or deoxygenation) 경우에는 육류의 색깔에 큰 변화가 없다.

그러나 옥시마이요글로빈(oxymyoglobin, MbO_2)의 경우처럼, 결합한 산소의 계속된 자동산화(autoxidation)에 의해서, 헴(heme) 중심의 철 이온(Fe^{+2} ion)의 산화, 또는 헴을 구성하고 있는 포오피린 환(porphyrin ring)의 치환기들(substituent groups)이 공기 중의 산소에 의해서 실질적인 구조변화, 즉 산화(oxidation)가 진행될 때는 육류의 급격한 색깔의 변화와 품질저하를 가져온다.

가열조리 중의 마이요글로빈의 변화 일반적으로 육류에 존재하는 색소들은 주로 빨간색을 가진 육류색소(red meat pigment)인 옥시마이요글로빈(oxymyoglobin, MbO_2)과 마이요글로빈(Mb)의 페로프로토포오피린(ferroprotopotphyrin, Fe^{++}), 그리고 이 페로프로토포오피린이 페리프로토포오피린(ferriprotoporphyrin, Fe^{+++})으로 산화된 갈색의 메트마이요글로빈(metmyoglobin) 등으로 생각되고 있다.

따라서, 육류를 가열조리 할 때는 일부 산화되지 않고 있던 마이요글로빈은 옥시마이요글로빈(MbO_2)을 거쳐서 메트마이요글로빈(Met.Mb)으로, 옥시마이요글로빈(MbO_2)은 직접 메트마이요글로빈(Met.Mb)으로 된다.

가열이 계속됨에 따라 이 메트마이요글로빈의 글로빈 부분(globin part)은 변성(denaturation)을 일으켜 떨어져 나가며, 한편 갈색 내지는 회색의 헴 부분(heme part), 즉 페리프로토포오피린(ferriprotoporphyrin)이 유리(遊離) 또는 분리된다.

이 페리프로토포오피린은 페로프로토포오피린과는 달리 포오피린 환(porphyrin ring)의 중심에서 배위결합(配位結合)을 하고 있는 철 이온이 제일철 이온(Fe^{++}ion)이 아니라 제이철 이온(Fe^{+++}ion)

이므로, 페리프로토포오피린 전체가 1가의 양이온(univalent cation)의 형태로서 수산 이온(OH^- ion)과 결합하여 염의 형태, 즉 $[ferriprotoporphyrin]^+OH^-$의 형태로 존재한다. 이 염의 형태, 즉 수산화 페리프로토포오피린(ferriprotoporphyrin hydroxide)은 일반적으로 헤마틴(hematin)으로 알려져 있으며, 그 분자식은 $C_{34}H_{32}FeN_4O_4^+ \cdot OH^-$로 표시된다.

그리고 페리프로토포오피린은 NaCl이 존재하는 경우에는 염소 이온(Cl-ion)과 결합하여, 염화물(chloride)의 형태로 존재한다. 이렇게 형성된 염화 페리프로토포오피린(ferriprotoporphyrin chloride)은 헤민(hemin)으로 알려져 있으며, 그 분자식은 $C_{34}H_{32}FeN_4O_4^+ \cdot Cl^-$로 표시된다.

한편, 헤마틴의 수산 이온(-OH)은 쉽게 염소이온(Cl^-)과 대체될 수 있으며, 따라서 헤마틴에서 쉽게 헤민이 형성될 수 있다(그림 2-45 참조 또한 헤마틴, 헤민들의 구조는 그림 2-46 참조).

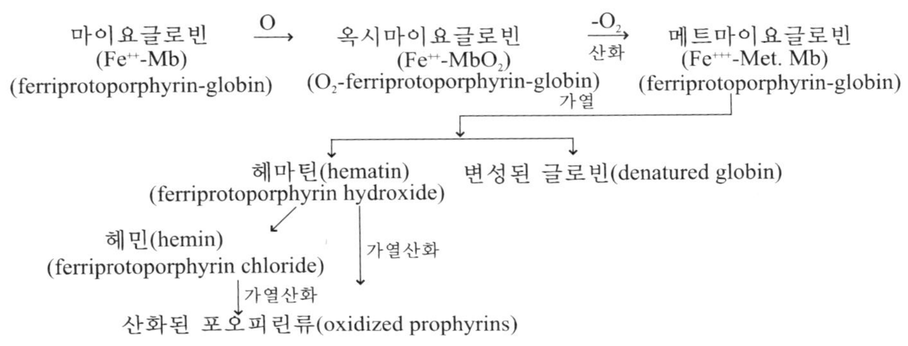

[그림 2-45] 가열조리 중의 마이요글로빈의 분해과정을 표시한 그림.

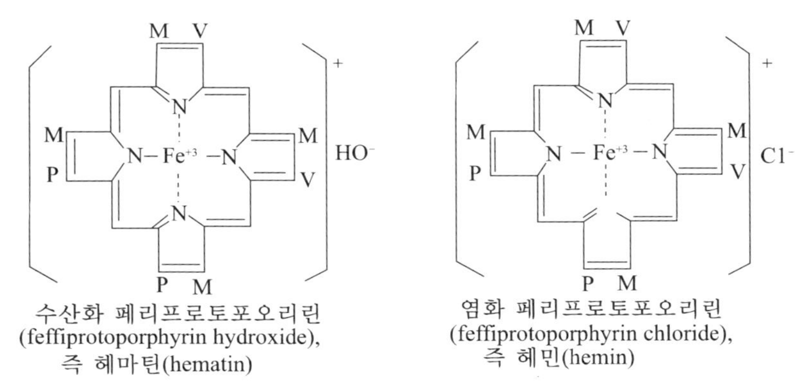

[그림 2-46] 헤마틴(hematin)과 헤민(hemin)의 구조.

여기서 산화된 포오피린류란, 주로 메트마이요글로빈(Met.Mb)에서 병성된 단백질, 즉 글로빈이 떨어져 나간 후의 헤마틴, 헤민들과 같은, 포오피린류의 치환기들(substituen groups)이 계속 산화된 형태가 된, 일체의 포오피린 유도체들(oxidiged porphyrin derivatives)을 지칭한다.

한편, 육류의 가열, 조리 중의 변화와 그 경로는 대체로 그림 2-45와 같이 표시될 수 있을 것이다.

육류의 녹색변화의 원인 육류, 또는 육류 가공품을 저장하는 동안에 가끔 녹색으로 색깔이 변화되는 경우가 있다. 이와 같은 변화는 대체로 육류, 또는 육류 가공품을 저장하는 동안에 세균의 작용에 의해서 일어나는 것으로 생각되고 있다.

이 두 개의 초록색의 색소들은 계속 산화되어 소위 산화된 포오피린류(oxidized porphyrins)로 된다. 이상의 초록색 색소들 이외에도 역시 초록색의, 마이요글로빈의 산화생성물로 알려진 버어드글로빈(verdoglobin)이 있다. 이상의 색소들도 계속 가열, 산화될 때는 무색, 갈색 또는 회색의 산화된 포오피린류(oxidized porhyrins)로 된다.

이상의 초록색 색소들인 설프마이요글로빈(sulfmyoglobin), 콜레마이요글로빈(cholemyoglobin) 등의 형성과정은 그림 2-47과 같다.

한편, 마이요글로빈의 헴 부분, 콜레마이요글로빈의 헴 부분, 그리고 버어드글로빈(verdoglobin)의 헴 부분, 즉 버어드헴(verdoheme)의 구조와 이들 헴들(hemes) 사이의 관계는 그림 2-48과 같다.

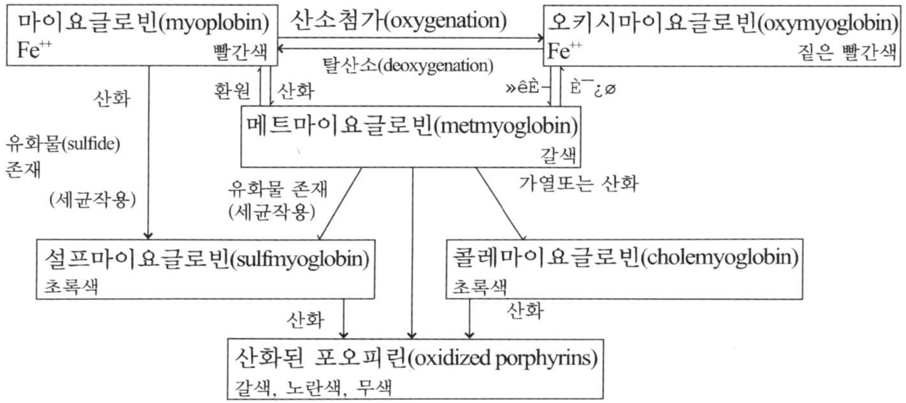

[그림 2-47] 육류조직 내의 마이요글로빈 색소의 변화경로.

Gillespie, E. L. 1960. "*The Science of Meat and Meat Products*", p.92.

마이요글로빈의 헴(heme) : 빨간색

→ 산화

콜레마이요글로빈의 헴 : 녹색

→ 산화

버어드글로빈의 헴(verdoheme) : 녹색

[그림 2-48] 마이요글로빈, 콜레마이요글로빈, 버어드글로빈(verdoglobin)의 헴들 사이의 관계.

절임된 육류, 절임육류 가공품들 중의 마이요글로빈의 변화

햄, 베이컨, 소세지 등의 절임육류 가공품들의 경우에는 육류를 절임하는데 사용되는 절임용액(표 2-19 참조)에 오래 침지되고 있는 동안에 염류용액 내에 형성된 아질산(nitrous acid, HNO_2)에 의해서 마이요글로빈은 선명한 빨간색의 나이트로소마이요글로빈, 즉 산화질소마이요글로빈(nitrosomyoglobin, 즉 nitric oxide myoglobin, NOMb)이 형성된다. 이 나이트로소마이요글로빈은 선명한 색깔을 갖고 있을 뿐만 아니라 열에 안정하다. 나중에 설명하는 것처럼 가열 후에도 열에 대해서 매우 안정된, 빨간색의 색소를 형성하게 된다.

한편, 옥시마이요글로빈(MbO_2)을 거쳐서 메트마이요글로빈(Met.Mb)으로 산화된 색소들의 일부도 절임용액에서 형성된 아질산(HNO_2)에 의해서 일단 다시 마이요글로빈으로 환원되었다가 다시 빨간색의 나이트로소마이요글로빈(NOMb)을 형성한다.

표 2-19 절임용액(curing brine, or pickle)의 각 성분 예

성　분	성분비율
물	100
질산염($NaNO_3$ 또는 KNO_3)	0.7～1.2
소금	22～30
향신료	0.5～1.0
설탕	2～7

한편, 절임된 육류 또는 그 가공품들의 주요색소인 나이트로소마이요글로빈(NOMb)은 육류, 또는 그 가공품들이 70℃ 이상으로 가열될 때에는 먼저 그 글로빈 부분(globin part)이 변성(denaturation) 되어 떨어져 나간 후, 그 헴부분(heme part)은 분홍색을 가진, 열에 대해서 매우 안정된 색소인 산화질소헤모크롬, 즉 나이트로소헤모크롬(a nitrosohemochrome, i.e. a nirtic oxide hemochrome)이 되어 절임육류 또는 절임육류 가공품들의 특징 있는 분홍색을 유지한다. 즉 색깔의 고착화(固着化, color fixation)가 이루어진다.

그러나 조리과정(cooking process) 중 계속 심하게 가열될 때는 이 나이트로소헤모크롬도 점차 계속 산화, 분해되어 무색, 갈색, 회색 등의 각종의 산화된 포오피린류(oxidized porphyrins)로 된다. 이상의 과정은 그림 2-49와 같다.

염장용액(curing solution) 중에서 육류 중의 마이요글로빈 나이트로소마이요글로빈(NOMb)을 형성하는 산화질소 도는 일산화질소(nitric oxide, NO)는 다음과 같은 과정들을 거쳐서 형성되는 것으로 생각되고 있다.

즉, 절임에 사용되는 질산염(KNO_3, 또는 $NaNO_3$)에서 생기는 질산 이온(nitrate ion, NO_3^-)이 절임육류 속에 존재하는 비병원성 세균(non-pathogenic bacteria)에 의해서 환원되어, 아질산 이온(nitrite ion, NO_2^-)을 거쳐서 아질산(HNO_2)이 되었다가(실제로 절임육류의 pH, 즉 pH5.4～6.0에서는 대부분의 아질산 이온은 아질산, nitrous acid, HNO_2의 형태로 존재한다), 절임육류에 존재하는 여러 환원성 물질들(reducing substances)에 의해서 다시 아질산(HNO_2)이 환원되어, 산화질소 즉 일산화질소(nitric oxide, NO)가 형성되는 것으로 알려져 있다.

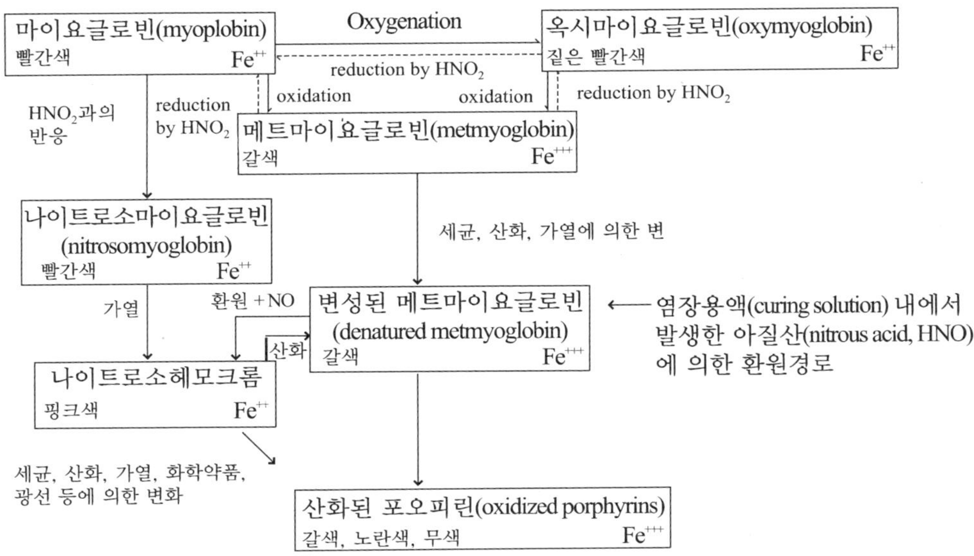

[그림 2-49] 절임된 육류조직(cured meat tissue) 내의 마이요글로빈 색소의 변화경로.
Gillespie, E. L. 1960. "*The Science of Meat and Meat Products*", p.333

한편, 아질산은 메트마이요글로빈, 또는 옥시마이요글로빈들을 다시 마이요글로빈들로 환원시키는 데도 환원제로써 작용한다(다음의 식, 그리고 그림 2-49의 점선 부분의 변화 참조).

(1) $NO_3^- \xrightarrow{\text{환원}} NO_2^-$ (비병원성 세균들의 작용)

(2) $NO_2^- + H^+ \longrightarrow HNO_2$ (절임육류의 pH범위에서)

(3) $HNO_2 \xrightarrow{\text{환원}} NO$ (육류 속의 환원 물질들에 의해서)

(4) NO+마이요글로빈 ⟶ 나이트로소마이요글로빈(NO Mb)

M = methyl group
V = vinyl group
P = propionic acid group

[그림 2-50] 헤모글로빈 분자의 네 개의 구성 소단위들(the subunits)의 구조. Fe^{+2} 이온과 헴(heme part) 1,3,5,8-tetramethyl-2,4-divinyl-6,7-dipropionic acid porphyrin) 그리고 글로빈으로 된 페로프로토포오피린글로빈(Ferroprotoporphyrin-globin)의 구조.

한편 이와 같은 과정들 중에 형성된 아질산(nitrous acid)과 절임육류 중에 원래 존재하던 각종 아민류(amines) 또는 아민류의 유도체들(amine derivatives), 또는 이상과 같은 육류 가공품들을 섭취한 후 체내에 존재하는 아민류 또는 그 유도체들 사이의 반응으로 형성되는 나이트로사민류(nitrosamines)중의 일부 화합물들의 매우 강한 독성(toxicity)과 그 발암성 물질들(carcinogens)로서의 작용 등은 그동안 많은 관심과 논란(論難)과 지속적인 연구를 불러일으켜 왔다. 여기에 대해서는 제17장 식품 속의 독성물질들의 해당 항목에서 논의하기로 한다.

헤모글로빈

육류나 그 가공제품 등에 남아있는 혈액은 부패를 일으키는 균들(spoilage bacteria)이나, 병원균들(pathogens)에게도 매우 좋은 영양소공급원이 되므로, 육류나 그 가공품류에 혈액이 남아있는 것은 바람직하지 않다. 따라서 도살(屠殺, slaughter) 직후에는 가급적 많은 피를 빼주어야 한다.

그러므로 전에 언급한 바와 같이 육류나 육류가공품류 내의 헤모글로빈의 함량은 매우 적으나, 육류의 색깔에 미치는 영향을 무시할 수는 없다.

헤모글로빈의 구조 헤모글로빈의 네 개의 구성 소단위들(the subunits)은 각각 페로프로토포오피린(ferroprotoporphyrin), 즉 헴 부분(heme part)과 그 출처에 따라 고유의 성질을 가진(species specific), 즉 그 구성 아미노산의 종류, 수, 배열상태 등이 약간씩 서로 다른 단백질 글로빈(globin)으로 구성되고 있다. 그리고 이상의 헴 부분, 다시 말해서 페로프로토포오피린의 중심부의 수평면(水平面)을 유지하고 있는 포오피린 환(the porphyrin ring)의 중심에서 배위결합(配位結合, coordinate bond)을 하고 있는 제일철 이온(ferrous ion, Fe^{+2} ion)은 글로빈을 구성하고 있는 폴리펩타이드(polypeptide)의 맨 끝에 위치하고 있는 히스티딘(histidine)의 이미다졸 환(imidazole ring)의 질소원자와 전술한 수평면에 대해서 수직상(垂直狀)으로 결합하고 있으며, 대기 중의 산소(O_2)와의 결합은 수평면에 대해서 반대쪽에서 수직상으로 결합하게 되며, 그 결합양식들과 구조 등은 마이요글로빈의 경우와 거의 같다(그림 2-49 그리고 특히 그림 2-44 참조).

한 개의 헤모글로빈 분자 내의 철 함량은 0.34%이며, 따라서 화학 분석법(chemical analysis method)에 의해서 계산된 분자량은 17,000이나, 삼투압법(osmotic pressure method), 침강확산법(sedimentation diffusion method) 등을 사용해서 얻어지는 헤모글로빈의 분자량은 대략 68,000 정도이다(제15장 p. 947 참조).

이는 헤모글로빈 한 분자 속에서 철원자 네 개가 존재함을 의미하는 것이며, 이미 설명한 바 있듯이 헤모글로빈 한 분자는, 마이요글로빈 분자와 거의 비슷한 구조와 크기를 가진 네 개의 구성 소단위들(the four subunits) α_1, β_1과 α_2, β_2 들이 먼저 이중체(二重體, diner) 들을 형성한 후, α_1, β_1과 α_2, β_2의 두 개의 이중체들이 다시 결합하여, 소위 제4차(第四次 構造, the quarternary structure), 즉 한 분자의 전체적인 입체구조를 형성하고 있다. 그러므로 마이요글로빈 한 분자는 한 분자의 산소(O_2)와 결합하는 반면에, 헤모글로빈 한 분자는 네 개의 산소분자들과 차례로 결합하게 된다. 이 점이 바로 마이요글로빈과 다른 점들의 하나다.

전술한 대로 헤모글로빈은 혈액 내에서는 산소의 운반체(carriers)로 작용하며, 산소와 가역적

(可逆的)인 결합(a reversible oxygenation)을 통해서 옥시헤모글로빈(oxyhemoglobin, Hb·4O_2)을 형성한다.

헤모글로빈의 산화과정　한편, 생체 내(生體內)에서의 헤모글로빈과 산소와의 반응은 마이요글로빈의 경우와는 다른 점들이 알려져 왔다. 즉, 산소와 결합하는 힘은 헤모글로빈의 경우 보다 마이요글로빈의 경우 더 강한 사실이 알려져 있다.

$$(\alpha_1,\alpha_2,\beta_1,\beta_2\text{-heme}) + 4O_2 \rightarrow (\alpha_1,\alpha_2,\beta_1,\beta_2\text{-heme-}O_2)$$

hemoglobin　　　oxyhemoglobin

마이요글로빈 한 분자는 한 개의 헴(heme)과 한 개의 글로빈(globin)으로 구성되고 있다.

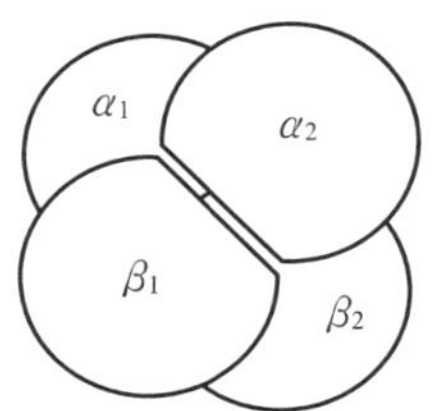

헤모글로빈은 한 개의 $\alpha_1, \alpha_2, \beta_1, \beta_2$의 글로빈들과 각각 1대1로 결합해서 형성된 네 개의 구성 소단위들(the subunits) 중 α_1, β_1 그리고 α_2, β_2로 대표되는 소단위들이 먼저 2중체들(diners) $\alpha_1 \cdot \beta_1$과 $\alpha_2 \cdot \beta_2$를 형성한 후, 2중체들이 다시 결합하여 4중체(a tetramer)의 제4차구조(the quarternary structure)를 가진 헤모글로빈 분자가 형성된다.

또한 헤모글로빈은 마이요글로빈과 그 구조가 거의 같은 소단위(subunits) 네 개로 구성되어 있어서, 산소와의 결합양식이 단순하지 않은 것으로 생각된다. 실제로, 이상의 소단위들 중의 하나가 산소와 결합하게 되면, 나머지 소단위들도 곧 산소와 결합하게 되며, 한편, 이렇게 형성된 옥시헤모글로빈(oxyhemoglobin, Hb·4 O_2)의 구성 소단위(the subunits) 중의 하나에서 산소분자가 떨어져 나가면(deoxygenation), 나머지 소단위에서도 산소분자와의 결합이 풀어지는, 즉 헤모글로빈의 구성 소단위들 사이에서 상호간 영향을 주는, 매우 특이한 협동효과(a cooperative effect)를 나타내는 것으로 알려져 있다.

그러나 절임육류나 절임육류 가공품들의 저장, 가열, 또는 조리 중의 헤모글로빈의 변화들은 일반적으로 마이요글로빈의 경우와 같은 것으로 생각되고 있다. 즉, 헤모글로빈은 산성 환경(acidic conditions)에서는 옥시헤모글로빈을 거쳐서 서서히 비가역적으로 산화(irreversible oxidation) 되어, 메트헤모글로빈(methemoglobin), 다시 말해서 헤모글로빈의 헴(heme)이 페로프로토포오피린(ferroprotoporphyrin, Fe^{++})에서 페리프로토포오피린(ferriprotoporphyrin, Fe^{+++})으로 된다(다음 식 참조).

$$Hb(Fe^{++}) + 4\,O_2 \rightleftharpoons Hb(Fe^{++}) \cdot 4\,O_2$$

헤모글로빈　　　오키시헤헤모글로빈

$$Hb(Fe^{++}) \cdot 4\,O_2 \xrightarrow[\text{산화}]{} Hb(Fe^{+++})$$

$$(\text{ferroprotoporphyrin-globin}, Fe^{++}) \longrightarrow (\text{ferroprotoporphyrin-globin}, Fe^{+++})$$

이 메트헤모글로빈(Met.Hb)의 색깔은 갈색이며, 가열할 때는 마이요글로빈의 경우와 마찬가지로 글로빈 부분(globin part)은 변성되어 분리되고, 무색, 갈색, 회색 또는 녹색의 산화된 포오피린들(oxidized porphyrins)이 남게 된다.

또한 절임된 육류에서의 변화 등도 마이요글로빈의 경우와 거의 같다고 생각되고 있다.

참고문헌

Albach, R. F. *et al.*, 1963. Peonidin 3-monoglucoside in Vinifera Grapes, *J. Food Science*, 28, 55.

Ando, S. 1986. Carotenoid Decomposition in Chum Salmon "*Oncorhynchus keta*" Liver Tissue during Spawning Migration. *Agric. Biol. Chem.* (*Japan*), 50(9), 2209.

Aronoff, S. 1953. The Chemistry of Chlorophyll with Special Reference to Foods. *Advances in Food Research*, 4, 133.

Attoe, E. L. and von Elbe, J. H. 1982. Degradation Kinetics of Betanine in Solutions as Influenced by Oxygen. *J. Agric. Food Chem.*, 30(4), 708.

Baranac, J. M., Petranovic, N. A., and Dimitric-Markovic, J. M. 1996 Spectrophotometric Study of Anthocyan Copigmentation Reactions. *J. Agric. Food Chem.*, 44(5), 1966.

Baranac, J. M., Petranovic, N. A., and Dimitric-Markovic, J. M. 1997a. Spectrophotometric Study of Anthocyan Copigmentation Reactions. 2. Malvin ancl the Nonglycosized Flavone Quercetin. (1997a) *J. Agric. Food Chem.*, 45(5), 1994~97.

Baranac, J. M., Petranovic, N. A., and Dimitric-Markovic, J. M. 1997b Spectrophotometric Study of Anthocyan Copigmentation Reactions. 3. Malvin and the Nonglycosized Flavine Morin. *J. Agric. Food Chem.*, 45(5), 1698~1700.

Baranac, J. M., Petranovic, N. A., and Dimitric-Markovic, J. M. 1997c. Spectrophotometric Study of Anthocyan Copigmentation Reactions. 4. Malvidin and Apigenin 7-glucoside. *J. Agric. Food Chem.*, 45(5), 1701~03.

Bate-Smith, E. C. 1954. Flavonoid Compounds in Foods. *Advances in Food Research*, 5, 261.

Bate-Smith, E. C. 1954. Leucoanthocyanins. Ⅰ. Detection and Identification of Anthocyanidins Formed from Leucoanthocyanins in Plant Tissues. *Biochem. J.*, 58, 122.

Bate-Smith, E. C. *et al.* 1954. Systematic Distribution of Leucoanthocyanins in Leaves. *Biochem. J.*, 58, 126.

Bauernfeind, J. C. *et al.* 1962. Beta-Apo-8'-Carotenal. A New Food Color. *Food Technol.*, 16, 76.

Bauernfeind, J. C. *et al.* 1962. β-Carotene, Color and Nutrient for Juices and Beverages. *Food Technol.*, 16, 101.

Bauernfeind, J. C. *et al.* 1958. Coloring Fat-Base Foods with β-Carotene. *Food Technol.*, 12, 727.

Bayer, E. and Voelter, W. 1965. Naturliche Farbstoffe mit Ausnahme von Myo-und Haemoglobin in "Handbuch der Lebensmittelchemie", Erster Band, Die BesSciencedteile der Lebensmittle, Gesamtredator Schormuller, J., Springer-Verlag, Berlin.

Bell, J. G., McEvoy, J., Webster, J. L., McGhee, F., Miller, R. M., and Sargent, J. R. 1998. Flesh Lipid and Carotenoid Composition of Scottish Farmed Atlantic Salmon(*Salmo Salar*). *J. Agric. Food Chem.*, 46(1), 119~127.

Bembers, M. and Satterlee, L. D. 1975. Physico-Chemical Characterization of Normal and PSE Porcine Muscle Myoglobins. *J. Food Science*, 40, 100.

Bilyk, A. and Howard, M. 1982. Reversibility of Thermal Degradation of Betacyanines under the Influence of Isoascorbic acid. *J. Agric. Food Chem.*, 30(5), 906.

Board, P. W. *et al.* 1965. Discoloration of Canned Cured Meats Caused by Copper. *Food Technol.*, 19, 1721.

Borenstein, B. and Bunnel, R. H. 1966. Carotenoids; Properties, Qccurrence, and Utilization in Food. *Advances in Food Research*, 15, 195.

Braverman, J. B. S. 1963. "*The Biochemistry of Foods*", Elsevier Pub. Co., Amsterdam.

Brown, W. L. 1940. The Anthocyanin Pigment of the Hunt Muscadine Grape. *J. Am. Chem. Soc.*, 62, 2808.

Bunnell, R. H. *et al.* 1962. Chemistry, Uses, and Properties of Carotenoids in Foods. *Food Technol.*, 16, 36.

Bunnell, R. H. *et al.* 1967. Canthaxznthin, A Potential New Food Color, *Food Technol.*, 21, 331.

Cai, Y., Sun, M., Wu, H., Hwang, R., and Corke. H. 1998a Characterization and Quantification of Betacyanin Pigments from Diverse Amaranthus Species. *J. Agric. Food Chem.*, 46(6), 2063~2070.

Cai, Y., Sun, M., and Corke, H. 1998b Colorant Properties and Stability of Amaranthus Betacyanin. *J. Agric. Food Chem.*, 46(11), 4491~95.

Cansfield, P. E. *et al.* 1970. Quantitative Methods for Anthocyanins, 5. Separation of Cranberry Phenolics by Electrophoresis and Chromatography. *J. Food Science*, 35, 309.

Carreno-Diaz, R. *et al.* 1969. Anthocyanin Pigments in Trousseau Grapes. *J. Food Sience*, 34, 415.

Chandra, A., Nair, M. G., and Iezzoni, A. F., 1992. Evaluation and Characterization of the Anthocyanin Pigments in Tart Cherried(*Prunus cerasus L.*). *J. Agric. Food Chem.*, 40, 967~969.

Chandler, B. V. *et al.* 1959. Separation of Anthocyanins from Plant Extracts. *Nature.*, 183, 989.

Chen, L. F. *et al.* 1967. Anthocyanins in Royalty Grapes. *J. Food Sceince*, 32, 66.

Chen, H. M., Meyers, S. P., Hardy, R. W., Biede, S. L. 1984. Color Stability of Astaxanthin Pigmented Rainbow Trout under Various Packaging Conditions. J. Food Science, 49, 1337.

Chen, Z. Y., Zhu, Q. Y., Wong, Y. F., Zhang, Z., and Chang, H. Y. 1998. Stabilizing Effect of Ascorbic acid on Green Tea Catechins. *J. Agric. Food Chem.*, 46(7), 2512~16.

Clydesdale, F. M. 1969. The Measurement of Color. *Food Technol.*, 23, 16.

Co. H. *et al.* 1968. Flavonoid Compounds in the Strawberry Fruit. *J. Food Science*, 33, 281.

Coffin, D. E. 1971. A Method for the Isolation and Identification of the Flavonone Glycosides of Citrus Fruit Juices. *J. Agr. Food Chem.*, 19, 513.

Corwin, A. H. 1943. The Chemistry of the Porphyrins in "*Organic Chemistry*", Vol. 2, 2nd edition., ed. by Gilman, H., John Wiley and Sons, Inc., New York.

Coultate, T. P. 1989. "*Food - The Chemistry of Its Components*", Second edition, Royal Society of Chemistry, Burlington House, London.

Croft, N. E. and Soares, J. H. 1992. Relative Solubility, Stability and Absorptivity of Lutein and β-Carotene in Organic Solvents, J. *Agric. Food Chem.*, 40(3), 431~434.

Cuppert, S. 1998. Plant Production of Biochemical Compounds. *Inform*, 9(6), 588~595.

Curl, A. L. 1967. Apo-10'-Violaxanthal, A New Carotenoid from Valencia Orange Peels. J. *Food Science*, 32, 141.

Curl, A. L. *et al.* 1959. Changes in the Carotenoids Pigments in Preparation and Storage of Valencia Orange Juice Concentrate. *Food Technol.*, 13, 394.

Daois, R. B. *et al.* 1961. Control of Rutin Dicoloration in Canned Asparagus. *Food Technol.*, 15, 4.

Daravingas, G. *et al.* 1968. Thermal Degradation of Black Raspberry Anthocyanin Pigments in Model Systems. *J. Food Science*, 33, 138.

Davies, A. J. and Mazza, G. 1993. Copigmentation of Simple and Acylated Anthocyanins with Colorless

Phenolic Compounds. *J. Agric. Food Chem.*, 47(5), 716~720.

Dean, R. W. *et al.* 1960. Analysis of the Myoglobin Fractions on the Surfaces of Beef Cuts. *Food Technol.*, 14, 271.

de Freitas, V. A. P., Glories, Y., and Laguerre, M. 1998. Incidence of Molecular Structure in Oxidation of Grape Seed Procyanidins. *J. Agric. Food Chem.*, 46(2), 376~382.

Dekazos, Elias D. 1970. Anthocyanin Pigments in Red Tart Cherries. *J. Food Science*, 35, 237.

Dekazos, Elias D. 1970. Quantitative Determination of Anthocyanin Pigments during the Maturation and Ripening or Red Tart Cherries. *J. Food Science*, 35, 242.

Dellamonica, E. S. *et al.* 1965. Comparison of β -Carotene Content of Dried Carrots Prepared by Three Dehydration Process. *Food Technol.*, 19, 1597.

Dietrich, W. C. 1958. Determination of the Conversion of Chlorophyll to Pheophytin, *Food Technol.*, 12, 428.

Dietz, J. M. and Gould, W. A. 1986. Effects of Process Stage and Storage on Retention of Beta-carotene in Tomato Juice. *J. Food Science.*, 51(3), 847.

Durkee, A. B. *et al.* 1968. Arbutin and a Related Glucoside in Immature Pear Fruit. *J. Food Science*, 33, 461.

Ensminger, A. H. Ensminger, M. E., Kalande, J., and Robson, J. R. K. 1995. "*The Concise Encyclopedia of Food and Nutrition*", CRC Press, Inc., London.

Esau., Paul. 1958. Procedures for Conversion of Color Data from One System into Another. *Food Technol.*, 12, 167.

Eskin, N. A. M. 1972. Chapt. 3 Benzopyren and Flavonoids in "*Plant Pigments, Flavors and Textures. The Chemistry and Biochemistry of Selected Compounds*", Academic Press, INC., New York.

Faustmar, C., Lieber, D. C., McClure, T. D. and Sun, Q. 1999. α , β -Unsaturated Aldehydes Accelerate Oxymyoglobin Oxidation. *J. Agric. Food Chem.*, 47(8), 3140~44.

Fisher, C. and Kocis, J. A. 1987. Separation of Parika Pigments by HPLC. *J. Agric, Food Chem.*, 35, 55.

Fox, J. B. Jr. *et al.* 1968. Formation of Nitric Oxide Myoglobin. Mechanism of the Reaction with Various Reductants. *J. Food Science*, 33, 364.

Francia-Aricha, E. M., Guerra, M. T., Ripas-Gonzalo, J. C., and Santos-Buelga, C. 1997. New Anthocyanin Pigments Formed after Condensation with Flavonols. *J. Agric. Food Chem.*, 45(6), 2262~66.

Francis, F. J. 1967. Anthocyanins of Asparagus. *J. Food Science*, 32, 430.

Francis, F. J. 1977. Color and Appearance as Dominating Sensory Properties of Foods in "*Sensory Properties of Foods*", Edited by Biech, G. G. *et al.* Applied Science Publishers, Ltd., London.

Frankel, E. N. 1985. Chapt. 1 Chemistry of Autoxidation: Mechanism, Products and Flavor Significance in "*Flavor Chemistry of Fats and Oils*", Edited by Min, D. B. and Smouse, T., Am. Oil Chemists Soc., Champaign, ILL, USA.

Frankel, E. N. 1998. "*Lipid Oxidation*", The Oily Press, Dundee, Scotland, UK.

Friedman, M. 1997. A Review on Chemistry, Biochemistry, and Dietary Role of Potato Polyphenols. J. Agric. Food Chem., 45(5), 1523~40.

Fuleki, T. 1971. Anthocyanins in Red Onions, Allium Cepa. *J. Food Science*, 36, 101.

Fuleki, T. *et al.* 1968. Quantitative Methods for Anthocyanins, 1. Extraction and Determination of Total Anthocyanin in Cranberries. *J. Food Science*, 33, 72.

Fuleki, T. *et al.* 1968. Quantitative Methods for Anthocyanins, 2. Determination of Total Anthocyanin and Degradation Index for Cranberry Juice, *J. Food Science*, 33, 78.

Fuleki, T. *et al.* 1968. Quantitative Methods for Anthocyanins, 3. Purification of Cranberry Anthocyanins. *J.*

Food Science, 33, 266.

Fuleki, T. *et al.* 1968. Quantitative Methods for Anthocyanins, 4. Determination of Individual Anthocyanins in Cranberry and Products, *J. Food Science*, 33, 471.

Furia, T. E. 1977. "*Current Aspects of Food Colorants*", CRC Press, Inc., Cleveland, Ohio.

Gao, L. and Mazza, G. 1995. Characterization, Quantification, and Distribution of Anthocyanins and Colorless Phenolics in Sweet Cherries. *J. Agric. Food Chem.*, 43, 343~46.

George, P. *et al.* 1952. The Oxidation of Myoglobin to Metmyoglobin by Oxygen, Ⅱ. The Reaction between the First Order Rate Constant and the Partial Pressure of Oxygen. *Biochem. J.*, 51, 418.

Gillespie, E. L. 1960. "*The Science of Meat and Meat Products*", W. H. Freeman and Co., San Francisco.

Ginger, I. D. *et al.* 1954. Biochemistry of Myoglobin, Quantitative Determination in Beef and Pork Muscle. *J. Agr. Food Chem.*, 2, 1037.

Gobantes, I., Choubert, G., Laurentine, M., Milicua, J-C, G. and Gomez, R. 1997. Astaxanthin and Canthaxanthin Kinetics after Ingestion of Individual Doses by Immature Rainbow Trouts Oncorhynchus mykiss. *J. Agric. Food Chem.*, 45(2), 454~58.

Goldman, M., Horev, B., and Saguy, Ⅰ. 1983. Decolorization of Beta-Carotene in Model Systems Simulating Dehydrated Foods. Mechanism and Kinetic Principles. *J. Food Science.*, 48, 751.

Goodwin, T. W. 1954. "*Carotenoids, Their Comparative Biochemistry*", Chemical Publishing Co., Inc., New York.

Gold, Harvey J. *et al.* 1959. Degradation of Chlorophylls to Pheophytin during Sterillization of Canned Green Peas by Heat. *Food Technol.*, 13, 281.

Grosjean, Ok-koo. *et al.* 1969. Formation of a Green Pigment from Tuna Myoglobins. *J. Food Science.*, 34, 404.

Gross, G. G. 1992. Enzymes in the Biosynthesis of Hydrolyzable Tannins in "*Plant Polyphenols*", edited by Hemingway, R. W. and Laks, P. E., and Branham, S. G., Associate editor, Plenum Press, New York.

Gupte, S. M. *et al.* 1964. Effect of pH Adjustment and High Temperature Short-Time Processing on Color and Pigment Retention in Spinach Puree. *Food Technol.*, 18, 1645.

Hamm, R. 1965. Haemoglobin und Myoglobin in "*Handbuch der Kebensmittel-Chemie*", Erster Band, Springer-Verlag, Berlin.

Han, D., Kim, S. J., Kim, S. H., and Kim, D. M. 1998. Repeated Regeneration of Degraded Red Beet Juice Pigments in the Presence of Antioxidants. *J. Food Science*, 63(1), 69~71.

Harbone, J. B. 1967. "*Comparative Biochemistry of the Flavonoids*", Academic Press Inc., London, England.

Harbone, J. B. 1967. and Mabry, T. J. (editors). 1982. "*The Flavonoids: Advances in Research*", Chapman and Hall, Ltd., New York.

Hashimoto, M(橋本叢) 저 朴龍求 번역. 1997. "차(茶)나무의 기원과 전파", p.54, 경북대학교 출판부, 대구광역시 북부 사격동, 한국.

Haslam, E. 1982. Chapt. 17 Proanthocyanidins in "*The Flavonoids: Advances in Research*", edited by Harbone, J. B. and Mabry, T. J., edited by Harbone, J. B. and Mabry, T. J., Chapman and Hall, Ltd.

Hattori, S. et al. 1963. The Oxidation of Arbutin by Isolated Chloroplasts of Arbitun-Containing Plants, *Phytochemistry*, 2, 385.

Hayashi, K. 1962. The Anthocyanins in "T*he Chemistry of Flavonoid Compounds*", ed. by Geissman, T. A., p.248~285. McMillan Co., New York.

Henry, L. K., Catignami, G. L., and Schwartz, S. J. 1998. Oxidative Degradation Kinetics of Lycopene, Lutein, and 9-cis and All-trans-β -Carotene. *J. Am. Oil Chem. Soc.* 75(7), 823~29.

Hoover, Maurice W. 1964. Preservation of the Natural Color in Processed Sweet Potatoes Products, *Food*

Technol., 18, 1793.

Hrazdina, Geza. 1970. Column Chromatographic Isolation of the Anthocyanidin 3,5-diglucosides from Grapes. *J. Agr. Food Chem.*, 18, 243.

Hsia, C. L. *et al.* 1965. Anthocyanins in Freestone Peaches. *J. Food Science.*, 30, 5.

Huang, H. T. 1956. The Kinetics of the Decolorization of Anthocyanins by Fungal Anthocyanase, *J. Am. Chem. Soc.*, 78(6), 2390.

Isler, Otto. *et al.* 1958. Industrial Synthesis of Carotenoids for Use as Food Colors. *Food Technol.*, 12, 520.

Jackman, R. L. and Smith, J. L. 1992. Chapt. 6 Anthocyanins and Betalains in "*Natural Food Colors*", edited by Hendry, G. A. F. and Houghtion, J. D. Blackie Pub. Co., London.

John, Jacob. *et al.* 1970. Carotenoids in 3 Stages of Ripening of Mango. *J. Food Science*, 35, 262.

Johnson, G. *et al.* 1969. Proanthocyanidins (Leucoanthocyanidins) as Related to Apple Juice Processing and Storage. *Food Technol.*, 23, 1313.

Jones, I. D. *et al.* 1961. The Formation of Pheophoribides during Preservation of Cucumber, *Food Technol.*, 15, 172.

Jones, L. D. *et al.* 1962. Some Pigment Changes in Cucumbers during Brining and Brine Storage. *Food Technol.*, 16, 96.

Kallio, H., Pallasaho, S., Karppa, J., and R. R. Linko. 1986. Comparison of the Half-lives of the Anthocyanins in the Juice of Crowberry, Empetrum Nigrum, J. *Food Science.*, 51(2), 408.

鎌田 榮基 및 片山 修, 1964. "食品의 색", 光琳書院, 東京.

Karrer, Paul. *et al.* 1948. "*Carotenoids*", Verlag Birkhauser A. G., Basel, Germany.

Karrer, P. *et al.* 1950. "*Carotenoids*", Elsevier Publishing Co., New York.

Kefford, J. F. 1959. The Chemical Constituents of Citrus Fruits. *Advances in Food Research*, 9, 285.

Kendrick, Jean L. *et al.* 1969. Nicotinamide and Nicotinic Acid in Color Preservation of Fresh Meat. *J. Food Science*, 34, 292.

Kent-Jones, D. W. and Amos, A. J. 1967. "*Modern Cereal Chemistry*", 6th edition, Food Trade Press, Ltd., London.

Khachik, F., Stack, A., Niggli, U. A., and Pfander, H. 1998. Partial Systhesis and Structural Elucidation of the Oxydative Metabolites of Lycopene Identified in Tomato Paste, Tomato Juice, and Human Serum. *J. Agric. Food Chem.*, 46(12), 4874~84.

Khachik, F., Beecher, G., and Whittaker, N. F. 1986. Separation, Identification, and Quantification of the Major Carotenoid and Chlorophyll Constituents in Extracts of Several Green Vegetables by Liquid Chromatography. J. Agric. Food Chem., 34, 603.

Kim, K. S., Lee, S. J., and Yoon, T. H. 1979. Studies on the Utilization of Plant Pigments Ⅱ. Stability of Anthocyanin Pigments in Ganges Amaranth, Korean *J. Food Science. Technol.*, 11(1), 42.

Kurilich, A. C. and Juvick, J. A. 1999. Quantification of Carotenoid and Tocopherol Antioxidants in *Zea mays*. *J. Agric. Food Chem.*, 47(5), 1948~55.

Lanari, M. C., Schaffer, D. M., Liu, Q., and Cassens, R. G. 1996. Kinetics of Pigment Oxidation in Beef from Steers Supplemented with Vitamin E, *J. Food Science*, 61(5), 884~889.

Lapidot, Tair, Horel, S., Akiri, B., Granit, P., and Kanner, J. 1999 pH-Dependent Forms of Red Wine Anthocyanins as Antioxidants. *J. Agric. Food Chem.*, 47(1), 67~70.

Lazarus, S. A., Adamson, G. E., Hammerstone, J. F., and Schmitz, H. H. 1999 High-Performance Liquid Chromatography/Mass Spectrometry Analysis of Proanthocyanidins in Foods and Beverages. *J. Agric. Food Chem.*, 47(9), 3693~3701.

Lea, A. G. H. 1992. Chapt. on Flavor, Color, and Stability in Fruit Products: The Effect of Polyphenols in

"*Plant Polyphenols*", edited by Hemingway, R. W., and Laks, P. E., Plenm Press, New York.

Lease, J. G. *et al.* 1956. Factors Affecting the Retention of Red Color in Peppers. *Food Technol.*, 10, 368.

Lease, J. G. *et al.* 1962. Effect of Drying Conditions on Initial Color, Color Retention, and Pungency of Red Pepper, *Food Technol.*, 16, 104.

Lee, C. H., Kang, J. H., Kim, B. S., and Park, M. Y. 1982. The Absorbance and Fluorescence of Chlorophyll a in Organic Solution (1). *J. of Korean Chemical Soc.*, 26(4), 218.

Lee, K. H. 1968. Action Spectra for Light-Induces De-Epoxidation and Epoxidation of Xanthophylls in Spinach Leaf. *J. Korean Agr. Chem. Soc.*, 9, 1.

Lee, T. Y. 1957. A Study on Carotene, Part 1. Separation of Carotenoids and Estimation of Carotene by Pepper Chromatography, *Bulletin, Scientific Research Institute* (*Korean*), 2, 1.

Lee, T. Y. 1957. A Study on Carotene, Part 2, Variation in Carotene of Red Pepper and its Processed Food (Kochojang) during Storage. *Bulletin, Scientific Research Institute* (*Korea*), 2, 15.

Lee, Y. N. and Willey, R. C. 1981. Betalaine Yield from a Continuous Soild-liquid Extraction System as Influenced by Raw Peoduct, Post-Harvest and Processing Variables, *J. Food Science.*, 46, 421.

Li, K. C. et al. 1956. The Anthocyanin Pigments of Sour Charries. *J. Am. Chem. Soc.*, 78, 979.

Liao, F. W. H. et al. 1970. Anthocyanin Pigments in Tints Cao Grapes. *J. Food Science.*, 35, 41.

Link, Karl P. 1943. The Anthocyanins and the Flavones in "*Organic Chemistry*", Vol. 2, 2nd edition, ed, by Gilman, H., John Wiley and Sons, Inc., New York.

Little, A. C., Chichester, C. O., and MacKinney, G. 1958. On Color Measurement of Foods. *Food Technol.*, (8), 403.

Livingston, A. L. *et al.* 1968. Xanthophyll and Carotene Loss during Pilot and Industrial Scale Alfalfa Processing. *J. Agr. Food Chem.*, 16, 84.

Lowe, Belle. 1955. "*Experimental Cookery*", 4th edition, John Wiley and Sons, Inc., New York.

Lueck, R. H. 1970. Black Discoloration in Canned Asparagus, Interrelation of Iron, Tin, Oxygen and Rutin. *J. Agr. Food Chem.*, 18, 607.

Luh, B. S. 1960. Chemical and Color Changes in Canned Tomato Ketchup, *Food Technol.*, 14, 173.

Luh, B. S. *et al.* 1958. Objective Criteria for Storage Changes in Tomato Paste. *Food Technol.*, 12, 347.

Luh, B. S. *et al.* 1960. Pink, Discoloration in Canned Bartlett Pears, *Food Technol.*, 14, 53.

MacDougall, D. B. 1977. Color in Meat in "*Sensory Properties of Food*", edited by Birch, G. G. *et al.* Applied Science Publushers, Ltd. London.

Mackinney, G. *et al.* 1954, The Color Problem in Foods. *Advances in Food Research*, 5, 301.

Mackinney, G. 1962. "*Color of Foods*", The Avi Pub, Co., Westport, Connecticut.

McFeeters, Roger F. *et al.* 1968. Biological Degradation of Chlorophyll in a System Using Bell Peppers (Capsicum frucescens), *J. Food Science*, 33, 547.

MacNichol, E. F. Jr. 1964. Three-Pigment Color Vision. *Scientific American*, 211(6), 48.

MacNichol, E. D. Jr. 1964. *Scientific American*, 211(6), 48.

Matthews, S., Mila, Ⅰ., Scalbert, A., Pollet, B., Lapierre, C., Catherin, C. M., du Penhoat, H., Rolando, C., and Donnelly, D. M. X. 1997. Methods for Estimation of Proanthocyanidins Based on Their Acid Depolymerization in the Pressure of Nucleophiles. *J. Agric. Food Chem.*, 45(4), 1195~1201.

Meyer, L. H. 1960. "*Food Chemistry*", Reinhold Pub., Corp., New York.

Morgan, R. C. 1967. The Carotenoids of Queensland Fruits-Carotenes of the Water Melon (Citrullus Vulgaris). *J. Food Science*, 32, 275.

Moster, J. B. *et al.* 1952. Color of Capsicum Spices, Ⅰ., Measurement of Extractable Color, Food Technol., 6, 459.

Moster, J. B. *et al.* 1957. Color of Capsicum Spices, Ⅱ. Extraction of Color. *Food Technol.*, 11, 146.

官地重遠·田中市郎·加藤榮 編. 1980. "葉綠體", 理工學社, 東京.

中林敏郎·木忖進·加藤博通 著. 1967. "食品의 變色과 그 化學", 光琳書院, 東京.

Nathans, J. *et al.* 1986. Molecular Genetics of Human Color Vision: The Genes Encoding Blue, Green, and Red Pigments. *Science*, 232(4747), 193.

Nathans, J. *et al.* 1986. Molecular Genetics of Inherited Variation in Human Color Vision. *Science*, 232(4747), 203.

Newall, William F. *et al.* 1967. Degradation of Hesperetin and Naringenin to Phluoroglucinol. *J. Agr. Food Chem.*, 15, 776.

Osuna-Garcia, J. A., Wall, M. M., and Waddle, C. A. 1997. Natural Antioxidants for Preventing Color Loss in Stored Paprika. *J. Food Science*, 62(5), 1017~21.

Pedraja, Rafael R. 1970. Change of Composition of Shrimp and Other Marine Animals during Processing. *Food Technol.*, 24, 1355.

Philip, T. *et al.* 1971. Oxidation of Capsanthin. *J. Food Science*, 36, 96.

Pohle, W. D. *et al.* 1960. Color of Capsicum Spices. *Food Technol.*, 14, 245.

Porter, L. J. 1992. On Structure and Chemical Properties of the Condensed Tannins in "*Plant Poluphenols*", edited by Hemingway, R. W. and Laks, P. E., Plenum Press, New York.

Powers, J. J. *et al.* 1960. Anthocyanins, Ⅲ. Action of Anthocyanin Pigments and Related Compounds on the Growth of Certain Microorganisms. *Food Technol.*, 14, 626.

Purcel, A. E. *et al.* 1969. Relationship of Vegetable Color to Physical State of the Carotenes. *J. Agr Food Chem.*, 17, 41.

Purcel, A. E. *et al.* 1968. Carotenoids of Centennial Variety Sweet Potato, Ipomea batatas L. *J. Agr. Food Chem.*, 16, 769.

Puski, G. *et al.* 1967. Flavonol Glycosides in Cranberries, *J. Food Science*, 32, 527.

Reith, J. F. *et al.* 1967. Formation and Stability of Nitric Oxide Myoglobin. Ⅰ. Studies with Model Systems, ⅩⅠ., *J. Food Science*, 32, 189.

Reith, J. F. *et al.* 1967. Formation and Stability of Nitric Oxide Myoglobin. Ⅱ. Studied on Meat., *J. Food Science*, 32, 194.

Reith, J. F. and Gielen, J. W. 1971. Properties of Bixin and Norbixin and the Composition of Annatto Extracts. *J. Food Science*, 36, 861.

Revilla, E., Ryan, J-M, and Martin-Ortaga, G. 1998. Comparison of Several Procedures Used for Extraction of Anthocyanins from Red Grapes. *J. Agric. Food Chem.*, 46(11), 4592~97.

Reynoso, R., Garcia, D. M., Morales, D., and Gonzalez de Meija, E. 1997. Stability of Betalain Pigments from a Catacea Fruit. *J. Agric. Food Chem.*, 45(8), 2884~89.

Rickansrud, D. A. *et al.* 1967. Total Pigments and Myoglobin Concentration in 4 Bovine Muscle. *J. Food Science*, 32, 57.

Roberts, E. A. H. 1962. "*Chemistry of Flavonoid Compounds*", edited by Geissman, T. A., Pergamon Press, London. p.468~512.

Robinson, D. S. 1987. "*Food Biochemistry and Nutritional Value*", Longman Scientific & Technical Copublished with John Wiley and Sons, Inc, New York.

Robinson, R. and Robinson, G. 1939, The Colloid Chemistry of Leaf and Flower Pigments and the precursors of the anthocyanins. *J. Am. Chem. Soc.*, 61(6), 1605.

Romero, C. and Bakker, J. 1999. Interactions between Grape Anthocyanins and Pyruvic acid with Effect of pH and Acid Concentration on Anthocyanin Composition and Color in Model Solutions. *J. Agric.*

Food Chem., 47(8), 3130~39.

Roux, D. G. 1992. Reflections on the Chemistry and Affinities of the Major Commercial Condensed Tannins in the Context of their Industrial Use in "*Plant Polyphenols*", edited by Hemingway, R. W. and Laks, P. E. Plenum Press, New York.

Saleh, Bassima. *et al.* 1968. Substrates. and Intermediates in the Enzymatic Reduction of Metmyoglobin in Ground Beef. *J. Food Science*, 33, 353.

Sanderson, G. W. and Gaham, H. N. 1973. On the Formation of Black Tea Aroma, *J. Agric. Food Chem.*, 21(4), 576~85.

Sanderson, G. W. *et al.* 1976. Contribution of Polyphenolic Compounds to the Taste of Tea in "*Phenolic, Sulfur, and Nitrogen Compounds in Food Flavors*", American Chemical Society, Symposium No.26, Washington D. C., p.14~46.

Sano, M., Suzuki, M., Miyase, T., Yoshino, K., and Maeda-Yamamoto, H. 1999. Novel Antiallergic Catechin Derivatives Isolated from Oolong Tea, *J. Agric. Food Chem.*, 47(5), 1906~1910.

Schaller, D. R. 1968. The Minor Pigment Component of Montmorency Cherries, ⅩⅠ., *J. Food Science*, 33, 442.

Schiffman, H. R. 1996. Theories in Color Perception in Chapter 5 Color Vision of "*Sensation and Perception*", 4th edition, John Wiley & Sons, Inc., New York.

Schramm, Arthur T. 1960. Food Colors. Their Status under the Law, Ⅹ. *Food Technol.*, 14, 503.

Schwartz, S. J., Woo, S. L., von Elbe, J. H. 1981. High-performance Liquid Chromatography of Chlorophylls and their Derivatives in Fresh and Processed Spinach. *J. Agric, Food Chem.*, 29, 533.

Scotter, M. J., Wilson, L. A., Appleton, G. P., and Castle, L. 1998. Analysis of Annatto(Bixa orellana) Food Coloring Formulations. Ⅰ. Determination of Coloring Components and Colored Thermal Degradation Products by High-Performance Liquid Chromatography with Photodiode Array Detection, *J. Agric Food Chem.*, 46(3), 1031~38.

Shepherd, A. D. 1959. Effect of Illumination on Color of Frozen Peas Packaged in a Transparent Film. *Food Technol.*, 13, 539.

Shibata, K., Shibata, Y., and Kasiwagi, Ⅰ. 1919. Studies on Anthocyanins: Color Variation in Anthocyanins. *J. Am. Chem. Soc.*, 41(2), 208.

Shin, M. S. and Ahn, S. Y. 1980. Studies on Identification on the Anthocyanins in Elderberries(Sambucus). *Korean J. Food Science. Technol.*, 12(4), 305.

Shoji, T., Yanagida, A., and Kaneda, T. 1999. Gel-permeation chromatography of Anthocyanin Pigments from Rose Cider and Red Wine, *J. Agric. Food Chem.*, 47(7), 2885~90.

Shrikahnde, A. J. and Francis, F. J. 1973. Anthocyanin Pigments of Sour Cherries. *J. Food Science.*, 38, 649.

Singleton, V. N. and Paul, E. 1969. *Phenolic Substances in Grapes and Wine, and Their Significance*, Academic Press, New York.

Smathers, R. U. *et al.* 1967. Problems in Measuring Leucoanthocyanin Content of Pears. *J. Food Science*, 32, 310.

Smith, O. *et al.* 1960. Functions of the Protein and Other Nitrogeneous Fractions of Potatoes in Chip Color Development. *Am., Potato J*, 37, 139.

Sondheimer, E. *et al.* 1948. The Anthocyanins of Strawberries, *J. Am. Chem. Soc.*, 70, 3476.

Sondheimer, E. 1953. On the Relation between Spectral Changes and pH of the Anthocyanin Pelargonidin 3-monoglucoside. *J. Am. Chem. Soc.*, 75(3), 1507.

Starr, M. S. *et al.* 1968. Oxygen and Ascorbic Acid Effect on the Relative Stability of 4 Anthocyanin

Pigments in Cranberry Juice. *Food Technol.*, 22, 91.

Steele, Catherine C. 1943. Chlorophyll in "*Organic Chemistry*", Vol. 2, 2nd edition., ed., by Gilman, H., John Wiley and Sons, Inc., New York.

Steet, J. A. and Tong, C. H. 1996. Degradation Kinetics of Cream Color and Chlorophylls in Pea by Colorimetry and HPLC, *J. Food Science.*, 61(5), 924~931.

Sun, Bonnie H. *et al.* Apple Anthocyanins., Identification of Cyanidin 7-Arabinoside. *J. Food Science.*, 32. 647.

Suzuki, J. I. *et al.* 1957,, Some Observations on Red Pepper. *Food Technol.*, 11, 100.

Sweeney, J. P. *et al.* Stability of Chlorophyll in Vegetables as Affected by pH. *Food Technol.*, 15, 263.

Sweeney, J. G., Wilkinson, M. M., and Iacobucco, G. A. 1981. Effect of Flavonoid Sulfonates on the Photobleaching of Anthocyanins in Acid Solution, *J. Agric. Food Chem.*, 29(3), 563.

Swift, L. J. 1967. TLC-Spectrophotometric Analysis for Neutral Fraction Flavones in Orange Peel Juice, *J. Agr. Food Chem.*, 15, 99.

Tan, C. T. 1961. Color of Pigment Changes in Spinach Processed by High Temperature Short Time and Conventional Methods, Ph. D. Thesis University of Massachusetts Library, Amberst, Mass.

Takeda, K. 1982. Chemistry of Flower Pigments: a Review, *Kagaku-no Ryo-iki* (*Japan*), 36(1), 69.

Teixeira Neto, R. O., Karel, M., Saguy, Ⅰ. and Mizrahi, S. 1981. Oxygen Uptake and Beta-Carotene Decoloration in a Dehydrated Food Model, *J. Food Science.*, 46, 665.

Thatcher, R. W. 1921. "*Chemistry of Plant Life*", McGraw-Hill Book Co., New York.

Ting, S. V. *et al.* 1969. Natural Color Enhancer. Orange Peel Carotenoids for Orange Juice Products. *Food Technol.*, 23, 947.

Todd, P. H. Jr. 1958. Detection of Foreign Pungent Compounds in Oleoresin Capsicum, Ground Capsicum, and Chilli Spices. *Food Technol.*, 12, 468.

Todd, P. H. Jr. *et al.* 1961. Gas-Liquid Chromatographic Analysis of Capsicum Amides. *Food Technol.* 15, 270.

Tonucci, L. H. and von Elbe, J. H. 1992. Kinetics of the Formation of Zinc Complexes of Chlorophyll Derivatives, *J. Agric. Food Chem.*, 40(12), 2341~44.

Van Buren, J. P. *et al.* Can Characteristics Metal Additives and Chelating Agents, Effects on the Color of Canned Wax Beans. *Food Technol.*, 23, 801.

Van Buren, J. P. *et al.* 1964. Chlorophyll Losses in Banched Snap Beans. *Food Technol.*, 18, 94.

Van Buren, J. P. 1985. Extraction of Chlorophylls A and B from Different Binding Sites on Thylakoid Chlorophyll-Proteins. *J. Agric. Food Chem.*, 33(2), 204.

Van Calsteren, M. R., Bissonette, M. C., Cormier, F., Dufresne, C., Ichi, T., LeBlanc, J. C. Y., Perreault, D., and Power, Ⅰ. 1997. Spectroscopic Characterization of Crocetin Derivatives from *Crocus sativus* and *Gardenia jasminoides*, *J. Agric. Food Chem.*, 45(4), 1055~1061.

Van Teeling, C. G., Cansfield, P. E., and Gallop, R. A. 1971. An Anthocyanin Complex Isolated from the Syrip of Canned Blueberries. *J. Food Science.*, 36, 1061.

Von Elbe, J. H. *et al.* 1969. Electrophoretic Comparision of Anthocyanin Pigments in Eight Varieties of Sour Cherries. *J. Food Science*, 34, 113.

Von Elbe, J. H. *et al.* 1968. Hydrochloric Acid in Isolating Anthocyanin Pigments from Montmorency Cherries. *J. Food Science*, 33, 439.

Von Elbe, J. H., Klement, J. T., Amundson, C. H., Cassens, R. G., Lindsay, R. C. 1974. Evaluation of Betalain Pigments as Sausage Colorants. *J. of Food Science.*, 39, 128.

Von Elbe, J. H., Huang, A. S., Attoe, E. L., and Nank, W. K. 1986. Pigment Composition and Color of

Conventional and Veri-Green Canned Beans, *J. Agric. Food Chem.*, 34(1), 52~54.

Wagenknecht, A. C. *et al.* 1960. Anthocyanase Activity and its Possible Relation to Scald in Sour Cherries. *Food Technol.*, 14, 47.

Wang, H., Nair, M. G., Strasburg, G. M., Booren, A. M., and Gray, J. I. 1997. Quantification and Characterization of Anthocyanins in Balaton Tart Cherries, *J. Agric. Food Chem.*, 45(7), 2256~60.

Wasserman, B. P. and Guilfoy, M. P. 1984. Solubilization of the Red Cell Wall Betanin Decolorizing enzyme. *J. Food Science.*, 49, 1075.

Weckel, K. G. *et al.* 1962. Carotene Components of Frozen and Peocessed Carrots. *Food Technol.*, 16, 91.

Wee, J. H., Moon, J. H., and Park, K. H. 1999. Catechin Content and Composition of Domestic Tea Leaves at Different Ripening Time, *Korean J. Food Science. Technol.*, 31(1), 20~23.

Whang, H. I. and Yoon, K. R. 1995. Carotenoid Pigments of Citrus Fruits Cultivated in Korea, *Korean J. Food Science. Technol.*, 27(6), 950~57.

White, P. J. and Xing, Y. 1997. Chapt.3 Antioxidants from Cereals and Legumes In "*Natural Antioxidants - Chemistry, Health Effects, and Applications*", edited by Shahidi, F., AOCS Press, Champaign, Illinois, U.S.A.

Wickremmasinghe, R. L. 1978. Tea-Ⅲ. Changes during the Processing of Tea in "*Advances in Food Research, Volume 24*", edited by Chichester, C. O. p.229~286.

Wilson, L. G. 1961. Stability of Carotenoids of Dehydrated Sweet Corn on Storage. *Food Technol.*, 15, 163.

Wrolstad, R. E. *et al.* 1968. Anthocyanin Pigments of Rhubarb Canada Red. *J. Food Science*, 33, 592.

Wrolstad, R. E. *et al.* 1969. Isolation of Strawberry Anthocyanin Pigments by Adsorption on Insoluble Polyvinyl Pyrrolidone. *J. Food Science*, 34, 154.

Yamauchi, R. and Kato, K. 1998. Products Formed by Peroxyl Radical-Mediated Oxidation of Canthaxanthin in Benzene and in Methyl Oleate, *J. Agric. Food Chem.*, 48(12), 5066~71.

Yang, H. Y. *et al.* 1958, Removal of Excessive Anthocyanin Pigment by Enzyme. *Food Technol.*, 12, 517.

安田 齊. 1980. "花色의 生理 生化學," 訂正版, 內田老鶴圃新社, 東京.

Yeatmen, J. N. *et al.* 1960. Derivation of a New Formula for Computing Raw Tomato Juice Color from Objective Color Measurement. *Food Technol.*, 14, 16.

Yokoyama, H. *et al.* 1967. Carotenoids in the Flavedo of Marsh Seedless Grapefruit. *J. Agr. Food Chem.*, 15, 693.

Yoon, J. M., Hahn, T. R., and Yoon, H. H. 1998. Effect of Copigmentation on the Stability of Anthocyanins from a Korean Pigmented Rice Variety, Korean *J. Food Science. Technol.*, 30(4), 733~38.

Yoon, T. H. and Lee, S. W. 1979. Stability of Anthocyanins in Foods: a Review. *Korean J. Food Science Technol.*, 11(1), 63.

Zapsalis, C. *et al.* 1965. Cranberry Anthocyanins. *J. Food Science.*, 30, 396.

Zhu, Q. Y., Zhang, A., Tsang, D., Huang, Y., and Chen, Z. Y. 1997. Stability of Green Tea Catechins, *J. Agric. Food Chem.*, 45(2), 4524~28.

Zhu, L. G. and Brewer, M. S. 1998. Metmyoglobin Reducing Capacity of Fresh Normal PSE and DFD Pork during Retail Display, *J. Food Science*, 63(3), 390~393.

Zhu, Q. Y., Huang, Y., Tsang, D., and Chen, Z. Y. 1999. Regeneration of α -Tocopherol in Human Low Density Lipoprotein by Green Tea, *J. Agric. Food Chem.*, 47(5), 2020~25.

Zimmermen, G. L. 1969. Meat Pigment Changes in Intact Beef Samples, *J. Food Science.*, 34, 258.

Chapter 3 식품의 맛

식품의 맛은 사람의 식품에 대한 기호(嗜好)와 밀접한 관련이 있을 뿐만 아니라 식품의 품질을 결정하여 주는 가장 중요한 요인(factor)들의 하나이다.

이와 같이 식품의 맛은 가치를 정하여 주는 데 중요한 역할을 담당하고 있음에도 불구하고 맛을 느끼게 되는 생리적, 화학적 과정, 맛의 본질 등에 대해서는 연구가 부족하였다. 그러나 근래에 와서 생리학, 그 중에서도 신경 생리학(neurophysiology)과 전기 생리학, 분자생물학, 화학, 심리학, 통계학 등 여러 분야들의 급속한 발전과 여러 연구자들, 특히 많은 생리학자들(physiologists)의 노력으로 그 본질적인 어려움에도 불구하고 맛을 느끼게 되는 기구, 과정 등에 대해서도 점차 규명될 단계에 가까워지고 있다. 또한 많은 식품과학자들에 의해서 여러 식품들에 존재하는 중요한 맛 성분들의 종류와 성질 등에 대해서도 계속 연구가 이루어져 왔다.

일반적으로 인체를 비롯한 생체는 외부에서 오는 각종 자극(刺戟, stimulus), 예로서 빛, 소리, 열, 기계적인 힘, 화학물질 등을 수용(受容)하는 수용체들(receptors)과 이 자극을 신경신호(neurosignals)로 바꾸는 가구(mechanism) 및 이 신경신호를 궁극적으로 뇌에 전달하는 수단들을 갖고 있다.

이 중에서 체외에서 체내로 들어오는 화학물질들(chemical substance)을 감지(感知)하는 기관으로서는 미각기관과 후각기관이 있다. 이상의 미각기관이나 후각기관에 수용된 자극들에 대응하는 미각 또는 후각과 관련된 신경신호들로 전환시키는 과정들은 일반적으로 미각 수용체내 전환(taste receptor transduction), 또는 후각 수용체내 전환(olfactory receptor transduction)이라고 불려진다.

이들 미각이나 후각 수용체들의 구조들이나 작용기구들(action mechanisms)은 기본적으로는 거의 같다는 사실이 여러 연구자들에 의해서 확인되고 있다. 그러나 미각, 즉 맛의 경우에는 화학물질들이 수용액 상태로 존재할 수 있어야 하며, 후각, 즉 냄새의 경우에는 대개의 경우 휘발성이 큰 기체분자들로서, 특히 친유성(lipophilic property)이 강한 물질들이 많다. 또한 냄새의 경우에는 맛의 경우 보다 감지되는 농도가 월등히 낮은 동시에 그 범위는 더 넓으며, 그 종류도 맛의 종류보다는 훨씬 다양한 사실들이 널리 알려져 왔다. 이상에서 설명한 여러 사항들을 고려할 때, 미각 수용체와 후각 수용체들의 세부적인 구조나, 그 작용기구들은 상당히 다른 점들도 많을 것이 예상된다.

이상과 같이 생물체들, 여기서는 사람들의 미각(味覺, taste or gustatory sense)과 후각(嗅覺, smell or olfactory sense)은 화학물질들(chemical substance)에 의해서 형성됨으로, 이상의 두 감각(感覺)들은 화학적 감각들(chemical senses)로 불리고 있다.

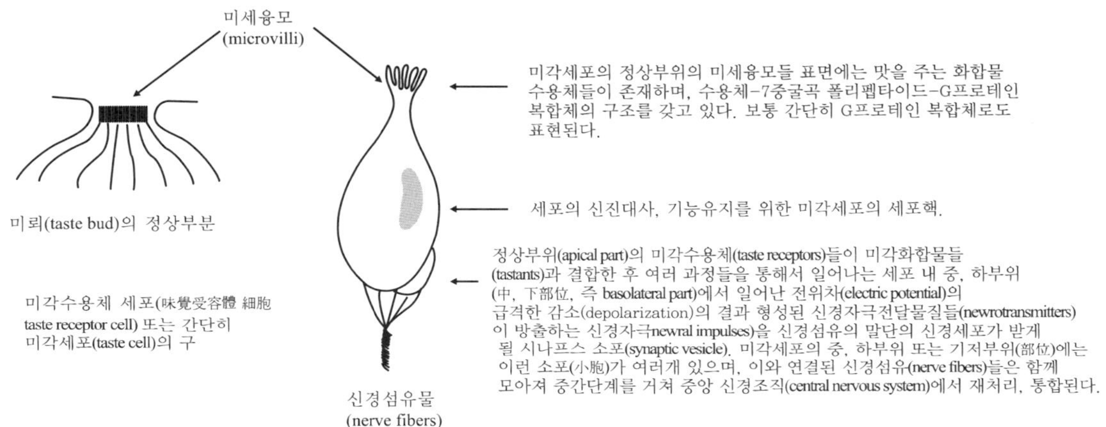

[그림 3-1] 오른쪽 미각접수체 세포(taste receptor cell)들의 기본적인 구조와 기능은 다른 감각접수체 세포들보다도, 제일 정보 매개체(the first messenger)가 후각(嗅覺, olfaction)의 경우와 같이 화학물질들(chemicals)이라는 점에서 후각접수체 세포들과 그 구조, 기능 등이 매우 유사하다. 그러나 미각의 인식에는 시각, 청각 등의 영향을 후각의 경우 보다 더 크게 받는 것으로 알려져 있다. 자세한 설명은 본문을 참조하기 바란다.

미각, 즉 맛을 인식하게 되는 기구

미뢰와 미각세포 미각(味覺, gustatory sense 또는 간단히 taste sense)은 주로 혀의 앞부분, 뒷부분 그리고 옆 부분의 상부 표면(上部 表面)에 분포되고 있는 미뢰들(味雷, taste buds)로 알려진, 수십 개의 미각접수체 세포들(taste receptor cells), 간단히 미각세포들(taste cells)로 알려진, 접수체 또는 수용체(接受體 또는 受容體)를 가진 세포들로 구성되고 있다(그림 3-1 참고).

한편, 미각세포들은 그 정상부(頂上部, apical parts)에 길고, 가느다란 미융모(薇絨毛, microvilli)를 갖고 있으며, 이 미융모들의 상부 또는 측면부의 세포막에는 식품들에서 분리되어 나오는 각종의 맛을 주는 화합물들(味覺化合物들, tastants)을 접수 또는 수용하는 접수체들(receptors)이 존재한다(그림 3-1의 오른쪽 그림 참조). 맛을 주는 화학물질들은 제일차 자극 전달물질들(the first messengers)로도 불려진다.

이 접수체들은 원칙적으로 접수체들과 결합하고 있는, 세포막을 7회 관통하는 특유한 형태의 폴리펩타이드류(polypeptides)의 끝에 결합하고 있다. 이 폴리펩타이드들은 세포막을 7회 관통하는 형태를 갖고 있기 때문에 the serpentine polypeptide parts로도 알려져 있다. 이 부분은 다시 GTP(guanosine triphosphate) 결합 단백질, 간단히 G-단백질과 연결되어, 소위 G-단백질 복합체(G-protein complex)를 형성하고 있다. 이 GTP 결합 단백질 또는 G-단백질 복합체 자체는 근래에 와서 α, β, γ의 구성단위들(subunits)로 구성되고 있는 것으로 알려져 있다.

맛을 주는 화학물질들이 G-프로테인과 결합된 수용체 또는 접수체들(G-protein coupled receptors)에 어떤 미각상의 자극을 주게 되면, G-프로테인의 구성단위들(α-, β-, γ-subunits)에 변화가 일어나 부근에 있는 효소 아데닐레이트 사이클레이스(adenylate cyclase EC 4.6.1.1)들을 활성화(活性化, activate)시켜서 환상 아데노신 모노포스페이트(cyclic adenosine monophosphate, cAMP)의 형성이 촉진된다.

미각세포내의 환상 AMP, 즉 cAMP의 농도가 증가하게 되면, 미각세포 내에 있는 효소 프로테인 카이네이스 A(protein kinase A, PKA)의 활동이 촉진되고, 이 PKA는 미각세포의 중부 또는 하부(basolateral part)의 세포막에 산재(散在)하고 있는 칼륨, 즉 포타슘 이온 차넬들(K^+ ion channels)의 구성 성분들을 인산 에스터로 만들어, K 이온 차넬들의 기능을 억제한다.

이에 따라, 세포막 내의 전위차(電位差, electric potential)가 급격히 감소(depolarization) 되며, 미각세포들의 중, 하부에 산재하고 있는 신경신호 또는 신경자극 전달물질들(neurotransmitters)의 신경신호 또는 자극을 전달하는 소포들(小胞들, synapse vesicles) 내부의 전 시나프스막들(pre-synaptic membranes)에서 신경자극 전달물질들이 방출(放出)되어, 시나프스막들의 간격(synaptic cleft)을 지나 신경세포들(neurons)의 끝에 있는 후 시나프스막들(post-synaptic membranes)에 신경신호들이 전달된다.

신경섬유(neuron fibers)에 전달된 신경자극은 어느 일정한 크기, 즉 전위차(electric potential)를 가진 자극 수들의 총수로 그 강도가 정해진다. 따라서, 실제로 측정되는 신경섬유들에 전달된 신경자극의 강도는 단위시간의 자극(neural impulse) 수에 비례하며, 연속량적(連續量的, analogcal quantity)이 아니라 디지탈량적(計數量的, digital quantity)인 특징을 갖고 있다.

신맛, 짠맛, 단맛, 쓴맛과 우마미의 미각세포들의 작용 지금까지 미각세포들의 구조와 그 작용들에 대해서 함께 언급한 여러 설명들은 주로 단맛을 가진 화학물질들(most sweet tastants)에 일반적으로 적용될 수 있는 설명들이었다. 각각의 맛을 가진 화학물질들에 대해서 해당하는 미각세포들 내부에서의 작용들에 대해서 간단히 설명하면 다음과 같다.

신맛 신맛(sour taste)은 기본적으로는 산(acids)의 맛, 더 정확하게 얘기하면, 수소 이온(H^+ion)의 맛으로 생각되고 있다. 신맛에 예민한 미각세포들(taste cells)의 경우, 수소 이온들은 미각 수용체들(taste receptors)이 있는 부위와 세포들이 중·하부위(the basolateral parts)의 세포막들을 그대로 통과할 수 있으며, 또한 미융모(microvilli)에 분포되고 있는 양 이온(positive ion)의 통과 차넬들을 이용하거나, 칼륨 이온 차넬들(potassium ion channels)을 칼륨 이온들이 사용할 수 없게 만든 후, 세포막 내부에 들어오게 된다. 이 경우, 미각세포들의 세포막을 통한 K^+이온들의 자유로운 통과가 어려워지며, 세포막 내의 급격한 전위차의 감소(depolarization)에 따라 신맛의 신경자극 전달물질들이 형성되어 자극전달이 이루어지게 된다.

짠맛 짠맛(salty taste)은 소금(NaCl)의 수용액 중의 Na^+이온들이 짠맛에 예민한 미각세포들

내의 미각접수체(taste receptors)들을 비롯한, 세포막들의 중·하부위에 산재(散在)한 차넬들(channels)을 통해서 세포막 내부에 들어온다. 이 과정에서 이상의 미각세포들의 내부에서 전위차(電位差)가 급격히 감소되고 그 결과 세포막 내부에 들어온 칼슘 이온들(Ca^{+2} ions)이 자극전달 물질들(neurotransmitters)로서 짠맛을 느끼게 한다.

쓴맛 쓴맛(bitter taste)을 가진 화합물들(tastants)은 미각접수체들(taste receptors)과 결합한 후, G-프로테인 복합체들이 형성되고 이 복합체들은 포스포다이에스터레이스들(phosphodiesterase, PDE)의 형성을 촉진한다. 활성화된 PDE 효소들은 단맛의 경우 형성되는 환상 AMP 등의 형성을 억제하며, 미각세포들의 세포핵들(cell nucleuses)의 세포질 망상구조(細胞質 網狀構造, endoplasmic reticulum)에서 칼슘 이온들(Ca^{+2} ions)을 방출시킨다. 한편, 세포질 망상구조들에서 방출된 칼슘 이온들에 의해 세포막 내부에서 급격한 전위차들의 변화들이 일어나, 결과적으로 신경자극 전달물질들의 형성과 전달이 이루어지면서 쓴맛이 신경섬유들을 통해서 전달되며 궁극적으로는 뇌에서 쓴맛으로 지각(知覺)하게 된다.

우마미(Umami) (monosodium glutamate, MSG), 구아노신 5-모노포스페이트(guanosine 5-모노포스페이트, 50-GMP) 등의 맛이 전술한 네 개의 맛들과 같이 기본적인 맛(Umami)이라는 일부 연구자들의 주장(Kurihara, K., 1978, 1990, 1998) 이외에 서구인(西歐人)들 중에서 이상의 우마미를 기본적인 맛(taste fundamental)에 포함하고 있는 연구자들은 많지 않았다. 다만 근래에 와서 스미스와 마아골스키(Smith, D. V. and Margolskee, R. F., 2001)가 이상의 글루타민산 염(MSG 또는 sodium-glutamate)을 비롯한 일부 아미노산 유도체들의, 이상의 우마미를 나타내는, 즉 우마미(Umami)에 예민한 미각접수체 세포들(taste receptor cells)에 대해서 간단히 언급하고 있다.

이들에 의하면, 글루타민산 염과 일부 아미노산 유도체들과 같이 우마미를 자극하는 화합물들은 G-단백질에 결합되고 있는 일부 미각접수체(taste receptors)들과 결합한 후, 제이차 자극 전달물질들(the second messengers)을 활성화시키는 사실이 어느 정도 알려지고 있으나 이 제 이차 자극전달물질들이 신경자극 전달물질들(the neurotransmitters)이 방출되는 중간과정에 대해서 만족스럽게 규명되고 있지 않다고 설명하고 있다. 서구 연구자들 중 우마미에 관심을 갖은 연구자들의 수는 점차 증가하고 있기는 하다(예 Fisher, C. and Scott, T. R., 1997; Roper, S., 1998 참조).

미각세포와 맛의 자극 종전에는 한 개의 미각세포(taste cell)가 한 종류의 맛의 자극을 전달하는 것으로 생각하는 연구자들도 있었다. 이 문제는 생물의 종류에 따라 다르겠으나, 많은 동물들의 경우 한 미각세포가 여러 종류의 맛들의 자극을 전달하는 사실이 알려지고 있다.

따라서, 미각세포들도 현재는 단맛에 특별히 예민한 미각세포들(sweet taste sensitive taste cells) 등으로 표현하는 경우가 많다. 이와 같이 미각세포들과 연결된 신경섬유들(neural fibers)의 경우도 신맛에 특별히 또는 가장 예민한 신경섬유들(the sour taste best fibers) 등으로 표현하는 경우가 많다.

미뢰의 종류와 맛의 전달과정 한편, 미뢰를 구성하고 있는 미각수용체 세포들은 짠맛, 신맛, 단맛, 쓴맛, 그리고 아마도 우마미(umami)들을 나타내는 신경자극(neural stimulus)들을 유발한다. 이 경우 한 가지 맛만을 강하게 유발하는 경우도 있을지도 모르나, 대부분의 경우에는 여러 종류의 맛들을 함께 유발하는 경우가 일반적이다.

따라서 수십 개의 미각 수용체세포들로 구성된 미뢰들의 경우, 개개의 미뢰가 식품 중의 한 성분에 의해서 유발하는 맛의 종류와 그 강도, 즉 신경신호들의 빈도(number of neural impulses)는 매우 다양할 것으로 생각된다.

이와 관련해서 혀 표면의 그림에 짠맛, 신맛, 단맛, 쓴맛 등의 맛을 가장 강하게 느끼는 미뢰들의 분포를 표시한 종전의 그림은 본문에도 그림 3-2로 그대로 두었으나, 이 그림에 표시된 맛의 분포는 근거가 없는 것으로 밝혀지고 있다(Smith, D. V. and Margolskee, R. F., 2001 참조).

한편, 종래에는 이상의 네 가지 맛 중의 하나하나에 대응하는 네 가지 종류의 신경섬유들(neural fibers)이 존재하며, 이상의 네 가지 맛 중의 하나를 전달하는 신경섬유에 의해서 뇌에 전달되는 것으로 생각되어 왔다.

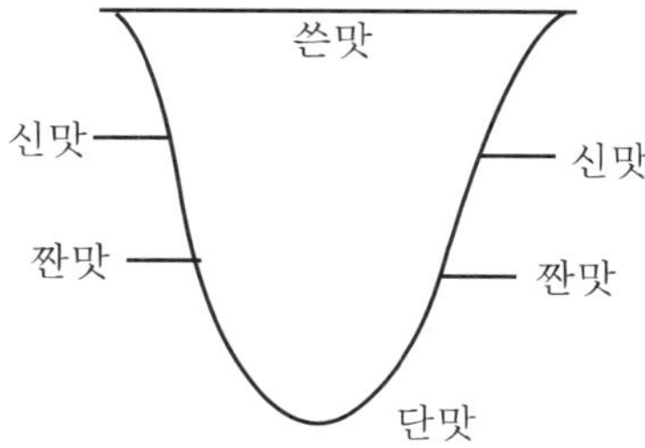

[그림 3-2] 혀 표면에서 각각의 기본적인 맛을 가장 예민하게 느끼는 부위, 즉, 각각의 맛을 느끼는 미뢰(taste buds)의 분포가 상대적으로 가장 큰 부위. 그러나 최근에 와서 이와 같은 그림, 즉 소위 혀의 맛지도(taste map)가 잘못된 사실이 스미스와 마아골스키 등의 연구자들에 의해서 지적되고 있다(Smith, D. V., and Margolskee, R. F., 2001 참조).

이상과 같은 학설은 신경섬유 특정미각 대응설(specific fiber pattern theory) 또는 서로 다른 미각(味覺), 즉 맛들은 특정된 신경섬유(specific nerve fibers)에 의해서 그 자극들이 전달된다는 뜻인 특정 기호설(specificity coding theory) 등으로 알려져 왔다. 여러 동물들 중에는 위에서 설명한 방법들을 통해서 미각에 대한 신경신호가 전달되는 경우가 있는 듯하다. 실제로 이상의 네 가지 맛 중의 하나만을 주로 전달하는 단일 신경섬유가 존재하는 사실이 1941년 파프맨(Pffmann, C.)의 고양이를 사용한 실험에서 그 존재가 보고되고 있다. 한편, 사토들(Sato, M., *et al.*, 1975)은 원숭이를 사용한 실험을 통해서 각각의 신경섬유 중 설탕의 맛에 가장 잘 대응하는 설탕대응섬유(sucrose best fibers), Nacl의 맛에 가장 잘 대응하는 NaCl 대응 섬유(NaCl best fibers), 염산(HCl)의 맛에 가장 잘 대응하는 HCl 대응 섬유(HCl best fibers), 키닌(quinine)의 맛에 가장 잘 대응하는 퀴닌대응섬유(qiunine best fibers) 등의 존재를 보고하고 있다.

이상과 같은 신경섬유들이 활성화될 때는 이미 각 섬유들이 어떤 맛을 가장 잘 활성화 할 수 있는지 예측할 수 있음으로, 표식(票識)이 달린 신경섬유(labeled-line)로 표현할 수 있으며, 따라서 전술한 신경섬유 특정미각 대응설 또는 특정기호설 신경섬유설(labeled-lines theory)로도 불려지고 있다. 한편, 원숭이(monkeys)를 대상으로 최근에 실험한 결과들(Sato, M., *et al.*, 1994; Goldstein, B., 1996 및 Kurihara, K., 1998 참조)도 특정한 맛에 가장 잘 대응하는 신경섬유들이 많으며, 특히 한 종류의 맛에만 가장 잘 대응하는 섬유들의 비율이 매우 큰 사실이 알려져 있다.

이와 같은 실험결과들은 맛이 본질적으로 이상의 네 가지 맛으로 구성되고 있다는 소위 4기본미각설(the four-modality theory)이 부분적으로나마 특정 동물체에서는 적용될 수 있는 가능성을 보여주고 있다.

그러나 에릭손(Erickson, R. P., 1963)은 새로운 실험사실들을 더 잘 설명하기 위해서 이상의 맛들에 대해서 1대1로 신호를 전달하는 신경섬유도 있으나, 대부분의 경우 전달되는 신호는 두 종류 이상의 복합신호로서 복잡하며, 또한 개개의 수용체 세포(a receptor cell)의 한 특정된 맛을 갖고 있는 화합물에 대한 반응(response), 즉 신경섬유에 전달된 반응(neural response or impulses)의 종류와 크기, 즉 빈도도 다양하며, 따라서 이들 신경섬유들에서 전달되는 반응들, 즉 신경신호들은 최종적인, 하나의 종합적인 형태를 통해서 하나의 맛으로 뇌에서 감지된다는 견해를 발표하고 있다.

다시 말해서 수용체들에서 형성되고, 신경섬유들을 거쳐서 전달되는 신경신호들의 최종적이고, 종합적인 형태에 의해서 맛이 인식될 것이라는 최종 또는 종합적 신경신호 형태설(across fiber pattern theory)을 제안하여 왔다.

한편, 에릭손들(Erickson, R. P., and Schiffman, S., 1971; Goldstein, E. B., 1996 및 Kurihara, K., 1998 참조)은 직접 사람을 대상으로 여러 맛을 가진 화합물들의 용액 중에서 비슷한 맛을 가진 용액들을 선택하는 실험에서, 비슷한 최종적이고, 종합적인 신경신호형태(similar across-fiber patterns)를 가진 것으로 추정된 화합물들의 용액들을 선택했다고 한다.

인체의 경우, 이상에서 설명한 두 가지의 학설들 중, 어떤 쪽의 학설이 실제로 적용되고 있는지 또는 더 중요한 비중(比重)을 갖고 있는지는 더 많은 연구들의 결과를 기다려야 할 것 같다.

맛 성분의 농도와 자극의 크기 사이의 관계

종래의 생리학의 입장에 따라서 맛의 종류를 우선 전술한 네 가지로 정할 때, 이상과 같은 맛을 주는 식품성분의 양 내지는 농도와 우리가 받는 감각의 크기 사이의 관계를 이론적으로, 정량적으로 설명하고자 하는 시도(試圖)는 맛을 느끼게 되는 기본적인 화학적 또는 물리적 과정이 확실히 규명되고 있지 않기 때문에 현재로서는 매우 어렵다. 더구나 네 가지 종류의 맛에 함께 적용되는 이론(理論)이나 관계식은 존재하지 않는다.

다만 일부 나트륨 염들(sodium salts)의 짠맛, 설탕, 맥아당 등의 단맛을 가진 화합물의 농도와 감각의 크기 사이의 관계에 대해서는 바이들러(Beidler, L. M)가 1954년에 제안한, 바이들러의 흡착설(Beider's adsorption theory)이 잘 적용되는 사실이 알려져 있다.

바이들러의 흡착설은 다음과 같은 가정 하에 성립되고 있다. 즉 자극물질(刺戟物質) 예로서 단맛을 내는 물질이 수용체 내의 흡착장소에서 흡착되므로 맛의 감각 또는 맛의 호응(呼應, response)을 준다는 것이다. 지금 자극물질은 *S*, 흡착장소를 *P*, 흡착상태를 *SP*로 표시하면, 이상의 바이들러의 첫 번째 가정은 다음과 같은 식(3-1)으로 표시된다.

$$S + P \rightleftharpoons SP \tag{3-1}$$

이 식(3-1)에서 단위용적(單位容積, unit volume)에 대한 자극물질의 수를 *C*, 흡착장소의 총 수를 *N*, 흡착상태에 있는 장소의 수를 *Z* 라고 하면 아직 흡착상태에 있지 않는 흡착장소의 수는 *N-Z* 이며, 따라서 식(3-2)는 식(3-1)과 달리 단위용적에 대한 양적관계 즉, 농도관계를 규정한 평형식(平衡式)이 된다.

$$\mathrm{C} + (N - Z) \underset{k_2}{\overset{k_1}{\rightleftarrows}} \mathrm{Z} \tag{3-2}$$

이 식(3-2)에서의 평형상수(equilibrium constant)를 K 라고 하면, 식(3-2)은 다시 식(3-3)으로 표시될 수 있다. 여기서 k_1, k_2는 반응속도계수가 된다.

$$\mathrm{K} = \frac{k_1}{k_2} = \frac{\mathrm{Z}}{\mathrm{C(N-Z)}} \tag{3-3}$$

바이들러의 흡착이론의 두 번째의 가정은 자극물질에 의해서 야기되는 자극 또는 호응(response)의 크기는 흡착된 자극물질의 양에 비례한다는 것이다. 즉, 전체 흡착장소에서 모두 흡착이 일어났을 때의 호응의 크기를 최대 호응도 R_S(maximum response)라고 하고, 식(3-2)의 조건에서 일어난 호응의 크기를 N(response magnitude)이라고 한다면 다음과 같은 식(3-4)가 성립한다.

$$R_2 = k \times N, \qquad R = k \times Z \tag{3-4}$$

여기서 k는 비례상수

이 식(3-4)을 식(3-3)에 대입하면 식(3-5)이 얻어지며, 이 식(3-5)에서 다시 식(3-6)이 유도된다.

$$K = \frac{R}{C(R_2 - R)} \tag{3-5}$$

$$\frac{C}{R} = \frac{C}{R_s} + \frac{1}{KR_S} \tag{3-6}$$

이 식(3-6)은 바이들러의 미각 방정식으로 알려져 있으며, 전술한 대로 일부의 맛을 나타내는 성분의 농도와 그 맛의 크기 사이의 관계를 잘 설명하고 있는 것으로 알려져 있다. 한편 이 관계식은 여러 연구자들에 의해서 다른 여러 맛 성분들에 대해서도 적용될 수 있도록 시도되어 왔다(Kurihara, K., 1978).

맛의 분류

옛 부터 맛은 여러 가지로 분류되어 왔었다. 그러나 20세기에 들어서 여러 학자들의 맛의 분류방식은 점차 네 가지의 기본적인 맛, 즉 단맛(sweet), 신맛(sour), 짠맛(salty), 쓴맛(bitter) 네 가지로 통일되어 왔다.

예로서, 헤닝(Henning, H., 1924)은 네 가지 기본적인 맛과 이 맛 사이의 관계를 표시하여 주는 미각 프리즘(taste prism)을 제안하고 있다(그림 3-2 참조).

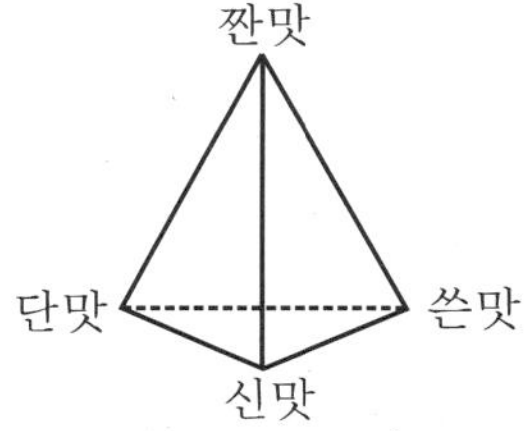

[그림 3-3] 헤닝(Henning, H., 1924)에 의한 맛의 정사면체(taste tetrahedron).

기본적인 네 개의 맛

현재에 있어서는 기본적인 맛(basic taste)으로서는 이미 설명한 바 있는, 아직 논의 중인 우마미(umami, 일부 아미노산 유도체들의 맛)를 제외하고서는 바로 위에서 언급한 전술한 대로 단맛, 신맛, 쓴맛, 짠맛이 일반적으로 인정되고 있으며, 기타의 맛은 이상의 네 가지 맛들의 혼합된 맛 또는 이상의 맛과 온도감각, 통각, 촉감 등의 여러 가지 감각들이 결합(combination)한 결과 형성된 것으로 생각되고 있다.

한편, 기본적인 네 가지 맛의 기준이 되는 화학물질들로는 짠맛(saltiness)으로서 식염(食鹽, NaCl), 신맛(sourness)으로서 염산(HCl), 단맛(sweetness)으로서 설탕(sucrose), 쓴맛(bitterness)으로서 퀴닌(quinine) 등이 학술적으로나 실제적으로나 널리 사용되고 있다.

그러나, 여기서 유의해야 할 점은 최근의 전기 생리학적 연구의 결과 얻어진 자료(electrophysiological data)에 의하면, 생체 내에서 실제로 미각을 인식하게 되는 미각 접수체들(taste receptors) 사이에는 우리들이 구분하고 있듯이 네 개의 맛을 나타내는 그룹으로 뚜렷이 구별되어 있는 것은 아니라는 사실에 대해서는 이미 언급한 바 있다.

그리고 많은 실험동물들과 인체를 사용한 실험들을 통해서 미각수용체세포들(taste receptor cells)이 수용한 각종 미각자극(taste stimuli)들, 즉 반응들(responses)은 곧 미각신경섬유 또는 세포들에 전달되며, 이들 섬유들은 설탕의 맛에 가장 잘 대응하는 신경섬유들(sucrose Best fibers), NaCl 맛에 가장 잘 대응하는 신경섬유들(HCl best fibers), 염산(HCl)에 가장 잘 대응하는 신경섬유들(HCl best fibers), 그리고 키닌의 맛에 가장 잘 대응하는 신경섬유들(quinine best fibers) 등의 신경섬유, 즉 신경세포들로 분류할 수 있음은 이미 언급한 바 있다.

한편, 식품 성분의 맛을 인식하게 되는 과정에 대해서 두 가지의 학설들이 제시되고 있는 상황에 대해서도 설명한 바 있다(Specific fiber pattern theory 또는 labeled-lines theory 그리고 또 하나는 across-fiber pattern theory, 본 장 p. 150 참조).

그리고 근래에 와서 일부 일본의 연구자들에 의해서 우마미(umami)가 다섯 번째의 기본적인 맛으로 제안되어 왔다. 이상의 우마미를 가진 화합물들 중 가장 대표적인 것은 굴루타민산의 소듐염(monosodium glutamate)이다. 쿠리하라(Kurihara, K., 1998)에 의하면, 기본적인 맛임을 증명하는 데 가장 중요한 조건들의 하나인, 설탕, NaCl, HCl, 퀴닌의 맛, 즉 미각자극에 전혀 반응을 일으키지 않고, 오직 글루타민산의 소듐염의 자극에만 반응하는 미각신경섬유의 존재를 쥐, 개, 원숭이를 사용한 실험에서 확립했다고 한다.

실제로 이 글루타민산 소듐염 맛이 다섯 번째의 기본적인 맛이라는 주장은 세계 식품화학분야에서 점차 논의가 시작되고 있는 듯하다. 글루타민산과 기타 일부 아미노산들의 유도체들이 나타내는 우마미(umami), 그리고 그 기본적인 맛(a primary taste)에 관한 설명에 대해서는 데만(deMan, T. M., 1999)의 저서 그리고 전술한 스미스와 마아골스키들(Smith, D. V. and Margolskee, R. F., 2001)의 논문 등을 참고하기 바란다.

맛의 역가

한 식품 또는 식품성분의 맛에 관해서 어떤 연구를 하던 간에 첫 번째 제일 중요한 일은 그 식품 또는 식품성분의 맛을 인식할 수 있는 최저농도(minimum detectable concentration)를 결정하는 일이다.

이 맛을 인식할 수 있는 최저의 농도를 그 맛을 가진 식품 또는 식품성분의 절대역가(絶對閾價, absolute threshold 또는 sensitivity threshold)라고 부른다.

한편, 절대역가 이외에도 인식역가(recognition threshold)라는 단위가 가끔 사용된다. 이 인식역가(認識閾價)는 어떤 특정한 맛을 뚜렷하게 인식할 수 있는 최소한(最小限)의 자극의 크기를 말하며, 보통 그 물질의 농도로서 표시된다. 일반적으로 인식역가를 나타내는 특정 물질의 농도는 절대 역가를 나타내는 그 물질의 농도보다 당연히 크다.

참고로 1971년에 파프맨들(Pfaffman, C)은 사람의 경우 위에서 언급한 네 개의 맛을 대표하는 화합물들의 절대역가를 조사한 바 있다. 즉 짠맛을 나타내는 식염(NaCl)용액의 절대역가는 1×10^{-2}M, 신맛을 나타내는 염산(HCl)의 경우 9×10^{-4}M, 단맛을 나타내는 설탕(sucrose)의 경우 1×10^{-2}M, 쓴맛을 나타내는 퀴닌(quinine)의 경우 8×10^{-6}M라고 보고한 바 있다(Kurihara, K., 1978 참조).

따라서 사람들의 경우에는 쓴맛에 가장 예민하게 대응하고, 그 다음 신맛에 그리고 단맛과 짠맛에는 상대적으로 덜 예민하게 대응함을 알 수 있다.

이와 같은 역가는 그 성질상 기계를 사용한 객관적인 방법(objective methods)에 의해서 결정될 수는 없고 주로 사람의 미각에 의해서 결정되며, 따라서 주관적 방법(subjective methods), 다시 말해서 각종의 관능검사법(organoleptic methods)에 의해서 결정된다.

맛의 수량적 취급과 관능검사

전술한 대로 어떤 맛의 강도 내지는 크기를 사람 대신 측정하여 주는 물리적 내지는 화학적인 방법은 과거에는 존재하지 않았으나 근래 맛과 냄새에 관한 생리학적 연구들이 진척 중에 있으며, 맛이나 냄새를 다루는 많은 과정들에서 그 기구(mechanism)들이 밝혀짐에 따라, 맛이나 냄새의 자동적 감지 장치들(automatic sensors)이 개발되어 왔으며, 일부는 실현화(實現化) 내지는 실제 사용 중에 있다(Kurihara, K., 1998 참조). 그러나 대부분의 경우, 아직도 발전단계에 있기 때문에, 아직은 어떤 맛의 기록이나 비교를 정량적(定量的, quantitatively)으로 하고자 할 때는 주관적인 방법인 관능검사법에 의존할 수밖에 없다. 이와 같은 관계는 다음 장(章), 즉 제4장에서 설명하게 될 식품의 냄새에 대해서도 똑같이 적용된다.

한편, 관능검사법(官能檢査法, organoleptic method)이란 통계학(statistics)의 이론에 따라, 미리 계획된 조건하에서 복수(複數)의 사람들의 감각(感覺, senses)을 계기(計器)와 같이 사용하여, 어떤 물질들의 성질에 대해서 보편타당성(普遍妥當性)있고 신뢰성(信賴性)있는 양적판단(量的判斷)을 얻고자 하는 방법이라고 말할 수 있을 것이다.

관능검사법에는 그 목적에 따라서 아주 다양(多樣)한 방법들이 있다. 즉 두 개의 시료(試料)의 어떤 속성(屬性)의 차이를 알아내는 식별 테스트들(識別, difference tests), 두 시료 사이에서 어떤 쪽이 더 마음에 드는가까지 보는 기호 테스트(嗜好, preference tests 또는 directional tests) 등이 있으며, 실제 방법으로는 2점 테스트(two sample tests), 3점 테스트(three sample tests), 시료들의 어떤 속성(屬性, attribute)에 대해서 평점을 매겨주는 평점법(scoring tests), 시료들에서 받는 호오(好惡)의 느낌을 어떤 정해진 순서에 따라 분류해 나가는 방법(hedonic scaling), 그리고 근래에 와서 사용되기 시작한, 수량적 묘사 분석법(QDA법, 후술) 등이 있다.

전술한 맛의 역가의 경우에는 2점법, 3점법(홍진, 1977 참조)이 널리 사용되고 있다. 한 예로서 절대역가는 여러 번 반복된 2점 테스트(paired test)에서 통계학적으로 예견되는 수 이상의 테스트들이 한 성분의 존재로 말미암아 그 성분의 맛이 차이를 느낄 수 있는 그 때의 농도를 알아 냄으로서 결정된다.

이 역가들은 이를 결정하는 사람의 연령, 흡연(smoking) 습관의 유무, 건강상태, 심리적 상태, 피로(疲勞)의 정도 등에 의해서 영향 받을 수도 있으나, 한편 맛을 가진 물질의 온도, 맛을 가진 물질이 존재하는 기질(medium) 등에 의한 영향도 중요하다.

관능검사법은 식품분야에 종사하는 사람들이나, 이 분야를 전공 내지는 연구하는 사람들에게는 대단히 중요한 사항(事項)임으로 별도로 공부할 필요가 있다.

이와 관련해서 루틀렛지(Rutledge, K. P., 1992)는 관능검사 중에서도 향미(香味)에 대해서 묘사적(描寫的)인 분석을 담당할 평가 또는 검사원들(sensory descriptive flavor panelists)을 단기간에 훈련하는 방법들을 소개하고 있다.

한편, 미국의 식품공학자협회의 관능검사 평가위원회(the Sensory Evaluation Division of the Institute of Food Technologists, IFT)는 1981년에 각종 식품류와 음료 제품류에 대한 관능검사지침(sensory evaluation guide)을 발표한 바 있다.

여기서는 각종 관능검사법들이 간략하나 폭 넓게 구체적으로 설명되고 있으며, 그 당시까지의 관능검사와 관능검사 방법들과 관련된 100여개가 넘는 참고문헌들이 소개되고 있다(Food Technol, November, 1981).

한편, 슈츠(Schutz, H. G., 1998)는 1998년까지의 주로 맛과 냄새 등의 감각에 관한, 과학 분야의 진화와 발전(Evolution of Sensory Science Discipline)이라는 제목으로 주로 미국을 중심으로 한, 관능검사법의 개발과 실제 응용, 검사원의 훈련과 양성 등을 담당한 연구기관들, 예로서 미국 농업부의 각 지역 연구소들(the regional laboratories of U.S. Dept. of Aguiculture) 미국 시카고(Chicago)에 있던 군의 식량 및 용기류 연구소(the Quartermaster Food and Container Institute for Armed Forces, QMF & CI), 전술한 IFT의 Sensory Evaluation Division, 미국 재료 시험 협회(the American Society of Testing Materials, ASTM)의 제품과 원료들의 관능검사 평가 위원회(ASTM E-18 Committee on Sensory Evaluation), UC Davis, Oregon State University, University of Minesota, Illinois, Kansas State, Missouri, Georgia, Cornell 등의 대학에서의 활동상황 등을 관련 대학들의 주요 연구자들의 이름들과 함께 간단히 소개하고 있다.

또한 스톤들(Stone, H. *et al*., 1998)은 근래에 와서 사용되기 시작한, 수량적 묘사 분석법(the quantitative descriptive analysis, QDA)에 대해서 설명하고 있다. 이 방법은 한 도표상의 중심부터 방사상 방향(radial direction)으로 맛, 냄새 등의 각각 독립적인 검사 대상 항목 등의 수량적 크기를, 다시 말해서 각 조사항목의 속성(attributes)들의 크기를 중심으로부터의 거리로서 수량적으로 표시하는 방식이다.

즉, 도표 상에 한 조사대상 시료의 속성들의 크기들을 방사선 방향(放射性 方向) 점들로 표시한 후, 그 점들을 서로 연결하면, 거미의집(spider web)처럼 보이기 때문에, 거미집 도표(a spider web plot)로도 알려진, QDA 도표는 모든 조사 대상이 된 속성(屬性)들의 크기가 함께 표시될 수 있는 장점이 있다. 이 방법은 향미(香味)의 특성들을 수량적으로, 함께 묘사하는데 널리 사용되고 있다.

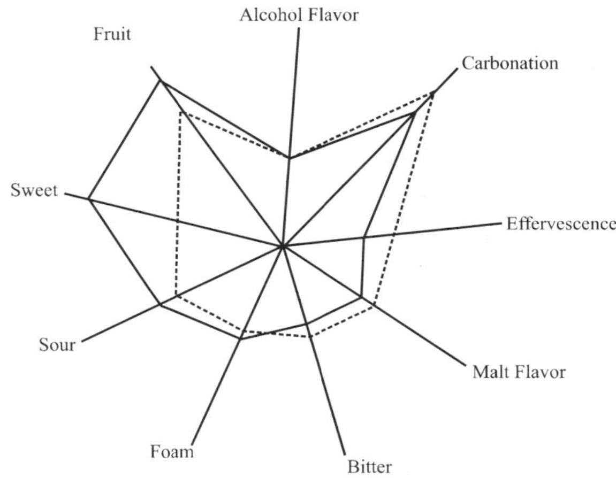

[그림 3-4] 미국 트라곤사(Tragon Corporation)에서 처음 개발한(Stone, H., et al., 1974 참조), 향미 속성들(flavor attributes)의 크기를 관능검사 묘사법을 통해 수량적으로 나타낸 크기, 원점(原占)을 중심으로 방사선(放射線) 방향으로 서로 같은 각도(角度)로 표시한 후, 서로 연결한 수량적 묘사 분석법(the Quantitative Descriptive Analysis, QDA)의 한 예. 그 모양 때문에 거미집 도표(a spider web plot)라고도 한다. 같은 또는 유사한 식품들의 장, 단점들을 쉽게 비교할 수 있는 장점이 뛰어난 방법이다. Stone, H. and Sidel, J. L., 1998 참조.

주관적 방법과 객관적 방법

한편, 핏셔와 스콧트들(Fisher, C. and Scott, T. R., 1997)은 식품 향미들(Food Flavours, Biology and Chemistry)에 관한 저서의 제4장 향미분석(flavor analysis)의 서두에서, 주관적인 감각적인 속성들의 평가(subjective sensory evaluation)와, 객관적인 화학적인 분석(objective chemical analysis)의 두 가지 방법들이 있으며, 두 가지 방법들이 모두 사용되어야 한다고 설명하고 있다. 즉, 객관적이기는 하나 기구를 사용하는 방법들은 주관적인 분석적 관능검사 방법들의 결과들에 의해서 전자의 방법들의 결과가 뒷받침되어야 한다고 설명하고 있다.

주관적 방법들 지금까지 설명한 방법들은 관능검사법(organoleptic tests)에 속하는 방법들이었으며(맛의 수량적 취급과 관능검사), 핏셔와 스콧들(Fisher, C. and Scott, T. R., 1997)이 자세히 설명하고 있는 식별(識別)테스트들(discrimination tests)과 바로 앞서 설명한 수량적 묘사 분석법(the quantitative deseriptive analysis, QDA)을 포함한 식품류의 향미를 비롯한 각종 속성(屬性, attributes)을 분석하는 묘사 분석법들(deseriptive analyses)의 두 종류로 크게 분류할 수 있을 것이다.

객관적 방법들 식품류와 중요한 속성들(屬性, attributes)의 하나인 색깔에 대해서는 각종의 분광 광도계(分光光度計, spectrophotometers)들 또는 본서의 제2장에서 설명한 먼셀(Munsell) 또는 헌터 색도계(Hunter colorimeter) 등을 사용해서 측정할 수 있으며, 그 측정 결과는 관능검사법의 경우와 달리, 그 결과들이 항상 같은(precise), 즉 재현성(再現性, reproducibility)이 큰 결과들을 얻을 수 있다.

한편, 향미들(香味, flavors) 중의 맛과 냄새, 그 중에서도 냄새의 경우에는 크로마토그라피법, 그 중에서도 가스-크로마토그라피 장치(gas-liquid 또는 더 간단히 gas chromatograph)의 급속한 발전에 따라, 중요한 또는 주요(主要) 향기성분들을 미량의 경우에도 효율 있게 분리, 정제할 수 있게 되어, 그 동안 큰 발전이 있었다(제4장 참조).

맛 성분들(tastants)의 경우에도 기타의 크로마토그라피법, 특히 고성능 액체크로마토그라프 장치(high performance liquid chromatograph, HPLC 장치)를 사용하는 분리, 정제법이 HPLC 장치의 성능이 급속히 향상되어 연구들도 크게 진척되어 왔다.

또한 주요 향기 또는 맛 성분들의 화학구조와 그 성질들이 밝혀지고, 이상과 같은 기기분석(機碁分析, instrumental analysis)의 결과 얻어진 속성들의 성질 및 강도(强度)들이 전술한 주관적(主觀的, subjective)인 정량적인 속성 평가법들(quantitative sensory evaluation methods)의 결과들과의 정밀한 관련성도 점차 확립되어 가고 있다. 이 사실은 전술한 가스 크로마토그라프장치(GC)나 고성능 액체크로마토그라프 장치(HPLC)를 질량분광분석계(質量分光分析計, massspectrometer, MS)와 직접 연동(連動)시켜(GC-MS 또는 HPLC-MS), 더 빠른 속도로 이 분야의 여구들을 진행시킬 수 있으며, 사실 현재로는 이런 방식으로, 이 분야의 연구들이 진행되고 있다.

참고로 와너(Warner, K., 1985)는 미국 유지화학자 협회(American Oil Chemists Society, AOCS)에서 공정법(公定法, official method)으로 채택(採擇)한 AOCS 향미 품질 등급표(AOCS flavor quality scale)와 AOCS 향미 강도표(AOCS flavor intensity scale)를 설명한 후, 1979년에 대두유, 옥수수기름, 수소첨가 대두유들의 AOCS 향미 품질 등급표에 따라 얻은 평점(評點)들과 가스 크로마토그라피 분리·정량법을 통해서 얻은 주요 휘발성 향기 성분들의 함량들 사이의 상관관계에 대해서, 미국 국내 8개의 연구소들과 각각 독자적(獨自的)으로 공동연구한 일이 있다. 그 결과 평점들과 휘발성분들의 함량 사이에 매우 높은 상관관계가 성립했었음을 보고하고 있다.

또한, 향미 강도표의 평점들과 관련해서 미국 농무성 소속 북부지역 연구 센터(Northern Regional Research Center, Agricultural Service, U.S. Dept. of Agriculture)에서 대두유에 대해서 실시한 가스 크로마토피 분석법에 의해서 얻게 휘발성 향기성분들의 함량들과의 상관관계를 조사한 일이 있다. 이 경우에도 향미 강도 평점들과 주요 휘발성 성분들의 함량 사이에 높은 상관관계가 있었다고 한다.

맛과 온도와의 관계 : 베케시의 맛의 이율성설

베케시(von Bekesy G., 1964; 내이, 內耳의 달팽이관, cochlea의 구조와, 여기에 들어오는 소리의 진동에 관한 실험과 연구로 1961년 생리학과 의학 분야의 노벨상 수상)는 혀에서 느낄 수 있는 감각은 단맛, 쓴맛, 짠맛과 신맛의 네 개의 기본적인 맛의 감각 이외에 차다거나 뜨겁다는 두 가지의 온도 감각을 느낄 수 있으며, 따라서 맛은 실제로는 이상의 기본적인 맛의 감각과 온도감각이라는 서로 성질이 다른 감각들이 혼합되거나 융합된 감각으로 볼 수 있다는, 맛의 이율성 학설(二律性 學說, the duplexity theory of taste)을 제안하여 왔었다.

이 학설에 의하면, 위에서 말한 두 가지의 온도감각, 즉 뜨겁다는 감각과 차다는 감각은 언제나 네 개의 기본적인 맛과 융합되는 것은 아니라고 한다. 예로서 뜨겁다든지 따뜻하다는 느낌은 쓴맛, 단맛들과는 잘 융합되나 짠맛, 신맛과는 서로 융합되지 않으며, 한편 찬 느낌은 짠맛, 신맛과 잘 융합되나 쓴맛, 단맛과는 융합되지 않고 서로 독립적으로 느껴진다는 것이다.

베케시(von Bekesy G., 1964)는 이상의 맛의 이율성 관계를 표시하는 그림을 발표하고 있다(그림 3-5 참조).

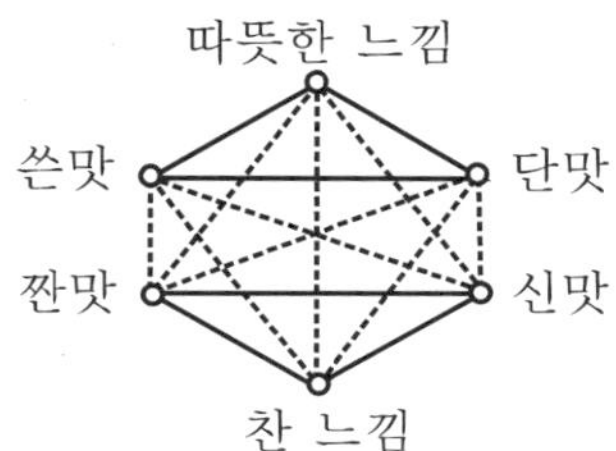

[그림 3-5] 베케시(von Bekesy)의 맛의 이율성 학설(the duplexity theory of taste)을 설명하여 주는 도표. 실선은 상호간의 감각이 하나의 공통적인 감각으로 융합됨을 나타내며, 점선은 서로 융합되지 않고 별도의 독립된 감각으로 느껴짐을 나타낸다.
von Bekesy, G. 1964. *Science*, 145. 834.

맛에 대한 온도의 영향

일반적으로 맛에 대한 온도의 영향은 일정하지 않으며, 여러 연구자들의 실험결과도 일치되지 않는다. 그러나 대체로 온도가 상승됨에 따라 단맛에 대한 반응(response)은 증가되며, 짠맛과 쓴맛에 대한 반응은 감소되는 것으로 생각되고 있다. 한편, 신맛은 온도에 의해서 크게 영향 받지 않는 듯하다.

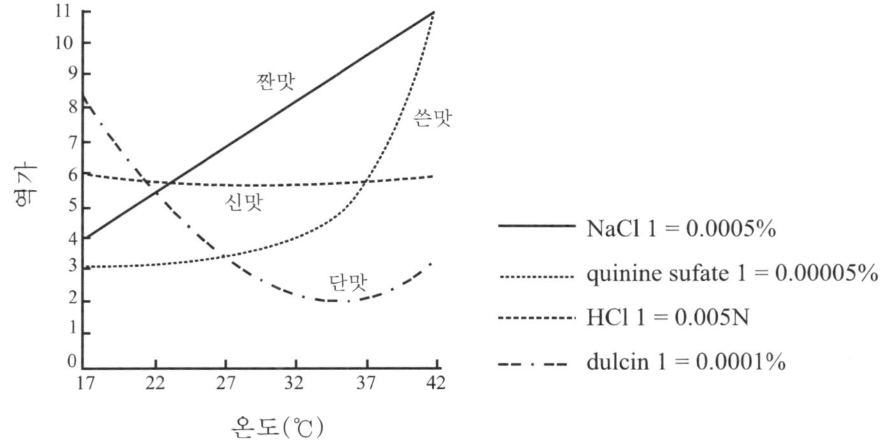

[그림 3-6] 각 화합물의 역가(threshold)의 온도 변화에 대한 변화.
Amerine, M. A., *et al.*, 1965. "*Principles of Sensory Evaluation of Food*", p.64.

한 예로 보통 사람들이 음식물을 섭취하는 온도범위, 즉 17℃에서 42℃ 사이에서는 온도가 상승됨에 따라 소금(NaCl)의 짠맛과 퀴닌 황산염(quinine sulfate)의 쓴맛의 역가(閾價, 앞의 맛의 역가 항목 참조)는 증가하나, 염산(HCl)의 신맛의 역가는 별 변화가 없는 것으로 알려져 있다. 한편, 덜신(dulcin)의 단맛의 역가는 일단 감소되었다가 37℃ 이상에서는 다시 증가한다고 한다(Amerine, M. A., *et al.*, 1965, 그림 3-4 참조).

맛에 대한 기질의 영향

맛을 가진 물질이 존재하는 기질(substrate)의 성질은 그 물질의 역가에 큰 영향을 준다. 한 예로서, 소금(NaCl), 카페인(caffeine), 주석산(tartaric acid), 설탕(sucrose) 등의 역가는 액상(liquid phase), 젤상(gels phase), 거품의 형태(foam) 등으로 구성된 토마토 쥬스나 커스터드, 즉 우유, 달걀 등으로 만든 카스타드 속에서 보다는 순수한 물에 녹아 있을 때 더 낮은 수치를 준다고 한다. 한편, 위에서 열거한 세 가지 형태의 식품들 중에서는 액상으로 된 식품에 존재할 때 가장 검출되기 쉬었으며, 젤상에서 가장 검출되기 어려웠다고 한다.

일반적으로 전분 젤(starch gel) 또는 한천 젤(agar gel)과 같은 젤, 또는 유지 등에 존재할 때 맛을 가진 성분들의 역가는 매우 높다.

맛에 대한 냄새의 영향

화학물질들(chemical compounds)이나 일반식품들 또는 가공, 조리식품들(general foods and processed or prepared food products)의 맛이 그 냄새나 향기에 의해서 크게 영향 받는 사실은 주지(周知)의 사실이다. 이와 같은 사실은 혀뿐만 아니라 입안, 즉 구강(口腔) 내에서 받는 맛의 여러 자극들(various taste stimuli) 사이의 매우 강한 상호작용들을 통한 통합(統合)과정이 최종적인 인식과정(recognition process)에 이르는 어느 단계에서 이뤄지고 있음을 의미한다.

또한 한 화학물질 또는 식품성분이 입안에 들어 올 때, 그 휘발성(volatility)으로 말미암아, 일부 성분들은 미각접수체들에서, 다른 기체분자들로 있는 성분들은 비강(鼻腔)내의 후각 접수체들에 작용하여, 맛에 대한 신경자극들과 냄새에 한 신경자극들이 최종적으로 뇌에 전달되는 과정에서, 어떤 통합과정을 거칠 것으로 생각된다. 실제로 많은 식품들의 맛들이, 그 냄새나 향기들에 의해서 크게 좌우되는 사실들이 여러 실험들을 통해서 밝혀지고 있다.

또한, 많은 식품들의 경우, 예로서 각종 블랜드의 커피나 차들(various blands of coffee or teas), 포도주를 비롯한 과실주들(wines), 양조주들(brewed liquors, beers) 등의 경우에는 맛과 향기는 다 같이 주요하며, 한쪽이 없는 경우는 상상할 수 없다. 이와 관련해서 향미(香味, flavor)란 말의 사용은 이상과 같은 경우, 매우 적절하며, 맛과 향기, 즉 맛과 냄새의 상호의존성을 잘 나타내주고 있다.

페닐 사이오카아바마이드와 미맹

색깔을 정상적으로 인식 못하는 색맹(color blind)이 있듯이 어떤 화학물질의 맛에 대해서 대부분의 사람들과는 다르게 맛을 느끼거나 맛 자체를 전혀 느끼지 못하는 사람들이 존재하는 사실이 오래전부터 알려져 왔다.

예로서 1931년에 폭크스(Fox, A. L)가 우연하게 페닐싸이오카아바마이드(phenyl thiocarbamide, 또는 phenyl thiourea, PTC)가 대부분의 사람들에 대해서는 쓴맛을 주나, 일부 사람들은 그 맛을 인식할 수가 없으며, 따라서 무미(無味)한 것으로 느끼게 하는 사실을 발견한 후, 이 화합물의 맛에 대해서 여러 나라에서 많은 연구가 이어져 왔다. 이 PTC 이외에도 그와 유사한 구조를 가진 페네톡실싸이오카아바마이드(phenethoxyl thiocarbamide, 또는 phenethoxyl thiourea, PETC)들도 비슷한 작용을 갖고 있다.

이 PTC와 특히 페네톡실싸이오카아바마이드의 구조들이, 통상적으로 덜신(dulcin)으로 알려진, 현재는 그 사용이 금지되고 있으나 과거에는 널리 사용되어 온 인공감미료인 페네톡실카아바마이드(phenethoxyl carbamide)와 매우 유사한 구조를 갖고 있음은 주목할 만하다.

이 PTC의 맛을 식별 못하는 현상은 마치 색맹인 사람이 어떤 색깔을 정상적으로 식별 못하는 것과 비슷하며, 따라서 미맹(taste blind)이라는 말이 사용되고 있다.

이 PTC에 대한 미맹은 유전적인 요인(hereditary factor)에 의해서 결정되는 것으로 생각되고 있으며, 한 연구에서는 남자의 경우에는 전체 수의 25.9% 내외가, 여자의 경우에는 22.2% 내외가 미맹으로 판명된 조사 사실이 알려져 있다. PTC에 대한 미맹의 분포에 관한 광범위한 인류학적 연구도 보고되고 있다(Amerine, M. A. *et al.*, 1965).

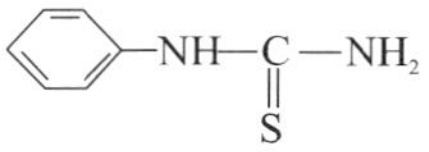

Ph–NH–C(=S)–NH_2	C_2H_5O–Ph–NH–C(=S)–NH_2	C_2H_5O–Ph–NH–C(=)–NH_2
페닐싸오카아바마이드 또는 페닐사오유레아(PTC)	페네토키실타이오카아바마이드, 즉 페네토키실사이오유레아	페네토키실카아바마이드 또는 페네토키유레아, 즉 덜신, 설탕의 약 300배의 단맛을 갖고 있음.

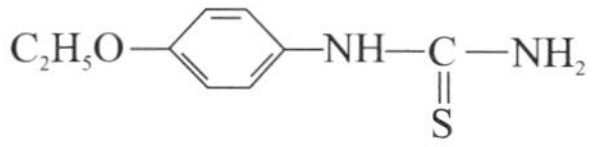

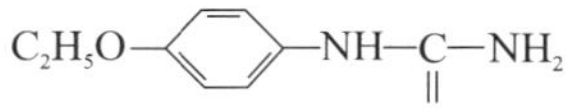

한편, 잡살리스와 벡크들(Zapsalis, C. and Beck, R. A., 1985)도 전술한 PTC, 또는 PETC 등에 대한 사람들의 반응에서 유전적인 요인이 중요한 작용인자(作用因子, an effector)가 되고 있는 사실에 대해서 언급한 바 있다. 즉,

이들은 PTC에 대한 반응에서, 테스트를 받은 미국 백인들(American Caucasians)의 약 40%가 무미하다고 생각한 반면 같은 테스트를 받은 한국인들(the Korean population)의 불과 3%만이 무미하다고 응답한 실험결과에 대해서 언급하고 있다.

벤졸산 나트륨염의 맛

한편, 어떤 화합물은 그 농도에 따라 여러 가지 맛을 나타내는 사실이 알려져 왔다. 예로서, 벤졸산의 나트륨염(sodium benzoate)은 단맛, 신맛, 쓴맛 또는 짠맛을 갖고 있거나, 경우에 따라서는 무미(tasteless)라고 보고되고 있다.

퍼리얌(Peryam, D. R., 1960)은 이 벤졸산 나트륨염의 이상의 네 가지 맛은 그 농도에 따라 크게 다르며, 대략 0.03% 이하의 농도에서는 쓴맛이 가장 강하나 0.03% 이상의 농도에서는 단맛이 가장 강하며, 동시에 짠맛, 쓴맛 그리고 신맛의 순서로 함께 느낄 수 있었다고 보고하고 있다. 이상의 결과는 한 물질의 맛이 언제나 절대적이 아님을 보여주고 있다.

벤졸산 나트륨의 경우에는 그 농도뿐만 아니라 개인 간의 차이(interpersonal variability)에 따라 느끼게 되는 맛이 크게 변할 수 있다고 한다(Peryam, D. R., 1963)

맛을 변하게 하는 화학물질들

감미차단물질인 짐네민산

인도에서 고대로부터 당뇨병(糖尿病, diabetes millitus) 치료에 사용되어 온 짐네마 실베스터(Gymnema sylvester)의 잎이 이상한 성질을 갖고 있는 사실이 서부 및 중앙 인도지방의 주민들에게는 옛날부터 널리 알려져 왔으며, 이와 같은 사실은 1894년경부터 유럽에도 알려지게 되었다고 한다. 즉, 이 잎을 씹은 후에는 단맛을 느낄 수 없어 설탕(sucrose)은 모래알(sand)과 같은 감촉만을 줄뿐이고 오렌지 즙에서는 신맛만을 느낀다고 한다.

이 감미차단물질(sweet taste blocking substance)에 대한 생리학적인 연구는 1950년 앤더슨(Anderson, B.)에 의해서 시작된 후 계속 연구되어 왔다(Warren, T. P., *et al*, 1969). 이 잎을 씹은 후에는 글리세롤(glycerol), 사카린(saccharin), 사이클라민산 소오다(sodium cyclamate) 등과 같은 감미료들의 단맛도 차단한다고 한다.

한편, 입 안에 들어 온 감미(甘味) 물질들의 작용을 차단하는 성분은 쓴맛도 차단한다고 한다. 즉, 이 잎을 씹은 후에는 키닌의 황산염(quinine sulfate)은 물론, 피크린산(picric acid)의 포화 용액에 대해서도 아무 맛을 느끼지 않게 된다고 한다.

근래에 와서 이 잎에 존재하는 단맛과 쓴맛을 차단하여 주는 성분이 추출·분리되었으며, 이 성분은 짐네민산(gymnemic acid)임이 밝혀졌었다.

이 짐네민산의 정확한 구조는 아직 확정되어 있지 않다. 그러나 짐네민산은 배당체(glycosides)로서 실제로는 짐네민산 A, B, C 및 D 네 가지의 짐네민산들이 존재하는 것으로 알려져 있으며, 그 중에서는 짐네민산 A가 가장 강한 감미차단작용(antisaccharic action)을 보이며, 짐네민산 C와 D는 이와 같은 작용을 전혀 보이지 않는 것으로 알려져 있다.

한편, 짐네민산 A 자체도 단일체는 아니고 짐네민산 A_1, A_2, A_3 및 A_4로 알려진 네 개의 짐네민산 A 그룹의 총칭이다. 전술한 바와 같이 짐네민산 A는 배당체들로서 가수분해에 의해서 아글리콘(aglycones)과 당류(sugars)들로 분해된다.

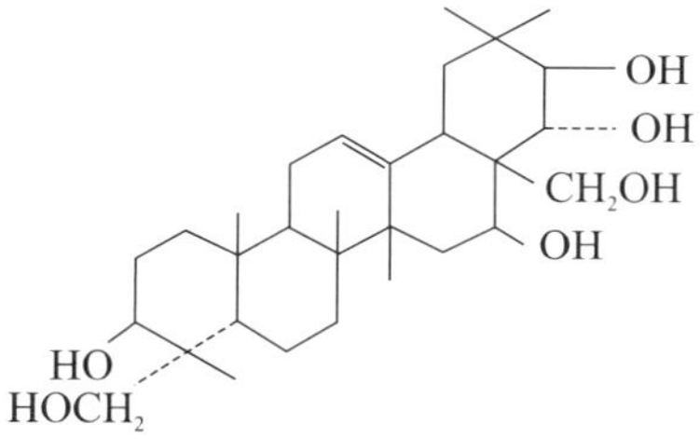

짐네마제닌(gymemagenin), $C_{30}H_{50}O_6$(Mol. Wt., 506), M.P.328~335℃

[그림 3-7] 짐네민산(gymnemic acid)의 주성분 짐네마제닌의 구조.
St cklin, W. 1969. J. Agr. *Food Chem.*, 17, 706.

이때 형성되는 당으로서는 포도당(glucose), 아라비노오스(arabinose), 글루큐로노락톤(glucuronolactone) 등이 알려져 있다.

한편, 아글리콘들(aglycones)로서는 제닌 G(genin G), 제닌 J(genin J), 제닌 K(genin K) 등으로 알려진 세 개의 형태가 분리되었으며, 이 제닌 G, J, K 등을 구성하고 있는 가장 중요한 구성성분은 짐네마제닌(그림 3-7 참조)이며, 이 짐네마제닌은 여러 특정 유기산들과 결합상태에 있는 것으로 알려져 있다. 짐네마제닌의 구조는 슈테클린(Stöcklin, W., 1969)에 의해서 확정되었으며, 그림 3-7과 같은 구조를 가지고 융점이 328 내지 335℃인 화합물이다.

이 짐네민산의 특수한 미각상의 작용기구(action mechanism)에 대해서는 아직 확실하게 알려진 바 없다.

미각수정 단백질

아프리카 원산의 식물 시네팔럼 덜시피카(*Synepalum dulcifica* 또는 *Richardella dulficica*)의 열매를 잠시 씹은 후 신맛의 음식물을 먹을 때 평소의 신맛이 단맛으로 느껴지기 때문에 기적의 또는 신기한 과실(miracle fruit)로 널리 알려져 왔다. 열매속의 신맛을 단맛으로 바꾸는 성븐에 대한 연구는 1965년에 인글렛트들(Inglett, G. E., *et al*)에 의해서 시작되었으며, 1968년에 그 성분이 쿠리하라와 바이들러들(Kurihara, K. and Beider, L. M., 1968)에 의해서 분리되었다. 이들은 이 맛을 바꿔주는 성질의 본질이 단백질임을 밝히고 이것을 미각수정 단백질(taste-modifying protein)이라 하였다.

브루워들(Brouwer, J. N., *et al*., 1968)은 이 성분을 미라클린(miraculin)으로 명명하고 현재까지 사용되고 있다. 이 성분에 의해 신맛은 언제나 단맛을 유발하나, 단맛, 쓴맛, 짠맛은 전혀 영향을 받지 않는다고 한다.

미라클린의 완전한 구조는 단백질 191개로 구성된 한 줄기의 폴리펩타이드 사슬(a long chain polypeptide)로서 N-말단(N-terminal)에서 각각 42번과 186번에 연결된 아스퍼어틴산(aspartic acid)의 폴리펩타이드 결합에 참여하고 있지 않은 카아복실기(carboxyl group)에 탄수화물 사슬(carbohydrate chain)이 연결된 단량체(monomer) 두 개가 다시 각각의 폴리펩타이드 사슬 내의 시스테인(cystein) 분자들과 다이설파이드 결합(disulfide bond, 즉, -S-S-)을 통해서 이중체(dimer)의 구조로 존재하는 사실이 밝혀지고 있다.

이 단백질은 대략 14%의 당류(sugars)를 함유한 염기성 당단백질(a basic glycoprotein)로써, 그 분자량은 이중체로서 대략 43,000 정도라고 한다(Kurihara, K., 1990; Shallenberger, R.S., 1993; Kurihara., 1998).

이와 같이 맛을 변화시키는 성분이 단백질인 사실은 맛을 느끼게 하는 분자수준(molecular level)의 작용기구(action mechanism)를 해명하는 데 있어서 중요한 실마리를 제공해 주는 것으로 믿어지고 있다. 즉, 혀의 상부와 측면에 존재하는 미뢰들(taste buds)의 정상부(頂上部)에 있는 수용체들(receptors)에서 맛을 가진 성분이 일단 용해한다는 가정과 수용체(受容體)에서 이와 같은 성분이 물에 용해되지 않고 직접 흡착 된다는 두 개의 가정을 두고 볼 때, 위에서 설명한 미각수정 물질들(味覺修正 物質)의 본질이 물에 녹을 수 없는 고분자화합물인 단백질들이라는 사실은 후자의 가정을 강하게 뒷받침해 주는 것이다. 다시 말해서 전술한 미각에 관한 바이들러의 흡착설을 강하게 뒷받침해 주는 사실로 생각되고 있다.

한편, 이 미각수정 단백질의 작용은 쿠리하라와 바이들러들(Kurihara, K. and Beidler, L M., 1969)에 의해서 설명되어 왔다. 즉, 미뢰에 있는 일부 미각수용체들(taste receptors)에 이상의 단백질 성분들이 일단 강하게 흡착된 후 신맛을 가진 성분들, 즉 수소이온들이 들어오게 되면, 이 수소이온에 의해서 수용체들의 형태에 변화가 일어나, 그림 3-8에서 보는 바와 같이 단백질들에 구성성분들로서 결합되어 있는 아라비노오스(arabinose) 또는 자일로오스(xylose)가 단맛을 강하게 느끼는 수용체들에 흡착되어 강한 단맛을 느끼게 하며 신맛은 상대적으로 가려진다고 설명하고 있다.

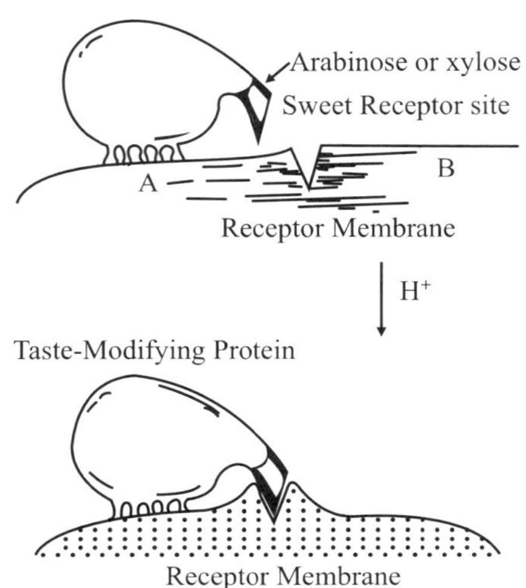

[그림 3-8] 수용체막(receptor membrane)의 A부분에 흡착된 미각수정 단백질(taste-modifying-protein)은 처음에는 아무 작용도 없다. 그러나 H^+이온 농도가 증가함에 따라 수용체막의 형태는 변하고 미각수정 단백질의 끝에 있는 당(arabinose 또는 xylose) 부분이 단맛을 느끼게 하는 접수체(sweet receptor site)에 들어맞게 되어 신맛은 단맛의 느낌으로 변한다.
Kurihara, K. and Beidler, L. M., 1969. *Nature*, 222, 1176.

아이티쵸오크의 성분들과 큐어쿨린

서구(西歐)에서 샐러드에 채소로 사용되는 아아티쵸오크(artichoke, 서양엉겅퀴, *Cynara scolymus* L.)를 먹은 후, 물을 마시면 물이 달게 느껴지는 사실이 옛 부터 알려져 왔다. 1972년 바아토슈크들(Bartoshuk, L. M. *et al*., 1972)은 이 아아티쵸오크의 추출액을 입에 넣은 후 물을 마시면 물이 달게 느껴지며, 이와 같은 작용을 나타내는 성분들로서 클로로제닌산(chlorogenic acid)과 사이나린(cynarin) 등을 들고 있다. 그러나 이와 같은 추출물에 의해서 전혀 변화를 느끼지 못하는 사람들도 많은 사실도 밝혀져 있으며, 클로로제닌산과 사이나린 등의 작용에 대해서는 더 많은 연구가 필요한 듯하다.

한편, 야마시타들(Yamashita, H. *et al*., 1990; Kurihara, K., 1990, 1998 참조) 등은 말레이시아(Malaysia) 일대에 야생하는, 한 식물체(*Curculigo latigolia*)의 열매에서 물을 달게 느끼게 하는 큐어쿨린(curculin)으로 명명한 미각수정 단백질(a taste-modifying protein)을 분리하여, 그 화학구조와 그 작용기구(作用機構) 등을 보고하고 있다. 이 큐어쿨린은 분자량 24,000 정도의 이중체(dimer)의 구조를 갖고 있으며, 각각의 단량체(monomer)의 분자량은 12,000 정도로서, 114개의 아미노산들로 구성된 폴리펩타이드라고 한다. 전술한 미라쿨린의 경우와는 달리, 탄수화물 측쇄(carbohydrate side chains)는 없으며, 분자 전체가 아미노산만으로 구성되어 있다고 한다.

이 큐어쿨린을 함유한 열매를 씹은 후, 물 또는 홍차를 입에 넣으면 달게 느껴지며, 신맛이 있는 물의 경우 단맛의 느낌이 강화된다고 한다. 이 큐어쿨린의 작용은 미라쿨린의 경우와는 반대로 입안에 물이 들어오면 큐어쿨린 분자들은 혀의 미각수용체막들(receptor membranes) 중의 단맛을 느끼게 하는 장소들(sweet receptor sites)에 흡착되어 단맛을 느끼게 하나, 시간이 경과함에 따라 침 속의 칼슘이온 등, 2가이온(divalent ions)들의 작용에 의해서 단맛을 느끼게 하는 장소들에서 해리가 일어나 단맛의 느낌은 사라지고, 다시 물을 마시면 흡착작용이 반복되어 다시 단맛을 느끼게 된다고 한다. 이 때 산성(acidic)인 물을 사용할 때는, 큐어쿨린의 흡착작용은 강화되어 강한 단맛을 느끼나, 시간이 경과함에 따라 침 속의 칼슘이온 등의 작용으로 잠시 후에 단맛은 사라진다고 한다.

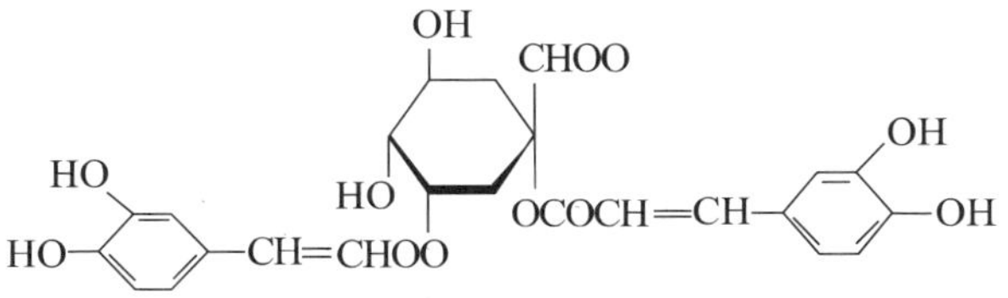

사이나린(cynarin)의 분자구조

아미노산들, 펩타이드후, 단백질들의 맛

아미노산의 맛　아미노산들(amino acids), 펩타이드들(peptide) 그리고 단백질들(proteins)은 식품의 가장 중요한 성분들 중의 하나로서 식품의 화학적, 물리적 성질이나 그 영양가에 중요한 공헌을 할 뿐 아니라 이들을 함유하고 있는 식품의 맛에도 직·간접적인 영향을 준다.

따라서, 주요한 아미노산들이나 펩타이드류, 단백질들의 맛들에 대해서 근래에 와서 많은 연구들이 이루어지고 있다.

식품의 성분으로서 보통 존재하는 아미노산들과 기타의 일부 아미노산들은 그 맛에 따라 대체르 다음과 같은 다섯 개의 그룹으로 분류될 수 있다.

제 1그룹

전혀 맛이 없거나, 거의 맛이 없는 아미노산들.

여기에 속하는 아미노산들로는 알라닌(D-Alanine), 알지닌(D,L-Arginine), 아스파틴산(D,L-Aspartic acid), 글루타민산(D-Glutamic acid), 히스티딘(L-Histidine), 아이소류우신(D,L-Isoleucine), 라이신(D,L-Lysine), 프롤린(D,L-Proline), 세아린(D,L-Serine), 쓰레오닌(D,L-Threonine), 베일린(D,L-Valine) 등이 있다.

제2그룹

단맛을 가진 아미노산들.

이들 아미노산을 단맛이 강한 순서대로 적으면 다음과 같다. 트립토펜(D-Tryptophan), 히스티딘(D-Histidine), 페닐알라닌(D-Phenylalanine), 타이로신(D-Tyrosine), 류우신(D-Leucine). 알라닌(L-Alanine), 글라이신(Glycine) 등이다(표 3-1 참조).

제 3그룹

쓴맛을 가진 아미노산들.

이들 아미노산을 쓴맛이 가장 강한 산으로부터 순서대로 적으면 다음과 같다. 즉, 타이로신(L-Tyrosine), 트립토펜(L-Tryptophan), 류우신(L-Leucine), 페닐알라닌(L-Phenylalanine) 등이다.

제 4그룹

유화물과 비슷한 맛(sulfurous taste)을 가진 아미노산들.

여기에 속하는 아미노산들로서는 시스테인(D,L-Cysteine), 메싸이오닌(D,L-Mehtionine) 등이 있다.

표 3-1 0.3%의 수용액 속에서의 각종 아미노산(amino acids)의 맛[1,2])

아미노산의 종류	맛	
	L-형	D-형
무미한 아미노산(amino acid without taste)		
알지닌(arginine)	무미(flat)	약간 단맛(D,L)
아스파틴산(aspartic acid)	무미(flat)	무미(flat)
아이소류우신(isoleucine)	무미(flat)	무미(flat)
라이신(lysine)	무미(flat)	무미(flat)
프롤린(proline)	무미, 또는 약간 단맛	무미(flat)(D,L)
세아린(serine)	무미(flat)	무미(flat)
쓰레오닌(threonine)	무미(flat)	무미(flat)
베일린(valine)	무미(flat)	무미(flat)
글루타민산(glutamic acid)	-	-
단맛, 또는 쓴맛을 가진 아미노산(with bitter or sweet taste)		
알라닌(alanine)	단맛, 0.54% sucrose4)	무미(flat)
히스티딘(histidine)	무미(flat)	단맛, 2.23% sucrose
류우신(leucine)	쓴맛, 0.11% caffeine5)	단맛, 1.30% sucrose
페닐알라닌(phenyalanine)	쓴맛, 0.069% caffeine	단맛, 2.20% sucrose
트립토펜(tryptophan)	쓴맛, 0.133% caffeine	단맛, 11.00% sucrose
타이로신(tyrosine)	쓴맛, 0.17% caffeine	단맛, 1.65% sucrose
글라이신(gylcine)	쓴맛, 0.45% sucrose용액과 같음	
여러 가지 맛을 가진 아미노산(with varying taste)		
시스테인(cysteine)	유황화합물맛(sulfurous)	유황화합물맛(D,L)
글루타민산(glutamic acid)	특이한 맛(unique)	-
메싸이오닌(methionine)	유황화합물맛, 고기맛(meaty)	유황화합물맛, 고기맛

1) (DL)은 라세미체(recemates)를 표시함. 2) pH는 NaOH 또는 HCl로 6.0으로 조절함. 3) 용해도가 낮기 때문에 높은 온도에서 테스트를 실시하였음. 4) 0.54% sucrose란 0.54% sucrose 수용액과 단맛이 동등함을 말함. 5) 0.11% caffeine 수용애과 쓴맛이 동등함을 말함.

Solms, J. j., 1969. J. Agr. *Food Chem.*, 17, 687.

제 5그룹

그 자신으로는 별 뚜렷한 맛을 갖고 있지 않으나, 함께 존재함으로써 다른 물질들의 맛을 변화(flavor modifier)시키거나 강화(flavor intensifier)시켜주는 성질을 가진 아미노산들.

이 그룹에 속하는 아미노산들로서는 글루타민산(L-glutamic acid)이 있다. 그리고, 이 글루타민산 이외에도 트리콜로민산(tricholomic acid), 이보테닌산(ibotenic aicd)들도 글루타민산과 비슷한 작용을 갖고 있음이 알려져 있다(본문 p.165 등 참조).

한편, 제2그룹의 단맛을 가진 아미노산들 중에서도 방향족 아미노산들(aromatic amino acids)의 단맛은 특히 주목할 만하다.

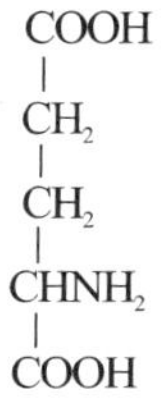

COOH | CH_2 | CH_2 | $CHNH_2$ | COOH

글루타민산(L-glutamic acid)

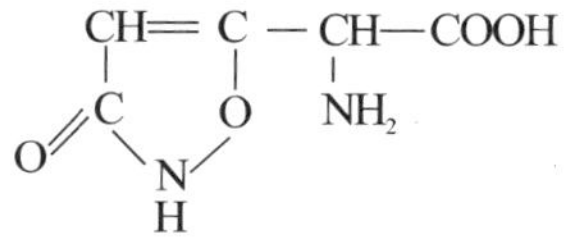

$CH= C - CH-COOH$, C(=O), O, N-H, NH_2

L-이보테닌산(L-ibotenic acid)

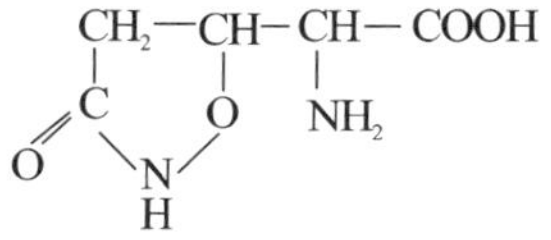

$CH_2-CH-CH-COOH$, C(=O), O, N-H, NH_2

L-트리콜로민산(L-tricholomic acid)

예로서, D-트립토펜의 단맛은 설탕 단맛의 대략 35배나 된다. 이 D-트립토펜의 광학이성체인 L-트립토펜은 카페인(caffeine)의 대략 1/2 정도의 강한 쓴맛을 갖고 있는 사실이 알려져 있다. 한편, 소옴즈(Solms, J. J., 1969)는 각종 아미노산들의 맛을 실제로 조사하여 그 결과를 표 3-1과 같이 발표하고 있다.

일부 아미노산들, 예로서 류우신, 페닐알라닌, 트립토펜, 타이로신 등에서 D-형 또는 L-형에 따라 그 맛이 쓰거나 단맛을 가지는 사실은 매우 흥미있다. 실제로 비자연산(非自然産) 아미노산들(non-naturally occuring amino acids)인 D-형 아미노산들은 거의 예외 없이 단맛을 가진 사실은 주목할만 하다.

펩타이드류의 맛

겝타이드류(peptides)는 종류도 많을뿐더러, 그 하나하나의 맛에 대해서도 자세히 연구되어 있지 않다. 일부 펩타이드류의 유도체들은 매우 강한 단맛을 가진 사실들이 마저어들(Mazur, RH. *et al.*, 1969)이 L-아스파틸-L-페닐알라닌의 메틸에스터(methyl ester of aspartyl-L-phenylalanine), 즉 아스파테임(aspartame, 본 장 p.133 참조)이 설탕의 100배 이상의 강한 단맛을 가진 사실을 발견한 후, 널리 연구되어 왔으며, 계속 연구되어 왔다(Zeng, G. Z. *et al.*, 1991; Shallenberger, R. S., 1993 참조). 그 외에도 L-아스파틸-D-알라닌 아마이드(L-aspartyl-D-alanine amide)와 그 유도체들, L-아스파틸-D-알라닌의 프로필 에스터(propyl ester of L-aspartyl-D-alanine)들이 연구되어 왔다.

일부 펩타이드들의 맛을 조사 연구하여, 일부 펩타이드류 중 신맛을 가진 것들, 쓴맛을 가진 것들, 아무 맛이 없거나 거의 맛이 없는 것들을 조사, 분류하여 표를 만든 것을 보고하고 있다(표 3-2 참조).

표 3-2 0.2% 수용액 속에서의 펩타이드들(peptides)의 맛

제1그룹 : 신맛을 가진 것

Gly-L-Asp, Gly-L-Glu, L-Ala-L-Asp, L-Ala-L-Glu, L-Ser-L-Asp, L-Ser-L-Glu, L-Val-L-Asp, L-Asp-L-Ala, L-Asp-L-Asp, L-Val-L-Glu, L-Glu-L-Phe, L-Glu-L-Tyr, Gly-L-Asp-l-Ser-Gly, L-Phe-L-Asp, L-Phe-L-Glu, L-Pro-Gly-Gly-Gly-L-Gu

제2그룹 : 쓴맛을 가진 것

Gly-L-Ile, Gly-L-Met, Gly-L-Phe, Gly-L-Try, L-Vai-L-Ala, L-Val-L_Leu, L-Leu-L-Tyr-L-Leu-Gly, L-Leu-L-Leu, L-Val-L-Leu

제3그룹 : 쓴맛을 가진 것

Gly-Gly, Gly-L-Ala, Gly-L-Ser, Gly-L-Thr, L-Ala-Gly, L-Ala-L-Ala, Gly-Gly-Gly-Gly, L-Pro-Gly, L-Pro-L-Ala

Kirimura, J. et al., 1969. J. Agr. *Food Chem.*, 17, 691.

이 중 쓴맛을 가진 펩타이드류는 각종의 식품을 가열, 또는 가공처리 할 때 그 식품 속의 단백질들의 효소작용 또는 가열에 의한 가수분해로 형성되는 경우가 많으며, 이들 식품의 품질을 저하시키거나, 부산물들(by-products)의 이용을 어렵게 하기 때문에 문제가 되는 경우가 많다. 예로서, 우유에서 치즈를 만든 후, 남은 유장 단백질(whey proteins)의 이용은 이상과 같은 문제로 어려움을 겪어 왔다. 그 외 에도 여러 가지 예를 들 수 있다.

한 예로서, γ-L-글루타밀-S-(프로프-1-에닐)-L-시스테인(γ-L-glutamyl-S-(prop-1-enyl)-L-cysteine)과 그 설폭사이드(γ-L-glutamyl-S-(prop-1-enyl)-L-sulfoxide)는 쏘는 듯한, 매우 자극적인 맛을 갖고 있음이 알려져 있다.

우유 카세인(casein)을 여러 단백질 분해효소로 가수분해할 때는 쓴맛을 가진 성분이 형성되는데, 이 쓴맛 성분이 카세인의 분해 결과 형성되는 펩타이드들임이 밝혀졌으며, 많은 연구자들이 우유 단백질에서 얻은 각종 펩타이드류의 쓴맛에 대해서 연구하여 왔다. 예로서 미나미우라들(Minamiura, N. *et al*., 1972)은 우유 카세인을 스트렙토콕커스(Streptococcus)균에서 추출한 프로테네이스(proteinase)로 가수분해할 때 형성되는 Agr-Gly-Pro-Phe-Ile-Val의 구조를 가진 펩타이드가 쓴맛을 갖고 있으며, 쓴맛을 일으키는 것으로 추정되는 부분은 이 펩타이드 중의 "Gly-Pro-Pro-Phe" 부분이었다고 보고하고 있다(Minamiura, N. *et al*., 1972).

펩타이드류 중 소수성(疏水性, hydrophobicity)이 큰 아미노산들, 예로서 트리토펜(tryptophan), 아이소류우신(isoleucine), 타이로신(tyrosine), 페닐알라닌(phenylalnine), 프롤린(proline), 류우신(leucine)들로 구성된 펩타이드들은 대개 강한 쓴맛을 갖고 있다고 한다(본문 p.148 참조).

한편, 글루타싸이온(gultathione)은 약한 MSG 또는 라이보타이드류와 같은 작용을 갖고 있으며, 이들과 함께 육류와 비슷한 맛(meaty taste)을 준다고 한다(Arai, S. *et al*., 1973. Agr. *Biol Chem*., 37, 151 참조).

단백질의 맛 단백질들은 지금까지는 일반적으로 무미(tasteless)하며, 직접적으로 맛에 영향을 주지 않는 것으로 믿어져 왔으나, 전술한 미각수정 단백질들의 경우에서 알 수 있듯이 이들의 맛 또는 작용에 대해서는 더 많은 연구가 필요한 듯하다.

실제로 일부 단백질들은 강한 단맛을 가진 사실이 알려져 왔다. 따라서 앞으로도 이 분야에 대해서 더 많은 연구들이 있을 것으로 기대된다. 현재까지 알려진 단맛을 가진 단백질들로는 다음과 같은 것들이 있다.

모넬린 모넬린(monellin)은 서부 아프리카 원산 식물체(*Dioscorephyllum cumminsii*)의 빨간색 작은 열매에 함유된 단맛 성분으로써, 1972년에 모리스들(Morris, J. A. and Cagan, R. H., 1972)에 의해서 순수한 단백질임이 밝혀졌었다. 그 분자량은 10,700 정도로서, 44개의 아미노산들로 구성된 폴리펩타이드 A 사슬(chain A)과 50개의 아미노산들로 구성된 B 사슬(chain B)들은 비공유결합(non-covalent bond)으로 느슨하게 결합되어 있기 때문에 이 모넬린은 55℃ 이상의 온도에서는 그 강한 단맛을 잃는다고 한다.

김들(Kim, S. H. *et al*., 1991; Shallenberger, R. S., 1993 참조)이 유전공학 기술을 사용해서 사슬 A와 사슬 B를 결합시켜, 원래의 모넬린 보다 열에 대해서 더 안정된, 그러나 같은 단맛을 가진, 유전공학 조작을 거친 모넬린을 합성한 사실이 보고되고 있다. 그 단맛은 같은 중량으로 비교할 때(on a weight basis), 설탕의 약 3000배 정도로 추정되고 있다(Kurihara, Y., 1997). 모넬린의 단맛은 pH 2 이상 또는 pH 9 이하에서는 상실하게 된다고 한다(Shallenberger, R. S., 1993).

토오마틴 역시 서부 아프리카 원산의 식물체(*Thaumatococcus daniellii*)의 열매에서 추출한 토오마틴(thaumatin)은 설탕(8～10% 용액 기준)의 2000～2500배의 단맛을 갖고 있어서, 세계에서 가장 단맛이 강한 자연성분들의 하나로 알려져 왔다.

토오마틴은 토오마틴 I 과 토오마틴 II 로 구성되어 있으며, 각각 분자량 22,000 그리고 아미노산 207개로 된, 그 구성이 서로 비슷한, 즉 내부에 각각 8개의 다이설파이드 결합(-S-S-결합)들을 가진 폴리펩타이드 사슬들이 결합하여 형성된 분자 구조를 갖고 있다. 따라서, 그 4차 구조는 매우 견고하여, 가열에 대해서도 매우 안정(安定)함으로, 120℃의 통조림 가공과정이나, 저온살균 또는 고온단시간 가열살균과정에서도 그 강한 단맛과 구조를 그대로 유지하는 것으로 알려져 있다.

토오마틴은 모노소듐 글루타메이트(monosodium glutamate, MSG)나 많은 인공감미료 등에 대해서 상승효과(synergistic effects)를 갖고 있다. 예로서 아스파테임(aspertame, 곧 설명하게 됨)을 사용할 때, 10ppm 만 첨가해도 아스파테임의 사용량을 30% 절약할 수 있다고 한다. 실제로 감미료(sweetner)로 사용할 수 있는 감미성분으로 생각되고 있다(Staff Report, *Food Technology*, January, 1996 참조).

브라제인 서부 아프리카 원산인 식물체(*Pentadiplandra brazzeana*) 열매의 과육(果肉)에서 추출한 단맛 성분은 부라제인(brazzein)으로 알려졌으며, 그 분자량은 대략 6,500 정도의 54개의 아미노산들로 구성된 단백질 또는 폴리펩타이드이다. 그 분자 내에 4개의 다이설파이드 결합(disulfide bond, -S-S-)이 있어서 안정된 구조를 하고 있다고 한다. 그 단맛은 40℃에서 4시간 가열해도 파괴되지 않는다고 한다(Kurihara, Y., 1997 참조).

마빈린 중국 운남성 지방에 자생하는 식물체(*Capparis masaki* Level) 열매의 씨에서 추출한 단맛 성분은 마빈린(mabinlin)으로 알려져 있다. 마빈린은 4개의 동족체(homologs)들이 있으며, 모두 분자량 12,000 정도의 염기성 단백질들(basic proteins)로서, 각각 30개의 아미노산들이 연결된 A 사슬(chain A)과 72개의 아미노산들이 연결된 B 사슬(chain B)로 구성되고 있다고 한다. 또한 A 사슬, B 사슬들에는 각각 2개와 6개의 시스테인들이 사슬 내부와 외부에 합계 4개의 다이설파이드 결합(disulfide bond)들을 형성하고 있다고 한다.

이 마빈린은 설탕의 대략 2000배 정도의 강한 단맛을 갖고 있으며, 마빈린 II, III, IV들은 80℃에서 48시간 가열해도 그 단맛을 잃지 않았으나, 마빈린 I은 80℃에서 1시간 가열했을 때, 곧 맛을 잃었다고 한다. 마빈린 II, III, IV 등은 감미 단백질들로는 뛰어난 내열성을 갖고 있는 것이 특징이다(Kurihara Y., 1996 및 1997 참조).

한편, 일부 단백질들은 그 고유의 맛 이외도, 촉감이나 기타의 비슷한 효과들(tactile and similar effects)을 주며, 또 일부 단백질들은 수렴성(astringency)을 주는 사실도 널리 알려져 있다.

단맛

단맛을 가진 화합물들

단맛을 가진 물질들의 분자구조는 다양하여 일률적(一律的)으로 말할 수 없으나 대체로

표 3-3 여러 화합물들의 상대적 감미도

surcose	1	Fructose	1.1～1.5
Lactose	0.27	Gyclamate	30～80
Maltose	0.5	Glycyrrhizin	50
Sorbitol	0.5	Aspartylphenylalanine methylester	100～200
Glactose	0.6		
Glucose	0.5～0.7	Stevioside	300
Mannitol	0.7	Naringin dihydrochalcone	300
Glycerol	0.8	Saccharin	500～700
		Neohesperidin dihydrochalcone	1000～1500

Sloms, J. 1971, Nonvolatile compounds and the flavor of foods in "*Gustation and Oifaction*", edited by Ohloff, G. and Thomas, A. F., Academic Press, New York.

1. 포도당, 과당(fructose), 맥아당(maltose), 젖당(lactose), 설탕(surcose) 등의 당류, 에틸렌 글라이콜(ethylene glycol, CH_2OH-CH_2OH), 글리세롤(glycerol, CH_2OH-CHOH-CH_2OH), 에리쓰리톨(erythritol, CH_2OH-CHOH-CHOH-CH_2OH), 만니톨(mannitol) 등과 같이 수산기(-OH group)를 많이 가진 알콜류(polyhydric alcohols)
2. 파라-나이트로톨루이딘(p-nitro-o-toluidine), 덜신(dulcin, p-phenehtyl carbamide) 등과 같은 방향족 아민류(aromatic amines)
3. 베릴륨(beryllium)이나 납(lead) 등의 일부 금속의 염류

등으로 나뉘어지고 있다.

한편, 표 3-3은 소옴즈(Solms, J., 1971)가 각종의 단맛을 가진 화합물들의 설탕(sucrose)에 대한 상대적인 감미도(reative sweetness)를 조사하여 그 결과를 요약한 것이며, 표 3-4는 잉글렛트(Inglett, G. E., 1981)가 여러 문헌들에 발표된 단맛을 가진 각종의 화합물들의 설탕에 대한 상대적 감미도를 수록한 것이다.

표 3-4 여러 당류(sugars)와 감미료의 사대적 감미도(relative sweetness)

감미료	상대적 감미도	감미료	상대적 감미도
설탕(sucrose)	1	5-메틸삭카린(5-methylsaccharin)	200
젖당(lactose)	0.4	p-에톡시페닐유레아 (p-ethoxyphenylurea, dulcin)	70~350
맥아당(maltose)	0.5		
갈락토오스(galactose)	0.6	6-클로로삭카린(6-chlorosaccharin)	300
포도당(D-glucose)	0.7	n-헥실클로로말로나마이드 (n-hexylchloromalonamide)	300
과당(D-fructose)	1.1		
전화당(invert sugar)	0.7	소듐 삭카린(sodium saccharin)	200~700
자일로오스(D-xylose)	0.7	스테비오사이드(stevioside)	300
소오비톨(sorbitol)	0.5	2-아미노-4-나이트로톨루엔 (2-amino-4-nitrotoluene)	300
만니톨(mannitol)	0.7		
둘시톨(dulcitol)	0.4	나린진 다이하이드로칼콘 (naringin dihydrochalcone)	300
글리세롤(glycerol)	0.8		
글라이신(glycine)	0.7	p-나이트로석시닐라이드 (p-nitrosuccinanilide)	350
소듐 3-메틸사이클로펜틸설파메이트 (sodium 3-methylcyclopentylsulfamate)	15		
		파일로덜신(phyllodulcin)	400

아니실유레아(p-anisylurea)	18	1-브로모-5-나이트로아닐린 (1-bromo-5-nitroaniline)	700
소듐 사이클로헥실 설피메이트 (sodium cyclohexylsulfamate, 또는 cyclamaete)	30~80	5-나이트로-2-에톡시아닐린 (5-intro-2-ethoxyaniline)	950
클로로폼(chloroform)	40	페릴알데하이드 안티옥사임 (perillaldehyde anti-oxime)	2,000
글리시리진(glycyrrhizin)	50	네오헤스페리딘 다이하이드로칼콘 (neohesperidine dihydrochalcone)	2,000
아세설팜-K(acesulfam-K)	130	탈린(talin)	2,500
아스파아틸-페닐알라닌 메틸에스터 (aspartyl-phenylalanine methylester)	100~200	5-나이트로-2-메톡시아닐린 (5-intro-2-propoxyaniline, P4000)	4,000
5-나이트로-2-프로폭시아닐린 (5-intro-2-methoxyaniline)	167		

Inglett, G. E. 1981. *Food Technol.*, 35(3), 40.

한편, 카메론(Cameron, A. T., 1947)은 설탕의 25%까지의 각 농도의 용액의 단맛에 대응하는 일부 감미료(甘味料)들의 농도를 측정하여 그림 3-9와 같은 결과를 얻고 있다. eguailty

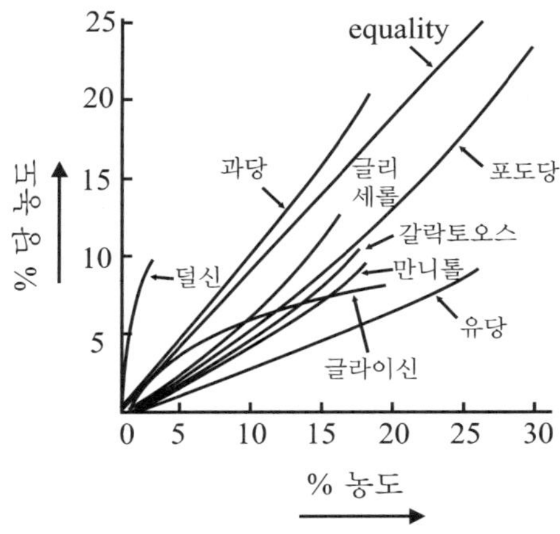

[그림 3-9] 설탕(sucrose)과 비교한 여러 물질들의 감미도(sweetness)
Cameron, A. T. 1947., *Sugar Research Foudation*, 9,1~72

단맛을 가진 화합물의 구조

전술한 바와 같이 단맛을 가진 화합물들은 소위 당류(糖類, sugars)로 알려진, 인접(隣接)된 위치에 수산기 -OH가 많이 달린 화합물들(polyhydric compounds)로 대표되기는 하나, 실제로는 그 구조들이 매우 다양함을 알 수 있다. 단맛을 갖고 있는 화합물들의 단맛을 나타내는 기능 그룹(functional group)의 특징에 대해서는 오랫동안 연구되어 왔으나, 단맛을 가진 화합물들의 구조의 다양성 때문에 단맛을 가진 화합물들 전체에 대해서 종합적이고 일관성 있는 설명이 어려웠다.

그러나 샬렌버어거들(Shallenberger, R. S and Acress, T. E., 1969)은 단맛을 가진 화합물에 단맛을 느끼게 하는 기구로서 단맛을 가진 화합물분자(a glycophore)의 표면에 혀의 미뢰들(taste buds)을 구성하고 있는 미각세포들(taste cells)의 정상부(頂上部, apical part)에 있는 접수체 또는 수용체(受容體, receptors)들의 수용체막(taste membrane)에 단맛자극(a sweet stimulus)을 실제로 전달할 두 개의 인접된(거리 약 3Å) 기능그룹들, 즉 수소결합(hydrogen bonding)을 할 경우, 수소원자를 주는 그룹(HA, an acid unit)과 수소원자를 받는 그룹(B, a base unit)들이 혀에 있는 수용체막 위에서 단맛자극을 수용하는 두 개의 인접된(거리 약 3Å), 그러나 대응하는 위치가 서로 정반대인, 수소원자를 수용하는 기능그룹(B, an base unit)과 수소원자를 주는 기능그룹(HA, an acid unit) 사이에 분자 간 수소결합(intermolecular hydrogen bond)을 형성한다고 설명하고 있다.

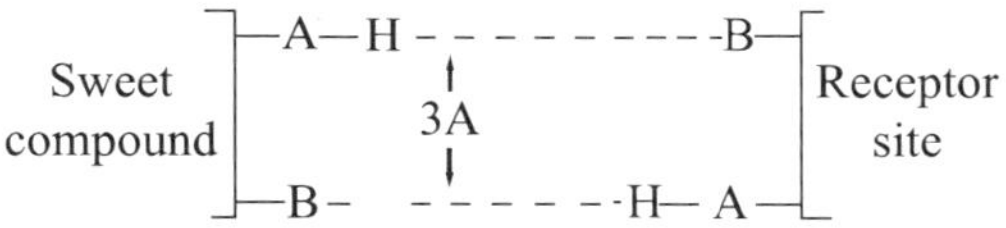

```
         ┌─A─H - - - - - - - - -B─┐
   Sweet │        ↑               │ Receptor
compound │       3A               │   site
         │        ↓               │
         └─B-    - - - - - -H─ A──┘
```

[그림 3-10] 단맛을 가진 화합물에 존재하는 산 단위(acid unit)-AH 그룹과 염기 단위(basic unit)-B 그룹 그리고 여기에 대응하는 미뢰(taste bud)에 분포되어 있는 미각세포들의 수용체들(receptors)의 -AH, B 그룹. 이상의 대응하는 그룹들의 수소결합을 통해서 결국은 단맛을 느끼게 된다.
Shallenberger, R. S. and Birch, G. G., 1975. "*Suger Chemistry*", The Avi Pub. Co. Inc., p. 118.

한편, 단맛을 가진 화합물 분자의 표면이나, 수용체막 표면의 각각의 두 기능 그룹들 사이에 원래 있었던 분자 내 수소결합(interamolecular hydrogen bond)은 파괴되고, 주변을 둘러쌓았던 물 분자들 사이에 구조화되어 있었던 수소결합 체계들도 파괴된다(the disruption of organized systems of water molecules). 그리고 이 때 형성된 에너지는 분자 간 수소결합의 형성을 촉진한다는 설명을 제안한 바 있다.

이 학설은 간단하게 AH-B학설 또는 더 구체적으로 감미 이극 구조설(甘味 二極 構造說, a bi-partitie structural theory of sweetness)로도 알려지고 있다.

샬렌버어거들은 단맛을 가진 화합물들은 대개가 AH로 표시될 수 있는 강한 산 단위(酸單位, acid unit)와 B로 표시될 수 있는 강한 염기 단위(basic unit)가 대략 3Å의 거리를 두고 배열되고 있음에 주목하였다. 예로서 과당(fructose) 등 당류의 경우, AH에 해당되는 그룹은 탄소 2번(C_2)에 결합되어 있는 -OH 그룹이며, 탄소 1번(C_1)에 결합되고 있는 -OH 그룹의 산소원자(-O-)가 B 그룹으로 작용하여 이 두 개의 -OH 그룹은 주로 단맛을 느끼게 하는 수용체(receptor) 내의 대략 3Å 정도의 거리를 두고 존재하는 B 및 AH 그룹과 강한 수소결합을 형성함으로서 단맛을 느끼게 한다는 것이다(그림 3-8 참조).

이상과 같은 설명은 샬렌버어거들의 AH, B 학설을 사용한 설명이며, 당류 이외의 많은 단맛을 가진 화합물들의 구조와 단맛 사이의 관계를 잘 설명하여 주고 있다(그림3-10 참조).

특히 초산납(醋酸鉛, lead acetate) $Pb(CH_3COO)_2$과 염화 베릴륨(beryllium chloride) $BeCl_2$의 단맛의 설명과 같은 어려운 문제 등도 이들의 수화 이온(hydrated ion) 또는 수화물(水和物, hydrate)이 내부에 AH, B 그룹을 갖고 있기 때문인 것으로 AH, B 학설을 사용하여 적절하게 설명될 수 있다(그림 3-11 참조).

예로서 전자의 경우에는 그 수화 이온 중의 -OH 그룹이 AH 그룹으로서, 또 하나의 -OH 그룹의 산소원자-O-가 B 그룹으로 작용하며, 후자의 경우에는 그 수화물 $Be(OH)_3Cl_3 \cdot 6H_2O$(berylium hydroxochloride)에서 $-CH_3$ 그룹이 AH 그룹으로, -Cl이 B 그룹으로 작용한다고 설명하고 있다.

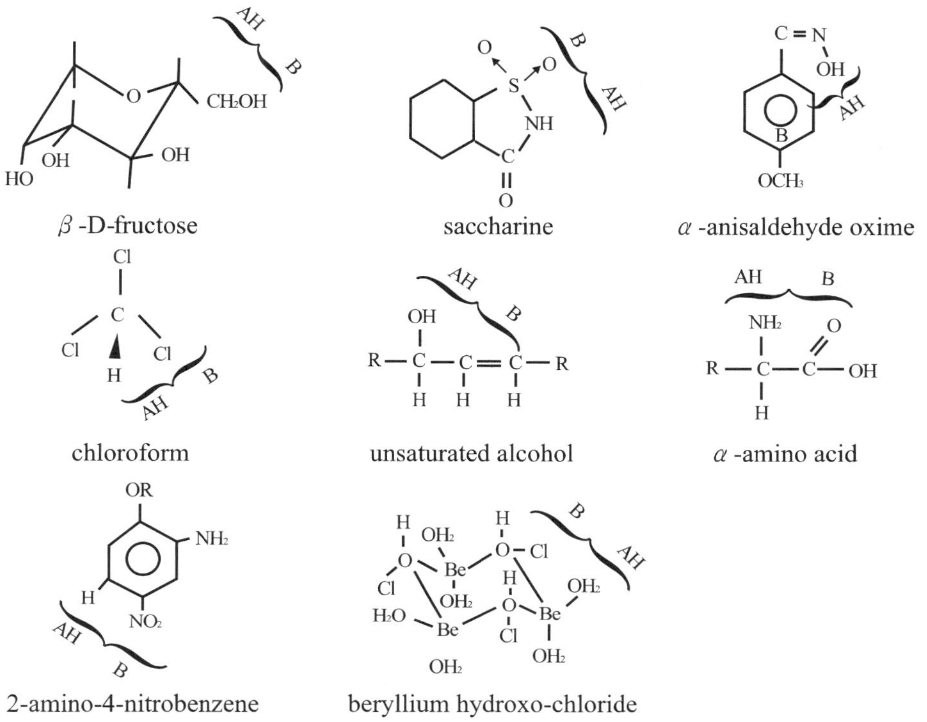

β-D-fructose saccharine α-anisaldehyde oxime

chloroform unsaturated alcohol α-amino acid

2-amino-4-nitrobenzene beryllium hydroxo-chloride

[그림 3-11] 대표적인 단맛을 가진 각종의 화합물들과 그 분자 내의 AH, B 시스템.
Shallenberger, R. S. and Acree, T. E. 1969. Molecular Structure and Sweet Taste. *J. Agric. Food, Chem.*, 17(4), 701~703.

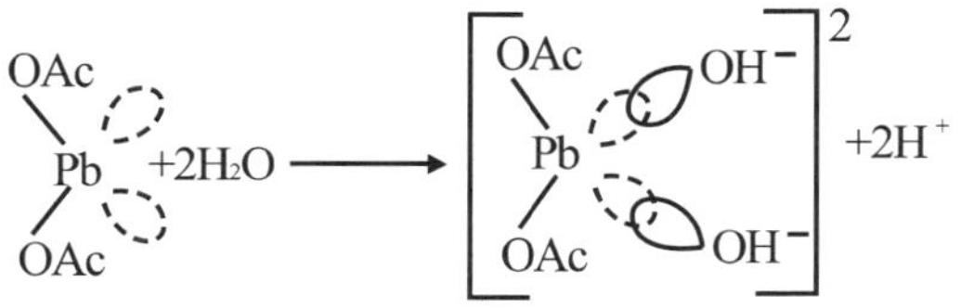

$$Pb(OAc)_2 + 2H_2O \longrightarrow [Pb(OAc)_2(OH^-)_2]^2 + 2H^+$$

또한 이 샬렌버어거들의 AH, B 학설은 이미 언급한 바 있는 아미노산의 단맛에 있어서 자연에는 일반적으로 존재하지 않는 타이로신, 히스티딘, 트립토펜, 페닐알라닌 등의 D-형이 예외 없이 단맛을 갖고 있는데 비해서, 광학적 이성체들(the optical isomers)인 L-형들은 단맛이 없거나, 쓴맛을 갖고 있는 사실이 그림 3-11에서와 같이 잘 설명되고 있다.

즉, D-형이나 L-형 모두 AH와 B그룹들을 갖고 있으나, D-형은 수용체내의 AH, B그룹들과 아무런 입체장애(立體障碍) 없이 자유롭게 수소결합을 할 수 있는데 비해서, L-형은 탄화수소 그룹(hydrocarbon chain group)들에 의한 입체장애(steric hindrance)로 수소결합을 형성할 수 없기 때문인 것으로 설명하고 있다.

이 AH, B 학설은 현재까지 많은 감미물질들이 단맛을 갖게 되는 이유에 대해서, 그 구조적 특징을 통해서 잘 설명하여 주고 있으며, 또한 이미 설명한 바 있는 바이들러들(Beidler, L.M)들의 미각에 관한 흡착설을 뒷받침하여 주는 입장에 있기 때문에, 단맛을 가진 화합물들의 구조와 그 단맛과의 관계를 설명하는 학설로서는 가장 유력한 것으로 인정되어 왔다.

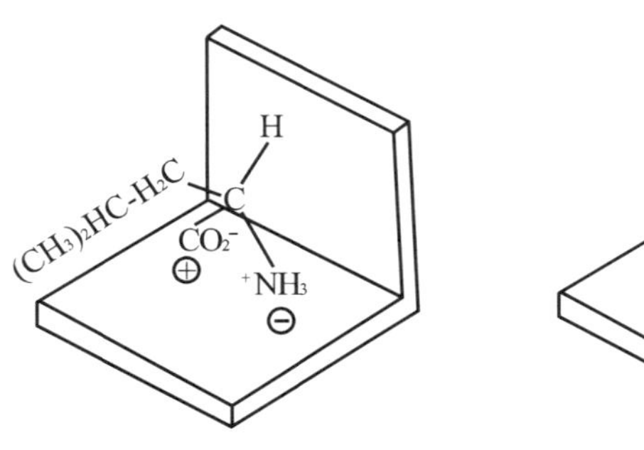

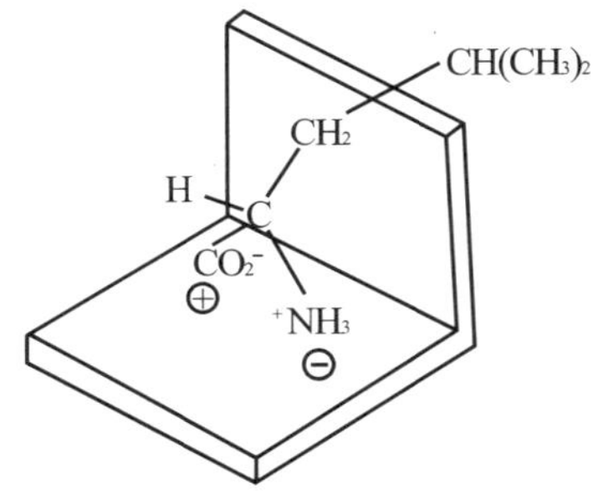

D- 류우신의 경우 L- 류우신의 경우

[그림 3-12] D-류우신(D-leucine)은 단맛을 갖고 있으나, 그 광학적 이성체인 L-류우신은 단맛이 없는 사실을 이상의 화합물들의 AH, B 그룹들과 수용체들의 AH, B 그룹들의 입체구조들의 차이로 설명하고 있는 그림.

감미 이극구조와 감미 삼극구조

지금까지 설명한 AH, B 학설은 단맛을 갖게하는 이극 감미단위(二極甘味單位, bipartite saporous units)들이 각각 미각수용체들(taste receptor cells)의 수용체막(receptor membranes) 표면과 감미물질 분자의 표면들의 다같이 존재함을 전제로 하는 감미 이극 구조설(the biapartite structural theory of sweetness)로 표현된다. 그러나 근래에 와서 단맛의 정성적(定性的) 관계뿐만 아니라 단맛의 정량적(定量的) 관계, 즉 단맛의 크기 내지는 강도까지 고려할 수 있는 감미 삼극 단위(tripartite saporous units)의 존재를 전제로 하는 감미 삼극 구조설(the tripartite structural theory of sweetness)이 발전되어 왔다.

한편, 1966년에 이미 도이츠와 한슈들(Deutsch, E. W. and Hansch, C., 1966; Ariyoshi, Y., 1976 참조)은 강한 단맛을 나타내는 화합물들의 구조를 검토하여, 이들 화합물들 내부에 어떤 소수성영역(疏水性領域, a hydrophobic region)의 존재가 필요함을 예측한 바 있다. 샬렌버거와 아크리이들(Shallenberger, R. S. and Acree, T. E., 1967)에 의해서 1967년에 제안된 AH, B 학설은 전술한 대로 특별히 강한 단맛을 가진 화합물들과 그저 단맛을 가진 화합물들의 감미작용을 설명하는데 미흡한 점이 있었음은 전술한 바와 같다. 이런 점과 관련해서, 키어(Kier, L. B., 1972; Ariysohi, Y., 1976 및 Shallenberger, R. S., 1993 참조)는 1972년에 이미 언급한 바 있는 단맛을 가진 일부 D-형의 아미노산들, 그리고 특히 단맛이 강한 사카린(saccharine), 사이클라민산(cyclamic acid), 나이트로아닐린류(nitroanilines)의 분자구조를 분석, 검토한 결과, 이들 화합물 분자 내에 AH, B 그룹들과 일정한 거리, 방향을 가진, 전자친밀도가 큰 영역들(electron-rich regions), 즉 강한 소수성을 가진 장소(a strongly hydrophobic site)가 있으며, 이를 X로 표시하였다.

이 소수성 장소 X는 후에 샬렌버거와 린들레이들(Shallenberger, R. S. and Lindley, M. G., 1977)에 의해서 γ(gamma, fat를 나타내는 희랍어 머리글자, 친유성을 강조)로 표시되었다. 예로서 강한 단맛을 가진 화합물들은 수용체들의 AH, B 그룹들과 결합할 뿐 아니라 화합물들의 γ 그룹들과 수용체들의 γ 그룹들이 강한 소수성 결합(疎水性 結合, hydrophobic bond)을 하게 되어 강한 단맛을 나타내게 된다.

이상의 감미 상극 단위들, 즉 AH, B, γ 그룹들 사이의 위치관계는 다음 그림 중의 왼쪽에 표시한 바와 같으며, 한편 이 감미 삼극 구조설에 의한 과당(β-D-fructose)의 강한 단맛도 오른쪽에 표시된 관계, 즉 γ-그룹의 존재로서 설명된다. 한편, 인공감미료 아스퍼테임(aspertame)의 구조와 그 맛 사이의 관계도 이와 같은 관점에서 연구되어 왔다(Zen, G. Z. *et al*., 1991, 또한 본문 p. 203 참조).

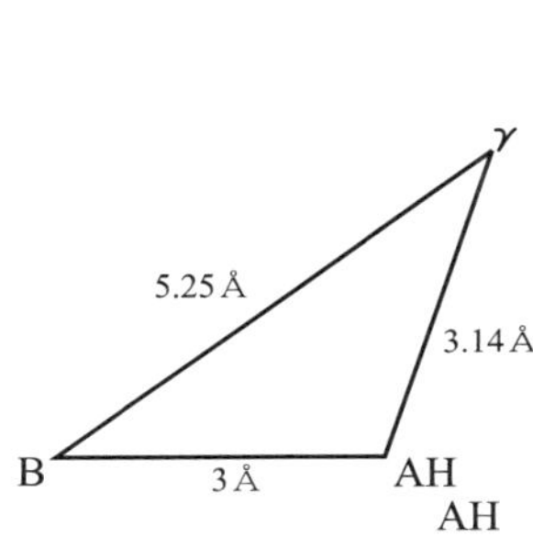

수용체 및 감미물질들에 존재하는 감미 삼극단위들(tripartite saporous units) 사이의 위치 및 거리 관계.

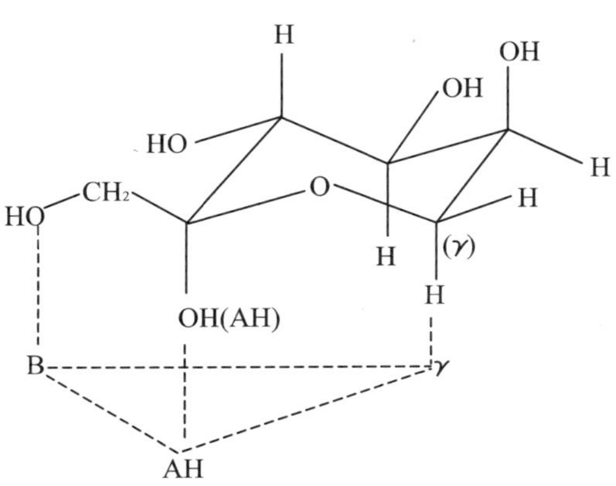

강한 단맛을 가진 -D-프럭토오스(-D-fructose)의 분자 내의 감미 삼극 단위들의 위치와 거리 관계.

당류의 단맛

단맛의 비교 또는 그 비교치, 즉 상대적 감미도(relative sweetness)를 결정할 때는 보통 일정한 농도의 설탕용액의 단맛을 기준(reference)으로 삼는다. 이와 관련해서 그림 3-9에서 볼 수 있듯이 설탕용액에 대한 각종 감미물질들의 상대적인 감미도(相對的 甘味度)는 설탕용액의 농도에 따라 크게 변하며, 아마도 측정시의 온도에 의해서도 다소 영향 받을지 모른다. 그러나 설탕이 기준물질(reference substance)로 주로 사용되어 온 이유는 설탕이 가장 보편적인 식용감미료이며, 또한 가장 많이 사용되는 감미료인 동시에 순수한 상태로 얻기가 쉬우며, 거기에 더 해서 다른 당류와는 달리 α, β-형의 이성체(異性體, isomers)들이 존재하지 않기 때문에 그 단맛이 변하지 않는데 원인을 찾을 수가 있다.

설탕, 즉 자당의 단맛 설탕(sucrose, 雪糖 또는 蔗糖, 자당)은 여러 감미료들 중에서 가장 대표적이며, 자연 식품류에도 널리 분포되고 있어서, 이들 자연 식품류의 맛에 큰 영향 - 대부분의 경우 좋은 영향 - 을 주고 있을 뿐만 아니라, 가공식품류(加工食品類, processed food products)에도 널리 사용되고 있음은 이미 잘 알려진 사실이다.

설탕의 단맛은 신선한 식품류(우유류도 포함)나 식품가공, 조리 등에 사용되는 당류 중 가장 대표적인 설당, 과당, 포도당, 맥아당, 젖당 등의 다섯가지의 당류 중에서 과당(fructose) 다음으로 단맛이 강하다(표3-3, 표 3-4 및 표 3-5 참조). 한편, 설탕과 단맛을 가진 다른 여러 물질들과의 단맛을 비교하면 전술한 표 3-3 및 3-4와 같다. 또한 설탕의 단맛은 사람의 기호에 가장 잘 맞는 단맛이라는 점도 유의해야 한다.

포도당의 단맛 포도당(glucose)은 자연식품류에 널리 분포되어 있을 뿐 아니라 각종 자연감미료, 예로서 벌꿀, 풍당 시럽(maple syrup), 또는 옥수수 시럽(corn syrup), 물엿과 같은 전분가수분해물들, 설탕을 가수분해하여 얻은 전화당(轉化糖) 등의 주성분으로 존재하며, 경우에 따라서는 결정 포도당으로 직접 감미료로 사용되기도 한다.

포도당의 단맛은 여러 연구자들에 의해서 다르나 대체로 설탕의 75 내지 50% 정도며, 위에서 언급한 다섯 가지의 당류 중에서는 과당, 설탕 다음으로 달다. 그러나, 포도당의 단맛은 설탕의 경우와 같이 사람의 기호에 잘 맞는다고 볼 수는 없다.

한편, 보통 우리가 사용하고 있는 포도당은 α-형이며, 이 α-형은 β-형보다 1.5배가 더 달다고 한다. 그러나, 이 α-형은 불안정하며, 그 수용액을 가열하거나 정치하여 두면 일부가 β-형으로 이성화(isomerize)되어 평형 혼합물(equilibrium mixture)을 형성함으로 단맛은 결국 다소 감소하게 된다.

과당의 단맛 과당(fructose)은 자연식품류에 널이 분포되어 있을 뿐 아니라, 각종의 꿀(honey), 설탕의 가수분해물들, 즉 전화당 등의 주성분의 하나를 이루고 있다. 과당은 상기의 당류 중에서 가장 단맛이 강하며, 그 상대적 감미도는 각 연구자들에 의해서 173.3, 150, 114, 103 등의 수치가 발표되고 있다(표 3-4, 표 3-5 참조). 하여간에 설탕보다 단맛이 강한 것만은 사실이다. 한편, 위에서 언급한 다섯 가지 당류 중 과당의 단맛이 가장 좋다고 말한 사람의 수효가 언제나 가장 많았으며, 그 단맛은 설탕 다음으로 또는 설탕과 비슷한 정도로 사람의 기호에 맞는 것 같다. 과당의 단맛은 상쾌한 맛(pleasant taste)으로 표현되는 경우가 많다.

표 3-5 여러 연구자들이 조사한 대표적인 당류(sugar)의 상대적 감미도(relative sweetness)

연구자들의 이름 / 당의 종류	Biester, A. M., Wood, W. and Wahlin, C. S.(1925)	Sale. J. W. and Skinner, W. W.(1922)	Paul, T(1921)
과당(fructose)	173.3	150	103
설탕(sucrose)	100	100	100
포도당(glucose)	74.3	50	52
맥아당(maltose)	32.5	60	-
유당(lactose)	16	-	28
전화당(invert sugar)	-	85	-

Lowe, Belle. 1955. "*Experimental Cookery*", 4th ed., p. 52, John Wiley and Sons, Inc., New York.

과당은 보통 β-형으로 존재하며, β-형은 α-형보다 3배나 더 달다고 한다. β-형은 불안정하며, 용액을 가열하거나 오랫동안 정치하면 일부 β-형은 α-형으로 이성화(isomerize)한다.

과당은 상기의 다섯 개의 당류 중에서 가장 단맛이 강할 뿐 아니라 용해도도 가장 높으며, 식품 내에서는 다른 환원당들과 마찬가지로 여러 가지의 중요한 작용(예로서 비효소 갈색화반응 등)을 일으킨다. 여기에 대해서는 별도로 다시 설명하기로 한다.

맥아당의 단맛 맥아당(麥芽糖, maltose)도 자연식품류에 널리 분포되고 있을 뿐 아니라 포도당과 함께 물엿, 즉 전분가수분해당(澱粉加水分解糖)들의 주성분을 이루고 있다. 그 단맛은 설탕이나 포도당보다 낮으며, 설탕에 대한 상대감미도는 60, 46, 32.5 등으로 평가되고 있다. 한편 그 단맛도 사람의 기호에 잘 맞지는 않는 듯하다.

맥아당은 보통 β-형으로 존재하며, β-형은 α-형보다 덜 달다고 한다. 그 용액을 정치하거나 가열하면, 일부 β-형은 이성화되어 α-형으로 된다.

젖당의 단맛 젖당(乳糖, lactose)은 포유동물(mammals)의 젖에만 존재하는 특유한 이당류(二糖類, disaccharide)로서, 그 단맛은 전에 언급했던 다섯 개의 당류 중에서 가장 약하다. 상대적 감미도는 여러 연구자들에 의해서 16, 38, 39(설탕 = 100)라는 낮은 수치가 보고되고 있다.

한편, 젖당에 있어서는 β-형이 α-형보다 더 달다고 한다.

전화당의 단맛 자당(蔗糖), 즉 설탕이 가수분해 되어 그 결과 형성된 포도당과 과당의 혼합물을 전화당(轉化糖, invert sugar)이라고 한다.

다량의 설탕을 사용해서 만든 잼, 젤리, 과실 통조림 등과 같은 산성 식품들(acid foods)에 있어서는 그 식품들 속에 함유된 유기산(organic acid)들에 의해서 일부 설탕은 가수분해 되어, 전화당과 설탕의 혼합물로 존재한다.

순수한 전화당의 상대적 감미도에 대해서, 어떤 연구자들은 85(설탕 = 100)라는 수치를 주고 있으나(표 3-5 참조), 아메린들(Amerine, M. A. *et al*., 1965)은 실제 전화당의 상대적 감미도는 더 높다고 하며, 96정도로 추정하고 있다. 한편, 포메란츠(Pomeranz, Y., 1985)도 거의 100에 가까운 단맛을 가지고 있는 것으로 추정하고 있다(본문 p. 284 참고문헌 참조).

한편, 이상의 당류의 상대적 감미도는 전술한 대로 당류의 농도, 온도, 측정방법 등의 여러 요인들(factors)에 의해서 크게 영향 받는 사실에 유의해야 한다.

소오비톨의 단맛 소오비톨(D-sobitol)은 육상 식물계뿐만 아니라 해조류(algae)에도 널리 분포되고 있다. 예로서, 과실류의 경우 그 함량은 일부 특수한 경우(본문 236페이지 참조)를 제외하고는 보통 1내지 2% 미만인 데 비해 홍조류(紅藻類, red algae)에는 13% 가량 함유되고 있다고 한다.

이 소오비톨은 공업적으로는 포도당에 니켈(nickel) 등의 촉매 하에서 고온, 고압에서 수소첨가(catalytic hydrogenation)함으로써 얻어지는 융점이 97℃인, 물에 잘 녹는 결정성(結晶性) 당알콜류(sugar alcohols)의 하나이며 원칙적으로는 D-글루시톨(D-glucitol)로 불려 지나, 그보다는 통속명(通俗名, trivial name)인 소오비톨로 더 잘 알려져 있다. 그 상대적 감미도는 소옴즈(Solms, J., 1971)에 의하면, 설탕의 반 정도로서 단맛 자체는 강하지 않으나, 그 맛은 매우 상쾌(pleasant)하다.

D-포도당(D-glucose)을 산업적으로 수소첨가(hydrogenation)하여 만든 소오비톨은 미생물 아세토박터 섭옥시단스(*Acetobacter suboxdans*)에 의해서 산화되어 솔보오즈(L-sorbose)를 형성하며, 다시 여러 화학반응들을 거쳐서 L-아스콜빈산이 된다. 따라서 소오비톨은 아스콜빈산(ascorbic acid), 즉 비타민 C의 합성(合成)의 원료물질이기도 하다(그림 3-13 참조).

소오비톨은 포도당과 비슷한 정도의 단맛을 갖고 있으나, 전술한 대로 그 단맛은 포도당의 경우 보다 훨씬 상쾌하다. 한편, 인체 내에서의 흡수는 매우 느린 것으로 알려져 있다. 체내에 섭취된 소오비톨은 일단 과당(D-fructose)을 거쳐서 신진대사가 되나, 체내에 과당이 과잉 축적될 때 소오비톨의 일부는 포도당으로 일단 전환된 후 신진대사 되는 경로도 알려져 있다(Linder, M. C., 1991). 인체에 섭취된 소오비톨의 70%는 포도당으로 전환(conversion)됨이 없이 신진대사과정에 들어간다는 보고도 있다(The Merck Index, 1989). 또한 자일리톨과 함께 일반 미생물들에 의해서 거의 발효되지 않는다.

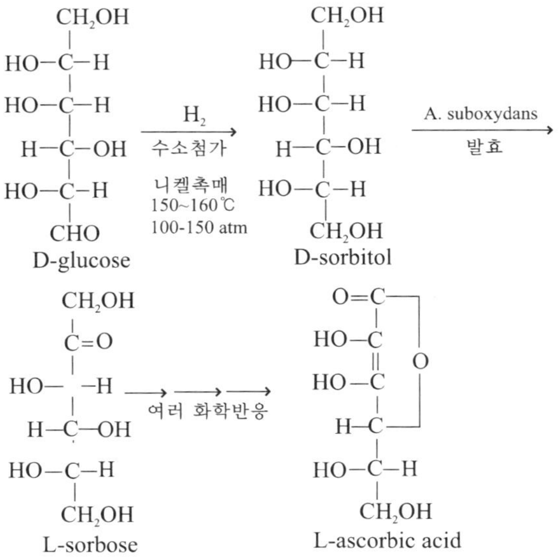

$$\begin{array}{c} CH_2OH \\ | \\ HO-C-H \\ | \\ HO-C-H \\ | \\ H-C-OH \\ | \\ HO-C-H \\ | \\ CHO \end{array} \xrightarrow[\text{수소첨가}]{H_2} \begin{array}{c} CH_2OH \\ | \\ HO-C-H \\ | \\ HO-C-H \\ | \\ H-C-OH \\ | \\ HO-C-H \\ | \\ CH_2OH \end{array} \xrightarrow[\text{발효}]{\text{A. suboxydans}}$$

D-glucose　　니켈촉매 150~160℃ 100-150 atm　　D-sorbitol

$$\begin{array}{c} CH_2OH \\ | \\ C=O \\ | \\ HO-\quad-H \\ | \\ H-C-OH \\ | \\ HO-C-H \\ | \\ CH_2OH \end{array} \longrightarrow\longrightarrow\longrightarrow \begin{array}{c} O=C- \\ | \\ HO-C \\ \| \\ HO-C \\ | \\ H-C- \\ | \\ HO-C-H \\ | \\ CH_2OH \end{array}$$

L-sorbose　　여러 화학반응　　L-ascorbic acid

[그림 3-13] 포도당, 소오비톨, 솔보오, 아스콜빈산(vitamin C) 사이의 관계.

이와 같은 이유 때문에 이 소오비톨은 영국, 미국 등에서 당뇨병(diabetes) 환자들을 위한 감미료(甘味料, sweetener), 저칼로리 식품들(low-calorie foods), 또는 충치예방의 감미료로 사용되고 있으며, 미국에서는 소오비톨의 가장 많은 양이 실제 치약제조에 사용되고 있다고 한다(Whistler, R. L. and Be Miller, J. N., 1997)

소오비톨은 그 맛 이외에도 수분(moisture)을 강하게 흡수하는 성질이 있으므로, 수분조정제 내지는 보습제(保濕劑, humectant, 또는 moistening agent)로서도 사용된다. 또한 이 소오비톨은 거의 독성이 없으며, 현재 우리나라에서도 소오비톨액(sorbitol solution)과 함께 감미료로서 그 사용이 허용되고 있다.

이 외에도 소오비톨은 나중에 설명하게 될 시판(市販) 중인 스팬류(Spans)-예로서 식품에 첨가가 허용되고 있는 소오비탄 모노스테아레이트(sorbitan monostearate)-내지는 트윈류(Tweens) 등의 식품용 또는 비식품용의 중요한 계면활성제(界面活性劑)의 원료가 되고 있다.

D-소오비톨은 곧 설명할, 자일리톨(D-xylitol)와 함께 치아 주변 세균들의 증식을 억제하여 충치예방이 됨으로, 전술한 치약 외에도, 설탕이 성분으로 들어 있지 않은 무가당 츄잉껌(無加糖, 즉 sucrose-free chewing gum)의 원료 단맛성분으로 널리 사용되고 있다.

한편, 김 및 오들(Kim, S. Y. and Oh, D. K., 1997)에 의하면, 소오비톨은 그 융해열이 -26.5kcal/g로서 입안에 녹을 때, 시원한 느낌 즉, 청량감(清凉感)을 줌으로, 맥주, 각종 음료류, 아이스크림 등의 빙과류, 치약, 기타의 의약품류의 첨가 성분으로서 적합하다고 한다. 이들은 무가당 츄잉껌을 제조하는데 있어서, 분말 소오비톨 제품 중 그 입자의 크기가 50, 80, 100 멧슈(mesh)인 S-형(S-type)과 P-형(P-type)의 두 종류의 분말상, 즉 입상(粒狀) 소오비톨(granular sorbitol)들을 사용하여 제조한 츄잉껌의 유연성(flexibility)과 견고성(hardness) 등을 조사한 바 있다.

이들에 의하면, 실제 만든 츄잉껌들 중 더 치밀한 구조(compact structure)를 가진 P-형 소오비톨 보다는, 더 느슨한 구조(loose structure)를 가진 S-형 소오비톨을 사용해서 만든 츄잉껌이 덜 딱딱하고, 더 유연하여 품질면에서 더 우수했다고 한다. 그리고 분말 소오비톨 입자의 크기는 80

멧슈 정도가 가장 적합했다고 한다.

또한 소오비톨은 육류, 어류 가공품들(예로서 수리미, surimi)의 냉동저장 시 각종 기능성들(functional properties)의 상실을 예방하거나, 억제하는데 매우 효과적인 성분, 즉 항동결(抗凍結) 또는 동결방지제(凍結防止劑, cryoprotectant)로서 널리 사용되어 왔다.

한편, 유들(Yoo, B. and Lee, C. M., 1993)에 의하면, 잘게 썰은 어육을 냉동 건조할 때나, 달걀흰자(egg white)나 우유를 분무건조(spray-drying)할 때, 처리하기 전에 소오비톨을 첨가하면 수분결합능력(water-binding ability), 유화능력(emulsifying capacity), 변성(denaturation)에 필요한 엔탈피(enthalpy, H) 등이 증가하였고, 소오비톨 첨가량이 증가함에 따라 이상의 기능성도 향상(즉, 증가)되었다고 한다.

이들에 의하면 이상의 식품들의 안정성(stability) 증가는 이 식품들 중의 단백질들과 첨가된 소오비톨 사이에 복합체(a protein-sorbitol complex)가 형성되면서, 소수성 그룹들 사이의 상호작용이 증가하고, 다시 그 결과로 전반적인 친수성(hydrophilicity)이 증가하여, 더 큰 수분과의 결합능력(water-binding ability)을 가져오기 때문에 일어난다고 설명하고 있다.

$$
\begin{array}{c}
CH_2OH \\
| \\
H-C-OH \\
| \\
-C-H \\
| \\
H-C-OH \\
| \\
CH_2OH
\end{array}
$$

자일리톨(D-xylitol)

자일리톨 자일리톨(D-xylitol)은 소오비톨의 경우와 마찬가지로 분자의 골격을 이루는 탄소수가 다섯 개인 자일로오스(D-xylose)를 특정 촉매를 사용하여 수소 첨가하여 얻게 되는 당알콜류의 하나이다. 이 자일리톨은 단맛이 소오비톨 보다 강하며, 거의 설탕과 비등한 단맛을 갖고 있다. 소오비톨과 같이 인체 내에서 흡수가 느리므로 당뇨병 환자용 또는 저칼로리 식품(low-calorie foods)의 감미료로 사용되고 있다(그림 3-14 참조). 그러나 소오비톨 보다 하제(下劑, laxative)로서의 작용이 크기 때문에 많은 양은 사용되지 않는다.

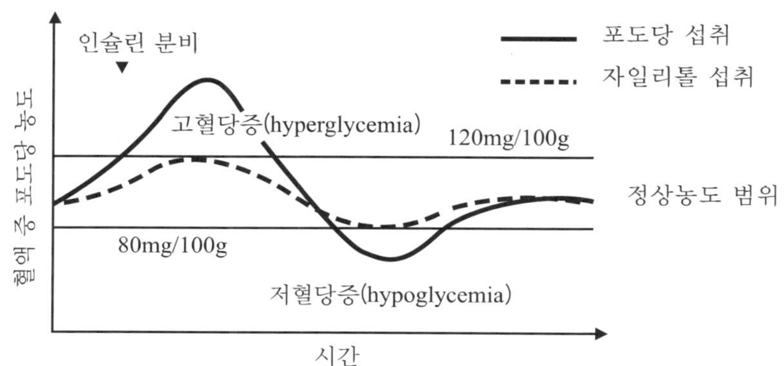

[그림 3-14] 혈액 중 포도당 농도에 영향을 주는 포도당과 자일리톨(D-xylitol)의 작용의 차이를 보여주는 그림(제5장 p. 229의 포도당에 관한 항목 참조).
Dziezak, J. D. 1986. *Food Technol.*, 40(1), 118

연구 결과들에 따라 다르나, 설탕의 대략 70~90%의 단맛을 갖고 있는 것으로 알려져 있다. 소오비톨의 경우와 같이 용해할 때 주변에서 열을 흡수함으로 시원한 느낌을 준다. 또한 일반 미생물들은 탄소원으로서 이 자일리톨을 이용하지 못하므로, 충치예방용 감미료로서 널리 이용되고 있는 상황도 소오비톨의 경우와 같다. 한편, 충치를 가장 잘 일으키는 미생물로서는 스탓필로콕커스 뮤탄스(*Staphylococcus mutans*)가 있는데, 치아 근처에 남은 탄수화물들 중에서 설탕(sucrose)을 가수분해하여, 중합체 덱스트란(dextrans)과 젖산(lactic acid)을 만든다. 형성된 젖산은 치아의 에너멜층(enamel layer)을 용해시켜 치아의 부식을 촉진시키나 치아 하단에 축적된 덱스트란의 막(膜)은 세균들의 보호막으로 작용한다고 한다.

D-자일리톨은 D-자일로오스(D-xylose)를 탄소원(a corbon source)으로 이용할 수 있는 효모들을 이용해서 일부 D-자일로오스를 환원(還元)시켜서 생합성할 수도 있으나, 그 수율은 30% 정도로 수소 첨가법에 비해서 수율이 낮다고 한다.

김들(Kim, S. Y. *et al*., 1998)은 D-자일로오스 생산공장 근처의 진흙 토양(sludge)에서 칸디다 트로피칼리스(Candida tropicalis) 균을 분리, 배양 후, 300g/L의 자일리톨 용액을 2단계로 나눠 발효시켰다.

첫 단계에서는 균의 증식에 힘쓰고, 둘째 단계에서는 산소공급을 제한하면서 D-자일로오스가 D-자일루로오스(D-xylulose)로 산화 되는 것을 방지하는 동시에 D-자일로오스가 D-자일리톨로 환원되도록 배양액의 산화-환원 전위차를 140mV 로 유지하면서 배양하였다고 한다. 이들은 발효시간 66시간 후 300g/L의 초기 배양기(culture medium)에서 250g/L의 자일리톨을 생산하였다고 보고하고 있다.

한편, D-자일리톨은 D-말티톨(D-maltitol, hydrogenated D-maltose), D-락티톨(D-lactitol, hydrogenated D-lactose) 등과 함께 우리나라에서도 현재 감미료로서의 사용이 허용되고 있다(한국 식품 의약품 안정청, 2001)

만니톨 만니톨(D-mannitol)은 물푸레나무의 일종인 만나나무(*Faxinus ornus*)의 단맛을 가진 분비물 만나(manna)에서 얻어지는 결정성인, 비교적 융점이 높은 당알콜(M.P. 166℃)이다. 그 상대적 감미도는 소옴즈(Solms, J., 1971)에 의하면 설탕의 70% 정도로(표 3-4 참조) 포도당과 비슷한 정도이다.

다른 당알콜류(sugar alcohols)와는 달리 물에는 잘 녹지 않는다(13.0 그램/100 그램 물).이 만니톨은 전술한 여러 특성들을 살려, 감미료로서 널리 사용되어 왔으며, 현재 우리나라에서도 그 사용이 허용되고 있다.

$$\begin{array}{c} CH_2OH \\ | \\ HO-C-H \\ | \\ HO-C-H \\ | \\ H-C-OH \\ | \\ H-C-OH \\ | \\ CH_2OH \end{array}$$

만니톨(D-mannitol)

인공감미료

인공감미료(artificial sweetener)라 하면 강한 단맛을 가지고 있는 반면에 그 독성(toxicity)이 낮아서 소량을 사용할 경우 인체에 별 해가 없는 것으로 판단되어 왔기 때문에, 일정한 사용기준 아래 각종 식품류에서의 사용이 허용되고 잇는 식품 첨가물들(food additives)이라고 말할 수 있다.

인공감미료라고 할 때는 원칙적으로는 위에서 설명한 바와 같은 목적을 위해서 사용되는 화학적으로 합성된 감미료들(chemically synthesized sweeteners)만을 의미하나, 여기에서는 이상과 같은 감미료들 이외에도 같은 목적을 위해서 사용되는 식물 추출물들(plant extracts)과 같은 일부 자연 성분들(自然成分)도 관례상 포함해 설명하기로 한다.

또한 여기서는 과거에 식품용 감미료로서 사용되어 왔으나 그 후 그 유해성이 밝혀졌기 때문에 그 사용이 현재 금지된 화합물들, 그리고 그 독성 때문에 식품 첨가물(food additives), 즉 식품용 감미료로서 사용되지 않으나 특기할 만한 강한 감미를 가진 화합물들 중의 대표적인 것 몇 가지도 함께 설명하기로 한다.

한편, 실제 식품에 사용되는 모든 종류의 감미료들 중 설탕(surcose)의 소비량은 선진국들의 경우, 1인당 1년에 50～60kg, 물엿 등의 경우 20～30kg인데 비해서, 인공감미료들의 경우에는 대략 5~8kg로서 섭취되며 인공감미료들의 거의 대부분이 사카린과 아스퍼태임으로 추정되고 있다(Dziezak, J. D., 1986).

사카린　사카린(saccharin)은 렘젠들(Remsem, I. and Fahlberg, C., 1879)에 의해서 합성된 후 1884년에 미국, 1885년에 영국, 1899년에 독일 등에서 그 제조가 공업화된, 매우 단맛이 강한 화합물이다. 사카린은 융점이 높은(M.P. 229℃), 결정성 물질이며, 물에는 잘 녹지 않는다(0.43g/100g)

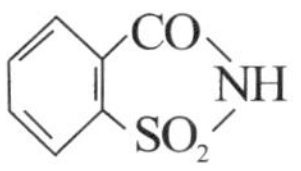

삭카린(saccharin, O-sulfobenzoic acid imide)

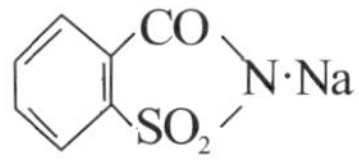

용성 삭카린(solublc saccharin)

사카린은 물에는 잘 녹지 않으나, 끓는 물에는 25그램에 대해서 1그램의 비율로 녹으며, 알콜, 에텔 등에는 잘 녹는다.

사카린의 상대적 감미도는 측정된 상황, 예로서 테스트하는 사람들의 사카린의 맛에 대한 편차(偏差), 온도, 농도 등에 따라 다르며, 일반적으로 크게 20,000 내지 70,000(설탕＝100 기준) 정도로 생각되고 있다(Amerine, M. A. *et al.*, 1965; Inglett, G. E., 1981). 그러나 설탕의 맛의 강도를 100으로 할 때, 그 단맛은 보통 50,000(Jacobs, M. B., 1958) 내지는 50,000～70,000(Solms, J., 1971) 등으로 기록되고 있다.

이 사카린의 단맛은 쓴 뒷맛(bitter off-taste)이 따른다는 사실이 여러 연구자들에 의해서 지적되어 왔다. 예로서, 헬그린들(Helgren, F. J. *et al.*, 1955)은 사카린의 맛을 본 많은 사람들이 쓴 뒷맛을 느꼈으며, 사카린의 농도가 커질수록 쓴 뒷맛을 느끼는 사람의 수효가 증가한 사실을 보고하고 있다(표 3-6 참조).

한편, 이 쓴 뒷맛의 원인에 대해서는 사카린 속의 불순물들(impurities), 가열분해 생성물들(thermal decopmosition products) 등이 생각되어 왔으나, 대체로 사카린 자체의 특성으로 생각하는 견해가 지배적인 듯하다.

표 3-6 사카린의 쓴 뒷맛(off-taste)과-농도와의 관계

용성 사카린(sodium saccharin)의 농도(%)	쓴 뒷맛을 느낀 사람의 수효와 그 비율(51명이 시험)	
	수효	비율(%)
0.01	0	0
0.02	7	13.7
0.04	18	35.3
0.08	27	52.9
0.16	37	72.5
0.32	45	88.2

Helgren, F. J. *et al.*, 1955. *J. Am. Pham. Assoc.*, 44, 353.

예로서, 라더들(Rader, C. P. *et al.*, 1967)도 이 쓴 뒷맛은 사카린 자체의 특성으로 생각하고 있으며, 이들은 이 쓴 뒷맛은 사카린의 단맛이 느껴지기 시작하는 농도에서도 이미 검출될 수가 있다고 한다.

사카린의 쓴 뒷맛은 인공감미료로 사용할 때 불리한 점이 되나, 이들에 의하면 사카린의 쓴 뒷맛은 아미노산인 글라이신(glycine)과 함께 사용함으로써 그 쓴 뒷맛이 어느 정도 효과적으로 감추어진다고 한다.

한편, 사카린은 그림 3-15에서 볼 수 있는 바와 같이 락탐형(lactam form)과 락팀형(lactim form)의 두 형태로 존재한다. 일반적으로 결정 상태에서는 락탐형으로, 수용액 중에서는 락팀형(lactim form)으로 존재하는 것으로 생각되고 있다.

사카린의 락팀형 수산기(-OH그룹)의 해리항수(dissociation constant)는 25℃에서는 3.87×10^{-3}이며, 동일 온도에서 그 해리항수가 1.75×10^{-5}인 초산(acetic acid)이나 8.4×10^{-4}인 구연산(citric acid)보다 오히려 다소 더 강한 산이라고 볼 수 있다.

1960년대 후반부터 세계 각국의 식품 첨가물들(food additives)에 대한 규제가 점차적으로 강화되는 추세이었고(제18장 식품 첨가물 p. 1149 참조), 1970년대 초기에 높은 농도의 사카린을 섭취한 실험쥐에 방광 종양(膀胱腫瘍, bladder tumor)이 발생한 실험 예들이 보고됨에 따라 사카린의 독성(toxicity)에 대한 재검토가 이루어지고, 그 사용규제가 엄격해지고 있다.

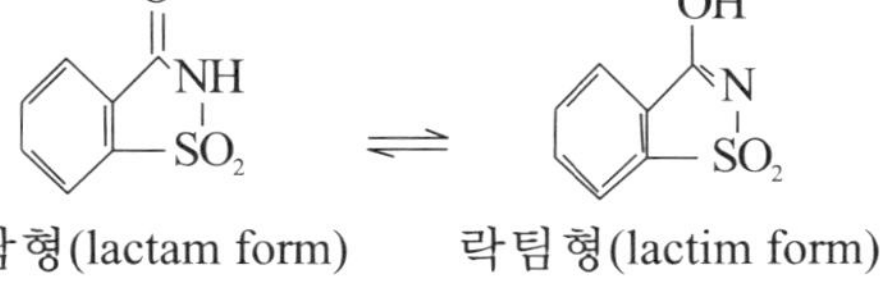

락탐형(lactam form) ⇌ 락팀형(lactim form)

[그림 3-15] 사카린(saccharin)의 두 형태.

예로서 미국에서는 사카린이 1972년에 소위 GRAS목록에서 제외되었으며, 1977년에는 식품 의약품 관리국(Food and Drug Administration, FDA)에서 미국에서의 사카린의 사용을 금지하는 법안이 국회에 제출되었으나, 국회에서는 그 독성에 대해서 어떤 결론이 나는 동안 엄격한 규제하에 그 사용을 잠정적(暫定的)으로 허용하는 유예안(猶豫案, Congressional Moratorium)이 통과되

었었다.

그러나 1991년 10월부터 1997년까지 그 사용을 잠정적으로 허용하는 법안이 통과한 후, 동년, 즉 1991년 12월에 식품의약품관리국(FDA)에서 사카린의 사용금지에 관해서 국회에 제출한 법안을 공식적으로 취하해서 오늘에 이르고 있다(Giese, J. H., 1993. January, *Food Technology* 참조).

한편, 현재 EU 가맹국들과 일본을 포함한 80개 이상의 나라들에서 인공감미료로서 아직 그 사용이 허용되고 있으며, 세계 국제식량농업기구 세계보건기구의 식품 첨가물에 관한 합동전문의원회(the Joint Expert Committee on Food Additives, JECFA, the FAO/WHO)와 유럽 경제 공동체의 식품에 관한 과학위원회(the Scientific Committee for Food, SCF, the EEC)에서는 사카린의 독성을 재검토하고 일단 안전하다는 결정을 내리고 있다(IFT Expert Panel on Food Safety & Nutrition, 1986. *Food Technol.*, 40(8), 201)

한편, 유럽에서는 1977년 처음으로 사카린의 ADI(an acceptable daily intake)를 체중 kg당 0~25mg으로 설정했으며, 세계 국제식량농업기구(FAO/WHO)에서도 그대로 받아들였다고 한다.

그 후 전술한 유럽 공동체의 식품에 관한 과학위원회(the Scientific Committee for Food, SCF)에서 여러 가지 동물 실험들의 결과 등을 재검토한 후 1995년 사카린에 대한 ADI를 체중 kg당 5mg로 정했다고 한다(이서래, 1999 참조)

이상의 ADI의 개념은 전술한 FAO/WHO의 JECFA하고 ECC의 SCF들이 사용하기 시작한 식품 첨가물들에 대한 포괄적인 안전기준치(安全基準値)로서, 그 개념은 일생동안 인체에 해(害, hamm)를 주지 않고 매일 섭취될 수 있는 식품 첨가물의 체중 1kg당의 양이라고 할 수 있다.

경우에 따라서 안전율(the safty factor)을 동시에 표시할 때가 있는데, 표준치는 사람을 대상으로 하고 있으며, 그 판단의 자료들이 충분할 때는 100이 되며, 그 판단의 자료들이 불충분하거나, 특별히 고려할 사항들이 있을 때는, 그 상황에 따라 100보다 적은 안전율이 책정된다고 한다(Barlow, S. M., 1990 참조).

우리나라에서도 엄격한 사용기준 하에 그 사용이 허용되고 있다(식품의약품안전청, 2001).

용성사카린 보통 사용되는 사카린의 형태는 거의가 이 용성(溶性) 사카린(soluble saccharin)으로서 전술한 사카린의 소듐염, 즉 나트륨염이며, 경우에 따라서는 칼슘염을 말한다. 소듐염의 경우, 보통 $C_7H_4O_3SNa \cdot 2H_2O$의 결정으로 존재한다. 그 단맛은 사카린과 거의 비슷하며, 다른 성질들도 대치로 비슷한다. 그러나 사카린과는 달리 이 용성사카린은 물에 매우 잘 녹으며, 예로서 1.5ml의 물에 1그램 녹는다. 이 용성사카린도 사카린과 마찬가지로 엄격한 사용규제 하에 현재 여러 나라에서 그 사용이 허용되고 있으며, 우리나라에서 사용되고 있는 것도 주로 이 용성사카린이다.

사이클라민산의 소듐염 사이클라민산의 소듐염, 즉 소듐 사이클라메이트(sodium cyclamate, 또는 sodium cyclohexylsulfamate)는 1937년에 스베다(Sveda, M., 1937)에 의해서 새로운 해열제(antipyertic)를 개발하는 도중에 우연히 발견된 단맛이 강한 백색의 결정물질이다

물에 잘 녹으며, 그 단맛은 대략 설탕의 약 30배 정도로 알려져 있다. 다른 인공감미료보다 그 단맛은 덜하나 인공감미료 중에서는 가장 설탕에 가까운 순수한 단맛을 갖고 있는 인공 감미료 중의 하나이며 사카린의 쓴 뒷맛(bitter after-taste)을 가리기 위해서 사카린과의 혼합물로 널리 사용되어 왔다.

$\langle S \rangle$—$NHSO_2 \cdot ONa$

사이클라민산 소오다(sodium cyclohexylsulfamate, sodium cyclamate)

이 사이클라민산의 소듐염은 pH 2.0에서 pH 10.0 사이의 영역에서는 매우 안정하며, 또 260℃까지의 열에 대해서도 안정하기 때문에 인공감미료로서 과거에는 사카린에 못지않게 널리 사용되어 왔다.

그 후 그 독성이 문제가 되어, 현재는 우리나라와 미국을 비롯한 일부 국가에서는 사용이 금지되고 있으나, 아직 사용이 허용된 나라들도 많다.

덜신 역시 진통제(analgesic) 내지는 해열제(解熱劑)를 연구하는 중에 우연히 개발된 덜신(dulcin), 즉 페네틸 카아바마이드, 또는 페네틸 유레아(p-phenetyl carbamide, 또는 p-phenetyl urea)는 융점이 173℃ 내지는 174℃인 열에 안정한 결정성 물질이며, 물에는 잘 녹지 않으나(찬물 800ml에 1그램 또는 끓은 물 50ml에 1그램), 알콜에는 비교적 잘 녹는(25ml의 알콜에 1그램) 감미료이다.

덜신의 단맛에 대해서는 보고된 수치가 일정하지 않다. 보통 250배(Jacobs, M. B., 1958), 또는 70~350배(Inglett, G. E., 1981) 등으로 보고되고 있다.

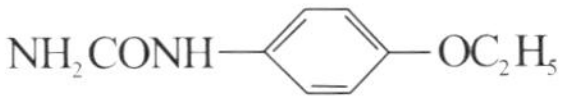

NH_2CONH—⟨benzene⟩—OC_2H_5

덜신(dulcin, p-phenetyl urea, 또는 p-phenetyl carbamide)

덜신은 인체 내에서는 위액(胃液)에 의해서 페나세틴(phenacetin)과 파라-아미노페놀(p-aminophenol)로 가수분해 되며, 이상의 두 물질은 모두 인체 내의 소화기능을 감퇴시키는 사실이 오래전부터 널리 알려졌었다.

거기다가 근래 동물실험을 통해서 덜신은 실험동물들의 간에 종양(liver tumors)을 일으키거나, 적혈구(red cells)의 생산을 억제하는 사실이 알려지게 되어, 과거에는 인공감미료로서 우리나라를 비롯한 일부 나라들에서 사용되어 왔으나, 현재는 우리나라를 비롯한 대부분의 나라들에서 사용이 금지되고 있다.

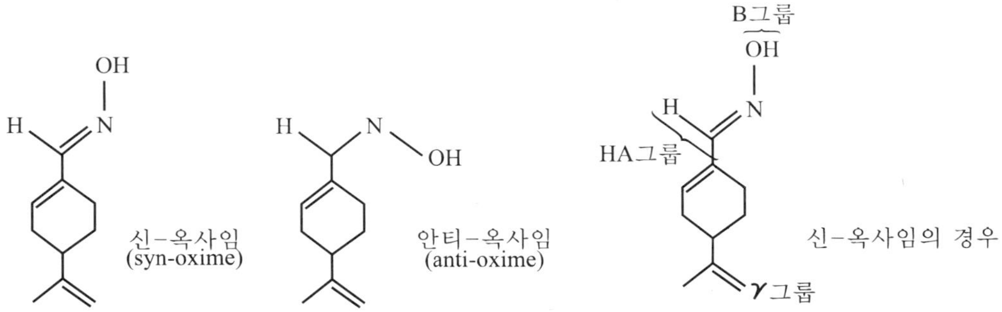

[그림 3-16] 페릴라틴(perillartin)은 페릴알데하이드(perillaldehyde)의 두 개의 입체 이성체들(stereoisomers) 중 신-옥사임(syn-oxime)을 지칭한다. 페릴라틴 분자 중의 B 그룹, AH 그룹와 γ 그룹의 위치는 오른쪽의 신-옥사임의 분자구조에 표시한 바와 같다.

페릴라틴 페릴라틴(perillartin)은 자소당(紫蘇糖, perilla sugar)으로서도 널리 알려져 있으며 특이한 냄새를 가진 융점이 103℃인 백색의 결정이다.

페릴라틴은 단맛이 매우 강하며, 상대적 감미도는 200,000(설탕 = 100)이나 된다고 한다. 그러나 독성도 강하기 때문에 식품류에 인공감미료로서는 사용 못하며, 다만 단맛을 가진 향로(香料)로서 담배향료로 일본 등의 나라에서 사용되었었다.

종래에는 이 페릴라틴은 페릴알데하이드(perillaldehyde)의 안티옥사임(anti-oxime)으로 알려졌으며, 따라서 안티옥사임형이 단맛을 갖고 있는 줄 믿어졌었다. 그러나 자소당으로 알려진 강한 단맛을 가진 옥사임의 형태는 악톤들(Acton, E. M. *et al.*, 1970)에 의해서 신-옥사임(syn-oxime)형인 사실이 밝혀지고 있다.

또한 페릴라틴, 즉 신-옥사임의 강한 단맛은 이미 설명한 바 있는 AH, B, γ학설, 즉 감미 삼극단위학설(tripartite saporous unit theory)에 의한 설명은, 페릴알데하이드의 신-옥사임, 즉 페릴라틴(perillartin)의 강한 단맛이 그 분자구조 중의 옥사임 구조(-CH = N·OH) 부분의 -OH 그룹의 산소원자가 B 그룹으로, -CH = 그룹이 AH 그룹으로, 옥사임 구조와 반대 위치에 있는 비닐 그룹(vinyl group, $-CH = CH_2$)의 말단에 γ-그룹의 중심이 되는 효과적인 AH, B, γ의 삼극이 자리잡고 있는 구조로 설명되고 있다(Shallenherger, R. S., 1993 참조 또한 그림 3-16 참고).

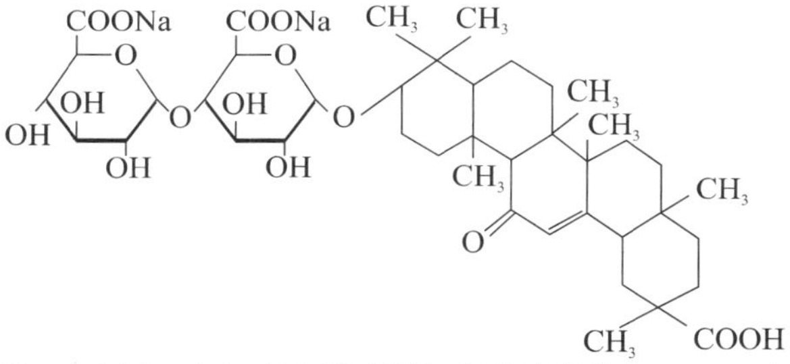

COONa COONa CH_3 CH_3 O OH O OH O OH OH OH CH_3 CH_3 CH_3 CH_3 O CH_3 COOH

[그림 3-17] 감초(Glycyrrhizia glabra)의 감미성분, 글리시리진(glycyrrhizin), 즉 글리시리진산(glycyrrhizic acid)의 소듐 또는 암모늄염

이 페릴알데하이드(perillaldehyde)는 청자소(青紫蘇)에서 얻어지는 정유(essential oil)의 한 성분이나 현재는 공업적으로 합성된다.

글리시리진 글리시리진(glycyrrhizin)은 글리시레틴산(glycyrrhetic acid)의 3번의 수산기(-OH group)와 β-D-글루큐론산(β-D-glucuronic acid)의 이중체(dimer)의 1번의 수산기 사이에 에텔결합(an ether linkage)에 의해서 형성된 글리시리진산(glycyrrhizic acid)의 다이소듐염(disodium salt), 또는 트리소듐염(trisodium salt) 또는 암모늄염 등을 말한다(그림 3-17 참조),

한편, 감초(甘草, *Glycyrrhiza glabra*, 통속명 licorice 또는 liquorice)의 감미성분으로서 백색 내지는 담황색의 결정이다.

웡(Wong, D. W. S., 1989)에 의하면 전술한 글리시리진산(glycyrrihizic acid)의 키아복실 그룹들(carcoxyl group, -COOH)이 모두 암모뉴염으로 된, 암모늄 글리시리지네이트(ammonium glycyrrizinate)로 알려져 있다. 이 암모늄 글리시리지네이트는 물, 알콜 등에 녹으며, pH 4.5 보다 산성이 되면 침전하고, 105℃ 이상으로 가열할 때 침전한다고 한다. 그 효과적인 사용농도는 20~1000ppm라고 한다. 단맛은 일반적으로 설탕의 약 50배 정도(Solms, J., 1971; Inglett, G. E., 1981)로 알려져 있다.

그러나 글리시리진은 독성이 있으며, 따라서 일반 식품류 또는 가공식품류 등에 직접 사용할 수 없고, 다만 단맛을 가진 감미향료(甘味香料)로서 역시 담배 또는 의약품 등에 사용되고 있다.

1-알콕시-2-아미노-4-나이트로벤젠 유도체들 이 1-메톡시-2-아미노-4-나이트로벤젠, 즉 나이트로아미노페네톨(nitroaminophenetol)과 같은 1-알콕시-2-아미노-4-나이트로벤젠류(1-alkoxy-2-amino-4-nitrobenzenes), 또는 5-나이트로-2-알콕시아닐린류(5-nitro-2-alkoxyanilines) 등으로 알려져 있는 물질들은 1946년에 버케이드(Verkade, P. E., 1946; Jacobson, M. B., 1958 그리고 Ariyoshi, Y., 1976 참조)가 개발한 인공감미료로서 그 알콕실기(alkoxyl group)가 프로폭실기(n-propoxyl group)로 치환된 유도체는 설탕의 4,000배의 감미를 가지고 있어서 P 4,000이라고 불려져 왔다. 이 P-4000은 단맛이 매우 강하나 그 단맛이 순수해서 네델란드(Netherland)에서는 일시적으로 인공 감미료로서 시용(試用)되었으나, 곧 사용이 금지되었다고 한다(Ariyoshi, Y., 1976).

NO_2 4 5 2 1 NH_2 OR　　NO_2 3 1 6 NH_2 OR　　O_2 O_2 N B 4 H AH 5 NH_2 1 OR γ

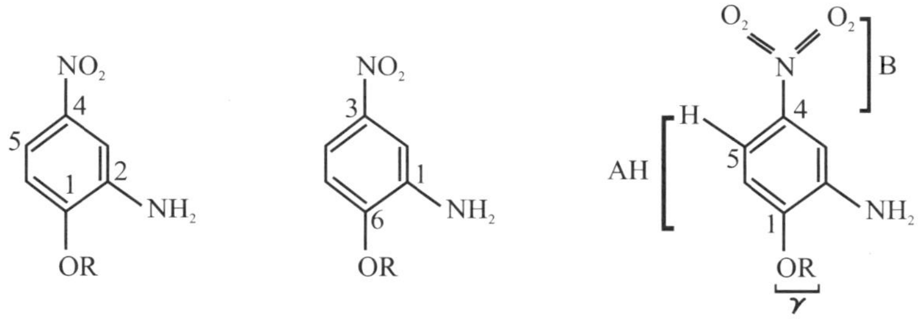

위 그림 중에서 R은 알킬그룹(C_{2n+1}) 중 n = 1~4정도 일 때 강한 단맛을 나타내는 n = 0일 때는 단맛이 없다고 한다. Ⅰ은 2-아미노-4-나이트로벤젠(2-amino-4-nitrobengene)의 유도체들로, Ⅱ는 같은 나이트로벤젠 유도체들을 아닐린(aniline, 즉 $C_6H_5NH_2$)의 유도체들로 보는 명명방식이다. 한편, Ⅲ은 감미 삼극단위들(tripartite saporous units)의 위치를 표시하고 있는 그림이다.

한편, 이상의 화합물들의 강한 단맛은 AH, B, γ학술에 따르면, 1-알콕시-2-아미노-4-나이트로벤젠(그림 중의 오른쪽의 분자식 Ⅲ 참고)의 벤젠핵의 5번 탄소에 결합된 수소원자가 HA 그룹의 H로, -NO_2 그룹 형성하고 있는 산소원자가 B 그룹을, 1번 탄소에 결합된 알콕실 그룹(alkoxyl group)의 탄화수소 사슬(hydrocarbon chain, R)이 γ그룹을 형성하여, 감미 삼극단위들(tripartite saporous units)을 형성하기 때문인 것으로 설명하고 있다. 이상의 설명은 1번의 치환기 RO-가 R-(R = H 포함)인 나이트로아닐린들(nitroanilines)의 경우의 단맛도 설명하고 있다.

또한 RO-그룹의 알킬그룹(R or alkyl group)이 -CH_3 그룹일 경우, 그 상대적인 감미도는 220, -CH_2CH_3인 경우 950, -$CH_2CH_2CH_3$인 경우 4100, -$CH_2CH_2CH_2CH_3$의 경우 1000 그리고 -$CH(CH_3)_2$의 경우 600 이여서, 알킬그룹의 길이가 프로폭실 그룹일 때 감미도는 최고가 되며, 그 길이가 더 길어질수록, 감미도는 급격히 감소하여 -$CH_2(CH_2)_3CH_3$, 즉 탄소수 5개인 펜틸그룹의 경우, 그 감미도는 0이라고 한다. 한편, 이중결합을 가진 알킬그룹 -CH_2-CH = CH_2일 때는 그 감미도는 2000이라고 한다. 이상과 기타 연구들의 결과는 RO-그룹의 전자밀도 뿐 아니라, 알킬그룹의 입체적 구조도 매우 중요함을 보여주고 있으며, 감미에 대한 삼극단위 학설(tripartite saporous units theory)을 뒷받침해주고 있는 실례들의 하나로 볼 수 있다(Ariyoshi, Y., 1976 참조).

이 계통에 속하는 일련의 유도체들(homologs)의 융점, 물에 대한 용해도와 설탕의 단맛을 1로 표시할 때의 각 유도체들의 감미도(sweetness)는 다음 전문서적을 비롯하여 근래에 출간된 전문서적들을 참고해주기 바란다(Jacobs, M. B. 1958. "*Chemical Analysis of Food and Food Products,*" p. 913, Van Nostrand Co., Inc.).

파일로덜신과 그 유도체들 주로 일본 등지에서는 감차(甘茶)로 알려진 식물체(*Hydrange amacrophylla Seringe)*의 잎을 건조시켜 단맛을 가진 차의 원료로 사용하여 왔다. 이 단맛을 가진 차를 만들어내는 잎의 단맛 성분인 파일로덜신(phyllodulcin)의 구조는 1929년에 아사히나와 아사노들에 의해서 규명되었으며(Asahina, Y. and Asano, J., 1929; Ariyoshi, Y., 1976; Arnoldi, A. *et al.*, 1998 참조), 그 단맛은 여러 학자들에 의해서 설탕의 400배 내지는 600~800배로 보고되어 왔다.

여러 연구들을 통해서 많은 이 파일로덜신의 유도체들이 강한 단맛을 갖고 있는 사실이 알려져 있다. 예로서 1,3-벤조다이옥산(1,3-benzodioxane)의 유도체, 즉 2-아이소바닐릴-1,3-벤조다이옥산(2-isovanyllyl-1,3-benzodioxane)은 그 수용액이 불안정하기는 하나 그 단맛은 설탕의 약 3,000배나 되는 것으로 알려져 있다.

한편 1,3-벤조다이옥산 유도체(그림 중의 II)의 B환의 1번과 3번의 산소원자 중 1번의 산소원자가 황원자로 대체된 유도체의 경우, 그 단맛은 설탕의 9,000배로 알려져 있다.

이 파일로덜신과 그 유도체들의 강한 단맛은 B환의 2번 위치에 결합된 아이소바닐릴 그룹(isovanilly group, 즉 A환)의 3'번의 수산기와 4'번의 메톡실기(methoxyl group, -OCH_3)가 필수적이며, AH, B, γ감미 그룹 중, -OH 그룹이 AH-그룹으로, -OCH_3 그룹 중의 산소원자(O)가 B-그룹으로 작용하며, 아이소바닐린환(isovanillyl ring), 즉 A로 표시된 벤젠핵이 γ영역이 된다고 한다.

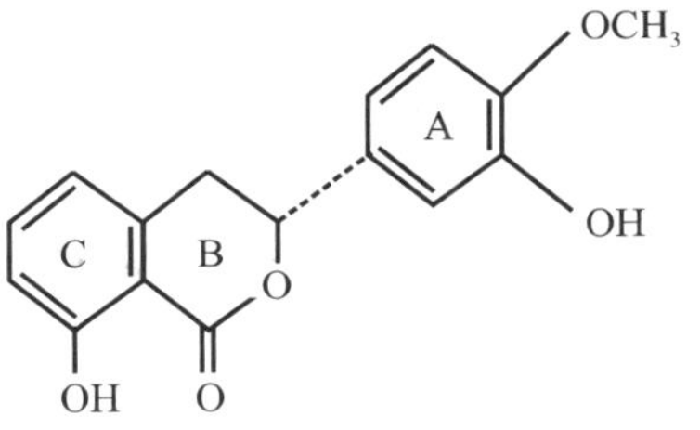

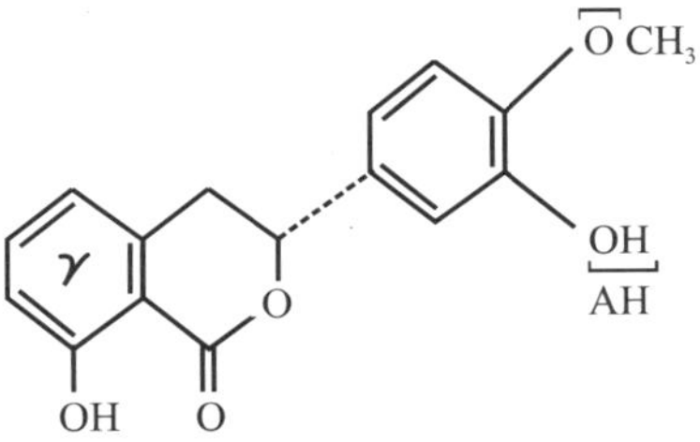

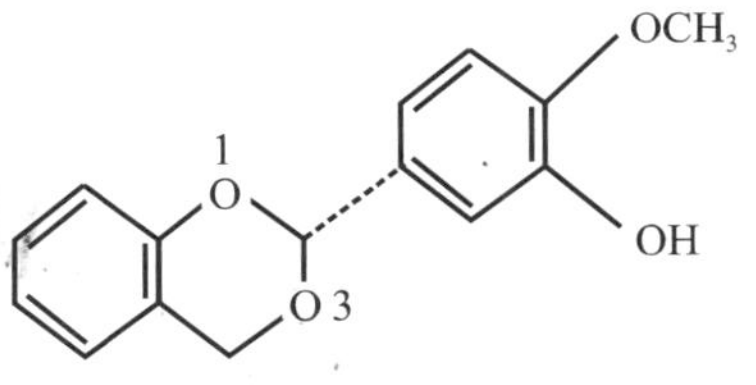

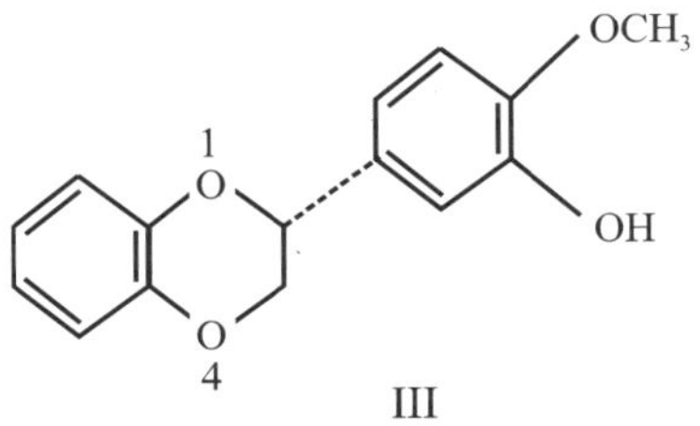

[그림 3-18] 위 그림에서 I. 파일로덜신(phyllodulcin), II. 1,3-벤조다이옥산(1,3-benzodioxan)유도체, III. 1,4-벤조다이옥산(1,4-benzodioxan)의 유도체, 즉 2-(3'-hydroxy -4'-methoxyphenyl)-1,4- benzodioxan 등의 구조들. 이상의 화합물들은 A핵, 즉 아이소바닐릴 그룹의 -OH 그룹이 AH-그룹, -OCH3기의 산소원자가 B 그룹, C 핵, 즉 벤젠핵 자체가 γ 로 작용한다고 한다(I 참조).
Arnoldi, A. et al., 1998 참조.

또한 이들 화합물들의 B환의 형태나 성질도 단맛 자극에 대응하는 수용체와의 상호작용에 어떤 중요한 작용을 하는 것으로 생각되고 있다(Arnoldi, A. *et al*., 1998). 한편 이들 화합물은 R(+)형과 S(-)형의 입체 이성체들이 있으나, 강한 단맛을 나타내는 것은 R(+)형이며, S(-)형은 무미(tasteless)하다고 한다.

전술한, 1,3-벤조다이옥산 유도체들의 불안정성을 극복하기 위해서 아놀디들(Arnoldi, A. *et al*., 1986)은 2-페틸벤조다이옥산의 유도체들(2-phenylbengodioxane derivatives)을 합성하였었다. 그 중의 하나, 즉 2-(3'-hydroxy-4'methoxyphenyl)-1,4 benzodioxane은 설탕의 450배 단맛을 갖고 있었다고 보고하고 있다.

나린진 다이하이드로칼콘 및 네오헤스페리딘 다이하이드로칼콘의 유도체들 하로위츠와 제티리니들(Horowitz, R. and Gentilini, B., 1963)에 의해서 나린진, 네오헤스페리딘(naringin, neohesperidin) 등과 같은 플라보노이드 화합물들(flavonoid compounds)의 다이하이드로칼콘 유도체들(dihydrochalcone derivatives, 즉 DHC derivatives)이 매우 강한 단맛을 가지고 있는 사실이 보고된 후, 이 플라보노이드 화합물들의 유도체들(제2장 플라보노이드 색소의 화학적 성질 참조)의 단맛에 대해서 많은 관심이 집중되어 왔다.

실제 단맛과 직접 관련된 부분들은 앞서 이미 설명한 파일로덜신과 그 유도체들의 경우와 같이, 그림의 구조 중 3'-하이드록시-4'-메톡시페닐 그룹(3-hydroxy-4-methoxyphenyl group), 즉 아이소바닐릴 그룹(isovanillyl group)임으로, 아이소바닐릴 유도체들(isovanillyl derivatives)로서 파일로덜신류와 함께 다루는 경우가 많다. 실제적으로 그 구조나 성질들은 파일로덜신류와 매우 유사하다.

클베체크들(Krbecheck, L. *et al*., 1968)에 의해서 조사된, 나린진 다이하이드로칼콘(naringin dihydrochalcone) 및 네오헤스페리딘 다이하이드로칼콘(neohesperidin dihydrochalcone)의 단맛은 각각 설탕의 100배와 설탕의 1,000배에 달한다.

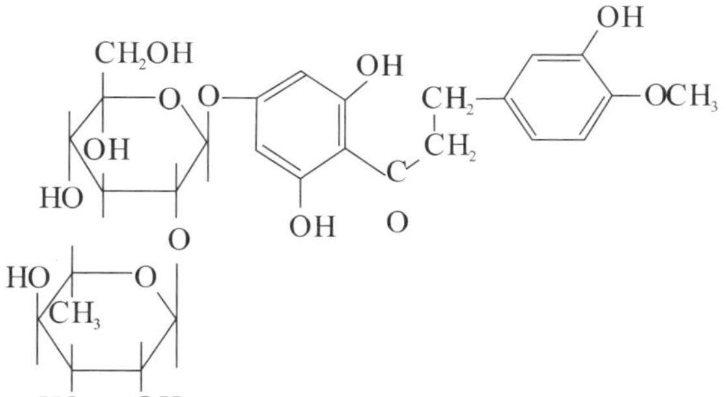

OH, CH_2OH, O, O, OH, CH_2, OCH_3, OH, CH_2, HO, C, OH, O, O, HO, O, CH_3, HO, OH

네오헤스페리딘 다이하이드로칼콘(neohesperidin dihydrochalcone)

한편, 잉글렛트(Inglett, G. E., 1969)는 이상의 플라보노이드 화합물들의 다이하이드로칼콘 유도체들의 하나인 호모네오헤스페리딘 다이하이드로칼콘(homoneohesperidin dihydrochalcone)과 네오헤스페리딘 다이하이드로칼콘의 % 역가(%threshold), 그리고 각각 설탕의 단맛을 1, 사카린의 단맛을 1이라고 할 때의 이상의 화합물들의 각각의 단맛을 측정하였다. 잉글렛트(Inglett, G. E., 1969)의 실험결과에 의하면 이들 유도체는 사카린의 2.6 내지 3.3배, 그리고 설탕 단맛의 각각 1,100배(homoneohesperidin dihydrochalcone의 경우) 또는 950배(neohesperidin dihydrochalone의 경우)에 달하는 매우 강한 단맛을 가지고 있음이 밝혀지고 있다(표 3-7 참조).

표 3-7 네오헤스페리딘 다이하이드로칼콘(neohesperidin dihydrochalcone)의 상대적 상대적 감미드

실험 구분	감 미 료(sweetener)	% 역가(threshold) W/V	감미도 평가	
			설 탕 (sucrose)=1	사 카 린 (saccharin)=1
실험 1	설탕(sucrose)	0.66	1	0.0030
	사카린(saccharin)	0.002	330	1
	호모네오헤스페리딘 다이하이드로칼콘 (homoneohesperidin dihydrochalcone)	0.0006	1,100	3.3
실험 2	설탕(sucrose)	0.72	1	0.0028
	사카린(saccharin)]	0.002	360	1
	네오헤스페리딘 다이하이드로칼콘 (neohesperidin dihydrochalcone)	0.00076	950	2.6

Inglett, G. E. 1969. *J. Food Science*, 34, 101.

한편, 칼콘 유도체들의 단맛은 강하나 매우 특유한 뒷맛이 있는데, 이 특유한 뒷맛이 없는 유드체들의 개발에 여러 연구자들이 노력하여 왔었다(Dubois, G. E. *et al*., 1981).

이 아이소바닐릴 유도체들(isovanillyl derivatives)의 원료가 되는 화합물들은 자연식품에 널리 분포되고 있다. 예로서 나린진은 그레이프프루우트(grapefruit)와 같은 감귤류의 껍질에, 네오헤스페리딘은 오렌지의 껍질 등에 풍부하게 존재하며, 따라서 이상의 유도체들의 독성도 매우 낮은 것으로 예상된다.

위에서 열거한 여러 장점들 때문에 이 유도체들을 장차 식품에 사용할 인공감미료로서 개발하고자 하는데, 특유한 뒷맛이 없는 유도체들의 개발에 여러 연구자들의 노력이 꾸준히 진행되어 왔으며, 미국에서는 1996년에 첫 연구가 시작된 지 30년 만에 그 사용이 허용되었다(Smith, R. L. *et al*., *Food Technology*. p. 71~81, 1996).

스테비오사이드 국화과(菊花科)에 속하는 다년초(多年草)인 남미원산(南美原産)인 스테비아(*Stevia rebaudiana* Bertoni)의 마른 잎은 파라구아이(Paraguay) 등 남미의 나라 주민들에 의해서 오랫동안 일종의 감미료로 사용되어 왔다.

이 스테비아의 마른 잎에는 3~8%의 쉽게 추출될 수 있는 다이터어펜 배당체(diterpene glycoside)인 스테비오사이드(stevioside)가 함유되어 있다. 이 스테비오사이드는 백색의 흡습성 결정(hygroscopic crystalline compound)으로서, 융점이 198℃이고 800ml의 물에 1g이 녹는, $C_{38}H_{60}O_{18}$로 표시되는 아비에틴산(abietic acid)의 유도체이며, 그 구조는 아래와 같다. 그 단맛은 설탕의 50~100배(Kim, H. S. and Lee, H. J., 1979) 또는 대략 300배 정도(Solms, J., 1971; Englett, G.E., 1981)로 알려져 있으며, 설탕의 단맛에 가까운 것으로 알려져 있다.

현재까지의 독성조사의 결과는 이 감미료가 인체에는 무해한 것으로 알려져 있으나 더 많은 연그가 필요한 듯하다.

남미의 일부 나라와 일본에서는 오래전부터 그 사용이 허용되어 왔다. 우리나라에서도 현재(2001년 기준) 그 사용이 허용되고 있다. 한편, 우리나라에서는 이전부터 스테비아를 재배하고,

스테비오사이드를 생산하여 일본 등에 수출하는 계획이 진행되어 왔었다(Kim, H. S. and Lee, H.J., 1979; 강효원, 1979; 서기봉, 1979; 서항원, 1984).

스테비오사이드는 설탕에 비해 가열, 산의 작용 등에 대해서 더 안정하며, 특히 갈색화 반응(browning reaction)에 의한 갈색 착색물질들을 형성하지 않으며, 일반 당류처럼 발효(fermentation)를 일으키는 성질도 없어서, 각종 가공식품류의 저칼로리 식용 감미료로서 적합하나, 그 단맛은 쓴맛과 복합되어 있어서 특유의 후미(after-taste)가 지속되는 것이 결점이라고 한다(Kim, J. R. and Yook, C., 1997 참조). 따라서 이와 같은 쓴 후미(後味)의 제거를 위해서 여러 방법들이 연구되어 왔었다.

그 결과, 말토덱스트린(maltodextrin)과 효소 사이클로덱스트린 글루카노트란스퍼레이스(cyclodextrim lucanotransferase, EC 2.4.1.19, 간략하게 CGTase)들을 이용하여, 스테비오사이드의 A 위치의 β-D-포도당에 말토옥스트린 분자 말단(末端)의 α-D-포도당을 옮겨서, 결합시켜 글루코실 스테비오사이드(glucosyl stevioside)로 만드는 방법이 현재까지 가장 일반적인 방법이었다고 한다.

이에 따라 전술한 김들(Kim, J. R. and Yook, C., 1997)은 말토덱스트린과 (CGTase를 사용하여, 당 전이반응(糖轉移反應)을 통해서 모노글루코실 스테비오사이드(monoglucosyl stevioside)를 만들고 그 단맛, 쓴맛을 조사한 결과 스테비오사이드 보다 더 달고 쓴맛도 없었다고 한다. 이들은 이 모노글라이코실 스테비오사이드의 제조과정에서의 최적조건들도 설명하고 있다.

한편, 인들(In, M. J. *et al*., 1997)은 위에서와 같이 말토덱스트린(maltodextrin)과 CGTase를 사용한 당전이 스테비오사이드(glycosylated steviosides)의 대량 생산을 위해서 CGTase 효소가 고정화된 충전형 반응기(packed-bed reactor, PBR)를 사용하여, 연속적으로 글라이코실 스테비오사이드류(glycosylsteviosides)를 생산하는 과정을 보고한 바 있다.

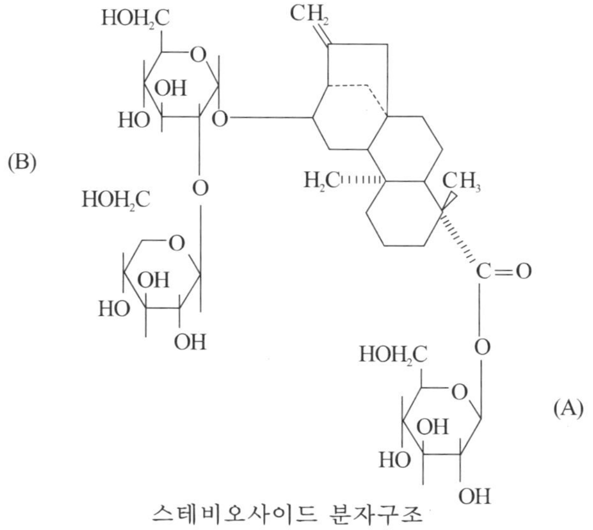

스테비오사이드 분자구조

스테비오사이드의 구조식. 여기서(A)는 스테비오사이드분자 중의 카아복실 그룹(carboxyl group, −COOH)과 에스터 결합을 하고 있는 β−D−글루코오스 단위(β−D−glucose unit), (B)는 스테비오사이드분자 중의 수산기(−OH)와 에텔 결합(ether linkage)을 하고 있는 β−소포로오스 단위(β−sophorose unit)를 나타낸다.

이들은 20일간 연속적으로 가동시켰을 때 70%의 스테비오사이드가 글라이코실 스테비오사이드로 전환했으며, 고정화(固定化)된 효소의 손실은 20% 이었다고 한다. 또한 이 연속과정에서 고정화된 효소의 효율은 대략 150g 제품/g 고정화 효소였다고 한다.

아세설페임 아세설페임 K(acesulfame K)은 1967년에 우연하게 개발된 인공감미료로서 그 전체적인 화학구조는 사카린과 비슷하다. 아세설페임 K의 단맛은 설탕의 약 130배 정도로 알려져 있으나, 사카린과 같은 뒷맛(after-taste)은 없으며 그 단맛의 질은 매우 좋다고 한다.

아세실페임 K는 사카린의 경우처럼 그 분자 구조 내부의 $-N^-K^+$ 그룹, 따라서 N^-H^+ 그룹이 AH 그룹으로, SO_2의 산소원자가 B 그룹으로 그리고 분자내의 메틸 그룹이 소수성(hydrophobicity)의 중심(center), 즉 γ의 위치로 알려져 있다(Shallenberger, R. S., 1993 참조).

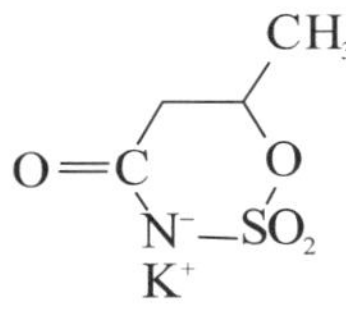

CH_3

O=C O

$N^- - SO_2$

K^+

아세설페임 K(acesulfame K)

이 아세셀페임 K는 후술하는 아스퍼테임(aspertame)이나 사카린 등에 대해서 매우 효과적인 상승작용(相乘作用 synergistic action)을 나타내는 사실이 알려져 있으며, 이 사실은 식용 인공감미료로서 큰 장점으로 알려져 있다. 물에는 잘 녹으며, 열에 대해서는 매우 안정하다.

그 상대적인 감미도는 설탕(sucrose)의 3% 수용액을 기준으로 할 때 대략 200배 정도며, 쓴맛은 거의 없다고 한다. 전술한 대로 열에는 매우 안정하며, 225℃ 이상이 되어야 분해가 일어난다고 한다. 그 전반적인 안정도(stability)는 결정형태의 아세설페임 K의 분말을 실온에서 잘 보관했을 때 10년간 변하지 않았다는 실험예로 알 수 있다.

한편, 이 인공 감미료는 용액상태로 있을 때는, 그 pH가 3보다 높을 때는 그 안정성을 그대로 유지한다고 한다(특집 Sweeteners 중 3부 Alternatives to Cane and Beet Sugar, *Food Technol.*, 40(1), 116-128, 1986 참조).

한편, 핸거들(Hanger, L. Y. *et al.*, 1996)은 아세설페임(acesulfame K, ACK), 곧 설명할 아스퍼테임(aspertame, APM), 슈크라로즈(sucralose, TGS), 사카린(saccharine, SAC), 사이클라메이트(cyclamate, CYC) - 여기서 사카린과 사이클리메이트는 각각 Na염들임 - 다섯 개의 고강도(高强度, high intensity) 감미료들을 혼합하여 그 맛의 특성을 조사한 바 있다.

그 결과, 이상의 혼합 감미료들 중 아세설페임 K와 아스퍼테임 혼합물(ACK/APM)과 아세설페임 K, 아스퍼테임, 사카린 및 사이클라민산의 Na염, 소듐염들의 혼합물(ACK/APM/SAC/CYC)들은 개개의 감미료 단독의 경우보다, 그 단맛이 설탕에 더 비슷하였으며, 그 속성들(屬性, attribute)도 설탕의 속성들과 차이가 없었다고 보고하고 있다.

아세설페임 K는 인체 내에서는 대사과정에 참여하지 않음으로, 열량을 형성하지 않는다(non-caloric). 즉, 인체 내에 섭취된 후에도 변하지 않는 상태에서 그대로 배설되며 체내에 축적되지 않는다고 한다. 이 아셀설페임 K는 현재(2004년 기준) 영국, 서독 등 유럽의 대부분의 나라들에서 식용 인공감미료로서 사용이 허용되고 있으며, 저(低)칼로리 가공식품, 저칼로리 청량음료 등의 감미료로 사용되고 있다.

미국에서도 1988년 이후 식탁용 감미료(a table top sweetner), 츄잉껌용 감미료, 분말주스 혼합물들(dry beverage mixes)의 감미료로서 이미 그 사용이 허용되고 있으며, 기타의 식품용 감미료로서의 사용신청들에 대해서 검토 중이라 한다(Giese, J. H., 1993).

한편, 우리나라에서는 그 사용이 허용되고 있지 않다.

아스퍼테임 아스퍼테임(aspartame)은 1960년대 말부터 인공감미료의 사용규제가 엄격하여지고, 일부 인공감미료의 사용이 계속 금지되고 있는 세계적인 추세에 대비해서, 안전성이 더 큰 새로운 인공감미료의 개발을 서두르는 가운데 발견된 합성 감미료의 하나이다. 예로서 1970년대 영국과 미국에서 사용이 금지되었으며, 곧 우리나라에서도 사용이 금지된 사이클라민산의 나트륨 및 칼슘염(Na and Ca salts of N-cyclohexysulfamate)의 1967년도의 미국에서의 추정 소비량은 6,890,000kg으로서 대략 226,000톤(MT)의 설탕에 해당한다고 한다.

마져어들(Mazur, R. H. *et al.*, 1969)은 일부 다이펩타이드류(dipeptides)의 구조와 그 단맛 사이의 관계를 연구하는 과정에서 이 아스퍼테임, 즉 아스퍼어틸페닐알라닌의 메틸에스터(aspartyl-phenylalanine methylester)가 설탕과 매우 유사하며 강한 단맛을 가진 사실을 보고하였다. 아스퍼테임의 단맛은 모든 인공감미료의 단맛 중 실제로 가장 설탕의 단맛에 가깝다고 한다(Rizzi, G. P., 1985).

아스퍼테임은 아스퍼어틴산(L-aspartic acid)과 페닐알라닌(L-phenylalanine)으로 된 다이펩타이드(dipeptide)의 메틸 에스터로서 흰색의 결정성 분말이며, 그 단맛은 정확하게는 농도에 따라 다르나 대체로 설탕의 100~200배로 알려져 있다. 그리고 전술한 대로 그 단맛이 설탕과 매우 비슷하며 뒷맛(after-taste) 등이 전혀 없는 것도 또 하나의 특징이라 할 수 있다. 또한 아스퍼테임은 많은 당류 또는 인공감미료들, 예로서 전술한 아세설페임 K, 설탕, 포도당, 과당, 사카린 등과 상승작용(synergistic action)을 나타내는 것으로 알려져 있다.

아스퍼테임의 안정성(stability)에 가장 큰 영향을 주는 요인들로, 첫째는 가열에 의해서 아스퍼테임 함량의, 예로서 120℃에서 30분 정도면 전체의 10%, 150℃에서는 10분 내에 80% 이상이 일단 디이케토피페라진(diketopiperazine)을 형성했다가 결국은 각각의 구성 아미노산들로 분해되는 사실과, 둘째는 수용액 상태로 있을 때 메틸 에스터 결합이 끊어져서 무미(無味)한 다이펩타이드의 형태로 된다는 사실이다(그림 3-19 참조).

전자는 오븐에서 구워서 만드는 식품들(badery products)에 사용할 때 유의할 점이고, 후자는 각종 음료 및 냉동식품류의 첨가 감미료로서 사용할 때 고려되어야 할 점이다. 그러나 아스퍼테임은 실온에서 저장된 탄산음료(炭酸飮料, carbonated soft drinks)의 경우, 6개월 정도의 저장기간 내에서는 그 단맛은 잘 유지된다고 한다(Homler, B. E., 1984).

이 아스퍼테임은 미국에서는 1981년에 건조식품류에 대해서, 1983년에는 탄산음료류(carbonated beverages)에 대해서 사용이 허용되었으며, 그 사용범위는 점차 확대되는 추세에 있다. 즉 식탁용 감미료(tabletop sweetener), 청량음료 감미료로서 미국, 캐나다, 영국과 기타의 유럽 국가들에서 사용되고 있으며, 우리나라에서도 현재(2004년 기준) 그 사용이 허용되고 있다.

전술한 바 있는 국제식량농업기구와 세계보건기구의 식품첨가물에 관한 합동전문위원회(the FAO/WHO Joint Expert Committee on Food Additives)와 유럽경제공동체의 식품에 관한 과학위원회(the Scientific Committee on Food of the European Economic Committee)는 아스퍼테임을 식품에 사용할 감미료로서 그 안전성을 인정하고 있다(IFT Panel on Food Safety and Nutrition. 1986. *Food Technol.*, 40(8), 197).

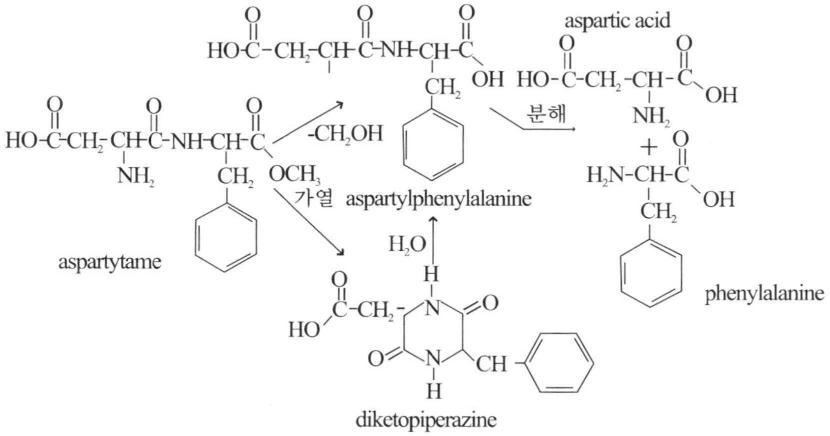

[그림 3-19] 아스퍼테임(aspartame) 및 그 가열생성물과 가수분해 생성물들의 화학구조. Homler, B.E. 1984. *Food Technol.*, 38(7), 51.

아스퍼테임의 구조와 맛　아스퍼테임의 단맛은 전술한 바 있는 샬렌버어거의 AH, B, 학설(Shallenberger's AH, B theory)과, 그 보다는 특히 강한 단맛을 가진 화합물들에 더 잘 적용되는 키어(Kier, L. B., 1972) 등의 소수성 영역(hydrophobic region)의 중심, X 또는 γ로 표시되는 감미를 크게 강화시켜 주는 또 하나의 감미단위(a saporous unit)를 고려한 AH, B, γ학설에 의해서 잘 설명되고 있다.

아스퍼테임, 즉 L-아스퍼틸-L-페닐알라닌의 메틸에스터의 분자구조 중 L-아스퍼어틴산(L-aspartic acid)부분의 α-아미노기(α-amino group)와 β-카아복실기(β-carboxyl group)들이 각각 AH 그룹과 B 그룹으로 작용하며, L-페닐알라닌(L-phenylalanine)부분의 벤질그룹(benzyl group, $C_6H_5CH_2$-)이 소수성 그룹의 중심(hydrophobic center), 즉 X 또는 γ로 작용하는 것으로 알려져 있다.

한편 시노다들(Shinoda, I. and Okai, H., 1985)은 아스퍼테임에 존재하는 페닐알라닌 그룹의 측쇄부분(side chain part), 즉 벤질 그룹(benzyl group, $C_6H_5CH_2$-)과 같은 소수성(疎水性) 그룹(hydrophobic group)의 중요성을 강조하고 있다(그림 3-20의 X 그룹 참조).

이들은 또한 아스퍼테임의 AH, B, X(또는 γ) 그룹에서 B 그룹의 기능을 제거시킨 아스퍼테임의 t-뷰톡실 유도체(tertiary-butoxyl derivative), 즉 AH, X 만을 가진 유도체는 쓴 맛을 나타냈다고 한다. 그러나 매우 특이하게도, 이 경우에 적정량의 초산(CH_3COOH) 존재 하에 맛을 보았을 때는, B 그룹의 기능을 상실한 아스퍼테임의 t-뷰톡실 유도체를 대신해서 초산의 카아복실 그룹(-COOH 그룹)이 미각 수용체에 대해서 B 그룹의 역할을 대신함으로서 다시 단맛을 느꼈다고 한다. 이상의 실험들을 통해서 이들은 아스퍼테임과 같은 화합물들에서 단맛을 가지려면 AH, B 그룹 외에도 소수성을 가진 그룹 X의 성질도 중요하며, 또한 단맛과 쓴맛은 같은 미각 수용체

(taste receptors)에서 느끼는 같다고 매우 시사적인 견해를 보고하고 있다.

한편, 근래 소위 다이펩타이드 감미료(dipeptide sweetners)들로 알려진 감미료들 중 아마도 가장 대표적인 아스퍼테임의 구조를 AspNHCH(R_1)COR로 표시할 때가 있다.

여기서 Asp는 아스파틴산의 구조 중 α -카아복실 그룹(-COOH)의 -CO 까지를, R_1은 페닐알라닌(phenylalanine)의 벤질 그룹(-$CH_2C_6H_5$)을, R은 메틸에스터 그룹(-$COCH_3$) 중의 메틸 그룹(-CH_3)을 나타낸다.

젱들(Zeng, G. Z. *et al.*, 1991)은 R과 특히, 소수성 영역(r)을 구성하는 R_1의 소수성 그룹의 구조와 성질을 변화시켜서 단맛이 강하거나, 그 외의 다른 특성을 가진 다이펩타이드 감미료들을 합성하여, 그 단맛의 강도나 기타의 성질들을 조사한 바 있다.

또한 아스퍼테임의 실제적인 사용문제와 관련해서 김들(Kim, W. J. and Chung, N. Y., 1996)은 아스퍼테임을 각종 가공식품류의 감미료로 사용할 때의 여러 온도와 pH에서의 아스퍼테임의 손실정도를 조사한 바 있다.

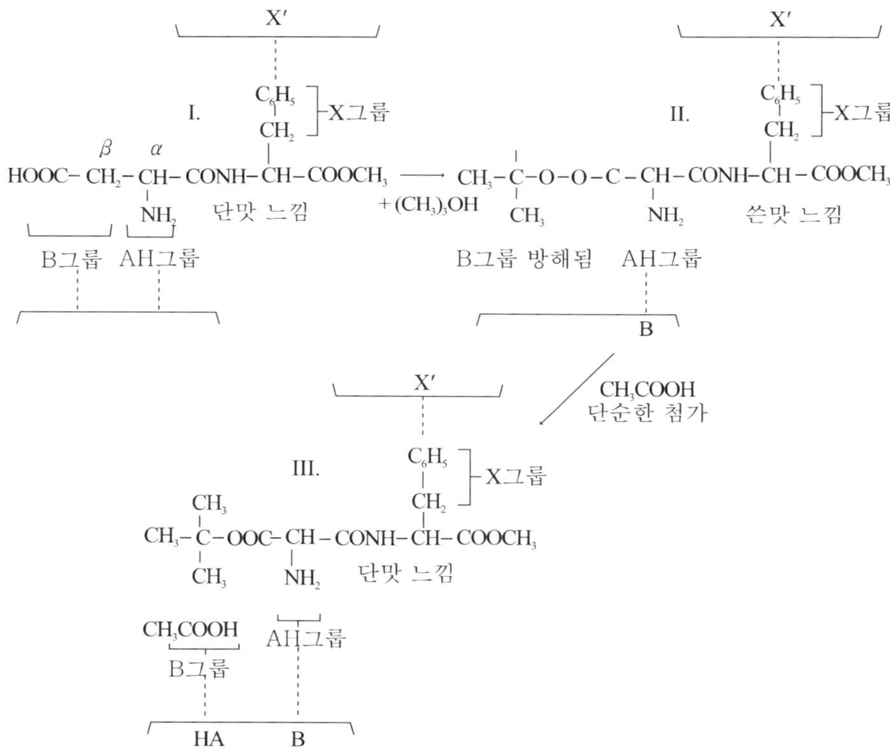

[그림 3-20] 아스퍼테임 분자(I)의 감미삼극단위들(tripartite saporus units)이 미각수용체(taste receptor)의 해당하는 활성 장소들(active sites)과 강하게 수소 결합하여, 강한 단맛을 나타낸다. 그러나 I 에 터어셔리-뷰틸알콜(tertiarybutyl alcohol)과 반응시키면, 아스퍼테임의 t-뷰틸알콜유도체(II)가 형성된다. 이 II 는 B그룹의 기능을 상실하고 있어서 I 의 단맛은 없으며, 오히려 쓴맛을 갖는다. II 의 B그룹의 기능은(CH3)3-의 입체장애에 기인한다. 그러나 II 의 용액에 적정량의 초산(CH3COOH)을 첨가해주면 첨가된 초산의 -COO-그룹이 II 의 B그룹을 대신해서 미각 수용체의 활성장소와 결합하여, II 는 초산 존재 하에서는 단맛을 갖게 된다.
Shinoda, I and Okai, H., 1985.

이들에 의하면, 아스퍼테임의 1% 용액을 각각 100℃, 60℃에서 10시간 가열 했을 때 그 잔존율은 54%와 95%였으며, 그 분해 반응은 1차 반응(the first-order reaction)으로 진행되었다고 한다.

한편, pH 3~7의 1% 용액을 100℃에서 가열했을 때, 아스퍼테임은 pH 7에서 가장 불안정했으며, pH 4에서 가장 안정성이 컸다고 한다.

이 보다 더 실제적인 연구로서, 파스터들(Pastor, M. V. *et al.*, 1996)은 60%의 고형물을 함유한 고고형-저당(高固型-低糖) 복숭아 과즙(a high fruit-low sugar peach nectar) 제조 시, 설탕 대신에 아스파테임과 구아검(Guar gum) 각각 0.6g/L 와 0.6g/L를 혼합한 용액을 사용하여 만든 후, 실험대조용 복숭아 즙(설탕 사용), 시판 복숭아 즙들(commercial peach nectar products)과 맛, 점성 등을 조사, 분석하여 수용도(acceptability)를 비교한 바 있다.

이들에 의하면 아스파테임, 구아검 각각 0.6g/L를 사용하여 만든 복숭아 즙의 수용도는 설탕을 사용한 실험대조용 복숭아 즙이나, 시판 복숭아 즙의 수용도와 별 차이가 없었다고 한다.

신맛

신맛과 수소이온 농도

신맛을 가진 화합물로서 대표적인 것에는 산들(acids)이 있다.

이 산들의 공통된 특징은 수용액에서는 수소이온(H^+)을 낸다는 사실이며, 따라서 오래 전부터 신맛은 주로 수소이온에 기인한다고 생각되어 왔다. 그럼으로 현재에 이르기까지 많은 신맛에 관한 신경 생리학적(neurophysiological) 실험 등에서는 염산(HCl)의 0.01~0.05M 정도의 묽은 수용액이 흔히 사용되고 있다.

수소이온이 신맛의 주요한 요인임은 여러 가지 실험 사실들을 통해서 알 수 있다. 예로서, 약산(weak acids)은 일반적으로 강산(strong acids)보다 신맛이 적으며, 염산(HCl) 용액에 초산의 소듐염(sodium acetate)을 첨가할 때는 그 신맛이 감소된다. 신맛은 무엇보다도 수소이온 농도에 제일차적(第一次的)으로 관계되기는 하나, 음이온(anions)의 농도와 해리되지 않고 있는 산(undissociated acids)의 농도도 크게 기여하는 것으로 생각되고 있으며, 이와 같은 견해는 여러 연구자들, 예로서 아메린(Amerine, M. A., 1965) 등에 의해서 타당한 것으로 생각되어 왔다.

한편, 주석산(tartaric acid)의 0.05N의 농도를 표준으로 하여 같은 농도에서 일부 무기산들(mineral or inorganic acids)과 유기산들(organic acids)의 신맛의 순서(신맛이 약해지는)는 다음과 같이 (Solms, J., 1971) 즉 염산(HCl) 〉주석산(tactic acid) 〉사과산(malic acid) 〉 인산(phosphoric acid) 〉초산(acetic acid) 〉젖산(lactic acid) 〉구연산(citric acid) 〉프로피온산(propionic acid)으로 보고되고 있다.

또한 무기산의 경우에는 대체로 pH 3.4~3.5, 유기산의 경우에는 pH 3.7~4.1에서 신맛을 느끼게 되는 반면에, 완충용액(buffer mixtures)의 경우에는 pH 5.6~7.1에서 신맛을 느끼게 된다고 한다.

과실의 신맛

가장 신맛이 강하고, 또 신맛이 보편적인 자연식품류의 종류로는 과실들이 있다. 일반적으로 과실의 맛은 주로 그 속에 함유된 당류(sugar)에 의한 단맛과 유기산들(organic acids)에 의한 신맛으로 구성되고 있다고 볼 수 있다. 실제로 감귤류, 포도류 그리고 이들과 기타의 과실들의 가공식품류에 있어서 당과 산의 함량비율(sugar/acid ratio)은 그 품질(品質, quality)을 평가(評價, evaluation) 또는 더 단적인 결정에 매우 중요하다.

과실 속에 함유된 유기산의 종류로서는 구연산(citric acid), 사과산(malic acid), 호박산(succinic acid, 신맛은 구연산 정도), 주석산(tartaric acid) 등이 있으며, 한편 과채류(果菜類)에 속하는 토마토에는 소량의 초산(acetic acid)이 함유되고 있다.

대표적인 과실과 채소류의 이상의 유기산들의 분포를 보면 표 3-8과 같다.

한편, 소오스빌(Sausville, T. J., 1965)은 과실류 중의 유기산 중 가장 대표적인 산으로서 사과산을 들고 있다. 소오스빌의 연구에 의하면, 사과의 전체 유기산 중의 대략 97.2%는 사과산이며, 복숭아의 경우에는 96.2%, 배의 경우에는 96.2%, 포도의 경우에도 60%가 사과산이라고 한다. 그러나 감귤류(citrus products)에 있어서는 가장 중요한 유기산은 구연산(citric acid)이며, 포도의 경우에는 주석산(tartaric acid)이 가장 대표적인 유기산이다(표 3-9 참조).

페레즈들(Perez, A. G. *et al.*, 1997)도 HPLC 분석법을 사용하여 딸기, 복숭아, 사과, 키위(kiwi), 바나나의 주요 당류, 유기산류(아스콜빈산, 퀴닌산 포함)의 함량을 조사하여, 표 3-10와 같은 결과를 보고하고 있다.

한편, 이상과 같은 주요 유기산들의 구조를 보면, 그림 3-17과 같다.

물론, 한 과실 중의 유기산의 종류와 구성은 그렇게 간단한 것은 아니다. 예로서, 켄워어시들(Kenworthy, A. L. *et al.*, 1960)은 사과의 마킨토슈(Mcintosh)와 골든 델리샤스(Golden Delicious) 품종에 함유된 여러 유기산들을 컬럼 크로마토그래피(columnchromatography)에 의해서 분리한 바 있다.

표 3-8 일부 채소와 과실들의 산 함량(acid content, dry weight basis) % 비율

채소, 과실의 종류 \ 산의 종류	초산 (acetic acid)	구연산 (citric acid)	사과산 (malic acid)	호박산 (succinic acid)	주석산 (tartaric acid)
당근	-	흔적(trace)	3.2%	0.65%	-
오렌지	-	8.0%	1.3%	-	-
레몬	-	6.4%	2.2%	-	-
사과	-	-	2.2%	흔적(trace)	2.2%
포도	-	0.1%	1.2%	-	-
토마토	0.22%	7.2%	0.5%	-	-

Blanck, F.C., 1955. "*Handbook of Food and Agriculture*", p. 580.

표 3-9 여러 과실들의 전체 산 함량(total acid content)에 대한 사과산 함량(malic acid content)의 % 비율

사과(apple)	97.2%	배(pear)	96.2%
살구(apricot)	69.8%	감(persimmon)	100.0%
바나나(banana)	92.3%	파인애플(pineapple)	12.5%
포도(grape)	60.0%	앵두(cherry)	94.2%
복숭아(peach)	96.2%	수박(watermelon)	100.0%

Sausiville, T. J., 1965. *Food Technol.*, 19, 367.

COOH–CH_2–CH(OH)–COOH	COOH–CH(OH)–CH(OH)–COOH	HO–C(COOH)(CH_2COOH)(CH_2COOH)
사과산(L-malic acid)	주석산(L-tartaric acid)	구연산(citric acid)

[그림 3-21] 과실류에 존재하는 사과산, 주석산 및 구연산의 구조

표 3-10 각종 과실류의 주요 당류, 유기산류(아스콜빈산, 퀴닌산 포함)의 함량(mg/100g)

함유화합물	함량(mg/100g)				
	딸기 (strawberry)	복숭아 (peach)	사과 (apple)	키위 (kiwi)	바나나 (banana)
설탕(sucrose)	506	6203	1532	1468	6848
포도당(glucose)	1687	576	1384	3153	3499
과당(fructose)	1886	571	5023	3059	3106
옥살산(oxalic acid)	nd	tz	1.3	0.8	6.7
구연산(citric acid)	552	197	tz	985	359
사과산(malic acid)	105	282	412	191	289
아스콜빈산(ascorbic acid)	20.3	nd	nd	46.2	nd
퀴닌산(quinic acid)	nd	154	nd	46.2	nd
호박산(succinic acid)	nd	nd	tz	tz	114

여기서, tz: traces(concentration below the limit of detection, 검출한계량 이하의 흔적량)
nd는 not detected, (검출되지 않았음.)
Perez, A. G. *et al.*, 1997.

즉, 마킨토슈 품종의 사과에서는 사과산, 주석산 이외에도 글라이옥살린산(glyoxylic acid), 옥살코초산(oxaloacetic), 유로난산들(uronic acids)을, 골든 델리사스(Golden Delicious) 품종의 경우에는 사과산, 아이소구연산(isocitric acid), 그리고 글루타민산(glutamic acid)과 유사한 한 아미노산 그리고 한 유로닌산 등을 검출하고 있다(그림 3-22 참조). 이 결과는 같은 사과라도 품종이 다르면, 사과산이 가장 중요한 유기산이라는 공통점 외에는 세부적인 유기산들의 종류와 조성들은 약간씩 다른 사실을 보여주고 있다.

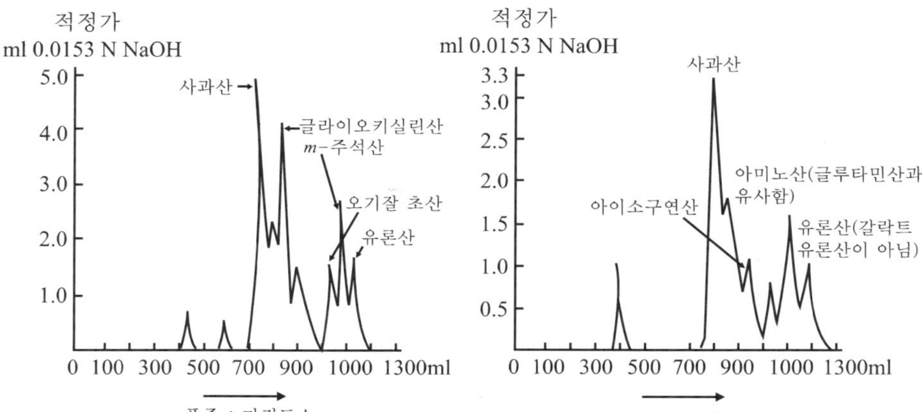

[그림 3-22] Column chormatography에 의해서 분리된 두 종류의 사과에 함유된 유기산들의 상대적인 양.
Kenworth, A. L., and Harris, N. 1960. *Food Technol.*, 15, 372.

짠맛

짠맛 중에서 가장 대표적인 맛은 식염(NaCl)의 맛이며, 실제로 대부분의 식품의 짠맛은 그 속에 함유된 식염의 맛에 기인된다. 또한 식염, 즉 소금은 함께 느끼는 단맛을 강하게 느끼게 하는 등 다른 맛, 입안에서의 느낌(mouth feel) 등에 미묘한 작용을 하는 것으로 알려져 있다(Gillette, M., 1985).

한편 우리가 맛을 느끼게 되는 데 대한 기본적인 기구(機構, mechanism)로서 가장 유력시되고 있는 바이들러의 미각 수용체에서의 흡착설(Beider's adsorption theory)이 염류의 짠맛에 관한 연구에서 시작되었음은 이미 언급한 바 있다.

한편, 식염뿐만 아니라 브롬화 나트륨(NaBr), 요오드화 나트륨(NaI)들, 다시 말해서 소듐, 즉 나트륨의 염화물뿐만 아니라 그 브롬화물(bromide), 요오드화물(iodide), 질산염(nitrate), 황산염(sulfate) 등도 짠맛을 가지고 있다. 또한 암모늄(ammonium), 칼륨(potassium), 리튬(lithium), 마그네슘, 칼슘 등의 브롬화물, 요오드화물, 질산염, 황산염들도 짠맛을 가지고 있다.

그 짠맛의 순서는 세부적으로 연구자들마다 다소 다르나, 대체적으로 $NH_4^+ > K^+ > Ca^{+2} > Na^+ > Li^+ > Mg^{+2}$의 순서로 짠맛이 감소되는 것으로 알려져 있다. 그리고 이와 같은 염류(salts)의 짠맛의 강도(強度)는 대개의 경우, $SO_4^{2-} > Cl^- > Br^- > I^- > HCO_3^- > NO_3^-$의 순서로 생각되고 있다(Amerine, M. A., 1965).

한편, 일반적으로 염의 분자량이 커질수록, 짠맛 이외에 쓴맛을 느끼는 경향이 큰 사실이 경험적으로 알려져 있다. 이와 관련해서 일부 학자들(예: Coultate, T. P., 1989)은 강한 짠맛을 가진 염화리튬(LiCl)이나 염화나트륨(NaCl)의 두 개의 이온 직경들의 합계(the sum of ionic diameters)는 각각 4.98Å와 5.56Å인데 반하여, 짠맛과 함께 쓴맛을 가진 염화칼륨(KCl), 취소화칼륨(KBr)의 경우 6.28Å와 6.56Å며, 쓴맛이 강한 염화 마그네슘($MgCl_2$)의 경우에는 8.50Å인 사실에 주목하고 있다.

파프맨(Pfaffman, C., 1959)이 조사한 일부 짠맛을 가지고 있는 염류의 역가(threshold value)를 보면 표 3-11과 같다.

표 3-11 일부 염류의 역가(threshold value)

짠맛을 가진 염의 종류	역가의 범위(range)		역가의 중위수(median)	
	Mol.	%	Mol.	%
LiCl	0.009～0.04	0.308～0.170	0.025	0.106
NH_4Cl	0.001～0.009	0.0053～0.04	0.004	0.021
NaCl[1)]	0.001～0.08	0.0058～0.468	0.01	0.058
NaCl[2)]	0.003～0.085	0.175～0.497	0.03	0.175
KCl	0.001～0.07	0.0075～0.522	0.017	0.127
$MgCl_2$	0.003～0.04	0.0286～0.381	0.015	0.143
$CaCl_2$	0.002～0.03	0.0222～0.333	0.01	0.111
NaF	0.001～0.04	0.0042～0.168	0.005	0.021
NaBr	0.008～0.04	0.0823～0.412	0.024	0.247
NaI	0.004～0.1	0.0600～1.499	0.028	0.420

1) 절대역가(sensitivity threshold) 2)인식역가(recognition threshold)

표 3-12 일부 식품들 중의 나트륨 함량(sodium content, mg/100g)

식품의 종류	나트륨 함량	식품의 종류	나트륨 함량
샐러리(celery)	126	베이컨, 캐나다식(bacon, Canadian)	2,555
시금치(spinach)	71	소세지(sausage, link)	958
미나리(watercress)	52	대구(codfish)	70
당근(carrots)	47	치즈, 파아메산식(cheese, Parmessan)	1,848
배추(Chinese cabbage)	23	치즈, 가공된(processed)	1,421
캬베쓰(cabbage)	20	우유(milk, whole)	50
무(radishes)	18	버터(butter)	224
고추(green pepper)	13	달걀(eggs)	122
양파(onions, dry)	10	땅콩(peanuts)	5
고구마(sweet potatoes)	10	소금뿌린 땅콩(peanuts, salted)	418
마쇄된 고기(beef, ground)	48	크래커(soda cracker)	1,100
소의 간(beef liver)	136	오이 절임(pickle, dill)	4～5,000
돼지고기(pork chops)	60	간장, 짜지 않은 것(soy sauce, mild)	3,569
절인 햄(ham, cured)	860	간장, 보통 것(soy sauce, regular)	6,082
베이컨(bacon)	1,077		

IFT Expert Panel. 1980. *Food Technol.*, (1), 86.

짠맛을 가진 유기산의 염들 사람의 심장 또는 순환기 계통의 질환(疾患)들(cardiovascular diseases)에서 식염, 더 정확하게는 소듐 또는 나트륨 이온들(sodium ions)의 결정적 역할이 1939년에 슈레더(Schroeder, H. A.)에 의해서 밝혀진 후 식염 또는 소금(salt)의 섭취량에 대해서 많은 관심이 집중되어 왔다.

소금 등은 체내에서는 강하게 수화된 소듐 또는 나트륨 이온들(highly hydrated sodium ions)의 형태로 혈액이나 기타의 체액 내에 존재함으로써, 수분이 자유로이 체외로 빠져나가는 것을 억지하며, 혈압, 체중 등의 증가, 심장 또는 신장의 과로(過勞) 등의 증세를 일으키게 된다.

따라서 심장병, 고혈압, 신장병 등의 질환을 앓고 있는 사람은 소금을 비롯한, 소듐 또는 나트륨 형태의 염류 섭취를 억제하는 것이 바람직함은 당연하다. 보통 식품 중 소금(NaCl)의 농도만이 일반적으로 주요 관심사가 되나, 과자류에 팽창제(baking powder)로서 사용된 중탄산 소오다, 즉 중조(重曹, sodium bicarbonate), 그리고 조미료로 사용되고 있는 모노소듐 글루타메이트(monosodium glutamate, MSG) 등도 소금과 똑같은 작용을 갖고 있음에 유의할 필요가 있다. 그리고 일부 식품들 중의 나트륨, 즉 소듐 함량(sodium content)은 표 3-12와 같다.

한편, 일부 유기산의 염들, 예로서 사과산의 다이소듐염(disodium malate), 말론산의 다이암모늄염(diammonium malonate), 세바신산의 다이암모늄염(diammonium sebacate), 글루콘산의 소듐염(sodium gluconate) 등은 소금과 유사한 짠맛을 갖고 있다. 예로서 아디핀산의 다이암모늄염(diammonium salt of adipic acid)은 같은 농도의 소금(NaCl)과 거의 비슷한 짠맛을 갖고 있다고 한다. 또한 이상의 유기산들의 나트륨염들의 경우에는 소금(NaCl), 중조($NaHCO_3$) 등의 무기염들의 경우와 같이 완전해리(完全解離)되지 않으므로 소듐 또는 나트륨 이온의 농도가 상대적으로 낮다.

따라서, 이상의 유기산의 소듐염들은 고혈압, 심장병, 간장염(肝臟炎) 등의 질환으로 소금의 사용이 억제 되거나, 금지되고 있는 사람들의 식염(소금) 대용품으로 또는 무염(無鹽)간장 제조 등에 사용되고 있다.

이상의 염류 중 대표적인 것의 구조는 다음과 같다.

짠맛을 가진 유기산의 염들

쓴맛

키닌(quinine), 카페인(caffeine), 스트리크닌(strychnine) 등의 맛으로 대표되는 쓴맛 즉, 고미(苦味, bitter taste)는 예외적인 경우를 제외하고는 일반적으로 식품의 맛으로는 바람직하지 않다.

쓴맛을 가진 대표적인 물질들의 역가는 매우 낮으며, 일반적으로 쓴맛은 여러 미각(味覺)중, 즉 여러 맛 중에서 가장 예민하며, 가장 낮은 농도에서도 느낄 수 있는 맛이라고 생각되고 있다(본문 p. 153 참조).

예로서, 몬크리에프(Moncrieff, R. W., 1951)는 키닌(quinine)의 역가로서 0.0013% 내지 0.0000487%라는 수치를 들고 있다. 한편, 헤닝(Henning, H., 1921)은 퀴닌의 황산염(quinine sulfate)의 역가로서 0.00005% 내지는 0.0005%라는 수치를 보고하고 있다.

쓴맛을 가진 일부 알칼로이드류　이상의 강한 쓴맛을 가진 화합물들은 모두 알칼로이드류(alkaloids)로 알려진 한 그룹의 화합물에 속한다. 이 알칼로이드류는 염기성(鹽基性, basic) 질소(nitrogeneous)함유 천연식물 추출물(natural plant extracts, 天然植物 抽出物)들로서, 특이(特異)한 생리작용(生理作用)을 가진 화합물들이라고 정의할 수 있을 것이다. 이 중, 대표적인, 퀴닌, 스트리크닌, 카페인 등에 대해서 간단히 설명하면 다음과 같다.

퀴닌(quinine)은 다음 그림에서 볼 수 있듯이 두 개의 질소 원자를 그 분자 내에 갖고 있는 염기성인 식물 추출물로서, 옛날부터 해열제(antipyretic), 진통제(analgesic), 특히 말라리아 치료제(antimalarial drug)로서 사용되어 왔다. 한편, 스트리크닌(strichnine)은 흥분제(stimulant), 또는 설치류(rodents), 육식동물들(predatory)을 죽이는 목적을 위해서 독약(poison)으로 사용되어 왔다. 보통 염화물(hydrochloride dihydrate)의 결정(結晶)으로 존재하며, 그 독성이 매우 강함은 전술한 대로 이다.

카페인(caffeine)은 차(tea), 커피(coffee) 등에 함유되고 있으며, 심장 및 호흡기관에 대한 흥분제(cardiac and respiratory stimulant)로 작용하며, 또한 강한 이뇨작용(利尿作用, diuretic action)을 갖고 있다.

여러 쓴맛을 가진 식물성 알칼로이드 화합물들 중 식품들과 가장 관련이 깊은 것으로는 카페인(caffeine)을 들 수 있을 것이다. 이 카페인의 출처, 그 인체에 대한 작용, 특히 심리학적 측면에서 본 작용 등에 관해서는 네릿히(Nehrig, A.,)가 Chemtech지의 1999년 7월호에 기고한

"Caffeine and Psychological Dependence"가 있다(이덕형 번역, 화학세계, 39권, 9호, 75～81 페이지, 1999년).

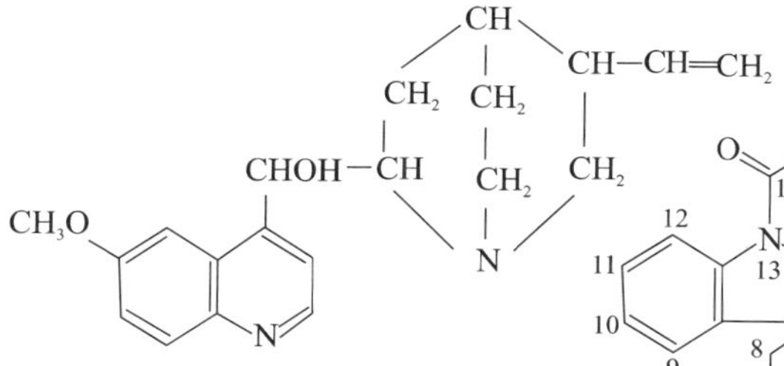

퀴닌(quinine) 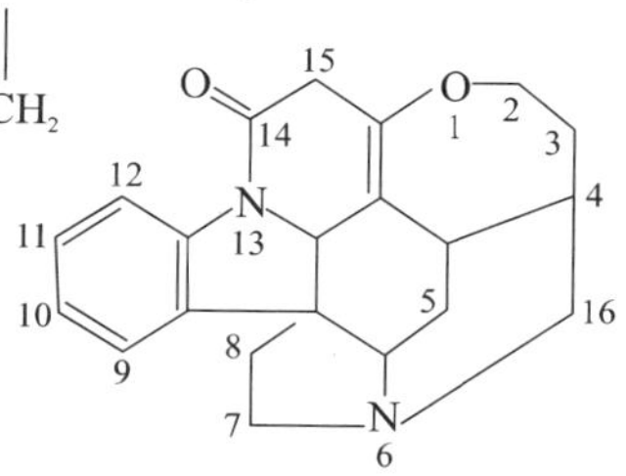 스트리크닌(strichinine) 캬페인(caffeine)

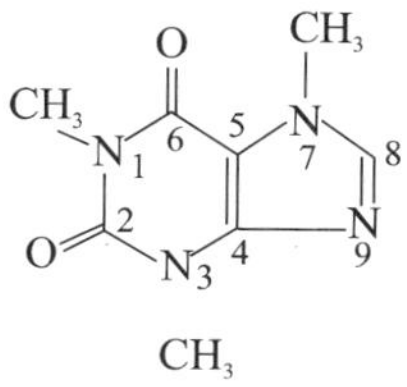

이 글에 의하면 우리가 섭취하는 카페인(caffeine, 1, 3, 7-trimethylxanthine)은 대부분이 커피, 차, 초코렛과 같은 음료들이나 식품류에서 온다고 한다. 각종 식품류의 카페인 함량은 코코아가 150ml에 4mg, 홍차의 경우엔 30～50mg, 커피의 경우에는 70～220mg 정도, 콜라 330ml에 32～70mg 정도로 알려져 있다.

한편, 나라별 대략의 소비량을 보면, 미국, 캐나다에서는 하루 한 사람이 210～240mg, 스웨덴이나 핀란드에서는 400mg 이상인데, 이 양의 70～100%가 커피 섭취에서 온다고 한다. 영국인도 하루 한 사람이 400mg의 카페인을 섭취하나, 그 중 70%가 홍차 섭취에서 온다고 한다. 그리고 전 세계적인 하루 한 사람의 평균섭취량은 70mg 정도로 추정되고 있다.

카페인의 섭취량은 50～300mg 정도의 경우에는 경계강화(警戒强化), 집중력 향상 등과 같은 긍정적 효과를 가져 오나, 과량 섭취할 때는, 불면증(不眠症), 고민, 불안, 심박급속증(心拍急速症, tachycardia)을 가져오는 등 부정적 효과를 가져 온다고 한다. 한편, 운동 활동과 수면-기상의 순환주기를 조절하는 기능을 관장하는 두뇌회로는 낮은 농도의 카페인에 매우 예민하게 대응한다고 한다. 네릿히는 결론적으로, 일반 사람들이 소비하는 정도의 섭취량에서는, 카페인은 대체르 긍정적인 작용을 한다고 결론짓고 있다.

일부 대표적인 쓴맛을 가진 물질들의 역가는 파프맨(Pfaffman, C., 1959)의 조사결과에 의하면, 표 3-13와 같다(Amerine, M. A. *et al.*, 1965 참조).

표 3-13 일부 쓴맛을 가진 물질들의 역가(threshold)

쓴맛을 가진 물질의 종류	역가의 범위(range)		역가의 중위수(median)	
	Mol.	%	Mol.	%
퀴닌의 황산염(quinine sulfate)	4×10^{-7}~1.1×10^{-5}	2.99×10^{-5}~8.22×10^{-4}	8×10^{-6}	5.98×10^{-4}
퀴닌의 염산염(quininw HCl)	2×10^{-6}~4×10^{-4}	7.22×10^{-5}~1.44×10^{-5}	3×10^{-5}	1.08×10^{-3}
스트리크닌의 염산염(strychnine HCl)	-	-	1.6×10^{-6}	6.51×10^{-5}
ㄴ코틴(nicotine)	-	-	1.9×10^{-5}	3.08×10^{-4}
카페인(caffeine)	3×10^{-4}~1×10^{-3}	583×10^{-3}~1.94×10^{-2}	7×10^{-4}	1.36×10^{-2}
요소(urea)	0.116~0.13	6.97×10^{-1}~7.81×10^{-1}	0.11	7.21×10^{-1}
황산마그네슘(MgSO4)	0.042~0.005	5.06×10^{-2}~6.02×10^{-2}	4.6×10^{-2}	5.54×10^{-2}

Pjaffman, C. 1959. "*Handof Physiology*", 1,779.

이상의 사실에서부터 식품류에 미량의 쓴맛을 가진 성분들이 있는 경우에는 전체의 맛이 미량으로 존재하는 쓴맛을 가진 성분들에 의해서 크게 영향 받을 가능성이 있음을 보여주고 있다.

실제로 여러 식품에 쓴맛을 가져오는 성분의 함량은 다른 맛을 주는 성분들의 함량과 비교할 때 매우 작은 양인 것이 보통이다.

일반적으로 사람들은 여러 맛 중에서도 쓴맛에 대해서는 특히 예민한 사실, 쓴맛은 우리에게 강한 불쾌감을 주며, 쓴맛이 아주 강할 때는 이것을 구토(嘔吐)하여 몸 바깥으로 밀어내는 경우가 많은 사실, 전술한 알칼로이드 성분들처럼 쓴맛을 가진 성분들 중에는 강한 독성(toxicity)을 가진 경우가 많은 사실들을 과거에 우리가 인체에 해로운 성분들을 섭취하는 것을 방지하는 데 큰 도움이 되었을 것으로 생각된다. 즉 이상과 같은 사실들에 대해서 인류가 오랜 시행착오(trial and error)를 통해서 체질화(體質化)된 자기방위의 기구(self defense mechanism)의 하나로 보는 학자들도 많다.

한 예로서, 코오노들(Kono, K. and Torii, K., 1996)은 맛에 대한 호오(好惡)와 음식물의 선별에 있어서 동물들도 사람의 경우와 거의 같다고 보고 있다. 즉, 소나 말들도 대체로 신맛은 부패된 먹이를, 쓴맛은 독성식물들(독성 알칼로이드 성분들이 들어 있는 사물들)에 많음으로 일반적으로 회피하나, 이런 초식물(草食物)들을 먹을 때는 나름대로 선별하는 것 같다고 한다.

이들은 또한 맛은 몸에 필요한 영양소들의 존재를 가르쳐 주는 표식(marker)인 동시에 유해한 음식들이 몸에 무조건 들어오지 못하게 하는 문지기(gate keeper) 역할을 하고 있으며, 쓴맛이나, 신맛을 가진 음식들이 입에 들어올 때는 그 동안의 체험에 비추어, 먹어도 된다는 뇌로부터의 허락신호가 올 때 비로소 먹게 된다고 설명하고 있다(Kono, K. and Torii, K., 1996 참조).

단맛과 쓴맛 단맛과 쓴맛 사이의 밀접한 관계에 대해서는 일부 아미노산들(예로서, 류우신, 본문 p. 163 참조)의 경우, D-형의 경우에는 강한 단맛을 갖고 있으나, L-형의 경우 쓴맛을 가진 실험 예들의 설명에 대해서 샬렌버어거의 학설과 관련해서 이미 언급한 바 있다.

또 하나의 예로서는 HO-(CH_2)n-OH의 일반식(n = 2,3,4...6)으로 표시될 수 있는 글라이콜류(glycols)가 있다. 즉 에틸렌 글라이콜(ethylene glycol, $HOCH_2CH_2OH$), 트리메틸렌 글라이콜(trimethylene glycol, $HOCH_2CH_2CH_2OH$)들은 달고, 프로필렌 글라이콜(propylene glycol, $CH_3CHOHCH_2OH$)은 약간 단맛을 가지고 있으나, 테트라메틸렌 글라이콜(tetramethlene glycol, $HOCH_2CH_2CH_2CH_2OH$)은 단맛이 거의 없으며, 헥사메틸렌 글라이콜(hexamehtylene glycol, $HOCH_2CH_2CH_2CH_2CH_2CH_2OH$)은 쓴맛을 가지고 있다고 한다.

위의 예들에서 에틸렌 글라이콜과 프로필렌 글라이콜의 경우에는 두 개의 -OH기 중 하나가 AH그룹으로, 또 하나의 -OH기의 산소원자가 B 그룹으로 작용하는 것으로 설명되고 있으며, -OH기들 사이의 $-CH_2-$ 그룹들의 수가 늘어남에 따라 AH, B 그룹 사이의 거리가 늘어나게 되어 수용체에 잘 맞지 않게 되는 동시에 소수성(疎水性) 그룹(hydrophobic group)의 영향이 증대되는 것으로 설명되고 있다.

이상의 예들로서도 알 수 있듯이 쓴맛을 느끼는 기구(mechanism)와 쓴맛을 느끼는 경로들도 다른 맛들에 비해서 복잡하거나 다양(多樣)할 것이 확실하다.

짠맛과 쓴맛의 경우, 아직 충분한 설명은 안되고 있으나, 짠맛을 가진 분자들의 크기, 즉 이온화 될 수 있는 원자들의 직경의 합계가 6 Å를 넘을 때는, 쓴맛이 강화되는 사실이 알려져 있다.

한편, 파크와 버어치들(Parke, S. A. and Brich, G. G., 1999)은 일부 대량사용 감미료들 (bulk sweetness, 예로서 설탕)과 고감도(高甘度) 감미료들(intense sweetness, 예로서 아세설페임 K, 아스퍼테임 등)의 수용액에서의 각종 성질들, 예로서 동 엔트로피의 외관상 1몰 용액과 비용적의 압축율(isentropic apparent molar and specfic compnessibilities) 등을 보고하면서, 이상의 용액들의 성질들과 감미도 사이의 관계에 대해서 연구하여 샤밀들(Shamil, S. *et al.*, 1987)의 매우 흥미있는 실험 예를 인용하고 있다. 샤밀들에 의하면, 단맛, 신맛, 짠맛, 쓴맛의 네 가지의 어느 하나를 가진 화합물은 그 외관상의 비용적(外觀上 比容積, apparent specific volume, ASV, cm^3/g), 즉 그 화합물 1gram이 가진 부피(용적, 단위 cm^3)에 따라 아래와 같이 분류된다고 한다.

기본적인 맛	ASV(cm^2/g)
짠맛(salt)	< 0.33
신맛(sour)	0.33～0.52
단맛(sweet)	0.52～0.71
쓴맛(bitter)	0.71～0.93

그리고 ASV가 작은 화합물들일수록 더 친수적(hydrophillic)이고, 또한 물분자들 또는 물(분자)구조들과 상호 친화력 또는 반응성이 강하며, 그 ASV가 0.33보다 작은 화합물들은 대부분이 휘발성 화합물들로서 미각적인 성질들(gustatory properties) 보다는 후각적인 성질들을 갖는 것으로 설명하고 있다. 이상의 분류를 볼 때, 단맛과 쓴맛이 인접된 감각임을 다시 확인할 수 있다.

한편, 쓴맛을 나타내는 화합물들의 대부분의 경우 소수성(hydrophobicity)이 매우 두드러진 경우가 많다. 각종 폴리펩타이드류(polypeptides)의 쓴맛을 그 구성 아미노산들의 소수성을 통해서 어느 정도 예측할 수 있게 해준 나이(Ney, K. H., 1971)의 경험적 법칙(an empirical law)도 그 예이다.

또한 김과 파일슈틱커들(Kim, J. M. and Pfeilsticker, K., 1997)은 쓴맛을 가진 화합물들은 일반적으로 소수성이 강하며, 또한 용액들의 표면장력(surface tension)을 감소시키는 사실로부터, 표견장력 감소현상과 쓴맛 사이의 관계를 조사한 바 있다.

이들은 9개의 쓴맛을 가진 화합물들(quinine sulfate, L-leucylglycine, niacinamide, thiamin nitrate, Na-cyclamate, acetamide 등)을 사용하여, 쓴맛의 인식역가(just moticeable differences, JND)를 관능검사를 통해 측정하고, 각 화합물들의 표면장력을 측정한 바 있다. 이들에 의하면 이상의 화합물들의 경우 표면장력의 측정으로 이상의 화합물들의 쓴맛을 예측할 수 있는 정량적 관계를 정립할 수 있었다고 한다.

한편, 쿠리하라(Kurihara, K., 1998)는 쓴맛이 강한 화합물들이 소수성(疎水性, hydrophobicity), 따라서 친유성(親油性, lipophilicity)이 강한 사실을 소수성이 강한 냄새분자들이 강한 냄새를 나타내는 사실과 대비시키고 있으며, 쓴맛이 강한 분자들은 미각 수용체들(taste receptors) 표면의 어떤 지방질조직(lipid parts)에 흡착하는 것으로 보고 있다.

그리고 쓴맛을 가진 화합물들은 후각세포(嗅覺細胞, olfactory cells)들 내부에 존재하는 수용체들과도 작용할 뿐 아니라, 맛, 냄새 등과 직접관련이 없는 신경아세포종(神經芽細胞種)들로 알려진 세포들에서도 반응을 일으킨다고 한다.

후각세포나 신경아세포종에는 미각세포의 경우처럼 쓴맛에 대응하는 수용체들이 없는 것이 확인되어 있음으로, 이들 쓴맛을 가진 화합물들에 의한 반응은 수용체들을 거치지 않고 직접 이뤄지는 것으로 믿어지고 있다. 즉 다른 맛을 일으키는 화합물들과 달리 쓴맛을 가진 화합물들의 존재를 감지하는 생체의 기구와 작용이 매우 다양하며, 매우 예민하다고 볼 수 있다.

한편, 감률류(citrus fruits)에는 헤스페리딘(hesperidin), d-리모넨(d-limonene), 울벨리페론(umbelliferone), n-데실 알데하이드(n-decyl aldehyde) 등과 같은 쓴맛을 나타내는 성분들이 존재하며, 이들의 양은 이와 같은 감귤류의 맛, 따라서 그 품질(品質, quality)에 거의 결정적인 큰 영향을 준다.

표 3-14에서 볼 수 있듯이 감귤류의 경우, 그 당의 함량이 많더라도 나린진과 같은 쓴맛을 가진 성분들 즉, 고미성분(苦味成分)들의 함량이 어느 정도 클 때는 그 맛은 아주 쓰게 느껴지며, 식품으로서의 가치가 없을 정도라고 한다. 따라서, 이 감귤류의 쓴맛을 주는 성분들의 종류, 함량, 그 성질들은 매우 중요함으로 다시 자세히 설명하기로 한다.

한편, 미숙한 과실이나 채소류에 함유되어 있는 탄닌들(tannins)은 일반적으로 그 수렴성(astringency)과 함께 쓴맛을 준다.

감귤류의 쓴맛 성분

일반적으로 감귤류(citrus frutis)의 쓴맛의 주요 성분들로서는 플라보노이드 색소(flavonoid pigments)에 속하는 나린진(naringin), 그리고 레몬, 오렌지 등에 널리 분포되고 있는 트리테르펜 화합물들(triterpenoids), 그 중에서도 리모닌(limonin)이다. 이 나린진과 리모닌의 화학구조식들은 그림 3-19와 같다.

나린진 감귤류, 특히 그레이프프루우트(grapefruit)의 쓴맛의 주요성분인 나린진(naringin, $C_{27}H_{32}O_{14}$)은 플라보논류에 속하는 나린제닌(naringenin, 4',5,7-trihydroxy flavonone)의 7번의 -OH 그룹과 β-네오헤스페리도오스(β-neohesperidose, 즉 2-0-α-rhamnosyl-β-D-glucoside)의 β-D-포도당 그룹(β-D-glucosyl group)의 1번의 -OH 그룹이 에텔 결합으로 연결된 배당체(glycoside)이며, 매우 강한 쓴맛을 갖고 있기 때문에 그 함량에 약간의 변동이 있어도 그레이프프루우트의 맛에 큰 영향을 준다.

나린진의 쓴맛에 대해서 버어크(Berk, Z., 1976)는 퀴닌보다 더 강하고 5만배 희석해도 그 맛을 감지할 수 있다고 언급하고 있다. 그러나 나린진의 흰색 결정은 20℃에서 물 2,000에 대해서 겨우 1의 비율로 녹을 정도로 물에는 잘 녹지 않으나, 그 반면에 알콜, 아세톤 등에는 잘 녹는다고 한다.

한편 시바(Siba, T., 1976)는 나린진의 쓴맛을 퀴닌의 1/5에 해당하는 것으로 평가하고 있다. 참고로 시바는 퀴닌의 인식역가를 5×10^{-5}% 정도로 보고 있다.

과실중의 나린진의 함량은 일반적으로 익어감에 따라 감소하며, 또한 과즙(juice)보다는 고체성분, 즉 펄프(pulp)에 더 많이 함유되고 있다고 한다(표 3-14 참조).

그리피스들(Griffith, E. P. *et al.*, 1959)에 의하면 일반적으로 그레이프프루우트의 과즙 속의 나린진 함량이 0.07% 이상의 경우에는 그 맛이 쓰고 나쁘며, 그 함량이 0.05% 이하일 때 비로소 그 맛이 좋아진다고 한다(표 3-14 참조).

표 3-14 그레이프프루우트(grapefruit)의 즙과 펄프의 당(sugar), 산, 나린진 등의 함량

그레이프프루우트 (graperfurit)의 부분	산(acid)의 함량 퍼센트(%)	당(sugar)의 함량 (Brix°)	나린진(naringin)의 함량 퍼센트(%)	맛[1]
펄프(palp)	1.10	11.0	0.216	10
즙(juice)	1.12	8.8	0.100	3

1) 10 매우 쓰다(very bitter); 5 받아들일 수 있는 정도(acceptable); 0 전혀 쓴맛이 없다(no bitterness).
Griffths, F. P. and Lime. B. J., 1959. *Food Technol.*, 13, 431.

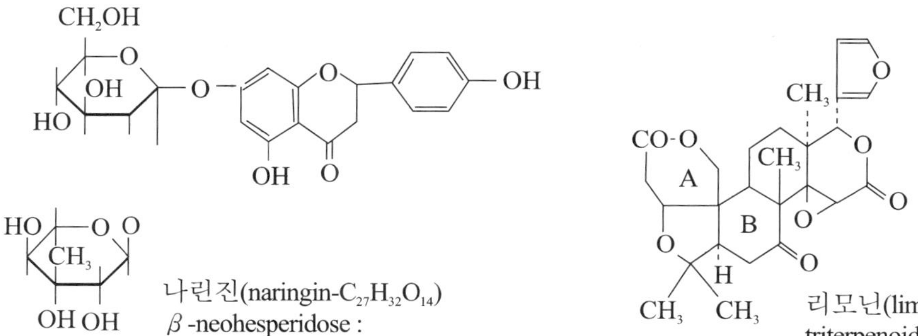

나린진(naringin-$C_{27}H_{32}O_{14}$)
β-neohesperidose :
2-o- α -L-rhamnosyl-D-glucoside

리모닌(limonin-$C_{26}H_{30}O_8$)
triterpenoid

[그림 3-23] 감귤류(citrus fruits)의 두 개의 주요한 쓴맛 성분(bitter principle)의 구조.
Tressler, D. K. and Joslyn, M. A., 1961. "*Fruit and Vegetable Juice*", p.82, Avi Publishing Co., Inc.

펄프의 나린진 함량은 과즙보다 훨씬 많으므로, 과즙 가공품을 만들 때는 과즙에 혼입(混入)되어 들어오는 펄프의 함량이 적을수록 쓴맛을 피할 수 있다. 한편, 보통 과즙 속의 펄프함량이 중량으로서 10% 미만이어야 나린진에 의한 쓴맛을 피할 수 있다고 한다.

에스킨(Eskin, N. A. M., 1979; 일본어역 Kawamura, S., 1983)은 1958년에 팅(Ting, S. W.)에 의해 펙틴분해 효소제품 등에서 나린진을 분해하는 효소가 추출되어 나린지네이스(naringinase)라고 명명됐으나, 그 후 여러 연구자들에 의해서 이 나린제네이스가 β-D-포도당을 가수분해하는 β-D-글루코시데이스와 α-D-람노오스를 가수분해하는 α-D-람노시데이스로 구성 된 것이 확인되었다고 설명하고 있다.

한편, 먼저 β-D-글루코시데이스(β-D-glucosidase)가 나린진에 작용해서 형성하는 프루닌(prunin, 즉 4',5-dihydroxy-7-β-D-glucosylflavone)은 종래에는 쓴맛이 전혀 없는 것으로 알려져 왔으나, 약하기는 하나 다소 남아 있으며, 한편 둘째 단계에서 α-D-람노시데이스(α-D-rhamnosidase)에 의해서, α-D-람노오스가 가수분해 되어 나린제닌(naringenin, 즉 4',5,7-trihydroxy-flavonone)이 형성되면 쓴맛은 완전히 사라진다.

이상의 두 효소들의 복합 정제품은 나린제네이스 효소의 정제품으로서, 감귤류 즙이나, 가공품류에서 나린진을 제거하는데 실제로 사용되고 있다(Eskin, N. A. M., 1979).

리모닌 일부 감귤류에 있어서는 신선한 과실을 그대로 먹을 때는 쓴맛이 없으나, 과즙을 만든 후, 또는 기타의 가공과정을 거치는 동안 쓴맛을 갖게 됨으로써, 그 식품으로서의 가치를 저하시키는 경우가 있다.

이러한 현상은 오렌지(Orange), 레몬(lemon), 그레이프프루우트(grapefruit) 등의 감귤류(citrus fruits)에서 흔히 볼수 있으며, 지연성 고미(遲延性 苦味, delayed bitterness) 등으로 알려져 있다(Hasegawa, S., 1983). 이 뒤늦게 발생하는 쓴맛의 원인이 되는 물질은 리모닌(limonin)으로 알려져 있다. 이 리모닌(limonin)은 한 개의 후란 환(a furan ring), 한 개의 케톤기(a ketone group), 한 개의 에폭사이드기(an epoxide group)와 두 개의 락톤 환(two lactone rings)으로 구성된 트리텔펜 화합물의 산화물(triterpenoid oxidation product)이다.

쓴맛을 나타내지 않는 리모닌의 선구물질(precursor)의 성질과 이 물질이 어떤 변화를 거쳐 리모닌으로 되는지에 대해서는 아직 확실하지 않으며 더 많은 연구가 필요한 듯하다.

그러나, 지금까지 알려진 바로는 이 선구물질은 마이야들(Maier, V. P., *et al.*, 1968)에 의하면 리모닌의 모노락톤(monolactone)인 리모노에이트 A-환 락톤(limonoate A-ring lactone)으로 생각되고 있다. 이 락톤은 쓴맛을 갖고 있지 않으니, 오렌지(Navel 품종 orange 등)에서 즙을 추출할 때는 이때 함께 추출되는 유기산들(organin acids)에 의해서 그림 3-24와 같은 반응에 따라 비로소 쓴맛을 갖고 있는 리모닌(limonin)을 형성하는 것으로 생각되고 있다.

즉, 이 모노락톤은 원래 주로 감귤류 껍질 내부의 흰 색깔을 가진 부분(albedo) 등에 함유되어 안정된 상태에 있으나, 가공처리 과정에서 과육(flesh)으로 옮겨지며, 다시 과즙과 접촉됨에 따라 그 과즙 속의 유기산에 의해서 가수분해 되어 쓴맛을 가진 리모닌으로 된다고 생각되고 있다.

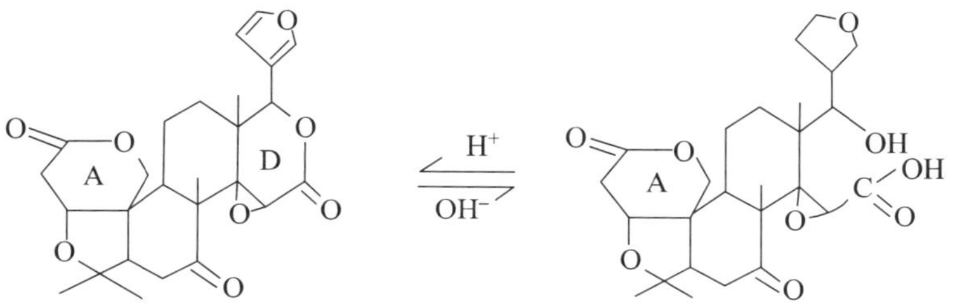

리모닌(limonin) $\underset{OH^-}{\overset{H^+}{\rightleftharpoons}}$ 리모노에이트 A-환 락톤(limonoate A-ring lactone)

[그림 3-24] 오렌지, 레몬, 그레이프프루우트 등에서 즙을 짤 때 일어나는 지연성 고미(delayed bitterness) 발생과정, 리모노에이트 A-환 락톤은 쓴맛이 없음
Hasegawa, S. *et al.* 1982. J. *Agric. Food Chem.*, 30, 509.

나린진 및 리모닌의 제거 전술한 대로 나린진이나 리모닌의 쓴 맛은 감귤류, 예로서 오렌지 등에서 추출한 즙(jucie)의 품질에 가장 큰 영향을 주므로, 그 잔류량에 대해서 여러 가지 규제가 가해지고 있다. 예로서 미국 플로리다주(Florida state)에서는 그레이프프루우트 즙에 잔류할 수 있는 리모닌과 나린진의 함량을 각각 최대한 5.0ppm(limonin)과 600ppm(naringin)으로 정하고 있다(Barmore, C. *et al.*, 1986).

이상의 나린진이나 리모닌의 제거방법들에 대해서 여러모로 연구되어 왔으며, 나린진의 제거에 관한 일부 연구들에 대해서는 이미 간단히 언급한 바 있다. 예로서, 하세가와들(Hasegawa, S. *et al.*, 1982)은 네이블(Navel) 품종 오렌지의 맑은 즙의 리모닌에 의한 쓴맛을 리모노에이트 데하이드로제네이스(limonoate dehydrogenase) 효소를 생산하는 미생물을 아크릴아마이드 젤(acrylamide gel)에 고정화(固定化, immobilization)시킨 후 오렌지 즙을 통과시켜 리모닌의 함량을 감소시켜서 쓴맛을 제거하였으며, 또한 하세가와들(Hasegawa, S. *et al*., 1985)은 코라인박테리엄 파시언스(*Corynebacterium fasciens*)를 아크릴아마이드 젤(acryamide gel)에 고정화(固定化)시켜서, 여기에 감귤류 중의 리모닌과 또 하나의 쓴맛 성분인 노밀린(nomilin)을 제거하여 감귤류 즙의 쓴맛을 제거하는데(debittering) 좋은 결과를 얻고 있다. 이때 리모닌과 노밀린에 각각 작용하는 효소들은 리모놀 데하이드로제네이스(limonol dehydrogenase)와 노밀린 아세틸레이스(nomilin acetylase)로 알려져 있다.

한편, 첸들(Tsen, H. Y. and Yu, G. K., 1991)은 셀룰로오스 아세테이트의 입자들(cellulose acetate beds)에, 페니실리엄에 속하는 곰팡이(Penicillium sp.)에서 추출, 정제한 시판 나린지네이스 효소(naringinase product)를 고정화 시킨 후에 감귤류 즙을 통과시켜서 나린진을 제거한 후, 다시 셀룰로오스 트라이아세테이트의 섬유(cellulose triacetate fibers)를 통과시키면서 리모닌을 흡착(吸着), 제거하도록 전체 반응과정들을 고안하고 있다. 즉, 동시에 나린진을 가수분해하고, 또 하나의 쓴맛 성분인 리모닌을 흡착, 제거하도록 하고 있다. 이때 이상의 과정들을 거치는 감귤 즙의 전체 당함량, 유기산함량, 그리고 과즙의 혼탁도(turbiduity) 등은 전혀 영향 받지 않았다고 한다.

한편, 소아레스들(Soares, N. F. F. and Hotchkiss, J. H., 1998)은 시판 중인 페니실리움 종의 곰팡이에서 추출, 정제한 나린지네이스 효소(a commercial naringinase product from Penicillium species)를 셀룰로오스 아세테이트(cellulose acetate) 필름에 고정화(immobilization)하여, 이렇게 만든 필름이 나린진(naringin)의 가수분해, 따라서 쓴맛의 제거에 얼마나 효과적인가를 조사한 바 있다.

고정화된 나린지네이스의 최적 pH는 나린지네이스 본래의 최적 pH 3.5 보다 다소 산성이 낮은 pH 4.0이었으며, 그 활성화 에너지(activation energy)는 본래의 나린진 경우의 14.2Kcal/mol 보다 다소 낮은 11.0kcal/mol로서 가수분해 촉매로서는 더 효과적이었다고 한다. 감귤 즙(여기서는 grape fruit juice, 10°B·w, 즉 당도10%)의 용기 내부를 나린지네이스를 고정화시킨 초산 아세테이트 필름으로 내장(內裝)한 용기에 넣어서 7℃에서 15일간 저장했을 때, 감귤 즙의 나린진의 60%가 가수분해 되어 쓴맛을 잃었다고 한다. 즉, 감귤류를 포장하고, 저장 중에 나린진의 쓴맛을 감소시킬 수 있는 방법이 개발된 셈이다.

한편, 1980년대 이후로는 사이클로덱스트린류(cyclodextrins)가 많은 화합물들과 복합체들, 즉 포접화합물들(inclusion compounds)을 형성하는 성질에 착안하여, 원료가 될 포도당이 가격도 저렴하고, 소수성 화합물들과 복합체를 형성하는 능력도 α-포도당 보다 더 큰 β-포도당으로 만든 β-사이글로데기스트린류(β-CDs) 중 그 구성포도당수가 6, 7, 8개인 α-, β-, γ-사이클로덱스티린류(β-CDs), 그 중에서도 β-사이클로덱스트린류(α-, β-, γ-형)의 단량체들(monomers) 보다는 나린진이나 리모닌과의 포접화합물들을 형성하는 능력이 2배나 더 큰 중합체들(polymers)이 선택적으로 사용된다고 한다. 또한 β-CD의 유동부유층 과정(fluidized bed process)을 사용할 경우, 나린진과 리모닌은 각각 33～48%와 30～59%가 흡착, 제거된다고 한다. 중합형 β-CD의 경우, 그 중합도를 조절함으로써 수용성, 즉 친수성 중합체(soluble polymer, SP), 불용성 즉 소수성 중합체(insoluble polymer, ISP)를 만들 수 있다고 한다.

우들(Woo, G. J. and Ha, S. M., 1997)은 β-사이클로덱스트린에 에파클로로하이드린(epichlorohydrin)을 사용, 중합체들을 만들어, 이들 중합체의 특성을 조사한 후, 감귤류의 과육, 과피의 나린진, 리모닌 등의 제거 가능성을 검토한 바 있다.

이들은 β-CD 중합체, 그 중에서도 수용성 β-CD 중합체(β-CD soluble polymer)가 감귤류의 쓴맛 성분의 제거를 위해서 적합하다고 설명하고 있다. 참고로 국내산 감귤류의 과육과 과피의 나린진 함량은 각각 2.95와 10.77mg/100g 시료라고 한다.

기타 식품 중의 쓴맛 성분

오이의 쓴맛 오이를 비롯한 오이과(*Cucur-bitaceae* family)에 속하는 식물체들에서 큐커바이타신류(cucurbitacins)로 알려진 최소한 20종 이상의, 구조가 비슷한 쓴맛 성분들이 발견되고 있다. 즉, 오이에서 가끔 느끼는 쓴맛의 성분은 그 배당체들인 큐커바이타신(cucurbitacin) A, B, C, D 및 E 등에 의한다는 사실이 알려져 있다.

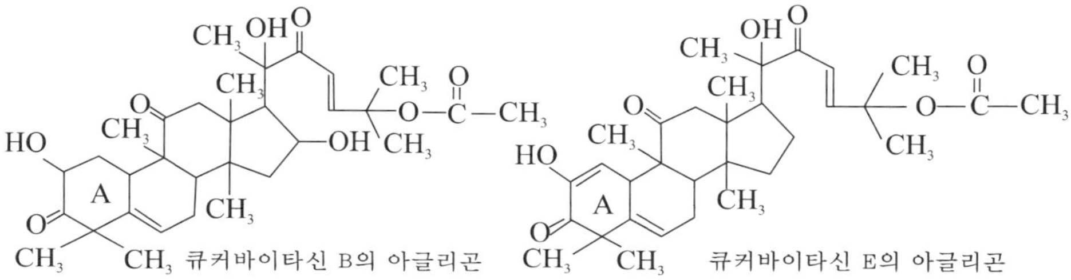

큐커바이타신 B의 아글리곤　　큐커바이타신 E의 아글리곤

[그림 3-25] 오이의 쓴맛 성분들인 큐커바이타신(cucurbitacin) B 및 E의 아글리콘의 구조.

이상의 큐커바이타신류의 함량은 미숙한 오이의 경우에는 비교적 크나, 오이가 익어감에 따라 감소하게 되며, 일부 학자들은 이 큐커바이타신류가 외적(外敵)으로부터 어린 오이를 보호하는 작용을 하는 것으로 생각하고 있다.

한편, 배당체 큐커바이타신류의 아글리콘(aglycone)은 트리텔펜 화합물들(triterpernes)임이 알려져 있다. 큐커바이타신 B 및 큐커바이타신 E의 아글리콘(aglycone)의 구조는 그림 3-25와 같다(Rice, C. A. *et al.*, 1981. *J. Agr Food Chem.*, 29, 195 등 참조).

고구마의 쓴맛 성분 고구마에 자낭균(Ascomycetes)에 속하는 곰팡이들이 침입하여 번식하려 할 때, 또는 외부에서 어떤 자극성 또는 부식성이 강한 화학물질들의 작용을 받는 경우에, 고구마는 아마도 그 자위수단(self-defense means)으로 강력한 독성 내지는 항미생물 작용(antimicrobial action)을 가진 이포메아마론(ipomeamarone), 이포메아마롤(ipomeamarol) 등을 형성하는 사실이 알려져 있다(제 18장 식품 속의 독성물질들 p.1077 참조). 이상의 이포메아마론, 이포메아마롤들은 강한 쓴맛을 갖고 있다. 한편 이포메아마론의 구조는 다음과 같다.

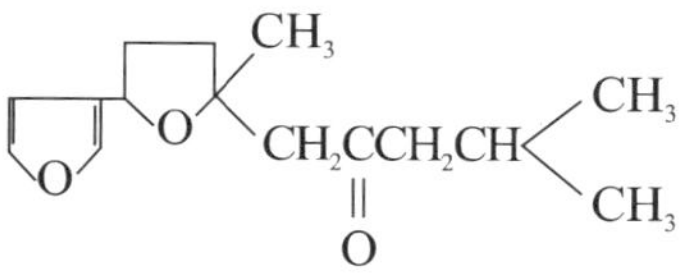

자낭균이 번식하여 흑반이 생긴 고구마에 존재하는 쓴맛 성분 이포메아마론(ipomeamarone)

바람직한 쓴맛, 홉의 쓴맛 성분 쓴맛이 모두 식품의 맛에 해로운 것은 아니다. 예외적이기는 하나 쓴맛이 바람직한 경우도 있음은 각종 식품류, 특히 커피나 차류(茶類)에 함유된 카페인(caffeine)에 대해서 언급할 때 이미 설명한 바 있다.

한편, 맥주(beer)의 고미료(苦味料), 즉 쓴맛을 주는 원료성분으로서 홉(hop, *Humulus lupulus*)이 사용되고 있는 것은 또 하나의 예이다.

실제 맥주 제조 시 사용되는 것은 홉의 열매(hop cones) 부분인데, 이 홉의 열매에는 각종 탄수화물, 탄닌류(tannins)와 함께 15% 가량의 홉의 수지류(hop resins)가 함유되고 있다. 이 홉의 수지류는 각종 용매들(solvents)에 대한 용해도에 따라, 다시 연수지류(soft resins)와 경수지류(hard resins)로 분류된다.

맥주의 특유한 쓴맛에 기여하는 여러 성분들 중 가장 중요한 쓴맛 성분들은 위의 연수지류의 주성분인 소위 알파-산들과 베타-산들(α-acids and β-acids) 그리고 그 유도체들임이 밝혀지고 있다.

실제 쓴맛 성분으로서는 알파-산들이 가장 중요하며, 베타-산들은 그 자체로서는 쓴맛에는 크게 공헌하지는 않는다고 한다. 그러나 가열 등의 과정을 거쳐서 다양한 유도체들이 형성되어 쓴맛, 또는 기타의 성질들에 공헌하는 것으로 생각되고 있다.

알파-산들(α -acids)의 쓴맛은 맥주 양조업계(beer brewery industry)에서 사용되는 쓴맛 단위(bitterness units)의 척도가 되며, 알파-산들의 쓴맛은 100으로 평가되고 있다(Schormueller, J., 1974).

이상의 알파-산들로는 휴물론류(humulones)를 대표하는 휴물론(humulone), 코오휴물론(cohumulone), 아드휴물론(adhumulone) 등이 있으며, 베타-산들로는 류플론류(lupulones)를 대표하는 류플론(lupulone), 코오류플론(colupulone) 등이 있다. 한편, 홉 중의 알파-산들 중에서 이상 세 가지 휴물론들이 차지하는 비율은 최소한 70% 이상은 되며, 그 중 반 정도가 휴물론(humulone)인 것으로 본다. 또한 베타-산들의 경우 세 개의 류플론류의 비중은 전체 류플론류 중의 최소한 60% 이상이며, 역시 류플론이 반 정도를 차지하고 있다(Eskin, N. A. M., 1990 참조).

전술한 알파-산들과 베타-산들은 맥주 원료인 맥아즙(wort)에 잘 녹지 않으며, 따라서 쓴맛도 별로 없으나 맥주를 제조하는 과정에서 맥아즙을 가열해서 끓이는 동안에 열에 의해서 이성화(heat-induced isomerization)가 일어나 맥아즙에 잘 녹으며, 더 강한 쓴맛을 가진 아이소-알파-산들(iso-α-acids)과 아이소-베타-산들(iso-β-acids)이 형성된다.

즉, 휴물론류인 휴물론, 코오휴물론, 아드휴물론은 각각 아이소휴물론(isohumulone), 아이소코오휴물론(isocohumulone), 아이소아드휴물론(isoadhumulone)으로 이성화(異性化)되며, 류플론류인 류플론, 코오류플론, 아드류플론의 경우에는 아이소류플론(isolupulone), 아이소코오플론(isocolupulone), 아이소아드류플론(isoadlupulone)이 형성된다(그림 3-26 참조).

한편, 알파-산들이나 베타-산들이 이성화(isomerization)가 일어나면, 이상의 알파 및 베타-산들에 대응하는 각각 트란스 또는 F-형(trans or E-type)과 시스 또는 Z형(cis or Z-type)의 입체이성체들이 형성된다. 그림 3-26의 아이소-알파-산들과 아이소-베타-산들의 구조는 트란스형을 나타내고 있다.

또한 알파-산들은 가열시 대체로 대부분이 아이소-알파-산들로 되나, 베타-산들의 경우 많은 산들이 아이소-베타-산으로 이성화 전후에 먼저 산화되어 각종의 산화생성물들(oxidation products)를 형성한다.

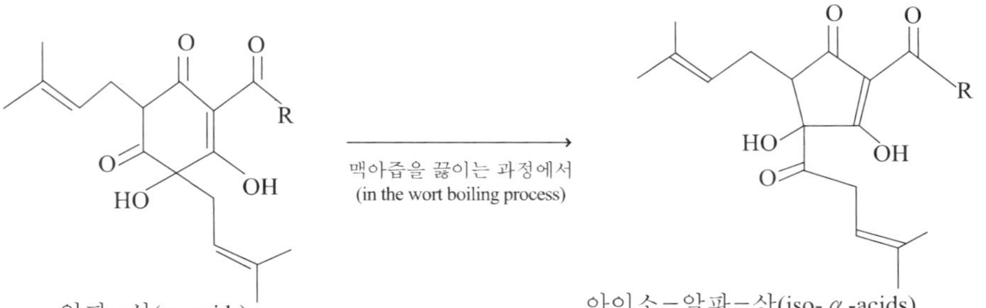

알파-산(α-acids)
R=$CH_2CH(CH_3)_2$: 휴물론(humulone)
=$CHCH(CH_3)_2$: 코오휴물론(cohumulone)
=$CH(CH_3)CH_2CH_3$: 아드휴물론(adhumulone)

아이소-알파-산(iso-α-acids)
아이소휴물론(isohumulone)
아이소코오휴물론(isocohumulone)
아이소아드휴물론(isoadhumulone)

베타-산(β-acids)
R=$CH_2CH(CH_3)_2$: 류풀론(lupulone)
=$CHCH(CH_3)_2$: 코오류풀론(colupulone)
=$CH(CH_3)CH_2CH_3$: 아드류풀론(adlupulone)

아이소-베타-산(iso-β-acids)
아이소류풀론(isolupulone)
아이소코오류풀론(isocolupulone)
아이소아드류풀론(isoadlupulone)

[그림 3-26] 맥아즙에 존재하는 알파-및 베타-산들의 가열에 의한 이성화(heat-induced isomerization).
Palamand, S. R. and Aldenhoff, J. M., 1973. *J. Agric. Food Chem.*, 21, 535.

한편, 근래에 와서 홉의 성분들에 플라보노이드 화합물의 C_6-C_3-C_6의 구조에서 C_3에 해당하는 환구조(ring structure)가 개환(開環)된 칼콘류(chalcones, 본문 p. 186), 즉 플라보노이드 칼콘류(flavonoid chalcones)의 존재가 확인되었으며 이들 화합물들이 맥주 양조과정에서 어떻게 변화하는지 관심이 커져가고 있다.

Hop flavonolds(chalcones)의 예

Conversion Products(glavanones)의 예

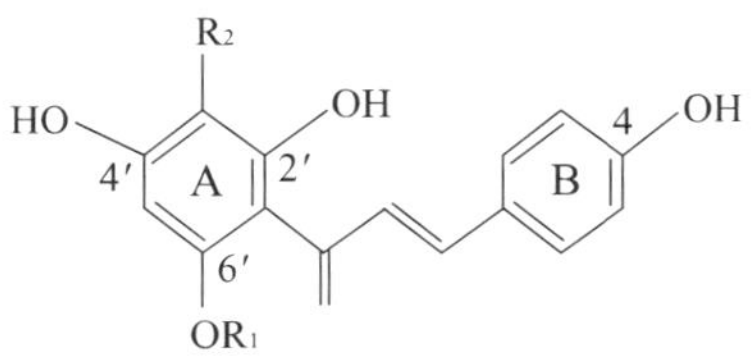

anthohumol : R_1=CH_3, R_2=isoprnyl

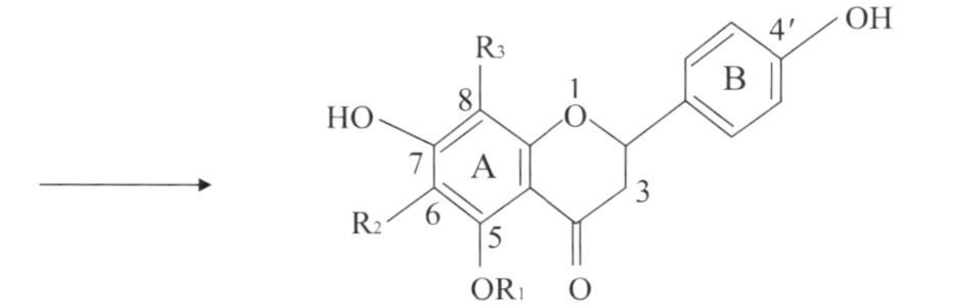

lsoxanthohumol : R_1=CH_3, R_2=H, R_3=isoprnyl

isoprenyl = $-CH_2-CH=C(CH_3)-CH_3$

[그림 3-27] 프레닐 그룹을 가진 홉의 플라보노이드류의 한 예와 발효 중 현성된 플라바논 유도체들의 예.
Stevens, J. F. *et al.*, 1999.

스티븐스들(Stevens, J. F. *et al.*, 1999)은 잔토휴몰(xanthohumol)로 대표되는 홉에서 녹아나온 흘라보노이드 칼콘들이 맥아즙(wort)을 끓이는 과정에서 해당하는 플라바논류(flavanones)를 형성하는 사실을 실험적으로 확인하고 있다. 즉, 전술한 잔토휴몰은 흘라바논에 속하는 아이소잔토휴몰(isoxanthohumol)로 전화되며, 맥주 중에는 원료들에서 볼 수 없었던 흘라보노이드류가 검출된다고 한다.

이상의 흘라보노이드 유도체들은 치환기(substituent group)로서 아이소프레닐 그룹(isoprenyl group, 즉 $-CH_2-CH=C(CH_3)_2$)을 최소한 한 개 이상 갖고 있는 경우가 많아서, 전체적으로 프레닐 흘라보노이드 화합물(prenyl flavonoids)로 알려져 있다. 그 자세한 성질들에 대해서는 아직 연구 중에 있는 것으로 보인다.

이상의 화합물들은 또한 강한 항균작용(bactericidal action)이 있다는 사실이 알려져 왔다.

맥주의 가장 특징적인 맛은 물론 쓴맛이나 특유한 맛을 쓴맛만으로 설명할 수 없음은 자명한 일이다. 마일가아드(Meilgaard, M. C., 1982)는 대표적인 맥주 품종(variety)들의 맛에 대해서 표 3-15과 같은 매우 흥미 있는 분석결과를 발표하고 있다. 여기서 사용하고 있는 미각 단위(flavor unit, F.U.)는 다음과 같이 정의된다.

미각 단위(F.U.) = 실제의 농도(concentration)/역가 농도(threshold)

표 3-15 각종 맥주의 주요 맛 성분들(principal flavor elements)의 강도(intensity). 단위: 미각 단위(F.L.)

맛의 종류	맥주의 종류					
	필젠식 맥주 (Pilsner)	미국 라거 (U.S. lager)	뮌헨식 맥주 (M nchener)	엷고 약한 맥주 (pale ale)	스타우트 (Stout)	라믹식 맥주 (Lambic)
쓴맛(bitterness)	6~10	2~4	3~6	5~8	6~10	3~6
알콜맛(alcoholic flavor)	3~4	3~5	2~4	3~4	3~5	3~6
탄산맛(carbonation)	3~4	4	3~4	1~3	3~4	3~5
홉의 고유맛(hop character)	6~10	0.5~4	2~6	5~8	6~10	3~6
카라멜의 맛(caramel flavor)	0.5~2	0.5~1	4~8	3~5	6~100	1~3
과실/에스터맛(fruity/ester flavor)	1~1.5	2~3	1~2	1~2	2~3	3~5
단맛(sweetness)	1~2	2~3	2~3	1~2	1~2	1~2
신맛(acidity)	1~2	1~2	1~2	1~2	2~3	3~20

Meilgarrd, M. C., 1982. *J. Agric. Food Chem.*, 30, 1011.

한편, 헤이들(Hay, B. A. *et al.*, 1991)에 의하면, 맥주 양조업계(beer brewing industry)에서는 1970년대 말부터 알파-또는 베타-산들을 이성화한 후, 수소 첨가한 맥주용 첨가물들(beer additives)이 널리 사용되기 시작했는데, 그 중에서 가장 대표적인 것이 테트라하이드로 아이소-α-산(tetrahydroiso-α-acid)으로 알려진 첨가물로서, 맥주의 쓴맛 조절과 맥주 거품 안정제(foam-stabilizing agent)로서 뛰어난 장점들을 갖고 있다고 한다.

히이들은 이 맥주 첨가물의 종래의 제조방법을 소개한 후, α-산들을 먼저 이성화(isomerization)한 후 수소 첨가하는 종래의 방법들 보다 더 효율이 높은, 테트라하이드로 -α-산과 성질이 유사한 헥사하이드로아이소-α-산(hexahydroiso-α-acids)들의 제조방법을 소개하고 있다.

청어의 쓴맛 냉장 중에 있는 청어(herring)에 가끔 형성되는 쓴맛의 성분은 3-메틸-6-메톡시-8-하이드록시-3,4-다이하이드로아이소쿠마린(3-methyl-6-methoxy-8-hydroxy-3,4-dihydroisocumarin)임이 알려지고 있다.

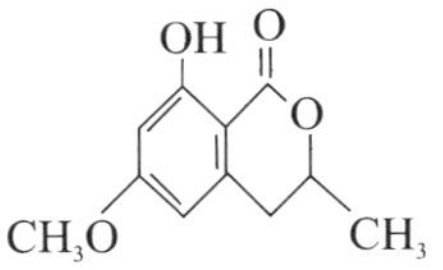

냉장된 청어에 존재하는 쓴맛 성부, 3-메틸-6-메톡시-8-하이드록시-3,4-다이하이드로아이소쿠마린(3-methyl-6-methoxy-8-hydroxy-3,4-dihydroisocoumarin)의 구조

펩타이드류의 쓴맛 아미노산, 펩타이드, 단백질들의 맛에 대해서는 이미 간단히 설명한 바 있으며, 일부 펩타이드류의 쓴맛에 대해서도 극히 간단히 설명한 바 있다. 또한 아미노산의 D,L 형의 광학적 이성체들(optical isomers) 사이의 맛의 차이(D형은 대개 단맛이 있는 반면에 L형은 쓴맛을 갖는다)를 설명하기 위해서 샬렌버어거를 비롯한 많은 연구자들은 쓴맛을 주는 L형의 경우, 아미노산의 일반식 R-CH(NH_2)-COOH에서 R로 표시되는 측쇄(側鎖, side chain)의 소수성(疏水性)이 그 쓴맛에 큰 영향을 준다는 견해에 대해서도 이미 설명한 바 있다(본 장의 그림 3-12와 다음의 감미 삼극구조에 대한 여러 학자들의 견해 참조).

한편, 나이(Ney, K. H., 1971)는 펩타이드류(peptides)의 쓴맛에 대해서도 이상의 생각, 즉 측쇄의 소수성(hydrophobicity)이 전체 화합물의 쓴맛에 일차적인 영향을 주는 것으로 생각하여, 구성 아미노산 측쇄의 소수성에서 전체 펩타이드의 쓴맛을 추정할 수 있는 경험적인 수식(an empirical formula)을 제안하고 있다.

표 3-16 각종 아미노산의 측쇄(side chain)의 자유에너지 Δf 값

아미노산의 종류	Δf 값(cal/mol)
글라이신(glycine)	0
알라닌(alanine)	730
베일린(valine)	1,690
류우신(leucine)	2,420
아이소류우신(isoleucine)	2,970
페닐알라닌(phanylalanine)	,650
프롤린(proline)	2,600
메싸이오닌(methionine)	1,300
타이로신(tyrosine)	2,870
쓰레오닌(threonine)	440
세아린(serine)	40
아스파아틴산(aspartic acid)	540
글루타민산(glutamic acid)	550
알지닌(arginine)	730
라이신(lysine)	1,500
트립토판(tryptophan)	3,000

Ney, K.H., 1971, Z. Lbensm.-Unters. Forsh., 147, 64.

즉, 어떤 임의의 펩타이드의 맛은 그 펩타이드의 소수성에 의해서 정해지며, 이 소수성은 아래의 식에서 계산되는 Q값의 크기에 의해서 정해진다는 것이다. 다시 말해서 Q값이 1,400보다 클 때는 쓴맛을 가지며, Q값이 1,300보다 적을 때는 쓴맛을 갖지 않는다는 것이다.

한편, 소수성도(疏水性度) Q는 각 구성 아미노산 측쇄의 자유 에너지(free energy) Δf를 알 때는 다음 식에 의해서 산출된다고 한다. 이 경험식에서 n은 펩타이드를 구성하고 있는 아미노산의 수이며, 각 아미노산 측쇄의 자유 에너지 Δf는 표 3-16에서 얻을 수가 있다고 하는 것이다.

$$Q = \frac{\Sigma \Delta f}{n}$$

이상의 경험적 수식(經驗的 數式, the empirical formula)은 많은 수의 펩타이드들이 실제로 쓴맛을 갖는지의 여부에 대해 잘 예측할 수 있었던 것으로 알려져 왔다.

매운맛

매운맛(hot taste, pungent taste)은 미각신경을 강하게 자극할 때 형성되는 감각으로서 미각이라기보다는 통각(痛覺, pain feeling)으로 생각되고 있다.

미각(taste)에 대해서 전문적으로 연구해 온 특히 생리학자(生理學者)들은 전통적으로 기본적인 맛으로서는 지금까지 설명해 온 단맛, 짠맛, 신맛, 쓴맛 그리고 근래에 와서· 일부 연구자들에 의해서 기본적인 맛으로 포함시킬 것이 제안되고 있는 우마미(umami) (Kurihara, K., 1998) 이외에는 인정하지 않고 있는 실정에 대해서도 이미 언급한 바 있다.

그러나 매운맛, 떫은맛 등도 어떤 과정을 거쳐서 인식되는지에 대해서 엄격한 규정이나 설명 없이 통속적(通俗的)으로 맛에 포함시켜 왔으나, 특별히 배제할 이유나 다르게 취급할 이유도 없기 때문에 이 장(chapter)에 함께 포함시켜서 설명하였다.

이 매운맛들의 적당한 자극은 식품의 풍미(風味)를 향상시키고, 또 식욕을 증진시켜 주는 이로운 작용이 있는 사실은 일반적으로 널리 인정되어 왔다.

매운맛을 가진 성분들은 그 화학구조에 따라 일반적으로

1. 산 아마이드들(acid amides)
2. 구아이야콜 유도체들(guaiacol derivatives)

등으로 분류된다.

파, 양파, 마늘 등의 일부 채소류의 경우에도 매운맛 내지는 매운 냄새를 나타내는 성분들을 갖고 있다. 이들은 유황 함유화합물들(sulfur containing compounds)로서 그 종류와 매운맛 성분들의 형성과정은 비교적 다양하다.

예로서, 양배추, 아스파라거스 등에 함유된 다이메틸 설파이드(dimethyl sulfide), 파, 양파 등에 함유된 다이알릴 설파이드(dialyl sulfide), 다이알킬 설파이드(dialkyl sulfide), 다이알킬 다이설파이드(dialkyl disulfide) 등, 흑겨자 속에 함유된 시니그린(sinigrin), 겨자 속에 함유된 알릴 아이소싸이오시아네이트(allyl isothiocyanate) 등은 여기에 속한다.

이상의 화합물들에 대해서는 일단 매운 냄새로 분류하여 제4장 식품의 향기(본문 p. 270 이하 참조)에서 자세하게 설명하기로 한다.

산 아마이드들 후추의 주요한 매운맛의 성분들은 여기에 속한다. 예로서, 후추(pepper)의 매운 성분들 중의 대표적인 성분인 차비신(chavicine)과 이 차비신과 입체 이성체(geometrical isomer)의 관계에 있는 피퍼린(piperine)은 산 산 아마이드들(acide amides)의 구조를 가지고 있다.

후추(*Piper nigrum* L.)에 건조중량으로서 5~9% 가량 함유되고 있는 주요 알칼로이드(alkaloid)인 피퍼린과 차비신 중 실제로 강한 매운맛을 가진 이성체는 시스형(cis-form)인 차비신으로 알려지고 있다.

후추를 분말상태로 오래 저장해 두면 시스형인 차비신의 일부는 열역학적(thermodynamically)으로 더 안정된 형태인 트란스형(trans-form)인 피퍼린으로 이성화(異性化)함으로써 후추의 매운맛이 감퇴되는 사실이 알려져 있다(Lindsay, R. C., 1996: the Merk Index - Chavicine 항목, 1989 참조).

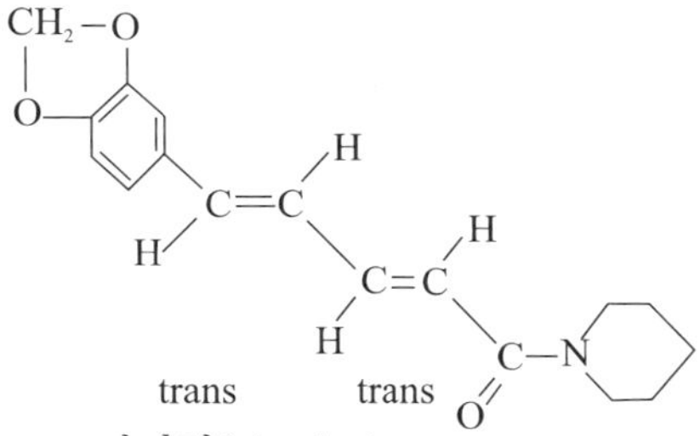

trans trans
피퍼린(piperine)

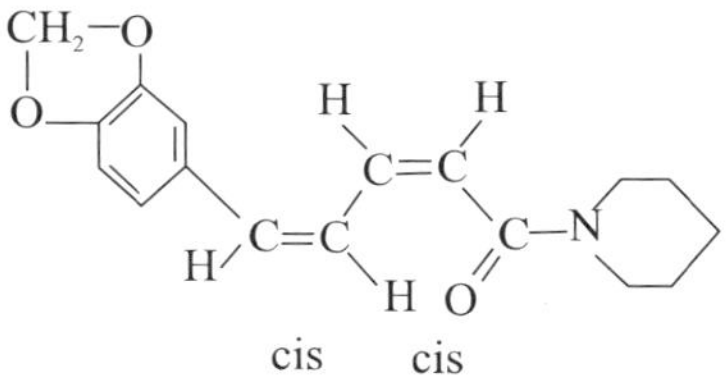

cis cis
차비신(chavicine)

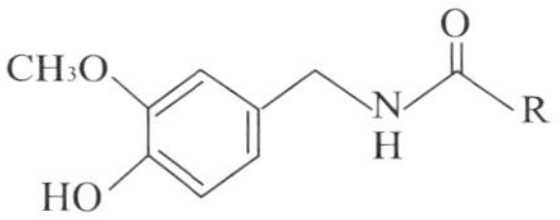

칸사이시노이드류(capsaicinoids)와 그 유사체들(analogues)의 구조.

캅사이시노이드와 유사체들의 명칭	위 그림의 R의 구조
캅사이신(capsaicin, C)	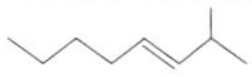
다이하이드로캅사이신(dihydrocapsaicin, DHC)	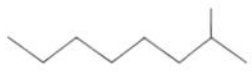
놀다이하이드로캅사이신(nordihydrocapsaicin, NDHC)	
호모캅사이신 I(homocapsaicin I, HC I)	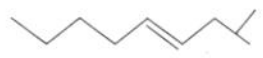
호모캅사이신 II(homocapsaicin II, HC II)	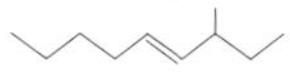
호모다이하이드로캅사이신 I(homohydrocapsaicin I, HDC I)	
호모다이하이드로캅사이신 II(homohydrocapsaicin II, HDC II)	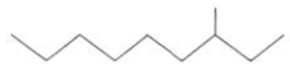
N-바닐릴 옥타나마이드(N-vanyllyl octanamide)	
N-바닐릴 노나나마이드(N-vanyllyl nonanamide)	
N-바닐릴 데카나마이드(N-vanyllyl decanamide)	

[그림 3-28] 각종 캅사이시노이드류(differnt capsacinoids)와 그 유사체들(analogues)의 구조.
Contreras-Padilla, M. and Yahia, E. M., et al., 1998.

구아이이야콜 유도체들 이 구아이이야콜 유도체들(guaiacol derivatises)은 구아이이야콜(guaiacol, 즉 2-methoxyphenol)을 기간(基幹)으로 하는 화합물들을 말한다. 그 상쾌한 향미로 알려진 바닐린(vanillin, 4-hydroxy-3-methoxybenzaldehyde)은 위의 구아이이야콜의 -OH 그룹에 대해서 4번 또는 파라(para)의 위치에 알데하이드 그룹(an aldehyde group, 즉 -CH = O)을 가진 구아이이야콜의 유도체로 볼 수 있는 화합물이다.

한편, 여기에 속하는 매운맛(pungent taste)의 성분으로는 우리나라 음식물의 풍미와 매우 깊은 관계가 있는 고추의 매운맛 성분들이 있다. 이 고추의 매운맛은 주로 그 속에 함유되고 있는 캅사이신(capsaicin)들에 의한다.

1876년에 트레슈(Thresh)는 고추(red pepper) 등의 캅시컴속(*Capsicum* spices)에 속하는 향신료의 매운 성분(pungent principle)을 결정화(結晶化)하여 이를 캅사이신(capsaicin)이라고 명명하였다. 또한, 1923년에 넬슨들(Nelson and Dawson)은 이 캅사이신이 아이소데실레닌산(isodecylenic acid)의 바닐릴 아마이드(vanillyl amide)임을 밝혔다.

가지과(the *Solanaceae* family)의 캅시컴속(the genus *Capsicum*)에 속하는 고추들은 정도의 차이는 있으나 모두 이 캅사이신을 주요 매운맛 성분으로 함유하고 있으나, 그 후 많은 연구자들의 노력으로 캅사이신과 유사한, 즉 바닐릴 아마이드 그룹을 공유(共有)하는, 그러나 탄화수소 측쇄(hydrocarbon side chain)의 종류가 다른 캅사이신의 동족체(同族體, homologues)로 볼 수 있는 성분들이 검출되어 그 구조가 확증되어 왔다.

1998년에 발표된 한 논문에 의하면 최소한 10개나 되며(그림 3-28 참조), 이들은 캅사이신(capsaicin)을 대표로 하여 캅사이시노이드류(capsaicinoids)로 함께 불리고 있다(Contreras-Padilla, M. and Yahia, E. M., 1998). 참고로 고추의 품종은 전 세계적으로 볼 때 200종이 넘는다고 한다. 캅사이신을 비롯한 캅사이시노이드류에 속하는 주요 매운맛 성분들의 명칭과 화학구조들은 그림 3-28과 같다.

세계의 거의 모든 나라 국민들이 고추를 중요한 향신료(香辛料)로서 즐겨 사용하여 왔으나, 실제로 사용되고 있는 고추의 종류는 국가나 지역마다 매우 다양하다.

즉, 고추는 일반적으로 다시 칠리(chillies)로 불려지고 있는 그룹(*Capsicum frustescens longum*)과 파프리카(paprika)로 알려지고 있는 그룹(*Capsicum annum longum*)으로 크게 나눠진다.

칠리에 속하는 고추로서는 아프리카 칠리(African chillies), 멕시코 칠리(Mexican chillies), 아프리카 칠리를 갈아서 만든 분말상의 특별히 매운 케이얀 고추(Cayenne pepper), 멕시코 칠리로 만든 소스(hot sauce) 형태의 타바스코(tabasco), 그리고 우리나라 국민들이 즐겨 사용하는 고추 또는 빨간 고추(red pepper) 등이 있다.

한편 파프리카에 속하는 고추로서는 칠리 고추들 보다 덜 매운 스페인 파프리카(Spanish paprika)와 매운맛이 강한 헝가리 파프리카(Hungarian paprika) 등이 있다.

전술한 대로 이상의 고추의 주요한 매운 성분들은 모두 캅사이신과 그 동족체들이다. 여러 종류의 고추에서 대략 10여종의 캅사이시노이드류(capsaicinoids)와 그 유사화합물을(analogues)이 발견되고 있으나, 실제 매운맛은 캅사이신과 다이하이드로 캅사이신들에 의한 것으로 알려져 있다.

한편, 콘트레라스들(Contreras-Padilla, M. *et al.*, 1988)에 의하면, 고추 속의 캅사이신과 다이하이드로캅사이신들(가장 중요한 매운맛 성분들)의 함량이 줄어드는 시기에 캅사이신이나 다이하이드로캅사이신들의 산화를 촉진하는 퍼록시테이스류(peroxidases)의 활성이 증가하는 사실에 비추어 캅사이시노이드류의 분해(degradation)에 이들 퍼록시데이스류가 관련되는 것으로 보고 있다.

한편, 코바타들(Kobata, K. *et al.*, 1998)은 파프리카(*Capsicum annum longum*) 품종에 속하는 재배종(*Capsicum annum* L. cv. CH-19 Sweet)에서 캅시에이트(capsiate), 다이하이드로캅시에이

트(dihydrocapsiate)로 잠정적으로 이름을 지운 캅사이시노이드류(capsaicinoids)에 속하는 화합물들을 새로이 분리하여 그 구조를 확정하고 있다. 이들 화합물들은 캅사이시노이드류에 속하나 매운맛은 없었다고 한다. 이들에 의하면 종래에 알려진 캅사이시노이드류 14종에 두 개의 새로운 화합물들이 포함되면 16종이 된다고 한다.

표 3-17 품종별 고추 중의 캅사이신(capsaicin)함량(종자 제외)

품 종 명	수 분 (%)	풍건 고추 중의 캅사이신 (capsaicin) 함량(%)	건량(dry weight)에 대한 퍼센트(%)
태국산 중형	13.88	0.338	0.3925
태국산 대형(大形)	13.45	0.2336	0.2699
Rouge long oretinaire	14.80	0.3083	0.3619
피망	13.90	0.1713	0.1989
호고추 소형	13.05	0.3833	0.4408
은평 고추	12.89	0.2346	0.2694
금산 고추	14.52	0.1812	0.212
경산 재래(2520)	16.70	0.249	0.299
고성 재래(342)	12.39	0.2228	0.2543
저동 재래(2640)	13.58	0.2738	0.3168
원예 시험장 29호	13.92	0.292	0.3392
원예 시험장 48호	12.19	0.2593	0.2954

Pa가, S. O. and Lee, T. Y., 1963. *J. Agr. Chem. Soc.*, 4, 23.

한편, 이상의 매운맛 성분들의 대표적인 성분인 캅사이신 자신은 매우 강한 미각 자극제(味覺刺載劑)이며, 1,500만 분의 1 내지 1,700만 분의 1의 농도에서도 그 존재를 검출할 수 있다고 한다.

우리나라에서 산출되는 여러 품종의 고추 속의 캅사이신 함량은 대체로 0.2%에서 0.4% 내외로 보고되고 있다(표 3-17 참조). 한편, 토마스들(Thomas, B. V. *et al.*, 1998)은 미국에서 생산되는 고추, *Capsicum frutescens* 품종 한 종류, *Capsicum annum* 품종 19종, *Capsicum chinense* 품종 3종, 합계 23종의 시료들 중의 캅사이시노이드류를 아세톤(acetone)으로 추출한 후 캅사이신들의 분리를 위해 이들의 유도체들을 만들 과정을 거치지 않고(without the need of capsaicinoid derivatization), 직접 모세관 컬럼(capillary column)을 사용한 컬럼 가스 크로메토그라피(capillary gas chromatography) 장치와 TSD(thermoionic slective detector)를 사용하여, 각각의 캅사이시노이드 성분들을 정량(定量)한 바 있다. 모세관 GC장치로 분리한 성분들의 구조 확인은 GC/MS법을 사용하여 확인했다고 한다. 이들은 23종의 고추에서 추출한 캅사이노이드류 중 캅사이신(capsaicin), 다이하이드로캅사이신(dihydrocapsaicin, DC), 놀다이하이드로캅사이신(nordihydrocapsaicin, NDC)의 함량을 ppm 단위로 측정하여 발표하고 있다. 즉, 그 함량들을 고추의 건조시료 1그람에 함유된 캅사이시노이드 성분들(즉, C, DC, NDC)의 마이크로그램(㎍) 함량으로 표시하고 있는데, 그 분포를 보면 *C. chinense* 품종의 경우 대체로 그 C,DC와 NDC 등의 함량이 컸으며, *C. annum* 품종은 종류에 따라 크게 차이가 났고, *C. frustescens* 품종은 함량이 적었다고 한다. 또한 각 성분들로 볼 때, 캅사이신과 다이하이드로캅사이신의 함량이 크고 비슷했으며, 놀다이하이드로캅사이신 함량은 항상 적었다고 한다.

한편, 이(Lee, C. H., 1992)는 캅사이신으로 대표되는 캅사이시노이드류의 생체 내에서 흡수과정,

지방질대사에 미치는 영향, 에너지대사 증진작용, 갈색 지방질 조직(brown adipose tissues)의 열생성 기능에 미치는 영향 등을 설명하고, 끝으로 캅사이신들의 섭취가 고지방질 식이(食餌, diet)이나, 고에너지 식이에 대해서 그 유해작용(有害作用)을 억제하는 유익한 효과를 준다고 결론짓고 있다.

생강의 매운맛 성분

생강(ginger)의 매운맛 성분들로는 쇼가올(shogaol), 진저롤(gingerol), 진저론(gingerone) 등의 소위 바닐릴 케톤류(vanillyl ketones)로 알려진 화합물에 속하는 매운맛을 가진 화합물들이 함유되어 있는 사실이 오래 전부터 알려져 왔다.

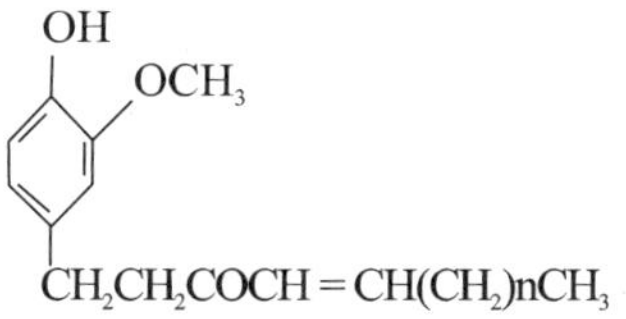

OH
OCH_3
$CH_2CH_2COCH=CH(CH_2)nCH_3$
쇼가올(shogaol)
n=4,6,8의 경우 각각 6,8,10-gingerol 또는 6,8,10-shogaol로 부른다.

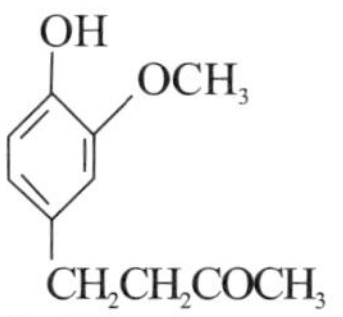

OH
OCH_3
$CH_2CH_2COCH_3$
진저론(gingerone)

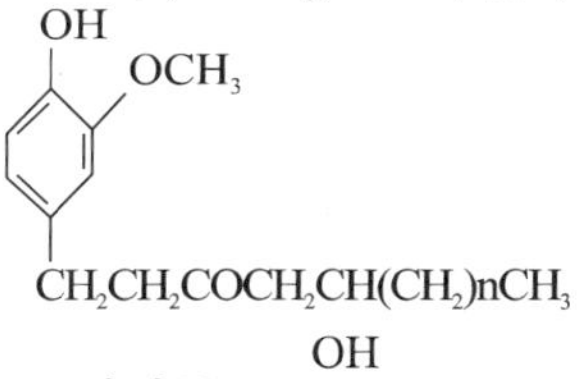

OH
OCH_3
$CH_2CH_2COCH_2CH(CH_2)nCH_3$
OH
진저롤(gingerol)

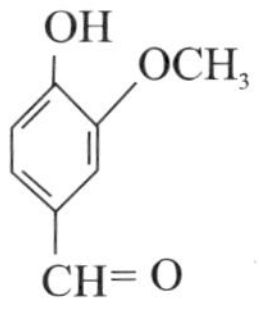

OH
OCH_3
CH= O
바닐린(vanillin)

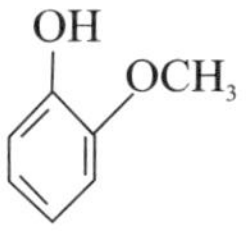

OH
OCH_3
구아이야콜(guaiacol)

이 매운맛 성분들은 또한 구아이야콜의 유도체들(guaiacol derivatives)로도 볼 수 있으며, 그 화학구조는 위의 그림과 같다(Chen, *et al.*, 1986).

떫은 맛

떫은 맛(astringent taste)은 매운맛의 경우와 마찬가지로 본래의 미각(basic taste)과는 구별되는 입안(oral cavity)에서의 피부의 수축(收縮, shrinkage) 또는 주름 잡히는(puckering) 과정에서 형성되는 복잡한 감각(complex sensation)이라고 생각되고 있다. 다시 말해서 수렴성(收斂性, astringent properties)을 부수하는 감각이라고 할 수 있다.

일부 연구자들은 이 떫은맛을 미각 말초신경(末梢神經)의 단백질 응고작용에 기인된 마비, 수축작용이 미각 말초신경에서 느껴지는 감각이라고 생각하고 있다. 따라서 단백질을 응고(protein coagulation) 시키는 철(Fe)과 같은 중금속의 염류, 일부 알데하이드류, 케톤류의 경우에도 떫은 맛이 느껴진다고 한다.

그러나 떫은맛을 내는 식품성분들 중 현실적으로 가장 중요한 것은 탄닌류(tannins)이다. 특히 대부분의 과실류(가장 좋은 예로서 감 - Pesis, E. *et al.*, 1984와 1986의 문헌 등 참조), 채소류 또는 차류(茶類) 등의 떫은맛은 실질적으로 탄닌의 작용에 의한다.

미숙한 과실의 경우처럼 떫은맛은 식품의 맛, 따라서 그 식품 전체의 품질을 일반적으로 저하시키는 요인의 하나로 생각되고 있으나 예외적인 경우도 있다.

한편, 일부 과실주와, 특히 각종 맥주류나 차(tea)들의 맛에 있어서는 그 특이한 떫은맛은 그 풍미의 중요한 성분으로 생각되고 있다.

차의 맛

차(tea)의 그 고유한 맛을 주는 주성분들로서는 탄닌들과 같은 폴리페놀 화합물들(polyphenolic compounds), 테아닌(theanine)과 같은 아미노산들, 쓴맛을 주는 카페인(caffeine), 그리고 유기산들, 당류 등으로 생각되고 있다.

그 중에서 대표적인 것을 들면 그림 3-29와 같다.

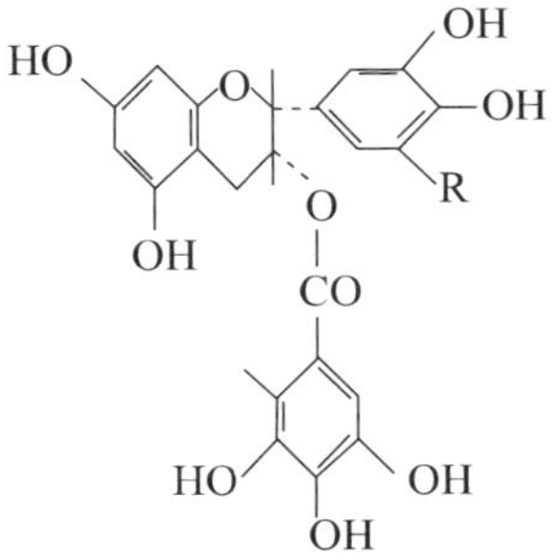

$HO_2C-CH-CH_2-CH_2-CO$ (NH_2, NHC_2H_5)

에피-갈로캬테킨 갈레이트(epi-gallocatechin gallate), R = OH

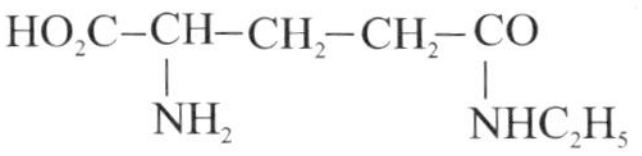

테아닌, 즉 감마-N-에틸글루타민 (theanine, or r-N-ethylglutamine)

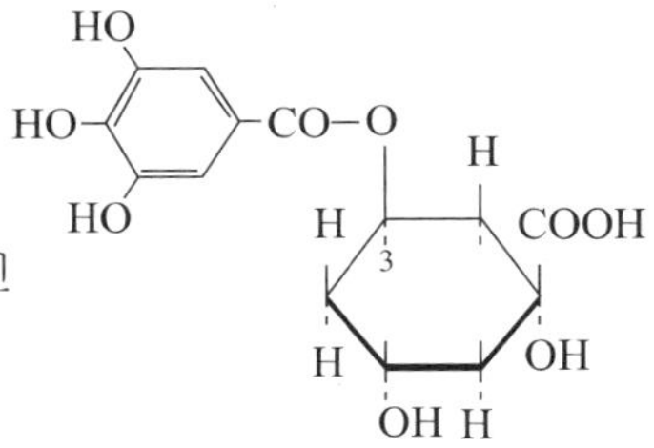

테오갈린, 즉 3-갈로일 키닌산 (theogallin or 3-galloyl quinic acid)

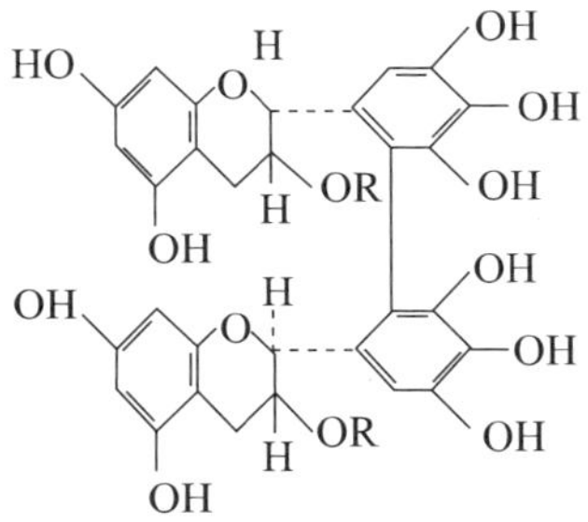

비스플라바놀(bisflavanols, R = H or R = galloyl)

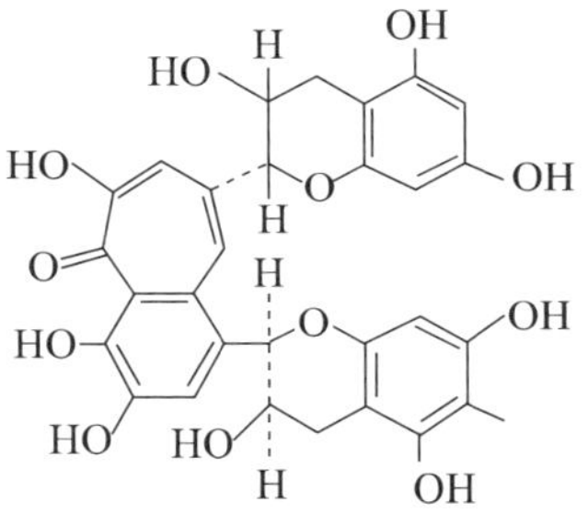

테아플라빈(theaflavin)

[그림 3-29] 차(tea)의 일부 주요 성분들의 구조식들(structural formulas). Millin, D. J. *et al.*, 1969. *J. Agr. Food Chem.*, 17, 719.

폴라바놀류 차에는 에피-칼로캬테킨 갈레이트(epi-gallocatechin gallate)와 같은 갈린산(gallic acid)의 에스터형의 탄닌들(그림 3-29 참조) 뿐만 아니라, 그 모체가 되는 플라바놀류(flavanols)에 속하는 탄닌들, 즉 에피-갈로카테킨(epi-gallocatechin), 갈로캬테킨(gallocatechin) 등과 같은 탄닌들이 함유되고 있다.

테오갈린 및 그 관련 산(acids)들 여러 종류의 차에서 그 성분으로 검출되는 탄닌류의 하나인 테오갈린(theogallin), 즉 3-갈로일키닌산(3-galloylquinic acid)과 그 관련 페놀산들(phenolic acids)의 함량은 차의 수용성 고체성분(soluble solids)의 약 2% 내지 5%에 달한다. 이 물질들은 차의 고유한 맛에 중요한 역할을 하는 것으로 생각되고 있다.

테아닌 테아닌(theanine), 즉 감마-N-에틸글루타민(γ-N-ethylglutamine) 또는 더 간단히 5-N-에틸글루타민은 차 속의 주요아미노산들 중의 하나로서, 차의 수용성 고체성분의 2% 내지 5%를 점유하고 있다.

이 테아닌은 신선한 녹차(green tea)의 고유한 맛을 주는 성분들 중에서 소위 우마미(umami), 즉 후술하는 모노소듐 글루타메이트(monosodium glutamate, MSG)와 유사한 맛 또는 작용을 하는 성분들로 생각되고 있으며, 그런 의미에서도 중요한 위치를 차지하고 있는 것으로 생각된다.

비스플라바놀 차의 발효(tea fermentation) 후에 형성되는 여러 폴리페놀 화합물들(polyphenolic compounds)에 대해서는 널리 연구되고 있지 않으나, 몇 개의 비스플라바놀류(bisflavanols)에 속하는 탄닌류가 검출되고 있다.

테아플라빈 테아플라빈(theaflavin)은 발효 후의 차, 즉 홍차(black tea)에서 발견되는 혼합체로 밝혀지고 있는 차의 색소인 테아루비진(thearubigin)과 함께 가장 중요한 적갈색(reddish brown)의 색소이며, 폴리페놀의 중합체인 탄닌이다(본문 제2장 식품의 색깔 p. 85 참조).

밀린들(Millin, D. J. *et al.*, 1969)에 의하면 테아플라빈은 신선한 차 잎에 다량 존재하는 에피-갈로카테킨(epi-gallocatechin) 등의 플라바놀들(flavanols)이 발효 과정에서 중합되어 형성된다(그림 3-29, 표 3-18 참조).

표 3-18 신선한 차의 잎(green tea shoots)과 홍차(black tea) 속의 수용성 성분들의 % 함량[1)]

수용성 성분들의 종류	신선한 차의 잎 (green tea shoots)	홍 차 (black tea)
플라바놀류(flavanols, epi-gallocatechin gallgte, etc)	9～13%	1～3%
플라보놀 및 플라보놀 배당체류(flavonols, flavonol glycosides)	3～4	2～3
페놀산 및 뎁사이드류(phenolic acids and depsides)	35	4
카페인(caffeine)	3～4	3～4
테아플라빈류(theaflavins)	-	4
유기산류(organic acids)	0.5	0.5
단백질류(proteins)	15	15
폴리삭카라이드류(polysaccharides)	14	14
탄수화물(carbohydrates)	4	4

1) 수분 제외한 중량에 대한 함량(% dry weight)
Millin, D. J. *et al.*, 1969. *J. Agr. Food Chem.*, 17, 718.

단백질 —HCl→ L-glutamic acid · HCl (HOOC–CH_2–CH_2–$CHNH_2$·HCl–COOH) —NH_2OH→ L-glutamic acid (HOOC–CH_2–CH_2–$CHNH_2$–COOH) ⟶ monosodium L-glutamate (NaOOC–CH_2–CH_2–$CHNH_2$–COOH)

L-glutamic acid · HCl: 물에 거의 녹지 않음
L-glutamic acid: 물에 대한 용해도 0.89g/100g
monosodium L-glutamate (MSG) 물에 잘 녹는다

[그림 3-30] 밀, 옥수수 등의 단백질을 가수분해하여 MSG를 만드는 과정.

테아플라빈이 그 특유한 오렌지색 내지는 빨간색으로 홍차(紅茶, black tea) 등의 발효차(發酵茶)의 품질에 크게 기여하고 있음은 이미 언급한 바 있다. 그 외에도 테아플라빈 자체가 매우 강

력한 수렴성(收斂性, astringency)을 갖고 있으며, 차의 특징있는 맛과 매우 비슷한 맛을 주는 물질로서 홍차의 맛에 크게 기여하는 중요한 수용성 고체성분으로 생각되고 있다.

카페인 홍차나 커피(coffee) 한 컵(a cup)에는 보통 150~250mg의 카페인이 함유되고 있다. 그리고 보통 한 컵의 차에 함유된 정도 농도의 카페인 수용액은 일반적으로 불쾌한 쓴맛을 주며, 차의 특유한 상쾌한 맛과는 전혀 다른 사실이 알려져 있다(구조 등 본문 p. 199 참조).

따라서 홍차나 커피 등의 차의 맛에 카페인의 맛이 매우 크게 기여하기는 하나, 그 맛은 다른 수용성 고체성분들, 예로서 전술한 테아닌(theanine)을 비롯한 아미노산들의 맛과 상호작용(interactions)을 갖는 것으로 믿어지고 있다. 한편, 커피나 홍차 또는 각종 차류를 적당한 량 섭취할 경우에는 일반 사람들의 정신적 활동에 긍정적인 영향을 줄 정도의 카페인을 섭취하게 되며 건강에 별 해를 주지 않는다는 네릿히(Nehrig, A., 1999)의 견해에 대해서는 이미 설명한 바 있다(제3장 p. 199의 상단의 그림 참조).

글루타민산의 모노소듐염

글루타민산의 모노소듐염(monosodium L-glutamate)은 1908년에 이케다(Ikeda, K)에 의해서 다시마(sea tangle)의 열수 추출물(hot water extract)에서 분리되었으며, 이것이 다시마의 주성분인 것이 밝혀진 후, 각종 조리식품들의 맛을 좋게 하여 주는 첨가물로서 사용되어 왔었다(Scientific Status Summary. 1987. *Food Technol.*, 4(15), 143 참조).

이 글루타민산의 모노소듐염은 종래에는 밀, 옥수수 등의 단백질(표 3-19 참조), 예로서 밀의 복합단백질인 글루텐(gluten) 등을 산으로 가수분해하여 만든 글루타민산의 염산염(L-glutamic acid hydrochloride)에서 글루타민산을 유리한 후 탄산소오다로 부분적으로 중화시켜서 만들어 왔었다(그림 3-30 참조).

그러나 화학적인 방법들은 D-형과 L-형 글루타민산의 분리과정이 필요한 경우가 많기 때문에 근래에 와서는 각종의 당류(糖類)용액에서 L-글루타민산만을 합성, 생산하는 여러 미생물들 중 L-글루타민산의 생산능률이 높은 일부 균들(표 3-20 참조)을 사용해서 L-글루타민산을 생산하는 발효법(醱酵法, fermentation methods)에 의해서 만들어지고 있다.

표 3-19 각종 단백질 내의 글루타민산(L-glutamic acid)의 함량

식품의 종류	그 식품에서 추출된 단백질	글루타민산 함량(%)	식품의 종류	그 식품에서 추출된 단백질	글루타민산 함량(%)
우유	casein	22	옥수수	zein	31.3
양모	keratin	12.4	옥수수	glutelin	12.9
쇠고기	globulin	13.4	대두	glycinin	19.5
달걀 노른자	vitellin	13	대마	edestin	19
밀	gliadin	43.7	낙화생	arachin	19.5
밀	glutenin	35.9	야자실	globulin	19.1
보리	hordein	43	면실	edestin	17.2
쌀	oryzenin	14.5	아마실	globulin	11.6

표 3-20 일부 글루타민산 발효균과 글루타민산 발효에 사용되는 배지의 예

Brevibacterium lactofermentum
Brevibacterium saccharolyticum
Brevibacterium flavum
Brevibacterium roseum
Bacill us megatherium var liquefaciens

배지에 사용되는 기본 성분	그 함량
포도당(glucose)	10%
요소(urea)	0.9～3.2%
산성인산칼륨(KH_2PO_4)	0.1%
황산마그네슘($MgSO_4 \cdot 2H_2O$)	0.04%
철(Fe)	극소량
망간(Mn)	극소량
사이아민의 염산염(thiamine·HCl)	극소량
바이오틴(biotin)	극소량

Okumura, S. *et al.*, 1962. J. *Agr. Chem., Soc(Japan).*, 36, 197.

즉, 일부의 글루타민산 발효균들, 예로서 브레비박테리엄 락토퍼멘텀(*Brevibacterium lactofermentum*) 등은 적당한 영양소들의 존재 아래에서(표 3-20 참조) 배지(培地)에 첨가된 또는 이미 존재하는 포도당의 일부를 글루타민산으로 바꾸며, 이때의 포도당의 글루타민산으로의 전환율(conversion ratio)은 포도당 양의 35% 내지 45% 정도로 알려지고 있다.

여기서 생산된 글루타민산은 분리, 정제된 후 탄산소다(Na_2CO_3) 등으로 부분적(部分的, partially)으로 중화(中和)되어 글루타민산의 모노소듐염(monosodium L-glutamate, MSG)이 된다.

MSG, 라이보타이드류 등의 향미강화물질들과 우마미

글루타민산의 모노소듐염(MSG)의 작용에 대해서는 종래에는 단순히 그 자체로서는 특별한 맛을 가지고 있지 않지만, 채소나 육류 등의 조리식품들에 소량 첨가하여 줄 때, 이들 식품들의 좋은 맛을 강화시켜 주는 작용을 가진 향미강화제(flavor intensifier 또는 flavor potentiator)의 하나로 생각하여 왔다.

그 동안 서로 엇갈린 견해들이 표명되기도 했으나, 현재까지의 연구들을 종합하면, 이 모노소듐 글루타메이트(MSG)는 그 자체로서도 매우 약한 단맛과 짠맛을 갖고 있으나, 그 가장 중요한 작용은 식품중의 단백질류의 분해의 결과 형성되는 아미노산들 또는 펩타이드류, 후술하는 라이보뉴우클레오타이드류, 식염 또는 가타의 짠맛을 갖고 있는 성분들의 상호 또는 종합적인 작용의 결과 형성되는 맛있는, 또는 감칠맛 있는 성분들(savory products)의 맛(savory taste), 즉 우마미(umami)를 강화시켜주는데 있다고 생각하는 연구자들의 생각도 무시할 수 없게 되고 있다.

이와 같은 우마미 강화작용에는 이상의 여러 성분들의 상호 또는 종합작용으로 형성되는 우마미 자체의 강화작용과 함께, 지나친 신맛이나 쓴맛을 어떤 방식으로든 완화하여 주는 작용도 포함 될 수 있을 것이다.

한편 근래에 와서 글루타민산의 모노소듐염 등의 작용에 대해서는 전술한 대로 이와 같은 향미강화작용 뿐만 아니라 그 자체가 단맛, 짠맛 등의 네 가지의 기본적인 맛 이외에 또 하나의 고유한 맛, 즉 우마미(umami)로 알려진 다섯 번째의 기본적인 맛(the fifth basic taste)을 갖고 있다는 견해가 점차적으로 유력하여지고 있다(Scientific Status Summary. 1987. *Food Technol.*, 41(5), 143).

이와 같은 향미강화작용을 가진 화합물들의 수는 계속 늘어나고 있다. 표 3-21에는 빠져있으나 아미노산의 맛에서 이미 언급한 바 있는 트리콜로민산(L-tricholomic aicd)과 이보테닌산(L-ibotenic acid)은 그 좋은 예들이다.

이 두 향미강화작용을 가진 아미노산들은 각각 트리콜로마속(屬)의 버섯(*Tricholoma muscarium*)과 아마니타속의 버섯(*Amanita strobiliformis*)에서 얻어진 특수한 구조를 가진 아미노산들이다.

이상의 아미노산들의 향미강화작용은 글루타민산(L-glutamic acid)의 4～25배 정도로 알려져 있으나 실제로 식품에 사용되기 전에 그 독성(toxicity)문제가 규명되어야 할 것으로 믿어지고 있다.

한편, 이상의 화합물들 이외에도 5'-이노신산, 5'-구아닐린산 등의 5'-라이보뉴유클로에타이드(5'-ribonucleotides) 등의 모노소듐 글루타메이트(MSG)와 비슷한 향미증진, 또는 강화작용을 가진 물질들이 알려져 있다(표 3-21 참조).

표 3-21 향미강화물질들(flavor intensifiers)과 그 역가(threshold value)

모노소듐 글루타메이트(MSG)와 이와 비슷한 향미강화작용을 가진 물질들의 역가	역가(threshold value) 퍼센트(%)
모노소듐 글루타메이트(MSG)	0.0588～0.0632
글루타민산(L-glutamic acid)	0.03
아스파틴산(L-aspartic acid)	0.16
아미노아디핀산(D,L-α-aminoadipic acid)	0.25
호모시스테인산(L-homocysteic acid)	0.015
이노신산(5'-inosinic acid)	0.025
구아닐린산(5'-guanylic acid)	0.0125

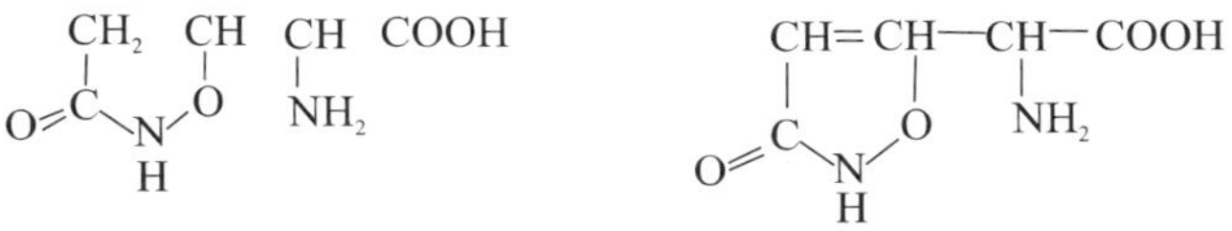

CH_2 CH CH COOH / O=C–N(H)–O, NH_2

L-트리콜로민산

CH=CH–CH–COOH / O=C–N(H)–O, NH_2

L-이보테닌산

한편, 종래 단순한 향미강화물질들(flavor enhancers or potentiators)로만 알려져 온 글루타민산(L-glutamic acid)과 기타 전술한 일부 아미노산들과 곧 설명하게 될, 일부 5'-라이보뉴클레오타이드류(5'-ribonucleotieds) 사이에 매우 선택적인 상승작용(synergistic effects)이 있는 사실이 알려져 있다. 이상의 선택적인 상호작용은 식염에 의한 자극(stimuluus)의 응답(responses)을 차단하는 사실이 알려져 온 아밀로라이드(amiloride)의 존재하에서도 전혀 영향 받지 않은 사실도 알려져 있다(Kurihara, K., 1998). 이 사실은 MSG와 5'-라이보뉴우클레어타이드류의 상승작용이 식염의 자극에 호응하는 미각 수용체와 직접 관련이 없다는 것을 의미한다.

이와 관련해서 나고다위타나(Nagodawithana, T., 1994)는 이미 1994년에 글루타민산과 그 염, 특히 MSG의 우마미 또는 감칠맛(unami or savory taste)에 대한 일부 라이보타이드류(5'-GMP, 5'-IMP 등)의 선택적인 상승작용(synergistic activities), 그리고 식품들 중의 우마미 또는 감칠맛 성분들에 대한 MSG 등과 일부 라이보타이드류(5'-GMP와 5'-IMP 등)의 협동적인 상승작용을 설명할 수 있는 학설(theory)을 제안한 바 있다.

이 학설에 의하면 그 중심에 우마미 성분과 결합하여, 그 자극을 신호로서 전달할 활성화 장소들(active sites for umami compounds)과 그 주위에 MSG들과 결합하는 활성화 장소들, 그리고 5'-라이보타이드류(5'-GMP와 5'-IMP 등)와 결합하는 활성화 장소들을 동시에 갖고 있는 미각 수용체들(taste receptors)의 존재를 가정하고 있다.

한편, 미각세포들(taste cells)의 선모양 돌기물들(microvilli) 내부에는 MSG 등 일부 아미노산들 또는 그 유도체들과 결합할 수 있는 G-단백질과 연결된 접수체들(G-protein-coupled receptors)이 존재하는 사실이 알려져 있으나, 더 자세한 과정은 아직 확실히 연구되어 있지 않다고 한다(Smith, D. V. and Margloskee, R. F., 2001 참조).

위의 사실은 우마미(umami)가 짠맛, 신맛, 단맛, 쓴맛을 느끼게 되는 미각세포 내의 접수체의 작용과정과 독립적인 과정에 의해서 인식된다는 사실을 입증하는 하나의 자료가 될 것 같다(본 3장의 미각, 즉 맛을 인식하게 되는 기구, 항목 중 "미뢰의 종류와 맛의 전달과정" 항목의 우다미(Umami) 항목을 중심으로 참고하기 바람).

라이보타이드류

라이보타이드류의 구조 및 성질들

고다마(Kodamas, S., 1913)는 말린 가다랭이(dried bonito)의 주요한 향미성분을 분리하여, 이 향미성분이 이노신산(inosinic acid)의 히스티딘염(histidin salt)임을 보고하였다. 그러나 이 이노신산의 구조는 모노소듐 글루타메이트(MSG)보다 훨씬 더 복잡하며, 또한 이 이노신산은 그 분자 내의 D-라이보오스(D-ribose)와 에스터 결합을 하고 있는 인산기(phosphate group)가 라이보오스의 2', 3'과 5'-의 -OH기와 결합한 이성체(異性體)들이 존재하기 때문에 전술의 이노신산의 향미작용과 각 이성체들의 구조 사이의 관계를 그 당시에는 확실하게 규명하지 못하였다(Kuninaka, A., 1967 및 전술한 Scientific Status Summary, 1987 참조).

그러나 1950년대에 들어서서 효소들을 이용한 여러 핵산들(nucleic acids)의 분해조사가 급속도로 발전됨에 따라 이들 효소에 의한 분해 생성물들(enzymatic degradation products)의 맛에 대한 연구가 다시 활발하여졌으며, 그 결과로 퓨어린 염기들(purine bases), 피리미딘 염기들(pyrimidine bases), 뉴유클레오사이드류(nucleosides), 폴리뉴우클레오타이드류(polynucleotides), 즉 핵산들(nucleic acids)자체는 향미 강화작용이 없었으나, 일부 모노뉴우클레오타이드들(mononucleotides)은 모노소듐 글루타메이트(MSG)와 비슷한 향미강화작용을 갖고 있는 사실이 밝혀졌다.

지금까지 알려진 바로는 5'-뉴우클레오타이드들(5'-nucleotides)은 그 이성체들인 2'-와 3'-뉴우클레오타이들과는 달리 강한 향미강화작용을 갖고 있으며, 5'-뉴우클레오타이드들 중에서도 그 작용의 크기는 구아노신 5'-모노포스페이트(guanosine 5'-monophosphate, 5'-GMP) > 이노신 5'-고노포스페이트(ionsine 5'-monophosphate, 5'-IMP) > 잔토신 5'-모노포스페이트(xanthocine 5'-monophosphate, 5'-XMP) 등의 순서라고 한다(그림 3-26 참조).

무기 인산염(inorganic phosphate)과 구아노신, 이노신, 또는 잔토신(guanosine, inosine, or xanthocine)의 같은 몰(mol)수의 혼합물(equimolar mixture)이나, 라이보오스 5'-포스페이트와 구아

닌, 하이포잔씬, 또는 잔틴(guanine, hypoxanthin, or xanthine)의 같은 몰(mol) 수의 혼합물들은 어떤 맛도 갖고 있지 않은 사실이 알려져 있다.

표 3-22 MSG와 5′-모노뉴클레오타이드 사이의 상승작용(synergistic action). 0.3%의 MSG용액과 동등한 강도의 향미를 나타내는 MSG와 5′-GMP의 혼합용액 내에서의 MSG 및 5′-MSG의 각각의 농도 및 합계 농도. 1.2%의 소금용액에서.

MSG의 농도(%)	5′-GMP의 농도(%)	합계 농도(%)
0.3		0.3
0.005	0.005	0.010
0.0145	0.0015	0.016
0.0229	0.0011	0.024
0.0461	0.0009	0.047
0.05445	0.00055	0.055

Kuninaka, A., Kibi, M. and Sakaguchi, K. 1964. *Food Technol.*, 18, 291.

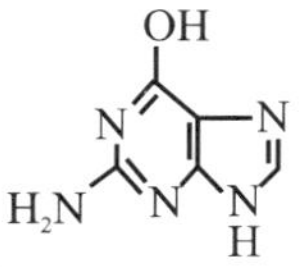

구아닌(guanine, or 2-amino-6-hydroxypurine) 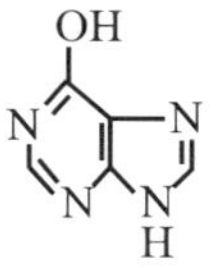 이노신(inosine, or 6-hydroxypurine) 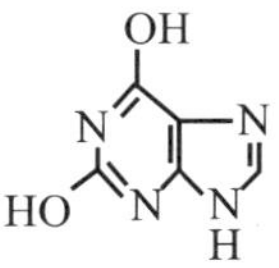 잔신(xanthine, or 2, 6-hydroxypurine)

여기서 X=NH$_2$ 5′-GMP(guanosine 5′-monophosphate)
=H 5′-IMP(inosine 5′-monophosphate)
=OH 5′-XMP(xanthine 5′-monophosphate)

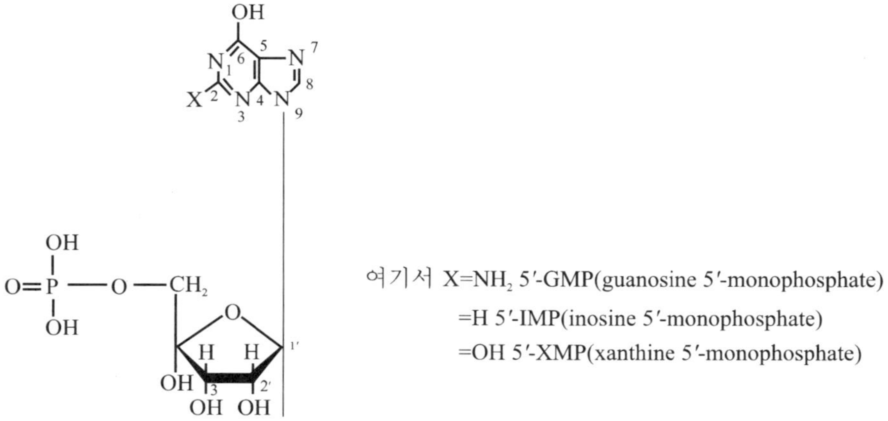

[그림 3-31] 글루타민산 소오다(MSG)와 함께 향미강화제(flavor intensifiers)로 사용되고 있는 5′-모노뉴우클레오타이드들(5′-monomucleotides).

따라서, 상기의 5'-모노뉴우클레오타이드들의 향미강화작용에는 특정한 위치에서의 퓨어린 염기들과 라이보오스(D-ribose)의 결합(ribosidic linkage) 그리고 포스페이트 에스터 결합(phosphate ester linkage) 두개가 모두 필수적인 듯하다.

구니나카들(Kuninaka, A. *et al.*, 1964)에 의하면, 5'-모노뉴우클레오타이드들은 정도의 차이는 있으나 모두 같은 종류의 맛과 작용을 갖고 있으며, 이들 5'-모노뉴우클레오타이드들 사이에는 부가적 효과(additive effect)가 있는 것으로 생각되고 있다.

5'-이노신산의 다이소듐염(disodium 5'-inosinate)과 5'-구아닐린산의 다이소듐염(disodium 5'-

guanylate) 등은 강력한 향미증진제 또는 강화제(flavor enhancer or flavor intensifier)로서 현재 시중에서 판매되고 있으며, 일반적으로 라이보타이드류(ribotides)로 알려져 있다.

쿨츠멘들(Kurtzman, C. H. *et al.*, 1964)에 의하면 5'-이노신산의 소듐염은 0.0075% 내지 0.05%에서도 그 특유한 작용을 갖고 있다고 한다.

5'-라이보뉴우클레오타이드들의 상승작용 한편, 구니나카들(Kuniaka, A. *et al.*, 1964)에 의하면, 라이신(lysine), 히스티딘(histidine), 알지닌(arginine)들은 이상의 5'-모노뉴우클레오타이드들의 맛을 강화하여 주지 않으나, 모노소듐 글루타메이트(MSG)는 5'-모노뉴우클레오타이드들에 대해서 시너어지스트로서의 효과(synergistic effect)를 갖는다고 한다.

예로서, 1.2%의 소금용액에 MSG 0.20%와 5'-IMP(inosine 5'-monophosphate) 0.020%를 첨가한 혼합용액은 1.2%의 소금용액에 0.3%의 MSG을 첨가한 혼합용액에서의 MSG의 향미 증진작용과 동등한 작용을 가졌었으며, 한편 향미 증진작용과 동등한 효과를 가졌다고 한다(표 3-22 참조). 따라서 1.2%의 소금용액에서 MSG는 동량의 5'-GMP(guanosine 5'-monophosphate)가 존재할 때는 단독의 경우의 수십 배나 더 강한 향미증진, 또는 강화작용을 갖는다(표 3-22 참조).

야마구치(Yamaguchi, S. *et al.*, 1967)에 의하면, 100ml의 물에 합계 0.05그램의 MSG와 0에서 0.05그램까지의 다이소듐 5'-이노시네이트(disodium 5'-inosinate, Na_2 5'-IMP)를 함께 가하였을 경우, 이 0.05그램의 혼합용액 중의 Na_2 5'-IMP의 비율을 0에서 100%로 변화시킬 때 관능검사적인 방법(an organoleptic method)으로 측정한 이 혼합용액의 맛의 강도(organoleptic taste intensity)는 그림 3-32와 같이 변화하였음을 밝히고 있다.

즉, 맛의 강도는 Na_2 5'-IMP의 비율이 30%에서 65% 사이에 있을 때 가장 강한 맛을 나타냈으며, 따라서 Na_2 5'-IMP의 전체량에 대한 비율이 30%에서 60% 사이에서 가장 큰 상승작용(synergistic effect)을 갖게 됨을 알 수 있다.

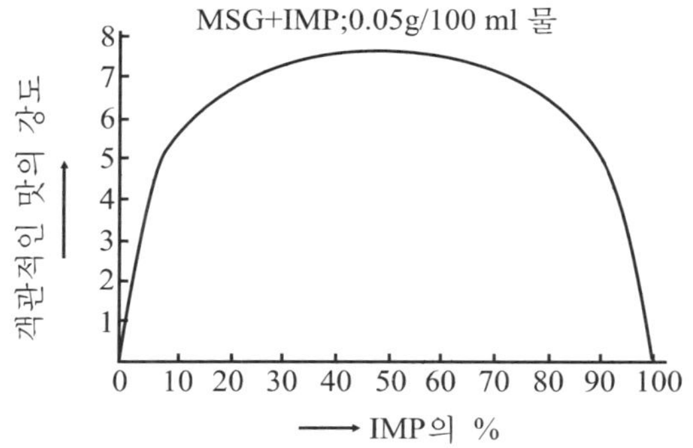

[그림 3-32] 객관적인 맛의 강도(subjective taste intensity)와 MSG, 5'-IMP의 비율과의 관계.
Yamaguchi, S., 1967. *J. Food Science*, 32, 473

이상의 5'-라이보뉴우클레오타이드류, 예로서 현재 이미 널리 사용되고 있는 5'-GMP나 5'-IMP는 방금 설명한 것처럼 MSG에 대해서 매우 강력한 상승작용을 갖고 있다.

한편, 모노소듐 글루타메이트(MSG)가 소위 우마미(umami, 즉 savory 또는 delicious tate)를 갖고 있다고 할 때는 - 실제로 MSG의 검출역가는 물에서 0.012% 정도나, 맛을 인식하려면, 0.5% 정도 되어야 하는 것으로 알려져 있다 - 위의 5'-GMP나 5'-IMP들은 MSG에 대해서 향미증진 또는 강화제(flovor intensifier, enhancer, 또는 potentiater)로 작용하는 셈이 된다. 이와 같은 관계에 대해서는 이미 나고다위타나의 학설과 함께 자세히 설명한 바 있다(Nagodawithana, T., 1994).

그러나 이상의 5'-라이보뉴우클레오타이드류(예로서, 5'-GMP 또는 5'-IMP)의 작용이 기본적(基本的)인 맛들 중에서 과연 어떤 맛을 강화시키는지, 또는 어떤 특정한 맛을 억제하는 기능을 갖고 있는지에 관해서는 아직 확실하지 않다.

위스코우(Woskow, M. H., 1969)에 의하면, 이 5'-라이보뉴우클레오타이드들은 쓴맛과 신맛을 억제하며, 한편 짠맛은 5'-라이보뉴우클레오타이드의 농도가 낮을 때는 아무 작용이 없으나, 5'-라이보뉴우클레오타이드의 농도가 0.020% 이상에서는 그 맛이 강화된다고 한다. 한편 단맛은 그 농도가 0.016% 이하에서는 별 작용이 없으나 이 농도 이상의 농도에서는 단맛도 강화된다고 한다.

MSG와 5'-라이보뉴우클레오타이드의 과용문제 글루타민산(L-glutamic acid)은 전술한 대로 밀, 쌀, 옥수수 등에 다량 함유되고 있는 식품단백질들의 구성 아미노산이기 때문에 그 모노소듐염(MSG)의 경우에도 그 양이 적을 때는 별 문제가 없는 듯하다. 5'-모노뉴우클레오타이드류에 대해서도 같은 견해를 가질 수 있을 것이다.

실제로 글루타민산의 모노소듐염은 안전한 식품 첨가물로서 우리나라에서는 그 사용에 아무 규제가 없으며, 미국이나 일본 등에 있어서도 아무 규제 없이 사용되고 있다.

그러나 1960년대 말부터 이 MSG를 실험쥐에 과량을 주사했을 때는 뇌 조직이나 시신경조직에 손상을 가져왔다는 보고들이 나오기 시작했으며, 한편 음식물에 과량 사용 되었을 때는 경우에 따라 그 음식물을 섭취한 사람들에게 신체상부(身體上部)의 근육이 뻐근해지고, 머리가 어지러워지며, 심한 경우 구토증이 일어나는 사실이 가끔 보고되었었다. 특히 후자의 증세는 MSG가 과용된 중국요리를 먹은 후 잘 일어나기 때문에 중국음식증후군(Chinese restaurant syndromes)으로 알려져 왔으며(Byun, S. M., 1986), MSG의 과용에 대한 해로운 부작용의 예로서 논란되어 왔었다(Science Status Summary, 1987 참조).

전술한 중국음식증후군의 원인은 그 후에도 확실하게 규명된 바 없으나, 대체로 식도(食道)를 자극하는 일시적인 이상(異狀) 현상으로 보는 견해가 지배적이라고 한다(Lee, S. R., 1999 참조).

한편, 1987년에는 국제연합 식량농업기구(UN Food and Agriculture Organization, FAO)와 세계보건기구(UN World Health Organization, WHO)의 합동 식품첨가물 전문위원회(Joint FAO/WHO Expert Committee on Food Additives, JECFA)에서 글루타민산과 그 염, 즉 MSG의 안전성이 재확인 되었으며(Kurihara, K., 1998), 또한 그 독성이 낮기 때문에 1인당 하루의 섭취허용량(acceptable daily intake, ADI)에 아무 제한도 두지 않도록 처치가 취해졌다(Lee, S.R., 1999 참조).

1990년에는 유럽 공동체(EC)의 식품과학위원회(Scientific Committee for Foods, SCF)에서도 그 안정성에 대해서 FAO/WHO 산하의 합동 식품첨가물 전문위원회(JECFA)와 같은 결정이 내려졌으며(Kurihara, K., 1998) 또한 그 ADI에 제한을 두지 않은, 즉 그 ADI를 정하지 않는 처치가 취해졌었다(Lee, S. R., 1999).

한편, 쿠리하라(Kurihara, K., 1998)는 글루타민산의 소듐염(MSG)의 안전성에 대해서 논의하면서 우리가 매일 섭취하는 식물성, 동물성 식품들 중의 단백질들을 구성하는 아미노산들 중에서 글루타민산(L-glutamic acid)은 가장 많이 함유된 아미노산들의 하나이며, 매일 우리 체내에서 대량의 글루타민산이 식품단백질로 부터 분해되어 소화기관을 통해서 흡수된 후, 간(肝)에서 그

대부분이 신진대사 되어버리며, 혈액 중에 이행되는 식품단백질들에서 분해된 글루타민산은 거의 없다고 한다.

그리고 혈액 내에 글루타민산이 가령 존재한다고 해도 혈액-뇌관문(腦關門, Blood-brain barrier)을 통과할 수 없다고 설명하고 있다. 뇌에는 다량의 글루타민산이 존재하지만 이들은 뇌 내부에서 합성된 것으로서 혈액을 통해서 옮겨온 것은 아니라고 한다. 다시 말해서 식품단백질들을 통해서 얻어진 글루타민산과 그 소듐염은 뇌 내부에 이행하지 않음으로 과거에 실험쥐에 MSG를 주사로 투여했을 때, 그 실험쥐의 시상하부(視床下部) 일부에 장애가 일어났던 실험 예는 MSG가 일으킨 것으로는 생각할 수 없다는 견해가 옳은 것으로 받아들여지고 있다고 한다 (Kurihara, K., 1998 참조).

과거의 여러 문제점들 제기에도 불구하고 MSG들(예로서, 글루타민산의 HCl염은 맥주의 맛을 더 좋게 하기 위해서 많은 맥주제조회사들에서 널리 사용되고 있다)과 이상의 일부 라이보타이드류는 전 세계적으로 사용되고 있다. 그러나 특히 아시아인들이 즐겨 사용하는 경향이 있으며 특히 우리나라 사람들, 일본인들과 중국인들이 조미료(調味料)로서 과용하는 경향이 있다.

표 3-23 여러 육류 중의 대표적인 뉴우클레오타이류의 함량

육류의 종류	5′-IMP(mg/100g)	5′-GMP(mg/100g)
쇠 고 기	107	2.1
돼 지 고 기	123	2.5
닭 고 기	75.4	1.4
고 래 고 기	214	—

Shimazono,H. 1964. *Food Technol.*, 18, 299.

한편 1985년도 우리나라에서의 MSG와 모노뉴우클레오타이드류의 생산량은 MSG가 68,540M/T, 모노뉴우클레오타이드류, 즉 핵산조미료(核酸調味料)가 343M/T, 복합 조미료(핵산조미료가 MSG에 대략 0.5% 혼합된 것)의 생산량이 68,883M/T로서(Cho, J. S., 1986) 전 세계에서 일본 다음으로 생산량이 많으며 해마다 증가하는 추세에 있다. 모노뉴우클레오타이드류의 과용에 의한 독성 내지는 부작용에 대해서는 아직 확실히 연구되어 있지 않다.

한편, 우리나라에서의 1995년도 MSG의 생산량은 109,000M/T이나, 수출량이 55,915M/T이여서, 국내 소비량은 55,085M/T가 된다. 그러나 1985년도의 생산량에서 수출량을 뺀 실질적인 국내 소비량은 53,776M/T이여서 그 동안의 인구증가수를 볼 때, 실질적인 1인당 하루 소비량은 다소 감소한 것 같다. 즉 1985년, 1990년, 1995년의 1인당 하루 소비량은 각각 3.61, 3.66, 3.27그램이 된다(Lee, S. R., 1999 참조).

핵산조미료(核酸調味料)들의 경우에 일부는 순수한 핵산조미료들이 그대로 사용되나, 대부분의 경우에는 그 중의 5'-라이보뉴우클레오타이드류의 함량은 1.5~2.5% 정도이며, 나머지는 MSG(monosodium glutamate)인, 소위 복합 조미료(複合 調味料)로서 판매되고 있으며, 그 생산량이나 소비량의 추세도 대체로 MSG의 경우와 비슷한 것으로 추정되고 있다.

여러 식품 중의 5′-라이보뉴우클레오타이드류의 분포 5'-이노신산은 쇠고기, 닭고기, 어류(fish) 등의 주요한 향미 성분으로 생각되고 있다. 한편, 5'-구아닐린산(5'-guanylic acid)은 말린 표고

버섯(dried shiitake *Cortinellus shiitake*), 송이버섯(mushroom) 등의 주요 향미 성분으로 생각되고 있다.

시마조노(Shimazono, H., 1964)에 의하면, 각종 육류 속의 뉴우클레오타이드류, 즉 5'-이노신산(5'-IMP)과 5'-구아닐린산(5'-GMP)의 함량들은 표 3-23와 같다.

즉, 100그램의 쇠고기, 돼지고기, 닭고기와 고래고기 속의 5'-이노신산의 함량은 각각 107, 123, 75.4 및 214밀리그램이 되며, 한편 5'-구아닐린산의 경우에는 각각 2.1, 2.5 및 1.4밀리그램(고래고기의 함량 제외)이 된다고 한다(표 3-23 참조).

일반적으로 육류 중의 5'-이노신산은 근육조직(muscle tissues)들에 존재하는 ATP가 생체 내에서 분해되어 얻어지며, 그림 3-33과 같은 일련의 효소작용들의 결과 형성되는 것으로 믿어지고 있다.

이때 형성된 5'-이노신산(5'-inosinic acid), 즉 5'-IMP는 육류의 저장 중에 곧 다시 이노신(inosine), 하이포잔씬(hypoxanthin) 등으로 전환된다.

이상의 뉴우클레오타이드류 중 향미를 강화하여 주는 힘을 가진 뉴우클레오타이드들은 5'-GMP, 5'-IMP, 5'-XMP 등이다.

이 5'-뉴우클레오타이드들은 실제 식품 속에서는 다이소듐염(disodium guanylate)은 5'-IMP의 다이소듐염(disodium inosinate)의 2배 내지는 5배의 더 강한 향미 증진, 또는 강화작용을 갖고 있는 것으로 생각되고 있다.

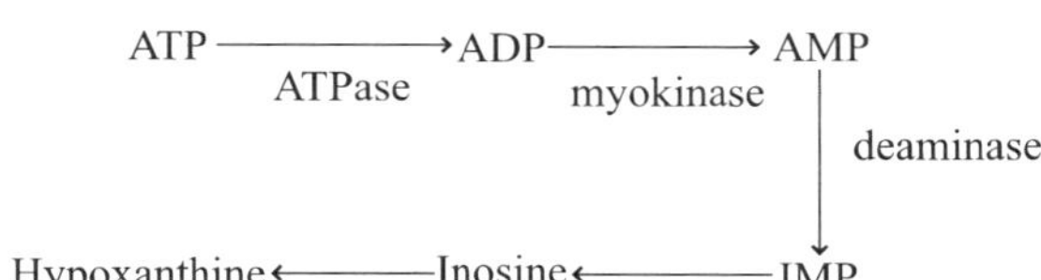

[그림 3-33] 육류조직 중의 효소작용에 의한 ATP의 이노신산으로 분해 및 이노신산의 저장 중의 이노신, 하이포잔씬으로의 변화.
Shimazono, H., 1964. *Food Technol*, 18, 294.

또한 물고기 근육조직들(fish muscle tissues)에도 5'-IMP의 함량이 매우 크다는 사실이 알려져 있다. 그러나, 이 5'-IMP는 어육을 저장하는 동안 그 속에 존재하는 포스포모노에스터레이스(phosphomonoesterase)에 의해서 탈인산 반응(脫燐酸 反應, dephosphorylation)이 일어나며, 가열처리 등에 의해서 효소작용을 억제하지 않는 한, 5'-IMP의 함량은 급속도로 감소된다. 이 효소의 작용은 금속이온들에 의해서 강하게 촉진된다고 한다.

한편 어류의 경우, 먼저 수증기로 쪄서 효소작용을 억제할 때에 여기서 흘러 내려오는 육즙에서는 대략 0.1%의 5'-IMP가 함유되고 있다고 한다.

간장, 된장 속의 5′-라이보뉴우클레오타이드류의 분포 간장, 또는 된장과 같은 조미료, 또는 조미식품들에는 그 향미성분들로서 각종 아미노산들, 펩타이드류, 특히 글루타민산과 그 염들, 소금, 당류, 유기산들, 또는 이들 성분들의 반응물질들이 생각되고 있으나 5'-라이보뉴우클레오타이드들은 함유되고 있지 않는 것으로 믿어지고 있다.

원래 간장이나 된장들은 밀과 같은 곡류와 대두류에 대한 아스퍼어질러스(Aspergillus) 등의 각종 미생물들의 발효에 의해서 만들어지는 것이므로, 이와 같은 조미식품의 제조과정 중 이상의 발효 미생물들이 분비(分泌)하는 강력한 포스포모노에스터레이스(phosphomonoesterase)의 강력한 가수분해작용에 의해서 원래 존재하거나, 또는 형성된 5'-라이보뉴우클레오타이드들은 곧 분해된다.

간장의 경우, 농도로 0.033%의 5'-라이보뉴우클레오타이드류, 즉 라이보타이드류(ribotides)를 첨가하면 그 맛이 현저하게 좋아지는 사실이 실험적으로 알려져 있다.

그러나, 이와 같은 라이보타이드류를 효과적으로 사용하기 위해서는 이미 어떤 형태로든지 열처리(heat treatment)를 받은 간장이나, 또는 이 라이보타이드류를 첨가하기 전에 간장을 80℃ 정도로 가열하여 포스포모노에스터레이스의 작용을 미리 억제해 둘 필요가 있다.

라이보뉴우클레인산의 5' −라이보뉴우클레오타이드로의 분해 미생물들에서 얻어지는 순도(purity)가 매우 높은 5'-포스포다이에스터레이스(5'-phosphodiesterase)를 라이보뉴우클레인산(ribonucleic acid, RNA)에 작용시킴으로써 5'-GMP, 5'-AMP, 5'-CMP와 5'-UMP 등을 얻을 수 있으며, 한편 5'-IMP는 5'-AMP에서 화학적 처리나 효소작용을 이용해서 얻을 수가 있다(그림 3-29 참조).

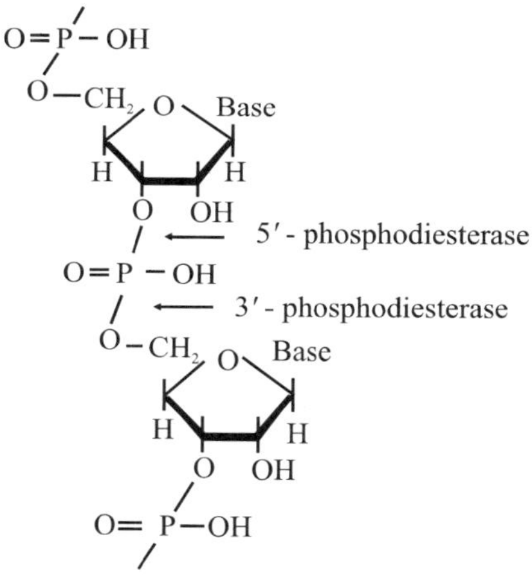

[그림 3-34] RNA를 분해하는 두 개의 가수분해효소들이 작용하는 위치.

RNA를 가수분해하여 5'-모노뉴우클레오타이드를 형성하는 분해효소인 5'-포스포다이에스터레이스는 페니실리엄 시트리넘(Penicillium citrinum), 아스테로콕커스 마이코이디이즈(Asterococcus mycoides), 아스퍼어질러스 오라이지이(Aspergillus oryzae) 등의 미생물에 존재하나, 고도로 정제하여 전술한 3'-포스포다이에스터레이스 등이 불순물로 함께 섞여 들어가지 않도록 해야 한다.

한편, RNA의 자원(sources)으로서는 이상과 같은 목적을 위해서 배양(培養)된 일부 효모들(yeastes)도 적합하며, 효모와 같은 미생물들에는 상당히 많은 양의 RNA를 함유하고 있는 것으로 알려져 있다.

이 효모의 RNA를 상기의 효소로 분해하여 5'-모노뉴우클레오타이드를 얻는 방법은 현재로서는 이 화합물들을 얻는 데 있어서 가장 효과적인 방법으로 생각되고 있다.

참고문헌

Abril, J. R., Stull, J. W., Taylor, R. R., and Daniel, T. C. 1982. Characteristics of Frozen Desserts Sweetened with Xylitol and Fructose. *J. Food Science.*, 47, 472.

Acton, E. M., Leaffer, M. A., Oliver, S. M. and Stone, H. 1970. Structure-Taste Relationships in Oximes Related to Perillartine. *J. Agric. Food Chem.*, 18(6), 1061.

Albach, R. F., Redman, G. H., and Lime, B. J., 1981. Limonin Content of Juice from Marrs and Hamlin Oranges. *J. Agric. Food Chem.*, 29, 313.

Amerine, M. A. *et al.*, 1965. "Principles of Sensory Evaluation of Food," Academic Press, New York. Araujo, P. E., Hourihan, D. and Mayer, J., 1973. Monosodium Glutamate Ingestion and Thirst Production. *J. Food Science.*, 38, 1255.

有 安男, 1974, 味と 化學構造(2), 化學と 生物(日本), 12(4), 274.

Arnold, R. A., Noble, A. C. and Singleton, V. L. 1980. Bitterness and Astringency of Phenolic Fractions in Wine. *J. Agric. Food Chem.*, 28(3), 675.

Arnoldi, A., Camarda, L. and Merlini, L., 1986. Synthesis and Sweet Taste of Some 2-Phenyl-benzodioxanes. *J. Agric. Food Chem.*, 34, 339.

Arnold, A., Bassoli, A., Borgonovo, G., Drew, M. G. B., Merlini, L. and Morini, G., 1998. Sweet Isovanillyl Derivatives: Synthesis and Structure - Taste Relationships of Conformationally restricted Analogues, *J. Agric. Food Chem.*, 46(10), 4002~10.

Baranowski, J. D. and Nagel, C. W., 1981. Isolation of L-Epicatechin and D-Catechin by Column Chromatography. *J. Agric. Food Chem.*, 29, 63

Barlow, S.M., 1990. Chapt.7 Toxicological Aspects of Antioxidants Used as Food Additives, p.255~256 in "*Food Antioxidants*", edited by Hudso, B. J. F., Elsevier Applied Science, London.

Barmore, C. R., Fisher, J. F., Fellers. P. J. and Rouseff, R. L., 1986. Reduction of Bitterness and Tartness in Grapefruit Juice with Florisill. *J. Food Science.*, 51(2), 415.

Bartoshuk, L. M., 1972. Sweet Taste of Water Induced by Artichoke(Cynarascolymus). *Science*, 178, 988.

Becker, Robert, 1968. Indentification of Some Sugars and Mannitol in Celery. *J. Food Science*, 33, 128.

Békésy, G. von. 1964. Duplexity Theory of Taste. *Science*, 145, 834.

Birch, G. G. *et al.*, (Editors). 1977. "*Sensory Properties of Foods*", Applied Science Publishers, Ltd., London.

Birch, G. G., 1991. Chemical and Biochemical Mechanisms of Sweetness. *Food Technol., November*, 114~120.

Brouwer, J. N., Van Der Wel, H., Francke, A., and Henning, G. J., 1969. Miraculin, the Sweetness-Inducing Protein from Miracle Fruit. *Nature*, 220, 373.

Bunnel, R. H., 1968. Environment of Fruit Products and Fruit Juices. *J. Agr. Food Chem.*, 16, 177.

Byer, A. J., 1964. Statistical Sensory Testing. *Food Technol.*, 18, 1717.

변시명. 1986. 조미료의 안정성. 食品科學, 19(2), 52.

Cardello, A. V., and Maller, O., 1982. Acceptability of Water, Selected Beverages and Foods as a Function of Serving Temperature. *J. Food Science.*, 47, 1549.

Caul, J. F. *et al.*, 1964, Home-Use Test by Consumers of the Flovor Effects of Disodium Inosinate in Dried Soup. *Food Technol.*, 18, 354.

Chang, C. H., 1965. Chemical Changes during the Fermentation of Korean Soy-Sauces and in Connection with its Fermentative Period. *J. Korean Agr. Chem. Soc.*, 6, 8.

Chang, C. H,. 1966. Free-Sugars in Ordinary Korean Soy-Sauces. *J. Korean Agr. Chem. Soc.*, 7, 35.

Chang, C. H. 1967. Organic Acid in Korean Soy-Sauces. J. Korean Agr. Chem. Soc., 8, 87.

Chang, C. H., 1968. The Biochemical Studies on Stored Soy-Sauce. *J. Korean Agr. Chem. Soc.*, 9, 9.

Chen, C. C., Kuo, N. C., Wu, C. M. and Ho, C. T., 1986. Pungent Compounds of Ginger(Zingiber officinale Roscoe) Extracted by Liquid Carbon Dioxide. *J. Agric. Food Chem.*, 34, 477.

Chen, C. C., Kuo, M. C., Ho, C. T., 1986. High Performance Liquid Chromatographic Determination of Pungent Gingerol Compounds of Ginger(Zingiber officinale Roscoe). *J. Food Science.*, 51(5), 1364.

Chiang, G. H., 1986. HPLC Analysis of Capsaicins and Simultaneous Determination of Capsaicins and Piperine by HPLC-ECD and UV. *J. Food Science.*, 51(2), 499.

曺哉銑, 1986, 우리나라 調味料의 品質水準. 食品料學, 19(2), 98.

Chung, J. H., 1967. Studies on the Identification of Organic Acids and Sugars in the Fermented Mash of the Takju Made from Different Raw-Materials *J. Korean Agr. Soc.*, 8, 39

Chung, J. H. *et al.*, 1963. 고추장 성분에 관한 연구. *J. Korean Agr. Chem. Soc.*, 4, 43.

Contrares-Padilla, M. and Yahida, E. M., 1998. Changes in Capsaicinoids during Development, Maturation, and Senescence of Chile Peppers and Relation with Peroxidase Activity, *J. Agric. Food Chem.*, 46(6), 2075~79.

Cook, R., 1983. Quality of Citrus Juices as Related to Composition and Processing Practices. *Food Technol.*, 37(6), 68.

Dannert, R. D. *et al.* 1967. Acceptabillity of Frankfurters Containing Flavor Potentiators. *Food Technol.*, 21, 777.

Dannert, R. D. *et al.* 1964. Concentration of Inosine 5'Monophosphate in Meat. *Food Technol.*, 32, 49.

Dick, W. E. Jr., 1981. Structure-Taste Correlations for Flavans and Flavanones Conformationally Equivalent to Phyllodulcin. *J. Agric. Food Chem.*, 29(2), 305.

Do, J. Y. *et al.*, 1969. Isolation, Identification and Comparison of the Volatiles of Peach Fruit as Related to Harvest Maturity and Artification Ripening. *J. Food Science.*, 34, 618.

Downey, W. J. *et al.*, 1970. Substitutes for Natural Flavors. *J. Agr. Food Chem.*, 18, 983.

Dubois, G. E., Crosby, G. A., Lee, J. F., Stephenson, R. A., and Wang, P. C., 1981. Dihydrochalcone Sweeteners. Synthesis and Sensory Evaluation of Homoserine Dihydrochalcone Conjugate with Low Aftertaste, Sucrose-Like Organoleptic Properties. *J. Agric. Food Chem.*, 29(6), 1269.

Dubois, G. E. and Stephenson, R. A., 1982. Dihydrochalcone Sweeteners. Synthesis, Sensory Evaluation, and Chiral Eluant Chromatography of the D and L Antipodes of a Potently Sweet, Sucrose-Like Homoserine-Dihydrochalcone Conjugate. *J. Argic. Food Chem.*, 30(4), 676.

Dziezak, J. D., 1986. Sweeteners and Product Development. 1. Consumption and Trends. *Food Technol.*, 40(1), 112.

Dziezak, J. D., 1986. Sweeteners and Product Development. 2. Types and Characteristics. *Food Technol.*, 40(1), 114.

Dziezak, J. D., 1986. Sweeteners and Product Development. 3. Alternatives to Cane and Beet Sugars. *Food Technol.*, 40(1), 116.

Dziezak, J. D., 1986. Sweeteners and Product Development. 4. Applications of Polydextrose. *Food Technol.*, 40(1) 129.

Editorial Staff. 1980. Making Liquorice Luscious. *Food Manufacture.*, (11), 25.

Ellis, B. H., 1968. A Critical Review of Recent Literature on preference Tasting Methodology. Part-1. *Food Technol.*, 22, 583.

Eskin, N. A. M., 1979. "*Plant Pigments, Flavors and Textures - The Chemistry and Biochemistry of Selected Compounds*", Academic Press, New York. Japanese translation, 川木丁 信-部 1983. "*植物性 食*

品の 色素·香味·組織 - その 化學と 生化學', 醫齒藥出版株式會社, 東京.

Fisher C, and Scott, T.R., 1997. "*Food Flavors - Biology and Chemistry*", The Royal Society of Chemistry, Thomas Graham House, Science Park, Hilton Road, Cambridge, UK. especially Chapt. 3 The Chemical Senses, p.86~87.

Floyd, K. M. *et al*., 1969. Chemical Composition of Florida Juices and Concentrates. *J. Agr. Food Chem*., 17, 1119.

Giese, J. H. Associate Editor. 1993. Alternative Sweetners and Bulking Agents - An overview of their properties, and regugulatory status. *Food Technol*, January, p.114~126.

Gillette, M. H., Apple, C. E., and Lego, M. C., 1984. A New Method for Sensory Evaluation of Red Pepper Heat. *J. Food Science*., 49, 1028.

Gillette, M., 1985. Flavor Effects of Sodium Chloride. *Food Technol*., 39(6), 47.

Goldstein, E. B., 1989. "*Sensation and perception*", Third edition, Wadsworth Pub., Co, Belmont, CA.

Goldstein, E. B., 1996. Chapt. 12 The Chemical Senses, esp. p.519~526 in "*Sensation and Perception*", 4th edition, Brooks/Cale Publishing Co., Pacific Grove, California, U.S.A.

Gorin, N. and Klop, W., 1982. L-Malate and Sucrose as Criteria for Internal Quality of Golden Delicious Apples, Size 70~80mm. *Zeilschrift. Lebensm. Unters. Forshung*, 174, 1.

Goedon, Joan. 1968. Intensity-Concentration Relationships for Sugar and Salt Solutions. *Food Technol*., 33, 483.

Graves, D. and Luo, S., 1987. Decomposition of Aspartame Caused by Heat in the Acidifies and Dried State. *J. Agric. Food Chem*., 35, 439.

Greenberg, M., 1980. The Importance of Hydrophobic Properties of Organic Compounds on Their Taste Intensities: A Quantitative Structure-Taste-Intensity Study. *J. Agric. Food Chem*., 28(3), 562.

Griffiths, F. P. and Lime, B. J., 1959. Debittering of Grapefruit Products with Nariginase. *Food Technol*., 12, 430.

Hall, R. L., 1960. Recent Progress in the Consideration of Flavoring Ingredients under the Food Additive Amendment. *Food Technol*., 14, 488.

Hall, R. L., 1968. Benefits and Problems-Food Flavors. *Food Technol*., 22, 1389.

Hanger, L. Y., Lotz, A. and Lepeniotis, S., 1996. Descriptive Profiles of Selected High Intensity Sweeteners(HIS), HIS Blends, and Sucrose, *J. Food Science*., 61(2) 456~58, and 464.

Hanson, H. L. *et al*., 1960. Monosodium Glutamate Studies. I. Factors Affecting Detection of and Preferance for Added Glutamate. *Food Technol*., 14, 320.

Haper, Roland., 1962. The Physiologist's Role in Food Acceptance Research. *Food Technol*., 16, 70.

Harman, Z., Hasegawa, S. and Ou. P., 1985. Nomilin Acetylase, Bacterial Enzyme for Nomilin Debittering of Citrus Juices, *J. Food Science*., 50, 118~20.

Hartman, K. T., 1970. A Rapid Gas-Liquid Chromatographoc Determination for Capsaicin in Capsicum Spices. *J. Food Science*., 35, 543.

Harvey, R. B., 1920. The Relation between the Total Acidity, the Concentration of Hydrogen Ion, and the Taste of Acid Solutions. *J. Am. Chem. Soc*., 42, 712.

Hasegawa, S., Brewster, L. C. and Maier, V. P., 1973. Use of Limonoate Dehydrogenase of Arthrobacter globiformis for the Prevention or Removal of Limonoate Bitterness in Citrus Product. *J. Food Science*., 38, 1153.

Hasegawa, S., Bennett, R. D. and Verdon, C. P., 1980. Limonoids in Citrus Seeds: Origin and Relative Concentration. *J. Agric. Food Chem*., 28, 922.

Hasegawa, S., Patel, M.N. and Snyder, R. C., 1982. Reduction of Limonin Bitterness in Navel Orange Juice

Serum with Bacterial Cells Immobilized in Acrylamide. *J. Agric. Food Chem.*, 30, 509.

Hasegawa, S. and Maier, V. P., 1983. Solutions to the Limonin Bitterness Problem of Citrus Juices. *Food Technol.*, 37(6), 73.

長容用信(Hasegawa, S.). 1983. 감귤果汁의 苦味成分과 그 除去. 化學과 生物, 21(12), 823.

Hasegawa, S., Vandercook, G. E., Choi, G. Y., Herman, Z. and Ou, P. 1985. Limonoid debittering of *Citrus sera* by Immobilized Cells of Corynebacterium faciens. *J. Food Science*, 50, 330~2.

Hashida, W. et al. 1966. Application of 5'-Ribonucleotides to Canned Vegetables. *Food Technol.*, 20, 945.

Hashida, W. *et al.*, 1966. Application of 5'-Ribonucleotides to Canned Sea-foods. *Food Technol.*, 22, 1436.

Higginbotham, J. D. and Hough, C.. M., 1977. Useful Taste Properties of Amino Acids and Proteins in "Sensory Properties of Foods", edited by Birch, G. G., Brennan, J. G. and Parker, K. J., Applied Science Publishers, Ltd., London.

Homler, B. E., 1984. Properties and Stability of Aspartame. *Food Technol.*, 38(7), 50.

Hong, J., 1977. Studies on Sensory Evaluation, Part. IV, New Modified Triangle Test. *J. Korean Agricultural Chem. Soc.*, 20(3), 285.

Horwitz, R. M. *et al.*, 1969. Taste and Structure in Phenolic Glycosides. *J Agr. Food Chem.*, 17, 696.

Hulme, A. C., 1958. Some Aspects of the Biochemistry of Apple and Pear Fruits. *Advances in Food Research*, 8, 297.

Ichimoto, I. *et al.*, 1967. Studies on Kojic Acid and its Related γ -pyrone Compounds. Part XIII. *J. Agr. Chem. Soc. (Japan)*., 41, 317.

IFT Expert Panel on Food Safety and Nutrition. 1980. Dietary Salt. *Food Technol.*, 34(1), 85.

IFT Sensory Evaluation Division 1981. Sensory Evaluation Guide for Testing Food and Beverage Products. *Food Technol.*, 35(11), 50.

In, M. J., Chae, H. J. and Kim, M. H., 1997. Continuous Production of Transglucosylated Steviosides using Immobilized Cyclodextrin Glucanotransferase, *Korean J. Food Science. Technol.*, 23(5), 969~73.

Inglett, G. E. *et al.*, 1969. Serendipity Berries. Source of a New Intense Sweetner. *J. Food Science.*, 34, 408.

Inglett, G. E., 1981. Sweetners - A Review. *Food Technol.*, 35(3), 40.

Jacobs, M. B., 1958. "*Chemical Analysis of Food and Food Products*", 3rd edition, D. Van Nostrand Co., Inc, New York.

Johnson, E. K., Thompson, H. C., Jr. and Bowman, M. C., 1982. Trace Analysis of Natural Capsaicinoids in Animal Feed, Human Urine, and Wastewater by High-Pressure Liquid Chromatagraphy. *J. Agr. Food Chem.*, 30, 324.

Jones, N. R., 1969. Meat and Fish Products, Significance of Ribomonucleotides and Their Metabolites. *J. Agr. Food Chem.*, 17, 712.

Jorysh, D. *et al.*, 1962. Detection of Organic Acids in Fruit Juices by Paper Chromatography. *Food Technol.*, 16. 90.

Joslyn, M. A. *et al.*, 1964. Astringency of Fruits and Fruit Products in Relation to Phenolic Content. *Advances in Food Research*, 13, 179.

姜孝源. 1979. 스테비아의 成分에 關하여. 食品工業, 10月號, 通卷 第51號, 43.

Kare, M. R., 1969. Some Function of the Sense of Taste. *J. Agr. Food Chem.*, 17, 677.

Kawamura, Y., 1981. Biological Concepts of Appetite. *Chemistry and Industry (Japan)*, 34(5), 62.

Kefford, J. F., 1969. The Chemical Constituents of Citrus Fruits. Advances in Food Research, 9, 285.

Kemp, Barbara. *et al.*, 1969. Comparative Rates of IMP Degradation in Unfrozen and Frozen-and-Thawed (Slacked) Fish. *J. Food Science.*, 34, 132.

Kenworthy, A. L. *et al.*, 1960. Organic Acids in the Apples as Related to Variety and Source, *Food Technol.*, 14, 372.

Khan, A. W. *et al.* 1968. Degradation of Inosinic Acid in Chicken Muscle during Aseptic Storage and its Possible Use as an Index of Quality. *J. Food Science.*, 33, 25.

Kim, C. J., 1968. Studies on the Components of Korean Sake. Part 2. Detection of the Free Amino Acids in Takju by Paper Partition Chromatography. *J. Korean Agr. Chem. Soc.*, 9, 59.

Kim, H. S., 1963. Studies on 5'-Phosphodiesterase of Penicillium sclerotiorum Part 1. On the 5'-Phosphodiesterase of Penicillium sclerotiorum. *J. Korean Agr. Chem. Soc.*, 4, 11.

Kim, H. S. and Lee, H. J., 1979. Acceptabillity on the Sweetness of Stevisoside as a Natural Sweetener, Korean *J. Food Science. & Technol.*, 11(1), 56.

Kim, J. M. and Pfeilsticker, K., 1997. Measurement of Surface Activity and Sensory Evaluation of Bitter Substances. (Korean) *Food and Biotechnology*, 6(2), 93~96.

Kim, J. R. and Yook, C., 1997. Optimization of Transglucosylation Reaction of Stevioside. *Korean J. Food Technol.*, 29(2), 249~54.

Kim, S. Y. and Oh, D. K., 1997 Effect of Morphology and Grannule Size of Crystalline D-Sorbitol on Texture of Sugar-free Chewing Gum. *Korean J. Food Science. Technol.*, 29(5), 987~91.

Kim, W. J. and Chung, N. Y., 1996. Effect of Temperature and pH on Thermal Stability of Aspartame. *Korean J. Food Science. Technol.*, 28(2), 311~15.

Kim, Y. F. *et al.*, 1963. Effects of the Ratio of Raw Materials on the Quality and Taste of Soy-Sauce. *J. Korean Agr. Chem. Soc.*, 4, 17.

Kirimura, J. *et al.*, 1969. The Contribution of Peptides and Amino Acids to the Taste of Foodstuffs. *J. Agr. Food Chem.*, 17, 689.

Kobata, K., Todo, T., Yagawa, S., Iwai, K. and Watanabe, T., 1998. Rapid communications. Novel Capsaicinoid-like Substances, Capsiate and Dihydrocapsiate, from the Fruits of a Nonpungent Cultivar, CH-19 Sweet, of Pepper(Capisicum annum. L.). *J. Agric. Food Chem.*, 46(5), 1695~97.

Kozlowska, H., Rotkiewicz, D. A. and Zadernowski. 1983. Phenolic Acids in Rapeseed and Mustard. *J. Am. Oil chem. Soc.*, 60(6), 1119.

Kramer, A. *et al.*, 1959. Glossary of Some Terms Used in the Sensory Evaluation of Food and Beverages. *Food Technol.*, 13, 733.

Kramer, A. *et al.*, 1959. Physical Measurement of Food Quality. *Advances in Food Research*, 9. 153.

Krbechek, L. *et al.*, 1968. Dihydrochalcones. Synthesis of Potential Sweetening Agents. *J. Agr. Food Chem.*, 16, 108.

Kubota, T. and Kubo, I., 1969. Bitterness and Chemical Structure. *Nature*, 223, 97.

Kuninaka, A., 1960. Studies on Taste of Ribonucleic Acid Derivatives. *J. Agr. Chem. Soc., (Japan),* 34, 489.

Kuninaka, A., 1967. Flavor Potentiators in "*The Chemistry and Physiology of Flavors*", ed., by Schultz, H. W. *et al.* Avi Publishing Co., Inc., Westport, Conn.

Kurihara, K. and Beidler, K. M., 1969. Mechanism of the Action of Taste-modifying Protein. Nature, 222, 1176.

Kurihara, K. 栗原堅三. 1978. "味覺", 東京大學出版會, 東京大學構內, 東京.

Kurihara, K. 栗原堅三. 1990. "味覺·嗅覺, Bioscience Series", 株式會社 化學同人, 京都市山科區, 日本.

Kurihara, K. 栗原堅三. 1998. "味と 香りの 話", 岩波新書 563, 株式會社 岩波書店, 東京.

Kurtzman, C. H. *et al.*, 1964. The Flavor-modifying Properties of Disodium Inosinate. *Food Technol.*, 18, 1467.

Lee, C. H., 이치호., 1992. 생체 내에서의 Capsaicin의 흡수, 대사 및 Energy Metabolism에 미치는 Capsaicin의 영향, *생화학 뉴스(Saengwhahak Nyusu)*. 12(4), 227~31.

Lee, C. Y. *et al.*, 1969. Studies on the Flavoring 5'-Mononucleotides of Pickle of Small Sardine. *Korean J. Food Science. Technol.*, 1, 67.

이서래. 1999. 제2장 감미료, 제4장 화학조미료, "식품안정성 논쟁사례", 修學士, 서울.

李洞周. 1986. 아미노산과 그 유도체의 맛 특성, 食品科學, 19(2), 13.

林億圭. 1979. 醱酵工業의 現洸과 原料展望, 食品科學, 12(3), 32.

Leonard, S. *et al.*, 1960. Effect of Sodium Chloride, Citric Acid, and Sucrose oh pH and Palatability of Canned Tomatoes, *Food Technol.*, 14, 433.

Levitan, I. B. and Kaczmarek, L. K., 2002. "*The Neuron - Cell and Molecular Biology*", Third edition, Oxford University Pres, Inc., 198 Madison Avenue, New York. p.368~372.

Linder, M. C., Editor. 1991. "*Nutritional Biochemistry and Metabolism - with Clinical Applications*", Second Edition, Prentice-Hall International Inc., London. p.27 and p.38~42.

Lowe, Belle. 1955. "*Experimental Cookery*", 4th ed., John Wiley and sons, Inc., New York.

Luh, B. S. *et al.*, 1964. Storage Stability of Tomato Ketchup with Various Sweeteners. Ⅱ, Chemical and Color Changes. *Food Technol.*, 18, 580.

Maeda, S. *et al.* 1962. On the Testing Components of Honey. *J. Food Science and Technol.,* (*Japan*), 9, 270.

Maier, V. P. *et al.*, 1968. Limonin Monolactone, the Non-bitter Precursor Responsible for Delayed Bitterness in Certain Citrus Juice. *J. Food Science*, 33, 488.

Maier, V. P. *et al.*, 1970. Specific Thin-Layer Chromatography Assay of Lemonin, a Citrus Bitter Principle. *J. Agr. Food Chem.*, 18, 250.

Markakis, P. *et al.*, 1969. Occurence and Origin of Pyrrolidone-5-carboxylic Acid in the Grapefruit Juice. *Food Technol.*, 23, 131.

Makinen, K. K. and Soderling, E., 1981. Effect of Xylitol on Some Food-Spoilage Microorganisms. *J. Food Science.*, 46, 950.

Mansell, R. ., McIntosh, C. A. and Vest, S. E., 1983. An Analysis of the Limonin and Naringin Content of Grapefruit Juice Samples Collected from Florida State Test Houses. *J. Agric. Food Chem.*, 31(1), 156.

Masada, Y., Hashimoto, K., Inoue, T. and Suzuki, M., 1971. Analysis of the Pungent Principles of Capsicum annum by Combined Gas Chromatography-Mass Spectrometry. *J. Food Science.*, 36, 858.

Mason, M. E., 1969. Nonvolatile Flavor Components of Peanuts. *J. Agr. Food Chem.*, 17, 728.

Matthews, G. C., 2001. "Neurobiology - Molecules, Cells, and Systems", Second Edition, Blackwell Science, Inc., Malden, MA., USA. p.407~413.

Mazur, R. H., Schlatter, J. M. and Goldkamp, A. H., 1969. Structure-Taste Relationships of Some Dipeptides. *J. Am. Chem. Soc.*, 91(10), 2684.

Meilgaad, M. C., 1982. Prediction of Flavor Differences between Beers from Their Chemical Composition. *J. Agric. Food Chem.*, 30(6), 1009.

Meroy, J., 1967. "*Food Flavorings : Composition, Manufacture, and Use*", 2nd edition, Avi Publishing Co., Inc., Westport, Conn.

Millin, D. J. *et al.*, 1969. Nonvolatile Components of Black Tea and Their Contrubution to the Character of the Beverages *J. Agr. Food Chem.*, 17, 717.

Mills, F., 1960. The Effect of Sugar on the Flavor and Color of Smoked Hams. *Food Technol.*, 14, 94.

Moncrieff, R. W., 1967. "*The Chemical Senses*", 3rd. ed, Chemical Rubber Co., Cleveland, Ohio.

Mori, T. *et al.*, 1967. Studies on the Organic Acid Constituents of Fruits. *J. Food Science and Technol. (Japan)*, 14, 187.

Mouri, T., Hiral, A., Kawasaki, Y. Miyamoto, Y. and Hashida, W., 1974. Stusies on Nucleic Acid Related Substances in Canned Foods. Part Ⅲ, Relation of Frechness of Oysters to Their Nucleic Acid-Related Substances *Nihon Shyokuhin Kogyo Gakukaishi*, 21(8), 317.

Nagodawithana, T., 1994. Flavor Enhancers: Their Probable Mode of Action. *Food Technol.*, April, 79~85.

Nakabayashi, T., 1962. Debittering of Natsudaidai Juice with Nariginase. *J. Food Science and Technol. (Japan)*, 9, 284.

Nakagawa, M., 1970. Correlation of Constituents with Taste of Green Tea. *J. Food Science and Technol. (Japan)*, 17, 154.

Nakajima, N. et al. 1961. On the 5'-Ribonucleotides in Foods. (2) 5'-Ribonucleotides in Fibers, Shellfishes, and Meats. *J. Agr. Chem. Soc. (Japan)*, 35, 803.

Nehlig, A., 1999. Caffeine and Psychological Dependence. *Chemtech, July* - 이덕형., 1999. 카페인이 정신 종석을 가져오는가? - 동물 및 인간 실험에 의하면 카페인을 매우 많이 복용할 경우에는 종속을 가져 올 수도 있다고 한다. *화학세계*, 39(9), 75~81, 1999(한국어 변역 기고문).

Nelson, D. L. and Cox, M.H., 2000. "Lehninger Principles of Biochemistry", Third Edition, Worth Publishers, 41 Madison Avenue, New York. p.463~468.

日本化學會 編. 1976. "맛과 냄새의 化學, 化學總說 No. 14, 學會出版센터, 東京.

Nguyen, T. T. and Sporns, P., 1985. Decomposition of the Flavor Enhancers, Monosodium Glutamate, Inosine 5-Monophosphate and Guanosine 5-Monophosphate during Canning. *J. food Science.*, 50, 812.

Noguchi, M., Arai, S., Yamashita, M., Kata, H. and Fujimaki. M., 1975. Isolation and Identification of Acidic Oilgopeptides Occurring in a Flavor Potentiating Fraction from a Fish Protein Hydrolysate. *J. Agric. Food Chem.*, 23(1), 49.

Noguchi, M., Yamashita, M., Arai, S. and Fujimaki, M., 1975. On the Bitter-masking Activity of A Glutamic Acid-Rich Oilgoprptides Fraction. *J. Food Science.*, 40, 367.

Ohloff, G. and Thomas, A. F., (Editors). 1971. "*Gustation and Olfaction*", Academic Press, New York.

Ohloff, G. and Girtsch, W., 1971. The Sensory Properties of (+)-Nootkatone and Related Compounds in "*Gustation and Olfaction*", edited by Ohloff, G. and Thomas, A. F., Academic Press, New York.

Okubo, M. *et al.*, 1964. Studies on the Utilization of Japanese Pear "Chojuros", Part 1. Composition of Pear Juice *J. Food Science and Technol.*, *(Japan)*, 11, 242.

Otsuka, Hiroshi. *et al.*, 1969. Sapid Components in Carrot. *J. Food Science.*, 34, 392.

Palamand, S. R. and Aldenhoff, J. M., 1973. Bitter Tasting Compounds of Beer, Chemistry and Taste Properties of Some Hop Resin Compounds. *J. Agric. Food Chem.*, 21, 535.

Pangborn, R. M,. 1963. Relative Taste Intensities of Selected Sugars and Organic Acids. *Food Technol.*, 17, 726.

Pangborn, R. M., 1964. Sensory Evalution of Foods. *Food Technol.*, 18, 1309.

Park, H., 1968. Studies on the Chemical Composition of Fruit in Korea. (Ⅱ), Changes of Acid and Sugar Components with Growth. *J. Korean Agr. Chem. Soc.*, 9, 41.

Park, S. O. and Lee, T. Y., 1963. Studies on the Quantitative Determination of Capsaicin in Various Species of the Genus Capsicum. *J. Korean Agr. Chem. Soc.*, 4, 23.

Parke, S. A. and Birch, G. G., 1999. Solution Properties and Sweetness Response of Selected Bulk and Intense Sweetness. *J. Agric. Food Chem.*, 47(4), 1378~84.

Parrish, F. W., Talley, F. B. and Phillips, J. G., 1981. Sweetness of α -, β -, and Equilibrium Lactose Relative to Sucrose. J. *Food Science.*, 46, 933.

Pastor, M. V., Costell, E., Izquierro, L. and Durān, L. 1996. Optimizing Acceptability of a High-Fruit Low Sugar Peach Nectar using Aspartame and Guar Gum. *J. Food Science*, 6(14), 852~55.

Peacock, V. E., Deinzer, M. L., McGill, L. A. and Wrolstad, R. E., 1980. Hop Aroma in American Beer. *J. Agric. Food Chem.*, 28(4), 774.

Pērez, A. G., Olias, R., Espada, J., Olias, J.M. and Sanz, C., 1997. Rapid Determination of Sugar, Non-Volatile Acids, and Ascorbic Acid in Strawberry and Other Fruits. *J. Agric. Food Chem.*, 45(9), 3545~49.

Pesis, E. and Ben-Arie, R., 1984. Involvement of Acetaldehyde and Ethanol Accumlation During Induced Deastringency of Persimmon Fruits. *J. Food Science.*, 49, 896.

Pesis, E., Levi, A. and Ben-Arie, R., 1986, Deastringency of Persimmon Fruits by Creating a Modified Atmospherre in Polyethylene Bags. *J. Food Science.*, 51(4), 1014.

Peryam, D. R., 1963. Variability of Taste Perception. *Food Technol.*, 17, 734.

Feryman, D. R., 1967. The Variable Taste Perception of Sodium Benzoate. *Food Technol.*, 14, 383.

Powers, J. J. *et al.*, 1961. Effect of Acid level, Calcium Salts, Monosoidum Glutamate, and Sugar on Canned Pimentos. *Food Technol.*, 15, 67.

Price, Steven 1969 Chemoreceptor Portions from Taste Buds. *J. Agr. Food Chem.*, 17, 709.

Radar, C. P., 1967. A Study of the True Taste of Saccharin. *J. Food Science.*, 32, 357.

Redlinger, P. A. and Setser, C. S., 1987. Sensory Quality of Selected Sweeteners: Aqueous and Lipid Model Systems. *J. Food Science.*, 52(2), 451.

Rice, C. A. *et al.*, 1981. Chromatographic and Mass Spectral Analysis of Curcurbitacins of Three Cucumis Sativus Cultivars. *J. Agric. Food Chem.*, 29. 194.

Richard, T. W., 1898. The Relation of the Taste of Acids to Their Degree of Dissociation. *J. Am. Chem. Soc.*, 20, 121.

Rizzi, G. P. 1985. Design of New Artificial Sweeteners Based on Aspartic Acid Amides. *J. Agric, Food Chem.*, 33, 19.

Roper, S., 1998. Section V. 48. Olfactory/Taste Receptor Transduction in "*Cell Physiology Source Book*", Second Edition, Edited by Sperelakis, N., Academic Press, San Diego, CA, U.S.A. p.726~733, 733~740.

Ruteledge, K. P,. 1992. Accelerated Training of Sensory Descriptive Flavor Analysis Panelists. *Food Technol., November*. 114~18.

Sandine, W. E. *et al.*, 1970. Microbially Induced Flavors and Fermented Foods. Flavor in Fermented Dairy Products. *J. Agr. Food Chem.*, 18, 557.

Sather, L. A. *et al.*, 1958. The Influence of Added Monosodium Glutamate of the Flavor of Processed Green Beans. *Food Technol.*, 12, 372.

Sato, M., Ogata, H. and Yamashita, S., 1975. Response Properties of Macaque Monkey Chorda tympani fibers. *J. of General Physiology*. 66, 781~810.

Sato, M., Ogata, H. and Yamashitá, S., 1994. Gustatory Responsiveness of Chorda tympany fibers in the Cynomolgus Monkey. *Chemical Senses*, 19, 381~400.

Schwimmer, S., 1967. Development of a Bitter Substance in Onion Juice. *Food Technol.*, 21, 292.

Schutz, H. G,. 1998. Evalution of the Sensory Science Discipline. *Food Technol.*, 52(8), 42~46.

Scientific Status Summary. 1987. Monosodium Glutamate (MSG). *Food Technol.* 41(5), 143.

The Sensory Evaluation Division of the Institute of Food Technologists. 1981. Sensory Evaluation Guide for Testing Food and Beverage Products. *Food Technol., November*, 50~59.

Shallenberger, R. S. and Acree, T. E., 1969. Molecular Structure and Sweet Taste. *J. Agric. Food Chem.*,

17(4), 701.

Shallenberger, R. S., Acree, T. E. and Lee, C. Y., 1969. Sweet Taste of D and L-Sugars and Amino-Acids and the Steric Nature of Their Chemo-Receptor Site. *Nature*, 221, 555.

Shallenberger, R. S., 1977. Chemical Clues to the Perception of Sweetness in "Sensory Properties of Foods", edited by Birch, G. G., *et al.*, Applied Science Publishers, Ltd., London.

Shallenberger, R. S., 1980. Predicting Sweetness from Chemical Structure and Knowledge of Chemoreception. *Food Technol.*, 34, 65.

Shallenberger, R. S., 1993. "*Taste Chemistry*", Blackie Academic and Professional, an imprint of Chapman & Hall, London. p.247~252.

Shamil, S., Birch, G. G. Mathlouthi, M, Clifford, M. N., 1987. Apparent Molar Volumes and Taste of Molecules with more than One Saporphore. *Chemical Senses*, 12(2), 397~409.

Shaw, P. E. and Wilson, C. W. Ⅲ., 1985. Reduction of Bitterness in Grapefruit Juice with β -Cyclodextrin Polymer in a Continuous-Flow Process. *J. Food Science.*, 50, 1205.

Shaw, P. E. and Buslig, B. S., 1986. Selective Removal of Bitter Compounds from Grapefruit Juice and from Aqueous Solution with Cyclodextrin Polymers and with Amberlite XAD-4. *J. Agric. Food Chem.*, 34, 837.

Shimazono, H., 1964. Distribution of 5'-Ribonucleotides in Food and Their Application to Foods. *Food Technol.*, 18, 36.

Shimazono, H. 1965. A New Flavor, Enhancer. The 5'-Ribonucleotides. *Food Manuf.*, 40, 53.

Shimazono, H. 1964. Distribution of 3'-Ribonucleotides in Food and Their Application to Foods. *Food Technol.*, 18, 294.

Shinoda, I. and Okai, H., 1985. Sweetness and Bitterness Contributions of Structural Units of Aspartame and Some Analogues. *J. Agric. Food Chem.*, 33, 792.

Smith, J. C., Foster, D. F. and Bartoshuk, L. M., 1982. The Synergistic Properties of Pairs of Sweeteners in "*The Psychology of Human Food Selection*", edited by Barker, L. M.., Avi Publishing Co., Inc., Westport, Conneticut, USA.

Smith, D. V. and Margolskee, R. F., 2001. "*Scientific American*", March issue, p.26~33.

Soares, N. F. F. and Hotchikiss, J. H., 1998. Naringinase Immobilization in Packaging Films for Reducing Naringin Concentration in Grape fruit Juice. *J. Food Science.*, 63(1), 61~65.

Solms, Juerg., 1969. The Taste of Amino Acids, Peptides. and Proteins. *J. Agr. Food Chem.*, 17, 686.

Solms, J., 1971. Nonvolatile Compounds and the Flavor of Foods in "Gustation and Olfaction", edited by Ohloff, G. and Thomas, A. F., Academic Press, London.

Stahl, W. H., 1962. The Chemistry of Tea and Tea Maunfacturing. *Advances in Food Research*, 11, 202.

Stain, J. A., 1966. Technical Aspects of Non-nutritive Sweeteners in Dietary Products. *Food Technol.*, 20, 271.

Stier, E. F. *et al.*, 1967. A Comparison of Methodology Used in Determining the Flavor Effect of 5'-Ribonucleotides on Processed Foods. *Food Technol.*, 21, 1627.

Stōklin, W., 1969. Chemistry and Physiological of Gymnemic Acid, the Antisaccharine Principles of the Leaves of Gymnema Sylvestre. *J. Agr. Food Chem.*, 17, 704.

Stone, Herbert. *et al.*, 1969. Measurement of the Relative Sweetness of Selected Sweeteners and Sweetener Mixtures. *J. Food Science.*, 34, 215.

Stone, H. and Oliver. S. M., 1969. Measurement of the Relative Sweetness of Selected Sweeteners and Sweetener Mixtures. *J. Food Science.*, 34, 215.

Stone, H. and Sidel, J. L., 1998. Quantitative Descriptive Analysis: Developments, Applications, and the

Future. *Food Technol.*, 52(8), 48~52.

Strahl, N. R., Lewis, H. and Fargen, R., 1977. Comparison of Gas Chromatographic Spectrophotometric Methods of Determination for Caffeine Coffees and Teas. *J. Agric. Food Chem.*, 25(2), 233.

徐奇泰. 1979. 스테비아(Stevia)利用의 進步, 食品科學, 12(1), 38.

徐恒源. 1984. 天然甘味料 스테비오사이드의 食品工業에의 利用. 食品科學, 17(4). 23.

Swaisgood, H. E. and Patee, H. E., 1968, Peanut Alcohol Dehydrgenase. 2., Physico-Chemical and Kinetic Properties. *J. Food Science.*, 33, 400.

田中治. 1986. 天然甘味物質의 化學一最近의 展開. 化學과 生物(日本), 24(5), 318.

田中治. 1981. 새로운 天然甘味物質의 化學一配糖體系甘味物質을 中心으로 하여, 化學의 領域(日本), 35(8), 590.

Tanford, C., 1962. Contribution of Hydrophobic Interactions to the Stability of the Globular Conformation of Proteins. *J. Am. Chem. Soc.*, 84, 4240.

Thomas, B. V., Schreiber, A. A. and Weisskopf, C. P., 1998. Simple Method for Quantification of Capsaicinoids in Peppers Using Capillary Gas Chromatogaphy. *J. Agric. Food Chem.*, 46( ), 2655~63.

Titus, D. S. *et al.*, 1963. Product Improvement with New Flavor Enhancers. *Food processing*, 24, 5.

Todd, Paul H. Jr., 1958. Detection of Foreign Pungent Compounds. Oleoresin, Capsicum, Ground Capsicum, and Chilli Spice. *Food Technol.*, 12, 468.

Tsen, H. Y. and Yu, G. K., 1991. Limonin and Naringin Removal from Grapefruit Juice with Naringinase Entrapped in Cellulose Triacetate Fibers. *J. Food Science.*, 56(1), 31~34.

Usuki, R. *et al.*, 1970. Tastes of Fats and Oils. *J. Japan Oil. Soc.*, 19, 96.

Vaisey, A. *et al.*, 1969. Some Sensory Effects of Hydrocolloid Sols on Sweetness. *J. Food Science.*, 34, 397.

Vaks, B. and Lifshitz, A., 1981. Debittering of Orange Juice by Bacteria Which Degrade Limonin. *J. Agric. Food Chem.*, 29(6), 1258.

Verkade, P. E., van Dijk, C. P., and Meerburg, W. 1946. *Rec. Trav. Chim.*, 65, 346.

Verkade, P. E., 1968. *Il Farmaco-Educ. Science.*, 23, 248.

有吉安男., 1976. 3. 甘味の 化學 2.9.1. ニトロアニリソ(nitroanilins), "*味と におりの 化學, 化學總說 No.14*", 日本化學會編, 學會出版센터, 文京區, 東京 - Ariyoshi, Y., 1976. Chapt.3 Chemistry of Sweetness in "*Chemistry of Taste and Smell, Kagaku Sosetzu No.14*", Edited by Nihon Kagaku-Kai, Gakukai Printing Center, Tokyo.

Wagner, J. R. *et al.*, 1963. New Opportunities for Flavor Modification. *Food Technol.*, 17, 730.

Waskow, M. H., 1969. Selectivity in Flavor Modification by 5'-Ribonucleotides. *Food Technol.*, 23, 1364.

Warren, R. P., Warren, R. M. and Weninger, M. G., 1969. Inhibition of the Sweet Taste by Gymnema Sylvestre, *Nature*, 223, 94.

Whistler, R. L. and BeMiller, J. N., 1997. "*Carbohydrate Chemistry for Food Scientists*", Eagan Press, St. Paul, Minnesota, U.S.A. p.23~25.

Williams, P. J., Strauss, C. R. and Willson, B., 1980. Hydroxylated Linalool Derivatives as Precursors of Volatile Monoteerpenes of Muscat Grape. *J. Agric. Food Chem.*, 28(4), 766.

Wilson, K. W. *et al.*, 1968. Spectrophotometric Determination of Limonin in Orange Juice. *J. Agr. Food Chem.*, 16, 118.

Woo, G. J. and Ha, S. M., 1997. Debittering of Citrus Products Using β-Cyclodextrin Polymer and Ultrafiltration Process. *Korean J. Food Science. Technol.*, 29(2), 302~308.

Wong, D. W. S., 1989. "*Mechanism and Theory in Food Chemistry*", Van Nostrand Reinhold, New York. p.274~275.

Yamaguchi, S. *et al.*, 1967. The Synergistic Taste Effect of Monosodium Glutamate and 5'-Inosinate. *J.*

Food Science., 32, 473.

Yamaguchi, S. *et al.*, 1968. The Synergistic Taste Effect of Monosodium Glutamate and Disodium 5'-gualylate. *J. Agr. Chem. Soc.* (*Japan*)., 42, 378.

Yamaguchi, S., Yoshikawa, T., Ikeda, S. and Ninomiya, T., 1971. Measurement of the Relative Taste Intensity of Some L-Amino Acids and 5'-Nucleotides. *J. of Food Science.*, 36, 846.

Yokotsuka, T., 1960. Aroma and Flavor of Japoaese Soy Sauce. *Advances in Food Research*, 10, 75.

Yugari, Y. and Torii, K., 1981. Biochemistry of Taste and Nutrition: A New Perspective. *Chemistry and Industry* (*Japan*)., 34(5), 293.

Zapsalis, C. and Beck, R.A., 1985. "*Food Chemistry and Nutritional Biochemistry*", John Wiley and Sons, Inc, New York. p.584.

Zeng, G. Z., Chen, J. T., He, H. Z, Wang, Z. Q. and Yan, T. S., 1991. In the Pursuit of a Better Sweetner. *J. Agric. Food Chem.*, 39(4), 782~85.

Chapter 4 식품속의 향기, 또는 냄새

모든 식품은 일반적으로 그 고유의 향기 내지는 냄새를 가지고 있으며, 우리는 오랫동안의 경험을 통해서 식품들의 고유의 향기 또는 냄새에 익숙하다.

한편, 이와 같은 식품들의 향기 또는 냄새는 혼합(mixing), 가열조리(coking), 가공처리(processing), 또는 저장(storing) 중, 그리고 부패되는 과정 등에서 현저히 변화하며, 우리는 식품들의 고유의 향기 내지는 냄새의 변화 또는 정상적이 아닌 냄새, 즉 이상취(異狀臭, off-flavor)의 발생에 대해서 매우 예민하게 대응(response)한다. 그러므로 이상취의 발생은 식품의 수용성(受容性. food acceptability), 따라서 식품의 품질(quality)을 결정하여 주는 데 있어서 매우 중요한 요인들(factors)의 하나가 된다.

본 장에서는 각종 식품들의 고유의 향기 내지는 냄새 성분의 구조와 성질, 그리고 가열조리, 가공처리, 저장 또는 부패 중에 새로이 형성되는 향기 또는 냄새 성분들에 대해서 설명하고자 한다.

사람의 감각과 그 반응

윅크(Wick, E. L., 1965)는 식품에 대한 사람의 여러 감각과 그 반응들을 구분하여 표 4-1과 같이 분류, 표시될 수 있음을 보여주고 있다.

한편, 영미 각국에서 사용되고 있는 향미(flavor)라는 용어는 그 개념이 뚜렷한 말은 아니며, 특히 과학적으로 더 엄격하게 규정하기 위해서는 관련 분야들의 연구가 더 진척되어야 할 것 같다. 그렇다고 적절한 정의가 없었던 것은 아니다.

표 4-1 사람의 감각과 그 반응(response, 즉 sensory property)

자극(stimulus)대상	사람의 여러 감각(man' s senses)	반응(response)
식　　품	시 각(sight)	외 관(appearanse)
	미 각(taste)	향 미(flavor)
	후 각(odor)	
	청 각(hearing)	
	촉 각(touch)	조 직(texture)
	근육운동감각(Kinesthesis)	

Wick, E. L., 1965. *Food Technol.*, 19, 827.

일찍이 루우(Lowe, Belle, 1995)는, flavor라는 말은 여러 가지로 사용되어 왔으나 일반적으로 냄새(odor), 맛(taste)과 촉감 또는 감촉(feel)을 통해서 얻어지는 전체적인 감각, 즉 느낌(the over-all sensations)으로 정의하고 있으며, 일부 식품들의 감촉(the feel)은 그 식품들의 기호성(palatability)을 정하는 중요한 요인들의 하나가 되고 있다고 설명한 바 있다.

마이야(Meyer, L. H., 1960)도 flavor를 맛(taste)과 냄새(smell)와 촉감(feel)의 결합, 즉 종합(a combination)으로 설명하고 있다.

그 후의 많은 연구자들이나 학자들도 대체로 비슷한 견해를 갖고 있었던 것 같다. 그러나 로우(Lowe, B., 1955)가 이미 지적했듯이 flavor는 여러 가지 의미로 실제 사용되고 있다. 예로서 이 flavor라는 용어를 향미 성분 중 주로 맛 또는 냄새 중의 하나에 대해서만 국한시켜서 사용하는 경우가 많다. 본문에서는 flavor에 대해서 향미(香味)라는 용어를 대신하고 있으나, 이 향미라는 말은 flavor에 대응하는 말로 이해해주길 바란다.

후각의 특징　후각(嗅覺, olfactory sense)은 미각이나 시각이나 촉각 등과 함께 식품들의 외형적(外形的)인 품질을 결정하여 주는 가장 중요한 관능적 요인들(官能的 要因들, organoleptic factors)의 하나이다.

한편, 특정 화학물질들에 의해서 일어나는 미각의 경우와 마찬가지로 어떤 특정한 화학물질들에 의해서 일어나는 후각도 화학적 감각들(chemical senses)의 하나로 알려져 왔으며, 따라서 후각의 경우에도, 미각의 경우와 마찬가지로 생리학자들(physiologists)을 비롯한 많은 전문학자들의 그 동안의 많은 노력으로 실험동물들이나, 인체가 이 향기 또는 냄새 성분을 어떻게 지각(知覺, detect and recognize)하게 되는지에 대해서는 많은 사실들이 밝혀져 왔다.

또한, 식품들 중의 향기 또는 냄새 성분들에 관한 연구들도 고성능의 가스크로매토그라피 분석장치(gas-liquid chromatograph, GC)나 질량 분광석기(mass-spectrometer, M.S)의 급격한 발전, 컴퓨터들의 활용 등을 통해서 냄새 성분들의 검출(detection), 분리(separation), 동정(同定, identification), 또는 구조결정(determination of molecular structures) 등이 이전에 비해서 월등하게 정밀하게, 신속하게 진행될 수 있게 되었으나 아직 주관적인 방법에 의존하지 않을 수 없는 요소들도 많다.

한편 어떤 냄새나 향기에 대한 감도(sensitivity)나, 향기나 냄새를 맡은 후의 반응(response) 등에 대해서는 개인적으로 큰 차이(variation)가 있다. 그 뿐만 아니라 후각기관의 피로(fatigue) 등과 같은 생리적인 요인과 식품류의 냄새나 향기에 대한 심리적인 반응(psychological response)들이 한 식품의 품질(quality), 기호성(palatability) 또는 만족도(acceptability) 등의 평가(evaluation)와 밀접하게 관련되고 있는 사실은 향기나 냄새에 관한 연구를 미각 또는 맛의 경우와 마찬가지로 더 어렵게 만들고 있다.

향기와 냄새 향기와 냄새는 본질적으로는 같은 뜻이나, 본 장에서는 중복과 혼동을 피하기 위해서 임시로 후각기관에서 느끼는 감각을 이론적으로 다룰 때나, 식품의 냄새로서 바람직하지 않거나 불쾌한 냄새의 경우, 그대로 냄새로 표현하도록 하였다. 그리고 식품의 냄새 중 바람직하거나 또는 즐거움을 주는 냄새는 특히 향기로 표현하도록 하였다.

후각이 인식되는 기구

전술한 대로 한 화합물이 어떤 과정(process)과 기구(mechanism)에 의해서 어떤 냄새로 인식되느냐에 대해서는 이 문제가 내포하고 있는 복잡성 - 예로서, 그 화합물이 후각감지기관(olfactory sensory organ)과 미각기관(gustatory sensory organ)에 동시에 또는 순차적으로 작용할 수 있다든지 하는 - 으로 말미암아 현재까지 만족스러운 설명은 할 수 없을지 모르나, 최소한 그 기본적인 과정은 그 동안 많은 연구자들의 노력에 의해서 맛의 경우와 마찬가지로 근래에 와서 급속도로 해명(解明)되어 가고 있다.

과거로부터 제안되어 온 후각에 관한 대표적인 학설들(olfactory theories)을 간단히 설명하면 다음과 같다.

후각기관에 존재하는 화학적 수용체에서의 신경자극의 형성설 냄새를 가진 성분(odorivector)이 후각기관에 있는 어떤 화학적 수용체(chemoreceptor)와 상호작용 함으로써 어떤 에너지, 예로서 산화, 환원, 흡착 등의 상호작용에 의해서 에너지를 형성하며, 이 에너지가 다시 증폭(增幅)되어 신경신호(neural impulse)의 직접 원인이 된다는 것이다. 이와 같은 생각은 오래 전부터 학자들이 가져왔던 생각이나, 에너지를 형성하는 구체적인 과정에 대해서는 냄새의 성분과 화학적 수용체의 상호작용에 의해서 형성되는 에너지가 신경신호를 일으킬 만큼 크지 못하다는 사실이 실험을 통해서 알려져 왔다.

데이비스(Davis, J. T., 1965)는 종래의 학설을 수정하여 냄새의 성분이 화학적 수용체에 흡수됨으로써 형성되는 에너지는 신경신호를 일으키는 에너지의 방출을 촉진하여 주며, 이 때 방출된 에너지에 의해서 신경신호가 보내진다는 소위 데이비스 학설(Davis theory)을 제안 했었다 (Wright, R. H., 1964 참조).

후각의 입체화학설 한편, 종전에 주목을 받아온 학설로서 아무어들(Amoore, J. E. *et al.*, 1964, 1970)에 의해서 제안된 후각의 입체화학설(嗅覺의 立體化學說, the stereochemical theory of olfaction)이 있다.

이 후각의 입체화학설의 골자는 우리의 후각기관, 즉 후각 상피조직(嗅覺 上皮組織)에 분포되어 있는 수용체세포들(receptor cells)과 외부에서 들어온 휘발성인 냄새를 가진 화학분자들 사이의 결합, 여기서는 흡착을 통해서 냄새를 인식하게 되는 과정에서 이 수용체세포들에는 일정한 형태(shape)와 크기(size)를 갖고 있거나, 기타의 뚜렷한 특징을 가진 일곱 개의 기본적인 냄새를 인식할 수 있는 후각수용체들(olfactory receptors)이 존재한다는 것이다. 또한 이상의 어느 한개

수용체의 형태와 크기에 알맞은 특정한 형태와 크기를 가진 기체 상태의 분자가 여기에 들어맞을 때 비로소 냄새를 가진 분자들과 특정한 형태의 수용체들 사이의 충분한 경합, 즉 흡착(吸着)이 일어나며, 여기서 일어난 전기화학적 변화들이 결국 신경신호(neural impulse)로 전환되어 접수체 세포들의 말단과 연결된 후각신경섬유(olfactory nerve fibers)를 통해서 뇌로 전달되며, 이 과정에서 특정된 종류와 크기의 냄새를 인식하게 된다는 것이다.

아무어들은 장뇌냄새(camphorous), 사향냄새(musky), 꽃냄새(floral), 박하냄새(minty), 에텔냄새(ehteral) 등 다섯 종류의 냄새는 이에 해당하는 후각수용체들이 있는 반면에, 매운 냄새(pungent)와 썩은 냄새(putrid) 등의 경우 수용체들은 그 형태보다는 각각 음전하(negative charge)와 양전하(positive charge)에 의해서 특정 지워진다고 한다.

이 학설은 근본적으로 효소 작용 기구에서 사용되고 있는 자물쇠와 열쇠 관계(lock and key relationship)라는 개념을 토대로 하고 있으며, 화학구조 사이에 전혀 관련이 없는 화학물질들이 비슷한 냄새를 갖는 사실들을 잘 설명하여 주는 장점이 있는 듯 했다.

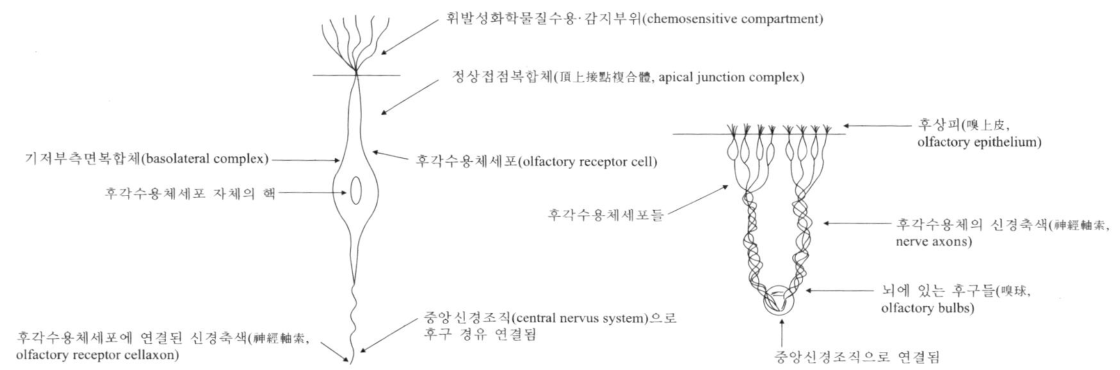

[그림 4-1] 후각수용체세포들(an olfactory receptor cell)의 경우에는 미각수용체세포의 경우와는 달리 가늘고 긴, 많은 수의 미세한 선모들(microvilli or dendrites)이 존재한다. 이 선모들에는 수용체들이 내재(內在)되어 있어서 휘발성 화합물들의 자극을 기저부측면복합체에서 전기적인 신경신호(neural signal)로 바꾼 후 신경세포축색(neural axon)을 통해서 뇌에 존재하는 후구(嗅球, olfactory bulb 또는 glomeruli)들로 전달된 후 중안신경조직, 즉 대뇌피질(in the cerebral cortex)에 있는 더 상위의 후각센터에 보내진다. 이상의 수용체들은 비강(鼻腔)의 안쪽의 후상피(olfactory epithelium)에 집중되어 있으며, 이와 같은 경로가 사람을 비롯한 포유동물들의 감지, 또는 인식하게 되는 과정이나 별도의 부수적인 과정들을 통해서 인식되는 경우도 있다고 한다(Kurihara, K., 1998; Ropper, S., 1998; Rouhi, A. M., 1996 참조).

후각수용체세포들과 그 특징 이미 제3장 식품의 맛에서 언급한 바와 같이 후각(嗅覺, olfactory sense), 즉 냄새도 미각(味覺, gustatory sense), 즉 맛과 마찬가지로 외부에서 들어오는 화학물질들(chemical compounds)의 자극(stimulus)을 감지 또는 인식하게 되는 화학적 감각(chemical sense)들의 하나다. 그러나 맛의 경우와는 달리 냄새는 비강(鼻腔)의 안쪽 깊숙하고 오목한 곳에 있는 후상피(嗅上皮, the olfactory epithelium)의 표면에 집중되어 있는 후각수용체세포들의 정상부(頂上部)에 존재하는 미세한 선모들(microvilli or dendrites)의 표면에 존재하는 수용체들(receptors)은 강한 소수성 영역들(strong hydrophobic regions)을 가진 단백질들로서, 일부는 지지세포들(supporting cells)의 도움을 받는 동시에 수용체들에서 받은 자극을 전달할 G-단백질(G-protein, guanine nucleotide-binding protein)들과 연결되고 있다. 이상의 단백질들은 아마도 인지방질(phoslipid)의 이중층(double layers)을 기본으로 하고 있는 길고 가는 선모들(microvilli)의 표면막의 소수성이 강한 부분에 수용체들을 표면막의 외부에, G-단백질 부분들은 내부에서 서로 강하게 결합하고 있는 것으로 생각되고 있다.

수용체들에 냄새를 가진 휘발성 화합물 분자들이 흡착되어 형성된 자극 - 예로서 전위차(electric potential changes)는 곧 G-단백질들에 의해서 아데닐레이트 사이클레이스(adenylate cyclase)들이 활성화되어 ATP를 환상 아데노신모노스페이트(cyclic adenosine monophosphate, c-AMP)로 전환한다. 이렇게 형성된 cAMP는 근처에 있는 양이온 선택 채널(cation-selective channel)들을 활성화하여, 선모 표면막의 외부의 양이온들, 예로서 칼슘이온들의 유입(calcium ion influx)과 음이온, 예로서 염소이온들(chloride ions)의 선모 표면막외로의 유출(流出)을 가져오게 한다. 즉, 외부로 부터의 휘발성 분자들의 수용체들과의 상호작용, 또는 흡착은 위에서 설명한 것과 같은 과정을 거쳐서 후각수용체세포내에 세포전위변화(olfactory receptor potential changes)를 가져온다.

그러나, 미각수용체세포에서의 경우와 달리 이와 같은 수용체에서 받은 자극의 호응(response)은 수용체세포와 신경세포, 즉 신경섬유와의 접합부(synaptic regions)에서의 접합부 전달기구(synaptic transymitter)를 거치는 일 없이, 후각수용체세포와 직접 연결된 신경세포(neural cells, 즉 neurons)의 축색(axons)에 전기적 임펄스(electrical impulse)로서 계속 후구들(嗅球, olfactory bulbs)을 거쳐서 상위(上位)의 후각센터(olfactory bulbs)에 보내지는 것으로 알려져 있다.

후각수용체들은 지금가지 설명한 후상피(嗅上皮, the olfactory epithelium) 이외의 곳에도 널리 분포되고 있는 사실들이 알려져 왔으며, 그 자극 전달과정도 위에서 설명한 이외의 경로들이 알려져 있다(Kurihara, K., 1990; Kurihara, K., 1998; Ropper, S., 1998 참조).

일반적으로 사람의 경우, 후상피(嗅上皮)에는 대략 500만개(개의 경우 2억개) 정도의 후각세포들이 분포되고 있으며, 미각(味覺)의 경우처럼 기본적인 냄새를 설정할 수 없을 만큼 후각세포들의 후각에 대한 반응은 단계적이며, 다양한 것으로 생각되고 있다(Kurihara, K., 1998; Ropper, S., 1998 참조).

기본적인 냄새

냄새에 있어서도 색깔에 있어서의 3원색(three basic colors)이나, 맛에 있어서의 모든 냄새의 기준(reference)이 되는 기본적인 냄새가 존재하는 지에 대한 많은 연구자들의 견해들은 대체로 부정적이다.

예로서 아무어들(Amoore, J. E., *et al.*, 1964)은 후각 접수체의 종류에 해당하는 기본적인 냄새로서 장뇌냄새(camphoraceous), 사향냄새(musky), 꽃냄새(floral), 박하냄새(minty), 에텔냄새(ethereal), 매운 냄새(pungent), 썩은 듯한 냄새(putrid) 등의 7개의 냄새를 제안했었으나, 그 후 특정한 그룹의 냄새 성분들(a specific class of odorants)의 냄새를 수용, 감지(感知)하는데 필수적인 단백질들을 유전적인 결함(genetic deficieneies) 때문에 생합성(生合成) 할 수 없기 때문에 일어나는, 색맹(color blind), 미맹(taste blind) 등과 유사한 무후각증(無嗅覺症, anosmia)을 가진 사람들이 알려짐에 따라, 그리고 이와 같은 무후각증의 종류가 수십 종류가 되는 사실이 알려지기 시작한 후에는, 아무어들의 기본적 냄새와 관련된 가설은 받아들이기 어렵게 되었다(Schiffman, H. R., 1996 참조).

또한 전술한 대로, 특정 냄새 성분들에 대한 후각세포들의 반응은 매우 다양하고 단계적이여서, 기본적인 냄새 성분들을 설정할 의의(意義)가 의심될 정도로 그 수가 많아질 가능성이 있거나 극단적으로 없다고 표현할 수 있을 정도라고 한다.

한편, 유전생리학자들은 포유동물들의 경우, 생존에 필요한 전유전자를 포함한 전체 염색체들(the mammalian genome) 중의 전체 유전자수의 1 내지 2%가 냄새를 가진 성분들(ordorants)을 인식할 후각수용체세포들의 형성과 관련된 것으로 추정하고 있다(Rouhi, A.M., 1996). 이와 같은 사실은 사람이나 기타 포유동물들이 다양하고 광범위한 종류의 냄새를 감지할 수 있는 사실을 뒷받침하는 동시에 그 후각수용체세포들의 종류, 즉 기본적인 냄새의 종류가 최소한 수백종류는 될 것으로 생각할 수 있게 한다.

냄새의 분류

위에서 논의한 사실들에도 불구하고, 지금까지 시도된 냄새의 분류방법들 중 일부는 실용적인 면에서 향료산업계 등에 크게 공헌해 왔다. 경험적인 분류방법들 중 대표적인 것으로 표 4-2와 같은 것이 있다.

헤닝의 냄새 분류법 예로서 헤닝(Henning, H., 1916)은 기본적인 냄새로서 다음과 같은 여섯 가지를 설정하고 그 냄새의 상호간의 관계를 그림 4-2와 같이 표시하고 있다.

크로커와 헨더슨의 냄새 분류법 한편, 1927년에 크로커와 헨더슨(Crocker, E.C. and Henderson, L.F)은 향기 또는 냄새를 꽃향기(fragrant), 산 냄새(acid), 썩은 냄새(caprylic), 탄 냄새(burnt)의 네 가지로 분류하고 각 기본적인 냄새를 다시 8개의 강도(强度, intensities)로 분류하고 있다. 이들이 선정한 각 기본적 냄새를 가진 대표적인 화합물로서 꽃향기에 대해서는 살리실산의 메틸에스터(methyl salicylate), 산 냄새에 대해서는 20% 초산(acetic aicd), 탄 냄새에 대해서는 구아이야콜(guaiacol), 썩은 냄새에 대해서는 다이메틸옥탄(2,7-dimethyloctane) 등을 들고 있다.

본장의 후에 설명되는 것처럼, 많은 과실류나 가공식품류의 좋은 향기들은 과거로부터 주요 자연 또는 합성향료(合成香料)들을 경험적인 방법들(emprical methods)를 통해 조합(調合)하여, 거의 똑같은 향기가 나는 인조향기 성분들(imitation flavarings)의 제조업이 일상 생활에 큰 비중을 차지해 왔으며, 언제나 더 좋은 향기의 화장품류, 향수, 향료들이 요구되어 왔다.

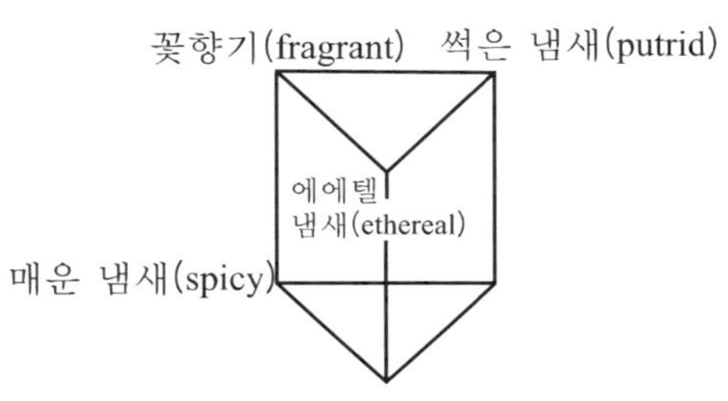

[그림 4-2] 헤닝(Henning, H.)의 후각프리즘(smell prism).

표 4-2 냄새의 분류(classification of odors)

린네우스 (Linnaeus, 1752)	츠바아데마아카 (Zwaardemaker, 1895)	헤닝 (Henning, 1916)	크로커와 헨더슨(Crocker and Henderson, 1927)
나프탈린과 같은 향기(aromatic)	나프탈린과 같은 향기(aromatic)	매운 냄새(spicy)	-
꽃향기(fragrant)	꽃향기(fragrant)	꽃향기(fragrant)	꽃향기(fragrant)
감미로운 냄새(ambrosiac)	감미로운 냄새(ambrosiac)	수지 냄새(resinous)	-
마늘과 같은 냄새(alliaceous)	마늘과 같은 냄새(alliaceous)		-
염소 같은 냄새(hircine)	염소 같은 냄새(hircine)	에텔 냄새 (ethereal)	산 냄새(acid)
썩은 냄새(foul)	썩은 냄새(foul)	썩은 냄새(foul)	썩은 냄새(foul)
데스꺼운 냄새 (nauseous)	메스꺼운 냄새 (nauseous)		-
-	탄 냄새(empyreumatic)	탄 냄새(burnt)	탄 냄새(burnt)

Amerine, M. A. et al., 1965. "*Principles of Sensory Evaluation of Food*," p.150, Academic Press, New York.

따라서 향기나 냄새를 지각하는 기구(機構, mechanism)에 대해서 과학적인 설명이 없었든 시대에서도 경험적인 방법들(empirical methods)을 사용하여 이상과 같은 요구들을 효과적으로 충족시켜 왔다고 볼 수 있다.

일부 화학물질들의 냄새 성분의 역가 휘발성의 화학물질들로서 냄새가 전혀 없는 물질들은 많지 않으며, 대개 휘발성물질들은 특유의 냄새가 있으나, 일부 화학물질들은 특별히 강하고 특유한 냄새를 가지고 있다.

이와 관련해서 쿠라하라(Kurihara, K., 1990)는 냄새를 가진 화학성분들(odorants)과 그 화학구조 사이의 관계를 설명하면서 에스터 그룹(-COO-), 아민 그룹(-NH_2), 싸이오설파이드 그룹(-SH) 등의 기능 그룹(functional groups)의 존재 여부, 탄화수소 사슬(hydrocarbon chains)의 존재와 그 길이, 분자들의 크기와 형태, 입체이성체 관계 등을 간단히 논의하고 있다.

이들 중에서도, 냄새를 가진 화합물들의 소수성(疎水性, hydrophobicity), 또는 친유성(親油性, lipopjilicity)을 특별히 중요하게 생각하고 있는 것 같다(Kurihara, K., 1998 참조). 이 이외에도 냄새를 가진 화합물들이 쉽게 기체화 될 수 있는 성질, 즉 휘발성이 중요함은 두말 할 필요도 없을 것이다.

예로서 메틸 설파이드(methyl sulfide, CH_3SH)는 마늘 냄새와 비슷한 자극적인 특유한 냄새를 갖고 있으며, 1*l*의 공기에 4.35mg의 100만분의 1의 희박한 농도에서도 그 냄새를 감지할 수 있다고 한다.

한편, 바닐린(vanillin)은 특유한 상쾌하고 매우 좋은 냄새를 가지고 있으며, 0.1ppm의 농도에서도 더부분의 사람에 의해서 그 냄새가 감지된다고 한다. 한편, 부패된 어류에서 감지되는 특유한 비린내는 트리메틸아민(trimethylamine)과 같은 휘발성 아민류에 의한 것으로 생각되고 있다.

기타의 몇 가지의 주요 향기 성분들에 대해서 테라니시(Teranishi, R., 1971)는 표 4-3과 같은 역가(threshold value)를 발표하고 있다.

표 4-3 각종 화합물들의 냄새 역가들(odor thresholds)

냄새를 가진 화학물질들(odorants)	역가(threshold, μg/liter water)
에탄올(ethanol)	100,000
뷰티린산(butyric acid)	240
누우트가톤(nootkatone)	170
휴뮬론(humulone)	160
머센(myrcene)	15
n-아밀 아세테이트(n-amyl acetate)	5
n-데카날(n-decanal)	0.1
α-와 β-사이네살(α-and β-sineasal)	0.05
메틸 멜캅탄(methyl mercaptan)	0.02
β-요오논(β-ionone)	0.007
2-메톡시-3-아이소뷰틸피라진 (2-methoxy-3-isobutylpyrazine)	0.002

Teranishi, R., 1971. Odor and Molecular Structure p.70 in "*Gustation and Olfaction*," edited by Ohloff, G. and Thomas, A. F., Academic Press, New York.

향기 또는 냄새의 분석방법

근래에 와서 자연식품이나 가공식품 또는 장기저장식품류의 향기 또는 냄새 성분들, 특히 가열처리, 가공처리, 또는 저장 중에 형성되는 것으로 알려진 냄새 성분들에 대한 연구들은 추출, 분리, 검출 또는 그 화학구조 결정 등에 사용될 기구류(機具類)와 계측기류(計測器類)의 성능이 비약적으로 증대되고 새로운 방법들의 개발 등에 힘입어서 크게 발전되어 왔다. 따라서 식품들의 품질이 향상될 뿐만 아니라, 식품들의 향기 또는 냄새 성분, 이 성분들의 가공, 조리 중의 변화 등을 이해하는데 큰 도움이 되고 있다.

한편, 최근의 시료 채취법들의 대부분은 채취한 식품류의 향기 성분들을 직접 가스-액체 크로마토그래피(gas-liquid chromatography, GLC)장치에 옮겨서, 곧 바로 분리, 분석하는 경우가 많아지고 있다. 예로서 펫퍼드(Peppard, T. L., 1999)는 1980년대 초기부터 사용되기 시작한 정적(靜的), 또는 평형헤드스페이스 시료 채취법(static, or equilibrium head-space sampling)과 동적(動的) 헤드스페이스 시료 채취법(dynamic head-sapce sampling, or purge-and-trap sampling), 그리고 비교적 새로 개발된, 고체상 미량추출법(solid phase microextraction, SPME) 등을 소개하고 있다. 이 방법은 위의 두 방법에서 흡착제(adsorbent)가 충전된 컬럼(column)을 사용하는 대신 용융된 석영유리로 된 섬유상의 가는 관(fused silica fiber)의 내부에 흡착제, 예로서 폴리다이메틸사일록세인(polydimethylsiloxane, PDMS)을 피복(coating)한 것을 밀폐된 용기에 시료(고체 또는 액체)와 함께, 그러나 석영유리섬유관은 헤드스페이스(head-space) 부분에 장치하여, 시료의 향기 성분들을 석영유리섬유관에 흡착시킨 다음, GLC장치의 주입구에서 직접 가열하여, 향기 성분들을 분석장치(GLC)에 보내거나, HPLC 장치의 주입구에서 향미 성분들을 용매로 용출하여 직접 HPLC 장치에 보내도록 하고 있다. 즉 SPEM-GC법 또는 SPME-HPLC법으로 알려져 있으며, 향기 성분 추출과 GLC 장치 등에 옮기는 과정이 매우 쉽고 신속하다고 한다.

한편, 식품시료 중 향기 성분들의 추출에는 라이켄스와 닛커슨들(Likens and Nickearson)이 개발한 것으로 알려진, 동시수증기증류/추출법(simultaneous, or Lickerson steam distillation/extraction method)이 가장 널리 사용되고 있는 방법들 중의 하나이다. 이 방법은 시료를 반복 수증기 증류하면서, 적당한 용매로 역시 반복 추출하는 방법으로 고체시료의 매트릭스들(matrixes) 사이에 끼어 있는, 향기 성분들의 추출에 적합하다고 한다.

그 외로는 임계액체 추출법(supercritcal fluid extraction method, SEE 법)이 계속 여러 식품시료들의 향기 성분들 추출에 사용되기 시작하고 있으나, 추출되는 향기 성분들의 종류와 양은 일반 용매들과 다른 경우가 많으며, 한편 가장 추출이 잘 되는 조건들, 즉 임계조건들에 대해서 아직 자료가 많지 않은 문제점들이 남아 있다.

특히 이 분야의 연구에 획기적인 발전을 가져온 것은 과거 30년(1970년 초 기준) 동안 계속 사용되어 온 가스-액체 크로마토그래피(gas-liquid chromatography, GLC) 분석법에 의한 휘발성 향기 성분들의 분석연구일 것이다. 이 가스-액체 크로마토그래피(GLC) 장치는 그 동안 끊임없이 성능이 향상되어 왔으며, 특히 용융석영 모세판 컬럼(fused silica capillary column)의 개발과 그 사용 등, 그리고 질량분광분석기(mass spertrometer)와의 연동 사용 등을 통해서 휘발성 향기 성분들의 분리(separation), 검출(detection)에 거의 결정적이라 할 수 있는 큰 도움을 주었다.

라이네시어스(Reineccius, G. A., 1985)는 이 가스-액체 크로마토그래피(GLC) 분석법이 향기 성분의 연구(flavor research)에 미친 영향은 매우 컸으며, 이와 같은 사실은 1963년까지 식품 중에서 분리해 낸 모든 향기 성분들의 총 수가 500여 종이었으나, 그 후 15년 동안에 3,000여 종의 향기 성분들이 분리되고 그 구조가 확인된 사실로서도 알 수 있다고 설명하고 있다.

식품 중의 여러 향기 또는 냄새 성분들의 분리, 검출, 구조결정 등의 연구에 있어서 전술한 대로 가스-액체 크로마토그래피 장치와 직접 연동(連動)된, 나날이 그 성능이 향상되고 있는 질량분광분석기(mass spectrometer), 적외선 분광분석기(infrared spectrometer), 자외선 분광분석기(ultra-violet spectrophotometer), 핵전자 공명 측정기(nuclear magnetic resonnance instrument) 그리고 고성능 액체크로마토그래피(high performance liquid chromatography, HPLC) 장치 등이 널리 사용되고 있는 것이 당연시 되고 있다.

예로서 일반 가스-액체 크로마토그래피 장치는 0.1에서 1㎍ 정도, 농도로는 0.1ppm 정도의 시료 속의 휘발성 성분들을 분리해 낼 수 있으나, 고성능 장치의 경우에는 ng(nanogram) 단위의 성분들의 분리가 가능하다고 한다. 그러나 적외선 분광 분석기의 경우에는 5내지 10㎍(1㎍ =1×10-3mg) 정도의 시료가 필요하다. 이 적외선 분광 분석법은 지금까지 식품 중에 극미량 존재하는 향기 또는 냄새 성분들의 화학구조 규명에 매우 효과적으로 사용되어 왔으나 더 향상된 성능이 요구되고 있다.

한편, 이상의 적외선 분광분석법과 함께 근래에 와서 점차적으로 더 넓게 사용되기 시작한, 후리에 전환 적외선 분광분석법(Fourier transform infrared spectroscopic method, FTIR method), 특히 이 FTIR 장치를 고성능 GLC 장치와 연동시킨 시스템(GLC/FTIR system)은, GLC/MS 시스템으로 식품 시료 중 향기 성분들의 구조결정을 할 때, 보충적인 자료를 제공하여 줌으로써 더 정확한 판단과 결정을 내릴 수 있도록 해줄 것으로 기대되고 있다.

또한 식품시료 중 향기 성분들을 GLC 장치로 분석 중 GC 컬럼(GC column)에서 용출되어 나오는 향기 성분들의 냄새(odor)를, GLC 장치 가동 중에 직접 실제로 맡을 수 있게 한 여러장치들(GC/O equipments)이 시판되어 연구소나 연구자들에 의해서 사용되고 있다(Peppard, T. L., 1999 참조).

과실의 향기 성분

과실은 대체로 74%에서 93% 정도의 수분, 0.4%에서 0.8%의 회분, 0.2%에서 0.4%의 지방질, 0.3%에서 1.3%의 단백질과 6%에서 24%의 탄수화물들로 구성되고 있다. 한편 전체적인 식품가치에 있어서 그 맛이나 향기는 아마도 다른 어느 식품들의 경우보다 더 큰 비중을 차지하고 있다.

특성 향기 성분 또는 특성향기 형성성분 일반적으로 향기 성분의 분석방법이 전술한 대로 급속도로 향상됨에 따라 한 식품에서 분리, 확인되는 향기 성분들의 수도 계속 급증하는 추세에 있다.

그러나 그 향기의 강도(intensity)나 구성 비율로 볼 때, 식품 전체의 특유한 향기에 특별히 크게 기여하고 있는 대표적인 몇몇 향기 성분들이 있기 마련이며, 일부 연구자들은 이들 향기 성분들을 그 식품류의 특성 향기 성분들 또는 특성향기 형성 성분들(characteristic flavor factors, or character impact compounds)로 부르고 있다.

한편, 일부 과실류에서 분리, 확인된 향기 성분들의 수(1967년)와 그 중에서 향기합성 등을 위해서 식품에 무제한 사용할 수 있는 성분들, 즉 홀(Hall, R. L., 1968)에 의해 GRAS 목록(제18장 식품 첨가물 참조)에 수록된 향기 성분들의 수는 표 4-4와 같다.

표 4-4 대표적인 과실 향기 성분들과 그 중 미국에서 무제한 식품에 사용할 수 있는 성분들의 수

과실의 종류	확인된 향기 성분의 수 (1967년까지)	무제한 사용될 수 있는 성분의 수
파인애플(pineapple)	38	19
바나나(banana)	37	22
사과(apple)	84	58
배(pear)	69	39
복숭아(peach)	33	25
나무딸기열매(respberry)	61	33
그레이프프루우트(grapefruit)	31	16
딸기(strawberry)	137	66
레몬(lemon)	61	39
라임(lime)	46	23
오렌지(orange)	124	73
포도(grape)	83	48

Hall, R.L., 1968. Food *Technol.*, 22, 1389.

한편, 여기에 수록된 향기 성분들은 30년 전의 각종 분석 및 구조 결정 장치들을 사용하여, 분리, 동정한 것들이며, 이미 설명한 대로 분석 장치나 분석 방법들이 해마다 향상되고 있어 그 수와 종류는 계속 증가하고 있다. 따라서 최근에 발표되고 있는 향기 성분들의 종류와 수는 비교할 수 없이 많으며, 앞으로도 계속 어느 단계까지는 증가할 것으로 보인다. 그러나 전술한 대로, 표 4-4에서와 같이 한 과실의 향기의 특징 또는 특성을 형성하는 주요 향기 성분들의 수에는 급격한 증가를 기대하기 어렵다.

이제 대표적인 과실의 향기 성분들에 대해서 살펴보면 다음과 같다.

표 4-5 사과의 향미 성분 농축물에서 검출된 향기 성분들

에탄올(ethanol)	에틸 아세테이트(ethyl acetate)
1-프로파놀(1-propanol)	에틸 프로피오네이트(ethyl propionate)
아이소뷰타놀(isobutanol)	프로필 아세테이트(propyl acetate)
뷰타놀(butanol)	뷰틸 아세테이트(butyl acetate)
2-메릴뷰탄-1-올(2-methylbutan-1-ol)	에틸 뷰티레이트(ethyl butyrate)
1-헥사놀(1-hexanol)	메틸뷰틸 아세테이트(methylbutyl acetate)
2-헥센-1-올(2-hexen-1-ol)	헥실 아세테이트(hexyl acetate)
아세트알데하이드(acetaldehyde)	2-헥세닐 아세테이트(2-hexenyl acetate)
헥사날(hexanal)	다이에틸 에터(diethyl ether)
2-헥세날(2-hexenal)	아이소펜탄(isopentane)

Schultz, T. H. et al., 1967, *J. Food Science.*, 32, 281.

사과의 향기 성분 사과의 향기 성분들에 대해서는 과거 50년에 걸쳐서 널리 연구되어 왔으며, 대략 40여 개 이상의 향기 성분들이 실제로 검출되고 있다.

한 예로서 슐츠(Schultz, T. H. *et al.*, 1967)는 사과의 향미 성분 농축물에 존재하는 향기 성분들을 가스-액체 크로마토그래피 장치로 분석하여 표 4-5와 같은 성분들을 검출하고 있다.

그 결과를 보면 탄소 수가 2개에서 6개까지의 알콜류, 알데하이드류, 그리고 초산, 프로피온산, 뷰티린산들과의 에스터류가 그 주성분으로 생각된다.

한편, 더 구체적인 연구들의 한 예로서 골든 델리셔스(Golden Delicious) 품종 사과 향기 성분들 중 헥실 2-메틸뷰티레이트(hexyl 2-methyl-butylrate)의 비중이 대단히 크다고 한다(Friher, C. and Scott, T. R., 1997).

실제로 슈맛하들(Schumacher, K. *et al.*, 1998)은 신선한 사과들과 가공처리 된 사과들이 향기 성분들을 동적 헤드스페이스법(dynamic headspace method), 루드빗히(Ludwig)의 액체/액체 추출법(liquid/liquid extraction method), 라이켄스와 닛커슨(Likens and Nickerson)의 동시 수증기증류/추출법(simultaneous distillation/extration method)을 사용하여 향기 성분들을 추출하고, 다차원(多次元) GLC/MS법(Multi-Dimensional GC/MS method)으로 그 휘발성분들을 조사한 바 있다. 이들은 사과의 특성 향기 성분들(impact flavor compounds)로서 2-메틸뷰티노인산(2-methylbutanoic acid)과 이 유기산에 해당하는 메틸 ~ 헤키실 에스터들(the coresponding methyl ~ hexyl esters)들, 즉 메틸 ~ 헤키실 2-메틸뷰티레이트들(methyl ~ hexyl 2-methylbutlyrate)을 들고 있다.

감귤류의 향기성분 아타웨이들(Attway, J. A. and Oberbacher, M. F., 1968)에 의하면, 오렌지의 향기 성분들로는 에틸 아세테이트(ethyl acetate), 에탄올(ethnol), 에틸 뷰티레이트(ethyl butyrate), 리모넨(limonene), 에틸 캅프로에이트(ethyl caproate), 에틸 캅프릴레이트(ethyl caprylate) 등이 가스-액체 크로마토그래피에 의해서 분리, 검출되었다고 한다.

한편, 벨드휘스들(Veldhuis, M. K. *et al.*, 1967)은 감귤류의 방향유 성분들로서 코페인들(α, β-copaenes), 큐베벤들(α, β-cubebenes) 등의 텔펜 화합물들(terpenoid compounds)을 분리하고 있다(그림 4-3 참조).

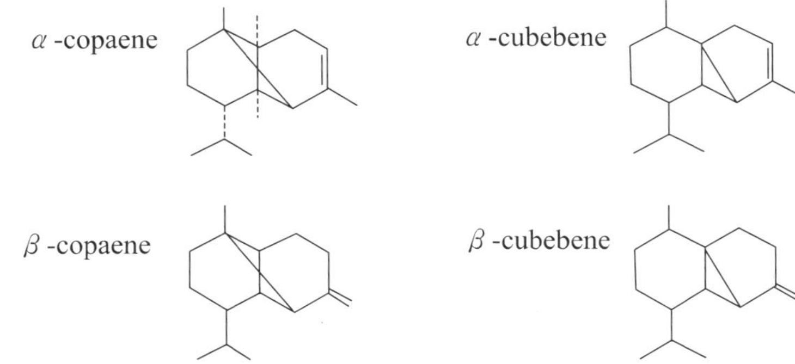

[그림 4-3] 감귤류(citrus fruits) 중의 방향유(essential oils)의 향기 성분들
Veldhuis, M. K. *et al.*, 1967. *J. Food Science.*, 32, 697.

스티븐스(Stevens, K., 1969)는 그레이프프루우트(grapefruit)의 주요 향기 성분들로서 누우트카톤(nootkatone)으로 알려진 휘발성 향기 성분을 분리하고 있다. 이 누우트카톤은 아이소프렌 분자, 또는 아이소프렌 단위(isoprene unit 제2장 p.64 참조) 세 개가 결합 된 세스키텔펜(Sesquiterpene, $1^{1}/_{2}$terpene)화합물에 케톤 그룹(ketonegroup)이 한개 기능기(functional group)로 존재하는 세스키텔펜 케톤(sesquiterpene ketone)으로 열, 산 또는 알칼리 등에 대해서 비교적 안정(stable)하다고 한다.

이 누우트카톤은 그레이프프루우트의 특성 향기성분(a flavor impact compound)으로 인정되어 왔으며, 그 함량을 그레이프프루우트 즙의 품질 척도(尺度)로 사용하도록 제안되어 왔다. 이 누우트카톤의 역가에 대해서 쇼오들(Shaw, P. E. *et al.*, 1981)은 여러 문헌의 연구치(硏究値)들을 제시하고 있다.

그 중의 하나로서 물에서는 1ppm, 그레이프프루우트 즙에서는 6ppm이라는 역가를 들고 있다(표 4-3 참조). 분명히 누우트카톤이 가장 중요한 향기 성분이기는 하나, 그레이프프루우트 즙 전체의 향기는 누우트카톤뿐 아니라 각종의 휘발성 알데하이드류 등에 의해서 크게 영향을 받는다고 한다. 이 누우트카톤의 화학구조는 그림 4-4와 같다.

[그림 4-4] 그레이프프루우트(grapefruit)의 주요 향기 성분인 누우트카톤(nootkatone)의 구조
Stevens, K., 1969. *J. Food Science.*, 34, 484.

델 리오들(del Rio, J. A. *et al.*, 1992)은 그레이프프루트의 개화기(開化期, anthesis)후 열매가 맺은 후 누트카톤의 생합성(生合成, biosynthesis)에 깊은 관련이 있는 것으로 알려진 발렌신(valencene)의 함량들을 추적한 바 있다. 이들에 의하면, 누우트카톤의 함량은 35주 이후 급격히 증가했으며, 이 시기는 곧 바로 그레이프흐루트의 열매가 성숙과정에 들어간 시기와 같았다고 한다. 이 시기는 또한 발렌신의 함량이 급격히 감소하는 시기와도 일치하였다고 한다. 누우트카톤 함량의 증가는 이 과실의 성숙도를 나타내는 척도로 삼을 수 있다고 설명하고 있다. 36주후의 이 과실들의 노란껍질

(flavedo)의 누우트카톤의 함량은 대략 4,800㎍/100g 신성한 시료, 안쪽의 흰 껍질(albedo)의 경우, 58㎍/100g 시료, 과육(果肉) 부분의 마쇄물(pulp)의 경우, 92㎍/100g 시료 이었다고 한다.

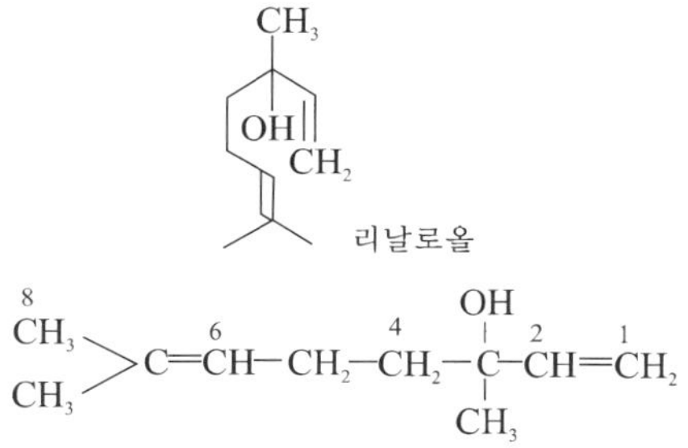

리날로올

리날로올(linalool, 3,7-dimethyl-1, 6-octadiene-3-ol)

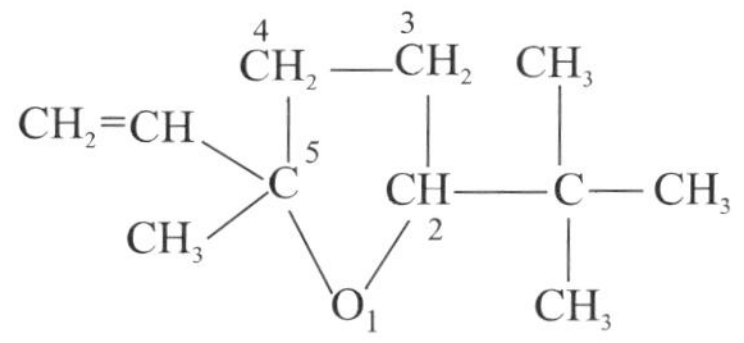

리날로올 모노옥사이드
linalool monoxide ; 2-methylisopropyl-5-methyl-vinyl-tetrahydrofuran

[그림 4-5] 무환(無環) 모노터펜 화합물(acyclic monoterpene)의 하나인 리날로울과 리날로울 모노옥사이드의 구조들. 그레이프프루우트 뿐만 아니라 일반 감귤류의 구요 향기 성분들이다.
Stevens, K., 1969. *J. Food Science*,. 34, 484.

표 4-6 신선한 또는 통조림으로 해서 저장된 그레이프프루우트(grapefruit) 즙 속의 휘발성, 수용성 성분들

휘발성 수용성 성분들(volatile, water-soluble canned juice)	신선한 그레이프프루우트 즙(fresh grapefruit juice)	새로 통조림된 즙(freshly canned juice)	4년간 저장된 통조림 즙(stored constituents)
아세트알데하이드 (acetaldehyde)	1.45mg/kg juice	0.33mg/kg juice	0.6mg/kg juice
아세톤(acetone)	무	무	0.1mg/kg juice
훌후랄(furfrual)	무	흔적	8.2mg/kg juice
에틸 알콜(ethyl alcohol)	400mg/kg juice	400mg/kg juice	460mg/kg juice
메틸 알콜(methyl alcohol)	0.2mg/kg juice	0.2mg/kg juice	23mg/kg juice
초산(acetic acid)	무	1.9mg/kg juice	23.3mg/kg juice
황화수소(hydrogen sulfide)	흔적	무	흔적

Kirchner, J. G. and Miller, J. M., 1953. *J. Agr. Food Chem.*, 1, 511

한편, 킬히너들(Kirchner, J. G. and Miller ,J. M., 1953)은 이 그레이프프루우트(grapefruit)에서 다량의 에틸 알콜(400mg/kg), 소량의 아세트알데하이드(1.45mg/kg), 메틸 알콜(0.2mg/kg), 리모넨(limonene, 15.7mg/kg), 캬리요필렌들(α, β-caryophyllenes), 시트랄(citral), 카아베올(carveol), 리날로올 모노옥사이드(linalool monoxide) 등의 함량도 증가하였음을 밝히고 있다.

특히 훌후랄은 당류(sugars) 또는 아미노산류와 같은 질소화합물들이 관련된 갈색화 반응(browning reaction)에 의해서 형성되는 사실이 알려져 있으므로 이 휘발성 성분은 신선한 귤류의 즙과는 다른 가공된 귤류 또는 귤즙의 특이한 냄새에 기여하는 것으로 믿어지고 있다(표 4-7 참조).

한편, 젤라들(Jella, P. *et al.*, 1998)은 시판 그레이프흐루트 쥬스 중의 52개의 향기 성분들(52 aroma compounds)과 5개의 맛 성분들(taste components)과 쥬스의 기호성에 대한 관계를 관능검사원들의 힘을 빌려 연구한 바 있다.

표 4-7 신선한 또는 통조림으로 해서 저장된 그레이프프루우트(grapefruit) 즙 속의 휘발성유성분들

휘발성유 성분들 (volatile, water-soluble constituents)	신선한 그레이프프루우트즙(fresh grapefruit juice)	새로 통조림 된 즙(freshly canned juice)	4년간 저장된 통조림 즙(stored canned juice)
리모넨(limonene)	15.71mg/kg juice	17.70mg/kg juice	11.17mg/kg juice
α-카리요필렌 (α-caryophyllene)	0.10mg/kg juice	0.10mg/kg juice	0.12mg/kg juice
β-카리요필렌 (β-caryophyllene)	1.40mg/kg juice	1.40mg/kg juice	0.87mg/kg juice
산화 카리요필렌 (caryophyllene oxide)	0.80mg/kg juice	0.80mg/kg juice	0.27mg/kg juice
시트랄(citral)	0.10mg/kg juice	0.10mg/kg juice	0.10mg/kg juice
카아베올(carveol)	0.30mg/kg juice	0.30mg/kg juice	0.27mg/kg juice
α-터피네올 (α-terpineol)	0.03mg/kg juice	0.88mg/kg juice	2.02mg/kg juice
3-헥센-1-올(3-hexene-1-ol)	0.12mg/kg juice	무	무
리날로올 모노옥사이드 (linalool monoxide)	0.37mg/kg juice	2.03mg/kg juice	8.95mg/kg juice

Kirchner, J. G. and Miller, J.M., 1953. *J. Agr. Food Chem.*, 1, 512.

이들의 연구결과에 의하면 52개의 향기 성분들 중 가장 영향력이 큰 성분들은 머어센(myrcene), 베타-리요필렌, 리날로올, 누우트카톤 등이였으며, 맛 성분들 중에서는 %당농도(糖濃度), 즉 Brix 등 다섯 개의 요인들이었다고 한다. 누우트카톤 단독으로는 쥬스의 기호도 평점(preference scores)을 좌우할 수 없었다고 한다. 가장 기호도가 높게 평가된 쥬스들의 그룹(기호도에 따라 세 개의 그룹들로 분류했음)은 낮은 농도의 머어센, 낮은 농도의 리날로온, 중간 농도의 베타-카리요필렌을 함유하고 있었으며, 29종류의 시판 쥬스류에서 얻은 시료들 중 82%는 단지 위의 다섯 개 요인들의 함량들을 조사함으로서, 그 기호도를 정확히 예측할 수 있었다고 한다. 한편, 100%의 적중율을 얻기 위해서는 19개의 성분들에 대한 분석이 필요했다고 한다.

정들(Jeong, J. W. *et al.*, 1998)은 유자(柚子, *Citrus iunos* SIEV *ex* TANAKA)의 껍질을 열건조 또는 냉동건조 후 헥세인(hexane) 등 15종의 용매로 그 향기 성분들을 각각 추출하여 향기 성분들의 종류와 함량을 조사한 바 있다. 이들은 냉동건조 한 시료를 다이클로로메탄(dichloromethane)으로 추출해서 얻은 정유(精油, oleoresin)에서 상대적으로 더 넓은 범위의 향기 성분들을 검출할 수 있었다고 한다.

검출된 향기 성분들 중 리모넨(limonene)과 감마-터어피넨(γ-terpinene)이 전체의 85%를 차지했었으며, 그 외의 주요 향기 성분들로서는 알파-피넨(α-pinene), 머어선(myrcene), 터어피놀렌(terpinolene), 베타-파네신(β-farnescene), 델타-엘레멘(δ-elemene), 리날로올(linalool) 등을 들고 있다. 이들은 다이클로메탄을 용매로 사용한 추출에서는 냉동건조 한 유자의 껍질에서 29종, 메탄올(CH_3OH)을 사용했을 경우에는 32종의 향기 성분들과 기타의 추출성분들을 분리하고 있으나 그 종류는 크게 다른 것 같다.

즉, 추출용매 자체의 성질이 추출향기 성분들의 종류와 구성에 큰 영향을 주는 것 같다.

바나나의 향기 성분 바나나의 향기 성분들에 대해서는 많은 연구가 이루어져 왔다. 일찍이 1905년에 로텐바하와 에벌라인들(Rotenbach, F. and Eberlein, L.)은 바나나의 특성 향기 성분들(characteristic flavor factors)로서 아밀 아세테이트(amyl acetate), 아밀 아이소발레레이트(amyl isovalerate) 등을 검출하고 있다.

한편, 폰 레제케(von Loesecke)는 1950년에 성숙된 락카탄 품종의 바나나(Lacatan variety banana)에서 초산(acetic acid), 뷰티린산(butyric acid)의 아밀 에스터들(amyl esters), 아세트알데하이드, 극소량의 메틸 알콜, 에틸 알콜 등을 검출하고 있다.

한편, 헐틴과 프록터들(Hultin, H. O. and Proctor, B. E., 1961)은 가스 크로마토그래피에 의해서 바나나의 휘발성 성분들로서 초산, 메틸 알콜, 에틸 알콜, 메틸 아세테이트(methyl acetate), 에틸 아세테이트(ethyl acetate), 헥세날(2-hexenal), 펜타논(2-pentanone), 아이소아밀 알콜(isoamyl alcohol), 아이소아밀 아세테이트(isoamyl acetate), 옥타논(2-octanone) 등으로 검출하였으며, 도한 이상의 휘발성 성분들의 함량이, 미숙한 바나나, 반 성숙된 바나나, 완전히 성숙된 바나나, 과숙된 바나나(over-ripe banana) 등에서 어떻게 변화하였는가를 조사하고 있다(표 4-8 참조).

표 4-8 여러 성숙단계에 있는 그로스 마이켈 종 바나나의 펄프(Gros Michel banana pulp)에 함유된 일부 휘발성 성분들

휘발성 성분들 \ 성숙단계	미숙된 바나나 (green) 함량(mg/100g pulp)	반 성숙된 바나나 (half-ripe) 함량(mg/100g pulp)	성숙된 바나나 (ripe) 함량(mg/100g pulp)	과숙된 바나나 (over-ripe) 함량(mg/100g pulp)
초산(acetic acid)	0.26	0.56	0.48	1.57
메틸 알콜(methyl alcohol)	2.2	18.5	1.5	5.6
에틸 알콜(ethyl alcohol)	1.1	0.4	0.5	22.6
아이소아밀 알콜 (isoamyl alcohol)	0.3	0.4	0.1	5.6
메틸 아세테이트 (methyl acetate)	4.5	9.5	1.3	5.0
에틸 아세테이트 (ethyl acetate)	22.4	9.5	0	16.9
아이소아밀아세테이트 (isoamyl acetate)	0.02	0.1	0.02	1.2
헥세날 (2-hexenal)	2.2	4.6	7.6	1.9
펜타논 (2-pentanone)	2.1	1.4	2.7	1.1
옥타논 (2-octanone)	0.3	0.2	0.8	0.8

Hultin, H. O. and Procter,. B. E. 1961. *Food Technol.*, 15, 443.

이들은 미숙한 바나나나 성숙한 바나나의 향기는 바로 이상과 같은 휘발성 성분들의 양과 밀접한 관련이 있는 것으로 생각하고 있다.

한편, 윅크(Wick, E. L., 1965)도 발레리(Valery) 품종의 바나나에서 추출한 휘발성 성분들을 가스 크로마토그래피에 의해서 분리, 동정한 바 있다. 윅크가 확인한 바나나의 휘발성 성분들의

종류와 그 가스 크로마토그램(gas chromatogram)은 그림 4-6과 같다. 윅크는 바나나의 휘발성 성분으로서 2-3개의 알콜류, 1개의 케톤(ketone), 8개의 에스터류 등 합계 14개의 휘발성 성분들을 분리, 동정하고 있다.

파인애플의 향기 성분 파인애플의 휘발성 성분들에 대해서는 널리 연구되어 왔으며, 많은 에스터류, 알콜류, 카아보닐 화합물들(carbonyl compounds)이 검출되고 있다. 그 예를 보면 표 4-8과 같다.

전술한 바와 같이 가스-액체 크로마토그래피 장치와 질량분광분석기(CG-MS)를 연동(聯動)시킨 분석법 등의 급속한 발전에 따라, 여러 연구자들에 의해서 100여 종 이상의 향기 성분들이 분리되고 있으며, 표 4-9는 그 중의 대표적인 예로 볼 수 있다.

또한 근래에 와서 파인애플의 특유한 향기 성분들의 하나로서 1,3,5-운데카트라이엔(1,3,5- undecatriene), 1,3,5,8-운데카테트라엔(1,3,5,8-undecatetraene)들이 버어거들(Berger, R. G. *et al.*, 1985)에 의해서 보고되고 있다.

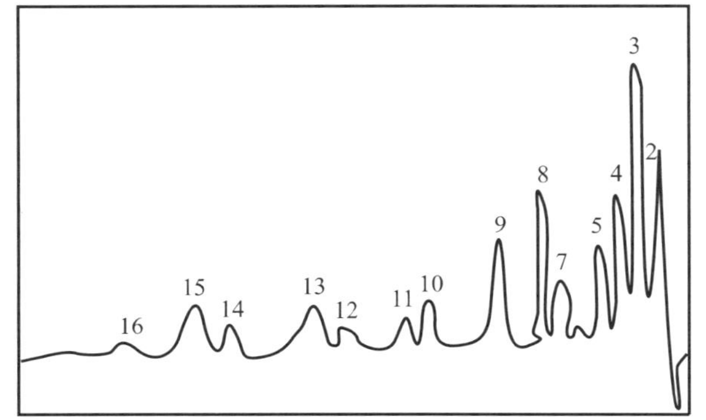

2. 2-methyl acetate
4. 4-pentanone
5. butyl acetate
8. butyl alcohol
9. isoamyl acetate
10. amyl alcohol
11. amyl acetate
12. butyl butyrate
13. amyl propionate
14. hexyl acetate
15. amyl butyrate
16. hexyl alcohol

[그림 4-6] 바나나(Valery 품종)의 휘발성 성분들의 종류와 가스 크로마토그램(gas chromatogram).
Wick, E. L., 1965. *Food Technol.*, 19, 829.

한편, 슈우들(Shu, C. K. et al., 1985)은 파인애플의 특성 향기 성분들(characteristic flavor compounds)의 하나인 2,5-다이메틸-4-하이드록시-3(2H)-후라논(2,5-dimethyl-4-hydroxy-3(2H) furanone, 2,5-DMHF)은 근래에 와서는 당류의 함량이 큰 과실류, 그 외에도 당류가 더 첨가된 가당(加糖) 과실류, 혹은 풍당(楓糖) 시럽(maple syrup) 등의 기열분해, 즉 캬라멜화 과정(caramelization)에 의한 산화생성물들(oxidation products)의 하나로 생각되고 있으며, 후라니올(Furaneol)로도 알려지고 있다. 같은 화합물의 경우에도 치환기(substituent group)들 중 수산기(hydroxyl group)를 먼저 앞세워 4-하이드록시-2,5-다이메틸-3(2H)-후라논(4-hydroxy-2,5-dimethyl-3(2H)-franone, HD3F)으로도 잘 알려져 있다. 여기서 이 화합물 프라논(franone) 기본구조의 하나인 환(環, the ring) 중의 산소원자를 1번으로, 카아보닐 기(the car bonyl group)를 형성하고 있는, 환을 구성하는 탄소원자를 4번으로, 그리고 2번과 3번의 탄소원자들은 다른 구성 탄소원자들과 달리, 각각 수소원자들을 하나씩 더 갖고 있다는 표시로 -3(2H)- 의 기호가 사용되고 있다. 이 화합물은 상쾌한 향기 때문에 잼, 젤리, 아이스크림, 청량음료 등에 널리 사용되고 있으며, 향료산업(flavor industry)에서도 매우 중요한 향기 성분이 되어가고 있다.

표 4-9 파인애플 향기추출물(pineapple essence extract)에서 분리, 확인된 향기성분들

에탄올(ethanol)	2-메틸-1-뷰틸 아세테이트(2-methyl-1-butyl acetate)
메틸 아세테이트(methyl acetate)	에틸 펜타노에이트(ethyl pentanoate)
에틸 아세테이트(ethyl acetate)	메틸 헥사노에이트(methyl hexanoate)
2-메틸-3-뷰텐-2-올(2-methyl-3-buten-ol)	다이메틸 말로네이트(dimethyl malonate)
메틸 프로피오네이트(methyl propionate)	에틸 헥사노에이트(ethyl hexanoate)
2-메틸-1-프로파놀(2-methyl-1-propanol)	메틸 헵타노에이트(methyl heptanoate)
2-프로필 아세테이트(2-propyl acetate)	메틸 3-메틸싸이오프로피오네이트(methyl 3-methylthiopropionate)
벤젠(benzene)	메틸 3-하이드로헥사노에이트(methyl 3-hydroxyhexanoate)
메틸 2-메틸프로피오네이트(methyl 2-methylpropionate)	에틸 헵타노에이트(ethyl heptanoate)
3-펜타논(3-pentanone)	에틸 3-메틸싸이오프로피오네이트(methyl 3-methylthiopropioate)
에틸 프로피오네이트(ethyl propionate)	리날로올(linalool)
1-프로필 아세테이트(1-propyl acetate)	메틸 옥타노에이트(methyl octanoate)
메틸 뷰티레이트(methyl butyrate)	에틸 3-하이드록시헥사노에이트(ethyl 3-hydroxyheanoate)
1,1-다이에톡시에탄(1,1-diethoxyethane)	에틸 벤조에이트(ethyl benyoate)
3-메틸뷰탄-1-올(3-methylbutan-1-ol)	에틸옥타노에이트(ethyl 3-hydroxyhexanoate)
2-메틸뷰탄-1-올(2-methylbutan-1-ol)	터어피넨-4-올(terpinen-4-ol)
2-메틸-1-프로필 아세테이트(2-methyl-1-propyl acetate)	메틸 3-아세톡시헥사노에이트(methyl 3-acetoxyhexanoate)
메틸 2-메틸뷰티레이트(methyl 2-methylbutry rate)	알파-터어피네올(α -terpineol)
다이에틸 카아보네이트(diethyl carbonate)	에틸 3-아세톡시헥사노에이트(ethyl 3-acetoxyhexanoate)
에틸 뷰티레이트(ethyl butyrate)	
메틸 펜타노에이트(methyl pentanoate)	
에틸 2-메틸뷰티레이트(ethyl 2-methylbutyrate)	
에틸 3-메틸뷰티레이트(ethyl 3-methylbutyrate)	
3-메틸-1-뷰틸 아세테이트(3-methyl-1-butyl acetate)	

Flath, R. A. and Forrey, R. R., 1970. *J. Agr. Food Chem.*, 18. 307.

그 외에도 파인애플의 특징 있는 향기 성분들로서는 γ-캅프로락톤(γ-caprolactone), 차비콜(chavicol) 등이 알려져 있으며, 이상의 특징 있는 향기 성분들의 이름들과 일부 구조식들은 각각 표 4-9와 그림 4-7과 같다.

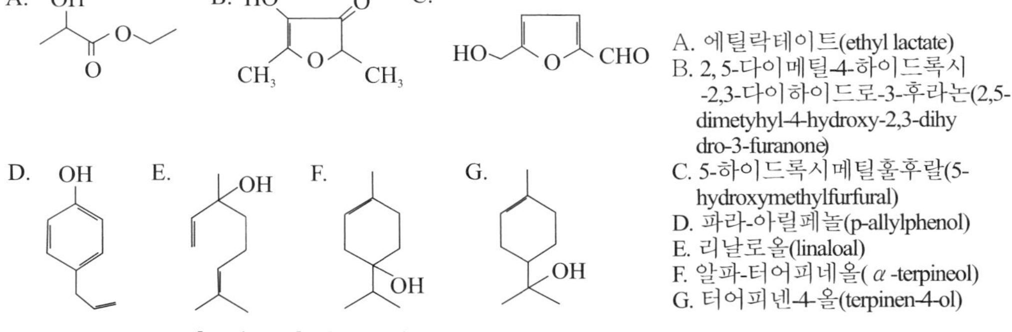

[그림 4-7] 파인애플(pineapple)의 일부 향기 성분들의 구조식.
Flath, R. A. and Forrey, R. R., 1970. *J. Agr. Food Chem.*, 18, 308.

포도의 향기 성분 웹(Webb, A. D., 1962)은 두 품종 포도(Muscut of Alexandria 및 Concord varieties)의 휘발성 향기 성분들을 추출하여 메틸 알콜, 에틸 알콜, 아세트 알데하이드, 메틸 아세테이트, 에틸 아세테이트 등을 검출하고 있다(표 4-10 참조).

웹에 의하면, 콘코오드 품종의 포도에는 머스컷트 품종의 포도에 함유되어 있지 않은 아세톤, 초산 그리고 특히 메틸 안트라닐레이트(methyl anthranilate) 등이 함유된 점이 특이했으며, 따라서 포도라도 그 품종이 다르면 일부 향기 성분들의 종류나 함량이 다를 것이 예상된다.

한편, 머스컷트 계통 포도의 향기 성분들에 대해서는 웹의 연구 외에도 계속 보고되고 있다. 예로서, 백들(Baek, H. H. *et al.*, 1997)은 미국 미시시피주에서 생산된 머스컷트계 포도(Muscadine grape, Vitis rotundifolia Michx)에서 얻은 즙(汁)에서 향기 성분들을 추출한 후, 그 종류와 함량을 GC/MS 법으로 분석하는 동시에, 각 향기 성분의 강도(强度, aroma intensities)를 GC/olfactometry 법을 사용하여, 즉 향기 성분 휘석분석법(aroma extract dilution analysis, AEDA)을 사용하여 측정한 바 있다. 이들은 대략 33종의 향기 성분을 검출하고 이 중에서 그 구조가 확실한 21개 향기 성분들의 농도(ppm), 물에서의 역가(threshold)들, 그리고 각 성분들의 향기 기여도(寄與度)를 향미값(aroma value)으로 표시하고 있다(표 4-11 참조).

표 4-10 콘코오드 포도(Concord grapes)의 휘발성 성분들(volatile constituents)(mg/ml.)

에틸 알콜(ethanol)	35.0
메틸 알콜(methanol)	1.5
에틸 아세테이트(ethyl acetate)	3.5
메틸 아세테이트(methyl acetate)	0.15
아세톤(acetone)	0.3
아세트알데하이드(acetaldehyde)	0.03
메틸 안트라닐레이트(methyl anthranilate)	0.033
초산(aceteic acid)	–

Webb, A.D., 1962. *Food Technol.*, 16, 56.

이 향미값은 다음과 같이 정의 된다. 즉

향미값 = 향기 성분의 농도(ppb)/역가(aroma threshold in water, ppb)

이 향미값은 21개의 향기 성분들 중, 파인애플의 특성 향기성분들의 하나로 간단히 설명한 바 있는 후라네올(Furaneol, 2,5-dimethyl-4-hydroxy-3(2H)-franone, 2,5-DMHF)이 압도적으로 높은 수치, 즉 310~480를 보이고 있다. 21종류 중 그 다음으로 향미값이 큰 2-페닐에탄올(2-phenylethanol)은 46-51, o-아미노아세토 페논(o-aminoacetophenone) 25-84 등으로, 그 수치들은 상대적으로 볼 때 매우 낮다. 이들에 의하면, 후라네올의 함량이 너무 클 때는 탄내(burnt sugar)가 너무나 커져서, 향기와 질(the aroma quality), 특히 포도주 제조에 적합하지 않다고 한다. 예로서 *Vitis labrusca* 또는 *Vitis rotundifolia* 품종의 포도들은 식탁용 포도주(table wines) 제조에는 적합하지 않다고 한다.

딸기의 향기성분 딸기의 향기 성분들에 대해서도 오래 전부터 그 향기 성분들에 대한 연구가 진행되어 왔으며, 1950년대에 들어서는 가스/액체 크로마토그라피 장치를 사용한 미량, 분리 분석법의 유용성이 확인되면서부터 점차 널리 사용되기 시작했다. 1955년에는 딸기들의 주요향기 성분들로서 볼네올(borneol), 캅프로인산의 메틸에스터(methyl caproate), 캅프로인산의 에틸에스터(ethyl caproate), 아밀알데하이드(amylaldehyde), 초산의 벤질에스터(benzyl acetate) 등이 이미 알려져있었으며, 합성 딸기향료(synthetic straw errybflavor)의 처방(處方)도 만들어져 있다고 한다.(Katz, A., *Food Technol.*, 9, 636, 1955; Meyer, L. H. "*Food Chemistry.*" p.162, Reinhold Pub., Corp., New York, 1960 참조). 그 동안 딸기의 향기 성분들에 대해서는 꾸준히 연구가 계속되어 왔었다.

표 4-11 머스컷트 품종 포도의 즙에서 확실하게 구조가 밝혀진 향기 성분들의 농도, 역가와 향미값

향기성분들의 이름	그 농도(ppb)	그 역가(ppb)	그 향미값
ethyl acetate	19-74	8.5	3.4-8.7
2,3-butanoate	12-23	2.6	4.6-8.8
ethyl butanoate	14-40	1	14-40
ethyl 2-methylbutanoate	0.42-4.8	0.1	14-40
hexanal	11-28	5	2.2-5.6
3-methyl-1-butanol	83-100	250	0.33-0.40
ethyl hexanoate	16-28	1.8	8.9-16
1-octen-3-one	-	0.09	na
acetic acid	52-277	144	1.40-1.9
3-(methylthio)propoanl	-	0.2	na
ethyl 3-hydroxybutanoate	390-550	na	na
(E,Z-)-2,6-nonadienal	-	0.01	na
phenylacetaldehyde	50-14	4	1.3-3.5
3-methylbutanoic acid	-	2.5	na
(E,Z-)-2,6-nonadienol	2.1-6.4	na	na
phenethyl acetate	1.8-8.6	na	na
(E)-geraniol	1.6-7.7	na	na
2-phenylethanol	750-870	17	46-51
2,5-dimethyl-4-hydroxy-3(2H)-furanone	9,600-15,000	31	310-480
p-vinylguaiacol	20-35	10	2.0-3.5
o-aminoacetophenone	10-19	0.4	25-48

농도(concentration in ppb)는 네 개 시료의 평균치.
역가(thresthold in water, ppb)는 수용액에서 측정.
향미값 (aroma value) = 농도/역가
na=not available
Eaek, H. H *et al.*, 1997.

기호 E, Z는 종래의 cis, trans 기호 체계의 결점을 보강하기 위해 IUAC에서 정한 기호로서 일반적으로 E는 trans, Z는 cis에 해당한다.

한 예로서 시벌레들(Schieberle, P. and Hoffman, T., 1997)은 딸기의 향기성분들로서 360종류 이상의 향기 성분들을 밝히고 있으며(Latrasse, A., 1991), 자신들이 전에 실시한 연구에서는 15종류의 향기 성분들이 향기 성분 휘석분석법(an aroma extract dilution analysis, AEDA)에서 가장 높은 향기휘석도(flavor dilution factors)를 가지고 있었다고 한 바 있다(Schieberle, P., 1991). 이들은 이상 15종류의 향기 성분들의 향기특성(ordor quality), 농도(concentration, mg/kg 시료), 냄새역가(odor thresholds, mg/L in water), 향기활성값(odor activity value, OAV. 즉 향기 성분의 농도/역가) 등을 조사한 바 있다(표 4-12 참조).

표 4-12 신선한 딸기의 특성 향기 성분들의 냄새 역가, 농도, 향기활성 값

향기성분들	역가	농도	향기활성값
4-hydroxy-2,5-dimethyl-3(2H)-furanone(Furaneol)	10	16239	1624
(Z)-3-hexenol	0.25	333	1332
methyl butanoate	5	4957	991
ethyl butanoate	-	410	410
ethyl 2-methylbutanoate	0.15	7C	42C
ethyl 3-methylbutanoate	0.20	7C	42C
methyl 2-methyl butanoate	0.25	48C	150C
methyl 3-methyl butanoate	0.40	48C	150C
acetic acid	60000	74513	1
2,3-butanedione	3	1292	431
butanoic aicd	2730	1831	<1
3-methylbutanoic aicd	540	2237	3-4
2-methylbutanoic aicd	740	2237	3-4
ethyl 2-methylpropanoate	0.1	43	430
4-methoxy-2,5-dimethyl-3(2H)-furanone	25	20	<1

향기활성값(odro acitivity values, ODA) = 농도/역가
역가(threshold, mg L in water)
농도(concentration, mg/kg fresh sample)
3-methyl 및 2-methylbutanoic acid들의 분리가 잘 안되어 이 이성체들의 총량을 기준으로 했음.
Schieberle, P. and Hofmann, T., 1997.

이들은 신선한 딸기의 향기 성분들 중 그 특성 향기 성분들(the key flavor compounds, 즉 charcater impact compounds)로서는 4-하이드록시-2,5-다이메틸-3(2H)-후라논, 즉 후라네올(4-hydroxy-2,5-dimethyl-furanone or Furaneol), (Z)-3-헥세날(Z-3-hexenal, 즉 cis-3-hexenal), 뷰타노인산의 메틸에스터(methyl butanoate), 2,3-뷰탄다이온(2,3-butanedione), 에틸 2-메틸프로파노에이트(ethyl 2-methyl propanoate), 에틸-2-메틸 뷰타노에이트(ethyl 2-methyl butanoate) 등 이었다고 보고하고 있다.

한편 고분해도 크로마토그라피 장치(high resolution chromatograph)로도 분리가 잘 안되었던 2-, 3-메틸 이성체들(2-, 3-methyl isomers, 즉 표 4-12의 위부터 5,6번, 7,8번과 11,12번 등)을 각각 2-메틸 유도체들로 묶어서 생긴 12개(15개 대신) 향기 성분들 중 한 가지를 뺀 상태에서 인공쥬스와 신선한 쥬스의 향기를 비교해 본 결과 후라네올(Furaneol), (Z)-3-헥세날(Z-3-hexenal), 뷰타노인산의 메틸에스터(methyl butanoate) 등이 빠졌을 때는 딸기 향기의 이상을 쉽게 식별했으며, 특히 후라네올(4-hydroxy-2,5-dimethyl-3(2H)-furanone)의 경우 그 영향이 가장 컸었다고 한다. 이들 결과는 다른 일부의 포도 품종의 즙에서도 볼 수 있었다고 한다.

한편, 골라스제우스키들(Golaszewski, R. *et al.*, 1998)도 세 품종의 딸기들의 신선한 즙에서 15종의 향기 성분들을 추출한 바 있다. 이 중에서 후라네올(furaneol, 2,5-dimethyl-4-hydroxy-3(2H)-fruanone)과 메시후란(mesifuran, 2,5-dimethyl-4-methoxy-3(2H)-furanone)은 신선한 딸기 향기와 밀접하게 관련되어 있다고 보고하고 있다.

또한 페레제들(Perez, A. G. et al., 1999)은 딸기과실의 과병(果柄, fruit peduncles)의 배양액

(incubation medium)에 설탕을 가했을 때는 후라네올의 함량이 증가되지 않았으나 프럭토오스(과당, fructose)가 존재했을 때는 후라네올의 형성량이 42.6%, 특히 프럭토오스 6-인산염(fructose 6-phosphate)이 존재할 때는 그 형성량이 125%나 증가한 것으로 보아 딸기 속의 후라네올(furaneol, 즉 2,5-dimethyl-4-hydroxy-3(2H)-furanone)은 프럭토오스 6-인산염에서 생합성(生合成, biosynthesis)되는 것으로 생각하고 있다.

한편 김들(Kim, K. S. *et al.*, 1999)은 다같이 박과(*Curcurbitaceae* family)에 속하는 수박(*watermelon, Citrullus* vulgaris S.)과 참외(*oriental melon, Cucumis melo* L.)를 국내 경기도 광주 소재 광주 농산물 직판장에서 구입 후, 그 향기 성분들을 동시 수증기류/추출법(simultaneous steam distillation and extraction method, 즉 SDE method)으로 추출한 후 GC/MS법으로 분리, 동정한 바 있다.

이들은 수박에서는 37종의 향기 성분들을 검출한 바 있으며 이중(Z)-3-nonen-1-ol, (Z,Z)-3,6-nonadien-1-ol, (E,Z)-2,6-nonadienal, (E)-2-nonenal 등이 특성 향기 성분들(characteristic flavor components)이었으며, 참외의 경우 55종의 향기 성분들이 검출되었으며, 이 중에서는 (Z)-3-nonenyl acetate, (Z)-6-nonenyl acetate, (Z,Z)-3,6-nonadienyl acetate, thioester 등이 중요한 향기 성분들이였다고 보고하고 있다.

채소의 향기성분

채소류의 향기 채소류의 특유한 향기는 대부분의 경우, 과실의 경우와 마찬가지로 본래 갖고 있었거나, 당류, 아미노산들, 각종 신진대사물들에서 형성된 휘발성인 알데하이드류, 케톤류, 산류, 에스터류, 텔페노이드 화합물들(terpenoids compounds) 등의 향기 성분들과 채소에 함유되어 있는 휘발성 황 화합물들(volatile sulfur compounds) 또는 황 화합물들의 분해 생성물들에 의한 것으로 생각되고 있다.

일반적으로 채소조직에는 다음과 같은 황 화합물들이 존재한다. 즉,

1. 단백질 내의 황 함유 아미노산들(sulfur-containing amino acids)
2. 휘발성 황 화합물들(volatile sulfur compounds)
3. 휘발성 황 화합물들의 배당체들(glycosides)
4. 비휘발성 황산염들(non-volatile sulfates)

이 중에서 네 번째의 비휘발성 황산염들은 채소류의 냄새에 아무 영향을 주지 않으나, 기타의 황 화합물 성분들은 직접적으로 또는 간접적으로 채소류의 특유한 향기에 기여하는 것으로 생각되고 있다.

토마토의 향기성분 신선한 토마토나 그 즙 속의 휘발성 향기 성분들에 대해서는 널리 연구되어 왔다. 한 연구결과에 의하면, 100g의 토마토 속에는 24mg 내지 60mg의 휘발성 유기산들(volatile organic acids)과 18mg 내지 22mg의 메틸알콜이 존재하며, 이들은 토마토 향미의 중요한 성분들을 이루고 있다고 한다.

한편, 토마토의 휘발성 성분들로서는 그 외에도 아세트알데하이드(acetaldehyde), 에틸 아세테이트(ethyl acetate), 아이소발렐알데하이드(isovaleraldehyde), 아이소아밀알콜(isoamyl alcohol), 펜타놀(pentanol), 3-헥세놀-1(3-hexenol-1) 등의 존재가 알려져 왔다.

한편 근래에 와서 토마토의 휘발성 향기 성분들로서 전술한 바와 같은 여러 향기 성분들 이외에도 유우제놀(eugenol), 데카-2,4-다이에날(deca-2,4-dienal), 2-헵테날(2-heptenal), 2-메틸헵트-2-엔-6-온(2-methylhept-2-ene-6-one), 2,6-다이메틸운데카-2,6-다이엔-10-온(2,6-dimethylundeca-2, 6-diene-10-one) 들의 존재가 확인되고 있다.

이미 여러 번 설명한 대로 후라네올(Furaneol, 즉 DMHF, 2,5-dimethyl-4-hydroxy-3(2H)-furanone)은 여러 과실류의 중요한 향기 성분들의 하나지만 이 DMHF가 포도당과 결합하여 형성된 DMHF의 배당체들도 파인애플, 딸기류, 나무딸기(raspherry) 등의 향기 성분으로 존재하는 사실이 알려지고 있다.

크라머들(Krammer, G. E. *et al*., 1994)은 신선한, 가지에 달린 채 성숙된 토마토(*Lycospersicon esculetum* Mill 품종, 미국 캘리포니아주산) 마쇠물에서 얻은 황등색 액체를 각종 용매들로 추출하고 Amberlite XAD-2, 20-60 mesh를 흡착제로 사용한 흡착크로마토그라피, 또는 고성능 액체크로마토그라피(HPLC)법을 이용하여 향기 성분들을 분리하고 이들에 대해서 GC/MS장치를 이용하여 후라네올과 β-D-포도당이 결합한 배당체(配糖體), 즉 2,5-dimethyl-4-hydroxy-3(2H)-furanone β-D-glucopyranoside를 검출하고 있다. 이 사실은 토마토의 주요 향기 성분들로서 후라네올 또는 DHMF의 배당체가 존재한다는 것을 말해주고 있다. 그 함량은 딸기류나 파인애플 등의 경우보다는 적은 것 같다고 한다.

오이의 향기성분 오이 향기의 주성분은 2,6-노나다이에날(2,6-nonadienal)이며, 이외에도 2-노네날(2-nonenal), 에타날(ethanal), 프로파날(propanal), 헥세날(hexenal), 2-헥세날(2-hexenal) 등의 존재가 알려져 있다.

이 중에서도 특히 오래 전부터 오이의 특징 있는 주요 향기 성분의 하나로 알려져 온 2,6-노나다이에날에 대해서는 널리 연구되어 왔다. 그 정식 화학명은 노나-트란스-2-시스-6-다이에날(nona-trans-2-cis-6-dienal)이며, 그 구조는 다음과 같다.

또한, 2-헥세날은 오이뿐만 아니라 딸기, 바나나, 사과 등에서도 발견되어 온 향기 성분이며, 이상과 같은 과실들에서는 주로 조직이 파괴되었을 때 비로소 형성되는 매우 특이한 성질을 갖고 있다고 한다.

한편, 쥬우들(Zhou, A. and Mc Feeters, R. F., 1998)은 신선한 오이와 2%의 소금물에 절인 오이(cucumbers fermented in 2% salt water)와 그 원료가 된 신선한 오이의 향기 성분들을 정적(靜的, static) 헤드스페이스법(headspace method, 즉 a purge and trap method)으로 채집 후, GC/MS법으로 분석하여 37개의 향기 성분들을 검출한 바 있다.

```
CH3CH2         6 CH2CH2        2  H
       \        /       \       /
        C  =  C          C = C
       /        \       /       \
      H          H     H         CH=O
```

2, 6-노나다이에날(2, 6-nonadienal 즉, nona-trans-2-cis-6-dienal)

이들은 이상의 향기 성분들 중 두 종류의 오이(신선한 것과 절인 것)의 향기에 대해서도 그 기여도가 가장 큰 7개의 성분들에 대해서 그 함량(ppb)과 물에서의 냄새역가(odor threshold in water, ppb) 등을 조사, 발표한 바 있다(표 4-13). 일반적으로 한 향기 성분의 전체 향기에 대한 기여도(寄與度, degree of contribution)는 각 향기 성분의 함량을 그 역가로 나눈 수치로 표시됨으로, 신선한 오이나 절임 된 오이를 막론하고 오이의 향기 성분들 중 가장 오이 향기에 영향이 큰 성분은 (E,Z)-2,6-노나다이에날임이 명백하다. 한편, 이 향기 성분은 시벌레들(Schieberle *et al.*, 1990; Zhou, A. and McFeeters, R. F., 1998 참조)이 신선한 오이 향기 성분들을 향기추출물 휘석 분석법(aroma extract dilution analysis, AEDA)을 통해서 조사했을 때, 다른 어떤 오이 향기 성분들보다 기여가 더 큰 향기 성분이나, 이 (E,Z)-2,6-노나다이에날은 오이조직이 파손됐을 때, 이 부분에서 빠른 속도로 형성되기 시작하는 향기 성분인 사실도 지적하고 있다.

식물체의 일부 향기 성분들의 형성과정과 리폭시제네이스 경로 근래에 와서 많은 과실류와 채소류의 중요한 향기 성분들의 일부가 그 식물조직(plant tissues) 내부에서 어떤 경로를 통해서든 조직내부에 형성된 리놀레인산(linoleic acid)이나 리놀레닌산(linolenic aicd)들과 같은 cis, cis, 즉 (Z,Z)-1,4-펜타다이엔 그룹(Z,Z-1,4-pentadiene group, 즉 $-CH_2=CH-CH_2-CH=CH-$)을 가진 불포화지방산들이 리폭시제네이스(lipoxygenase, LOX) 존재 하에서는 공기 중의 산소에 의해서 산화되어 각종 하이드로파록사이드류(hydroperoxides)가 형성되고, 이들 하이드로퍼록사이드들은 하이드로퍼록사이드 라이에스(hydroperoxide lyase, HPOL) 존재 하에서는 계속 산화, 분해되어 각종의 제이차적인 산화생성물들(the secondary oxidation products)을 형성하는 사실이 널리 알려져 왔다(제14장 p. 803～p. 806 참조).

표 4-13 신선한 그리고 2% 소금 용액에서 절인 오이의 주요 향기 성분들의 역가와 그 함량

향기성분	역가(threshold in water), ppb	함량(content), ppb	
		신선한 것	소금절임한 것
ethyl acetate	3000	43	345
hexanal	20	29	12
hexanol	500	20	18
2-heptenal	-	11	10
octanal	0.5	3.8	3.4
linalool	3.8	4.6	44
(E,Z)-2,6-nonadienal	0.01	3093	22.3

Zhou, A. and McFeeters, R. F., 1998.

이상과 같이 식물체내에서 일어나는 전술한 두 효소들, 즉 LOX와 HPOL이 관여하는 산화과정은 리폭시제네이스 경로(LOX pathway)로 알려져 있으며, 과실, 체소류의 많은 중요한 향기 성분들의 형성경로도 알려져 있다. 또한 이상의 과정에는 cis- 또는 -(Z)-3-알데하이드류를 가역적(可逆的)으로 trans- 또는 (E)-2-알데하이드류로 이성화(isomerization) 할 수 있는 에날 아이소머레스(enal isomerase)와 이상의 알데하이드류($R-CH=O$)를 가역적으로 해당하는 알콜류($R-CH_2OH$)로 환원 또는 알콜류를 알데하이드류로 산화하는 반응들에 참여하는 알콜 데하이드로제네이스(alcohol dehydragenase)들이 함께 작용하여 다양한 산화생성물들을 형성한다.

예로서 오이 조직이 파손(tissue disruption)이 될 때는 조직에 존재했던 리놀레인산이나 리놀레닌산(linolic or linolenic acid)은 리폭시제네이스 경로(LOX pathway)를 거쳐 산화, 분해되어 (Z)-3-헥세날(Z-3-hexenal), (Z)-3-노네날(Z-3-nonenal), (Z,Z)-3,6-노나다이에날(Z,Z-3,6-nonadienal) 등이 형성되

나 이들 중 일부는 에날 아이소머레이스(enal isomerase)의 이성화 반응에도 일부 참여하여 (E)-2-헥세날, (E)-2-노네날, (E,Z)-2,6-노나다이에날 등이 형성한다.

한편, (Z)-3-헥세날은 알콜 데하이드로제니이스(alcohol dehydrogenase)에 의해서 (Z)-3-헥세놀, (Z)-3-hexenol로, (Z)-3-헥세날은 에날 아이소머레이스에 의해서 일단 (E)-2-헥세날로 이성화 된 후, 알콜 데하이드로제네이스의 존재 하에 (E)-2-헥세놀(E)-2-hexenol이 된다.

알콜 데하이드로제네이스는 알데하이드류 뿐 아니라 케톤류(ketones)를 환원하여 알콜류로 만들거나, 가역적으로 작용하여, 알콜류를 산화하여 케톤류를 형성하기도 한다. 예로서 송이버섯의 주요 향기 성분들인 1-옥텐-3-온과 1-옥텐-3-올(1-octen-3-one and 1-ocen-3-ol), 잘 익은 신선한 토마토(fresh ripe tomato)의 주요 향기 성분 Z-3-헥세날, 1-펜텐-3-온(1-penten-3-one), 그리고 이미 설명한 바 있는 오이의 특성 향기 성분인(E,Z)-2,6-노나다이에날, (E,Z)-2,6-nonadienal 등은 모두 이상과 같은 LOX 경로(Lipoxygenase pathway)를 통해서 형성된 것으로 알려져 있다.

이상의 리폭시제네이스 경로(LOX pathway)와 관련된 기초적인 설명은 가드너(Gardner, H.W., 1980 and 1989)와 버터리(Buttery, R.G., 1989) 등의 논문들을 참고하기 바란다. 특히 가드너(Garener, H.W., 1980)의 논문 7페이지(p.455-461)에서 인체(human tissues)와 식물체내의 하이드로퍼록시제네이스(LOX)들의 출처와 성질들을 엮은 Table 1을 보면 과실류, 채소류, 두류, 곡류, 미생물들의 많은 종류들이 이 효소를 갖고 있음을 알 수 있다.

한편 하이드로퍼록사이드 라이에이스(hydroperoxide lyase, HPOL)에 대해서도 28종류의 채소류, 두류, 과실류, 곡류 등에 널리 그 존재가 확인되고 있다(Gardner, H. W., 1989). 현재는 더 많은 식물체들이나 미생물들에서 이상의 효소들의 분포와 자세한 성질 등이 연구되고 있을 것이다.

당근의 향기성분 당근(carrot)은 미나리과(family *Umbelliferae*)에 속하는 채소로서 고유의 향기를 갖고 있다.

버터리들(Buttery, R. G. *et al.*, 1968)은 당근에서 수증기증류법(steam distillation method)으로 얻은 휘발성유의 향기 성분들을 GC/MS 법 또는 적외선 분광 분석기를 사용하여 분리, 분석하여 그 구조를 확인한 결과, 주요한 향기 성분들로서 텔피놀렌(terpinolene), γ-바이사볼렌(γ-bisabolene), γ-텔피넨(γ-terpinene), 캬리요필렌(caryophyllene), 사비넨(sabinene) 등과 같은 텔페노이드 탄화수소들(terpenoid hydrocarbons), 그리고 팔카리놀(falcarinol), 텔피넨-4-올(terpinene-4-ol), 볼닐 아세테이트(bornyl acetate), α-텔피놀(α -terpinol), 미리스티신(myristicin), 2-노네날(2-nonenal), 옥타날(octanal) 등의 텔페노이드 화합물들의 산화 생성물들이 검출되었다고 한다. 그 중의 일부 휘발성 화합물들의 구조를 보면 그림 4-8과 같으며, 이상의 화합물들의 전체 휘발성유에 대한 % 비율은 표 4-14와 같다.

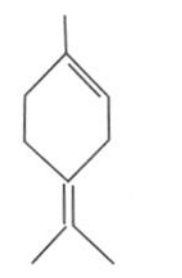

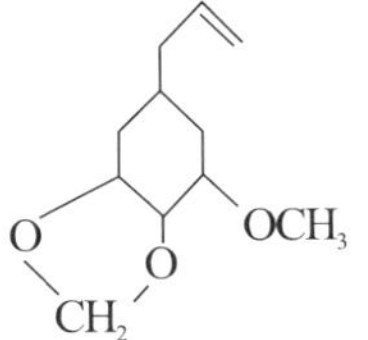

텔피놀렌(terpinolene) γ-바이사볼렌(γ-bisabolene) 미리스티신(myristicin)

[그림 4-8] 당근의 일부 휘발성 성분들(volatile aromatic components)의 구조.
Buttery, R. G. *et al.* 1968. *J. Agr. Food Chem.*, 16, 1009.

표 4-14 당근의 주요한 휘발성 향기 성분들의 추출된 전체 기름성분(whole oil)에 대한 %비율 및 각 주요 성분의 냄새의 역가(odor threshhold), 그리고 이상의 두 수치에서 계산된 각 성분의 전체 냄새에 대한 퍼센트 공헌도(% odor contribution).

주요 향기성분 (major components)	전체 기름량에 대한 % 비율	냄새의 역가 (odor threshold)	전체 냄새에 대한 공헌도 (odor contribution value)
헵타날(heptanal)	0.05%	3ppb in H2O	0.1%
옥타날(octanal)	0.2	0.7	2
2-노네날(2-nonenal)	0.3	0.08	22
2-데세날(2-decenal)	0.04	0.3	0.8
텔피넨-4-올(terpinene-4-ol)	0.7	340	0.01
α-텔피네올(α -terpineol)	0.2	350	<0.01
볼닐 아세테이트(bornyl acetate)	0.6	75	0.05
미리스티신(myristicin)	0.4	25	0.1
캬로톨(carotol)	0.2	8	0.1
텔피놀렌(terpinolene)	37	200	1
사비넨(sabinene)	6	75	0.5
머센(myrcene)	0.8	13	0.4
전체 당근 뿌리 기름(whole carrot root oil)	100%	6ppb in H2O	100%

Buttery, B. G. *et al.*. 1968. *J. Agr. Food Chem.*, 16, 1009.

한편, 이들 향기 성분들(aroma components)의 수용액의 냄새역가들(odor threshold value)을 보면(표 4-14 참조), 2-노네날(2-nonenal)이 가장 낮으며, 즉 가장 향기가 강하며, α-텔피네올(α -terpineol)의 약 4,400분의 1의 농도에서도 동등한 강한 향기를 나타내었다고 한다.

따라서 각 향기 성분의 상대적 함량(relative-content)과 그 향기의 역가(odor threshold value)를 함께 고려할 때, 당근의 대표적인 향기 성분은 2-노네날(2-nonenal)로 생각할 수 있다.

양배추의 황화수소 냄새 양배추(cabbage)나 이와 비슷한 채소들에 있어서는 신선한 생채소의 상태에서는 별로 냄새가 없으나, 끓이거나 기타의 가열조리(加熱調理, cooking)를 실시할 때는 강한 냄새를 갖게 된다. 양배추(cabbage, *Brassica loercea var capitata*)는 겨자과 식물에 속하며, 나중에 설명할 겨자과 식물들의 중요한 향기 성분들(본문 p. 270)과 같은 향기 성분들도 형성된다.

이에 대한 자세한 설명은 본문 p. 275의 가열 또는 가공처리 된 식물성 식품들의 향기 성분들에서 다시 설명하기로 한다.

이와 같은 현상은 채소들을 가열 조리하는 동안에 이 채소들에 함유되고 있는 황함유 단백질들(黃含有 蛋白質)이 분해되어 황화수소(H_2S)나 기타의 휘발성 황화합물들(volatile organic sulfur compounds)을 형성하기 때문인 것으로 생각되고 있다.

양배추를 가열 조리하는 경우 가열한 지 5분 후에서부터 황화수소(H_2S)가 발생하기 시작하며, 그 양은 300g의 신선한 양배추에 대해서 1 내지 7mg 정도인 것으로 알려져 있다.

한편, 신선한 배추의 중요한 향기 성분들을 이루고 있는 휘발성 황 화합물들에 대해서는 다시 자세하게 논의하기로 한다.

양파류와 마늘들의 향기성분들

양파(onion, *Allium festulosum* 또는 *Allium cepa*), 파(Welsh onion, *Allium festulosum* Variety *Maichuon*), 골파(scallion, *Allium festulosum* Variety *Caespitosum*), 부추(leek, *Allium possum*), 샬롯, 즉 서양파(shallot, *Allium ascalonicum auct*), 차이브, 즉 일종의 서양부추(chive, *Allium schwenoprasum*), 중국 차이브 소위 동양부추(Chinese chive, *Allium tuberlosum*) 그리고 마늘류(garlic, *Allium sativum*) 등은 모두 백합과(百合科, *Liliaceae* Family)에 속하는 식물체들로서, 모두 같은 파속(*Allium* Genus)에 속하는 식물체들이다.

이들 채소 또는 향신료들은 다음과 같은 특유한 공통점을 갖고 있다. 즉, 첫째로 그 특성 향기 성분들(characteristic flavor compounds)이 휘발성 황화합물들(volatile organic sulfur compounds)이며, 둘째로는 이와 같은 휘발성 황화합물들의 형성이 주로 효소들이 참여하는 반응(enzymatic reactions)을 거쳐서 형성되는 점, 그리고 셋째로는 그 향기 성분들로서 최루성분들(催淚成分, lachrymatory compounds 또는 factors, 즉 LFs)을 함유하고 있는 공통점들을 갖고 있으며, 특히 이들 중에서도 양파, 파와 마늘 등은 그 독특한 향미 때문에 우리나라를 비롯하여 거의 전 세계적으로 채소 또는 향신료들로서 사용되어 왔다.

따라서, 이들 양파, 파, 마늘들의 향기 성분들의 종류와 구조들에 대해서도 1960년대 말까지에도 이미 많은 것이 알려져 왔으나, 그 연구수행에 있어서 주동적 역할을 해온 GC-MS 장치의 GC 장치들을 사용하는 과정에서 열에 매우 민감한 일부 황함유 화합물들의 이성화(isomerization) 또는 기타의 부차적(副次的) 반응들(side reactions)이 일어나는 사실들이 규명된 1990년대 이후, 특히 블록크들(예로서 Block, E. *et al.*, 1992a, 1992b)의 연구들에 의해서 계속 개선 발전되고 있다.

여기서는 파속(*Allium* genus)의 대표적인 두 품종인 양파(*Allium festulosum*)와 마늘(*Allium sativum*)을 중심으로 설명하기로 한다.

양파, 파, 골파, 부추 등의 휘발성 황함유 향기성분들 이상과 같은 속(genus)에 속하는 품종들에 공통된 향기성분들은 대체적으로 그 종류나 함량은 다소 다르더라도, 비슷한 선구물질들(先驅物質들, preeursors)에서 비슷한 효소작용 내지는 화학작용을 받아서 형성되는 사실들이 알려져 왔다(Block, E. *et al.*, 1992a 및 1992b; Schmidt, N. E. *et al.*, 1996).

지금까지 알려진 이상의 향기 성분들이나 최루성분들의 형성과정에 대해서 블로크들(Block, E. *et al.*, 1992a 및 1992b)의 연구결과들과 논의들을 중심으로 간단히 설명하면 대략 그림 4-9와 같다.

양파와 파 등의 경우, 그 직접적인 선구물질들은 황함유 아미노산인 L-시스테인(L-cysteine)에서 형성된 S-(E)-1-프로페닐-L-시스테인 S-옥사이드, S-(E)-1-propenyl-L-cysteine S-oxide가 주가 되고, 그 외에 S-(E)-메틸 또는 S-(E)-프로필-L-시스테인 S-옥사이드들로 알려져 있다.

이상의 양파나 파의 조직(tissues)에 파괴(disruption) 또는 손상(injuries)이 생기면(자른다던지, 마쇄하는 경우 등), 이들 채소류 조직에 서로 격리되어 존재했던 알라이네이스(alliinase, alliin lyase 또는 alkanyl or alkyl-L-cysteine sulfoxide lyase, EC 4.4.1.4.)의 가수분해작용을 받아 그림 4-9의 I.에 표시한 것처럼 S-1-프로페닐설페닌산(S-1-propenylsulfenic acid) 그리고 S-메틸- 또는 S-프로필설페닌산들(S-methyl- or S-propylsulfenic acid)이 형성된다. 이 때 시스테인 부분(L-cysteine moriety)이 가수분해되면, 2-아미노프로페닌산(2-aminopropenic acid)으로 분리된 후, 서서

히 가수분해 되어 그림 4-9의 V에서 처럼 피루빈산(pyruvic acid)과 NH_3로 된다.

한편, 이 매우 신속한 알라이네이스(alliinase)의 작용에 의해서 형성된 S-알케닐 또는 알킬설페닌산들의 상호반응(mutual interation)들을 통해서 그림 4-9의 II의 경우처럼 여러 종류의 싸이오설피닌산들(mixed aliphalic thiosulfinic acids, 간단히 thiosuflinic acids)을 형성한다.

블로크들(Block, E. *et al*., 1992a)에 의하면, 파, 양파, 골파, 부추, 샬롯 등에서 형성되는 싸이오설피닌산 중 1-프로페닐 그룹(1-propenyl group)을 함유한 것이 압도적으로 많았으며, 특히 양파의 경우 MeOH = CHSS(O)Me(그림 4-9의 II의 7)의 함량은 전체 싸이오설피닌산의 함량의 25 ~53%였다고 한다. 한편 이상의 싸이오설피닌산들은 그림 4-9의 Ⅲ의 경우처럼 상호간에 산화환원 반응(disproportionation)을 통해서 각종 다이설파이드류(disulfides)와 싸이오설폰산들(thiosulfonic acids)이 형성된다.

한편, 양파류의 가장 두드러진 향기특성인 최루성분(lachrymator factors, LFs)들은 열에 매우 민감하여 가열에 의해서 쉽게 구조가 바뀌지기 때문에 그 정확한 구조를 정하기가 매우 어려웠으나, 이와 같은 가열에 예민한 성질이 알려짐에 따라 세심한 실험을 통해서 그림 4-9의 IV에 표시된 것처럼 S-(E)-1-프로페닐설펜산의 -OH기의 수소원자의 1,4-전위(1,4-rearrangement), 즉 -OH(산소원자, 기준 1번)에서 -CH = (산소원자 기준 4번)으로 이동하는 전위 또는 이성화(isomerization)에 의해서 (Z)-프로판싸이올 S-옥사이드와 (E)-프로판싸이올 S-옥사이드(Z-propanethiol S-oxide, Z는 cis, E는 trans로 본다)를 형성하며, 이 중 Z-이성체(15번)가 전체 최루성분의 95%를 차지하고 있다고 하였으며, 슈미트들(Schmidt, N. E. et al., 1996)은 양파즙(onion juice)에 1~22 ㎛ol/mL의 최루성분들이 함유되어 있었다고 한다.

마늘의 휘발성 황함유 향기성분들 마늘(*Allium sativum*)과 비슷한 휘발성 황함유 향기성분들을 가진 마늘의 변종(variety)들로는 야생마늘(wid garlic, *Allium ursinum*), 거두마늘(great-headed or elephant garlic, *Allium ampeloprasum*) 등이 알려져 있다(Block, E. *et al*., 1992 참조), 그러나 실제로 식용에 사용되는 품종은 우리나라를 비롯한 거의 모든 나라에서 마늘이 압도적으로 큰 비중을 차지하고 있음으로 여기서는 마늘의 휘발성 황함유 향기성분들에 국한해서 간단히 설명하기로 한다.

마늘의 황함유 향기성분들의 선구물질들(precursors)로서는 마늘 조직에 존재하는 알리인(alliin)으로 알려진 S-(E)-알릴-L-시스테인이 S-옥사이드, 그림 4-10의 단 Ⅰ의 (1) 등이 마늘이 찔리거나, 마쇄되거나, 손상(injuries) 등에 의해서 마늘조직이 파괴(disruption)되어 효소 알라이네이스(alliinase)가 위의 선구물질들과 접촉하게 되며, 곧 이들 선구물질들을 가수분해하여 해당하는 S-(E)-알릴설페닌산(3), S-(E)-프로페닐설페닌산(4), S-(E)-메틸설페닌산(5) 등이 형성된다. 이 과정에서 먼저 형성된 S-(E)-알릴설페닌산(3)의 일부에서는 그 알릴 그룹(allyl group, CH_2 = CH-CH_2-)에서 1-프로페닐 그룹(1-propenyl group, CH_3-CH = CH-)로의 이성화(isomerization)가 일어나 전술한 S-(E)-프로페닐설페닌산(4)이 함께 형성된다.

이상의 알라이네이스에 의한 가수분해작용의 결과 S-(E)-알릴, -프로페닐, -메틸설페닌산들, Ⅰ의 (3),(4),(5) 등의 형성과 함께 각각 대응하는 2-아미노프로피온산(10)이 함께 형성된다. 이상의 가수분해는 S-(E)-알릴-L-시스테인 S-oxide, 즉 알라인(alliin) (1)의 경우에는 신속하게 일어나나, S-(E)-메틸-L-시스테인 S-oxide(2)의 경우에는 매우 느리게 진행된다고 한다.

I.

(1) CH_3–CH=CH–S(=O)–CH_2–CH(NH_2)–COOH

(2) Me–CH_2–CH_2–S(=O)–CH_2–CH(NH_2)–COOH

(3) Pr–CH_2–CH_2–S(=O)–CH_2–CH(NH_2)–COOH

S-propyl- L- cysteine S-oxide

allrinase → hydrolysis(fast)

CH_3–CH=CH–S(=O)–O–H (4)

Me–S–O–H (5) + NH_2 (17) CH=C–COOH

Pr–S–O–H (6)

S-propyl- sulfenic acid

II.

CH_3–CH=CH–S(=O)–O–H (4)

(5) Me–S–O–H

(6) Pr–S–O–H

S-propyl- sulfenic acid

mutual interaction →

CH_3–CH=CH–S(=O)–S–Me (7)

CH_3–CH=CH–S(=O)–S–CH=CH–CH_3 (8)

CH_3–CH=CH–S(=O)–S–Pr (9)

Pr–S(=O)–S–CH_2–CH_2–Me (10)

Me–S(=O)–S–Pr (11)

maxied aliphatic thiosulfinic acids

III.

R–S(=O)–S–R′ (7)~(11) S-(E)-1-propenylsulfenic acid → disproportionation → R–S–S–R′ + R–SO_2–S–R′

(13) disulfide (14) thiosulfonic acid

IV.

CH_3–CH=CH–S–O–H (4) S-(E)-1-propenylsulfenic acid → 1, 4 rearrangement → CH_3CH_2(H)C=S^+–O^- (15) + CH_3CH_2(H)C=S^+–O^- (16)

(E) 및 (Z)-propanethial S-oxide

V.

CH_3–C(=CH)–COOH (17) → slow hydrolysis → CH_3–C(=O)–COOH + NH_3

(18) (19)

[그림 4-9] 양파, 파, 골파, 부추 등의 주요 휘발성 황함유 향기성분들 중에서 최루성분들 (lachrymator factors, LFs)의 형성과정.
(1) S-(E)-L-1-propenyl-L-cystein S-oxide, (2) S-methyl-cysteine S-oxide, (3) S-n-propyl-L-cystein S-oxide, (4),(5),(6)은 각각 S-(E)-1-propenyl-, s-methyl과 s-n-propylsulfenic acid들. (7)~(11) mixed aliphatic thiosulfinic acids. (13),(14) mixed aliphatic thiosulfinic acid들의 산화환원반응(disproportionation reaction)의 결과 형성된 mixed disulfide와 mixed thiosulfonate들. (15),(16)들은 S-(E)-1-propenyl sulfenic acid에서 형성된 최루성분(LFs)들인 (E)-propanethial S-oxide와 (Z)-propanethial S-oxide. (17)은 전술한 (1),(2),(3) 등의 효소 alliinase에 의한 신속한 가수분해 결과 형성된 2-aminopropenic acid(17)은 천천히 가수분해 되어, pyruvic acid (18)와 NH_3(19)로 다시 가수분해 된다.

I. (1) $CH_2=CH-CH_2-S(=O)-CH_2-CH(NH_2)-COOH$ —hydrolysis / alliinase / very fast→ (3) $CH_2=CH-CH_2-S-O-H$; (4) $CH_3-CH=CH-S-O-H$ + $CH_2=C(NH_2)-CH_2-COOH$ (10)

S−(E)−allyl-cysteine S−oxide
general name은 alliin

2−aminoproponic acid

(2) $Me-S(=O)-CH_2-CH(NH_2)-COOH$ —much more slower→ (5) $Me-S-O-H$

S−(E)−methyl-cysteine S-oxide

II. (3) $CH_2=CH-CH_2-S-O-H$ —interaction / very fast→ (6) $CH_2=CH-CH_2-S(=O)-S-CH_2-CH=CH_2$

(6) $CH_2=CH-CH_2-S(=O)-S-CH_2-CH=CH_2$ + $Me-S-O-H$ —slow→ (7) $CH_2=CH-CH_2-S-S(=O)-Me$

S−allysulfenic acid(3)

S−allythiosulfinic acid(6)
general name

III. (7) $CH_3-CH=CH-S(=O)-S-CH_2-CH=CH_2$ —disproporteonation reaciton→ (8) $CH_2=CH-CH_2-S-S-CH_2-CH=CH_2$; $CH_2=CH-CH_2-SO_2-S-CH_2-CH=CH_2$

diallydisulfide(8)

S−allythiosulfenic acid(7)

S-allythiosulfonic acid(9)

IV. (10) $CH_2=C(NH_2)-COOH$ —slow hydrolysis→ $CH_3OCOOH + NH_3$

2−aminopropenic acid

pyroric acid ammonia

[그림 4−10] 마늘(*Allium sativum*)의 주요 휘발성 황함유 향기성분들의 형성과정.

Ⅰ. 마늘조직(garlic tissues)내에 형성된 S−(E)−allyl−L−cysteine S−oxide (1), 즉 일반적으로 알라인(alliin)으로 알려진 화합물(1)과 상대적으로 소량의 S−(E)−methyl−L−cysteine S−oxide (2)는 조직이 파괴(disrupt)될 때, 혼입하게 되는 효소 alliinase의 작용에 의해서 S−(E)−allylsulfenic acid (3)을 형성하며, 이 설페닌산의 일부는 S−(E)−1−propenylsulfenic acid(4)로 이성화한다. 곧이어 (2)에서는 S−(E)−methyl sulfenic acid가 형성된다(I). 동시에 2−aminopropenic aicd도 형성되어 별도 IV의 경로로 천천히 가부분해 되어 pyruvic acid와 NH3를 만든다.

Ⅱ. 이상의 설페닌산들,
즉 (3),(4),(5)들은 상호간의 반응(interaction)을 통해서 S−allythiosulfinic acid(6,7)를 형성한다. 이 경우 allyl 또는 1−propenylsulfenic acid(6,7)의 반응속도들은 methylsulfenic acid(5)의 경우보다 월등히 빠른 것으로 알려져 있다.

Ⅲ. 이렇게 형성된 sulfinic acid들,
예로서 S−allythiosulfinic aicd들(6,7)은 산화환원반응(disproportionation)을 통해서 해당하는 diallyldisulfide(8)와 allylthiosulfonic acid 또는 그염(9) 등을 형성한다. 마늘의 경우에도 극소량이나마 최루성분들이 형성될 가능성은 있겠으나, 연구된 일은 거의 없는 것 같다.

한편, 2-아미노프로페닌산(10)들은 느리게 별도의 독립적인 가순 분해과정을 거쳐 피루빈산(pyruvic acid)와 암모니아(NH_3)로 분해된다(Ⅳ로 표시된 과정).

한편 I의 과정에서 형성된 설페닌산들은 알라이네이스(alliinase)의 영향 아래 계속 상호작용을 통해 여러 종류의 설피닌산들(sulfinic acids)을 형성한다. 이 상호작용(interaction) 중 알릴 그룹($CH_2=CH-CH_2-$)이나 1-프로페닐 그룹($CH_3-CH=CH-$)들의 상대적인 반응속도는 메틸그룹(CH_3-)의 10배 정도나 빠르다고 한다(Block, E. *et al*., 1992). 따라서 알릴 그룹을 함유한 설피닌산부터 먼저 형성하게 된다. Ⅱ의 싸이오설피닌산이 형성되는 과정에서는 여러 싸이오설피닌산들 중 실제적으로 가장 큰 비중을 차지하고 있는 것으로 알려진 S-알릴 싸이오설피닌산(S-allylthiosulfinic acid)(6)만을 대표적인 싸이오설피닌산으로 표시하였다.

이 화합물(6)은 일반적으로 알리신(allicin)으로도 알려져 왔으며, 신선한 마늘 중량의 0.3% 가량 함유되고 있다고 한다. 블로크들(Block, E. *et al*., 1992a)은 실제 실험들을 통해서 전체 싸이오설피닌산들(thiosulfinic acids)의 함량 중 계절, 품종, 기타의 조건들에 따라 다소 차이는 있으나, 대략 95% 가량이 알리신 즉 S-알릴싸이오설피닌산(S-allylthiosulfinic acid, 그림 4-11의 6번)이였다고 보고한 바 있다. 또한 시중에서 판매중인, 저장조건, 기간 등이 다른 마늘들의 싸이오설피닌산들 중의 S-allyl, S-methyl, S-1-propenyl thiosulfinic acid들의 함량 비율, 즉 all/methyl/1-propenyl의 함량 % 비율은 80 : 16 : 4, 78 : 11 : 11, 94 : 2 : 3, 90 : 3 : 8 등이었다고 한다. 한편, 알리신은 마늘의 참된 냄새를 대표하는 것으로 알려져 왔다.

이상의 싸이오설피닌산들은 그림 4-10의 Ⅲ에서와 같이 산화·환원반응(disproportionation reaction)을 쉽게 일으켜, 해당하는 다이설파이드류(disulfides)와 싸이오설포닌산들(thiosulfonic acids)을 형성한다. Ⅲ의 과정에서는 알리신, 즉 S-알릴싸이오설핀산(7)에서 다이알릴다이설파이드(diallyldisulfide)(8)와 S-알릴싸이오설포닌산(S-allylthiosulfonic acids)(9)이 형성되는 과정을 대표적인 예로 표시하였다.

또한 마늘 중에는 주목할 만한 생리작용을 갖고 있는 성분들이 알려져 왔다. 예로서 겝하트들(Gebhardt, R. and Beck, H., 1996)은 수용액과 저 극성 용매(low polarity solbents)에 알리신(allicin, 정제품)을 녹여, 일정한 조건하에서 처리하여 얻은 다이알릴다이설파이드(diallyldisulfide), 다이알릴트리설파이드(diallytrisulfide) 그리고 저 극성 용매에서는 2-비닐-4H-1,3-다이타인(2-vinyl-4H-1,3-dithiin)과 3-비닐-4H-1,2-다이타인(3-vinyl-4H-1,2-dithiin) 등을 사용하여 실험쥐의 간조직의 배양기를 통해서 ^{14}C-초산 에스터(acetate)가 비검화 중성지방질(non-saponifiable neutral lipids) 생합성에 이용되는 과정을 조사한 바 있다.

캡하트와 백크들은 알리신을 비롯한 알릴멜캅탄(allylmercaptan, $CH_2=CH-CH_2-SH$) 또는 더 현대적인 명칭인 알릴싸이올(allylthiol)과 위에서 열거한 화합물들은 효소 라노스테롤 1,4-α-데메틸레이스(lanosterol 14-α-demethylase)의 작용을 억제하여, 라노스테롤이 콜레스테롤로 생체 내에서 변화하는 과정을 억제함으로서 콜레스테롤(cholesterol)의 생합성을 억제하는 사실을 밝히고 있다. 이상의 효소작용의 억제력은 알리신 > 다이알릴다시설파이드 > 알릴멜캅탄 = 1,3-비닐-다이티인 >> 1,2-다이비닐-다이티인의 순서였다고 한다.

한편, 신들(Shin, D. B. *et al*., 1999)은 한국 내 여러 지방에서 생산된 마늘의 황함유 향기성분들을 동적 헤드스페이스법(dynamic headspace method), 즉 퍼지 앤드 트랩법(pruge and trap method)을 사용하여 추출한 후, GC-MS법으로 28종의 향기 성분들을 검출하고 그 중 25종에 대해서 그 구조들을 확인한 바 있다.

이들은 각 성분의 상대적인 함량을, 내부 표준물질(the internal standard)로 사용한 다이에틸다이설파이드 25mg/200ml의 피이크 면적(peak area)을 기준으로, 여기에 10,000을 곱한 수치(peak area count/10,000)로 표시하고 있다. 즉, 국내 4개 지방(의성, 서산, 남해, 함평)에서 수집한 마늘들의 향기 성분들의 종류와 상대적인 함량 등은 거의 비슷하였으나, 그 중에서도 함량이 상대적으로 가장 컸든 향기 성분들을 10종류 들면 다음과 같다(서산서 입수한 마늘 시료들의 경우).

즉, diallyldisulfide(10,998), 1,4-dithiane(1,344), 2-propene-1-ol(967), 2-propenal(684), 3-allylthiopropionic acid(552), unknown(309), 2,4-dimethylfuran(149), 4-methyl-1,3-oxathiolane(124), 4-mercapto-3-methylcrotonic acid(114), diallyltrisulfide(106) 등 이였으며, 나머지는 (peak area count/10,000)가 모두 100이하 였었다고 한다.

참고로 전술한 바 있는 2-vinyl-[4H]-1,3-dithiin과 3-vinyl-[4H]-1,2-dithiin의 경우, 이들의 수치(peak area count/10,000)는 각각 83과 49였었다고 한다. 신들(Shin, D. B. *et al.*, 1999)은 이 외에도 신선한 마늘 중의 당류 및 아미노산들의 종류와 함량들도 조사 보고하고 있다.

셀러리의 향기성분 셀러리(celery, *Apium graveolens*)는 파슬리(parsley), 서양방풍나물(parsnips), 뿌리식용 셀리리(celeriac), 당근(carrot), 회향(fennel), 이논드(dill 또는 anise)들과 함께 마나리과(*Umbelliferae* Family)에 속하는 채소들로서, 잎, 줄기(leaves and stalks) 등은 샐러드 재료 등에 널리 사용되고 있다. 그 씨들(celery seeds)도 향신료로 사용되어 왔다.

셀러리는 특유한, 약간 달콤한 향기 성분들이 오래전부터 연구되어 왔으며, 1980년대에는 여러 연구자들에 의해서 그 중요 향기 성분들로서 3-뷰틸프탈라이드(3-butylphthalide) (1)와 그 유도체들, 예로서 3-뷰틸-4,5-다이하이드로프탈라이드(3-butyl-4,5-dihydrophathalide)(2), 3-뷰틸-헥사하이드로프탈라이드(3-butyl-4,5-hexahydrophthalide)(3) 등이 알려져 왔다.

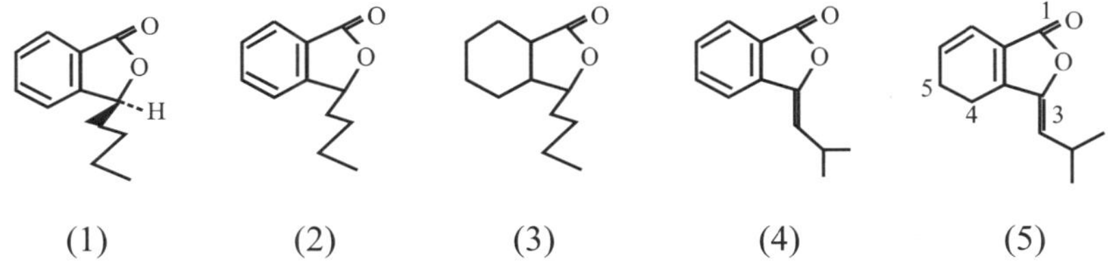

(1) (2) (3) (4) (5)

셀러리 등의 주요 향기성분들

(1) 3-butylphthalide의 3S형, (2) 3-butyl-4,5-dihydrophthalide, (3) 3-butylhexahydrophthalide, (4) 3-isobutylidenephalide, (5) 3-isobutylidene-4,5-dihydrophthalide, (1)을 제외한 (2)이하의 화합물들에 대해서는 입체이성체들을 구분하지 않고 일반식으로만 표시했음.

또한 이상의 향기 성분들 3 위치의 뷰틸 그룹(butyl group, C_4H_9-) 대신에 아이소뷰틸리덴 그룹(isobutylidene group, $(CH_3)_2CH=CH$-)으로 치환된 유도체들도 존재하는 사실이 알려져 왔다. 한편, 3-뷰틸프탈라이드(1)와 3-뷰틸-4,5-다이하이드로프탈라이드(2)들은 각각 3S, 3R 두종류의 입체이성체들이 알려져 있으나, 셀러리 등에 존재하는 것은 주로 3S 형으로 알려져 있다. 3-뷰틸-4,5-다이하이드로프탈라이드(2)의 3S형은 세단놀라이드(sedanolide)로도 알려져 왔다. 3-뷰틸-헥사하이드로프탈라이드(3)는 8개의 입체이성체들이 가능한 것으로 알려져 왔으며, 바아차트들(Bartschat, D. *et al*., 1997)은 이상의 입체 이성체들을 모두 분리하고 그 구조를 규명한 후, 셀러리, 셀러리 씨, 뿌리식용 셀러리, 회향 중의 이상의 입체이성체들의 분포와 함량 등을 조사한 바 있다.

겨자과 식물의 중요한 향미성분들 : 글루코시놀레이트류

겨자과(the *Crucifreae* Family)에 속하는 여러 식물들, 특히 부라시카속(the *Brassica* species)에 속하는 배추, 양배추, 순무(turnips), 겨자(mustard) 등은 채소 또는 양념(condiments)들로 널리 사용되고 있다.

이들 겨자과에 속하는 채소들은 글루코시놀레이트류(glucosinolates) 또는 싸이오글루코사이드류(thioglucosides)로 알려진, 한 그룹의 화합물들을 함유하고 있으며, 이 화합물들은 이상의 채소류나 양념들의 주요 향기 성분들로서 중요할 뿐만 아니라 겨자과에 속하는 일부 채소류의 독성(toxicity)과도 관련된 물질들이다. 이들 독성물질에 대해서는 제17장 식품 속의 독성물질들에서 설명하기로 한다.

이 중 가장 대표적인 글루코시놀레이트 (glucosinolate, GS), 즉 글루코시놀레이트 그룹에 속하는 화합물로서는 겨자와 와사비(wasabi) 등 그리고 기타의 많은 브라시카속에 속하는 채소류와 여기서 얻은 양념들에 널리 분포되고 있는 시니그린(sinigrin)을 들 수 있다.

이상의 조미료나 채소류의 특유한 향기는 마쇄하거나, 자르거나, 기타의 방법으로 손상되었을 때, 이들 조직의 파괴(tissue disruption)의 결과 유리(游離), 또는 분리되어 나온 가수분해 효소로 미로시네이스(myrosinase, EC 3.2.3.1), 또는 글루코시놀레이스(glucosinolase)에 의해서 시니그린, 즉 알릴글루코시놀레이트(allyglucosinolate)가 먼저 포도당이 가수분해 된 중간체(an intermediate)가 형성된다. 이 중간체 싸이오하이드록시메이트-o-설포네이트(thiohydroximate-o-sulfonate)는 곧바로 가수분해와 이성화(isomerization)를 통해서 각각 알릴아이소싸이오시아네이트(allylisothiocyanate, AITC), 알릴싸이오시아네이트(allylthiocyanate, ATC), 알릴나이트릴(allylnitrile), 즉 알릴시아나이드(AC) 등과 황산이온(SO_4^{2-})들을 형성한다.

이상과 같은 기본적인 가수분해과정은 일반적인 글루코시놀레이트, 즉 알킬글루코시놀레트류(alklylgulcosinolates, GSs)의 효소 미로시네이스에 의한 가수분해의 경우에도 그대로 적용되며, 이 과정의 주요한 부분은 1960년대에 이미 확립된 바 있다(예 van Etten, C. H., 1969. *J. Agr. Food Chem.*. 17, 483 참조).

한편, 알릴아이소싸이오시아네이트(AITC)는 그 자극적인 향기(pungent flavor)가 매우 강하며 다른 알킬 또는 아릴(aryl, 즉 벤제기를 가진) 그룹을 가진 아이소싸이오시아네이트들의 경우에도 그 향기의 감각적인 특성(organoleptic properties)들은 AITC의 경우와 유사한다고 한다. 이 AITC는 매우 강력한 최루성분(a strong lachrymator)으로 작용한다고 한다.

AITC는 또한 갑상선종(甲狀腺腫) 유발물질의 성질이 있으나(goitrogenic), 실제 갑상선종물질들(goritrogens)의 작용과 대비할 때 그 경향을 무시할 수 있다고 한다. 근래에 와서 알릴아이소싸이오시아네이트(allylisothiocyanate)와 기타의 알킬 또는 아릴아이소싸이오시아네이드들(alkyl- 또는 arylisothiocyanates)은 암의 발생을 억제하는 강력한 항암작용을 가진 성분들(anticarcinogens)로 한 부류의 파이토케미칼류(phytochemicals)로 기대를 받고 있다고 한다(Pechacek, R. *et al*., 1997).

R-C(S-glucose)=N-OSO₃ → (H_2O, myrosinase) → [R-C(SH)=N-OSO₃⁻] →
- R−N=C=S + SO_4 alkylisothiocyanate(ITC)
- R−C=N+ S + SO_4 alkyl cyanide(AC)
- R−S−C=N + SO_4 alkylthiocyanate(ATC)

alkylglusocinolate (GS)

thiohydroximate-O-sulfonate, an intermcdiate

R-그룹의 명칭과 구조		글루코시놀레이트의 이름	ITC
allyl	CH_2=CH−CH_2	sinigrin	allyl-N=C=S
2-hydroxy-3-butenyl	CH_2=CH−CH(OH)−CH_2−		
benzyl	(benzene ring)−	glucotrapaeolin	benzylN=C=S
phenethyl	(benzene ring)−CH_2	gluconasturtin	phenethylN=C=S
indolemethyl	(indole ring)−CH_2−	glucobrassicin	indolemethylN=C=S

[그림 4-11] 1) 그림 4-11 상단의 그림은 알릴글루코시놀레이트(R=allyl 기의 경우)와 함께 알킬글루코시놀레이트 등이 미로네시네이스(즉, 글루코시놀레이스, glucosinolase)에 의해서 가수분해 되어, 글루코오스(α −D−glucose)가 분리된 후 잠정적으로 싸이오하이드록시메이트−0−설포네이트를, 형성한 후 계속 분해, 이성화를 통해서 해당하는 알릴아이소싸이오시아네이트(AITC), 또는 알킬아이소싸이오시아네이트들(ITCs), 해당하는 알릴 또는 알킬싸이오시아네이드들(ATC 또는 TCs)을 형성하는 과정을 표시하고 있다.
2) 그림 4−11 하단의 도표에서 R−는 알킬(alkyl), 아릴(aryl), 인돌(indole) 그룹의 명칭과 구조 해당 글루코노시놀레이트들의 통속명(通俗名), 그리고 글루코시놀레이트들에서 형성되는 아이소싸이오시아네이트들(17,CS)의 이름을 표시하고 있다.
van Etten, C. H. *et al.*, 1969; Pachacek, R. et al., 1997; Shofran, B. G. *et al.*, 1998; Karcher, A. *et al.*, 1999 참조.

한편, 안들(Ahn, E. S. *et al.*, 1999)은 AITC들의 항균효과(antimicrobial effects)를 조사하여, 그 효과가 곰팡이 > 효모 > 그람음성균 > 그람양성균의 순서였으며 AITC의 벤질, 에틸아이소싸이오시아네이드들도 다른 아이소싸이오시아네이트들 보다 효과가 컸었다고 보고하고 있다.

신선한 양배추와 장기저장을 위해 가열탈수 처리를 실시 한 양배추의 향기를 조사한 결과 가열탈수한 양배추는 조리할 때 냄새가 신선한 양배추와 대체할 수 없을 정도로 나빴다고 한다. 이때 식용 양배추와 건조 양배추의 알릴알콜(allyl alcohol), 알릴시아나이드(allyl cyanide, CH_2=CH-CH_2-CN), AITC의 상대적 %함량을 비교했을 때 신선한 경우 각각 0.1, 3.0, 6.5% 였으나, 가열탈수한 경우 1.0∼4.5, 23.5∼48.5, 0.1∼1.5로서 알킬알콜, 특히 알릴시아나이드의 함량이 급증했고, AITC의 함량이 감소한 사실을 알게 되었다고 한다. 한편, 가열탈수한 양배추의 경우, 알릴글루코시놀레이트에 대한 미로시네이스의 효소작용에 의하여 알릴아이소싸이오시아네이트(AITC)의 형성과정이 억제되는 동시에, 화학적 작용으로 알릴시아나이드의 형성량이 급증한 결과로 설명하고 있다(Eskin, N. A. M., 1979 참조).

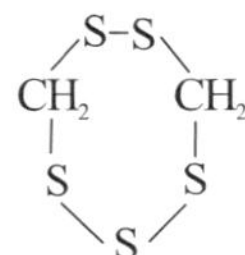

표크버섯의 주향기성분.
렌싸이오닌(lenthionine)의 구조

식용버섯류의 향기성분들 표고버섯(Shiitake, *Lentinus edodes*)은 그 좋은 향기가 뛰어나며 맛도 좋은 식용버섯으로 우리나라, 중국, 일본 등의 동양 각국에서 식용으로 사용되어 왔다.

이 표고버섯 맛의 주성분은 나카지마들(Nakajima, N. *et al.*, 1961)에 의해서 구아노신 5'-모노포스페이트(guanosine 5'-monophosphate, 5'-GMP)임이 판명된 바 있다.

한편 이 버섯의 주요 특성 향기 성분 중의 하나는 모리타들(Morita, K. *et al.*, 1966)에 의해서 처음으로 분리되고 그 구조와 성질이 규명되었다. 이상의 모리타들에 의해서 새로 발견된 표고버섯의 특성 향기성분은 이들에 의해서 싸이오닌(lenthionine, 학술명은 1,2,3,5,6,-pentathiepane)으로 명명되고 있다.

이 렌싸이오닌은 표고버섯 특유의 향기 성분으로 $C_2H_4S_5$의 분자식으로 표시되는 황함유 향기성분으로서, 61～62℃의 융점을 가진 결정체이며, 물에는 잘 녹지 않으나(25℃에서 0.0017%), 에텔, 프로필 알콜 등에는 약간 녹을 정도(25℃에서 각각 0.26%, 0.40%)이며, 식물유에는 비교적 잘 녹는다고 한다.

이 렌싸이오닌은 특징 있는 특이한 구조를 갖고 있으나, 이와 같은 특이한 구조에도 불구하고 결정체로서 수개월간 아무 변화 없이 저장된다. 또한 수용액에서의 안정성(stability)은 그 pH에 따라 크게 변하며, pH 2에서 4 사이에서는 비교적 안정하나, pH가 5 이상이 되면 급격하게 파괴된다. 렌싸이오닌(lenthionine)의 향기는 매우 독특하고 강하며, 0.27～0.53ppm에서도 쉽게 검출할 수 있다.

전술한 렌싸이오닌은 표고버섯의 대표적인 특성 향기성분들의 하나이나, 그 후 계속하여 많은 황함유 특성 향기성분들이 발견되고 있다.

예로서 첸과 호들(Chen, C. C. and Ho, C. T., 1986)은 표고버섯의 향기 성분들로서 18개의 환상(cyclic) 또는 비환상(non-cyclic) 황함유 화합물들을 보고하고 있으며, 이 중 렌싸이오닌(lenthionine, $C_2H_4S_5$, 1,2,3,5,6-pentathiepane), 1,2,4,5-테트라싸이에인(1,2,4,5-tetrathiane, $C_2H_4S_4$), 1,2,3,5-테트라싸이에인(1,2,3,5-tetrathiane, $C_2H_4S_4$), 1,2,4-트리싸이에인(1,2,4-trithiane, $C_2H_4S_3$) 등이 가장 중요한 특성 향기성분들이라고 보고하고 있다(그림 4-12 참조).

송이버섯(mushroom *Africus fisporus*)의 향기 성분들에 대해서는 1960년대 말부터 활발히 연구되어 왔으며, 그 주요 향기 성분들로는 1-옥타놀(1-octanol), 3-옥타놀(3-octanol), 3-옥타논(3-octanone), 1-옥텐-3-올(1-octen-3-ol), 2-옥텐-1-올(2-octen-1-ol), 1-옥텐-3-온(1-octen-3-one) 등 탄소수 8개의 휘발성 화합물들이며, 이 중 가장 중요한 것은 1-옥텐-3올 즉, $CH_3CH_2CH_2CH_2CH_2CH(OH)CH=CH_2$이다.

그리고 이상과 같은 향기 성분들은 송이버섯의 조직(tissues)내에 존재하는 리놀레인산 또는 리놀레닌산(linoleic or linolenic aicds) 등의 고도 불포화지방산들(polyunsaturated fatty acids, PUFAs)이 이미 설명한 바 있는 리폭시제네이스 산화과정(lipoxygenase pathway, LOX path way), 즉 리폭시제네이스에 의해서 일단 형성된 하이드로퍼록사이드들(hydroperoxides)이 계속하이드로퍼록사이드 라이에스스(hydroperoside lyase)의 작용을 받아서 가수분해 되는 결과 형성되는 것으로 알려져 왔다.

1 CH_3SH 2 CS_2 3 CH_3SSH_3 4 $HSCH_2SH$

5 CH_3SSCH_3 7 CH_3SSSCH_3 9 $CH_3SSSSCH_3$

6 (cyclic: S, CH_2, CH_2, S) 8 (cyclic: S, CH_2, CH_2, S–S) 11 (cyclic: CH_2, S, S, S, S, CH_2) 13 (cyclic: CH_2, S, S, CH_2, S, S)

15 (cyclic: S–S, CH_2, CH_2, S, S, S)

12 $CH_3SSCH_2SSCH_3$

10 (cyclic: S, CH_2, CH_2, S, S, CH_2) 14 (cyclic: S–S, CH_2, CH_2, S, S, CH_2) 17 (cyclic: S–S, CH_2, CH_2, S, S, S–CH_2) 18 (cyclic: CH_2, S, S, S, S, S, CH_2, CH_2–S)

16 $CH_3SSCH_2SCH_2CH_2SCH_2SSCH_3$

1 methanethiol
2 carbon disulfide
3 methyl hydrodisulfide
4 dithiomethane
5 dimethyl disulfide
6 1, 3-dithietane
7 dimethyl trisulfide
8 1, 2, 4-trithiolane
9 dimethyl tetrasulfide
10 1, 3, 5-trithiane
11 1, 2, 4, 5-tetrathiane
12 2, 3, 5, 6-tetrathiaheptane
13 1, 2, 3, 5-tetrathiane
14 1, 2, 4, 6-tetrathiepane
15 lenthionine
16 1, 2, 4, 7, 9, 10-hexathiadodecane
17 1, 2, 4, 5, 7-pentathiocane
18 1, 2, 3, 5, 6, 8-hexathionane

[그림 4-12] 표고버섯의 특성 향기성분으로 알려진 환상(環狀, cyclic) 및 비환상(非環狀, non-cyclic) 황함유 화합물의 종류와 그 구조.
Chen C. C. and Ho, C. T. 1986. *J. Agric. Food Chem.*, 34, 832.

한편, 송이버섯의 경우에도 표고버섯의 경우처럼 많은 황함유 향기 성분들의 존재가 알려져 왔으며, 예로서는 메틸설퍼이드(CH_3SH), 다이메틸설퍼이드(CH_3SCH_3), 다이메틸다이설퍼이드(dimethyldisulfide, CH_3SSCH_3) 등이 알려져 있다.

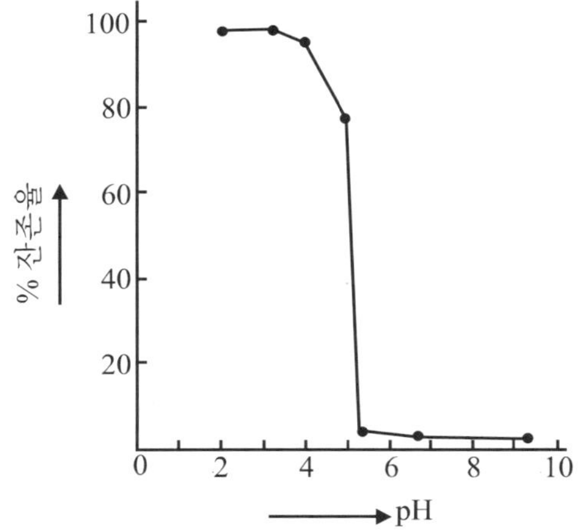

[그림 4-13] 표고버섯(Shiitake)의 향미성분(aroma component)인 렌싸이오닌(lenthionine)을 각 pH의 완충액 속에서 1시간 가열했을 때의 %잔존율.
Wada, S., Nakatani, H., and Morita, K., 1967. *J. Food science.*, 32, 559.

마우들(Mau, J. L. *et al.*, 1992)은 배양해서 얻은 신선한 송이버섯에서 1-옥텐-3-올(1-octen-3-ol)이 형성되는 과정에 대한 그 최적 조건을 조사한 바 있다. 신선한 송이버섯에는 1.8㎛ol/g fresh mushroom의 리놀레닌산을 첨가하고, pH를 5.0～7.0사이에서 1-옥텐-3-올의 형성량을 조사한 결과, pH 6.0에서 리폭시제네이스/하이드로퍼록사이드 라이에이스의 활성도가 가장 높았다고 한다. 송이버섯 배양과정에서 1-옥텐-3-올의 함량은 19.3～37.2ppm이였다고 한다. 그러나 수확 후 12℃에서 저장하는 동안에 이상의 두 효소들의 활성이나 1-옥텐-3-올 의 형성량은 점차 감소했다고 한다. 또한 그 향기 성분들을 분석, 조사한 결과, 신선한 송이버섯의 가장 중요한 "신선한 향기(fresh flavor)"는 1-옥텐-3-올의 향기였음을 재확인하고 있다.

생강의 향기 성분들 아시아 원산인 생강(*Zingiber officinale* Roscoe)은 그 특유한 매운맛(제3장 생강의 매운 맛 p. 215 참조)과 함께 역시 독특한 향기, 즉 휘발성 성분들을 갖고 있음은 주지의 사실이다. 생강에서 얻어지는 정유(精油, essential oil)는 각종 생강 가공제품들의 품질평가에 매우 중요하다고 한다.

로오렌스(Lawrence, B. M., 1983; Kim, J. S. *et al.*, 1991 참조)는 생강에서 115종의 휘발성 향기성분들을 분리, 확인 했으며, 살쳐어(Salzer, U. J., 1975), 베드나츄크들(Bedarezyk, A. and Kramer, A., 1975) 등은 생강 특유의 냄새의 주요 성분들과 특징적인 냄새 성분들로서 각각 네랄(neral), 제라니알(geranial), 시트로넬릴 아세테이트(citronellyl acetate) 그리고 α-터어피네올(α-terpineol), 제라니알(geranial), β-세스키펠란드렌(β-sesquiphellandrene) 등을 들고 있다(Kim, J. S. *et al.*, 1991 참조).

한편 전술한 김들(Kim, J. S. *et al.*, 1991)은 국내산의 신선한 생강 두 품종(충남 서산, 전북 봉동산의 두 종류)을 마쇄하여 라이켄스 · 닛카슨 형의 동시수증기 증류/용매추출법(Likens and Nickerson type simultaneous steam distillation/solvent extraction, SDE)으로 추출한 후 농축시킨 정유(精油, essential oil)의 휘발성 향기성분들을 GC-MS법으로 분리 · 동정하여 보고한 바 있다. 이들은 116여종의 향기 성분들을 검출했으나 그 중 80여종의 성분들의 구조를 동정(同定, identify)하였다. 이상의 향기 성분들로는 monoterpene hydrocarbons, oxygenated monoterpenes, sesquiterpene hydrocarbones, oxygenated sesquiterpenes 등과 개별적으로는 α-terpinol, neral, geranial, bornyl acetate, β-sesquiphellandrene, γ-curcumen, β-zingiberene, nerolidol, β-sesquiphellandrol 등이었다고 보고하고 있다.

생강의 휘발성 향기 성분들 중 가장 중요한 것으로 알려지고 있는 사이트랄(citral), 즉 네랄(neral)과 제라니알(gerarnial)을 합한 성분의 함량은, 생강 정유 중의 총 휘발성 향기 성분들 중의 각각 4.5%(서산품종)과 5.4%(봉동품종)였으며, 이 함량들은 대체적으로 인도산 생강의 경우 1.4%보다는 높았으나, 일본산 생강의 경우보다는 낮았다고 한다.

그러나 일본산의 경우 그 함량이 30%로 가장 높았든 품종의 경우 그 향 또는 냄새는 우리가 아는 특유한 생강 향기보다는 레몬의 향기(lemon flavor)에 가까운 것 이었다고 보고하고 있다.

검정 후추의 향기성분 검정 후추(black pepper)에서 추출된 기름(black pepper oil)에서는 휘발성 터펜 화합물들(terpenoid compounds)에 속하는 세스키터펜 화합물들(sesquiterpene hydrocarbons)이 검출되고 있다. 이 중에서 대표적인 것들로서는 α-큐베빈(α-cubebene), 아이소캬리요필렌(isocaryophyllene), γ-뮤롤린(γ-murolene) 등이 있으며, 그 구조는 그림 4-14와 같다.

α-큐베빈(α-cubebene) 아이소캬리요필렌(isocaryophyllene)

β-파아네센(β-farnesene) γ-뮤롤렌(γ-murolene)

[그림 4-14] 검정 후추(black pepper)에서 검출되는 휘발성 성분들(volatile compounds). Muller, C. J., Creveling, R. K. and Jennings, W. G., 1968. *J. Agr. Food Chem.*, 16. 113.

가열 또는 가공처리된 식물성 식품의 향기성분들

채소류에서 형성되는 다이메틸설파이드 많은 가열처리된 채소, 두류 또는 기타의 가열된 식품들(heated foods), 예로서 가열조리 된 토마토, 양배추, 아스파라거스, 옥수수(sweet corn), 녹차(green tea), 우유 등에 있어서는 비교적 많은 양의 다이메틸 설파이드(dimethyl sulfide)가 검출되고 있다. 이 화합물의 향기는 매우 강하며, 그 후각상의 역가(odor threshold value)는 불과 수 ppb(part per billion, 즉 10억분의 1단위) 밖에 안 되므로 이상과 같은 식품들의 향미, 특히 향기에 주는 영향은 매우 큰 것으로 생각된다.

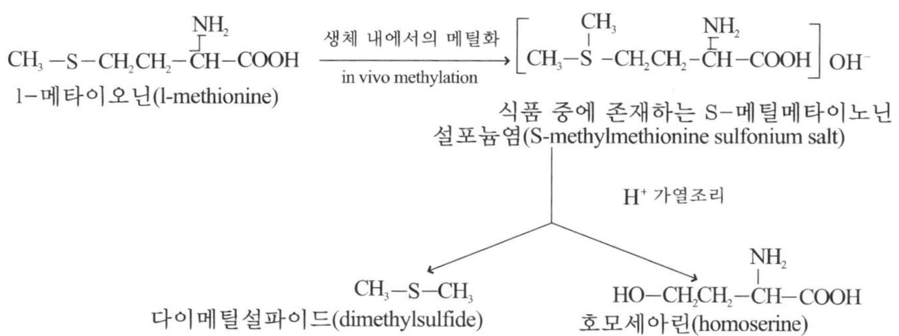

[그림 4-15] 채소류, 육류 등 각종 식품들을 가열, 조리할 때 발생하는 다이메틸설파이드(dimethyl sulfide)의 형성과정.

한 연구에 의하면, 옥수수 통조림(canned sweet corn)에서는 8.7ppm(part per million)에 달하는 다이메틸설파이드를, 또 가열처리된 토마토 즙에서도 수 ppm이 검출되고 있다. 한편, 다른 연구자들은 녹차를 100℃의 물에서 1.5시간 끓였을 때, 0.25ppm의 다이메틸설파이드가 형성되었음을 보고하고 있다.

신선한 옥수수에서는 이 다이메틸 설파이드가 직접 검출되지 않고 있으나, 다이메틸설파이드의 선구물질(先驅物質, precursor)로 알려진 S-메틸메싸이오닌 설포늄 염(S-methylmethionine sulfonium salt)의 상당 양이 검출되었다. 이 설포늄 염은 열에 매우 불안정(heat-labile)하며, 가열에 의해서 호모세린(homoserine)과 다이메틸설파이드로 분해되는 사실이 알려져 있다(그림 4-15 참조). 녹차의 경우에도 다이메틸설파이드의 선구물질은 역시 그 속에 함유된 S-메틸메싸이오닌 설포늄 염인 듯하다.

차와 린제이들(Cha, H. W. and Lindsay, R. C., 1993)은 38품종의 양배추 시료들을 마쇄한 후 30℃에서 10~100분간 두는 동안 발생하는 각종 휘발성 향기 성분들을 분석한 바 있다.

양배추의 품종마다 다소 차이는 있으나 알릴 아이소시아네이드(allyl isothiocyanate)가 제일 먼저 검출되었으며, 또한 황화수소(hydrogen sulfide, H_2S)도 초기에 검출되었으나 40분이 지난 후에는 검출되지 않았다고 한다.

한편 다이메틸다이설퍼이드(dimethyldisulfide), 다이메틸트리설파이드(treimethyltrisulfide)들은 초기에는 그 발생량이 적었으나(합계 0.78ppmL) 그 후 계속 증가하여, 100분 후에는 3.3ppm(합계)정도가 되었다고 한다.

이들 설파이드류는 S-알릴시스테인 설폭사이드(S-allylcysteine sulfoxide)가 산(H^+)의 존재 하에 가수분해 되어 형성되는 것으로 설명되기도 했으나, 현재는 S-알릴시스테인 설폭사이드(S-allylcysteine sulfoxide)가 알라이네이스(alliinase, 즉 S-cysteine sulfoxide lyase)의 작용을 받아서 형성되는 것으로 알려져 있다.

또 하나의 중요한 휘발성 황함유 향기성분인 알릴아이소싸이오시아네이트(AITC)는 다른 겨자과 식물들의 경우처럼, 그 식물체 조직 내에 존재하는 알릴글루코시놀레이트(allylglucosinolate, GS)들이 조직의 부분적인 파괴로 직접 접촉하게 된 미로시네이스(myrosinase, 즉 thioglucosidase)의 작용으로 가수분해 되어 형성되며, 신선한 양배추의 바람직한 휘발성 향기 성분으로 매우 중요하다고 한다. 그러나 이들(Cha, H. W. and Lindsay, R. C., 1993)은 시료로 사용한 38품종의 양배추 중의 AITC의 함량은 100분후, 0.4~10.3ppm로서 그 함량차가 너무 컸었다고 보고하고 있다.

2-methylpyrazine(MP) 2, 5-dimethylpyrazine(DMP)

[그림 4-16] 헥소오스(hexose)와 일부 아미노산(amino acid)의 상호반응의 결과 형성된 알킬화 피라진(allkylated prazine compounds)의 예.
Koehler, P. E. *et al.*, 1969. *J. Agr. Food Chem.*, 17, 395.

가공처리된 땅콩의 향기성분들 잘 건조된 땅콩, 즉 낙화생(peanuts), 특히 가열과정을 포함한 가공처리를 거친 땅콩들은 매우 고소하고 특유한 향기를 가지고 있다.

땅콩을 가열하는 과정, 주로 볶는 과정에서는 그 속에 함유된 당류(sugars)와 아미노산들의 상효작용에 의해서 그 맛이나 향기에 큰 변화가 일어나는 사실이 오래 전부터 알려져 왔다.

예로서 수분함량이 5.6% 내지 6.0%인 땅콩을 111℃ 내지는 113℃에서 1시간가량 가열했을 때, 전 질소분(total nitrogen content)의 3.4%를 점유하는 라이신(lysine)의 함량은 2.8%로 감소한다고 한다. 이와 같은 가열처리된 땅콩, 특히 볶은 땅콩의 주요 향기 성분들로서는 몇 개의 알킬화 피라진 화합물들(allylated pyrazine compounds)이 검출되고 있다(그림 4-16 참조).

콜러들(Koehler, P. E. *et al*., 1969)에 의하면, 이들 피라진 유도체들은 생 땅콩 속의 포도당, 과당(fructose)과 같은 환원당들(reducing sugars)과 아스파라진(asparagine), 글루타민산(gultamic acid), 아스파틴산(aspartic acid) 등의 아미노산들 사이에 가열처리 중에 일어나는 마이얄 갈색화 반응(Maillard browning reaction, 제11장 p. 553의 마이얄 반응 참조)의 결과 형성되는 것으로 생각되고 있다.

한편, 이들(Lee, M. H. *et al*., 1981)은 볶은 땅콩(roasted peanuts)에서 피라진 유도체들뿐만 아니라 그 동안 이미 보고된 바 있거나 새로 유리해 낸 2-메틸싸이야졸(2-methylthiazole)을 포함한 8개의 싸이야졸류(thiazoles), 4,5-다이메틸옥사졸(4,5-dimethyloxazole)을 포함한 7개의 옥사졸류, 그리고 2-메틸-3-옥사졸린(2-methyl-3-oxazoline)을 비롯한 3개의 옥사졸린류(oxazolines) 등을 보고하고 있다(그림 4-17 참조). 이상의 화합물도 가열 중 각종 당류와 아미노산들 또는 각종 아미노산들 사이의 상호반응(interactions)을 통해서 형성되는 것으로 생각된다.

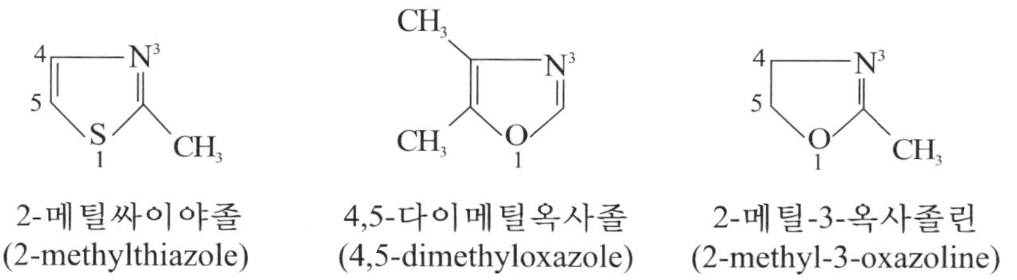

[그림 4-17] 볶은 땅콩에서 추출한 피라진 유도체들 이외의 여러 휘발성 환상성분들.
Lee, M. H., Ho, C. T., & Chang, S. S., 1981. *J. Agr. Food Chem*., 29, 684.

가열처리된 각종 식품 중의 피라진 유도체들

1970년대에 들어서면서 광범위한 각종의 가공 또는 가열조리 된 식품류에서 피라진 유도체들이 특성 향기 성분들로 분리되어 보고되어 왔다.

마가들(Maga, J. A. and Sizer, C. E., 1973)은 1970년대 초기까지 보고된 예들을 조사하여 식품의 종류와 그 식품 중에서 발견된 피라진 유도체들에 대해서 매우 자세하게 조사하여 보고하고 있다. 한편, 마가(Maga, J. A.)는 식품 중의 향기 성분들로서 락톤류(Maga, J. A., 1976, 참조), 오사졸류와 옥사졸린류(Maga, J. A., 1978; Maga, J. A., 1981c, 참조), 파이톨류(Maga, J. A., 1981a, 참조), 피리딘류(Maga, J. A., 1981b, 참조), 그리고 다시 피라진류(Maga, J. A., 1982, 참조) 등에 대해서 레뷰(review)를 발표한 바 있다(Heath, H. B. and Reineccius, G., 1986 참조).

히이트들(Heath, H. B. and Reineccius, G., 1986)도 이상의 파라진류(pyrazines), 옥사졸류(oxazoles), 옥사졸린류(oxauolines) 이외에도 카아보닐류(carbonyls), 파이롤류(pyrroles), 피리딘류(pyridines), 후라논류(furanones), 피라논류(pyranones), 싸이아졸류(thiazoles), 싸이아졸린류(thiazolines), 싸이아졸리딘류(thiazolidines), 타이에인류(thianes), 타이올류(thioles) 등의 휘발성 환상화합물들(volatile cyclic compounds)이 식품들 중에 함유된 환원당류(reducing sugars)와 아미노산들(amino acids) 사이에, 이상의 식품들의 가열처리 중에 일어나는 마이얄 반응(Maillard reaction)의 결과 형성되는 사실에 대해서 설명하고 있다.

표 4-15 일부 피라진 유도체들(pyrazines)의 냄새와 수용액에서의 역가(threshold)

피라진 유도체들	역가(ppm)	냄새의 종류
2-에톡시-5-아이소프로필-3-메틸피라진 (2-ethoxy-5-isopropyl-3-methylpyrazine)	0.12	커피, 금속(coffee, metallic)
2-메톡시-3-메틸-5-제이급뷰틸피라진 (2-methoxy-3-methyl-5-sec.butylpyrazine)	0.032	가죽 비슷한(leather-like)
2-에톡시-3-메틸-5-제이급뷰틸피라진 (2-ethoxy-3-methyl-5-sec.butylpyrazine)	0.012	미숙한 과실 (fruity green)
2-에톡시-3-메틸-5-(2-메틸뷰틸)-피라진 (2-ethoxy-3-methyl-5-(2-methylbutyl)-pyrazine)	0.0061	호도 비슷한(nutty-like)
5-아이소뷰틸-3-메틸-2-페노키시피라진 (5-isobutyl-3-methyl-2-phenoxypyrazine)	0.32	과실의 단내(sweet fruity)
3-메틸-2-페녹시-5-제이급뷰틸피라진 (3-methyl-2-phenoxy-5-sec.butylpyrazine)	0.072	과실의 단내(sweet fruity)
5-아이소뷰틸-2,3-다이메틸피라진 (5-isobutyl-2,3-dimethylapyrazine)	0.77	박하 비슷한 냄새(menthol-like)
5-제이급뷰틸-2,3-다이메틸피라진 (5-sec.butyl-2,3-dimethylapyrazine)	0.68	약한 볶은 냄새(mild roast)
5-에틸-2,3-다이메틸피라진 (5-ethyl-2,3-dimethylpyrazine)	0.53	호도 볶은 냄새(nutty roast)
5-프로필-2,3-다이메틸피라진 (5-propyl-2,3-dimethylapyrazine)	0.32	바닐라 비슷한(vanilla-like)
3-메틸-5-(2-methyl butyl)-2-methylthiopyrazine) (3-methyl-5-(2-methlthiopyrazine)	0.0001	금속, 탄내(metallic, charred)

Shibamoto, T., 1986. *J. Food Science.*, 51(4), 1098.

한편, 피라진 유도체들이 발견된 식품들로는 육류 가공품류, 볶은 보리(roasted barley), 코코아 제품들(cocoa products), 땅콩류, 옥수수튀김(popcorn), 각종 감자 제품들, 대두 가공품들, 피만 고추(bell pepper), 참기름, 우유 가공제품들(dairy products), 볶은 피칸 호도(roasted pecans), 볶은 개암나무 열매(roasted filberts), 닭고기 스프(chicken broth), 그리고 숭늉(최 등, 1975 참조) 등이 있다.

버터리들(Buttery, R. G. *et al.*, 1969)은 피만 고추의 특유한 향기 성분으로서 2-메톡시-3-아이소뷰틸피라진(2-methoxy-3-isobutylpyrazine)을 들고 있으며, 이 피라진의 수용액에서의 역가(threshold value)는 0.002ppb라고 한다(표 4-16 참조).

한편 자이퍼어트들(Seifert, R. M. *et al.*, 1970)이 조사한 일부 피라진 유도체들의 수용액에서의 역가들은 표 4-16과 같다.

또한 시바모토(Sibamoto, T., 1986)는 46개의 피라진 유도체들(pyrazine derivatives)의 냄새의 특성과 수용액에서의 역가를 조사하고 있다. 조사한 피라진 유도체들 중 3-메틸-5-(2-메틸뷰틸)-2-메틸싸이오피라진[3-methyl-5-(2-methylbutyl)-2-methylthiopyrazine]은 탄 냄새 또는 금속취(charred or metallic flavor)를 갖고 있었으며, 그 역가는 0.001ppm이었다고 한다(표 4-15 참조).

한편, 피라진류의 형성과정에 대해서는 여러 경로들이 알려져 있다(Heath, H. B. and Reineccius, G., 1986 참조).

표 4-16 일부 피라진 유도체들(pyrazines)의 냄새 역가들(odor thresholds)

피라진 유도체들	물의 중량의 1조(兆)분의 1 (parts per trillion water)
2-메톡시-3-헥실피라진(2-methoxy-3-hexylpyrazine)	1
2-메톡시-3-아이소뷰틸피라진(2-methoxy-3-isobutylpyrazine)	2
2-메톡시-3-프로필피라진(2-methoxy-3-proplpyrazine)	6
2-메톡시-3-아이소프로필피라진(2-methoxy-3-isopropylpyrazine)	2
2-메톡시-3-에틸피라진(2-methoxy-3-ethylpyrazine)	425
2-메톡시-3-메틸피라진(2-methoxy-3-methylpyrazine)	4,000
2-메톡시피라진(2-methoxypyrazine)	700,000
2-아이소뷰틸피라진(2-isoutylpyrazine)	400,000
2,5-다이메틸피라진(2,5-dimethylpyrazine)	1,800,000
피라진(pyrazine)	175,000,000

Seifert, R. M. *et al.* 1970. *J. Agr. Food Chem.*, 18, 248.

현재 가장 기본적인 경로 또는 과정으로서는 식품들 중의 환원당류(reducing sugars)와 아미노산들 사이에 일어난 마이얄 반응(Maillard reaction)의 결과 형성된 각종 알파- 또는 1,2-다이카아보닐 화합물들(α - or 1,2-dicarbonyl compounds, 일반적으로는 아실로인류(acyloins)로도 알려져 있음)과 아미노산들 사이에 일어나는 소위 스트렉커 분해반응(Strecker degradation)의 결과 형성된 화합물들, 소위 엔아미놀류(enaminols) 사이의 상호축합반응(intercondensation)과 그 후 곧 이어 일어나는 탈수소반응(dehydrogenation)의 결과 형성되는 것으로 알려져 있다(그림 4-18 참조 또한 제11장 p. 568의 스트렉커 반응 참조).

슈(Shu, C. K., 1998)는 가열처리한 식품들 중에 형성되는 피라진류(pyrazines)의 일부는 전술한 스트렉커 분해반응(그림 4-18의 Ⅰ)을 거치지 않고 식품 중의 화원당류와 아미노산들의 마이얄 반응에서 형성된 알파-다이카아보닐들(그림 4-18의 (1))이 아미노산들의 분해에서 형성된 암모니아(NH_3)와 직접 연결하여, 엔아미놀(그림 4-18의 (3))을 형성하며, 그림 4-18의 (Ⅱ)로 표시된 상호축합반응과 곧 이은 탈수소반응을 통해서 형성되는 사실을 보고하고 있다.

$$R_1C(=O)-C(=O)R_1 \;(1) + H_2N-CH(CH_3)-COOH \;(2) \longrightarrow R_1C(=O)-CH(NH_2)R_1 \;(3) + CH_3CH_2CH=O \;(4) \quad (I)$$

$$(3) + NH-CH(R_4)-C(=O)R_3 \;(5) \xrightarrow{-2H_2O} (6) \rightarrow\rightarrow (7) \quad (II)$$

[그림 4-18] α-다이카아보닐, 한 예로서 R_1, R_2가 각각 CH_3- 그룹인 경우, 2,3-butanedione(1)이 아미노산, 여기서는 alanine (2)와 스트렉커 분해반응을 통해서 엔아미놀(3)과 알데하이드, 프로파날(4)을 형성한다. 이렇게 형성된 엔아미놀(3)은 또 다른 α-카아보닐(화합물)이 위의 (1)이 겪었던 과정, 즉 스트렉커 분해반응을 통해서 형성된 엔아미놀(5)와 상호축합 반응을 통해서 축합화합물(6)을 형성한 후, 곧 이어 탈수소반응을 거쳐서 알킬 그룹들(alkyl groups)을 가진 피라진(7)을 형성한다.

아래의 그림은 α- 및 β-아미노산들의 분해에 의해서 형성된 암모니아와 α-다이카아보닐 화합물이 직접 반응하여 엔아미놀(enaminol)을 형성하는 과정을 표시하고 있다.

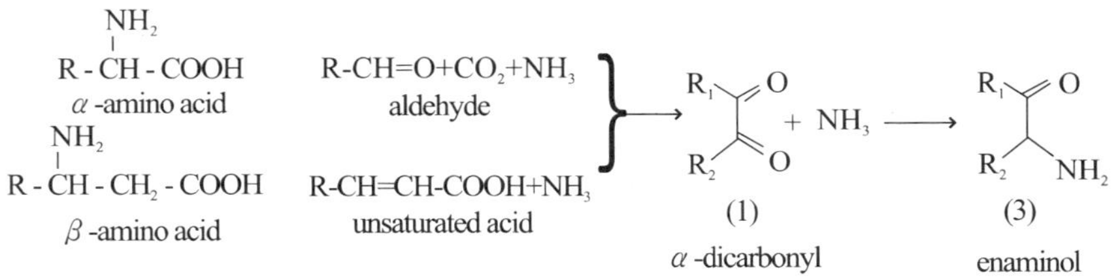

$$\underset{\alpha\text{-amino acid}}{R-\overset{NH_2}{\overset{|}{CH}}-COOH} \quad \underset{\text{aldehyde}}{R-CH=O+CO_2+NH_3}$$

$$\underset{\beta\text{-amino acid}}{R-\overset{NH_2}{\overset{|}{CH}}-CH_2-COOH} \quad \underset{\text{unsaturated acid}}{R-CH=CH-COOH+NH_3}$$

$$\longrightarrow \underset{\alpha\text{-dicarbonyl}}{\underset{(1)}{R_1-CO-CO-R_2}} + NH_3 \longrightarrow \underset{\text{enaminol}}{\underset{(3)}{R_1-CO-CH(NH_2)-R_2}}$$

가열처리된 각종 식품 중의 파이롤 유도체들 피라진 유도체들과 유사한 휘발성 헤테로환상 화합물들(volatile heterocyclic compounds)인 파이롤들(pyrroles)이 가열조리 된 식품 또는 가공식품들의 중요한 향기 성분들로서, 피라진 유도체들과 함께 연구되어 왔다. 마가(Maga, J. A., 1981)에 의하면 1970년대 말까지 20개를 넘는 파이롤 유도체들(pyrrole derivatives)이 각종의 조리 또는 가공식품들의 향기 성분들로 분리, 확인되고 있다고 한다.

이상의 파이롤들(pyrroles), 즉 파이롤 유도체들은 볶은 편도(roasted almonds), 가열조리 된 아스파라거스(cooked asparagus), 가열조리, 가공된 쇠고기들(boiled, roasted, fried, canned beef), 맥주(beer), 초콜렛(chocolate), 커피(coffee), 가열조리 한 달걀(heated eggs), 볶은 개암나무 열매(roasted filberts), 볶은 땅콩(roasted peanuts), 볶은 찻잎(roasted tea) 등에서도 발견되고 있다고 한다.

일반적으로 볼 때, 알킬파이롤류(alkylpyrroles)와 아실파이롤류(acylpyrroles) 등은 좋은 향기를 가졌다고 볼 수 없으나, 그 농도가 낮을 때는 알킬파이롤류(alkylpyrroles)는 약간 탄내가 섞인 단내(a sweet, slightly burnt-like aroma)를 갖고 있다고 한다. 한편, 2-아세틸-1-아이소뷰틸파이롤(2-acetyl-1-isobutylpyrrole)과 1-아이소뷰틸-5-메틸파이롤-2-알데하이드(1-isobutyl-5-methylpyrrole-2-aldehyde)는 다소 박하 또는 육계피 향기 비슷한 단내(a sweet, slightly minty, cinnamon-like aroma)를 갖고 있다고 한다.

쌀, 쌀밥, 밀, 빵의 향기성분들 쌀 또는 쌀밥의 향기에 대해서도 많은 연구가 이루어져 왔다. 한 예로서 야스마쓰들(Yasumatsu, K. *et al.*, 1966)은 쌀밥의 특유한 향기 성분들로서 아세트알데하이드, 캅프로알데하이드(n-caproaldehyde)와 메틸에틸 케톤(methylethyl ketone), 발렐알데하이드(n-valeraldehyde) 등을 검출하고 있다.

이들에 의하면, 묵은 쌀의 이취(異臭), 즉 비정상적인 냄새(off-flavor)의 일부는 캅프로알데하이드(n-caproaldehyde) 즉, 헥사날(hexanal, $CH_3(CH_2)_4CH=O$)의 존재에 기인한다고 한다.

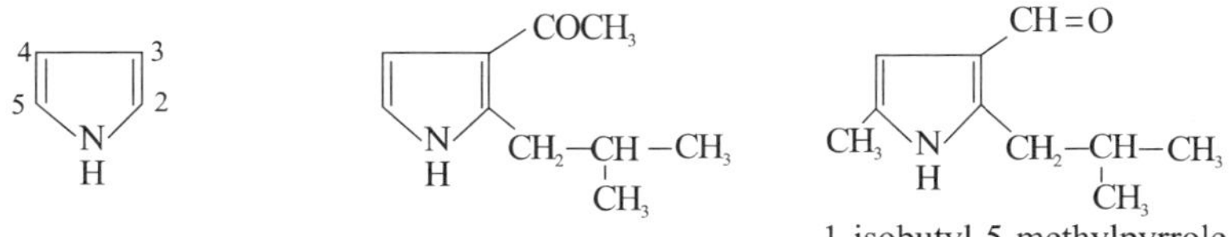

pyrrole (ring positions 2, 3, 4, 5; N–H) | 2-axetyl-1-isobutylpyrrole ($COCH_3$; $CH_2-CH(CH_3)-CH_3$) | 1-isobutyl-5-methylpyrrole-2-aldehyde ($CH=O$; CH_3; $CH_2-CH(CH_3)-CH_3$)

[그림 4-19] 일부 파이롤 유도체들의 구조.

쥬우들(Zhou, M. *et al.*, 1999)은 그들이 작성한 곡류의 향기에 대한 휘발성 성분들과 그 기여(contribution)에 관한 레뷰(a review)에서 귀리(oats)의 저장 중 형성되는 휘발성 산화생성물들(volatile oxygenated components)은 주로 귀리에 함유된 지방질 성분들의 산화생성물들인 것으로 설명하고 있다. 전술한 헥사날, 즉 캅프로알데하이드도 쌀의 저장 중 그 지방질 성분의 산화(lipid oxidation)의 결과 형성된 것으로 생각된다.

한편, 쌀의 휘발성 향기 성분들 중에서도, 쌀 성분들 중의 환원당과 α-아미노산들 사이의 다이얄 반응(Maillard reaction)의 결과 형성된 2-아세틸-1-피롤린(2-acetyl-1-pyrroline)은 조리된 쌀, 즉 쌀밥(cooked rice)의 가장 중요한 향기 성분으로 알려져 왔다.

이 휘발성 향기 성분은 여러 품종의 쌀들로 지은 쌀밥의 주요 성분으로 검출, 확인되어 왔으며, 순수한 2-아세틸-1-피롤린의 냄새역가(odor threshold value)는 매우 낮아서, 0.1ppb(in H_2O)라고 한다. 이 휘발성분 자체는 황색액체나, 펜탄(pentane) 등에 희석해서 -20℃에서 저장하면 장기간 저장이 가능하다고 한다. 이 화합물의 묽은 수용액은 쌀밥의 특유한 향기와 거의 같다고 한다. 또한 이 휘발성 화합물들과 그 구조가 매우 유사한 2-아세틸-1,2,3,4-tetrahydropyridine)은 빵의 주요 향기성분(the principal bread flavor compnent)으로 알려져 왔다(De Kimpe, N. G., 1993 참조).

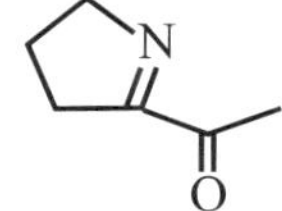

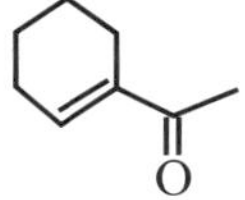

2-acetyl-1-pyrroline 2-acetyl-1, 2, 3, 4-tetrahydropyridine

버터리들(Buttery, R. G. *et al.*, 1999)은 시판 및 실험실에서 만든 쌀떡(rice cakes)의 휘발성 향기 성분들을 분리, 분석하여, 60여종의 향기 성분들을 검출한 바 있다. 그 농도(함량)/역가 비율로 볼 때, 주요향기 성분들은 3-methylbutanal, dimethyltrisulfide, 2-ethyl-3,5-dimethylpyrazine, 4-vinylguaiacol, hexanal, (E,E)-2,4-decadienal, 2-methylbutanal, 2-acetyl-1-pyroline, 1-en-3-ol, 1-octen-3-one 등이었다고 한다.

한편 마크윌리암즈들(McWilliams, M. and Mackey, A. C., 1969)은 밀의 향기 성분으로서 아세트알데하이드, 뷰틸알데하이드(butyraldehyde), 헥사날(hexanal), 헵타날(heptanal), 크로톤알데하이드(cortonaldehyde), 3-메틸-2-뷰타논(3-methyl-2-butanone), 다이아세틸(diacetyl), 발렐알데하이드(valeraldehyde) 등을 이미 보고하고 있다.

한편, 빵의 향기성분 중에는 3-메틸-2-뷰타논과 2,2-다이메틸-3-펜타논(2,2-dimethyl-3-pentanone)을 제외한 거의 모든 밀의 향기 성분들이 그대로 남아 있었다고 한다. 이 사실로서 빵의 특유한 향기는 그 자체가 향기 성분을 갖고 있거나 만들 수 있는 원료물질들, 예로서 우유, 설탕, 버터 등의 영향 이외에도 빵의 향기의 많은 부분들이 원래 밀에 존재했던 향기 성분들에 유래(由來)하는 것으로 생각되고 있다.

또한 빵 제조 시에는 밀가루 이외의 여러 부차적인 원료물질들이 그 성분들로 사용되며, 반죽, 발효과정에서 각종의 효소들, 예로서 α-, β-아밀레이스류, 프로티에이스류(proteases), 리폭시제네이스류(lipoxygenases) 등이 작용함으로 새로운 향기성분들이 빵의 향기 성분들로 추가될 것이다.

마티네즈-아나야들(Martinez-Anaya, M. A. *et al*., 1996)은 "Enzymes and Bread Flavor(효소들과 빵의 향기 성분들)"이라는 레뷰(a review)에서, 먼저 빵류의 향기, 즉 향기 성분들의 형성에 깊이 관련된 효소들에 대해서, 밀, 밀가루와 빵의 발효(發酵, germentation), 또는 가열과정(thermal processes) 등에서 효소작용을 나타내는 아밀레이스류(α-, β-amylases), 주로 밀가루 반죽 시 외부에서 첨가되는 각종 프로테이스류(proteases), 반죽과 굽는 과정 시 주로 작용하는 리폭시제네이스들(lipoxygenases) 등으로 크게 분류하고 이들의 작용, 즉 화학반응과 생성물들에 대해서 설명하고 있다.

그 다음에 실제 형성되는 향기 성분들을 발효전과 반죽과정, 굽는 과정 중에 형성되는 향기 성분들로 구분하면서 그 화학구조의 특성에 따라 산류(acids), 알콜류(alcohols), 에스터류(esters), 에텔류(ethers), 후란 유도체들(furan derivatives), 알데하이드류(aldehydes), 케톤류(ketones), 피라진류(pyrazines), 파이롤 유도체류(pyrrole derivatives), 황함유 화합물들(sulfur compounds)로 분류하여, 합계 160여종의 향기 성분들을 대체적인 형성시기와 함께 설명하고 있으며, 또한 이와 관련한 문헌 40여개도 들고 있다.

한편, 미국에서는 곡류의 향기는 그 곡류의 품질에 등급을 정하는데 있어서(grain grading) 중요한 요인의 하나로 생각하여, 등급검사를 받을 곡류시료는 곡류검사 핸드북(the Grain Inspection Handbook, USDA, 1997)에 지정된 방식에 따라 그 냄새에 대해서 검사받게 되어 있어서 곡류들의 향기 성분들에 관한 연구들이 촉진되어 왔다고 한다(Ram, M. S. *et al*., 1999 참조).

구운 감자의 향기성분 감자를 구울 때는 감자 속의 각종 아미노산들의 가열분해, 중합, 그리고 감자 속의 당류(sugars)와 단백질에서 분해되어 나온 아미노산들 사이의 마이얄 갈색화반응(Maiilard browning reaction), 캬라멜화 반응(caramelization) 등(제11장 p. 553 및 p. 579 참조)에 의해서 매우 다양한 휘발성 향기 성분들(volatile flavor compounds)이 형성되는 것으로 알려져 있다.

특히 감자튀김(potato chips)의 특유한 향기의 주성분들로서 덱크들(Deck, R. E. and Chang, S. S., 1965)은 2,5-다이메틸피라진(2,5-methylpyrazine)을, 버터리들(Buttery, R. G. *et al*., 1971)은 2-에틸-3,6-다이메틸피라진(2-ethyl-3,6-dimethylpyrazine)을 들고 있다.

버터리들(Buttery, R. G. *et al*., 1973)은 또한 구운 감자(baked potato)의 중요한 향기 성분들로서 전술한 바 있는 2-에틸-3,6-다이메틸피라진(2-ethyl-3,6-dimethylpyrazine) 이외에, 메싸이오날(methional), 데카-(E,E)-2,4-다이에날(deca-trans, trans-2,4-dienal) 등을 들고 있으며, 한편 창들(Chang, S. S. *et al*.)은 2-아이소뷰틸-3-메틸피라진(2-isobutyl-3-methylpyrazine), 2,3-다이에틸-5-메틸피라진(2,3-diethyl-5-methylpyrazine) 등을 주요 향기 성분들로 들고 있다(Pareles, R. J. and Chang, S. S. 1974. *J. Agr. Food Chem*, 22, 339). 이상의 피라진 유도체들의 일반적인 특성에 대해서는 이미 설명한 바 있다. 또한 구운 감자의 중요한 향기 성분들 중 많은 성분들이 감자튀김(potato chip)의 중요 향기 성분들과 같은 사실이 알려져 있다.

콜맨들(Coleman, E. C. *et al*., 1981)은 구운 감자에서 228종의 휘발성분들을 분리, 확인하고 있다. 이들에 의하면 가장 중요한 휘발성 향기 성분들의 종류는 피라진류(pyrazines), 옥사졸류(oxazoles), 싸이아졸류(thiazoles)와 후라논(2-methyltetrahydrofuran-3-one)이라고 보고하고 있다.

이상의 향기 성분들 중 단지 양적으로 가장 많았던 것은 에틸 아세테이트(ethyl acetate)였다고 한다.

한편, 감자튀김 중 포테이토 칩(potato chip)의 경우, 가장 중요한 향기 성분들에 대해서는 버터리들의 그룹(Guadani, D. G. *et al*., 1972; Buttery, R. G. *et al*., 1972; Wagner, R. K. *et al*., 1998 참조)에 의해서 methional, phenylacetaldehyde, 2- 및 3-methylbutanal, 3-ethyl-2,5-dimethylpyrazine, (E,E)-2,4-decadienal, 1-penten-3-one과 hexanal 등임이 밝혀져 왔다.

와그너들(Wagner, R. K. and Grosch, W., 1998)은 감자튀김 중, 프렌치프라이(French fries)의 주요 향기 성분들을 분리, 확인한 후, 각 향기 성분들의 함량(즉, 농도)을 그 향기 역가(odor threshold)로 제(除)해서 얻은, 향기활성가 또는 값(香氣活性價, odor activity value, OAV, 즉 concentration/threshold value)을 구하였다. 프렌치프라이(French fries) 향기의 가장 중요한 향기 성분들은 튀김유로 팜유(palm oil)를 사용한 경우, 주요 향기 성분들의 향기활성가 또는 값(OAV)의 크기의 순서는 methanethiol > methional > methylpropanal > 2 -methylbutanal > trans-4.5-epoxy-(E)-2-decanal > (E,Z)-2,4-decadienal 등을 들고 있다. 튀김유로 코코넛 기름(coconut fat)이 사용되었을 때의 주요 향기 성분들의 향기활성가(OAV)의 크기의 순서는 methional > trans-4,5-epoxy-(E)-2-decanal > (E,Z)-2,4-decadienal > 4-hydroxy-2,5-dimethyl-3(2H)-furanone, 즉 Furaneol > 2,3-dimethyl-5-methylpyrozine > γ-octalactone들로 튀김유가 달라질 경우, 향기 성분들의 종류나 향기활성 값(ODA)도 다소 변화했음을 보고하고 있다.

말톨, 아이소말톨 및 3(2H)-, 2(5H)-후라논 유도체들의 향기 가열조리된 식품 또는 가공식품들 중 그 구성 성분들로서 당류와 아미노산류 또는 단백질들을 함유하고 있는 경우에는 서로 비슷한 전형적인 향긋함, 달콤한 탄내(fragrant burnt sugar flavor)를 갖는 경우가 많다.

이와 같은 냄새는 일반적으로 캬라멜 향기(caramel flavor)로 알려져 있으며, 탄내가 심할 경우에는 자극적이고 불쾌하나, 그 반면에 탄내가 미약한 경우에는 특유의 나쁘지 않은 향기를 나타내는 경우가 많다.

이상의 향기에 대해서는 후술하는 캬라멜화 갈색화반응(caramelization) 또는 마이야 갈색화반응(Maillard browning reaction)의 결과 형성되는 많은 휘발성 화합물들, 예로서 많은 카아보닐 화합물들(carbonyl compounds), 유기산들, 알콜류, 훌후랄 유도체들(furfural derivatives), 후란 유도체들(furan derivatives), 피라진 유도체들(pyrazine derivatives), 파이롤 유도체들(pyrrole derivatives), 각종의 알킬화 황 화합물들(various alkylated sulfides) 이외에 말톨(maltol)과 아이소말톨(isomaltol) 그리고 이들의 유도체들이 중요한 역할을 하고 있는 것으로 생각되고 있다.

특히 위에서 설명한 가열조리 된, 또는 가공된 식품들의 향긋하고 달콤한 탄내는 말톨, 아이소말톨들과 이들의 유도체들에 의해서 주로 형성되는 것으로 믿어지고 있다. 실제로 말톨(maltol, $C_6H_6O_3$)은 그 융점(MP)이 161～162℃로서, 93℃에서 승화(sublime)하는 단사방계(單斜方系) 프리즘형 결정들(monoclinic prisms crystallized from $CHCl_3$)로서, 유기용매에는 잘 녹지 않으나 뜨거운 물에는 비교적 잘 녹는 화합물이다.

이 말톨은 식품에 사용할 수 있는 향료(香料, flavoring agent)로서 오랫동안 사용되어 왔으며, 특히 빵, 케이크류에 "새로 구운(freshyl baked) 듯한" 향기와 맛을 주기 위해서 사용된다고 한다. 또한 말톨은 당함량이 큰 식품들의 단맛을 강하게 느끼게 해주는 매우 특이한 작용(flavor intensifier 또는 flavor potentiator)이 있어서 청량음료, 과즙류, 잼 제품들, 젤라틴 제품들에 이와 같은 목적을 위해서 사용된다고 한다(Furia, J. E., 1972).

한편 피테트들(Pittet, A. O. *et al.*, 1970)은 말톨, 아이소말톨과 이들의 대표적인 유도체들의 향기와 맛의 역가들(threshold values) 그리고 그 특징들을 조사, 보고하고 있으며, 그 중 일부는 그림 4-20과 같다. 이 중 4-하이드록시-2,5-다이메틸-2(H)-후란-3-온에 대해서는 파인애플(pineapple)의 특성 향기 성분의 하나로서 이미 설명한 바 있다.

4-하이드록시-2,5-다이메틸-3(2H)-후라논, 즉 2,5-다이메틸-4-하이드로하이드록시-3(2H)-후라논(2,5-dimethyl-4-hydroxyfuranone, DMHF)은 근래에 와서 후라네올(furaneol)로도 불려져 있으며, 많은 식품류, 그리고 이들의 가공품류(processed foods)의 중요한 특성 향기 성분들로 밝혀짐에 따라 근래에 많은 주목을 받아 왔으며 연구도 광범위하게 계속 진행되고 있다.

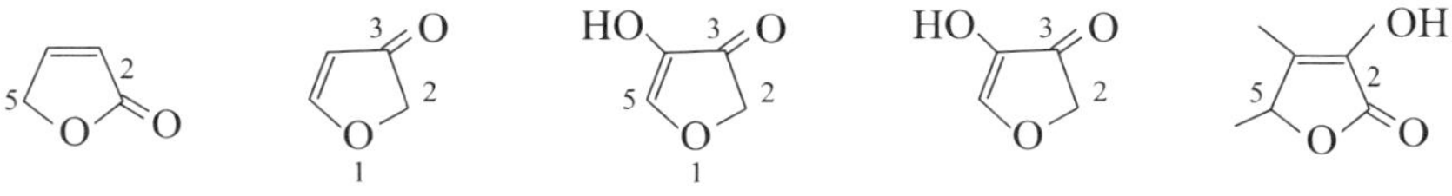

(1) 2(5H)-furanone (2) 3(2H)-furanone (3) furaneol (4) Norfuraneol (5) Sotolon

그 기본구조는 다음과 같은 후라논(furanone)의 두 개의 이성체들(isomers) (1),(2) 중의 (2), 즉 3(2H)-후라논이며, (3)의 구조와 비교해 보면, 후라네올(franeol)은 3(2H)후라논의 2,5의 위치에 메틸그룹과 4의 위치에 수산그룹(-OH)이 치환된 3(2H)-후라논의 유도체임을 곧 알 수 있다. 2,3-후라논 유도체들 중에는 각종 식품류나 가공식품류의 주요 향기 성분들로 알려진 놀후라네올(Nor-furaneol, 4-hydroxy-5-methyl-3(2H)-franone), 그림의 (4), 그리고 호모후라네올 A와 B(Homofuraneol A and B) 등이 알려져 있다(Fay, L. B. *et al.*, 1997).

한편 후라네올(furaneol)은 각종 과실류나 가공식품들 뿐 아니라 옥수수 가공품류, 특히 옥수수 튀김, 즉 팝콘(popcorn)의 향기 성분으로 1970년 월드라트들(Waldral *et al.*, 1970)에 의해서 그 존재가 발표된 후 1991년에 시이벌레(Schieberle, 1991)에 의해서 확인 되었으며, 옥수수 통조림(canned sweet corn)의 경우 그 함량은 170～270㎍/kg, 냉동제품의 경우에 27㎍/kg 정도였으며, 감미종 옥수수(fresh sweet corn)의 19㎍/kg 보다 훨씬 많았다고 한다(Buttery, R. G. *et al.*, 1997).

2(5H)-후라논 유도체들 중에서 또 하나의 대표적인 화합물로 볼 수 있는 소톨론(Sotolon, 3-hydroxy-4,5-dimethyl-2(5H)-furanone), 즉 바로 앞에서 제시한 그림 중의 (5)는 탄내(burnet flavor) 또는 향신료 같은 향기(spicy)를 갖고 있는 그리고 가끔 이취(異臭, off-flavor)와도 관련된 매우 특이한 향기 성분으로 알려져 왔다. 한편, 그 역가(threshold value)는 매우 낮아 0,02ng/L공기로서 여러 종류의 식품류, 가공식품류에 널리 사용되고 있는 사실이 알려져 있다.

쾨니히들(Koenig, T. *et al.*, 1999)은 감귤류를 원료로 하는 음료들(citrus soft drinks)의 경우, 소톨론(Sotolon)은 그 음료류에 함유된 에탄올(ethanol)과 아스콜빈산(ascorbic acid)들 사이의 상호반응의 결과 형성되는 사실을 보고하고 있다.

커피와 코코아의 향기성분 이미 언급한 바와 같이 향기성분에 대한 여러 분석방법의 급속한 발전에 따라 커피의 향기 성분들이 매우 활발하게 분석되어 왔다.

실제적으로 많은 식품류 중에서도 커피처럼 그 향기(aroma)가 중요한 것도 별로 많지 않을 것이다. 그 동안 각종 커피의 향기 특성을 알기 위해서, 또 더 좋은 향기를 위해서 그 휘발성 향기 성분에 대하여 커피 제조회사나 연구소 등에서 계속 연구되어 왔으며, 주요 향기 성분들의 종류 수도 분리, 분석 방법들의 급속한 발전에 따라 계속 늘고 있다. 1980년대 초에는 커피의 향기 성분들로 각 주요 20그룹에 걸쳐 530여종의 존재가 확인되고 있다(Yamanish, T., 1981; Heath, H. B and Reineccius, G., 1986과 표 4-17 참조).

화합물	향기	맛
maltol	Sweet 4 Cotton candy 4 Burnt sugar 3 Fruity 3 Nutty 2 No odor 4	Fruity 5 Cotton candy 4 Sour 2 Bitter 2 Astringent 2 Oily 2 No taste 5
isomaltol	Sweet 4 Burnt sugar 4 Pleasant 4 Maple 3 Nutty 2 Pineapple 2 Fruity 2 Weak, no Aroma 5	Not pleasant 7 Sour acidie 6 Bitter 5 Astringent 4 Citrus, lemon, orange 4 Club Soda, Alka Seltzer 3 Sweet 3 Fruity 2
하이드록시후라논들(hydroxyfuranones)		
4-hydroxy-2,5-dimethyl-2(H)-furan-3-one	Caramel 10 Sweet 8 Fruity 4 Cotton candy 3 Maltol 2	Sweet 4 Caramel 4 Candy 3 Weak flavor 7
5-ethyl-3 -hydroxy-4-methyl-5(H)-furan-2-one	Caramel 6 Sweet 5 Maple 5 Celery 3 Smokey 2	Caramel 5 Maple 4 Celery 3 Weak flavor 3
하이드록시사이클로펜테논들(hydroxycyclopentenones)		
2-hydroxy-3-ethyl-2-cyclopenten-1-one (CH_3)	Burnt sugar 6 Sweet 5 Maple 2 Chocolate 2 Nut Celery 2	Burnt sugar 7 Sweet 7 Maple 4 Walnut 3 Celery 2
2-hydroxy-3-ethyl-2-cyclopenten-1-one (C_2H_5)	Burnt sugar 10 Sweet 9 Maple 2 Cotton candy 2 Maltol-like 2 Fruity 2	Sweet 14 Burnt sugar 8 Cotton candy 3 Pleasant 4
3,4-dimethyl-2-cyclopenten-1-one	Strong caramel	

[그림 4-20] 말톨, 아이소말톨과 이들 유도체들의 향기 성분들로서의 성질들.
20명의 관능검사원들이 일정한 농도의 그림의 왼쪽의 향기 성분들의 향기(그림 왼쪽의 두 줄, two columns, 중 왼쪽의 줄)와 맛(오른쪽 줄, column)에 대해서 관능검사를 실시했을 때, 같은 향기 또는 맛을 표시한 검사원들의 수를 표시하고 있다.
Pittet, A. O. *et al.* 1970. *J. Agr. Food Chem.*, 18(5), 929~933.

한편, 첼니들(Czrny, M. *et al.*, 1999)은 플라멘트(Flament, I., 1989, 1991)와 니이센들(Nijssen, L. M. *et al.*, 1996)의 문헌조사 결과들을 참고로 할 때 여러 기능그룹(a wide variety of functional groups)들을 가진 800개 이상의 휘발성 향기 성분들이 보고되어 온 사실을 언급하고 있다.

한편, 펠드맨들(Feldman, J. R. *et al.*, 1969)은 신선한 커피콩을 볶은 후의 볶은 커피콩(roasted coffee beans) 속의 각 구성 성분들에 대해서 정밀한 일반 분석을 실시하였으며, 그 분석 결과는 표 4-18와 같다. 이 표 4-18에서 알 수 있듯이 대부분의 구성 성분들은 볶는 과정을 전후해서 그 함량에 큰 변화가 없으나, 설탕(surcose) 함량은 7.3%에서 0.3%로, 단백질 함량은 11.6%에서 3.1%로 급격히 감소되고 있음을 알 수 있다.

이상과 같은 사실에서 커피의 휘발성 향기 성분들 중 많은 훌후랄 유도체들(furfural derivatives), 피라진 유도체들(pyrazine derivatives), 말톨(maltol) 등과 같이 효소들의 작용을 직접 또는 간접으로 전혀 영향 받지 않는 상황에서 다만 마이얄 갈색화반응(Maillardnon browning reaction)의 결과 형성된 향기 성분들이 검출되어 커피의 향기 성분들 중의 많은 성분들이 커피콩 중의 당류와 아미노산들 사이에 일어난 마이얄 갈색화반응의 생성물들로 생각된다.

표 4-17 커피의 향기 성분들로 알려진 화합들이 속하는 주요 그룹들과 각 그룹에 속하는 화합물들의 수(괄호안)

hycarbon	(49)	alcohols	(19)
aldehydes	(24)	ketones	(83)
acids	(22)	esters	(29)
lactones	(7)	phenols	(21)
amines	(4)	pyrroles	(25)
indoles	(3)	pyridines	(7)
quinalines	(2)	pyrazines	(67)
quinoxalines	(11)	oxazoles	(25)
thiazoles	(28)	thiols	(5)
sulfides	(17)	thiophenes	(26)

총합계 528개의 휘발성 향기 성분들이 커피 향기성분들로 보고되어 있음.
Yamanishi, T., 1981; Heath, H. B. and Reineccius, G., 196 참조.

전술한 대로 여러 품종의 커피의 향기 성분, 일반적인 향기성분들이나 특정 향기 성분들에 대한 연구들은 그동안 활발히 진행되어 왔으며, 계속되고 있다.

한 예로서 라모스들(Ramos, E. *et al.*, 1998)은 탄산가스(CO_2)를 사용한 초임계 유체 추출법(supercritical fluid extraction, SFM)을 비롯한 여러 추출방법들(liquid/liquid extraction, head-space-soild-phase-mucroextraction, purge-and-trap extraction)로 끓인 커피에서 향기 성분들을 추출하여 GC/MS법으로 이들 향기 성분들의 구조를 조사하여, 추출방법에 따른 추출향기 성분들의 변화를 비교하고 있다. 또한 초임계 유체추출법의 CO_2 최적조건들로서 CO_2 밀도 0.78g/mL, 유속(flow rate)은 1.1mL/min, 추출 시간은 2.2min 이었다고 보고하고 있다. 한편, 시료는 시판 아라비카 커피를 끓인 것이었으며, 대략 90종 이상의 향기 성분들을 추출하고 있다. 이 SFE법의 가장 큰 장점은 그 자체가 어떤 냄새를 가진 액체 용매를 사용하지 않기 때문에, 추출된 향기가 그대로 유지되는데 있다고 한다.

표 4-18 신선한 커피콩과 볶은 커피콩(green and roasted coffee) 속의 주요 구성성분들의 함량

성분(constituents)	신선한 커피콩[1] (green coffee)	볶은 커피콩[2] (roasted coffee)
헤미셀룰로오스(hemicellulose)	23.0%	24.0%
셀룰로오스(cellulose)	12.7	13.2
리그닌(lignin)	5.6	5.8
지방(fat)	11.4	11.9
카페인(caffeine)	1.2	1.3
설탕(sucrose)	7.3	0.3
클로로제닌산(chlorogenic acid)	7.6	3.5
단백질(proteins)	11.6	3.1
트리고넬린(trigonelline)	1.1	0.7
환원당(reducing sugars)	0.7	0.5
기타 및 합계(unknown plus total)	100.0	100.0

1) 수분을 제외한 중량 %(dry weight basis)
2) 볶는 과정 중의 소실(roasted loss)은 고려하지 않았음. 수분 제외한 중량 %(dry weight basis)
Feldman, J. R. *et al*., 1969. *J. Agr. Food Chem*., 17, 733.

한편, 특성 향기 성분들로서는 홀셔어들(Holsher, W. *et al*., 1992)은 볶은 커피콩의 황함유 향기 성분들로서 3-메틸-2-뷰텐-1-싸이올(3-methyl-2-buten-1-thiol, Ⅱ), 3-멜캅토-3-메틸뷰타놀(3-mercapto-3-methylbutanol, Ⅲ) 등을 추출, 분리했으며, 이들이 그 향기 선구물질(precursor)인 프렌틸 알콜(prentyl alcohol, 3-methyl-2-buten-1-ol, Ⅰ)과 황함유 화합물들에서 형성된 H_2S와의 상호반응의 결과 형성되었다고 설명하고 있다.

$$\text{(I)} \xrightarrow{H_2S} \text{(II)} + \text{(III)}$$

(I) OH — (II) SH — (III) OH

또한 두 품종의 커피(*Coffea arabica* and *Coffea robusta*, or *Coffea canephora var Robusta*)들의 볶은 콩들을 끓여서 얻은 커피들의 휘발성 향기 성분들을 향기 추출물 휘석 분석법(an aroma extract dilution analysis, AEDA)과 밀폐된 용기내 헤드스페이스의 시료의 향기 성분들에 대한 가스크로마토그라피-후각강도측정장치(gas chromatographyl-olfactometry of headspace, GCO-H)에 의한 분석결과, 이상의 끓인 커피의 가장 강력한 (the most potent) 휘발성 향기 성분들(odorants)로서, 여러 연구자들은 2-에틸-3,5-다이메틸피라진(2-ethyl-3,5-dimethylpyragine)과 2,3-다이에틸-5-메틸피라진들을 보고하고 있다(Czerny, M. *et al*., 1996 참조).

췔니들(Czerny, M. *et al*., 1996)은 또한 볶은 로버스타 품종의 커피콩(Robusta coffee)에서 새로운 피라진 향기 성분들로서 2-에테닐-3,5-다이메틸피라진(2-ethenyl-3,5-dimethylpyrazine, ethenyl group; CH_2=CH-)과 3-에테틸-2-에틸-5-메틸피라진들을 분리한 바 있다. 이상의 두 새 피라진류의 역가(threshold values)들은 다같이 (0.014ng/L air)로서, 위에서 이미 설명한 두 피라진류의 경우와 같은 수준 이였다고 한다. 생시료 커피콩에서는 3-에테닐-2-에틸-5-메틸피라진이 추출되었으나, 그 향기는 훨씬 약했다고 한다. 이들은 이상의 피라진류의 형성경로도 설명하고 있다.

초콜렛과 그 주요 원료인 볶은 코코아콩 가루의 향기 성분 근래에 와서 초콜렛(chocolate)의 향기 성분들 또는 이 향기 성분의 선구물질들(precursors)에 대해서도 널리 연구되고 있다.

대체로 초콜렛의 주요 향기 성분들(primary aroma constituents)은 원래 초콜렛에 함유되고 있던 아미노산과 당류들의 마이얄 비효소 갈색화반응에 의해서 형성되는 것으로 생각되고 있다.

특히 초콜렛의 주요 원료인 코코아콩(cocoa beans)을 볶는 과정(roasting process)에서 상당량의 아미노산과 환원당 사이의 상호작용에 의해서, 전에 언급한 바와 같은 여러 종류의 카아보닐 화합물들(carbonyl compounds)이 형성되며, 초콜렛의 향미에 크게 기여하는 듯하다.

한편, 슈네어만과 시이벌레들(Schnermann, P. and Sehieberle, P., 1997)은 시판 밀크 초콜렛(a commercial milk chocolate)의 휘발성 성분들에 대해서 향미추출성분 휘석분석법(an aroma extract dilution ananlysis, AEDA)으로 51종의 휘발성 향기 성분들을 분리하고, 그 중 44종에 대해서 그 구조를 확인한 바 있다.

이 중 전체적인 초콜렛 향기에 기여하고 있는, 그리고 그 향기휘석율(flavor dilution factor)이 가장 높은 향기 성분부터 13개의 주요 향기 성분들을 그 향기특징(괄호 안)과 함께 들고 있다. 즉, 3-methylbutanal(malty), 2-ethyl-3,5-dimethylpyrzine(potatochip-like), 2- 및 3-메틸뷰타노인산(2- and 3-methylbutanoic acid, sweaty), 5-methyl-(E)-2-hepten-4-one(hezelnut-like), 1-octen-3-one (mushroom-like), 2-ethyl-3,6-dimthylpyrazine(nutty, earthy), 2,3-diethyl-5-methylpyrazine(potato chip-like), (Z)-2-nonenal(green, tallowy), (E,E)-2,4-decadienal(fatty, waxy), (E,E)-2,4-nonadienal (fatty), R-δ-decalactone(sweet, peach-like), 2-methyl-3-(methyldithio)furan(cooked meat-like) 등을 들고 있다.

밀크 초콜렛의 주요 원료로서 사용된 볶은 코코아콩 분말(cocoa mass)에서는 37종의 향기 성분들이 분리되었으나 그 중 대략 31종의 향기 성분들의 구조가 확인되었으며, 이중 많은 향기 성분들이 또한 밀크 초콜렛의 향기 성분들로도 확인 되었었다. 그리고 계속된 여러 연구들에서 다음 7종의 향기 성분들이 볶은 코코아 분말(cocoa mass)에 유래된 중요한 밀크 초콜렛의 향기 성분들로 확인되었다. 즉 3-methylbutanal, (E)-2-octenal, 2-ethyl-3,5- dimethylpyrazine, 2,3-diethyl-5-ethylpyrazine, (E)-2-nonenal, 2-methyl-3-(methyldithio)-furan, 2- 및 3- methylbutanoic acid 등이다.

실험에 사용한 밀크 초콜렛의 원료성분은 설탕, 분유(milk powder), 코코아 버터, 볶은 코코아콩가루, 개암나무열매 페이스트(hazelnut paste), 첨가용 바닐린(vanillin), 레시틴(lecithin) 등이었다고 한다.

따라서, 밀크 초콜렛의 향기 성분들 중 R-δ-decalatone, 5-methyl-(E)-2-hepten-4-one, 1-octene-3-one, (E,E)-2,4-nonadienal, dimethyltrisulfide, 4-hydroxy-2,5-dimethyl-3(2H)-furanone, 즉 Furaneol, (E,E)-2,4-decadienal, (Z)-2-decenal 등은 분유에서 유래, 5-methyl-(E)-2-hepten-4-one은 개암나무열매(hazelnut)에 유래한 것으로 생각되고 있다.

풍당의 향기성분 풍당(楓糖, maple syrup)은 북미(北美) 동부지방에 서생하는 사탕단풍(sugar maple, *Acer saccharum*)을 비롯한 검은 단풍(*Acer nigrum*), 빨간 단풍(*Acer rubrum*) 등의 수액을 농축한 것으로서, 주성분은 자당(sucrose)이며 매우 특유한 향기를 갖고 있는 것으로 알려져 있다. 이 풍당의 향기 성분들로서는 바닐린(vanillin), 시린갈알데하이드(syringalaldehyde), 다이하이드로코니페릴 알콜(dihydroconiferyl alcohol) 등이 검출되고 있다.

한편, 필리픽 들(Filipic, V. J. *et al*., 1965)은 풍당의 특성 향기 성분들 중의 하나로서 말톨, 아이소말톨의 유도체로 볼 수 있는 2-하이드록시사이클로펜테논 유도체들(2-hydroxycyclopentenone derivatives)의 하나인 2-하이드록시-5-메틸-2-사이클로펜텐-1-온(2-hydroxy-5-methyl-2-cyclopentene-1-one)을 들고 있다.

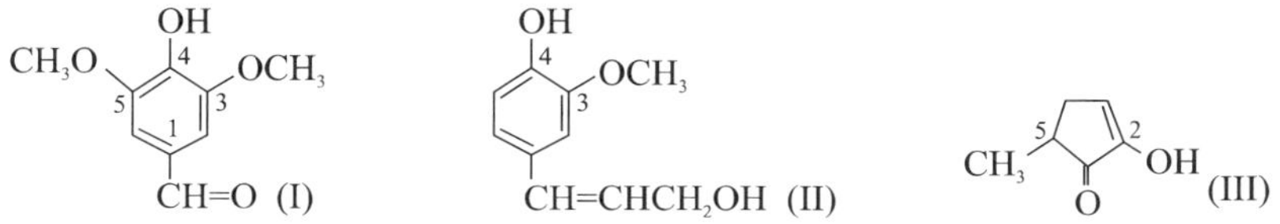

syringaldehyde (I): OH, CH_3O, OCH_3, CH=O

coniferyl alcohol (II): OH, OCH_3, $CH=CHCH_2OH$

2-hydroxy-5-methyl 2-cydlopenten-1-one (III): CH_3, OH, O

풍당(楓糖, maple syrup) 중의 일부 휘발성 향기 성분들의 구조.
(Ⅰ)의 시린갈 알데하이드의 구조는 4-hydroxy-3,5-dimethylbenzaldehyde,
(Ⅱ)의 코니페릴 알콜의 구조는 4-hydroxy-3-methoxycinnamylalcohol이며,
(Ⅲ)의 휘발성 카아보닐 화합물의 구조는 그림 아래에 표시되어 있다.

풍당의 휘발성 향기 성분들로는 전술한 휘발성 페놀화합물들(voltile phenolic compounds, 예 위 그림의 (Ⅰ), (Ⅱ)), 휘발성 카아보닐 화합물들(예 위 그림의 Ⅲ), 이외에 마이얄 갈색화반응(Maillard reaction)의 진행에 따라 각종 알킬피라진류(alkylpyragines)가 형성되는 사실이 알리들(Alli, I. *et al*., 1990), 아코치들(Akochi-K. E. *et al*., 1994)에 의해서 확인되고 있다(Akochi-K. E. *et al*., 1997 참조).

아코치들은 사탕단풍의 수액(maple sap)을 105℃에서 220분간 가열농축 시키면서 피라진류의 형성 상황을 추적, 조사한 바 있다.

이들에 의하면, 가열 60분 이전에는 피라진류가 검출되지 않았으나, 60분후에는 2,5-다이메틸피라진과 트리메틸피라진 등이 형성되었으며, 120분 이후에는 메틸-, 2,6-다이메틸-, 에틸-, 2,3-다이메틸-, 2-에틸-3-메틸피라진(methyl-, 2,6-dimethyl-, ethyl-, 2,3-dimethyl-, 2-ethyl-3-methylpyrazine) 등이 형성되었다고 한다. 그리고 피라진류의 총 형성량도 60분 이후에는 3.42ng/g, 가열 종료 시(220분)에는 72.32ng/g로 증가하였다고 한다.

한편 사탕단풍 수액의 당류 함량은 포도당(glucose), 과당(fructose)의 함량들이 각각 23.21, 0.69, 0.99mg/g에서 416.97, 3.25, 1.82mg/g으로 증가했었다고 한다. 이들은 또한 각 피라진 유도체들이 각각 고유한 유도기간(an induction period)을 거친 후 형성되었다고 설명하고 있다. 알킬피라진류(alkylpyrazins)의 형성은 이미 많은 연구자들에 의해서 설탕, 포도당, 과당류와 수액에 (미량) 존재하는 아미노산들 사이의 마이얄 갈색화반응(Maillard browning reaction)의 결과로 설명되어 왔다.

풍당의 향기 성분으로서 일부 피라진 화합물들(pyrazine compounds)의 존재가 1960년대부터 확인되어 왔다. 이들 화합물은 단풍나무의 수액(maple sop)을 농축, 가공할 때 후술하는(제11장 참조) 마이얄 반응의 결과 특히 아미노산들의 α-다이케톤류 존재 하에 일어나는 스트렉커 반응(Strecker reaction or degradation)의 결과 형성되는 것으로 생각되고 있다.

악코키-케이들(Akochi-K, E. and Kermarha, S., 1997)은 단풍나무 수액을 105℃에서 220분간 농축하여 풍당(maple syrup)을 만드는 과정에서 형성되는 주요 피라진 유도체들을 조사한 바 있다. 가열 60°분까지는 피라진이 형성되지 않았으며, 60분 후에 2,5-다이메틸피라진, 트리메틸피라진이 형성되었으며, 120분 이후에는 메킬-, 2,6-다이메틸-, 에틸-, 2,3-다이메틸-, 2-에틸-3-메틸피라진(2-ethyl-3-methylpyrazine)들이 검출되었다고 보고하고 있다. 또한 피라진 유도체들의 총 함량은 60분후의 3.24ng/g에서 농축이 끝났을 때 72.32ng/1g로 증가했다고 한다.

우유와 유제품의 향기 성분

우유의 향기성분 신선한 우유의 향기 성분들로서는 아세트알데하이드(acetaldehyde), 펜타날, 헥사날, 노나날, 도데카날(pentanal, hexanal, nonanal, dodecanal)과 같은, 일반적으로 탄소수가 3에서 12까지의 직선상의 포화 알데하이드류(C_3 to C_{12} normal, saturated aldehydes), 아세톤(acetone)을 비롯한 뷰타논-2, 펜타논-2, 헥사논-2(butanone-2, pentanone-2, hexanone-2) 등과 같은 카아보닐 화합물들, 뷰티린산(butyric acid)을 비롯한 일부의 저분자량의 지방산들(low-molecular weight fatty acids), 그리고 메틸설파이드, 더 정식으로는 다이메틸설파이드(methyl sulfide or dimethylsulfide, CH_3-S-CH_3) 등이 중요한 성분들로 생각되고 있다.

한편, 파아크스(Parks, O. W., 1967)는 신선한 버터의 주요 향기 성분으로 알려진 다이아세틸(diacetyl, $CH_3COCOCH_3$), 신선한 크림(cream, 80% 이상의 우유지방 함유)에서 검출되는 아이소발렐알데하이드(isovaleraldehyde, $(CH_3)_2CHCH_2CH=O$), 또한 신선한 크림에서도 검출된 버터의 주요 향기 성분인 델타-락톤류(δ -lactones) 등이 우유 지방질 성분들을 그대로 함유하고 있다고 생각되는(가열 또는 산화과정 등을 제외 할 때) 신선한 크림 또는 발효처리를 거치지 않은 크림으로 만들어진 버터 등에서 검출된 사실들은 이 화합물이 신선한 우유의 향기 성분들로 존재할 수 있는 가능성을 검토해 볼 필요가 있다고 설명하고 있다.

그러나 신선한 우유를 오랫동안 방치하거나 균질유(均質乳, homogenized milk)를 만들기 위해서 선택살균(pasteurization)하거나, 또는 강하게 교반(homogenization)할 때는 아마도 우유 속의 지방질 성분의 산화에 의해서 신선한 우유에는 존재하지 않았던 휘발성 카아보닐 화합물들(volatile carbonyl compounds)이 형성되며, 그 카아보닐 화합물들의 함량은 신선한 우유의 경우에 비해서 급증하는 사실이 알려져 있다. 이상과 같은 과정에서 형성되는 향기 또는 냄새들은 일방적으로 산패취(oxidized flavor)로 알려져 있으며, 고온(高溫, 우유의 경우 대략 74℃ 이상)에서 가열될 때 탈수(dehydration) 등의 변화들에 의해서 일어나는 가열취(heated flavor)와 구별된다.

우유에 일광(日光, sunlight)이 조사된 후에 이상취(off-flavor)가 형성되는 경우가 오래전부터 알려져 왔는데(Parks, O. W., 1967), 프란켈(Frankel, E. N., 1998)은 태양광선(sunlight)이 조사될 때, 우유 속의 지방구 막(the milk fat globule membrane)의 일부를 구성하고 있는 저밀도 리포프로테인 부분(a low-density lipoprotein fraction)에 존재하는 트립토펜(tryptophen), 타이로신(tyrosine), 시스테인(cysteine), 라이신(lysine) 등의 아미노산들이, 수용성인 강력한 감광체(a potent water-soluble photosensitizer)이며, 빛의 에너지를 받아서 활성화된 라이보플라빈(photoactivated riboflavin)들의 작용에 의해서 파괴되어 카아보닐 화합물들과 메싸이오닌(methionine)이 분해해서 형성된 메싸이오날(methional) 등이 일차적인 이상취(異狀臭, 즉 sunlight off-flavor)의 주요 성분들이 된다고 설명하고 있다.

한편, 버터의 일광취(sunlight off-flavor)의 경우에는 그 구성 지방산들 중 후라노이드 지방산들에 일광을 받은 라이보플라빈이 활성화된 감광체(activated photosensitizer)로서 햇빛을 맞은 버터의 산화를 촉진하여, 일광취의 주요 성분들로 밝혀진 3-메틸노네인-2,4-다이온(3-methylnonane-2,4-dione)이 형성됨으로서 야기된다고 한다. 전술한 우유의 경우와 버터 경우의 일광취의 차이 등에 대해서는 더 연구가 필요한 것 같다.

이상의 우유의 향기의 여러 변화 요인들 이외에도, 우유를 공급하는 젖소 먹이의 일부 성분들이 섭취된 후 젖소의 반추위(rumen)에서 우유로 옮겨지는 사실이 오래전부터 알려져 있다.

또한 우유를 오래 둘 때는 미생물들의 작용이 없어도 구성 지방질 성분들, 특히 구성 지방산들의 산화가 진행되어 산화취(oxidized flavor)를 갖게 된다.

표 4-19 신선한 버터(butter)의 향기 성분

향기성분의 이름	구조
초산(acetic aicd)	CH_3COOH
프로피온산(propionic aicd)	CH_3CH_2COOH
뷰티린산(butyric acid)	$CH_3CH_2CH_2COOH$
캅로인산(caproic acid)	$CH_3CH_2CH_2CH_2CH_2COOH$
캅릴린산(caprylic acid)	$CH_3CH_2CH_2CH_2CH_2CH_2CH_2COOH$
다이아세틸(diacetyl)	$CH_3COCOCH_3$
아세토인(acetoin)	$CH_3CHOHCOCH_3$
아세트알데하이드(acetaldehyde)	$CH_3CH{=}O$
프로피온알데하이드(propionaldehyde)	$CH_3CH_2CH{=}O$
뷰타날(butanal)	$CH_3CH_2CH_2CH{=}O$
발렐랄(valeral)	$CH_3CH_2CH_2CH_2CH{=}O$
헥사날(hxanal)	$CH_3CH_2CH_2CH_2CH_2CH{=}O$
노나날(nonanal)	$CH_3CH_2CH_2CH_2CH_2CH_2CH_2CH_2CH{=}O$
아세톤(acetone)	CH_3COCH_3
펜타논-2(pentanone-2)	$CH_3CH_2CH_2COCH_3$
헥사논-2(hexanone-2)	$CH_3CH_2CH_2CH_2COCH_3$
논나논-2(nonanone-2)	$CH_3CH_2CH_2CH_2CH_2CH_2CH_2COCH_3$
운데카논-2(undecanone-2)	$CH_3CH_2CH_2CH_2CH_2CH_2CH_2CH_2CH_2COCH_3$

Winter, M. *et al.*, 1963. *J. Food Science.*, 28, 554.

유제품의 향기성분들 버터의 향기 성분은 신선한 우유가 원래 가지고 있는 향기성분, 우유의 숙성 또는 발효기간 중에 형성된 향기성분, 우유의 가열 또는 가공과정에서 형성된 향기 성분들로 구성되어 있는 것으로 생각된다.

버터는 물론 우유에서 제조되나 버터의 직접적인 주원료는 우유에서 얻은 크림(cream)이다. 크림은 신선한 우유를 고속원심분리기를 사용하여 우유지방(牛乳脂肪, milk fat)부분과 유장(乳漿, whey) 부분을 분리한 다음, 우유지방을 살균처리한 후 그대로 교반(churning)하거나 수일간 숙성(r pening), 또는 스타터(starter, 예로서 *Lactobacillus acidophiolus, Streptococcus lactis* 등)를 접종하여 발효시킨 후, 교반기로 우유지방의 구조가 변화(the fat-in-water emulsion에서 a water-in-fat emulsion로 됨)할 때까지 교반한다. 입상(粒狀)으로 된 크림을 액상부분(butter oil)과 분리하고 수세(水洗)후, 소금을 가한 다음 버터 제조 작업에 들어간다.

숙성 또는 발효과정을 거치지 않은 크림(sweet cream)으로 만든 버터(sweet cream butter)는 저장성이 우수하다고 한다. 한편 숙성 또는 발효시킨 크림(sour cream)으로 만든 버터(sour cream butter)는 향기는 더 다양할지 모르나 저장성은 떨어진다고 한다. 전자의 버터(sweet cream butter)의 향기는 본래 원료로 사용한 우유의 향기 성분들을 잘 반영한다.

신선한 버터의 향기 성분들로서는 일반적으로 표 4-19에 표시된 바와 같은 휘발성 유기산, 알데하이드, 케톤류, 다이아세틸(diacetyl), 아세토인(acetoin) 등이 검출되고 있다.

한편 이상의 휘발성 카아보닐 화합물들 중 특히 다이아세틸(diacetyl)은 버터와 같은 유제품들의 바람직한 특징 있는 향기의 주성분들의 하나로 생각되어 왔다. 이 다이아세틸은 마이야 갈색화 반응(Maillard reaction)의 생성물 중 하나로도 알려져 왔으나, 우유 속에 접종(inoculate)된 스타터 중에 존재하는 스트렙토콕커스 시트로보러스(*Streptococcus citrovorus*) 또는 스트랩토콕커스 다이아세틸락티스(*S. diacetilactis*) 등의 유산균들의 활동의 결과 그 형성량이 크게 증가하는 것으로 추정되고 있다.

요구르트 근래에 와서 우유가공음료로서 널리 소비되기 시작한 요구르트류(yogurts)는 젖산(lactic acid)만을 발효 생성물로 만들어 내는 젖산균들(homofermentative lactic acid bacteria), 즉 *Lactobacillus delbrueckii, L. bulgaricus*들과 *Streptococcus thermophilus* 등으로 우유를 발효시켜서 만든 우유발효 음료이다. 한편, 산도(酸度)가 약한, 따라서 신맛이 덜한 요구르트를 원하는 소비자들을 위해서는 *L. bulgaricus*의 변종(mutants)들이 발효에 사용되나, 이 경우 요구르트의 향기는 약해진다.

요구르트의 향기는 원료유의 향기 성분들과 요구르트 발효에 사용된 젖산균들(homofermentative lactic acid bacteria)에 의해서 형성된 아세트알데하이드(acetaldehyde), 2,3-뷰탄다이온(2,3-butanedione) 즉, 다이아세틸(diacetyl), 2,3-펜탄다이온(2,3-pentanedione, $CH_3CH_2COCOCH_3$)들의 미묘한 균형(delicate balance)에 의해서 형성된다고 한다(Ott, A. *et al.*, 1999).

오트들(Ott, A. *et al.*, 1999)은 요구르트의 특성 향기 성분들(impact flavor compounds)의 하나인 아세트알데하이드는 발효균의 성장과정 중 형성되며, 3,2-뷰탄다이온과 2,3-펜탄다이온들은 발효균들의 기본 신진대사과정(the basal metabolic activity) 중 형성된 2-아세토락테이트(2-acetolactate)와 2-아세토하이드록시뷰티레이트(2-acetohydroxybutyrate)의 탈탄산반응(decarboxylation)의 결과 형성된다고 한다.

치즈 치즈(cheese)는 서구(西歐)에서는 널리 소비되고 있는 식품이나, 우리나라에서는 국한된 일부 종류의 치즈류 외에는 일반식품으로서 또는 기호식품(嗜好食品)으로서 널리 소비되고 있지 않다. 히이트들(Heath, H. B. and Reineccius, G., 1986)에 의하면 전 세계적으로 1200여종의 치즈가 우유, 양(sheep)과 염소(goat)의 젖에서 만들어져 왔으며, 그 중 500여종은 뚜렷한 특징을 갖고 있다고 한다.

그 제조방법과 특성에 따라 데이(Day, E. A., 1967)는 우유에서 만들어진 치즈를 크게 다음과 같이 분류하고 있다.

숙성 처리를 거치지 않은 치이즈(unripened cheese)
 저지방(low fat) 예, 커티지(cottage), 베이커즈(Baker's)
 고지방(high fat) 예, 크림(cream), 누샤텔(Neuchatel)
숙성처리를 거친 치이즈(ripened cheese)
 강하게 압착한 치이즈(hard grating cheese) 예, 로마노(Romano), 파메잔(Parmesan)
 단단한 치이즈(hard cheese) 예, 체더어(Cheddar), 스위스(Swiss)
 약간 연한 치이즈(semi-soft cheese) 예, 로크포올(Roquefort), 블루(Blue)
 연한 치이즈(soft cheese) 예, 카맘베엘(Camembert), 부리(Brie)

숙성과정을 거치지 않은 치즈들은 일반적으로 우유 자체의, 한편, 숙성과정(熟成過程, a ripening process)을 거친 치즈들은 전술한 우유 자체의 향기 성분들과 함께, 원료 우유의 가열처리의 결과 형성된 향기 성분들 그리고 스타터로 사용한 젖산균들의 신진대사과정에서 형성된 향기 성분들이 조화된 온화하고 미묘한 향기(a mild delicate flavor)를 갖고 있다고 한다.

숙성과정을 거친 치즈들의 경우, 그 주요 성분들은 물론 카세인(casein)을 주성분으로 하는 단백질들과 일부 유리 아미노산들, 우유지방질들과 탄수화물들이 되나, 치즈 제조과정에서 많은 탄화수소 성분들은 주로 다수를 차지하고 있는 유산균들의 신진대사과정에서 에너지원(energy sources)으로 이용될 것임으로 숙성과정에서 사용된 세균들이나 곰팡이들이 이용할 수 있는 양은 상대적으로 적을 것으로 생각된다.

따라서 숙성과정을 통해서 접종된 세균들이나 곰팡이들은 단백질이나 지방질 성분들의 분해와 분해 생성물들을 이용한 신진대사과정에서 향기 성분들이 새로이 형성될 것으로 생각되며, 본래 신선한 우유나 스타터로 사용한 유산균들에 의해서 형성된 향기 성분들의 함량은 감소하는 동시, 숙성과정에서 형성된 향기 성분들의 함량은 계속 증가함으로 그 균형은 제이차적(第二次的)으로 형성된 향기 성분들 쪽으로 점차 바뀌질 것으로 생각된다.

이와는 별도로 치즈 숙성과정에서, 특히 그 숙성과정이나 저장과정이 길어짐에 따라 지방질 성분들의 경우에는 공기 중의 산소에 의한 산화에 의해서 많은 휘발성 산화생성물들이 형성될 것으로 생각된다.

이와 관련해서 데이(Day, E. A., 1965)는 유제품, 즉 낙농제품들(dairy products)속의 일반적인 카아보닐계 향기 성분들로서 알카날류(alkanals), 알크-2-에날류(alk-2-enals), 알크-2,4-다이에날류(alk-2,4-dienals), 알크-1-엔-3-온류(alk-1-en-3-ones), α-다이카아보니류(α -dicarbonyls), β-다이카아보닐류(β-dicarbonyls), 알칸-2-온류(alken-2-ones) 등의 대략 7종류의 카아보닐 화합물들을 들고 있다.

체더어 치즈와 가공 치즈 한편 미국에서는 1990년도 생산된 치즈 총량의 50%가 미국식 치즈이며, 이 50%의 미국식 치즈 중의 96%가 미국식인 체더어 치즈였다고 한다(Ensminger, A.H. *et al*., 1995). 체더어 치즈(Cheddar cheese)는 영국의 Cheddar라는 마을에서 수백년간 대대로 내려온 치즈이나, 미국에서 만들어지고 있는 체더어 치즈와는 약간 다른점들이 있다고 한다. 즉 미국산 체더어 치즈는 영국산 체더어 치즈보다 더 부드러운 풍미(風味)를 가졌으며, 점착력(粘着力)이 강한 조직(waxy texture)을 갖고 있다(한국낙농공학연구센터, 1996).

가공 치즈(processed cheese)는 유럽의 여러 나라들에서는 특산 치즈들을 마쇄한 후 주석산 나트륨 또는 각종 인산염(phosphates and polyphosphates)들을 분산제(分散劑)로 사용, 가열하여 균질화(homogenization) 후 냉각하고 원하는 형태로 성형하여 만든 치즈들이였다. 미국에서도 1916년부터 Kraft사에서 체더어 치즈를 원료로 하여 주석산의 나트륨염(sodium citrate)과 인산염(phosphates)들을 분산제로 사용하여 가공 치즈를 만들기 시작했다고 한다(한국낙농공한연구센터, 1996).

친과 로젠버어그들(Chin, H. W. and Rosenberg, M., 1997)은 미국 캘리포니아주의 한 치즈 제조회사에서 구입한 체더어 치즈의 향기 성분들의 형성량을 여러 숙성조건들(different ripening conditions) 아래서 조사한 바 있다.

이들은 지방질 함량이 정상적인 체더어 치즈들과 지방질 함량을 줄인 치즈들(reduces-fat cheeses) 사이의 향기는 달랐으며, 전자의 경우 5℃ 대신에 8℃에서 3개월 숙성시켰을 때, 여러 저급지방산들과 락톤들과 비슷한 바람직한 향기 성분들의 형성이 촉진되었다고 한다. 위 두 종류의 체터어 치즈들의 주요 향기 성분들은 숙성 초기에는 대체로 같았으며, 그 향기 성분들의 전체 향기 성분들의 대한 비율도 대략 비슷하였다고 한다. 그러나 지방질 함량을 줄인 치즈들에서는 아세토인(acetoin), δ-데카락톤(δ -decalactone)들과 같은 버터 향기와 관련이 큰 향기 성분들의 형성량들은 매우 컸었다고 한다.

한편, 지방질 함량이 정상적인 체더어 치즈들의 주요 향기 성분들을 그 비율(%)이 큰 것부터 들면 다음과 같다. 즉, decanoic acid, octanoic acid, ethanol, acetoic, dodecanoic acid, acetic acid, 2,3-butanediol, hexanoic acid, σ-dodecanolactone, σ-decanolactone, butanoic acid.

한편, 밀로들(Milo, C. and Reineccius, G. A., 1997)도 정상적인, 즉 일반 체더어 치즈와 저 지방 체더어 치즈들(regular-and low-fat Cheddar cheeses)의 향기 성분들을 AEDA(aroma extract dilution analysis)와 GC/olfactometry법(GC/olfactometry of static headspace sample), 그리고 이상의 방법들로 확정한 9개의 주 향기성분들에 대해서, 각각의 향기 성분들과 같은 화합물들이나 동위원소를 가진 것들을 내부 기준(stable isotopes as the internal standards)으로 하여, 이들의 향기 활성치들(odor activity valus, OAVs)을 측정하여 이상의 향기 성분들의 기여도(寄與度)를 수량화(quantification)하고 있다.

일반 체더어 치즈들의 주요 향기성분들로는 methional, 2(5)-ethyl-5(2)-methyl-4-hydroxy-3(2H)-furanone, 즉 homofuraneol, diacetyl, acetix acid, butric acid 등이 였으며, 그 외에도 methanethiol과 dimethyl sulfide들의 기여도 컸었다고 한다.

한편, 저 지방 체더어 치즈들의 경우, 이들 치즈의 4-hydroxy-2,5-dimethyl-3(2H)-furanone, 즉 furaneol, homofuraneol, methional 등의 높은 함량들 때문에 육류즙(肉類汁)과 같은 냄새(a meaty-brothy odor)가 있었던 것이 결점이였다고 설명하고 있다.

가열처리된 우유, 우제품들의 주요 향기성분 델타-락톤류 가열살균 된 우유나 연유(煉乳, condensed milk), 분유(粉乳, dry or powdered milk) 등의 형태로 가공처리 된 유제품 등, 그리고 제빵 등에 사용되는 버터들이 신선한 우유와 별개의 특유한 향기를 갖고 있음은 주지의 사실이다.

디미크들(Dimick, P. S. *et al.*, 1969)은 이상의 본질적으로 가열처리(加熱處理) 된 우유나 유제품들의 특유한 향기가 지금까지 설명해온 여러 종류의 카아보닐 화합물들, 특히 휘발성 카아보닐 화합물들(volatile carbonyl compounds)의 종류와 그 함량들의 차이 이외에도 이상의 가공제품들(加工製品, processed milk products) 속에 함유된 고급 지방산들의 락톤류(lactones of higher fatty acids)의 존재에도 기인되는 사실이 오래전부터 알려져 왔었다. 락톤류 중에서 주요 향기 성분으로서 가장 중요하고 대표적인 것은 곧 설명하게 될 본 δ -데카락톤(δ -decalactone)으로 생각되어 왔다.

디미크들(Dimick, P. S. *et al.*, 1969)에 의하면 젖소의 체내의 지방산 신진대사 과정에서 포화지방산이 델타산화(δ -oxidation)되어 델타 위치에 수산기(-OH group) 또는 카아보닐기(carbonyl group)를 가진 지방산들로 형성된 트라이글리세라이드들(triglycerides) 또는 새로 제정된 명칭으로 트라이아실글리세롤들(triacylglycerols)이 형성된다고 한다(그림 4-21 참조).

이렇게 형성된 δ-하이드록시지방산(δ-hydroxyfatty acids)들이나 σ-케토지방산(σ-ketofatty acids)들은 신선한 우유 속에서도 트리글리세라이드류의 일부를 형성하고 있으나, 장기간 저장되는 과정에서 가열살균(heat sterilization)되거나 또는 여러 가공과정(processing operations)을 거치는 과정에서 가수분해 되어 유리 δ-하이드록시 지방산들(free δ-hydroxyfatty acids)을 형성하며, 다시 분자 내 탈수반응 또는 에스터 형성반응(intramolecular esterification)을 통해서 δ-락톤(δ-lactones)을 형성한다고 한다(그림 4-21 참조).

$CH_2-O-C(=O)-R$
$CH-O-C(=O)-R$
$CH_2-O-C(=O)-(CH_2)_3-CH(OH)-(CH_2)_4-CH_3$ (δ)

신선한 우유의 지방질 구성 트리글리세라드류 즉 트리아실글리세롤들(triacylglycerol) 중 가열에 의해서 δ -하이드로키시지방산을 갖게 된 것

$+H_2O$ 가열처리 중의 δ -하이드록시지방산의 가수분해

$CH_2-O-C(=O)-R$
$CH-OH$
$CH_2-O-C(=O)-R$

a, a′-diglyceride
1,3-diacylglycenol

$HO-C(=O)-(CH_2)_3-CH(OH)-(CH_2)_4-CH_3$ (δ)

δ -하이드록시데카노인산
(δ -hydroxydecanoic acid)

$-H_2O$ 가열처리 중의 락톤형성 반응(lactonization)

$C(=O)-CH_2CH_2CH_2-CH-(CH_2)_4CH_3$ (고리: C–O–CH, δ)

δ -데카락톤
(δ -decalactone)

[그림 4-21] 가열처리된 우유 및 유제품들의 특성 향기 성분의 하나인 델타-락톤류(σ -lactones)의 형성과정.
Dimick, P. S. *et al.*, 1969. *J. Agr. Food Chem.*, 17. 654.

한편 기요들(Guyot, C. *et al.*, 1996)은 이상의 유가공품(乳加工品)들, 즉 낙농가공품들(酪農加工品類, dairy products)의 주요 특성 향기성분들로 자주 언급되는 친수성(親水性, hydrophilicity)이 강한 뷰티린산(butyric acid)과 다이아세틸(diacetyl), 소수성(疎水性, hydrophobicity)이 강한 δ-데카락톤(δ-decalactone)을 증류수와 파라핀유(paraffin oil), 그리고 1%의 유화제(SP50, HLB 11)로 구성된 모델 에멀죤(model emulsion)에서 그 물리, 화학적 성질들과 향기의 강도(odor intensity) 사이의 관계를 조사한 바 있다.

그 결과 친수성인 뷰티린산과 다이아세틸은 기름/물의 에멀죤 시스템에서 기름의 함량이 클수록 이상의 향기 성분들의 향기의 강도는 커졌으며, 그와 반대로 소수성 즉, 친유성(親油性)인 δ-

데카락톤의 경우에는 기름/물의 에멀죤 시스템에서 물의 함량이 클수록, 즉 실제적인 수용액 매체들(aqueous media)에서는 그 향기강도(odor intensity)가 더 컸었다고 한다.

다이아세틸이나 δ-데카락톤은 기름/물의 에멀죤 시스템의 pH에 별로 영향 받지 않는다고 한다. 그러나 뷰티린산의 경우에는 에멀죤 시스템의 기름 농도가 일정한 조건에서 pH를 증가시키면 수용액상(the aqueous phase)인 뷰티린산이 점차 이온(ion)의 형태를 가지며, 휘발성 뷰티린산(butyric acid in the vapor phase)의 형태를 가질 수 있는 미해리(未解離) 뷰티린산의 양이 점차 감소함으로, 즉 뷰티린산의 증기/액상 분배계수(the vapor/liquid partition coefficient)가 점차 감소함으로 뷰티린산의 향기강도(ordor intensity)도 감소한다고 설명하고 있다.

가열조리된 육류의 향기성분

육류(meats)라고 할 때 엄격한 정의에 의하면, 소, 돼지, 양 또는 염소의 식용되는 살코기(fresh)만을 의미한다(제16장 p. 995의 하단 참조). 우리나라에서는 이 중에서 소, 돼지의 살코기들과 가금류(poultry) 중 닭의 살코기 등이 주로 소비되고 있다. 이들 육류(소, 돼지 그리고 닭고기 포함)는 예외적인 경우를 제외하고는 가열처리(加熱處理)가 그 중심이 되는 여러 형태의 조리(調理, cooking)과정들을 거쳐서 실제로 먹게 되며, 조리할 때는 대부분의 경우, 어떤 형태로든 설탕(sucrose), 소금(Nacl) 등과 채소류, 약간의 조미료 또는 향신료 등을 함께 사용하는 경우가 많다.

따라서, 여기서는 가열조리과정을 거친 이상의 소, 돼지, 닭고기 등의 육류 향기 성분들에 대해서만 간단히 설명해나가기로 한다.

현재까지 알려진 바에 의하면, 가열조리된 쇠고기(cooked beef)에서 분리되어 그 구조가 규명된 휘발성 향기 성분들로서는 메타날(methanal), 에타날(ethanal), 프로파날(propanal), 뷰타날(butanal), 프로파논(propanone), 뷰타논(butanone), 암모니아, 메틸아민(methylamine), 메탄올(methanol), 에탄올(ethanol), 황화수소(hydrogen sulfide), 메탄싸이올(methanethiol), 에탄싸이올(ethanethiol), 다이메틸 설파이드(dimethyl sulfide), 의산(formic acid), 초산(acetic acid), 프로피온산(propionic acid), 뷰티린산(butyric acid) 등과 같은 휘발성 카아보닐화합물들, 휘발성 황화합물들(volatile sulfur compounds), 휘발성 아민화합물들(volatile amine compounds), 그리고 4-하이드록시-5-메틸-3(2H)-후라논(4-hydroxy-5-methyyl-3(2H)-furanone), 그리고 4-하이드록시-2,5-다이메틸-3(2H)- 후라논(4-hydroxy-2,5-dimethyl-3(2H)-furanone) 등과 같은 헤테로 환상 화합물들(heterocyclic compounds)이 검출되고 있다(그림 4-22 참조).

이와 같은 후라논 유도체들 중 일부 화합물들의 성질에 대해서는 이미 설명한 바 있다(본 장 p.45~47 참조).

한편, 1980년대 초기까지, 가열 조리된 쇠고기(cooked beef)에서 분리, 식별된 휘발성 향기 성분들의 수는 500여 종이 넘는 것으로 추정되고 있다.

시바모토들(Shibamoto, T. *et al.*, 1981)은 채소류와 설탕, 간장 등의 조미료들(seasonings)과 함께 가열 조리한 육류에서 44여 종의 향기 성분들을 분리, 확인하고 있다. 이 향기 성분들은 알데하이드류(aldehydes), 케톤류(ketones), 유기산류(acids), 에스터류(esters), 알콜류(alcohols), 후란 유도체들(furans), 피라진 유도체들(pyrazines), 파이롤 유도체들(pyrroles), 일부 탄화수소들(hydrocarbons)

등이었다고 한다. 또한 이들이 이상의 가열 조리된 육류의 즙(cooked meat broth)에서 0.02ppb의 다이메틸나이트로사민(dimethylnitrosamine)을 검출하고 있음은 주목할 만하다.

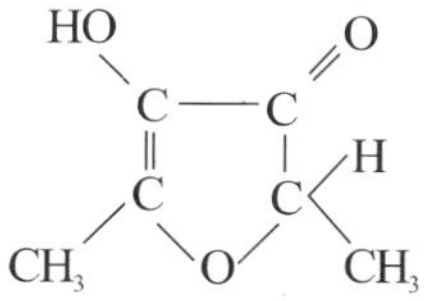

4-하이드록시-2,5-다이메틸-3(2H)-후라논
(4-hydroxy-2,5-dimethyl-3(2H)-furanone)

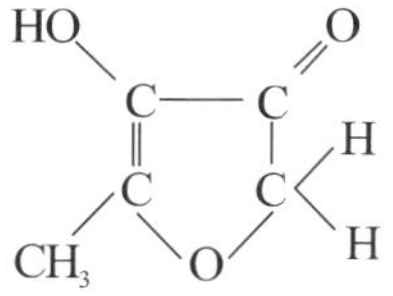

4-하이드록시-5-메틸-3(2H)-후라논
(4-hydroxy-5-dimethyl-3(2H)-furanone)

[그림 4-22] 가열조리 된 쇠고기(cooked beef)의 휘발성 향기성분들(volatile flavor components) 중의 헤테로 환상 화합물들(heterocyclic compounds)의 예. 한편, 이상의 두 후라논 유도체들은, 치환기들의 호칭의 순서를 바꿔 각각 2,5-다이메틸-4-하이드록시-3(2H)-후라논(2,5-dimethyl-4-hydroxy- 3(2H)-furanone) 그리고 5-메틸-4-하이드록시-3-(2H)-후라논(2,5-dimethyl-3(2H)-furanone) 등의 이름들로도 널리 불려지고 있는 점에 유의할 필요가 있다.
Tonsbeek, C. H. T. *et al.* 1968. *J. Agr. Food Chem.*, 16, 1016.

이와 같은 가열 조리된 육류의 향기 성분들의 기원(origin)과 관련해서 대부분의 연구자들은 육류 속의 아미노산들이나 단백질들의 가열 분해 또는 다른 성분들과의 상호작용의 결과 형성되는 각종 휘발성 성분들, 가장 중요한 예가 육류 속의 당류(sugars)와 유리 아미노산들과 같은 아미노 화합물들 사이에서 일어나는 마이얄 갈색화반응(Maillard browning reaction), 그리고 아미노산들 참여 없이 일어나는 캬라멜화 반응(caramelization) 등을 통해서 형성되는 휘발성 성분들이 가열 조리된 육류의 향기에 크게 기여하는 것으로 알려져 있다.

이들은 또한 육류 속의 지방질 성분들이 가열 조리(cooking) 중과 그 후의 고온상태 하에서 공기 중의 산소에 의해서 자동산화(autoxidation)가 대폭 촉진됨으로써 카아보닐 화합물들이 형성되며, 이 카아보닐 화합물들이 육류의 향기에 크게 기여하고 있다고 생각하고 있다.

한편, 육류 단백질 중의 황함유 아미노산들과 같은 황 화합물들의 가열조리 중의 분해에 의한 휘발성 황 화합물들(volatile sulfur compounds)의 기여 그리고 역시 육류 중의 단백질, 아미노산, 기타 질소화합물들의 분해에 의한 휘발성 아민 화합물들(volatile amine compounds)의 형성과 이들 중의 향기 성분들의 가열조리 중의 육류의 향미에 대한 기여도 무시할 수는 없다.

특히 하아트맨들(Hartman, G. J. *et al.*, 1983)은 구운 쇠고기(roasted beef)에서 분리한 휘발성 향기성분들 중에서 44여종에 달하는 질소함유 환상 화합물들(nitrogen-containing heterocyclic compounds)을 분리, 확인하고 있다.

이 휘발성 질소함유 환상(環狀)화합물들은 싸이야졸류(thiazoles), 싸이야졸린류(thiazolines), 옥사졸류(oxazoles), 피라진류(pyrazines), 파이롤류(pyrroles), 피페리딘류(piperidines)와 피리딘루(pyridines) 등이었다고 보고하고 있다(표 4-20 참조).

한편, 일부 연구자들은 가열조리 된 닭고기(cooked chicken muscele)의 특유한 향기의 주성분들도 쇠고기의 경우에서 설명한 바와 같은 경로를 통해서 형성된, 휘발성 카아보닐 화합물들(volatile carbonyl compounds)과 질소함유 환상화합물들 그리고 휘발성 황함유 화합물들로 생각하고 있다.

표 4-20 구운 쇠고기(roasted beef) 중의 질소함유 헤테로환상 향기성분들(volatile, nitrogen-containing heterocyclic flavor compounds)

휘발성 향기성분들	휘발성 향기성분들
Thiazoles and thiazolines	2,5-dimethyl-3-ethylpyrazine
2-methylthiazole	tetramethylpyrazine
4-methylthiazole	2,5,6-trimethyl-3-ethylpyrazine
trimethylthiazole	Pyrroles
2-methyl-4-propyl-5-ethylthiazole	2-butypyrrole
2-butyl-4,5-dimethylthiazole	2-acetylpyrrole
2-pentyl-5-methylthiazole	3-methyl-4-ethylpyrrole
benzothiazole	indole
2-acetyl-2-thiazole	N-methylpyrrolidine
Oxazoles	Pipperidiness
4,5-dimethyloxazole	pipperidine
trimethyloxazole	2-methylpipperidine
2,5-dimethyl-4-hexyloxazole	Pyridines
benzoxazole	pyridiness
Pyraziness	2-methylpyridines
2-methylpyrazine	2-acetylpyridines
2,5-dimethylpyrazine	

Hartman, G. J. *et al.*, 1983. *J. Agr. Food Chem.*, 31, 1031.

또한 일부 연구자들은 이와 같은 가열조리 또는 가공처리된 육류의 향기는 가공처리 중 육류 단백질의 분해결과 형성된 황화수소(H_2S) 자체와 육류 속의 지방질의 산화 결과 형성된 여러 카아보닐 화합물들 사이의 상호반응에 의해 형성된 물질들에 기인할 것으로 생각하고 있다.

한 예로서, 닭고기(닭의 근육조직)를 산소가 없는 상태, 즉 질소가스 안에서 88℃의 온도에서 50시간 계속 가열했을 때 형성되는 휘발성 향기 성분들의 일부를 살펴보면 표 4-21와 같다(Minor, L. J. *et al.* 1965. Chicken flavor: identification of some chemical components and the importance of sulfur compounds in the cooked volatile fraction. *J. Food. Science.*, 30, 686~696; Shultz, H. W., editor. 1967. "*The Chemistry and Physiology of Flavors*," p.253, Avi Pub. Co., Westport, Conn., U.S.A. 참조).

특히 육류에는 시스테인(cysteine), 시스타인(cystine), 글루타싸이온(glutathione, L-glutamyl-L-cysteinylglycine)과 같은 함황 아미노산이나 펩타이드(peptides)들이 다른 종류의 식품들(예로서 과일류나 곡류 등)에 비해서 풍부하게 함유되어 있기 때문에 근래에 저장, 가공, 조리과정에 이들 육류에 원래 존재하던 당류나, 첨가된 당류에서 형성된 포도당(D-glucose)과 같은 환원당류(reducing sugars)와 마이얄 반응(Maillard reaction)을 일으켜 육류의 특성향기성분들(character impact compounds)을 형성하는 사실이 오래전부터 알려져 왔다.

근래에 이상과 같은 사실들을 잘 이용하여 육류의 함황 아미노산 또는 펩타이드류와 환원당류 사이의 마이얄 반응을 통해서 형성된 바람직한 냄새를 가진 향기 성분들을 추출, 분리하여 다시 정제한 후 식품류의 조리, 가공 시 사용할 것을 목적으로 하는 연구들이 시도되어 왔다(예 Ko, S. N. *et al.*, 1997; Yoo, S S. *et al.*, 1998 참조).

표 4-21 질소(nitrogen) 속에서 88℃에서 50시간 가열할 때 닭의 근육(chicken muscle)에서 형성되는 휘발성 물질들

가슴살(breast muscle)	다리살(leg muscle)
ethane, propane	ethane, propane
acetaldelyde, pentanal, hexanal, heptanal	acetaldehyde, hexanal, heptanal
methyl-n-propylketone, methyl-n-heptylketone	methyl-n-propylketone, methyl-n-heptylketone
diacetyl, 2,4-pentanedione	diacetyl, 2,4-pentanedione
acetoin	acetoin
methylamine	methylamine
methyl formate	ethanolamine
methanol, ethanol, butanol, heptanol	methanol, ethanol, pentanol, hexanol, heptanol
2-methylpropanol	3-methylbutanol
n-propylthiol	nethylthiol, ethylthiol, propylthiol
dimethylsulfide, diethylsulfide, dipropylsulfide	dimethylsulfide, diethylsulfide, dipropylsulfide
ethyl-n-propylsulfide	methtlethylsulfide, methyl-n-propylsulfide
dimethyldisulfide, diethyldisulfide	methylisopropylsulfide
	dimethyldisulfide, diethyldisulfide
	sym-trithiane

Schultz, H. W., ed., 1967. "*The Chemistry and Physiology of Flavors*," p.253, Avi Pub. Co., Westport, Conn.

장들(Zhang, Y. and Ho, C. T., 1991)은 이미 1990년대 초에 시스테인과 글루타싸이온을 각각 프도당과 함께 180℃, pH 7.5에서 1시간 가열하여, 7종류의 후란류(furans), 8종류의 카아보닐 화합물들(carbonyls), 10종류의 싸이아졸류(thiazoles), 19종류의 싸이오펜류(thiophenes), 10종류의 피라진류(pyrazines), 6종류의 환상 중합형 설파이드류(cyclic polysulfides) 등, 합계 62종의 향기 성분들을 검출하고 있다. 이들은 또한 이상의 향기 성분들 중 대부분의 경우는 그 형성과정을 기존의 화학반응기구들로 설명할 수 있었다고 한다.

한편, 시스테인과 포도당의 마이얄반응의 경우, 그 주요 형성화합물은 3,5-dimethyl-1,2,4-trithiolane 이였으나, 글루타싸이온(glutathione)과 포도당의 마이얄반응의 경우에는 카아보닐 화합물들과 후란류의 함량이 가장 많았으며, 전체적으로 함량이 가장 컸던 화합물은 5-메틸흘후탈(5-methylfurfrual) 이였다고 보고하고 있다.

훈연된 식품의 향기

식품을 훈연(燻煙)하여 저장하거나 먹는 방법은 매우 오래된 저장방법의 하나로서 육류나 어류의 저장에 널리 사용되어 왔다.

훈연에 사용될 대상 식품들로서는 전술한 가금류(poultry), 특히 닭고기류, 그리고 소고기, 돼지고기 등의 육류와 각종의 어류 등이고, 대부분의 경우, 훈연 전에 절임처리(pickling)를 거치거나, 최소한 소금절임(salting 또는 brining)과정을 거친 육류나 어류 등이 훈연되나, 경우에 따라서는, 특히 어류의 경우 손질만 끝내거나 냉동 저장된 것이 직접 훈연되는 경우도 있다. 훈연된 어류의 저장기간은 극히 짧은 것이 예상된다. 한편, 철저하게 절임과정을 거친 후 충분한 훈연과정을 거친 햄(ham)은 수년간 식용 가능하다고 한다(Ensminger, A. H. *et al.*, 1995).

훈연에 의한 건조(dehydration)에 따르는 저장성(keeping quality)의 향상 이외에도, 연기중의

성분들이 가지는 살균력(bactericidal property)과 항산화 작용(antioxidant activity)에 의해서 그 저장 안정성(storage stability)은 더욱 증가하는 것으로 알려져 있다. 그러나 훈연식품(燻煉食品, smoked foods)들의 기본적인 저장성의 향상효과는 소금첨가 또는 절임과정 중에 일어나는 수분활성도(water activity)의 감소, 그리고 훈연과정 중에 일어나는 탈수(dehydration)에 의한 계속된 수분활성도의 감소로 생각할 수 있다.

이 연기성분들(smoke components)은 뚜렷한 향기를 갖고 있으며, 이 향기 성분들은 연기성분들 중의 수증기로 증류할 수 있는 부분(steam-distillable fraction)에 있다. 이 부분은 주로 카아보닐 화합물들(carbonyl compounds, 전체 성분의 약 25%), 유기산들(carboxylic acids, 전체 성분의 약 40%)과 각종 페놀류(phenols, 전체 성분의 약 15%) 등으로 구성되어 있는 것으로 알려지고 있다.

한편, 훈연식품들(smoked foods)의 향기는 유기산이나 카아보닐 화합물들의 향기만으로는 설명될 수 없는 특유한 향기를 갖고 있으며, 이와 같은 특유한 향기 성분의 일부는 훈연 중의 연기에서 들어오는 페놀 화합물들(phenolic compounds)에 의한 것으로 믿어지고 있다.

이와 같은 훈연된 식품들(smoked foods)의 페놀계통 향기성분들(phenolic flavor compounds)의 대표적인 것으로서는 4-비닐구아이아콜(4-vinylguaiacol)이 있다. 핏더들(Fidder, W. *et al.*, 1967)에 의하면, 이 4-비닐구아야콜은 페룰린산(ferulic acid)의 가열분해(thermal decomposition)의 결과 형성된다고 한다.

한편, 페룰린산(ferulic acid) 자체는 훈연에 사용되는 목재가 탈 때, 목재 속에 함유된 리그닌(lignin)의 가열분해(thermal decomposition)에 의해서 형성되는 것으로 알려져 있다.

일반적으로, 간단하게 경목(硬木)으로도 불려지는 침엽수들(針葉樹, conifers 또는 coniferous trees)의 리그닌은 주로 코니페릴 알콜(coniferyl alcohol)의 산화・중합(oxidative polymerization)에 의해 형성되는 것으로 생각되고 있는데, 이 코니페릴 알콜의 제일차적 산화 생성물이 페룰린산으로서 두 화합물의 구조상의 근접성(近接性)은 주목할 만하다.

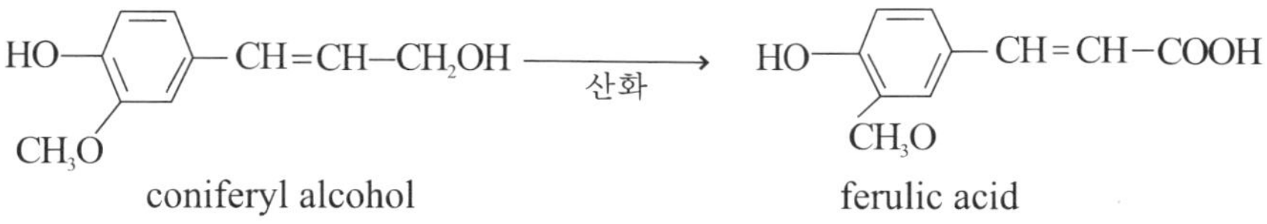

HO—(ring, CH_3O)—CH=CH—CH_2OH —산화→ HO—(ring, CH_3O)—CH=CH—COOH

coniferyl alcohol　　　　ferulic acid

한편, 보통 연목(軟木)으로도 표현되는 낙엽수(落葉樹, deciduous trees)의 리그닌은 코니페릴 알콜 이외에도 시린제닌(syringenin) 등의 산화・중합으로 형성된 것으로 생각되고 있다. 따라서 이상과 같은 낙엽수들이 타면서 형성되는 페놀계 화합물들로는 전술한 페룰린산이 산화, 분해되어 형성된 각종 페놀계 화합물들(그림 4-23 참조) 이외에도 시린제닌산 등이 산화, 분해되어 형성된 화합물들이 함유되고 있는 것으로 믿어진다.

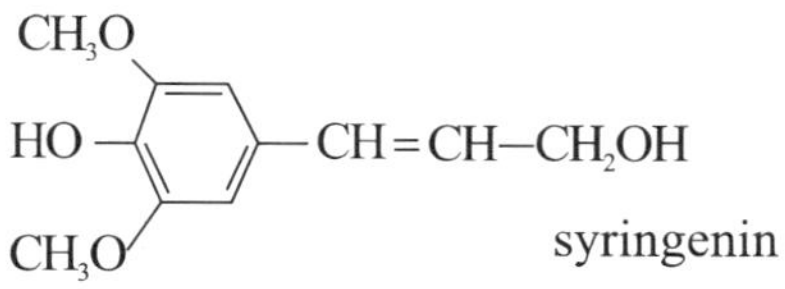

CH_3O, HO, CH_3O —(ring)—CH=CH—CH_2OH

syringenin

주로 침엽수(conifers)에 속하는 나무를 불태울 때는, 나무의 구성 성분인 리그닌(lignin)의 가열산화와 분해(thermal oxidation and decomposition)에 의해서 대략 그림 4-23와 같은 과정을 거쳐서 여러 종류의 휘발성 카이보닐 화합물들이 형성되며, 이들이 훈연식품(smoked foods)의 특유한 향기 성분들로서 기여하고 있는 것으로 생각된다. 이상의 그림은 낙엽수(deciduous trees)의 경우에도, 그 리그닌의 일부가 침엽수의 경우와 같은 성분 코니펠릴 알콜의 산화·중합에 의해서 형성되고 있으므로 어느 정도 그 산화가열과 분해과정을 대표하고 있다고 볼 수 있다.

그러나 실제 향기 성분들의 구성과 그 향기특성은 같은 침엽수들의 경우라도 그 종류, 재배지, 재배조건 등에 따라 크게 다르다는 점을 유의해야 한다.

그림 4-23에서는 훈연의 목적으로 나무를 불태울 때, 리그닌의 가열산화와 분해에 따라 먼저 페룰린산이, 그리고 이 페룰린산의 카아복실 그룹의 탈탄산(decarboxylation)으로 형성된 4-비닐구아이야콜(4-vinylguaiacol)은 다시 4-메틸구아이야콜(4-methylguaiacol), 바닐린(vanillin), 3-메톡시-4-하이드록시아세토페논(3-methoxy-4-hydroxyacetophenone), 3-메톡시-4-하이드록시벤졸산(2-methoxy-4-hydroxybenzoic aicd), 4-에틸구아이야콜(4-ethylguaiacol), 구아이야콜 등의 휘발성 페놀 화합물들을 형성하는 것으로 믿어지고 있다. 따라서 리그닌의 가열분해 초기 생성체인 페룰린산은 훈연식품들의 여러 페놀계 향기 성분들의 선구물질들(precursor)로 볼 수 있다(그림 4-23 참조).

리그닌(lignin) → ferulic acid → 4-vinylguaiacol $+ CO_2$

4-methylguaiacol, vanillin, 3-methoxy-4-hydroxybenzoic acid, guaiacol, 3-methoxy-4-hydroxyacetophenone, 4-ethylguaiacol

[그림 4-23] 리그닌의 가열분해 때에 중간생성체인 페룰린산과 탈탄산(脫炭酸)에 의해서 형성된 4-비닐구아이야콜, 그리고 이 화합물의 계속된 가열분해에 의해서 형성될 수 있는 각종 화합물들.
Fidder, W. *et al.* 1967. *J. Agr. Food chem.*, 15. 757.

이상의 페룰린산의 산화, 분해의 결과 형성된 페놀계 향기 성분들과 그 중간 생성체들(intermediate compounds)은 많은 화합물들(그림 4-23의 경우에는 모든 화합물들)이 3-메톡시-4-하이드록시페닐 그룹(3-methoxy-4-hydroxyphenyl group)을 그 분자구조 내에 갖고 있다. 그 중에서 가장 대표적인 것의 하나가 바닐린(vanillin)으로서 특유한 상쾌하고 좋은 냄새의 향기 성분으로 오래 전부터 널리 알려져 왔으며, 그 역가(threshold)는 0.1% 정도로 알려져 있다(본문 p. 245 참조)

한편, 경목이나 연목은 헤미셀룰로즈류(hemicelluloses), 셀룰로즈류(celluloses)와 함께 많은 양의 리그닌(lignin)을 함유하고 있으며, 이 리그닌이 가열분해(thermal decomposition)될 때 페룰린산이 형성되는 사실에 대해서는 이미 언급한 바 있다.

이상과 같은 나무들뿐만 아니라, 쌀, 밀, 보리와 옥수수 등의 벼과(the Family *Gramineae*)에 속하는 식물들의 세포벽(cell walls)에도 리그닌이 그 구성 성분으로 함유되고 있으며, 또한 곡류의 세포벽(cereal cell walls)은 식이섬유(dietary fiber)의 좋은 자원으로서, 그 하루의 필요량 20g의 1/2(the one-half of the daily requirement of the dietary fiber)을 매일 먹게 되는 곡류에서 충분히 얻을 수 있다고 한다.

특히 이들 곡류의 외피(外皮, brans)는 페룰린산(ferulic acid, FA)과, 페룰린산과 아라비노스(α-L-arabinose)의 에스터(FAA), 페룰린산과 아라비노스와 자일로스(β-D-xylose)로 구성된 아라비노자일렌(arabinoxylene, AXn)의 에스터(FAAXn) 등이 함유되고 있으며, 이들은 모두 사람 혈액 중의 저밀도 리포프로테인(low-density lipoprotein, LDL)의 산화에 대해서 항산화작용(antioxidant activity)이 있는 것으로 보고된 바 있다(Ohta, T. et al., 1997).

이 경우, 그 항산화작용은 페룰린산 보다는 전술한 페룰린산의 에스터들(FAA, FAAXn)이 더 효과가 컸는데, 그 이유는 페룰린산의 에스터들은 페룰린산의 소수성(hydrophobic moiety) 뿐만 아니라, 에스터 결합을 하고 있는 당류부분(the sugar moiety)의 강한 친수성(hydrophilic proporty)이 LDL의 자동산화를 억제하는데 더 효과적이었기 때문이라고 설명하고 있다.

한편, 페룰린산은 근래 합성 항산화제들 대신 여러 용도로 사용되고 있으며, 일광차단용 로tus 등(lotions for sunlight protection)에도 사용되고 있다. 페룰린산의 작용들로서는 항종양(antitumor), 항간장독(antihepatotoxic), 항에스트로젠(antiestrogenic), 항세포분열(antimitotic) 작용 등이 보고되고 있다(Madhavi, D. L. *et al*., 1997).

어류의 냄새

신선한 어류에서는 별 특별한 냄새가 나지 않으나 점차 신선도(degree of freshness)가 떨어짐에 따라 다이메틸아민(dimethylamine), 트리메틸아민(trimethylamine), 피페리딘(pipperidine), 또는 δ-아미노발레린산(δ-aminovaleric acid), 암모니아(ammonia), 기타의 휘발성의 염기성 질소 화합물들(volatile basic nitrogeneous compounds), 다이메틸 설파이드(dimethyl sulfide) 등의 휘발성 황함유 화합물들이 형성되나, 특히 전술한 휘발성 아민 화합물들(volatile amine compounds)에 의해서 특유한 비린내를 갖게 된다.

이 중 가장 중요한 생선 비린내 성분들로 알려져 온, 트리메틸아민(trimethylamine)과 다이메틸아민(dimethylamine)은 다같이 신선한 어류에 원래 존재하는, 생선 비린내를 전혀 갖고 있지 않은 트리메틸아민 옥사이드(trimethylamine oxide)에서 일련의 복잡한 효소작용에 의해서 형성되는 것으로 믿어지고 있다(Spinelli, J. *et al*., 1981; Raciot, L. D. *et al*.. 1984).

한편, 피페리딘, δ-아미노발레린산들은 어류의 단백질에 함유되거나, 유리상태(free state)로 존재하는 라이신(l-lysine)에서 형성된다고 한다(그림 4-24 참조).

즉, 트리메틸아민은 신선한 어류에는 원래 존재하지 않고 어획 된 후 시간이 지나면서 형성되고 기간이 길어짐에 따라 그 함량은 증가하며, 특히 부패된 어류에서는 그 함량이 매우 높다. 순수한 트리메틸아민은 마치 수산화 암모늄(ammonium hydroxide)과 같은 강한 자극적인 냄새를 갖고 있으나 오래된 어류의 특유한 비린내는 갖고 있지 않으며 묽은 농도에서도 다른 냄새 성분들과 함께 존재할 때는 강한 비린내를 낸다.

한편, 트리메틸아민과 매우 비슷한 냄새 특성을 가진 다이메틸아민(dimethylamine, DMA)도 트리메틸아민(trimethylamine, TMA)의 경우와 마찬가지로 트리메틸아민 옥사이드(trimethylamine oxide, TMAO)에서 형성되는 것으로 알려져 있다. 라시코트 등(Racicot, L. D. *et al.*, 1984)에 의하면, 신선한 어류에 원래 존재하는 트리메틸아민 옥사이드는 효소 트리메틸아민 N-옥사이드 데메틸레이스(trimethylamine N-oxide demethylase)의 작용에 의해서, 다이메틸아민과 폼알데하이드(formaldehyde, FA)로 분해된다고 한다. 이때 다른 아미노산들의 분해에 의해서 환원성 물질들(reducing agents)이 형성되어 함께 존재할 때는 이 반응이 크게 촉진되나, 반대로 산화제들(oxidizing agents)이 함께 존재할 때는 크게 억제된다고 한다(그림 4-24 참조).

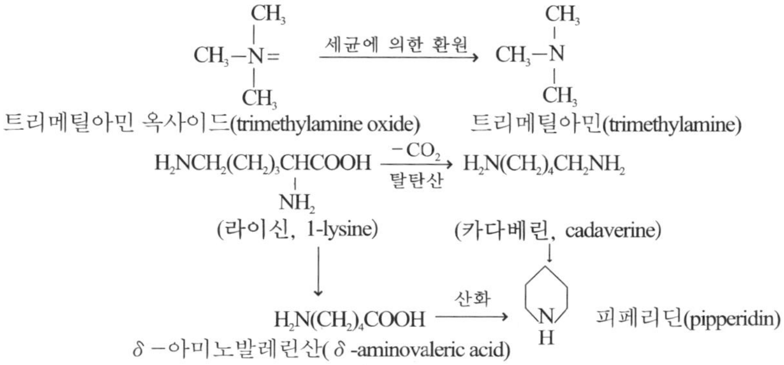

$$(CH_3)_3N{=}O \xrightarrow{\text{세균에 의한 환원}} (CH_3)_3N$$

트리메틸아민 옥사이드(trimethylamine oxide) → 트리메틸아민(trimethylamine)

$$H_2NCH_2(CH_2)_2CH(NH_2)COOH \xrightarrow[\text{탈탄산}]{-CO_2} H_2N(CH_2)_4CH_2NH_2$$

(라이신, 1-lysine) → (카다베린, cadaverine)

$$H_2N(CH_2)_4COOH \xrightarrow{\text{산화}} \text{피페리딘}$$

δ-아미노발레린산(δ-aminovaleric acid) → 피페리딘(pipperidin)

[그림 4-24] 트리메틸아민, 피페리딘, δ-아미노발레린산의 형성과정.

한편, 어류의 특유한 냄새 성분들 중에는 어류에 함유된 지방질 성분들의 산화에 의해서 형성된 각종 카아보닐 화합물들, 또한 어류에 함유된 의산, 초산, 프로피온산, 뷰티린산(butyric acid), 아이소발레린산(isovaleric acid) 등의 유기산들의 향기들이 기여하고 있는 것으로 믿어지고 있다.

신선한 어류에서 황화수소(H_2S), 그리고 경우에 따라서는 다이메틸설파이드(dimethylsulfide)가 검출되고 있으며, 특히 오래 저장된 어류나 부패가 시작된 어류에서는 비교적 대량의 황화수소, 다이메틸설파이드, 메틸설파이드(즉, 메테인타이올, CH_3SH), 기타의 유기 황화물들(有機 黃化物들, organic sulfides)이 검출되고 있다. 이들 황화물들이 어류의 특유한 냄새들에 기여하고 있음은 거의 틀림없는 일이다.

한편 전술한 대로 어류의 신선도(新鮮度, the degree of freshness)가 떨어짐에 따라 그 어류 속의 트리메틸아민(trimethylamine)의 함량은 증가하므로, 그 함량의 증가는 어류의 신선도를 추정하는 데 있어서 하나의 척도(尺度)로 사용될 수 있으며, 또한 실제로 그렇게 사용되고 있다.

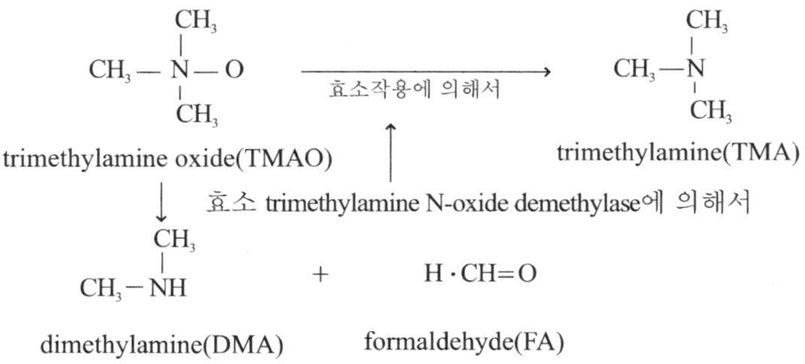

$$(CH_3)_3N{-}O \xrightarrow{\text{효소작용에 의해서}} (CH_3)_3N$$

trimethylamine oxide(TMAO) → trimethylamine(TMA)

↓ 효소 trimethylamine N-oxide demethylase에 의해서

$$(CH_3)_2NH \quad + \quad H\cdot CH{=}O$$

dimethylamine(DMA) + formaldehyde(FA)

[그림 4-25] 트리메틸아민 옥사이드(TMAO)가 효소작용에 의해서 트리메틸아민(TMA), 다이메틸아민(DMA), 폼 알데하이드(FA) 등이 형성되는 과정.
Racicot, L. D. *et al.* 1984. *J. Agric. Food Chem.*, 32, 459.

트리메틸아민의 함량 이외에도 이상에서 설명한 모든 휘발성 염기성 질소화합물들, 즉 전체 휘발성 염기성 질소화합물들(the total volatile basic nitrogeneous compounds) 중의 질소함량(TVB-N)을 킬달 장치(Kjeldahl apparatus)로 측정하여 어류의 신선도의 척도로 사용하는 경우도 많다(Botta, J. R. *et al*., 1984).

밀로들(Milo, C. and Grosch, W., 1995)은 삶은 대구와 송어의 향기 성분들(the volatile odorants of boiled cod and trout)을 밀폐된 시료 용기들의 해드 스페이스에서 채취, 가스 크로마토그라프와 후각측정기를 연동시킨 분리, 분석법(gas chromatograpy-olfactometry of headspace samples)으로 분리하여, 그 냄새강도(odor internsity)를 향기 성분 추출물 휘석분석법(Aroma extract dilution analysis, AEDA)으로 측정한 바 있다. 이들은 삶은 대구의 가장 강력한 향기 성분들은 acetaldehyde, dimethylsulfide, dimethyltrisulfide, (Z)-1,5-octadien-3-one 등이었으며, 송어의 경우에는 acetaldehyde, propiondldehyde, methional, 1-octene-3-one, (Z)-1,5-octadiene-3-one 등 이였었다고 보고하고 있다.

그러나, 이들 삶은 어류를 저장하는 동안 그 냄새를 악화시키는 냄새 성분들(odor defects)이 급속히 형성된다고 한다. 이들은 -13℃에서 저장된 삶은 대구(cod)나, 송어(trout)에서 다음과 같은 냄새를 악화시키는 휘발성분들(odor defects)이 형성 또는 증가했다고 한다. 즉, 대구의 경우, trinethylamine, butane-2,3-dione, methylpropanol, 2- 및 3-methylbutanol들이, 한편, 송어의 경우, acetaldehyde, propionoldehyde, Butane-2,3-dione, pentane-2,3-dione, 그리고 C_6,C_8과 C_9 carbonyl compounds들이 향기의 악화에 기여했다고 설명하고 있다.

또한 트리퀴들(Triqui, R. and Reineccius, G. A., 1995)은 안쵸비(anchovy, *Engraulis encrasicholus*, L., 멸치의 일종)의 소금절임(anchovies in a salt brine) 후에 숙성(ripening)시킨 시료(samples)들에서 안쵸비의 향기 성분들을 분리, 동정한 바 있다.

이들은 숙성한 안쵸비의 향기 성분들로서 효소작용에 의해서 형성된 C_8 알콜류와 케톤류 그리고 (E,Z)-2,6-nonadienal(오이와 유사한 향기를 갖고 있음) 등을 들고 있다.

한편, 또 하나의 향기 성분 형성과정으로서 전자의 효소작용에 의한 경우와 전혀 다른, 어류의 지방질 성분들의 자동산화과정(an autoxidtion process)에 의해서 형성된, C_7에서 C_{10}까지의 공액형 알데하이드류(conjuagted aldehydes)와 같은 지방질 향기 성분들은 튀김식품류(fried food products)의 향기 성분들과 유사한 향기를 갖고 있다고 한다.

한편, 가와이들(Kawai, T. *et al*., 1991)은 말린 오징어(dried squid)를 물과 유리입자들(glass feads)과 함께 각각 125 - 190℃와 215 - 230℃에 가열하면서 수증기 증류된 향기 성분들의 농축물을 각각 에텔(ether) 또는 이염화탄소(CH_2C_{12})로 추출 후, GC와 GC-MS 등으로 그 향기 성분들을 분리, 동정한 바 있다.

이들은 다량의 유리입자들을 사용하면 물과 오징어 시료(3mm의 입방체 형태)의 열전도 접촉면적(thermal conduction surface touching the sample)을 유리입자들을 사용하지 않은 경우에 비해서 최고 25배나 늘려주기 때문에 더 균질(均質)된 휘발성분들을 얻을 수 있었다고 한다.

125 - 190℃에서 얻은 농축물, 즉 농축물A의 향기는 약간 구운 냄새(moderately roasted odor)가 났으며, 9종류의 5,6-dihydro-2,4,6-dialkyl-4H-1,3,5-dithiazines(DT), 4종류의 pyrolidinol[1,2-e]-2,4,6-dialkyl-4H-1,3,5-dithiazines(PD), 그리고 3,4,5,6-tetrahydro-2,4,6-trimethyl-2H-1,3,5-thiadia-

zine(TD) 등이 검출되었다고 한다.

또한 215 - 230℃에서 수증기증류 후 얻은 농축물 B의 향기는 A보다 더 강한 구운 냄새(strongly roasted odor)를 가졌었으며, 전술한 환상 향기 성분들의 양들은 감소한 대신, 더 강한 자극적 성분들의 양은 증가한 상태였다고 한다.

유지류의 향기와 그 성분

유지류(油脂類, fats and oils)의 향기, 특히 유지의 산화, 즉 산패(rancidity)에 따르는 이상취(異状臭, off-flavor)의 발생과 그 성분들에 대해서는 제14장 유지의 산패에서 논하기로 한다.

참고문헌

Alabran, D., 1982. Isolation and Identification of Additional Beef Flavor Precursors. *J. Agric. Food Chem.*, 30, 486.

Amerine, M. A. *et al.*, 1965. "*Principle of Sensory Evaluation of Food*," Academic Press. New York.

Amoore, J. E, 1963. Stereochemical Theory of Olfaction. *Nature*, 198, 271

Amoore, J. E., Johnson, J. W. Jr. and Rubin, M., 1964. The Stereochemical Theory of Odor. *Scientific American.*, 116, 457.

Amoore, J. E., 1970. "*Molecular Basis of Odor*," Charles C. Thomas, Publisher, Springfield, Ⅲ., U.S.A

Amoore, J. E, 1971. Process Toward Some Direct Quantitative Comparisons of the Stereochemical and Vibrational Theories of Odor in "*Gustation and Olfaction*," edited by Ohloff, G. and Thomas, A. F., Academic Press, London.

Anderson, K. *et al.*, 1961. Storage Change in the frozen Fish. A Comparison of Objective and Subjective Test. *Food Technol.*, 15, 55

Ahn, E. S. *et al.*, 1999. Antimicrobial Effects of Allyl Isothiocyanates on Several Microoganism. *Korean. J. Food Science. Technol.*, 31(1), 206~211.

Akechi-K, E. *et al.*, 1997. Characterization of the Pyrazines Formed during the Processing of the Maple Syrup. *J. Agric. Food Chem.*, 45(9), 3368~3873.

Attaway, J. A. *et al.*, 1968. Studies on the Aroma of Intact Hamin Orange. *J. Food Science.*, 33. 287.

Azzouz, M. A. and Reineccius. G. A., 1976. Comparison between Cold-pressed and Distilled Lime Oils Through the Application of Gas Chromatography and Mass Spectrometry. *J. Food. Science*, 41, 324.

Baltles, W. and Bochmann, G., 1987. Model Reactions on Roast Aroma Formation. 1. Reaction of Serine and Threonine with Sucrose under the Conditions of Coffee Roasting and Identification of new Coffee Aroma Compounds. *J. Agric. Food Chem.*, 35, 340.

Bartschat, D. *et al.*. 1997. Stereoisomeric Flavor Compounds. 79. Simultaneous Enantioselective Analysis of 3-Butylphthalide and 3-Butylhexahydrophthalide Stereo isomers in Celery, celeriac, and Fennel. *J. Agric Food Chem.*, 45(12), 4554~4557.

Barbrni, M. *et al.* 1997. Natural Abundance ^{2}H Nuclear Magnetic Resonnance Study of the Origin of (Z)-3-Hexenol. *J. Agric. Food Chem.*, 45(1), 237~241.

Bangtsson, B. *et al.*, 1964. Gas Chromatographic Evaluation of Volatile Substances in Stored Peas. *Food Technol.*, 18, 773.

Batzer, O. F. *et al.*. 1960. Precursors of Beef Flavor. *J. Agr. Food Chem.*, 8, 498.

Batzer, O. F. *et al.*. 1962. Identification of Some Beef Flavor Precursors: *J. Agr. Food Chem.*, 19, 94.

Beak, H. H. and Cadwallader, K. R., 1998. Roasted Chicory Aroma Evaluation by Gaschromatography/Mass Spectrometry/Olfactometry. *J. Food Science*, 63(2), 234~237.

Beak, H. H. *et al.*. 1997. Identification of Predominant Aroma Compounds in Muscadine Grape Juice. *J. of Food Science.*, 62(2), 249~252.

Berger, R., Drawert, F., Kollmannsberger, H., Nitz, S. and Scgraufstetter, B., 1985. Novel Volatiles in Pineapple Fruit and Their Sensory Properties. *J. Agric. Food Chem.*, 33, 232.

Bernhard, R. A., 1965. Tears without Sadness. *Food Technol.*, 19, 1756.

Bernhard, R. A., 1968. Comparative Distribution of Volatile Aliphatic Disulfides Derived from Fresh and Dehydrated Onions. *J. Food Science.*, 33, 298.

Bicchi, C. *et al.*. 1997. Characterization of Roasted Coffee Beverages by Solid Phase Microextraction-Gaschromatography and Principal Components Analysis, *J. Agric. Food Chem.*, 45(12), 4680~4686.

Bills, D. D. *et al.*. 1968. Dimethyl Sulfide and its Precursor in Sweet Corn. *J. Agr. Food Chem.*, 16, 643.

Block, E. *et al.*. 1992b. *Allium* Chemistry: GC-MS Analysis of Thiosulfinated and Related Compounds of Onion, Leek, Scallion, Shallot, Chive, and Chinese Chive. *J. Agric. Food Chem.*, 40(12), 2431~2438.

Block, E. *et al.*. 1992a. Allium Chemistry: HPLC Analysis of Thiosulfinates from Onion, Garlic Wild Garlic(Ramsons), Leek, Scallion, Shallot, Elephant(Great-Headed) Garlic, Chive, and Chinese Chive. Uniquely High Allyl to Methyl Ratios in Some Garlic. *J. Agric. Food Chem*, 40(12), 2418~2430.

Blumethal, M. M., 1997. How Food Packaging Affects Food Flavor in the Overview, The Chemistry of Flavor Interactions. *Food Technol.*, 51(1), 71~74.

Bondrovich, H. A. *et al.*. 1967. Some Aspects of the Chemistry of Tea. A Contribution to the Knowledge of the Volatile Constituents. *J. Agr. Food Chem.*, 15, 36.

Bondrovich, H. A. *et al.*, 1967. Volatile Constituents of Coffee. Pyrazines and Other Compounds. *J. Agr. Food Chem.*, 15, 1093.

Botta, J. R., Lauder, J. T. and Jewer, M. A., 1984. Effect of Methodology on Total Volatile Basic Nitrogen(TVB-N) Determination as Index of Quality of Fresh Atlantic Cod(Gadus morhua). *J. Food Science.*, 49, 734.

Bratzler, L. J. *et al.*, 1969. Smoke Flavor as Related to Phenol. Carbonyl and Content of Bologna. *J. Food Science.*, 34, 146.

Brodnitz, M. H. *et al.*, 1969. Flavor Components of Onion Oil. *J. Agr. Food Chem.*, 17, 760.

Brodnitz, M. H. *et al.*, 1971. Thiopropanal S-Oxide: A Lachrymatory Factor in Onions. *J. Agr. Food Chem.*, 19, 269.

Brodnitz, M. H. *et al.*, 1971. Flavor Componrnts of Garlic Extract. *J. Food Chem.*, 19, 273.

Brown, Bruce A. *et al.*, 1968. Separating and Isolating Aroma and Flavor Constituents of Roasted Peanuts. *J. Food Science.*, 33, 595.

Burr, H. K., 1964. Gas Chromatography in Flavor Research: Its Uses and Limitation, *Food Technol.*, 18, 60.

Burr, H. K., 1964. Gas Chromatography in Flavor Research: Its Uses and Limitation, *Food Technol.*, 18, 1884.

Buttery, R. G. *et al.*, 1967. Characterization of Some C15 Constituents of Hop Oil. *J. Agr. Food Chem.*, 15, 58.

Buttery, R. G., Ling, L. C., Juliano, B. O. and Turnbaugh, J. G., 1983. Cooked Rice Aroma and 2-Acetyl-1-Pyrroline. *J. Agric. Food Chem.*, 31, 823.

Buttery, R. G., Ling, L. C. and Thomas, R. M., 1986. Quantitative Analysis of 2-Acetyl-1-pyrroling in Rice. *J. Agric, Food Chem.*, 34, 112.

Buttery, R. G. *et al.*, 1968. Characterization of Some Volatile Constituents of Carrots, *J. Agr. Food Chem.*, 16, 1009.

Buttery, R. G. *et al.*, 1970. Characterization of Some Volatile Potato Compounds. *J. Agr. Food Chem.*, 18, 538.

Buttery, R. G. *et al.*, 1971. Characterization of Some Additional Volatile Compounds of Tomato. *J. Agr. Food Chem.*, 19, 524.

Buttery, R. G., 1989. Chapt. 8 Importance of Lipid Derived Volatiles to Vegetable and Fruit Flavor in "*Flavor Chemistry of Lipid Foods*," edited by Min, D. B. and Smouse, T. H., The American Oil Chemists Society, Champaign, ILL., U.S.A.

Buttery, R. G., 1996. Direct Formation of 4-Alkoxy Derivatives from 2,4-Dimethyl-4-hydroxy-3(2H)-furanone and Aliphatic Alcohols. *J. Agric. Food Chem.*, 44(6), 1512~1514.

Buttery, R. G. *et al.*, 1997. Studies on Popcorn Aroma and Flavor Volatiles. *J. Agric. Food Chem.*, 45(3), 837~843.

Buttery, R. G. *et al.*, 1999. Volatile Flavor Components of Rice Cakes. J. *Agric. Food Chem.*, 47(10), 4353~4356.

Buttery, R. G. and Ling, L. C., 1997. 2,5-Dimethyl-4-hydroxy-3(2H)-furanone in Corn Products. *J. Agric. Food Chem.*, 45(4), 1306~1308.

Cartwright, L. C., 1953. Vanilla like Synthetics. Solubility and Volatility of Propenyl Guaethyl Bourbonal, Vanillin and Coumarin. *J. Agr. Food Chem.*, 1, 312.

Chang, S. S., 1961. A New Technique for the Isolation of Flavor Compounds from and Oils. *J. Am. Oil Chem. Soc.*, 38, 669.

초홍식 등 1975. 숭늉향미성분에 관한 연구 2. 숭늉향기성분 중 pyrazine 및 carbonyl 화합물에 관하여. 한국식품과학회지, 7(1), 15.

Chen, C. W. and Ho, C. T. 1998. Thermal Degradation of Allyl Isothiocyanate in Aqueous Solution. *J. Agric. Food Chem.*, 46(1), 220~223.

Chen, L. B. and Issenberg, P., 1972. Interactions of Some Wood Smoke Components with-Amino Groups in Proteins. *J. Agric. Food Chem.*, 20(6), 1113.

Chin, H. W. and Lindsay, R. C., 1993. Volatile Sulfur Compounds Formed in Disrupted Tissues of Different Cabbage Cultivars. *J. of Food Science.*, 58(4), 835~841.

Chin, H. W. and Rosenberg, M., 1997. Accumulation of Some Flavor Compounds in Full and Reduced-fat Cheddar Cheese Under Different Ripening Conditions. *J. Food Science.*, 62(3), 468~474.

Chow, Lynn. *et al.*. 1969. Origin of off Odors in Frozen Green Beans. *Food Technol.*, 23, 973.

鄭奎態·金容甲. 1986. Artificial Meat Flavor의 姸究動向. 食品科學, 19(2), 40.

Coleman, E. E., Ho, C. T. and Chang, S. S., 1981. Isolation and Identification of Volatile Compounds from Baked Potatoes. *J. Agric. Food Chem.*, 29, 42.

Creveling, R. K. *et al.*, 1968. Volatile Components of Pinapple. *J. Food Science.*, 33, 284.

Creveling, R. K. et al., 1970. Volatile Components of Bartlett Pear High Boiling Esters. *J. Agr. Food Chem.*, 18, 19.

Czerny, M. *et al.*, 1996. Detection of Odor-Active Ethenylalkylpyrazines in Roasted Coffee. *J. Agric. Food Chem.*, 44(10), 3268~3272.

Czerny, M. *et al.*, 1999. Sensory Study on the Charactor Impact Odorants of Roasted Arabia Coffee. *J. Agric. Food Chem.*, 47(2), 695~699.

Daxenbichler, M. E., VanEtten, C. H. and Williams, P. H., 1980. Glucosinolate Products in Commercial Sauerkraut. *J. Agric. Food Chem.*, 28, 809.

Day, E., 1965. A Some Properties of Carbonyl Compounds Encountered in the Flavor Isolates of Dairy Products. A Review. *Food Technol.*, 19, 1585.

De Kimpe, N. G. *et al.*, 1993. Synthesis of 2-Acetyl-1-pyrroline the principal Rice Flavor Component. *J. Agric. Food Chem.*, 41(9), 1458~1461.

De Kimpe, N. G. and Rochetti, M. T., 1998. Novel Syntheses of 5-Acetyl-2-3-dihydro-1,4-thiazine. *J. Agric. Food Chem.*, 46(6), 2278~2281.

De Kimpe, N. G. and Keppens, M., 1996. Novel Syntheses of the Major Flavor Components of Bread and Cooked Rice. *J. Agric. Food Chem.*, 44(6), 1515~1519.

de Roos, K. B., 1997. How Lipids Influence Food Flavor in the Overview, The Chemistry of Flavor Interactions. Food Technol., 51(1), 60~62.

Dignan, D. M. and Wiley, R. C. 1976. DMS Levels in the Aroma of Cooked Frozen Sweet Corn as Affected by Cultivar, Maturity, Blanching and Packaging. *J. Food Science.*, 41, 346.

Dimick, P. S. *et al.,* 1969, Occurence and Biochemical Origin of Aliphatic Lactones in Milk Fat. A Review. *J. Agr. Food Chem.*, 17, 649.

Dimick, K. P. *et al.*, 1956. Gas Chromatography. A New Method for the Seperation and Identification of Volatile Materials in Foods. *Food Technol.*, 10, 360.

Dirinck, P. J., De Pooter, H. L., Willaert, G. A. and Schamp, N. M., 1981. Flavor Quality of Cultivated Strawberries: The Role of the Sulfur Compounds. *J. Agric. Food Chem.*, 29, 316.

Dixon, M. D. and Hammond, E. G., 1984. The Flavor Intensity of Some Carbonyl Compounds Important in Oxidized Fats. *J. Am. Oil Chem. Soc.*, 61(9), 1452.

Elmore, J. S. and Mottran, D. S. 1997. Investigation of the Reaction between Ammonium Sulfide, Aldehydes, and *α* -Hydroxyketones or *α* -Dicabonyls To Form Some Lopid-Maillard Interaction Products Found in Cooked Beef. J. Agric. Food Chem., 45(9), 3592~3602.

Elmore, J. S. *et al.*, 1999. Effect of the Polyunsaturated Fatty Acid Composition of Beef Muscle on the Profile of Aroma Volatiles. *J. Agric. Food Chem.*, 47(4), 1619~1625.

Elmore, J. S. and Mottram, D. S. 1997. Investigation of the Reaction between Ammonium Sulfide, Aldehydes, and *α* -Hydroxyketones or *α* -Dicarbonyls To Form Some Lipid-Maillard Interaction Products Found in Cooked Beef. *J Agric, Food Chem.*, 45(9), 3592~3602.

Fay, L. B. *et al.*, 1997. Study of the Fragmentation of 3(2H)-Furanones by Mass Spectrometry. *J. Agric. Food Chem.*, 45(10), 4057~4064.

Feldman, J. R. *et al.*, 1969. Importance of Nonvolatile Compounds to the Flavor of Coffee. *J. Agr. Food Chem.*, 17, 733.

Fidder, W. *et al.*, 1967. Thermal Decomposition of Ferulic Acid. *J. Agr. Food Chem.*, 15, 757.

Filipic, V. J. *et al.*, 1969. Trace Components of The Flavor Fraction of Maple Syrup. *J. Agr. Food Science.*, 34, 105.

Fischer, N. and Widder, S., 1997. How Proteins Influence Food Flavor in the Overview, The Chemistry of Flavor Interactions. *Food Technol.*, 51(1), 68~70.

Flath, R. A. and Forrey, R. R., 1970. Volatile Components of Smooth Cayenne Pinapple. *J. Agric. Food Chem.*, 18(2), 306.

Fleming, H. P. *et al.*, 1968. The Formation of Carbonyl Compounds in Cucumbers. *J. Agr. Food Science.*, 33, 572.

Forss, D. A., 1967. Origin of Flavors In Lipids in "*The Chemistry and Physiology of Flavors*", ed. b

Schultz, H. W. *et al.* Avi Publishing Co. Inc., Westport, Conn.

Forss, D. A. 1969. Role of Lipids in Flavor. *J. Agr. Food Chem.*, 17, 681.

Friedel, Paul. *et al.*, 1971. Some Constituents of the Aroma Complex of Coffee. *J. Agr. Food Chem.*, 19, 530.

Friedman, M., 1994. Improvement in the Safety of Foods by SH-Containing Amino Acids and Peptides. A Review. *J. Agirc. Food Chem.*, 42(1), 3~20.

Furuhashi, T. *et al.*, 1971. Effect of Various Amino Acids on Elimination of Stale Flavor of Rice, Part 1. Reactivity of Volatile Carbonyl Compounds and Amino Acids in Model System. *J. Food Science and Technol.* (*Japan*), 18, 119.

Gadbois, D. F. *et al.*, 1867. Effects of Radiation, Heating and Storage on Volatile Carbonyl Compounds in Clam Meats. *J. Agr. Food Science.*, 32, 511.

Gautshi, F. *et al.* 1967. New Developments in Coffee Aroma Research. *J. Agr. Food Chem.*, 15, 15.

Gebhardt, R. and Beck, H. 1996. Differential Inhibitery Effects of Garlic-Derived Organosulfur Compounds on Cholesterol Bio Synthesis in Primary Rat Hepatocyte Cultures. *Lipids*, 31(12), 1275~1276.

Godshall, M. A., 1997. How Carbohydrates Influence Food Flavor in the Overview, The Chemistry of Flavor Interactions. *Food Technol.*, 51(1), 63~70.

Golaszewski, R. *et al.* 1998. Sensory Attributes and Volatile Components of Strawberry Juice. *J. Food Science*, 63(4), 734~738.

Grill, H. *et al.*, 1967. Degradation of S-Methionine to Methyl Mercaptan in Surface-Ripened Cheese. *J. Agr. Food Chem.*, 15, 392.

Guadahnu, D. G. *et al.*, 1968, Methyl Sulfide Concentration. Odor Intensity and Aroma Quality in Canned Tomato Juice. *Food Technol.*, 22, 1003.

Guth, H. 1997. Identification of Character Impact Odorants of Different White Wine Varieties. *J. Agric. Food Chem.*, 45(8), 3022~3026.

Guyot, C. *et al.*, 1996. Effect of Fat Content on Odor Intensity of Three Aroma Compounds in Model Emulsions: δ -Decalactone, Diacetyl, and Butyric Acid. *J. Agric. Food Chem.*, 44(8), 2341~2348.

Hall, R. L., 1968. Food Flavor: Benefits and Problems. *Food Technol.*, 22, 1389.

Hartman, G. J., Jin, Q. Z., Collins, G. J., Lee, K. N., Ho, C. T. and Chang, S. S., 1983. Nitrogen-Containing Heterocyclic Compounds Indentified in the Volatile Flavor Constituents of Roasted Beef. *J. Agric. Food Chem.*, 31, 1030.

Heiss, R. *et al.* 1958. Origin and Prevention of Undesirable Flavor Changes in Oat Products during Storage, *Food Technol.*, 12, 689.

Hempenius, W. L. *et al.* 1966. Analytical Taste-Panel Studies on Diacetyl Flavor Levels in Creamed Cottage Cheese, *Food Technol.*, 20, 334.

Hoagen-Smit, A. J. *et al.*, 1945. Chemical Studies of Pineapple. Ⅰ. The Volatile Flavor and Odor Constituents of Pineapple, *J. Am. Food Chem. Soc.*, 67, 1646.

Hoagen-Smit, A. J. *et al.*, 1949. Chemical Studies on Grapes and Wines. Ⅰ. Volatile Constituents of Zinfandel Grapes. *Food Research*, 14, 472.

Holley, R. W. *et al.*, 1955. Identification of Some Volatile Constituents of Concord Grape Juice, *Food Research*, 20, 326.

Hofman, T. and Schieberle, P. 1998. 2-Oxopropanal, Hydroxy-2-propanone, and 1-Pyrroline-Inportant Intermediates in the Generation of the Roast-Smelling Food Flavor Commpounds 2-Acetyl-1-pyrroline and 2-Acetyltetrahydropyridine. *J. Agric. Food Chem.*, 46(6), 2270~2277.

Hofman, T. and Schieberle, P. 1998. Quantitative Model Studies on the Effectiveness of Different Precursor

Systems in the Formation of the Intense Food Odorants 2-Furfurythiol and 2-Methyl-3-Furanthiol. *J. Agric. Food Chem.*, 46(1), 235~241.

Hofman, T. and Schieberle, P. 1998. Flavor Contribution and Formation of the Intense Roast-Smelling Odorants 2-Propionyl-1-pyrroline and 2-Propionyltetrahydropyridine in Maillard-Type Rections. *J. Agric. Food Chem.*, 46(7), 2721~2726.

Hornstein, Ⅰ. *et al.*, 1960. Flavor Studies on Beef and Pork, *J. Agr. Food Chem.*, 8, 494.

Hultin, H. O. *et al.*, 1961. Changes in Some Volatile Constituents of the Banana during Ripening Storage. and Processing. *Food Technol.*, 15, 440.

Hultin, H. O. *et al.*, 1962. Banana Aroma Precursors. *Food Technol.*, 16, 108.

Hunter, G. L. *et al.* 1965. Analysis of Terpene and Sesquiterpene Hydrocarbons in Some Citrus Oils. *J. Food Science*, 30, 383.

Hwang, S. S., Carlin, J. T., Bao, Y., Hartman, G. J. and Ho, C. T., 1986. Characterization of Volatile Compounds enerated from the Reactions of Aldehydes with Ammonium Sulfide. *J. Agric. Food Chem.*, 34, 538.

Ikeda, Robert M. et al. 1961. Deterioration of Lemon Oil: Formation of p-Cymene from Gamma-Terpinene. *Food Technol.*, 15, 379.

Issenberg, Philip. 1969. Mass Spectrometry for Flavor Research, *Food Technol.*, 23, 1435.

Jella, P. *et al.* 1998. Determination of Key Flavor Components in Methylene Chloride Extracts from Processed Grape Juice. *J. Agric. Food Chem.*, 46(1), 242~247.

Johnson, J. H. *et al.*, 1968. Quantitative Comparison of Isoamyl Alcohol Pentanol, and 3-Hexenol-1 in Tomato Juice. Varietal and Harvest Differences and Processing Effects. *J. Agr. Food Chem.*, 16, 255.

Johnson, J. A., 1969. Role of Non-Volatile Compounds in Bread Flavor. *J. Agr. Food Chem.*, 17, 740.

Karcher, A. *et al.*, 1999. High-Performance Liquid Phase Separation of Glycosides. 5. Determination of Individual Glucosinolates in Cabbage and Rapeseed by Laser-Induced Fluoresence Capillary Electrophoresis via the Enzymatically Released Isothiocyanate Aglycon. *J. Agric. Food Chem.*, 47(10), 4267~4274.

Kawai, T. *et al.*, 1991. Flavor Components of Dried Squid. *J. Agric. Food Chem.*, 39(4), 770~777.

Kazenica, S. J. *et al.*, 1970. Flavor Chemistry of Tomato Volatiles. *J. Food Science*, 35, 519.

Kenneth, L. *et al.*, 1969. Photolysis of Nootkatone. *J. Food Science*, 34, 484.

Keith, Elizabeth. S. *et al.* 1968. Determination of Flavor Threshold Levels and Sub-Threshold, Additive and Concentration Effects. *J. Food Science*, 33, 213.

Kirchner. J. G. 1949. The Chemistry of Fruit and Vegetables Flavors. Advanced in *Food Research*, 2, 259.

Kirchner, J. G., Miller, J. M., Rich, R. G., Keller, G. J. and Fox, M. M., 1953. Citrus Flavoring: Volatile Water-Soluble Constituents of Grapefruit Juice. *J. Agr. Food Chem.*, 1(7), 510.

Kirchner, J. G., Miller, J. M., 1953. Citrus Flavoring: Volatile Oil Constituents of Grapefruit Juice. *J. Agric. Food Chem.*, 1(7), 512.

Kirchner, J. G. ,. 1957. Volatile Water Soluble and Oil Soluble Constituents of Valencia Orange Juice. *J. Agr. Food Chem.*, 5, 283.

김현식. 1998. 질량분석의 신기술 FTMS, 분석특집 신분석 기술의 Ⅰ. 화학세계, 38권 9호, 27~34.

Kim, J. S. *et al.*, 1991. Volatile Flavor Components of Korean Ginger(Zingiber officinale Roscoe). *Korean J. Food Science. Technol.* 23(2), 141~149.

Kim, K. S. *et al.*, 1999. Volatile Flavor Components in Watermelon(*Citrullus Vulgaris* S.) and Oriental Melon(*Cucumis melo* L.). *Korean J. Food Science. Technol.*, 31(2), 322~328.

Koehler. P. E. *et al.*, 1969. Formation of Pyrazine Compounds in Sugar-Amino Acid Model Systems, *J.*

Agr. Food Chem., 17, 393.

Koehler, P. E. and Odell, G. V., 1979. Factors Affecting the Formation of Pyrazine Compounds in Sugar-Amino Reactions. *J. Agric. Food Chem.*, 18(5), 895.

Kohman, E. F., 1952. Onion Pungency and Onion Flavor. *Food Technol.*, 6, 283.

König, T. *et al.*, 1999. 3hydroxy-4,5-dimethyl-2(5H)-furanone(Soloton) Causing an Off-Flavor: Elucidation of Its Formation Pathways during Storage of Citrus Soft Drinks. *J. Agric. Food Chem.*, 47(8), 3288~3291.

Ko, S. N. *et al.*, 1997. Development of Meat-like Flavor by Maillard Reaction of Model System with Amino acids and Sugars. *Korean J. Science. Technol.*, 29(5), 827~838.

Koyama, N. and Kurihara, K., 1972. Effect of Odorants on Lipid Monolayers from Bovine Olfactory Epithelium. *Nature*, 236, 402.

Krammer, G. E. *et al.*, 1994. Short Communications. Isolation and Identification of 2,5-Dimethyl-4-hydroxy-3(2H)-furanone Glucoside from Tomato. *J. Agric. Food Chem.*, 42(8), 1595~1597.

Kulka, Kurt., 1967. Aspect of Functional Groups and Flavor. *J. Agr. Food Chem.*, 15, 48.

Kwon, J. H. and Yoon, H. S., 1985. Changes in Flavor Components of Garlic Resulting from Gamma Irradiation. *J. Agric. Food Chem.*, 50, 1193.

Langler, J. E. *et al.*, 1967. Identification and Evaluation of Selected Compounds in Swiss Cheese Flavor. *J. Agr. Food Chem.*, 15, 386.

Langourieux, S. and Escher, F. E., 1998. Sulfurous Off-Flavor Formation and Lipid Oxidation in Heat-Sterilzed Meat in Trays. *J. Food. Science*, 63(4), 716~720.

Latrigue, D. *et al.*, 1960. An Evaluation of the Indole and Trimethylamine Tests for Oyster Quality, *Food Technol.*, 14, 109.

Lease, J. G. *et al.*, 1962. Effects of Drying Conditions on Initial Color, Color Retention and Pungency of Red Pepper. *Food Technol.*, 16, 104.

Lee, F. A. *et al.*, 1955. A Chemical Study of the Progressive Development of off-flavor in Frozen Raw Vegetables. *Food Research*. 20, 289.

Lee, S. H. and Joo, K. J., 1998. Analysis of Volatile Flavor Compounds in Sesame Oil Extracted by Purge-and-Trap Method. *Korean J. Food Science. Technol.*, 30(2), 260~265.

Lee, S. K. and Park, J. C., 1967. Chromatogaraphic Seperation of Volatile Acid and Carbonyl Compounds in Dehydrated Rice. *Report Army Research and Testing Lab.* (*Korea*), 6, 9.

Lee, M. H., Ho, C. T. and Chang, S. S., 1981. Thiazoles, Oxazoles, and Oxazolines Identified in the Volatile Flavor of Roasted Peanuts. *J. Agric. Food Chem.*, 29, 684.

Leland, J. A., 1997. Flavor Interactions: The Greater Whole in the Overview, The Chemistry of Flavor Interactions. *Food Technol.*, 51(1), 75~80.

Li, K. C. *et al.*, 1968. Gas Chromatographic Resolution of Non-Volatile Organic Acids in Peaches. *J. Agr. Food Chem.*, 16, 535.

Low, M. J. D. *et al.*, 1968. Infrared Interferometry in Flavor Analysis. *J. Agr. Food Chem.*, 16, 525.

Lowe, Belle., 1955. "*Experimental Cookery*", 4th ed., John Wiley and Sons, Inc., New York.

Lund, E. D., Kirkland, C. L. and Shaw, P. E., 1981. Methanol, Ethanol, and Acetaldehyde Contents of Citrus Products. *J. Agric. Food Chem.*, 29, 361.

Lundstrom, R. C., Correia, F. K. and Wilhelm, K. A., 1982. Enzymatic Dimethylamine and Formaldehyde Production in Minced American Plaice and Blackback Flounder Mixed with a Red Hake TMAO-ase Active Fraction. *J. Food Science.*, 47, 1305.

Luttrell, W. R., Wei, L. S., Nelson, A. I. and Steinberg, M. P., 1981. Cooked Flavor in Steril Illinois

Soybean Beverage, *J. Food Science.*, 46, 373.

Mabrouk, A. F. *et al.*, 1969. Non-aqueous Beef Flavor Components. Composition of Petroleum Ether Extractable Intramuscular Polar Lipids. *J. Agr. Food Chem.*, 17, 10.

Mabrouk, A. F. *et al.*, 1969. Water-Soluble Flavor Precursors of Beef Extraction and Fractionaion, *J. Agr. Food Chem.*, 17, 5.

MacLeod, A. J. *et al.* 1970. Flavor Volatiles of Dome Cooked Vegetables. *J. Food Science*, 35, 734.

MacLeod, W. D. *et al.*, 1964. Sesquiterpenes. Ⅰ. Nootkatone, A New Grapefruit Flavor Constituent. *J. Food. Science.*, 29, 565.

Macy, R. L. *et al.*, 1964. Water Soluble Flavor and Odor Precursors of Meat. *J. Food Science*, 29, 136.

Macy, R. L. Jr. *et al.*, 1964. Water Soluble Flavor and Odor Precursosrs of Meat. *J. Food Science.*, 29, 141.

Madhavi, D. I. *et al.*, 1997. Accumulation of Ferulic Acid in Cell Cultures of Ajuga pyramidalis Metallica Crispa. *J. Agric. Food Chem.*, 45(4), 1506~1508.

Maga, J. A. and Sizer, C. E., 1973. Pyrazines in Foods. A Review. *J. Agric. Food Chem.*, 21(1), 22.

Maga. J. 1981. Pyrroles in Foods, *J. Agric. Food Chem.*, 29(4), 691.

Martinez-Anaya, M. A. 1996. Enzymes and Bread Flavor. A Review. *J. Agric. Food Chem.*, 44(9), 2469~2480.

Mason, M. E. *et al.*, 1967. Volatile Components of Roasted Peanuts. The Major Monocarbonyls and Some Noncarbonyl Components. *J. Agr. Food Chem.*, 15, 66.

Mattick, L. R. *et al.*, 1969. Identification of A Volatile Component in Soybeans that Contributes to the Raw Bean Flavor. *J. Agr. Food Chem.*, 17, 15.

Mau, J. L. *et al.*, 1992. 1-Octen-3-ol in the Cultivated Mushroom, *Agricus bisporus*. *J. Food Science*, 57(3), 704~706.

McGlumphy, J. H., 1951 Fruit Flavors. *Food Technol.*, 5, 353.

McIver, R. C., Brooks, R. I. and Reineccius, G. A., 1982. Flavor of Fermented Fish Sauce. *J. Agric. Food Chem.*, 30, 1017.

McWilliams, M. *et al.* 1969. Wheat Flavor Components. *J. Food Science.*, 34, 493.

Min, D. B., 1981. Correlation of Sensory Evaluaion and Instrumental Gas Chromatographic Analysis of Edible Oils. *J. Food Science.*, 46, 1453.

Milo, C. and Grosch, W. 1995. Detection of Odor-Defects in Boiled Cab and Trout by Chromatography-Olfactometry of Head Space. *J. Agric. Food Chem.*, 43(2), 459~462.

Milo, C. and Reineccius, G. A., 1997. Identification and Quantification of Potent Odorents Regular-Fat and Low-Fat Mild Cheddar Cheese. *J. Agric. Food Chem.*, 45(9), 3590~3594.

Minor, L. J. *et al.* 1965. Chicken Flavor The Identification of Some Chemical Components and Importance of Sulfur Compounds in the Cooked Volatile Fraction. *J. Food Science*, 30, 686.

Miranda-Lopez, R. *et al.*, 1992. Odor Analysis of Pinot Noir Wines from Grapes of Different Maturities by a Gas Chromatography-Olfactometry Technique(Osme). *J. Food Science.*, 57(4), 985~993, 1019.

Mochizuki, E. and Yamamoto, T., 1998. Identification of *Allium* Products Using Flame Photometric Dtection Gas Chromatography and Distribution Patterns of Volatile Sulfur Compounds. *J. Agric. Food Chem.*, 46(12), 5170~5178.

Moshonas, M. G. *et al.*, 1969. Isolation and Identification of A Series of α, β-Unsaturated Aldehydes from Valencia Orange Peel Oil. *J. Agr. Food Chem.*, 17, 802.

Mondy, N. I. *et al.*, 1971. Potato Flavor as Related to Chemical Composition. Ⅰ. Polyphenols and Ascorbic Acid. *J. Food Science.*, 36, 459.

Moshonas, M. G. *et al.*, 1969. Aldehydes, Ketones and Esters in Valencia Peel, *J. Food Science.*, 34, 502.

Moshonas, M. G. *et al.*, 1971. Analysis of Volatile Constituents from Grapefruit Essence. *J. Agr. Food Chem.*, 19, 119.

Moshonas, M. G. and Shaw, P. E., 1986. Valencia Orange Leaf Oil Composition. *J. Agric. Food Chem.*, 34, 818.

Moulton, D. G., 1971. Detection and Recognition of Odor Molecules in "*Gustation and Olfaction*", edited by Ohloff, G. and Thomas, A. F., Academic Press, London.

Muller, C. J. *et al.*, 1967. Constituents of Black Pepper, Some Sesquiterpene Hydrocarbons. *J. Agr. Food Chem.*, 15, 762.

Muller, C. J. *et al.*, 1968. Some Minor Sesquiterpene Hydrocarbons of Black Pepper. *J. Agr. Food Chem.*, 16, 113.

Murata, T. *et al.*, 1967. Studies on Post-Harvest Ripening and Storage of Banana. Part Ⅱ. Controlled Atmosphere Storage of Green Bananas, *J. Agr. Food Science and Technol. (Japan).*, 14, 131.

Murdock, D. I. *et al.* 1960. Germicidal Effect of Orange Peel Oil D-Limonene in Water and Orange Juice. *Food Technol.*, 14, 441.

Murry, K. E. *et al.*, 1968. The Volatile Alchols of Ripe Bananas, *J. Food Science.*, 33, 632.

Murry, K. E. *et al.*, 1968. Volatile Flavor Components from Green Peas(Pisum Satium) 1. Alcohols in Unblanched Frozen Peas. *J. Food Science.*, 33, 290.

Myers, M. J. *et al.*, 1969. Vapor Analysis of the Production by Banana Fruit of Certain Volatile Constituents. *J. Food Science.*, 34. 504.

Nawar, W. W. and Fagerson, I. S., 1962. Direct Gas Chromatographic Analysis as An Objective of Flavor Measurement. *Food Technol.*, 16, 11, 107.

Nelson, P. E. *et al.*, 1969. Tomato Volatiles Effect of Variety, Processing and Storage Time. *J. Food Science.*, 34, 53.

Newell, Jon A. *et al.*, 1967. Precursors of Typical and Atypical Roasted Peanut Flavor. *J. Agr. Food Chem.*, 15, 767.

Niegisch, W. D. and Stahl, W. H., 1956. The Onion-Gaseous Emination Products. *Food Research*, 21, 657.

Nykäen, Lalli. *et al.*, 1968. Volatile Fatty Acids in Some Brands of Whisky, Cognac and Rum. *J. Food Science.*, 33, 88.

Ott, A. *et al.*, 1999. Aroma Comparisons of Traditional and Mild Yogurts: Headspace Gas Chromatography Quantification of Volatiles and Origin of α -Diketones. *J. Agric. Food Chem.*, 47(6), 2379~2385.

Ohta, T. *et al.*, 1997. Antioxidant Activity of Corn Bran Cell Wall Fragments in the LDL Oxidation System. *J. Agric. Food Chem.*, 45(5), 1644~1648.

Pattee, H. E. *et al.*, 1971. Effect of Storage Time and Condition on Peanut Volatiles. *J. Agr. Food Chem.*, 19, 134.

Pattee, H. E. and Singleton, J. A., 1972. Comparison of Geographical and Varietal Effects on the Peanut Volatile Profile by Peak-Ratio Analysis. *J. Agric. Food Chem.*, 20(6), 1119.

Pecháček, R. *et al.*, Decomposition Products of Allyl Isothiocyanate in Aqueous Solutions. *J. Agric Food Chem.*, 45(12), 4584~4588.

Peppard, T. L., 1999. How Chemical Analysis Supports Flavor Creation. *Food Technol.*, 53(2), 46~53.

Péez, A. G. *et al.*, 1996. Furanones in Strawberries: Evolution during Ripening and Postharvest Shelf Life. *J. Agric. Food Chem.*, 44(11), 3620~3624.

Péez, A. G. *et al.*, 1999. Biosynthesis of 4-Hydroxy-2,5-Dimethyl-3(2H)-furanone and Derivatives in in-Vitro Grown Strawberries. *J. Agric. Food Chem.*, 47(2), 655~658.

Peterson, R. J. and Chang, S. S., 1982. Identification of Volatile Flavor Compounds of Fresh, Frozen Beef Stew and Comparison of these with Those or Canned Beef Stew. *J. Food Science.*, 47, 1444.

Pippen, E. L. *et al.*, 1969. Hydrogen Sulfide. A Direct and Potentially Indirect Contributor to Cooked Chicken Aroma. *J. Food Science.*, 34, 443.

Pittet, A. O., Rittersbacher, P. and Muralidhara, R., 1970. Flavor Properties of Compounds Related to Maltol and Isomaltol. *J. Agric. Food Chem.*, 18(5), 929.

Privett, O. S. *et al.*, 1964. Ultraviolet Absorbancy of Volatiles as A Measure of Oxidative Flavor Deterioration in Egg Powder. *Food Technol.*, 18, 1485.

Purcell, A. E. Later, D. W. and Lee, M. L., 1980. Analysis of the Volatile Constituents of Baked "Jewel" Sweet Potato. *J. Agric. Food Chem.*, 28, 939.

Ram, M. S. *et al.*, 1999. Use of Autosampler for Dynamic Headspace Extraction of Volatile Compounds from Grains and Effect of Added Water on the Extraction. *J. Agric. Food Chem.*, 47(10), 4202~4208.

Ramos, E. *et al.*, 1998. Obtention of a Brewed Coffee Aroma Extract by an Optimized Supercritical CO_2-Based Process. *J. Agric. Food Chem.*, 46(10), 4011~4016.

Racicot, L. D., Lundstrom, R. C., Wilhelm, K. A., Ravesi, E. M. and Licciardello, J. J., 1984. Effect of Oxidizing and Reducing Agents on Trimethylamine N-Oxide Demethylase Activity in Red Hake Muscle. *J. Agric. Food Chem.*, 32, 459.

Reieccius, G. A., Keeney, P. G. and Weissberger, W., 1972. Factors Affecting the Concentration of Pyrazines in Cocoa Beans. *J. Agric. Food Chem.*, 20(2), 202.

Reieccius, G. A., 1985, Isolation, Separation and Characterization of Flavor Compounds in Lipids in "*Flavor Chemistry of Fats and Oils*", edited by Min, D. B. and Smouse, T. H., American Oil Chemists' Society, Champaign, Illinois, U.S.A.

Rizzi, G. P., 1972. Mechanistic Study of Alkyl pyrazine Formation in Model System. *J. Agric. Food Chem.*, 20, 1083.

Rodin, J. O. *et al.*, 1965. Volatile Flavor and Aroma Components of Pineapple. *J. Food Science.*, 30, 280.

Rohan, T. A. *et al.*, 1967. Precursors of Chocolate Aroma, Studies in the Degradation of Amino Acids during the Roasting of Accra Cocoa Beans. J. *Food Science.*, 32, 625.

Rohan, T. A., 1970. Food Flavor Volatiles and Their Precursors, *Food Technol.*, 24, 1217.

Roscher, R. *et al.*, 1997. Metabolism of 2,5-Dimethyl-4-hydroxy-3(2H)-furanone in Detached Ripening Strawberry Fruits. *J. Agric. Food Chem.*, 45(8), 3202~3205.

Roscher, R. *et al.*, 1998. Radiotracer Studied on the Formation of 2,5-Dimethyl-4-hydroxy-3(2H)-furanone in Detached Ripening Strawberry Fruits. *J. Agric. Food Chem.*, 46(4), 1488~1493.

Ryugo, K., 1969. Seasonal Trends of Titrable Acids, Tannins, and Polyphenolic Compounds and Cell Wall Constituents in Oriental Pear Fruit(Pyrus serotina, Rehd). *J. Agr. Food Chem.*, 17, 43.

櫻井芳人편. 1967. "食科工業," 恒星社 厚生閣, 東京.

Schieberle, P. and Hofmann, T., 1997. Evaluation of the Character Impact Odorants in Fresh Strawberry Juice by Quantitative Measurements and Sensory Studies on Model Mixtures. *J. Agric. Food Chem.*, 45(1), 227~232.

Schlultz, H. W. ed., 1967. "*The Chemistry and Physiology of Flavors*", Avi Publishing Co. Inc., Westport. Conn.

Schultz, T. H. *et al.*, 1967. Volatile from Oranges. 6. Constituents of the Essence Identified by Mass Spectra. *J. Food Science.*, 32, 698.

Schmidt, N. E. *et al.*, 1996. Rapid Extraction Method of Quantitating the Lachrymatory Factor of Onion Using Gas Chromatography. *J. Agric. Food Chem.*, 44(9), 2690~2693.

Schultz, H. *et al.*, 1998. Distribution of Volatile Sulfur Compounds in an Interspecific Hybird between Onion(*Allium cepa* L.) and Leek(*Allium porrum* L.) *J. Agric. Food Chem.*, 46(12), 5220~5224.

Schumacher, K. *et al.*, 1998. Methyl-Branched Flavor Compounds in Fresh and Processed Apples. *J. Agric. Food Chem.*, 46(11), 4496~4500.

Schnermann, P. and Schieberle, P. 1997. Evaluation of Key Odorants in Milk Chocolate and Cocoa Mass by Aroma Extract Dilution Analyses. *J. Agric. Food Chem.*, 45(3), 867~872.

Schwimmer, S. *et al.*, 1967. Cysteine Induced Odor Intensification in Onions and Other Foods. *J. Food Science.*, 32, 405.

Seifert, R. M. *et al.*, 1968. Convenient Synthesis of Non-trans-2-cis-6-dienal. *J. Agr. Food Chem.*, 16, 880.

Seifert, R. M., Buttery, R. G., Guadagni, D. G., Black, D. R. and Harris, J. G., 1970. Synthesis of Some 2-Methoxy-3-Alkylpyrazines with Bell Pepper-Like Odors. *J. Agric. Food Chem.*, 18(2), 246.

Sharp, R. N., 1986. Quality Evaluation of Milled Aromatic Rice from India. Thailand, and the United Staes, *J. Food Science.*, 51(3), 634.

Shaw, P. E. and Wilson, C. W. Ⅲ, 1981. Importance of Nootkatone to the Aroma of Grapefruit Oil and the Flavor of Grapefruit Juice. *J. Agric. Food Chem.*, 29, 677.

Shibamoto, T. and Bernhard, R. A., 1976. Effect of Time, Temperature, and Reactant Ratio on Pyrazine Formation in Model Systems. *J. Agric. Food Chem.*, 24(4), 847.

Shibamoto, T. and Bernhard, R., 1977. Investigation of Pyrazine Formation Pathways in Sugar-Ammonia Model Systems. *J. Agric. Food Chem.*, 25(3), 609.

Shibamoto, T., Kamiya, Y. and Mihara, S., 1981. Isolation and Identification of Volatile Compounds in Cooked Meat: Sukiyaki. *J. Food Science.*, 29, 57.

Shibamoto, T., 1986. Odor Threshold of Some Pyrazines. *J. Food Science.*, 51(4), 1098.

Shin, D. B. *et al.*, 1999. Flavor Composition of Garlic from Different Area(South Korea), *Korean J. Food Science. Technol.*, 31(2), 293~300.

Shinha, N. *et al.*, 1992. Supercritical Carbon Dioxide Extraction of Onion Flavor and Their Analysis by Gas Chromatography-Mass Spectrometer. *J. Agric. Food Chem.*, 40(6), 842~845.

Shofran, B. G. *et al.*, 1998. Antimicrobial Properties of Sinigrin and Its hydrolysis Products. *J. Food Science.*, 63(4), 621~624.

Shu, C. K., 1999. Pyrazine Formation from Serine and Threonine. *J. Agric. Food Chem.*, 47(10), 4232~4335.

Shu, C. K., Hagedorn, M. L., Mookkherjee, B. D. and Ho, C. T., 1985. *J. Agric. Food Chem.*, 33, 442.

Shu, C. K., Mookherjee, B. D. and Ho, C. T., 1985. Volatile Components of the Thermal Degradation of 2,5-Dimethyl-4-hydroxy-3(2H)-furanone. *J. Agric. Food Chem.*, 33(3), 446.

Smyrl, T. G. and LeMaguer, M., 1978. Effect of pH on Volatile Retention in Freeze-Dried Model Solutions. *J. Food Science.*, 43, 1357.

Spineili, J. and Koury, B. J., 1981. Some New Observations on the Pathways of Formation of Dimethylamine in Fish Muscle and Liver. *J. Agric. Food Chem.*, 29, 327.

Stanby, M. E., 1962. Speculations on Fishy Odors and Flavors. *Food Technol.*, 16, 28.

Stephan, A. and Steinhart, H., 1997. Identification of Character Impact Odorants of Different Soylean Lecithins. *J. Agric. Food Chem.*, 47(7), 2854~2895.

Stern, D. J. *et al.*, 1967. Volatiles from Grapes. Identification of Volatiles from Concord Essence, *J. Agr. Food Chem.*, 15, 1100.

Stevens, K. L. *et al.*, 1967. Volatile from Grapes. Vitis vinifera(Linn) cultivar Grenache. J. Agr. Food Chem., 15, 378.

Stevens, K. L. and Scher, J. R., 1968. Photolysis of Nootkatone. *J. Agr. Food Chem.*, 16, 673.
Stevens, K. L., 1969. Photo-induced Reduction of Nootkatone. *J. Food Science.*, 34, 484.
Stinson, E. E. *et al.*, 1967. Quebrachitol. A New Component of Maple Sap and Sirup. *J. Agr. Food Chem.*, 15, 394.
Stoffelsma, J. *et al.*, 1968. New Volatile Components of Roasted Coffee. *J. Agr. Food Chem.*, 16, 1000.
Stone, H., 1965. Techniques for Sensory Evaluation of Food Odors. *Advances in Food Research,*, 14, 1.
Suyama, K. and Adachi, S., 1980. Origin of Alkyl-Substituted Pyridines in Food Flavor: Formation of the Pyridines from the Reaction of Alkanals with Amino Acids. *J. Agric. Food Chem.*, 28, 546.
Tang, C. S. *et al.*, 1967. Volatile Components of Apricot. *J. Agr. Food Chem.*, 15, 24.
Tang, C. S. *et al.*, 1967. Lactonic Components of Apricot. *J. Agr. Food Chem.*, 16, 252.
Teranishi, R., 1971. Odor and Molecular Structure in "*Gustation and Olfaction*", edited by Ohloff, G. and Thomas, A. F., Academic Press, London.
Theimer, E. T. *et al.*, 1967. Olfaction, Musk Odor, and Molecular Propertied. *J. Agr. Food Chem.*, 15,
Thomas, C. P. *et al.*, 1971. Sources of Flavor in Poultry Skin, *Food Technol.*, 25, 407.
Thomas, C. P. *et al.*, 1971. Poulty Product Quality. 4. Levels of Carbonyl Compounds in Fresh, Uncooked Chicken and Turkey Skin. *J. Food Science.*, 36, 527.
Tilgner, D. J., 1962. Dilution Tests for Odor and Flavor Analysis. *Food Technol.*, 16, 26.
Tonsbeek, C. H. T. *et al.*, 1968. Components Contributing to Beef Flavor. Isolation of 4-Hydroxy-5-methyl-3(2H)-furanone, and its 2,5-Dimethyl Homolg from Beef Broth. *J. Agr. Food Chem.*, 16, 1016.
Triqui, R. and Reineccius, G. A., 1995. Flavor-Development in the Ripening of Anchovy(*Engraulis encrasicholus* L.). *J. Agric. Food Chem.*, 43(2), 453~458.
Trolle, B., 1964. Beer Flavor, *Food Technol.*, 18, 644.
Tsugita, T., Kurata, T. and Kato, H., 1980. Volatile Components after Cooking Rice Milled to Different Degree, *Agric. Biol. Chem.* (*Japan*), 44(4), 835.
Van Doorn, H. E. *et al.*, 1998. Quantitative Determination of the Glucosinolates Singrin and Progoitrin by Specific Antibody ELISA Assays in Brussl Sprouts, *J. Agric. Food Chem.*, 4(2), 793~800.
Van Praag, M. *et al.*, 1968. Steam Volatile Aroma Constituents of Roasted Cocoa Beans. *J. Agr. Food Chem.*, 16, 1005.
Van Wyk, C. J. *et al.* ,1967. Some Volatile Components of Vitis vinifera Variety White Riesling. 1. Grape Juice. *J. Food Science.*, 32, 660.
Van Wyk, C. J. *et al.*, 1967. Some Volatile Components of Vitis vinifera Variety White Riesling. 2. Organic Acid Extracts from Wine, *J. Food Science,*, 32, 664.
Van Wyk, C. J. *et al.*, 1967. Some Volatile Components of Vitis vinifera Variety White Riesling. 3. Neutral Components Extracted from Wine. *J. Food Science.*, 32, 669.
Veldehuis, M. K. *et al.*, 1967. Nomenclature of Ylangene, Copaene, and Cubene. *J. Food Science.*, 32, 697.
Venstrom, D. *et al.*, 1968. Olfactory Threshold in Relation to Age, Sex or Smoking. *J. Food Science.*, 33, 264.
Wagner, R. K. and Grosch, W., 1998. Key Odorants of French Fried. *J. Am. Oil Chemists Soc.*, 75(10), 1385~1392.
Walker, N. J. *et al.*, 1969. The Glucosinolate of Land Cress(Coronpus aidymus) and its Enzymic Degradation Products as Precursor of off-Flavor in Milk. A Review. *J. Agr. Food Chem.*, 18, 346.
Watanabe, K. and Sato, Y., 1974. Gas Chromatographic and Mass Spectral Analyses of Heated Flavor Components of Beef Fats. *Agr. Biol. Chem.* (*Japan*), 35(5), 756.
Webb, A. D. *et al.*, 1957. Some Volatile Aroma Constituents of Vitis vinifera var. Muscat of Alexandria.

Food Research,, 22, 384.

Webb, A. D., 1962. Present Knowledge of Grape and Wine Flavors. *Food Technol.*, 16, 56.

Weurman, C., 1969. Isolation and Concentration of Volatiles in Food Odor Research. *J. Agr. Food Chem.*, 17, 370.

White, J. W., Jr. 1950. Composition of a Volatile Fraction of Apples. *Food Research.*, 15, 68.

Wick, Emily L., 1965. Chemical and Sensory Aspects of the Identification of Odor Constituents in Foods, A Review. *Food Technol.*, 19, 827.

Wick, Emily et al. 1966. Flavor; Reflections and Directions. Food Techol., 20, 1549.

Wick, E. L. *et al.*, 1969. Volatile Constituents of Banana(M. cavendishii, Variety Valery). *J. Agr. Food Chem.*, 17, 751.

Wikens, W. F. *et al.*, 1969. Volatile Flavor Components of Deep Fat-Friend Soybeans. *J. Agr. Food Chem.*, 18, 337.

Willey, R. C., Louie, M. K. and Sheu, M. J., 1984. Studies on Turpentine-Like Off-odor in Cola. *J. Food Science.*, 49, 485.

Williams, M. P. and Nelson, P. E., 1976. Prediction of Dimethyl Sulfide Production in Tomato Serum, *J. Food Science.*, 41, 1241.

Whitaker, J. R., 1976. Development of Flavor, Odor, and Pungency in Onion and Garlic. *Advances in Food Research.*, 22, 73.

Whitehead, I. M., 1998. Challenges to Biocatalysis from Flavor Chemistry. *Food Technol.*, 52(2), 40~46.

Winter, M. *et al.*, 1963. Volatile Carbonyl Constituents of Dairy Butter. *J. Food Science.*, 28, 554.

Wada, Shyozo, *et al.*, 1967. A New Aroma-Bearing Substances from Shiitake. An Edible Mushroom, *J. Food Science.*, 33, 559.

Wolford, R. W. *et al.*, 1963. Analysis of the Flavor and Aroma Constituents of Florida Orange Juice by Gas Chromatography. *J. Food Science.*, 28, 320.

Wolford, R. W. *et al.*, 1967. Analysis of Recovered Natural Orange Flavor Enhancement Materials using Gas Chromatography. *J. Agr. Food Chem.*, 15, 369.

Wright, R. H., 1964. "*The Science of Smell*", George Allen and Unwin Ltd., London, Japanede Translation by Toshihide Kikuchi, Mimizu-Publishers, Tokyo, Japan.

Yajima, I., Yanai, T., Nakamura, M., Sakakibara, H. and Hayashi, K., 1979. Volatile Flavor Componoents of Cooked Kaorimai(Scented Rice, *O. Sativa Japonica*). *Agric. Biol. Chem.* (*Japan*)., 43(12), 2425.

Yamaguchi, K. and Shibamoto, T., 1981. Volatile Constituents of Green Tea, Gyokuro(Camellia sinensis L. var Yabukita). *J. Agric. Food Chem.*, 29, 366.

山崎邦郎, 松崎治. 1986. 動物의 化學感覺. 化學과 生物(日本), 24(4), 224.

Yasumatsu, K. *et al.*, 1966. Volatile Carbonyl Compounds of Cooked Rice. *Agr. Biol. Chem.,* (*Japan*), 30, 478.

Yasumatsu, K. *et al.*, 1966. Stale Flavor of Stored Rice. *Agr. Biol. Chem.* (*Japan*)., 30, 483.

Yoo, S. S. *et al.*, 1998. The Study on the Formation of Sulfur-Containing Compounds Responsible for Meat Flavor Generated by the Maillard Reaction. *Food Science. Biotechnol.*, 7(2), 122~126.

Yoo. S. S. and Ho, C. T., 1998. Characteristics of the Volatile Flavor Components from Peanut Butters Isolated by Selective Purge-and-Trap Method. *J. Agric. Food Chem.*, 7(3), 188~192.

Yu, T. H. *et al.*, 1989. Volatile Compounds from Garlic. *J. Agric. Food Chem.*, 37(3), 725~730.

Yu, T. H. *et al.*, 1994. Volatile Compounds Generated from Thermal Degradation of Alliin and Deoxyalliin in an Aqueous Solution. *J. Agric. Food Chem.*, 42(1), 146~153.

Zhang, Y. and Ho, C. T., 1991. Comparison of the Volatile Compounds from Thermal Reaction of Glucose with Cysteine and Glutathione. *J. Agric. Food Chem.*, 39(4), 760~763.

Zhou, A. and McFeeters, R. F., 1998. Volatile Compounds in Cucumbers Fermmented in Low-Salt Conditions. *J. Agric. Food Chem.*, 46(6), 2117~2122.

Zhou, M. *et al.*, 1999. Analysis of Volatile Compounds and Contribution to Flavor in Cereals. A Review. *J. Agric. Food Chem.*, 47(10), 3941~3953.

Chapter 5 식품 속의 단당류, 이당류 및 과당류

식품속의 탄수화물 그리고 탄수화물의 분류

식품의 기본적 성분 중에서 가장 중요한 것의 하나인 탄수화물(carbohydrate)은 탄소(cabon), 수소(hydrogen), 산소(oxygen) 세 개의 원소로만 구성되고 있으며, 질소(nitrogen)를 함유하고 있지 않은 것이 그 조성상(組成上) 가장 큰 특징 중의 하나이다.

이 탄수화물(炭水化物)은 아직도 인류에게 가장 중요한 에너지원이 되는 곡류(穀類), 서류(薯類)와 같은 식품들 중의 주성분이다.

또한, 이 탄수화물은 실제 식생활에 있어서 중요한 위치를 점유하고 있는 각종 당류(sugars), 전분(starch)들 이외에도 식물체의 주요 구성성분들의 하나인 셀룰로오스(섬유소, cellulose)와 헤미셀룰로오스(hemicelluloses)들, 펙틴(pectin) 등의 조섬유(組纖維)성분들(crude fibers), 그리고 각종 가공식품에 널리 사용되고 있는 고무질물질들(gums) 등 그 종류가 다양하다. 따라서 이 탄수화물들은 몇 가지 종류로 크게 분류되어 설명되는 것이 보통이다.

일반적으로 탄수화물들은 그 구조를 파괴시키지 않고서는 분해될 수 없는 비교적 그 구조가 간단한 당류(sugars), 즉 단당류와 그 유도체들(derivatives)이 여러 개 결합된 형태를 갖고 있다. 이 당과 당 사이의 결합은 산, 알칼리 효소 등의 작용에 의해서 가수분해 된다.

따라서, 탄수화물들은 그 구조의 파괴 없이는 더 가수분해 되지 않는 당류 그리고 가수분해 되었을 경우에는 생성되는 구성단위가 되는 당류의 수에 따라 모노삭카라이드, 즉 단당류(單糖類, monosaccharides), 다이삭카라이드, 즉 이당류(二糖類, disaccharides), 올리고삭카라이드, 즉 과당류(寡糖類, oligosaccharides), 폴리삭카라이드, 즉 다당류(多糖類, polysaccharides) 등으로 분류하는 것이 보통이다.

단당류, 즉 모노삭카라이드

단당류(monosaccharide)란 통상적으로 사용되는 산, 알칼리, 효소 등에 의한 가수분해 방법으로는 그 이상 가수분해 되지 않는 간단한 구조를 가진 탄수화물로 원칙적으로 한 개의 카아보닐기(a carbonyl group)를 가진 폴리하이드록시 알콜류(polyhhydroxy alcohols)라고 할 수 있다.

자연식품류에 널리 분포되고 있거나 가공식품류에 널리 사용되고 있는 중요한 단당류는 대부분이 탄소 수가 다섯 개인 펜토오스류(pentoses)와 여섯 개인 헥소오스류(hexoses)에 속한다.

펜토오스류

펜토오스들은 자연계에 그대로도 존재하나, 많은 경우 여러 식물체에 널리 분포되고 있는 펜토잔류(pentosans)로 알려져 있는 고분자 탄수화물들의 주요 구성단위로서 존재한다.

자일로오스 자일로오스(α-D-xylose, $C_5H_{10}O_5$)는 펜토잔류(pentosans)의 하나인 자일란$(C_5H_8O_4)_{129\sim150}$의 주요 구성단위며, 자일란(xylan)은 식물체의 경엽(莖葉), 종엽(種葉) 등에 분포되고 있다. 예로서, 볏짚, 밀짚, 옥수수의 속대, 나무, 많은 견과(堅果, nuts)와 종자류의 껍질 등에 그 함량이 크며, 이들을 염산(HCl)으로 가수분해할 때 얻을 수가 있다.

나무에서 얻어지는 당(wood sugar)으로도 알려진 이 자일로오스의 융점은 144~145℃이며, 비교적 단맛이 강하다(설탕의 약 60%정도).이 당은 토룰라효모(Torula yeast)를 제외한 대부분의 효모들(yeast)에 의해서 발효되지 않는다.

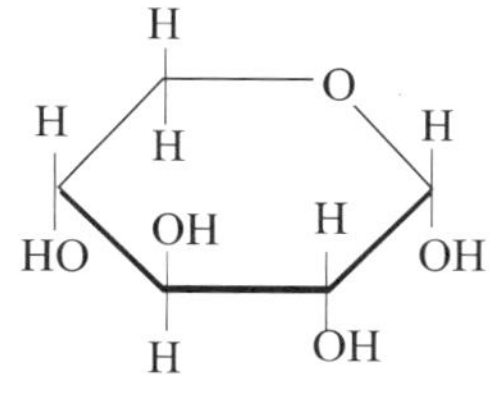

자일로오스(α-D-Xylose)

한편, 자일란은 일부 세균들의 발효에 의해서 자일로오스와 유기산들(organic acids)로 가수분해된다.

자일로오스는 사람에게는 어떠한 생리작용(physiological action)도 없는 것으로 알려지고 있다.

아라비노오스 아라비노오스(β-L-arabinose)도 역시 펜토잔의 일종인 아라반류(arabans)나 기타의 일부 고분자 탄수화물들의 주요 구성성분 또는 펙틴들(pectins), 헤미셀룰로오스류(hemicelluloses) 등의 구성성분으로서 식물체에 존재한다.

아라비노오스(β-L-arabinose)

아라비노오스는 보통 β-형으로 존재하며, 융점이 160℃이다. 역시 단맛이 있으나 그 단맛은 설탕보다는 못하고 갈락토오스(α-D-galactose)보다는 달다고 한다.

효모에 의해서 발효되지 않으며, 사람에게는 어떠한 생리작용도 없는 것으로 생각되고 있다.

라이보오스 라이보오스(D-ribose)는 동식물세포에 존재하는 핵산(ribonucleic acid, RNA), 아데노신 트리포스페이트(adenosine triphosphate, ATP) 등의 구성성분으로서 핵산(RNA)을 염산으로 가수분해하여 얻을 수 있는 매우 중요한 펜토오스이다. 한편, 근래 조미료로 사용되기 시작한 라이보타이드류(ribotides)로 알려진 일부 5'-모노뉴우클레오타이드류(5'-mononucleotides)의 성분이기도 하다(제3장 식품의 맛 참조).

이 라이보오스는 결정체로서 유리상태 즉 비결합형(非結合型)으로 있을 때는 피라노오스형(pyranose form, 즉 α-D-ribopyranose)이며, 융점은 87℃이고 효모에 의해서 발효되지 않는다.

한편, 전술한 바와 같은 여러 화합물의 구성단위이며 결합형의 상태인 때는 후라노오스형(furanose form)으로서, 탄소 1번의 수산기(-OH)가 수평면(the horizontal plane)의 위에 있는 β-D-라이보후라노오스(β-D-ribofuranose)의 형태로 결합하고 있다.

유리상태(free state)에 있는 라이보오스(α-D-ribopyranose)

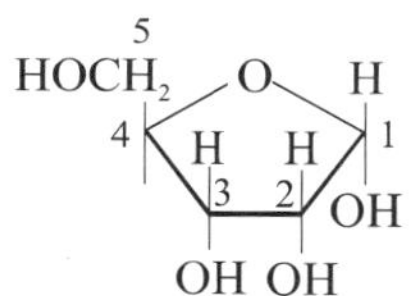

결합상태(combined state)에 있는 라이보오스(α-D-ribopyranose)

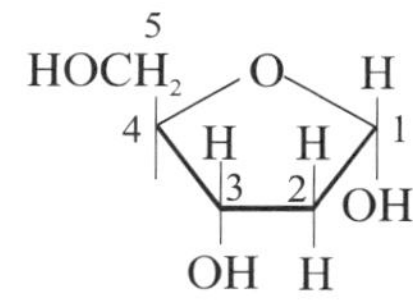

결합상태에 있는 2-데오키시라이보오스 (α-D-2-deoxyribofuranose)

데옥시라이보오스 데옥시라이보오스(D-deoxyribose)도 역시 동식물의 세포의 핵(nuclears)에 주로 존재하는 핵산(deoxynucleic acid, DNA)의 구성성분으로서 중요하며, 이 핵산을 산으로 가수분해하여 얻을 수 있다. 다른 구성성분들과 결합상태에 있을 때는 역시 라이보오스의 경우처럼 후라노오스형으로 β-D-데옥시후라노오스(β-D-deoxyrobofuranose) 또는 간단히 β-D-데옥시라이보후라노오스의 형태로 결합하고 있다.

헥소오스류

단당류 중 각종 식품류에 중에 널리 분포되고 있으며, 식품류의 주요성분들의 하나로서 인체내에서 흡수되고 신진대사 되는 동시에 맛에도 큰 영향을 준다. 여러 식품들의 가공 또는 저장 과정에서 중요한 역할을 하는 단당류의 거의 대부분은 이 헥소오스류(hexoses)에 속한다. 그 뿐 아니라 헥소오스들은 자연식품류에 존재하는 많은 고분자 탄수화물들의 주요 구성단위이기도 하다.

헥소오스류에 속하는 당류는 대체로 강한 단맛을 갖고 있으나, 단맛에 대해서는 제3장 식품의 맛에서 이미 설명한 바 있다.

포도당, 즉 글루코오스 포도당(α-D-glucose 또는 dextrose, $C_6H_{12}O_6$)은 그 분자의 카아보닐기(carbonyl group)가 알데하이드기(aldehyde group)인 헥소오스, 즉 알도헥소오스들(aldohexose)의 하

나이며, 과실류에는 물론 서류(감자류), 채소류 등에도 널리 분포되고 있으며 동물의 혈액 속에도 대략 0.1%가량 존재한다.

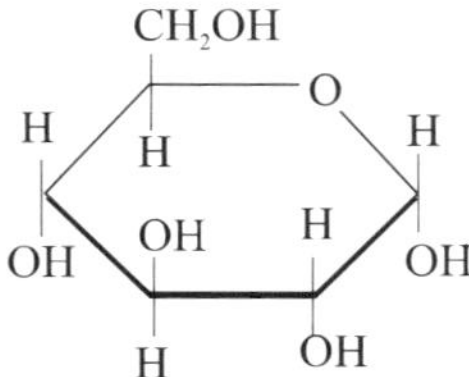

글루코오스(α-D-glucose), 즉 포도당

이 포도당은 무엇보다도 전분, 글라이코겐(glycogen), 설탕(자당, sucrose), 설탕이 가수분해 되어 형성된 전화당(invert sugar) 등의 주요 구성성분이다. 한편 섬유소(cellulose)는 β-포도당(β-D-glucose)의 중합체이며, 포도당으로 된 중합체라는 뜻에서 글루칸(glucan), β-D-포도당의 중합체라는 뜻에서(β-glucan)그 결합 양식까지 포함시켜서 β-1, 4-글루칸(β-1, 4-glucan)으로도 불려지고 있다.

전분을 가수분해하여 얻은 포도당(α-D-glucose)의 농후용액인 물엿 또는 시럽(syrup), 여기서 얻은 소위 결정 포도당($C_6H_{12}O_6$, H_2O), 또는 분말 포도당($C_6H_{12}O_6$) 등은 감미료(sweetener)로서 조리 상 또는 식품가공 상 중요하다.

포도당에는 α, β-형의 두 이성체(isomers)가 존재하며 보통 그 수용액에서 결정시킨 포도당은 α-형(α-D-glucose)이다. α-형과 β-형의 융점은 각각 146℃와 150℃이며, α-형은 β-형(β-D-glucose)보다 단맛이 강하다. 열역학적(thermodynamically)으로는 α-형이 약간 더 안정한 것으로 알려져 있다.

α-D-포도당(I) 알데하이드기를 가진 포도당(II) β-D-포도당(III)

[그림 5-1] 탄소 1번(C_1)에 알데하이드 그룹(aldehyde group)을 가진 D-포도당(Ⅱ)은 수용액에서는 탄소 5번(C_5)의 HO-그룹이 C_1과 결합, 동시에 알데하이드 그룹의 이중결합이 없어지고, C_1은 새로운 부제탄소(a new assymetric carbon)가 되어 두 개의 이성체들(diastereoisomers)이 형성된다.
Haworth structure(Ⅰ)과 (Ⅲ)들을 표시할 때, Haworth structure에서 탄소 1번의 새로 형성된 -OH그룹이 그 평면 아래에 위치할 때는 α-D-포도당, 평면의 위로 위치할 때는 β-D-포도당이 된다. 이상의 관계를 더 자세히 고려한, 즉 포도당의 골격탄소원자(C_1~C_6)와 결합한 원자 또는 원자그룹들의 공간배치까지 고려한 입체구조식(conformational structures)들(그림 5-2 참조)을 보면, 이상의 관계를 더 잘 알 수 있다.

이상과 같은 두개의 이성체들(diastereoisomers)의 형성은 그림 5-1에서와 같이 직선상(linear)의 형태를 가진 탄소1번 (C_1)에 알데하이드 그룹(an aldehyde group)을 가진 포도당(Ⅱ)이 수용액에서는 탄소1번의 알데하이드 그룹과 탄소5번 (C_5)에 수산기(a hyderoxy group) 사이의 상호반응으로 산소원자를 사이에 두고, 테트라하이드로피란(tetrahydropyran)과 같은 환상 구조(ring structures)를 갖게 되며, 동시에 탄소1번 (C_1)번은 부제(不齊) 또는 비대칭(非對稱) 탄소원자(an asymmetic carbon atom)가 되어 두개의 이성체들을 갖게 된다.

일반적으로 잘 알려진 환상구조를 나타내는 하워트 구조식(Haworth formular)을 사용할 경우, D-포도당의 탄소1번에 달린 수산그룹(HO-group)이 수평면(the horizontal plane)아래에 있을 때는 α-D-포도당, 수평면(the plane)위에 있을 때는 β-D-포도당으로 부른다. 이상의 두 이성체들은 보통 광학적 이성체들(optical isomers)과 같이 완전한 거울상(mirror image)의 관계에 있지 않으며, 따라서 이들의 물리적, 화학적, 열역학적 성질들도 다소 다른 것으로 알려져 있다.

α-형은 β-형보다 용해도가 적다. 따라서 20그램의 포도당을 0℃ 물 20cc에 넣어서 잘 교반하고 1내지 2초 후에 급속히 여과하면 대부분의 β-형은 여액(filtrate)으로 옮겨지므로, 이 여액에서 결정시킨 포도당을 다시 위에서 말한 바와 같은 방법으로 여과하여 여과액을 얻은 후 재결정(recrystallization) 시키면 β-형의 포도당을 얻을 수 있다.

그 비광선도(specific rotation)는 크게 다르며, α-형은$[\alpha]_D^{20}$=+112.2°, 한편 β-형은 $[\alpha]_D^{20}$=+18.7°이다. α-형이나 β-형의 수용액을 방치하여 두면, α, β-형 사이에 가역적인 이성화(reversible isomerization, 즉 mutarotation)가 일어나며, α, β-형의 편형 혼합용액(equilibrium mixture)을 얻는다. 20℃에서의 이 평형용액의 비선광도는 $[\alpha]_D^{20}$=+52.5°이다.

이 평형 혼합용액에서의 α, β-형의 평형은 일반적으로 온도에 의해서 크게 영향 받지 않으나, 용액의 농도가 커지면 용액에서의 평형이 α-형 쪽으로 기울어지는 것으로 알려져 있다. 따라서, 포도당 용액은 농도가 커질수록 그 상대적 감미도(relative sweetness)는 커지는 이치가 된다. β-형의 단맛은 전에 언급한 바와 같이 α-형의 2/3정도로 생각되고 있다.

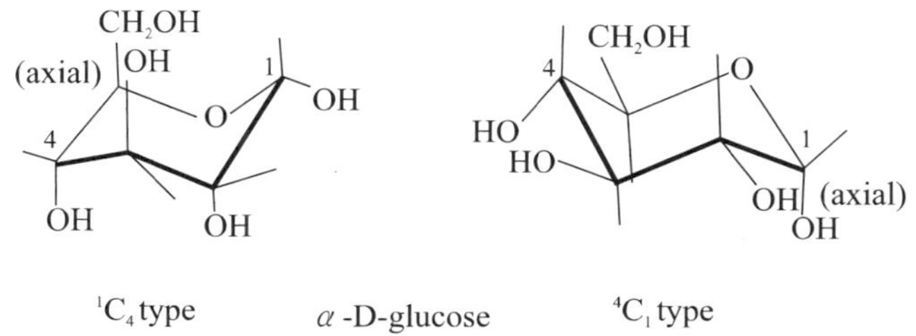

$^1C_4$ type α-D-glucose $^4C_1$ type

[그림 5-2] α-D-포도당의 공간배열, 즉 입체구조식들(conformational structures).
탄소원자 1번 (C_1)에서 탄소원자 5번 (C_5)까지의 골격탄소원자들(skeletal carbon atoms)과 산소원자로 구성된 환상구조(ring structures)에서 열역학적으로 가장 안정된 구조는 의자형(chair form, C)중 탄소4번, 즉 C_4가 C_2, C_3, C_5와 산소원자로 된 수평면(the horizontal plane)위에 위치하고 C_1수평면 아래에 위치한 $^4C_1$형(즉, C_1형 또는 산소원자 돌출형)과 C_1이 수평면 위에, C_4가 수평면 아래에 위치한 $^1C_4$형(즉, 1C형 또는 산소원자 함몰형)이 있다.
이 두 형 중에는 $^4C_1$형이 C_1~C_5와 결합한 치환기들 (예로서 -OH그룹 또는 $-CH_2OH$ 그룹들) 사이의 상호 반발작용(repulsive interactions)에 의한 입체장애들(steric hindrances) 등을 고려할 때, $^1C_4$형보다 열역학적으로 더 안정된 구조로 알려져 있다. β-D-포도당의 $^4C_1$형은 $^1C_4$형보다 열역학적으로 더 안정된 입체구조를 갖고 있는 것으로 생각되고 있다. 이상의 입체구조식들은 다른 구조식 보다 탄소원자(carbon atoms) 네 개의 공유결합의 등가성(等價性)을 더 충실히 반영하고 있다.

한편, α-나 β-D-포도당의 경우, 다 같이 환상구조(a ring structure)를 구성하고 있는 탄소1번에서 탄소5번, 즉 C_1에서 C_5까지의 탄소원자들과 이들 탄소원자들에 연결된 원자들 또는 원자 그룹들은 그 결합축들을 통해서 가능한 공간배열(conformation)은 다양한 입체구조를 가질 수 있겠으나, 실제적으로는 열역학적으로 가장 안정된 공간배열을 포함한 소수의 공간배열들 만이 주로 고려의 대상이 된다. 한편, α-나 β-D-포도당의 경우, 산소원자를 포함한 C_1에서 C_5까지의 환상구조에 있어서는 의자형(chair form)이 가장 열역학적으로 안정된 것으로 알려져 있다.

α-나 β-D-포도당의 경우, 가장 안정된 의자형의 구조로는 탄소 C_2, C_3, C_5와 산소원자가 형성한 수평면(the horizontal plane)에 대해서, C_4탄소가 위에 위치하고, C_1탄소가 아래에 위치한 $^4C_1$형(즉, C1형 또는 산소원자 돌출형)과 이상의 수평면에 대해서 C_4탄소원자가 위쪽에 위치하고, C_4가 아래쪽에 위치한 $^1C_4$형(즉, 1C형 또는 산소원자 함몰형) 등이 있으나, HO-그룹이나 $HOCH_2$-그룹이 수평에 가깝게 경사되고 있는(equatorial) $^4C_1$형의 공간배열을 한 α-D-포도당이, 이상의 그룹들이 수직(axial) 위치에 배치된 $^1C_4$(C1)형의 α-D-포도당의 경우 보다 치환기들과의 상호반발작용(repulsive interavtions)과 입체적 장애들(steric hindrances)이 더 적으므로 열역학적(thermodynamically)으로 더 안정된 형태로 알려져 있다.

β-D-포도당의 경우에도, 같은 이유로 $^4C_1$형(즉 C1형 또는 산소원자 돌출형)이 $^1C_4$형(즉 1C형 또는 산소원자 함몰형)의 경우보다 열역학적으로 더 안정된 공간배열(conformation), 즉 입체구조(configuration)를 갖고 있는 것으로 생각되고 있다(그림 5-2 참조 또한 Fieser, M. F. and Fieser, M., 1961, p.930~932 특히 Water, W., 1996, p.435~441, collins, P. M., Ferrier, R. J., 1995, p.21~44참조).

포도당은 하나의 탄수화물 성분으로서 인체에 대해서 영양학적으로나 생리학적으로 매우 중요할 뿐만 아니라, 각종 식품류 각종 가공식품류의 한 성분으로서, 기능적으로도 매우 중요한 여러 가지 변화를 일으킬 수 있으며, 또한 그 자체로서도 여러 중요한 작용 내지는 기능들을 갖고 있으나, 이상의 사실들에 대해서는 후에 다시 논의하기로 한다.

포도당의 기타 여러 성질들 인체의 혈액에서의 포도당의 농도는 매우 중요하다. 정상인의 혈액중의 포도당 농도는 대략 80~120mg/100g이나 그 농도가 70mg/100g이하의 경우에는 저혈당증(低血糖症, hypoglycemia), 반대로 그 농도가 120mg/100g을 넘을 때는 고혈당증(hyperglycemia)을 일으키게 된다(제3장의 그림 3-12 참조).

뇌세포들을 비롯한 인체의 세포들은 언제나 그 에너지원으로 혈액에서 공급되는 포도당에 의존하고 있으므로, 저혈당증이 지속되면 체내의 여러 세포들의 정상적인 신진대사 과정이 크게 장애를 받게 됨은 물론이다.

이와 관련해서 이상의 뇌세포들로 된 뇌(腦, brain)는 인간의 성장, 항상성(恒常性) 유지(homeostasis), 모든 국면에서의 생명유지 노력, 종족유지(種族維持) 또는 발전 노력, 정동적(情動的) 활동, 지적(知的) 활동, 정신적 활동 등에 무의식적으로, 의식적으로 관여하고 있다. 성인남자를 예로서 볼 때 안정상태에서 전체 체중에 대한 근육과 피부조직의 중량은 50%으로 이들이 소비하는 열량(熱量)은 전체 소비열량의 20%가 된다고 한다.

이상의 열량을 공급하기 위해서 뇌에 있는 혈액-뇌 장벽 또는 관문(blood-brain barrier)을 통과하여 뇌에 들어갈 수 있는 유일한 에너지원(energy source)은 포도당 뿐인 것이 알려져 있다. 성인은 매일 대략 120그램의 포도당이 뇌에서 소비되는 것으로 알려져 있다.

한편, 고혈당증의 경우, 혈액 중의 과잉(過剩)의 포도당은 췌장(pancreas)에서 생산, 분비되는 호르몬 인슐린(insulin)의 작용에 의해서 간(liver), 근육 등에 글라이코젠(glycogen)의 형태로 또는 지방세포들(fat cells)을 구성하는 지방질의 형태로 제거된다. 그러나 고혈당증이 지속될 때는 췌장에서 인슐린을 생산하는 기능이 저하하게 되며, 또한 지방세포들의 축적에 의해서 지나친 비만(肥滿)현상을 비롯하여 여러 부작용들을 유발하게 된다.

체내에서의 인슐린 생산기능이 극도로 장애를 받고 있는 소위 제 1형 당뇨병(type Ⅰ insulin- dependent diabetes mellitus, IDDM)의 경우에는 더 늦게 발생하는 경향이 있는 제 2형 당뇨병(type Ⅱ insulin-dependent diabetes mellitus, NIDDM)의 경우와 달리 체내에서의 혈당의 농도를 적정한 농도로 유지하는 조절기능을 전담하고 있는 호르몬 인슐린을 외부에서 공급받을 필요가 있다.

지금까지 논의해 온 관점들과는 전혀 다르나, 일부의 나라들, 예로서 브라질(Brazil)이나 미국 등에서는 비교적 쉽게 생산되는 서류(薯類), 사탕수수 등의 농작물에서 얻은 전분이나 설탕 제조시의 미회수 설탕분에서 포도당을 만든 후 알콜 발효에 의해서 대량의 에탄올(ethanol)을 확보하는 계획이 구상되고 있다.

이렇게 만든 에탄올을 화석형 연료(fossyl-type-fuel)의 대표적인 석유와 소량씩 혼용하여 연소효율을 높이거나, 어떤 다른 방식을 통해서 점차적으로 석유를 대체하여 사용할 생각을 갖고 있는 듯하다. 즉, 이렇게 만든 에탄올을 휘발유 대신에 사용할 수도 있을 것이다. 현재로서는 아직 소규모로 실현되고 있는 듯하다. 휘발유와 일정량 섞어서 사용할 경우 연소(combustion)시의 연료의 산화(oxidation)를 촉진하여 폐기가스 중의 각종 유독성 불완전 산화생성물들의 생성량을 줄여주는 매우 바람직한 효과도 있다.

한편, 포도당 등의 당류를 주원료로 하는 합성수지(plastics), 세제들(detergents)이 개발되고 있다. 이들은 석유나 석유화학 제품들에서 개발된 합성수지류나 각종 세제들과 비교할 때 사용 후 주변 환경세계(environmental world)에서 미생물들을 비롯한 생체들에 의해서 분해될 수 있는(biodegradable) 석유나 석유화학 제품들을 원료로 이용한 합성수지류나 세제들이 갖고 있지 않는 큰 장점을 갖고 있기 때문에 그 꾸준한 연구개발이 기대되고 있다.

과당, 즉 프럭토오스 과당(果糖), 즉 프럭토오스(β-D-fructose 또는 levulose)는 그 분자 속의 카아보닐기(a carbonyl group)가 케토기(keto group)인 헥소오스, 즉 케토헥소오스류(ketohexose)의 대표적인 것이며, 여러 과실 또는 과즙, 벌꿀(honey) 등에 단량체로 존재할 뿐만 아니라 설탕(자당, sucrose), 설탕의 가수분해에 의해서 형성된 전화당(invert sugar) 등의 주요 구성단위 또는 주성분이다. 과당은 또한 후술하는 바와 같이 국화식물의 구근(tubers)에 함유된 프럭탄류(fructans)로 알려진 중합체들(polymers)의 구성단위이기도 하다.

과당도 α, β-형의 이성체가 존재하나, 자연에서 결합상태로 존재할 때는 언제나 β-후라노오스형(β-D-furanose type, 즉 β-D-fructofuranose)으로만 존재하는 것으로 생각되고 있다.

한편 수용액에서 얻어지는 과당의 결정은 주로 β-피라노오스형(β-pyranose type, 즉 β-fructopyranose)이다. 그러나 프럭토오스의 수용액은 20℃에서는 대략 20%가 후라노오스형(furanose type)으로 존재하는 사실이 알려져 있다. 이 결정의 융점은 104℃이며, 그 비선광도(specfic rotation)는 $[\alpha]_D^{20}$ = - 132.2°이다.

α-형이나 β-형의 수용액을 방치하여 두면 이성화(mutarotation)가 일어나 α, β-형의 평형 혼합용액(equilibrium mixture)을 얻는다. 20℃에서의 이 평형 혼합용액의 비선광도는 $[\alpha]_D^{20}$ = - 92.4°이다.

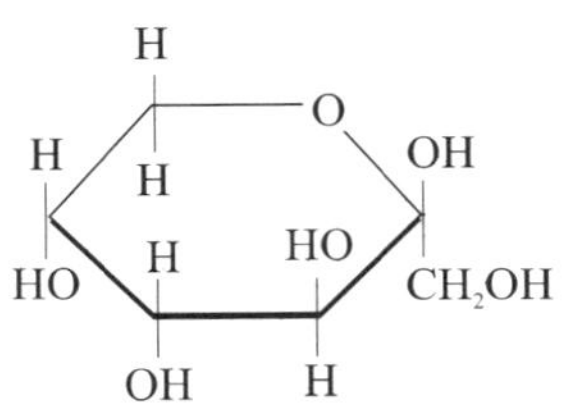

그 자제의 결정(結晶)과 같은 유리, 즉 비결합 상태의 β-D-프럭토피라노오스 (β-D-fructopyranose)

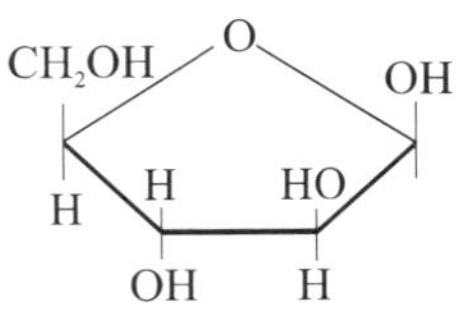

설탕(sucrose)에서와 같은 결합상태의 β-D-프럭토후라노오스(β-D-fructofuranose)

α-형은 β-형보다 덜 달며, 그 단맛은 β-형의 1/3정도 이다. 과당의 α, β-형의 평형은 온도에 의해서 크게 변동되며, 온도가 상승됨에 따라 평형은 α-형 쪽으로 크게 기울어진다. 따라서 과당 용액의 상대적 감미도(相對的 甘味度)는 온도의 상승과 함께 급격하게 감소한다.

한편, 이 과당은 자연식품들의 주요한 감미성분으로 존재하거나, 감미료로서 널리 사용되는 포도당이나 설탕, 맥아당(maltose), 젖당(lactose) 등과 같은 당류와 비교할 때 몇 가지 특출한 성질을 갖고 있다.

즉, 과당은

1. 이상의 당류 중에서 단맛이 가장 강하며, 그 단맛은 순수하고 상쾌하다(제3장 식품의 맛 참조).
2. 이상의 당류 중에서 가장 용해도(solubility)가 크다(표 5-1참조).
3. 과포화(過飽和, supersaturation)되기 쉽다.
4. 점도(viscosity)가 포도당이나 설탕보다 작다.
5. 매우 강한 흡습조해성(吸濕潮解性, hygroscopic property)을 갖고 있다.

등이다.

또한 과당은 그 단맛이 포도당이나 설탕보다 강한 데도 불구하고 종전에는 적절한 과당의 제조 원료가 없으며, 그 용해도가 크고 과포화 되기 쉬운 성질이 있기 때문에 결정화(crystellization)시키기가 매우 힘이 드는 등 여러 사정들에 의해서 옛날에는 포도당과 같이 직접 감미료로서 널리 사용되지 않았으나, 다음 항목에서 설명하고 있는 글루코오스 아이소머레이스(glucose isomerase)를 이용한 고프럭토오스 옥수수 시럽(high fructose corn syrup, HFCS) 등의 개발에 따라 프럭토오스의 감미료로서의 이용은 급격하게 발전하여 왔다.

표 5-1 대표적인 당류의 실온(room temperature) 부근에서의 용해도(solubility)

당의 이름	용해도(100그램 물에 대한)
설 탕 (sucrose)	203.9그램(20℃)
맥 아 당 (maltose)	78.9그램(21℃)
유 당 (lactose)	21.6그램(25℃)
포 도 당 (glucose)	83.1그램(20℃)
과 당 (fructose)	374.8그램(20℃)

Lowe, Belle., 1955. "*Experimental Cookery*," 4th ed., p. 57~59, John Wiley and Sons, Inc., New York.

이눌린 이눌린(inulin)은 전술한 대로 프럭탄류(fructans)로 알려진 프럭토오스(α-D-fructose)로 구성되고 있는 다당류(polysaccharides)의 하나이다.

국화식물의 구근(tubers), 특히 뚱단지, 즉 돼지감자(Jerusalem artichoke)의 지하 괴경에는 이 이눌린의 함량이 크기 때문에 프럭토오스 제조 원료로서 그 사용이 시도되어 왔다. 이눌린에 대해서는 제8장에서 다시 설명하기로 한다.

글루코오스 아이소머레이스

1950년대에 들어서서 헥소오스류(hexoses)의 이성화(異性化, isomerization)를 가져오는 아이소머레이스들(isomerases)의 많은 종류들이 발견되었다. 즉, 1956년에는 만노오스(α-D-mannose)와 프럭토오스(α-D-fructose)사이의 이성화를 가져오는 만노오스 아이소머레이스(mannose isomerase)가 발견되었으며, 1957년에는 글루코오스와 프럭토오스의 이성화를 가져오는 글루코오스 아이소머레이스(glucose isomerase, E. C. 5. 3. 1. 5)가 발견되었다.

포도당을 가역적(reversible)으로 과당으로 이성화할 수 있는 넓은 의미에서 글루코오스 아이소머레이스로 부를 수 있는 효소들은 실제로는 네 개의 서로 다른 효소 그룹들로 구성되고 있는 사실이 알려져 있다.

이 중의 일부 그룹은 NAD^+(nicotinamide adenine dinucleotide)나 ATP와 같은 보조인자들(補助因子들, cofactor)이 이성화반응에 꼭 필요하거나, 내열성이 매우 낮기 때문에, 실제로 산업적으로 중요한 효소 그룹은 D-자일로오스(D-xylose)를 D-자일룰로오스(D-xylulose)로, 또한 포도당(D-glucose)을 과당(D-fructose)으로 이성화시켜주는 D-자일로오스 아이소머레이스(D-xylose isomerase 또는 D-xylose ketol-isomerase, E. C. 5. 3. 1. 5)로 알려져 있다(Antrim, R. L. *et al.*, 1979).

이 효소는 D-자일로오스를 신진대사에 이용할 수 있는 미생물들은 거의 예외 없이 갖고 있으며, 일루 효소들은 포도당을 과당으로 이성화 시킬 때, 이 이성화 반응을 유발하기 위해서 촉진물질(inducer)로서 D-자일로오스가 필요하나, 다른 종류의 효소들은 유도물질 없이도 곧바로 포도당을 이성화한다고 한다.

이들 효소의 활력은 대개는 pH 7.0보다 알칼리성에서 크며, 대부분의 효소들은 65℃에서도 그 활력을 유지한다. 또한 이상의 효소들은 그 활력의 유지를 위해서 일반적으로 Mn^{++}, Co^{++}이온 등의 2가 이온들(divalent ions)의 존재가 필요하다.

한들(Han, M. H. and Chung, T. W., 1978)은 스크랩토콕커스 균종(Streptococcus species)에서 글루코오스 아이소머레이스(glucose isomerase, 즉 D-xylose isomerase)가 70~75℃이었다고 보고하였다. 이들은 이 효소가 Mn^{++}, Mg^{++}, Co^{++}이온들에 의해서 활성화되었으며, 포도당 농도가 60%인 용액에서도 반응속도의 변동 없이 이성화가 진행되었다고 보고하였다.

일반적으로 이 효소들은 맥아당이나 기타의 과당류(oligosaccharides)가 존재하여도 이에 영향 받지 않고 포도당의 이성화를 진행시키기 때문에, 전분을 분해하여 얻은 포도당용액, 즉 예로서 옥수수 시럽(corn syrup) 등 물엿의 경우에도 과도한 정제(精製)는 불필요하다.

실제로 공업적으로 응용하기 위해서는 소위 효소 고정화법(enzyme immobilization method)이 널리 시도되고 있다. 고정화 방법으로는 가열(heat fixation)또는 무기염처리(treatment with inorganic salts)에 의해 미생물체에 고정화하는 방법들(immobilization in microbial cells)과 효소들을 함유하고 있는 균체를 일단 용해(lysis)시킨 후 유리되어 나오는 효소들을 불용성화 하는 지지체(支持體, supporters)들, 예로서 각종 이온교환수지, 다공질 세라믹(porous ceramic) 등에 흡착 또는 반응시키는 방법들(cell- free or cellular isomerase adsorbed on insoluble matrices) 등이 있다(효소고정화에 관련된 설명으로는 Eskin, N. A. M., 1990. p.511~p.518; deMan, J. M., 1999, p.423~427 참조).

전분 분해 포도당 시럽, 즉 포도당 시럽에서 이상과 같은 과정을 거쳐서 만든 과당 시럽은 세계 각국에서 널리 사용되고 있으나, 특히 옥수수 전분 분해 포도당 시럽, 즉 옥수수 시럽(corn syrup)을 원료로 만들고 프럭토오스 옥수수 시럽(high-fructose corn syrup, HFCS)의 소비량은 미국의 경우, 1978년에 이미 136만톤(metric ton)에 달하였다(Antrim, R. L. *et al.*, 1979).

1967년에 소위 42% HFCS, 즉 HFCS-42가 개발되었으며, 그 후 1977년에 55% HFCS, 즉 HFCS-55가 개발되어 식품공업계의 감미원료로서 결정적인 영향을 준 것으로 평가되었으며(Higley, N. A. and White, J. S., 1991), 최근에는 90% HFCS가 널리 사용되고 있다. 42% HFCS는 전체 당류(sugar)중 42%가 과당(果糖, fructose), 52%가 포도당, 나머지 6%는 과당류(寡糖類, oligosaccharides)와 다당류로서, 이 시럽의 실제 농도는 보통 71%정도라고 한다. 55% HFCS며 이 시럽의 농도의 보통 77%정도라고 한다. 90% HFCS의 경우 전체 당류의 90%가 과당, 7%가 포도당, 나머지 3%가 과당류와 다당류이며, 이 시럽의 실제 농도는 80% 정도라고 한다(Inglett, G. E. *et al*,, 1981).

이들 고 프럭토오스 함유 옥수수 시럽(high fructose corn syrup)의 설탕에 대한 상대적인 감미도는 표 5-2와 같다.

표 5-2 일부 감미료의 상대적 감미도(relative sweetness)

당의 종류	상대적 감미도
설탕(sucrose)	100
포도당(glucose)	70~80
과당(fructose)	140
포도당 당량 70인 옥수수 시럽(70 DE corn syrup)	70~75
고분해형 옥수수 시럽(high-conversion corn syrup)	65
정상분해형 옥수수 시럽(regular-conversion corn syrup)	50
맥아당(maltose)	30~50
젖당(lactose)	20
90% 고 프럭토오스 옥수수 시럽(90% HFCS)	120~160
55% 고 프럭토오스 옥수수 시럽(55% HFCS)	100이상
42% 고 프럭토오스 옥수수 시럽(42% HFCS)	100
전화당(invert sugar)	100이상
소오비톨(sorbitol)	50
자일리톨(xylitol)	100

Dziezak, J. D., 1986. *Food Technol.*, 40(1), 115

한편 미국에서의 1984년 HFCS의 소비량은 390만톤으로 알려져 있다(식품공업, 1987년 5월호 참조). 히글리들(Higley, N. A. and White, J. S., 1991)은 미국서의 설탕 소비량은 1년에 1인당 평균 0.1파운드(pound)씩 줄어들고 있는 반면에, HFCS의 소비량은 1년에 1인당 평균 1.3파운드씩 증가하고 있는 추세여서, 2000년대 초에는 HFCS의 소비량이 미국에서는 설탕 소비량을 상회하는 것으로 보고 있다.

갈락토오스　갈락토오스(α-D-galactose)는 알도헥소오스의 하나이며, 포유동물류(哺乳動物, mammals)의 젖에만 존재하는 젖당(lactose), 올리고삭카라이드류(Oligosaccharides)에 속하는 멜리비오스(melibiose), 라피노오스(raffinose), 그리고 다당류(polysaccharides)에 속하는 갈락탄(galactan), 한천(agar), 아라비아 고무(gum arabic) 등의 구성성분으로 자연에 널리 분포되고 있다.

또한 동물의 뇌, 신경조직 내의 일부 인지방질들(phospolipids)의 구성성분으로 존재하기도 하며 세레브로오스(cerebrose, brain sugar)로 불려 지기도 한다.

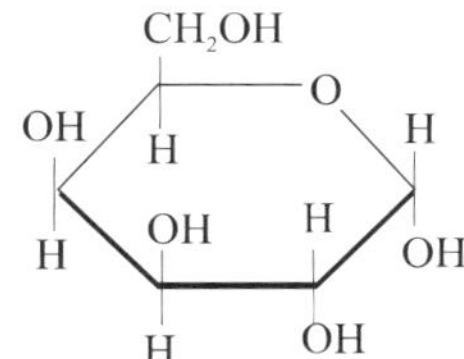

α-D-갈락토오스(α-D-galactose)

보통 물이나 에탄올(ethanol)에서 프리즘(prism)형 결정으로 얻어지는 갈락토오스는 α-형이며, β-형(β-D-galactose)은 α-형의 뜨거운 수용액을 0℃로 냉각시킨 후, 에탄올을 첨가해서 침전시켜서 이 침전을 다시 에탄올용액에서 결정시켜서 얻는다.

α-형이 더 안정된 형태로 알려져 있으며, 그 융점은 167℃, 비선광도 $[\alpha]^{20}_{D}$=+150.7°이며, 또, α, β-형의 평형 혼합용액의 비선광도(比旋光度, specific rotation)는 $[\alpha]^{20}_{D}$=+80.2°이다. 단맛은 있으나 그 단맛은 포도당보다 약하다.

한편, β-형은 그 비선광도 $[\alpha]^{20}_{D}$=+52.8°이며, 단맛은 α-형의 1/2이하이다.

D-갈락토오스(D-galactose)뿐만 아니라, L-갈락토오스도 드물기는 하나 자연에 존재하는 사실이 알려져 있다.

만노오스　β-D-만노오스(β-D-mannose)는 주로 만난(mannan), 갈락토만난(galactomannan)과 같은 다당류(polysaccharides)의 구성단위로서 존재한다.

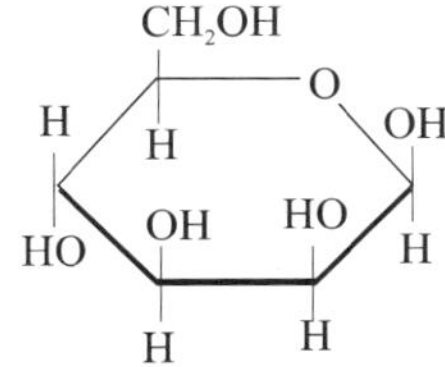

β-D-만노오스(β-D-mannose)

만노오스에도 α, β-형의 두 이성체들이 존재하며, β-형은 융점이 132℃, 비선광도는 $[\alpha]^{20}_{D}$=-170°이다.

한편, α, β-형의 평형 혼합용액(equilibrium mixture)의 비선광도는 $[\alpha]^{20}_{D}$=+14.2°이다. 만난과 같은 다당류의 구성단위는 β-형이며, 이 β-형은 단맛이 약간 있으나, 쓴 뒷맛도 있다.

α-형의 결정은 만노오스 수용액에 α-D-만노오스의 결정핵(nucleus)을 극소량 첨가함으로써 얻을 수 있다. 한편, α-형의 융점은 133℃, 그 비선광도는 $[\alpha]^{20}_{D}$=+29.3°이다.

다당류인 만난류(mannans)에서는 β-D-만노오스(β-D-mannase)가 β-1,4 결합으로 중합하고 있다. 한

편, 이와 같이 만난의 β-1,4 결합을 가수분해하는 효소들(β-1,4-mannase 또는 β-mannosidase)이 여러 생체들 내에 존재하는 사실이 확인되고 있다. 만네이스(β-1,4-mannase)는 만난에 무작위(random)적으로 작용하여 만난(mannan)을 올리고사가라이드류(oligosaccharides)로 가수분해하며, 한편 β-만노시데이스(β-mannosidase)는 이와 같이해서 형성된 올리고삭카라이드류를 β-만노오스 단위로 분해하는 사실이 알려져 있다.

데옥시헥소오스, 즉 메틸펜토오스

일부 당류에 있어서는 이미 설명한 바 있는 데옥시시라이보오스(D-2-deoxyribose)의 경우와 같이 그 분자 내의 탄소원자에 달린 수산기(hydroxyl group, -0H)가 수소원자와 치환된 것이 있다.

특히 헥소오스의 경우, 탄소 여섯 번째의 수산기(-OH)가 수소원자와 치환된 것은 6-데옥시헥소오스(6-deoxyhexose), 또는 ω-데옥시헥소오스(ω-deoxyhexose)라고 불려진다.

한편, 펜토오스의 다섯 번째 탄소에 달린 수소가 메틸기(methyl group)로 치환된 것을 메틸펜토오스(methylpentose)라고도 하며, 펜토오스로 분류되는 경우도 있다.

람노오스 람노오스(L-rhamnose)는 만노메틸로오스(L-mannomethylose), 또는 6-데옥시만노오스(6-deoxy-L-mannose)라고도 불려 지며, 전술한 메틸펜토오스의 대표적인 예이다. 람노오스는 식물체에 존재하는 여러 배당체들(glycosides), 예로서 배당체 헤스페리딘(hesperidin)의 당류인 루우티노오스의 구성단위 등으로(제2장 p.--의 그림 2-17 참조), 또는 각종 다당류, 즉 폴리삭카라이드들의 한 구성성분으로 존재한다. 람노오스는 α-, β-형 모두 자연에 존재하나, α-형은 주로 유리형으로 물 한 분자와 결합한, 즉 수화물(monohydrate)의 형태로, β-형은 전술한 여러 당류의 구성성분, 즉 결합형으로 존재한다.

α-형 수화물의 융점은 93~94℃ 이며, 강한 단맛을 갖고 있다. 한편, β-형의 융점은 124~125℃며, 그 비선광도는 $[\alpha]_D^{20}$=+38°(α-형의 경우, $[\alpha]_D^{20}$=-9°)로 알려져 있다.

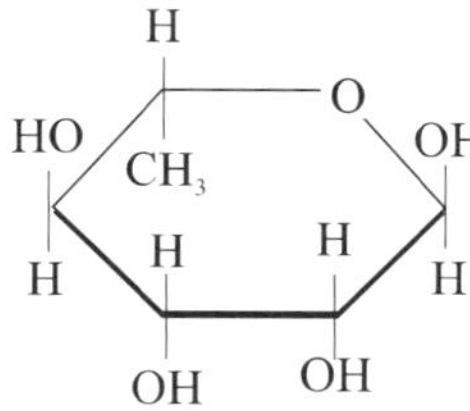

β-L-람노오스(β-L-rhamnose, β-6-deoxy-L-mannose)

휴코오스 휴코오스(L-fucose)는 6-데옥시갈락토오스(6-deoxy-L-galactose)라고도 하며, 해조류(sea weeds) 그 중에도 특히 갈조류(brown algae)의 세포막, 또는 트라가칸쓰 고무(gum tragacanth)의 한 성분을 이루고 있는 휴코잔류(fucosans)의 구성단위로 존재한다. 또한 이 α-L-휴코오스(α-L-fucose)는 포유동물의 젖에 존재하는 과당류(oligosaccharides)인 휴코락토오스(fucolactose)의 한 구성단위이다. 그리고 혈액형을 결정하여 주는 성분들(blood-type specifying subtances)로 알려진 글라이코프로테인류(glycoproteins) 중 O형을 정해주는 H-물질(H-subtance)로 알려진 글라이코프로테인의 당부분의 구성단위의 하나로 알려져 있다. α-L-휴코오스의 융점은 172~173℃, 비선광도는 $[\alpha]_D^{20}$=+5°로 알려져 있으며, 단맛은 거의 없다.

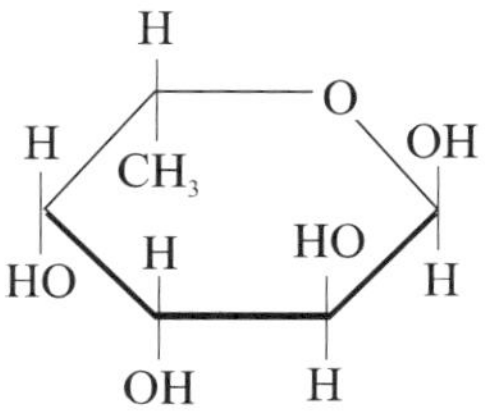

α-L-휴코오스(α-L-fucose, α-6-deoxy-L-glactose)

당 알콜류

이상의 펜토오스, 헥소오스들의 카아보닐기(carbonyl group)가 알콜기, 즉 수산기(alcoholic group, -OH기)로 치환된 폴리하이드록시 알콜류(polyhydroxy alcohols)는 당 알콜류(sugar alcohols)로 블르 지고 있다. 이들은 해당되는 펜토오스, 헥소오스를 화학적으로 환원(reduction)하여 얻을 수도 있으며, 일부 당 알콜류는 식품성분들로서 또는 일부 식물체에서 구성성분들로서 존재한다.

일부 당 알콜들은 그 강한 단맛과 섭취 후 체내에서의 특이한 작용 때문에 중요하다.

테트로오스의 유도체 여기에 속하는 당 알콜류로서는 알도테트로오스(aldotetrose)인 에리쓰로오스(erythrose)의 환원체로 볼 수 있는 에리쓰리톨(erythritol)이 있다.

이 에리트리톨의 융점은 121.5℃이며 해조류(sea weeds), 이끼 등의 성분으로서 존재한다.

근래에 와서 골격구성 탄소원자의 수(the number of skeletal carbon atoms)가 네 개에서 여섯 개까지의 당 알콜류, 즉 에리쓰리톨(erythritol), 리비톨(ribitol)과 자일리톨(xylitol), 소오비톨(sorbitol)과 만니톨(mannitol) 등의 특이한 성질들 그리고 이 성질들을 식품성분으로서 이용하는 연구들이 점차 활발해지고 있다.

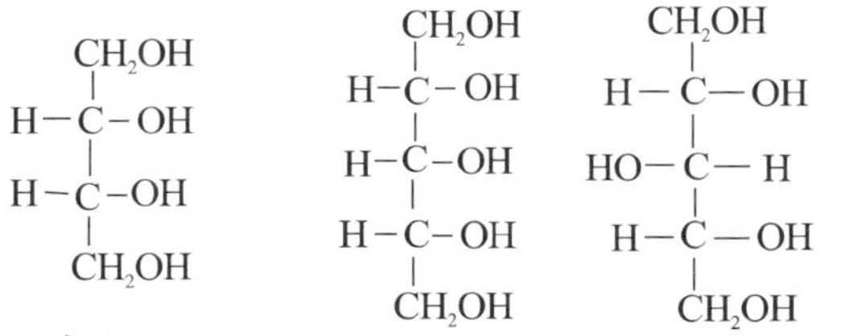

에리쓰리톨(erythritol)	리비톨(ribitol)	자일리톨(xylitol)
CH_2OH	CH_2OH	CH_2OH
H－C－OH	H－C－OH	H－C－OH
H－C－OH	H－C－OH	HO－C－H
CH_2OH	H－C－OH	H－C－OH
	CH_2OH	CH_2OH

예로서 김들(Kim, S. Y. *et al.*, 1995)은 에리쓰리톨의 기능성들(functional properties)이라는 레뷰(a review)에서, 이상의 당 알콜류와 트레이톨(threitol, 4당류의 하나, threose에서 얻은 당 알콜), 아라비톨(arabitol, 5당류의 하나 arabinose에서 얻은 당 알콜) 등의 한 사람당 하루의 뇨(urine)에 함유된 이들의 농도(μ㏖/day) 분포에서 에리트리톨이 912μ㏖로서, 전체의 당 알콜류함량 1,527μ㏖의 대략 60%가 되는 사실을 보고하고 있다. 한편, 각종 식품류 중의 에리쓰리톨의 함량은 포도주 130~300㎎/ℓ, 일본 술(sake) 1550㎎/ℓ, 간장 910㎎/ℓ, 된장 1310㎎/ℓ, 멜론(melon) 22~47㎎/kg, 배(pears) 0~40㎎/kg, 포도 0~42㎎/kg 등이라고 한다.

이들에 의하면, 에리트리톨의 산업적 생산은 포도당을 내삼투압성 효모(osmophilic yeast, *Monilliella* sp.)나 곰팡이 등으로 발효시켜서 얻는다고 한다.

한편 리비톨은 설탕(sucrose)의 대략 75%의 단맛을 갖고 있으며, 그 분자량은 약 122로서 설탕의 342는 물론 소오비톨의 182, 자일리톨의 152에 비해서도 적어서, 빙점강하(freezing point depression), 비등점상승(boiling point elevation), 삼투압상승(osmotic pressure elevation), 그리고 물론 수분활성도의 상대적인 증가(the relative effect on water activity increase) 등의 매우 큰 기능성을 갖고 있다고 할 수 있다.

또한 에리트리톨의 융점은 126℃로서 소오비톨이나 자일리톨의 각각 97℃나 94℃보다 높으며, 126℃에서는 맑고 깨끗한 액체로 변하며, 170℃까지는 분해(decomposition)나 변색(discoloration)되지 않는 즉 열에 대해서 매우 안정하다. pH에 대해서도 그 안정범위가 2~12로서, 소오비톨, 자일리톨의 안정범위 2~10보다 높다.

한편, 그 단맛은 순수하여, 아스퍼테임(aspertame)이나 특히 사카린(saccharin) 등과 같은 뒷맛(aftertaste)이 없고, 소오비톨의 자극성(astringency)도 없다고 한다.

이 에리트리톨의 열량가(caloric value)는 설탕 4 kcal/g, 아스퍼테임 4 kcal/g, 사카린 0 kcal/g, 소오비톨 2.4 kcal/g, 자일리톨 4 kcal/g 등에 비해서 0.28 kcal/g 정도로 생각되고 있다. 다만 에리트리톨은 소오비톨, 자일리톨 보다 약한 하제효과(laxative effect)가 있다고 한다. 이상의 여러 다양한 성질들 그리고 전술한 레뷰에 언급된 자일리톨의 경우와 같은 충치예방작용을 포함한 여러 기능성들이 광범위한 식품분야에서 이용될 가능성이 큰 것으로 기대되고 있다.

펜토오스의 유도체 여기에 속하는 당 알콜들로서는 라이보오스(α-D-ribose)의 유도체로 볼 수 있는 리비톨(ribitol)이 있다. 이 리비톨의 융점은 102℃이며, 서양복수초(*Adonis vernalis*)에 존재하는 사실이 알려져 있으며 아도니톨(adonitol)이라고도 불려진다.

한편, 자일리톨(xylitol)은 융점이 93~94℃인 당 알콜로서 일부 특수한 식물에서 발견되며, 또한 D-자일로오스(D-xylose)를 촉매 존재 하에 수소첨가(catalytic hydrogenation)하거나 소듐-아말감(sodium-amalgam)으로 환원시켜서 얻을 수가 있다.

그 단맛은 매우 강하며 거의 설탕과 같다고 한다. 이 자일리톨(xylitol)과 제3장에서 이미 설명한 바 있는 소오비톨(sorbitol)들은 그 단맛에도 불구하고 체내에서의 흡수, 신진대사가 일반 당류보다 느리고 완전하지 못하기 때문에 당뇨병환자들(diabetics), 또는 간질환 환자들 그리고 충치예방을 위한 감미료로서 사용되고 있다.

헥소오스의 유도체, 만니톨 만니톨(D-mannitol)은 해조류, 특히 갈조류(brown algae), 또는 만나나무(manna ash)에서 얻어지는 만나꿀(manna)의 주요한 성분으로 존재하며, 공업적으로는 포도당을 특정 촉매 하에 수소첨가(hydrogenation)하여 얻는다. 융점은 166℃, 흡습성은 없으며 단맛은 강하다.

이 당 알콜의 감미료로서의 사용에 대해서는 이미 제3장 식품의 맛에서 간단히 설명한 바 있다.

소오비톨 이미 제3장 식품의 맛에서 간단히 설명한 바 있는 소오비톨(D-sorbitol)은 많은 과실류나 기타의 식물체들에서 발견되고 있다. 특히 야생의 서양 물푸레나무(mountain ash)의 하나인 소오버스(*Sorbus aucuparia*)의 열매에는 건조중량으로 해서 10%가량 함유되어 있으며, 홍조류(紅藻類, red seaweed)의 일부(*Bostrychia scorpides*)에는 건조중량의 대략 14%가량 함유되어 있다고 한다.

만니톨(D-mannitol)	둘시톨(D-dulcitol)	소오비톨(D-sorbitol)
CH_2OH	CH_2OH	CH_2OH
HO−C−H	H−C−OH	H−C−OH
HO−C−H	HO−C−H	HO−C−H
H−C−OH	HO−C−H	H−C−OH
H−C−OH	H−C−OH	H−C−OH
CH_2OH	CH_2OH	CH_2OH

만니톨(D-mannitol)　둘시톨(D-dulcitol)　소오비톨(D-sorbitol)

소오비톨은 또한 포도당의 전기분해 환원(electrolysis), 또는 촉매하의 수소첨가(catalytic hydrogenation)에 의해서도 얻어진다. 융점은 91℃이며, 흡습성이 있으며 비타민 C합성의 원료가 되는 당알콜이기도 하다.

둘시톨　둘시톨(D-dulcitol)은 전술한 만나와 기타의 여러 식물류에서 얻어지는, 약간 단맛을 가진 갈락토오스의 환원체로 볼 수 있는 당 알콜이다. 융점은 188℃이며, 효모에 의해서 발효되지 않는 특성을 갖고 있다.

타가토오스　타가토오스(D-tagatose)는 식물체 *Stericulia setigera*에서 분비되는, 구성 탄소수가 여섯 개의 당 알콜로서 부분적으로 아세틸화된 산성 다당류(partially acetylated acidic polysaccharides)를 분해해서 얻을 수 있다.

산업적으로는 α-D-갈락토오스(α-D-galactose)를 환원해서 얻은 D-둘시톨(D-dulcitol)을 특정 미생물들을 이용한 발효법을 통해서 만들거나, L-소오보오스(L-sorbose)에 D-tagatose 3-epimerase를 작용시키거나, 갈락토오스(D-galactose)에 arabinose-ketol isomerase를 작용시켜서 얻는, 효소를 이용한 방법들이 있다. 또한 갈락토오스(D-galactose)에 칼슘 등을 촉매로 하여 tagatose-calcium hydroxide 복합체를 만든 후, 이 갈락토오스를 이성화(isomerization) 시켜서 얻는 화학적인 방법 등이 있다(Roh, H. J. *et al*., 1999 참조).

노들(Roh, H. J. *et al*., 1999)은 α-D-타가토오스(α -D-tagatopyranose)를 저열량 감미료로서, 그 화학적 특성들(physicochemical properties)을 설탕, 소오비톨, 전술한 에리트리톨 등과 비교한 바 있다. α-D-타가로오스의 단맛은 설탕의 약 90% 정도이며, 뒷맛(after taste)이 없으며, 단맛은 깨끗하다고 한다. 또한 융점이 134℃인 결정으로 존재하며, 실제로 생체들(인체 포함)이 이용할 수 있는 열량은 0 kcal/g에 가깝다고 한다. 다른 당 알콜류(소오비톨, 자일리톨, 에리트리톨)와 같은 하제작용(laxative effect)도 없으며, 저열량 감미료로서의 응용을 기대할 수 있다.

D-tagatose
CH_2OH
C=O (2)
HO−C−H
HO−C−H
H−C−OH
CH_2OH (6)

α-D-tagatopyranose: 6, O, CH_2OH, OH, OH, 2, OH, OH

D-tagatose　α-D-tagatopyranose

실제로 노들(Roh, H. J. *et al*., 1998)은 α-D-타가토오스를 쵸콜렛 제품들에 응용하는 실험을 실시한 바 있다. 쵸콜렛 제품들에 설탕 대신 α-D-타가토오스를 사용하여 여러 특성 변화를 조사한 결과 점성(viscosity), 쵸콜렛 제품들의 융점, 흡열 엔탈피(endothermic enthalpy) 등은 거의 같았으나, 타가토오스를 사용한 쵸콜렛 제품들의 경우, 그 조직(texture)이 더 연(軟)했었다고 보고하고 있다.

표 5-3 일부 종자들(seeds)의 파이틴산(phytic acid)의 함량

종자의 종류	파이틴산의 함량(% w/w)
밀(wheat)	1.1
밀의 외피(wheat bran)	4.8
밀의 배아(wheat germ)	3.9
옥수수(corn)	0.9
옥수수의 외피(corn bran)	0
옥수수의 배아(corn germ)	6.4
대두(soybeans)	1.4
대두 박(soybean flakes)	1.8
대두 종피(soybean hulls)	0.1
참깨씨(dehulled sesame seeds)	5.3
땅콩(peanuts)	1.9
말린 완두(dehydrated peas)	0.9
리마 콩(lima beans)	2.5
보리(barley)	1.0
연맥(oats)	0.8
야생종 쌀(wild rice)	2.2
해바라기씨(sunflower seeds)	1.9

Graf, F. 1983. *J. Am. Oil Chem. Soc*., 60(11), 1861.

이노시톨 환상(環狀) 헥산(cyclohexane)의 여섯 개의 구성탄소에 각각 결합된 두 개의 수소들 중의 하나가 수산기(HO-group)로 치환(置換)된 것과 같은 구조를 가진, 이노시톨(inositol, hexahydroxycyclohexane)은 많은 식물조직체들이나, 동물근육조직체들에 존재하는 환상 당 알콜(a cyclitol)이다.

이 이노시톨에는 8개의 기하학적 이성체(geometrical isomers)들이 있으며, 그 중 7개, 즉 그림 5-3의 1에서 7까지는 모두 메조형(meso-form)으로서 광학적 이성체는 없으나, 나머지 한 개는 광학적 이성체를 갖고 있어서 전체수는 9개가 된다.

이 중 여러개는 자연에 존재한다. 특히 마이요이노시톨(myoinositol)은 동식물체에 널리 존재한다. 마이요이노시톨의 마이요(myo)는 근육을 의미하며, 마이요이노시톨은 단맛을 갖고 있기 때문에 근육당(筋肉糖)이라고도 한다. 마이요이노시톨은 건조차류(dried tea leaves)에도 전체 중량의 10% 가량 함유되는 경우도 있다고 한다(Robinson, D. S., 1987)

한편, 이상의 이노시톨류(inositols)는 여러 형태의 결합체들로 존재하는 경우도 많으며, 특히 마이요이노시톨의 경우에는 여섯 개의 -OH 그룹이 모두 인산분자들과 에스터결합을 한, 파이틴산(phytic acid, inositol hexaphosphate) 또는 그 염류(phytins)의 형태로 존재하는 경우도 많다.

마이요이노시톨 자체는 수용성이고, 비환원성인 결정 화합물이며, 융점은 225℃ 내외, 단맛이 있으며 산, 알칼리, 열에 대해서 안정하다. 이 마이요이노시톨은 효모(yeasts)나 쥐의 성장인자(成長因子, growth factor)로도 또한 바이오스 Ⅰ(Bios Ⅰ)로도 알려져 있다.

두류, 곡류에 비교적 많이 함유되고 있는 파이틴산(phytic acid, 표 5-3 참조)은 전술한 바와 같이 게조 또는 마이요이노시톨의 6-인산 에스터(myoinositol hexaphosphate)이며, 한편 파이틴(phytin)은 이상의 파이틴산의 염류, 대개의 경우 그 칼슘 마그네슘 또는 그 혼합염(mixed salts)이다.

밀가루, 특히 정제된 밀가루에서도 대략 56mg%의 파이틴 또는 파이틴산이, 품질이 좋지 않은 길가루에는 214mg%의 파이틴 또는 파이틴산이 함유되고 있다는 보고도 있다.

한편, 곡류, 두류 등 섬유질 함량이 큰 식품 중에 비교적 많이 함유되고 있는 파이틴산이나 파이틴은 그림 5-3에서 알 수 있듯이 칼슘, 아연(Zn), 철(Fe) 등 2가 이온들(divalent ions)과 매우 강하게 결합하는 성질이 있다. 실제로 이 파이틴 또는 파이틴산들은 인체 내에서 이상의 중요한 2가 이온들, 특히 칼슘, 철, 아연 등의 이온들의 생체 내에서의 이용도(bioavailability)를 크게 억제하여 주는 사실이 알려져 영양학적인 문제가 되고 있다.

이와 관련해서 라이슨과 샌드버어그들(Larsson, M. and Sandberg, A. -S., 1992)은 퀴리(oats)의 경우에는, 파이틴류(phytins, insitol hexaphophates)의 함량은, 귀리를 11℃에서 5일간에 걸쳐 물에 담궈 두면서 귀리를 발아(malting)시킨 후, 계속 37~40℃에서 17시간 그 온도를 유지할 때는, 그 함유된 양의 98%까지 감소시킬 수 있었다고 보고하고 있다. 이상과 같은 방법은 발아(發芽, germination)시 활성화된 파이틴 분해효소인 파이테이스(phytase)의 작용에 의한 것으로 생각되며, 다른 곡류의 경우에도 응용할 수 있을 것으로 생각된다.

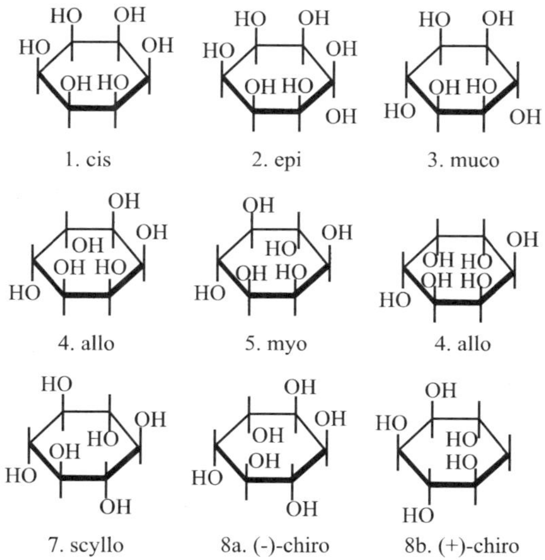

[그림 5-3] 이노시톨(inositol)은 1에서 8a까지의 8개의 기하학적 이성체들(geometrical isomers)을 갖고 있으나, 1에서 7까지는 모두 분자 내에 대칭선(symmetric)을 갖고 있어서 (5.myoinositol의 C_2와 C_5 사이의 점선), 모두 메조형(meso image)이여서 광학적 이성체를 갖고 있지 않다. 그러나 8a.의 경우, 8b.와 같은 거울상(mirror image)의 구조를 가진 광학적 이성체(optical isomer)가 있으며, 각각(−)−chiro− 및 (+)−chiroinositol로 불려지고 있다. 결국 이노시톨은 9개의 이성체를 갖고 있으며, 모두 그 존재가 확인되고 있다. Collins, P. and Ferrier, R., 1995 참조.

또한 대두(soybeans, *Glycine max*)는 양질의 기름성분 외에도 양질의 단백질을 다량 함유하고 있을 뿐 아니라 각종의 항영양성분들(antinutritional factors)도 함께 함유되어 있는 사실은 잘 알려져 있다. 파이틴산 에스터류와 파이틴산의 염류(phytates)도 그 중의 하나이다.

벨레이야들(Beleia, A. *et al.*, 1993)에 의하면, 파이틴산 에스터(Ins. P_6)는 전체 콩알 무게(the total kernel weight)의 1.5%를 차지하나, 파이틴산 에스터의 인산염(phosphorus potassium phytate)의 형태로 존재한다고 한다.

벨레이야들은 콩알 속의 인산의 함량과 항영양성분(an antinutritional factor)으로 알려져 온 파이틴산 에스터들, 즉 파이틴의 함량을 감소시키기 위하여 물에 담그는 방법(hydration method)에서 콩과 물의 비율, 물의 온도, 담그는 시간 등의 조건들 중 최적조건을 조사한 바 있다.

이들에 의하면, 콩을 27℃에서 3일간 담갔을 때, 파이틴산 에스터(IP_6 즉 In P_6)에 함유되었던 인의 10%가 감소되었다고 한다. 또한 여러 조건들 중 물에 담글 때의 온도는 가장 중요한 요인이었으며, 50℃의 온도에서 16시간 담갔을 때는, 평균 26%의 파이틴류의 인이 제거되었다고 한다.

한편, 곡류의 가공식품들을 파이틴류가 다량 함유된 채로, 대량 또는 지속적으로 섭취할 때는 각종 무기염들, 예로서 아연, 철, 칼슘 등의 체내에서의 이용에 문제가 생김으로 간단한 가공과정으로 이들 파이틴산(In P_6)의 제거를 시도하는 연구들이 계속 보고되어왔다.

예로서, 빵을 만들기 전에, 밀가루 반죽(wheat batter)을 10℃에서 0~48시간 물에 담갔을(water soaking) 때의 효과를 조사한 결과, 담근 시간이 길수록 파이틴산 에스터들(In P_6 등)이 더 많이 분해, 제거되었으며, 12시간 담갔을 때, 파이틴산 에스터류 전체 함량의 40%가 분해, 제거되었다고 한다(Agte, V. V. and Joshi, S. R., 1997).

파이틴산(phytic acid, 즉 myoinositol hexaphosphate, IP_6 또는 InP_6)과 그 염들, 즉 파이틴(phytin)들은(그림 5-4 참조) 전술한 대로 많은 식물성 식품들, 특히 곡류나 콩류(legumes)에 널리 함유되어 있다. 그러나 이들 식품들이 조리, 가공될 때는 원래의 파이틴산과 그 염류들(phytate) 뿐 아니라, 이상의 화합물들 중의 인산기(phosphoric group)들의 일부가 가수분해에 의해서 떨어져 나간 인산에스터들도 함께 존재할 것이다. 이와 같은 상황은 물에 담금으로써 일어나는 파이틴산 또는 파이틴 가수분해 효소 파이테이스(phytase)가 자체내 또는 외부 미생물들의 작용에 의한 활성화(activation)에 의해서도 일어날 수 있다.

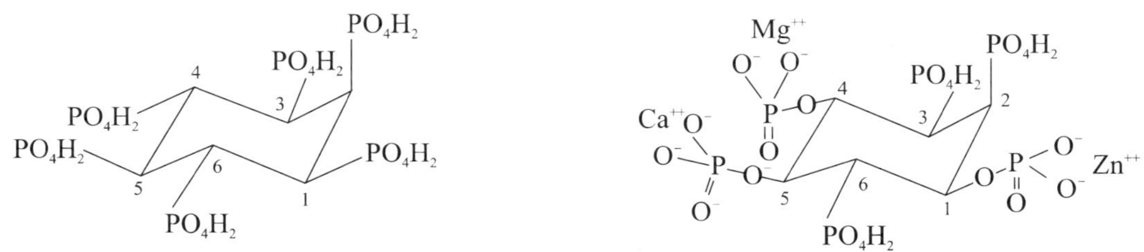

[그림 5-4] 파이틴(phytin)은 일반적으로 파이틴산(phytic acid), 더 엄밀하게는 myoinositol hexakis (dihydrogen phosphate)의 이온 형태 또는 염류까지 포함한 명칭으로서, 한 화학물질에 특정된 명칭은 아니라고 할 수 있다. 다음 문헌들을 참조하기 바란다.
Erdman, J. W., Jr. 1979. *J. Am. Oil Chem. Soc.*, 56(8), 736.
Graf, E. 1983. *J. Am. Oil Cehm. Soc.*, 60(11), 1861.

따라서, 원료인 날(raw)식품들과 조리, 가공제품들의 각종 금속류가 인체를 비롯한 생체 내에서의 이용도(生體內利用度, bioavailability)도 자연히 달라질 것으로 생각된다.

퍼쏜들(Persson, H. *et al.*, 1998)은 파이틴산(IP_6)과 그 부분적인 가수분해 생성물들, 즉 IP_5~IP_3(inositol penta~triphosphate)들의 pH 3~7 사이에서의 Cu^{++}, Zn^{++}, Cd^{++}이온들과의 결합력(binding power)을 조사한 바 있다.

pH 3~7이라는 조건은 인체에서 파이틴산(IP_6)과 그 부분적 가수분해물질들, 즉 IP_5~IP_3들이 상부 십이지장(upper duodenum)에서 흡수가 일어날 때의 pH 조건이다.

이들 실험결과에 의하면, 각종 마이요이노시톨 포스페이트들(myoinositol phosphates, 즉 IP_6~IP_3)의 금속이온들(Cu^{++}, Zn^{++}, Cd^{++})과의 결합력은 IP_6, IP_5에서는 매우 강력한 결합력을 보인 반면에, IP_4, IP_3 등의 금속이온들과의 결합력은 약했다고 한다. 그 결합력은 pH3~7의 범위 내에서, pH값이 증가할수록 구리(Cu^{++}), 아연(Zn^{++}), 카드뮴(Cd^{++})의 순서로 결합하기 시작했으며, 그 결합의 강하기는 Cu > Zn > Cd의 순서였다고 한다. 그러나, IP_6의 경우에 한해서, Cu와 Zn 사이의 결합력의 크기는 차이가 매우 적었다고 한다. 한편, IP_6 등이 인체에 가장 유해한 금속들의 하나인 카드뮴(cadmium)과도 결합하는 것은 주목할 만하다.

한편, IP_3 중의 한 형태인 마이요이노시톨 1,4,5-트리포스페이트(myoinosiyol 1,4,5-triphosphate, 1,4,5-IP_3)는 원형질막(plasma membrane)에 존재하는 특정 수용제(a specific receptor)에 특정한 홀몬이 결합하여, 그 자극이 인접한, 소위 G-단백질(G-protein)에 전달되면, G-단백질은 다시 인 지방질 분해효소(phospholipase C)를 활성화(活性化)시키게 되며, 이 효소, 즉 포스포라이페이스 C는 인접위치(隣接位置)에 있는 포스파티딜 이노시톨(phosphatidyl inositol)을 분해하며, 이때 1,4,5-IP_3가 형성된다.

이 1,4,5-IP_3는 곧바로 세포질 망상구조(endolplasmic reticulum)에 있는 특정 접수체(a specific receptor)를 자극하여, 칼슘이온(Ca^{++})을 방출하게 하여, 프로테인 카이네이스 C(protein kinase C)를 비롯한 여러 특정 효소들을 활성화(activation)시켜서, 많은 중요한 생화학적 변화들을 일으키게 하는 제이차 메신져들(the second messengers)의 하나로서 중요한 역할을 하는 사실이 알려져 있다. 전술한 대로 이 이노시톨 1,4,5-트리포스페이트(1,4,5-IP_3)는 동식물체들의 구조형성 탄수화물 성분들의 하나인 포스파티딜 이노시톨에서 형성되는 파이틴류(phytins)에 속하는 한 유도체(myoinositol triphosphate)라는 점이 매우 특이하다.

이당류, 즉 다이삭카라이드

가수분해 될 때 두 개의 구성단위로 분해되는 당류, 즉 두 개의 단당류(monosaccharides)를 형성하는 당류는 이당류, 즉 다이삭카라이드류(disaccharides)로 분류된다.

이 이당류(二糖類)에는 설탕(자당, sucrose), 맥아당, 젖당을 비롯하여 식품의 성분들로서, 또는 식품 가공 상 가장 중요한 몇 가지 당류가 포함되고 있다.

설탕, 즉 자당

설탕, 즉 자당(蔗糖, sucrose)은 식물계에 널리 분포되고 있으며, 자연식품류의 감미(단맛)의 주요성분일 뿐만 아니라, 옛날부터 벌꿀, 물엿 등과 함께 감미료(sweetening agent)로서 사용되어 왔다.

동양에서는 기원전 3세기인 한대(漢代)에 설탕 시럽(sucrose syrup)이 이미 사용된 기록이 있으며, 설탕의 제조법, 즉 제당법은 당(唐)의 태종(太宗)시대에 이미 널리 사용되고 있었던 인도에서 배웠던 것으로 알려져 있다. 한편, 인도의 제당법은 일찍이 페르시아(Persia), 이집트(Egypt) 등을 통해서 유럽 각국으로 전파된 것으로 믿어지고 있다.

설탕은 주로 사탕무, 즉 첨채(sugar beet, *Beta vulgaris*), 또는 사탕수수(甘蔗, sugar cane, *Saccharum officinarum*)의 즙을 농축한 후 그 농축용액에서 결정화(crystallization)된 것을 정제하여 얻는다.

사탕수수에서 설탕을 만드는 방법은 전술한 대로 일찍부터 계발되어 왔으나, 사탕무에서 공업적인 규모로 설탕을 만들기 시작한 것을 1799년에 독일의 아할트(Achard, F. K.)가 공업화에 성공한 이후부터이다.

사탕무의 설탕함량은 오랜 시일에 걸친 품종개량의 노력에 의해서 그 함량이 증가되어 왔으며, 현재는 대체로 13~17%에 달하고 있다. 한편, 사탕수수의 설탕함량은 10 내지 16%이나, 단위면적에 대한 수확량은 사탕수수가 더 크므로 전체적으로는 사탕수수가 생산성이 더 높다.

설탕은 그 결정의 크기가 작을수록 광택이 나며, 색깔이 더 희게 보이고, 또 빨리 용해되기 때문에 대개 미세한 결정형(crystalline form)으로 된 설탕이 널리 사용되고 있다.

그러나, 식품공업회사 등에서 대규모로 사용되는 경우에는 일단 용융하여 사용하는 경우가 많기 때문에 결정의 크기 등은 별로 문제가 되지 않는다. 특수한 경우에는 이상의 결정당(crystalline sugars)을 다시 롤러(roller)로 분쇄하여 분말로 한 분말당(powdered sugar)이 사용되는 경우도 있으며, 또 원료 설탕이 공장 내에서 흩어지는 것과, 외부로부터의 오염방지를 효과적으로 할 목적으로 65% 이상의 설탕용액(sucrose syrup), 즉 액체당(liquid sugar)이 사용되는 경우가 외국에서는 종종 있었다.

이 액체당은 밀폐된 파이프(pipes)들을 통해서 운반, 공급된다.

설탕, 즉 자당의 구조 보통 설탕으로 알려져 있는 자당(sucrose, 즉 α-D-glucopyranosyl-β-D-fructofuranoside, 또는 β-D-fructofuranosyl-α-D-glucopyranoside)은 다음과 같이 포도당(α-D-glucose)과 과당(β-D-fructose)이 α, β-1,2-결합에 의해서 결합된 구조를 갖고 있는 이당류(disaccharide)이다.

이와 같은 사실은 α-D-글루코오스 결합(α-glucosidic bond)을 가진 기질들(substrates)만을 선택적으로 가수분해하는 α-D-글루코시데이스(α-D-glucosidase)에 의해서 설탕은 쉽게 가수분해되는 반면에, β-D-프럭토오 결합(β-D-fructosidic bond)을 가진 기질들만을 선택적으로 가수분해하는 β-D-프럭토시데이스(β-D-fructosidase)에 의해서도 쉽게 가수분해 되는 사실로서도 쉽게 알 수 있다.

한편, 설탕의 구성당들의 결합형태는 α-glcp-(1,2)-β -fruf로 결합위치에 중점을 둔 표시법을 사용하는 경우도 자주 있으나, 이 방법은 IUPAC-IUB 규정에 입각하고 있다(Robinson, D. S., 1987. "*Food Biochemistry & Nutritional Value*", p.14.; Whistles, R. L. and BeMiller, J. N., 1997. "*Carbohydrate Chemistry for Food Scientists*", p.70~72.)

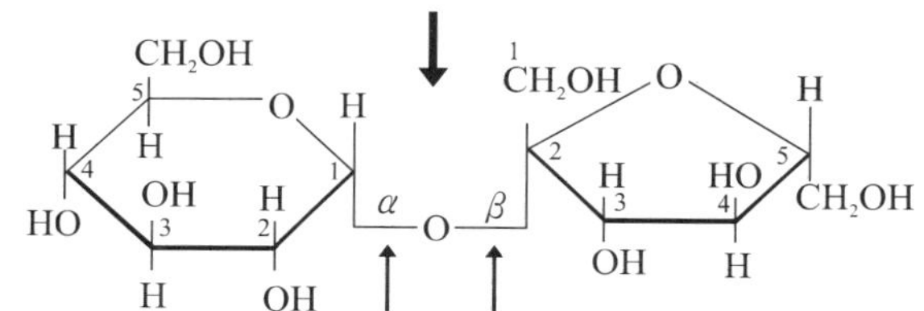

설탕(sucrose: α–D–glucopyranosyl–β–D–fructofuranoside)

설탕의 비환원당으로서의 성질 설탕(sucrose)은 삭카로오스(saccharose)라고도 불려지며 융점이 과거에는 160℃에서 186℃의 온도로 여러 연구자들에 의해서 보고되어 왔으나 많은 학자들은 184~185℃로 생각하고 있다. 한편, 그 비선광도는 $[\alpha]^{25}_{D}$=+66.47~66.49°이며 효모에 의해서 쉽게 발효된다.

또한 산, 알칼리, 효모들(yeasts)에서 얻어지는 효소 인버테이스(invertase) 등에 의해서 쉽게 가수분해 되어 포도당(α-D-glucose)과 과당(β-D-fructose)의 혼합물이 된다.

설탕의 경우에 각각의 구성 당의 특성을 나타내는 카아보닐기들(carbonyl groups)을 통해서 결합되어 있기 때문에 유리된 기능기(機能基, free functional group)가 없다. 따라서,

1. 환원력(reducing power)이 없으며, 펠링용액(Fehling solution)을 환원하는 성질도 없는 소위 비환원당(非還元糖, non-reducing sugar)이며,
2. 유리된 카아보닐기를 분자 내에 갖고 있지 않기 때문에 페닐하이드라진(phenylhydrazine), 세미카아바자이드(semicarbazide), 하이드록실아민(hydroxylamine), 세미카아바존(semicarbazone), 옥사임(oxime) 등의 유도체를 형성하지 않으며,
3. 역시 유리된 카아보닐기가 없기 때문에 α, β-형의 이성체(isomers)가 존재하지 않으며, 따라서 이성화(異性化, mutarotation)도 되지 않는다.

설탕의 전화와 전화당 설탕은 전술한 대로 묽은 산, 알칼리, 또는 효소 인버테이스(invertase)의 작용에 의해서 포도당과 과당으로 가수분해 된다.

실제로는 인버테이스(invertase)는 두 종류가 있으며, 벌꿀, 일부 효모들, 포유동물들의 장(腸)에 존재하는 α-D-글루코시데이스들(α-D-glucosidases)과 세균류, 일부 효모들, 고등식물체들에 존재하는 α-D-글루코시데이스들(α-D-glucosidases)과 세균류, 일부 효모들, 고등식물체들에 존재하는 β-D-프럭토푸라노시데이스들(β-D-fructofuranosidases)이 여기에 속한다. 한편 α-D-글루코시데이스는 위의 설탕의 구조식에서 왼쪽 글루코오스의 탄소 1번과 그 바로 오른쪽의 산소와의 결합을 가수분해하며, β-D-프럭토푸라노시데이스는 중앙의 산소원자와 오른쪽의 프럭토오스의 탄소 2번과의 결합을 가수분해하게 된다.

이때 설탕의 선광성(旋光性)은 우선성에서 좌선성으로 반전(反轉, invert)되기 때문에 이 설탕의 가수분해과정을 전화(轉化, inversion)라고 하며, 이렇게 형성된 포도당과 과당의 혼합물은 전화당(轉化糖, invert sugar)이라고 한다.

$$C_{12}H_{22}O_{11} + H_2O = C_6H_{12}O_6 + C_6H_{12}O_6$$

설탕 (+66.5°)　　포도당 (+52.5°)　　과당 (-92.0°)

전술한 대로, 인버테이스(invertase)는 실제로는 두 종류의 작용양식이 다른 효소들의 그룹들을 포함하고 있으나, 설탕을 그 구성당인 포도당과 과당(果糖, 즉 β-fructose)으로 가수분해하는 효소들로서, 가장 먼저 발견되고 이용되기 시작한 효소, 즉 인버테이스(invertase)는 일부 효모들에서 추출한 것이었으며, 이 인버테이스는 결국 β-D-프럭토후라노사이드 결합(β -D-fructofuranoside linkage)을 가수분해하는 β-D-프럭토후라노시데이스(β-D-fructofuranosidase, E. C. 3.2.1.26)로 밝혀졌다. 따라서 일반적으로 효소 인버테이스(invertase, E. C. 3.2.1.26)는 위에서 설명한 β-D-프럭토후라노시데이스를 의미한다.

다른 한 종류의 설탕 가수분해효소들 중에서 가장 오래 전부터 알려져 왔으며, 널리 식품산업계, 특히 양조업계서 사용된 효소로서는 보리엿기름(麥芽, malt)에 존재하는 종전에 말테이스(maltase) 등의 이름으로 알려져 온 α-D-글루코시데이스(α-D-glucosidase, E. C. 3.2.1.20)가 있다.

그 외에도 벌꿀의 인버테이스, 사람의 치아 부근에서 설탕을 분해, 신진대사에 이용하고, 이때 형성하는 다당체(polysaccharide) 덱스트란(dextran)의 보호막을 이용하며, 함께 생성된 유기산들이 치아의 에너멜질피복(enamel coating)을 용해시켜 충치를 발생시키고, 악화시키는 *Bacillus subtilis*가 분비하는 설탕 가수분해효소도 이 그룹에 속한다.

전술한 효소, 즉 α-D-글루코시데이스(α -D-glucosidase)의 최적(optimum) pH는 4 내지 4.5, 최적온도(optimum temperature)는 대체로 55℃로 알려져 있다.

전화당 설탕의 산, 알칼리, 효소들의 가수분해에 의해서 형성된 포도당과 과당의 혼합물을 전화당(invert sugar)이라고 부르는 사실에 대해서는 이미 언급한 바 있다. 설탕의 가수분해는 비교적 쉽게 이루어지므로 식품에 원래 존재하거나 첨가하여 주었던 설탕성분은 가열조리, 가공 등의 과정에 의해서 그 일부가 전화당으로 분해되어 존재할 것으로 생각된다. 전화당의 물리적, 화학적 성질은 물론 설탕과 다르며(예, 설탕은 비환원당이며, 전화당은 환원당의 혼합물이다), 또 그 단맛도 다르다.

그러나, 실제적 문제로서 가장 중요한 변화의 하나는 용해도의 변화이다(그림 5-5 참조).

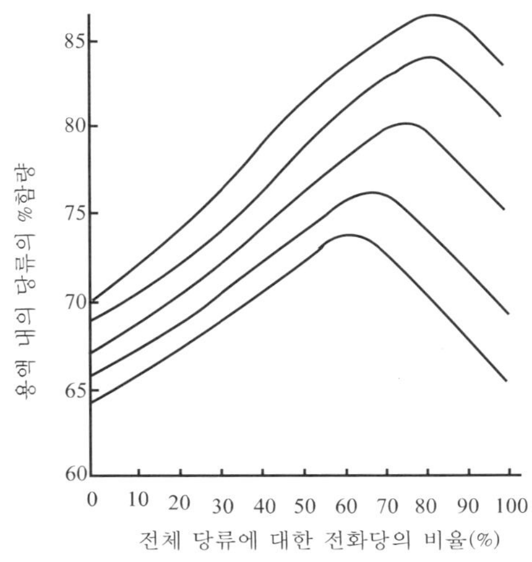

[그림 5-5] 설탕, 전화당, 일부가 전화당이 된 혼합당의 여러 온도에서의 용해도.
Meyer, L. H. 1960. "*Food Chemistry*", p.70. Reinhold Pub. Corp., New York.

일반적으로 순수한 설탕보다는 그 중의 일부가 가수분해 되어 전화당으로 존재할 때, 전체의 용해도는 순수한 설탕만의 용해도 보다 크다. 예로서, 0℃에서는 설탕의 최대 용해도(maximum solubility), 즉 용액내의 설탕의 최대 %함량은 64%이며, 한편 설탕 중의 58%가 전화된 당의 혼합용액 데서의 그 혼합물의 최고 용해도는 73%가 된다.

한편, 40℃에서 설탕의 용해도는 상당량의 유기산을 함유하고 있으므로 과실과 설탕을 함께 장기간 가열하여 만든 식품, 예로서 잼(jam) 등에 있어서는 그 중의 일부 설탕은 언제나 전화당으로 되어 있다고 생각해야 할 것이다.

이와 같은 식품에서 설탕의 일부가 전화(inversion)된다는 사실은 어떤 면에서는 유익하다. 즉, 보통 잼이나 이와 유사한 식품에서는 최하 65%, 최고 70%, 보통 67.5%의 설탕이 함유되고 있으나 (Desrosier, N. W., 1970), 이와 같은 잼의 저장온도가 0℃가 될 경우에는 그 속의 설탕이 전혀 전화되어 있지 않다면, 0℃에서의 설탕의 최고 용해도, 즉 용액 내의 설탕의 최고 %함량은 64%이므로 이 속의 설탕이 과포화(supersaturation) 상태에 있는 잼이며, 따라서 일부의 과잉상태의 설탕이 결정화되어 석출(析出)될 수가 있다. 이와 같은 설탕의 석출이 바람직하지 않음은 물론이다.

그러나, 그 중의 설탕의 58%가 전화되어 있다면, 이 설탕과 전화당의 혼합물의 0℃에서의 최고 %함량은 73%이므로 설탕은 석출되지 않는다.

전화당의 단맛 설탕이 전화되어 전화당이 될 때는 그 단맛에도 변화가 일어남은 물론이다. 이미 전화당의 단맛에 대해서는 제3장 식품의 맛에서 간단히 언급한 바 있다. 전화당의 상대적 감미도(relative sweetness)에 대해서는 오랫동안 여러 연구자들에 의해서 여러모로 검토, 평가되어 왔으나 아직 확실하지는 않다. 예로서, 세일들(Sale, J. W. *et al.*, 1922)은 전화당의 상대적 감미도(relative sweetness, sucrose=100)로서 85란 수치를 주고 있다(표 5-4 참조).

10%의 설탕용액을 완전히 가수분해하여 전화당으로 하면, 10.53%의 전화당 용액, 즉 5.26%의 포도당과 5.26%의 과당의 혼합용액이 형성된다. 한편, 각 감미물질의 상대적 감미도에 관한 니이맨(Nieman, C., 1958)의 자료(Amerine, M. A. *et al.*, 1965, 제3장 참고문헌 참조)에 의하면, 포도당과 과당의 상대적 감미도(relative sweetness, sucrose=100)는 각각 69 및 114이므로, 여기에 근거를 둔 전화당의 상대적 감미도는

$$1,053 \times \frac{1}{2}(69+114)=96.3$$

즉 96.3이 된다. 그러나, 니이맨들(Nieman, C., 1958)이 실제 실험을 통해서 결정한 전화당의 상대적 감미도는 65로서 예상치보다 훨씬 적은 수치가 나와 있다. 아메린들(Amerine, M. A. *et al.*, 1965)은 실제의 전화당의 상대적 감미도는 이상의 수치보다는 훨씬 높으며, 95 정도로 추정된다고 말하고 있다.

그러나 근래에 와서 여러 연구자들은 100 전후, 그 중에도 포메란츠(Pomeranz, Y., 1991, p.124)는 100이상이라는 높은 감미도를 보고하였다(본문 p353의 표 5-2 참조).

한편, 샬렌버거(Shallenberger, R. S., 1993, p.193, p.199~201)는 온도의 영향이 크지 않은 설탕의 경우와 달리, 전화당의 경우에는 그 구성성분의 하나인 프럭노오스(β -D-fructose)의 상대적 감미도(relative sweetness, sucrose = 100)가 10℃에서 140으로 알려져 있어서, 전화당으로서는 그 상대적

감미도는 107 정도로 설탕의 경우보다 크나, 보통 마시는 커피의 온도(40℃ 정도)에서는 프럭토오스의 상대적 감미도가 80~90 정도가 되므로 전화당으로서의 상대적 감미도는 80 정도가 되어, 온도의 영향을 크게 받는 것 같다고 설명하였다.

일부 대표적인 당의 용해도와 상대적 감미도, 즉 단맛의 비교 식품 중에 널리 존재하며, 또 조리 또는 가공 등에 널리 사용되고 있는 당류로서는 설탕, 맥아당, 젖당, 포도당, 과당 등이 있으며, 이 당류의 실온(room temperature) 부근에서의 용해도는 전술한 표 5-1(본문 p351)과 같다.

즉, 용해도의 크기는 과당 > 설탕 > 포도당 > 맥아당 > 젖당의 순서이며, 이 순서는 감미도, 즉 단맛 크기의 순서와 일치된다(표 5-4 참조).

표 5-4 여러 가지 당류의 설탕(sucrose=100)을 기준으로 할 때의 상대적 감미도

연구자들 / 당의 이름	Biester, A. M., Eood, W and Whalin, C. S(1925)	Sale, J. W. and Skinner, W. W.(1922)	Paul, T.(1921)
과당(fructose)	173.3	150	103
설탕(sucrose)	100.0	100	100
포도당(glucose)	74.3	50	52
맥아당(maltose)	32.5	60	-
젖당(lactose)	16.0	-	28
전화당(invert sugar)	-	85	-

Lowe, Belle. 1955. "*Experimental Cookery*," 4th ed, p.52, John Wiley and Sons, Inc., New York.

설탕의 가열에 의한 변화, 캬라멜화 보통 시중에서 판매되고 있는 설탕의 순도(purity)는 94.5%에서 99.94%, 전화당의 함량은 2.24%에서 0%, 수분함량은 1.80%에서 0.01%, 회분이 0.37%에서 0.00%, 비당분 유기질(非糖分 有機質, non-sugar organic matters)이 1.08%에서 0,00%로서 그 조성(composition)이 일정하지 않으며, 결정의 크기도 일정하지 않으므로 그 융점도 일정하지 않으나, 대체로 160~186℃에서 녹기 시작한다. 계속 온도를 높이면서 가열하면 용융된 액체상 설탕에서는 캬라멜화(caramelization)가 일어나며, 200℃ 이상의 온도까지 계속 가열하면 탈수반응(dehydration reaction)에 의해서 탄화(carbonization)가 일어난다.

여기서 유의할 것은 이 캬라멜화 또는 캬라멜화 반응(caramelization)에 대해서 제11장 갈색화 반응에서 하나의 항목(項目)으로 다루어지고 있으나, 여기서 언급하고 있는 캬라멜화는 그 개념이 다소 다르다는 점이다. 가장 중요한 차이는 여기서 다루고 있는 캬라멜화는 당류의 용융 후의 화학적 변화들을 주로 다루고 있으며, 제11장에서는 당류의 수용액의 여러 온도, 여러 pH 등에서의 화학적 변화들과, 그 갈색화의 반응기구, 가공식품들을 포함한 각종 식품류의 품질에 대한 영향, 인체에 대한 영향, 그 억제방법 들을 다루고 있다는 점이다.

샬렌버어거들(Shallenberger, R. S. and Birch, G. G., 1975; Shallenberger, R. S., 1993 참조)에 의하면 설탕의 결정(crystalline sucrose)을 200℃에서 계속 유지할 때는 설탕의 캬라멜화 반응(caramelization)은 네 단계를 거쳐서 진행되며, 이와 동일한 변화는 결정 포도당이나 과당(crystalline glucose or fructose)의 경우에도 일어난다고 한다. 즉,

1. 아이소삭크로산 형성단계

이 첫 단계는 대략 30분 정도(200℃에서) 지속되는 거품의 발생(forming)을 동반하는 흡열과정(吸

熱過程, endothermic process)으로서 전체 설탕 무게의 4.5%에 해당하는 감소가 일어나면서 거품의 탈생은 일시적으로 멈추게 되는 단계이다. 이 단계는 설탕분자 한 개에서 물분자가 한 개 탈수(dehydration)되는 단계로 볼 수 있으며, 실제로 이 단계에서는 설탕 1분자에서 물 1분자가 제거된 구조를 가진 아이소삭크로산류(isosacchrosans)가 형성되는 단계로 생각되고 있다. 이 아이소삭크로산은 단맛은 없으며, 약간의 쓴맛을 갖고 있다고 한다.

$$C_{12}H_{22}O_{11} - H_2O = C_{12}H_{20}O_{10}$$

sucrose isosachrosan

2. 캬라멜란 형성단계

이 둘째단계는 거품의 재발생(re-forming)을 동반하는 흡열과정으로서 대략 1시간 가량 계속되며, 전체 무게의 약 10%가 감소된다고 한다. 이 감소량은 설탕 1분자에서 2분자의 물 분자가 탈수되었음을 의미하며, 실제 이 단계에서는 설탕 2분자에서 물 4분자가 탈수하여 형성되는 갈색색소 캬라멜란류(caramelans)가 형성된다고 한다. 이 캬라멜란은 물, 에탄올에 잘 녹으며, 쓴맛을 갖고 있다.

$$2C_{12}H_{22}O_{11} - 4H_2O = C_{24}H_{36}O_{18}3$$

sucrose caramelan

3. 캬라멜렌 형성단계

이 셋째단계도 역시 거품의 재발생을 동반하는 흡열과정으로서 약 1시간 지속되며, 약 14%의 중량의 감소가 일어난다. 이때 형성되는 캬라멜렌류(caramelens)는 대략 3분자의 설탕분자들에서 8분자의 물분자들이 탈수된 것과 같은 분자구성을 하고 있으며, 물에만 녹는 갈색색소이다.

$$3C_{12}H_{22}O_{11} - 8H_2O = C_{36}H_{50}O_{25}$$

sucrose caramelen

4. 휴민 형성단계

위의 단계를 거친 후 가열이 계속될 때는 가열된 물질들의 탄화(炭化, carbonization)가 계속되어, 이들 화합물 속의 탄소원자들의 비율이 증가하고, 색깔은 첫단계의 갈색에서 점차 짙어져, 결국 흑갈색의 불용성(insoluble) 고분자 화합물들인 캬라멜린류(caramelins), 즉 휴민류(humins)가 형성된다. 이 흑갈색의 고분자 화합물들의 분자량이나 구조에 대해서는 아직 확실히 알려져 있지 않으나, 일부 연구자들은 이들 화합물들의 한 분자식으로 $C_{125}H1_{88}O_{80}$(분자량 2968)을 제시하고 있다.

설탕 자체뿐만 아니라 그 용액을 그대로 또는 산, 알칼리, 특히 알칼리 존재 하에서 강하게 가열할 때는 용융된 액상 설탕 또는 설탕용액의 색깔은 갈색(brown color)으로 변하여, 쓴맛(bitter taste)과 코를 찌르는 매운 냄새(acrid, pungent smell)를 갖게 된다. 이상의 변화도 보통 설탕의 캬라멜화로 알려져 있다.

엄밀한 의미에서는 이상과 같은 변화는 비단 설탕에만 국한된 것은 아니고 모든 단당류, 이당류 등의 당류와 그 수용액에서 볼 수 있는 현상이며, 소위 비효소 갈색화 반응(non-enzymatic browning reaction)에 속하는 중요한 반응의 아주 특수한 경우의 하나라고 할 수 있으나, 통상적인 식품류의 조리, 가공, 저장 중에서는 심한 물리적, 화학적 변화들(예로서, 설탕만을 200℃에서 수십분간 지속적으로 가열한다든지 하는)은 일어나기 힘들기 때문에 별도로 다루는 것이 더 적절하다고 생각된다.

통상적인 식품의 조리, 가공, 저장 중에 일어나는 비효소 갈색화 반응의 자세한 내용에 대해서는 제11장 갈색화 반응에서 다시 논의하기로 한다.

한편, 이상과 같은 설탕의 캬라멜화에서 얻어진 물질은 캬라멜(caramel)로 알려져 있으며, 그 짙은 갈색 때문에 간장과 같은 갈색, 또는 크림색(cream color)을 가진 식품들에 대한 착색제(coloring material)로서 널리 사용되어 왔다. 미국 식품 및 의약품 관리국(Food and Drug Administration, U.S.A)에서는 이 캬라멜을 「당의 부분적인 분해로 얻어지는 갈색 또는 크림색의 착색제」라고 정의하고 있다.

이것은 설탕을 냄비에 넣고 소량의 물과 캬라멜화를 촉진시키기 위해서 소량의 중조(sodium bicarbonate, $NaHCO_3$)와 같은 알칼리염을 가하여 가열함으로써 얻어진다.

전 세계적으로 사탕수수(sugar cane)와 사탕무(sugar beet)에서 생산되는 설탕의 양은 대체로 1억톤(100 million metric ton)을 넘는다. 미국이나 서구의 여러 나라에서는 하루 1인당 100g 내외의 설탕이 소비되고 있는 것 같다. 한편, 우리나라의 경우, 사탕수수당(cane sugar)이 1997년, 98년, 99년에 각각 443,100, 420,000 및 378,000톤이 수입되어, 정제 후 소비되어 왔다. 그 외에 당밀(cane molasses)도 각각 81,400, 64,500 및 58,600톤이 여러 가지 목적으로 수입되어 왔다(2000년도 농협연감, 2000 참조). 정제과정의 손실을 무시하고, 이 수입전량을 국민들이 소비했다고 추정한다면, 하루 1인당 소비량은 국내 총인구수를 47,000,000로 볼 때, 97년, 98년, 99년에 걸쳐 각각 25.8, 24.5 및 22.0g이 된다. 물론, 개개인의 소비량은 사람마다 크게 차이가 있을 것으로 생각된다.

한편, 블랙크(Black, R. M., 1993)는 설탕의 과용에 관한 문제를 논의하면서, 다음과 같은 여러 문제점들에 대해서 언급하고 있다. 즉, 첫째로는 통계적으로 산출되는 설탕의 소비량은, 실제로 국민 한 사람, 한 사람이 직접 먹고 없앤 양이 아니라는 점을 강조하고 있다(바로 위에서와 같은 경우). 예로서, 양조업계나 기타 식품공업계서 사용되는 많은 양의 설탕은 실제 국민들이 직접 섭취하는 것은 아니라는 점이며, 이 양은 경우에 따라서는 통계적으로 계산된 양의 25~30%가 되는 경우도 있다고 한다. 두 번째는 설탕의 과다한 섭취가 어린이들의 주의력, 집중력의 이상과, 이로 인한 활동의 항진(亢進), 또는 과도한 행동(hyperactivity)을 가져온다는 견해들은 확실한 의학적 근거가 없는 것으로 알려져 있다, 비만(obesity)의 경우도, 설탕류의 섭취만으로 일어나는 것이 아니라 지방질의 섭취량, 운동량 등도 똑같이 중요한 것으로 알려져 있으며, 동맥경화증 등의 원인들에 대한 논의들의 경우에도 같은 얘기를 하고 있다(또한 Whitney, E. N. and Rolfes, R. R., 1999 참조).

맥아당, 즉 말토오스

맥아당, 즉 말토오스(maltose)는 전분의 구성단위이기도 하며, 따라서 전분 분해당, 즉 물엿(예 옥수수 시럽, corn syrup) 또는 일반 자연식품이나 가공식품류 등에도 널리 함유되고 있으나, 엿기름(malt)이나 기타 발아 중의 곡류(germinating cereals)에도 그 함량이 비교적 많다.

맥아당의 구조 이 맥아당은 α-포도당(α-D-glucose)과 α- 또는 β-D-포도당(β-D-glucose) 두 분자가 α-1,4-결합(α-1,4-glucosidic linkage)을 통해서 결합된 이당류(disaccharides)의 하나로 β-형과 α-형의 두 형태로 존재한다. 전분(澱粉, starch)을 β-아밀레이스(β-amylase)로 가수분해할 때는 β-형,

즉 β-맥아당(β-maltose, 4-O-α-D-glucopyranosyl-β-D-glucopyranoside)이 형성되며, 보통 수화물($C_{12}H_{22}O_{11}$, H_2O)의 형태로 존재한다. 그 융점은 103℃, 비선광도는 $[\alpha]_D^{20}$=+112°, 물에서는 +130°로 알려져 있다. 한편, 이 β-말토오스의 1수화물(β-D-maltose monohydrate)을 무수(無水) 에탄올에 넣어서 끓인 후, 감압하(減壓下)에 가열, 건조시키면, α-말토오스의 무수물(無水物)을 얻는다. 그 융점은 108℃, 비선광도는 $[\alpha^{20}{}_D]$=+123°이며, 단맛을 갖고 있다.

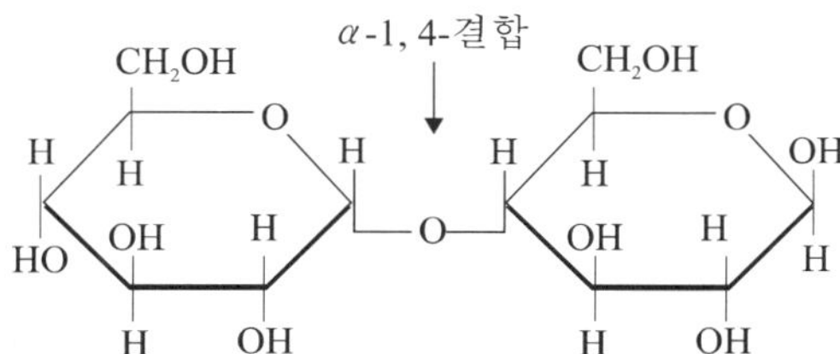

말토오스(β-maltose, 4-0-α-D-glucopyranosyl-β-glucopyranoside)

α-D-형은 수용액에서는 곧 이성화(mutarotation)에 의해서 β-형과 평형에 도달하며, 이때의 비선광도는 $[\alpha_D^{20}]$=+130.4°이다.

이 당은 환원당으로 효모에 의해서 발효되며 공업적으로는 전분을 가수분해하여 얻는다.

젖당, 즉 락토오스

젖당, 즉 락토오스(α-D-lactose, 4-O-β-D-galactopyranosyl-α-D-glucopyranoside)는 오직 포유동물(mammals)의 젖에만 존재하며, 식물계에는 존재하지 않는다. 따라서, 유당(乳糖, milk sugar)으로도 불려진다.

모유에는 대체로 6.7%, 우유에는 4.5% 가량 함유되어 있는 것으로 믿어지고 있다. 공업적으로는 치즈(cheese) 제조에 사용하다 남은 여액(fitrate), 즉 유장(乳漿, whey)에서 결정(結晶)으로 얻어진다.

보통 α-형의 수화물(水和物, $C_{12}H_{22}O_{11}.H_2O$)로 얻어지며, 이 수화물(α-lactose monohydrate)의 융점은 202℃, 비선광도는 $[\alpha^{20}{}_D]$=+92.6°이다. 한편, β-형은 무수물(無水物)로 얻어지며, 융점은 252℃, 비선광도는 $[\alpha^{20}{}_D]$=+34.0°이며, 이 β-형은 α-형보다 단맛이 강하다. 수용액에서는 이성화(mutarotation)에 의해서 곧 평형에 도달하며, 이때의 비선광도는 $[\alpha^{20}{}_D]$=+55.3°이다.

젖당은 보통 효모들(酵母, yeasts)에 의해서 발효되지 않는다.

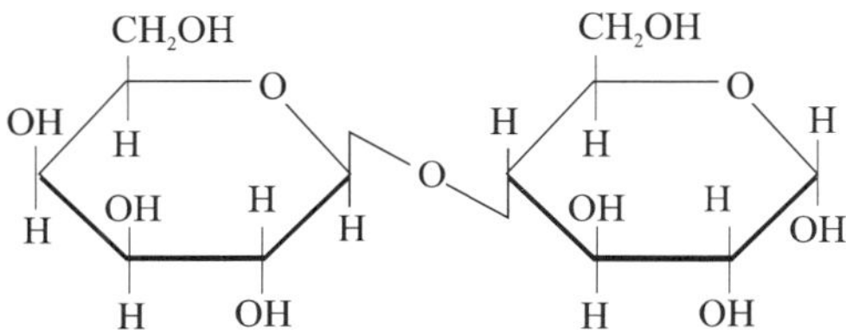

락토오스(α-lactose, 4-0-β-D-galactopyranosyl-α-D-glucopyranoside)

1960년대 이후로 여러 형태의 탄수화물들의 소화불능(消化不能) 또는 체내 흡수장애 사례들이 보고되고 연구되어 왔으며, 그 중 가장 잘 알려진 예가 우유 섭취 시에 자주 발생하는 락토오스 과민증(lactose intolerance), 즉 체내에 흡수된 락토오스의 신진대사 불능 현상이다.

이 락토오스 과민증은 인체 내의 소장(小腸, the small intestine) 내부의 표면막에 결합상태로 존재하는 락테이스(lactase, 즉 β-galactosidase, E. C. 3.2.1.23)가 존재하지 않거나 그 활동이 아주 미약하기 때문에, 섭취한 우유나 젖 중의 락토오스의 분해, 소화에 장애가 생기는 데서 일어나며, 복통(腹痛), 설사, 복명(腹鳴, borborygmus), 고장(鼓張, flatulence) 등을 수반한다고 한다. 특히 아프리카인, 동양인들에 흔히 볼 수 있으며, 한 가지 해결 방법은 우유나, 어린아이의 경우, 젖에 함유된 락토오스를 별도로 효소 처리하여 미리 분해 제거하는 방법이 있다. 일반적으로 소장에서의 소화분해효소 락테이스(lactase)의 활동은 출생후 5세 정도까지 최고활력을 보였다가, 5세 이후에는 그 활력은 점차 감소하여 최고 활력 때의 5~10%의 활력을 유지하는 것이 보통이다(Brody, T., 1999 참조).

젠티오비오스

젠티오비오스(β-D-gentiobiose, 6-O-β-glucopyranosyl-β-D-glucopyranoside)는 삼당류, 즉, 트리삭카라이드류(trisaccharides)인 젠티아노오스(gentianose), 또는 배당체(glycosides)의 하나인 아미그달린(amygdalin)의 구성단위이기도 하기 때문에 아미그달로오스(amygdalose)라고 불려 지기도 한다. 전분의 가수분해 과정에서 맥아당(maltose)과 함께 소량이 형성되기도 한다.

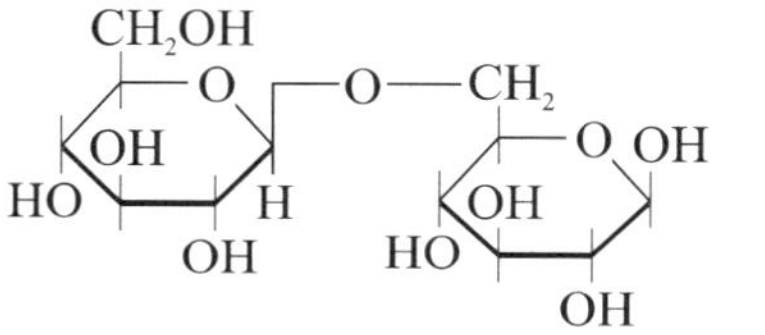

젠티오비오스(β -gentiobiose, 6-0- β -D-glucopyranosyl- β -D-glucopyranoside)

이는 전분이 가수분해 되어 포도당이 되는 과정에서, 포도당의 농도가 커짐에 따라 부반응들(side reactions)의 하나로서 포도당에서 역생성(逆生成)되는 것으로 알려져 있다.

α-형은 메틸 알콜에서 결정화할 때 두 분자의 메틸 알콜과 함께 결정화된다($C_{12}H_{22}O_{11}$.$2CH_3OH$). 이 α-형의 결정의 융점은 85℃이며, 또한 α-형의 비선광도는 $[\alpha^{20}_{D}]$=+16°(3min) → +8.3°(3.5hrs)이다. α-형은 쓴맛을 갖고 있다.

한편, β-형은 에틸 알콜에서 무수물(anhydrous form)의 결정의 형태로 얻을 수 있으며, 그 융점은 190℃ 내외이며, 비선광도는 $[\alpha^{20}_{D}]$=-5.9°(6min) → +9.6°(6hrs)(The Merck Index, 1989)이다. 역시 쓴맛이 있으며 효모에 의해서 발효되지 않는다.

젠티오비오스의 유도체 : 아미그달린 산(acid) 등으로 가수분해할 때 당류(sugars)와 당이 아닌 성분을 형성하는 물질들을 배당체(配糖體, glycosides)라고 하며, 당이 아닌 성분은 아글리콘(aglycone)이라고 한다.

고편도(苦扁桃, bitter almond 또는 laetrile, 즉 *Prunus amygdalus var. amera*의 종자, 씨) 또는 복숭아, 살구 등의 쓴맛 성분인 아미그달린(amygdalin)은 β-D-젠티오비오스(β -D-gentiobiose)의 만델로나이트릴(L-mandelonitrile)로 구성된 시안산함유 배당체(cynogenic glycoside)이며, 그 분자구성은 $C_{20}H_{27}O_{11}$, 융점은 대략 215℃, 그 비선광도는 $[\alpha^{20}{}_{D}]$=-40.5°로서, 복숭아, 살구 등의 씨에도 존재하는 사실이 알려져 있다.

한편, 이 아미그달린은 효소 자이메이스(zymase, 효모의 마쇄추출성분으로 각종의 효소들의 혼합물이나, 이 경우 아미그달린에 작용하는 효소는 β-D-글루코시데이스, β-D-glucosdase로 생각된다)의 작용에 의해서 포도당과 만델로나이트릴 글루코사이드(L-mandelonitrile glucoside), 즉 프루나신(prunasin)으로 분해된다.

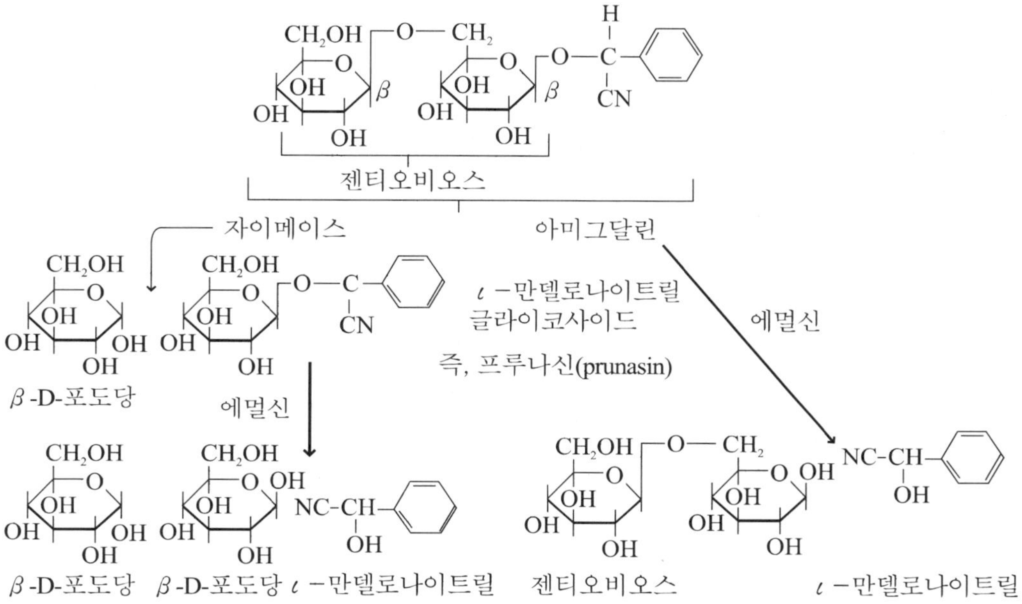

[그림 5-6] 아미그달린(amygdalin)의 구조와 가수분해 과정.

한편, 이 글루코사이드, 즉 프루나신은 효소 에멀신(emulsin)에 의해서 다시 포도당과 만델로나이트릴(L-mandelonitrile)로 가수분해 된다. 아미그달린 에멀신을 직접 작용시켰을 때는 젠티오비오스와 만델로나이트릴이 형성되는 사실이 알려져 있다(그림 5-6 참조).

고편도에 존재하는 에멀신(almond emulsin)은 β-D-글루코시데이스(β-D-glucosidase)의 하나이며, β-D-포도당 또는 β-D-젠티오비오스(β-D-gentiobiose)와 *l*-만델로나이트릴(*l*-mandelonitrilr)의 결합을 입체구조에 변화를 주지 않고 가수분해하는 특징이 있다(Collins, P. and Ferrier, R., 1995).

이 *l*-만델로나이트릴은 벤즈알데하이드 시아노하이드린(benzaldehyde cyanohydrin)이라고도 불려지며, 그 이름에서 알 수 있듯이 벤즈알데하이드와 시안산(cyanic acid, HCN)이 결합하여 형성된 것이다. 따라서 가수분해 될 때는 시안산을 유리(游離)하게 된다. 만델로나이트릴의 독성은 실험쥐에 대해서 피하주사(皮下注射)의 경우 치사량(lethal dose)이 6mg/kg 정도로 알려져 있다. 고편도의 경우, 그 속에 함유된 아미그달린에 의한 시안산의 함량이 비교적 큰 것으로(HCN, 250mg/100g 정도) 알려져 있다(제 17장 식품 속의 독성물질들 중 시안 배당체 p.1055 참조).

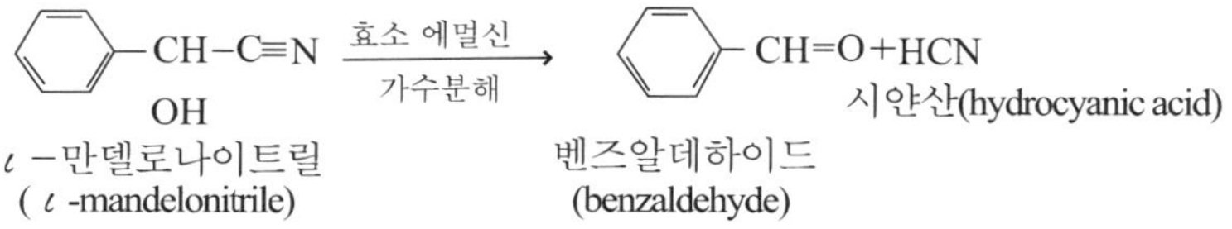

$$C_6H_5-CH(OH)-C\equiv N \xrightarrow[\text{가수분해}]{\text{효소 에멀신}} C_6H_5-CH=O + HCN$$

ι-만델로나이트릴 (ι-mandelonitrile) → 벤즈알데하이드 (benzaldehyde) + 시얀산(hydrocyanic acid)

아이소말토오스

아이소말토오스(β-D-isomaltose, 즉 6-O-α-D-glucopyranosyl-β-D-glucopyranoside)는 아밀로펙틴(amylopectin), 글라이코겐(glycogen), 덱스트란(dextrans) 등에 구성단위(a structural unit)로서 함유된 사실이 알려져 있으며, 덱스트란류의 가수분해물을 정제하여 얻을 수 있다. 유리상태(free state), 즉 비결합상태로는 자연에 존재하지 않는다고 한다.

전술한 말토오스(α-D-maltose)의 위치이성체며, 융점은 대략 120℃. 비선광도 $[\alpha^{20}_{D}]$=+119~122°로 알려져 있다. 또한 이 아이소말토오스는 젠티오비오스의 경우와 마찬가지로 전분의 가수분해로 얻어진 물엿(syrup) 등에서 가수분해 과정의 부산물(by-products) 또는 역생성물의 하나로서도 존재한다. 즉, 전분의 최종 가수분해 생성물인 포도당 농축용액에서 소량 역생성 되기도 한다.

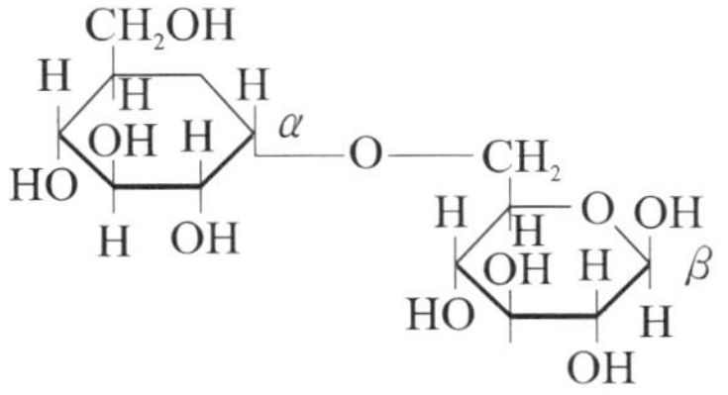

아이소말토오스(β-isomaltose, 6-0-α-D-glucopyranosyl-β-D-glucopyranoside)

멜리비오스

멜리비오스(β-D-melibiose, 6-O-α-D-galactopyranosyl-β-D-glucopyranoside)는 주로 트리삭카라이드(trisaccharide)인 라피노오스(raffinose)의 구성단위로서 자연에 존재한다.

β-형은 2수화물($C_{12}H_{22}O_{11}\cdot 2H_2O$)로 존재하며, 융점은 84~85℃, 비선광도는 $[\alpha^{20}_{D}]$=+112°이며 α, β-형의 평형용액(equilubrium mixture)의 비선광도는 $[\alpha^{20}_{D}]$=+129°이다. 상면(上面) 효모들(top or film yeasts)에 의해서는 발효되지 않으나, 하면(下面) 효모들(bottom yeasts)에 의해서는 발효된다.

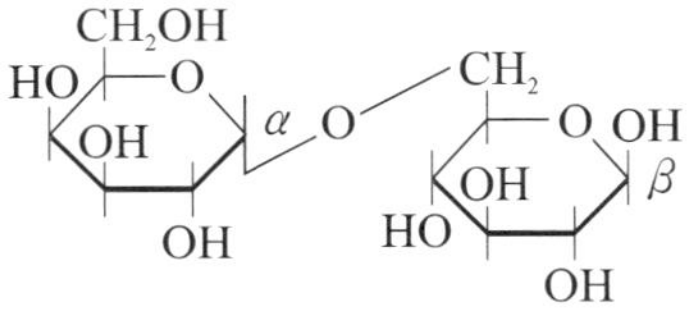

멜리비오스(β-melibiose, 6-0-α-D-galactopyranosyl-β-D-glucopyranoside)

트레할로오스

트레할로오스(α, α-trehalose, 1-O-α-D-glucopyranosyl-α-D-glucopyranoside)는 두 분자의 α-포도당이 α-1,1-결합으로 연결되어 있기 때문에, 즉 서로의 기능기(functional group)를 통해서 연결되어 있기 때문에 환원성(還元性)은 없다. 이 트레할로오스는 다당류에 속하는 트레하만난들(trehamannans)의 구성단위로 서로 존재하나 주로 효모, 곰팡이(fungi), 버섯류(mushrooms) 등에 단량체로 널리 존재하기 때문에 버섯에서 얻은 당(mushroom sugar)이라고도 불려진다.

보통 α-형은 2수화물($C_{12}H_{22}O_{11}.2H_2O$)로 존재하며, 그 융점은 97℃ 정도이다. 그러나 130℃ 정도에서 수화(水和, hydrate)된 물은 증발되기 시작하고, 트레할로오스(무수물, 無水物) 자체는 203℃에서 용융(melt)하며 비선광도는 $[\alpha_D^{20}]$=+178°로 알려져 있다. 물에 잘 녹으며, 뜨거운 에탄올에도 녹으나, 에텔(ether)에는 녹지 않는다.

트레할로오스는 단맛을 갖고 있으며 효모에 의해서 발효된다. 트레할로스에는 지금까지 설명한, α, α-트레할로오스 이외에, α-형과 β-형의 탄소 1번의 수산기(-OH group)가 직접 결합한, α, β-트레할로오스, 즉 네오트레할로오스(neotrehalose), β-형과 β-형의 수산기가 직접 결합한 β, β-트레할토오스, 즉 아이소트레할로오스 등 두 개의 이성체들이 알려져 있으며, 그 성질등도 연구됐으나 실제 자연계에서 발견되는 것은 α, α-트레할로오스 뿐이다.

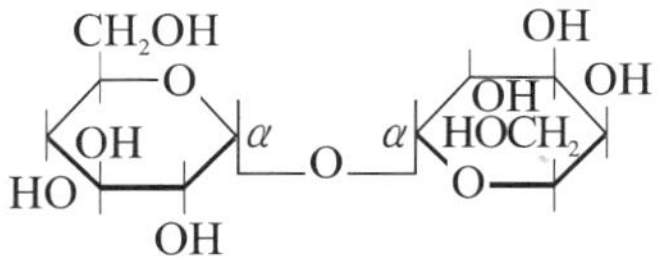

α, α-트레할로오스(α, α-trehalose, α-D-glucopyranosyl-α-D-glucopyranoside)

셀로비오스

셀로비오스(β-D-cellobiose, 4-O-β-glucopyranosyl-β-D-glucopyranoside)는 자연에 유리상태로 존재하는 일은 없으며, 셀룰로오스, 즉 섬유소(cellulose) 등의 구성단위(제8장 식품 속의 다당류 중의 셀룰코오스 항목 참조)로서만 존재한다. 융점은 255℃이며, 비선광도는 $[\alpha_D^{20}]$=+112°이며 단맛은 없다.

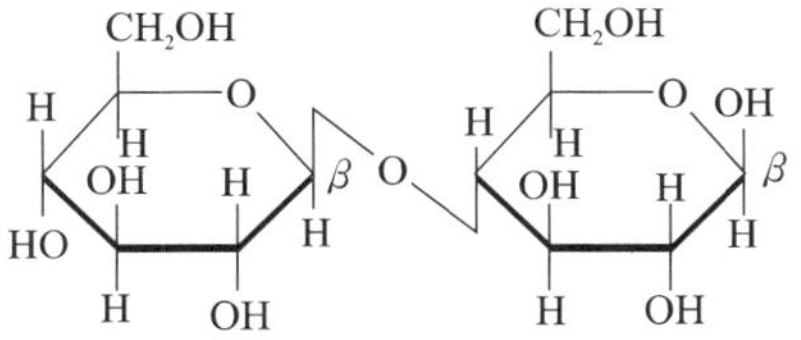

셀로비오스(β-cellobiose, 4-0-β D-glucopyranosyl-β-D-glucopyranoside)

과당류, 즉 올리고삭카라이드류

일반적으로 3개 이상 5,6개의 단당류, 즉 모노삭카라이드들(monosaccharides)로 구성된 당류를 과당류(寡糖類), 즉 올리고삭카라이드류(oligosaccharides)라고 부른다. 그러나 가수분해 되었을 때 형성되는 단당류의 수에 대해서 어떤 엄밀한 제한이 있는 것은 아니다.

자연에 존재하는, 특히 식품류 중에 분포되어 있는 올리고삭카라이드류의 수효는 많지도 않으며, 그 구성단위가 되는 단당류의 종류도 주로 D-포도당, D-갈락토오스, D-과당의 세 종류이며, 대표적인 과당류로서는 다음과 같은 것이 있다.

젠티아노오스

젠티아노오스(gentianose)는 용담(龍膽, Gentiana)에 속하는 식물의 뿌리(gentian roots)에서 얻어지는 삼당류, 즉 트리삭카라이드이며, 전술한 젠티오비오스(gentiobiose)의 포도당기(α-D-glucoser-esidue)의 1번 탄소에 과당(β-D-fructose)이 α, β-1,2-결합(α, β-1,2-glycosidic linkage)으로 결합한 구조를 가지고 있다(그림 5-6 참조).

이 당은 비환원성이며, 용담 뿌리 분말의 에탄올 추출물에서 결정으로 얻을 수 있다. 그 융점은 209℃ 내외, 비선광도는 $[\alpha^{20}_{D}]$=+31.5°이며 단맛은 없다.

한편, 고등식물체나 효모, 세균 등에 존재하는 β-프럭토시데이스류(β-fructosidases, EC 3.2.1.26), 예로서 효모 인버테이스(yeast invertase), 삭카레이스(saccharase), 슈크레이스(sucrase) 등은 젠티아노오스를 가수분해하여 젠티오비오스(α-gentibiose)와 β-프럭토오스(果糖, β-fructose)를 형성한다. 이와 같은 부분적인 가수분해는 묽은 산을 이용해도 이룰 수 있다(그림 5-6 참조).

젠티오비오스는 전술한 대로 쓴맛을 가진 이당류이다. 젠티아노오스와 젠티오비오스 사이의 구조상의 관계는 그림 5-7과 같다.

라피노오스

라피노오스(raffinose)는 멜리토오스(melitose) 또는 멜리트리오스(melitriose)로도 불려지며, 각종 식물의 종자들, 뿌리와 지하줄기들(underground stems)에 광범위하게 분포되어 있으며, 특히 콩과식물의 종자들(seeds of legumes)의 경우 그 함량이 높다.

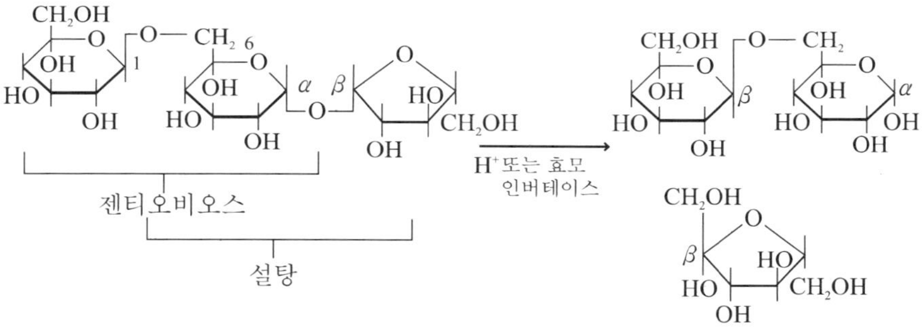

[그림 5-7] 젠티아노오스(gentianose), 위 그림 왼쪽의 3당류(trisaccharide)와 젠티오비오스(gentiobiose)와의 관계.

예로서 대두의 경우, 5~7%의 당류를 함유하고 있으나, 이 중 보통 설탕이 4.0~3.5%, 라피노오스 0.4~1.0%, 후술하는 스타키오스가 1.2~2.5%, 그리고 0.1% 내외의 환원당 등으로 구성되어 있다. 그 외에 사탕무, 면실(cotton seeds) 등에 소량 존재하며, 특히 유우칼리 나무에서 분비되는 만나꿀(Eucalyptus manna)은 그 성분의 대부분이 라피노오스로 구성되어 있다고 한다.

라피노오스의 구조는 O-α-D-galactopyranosyl-(1→6)-O-α-D-glucopyranosyl-(1→2)-β-D-fructofur-anoside로 표시되며, 설탕의 포도당기(glucose residue)의 6번의 탄소에 갈락토오스(α-D-galactose)가 α-1,6-결합으로 결합된 구조를 갖고 있으며 환원성이 없다.

보통 5수화물(raffinose pentahydrate, $C_{18}H_{32}O_{16}.H_2O$)의 결정으로 얻어지며, 그 융점은 80℃정도이다. 라피노오스 5수화물의 비선광도는 $[\alpha^{20}_{D}]$=+105.2°이며, 약간의 단맛을 가지고 있다.

효모에 의해서, 즉 효모 인버테이스(yeast invertase)와 같은 β-프럭토시데이스(β-fructosidase)에 의해서 가수분해 되어 멜리비오스(melibiosde)와 과당으로 된다. 효모에 의한 라피노오스의 가수분해 과정은 그림 5-8과 같다.

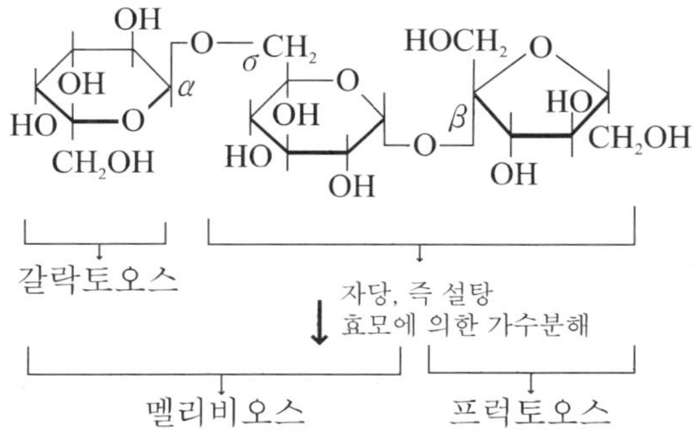

갈락토오스

자당, 즉 설탕 효모에 의한 가수분해

멜리비오스 프럭토오스

[그림 5-8] 라피노오스의 구조와 효모에 의한 가수분해 생성물들; 위 그림의 상단에 표시한 삼당류(三糖類)가 바로 라피노오스이다.

스타키오스

스타키오스(stachyose)의 출처도 전술한 대로 라피노오스의 경우와 유사하며 특히 면실(cotton seeds)과 대두(soybean) 등의 콩과식물 종자들에 그 함량이 비교적 많다.

이 사당류(四糖類), 즉 테트라삭카라이드(tetrasaccharide)는 라피노오스(raffinose)의 유도체로 생각할 수 있으며, 또한 실제로 그렇다. 즉, 삼당류(三糖類, 즉 trisaccharide)인 라피노오스의 갈락토오스기(galactose residue)의 6번 탄소에 또 하나의 갈락토오스(α-D-galactose)가 α-1,6-결합(α-1,6-glycosidic linkage)을 통해서 결합한 구조를 갖고 있다.

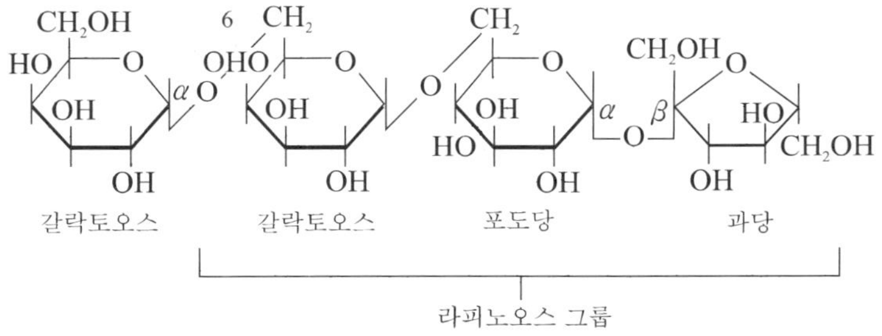

갈락토오스 갈락토오스 포도당 과당

라피노오스 그룹

스타키오스(stachyose)의 구조

스타키오스(stachyose)는 비환원성인 사당류(非還元性 四糖類, a non-reducing tetraose)이며, 샬렌버거들(Shallenberger, R. S. and Birch, G. G., 1975)에 의하면, 스타키오스의 결정(stachyose crystals)들로서 4수화물 또는 5수화물(四水和物 또는 五水和物, a tetra-or pentahydrate)들이 보고되고 있으나, 4.5수화물(a heminonahydrate, hemi=1/2, none=9)로 존재할 가능성도 배재할 수 없다고 한다. 그 융점은 측정방법에 따라 수치가 다르나, 탄레트(Tanret, C., 1902)는 만네오테트로오스·4.5수화물(manneotetrose·4.5hydrate; manneotetrose는 stachyose 옛이름)은 150℃에서 녹기 시작하고, 167℃에서 완전히 녹는다고 보고하고 있다.

한편, 무수물(無水物)의 결정의 경우, 그 융점은 일반적으로 168~170℃, 비선광도는 $[\alpha^{20}_{D}]$=+149°

정도로 알려져 있다. 라피노오스의 경우와 마찬가지로 효모에 의해서 부분적으로 가수분해 된다.

이 스타키오스는 전술한 바 있는 라피노오스와 함께 대두와 같은 두류에 상당량 함유되어 있으며, 인체 내에서는 이들 과당류는 잘 소화, 흡수되지 않는 반면에 장내(腸內) 특히, 대장(colon) 내에 기생하고 있는 대장균들(예로서 *Clostridium perfringens*)에 의해서 발효되어 가스가 발생하는 사실이 오래 전부터 알려져 왔다.

즉, 이와 같은 대장 내에서의 일부 대장균들은 라피노오스, 스타키오스 등을 발효하여 장내 가스의 형성(gas production)과 장에 가스가 참(flatulence), 복통(cramping pains), 복명(borborygmus) 등을 가져오는 사실들이 널리 알려져 왔다. 따라서 대두를 비롯한 두류를 이용한 가공식품들을 제조하기 앞서 이상의 과당류를 제거하는 방법을 개발하는데 많은 관심이 모아지고 있다.

또한 전술한 파리노오스와 스타키오스들은 대두, 면실 등의 콩류 뿐 아니라, 사탕무, 즉 첨채(甛菜, sugar beet)에도 상당량 함유되어 있어서, 사탕무에서 만든 설탕(첨채당, beet sugar)의 바람직하지 않은 부산물 내지는 불순물로 생각되어 왔다. 이들 올리고당류(oligosaccharides)는 첨채당, 즉 설탕(sucrose)의 정제과정과 특히, 결정제조과정(the crystallization process)에서 설탕결정의 형성을 방해하며, 함께 결정되어 제품들에 혼입될 경우에는, 제품들의 비선광도를 실제 설탕 함량보다 더 크게 보이게 하는 작용이 있으며-예로서, 스타키오스의 경우, 그 $[\alpha]_D^{20}$은 거의 +150°며 시간에 따라 변하지 않으나, 설탕의 경우에는 +66.5°이며, 가수분해 되면서 계속 감소하여, 결국 $[\alpha]_D^{20}$가 된다 - 단맛은 없고, 소화, 즉 체내에서의 가수분해도 느리기 때문에, 첨채당의 품질을 저하시키는 일종의 불순물로 볼 수 있다(Heimann, W., 1972 p.143; Schormueller, J., 1974 p.99 참조).

말토트리오스, 말토테트라오스, 말토펜타오스 및 샬딘저 덱스트린류

근래에 와서 고성능 액체 크로마토그라피(high performance liquid chromatography, HPLC) 분리, 분석법을 비롯한 다양한 크로마토그라피 분리, 분석법들이 개발되고 널리 사용되어 왔으며, 이에 따라 복잡한 당류 혼합물에 존재하는 각 성분 당류의 정밀한 분리가 가능하게 됨에 따라, 옥수수 시럽(corn syrup), 즉 물엿 등과 같은 전분 가수분해액에 존재하는 각종 올리고삭카라이드들의 분리와 동정이 정밀하게 이뤄지고 있다.

예로서 위슬러들(Whistler, R. L. *et al.*, 1954, 1955)은 이미 오래전부터 옥수수 시럽, 즉 물엿에서 포도당(α-D-glucose)이 α-1,4-결합으로 결합된 각종 올리고삭카라이드들, 즉 말토트리오스(maltotriose), 말토테트라오스(maltotetraose), 말토펜타오스(maltopentaose), 말토헥사오스(maltohexaose), 말토헵타오스(maltoheptaose) 등을 분리하고 있다.

한편, 6개 또는 7개 정도의 포도당(α-D-glucose)으로 구성된 환상(環狀) 올리고삭카라이드들(cyclic oligosaccharides)인 샬딘저 덱스트린류(the Schardinger dextrins) 또는 밧실러스 마세란스 아밀레이스류(Bacillus macerans amylases, BAMs), 즉 근래 그 특이한 물리적, 화학적 성질들 때문에 많은 관심을 끌어 온 소위 α-, β-, γ-사이클로덱스트린류(α-, β-, and γ-cyclodextrins)에 대해서는 제6장 해당항목과 실제 응용된 사례들(예 제3장 p. 205 나린진 및 리모닌의 제거)에서 좀 더 자세히 논의하기로 한다.

단당류, 이당류, 과당류의 분리 각종 크로마토그라피 방법들이 이들 당류의 분리, 정제, 동정 등에 사용되어 왔으나, 근래에는 바로 위에서 언급한 고성능 액체크로마토그라피법(high performance liquid chromatography, HPLC법)이 가장 잘 사용되고 있다. 가스 크로마토그라피의 경우처럼, 유도체를 새로 만들거나(derivatization) 고온처리(200℃ 정도) 할 필요가 없는데다가 분자량이 큰 과당류의 분리에도 효과적이라고 한다.

각종의 콩류, 즉 두과식물(豆科植物)에 속하는 렌즈콩(lentules), 완두(peas), 강낭콩(beans), 이집트콩(chickpea), 얼룩 강낭콩(pintobeans) 등의 단당류, 이당류, 과당류의 분리 시에는 아미노알킬화 실리카겔(aminoalkylated silicagels)들을 고정상(stationary phase)으로, 메탄올 또는 아세토나이트릴의 수용액(aqueous methanol or silicagels)을 이동상(mobile phase)으로 하는 역상(逆相) 분배크로마토그라피법(reversed-phase partition chromatography)을 이용한 HPLC법이 근래에 와서 자주 사용된다.

이상의 방법을 사용할 때는, 90℃라는 비교적 높은 온도가 사용되는데, 산체즈-마타들(Sanchez-Mata, M. C, *et al*., 1998)은 전술한 아미노알킬 그룹과 결합된 컬럼(an amino-bonded column), 즉 입자크기가 10㎛인 [(aminopropyl)methyl]silyl이 결합된 실리카겔(amorphous silica)을 채운 컬럼을 고정상으로, 아세토나이트릴/물(acetonetrile/water, 70/30 또는 85/15)시스템을 이동상으로 한, 역상 분배크로마토그라피를 이용한 HPLC법으로 각종 콩류 중의 단당류, 이당류, 과당류의 분포와 그 함량들을 조사한 바 있다. 이 경우, 조업 중의 온도는 특별히 고온(90℃)으로 할 필요는 없었다고 한다.

이들은 이상의 역상 분배크로마토그라피(reversed-phase partition chromatography)를 사용한 HPLC법으로 렌즈콩, 완두콩(peas), 이집트콩(chickpeas), 흰색강낭콩(white beans), 얼룩강낭콩(pintobeans) 중에 함유된 라이보오스(D-ribose), 프럭토오스(D-fructose), 글루코오스(D-glucose), 갈락토오스(D-galactose), 이당류인 설탕(sucrose), 맥아당(maltose), 멜리비오스(melibiose), 과당류인 라피노오스(raffinose), 사이세리톨(ciceritol), 스타키오스(stachyose) 등을 분리, 동정, 그 함량들을 측정하여 보고하고 있다.

모유에 존재하는 과당류

근래에 와서 모유에 함유된 탄수화물, 단백질, 지방질 성분들의 중요성이 비상한 관심 속에 재인식되고 있다.

한 예로서, 각종 식품류의 단백질들의 영양가를 평가하는 여러 척도들 중의 하나로서 이상적인 또는 실제로 기준이 되는 단백질의 아미노산 함량이나 그 비율 등을 서로 비교하는 방법이 사용되어 왔으며, 종래에는 이와 같은 아미노산 함량이나 그 상호간의 비율은 우유, 달걀의 단백질 등을 기준으로 삼아왔다. 그러나 근래에는, 특히 유아, 아동들의 경우에는 모유에 존재하는 단백질을 구성하고 있는 아미노산의 함량과 그 상호간의 비율을 기준으로 하고 있다(Report of a joint FAO, WHC, UNU Expert Consultation, 1985; Robinson, D. E., 1987, Chapt. 3 The Nutritional Value of Proteins 참조). 또한 사람의 경우에는 모유에 함유된 지방질 성분들도 매우 중요하다. 이들에 대해서는 나중에 간단히 설명하기로 한다.

한편, 모유에 함유된 탄화수소류(carbohydrates) 중 양적으로 가장 중요한 것은 이미 설명한 락토오스(β-D-lactose)로써 대략 젖의 전체 중량의 6~8% 정도 함유된 것으로 알려져 있다. 이 함량은 우유의 경우 4~5% 보다 많은 양이며, 아마도 사람이 식용으로 사용하는 어떤 포유동물의 젖 중의 함량보다 더 큰 것으로 생각된다. 이 락토오스는 유아들의 주 에너지원으로 사용되는 것으로 알려져 있다.

그 외에도 모유(그리고 우유의 경우에도)에는 1.3% 내외의 과당류(Linder, M. C., 1991)가 함유된 사실이 알려져 있다. 모유에 존재하는 과당류(human milk oligosaccharides)에 대해서 퍼어시발들(Percival, E. G. V. and Percival, E., 1962)은 1950년대 초까지 주로 쿤들(Kuhn, R. *et al.*, 1954~1962; 바로 앞 문헌 참조)에 의해서 3종의 삼당류, 2종의 사당류, 2종의 오당류, 1종의 육당류가 분리되고, 그 구조가 완전히 밝혀진 사실을 설명하고 있다.

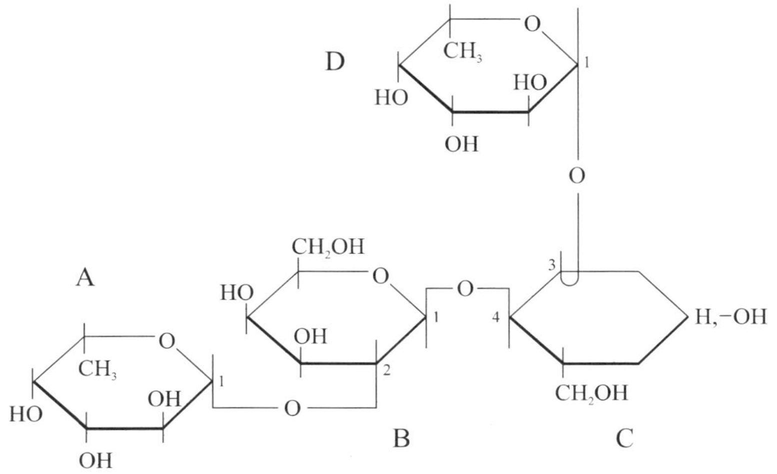

[그림 5-9] 인유(人乳)에서 분리된 환원성 삼당류 휴코락토오스(D-fucolactose, 위 그림 D이하)와 사당류 다이휴코락토오스(D-difucolactose, 전체)의 분자구조식, 수차는 결합한 당류의 탄소위치를, A, B, C, D는 각각 α-L-휴코오스, β-D-갈락토오스, α- 또는 β-D-글루코오스, 그리고 α-L-휴코오스 단위를 나타낸다.
Percival, E. G. V. and Percival, E., 1962. *"Structural Carbohydrate Chemistry,"* J. Garnet Miller Ltd., London.

그림 5-9에 표시된 환원성 삼당류인 휴코락토오스(D-fucolactose)는 L-휴코오스, D-갈락토오스, D-글루코오스가 각각 α-1,2-, β-1,4-결합으로 연결되어 있으며, 그 결정의 융점은 230~231℃, 비선광도는 $[\alpha]_D^{20}$= - 53~-58℃로 알려져 있다. 이 삼당류는 휴코시도락토오스(fucosidolactose)로도 알려져 왔다. 그 구조를 약식표기로 적으면 O-α-L-Fuc*p*-(1→2)-O-β-D-gal*p*-(1→4)-D-glc*p*가 된다.

한편, 다이휴코락토오스(α- or β-D-difucolactose)는 락토다이휴코테트라오스(D-lactodifucotetraose)로도 알려져 있으며, 그림 5-9에서 보는 바와 같이, 전술한 D-휴코락토오스 끝의 글루코오스의 탄소 3번과 또 하나의 휴코오스의 탄소 1번의 수산기들이 α-1,3-결합을 한 구조를 갖고 있다. 이 사당류는 전술한 β-D-갈락토오스와 β-1,4-결합, L-휴코오스와 α-1,3-결합을 한 D-포도당의 탄소 1번의 -OH그룹이 유리상태로 있기 때문에 환원성을 갖고 있으며, α-, β-형이 가능하다. 실제 얻은 다이휴코락토오스의 비선광도는 $[\alpha]_D^{20}$= - 29°로 알려져 있다. 이 테트라오스의 약식표기로 표시된 구조는 O-α-L-fuc*p*-(1→2)-O-β-D-Gal*p*-(1→4)-O-[-α-L-Fuc*p*-(1→3)]-D-Gla*p*이다.

퍼어시발들(Percival, E. G. V. and Percival, E., 1962)에 의하면, 쿤들(Kuhn, R., *et al.*, 1954)은 모유에서 환원성인 사당류 락토-N-테트라오스(lacto-N-tetraose)를 분리, 그 구조를 규명한 바 있다고 한다.

이 당의 비선광도는 $[\alpha]_D^{20}$= +25.5°이며, 산으로 완전 가수분해하면 한 분자의 D-글루코오스, 두 분자의 β-D-갈락토오스, 한 분자의 β-D-N-아세틸글루코사민(β-D-N-acetylglucosamine)이 생성된다.

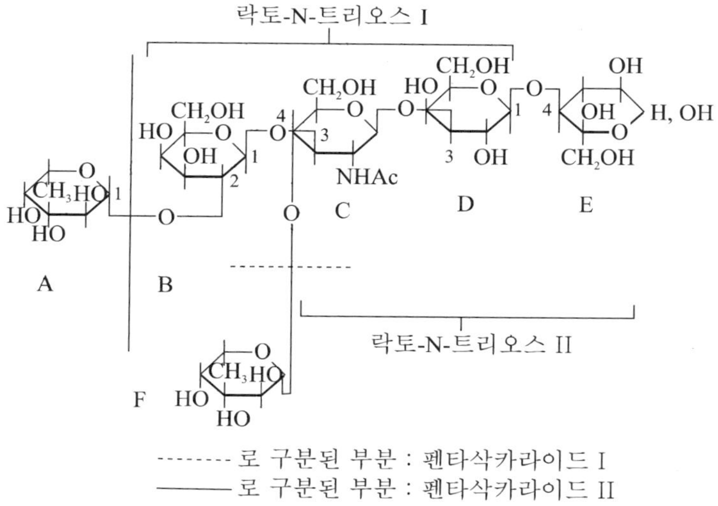

[그림 5-10] 모유에서 분리된 삼당류 락토-N-트리오스 I 및 II와 락토-N-테트라오스, 그리고 펜타삭카라이드 I 및 II와 헥사삭카라이드 등의 분자구조식; 여기서 A, B는 각각 α-L-휴코오스, β-D-갈락토오스, C, D, E는 각각 β-D-글루코사민, β-D-갈락토오스, α-또는 β-글루코오스, F는 α-L-휴코오스 단위를 나타낸다.
전체 구조식은 헥사삭카라이드의 구조를 나타내며, ············선과 –·–·–·–·–선으로 각각 둘러싸인 부분은 락토-N-테트라오스를 나타낸다.
Percival, E. G. V. and Percival, E., 1962.

또한 여러 구조결정에 도움이 되는 화학반응들을 통해서 이 락토-N-테트라오스의 구조가 O-β-D-갈락토피라노실-(1→3)-O-β-D-N-아세틸글루코사미날-(1→3)-O-β-D-갈락토실-(1→4)-D-글루코피라노오스로 표시될 수 있는 구조가 밝혀졌다(그림 5-10 참조). 이상의 락토-N-테트라오스의 구조를 약식기호로 표시하면, O-β-D-Gal*p*-(1→3)-O-β-D-gal*p*-(1→4)-D-Gal*p*가 된다. 이 사당류의 결정은 융점이 205℃라고 한다.

한편, 이상의 락토-N-테트라오스의 구조를 연구하는 동안에, 이 테트라오스에서 각각 D-글루코오스 한 분자 또는 말단의 β-D-갈락토오스 한 분자가 떨어져 나가서(가수분해 되어서), 형성된 삼당류인 락토-N-트리오스 I 과 락토-N-트리오스 Ⅱ(lacto-N-triose I and Ⅱ) 등이 알려지고 있다(그림 5-10 참조). 사당류인 락토-N-테트라오스의 경우와 달리, 이 두 삼당류는 본래 사람의 젖의 과당류 성분들(human milk oilgosaccharides)은 아니고, 그 가수분해 생성물들인 점에 유의해야 한다. 그 구조를 약식기호로 표시하면, 락토-N-트리오스 I 과 Ⅱ는 각각 O-β-D-Gal*p*-(1→3)-O-β-D-G*p*NAc- (1→3)-D-Gal*p*와 O-β-D-G*p*NAc-(1→3)-O-β-D-Gal*p*-(1→4)-D-Glc*p*가 된다.

모유에서는 전술한 락토-N-테트라오스 말단의 β-D-갈락토오스의 탄소 2번 -OH기와 α-L-휴코오스(α-L-fucose, 즉 6-deoxy-L-galactose)의 탄소 1번 -OH기를 통해서 결합한 구조를 가진 펜타삭카라이드 I 과 역시 락토-N-테트라오스의 β-D-N-아세틸글루코사민(β-D-N-acetylglucosamine)의 탄소 3번 -OH기와 α-L-휴코오스의 탄소 1번 -OH기를 통해서 결합한 구조를 가진, 펜타삭카라이드 Ⅱ의 존재가 알려져 왔다(그림 5-10 참조).

이상의 오당류, 펜타삭카라이드 I 과 Ⅱ는 분자구조의 말단 또는 말단으로 볼 수 있는 위치에 α-L-

휴코오스를 구성단위로 갖고 있어서 각각 락토-N-휴코펜타오스 I 과 II(lacto-N-fucopentose I and II)로도 불려진다. 전자의 융점은 214~216℃(一水和物, monohydrate), $[\alpha]_D^{20}$= - 12°~-16°로 알려져 있으며, 후자의 경우에는 그 융점이 213~215℃, $[\alpha]_D^{20}$= - 30°로 알려져 있다.

이들의 분자구조를 약식기호로 표시하면, 각각 O-α-L-Fuc*p*-(1→2)-O-β-D-Gal*p*-(1→3)-O-β-D-G*p*NAc-(1→3)-O-β-D-Gal*p*-(1→4)-D-Glc*p*와 O-α-L-Fuc*p*-(1→4)-O-[β-D-Gal*p*-(1→3)]-O-β-D-G*p*NAc-(1→3)-O-β-D-Gal*p*-(1→4)-D-Glc*p*가 된다.

한편, 모유에는 전술한 락토-N-테트라오스의 말단 β-D-갈락토오스와 β-D-N-아세틸글루코사민 구성단위의 탄소 2번과 탄소 4번에 α-L-휴코오스의 각각 탄소 1번이 에텔 결합을 한 헥사삭카라이드(a hexasaccharide)가 보고된 바 있다(그림 5-10 참조). 그러나 모유에는 이상의 락토-N-다이휴코헥사오스 I 과 함께 말단의 β-D-갈락토오스에 결합한 α-L-휴코오스가 골격구조의 선단(先端)의 D-포도당의 탄소 3번의 위치에서 에텔 결합(-O-)을 하고 있는 구조를 가진, 락토-N-다이휴코헥사오스 II 도 존재하는 것으로 알려져 있다(Mizuno, T. and Nishizawa, K., 1971).

한편, 락토-N-다이휴코헥사오스 I 과 II(lacto-N-difucohexaose I and II)의 분자구조는 각각 O-α-L-Fuc*p*-(1→2)-O-β-D-Gal*p*-(1→3)-[O-α-L-Fuc*p*-(1→4)]-O-β-D-G*p*NAc-(1→3)-O-β-D-Gal*p*-(1→4)-D-Glc*p*와 O-α-L-Fuc*p*-(1→4)-O-[β-D-Gal*p*-(1→3)]-O-β-D-G*p*NAc-(1→3)-O-β-D-Gal*p*-(1→4)-O-[α-L-Fuc*p*-(1→3)]-D-Glc*p*이다. 또한 락토-N-다이휴코헥사오스 I 은 사람의 젖 뿐 아니라 우유에서도 발견되고 있다고 한다. 그러나 락토-N-다이휴코헥사오스 II 는 사람의 젖에만 존재하는 것으로 생각되고 있다.

이상의 모유에서 발견된 여러 과당류(human milk oilgosaccharides)는 우선 유아들의 대장에서 분해되어 에너지원으로 활용될 것으로 생각된다. 그러나, 즐롯트킨(Zlotkin, S. H., 1991)에 의하면, 생후 1개월 미만의 유아들의 경우, 이상의 모유 과당류는 수유아의 에너지원으로서 뿐만 아니라, 곧 설명할 성분들과 함께 모체에서 신생아로 보내어져 신생아의 세균성 질환들을 막아주는 기구(a host defense mechanism)의 일부로서 작용하고 있는 것으로 생각되고 있다. 즉 이들 모유 과당류는 신생아의 장내에 침입한 세균들과 결합하여, 세균들이 장내 세포막에 침투 또는 결합하는 것을 막아주는데 기여한다고 한다. 모유 과당류는 인체에 유익한 장내 세균들, 예로서 락토밧실러스 바이피더스(*Lactobacillus bifidus*) 등의 생존에 필요한 기질들(substrates)을 제공하여, 이들의 성장을 촉진하는 반면에, 병원균들(pathogenic bacteria)의 성장을 억제함으로써 신생아의 장내 세균분포(intestinal microflora)를 신생아의 건강한 성장에 유리하게 조절해주는 결과를 만든다고 한다.

사이알린산과 결합된 과당류 모유에 함유된 과당류(human milk oligosaccharides) 중에는 사이알린산(sialic acid)과 결합된 과당류가 주로 쿤들(Kuhn, R. *et al.*)에 의해서 연구되기 시작하였다(Percival, E. G. V. and Percival, E., 1962; Mizuno, T. and Nishizawa, K., 1971 등 참조).

사이알린산은 그림 5-10의 상단의 I, 즉 N-아세틸뉴우라미닌산(N-acetylneuraminic acid)의 탄소 5번의 아세틸아미노기(acetylamino group)가 아미노 그룹(amino group)인 탄소 9개의 아미노당(amino sugar)의 유도체들(derivatives)에 대한 총칭(general nave)으로 정의되고 있다. 따라서, 그림 5-10.의 N-아세틸뉴우라미닌산도 사이알린산의 하나로 분류된다. 뉴우라미닌산이나, N-아세틸뉴우라미닌산은 유리상태로 자연에 존재하는 경우는 거의 없으며 더 복잡한 사이알린산들의 형태로 존재하는데 그 예가 과당류와 결합한 형태들이다.

N-아세틸뉴우라미닌산(sialic acid의 대표적 예)의 Fisher모델(I)과 Haworth 모델(II)

트리삭카라이드 I

트리삭카라이드 II

[그림 5-11] 모유에서 발견된 뉴우라미닌산의 유도체들(derivatives of neuraminic acid). 따라서, 사이알린산들(sialic acids)로 볼 수 있는 트리삭카라이드 I 및 II. 이들은 N-아세틸뉴우라미닌산의 탄소 2번의 HO-그룹이 이당류 D-락토오스의 β-D-갈락토오스 단위의 각각 3번과 6번의 HO-그룹들과 결합하여 형성된 삼당류들이다.
Percival, E. G. U. and Percival, E., 1962.

즉, 쿤들(Kuhn, R. *et al.*)은 모유 과당류에서 여러 개의 사이알린산, 즉 여기서는 N-아세틸뉴우라미닌과 결합된 과당류를 발견하고 그 구조와 성질들을 규명하고 있다.

이들은 D-락토오스(D-lactose)의 β-D-갈락토오스 구성단위의 각각 탄소 3번과 탄소 6번의 -OH에 N-아세틸뉴우라미닌산의 탄소 2번의 -OH기가 에텔 결합(-O-)을 한 구조를 가진 N-아세틸뉴우라디노락토오스 I 및 II, 즉 그림 5-11.의 트리삭카라이드 I 및 II 들의 존재를 확인한 바 있다.

이들은 또한 전에 설명한 바 있는, 락토-N-테트라오스의 말단에서 두 번째에 결합된 N-아세틸뉴우라미닌산(그림 5-10 참조) 말단의 β-D-갈락토오스 구성단위(β-D-galactose structural unit)의 탄소 3번(C_3)과 N-아세틸뉴우라미닌산의 탄소 2번이 에텔 결합(-O-)으로 연결된 락토펜타삭카라이드 a(lactopentasaccharide α), 락토-N-테투라오스의 말단에서 두번째에 결합된 N-아세틸글루코사민 구성단위(β-D-acetylglucosamine structual unit)의 탄소 6번과 N-아세틸뉴우라미닌산의 탄소 2번이 에텔 결합(-O-)으로 연결된, 락토펜타삭카라이드 b(lactopentasaccharide b) 등, 그리고 그 외의 여러거의 사이알린산과 결합된 과당류를 모유에서 분리, 그 구조와 성질들을 규명한 바 있다(Percival, E. G V. and Percival, E., 1962 참조).

이상의 N-아시틸뉴우라민산, 또는 사이알린산(sialic acid)과 락토올리고당류(lactooligosaccharides)가 결합하여 형성된, 모유에서 발견된 과당류도 인체의 여러 세포막표면에 존재하여, 바이러스튜(viruses)나 병원균들과 결합하여 이들의 세포 내로의 침입을 차단하는 작용을 하고 있으며, 이와 같은 작용은 전술한 모유 과당류의 경우보다 더 특성화(specific)되고 있으며, 인체의 여러 부위에서 작용하고 있는 것으로 생각되고 있다.

예로서 외부에서 침입하는 폐염쌍구균(Pneumococci)은 인두(咽頭) 표면 세포의 과당류(the oligosaccharide portion of pharyngeal cell receptors)와 결합하나, 모유에 함유된 이상의 과당류 결합체들은 침입해 들어오는 폐염쌍구균들과 미리 결합하여, 모유세포표면에 폐렴균들이 결합한 후 침입하는 것을 방지한다고 한다(Zlotkin, S. H., 1991 참조).

한편, 퍼시발들(Percival, E. G. V. and Percival, E., 1962)은 이미 오래전에 뮤코 단백질(mucoprotein, mucopolysaccharide들과 단백질의 결합체)을 포함한, 많은 색체물질들이 인플루엔자 바이러스(influenza virus)의 적혈구응집반응(赤血球凝集反應)을 억제했는데, 이상의 억제작용을 가진 생체물질들은 사이알린산(sialic acid)을 모두 그들의 구성성분으로 갖고 있었으며, 이들 억제작용은 사이알린산에 의한 것으로, 또 하나의 예 비브리오 콜레라균(Vibrio cholerae)의 경우와 함께 설명하고 있다.

전술한 뮤코 단백질들은 프로테오글라이칸류(proteoglycans)로도 알려져 있으며, 중심이 되는 단백질(a core protein)에 몇 가지 종류의 글라이코사미노글라이칸들(glycosaminoglycans)이 결합한 형태를 하고 있으며, 그 중에는 하이얄루론산 염(hyaluronate), 콘드로이틴 황산염(chondroitin sulfate), 헤파린(heparin) 등이 있다. 사이알린산과 올리고당류의 결합체들은 인체를 비롯한 생체의 뇌, 신경조직의 신경절세포들(ganglion cells)의 구성 당 지방질들(glycolipids)의 주성분으로 알려져 온, 갼글리오사이드류(gangliosides)의 한 성분으로 볼 수 있다(본문 제12장 p. 687 참조).

모유 속의 사이알린산, 즉 N-아세틸뉴우라민산과 락토올리고당의 결합체들은 모체서 분리된 아기들의 뇌, 신경조직의 형성, 특히 급속한 형성에, 역시 모유에서 공급되는 각종 지방질 성분들, 그 중에도 인 지방질 성분들(phospholipids)과 함께 필수적인 것으로 생각된다.

이들 사이알린산과 락토올리고당의 결합체들은 역시 모유에서 공급되는 단백질들, 특히 감마-글로뷸린류(γ -globulins)와 함께, 모체에서 분리된 신생아의 독자적인 면역 시스템(an independent immunological system)형성에 중요한 기여를 하는 것으로 생각된다. 모유에는 우유에서 발견되지 않은 락토올리고당류가 여러개 있으며, 후술하는대로 우유는 모유와 여러모로 다르다. 그럼에도 불구하고 우유는 모유를 대신하여 사용해도 정상적인 발육이 가능한 것은 신생아들이 엄청난 생물학적 가소성(biological plasticity)을 갖고 있기 때문이라고도 생각되고 있다.

한편, 야기(Yagi, K., 1984)는 일찍이 그가 지은 "생명과 식물(食物)"이라는 저서에서 모유와 소, 말, 양(sheep), 염소(goat) 등의 젖의 조성을 비교하고 있다. 즉 전술한 대로 락토오스로 대표되는 탄수화물의 함량은 사람의 경우, 7%로, 소, 말, 양, 염소의 각각 3.2, 2.0, 4.9, 4.5%에 비해서 월등히 크나, 지방질의 함량은 3.8% 내외로 소, 말, 양, 염소의 경우의 3.7, 1.2, 6.9, 4.8%와 비교할 때 소의 경우와 비슷한 것으로 알려져 있다.

그러나 모유의 단백질 함량은 1.2%로서 소, 말, 양, 염소의 경우의 3.2, 2.0, 6.5, 4.2%에 비해서 현격한 차이를 보이고 있다. 그 뿐 아니라 그 단백질의 구성이 소, 양, 염소의 경우에는 카세인(casein)과 알부민(albumin)의 비율이 각각 85/15, 80/20, 75/25인 소위 카세인형(casein type)인데 반해서, 사람과 말의 경우에는 그 비율이 각각 51/49. 65/35로써, 알부민의 비율이 더 큰, 소위 알부민형이다. 한편, 모유의 회분(ash)은 0.21%로 소, 말, 양, 염소의 경우의 각각 0.7, 0.4, 0.9, 0.8%보다 역시 현저히 적다. 지방질의 경우, 모유에는 필수지방산들을 포함하는 불포화지방산의 함량이 큰데 비해서, 우유는 포화지방산들의 함량이 훨씬 더 큰 대단히 중요한 차이점이 있다.

한편, 신생아(新生兒)의 체중이 2배로 증가하게 되는 기간(日數)을 보면, 사람의 경우, 대체로 180

일인데 비해서, 소, 말, 양, 염소의 경우, 각각 47, 60, 15, 22일이라고 한다. 이와 같은 사실은 젖에 함유된, 체내조직 형성에 필요한 단백질 성분들 중, 알부민 성분은 카세인(casein) 성분보다 영양가가 더 우수한 즉, 더 균형 잡힌 필수 아미노산들을 함유하고 있다는 뜻이다(Yagi, K., 1984 참조).

모유에 함유된 주된 당인 락토오스(α-D-lactose)는 다른 당류들과는 달리 그 시스템 내에 포도당이 있는 한 분해되지 않으나, 일단 포도당이 완전히 소모되면, 시스템 내의 급격한 β-갈락토시데이스(β-galactosidase)의 활성화로 다시 락토오스가 즉시로 분해되어 포도당을 형성하는 과정이 되풀이되는, 생체 내에서의 이용이 매우 효율적인 당으로 알려져 있다.

이상의 모든 사실들은 사람의 신생아들의 경우, 다른 고등동물들의 경우와는 달리 육체적 성장, 운동성의 빠른 획득보다는 장차의 더 효율적인 환경적응과 생존을 위해 내부적인 복잡하고도 정교한, 각종 기능들의 체계화, 예로서 전술한 독립된 독자적인 면역체계, 독립되고 독자적인 뇌, 신경조직의 형성 등, 미래에 대비한 어려운 작업들에 힘쓰고 있는 듯하며, 모유는 이와 같은 노력을 뒷받침하고 있는 것으로 보인다. 그리고 이 시기에는 우리가 생각하는 것보다 더 많은 자유도(自由度), 즉 중복(redundancy)과 융통성(plasticity)도 허용되고 있는 것 같다.

참고문헌

Agte, V. V. and Joshi, S. R., 1997. Effect of Traditional Food Processing on Phytate Degradation in Wheat and Millets. *J. Agric. Food Chem.*, 45(5), 1659~1661.

Ayres, J. C., 1958. Methods for Depleting Glucose from Egg Albumin before Drying. *Food Technol.*, 12, 186.

Antrim, R. L., Collia, W. and Schnyder, B. J., 1979. Glucose Isomerase Production of High-Fructose Syrups in "*Applied Biochemistry and Bioengineering*," Volume 2 of "*Enzyme Technology*," Edited by Wingard, L. B. Jr., Katchalski-Katzir, E. and Goldstein, L., Academic Press, New York.

Barham, H. N., *et al.*, 1951. The Influence of Various Sugars on Dough and Bread Properties, *Cereal Chem.*, 28, 463.

Baumgartner, S., Genner-Ritzmann, R., Haas, J., Amado, R. and Neukom, H., 1986. Isolation and Identification of Cyclitols in Carob Pods(*Ceratonia siliqua L.*). J. *Agric. Food Chem.*, 34, 827.

Beleia, A. *et al.*, 1993. Lowering Phytic by Phosphorus by Hydration of Soybeans, *J. Food Science.*, 58(2), 375~377.

Braverman, J. B. S., 1963. "*The biochemistry of Foods*," Elsevier Publishing Co., London.

Brandao, S. C. C., Richmond, M. L., Gray, J. I., Morton, I. D. and Stine, C. M., 1980. Separation of Mono-and Di-saccharides and Sorbitol by High Performance Liquid Chromatography. *J. Food Science.*, 45(6), 1492.

Byon, H. J. and Kim, J. R., 1968. Isolation of Sugars by Thin Layer Chromatography. *J. Korean Chem. Soc.*, 12, 138.

Byun, S. H. and Lee, C. H., 1998. Dental Caries Suppression Effect and Other Physiological Properties of Erythritol. *Korean J. Food Science. Technol.*, 30(2), 446~449.

Camer, A. L. and Clydesdale, F. M., 1982. Analysis of Phytic Acid in Foods by HPLC. *J. Food Science.*, 47, 575.

Chung, T. W., Kim, H. U., and Han, M. H., 1976. Studies on the Microbial Glucose Isomerase. Part 1. Isolation and Characterization of Streptomyces species Producing Glucose Isomerase. *Korean J. Appl.*

Microbiol. & Bioeng., 4(4), 138.

Cruz, R. and Park, Y. K., 1982. Production of Fungal α -Galactosidase and its Application to the Hydrolysis of Galactooligosaccharides in Soybean Milk. *J. Food Science.*, 47, 1973.

Dziezak, J. D. (Editor). 1986. Sweeteners and Product Development. 1. Consumption Trends. *Food Technol.*, 40(1), 112.

Dziezak, J. D. (Editor). 1986. Sweeteners and Product Development. 2. Types and Characteristics, *Food Technol.*, 40(1), 114.

Dziezak, J. D. (Editor). 1986. Sweeteners and Product Development. 3. Alternatives to Cane and Beet Sugars. *Food Technol.*, 40(1), 116.

Ensminger, A. H. *et al.*. 1995. "*The Concise Encyclopedia of Food and Nutrition*," CRC Press, Inc. Boca Raton, Florida, U.S.A.

Erdman, J. W., 1979. Oilseed Phytates: Nutritional Implications. *J. Am. Oil Chem. Soc.*, 56(8), 736.

Fleming, S. E., 1981. A Study of Relationships between Flatus Potential and Carbohydrate Distribution in Legume Seeds. J. *Food Science*, 46, 794.

Fordyce, E. J., Forbes, R. M., Robbins, K. R. and Erdman, J. W., Jr. 1987. Phytate X Calcium / Zinc Molar Ratios: Are They Predictive of Zinc Availability? *J. Food Science.*, 52(2), 440.

Frattali, V. P., 1980. Regulatory and Nutritional Aspects of Fructose and Sugar Alcohols in Foods. *Food Technol.*, 34(1), 67.

Frandsen, J. H. *et al.*, 1961. "*Ice Cream and Related Products*," p.372, Avi Publishing Co., Inc., Westport, Conn.

French, D., 1957. The Schardinger Dextrins, *Advances in Carbohydrate Chem.*, 12, 189.

Fruton, J. S. and Simmonds, S., 1953. "*General Biochemistry*," John Wiley and Sons, Inc., New York.

Graf, E., 1983. Applications of Phytic Acid. *J. Am. Oil Chem. Soc.*, 60(11), 1861.

Greenberg, N. A. and Mahoney, R. R., 1981. Rapid Purification of β -Galactosidase(*Aspergillus Niger*) from a Commercial Preparation. *J. Food Science.*, 46, 684.

Halpern, M. G. (editor). 1981. Glucose Isomerase from Bacteria in "*Industrial Enzymes from Microbial Sources: Recent Advances*", Noyea Data Corporation, N. J., U.S.A.

Han, M. H. 1974. Natural Sweeteners (Produced by Enzymatic Actic): Their Development, Functional properties, and Applications. *Korean J. Food Science. and Technol.*, 6(4), 189.

Han, M. H. and Chung, T. W., 1978. Studies on the Microbial Glucose Isomerase. Part 3. Enzymatic Characterization of Glucose Isomerase from *Streptomyces spp.* K-14. *Korean J. Food Science. and Technol.*, 10(4), 260.

Harris, Robert S., 1968. Attitudes and Approaches to Supplementation of Foods with Nutrients *J. Agr. Food Chem.*, 16, 149.

Harrow, B. and Mazur, B., 1962. "*Biochemistry*," W. B. Saunders Co., Philadelphia.

Heimann, W., 1972. "*Grűndzűge der Lebensmittelchemie*," Dr. Dietrich SteinKopff Verlag, Darmstadt.

Higely, N. A. and White, J. S., 1991. Trends in Fructase Availability and Consumption in the United States. *Food Technol.*, 45(10), 118~122.

Honeyman, J., 1948. "*Introduction to the Chemistry of Carbohydrate*," Oxford Univ., Press, England.

Hosogai, Y., 1970. Artificial Sweetners, *Chemical Industry* (*Japan*), 21, 611.

Houle, M. J. *et al.*, 1961. Enzymatic Conversion of Barley Carbohydrate into Sirup. *Food Technol.*, 15, 28.

IFT Carbohydrate Diwision., 1993. An Overview - New Perspectives on Sucrose, *Food Technol.*, 47(1), 130~149.

James, D. W.. 1955. Sugar Confectionery, in "*Food Technology Processing and Laboratory Control*," ed. by

Aylward, F., George Newnes Pub., London.

Joslyn, M. A. *et al.*, 1949. Effect of Sugars on Oxidation of Ascorbic Acid. Ⅰ. Kinetics of Autooxidation of Ascorbic Acid, *Food Research*, 14, 325.

Jung, S. S. and Lee, S. R., 1986. Enzymatic Characterictics of α -Galactosidase for the Removal of Flatulence Factor in Soybean, *Korean J. Food Science., and Technol.*, 18(6), 450.

Kim, Y. Y. *et al.*, 1995. Functional Properties of Enythritol, A Review in *Food Science and Industry*(식품과학과 산업), 28(2), 23~28.

Larsson, M. and Sandberg, A. S., 1992. Phytate Reduction in Oats during Malting, *J. Food Science.*, 57(4), 994~997.

Leveille, G. A., 1980. The High Sugar Foods Controversy. *Food Technol.*, 34(1), 75.

Lowe, Belle., 1955. "Experimental Cookery," 4th ed., John Wiley and Sons, Inc., New York.

Mazzola, E. P., Phillippy, B. Q., Harland, B. F., Miller, T. H., Potemra, J. M. and Katsimpris, E. W., 1986. Phosphorus-31 NMR Spectroscopic determination of Phytate in Foods. *J. Agric. Food Chem.*, 34, 60.

Mikolajczak, K. L. *et al.*, 1970. Phenolic and Sugar Components of Armavirec Variety Sunflower(Helianthus annuns) Sead Meal. *J. Agr. Food Chem.*, 18, 27.

Naria, J. M., 1968. Enrichment of Sugar and Sugar Products. *J. Agr. Food Chem.*, 16, 172.

노봉수, 김상용. 2000. 에리트리톨의 특성과 응용, 회원논단. *식품과학과 산업*, 33(2), 87~95.

Osipow, L. *et al.*, 1956. Sucrose Monofatty Acid Ester, *Ind. Eng. Chem.*, 48, 1459.

Pacsu, E. P. and Hiller, L. A., Jr. 1948. Open-Chain Sugars. 1. Absorption in Ultraviolet of D-Glucose and L-Arabinose in Acid Solution. *J. Am. Chem. Soc.*, 70(1), 523.

Percival, E. G. V. and Percival, E., 1962. "*Structural Carbohydrate Chemistry*," J. Garnet Miller Ltd., England.

Persson, H. *et al.*, 1998. Binding of Cu^{2+}, Zn^{2+}, and Cd^{2+} to Inositol Tri-, Tetra-. Penta-, and Hexaphosphates. *J. Agric. Food Chem.*, 46(8), 3194~3200.

Phillips, D. V., Dougherty, D. E., and Smith A. E., 1982. Cyclitols in Soybean. *J. Agric. Food Chem.*, 30, 456.

Pirisino, J. F., 1983. High Performance Liquid Chromatographic Determination of Lactose, Glucose, and Galactose in Lactose-Reduces Milk. *J. Food Science.*, 48, 742.

Pigman, W. and Horton, D. (Editor). 1972. "*The Carbohydrates, Chemistry and Biochemistry*," Second Edition, Volume IA, Academic Press, New York.

Pigmen, W., Horton, D., and Wander, J. D. (Editor). 1980. "*The Carbohydrates, Chemistry and Biochemistry*," Second Edition, Volume IB, Academic Press, New York.

Pomeranz, Y., 1964. Lactose(β -D-Galactosidase). Ⅰ. Occurrence and Properties. *Food Technol.*, 18, 682.

Pomeranz, Y. 1964. Lactose(β -D-Galactosidase). Ⅱ. Possibilities in the Food Industries. *Food Technol.*, 18, 690.

Raymond, A. L., 1957. Caebohydrates. Ⅱ in "*Organic Chemistry*," Vol. 2, 2nd edition, ed. by Gilman, H., John Wiley and Sons, Inc., New York.

Richmond, M. L., Brande, S. C. C., Gray, J. I., Markakis, P. and Stine, C. M., 1981. Analysis of Simple Sugars and Sorbitol in Fruit by High-Performance Liquid Chromatography. *J. Agric. Food Chem.*, 29, 4.

Roh, H. J. *et al.*, 1999. Physicochemical Properties of a Low Calorie Sweetner, Tagatose. *Korean J. Food Science. Technol.*, 31(1), 24~29.

Rosenweig, N. S., 1969. Adult Human Milk Intolerance and Intestinal Lactase Deficiency. A. Review, *J. Dairy Science.*, 52(5), 585.

Salem, A. E. *et al.*, 1965. Influence of Various Oilgosaccharides on Staling of Bread, *Food Technol.*, 19, 849.

Samuelson. O. *et al.*, 1968. Alditol Determination in the Presence of Saccharides. *J. Food Science.*, 33, 308.

Schormeller, J., 1974. "*Lehrbuch der Lebensmittelchemie*," Springer-Verlag, Berlin.

Shallenberger, R. S. and Birch, G. G., 1975. "*Sugar Chemistry*," The Avi Pub. Co. Inc., Westport, Connecticut, U.S.A.

Simfendorfer, S. *et al.*, 1964. Effect of Corn Syrup Solids on the Quality and Properties of Ice Milk. *Food Tecnol.*, 18, 357.

Sosulski, F. W., Elkowicz, L. and Reichert, R. D., 1982. Oligosaccharides in Eleven Legumes and Their Air-Classified Protein and Starch Fractions. *J. Food Science*, 47, 498.

Stein, J. A., 1966. Technical Aspects of Non-Nutritive Sweetners in Dietary Products. *Food Technol.*, 20, 271.

Sugimoto, H. *et al.*, 1971. Evaluation of Monosaccharides and Corn Syrups as Dispersants for Heat Processed Dried Soy Milk Proteins., *J. Food Science*, 36, 346.

Tangendjaja, B., Buckle, K. A. and Wootton, M., 1981. Dephosphorylation of Phytic Acid in Rice Bran. *J. Food Science.*, 46, 1021.

Thompson, A., Wolfrom, M. L. and Quinn, E. J., 1953. Acid Reversion in Relation to Isomaltose as a Srtach Hydrolytic Product. *J. Am. Chem. Soc.*, 75(6), 207.

都築洋次郎. 1954. "糖類", 岩波書店, 東京.

Triebold, H. O. and Aurand, L. W., 1963. "*Food Composition and Analysis*," D. Van Nostrand Co. Inc., Princeton, N. J.

Walter, W., 1996. "*Beyer Handbook of Organic Chemistry*," Originally Published in German in 1991 by S. Hitzel Verlag, Translated by Lloyd, D. in 1996. Prentice Hall Europe, London.

Wardrip, E. K., 1971. High Fructose Corn Syrup, *Food Technol.*, 25, 501.

Whistler, R. L. and Durso, D. F., 1950. Chromatographic Separation of Sugars on Charcoal. *J. Am. Chem. Soc.*, 72(2), 677.

Whistler, R. L. *et al.*, 1954. Maltotetraose and Crystalline Pentadeca Acetylmaltotetraitol. *J. Am. Chem. Soc.*, 76, 1671.

Whistler, R. L. *et al.* 1954. Isolation of Maltohexaose. *J. Am. Chem. Soc.*, 77, 2761.

Whistler, R. L. *et al.*, 1955. Maltopentose and Crystalline Octadeca-o-acetylmaltopentatitol. *J. Am. Chem. Soc.*, 77, 1017.

Whisler, J. R. *et al.*, 1968. Simplified Test System for Measuring Reducing Sugar in Potatoes. *Food Technol.*, 22, 212.

White, J. W., Jr. *et al.*, 1964. Effect of Storage and Processing Temperatures on Honey Quality. *Food Technol.*, 18, 555.

Williams, J. G. and Bernhard, R. A., 1981. Amino Acid-Lactose Interactions and Their Sensory Consequences. *J. Food Science.*, 46, 1245.

Wolfrom, M. L. *et al.* 1967. Polysaccharides from Instant Coffee Powder. *J. Agr. Food Chem.*, 15, 685.

Wolfrom, M. L., 1957. Carbohydrates. Ⅰ, in "*Organic Chemistry*," Vol.2, 2nd edition, ed. by Gilman, H., John Wiley and Sons, Inc., New York.

Yamayi, G., 1967. Recent Problems on Sugar Technology. *J. Food Science and Technol.* (*Japan*)., 14, 213.

Yang, C. B. *et al.*, 1967. Studies on the Chemical Composition of Citrus Fruits in Korea (Ⅰ). The Chemical Composition of Main Varieties. *J. Korean Arg. Chem. Soc.*, 8, 29.

Chapter 6 식품 속의 다당류, 즉 폴리삭카라이드류(I)

다당류(多糖類), 즉 폴리삭카라이드류(polysaccharides)는 가수분해 될 때 많은 수의, 구성단의(structural unit)가 되는 단당류(單糖類), 즉 모노삭카라이드류(monosaccharides)를 형성하는 분자량이 매우 큰 당들이다.

이 다당류는 한 종류의 구성단위로서 구성되고 있는 호모폴리삭카라이드류, 즉 단일다당류(homopolysaccharides)와 두 개 이상의 구성단위로서 구성된 헤테로폴리삭카라이드류, 즉 복합다당류(heteropolysaccharides)로 분류된다.

한편, 호모폴리삭카라이드류(homopolysaccharides)는 호모글라이칸(homoglycans)이라고도 불리며, 헤테로폴리삭카라이드류(heteropolysaccharides)는 헤테로글라이칸류(heteroglycans)라고 불리기도 한다. 특히 호모글라이칸류 중 그 구성단위가 포도당(glucose)인 다당류의 경우에는 글루칸류(glucans), 과당(果糖)인 경우에는 프럭탄류(fructans), 만노오스의 경우에는 만난류(mannans) 등으로 불리기도 한다.

글루칸류는 전분(starch)을 형성하고 있는, 후술하는 아밀로오스(amylose)와 아밀로펙틴(amylopectin)들, 글라이코젠(glycogen), 덱스트란(dextran) 등과 같이 α-D-포도당(α-D-glucose)이 구성단위가 되고 있는 α-글루칸류(α-glucans)와 섬유소(纖維素), 즉 셀룰로오스(cellulose)와 같이 β-D-포도당(β-D-glucose)이 구성단위가 되고 있는 β-글루칸류(β-glucans) 등으로 다시 나눠진다.

이 다당류에 속하는 탄수화물들은 모두가 그 분자량이 수만 내지는 수백만에 달하는 탄수화물들이며, 전분이나 셀룰로오스, 즉 섬유소와 같이 그 성질이나 구조가 비교적 잘 연구된 것도 있으나 헤미셀룰로오스(hemicelluloses), 펙틴류(pectins), 자연에 존재하는 여러 고무질 물질들(natural gums)과 같은 대부분의 다당류는 우선 그 분리, 정제 과정에서 분자의 일부가 가수분해 되거나, 함께 존재하는 불순물의 제거가 어렵거나, 인공생성물들(artifacts)이 형성되기 쉽기 때문에 그 구조나 성질들을 연구하는 데 많은 지장을 받아 왔었다.

전 분

전분(starch)은 대표적인 식물체(植物體)들의 저장 탄수화물(α reserve carbohydrate)이며, 식물체의 대표적인 구조형성 탄수화물(α structural carbohydrate)인 셀룰로오스, 즉 섬유소(纖維素, cellulose)와 여러모로 대조가 된다.

이 전분은 일반적으로 세포 내의 세포질(細胞質, cytoplasm)에 존재하는 색소체들(色素體, plastids) 속에서 형성되며, 그 속에 입자들(granules)의 형태로서 존재한다. 식물체들은 필요에 따라 포도당, 과당, 갈락토오스, 맥아당, 자당 즉 설탕 등의 당류를 α-D-포도당(α-D-glucose)의 형태로 바꾼 다음 전분으로 만들 수 있으며, 반대로 전분에서 α-D-포도당의 형태를 거쳐서 다시 이상의 당들을 만들 수도 있는 듯하다.

전분의 비중(比重, specific gravity)은 비교적 크며, 아모스들(Amos, A. J. *et al.*, 1967)에 의하면, 대략 1.55 내지 1.65 정도라고 한다. 한편, 윗슬러들(Whistler, R. L. *et al.*, 1984)은 공기로 건조시킨 입상의 옥수수 전분(air-dried granular maize starch)의 경우, 그 비중은 1.637, 감자의 경우에는 1.617 이었다고 한다.

전분은 그 분자의 크기에서 추측할 수 있듯이 물에는 전혀 녹지 않으며, 다만 현탁액(懸濁液, suspension)을 만들 뿐이다.

전분입자

전분은 식물체 내에서는 대개의 경우 전분입자(澱粉粒子, starch granules)들의 형태로 존재한다. 이 전분입자들의 가장 특이한 점의 하나는 이 입자를 둘러싸주고 있는 어떤 형태의 막(membrane)도 존재하지 않는다는 점이다. 그럼에도 불구하고 전분입자가 일정한 형태를 유지할 수 있는 이유는 그 속의 전분분자들이 상호간에 수소결합(hydrogen bond)을 통해서 강하게 결합하고 있기 때문인 것으로 생각되고 있다.

전분입자들은 충분한 수분을 함유하고 있을 때, 현미경 등으로 관찰하면 가끔 전분입자 가운데 있는 핵(核) 또는 입심(粒心)으로 알려진 하일럼(hilum)을 중심으로 뚜렷한 동심원(同心圓)으로 표현할 수 있는 층들(concentric layers)로 구성되고 있음을 볼 수가 있다(그림 6-1과 특히 그림6-2의 (a) 참조).

이 층의 두께는 일반적으로 그 전분을 형성한 식물체의 과거의 신진대사활동의 강약(强弱)과 관련이 있다고 한다. 즉 낮 동안의 신진대사 작용(diurnal metabolic activity)이 활발했을 시기의 층은 두꺼우며, 약했을 시기의 층은 얇다고 한다. 이들은 또한 성장륜(成長輪, growth ring)으로도 불리고 있다(Whistler, R. L. *et al.*, 1984 참조).

전분입자들의 형태와 크기는 그 전분입자들의 출처(source)에 따라 두드러지게 다르며, 경험 있는 전문가들은 현미경 조사 때의 형태상의 특징들에 의해서 전분입자의 출처를 정확하게 추정할 수 있다고 한다.

일반적으로 곡류(穀類, cereals)에서 얻은 전분입자들은 그 크기가 2μ 내지 10μ (1μ =10^{-3}㎜) 정도이며, 한편 감자, 고구마 등의 근경류(根莖類, roots and tubers)에서 얻어지는 전분입자들은 5~150μ 정도이다.

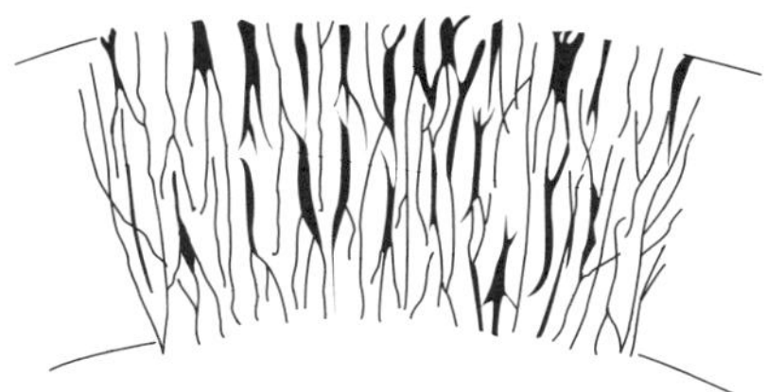

전분입자 내의 층(layer)을 이루고 있는 아밀로오스와 아밀로펙틴 분자들의 미셀(micelle)

[그림 6-1] 섬유상 영역(micellar regions)과 무정형 영역(amorphous)을 표시하고 있는 전분입자의 미세구조(microstructure)
Wurzburg, O. B. *et al.* 1970. *J. Agr. Food Chem.*, 18, 999.

[그림 6-2] (a) 감자의 전분입자들(potato starch granules)
(b) 쌀의 전분입자들(rice starch granules)의 확대 사진

대표적인 곡류의 전분인 쌀의 전분입자들과 역시 대표적인 근경류인 감자의 전분입자들의 형태는 그림 6-2와 같다. 한편, 자이데만(Seidemann, J., 1966)은 "전분사진화보: 전분들의 현미경조사법과 가장 중요한 전분종류들의 특성기록의 기초(Starch-Atlas, Fundamentals of the Microscopy of Starch and Description of the most important Starches)"라는 책을 발간하여, 현미경을 사용한 전분종류, 출처 등의 연구에 도움이 되도록 한 바 있다.

한편, 대표적인 곡류와 근경류에서 얻은 전분입자들의 대체적인 크기와 기타의 성질들은 표 6-1과 같다.

아모스들(Amos, A. J. *et al.*, 1967)에 의하면, 백미, 밀가루, 옥수수 등의 전분함량은 각각 대체로 80%, 65~70%, 70%정도이며, 또한 이들 함량들은 건조중량(수분 제외)으로 하면 60~68%에 해당한다(표 6-2 참조).

전분의 두 형태 : 아밀로오스와 아밀로펙틴

곡류에서 얻은 전분이 서로 다른 두 개의 성분으로 구성되어 있다는 학설(bi-component theory)이 1858년에 네에젤리(Naegeli, C. W.)에 의해서 제안된 후 식물체에서 얻어지는 전분이 두 개의 뚜렷이 다른 성분들로 구성되어 있다는 주장이 마이야(Meyer, K. H. 1930년대 이후)를 비롯한 많은 학자들 연구에 의해서 확립되어 왔다.

이 두 개의 성분은 오늘날 우리가 알고 있는 아밀로오스(amylose)와 아밀로펙틴(amylopectin)이다. 이 아밀로오스와 아밀로펙틴은 그 분자구조(molecular structure)가 현저하게 다르며, 따라서 그 화학적, 물리적 성질도 현저하게 다르다.

표 6-1 각 곡류(cereals), 또는 근경류(roots and tubers)의 전분입자들(starch granules)의 크기(size) 및 아밀로오스(amylose), 아밀로펙틴(amylopectin) 함량

출 처(source)	전분입자의 크기 (starch grain size)	아밀로오스 함량 (amylose content)	아밀로펙틴 함량 (amylopectin content)
메밀(buck wheat)	-	28%	72%
보리(barley)	20~50μ	27	73
수수(sorghum)	-	27	73
옥수수(corn)	4~26	26	74
밀(wheat)	2~38	25	75
감자(white potatoes)	15~100	23	77
칡의 일종(arrowroot)	7~75	21	79
고구마(sweet potatoes)	15~55	20	80
타피오카(tapioca), 즉 카사바전분	5~36	18	82
찰 옥 수 수(waxy corn)	-	0~6	100~94
쌀(rice)	2~10	20	80
찹쌀(waxy rice)	-	0	100
찰보리(waxy barley)	-	3	97

표 6-2 품종별 고구마의 화학성분 분석표

구분 / 품종	수분 (moisture) %	전분 (starch) %	환원당 (reducing) (sugar %)	자당 (sucrose) %	가용성 전당 (total soluble) (sugar %)	전단백질 (total protein) %
옥나와 100호	68.23	19.00	0.73	3.45	4.18	1.27
유심	69.33	18.84	0.76	4.48	5.24	0.94
수원 118호	64.89	23.93	0.67	3.73	4.40	0.96
수원 147호	67.25	20.66	0.95	2.53	3.43	1.55
농림1호	67.38	20.70	1.01	2.99	4.00	1.36

Kim, H. S. *et al.*, 1963. *J. Korean Agr. Chem. Soc.*, 4, 5.

전분입자들 속의 아밀로오스와 아밀로펙틴의 함량의 비율은 전분입자들의 출처에 따라 다르다.

곡류와 근경류 전분들의 아밀로오스와 아밀로펙틴의 함량, 그리고 그 비율들에 대해서는 여러 연구자들에 의해서 발표되어 왔다. 그러나 그 비율은 같은 종류의 전분에 대해서도 여러 연구자들의 결과가 반드시 일치되고 있지는 않다. 그 결과는 표 6-1, 표 6-3, 표 6-4 및 표 6-5와 같다.

표 6-3 대표적인 전분들의 아밀로오스, 아밀로펙틴 함량 및 아밀로펙틴 분자 내의 가지와 가지 사이의 평균 거리

전분의 종류	아밀로오스 (amylose) 함량	아밀로펙틴 (amylopectin) 함량	아밀로펙틴 분자 내에서 가지와 가지 사이의 평균 포도당 단위(glucose units)의 수
감자 전분(potato starch)	18%	82%	23
조제 감자 아밀로펙틴(crude potato amylopectin)	7	93	20
사고 전분(sago starch)	26	74	18
바나나 전분(banana starch)	21	79	21
고구마 전분(sweet potato starch)	18	82	27
칡 전분(arrowroot starch)	20	80	25

타피오카 전분(tapioca starch)	17	83	20
정제 카사바 전분(pearl manioc starch)	16	84	20
쌀 전분(rice starch)	14	86	20
옥수수 전분(maize starch)	23	77	19
찰옥수수 전분(waxy maize starch)	0	100	20
밀 전분(wheat starch)	19	81	21

Honeyman. J., 1959. "*Recent Advances in the Chemistry of Cellulose and Starch*," p.65.

표 6-4 생 전분(raw starches)의 물리적, 화학적인 성질들

전분의 종류	평균입자의 크기 (granule size) 마이크론, μ	5% 전분 용액에서 gelatinization이 일어나는 온도		아밀로오스 함량 (amylose conetent, %)	아밀로오스 분자 내의 포도당(glucose) 단위의 수
		℃	° F		
감자(potato)	33	63.91	147	22	980
옥수수(corn)	15	80.0	176	28	490
타피오카(tapioca)	20	62.8	145	18	980
아미오카(amioca)	15	73.9	165	0~4	-
칡(arrowroot)	30~45	75.0	167	20	-
밀(wheat)	21	76.7	170	25	540
쌀(rice)	5	81.1	178	17	-
사고(sago)	31	73.9	165	27	420

Waldt, L. M. and Kehoe. D., 1969. *Food Technol.*, 13, 1.

곡류의 아밀로오스 함량은 연구자들의 연구 결과에 따라 다소 다르나, 쌀의 전분의 경우, 14% 내지 17%, 밀의 경우 19% 내지 25%, 옥수수의 경우 23% 내지 28%, 감자의 경우 20% 내지 22%, 그구마의 경우 18% 내외이다. 한편, 찹쌀(waxy rice), 찰보리(waxy barley), 찰옥수수(waxy corn) 등에 있어서의 아밀로오스의 함량은 0% 내지 4% 정도로 매우 적은 것이 그 특징이다.

표 6-5 전분 중의 아밀로오스 함량

출 처 (source)	% 아밀로오스
옥수수(maize)	24
고 아밀로오스 함량 옥수수(high amylose maize)	59
고 아밀로오스 함량 옥수수(high amylose maize)	70
찰옥수수(waxy maize)	0~3
감 자(potato)	20
타피오카(tapioca)	17
밀(wheat)	25

Wurzberg, O. B. *et al.*, 1970. *J. Agr. Food Chem.*, 18, 999.

한편, 장 들(Zhang, Q. *et al.*, 1996)은 찹쌀(waxy or glutinous rice, *Oryza sativa L.*)의 물리적, 화학적 성질들을 규명하는 연구의 일환으로서, 찹쌀의 세 개의 아종(亞種, subspecies or ecospecies, 즉 *Oryza sativa indica, javanica*와 *japonica*)에 속하는 12품종(cultivars)에 대해서, 이들의 X-선회절도(X-ray diffraction pattern)가 서로 유사한 두 그룹(Ⅰ,Ⅱ)으로 분류하고, 그 질소함량과 α-아밀레

이스(α-amylase), 글루코아밀레이스(glucoamylase) 등의 효소의 작용을 조사한 바 있다.

그룹 I 과 II 쌀의 질소함량은 상호간 큰 차이가 없었으나, α-아밀레이스에 의한 가수분해는, 가수분해 시작 후 6시간 이후에는 그룹 II 가 더 빨리 진행되었으며, 글루코아밀레이스의 경우에는 가수분해가 시작된 후, 그룹 II 의 가수분해가 더 빠른 속도로 진행되었다고 한다.

이상의 결과들은 그룹 II 에 속하는 찹쌀들의 배유(endosperm)부분의 전분입자들의 구조가 그룹 I 에 속하는 찹쌀보다 구조적으로 더 느슨하게 결합되어 있는 것으로 장들은 해석하고 있다. 참고로 그룹 I 찹쌀들의 질소함량은 9.03~10.62%, 그룹 II 찹쌀들은 7.84~10.29%이었다고 한다.

찹쌀의 경우와 같은 아밀로오스함량이 없는 곡류의 변종들(amylose-free or waxy mutants)은 전술한 대로, 쌀, 보리(barley), 옥수수(maize), 수수(sorghum), 그리고 감자(potato) 등에는 널리 분포되고 있으나, 유독 밀(wheat)의 경우에만 존재하지 않는다.

이들 변종들(mutants, 즉 glutinous or way species)의 경우, 그 전분이 100%가 아밀로펙틴으로 되어 있다. 한편 또 하나의 큰 특징은 보통 전분입자들과 결합하여 존재하는 왁스단백질(waxy or Wax protein, 즉 a starch-granule-bound protein)이 완전히 결여되어 있다는 점이다. 이 왁스단백질(Wax protein)은 곧 아밀로오스를 형성하는 과정에서 촉매작용을 수행하는 전분 신테이스(starch synthase) 그 자체임이 밝혀졌으며, 이들 전분 신테이스의 구조, 즉 아미노산 배열(amino acid sequences), 밀, 쌀, 보리, 옥수수들의 해당 유전자들(genes) 중의 아미노산 배열순서들을 볼 때, 상호간 매우 흡사하다는 사실도 알려지고 있다고 한다.(Takaoka, K. *et al.*, 1997 참조).

타카오카들(Takaoka, K. *et al.*, 1997)은 보통 밀(common wheat, *Triticum estivuum L.*)의 배유(endosperm)의 전부입자들과 결합하고 있는 단백질들(starch granule-bound proteins)을 분리, 여기서 한 개의 주요성분과 여섯 개의 부차적인 성분들을 분리한 바 있다.

이들에 의하면 주요성분은 분자량이 61,000인 전분입자들과 결합된 전분합성효소(starch granule-bound starch synthase)였으며, 나머지 여섯 개는 그 분자량이 각각 115,000, 108,000, 100,000, 92,000, 80,000 및 15,000인 전분입자들과 결합된 단백질들(starch granule-bound proteins)이었다고 한다.

아미노산배열과 면역학적 연구들을 통해서 115,000~100,000과 80,000의 분자량을 가진 단백질들은 수용성 전분 합성효들(soluble starch synthase), 92,000의 분자량을 가진 단백질은 전분분지형 효소(a starch branching enzyme)임이 밝혀졌다고 보고한 바 있다.

오래 전부터 아밀로오스의 함량이 큰 옥수수의 육종(育種)이 시도되어 왔다. 이와 같은 특수한 고아밀로오스 함량 옥수수(high amylose maize)의 전분에서는 아밀로오스 함량이 50% 내지 70%가 되어, 보통 옥수수의 아밀로오스 함량의 2배 내지 3배나 된다. (표 6-5 참조). 따라서 그 전분의 성질도 교질화(gelatinization)된 후에는 유백색(乳白色, opaque)의 매우 단단한 젤(gel)을 형성하는(Luallen, T, E., 1985, 제7장 참고문헌 참조) 등 보통 곡류 전분의 성질과 현저하게 다르다고 한다.

한편, 권들(Kwon, M. R. and Ahn, S. Y., 1993)은 국내에서 시판되고 있는 두류, 즉 녹두(mung beans), 팥(red beans), 강낭콩(kidney beans, 붉은색인 것)에서 얻은 전분입자들의 크기, 형태, 아밀로오스의 함량(아밀로펙틴의 %함량 = 100 - 아밀로오스 %함량), X-선 회절도의 종류 (곧 설명이 나옴), 형성된 젤(gel)의 성질들을 조사한 바 있다. 이상의 콩들의 평균적인 입자의 크기, 모양(형태), 아밀로오스의 %함량, X-선 회절도(X-ray diffraction pattern)의 종류를 순서대로 적으면 다음과 같다고 한다. 즉 녹두의 전분입자의 경우, 8~35㎛, 달걀형, 28.9%, Ca형, 팥의 경우, 13~50㎛, 달걀형, 25.6%, Ca형, 강낭콩의 경우, 11~45㎛, 달걀형, 28.5%, Ca형 이었다고 한다.

아밀로오스와 아밀로펙틴의 분자구조와 성질

아밀로오스 아밀로오스(amylose)는 포도당(α-D-glucose)이 가지, 즉 분지(分岐, branching)없이 α-1, 4-결합으로 연결된 α-나선형(α -helical form)을 가진 직쇄상(直鎖狀, straight chain)의 중합체로 생각되고 있으며, 가지가 달려있지 않는 점을 강조하여 간단히 직선상 분자(linear molecules)로 표현되기도 한다.

아밀로오스 분자 내의 α-포도당(α-D-glucose)의 수효는 전분의 종류에 따라 다르다. 일찍이 월트들(Waldt, L. M. *et al.*, 1959, 제7장 참고문헌 참조)은 대체적으로 420개 내지 980개 정도이며, 따라서 그 분자량은 대략 70,000 내지 160,000 정도로 추정했었다. 그러나 근래에 와서는 자연전분(native starch) 중의 아밀로오스 분자들의 분자량으로서 0.16×10^6에서 2.65×10^6 정도의 평균 분자량이 보고되고 있다(Young, A. H., 1984, Whistler, R.L., *et al.*, 1984 참조). 더 최근의 견해도 그 평균 분자량으로서 대략 10^6의 차원으로 보고하고 있다(Whistler, R. L. and BeMiller, J. N., 1997).

아밀로오스는 구성단위인 α-포도당의 입체적 구조에 의해서 대개 6개 정도의 α-포도당의 연결체가 한 회전을 하는 정도의 나선상의 형태(α -helical form)를 형성하고 있다(그림 6-3 참조).

따라서, 이 나선(helical form)의 내부 공간(cavity)에 가끔 어떤 특정한 화합물들이 들어가서 복합체들(complex compounds)을 형성하는 경우가 있다. 특히, 아밀로오스 분자가 요오드와 반응하면 요오드분자들이 이 공간에 들어가서 아밀로오스-요오도 복합체들(amylose-iodine complexes)을 형성한다. 또한 일부 전분에서는 실제로 소량의 지방산(fatty acids)들과 같은 지방질 성분들이 이와 같은 형태로 존재하기 때문에 이와 같은 지방질 성분들은 α-나선상의 형태의 아밀로오스를 가수분해 시켜 그 안의 공동(空洞, cavity)에 갇혀있는 지방질이 유리(liberate)되어 나오지 않는 한, 에텔 등의 유기용매들(organic solvents)에 의해서 잘 추출되지 않는 사실이 알려져 있다.

전술한 대로 아밀로오스는 요오드와의 정색(呈色)반응에 의해서 짙은 청색을 나타내나, 아밀로펙틴(amylopectin)은 요오드와 이상과 같은 복합체를 거의 형성하지 않으며, 따라서 그 정색반응은 자색(purple)이다. 한편, 글라이코젠(glycogen)도 이와 같은 복합체를 전혀 형성하지 않으며, 요오드와의 정색반응은 빨간색이 짙은 자색을 나타낸다.

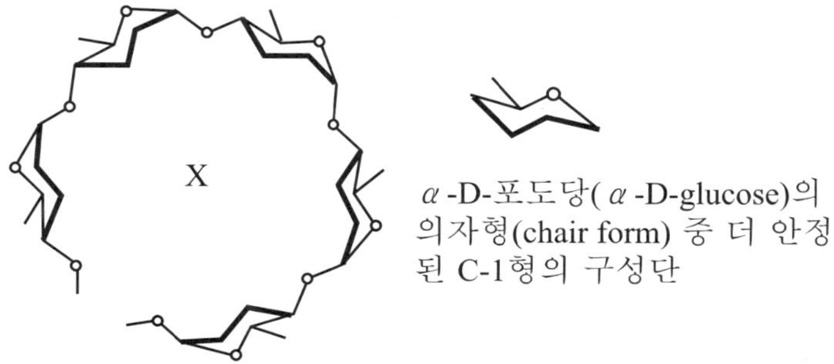

[그림 6-3] 나선상의 아밀로오스 분자의 그림(schematic diagram of amylose helix). 포도당 단위들(glucose units)은 의자형(chair conformation)을 갖고 있으며, X는 나선(helix)의 중심위치, 즉 요오드분자들(iodine molecules)이 들어가는 곳을 표시하여 주고 있다.

이상의 아밀로오스-요오드 복합체들(amylose-iodine complexes)의 모형도는 그림 6-4와 같다.

한편, 볼드윈들(Baldwin, R. R. *et al.*, 1944)이 조사한 각종 전분의 중합도(重合度, degree of polymerization, DP)와 이들 전분과 요오드의 복합체들의 최고 흡수파장(wavelength of the maximum absorption) 및 그 흡수강도(absorption intensity) 사이의 관계는 표 6-6과 같다.

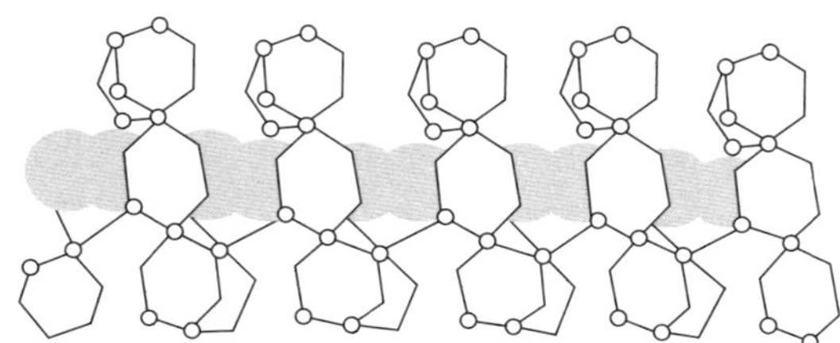

[그림 6-4] 아밀로오스의 α-나선상 구조(α-helical form) 내부에 수용된 요오드분자들(iodine molecules).
Rundle, R. E. *et al.* 1943. *J. Am. Chem. Soc.*, 65, 555.

이상의 결과로써 아밀로오스의 분자량이 클수록 요오드와의 복합체의 색깔은 더 짙은, 즉 더 장파장의 청색을 나타내며, 그 색깔도 더 강해짐을 알 수 있다. 한편, 이상의 아밀로오스와 요오드의 복합체 형성과정은 아래와 같이 표시할 수 있다.

$$\text{Amylose} + n I_2 \rightarrow \text{Amylose} - \text{iodine affinity complex}$$

표 6-6 아밀로오스의 중합도(degree of polymerization)와 요오드(iodine)와의 복합체들의 색깔 사이의 관계

아밀로오스의 종류	중합도	최고 흡수 파장 (wavelength of absorption maximum, mμ)	흡수 강도 molar extinction coefficient
감자(potato)	500	628	43,000
타피오카(tapioca)	450	625	41,600
나리꽃의 구근(lily bulb)	310	622	41,400
옥수수(corn)	250	618	40,400
합성 아밀로오스(synthetic)	85	590	32,900
아밀로덱스트린(amylodextrin)	44	580	25,400

Baldwin, R. R. *et al.*, 1944. *J. Am. Chem. Soc.*, 66, 111.

많은 실험을 통해서 곡류나 서류 등의 전분에서 추출한 아밀로오스 100g은 대략 18~20mg의 요오드를 흡수, 즉 요오드와 복합체를 형성하나, 후술하는 아밀로펙틴(amylopectin)의 경우 그 흡수량은 0.5mg 이하인 사실이 알려져 있다. 한편 한 전분 중의 아밀로오스의 함량을 측정하기 위해서, 100g의 아밀로오스는 19mg의 요오드를 흡수하는 것으로 가정하여 계산하는 경우가 많다.

과거에는 한 전분 중의 아밀로오스와 아밀로펙틴의 상대적인 양적 관계를 표시하는 척도(尺度)로 청색값(blue value)이 경험적인 방법(an empirical method)으로 가끔 사용되어 왔다(Kim, H. S. *et al.*, 1974; Kim, S. K. *et al.*, 1977; Kim, S. K., 1978). 이 청색값 또는 청색도는 기본적으로 위의 청색정색반응(青色呈色反應)을 이용한 것이다.

아밀로펙틴 아밀로펙틴(amylopectin)은 전분의 또 하나의 구성성분이며, 전분의 종류에 따라, 그리고 연구자들의 연구 결과에 따라 그 함량은 다소 다르나(표 6-1, 표 6-3, 표 6-4 및 표 6-5 참조), 대체로 78%에서 83% 정도이다. 한편 찹쌀, 찰옥수수의 전분 등에 있어서는 그 함량은 96% 내지 100%며, 또 고 아밀로오스 함량 옥수수(high amylose maize)에 있어서는 그 함량은 25% 내지 50%이다.

아밀로펙틴은 아밀로오스와는 달리 가지(branch)가 많이 달린 분자구조를 갖고 있다. 이 아밀로펙틴의 구성단위인 α-포도당(α-D-glucose)의 결합양식은 아밀로오스의 경우와 마찬가지로 주로 α-1, 4-결합이나, 분자 중의 가지는 α-1, 6-결합에 의해서 형성된다(그림 6-5 참조).

그러나, α-1, 4-결합이나 α-1, 6-결합 이외의 다른 형태의 결합이 존재할 가능성도 매우 크다. 그것은 α-1, 4-결합이나 α-1, 6-결합을 가수분해할 수 있는 효소들을 아밀로펙틴에 작용시킬 때, 아밀로펙틴의 분자가 완전히 가수분해 되지 않는다는 사실로써 간접적으로 입증된다.

하나의 가지, 즉 α-1, 6-결합에서 또 하나의 가지, 즉 α-1, 6-결합까지 사이의 포도당의 평균수는 역시 전분의 종류에 따라 다르다. 하니맨(Honeyman, J., 1959)은 그 수를 대체로 18개에서 27개로 보고 있다(표 6-3 참조).

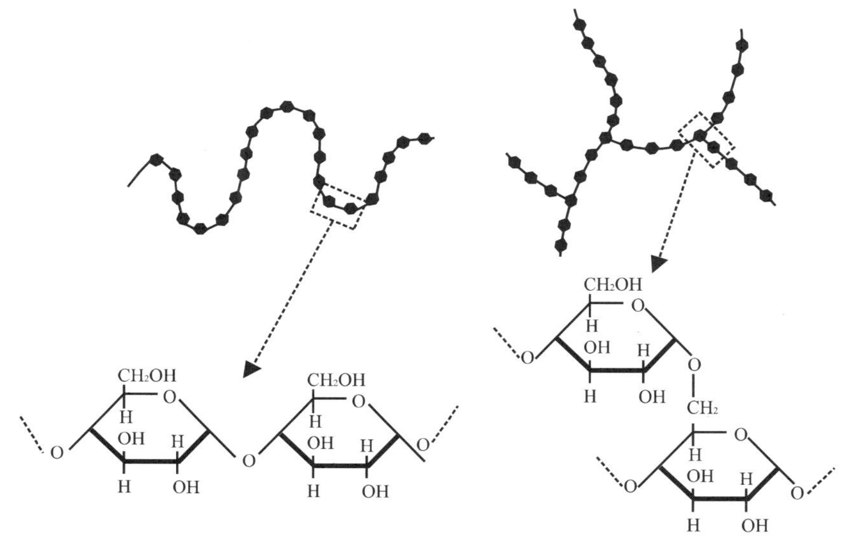

[그림 6-5] 직선상인 아밀로오스 분자(a linear amylose molecule)와 여러 개의 가지로 분기된 아밀로펙틴 분자(a branched amylopectin molecule) 일부의 그림. 아밀로오스 분자의 일부와 아밀로펙틴 분자의 가지가 달린 부분의 일부의 화학구조를 확대하여 표시하였다.

한편 퍼시발들(Percival, E. G. V. *et al.*, 1962)도 그 수를 17개 내지 27개로 보고 있다(표 6-7참조). 이 수치는 평균 분자수가 8개 내지 16개인 글라이코젠(glycogen)보다는 가지 수가 적다는 것을 의미한다.

한편, 아밀로펙틴 분자의 전체 형태에 대해서도 많은 논의가 되어 왔다. 종래에는 다음과 같은 세 가지의 분자형태가 제안되어 왔었다. 즉,

1. 소위 박편(薄片) 구조로 특징 지워지는 하워트 모형(the Haworth model)
2. 소위 화살깃 구조로 특징 지워지는 수타오딘거 모형(the Staudinger model)

3. 소위 수상(樹狀) 구조로 특징 지워지는 마이야 모형(the Meyer model) 등이다(그림 6-6 참조).

표 6-7 아밀로펙틴(amylopectin) 분자의 외부 및 내부 체인의 길이(chain length)

아밀로펙틴의 출처(sources)	평균체인의 길이(average chain length)	β-아밀레이스의 분해 한계
보 리 (barley)	26[1]	59%
맥 아 (malt)	17~18	44
옥 수 수 (corn)	25	63
밀 (wheat)	23	62
감 자 (potato)	27	59
타 피 오 카 (tapioca)	23	62
찰 옥 수 수 (waxy corn)	25	52

1)하나의 가지에서 또 하나의 가지(branch)까지 사이의 포도당 단위(glucose unit)의 수.
Percival, E. G. V. *et al.* 1962. "*Structural Carbohydrate Chemistry*," J. Garnet Miller Ltd., London.

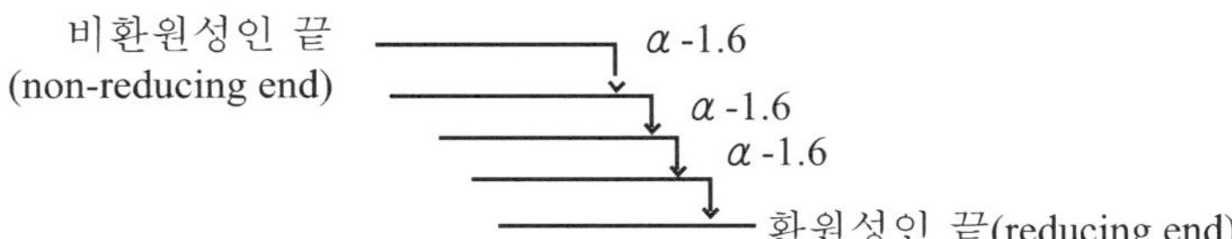

하워스의 모델(the Haworth model)

마이야의 모델(the Meyer model)

스타오딘거의 모델(the Staudinger model)

[그림 6-6] 아밀로펙틴(amylopectin)의 분자 형태에 관한 세 가지 모델

그리고 많은 연구자들은 아밀로펙틴의 분자의 구조로서는 마이야 모델, 즉 가지가 나뭇가지 모양으로 분기된 수상구조(樹狀構造)를 갖고 있는 것으로 생각하였었다.

그러나, 근래에 와서 전분입자들(starch granules)의 부분적인 결정성 성질(partial crystalline properties)이 그 전분입자들을 구성하고 있는 아밀로펙틴 분자들(amylopectin molecules) 자체의 성질에 기인하는 사실에 주목하여 왔다. 결정성(結晶性) 성질은 분자 내의 원자 또는 원자 그룹, 또는 분자 내의 이상과 같은 그룹들의 강하고도 광범위한 규칙적인 배열에 의해서 일어남으로, 분자 내의 구성 단위나 원자그룹 사이에 전혀 규칙성을 찾을 수 없는 마이어 모델(Meyer model)은 아밀로펙틴 분자들의 부분적으로 결정성을 가진 성질을 설명할 수 없는 난점이 있다.

또한 전분입자를 직접 묽은 염산으로 가수분해할 때, 일반적인 생각으로는 가수분해가 비교적 잘 안 되는 결정성이 강한 미셀들(micelles)을 형성한 부분들이 오히려 먼저 가수분해 되는 반면에, 가수분해가 쉽게 이뤄지지 않을 것으로 예상되는 분지점(分岐點, branches)들, 즉 가지가 많은 규칙성이 없는 비결정성 부분들이 남게 되며, 전체적인 가수분해가 진행됨에 따라 이와 같은 과정이 반복되는 사실이 알려져 왔다.

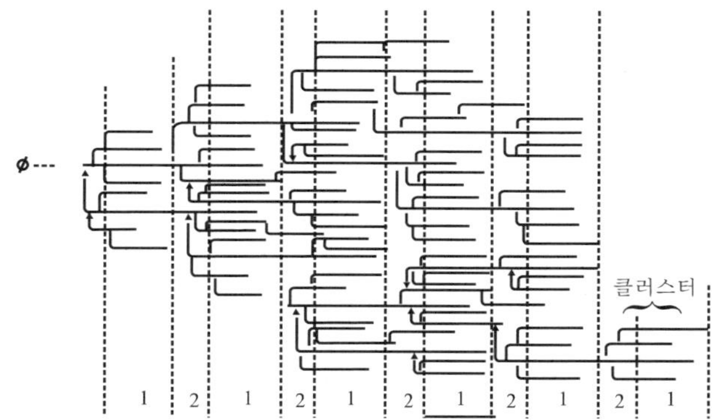

[그림 6-7] 감자 전분 중의 아밀로펙틴 분자의 클러스터 모델(cluster model, 房狀模型). 그림 중 1로 표시한 부분은 분자 중의 직쇄상으로 배열된 부분으로서 내산성(耐酸性)이 비교적 크다고 생각되는 부분이며, 2로 표시된 부분은 가지가 많은 내산성이 낮은 부분이다. DP=중합도(degree of polymerization).
Nakamura, M. and Suzuki, S.1977. "*Handbook of Starch Science*," p.17, Asakura pub. Co.,Tokyo

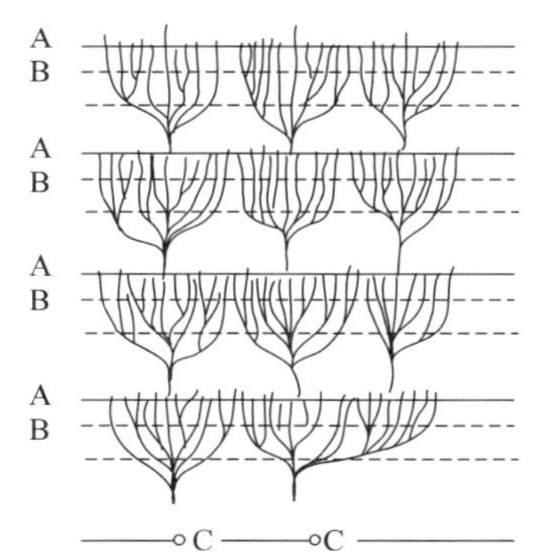

[그림 6-8] 감자전분의 전분입자(starch granules)를 형성하고 있는 아밀로펙틴 분자들의 클러스터 모델(房狀模型, cluster model). 전분입자의 한 층의 성장륜의 두께는 1200~1400 Å, 이 중의 여러 층의 두께는 50~70Å로 알려져 있다. 이상의 성장륜은 눈(hylum)을 중심으로 방사형(radical form)을 이루고 있다.
French, D., 1984 또한 Nakamura, M. and Suzuki, S., 1977 등 참조.

근래에 와서는 여러 클러스터 모델 중에서 이미 소개한 로빈들(Robin, J. P. *et al*., 1974; Nakamura, M. and Suzuki, S., 1977 참조)의 클러스터 모델보다는 프렌치(French, D., 1972; Nakamura, M. and Suzuki, S., 1977 참조)의 클러스터 모델이 실제 존재하는 전분입자들(감자) 내부의 여러 구조적 차원들(structural dimensions)의 크기와 더 잘 일치되는 점(French, D., 1984) 등을 고려하여, 프렌치의 클러스터 모델을 대표적인 전분입자들내의 아밀로펙틴 분자들의 형태로 보는 경우가 많아졌으나, 최종적이고 확정적인 것인지는 더 두고 봐야 할 것 같다.

한편, 프렌치의 모형에 입각한 감자전분입자(potato starch granules)의 각 성장륜(growth rings)의 층들(layers)을 형성하고 있는 아밀로펙틴 분자들의 기본구조는 그림 6-8과 같다. 개개의 아밀로펙틴 분자는 환원당 말단(the end reducing glucose unit)에서 α-1, 4-결합만으로 형성된, C사슬로 알려진 직선상의 부분(a linear part)이 근간(根幹)이 되어, 여기에 α-1, 6-결합을 통해서 많은 가지들

(branches)이 클러스터들(clusters)을 형성하고 있는, B사슬로 알려진 부분들이 연결되고 있다. 이상의 B사슬로 알려진 부분들 중의 많은 사슬(chains)들은 α-1, 6-결합으로 연결된, 주로 매우 짧은 제3의 층을 형상하고 있는, A사슬로 알려진 부분들과 다시 연결되어 있다.

이 A사슬들은 전술한 대로, B사슬들에 대해서 α-1, 6-결합으로 결합, B사슬들의 가지가 되고 있으나, 자신들은 가지를 갖고 있지 않는 특징이 있다. 한편, 이상의 사슬들 중, B-사슬들의 최소한 일부는 α-D-포도당이 α-1, 4-결합을 통해서 형성한 α-나선상-사슬(α-helical chain) 두 개가 평행으로 한 α-이중나선 사슬들(α-double helical chains)을 형성하고 있는 것으로 알려져 있다.

그리고 감자전분의 아밀로펙틴의 경우, C, B와 A사슬들의 α-D-포도당의 중합도(Degree of Polymerization, DP)는 각각 34~45, 23~32와 13~15 정도로 알려져 있다(Whistler, R. L. and BeMiller, J. N.,1997 참조).

한편, B사슬 층(가지가 많은 부분)의 하층은 가지들 사이에 뚜렷한 규칙성을 볼 수 없으나, 그 상층부분들에서는 가지들 사이의 배열에 규칙성을 볼 수 있으며, 특히 전술한 α-이중나선 구조의 경우, 강한 결정성 구조(crystalline structure)를 갖고 있는 것으로 생각되어 왔다(Nakamura, M. and Suzuki, S., 1977; French, D., 1984 참조).

또한 전분입자들이 나타내는 결정성 성질도 이상과 같은 구조에 의한 것으로 생각되고 있다. 즉, 전분입자들이 나타내는 결정성(crystallinity)은 아밀로오스 분자들의 성질이 아니라, 아밀로펙틴 분자들의 일부 내부구조에 의한 것이 확실해지고 있다.

한편, 아밀로펙틴 분자들의 분자량에 관한 많은 연구의 결과들을 종합하여 보면 과거에는 그 분자량이 대체로 10^5 내지 10^6 정도로 추정되어 왔으나, 아밀로오스분자들의 경우와 마찬가지로 근래에 와서는 전반적으로 그 분자들, 따라서 그 분자들이 더 큰 것으로 생각하고 있으며, 일부 연구자들은 10×10^6에서 500×10^6 정도로 보고 있다(Young, A. H., 1984, Whistler, R. L., *et al*., 1984 참조).

따라서, 아밀로펙틴 분자 내에는 적어도 10,000개 내지는 100,000개 이상의 포도당 구성단위가 중합하여 형성된 것으로 추정할 수 있다.

아밀로펙틴은 전술한 바와 같이 요오드(iodine, I_2)와 거의 반응하지 않으며, 따라서 전분과 요오드와의 정색반응(color reaction)은 주로 전분 내의 아밀로오스에 기인된다.

이 사실은 그림 6-9에서도 명백하다. 한편 요오드와 아밀로펙틴과의 정색반응에 의한 색깔은 전술한 대로 자색이며, 아밀로오스나 전분의 짙은 청색과는 다르다. 이 사실은 아밀로펙틴이 아밀로오스의 경우와 같은 요오드나 지방산들(fatty acid residue)과 복합체들(complex compounds)을 거의 형성하지 않음을 의미한다.

아밀로오스는 후술하는 바와 같이 교질화((膠質化), 즉 젤라틴화(gelatinization)를 쉽게 일으키나, 이것은 아밀로오스의 긴 직선상의 형태(linear molecular shape)에 기인된 듯하다. 반면에 아밀로펙틴은 쉽게 젤라틴화 되지 않으며, 그 원인도 역시 아밀로펙틴 분자들의 가지가 많은 분자구조에 기인된 듯하다.

한편, 젤라틴화 된 전분 분산액, 더 엄격하게는 분산 시스템 또는 분산체(starch dispersion)에서 아밀로오스는 쉽게 부분적으로나마 결정화되는 경향이 있으나, 아밀로펙틴은 분자들이 일단 분산된 후에는 서로 얽혀진 많은 수의 가지 때문에 부분적으로나마 결정화(crystallization)되기에는 너무 힘든 상태가 되는 것으로 믿어지고 있다.

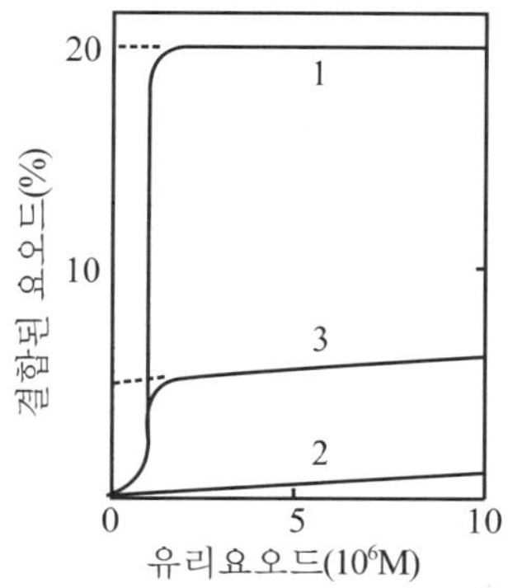

[그림 6-9] 대표적인 요오도와의 결합곡선들(typical iodine-binding curves)의 한 예
1. 아밀로오스(amylose)에 대해서
2. 아밀로펙틴(amylopectin)에 대해서
3. 전분(starch)에 대해서 ; 점선은 요오도와의 친화력(affinity)을 얻기 위해서 extrapolation하였음을 표시하여 주고 있다.

Bates. F. L. *et al.* 1943. *J. Am. Chem. Soc.*, 65, 142.

후에 자세히 논의하겠으나, 일단 젤라틴화, 즉 교질화 된 전분의 분산액(分散液, dispersion)에서 전분분자들이 부분적으로나마 결정화되는 과정을 노화(老化, retrogradation)라고 부른다.

아밀로펙틴은 노화되는 성질을 갖고 있지 않으며, 따라서 100% 또는 거의 100%가 아밀로펙틴으로 형성되고 있는 찹쌀이나 찰옥수수의 전분들은 노화현상을 잘 보여주지 않는다. 같은 α -포도당이 구성단위가 되고 있는 글라이코젠(glycogen)의 경우, 그 가지는 아밀로펙틴보다 더 많으며, 그 분자형태도 구형(球形, a spherical form)을 이루고 있기 때문에 그 분산액은 교질화도 일으키지 않으며, 따라서 노화현상도 없는 사실이 잘 알려져 있다.

한편, 라들레이(Radley, J. A., 1954)는 아밀로오스와 아밀로펙틴의 성질들을 비교하여, 이를 요약하여 표 6-8과 같은 매우 유용한 일람표를 제시하고 있다. 그러나 이상의 표는 오래 전에 만들어진 것으로서, (4)항의 분자량이나 (5)항의 X-선 분석결과에 대한 설명 등은 현재로서는 큰 수정이 필요하다. 즉, 본문에서 이미 설명한 바와 같이, 아밀로오스와 아밀로펙틴의 평균적인 분자량 등은 현재로서는 각각 대략 10^6과 10^7~10^8의 차원(次元, dimension)으로 알려져 있다. 또한 아밀로오스가 결정성의 영역을 그 분자 내에 갖고 있는 것은 사실이나, 전분입자들(starch granules)의 부분적인 결정성 영역의 존재는 아밀로오스가 아니라 주로 아밀로펙틴 분자들의 부분적인 강한 결정성 영역에 기인하는 것으로 알려져 있다.

아밀로오스와 아밀로펙틴의 분리

아밀로오스(amylose)와 아밀로펙틴(amylopectin)은 함께 전분의 구성성분들로 존재하나 여러 가지 방법들에 의해서 이 두 성분은 분리될 수 있다.

아밀로오스 복합체 형성에 의한 분리 오래 전부터 알려진 방법으로써 가틴 그루제우스카(Gatin-Gruzewska, Z., 1908; 1911, Radley, J. A., 1954 참조)에 의해서 개발된 방법이 있다.

이 방법에서는 3%의 전분 용액(정확하게는 분산액이나 여기서는 용액으로 편의상 표현한다)에 소량의 40%탄산 소오다(Na_2Co_3)용액을 가한 다음에, 다시 95%의 에탄올(EtOH)용액을 가하여 아밀로펙틴만을 침전시킨 후 이 침전을 씻고, 다시 투석(透析, dialysis)으로 무기염 등을 제거하여 정제 아밀로펙틴을 얻는다.

표 6-8 아밀로오스(amylose), 아밀로펙틴(amylopectin)의 성질 비교

	아밀로오스	아밀로펙틴
(1) 요오드(iodine)와의 반응	짙은 청색	빨간색-자주색
(2) 청색값(Blue Value)1)	1.35	0.05
(3) β-아밀레이스 추출액(β-amylase preparation)과의 반응	95% 내지 100%가 말토오스로 가수분해	50%가 말토오스로 가수분해
(4) 분자량	40,000 내지 340,002)	40,000 내지 6,000,0002)
(5) 비환원성 말단그룹(non-reducing end group) 사이의 평균 포도당의 수	200 내지 2,100	20 내지 25
(6) X-선 분석	고도의 결정성(crystallinity)	무정형(amorphous)
(7) 물에 대한 용해도(solubility)	거의 녹지 않음(sparingly soluble)	잘 녹는다(very soluble).
(8) 수용액(aqueous solution) 속에서의 안정성(stability)	노화된다(retrogrades).	안정하다(stable).
(9) 아세틸화된 유도체(acetylated derivatives)의 성질	섬유질(fibrous), 질긴 필름(tough film)을 형성한다.	무정형 분말(amorphous powder), 부스러지기 쉬운 필름을 형성(brittle film)

1) Hassid, W. Z. and McCready, R. M., 1941. *J. Am. Chem. Soc.*, 63, 1632. 참조.
Radley, J. A. 1954. "*Starch and Its Derivatives*," Vol. 1, p 45, John Wiely and Sons Inc., New York
2) 분자량이 너무 낮게 기재되고 있음(저자 주)

숏호(Schoch, T. J., 1942)와 하워트들(Haworth, W. N. *et al.*, 1946, Radley, J. A., 1954 참조)은 전분 중의 아밀로오스 성분이 뷰타놀(butanol), 노말-아밀 알콜(n-amyl alcohol), 타이몰(thymol), 지방산들과 결합하여 결정성 복합체(crystalline complex)를 형성하는 성질을 이용하여, 묽은 전분의 현탁액에 뷰타놀 등을 가한 후 형성되는 아밀로오스와 이들 알콜들과의 결정성 복합체들을 분리한 다음 이를 정제한 후 아밀로오스를 다시 분리하였다.

현탁액에 남아 있는 아밀로펙틴은 에탄올을 가하여 무정형의 침전으로서 회수한다. 한 예로서 숏호는 전분의 1~3% 수용액을 pH 6.2~6.3으로 조절하고 105~109℃에서 2~3시간 가열한 후, n-뷰타놀(n-butanol)을 가하여 그 속의 아밀로오스를 복합체로 침전시킨 다음에 남은 아밀로펙틴을 원심분리기로 분리하는 방법을 설명하고 있다.

전기 영동법에 의한 분리 한편, 자메크들(Samec, M. et al., 1926)은 감자 전분의 아밀로오스와 아밀로펙틴을 전기 영동법(electrophoretic method)을 사용하여 분리하는데 성공한 바 있다.

특히 감자전분의 경우, 여기에 함유된 아밀로펙틴은 그 분자 속에 에스터화 된 인산그룹들(esterified phosphoric acid groups)을 함유하고 있기 때문에 비교적 강한 음전하(nagative charge)를 갖고 있으며, 따라서 전분의 현탁액에 전류를 통하면 아밀로펙틴은 쉽게 양극(anode)으로 이동하는 성질이 있으므로, 전기 영동법에 의해서 쉽게 분리할 수 있다고 한다.

이 방법은 인산(phosphoric acid)이나 지방산(fatty acid)들이 아밀로펙틴과 화학적으로 결합되어

있지 않는 곡류 전분에는 적용할 수 없다.

열수 추출법 전분의 현탁액을 60~100℃로 가열할 때는 전분입자들(starch granules)은 팽윤(swelling)되면서, 분자량이 상대적으로 훨씬 적으며 따라서 운동성(mobility)이 더 큰 아밀로오스 분자들은 팽윤된 전분입자들에서 빠져나가게(leaching)된다. 한편 대부분의 아밀로펙틴 분자들은 전분입자 내에서 서로 결합상태, 또는 부분적인 결정성을 그대로 유지하면서 남게 된다. 수용액에 풀어져 나온 아밀로오스는 이상의 현탁액을 원심분리(centrifuge)한 후, 상등액(supernatant)에서 얻을 수가 있다.

한편, 링들(Ling, A. R. *et al.*, 1923)은 아밀로오스와 아밀로펙틴 분자들의 분리를 더 용이하게 하기 위해서, 아밀로오스와 아밀로펙틴에 대한 특정 효소들의 작용의 차이를 이용하고 있다.

즉, α- 및 β-아밀레이스들(α-, β-amylases)의 혼합물인 다이아스테이스(diastase)는 아밀로펙틴보다 아밀로오스에 더 강하게 작용하므로, 전분의 젤(gel), 즉 교질용액에 어떤 조정된 조건 하에서 다이아스테이스를 작용시키면, 아밀로펙틴은 거의 영향 받지 않고 아밀로오스만을 말토오스 등으로 가수분해 시켜 제거함으로써 아밀로펙틴을 분리할 수 있다.

한편, 볼드윈(Baldwin, M. E., 1930)이 처음으로 개발한 후, 마이어들(Meyer, K. H. *et al.*, 1940, Radley, J. A., 1954 참조)에 의해서 사용된 방법이 있다. 이 방법에 있어서는 수용액에서 가열하여 팽윤되었으나, 아직 붕괴되지 않고 있는 전분입자들(swollen but intact starch granules)을 계속 냉동(freezing)과 해동(thawing)을 반복하여 물과 함께 아밀로오스를 씻어버림으로써 아밀로펙틴을 분리한다. 그러나 이 방법은 아밀로오스와 아밀로펙틴의 분리가 완전하지 못하다고 한다.

염용액 사용 분리법 한편, 버스들(Bus, W. C. et al., 1958)은 감자 전분의 경우, 그 10% 현탁액에 13%에 해당하는 황산마그네슘(magnesium sulfate)을 첨가하고 가압하에 160℃에서 가열한 후 80℃로 냉각하면, 아밀로오스가 침전되어 분리되고, 다시 20℃로 냉각할 때는 아밀로펙틴이 침전으로 분리될 수 있음을 보고한 바 있다(Radley, J. A., 1954 참조).

수산화 알미늄을 사용한 흡착분리법 피이트들(Peat, S. et al., 1949)이 개발한 아밀로오스와 아밀로펙틴의 수산화 알미늄에 대한 흡착도(吸着度)의 차이를 이용한 분리방법으로서, 전분을 수산화 알루미늄(aluminium hydroxide, $Al(OH)_3$)에 흡착시켜서 전분-수산화 알루미늄의 복합 침전물을 얻은 다음, 끓는 물로 씻으면 아밀로오스만이 끓는 물에 씻겨 나오며, 아밀로펙틴은 스며 나오지 않으므로 두 성분을 분리할 수 있다고 한다.

전분의 분해효소들

자연에는 다양한 종류의 전분 분해효소들이 존재하는 것으로 알려져 있다. 그 중 중요한 것을 들어보면 다음과 같다.

α-아밀레이스 α-아밀레이스(α-amylase, amylo-1,4-dextrinase, 또는 1,4-α-D-glucan-4-glucanohydrolase, EC 3.2.1.1)는 후술하는 바와 같이 α-D-포도당의 α-1,4-결합을 무작위적(at random)으로 가수분해하는 효소들로서 특히 발아(發芽, sprouting) 중인 여러 곡류 종자들(germinating seeds)에 많이 함유되고 있다. 정상적인 곡류 낟알의 경우, α-아밀레이스의 활력은 거의 없으나, 발아할 시

기에는 그 활력이 발아 전에 비해서 1000배 이상으로 급증한다.

그 외에도 취장액(pancreatic juice)이나 침, 즉 타액(saliva), 그리고 일부 세균들(*Bacillus subtilis, Bacillus stearothermophillus*), 곰팡이들(*Aspergillus oryzae*) 등에 존재한다.

이 효소는 아밀로오스(amylose)에 작용하면 첫단계로 아밀로오스 분자들의 α-1,4-결합을 분자 외부쪽, 즉 바깥쪽이나 분자의 내부쪽(in an "endo" fashion) 등을 가리지 않고 무작위적으로(at random) 가수분해하여(그림 6-10 참조) 포도당 6, 7, 8개 정도로 구성된 덱스트린류(dextrins)를 형성한다. 한편, 이 덱스트린류는 계속 효소의 작용을 받아서 곧 말토오스, 즉 맥아당, 말토트리오스(maltotriose), 말토테트라오스(maltoteratose) 등으로 분해된다.

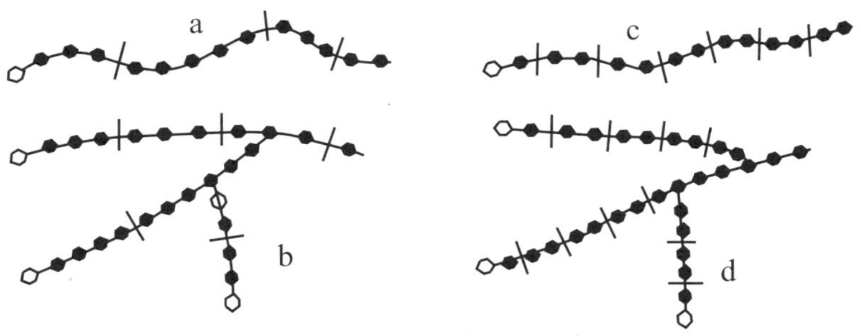

[그림 6-10] 아밀레이스(amylase)의 작용을 보여주는 그림.
a. α-아밀레이스에 의해서 아밀로오스가 무질서하게 분해(random degradation)되어 덱스트린을 형성
b. α-아밀레이스에 의해서 아밀로펙틴이 무질서하게 분해되어 덱스트린을 형성
c. β-아밀레이스에 의해서 아밀로오스가 비환원성인 끝(non-reducing end)에서 단계적(stepwise)으로 분해하여 맥아당을 형성
d. β-아밀레이스에 의해서 아밀로펙틴이 비환원성인 끝에서 단계적으로 분해하여 맥아당을 형성
-●- 포도당 단위, ○-체인(chain) 끝의 비환원성 포도당 단위, | 아밀레이스가 작용하는 곳

둘째 단계에 들어서서 이상의 올리고삭카라이드들, 즉 과당류(寡糖類, oligosaccharides)는 계속 이 효소의 작용을 받아 서서히 포도당과 맥아당으로 분해된다.

한편, 아밀로펙틴에 작용하는 경우에도 α-1,6-결합을 포함하는 이상과 같은 과당류, 즉 올리고삭카라이드들(maltotriose, maltotetraose, maltopentaose)과 맥아당이 형성되나, 아밀로펙틴의 경우에는 아밀로펙틴에 존재하는 α-1,6-결합을 비롯하여 α-1,4-결합이 아닌 모든 형태의 결합은 가수분해 되지 않을뿐더러 그 α-1,4-결합에 대한 가수분해작용도 α-1,6-결합과 기타의 비(非) α-1,4-결합들이 존재하는 근처에서 멈추게 된다. 아밀로펙틴에 대한 가수분해작용이 계속 진행될 때는 최종적으로는 α-1,6-결합을 가지고 있는, 구성단위인 α-D-포도당 4개 이상 10개 정도로 구성된 저분자량 덱스트린들(low molecular-weight dextrins) (그림 6-10 참조)이 형성된다. 이들은 보통 α-아밀레이스 한계 덱스트린류(α-amylase limit dextrins)로 알려져 있다.

α-아밀레이스는 간단히 말해서 전분의 α-1,4-결합을 무작위적으로(at random) 가수분해해서 포도당, 맥아당, 과당류(寡糖類), 저분자량 덱스트린 등을 형성하며, 따라서 불투명했던 전분 현탁액(starch dispersion)은 급속도로 맑은 용액으로 된다.

그러므로 이 α-아밀레이스는 액화효소(液化酵素, liquefying enzyme), 또는 덱스트린화 아밀레이스(dextrogenic amylase)라고도 불려지고 있다.

여러 연구결과들에 의하면, α-아밀레이스의 성질은 그 출처에 따라 그 성질이 다소 다르다고 한다(species specific). 그 분자량은 대체로 50,000 내지 60,000이며, 그 최적(optimum) pH는 4.7에서 6.9 사이로 보고되고 있다. 지금까지 조사된 α-아밀레이스들(α-amylase)은 모두 칼슘(calcium)을 그 구성 금속으로 갖고 있는 금속 효소들(calcium-metallo enzymes)로 알려지고 있으며, 한편 이 효소 분자들 내에 있는 칼슘이온은 pH, 온도, 단백질 가수분해에 대한 효소들의 내성(耐性, resistanse)을 강화시켜주고 있다고 한다. 또한 대부분의 α -아밀레이스들은 칼슘이온(Ca^{++}ion) 첨가에 의해서 열에 대한 안정성이 증진되며, 일부 α -아밀레이스들은 염소이온(Cl^{-}ion)에 의해서 활성화된다.

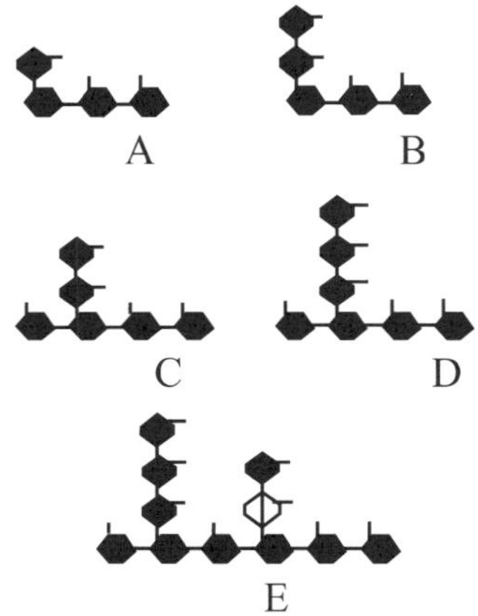

[그림 6-11] 아밀로펙틴에 α-아밀레이스(α-amylase)가 작용함으로써 형성되는 것으로 믿어지는 올리고삭카라이드류 : A. tetrasaccharide; B. pentasaccharide; C. hexasaccharide; D. heptasaccharide; E. undecasaccharide
Whistler, R. L., ed. 1965. "*Starch : Chemistry and Technology.*" Vo., 1, p. 159.

여러 출처에서 얻은 α-아밀레이스의 성질은 표 6-9와 같다.

이 α-아밀레이스에 의한 전분의 가수분해가 진행됨에 따라, 전분의 요오드와 정색반응(color reaction)을 일으키는 성질은 점차 소실되며, 한편 점도(viscosity)의 급속한 감소와 환원력(reducing power)의 증가를 가져온다.

한편, α-아밀레이스를 각종 밀 또는 기타 곡류들의 가공식품들에 직접 첨가하여 줌으로써, 반죽(dough)의 가스 생산(gas production)을 증가시키며, 또한 빵껍질(bread crust)의 색깔을 개선시킬 수 있는 사실이 널리 알려져 있다.

α-아밀레이스의 내열성 그러나 실제 식품산업에 이용되는 α-아밀레이스의 여러 성질들 중 그 안전성(safety) 다음으로 중요한 성질은 일반적으로 그 내열성(耐熱性, thermostability)인 것 같다. 예르서, 여러 경로를 통해서 얻은 α-아밀레이스를 사용하여 전분을 가수분해하여 당화(糖化, saccharification)할 때, 구체적인 예로서 물엿, 즉 시럽(syrup)을 만드는 경우에는 적어도 그 전분의 젤화 온도(gelation temperature)에서도 그 활성을 유지할 수 있어야 하며, 따라서 α-아밀레이스의 내열성(heat stability)을 증가시켜주는 방법, 또는 내열성을 가진 α-아밀레이스를 개발하는 일 등은 매우 중요하다.

표 6-9 여러 출처(sources)에서 얻은 α -아밀레이스(α -amylase)의 성질들

α-아밀레이스의 출처	내열성 (heat resistance) 15분 가열. 온도 ℃		pH에 대한 안정성 (30℃에서 24시간)	최적작용 pH	Ca^{++}에 의한 보호작용의 유 무	Cl^{-}에 의한 한 활성화
bacteria(액화형)	65	80	4.8~10.6	5.4~6.2	+	-
〃 (당화형)	55	70	4.0~7.8	4.8~5.2	-	-
〃 (내열형)	75	90			+	-
Asp. oryzae	55	70	4.7~9.5	4.9~5.2	+	-
Asp. niger	55	70	4.7~9.5	4.9~5.2	+	-
Rhizopus	50	60	5.4~7.0	3.6	+	-
Asp. niger(내열형)	55	70	1.8~6.5	4.0	+	-
Endomycopsis	35	50	6.0~7.5	5.4	+	-
Oospora	50	70	6.0~10.3	5.6	+	-
pancreatic juice			4.8~11	9.9	+	+
saliva			4.8~11	6.9	+	+
malt			4.8~8.0	5.3	+	-
숙주	50	70	5.0~8.3	5.4	+	-

내열성을 표시한 수치 중 왼쪽은 100%의 활력(activity)이 남는 온도이며, 오른쪽은 100%의 활력이 상실되는 온도이다.
相澤孝亮. 1969. "酵素의 利用," p.23, 地人書館, 東京.

박들(Park, Y. C. *et al.*, 1968)은 밧실러스 섭틸리스의 한 균주(*Bacillus subtilis* var. M181)에서 추출한 α-아밀레이스는 그 활성이 50℃ 부근에서 가장 크며, 70℃ 이상에서는 그 활성이 급속하게 감소하여 75℃에서는 10분간 가열할 때는 완전히 불활성화 되었다고 한다. 그러나, 이 효소의 내열성(heat resistance)은 일부의 염류(salts), 예로서 소듐 아세테이트(sodium acetate), 소듐 프로피오네이트(sodium propionate), 모노소듐 글루타메이트(monosodium glutamate, MSG), 칼슘 아세테이트(calcium acetate) 등에 의해서 증진되었음을 함께 보고하고 있다.

예로서 효소 추출액에 식염(NaCl)과 칼슘 아세테이트를 첨가하였을 때는 이 효소 추출액을 75℃에서 10분간 가열하여도 그 활력을 잃지 않았다고 한다.

표 6-10 β-아밀레이스(β-amylase)의 성질

β-아밀레이스의 출처(sources)	Rhizopus delemar	Asp. niger
최적작용 pH	4.5	3.8
pH에 대한 안정성(30℃에서 24시간)	3.5~8.0	2.2~7.5
내열성(pH 5.5에서 15분간) 가열온도 ℃	50°~55°	50°~70°
등전점(isoelectric point) pH	7.4	6.5

내열성을 표시한 수치 중 왼쪽은 100%의 활력(activity)이 남는 온도며, 오른쪽은 100%의 활력이 상실되는 온도이다.
相澤孝亮, 1969, "酵素의 利用," p.26, 地人書館, 東京

β-아밀레이스 β-아밀레이스(β-amylase, amylo-1,4-maltosidase, 1-4-α-D-glucan-maltohydrolase, EC 3.2.1.2)는 고구마와 같은 서류, 곡류, 두류, 또는 엿기름(malt), 침, 즉 타액(salvia) 등에 널리 포함되어 있다. 이 효소는 전분 중의 아밀로오스나 아밀로펙틴 분자들을 외부에서부터, 즉 바깥쪽에서부터(in an "exo" fashion) 맥아당의 단위로 차례로 가수분해하여 결과적으로 전분 현탁액을 당용액

(糖溶液)으로 바꿔놓기 때문에 당화효소(糖化酵素, saccharifying enzyme)로도 알려져 있다. 여러 연구에 의하면, 이 효소도 그 출처에 따라 성질이 다소 다르며(species specific), 특히 내열성(heat resistance), pH에 대한 안정성(stability), 최적 pH 등은 출처에 따라 그 성질들이 다소 다르다고 한다. 그 분자량은 대체로 150,000 내외, 최적 pH는 4.0에서 6.0 사이로 보고되고 있다.

표 6-10은 곰팡이 라이죠퍼스 델레마(*Rhizopus delemar*), 아스퍼어질러스 나이저(*Aspergillus niger*) 등에서 추출된 β-아밀레이스들의 여러 성질들을 표시한 것이다.

β-아밀레이스의 경우에도 α-아밀레이스의 경우와 마찬가지로 실제 식품가공에 응용될 때는 내열성이 안전성 다음으로 중요한 요인(factor)이 된다.

β-아밀레이스는 α-1,4-결합에만 작용하며, β-결합(β-linkages)은 물론, α-1,6-결합이나 α-1,3-결합에도 작용하지 않으며, 또한 α-1,4-결합을 가진 포도당기(α-D-glucose residues)의 경우라도 인산 에스터(phosphate ester)로 존재하거나, 또는 기타의 정상적인 포도당이 아닌 형태로 존재하는 경우(그림 6-12 참조)에는 가수분해 되지 않는다.

한편, 가지가 없는 구조(linear structure)를 가진 아밀로오스의 경우에는 순서대로 계속 가수분해 될 것이며, 가수분해 되어 형성되는 당은 전술한 대로 주로 맥아당이나, 말토트리오스(maltotriose)도 함께 형성되는 사실이 알려져 있다. 이 말토트리오스는 시간의 경과와 함께 계속 가수분해 되어 결국에는 맥아당과 포도당으로 된다. 그러나 아밀로오스의 가수분해는 실제로는 70~90% 정도만 진행된다. 이는 아밀로오스 분자 중의 결합에 비정상적인 결합이 가끔 존재하기 때문인 것으로 생각된다. 한편 β-아밀레이스가 작용할 때 미량의 α-아밀레이스가 존재할 때에는 그 가수분해는 100%가 진행된다고 한다. 비정상적인 결합으로서는 α-1,6-결합, α-1,3-결합, β-결합 등을 들을 수 있으며, 또한 포도당의 각종 에스터형들이 구성단위에 섞여 들어간 경우도 생각할 수 있다.

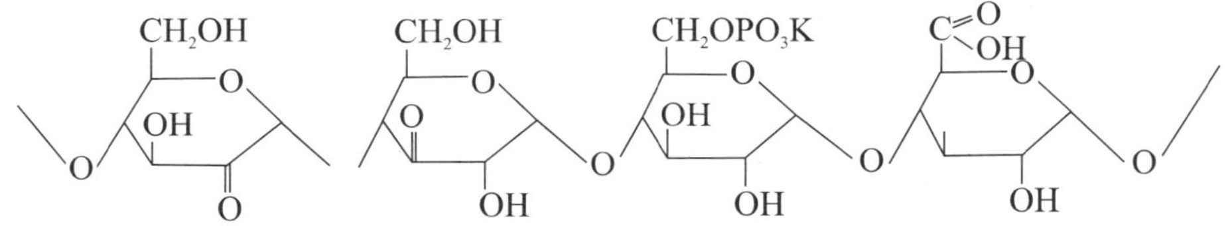

[그림 6-12] 아밀로오스(amylose) 분자 중에서 β-아밀레이스(β-amylase)의 작용을 저지할 수 있는, 가능한 변형된 구성 포도당 단위(possible modified glucose units)의 예들. C2, C3, C6 위치의 OH기가 산화된 구성단위들, 또는 인산 에스터(phosphate ester)로 변형된 구성단위들

아밀로펙틴(amylopectin)의 경우에는 그 분자 내에 존재하는 α-1,4-결합 이외의 결합들, 인산 에스터의 존재 등에 의해서 가수분해는 전체 분자의 55% 내지 60% 정도까지 진행되며, 그 나머지는 가수분해 되지 않는다.

이 가수분해 되지 않는 부분은 가지(branching)가 많은 부분으로서 보통 고분자 β-아밀레이스 한계덱스트린(high-molecular weight β-amylase limit dextrin)이라고 불려지고 있다(그림 6-13 참조).

곡류 속의 α, β-아밀레이스들과 빵제품들의 품질 일반적으로 정상적인 곡류의 낟알(cereal grains)은 항상 높은 수준의 β-아밀레이스의 활력(activity)을 유지하고 있으나, 그 반면에 α-아밀레이스의 활력은 거의 없는 것으로 알려져 있다.

[그림 6-13] 아밀로펙틴에 작용하는 β-아밀레이스. 실선은 가수분해 되는 곳. 점선 내는 고분자 β-아밀레이스 한계 덱스트린(high-molecular weight β-amylase limit dextrin). Whistler, R. L., ed. 1965. "*Starch : Chemistry and Technology,*" Vol., 1, p. 163.

그러나 전술한 대로 발아 직전에는 α-아밀레이스의 활력이 갑자기 평상시의 1,000배 이상으로 증가한다고 한다. 외부에서, 분자의 바깥부분에서 순서대로 전분분자를 가수분해하는 효소들(exo-enzymes)의 하나인 β-아밀레이스는 온전한 곡류, 예로서 밀의 낟알 속의 전분입자들(starch granules)에 직접 작용하지 않으나, 바깥에서 뿐 아니라 내부에 대해서도 무차별로 작용하는 효소들(endo-enzymes)의 하나인 α-아밀레이스는 이상의 전분입자들에 서서히 작용하여 이들을 파괴, 즉 가수분해한다고 한다.

곡류 낟알에서 평상시에도 β-아밀레이스의 활력은 지속되는 반면에 α-아밀레이스의 활력은 거의 없으나, 그 활력이 발아 직전에 급증하는 사실은 곡류 낟알의 평상시의 자기보호라는 관점과 발아시에는 급격한 성장(rapid growth)과 일시에 여러 기능들(functions)의 수행을 위해서 많은 에너지가 필요하게 되는 점에 비추어 볼 때, 흥미롭고 중요한 사실로 생각된다.

한편, 밀을 제분하여 얻은 밀가루의 경우에는 제분과정(milling processes)에서 그 일부가 파괴, 손상된 전분입자들에 먼저 α-아밀레이스가 작용하고 다시 여기에 β-아밀레이스가 작용하여 제빵(baking processes)에 앞서, 효모에 의한 발효과정(leavening processes)에서 효모에 발효될 수 있는 당류를 제공하여 준다. 일반적으로 제분과정에서 β-아밀레이스가 급속하게 작용할 수 있는 일부 손상된 전분입자들을 일부러 만들어 주는 일은 다음의 효모들에 의한 효과적인 발효를 위해서 필수적인 조건으로 생각되고 있다.

한편, 밀가루 속의 α- 및 β-아밀레이스의 작용들은 빵을 굽는 과정(baking processes)에서도 전분입자들의 젤라틴화에 따라 계속된다. 이 경우 β-아밀레이스의 작용은 빵을 굽는 온도의 상승에 따라 먼저 불활성화(inactivation)되나, α-아밀레이스의 작용이 너무 강할 때는 빵의 중심부에서 계속 효소작용을 유지하여 빵 내부에 덱스트린류를 형성하여, 빵 구조의 연화(softening)와 빵조직이 과도하게 끈끈해지는(sticky crumb) 결과를 가져와서, 만들어진 빵(특히 식빵의 경우)을 자동재단기(automatic slicers)로 재단하기 어렵게 만드는 경우도 있다고 한다(Robinson, D. S., 1987).

이와 같은 α, β-아밀레이스들, 특히 α-아밀레이스의 활력, 즉 작용의 조절은 빵제품들의 품질에 직접 영향을 주기 때문에 매우 중요하며, 밀가루를 숙성(aging)시키거나 품질 개량제를 사용해서 미리 조절해 준다. 이와 반대로 곡류, 특히 밀을 너무 일찍 수확할 때는 α-아밀레이스의 활력이 거의 없기 때문에, 제빵 전의 발효과정(leavening processes) 등이 원활하게 이루어질 수 없다.

따라서 곡류의 수확기를 적절하게 선택하는 것이 중요하나, α-아밀레이스의 활력이 너무 미약한 밀가루의 경우에는 실제 제빵과정(baking processes)에서 그 활력을 크게 잃게 되므로, 효모에서 추출한 α-아밀레이스 제품 등 효소제품을 미리 첨가하여 보강(補强)할 필요가 있다.

다이아스테이스 식품 가공공장이나 의약품 공장 등에서 널리 사용되고 있는 엿기름(malt)에서 추출하여 만든 효소제품인 다이아스테이스(diastase)는 보통 α-아밀레이스와 β-아밀레이스를 다 같이 함유하고 있다.

글루코아밀레이스 글루코아밀레이스(glucoamylase, 즉 1,4-α-D-glucan-glucohydrolase, EC 3.2.1.3)는 아스퍼어질러스 나이저(Aspergilus niger)와 같은 아스퍼어질러스 그룹, 또는 라이죠퍼스 그룹(Rhizopus group)에 속하는 곰팡이들, 일부 효모들(예; Saccharomyces diastatistics), 일부 세균들(예; Clostridium acetobutylicum)이나 동물조직, 특히 간조직(liver tissue) 등에 널리 분포되고 있는 효소로서 아밀로글루코시데이스(amyloglucosidase)라고도 불려져 왔다.

엑소-1,4-α-D-글루카네이스(exo-1,4-α-D-glucanase), 엑소-1,4-α-D-글루코시데이스(exo-1,4-α-D-glucosidase), 글루카밀레이스(glucamylace), 말테이스(maltase), 한계 덱스트리네이스(limit dextrinase), 또는 γ-아밀레이스(γ-amylase) 등으로 알려져 온 효소들은 모두 이 그룹에 속하는 효소들이다.

이 글루코아밀레이스는 전분에 작용하여 아밀로오스와 아밀로펙틴의 α-1,4-결합, α-1,6-결합, 또는 α-1,3-결합 등을 전분분자의 바깥에서부터 순서대로(in an exo-fashion, exo-enzyme) 가수분해하여 직접 포도당(α-D-glucose)을 생산한다.

이 효소는 또한 각종 고분자량 덱스트린류, 말토올리고 삭카라이드류(maltooligosaccharides), 매아당(maltose), 아이소말토오스(isomaltose) 등에도 작용하여 포도당으로 가수분해하는 사실이 알려져 있다.

보리 엿기름(barley malt), 수수 엿기름(sorghum malt), 일부의 곰팡이, 세균들에서 추출된 한계 덱스트리네이스(limit dextrinase)로 알려진 효소는 전분을 포도당으로 직접 가수분해하는 사실이 알려져 왔으나, 전술한 대로 이 효소는 현재 글루코아밀레이스(glucoamylase)와 동일한 것으로 생각되고 있다.

이 글루코아밀레이스는 근래에 와서 전분에서 고순도(高純度)의 결정 포도당(high purity crystalline glucose)의 공업적 생산에 사용되고 있는 매우 중요한 효소이다.

아밀로-1,6-D-글루코시데이스 아밀로-1,6-D-글루코시데이스(amylo-1,6-D-glucosidase, EC 3.2.1.33)는 식물체, 효모, 동물조직 등에 존재하며, 아밀로펙틴과 글라이코젠(glycogen)의 α-1,6-결합을 선택적으로 가수분해한다.

여기에 속하는 한 그룹의 효소들은 일반적으로 아이소아밀레이스류(isoamylases)로 알려져 왔으며, 이상의 효소들의 연구의 계기가 된 잠두(broad beans)에서 발견된 R-효소(R-enzyme)도 이 그룹이 속한다고 한다(Robyt, J. F., 1984 참조).

아밀로펙틴은 보통 자색(purple)의 요오드 정색반응(iodine color reaction)을 나타내나, 이 효소를 작용시키면, 곧 그 색깔반응은 자색에서 청색으로 변화한다. 이 사실은 이 효소에 의해서 아밀로펙틴의 α-1,6-결합이 가수분해 되어, 비록 분자량은 적을지 모르나, 그 분해물질들의 구조가 아밀로오스(amylose)와 비슷한 α-나선상의 구조(α -helical structure)를 갖게 되고, 가지들(α-1,6-결합들)의 제거로 요오드와의 반응이 더 쉽게 되기 때문인 것으로 생각되고 있다. 이 효소는 또한 β-아밀레이스 한계 덱스트린류(β-amylase limit dextrins)에도 작용하는 것으로 알려져 있다.

이상의 아이소아밀레이스류(isoamylase) 외에 효모류에 속하는 풀룰라리아 풀룰란스(*Pullularia pullulans*)들이 속하는 오레오바시듐 속(genus *Awreovasidium*)에 속하는 균들이 만들어 내는 다당류 풀룰란(pullulan)을 가수분해하는 풀룰라네이스(pullulanase, EC 3.2.1.41)로 알려진 또 하나의 그룹의 효소들이 있다. 이 풀룰란들은 α-D-포도당 3개가 α -1,4-결합으로 연결된 말토트리오스(maltotriose)가 구성단위가 되어, 각 말토트리오스가 α-1,6-결합을 통해서 중합(重合)된, 점성이 큰 α-D-글루칸(α-D-glucan)의 하나다. 이 풀룰란들은 세균(Aerobacter aerogenes)에서 얻어지는 효소, 즉 풀룰라네이스(pullulanase)에 의해서 그 α-1,6-결합이 가수분해 되는 사실이 알려진 후, 이 풀룰라네이스류에 속하는 효소들도 아밀로펙틴의 α-1,6-결합을 가수분해하는 사실이 알려져 왔다. 이 풀룰라네이스류는 아이소아밀레이스류와 함께 아밀로펙틴들의 가지, 즉 α-1,6-결합을 제거(가수분해)해주기 때문에, 가지를 제거하는 효소들(debranching enzymes)로도 불려지고 있다.

1,4-α-D-글루칸 브랜칭 글라이코실트란스퍼레이스 1,4-α-D-글루칸 브랜칭 글라이코실트란스퍼레이스(1,4-α-D-glucan branching glycosyltransferase, EC 2. 4. 1. 18)는 동물 및 식물조직에 분포되고 있는 것으로 믿어지나, 실제로는 감자, 옥수수에서 분리 정제되어 왔다. Q-enzyme로도 알려져 있다.

이 효소는 α-1,4-결합으로 된 포도당의 중합체, 즉 α-D-1,4-글루칸류(α-D-1,4-glucans)에 작용하여 α-1,6-결합을 형성시키는 효소이며, 간단하게는 1,4-α-글루칸 브랜칭 효소(1,4-α-glucan branching enzyme)로도 불려진다. 한편, 좀 더 정확한 명칭은 1,4-α-D-Glucan: 1,4-α-D-glucan-6-α-(1,4-α-glucano)-transferase로 알려져 있으며, 1,4-α-글루칸류의 사슬들의 단편(斷片)들, 즉, 그 부분들을 다른 1,4-α-글루칸류의 탄소 6번째의 수산기와 결합하도록 옮겨주는 과정에 관여하는 효소들이며, 따라서 이 효소들은 α-1,4-글루칸류에 가지를 만들어 주거나 그 수효를 증가시키는 효소들(branching enzymes)이라고 말할 수 있다.

이 경우 최종 생성물이 아밀로펙틴인지 글라이코젠(glycogen)인지에 따라 아밀로펙틴 가지형성 효소(amylopectin branching enzyme) 또는 글라이코젠 가지형성 효소(glycogen branching enzyme)의 명칭을 사용할 필요가 있다(그림 6-14 참조).

밧실러스 마세란스 아밀레이스 세균 밧실러스 마세란스(Bacillus macerans)에서 얻어지는 한 효소, 즉 밧실러스 마세란스 아밀레이스(bacillus macerans amylase, BMA)는 전분을 분해하여 일종의 환상 올리고삭카라이드류(cyclic oligosaccharides), 즉 사이클로덱스트린류(cyclodex-trins) 또는 사이클로아밀로오스류(cycloamyloses)인 샬딘저 덱스트린류(the Schardinger dextrins)를 생성하는 사실이 오래 전부터 알려져 왔다.

이 효소는 근래에 와서는 일반적으로 사이클로덱스트린 글루카노트란스퍼레이스(cyclodextrin glucanotransferase, EC 2. 4. 1. 19)로 널리 불려지고 있다.

이때 형성되는 α,β,γ-사이클로덱스트린류(α,β,γ-cyclodextrins)의 구성단위, 즉 포도당(α-D-glucose)의 수효는 각각 6개, 7개, 8개로 알려져 있다.

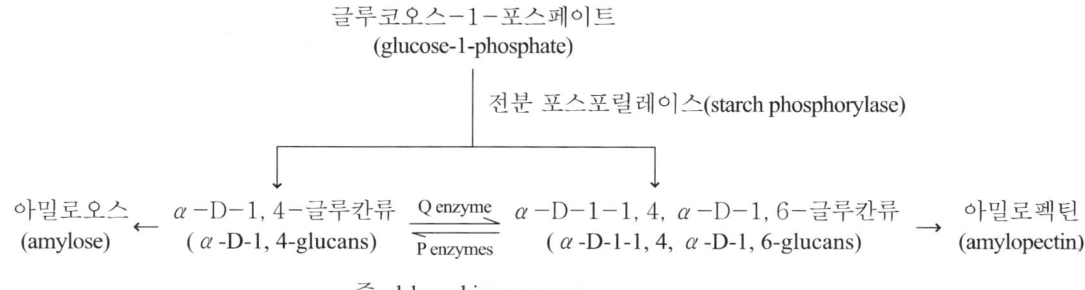

[그림 6-14] 가지 형성(branching) 및 가지 제거(debranching) 효소들의 작용을 표시한 도표
Percival, E. G. V. *et al.*, "*Strucual Carbohydrate Chemistry,*" J. Garnet Miller Ltd., London.
Whistler, R. L. *et al.*, 1984. "*Starch: Chemistry and Technology,*" 2nd ed., Academic Press, New York.

α,β,γ-사이클로덱스트린들은 그 분자구조들(molecular structures)의 중심에 양쪽 끝이 열려진 공동(空洞, open-ended cavities)으로 된, 원주형의 형태(cyrindrical form)를 갖고 있다. 이상의 원주형의 분자들의 내경(內徑, inside diameter)과 외경(outside diameter)은 구성 α-D-포도당의 수가 클수록 점차 커지는 반면에, 그 길이 또는 높이는 서로 크게 차이가 없는 것으로 알려져 있다.

β-사이클로덱스트린의 경우, 그 내경은 대략 7Å(Nakamura, M. and Suzuki, S., 1977), 더 최근의 연구 결과는 7.8Å(Collins, P. and Ferrier, R., 1995)로 알려져 있다. 그 외경은 후자의 연구결과는 15Å로, 그 길이는 내경과 거의 같은 7.8Å정도로 알려져 있다(그림 6-15 참조). 이 α,β,γ-덱스트린의 원주형의 구조의 앞쪽과 뒤쪽의 내경과 외경의 치수들(dimensions)이 동일하지 않으며, 뒤쪽 끝 외경의 치수들은 위에서 언급한 치수들보다 다소 작은 치수들을 갖고 있는 것으로 알려져 있다.

한편, β-사이클로덱스트린의 경우, 7개의 α-D-포도당은 그림 6-15의 오른쪽 그림에서처럼 서로 α-1,4-결합으로 연결되고 있다. 오른쪽의 그림은 왼쪽 구조 앞부분의 단면도로 볼 수 있으며, β-사이클로덱스트린의 내부공동(cavity)을 향해서 7개의 구성 포도당의 각각 탄소 3번과 5번의 수소(axial hydrogen aton)가 강한 소수성(疏水性, hydrophobicity)을 주고 있는 반면에, 외부에 대해서는 탄소7번의 제일급 수산기(the primary-OH group)들과 돌출된 산소원자들(-O-group)이 강한 친수성(親水性, hydrophilicity)을 나타내고 있는 것으로 알려지고 있다.

따라서 사이클로덱스트린들의 현탁액(dispersion systems)에 강한 소수성을 가진, 그 부분의 치수들이 사이클로덱스트린들의 분자구조의 내부공동(internal cavities)들에 수용될 수 있는 경우에는 이와 같은 화합물들의 소수성부분들은 사이클로덱스트린들의 내부공동에서 상호 소수결합을 통해서 결합되어, 비교적 안정된 포접화합물들(包接化合物類, inclusion compounds) 또는 간단하게 복합체들(complexes)을 형성한다. 이상의 포접화합물들은 물 등의 용매의 비율을 증가시켜 포접화합물의 형태를 유지하면서 용해시킬 수도 있으며, 이 경우 안정된 용액(따라서 안정된 포접화합물)을 유지할 수 있다고 한다. 이와 같은 포접화합물들은 효소 또는 산에 의해서 호스트(宿主, host)로 작용하고 있는 사이클로덱스트린들을 가수분해함으로서 피포접화합물들(被抱接化合物, 즉 guest molecules)을 회수(回收, recovery)할 수 있다.

한편, 포접화합물의 형태로 존재하는 동안, 사이클로덱스트린의 공동 내에서 그 수성결합을 유지하고 있는 화합물들의 소수성부분들은 산소나 기타 화학적, 효소적 작용들에서 보호되어 있어서 그 부분의 안정성은 크게 보호가 된다.

따라서, 이상과 같은 α,β,γ-사이클로덱스트린들(α,β,γ-cyclodextrins, α,β,γ-CDs)의 특이한 성질을 이용하여, 휘발성 향기성분들의 유지와 보호, 산화되기 쉬운 부분을 가진 화합물들, 예로서 각종의 지방질 화합물들의 산화방지를 위해서, 또는 이와 반대로 바람직하지 않은 냄새를 갖고 있는 성분들이나, 독성 또는 기타의 바람직하지 않은 성질을 가진 성분들의 흡수, 제거 등을 위한 연구들이 오래 전부터 시도되어 왔으며, 많은 성과를 거두어 왔다.

한편, 이상과 같은 목적을 위한 α, β, γ-사이클로덱스트린을 사용한 포접화합물 제조법 또는 제조 기술은 미세캡슐화(microencapsulation)로 널리 알려져 있다.

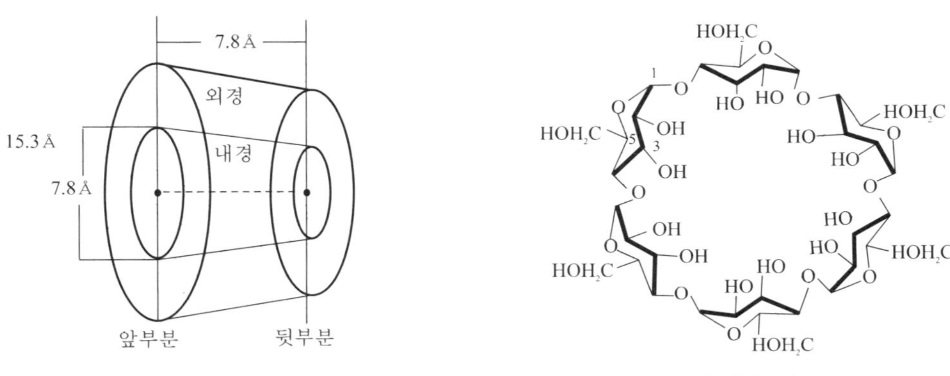

[그림 6-15] α, β, γ-사이클로덱스트린들 중 가장 널리 알려진 β-사이클로덱스트린의 일반적인 분자의 치수(dimension) (왼쪽)와 원주형의 앞부분의 단면도(오른쪽). 분자의 외경은 15.3Å, 내경은 7.8Å, 길이 또는 높이는 7.8Å, 그 형태는 원주형(뒷부분의 치수들이 다소 작다)이고 내부에 공동(cavity)이 있다. 내부는 오른쪽 그림의 각 포도당분자의 탄소 3, 5의 수직형 수소원자들(axial hydrogen atons)이 내부를 향해서 존재하여, 강한 소수성(hydrophobicity)을 나타내며, 외부 쪽으로는 탄소 6번의 -OH와 산소원자들(-O-)이 강한 친수성(hydrophilicity), 즉 친수성을 나타낸다. 따라서 공동내부는 전체적으로 강한 소수성을 갖고 있다.
Nakamura, M. and Suzuki, S., 1977 및 Collins, P. and Ferrier, R., 1995 참조.

미세캡슐화 미세캡슐화(microencapsulation)라는 개념은 전술한 α,β,γ-사이클로덱스트린류(α, β,γ-cyclodextrins, 즉 α,β,γ-CDs)와 어떤 특정한 기능 그룹(function groups)들을 가진 화합물들의 포접화합물들(inclusion compounds)의 형성에 의한, 이상의 기능 그룹들의 보호 또는 안정화를 목적으로 하는 분자수준(molecular level)의 기법이라 할 수 있다.

한편 α-1,6-결합을 가진, 즉 가지가 많은 올리고사카라이드류(branched oligosaccharides, BOSs)의 경우에도 CD류와 정확히 같지 않으나, 이들 과당류의 분지점(分岐點)들, 즉 가지가 많은 구조 중의 표면에 노출된 빈틈, 작은 공간들에 불안정한 기능그룹들(unstable functional groups)이 들어가서, 결과적으로 안정화되거나, 휘발성 분자들이 쉽게 휘발할 수 없게 하는 결과, CD류와 비슷한 효과를 거둘 수 있는 경우가 널리 알려지기 시작하고 있다. 이 경우에도 미세캡슐화의 개념이 적용될 수 있다.

따라서 미세캡슐화의 실제응용 예들에 대해서는 CD류에 대해서 먼저 설명하고 그 다음 BOS류에 대해서 계속 설명하기로 한다.

캡슐화에 사용할 CD류는 종래에는 일반적으로 전분을 내열성(耐熱性)이 강한 α-아밀레이스(a thermostable α-amylase)를 사용하여 105℃에서 액화, 즉 가수분해 시킨 후, 이 가수분해액을 50℃~60℃에서 가장 효율적으로 작용하는 CGTase(cyclodextrin glucanotransferase)로 처리하여 얻어 왔으나, CGTase를 사용하기 전에 α-아밀레이스의 작용을 미리 제거해야 하는 등의 많은 문제점들이 있었다.

한편, 1992년에는 *Thermoanaerofacter* 균주로 90℃에서도 전분현탁액에서 직접 CD류를 효율적으로 형성하는 CGTase(따라서 α-amylase를 사용하는 절차는 생략될 수 있다)를 얻고 있으나, 이 *Thermoanaerofacter*는 식품이나 의약품에 사용할 효소들을 추출하는데 안전한 균으로 인정받지 못하는 문제가 있었다.

정들(chung, H. J. *et al.*, 1998)은 *Bacillus stearothermophilus(Thermoanaerofacter*에 속하는 균)의 내열성 CGTase를 형성하는 유전자(gene)를 *Escherichia coli*에 옮긴 후 그 *Escherichia coli*가 형성한 내열성 CGTase를 정제한 후, 그 성질과 기능을 조사한 바 있다.

이들에 의하면, *Escherichia coli*가 만든 CGTase의 분자량은 66,800 Dalton, 등전점 PI는 5.0, 이 효소의 최적작용 pH는 6.0, 그리고 최적온도는 80℃ 이었다고 한다. 이 효소의 내열성은 Ca^{2+}이온에 의해서 강화되었으며, 13%의 옥수수전분 현탁액에 작용시켰을 때는 단독으로 CD류를 형성했으며, 그 전환율(conversion rate)은 44%이었다고 한다.

또한, 형성된 α,β,γ-CD류의 형성량의 비율은 4.2 대 5.9 대 1 로서, β-CD가 54%, α -CD가 38%, 나머지 8%가 γ-CD이었다고 한다.

한편, 송들(Song, S. H. *et al.*, 1993)은 마늘기름(garlic oil)을 β-CD로 미세캡슐화하고, 이때의 최적조건을 구한 다음, 마늘기름을 말토덱스트린(maltodextrin)에 흡착시켰을 경우의 안정성을 조사한 후, 이상의 두 가지 경우의 안정성을 비교한 바 있다.

즉, 이들은 β-CD를 60℃에서 증류수에 분산시켜 균질화 된 현탁액을 만든 후 여기에 마늘기름(garlic essential oil)을 가하여, 다시 균질화(homogenize)시킨 다음에 분무건조기(a spray dryer)로 건조하여 캡슐화된 마늘기름을 얻은바 있다.

β-CD의 수화(hydration)는 60~70℃에서 증류수에 β-CD를 40%(w/w)의 비율로 첨가한 후 호모제나이져로 균질화하여 이뤘다. β-CD의 40%용액과 마늘정유(garlic essential oil)의 비율은 8:1로 혼합한 후, 균질화(homogenize), 즉 혼합시킨 다음, 전술한 대로 분무건조기로 건조하여 입상의 미세캡슐을 만들고 있으며, 이상의 조건들이 캡슐제조의 최적조건들이었다고 한다.

송들(Song, S. H. *et al.*, 1993)은 이렇게 만든 β-CD와 마늘기름의 입상캡슐들과 말토덱스트린(malto dextrin)의 분자구조내의 α-1,6-결합으로 형성된 격자(molecular matrix)에 마늘기름을 흡착시켜서 만든 흡착체(maltodextrin-garlic oil adsorbate)인 입상흡착체를 각각 60℃에서 8일간 저장했을 때, 말토덱스트린-마늘기름 입상흡착체의 경우, 마늘기름성분의 90~95%가 소실된 반면에, β-CD-마늘기름 입상캡슐체의 경우, 5%정도만이 소실되었다고 한다.

이들은 β-CD-레몬기름(lemon oil)의 입상캡슐체를 40%와 60℃에서 2주간 저장했을 때의 레몬기름의 손실이 각각 2%와 10%이었다는 센테들(Szente, L. and Szejtli, J., 1988)의 연구결과도 인용하고 있다.

한편, 자외선을 조사했을 경우, (온도 27.5℃, 상대습도 42%), 말토덱스트린-마늘기름 입상흡착체의 경우에는 72시간 후 1.3%, 96시간 후 0.8%만 남아 있었으나, β-CD-마늘기름 입상캡슐체의 경우에는, 96시간 후에도 그 손실은 10% 정도 이었다고 한다. 한편, 두 캡슐체들을 상대습도 85%에서 2일간 저장했을 때 말토덱스트린-마늘기름 입상흡착체의 경우 저장 12시간에 함유되었던 마늘기름의 50%가 상실된 반면에, β-CD-마늘기름 입상캡슐체의 경우, 48시간 후에도 대략 15%의 마늘기름이 손실되었을 뿐이며, 상대습도의 변화에도 안정성이 잘 유지되었다고 한다.

한편, 각종 향료들(香科類, 예로서 cinnamaldehyde, eugenol 등)과 β-CD의 입상캡슐체를 옥수수전분에 혼합하여, 압출성형기(押出成型機, extruder)로 압출시켜서 얻은 압출성형체(押出成型體, extrudates)들 중의 각종 향료들의 잔존율(% retention)을 조사한 콜렌고데들(Kollengode, A. N. R. and Hanna, M. A.,1977)의 연구에 의하면, 사용된 향료의 70%에서 100%가 압출성형체(extrudates)에 함유되고 있다고 한다.

미세캡슐화(microencapsulation)와 관련된 연구들의 결과는 해마다 계속보고 되고 있다. 그 외에도 미세캡슐화에 대한 리뷰들이 권(권의부, 1977, Microencapsulated Flavors : 그 제조와 응용). 조들(조영희 등, 1998, 식품산업계에서의 미세캡슐화기술)에 의해서 발표되고 있다.

한편, 자오와 윗슬러들(Zhao, J. and Whistler, R. L., 1994)은 아마란트(amaranth), 밀, 쌀의 전분입자(starch granules)들을 약 알칼리(weak alkali)로 가수분해하면, 작은 입자들을 얻을 수 있는데 이 입자들을 알진, 젤라틴, 펙틴 등의 결착제(bonding agents)들을 사용하여 분무건조하면, 작은 입자들이 모아서 구형의 집합체(spherical aggregation)를 형성하는 사실을 발견했다.

이 구형의 집합체 표면은 다공질(多孔質, porous)이며, 여기에 휘발성 향기성분들을 함유하고 있는 용액을 분무해주면, 다공질 표면(porous surface)의 틈이나 공간(cavities)에 휘발성 성분들이 잘 흡착(adsorb)하여, 흡착체(spherical aggregate adsorbates)를 만드는 사실을 발견했다.

실제 과정으로는 전술한 아마란트, 밀, 쌀들의 전분을 0.25%의 NaOH용액으로 25℃에서 1시간 가수분해한 후, 알칼리를 제거하여 전분입자들의 가수분해물을 얻는다. 그 다음 젤라틴(gelatin), CMC(carboxymethylcellulose), 알진산염(alginates) 등의 결착제(bonding agent)를 0.1~1.0% 첨가한, 알칼리 처리가 끝난 전분입자들의 30% 현탁액을 분무건조기(spray drier)를 사용하여, 분무건조하면 구형의 전분입자들(spherical starch particles)의 집합체(aggregates)를 얻을 수 있다고 한다.

이와 같은 구형집합체들을 향기성분들의 용액에 담가, 향기성분들을 입자들의 다공질 표면에 흡착시킨 후, 다시 향기성분들의 증발을 막기 위해서 피막제(coating agent) 용액을 이상의 입자들 표면에 분무해준다고 한다.

한편, 박하유(peppermint oil)를 사용했을 때, 쌀전분으로 된 입자집합체의 경우 33%, 아마란트(amaranth) 전분의 경우 42%, 밀전분의 경우 48%, 옥수수전분의 경우 6%가량이 흡착되었다고 한다. 흡착상태를 더 잘 유지하기 위해서 전술한 대로 피막제, 예로서 알진산의 칼슘염 용액 등이 분무된다고 한다.

한편, 가지가 많은 올리고당류(branched oligosaccharides, BOSs) 또는 고도로 가지가 많은 올리고당류(highly branched oligosaccharides, HBOSs)가 휘발성 향기성분들을 비롯한 여러 성분들을, 이들 가지가 많은 당류의 표면의 여러 틈새나 공동(cavities) 등에 흡착시켜, 사이클로덱스트린류(α, β,γ-CDs)와 비슷한 작용을 하는 사실에 대해서는 이미 언급한 바 있다. 이상의 올리고당류(BOS,

HBOSs)는 점성이 낮고, 단맛이 적고, 저칼로리원들인 동시에, 매우 강한 수분유지능력(water holding capacity)을 갖고 있다.

오들(Auh, J. H. *et al.*, 1999)은 액화된 옥수수전분에 *Bacillus lichenformis*균에서 추출한, 말토덱스트린류형성 아밀레이스(maltodextrogenic amylase, BLMA)를 작용시켜, 가지가 많은 올리고당류(BOS 또는 HBOSs)를 형성시키는 한편, 효모발효(yeast fermentation)를 통해서 모든 환원당류(주로 포도당과 과당, fructose)를 제거하여, 그 단맛이 설탕의 11%(w/w)인 HBOS를 얻고 있다.

이 가지가 많은 올리고당류는 주로 아이소말토오스(isomaltose), 아이소판노오스(isopanose), 가지가 달린 테트라오스(6,6-0-α-maltosylmaltose), 펜타오스(6,6-0-α-maltosylmaltoriose와 6,6,6-0-α-maltotriosylmaltose) 등이 그 주성분들이었다고 한다.

이 BOS, 즉 가지가 많이 달린 올리고당류를 명태(Alaska pollock)에서 얻은 수리미(surimi, 본문 제16장 p. 1030 참조), 즉 명태서 추출한 악토마이요신 젤(actomyosin gel)에 8%가량 첨가해서 -18℃에서 저장했을 때, 이상의 젤에 대한 냉동보호작용(cryoprotective effect, 즉 냉동에 의한 근육 젤 조직내 수분의 어름형성에 의한 수분의 분리현상을 막아주는 효과 또는 작용)은 설탕 또는 소오비톨(sorbitol)과 악토마이요신 젤 1:1(w/w) 혼합물들의 경우와 비슷하였다고 한다. 또한 BOS가 첨가된 수리미는 설탕 또는 소오비톨을 1:1(w/w)첨가한 수리미들 보다 더 단단하였으나, 수분유지능력은 다소 이들보다 못하였다고 한다. 그러나, 이들 연구자들은 이상의 HBOS(또는 BOS)의 단맛이 같은 중량에서 설탕의 10% 밖에 안되는 점을 강조하고 있다.

말토오스-올리고삭카라이드 트란스글루코시데이스 말토오스-올리고삭카라이드 드란스글루코시데이스(maltose-oligosaccharide transglucosidase)는 말토오스, 즉 맥아당에 작용한다. 그 농도가 희박할 때는 맥아당을 가수분해하여 두 개의 포도당을 형성하나, 맥아당의 농도가 커지면 맥아당이 포도당으로 가수분해할 때의 에너지, 즉 가수분해 에너지를 이용하여 아이소말토오스(isomaltose), 트리삭카라이드(trisaccharide)인 판노오스(panose) 등을 역생성(逆生成)한다(그림 6-16 참조).

다라서 전분을 가수분해하여 포도당, 특히 고순도의 결정 포도당(high purity crystalline glucose)을 만들기 위해서 사용하는 효소 추출액, 또는 효소제품에 이상과 같은 효소들이 함께 존재할 때는 위에서 설명한 바와 같은 역반응이 일어날 수 있다.

특히, 전분의 가수분해가 진행됨에 따라 포도당과 맥아당의 농도는 급격히 증가되므로, 이 효소에 의한 아이소말토오스(isomaltose), 판노오스(panose) 등의 역생성은 활발하여지며, 따라서 이와 같은 역생성물들이 존재하지 않으며, 포도당 당량(Dextrose Equivalent, D. E.)이 큰, 즉 포도당 농도가 큰 전분 가수분해 생성물을 얻기가 어려워진다.

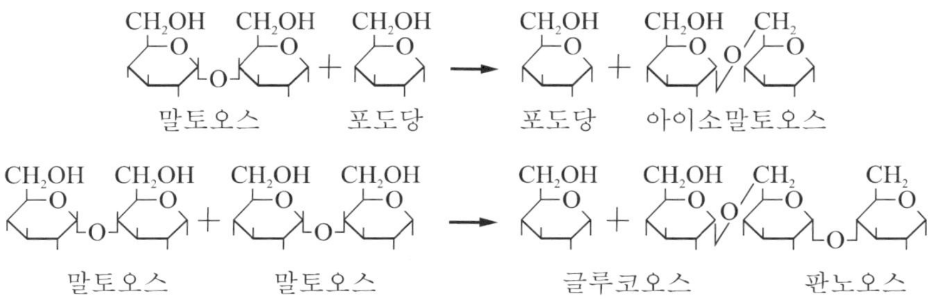

CH_2OH CH_2OH + CH_2OH → CH_2OH + CH_2OH CH_2

말토오스 포도당 포도당 아이소말토오스

CH_2OH CH_2OH + CH_2OH CH_2OH → CH_2OH + CH_2OH CH_2 CH_2

말토오스 말토오스 글루코오스 판노오스

[그림 6-16] 말토오스-올리고삭카라이드 트란스글루코시데이스(maltose-oligosaccharide transglucosidase)의 작용의 예.

그러므로 효소 당화법에 의해서 포도당을 생산하고자 할 때는, 첫째로 이와 같은 효소를 생산하지 않는 미생물들에서 필요한 효소들을 추출, 정제할 필요가 있다.

한편, 이 효소는 역생성물을 형성하되, 젠티오비오스(gentiobiose)와 같은 쓴맛을 가진 당류는 역생성하지 않으므로 단맛 자체에는 크게 영향을 주지 않는다고 한다.

전분의 가수분해 생성물들, 즉 덱스트린류

전분은 산, 알칼리, 효소 등에 의해서 쉽게 가수분해 된다. 그러나, 식품과 관련해서 실제적으로 중요한 가수분해 양식은 산에 의한 가수분해와 효소에 의한 가수분해이다.

전분을 가수분해하면 그 가수분해 정도에 따라 여러 중합도(重合度, degree of polymerization, DP)를 가진 가수분해 생성물들(hydrolysis products)이 형성된다. 이 중에서 가수분해가 심하지 않은, 따라서 자연에서 얻어지는 전분(native starch)의 구조가 일부 수정된, 전분 유도체(澱粉 誘導體)로 볼 수 있는 일부 고분자 가수분해 생성물들과 가수분해 최종 생성물인 포도당, 그리고 이당류에 속하는 맥아당을 제외한 모든 가수분해 생성물들을 총칭하여 덱스트린류(dextrins)라고 한다. 이 덱스트린들은 주로 그 크기, 즉 분자량이나 중합도에 따라 다음과 같이 세분된다.

수용성 전분 수용성 전분(soluble starch)은 전분의 가수분해 생성물이라는 점에 있어서는 덱스트린류와 다를 바 없으나, 보통 덱스트린류와는 구별되어서 물에 더 쉽게 퍼질 수 있게 크게 가수분해 된 전분(modified starch)으로서 취급된다.

이 수용성 전분은 자연에서 얻어지는 전분(native starch)을 온화한 가수분해 조건(mild hydrolysis conditions)하에서 가볍게 가수분해한 것이다. 자연 전분이 찬물이나 뜨거운 물에 잘 분산(disperse)되지 않는 데 반하여, 이 수용성 전분은 찬물에는 분산되지 않으나 뜨거운 물에는 잘 분산되어 투명한 콜로이드 용액을 만든다.

이 수용성 전분은 전분을 수일 동안 실온에서 무기산(mineral acids)에 침지(浸漬)하여 얻을 수도 있다. 한편 이와 유사한, 여러 온화한 가수분해로 그 구조가 변경된 전분들(modified starch)이 여러 가지 명칭으로 불려져 왔으나 그 본질이나 성질은 수용성 전분과 같다.

이 수용성 전분의 요오드와의 정색반응(iodine color reaction)은 자연 전분의 경우와 마찬가지로 청색이다.

에리쓰로덱스트린 에리쓰로덱스트린류(erythrodextrins) 또는 아밀로덱스트린류(amylodextrins, Radley, J. A., 1954)들은 수용성 전분의 경우보다 가수분해가 더 진행된 가수분해 생성물로서 찬물에도 잘 분산, 즉 녹는다. 보통 1% 내지 3%의 맥아당을 함유하고 있으며, 따라서 환원성을 갖고 있다.

요오드와의 정색반응은 그 이름(erythro = red)에서 짐작되듯이 빨간색이다.

아크로모덱스트린 아크로모덱스트린류(achromodextrins)는 위에서 언급한 에리트로덱스트린보다 가수분해가 더 진행된 덱스트린들로서 환원성을 갖고 있다.

그 이름(achromo = colorless)에서 알 수 있듯이 요오드와의 정색반응을 일으키지 않는다.

표 6-11 덱스트린(dextrin)의 종류와 그 성질들

덱스트린의 종류	요오드 반응 (iodine reaction)	$[\alpha]20D$	환원력 (reducing power)	침전시키는데 필요한 알콜의 종류
아밀로덱스트린 (amylodextrin)	청색(blue)	190~195°	(maltose = 100) 0.6~2	40% 알콜
에리트로덱스트린 (erythrodextrin)	적갈색(red brown)	194~196°	3~8	65% 알콜
아크로모덱스트린 (achromodextrin)	무색(colorless)	192°	10	70%에 녹음
말토덱스트린 (maltodextrin)	무색(colorless)	181~182°	26~43	70%에 녹음

谷田澤 道彦. 1951. "農産物利用學," p.77, 經營評論社, 東京.

말토덱스트린 말토덱스트린(maltodextrins)은 아크로모덱스트린보다 가수분해가 더 진행된 덱스트린들이며, 맥아당, 포도당으로 가수분해 되기 직전의 덱스트린들로 볼 수 있다.

한편, 이상의 덱스트린들의 성질들을 서로 비교하여 보면 표 6-11과 같다.

전분의 당화와 전분당

가수분해도(degree of hydolysis)가 낮은 물엿, 즉 시럽(syrup)에서부터 순수한 결정 포도당(crystalline glucose)에 이르는 전분의 가수분해에 의해서 얻어진 감미료들은 흔히 전분당(澱粉糖)으로 알려져 있다. 이와 같은 감미료들을 얻기 위한 목적으로 전분을 가수분해하는 과정을 특히 당화(糖化, saccharification)라고 부른다. 전분당으로서 대표적인 것은 각종 곡류 전분에서 만들어진 물엿, 즉 시럽(syrup)들과 결정 포도당 등이 있다.

한편, 전분의 가수분해도는 보통 포도당 당량(Dextrose Equivalent, DE)으로 표시되며, 이 포도당 당량은 다음과 같은 식으로 표시된다. 즉

$$\text{포도당 당량}(DE) = \frac{\text{포도당으로 표시된 전분 가수분해물 중의 환원당} \times 100}{\text{전체 고형 성분}}$$

전분당의 분류

전분당은 그 가수분해도, 즉 포도당 당량(DE)과 형태에 의해서 결정 포도당, 분말 포도당, 고형 포도당, 액상 포도당, 물엿 등으로 분류되며, 그 감미도(relative sweetness), 점도(viscosity), 흡습성(hygrocopic property) 등의 성질은 각각 다르다.

이상의 여러 전분당들의 성질의 차이를 보면 표 6-12와 같다.

전분의 당화법

전분당(starch sugar)은 전술한 바와 같이 전분을 산(酸)이나 당화 효소(糖化 酵素)들을 사용하여 당화(saccharify)하여 얻는다.

표 6-12 전분당의 분류와 그 성질

명 칭	포도당 당량 (Dextrose Equivalent)	감미도 (sweetness)	당의 결정성 (crystallizability)	점도(viscosity)	흡수성 (hygroscopic)	평균분자량
결정 포도당	99~100	크다	크다	작다	크다	작다
분말 포도당	92~96	↑	↑	↓	↑	↓
고형 포도당	80~85	↑	↑	↓	↑	↓
액성 포도당	55~80	↑	↑	↓	↑	↓
물 엿	35~50	↑	↑	↓	↑	↓
분말상 물엿	20~40	작다	작다	크다	작다	크다

淺原 照三 등. 1963. "食品化學," p.56, 日刊工業新聞社, 東京.
Nakamura, M. *et al*., 1977. "*Handbook of Starch Science*", Asakura Pub. Co., Tokyo.

산 당화법 전분당, 예로서 물엿을 만들기 위해서 전분을 당화할 때 가장 적당한 pH는 1.8 내지 2.0 사이며, 이와 같은 pH는 아무 산을 사용하여도 얻어질 수는 있으나, 보통 염산, 황산, 수산(oxalic acid) 등이 사용되고 있다.

염산(HCl, 최종 pH 1.8~2.3, 사용농도 0.1~0.3%)은 가장 값싼 산의 하나이며, 따라서 널리 사용되고 있으나 가수분해가 끝난 후 알칼리, 예로서 탄산 소오다(Na_2CO_3)로 중화할 때는 염류(salts), 이 경우에는 짠맛을 가진 소금(NaCl)이 형성되며, 이 소금을 제거하는데 힘드는 결점이 있다.

$$2HCl + Na_2CO_3 \rightarrow 2NaCl + H_2O + CO_2 \uparrow$$

한편, 황산(H_2SO_4)을 사용하는 경우에는 가수분해 후 사용된 황산을 중화할 때 황산염이 형성되나, 이 황산염들은 일반적으로 용해도가 크고, 또 쓴맛을 갖고 있어서, 제품의 맛이나 투명도(透明度)에 영향을 주는 결점이 있다.

수산화 바륨(barium hydroxide) 또는 탄산바륨($BaCO_3$)을 사용하면, 중화할 때 용해도가 작은 황산바륨($BaSO_4$)이 형성되어 제거하기 쉬우나, 가격이 비싼 관계로 잘 사용되고 있지 않다.

$$Na_2CO_3 + H_2SO_4 \rightarrow Na_2SO_4 + H_2O + CO_2 \uparrow$$
$$BaCO_3 + H_2SO_4 \rightarrow BaSO_4 + H_2O + CO_2 \uparrow$$

수산(蓚酸, oxalic acid, 사용농도 0.2%~0.5%)은 전분의 당화에 사용되는 산 중에서는 가장 값비싼 것의 하나이나, 중화할 때 탄산칼슘(calcium carbonate)을 사용할 때는 형성되는 염(salt), 즉 수산화 칼슘의 침전은 그 입자들이 커서 여과, 제거하기가 쉬우며, 또한 이온교환수지(ion exchange resins) 등으로 최종적으로 정제한 후의 전분 가수분해물의 색깔이나 투명도가 좋은 이점이 있다.

$$H_2C_2O_4 + CaCO_3 \rightarrow CaC_2O_4 + H_2O + CO_2 \uparrow$$

효소 당화법 전분의 당화는 보통 전분 분해효소, 즉 당화 효소를 사용해도 이루어질 수 있다. 원래 옛날부터 전분으로 물엿, 또는 엿을 만들 때는 α- 및 β-아밀레이스들을 풍부하게 함유하고 있는 엿기름(malt, 주로 麥芽)을 사용하여 전분을 당화하였다. 이렇게 만든 엿은 맥아당과 덱스트린류가 주성분이 되고 있다.

포도당 당량이 큰 전분당은 위에서 말한 바와 같은 방법으로는 만들 수 없으며, 전분이나 각종 덱스트린류, 또는 맥아당을 포도당으로 직접 그리고 완전히 가수분해하는 글루코아밀레이스(glucoamylase)를 생산하는 균들, 예로서 미리 선정된 특정 아스퍼어질러스 나이저(*Aspergillus niger*)균의 배양액, 그 효소 추출액, 그보다는 그 추출액에서 정제한 글루코아밀레이스의 효소 정제품과 α-아밀레이스를 함께 사용하여 비로소 얻을 수가 있다.

이 효소 당화법은 산 당화법처럼 당화가 끝난 후에 중화시킬 필요는 없으며, 따라서 중화시킬 때 형성되는 염류를 제거할 필요도 없는 장점들을 갖고 있다.

실제의 곡류 전분의 효소에 의한 당화법은 맥아 침출액(浸出液) 내지는 추출액(malt extract)과 곰팡이, 효모, 또는 세균들의 배양기 침출액, 또는 추출액을 단독 또는 함께 사용하는 경우가 많다.

한편 원료에 사용되는 곡류 전분 자체가 순수하지 않을 뿐더러, 만일 당화에 사용한 침출액 또는 추출액에 α-,β-아밀레이스들이나 글루코아밀레이스 등 이외의 효소들이 함께 함유되고 있는 경우에는 당화과정에서 형성되는 물질들은 포도당, 맥아당, 각종 덱스트린류 이외 여러 종류의 예상하지 않았던 당류가 함께 형성되어, 형성된 전분당의 목적이나 그 품질에 해로운 영향을 줄 수도 있다.

이 때 함께 형성되는 당류로서는 일반적으로 나이저로오스(nigerose), 아이소말토오스(isomaltose), 말토트리오스(maltotriose), 판노오스(panose)들이 보고되어 왔으며, 이 이외에도 경우에 따라서는 자일로오스(xylose), 아라비노오스(arabinose)들도 함께 검출되고 있다.

휼들(Houle, M. J. *et al*., 1961)은 보리 전분을 보리 엿기름의 침출액(barley malt infusion)으로서 가수분해, 즉 당화할 때 형성되는 당들을 크로마토그래피(chromatography)에 의해서 분리하여, 전술한 바와 같은 여러 당류를 검출하고 있다(그림 6-17 참조).

물엿, 즉 시럽의 성질과 식품 중에서의 효과

옥수수 전분(corn starch)에서 만든 물엿, 즉 옥수수 시럽(corn syrup)은 정제(精製)한 옥수수 전분을 묽은 산(acids)이나, 효소로 당화하여 만든다. 이 물엿은 제5장의 글루코오스 아이소머레이스에 관한 항목에서 이미 설명한 바와 같이, 근래에 와서 그 강한 단맛 때문에 소비량이 해마다 늘고 있는 고 프럭토오스 함량 옥수수 시럽(high fructose corn syrup, HFCS) 등의 원료로서 사용된다.

그 이외에도 물엿 자체에도 그 용도에 따라 가수분해 방법과 가수분해도를 조절하여, 물엿 중의 포도당, 맥아당, 덱스트린류 등의 성분함량을 조절하여 사용하는 경우가 많다.

이 물엿, 즉 옥수수 시럽(corn syrup)은 가수분해의 정도에 따라 보통 크게 3~4 종류로 분류되고 있다.

프란드센들(Frandsen, J. H. *et al*., 1961)은 이 옥수수 시럽을 포도당 당량(Dextrose Equivalent, 즉 D.E.)이 30 내지 37인 저분해형 시럽(low conversion type), D.E.가 38에서 49인 정상분해형 시럽(regular conversion type), D.E.가 50 내지 57인 중간분해형 시럽(intermediate conversion type), D.E.가 58 이상인 고분해형 시럽(high conversion type) 등으로 분류하고 있다.

근래에 와서 이 옥수수 시럽(corn syrup)은 그 포도당 당량, 즉 D.E.가 20 이상에서 38 정도까지인 제1형(Type Ⅰ), D.E.가 38에서 55까지인 제2형(Type Ⅱ), D.E.가 55 이상에서 73까지인 제3형(Type Ⅲ), D.E.가 73 이상인 제4형(Type Ⅳ) 등으로도 분류되어 사용되기도 한다(Dziezak, J. D.,

1986. Food Technol., 40(1), 116). 특히 다음 페이지의 표 6-13 및 표 6-14를 중심으로 한 설명을 참고해주기 바란다.

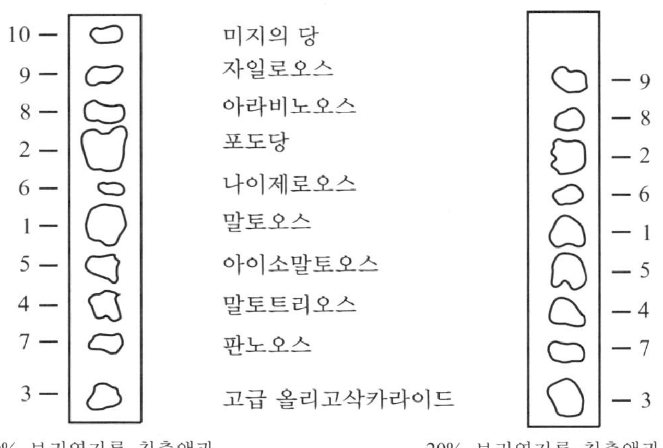

[그림 6-17] 보리를 보리엿기름과 *A. niger* 및 *A. oryzae*가 가진 효소들로서 가수분해할 때 형성되는 당 들(sugars)의 크로마토그램(chromatograms).
Houle, M. J. and Gaering, K. J., 1961. *Food Technol.*, 15, 28.

이 이외에도 D.E.가 20 이하인 말토덱스트린(maltodextrin), 입상(granular), 결정상(crystalline), 분말상(powder)의 옥수수 시럽, 결정수를 함유하고 있는 함수 결정 포도당(glucose monohydrate, 당함량 90.5%), 무수결정 포도당(無水結晶, anhydrous glucose, 당함량 98.7% 수분 0.3%) 등이 사용되고 있다(Dziezak, J. D., 1986. *Food Technol.*, 40(1), 116). 드루젠다알(Drusendahl, L. G., 1955)에 의하면, 포도당 당량(D.E.)이 28인 물엿은 설탕의 약 35%, 포도당 당량(D.E.)이 42인 물엿은 대략 설탕의 60% 정도의 단맛을 갖고 있다고 한다.

보통 사용되는 시럽, 즉 물엿은 D.E.의 범위가 28 내지 62 정도며, 이와 같은 범위의 D.E.를 가진 물엿은 캔디, 과자류 제조에 감미료로서, 또는 식품의 점도(viscosity)를 증가시킬 목적(thickening agent)으로 사용되고 있다.

가정용이거나 산업용이거나 간에 일반적으로 가장 널리 사용되고 있는 물엿의 종류는 D.E.가 42 정도의 옥수수 시럽(corn syrup)으로 알려져 있는데, 그 이유로서 이 D.E. 42의 옥수수 시럽은 전술한 대로 설탕의 60%의 단맛을 갖고 있는 사실 외에도 윗슬러들(Whistler, R. L. and BeMiller, J. N., 1997)은 이 종류의 옥수수 시럽들의 구성성분들이 다양하고 복잡해서, 쉽게 결정화(crystallization)가 일어나지 않는 안정성이 있으며, 또한 시판되어 유통과정에 있을 때, 이 시럽들의 삼투압이 보통 미생물들의 성장을 억제할 만큼 높아서, 부패를 일으키는 가능성이 매우 적은 장점들을 들고 있다.

한편, 포도당함량이 높은, 즉 D.E.가 높은 옥수수 시럽(corn syrup)들의 설탕(sucrose)과 비교한 상대적 감미도에 대해서는, 옥수수 시럽에 글루코오스 아이소머레이스(glucose isomerase)를 작용시켜서 얻는 고 프럭토오스 함량 옥수수 시럽들(high-fructose corn syrups, HFCSs), 예로서 42% HFCS, 55% HFCS와 90% HFCS들의 경우를 들어, 제5장(본문 p.232)에서 이미 설명한 바 있으므로, 필히 다시 참조해주길 바란다.

이상의 물엿들을 여러 식품가공 과정에 널리 사용하는 데 있어서의 첫 번째의 목적은 물론 그 단맛에 있다.

두 번째의 목적은 이 물엿의 고체 성분들(solid components)의 함량, 그 중에서도 특히 덱스트린류의 함량이 크기 때문에 점도(viscosity)가 매우 크며, 이를 첨가한 식품의 조직(texture)이나, 액체 식품의 경우 그 조밀도(consistency)를 크게 증가시켜 준다는 점이다.

세 번째의 목적은 이미 언급한 바 있듯이 설탕을 원료로 만든 각종 설탕제품들에서 설탕(sucrose)의 결정화(結晶化)에 의한 결정의 석출(析出)을 억제하는 데 있다고 볼 수 있다. 즉, 물엿에 함유된 포도당, 맥아당, 덱스트린들은 설탕을 주성분으로 하는 과자들과 함께 사용될 때는 설탕의 결정화 과정에서 큰 결정들(large crystals)의 형성을 억제하여 준다.

예로서, 캬라멜(caramels)과 같은 당과(糖菓, sugar products)에서는 설탕의 결정화에 의한 모래알과 같은 감촉(grainy feeling)의 발생을 억제하여 주며, 특히 아이스크림에 사용될 때는 거친 얼음 결정체들(coarse ice crystals)의 형성을 효과적으로 막아준다.

물엿을 여러 식품가공 과정에 사용하는 데 있어서 네 번째의 목적은 이 물엿이 설탕을 원료로 하는 당과류의 굳기에 미치는 영향에 있다.

즉, 캔디류(candies), 캬라멜류(caramels) 등 설탕을 주원료로 하는 설탕과자류 제조에 있어서, 이상에서 언급한 바와 같은 여러 사실들 이외에도 중요한 것은 이상의 설탕과자류의 굳기(firmness)이다.

이와 같은 제품들의 최종 굳기는 일차적으로는 설탕용액, 즉 주원료의 용액을 어느 정도까지 끓이느냐에 따라서 결정된다.

예로서, 113℃ 내지는 115℃에서 끓고 있는 설탕용액을 냉각하였을 때는 이 설탕용액은 실온까지 냉각되어도 일정한 형태를 유지하지 못하나, 만일 이 용액을 149℃ 내지는 150℃까지 끓였을 때는 그 설탕용액은 냉각되면 굳어서 매우 딱딱한 덩어리를 만든다.

설탕과자류의 원료가 되는 설탕용액을 가열할 때 물엿을 혼합하여 주면 순수한 설탕용액의 경우보다 냉각된 후의 굳기가 더 크며, 이와 같은 물엿의 성질은 그 속에 함유된 덱스트린류(dextrins)에 의한다는 사실이 밝혀져 있다(Lowe, B., 1955).

예로서 덱스트린을 설탕용액에 첨가하는 경우에는 순수한 설탕보다 더 낮은 온도에서 가열하는 경우에도 냉각된 후에는 더 단단한 굳기를 가진 제품을 얻을 수가 있다.

이 이외에도 이상의 물엿들은 이 물엿들이 사용되는 식품들의 빙점을 강하(freezing point depression)시켜주고, 흡습성(hygroscopic properties)을 증대시키며, 영양가가 있는 고체성분들(nutritive solids)을 공급하여 주는 등의 이점들도 있다. 또한 식품성분들의 산화 파괴를 억제하여 주는 효과가 있는 사실도 알려져 있다.

따라서, 물엿은 그 단맛, 점도, 결정화를 억제하는 작용 이외에도 이상과 같은 유익한 여러 성질들을 갖고 있기 때문에 그 단맛이 제품의 단맛에 크게 공헌할 이유가 별로 없는 설탕을 주원료로 하는 캔디류, 캬라멜류 등의 설탕과자류 제조공업에도 널리 사용되고 있다.

캔디류(candies), 특히 각종의 과실들의 맛을 그 특색으로 하고 있는 캔디류(fruit candies)를 제조할 때는 그 특징 있는 신맛을 부여하기 위해, 여러 종류의 유기산들을 원료에 첨가해야함으로, 이들 첨가된 유기산들의 당과류에 미치는 영향들도 매우 중요하다. 이상의 캔디류 제조 시, 그 주원료인 설탕이 수분과 고온에서 산이 존재할 때는, 설탕의 가수분해(sucrose inversion)는 가속될 것으로 생각된다.

설탕의 가수분해에 의해서 형성된 프럭토오스(α-D-fructose)는 캔디류의 흡수성(hygroscopicity)을 증가시키며, 설탕의 가수분해 생성물들은 캔디류의 형을 뜰 때(during molding), 그 냉각속도를 느리게 하고, 최종생성물들의 경도(hardness)를 저하시킨다.

또한 설탕을 거의 무수상태에서, 산 존재 하에 가열할 때는 각종의 가열설탕 올리고삭카라이드류(sucrose thermal oligosaccharides)로 알려진, DP가 25이하인, 많은 가지(분기점)가 달린 구조를 가진 중합체들이 형성된다.

한편, 옥수수 시럽을 함께 사용할 때는, 순수한 설탕원료 캔디류와 달리, 가열과정에서의 산들과의 상호작용들이 대폭 다양화되어, 결과적으로는 산의 전체적인 영향들을 완화하는 경향이 있다(Shin, K. D. *et al.*, 1998 참조).

한편, 신들(Shin, K. D. *et al.*, 1998)은 설탕용액(75%) 또는 설탕과 DE42의 옥수수 시럽 동량혼합용액(同量混合溶液, 합계농도 75%)에 신맛을 주기 위한 유기산으로서, 구연산(citric acid), 주석산(tartaric acid), 사과산(malic acid), 젖산(乳酸, lactic acid)들을 각각 0.5%~1.0% 첨가하여 캔디를 제조하고 그 효과를 조사한 바 있다.

당용액은 150℃까지 가열한 후, 캔디를 제조했으며, 이상의 유기산들은, 원하는 온도까지 가열된 후 첨가하여, 가수분해 등의 영향을 최소화했다고 한다.

실험한 유기산들 중, 구연산과 사과산은 당용액의 온도가 120℃ 이상이 되었을 때 원료성분들에 큰 영향을 주기 시작했으나, 주석산의 경우, 120℃ 이하에서도 원료성분들의 변화에 큰 영향을 주었다고 한다.

이에 반해, 젖산은 가열 중인 당류의 각종 성분들의 변화에 대해서 가장 적은 영향을 행사하였다고 한다. 설탕의 가수분해로 형성된 프럭토오스(α-D-fructose)는 140℃ 이상에서는 DP가 4이하의 과당류(oligosaccharides)로 중합했으나, 140℃ 이상의 고온이 계속되었을 때는 다시 탈중합반응(depolymerization)에 의해서 프럭토오스 상태를 유지했다고 한다.

설탕과 42DE 옥수수시럽의 동량혼합용액(equimixture, 합계농도 75%)의 경우, 140℃에서 15분 가열되었을 때, 16%의 과당류가 형성되었으나, 이 가열용액에 0.5%의 구연산을 첨가했을 때는, 같은 조건에서 32%의 과당류가 형성되었다고 한다. 끝으로, 젖산은 위와 같은 조건에서, 설탕의 가수분해는 5분에 완료했으나, 그 후의 중합반응 등, 모든 조성상의 변화들(compositional changes)은 다른 유기산들의 작용에 비해서 매우 느렸다고 한다.

각종 물엿의 조성

옥수수 물엿(corn syrup)의 경우, 그 가수분해 정도가 큰 것, 즉 포도당 당량(dextrose Equivalent, D.E.)이 큰 물엿 종류(high conversion corn syrup, 즉 Type Ⅲ 및 Type Ⅳ corn syrups)의 포도당의 함량은 30% 내지 33%이며, 맥아당의 함량은 23% 내지 28%로서 이 두 당류의 함량의 합계는 55% 내지는 61%에 달한다. 따라서, 그 단맛은 강하나, 덱스트린 함량은 10% 내지 19%로서 시럽의 점도(viscosity)는 낮다. 이와 같은 시럽들은 전술한 대로 주로 감미료(sweetening agents)로 사용된다.

한편, 가수분해도가 낮은, 즉 포도당 당량(D.E.)이 낮은 시럽종류(low conversion 또는 regular conversion corn syrup, 즉 Type Ⅰ 또는 Type Ⅱ corn syrups)에서는 포도당과 맥아당 함량은 각각 18% 및 17%로서 단맛은 약하나, 덱스트린류의 함량은 30%에 달하며, 따라서 점도(viscosity)는 매우 크다. 이와 같은 시럽에서는 단맛 이외에 점도를 증가시키거나(thickening agent), 그 속의 덱스트린 함량을 이용할 수 있는 식품에 사용된다. 이상의 옥수수 전분으로 만든 물엿 또는 시럽종류의 좀 더 구체적이고 일반적인 성질들은 표 6-13 및 표 6-14와 같다. 특히 표 6-14에 표시된 고 맥아당 시럽(high-maltose syrup)은 흡습성(吸濕性), 점도(粘度)는 크되 감미도는 낮은 특성을 갖고 있으며, 이와 같은 특성 때문에 근래 그 사용량이 늘고 있다.

표 6-13 옥수수 시럽(corn syrup)의 대략의 성분

	종 류(types)			
	regular 43° Baumé (약 80%) 42 D.E.	medium 43° Baumé 52 D.E.	high conversion (dual acid enzyme) 43° Baumé 63 D.E.	high conversion (straight acid) 43° Baumé 60 D.E.
수 분	19.7%	19.0%	18.5%	18.5%
전고체성분(total solids)	80.3	81.0	81.5	81.5
포 도 당	18.0	26.0	30.5	33.0
맥 아 당	17.0	21.0	28.0	23.0
고급당류(포도당, 맥아당이외의 당류)	16.0	11.0	13.0	6.5
덱스트린	30.0	23.0	10.0	19.0
회분(ash)	0.3	0.3	0.3	0.3
pH	4.7~5.0	4.7~5.0	4.7~5.0	4.7~5.0
점도(viscosity, Poises)	160	104	60	70

Lowe, B. 1955. "*Experimental Cookery*," p. 51, 4th ed., John Wiley and Sons, Inc., New York.

이상과 같은 물엿은 거의 모든 곡류 전분, 또는 서류 전분들을 당화하여 얻을 수 있으며, 실제로 널리 사용되고 있다. 예로서 표 6-15는 쌀, 찹쌀, 고구마, 조, 수수 등에서 얻은 물엿들의 성분표이다. 한편, 도정과정에서 형성된 쇄미(碎米), 즉 부스러기 쌀의 전분을 당화하여 만든 물엿에 있어서는 그 속에 포도당과 맥아당의 함량은 61%에 달하며, 덱스트린류의 함량도 18%나 된다.

표 6-14 일부 옥수수 시럽(corn syrup), 즉 물엿(전분당)들의 당 조성

당 조성(%)	산당화 물엿 30 D.E.	산당화 물엿 60 D.E.	산액화-효소당화 물엿 63 D.E.	효소액화-효소당화 물엿[1)] 43 D.E.
포도당(glucose)	10.4%	36.2%	38.8%	2.0%
맥아당(maltose)	9.3	19.5	28.1	54.1
말토트리오스(maltotriose)	8.6	13.2	13.7	22.3
말토테트라오스(maltotraose)	8.2	8.7	4.1	0.5
말토펜타오스(maltopentaose)	7.2	6.3	4.5	-
말토펜타오스(maltopentaose) 및 덱스트린류(dextrins)	56.1	16.1	10.8	21.1

1) 근래 그 사용량이 늘고 있는 고 맥아당 옥수수 시럽(high-maltose corn syrup)

Nakamura, M. *et al.* 1977. "*Handbook of Starch-Science*," p.450, Asakura Pub. Co. Tokyo.

표 6-15 각종 곡류전분으로 만든 물엿의 성질들

원료	요오드반응	SO_2의 유무	수분 (moisture)	단백질 (protein)	말토오스[1] (maltose)	덱스트린 (dextrin)	maltose / dextrin	산(acid) latic acid로서
태국산쇄미(碎米)	자청(紫青)	무	15.96%	0.24%	60.73%	17.66%	3.4	0.014%
차조	적자(赤紫)	무	16.77	1.34	56.67	20.55	2.8	0.020
찹쌀	황색(黃色)	무	19.41	0.41	51.21	21.75	2.4	0.009
고구마	황녹(黃綠)	무	15.03	0.49	67.63	15.48	4.4	0.008
조	자청(紫青)	유	14.52	0.61	65.43	13.65	4.8	0.013
수수	적자(赤紫)	유	15.83	0.66	61.20	17.04	3.6	0.015
조(또 하나의 예)	적갈(赤葛)	무	18.52	0.76	51.56	23.75	2.2	0.024

1) 포도당을 함유한 수치.
谷田澤 道彥. 1950. "農産物利用學," p.81, 經營評論社, 東京.

참고문헌

Abbrecht, J. J. *et al.*, 1960. Characteristics of Corn Starch and Starch Derivatves as Affected by Freezing, Storage and Thawing. Ⅰ. Simple Systems. *Food Technol.*, 14, 57.

Abbrecht, J. J. *et al.*, 1960. Characterization of Corn Starch and Starch Derivatives as Affected by Freezing, Storage and Thawing. Ⅱ. White Sauces. *Food Technol.*, 14, 64.

相澤 孝亮. 1969. "酵素의 利用," 地人書館, 東京.

Ahn, J. W., Park, K. W. and Seo, J. H., 1997. Immobilization of Transglucosidase from *Aspergllus niger*. *Korean J. Food Science. Technol.*, 29(2), 320~325.

Ahn, J. W., Park, K. W. and Seo, J. H., 1998. Continuous Production of Isomaltooligosaccharides by Immobilized Transglucosidase in a Packed-bed Reactor. *Korean J. Food Science. Technol.*, 30(1), 110~117.

Alary, R., Laignelet, B., and Feillet, P., 1977. Effects of Amylose Content on Some Characteristics of Parboiled Rice. *J. Agric. Food Chem.*, 25(2), 261.

Amos, A. J. and Kent-Jones, D. W., 1967. "*Modern Cereal Chemistry*," 6th ed., Food Trade Press Ltd., London.

Anderson, D. M. W. *et al.*, 1955. The Interaction of Starches and Branched α -1,2-Glucans with Iodine, *J. Chem. Soc.*, 3016.

淺原 照三 등. 1963. "食品化學," 日刊工業新聞社, 東京.

Aspinall, G. O. (Editor). 1982. "*The Polysaccharides*," Volume 1. Academic Press, Inc., New York.

Auh, H., *et al.* 1999. Highly Concentrated Branched Oligosaccharides as Cryoprotectant for Surimi. *J. of Food Science.*, 64(3), 418~422.

Baldwin, R. R., Bear, R. S. and Rundle, R. E., 1944. The Relation of Starch-Iodine Absorption Spectra to the Structure of Starch and Starch Components.

Bates, F. L. *et al.*, 1943. Amylose and Amylopectin Content of Starches Determined by Their Iodine Complex Formation. *J. Am. Chem. Soc.*, 65, 142.

Bear, R., 1944. Complex Formation between Starch and Organic Molecules. *J. Am. Chem. Soc.*, 66, 2122.

Braverman, J. B. S., 1963. "*The Biochemistry of Foods*," Elsevier Pub. Co., London.

조영희·신동식·박지용. 1997. 회원논단 식품산업계에서의 미세캅슐화 기술, 식품과학과 산업, 98~111.

Chung, T. S., 1956. Enzymology Studies on the Fermented Soybean products. Part 2. Differential Inactivation of α -Amylase in Natto and malt. Bulletin, *Scientific Research Institute(Korean)*, 1, 24.

Chung, H. J. *et al.*, 1998. Characterization of a thermostable Cyclodextrin Glucanotransferase Isolated from *Bacillus stearothermophilus* ET1. *J. Agric. Food Chem.*, 46(3), 952~959.

Collins, P. and Ferrier, R., 1995. "*Monossaccharides - Their Chemistry and Their Roles in Natural Products*", John Wiley & Sons Ltd., Chichester, West Sussex, England., P.470~473.

Dziezak, J. D., 1986. Sweeteners and Product Development. 2. Alternatives to Cane and Beet Sugars. *Food Technol.*, 40(1), 114.

Dziezak, J. D., 1986. Sweeteners and Product Development. 3. Alternatives to Cane and Beet Sugars. *Food Technol.*, 40(1), 116.

Elder, A. L. *et al.*, 1959. Measuring the Useful Properties of Starch. *Cereal Science. Today.*, 4, 202.

Erlander, S. R. *et al.*, 1958. Dispersion of Starch Granules and the Validity of Light-Scattering Results on Amylopectin. *J. Am. Chem. Soc.*, 80, 4413.

Guilbot, A. and Mercier, C., 1985. Starch in *The Polysaccharides*, Volume 3., edited Aspinall, G. O., Academic Press, Inc., New York.

Frazer, J. R. *et al.*, 1958. Proximate Composition of Rice Corbohydrates. Ⅰ. *Science. Food Agr.*, 9, 511.

French, D., 1950. Physical Properties of Starch in "*Chemistry and Industry of Starch,*" ed. by Kerr, R. W., 2nd. ed., p.157~178, Academic press, New York.

French, D. 1957. The Schardinger Dextrin. *Advances in Carbohydrate Chem.*, 12, 189.

French, D. 1984. Chapter Ⅶ. Organization of Starch Granules in "*Starch: Chemistry and Technology,*" Seond Edition by Whistler, R. L., BeMiller, J. N. and Paschal, E. F., Academic Press, INC., Florida, U.S.A.

Greenwood, G. T. 1964. Structure, Properties and Amylopectic Degradation of Starch, *Food Technol.*, 18, 732.

Halick, J. V. *et al.*, 1956. The Use of Starch-Iodine Blue Tests as a Quality Indicator of White Milled Rice. *Cereal Chem.*, 33, 315.

Hassid, W. Z., 1953. Starch in "*Organic Chemistry,*" Vol. 3, ed., by H. Gilman, John Wiley and Sons, Inc., New York.

Hgnacio, C. C. *et al.*, 1968. Physicochemical Properties of Brown Rice from Oryza Species and Hybrids. *J. Agr. Food Chem.*, 16, 125.

Honeyman, J. ed., 1959. "*Recent Advances in the Chemistry of Cellulose and Starch,*" Interscience Pub., New York.

Hoover, M. F. *et al.*, 1967. Carbohydrate Changes in Sweet Potato Flakes Made by the Enzyme Activation Technique. *Food Technol*, 21, 1529.

Hwasaki, T., 1967. A View of Rice Composition Study and Utilization Research in the U.S. *J. Food Science and Technol.*(*Japan*), 14, 81.

IFT Expertpanel on Food Safety and Nutrition. 1986. Sweeteners: Nutritive and Non-Nutritive. *Food Technol.*, 40(8), 195.

Inglett, G. E., 1981. Sweeteners-A Review. *Food Technol.*, 35(3), 37.

Jirgensons, Bruno., 1962. "*Natural Organic Macromolecules,*" Pergamon Press Ltd., London.

Jokay, L. *et al.*, 1967. Development of Edible Amylaceous Coatings for Foods. *Food Technol.*, 21, 1065.

Juliano, B. O. *et al.*, 1964. Studies on the Physicochemical Properties of Rice. *J. Agr. Food Chem.*, 12, 131.

Juliano, B. O. *et al.*, 1965. Relation of Starch Composition, Protein Content and Gelatinization Temperature to Cooking and Eating Qualities of Milled Rice, *Food Technol.*, 19, 1006.

Juliano, B. O. *et al.* ,1969. Properties of Waxy and Inorganic Waxy Rices Differing in Starch Gelatinization

Temperature, *J. Agr. Food Chem.*, 17, 1364.

Kang, G. J. *et al.*, 1997. Immobilization of Thermostable Maltogenic Amylase from Bacillus stearothermophilus for Continous Production of Branches Oligosaccharides. *J. Agric. Food Chem.*, 45(10), 4168~4172.

Kent-Jones, D. W. and Amos, A. J., 1967. "*Modern Cereal Chemistry*," 6th ed., Food Trade Press Ltd., London.

Kerr, R. W., 1950. "*Chemistry and Industry of Starch,*," 2nd ed., Academic press, Inc., New York.

Kim, H. S. *et al.*, 1962. Studies on the preparation and Utilization of Starch. 1. Sclection of Two Different Strains with High Saccharifying Activity, *J. Korean Agr. Chem. Soc.*, 3, 9.

Kim, H. S. *et al.*, 1963. Studies on the Chemical Composition of Korean Sweet Patatoes. *J. Korean Agr. Chem. Soc.*, 4, 1.

Kim, J. W. et al. 1997. Molecular and Enzymatic Properties of Novel Maltogenic Amylases Capable of Producing Branched Oligosaccharides (BOS). *Foods and Biotechnology*, 6(2), 67~73.

Kim, S. K., Hahn, T. R., Kwon, T. W., and D'Appolonia, B. L., 1977. Physicochemical Properties of Buckwheat Starch. *Korean J. Food Science. & Technol.*, 9(2), 194.

Kim, S. K., Hahn, T. R., Lee, Y. H., and D'Appolonia, B. L., 1978 Physicochemical Properties of Tongil(Indica type) and Paldal(Japonica type) Rice Starch. *Korean J. Food Science & Technol.*, 10(2), 235.

Kim, Y. H. and Kim, H. S., 1974. Studies on the Properties of Barley and Naked Barley Starch. 1. On the Size Frequency Distribution of Starch Granules, Amylose Contents and Blue Value of the Starch. Korean *J. Food Science. & Technol.*, 6(1), 30.

Kim, Z. U. *et al.*, 1964. Studies on the Chemical Composition of Korean Sweet Patatoes during Storage. *J. Korean Agr. Chem. Soc.*, 5, 33.

Knight, J. W., 1965. "*The Chemistry of Wheat Starch and Gluten and Their Conversion Products*," Leonard Hill Ltd., London.

Knight, J. W., 1965. "*The Chemistry of Wheat Starch and Gluten*," Chemical Rubber Co., Cleveland., Ohio.

Kollengode, A. N. R. and Hanna, M. A., 1997. Cylodextrin Complexed Flavors Retention in Extruded Starches. *J. Food Science*, 62(5), 1057~1060.

권익부. 1997. 특집 Microencapsulated Flavors: 그 제조와 응용. 식품과학과 기술, 26~35.

Kugimiya, M. and Donovan, J. W., 1981. Calorimetric Determination of the Amylose Content of Starches Based on the Formation and Melting of the Amylose-Lysolecithin Complex. *J. Food Science.*, 46, 756.

Kumar, R. and Singh, R., 1984. Levels of Free Sugars, Intermediate Metabolites and Enzymes of Sucrose-Starch Conversion in Developing Wheat Grains. *J. Agric. Food Chem.*, 32(1), 806.

Kusama, S., Kusakabe, I., and Murakami, K., 1986, Purification and Some Properties of β-Glucosidase from Streptomyces sp. *Agric. Biol. Chem.(Japan).*, 50(11), 2891.

Lanskey, S. *et al.*, 1949. Properties of Fractions and Linear Subfractions from Various Starches. *J. Am. Chem. Soc.*, 71, 4066.

Lee, M. J. and Fennema, O. R., 1991. Ability of Cyclodextrins to Inhibit Aggregation of β-Casein. *J. Agric. Food Chem.*, 39(1), 17~21.

Lee, S. C., Rhim, C. H. and Lee, S. C., 1997. Characteristics of Spray Dried Polysaccharides for Microencapsulation. Korean. *Korean J. Food Science. Technol.*, 29(6), 1322~1326.

Lowe, Belle. 1955. "*Experimental Cookery*," 4th ed., John Wiley and Sons, Inc., New York.

Mahdi, A. A. *et al.*, 1965. Humectant Properties of Corn Starch Hydrolysates. 1, *Food Technol.*, 19, 1579.

Matz, S. A., 1959. "*The Chemistry and Techology of Cereals as Food and Feed*," Avi Publishing Co., Inc.,

Westport, Conn.

Matz, S. A., 1970. "*Cereal Technology*," Avi Pub. Co., Inc., Westport, Conn.

McCall, E. R. *et al.*, 1953. Composition of Rice: Influence of Variety and Enviroment on Physical and Chemical Composition, *J. Agr. Food Chem.*, 1, 988.

Mikus, F. F., Hixon, R. M. and Rundle, R. E., 1946. The Complexes of Fatty Acids with Amylose. *J. Am. Chem. Soc.*, 68, 1115.

Moriyama, S., Kataoka, S., Nakanishi, K., Matsuno, R. and Kamikubo, T., 1980. Thermal Stability of Immobilized Glucoamylase on the Presence of a Substrate, *Agric. Biol. Chem.* (*Japan*), 44(11), 2737.

Muetgeet, J., 1961. The Fractionation of Starch. *Advances on Carbohydrate Chem.*, 16, 299.

Mugibayashi, N. *et al.*, 1967. Reconsideration on the Determination method of Total β -Amylase on Barley and Types of Zymogen β -Amylase in Barley. *J. Agr. Chem. Soc. (Japan).*, 41, 292.

Nakamura, M. and Suzui, S. (Editors). 1977. "*Handbook of Starch Science*," Asakura Pub. Co., Tokyo.

Nishida, G. *et al.*, 1967. Reversility of Acid-Inactivation of Bacillus α -Amylase. *Agr. and Biol Chem.*, 31, 682.

O'Connel, B. T., Rubenthaler, G. L. and Murbach, N. L., 1980, Evaluation of a Nephelometric Method for Dtetermining Cereal Alpha-Amylase. *Cereal Chemistry*, 57(6), 411.

Okon, E. U. and Uwaifo, A. O., 1984. Partial Purification and Properties of β -Amylase Isolated from *Sorghum bicolor L. Moench. J. Agric. Food Chem.*, 32, 11.

Onwulata, C. I., Konstance, R. P. and Holsinger, V. H., 1998. Properties of Single- and Double-Encapsulated Butter oil Powders. *J. Food Science*, 63(1), 100~103.

Park, Yoon Choong, *et al.*, 1968. Studies on the Heat Resistance of Bacterial Amylases. Part 1. Effect of Calcium and Sodium Salts. *J. Korean Agr. Chem. Soc.*, 9, 105.

Park, Yoon Choong. *et al.*, 1968. Studies on the production of Acid Resistant Amylase by Molds, Part 1. Isolation and Its Cultural pH. *J. Korean Agr. Chem. Soc.*, 9, 91.

Percival, E. G. V. and Percival, E., 1962. "*Structural Carbohydrate Chemistry*," J. Garnet Miller Ltd., London, England.

Pomeranz, Y. 1985. Part Ⅰ. 2. Carbohydrates: Starch in "*Functional Properties of Food Components*" Academic Press, Inc., New York.

Proctor, A. and Goodman, D. E., 1985. Physicochemical Differences Between Milled Kernel Rice and Milled Broken Rice. *J. Food Science.*, 50, 922.

Pszczola, D. E., 1998. Specialty Grains: What' Beyond the Horizon. *Food Technol.*, 52(9), 94~101.

Pszczola, D. E., 1998. Encapsulated Ingredients: Providing the Right Fit. *Food Technol.*, 52(12), 70~76.

Radley, J. A., 1954. "*Starch and Its Derivatives*," Vol. 1 and 2,3rd ed., John Wiley and Sons Inc., New York.

Robinson, D. S., 1987. "*Food - biochemistry and nutrition*" Longman Group UK Limited, Essex, England, p.75~76.

Robyt, J. F., 1984. Chapt. Ⅳ. Enzymes in the Hydrolysis and Synthesis of Starch in "*Starch: Chemistry and Technology*" Second Edition by Whstler, R. L., BeMiller, J. N. and Pashall, E. F., Academic Press, INC., Orlando, Florida, U.S.A.

Rundle, R. E., and Edwards, F. C., 1943. The Configuration of Starch in the Starch-Iodine Complex. Ⅳ. An X-Ray Diffraction Investigation of Butanol-Percipitated Amylose, *J. Am. Chem. Soc.*, 65, 220.

Rundle, R. E., Foster, J. F. and Baldwin R. R., 1944. On the Nature of the Starch-Iodine Complex. *J. Am. Chem. Soc.*, 66, 2116.

櫻井 芳人 編集. 1967. "食品保藏," 朝倉書店, 東京.

Sandstedt, R. M., 1960. A Photomicrographic Study of Mechanically Damaged Wheat Starch. *Food Technol.*, 14, 257.

Schoch, T. J., 1942. Non-carbohydrate Substances in the Cereal Starches. *J. Am. Chem. Soc.*, 64, 2954.

Schoch, T. J., 1942. Fractionation of Starch by Selective Precipitation with Butanol. *J. Am. Chem. Soc.*, 64, 2957.

Schoch, T. J., 1945. The Fractionation of Starch. *Advances in Carbohydrate Chem.*, 1, 247.

Seidemann, J., 1966. "*Starch-Atlas. Fundamentals of the Microscopy of Starches and Description of the Most Important Starches(Staerke-Atlas, Grundlagen der Staerke-Mikroskopie und Beschreibung der wuchtigsten Staerkearten)*" Paul Parey(Publishers), Berlin and Hamburg.

Senti, F. R. *et al.*, 1959. High Anylose Corn. Properties and prospects. *Food Technol.*, 13, 663.

Shin, K. D., Lim, S. T. and Kim, H. I., 1998. Effect of Organic Acids on the Sugar Composition of Sucrose Candies. F*ood Science and Biotechnol.*, 7(2), 100~106.

Song, S. H., Lee, H. J., Chang, S. J. and Woo, G. J., 1993. Microencapsulation of Garlic Oil with β -Cyclodextrin. *Foods and Biotechnology*, 2(2), 132~135.

Stanley, W. L. and Olson, A. C., 1974. Symposium: Immobilized Enzymes in Food Systems. The Chemistry of Immobilizing Enzymes. *J. Food Sience*, 39, 660.

Sterling, Clarence. 1965. Submicroscopic Structure of the Starch Grains. An Analysis. *Food Technol.*, 19, 988.

鈴本裕 등. 1959. 早 晩期米 澱粉의 沃度結合量에 대해서. *J. Utilization of Agricultural Products(Japan)*, 6, 187.

Taira, H., 1984. Lipid Content and Fatty Acid Composition of Nonglutinous and Glutinous Varieties of Foxtail Mullet. *J. Agric. Food Chem.*, 32(2), 369.

Takaoka, M., Watanae, S., Sassa, H., Yamamori, M., Nakamura, T., Sasakuma, T. and Hirano, H., 1997. Structural Characterization of High Molecular Weight Starch Granule-Bound Proteins in Wheat(*Triticum aestivum* L.), *J. Agric. Food Chem.*, 45(8), 2929~2934.

谷田澤 道彦. 1951. "農産物利用學," 經營評論社, 東京.

Thompson, A., Anno, K., Wolfrom M. L. and Inatone, M, 1954. Acid Reversion Products from D-Glucose. *J. Am Chem. Soc.*, 76, 1309.

Wang, H. L. H. L., Swain, E. W. and Hesseltine, C. W., 1984. Glucoamylase of Amylomyces rouxii. *J. Food Science*., 49, 1210..

Whistler, R. L. and Hillbert, G. E., 1945. Separation of Amylose and Amylopectin by Certain Nitroparaffins. *J. Am. Chem. Soc.*, 67, 1161.

Whistler, R. L., BeMiller, J. N. and Paschall, E. F. (Editors). 1984. "*Starch: Chemistry and Technology*," Academic Press, Inc, New York.

Whistler, R. L., BeMiller, J. N. 1997. "*Carbohydrate Chemistry for Food Scientists*" The American Association of Cereal Chemistry, Inc. St. Paul, Minnesota, U.S.A. p.122.

Willimas, V. R. *et al.*, 1958. Varietal Differences in Amylose Content of Rice Starch. *J. Agr. Food Chem.*, 6, 47.

Wilson, E., Jr., Schoch, T. J. and Hudson, C. D., 1943. The Action of *macerans* Amylase on the Fractions from Starch. *J. Am. Chem. Soc.*, 65, 1380.

Wingard, L. B., Jr., Katchalski-Katzir, E. and Goldstein, L. (Editors). 1979. "Applied Biochemistry and Bioengineering" Vol.2., Enzyme Technology, Academic Press, New York.

Wurzburg, O. B. *et al.*, 1970. Modified Starches for Food Industry. *J. Agr. Food Chem.*, 18, 907.

Zhang, Q., Abe, T., Takahachi, T. and Sasahara, T., 1996. Variations in *in Vitro* Starch Dgestion of Glutinous Rice Flour. *J. Agric. Food Chem.*, 44(9), 2672~2674.

Zhao, J. and Whistler, R. L., 1994. Spherical Aggregates of Starch Granules as Flavor Carriers. *Food Technol.*, (7), 104~105.

Chapter 7 젤라틴화, 호화, 노화 및 호정화

전분의 젤라틴화 및 호화

보통 곡류(cereals), 근경류(roots and tubers), 두류(beans) 등의 전분을 구성하는 전분입자들(starch granules)은 10% 내지 17%의 수분을 함유하고 있다. 한편, 전분입자(澱粉粒子)들 속에 존재하는 전분분자들은 직접, 또는 물 분자들을 사이에 두고 서로 수소결합(hydrogen bond)을 통해서 결합되어 미셀들(micelles), 즉 분자들의 소집합체(小集合體)들을 형성하고 있다.

전분입자들 자신은 제 6 장에서 설명한 바와 같이 부분적인 규칙성, 즉 이상의 미셀들(micelles)이 규칙성(regularity)을 나타내는 부분을 갖고 있는 경우가 많다. 전술한 대로 감자의 전분입자들(potato starch granules)은 대체로 그 눈(hylum)을 중심으로 방사선상(放射線狀)의 대칭성(radial symmetry)을 갖고 있으며, 상당히 뚜렷한 동심원상(同心圓狀)의 층(層)으로 된 구조(concentric ring or lamella structure)를 가지고 있다.

한편, 전분입자들은 일반적으로 부분적인 결정성(crystalline properties)을 가진 영역(領域)과 완전히 무정형의 성질(amorphous properties)을 가진 영역을 함께 가진 결정질 물질(crystallites)의 하나로서 오래 전부터 알려져 왔었다(Pravisani, C.I. *et al*., 1985). 한편, 이상의 부분적인 결정성이, 근래에 와서 종래 생각했듯이 아밀로오스 분자의 특성이 아니라, 아밀로펙틴 분자들을 구성하고 있는, 일부 영역의 특징 있는 구조에 기인한 사실에 대해서는 제 6 장 p. 373에서 이미 설명한 바 있다.

전분을 물속에서 가열하면 온도 상승에 따라 전분의 분산액(dispersion)은 점도(viscosity)가 매우 큰 투명한(transparent) 또는 유백색(opaque)의 현탁액, 즉 교질용액 또는 콜로이드 용액(colloidal solution)을 형성하며, 농도가 클 때나 특히 냉각할 때는 반고체(semi-solid)의 젤(gel)을 형성한다.

이상과 같은 과정은 일반적으로 전분의 젤라틴화(gelatinization), 풀, 즉 젤(gel)이 형성된 단계에 중점을 줄 때는 호화(糊化)라고 불리고 있으며, 식품화학 분야에서 그리고 실제의 전분질 식품류(starchy foods)의 가공, 조리 상 여러모로 보아서 가장 중요한 현상들 중의 하나이다.

전분의 젤라틴화과정과 최종 단계인 호화과정

전분의 젤라틴화과정과 최종단계인 호화과정은 일반적으로 다음과 같은 여러 단계들(stages 또는 steps)로 구분하여 설명할 수 있다.

제 1 단계　전분입자들(starch granules)이 찬물 속에 존재할 때는 전분입자들의 외곽에는 방벽(a barrier)이 될 만한 막들(membranes)이 없음으로 일부 물 분자들은 자유롭게 흡수, 즉 수화현상(hydration)이 일어나나 전분입자들의 외관상의 모양에는 별 변화가 없다.

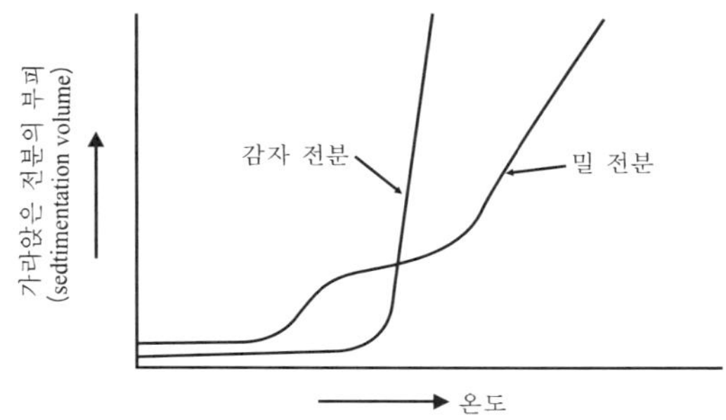

[그림 7-1] 감자 및 밀 전분의 젤화(gelatinization)에 의한 침전물, 즉 팽윤된 전분입자들 부피의 변화.
Radley, J. A., 1954. "*Starch and Its Derivatives*," Vol. 1., John Wiley and Sons, Inc., New York.

그러나 전분입자들의 현탁액(suspension)의 온도가 점차로 상승됨에 따라 전분입자들은 25～30%의 물을 흡수(imbibition)하게 된다.

이 시기에 있어서의 변화, 즉 물의 흡수과정은 가역적(reversible)이며 물을 흡수한 전분을 건조시키면 이 흡수된 수분은 쉽게 증발하여 제거된다.

제 2 단계　전분입자들의 현탁액(starch granule suspension)의 온도가 계속 상승됨에 따라 전분입자들의 물 흡수량은 증가하고, 전분입자들의 팽윤(swelling)이 급속하게 일어난다. 아직도 팽윤된 전분입자들은 그 형태를 유지하나 이 흡수과정은 비가역적인 과정(irreversible process)이며, 많은 수용성인 전분성분들이 전분입자 바깥으로 빠져나가서 물에 녹게 된다. 이상의 단계를 제 2 단계로 볼 수 있다.

마이야들(Meyer, K. H., *et al.*, 1940; Meyer, L. H., 1960 참조)에 의하면, 대부분의 옥수수 전분(corn starch)은 60℃에서는 자체의 중량의 300%에 달하는 물을, 70℃에서는 1,000%에 달하는 물을 흡수하며, 어떤 임계온도(critical temperature)에 도달하면 최고의 팽윤(the point of maximum swelling)을 나타내는 상태를 지나서 전분입자들은 그 형태를 잃고 붕괴(disintegrate)된다.

붕괴 직전에는 이상의 옥수수 전분입자들은 자체 중량의 2,500%에 달하는 수분을 흡수하여 팽윤된다고 한다(Meyer, K. H. *et al.*, 1940 ; Meyer, L. H., 1960 참조). 라들레이(Radley, J. A., 1954)는 각종 전분의 현탁액에서, 온도에 의한 전분입자의 부피 변화를 조사하여 그림 7-1과 같은 곡선을 발표하고 있다.

한편, 야콥스들(Jacobs, H. and Delcour, J. A., 1998)은 전분의 젤라틴화는 수분이 충분할 때는 50~60℃의 온도에서 시작되며, 전분의 젤라틴화를 위해서는 10~20 Joule/g의 열에너지가 외부로부터의 공급이 필요하다고 한다(1 Joule = 0.239 Kcal). 그리고 이와 같이 흡수된 열에너지는 아밀로오스 분자들과 특히 아밀로펙틴 분자들 내부에 존재하는 직선상 부분들의 이중 나선구조의 소실(the loss of α -double helical structures)에 소비되는 것으로 보고 있다. 즉 전분입자들의 부분적인 결정성(partial crystallinity)을 주는 부분들의 구조의 파괴를 가져온다고 생각하고 있다.

제 3 단계 이상과 같은 단계를 거쳐서 전분입자들이 계속적으로 붕괴됨에 따라, 어느 정도의 투명한 교질상태의 용액이 형성되며,

1. 광선의 투과율(optical transmittance)이 증가하고(그림 7-2 참조)
2. 점도(viscosity)의 계속적인 급증 후 갑작스럽고 급격한 감소가 일어나며,
3. 전분입자들의 이방성(異方性) 또는 방향부동성(方向不同性, anisotropy)이 소실되고, 또한 복굴절(複屈折,birefringence)을 나타내는 성질도 상실된다(그림 7-3 참조). 그리고

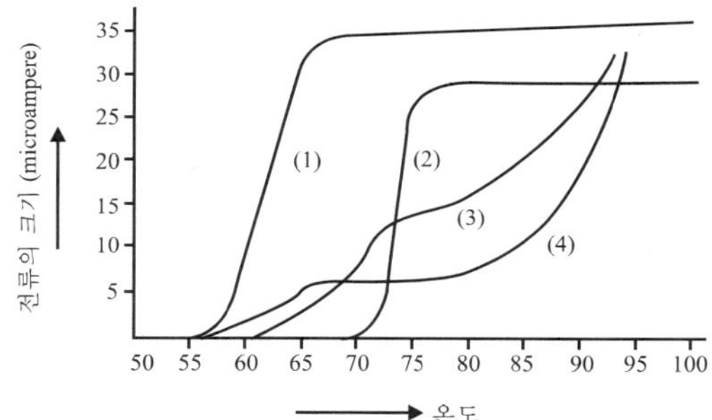

[그림 7-2] 전분현탁액의 각 온도에 있어서의 광선투과량을 전류의 크기로 전환하여 교질화 곡선(gelatinization curve)을 구한 쿠크들(Cook, D. H. and Axtmayer, J. H., 1937)의 방법. Radley, J. A. 1954. "*Starch and Its Derivatives*," Vol. 1. John Wiley and Sons, Inc., New York.

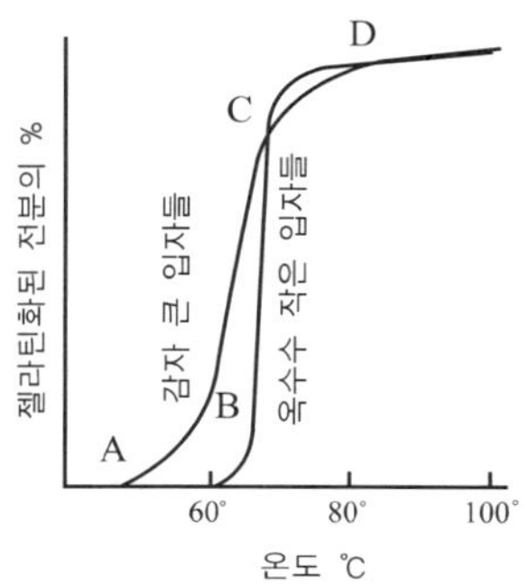

[그림 7-3] 곡선(curve)상의 A점 부근에서는 가장 큰 입자들만이 젤라틴화(gelatinize)되며, 한편, B점에서는 큰 입자들의 이방성, 즉, 방향부동성(anisotropy)이 소실된다. B점과 C점 사이에서는 대부분의 입자들이, C점과 D점 사이에서는 작은 입자들만이 젤라틴화 된다. 입자들 크기가 대체적으로 더 큰 감자 전분입자들이 밀 전분입자들보다 더 낮은 온도에서 젤라틴화 되면, 같은 종류의 전분의 경우에도 역시 입자의 크기가 큰 것들이 낮은 온도에서 먼저 젤라틴화 되며 작은 입자들일수록 더 높은 온도에서 젤라틴화 되는 경향이 있음을 알 수 있다(Radley, J. A., 1954).

4. 한계점까지 팽윤된 전분입자들에서 입자구성물들, 예로서 아밀로펙틴 분자들의 일부 분해성분들, 아밀로오스 분자들의 누출(leaking)과 전분입자들의 붕괴과정 (대체로 85℃이상)에 따라, 유동학적 성질들(rheological properties)에 쉽게 인지될 수 있는 큰 변화가 일어나게 된다(그림 7-4 참조).

이와 같이 전분입자들의 현탁액을 가열할 때는 팽윤된 후 비가역적으로 붕괴되고 그 결과로 전분입자들의 형태가 소실되는 반면에, 외관상의 점성(apparent viscosity)으로 대표할 수 있는 유동학적 성질들이 크게 변화한, 투명하거나 유백색인 교질용액이 형성된다.

한편, 전분의 농도가 크거나, 특히 냉각될 때는 흔히 풀(paste)로도 표현되는 아밀로오스 분자들의 상호결합에 의해서 형성된 삼차원의 격자조직(a three dimensional lattice structure)의 격자(格子, lattices)들 사이에 아밀로펙틴 분자들, 즉 부분적으로 붕괴된 아밀로펙틴 분자들이 결합한 형태의, 점탄성(viscoelasticity)과 가소성(plasticity)을 가진 반고체 상태(semi-solid)의 젤(gel)이 형성된다. 이상과 같은 변화의 전체 과정들은 전술한 대로 방금 설명한 반고체(semi-solid)의 풀(starch pastes)의 형성과정을 제외하고 젤라틴화 또는 교질화라고 불리며, 이과 같은 변화의 특성들은 일반적으로 점도계(a viscometer)를 사용한 유동학적 성질들의 변화를 측정함으로써 잘 평가될 수 있다(Jacobs, H. and Delcour, J. A., 1998 참조).

한편, 야콥스들(Jacobs, H. and Delcour, J. A., 1998)은 전분입자들이 수분 존재 하에 50~60℃로 점진적으로 가열되어, 팽윤된 전분입자들이 붕괴되는 과정을 젤라틴화 그 이후 대략 85℃ 정도에서 풀을 형성화는 과정을 호화(糊化, 즉 pasting), 그리고 풀의 온도가 내려감에 따라, 풀을 형성하고 있는 전분분자들이 규칙성을 가진 구조(an ordered structure)로 재구성되는 과정(후에 곧 설명함)을 노화(老化, retrogradation)로 정의하고 있다.

이들(Jacobs, H. and Delcour, J. A., 1988)은 또한 전분입자들의 현탁액에서 교질화가 일어나기 전에 반드시 전분입자들의 현탁액에서 부분적으로 결정성(partially crystalline)인, 즉 결정질(結晶質, crystallite)인 전분입자들의 무정형(無定形, amorphos)의 영역들(regions)의 성질이, 딱딱한 유리와 같은 상태(a rigid glassy state)에서 천연고무에서 볼 수 있는 유연하고, 제한되어 있기는 하나 유동성(mobile)이 있는 고무와 같은 상태(a mobile rubbery state)로 바뀌져야 한다고 설명하고 있다. 반결정성(半結晶性, semi-crystalline, 즉 partially crystalline)을 가진 고분자 화합물들의 무정형 영역들(amorphous regions), 또는 설탕(sucrose)과 같은 결정성 저분자 화합물의 농도가 큰 용액들, 따라서 실제적으로는 거의 모든, 고분자 성분들이나 당류를 함유한 식품들, 특히 가공식품들은 유리와 같은 상태(a rigid glassy state)와 고무와 같은 유연하고 제한된 유동성을 가진 상태(a mobile rubbery state)로 존재할 수 있다.

한편, 유리와 같은 상태 또는 유리와 같은 상태의 영역을 가진 용액 또는 현탁액의 온도를 서서히 올려주면, 화합물의 종류 외부의 여러 조건들에 따라 어떤 특정된 온도에서 유리와 같은 딱딱한 상태는 유연하고 유동성을 가진 고무와 같은 상태로 변하게 되며, 이 점을 유리 전이점(glass transition point), 이때의 온도를 유리전이온도(轉移溫度, glassy transition temperature, Tg) 이상에서 유동성을 가진 고무와 같은 상태(a mobile rubbery state)를 거쳐야 젤라틴화(gelatinization)가 일어날 수 있다. 전분입자들의 딱딱한 유리와 같이 굳어져 있는 무정형 영역들이 유리전이온도(Tg)이상에서 더 유연하고 융통성 있는 상태가 된다면, 점진적으로 상승하는 주변 온도에 따라, 물 분자들과의 상호작용이 급격히 활발해질 것은 두말할 것 없다.

젤라틴화온도와 호화온도

한편, 젤라틴화가 일어나는 최저온도, 즉 임계온도(critical temperature)는 그 전분의 젤라틴화 온도로 알려져 있다. 또한 호화가 일어나기 시작하는 온도는 호화온도(pasting temperature)라고 부를 수 있다.

전분입자들의 평균적인 크기나 그 분포, 이들 입자들의 구조, 즉 이들 전분입자를 구성하고 있는 아밀로오스나 아밀로펙틴 분자들의 미셀들(micelles)의 3차원의 구조(three dimensional structures)의 강도(strength), 간단히 말해서 전분입자 자체의 강도, 다공성(多孔性, porosity), 결정성 영역(crystalline regions)의 성질과 크기 등은 일반적으로 전분입자들 자체의 고유한 성질이므로 젤라틴화 내지는 호화온도는 전분의 종류에 따라 다르며, 그리고 수분함량, 더 정확하게는 전분입자들과 수화(hydration)할 수 있는 수분 량의 증가는 일반적으로 젤라틴화와 호화온도를 내리게 한다.

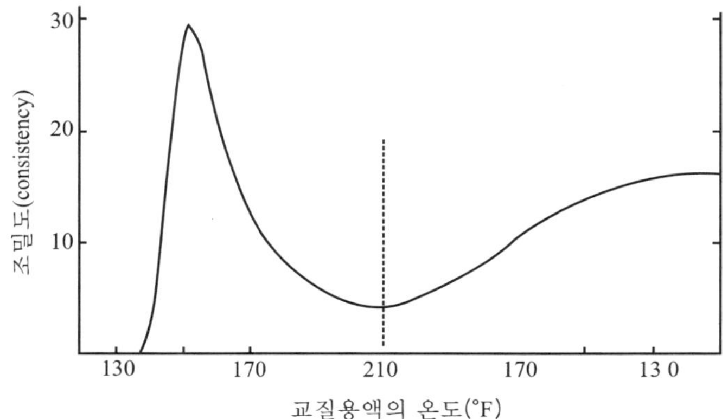

[그림 7-4] 감자전분의 20%현탁액(suspension)을 210℉까지 가열하고 다시 냉각할 때의 조밀도, 즉 점도의 변화. 냉각할 때는 반고체(semi-solid)를 형성하기 때문에 점도는 다시 증가한다.
Radley, J. A., 1954. "*Starch and Its Derivatives*," Vol. 1., John Wiley and Sons, Inc., New York.

그러나 그 반대로 지방산들과 같은 소수성 그룹들과 복합체들을 형성하는 강한 소수성 영역들을 가진 전분입자들의 경우, 그 젤라틴화 그리고 호화온도는 그렇지 않은 경우보다 더 높은 사실이 알려져 있다. 특히 분자량이 큰 아밀로오스와 지방질의 복합체는 젤라틴화를 강하게 억제한다고 한다(Nakayama, M. and Suzuki, S., 1977).

또한 동일한 식물체에서 얻은 전분에 있어서도 젤라틴화 및 호화온도는 개개의 전분입자들의 성질에 따라 다르며, 따라서 같은 종류의 전분이라도 그 젤라틴화 내지는 호화온도는 동일한 측정방법을 사용하는 경우에도 일반적으로 10℃ 내외의 범위(range)를 갖고 있는 것이 보통이다.

일부 식용전분들의 젤라틴화 및 호화온도 쌀, 밀, 옥수수, 감자전분들의 젤라틴화 및 호화온도들이 종류, 크기, 형태, 기타의 특성에 의해서 크게 좌우되는 사실에 대해서는 여러 번 언급한 바 있다. 그 외에도 측정방법들에 따라서도 얻어지는 결과는 대개의 경우 꼭 일치되지 않는다. 이상의 전분들의 젤라틴화온도나 호화온도에 대한 과거의 연구자들의 견해도 꼭 같지는 않다.

젤라틴화온도는 대부분의 경우 일치되나, 호화온도를 호화온도라고 명시적으로(explicitly) 표현하는 대신에 젤라틴화가 완결되는 온도(completion temperature), 또는 젤라틴화온도의 범위의 상한치(上限値, the upper limit) 등으로 표시하는 경우가 많다. 예로서 Nakayama들(Nakayama, M. and Suzuki, S., 1977)은 브라벤더-아밀로그라프(a Brabender amylograph)를 사용하여, 온도에 따른 외관상 점성(apparent viscosity)을 추적하는 방법으로, 이상의 주요 전분들의 젤라틴화온도의 범위를 조사한 결과에 언급하고 있다. 이 결과에 의하면, 쌀의 경우, 그 하한과 상한치들은 61℃/78℃, 밀은 52℃/63℃, 옥수수는 62℃/72℃, 감자는 56℃/66℃, 수수는 68℃/75℃, 타피오카(tapioca)는 58℃/70℃이었다고 한다.

한편, 포메란츠(Pomeranz, Y., 1991)는 편광 현미경(a polarized light microscope)을 사용하여 젤라틴화 개시온도(the initiation temperature)와 완결온도(the completion temperature)를 측정한 결과를 설명하고 있다. 즉, 쌀의 경우에는 그 개시온도와 완결온도는 각각 68℃/78℃이었으며, 옥수수는 62℃/72℃, 감자는 56℃/67℃, 수수는 68℃/78℃이었다고 한다. 윗슬러들(Whistler, R. L. and BeMiller, J. N., 1997)은 아밀로그라프를 사용하여 얻은 일부 주요 전분들의 젤라틴화 및 호화온도에 대해서 그들의 저서에서 언급하고 있다. 이들에 의하면, 밀의 경우 그 젤라틴화 및 호화온도는 52°/85°, 옥수수는 68°/80°, 감자는 58°/65°, 타피오카는 52℃/65℃이었다고 한다. 죠벨(Zobel, H. F., 1984)은 브라벤더 아밀로그라프(a Brabender amylograph)를 사용해서 온도상승에 따른 외관상의 점성을 추적함으로써 얻은 일부 주요 전분들의 호화온도(pasting temperature)를 소개하고 있다. 즉, 밀전분의 경우 그 호화온도는 77℃, 옥수수는 73℃, 감자는 61℃, 타피오카는 59℃이었다고 한다.

이상과 같은 주요 전분들의 좀 더 정확하고 신뢰성 있는 젤라틴화온도 또는 호화온도의 측정문제는 전분입자들의 구조에 대한 실제적인 그리고 이론적인 이해가 더 앞서 갈수록, 그리고 각종의 새로운 측정기술이 개발되고 종래의 여러 방법들이 개선됨에 따라 여러모로 진전이 있을 것으로 기대된다. 그러나 연구대상이 되고 있는 전분입자들은 생명체인 식물체가 자연환경에서 만들어내는 것이므로 전분입자들이 가진 구조상의 복잡성이 감소될 가능성은 기대할 수 없는 사항이라고 생각된다.

호화전분, 즉 전분 젤의 성질

전술한 대로 호화온도 이상으로 물속에서 가열된 전분의 콜로이드 용액은 전분의 농도가 크거나, 냉각될 때는 기본적으로는 고분자량 아밀로오스 분자들의 사슬(chains)들이 상호 접근했을 때 이루는, 주로 수소결합을 통한 입체적인 결합으로 삼차원의 격자구조(a three-dimensional lattice structure)를 형성하고, 그 격자 간에 부분적으로 붕괴된 아밀로펙틴 분자들이 결합하고 있으며 점탄성(粘彈性, viscoelasticity)과 가소성(可塑性, plasticity)을 함께 가진, 복잡한 유동학적 성질들(rheological properties)을 가진 반고체(半固體, semi-solid) 젤(gel)을 형성한다(그림 7-4 참조).

이 전분 젤(starch gel)은 쉽게 압력에 의해서 액상(liquid state), 즉 졸(sol) 상태로 되거나, 전단력(剪斷力, sharing force)에 의해서 끊어지나 이상과 같은 외부에서의 힘이 제거될 때는 다시 반고체의 젤로 돌아간다. 즉, 전분 젤은 의액성을 나타내는 젤(thixotropic gels)의 하나이다.

전분 젤의 투명도(clarity), 조직(texture), 맛(taste)도 전분의 종류에 따라 다르다. 할트맨(Hartman, W. E., 1966)은 여러 출처(source)에서 얻은 전분들의 이상의 성질들을 조사하여 표 7-1과 같은 결과를 보고하고 있다.

표 7-1에서 볼 수 있듯이 감자를 비롯한 서류(薯類)의 전분들은 대체적으로 투명하고 길게 늘어지

며, 연하고 끈끈한 젤을 형성하는 반면에, 옥수수와 같은 곡류의 전분들은 일반적으로 유백색의 짧게 끊어지는 단단한 젤을 형성하는 경향이 있다.

한편, 루알렌(Luallen, T. E., 1985)에 의하면, 전분의 젤 형성은 주로 그 전분의 아밀로오스 분자들에 의해서 일어나며, 아밀로펙틴 분자들은 젤을 잘 형성하지 않고(non-gelling portion) 전분 젤의 끈끈한(pituitous) 또는 길게 늘어지는(stringy) 성질에 기여한다고 한다.

표 7-1 호화된 전분의 특징 : 5%의 현탁액을 젤라틴화 시킨 후 냉각하여 젤화 한 것

전분의 출처(sources)	맛(taste)	조직(texture)	투명도(clarity)
감자	약간 특징 있는 맛	길게 늘어지며, 끈끈한 젤	맑음(clear)
옥수수	곡류맛(cereal)	짧게 끊어지며, 단단한 젤	유백색(opaque)
타피오카(tapioca)	무미(bland)	길게 늘어지며, 끈끈한 젤	맑거나 투명함
아미오카(amioca)	곡류맛	길게 늘어지며, 끈끈한 젤	맑거나 투명함
취의 일종(arrowroot)	무미	짧게 끊어지며, 끈끈한 젤	투명함(translucent)
밀	곡류맛	짧게 끊어지며, 연한 젤	약간 유백색
쌀	곡류맛	짧게 끊어지며, 단단한 젤	약간 유백색
사고(sago)	무미	길게 늘어지며, 끈끈한 젤	맑거나 투명함

Hartman, W. E. 1966. *Food Technol.*, 20, 42.

실제로 힉손들(Hixon, R. M. *et al.*, 1954 ; Radley, R. A., 1954 참조)에 의하면 찰옥수수 전분의 뜨거운 교질용액의 점도는 같은 조건하에서의 보통 옥수수의 교질용액의 점도보다 월등하게 클 뿐아니라 감자 전분의 교질용액의 점도와 비슷했다고 한다. 이들은 또한 보통 옥수수 전분의 경우, 그 4% 교질용액은 냉각 후 곧 단단한 유백색의 젤(gel)을 형성하였으나, 거의 100%의 아밀로펙틴으로 되어있는 찰옥수수 전분의 경우 20% 교질용액은 수일 동안 방치하여도 젤화 되지 않고 점조(viscous)한 상태로 남아 있었다고 보고하고 있다.

전분의 젤라틴화 및 호화 과정의 기구

이상의 젤라틴화 및 호화 과정의 기구(mechanism)는 보통 다음과 같이 설명되고 있다. 즉,

1. 전술한 대로 전분입자들 속에서 아밀로오스와 아밀로펙틴 분자들은 서로 직접, 또는 수화된 물분자들(hydrated water molecules)을 통해서 수소결합(hydrogen bond)으로 이들 분자들의 섬유상 집합체, 즉 미셀들(micelles)을 형성하고 있으며, 이 미셀들이 모여서 전분층(starch striations 또는 starch layers)을 형성하고 이와 같은 전분층들이 층층이 겹쳐서 전분입자들을 형성하고 있다. 또한 이미 간단히 설명한 바와 같이 이 전분입자 내부에는 규칙적 배열(regular arrangement)을 가진 영역, 즉 결정성을 가진 영역(crystalline region, 감자 전분의 경우 대략 전체의 20%, 옥수수 전분은 15% 내외)과 불규칙한 무정형의 상태를 가진 영역들(amorphous regions)이 함께 존재한다. 즉, 전분입자들은 결정질(結晶質, crystallite) 물질의 하나이다. 실제로 전분입자들은 결정성 물질들(crystalline compounds)의 특성인 이방성, 즉 방향부동성(anisotropy)을 나타낸다.

   한편, 전분입자들 내부의 무정형 영역(無定形 領域)들은 생전분입자들(raw starch granules) 내부에서는 액체의 과냉상태(super-cooled state)와도 같은 딱딱하고 유동성이 전혀 없는 상태(a rigid, mobile glassy state)에 있기 때문에 주변의 물 분자들과의 상호작용(interaction)의 계속적인 진행이 어려운 상태에 있다.

2. 한편, 전분입자들의 현탁액(colloidal solution or dispersed system)을 서서히 가열하면, 본격적인 젤라틴화가 일어나기 전에 먼저 분산된 전분입자들 내부의 무정형 영역의 상태는 현탁액의 온도가 유리전이온도(a glass transition temperature, Tg)를 넘어서면서 유동성이 없는 유리상태(a rigid glassy state)에서 제한된 유동성을 가진 고무상태(a mobile rubbery state)로 전이(轉移)되어, 이 때에 물 분자들과의 상호작용이 급격하게 활발해지며, 흡수 또는 수화된 전분입자들의 급속한 팽윤과 이에 따른 물리적, 화학적 변화가 진행하게 된다.
   즉, 이 단계의 후반기에 들어서게 되면 일부의 전분분자들 사이의 수소결합들은 이와 같이 흡수된, 즉 수화된(hydrate) 물 분자들을 통해서 간접적으로 결합하는 형태가 된다. 따라서 전분입자들은 계속 팽윤(swelling)되며 전분분자들 사이의 결합은 점차로 약해진다(그림 7-5 참조).
3. 물분자가 계속 전분분자들 사이에 들어감에 따라 전분입자들의 팽윤(swelling) 과정은 어느 한계점에 달한 후, 전분입자들의 붕괴(disintegration)가 계속적으로 일어나며 미셀들은 파괴되고 전분 분자들은 자유로이 활동하게 되며, 여기서 전분분자들의 콜로이드 용액(colloidal solution)이 형성된다. 전분입자들의 계속되는 팽윤에 의해서 최대치(最大値)에 도달했던 교질용액의 점도(viscosity)는 팽윤된 전분입자들의 붕괴에 의해서 무작위적(無作爲的, at random)으로 분산된 전분분자들 때문에 그 점도는 급격하게 감소하게 된다. 결정성 물질의 특징인 이방성, 즉 방향부동성(anistropy)은 없어진다.

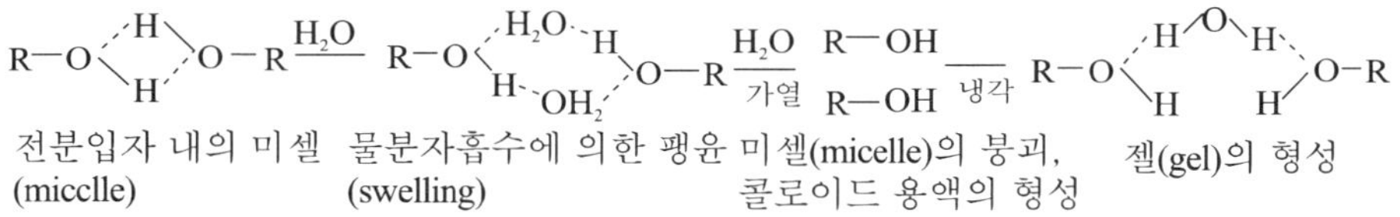

R—O⟨H,H⟩O—R $\xrightarrow{H_2O}$ R—O⟨H_2O···H, H···OH_2⟩O—R $\xrightarrow[\text{가열}]{H_2O}$ R—OH R—OH $\xrightarrow{\text{냉각}}$ R—O⟨H, H⟩O⟨H, H⟩O—R

전분입자 내의 미셀 (micclle) | 물분자흡수에 의한 팽윤 (swelling) | 미셀(micelle)의 붕괴, 콜로이드 용액의 형성 | 젤(gel)의 형성

R-OH : 아밀로오스, 또는 아밀로펙틴분자

[그림 7-5] 전분입자의 호화, 젤라틴화(gelatinization)과정을 나타내는 그림.

4. 한편, 전분입자들의 농도가 높거나, 특히 온도가 내려가면, 분산된 무질서하게 퍼져 있는 전분분자들은 물 분자들을 사이에 두고 다시 수소결합을 통해서 느슨하게 결합되고, 이때 반고체(semi-solid)인 전분 젤(starch gel)이 형성되며, 점도는 다시 증가하게 된다(그림 7-4 및 그림 7-5 참조). 전분의 젤라틴화 및 호화과정들은 대략 이상과 같이 간단히 요약해서 설명할 수 있을 것이다.

전분의 젤라틴화의 열역학적인 측면 이상의 전분의 젤라틴화에 대해서 전에 간단히 언급한 바 있는 프라비사니들(Pravisani, C. I. *et al.*, 1985)은 열역학적인 견지(thermodynamical point of view)에서 전분입자들이 물속에서 가열되는 동안에 규칙적인 상태(an ordered state)에서 불규칙적 상태(a disordered state)로 옮겨가는 과정 또는 불용성인 전분입자들이 개개의 구성성분들로 풀어져 가는 과정이라는 견해를 인용하고 있다. 이들은 또한 도노반(Donovan, J. W., 1979)의 견해를 인용하여, 전분의 젤라틴화란 (1) 전분입자들의 복굴절(복굴절, birefringence)과 그 특징 있는 X-선 회절도(X線回折圖, X-ray diffraction pattern)의 소실(消失)에서 알 수 있는 결정성(結晶性, crystallinity)의 상실, (2) 열의 흡수, (3) 전분분자들의 수화(hydration)와 이에 따른 전분입자들의 팽윤 등을 수반한다고 설명하고 있다.

한편, 이 젤라틴화는 많은 양의 물이 존재하는 경우에는 광범위한 수화(水和)와 무정형 영역(amorphous regions)의 팽윤에 의해서 결정성 영역들(crystalline regions)의 파괴(disruption)가 일어남으로써 이루어지는 반면에, 수분함량이 적은 체계(system)에서의 전분입자들의 호화(糊化)는 가열에 의한 결정성 영역들의 용융(melting)에 의해서 이루어진다고 한다. 이것은 열에너지가 계속 공급되는 과정초기에 전분입자 또는 전분분자들의 내부 무정형 영역들의 상태가 딱딱한 유리상태(a rigid glassy state)에서 유동성을 가진 고무상태(a mobile rubbery state)로 이전하는, 즉 유리전이온도(glass transition temperature, Tg)를 넘어선 후, 본격적으로 일어날 것으로 생각된다.

이들(Pravisani, C. I. *et al.*, 1985)은 감자 전분의 경우, 67.5℃ 이상에서만 전분 분산액의 젤라틴화는 완전히 진행된 실험사실에 대해서 67.5℃ 이하에서는 외부에서 가해지는 열에너지가 감자 전분입자들의 무정형 영역의 불규칙 상태(disorder)를 증가시키기는 하나 결정성 영역의 고도의 안정성(high stability)에 영향을 줄 정도는 못되고, 67.5℃ 이상에서는 가열 에너지가 무정형 영역의 분자들의 운동성(mobility)을 증가시킴으로써 결정성 영역이 파괴된다고 설명하고 있다.

이 부분에 대한 설명에 대해서, 계속되는 외부로부터의 열에너지의 흡수는 이상에서 설명된 변화들 외에도 아밀로펙틴 분자들의 수화에 있어서 특히 저항(抵抗)이 큰 α-이중나선 구조(α-double helical structure)를 가진 결정성 영역들(crystalline regions)의 용융(melting)에 의한 파괴와 이에 따른 수화의 촉진을 또 하나의 요인으로 볼 수 있을 것 같다. 즉, 67.5℃ 이상에서 계속 가열 에너지를 공급할 때는 결정성 영역이 파괴되어 완전한 젤라틴화가 일어난다고 설명한다.

젤라틴화 및 호화과정의 측정

전술한 대로 전분이 젤라틴화 됨에 따라 다음과 같은 성질에 변화가 일어난다. 즉,

1. 팽윤(swelling)에 의한 부피의 팽창
2. 결정성 물질들(crystalline compounds)의 특징인 이방성, 즉 방향부동성(anisotropy)과 복굴절(birefringence) 현상의 소실(消失)
3. 전분입자들의 파괴에 의하여 부분적으로 파괴된 전분입자들의 수가 증가됨에 따른 색소 흡수능력의 증가와 각종 전분 가수분해 효소들의 작용 증가
4. 용해현상(solubilization)의 증가
5. 점도(viscosity)의 증가(제9장 참조)

등을 들 수 있다.

예로서 그림 7-3의 젤라틴화 곡선(gelatinization curve)은 전분입자들이 젤라틴화 됨에 따라 복굴절을 나타내는 성질이 상실되는 사실에 입각하여 얻은 곡선이다. 즉, 가열된 전분 현탁액을 특수한 니콜 프리즘(crossed Nicol prism)을 장치한 현미경으로 볼 때, 편광(polarized light)에 비추어진 전분입자들은 서로 대각선으로 교차하는 네 개의 부분으로, 즉 십자형(cross)으로 갈라져, 서로 맞서는 부분끼리 같은 색깔(dichroism)로 보이게 된다(그림 7-6 참조). 이 현상은 결정성을 가진 물질들, 특히 방사선 구조(radial structure)를 가진 결정성 물질들에서 주로 볼 수 있는 현상으로 알려져 있다. 한편, 젤라틴화 된 전분입자들은 복굴절을 나타내는 성질을 상실하기 때문에 이상의 현상을 볼 수 없으므로, 이 사실을 이용하여 전체 전분입자들의 수에 대한 젤라틴화 된 입자들의 수를 각 온도마다 산출할 수 있다.

또한 전분 현탁액에 콩고 레드(Congo red)를 가하면 젤라틴화가 일어나기 직전의 전분입자들은 이 색소를 잘 흡수하므로, 전체 전분입자들의 수에 대한 염색된 입자들의 수의 비율을 온도에 따라 추적함으로써 전체 전분분자들 중에서 젤라틴화된 분자들의 비율, 즉 젤라틴화도(degree of gelatinization)와 온도 사이의 관계를 알 수 있다.

또한 5g의 전분을 100ml의 물에 풀고 일정한 속도로 일정한 온도까지 가열한 후, 이 현탁액을 250ml로 다시 희석하여 15℃에서 실린더(graduated cylinder) 속에서 현탁물을 가라앉게 한다. 가라앉은 현탁물의 부피(sedimentation volume)를 측정함으로써 온도와 부피의 변화, 즉 온도와 젤라틴화도(degree of gelatinization) 사이의 관계를 알 수 있다.

그림 7-1의 곡선은 이와 같은 방법으로 얻어진 것이다.

이 이외에 전분 현탁액(starch dispersion)을 가열할 때, 이 현탁액에 일정한 강도(强度)의 광선을 비추어 주고 투과되는 광선을 포토셀(photocell), 즉 광전관(光電管)으로 받게 한 후 얻어지는 전류(電流)의 크기를 측정함으로써 전분의 젤라틴화 정도를 알 수도 있다. 그림 7-2는 이와 같은 원리에 의해서 얻어진 곡선이다.

[그림 7-6] 편광(polarized light) 아래에 있는 감자 전분입자들의 특수 확대 사진. 입자들은 그 결정성 때문에 십자형으로 네 개의 부분으로 갈라져서 서로 맞서는 부분끼리 같은 색깔(dichroism)로 보인다.
Greenwood, C. T., 1964. *Food Technol.*, 18, 733.

끝으로 가장 대표적이고 누구나가 쉽게 착안할 수 있는 방법으로 보이나, 현재까지 각종 전분들의 젤라틴화 또는 호화를 연구하는데 있어서 가장 중요한 방법들의 하나가 전분 현탁액의 온도변화에 따른 외관상의 점도(apparent viscosity) 변화를 브라벤더 아밀로그라프(a Brabender amylograph) 등의 점도측정장치를 사용하여 추적하는 방법이다.

제 9 장에서 알 수 있듯이 전분 현탁액은 뉴우톤 유체(Newtonian fluids)의 성질을 갖고 있지 않기 때문에 점도라는 용어(用語)보다는 외관상 점도(apparent viscosity) 또는 조밀도(consistency)라는 용어가 이론적으로는 더 적절하다.

하여튼 전분의 젤라틴화 또는 호화과정과는 별도로 전분 현탁액이 온도에 따라 변화하지 않는다고 가정해도, 그 현탁액의 점도자체는 온도에 따라 크게 변화하므로, 이상의 방법에 의해서 각 온도에 있어서의 젤라틴화도(degree of gelatinization)를 측정 할 때는 젤라틴화과정에서 점도의 변화 이외에도 온도 자체의 점도에 대한 영향도 고려해야 할 불리(不利)한 점이 있음을 유의해야 할 것이다.

한편, 셰티들(Shetty, R. M. *et al.*, 1974)은 전분의 젤라틴화 내지는 호화의 정도를 측정하는 방법들로서 이상에서 설명한 방법들 이외에도 X-선 회절연구(X-ray diffraction studies), 효소에 의한 가수분해율 또는 소화율(enzymatic digestibility)의 조사, 핵자기 공명 분광분석법(nuclear magnetic resonance spectroscopy), 시차주사식 열량측정법(示差走査式 熱量測定法, differential scanning calorimetry) 등을 열거하고 있다.

이들 중 가장 예민하고 널리 사용되고 있는 방법들은 전분입자들의 복굴절 성질의 상실과 효소의 소화율의 변화를 이용한 두 가지 방법들과 전술한 브라벤더 아밀로그라프 등을 사용한 방법 등이 있다. 그러나 실제 식품들 중 전분의 경우에는 첫 번째 방법들은 사용할 수 없으며, 젤라틴화된 전분에 대한 글루코아밀레이스(glucoamylase)와 같은 전분 가수분해효소의 가수분해 정도의 변화를 이용한 후자의 방법이 가장 적합하다고 말하고 있다.

전분의 젤라틴화에 영향 주는 요인들

이상의 설명에서 알 수 있듯이 전분의 젤라틴화의 본질은 전분입자 내부의 미셀구조들(micelle structures)의 붕괴와 아밀로오스나 아밀로펙틴 분자들 간에 또는 내부 구조체들 사이의 수소결합의 파괴에 있으므로, 전분입자들 내부의 미셀구조들의 성질들 그리고 전분분자들 간의 수소결합에 영향을 주는 요인들은 모두 전분의 젤라틴화에 영향을 준다.

따라서, 전분의 젤라틴화에 영향을 주는 요인들로서는

1. 전분의 종류
2. 전분의 수분함량
3. 전분 현탁액(starch dispersion)의 pH
4. 전분 현탁액에 함께 존재하는 다른 성분들, 예로서 염류(salts) 또는 당류(sugars) 등의 영향 등을 생각할 수 있다.

전분의 젤라틴화는 전술한 바와 같이 아밀로펙틴(amylopectin) 분자의 결정성 영역을 형성하는, 규칙적인 배열을 하고 있는 비교적 길이가 짧은, α-1,6-결합에 의해서 분기(分岐)된 많은 수의 평행형의 α-이중나선구조(parallel α-double helical structure)를 가진 사슬 구조의 붕괴에 의해서 일어나며, 아밀로오스 분자들은 젤라틴화에 별로 관련되지 않는 것으로 알려져 있다.

그러나 외관상 아밀로펙틴과 그 구조가 매우 유사하나, 그 분자 내에 결정성 영역을 갖고 있지 않은 글라이코젠(glycogen)은 젤라틴화 현상을 나타내지 않으며, 따라서 후술하는 노화현상(retrogradation)도 나타내지 않는 사실이 잘 알려져 있다. 이제 이상에서 열거한 젤라틴화에 영향을 주는 요인들에 대해서 설명하면 다음과 같다.

전분의 종류　젤라틴화에 있어서 전분의 종류는 매우 큰 영향을 준다(제 6 장의 표 6-4 중 전분의 종류에 따른 젤라틴화 온도 참조). 한 예로서 감자 전분과 옥수수 전분의 경우를 들 수 있다. 감자 전분의 경우에는 이 전분 10g을 20ml의 찬물로 갠 후 80ml의 끓는 물을 가하여 섞어줌으로써 쉽게 젤라틴화 및 호화가 일어난다.

한편, 옥수수 전분의 경우에는 물에 풀어서 이 용액을 비교적 높은 온도로 가열해 주어야만 젤라틴화에 이어 호화가 일어난다. 이상의 차이는 전술한 대로 두 전분 입자들의 구조나 크기의 차이에 기인하는 것으로 볼 수 있다.

한편, 타케다들(Takeda, C. *et al.*, 1974)은 밀, 옥수수, 쌀, 감자, 고구마와 찹쌀에서 얻은 전분들의 젤라틴화 또는 호화를 글루코아밀레이스 효소가수분해법, X-선 회절법, 요오드 결합법(iodine binding method) 등으로 조사하여, 곡류 전분 중의 일부 아밀로오스 성분들이 100℃에서도 젤라틴화와 호화가 잘 일어나지 않은 사실을 보고하고 있다. 이들은 이와 같은 곡류 전분 중의 고온에서도 젤라틴화 또는 호화가 잘 되지 않는 아밀로오스 성분들은 지방산과 같은 지방질과 결합된 형태로 있는 복합체들이 아닌가 추정하고 있다.

수분 전분의 수분함량이 많을수록 젤라틴화 및 호화는 잘 일어난다. 이것은 전분입자들이 이미 수분을 흡수하여 어느 정도 팽윤상태에 있으며, 또한 전술한 대로 물분자는 계속 전분입자들의 무정형 영역을 급격하게 팽윤시킴으로써 결정성 영역을 파괴시키기 때문인 것으로 생각된다.

pH 전분의 팽윤(swelling)과 젤라틴화 및 호화는 전분의 현탁액의 pH에 의해서 크게 영향 받는다. 특히, 알칼리성에서는 전분의 팽윤과 젤라틴화 및 호화는 촉진된다. 예로서, 전분의 현탁액에 가성 소오다(NaOH)를 가할 때는 그 농도가 충분하면 가열하지 않아도 팽윤, 젤라틴화 및 호화가 일어나는 사실이 알려져 있다.

염류 일부 염류(salts)와 전술한 알칼리들은 전분입자들(starch granules)의 팽윤을 촉진시키며, 결국 그 전분의 교질화 즉 젤라틴화 온도(gelatinization temperature)를 내려준다.

이상과 같은 작용을 가진 물질들은 일반적으로 팽윤제(swelling agents)로 알려져 있다. 이들 팽윤제는 적당한 농도에서는 실온에서도 전분 현탁액을 젤라틴화에 이어 호화시킬 수 있다.

예로서, 0.53%의 가성 소오다(NaOH), 0.75%의 가성 가리(KOH), 12 내지 15%의 포타슘 싸이오시아네이트(KCNS), 26 내지 28%의 요오드 칼리(KI), 30 내지 35%의 질산암모늄(NH_4NO_3), 29%의 질산은($AgNO_3$) 등은 실온에서도 전분 현탁액을 젤라틴화에 이어 호화시키는 사실이 알려져 있다. 또, 고농도의 염화물들(chloride salts)도 전분 현탁액을 실온에서 젤라틴화에 이어 호화시킨다고 한다.

일반적으로 음이온들(anions)은 팽윤제로서의 작용이 강하다고 하며, 베일리들(Bailey, C. H. *et al.*, 1933)에 의하면, 일부 음이온들의 팽윤제로서의 작용의 크기는 다음과 같은 순서로 표시하고 있다.

$$OH^- > CNS^- > I^- > Br^- > CI^-$$

한편, 황산염들(sulfates)은 젤라틴화와 호화를 억제하여 준다. 예로서, 황산마그네슘(MgSO4)의 진한 용액에서는 전분은 115℃까지 가열하여도 젤라틴화에 이어 호화되지 않는 사실이 알려져 있다.

당류 당류(sugars)는 그 농도가 매우 낮을 때는 전분의 젤라틴화 또는 호화에 거의 영향을 미치지 않으나, 농도가 20% 이상, 특히 50% 이상이 되면 전분의 젤라틴화와 호화를 크게 억제하여 주는 사실이 알려져 있다(Savage, H. L. *et al.*, 1978 ; Bean, M. M. *et al.*, 1978). 즉, 당류와 당 알콜류는 젤라틴화 또는 호화온도를 크게 상승시키는 것으로 알려져 왔다. 설탕, 포도당, 과당의 경우, 같은 농도에서의 젤라틴화 온도의 상승(elevation of gelatinization temperature) 정도는 설탕〉 포도당〉 과당의 순서라고 한다(Bean, M. M. *et al.*, 1978).

슈우메이커들(Shoemaker, C. F. *et al.*, 1986)은 연근(蓮根, lotus root)에서 추출한 전분에 대한 각종 당류의 영향을 조사하고 대체로 비슷한 결론을 얻고 있다(그림 7-7 참조).

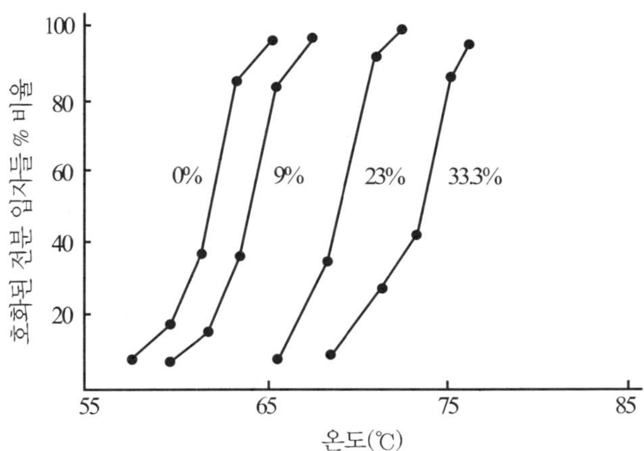

[그림 7-7] 네 종류의 설탕용액 0.5%(W/W)의 농도로 분산된 연근(lotus root)에서 추출한 전분의 젤라틴화(gelatinization curves). 설탕의 농도가 클수록 더 높은 온도에서 젤라틴화 됨을 알 수 있다.
Xu, S. Y. and Shoemaker, C. F., 1986. *J. Food Sci.*, 51(2), 447.

생전분과 호화전분

결정성 물질과 결정질 물질

일반적으로 고체물질들은 그 내부에서 구성원자나 분자가 일정한 규칙성을 갖고 공간에 배열된, 예를 들어 다이아몬드(diamond)와 같은 결정성 물질들(crystalline compounds)과 그 물질 내부에서 그성원자나 분자들이 아무 규칙성 없이 존재하는, 예로서 고무나 유리와 같은 비결정성 물질들, 즉 무정형 물질들(amorphous compounds)로 분류된다.

한편, 무정형 물질들의 경우, 상대적으로 더 낮은 온도에서는 딱딱한, 유동성이 없는 유리와 같은 상태(a rigid immobile glassy state)에서 소위 유리전이점(a glass transition point), 구체적으로 유리전이온도(a glass transition temperature, Tg)를 거쳐서 더 유연하고, 제한된 유동성을 가진 고무와 같은 상태(a partially mobile rubbery state)로 그 내부 구조의 상태가 전이될 수 있다.

그러나, 일부 물질들에 있어서는 그 구성원자나 분자가 규칙적인 배열을 가진 영역, 즉 결정성 영역(crystalline regions)과 그 구성원자나 분자들이 아무 규칙성 없이 존재하는 영역, 즉 무정형 영역(amorphous regions)을 함께 가지고 있으며, 이와 같은 물질들은 이미 언급한 바 있듯이 결정질(結晶質) 물질(crystalline compounds)이라고 부른다.

전분분자들 그리고 전분분자들로 구성된 전분입자들은 곡류(cereals), 근경류(roots and tubers)의 경우, 대략 20~30% 내외의 결정성 영역을 가진 결정질이며(Nakajima, and Suzuki, S., 1977 참조), 젤라틴화과정, 즉 결정성 물질들의 용융(melting) 또는 결정성 영역(crystalline regions)의 붕괴

(disintegration)에 앞서 무정형 영역은 제한된 유동성을 가진 고무와 같은 상태(a partially mobile rubbery state)로 항상 존재한다고 생각되고 있다(Jacobs, H. and Delcour, J. A., 1998 참조).

전분의 X선 회절도형 : A, B 및 V도형 회절도

결정성 물질, 또는 일부 영역 또는 영역들이 결정성 구조(crystalline structure)를 가지고 있는 결정질 물질들에 진공 하에서 X-선을 조사(照射)하면, 조사된 X-선은 규칙적으로 배열된 원자들, 또는 분자들 중의 원자들에 의해서 일정한 산란현상(scattering)을 일으키며, 이를 사진으로 찍으면 그 결정성 구조를 나타내 주는 뚜렷한 반점(spots)이나(분말 시료의 겨우) 동심원륜(concentric ring)으로 된 선들(결정 시료의 경우)이 찍힌 X-선 회절도형(X-線 回折圖型, X-ray diffraction pattern)을 보여준다.

곡류 전분입자들(cereal starch granule)이나 근경 전분입자들(tuber and root starch granules) 등의 내부에서 일부 미셀들(micelles)을 형성하고 있는 아밀로오스나 아밀로펙틴 분자들은 부분적으로 어느 정도 규칙적으로 배열되고 있는 결정성 영역(crystalline region)이 존재하기 때문에 비교적 뚜렷한 X-선 회절도형(X-ray diffraction pattern), 따라서 X-선 회절도(X-ray diffraction diagrams)를 보여준다.

옥수수 전분과 같은 곡류 전분은 일반적으로 A도형(A-type diffraction pattern)으로 알려진 X-선 회절도(X-ray diffraction diagrams)를 보여주며, 감자, 사고(sago), 얼레지 등의 근경류의 전분, 밤, 바나나의 전분 등은 B도형으로 알려진 X-선 회절도를 주는 것으로 알려져 있다.

한편, C도형으로 알려진 X-선 회절도형이 있으나 이는 A도형을 주는 전분과 B도형을 주는 전분들의 혼합물에 의해서 얻어지는 것으로 믿어지고 있다(Radley, J. A., 1954 ; Whistler, R. L. *et al.*, 1984). 즉, 전분입자 내에 A도형과 B도형을 주는 입자들이 혼합된 경우 등을 생각할 수 있다(그림 7-8 참조).

실제로 C도형의 X-선 회절도를 주는 전분들로서는 고구마, 칡, 타피오카(tapioca), 녹두, 참두, 완두 등이 알려져 있다(Nakamura, M. and Suzuki, S., 1977).

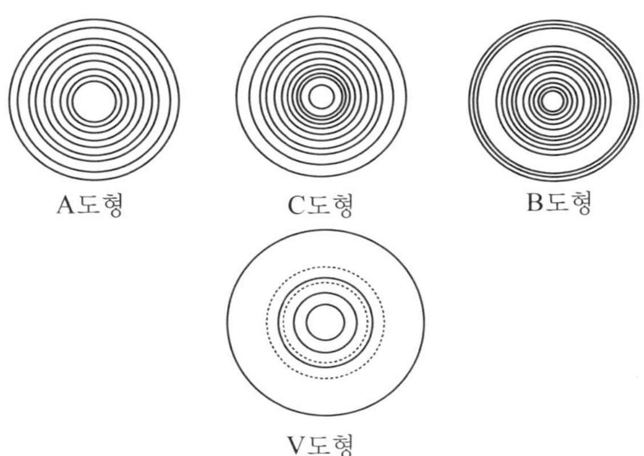

[그림 7-8] 각종 전분의 X-선 회절도형(X-ray diffraction pattern).

한편, 호화된 전분의 콜로이드 용액에 뷰타놀이나 아밀 알콜 등을 가하면, 호화된 전분분자들은 풀어져 분산된 상태에서 침전되며, 이렇게 하여 얻은 호화 전분분자들의 침전물을 건조하여 진공 하에서 얻은 X-선 회절도는 V도형으로 알려지고 있다(그림 7-8 참조).

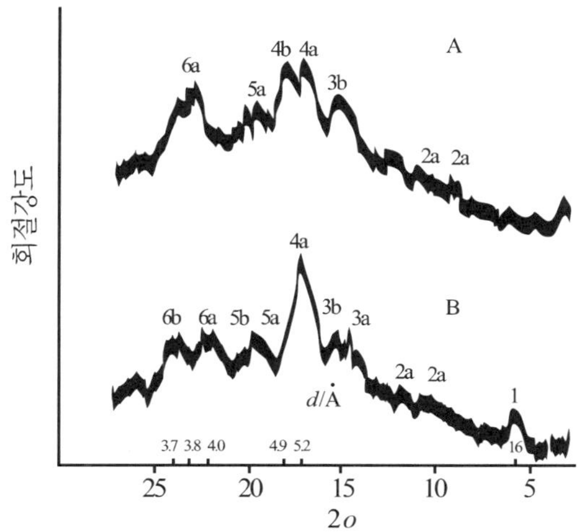

[그림 7-9] A. 옥수수 전분의 회절 곡선 B. 감자 전분의 회절곡선
조사 X-선의 각도가 θ 인 경우, 조사 X-선과 회절 X-선 사이의 각도는 2θ 가 된다. 회절곡선의 극대치(peaks)의 위치는 결정면의 간격을, 높이는 결정의 크기를 나타내며, 기저선(base line)으로부터 회절곡선까지의 높이는 무정형 영역의 크기를 나타낸다. Suzuki, S. M. *et al.* 1979 "*Lab. Method of Starch Science,*" Asakura Pub. Co., Tokyo.

일반적으로 호화된 전분은 그 종류에 관계없이 모두 V도형의 X-선 회절도를 준다. 이 V도형의 V라는 글자는 호화(pasting)를 의미하는 독일어(Verkleisterung) 또는 풀, 즉 호화전분의 회절스펙트럼 나지는 회절도(Verkleisterungspektrum)의 약자이며, 카쓰(Katz, J. ., 1938) 등에 의해서 명명되었다.

이 V도형의 X-선 회절도에는 결정성 영역의 존재를 나타내주는 뚜렷한 동심원륜(concentric ring)은 없으며, A, B 또는 C도형의 X-선 회절도들과는 뚜렷이 구별된다.

한편, X-선 회절도 대신에 그림 7-10 또는 그림 7-11과 같은 더 정밀하고 구체적인 자료들을 제공해 주는 X-선 회절곡선들(X-ray diffraction curves)이 사용되는 경우가 늘고 있다.

생전분과 호화전분

전술한 바와 같이 곡류, 감자나 고구마 등의 근경류나 두류 등의 생전분(生澱粉, native starch)에 있어서는 그 전분입자들의 일부 영역이 결정성 구조를 가진 결정질들(crystallites)이기 때문에 A, B 또는 C도형 등의 X-선 회절도를 준다. 그러므로 A, B 또는 C도형의 X-선 회절도를 주는 전분은 모두 생전분 또는 그와 구조가 유사한 전분으로 볼 수 있다. 국제적으로 통용되고 있지 않지만, 과거에는 우리나라와, 특히 일본에서는 이들 전분을 β-전분으로 불러오기도 했었다.

한편, 이들 전분들이 호화된 것, 즉 호화전분(糊化澱粉, starch paste)은 V도형의 X-선 회절도 또는 회절곡선을 주며, 따라서 V도형의 X-선 회절도를 주는 전분은 일단 호화전분 또는 이와 유사한 구조를 가진 전분으로 볼 수 있다. 이들 호화전분(starch paste, 흔히 gelatinized starch로도 불려진다)들은 역시 구체적으로 통용되고 있지 않으나 우리나라나와 일본에서는 α-전분으로 불려져 왔었다.

따라서 전분의 호화(pasting) 또는 넓은 뜻으로 젤라틴화과정은 α-화(α-化) 과정으로 볼 수도 있다.

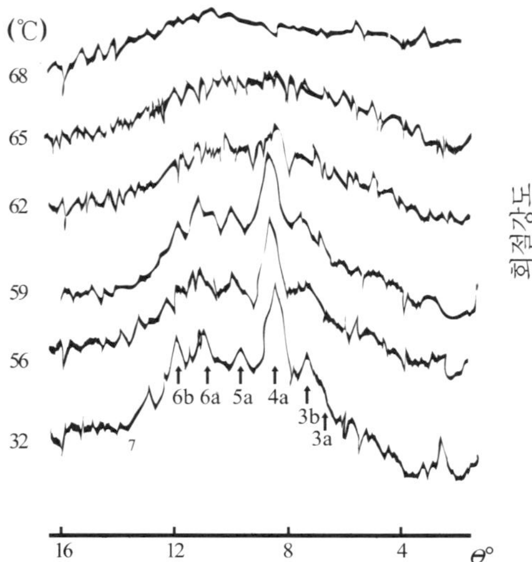

[그림 7-10] 감자 전분의 X-선 회절곡선이 온도의 상승에 따라 호화될 때 변화하는 모습. 68℃에서는 X-선 회절도의 동심원륜에 해당하는 회절강도(diffraction intensity)에서 극대치를 보이는 부분들이 소실되고 있다.
Yasumatsu, K. and Moritake, S., 1964. *J. Food Sci.*, 29, 198.

호화전분의 성질

이 호화전분들의 경우에는 생전분들의 경우와 달리 이미 아밀로오스나 아밀로펙틴 분자들, 특히 아밀로펙틴 분자들의 미셀들(micelles)이 붕괴되어 모든 분자들이 분산, 또는 풀어져 있는 상태에 있으므로, 물을 가하여 잠시 가열하거나 뜨거운 물을 가하면 이 물을 급속하게 흡수하여 팽윤(澎潤)되며, 곧 다시 완전한 호화상태가 된다.

표 7-2 감자 전분의 호화에 따른 점도와 소화율(digestibility)의 변화

온도(℃)	점도(B.U.)[1]	X-선 회절도	% 소화율[3]	전분입자들의 평균크기(μ)
32	0	B[2]	24.5	25.4
56	0	B	28.1	24.2
59	0	B	-	27.5
62	0	B	70.7	49.2
65	10	V	-	53.0
68	140	V	105.4	-
71	350	V	-	-
74	370	V	-	-
77	395	V	-	-

1) B.U.= Brabender Unit(amylograph의 점도 단위)
2) B = B도형, V = V도형
3) 전분 페이스트(paste)에 다이아스테이스(diastase)를 첨가하고 37℃에서 3일간 가수분해시킨 후 가수분해된 당류의 전체 전분량에 대한 %비율로 표시함.
Yasumatsu, K., and Moritake, S., 1964. *J. Food Sci.*, 29, 198.

이 호화전분, 즉 α-전분은 그 속의 전분분자들이 모두 완전히 풀어진 상태이므로 전분 분해효소들의 작용을 받기 쉬우며, 따라서 호화전분으로 된 식품들은 생전분으로 된 식품들보다 소화율(digestibility)이 좋다. 이와 같은 사실은 쌀(생전분)과 밥(호화전분), 밀가루(생전분)와 빵(호화전분) 등의 관계에서 쉽게 납득할 수 있다.

전술한 대로 전분의 호화 및 젤라틴화의 진행 정도는 전분 가수분해 효소들을 사용한 가수분해 정도, 즉 소화율(digestibility)에 의해서 정할 수 있으며 자주 사용되는 방법들이다. 이 사실은 곧 호화 정도가 큰 전분일수록 전분 분해효소의 작용을 쉽게 받는다는 사실, 따라서 호화 정도가 큰 전분식품들일수록 인체 내에서 소화가 잘 된다는 것을 의미함은 명백하다.

전분의 노화

원래 노화(retrogradation)라는 용어는 호화 또는 젤라틴화된 전분의 현탁액에서 전분분자들이 자연 발생적(spontaneously)으로 침전하여 불용성의 덩어리를 형성하는 과정 또는 현상에 대해서 사용되어 왔다.

현재에 있어서도, 그 정의(definition) 자체에는 큰 변화는 없다. 그러나 야콥스와 델쿠어들(Jacobs, H. and Delcour, J. A., 1998)은 노화를 전분풀, 즉 호화된 전분들(starch pastes)이 냉각될 때, 풀을 형성한 분자들(의 일부)이 움직이다가, 서로 다시 회합(會合, reassociate), 즉 결합하여 하나의 규칙적인 구조(an ordered structure)를 갖게 되는 과정 또는 현상이라는 아트웰들(Atwell, W. H., *et al.*, 1988; Jacobs, H. and Delcour, J. A., 1998 참조)의 정의를 노화의 정의로 그대로 사용하고 있다. 전분의 retrogradation(retro=backward, gradi=walking or going)은 이전과 비슷한 상태로 된다는 뜻으로 사용된 것 같으며, 노화란 말의 엄격한 뜻과 정확하게 일치되지 않을지 모르나 적절한 번역어 또는 해당하는 말로서 별 문제가 없다고 생각된다.

한편, 호화된 전분의 현탁액을 방치하여 두면, 현탁액의 빛깔은 유백색(乳白色)으로 변하며, 더욱 흐려지고, 점도는 매우 서서히 감소되는 동시에 효소작용도 점차로 억제된다. 이와 같은 과정을 거쳐서 형성되는 침전은 원래의 현탁상태로 있는 전분과는 달리 찬물에서는 잘 풀어지지도 않는다(그림 7-11 참조).

이 현상은 호화된 전분의 현탁액 중의 일부 전분분자들이 상호간에 수소결합으로 다시 결합되는 과정, 즉 재결정화(recrystallization)되는 과정에 의하여 묽은 용액에서는 침전젤(coagel)을, 진한 용액에서는 젤(gel)을 형성하여 궁극적으로는 B도형과 같은 X-선 회절도로 특징지워지는 반 결정성 상태(半結晶性狀態, semi-crystalline state)를 가져온다(Whistler, R. L., Radley, J. A., 1954 참조).

따라서, 노화(retrogradation)는 V도형의 X-선 회절도 내지는 회절곡선을 주었던 전분분자들이 일단 그 수용액, 즉 분산체에서 분리되어 시간의 경과에 따라 그 일부가 다시 결정화됨으로써 B도형의 X-선 회절도 또는 회절곡선을 주는 반 결정상태의 침전을 형성하는 과정이라고 정의할 수도 있을 것이다. 특히 순수한 아밀로오스 분자들은 침전되어 결정화하는 경향이 매우 크며, 이와 같이 노화된 아밀로오스(retrograded amylose)도 B도형의 X-선 회절도 또는 회절곡선을 주는 사실이 알려져 있다.

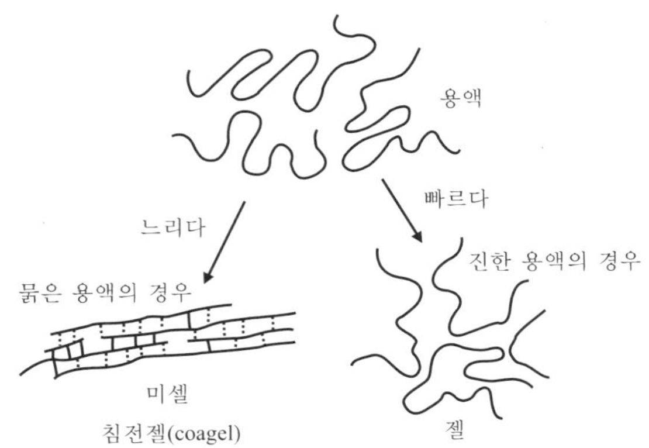

[그림 7-11] 아밀로오스 현탁액(amylose suspension)이 냉각되었을 때 아밀로오스 분자들 (amylose molecules)의 행동(behavior).
Greenwood, G. T., 1964. *Food Technol.*, 18, 735.

한편, 노화(retrogradation)는 아밀로오스의 경우, 특히 고분자 아밀로오스의 경우, 아밀로펙틴의 경우와 달리 빠른 속도로 회합하여, 물에 녹지 않은 침전물을 형성하여 쉽게 노화되는 사실이 알려져 있는 반면에, 아밀로펙틴은 서서히 회합(reassociate)하여 결정질 영역(結晶質 領域, crystallite region)을 형성하는 사실이 오래 전부터 알려져 왔다.

이상의 침전물들 중에서 일부 아밀로오스를 제외하고 X-선 회절법으로 조사하면 결정질에 의한 회절선이 매우 미약한 사실이 알려져 있다. 그리고 노화도 호화된 전분이 젤(gel)상태거나 졸(sol)상태에서 모두 아밀로오스가 재회합(reassociation) 또는 재결정화(recrystallization)를 선도하고, 아밀로펙틴들이 재화합에 함께 참여하는 것으로 생각되고 있다.

아밀로오스는 각종 지방산류를 비롯한 지방질성분들과 복합체들(complexes)을 형성하는 성질이 아밀로펙틴분자들에 비해서 월등히 강하며, 자연 전분(native starch)들에서도 이런 형태로 존재하는 경우가 많다. 이런 경우 100℃이상의 온도에서도 젤라틴화되기가 매우 힘들며, 반대로 낮은 온도에서도 노화가 잘 일어나지 않는다.

젤라틴화과정(gelatinization processes)에서의 유리전이온도(glass transition temperature, Tg)의 중요성에 대해서는 이미 간단히 설명한 바 있다. 노화과정에 있어서의 유리전이온도의 의의(意義)에 대해서, 백들(Baik, M. Y. *et al.*, 1997)은 호화된 쌀 및 찹쌀전분들의 젤 시스템(rice and waxy rice starch gel systems)에서 유리전이온도(Tg)는 첫째로 전분분자들의 재결정화(recrystallization)과정에서 그 전제(前提)가 되는 결정핵형성(nucleation)에 큰 영향을 주며, 쌀전분의 경우, 종래의 일반견해(유리전이온도보다 다소 높은 온도가 최대 핵형성온도라고 하는)와 달리 0℃보다 다소 높은 온도에서 핵형성이 잘 진행되었으며, 둘째로 재결정화과정에 직접 영향을 주는 것으로 알려져 있는데, 유리전이온도보다 다소 낮은 온도에서도 잘 형성되었다고 보고하고 있다. 한편, 이상의 재결정화과정에서 결정핵형성은 4℃에서, 그 전파(propagation)는 30℃에서 가장 컸었다고 한다.

노화에 영향을 주는 요인들

전분의 노화(retrogradation)에 영향을 주는 요인들로서는

1. 전분의 종류
2. 수분함량

3. 온도
4. 전분 내의 아밀로오스와 아밀로펙틴의 함량
5. pH
6. 전분의 농도, 즉 현탁액 속의 전분의 농도
7. 염류(salts) 또는 각종 이온들의 함량

등이 있다. 이제 이상의 요인들에 대해서 좀 더 자세히 설명하면 다음과 같다.

전분의 종류　전분의 종류는 전분의 노화현상에 있어서 매우 중요한 요인이 된다. 전분의 종류에 따라 노화되는 용이도(容易度, degree of easiness)가 다른 사실은 바로 그 전분분자들의 구조상의 차이에 기인되는 것으로 믿어지고 있다.

그림 7-12에서 볼 수 있듯이 밀이나 옥수수의 전분들은 가장 노화되기 쉬우며, 감자나 고구마의 전분, 타피오카(tapioca)의 전분, 그리고 특히 찰옥수수(waxy corn)의 전분은 잘 노화되지 않는다.

일반적으로 찹쌀, 찰옥수수, 찰수수 등의 전분들은 잘 노화되지 않으나, 이들의 아밀로펙틴 함량(amylopectin content)이 100% 내지 94%라는 점은 유의할 만한 사실이다.

그러나, 여러 종류의 전분의 노화되는 경향은 그 전분의 아밀로오스나 아밀로펙틴의 함량만으로는 설명되지 않으며, 전분입자들 자체나 그 전분입자들 속의 아밀로오스나 아밀로펙틴 분자들의 구조상의 특징도 중요한 듯하다.

예로서, 밀, 옥수수, 감자 등의 전분에서 얻은 아밀로오스의 노화속도를 보면, 밀과 옥수수에서 얻은 아밀로오스는 급속도로 노화되는 데 반해서, 이들에 비해서 그 분자량이 더 큰 것으로 알려진 감자 전분의 아밀로오스는 쉽게 노화되지 않으며, 또 완전히 노화되지도 않는다(그림 7-13 참조).

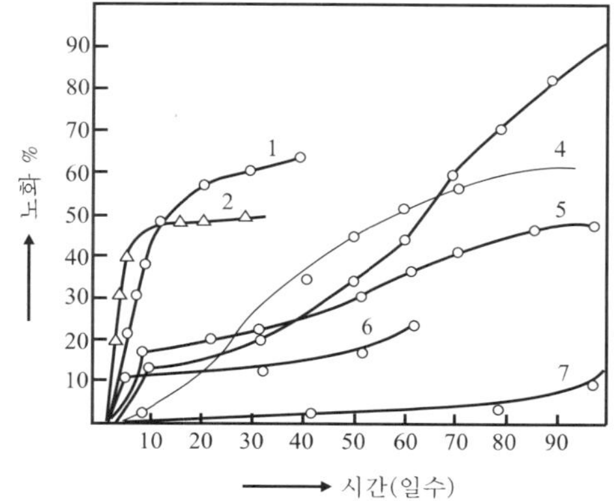

[그림 7-12] 각종 전분의 2% 수용액의 노화속도(rate of retrogradation).
1. 옥수수(corn), 2. 밀(wheat), 3. 감자(white potato), 4. 고구마(sweet potato), 5. 칠기(arrowroot), 6. 타피오카(tapioca), 7. 찰옥수수(waxy corn)
Radley, J. A., 1954. "*Starch and Its Derivatives,*" 3rd ed., Vol. 1, p.215, John Wiley and Sons, Inc., New York.

아밀로오스 및 아밀로펙틴의 함량　아밀로오스는 전술한 바와 같이 직선상의 분자구조를 갖고 있기 때문에 물에 분산되어 쉽게 콜로이드 용액(colloidal dispersion)을 만들 수 있으나, 이 콜로이드 용액은 불안정(metastable)하며 쉽게 침전으로 가라앉아서 부분적인 결정구조(crystalline structure)를 갖는 경향이 있다. 즉, 노화되기 쉽다. 예로서 1% 아밀로오스의 호화용액은 실온에서 수 시간 내에 98%가 노화, 침전되는 사실이 알려져 있다(Nakamura, M. *et al.*, 1977).

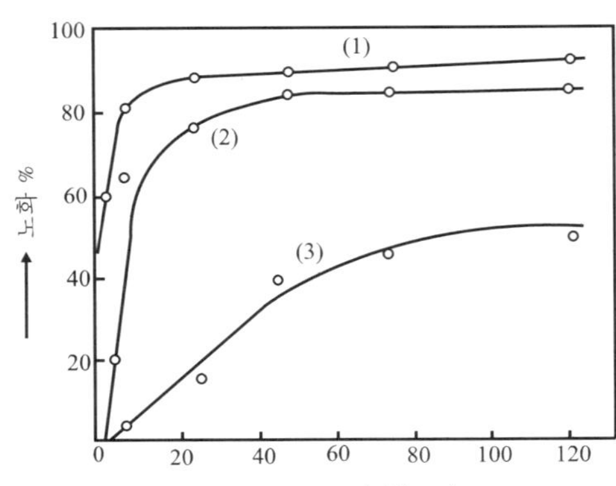

[그림 7-13] 25℃에 있는 0.85%의 아밀로오스(amylose)의 수용액의 노화속도와 그 정도(rate and extent of retrogradation).
(1) 밀, (2) 옥수수, (3) 감자 전분에서 얻은 아밀로오스
Radley, J. A., 1954. "*Starch and Its Derivatives,*" 3rd ed., Vol. 1. p. 222, John Wiley and Sons, Inc., New York.

한편, 아밀로펙틴(amylopectin)은 가지가 많은 분자구조를 갖고 있어서 분산되어 콜로이드 용액을 만들기 어려우나, 즉 호화되기 힘드나, 일단 호화된 후에는 매우 안정하며, 침전을 형성하는데 많은 시간이 걸린다. 따라서 과거에는 일부 연구자들이 전에도 언급하였듯이 호화나 노화현상은 아밀로오스에서만 볼 수 있는 현상으로 단정했었을 정도이다.

따라서, 전분 중에서도 아밀로오스 함량이 큰 전분일수록 노화되기 쉬우며, 그 반면에 아밀로펙틴의 함량이 클수록 노화되기 어렵다. 그림 7-14는 아밀로오스와 아밀로펙틴의 혼합용액에서 아밀로펙틴의 함량이 클수록 노화되기가 어려울 뿐만 아니라 노화도 완전하지 않음을 보여주고 있다.

전분의 농도 전분의 현탁액도 다른 모든 현탁액의 경우와 마찬가지로 농도가 커짐에 따라 그 침전속도(rate of precipitation)는 증가한다. 즉, 전분의 노화속도(rate of retrogradation)는 일반적으로 전분의 농도가 증가됨에 따라 증가한다. 이와 같은 경향은 전분 자체보다 그 구성 아밀로오스의 경우 특히 뚜렷하다.

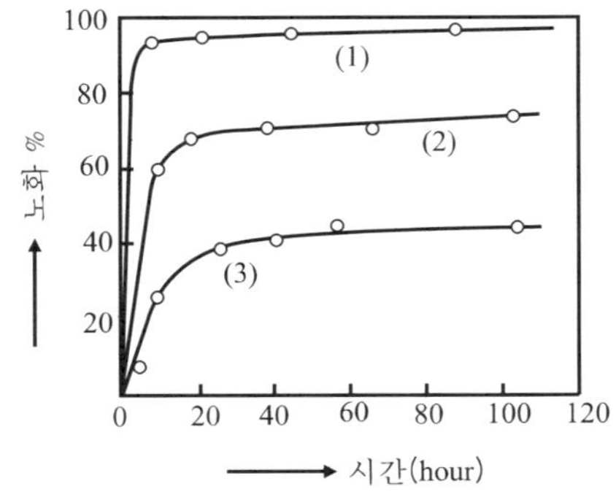

[그림 7-14] 0℃에서 0.85%의 농도의 아밀로오스(amylose)-아밀로펙틴(amylopectin) 혼합물(mixture)의 노화속도(rate of degradation).
(1) 90% 아밀로오스 (2) 75% 아밀로오스 (3) 50% 아밀로오스
Radley, J. A., 1954. "*Starch and Its Derivatives,*" 3rd ed., Vol. 1, p.223, John Wiley and Sons, Inc., New York.

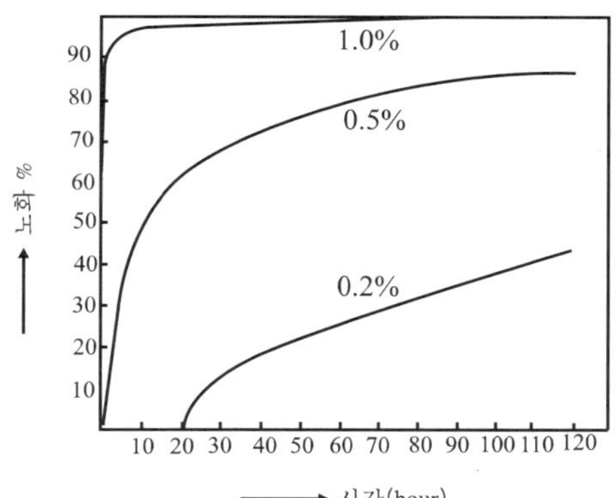

[그림 7-15] 옥수수 아밀로오스 수용액에 있어서 아밀로오스의 노화속도에 미치는 농도의 영향.
Radley, J. A., 1954. "*Starch and Its Derivatives*," 3rd ed., Vol. 1, p.217, John Wiley and Sons, Inc., New York.

예로서, 옥수수 아밀로오스의 현탁액에서는 전분의 함량이 1.0%인 경우에는 10시간 내에 90%이상이 노화되나, 0.2%에서는 20시간이 경과된 후에 겨우 노화가 일어나며, 또 그 노화도 완전하지 않다(그림 7-15 참조).

수분함량 전분의 수분함량은 전분의 노화에 큰 영향을 준다. 일반적으로 말해서, 수분함량(moisture content)이 30%에서 60% 사이의 경우에는 노화가 잘 일어나며, 수분함량이 60%이상이거나 30% 이하의 경우에는 전분분자들의 침전(precipitation)이 억제되므로 노화는 잘 일어나지 않는 것으로 알려져 있다.

온도 일반적으로 60℃ 이상의 높은 온도에서는 노화는 잘 일어나지 않는다. 한편 온도가 이보다 낮을 때는 일반적으로는 온도가 낮을수록 노화가 잘 일어나게 된다. 그러나 일단 냉동된 상태로 된 후에는 전분분자들의 자유로운 이동, 즉 전분분자들의 집합체(aggregates) 형성이 억제되므로 노화는 잘 일어나지 않는다는 사실이 알려지고 있다.

그림 7-16은 0℃에 있는 아밀로오스 현탁액의 노화는 25℃에서의 같은 농도의 아밀로오스 현탁액의 경우보다 더 빨리, 더 완전히 진행됨을 보여주고 있다.

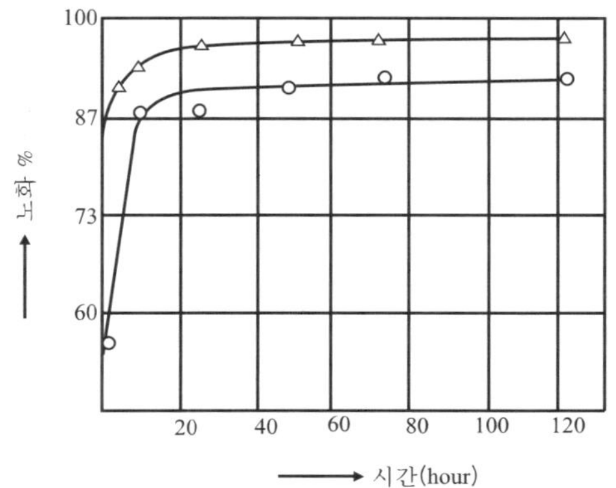

[그림 7-16] 노화(retrogradation)에 미치는 온도의 영향의 한 예.
Radley, J. A., 1954. "*Starch and Its Derivatives*," 3rd ed., Vol. 1, p.216, John Wiley and Sons, Inc., New York.

한편, 전분의 현탁액은 순수한 물과는 달리 0℃에서도 얼지 않으므로, 이 점에 대해서도 유의할 필요가 있다. 냉동점(freezing point) 이하의 온도에서는 수분이 결정화(crystallization)될 때 전분분자들이 분리되어 나오며, 해동(thawing)될 때는 이 전분분자들은 섬유상(fibrous) 또는 해면상(海綿狀, spongy)의 덩어리로 존재하며, 이런 전분분자들의 대부분은 다시 가열했을 경우에도 호화되지 않는다.

pH의 영향 pH가 중성영역에 있는 경우에는 노화속도나 노화정도에는 별 영향을 주지 않는 듯하다. 그리고 탄산(carbonic acid), 붕산(boric acid), 인텅스텐산(phosphotungstic acid) 등의 약산들(weak acids)의 존재도 노화속도나 노화정도에 별 영향을 주지 않는 듯하다. 그러나, 황산(H2SO4), 염산(HCl), 인산(H_3PO_4) 등의 강산들(strong acids)은 비록 그 농도가 낮은 경우에도 노화속도를 현저하게 증가시킨다.

한편, 강산이 존재하는 경우에는 전분분자의 가수분해가 일어나며, 따라서 노화속도는 일단 급속도로 증가하고 어떤 최고치(the maximum value)에 달한 후, 산에 의한 가수분해에 의해서 노화된 전분의 양은 서서히 감소하게 된다(그림 7-17 참조).

스밀노프(Smirnof, V.A., 1939)에 의하면, 노화속도는 pH 2에서 최대치에 달하였으며, 이 때의 속도는 pH 6에서의 속도의 대략 4배나 되었다고 한다(Radley, J. A., 1954 참조).

한편, 알칼리는 전분의 팽윤(swelling), 용해(solubilization), 호화 등을 매우 강하게 촉진시켜준다. 따라서 알칼리의 존재, 또는 pH가 7보다 알칼리성인 용액에서는 노화가 전혀 일어나지 않거나 잘 일어나지 않는다.

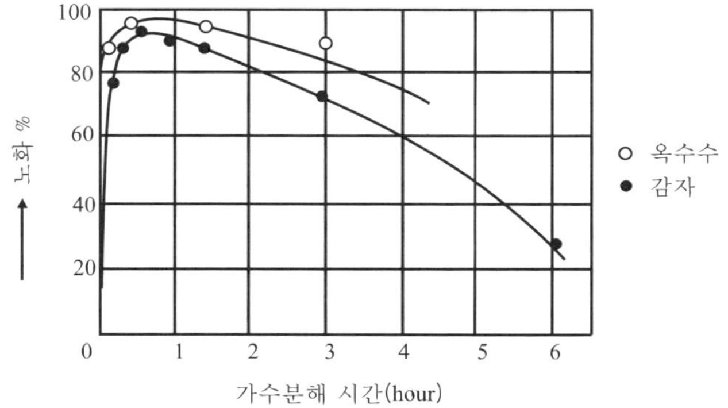

[그림 7-17] 25℃에 있어서 노화 정도(extent of retrogradation)에 영향을 주는 산 가수분해(acid hydrolysis)의 효과.
Radley, J. A. 1954. "*Starch and Its Derivatives,*" Vol. 1, p.223, John Wiley and Sons, Inc., New York.

염류 또는 각종 이온의 영향 노화현상도 호화현상과 마찬가지로 전분분자들 사이의 수소결합과 밀접한 관련이 있는 현상이므로, 수소결합에 영향을 주는 것으로 알려진 물질들은 노화(retrogradation)에도 큰 영향을 준다. 즉, 대부분의 염류(salts), 예로서 염화칼슘($CaCl_2$), 염화아연($ZnCl_2$) 등과 같은 염화물들(chlorides), 그리고 Ba^{++}, Sr^{++}, Ca^{++}, K^+, Na^+ 등의 이온들은 호화(gelatinization)를 촉진하는 반면에 노화(retrogradation)를 억제한다.

다만 황산마그네슘($MgSO_4$)과 같은 황산염들(sulfates)은 노화를 촉진한다.

노화를 억제하는 방법들

대부분의 전분질 가공식품들 속의 전분은 호화된 상태, 즉 호화전분으로 되어 있으나, 전술한 대로 이들 호화전분은 시간의 경과에 따라 노화되어 물에 잘 풀어지지 않는, 소화율(digestibility)이 낮은 노화전분(retrograded starch)으로 변하므로, 이와 같은 노화, 즉 β -화는 바람직하지 않다.

이 노화의 억제를 위해서 여러 가지 방법들이 사용되고 있으나, 이들 방법 중의 주요한 것들을 추려보면 대체로 다음과 같다.

수분함량의 조절 전술한 바와 같이 노화는 수분함량이 60% 이상, 또는 30% 이하에서는 그 속도가 급격하게 감소되며, 특히 수분함량이 10∼15% 이하에서는 거의 일어나지 않는다고 한다

따라서 미리 전분을 젤라틴화, 즉 그 속의 전분이 호화전분으로 된 식품들(pre-gelatinized products)에 있어서는 노화를 억제하기 위해서 흔히 그 수분함량을 15% 이하로 급격하게 제거함으로써 노화를 효과적으로 억제할 수 있다.

대부분의 비스켓류, 건빵류, 라면류 등과 같은 전분이 주성분인 가공식품들 속의 전분은 호화전분의 형태로 존재하나, 이들 식품을 장기간 두어도 노화되지 않는 이유 중의 하나는 이들 식품의 수분함량이 극히 낮기 때문인 것으로(10% 이하) 생각되고 있다.

그 동안 소비량이 급증해온 대표적인 주식대용(主食代用) 즉석식품(instant foods)인 라면(deep-fried instant noodle ; 1970년 국내생산량 8만톤, 1980년 21만 8천톤, 1990년 58만 1천톤, 이서래, 1999)은 역시 대표적인 호화전분 즉석식품류(instant pre-gelatinized starch products)의 하나이다.

라면은 증기처리(steaming)하여 호화시킨, 가는 면의 덩어리를 140∼150℃의 튀김유에서 60∼90초가량 튀겨서 그 속의 수분함량을 20% 전후에서 5.5∼7.0%로 감소시켜, 저장 중의 호화된 전분의 노화를 억제하여 주고 있다(Kim, T. W. *et al.*, 1975 참조). 또한, 이 라면에는 각종의 식품유화제들(食品用 乳化制類, food emulsifiers)을 사용하여 호화된 전분의 안정성을 돕고 있다.

한편, 서구(西歐) 여러나라와 미국 등에서는 귀리, 쌀 등을 가압하에 튀겨서(puffed oats, puffed rice) 만든 호화전분 식품들(pre-gelatinized starch products)이 아침식사용 즉석 곡류 가공품들(breakfast cereals)로서 널리 사용되고 있다.

냉동법 수분함량이 큰, 그 속의 전분이 호화전분의 상태로 있는 식품들은 냉동(freezing)되면 노화가 일시적으로 억제된다. 그러나, 나중에 설명할 여러 이유들 때문에 단순한 냉동만으로 노화를 막는 방법은 만족스럽지 못하다.

효과적인 노화방지 방법들의 하나는 한 식품의 빙점 이하에서 수분함량을 15% 이하로 유지하는 과정을 포함한 방법이다. 이와 같은 방법을 이용한 식품으로서는 과거에 활발하게 연구된 냉동 건조미(冷凍乾燥米)(Roberts, R. L. *et al.*, 1952 ; Pyeun, J. H. *et al.*, 1967 ; Demont, J. I. *et al.*, 1968 ; Houston, D. F., 1972 참조)와 나중에 설명할 냉동 빵류(frozen freed) 등이 있다.

로오즈맨(Roseman, A.S ., 1958)에 의하면, 쌀의 경우에는 과냉(supercooling)되는 경향이 있어서 대략 -6.7℃ 이하로 냉각해야 냉동된다고 한다. 이 냉동건조 된 쌀은 흡습성이 매우 강하기 때문에(hygroscopic), 수분을 통과시키지 않는 포장이 필요하므로 보통 통조림되어 저장된다.

일단 호화된 쌀은 냉동과정 또는 냉동저장(freezing storage) 중, 그리고 사용하기 직전의 해동과정(thawing process) 중에 호화된 전분의 일부가 점차로 재결정화되어 불용성인 미세결정들

(insoluble microcrystallines), 즉 침전을 형성하는 경향이 있으며, 이 침전은 다시 가열하여도 호화되지 않는다.

한편, 로오즈맨은 거의 아밀로펙틴만으로 된 찹쌀(waxy rice)을 냉동, 냉동저장 또는 해동하는 과정에서 이상의 노화현상(retrogradation)을 관찰할 수 없었다고 말하고 있다. 또한 팽윤제(swelling agents)로서 질산칼슘(calcium nitrate)을 흡수시킨 후, 호화시킨 쌀도 냉동, 냉동저장, 또는 해동과정에서 노화현상을 전혀 볼 수 없었다고 한다.

설탕 및 기타 당류의 첨가 설탕은 수용액이나 교질용액에서는 수화(hydrate)되는 경향이 크기 때문에 결과적으로 탈수제(dehydrating agent)로서 작용하며, 따라서 설탕은 그 농도가 클 때는 전분 현탁액에서 전분의 침전을 억제하는 효과를 갖는다.

즉, 전분 식품들 속의 설탕 농도가 클수록 그 탈수작용에 의해서 전분의 유효수분함량(effective moisture content)은 감소되어 노화가 잘 일어나지 않는다.

한편, 최들(Choi, C. R. and Shin, M. S., 1996)은 여러 문헌들을 조사하여, 단당류, 이당류 중에서 설탕(자당)이 호화전분의 노화를 가장 효과적으로 억제하며, 쌀의 호화전분의 경우, 설탕보다는 직쇄 말토올리고당들(straight chain maltooligosaccharides)의 노화억제효과가 더 컸으나, 가지가 많은 분지 말토올리고삭카라이드들(branched chain maltooligosaccharides)의 노화억제효과는 직쇄 올리고당류보다 못했다는 문헌을 인용하고 있다.

이들(Choi, C. R. and Shin, M. S., 1996)은 쌀에서 추출한 전분이 아니라, 쌀가루(rice flour), 즉 국내산 쌀(동진벼)의 가루에서 얻은 젤(gel, 즉 paste)의 노화에 대한 설탕이나 아이소말토올리고당(isomaltooligosaccharide)의 억제효과를 α-아밀레이스-요오드법에서 얻은 노화도(degree of retrogradation, DR), 시차주사 열량기 측정법(differential scanning calorimetry, DSC)에서 얻은 특성들의 자료, X-선 회절 계측기(X-ray deffractometer)를 사용하여 얻은 자료 등을 통해서 노화의 정도를 결정하고 있다.

50%의 쌀가루 젤에 설탕, 올리고당을 각각 1, 2, 5%(w/w)식 첨가한 것을 40℃와 20℃에서 1, 3, 6일간 저장하여, 당들의 억제효과를 조사하였다. 이들은 아이소말토올리고당이 설탕보다 더 강한 노화억제효과를 보였다고 보고하고 있다.

한편, 손들(Son, H. S. *et al*., 1997)은 한국산 쌀로 전통떡(Karedduk, a Korean traditional rice cake)을 만들 때, 원료 쌀가루에 맥아당이 주성분인 올리고당 시럽, 아이소말토오스(isomaltose)와 삼당류 판노오스(panose)가 주성분인 시럽, 말토테트라오스가 주성분인 시럽을 각각 첨가하여 만든 후 각각 4℃와 25℃에서 5일간 저장하면서 조직상의 변화들(textural changes, 즉 견고성 hardness, 응집성 cohesiveness, 탄성 springiness, 점성 gumminess, 씹힘성 chewiness)을 조직감 측정기(texture analyzer)를 사용하여 조사하고, 또한 시차주사 열량기(D.S. calorimeter)를 사용하여 재결정도를 측정하여, 이상의 올리고당 시럽들의 노화억제작용을 조사한 바 있다.

이들은 이상의 실험을 통해서 이당류(isomaltose)와 삼당류(panose)가 주성분인 올리고당 시럽이 조직상의 여러 변화들을 가장 잘 억제했으며, 또한 노화도 가장 효과적으로 억제했었다고 보고하고 있다.

유화제의 사용 모노글리세라이드류(monoglycerides), 다이글리세라이드류(diglycerides)와 같은 유화제들(emulsifying agents)의 첨가는 전분의 교질용액(colloidal solution)의 안정도(stability)를

증가시키며, 따라서 전분분자들의 침전 내지는 부분적인 결정질 영역(partial crystalline regions)들의 형성을 억제함으로써 호화전분의 노화를 억제하여 준다.

이와 같은 유화제들로서는 이상의 모노, 다이글리세라이드 이외에 락트산, 즉 젖산(lactic acid)의 유도체들(fatty acid lactylates)이 있다. 이 락트산의 유도체들은 이상의 목적을 위해서 밀가루에 중량으로서 0.1% 내지 1.0% 가량 혼합시켜서 사용된다.

이상의 락트산이 구체적인 예로서 스테아릴락틸락트산의 칼슘염(the calcium salts of stearyllactyllactic acid)이 있다. 빵 제조용의 밀가루 반죽에 대략 0.5% 가량이 사용된다고 한다. 그 화학 구조식은 다음과 같다.

$$\left[\begin{array}{l} CH_3(CH_2)_{16}COOCH-COOCH-COO^- \\ \qquad\qquad\qquad\quad | \qquad\qquad\quad | \\ \qquad\qquad\qquad CH_3 \qquad\quad CH_3 \end{array}\right]_2 Ca^{2+}$$

이와 같은 유화제들은 호화전분의 노화가 주가 되어 일어나는 것으로 알려진 밀가루를 원료로한 빵(bread), 과자류의 스테일링(staling)을 억제하는 데 효과적인 것으로 알려져 있다. 이 스테일링 현상에 대해서는 후에 다시 논의하겠다.

쌀의 전분

쌀(*Oryza stativa* L.)로 밥을 지을 때, 또는 쌀을 원료로 하여 가공식품을 만들 때 맛이나 조리상의 성질에 크게 영향을 주는 요인들(factors)은 전분(starch)의 성질, 예로서 쌀 전분의 젤라틴화 및 호화온도(gelatinization and pasting temperatures), 아밀로오스 함량, 단백질 함량, 지방질 함량 등이다.

이 중에서 아밀로오스 함량은 조리된 쌀, 즉 밥의 조직(texture)과 광택(gloss)에 관계가 있으며, 호화온도와 단백질 함량은 쌀을 조리할 때의 물의 흡수속도(rate of absorption)에 영향을 준다.

쥴리아노 들(Juliano, B. O. *et al.*, 1965)과 웹들(Webb, B. D. and Stermer, R. A., 1972), 그리고 굿맨들(Goodman, D. E. and Rao, R. M., 1984)은 쌀의 조리상의 성질(cooking quality) 그리고 조리 후 실제로 먹을 때의 밥의 품질(eating quality)을 결정하여 주는 데 있어서 가장 중요한 요인은 쌀 전분 중의 아밀로오스의 함량이라고 말하고 있다.

또한 이들은 쌀의 아밀로오스 함량은 일반적으로 멥쌀에는 16% 내지 31% 정도며, 쌀 전분의 젤라틴화 및 호화온도는 대략 65℃와 75℃ 내외로 보고하였다(본문 p. 366 참조).

아밀로오스의 함량과 성질이 쌀의 종류에 따라 다름은 물론이다. 예로서 웹들은 장립종(長粒種, Oryza sativa Indica)의 경우, 그 아밀로오스 함량은 23~27% 정도며, 젤라틴화온도의 중간치(아마도 젤라틴화 개시온도와 호화개시온도의 중간치인 것 같다. 著者注)는 70℃에서 75℃, 77℃(아마도 호화개시온도인 것 같다)에서의 수분흡수량은 100g의 쌀에 대해서 110~150ml라고 보고하고 있다. 한편, 단립종(短粒種, *Oryza sativa Japanica*)은 아밀로오스 함량이 15~20% 정도며, 젤라틴화온도의 중간치는 60℃에서 69℃로 낮으며, 77℃에서의 수분흡수량은 100g의 쌀에 대해서 300~400ml로 매우 크다고 한다(Webb, B. D. and Stermer, R.A ., 1972 참조).

한편, 쥴리아노들은 밥을 지을 때의 부피의 팽창률, 즉 쌀과 밥의 부피 비율은 3.15에서 3.57(쌀의 부피=1.00) 정도이며, 또 물의 흡수율, 즉 밥을 지었을 때 흡수된 물 중량의 쌀의 중량에 대한 비율은 2.24 내지 2.29(쌀=1.00) 정도라고 보고하고 있다(표 7-3). 이들은 또한 쌀의 단백질 함량으로서 6.64% 내지 16.48%라는 측정치들을 보고하고 있다.

표 7-3 정곡(milled rice)의 단백질, 아밀로오스 함량, 젤 형성 온도, 부피팽창률, 물 흡수율, 가열조리 시간 등

일부 품종 (variety)의 정곡미	아종 (subspecies)	단백질함량 % (dry wt. basis)	아밀로오스 함량 % (dry wt. basis)	젤형성온도 (gelation temperature) ℃	팽창 비율1) (volume expansion rate)	물 흡수율2) (water absorption rate)	가열조리시간(cooking time, minutes)
Chianan 8	japonica	9.20~14.20	15.9~17.8	73~69	3.21~3.23	2.24~2.28	14.1~15.4
Milfor 6	indica	8.52~10.60	26.2~28.3	70.5~71	3.54~3.62	2.25~2.26	14.8~15.1
Pete	indica	6.64~14.20	29.4~31.4	70~71.5	3.15~3.27	2.21~2.27	15.3~16.9
Taichung 1	indica	9.20~16.48	27.4~30.3	75~64.5	3.44~3.59	2.24~2.29	14.5~16.6
Tjere Mas	indica	8.03~11.13	29.2~28.6	70.5~72	3.51~3.57	2.24~2.25	15.3

1) 밥을 짓는 데 사용된 쌀의 부피와 만들어진 밥의 부피의 비율.
2) 쌀의 무게와 밥의 무게의 비율; 밥은 Toshiba ER-9 automatic rice cooker로 지었음.
Juliano, B. O., Onate, Luz U., and Del Mundo, A. M., 1965. *Food Technol.*, 19, 1006.

빵의 스테일링, 즉 빵 속의 전분의 노화

빵이나 기타 밀가루로 만든 과자류를 잠시 두면 빵이나 과자류의 껍질부분(bread crust)은 내부에서의 수분의 확산에 의해서 눅눅해지는 반면에 빵의 속부분(bread crumb)은 그 조직(texture)이 점차로 딱딱해지며(Kim, S. K., 1976), 한편 오랫동안 방치할 때는 전반적(全般的)인 탈수(脫水) 또는 건조현상, 그 속의 유지의 산패(rancidity), 단백질의 변질, 빵조직의 탄력성 상실 등의 여러 변화가 일어나면서 풍미(風味)가 급속도로 저하된다(Herz, K. O., 1965 ; Ponte, J.G ., Jr., 1974 ; Kim S. K., 1976).

이와 같은 품질의 저하(quality deterioration)는 총괄해서 일반적으로 스테일링(staling)이라는 말로 표현되나, 이 말에 대한 정의는 간단하지 않다.

베히텔들(Bechtel, W. G. *et al.*, 1953 ; Herz, K. O., 1965 참조)은 스테일링이란 빵제품(bakery products) 등에 있어서 미생물에 의한 부패 이외의 원인에 기인되는, 식품 가치를 감소시켜주는 변화들이라고 말하고 있다. 좀더 구체적인 정의로서 겟데스들(Geddes, W. F. *et al.*, 1946 ; Herz, K. O., 1965 참조)은 빵제품에서 다음과 같은 변화들을 가져오는 과정 또는 현상 등을 포함한 다음과 같은 종합적인 변화라고 말하고 있다. 즉,

1. 빵의 맛과 형기의 변화
2. 빵의 속부분(crumb)이 계속 딱딱해지는 현상
3. 빵의 속부분이 계속 불투명하게 보이게 되는 현상
4. 빵의 속부분의 부스러지기 쉬워지는 (crumbliness) 현상
5. 빵의 속부분의 호화전분의 결정화(crystallization)가 계속 진행되는 과정
6. 빵의 속부분의 흡수성의 감소
7. 빵의 속부분에 대한 β-아밀레이스의 가수분해작용의 계속되는 억제
8. 수용성 전분 함량의 감소

등을 들고 있다.

한편, 빵제품에 있어서는 노화(retrogradation)란 용어와 스테일링이라는 용어는 오랫동안 서로 혼동되어 사용되어 왔으며, 뚜렷한 구별은 그다지 쉽지는 않은 것 같다.

겟데스들(Geddes, W. F. *et al.*, 1946)은 일찍이 노화는 수분함량이 아주 많은 여건에서의 호화전분의 현탁액으로부터의 전분분자들의 재결정화를, 한편 스테일링은 제한된 수분존재(35% 내지 45%)하에서 부분적으로 교질화된 전분분자들 사이의 수소결합의 재확립(再確立, reestablishment)에 의한 결정화라고 말하고 있다.

현재로서는 대체로 노화는 단지 전분만이 존재하는 체계(systems)에서의 전분분자들의 재결정화를, 한편 스테일링은 전분분자들의 재결정화가 주요한 과정이기는 하나 그 외의 성분들의 변화들도 고려해야 할 경우에 사용되고 있는 듯하다.

하여튼, 빵제품의 스테일링으로 알려진 변화는 건조에 따른 수분제거(dehydration)에 의한 여러 변화들과 구성지방질, 특히 지방산들의 공기 중의 산소에 의한 산화(atmospheric oxidation)에 의한 여러 변화들을 제외한다면, 빵제품의 주성분인 전분의 노화가 주원인이 되는 것으로 생각되고 있다.

구운 지 얼마 안 되는 신선한 빵류의 X-선 회절도형(X-ray diffraction pattern)은 호화전분의 경우의 V도형을 보이나 스테일링이 일어나면서 B도형으로 바뀌지며, 또한 스테일링이 일어남과 동시에 아밀레이스들의 가수분해작용(hydrolysis by amylolytic enzymes)이 급격하게 억제되는 사실이 알려져 있다(Radley, J. A., 1954).

라들레이(Radley, J.A., 1954) 자신은 빵류의 스테일링 현상은 주로 빵류 속에 존재하는 전분의 노화에 의해서 일어나며, 빵류의 온도가 60℃ 이상의 경우에는 잘 일어나지 않으나, 온도가 내려갈수록 그 속도는 증가되며, 특히 2℃~21℃에서는 매우 그 속도가 빠르며 대개 25시간 이내에 완결된다고 말하고 있다.

한편, 빵제품들의 스테일링과 관련된 전분의 노화는 주로 빵제품들 중의 아밀로오스 성분의 노화로 생각되어 왔다. 실제로 아밀로오스의 노화는 빵의 속부분(crumb)이 딱딱해지는 데 영향을 미치는 것으로 알려져 있다(Kim, S. K., 1976). 그러나 일부 학자들은 빵제품의 전분 속의 아밀로오스는 빵을 굽고난 직후 곧 노화되며 빵의 스테일링은 빵 속의 전분중 아밀로펙틴의 변화에 기인한다고 보고하고 있다(Radley, J. A., 1954).

빵제품의 스테일링을 억제하는 요인들 또는 방법들

빵제품들의 스테일링 방지 방법들도 근본적으로는 일반적인 노화방지 방법들과 동일하며, 물리적인 방법으로서는 빵제품들의 저장온도를 60℃ 이상으로 두거나, -10℃에서 -50℃ 사이에 둠으로써 효과적으로 억제할 수 있다.

펜스들(Pence, J. W. *et al.*, 1955)은 빵류를 냉동하여 그 신선도(freshness)를 유지하려면, 냉동할 때나 반대로 해동(解凍, thawing)할 때 스테일링(staling)이 가장 빠르게 촉진되는 18℃에서 -7℃ 사이의 온도범위(the critical staling range, 65~20℉)를 가급적 빨리 통과하도록 하는 것이 가장 중요하다고 말하고 있다.

또한 이들(Pence, J. W. *et al.*, 1955)은 -18℃(0℉)에서 냉동 저장된 빵류(frozen bread)는 6주일(42일) 저장한 후에도 하루, 즉 24시간 경과한 일반 빵류와 거의 동등한 굳기(firmness)를 나타냈으며, 아직도 신선하다고 판정되었다고 보고하고 있다.

케이크류의 경우에도 -18℃에서 저장된 냉동 케이크류(frozen cakes)는 4주일(28일) 후에도 하루 지난 일반 케이크류보다 그 품질이 우수한 경우가 있었다고 한다(Pomeranz, Y., 1971).

한편, 빵제품들의 스테일링 억제를 위해서는 호화전분의 노화억제의 경우처럼, 각종 유화제들(emusifiers), 즉 글리세릴 모노스테아레이트(glyceryl monostearate), 글리세릴 올레오스테아레이트(glyceryl oleostearate), 소오비탄 모노스테아레이트(sorbitan monostearate), 폴리옥시에틸렌 소오비탄 모노스테아테이트(polyoxymethylene sorbitan monostearate), 폴로옥시에틸렌 스테아레이트(polyoxyethylene stearate) 등과 같은 계면활성제(surface active agents, surfactants)의 첨가가 효과적임이 알려지고 있다.

그 외에도 빵제품류의 스테일링은 호화전분(starch pastes)의 경우처럼, 옥수수 물엿(corn syrup), 포도당 시럽, 덱스트린류의 존재에 의해서 억제되며, 쿠울맨들(Kuhlman, A. G. *et al.*, 1938 ; Radley, J. A., 1954 제1권 참조)에 의하면, 이상의 여러 물질들의 항스테일링제(anti-staling agents), 즉 스테일링 억제물질로서의 효과의 크기는

맥아당 시럽 > 포도당 시럽 > 덱스트린 > 설탕 > 맥아당 > 포도당 > 수용성 전분(soluble starch)의 순서였다고 한다. 일반적으로 2% 내지 4% 농도 이상의 당류는 빵제품의 내부(bread crumb)가 굳어지는 현상을 억제한다고 한다.

데흘로어들(Defloor, I. and Delcour, J., 1999)은 근래에 와서 호화전분의 노화(retrogradation)억제에 맥아당, 설탕류보다 더 효과가 큰 것으로 알려져 있는 말토올리고당류(maltooligosaccharides)의 일부를 포함한 말토덱스트린류(maltodextrins, DP, 중합도, 4～66)를 밀가루에 1.2～3.6% 첨가한 후 반죽하여 빵을 구운 후, 만들어진 빵들을 23℃에서 7일간 저장하면서, 이상의 말토덱스트린류의 스테일링(staling) 억제효과를 조사한 바 있다.

스테일링의 발생은 빵조직 내 전분입자들의 재회합(reassociation), 즉 재결정화(recrystallizaion)의 결과 일어나는 흡열열량의 변화(staling endothermic change)를 시차주사 열량계로 측정하는 방법(differential scanning calorimetry, DSC법)으로 측정하고, 말토덱스트린류의 억제효과를 확인하고 있다.

한편, 본문 p. 426의 호화전분의 노화(retrogradation)를 효과적으로 억제해주는 방법 등의 하나로서 "설탕 및 기타 당류의 첨가" 항목에서, 근래 각종 말토올리고당류(maltooligosaccharides)의 뛰어난 효과가 많은 연구자들의 여러 실험들을 통해서 실증되고 있는 사항을 최들(Choi, C. R. and Shin, M. S ., 1996)과 손들(Son, H. S. *et al.*, 1997)의 연구결과들의 소개를 통해서 설명한 바 있다. 이 연구들은 빵류의 스테일링(staling) 억제에 관한 앞의 연구들을 이어주는 비교적 최근의 연구 추세를 보여주는 것으로 생각됨으로 특별히 참고해주길 바란다.

한편, α-아밀레이스들(α-amylases)은 빵 내부의 전분을 일부 가수분해하면서 덱스트린류, 또는 포도당이나 맥아당과 같은 저급당류(低級糖類, lower sugars)를 형성하여 간접적으로 빵류의 스테일링을 억제하여 준다고 한다.

특히 세균에서 추출한 α-아밀레이스(α-amylase)는 내열성 때문에 그 작용이 반죽과정뿐만 아니라 빵을 굽는 과정에서도 지속되며 빵의 속부분(crumb)이 딱딱해지는 것을 억제하여 빵의 스테일링을 억제하는 것으로 생각되고 있다(Pomeranz, Y., 1971).

바로 위에서 언급한 데흘로어들(Defloor, I. and Delcour, J. A., 1999)은 같은 실험에서 빵제조시

에 여러 회사에서 시판하고 있는 α-아밀레이스 정제품들을 제빵용 밀가루 반죽(wheat flour dough)에 최대 500ppm 가량 첨가하여 빵을 구운 후, 빵의 용적과 빵의 신선도, 그 노화상태 등을 조사하고 있다.

이들 α-아밀레이스는 세균에서 얻거나, 세균과 곰팡이에서 얻은 것을 혼합한 제품들로서, 빵의 신선도는 향상시켰으나, 부피의 증감에는 영향을 주지 않았다고 한다. 이들 밀가루 반죽에는 당류나 말토올리고당류를 전혀 첨가하지 않았으나, 이상의 α-아밀레이스를 첨가한 빵류에서의 스테일링(staling)의 억제작용은 이들 α-아밀레이스가 반죽 내의 전분분자들을 가수분해 한 결과 형성된 말토올리고당류(maltooligosaccharides)를 포함한 말토덱스트린류(maltodextrins)에 의한 것으로 생각하고 있다.

이들은 또한 빵의 스테일링(staling)이 빵조직을 구성하고 있는 전분분자들 중의 아밀로펙틴 분자들의 노화(retrogradation)에 직접 관여하는 것으로 보고 있다.

빵제품의 스테일링에서는 일부 전분분자들의 결정화, 즉 노화와 함께 단백질 성분, 지방질 성분 등의 변화를 부수한다. 단백질의 경우, 글루텐 젤 구조(gluten gel structure)가 점차 경화되어 딱딱하고 부스러지기 쉬운 상태로 되며, 또 지방질 성분에서는 지방질의 산화와 산패를 가져온다.

글루텐 성분의 탄성(elasticity)은 글루텐 자체의 성질뿐 아니라 글루텐과 강하게 결합된 지방질(bound lipids)의 성질에도 관련되는 것으로 믿어지며, 지방질 성분의 변화는 글루텐 성분의 탄성(彈性)을 크게 변화시킬 것으로 예상되고 있다.

전분의 식품 중에서의 기능

할트맨(Hartman, W. E., 1966)은 전분의 에너지원으로서의 역할 이외의 기능으로서 표 7-4에 표시된 바와 같은 여러 기능들(functions)을 열거하고 있다.

전분의 가열분해

전분을 부분적으로 가수분해(partial hydrolysis)할 때 덱스트린류가 형성됨은 전술한 바와 같다.

한편, 전분은 비교적 높은 온도에서는 그대로 가열하여도 전분분자들의 열분해(thermal degradation)가 일어나며, 아직 잘 연구되어 있지 않은 가열분해물들과 함께 수용성 전분, 즉 덱스트린들도 형성된다.

표 7-4 식품 속에서의 전분(starch)의 여러 기능들(functions)

기능(function)에 의한 분류	식품의 종류
농화제(thickening agent)로서	소오스(sauces), 수우프(soups), 그래비(gravies)
젤 형성제(gelling agent)로서	푸딩류(puddings), 고무 드롭스(gum drops)
안정제(stabilizer)로서	청량음료(beverages), 시럽(syrups), 샐러드 드레싱(salad dressing)
결착제(binding agent)로서	가공 육류제품(processed meat products)
수분유지제(moisture return agent)로서	과자류(confectionery items)
피막제, 살포용 분말(coating or dusting agent)로서	빵, 과자류
조형제(moulding agent)로서	젤리(jellies), 과자류
희석제, 유동촉진제(diluent, flow-aid)로서	베이킹 파우더(baking powder

Hartman, W. E., 1966. *Food Technol.*, 20, 42.

이상의 과정은 전분의 가열분해(pyrolysis)로 알려져 있으며, 이와 같은 과정에서 형성된 덱스트린류(dextrins)는 가수분해 과정(hydrolysis processes)에서 형성된 일반적인 덱스트린류와 구별하기 위해서 파이로덱스트린류(pyrodextrins)로 불려지고 있다(Horton, D ; Whistler, R. L. *et al.*, 1965 참조).

이 파이로덱스트린류에는 전분을 80℃~120℃에서 직접 가열하여 얻은 물에 대한 용해성(solubilization degree)은 크게 향상되지 않았으나 흰 색깔의 파이로덱스트린류(white pyrodextrins), 그리고 180℃~210℃에서 직접 가열하여 얻은 물에 대한 용해성이 크게 증가되어 찬물에도 잘 풀리는 노란 색깔의 파이로덱스트린류(yellow pyrodextrins)로 분류되는 경우도 있다.

이 황색 파이로덱스트린류의 형성과정에 대해서 포메란츠(Pomeranz, Y., 1991)는 전분을 계속 가열할 때, 수분함량이 3% 이하가 될 때는 정상적인 가수분해과정(hydrolytic cleavage)은 이미 일어나지 않으며, 열에 의해서 그 전에 가수분해과정을 통해서 형성된 전분분자들의 분해생성물들(fragments)은 무작위적(randomly)으로 재결합하여, 가지가 밀집된 구조를 가진 밀도가 매우 낮은, 소위 황색 덱스트린류(yellow dextrins)가 형성된다고 한다.

한편, 이 황색 덱스트린류는 전분에 극소량의 무기산(traces of mineral acids)을 직접 분무(spray)하여 그대로 가열해서 만든 백색 덱스트린류(white dextrins)를 계속 가열하여 만든다고 한다.

케네디들(Kennedy, H. M. and Fischer, Jr. A. C., 1984)은 이상의 실질적으로 전분들을 산처리해서 얻은 전분가공품들(acid-modified starch)로 볼 수 있는 덱스트린류를 각각 백색 덱스트린류(white dextrins)와 카나리색, 즉 황색 덱스트린류(canary dextrins)로 분류하고 있다.

이들은 이상의 덱스트린류의 제법과 용도에 대해서도 설명하고 있는데, 백색 덱스트린류는 전분을 위에서 설명한 처리와 함께 110-130℃에서 3 내지 7시간 가열을 계속하여 얻게되며, 카나리색 덱스트린류는 135-160℃에서 8 내지 14시간 가열하여 얻게 된다고 설명하고 있다. 이들 가열분해 덱스트린류는 다 같이 주로 접착제(adhesives)로 사용된다. 백색 덱스트린류는 강한 접착력을 갖고 있는 반면, 카나리색 덱스트린류는 그 점성이 일정하고 수분을 쉽게 흡수하여 접착력을 회복하는 특성이 있다고 한다.

생전분의 경우, 물에 대한 용해성을 비롯한 여러 성질들은 가열온도가 180℃ 이상이 되어야 급격하게 변화하는 것으로 알려져 있다. 한편, 180℃ 이상에서 계속 강하게 가열할 때는 열파괴가 계속 진행되어 카아보닐 화합물들, 유기산들, 후란 유도체들(furans) 등이 형성된다.

일반적으로 이상의 파이로덱스트린류(pyrodextrins)의 공통적인 특징으로서는 대체로 물에 잘 풀어지며, 점성(viscosity)이 전분보다 더 적은 용액을 만들며, 효소작용도 더 받기 쉽다는 점 등을 들 수 있다. 이상과 같은 전분의 가열분해에 의한 파이로덱스트린류의 형성은 빵을 구어서 만들 때 빵의 껍질(crust of bread)에서, 빵을 썰어서 구워 토오스트(toast)를 만들 때, 또는 전분을 그대로 고온에서 가열하여 수용성 전분을 만들 때 볼 수 있다.

참고문헌

Baik, M. Y. *et al.*, 1997. Recrystallization Kinetics and Glass Transition of Rice Starch Gel System. *J. Agric. Food Chem.*, 45(11), 4242~4248.

Baek, M. H. and Shin, M. S., 1999. Microstructure of Recombined Gels of Amylose and Amglopectin Isolated from Rice Starch. Korean *J. Food Sci. Technol.*, 31(5), 1171~1177.

Baek, M. H. *et al.*, 1999. Aging of Waxy Rice Starch and Amylopectin Gels Isolated from Waxy and Nonwaxy Rice Starches. *(Korean) Food Sci. Biotechnol.*, 8(4), 221~226(in English).

Baily, L. H., 1932. The Use of Certain Constituents in Bread Making with Particular to the Problem of Staling. *Cereal Chem.*, 9, 65.

Batcher, O. M. *et al.* 1956. Cooking Quality of 26 Varieties of Milled Rice. *Cereal Chem.*, 34, 277.

Bean, M. M., Yamazaki, W. T. and Donelson, D. H., 1978. Wheat Starch Gelatinization in Sugar Solutions Ⅱ Fructose, Glucose, and Sucrose : Cake Performance. *Cereal Chem.*, 55(6), 945.

Bechted, W. G., 1959. Staling Studies of Bread Made Flour Fraction, Ⅴ, Effect of a Heat Stable Amylase and Cross-Linked Starch. *Cereal Chem.*, 36, 368.

Biliaderis, C. G., Maurice, T. J. and Vose, J. R., 1980. Starch Gelatinization Phenomena Studied by Differential Scanning Calorimetry, *J. Food Science*, 45(6), 1669.

Burr, H. K., 1971. Frozen French-Fried Potatoes, Effect of Thawing and Holding before Finish Frying and Their Non-relation to Starch Retrogradation. *J. Food Science*, 36, 392.

Chan, W. S. and Toledo, R. T., 1976. Dynamics of Freezing and Their Effects on the Water-Holding Capacity of a Gelatinized Starch Gel. *J. Food Science*, 41, 301.

Chinachoti, P. and Steinberg, M. P., 1986. Crystallinity of Waxy Maize Starch as Influenced by Ambient Temperature Absorption and Desorption, Sucrose Content and Water Activity. *J. Food Science*, 51(4), 997.

Choi, C. R. and Shin, M. S., 1996. Effects of Sugars on the Retrogradation of Rice Flour Gels. *Korean J. Food Sci. Technol.*, 28(5), 904~909.

Choo, N. Y. and Ahn, S. Y., 1995. Properties of Chestnut Starch and Its Gels. *Korean J. Food Sci. Technol.* 27(6), 1017~1027.

Chinnaswamy, R. and Bhattacharya, K. R., 1983. Studies on Expanded Rice, Optimum Processing Conditions. *J. Food Sci.*, 48, 1604.

Chinnaswamy, R. and Bhattacharya, K. R., 1983. Studies on Expanded Rice, Physicochemical Basis of Varietal Differences. *J. Food Science*, 48, 1600.

Deflcor, Ⅰ. and Delcour, J. A., 1999. Impact of Maltodextrins and Antistaling Enzymes on the Differential Seanning Calorimetry Staling Endotherm of Baked Daughs. *J. Agric Food Chem.*, 47(2), 737~741.

Demont, J. Ⅰ. and Burns, E. E., 1968. Effects of Certain Variables on Canned Rice Quality. *Food Technol.*, 22(9), 1186.

Desrosier, N. W., 1970. "*The Technol of Food Preservation*," Third edition, Avi Pub. Co., Inc., Westport, Connecticut, U.S.A.

Elder, A. K. *et al.*, 1959. Measuring the Useful Properties of Starch, *Cereal Sci., Today*, 4, 202.

Gerdes, D. L. and Burns, E. E., 1982. Techniques for Canning Instant Parboiled Rice. *J. Food Science*, 47, 1734.

Goodman, D. E. and Rao, R. M., 1984. Amylose Content and Puffed Volume of Gelatinized Rice. *J. Food Science*, 49, 1204.

Greenwood, C. T., 1964. Structure, Properties and Amylolytic Degradation of *Starch. Food Technol.*, 18(5), 138.

Halick, J. V. *et al.*, 1959. Gelatinization and Pasting Characteristcs of Rice Varieties as Related to Cooking Behavior. *Cereal Chem.*, 36, 91.

Hartman, W. E., 1966. *Food Technol.*, 20.

Hayashi, T. and Kawashima, K., 1982. Accumulation of Sucrose in Gamma-Irradiated Sweet Potato Roots. *J. Food Science*, 47, 2011.

Herz, Karl O., 1965. Staling of Bread. A Review. *Food Technol.*, 19, 1828.

Hofstee, J. and De Willigen, A. H. A., 1953. Starch in "*Foodstuffs : Their Plasticity, Fluidity and Consistency*," edited by Scott Blair, G. W. North-Holland Pub. Co., Amsterdam.

Hood, L. F., 1982. Current Concepts of Starch Structure in "*Food Carbohydrates*," edited by Lineback, D. R. and Inglett, G. E., Avi Pub. Co., Inc., Westport, Cooneticut, U.S.A.

Hoover, M. F. *et al.*, 1967. Carbohydrate Changes in Sweet Flakes Made by the Enzyme Activation Technique. *Food Technol.*, 21, 1529.

Houston, D. F.(Editor). 1972. "*Rice : Chemistry and Technology*" American Association of Cereal Chemists, Inc., St., Paul, Minnesota, U.S.A.

Hu, T. R. and Kim, D. H., 1974. Stability of the Fat Ingredients of Deep-Fried Instant Noodles. Biscuits, and Cookies. *Korean J. Food Sci. & Technol.*, 6(1), 24.

Ignacio, C. C. *et al.*, 1968. Physicochemical Properties of Brown Rice from Oryza Species and Hybrids. *J. Agr. Food Chem.*, 16, 125.

Iwasaki, T., 1967. A View of Rice Composition Study and Utillization Research in the U.S. *J. Food Science and Technol. (Japan)*, 14, 81.

Jacobs, H. and Delcour, J. A., 1998. Reviews. Hydrothermal Modifications of Granular Starch with Retention of the Granular Structure : A Review. J. *Agric. Food Chem.*, 45(8), 2895~2905.

Jongh, G., 1961. The Formation of Dough and Bread Structures. The Ability of Starch to Form Structures and the Improving Effect of Glyceryl Monostearate. *Cereal Chem.*, 38, 140.

Juliano, B. O. *et al.*, 1964. Studies on the Physicochemical Properties of Rice. *J. Agric. Food Chem.*, 12, 131.

Juliano, B. O. *et al.*, 1965. Relation of Starch Composition, Protein Content and Gelatinization, Temperature to Cooking and Eating Qualities of Milled Rice. *Food Technol.*, 19, 1006.

Juliano, B. O. *et al.*, 1969. Properties of Waxy and Inorganic Non-waxy Rices Differing in Starch Gelatinization Temperature. *J. Agric. Food Chem.*, 17, 1364.

Kasahara, F. and Nishide, E., 1967. Studies on The Syneresis of Starch Paste, Part Ⅳ. Effect of Added Propyleneglycol Alginate. *J. Food Science and Technol.* (*Japan*), 14, 433.

Kayisu, K., Hood, L. F. and Vansoest, P. J., 1981. Characterization of Starch and Fiber of Banana Fruit, *J. Food Sci.*, 46, 1885.

Kerr, R. W., 1950, "*Chemistry and Industry of Starch*," 2nd edition, Academic Press, Inc., New York.

Kim, J. O. *et al.*, 1996. Effect of Water Content and Storage Temperature on the Aging of Rice Starch Gels. *Korean J. Food Sci. Technol.*, 28(3), 552~557.

Kim, S. K., 1976. On Bread Staling with Emphasis on the Role of Starch. *Korean J. Food Sci. & Technol.*, 8(3), 185.

Kim, T. W. *et al.*, 1975. Effects of NaCl Concentration on the Rancidity Development of Sample Ramyon Products, Deep-Fried Instant Noodle. *Korean J. Food Sci. & Technol.*, 7(1), 51.

Kimura, Y. *et al.*, 1971. Studies on Interaction between and Sucrose Fatty Acid Ester. *J. Food Science and Technol. (Japan)*, 18, 333.

Knight, J. W., 1965. "*The Chemistry of Wheat Starch and Gluten*," Chemical Rubber Co., Cleveland, Ohio.

Kweon, M. R. and Ahn, S. Y., 1993. Comparison of Physicochemical Properties of Legume Starches. Korean *J. Food Sci. Technol.*, 25(4), 334~339.

Kweon, M. R. *et al.*, 1996. Effect of Storage Conditions on the Sensory Characteristics of Cooked Rice. *Korean J. Food Sci. Technol.*, 31(1), 45~53.

Lineback, D. R. and Wongsrikasem, E., 1980. Gelatinization of Starch in Baked Products. *J. Food Science*, 45, 71.

Little, R. R. *et al.*, 1960. Differential Respone of Rice Starch Granules to Heating in Water at 62℃. *Cereal Chem.*, 37, 456.

Luallen, T. E., 1985. Starch as a Functional Ingredient. *Food Technol.*, 39(1), 59.

Lusk, G., Karel, M. and Goldblith, S. A., 1965. Effect of Some Processing Parameters on the Rates of Freeze-Drying of Shrimp. *Food Technol.*, 19(4), 188.

Matz, Samuel A., 1959. "*The Chemistry and Technology of Cereals as Food and Feed*," Avi Publishing Co., Inc., Westport, Conn.

Matz, Samuel A., 1962. "Food Texture," Avi Publishing Co., Inc., Westport, Conn.

Mecham, D. K. *et al.*, 1961. Paboiling Characterisitics of California Medium-Grain Rice, *Food Technol.*, 15, 475.

Meyer, K. H. *et al.*, 1940 : Meyer, L. H., 1960 참조.

Meyer, K. H., 1951. Present Status of Starch Chemistry, *Advances in Enzymol.*, 12, 341.

Meyer, L. H., 1960. "*Food Chemistry*," Reinhold Pub. Corp., New York.

Miller, B. S. and Trimbo, H. B., 1965. Gelatinization of Starch and White Layer Cake Quality, *Food Technol.*, 19, 640.

Nakajima, M. and Suzuki, S.m 1977. "*Handbook of Starch Science*," Asakura Pub. Co., Tokyo.

Nishide, E., 1967. Studies on the Synersis of Starch Paste, Part Ⅲ, Effect of Added Sodium Carboxymethylcellulose. *J. Food Science and Technol.* (*Japan*), 14, 204.

Park, H. H., Lee, K. H. and Kim, S. K., 1986. Effect of Heat-Moisture Treatments on Physico chemical Properties of Chestnut Starch. *Korean J. Food Sci & Technol.*, 18(6), 437.

Pence, J. W., Lubisich, T. M., Mecham, D. K. and Smith, G. S., 1955. Effects of Temperature and Air Velocity on Rate of Freezing of Commercial Bread. *Food Technol.*, 9(7), 342.

Fence, J. W., Standridge, N. N., Lubisich, T. M., Mecham, D. K. and Olcott, H. S., 1955. Studies on the Preservation of Bread by Freezing. *Food Technol.*, 9(10), 495.

Pomeranz, Y. *et al.*, 1968. Changes in Biochemical and Bread-making Properties of Storage-Damaged Flour, *J. Agr. Food Chem.*, 16, 92.

Pomeranz, Y. (Editor). 1971. "*Wheat : Chemistry and Technology*," American Association of Cereal Chemists, Inc., St., Paul, Minnesota, U.S.A.

Pomeranz, Y. 1991. "*Functional Properties of Food Components*," Academic Press, Inc., New York.

Pravisani, C. I., Califano, A. N. and Calvelo, A., 1095. Kinetics of Starch Gelatinization in Potato. *J. Food Science*, 50, 657.

Pyeun, J. H. *et al.*, 1966. On the Preservation of Cooked Dried Rice in α -State by Freeze-Drying, *Report of Army Research and Testing Lab. (Korea)*, 5, 1.

Radly, J. A., 1954. "*Starch and Its Derivatives*," Vol. 1., 3rd ed., John Wiley and Sons, Inc., New York.

Raghavendra Rao, S. N. *et al.*, 1970. Effect of Parboiling on Some Physicochemical Properties of Rice, *J. Agr. Food Chem.*, 18, 289.

Roberts, R. L., Houston, D. F., and Kester, E. B. 1953. Process for Canning White Rice. *Food Technol.*, 7(2), 78.

Robin, J. P., Mercier, C., Charbonniere, R. and Guilbot, A., 1974. Linterized Starches. Gel Filtration and Enzymatic Studies of Insoluble Residues from Prolonged Acid Treatment of Potato Starch. *Cereal Chem.*, 51, 389.

Roseman, A. S., 1958. The Effect of Freezing on the Hydration Characterisitics of Rice. *Food Technol.*, 12, 464.

Rubenthaler, G. *et al.*, 1965. Effects on Leaf Volume and Bread Characterisitics of α -Amylases from Cereal, Fungal and Bacterial Sources, *Food Technol.*, 19, 671.

Rundle, R. E. and Baldwin, R. R., 1943. The Configuration of Starch and the Starch-Iodine Complex. Ⅰ,

The Dichroism of Flow of Starch-Iodine Complex. *J. Am. Chem. Soc.*, 65, 554.

Rundle, R. E. and French, D., 1943. The Configuration of Starch and the Starch-Iodine Complex. Ⅱ, Optical Properties of Crystalline Starch Fractions. *J. Am. Chem. Soc.*, 65, 558.

Rundle, R. E. and French, D., 1943. The Configuration of Starch and the Starch-Iodine Complex. Ⅲ. X-ray Diffraction Studies of the Starch-Iodine Complex. *J. Am. Chem. Soc.*, 65, 1707.

Rundle, R. E. and Edwards, F. C., 1943. The Configuration of Starch and the Starch-Iodine Complex. Ⅳ, An X-ray Diffraction Investigation of Butanol-Precipitated Amylose. *J. Am. Chem. Soc.*, 65, 2200.

Saini, Veena. 1968. Ionizing Radiation Effects on Starch as Shown by Staudinger Index and Differential Thermal Analysis. *J. Food Science.*, 33, 136.

Savage, H. L. and Osman, E. M., 1978. Effects of Certain Sugars and Sugar Alcohols on the Swelling of Corn Starch Granules. *Cereal Chem.*, 55(4), 447.

Schoch, T. J., 1945. The Fractionation of Starch. *Advances in Carbohydrate Chem.*, 1, 247.

Schultz, A. S. *et al.*, 1952. Retardation of the Crumb Starch Staling in Commercial Bread by Bacterial Alpha Amylase, *Cereal Chem.*, 29, 200.

Senti, F. R. *et al.*, 1959. High Amylose Corn. Properties and Prospects. *Food Technol.*, 13, 663.

Shetty, R. M., Lineback, D. R. and Seib, P. A., 1974. Determining the Degree of Starch Gelatinization. *Cereal Chem.*, 51, 364.

Smith, D. A., Rao, R. M., Liuzzo, J. A. and Champagne, E., 1985. Chemical Treatment and Process Modification for Producing Improves Quick-Cooking Rice. *J. Food Sceince*, 50, 926.

Son, H. S. *et al.* 1997. Effect of Oligosaccharide Syrup Addition on the Retrogradation of a Korean Rice Cake(Karedduk). *Korean J. Food Sci. Technol.*, 29(6), 1213~1221.

Sterling, C., 1965. The Submicroscopic Structure of the Starch Grain-An Analysis. *Food Technol.*, 19(6), 97.

Suzuki, S. and Nakamura, M., 1979. "*Laboratory Methods for Starch Science*," Asakura Pub. Co., Tokyo.

Takeda, C. and Hizukuri, S., 1974. Characterization of the Heat Dependent Pasting Behavior of Starches, Studies on the Gelatinization of Starches. Part Ⅰ, *J. Agric. Chem. Soc., Japan*, 48(12), 663.

Waldt, L. M. *et al.*, 1959. Starch Chemistry for the Food Technologist. *Food Technol.*, 13, 1.

Waldt, L. M., 1960. Pregelatinized Starched for the Food Processor. *Food Technol.*, 14, 1150.

Webb, B. D. and Stermer, R. A., 1972. Criteria of Rice Quality in "*Rice : Chemistry and Technology*," Edited by Houston, D. F., American Association of Cereal Chemists, Inc., St. Paul. Minnesota.

Whistler, Roy L. and Paschall, Eugene F., 1965. "*Starch : Chemistry and Technology*," Vol.1 and 2. Academic Press, New York.

Whistler, R. L., Bemuller, J. N. and Paschall, E. F. (Editors). 1984. "*Starch : Chemistry and Technology*", Academic Press, Inc., New York.

Whisiler, R. L. and BeMiller, J. N., 1997. "*Carbohydrate Chemistry for Food Scienctists*," American Association of Cereal Chemists, 3340 Pilot Knob Road, St. Paul, Minnesota, U.S.A.

Wotton, M. and Chaudhry, M. A., 1980. Gelatinization and in Digestibility of Starch in Baked Products. *J. Food Science*, 45(6), 1783.

Xu, S. Y. and Shoemaker, C. F., 1986. Gelatinization Properties of Chinese Water Chestnut Starch and Lotus Root Starch. *J. Food Science*, 51(2), 445.

Yasumatsu, K. and Moritake, S., 1964. Changes of Characterisitics of Starch during Gelatinization in the Presence or Absence of Fatty Acid. *J. Food Sci.*, 29, 198.

Zobel, H. F., 1984. Chapter Ⅸ Gelatinization of Starch and Mechanical Properties of Starch Pastes in "Starch : Chemistry and Technology," Second Edition, Edited by Whistler, R. L., BeMiller, J. N. and Pahall, E. F., Academic Press, New York.

Chapter 8 식품 속의 다당류, 즉 폴리삭카라이드류(II)

식물성 다당류

이눌린

이눌린(inulin)은 앞에서 말한 바와 같이 프럭탄류(fructans)로 알려져 있는 과당, 즉 프럭토오스로만 구성되어 있는 호모폴리삭카라이드류(homopolysaccharides) 또는 글라이칸류(glycans, 多糖類)의 하나이며, 국화과식물(Family *Compositae*)의 구근(tubers), 특히 뚱딴지로도 알려진 돼지감자(Jerusalem artichoke)의 지하괴경에 건조중량으로서 60%나 함유된 저분자량 다당류이다(Codd, L. W. *et al*., 1975). 그 외에도 일부 녹조류(綠藻類, 예 ; Genus *Acetabularia*)에도 함유되어 있는 사실이 알려져 있다.(Painter, T. J., 1983; Aspinall, G. O. 1983의 Vol. 2 참조).

이 이눌린은 전분과 마찬가지로 일부 식물들의 저장용 탄수화물(a reserve carbohydrate)로 알려진 다당류의 하나로서 묽은 산이나 효소 이눌리네이스(inulinase)에 의해서 쉽게 가수분해되어 과당(fructose)을 생산한다. 또한 이눌린 자체도 약간의 환원성(還元性)을 갖고 있다.

한편, 남들(Nam, S. W. *et al*., 1998)은 이전의 이 분야의 여러 연구들을 참고로 효모 *Kluyveromyces marxianus*가 체외로 형성하는 이눌리네이스(extracelluar inulinase, 즉 2,1-β-D-fructanfructanohydrolase, EC 3. 2. 1. 7)의 유전자(1NU genes, a 555 or 556 amino acid-long protenis)를 효모 *Saccharomyces cerevsiae*에 유전자 조작(gene manipulation)을 통해서 발현시킨 후, 효모 *Saccharomyces cerevsiae*에서 생성되는 이눌리네이스를 분리, 정제하고 이 효소의 여러 성질들을 조사한 후 보고한 바 있다.

또한 이 유전자 조작의 결과 얻게 된, 이눌리네이스(the recombinant inulinase)는 원래의 야생형

이눌리네이스(the wild-type inulinase)에 비해서 열에 대한 안정성(heat stability)이 훨씬 우수했는데, 이는 이눌네이스와 결합된 탄수화물 부분(the carbohydrate moeity)의 함량이 훨씬 컸던 사실과 관련이 있는 것으로 보고하고 있다.

전분이 포도당(α-D-glucose)의 중합체이듯이, 이 이눌린은 과당(β-D-fructofuranose)이 β-1,2- 결합으로 연결된 중합체라는 근본적인 차이 이외에도 다음과 같은 몇 가지의 외적인 상질의 차이가 있다.

첫째로 전분은 요오드(沃度, iodione)와 청색의 정색반응(color reaction)을 일으키나, 이눌린은 요오드와 정색반응을 일으키지 않는다.

둘째로 전분은 글루코아밀레이스(glucoamylase), 즉 아밀로글루코시데이스(amyloglucosidase)에 의해서 말단에서 차례로 가수분해 되어 궁극적으로 모두 포도당(α-D-glucose)으로 분해되나, 이눌린은 β-프럭토후라노시데이스(β-fructofuranosidase)의 하나인 이눌리네이스(inulinase)에 의해서 역시 말단에서부터 차례로 가수분해 되어 궁극적으로 모두 과당으로 분해된다.

셋째로 이눌린은 전분보다 산에 의한 가수분해에 더 예민하여 더 쉽게 가수분해 된다.

이눌린은 그림 8-1과 같은 구조를 갖고 있는 것으로 생각되고 있다.

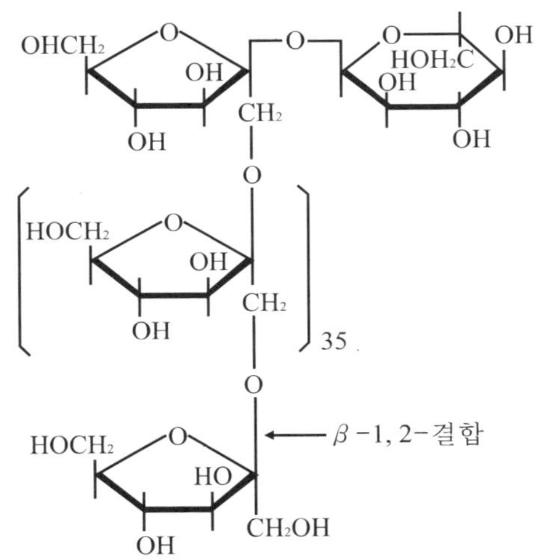

[그림 8-1] 이눌린(inulin)의 구조.
일부 연구자들은 이눌린의 말단이 설탕분자로 구성된 것으로 생각하고 있다. 이 경우 그림 위의 오른쪽의 β-D-프럭토피라노오스(β-D-frutopyranose) 구성단위는 α-D-글루코피라노오스(α-D-glucopyranose)로 대체되어야 한다.
Percival, E. G. V. and Percival, E. 1962. "*Structural Carbohydrate Chemistry*" J. Garnet Miller Ltd., London.

이눌린은 대체로 30개 내외의 프럭토후라노오스(β-D-fructofuranose)가 β-1,2- 결합으로 연결되고 있으며, 그 분자량은 5,000 정도로 추정되고 있다. 이눌린은 산 또는 이눌리네이스로 가수분해할 때는 과당(D-fructose) 이외에 2~3%에 달하는 포도당(D-glucose)이 함께 형성되는 것으로 알려져 있다. 이 이눌린은 순수한 과당(D-fructose) 제조의 가장 적합한 원료들의 하나로서 오래전부터 사용되어 왔다(Codd, L. W. *et al.*, 1975).

한편, 근래에 와서 포도당(α-D-glucose)을 기점으로 하여 과당 즉 프럭토오스(β-D-fructose)가 이눌린의 경우처럼 β-1,2- 결합으로 결합된 과당류(寡糖類), 프럭토올리고당류(fructooligosaccharides,

FOSs) - 그림 8-1에서 최상단의 오른쪽의 당이 α-D-포도당이 되고, 중합된 프럭토오스의 수 n이 각각 2에서 4의 경우임. n=1의 경우에는 설탕, 즉 슈크로오스의 분자식이 되고, n이 2, 3, 4는 각각 케스토오스(kestose) GF_2, 나이스토오스(nystose) GF_2, 1-F-프럭토후라노실나이스토오스(1-F-fructofuranosylnystose) GF_4가 된다 - 의 기능이 주목받아 왔다.

이상의 프럭토올리고당류(FOSs)는 인체 내에 섭취되어도 α-아밀레이스(α-amylase), 인버테이스(invertase), 즉 슈크레이스(sucrase) 등의 체내 소화효소들의 작용을 잘 받지 않으므로 식이섬유(dietary fibers)와 함께 인체에 이로운 작용을 하며, 또한 인체 내에서 유해한 물질을 만들어내는 일부 장내 부패성 미생물류(some intestinal putrefactive microorganisms)의 성장을 효과적으로 억제하는 사실들이 알려져 있어서 이들 프럭토올리고당류(FOSs)의 식품성분으로서의 이용에 관한 연구가 활발해지고 있다고 한다(Spiegel, J. E. *et al.*, 1994).

한편 캄벨들(Campbell, J. M. *et al.*, 1997)은 과거에 네오슈가(neosugar), 올리고프럭토오스(oligofructose)로 알려져 온 것은 모두 FOS에 속하는 케스토오스, 나이스토오스, 1-F-프럭토후라노실나이스토오스, 즉 GF_2, GF_2, GF_4의 혼합물들이라고 지적하고 있다.

이들은 이상의 프럭토올리고당류(FOSs)는 설탕에, 아스퍼질러스 나이저(*Asperigillus niger*)에서 추출한 β-프럭토후라노실기 전이효소(transfructofuranosylating enzymes)를 작용시켜서 얻을 수 있으나, 자연에도 감자돼지 이외에 바나나, 마늘, 양파, 밀, 보리, 그 외의 각종의 곡류에도 널리 분포되어 있다.

이들은 또한 사람의 소장(the small intestine)에는 올리고당류와 배당체류의 결합들(glycosidic linkages)을 가수분해할 효소들이 거의 없는 관계로 전체적인 소화, 이용률은 낮으며, 앞에서 말한 대로 체내에 유익한 비피더스균류(Bifidofacteria)의 성장을 촉진하나, 부패성 병원균류(putrefactive pathogens)의 성장은 억제한다고 설명하고 있다.

이들은 또한 이상의 프럭토올리고당류의 섭취가 많은 식이섬유의 경우처럼 사람의 혈청 콜레스테롤(serum cholesterol)의 농도를 감소시키는 작용에 대해서도 설명하고 있다. 이들은 FOS_S의 함량은 국화과식물(*Compositae* family)들의 뿌리에 가장 많았으며, 그 다음이 백합과(*Amaryllidaceae* family) 중의 파속(屬)(Allium species)에 속하는 식물들이었다고 보고하고 있다.

셀룰로오스, 즉 섬유소

셀룰로오스와 조섬유 성분들 전분이 식물들의 저장용 탄수화물(a reserve carbohydrate)인데 반하여 셀룰로오스, 즉 섬유소(纖維素, cellulose)는 식물들의 골격을 형성하여 주는 구조단위(構造單位, structural units)로서 모든 고등식물(seed-bearing plants) 세포들의 세포막(cell wall)의 주요 구성성분으로 존재한다.

나무에서 이 세포막들은 일부 리그닌화(lignify), 즉 목질화(木質化)되고 있다. 이 리그닌화된 세포막들은 비단 나무의 목질부(wood part)뿐만 아니라, 여러 과실의 과육(flesh)에 가끔 존재하는 돌과 같이 단단해진 아주 작은 석세포들(stone cells)에서도 볼 수 있으며, 특히 배(pears)의 중심부에는 이 석세포(石細胞)들이 널리 분포되고 있다(Ranadive, A. S. and Haard, N. F., 1973).

한편, 식물성 식품들의 근간(根幹)이 되는 곡류, 채소류, 과실류의 세포막의 구성성분들로는 앞에서 말한 셀룰로오스, 리그닌들 이외에 헤미셀룰로오스류(hemicelluloses), 각종 펜토잔류(pentosans),

펙틴 물질들(pectic substances) 등이 함께 존재하며, 이들은 리그닌을 제외하면, 모두 다당류(polysaccharides)에 속하는 고분자화합물들이다.

이상의 성분들은 대개는 함께 존재하며, 비교적 온화한 조건에서는 산이나 알칼리에 의해서 쉽게 가수분해 되지 않으며, 알코올, 에텔(ether) 등에 잘 녹지 않는 섬유질(纖維質, fibers)을 구성하고 있기 때문에, 보통 조섬유(粗纖維, crude fibers)로도 알려지고 있다. 식품 중의 조섬유질 성분들의 인체 내에서의 역할의 중요성이 근래에 와서 재인식되고 있으며, 따라서 식이(食餌)섬유질 성분들로 불려질 때가 많다. 여기에 대해서는 곧 다시 설명하기로 한다.

셀룰로오스의 분포 일반적으로 셀룰로오스는 여러 개의 셀룰로오스분자들이 모여서 미셀들(micelles)을 형성하며, 이 미셀들이 다시 여럿이 모여서 섬유들(fibers)을 형성하고 있다.

이 섬유는 식물체(植物體)의 잎의 엽맥(ribs of fibers)들이나 줄기(stems)들을 강화시켜 준다. 풀이나 나뭇잎의 셀룰로오스 함량은 15% 내지 30%이며, 짚이나 나무의 목질부(wood part)에서의 함량은 40% 내지 60%이다.

한편, 목화의 섬유, 즉 솜의 셀룰로오스의 함량은 95% 정도이다. 자연에서 산출되는 셀룰로오스 중 가장 순수한 것의 하나는 모시풀의 섬유이며, 그 순도는 98% 정도이다.

셀룰로오스의 구조 셀룰로오스를 가수분해하면 중량으로서 95% 내지 96%의 β-포도당(β-D-glucose)이 얻어진다. 따라서 셀룰로오스의 구성단위(structural units)는 β-포도당 또는 β-포도당 두 분자가 β-1,4- 결합에 의해서 형성된 이당류인 셀로비오스(cellobiose)로도 볼 수 있다(그림 8-2). 그러나 셀로비오스가 구성단위라는 개념은 어디까지나 이론적(theoretical)인 것이며, 셀룰로오스 분해효소들, 엑소-1,4-β-글루칸셀로비오하이드롤레이스(exo-1,4-β-glucan cellobiohydrolase, E.C.3.2.1.91) 등이 셀룰로오스를 분해시킬 때 형성되기는 하나(Finch, P. and Roberts, J. C., 1985; Nevell, T. P. and Zeronian, S. H., 1985 참조) 그 자체가 자연에 존재한다고 보고된 일은 없다. 실제 문제로서는 셀룰로오스분자 내의 β-포도당 사이의 결합은 모두 동등하며, 셀로비오스와 셀로비오스 사이의 β-1,4-결합이 셀로비오스 내부의 β-1,4- 결합보다 약하다는 실험적 증거는 없다.

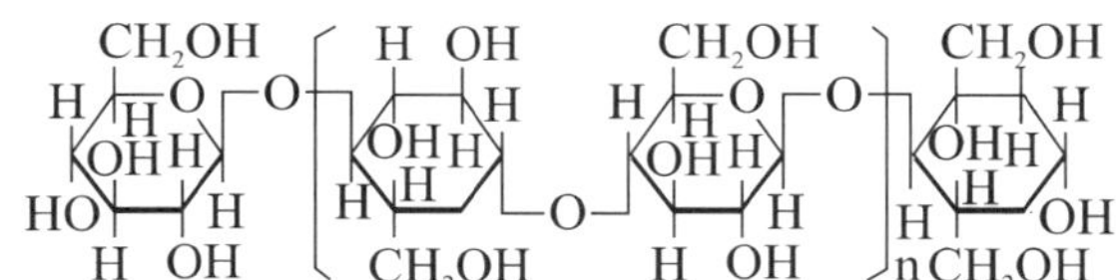

[그림 8-2] 셀룰로오스의 구조 : 괄호 안에는 셀로비오스 단위.

셀룰로오스분자들의 크기, 즉 그 분자량은 셀룰로오스의 출처(sources)에 다라 약간씩 다른 듯하다. 그러나 솜(cotton), 모시풀(ramie), 아마(flax) 등에 존재하는 셀룰로오스분자들은 대략 2,800개 내지는 10,000개의 β-포도당이 중합되어 형성된 것으로 추정되며, 따라서 그 분자량은 대체로 4.6×10^5 내지는 1.7×106^6 정도로 추정되고 있다.

셀룰로오스 섬유류(cellulose fibers) 안에서는 일부 셀룰로오스분자들은 수소결합을 통해서 규칙성을 갖고 강하게 결합되어 직경이 200Å 정도의 미세섬유들(microfibrillae)을 형성하고(셀룰로오스분자 자체의 유효직경은 6 내지 7Å 정도로 추정되고 있다), 이 미세섬유가 모여서 섬유를 형성하고 있는 것으로 생각되고 있다.

따라서 셀룰로오스는 비교적 고도의 결정성을 나타낸다. 한편 이 셀룰로오스분자들 사이의 수소결합(hydrogen bond)은 비교적 강하며, 셀룰로오스분자 내부의 β-1,4-결합의 결합 에너지(bond energy)가 50 kcal/mole 정도로 추정되고 있는 반면에 인접된 셀룰로오스분자들 상호간의 수소결합 중의 한 개의 수소결합 에너지는 6 내지 12 kcal/mole 정도로 추정되고 있다.

로빈손(Robinson, D. S., 1987)은 셀룰로오스분자, 미셀, 섬유의 기본적인 특성을 그 기본적인 화학구조에서부터 전분의 경우와 대비하여 그림 8-3에서와 같이 설명하고 있다. 셀룰로오스 섬유들(cellulose fibers) 중의 일부 영역(region)에서는 셀룰로오스 분자들은 불규칙하게 배열되어 무정형 영역(amorphous region)을 이루고 있는 대표적인 결정성 물질들(crystallites)의 하나이다.

그리고 앞에서 말한 바와 같이 셀룰로오스 섬유를 전체적으로 볼 때는 결정성이 매우 강하다. 예로서 솜에서 얻은 셀룰로오스 섬유의 경우 약 70%가 결정성 영역(crystalline region)이며, 불과 30%가 무정형 영역(amorphous region)을 이루고 있다. 셀룰로오스 섬유가 이상과 같은 두 개의 영역들로서 형성되고 있다는 사실은 셀룰로오스 섬유에 대한 X-선 회절도형(X-ray diffraction pattern)을 연구함으로써 알 수 있다. 하니맨(Honeyman, J., 1959)은 각종 셀룰로오스 섬유 중의 결정성 부분의 비율을 제시하고 있다. 대부분의 셀룰로오스 섬유들의 결정성 영역의 전체에 대한 비율은 다소 차이가 있으나 대체로 30% 내지 70% 정도이다(표 8-1 참조).

표 8-1 X-선 회절 연구(X-ray diffraction studies)에 의한 각종 셀룰로오스 섬유의 결정도(crystallinity).

셀룰로오스 섬유의 종류	결정성 영역의 전체영역에 대한 퍼센트 비율
솜(cotton)	70.0%
모시풀(ramie)	70.0
세균에서 얻은 셀룰로오스(bacterial cellulose)	40.0
재생 셀룰로오스(fortisan)	49.0
비스코오스 레이욘(viscose rayons)	38.0~40.0
알칼리 처리된 모시풀(mercerized ramie)	47.0
알칼리 처리된 세균 셀룰로오스(mercerized bacterial cellulose)	31.0

Honeyman, J. 1959. "*Recent Advances in the Chemistry of Cellulose and Starch*," Oxford Univ. Press.

결정성 영역 및 무정형 영역 결정성 영역들(crystalline regions)에서는 셀룰로오스 분자들은 섬유들의 축(axis)에 대해서 평행(parallel)으로, 그러나 서로가 반대 방향으로 수소결합을 통해서 결합되고 있는 것으로 생각되고 있다(그림 8-4 참조). 또한 셀룰로오스는 그 결정성 영역에서는 대체로 네 가지 종류의 결정구조(crystalline structure)를 갖는 셀룰로오스 I, 셀룰로오스 II, 셀룰로오스 III과 셀룰로오스 IV 등이 있다.

그 결정형의 형태와 차원(dimensions)은 하니맨(Honeyman, J., 1959)에 의하면 표 8-2와 같다.

니트킨(Nitkin, N. I., 1966)에 의하면, 자연에 존재하는 그대로의 셀룰로오스(native cellulose)는 단사정계(單斜晶系)의 셀룰로오스 I (cellulose I)의 결정형을 갖고 있다고 한다. 즉 그 특성을 나타내는 b는 셀룰로오스 섬유의 축(the fiber axis)의 방향으로 셀로비오스의 길이에 해당하는 10.3 Å의 길이를 갖고 있으며, 다른 특성들은 각각 a=8.35 Å, c=7.9 Å, β=84°의 수치를 갖고 있다고 한다.

전분의 말토오스 구조단위

셀룰로오스의 셀로비오스 구조단위

[그림 8-3] 위의 상·하당의 구조식들은 각각 안정된 열역학적 구조를 가진 C1(D)형으로 구성된 전분의 구조단위로 볼 수 있는 말토오스 단위(상단)와 셀룰로오스, 즉 섬유소의 구조단위로 가정했을 때의 셀로비오스 단위(하단)의 입체구조를 표시하고 있다. 전분의 경우에는 이 말토스 단위가 알파-나선형(α-helical form)을 형성하며, α-1,4-결합 외에 인접된 분자간 수소결합을 통해서 α-1,4-결합이 보강되고 있으나, 그 힘은 강하지 못하다. 한편 셀룰로오스를 구성하고 있는 셀로비오스의 β-1,4-결합은 이 결합과 평행(平行)된 분자간 수소결합에 의해서 전술한 β-1,4-결합은 같은 방향으로 보강되어 있어서, 각 셀로비오스 단위는 마치 리본형(ribbon-like)의 구조를 가진 직선적인 형태를 갖게 된다. 셀룰로오스, 즉 섬유소의 경우, 이와 같은 분자들이 평행으로 모여서 미셀들(micelles) 또는 섬유들(fibers)을 형성할 때는, 분자 상호간의 수소결합(intermolecular hydrogen bonding)을 통해서 규칙적 배열, 즉 결정성(crystallinity)을 쉽게 가질 수 있을 것으로 추정된다.

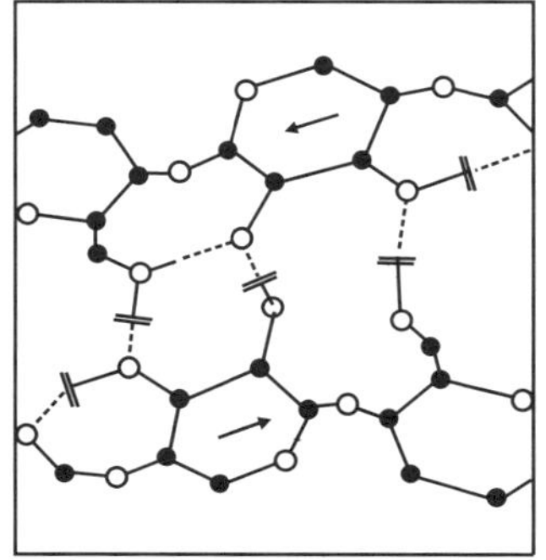

[그림 8-4] 셀룰로오스 II(cellulose II)에서의 수소결합(hydrogen bond)의 추측적인 배열도. (-O -|-|- ···O-는 -OH···O-를 표시함)
Honeyman, J., 1959. "*Recent Advances in the Chemistry of Cellulose and Starch*," p. 151. Oxford Univ. Press.

표 8-2 셀룰로오스의 네 가지 결정형의 이름과 그 특성

결정형의 이름	결정형(crystalline form)	결정축(crystalline axis)			
		a	b	c	β
cellulose Ⅰ	단사정계(monoclinic)	8.2 Å	10.3 Å	7.9 Å	83°
cellulose Ⅱ	단사정계(monoclinic)	8.0 Å	10.3 Å	9.1 Å	62°
cellulose Ⅲ	단사정계(monoclinic)	8.6 Å	10.3 Å	8.6 Å	60°
cellulose Ⅳ	사방정계(orthorthombic)	8.07 Å	10.3 Å	7.9 Å	90°

Honeyman, J. 1959. "*Recent Advances in the Chemistry of Cellulose and Starch,*" Oxford Univ. Press.

한편, 무정형 영역(amorphous region)에서는 셀룰로오스 분자들은 무질서한 상태(disorganized state)로 존재하며, 물의 흡착(adsorption), 팽윤(swelling) 등이 쉽게 일어날 수 있다. 또한 이 부분에서는 섬유들은 부스러지지 않고 휘어지기 쉬운 성질을 갖고 있다. 이상의 성질들은 식물체에 있어서, 셀룰로오스 섬유들이 식물체의 조직이 과도하게 빳빳하거나 부스러짐이 없이 그 형태를 유지하는데 기여하고 있는 것이다.

셀룰로오스의 가수분해 셀룰로오스는 물, 산, 알칼리 등에는 곧 바로 용해되지 않으나, 수산화동[$Cu(OH)_2$]의 암모니아 용액(Schweizer's reagent), 에틸렌다이아민(ethylenediamine), 그리고 다이메틸포아마이드(dimethylformamide, DMF)와 클로랄(chloral, trichloroacetaldehyde) 등의 혼합 용매에 녹는 사실이 알려져 있다.

한편, 순수한 셀룰로오스나 톱밥(saw dust) 등을 산, 알칼리, 또는 아스퍼질러스 나이저(*Aspergillus niger*)와 같은 곰팡이에서 추출한 효소용액으로 가수분해할 때 각종의 당류(sugars)가 형성되는 사실이 알려져 있다.

현재까지의 실험결과에 의하면, 순수한 셀룰로오스 100그램에서 2.2그램 내지 2.9그램의 포도당, 100그램의 톱밥에서 포도당 3.0그램 내지 4.0그램, 자일로오스(xylose) 1.0그램 내지 6.7그램 정도가 생산되고 있다.

이상과 같은 낮은 수율(yields)들은 셀룰로오스의 미셀들(micelles)이 가수분해 용액에 잘 풀어지지 않기 때문에 일어나는 것으로 생각되어 왔으며, 셀룰로오스를 알칼리 처리(mercerization)하거나 셀룰로오스를 석유와 함께 마쇄하여 가수분해 용액에 더 잘 풀어질 수 있도록 하면 당류의 수율은 크게 증가한다고 한다.

예로서 나무에서 얻은 셀룰로오스의 경우, 10% H_2SO_4로 3시간 끓여도 8.4%에 해당하는 당류밖에 얻을 수 없었으나, 석유와 함께 마쇄시킨 후 같은 조건에서 가수분해했을 때는 62.7%에 해당하는 당류를 얻을 수 있었다고 한다(Nitkin, N. I., 1966).

한편, 셀룰로오스의 주요 가수분해효소인 셀룰레이스(Cellulase, endo-β-D-1,4-glucano-hydrolase, E.C.3.2.1.4)는 하등동물, 미생물 등에 널리 존재하며, 셀룰로오스분자를 무작위적(無作爲的, randomly)으로 가수분해하여, 셀룰로덱스트린류(cellulodextrins)를 만든다.

이상과 같은 미생물들에서 얻어지는 셀룰로오스 분해효소들을 이용해서 셀룰로오스에서 당류를 얻거나, 더 나아가서 이렇게 얻은 당류를 발효(醱酵)시켜서 에탄올(ethanol)을 얻고자 하는 연구들이 계속 꾸준히 개발되어 왔다(신과 오, 1981).

셀룰로오스의 식품으로서의 가치 인체(human body)는 본래 셀룰로오스를 분해하는 효소체계(enzyme system)를 갖고 있지 않으므로 셀룰로오스를 소화시키지 못한다. 그러나 장(intestinal tracts)에 존재하는 일부 세균들은 셀룰로오스들을 분해할 수 있으며(Dekker, J. and Palmar, J. K., 1981), 인체는 이 미생물들에 의해서 분해된 분해생성물들을 간접적으로 흡수, 소화시킬 수 있다. 이 분해생성물들은 체내에서 에너지원으로, 또는 지방산 합성(fatty acid synthesis)에 이용될 수 있다. 인체에 간접적으로 이용되는 셀룰로오스, 헤미셀룰로오스 등의 조섬유들(粗纖維, crude fibers)의 양은 여러 가지 조건에 의해서 달라지지만, 일반적으로 섭취된 조섬유량의 25~62% 가량 되는 것으로 추측되고 있다.

한편, 소와 같은 반추동물들(反芻動物, ruminants)은 체내에서 셀룰로오스를 분해, 소화시킬 수 있으며, 그 이용률(% utilization)도 50~92%에 달한다. 소화 흡수된 셀룰로오스의 분해생성물들은 주로 초산, 프로피온산(propionic acid) 등의 지방산 생산(fatty acid production)에 사용된다. 또한 돼지나 가금류(poultry)에 있어서는 셀룰로오스의 흡수 소화율은 소와 같은 반추동물에 비해서 매우 낮으며, 대략 표 8-3과 같다.

표 8-3 조섬유(crude fibers)의 소화율(digestibility).

동물의 종류	소화율(digestibility)
사람(human being)	25~62%
반추동물(ruminants)	50~90
말(horse)	13~40
가금류(poulty)	23~30
돼지(pig)	3~25

Crampton, E. W. and Lloyd, L. E. 1960. "*Fundamentals of Nutrition*," p.85, W. H., Freeman and Co., San Francisco.

식품 중의 섬유질 성분들 앞에서 말한 대로 셀룰로오스는 인체 내에서 그 일부가 장내의 세균들(intestinal microflora)에 의해서 분해되고 그의 일부가 인체에 간접적으로 흡수, 이용될 수도 있다. 그러나 직접적인 영양학적 기여는 크지 않는 것으로 믿어지고 있다.

셀룰로오스의 인체에 대한 주요 역할 내지는 기여는 오히려 물리적 특성에 의한 것으로 생각된다. 즉 이와 같은 역할과 기여는 그 식품 중의 섬유질 성분들(dietary fibers)에 의한 것으로 생각되고 있다. 식품 중의 섬유질 성분들은 곡류 껍질(cereal bran)의 경우 40~90%, 채소류의 경우 2~50%, 조제(粗製) 밀가루(whole-wheat flour)의 경우 13%, 정제된 쌀과 밀가루의 경우 각각 3.6%와 3.1% 정도로 보고되고 있다(Schneeman, B. O., 1986).

이상의 섬유질 성분들 중의 셀룰로오스 함량은 17~30%에 불과하다. 또한 어떤 연구자는 성인(成人) 한 사람 하루의 조섬유질 섭취량은 구미 각국에서는 3~4그램, 일본 등에서는 6그램, 개발도상국에서는 12그램 전후이며, 도시민일수록 그 섭취량은 상대적으로 감소하는 경향이 있다고 한다(Tsuji, K., 1981).

셀룰로오스를 비롯한 섬유질 성분들의 인체 내에서의 주요 역할 내지 기여는,

첫째로는 장의 운동성(intestinal motility)을 촉진하여 주는 것으로 알려져 있다. 즉 장을 자극하여 연동작용(聯動作用)을 활발하게 하여주고, 장내에서 소화 중인 식품들의 이동을 촉진하여 준다. 이 성질은 지방질 성분들이 장의 운동성을 억제하는 경향이 있는 사실과 함께 생각할 때 매우 중요한 성질이라고 생각할 수 있다.

둘째로는 셀룰로오스 등의 섬유질 성분들은 수분을 유지하는 힘(water holding capacity)이 매우 크기 때문에 소화 중인 식품들, 소화, 흡수가 끝난 배설물 등에 부피(bulk)를 주며, 결과적으로 변비(constipation) 등을 예방해 준다(Ali, R. *et al.*, 1981 ; Schneeman, B. O., 1986).

셋째로는 섬유질 성분들은 대체로 흡착작용(adsorptive action)이 강하며, 유해 금속성분들이나 화합물들, 그리고 노폐물(老廢物)의 흡착, 제거에 기여하는 것으로 생각되고 있다.

넷째로는 이상의 섬유질 성분들을 매일 비교적 많이 섭취할 때는 혈청 콜레스테롤의 농도가 감소되는 사실이 알려지고 있다. 특히 점성이 큰 섬유질 성분들, 즉 펙틴들이나 기타의 다당류 고무질 물

질들을 매일 25~30그램 정도 섭취한 성인들의 경우, 그 혈청 콜레스테롤 농도가 13~19% 가량 저하된 실험 예가 소개되고 있다(Schneeman, B. O., 1986).

이상의 펙틴류나 점액성(粘液性)이 큰 고무질 물질들(mucilages)은 일반적으로 혈액과 간(肝)의 지방질 함량도 감소시켜 주는 효과도 있는 것으로 알려져 있다(Kies, C., 1985). 이와 관련해서 노오간드(Normand, F. L., 1984)는 섬유질 성분들의 하나인 헤미셀룰로오스들(hemicelluloses)이 장에서 지방질 성분을 가수분해하는데 필요한 췌장에서 분비되는 라이페이스(pancreatic lipase)의 작용을 억제하는 사실을 보고하고 있다.

다섯째로는 섬유질 성분들 중 셀룰로오스들과 헤미셀룰로오스들은 양이온 교환수지(cation-exchange resins)로 작용함으로서 구리(Cu), 아연(Zn), 철(Fe) 이온들과 결합하여 체내에서 이들 금속의 흡수를 억제하는 사실이 알려져 있다(Mod, R. R. *et al.*, 1981 ; Schneeman, B. O., 1986).

그러나 이상의 식이 섬유질 성분들(dietary fibers)을 너무 과다하게 섭취할 때는 이상의 작용, 그리고 이들 속에 존재하는 파이틴산(phytic acid) 등에 의해서 전술한 금속의 정상적인 흡수가 방해됨으로써 인체에 해로울 수도 있는 것으로 알려져 있다(Camrie, A. L. and Clydesdale, F. M., 1981 ; Graf, E., 1983).

셀룰로오스의 유도체들

셀룰로오스의 구조를 일부 화학적으로 변경시킨 셀룰로오스의 유도체들(cellulose derivatives)은 그 종류가 극히 많으며, 섬유공업분야에서는 물론 그 이외의 여러 방면에서 여러 목적들을 위해서 사용되고 있다. 그러한 셀룰로오스 유도체들의 예를 들면 그림 8-5와 같다.

물론 셀룰로오스 유도체들의 많은 것은 식품 첨가물(food additives)로서 식품 가공업 분야에서도 매우 중요하다. 여기서는 다만 셀룰로오스의 유도체들 중에서 식품 첨가물로 사용되고 있는 유도체들 중 가장 대표적이고 중요한 것 몇 가지에 대해서만 언급하기로 한다.

글리크스맨(Glicksman, M., 1963)이 열거한 식품에 잘 적용되는 셀룰로오스 유도체들의 이름과 구조는 대략 그림 8-6과 같다.

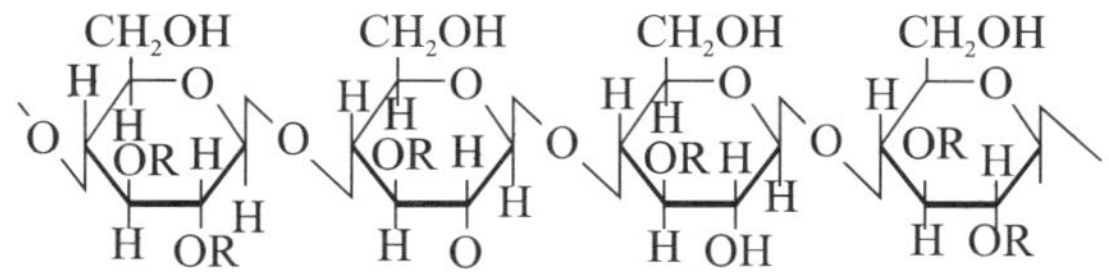

R ; $-PO_3H_2$ (포스포셀룰로오스, phosphocellulose)

$-CH_2SO_3H$ (설포메틸셀룰로오스, sulfomethylcellulose)

$-CH_2CH_2N=(CH_2CH_3)_2$ (다이에틸아미노에틸셀룰로오스, diethylaminoethylcellulose)

$-CH_2CH_2N^+=(CH_2CH_3)_3$ (트리에틸아미노에틸셀룰로오스, triethylaminoethylcellulose)

$-CH_2COOH$ (카아복시메틸셀룰로오스, carboxymethylcellulose, C.M.C.)

$-CH_2CH_2CH_2-N^+=(CH_2CH_2OH)_3$ (트리하이드록시에틸아미노프로필셀룰로오스)

[그림 8-5] 이온 교환수지(ion-exchange resin)로 사용되는 셀룰로오스 중합체(cellulose polymer)의 구조. R에는 위에서 표시한 치환기가 들어가며, 그 오른쪽에 해당하는 유도체의 이름이 있다

Anonymous. 1965. *Food Technol.*, 19, 712.

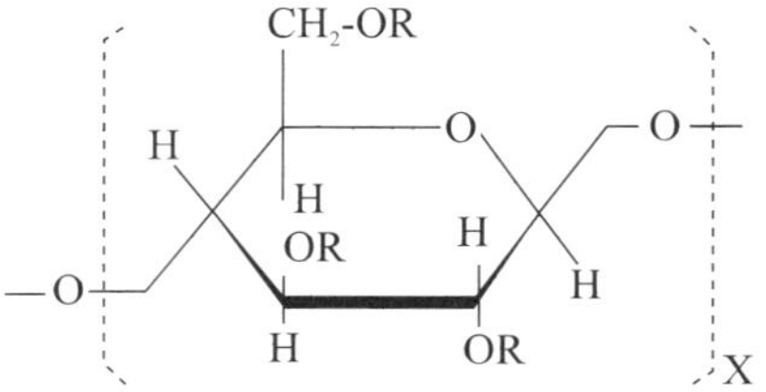

R =
$HO-CH_2-CH_2-$ hydroxyethylcellulose
$NaOOC-CH_2-$ sodium carboxymethylcellulose
CH_3- methylcellulose
CH_3-CH_2- $-CH_2-CH_2-$ ethylhydroxyethylcellulose
$CH_3-CHOH-CH_2-$ 또는 hydroxypropylcellulose
$HO-CH_2-CH_2-CH_2-$

[그림 8-6] 여러 식품에 사용되는 친수성 콜로이드류(hydrocolloids) 제조에 사용되는 셀룰로오스의 유도체들(cellulose derivatives).
Glicksman, M., 1963. *Advances in Food Research*, 12, 287.

이 셀룰로오스 유도체들의 수용액, 즉 콜로이드 용액(colloidal solution)은 일반적으로 소위 비뉴우톤 유체(Non-Newtonian fluid)의 성질을 갖고 있으며, 일반적으로 의사가소성(pseudoplastic properties)을 나타낸다(이상의 유체의 성질에 대해서는 제9장에서 다시 설명하겠다). 그리고 온도가 상승됨에 따라 일반적으로 그 외관상의 점도(apparent viscosity)는 감소한다. 각종 식품에 사용되고 있는 주요 셀룰로오스의 유도체들을 들어보면 다음과 같다.

메틸셀룰로오스 메틸셀룰로오스(methylcellulose)는 그림 8-6의 분자식에서 R - 가 CH_3_로 치환된 구조를 갖고 있으며, 친수성(親水性) 콜로이드(hydrophilic colloid)를 만드는 데 널리 사용되고 있다.

우선 셀룰로오스를 가성소다(NaOH)로 처리하면, 셀룰로오스 전체의 부피가 팽윤(swelling)되면서 알칼리 셀룰로오스(alkali cellulose)가 형성된다. 셀룰로오스의 구조식을 ROH로 표시한다면, 알칼리 셀룰로오스의 형성 과정은 다음 식으로 표시된다. 즉

$$R - OH + NaOH \longrightarrow R - ONa + H_2O$$

이렇게 형성된 알칼리 셀룰로오스에 메틸클로라이드(CH_3Cl)를 반응시키면, 다시 다음과 같은 반응에 의해서 메틸셀룰로오스가 형성된다.

$$R - ONa + CH_3Cl \longrightarrow R - OCH_3 + NaCl$$

셀룰로오스의 구성단위인 β-D-포도당(β-D-glucose)에는 C_2, C_2, C_6의 위치에 유리된 수산기(free hydroxyl group) 3개가 있으므로, 메틸기(CH_3-group)는 그 중의 한 개를 어느 것이나 채울 수 있으며, 두 개 또는 전부를 채울 수도 있다.

전부를 채웠을 경우, 그 치환도(置換度, Degree of Substitution, DS)는 3, 즉 DS = 3이라고 한다.

셀룰로오스분자는 수많은 β-포도당 단위로 구성되어 있으므로, 각 구성단위의 각각의 치환도는 모두 동일하지는 않다. 따라서 셀룰로오스분자에 대한 치환도는 개개의 포도당의 치환도의 평균적인 수치가 된다.

앞에서 말한 대로 메틸셀룰로오스(methylcellulose)는 친수성 콜로이드를 형성하며, 유체식품류(流體食品類, fluid foods)의 안정제(stabilizer), 또는 농화제(濃化劑, thickening agent)로 사용된다. 또한 메틸셀룰로오스는 흡수성(吸水性)과 수분을 유지하는 성질(moisture retention properties)이 매우 강하며, 자기 중량의 40배의 물을 흡수한다. 따라서 수분의 유지가 필요할 때 습윤제(濕潤劑, humectant)로서 특히 잘 사용된다.

이 유도체의 또 하나의 특성은 밀가루 중의 글루텐(gluten)과 매우 유사한 성질을 가지고 있다는 점, 즉 점착성(粘着性, binding ability)이 매우 강하다는 점이다. 따라서 메틸셀룰로오스는 소시지(sausage) 등의 점착제(binding agent)로서, 그리고 여러 종류의 빵류, 과자류에서 글루텐의 작용을 보강하기 위해서 사용된다.

특히 빵류에서는 빵을 굽는 과정에서 발생되는 탄산가스(CO_2)를 새지 않게 잘 유지하며, 빵의 부피(loaf volume) 팽창을 크게 도와준다.

하이드록시프로필셀룰로오스　하이드록시프로필셀룰로오스(hydroxypropylcellulose, HPC)는 근래에 와서 교질 안정제(stabilizer), 현탁 촉진제(suspending agent), 피막제(被膜劑, coating agent), 결착제(結着劑) 또는 접착제(binding agent) 등으로서 식품에 널리 사용되고 있다. 이 HPC는 생리적으로 불활성체(不活性體)이며, 따라서 우리나라나 구미 각국에서도 식품 첨가제로서 그 사용이 허용되고 있다.

이 하이드록시프로필셀룰로오스, 즉 HPC는 앞에서 말한 바 있는 알칼리 셀룰로오스(alkali cellulose)에 프로필렌 옥사이드(propylene oxide)를 반응시켜서 얻는다. 이때의 반응식은 다음과 같다.

$$\mathrm{R{-}OH + NaOH \longrightarrow R{-}ONa + H_2O}$$

$$\mathrm{R{-}ONa + \underset{\diagdown O \diagup}{CH_2{-}CH}{-}CH_3 \longrightarrow R{-}O{-}CH_2{-}\underset{|\atop ONa}{CH}{-}CH_3}$$

$$\mathrm{R{-}O{-}CH_2{-}\underset{|\atop ONa}{CH}{-}CH_3 \longrightarrow R{-}O{-}CH_2{-}\underset{|\atop OH}{CH}{-}CH_3}$$

여기서 R-OH는 셀룰로오스이며, 한편 HPC의 구조식은 그림 8-6과 같다.

이 HPC의 경우에도 메틸셀룰로오스의 경우와 마찬가지로 여러 가지의 DS값을 가질 수 있으나, 보통 DS = 2 이상인 HPC가 식품 첨가물로서 실용 가치가 있는 것으로 생각되고 있다. 한편 치환도가 높은 일부 HPC는 그 평형 수분 함량(equilibrium moisture content)이 매우 낮으며, 2% 정도 밖에 안 된다고 한다. 이 수치는 다른 셀룰로오스 유도체들, 예로서 카아복시메틸셀룰로오스(CMC)의 16%와 비교할 때 극히 대조적이다.

이 HPC의 기타 특성들 중의 몇 가지를 열거하면 다음과 같다. 즉

1. 찬물에 잘 녹으며,
2. 다른 극성용매들(polar solvents)에도 잘 녹으며,
3. 열가소성(thermoplasticity)이 있으며,
4. 미생물들이나 효소의 작용에 대해서 저항(resistance)이 크며,
5. 계면활성제(surface active agents)로서의 작용이 있는 것,

등이다.

하이드록시에틸셀룰로오스　한편, 알칼리 셀룰로오스는 에틸렌 옥사이드(ethylene oxide)와 반응하여, 하이드록시에틸셀룰로오스(hydroxyethylcellulose, HEC)를 형성한다(그림 8-6 참조).

이 HEC는 앞에서 말한 HPC와 동족 계열(homologous series)에 속하는 것으로 볼 수 있으며, 그 성질도 유사하다. 다만 HEC는 HPC보다 친수성(hydrophilic properties)이 더 강하며, HPC는 HEC보다 물, 또는 염 용액(salt solution)에 대한 용해도는 더 낮다.

한편 송들(Song, T. H. and Kim, C. J., 1996)은 셀룰로오스, 여기서는 메틸셀룰로오스를 주원료로 하는 수분 투과력이 낮은, 가식성(可食性) 필름(edible films)을 만들어 그 물리적, 화학적 성질들을 조사한 후 보고한 바 있다.

즉 이들은 메틸셀룰로오스(MS)의 에탄올 용액(EtOH)에 일정량의 폴리에틸렌글라이콜(polyethyleneglycol)을 가하여 먼저 필름을 만든 후 여기에 에틸셀룰로오스(EC), 스테아린산(stearic acid), 밀납(bees wax) 등 각각 일정량의 혼합물은 그 위에 피복(coating)한 가식성 복합필름(edible composite film) 즉 필름 A 그리고 지방산을 제외한 이상의 전체 성분들은 혼합하여 얇은 판에서 건조시켜 만든 가식성 복합필름 B와 C를 만들어 가식성 필름 A, B, C들의 물리적, 화학적 성질들을 조사하였다. 이상 필름들의 재료 사용상의 차이점은 필름 A, B, C에 사용한 밀납의 사용량이 메틸셀룰로오스(MC) 사용량 11그램에 대해서 각각 10, 15, 20그램이었으며, 필름 B, C의 경우 스테아린산, 팔미틴산은 사용하지 않았다는 점이다.

이상의 필름들의 두께는 0.03mm이며, 1~3%의 수분과 B와 C의 경우에는 59~68%의 지방질(lipid)을 함유하고 있었으며, 그 색깔은 백색이었다고 한다. 수증기 투과성(water vaper permeability)은 -15℃에서 8주 동안 두었을 때 필름 A에서는 변하지 않았으나, B와 C의 경우 투과성이 점차 떨어졌다고 한다. 주사전자현미경(scanning electron microscopy)으로 각 필름들의 구조상의 특징들을 조사했을 때 필름 A가 필름 B나 C보다 더 우수했다고 한다.

그러나 필름 B와 C는 만들기가 더 쉬웠으며, 냉동저장(cold storage)에 대해서도 강한 내구성(durability)을 나타냈다고 한다. 따라서 B나 C형의 필름들 중 수증기나 산소투과성이 더 낮은 필름들의 제조법 개발에 대한 연구도 바람직하다고 설명하고 있다. 즉 냉동저장용 가식필름의 경우 필름 A와 같은 피복법(coating method)으로 만든 필름 이외에, 그 제조방법이 더 쉽고 경제적인 필름 B 또는 C와 같은 에멀죤법(emulsion method)에 의한 필름의 개발도 바람직하다고 설명하고 있다.

한편 송들(Song, T. H. and Kim, C. J., 1999)은 가식성 필름, 즉 식용 필름(edible films) 중 필름 내지는 피막(coating)의 강도(strength)가 크고 또한 유연하며, 대체로 수용성인 하이드로콜로이드 필름들(hydrocolloid films)에 대해서 칼슘 첨가의 영향을 조사한 바 있다.

가식성 필름의 종류는 그 구성 원료에 따라 친수성 탄수화물들(hydrophilic carbohydrorates) 또는 그 유도체들을 사용한 하이드로콜로이드 필름류, 지방질 성분들이 주원료가 되는 지방질 필름류, 이상의 양 원료들을 사용한 복합필름(composite films) 등이 있는데, 앞서 설명한 필름들은 이 복합 필름류에 속한다.

송들은 앞에서 말한 바 있는 메틸셀룰로오스(methylcellulose, MC)와 하이드록시프로필-메틸셀룰로오스(hydroxypropyl-methylcellulose, HPMC - 구성 셀룰로오스분자 내의 수산기에 하이드록시프로필기와 메틸기가 치환된 것 - 을 원료로 하는 필름들과 이상의 원료들에 고순도의 칼슘 일정량을 첨가해서 만든 필름류의 물리적, 화학적 성질들을 비교하고 있다.

칼슘 첨가는 색상, 투명성에는 유의한 차이를 보이지 않았으나 현저하게 수용성을 증가시켰다고 한다. 한편 칼슘 첨가는 필름들의 장강도(張强度, tensile strength)를 크게 증가시켰으며, 칼슘 첨가는 수분투과속도(water vapor transmission rate, g/m^2)를 다소 증가시켰으나 산소투과속도(oxygen transmission rate, $cm^2/m^2 \cdot 24h \cdot atm$)는 감소시켰다고 한다.

일반적으로 이상의 필름원료들에 칼슘을 일정량 첨가할 때는 인장강도(引張强度)와 내구성(耐久性)

이 더 우수한 필름류를 얻을 수 있었다고 보고하고 있다.

소듐 카아복시메틸셀룰로오스 카아복시메틸셀룰로오스(carboxymethylcellulose, CMC)의 소듐염은 소듐 셀룰로오스 글라이콜레이트(sodium cellulose glycolate) 또는 셀룰로오스 검(cellulose gum)으로도 알려져 있다. 자연 고무질 물질들(natural gum)을 제외한 합성 고무질 물질들(synthetic gums), 王는 반합성 고무질 물질들 중에서는 아마도 가장 널리 사용되고 있는 합성 고무질 물질들 중의 하나이며, 식품첨가물로 사용되는 셀룰로오스 유도체들 중에서 가장 중요한 유도체들의 하나이다.

이 카아복시메틸셀룰로오스의 소듐염은 먼저 셀룰로오스에 가성 소다(NaOH)를 작용시켜서 만든 일칼리 셀룰로오스, 즉 셀룰로오스의 소듐 알콕사이드(sodium alkoxide, R - ONa)에 모노클로로초산(monochloroacetic acid, 즉 $ClCH_2COOH$)을 작용시켜서 카아복시메틸셀룰로오스(carboxymethylcellulose)를 만들고, 여기에 다시 가성 소다(NaOH)를 작용시켜서 만든다(그림 8-7 참조).

이 CMC의 소듐염은 백색 무취(odorless)의 흡습성이 강한 분말(powder) 또는 입자상(粒子狀)의 물질(hygroscopic powder or granules)로서 뜨거운 물, 또는 찬물에 쉽게 분산(分散, disperse)되어 콜로이드 용액을 형성한다.

이 CMC 소듐염 1% 용액의 pH는 6.5~8.0이며 매우 점도(viscosity)가 크나, 이 점도는 셀룰로오스분자 중의 소듐 글라이콜레이트기(sodium glycolate group, 즉 $-CH_2$ COONa)와 치환된 수산기(-OH기)의 비율, 즉 치환도(Degree of Substitution, DS)에 따라 다르다. 보통 사용되는 CMC 소듐염의 치환도, 즉 DS는 0.4~1.2이며, 식품 첨가물로서는 DS=0.9 정도가 널리 사용되고 있다. 이 CMC 소듐염의 콜로이드 용액은 앞에서 말한 대로 비뉴우톤 유체(Non-Newtonian fluid)의 성질을 갖고 있으며, 작용하는 힘, 즉 전단력(shearing force)이 증가하면 외관상의 점도가 감소되는 성질, 즉 의사가소성(pseudoplastic properties)을 갖고 있다(제9장 비뉴톤 유체 항목 참조).

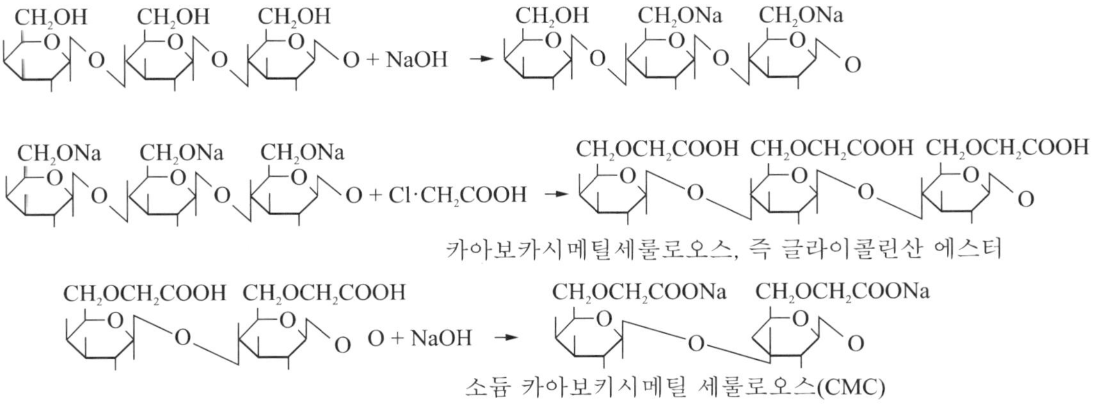

CH_2OH CH_2OH CH_2OH + NaOH → CH_2OH CH_2ONa CH_2ONa

CH_2ONa CH_2ONa CH_2ONa + $Cl \cdot CH_2COOH$ → CH_2OCH_2COOH CH_2OCH_2COOH CH_2OCH_2COOH

카아보카시메틸세룰로오스, 즉 글라이콜린산 에스터

CH_2OCH_2COOH CH_2OCH_2COOH + NaOH → CH_2OCH_2COONa CH_2OCH_2COONa

소듐 카아보키시메틸 세룰로오스(CMC)

[그림 8-7] 셀룰로오스(cellulose)에서 CMC에 이르는 과정.

용도는 그 외관상의 점도를 이용하여 농화제(thickening agent)로 사용되며, 또한 수용성인 자연 고무질 물질들(natural gums) 대신에 보호 교질용액(protective colloidal solution)으로도 사용된다.

특히 CMC 소듐염은 대두 단백질(soy protein)이나 젤라틴(gelatin)과 반응하여 이들 단백질 교질용액의 교질상태(colloidal state)를 강하게 보호하여 준다. 예로서, 대두 단백질은 pH 3.3~5.6에서는 단독으로는 곧 침전되나, CMC 소듐염이 존재할 경우에는 침전은 억제된다. 따라서 CMC 소듐염은 교질용액에 대한 안정제(stabilizer)로서도 사용된다.

한편 CMC 소듐염의 진한 용액에서 수분을 제거하면, 투명하고 강하며 비교적 유연한 필름(flexible film)이 형성되며, 이 필름은 기름, 유기용매에 대한 저항이 매우 크다. 특히 글리세롤(glycerol)을 10~30% 첨가한 CMC 소듐염의 필름은 신장성(伸張性, stretchability)도 있어서 저장 식품류의 피막(coating)으로서 그 용도가 넓다.

한편, CMC 소듐염은 치즈(cheese) 등의 식품에는 0.8%까지 사용되며, 또 아이스크림, 청량음료류(beverages), 과자류(confectioneries), 빵류(baked goods)에서는 0.003~0.01%까지 그 사용이 허용되고 있다.

칼슘 카아복시메틸셀룰로오스 카아복시메틸셀룰로오스의 칼슘염(calcium carboxymethylcellulose)은 각종의 건조분말 제품들의 안정제(stabilizer), 또는 용해 촉진제로서 사용되고 있다. 이상의 목적으로 이 칼슘 CMC는 분말 주스류, 분말 커피(powdered juices, soluble coffee) 등에 1~2% 가량이 사용된다.

헤미셀룰로오스류

헤미셀룰로오스류(hemicelluloses)는 셀룰로오스와 유사하나 그 분자구조나 크기 등이 일정하지 않은 한 그룹의 다당류(polysaccharides)에 대한 일반적인 이름이며, 따라서 셀룰로오스와 같이 화학적으로 그 성분, 구조 등이 뚜렷이 규명된 단일 탄수화물이 아니다.

헤미셀룰로오스류는 앞에서 말한 대로 조섬유질들(crude fibers), 즉 식품 중의 섬유질(dietary fibers) 성분들의 한 성분이며, 셀룰로오스, 리그닌류(lignins), 각종 펜토잔류(pentosans)와 함께 식물세포의 세포막(cell wall)의 구성성분으로 존재한다.

헤미셀룰로오스류의 특징 헤미셀룰로오스들은 앞에서 말한 대로 화학적으로나 물리적으로 그 구조가 뚜렷이 규명된 물질들은 아니며, 한 그룹의 비슷한 성질과 구조를 가진 화합물들의 혼합물이다. 그 분자량은 이름에서 알 수 있듯이(hemi는 그리스어로 '반'이란 뜻) 셀룰로오스에 비해 훨씬 작은 것이 하나의 특징이다.

헤미셀룰로오스류는 나무의 목질부(木質部)의 주요 구성성분으로서, 침엽수(conifereus trees)의 경우에는 20~30%, 낙엽수(deciduous trees)의 경우에는 30~40% 정도가 되며, 그 주요 성분은 대개의 경우 자일란류(xylans)라고 한다(Nitkin, N. I., 1966). 그 분자량은 보통 10,000에서 40,000 정도이며, 셀룰로오스의 추정 분자량 $4.6 \times 10^5 \sim 1.7 \times 10^6$에 비해서 매우 작다.

헤미셀룰로오스류의 또 하나의 중요한 특징은 알칼리에 비교적 잘 녹는다는 점이다. 이 알칼리에 잘 녹는 성질은 그 분자들의 구성성분으로서 존재하는 산 성분들(acid components), 즉 글루큐론산(glucuronic acid), 갈락트유론산(galacturonic acid) 등과 같은 유론산들이 알칼리에 녹아서 수용성인 염을 형성하기 때문인 것으로 알려져 있다(그림 8-8 참조).

헤미셀룰로오스류는 셀룰로오스처럼 미셀들(micelles)을 통해서 섬유상(fibrous)으로 존재하지 않으며, 또 결정성 물질(crystallite)로서의 성질도 매우 약해서 대체로 무정형 물질들(amorphous compounds)로 존재한다.

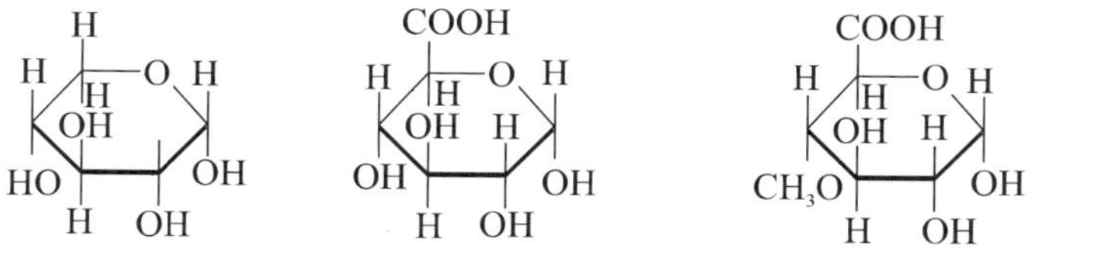

α -D-xylose　　α -D-glucuronic acid　　4-methyl- α -D-glucuronic acid

[그림 8-8] 헤미셀룰로오스류의 일부 구성성분들.

헤미셀룰로오스류의 구성성분 그 조성(composition)을 볼 때, 셀룰로오스와는 달리 헤미셀룰로오스류는 단순 다당류(homopolysaccharides)는 아니며, 복합다당류(heteropolysaccharides)의 혼합물로 볼 수 있다. 따라서 헤미셀룰로오스의 구성단위들(structural units)은 일정하지 않으며, 그 출처에 따라 그 분자량은 물론, 구성단위의 종류나 비율도 크게 다르다.

그러나 대부분의 헤미셀룰로오스류에 있어서는 자일로오스(D-xylose)와 글루큐론산(D-glucuronic acid)의 유도체로 볼 수 있는 4-메틸글루큐론산(4-methyl-D-glucuronic acid) 등이 주성분으로 생각되고 있으며, 이 이외에도 포도당(D-glucose), 아라비노오스(L-arabinose), 만노오스(D-mannose), 람노오스(L-rhamnose), 휴코오스(L-fucose) 등이 그 구성성분들로 보고되고 있다. 일부 식물조직에서 추출된 헤미셀룰로오스류의 구성성분들은 표 8-4와 같다.

표 8-4 여러 종류의 헤미셀룰로오스(hemicelluloses)의 구성성분들.

헤미셀룰로오스의 출처	xylose	methyluronic acid	glucose	mannose	arabinose
찬나무(oak wood)A	82%	10%	8%	—	—
참나무(oak wood)B	60	17	23	—	—
전나무(white wood)	44~15	10.5~15	—	36~46%	—
알팔파(alfalfa hay)	주가 됨(chief)	다소(some)	—	—	소량(small)

Mayer, L. H. 1960. "*Food Chemistry*," p.85, Reinhold Pub. Corp., New York.

한편, 선들(Sun, R. C. *et al.*, 1998)은 밀짚의 표면을 덮고 있는 왁스성분들(waxes)을 마쇄한 밀짚에 클로로폼(chloroform)-에탄올(ethanol) 혼합용매 등으로 추출, 제거한 후 3%의 NaOH로 처리한 리그닌 성분들(associated lignins)을 9.3~14.2% 함유하고 있는 32.7~41.5%의 헤미셀룰로오스-리그닌 복합체들(hemicellulose-lignin complexes)을 얻고 있다.

이 복합체들에 아염소산 나트륨(sodium chlorite, $NaClO_2$)를 작용시켜 리그닌 성분들을 산화, 분해시킨 후 10% KOH 용액으로 추출했을 때 대략 4.5~9.8%의 헤미셀룰로오스류와 38.0~39.9%의 셀룰로오스를 얻고 있다. 밀짚을 구성하고 있는 헤미셀룰로오스류의 주요 구성당은 자일로오스(xylose)로서, 이 자일로오스는 실질적으로 모든 헤미셀루로오스류에서 구성당의 하나로 존재했으며, 그 외에 아라비노오스(arabinose), 글루코오스(glucose), 갈락토오스(galactose) 등이 부수적인 구성당류(minor components)로 존재했다고 한다.

또한 이들은 분리한 리그닌 성분들을 나이트로벤젠을 사용하여 산화시켰을 때, 그 산화생성물들(nitrobenzene oxidation products)들로서 바닐린(vanillin), 시링갈데하이드(syringaldehyde) 등이 모든 헤미셀룰로오스-리그닌 복합체들과 기타의 헤미셀룰로오스 구성성분들(residual hemicellosic fractions)에서 발견되었었다고 보고하고 있다.

가열 조리 과정이 셀룰로오스와 헤미셀룰로오스에 미치는 영향

셀룰로오스나 헤미셀룰로오스들은 끓는 물중에서는 쉽게 가수분해 되지 않으나, 만일 물속에 소량의 알칼리 또는 알칼리염들, 예로서 중탄산소다(Na_2CO_2)와 같은 알칼리염이 소량 함유된 물속에서 가열하면, 보통 물, 즉 수돗물이나 경수(hard water, 칼슘이나 마그네슘염의 함량이 큰 물)에서 가열할 때보다 더 쉽게 조직의 연화(softening)가 일어난다(표 8-5 참조).

한편, 이상과 같은 채소류나 두류의 조섬유질들의 가열 조리 과정 중의 연화는 pH에 의해서도 크게 영향을 받으며, 일반적으로 산성(acidic)에서 더 안정하다. 부란트들(Brandt, L. M. *et al*., 1984)은 채소류, 두류, 옥수수 등의 섬유질을 각각 pH 2, 4, 6과 10에서 가열 조리했을 때, pH 4에서 연화가 가장 느렸고, pH 10에서 가장 빨리 일어났다고 보고하고 있다.

표 8-5 마른 완두(dry peas, good 및 difficult cooking형의 두 품종)의 가열 조리 과정.

물의 종류와 첨가된 물질		1.5시간 끓인 후에도 아직 연화되지 않고 딱딱한 완두의 전체량에 대한 % 비율	24시간 물에 침지(soaking)한 후, 다시 2시간 끓인 후에도 연화되지 않고 딱딱한 완두의 전체량에 대한 % 비율
증류수(distilled water)		5	43
암스터담의 수도수(Amsterdam city water)		14	67
의산(formic acid),	0.01M	68	—
염화칼슘(CaCl2),	0.01M	100	—
중탄산 소오다(NaHCO2),	0.01M	2	4
수산화암모늄(NH4OH),	0.01M	—	0

Lowe, Belle. 1955. "*Experimental Cookery*," 4th ed., p.142, John Wiley and Sons, Inc., New York.

이와 같은 알칼리염의 연화작용(softening action)은 일반적으로 셀룰로오스와 특히 헤미셀룰로오스류, 그리고 나중에 설명할 펙틴들(pectins)의 부분적인 가수분해에 기인되는 것으로 알려져 있다. 그 반면에 칼슘염은, 곧 설명하게 될 펙틴조직을 일반적으로 강화하여 줌으로써 채소나 두류 조직의 경화(硬化, firming)를 가져오기 때문에 칼슘염 용액이나 경수 속에서는 채소류나 두류의 연화 속도가 느린 것으로 생각되고 있다.

즉 푸바이아(Poovaiah, B. W., 1986)는 칼슘의 역할에 대해서 칼슘 내지는 칼슘 이온은 과실이나 채소류 세포들의 세포막 구조(cell wall structure)에서 주로 나중에 설명할 펙틴산(pectic acid)들과 그 염류(예 ; calcium pectates)를 형성함으로써 그 단단한 구조를 유지한다고 설명하고 있다. 푸바이아는 과실류의 경우, 미리 칼슘 용액으로 처리해 주면 그 저장 수명(storage life)이 현저히 연장된다고 설명하고 있다.

뷰셔어들(Buescher, R. *et al*., 1984)은 소금 절임 한 오이(cucumber pickles)의 단단함(firmness)은 염화칼슘의 첨가로 향상되었으며, 반 뷰렌(Van Buren, J. P., 1984)도 두류의 경우, 염화칼슘 용액에 미리 침지(soaking)했을 때는, 가열 과정 중의 연화를 효과적으로 억제하였다고 보고하고 있다.

한편 Na^+, K^+, Li^+, NH_4^+와 Mg^{++} 이온들의 염화물들(chlorides)은 가열 조리시의 연화(軟化)를 촉진하며, 이는 이상의 이온들이 펙틴물질 등 섬유질 성분들에 염(salt)의 형태로 존재하여 구조의 경화(硬化)에 큰 도움을 주고 있는 칼슘 이온들(Ca^{++} ions)을 대체하기 때문인 것으로 생각되고 있다(Van Buren, J. P., 1984).

리그닌

리그닌(lignins)은 조섬유질의 한 성분으로서 식물조직 내에 셀룰로오스나 헤미셀룰로오스들과 함께 존재하나, 이 물질은 본질적으로 탄수화물(carbohydrate)은 아니며 방향족(芳香族, aromatic) 탄화수소 화합물들의 중합체들(polymers of aromatic hydrocarbons)이다.

이 리그닌은 식물조직 내의 세포들의 세포막에 존재하여 결착제(cementing substances)로서 작용하고 있으며, 또한 식물 세포막의 목질화(lignification)를 가져오는 주요 성분이다. 배와 같은 과실류의 중심부(core) 근처의 석세포(石細胞)들의 주요 구성성분이 리그닌임은 이미 잘 알려지고 있다(Ranadive, A. S. and Haard, N. F., 1973 참조).

따라서, 식물의 목질화 된 부분(wood part)의 세포막에는 특히 그 함량이 크다.

리그닌은 볏짚, 밀짚, 겨 등에는 10~20%(Han, M. H. 등 1981), 침엽수(conifereus trees)나 낙엽수(deciduous trees)의 목질부에는 보통 18~28% 가량(건조 중량)이 함유되고 있다(Nitkin, N. I., 1966). 한편 육류나 어류의 훈연(燻煙) 가공품들(smoked meats or fish)은 나무를 태워서 그 목질부의 리그닌 성분들이 열분해(thermal decomposition)에 의해서 형성된 바닐린(vanillin) 등의 4-비닐구아이아콜(4-vinyl guaiacol) 유도체들의 향미(flavor)와 방부성(preservative activity) 또는 항산화성(antioxidant activity)을 이용한 가공 식품류로 볼 수 있는 사실에 대해서는 제4장 훈연된 식품의 향기(본문 p. 300)에서 언급한 바 있다. 침엽수(coniferous trees)의 구성 리그닌은 그 열분해 생성물들의 구조들로 보아 코니페닐 알콜(coniferyl alcohol)이 그 기본 구성단위로, 낙엽수(deciduous trees)의 리그닌의 경우에는 이외에도 시린제닌(syringenin) 등이 기본 구성단위가 되어 있는 것으로 추정되어 왔다.

리그닌의 구성성분과 그 구조 리그닌은 노란색 또는 갈색의 무정형의 방향족 고분자 화합물이며, 62~65%의 높은 탄소 함량(carbon content)을 갖고 있다. 이는 탄수화물들(carbohydrates)의 평균 탄소 함량인 44.4%에 비해서 훨씬 크다.

리그닌을 산, 알칼리 등으로 분해시킬 때는 코니페닐 알코올(coniferyl alcohol), 유우제놀(eugenol), 캬티콜(catechol), 페놀(phenol), n-프로필구아이아콜(n-propylguaiacol), 메틸 알코올 등이 얻어지는 사실이 알려져 있다(그림 8-9 참조).

따라서 리그닌의 이상의 방향족 알코올류(aromatic alcohols), 그 중에서도 특히 코니페닐 알콜의 축합 중합체(condensation polymers)로 믿어지고 있으며 분자량에 대해서는 확실하게 알려져 있지 않다.

리그닌의 성질 이상의 리그닌은 특정 파장을 가진 자외선(ultraviolet light)을 강하게 흡수하며, 니트킨(Nitkin, N. I., 1966)은 그 최대 흡광도를 나타내는 파장(maximum absorption wave length)은 침엽수 리그닌의 경우 대체로 280mm, 낙엽수의 경우 275mm라고 한다. 이 사실은 높은 탄소 함량과 함께 리그닌의 본질이 불포화도(不飽和度)가 큰 방향족 중합체(aromatic polymer)임을 간접적으로 보여주고 있다.

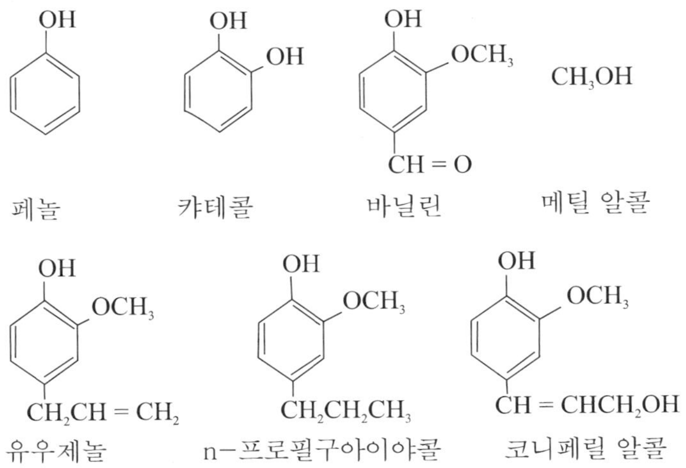

OH OH OH OCH$_3$ CH_3OH CH = O

페놀 캬테콜 바닐린 메틸 알콜

OH OCH$_3$ $CH_2CH = CH_2$ OH OCH$_3$ $CH_2CH_2CH_3$ OH OCH$_3$ $CH = CHCH_2OH$

유우제놀 n−프로필구아이야콜 코니페릴 알콜

[그림 8-9] 리그닌(lignin)의 분해 생성물들.

리그닌은 거의 모든 생체들에 의해서 분해되지 않으나, 일부 극소수의 세균이나 곰팡이들에 의해서는 분해될 수 있으며, 우리나라 등에서는 볏짚, 보리짚 등의 탄수화물들을 더 효과적으로 이용하기 위한 전처리 과정을 위해서 리그닌 분해효소들의 성질과 그 이용에 관해서 많은 관심을 가져 왔다(Byun and Kim, 1981).

한편, 리그닌은 식용유지의 산패를 억제하는 사실이 알려져 있으며, 생체 내에서도 비타민 A나 비타민 E 등의 산화를 억제하여 주는 것으로 추정하고 있다(Catignani, G. L. and Carter, M. E., 1982).

리그닌이 세포막의 구성성분으로서 존재하는 양식(樣式)에 대해서는 조섬유질의 탄수화물 부분들(carbohydrate parts) 사이에 단순히 채워져 있다는 단순 충전설(the incrustation theory)과 이상의 탄수화물들과 리그닌 사이의 어떤 화학적 결합(chemical bond)을 통해서 채워져 있다는 화학 결합설(the chemical bond theory)이 알려져 있다.

그러나 리그닌의 가수분해는 함께 존재하는 리그노설폰산(lignosulfonic acid)을 먼저 가수분해 하여 제거할 필요가 있다는 사실과 다이옥산(dioxane)과 같은 유기용매로 리그닌을 추출할 때는, 0.1% HCl과 같은 산 촉매(acid catalyst)가 반드시 필요한 점들을 고려할 때, 화학결합설이 더 유력한 듯하다(Nitkin, N. I., 1966).

한편, 식물조직에서 리그닌을 추출하고자 할 때는 보통 다음 세 가지 방법들 중의 하나가 사용된다. 즉

1. 뜨거운 알콜(hot alcohol)로 추출하는 방법.
   이 추출 방법은 완전하지 않다.
2. 고온에서 가성 소다(NaOH)와 소듐 설파이드(sodium sulfide, Na_2S)의 혼합물로 추출하는 방법.
   이 방법에 의하면, 리그닌은 거의 완전히 추출된다.
3. 산성 아황산 소다($NaHSO_2$)로 추출하는 방법.
   이 산성 아황산 소다는 리그닌과 반응하여 수용성인 리그노설폰산의 염(lignosulfonate)을 형성하며, 따라서 리그닌은 거의 완전히 추출된다.

펙틴 물질들

펙틴(pectins)을 비롯한 펙틴 물질들(pectic substances)은 세포막, 또는 세포막 사이에 존재하는 얇은 층, 즉 중엽(中葉, middle lamella)에 주로 존재하며, 세포막 내부, 또는 중엽을 메워주는 물질들(detailing materials)인 동시에 세포막 내부, 또는 세포와 세포 사이를 결착시켜 주는 물질들(cementing materials)로서 작용한다.

펙틴 물질들은 식물의 뿌리, 줄기 또는 과실류에 조섬유질(crude fibers)의 성분으로서 존재하며, 특히 앞에서 말한 중엽에 상당량이 존재한다.

펙틴의 정의 펙틴(pectins)은 펙틴 물질들(pectic substances)로 불려지고 있는 넓은 범위의 화합물들이 속하는 물질들의 한 그룹으로서, 그 자체도 단일 물질에 대한 이름이 아니고 여러 가지의 본질적으로 공통된 구조나 성질상의 특징을 가진 물질들, 즉 한 그룹의 물질들에 대한 일반명(general name)이다. 이상의 펙틴 물질들 중에서 가장 중요한 성분은 아마도 펙틴(pectins)일 것이다.

카테쓰(Kertesz, Z. I., 1951)는 펙틴을 「그 분자 내의 여러 유기산기(carboxyl groups)의 일부가 메틸 에스터(methyl ester), 또는 염(salts)의 형태로 되어 있는 친수성인 폴리갈락트유론산(hydrophillic polygalacturonic acids)으로서 교질성(colloidal properties)을 갖고 있으며, 적당한 양의 당(sugar)과 산(acid)이 존재할 때는 젤(gel)을 형성할 수 있는 물질들에 대한 일반명」이라고 정의하고 있다(Lowe, B., 1955 참조).

펙틴 물질들의 종류

전술한 대로 펙틴과 관련된 일련의 물질들은 함께 펙틴 물질들(pectic substances)로 알려져 있으며, 이 펙틴 물질들은 보통 다음과 같이 다시 분류된다. 즉,

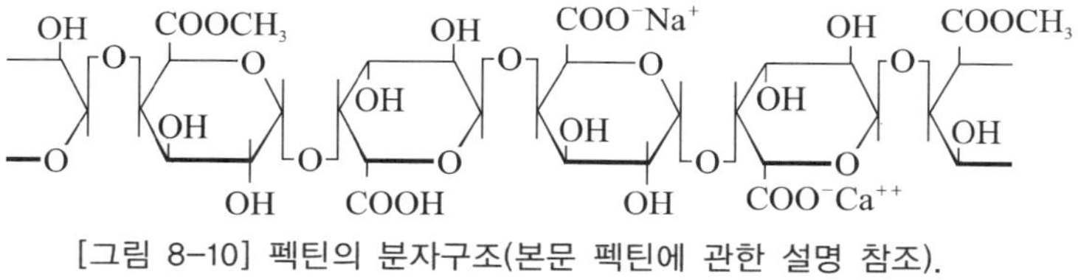

[그림 8-10] 펙틴의 분자구조(본문 펙틴에 관한 설명 참조).

프로토펙틴 프로토펙틴(protopectin)은 펙틴의 모체(parent substance)가 되는 물질이며, 식물조직 중에서도 특히 유연조직(parenchymatous tissues)에 많이 존재한다.

프로토펙틴의 자세한 성질들에 대해서는 확실히 알려진 바 없다. 이것은 물에는 전혀 녹지 않으나, 높은 온도에서 가열하면 점차 수용성인 펙틴으로 가수분해 되는 것으로 알려져 있다. 미숙한 식물조직체에는 그 함량이 특히 크며, 성숙됨에 따라 그 일부는 효소 프로토펙티네이스(protopectinase)에 의하여 가수분해 되어 펙틴이 되는 것으로 믿어지고 있으나, 그 과정이나 프로토펙티네이스의 성질이나 작용에 대해서는 더 많은 연구가 필요한 것 같다(Whitaker, J. R., 1996 참조).

펙티닌산 펙티닌산(pectinic acid)은 그 분자 속의 유기산기(carboxyl groups)의 상당한 수가 메틸에스터(methyl ester)의 형태로 되어 있는, 그리고 친수성 교질용액(hydrophilic colloidal solution)을

쉽게 만드는 갈락트유론산의 중합체, 즉 폴리갈락트유론산(polygalacturonic acids)을 말한다.

이 펙티닌산은 중성염(中性鹽, normal salts), 즉 그 분자 속의 메틸 에스터화 되어 있지 않은 유기산기들이 완전히 염(salts)의 형태로 되어 있는 경우와, 그 분자 속의 유리 유기산기(free carboxyl groups)들의 일부만이 염의 형태로 되어 있으며, 유리 유기산기를 일부 그대로 가진 산성염들(acid salts), 또는 그 혼합물들로 존재할 수도 있다.

펙틴 앞에서 말한 바와 같이 펙틴들(pectins)은 적당한 양의 당(sugar)과 산(acid)이 존재 하에서 젤(gel)을 형성할 수 있는, 그 분자 속의 유기산기의 일부가 메틸 에스터(methyl ester)로 되어 있는 친수성(親水性) 폴리갈락트유론산(polygalacturonic acids)들의 집합체, 즉 친수성인 갈락트유로노글라이칸의 집합체(hydrophillic galacturonoglycans)라고 할 수 있다.

따라서 펙틴은 적당한 양의 당, 산의 존재 하에서 젤을 형성할 수 있는 펙티닌산(pectinic acid), 또는 이 펙티닌산의 중성염(normal or neutral salts), 또는 산성염(acid salts), 또는 그 혼합물들에 대한 일반명이라고 말할 수 있다.

펙틴산 펙틴산(pectic acid)은 그 분자 속의 유기산기에 메틸 에스터 그룹이 전혀 존재하지 않는 폴리갈락트유론산이며, 펙티닌산의 경우와 마찬가지로 산성염(acid salts) 또는 중성염, 또는 그 혼합물들로 존재할 수 있다.

펙틴의 출처와 그 분자량

앞에서 말한 바와 같이 펙틴(pectins)들은 식물조직에 셀룰로오스, 헤미셀룰로오스들과 함께 널리 분포되어 있으나, 사과를 위시로 한 과실류, 특히 레몬, 오렌지 등과 같은 감귤류의 껍질(citrus fruits rind), 일부 채소류, 예로서 사탕무 등에 그 함량이 크다.

한 조사에 의하면 당근, 사탕무 펄프, 사과 펄프, 오렌지 껍질 등의 펙틴 함량은 건조 중량으로 해서 각각 7%, 25~30%, 15~28%, 30~35% 정도라고 한다(표 8-6 참조).

표 8-6 일부 식물조직의 펙틴 함량(pectin content by dry weight basis).

식물조직의 종류	퍼센트 함량
당근(carrot)	7%
사탕무 펄프(beet pulp)	25~30
사과 펄프(apple pomace)	15~18
레몬 껍질 등의 펄프(lemon pulp)	30~35
오렌지 껍질 등의 펄프(orange pulp)	30~40

Blank, F. C. 1955. "*Handbook of Food & Agriculture*," p.579, Reinhold Pub. Corp., New York.

한편, 베이커(Baker, R. A., 1997)는 근래에 와서, 전술한 바 있는 식이섬유질중에서도 펙틴들과 같은 점액성 식이섬유질들(viscous dietary fibers)이 혈청 콜레스테롤 함량(levels of serum total cholesterol)을 감소시키거나, 저밀도 리포프로테인 중의 콜레스테롤(low-density lipoprotein cholesterol)의 양을 감소시키며, 또한 혈액 내 포도당의 급속한 증가를 억제하는 작용(moderation of the glucose response)을 가지는 사실이 알려지면서 과실 또는 채소류의 정확한 펙틴들의 함량을 파악하는 일이 중요하게 되었다고 강조하고 있다.

베이커는 또한 각종 과실이나 채소의 펙틴 함량, 예로서 그레이프흐루트(grapefruit), 레몬(lemon), 오렌지(orange), 각종 콩(beans), 당근(carrots), 사과(apples), 바나나(bananas), 검은딸기(blackberries), 앵두(cherries), 나무딸기(dewberries), 포도(grapes), 로간딸기(loganberries), 라즈베리(raspberries), 호박(squash), 딸기(strawberry), 고구마(sweet potatoes), 수박(watermelon) 등의 펙틴 함량에 대한 종전의 여러 연구자들의 문헌 보고치들을 세밀하게 검토하고 있다.

그는 여러 연구자들이 문헌에 보고한 수치들을 검토한 결과, 이상의 과실이나 채소류의 펙틴 함량, 특히 신선한 과실이나 채소류의 펙틴 함량에 대한 더 정확한 자료를 확보할 필요성에 대해서 강조하고 있다.

펙틴은 그것이 존재하는 식물, 또는 동일 식물의 경우라도 그 재배 시기, 장소 등에 따라 그 성질이나 분자량이 다른 듯 하며, 또한 동일 펙틴의 경우라도 사용된 추출법이나 분자량 측정법에 따라 그 분자량에는 상당한 차이가 있는 듯하다.

다음의 표 8-7은 각종 펙틴들에 대해서 여러 측정 방법들을 통해서 측정한 분자량, 그리고 펙틴 분자를 구성하고 있는 갈락트유론산의 수, 즉 중합도(重合度, degree of polymerization, DP)를 표시한 표이다.

표 8-7 여러 종류의 펙틴의 분자량과 분자량 측정법 및 한 분자 내의 갈락트유론산의 대략의 수.

펙틴(pectins)의 종류	분자량 (molecular weight)	분자량 측정방법	갈락트유론산(galacturonic acid)의 한 펙틴 분자 내의 수
사과 펙틴(apple pectin)	(3) 2,000~213,000	점성(viscosity)	100~160
사과 펙틴(apple pectin)	(2) 150,000	삼투압(osmotic pressure)	750
사과 펙틴(apple pectin)	(3) 201,000	침강 확산(sedimentation diffusion)	1,000
사과 펙틴(apple pectin)	(3) 67,000	〃 (〃)	340
감귤 펙틴(citrus pectin)	(3) 414,000	〃 (〃)	2,000
감귤 펙틴(citrus pectin)	(3) 89,000	〃 (〃)	250
빨간까치밥나무열매 펙틴 (red currant pectin)	(3) 42,000	〃 (〃)	200
아마 펙틴(flax pectin)	(3) 64,000	〃 (〃)	300

(1) Speiser, R. and Eddy, C. F. 1946의 연구 (2) Vollmert, B., 1950의 연구 (3) Greenwood, C. T., 1952의 연구
Jirgensons, B. 1962. "*Natural Organic Macromolecules,*" p.157. Pergamon Press, New York.

펙틴 분자들은 갈락트유론산(α -D-galacturonic acid)을 구성단위로 하는 중합체를 주로 하는 고분자 화합물인 사실 외에는 구성 성분들이 출처(出處, sources)에 따라 상당히 다를 뿐만 아니라, 정확한 분자량에 대해서도 확실히 알려져 있지 않다(Nitkin, N. I., 1966 ; Haigler, C. H., 1985).

일부 학자들은 펙틴의 분자량을 대략 200,000 내지 400,000 정도로 보고 있으며, 펙틴 한 분자를 구성하고 있는 갈락트유론산(galacturonic acids)의 수를 1,000~1,500개 정도로 보고 있다.

펙틴의 구조

펙틴은 바로 앞에서 언급한 바와 같이 그 유기산기(carboxyl group)가 메틸 에스터화되어 있거나, 염(salts)을 형성하고 있거나, 또는 유리 상태로 되어있는 갈락트유론산들(galacturonic acids)의 중합체,

즉 친수성인 폴리갈락트유론산들(hydrophillic polygalacturonic acids)이 분자의 주체가 되고 있다.

구성단위가 되고 있는 갈락트유론산(α-D-galacturonic acid)은 α-1,4- 결합을 통해서 연결되어 있으며, 아밀로오스(amylose)와 유사한 α-나선형(α -helical form)을 가진 직선상의 분자들(linear molecules)로 생각되고 있다(그림 8-10 참조).

이 분자들은 수소결합을 비롯한 2차적인 결합을 통해서 집합체(aggregates)를 형성하고 있는 것으로 생각된다. 조슬린(Joslyn, M. A., 1962)은 이 펙틴 분자들 사이의 상호간의 가능한 2차적 결합 양식을 그림 8-11과 같이 제시하고 있다.

한편, 마크리디(McReady, R. M., 1953)는 시중에서 판매되고 있는 펙틴(a commercial pectin), 탈메틸화된 폴리갈락트유론산(demethylated polygalacturonic acid), 즉 펙틴산(pectic acid), 갈락트유론산(galacturonic acid) 등의 여러 성질들을 비교하여 표 8-8과 같이 보고하고 있다.

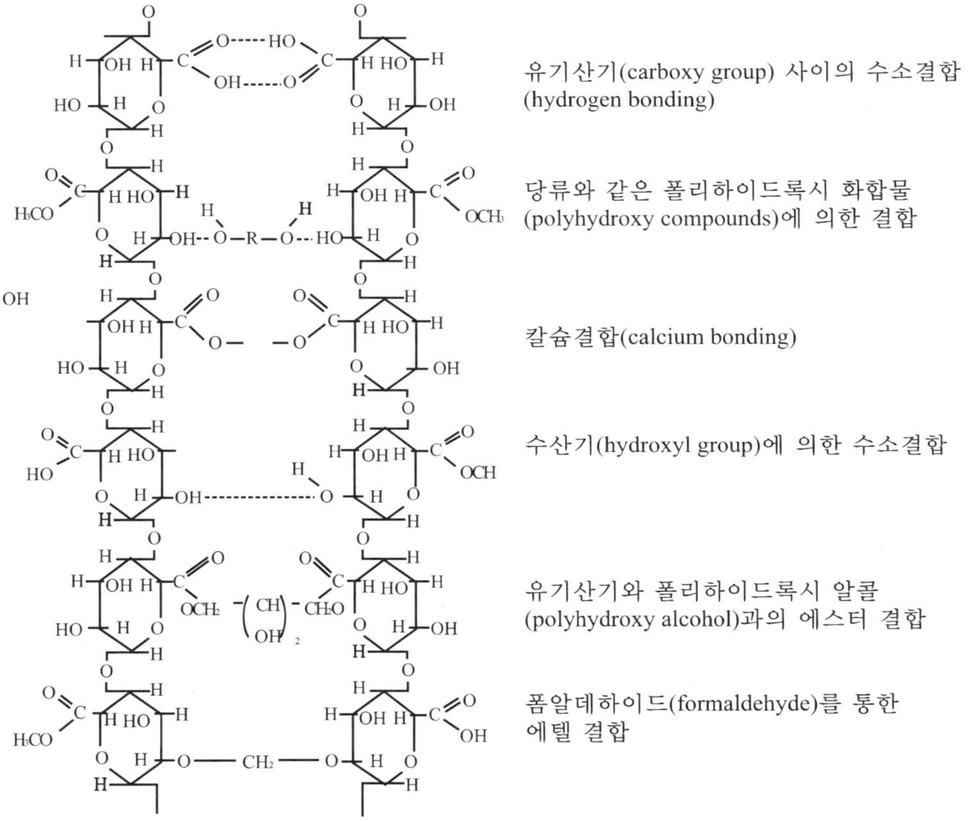

유기산기(carboxy group) 사이의 수소결합 (hydrogen bonding)

당류와 같은 폴리하이드록시 화합물 (polyhydroxy compounds)에 의한 결합

칼슘결합(calcium bonding)

수산기(hydroxyl group)에 의한 수소결합

유기산기와 폴리하이드록시 알콜 (polyhydroxy alcohol)과의 에스터 결합

폼알데하이드(formaldehyde)를 통한 에텔 결합

[그림 8-11] 펙틴 분자 사이의 여러 가지 가능한 결합 방식
Joshyn, M. A. 1962. *Advances in Food Research*, 11, 1.

표 8-8 펙틴(pectin) 및 폴리갈락트유론산(polygalacturonic acids)의 성질.

종류	무수유론산 (anhydrouronnic acid) %	메톡실함량 (methoxyl) %	비선광도 (specific rotatopn)	분자량 (molecular weight)
상품으로 된 귤 펙틴	82	9.8	+230	35,000

(commercial citrus pectin)				
효소로 탈메틸화(demethylated)된 폴리갈락트유론산	90	0.5	+265	35,000
산에 불용성인 폴리갈락트유론산 (acidinsoluble polygalacturonic acid)	99	—	+270	3,400
산에 녹는 폴리갈락트유론산 (acidsobuble polygalacturonic acid)	98	—	+270	19,000
갈락트유론산(galacturonic acid)	—	0	+ 51.3	194

McCready, R. M. 1953. *J. Agr. Food Chem.*, 1, 1166.

이 표 8-8에서 알 수 있듯이 펙틴, 펙틴산, 갈락트유론산들은 모두 강한 선광도(旋光度, optical rotation)을 나타내며, 그 비선광도(specific rotation) $[\alpha]_D = +230°$ 내지 $+270°$ 정도이다.

펙틴의 종류

펙틴은 여러 가지 관점 즉 구조, 형태, 기능 등에 따라서 분류되고 있다. 그러나 가장 중요한 분류 방법의 하나는 펙틴 분자 속의 전체 유기산기(carboxyl group)에 대한 메틸 에스터화 된 유기산기의 퍼센트 비율을 기준으로 한 분류 방법일 것이다.

펙틴의 메톡실 함량에 의한 분류 만일 펙틴 분자 속의 모든 갈락트유론산 구성 단위(n은 수를 표시) 중의 유기산기가 메틸 에스터화 되었다고 가정한다면, 메톡실기(methoxyl group, 즉 CH_3O-)의 전체 분자에 대한 중량%는 다음 식에 의해서 대략 16.32%가 된다. 즉,

$$\begin{aligned}\%\,\text{메톡실} &= \frac{\text{분자속의메톡실기의수} \times CH_3O}{\text{분자속의갈락트유론산의수} \times C_7H_{10}O_6} \times 100 \\ &= \frac{n \times CH_3O}{n \times C_7H_{10}O_6} \times 100 \\ &= \frac{31}{190} \times 100 = 16.32\%\end{aligned}$$

반대로 펙틴 분자 속에 메틸 에스터화 된 유기산기가 하나도 없다면, 메톡실 함량은 0이며, 이 경우에는 정의(definition)상 펙틴이라고 부르지 않으며, 펙틴산(pectic acid)으로 불려짐은 이미 언급한 바 있다.

펙틴은 이론적으로는 최대한 16.32%의 메톡실 함량을 가질 수 있으나, 자연에 실제 존재하는 펙틴들의 1,000개~1,500개로 추정되는 갈락트유론산의 유기산기(carboxyl group)가 모두 메틸 에스터화된 상태는 생각할 수 없으며, 실제적으로는 그 최대 함량은 대략 14% 정도이다.

따라서 14%를 상한치(upper limit), 0%를 하한치(lower limit)로 하고 그 중간치인 7%를 기준으로 하여, 펙틴이 가진 메톡실 함량(methoxyl content, CH_3O-)이 7% 이상인 펙틴, 즉 고 메톡실 펙틴(high-methoxyl pectin)과 그 메톡실 함량이 7% 이하인 펙틴, 즉 저 메톡실 펙틴(low-methoxyl pectin)으로 분류한다.

한편 미국 약국방(美國 藥局方, National Formulary, N. F.)에서 규정된 펙틴의 경우, 메톡실 함량의 최소치는 7%로 규정되어 있으며, 따라서 이 규정에 의하면 펙틴의 메톡실 함량은 7% 이상이어

야 한다. 또한 식품 가공업계에서 사용되는 펙틴도 보통 이상과 같은 고 메톡실 펙틴을 말한다(그림 8-12 참조).

고 메톡실 펙틴과 저 메톡실 펙틴은 그 성질이 다르며, 특히 젤을 형성하는 조건이나 젤을 형성하는 기구(mechanism)도 현저히 다르다.

한편, 일부 연구자들은 펙틴의 유기산기가 어느 정도 메틸 에스터화 되어 있는가를 표시하기 위해서 분자 속의 전체 유기산기가 메틸 에스터화된 가상적(假想的)인 경우를 메틸 에스터화도(Degree of Esterification, 즉 DE, 또는 Degree of Methoxylation) 즉 DM=100, 펙틴 분자 속의 유기산기가 하나도 메틸 에스터화 되어 있지 않은 경우를 DE 또는 DM=0으로 표시하고 있다. 이에 따르면 메톡실 함량(methoxyl content)이 7%인 펙틴의 DE 또는 DM은 43 정도가 된다.

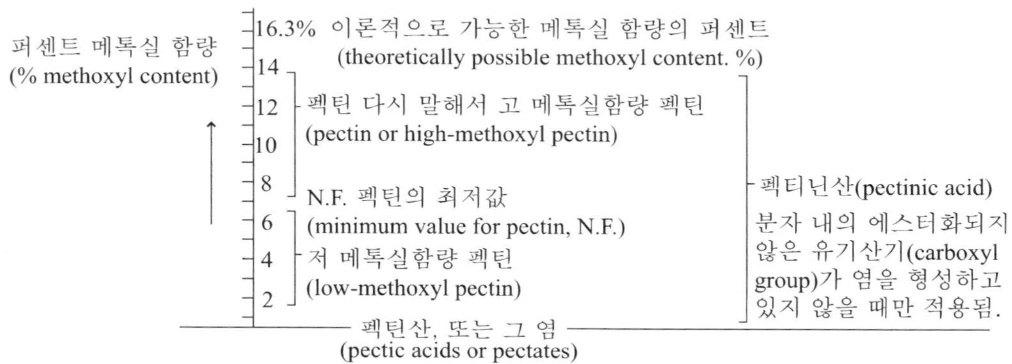

[그림 8-12] 펙틴 물질들(pectic substances)의 메톡실 함량(methoxyl content)과 그 명칭들. Lowe, B. 1955. "*Experimental Cookery*," 4th ed., John Wiley & Sons, INC, New York. p.153.

펙틴의 구성성분

펙틴을 가수분해하면 물론 갈락트유론산이 가장 많이 생성되나, 거의 언제나 아라비노오스, 갈락토오스, 람노오스(rhamnose), 자일로오스 등의 당류와 초산(acetic acid) 등이 함께 형성된다. 그러나 폴리갈락트유론산들과 함께 발견되는 아라반류(arabans), 즉 아라비난류(arabinans), 갈락탄류(galactans), 갈락토아라반류(galactoarabans)들이 펙틴의 정상적인 구성단위인지에 대해서는 아직 확실하지 않다. 따라서, 펙틴이 꼭 갈락트유론산으로만 된 중합체(polymer)인지에 대해서도 현재로서는 확실하지 않다.

한편, 레몬 껍질 속의 흰 부분에서 추출된 펙틴(lemon albedo pectin)의 구성성분은 갈락트유론산이 87~95%, 아라비노오스가 3~8%, 갈락토오스가 0.1~6%, 초산(acetic acid)이 2~5% 정도로 구성된 사실이 알려져 있다(Lowe, B., 1955). 여기서 보고된 초산(acetic acid) 의 본질에 대해서도 아직 확실치 않은 듯하다. 즉 이 초산이 펙틴의 정상적인 구성성분인 지, 추출, 정제 과정에 부수 또는 새로 형성된 성분(an artifact)인지에 대해서는 아직은 확실하게 알려져 있지 않다.

한편, 조슬린(Joslyn, M. A., 1962)은 여러 과실, 채소류에서 추출한 펙티닌산(pectinic acid)의 구성성분들을 더 광범위하게 검토한바 갈락트유론산의 함량은 대체로 전체 성분의 76%에서 92%였으며, 또 모든 펙틴에서 아라비노오스, 갈락토오스, 람노오스 등이 구성 성분으로 검출되었고, 일부 펙틴에서는 이 이외에도 자일로오스가 함유되고 있었던 사실이 보고되고 있다(표 8-9 참조).

한편, 헤이글러(Haigler, C. H., 1985; Nevell, T. P. and Zeronian, S. H., 1985 참조)는 일부 펙틴들에서는 α-D-갈락트유론산의 α-1,4- 결합을 통한 직선상 중합체들(linear polymers)에 중합도(DP)가 33~50 정도인 갈락탄류(galactans), 중합도가 34~100 정도인 아라비난류(arabinans)가 공유결합을 통해서 결합된 구조를 갖고 있다고 설명하고 있다. 또한 갈락트유론산의 중합체들도 그 사이사이에 람노로스 구성단위들(*L*-rhamnosyl residues)이 존재하는 경우가 있다고 보고하고 있다.

표 8-9 순수한 펙티닌산(pectinic acid)의 부분적 가수분해 생성물.

펙틴의 출처	무수유론산(%) (anhydrouronic acid)	아라비노오스 (arabinose)	갈락토오스 (galactose)	람노오스 (rhamnose)	자일로오스 (xylose)
오렌지(orange)	92.1	+	+	+	0
그레이프프루우트(grapefruit)	91.17	+	+	+	0
레몬(lemon)	90.4	+	+	+	0
사과(apple)	88.0	+	+	+	+
무화과(fig)	87.1	+	+	+	0
복숭아(peach)	86.8	+	+	+	+
완두꼬투리(pea pod)	84.8	+	+	+	+
살구(apricot)	83.1	+	+	+	+
배(pear)	82.6	+	+	+	+
사탕무(sugar beet)	82.3	+	+	+	+
악어배(avocado)	79.0	+	+	+	+
당근(carrot)	76.7	+	+	+	0

Joslyn, M. A. 1962. *Advances in Food Research*, 11, 13.

이와 같은 사실들은 펙틴 물질들이 식물체 세포벽들이나 세포들 사이, 즉 중엽(middle lamella)에서 구조 형성에 참여하고 있는 세룰로오스나, 특히 헤미셀룰로오스류에 속하는 각종의 복합 다당루(complex polysaccharides)와 결합하고 있다고 하기보다는 펙틴 물질들 또는 펙틴류(pectins)의 모체(parent substance)로 알려진 프로토펙틴류(protopectin) 자신이 폴리메틸갈락트유론산(polymethylgalacturonic acid, PMGA) 또는 폴리갈락트유론산(polygalacturonic acid, PGA)과, 분지(分枝)가 많은(higly branched), 복잡한 구조를 가진(ramified), 비교적 사슬 길이가 짧은(short chain lengths) 복합 다당류(complex polysaccharides) 등으로 구성된 구조를 갖고 있음을 시사하고 있다.

이런 경우, 벨(Bell Lowe, 1955)이 레몬 껍질의 내부의 흰 부분에서 추출한 펙틴의 구성 성분으로서 보고한 갈락트유론산, 알라비노오스, 갈락토오스, 초산 등은 프로토펙틴의 정상적인 구성 성분들이였을 가능성이 매우 크다.

펙틴의 성질 펙틴은 수화(水和, hydration)되기 매우 쉬우며 또한 흡습성이 강하다. 물에서는 쉽게 친수성 교질용액(hydrophilic colloidal solution)을 형성하며, 그 외관상 점도(apparent viscosity)는 매우 크다. 펙틴은 적당한 pH 아래 적당한 양의 당류(sugar)가 존재하는 경우, 또는 어떤 종류의 펙틴의 경우에는 칼슘이온(Ca^{++} ion)과 같은 다가이온들(polyvalent ions)이 일정농도 이상 존재할 때는 반고체인 젤(gel)을 형성한다. 펙틴이라는 이름 자체도 굳어진다는 말(Greek의 pectos = set, congeal)에서 나온 이름이다.

펙틴은 알콜류나 아세톤(acetone)에는 녹지 않으며, 흰 색깔의 솜털 같은 침전(white flocculent precipitates)이 형성된다. 이 사실은 과실류의 펙틴 함량이 젤리(jelley)나 잼(jam)을 만들 수 있을 정도의 분량인지를 쉽게 추정하는 방법으로서 사용되어 왔다. 한편, 알콜에 녹지 않는 성질은 펙틴 추출액에서 펙틴을 침전, 분리시키는 데 흔히 사용되고 있다.

펙틴 또는 더 정확하게 펙틴의 주성분인 폴리갈락트유론산(polygalacturonic acid, 더 엄밀하게는 polymethylgalacturonic acid이나, 여기서는 편의상 polygalacturonic acid라 한다)의 중합체이므로 알칼리에 녹으며, 또 알칼리에 의해서 쉽게 그 메틸 에스터기는 가수분해 된다.

펙틴은 분자의 말단에 있는 갈락트유론산에 기인된 환원력(reducing power)을 갖고 있으며, 알칼리성 용액에서는 요오드(I_2)를 환원한다. 한편 펙틴은 광학적으로 활성을 가지고 있으며, 강한 우선회성(dextrorotatory power)을 나타내는 사실에 대해서는 이미 언급한 바 있다. 그 비선광도는 앞에서 말한 대로 $[\alpha]_D^{20} = +230° \sim +270°$정도이다.

펙틴의 젤 형성 능력 펙틴의 가장 중요한 성질의 하나인 젤 형성 능력(gelling ability)은 그 펙틴의 출처, 따라서 그 구조나 구성 성분들, 특히 그 주성분인 폴리갈락트유론산의 분자량과 메톡실 함량(methoxyl content) 등에 의해서 크게 영향 받는다. 니트킨(Nitkin, N. I., 1966)에 의하면 펙틴의 분자량이 적어도 20,000 이상 되어야 젤(gel)을 형성할 수 있다고 한다.

한편 펙틴의 수분 유지 능력(water holding capacity)은 젤(gel)을 형성할 펙틴의 분자들이 클수록, 따라서 그 분자량(평균 분자량)이 클수록 크다. 뿐만 아니라, 분자량의 크기는 형성된 젤의 굳기(firmness of gel), 젤의 형성 속도 등에도 크게 영향을 준다.

일반적으로 분자량이 크고, 따라서 젤을 형성했을 때 분자들 상호간에 더 얽혀 있는 상태에 있는 것으로 믿어지는 펙틴은 젤을 형성하는, 즉 굳어지는 속도가 느리나 형성된 젤은 단단한 것으로 알려져 있다.

펙틴 분해효소들

펙틴 물질들(pectic substances)은 과실이나 채소류의 세포막이나 세포막 사이의 결착 물질(cementing materials)로 존재하며, 따라서 과실이나 채소류의 조직(texture), 그리고 특히 과즙(果汁) 가공품까지도 포함한 과실 가공품들의 조직에 매우 중요한 역할을 행사하고 있다. 따라서 간단하게 펙틴으로 대표되는 이상의 물질들의 성질들은 과실, 채소류와 그 가공품들의 품질(quality)에 매우 큰 영향을 준다.

한편, 이들 펙틴 물질들의 성질들에 변화를 가져오는 펙틴 분해효소들의 작용도 또한 이들 식품의 품질관리상 매우 중요하다. 이들 펙틴 분해효소들의 작용은 일반적으로는 저장 중의 과실이나 채소조직에 연화(軟化, softening)를 가져오며, 또한 과즙 속의 고체 성분들과 물의 분리, 즉 시네레시스(syneresis)를 가져오기 때문에 바람직하지 않으나, 경우에 따라서는 일부 과즙류에서 그 안에 존재하는 펙틴류에 의한 혼탁(turbidity)의 제거, 즉 청징화(清澄化, clarification)를 위해서 이들 분해효소들이 사용되는 경우도 있다. 주요한 펙틴, 또는 펙틴 물질 분해효소들로서는 다음과 같은 것이 있다.

프로토펙티네이스 프로토펙티네이스(protopectinase)는 식물조직 내 세포막 사이에 존재하며, 결착(結着) 물질로 작용하고 있는 프로토펙틴(protopectin)에 작용하여 이를 펙틴으로 가수분해하는 효소로 알려져 왔다. 이 효소에 대해서는 아직 확실하게 알려진 바 없다.

$$\text{불용성 프로토펙틴} \xrightarrow{\text{프로토펙티네이스}} \text{수용성 펙틴}$$

펙틴 메틸에스터레이스 펙틴 메틸에스터레이스(pectin methylesterase, PME, E.C.3.1.1.11)는 펙틴 에스터레이스(pectin esterase), 또는 펙테이스(pectase)로도 알려져 왔으며, 펙틴의 메틸에스터 그룹(methyl ester group)의 가수분해에 참여한다. 펙틴의 메틸에스터 함량은 여러 번 언급했듯이 펙틴의 성질에 큰 영향을 주므로 이 효소는 매우 중요하다.

펙틴 에스터레이스는 감귤류의 껍질(peels of citrus fruits), 그리고 기타의 여러 식물체들(Awad, M., 1985 ; Hagerman, A. E. *et al*., 1986), 또는 곰팡이들(fungi) 등에 널리 분포되고 있다. 다만 삭카로마이시이즈 세레비시에(*Saccharomyces cerevisiae*) 등과 같은 효모들에는 이 효소가 존재하지 않는 듯하다. 펙틴 메틸에스터레이스(PME)의 성질은 그 출처에 따라 다르나, 대체로 0.15~0.20M의 소금 농도에 의해서 그 활력이 증진되며, 그 최적(optimum) pH는 4.5~5.0, 최적 온도는 40℃ 내외이다. 그러나 저온에서도 이 효소들은 활력을 유지하며, 냉동저장 조건에서도 효소작용은 파괴되지 않는다고 한다.

한편, 펙틴 메틸에스터레이스(PME)의 최적 pH도 그 출처에 따라 다소 다르다. 예로서 완두(peas)에서 추출된 펙틴 메틸에스터레이스의 최적 pH는 대체로 pH 7 내지 9 사이에 있으나, 추출된 효소의 최적 pH는 완두의 품종(variety)에 따라 실제로 약간씩 다르다고 한다(그림 8-13 참조).

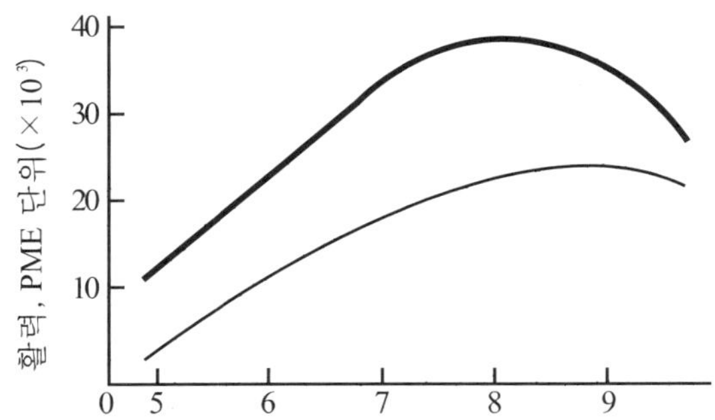

[그림 8-13] 여러 pH 영역에서의 펙틴 메틸에스터레이스(pectin methylesterase ; 완두, Southern peas)들의 활력(activity) (품종, Princess Ann 및 Pink Hull, 0.2M NaCl, 30℃)
Collins, J. L. 1970. *J. Food Science*, 35, 1.

한편, 릴로들(Rillo, L. *et al*., 1992)은 만다린 오렌지(mandarin orange)의 과실을 마쇄하여 얻은 과즙에서, 펙틴 메틸에스터레이스(pectin methylesterase, PME, E.C.3.1.1.11)를 헤파린-세파로오스 수지를 사용한 아피니티 크로마토그라피법(an affinity chromatograph step on heparin-Sepharose) 등을 사용하여 추출, 정제하고 그 물리, 화학적 성질들을 조사한 바 있다.

이들에 의하면, 정제된 효소(PME)의 분자량은 37,000 정도였으며, 한 분자가 한 줄기의 폴리펩타이드 사슬(a single polypeptide chain)로 되어 있었다고 한다. 이 효소의 최적 pH는 9 정도였으며, 기질 펙틴(substrate pectin, 즉 mandarin orange pectin)의 가수분해 과정의 마이케일러스 정수(Michaelis constant) *K*m은 0.84mg/mL, 이 때의 최대 반응속도(the maximum reaction velocity)

*V*max는 0.38 μ mol acid rid produced/min이었다고 한다.

여기서 가수분해 결과 형성된 산은 물론 펙틴산(pectic acid)이다. 한편 이상의 효소는 그 활력을 50℃까지는 완전히 유지했으나, 70℃에서는 그 활력이 20%로 줄어들었으며, 90℃에서는 완전히 불활성화 되었다고 한다. 또한 이 효소는 62℃에서 1분간 둘 때 그 활력의 50%를 상실했다고(50% inactivation) 한다. 이들은 이 효소의 아미노산 조성을 밝히고 있으며, 당 단백질(a glycoprotein)이었음을 보고하고 있다.

한편, 펙틴의 탈에스터화(deesterification)에 참여하는 펙틴 메틸에스터레이스의 작용은 다가 이온들(polyvalent ions)이 존재할 경우에는 일반적으로 과실류나 채소류의 조직(texture)을 더 단단하게 만들어 주나, 한편으로는 펙틴의 α-1,4- 결합에 대한 폴리갈락트유로네이스(polygalacturonase)의 작용을 촉진할 가능성이 있는 것으로 생각되고 있다.

가끔 맥주(beer)나 기타 양조주의 발효과정(fermentation) 중에서 미량의 메틸 알콜이 형성될 때가 있다. 이 메틸 알콜은 이상의 양조주의 원료 중에 존재하는 펙틴의 메틸에스터 그룹(methyl ester group)이 양조균과 함께 오염되어 들어 온 오염균들이 형성한 펙틴 메틸에스터레이스(pectin methylesterase)에 의해서 가수분해 되는 결과 형성되는 것으로 믿어지고 있다.

일반적으로 많은 과실즙들의 경우, 특히 신선한 오렌지즙의 경우, 적당한 혼탁성(cloudiness)은 그 오렌지즙의 높은 품질의 필수 요인들 중의 하나이지만, 저장 중에 그 혼탁성을 상실하게 된다. 이 바람직한 혼탁성의 상실은 주로 과즙에 존재하는 펙틴 에스터레이스(PE) 또는 펙틴 메틸에스터레이스(PME)들에 의한 펙틴 분자들의 가수분해 결과 형성된 펙틴산들(pectic acid)이 과즙 중의 칼슘 이온들과 결합함으로써 침전물들을 만드는 결과, 맑은 상층(upper serum layer)과 불용성 펙틴들, 즉 펙틴산들의 침전물들로 구성된, 점성이 큰 하층(viscous lower layer)으로 분리되는 데 기인하는 것으로 생각되고 있다(Goodner, J. K. *et al*., 1999 참조).

캬메론들(Cameron, R. G. *et al*., 1998)은 발렌시아 품종의 오렌지(Valencia orange)의 껍질(노란 외부 껍질, flavedo과 흰 내부 껍질 부분, albedo)에서 네 종류의 펙틴 메틸에스터레이스들(PME 1, 2, 3, 4)를 분리하여, 그 성질들을 조사한 바 있다. 이 중 PME 1, 2와 3은 저온 살균된 오렌지즙의 혼탁성을 10일 내에 크게 파괴했으나, PME 4는 혼탁성에 영향을 주지 않았다고 한다. 이상의 효소들 중 PME 3은 당 프로테인(a glycoprotein)이었으며, 내열성이 가장 컸었다고 한다.

한편, 구드너들(Goodner, J. K. *et al*., 1999)은 오렌지나 그레이프흐루트의 과즙의 혼탁성(cloudiness)을 비롯한 품질을 과즙 속에 있는 펙틴 메틸에스터레이스(PME)들이 급속히 저하시키기 때문에, 이들 PMEs의 작용을 억제하기 위해서, 종래 가열 처리나 저온 살균법(pasteurization)이 사용되어 왔으나, 전자는 과즙의 신선한 향기를 없에는 경향이 있으며, 후자는 효소의 불활성화(enzyme inactivation)를 위해서는 크게 불만족스럽다고 한다.

그러나 이들은 이와 같은 방법들 대신 이상의 과즙들에 500~900MPa(megapascal. 1기압, (atm)=1.013×10^5Pa, 따라서 1Mpa는 대략 10기압임)의 고압을 저온 살균할 때 함께 적용시켜 줌으로써, 이상의 효소의 불활성화(inactivation)를 가져왔다고 보고하고 있다.

한편, 그레이프흐루트의 과즙의 경우에는, 오렌지 과즙의 경우와는 달리 덜 효과적인 것 같다. 구드너들(Goodner, J. K. *et al*., 1999)은 오렌지즙에 대해서 저온 살균법(pasteurization)을 실시할 때, 함께 700MPa 이상의 고압에서 1분 간 처리했을 때는 4℃에서 90일 간 저장하는 동안, 혼탁성의 발생이 효과적으로 억제되었을 뿐만 아니라, 기타의 여러 세균들의 성장도 효과적으로 억제되었다고 보고하고 있다.

펙틴 폴리갈락트유로네이스 이 펙틴 폴리갈락트유로네이스(pectin polygalacturonase, P.G.E.C.3.2.1.15)는 폴리갈락트유로네이스(polygalacturonase), 펙티네이스(pectinase), 또는 펙톨레이스(pectolase) 등의 이름으로도 잘 알려져 있으며, 펙틴의 α-1,4- 결합을 가수분해하여 결과적으로는 펙틴 분자, 즉 폴리갈락트유론산 분자의 크기를 감소시킨다.

폴리갈락트유로네이스는 주로 곰팡이류(fungi)와 세균류(bacteria)에 존재하는 것으로 알려져 있다. 일부 연구자들(Jirgensons, B., 1962)은 이 효소들이 고등 식물체에는 일반적으로 존재하지 않는 것으로 생각해 왔다. 한편, 미숙한 과실이 완전히 익어감에 따라(at the full ripening stage) 그 안에서 활동하는 펙틴 메틸에스터레이스의 활력은 30~500%, 그러나 폴리갈락트유로네이스의 경우에는 그 활력이 성숙시(成熟時)에 200배나 갑자기 증가하는 것으로 알려져 있다. 폴리갈락트유로네이스들의 경우에도 그 출처에 따라 약간씩 다른 특성들을 가지고 있다(species specific).

폴리갈락트유로네이스(polygalacturonase, PG)는 엄밀하게는 펙틴, 즉 폴리메틸갈락트유론산(polymethylgalacturonic acid)에 작용하는 폴리메틸갈락트유로네이스(polymethylgalacturonase, PMG)와 분자 속에 에스터 그룹들이 전혀 없는 폴리갈락트유론산, 즉 펙틴산(pectic acid)에 작용하는 폴리갈락트유로네이스(polygalacturonase, PG)로 구분된다.

이 두 종류들은 다시 펙틴 분자들에 작용하는 방식이 마치 전분에 작용하는 α 및 β-아밀레이스 모양으로 폴리메틸갈락트유론산(polymethylgalacturonic acid)에 무작위적으로(at random) 작용하여 가수분해하는 엔도-폴리메틸갈락트유로네이스(endo-polymethylgalacturonase, Endo-PMG)와 펙틴 분자, 즉 폴리메틸갈락트유론산(polymethylgalacturonic acid)의 말단에서부터 갈락트유론산의 형태로 하나씩 차례로 가수분해해 나가는 엑소-폴리메틸갈락트유로네이스(exo-polymethylgalacturonase, Exo-PMG), 그리고 펙틴산, 즉 폴리메틸갈락트유론산을 무작위적으로 가수분해하는 엔도-폴리갈락트유로네이스(endo-polygalacturonase, Endo-PG) 및 폴리갈락트유론산을 말단에서 차례로 하나씩 가수분해하는 엑소-폴리갈락트유로네이스(exo-polygalacturonase, Exo-PG) 등으로 분류되고 있다. 이 중 엔도- 및 엑소-폴리갈락트유로네이스(Endo-PG 및 Exo-PG)의 성질들은 표 8-10과 같다. 이들은 펙틴에는 직접 작용하지 않으며, 펙틴산(pectic acid)만을 가수분해한다.

한편, 엔도-폴리메틸갈락트유로네이스(Endo-PMG)와 엔도-폴리갈락트유로네이스(Endo-PG)는 각각 펙틴 분자, 펙틴산 분자들을 먼저 다이, 트리, 테트라메틸갈락트유론산, 또는 해당하는 각각의 갈락트유론산(di, tri, tetramethylgalacturonic acids, 또는 di, tri, tetragalacturonic acids)을 가수분해한 후, 궁극적으로는 메틸갈락트유론산, 또는 갈락트유론산으로 가수분해한다.

한편, 이들(Lee, S. C. *et al*., 1999)은 근래 발표된 여러 문헌들을 조사하여, 사과의 펙틴은 세포벽(cell wall)의 셀룰로오스나 헤미셀룰로오스류(hemicelluloses)와 에스터 결합을 통해서 프로토펙틴(protopectin)의 형태로 존재하나, 사과가 성숙되어 감에 따라 그 일부가 점차 수용성인 펙틴(water soluble pectin)으로 전환된다고 설명하고 있다.

이들은 또한 앞에서 말한 엑소-폴리갈락트유로네이스(exo-polygalacturonase, Exo-PG)는 프로토펙티네이스(protopectinase)의 일종으로 생각할 수 있으며, Exo-PG는 프로토펙틴을 가수분해해서 펙틴을 형성하는 효소들의 하나라고 생각하고 있다.

표 8-10 클로스트리디엄 디플로디엘라(C. diplodiella)에서 추출된 효소 추출액의 성질.

각 효소 추출액	가수분해되는 기질과 가수분해의 정도		최적 pH	최적 온도	최종 분해 생성물
	펙틴	펙틴산			
Endo-PG Ⅰ	극미량	77.8%	4.0~4.5	40℃	모노, 다이갈락트유론산
Endo-PG Ⅱ	극미량	68.8%	4.0~4.5	40℃	모노, 다이갈락트유론산
Endo-PG Ⅲ	극미량	54.0%	4.0~4.5	40℃	모노, 다이, 트리갈락트유론산
Exo-PG	극미량	100.0%	4.0~4.5	50℃	모노갈락트유론산
PE Ⅰ	작용 받음	—	4.5~5.0	40℃	펙틴산
PE Ⅱ	작용 받음	—	4.5~5.0	40℃	펙틴산

Reed, G. 1966. "*Enzymes in Food Processing*," Academic Press, New York. p.308.

Exo-PG는 또한 셀룰로오스와 결합된 펙틴의 중성당(中性糖) 곁사슬들, 즉 가지(branch)들을 분해하거나, 호모갈락트유로난(homogalacturonan) 부분을 가수분해한다고 한다. Exo-PG는 최근에 와서는 식물세포(plant cell)들에서 프로토플라스트(protoplast), 즉 원형질체(原形質體)를 생산하는 데 이용되고 있다고 한다.

이들(Lee, S. C. *et al.*, 1999)은 사과박(apple pomace)에서 펙틴을 추출할 때, 종래의 산 추출법은 펙틴이 비교적 잘 추출되나, 추출된 펙틴은 용해(solubilization)에 의해서 손실이 크지만, Exo-PG를 사용하여 펙틴을 추출할 때는 이상과 같은 손실(lose)이 없는 사실에 착안하여, 라이조퍼스 균종(Rhizopus species)에서 추출, 정제한 Exo-PG를 이용해서 사과박에서 펙틴을 추출한 바 있다.

이들에 의하면, 종래의 산 추출법으로 추출했을 때는 그 수율(收率, yield)이 8%였으나, pH 7, 온도 45℃에서 60시간, 이상의 Exo-PG를 사과박에 작용시켰을 때는 31%의 펙틴을 얻을 수 있었다고 한다. 또한 Exo-PG를 사용해서 얻은 펙틴의 순도는 81%, 메톡실 함량(methoxyl content)은 6.36%로서, 산 추출법으로 얻은 펙틴의 순도 75.7%, 메톡실 함량(methoxyl content) 2.44%에 비해서 더 우수했다고 보고하고 있다. 그리고 각각의 평균 추정 분자량은 1.5×10^4(효소 추출법의 경우)와 7.66×10^4(산 추출법의 경우)였다고 한다.

한편, 육들(Yuk, H. G. *et al.*, 1999)은 역시 라이조퍼스 균종(Rhizopus species)에서 추출, 정제한 엑소-폴리갈락트유로네이스(Exo-PG)를 사용하여 배의 박(pear pomace)에서 펙틴을 얻고 있다. 즉, 배의 박에 Exo-PG를 pH 7.8, 60℃, 효소/기질 비율 1/10에서 36시간 가수분해시킨 후, 최고 23.4%의 펙틴을 얻고 있다. 함께 실험한 산 분해법의 경우, 그 수율(收率)은 6.2%였다고 한다. 그러나 그 순도는 각각 34.7%(효소 추출법의 경우)와 71.1%(산 추출법의 경우)이었으며, 메톡실 함량은 각각 0.7%와 5.0%였다고 한다. 또한 효모로 추출한 펙틴의 평균 추정 분자량은 2.5×10^3, 산으로 추출한 펙틴의 경우 8.4×10^3 이었다고 보고하고 있다.

고 메톡실 펙틴류와 저 메톡실 펙틴들

고 메톡실 펙틴들 고 메톡실 펙틴들(high-methoxyl pectins)은 앞에서 말한 대로 메톡실 함량(methoxyl content)이 7% 이상, 에스터화도, 즉 DE 또는 DM이 43 이상인 펙틴들이다.

이 펙틴들은 적당한 양의 산과 당, 예로서 설탕과 함께 젤(gel)을 형성한다. 이 펙틴들은 주로 과즙 젤리류(fruit juice jellies), 과실 잼류(jams) 등을 제조하는 데, 그리고 기타의 가공 식품들에 유화제(emulsifier), 젤리 입힘(glaze), 조밀제(thickener) 등으로 사용된다. 한편, 고 메톡실 펙틴들의 경우, 메톡실기의 함량이 감소됨에 따라 펙틴 현탁액이 젤화 되는데 소요되는 시간(gelation time)은 길어지며, 메톡실 함량 7% 정도에서 그 소요시간은 최대치를 갖는다.

저 메톡실 펙틴들 저 메톡실 펙틴들(low-methoxyl pectins)은 메톡실 함량(methoxyl content)이 7% 이하, 즉 에스터화도(DE 또는 DM)가 43 이하인 펙틴들로서, 메톡실 함량이 큰 펙틴들에 산(acids), 알칼리(alkalies), 효소(enzymes) 등을 조심스럽게 작용시켜서 그 함량을 조절하여 만든다.

저 메톡실 펙틴들(low-methoxyl pectins)은 적당한 농도의 다가이온들(polyvalent ions), 즉 Ca^{++}, Mg^{++} 이온들이 이 펙틴들의 현탁액에 존재할 때는 당이나 산의 양에 별 관계없이 젤(gel)을 형성한다. 고 메톡실 펙틴들이 젤을 형성할 수 있는 pH 범위가 2.7~3.6으로 극히 제한된 데 반해서, 이 저 메톡실 펙틴들은 pH 2.5~6.5 사이의 넓은 영역에서 젤을 형성할 수 있다.

완속 젤 형성 펙틴과 신속 젤 형성 펙틴들

고 메톡실 펙틴들 중 그 에스터화도(Degree of Esterification, DE)가 낮을수록 그 현탁액의 젤화에 소요되는 시간은 느려진다. 이와 같이 젤화 하는데 시간이 많이 소요되는 펙틴들은 완속(緩速) 젤 형성 펙틴들(slow setting pectins)이라고 불려진다.

완속 젤 형성 펙틴 완속 젤 형성 펙틴들의 장점들 중의 하나는 굳어지는 시간(setting time)이 비교적 길며, 충전(filling) 등의 조작 중에 굳어질 염려가 없기 때문에 조작에 사용되는 시간에 여유를 가질 수 있으며, 따라서 어떤 용기에 젤리나 잼 등을 충전하는 도중에 굳어진다든지 하는 일을 피할 수 있다는 점이다.

한편, 젤화 시간(gelation time)은 펙틴 분자의 구조 자체의 성질 이외에도 산성 인산소다(disodium hydrogen phosphate, Na_2HPO_4) 등과 같은 완충염(buffer salts)의 첨가로써 연장시킬 수도 있다.

펙틴의 콜로이드 용액의 pH는 이 펙틴의 교질용액, 즉 졸(gol)의 젤화 시간(gelation time 또는 setting time)에 큰 영양을 주며, 일반적으로 pH가 산성이 될수록 젤화 시간은 단축된다. 과즙의 젤리나 과실 잼 등을 제조할 때, 과실에 존재하는 유기산들(organic acids)이 유리되어 나오기 때문에 제조 중의 젤리나 잼의 pH는 더 산성(acidic)으로 기울어진다. 그러나 완충염들(buffer salts)이 존재하는 경우에는 이와 같은 pH의 산성 쪽으로의 이동은 억제되므로 젤(gel)이 형성되는 시간은 가속되지 않는다.

이 완속 젤 형성 펙틴들(slow setting pectins)의 또 하나의 특징은 젤을 형성하는 온도이다. 보통 완속 젤 형성 펙틴들은 55℃ 부근에서 굳어지나, 신속 젤 형성 펙틴은 85~90℃에서 굳어진다는 사실이 알려져 있다.

신속 젤 형성 펙틴들 고 메톡실 펙틴들 중 그 에스터화도(the degree of esterification)가 큰 펙틴의 교질용액은 비교적 높은 온도에서 급속도로 굳어지기 때문에 신속(迅速) 젤 형성 펙틴들(rapid setting pectins)이라고 불려진다.

이 펙틴들은 젤화 시간이 매우 빠르기 때문에, 과실 알맹이나 과육 펄프(fruit pulp)가 부상(浮上), 즉 뜨게 되어 고체 성분과 젤 성분이 분리되기 쉬운 잼이나, 프레저어브(preserves), 즉 통조림 등의 제조에 매우 편리하다.

이 신속 젤 형성 펙틴의 단점은 완성된 젤의 굳기(firmness)가 완속 젤 형성 펙틴을 사용한 경우보다 못하며, 또 너무 신속히 굳기 때문에 충전 과정에서 젤(gel)화가 일어나는 가능성이 있는 점이다.

펙틴의 젤 형성 능력과 그 등급

시중에서 판매되고 있는 펙틴류, 즉 메톡실 함량이 7% 이상인 고 메톡실 펙틴류는 그 젤 형성 능력(gelling ability)이 클수록 품질이 좋은 것으로 생각되고 있다.

펙틴의 젤 형성 능력은 1파운드(pound)의 펙틴이 얼마만큼의 설탕(sucrose)과 결합하여 최적 pH, 즉 pH 3.2 전후에서 65%의 당 농도를 가진 일정한 굳기(firmness)의 젤리를 형성하느냐로 정해진다.

즉 1파운드의 펙틴이 위와 같은 조건을 충족시키는 젤리(jelly)를 최고 150파운드의 설탕과 함께 형성하였다면, 이 펙틴의 등급(pectin grade)은 150이 된다. 일반적으로 펙틴의 등급이 높을수록 펙틴의 품질(pectin quality)도 높다.

이 펙틴들의 젤 형성 능력은 일차적으로는 펙틴 분자들이 클수록, 즉 펙틴 분자들의 분자량이 클수록 젤 형성 능력은 커진다고 생각되고 있다. 일반적으로 시중에서 판매되고 있는 펙틴(commercial pectin)의 등급은 100 내지 350 정도이며, 감귤류(citrus products)의 껍질에서 얻어진 펙틴보다는 사과에서 얻어진 펙틴이 그 젤 형성 능력이 크다.

한편, 시중에서 판매되고 있는 펙틴으로는 액상 펙틴(liquid pectin)과 분말상 펙틴(powered pectin)들이 있다. 액상 펙틴은 대략 3 내지 5%의 펙틴을 함유하고 있는 교질용액으로서 제조하기는 쉬우나, 저장 중에 펙틴 분자들 자체나 메틸에스터기(methyl ester group)들이 서서히 가수분해 되어 젤 형성 능력(gellying power)이 감소되는 결점이 있다.

한편, 분말 펙틴은 운반하는 데 더 편하고, 저장 중에 가수분해 또는 부패, 변질이 일어날 위험이 더 적기 때문에 현재로서는 주로 분말 펙틴이 사용되고 있다.

펙틴 젤의 조직에 영향 주는 요인들

한편, 글리크스맨(Glicksman, M., 1965)은 펙틴 젤의 조직(gel texture)에 영향 주는 여러 요인들(factors)과 이와 같은 요인들에 의해서 일어나는 펙틴 젤의 조직 변화들의 일부를 다음과 같은 표 8-11로 표시하고 있다.

표 8-11 젤 조직(gel texture)에 직접 영향 주는 펙틴의 반응들(pectin reaction).

펙틴의 반응(pectin reactions)	젤 조직(gel texture)의 변화
펙틴산 칼슘(calcium pectinate)의 용해(solublization)	더 연해진다
칼슘염(calcium salts)의 첨가	더 단단해진다
단가 이온 농도(monovalent ion concentration)의 증가	더 연해진다
효소 폴리갈락트유로네이스(polygalacturonase)의 작용	더 연해진다
효소 펙틴 에스터레이스(pectin esterase)의 작용	더 단단해진다

Glicksman, M. 1965. *Food Technol.*, 19, 944.

펙틴 젤 형성의 기구

펙틴 젤(pectin gel)의 형성 과정, 즉 펙틴에 의해서 젤리(jelly)가 형성되는 과정에 대한 기구

(mechanism)는 여러 연구자들에 의해서 연구되어 왔다.

펙틴 젤 형성 과정에서 그 젤 형성 기구(mechanism of the gel formation)는 고 메톡실 펙틴(high-methoxyl pectin)의 경우와 저 메톡실 펙틴(low-methoxyl pectin)의 경우는 뚜렷이 다르다.

고 메톡실 펙틴에 의한 젤 형성 기구에 대해서는 올센(Olsen, A. G., 1934) 등에 의해서 널리 연구되어 왔다. 아직 세부적으로 완전히 규명되었다고 볼 수는 없으나(Oakenfull, D. *et al*., 1984), 올센의 젤 형성 기구에 대한 설명은 많은 학자들에 의해서 널리 받아들여지고 있다(Lowe, B., 1955 ; Mats, S. A., 1962 ; Jirgensons, B., 1962 ; Glicksman, M., 1969).

고 메톡실 펙틴의 젤 형성 기구 올센에 의하면, 고 메톡실 펙틴의 젤 형성 기구는 다음과 같다.

1. 펙틴 분자들은 본질적으로는 폴리갈락트유론산 분자들(polygalacturonic acids, 더 엄밀하게는 polymethylgalacturonic acids이나, 여기서는 편의상 그대로 쓴다)이며, 이들 분자 속에서 메틸에스터화되어 있거나, 비해리 상태에 있는 유기산기(undissociated carboxyl group)들을 제외한 모든 유기산기들은 음의 하전(negative electric charge)을 갖는다.
   따라서 펙틴 분자들은 콜로이드 용액 속에서는 음으로 하전된 친수성 교질 분자들(negatively charged hydrophilic colloidal molecules)로 존재하며, 물분자들에 의한 강한 수화현상(hydration)과 펙틴 분자들 상호간의 음하전에 의한 반발(repulsion) 현상에 의해서 펙틴 분자들의 분산상태(dispersion state)가 안정화되고 있다.
2. 펙틴 분자들의 교질용액에 설탕(sucrose)을 첨가하면, 이 첨가된 설탕 분자들은 자신의 수화(hydration)를 위해서 교질용액 내의 물분자들, 특히 펙틴 분자들에 수화(水和, hydration)되어 있는 물분자들을 일부 제거함으로써 결과적으로 설탕은 탈수제(dehydrating agent)로 작용한다. 설탕 분자들의 수화가 진행됨에 따라, 펙틴 분자들에 수화되었던 물 분자들의 일부가 계속 제거되며, 그 결과로 펙틴 분자들의 수화에 의한 안정 상태는 파괴되고, 불안정(unstable)한, 침전되기 쉬운 상태, 즉 펙틴 분자들 간에 결합하기 쉬운 상태로 된다. 이와 같은 수화된 펙틴 분자들의 탈수과정(dehydration process)은 어떤 평형상태(equilibrium state)를 가져오나, 평형에 이르는 데는 시간이 걸리며, 그 시간은 펙틴의 종류에 따라 다르다. 따라서 펙틴의 교질용액에서 젤(gel)이 형성되는 데는 어떤 시간(setting time)이 필요하며, 그 시간은 펙틴의 종류에 따라 다르다.
3. 산에 의해서 형성된 수소 이온들(hydrogen ions)은 펙틴 분자들이 가진 음하전(negative electric charge)을 중화(中和)시켜 줌으로써 펙틴 분자들의 안정성을 감소시켜, 펙틴 분자들이 서로 결합하여 3차원의 망(three dimensional network)을 형성하는 것을 용이하게 한다. 펙틴 분자들이 음으로 하전된 분자들로 존재할 때는 분자들 상호간에 작용하는 척력(斥力, repulsion force)에 의해서 분자들 사이의 접근과 결합으로 되는 3차원의 망 형성은 방해를 받는다.
   수화된 펙틴 분자들의 탈수 속도(rate of dehydration)는 수소 이온 농도와 어느 한계(pH 4.7~3.4)까지는 직접 비례한다. 실제에 있어서는 그 속도는 펙틴 분자들의 크기, 에스터화도(degree of esterification), 그리고 특히 펙틴의 교질용액에 존재하는 염류(salts)에 의해서 영향을 받기 때문에 이론에서와 같은 규칙적인 변화를 하지는 않는다. 한편, pH가 2.5~2.7보다 산성에서는 펙틴 분자들 자체의 가수분해가 서서히 일어난다.

4. 이렇게 침전된 펙틴 분자들은 분자 속의 유기산기, 에스터기, 수산기 등을 통해서 직접, 또는 설탕 분자들이나 물분자들을 통해서 간접적으로 수소결합(hydrogen bond)에 의해서 상호(相互) 연결되어 3차원의 망(three dimensional network)을 형성하는 것으로 생각되고 있다. 이때 형성되는 결합 양식의 일부는 그림 8-11 및 8-14와 같다.
   설탕을 비롯한 용질 분자들(solute molecules)은 펙틴 분자들이 형성한 3차원의 망 사이의 공간(interstices)에 들어가서 주로 수소결합을 통해서 거기에 머무르게 되며, 평형상태(equilibrium state)에 이르는 동시에 반고체(semi-solid)의 젤(gel)이 형성된다.

이와 같이 형성된 고 메톡실 펙틴 젤(gel)은 의사가소성(pseudoplasticity) 또는 틱소트로피성, 즉 의액성(thixotropic properties)을 갖고 있는 것으로 보고되고 있다(Glicksman, M., 1969). 즉, 이 젤은 고온에서는 다시 졸(sol)로 되며, 냉각하면 다시 젤화 된다.

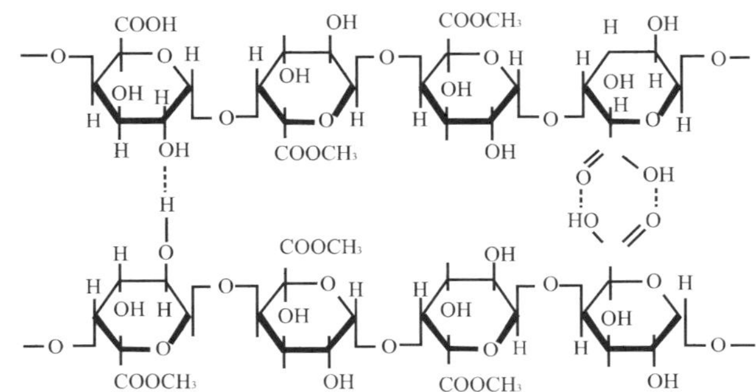

[그림 8-14] 고 메톡실 펙틴의 젤 형성 기구의 일부를 설명하는 수소결합.
Glicksman, M., 1969. "*Gun Technology in the Food Industry,*" p. 168, Academic Press, New York.

펙틴 젤의 유동학적 성질들은 함께 존재하는 여러 성분들의 영향을 크게 받으며, 그다지 간단하지는 않는 듯하다(Sone, T., 1972). 한편 많은 과실류, 채소류의 즙(juice)과 퓨레이(purees)들은 의사가소성을 나타낸다고 한다(Rha, C. K., 1975).

저 메톡실 펙틴의 젤 형성 기구 저 메톡실 펙틴들(low-methoxyl pectins)은 이 펙틴들이 존재하는 교질용액의 고체 성분의 함량(soluble solid content), 즉 당과 산, 특히 당의 함량이 적어도 소량의 다가(多價) 이온들(polyvalent ions), 예를 들어서 칼슘 이온들(Ca^{++} ions)이 존재할 때는 젤을 형성할 수 있다.

저 메톡실 펙틴들의 젤 형성 기구(mechanism)는 저 메톡실 펙틴 분자들의 유리 유기산기들(free carboxyl groups)이 칼슘 이온들과 같은 다가 이온들(polyvalent ions)과 이온결합(ionic bond, 즉 salt bridges)을 통해서 입체적인 횡적결합들(cross-linkages), 즉 3차원의 망(three dimensional network)이 형성되는 데 있다.

이와 같이 형성된 펙티닌산, 또는 펙틴산의 칼슘염들(calcium pectinates, 또는 calcium pectates), 또는 다른 다가 이온들의 염들도 그 횡적결합들(cross-linkages)을 통해서 3차원의 망(three dimensional network)을, 즉 젤(gel)을 형성한다.

한편, 나트륨 이온들과 같은 단가(單價) 이온들(univalent ions)이 존재할 때는 칼슘 이온들과 같은 다가 이온들을 대체함으로써 횡적결합의 형성을 약화시켜 억제한다고 한다.

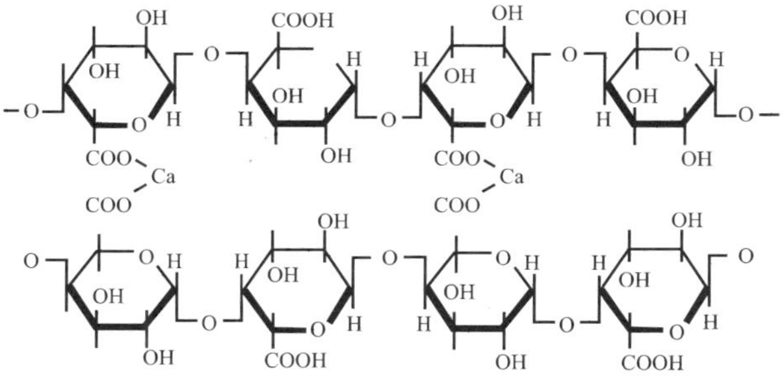

[그림 8-15] 저 메톡실 펙틴의 젤 형성 기구를 설명하는 이온결합(salt bridges).
Glicksman, M., 1969. "*Gun Technology in the Food Industry,*" p. 168, Academic Press, New York.

이상의 이온결합에 의한 횡적결합들의 예를 보면 그림 8-15와 같다.

한편, 칼슘 이온들과 같은 다가 이온들의 경화제(硬化劑, firming agent)로서의 작용은 세포막의 펙틴 분자들과의 작용뿐만 아니라, 세포막에 함께 존재하는 전분의 인산 에스터 그룹들(starch phosphate groups)과도 강하게 결합하는 데 있는 것으로 알려져 있다.

펙틴 분자에 수화된 물분자의 분리

펙틴의 교질용액에서 펙틴 분자들의 안정성이 감소되어, 이들 분자에 수화(hydration)되었던 물 분자들이 분리되거나, 펙틴 젤(pectin gel)의 골격을 구성하고 있는 펙틴 분자들이 형성한 3차원의 망에서 펙틴 분자들에 수화된 상태로 존재하던 물 분자들이 젤 구조(gel structure)를 형성하고 있는 격자들(lattices)의 붕괴 그리고 젤 구조의 축소(縮小)에 따라 점차로 분리되어 나가는 경우가 있다.

이와 같은 물의 분리, 특히 젤(gel)에 함유된 물의 분리현상은 보통 시네레시스(syneresis, 또는 weeping)로 알려져 있으며, 그 젤을 형성하고 있는 펙틴의 품질(quality)과 직접 관련이 있다. 일반적으로 가수분해 작용을 받지 않았거나, 덜 받은 펙틴 분자들, 즉 분자량이 큰 펙틴 분자들일수록 수화(hydration)하는 힘이 크며, 시네레시스는 덜 일어난다.

예로서, 토마토 즙의 시판제품들에서는 제품의 시네레시스, 즉 고체 성분과 액체 성분들의 분리를 방지하기 위해서, 펙틴 분자들의 가수분해하는 펙틴 분해효소들을 가공 초기의 신속한 가열 처리로 불활성화(heat inactivation, 즉 breaking process)하는것이 필수적인 과정이 되고 있다.

펙틴 물질들의 약리 작용

펙틴류, 그리고 그 모체가 되는 프로토펙틴은 곡류, 두류, 과실류, 채소류에 널리 분포되어 있으며, 식이 섬유들(dietary fibers)의 주요 또는 대표적 성분들의 하나로 알려져 왔다.

그러나 펙틴들이나 프로토펙틴들은 식물체에 일반적으로 더 광범위하게 분포되어 있으며, 일상적으로는 섭취되지 않은 가식식물체(可食植物體)들, 예로서 약초류(herbs)를 비롯한 약용식물들(예로서 인삼), 콩류 등에도 널리 분포되고 있다.

따라서 여기서는 사람들이 통상적으로 섭취할 기회가 있는 모든 형태의 펙틴류와 프로토펙틴들 그리고 그 분해 생성물들을 포함한 펙틴 물질들의 생리적 또는 약리적 작용에 대해서 간단히 설명하기로 한다.

오래 전부터 펙틴류는 식이 섬유질류로서, 소위 점액성이 큰 고무질 성분들(viscous mucilages)과 함께 혈청(血淸, serum) 내 지방질이나 간(肝, liver) 지방질의 함량을 감소시키는 사실들이 밝혀져 왔다.

그리고 더 최근에는 이상의 점액성 섬유질들(예로서 펙틴류)이 혈청 콜레스테롤이나 저밀도 리포프로테인(low-density lipoprotein, LDL) 중의 콜레스테롤의 함량을 감소시키며, 또한 혈액 내의 포도당(α -D-glucose)의 급격한 증가를 억제하는 작용 등이 알려져 왔다.

여기서는 그 동안 일부 펙틴류의 약리 작용에 관해서 연구한 결과들과, 50여 편의 문헌들을 바탕으로 엮어낸 신(Shin, K. S., 1999)의 "펙틴의 다양한 약리활성과 그 잠재적 이용성"에 관한 레뷰(a review, 회원논단) 중의 주요한 일부 내용들에 대해서 극히 간단하게 설명해 나가기로 한다.

우선 펙틴류의 기본적인 구조는 폴리갈락트유론산(polygalacturonic acid, PGA)들이 주가 된 긴 사슬들(long linear chains) 사이에 가지(branched)가 많으며, 구조가 복잡하고(ramified) 사슬 길이가 짧은(short chain) 람노갈락트유로난-Ⅰ(rhamnogalacturonan Ⅰ, RG-Ⅰ)과 람노갈락트유로난-Ⅱ(RG-Ⅱ)가 연결된 구조를 갖고 있는 것으로 생각하고 있다. 이상의 RG-Ⅰ이나 RG-Ⅱ를 구성하는 당류나 화합물들, 그리고 그 결합 양식과 그 미세구조들에 대해서는 잘 연구되고 있다고 한다. 그러나 이상의 펙틴들의 어떤 특정한 약리 작용이 펙틴 전체의 작용인지, PGA의 작용인지, 또는 RG-Ⅰ이나 RG-Ⅱ의 작용인지는 아직 확실히 규명되어 있지 않은 경우가 많으며, 이런 점들이 앞으로의 연구과제가 될 것으로 보고 있다(Shin, K. S., 1999).

지금까지 알려진, 여러 식물체들에서 얻은 펙틴들 또는 그 가수분해 생성물들, 즉 RG-Ⅰ이나 RG-Ⅱ 등의 실험동물들에 대한 약리적 작용 또는 활성들(pharmacological activities)의 종류와 펙틴들의 구조 부분들의 관계를 간단히 설명하면 다음과 같다.

즉, 면역성 자극활성(immunostimulating activity)으로 분류되는 자기면역 질환 치유활성(auto-immune disease curing activity)을 먼저 들 수 있다.

이 경우 정상적인 면역 반응에 의해서 형성된 항원(抗原, antigen)과 항체(抗體, antibody)가 결합하여 형성된 면역복합체(immune complex, IC)가 적시에 혈액 내에서 제거되지 않을 때는 자기면역 질환을 일으키게 된다. 인삼 잎에서 추출한 펙틴의 RG-Ⅱ 부분은 IC, 즉 면역복합체의 제거를 촉진시키는, 자기면역 질환을 치유하는 활성을 갖고 있는 것으로 알려져 있다.

한편, 상호보완 시스템 활성화 작용(complementary system activating ability)은 혈액 내에 순환하는 특정 단백질들이 오염 미생물의 감염(bacterial infection) 등으로부터 숙주(host)를 방어하는 기능을 가졌는데, 인삼의 뿌리, 잎, 자호(柴胡, *Bupleurum falcatum*), 감초 등에서 추출한 펙틴들에서 분리한 RG-Ⅰ 부분은 바로 위에서 설명한 상호보완 시스템의 작용을 크게 활성화시켰다고 한다.

한편, 감귤류 펙틴(citrus pectin)을 알칼리 처리해서 얻은 펙틴 가수분해물(modified citrus pectin, MCP)은 실험동물에 발생된 암 또는 악성 종양의 전이(轉移, metamitosis)를 억제하는 활성(anti-metamitosis activity)을 갖고 있었으며, 그 활성은 RG-Ⅰ 부위에 해당하는 것으로 생각되고 있다.

이 이외에도 인삼의 잎, 자호(Bupleurum falcatum)에서 얻은 펙틴들은 항 위궤양 활성(anti-ulcer activity)을 보였으며 펙틴들의 활성을 나타낸 부분은 RG-Ⅰ이었다고 한다.

또한 안젤리카(*Angelica acutilofa*)에서 추출한 복합 다당류(complex polysaccharides)는 강한 항종양 활성(anti-tumor activity)을 나타냈다고 한다. 이 복합 다당류는 펙틴의 RG-Ⅰ 부위에 해당하는 것으로 생각되고 있다.

이상과 기타 펙틴의 다양한 약리 작용에 흥미가 있는 독자들은 신(Shin, K. S., 1999)의 레뷰와 이 레뷰에 수록된 비교적 최근의 문헌들을 참고하기 바란다.

기타의 식물성 다당류 및 미생물 다당류

식물성 다당류와 미생물들에서 얻어지는 다당류(polysaccharides) 중 식품 중에서 중요한 역할을 담당하고 있거나, 식품가공, 제조 시에 이용되고 있는 또는 그 사용이 고려되고 있는 일부 다당류는 「제10장 자연에서 얻어지는 고무질 물질들」에서 논의하기로 한다.

동물성 다당류

동물조직 중의 다당류, 글라이코젠

일반적으로 동물조직에 함유되고 있는 탄수화물들의 대부분, 특히 근래에 와서 인체 내에서 중요한 역할들을 하고 있는 것으로 알려지기 시작한 많은 복합 다당류(complex polysaccharides)들은 단백질 또는 지방질, 또는 기타의 성분들과 결합된 복잡한 형태로 존재하며, 분해하지 않고서는 분리, 정제하기가 어렵다.

따라서 이들 다당류, 즉 폴리삭카라이드류에 대해서는 극히 일부를 제외하고서는 아직도 잘 연구되고 있지 않은 실정이다. 동물조직에 존재하는 다당류 중에서 가장 잘 연구되고 있는 것의 하나는 아마도 호모글라이칸류(homoglycans)에 속하며, 또한 α-D-글루칸류(α-D-glucans)에 분류되고 있는 글라이코젠(glycogen)일 것이다.

식물이 포도당(α-D-glucose)의 중합체인 전분을 저장용 탄수화물들(reserve carbohydrates)의 한 형태로 그 체내에 저장하는 것과 마찬가지로 동물은 포도당(α-D-glucose)의 중합체인 글라이코젠(glycogen)을 필요할 때 즉시 에너지원(energy source)으로 이용할 수 있는 저장용 탄수화물들의 한 형태로서 그 근육조직(muscle tissues)과 특히 간(liver, 건조 중량으로 2~8%)에 저장한다. 글라이코젠은 그 구조나 성질이 전분 중의 아밀로펙틴(amylopectin)과 비슷하기 때문에 동물성 전분(animal starch)이라고도 불려져 왔다.

글라이코젠은 또한 포유동물의 조직에만 국한되어 있지 않으며, 하등(下等) 동물 또는 식물체들(Jirgensons, B., 1962), 그리고 해조류, 세균류, 효모류나 곰팡이류(algal, bacterial, yeast and fungal glycogen, Aspinall, G. O., 1983) 등에도 함유되고 있는 사실이 알려져 있다.

글라이코젠은 앞에서 말한 대로 α-포도당이 α-1,4- 결합과 α-1,6- 결합을 통해서 결합된 중합체로서 구조적으로는 앞에서 말한 대로 아밀로오스(amylose)보다 아밀로펙틴에 더 가까운 구조를 갖고 있으며, 아밀로펙틴에 비해서 더 짧고, 더 많은 가지들(branches)을 가진 구조를 갖고 있다(그림 8-16 참조).

아밀로펙틴의 경우에는 하나의 α-1,6- 결합에서 다음의 α-1,6- 결합 사이의 평균 포도당 구성 단위의 수가 18~27개이나, 글라이코젠의 경우에는 평균 포도당 구성 단위의 수가 8~16개 정도로 알려져 있다. 이 가지들(branches)은 글라이코젠 분자의 내부 쪽에 더 많으며, 분자 구조의 바깥쪽은 내부에 비해서 가지 수가 적다.

[그림 8-16] 글라이코젠(glycogen)의 구조를 표시한 그림.
Jirgensons, B., 1962. "*Natural Organic Macromolecules*", p. 147, Pegamon Press, London.

즉, 질젠손즈(Jirgensons, B., 1962)에 의하면, 글라이코젠 분자 내부에서 하나의 가지에서 다음 가지 사이에 있는 평균 포도당 수는 불과 3개 내지 4개이나, 분자의 표면 부위에서는 가지와 가지 사이에 있는 평균 포도당 수는 아밀로펙틴의 경우와 거의 비슷하다고(18개 내지 27개) 한다. 글라이코젠의 분자 형태는 그 많은 가지 때문에 구형(球形, globular 또는 spherical form)을 이루고 있다.

글라이코젠은 요오드(沃度, iodine, I_2)에 의해서 아밀로펙틴의 경우와 비슷한 적갈색(赤褐色, reddish brown)의 정색 반응(color reation)을 나타낸다. 요오드와의 정색 반응은 α-D-포도당의 α-1,4-결합의 중합도(degree of polymerization, DP)와 직접 관련되므로 글라이코젠의 정색 반응이 아밀로펙틴의 경우와 유사함을 이해할 수 있다. 한편, 글라이코젠 용액의 점도(viscosity)가 아밀로펙틴이나 아밀로오스의 경우보다 적은 것은 그 형태로 보아 이해할 수 있다.

한편, 글라이코젠은 전분과 같이 호화, 즉 젤라틴화(gelatinization)를 일으키지 않으며, 따라서 노화현상(retrogradation)도 없다. 글라이코젠의 분자량은 대체로 3×10^6 내지 5×10^7 정도로 추정되고 있다.

글라이코젠의 생체 내에서의 작용 인체를 비롯한 생체 조직 내에 저장된 글라이코젠은 필요에 따라 포도당으로 일단 분해된 후, 일련의 효소 반응들을 거쳐 피루빈산(pyruvic acid)으로 분해되며, 이와 같이 형성된 피루빈산은 충분히 산소가 존재하는 조건(aerobic condition)에서는 계속 산화되어 물과 탄산가스로 산화되는 동시에 다량의 ATP(1 분자의 포도당에서 36 분자의 ATP)가 형성된다.

이상의 변화를 반응식으로 표시하면 다음과 같다.

$$2(C_6H_{11}O_5)_n + 5n[O] \rightarrow 4nCH_3COCOOH + 3nH_2O$$
$$CH_3COCOOH + 5[O] \rightarrow 3CO_2 + 2H_2O$$

그러나 일시적인 과격한 운동 등에 의해서 에너지 소모량은 크나 산소 공급이 제한된 상태(anaerobic condition)에서는 글라이코젠에서 분해된 포도당은 젖산(lactic acid)으로 되면서 매우 신속하기는 하나 덜 효과적인 과정을 통해서 ATP를 생산한다(1 분자의 포도당에서 2 분자의 ATP).

이 과정으로 생체가 허용할 수 있는 한도 이상의 젖산이 축적되기 때문에, 젖산의 산소 공급이 제한된 상태(anaerobic condition)에서의 산화는 오래 지속될 수 없게 된다. 이때 형성된 젖산은 산소 공급이 원활해지면 다시 피루빈산을 거쳐서 탄산가스와 물로 계속 산화된다.

$$\underset{\text{글라이코젠}}{2(C_6H_{11}O_5)_n} + nH_2O + n[O] \rightarrow \underset{\text{젖산}}{4n\,CH_3CHOHCOOH}$$

생명이 끊어진 동물의 조직, 예로서 식용으로 마련된 육류의 조직에서는 혈액의 순환도 멈추고 산소의 공급도 끊어진 상태지만 그때까지 존재하던 산소와 ATP에 의해서 pH가 5.0~5.5 정도가 될 때까지 글라이코젠은 계속 분해되어 젖산(lactic acid)이 형성된다.

전술한 대로 젖산의 축적에 따라 pH가 5.0~5.5 정도까지 낮아지게 되면, 이상의 여러 반응에 관여한 효소들(glycolytic enzymes)의 작용은 억제되며, 전체의 반응은 점차로 멈추게 된다. 이상의 육류조직에서의 pH의 산성화(酸性化)는 육류의 부패를 일으키거나 병을 옮기는 균들(putrehactive or pathogenic microorganisms)의 활동을 억제함으로써 그 저장성을 향상시켜 주기 때문에 바람직한 변화로 생각되고 있다.

이와 같은 변화는 육류조직에 상당량의 글라이코젠이 함유되었을 때만 가능하다. 도살(slaughtering) 전의 가축의 취급 소홀로 육류조직에 어느 일정한 양의 글라이코젠이 존재하지 않을 때는 이상과 같은 효과를 기대할 수 없음은 자명하다. 일반적으로 영양 상태가 좋은 정상적인 육류조직 내의 글라이코젠의 함량은 1% 내외로 알려져 있다.

카이틴

전술한 대로 동물성 다당류(animal polysaccharides)는 대부분의 경우 단백질이나 기타의 성분들과 결합된 상태로 존재하며, 따라서 분리, 정제, 구조 규명 등이 일반적으로 어려운데다가 물리적, 화학적 성질, 생체 내에서의 기능 등이 잘 규명된 경우가 과거에는 많지 않아 그 기초적 또는 이용 연구들이 부진했었다. 그러나 글라이코젠을 제외한 동물성 다당류 중에서 구조나 물리적, 화학적 성질들, 특히 생체에 대한 주목할 만한 기능들 때문에 근래에 와서 많은 연구가 이루어지고 있는 대표적인 동물성 다당류로서 카이틴(chitin)과 그 유도체인 카이토산(chitosan)들이 있다.

카이틴은 마치 식물체들의 경우 주요한 구조 형성 다당류(structural polysaccharides)가 셀룰로오스인 것처럼 갑각류(crustaceans), 곤충, 많은 곰팡이류(Gorin, P. A. J. *et al.*, 1983) 등의 구조 형성 다당류이다. 카이틴은 특히 바다가재, 새우, 게 등의 갑각류(甲殼類)의 껍질에 풍부하게 존재하며, 이들 갑각류의 껍질 조직에 강직성(rigidity)을 부여하고 있다.

과거에는 이 카이틴은 전술한 바다가재, 새우, 게 등의 갑각류나 각종 조개류(shellfish)를 가공하는 수산식품 가공업계(the sea food processing industry)에서 폐기물(waste product)로서 전 세계적으로 막대한 양이 해마다 그대로 버려져 왔었다(Knorr, D., 1991 참조).

동물의 골격조직과 카이틴 동물의 세포조직을 받쳐 주는 골격조직들(骨格組織, skeletal systems)은 고등동물의 경우와 하등동물의 경우 크게 다르며, 일반적으로 동물들의 골격조직은 크게 두 종류로 분류된다.

1. 포유동물들(mammals)과 같은 고등동물들의 골격조직의 경우에는 콜라젠(collagen)을 주로 하는 조직이 인산칼슘[calcium phoshate, $Ca_3(PO_4)_2$]에 의해서 강화되고 있으며,
2. 바다가재, 새우, 게 등의 갑각류, 곤충들과 같은 하등동물에 있어서는 카이틴을 주로 하는 조직

이 탄산칼슘(calcium carbonate, $CaCO_3$)에 의해서 강화되고 있다.

카이틴의 구조 카이틴(chitin)은 보통 바다가재, 새우, 게, 조개류의 가공과정(processing procedures)에서 생긴 껍질들을 먼저 마쇄하여, 그 크기를 작게 하고(size reduction), 처음에는 묽은 NaOH 용액으로, 다음에는 새우, 게 등의 껍질에 묽은 염산(HCl)을 작용시켜서 그 속의 탄산칼슘을 용해, 제거시켜서 얻는다.

여기서 얻어진 가수분해 형성물, 즉 조(粗)카이틴(crude chitin)에는 각종의 불순물들이 함유되어 있으므로, 이것을 다시 묽은 알칼리, 알콜, 에텔(ether) 등으로 차례로 씻고, 남아 있는 유기물질들(organic materials)을 제거한 후 형성된 펄프상의 흰색 물질(white pulp)을 건조시켜서 백색의 분말을 얻는다.

이렇게 하여 얻은 백색 분말상의 카이틴은 물, 묽은 산, 묽은 알칼리 등에는 잘 녹지 않는다.

이 카이틴은 그림 8-17에서 볼 수 있듯이 N-아세틸글루코사민(N-acetyl-D-glucosamine)의 기본단위(the structural unit)가 β-1,4-결합으로 연결된 중합체(즉 poly-β-(1,4)-N-acrtyl-D-glucosamine)이다.

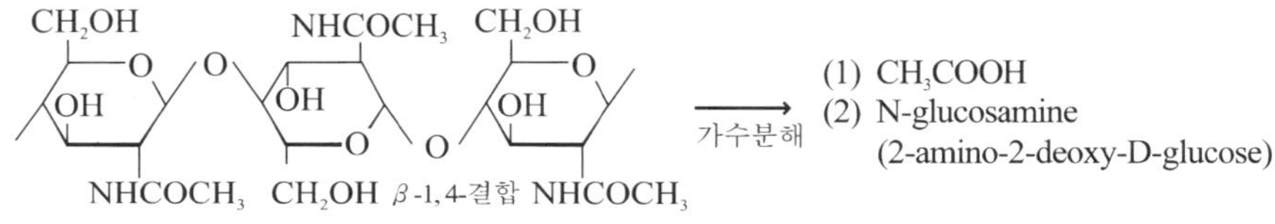

[그림 8-17] 카이틴(chitin)의 분자구조와 그 가수분해 생성물질들.

한편, 루이즈-헤러라(Ruiz-Herera, J., 1978 ; Knorr, D., 1991 참조)는 아스퍼질러스 나이저(*Aspergillus niger*), 페니실리엄 크리소제넘(*Penicillium chrysogenum*) 등의 12종의 곰팡이(fungi)의 균사(mycelium)에 함유된 카이틴의 함량을 조사하여 보고하고 있다. 예로서 전자(A. niger)의 경우 그 함량은 42%, 후자(*P. chrysogenum*)의 경우, 그 함량은 19.5~42%였다고 한다. 즉 카이틴은 이상의 곰팡이들의 균사를 배양하여 얻을 수도 있다.

한편, 카이틴에 알칼리(NaOH)를 계속 작용시키면, 먼저 카이틴의 구성단위 N-아세틸-D-글루코사민(N-acetyl-D-glucosamine)의 $-NHCOCH_3$가 가수분해되어 카이틴의 구성단위 N-아세틸-D-글루코사민들 중의 일부가 초산과 함께 2-아미노-2-데옥시-D-글루코오스(2-amino-2-deoxy- D-glucose), 즉 N-글루코사민(N-glucosamine)이 형성된다.

한편, 카이틴을 구성하는 2-N-아세틸글루코사민들(2-N-acetylglucosamines)의 일부가 전술한 바와 같이 N-아세틸글루코사민(N-acetylglucosamine)으로 된 중합체는 카이토산(chitosan)으로 불려진다.

이 경우 N-아세틸글루코사민 단위가 N-글루코사민 단위로 가수분해될수록 그 염기성(basicity, 즉 alkalinity)이 강해져 카이틴과는 달리 수용성(水溶性)이 커진다. 그러나 강한 염산(HCl) 또는 황산(H_2SO_4) 등을 계속 작용시킬 때는 카이토산류(chitosans)의 β-1,4- 결합까지도 점차 가수분해 되어 중합도(degree of polymerization, DP)가 2~10 정도의 카이토산 올리고당류(chitosan oligosaccharides)가 형성된다.

전술한 대로 카이틴 분자들(chitin molecules) 각각의 분자 구조는 그 구성 단위 N-아세틸글루코사민(N-acetylglucosamine) 또는 셀룰로오스(cellulose)의 경우처럼 β-D-글루코오스 또는 β-D-글루코오스 2 분자가 β-1,4- 결합으로 결합된 셀로비오스(cellobiose)가 그 구성단위로 가끔 생각되는 것과 같이, N-아세틸글루코사민 2 분자가 β-1,4- 결합으로 형성된 카이토비오스(chitobiose)가 가끔 그 구성단위로 생각되는 경우가 이전에는 있었다.

카이틴 분자들은 N-아세틸글루코사민의 구성단위가 β-1,4- 결합에 의해서 연결된, 직선상의 분자들(linear molecules of β-1,4-poly-N-acetylglucosamine)로 알려져 있다(그림 8-18 참조).

한편, 하니맨(Honeyman, J., 1984)에 의하면, 카이틴은 어떤 조건하에서 온화하게 가수분해 시킬 때는 그 분해 생성물들로서 이당류, 즉 다이삭카라이드(disaccharide)인 카이토비오스(chitobiose)가 얻어진다고 한다. 이 카이토비오스는 궁극적인 구성단위인 2-N-아세틸글루코사민 두 분자가 β-1,4- 결합에 의해서 결합된 셀룰로오스에 있어서의 셀로비오스(cellobiose)와 매우 유사한 구조를 갖고 있다(그림 8-18 참조).

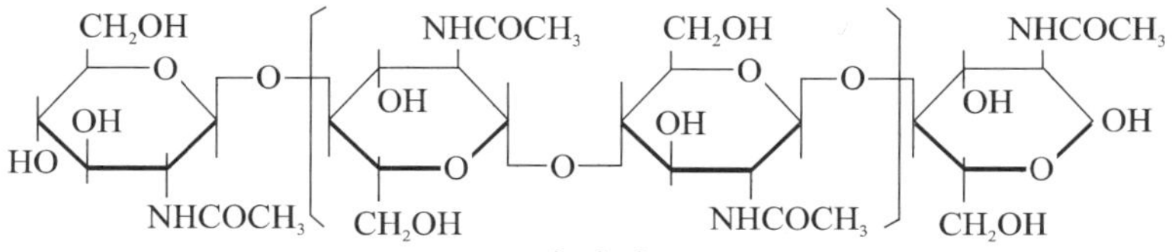

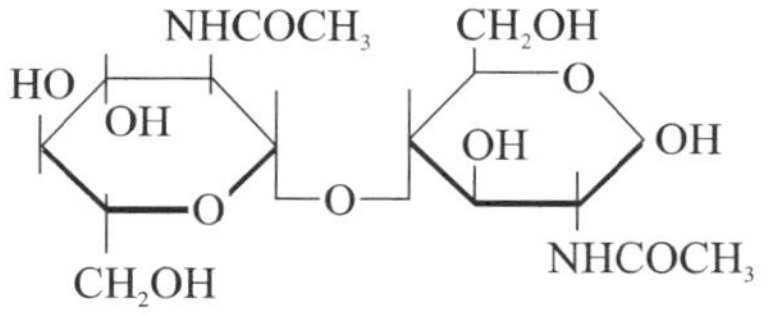

CH_2OH NHCOCH$_3$ CH_2OH NHCOCH$_3$
OH OH OH OH OH HO
NHCOCH$_3$ CH_2OH NHCOCH$_3$ CH_2OH

카이틴

NHCOCH$_3$ CH_2OH
HO OH OH OH
CH_2OH NHCOCH$_3$

카이토비오스

[그림 8-18] 카이틴(chitin) 및 카이틴의 구성단위인 카이토비오스(chitobiose)의 구조.
Honeyman, J., 1984. "*An Introduction to the Chemistry of Carbohydrates*", Oxford University Press, p. 123.

그 뿐만 아니라, 카이틴은 특징 있는 뚜렷한 X-선 회절도형(X-ray diffraction pattern)을 주며, 분자들이 셀룰로오스의 경우와 마찬가지로 고도의 규칙성을 그 분자 내에 또는 분자들 상호간에 갖고 있는 것으로 생각되고 있다(Honeyman, J., 1984 ; Gorin, P. A. J. *et al*., 1983). 발터(Walter, W., 1991)도 카이틴에 대한 X-선을 이용한 구조 분석(X-ray structure determination) 결과는 셀룰로오스의 구조와 매우 흡사하다고 기술하고 있다. 카이틴의 확실한 분자량은 아직 알려져 있지 않다.

실제로 생물체에서 추출, 정제한 카이틴(chitin)의 경우, 그 분자를 구성하고 있는 N-아세틸글루코사민들(N-acetylglucosamines)의 탄소 2번의 아세틸아미노 그룹들(acetylamino groups, 즉 CH_3CONH-그룹)이 전혀 가수분해 되지 않고 있는 경우는, 마치 폴리메틸갈락트유론산(polymethylgalacturonic acid, PME)을 펙틴(pectins)의 분자 구조식으로 사용하는 경우가 많다. 그러나 식물체에서 실제 추출, 정제되는 펙틴들은 순수한 PME의 형태를 가진 것은 없으며, 그 펙틴들의 일부 메틸에스터 그룹들(methyl ester groups, 즉 CH_3OCO-그룹)은 항상 가수분해된 카아복실 그룹(carboxyl groups, 즉 -COOH 그룹)의 형태로 존재하는 경우처럼, 일부의 아세틸아미노 그룹들이 가수분해 된, 즉 탈아세틸화(deacetylation)된 아미노 그룹들(amino groups)로 존재한다. 따라서 실제로 식물체 또는 곰팡이류에서 추출한 카이틴류는 엄밀하게는 카이토산류(chitosans)로 볼 수 있다.

전술한 대로 탈아세틸화가 덜 진행된 카이토산류의 경우에는 각종 용매나 산, 알칼리 용액에 잘 녹지 않으나, 탈아세틸화가 진행된 카이토산류(chitosans)의 경우 산, 알칼리 용액, 특히 산, 산성 용액에는 잘 녹는 특성을 갖고 있다. 또한 강(强)한 산(HCl 또는 H_2SO_4)들 또는 효소 카이토사네이스(chitosanase) 등을 계속 작용시킬 때에는 전술한 대로 중합도가 2~10 정도의 카이토산 올리고당류(chitosan oligosaccharides)가 형성되는데, 근래에 와서 이들의 생체에 대한 특이한 생리작용들이 주목을 끌어왔으며, 많은 다양한 연구 결과들이 보고되고 있다.

카이틴, 카이토산류 및 이들 유도체들의 성질들 놀(Knorr, D., 1991)에 의하면, 카이틴, 카이토산류 또는 이들의 일부 유도체들은 매우 효과적인 생체 흡착물질들(bioadsorbents)로 작용하는 사실이 널리 알려져 왔다고 한다. 예로서 카이토산(chitosan)의 아미노 그룹(-NH_2 group)들의 일부가 모노클로로초산($ClCH_2COOH$)과 결합하여 형성된, 그리고 횡적결합들(cross-linkages)을 통해서 3차원 구조를 갖게 된 N-카아복실메틸카이토산, 즉 카이토산의 2-아미노글루코사민 구성 단위들의 일부 아미노 그룹들이 카아복실메틸 그룹(carboxymrthyl group, -$NHCH_2COOH$)들로 치환된 카이토산은 수도수(drinking water) 중의 납(lead) 또는 카드뮴(cadmium) 등의 유해 중금속들을 흡착하여 이들을 효과적으로 제거한다고 한다.

또한 카이토산은 각종의 유해 색소들도 효과적으로 흡착하는데, 예로서 인공색소 FD & C Red 40 같은 경우, 카이틴 또는 카이토산은 각각 1g에 대해서 대략 0.7 또는 0.8mg의 색소를 흡착하였으며, 그 흡착력은 pH 1~7의 영역에서는 같았다고 한다.

한편, 카이토산(chitosan)은 PCB(polychlorinated biphernyl)에 의해서 오염된 물에서, 흡착에 의해서 PCB를 제거하는 능력(ability)은 활성탄소(active charcoal)의 경우보다 더 효과적이라는 실험 예가 보고되어 있다(Knorr, D., 1991 참조).

카이토산 올리고당류의 특이한 생리적 작용들 홍들(Hong, S. P. *et al.*, 1997)은 카이틴과 카이토산, 그리고 그 유도체들의 물리적, 화학적 성질들을 그들의 8 페이지에 걸친 35여개의 문헌들을 인용한 레뷰에서 설명하고 이들의 생리기능 작용들에 대해서 자세하게 설명하고 있다.

앞에서 말한 대로 이상과 같은 특성들, 특히 그 생리작용들에 대해서는 현재까지 널리 연구되어 왔으며, 많은 연구 결과들이 보고되고 있다. 여기서는 그 중 몇 가지에 대해서 간단히 설명하기로 한다.

홍들(Hong, S. P. *et al.*, 1998)은 카이토산을 염산(HCl)이나 황산(H_2SO_4), 또는 가수분해 효소 카이토사네이스(chitosanase)로 가수분해하여 얻은 카이토산 올리고당류(chitosan oligosaccharides)가 유전성인 고혈압증을 가진 쥐들(spontaneously hypertensive rats, SHRs)의 고혈압증세(hypertension)와 혈관을 수축하여 결과적으로 혈압을 상승시키는 물질, 안지오텐신 I 의 형성에 관여하는 효소(angiotensin I converting enzyme, ACE)의 작용에 어떤 영향을 주는지 조사한 바 있다.

그 결과, 이들 카이토산 올리고당류는 ACE의 형성을 억제함으로써 혈압을 내리는 작용(anti-hypertension activity)을 갖고 있음을 밝히고, 여러 올리고당류 중에서는 카이토산 3중체(chitosan trimer)의 작용이 상대적으로 가장 컸었다고 보고하고 있다.

한편 홍들(Hong, S. P. *et al.*, 1998)은 안지오텐신 형성 관여 효소 억제물질과 그 특성에 관한 레뷰에서 레닌-안지오텐신계, ACE의 효소적 특성과 그 억제물질의 설계, 천연 ACE 억제물질의 탐색과 특성, 카이토산 올리고당류의 ACE 억제 효과의 특성 등에 대해서 논의하고 있다.

카이토산류(chitosans)가 항미생물작용(antimicrobial activity)을 갖고 있는 사실은 1990년대에 들어서 많은 연구자들에 의해서 보고되어 왔다(예, Popper, L. and Knorr, D., 1990 ; Knorr, D., 1991 참조). 그 후 카이토산류는 생체에 친화적인(biofriendly) 무해 항균성 물질들로 각종 식품류에 대한 응용이 연구되어 왔으며, 특히 우리나라에서는 김치의 변패를 억제해주는, 즉 김치의 저장 기간을 연장해주는 목적으로, 근래에 와서 많은 연구들이 이루어져 왔다(예, Kim, M. H. *et al*., 1998 ; Choi, J. Ae *et al*., 1999 등).

김들(Kim, M. H. *et al*., 1998)은 다섯 가지의 탈아세틸화도(degree of deacetylation)와 평균 분자량 등이 서로 다른 카이토산 시료($C_1 \sim C_5$)들을 만들어 김치에 첨가한 후, 조직감 등의 관능 검사, pH 및 산도(acidity)의 변화 등을 조사한 바 있다. 그 결과 카이토산 C_4(탈아세틸화도 92%, 평균 분자량 16,000)와 C_5(탈아세틸화도 99%, 평균 분자량 32,000)가 조직감이 우수했으며, 실험대조용 김치의 숙성적기(熟成適期)의 pH 4.1, 산도 0.5%에 이르는 시점에서 카이토산 C_4, C_5들을 첨가한 김치들의 pH는 4.9, 산도는 0.35%였다고 한다.

젖산균들을 비롯한 김치에서 발견된 균들은 카이토산이 첨가된 때 72시간 내에 그 성장이 억제되었다고 한다. C_4 카이토산은 김치의 초기 숙성과정, 적기(適期) 숙성과정, 후기 숙성과정 중의 미생물군(microflora)에 대해서 다 같이 성장 억제 작용을 나타냈으나, 특히 적기 숙성과정시의 미생물군에 강하게 작용하여 김치의 후기 숙성과정의 도래를 억제하였다고 보고하고 있다.

이들은 또한 가장 효과적이었던 카이토산 C_4에 가수분해 효소 카이토사네이스(chitosanase)를 작용시켜, 그 β -1,4- 결합을 가수분해하여 그 중합도(degree of polymerization, DP)가 7인 칠량체(七量體, heptomer)를 중심으로 하는 카이토산 올리고당을 얻어 위에서와 같은 여러 실험들을 실시한 결과, C_4에서 얻은 카이토산 올리고당류도 C_4 카이토산과 비슷한 항균 특성을 나타냈었다고 보고하고 있다.

한편, 이들(Lee, Y. S. *et al*., 1999)은 세 품종의 대두들(three varieties of soybean, Joonjul, Iksan, and Eunhe)로 콩나물(soybean sprouts)을 만들 때, 일반 재배과정에서 카이토산(시판제품, 탈아세틸화도 96%, 평균 분자량 40만, 금호화성사 제공) 0.25%를 1% 초산용액과 함께 첨가하여 5일간 재배(또는 배양)하여 무처리 콩나물들의 경우와 그 성장율(成長率 the growth rates)들과 실제 중량들(the net weights) 등을 조사, 비교한 바 있다. 이들에 의하면, 콩나물 재배시 그 배양수에 카이토산을 극소량 첨가함으로써, 콩나물의 성장률과 그 생산량이 증가했었다고 보고하고 있다.

또한 박들(Park, J. W. *et al*., 1999)은 채집한 김(laver)으로 건조 김제품들(dried laver products)을 만드는 과정 중 그 전처리과정과 건조과정에서 카이토산을 첨가함으로써, 건조 김에서 가끔 발생하는 이상취(off-flavor)를 제거했으며, 세균 수도 3.7×10^4 균수/g(미처리 건조 김의 경우)에서, 1%의 카이토산(30cp)을 첨가한 때 32.1×10^3 균수/g 으로 감소했었다고 한다.

특히 미처리 건조 김의 경우, 대장균(coliform bacteria)의 수는 240균수/g였으나, 0.1%의 카이토산이 첨가된 건조 김의 경우에는 대장균은 전혀 발견하지 못했다고 한다.

그리고 황들(Hwang, J. K. *et al*., 1999)은 그 분자량이 10,000에서 17,000인 카이토산은 사람의 충치(dental caries)의 주요 원인균인 스트렙토콕커스 뮤탄트(*Streptococcus mutants*)에 대해서 강한 항균작용을 갖고 있는 사실을 실험을 통해서 밝히고 있다.

한편, 카이토산 또는 카이토산 올리고당류들은 앞에서 말한 혈압상승 억제작용, 즉 혈압을 상승시키는 ACE(angiotensin Ⅰ converting enzyme)의 형성을 억제하는 특유한 생리적 작용(physiological activity) 외에도 여러 가지의 주로 이(利)로운 생리작용들이 1970년대 말 또는 1980년대 초부터 여러 연구자들의 주목을 받아 왔으며, 많은 연구들이 이루어져 왔다.

그 중의 한 예로서 김들(Kim, S. J. *et al.*, 1998)은 실험쥐들에게 6주 동안 그 먹이에 3%의 콜레스테롤을 섞어서 매일 먹이고 또 하나의 실험군의 쥐들에게는 같은 먹이에 3%의 콜레스테롤과 함께 1%의 카이토산 올리고당(평균 중합도 6.8, 제주도 건풍바이오사 제공)을 첨가하여 먹이면서, 그 동안의 대조 및 실험군의 쥐들의 혈청 콜레스테롤의 농도를 추적한 바 있는데, 실험의 결과 대조군의 쥐들의 혈청 콜레스테롤 농도는 계속 증가했으나 실험군의 쥐들의 혈청 콜레스테롤 농도는 23%가 감소했다고 한다.

또 다른 실험 대조군의 쥐들에는 매일 먹이와 함께 15%의 에탄올(C_2H_5OH)이 첨가된 음료수를 8주 동안 먹였으며, 실험군 쥐들의 경우 같은 조건 에탄올과 함께 0.5%의 카이토산 올리고당을 첨가하여 8주 동안 똑같이 먹였는데, 실험 대조군의 쥐들에서는 지방간(fatty liver)이 형성되었으나, 카이토산 올리고당류 0.5%를 함께 먹은 쥐들의 경우 지방구의 증가, 혈청 GPT(glutamate-pyruvate transaminase) 활동의 증가(간의 손상의 척도로 사용되고 있음)도 관찰할 수 없었다고 한다.

또한 장들(Chang, H. J. *et al.*, 1999)은 게에서 추출, 정제한 카이토산의 산가수분해물을 그 분자량에 따라 6개의 구획으로 분획한 후, 한국 세포주 은행(Korea Cell Line Banks, KCLB, 서울)에서 분양 받은 쥐의 단핵백혈구(J 774. 1, monocyte, macrophage, mouse)를 일정한 조건에서 배양한 후, 이상의 배양된 백혈구들(phagocytes), 즉 대식세포들에 대해서 카이토산의 각 구획들이 어떻게 대식세포들의 여러 기능들을 활성화했는지를 조사한 바 있다.

이들에 의하면 카이토산 가수분해물들 중 그 분자량이 24,000에서 64,000인 분획물들이 반응성 질소종 분비능을 제외한 대식세포의 여러 활성들을 가장 크게 활성화했었다고 보고하고 있다.

한편, 카이토산은 산에 잘 녹으며(단, 염산 HCl 제외), 특히 유기산들을 사용했을 때는 용매로 사용한 산의 종류에 따라 서로 다른 성질들을 가진 필름(film) 또는 피막(coat)을 형성하는 사실이 알려져 왔다. 이 카이토산의 필름들은 일반적으로 가식성(可食性, edible)이며, 이외에도 매우 생체 친화적(biofriendly, 또는 bioaffinity)인 큰 장점을 갖고 있어서 근래에 와서 많은 주목을 받아왔다.

임들(Rhim, J. W. *et al.*, 1998)은 카이토산의 용매로서 8개의 유기산들(organic acids)과 2개의 무기산(mineral acids)을 사용하여 필름들을 생산한 후, 이상의 필름들의 투명도(transparency), 기계적인 강도들(tensile strength, elongation), 그리고 수증기 투과율(water vapor permeability) 등을 조사한 바 있다.

즉 인산(H_3PO_4), 구연산(citric acid)들을 용매로 사용해서 만든 필름들은 약간 불투명했으나, 기타의 산을 용매로 해서 만든 필름들은 대체로 투명했다고 한다.

한편, 그 신장강도(tensile strength)는 15~42MPa(MPa$=10^3\times$Pa, Pa=Pascal 압력 단위), 끊어지기 직전 길이의 연장율(% elongation at break)은 5~58%, 수증기 투과율은 3.0~8.8g·mm·hr·kPa로서, 대체로 셀룰로오스 유도체들과 같은 탄수화물 계통의 가식필름들(carbohydrate-based edible film)의 성질들과 유사했다고 한다. 그리고, 물에 의한 가용화(可溶化, solubilization)에 대해서 가장 저항이 컸던 필름은 프로피온산을 용매로 하여 만든 필름이었다고 한다.

또한 칸너들(Caner, C. *et al.*, 1998)은 네 종류의 유기산을 사용한 필름들에서 유기산의 종류, 그 농도, 저장 기간(최대 9주, 즉 63일간) 등이 필름들의 기계적 성질들, 즉 수증기 투과율 상수(water vapor permeability coefficient), 산소 투과율 상수(oxygen permeability coefficient) 등에 미치는 영향을 조사한 바 있다.

이들에 의하면, 수증기 투과율 상수는 5.35~13.20×10^{-1}g/m·day·atm 그리고 산소 투과율 상수는 0.08~31.67×10^{-3}cc O_2/m·day·atm이었으며, 이상의 상수들은 저장 기간의 길이에는 영향을 받지 않았다고 한다. 이상의 필름들의 신장강도는 6.85~31.88MPa, 그 끊어지기 직전 길이의 % 연장율(% elongation at break)은 14~70%였으며, 신장강도(tensile strength)는 저장 기간과 무관했으나, % 연장율은 저장 기간이 길어짐에 따라 감소했다고 한다.

한편, 카이틴 또는 카이토산들을 원료로 해서 만든 실 또는 천과 같은 섬유질 제품들(fibers or fiber products)은 앞에서 말한 대로 인체를 포함한 생체들에 무해할 뿐만 아니라, 매우 생체 친화적(bio-friendly)이고, 또한 환경 친화적(environment friendly)이기 때문에 각종의 응용을 위한 연구들도 활발하게 이루어지고 있는 것으로 보인다.

뮤코폴리삭카라이드류

뮤코폴리삭카라이드류 중에는 생체의 점성물질(粘性物質), 연조직(soft tissues), 결체조직(connective tissues) 등의 성분들로서 아미노당류(aminosugars), 유론산들(uronic acid) 등이 주요한 구성단위가 되고 있는 비교적 복잡한 폴리삭카라이드류(polysaccharides)가 있으며, 이들은 일반적으로 뮤코폴리삭카라이드류(mucopolysaccharides)라는 이름으로 알려져 있다. 이 중에서 주요한 것으로는 하이알루로닌산(hyaluronic acid)과 콘드로이틴 황산염(chondroitin sulfates) 등이 있다. 자연에서는 이 뮤코폴리삭카라이드류는 단백질과 결합하여, 당 단백질(glycoproteins)의 일종인 뮤코프로테인(mucoproteins)의 형태로 존재하는 경우가 많다.

하이알루로닌산

하이알루로닌산(hyaluronic acid)은 동물의 피부, 연조직 및 결체조직, 그리고 특히 눈 내부의 투명 액체 등에 주로 존재하는 중성 뮤코폴리삭카라이드류(neutral mucopolysaccharides)의 하나로서 2-N-아세틸글루코사민(2-N-acetylglucosamine)과 글루큐론산(D-glucuronic acid)이 β-1,3- 및 β-1,4-결합을 통해서 연결된 가지가 많은 구조(ramified structure)를 갖고 있는 대표적인 뮤코폴리삭카라이드이다(그림 8-19 참조).

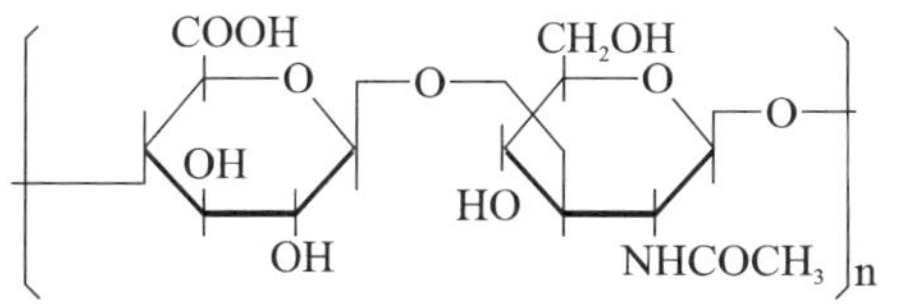

COOH, O, O, CH_2OH, O, O, OH, HO, OH, $NHCOCH_3$, n

[그림 8-19] 하이알루로닌산(hyaluronic acid)은 그 기본 구성단위(the structural units)로 볼 수 있는 N-아세틸하이알루바이유론산(N-acetylhyalobiuronic acid), 즉 그림의 괄호 안과 같이 N-아세틸글루코사민(β-D-N-acetylglucosamine)과 글루큐론산(β-D-glucuronic acid)이 β-1,3-결합을 통해서 형성된 이당체(a disaccharide)가 β-1,4-결합을 통해서 중합(重合)된, 다당류(polyssacharides)의 하나라고 할 수 있다. 다음에 설명할 콘드로이틴류와 달리 황산(H2SO4)과의 에스터 결합은 없다.

그 분자량은 대략 200,000~400,000 정도로 추정되고 있으며, 주된 생체 내에서의 작용들은 세포막의 투과성(permeability)을 조절하고, 체내에 침입해서 여러 질병을 일으키는 세균들의 침입을 막아주는 데 있는 것으로 생각되고 있다.

콘드로이틴 황산염

콘드로이틴 황산염(chondroitin sulfates)은 피부, 점막(粘膜), 연골조직(cartilage tissues), 결체조직 등에 함유된 산성 뮤코폴리삭카라이드류(acidic mucopolysaccharides)의 하나이다. 보통 폴리펩타이드류(polypeptides)와 결합 상태로 존재하며, 따라서 프로테오글라이칸류(proteoglycans)의 하나라고 말할 수 있다.

콘드로이틴 황산염은 종래 세 종류로 분류되어 왔으며, 콘드로이틴 황산염 A는 황산 그룹이 N-아세틸글루코사민 구성단위의 탄소 6번에서 에스터 결합을 하고 있다(그림 8-20 참조).

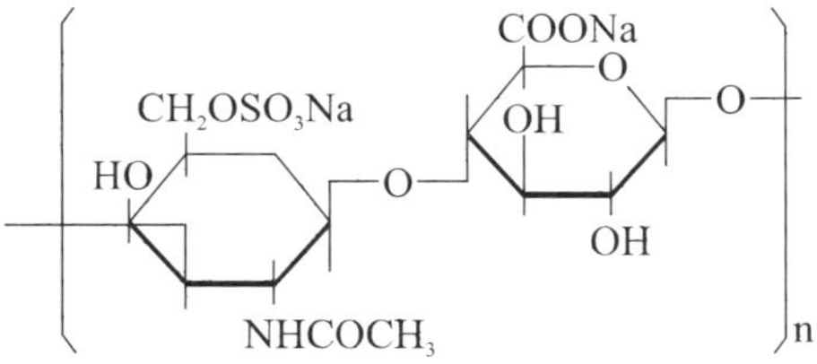

COONa
O
CH_2OSO_3Na
OH
O
HO
O
OH
$NHCOCH_3$
n

콘드로이틴 황산염의 구조

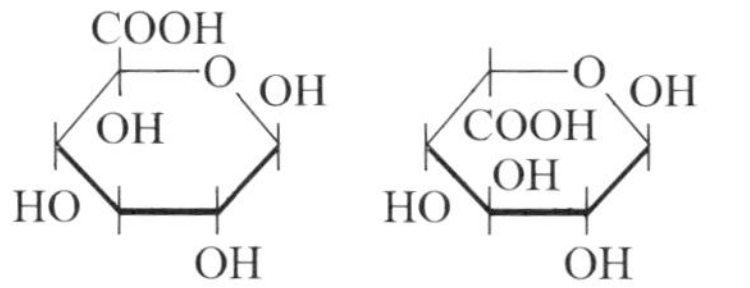

COOH
O
OH
OH
HO
OH
O
OH
COOH
OH
HO
OH

[그림 8-20] 글루큐론산(β-D-glucuronic acid)과 아이듀론산(α-L-iduronic acid).

한편, 콘드로이틴 황산염 B는 N-아세틸글루코사민 구성단위는 β-D-글루큐론산 구성단위가 아니라 α-L-아이듀론산(α-L-iduronic acid) 구성단위와 α-1,3- 결합을 통해서 연결되어 있으며, 황산 그룹은 N-아세틸글루코사민 구성단위의 탄소 4번과 에스터 결합을 하고 있다. 또한 이상의 황산 그룹(sulfate group)들은 글루쿠론산(β-D-glucuronic acid) 또는 아이듀론산(α-L-iduronic acid)의 유기산기(carboxyl group)들과 함께 보통 염(salts)의 형태로 존재한다. 콘드로이틴 황산염 A의 분자량은 대개 2,000,000 정도로 추정되고 있으며, 한편 콘드로이틴 황산염 C의 분자량은 이보다 적다고 한다.

또한 독립적으로 다아마탄 황산염(dermatan sulfate)으로 분류되기도 하는 콘드로이틴 황산염 B는 전술한 대로 A나 C와는 달리 글루큐론산 대신에 아이듀론산(α-L-iduronic acid)이 구성단위가 되어 있다(그림 8-20 참조).

한편 생체의 간(肝, liver)에서 처음 얻어졌으며, 혈액 응고 억제작용과 혈장 내 지방질 제거작용을 갖고 있는 α-D-N-아세틸글루코사민, β-D-글루큐론산, α-L-아이듀론산으로 구성된 산성 뮤코폴리삭카라이드류(acidic mucopolysaccharides)의 하나인 헤파린(heparin)과 그 구조나, 혈액 응고 억제작용을 갖고 있는 점 등에서 유사한 콘드로이틴 황산염 B는 이상의 이유들 때문에 베타-헤파린(β-heparin)으로도 알려져 왔다.

참고문헌

相澤孝亮. 1969. "酵素의利用" 地人書館, 東京

Ali, R., Staub, H., Coccodrilli, G. Jr., and Schanbacher, L. 1981. Nutritional Significance of Dietary Fiber : Effect on Nutrient Bioavailability and Selected Gastrointestinal Functions. *J. Agric. Food Chem.*, 29, 465.

Amos, H. E. *et al.*, 1971. Proline Utilization during Cellulose Fermentation by Rumen Microorganisms. *J. Agric. Food Chem.*, 19, 112.

Aspinall, G. O. 1970. Pectins, Plant Gums and Other Polysaccharides in "*The Carbohydrates : Chemistry and Biochemistry*" 2nd edition, Vol. IIB, edited by Pigman, W., Horton, D. and Herp, A., Academic Press, New York.

Awad, M. 1985. Persimmon Pectinmethylesterase : Extraction and Variation during Ripening, *J. Food Sci.*, 50, 1943.

Baker, R. A. and Bruemmer, J. H. 1972. Pectinase Stabilization of Orange Juice Cloud. *J. Agric. Food Chem.*, 20(6), 1169.

Baker, R. A. 1997. Reassessment of Some Fruit and Vegetable Pectin Levels - A Critical Review. *J. of Food Science*, 62(2), 225~229.

Baker, D. and Holden, J. M. 1981. Fiber in Breakfast Cereals. *J. Food Sci.*, 46, 396.

Barl, B., Biliaderis, C. G., and Murray, E. D., 1986, Effect of Chemical Pretreatments on the Thermal Degradation of Corn Husk Lignocellulosics *J. Agric. Food Chem.*, 34, 1019.

Bhatia, B. S. *et al.*, 1959. Preparation of Pectin from Raw Papaya(Carica papaya) by $AlCl_3$ Precipitation Method. *Food Technol.*, 13, 553.

Bittner, A. S., Burrit, E. A., Moser, J., and Street, J. C. 1982, Composition of Dietary Fiber : Neutral and Acidic Sugar Composition of the Alcohol Insoluble Residue from Human Foods. *J. Food Sci.*, 47, 1469.

Brandt, L. M., Jeltema, M. A., Zabik, M. E., and Jeltema, B. D. 1984. Effects of Cooking in Solutions of Varying pH on the Dietary Fiber Components of Vegetables. *J. Food Sci.*, 49, 900.

Buch, M. L. *et al.*, 1961. The Effect of Bruising and Aging on the Texture and Pectic Constituents of Canned Red Tart Cherries. *Food Technol.*, 15, 526.

Buescher, R. and Hudson, M. 1984. Softening of Cucumber Pickles by Cx-Cellulase and Inhibition by Calcium. *J. Food Sci.*, 49, 954.

Byun and Kim: 邊詩明 · 金縣杓. 1981. Liginin의 分解酵素 및 利用. 酒類工業, 1(1), 74.

Cameron, R. G. *et al.* Multiple Forms of Pectinmethylesterase from Citrus Peel and Their Effects on Juice Cloud Stability. *J. of Food Science*, 63(2), 253~256.

Camire, A. L. and Clydesdale, F. M. 1981. Effects of pH and Heat Treatment on the Binding of Calcium, Magnesium, Zinc and Iron to Wheat Bran and Fractions of Dietary Fiber. *J. Food Sci.*, 46, 548.

Campbell, J. M. *et al.* 1997. Selected Fructooligosaccharide(1-Kestose, Nystose, and 1-β -Fructofuranosylnystose) Composition of Foods and Feeds. *J. Agric. Food Chem.*, 45(8), 3076~3082.

Candlish, J. K., Gourley, L., and Lee, H. P. 1987. Dietary Fiber and Starch Contents of Some Southeast Asian Vegetables. *J. Agric. Food Chem.*, 35, 319.

Caner, P. *et al.*, 1998. Chitosan Film Mechanical and Permeation Properties as affected by Acid, Plasticizer and Storage. *J. of Food Science*. 63(6), 1049~1053.

Cartano, A. V. *et al.*, 1971. Hemicellulose of Milled Rice. *J. Agric. Food Chem.*, 18, 40.

Catignani, G. L. and Carter, M. E. 1982. Antioxidant Properties of Lignin. *J. Food Sci.*, 47, 1745.

Chan, H. T., Jr., and Tam, S. Y. T. 1982, Partial Separation and Characterization of Papaya Endo-and Exo-Polygalacturonase, *J. Food Sci.*, 47, 1478.

Chung, D. H. 1968. Studies on Cellulolytic Enzymes Produced by Chaetomium globosum, Part 1. Properties of Crude Cellulolytic Enzymes. *J. Korean Agr. Chem. Soc.*, 10, 23.

Codd, L. W. *et al.* (Editors). 1975. "*Chemical Technology: An Encyclopedic Treatment, Volume VII. Vegetable Food Products and Luxuries*," Barnes & Noble Books, New York.

Collins, G. L. 1970. Pectin Methyl Esterase Activity in Southern Paeas. *J. Food Science*, 35, 1.

Collins, J. L. and Post, A. R. 1981. Peanut Hull Flour as a Potential Source of Dietary Fiber. *J. Food Sci.*, 46, 445.

Gorin, P.A.J. *et al.*, 1983. Chapt. 6 in "*The Polysaccharides*," Volume 2, Edited by Aspinall, G. O., Academic Press, New York.

Dekker, J. and Palmer, J. K. 1981. Enzymatic Degradation of the Plant Cell Wall by a Bacteroides of Human Fecal Origin. *J. Agric. Food Chem.*, 29, 480.

De Padilla, F. H. *et al.* 1968. Hydrolytic Conversion of Sawdust into Metabolizable Sugars. *J. Agr. Food Chem.*, 16, 735.

Doesburg, J. J. *et al.* 1960. Setting Time and Setting Temperature of Pectin Jellies. *Food Research*, 25, 634.

Ershoff, B. H. 1976, Synergistic Toxicity of Food Additives in Rats Fed a Diet Low in Dietary Fiber. *J. Food Sci.*, 41, 949.

Geddes, R. 1985. Glycogen: A Structural Viewpoint in "*The Polysaccharides,*" Vol. 3, edited by Aspunall, G. O.

Glicksman, Martin. 1969. "*Gum Technology in the Food Industry*," Academic Press, New York.

Goodner, J. K. *et al.* Inactivation of Pectinesterase in Orange and Grapefruit Juices by High Pressure. *J. Agric. Food Chem.*, 46(5), 1997~2000.

Goodner, J. K. *et al.* 1999. Cloud Stabilization of Orange Juice by High Pressure Processing. *J. of Food Science*, 64(4), 699~700.

Graf, E. 1983. Applications of Phytic Acid. *J. Am. Oil Chem. Soc.*, 60(11), 1861.

Graham, R. P. *et al.* 1953. Pectin Production: Pilot Plant Production of Low-Methoxyl Pectin from Citrus Peel. *J. Agr. Food Chem.*, 1, 993.

Greenwood, C. T. 1970. Starch and Glycogen in "*The Carbohydrates: Chemistry and Biochemistry*," 2nd edition, Vol. IIB, edited by Pigman, W., Horton, D. and Herp, A., Academic Press, New York.

Ha, Soon-Sup. 1960. Studies on the Effects of Polygalacturonase and Film-forming Microbes on the Soft-deterioration of the Picked Vegetable. *Bulletin, Scientific Research Institute* (*Korea*), 5, 139.

Hagerman, A. E. and Austin, P. J. 1986. Continuous Spectrophotometric Assay for Plant Pectin Methyl Esterase. *J. Agric. Food Chem.*, 34, 440.

Han, M. H. 등 : 韓文熙 · 崔良熹 · 朴明王. 1981. Hemicellulose의 酵素分邂와 醱酵, 酒類工業, 1(1), 64.

Harland, B. F. and Oberleas, D. 1985. Phytate and Zinc Contents of Coffee, Cocoas and Teas. *J. Food Sci.*, 50, 832.

Hasegawa, S. *et al.* 1969. Polygalacturonase Content of Dates and Its Relation to Maturity and Softness. *J. Food Science*, 34, 527.

Hasegawa, S. and Smolensky, D. C. 1971. Cellulase in Dates and Its Role in Fruit Softening. *J. Food Sci.*,

36, 966.

Hassid, W. Z. and McCready, R. M. 1941. The Molecular Constitution of Glycogen and Starch from the Seed of Sweet Corn(Zea Mays). *J. Am. Chem. Soc.*, 63, 1632.

Hassid, W. Z. 1970. Biosynthesis of Sugars and Polysaccharides in "*The Carbohydrates: Chemistry and Biochemistry*," 2nd edition, Vol. IIA, edited by Pigman, W., Horton, D. and Herp, A., Academic Press, New York.

Heuser, E. 1944. "*The Chemistry of Cellulose*," John Wiley & Sons, Inc., New York.

Hobson, G. E. 1962. Determination of Polygalacturonase in Fruits, *Nature*, 195, 804.

Honeyman, J. 1948. "*An Introduction to the Chemistry of Carbohydrate*," Oxford Univ. Press, England.

Hong, S. P., Hwang, J. K. and Kim, D. S. 1997: 홍상필 · 황재관 · 김동수, 특집 키틴, 키토산의 기능성과 올리고당의 생산기술, 식품과학과 산업, 30(1), 44~52.

Hong, S. P. *et al.* 1998. ACE(angiotensin I converting enzyme) Inhibitory and Antihypersensitive Effect of Chitosan Oligosacchrides in SHR, Korean *J. Food Sci. Technol.*, 30(6), 1476~1479.

Hsu, C. *et al.* 1965. Role of Pectin Methylesterase in Firmness of Canned Tomatoes, *J. Food Science*, 30, 583.

Hwang, J. H. 1999. Bacterial Activity of Chitosan on Streptococcus mutants. Korean *J. Food Sci. Technol.*, 31(2), 522~526.

Jeanloz, R. W. 1970. Mucopolysaccharides of Higher Animals in "*The Carbohydrates: Chemistry and Biochemistry*," 2nd edition, Vol. IIB, edited by Pigman, W., Horton, D. and Herp, A., Academic Press, New York.

Jigensons, Bruno. 1962. "*Natural Organic Macromolecules*," Pergamon Press, London.

Joslyn, M. A. 1962. The Chemistry of Protopectin, A Critical Review of Historical Data and Recent Development. *Advances in Food Research*, 11, 1.

Joslyn, M. A. *et al.* 1967. Determination of Pectin Substances in the Pressense of Dextrins. *J. Agr. Food Chem.*, 15, 398.

Khan, N., Zaman, R., and Elahi, M. 1986. Effect of Processing on the Phytic Acid Content of Wheat Products. *J. Agric. Food Chem.*, 34, 1010.

Kies, C. 1985. Non-Soluble Dietary Fiber Effects on Lipid Absorption and Blood Serum Lipid Patterns. *Lipids*, 20(11), 802.

Kim, M. H. *et al.* 1998. Antimicrobial Characteristics of Chitosan and Chitosan Oligosaccharides on the Microorganism related to *Kimchi*. *Korean J. Food Sci. Technol.*, 30(6), 1439~1447.

Kim, S. J. *et al.* 1998. Effects of Chitooligosaccharides on Liver Function in the Mouse. Korean *J. Food Sci. Technol.*, 30(3), 693~696.

Klug, F. D. 1970. Hydroxypropylcellulose, A New Water Soluble Cellulose Polymer. *Food Technol.*, 24, 51.

Knorr, D. 1982. Functional Properties of Chitin and Chitosan. *J. Food Science*, 47, 593.

Knorr, D. 1991. Recovery and Utilization of Chitin and Chitosan in Food Processing Waste Management. *Food Technol.*, 45(1), 114~122.

Lee, S. C. *et al.* 1999. Extraction of Pectin with Exo-polygalacturonase from Apple Pomace. Korean *J. Food Sci. Technol.*, 31(1), 68~73.

Lee, Y. S. *et al.* 1999. Effect of Chitosan Treatment on Grrowing Characteristics of Soybean Sprouts. Korean *J. Food Sci. Technol.*, 31(1), 153~157.

Lopez, A. *et al.* 1968. Low-methoxyl Pectin Apple Gel. *Food Technol.*, 22, 1023.

Lowe, Belle. 1955. "*Experimental Cookery*", 4th ed., John Wiley and Sons, Inc., New York. p.153.

Lunds, E. D., Smoot, J. M., and Hall, N. T. 1983. Dietary Fiber Content of Eleven Tropical Fruits and

Vegetables. *J. Agric. Food Chem.*, 31, 1013.

Maga, J. A. 1982. Phytates: Its Chemistry, Occurrene, Food Interactions, Nutritional Significance and Methods of Analysis. *J. Agric. Food Chem.*, 30(1), 1.

Marchessault, R. H. and Sundararajan, P. R. 1093. Cellulose in "*The Polysaccharides*," Vol. 2, edited by Aspinall, G. O., Academic Press, New York.

McCready, R. M. *et al.* 1953. Course of Action of Polygalacturonase on Polygalacturonic Acid. *J. Agr. Food Chem.*, 1, 1165.

Mod, R. R., Ory, R. L., Morris, M. N., and Normand, F. L. 1981. Chemical Properties and Interactions of Rice Hemicellulose with Trace Minerals in Vitro. *J. Agric. Food Chem.*, 29, 449.

Mod, R. R., Normand, F. L., Ory, R. L., and Conkerton, E. J. 1981. Effect of Hemicellulose on Viscosity of Rice Flour. *J. Food Science*, 46, 571.

Mohammadzadeh-Khayat, Ali A. and Luh, B. S. 1968. Calcium and Oxalate Ions Effect on the Texture of Canned Apricots. *J. Food Science*, 33, 493.

Mongeau, R. and Brassard, R. 1979. Determination of Netural Detergent Fiber, Hemicellulose, Cellulose and Lignin in Bread, *Cereal Chem.*, 56(5), 437.

Mongeau, R. and Brassard, R. 1982. Determination of Netural Detergent Fiber in Breakfast Cereals: Pentose, Hemicellulose, Cellulose and Lignin Content. *J. Food Science,* 47, 550.

Mongeau, R. and Brassard, R. 1986. A Rapid Method for the Determination of Soluble and Insoluble Dietary Fiber: Comparison with AOAC Total Dietary Fiber Procedure and Englyst's Method. *J. Food Science*, 51(5), 1333.

Moore, W. E., Effland, M. J., and Millett, M. A. 1972. Hydrolysis of Wood and Cellulose wih Cellulytic Enzymes. *J. Agric. Food Chem.*, 20(6), 1173.

Muzzarelli, R. A. A. 1985, Chitin in "*The Polysaccharides*," Vol. 2, edited by Aspinall, G. O., Academic Press, New York.

Nagel, C. W. *et al.* 1967. Pectin Enzymes and Development of the Pear (Prus communis), *J. Food Science*, 32, 294.

Nagel, C. W. *et al.* 1968. The Isolation and Charactization of an α -1,4-(4,5-Dehydrogalcturonoxyl)-galacturonate Hydrolase. *J. Food Science*, 33, 378.

Nam, S. W. *et al.* 1998. Purification and Characterization of *Kluyveromyces marxianus* Inulinase from Recombinant *Saccharomyces cerevisiae, (Korean)Food Science and Biotechnology*, 7(1), 41~45. (in English)

Nevell, T. P. and Zeronian, S. H. 1985. "*Cellulose Chemistry and Its Applications*," Elli Horwood Limited, Publishers, London.

Nitkin, N. I. 1966, "*The Chemistry of Cellulose and Wood*," Israsel Program for Scientific Translations Ltd., Israel.

Normand, F. L. and Ory, R. L. 1984. Effect of Rice Hemicellulose on Pancreatic Lipase Activity in Vitro. *J. Food Science*, 49, 956.

Oakenfull, D. and Scott. A. 1984. Hydrophobic Interaction in the Gelation High Methoxyl Pectins. *J. Food Science*, 49, 1093.

Olsen, A. G. 1934. Pectin Studies: Ⅲ. General Theory of Pectin Jell Formation. *J. Physical Chemistry*, 38, 919.

Patel, D. S. *et al.* 1960. Studies on the Purification of Tomato Polygalacturnase. *J. Food Science*, 36, 266.

Percival, E. G. V. and Percival, E. 1962. "*Structural Carbohydrate Chemistry*," J. Garnet Miller Ltd., London.

Poovaiah, B. W. 1986. Role of Calcium in Prolonging Storage Life of Fruits and Vegetables. *Food Technol.*, 40(5), 86.

Pressey, R. *et al.* 1971. Effect of Substrate Size on the Activity of Tomato Polygalacturonase. *J. Food Science*, 36, 486.

Ranadive, A. S. and Haard, N. F. 1973. Chemical Nature of Stone Cells from Pear Fruit. *J. Food Science*, 38, 331.

Reed, G. 1966. "*Enzymes in Food Processing*," Academic Press, New York, p.308.

Reeve, R. M. 1972. Pectin and Starch in Preheating Firming and Final Texture of Potato Products. *J. Agric. Food Chem.*, 20(6), 1282.

Rillo, L. *et al.* 1992. Purification and Properties of Pectin Methylesterase from Mandarin Orange Fruit. *J. Agric. Food Chem.*, 40(4), 591~593.

Rhim, J. W. *et al.* 1998. Characteristics of Chitosan Films as Affected by Type of Solvent Acid. *(Korean) Food Sci. Biotechnol.* 7(4), 263~268.

Robinson, D. S. 1987. Chapter 2. Food Polysaccharides in "*Food - Biochemistry and Nutritional Value*," Longman Group UK Limited, with John Wiley and Sons, New York.

Rouse, A. H. *et al.* 1962. Seasonal Changes Occuring in the Pectin Esterase Activity and Pectin Consituents of the Component Parts of Citrus Fruits. Ⅰ. Valencia Oranges. *J. Food Science*, 27, 419.

Rouse, A. H. *et al.* 1965. Seasonal Changes Occuring in the Pectin Esterase Activity and Pectin Consituents of the Component Parts of Citrus Fruits. Ⅲ. Silver Cluster Grapefruit. *Food Technol.*, 19, 673.

Rouse, A. H. *et al.* 1969. Seasonal Changes in Pectinesterase Activity, Pectins and Citric Acid of Florida Lemons. *Food Technol.*, 23, 829.

Ruiz-Herrera, J. 1978; Knorr, D. 1991 참조.

Schneeman, B. O. 1986. Dietary Fiber: Physical and Chemical Properties, Methods of Analysis and Physiological Effects. *Food Technol.*, 40(2), 104.

Shimazu, F. et al. 1967. Changes in Crystallinity of Cellulose during Dehydration. *J. Food Science*, 32, 273.

Shin, K. S. 1999. Broad Pharmacological Activity of Pectins Isolated from Plants and Their Potentiality of Future Applications. 신 광순, 회원논단 펙틴의 다양한 약리활성과 그 잠재적 이용성. *Food Science and Industry* (식품과학과 산업), 32(2), 91~101.

申錫奉·吳平濟, 1981. 섬유소의 糖化工程 및 알콜醱素, 酒類工業, 1(1), 54.

Sistrunk, W.A. 1971. Carbohydrate Transformations, Color and Firmness of Canned Sweet Potatoes as Influences by Variety, Storage, pH and Treatment. *J. Food Science*, 36, 39.

Smit, C.J.B. et al. 1967. Properties of Pectin Fractions Separated on Diethyl Aminoethyl-Cellulose Columns. *J. Food Science*, 32, 197.

Smit, C. J. B. et al. 1968. Ester Content and Jelly pH Influences on the Grade of Pectins. *J. Food Science*, 33, 262.

Smit, C. J. B. et al. 1969. Changes in Molecular Weight of Pectin during Methylation with Diazomethone. *J. Food Science*, 34, 191.

Song, T. H. and Kim, C. J. 1996. Preparation of Cellulose-Based Edible Film and its Physical Characteristics. Korean *J. Food Sci. Technol.*, 28(1), 1~7.

Song, T. H. and Kim, C. J. 1999. Effect of Calcium Addition on Physicochemical Properties of Cellulose-Based Edible Films. Korean *J. Food Sci. Technol.*, 31(1), 99~105.

Spiegel, J. E. et al. 1994. Safety and Benefits of Fructooligosaccharides as Food Ingredients. *Food Technol.* 48(1), 85~89.

Steele, W. F. et al. 1940. The Softeming of Brined Cherries by Polygalacturonase and the Inhibition of

Polygalacturonase in Model System by Alkyl Aryl Sulfonates. *Food Technol.*, 14, 121.

Steriling, C. et al. 1961. Cellulose Crystallinity and the Reconstitution of Dehydrated Carrots. *J. Food Science*, 26, 479.

Stirer, E. F. et al. 1956. Changes in Pectin Substances of Tomatoes during Storage. *Food Technol.*, 10, 39.

Sun, R. C. et al. 1998. Physicochemical and Thermal Characterization of Wheat Straw Hemicelluloses and Cellulose. *J. Agric. Food Chem.*, 46(7), 2804~2909.

Thompson, L. U. and Serraino, M. R., 1986, Effect of Phytic Acid Reduction on Rapeseed Protein Digestibility and Amino Acid Absorption. *J. Agric. Food Chem.*, 34, 468.

Tsuji, K. 1981. Role of Dietary Fibers in Daily Food. *Chemistry and Industry (Japan)*, 34, 296.

Van Burean, J. P. 1984. Effects of Salts Added After Cooking on the Texture of Canned Snap Beans, *J. Food Sci.*, 49, 910.

Vidal-Valverde, C., Herranz, J. A., Blanco, Ⅰ. and Rojas-Hidalgo, E. 1982. Dietary Fiber in Spanish Fruits. *J. Food Sci.*, 47, 1840.

Waldt, L. M. et al. 1967. Depectinizing Guava Juice with Fungal Pectinase. *Food Technol.*, 21, 305.

Waller, G. R., Jr. et al. 1953. Calcium Pectinate Films Application of the Reversion of the Molecularly Dehydrated Sodium Phosphates in Filming. *J. Agr. Food Chem.*, 1, 1213.

Ward, K. Jr., Seib, P. A. 1970. Cellulose, Lichenan and Chitin in "*The Carbohydrates: Chemistry and Biochemistry*," 2nd edition, Vol. IIA, edited by.

Whistler, R. L. and Richards, E. L. 1970. Hemicellulose in "*The Carbohydrates: Chemistry and Biochemistry*," 2nd edition, Vol. IIA, edited by Pigman, W., Horton, D. and Herp, A., Academic Press, New York.

Wicker, L., Braddock, R. J., and Vassallo, M. 1987. Effect of Assay Temperature of Citrus Pectinesterase in Fresh Orange Juice. *J. Food Sci.*, 52(2), 378.

Wild-Altamirano, Carlos. 1969. Enzymic Activity during Growth of Vanilla Fruit, 1, Protopectinase, Glucosidase, Peroxidase and Polyphenoloxidase. *J. Food Science*, 34, 235.

Wiley, R. C. et al. 1970. Trimethylsilyl derivatives of Commercial Pectins. *Food Technol.*, 24, 1169.

Yuk, H. G. et al. 1999. Investigation of Reactive Conditions to Extract Pectin with Exo-polygalaturonase from Pear Pomace, Korean *J. Food Sci. Technol.*, 31(4), 971~976.

Chapter 9 유체식품 및 반고체식품의 유동성 및 친수성 콜로이드

레올로지의 개념

유체 식품들(fluid foods)이나 반고체 식품들(semi-solid foods)의 품질에 크게 영향을 주며, 또 가공조작상 항상 중요한 문제가 되는 성질들로서 레올로지상의 여러 성질들(rheological properties)이 있다.

원래 유체(流體, fluid)라 함은 흐를 수 있는 물체 일체를 지칭하며, 따라서 가스체, 액체와 반고체가 여기에 포함된다. 그러나 밀가루나 밀과 같은 분말체 또는 작은 입상인 고체(solid particles)의 경우에도 강한 풍력(風力), 즉 바람을 가하거나 흡인펌프(asuction pump)로 흡인하면 마치 액체와 같이 흐를 수 있는 성질을 갖게 됨으로 이런 상황에서는 유체로 다룰 수 있다.

또한 반고체는 스스로 자기 형태를 유지할 수 없는 액체 또는 외부에서 힘이 가해지지 않는 한 일정한 형태를 유지하는 고체와는 달리 오래 둘 때에는 서서히 흐르는, 즉 형태가 변화되는 물체라고 볼 수 있다.

실제의 반고체 식품에 있어서는 이 흐르는 성질이 상대적으로 큰 경우에서부터 흐르는 성질이 비교적 미약하며, 오히려 탄성(彈性, elasticity)이나 가소성(可塑性, plasticity)과 같은 고체의 변형에 관한 성질들이 두드러지는 등, 매우 다양함은 우리가 이미 잘 아는 바이다.

이 레올로지(rheology)라는 학문 분야에 대해서 스콧트 블레이어들(Scott Blair, G. W., 1958 ; Glicksman, M., 1969 참조)은 '물질의 변형(變形, deformation)과 유동, 즉 흐름(flow)에 관한 과학'이라고 정의(定義)하고 있다.

레올로지라는 말은 그리스어 또는 희랍어(Greek)의 흐름이라는 말에서 유래되었으나, 앞에서 말한 대로 고체의 변형과 같은 흐름과는 외관상으로는 직접 관련이 없는 분야의 연구들도 이 학문 분야에 포함되고 있음은 유의해야 할 점이다.

실제로 모든 식품의 조직(texture)의 성질은 그 식품의 액체(liquid) 또는 유체(fluid)로서의 흐름(flows)의 성질들과 고체(solid)로서의 변형(deformation)에 관한 성질들에 의해서 결정된다고 볼 수 있다.

그러나 유체 식품이나 유동성이 강한 많은 반고체 식품에 있어서는, 전자의 성질, 즉 흐름의 성질이 상대적으로 더 중요함은 물론이다. 즉 이상과 같은 식품들에서는 고체로서의 가소성(可塑性, plasticity) 또는 탄성(彈性, elasticity)과 같은 변형의 성질보다는 액체로서의 유동성에 관한 성질들(flow properties)이 더 중요하게 된다.

일반적으로 유체 또는 반고체 식품들의 품질은 전술한 대로 그 유동성에 관한 성질에 의해서 크게 좌우되며, 또 많은 물질들, 예로서 친수성 콜로이드(hydrophilic collaids)를 형성하는 물질들이 유체, 또는 반고체 식품의 유동성의 변화를 가져올 목적으로 사용되어 왔었다. 이와 같은 친수성 콜로이드를 형성하는 물질들, 즉 성분들이 식품에 사용될 가능성이 계속 증대되고 있는 추세에 비추어 볼 때, 식품의 레올로지상의 성질 중에서도 이 유체, 또는 반고체 식품의 유동성에 관한 성질들(flow properties)에 대한 연구는 더욱 중요해 지고 있다.

따라서 여기서는 이상의 식품의 레올로지상의 성질들(rheological properties) 중 유체 또는 반고체 식품들의 유동성에 대해서 먼저 설명하고, 아울러 근래에 와서 그 중요성이 점차 깊이 인식되어 가고 있으며, 많은 어려움에도 불구하고 그 연구가 활발히 이루어지고 있는 반고체 내지는 고체 식품들(solid foods)의 변형(deformation)에 관한 기본적인 사항들에 대해서도 간단히 설명하기로 한다.

유체 및 반고체 식품의 유동성

모든 유체(fluid)와 반고체(semi-solid) 식품들은 그 유동성(flow properties)에 의해서 크게 다음의 두 개의 레올로지상의 그룹(rheological group)들로 분류될 수 있다.

뉴우톤 유체 뉴우톤 유체(Newtonian fluid), 즉 이상적인 유체(ideal fluids) 또는 이와 유사한 성질을 가진 유체들에서는 유체에 가해지는 힘과 그 유체의 흐름(flow)의 성질 사이에는 다음에 설명하는 것과 같이 간단한 직선관계(linear relationship), 즉 비례관계가 성립한다.

비뉴우톤 유체 그러나 현실적으로 존재하는 많은 유체들의 경우에는 그 유체에 가해지는 힘과 흐름의 성질 사이에 직선관계가 성립하지 않으며, 따라서 비뉴우톤 유체(Non-Newtonian fluid)라고 불려진다. 이 비뉴우톤 유체들은 후술하는 바와 같이 유체에 가해지는 힘에 따라 변화하는 흐름의 성질에 의해서 다시 여러 종류로 분류된다.

뉴우톤 유체와 점도

지금 그림 9-1과 같은 A라는 표면적을 가진 물체 하변의 끝은 그대로 두고 상변 쪽에 F라는 힘, 즉 전단력(剪斷力, shearing force)이 작용하였다면, 상변은 전단력 또는 전단응력(shear stress ; 본문 369 페이지 참조)에 의해서 그 물체의 특성에 따라 힘을 받은 방향, 즉 수평방향(水平方向)으로 움직이게 된다. 이때의 수평이동 거리는 하변에서의 거리에 따라 다르며, 지금 하변에서 어떤 미세한 거리 dr만큼의 위치에서 단위 시간의 이동거리, 즉 이동속도를 dv라고 할 때, 그 비율, 즉 dv/dr을 속도 구배(velocity gradient) 또는 전단속도(shear rate)라고 부르며, 편의상 dv/dr 대신에 γ (nu)의 기호가 가끔 사용된다. 이 경우 전단력 또는 전단응력 F는 τ (tau)의 기호가 사용되는 경우가 많다.

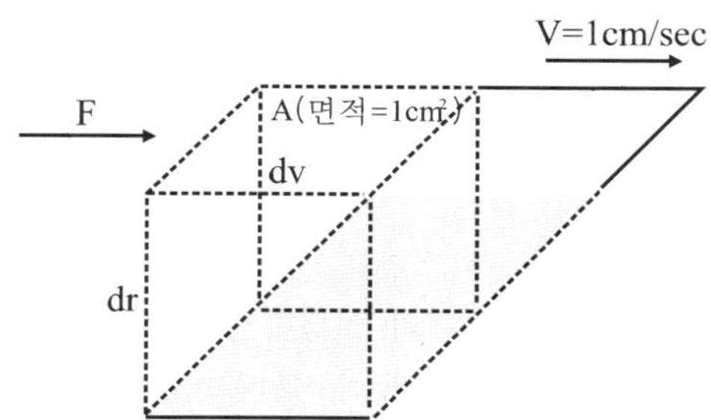

[그림 9-1] 뉴우톤 유체(Newtonian fluid)를 나타내는 그림.
Glicksman, M., 1969, "*Gum Technology in the Food Industry*" p.64, Avi Pub. Corp., Westport, Conn.

뉴우톤(Newton)은 일부 유체에서는 전단속도 dv/dr이 단위 면적(unit area)당의 전단력, 즉 단위 전단력 F/A에 비례하여 다음과 같은 관계가 성립함을 알아냈다. 이와 같은 전단속도(shear rate)가 전단력(shear stress)에 비례하는 성질을 가진 유체를 일반적으로 뉴우톤 유체(Newtonian fluid)라고 부른다.

$$\frac{F}{A} = \eta\frac{dv}{dr}$$

여기서 η (eta)는 점도계수(粘度係數, coefficient of viscosity)라고 불려지며, 표면적이 단위 면적인 $1cm^2$, 따라서 A=1, 그리고 dr, 즉 하변에서 상변까지의 거리가 단위 거리인 1cm, 그리고 전단속도 dv가 단위 속도인 1cm/sec인 경우에는 dv/dr=1이 되므로 이상의 수치를 위의 식에 대입하면 F=η가 된다.

$$\frac{F}{A} = \eta\frac{dv}{dr} \text{ 또는 } \mathfrak{I} = \eta'\Upsilon \qquad \text{여기서 } \eta' = An$$

위의 두 번째 식의 η'는 A=1이므로 $\eta=\eta'$이 되어 위의 두 식은 완전히 같은 관계를 나타내는 식이 된다.

한편 이 두 식은 다 같이 어떤 유체에 있어서 표면적이 $1cm^2$이며, 하변에서의 거리가 1cm 떨어져 있는 그 유체의 상변에서 1cm/sec의 전단속도를 생기게 하는 전단력의 크기는 바로 그 유체의 점도계수의 크기와 같음을 표시해 주고 있으며, 이와 같은 조건을 가져오는 데 필요한 전단력을 그 유체의 점도라고 정의(定義)한다.

따라서 위의 경우에는 η는 바로 점도 자체를 나타낸다. 이와 같이 정의된 점도는 절대점도(absolute viscosity)로 불려지며, 그 단위로서는 포아즈(Poise)가 사용되고 있다. 그러나 점도에는 정의상 이상의 절대점도 이외에 운동점 또는 더 간단히 동점도(動粘度, kinematic viscosity)가 사용되기도 한다. 이 경우 위에서 언급한 점도계수 대신에 운동점도계수(kinematic viscosity coefficient)가 대신 사용된다. 운동점도와 위의 절대점도 사이의 관계는 다음과 같다. 즉

운동점도(kinematic viscosity) = 절대점도(absolute viscosity)/밀도(density)

운동점도의 단위는 스토크스(Stokes)이며, 스토크스 단위의 차원은 위의 식에 따라 절대점도의 차원 g/cm·sec를 밀도의 차원 g/cm^3로 제한 것이므로 cm^2/sec가 된다. 각종의 U자형 모세관 유동 점도계들(U-tube capillary flow viscometers)을 사용하여 점도를 측정할 때는 동점도(kinematic viscosity)가 직접 측정된다. 한편 같은 뉴우톤 유체의 점도라도 온도에 의해서 크게 좌우됨은 주지의 사실이다. 이 문제에 대해서는 곧 좀 더 자세히 설명하기로 한다.

또한 뉴우톤 유체들에 있어서 단위 전단력, 또는 전단응력 F/A와 dv/dr 사이의 관계를 표시한 곡선, 즉 유동곡선(flow curve)을 도표상에 그릴 때 이상의 관계는 직선으로 표시되며, 또 이 직선은 원점을 통과하고 이 직선의 경사(slope)는 전단속도가 가로, 즉 횡좌표(abscissa)에 표시되었을 때는 곧 점도계수를 나타내는 것이 그 특징이다(그림 9-2 참조).

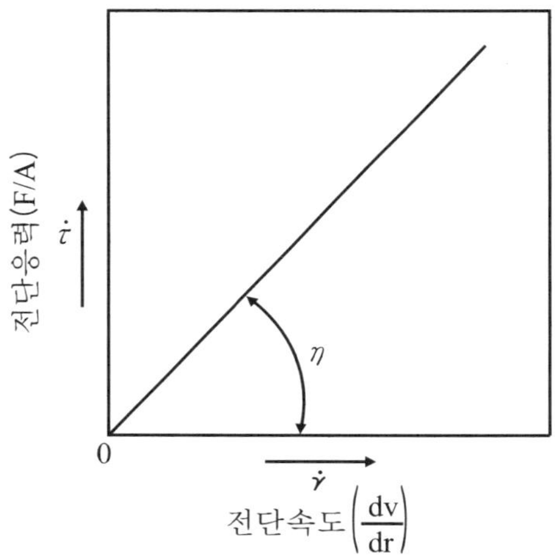

[그림 9-2] 뉴우톤 유체(Newtonian fluid)의 유동곡선(flow curve, 실제로는 직선)의 경사는 유체의 점도를 나타낸다.

이상과 같은 뉴우톤 유체의 특성을 가진 유체로서는 물, 알콜류, 농도가 낮은 각종 염용액, 포도당, 설탕과 같은 분자량이 크지 않은 당류의 용액들, 각종 식용유지류, 우유, 크림(cream) 등을 들 수 있다. 또한 당류의 함량이 80% 가량 되는 꿀의 경우에도 화분(化粉, pollen)이나, 기타 고분자 화합물들이 들어 있지 않은 경우에는 대체로 뉴우톤 유체의 특성을 갖는 사실이 알려져 있다. 이상의 유체의 점도는 표 9-1과 같다.

앞에서 말한 대로 유체가 액체인 경우, 점도는 측정 온도에 따라 크게 변하며, 측정 온도가 상승함에 따라 점도는 감소하는 것으로 알려져 있다. 그러나 유체가 기체인 경우에는 측정 온도가 상승하면 점도도 증가한다고 한다.

표 9-1 뉴우톤 유체(Newtonian fluid)의 성질을 가진 일부 식품들의 점도

식품의 종류	측정 온도(℃)	점도(viscoity, Poise)
물	21.0	0.98
우유, 전유(全乳, milk, whole)	20.0	2.12
우유, 전유(全乳, milk, whole)	25.0	1.37
크리임(20% 지방질 함유, cream, 20% fat)	2.8	6.20
50% 설탕용액(50% sucrose solution)	2.8	13.78
당밀(molasses)	20.0	15.50
피마자유(castor oil)	21.0	6,600.0
올리브유(olive oil)	20.0	720.0
평지씨 기름(rapeseed oil)	30.0	84.9
대두유(soybean oil)	20.0	163.0
면실유(cottonseed oil)	30.0	40.6
벌꿀(클로바 꽃, honey clover)	16.0	91.0
벌꿀(클로바 꽃, honey clover)	24.0	56.0

Peterson, M. S.(Editor). 1978. *"ncyclopedia of Food Science,"* p.664, Avi Pub. Co., Westport, CT, U.S.A.

유체가 액체인 경우, 점도와 그 온도 사이의 관계를 나타내는 식으로는 아래의 경험식(an empirical equation)이 널리 알려져 있으며, 요오스(Yaws, C. L., 1996 ; Fisher, C. H., 1998 참조)는 이 경험식이 355여종의 화합물들의 점도와 온도 사이의 관계를 잘 나타냈다고 한다.

$$\text{Log}\eta = A + B/T + CT + DT^2 \quad (1)$$

여기서 η는 점도계수, T는 절대온도(absolute temperature, K)를, A. B. C. D들은 회귀계수들(regression coefficient)을 나타낸다고 한다.

한편, 핏셔어(Fisher, C. H., 1998)는 위의 경험식이 대수(logarithm)함수로 되어 있는 점을 개선, 더 간단한 유체를 액체로 볼 때의 점도와 그 온도 사이의 관계를 잘 나타내는 경험식(2)을 발표하고 있다.

$$\varnothing^k = b + mt \quad (2)$$

여기서 $\varnothing$(phi)는 유동성(fluidity)으로서, $1/\eta$, 즉 점도의 역수(逆數)이며, k는 유체류가 귀속되는 액체의 종류에 따라 조절되는 항수(恒數), t는 액체의 섭씨온도(℃), b는 이상의 회귀곡선(regression curve, 실제로는 직선)의 절선(the intercept), m은 그 경사(the slope)를 나타낸다.

핏셔어(Fisher, C. H., 1998)는 이상의 경험식(2)이 많은 수의 지방산들(fatty acids), 지방 알콜류(fatty alcohols), 지방산 에스터류(fatty acid esters), 트리글리세라이드류, 즉 트리아실글리세롤류(triacylglycerols, 즉 triglycerides)의 경우, 20, 30℃에서 70, 110℃ 사이에서, 실측치와 계산치 사이의 상관관계 계수(correlation coefficient, γ)가 0.999~1.000의 범위에서 잘 적용된 사실을 보고하고 있다.

비뉴우톤 유체

전분, 펙틴들, 그리고 나중(제10장)에 설명할 각종 친수성 교질용액들을 만드는 각종 고무질 물질들과 단백질들과 같은 고분자 화합물들 중의 어느 것이라도 소량이나마 함유된 유체(流體) 식품들과 반고체 식품들, 그 외에도 각종 교질용액, 유탁액, 버터 등의 반고체 유지제품들은 상기와 같은 뉴으

톤 유체(Newtonian fluid)의 특성을 갖고 있지 않다.

이와 같이 전단응력과 전단속도 사이의 관계를 나타내는 곡선, 즉 그 유동곡선(流動曲線)이 직선이 아니라 곡선(curves)들로 표시되며, 점도계수(즉 점도) 자체가 전단속도, 또는 전단응력의 함수(function)가 되는 유체들을 비뉴우톤 유체(Non-Newtonian fluid)라고 부른다.

우리가 당면하는 대부분의 유체 식품들의 경우, 친수성 교질용액의 상태를 다루게 되나, 이 경우 이 유체 식품들의 흐름의 성질, 즉 레올로지상의 성질은 그 식품 내에 존재하는 고분자 화합물들의 농도 외에도 일반적으로 그 화합물들의 분자량의 크기, 형태, 용매와의 상호작용 등에 의해서 크게 변화한다. 예로서 뉴우톤 유체에 분자량이 매우 큰 친수성 고분자 화합물 성분을 극소량이라도 첨가할 경우, 그 성질이 비뉴우톤 유체의 성질로 갑자기 변하게 될 가능성이 매우 크다.

한편, 비뉴우톤 유체들의 경우 전단응력과 전단속도 사이에는 직선관계가 성립하지 않는다. 점도(viscosity)라는 개념은 매우 엄밀하게는 직선관계, 즉 비례관계가 성립하는 경우에만 적용되는 개념이므로, 비뉴우톤 유체의 경우에는 점도 대신 외관상의 점도(apparent viscosity), 또는 조밀도(consistency)라는 말로 표현하도록 제안되어 왔으며, 이상의 곡선들도 조밀도 곡선(consistency curves)이라고 불려지기도 한다.

비뉴우톤 유체의 흐름의 특성을 나타내는 곡선의 종류에는 일반적으로 네 가지 형태가 있으며, 따라서 비뉴우톤 유체들도 일반적으로 네 가지 종류로 크게 구분될 수 있다.

가소성 또는 소성 유동을 나타내는 유체 또는 반고체들

외부에서 가해지는 힘, 즉 전단응력(τ)이 어떤 일정한 크기에 도달하지 않은 동안에는 해당 유체에 아무런 변형(deformation)이 없다가 그 힘, 즉 전단응력이 어느 일정한 수치(value), 즉 F_0 이상이 되면 곧바로 변형이 일어나되, 이 전단응력과 전단속도 사이에는 뉴우톤 유체(Newtonian fluid)의 관계를 나타내는 유체나 반고체의 흐름의 성질을 가소성(可塑性) 또는 소성(塑性) 유동(plastic flow) 또는 빙감 가소성 유동(Bingham plastic flow)이라고 부른다. 한편 전단응력(τ)이 어떤 일정한 크기에 도달(F_0)한 직후 유체의 변형이 일어나지만, 전자와 같이 곧바로 뉴우톤 유체의 유동을 갖지 못하고, 초기에 어떤 곡률(曲律, curve)을 그리다가 곧 뉴우톤 유체의 유동을 갖는 가소성 유동(plastic flow), 즉 비・빙감 가소성 유동(non-Bingham plastic flow)이 있다.

예로서 밀가루 반죽은 이상과 같은 가소성을 어느 정도 나타낸다. 일반적으로 가소성 유체나 반고체에 있어서는 전단응력과 전단속도 사이의 관계는 그림 9-3과 같은 곡선으로 표시된다. 앞에서 말한 것처럼 이 가소성 유동(plastic flow)에 있어서는 어떤 크기 이상의 전단응력이 작용할 때 비로소 변형이 일어나며, 따라서 이때의 전단응력의 크기(그림 9-3의 F_0)를 항복치(yield strength, 또는 yield value)라고 부른다.

의사가소성 유동을 나타내는 유체들

의사가소성 유동(擬似可塑性 流動, pseudo-plastic flow)을 나타내는 유체나 반고체에 있어서는 항복치를 나타내지 않으며, 이들 유체의 외관상의 점도(apparent viscosity)는 초기에는 전단응력의 함수(function)가 된다(그림 9-4의 A).

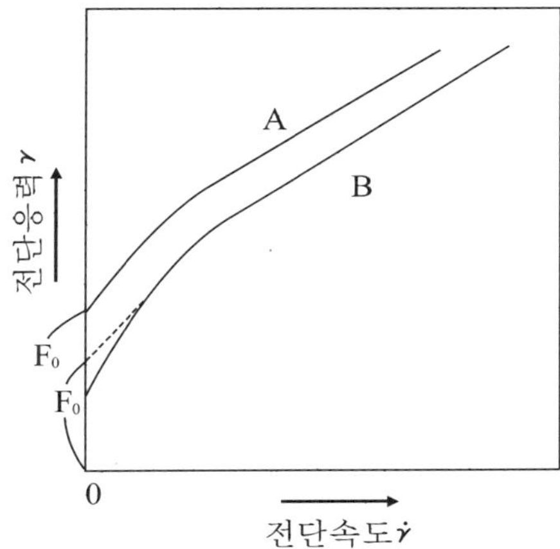

[그림 9-3] 비뉴우톤 유체의 예. 가소성 유동곡선(plastic flow curves). A는 빙감가소성 유동곡선(Bingham plastic flow curve). B는 비·빙감가소성 유동곡선(non-Bingham plastic flow curve)을 나타낸다. 모두 항복치(F_0)를 갖고 있다.

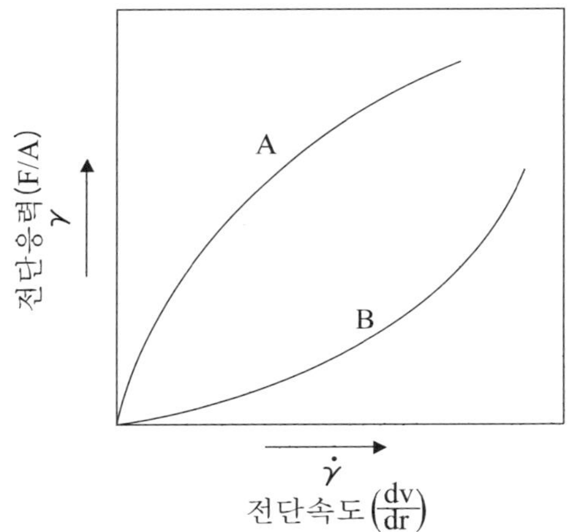

[그림 9-4] 비뉴우톤 유체의 예. 여기서 A는 의사가소성 유동곡선(pseudoplastic flow curves)을, B는 다일라탄트 유동곡선(dilatant flow curve)을 나타내고 있다.

다일라탄트 유동

다일라탄트 유동(dilatant flow)의 성질을 나타내는 유체나 반고체에 있어서는 이들의 외관상의 점도는 전단응력의 함수가 되며, 전단응력이 커짐에 따라 외관상의 점도는 급격히 증가한다(그림 9-4의 B). 이와 같은 흐름의 성질을 나타내는 유체나 반고체의 하나의 극단적인 예로서는 해안가의 모래가 있다. 이런 모래는 처음에는 모래알 사이의 바닷물에 의해서 유동성을 나타내지만 계속 만지고 있으면, 즉 외부에서 힘을 가해주면 모래알 사이의 마찰은 급격히 커진다. 즉 외관상의 점도는 급격하게 증가하며, 궁극적으로는 고체화(solidify)되기까지 한다(Glicksman, M., 1969).

실제 식품의 경우에는 드물지만, 일반적으로 농도가 매우 큰 전분입자 현탁액, 일부 초콜릿 시럽류(chocolate syrups) 등, 특히 60%의 옥수수 생전분의 현탁액, 그리고 일부의 벌꿀들은 이 유동의 성질을 나타낸다(Pryce-Jones, J., 1953 ; Scott Blair, G. W., 1953 참조).

틱소트로피 유동, 즉 의액성 유동과 레오펙틴 유동

틱소트로피 유동(thixotropic flow), 즉 의액성(擬液性) 유동을 나타내는 유체나 반고체들에 있어서는 그 외관상의 점도는 외부에서 가해지는 힘, 즉 전단응력의 함수가 될 뿐만 아니라, 시간 길이의 함수도 된다는 점(time dependent)에서 지금까지 설명한 시간의 경과에 영향 받지 않은(time independent) 비뉴우톤 유동(Non-Newtonian flow)을 나타내는 유체들과 다르다(그림 9-5의 A 참조).

일반적으로 틱소트로피(thixortropy), 즉 의액성 유동을 나타내는 유체 또는 반고체의 외관상의 점도는 시간이 경과함에 따라 감소하나 외부에서의 작용이 멈추게 되면 그 동안에 다시 원래의 상태 내지는 성질로 되돌아가는 특성이 있다. 그러나 되돌아가는 경로는 전의 경로와 약간씩 다른, 즉 히스테레시스(hysteresis) 현상을 나타내게 되어 그 유동곡선은 히스테레시스 루프(hysteresis loop)를 그리게 된다.

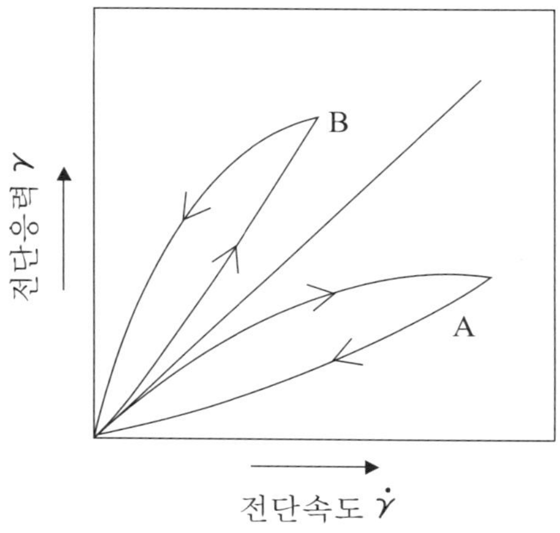

[그림 9-5] 비뉴우톤 유체로서 그 외관상 점도가 시간에 의존하는(time-dependent) 유동곡선들 (flow curves).
A는 틱소트로피, 즉 의액성 유동곡선(thixotropic flow curve), B는 레오펙틴 유동곡선 (rheopectic flow curve). 두 유동 모두 히스테레시스(hysteresis)를 일으키며, A, B 모두 히스테레시스 루우프(hysteresis loup)로 특징지워진다. 일반적으로 전단응력이 가해졌을 때의 전단속도와 그 응력이 제거되었을 때의 전단속도, 즉 전단속도의 위치는 같지 않으나(항복치가 존재), 여기서는 항복치=0인 경우를 설정하고 있다.

틱소트로피 유동의 성질을 나타내는 유체 또는 반고체 식품들은 비교적 많다. 예로서 전분 젤(starch gel)은 일반적으로 이와 같은 유동의 성질을 갖고 있으며, 또한 마요네즈(mayonnaise)도 이 성질을 가진 유탁액(乳濁液, emulsions)의 한 예이다.

이상의 틱소트로피 유동과 정반대의 성질을 가진 경우, 즉 시간의 경과에 따라 그 외관상 점도(viscosity)가 증가하는 유체 또는 반고체들도 있다. 이와 같이 틱소트로피 유동과 정반대의 성질을 나타내는 유동은 레오펙틴 유동(rheopectic flow)으로 알려져 있다. 이 레오펙틴 유동도 외부에서 작용하는 힘이 제거되면 원래의 상태로 되돌아가려고 하나, 틱소트로피 유동의 경우와 같이 히스테레시스(hysteresis) 현상을 일으키며, 그 유동곡선은 히스테레시스 루프(hysteresis loop)를 그리게 된다.

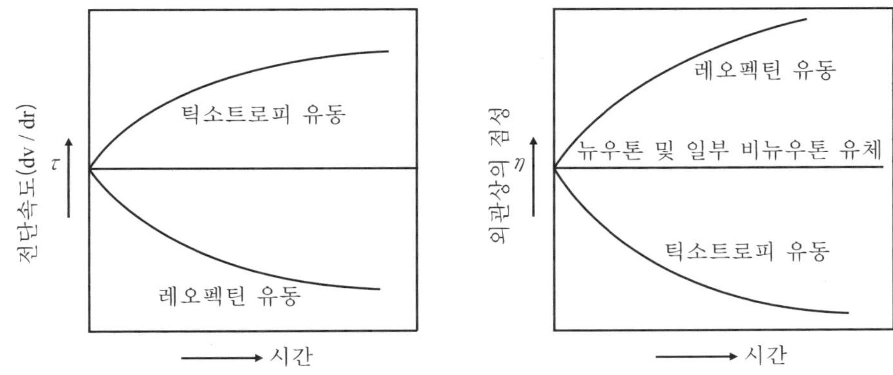

[그림 9-6] 일정한 전단응력(γ) 아래서 시간과 각종 유동의 전단속도 사이의 관계를 표시하는 그림. 일정한 전단속도(γ.) 아래서 시간과 각종 유동의 외관상의 점도 사이의 관계를 표시하고 있는 그림.

실제로 레오펙틴 유동(rheopecty)을 나타내는 유체 식품들로는 강하게 저은 달걀흰자(beaten egg white), 역시 강하게 저은 크리임(whipped cream) 등이 알려져 있다. 그림 9-6은 이상의 유동 성질을 가진 유체나 반고체의 시간 경과에 따른 외관상 점도의 변화를 보여주는 그림이다.

지수법칙

한편, 뉴우톤 및 비뉴우톤 유체들의 일반적인 유동 특성들(flow characteristics)은 다음과 같은 지스법칙(指數法則, power law)에 의해서 잘 표시될 수 있다. 그러나 이 경우, 이상의 지수법칙에서 유드된 식들은 실제 실험을 통해서 확인된 범위에서만 적용되며, 확대해서 적용할 수 없음에 유의해야 한다.

$$\tau = \eta \times \gamma . \qquad \text{(뉴우톤 유동)}$$

$$(\tau - \tau_y) = \eta' \times (\gamma .)^n \qquad \text{(비뉴우톤 유동들)}$$

여기서 τ 는 전단응력(shear stress), τ_y는 전단응력의 항복치(yield stress), η는 점도, η'은 외관상의 점도(apparent viscosity), 또는 가소성 유체(可塑性, plastic flow)의 경우에는 가소성 또는 소성 점도(plastic viscosity)를 나타내며, $\gamma.$는 전단속도(shear rate)이다. 한편 n은 유동성 또는 유동지수(流動指數, flow behavior index)로 알려진 각 유동에 고유(固有)한 항수(constant)이다.

비뉴우톤 유체의 경우, 앞서 설명한 각 유체들의 특성을 나타내는 지수법칙 식들(power law equations)은 아래와 같다. 즉

$$(\tau - \tau_y) = \eta \times (\dot{\gamma})^n \qquad n=1 \qquad \text{(빙감 가소성 유동)}$$

$$\tau = \eta \times (\dot{\gamma})^n \qquad n > 1 \qquad \text{(다일라탄트 유동)}$$

$$\tau = \eta \times (\dot{\gamma})^n \qquad n < 1 \qquad \text{(의사가소성 유동)}$$

한편 일부 유체 가공 식품들의 25℃에서의 유동성 또는 유동지수 n과 외관상의 점도 η'에 대해서는 다음과 같은 수치들이 알려져 있다(표 9-2 참조).

점도, 조밀도, 조직 등의 용어의 구별

전술한 바와 같이 우리가 점도(viscosity)라는 말을 사용할 때는 엄밀하게는 뉴우톤 유체(Newtonian fluid)에 국한하여야 할 것이다. 대부분의 유체 또는 반고체 식품들의 경우에는 이들이 비뉴우톤 유체(Non-Newtonian fluid)의 성질을 나타내므로, 그 흐름, 퍼짐 등의 현상을 다룰 때는 점도라는 용어보다는 일반적으로 외관상의 점도(apparent viscosity) 또는 조밀도(consistency)라는 용어를 사용하는 것이 더 적당함을 알 수 있으며 실제로 그와 같이 구분되어 사용되고 있다.

그러나 완전한 고체 식품들 그리고 고체성분 이외에도 액체성분들이 혼합된 식품들에 있어서는 점도(viscosity), 조밀도(consistency)와 같은 용어 대신에 조직(texture)이라는 용어를 사용할 것이 제안되어 왔다. 크래머(Kramer, A., 1964)는 이상의 관계를 표 9-3과 같이 표시하고 있다.

표 9-2 일부 유체 가공식품들의 유동성 자수 n과 외관성의 점도 등의 측정치들(25℃)

유체 가공식품들의 종류	n	η'
토마토 퓨레이(tomato puree)	0.55	10.80
살구 퓨레이(apricot puree)	0.31	200
사과 소오스(apple sauce)	0.64	5.0
프렌치 머스타드(french mustard)	0.40	334
토마토 캐찹(tomato catsup)	0.28	167
구아 검(guar gum)	0.16	464
잔틴 검(xanthine gum)	0.26	39.8
연 유(condensed milk)	0.83	36

출처: 林弘通. 1989. "食品物理學," p.42, 養賢堂, 東京.

표 9-3 점도, 조밀도, 조직 등의 용어 사이의 관계.

심리학적 또는 감각기관적인 술어 (phychological or seneory terms)	유체(fluid)		고체(solid)
	뉴우톤 (Newtonian)	비뉴우톤 (Non-Newtonian)	
시각(sight), 흐름(flow), 퍼짐(spread)	점 도 (viscosity)	조밀도 (consistency)	
느낌(feel), 입(mouth), 손가락(finger)			조직(texture)
맛(taste)과 냄새(smell)	향 미(flavor)		

Kramer, A. 1964. *Food Technol.*, 18, 305.

한편, 라오(Rao, M. H., 1987)는 토마토 퓨레이, 토마토 케첩 등의 많은 식물성 식품들의 현탁물들(plant food suspensions, PFS)의 유동적 성질의 특성들을 조밀도(consistency)로 규정하는 경우가 많았으나, 이 조밀도는 아담즈 조밀도 또는 더 널리 사용된 보스트윗크 조밀도(Adams or Bostwick consistency)처럼 측정 장치에 의해서 규정되므로 측정 장치에 따라 수치가 다르며 본래의 유체학적인 여러 성질들이나 이론과의 관련이 잘 연구되어 있지 않은, 경험적 성질(empirical property)이 강한 특성이란 점을 강조하고 있다.

라오(Rao, M. H., 1987)에 의하면, 이상의 유체 식품들의 제조, 가공과정 또는 취급과정의 개선, 그리고 점도를 비롯한 여러 느낌 등의 평가(sensory assessment)를 위해서는 전단응력(shear stress)과 전단속도(shear rate)가 관련된 유동학적 성질들과 그 이론들이 실제로 도움이 되며, 공헌이 크다고 설명하고 있다.

이상의 문제들과 관련해서 체스니아크(Szczesniak, A. S., 1998)는 유동 식품류, 특히 시판 중인 각종 가공 유동 식품들의 조직(texture)이란 개념의 중요성을 강조하고, 조직(texture)에 대한 개념을 더 정확하게 분석하고, 조밀도(consistency)를 더 적절하게 표시할 수 있는 방법을 더 체계적으로 연구하는 데 도움이 되는 여러 가지 방안에 대해서 설명하고 있다.

한편, 조직(texture)에 대한 일반적인 설명은 데만의 책(DeMan, J. M., 1999), 더 전문적인 설명은 로오젠타일(Rosenthal, A. J., 1999)의 전문서를 참고하기 바란다.

실제의 일부 식품의 유동성

일반적으로 유체 내지는 반고체 식품들의 관능적 성질들(organoleptic factors), 특히 먹을 때 입안에서 느끼는 촉감들, 식품 자체의 조직(texture) 등을 생각할 때는 이와 같은 식품들이 뉴우톤 유체의 성질을 갖는 것이 바람직하다는 사실이 알려져 있다.

체스니아크들(Szczesniak, A. S. *et al*., 1962)은 펙틴, 한천, 덱스트란 등의 용액들은 그 농도가 커지면 전단속도가 커져도 외관상의 점도가 쉽게 감소되지 않는, 즉 다일라탄트 유동을 나타내며, 매우 끈끈하고 삼키기 어려운 느낌을 주는 것으로 보고하였다.

설탕용액, 과즙류 및 염용액 설탕용액, 각종 과즙류, 식염용액 등과 같이 비교적 분자량이 작은 당류의 용액들은 일반적으로 뉴우톤 유체(Newtonian fluids)의 전형적인 예로 알려져 있다. 예로서 순수한 설탕용액의 경우에는 50%의 농후용액에서도 뉴우톤 유체의 성질을 나타낸다.

그러나 이와 같은 설탕용액에 다른 성분들이 함께 존재할 때, 특히 분자량이 매우 큰 친수성(hydrophilic) 고분자 화합물(polymer)이 극소량이라도 함께 존재할 때는 유체로서의 성질이 크게 변할 수 있다.

각종의 꿀 꿀의 품질은 그 색깔, 향기, 풍미 등 이외에도 그 레올로지상의 성질들(rheological properties)에 의해서 크게 영향을 받는다. 이 레올로지상의 성질들은 당 함량, 특히 단백질 등의 극소량 함유된 고분자 화합물들의 성질, 꿀 전체로서의 숙성도, 그리고 온도 등에 의해서 다시 좌우된다.

특히 꿀에 미량 혼입되어 있는 꿀벌이 날라 온, 그 본질이 단백질로 알려진 각종의 꽃의 화분들(pollens)과 기타의 고분자 물질들은 꿀의 흐름의 성질에 매우 중요한 작용을 한다.

예로서 대부분의 벌꿀들, 특히 순수한 벌꿀들(pure honey)은 이상적인 뉴우톤 유체(Newtonian fluids)의 성질을 나타내는 것으로 알려져 있다. 그러나 0.20에서 1.8% 내외의 단백질을 함유하고 있는 스크틀랜드(Scotland) 특산의 히드 꽃에서 얻은 꿀(heathen honey)은 틱소트로피 유체(thixortropic fluid)의 성질을 나타내는 것으로 알려져 있다. 한편, 5% 내지 10%의 덱스트란(dextran)이 함유되어 있는 유우칼리나무 꽃에서 얻은 꿀(*Eucalyptus ficiolia honey*)의 경우에는 다일라탄트 유체(dilatant fluid)의 성질을 나타내지만, 이 덱스트란을 제거했을 때는 뉴우톤 유체의 성질을 갖게 되었다고 한다(Pryce-Jones, J., 1953 ; Scott Blair, G. W., 1953 참조).

한편, 프라이스-존즈(Pryce-Jones, J., 1953 ; Scott Blair, G. W., 1953 참조)가 조사한 15종의 다일라탄트 유체의 성질을 나타내는 유우칼리나무 꽃에서 얻은 벌꿀(*Eucalyptus ficiolia honey*)에 함유되어 있던 덱스트란은 α -D-포도당이 8000개 정도가 중합된, 즉 그 평균 분자량이 1,300,000 정도의 고분자들이였다고 한다.

벌꿀의 유동학적 연구는 아니나 이들(Lee, D. C. *et al*., 1997)은 강원도산 토종 벌꿀(native bee-honey, NBH) 31여 종과 외국에서 수입한 벌꿀 또는 외국에서 수입한 벌들이 국내에서 만든 꿀(foreign bee-honey, FBH) 8여 종의 수분 함량, 각종 당류 함량, pH, 5-하이드록시메틸훌후랄(5-hydroxymethyl furfural, 5-HMF), 화분(pollen) 함량 등을 비교 분석한 바 있다.

수분 함량은 각각 16.4~23.0%(NBH)와 15.8~21.0%(FBH), pH는 3.6~3.8로서 차이가 거의 없었으며, 당류로서는 과당, 포도당, 설탕(sucrose), 맥아당, 아이소말토오스 등이 확인되었으며, 5-HMF의 함량은 각각 0.0~19.2mg/kg(NBH)와 0.0~8.5mg/kg(FBH), 한편, 화분량의 분포는 0.4~88.3×10^4/g(NBH)와 0.0~0.4×10^4/g(FBH)였다고 한다.

이들은 결론으로 이상과 같은 물리적, 화학적 분석으로는 그 식품학적 특성으로 토종 벌꿀과 외국산 벌꿀을 식별할 수 없었다고 보고하고 있다. 그러나 이들(Lee, D. C. *et al*., 1998)은 그 후 계속한 두 종류의 벌꿀(NBH와 FBH)에 함유된 단백질들을 추출, 정제한 후 SDS-폴리아크릴아마이드 젤 전기영동법(SDS-polyarcrylamide gel electrophoretic analysis, SDS-PAGE analysis)으로 분리하여 각각의 주된 단백질의 분자량을 측정하는데 - 56kDa(NBH), 59kDa(FBH) - 성공하고 있다. 이들은 단백질 분자량의 차이를 확인함으로써 그 식별이 가능하다고 설명하고 있다.

한편, 벌꿀에는 대략 19여 종의 유기산들(organic acids)이 함유되어 있으나, 그 중 함량이 많은 유기산들로는 L-글루코닌산, L-말린산(malic acid)과 구연산(citric acid)들로 알려져 있다. 마토들(Mato, I. *et al*., 1998)은 벌꿀에 함유된 구연산의 함량을 340nm의 흡광도(吸光度)를 통해서 측정하여 정량하는 뵈링거-만하임 GmbH 효소 정량법(the Boehringer-Mannheim GmbH enzymatic test)으로 측정한 바 있다. 이들에 의하면 유우칼리나무 꽃에서 얻은 벌꿀의 구연산 함량은 48.3~76.8mg/kg, 카스타니아(*Castanea sativa*) 꽃에서 얻은 벌꿀의 경우, 82.7 mg/kg으로서, 벌꿀 출처에 따라 구연산의 함량들이 대체로 비슷한 수치를 보였다고 한다.

과실 퓨레이, 과실 펄프 사과즙이나 포도즙의 경우, 그 속에 함유된 고무질 물질들, 특히 펙틴(pectins)의 존재로 말미암아 비뉴우톤 유체의 성질을 갖고 있으나, 펙틴을 제거한 사과즙이나 포도즙(depectininized apple juice or grape juice) 등은 그 속에 함유된 당류의 농도에 거의 관계없이 뉴우톤 유체(Newtonian fluids)의 성질을 갖고 있으며, 온도가 상승됨에 따라 점도(viscosity)는 급속도로 감소한다고 한다.

과실 퓨레이(fruit puree)나 과실 펄프(fruit pulp)들은 보통 의사가소성(pseudoplasticity)을 나타내는 것으로 알려져 있으며, 한편, 온도의 변화에 대해서 외관상의 점도는 크게 변하지 않는 사실이 알려져 있다.

아라비아고무, 젤라틴 전술한 대로 친수성 고분자 화합물들(hydrophilic polymers), 특히 친수성 고무질 물질들은 일반적으로 극소량이 존재하여도 유체 흐름의 성질을 크게 바꾸어놓게 되지만, 아라비아고무(gum arabic)의 경우는 예외적이다. 아라비아고무의 교질용액(colloidal solution)은 40%의 농도까지 뉴우톤 유체의 성질을 나타내며, 그 이상의 농도에서는 의사가소성(pseudoplasticity)의 성질을 갖는다는 사실이 알려져 있다.

한편 젤라틴(gelatin)의 경우, 10%까지의 농도에서는 뉴우톤 유체의 성질을 나타내지만, 20% 이상의 농도에서는 비뉴우톤 유체의 성질을 나타낸다고 한다.

전분 젤과 마요네즈 전분 젤(starch gel)은 전술한 대로 일반적으로 틱소트로피 유체(thixortrcpic fluid)의 성질을 나타낸다. 한편 마요네즈(mayonnaise) 등의 유탁액, 즉 에멀젼들(emulsions)도 일반적으로 지키소트로피 유체의 성질을 나타낸다. 또한 신들(shin, A. J. *et al.*, 1985)에 의하면 대두유는 본래 뉴우톤 유체의 성질을 갖고 있으나, 가열산화(加熱酸化)됨에 따라 지키소트로피 유체의 성질을 갖게 된다고 한다.

한편 과실즙이나 과실 퓨레이(fruit puree) 등의 유체 또는 반고체 식품들의 레올로지상의 성질들(rheological properties)은 이들 유체 식품이나 반고체 식품들의 관능적인 요인들뿐만 아니라, 식품가공(food processing)상의 여러 과정들(operations), 예로서 이상의 유체 또는 반고체 식품들의 수송 내지는 이동(transfer), 열교환(heat transfer), 혼합(mixing), 교반(stirring) 등을 포함하는 여러 과정 등에 있어서 직접적인 영향을 주며, 따라서 매우 중요하다.

이상의 유동학적 성질들이 여러 식품 가공과정들(food processing operations)에 미치는 영향 등에 대해서는 해당하는 전문 연구자들의 연구 보고나 책들을 참고하여 주기 바란다(Scott Blair, G. W., 1953 ; Charm, S. E., 1962 ; DeMan, J. M. *et al.*, 1976 ; Rao, M. A., 1987 ; Szczesniak, A. S. 1998).

고체 및 반고체 식품들의 변형

고체 식품(solid foods)과 반고체 식품들(semi-solid foods)의 변형(deformation)은 수많은 이들 식품들의 가공(processing) 과정이나 이들 식품의 일상생활에서의 조리(preparation) 과정 또는 취급(handling) 과정에서 볼 수 있는 매우 흔하고 중요한 현상임에도 불구하고 식품과학의 중요한 한 분야로서 본격적으로 다루어지기 시작한 지 얼마 되지 않는다.

현재 많은 연구자들이 이 분야에 대해서 연구하여 왔으나, 현실적으로 우리가 먹는 식품들 중 순수한 유체식품이나 고체식품들은 없으며, 일반적으로는 일단 액체 또는 유체로 생각할 수 있는 식품들로부터 고체로서의 성질이 강한 식품들, 그리고 이상의 두 가지의 성분들을 모두 고려해야 할 경우 - 예로서 반고체 식품들의 경우 - 등 매우 다양하며, 이와 같은 다양성은 이 분야의 연구를 매우 복잡하게 만들고 있다.

따라서 여기서는 현재까지 알려진 고체식품의 변형에 관한 가장 기본적이고 중요한 사항들에 대해서만 극히 간단히 언급하기로 한다.

고체 식품의 변형 고체(solid), 여기서는 고체식품들에 대해서 외부에서 가해지는 힘(external force)들로서는 기본이 되는 입방체(立方體)의 평면(plane)에 수평으로 작용하는, 이미 설명한 전단력(剪斷力, shear force)이 있다.

이 전단력은 보통 한 측면에서 작용하는 경우, 즉 단축력(單軸力, uniaxial force)의 경우가 널리 알려져 있다. 수압(水壓, hydrostatic pressure)은 입방체의 세 개의 측면에 작용하므로 삼축 압축력(triaxial compression pressure)이라고 할 수가 있다.

또한 이 압축력과 작용하는 힘의 방향이 정반대인 힘, 즉 신장력(伸張力, tensile force)이 있다. 이상의 힘이 작용하는 형태는 현실적으로는 복잡할 경우가 많으나, 본문에서는 원칙적으로 가장 간단한 경우만 설명해 나가기로 한다(위의 설명에 대해서는 그림 9-7 참조).

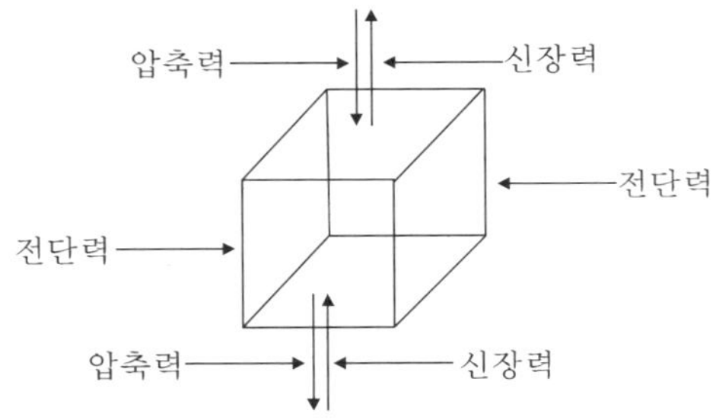

[그림 9-7] 고체(solid)에 작용하는 세 종류의 외부의 힘들(3 external force). 전단력(shear force), 전단력이 작용하는 평면(plane)에 대해서 수직으로 작용하는 압축력(compression pressure)과 신장력(tensile force).

한편, 외부에서 가해지는 힘(force)을 어떤 저항체(抵抗體), 즉 고체 식품의 단위 면적(unit area)에 작용하는 힘의 크기(kg-force/m^2, Newton/m^2 또는 Pa, 여기서 1 Pascal = 1 Newton/m^2 = 0.10197 kg-force/m^2)로 표시할 때는 보통 스트레스(stress) 또는 응력(應力)으로 불려지고 있다.

유체식품의 경우 전단응력(shearing stress)을 보통 τ(tau)로 표시하는 것처럼 고체식품에서는 주로 사용되는 단축응력(單軸應力, uniaxial stress)은 σ(sigma)로 표시된다.

또한 외부에서 스트레스(stress)가 가해졌을 때 고체 식품의 변형의 크기를 ΔL, 원래의 고체 식품의 크기를 L(길이 또는 부피 등)로 할 때, 그 비율(ratio)을 스트레인(strain)이라고 부른다. 즉, 스트레인 ε(epsilon)은 아래와 같이 표시된다.

$$\varepsilon = \frac{\Delta L}{L}$$

유체식품의 경우에는 저항체로서의 의미는 별로 크지 않으며, 외부에서 가해지는 응력(stress)에 비해서 그 변형, 즉 흐름의 변화의 크기가 너무 크기 때문에 고체식품의 경우처럼 변형 자체를 다루지 않고 단위 시간(unit time)당의 변형의 변화, 즉 변형속도, 다시 말해서 전단속도를 다루고 있다.

고체식품의 경우, 외부에서 가해지는 스트레스 또는 응력(stress) σ와 이에 따른 스트레인, 즉 단위(unit)의 크기에 대한 변형($\Delta L/L$), ε사이의 관계를 설명하는 현재까지의 모든 기본적인 학설들은 모두 극미세한(infinitesimal) 스트레스, 즉 응력(stress)에 대응하는 극미세한 변형, 즉 스트레인 사이의 관계에서 유도된 것이다.

그러나 모든 실제적인 고체식품의 변형실험들은 마이크로 단위(micro unit)가 아니라 마크로 단위(macro unit)로 수행되고 있으며, 이론과 실험결과들 사이의 관계가 근사적 접근(approximation approach) 밖에 못하고 있는 점에 유의할 필요가 있다.

고체 식품의 변형의 종류

후크 탄성을 나타내는 고체들

한 고체식품에 가해지는 스트레스 σ와 이에 따라 형성되는 스트레인 또는 단위당의 변형 사이의 관계가 직선관계로 표시될 때는 후크 탄성체(Hookean elastic body)라고 하며(그림 9-8 참조), 이와 같은 관계는 후크 탄성(Hookean elasticity)으로 알려져 있다.

이와 같은 관계는 완전탄성체(完全彈性體)들만이 나타내나, 단단한 사탕과자류(hard candies), 완전히 건조된 곡류(grains) 등도 이와 유사한 성질을 나타낸다.

$$\sigma = E \times \varepsilon$$

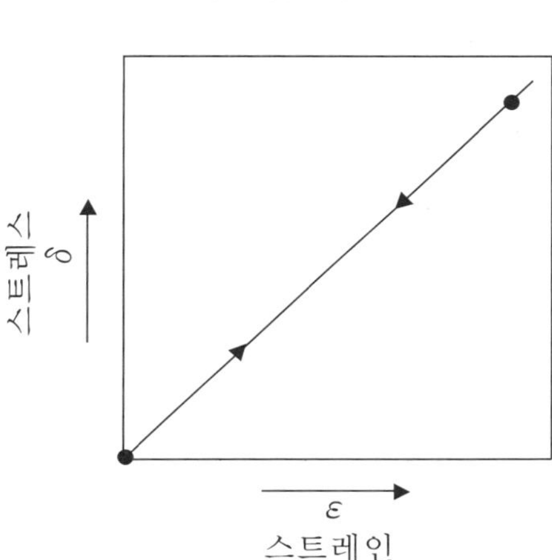

[그림 9-8] 후크 탄성(Hookean elasticity)을 나타내는 스트레스-스트레인 곡선. 이 그림처럼 완전 탄성체의 경우에는 직선으로 나타난다.

비후크 탄성을 나타내는 고체들

일부 고체에서는 스트레스가 제거된 후에 영구적인 변형(permanent deformation)은 없으나, 스트레스와 스트레인 사이에 직선관계가 성립하지 않을 뿐만 아니라 스트레스가 가해졌을 때와 제거되었을 때 히스테레시스(hysteresis)가 일어나는 경우가 있다.

이와 같은 관계는 비후크 탄성(Non-Hookean elasticity)으로 불리며 이러한 성질을 가진 고체들을 비후크 탄성체(Non-Hookean elastic body)라고 한다(그림 9-9 참조).

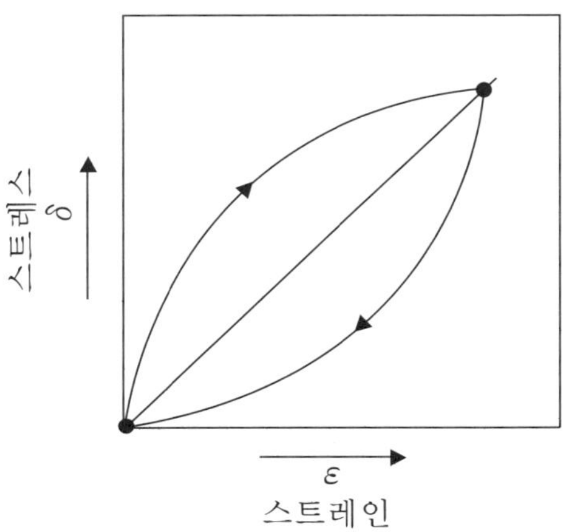

[그림 9-9] 비후크 탄성(Non-Hookean elasticity)을 나타내는 스트레스-스트레인 곡선. 이 그림은 스트레스가 가해졌을 때와 제거되었을 때 히스테레시스를 동반하는 경우의 예를 보이고 있다.

가소성을 나타내는 고체들

외부에서 가해지는 스트레스가 어느 크기를 넘었을 때는 변형(deformation)이 일어나되, 그 스트레스가 제거된 후에도 그 변형이 회복되지 않는 경우, 이와 같은 성질은 가소성(可塑性, plasticity)이라고 하며, 이런 성질을 가진 고체들은 가소성 고체(plastic bodies)라고 한다.

이상의 고체들의 가소성은 이상적인 경우에는 그림 9-10에서와 같은 스트레스-스트레인 곡선으로 표시될 수 있으나, 실제 가소성을 나타내는 식품들의 대부분의 경우들에 대해서는 근사적인 관계를 나타낸다고 보아야 할 것이다.

식품들의 경우, 일정한 스트레스치(stress value)를 받으면 변형되나, 이상적인 경우에는 영구적 변형(永久的 變形, permanent deformation)을 일으킨다. 이때의 스트레스를 σ_0 로 표시하며 항복치(降伏値, yield value)라고도 부르며, 이때의 스트레인을 ε_0 로 표시한다.

이상적인 가소성 고체의 경우에는 가해지고 있는 스트레스 σ_0 가 제거되어도, 즉 $\sigma_0 \rightarrow 0$이 되어도 그 스트레인 ε_0 는 그대로 유지된다.

마쇄된 삶은 감자(mashed potatoes), 버터, 마가린, 쇼트닝(shortening) 등의 많은 식품들에서 그 예를 볼 수 있다. 이 중에서도 버터와 마가린(margarine), 특히 마가린은 여러 식품들 중 가장 이상적인 가소성 고체로서의 성질을 갖고 있는 식품으로서, 그 가소성에 대해서 많이 연구되고 있다 (Rosenthal, A. J., 1999 참조).

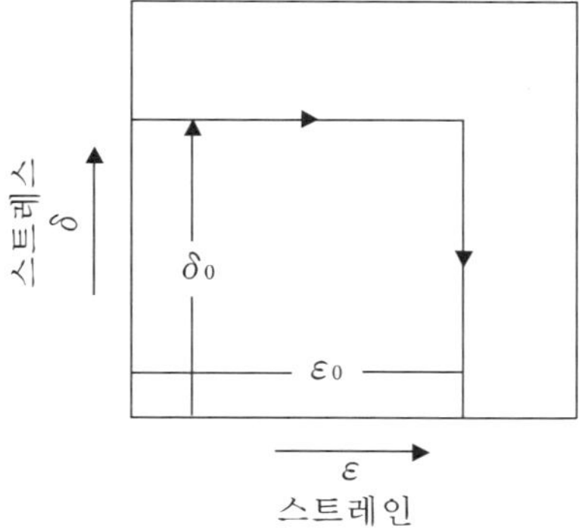

[그림 9-10] 고체의 가소성(solid plasticity)을 나타내는 스트레스-스트레인 곡선. 위의 곡선은 이상적인(ideal)인 경우에만 적용되는 관계를 표시하고 있다. σ_0는 항복치를 나타내며, 이때 영구 변형이 일어나 스트레인 ε_0 를 갖기 된다. 그러나 σ_0 가 0이 되어도 ε_0 는 그대로 유지된다.

점탄성을 나타내는 고체들

일부 고체, 특히 반고체식품들은 탄성(elasticity)과 같은 고체의 특성과 점성(viscosity)과 같은 유체의 특성, 즉 흐르는 성질(flow properties)을 동시에 갖고 있는 경우가 많다. 이와 같은 성질은 점탄성(粘彈性, viscoelasticity)으로 알려져 있으며, 펙틴, 젤, 일부의 가소성 고체 지방질들, 밀가루 반죽(wheat flour dough), 신선한 채소류, 과실류, 수분 함량이 큰 곡류, 육류, 생선류 등과 이들의 가공 식품들이 이와 같은 성질을 나타낸다(예 Hlynka, I., 1970 ; Kawabata, A., *et al.*, 1976 ; Deman,

J. M., *et al.*, 1999 ; Rosenthal, A. J., 1999 참조).

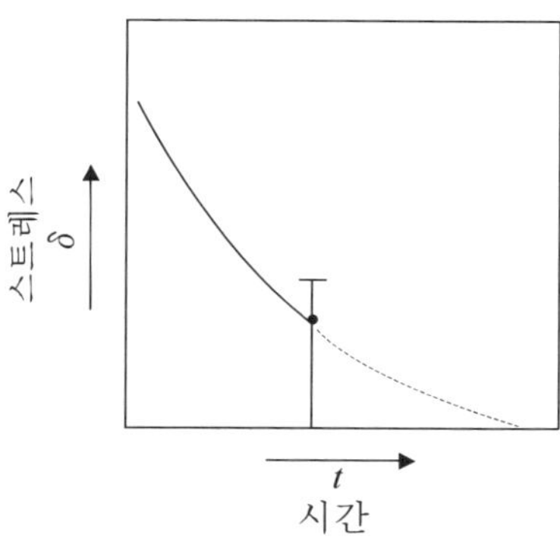

[그림 9-11] 일정한 스트레인 ε 아래서 σ 의 크기와 시간(time, t) 사이의 관계를 표시한 곡선 (stress-time curve 또는 stress-relaxation curve). T는 스트레인을 제거한 시점.

이 점탄성(粘彈性, viscoelasticity)은 일정한 스트레인, 즉 단위당 변형(單位當 變形)이 형성된 여건 아래서 시간 경과에 따른 스트레스의 변화, 즉 응력완화현상(應力緩和現像, stress relaxation, 그림 9-11 참조), 그리고 일정한 스트레스가 가해진 상태에서 시간 경과에 따른 스트레인의 변화, 즉 크리이프(creep) 현상으로서 가장 잘 표시된다(그림 9-12 참조).

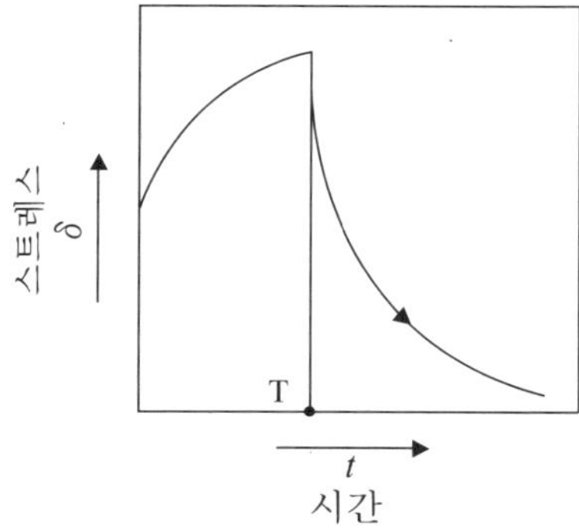

[그림 9-12] 일전한 스트레스 σ 하에서 스트레인, 즉 단위당 변형 ε 과 시간(time, t) 사이의 관계를 표시한 곡선(strain-time curve 또는 creep curve). T는 스트레스 σ 를 제거한 시점.

한편, 점탄성(viscoelasticity)을 나타내는 고체들의 특성을 설명하는 데 도움이 되는 기계적인 모델(mechanical models)로서는 소위 포오크트-켈빈 모델(Voigt-Kelvin model)과 막스웰 모델(Maxwell model) 등이 알려져 있다(그림 9-13 참조).

그림 9-13에서 막스웰 모델로 표시되는 고체, 즉 점탄체에서 용수철(spring)로 표시된 부분은 후크 탄성체(Hookean elastic body)의 특성을 나타내고 있으며, 한편 다슈폿트(dashpot), 즉 완충장치(緩衝裝置)로 표시된 부분은 뉴우톤 유체의 특성을 나타낸다.

한편 포오크트-켈빈 모델로 표시되는 고체, 즉 점탄체에서는 외부에서 가해지는 스트레스는 한편으로 스트레인(strain)과 비례하는 동시에(그림 9-13의 왼쪽 모델 중의 왼쪽의 용수철 부분의 작용에 의함), 또 다른 한편으로는 전단속도(shear rate)에 비례하게(그림 9-13의 왼쪽의 모델 중의 오른쪽의 다슈폿트의 작용에 의함)된다.

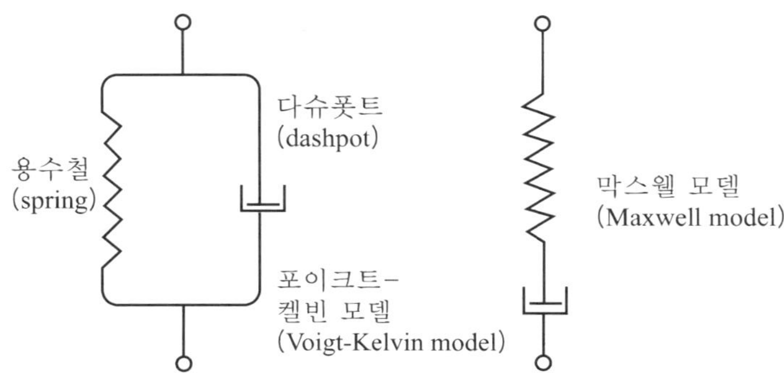

[그림 9-13] 고체의 점탄성(viscoelasticity)을 설명하는 두 개의 기계적인 모델들(mechanical models).

한편, 막스웰 모델로 설명이 잘 되는 점탄성(viscoelasticity)을 가진 고체 또는 반고체 식품들의 경우에는, 처음 일정한 하중, 즉 힘이 작용하게 되면, 작용 초기에는 비교적 쉽게 용수철(spring) 부분이 늘어나면서 크게 변형하게 되어 탄성이 초기에 작용했음을 알 수 있으나, 시간이 경과함에 따라 다슈폿트(dashpot) 부분에서 서서히 변형이 지속됨으로, 시간의 경과에 따라 변형이 계속된다. 힘이 제거되었을 때는 용수철 부분은 곧 원 상태로 돌아가려고 하나, 다슈폿트 부분은 회복이 매우 느리게 일어나므로 회복은 빠르나 완전히 회복되지 않는다.

이에 비해서 포어크트-켈빈 모델로 설명이 잘 되는 고체 또는 반고체 식품들의 경우에는, 일정한 하중, 즉 힘이 작용할 때 용수철 부분과 다슈폿트 부분이 함께 작용하게 되어 먼저 압축된 용수철 부분이 작용하는 힘에 저항하게 되므로, 최종적으로는 임의의 정상상태(定常狀態, a final steady state)에 도달하게 된다. 가해지고 있는 일정한 힘이 제거되면 매우 느리게 원상을 회복하는 방향으로 작용하며, 완전하게 원상을 회복하지만 시간은 많이 걸린다.

그러나 이상과 같은 기계적인 모델들이 실제로 고체 또는 반고체 식품들에 존재한다는 증거는 없지만 이상의 식품들의 유동성 또는 변형 특성들을 설명하기 위한 개념들이라고 생각할 수 있으므로, 막스웰 모델 또는 포오크트-켈빈 모델이라는 용어들 대신에 막스웰 요소(Maxwell element), 포오크트-켈빈 요소(Voigt-Kelvin element)로 표현하여 사용되는 경우도 있으며, 그 중요성과 함께 그 한계점들도 점차 재인식되어 가고 있는 것 같다.

실제로 고체 또는 반고체 식품들의 점탄성은 이와 같은 두 가지 모델을 형성하고 있는 요소들(elements)이 여러 가지로 배열(arrangement)된 모델로 설명되는 경우가 많으나 단순하게 포오크트-켈빈 모델이나 막스웰 모델로 설명되는 경우는 거의 없다고 한다.

한편, 이상의 고체 또는 반고체 식품들의 유동과 변형에 관한 더 자세한 이론과 실제의 응용 예에 대해서는 데만(Deman, J. M., 1999)의 책이나 아래의 전문서적들(Sone, T., 1972 ; Deman, J. M. *et al.*, 1976 ; Rha, J. K., 1975 ; Bourne, M. C., 1982 ; Rosenthal, A. J., 1999)과 전문학술지들을 참고하여 주기 바란다.

친수성 콜로이드

물에 작은 쇳덩어리들을 넣어주면 쇳덩어리들은 그대로 가라앉아 물은 그대로 물로서 액상(liquid phase), 작은 쇳덩어리들은 작은 쇳덩어리들로서 그대로 고체상(固體相, solid phase)으로 존재하면서,

두 개의 상(two phase)이 그대로 유지된다.

가령 쇳덩어리처럼 물에 전혀 녹지 않으나 그 비중이 물과 비슷한 경우에는 기계적인 현탁체계(a mechanical suspension)가 형성되나 액체와 고체의 뚜렷한 두 개의 상으로 구성되어 있는 점에서는 같다.

한편, 설탕이나 소금과 같은 물질을 물에 넣어주면 이들 용질(solute)은 물, 즉 용매(solvent)에 완전히 녹아서 용질의 형체를 전혀 찾아볼 수 없는 투명한 진용액(true solution), 즉 완전한 용액을 형성한다.

그러나 많은 고분자 화합물들, 특히 다음 제10장(章)에서 설명하게 될 고무질 화합물들을 적당한 양의 물에 넣을 때는 이 고분자 화합물들은 물분자들과의 상호작용에 의해서 대체로 균일한 (uniform) 조성을 갖고 있기는 하나, 대개는 불투명한, 진용액과는 그 성질이 매우 다른, 소위 교질(膠質) 또는 콜로이드 용액(colloidal solution)을 형성한다.

한 물질의 이와 같은 콜로이드 용액을 형성하는 성질 내지 경향은 용매, 즉 분산매(分散媒)와의 친화력(affinity)도 중요하나, 무엇보다도 콜로이드 입자를 형성하는 분자 또는 입자들의 크기에 의해서 크게 좌우된다. 안정된 콜로이드 용액을 형성하는 분자나 입자들의 크기는 일반적으로 100Å에서 10,000Å 정도로 생각되고 있다.

한편, 콜로이드 용액(colloidal solution), 더 정확하게 말해서 콜로이드 분산계(colloidal dispersion)에서 분산매(dispersion medium)가 물인 경우, 분산상(分散相, dispersed phase)을 이루고 있는 분산된 입자들과 분산매인 물과의 친화력(affinity)에 따라 친수성(親水性) 콜로이드들(hydrophilic colloids)과 소수성(疏水性) 콜로이드들(hydrophobic colloids)로 분류된다.

콜로이드 입자들(colloidal particles)과 분산매(dispersion medium)인 물과의 친화력이 큰 경우에는 분산매, 즉 물과 분산상, 즉 콜로이드 입자들은 일반적으로 안정된 균일상(均一相, homogeneous phase)을 이루며, 분산매와 분산상의 두 개의 상(phases)으로의 분리가 잘 일어나지 않는다.

한편 이와 같은 체계(system)는 전체로서 점도, 즉 외관상의 점도가 큰 콜로이드 용액, 즉 졸(sol)을 형성한다. 각종 식품류, 특히 유체나 반고체 식품들에서는 이와 같은 친수성 콜로이드류(hydrophilic colloids, 즉 hydrocolloids)가 형성되고 있는 경우가 많다.

그리고 자연에서 얻어지며, 각종 가공 식품들의 여러 성질들을 개선하기 위해서 널리 사용되고 있는 수용성 고무질 물질들(water soluble gums)의 거의 대부분은 이와 같은 친수성 콜로이드들(hydrocolloids)을 형성하며, 또한 이와 같은 성질들 때문에 각종 가공 식품들의 여러 성질들을 개선하는 데 널리 이용되고 있다.

친수성 콜로이드의 분류

한편 이와 같은 친수성 콜로이드를 형성하는 자연에서 얻어지는 수용성인 고무질 물질들(water soluble gums)은 젤라틴(gelatin)과 같은 일부 단백질들을 제외하면 거의 전부가 다당류(polysaccharides)에 속하는 고분자 화합물들이다.

근래에 와서 여러 가지 특성들을 가진 친수성 콜로이드류를 만들기 위해서 자연에서 얻어지는 수용성 고무질 물질들(water soluble gums) 이외에도 많은 종류의 고무질 물질들이 각종 식품류에 널리 사용되고 있다.

글리크스맨(Glicksman, M., 1970)은 친수성 콜로이드를 형성할 수 있는 고무질 물질들을

1. 자연에서 얻어지는 고무질 물질들
2. 자연에서 얻어지는 고무질 물질들의 화학적 구조를 일부 변형시킨 것들(modified gums)
3. 전적으로 화학적 합성(total chemical synthesis)에 의해서 만들어진 고무질 물질들로 분류하고 있다.

한편 록크스(Rocks, J. K., 1971)는 친수성 콜로이드를 형성하는 고무질 물질들을 표 9-4와 같이 분류하여 그 실례들을 들고 있다.

표 9-4 식품공업에 중요한 친수성 콜로이드들(hydrophilic colloids).

식물 삼출물들(plant exudates)	해조 추출물들(seaweed ectracts)
트라가칸쓰 고무(gum tragacanth)	카라기난(carageenan)
아라비아 고무(gum arabic)	퍼셀라란(furcellaran)
식물 종자 고무질 물질(plant seed gums)	한천(agar)
메뚜기 콩 고무(locust bean gum)	알진(algin)
구아 고무(guar gum)	프라필렌 글라이콜 알지네이트
반합성 고무질 물질들(modified gums)	(propylene glycol alginate)
CMC(carboxymethylcellulose)	발효 미생물들(fementation products)
하이드록시프로필셀룰로오스	잔탄고무(xanthan gum)
(hydroxypropylcellulose)	덱스트란(dextran)
메틸셀룰로오스(methylcellulose)	기타
	펙틱(pectin)
	저 메톡실 펙틴(low-methoxyl pectin)

Rocks, J. K. 1971. *Food Technol.*, 25, 476.

졸과 젤

콜로이드 또는 교질용액에 있어서 유동성(flow property)이 두드러질 때, 즉 유체(流體)로서의 성질이 두드러질 때는 일반적으로 졸(sol)이라고 불려진다.

한편, 분산된 콜로이드 입자들(colloidal particles)의 농도가 아주 희박할 때는 뉴우톤 유체(Newtonian fluids)의 성질을 나타내는 콜로이드 내지는 교질용액도 콜로이드 입자들의 농도가 커짐에 따라 비뉴우톤 유체(Non-Newtonian fluids)의 성질, 또는 경우에 따라서는 점차로 탄성(elasticity) 또는 가소성(plasticity)까지도 나타내는 경우가 있다.

이것은 분산된 콜로이드 입자들의 농도가 커짐에 따라서, 서로 수소결합, 이온결합, 반 데르 바알즈의 힘(van der Waals force) 등의 2차적인 결합에 의해서 콜로이드 입자들이 연결되고 이 연결이 계속 강화되기 때문에 일어난다.

이 결합과정이 계속되면 애당초의 교질용액의 졸(sol) 상태는 점차로 그 유동성(flow property)을 잃게 된다. 졸(sol) 상태가 유동성을 잃을 때, 콜로이드 용액에서 콜로이드 입자들의 결합체가 침전(precipitation)되어 물과 분리될 때는 이 체계는 침전 젤(coagel)이라고 불려진다.

한편, 한천이나 젤라틴의 경우와 같이 서로 연결된 콜로이드 입자들이 3차원의 격자들(three-dimensional lattices)을 형성하며, 이 격자들 사이에 분산매(dispersed phase)인 물 또는 유기산, 당류,

수용성 색소류와 같은 각종 수용성 물질들의 수화물들(水和物, hydrates)이 주로 수소결합(hydrogen bond)을 통해서 존재할 경우에는 그 유동성을 크게 잃고, 그 대신 단단함(rigidity)과 탄성(elasticity)과 가소성(plasticity)을 가진 반고체(semi-solid)를 형성하는 경우도 있다. 이때 이 체계는 젤(gel)이라고 불려진다.

또한 이와 같은 젤(gel) 중에서 식품 분야에서 가장 시각적(視覺的, visually)으로 적절한 예가 되며, 또한 실제적으로도 중요한 것으로는 각 가정에서 만들거나 상품화되고 있는 각종의 젤리들(jellies)이 있다.

졸(sol)의 젤(gel)화는 본질적으로 이와 같은 콜로이드 용액들 내부에서 콜로이드 입자들 사이의 수소결합을 주로 하는 2차원적인 결합들의 형성과, 여기서 계속되는 3차원의 망(three-dimensional networks) 또는 구조물(structures)들이 형성되어 일어나며, 많은 젤(gels)들의 경우, 예로서 전분이나 젤라틴(gelatin)의 젤들의 경우 가열에 의해서 쉽게 가역적(reversibly)으로 졸의 상태로 되돌아갈 수 있다.

그러나 일부 콜로이드 용액 또는 현탁액(suspension)들의 경우, 그 졸들이 비교적 급속하게 젤화된 후, 많은 시간이 경과되기 전에 가열하면 가역적으로 다시 졸 상태가 되나, 침전 젤(coagle)의 경우처럼, 많은 시간이 경과되면서 형성된 졸들의 경우에는 내부에서 일부 분자들이 규칙적으로 배열하여 즉 규칙성을 갖는 결정화(結晶化)가 일어나기 때문에 가열 등에 의해서 완전한 원래의 졸 상태로의 복귀는 일어나지 않게 된다.

그림 9-14는 이상과 같은 졸, 젤과 침전 젤 사이의 관계를 간단하게 표시한 그림이다. 한편 교질 또는 콜로이드 용액에 있어서 졸에서 젤로 되는 과정은 콜로이드 입자들 자체의 크기, 형태, 화학적 성질, 농도, pH, 온도, 콜로이드 용액 내의 다른 성분들의 성질 등에 의해서 크게 영향 받는다.

친수성 콜로이드를 형성하는 각종 자연 및 합성 고무질 무질들(natural and artificial gums)의 졸 또는 젤은 촉감은 물론 미각에도 큰 영향을 준다.

미각의 예민도(sensitivity), 즉 역가(taste threshold value)나 강도(intensity)는 친수성 콜로이드의 존재에 의해서 크게 달라진다는 사실이 알려져 있으며, 이 사실은 매우 중요하다.

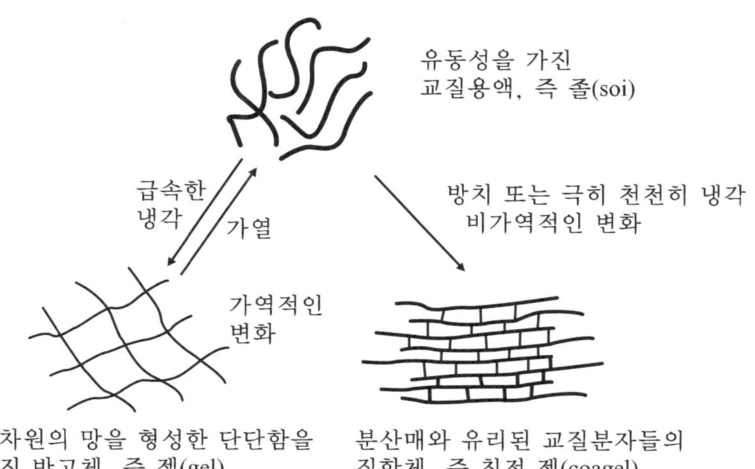

[그림 9-14] 졸, 젤과 침전 젤 사이의 관계.

일반적으로 네 개의 기본적인 미각(four basic tastes)은 젤 속에서보다는 액상(liquid), 즉 졸상에서 더 쉽게 인식된다. 그러나, 졸상의 물질 속에 있어서도 점도가 커짐에 따라 그 예민도는 감소한다.

식품의 교질 상태가 그 관능요인 및 가공 조작에 미치는 영향

예로서 설탕의 감미도(sweetness)에 대한 졸의 점도, 즉 외관상의 점도의 영향을 조사하였던바 졸 내에 녹아 있는 설탕의 단맛은 그 졸의 끈끈한 정도(sliminess), 즉 외관상의 점도가 커질수록 단맛은 더 차단(masking)되었다고 한다.

친수성 콜로이드의 보호 작용

친수성 콜로이드는 다른 소수성(疏水性) 콜로이드(hydrophobic colloids)에서 콜로이드 입자들이 안정성을 잃고 응고(coagulation)되거나 석출(析出)되는 경향, 즉 침전 젤(coagel)을 형성하는 경향을 억제해 준다. 즉 소수성 콜로이드를 안정화(stabilize)하여 주며, 보호해 주는 역할을 한다. 다시 말해서 보호 콜로이드(protective colloid)로서 작용한다.

이 보호 콜로이드는 또한 어떤 물질의 수용액에서 그 물질의 결정핵(結晶核)의 생성과 생성된 결정핵의 성장을 억제하여 주는 작용도 아울러 갖는다. 예로서 농도가 큰 설탕 용액에 친수성 콜로이드(hydrophilic colloid)를 가해줌으로써 그 설탕의 결정화(crystallization)나 결정의 성장은 억제된다.

한편, 아이스크리임의 경우에도 아이스크리임의 한 성분으로서 이미 존재하거나 새로 첨가한 친수성 콜로이드 물질들은 그 속에서 친수성 콜로이드 상태로 존재하여 보호 콜로이드로서 작용하는 동시에 설탕 결정의 대형화(大型化)를 억제하며, 조직(texture)을 부드럽게 해준다.

참고문헌

Balmaceda, E., Rha, C. K., and Huang, F. 1973, Rheological Properties of hydrocolloids, *J. Food Science.*, 38, 1169.

Bourne, M. C. 1967, Deformation Testing of Foods, 1. A Precise Technique for Performing the Deformation Test, *J. Food Science.*, 32, 601.

Bourne, M. C. 1982, *"Food Texture and Viscosity : Concept and Measurement"*, Academic Press, New York.

Brandt, M. A., Skinner, E. Z., and Coleman, J. A. 1962, Texture Profile Method., *J. Food Science.*, 27, 404.

Charm, S. E. 1962. The Nature and Role of Fluid Consistency in Food Engineering Applications. *Advances in Food Research*, 11, 356.

Chinachoti, P. 1993. Water Mobility and its Reaction to Functionality of Sucrose-Containing Food Systems. *Food Technol.*, January, 134~140.

Chinnan, M. S., McWatters, K. H., and Rao, V. N. M. 1985. Rheological Characterization of Grain Legume Pastes and Effect of Hydration Time and Water Level on Apparent Viscosity. *J. Food Science.*, 50, 1167.

Christensen, C. M. and Vickers, Z. M. 1981. Relationships of Chewing Sounds to Judgement of Food Crispness. *J. Food Science.*, 46, 574.

DeMan, J. M., Voisey, P. W., Rasper, V. F., and Stanley, D. W.(Editor). 1976. *"Rheology and Texture in Food Quality,"* Avi Pub. Co., Inc., Westport, Connecticut.

DeMan, J. M. 1999. Chapter 8. Texture. *"Principles of Food Chemistry,"* Third Edition, An Aspen Publication, Aspen Publishers, Inc, Maryland, U.S.A.

DeMan, J. M. and Gupta, S. 1985. Viscoelastic Properties of Plastic Fat Products. *J. Am. Oil Chem. Soc.*, 62(12), 1672.

Desrosier, N. W. 1970. *"The Technology of Food Preservation,"* 3rd ed., Avi Publishing Co., Inc., Westport, Conn.

Dickinson, E. and Stainsby, G. 1982. *"Colloids in Food,"* Applied Science Publishers, London and New York.

Farkas, E. *et al.* 1967. Hydrocolloid Rheology in the Formulation of Convenience Foods. *Food Technol.*, 21, 535.

Fisher, C. H. 1998. Correlating Viscosity with Temperature and Other Properties. *J. Am. Oil Chem. Soc.*, 75(10), 1229~1232.

Glasstone, S. 1946. *"Texture of Physical Chemistry,"* 2nd ed., D. Van Nostrand Co., Inc., New York.

Glicksman, M. 1969. *"Gum Technology in the Food Industry,"* Academic Press, New York.

Glick, M. *et al.* 1964. Hydrocolloids in Artificially Sweetened Foods. *Food Technol.*, 20, 58.

Hall, R. L. 1959. Flavoring Agents as Food Additives, *Food Technol.*, 13, 14.

Harperl, J. C. 1960. Viscometric Behavior in Relation to Evaporation of Fruit Purées. *Food Technol.*, 14, 557.

Hidalgo, J. *et al.* 1968. Moving Boundary Electrophoresis of Food Stabilizers. *J. Food Science*, 33, 7.

Hlynka, Ⅰ. 1970. Rheological Properties of Dough and Their Significance in the Breadmaking Process. *The Bakers Digest*, April, 40.

Jirgensons, B. and Straumanis, M. E. 1962. *"Colloid Chemistry,"* 2nd ed., Pergamon Press, London.

Kawabata, A. and Sawayama, S. 1976. Viscoelasticity of Pectin Gel. *J. Agricultural Chem. (Japan)*, 50(11), 555.

Kramer, A. 1964. Definition of Texture and Its Measurement in Vegetable products. *Food Technol.*, 18, 305.

Lee, D. C. *et al.* 1997. Characteristics of Native-Bee Honey Harvested in Kangwon-area. *Korean J. Food Sci. Technol.*, 29(6), 1082~1088.

Lee, D. C. *et al.* 1998. Discrimination of Native Bee-Honey and Foreign Bee-Honey by SDS-PAGE. *Korean J. Food Science. Technol.*, 30(1), 1~5.

Mato, Ⅰ. *et al.* 1998. Enzymatic Determination of Citric Acid in Honey by Using Polyvinylpolypyrrolidene Clarification. *J. Agric. Food Chem.*, 46(1), 141~144.

Matz, Samuel A. 1962. *"Food Texture,"* Avi Publishing Co., Inc, Westport, Conn.

Martin, L. F. 1955. Application of Research to problems of Candy Manufacture. *Advances in Food Research*, 6, 1.

Massaguer-Roig, S., Rizvi, S. S. H., and Kosikowski, F. V. 1984. Characterization of Thixotripic Behavior of Soft Cheeses. *J. Food Science*, 49, 668.

Muller, H. G. 1973. *"An Introduction to Food Rheology,"* William Hinemann Ltd., London.

Peterson, M. S. (Editor). 1978. *"Encyclopedia of Food Science,"* Avi Pub. Co., Westport, CT, U.S.A.

Pryce J. 1953; Scott Blair, G. W. 1953 참조.

Rao, M. A. and Otoya Palomino, L. N. 1974. Flow Properties of Tropical Fruit Purees. *J. Food Science*, 39, 160.

Rao, M. A., Cooley, H. J., Nogueira, J. N., and McLellan, M. R. 1986. Rheology of Apple Sauce : Effect of Apple Cultivar, Firmness, and Processing Parameters. *J. Food Science*, 51, 176.

Rao, M. A. 1987. Predicting the Flow Properties of Food Suspensions of Plant Origin. *Food Technol.*, March 85~88.

Rescorla, A. R. and Carnahan, F. L. 1936. Animal and Vegetable Oils. *Ind. Eng. Chem.*, 28(10), 1212.

Rha, C. K. (editor). 1975. *"Theory, Determination and Control of Phusical Properties of Food Materials,"* D. Reidel Pub. Co., Dordrecht, Holland.

Rocks, J. K. 1971. Xanthan Gum. *Food Technol.*, 22, 476.

Rosenthal, A. J. 1999. Chapter 7. Fabricated Fast-Based Foods in *"Food Texture - Measurement and Perception,"* An Aspen Publication, Aspen Publishers, Inc., Gainsburg, Maryland, U.S.A.

Saravacos, G. D. *et al.* 1976. Halting Rates of Fruit Products in an Agitated Kettle. *Food Technol.*, 21, 372.

Saravacos, G. D. 1968. Tube Viscometry of Fruit Purées and Juices. *Food Technol.*, 22, 1585.

Saravacos, G. D. 1970. Effect of Tempature on Viscositty of Fruit Juices and Purées. *J. Food Science*, 35, 122.

Scott Blair, G. W. 1953. *"Foodstuffs, Their Plasticity, Fluidity, and Consistency,"* Edited by Scott Blair, G. W., North-Holland Publishing Co., Amsterdam, Holland.

Scott Blair, G. W. 1958, Rheology in Food Research. *Advances in Food Research*, 8, 2.

Sharma, S. C. 1981. Gums and Hydrocolloids in Oil-Water Emulsions. *Food Technol.*, 35(1), 59.

Sherman, P. 1969. A Texture Profile of Foodstuffs Based upon Well-defined Rheological Properties, *J. Food Science*, 34, 458.

Sherman, P. (Editors). 1979. *"Food Texture and Rheology,"* Academic Press, New York.

Shin, A. J. and Kim, D. H. 1985. Studies on Thermal Oxidation of Soybean Oil: Changes in Some Rheological Properties of a Soybean Oil during Thermal Oxidation. *Korean J. Food Sci. & Technol.*, 17(3), 141.

Sone, T. 1972. *"Consistency of Foodstuffs,"* D. Reidel Pub. Co., Dordrecht, Holland.

Stone, H. *et al.* 1966. Effect of Viscosity of the Detection of Relation of Relative Sweetness Intensity of Sucrose Solutions. *J. Food Science*, 31, 129.

Szczesniak, A. S. 1962. Objective Measurements of Food Texture. *J. Food Science*, 27, 410.

Szczeniak, A. S. and Farkas, E. 1962. Objective Characterization of the Mouthfeel of Gum Solutions. *J. Food Science*, 27, 381.

Szczesnizk, A. S. 1998. Sensory Texture Profiling - Historical and Scientific Perspectives. *Food Technol.*, 52(8), 54~57.

Van Wazer, J. R. *et al.* 1963. *"Viscosity and Flow Measurement,"* Interscience Publishers, New York.

Vickers, Z. and Bourne, M. 1976. A Psychoacoustical Theory of Crispness. *J. Food Science*, 41, 1158.

Vickers, Z. and Bourne, M. 1976. Crispness in Foods - A Review, *J. Food Science*, 41, 1153.

Vitali, A. A. and Rao, M. A. 1984. Flow Properties of Low-Pulp Concentrated Orange Juice: Effect of Temperature and Concentration. *J. Food Sci.*, 49, 882.

Wagner, J. R. *et al.* 1969. Consistency of Tomato Products, 5., Differentiation of Extractive and Enzyme Inhigitory Aspects of the Acidified hot Break Process. *Food Technol.*, 23, 247.

Walter, R. H. and Sherman, R. M. 1981. Apparent Activation Energy of Viscous Flow in Pectin Jellies. *J. Food Science*, 46, 1223.

Yaws, C. L., 1996. Calculate Viscosities for 355 Liquids. *Chem. Eng.*, 119~128; Fischer, C. H. 1998 참조.

Chapter 10 자연에서 얻어지는 고무질 물질들

이 장(章, chapter)에서 설명할 고무류 또는 자연에서 얻어지는 고무질 물질들은 원래는 식물체에서 분비되는 끈끈한 고무상 물질들을 의미하는 것으로 시작되었으나 그 후 이 방면의 연구가 계속됨에 따라 점차 그 범위가 확대되어, 현재는 동·식물체(해조류, 세균류도 포함)가 만들어낸 친수성 콜로이드(hydrophilic colloid)를 형성하는 다당류(polysaccharides)로 정의할 수 있을 것이다.

근래에 와서 식품산업계에서는 친수성 콜로이드를 형성하는 이외에도 여러 가지 다른 기능들(機能, functions)을 개발 또는 강화하기 위해 이상의 자연에서 얻은 다당류에 화학적인 처리를 가한 그 유도체들을 사용하는 경우가 많으나, 이와 같은 물질들은 위의 정의에 일단 포함된다고 생각된다.

식품제조, 가공에 자주 사용되는 친수성 콜로이드를 형성하는 젤라틴이나 카세인(casein) 등은 단백질의 기본 구조를 가지고 있으며, 다당류가 아니므로 이 장에서 제외하기로 했다. 또한 전분류, 셀룰로오스류, 헤미셀룰로오스류, 펙틴류와 카이틴류에 대해서는 이미 각 해당 항목에서 그 친수성 콜로이드로서의 성질을 설명해 왔으므로, 역시 이 장에서 제외하기로 했다.

동식물에 존재하는 고무질 물질들(natural gums), 동식물에서 분비되는 고부질 물질들과 점액 물질들(mucilages) 중에는 옛날부터 식품가공에 이용되어 온 것도 더 정확하게는 외관상의 점도가 크며, 기타 특유한 성질들을 가진 다당류(polysaccharides)에 속하는 물질들이 많다.

예로서 많은 식물들, 특히 두류식물(豆類植物)에 속하는 식물들의 열매 등에서는 여러 종류의 특이한 고무질 물질들이 발견되고 있으며, 메뚜기콩 고무(locust bean gum), 사이리엄 고무(psyllium gum) 등이 여기에 속한다. 근래에 와서는 대두단백질 추출물질들(soybean protein extracts)이 비록 탄수화물에 속하는 화합물들은 아니지만 이상의 다당류와 비슷한 용도에 널리 사용되고 있다. 또한 많은 식물들은 상처가 생겼을 때 이를 보호하기 위해서 삼출액(滲出液, exudate)을 분비하는데, 이 중에는 여러 가지 고무질 물질들이 존재한다. 아라비아 고무(gum arabic), 가티 고무(gum ghatti), 카라야 고무(gum karaya), 트라가칸쓰 고무(gum tragacanth) 등이 그 예이다.

한편, 해조류에서도 다당류에 속하는 고무질 물질들이 추출되어 식품으로, 또는 식품가공시에 옛날부터 널리 사용되어 왔었다. 한천(agar), 알진(algin), 카라기난(carrageenan), 퍼셀라란(furcellaran) 등이 그 예이다.

전술한 대로 고무질 물질들(natural gums)이란 원래 식물에서 추출된 점성(粘性)이 큰 콜로이드 용액을 만드는 다당류(polysaccharides)를 주로 의미해 왔다. 그러나 카이틴(chitin)과 같은 다당류에 속하는 고무질 물질 이외에도 젤라틴(gelatin), 카세인(casein) 등의 단백질 성분들이 점성이 큰 콜로이드 용액 또는 젤(gel)을 만들 수 있다.

한편, 일부 미생물들도 신진대사물(metabolites)로서 특유의 성질을 가진 다당류에 속하는 고무질 물질들을 형성한다. 덱스트란(dextran)이 그 예이다.

자연 고무질 물질의 분류

일찍이"식품산업계에 있어서 고무질 물질들의 과학적 응용(Gum Technology in the Food Industry)"이라는 저서를 낸 글리크스맨(Glicksman, M., 1969)은 자연 식물 삼출물들(natural plant exudates), 식물종자 고무질 물질들(plant seed gums), 펙틴류(pectins), 아라비노갈락탄류(arabinogalactans) 또는 낙엽송 고무질 물질들(Larch gums), 해조 추출물들(seaweed extracts), 미생물 고무질 물질들(microbial gums), 젤라틴(gelatin), 섬유소 고무질 물질들, 그리고 합성 친수성 콜로이드(synthetic hydrocolloids) 등으로 고무질 물질들을 분류하고 이들의 출처, 구조, 물리적, 화학적 특성 등, 그리고 실제 식품산업계에서의 사용 상황과 식품들에 사용할 때의 장, 단점들과 참고문헌들을 소개하고 있다(또한 표 10-1 참조).

한편, 포메란츠(Pomeranz, Y., 1991)도 그의 저서 제 2장에서 각종 전분류와 여기에서 얻은 각종 전분 유도체들(modified starches)에 대해서, 제 3장에서는 계속 섬유소와 그 유도체들, 기타의 식물체들의 세포막 형성성분들(cellulose and other cell wall components), 그리고 해조류 추출물들(seaweed ectracts), 식물체 삼출물들(plant exudates), 식물 종자류의 고무질 물질들(plant seed gums), 미생물들이 만들어 내는 고무질 물질들(microfial gums) 등에 대해서 식품으로서 또는 가공식품의 성분들로서 그 기능성(機能性, functionality)에 역점을 두고 설명하고 있으며 대체로 글리크스맨의 분류(Glicksman, M., 1969)에 따르고 있다.

한편 엔스민져어들(Ensminger, A. H. *et al*., 1995)은 자연에서 얻어지는 고무질 물질들을 해조류에서 얻어지는 고무질 물질들, 식물체의 삼출물들(plant exudates), 식물체의 추출물들(plant extracts), 식물종자에서 얻어지는 고무질 물질들(plant seeds), 기타(miscellaneous)의 종류에 대해서 설명하고 있다.

이상의 고무질 물질들의 대부분은 옛날부터 식품들로서 또는 가공 식품들에 여러 가지 목적을 위해서 첨가물(additives)로서 사용되어 왔다. 글리크스맨(Glicksman, M., 1965)은 이상의 고무질 물질들의 기능들과 그 실제 용도를 세분하여 표 10-2와 같은 표를 제시하고 있다.

표 10-1 흔히 볼 수 있는 자연 고무질 물질(natural gums)들.

해조에서부터의 추출물 (sea plant extracts)	식물에서부터의 추출물 (land plant extracts, exudates, flours)	동물에서부터의 추출물 (animal extracts)
한천(agar)	펙틴(pectins)	젤라틴(gelatin)
알진산의 염(alginates)	곡류 고무질(cereal gums)	카이틴(chitin)
카라기난(carrageenan)	전분(starch)	-
퍼셀라란(furcellaran)	아라비아 고무(gum arabic)	-
-	카라야 고무(gum karaya)	-
-	트라가칸쓰 고무(gum tragacanth)	-
-	가티 고무(gum ghatti)	-
-	구아 고무(gum guar)	-
-	메뚜기콩 고무(locust bean gum)	-
-	사이리엄 고무(psyllium seed gum)	-

Glicksman, M. 1965. *Food Technol.*, 19, 943.

표 10-2 식물 중에서의 고무질 물질(gums)의 전형적인 기능에 대해서

기능(function)	실례(example)
점착제(adlhesive)	빵, 빵과자류에 클레이즈(bakery glaze)
결착제(binding agent)	소세지
칼로리 조정제(calorie control agent)	섭식 식품(dietetic foods)
결정 억제제(crystallization inhibitor)	아이스크리임, 설탕, 시럽(syrups)
청징제(clarifying agent)	맥주, 술
유화제(emulsifier)	샐러드 드레싱(salad dressing)
피막 형성제(film former)	소세지 덮개(sausage casings)
거품 안정제(foam stabilizer)	맥주(beer)
젤 형성제(gelling agent)	과자류(puddings, desserts)
안정제(stabilizer)	맥주, 마요네즈(myonaise)
팽윤제(swelling agent)	가공육류(processed meats)
시네레시스 억제제(syneresis inhibitor)	치이즈(cheese), 냉동식품(frozen foods)
증밀제(thickening agent)	잼(jams), 소오스(sauces)

Glicksman, M. 1965. *Food Technol.*, 19, 943.

이 장에서는 수많은 자연 고무질 물질들 중 식품과 관련이 깊으며 또한 식품가공업계에서 대표적인 다당류(polysaccharides)에 속하는 고무질 물질들에 대해서만 언급하기로 한다.

다만 여기서는 이상의 고무질 물질들을 앞에서 말한 글리크스맨(Glicksman, M., 1965)이나 엔스민져어들(Ensminger, A. H. *et al.*, 1995) 등에 의한 분류에 포함되어 있지 않으나 앞으로 중요해 질 것으로 예상되는 미생물이 만들어낸 고무질 물질들을 한 그룹으로 더 추가하고, 또 식물에서 얻어지는 고무질 물질들은 다음과 같이 다시 두 그룹으로 분류하였다.

1. 식물조직에서 삼출된 고무질 물질들(plant exudate gums)
2. 식물 종자에서 얻어지는 점액질 물질들(seed mucilages)
3. 해조에서 추출되는 고무질 물질들(seaweed gums 또는 algae gums)
4. 미생물이 만들어 내는 고무질 물질들(microbial gums)
5. 동물조직에서 추출된 고무질 물질들(animal extracts)

식물조직에서 삼출된 고무질 물질들

할트맨(Hartman, W. E., 1966)은 일부 널리 알려진 식물성 고무질 물질들(plant gums)의 종류, 그 출처(source) 등을 요약하여 표를 만들어 발표하였다(표 10-3 참조).

표 10-3 일부 식물성 고무질 물질(plant gums)의 종류, 출처와 그 구조(structure). 식물조직에서 삼출된 고무질 물질들(plant exudate gums)

고무질(gum)의 종류	산지 및 출처(origin)	구조
아라비아(arabic, acacia)	수단(Sudan) 나무(tree: Acacia verek)	Ca, Mg, K 등을 함유한 복잡한 다당류(polysaccharides)의 중성염, 가지가 많은 다전해질(polyelectrolyte)인 가요성인 분자(flexible chain).
가티(ghatti)	세일론(Ceylon) 나무(Anogeissus latifolia)	가티산(ghatti acid)의 칼슘염
카라야(karaya)	인도(India) 나무(Sterculia urens)	부분적으로 아세틸화된(acetylated) 고분자 다당류.
트라가칸스(tragacanth)	이란(Iran) 관목(shrub: Astragalus)	리본, 플레이크상(ribbon, flake)의 복잡한 다당류.
식물 종자에서 얻어지는 고무질 물질들(seed gums)의 경우		
구아(guar)	인도, 종자(seed: Cyamopsis tetragonolobus)	마쇄된 배유(ground endosperm), 갈락토만난(galactomannan)
메뚜기 콩(locust bean, carob)	북아프리카, 종자(seed: Ceratonia siliqua)	마쇄된 배유, 갈락토만난

Hartman, W. E. 1966. *Food Technol*, 20, 42.

이 표에는 식물성 조직에서 삼출된 고무질 물질들로서 아라비아고무, 가티 고무, 카라야 고무, 트라가칸쓰 고무 등이 열거되고 있다.

이제 식물조직에서 삼출된 주요한 고무질 물질들에 대해서 설명하면 다음과 같다.

아라비아 고무

아라비아 고무(gum arabic)는 인도, 수단(Sudan)과 기타 아프리카의 여러 나라의 덥고 건조한 고지대(high location)에서 자라나는 아카시아에 속하는 나무들(Acacia species)의 나무껍질에서 얻어지는 삼출물(滲出物, exudate)이다.

아라비아 고무의 구조 아라비아 고무는 다당류(polysaccharides)에 속하는 고무질 물질이나, 그 구성단위가 단일한 당으로 된 단일 다당류(homopolysaccharide)는 아니며, 여러 개의 구성단위, 즉 구성당류로 된 복합 다당류(heteropolysaccharide)의 하나이다.

이 아라비아 고무의 주요한 구성단위가 되는 당류(sugars)는 β-갈락토오스(β-galactose)이며, 이 β-갈락토오스가 β-1,3- 결합을 통해서 연결된 갈락토오스(β-D-galactose) 분자들, 즉 β-1,3- 결합을 통해서 형성된 β-D-폴리갈락토피라노실 단위(1 $\rightarrow$ 3 linked β-D-polygalactopyranosyl unit)가 1 $\rightarrow$ 6 결합을 통해서 더 짧은 β-D-폴리갈락토피라노실 그룹들 또는 L-아라비노오스(L-D-arabinose), 그리고 소수의 L-람노오스(L-D-rhamnose)와 D-글루큐론산(D-glucuronic acid)이 β-1,6- 결합을 통해 연결

되고 있는 가지가 많이 달린, 매우 굳굳한 코일(coil)상의 분자로 생각되고 있다(그림 10-1 참조). 그 분자량은 측정 방법과 출처에 따라 다르나, 대체로 250,000~1,000,000 정도로 추산되고 있다.

아라비아 고무의 특성 보통 자연에서 얻어지는 고무질 물질들은 대체로 점도(viscosity)가 매우 크기 때문에 5% 이상의 수용액을 만들기가 어려운데 반해, 아라비아 고무는 물에 잘 녹으며 50%의 수용액을 만든다.

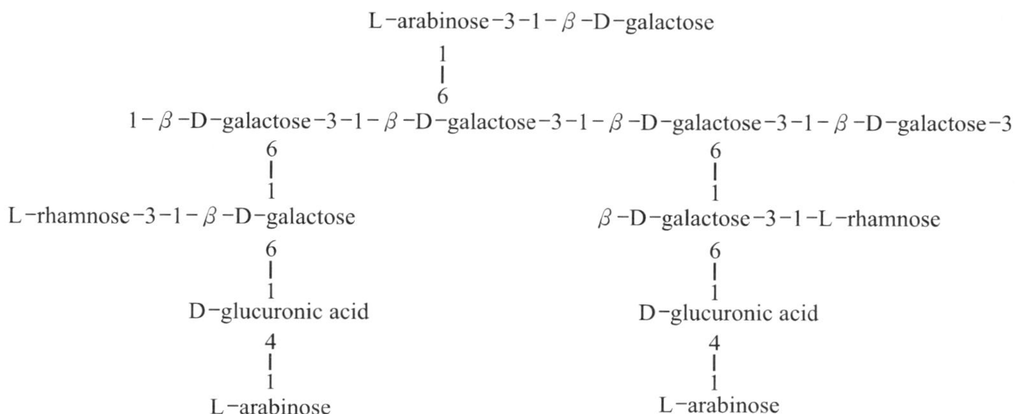

[그림 10-1] 아라비아 고무(gum arabic)의 분자 구조. 그림 중 위에서 두 번째 갈락토오스 중합체가 가장 기본적인 구조구성단위이며, 여기서 β -1,6- 결합을 통해서 측쇄들(side chains)이 연결되어 있다.
Stephem, A.M., in Aspinall, G.O., 1983, "*The polysaccharides*" Vol. 2., Academic Press.

이 50% 아라비아 고무의 수용액은 농도가 큰 전분 젤(a strong starch gel)과 비슷한 성질을 갖는다고 한다.

글리크스맨(Glicksman, M., 1962)이 조사한 자연 고무질 물질들의 수용액의 점도, 즉 외관상의 점도와 그 농도 사이의 관계를 보면(표 10-4 참조), 아라비아 고무의 수용액의 점도는 매우 낮으며, 50%의 수용액의 경우에도 카라야 고무(gum karaya) 또는 카라기난(carrageenan)의 5% 수용액의 점도의 1/10도 안 되며, 구아 고무(gum guar)의 5% 수용액의 점도의 1/100도 안 된다.

표 10-4 자연 고무질 물질(natural gums)의 점도(viscosity). (단위 : CPS)

퍼센트 농도	세균 배양용 한천(bacteriological agar) (c)	카라기난 (carrageenan)(a)	알진산 나트륨 (sodium alginate)(a)	퍼셀라란 (furcellaran)(d)	메뚜기 콩 고무 (locust bean gum)(a)	구아 고무 (gum guar)(a)	아라비아 고무 (gum arabic)(a)	트라가칸트고무 (gum tragacanth)(a)	카라야 고무(gum karaya)(b)
0.5		24	86		20	1,389			
1.0	4	57	214		59	3,025		54	3,000
1.5			1,102	850					
2.0	25	397	3,760		1,114	25,060		906	8,500
2.5			8,300						
3.0		4,411	29,400		8,260	111,150		10,605	20,000
4.0	400	25,356			39,660	302,500		44,275	30,000

5.0	51,425	121,00	510,000	7	111,000	45,000
45.0					183,500	
10.0				17		
20.0				41		
30.0				200		
35.0				424		
40.0				936		
50.0				4,163		

(a) 25℃ (b) 25.5℃ (c) 45℃에서 측정.
Glicksman, M. 1962. *Advances in Food Research,* 11, 118.

한편, 할트맨(Hartman, W. E., 1966)도 일부 고무질 물질들의 농도와 점도 사이의 관계를 표시한 곡선들을 제시하고 있다(그림 10-2 참조). 여기서도 아라비아고무의 점도가 다른 고무질 물질들의 경우에 비해서 월등히 적은 사실을 알 수 있다.

아라비아 고무의 용도 아라비아 고무는 농화제(thickening agent), 또는 안정된 젤을 유지하기 위한 안정제(stabilizer), 또는 빵 제조에 사용되는 유화제(emulsifier)로서 제빵, 청량음료, 과자류에 사용된다. 특히 유화제로서의 작용이 우수하다고 한다(표 10-5 참조).

또한 할트맨(Hartman, W. E., 1966)에 의하면, 아라비아 고무는 유화제, 아이싱(icing), 샐러드드레싱(salad dressing), 아이스크리임, 섭식용 식품들(dietetic foods), 과자류 등에 사용하는 데 적합하다고 하였다(Sanford, P. A. and Baird, J., 1983 참조).

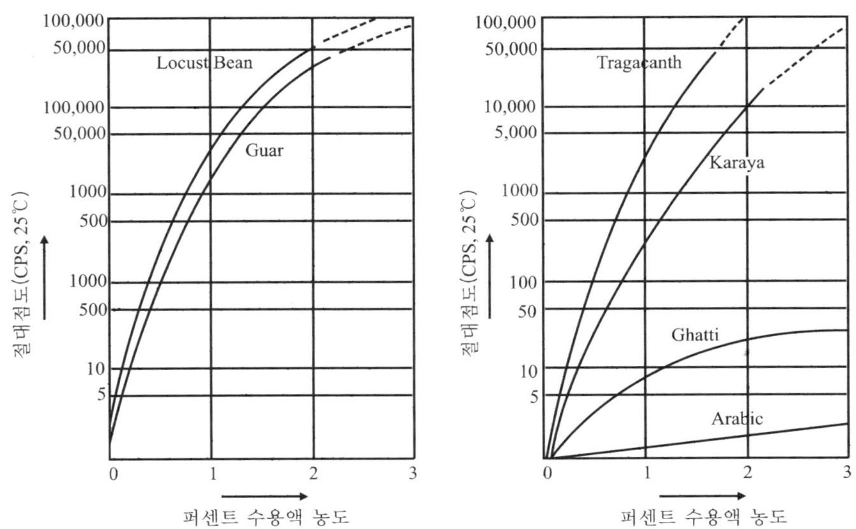

[그림 10-2] 식물성 고무질 물질들(planr gums)의 점성(viscosity)의 비교.
Hartman, W. E., 1966, *Food Technol.*, 20, 42.

한편 일부 자연 고무질 물질들은 오렌지즙 등의 특유한 향기를 잘 유지할 뿐만 아니라, 스프레이 건조법(spray drying method)으로 건조 분말(dried powder) 상태로 만든 분말 식품 상태에서도 그 향기를 유지하는 사실이 알려져 있다. 특히 아라비아 고무는 본래가 무미(odorless), 무취(tasteless)하기 때문에 이와 같은 향기 고착제(香氣 固着劑, flavor fixator)로서 아주 적합하다고 한다(Glicksman, M., 1969).

그리고 막나미들(McNamee, B. F. *et al*., 1998)에 의하면, 아라비아 고무는 전술한 바와 같이 비교적 간단한 당류로 구성되고 있으나, 매우 가지가 많은 중합체(a highly branched polymer)이며, 그 중합체 구조에는 약 2%(w/w) 정도의 단백질이 공유결합(covalent bond)을 통해 결합하고 있다고 한다. 이 단백질 함량은 적으나, 아라비아 고무의 여러 기능들(functions)에는 큰 영향을 준다고 한다. 근래에 와서 여러 가지 사정으로 아라비아 고무의 공급이 원활하지 않은 경우가 많아짐에 따라, 그 여러 기능들의 일부를 대체할 화합물들의 개발이 시도되어 왔으며, 그 중의 한 예가 아라비아 고무에 향료 성분들을 섞은 후, 그 에멀전(emulsion)을 분무건조과정(spray-drying)을 통해서 향료 성분들을 아라비아 고무로 미세캡슐화(microencapsulation)하는 일을 아라비아 고무 대신 말토덱스트린류(maltodextrins)로 대체하는 시도들이 있었다고 한다.

이들은 이런 대체품 개발 연구들에 앞서 아라비아 고무의 유화제(emulsifier)로서 또는 미세캡슐화제(microencapsulating agent)로서의 여러 기능들을 재검토한 바 있다. 즉, 이들은 아라비아 고무 용액(10% w/w)과 대두유의 비율(oil/gum)을 0.25~0.50으로 한 에멀전(emulsion)을 6,500 rpm에서 1분간 교반한 후, 20 Mpa에서 다시 5회 호모제나이저(homogenizer)로 교반한 후, 분무건조(spray-drying)시켜 기름 함량이 20~82%(w/w)인 분말을 얻고 있다.

표 10-5 여러 가지 고무질 물질들(gums)의 특성과 그 용도.

고무(gums)의 종류	특징	빵에 사용되는 유화제로서	청량음료	치이즈 스프렛드 (cheese spread)	과자류 (confec-tions)	아이스크리임 (ice cream)	육류 충전제 (meat filler)	샐러드 드레싱 (salad dressing)
아라비아 고무 (gum arabic)	무미함. 찬물에 녹는다. 가열해도 팽윤(swelling)되지 않는다. 유화제로서 우수함. 피막(film)을 형성함.	사용	사용	-	사용	-	-	-
트라가칸쓰 고무 (gum tragacanth)	조밀제(thickener)로서 가장 효과적임. 찬물에서 팽윤됨. 산, 알칼리에 안정함. 고온, 저온에서의 안정도가 매우 좋다.	사용	-	사용	사용	사용	-	사용
카라야 고무(gum karaya)	찬물에서 팽윤됨. 조밀제로 사용됨. 부피가 증가된다.	-	-	사용	-	사용	사용	-
메뚜기 콩 고무 (locust bean gum)	열에 의해서 팽윤됨. 190°F 이상에서 물에 녹는다. 점성이 크다.	-	-	사용	-	사용	-	사용
구아 고무 (gum guar)	가열 조리하여도 그 점성을 잃지 않는다. 찬물에서 팽윤.	사용	-	사용	-	사용	사용	사용

1964. *Food Technol*., 18, 325.

이들은 이렇게 얻은 분말(powder, 즉 microencapsulated powder) 내의 지방구(脂肪球, fat globules)의 크기, 그 분포, 에멀전의 점성, 미세캡슐화 된 분말 입자의 크기, 추출 가능한 기름의 양 등을 조사한 바 있다. 또한 이 분말들은 물에서 다시 분산, 즉 녹게 되는 능력(redispersion ability)도 조사하고 있다.

그 평균 지방구의 크기는 이론적 수치와 큰 차이 없이 0.57 μm 정도였으나, 제조시 대두유의 비율이 커짐에 따라 지방구의 크기는 계속 증가하여 최고 2.02 μm가 되었다고 한다.

한편, 미세캡슐화된 분말의 평균 크기는 9~17 μm이었으며, 미세캡슐화 능률(microencapsulation efficiency) 즉, 미세캡슐들에 들어간 기름이 자연적으로 회수되는 비율은 기름/고무의 비율 0.25에서 1.0으로 증가할 때, 100%에서 48%로 감소했다고 한다. 또한 미세캡슐화된 분말 또는 입자들(microencapsules)의 기름 함량이 50% 이하인 경우에는 쉽게 물에 풀어졌으며, 그 이상인 경우에는 긴 시간이 필요하다고 보고하였다.

아라비아 고무는 안정되고 쉽게 이동하는 입자들(stable, free blowing powders)을 미세캡슐화 과정에서 형성하지만, 이것은 아라비아 고무 자체는 물에서 매우 안정하며, 고농도에서도 점성이 적고, 물과 기름의 혼합물에서 비교적 쉽게, 기름/물 유화제(an oil-in-water emulsifier)로 작용하기 때문인 것으로 생각된다.

트라가칸쓰 고무

트라가칸쓰 고무(gum tragacanth)는 아라비아 고무와 마찬가지로 오래 전부터 알려진 고무질 물질로서 주로 이란(Iran) 지방에서 자라나는 아스트라갈러스속(*Leguminosae* family, *Astragalus* genus)에 속하는 관목의 삼출물(exudate)이다.

트라가칸쓰 고무의 구조 두류식물(豆類植物) 중 아스트라갈러스속(*Astragalus* genus)에 속하는 식물체의 삼출물(exudate)인 이 트라가칸쓰 고무의 구조는 아직 확실하게 규명되고 있지 않다. 그러나 주로 D-갈락토오스(D-galactose) 또는 D-갈락트유론산(D-galacturonic acid)의 중합체에 D-자일로오스(D-xylose), L-아라비노오스(L-arabinose) 등이 구성단위가 되어 있는 측쇄들(side chains)이 결합된, 가지가 많고 복잡한 구조를 갖고 있는 다당류이며, 그 유기산기는 칼슘, 마그네슘, 칼륨염의 형태로서 존재한다고 한다.

트라가칸쓰 고무의 성질과 용도 트라가칸쓰 고무는 점도가 매우 큰 고무질 물질이며, 그 3% 수용액의 점도는 10,605cps나 된다(표 10-4 참조).

트라가칸쓰 고무 수용액의 pH는 보통 5 내지 6이나, 안정도(stability)가 가장 큰 pH는 5로 생각된다. 이 고무질 물질은 농화제(thickener)로서 가장 적합하며, 제빵, 치이즈(cheese), 과자류, 아이스크리임, 샐러드드레싱(salad dressing) 등에 적합하다(표 10-5 참조). 할트맨(Hartman, W. E., 1966)도 대체로 비슷한 용도를 들고 있다(표 10-6 참조).

카라야 고무

카라야 고무(gum karaya)는 인도에서 자라는 나무(*Sterculia urens*)의 삼출물에서 얻어지는 고무질 물질이다. 대체로 트라가칸쓰 고무와 비슷한 용도에 사용되어 왔었다.

카라야 고무의 구조 이 카라야 고무의 구조는 확실히 알려져 있지 않으나, α-D-갈락트유론산(α-D-galacturonic acid), D-갈락토오스(D-galactose), L-람노오스(L-rhamnose)들로 구성된 매우 복잡한 구조를 가진 다당류이다.

표 10-6 각종 식품에 대한 고무질 물질들의 사용 적부 여부(∨표는 사용이 적당한 경우).

식품의 종류	아라비아 고무	구아 고무	트라가칸쓰 고무	메뚜기 콩 고무	카라야 고무	한천
유화제(emulsions)	∨		∨		∨	
아이싱(icings)	∨			∨		∨
젤 리(jellies)			∨			∨
샐러드 드렛싱(salad dressing)	∨	∨	∨		∨	
맥 주(beer)						
우유, 유제품음료(milk, milk drinks)			∨	∨		∨
과 즙(fruit juices)		∨				
소오스(sauces)		∨	∨	∨	∨	
치이즈(cheese)	∨	∨		∨		
육 류(meats)				∨	∨	
아이스크리임(ice cream)				∨		
과자류(confectionery items)	∨			∨		∨
섭식용 식품(dietetic foods)	∨		∨	∨		
향미료(flavors)	∨		∨			

Hartman, W. E. 1966. *Food Technol.*, 20, 42.

카라야 고무의 성질과 용도 이 카라야 고무는 물에 녹지는 않으나, 물에서는 분산되어 불투명한 콜로이드 용액을 만든다. 보통 이 콜로이드 용액 속의 카라야 고무의 농도는 가열하지 않는 한, 3~4%를 넘지 못한다. 외관상의 점도는 대체로 트라가칸쓰 고무와 비슷하며(표 10-4 참조), 용도도 대체로 비슷하다(표 10-5 및 10-6 참조).

식물 종자에서 얻어지는 고무질 물질들

메뚜기 콩 고무

메뚜기콩 고무(locust bean gum)는 원래 지중해 지역(the Mediterranean area)에서 널리 재배되고 있는 두과식물(*Ceratonia siliqua* L.)의 종자, 즉 메뚜기콩(locust bean 또는 carob bean)에서 얻어지는 고무질 물질, 더 정확하게는 점액질(粘液質) 물질(mucilage)이다.

이 고무질 물질은 다른 고무질 물질들과 같은 어떤 삼출물(exudates)이 아니고, 메뚜기콩 종자의 배유(胚乳) 부분(endosperm part)을 마쇄한 가루에 존재하는 고무질 물질이다.

메뚜기콩은 대체로 30~33%의 외피, 42~46%의 배유와 23~25%의 배종(germ)으로 구성되고 있다. 이 메뚜기 콩은 오래 전부터 성 요한의 빵(St. John's bread 또는 Johannisbrot)으로도 불려져 왔으며, 특히 지중해 연안(地中海 沿岸)에서는 가축의 사료, 경우에 따라서는 사람들의 식량으로 사용되어 왔다고 한다.

성서(the Bible)에는 성 요한이 광야에서 벌꿀과 메뚜기로 살았다(Mathew 3 : 4)고 기술되어 있으나, 여러 학자들은 신약성서(新約聖書)의 그리스어 원전(原典)이 완성되기 전에 구전(口傳) 또는 사본(寫本)에 있던 히브리어(Hebrew) 또는 아람어(Aramaic)의 쥐엄나무 열매를 뜻하는 하루빔이 발음이 혼동스러운 하가빔, 즉 매뚜기로, 그리스어 원전(the Greek Text)에는 locuste로 잘못 옮겨진 후 서구 여러 나라의 성서들에 그대로 locust, 즉 메뚜기로 옮겨지게 된 것으로 추정하고 있다.

하여튼 성 요한이 광야(廣野)에서 먹은 것이 메뚜기가 아니라 메뚜기콩이었을 것이라는 데는 대부분의 학자들의 견해가 같다(Glicksman, M., 1969 ; Nakajima, M., 1986 ; 廣部 千惠子, 1999).

또한 신약성서 중의 누가 복음서에서 방탕아가 아버지에게 얻은 재산을 탕진한 후 자기 아버지 집에 다시 돌아가기 전에 한 농부의 종이 되어 돼지를 키우면서 사료로 쓴 쥐엄나무 열매로 배를 채우기를 간절히 바랬던 이 열매(Luke 15 : 15~16)가 아마도 이 콩이었던 것으로 추정되고 있다(Glicksman, M., 1969 ; 廣部 千惠子, 1999).

메뚜기콩 고무의 구조　이 고무질 물질은 갈락토만난의 중합체(galactomannan polymer)이며, D-만노오스 구조단위(D-mannopyranosyl unit)가 β-1,4- 결합으로 결합된 직선상의 중합체에 D-갈락토오스 단위(D-galactopyranosyl unit)가 α-1,6- 결합으로 연결된 구조를 갖고 있는 것으로 생각된다. 그 분자량은 확실하지 않으나 대략 300,000 정도로 추정되고 있다.

메뚜기콩 고무의 성질과 용도　이 고무질 물질은 냉수에도 풀어지나, 최대의 점도, 즉 외관상의 점도를 얻기 위해서는 가열이 필요하다. 이 고무질 물질의 현탁액의 점도는 매우 크며, 5% 수용액의 점도는 121,000cps에 달한다. 이 점도는 트라가칸쓰 고무의 점도와 대략 비슷하며, 카라야 고무(gum karaya)의 점도의 2배 이상이나 된다(표 10-4 참조).

메뚜기콩 고무의 교질용액은 그 자체로서는 젤(gel)을 형성하지 않으나, 카라기난(carrageenan) 또는 한천(agar) 등과 함께 사용될 때는 한천이나 카라기난 젤의 탄력성(elasticity)을 크게 증가시켜 준다.

이 고무질 물질은 중성 중합체(neutral polymer, 中性 重合體)이므로 pH에 의해서는 거의 영향을 받지 않는다. 즉 pH 3에서 pH 11에 걸쳐 그 점도나 안정성은 거의 영향을 받지 않는다. 이 고무질 물질은 치이즈, 특히 크리임 치이즈(cream cheese)와 같은 연(軟) 치이즈(soft cheese)의 경우, 그 생산량을 늘리고 제품의 품질과 안정성을 향상시킨다고 한다(Whistler, R. L. and Bemiller, J. N, 1997 참조). 그 외에도 아이스크리임, 육류 충전제(meat filler), 샐러드 드레싱(salad dressing) 등(표 10-5 참조), 우유, 유제품, 소스류(sauces), 섭식용 식품(dietetic foods) 등에 사용이 적합하다(표 10-6 참조).

한편, 서튼들(Sutton. R. L. and Wilcox, J., 1998)은 아이스크리임 내에 충전된 얼음의 양(ice phase volume), 메뚜기콩 고무 또는 다음에 설명할 구아 고무(gum guar)의 양들과 아이스크리임들의 재결정(recrystallization properties)에 주는 영향을 조사한 바 있다.

즉, 이들은 물 대신 0.2%의 메뚜기콩 고무(locust bean gum, LBG)와 구아 고무(gum guar, GG)를 아이스크리임 믹스(ice cream mix)에 가하여 아이스크리임들을 만든 후, -35℃에서 18시간 둔 후 계속하여 -35℃에서 18시간 냉각한 후 일부는 -10℃에서, 일부는 -22℃에서, 또 다른 일부는 2일 간격으로 -10℃와 -22℃에서 저장하는 열충격(thermal shock)을 주면서, 70일 간 저장하면서 재결정 과정을 조사했다. 이들에 의하면 메뚜기콩 고무(LBG)가 구아 고무(GG)보다 재결정을 더 효과적으로 억제했으며, 이상의 안정제(安定劑, stabilizer)들은 사용 농도가 클수록 효과도 더 컸다고 한다.

그러나 LBG의 경우에는 최적농도(optimum concentration)가 지나면, 그 억제효과는 더 증가하지 않았다고 한다. 이들은 또한 아이스크리임들 내에 형성된 얼음의 양은 이상의 억제작용과는 무관한 듯 했다고 설명하고 있다.

이 점과 관련해서 마틴들(Martin, D. R. *et al.*, 1999)은 과당 또는 설탕의 단순한 수용액(과당 54% 또는 설탕 62%)에 메뚜기콩 고무(LBG)를 각각 0.5%와 1.0%를 첨가한 후 -15℃에서 동결시키면서, 첨가한 LBG가 과당이나 설탕의 운동성(mobility)에 어떤 영향을 주는지를 고성능 핵자기공명장치(high resolution proton NMR spectrometer)를 사용하여 그 결과를 분석한 바 있다.

이들에 의하면, LBG의 첨가는 얼지 않은 용액에서는 10μ m까지의 거리에서는 물분자들이나 이상의 분자들의 확산(diffusion)이나 운동성(mobility)에는 영향을 주지 않았으며, LBG의 젤 형성이나 얼음의 존재에 의해서도 이상의 분자들의 운동성은 영향을 받지 않았다고 한다. 그리고 이들은 메뚜기콩 고무의 첨가에 의한 얼음결정성장(ice crystal growth)에 대한 억제 효과는 이들 고분자 중합체들의 용액 내에서의 용적 효과(bulk property)가 아니라, 얼음 결정의 표면과 결정을 둘러싸고 있는 얼지 않고 있는 용액과의 접촉면에서의 고분자 중합체, 즉 LBG 중합체들의 형성 또는 얼음 성장 표면에서의 LBG 분자들의 흡착(吸着, adsorption) 등에 의한 것으로 생각하고 있다.

메뚜기콩 고무 자체는 젤을 형성하지 않으나, 나중에 설명할 아가로오스(agarose), 카파-카라기난(kappa-carrageenan), 잔탄 고무(gum xanthan) 등을 첨가하면 젤을 형성하며, 특히 메뚜기콩 고무의 2% 용액은 0.01%의 아가로오스의 첨가로도 젤을 형성한다고 한다.

최들(Choi, S. J. *et al.*, 1998)은 메뚜기콩 고무의 현탁액에 글리세롤(glycerol), 소오비톨(sorbitol) 등을 가소제(可塑制, plasticizers)로, 메뚜기콩 고무(LBG)만의 현탁액, 아가로오스, 카파-카라기난, 잔탄 고무 등을 첨가한 현탁액에서부터 가식성 필름류(edible films)를 만들어 그 성질들을 조사한 바 있다. 이들에 의하면, LBG만의 필름은 수증기 투과성은 비교적 낮으나, 인장강도(引張强度, tensile strength), % 신장률(伸張率, % elongation) 등은 복합필름들(composite films)보다 못했다고 보고했다.

구아 고무

구아 고무(gum guar)는 두과식물에 속하는 한 식물(*Cyamopsis tetragonolobus*)의 종자에서 얻어지는 고무질 물질(natural gums), 더 정확하게는 점액질 물질(mucilage)이다.

이 식물은 인도(India)와 파키스탄(Pakistan) 등에서 수천 년 간 재배되어 왔다. 구아 고무도 메뚜기콩 고무(locust bean gum)의 경우와 마찬가지로 그 종자 중의 가루로 된 배유 부분(endosperm part)이 사용된다.

구아 고무의 구조 구아 고무도 메뚜기콩 고무와 마찬가지로 갈락토만난(galactomannan)으로 구성되고 있으나, D-만노오스(D-mannopyranose)의 α-1,4- 결합으로 된 직선상의 중합체에 D-갈락토오스 단위(D-galactopyranosyl units)가 α-1,6- 결합으로 메뚜기콩 고무(locust bean gum)의 경우보다 더 자주 연결되어 있으며, 따라서 그 가지(branch)가 메뚜기콩 고무 분자보다 훨씬 더 많다.

구아 고무의 성질과 용도 이와 같이 더 밀집된 가지들의 형성(branching) 때문에 구아 고무는 메뚜기콩 고무보다 수화(hydration)가 더 잘 되며, 찬물 속에서도 쉽게 점도가 큰 콜로이드 용액을 형성한다.

구아 고무는 아마도 자연 고무질 물질들 중에서 점도, 즉 외관상의 점도가 가장 큰 것으로 생각되고 있다. 5% 교질용액의 점도는 510,000cps에 달하며, 같은 농도의 트라가칸쓰 고무 교질용액의 4

배 정도, 같은 농도의 아라비아고무 교질용액의 100배 이상이 된다. 1% 교질용액도 약 3,000cps의 점도를 가지고 있다(표 10-4 참조).

이 고무질, 즉 점액질 물질은 중성 중합체이므로 pH 1에서 pH 10.5의 영역에 걸쳐서 매우 안정(stable)하며, 염류 등에 의해서 그 성질이 영향 받지 않는다고 한다.

그 용도는 유화제(emulsifier), 농화제(thickening agent)로서 제빵, 치이즈, 아이스크리임 제조 시에, 육류 충전제(meat filler)로서, 또한 샐러드드레싱(표 10-5 참조), 과즙, 소스(표 10-6 참조) 등의 제조 시에 사용되고 있다.

한편, 파비어들(Favier, M. L. *et al.*, 1998)에 의하면, 사람이나 실험동물들의 혈액 내의 콜레스테롤의 농도를 낮게 해주는 식이성분들(dietary components)로서는 곡류의 외피(cereal brans), 각종 친수성 고무질 물질들(gums), 효소 저항성 전분류(enzyme-resistant starch), 베타-사이클로덱스트린(β-cyclodextrin), 고무질 물질 중에서도 구아 고무(gum guar)를 우선 들 수 있다고 한다.

구아 고무는 혈액 중의 콜레스테롤(cholesterol)의 함량을 저하시키는 데에는 특히 효과적이라고 한다. 이들에 의하면, 구아 고무는 소장(小腸, small intestine) 안에서 젤(gel)을 형성하여 담즙산(膽汁酸, bile acids)이나 스테롤류(sterols)와 강하게 결합한 후, 대장(large intestine)에 와서 분해된 후 흡수된다고 한다.

이들은 한편으로는 실험쥐의 먹이에 2.5%(w/w)의 구아 고무를 넣어주고, 다른 한편으로는 스테로이드류 제거제(steroid sequesterment)로 알려진 콜레스타이라민(cholestyramine)을 0.5%(w/w) 첨가한 먹이, 그리고 실험대조용(control)으로 정상적인 먹이를 각각 실험쥐에 10일 간 먹인 후 혈청 콜레스테롤(serum cholesterol)의 농도를 측정한 바 있다.

이들에 의하면 구아 고무의 경우, 혈청 콜레스테롤의 함량이 25%나 감소했으며, 콜레스타이라민을 투여한 경우보다 효과가 더 우수했다고 한다. 그리고 구아 고무는 콜레스테롤의 흡수를 억제해주며, 또한 담즙산(bile acids)의 소장/간 사이의 순환 과정을 촉진시킴으로써 스테로이드 제거제인 콜레스타이라민보다 더 효과적인 콜레스테롤 제거작용을 나타냈다고 설명하고 있다. 한편 소장과 대장에서 흡수가 방해된 콜레스테롤은 변과 함께 체외에 그대로 배설된다고 한다.

곤약 글루코만난

곤약감자 또는 구약감자로 알려진 *Amorphophalus konjac*의 지하경(地下莖)에서 얻어지는 일종의 감자에서 얻은 가루에는 그 주성분의 하나로 곤약 만난(konjac mannan) 또는 곤약 글루코만난(konjac glucomannan)으로 알려진 친수성 헤테로다당류(hydrophilic heteropolysaccharide)가 상당량 함유된 것으로 알려져 왔다.

곤약 글루코만난의 구조 이 곤약 글루코만난의 분자구조는 기본적으로는 그림10-3에 표시된 것처럼 β-D-글루코오스(β-D-glucose)와 β-D-만노오스(β-D-mannose)가 β-1,4- 결합으로 연결된 글루코만난 중합체들(glucomannan polymers)이다. 즉 그림 10-3의 상단의 구조처럼 β-D-포도당의 4중체(四重體, tetramer)에 β-D-만노오스의 2중체(dimer)가 β-1,4- 결합으로 연결되고, 여기에 다시 각각 β-D-포도당과 β-D-만노오스가 역시 β-1,4- 결합으로 결합된 8중체(octamer)가 반복구성단위(a repeating structural unit)로서 계속 중합(重合)하여 형성된 헤테로다당류(heteropolysaccharides)가 있으며, 한편 그림 10-3의 하단에 간소화하여 표시한 것처럼 β-D-포도당의 2중체(dimer)가 역시 β-1,4- 결합을 통해서 β-D-포도당과 β-D-만노오스와 각각 결합한 후, 다시 β-D-만노오스의 4중체(tetramer)와 결합해서 형성된 8중체(octamer)가 반복구성단위(repeating structural unit)가 되어 중합된, 또한 종류의 곤약 글루코만난이 형성되고 있는 것으로 알려져 있다.

곤약 글루코만난의 분자량은 대체로 270,000 정도로 알려져 있으며, 여기서 추정되는 β-D-포도당과 β-D-만노오스의 합계 총수는 1,600개 정도이다. 곤약 글루코만난 중의 β-D-포도당과 β-D-만노오스의 비율은 대략 1 : 2 정도로 추정되고 있다.

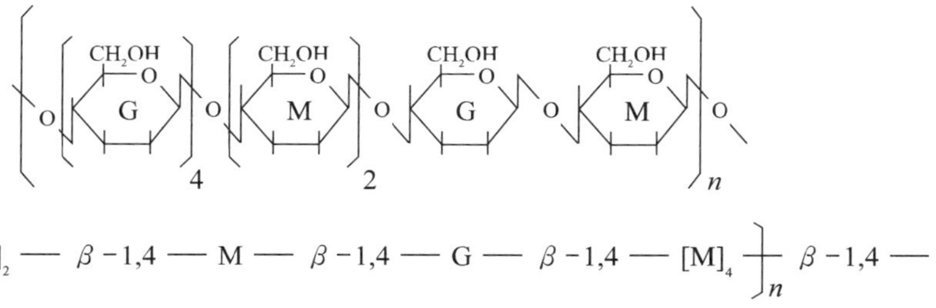

$$\left[\beta\text{-}1,4 - [G]_2 - \beta\text{-}1,4 - M - \beta\text{-}1,4 - G - \beta\text{-}1,4 - [M]_4 \right]_n \beta\text{-}1,4 -$$

[그림 10-3] 곤약 글루코만난(konjac glucomannan)의 분자구조들. 곤약 글루코만난은 모두 β-D-포도당(G)와 β-D-만노오스(M)가 β-1,4- 결합으로 중합된 구조를 갖고 있으나, 두 가지 형태가 알려져 있다. 하나는 그림의 상단의 경우처럼 β-D-포도당의 4중체(tetramer)가 β-D-만노오스의 2중체(dimer)와 결합한 후, 다시 β-D-포도당과 β-D-만노오스와 결합한 8중체(octamer)가 반복단위가 된 중합체 그리고 β-D-포도당의 2중체가 β-D-만노오스와 β-D-포도당과 결합한 후 다시 β-D-만노오스의 4중체와 결합한 8중체가 반복단위가 된 중합체들이다. 자세한 것은 본문 설명을 참조해주기 바란다.
Mizuno, T. and Nishizawa, K. 1971. 참조.

곤약 글루코만난의 성질과 용도 곤약 글루코만난은 젤 형성력이 강하며, 투명하고 점탄성(viscoelasticity)이 크다. 곤약 글루코만난은 결착성(binding power)도 강하며, 다른 고무질 물질들이나 단백질 성분들의 젤의 안정화에 대해서 상승효과(synergistic effect)가 큰 것으로 알려져 왔다.

오래 전부터 주로 일본 등에서 묵의 형태(konjac)로 식품으로 사용되어 왔으며, 근래에는 결착제(binding agent)로 육류, 특히 어묵 가공품 등에 사용되고 있다.

한편, 유들(Yoo, M. H. *et al.*, 1997)은 곤약 가루에서 곤약 글루코만난을 분리, 전분 등을 제거한 후 글리세롤(glycerol)을 가소제(plasticizer)로 사용하여 곤약 글루코만난의 필름, 즉 가식성 필름(可食性, edible film)을 만들어 여러 실내 습도 조건 하에서의 인장강도(引張强度, tensile strength), % 신장률(% elongation), 수증기 투과율(water vapor permeability) 등을 조사한 바 있다.

이들에 의하면 인장강도(tensile strength)는 글루코만난의 함량이 적을수록, 실내 습도가 커질수록 감소했으며, 가소제(plasticizer)의 함량이 클수록 그 인장강도와 % 신장률(% elongation) 등은 저하하였다고 한다.

한편 수증기 투과도는 상응(相應)하는 다른 다당류 필름들(polysaccharide films)의 경우보다 더 낮았으며, 이 경우 가소제의 함량은 수증기 투과율에는 크게 영향주지 않았다고 한다. 또한 이 곤약 글루코단난으로 만든 필름을 실온에서 교반 중인 수조에 담가두었을 때는 150분 후에 완전히 용해되었다고 한다. 이들은 앞으로 적절한 가소제와 첨가제 등을 개발하여 수분에 대한 내성(耐性)을 향상시키는 일이 중요하다고 결론짓고 있다.

해조류에서 추출되는 고무질 물질들

일부, 해조류(seaweeds)는 셀룰로오스 함량(cellulose content)은 비교적 낮으나, 그 대신 그 외의 각종 다당류의 함량은 비교적 높다.

이와 같은 해조류의 다당류(seaweed polysaccharides)는 대부분의 경우 물, 산, 또는 알칼리로 추출될 수 있으며, 이렇게 해서 추출된 다당류는 앞에서 말한 바와 같은 여러 식물성 고무질 물질들과 비슷한 성질을 갖고 있다. 따라서 이와 같은 해조류에서 추출된 다당류인 고무질 물질들의 조제품(crude products)과 정제품(refined products)은 식품, 또는 식품에 첨가되는 농화제, 안정제, 점착제(adhesives) 등으로 사용된다.

한편 대표적인 해조에서 추출된 고무질 물질들은 표 10-1과 같다.

한천

한천 또는 우뭇가사리(agar)는 천초(天草)를 비롯한 홍조류(紅藻類, *Rhodophyceae*, red seaweeds)에서 추출된 다당류(polysaccharides)이다.

하야시들(Hayashi, K. *et al*., 1967)은 한천의 원료로 사용되는 대표적인 해조류의 학술명 및 그 일반 조성을 요약하여 다음과 같이 보고하고 있다(표 10-7 참조).

표 10-7 한천(agar)의 원료가 되는 여러 해조류(seaweeds) 및 그 일반 조성(무수물 %).

학 명	조회분	조지방	조단백질	조섬유	가용성 무질소분	펜토잔
Gelidium amansil Lams.	6.3	0.2	12.3	12.5	68.7	1.8
Gelidium subcostatum Okam.	6.1	0.4	15.6	10.3	67.6	2.8
Gelidium japonicum Harv, Okam.	7.3	0.6	11.2	8.6	72.3	3.8
Acanthopeltis japonica Okam.	9.1	0.7	14.3	13.3	62.6	1.9

Hayashi, K. and Nonaka, K. 1967. *J. Food Science and Technol.* (Japan), 14, 67.

한천의 구조 한천은 어떤 의미에서는 전분의 경우처럼 젤 형성 능력이 더 뛰어난 아가로오스(agarose)와 그렇지 못한 아가로펙틴(agaropectin)의 두 종류의, 그 성질들이 서로 다른 성분들로 구성되어 있는 사실이 알려져 있다(Araki, C. *et al*., 1967).

아가로오스는 β-D-갈락토오스(β-D-galactose)와 α-L-3,6-무수갈락토오스(α-L-3,6-anhydrogalactose)의 β-1,4- 결합으로 형성된 아가로오스의 구성단위(structural unit)인 이당류, 즉 아가로비오스(agarobiose)가 α-1,3- 결합을 통해서 중합(重合)된, 중성인 코일(coil)상의, 즉 나선상의 직선분자들(neutral linear molecules)로 구성되고 있다(그림 10-4 참조).

한편, 아가로펙틴(agaropectin)은 본질적으로 아가로오스와 같은 기본적인 구조에서 일부의 갈락토오스가 황산에스터(sulfate ester)화 되어 있으며, 또한 D-글루큐론산(D-glucuronic acid), 그리고 소량의 피루빈산(pyruvic acid)들과 결합한 구조를 가지고 있다.

아마도 아가로오스(agarose) 분자들을 구성하고 있는 D-갈락토오스 중 10~50개마다 한 개 정도가 황산에스터로 존재하는 것으로 생각되고 있다. 아가로펙틴의 경우 그 황산기(sulfate residues)의 % 함량은 원료에 따라 다르나, 대개 5 내지 10% 가량으로 생각된다.

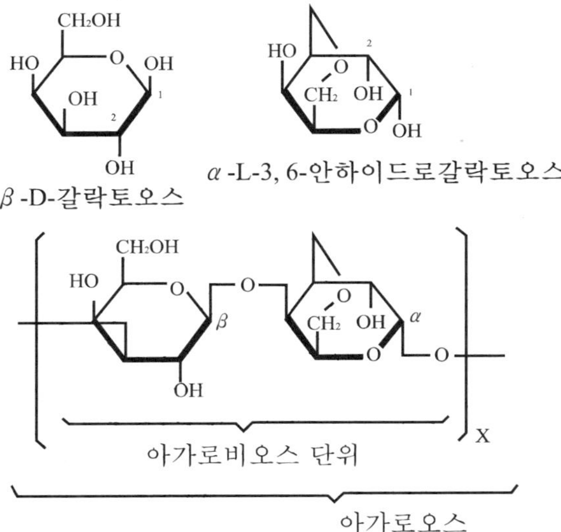

[그림 10-4] 한천(우뭇가사리)의 한 구성분자인 아가로오스(agarose)와, 아가로오스를 구성하고 있는 구성단위인 아가로비오스(agarobiose)의 구조.

각 아가로펙틴 분자에 존재하는, 이상의 황산에스터 그룹들은(sulfate ester residues)은 칼슘이온들이 존재할 때는 이온결합(salt bridge)을 통해서 각각의 아가로펙틴 분자들이 저 메톡실 펙틴(low-methoxyl pectin)의 경우처럼 횡적으로 연결(cross-linking)되어 있는 것으로 생각된다(그림 10-5 참조).

이 황산에스터 그룹의 함량(sulfate ester content)은 한천의 젤 형성 능력에 큰 영향을 주는 사실이 알려져 있다. 즉, 그 함량이 4%까지는 한천의 경우 강한 젤을, 5~16%에서는 중간 정도의 굳기의 젤을, 17% 이상에서는 젤을 형성하지 않는다고 한다(Fuse, T. *et al.*, 1974).

한편, 젤 형성에는 황산에스터 그룹의 함량뿐만 아니라 카아복실 그룹(carboxyl groups)의 함량도 영향을 준다고 한다.

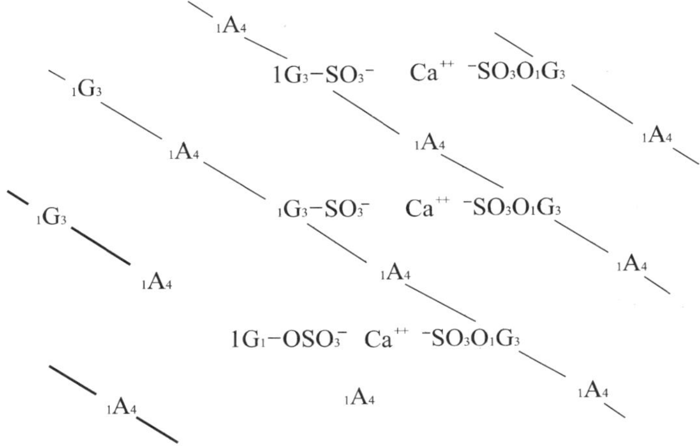

[그림 10-5] 아가로펙틴(agaropectin)의 분자구조와 분자 사이의 이온결합(cross-linking by salt bridge).

또한 미쓰이키들(Mitsuiki, M. *et al*., 1998)은 한천류(agar), 나중에 설명하게 될 카라기난류(carrageenans)와 같은 폴리갈락탄류(polygalactans)의 유리 전이온도(glass transition temperature) T_g를 가소제(可塑劑, plasticizer)로 함께 존재하는 수분의 함량의 함수(函數, function)로서 그 관계를 시차주사열량 측정법(differential scanning calorimetry, DSC)으로 조사한 바 있다.

이들에 의하면 한천류의 유리 전이온도 T_g는 수분 함량의 증가에 따라 상승하나, 어느 한계점에 달하면 T_g의 상승은 멈추게 된다고 한다. 그리고 한천류의 유리 전이온도 T_g의 최저치라 할지라도 카라기난류나 밀 전분의 T_g들보다 훨씬 높았다고 한다.

한편 말토올리고당류(maltooligosaccharides)의 경우에는 그 분자량이 증가함에 따라 T_g도 상승했다고 한다.

이상의 연구들에 이어 마사타들(Mitsuiki, M. *et al*., 1999)은 시판 중인 한천류(commercial agars), 즉 아가로오스(agarose), 아가로펙틴(agaropectin), 부분적으로 가수분해된 아가로오스들(partially hydrolyzed agaroses)의 분자량을 크기배제 크로마토그라피 법(size exclusion chromatography)으로 조사하고, 또한 각종 한천류의 분자량과 그 유리 전이온도 T_g 사이의 관계를 조사한 바 있다.

그 결과 시판 중인 한천들의 분자량은 243,500~106,000 사이에 있었으며, 아가로오스의 분자량은 같은 한천에서 분리한 아가로펙틴의 분자량보다 적었다고 한다.

이상의 한천류의 유리 전이온도 T_g(轉移溫度, glass transition temperature, T_g)를 시차주사열량 측정법(示差走査熱量 測定法, differential scanning calorimetry, DSC)으로 측정했을 때 아가로오스(agarose)의 유리 전이온도는 그 분자량이 전체적으로 더 컸던 아가로펙틴(agaropectin)의 경우보다 더 높았으며, 아가로오스만의 경우 그 분자량이 더 컸을 때 유리 전이온도는 더 높았었다고 보고하고 있다.

이상의 실험 결과들은 각종 한천류의 유리 전이온도 T_g는 한천 분자의 분자량의 크기에 의해서 큰 영향을 받으나, 각종 한천류의 분자 내에 존재하는 설페이트 그룹, 즉 황산에스터 그룹들(sulfate groups)의 함량에 의해서도 크게 영향을 받는 것 같다고 한다.

한편 설페이트 그룹의 함량들이 커지면 젤 형성 능력이 크게 감소되는 사실에 대해서는 이미 언급한 바 있다. 아가로펙틴들은 아가로오스들의 경우와는 달리 그 분자 내의 설페이트 그룹의 함량이 크며, 반면에 젤 형성 능력은 상대적으로 약한 사실도 이미 언급한 바 있다.

한천의 성질 젤 형성(gelation)은 한천의 농도 0.2~0.3%에서 시작되며, 1~2%의 농도에서는 매우 단단한 젤(gel)이 형성된다. 가열된 한천의 수용액은 30℃ 부근에서 굳어져 젤화 되나, 일단 젤화되면 85℃ 이하에서는 녹지 않는 특이한 성질을 갖고 있다. 따라서 이 특이한 성질은 미생물 배양배지(culture medium base) 등에 널리 이용되고 있다.

한천은 그 구조상 다가 전해질(多價電解質, polyelectrolytes)에 속한다. 그러나 다른 전해질 물질들에 의해서 그 점도에 영향 받지는 않는다. 한편, 젤화 온도(gelation temperature) 이상의 온도에서는 pH 4.5에서 pH 9 사이에서 그 점도가 별로 변하지 않는다. 한천 교질용액은 일단 젤화 된 후에는 온도가 일정하면 시간의 경과에 따라 그 점도는 증가한다.

한천의 제조법 한천의 제조법은 매우 특수하며, 흥미 있으므로 여기서 간단히 설명하기로 한다. 한천은 자연적 조건 또는 인공적인 장치를 이용한 동결 해동법(freezing-thawing technique)에 의해서 제조, 정제된다.

먼저 홍조류의 추출액(extracts)을 여과한 후 일단 냉각하여 젤을 만든 다음, 잘게 썰어서 동결(凍結)시킨다. 이때 한천 젤(agar gel)의 격자들(lattices) 사이에 수화된 형태로 존재하는 물은 젤 조직(gel structure)에서 이탈되어 얼음을 형성한다. 이렇게 동결된 한천 젤을 해동(thawing)하면, 그 속의 얼음은 녹아서 각종 수용성 물질들이 녹아 있는 물이 되어 쉽게 분리, 제거된다.

한천에는 카로틴류(carotenes)를 비롯한 여러 색소들이 함유되어 있어서 착색되어 있으므로 표백제(bleaching agent)를 사용하거나 일광(日光)에 조사하여 색소를 산화, 파괴시켜 탈색된다.

이상과 같은 동결 및 해동 과정을 반복하여 수용성인 불순물들(soluble impurities)을 물과 함께 제거하여 정제한 후 건조, 탈수하여 입상(granular), 또는 분말상태로 마쇄한 후 포장한다(그림 10-6 참조).

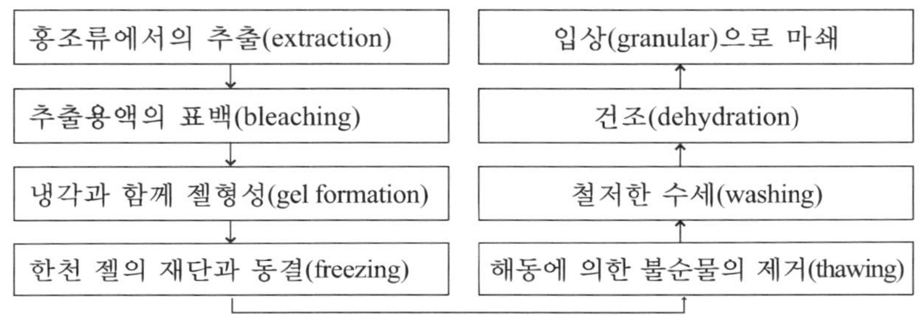

[그림 10-6] 한천의 제조 과정을 표시한 도표(floe-diagram).

한천의 용도 한천은 젤을 형성하는 능력(gelling power)이 강하며, 또 그 젤은 다른 고무질 물질들로 만든 젤들과는 달리 더 높은 온도에 대해서도 잘 견디는 성질이 있으므로, 고온에서 조리되는 빵 제품(bakery products), 과자류의 안정제(stabilizer)로써 널리 사용되고 있다. 그 외에도 우유, 유제품, 청량음료 등에도 안정제로 사용된다.

그러나 무엇보다도 아래서 설명하는 것과 같은 뛰어난 특성들 때문에 오래 전부터 미생물 배양배지(培養培地, culture medium)로서 널리 사용되어 왔었다.

즉 한천으로 만든 세균 배양배지는 37℃에서도 녹지 않고 반고체 상태를 유지하며, 따라서 37℃에서 액상으로 되는 젤라틴(gelatin) 배지의 경우보다 더 적합하고 우수하다. 또한 미생물 중 젤라틴 분해효소들을 가진 균들은 많으나, 한천 분해효소들을 가진 균들은 그 수효가 극히 적다는 장점도 있다.

한천은 또한 화장품, 의약품 등에도 널리 사용되고 있다.

알진산과 그 염, 즉 알진

알진산(alginic acid)은 1881년에 스탠포드(Stanford, E. C. C.)에 의해서 갈조류(褐藻類, *Pheophyceae*, brown algae)에서 처음으로 추출되었다(Glicksman, M., 1969).

이 알진산(alginic acid)은 미역, 다시마 등이 속해 있는 갈조류(brown algae)의 세포막(cell walls)의 주요 구성성분으로 존재하는 다당류(polysaccharides)이며, 보통 탄산소다(Na_2CO_3) 용액으로 추출하여 얻는다. 알진(algin)이란 이름은 알진산의 염들(alginates)에 대한 일반명이며, 보통 알진산의 나트륨, 칼슘 또는 마그네슘염의 혼합물을 말한다.

미국에서는 서해안의 갈조(*Macrocytis pyrifera*), 동해안의 갈조(*Laminaria digitata*) 등이, 한편 영국, 프랑스, 노르웨이 등에서는 갈조류(*Laminaria hyperborea* 또는 *Ascophyllum nodosum*) 등이 알진 제조에 사용되고 있다.

알진의 구조　알진산의 구조는 아직 확실하지는 않으나 대체로 β-D-만유론산(β-D-mannuronic acid)이 β-1,4- 결합에 의해서 연결된 직선상의 중합체(linear polymer), α-L-글루유론산(α-L-gluronic acid)이 α-1,4- 결합에 의해서 연결된 직선상의 중합체, 그리고 β-D-만유론산과 α-L-글루유론산이 β-1,4- 결합과 α-1,4- 결합에 의해서 교대로 연결된 직선상의 중합체들이 그 구성단위가 되고 있는 복합 또는 헤테로 다당류(heteropolysaccharide)로 알려져 있다(Sanford, P. A., 1983)(그림 10-7 참조).

한편 β-D-만유론산들이 β-1,4- 결합으로 연결된 중합체의 경우에는 L-블록 단위(L-block unit), 그리고 β-D-만유론산들과 α-L-글루유론산들이 β-1,4- 결합과 α-1,4- 결합으로 연결된 중합체의 경우에는 MG-블록 단위(MG-block unit)로 불려지기도 한다(Whistler, R. L. and BeMiller, J. N., 1997).

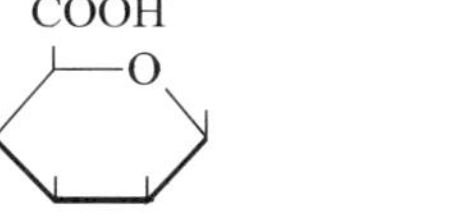

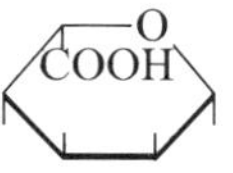

β -D 만유론산　　α -L 굴루유론산

-M-M-M-M-M-M-M-	-G-G-G-G-G-G-G-	-M-G-M-G-M-G-M-
β -D-만유론산의 β -1,4-결합에 의한 중합체	α -L-굴루유론산의 α -1,4-결합에 희한 중합체	두 구성단위가 교대로 α -1,4-결합과 β -1,4-결합에 의해서 연결된 중합체

[그림 10-7] 알진산(alginic acid)의 구성단위들과 그 기본 단위들.

β-D-만유론산 또는 α-L-글루큐론산의 함량은 갈조류(brown algae)의 종류에 따라 크게 다르며, 앞에서 말한 갈조류(*Macrocytis pyrifera*와 *Laminaria digitata*)의 경우, 그 β-D-만유론산의 함량은 61%와 59%, 따라서 α-L-글루큐론산의 함량은 39%와 41%로 알려져 있다(Sanford, P. A., 1983). 그 분자량은 대체로 32,000에서 200,000 정도로 보고되고 있다. 이는 무수만유론산의 구성단위의 수 180개에서 1,000개에 해당된다.

알진산의 성질　알진산은 찬물에는 녹지 않으나, 뜨거운 물에는 약간 녹는다. 그러나 알진산의 소듐, 즉 나트륨, 그 외에도 칼륨, 칼슘, 마그네슘 등의 알칼리 금속들의 염들, 그리고 알진(algin)과 프로필렌 글라이콜과의 에스터(propylene glycol alginate, PGA)는 물에 잘 풀어져서 교질용액을 만든다.

알진의 수용액의 점도는 농도, 온도, pH, 알진의 분자량 등에 의해서 크게 영향 받으며, 그 1% 수용액의 점도는 10cps에서 2,000cps 정도이다. 알진의 교질용액은 의사가소성(pseudoplasticity)을 나타낸다고 하며, 이 성질은 대개의 경우 첨가된 식품에 대한 입안의 감촉(mouth feeling)을 더 좋게 해주는 것으로 생각되고 있다. pH의 범위가 4에서 10 사이에서는 그 수용액의 점도에는 큰 변화가 없다. pH가 3.0 이상이 되면 점성은 급속하게 증가하며, 계속 산성이 증가할 때는 젤(gel)화 가 일어난다.

칼슘 이온들과 같은 다가(多價) 이온들(polyvalent ions)은 알진 수용액의 점도를 증가시키며, 그 농도가 충분할 때는 젤의 형성을 가져오는 사실은 실제 응용면(應用面)에서 매우 중요한 성질로 생각되고 있다. 알진은 전술한 대로 산성용액에서도 급속하게 젤화 된다. 이 젤 형성의 기구(mechanism)는 이온결합에 의한 횡적 결합(cross-linking)에 의하며, 저 메톡실 펙틴의 젤화의 기구와 유사하다(그림 10-8 참조).

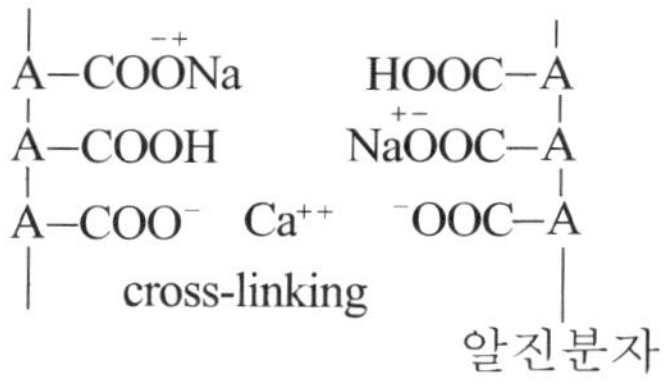

A–COO^-Na^+ HOOC–A
A–COOH $Na^+{}^-OOC$–A
A–COO^- Ca^{++} ^-OOC–A
cross-linking
알진분자

A : anhydro-1, 4-β-D-mannuronic acid

[그림 10-8] 알진(algin)의 칼슘염(calcium salt) 첨가에 의한 젤화의 기구(mechanism).

알진산의 염, 즉 알진의 용도 알진은 펙틴이나 한천과 같이 젤 형성제(gelling agent)로 사용되기보다는 주로 안정제(stabilizer), 농화제(濃化制, thickener), 유화제(乳化制, emulsifier)로 사용된다. 알진은 산성용액에서는 젤화 되므로 사용이 불편할 때가 있다. 이와 같은 경우에는 산성용액에서도 젤화 되지 않는 프로필렌 글라이콜 에스터(propylene glycol ester)가 더 적합하다.

실제 사용되는 예로는 가공 치이즈(processed cheese), 시럽(syrups), 아이스크리임, 과즙으로 만든 아이스크리임(sherbets), 농축 오렌지 주스(orange juice concentrates), 우유와 달걀로 만든 과자류(custard type puddings), 맥주(beer)의 거품(form) 안정제(stabilizer) 등이 있다.

알진산의 염들, 즉 알진류(algins)의 더 자세한 용도에 대해서는 거의 20 페이지에 걸쳐서 자세히 설명하고 있는 글리크스맨(Glicksman, M., 1969)의 전문서 또는 윗슬러들(Whistler, R. L. and BeMiller, J. N., 1997) 등의 전문서들 그리고 해당분야를 다루고 있는 전문학술지들을 우선 참고하기 바란다.

한편, 근래에 와서는 햄버거(hamburger) 등에 사용되는 마쇄하고 다진 저지방 쇠고기의 둥글납작한 덩어리들(low-fat beef patties)의 조리 후의 소비자들의 기호도(acceptability) 또는 품질을 향상시키기 위해서 알진산의 소듐염(sodium alginate)과 가공 식품류에 사용이 허용된 또 다른 친수성 고무질 물질(hydrocolloid)들을 병용하여 사용하는 실험들이 자주 보고되고 있다.

예로서 베리(Berry, B. W., 1997)는 알진산의 소듐염과, 그 구조를 다소 변경한 타피오카 전분(modified Tapioca starch)을 저지방(8%) 쇠고기 패티들(low-fat beef patties)에 첨가하여 조리한 후의 품질을 조사해 본 결과, 연한 점(tenderness), 즙이 많은 점(juiciness), 조리 후의 중량(cooking yields), 관능검사 결과들(sensory test results) 등이 매우 우수했다고 보고하였다.

또한 린들(Lin, K. W. and Keeton, J. T., 1998)도 알진산의 소듐염과, 곧 설명하게 될 친수성 고무질 물질들의 하나인 ι-카라기난(iota-carrageenan)을 함께 사용하여 만든 저지방(10% 지방) 쇠고기 패티들(low-fat beef patties)을 조리한 후, 그 텍스쳐(texture)와 물리, 화학적 성질들을 조사하였다.

이상의 실험의 결과, 조리 후의 중량이나, 그 텍스쳐(texture) 등에 있어서 지방질 함량 20%인 정상적인 쇠고기 패티들과 거의 동등한 평가가 나왔었다고 보고하였다.

한편, 최들(Choi, H. S. *et al.*, 1995)은 대두(soybean)를 원료로 하는 묵(whole soybean gel)을 만들 때 알진산의 소듐염, 펙틴(pectin), 그리고 칼슘염을 첨가하여 그 텍스쳐(texture)에 미치는 영향을 조사한 바 있다.

이들에 의하면, 대두분(soybean flour)에 12~15%의 알진산의 소듐염이나 펙틴을 첨가해서 얻은 묵(soygel)의 경우, 가장 균일하고 텍스쳐도 우수했으며, 알진산의 소듐염과 펙틴을 함께 첨가했을 경우, 형성된 묵의 품질은 오히려 더 나빠졌다고 한다.

알진산의 소듐염에 칼슘염의 적정량이 함께 사용됐을 경우, 예로서 12%의 알진산의 소듐염과 황산칼슘($CaSO_4$)을 0.125g/g 대두가루의 비율로 첨가해서 묵을 만들었을 때, 탄성, 균일성, 부드러운 점, 그리고 전체적인 기호성(total acceptability) 등의 관점에서 가장 바람직한 품질을 나타냈다고 보고하였다.

그 외에도 알진은 화장품 또는 고약(ointment)의 기제(base)로서, 식품 이외에도 널리 사용되고 있다. 이 알진으로 만든 풀은 전분으로 만든 풀보다 4배나 점착성이 강하며, 또 투명하고 유연한 막을 형성하기 때문에 종이, 직물(fibers)의 사이징(sizing)으로서, 또는 인쇄용 잉크(printing ink) 등에 널리 사용되고 있다.

알진산의 프로필렌 글라이콜 에스터 프로필렌 글라이콜 알지네이트(propylene glycol alginate, PGA)는 초산 소다(sodium acetate) 존재 하에 알진산과 프로필렌 옥사이드(propylene oxide)를 70℃에서 4시간 가열하여 에스터화(esterification)하여 얻는다.

이 PGA는 카아복시메틸셀룰로오스의 소듐염(sodium salt of carboxymethylcellulose)과는 달리 내산성(耐酸性)과 내염성(耐鹽性)을 갖고 있으며, 알진과는 달리 산성에서 젤화 되지 않기 때문에 산성 식품에서의 유화제, 안정제, 농화제 등으로써 매우 적합한 알진산의 유도체이다.

천연 고무질 물질들로 만들어진 가식성 필름들(可食性, edible film)을 식품류, 특히 가공 식품류의 표면을 둘러싸 주어서 표면을 보호해주려고 할 때, 필름의 첨가성분들로서 식품들의 품질을 향상 또는 유지해주거나, 세균이나 바람직하지 않은 기타의 미생물들 또는 효소들의 작용을 억제해주는 무해(無害) 성분들이 존재하여 식품의 표면과 직접 접촉되어 있으면 좋을 것이다.

그러나 다당류(polysaccharides)나 단백질들(proteins)을 사용한 가식성 필름들의 경우, 피복에 사용되는 식품들의 표면의 수분활성도가 클 경우, 필름 자체가 얼마 되지 않아 팽윤(swelling)되거나 일부 용해되거나, 분해될 경우가 생길 수 있어서 적합하지 않다고 한다.

이와 같은 경우 필름들의 내수성(water resistant properties)은 필름 재료에 지방질 성분들을 사용하여 향상시킬 수 있으나, 이상의 유익한 성분들의 확산(diffusion)에 의한 식품 표면과의 효과적인 접촉은 억제될 것으로 예상된다.

웡들(Wong, D. M. S. *et al.*, 1996)은 필름 내에 항미생물제(antimicrobial agent)로서 소오빈산(sorbic acid)과 항갈색화제(anti-browning agent)로서 아스콜빈산을 첨가한 가식(可食) 필름의 개발을 시도한 바 있다.

즉 이들은 위에서 설명한 것과 같은 가식 필름들(edible films)의 문제점들을 해결하기 위해서 알진산의 염의 현탁액에 조절된 조건 하에서 칼슘염을 첨가하여 안정되고 단단한 젤을 만들어, 단단한 필름을 만드는 방법 그리고 뜨거운 알진산의 칼슘염 현탁액을 냉각하여 젤화한 후 필름을 만드는 방법 등을 사용하여 이상의 두 가지 첨가물들이 함유된 필름들을 만들어 필름의 성질들과 첨가 성분들의 확산 현상을 조사한 바 있다.

이들의 실험 결과에 따르면 알진산 칼슘염의 뜨거운 현탁액을 냉각시켜서 얻은 필름의 경우 알진산염 분자들의 횡적 결합이 약했으며(weak association), pH 조절 과정을 통해서 칼슘염을 첨가한 알진의 필름은 비교적 단단한 횡적 결합에 의한 3차원의 망(relatively tighter cross-linked network)을 형성한 젤로부터 단단한 필름을 얻었다고 한다.

또한 이들은 소오빈산의 칼슘염, 아스콜빈산의 소듐염, 아스콜빈산들의 확산에 필요한 활성화 에너지를 측정하여 각각 24.1, 23.7과 36.2 K·Joule/mol이었다고 한다. 이상의 성분들의 투과성은 대체로 전에 보고된 수치들과 같았으며, 특히 낮은 pH에서는 이상의 성분들이 움직일 수 있는 넓은 통로들이 존재할 수 있을 정도의 느슨한 필름 구조(loose film structure)가 이상의 성분들과 확산매체(diffusing medium) 사이의 상호작용보다 더 중요하다고 설명하고 있다.

카라기난

카라기난들(carrageenans)은 아일랜드 이끼 추출물(Irish moss extract)로 흔히 알려져 왔으나, 실제로는 홍조류(*Rhodophyceae*, red seaweeds)에 속하는 해조들(*Chondrus crispus*, *Gigartina manillosa*, *Gigartina stellata* 등)의 열수(熱水) 추출물이다.

이상의 해조들은 아일랜드(Ireland)의 남해안, 북미, 동(東) 캐나다, 아시아, 아프리카, 유럽 연안(沿岸)에서 발견되고 있다.

카라기난의 구조 카라기난은 앞에서 말한 대로 홍조류에 속하는 해조류의 열수 추출물들이므로 그 구조가 단일체라고 볼 수는 없다. 그 구조들에 대해서는 많은 연구가 진행되어 왔으며, 여러 종류가 있는 사실이 알려져 있다.

모두 β-1,3- 결합으로 연결된 β-D-갈락토오스와 α-1,4- 결합으로 연결된 α-D-갈락토오스를 반복단위(alternating units)들로 하는 갈락탄류(galactans)의 기본 구조를 갖고 있으며, 이상의 구성단위들은 모두 황산에스터형 또는 무수형(anhydro forms)으로 되어 있다(표 10-8 참조).

표 10-8 카라기난(carrageenan)의 기본구조와 종류.

카라기난의 기본구조 : -A-(1 → 4)-B-(1 → 3)-A-(1 → 4)-B-(1 → 3)-

카라기난의 종류	A 부분의 구성단위	B 부분의 구성단위
ζ-카라기난 (zeta-carrageenan)	D-갈락토오스-2-설페이트 (D-galactose-2-sulfate)	D-갈락토오스-2-설페이트 (D-galactose-2-sulfate)
λ-카라기난 (lambda-carrageenan)	D-갈락토오스-2-설페이트 (D-galactose-2-sulfate)	D-갈락토오스-2,6-다이설페이트 (D-galactose-2,6-disulfate) 3,6-안하이드로-D-갈락토오스-2-설페이트 (3,6-anhydro-D-galactose-2-sulfate)
μ-카라기난의 (mu-carrageenan)	D-갈락토오스-4-설페이트 (D-galactose-4-sulfate)	D-갈락토오스-6-설페이트 (D-galactose-6-sulfate)
ν-카라기난 (nu-carrageenan)	D-갈락토오스-4-설페이트 (D-galactose-4-sulfate)	D-갈락토오스-2,6-다이설페이트 (D-galactose-2,6-disulfate)
κ-카라기난 (kappa-carrageenan)	D-갈락토오스-4-설페이트 (D-galactose-4-sulfate)	3,6-안하이드로-D-갈락토오스 (3,6-anhydro-D-galactose)
ι-카라기난 (iota-carrageenan)	D-갈락토오스-4-설페이트 (D-galactose-4-sulfate)	3,6-안하이드로-D-갈락토오스-2-설페이트 (3,6-anhydro-D-galactose-2-sulfate)

Sanford, P.A. and Baird, J. in Aspinall, G.O. 1983. "*The Polysaccharides*," Volume 2, Academic Press.

이상의 카라기난의 여러 종류들 중 실제적으로 가장 중요한 것들로서는 젤을 형성할 수 있는 ι-카라기난(ι-carrageenan ; ι iota in Greek, í in English)과 그보다 더 잘 알려져 온 κ-카라기난(κ-carrageenan ; κ kappa in Greek, k in English), 그리고 젤을 형성하지 않는 λ-카라기난(λ-carrageenan ; λ lambda in Greek, l in English)들이다.

κ-카라기난은 β-갈락토오스-4-설페이트(β-D-galactose-4-sulfate)와 α-3,6-무수-D-갈락토오스(α-3,6-anhydro-D-galactose)로 구성되어 있으며, 이 두 구성단위는 번갈아 β-1,4- 결합과 α-1,3- 결합으로 연결되고 있다(그림 10-9 참조).

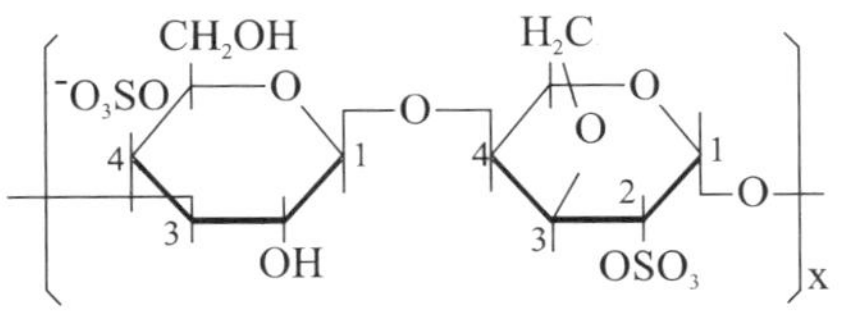

[그림 10-9] κ-카라기난(κ-carrageenan)의 구조.
Glicksman, M., 1969, "*Gum Technology in the Food Industry*" p. 216.

한편, ι-카라기난(iota-carrageenan)은 표 10-8에서 알 수 있듯이, D-갈락토오스-4-설페이트와 3,6-무수-D-갈락토오스-2-설페이트가 α-1,4- 결합으로 연결된 반복구성단위(repeating structural unit)들이 β-1,3- 결합으로 연결된 구조를 갖고 있다(그림 10-10 참조). 즉 ι-카라기난의 구조는 그림 10-9의 κ-카라기난의 반복단위 중 오른쪽의 3,6-무수-D-갈락토오스의 2번의 수산기가 설페이트기(sulfate group)로 치환된, 다시 말해서 탄소 2번의 수산기가 황산에스터(sulfate ester)로 된 3,6-무수-D-갈락토오스의 황산에스터 유도체가 반복단위가 된 구조를 갖고 있으며, 앞에서 말한 대로 이 ι-카라기난은 강한 젤 형성 능력을 갖고 있다.

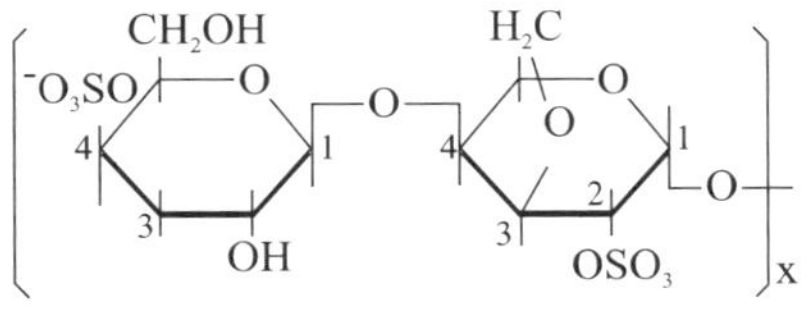

[그림 10-10] ι-카라기난의 구조.
Glicksman, M. 1969. "*Gum Technology in the Food Industry,*" p.217.

한편, λ-카라기난(lambda-carrageenan)은 β-D-갈락토오스-2-설페이트(β-D-galactose-2-sulfate)와 α-D-갈락토오스-2,6-다이설페이트(α-D-galactose-2,6-disulfate)로서 구성되고 있으며, 이 두 구성단위는 번갈아 β-1,4- 결합과 α-1,3- 결합으로 연결되고 있다(그림 10-11 참조).

한편 실제 해조류에 존재하는 여러 카라기난들(carrageenans), 또는 추출, 정제한 카라기난들의 구조는 지금까지 설명한 그대로의 구조를 유지하고 있다고 보기는 어렵다. 이상의 여러 카라기난들의 구성이나 구조는 이상화(idealized) 또는 단순화(simplified)시킨 구성이나 구조로 보아야 할 것이다.

바다에서 발견되는 일부 균들(marine bacteria)은 이상의 중합체들의 β-1,4- 결합을 분해시키는 κ-카라기네이스(κ-carrageenase, EC 3. 2. 1. 83) 등이 활동하고 있는 사실이 알려져 왔다(Robinson, D. S., 1987 참조).

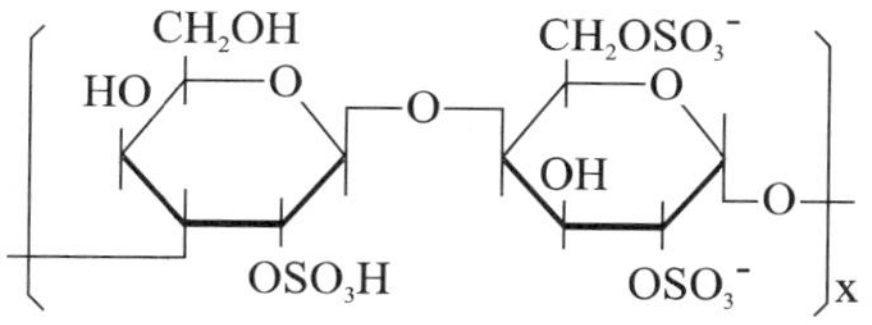

[그림 10-11] λ-카라기난(λ-carrageenan)의 구조.
Glicksman, M., 1969, "*Gum Technology in the Food Industry,*" p. 217.

카라기난의 성질과 용도 κ-카라기난의 젤 형성 능력은 칼륨염(potassium salt), 즉 칼륨 이온(K^+ ion)의 존재에 의해서 크게 강화되어 칼륨 이온 존재 하에서는 그 1% 용액은 가열한 후 냉각시키면 매우 강하나 부스러지기 쉬운 젤(very strong, but brittle gel)을 형성하는 사실이 알려지고 있다. 칼슘 이온은 칼륨 이온과 같은 강한 젤 형성 강화작용은 없으나 칼륨 이온과 함께 사용될 때는 매우 강도가 큰 젤을 형성한다는 사실이 알려져 있다.

한편 ι-카라기난의 경우 칼슘 이온의 첨가는 젤 형성을 가장 쉽게 일으키게 해주며, 형성된 젤은 연하기는 하나 매우 탄력이 있고 유연한 젤(elastic and flexible gel)을 형성하는 사실이 알려져 있다.

이에 반해서 λ-카라기난은 같은 조건에서 점성이 매우 큰 유체로 존재하되 젤은 형성하지 않는다(Descamps, O. *et al.*, 1986).

카라기난들의 구조적인 안정성은 pH 7보다 클 때는 아주 안정되어 있으나, pH가 7보다 낮을 때, 즉 산성(酸性)이 될 때는 안정성이 급속히 나빠져, 일부 구조들의 파괴까지도 일어난다고 한다. 그러나 일단 젤이 형성된 후에는 낮은 pH 즉, 산성에서도 비교적 안정된 상태를 잘 유지한다고 한다. 낮은 pH에서의 그 안정성의 순서는 ι > λ > κ라고 한다(Glicksman, M., 1969).

카라기난은 또한 단백질들(proteins)과 반응하여 복합체를 형성한다.

카라기난은 그 구조상 강하게 음으로 하전된 분자들(negatively charged molecules)이며, 따라서 다른 친수성 콜로이드와 함께 존재할 경우, 다른 친수성 콜로이드 분자들과 이온결합을 통해서 결합되어 결과적으로 시너어지스트(synergist)로서 작용한다.

한편 카라기난들의 젤은 대체로 펙틴 젤 또는 젤라틴 젤과 같은 탄성(elasticity)을 갖고 있지 않으며, 부스러지기 쉽게 때문에 널리 사용되어 오지 않았으나, 그래도 식품가공 각 분야에서 젤 형성제, 농화제, 안정제 등으로 사용되고 있다.

딕킨슨들(Dickinson, E. and Rawlowsky, K., 1997)은 카라기난류가 그 분자 내에 존재하는 황산 에스터 그룹(sulfate group) 때문에 강한 전해질(strong electrolyte)의 성질을 갖고 있으며, 여러 카라기난들 종류간의 콜로이드 용액(colloidal solution)으로서의 성질의 차이는 주가 된 갈락토오스 중합체들에 달려 있는 황산 에스터 그룹들의 위치와 그 수들의 차이에서 일어난다고 생각하고 있다.

이들은 ι-카라기난(iota-carrageenan)의 수용액, 즉 현탁액은 각종의 양이온들(그 효과의 크기는 $Ca^{2+} > K^+ > Na^+$)의 존재 하에서는 가열된 상태에서 서서히 냉각될 때 젤(gel)을 형성하는 가열 가역성(加熱可逆性, thermoreversal property) 젤을 형성하는데, 그 젤 형성 기구(gelation mechanism)는 ι-카라기난의 분자들의 우선회성의 이중 나선들(right-handed, 즉 α-double helics)의 형태를 갖게 되는 동시에 분자들 간의 회합(會合, association), 특히 칼슘 이온이 존재하는 경우에는 ι-카라기난 분자들 사이에 강한 횡적 결합(cross-linked) 또는 가교(架橋, bridging)를 통한 회합에 의해서 3차원의 망조직(three-dimensional networks)들이 형성된 후, 이들이 다시 솜 덩어리 모양의 응집체(凝集體)들을 만드는 과정 내지는 기구(flocculation mechanism)에 의해서 설명된다고 보고하고 있다.

이들은 또한 ι-카라기난과 유청 알부민(bovine serum albumin, BSA)의 상호작용을 연구한 결과 ι-카라기난과 우유 카세신(milk casein)의 상호작용에 대해서는 그 동안 연구들이 되어 왔기 때문에 - 위에서 설명한 가교 - 응집체 형성의 기구(bridging-flocculation mechanism)를 통해서 상호 안정적인 젤을 형성하는 것 같다고 보고하고 있다.

한편 프라뷰들(Prabhu, G. A. and Sebranek, J. G., 1997)에 의하면, 햄(ham)과 같은 절임육류를 장기간 절임국물(pickle solution)에 담글 때는 육류 중의 근육섬유 단백질들(myofibrillae proteins)이 용출되어 나와, 육류의 근육조직이 졸임국물에 존재하는 각종 염류들을 흡수함으로써 얻어지는 수분유지량(the amount of holding water)보다 더 많아서 전체적인 수분유지능력(water-holding capacity)은 감소한다고 한다.

그러나 많은 친수성 고무질 물질들(hydrocolloid), 예로서 전분(starch)이나 특히 κ-카라기난(kappa-carrageenan)들은 가열 가역성(加熱可逆性, thermoreversal property)을 갖고 있어서, 졸(sol) 상태로 결착제(biding agent)로 첨가된 후 장기간 낮은 온도에 저장된 절임 중인 햄에서는 젤(gel)화 되어 절임육류 중의 가용성분(可溶成分)들의 풀려나오는 현상을 막아주며, 수분 유지(水分維持, water retention)를 도와주는 큰 장점이 있다고 한다. 그리고 화학적으로도 κ-카라기난은 육류 중의 단백질들과 횡적 결합을 통해서 이들의 유출(流出)을 억제할 것이다.

프라뷰들(Prabhu, G. A. and Sebranek, J. G., 1997)은 햄(ham)의 절임국물(pickle solution)에 실험대상용, 즉 옥수수 전분(corn starch)이나 κ-카라기난을 첨가하지 않은 경우, 옥수수 전분을 첨가한 경우, κ-카라기난을 첨가한 경우, 옥수수 전분과 κ -카라기난을 함께 사용한 경우로 나눠서 2주간 각각의 절임국물에 담근 후 햄의 조리시의 중량, 색깔, 그 텍스쳐(texture) 등을 조사하였다.

이들에 의하면 1.5%의 κ-카라기난을 첨가한 절임국물이 사용된 경우 햄의 최종 중량은 햄 제조 전의 중량보다 1.5% 증가했으며, 육즙이 많은 느낌(juiciness)을 주지 않았으나, 옥수수 전분을 첨가한 경우 전체 중량의 증가는 없었으나 육즙이 많은 느낌을 주었다고 한다. 한편 옥수수 전분과 κ-카라기난을 함께 사용했을 경우 그 수분유지작용에 있어서 전분과 κ-카라기난들 사이에 어떤 상승작용(相乘作用)도 볼 수 없었다고 보고하였다.

한편, 이전에 κ-카라기난의 가식성(可食性) 필름(edible film)의 두께(thickness)에 따른 수분투과성(water vapor permeability)과 온도의 영향을 조사한 - 결과는 투과율이 폴리에틸렌 필름(polyethylene film)의 2.3배 그리고 자신의 두께에 비례했으며, 온도의 영향을 받았다고 함 - 임들(Rhim, J. W. *et al.*, 1996)은 1998년에는(Rhim, J. W. *et al.*, 1998), 여러 카라기난들이 조건에 따라 강한 젤을, 따라서 강한 필름(film)을 만드는 성질을 이용하여 지방질 식품들(fatty food products), 또는 표면에 기름기가 많은 식품들을 위한 내유성 필름(oil-resistant corrageenan films)들과 내유성 카라기난 필름을 입힌 종이 포장지들을 만들어 그 성질을 조사한 바 있다.

이 경우 전자는 가식성(可食性, edible) 필름, 후자의 경우 생태계에 의해서 분해되는(biodegradable) 필름이란 이점들이 있다.

그 결과 내유성(耐油性)은 카라기난의 종류에 따라 차이가 있었으며, 내유성이 큰 순서대로 적으면 $\kappa > \lambda > \iota$이었다고 한다. 내유성은 필름의 두께에 따라 증가했다고 한다.

한편, κ-카라기난의 필름을 입힌 종이(4~5kg/ream, 1ream=278m^2)의 내유성은 상응하는 폴리에틸렌(polyethylene)을 입힌 종이의 경우와 같았다고 한다. κ-카라기난 필름 자체의 내유성은 카라기난을 입힌 전체적으로 같은 두께의 종이의 10배나 되었으나, 두 종류의 포장 재료들의 내유성은 시간 경과에 따라 기하급수적(exponentially)으로 감소했다고 한다. 이들은 카라기난을 4kg/ream 가량 입힌 종이 포장지도 기름기 많은 식품류의 포장에 적합했다고 보고하고 있다.

퍼셀라란

퍼셀라란(furcellaran)은 한천의 대체품으로 개발된 자연 고무질 물질이며, 역시 홍조류(紅藻類, *Rhodophyceae*)에 속하는 해조(*Furcellaria fastigiata*)에서 추출된 농화작용(thickening action)이 큰 고무질 물질이다. 덴마크인(Danish)에 의해서 사용되기 시작했으며, 제2차 세계대전 중 한천의 대체품(substitute for agar)으로 개발이 시도되었기 때문에 덴마크 한천(Danish agar)이라고도 불려져 왔다(Glicksman, M., 1969 참조).

퍼셀라란의 구조 이 퍼셀라란의 구조는 확실하지 않으나, D-갈락토오스(D-galactose), D-갈락토오스-4-설페이트(D-galactose-4-sulfate)와 3,6-무수-D-갈락토오스(3,6-anhydro-D-galactose)들로 구성되고 있는 듯하다. 그 분자량은 20,000~80,000 정도로 추정되고 있다(Glicksman, M., 1969 참조).

퍼셀라란의 성질과 용도 이 퍼셀라란을 칼륨염(potassium salt) 존재 하에 75~80℃의 물에 녹인 후 다시 냉각하면, 단단하지만 비교적 탄성이 적은 젤(gel)을 형성한다. 이상의 젤 형성 과정과 형성된 젤의 성질 등은 κ-카라기난의 경우와 비슷하다.

퍼셀라란의 젤의 강도(gel strength)는 농도가 커짐에 따라 증가하며, 또한 칼륨염을 첨가함으로써 젤 형성 능력을 크게 증가시킬 수 있다고 한다. 젤을 형성시키는 데는 0.5~3%의 수용액이 사용된다. 퍼셀라란은 유제품(乳製品)의 농화제, 또는 젤리(jellies), 잼(jams) 등의 제조 시에 펙틴(pectin) 대신에 사용된다.

이 퍼셀라란을 사용한 잼, 젤리에서는 펙틴을 사용한 잼, 젤리의 경우와 같이 장시간 가열하지 않아도 되기 때문에 향기(flavor)의 유지, 색깔의 유지 등에 있어서 오히려 더 유리한 점이 있다고 한다.

라미나린

라미나린(laminarin)은 갈조류(brown algae) 중의 라미나리아 속(genus *Laminaria*, 즉 다시마 속)에 속하는 라미나리아 클루우스토니(*Laminaria cloustoni*, *Laminaria saccharina*) 등과 같은 일부 해조류에 엽상체(葉狀體, fronds) 즉 간단히 말해서 잎에 다량 존재하는 다당류이다.

라미나린의 구조 이 라미나린은 가수분해 되면 포도당(β-D-glucose)을 생산하지만(순수한 라미나린을 염산으로 가수분해하면 98.5%의 포도당이 형성된다), 이 포도당의 결합 양식은 전분과는 달리 β-1,3- 결합으로 되어 있으며, 그 결합이 β-1,3- 결합인 것이 확인된 최초의 다당류이다.

라미나린은 수산(oxalic acid)으로 가수분해하면 마치 전분을 가수분해할 경우, 맥아당(maltose)이 형성되는 식으로 β-포도당 두 분자로 구성된 라미나리비오스(laminaribiose)가 형성된다(그림 10-12 참조).

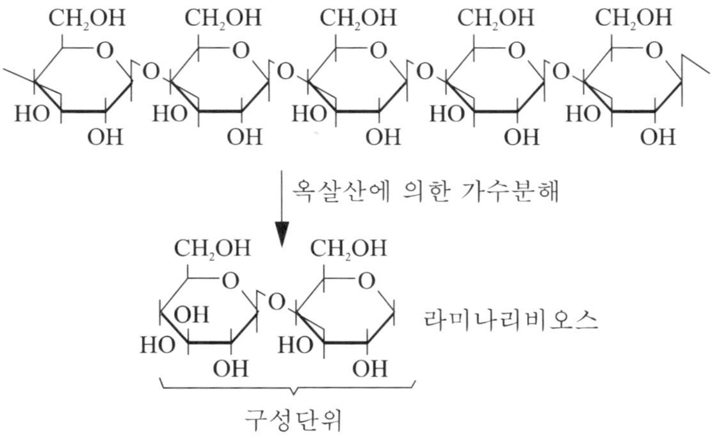

[그림 10-12] 라미나린(laminarin)의 가수분해 과정.
Stwart, A. W. and Graham, H., 1949, "*Recent Advances in Organic Chemistry*," Vol. II, 7th edition, Longman, Green and Co., London.

미생물이 만들어내는 고무질 물질들

덱스트란

미생물이 만들어내는 고무질 물질들(microbial gums) 중 그 이용가치 면에서 가장 중요한 것으로는 덱스트란들(dextrans)과 나중에 설명할 잔탄 고무(xanthan gum)가 있다. 덱스트란은 α-포도당(α-D-glucose)이 주로 α-1,6- 결합에 의해서 연결된 다당류(α-1,6-glucose), 즉 호모글루칸류(homoglucans)의 하나이며, 류우코노스톡 메센테로이디즈(*Leuconostoc mesenteroides*)와 같은 일부 미생물들이 당밀(molasses)이나 정탕(精糖, refined sugar)을 분해하여 이 덱스트란들을 만드는 사실이 알려져 왔다. 즉 이들 세균은 설탕을 덱스트란으로 바꾸는 세포외 효소(extracellular enzyme)인 덱스트란 슈크레이스(dextrans sucrase)를 체외에 분비하여 설탕을 덱스트란으로 바꾼다.

한편, 공업적으로 만들어지는 덱스트란들의 거의 대부분은 이상의 류우코노스톡 메센테로이디즈 중의 소위 NRRL 512(F) 균주(strain) 또는 이와 유사한 균주들에 의해서 만들어지는 것으로 알려져 있다(Jeanes, A., 1974 ; Sanford, P. A. and Baird, J. 1983).

덱스트란의 구조 덱스트란들은 전술한 바와 같이 α-포도당(α-D-glucose)이 α-1,6- 결합으로 연결된 것이나, 포도당 분자 대략 10~20개마다 α-1,3- 결합에 의한 가지(branch)가 달려 있으며, 그 구조는 얼레빗 모양(comb-like structure)의 구조를 갖고 있는 것으로 생각되고 있다(그림 10-13 참조).

덱스트란들의 분자량은 대략 $30\sim90\times10^6$ 정도로 추정되고 있다(Jeanes, A., 1974). 다만 미생물들이 덱스트란을 형성할 때 맥아당과 같은 프라이머(primer, 즉 중합 촉진물질)를 넣어줄 때는 덱스트란의 중합 또는 합성은 첨가된 맥아당 분자들을 기점(起點)으로 시작되며, 이때 형성되는 덱스트란들(dextrans)의 분자량들을 50,000 내외로 조절할 수 있다고 한다.

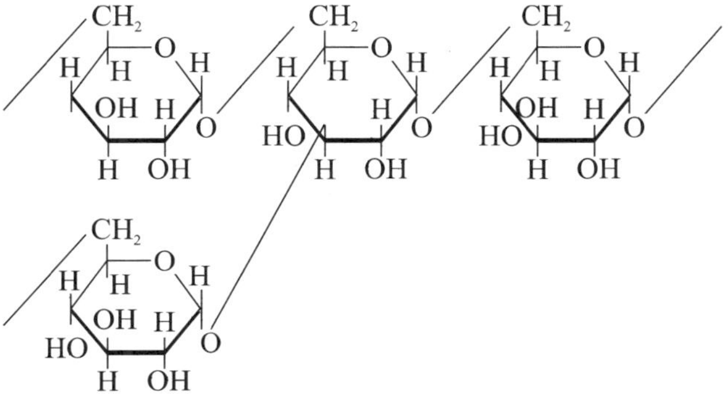

[그림 10-13] 덱스트란의 분자구조.

덱스트란의 용도 프라이머(primer)로서 분자량이 15,000~40,000 정도인 덱스트란들이 사용되는 경우에는 프라이머들 첨가 후에 형성되는 덱스트란들의 반 이상은 그 분자량이 75,000±25,000, 즉 100,000~50,000 정도가 되며, 이렇게 형성된 덱스트란들의 분자량들이 70,000 내외인 것은 혈액용량 증가제(blood volume extender)로서 알맞다고 한다.

이상의 덱스트란들은 쉽게 순수한 상태로 정제할 수 있으며, 제2차 세계대전 중 혈장용량 증가제(blood volume extender), 또는 혈장 대용품(血漿 代用品, blood plasma substitute)으로서 그 성질이 우수한 것이 판명된 후 널리 사용되어 왔으나, 최근에 와서 그 사용이 재검토되고 있다.

식품에 대해서는 설탕 시럽, 아이스크리임, 과자류에 안정제로서 사용되고 있으나, 다른 고무질 물질들과 같이 널리 사용되고 있지는 않은 듯하다.

한편, 덱스트란은 에피클로로하이드린(epichlorohydrin)에 의해서 횡적 결합(cross-linked)을 갖게 되면서, 다공질(多孔質, porous)의 젤을 형성하는 사실이 1950년대 말부터 알려져 왔다. 이때의 다공질성은 첨가해 주는 에피클로로하이드린의 양에 따라 다르며, 그 양이 많아질수록 횡적 결합의 밀도는 커지며, 횡적 결합들에 의해서 형성되는 빈틈들, 즉 구멍들의 크기(pore size)는 작아지게 된다.

또한 이 다공질의 젤은 산, 알칼리에 대해서 안정하며, 거의 모든 유기 용매에도 녹지 않기 때문에 크로마토그래피용 충전제(充塡劑), 특히 분자체(molecular sieves)들로서의 기능이 요구되는 충전제로서 널리 사용되어 왔다(예 ; Sephadex, Heftmen, E., 1975).

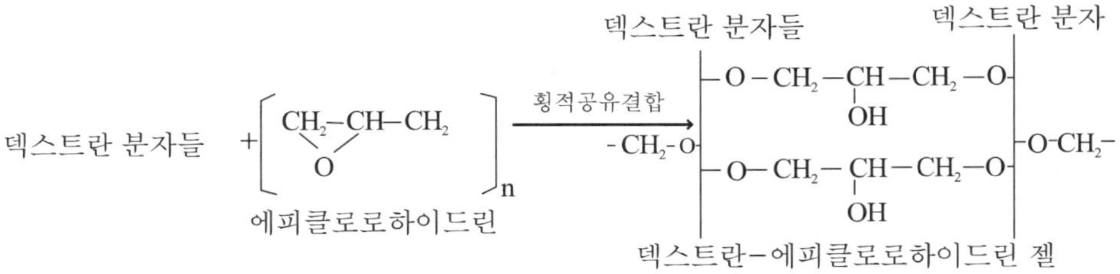

덱스트란 분자들 + [CH_2–CH–CH_2 (O)]$_n$ 에피클로로하이드린 —횡적공유결합→ 덱스트란–에피클로로하이드린 젤

이상의 덱스트란들(dextrans)은 우리에게 여러 가지 이익을 가져다주는 체외 다당류 고무질 물질들(exopolysaccharide gums)이나, 식품 또는 식품가공품들의 기능을 향상시키는 데에는 아직 효과적으로 사용되어 온 것 같지 않다.

러드브루크들(Ludbrook, K. A. *et al*., 1997)에 의하면 미생물들이 체외에서 발효과정 등을 통해서 형성하는 다당류 고무질 물질들에 대해서 많은 관심이 모아져 왔으나 각종 식품류에 사용하게 된 체외 다당류 고무질 물질들로는 곧 설명하게 될 잔토모나스 캠페스트리스(*Xanthomonas campestris*)가 발효과정에서 만드는 잔탄 고무(xanthan gum)와 슈도모나스 엘로디아(*Psuedomonas elodea*)가 만드는 젤란 고무(gellan gum)가 있을 뿐이라고 한다. 이 중 잔탄 고무는 식품산업계에서 널리 사용되고 있으며, 젤란 고무도 근년에 일부 국가들에서 식품에 대한 사용이 점차 허용되고 있다. 그러나 잔토모나스 캠페스트리스 균이나 슈도모나스 엘로디아 균들은 다 같이 식물체에 대한 병원균들(植物體 病原菌, plant pathogens)이라는 점이 다소 문제가 되고 있다.

러드브루크들(Ludbrook, K. A. *et al*., 1997)은 위에서 지적한 그런 문제가 전혀 없는 유산균들(lactic acid bacteria)에 속하는 류코노스톡 메센테로이디즈(*Leuconostoc mesenteroides*), 락토밧실러스 플란타럼(*Lactobacillus plantarum*), 락토밧실러스 브레비스(*L. brevis*), 락토밧실러스 아시도필러스(*L. acidophilus*) 등을 5%의 포도당과 5%의 탈지유(skim milk)들을 주성분으로 하는 배양액에서 발효시켜서 형성된 체외 다당류를 분리, 추출하여 그 성질들을 조사한 바 있다.

이상의 실험에서 분리, 추출한 체외 다당류(exopolysaccharides)의 점성은 기대한 것 보다 크지 않았으나, 이 다당류 현탁용액(suspension)에 0.2%(w/v)의 유장단백질 농축물(whey protein concentrate)을 첨가한 혼합 시스템의 점성은 다소 증가했었다고 보고하고 있다. 안전하고 기능성이 우수한 체외 다당류 고무질 물질들(exopolysaccharide gums)에 대한 연구는 앞으로도 계속 될 것 같다.

잔탄 고무

잔탄 고무(xanthan gum)는 1960년대 초에 개발된 잔토모나스 캠페스트리스(*Xanthomonas campestris*) 등 세균들의 발효과정에서 형성되는 매우 점도가 큰 고무질 물질이다.

현재까지의 연구에 의하면 잔탄 고무들(xanthan gums)은 포도당(D-glucose), 만노오스(D-mannose), 글루큐론산(D-glucuronic acid) 등으로 구성되고 있으며, β-D-포도당이 셀룰루오스와 같이 β-1,4- 결합으로 연결된 중합체가 주가 되는 구성단위(the main structural unit)에서 매 두 번째의 β-D-포도당의 3번 탄소의 수산기를, 한편, 측쇄들의 경우, 끝에 위치하고 있는 β-D-만노오스들의 탄소 4번과 6번의 수산기를 통해서 피루빈산(pyruvic acid)과 결합하고 있는 것으로도 알려져 있다(그림 10-14 참조).

이 고무질 물질은 젤을 형성하는 힘이 크며, 0.25%의 수용액에서도 젤을 형성한다고 한다. 이 고무질 물질의 젤은 열에 매우 안정하며, 특히 염화칼륨(KCl) 존재 하에서도 가열에 의해서 그 점도가 변하지 않는 점은 매우 특이한 성질로 생각되고 있다.

이와 같은 잔탄 고무의 특이한 성질은 그림 10-14에서 설명한 것처럼, 셀룰로오스와 비슷한 기본 구조(backbone structure)에 이온화되거나 염의 형태를 가진 삼당류가, 기본 구조를 형성하고 있는 β-D-포도당 중의 하나와 연결된 구조를 갖고 있기 때문에 일어나는 것으로 생각되고 있다. 즉 잔탄 고무는 그 현탁액(colloidal suspension)에서는 견고한 입체구조(rigid three-dimensional structure)와, 내부적으로 입체 배열이 규칙적(conformationally ordered)인 구조를 갖고 있으며, 지금까지 설명해 온 다른 많은 무작위적인 코일상의 구조(randomly coiled structure)를 가진 다당류의 구조와 대조적인 구조를 갖고 있다.

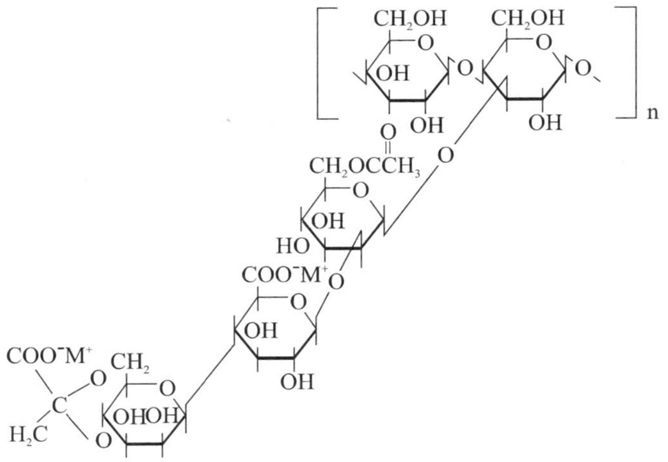

[그림 10-14] 잔탄 고무(xanthan gum)의 구조.
Sanford, P.A. and Baird, J., 1983, "*polysaccharides*," Vol. 2., Academic Press.
Check also the reference.

예로서 잔탄 고무는 곧 다시 언급할 전단력이 증가하면 외관상의 점성이 감소되는 현상(shear thinning behavior)을 보이며, 또한 잔탄 고무의 현탁액의 경우, 초기의 외부 압력에 대해서는 고체와 같은 성질이 액체와 같은 성질보다 더 큰, 즉 의사가소성(疑似可塑性, pseudo plasticity)이 매우 큰 성질을 갖고 있다. 한편 잔탄 고무의 젤은 매우 안정된 젤을 형성하며, 일반적으로 첨가된 염의 농도가 증가하면, 젤의 강도도 증가하는 것으로 알려져 있다.

한편, 마들(Ma, L. and Barbosa-Cáovas, G. V., 1997)은 0.5%의 잔탄 고무의 젤에 대한 Na^+, Ca^{2+}와 Fe^{3+} 등의 양이온들(cations)의 첨가가 젤의 성질들, 특히 그 점탄성(viscoelasticity)에 주는 영향을 조사한 바 있다. 이들은 잔탄 고무 자체의 농도와 이상의 양이온들의 존재는 형성된 젤의 점탄성에 큰 영향을 주었다고 보고하고 있다. 특히 제2철 이온(Fe^{3+})의 첨가는 잔탄 고무의 견고하고, 단단한 젤(rigid, firm gel)이 형성되는 데 도움을 주었으며, 제2철 이온은 뛰어난 잔탄 젤의 횡적결합 촉진제(橫的結合 促進制, an excellent cross-linking initiator)로 작용했다고 보고하고 있다.

또한 이 잔탄 고무는 식품류에 사용되고 있는 고무질 물질들 중 가장 의사가소성이 강한 고무질 물질(the meat powerful pseudoplastic gum)로 알려져 있다(Speers, R. A. *et al*., 1986). 이 성질은 전간속도(shear rates)가 커지면, 이에 따라서 외관상의 점성(apparent viscosity)이 감소하는 성질, 즉 소위 "강하게 교반할수록 더 엷게 느껴지는 성질"(shear-rate thinning)을 말한다. 이 의사가소성의 성질은 입안에서의 느낌(mouth feel)을 아주 좋게 해주며, 또한 식품가공시 매우 바람직한 유동성(flow property)을 주기 때문에 잔탄 고무는 각종 식품류에 널리 사용될 것으로 기대되고 있다.

한편, 자이들(Xie, Y. R. and Hettiarachchy, N. S., 1997)은 대두단백질 추출물(soybean protein isolate, SPI)에 대한 잔탄 고무의 첨가 효과를 조사한 바 있다. 이들에 의하면, SPI와 잔탄 고무의 비율이 1 : 1에서 1 : 4의 범위에서 첨가한 잔탄 고무는 SPI의 용해도를 증가시켰으며, 또한 SPI의 유화 작용(emulsifying activity), 또는 잔탄 고무의 유화 작용을 4배 이상이나 증가시켰다고 한다. 이들은 또한 SPI와 잔탄 고무의 혼합 시스템의 안정도(emulsifying stability)는 SPI 단독 경우의 3배, 잔탄 고무 단독 경우의 2배나 증가시켰으며, 상호간에 유익한 상승작용(synergistic effect)을 갖고 있었다고 보고하였다.

자이들(Xie, Y. R. and Hettiarachchy, N. S., 1998)은 계속하여 대두단백질 추출물(SPI)의 거품형성 특성들(foaming properties)에 대한 잔탄 고무의 효과도 조사하여 그 결과를 보고하였다. 즉 0.1%의 SPI와 0.2%의 잔탄 고무(XG)의 현탁액은, 비교에 사용된 달걀흰자(egg white)보다 더 높은 거품형성 능력(foaming properties)을 보였으며, 그 거품의 안정도(foaming stability)는 잔탄 고무의 경우, 달걀흰자나 대두단백질 추출물 자체의 9배나 되었고, NaCl 0.1~1.0%, pH 4.5~9.0, 또는 고온(85℃, 1 hr)에서도 그 거품의 안정도를 유지했었다고 한다.

식품 단백질에서 얻어지는 점성 또는 젤 형성 성분들

이미 언급한 대로 식물체, 각종 미생물들, 또는 동물조직에서 얻어지는 그 본질이 단백질이면서 지금까지 설명한 여러 다당류 계통의 고무질 물질들과 유사한, 즉 점성이 매우 크거나 반고체의 젤(gel)을 할 수 있는 성분들 중 식품성분으로서, 또는 식품가공에 이용될 수 있는 중요한 것으로는 대두단백질 추출물들, 우유 단백질인 카세인(casein)과 동물의 결체조직, 뼈 등에 존재하는 단백질 콜라젠(collagen)에서 얻어지는 젤라틴(gelatin) 등이 있다.

이들은 단백질(protein)의 가수분해 생성물들이며, 지금까지 논의하여 온 다당류(polysaccharides) 계통의 고무질 물질들과는 그 본질이 다르다. 이 대두단백질 추출물들, 카세인과 젤라틴 등에 대해서는 제16장 식품 단백질에서 논의하기로 한다.

참고문헌

Baker, S. A. and Somers, P. J. 1970, Bacterial and Fungal Polysaccharides in *"The Carbohydrates : Chemistry and Biochemistry"* Volume IIB, Second edition, Edited by Pigman, W., *et al.*, Academic Press, New York.

Berry, B. W. 1997. Sodium Alginate Plus Modified Tapioca Starch Improves Properties of Low-Fat Beef Patties. *J. Food Science*, 62(6), 1245~1949.

Carlson, W. A. *et al.* 1962. Compatibility and Manipulation of Guar Gum. *Food Technol.*, 16, 51.

Carlson, W. A. *et al.* 1965. The Effect of Sugar on Guar Gum as a Thickening Agent, *Food Technol.*, 19, 954.

Charm, S. E. *et al.* 1965. Physical Measurements of Gums, *Food Technol.*, 19, 948.

Choi, H. S., Park, H. J. and Kim, W. J. 1995. Textural Properties of Soy-gel with Added Alginate and Pectin. *Korean J. Food Sci. Technol.*, 27(3), 336~341.

Christianson, D. D. 1982. Hydrocolloid Interactioins with Starches in *"Food Carbohydrates,"* Edited by Lineback, D.R. and Inglett, G. E., Avi Pub. Co., Inc., Westport, CT, U.S.A.

Descamps, O., Langevin, P., and Combs, D. H. 1986. Physical Effect of Starch/Carrangeenan Interactions in Water and Milk. *Food Technol.*, 40(4), 81.

Dickinson, E. and Pawlowsky, K. 1997. Effect of ι -Carrageenan on Flocculation, Creaming, and Rheology of a Protein-Stabilifed Emulsion. *J. Agric. Food Chem.*, 45(10), 3799~3806.

Ensminger, A. H. *et al.* 1995. Sources of Gums and Their Component Carbohydrates(p.519) in *"The Concise Encyclopedia of Food & Nutrition,"* CRC Press, Inc., Boca Raton, London.

Farkas, Elizabeth, *et al.* 1967. Hydrocolloid Rhelogy in the Formulation of Convenience Foods. *Food Technol.*, 21, 535.

Favier, M-L. *et al.* 1998. The Cholesterol-Lowering Effect of Guar Gum in Rats Is Not Accompanied by an Interruption of Bile Acid Cycling. *Lipids*, 33(8), 765~771.

Fuse, T. and Yoshii, H. 1974. Effect of the Chemical Composition on Gelation in Agar(Studies on Utilization of Agar. Part XII). *J. Agricultural Chem.*(*Japan*), 48(8), 451.

Glicksman, Martin. 1962. Utilization of Natural Polysaccharides Gums in the Food Industry, Advances in Food Research, 11, 109.

Glicksman, M. 1962. Natural Polysaccaride Gums in the Food Industry. *Advances in Food Research*, 11, 124.

Glicksman, Martin, 1963. Utilization of Synthetic Gum in the Food Industry. *Advances in Food Research*, 12, 283.

Glicksman, M. 1965. The Importance of Hydrophilic Gum Constituents in Processed Foods. *Food Technol.*, 19, 943.

Glicksman, M. *et al.* 1966. Gums in Artificially Sweetened Foods. *Food Technol.*, 20, 156.

Glicksman, Martin. 1969. *"Gum Technology in the Food Industry,"* Academic Press, Inc., New York.

Glicksman, M. 1982. Food Applications of Gums in *"Food Carbohydrates,"* Editeds by Lineback, D. R. and Inglett, G. E., Avi Pub. Co., Inc., Westport, CT.

Graham, Horace D. 1968. Quantitative Determination of Carrageenan in Milk and Milk Products Using Papain and Cetyl Pyridinium Chlorids. *J. Food Science*, 33, 390.

Hansen, P. M. T. and Renoll, M. W. 1974. Heat-Induced Changes in the Zone Electrophoretic Patterns of Carrageenan Stabilizers. *J. Food Science*, 39, 103.

Hayashi, K. *et al.* 1967. Studies on the Melting Point of Agar Gel. *J. Food Science and Technol.* (*Japan*), 14, 450.

Hayashi, *et al.* 1970. Separation of Agarose and Agaropectin from Agar. *J. Food Science and Technol.* (*Japan*), 17, 579.

Heftmann, E. (Editor). 1975. *"Chromatography; A Laboratory Handbook of Chromatographic and Electrophoretic Methods,"* Third edition, Van Nostrand Pub. Inc., New York.

Honeyman, J. 1948. *"An Introduction to the Chemistry of Carbohydrates,"* Oxford Univ. Press, England.

Ishizuka, T. 1970. Sodium Carboxymethylcellulose and Its Use for Processing. *J. Food Science and Technol.* (*Japan*), 17, 211.

Jeanes, A. 1974. Extracellular Microbial Polysaccharides. *Food Technol.*, 28(5), 34.

Jirgensons, Bruno. 1962. *"Natural Organic Macromolecules,"* Pergamon Press, London.

Kang, S. G. *et al.* 1997. Biodegradation of Carrageenan Biopolymer Film. *Foods and Biotechnology*, 6(3), 175~178.

Kawamura, S. 1967. A Revuew on the Chemistry of Soybean Polysaccharides. Ⅰ. *J. Food Science and Technol.* (*Japan*), 14, 514.

Kawamura, S. 1967. A Revuew on the Chemistry of Soybean Polysaccharides. Ⅱ. *J. Food Science and Technol.* (*Japan*), 14, 553.

Kenne, L. and Lindberg, B. 1983. Bacterial Polysaccharides in *"The Polysaccharides,"* Volume 2, Edited by Aspinall, G.O., Academic Press, New York.

Kovacs, P. 1073. Useful Incompatibility of Xanthan Gum with Galactomannan,. *Food Technol.*, 27(3), 26.

Lee, S. R. 1966. Purification and Properties of β -Mannases from Germinated Guar Bean, *J. Korean Agr. Chem. Soc.*, 7, 1.

Lee, S. R. *et al.* 1969. Sugar Constituents of Jalapin from Sweet Potatoes Yubers, *J. Korean Agr. Chem. Soc.*, 13, 96.

Lee, S. H. 1962. Studies on the Chemical Structure of the New Polysaccharide C, The New Polysaccharides of Gum Tragacanth. Ⅱ, *J. Korean Agr. Chem. Soc.*, 3, 25.

Lin, Fang Ming. *et al.* 1968. Chracterization of Water-Sobuble Wheat Flour Pentosans, *J. Food Sci.*, 33, 599.

Lin, K. W. and Keeton, J. T. 1998. Textural and Physicochemical Properties of Low-Fats, Percooked Ground Beef Patties Containing Carageenan and Sodium Alginate. *J. Food Science*, 63(4), 571~574.

Ludbrook, K. A. *et al.* 1997. Exopolyssaccharide Production from Lactic Acid Bacteria Isolated from Fermented Foods. *J. Food Science*, 62(3), 597~604.

Ma, L. and Barbosa-cánovas, G. V. 1997. Viscoelastic Properties of Xanthan Gels Interacting with Cations. *J. Food Science*, 62(6), 1124~1128.

Martin, D. R. *et al.* 1999. Diffusion of Aqueous Sugar Solutions as Affected by Locust Bean Gum Studied by NMR. *J. Food Science*, 64(1), 46~49.

McNamee, B. F. *et al.* 1998. Emulsification and Microencapsulation Properties of Gum Arabic. *J. Agric. Food Chem.*, 46(11), 4551~4555.

McGowan, J. F. 1966. Importance of Texture in Low Calorie, *Food Technol.*, 20, 41.

Mitsuiki, M(Masata). *et al.* 1998. Glass Transition Properties as a Function of Water Content for Various Low-Moisture Galactans. *J. Agric. Food Chem.*, 46(9), 3528~3534.

Mitsuiki, M. *et al.* 1999. Determination of Molecular Weight of Agars and Effect of the Molecular Weight on the Glass Transition. *J. Agric. Food Chem.*, 47(2), 473~478.

Moirano, Arthur. 1966. Hydrocolloids in Dietectic Foods, *Food Technol.*, 20, 153.

Nakajima, M. 1986. Locust Bean-Saint John's Bread, *Kagaku-to-Seibutsu*(*Chemistry & Biology*) (*Japan*), 24(4), 258.

Ninomiya, E. *et al.* 1967. Properties of a New Microbial Polysaccharides, *J. Food Science and Technol.*(*Japan*), 14, 438.

Nishide, E. 1961. Alginic Acid and Its Industry. *J. Utilization of Agicultura Product* (*Japan*), 8, 149.

O'Neill, A. N. 1955. Derivatives of 4-O-β -D-Galactopyranosyl-3, 6-anhydro-D-galactose from χ -Carageenan, *J. Am. Chem. Soc.*, 77, 6234.

Painter, T. J. 1983. Algal Polysaccharides in *"The Polysaccarides,"* Volume 2, Edited by Aspinall, G.O., Academic Press, New York.

Percival, E. *et al.* 1967. *"Chemistry and Enzymology of Marine Polysaccharides,"* Academic Press, Inc., New York.

Percival, E. 1970. Algal Polysaccharides in *"The Carbohydrates: Chemistry and Biochemistry,"* Volume ⅡB, Second edition, Edited by Pigman, W., *et al.*, Academic Press, New York.

Pomeranz, Y. 1991. Chapt.2 Carbohydrate: Starch and Chapt.3 Carbohydrates: Structural Polysaccharides, Pectins, and Gums in *"Functional Properties of Food Components,"* Second edition, Academic Press Inc., New York.

Prabhu, G. A. and Sebranek, J. G. 1997. Quality Characteristics of Han Formulated with Modified Corn Starch and Kappa-Carrageenan. *J. Food Science*, 62(1), 198~202.

Rao, M. A., Water, R. H., and Cooley, H. J. 1981. Effect of Heat Treatment on the Flow Properties of Aqueous Guar Gum and Sodium Carboxymethylcellulose(CMC) Solutions. *J. Food Science*, 46, 896.

Rees, D. A. 1963. The Carrageenan System of Polysaccharides. Part 1. The Relation between the *k*-and χ -Components. *J. Chem. Soc.*, 1821.

Rey, D. K. and Labuza, T. P. 1981. Characterization of the Effect of Solutes on the Water-Binding and Gel Strength Properties of Carrageenan. *J. Food Science*, 46, 786.

Rocks, R. K. 1971. Xanthan Gum, *Food Technol.*, 25, 476.

Rhim, J. W., Hwang, K. T, Park, H. J. and Jung, S. T. 1996. Water-Vapor Transfer Characteristics of Carrageenan-Based Edible Film. *Korean J. Food Sci. Technol.*, 28(3), 545~551.

Rhim, J. W., *et al.* 1998. Lipid Penetration Characteristics of Carrageenan-Based Edible Films. *Korean J. Food Sci. Technol.*, 30(2), 379~384.

Robinson, D. S. 1987. Carrageenans and Carrageenase on p.102 in *"Food Biochemistry & Nutritional Value,"* Longman Scientific & Technical, Longman House, Harlow, Essex, England.

Sanford, P. A. and Baird, J. 1983. Industrial Utilization of Polysaccharides in *"The Polysaccharides,"* Volume 2, Edited by Aspunall, G. O., Academic Press, New York.

Smiley, K. L. 1966. Microbial Polysaccharides. A Review. *Food Technol.*, 20, 1206.

Smith, D. B. *et al.* 1955. Studies on Heterogeneity of Carrageenan. *Can J. Chem.*, 33, 1352.

Speers, R. A. and Tung, M. A. 1986. Concentration and Temperature Dependence of Flow Behavior of Xanthan Gum Dispersions. *J. Food Science,* 51(1), 96.

Sterling, C. 1963. Texture and Cell Wall Polysaccharides in Foods in *"Advances in Food Science,"* Vol. Ⅲ, ed. by Leitch, J. M. *et al.* Butterworth, London.

Sutton, R. L. and Wilcox, J. 1998. Recrystalization in Ice Cream as Affected by Stabilizers. *J. Food Science*, 63(1), 104~107.

Tako, M., Nagahama, T., and Nomura, D. 1977. Flow Properties of the Viscous Polysaccharide Produced by Coryneform Bacterium Strain C-8. *J. Agricultural Chem.* (*Japan*), 51(6), 397.

Tazaki, Y. *et al.* 1962. Properties of Agar Gel Prepared with Inorganic Salt Solutions. *J. Food Science and Technol.* (*Japan*), 9, 274.

Whistler, Roy. *et al.* 1953. *"Polysaccharides Chemistry,"* Academic Press, Inc., New York.

Whistler, R. L. and BeMiller, J. N. 1997. Chapter 9. Locust Bean Gums In *"Carbohydrate Chemistry for Food Scientists,"* Eahan Press, St.Paul, Minnesota, U.S.A.

Wong, D. W. S. *et al.* 1996. Calcium Alginate Films: Thermal Properties and Permeability To Sorbate and Ascorbate. *J. Food Science*, 61(2), 337~341.

Xie, Y. R. and Hettiarachchy, N. S. 1997. Xanthan Gum Effects in Solubility and Emulsification Properties of Soy Protein Isolate. *J. Food Science*, 62(6), 1101~1104.

Xie, Y. R. and Hettiarachchy, N. S. 1998. Effect of Xanthan Gum on Enhancing the Foaming Properties of Soy Protein Isolate. *J. Am. Oil Chem. Soc.*, 75(6), 729~732.

Yoon, M. H, Lee, H. G. and Lim, S. T. 1997. Physical Properties of Films Preposed with Glucomannan Extracted from *Amorphallus Konjac. Korean J. Food Sci. Technol.*, 29(2), 250~260.

Zabik, M. E. *et al.* 1962. The Effect of Sucrose and Cyclamate upon the Gel Strength of Gelatin. Carrageenan, and Algin in the Preperation of Jelled Custard, *Food Tehcnol.*, 16, 87.

Zabik, M. E. *et al.* 1967. The Effect of Cations on the Viscosity of Lambda-Carrageenan. *J. Food Science*, 32, 91.

Zabik, M. E. *et al.* 1968. Gel Strength of Kappa-Caragenan as Affected by Cations. *J. Food Science*, 33, 371.

Chapter 11 갈색화 반응

갈색화 반응(褐色化 反應, browning reaction)은 원래 식품들을 가공 또는 저장하는 과정에서 일어나는 식품 전체의 색깔이 갈색 내지는 암갈색을 갖게 되는 여러 가지의 복잡한 반응들을 말해 왔다. 그리고 많은 소비자들은 경험적으로 가공 내지는 저장 식품들의 색깔을 이들 식품의 품질을 판단하는 데 직접적으로, 또는 간접적으로 사용하여 왔기 때문에, 매우 중요하게 다루어져 왔었다.

또한 근래에 와서 이 갈색화 반응의 생성물들이 가공 또는 저장 식품의 향미(냄새와 맛), 영양가에 큰 영향을 줄뿐만 아니라, 그 외에도 여러 중요한 성질들(예 ; Powrie, W. D. *et al*., 1981. 참조)을 가진 사실들이 점차 알려지게 되어 그 중요성은 더욱 깊이 인식되고 있다.

그뿐만 아니라 갈색화 반응 중 가장 보편적인 것으로 알려진 환원당류(reducing sugars)와 아미노산 또는 폴리펩타이드류(polypeptides), 단백질들(proteins)의 말단 아미노 그룹(terminal amino group)들과의 갈색화 반응에 의한 구조 변화에 의해서 인체의 여러 부분의 기능들이 억제되거나 변경되는 매우 중대한 일들이 일어나는 사실들이 점차 구체적으로 밝혀지기 시작한 후로는 이 갈색화 반응은 영양학 분야나 의학 분야에서도 매우 중요한 연구 분야가 되어가고 있다(Namiki, M. and Hagashi, T. 1983; Namiki, M. 1988; Baynes, J. W. *et al*., 1989 ; Labuza, T. P. *et al*., 1994 참조).

갈색화 반응의 의의

갈색화 반응의 종류 특정 형태의 갈색화 반응의 기구와 형성 중간체들, 최종 생성물들, 특히 주요 중간체들과 최종 생성물들, 이상의 갈색화 반응 억제 요인들과 억제 방법들, 그리고 이들의 실례들 등에 대해서 구체적으로 설명하기 전에 갈색화 반응의 여러 의의(意義)들에 대해서 크게 항목별로 나눠서 개관(概觀)하는 일은 이 갈색화 반응의 중요성을 사전에 잘 인식하고, 세부적인 설명들을 체계적으로 이해하는 데 도움이 되리라 생각하여, 여기서 항목별로 간단히 설명한다.

색 깔 각종 가공 식품들을 제조할 때, 특히 건조식품을 제조할 때 효소의 불활성화를 비롯한 각종의 가열 과정을 포함하는 전처리과정(pre-treatment process)까지는 주로 효소작용에 의한 갈색화 반응이, 그리고 이와 같은 전처리를 거친 후의 건조과정에서는 효소에 의하지 않은 갈색화가 진행되는 사실은 오래 전부터 널리 알려져 왔다.

전자(前者)의 효소에 의한 갈색화 반응에 대해서는 린데트(Lindet, M., 1895), 온슬로우(Onslow, M. W., 1931), 센트 졸지(Szent-Györgyi, A., 1931)들이(Joslyn, M. A. and Ponting, J. D., 1951, 그리고 Eskin, N. A. M., 1990 등•참조), 그리고 후자(後者)의 비효소 갈색화 반응에 대해서는 마이야(Maillard, L. C., 1912), 스타트맨(Stadtman, E. R., 1948), 핫지(Hodge, J. E., 1953)들을 위시로 많은 연구자들에 의해서 꾸준히 연구되어 왔다(Reynolds, T. M., 1963, 그리고 Namiki, M., 1988 등 참조 ; 갈색화 반응 전반에 걸친 참고문헌 224종을 수록한 레뷰(a review, Friedman, M., 1996); 갈색화 반응 억제 방법 등의 일부에 관해서는 the Scientific Status Summery, *Food Technology*, 1993 등 참조). 그리고 마이야(Maillard, L.-C.) 개인의 연구들과 초창기부터의 마이야 반응에 관한 연구들의 극히 간단한 역사적인 전개에 대해서는 가와무라(Kawamura, S., 1983)의 기고문이 있다.

이와 같은 건조식품 중에서 갈색화가 주요 문제가 되는 식품들로는 입자상 또는 분말상 감자제품, 고구마를 잘게 썰고 말린 것, 절간(切干), 각종의 건조 과실류, 건조 어류, 특히 건조 생선 조각(dried fish fillet), 건조 꿀 등을 들 수 있다.

그러나 가공 중에 갈색화가 문제되는 가공 식품들로는 각종의 과즙류, 과실주, 잼류(jams), 토마토 퓨레이(purée), 토마토케첩 등을 들 수 있으며, 맥주의 경우에도 과도한 갈색화는 바람직하지 않다. 그 외에도 튀긴 감자(potato chip)의 경우, 튀김 시 또는 그 후 일어나는 갈색화가 튀긴 감자의 품질에 1차적인 영향을 주는 사실은 널리 알려진 사실이다.

또한 갈색화 반응은 설탕을 주원료로 하는 캔디류의 투명한 색깔을 갈색으로 하여, 물감이 들기 힘들게 함으로써 새로 표백할 필요를 가져오게 하거나, 잼, 젤리 등의 색깔을 어둡게 하고, 또 건조식품의 색깔들을 지나치게 갈색으로 하는 등 대체로 식품의 품질(food quality)을 저하시키기 때문에 바람직하지 않다.

그러나 일부 식품들의 경우, 예로서 풍당 시럽(maple syrup) 등에 있어서는 갈색화 반응에 의한 색깔이 특색 있는 색깔로 받아들여지고 있으며, 한편 간장이나 된장에 있어서는 이상과 같은 갈색화 반응의 결과 형성된 색깔은 거의 필수적이기도 하다(Motai, H. and Inoue, S., 1974. 참조).

향미에 대한 영향 한편, 근래에 와서 각종 분석 장치가 급속도로 발전되고 극미량 성분들의 분석이 가능해짐에 따라 각종 식품류, 특히 각종 가공 식품류의 가공과정 중에 새로이 형성되는 것으로 생각되는 극히 미량(微量)의 향미성분들에 대한 연구가 활발하게 진행되어 왔으며, 이상과 같은 가공 식품류의 특징 있는 향미의 주성분들의 많은 것이 실제로 갈색화 반응의 결과 형성된 사실이 알려져 있다(Lane, M. J. and Nursten, H. E., 1983 ; Fors, S., 1983).

가장 두드러진 예로는 볶은 콩들, 특히 볶은 땅콩의 고소한 향기의 주성분들의 하나인 피라진 유도체들(Pyrazine derivatives)이 있다. 이 피라진 유도체들은 볶는 과정에서 일어나는 갈색화 반응의 결과 형성되는 것으로 알려져 있다(제4장 참조). 그 외에도 식빵류, 각종 곡류제품, 분유(粉乳, dried milk) 등의 유제품, 가열 조리된 육류, 그리고 홍차(black tea), 커피(coffee) 등의 향미 주요 성분들의 일부는 갈색화 반응의 결과 형성되는 사실이 알려져 있다(제4장 참조).

한편 란저어들(Langer, E. H. *et al*., 1967)은 당류와 아미노산들의 혼합물을 가열할 때 형성되는 향미성분들을 여러 분석방법들을 통해서 규명하여 표 11-1과 같은 결과를 발표하고 있다.

표 11-1 당류(sugars)와 아미노산들(amino acids)의 혼합물을 가열할 때 형성되는 일부 향미성분들 (flavor components)의 종류

성분의 이름	검출 방법
아세톨(acetol)	IR, NMR, CS
피루발데하이드(pyruvaldehyde)	GC, NMR, CS
훌후랄(2-furfural)	GC, IR, NMR, CS
메틸훌후랄(5-methyl-2-furfural)	GC, IR, NMR
아세틸파이롤(2-acetylpyrrole)	IR, MS, NMR
아세틸후란(2-acetylfuran)	MS
아세트알데하이드(acetaldehyde)	PC UV MP
프로피온알데하이드(propionaldehyde)	PC, UV, MP
초산(acetic acid)	GC, IR, NMR, EA
프로피온산(propionic acid)	GS, CS

IR-Infra Red Spectra; NMR-Nuclear Magnetis Resonance Spectra; CS-Carbon Skeleton; GC-Gas Chromatography; EA-Elemental Analysis: MS-Mass Spectra; PC-Paper Chromatography; UV-Ultraviolet Spectra; MP-Melting Point.
Langer, E. H. and Tobrias, J. 1067. *Food Yechnol*., 32, 496.

영양가의 손실　각종 빵제품들을 비롯한 가열 과정을 거친 곡류 가공식품들의 경우, 그 영양가가 급속하게 떨어지는 사실이 오래 전부터 동물실험을 비롯한 여러 연구를 통해서 알려져 왔다(제16장 참조, 또한 Tsen, C. C. *et al*., 1983 ; Öste, R. *et al*., 1983). 이와 같은 영양가의 감소는 주로 가열 등의 가공과정 중의 아미노산들의 파괴에 따른 손실, 특히 필수 아미노산들의 파괴, 손실에 기인되며, 또한 이와 같은 단순한 가열에 의한 파괴, 손실 이외에도 갈색화 반응을 통한 파괴, 손실이 더 큰 원인이 되는 사실이 알려져 있다. 가장 중요한 필수 아미노산들의 하나이며, 육류와 유제품류의 섭취량이 많지 않았던 시절의 우리나라 국민에게 특히 부족하기 쉬운 라이신(lysine)과 같은 염기성 아미노산들(basic amino acids)은 갈색화 반응에 의해서 쉽게 파괴, 손실되는 사실이 알려져 있다 (Tucker, B. W. *et al*., 1983).

갈색화 반응 생성물들의 항산화 효과　극소량의 당류와 아미노산(합계 0.1~0.5%)을 함유한 돼지기름의 경우, 짧은 열처리를 받은 때의 산패에 대한 안정성이 일반의 예상과는 달리 이런 처리를 받지 않은 경우보다 더 좋은 사실이 알려져 왔다(Lips, H. J., 1951). 또한 가열 처리된 육류의 구성 지방질이 열처리되지 않은 경우보다 산패에 대한 안정성이 더 좋은 사실도 알려져 왔으며, 결국 이와 같은 짧은 열처리를 겪은 지방질 성분들이 일반적인 예상과는 달리 산패에 대해서 더 좋은 안정성을 갖게 된 이유는 가열 처리 때 형성되는 일부 갈색화 반응 생성물들에 의한 것으로 생각되어 왔다(Zipser, M. W. and Watts, B. M., 1961).

그 후의 각종 갈색화 반응 생성물들의 항산화효과(antioxidant activity), 즉 산패 억제효과에 대한

연구들은 이와 같은 생각을 뒷받침해 주고 있다. 한편 이와 같은 항산화효과는 나중에 설명할 마이야 반응(Maillard reaction)으로 알려진, 효소에 의하지 않은 갈색화 반응 생성물들의 경우 그 효과가 두드러지며, 최종 생성물인 갈색 색소들이나 비교적 저분자량(low-molecular weight)의 중간 생성물들이 다 같이 갖고 있는 것으로 생각되고 있다(Hwang, C. I. and Kim, D. H., 1973).

갈색화 반응 생성물의 돌연변이 유발성 일부 연구자들(Powrie, W. D. *et al*., 1981 ; Spingarn, N. E. *et al*., 1983)은 당류들(sugars)과 아미노산들의 혼합물들을 과도하게 가열함으로써 일어나는 앞에서 말한 마이야 갈색화 반응의 생성물들 중에 활성이 큰 돌연변이 유발물질(mutagens)들의 존재를 보고하고 있다. 나중에 설명하는 바와 같이 이와 같은 갈색화 반응은 가열을 거치는 가공식품들이나 조리식품들에서는 광범위하게 일어나는 것으로 알려져 있으므로 이상의 결과들은 매우 중요하기는 하나, 어떤 뚜렷한 결론을 갖기 위해서는 더 많은 연구가 필요한 듯하다.

갈색화 반응 생성물의 항돌연변이 효과 한편 옌들(Yen, G. C. *et al*., 1994)은 과거 20년간 많은 돌연변이 유발성분들(突然變異 誘發成分, mutagens)이 일부 식품류에서 검출되어 왔다. 그 중의 한 예가 곧바로 언급하게 될 IQ로 알려진 화합물이다. 그러나 이런 성분들, 즉 마이야 반응 생성물들이 실제로 암발생(cercinogenesis)에 관련되었는지 큰 관심과 우려를 일으키고 있는 반면에, 각종 식품류에서 얻어지는 마이야 반응 생성물들, 예로서, 자일로오스(xylose)와 라이신(lysine)의 마이야 반응 생성물들의 일부는 항돌연변이 효과(抗突然變異 效果, antimutagenetic effect)가 확인되어 많은 혼란을 가져왔었다.

그러나 이들(Yen, G. C. *et al*. 1993)은 과도하게 가열된 식품류에서 확인된 강력한 돌연변이 유발성분들로 다섯 종류의 화학물들의 돌연변이 유발성을 조사한 바 있다. 이들 화합물들의 약칭들(첫 번째 것만은 화학명도 함께 사용, 나머지는 약칭만 사용, 논문 참조하기 바람.)은 아래와 같다.

2-amino-3-methylimidazo-[4,5-f]-quinoline(IQ), Glu-P-1, Glu-P-2, Try-P-1과 Try-P-2 등이다. 이상 5종의 돌연변이 유발성분들은 일반적으로 아미노산류, 단백질류의 혼합 가열 분해물질들(pyrolyzates)로서 어류나 육류의 탄 부분들(charred parts)에서 잘 검출되고 있다.

그러나 마이야(갈색화) 반응 생성물들(Maillard reaction products, MRPs)의 항돌연변이에 관한 연구들도 계속 증가하고 있다.

실제로 옌들(Yen, G. C. *et al*., 1992)들은 1992년에 이미 L-라이신, L-트립토펜, L-알지닌, 글라이신의 4종류의 아미노산들과 포도당, 자일로오스(xylose), 과당(fructose) 3종류의 환원당들(reducing sugars) 사이에서 형성된 12종의 마이야 반응 생성물들(Maillard reaction products, MRPs)의, 앞에서 말한 IQ, Glu-P-1, Try-P-1의 강한 돌연변이 효과를 *Salmonella Typhimurium* TA 98균을 이용해서 조사하고 있다. 이들에 의하면 자일로오스와 라이신 사이의 MRP의 항돌연변이 효과가 가장 컸었다고 한다.

이들(Yen, G. C. *et al*., 1993)은 또한 자일로오스와 라이신의 각각 1.0M과 2.0M의 수용액을 pH 9와 100℃에서 9시간 동안 갈색화 반응을 실시한 후 갈색화 반응 생성물(MRPs)을 분자량 30,000~50,000과 50,000~100,000의 두 구획으로 나누어 각각 *Salmonella Typhimurium* TA 98과 TA 100을 사용하여 두 구획 성분들의 IQ 및 Glu-P-1에 대한 항돌연변이 효과를 조사한 바 있다.

그 결과를 보면 IQ에 대해서는 두 구획 성분들이 모두 강한 항돌연변이 효과를 나타냈으나, Glu-P-1에 대해서는 50,000~100,000의 분자량을 가진 구획성분들이 강한 항돌연변이 효과를, 특히 분자량이 63,000으로 표시된 성분이 가장 강한 항돌연변이 효과를 나타냈다고 한다. 이와 유사한 연구들은 현재에도 계속 활발하게 진행되고 있다.

단백질 폴리펩타이드, 핵산들의 말단 아미노기와 환원 당류의 반응 단백질이나 폴리펩타이드류(polypeptides)의 말단 아미노 그룹(terminal amino groups)들은 식품류나 가공 식품류에 존재하는 환원 당류(reducing sugars)와 효소의 참여 없이도 모든 형태의 갈색화 반응 중 가장 중요하다고 생각되는 마이얄 반응일 일으키는 사실은 오래 전부터 알려져 왔다. 한편 생체, 특히 인체 내의 많은 중요한 구성 물질들, 예로서 효소들은 단백질 또는 펩타이드류가 그들의 주요 성분들이므로 마이얄 반응, 여기서는 단백질 성분들의 말단 아미노기와 환원당과의 결합(non-enzymatic glycosylation of proteins, 간단히 glycosylation 또는 glycation)과 이에 따른 기능 장애, 장기적으로는 이상의 중요한 구성 물질들의 분해 도는 유해성분화(有害成分化) 등이 생각된다.

또한 1980년대 초기부터는 핵산들(nucleic acids), 특히 DNA의 환원당과의 결합(glycosylation 또는 glycation of DNA)에 의한 그 성질의 변경, 즉 유전자로서의 기능 장애 등이 계속 보고되기 시작했다(Cerami, A., 1994 참조).

이와 같은 DNA 구조의 파손과 기능 장애는 생체 내에서의 정상화, 즉 원상회복(原狀回復, repair)이 제대로 이뤄지지 않을 경우, 돌연변이원(mutagen sources)으로, 다시 암 유발의 원인으로 발전될 가능성이 크기 때문에 식품류에서 일어나는 경우 보다 훨씬 중요하다고 생각된다.

한편 혈액 내에 존재하는 포도당(α-D-glucose), 즉 혈당(血糖, blood sugar)은 그 농도가 정상치코다 높거나 정상적으로 소비되지 않을 때는 혈액 내, 혈관벽, 인체 조직 내 여러 부위에서 이상의 단백질 성분들과 마이얄 반응 결과(glycation of various protein components), 단백질 성분들의 중합, 분자간 가교(架橋, bridging)에 의한 기능 장애, 분해, 또는 안구 수정체(眼球 水晶體) 내 단백질의 중합 촉진, 즉 백내장(白內障)의 발생, 세포 사이의 주요 충전 단백질(matrix protein)인 콜라겐(collagen)의 노화(老化) 등이 일어날 수 있다.

한편 히라모토들(Hiramoto, K. *et al.*, 1993, 1994년 문헌 참조)은 포도당과 아미노산의 마이얄 반응을 고체상(固體相) 시스템에서 200℃에서 5분 간 실시하여, 여기서 얻은 마이얄 반응 생성물들(MRPs)이 DNA를 분해시키는 작용을 가졌었다고 보고한 바 있다.

이들(Hiramoto, K. *et al.*, 1994)은 계속하여 각종 아미노산과 포도당의 용액을 100℃에서 3시간 동안 가열해서 얻은 MRP들이 플라스미드(plasmid)의 수퍼코일형이 된 DNA(super coiled DNA)를 분해하여 한 줄기로 된 DNA의 분해물들(single-strand breaks)을 형성했으며, 분해는 각 뉴클레오사이드의 결합부위, 특히 구아노신(guanosine)과 사이티딘(cytidine)의 결합 부위에서의 분해가 가장 많았다고 한다. DNA의 기능 장애는 이 이외에도 가교형성(架橋形成, bridging), 횡적 결합(cross-linked), 그리고 중합체 등에 의해서도 일어나는 사실은 지금까지의 많은 실험들을 통해서 잘 알려져 왔다.

이상의 단백질의 환원당과의 반응(glycosylation 또는 glycation of proteins)은 식품 내 단백질 성분들의 기능을 향상시키는데도 사용되어 왔다.

한 예로서 사에키(Saeki, H., 1997)는 식품 단백질의 경우, 특히 어류 단백질, 즉 어류의 근육섬유단백질(myofibriller protein)의 경우, 포도당 등의 환원당과의 결합(glycosylation of protein)은 열에 의한 해당 단백질의 변성(thermal denaturation of the protein)을 억제하는 등, 여러 기능성(functional properties)이 향상되는 사실들에 따라, 이와 같이 인위적으로 변형시킨 당단백질(glycoprotein)은 흔히 네오당단백질(neoglycoprotein)로 불러 온 사실에 대해서 언급하고 있다.

한편, 사에키(Saeki, H., 1997)는 잉어의 근육섬유 단백질(carp myofibriller protein)을 포도당과 마이얄 반응을 일으키게 하여 네오당단백질(neoglycoprotein)을 얻은 후, 고 이온강도 매체(high ionic strength medium)에서의 용해도(solubility), 칼슘ATP에이스(Ca-ATPase)의 활성화, 유화성(乳化性, emulsifying properties) 등을 조사한 바 있다.

사에키(Saeki, H., 1997)에 의하면 반응 진행 중 프럭토사민(fructosamine)이 형성되었으며, 근육섬유 단백질의 라이신(L-lysine)의 함량은 사용한 모든 실험 온도, 즉 40, 50, 60℃에서 감소했는데, 포도당(D-glucose)은 반응 초기에 근육섬유 단백질의 라이신과 주로 반응했다고 한다. 형성된 네오당단백질(neoglycoprotein)은 0.5M의 NaCl 용액에 잘 용해되었으며, 근육섬유 단백질의 분해를 촉진하는 Ca-ATPase의 작용은 완전히 상실되었으나, 유화 작용(乳化 作用, emulsifying activity)은 원래의 단백질보다 더 우수했다고 한다. 한편 이상과 같은 네오당 단백질의 여러 기능들을 개선하려면 무엇보다 초기 마이얄 반응의 반응 조건들을 조절해야 한다고 설명하고 있다.

한편 한다들(Handa, H. and Kuroda, N., 1999)은 건조 달걀흰자(dried egg white)의 기능성(機能性, functional properties)의 개선을 위해서 위에서와 같은 네오당 단백질(neoglycoprotein)을 마이얄 반응을 통해서 얻은 후, 그 젤 형성 능력(gelling ability)을 조사한 바 있다.

즉 10kg의 시판 달걀흰자(egg white, EW)에 40g의 구연산(citric acid)을 첨가한 후 분무건조(spray drying)하여 시료로 사용했으며, 그 중 일부는 발효법을 통해서 달걀흰자에 원래 함유되어 있던 포도당(0.34% w/v)을 완전히 제거하여 실험대조용으로 사용하였다. 이상의 두 종류의 건조 달걀흰자들은 상대습도 35%에서 12일간에 걸쳐 55℃에서 함유되었던 포도당에 의한 마이얄 반응을 일으키게 한 후, -4℃에 두면서 실험대조용 시료와 함께 젤 형성 능력 등을 조사하였다.

그 결과 마이얄 반응을 일으켰던 건조 달걀흰자는 본래의 (즉 대조실험용의) 건조 달걀흰자에 비해서 그 젤 형성 능력이 매우 우수했다고 한다. 또한 여러 조사의 결과, 마이얄 반응을 일으켰던 달걀흰자의 단백질 분자들은 부분적으로 그 입체 구조가 풀어졌다가(unfolding) 다시 중합체들을 형성함으로써 젤 형성이 개선된 것 같다고 하였다.

갈색화 반응의 분류

이상의 갈색화 반응은 여러 종류로 분류될 수 있으나, 대체로 효소에 의한 갈색화 반응(enzymatic browning reaction)과 효소의 참여 없이 일어나는 비효소 갈색화 반응(non-enzymatic browning reaction)으로 크게 분류될 수 있다.

효소에 의한 갈색화 반응과 비효소 갈색화 반응은 다시 아래와 같이 세분화될 수 있다. 본 장에서는 먼저 비효소 갈색화 반응에 대해서 설명한 후, 효소에 의한 갈색화 반응에 대해서 설명하고, 끝으로 갈색화 반응의 종류에 관계없이 일반적인 갈색화 반응 억제 방법들에 대해서 설명하기로 한다. 갈색화 반응의 종류는 다음과 같다.

비효소 갈색화 반응

1. 마이얄 반응(Maillard reaction), 아미노-카아보닐 반응(amino-carbonyl reaction), 또는 멜라노이딘 반응(melanoidine reaction) 등으로 알려진 비효소 갈색화 반응.

2. 캬라멜화 반응(caramelization reaction).
3. 아스콜빈산 산화반응(ascorbic acid oxidation).

효소에 의한 갈색화 반응

1. 폴리페놀 옥시데이스(polyphenol oxidase), 즉 다이페놀 옥시데이스(diphenol oxidase) 또는 폴리페놀레이스(polyphenolase)에 의한 갈색화 반응.
2. 타이로시네이스(tyrosinase), 즉 모노페놀 옥시데이스(monophenol oxidase)에 의한 갈색화 반응.

마이얄 반응

마이얄 반응의 의의

반응성(reactivity)이 강한, 즉 활성을 가진 유리 알데하이드기(free aldehyde group)나 케톤기(free ketone group)와 같은 카아보닐기(carbonyl group)를 가진 환원 당류(reducing sugars)뿐만 아니라, 비교적 쉽게 가수분해 되어 환원당을 만들 수 있는 당류는 아미노산들(amino acids), 펩타이드류(peptides), 단백질들(proteins)과 같은 유리 아미노기(amino group)나 이미노기(imino group)를 가진 질소화합물들(nitrogeneous compounds)과 함께 있을 때는 매우 쉽게 상호 반응하여, 여러 단계의 중간 과정을 거쳐서 궁극적으로는 갈색 색소인 멜라노이딘 색소(melanoidines)를 형성한다.

이와 같은 당류, 특히 환원당과 아미노 화합물들에 의한 갈색화 반응은 마이얄(Maillard, L. C., 1912; Kawamura, S., 1983 참조)에 의해서 처음으로 공식적으로 논의되었기 때문에 주로 마이얄 반응(Maillard reaction), 또는 이 반응의 본질을 따서 아미노-카아보닐 반응(amino-carbonyl reaction), 혹은 최종 갈색 색소들의 이름을 따서 멜라노이딘 반응(melanoidine reaction) 등으로 불리고 있다.

마이얄 반응은 식품들 중, 특히 가공 식품들 중에서 일어나는 모든 형태의 갈색화 반응들 중 다음에 설명할 두 가지 특징들 때문에 가장 비중이 크고 중요한 갈색화 반응으로 알려져 있다. 가열에 의한 원료 식품 중의 각종 효소들의 불활성화(enzyme inactivation)가 필수적인 전처리과정(pre-treatment process)이 되고 있는 모든 형태의 가공 식품들에 있어서는 특히 그러하다.

마이얄 반응의 가장 큰 특징의 하나는 캬라멜화 반응과 같은 다른 비효소 갈색화 반응에 있어서는 외부로부터의 에너지 공급, 예로서 지속적인 가열(heating) 등에 의한 외부로부터의 지속적인 에너지 공급이 필요한 데 반해서, 마이얄 반응은 외부로부터의 에너지 공급이 매우 적어도, 그리고 경우에 따라서는 거의 자연발생적(spontaneously)으로도 일어날 수 있다는 점이다.

예로서 토이펠 이바니스키들(Täufel, K. and Iwanisky, H., 1952)은 20% 포도당 용액을 96℃에서 가열할 때, 42시간 이상 가열하여야 갈색화 반응의 중간 생성체로 생각되고 있는 하이드록시메틸 훌후랄(hydroxymethyl furfural, HMF)의 형성이 크로마토그래피에 의해서 확인되었으나, 이 20% 포도당 용액에 아미노산이 존재할 때는 14시간 만에 HMF가 검출되었다고 보고하고 있다(그림 11-1 참조).

1. 20% 포도당 —(37시간 가열, 96℃)→ 변화 없음 —(42시간 가열, 96℃)→ HMF와 비슷한 R_f value를 가진 크로마토그램 출현

2. 20% 포도당 + 아미노산 —(14시간 가열, 96℃)→ 같은 크로마토그램 출현

[그림 11-1] 비효소 갈색화 반응에 있어서 아미노 화합물(amino compounds)의 역할.
Täufel, K. and Iwanisky, H., 1952, *Biochem.* Z., 323, 299.

이상의 마이얄 반응의 두 번째 특징은 일반 식품류나 가공 식품류는 그 양에는 큰 차이가 있을 수 있으나, 대부분의 식품들은 탄수화물들, 그리고 환원당류와 함께 아미노산, 펩타이드류나 단백질들도 같이 함유하고 있다는 점이다.

일반적으로 고도로 정제된 고품질 식용유지, 또는 당류만으로 만든 과자류, 즉 당과류(糖菓類)와 같은 경우를 제외하고서는, 그 성분으로서 당류(sugars) 외에 유리 아미노산류(free amino acids), 펩타이드류(peptides), 단백질들(proteins)을 다소라도 함유하고 있지 않은 식품은 거의 없다.

즉 마이얄 반응은 식품가공 또는 저장의 여러 과정에서 가장 보편적(ubiquitously)으로 일어날 수 있다는 또 하나의 매우 중요한 특징을 갖고 있다.

한편 이상의 비효소 갈색화 반응, 즉 마이얄 반응의 세 번째의 중요한 특징은 이미 갈색화 반응의 의의에서 설명한 대로 식품의 품질을 평가하는 데 중요한 역할을 맡고 있는 식품의 색깔뿐만 아니라 맛, 냄새 등과 같은 관능적 요소들(organoleptic factors)에도 심대한 영향을 준다는 사실이다.

그 외에도 라이신(lysine)과 같은 필수 아미노산의 파괴 등의 영양가(nutritional value)의 감소 등을 가져오는 데 가장 중요한 요인(要因)으로 되고 있다는 점이다.

그 뿐만 아니라 최근에는 앞에서 잠시 언급한 바와 같이 일부의 마이얄 반응 생성물들의 항산화효과(antioxidant activity), 돌연변이 유발성(突然變異 誘發性, mutagenicity), 항돌연변이성(antimutagenic properties) 등, 그리고 생체 내 단적으로는 인체 내의 핵산들(nucleic acids), 각종 효소들, 기타의 중요한 기능을 가진 폴리펩타이드들, 단백질들의 아미노 또는 이미노기(amino or imino group)에 대한 당류의 결합, 즉 글라이코실레이션 또는 글라이케이션(glycosylation or glycation)에 의한 변화들, 어류 단백질 가공식품들, 식물성 단백질 가공식품들, 건조 달걀흰자 분말 제품류, 네오당 단백질 형성을 통한 기능성 향상 등, 각종 식품류 중에서의 마이얄 반응의 다양한 의의(意義, significances)들은 앞으로 더 중요해질 것으로 생각된다.

마이얄 반응의 기구

근래에 와서 마이얄 반응의 진행기구(mechanism)에 대해서도 비교적 잘 알려지기 시작하고 있다. 이 반응 단계는 대체로 다음과 같이 크게 구분할 수 있다.

1. 초기 단계(initial stage)
2. 중간 단계(intermediate stage)
3. 최종 단계(final stage)

초기 단계

마이얄 반응의 초기 단계는 그 진행 단계에 따라 다시 다음과 같이 세분된다.

당류와 아미노 화합물 축합반응 마이얄 반응이 진행되려면 먼저 환원당과 아미노 화합물들 사이에 결합이 이루어져야 한다. 예로서 헥소오스(D-hexose)와 아미노 화합물의 경우에는 축합 생성물(condensation product)로서 글라이코실아민(D-glycosylamine)이 형성된다(그림 11-2 참조).

실제 반응 과정에서는 환원당 알도헥소오스는 그 환상구조(cyclic structure)가 일단 개환(開環)된 상태, 즉 직선상 구조(linear structure)로 아미노 화합물과 축합반응을 일으키고, 그 최종 반응생성물들은 더 안정된 환상구조를 다시 갖게 된다. 따라서 이상의 축합반응 최종 생성물인 D-글라이코실아민은 환상구조를 가진 화합물로 표시된다.

한편, 축합하는 헥소오스가 포도당(D-glucose)인 경우에 한해서, 형성된 글라이코실아민을 특히 글루코실아민(D-glucosylamine)으로 부를 때가 있다. 이 경우 더 정식(formal)인 명칭은 탄소 1번에 결합된 $-NH_2$ 그룹(amino group)의 질소 원자와 결합한 두 개의 수소 중의 하나가 알킬 그룹($-R$)과 치환(substitute)되어 있으므로 N-substituted 1-amino-1-deoxy-D-glucopyranose가 된다.

이렇게 형성된 질소배당체(窒素配糖體)인 글라이코실아민(D-glycosylamine)은 갈색화 반응에 있어서 당류 단독의 경우보다 활성이 훨씬 더 큰 상태가 된다. 즉 이 과정은 당류, 특히 환원당의 제1차 활성화 과정(frist activation process)으로 볼 수 있다(그림 11-2 참조).

```
H    OH                                      H    NHR
  \ /                                          \ /
   C ─────┐                                     C ─────┐
   |      |                                     |      |
H─ C ─OH  |                                  H─ C ─OH  |
   |      |                                     |      |
HO─C ─H   O   +  RNH2   ────────→           HO─ C ─H   O
   |      |                                     |      |
H─ C ─OH  |             −H2O                 H─ C ─OH  |
   |      |                                     |      |
H─ C ─────┘                                  H─ C ─────┘
   |                                            |
  CH2OH                                        CH2OH
 알도오스              아민화합물               글라이코실아민
 (aldose)          (amine compounds)         (D-glycosylamine)
```

[그림 11-2] 마이얄 반응(Maillard reaction)의 초기(initial stage) 첫 단계.

아미노-카아보닐 갈색화 반응에서의 유리 라디칼들

호지(Hodge, J. E., 1953)가 마이얄 반응, 즉 아미노-카아보닐 반응(amino-carbonyl reaction)을 통하서 갈색 색소들인 멜라노이딘류(melanoidines)에 이르는 경로들에 대한 레뷰(review)를 발표한 이후 마이얄 반응의 갈색 색소들의 형성을 최종적 단계로 하는 경로들에 대해서 끊임없는 수정과 새르운 발견, 발전이 이루어져 왔으나, 그 기본적인 단계적 과정들의 골격은 거의 그대로 유지되어 온 것 같다.

그러나 1960년대 말기에서 1970년대 초반에는 최종 생성물인 멜라노이딘 색소들뿐만 아니라 아미노-카아보닐 반응, 즉 마이얄 반응의 초기 단계에도 유리 라디칼들이 형성된다는 보고가 나오기 시작했다.

나미기들(Namiki, M. and Hayashi, T., 1975)은 L-α-알라닌(L-α -alanine) 또는 L-β-알라닌과 D-아라비노오스(D-arabinose, pentose)의 혼합 용액(0.6g+1.0g/2mL)을 pH 7 그리고 100℃에서 가열하면서 ESR(electron spin resonance) 신호(signals)를 기록하기 시작했다. 신호는 반응을 시작한 지 수분 동안의 초기 단계에 급속하게 증가했으며, 그 스펙트럼(spectrum)은 멜라노이딘류의 경우와 다른 특색 있는 세분화 구조(characteristic superfine structure)를 보였다고 한다.

이상과 같은 갈색화 반응 실험들을 α-나 β-알라닌과 각각 D-포도당, D-과당(D-fructose), D-자일로오스(D-xylose), D-라이보오스 등으로 실험했으며, 기타 마이야 반응의 중간체들로 알려진 저분자량 카아보닐 화합물들, 훌후랄과 그 유도체들에 대해서도 ESR의 스펙트럼 분석과 갈색도를 조사하였다. 그 결과들 중 ESR의 신호가 가장 강했던 것들과 갈색기, 그리고 갈색 정도가 컸던 것들만 간추려서 표시하면 표 11-2과 같다.

이상의 결과들을 볼 때 α-알라닌과 D-라이보오스의 마이야 반응액의 경우, 반응 시작 후(100℃에서) 8분이 지났을 때는 상당한 갈색화가 진행된데 비해서 ESR 시그널(signal)의 강도는 미약했던 반면에, α-알라닌과 글라이콜알데하이드(glycolaldehyde, $HOCH_2CH=O$)의 반응액의 경우, 반응 시작 후 3분 만에 매우 강도(intensity)가 높은 ESR 시그널과 갈색화가 기록되고 있다. β-알라닌과의 혼합용액의 경우, 글리셀알데하이드(glyceraldehyde, $HOCH_2CHOHCH=O$), 다이하이드록시아세톤(dihydroxyacetone, $HOCH_2COCH_2OH$), 글라이콜알데하이드(glycolaldehyde), 글라이옥살(glyoxal, O=CH·CH=O)과 같은 소위 아미도리 전위(Amadori-rearrangement)를 거친 갈색화 반응 생성물들(Amadori-marragement products)인 저분자량 휘발성 카아보닐 화합물들(low-molecular weight, volatile carbonyl compounds)의 경우 초기에(반응 시작 후 0.2~1분 이내) 강한 ESR 시그널 강도(5~44)와 갈색 강도(+++++)를 나타내고 있는 점들이 주목된다.

표 11-2 ESR Spectral Data of the Free Radicals in the Amino-Carbonyl Reactions of Sugars and Other Carbonyl Compounds with α- or β-alaninea)(원문의 title 그대로 사용).

amino-carbonyl system	Maximums of ESR signal		
	Time(min)	Signal intensity	Browing intensity
α-alanine + D-glycoseb)	20	0.05	+
α-alanine + D-ribose	8	0.1	+++
α-alanine + glycolaldehyde	3	16	+++
β-alanine + D-xylose	1	1.0	++++
β-alanine + D-ribose	1	0.5	++++
β-alanine + glyceraldehyde	0.2	5	+++++
β-alanine + dihydroxyacetone	0.2	5	+++++
β-alanine + glycolaldehyde	1	44	+++++
β-alanine + 3-deoxyglucosone	13	0.8	++++
β-alanine + 5-hydroxymethyl furfura			++
β-alanine + furfural			+++++
β-alanine + glyoxal	0.2	5	+++++

a) 원논무위주: Agueous salutions(each 3M) were heeted in a boiling water bath.
원래 논문의 Take 1의 ESR signal intexsity가 강했던 반응시스템들을 일부 선택하여 실었음.
b) 는 다른 반응 시스템들과의 비교를 위해서 실었음.
Namiki, M. and Hayashi, T., 1975.

이들은 거의 모두가 기능 그룹(functional group)을 한 분자 내에 두 개 이상 가진 다기능 카아보닐 화합물들(multifunctional carbonyl compounds)이라는 특징을 갖고 있다. 가장 ESR 시그널의 강도와 갈색화 강도가 초기 단계에 최고에 달한 화합물은 글라이콜알데하이드로 보인다.

나미기들(Namiki, M. and Hayashi, T., 1975)은 이상의 반응액에 형성된 라디칼들은 멜라노이딘류(melanoidines)와 같은 고도로 공액화(conjugated)된 이중결합 구조를 갖고 있지는 않지만 아직도 아민류나 당류의 구조상의 특성을 가진 라디칼류로 생각하고 있다.

근래에 와서 지방질의 자동산화(autoxidation)의 결과 제1차 산화생성물들(the first oxidation products)인, 어느 정도 안정성을 가진 하이드로퍼록사이드류(meta-stable hydroperoxides, ROOH)가 계속 산화, 분해되어 제2차 산화생성물들(the second oxidation products)로 형성되는 다기능(多機能) 카아보닐 화합물들(multifunctional carbonyl compounds)이 아미노산, 단백질들과 갈색 반응을 일으키는 사실들이 재차주목을 받기 시작하고 있다. 이와 같은 반응들은 아미노산 또는 단백질들의 아미노 그룹과 카아보닐 화합물들 사이에 일어나는 갈색화 반응(amino-carbonyl reaction)이므로 지금까지 공부해 온 아미노-카아보닐 갈색화 반응, 즉 마이얄 반응과 정의상 어떻게 구별되는지 모른다.

그러나 부정할 수 없는 엄연한 사실은 지방산들, 따라서 지방질의 산화는 라디칼 반응들(free radical reactions)에 의해서 진행되어 1차 반응에서 형성된 하이드로퍼록사이드류나 2차 반응에서 형성된 카아보닐 화합물들을 비롯한 각종의 산화생성물들은 모두 라디칼 반응을 통해서 형성되며, 공기중의 산소도 정상적인 형태가 비교적 안정성이 큰 라디칼의 형태를 갖추고 있는 것은 주지의 사실이다.

라디칼 반응은 여러 특징들이 있으나, 거의 자연발생적으로 일어날 수 있다는 점, 즉 외부에서 계속된 에너지 공급, 예로서 고온(100℃ 정도)에서 지속적인 가열 등에 의한 에너지 공급이 필요 없다던가, 산, 알칼리의 영향, 따라서 pH의 변화에는 영향 받지 않은 대신 각종 광선의 조사에 예민하다든지 하는, 소위 이온반응(ionic reaction)과는 다른 특성을 갖고 있다.

또한 항산화제들(antioxidants)의 가장 기본적인 작용은 시스템(system) 내부에 있는 활성이 큰 유리 라디칼들(reactive free radical species)과 반응해서 이와 같은 활성이 큰 유리 라디칼들을 제거하는 일(free radical scavenging activity)이라고 할 수 있다. 따라서 갈색화 반응 시스템에서 형성되는 멜라노이딘 색소들을 비롯한 항산화 작용을 가진 갈색화 반응 생성체들은 활성이 큰 라디칼과 상호반응을 일으키는 능력이 큰 화합물들일 것이다.

근래에 와서 인체를 비롯한 생체 내에서의 불포화지방산들의 산화(peroxidation of polyunsaturated fatty acids in various tissues of organs)에 대해서 연구가 활발하다.

1942년에 리포후신(lipofusin) 또는 세로이드(ceroid)로 알려진 빨간색, 노란색, 갈색의 색소들은 노화된 조직들(aged tissues)에서 발견된 고도불포화지방산들의 라디칼 반응을 통한 생체 내 자동산화(peroxidation)를 통해서 형성된 산화생성물들과 단백질들의 각종 아미노 그룹들 사이에 일어난 횡적 결합에 의해서 형성되며, 리포후신과 세로이드들은 동일한 물질로 생각되고 있다(Hallwell, B. and Gutteridgl, J. M. C., 1999). 또한 당류 또는 지방질 산화생성물들이 단백질 등의 아미노 그룹들과 결합하는 단백질 글라이케이션(protein glycation)에 대한 연구도 활발하다.

산화생성물들이 다기능 카아보닐 화합물들의 경우에는 단백질 분자들 사이의 횡적 결합(cross-linkage)과 산화에 의해서 고분자량 착색물질들을 형성하게 될 것이다. 고도불포화지방산의 산화(autoxidation 또는 peroxidation)의 결과 형성되는 대표적인 다기능 카아보닐 화합물(multifunctional carbonyl compound)인 말론알데하이드(malonaldehyde, $O{=}CH\text{-}CH_2CH_2\text{-}CH{=}O$)는 그 대표적인 예일 것이다(Frankel, E. N., 1984 참조).

한편 수용액 상태의 마이얄 반응에서도 그 반응이 진행되는 과정에서, 많은 학자들에 의해서 라디칼들의 존재와 작용들이 보고되고 있다(예 Namiki, M. and Hayashi, T., 1975, 1983 ; Namiki, M., 1988 ; Yim, N. S. *et al.*, 1995 ; Roberts, R. L. and Lloyd, R. V., 1997 참조).

로버츠들(Roberts, R. L. and Lloyd, R. V., 1997)은 글라이콜알데하이드(glycolaldehyde)와 글리셀알데하이드 등의 당 산화생성물들과 N, N'-다이알킬에틸렌다이아민, 여기서는 알킬 그룹으로서는 메틸, 에틸, 아이소프로필, 터어셔어리-부틸 그룹(N, N'-dialkylethylenediamine, alkyl group=methyl, ethyl, isopropyl, tert-butyl group)들과의 1 : 1(molar ratio)의 혼합 용액 등을 25℃에서 반응시키고 라디칼들의 형성 상황을 ESR 분석법으로 조사하였다.

그 결과 반응이 시작된 지(25℃에서) 20분 만에 반응액의 색깔은 무색이었으나 첫 번째로 라디칼들(Species Ⅰ)의 형성이 검출되었고, 반응 시작 후 2~3시간 경과 후에 반응액이 갈색화가 될 무렵에 두 번째의 라디칼 형성(Species Ⅱ)이 확인되었다고 한다.

로버츠들은 Species Ⅰ과 Ⅱ들의 구조를 그림 11-3과 같이 설명하고 Species Ⅱ가 파이롤 유도체들의 선구물질들(precursors)인 것으로 보고 있다.

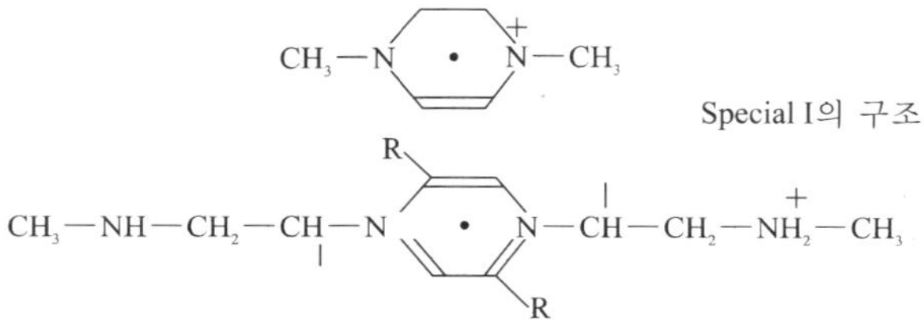

Special I의 구조 예

Special II의 구조 예

[그림 11-3] N, N'-다이알킬에틸렌다이아민류와 글리셀알데하이드 또는 글라이콜알데하이드의 25℃의 갈색 반응에서 Species Ⅰ 및 Ⅱ의 ESR 스펙트럼을 나타낸 생성물들 중 가장 간단한 메틸 유도체(알킬 그룹=메틸 그룹)의 Species Ⅰ 및 Ⅱ의 양이온 라디칼들(cation radicals)의 구조. R은 글라이콜알데하이드의 경우에는 H, 글리셀알데하이드의 경우에는 CH_2OH임(Species Ⅱ의 그림에서).
Roberts, R. L. and Lloyel, R. V., 1997.

근래에 와서는 마이얄 반응 진행 중의 갈색 착색 물질들의 형성 과정에서 아마도리 전위(Amadori-rearrangement) 결과 형성된 3-데옥시-2-오슬로오즈(3-deoxy-2-osulose)와 같은 다이옥소(dioxo), 즉 다이케토(diketo) 중간체들의 계속된 산화, 분열(oxidation and degradation), 환형성(cyclization) 등에 의해서 활성이 매우 커진 산화생성물들이 아마도 아미노 화합물들과의 이온화 반응(ionic reaction)을 통해서 갈색화질들이 형성된다는 종래의 확립된 견해 또는 학설이 있다. 한편 아마도리 전위를 거치지 않고 라디칼 반응들(free radical reaction)에 의해서 직접 활성이 큰 저분자량 다기능 카아보닐 화합물들이 형성된 후 이들 당류나 지방산들의 라디칼 반응들에 의해서 형성된 활성이 큰 산화, 분해 생성물들이 라디칼 반응을 통해서 갈색 물질들을 형성하는 데 참여하고 있다고 생각하는 연구자들의 수가 점차 증가하고 있는 것 같다.

특히 지방산들의 산화생성물들과 아미노산 또는 단백질들과의 반응들, 낮은 온도에서의 아미노-카아보닐 반응들, 생체 내에서의 갈색 색소들의 형성 등은 이상과 같은 라디칼 반응들의 참여 가능성의 비중이 점차 커지고 있는 것 같다.

호프만들(Hofmann, T. *et al.*, 1999a)은 L-알라닌과 일부 당류의 산화생성물들과의 갈색화 반응들에서 가장 갈색 강도(intensity of brown color)가 컸던 산화생성물들, 즉 산화, 분해, 또는 환형성 중간체(環形成 中間體)들로는 후란-2-카아복살알데하이드(furan-2-carboxaldehyde)와 글라이콜알데하이드(glycolaldehyde)였다고 한다.

그러나 ESR 분석에서 갈색 색소 형성은 후란-2-카아복살알데하이드의 경우에 라디칼의 % 참여율은 0%였으며, 그 반면에 글라이콜알데하이드의 경우에는 갈색화 색소 형성에 있어서 라디칼들의 참여율은 100%였다고 한다.

즉 단적으로 말하면 전자의 경우에는 갈색 물질 형성반응들은 이온 반응들(ionic reactions)을, 후자의 경우에는 라디칼 반응들(radical reaction)을 통해서 형성된다는 설명이다. 그러나 많은 경우 두 형태의 반응들이 함께 참여할 경우도 있을 수 있을 것이다.

또 하나 중요한 사실은 L-알라닌과 당류들은 산화, 분해, 환형성 등이 일어나기 전의 초기 단계에서 갈색 색소들을 형성하고 있으며, 초기 단계에서의 라디칼들의 갈색 색소 형성에 대한 %참여율은 포도당의 경우 4%, 자일로오스의 경우 8%였다고 한다.

그리고 호프만들은 글라이코알데하이드가 L-알라닌과 함께 형성하는 라디칼로서 1,4-diethylpyrazinium radical cation 등을 들고 있다. 여기에 대해서는 곧 다시 설명하겠다.

한편 이 장(章)의 지방질의 산화생성물들과 아미노산, 단백질들의 갈색화 반응에 관한 항목에 언급한 호프만(Hofmann, T.. 1998)과 호프만들(Hofmann, T. *et al.*, 1999b)의 논문들이 이상의 문제들의 이해에 크게 도움이 될 것으로 생각되므로 참고해 주기 바란다.

아마도리 전위 위와 같이 해서 형성된 헥소오스류(hexoses)의 질소배당체, 즉 글라이코실아민(D-glycosylamine)은 곧 소위 아마도리 전위(Amadori-rearrangement)에 의해서 대응하는 케토오스아민(D-ketoseamine)이 된다.

이 아마도리 전위는 당류와 아미노 화합물의 축합반응에 이은 제2차 활성화 과정(the second activation process)으로 생각되고 있으며, 마이얄 반응의 관문(關門)과도 같은 위치에 있는, 마이얄 반응의 초기의 활성화 단계에서 가장 중요한 과정이다.

아마도리 전위는 그림 11-4와 같이 글라이코실아민(N-substituted glycosylamine)이 대응하는 케토오스형(ketose form)으로 전위(轉位, rearrangement)를 일으키는 과정이다.

그리고 전술한 바와 같이 글라이코실아민(D-glycosylamine)의 경우에는 해당하는 케토오스아민(D-ketoseamine)으로 전위되는 동시에 이 케토형(keto form)과 함께 이보다 더 반응성(reactivity)이 큰 에놀형(enol form)의 형태도 가질 수 있게 된다(그림 11-4 참조).

한편 그림 11-4의 하단에 표시한 케토오스아민(ketoseamine)의 두 호변이성체들(互變異性體, tautomers)의 에놀형은 아마도 탄소 2번과 탄소 6번의 수산기 사이의 탈수반응을 통해서 환상구조(cyclic structure)를 가질 수 있다. 이 경우 환상구조를 가진 케토오스아민은 1-아미노-1-데옥시케토오스(1-amino-1-deoxyketose), 그리고 그림 11-4의 경우처럼 아마도리 전위를 일으킨 화합물이 D-글루코실아민(D-glucosylamine)의 경우에는 1-아미노-1-데옥시-D-프럭토피라노오스(1-amino-1-deoxy-D-frutopyranose)로 불릴 수가 있다.

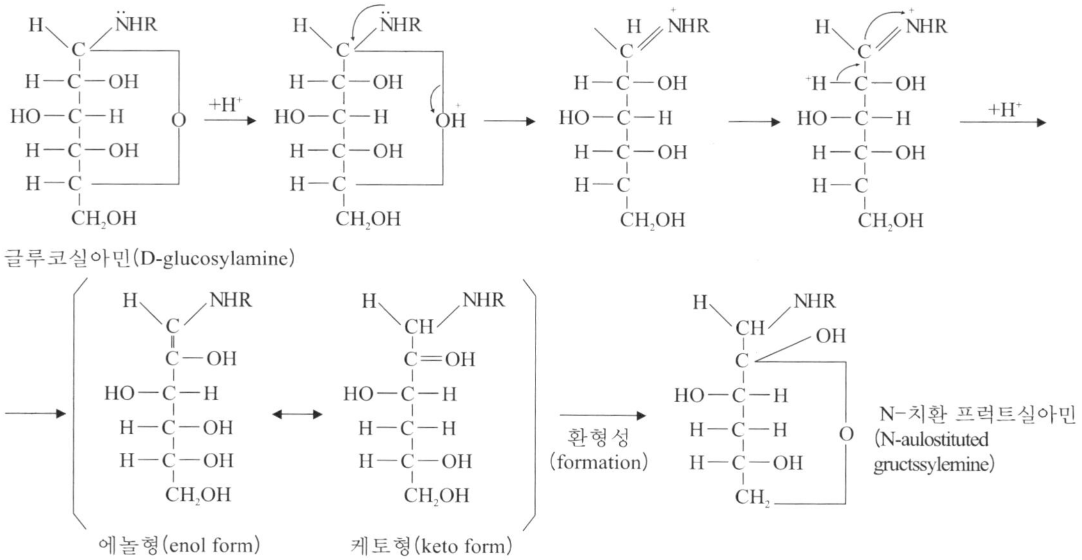

글루코실아민(D-glucosylamine)

에놀형(enol form) 케토형(keto form)

환형성 (formation)

N-치환 프럭트실아민 (N-aulostituted gructssylemine)

[그림 11-4] 아마도리 전위(Amadori-rearrangement)의 기구(mechanism).
아마도리 전위란 N-글라이코실아민(N-substituted glycosylamine)이 대응하는 케토오스형(ketose form)으로 바뀌는 것을 말한다. 즉 글루코실아민(D-glucosylamine)의 경우에는 케토오스아민(D-ketoseamine)으로 전위되는 것이다. 이 케토오스아민은 환상구조를 가질 수 있으며, 이 경우 1-아미노-1-데옥시케토오스를, 특히 글루코실아민이 아마도리 전위에 참여 했을 때는 환상구조를 가진 최종 생성물은 N-치환 1-아미노-1-데옥시-D-프럭토피라노오스(N-substituted 1-amino-1-deoxy-D-frutopyranose)가 된다.

아마도리 전위 자체의 기구(mechanism)에 대해서는 그림 11-4와 같은 기구를 생각할 수 있다. 이렇게 형성된 활성화된 케토오스아민(D-ketoseamine)의 에놀형(enol form)은 다음과 같은 중간기의 여러 단계의 반응에 들어가게 된다. 이 초기 단계에서는 색깔의 변화는 없다.

한편, 아마도리 전위(Amadori-rearrangement)를 통해서 형성된 화합물들은 포괄적으로 ARPs (Amadori-rearrangement products)라는 약자로 표시하는 경우가 근래에 와서 점증(漸增)하고 있으므로 여기에 유의해 둘 필요가 있다.

헤인즈 전위　마이얄 반응의 초기에 포도당과 같은 알도헥소오스들(aldohexoses) 대신에 케토헥소오스들(ketohexoses), 예로서 프럭토오스(D-fructose)가 아민 화합물들과 함께 존재할 때는 그림 11-5에서와 같이 D-프럭토오스의 환상구조가 개환(開環, ring opening)되어 직선상(直線狀)의 D-프럭토오스의 탄소 2번의 케토 그룹과 아민 화합물 사이의 축합반응(condensation reaction)이 일어나 최종적으로는 D-프럭토실아민(D-fructoslyamine, 즉 N-substituted 2-amino-2-deoxy-D-frutopyranose)이 형성된다.

이상과 같은 프럭토실아민(D-fructoslyamine)은 마이얄 갈색화 반응의 초기 단계에서 헤인즈 전위(Heynes rearrangement)로 알려진, 이미 설명한 바 있는 아마도리 전위(Amadori-rearrangement)와 매우 대조적인 전위반응을 거치게 된다.

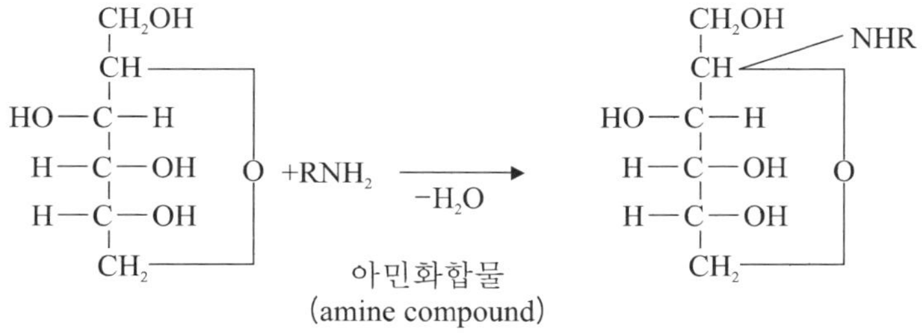

$+RNH_2 \xrightarrow{-H_2O}$

아민화합물
(amine compound)

D-프럭토오스
(D-fructose)

D-프럭토실아민
(D-fructosylamine)

[그림 11-5] 마이얄 반응(Maillard reaction) 초기(initial stage)의 첫 단계의 또 하나의 예. 프럭토오스와 아민 화합물의 축합반응(중간 단계 생략).

즉 그림 11-6에서처럼 D-프럭토실아민은 일단 그 환상구조(cyclic structure)가 개환되어, 직선상의 분자(a linear molecule)로서 여러 과정을, 거쳐 직선상의 N-치환 2-아미노-2-데옥시-D-글루코오스(N-substituted 2-amino-2-deoxy-D-glucose)의 케토형(keto form), 에놀형(enol form)의 두 호변이성체들(互變異性體, tautomers)로 존재하다가, 반응성이 더 큰 형태로 알려진 에놀형을 거쳐 계속 마이얄 반응의 중간 단계에 진입하거나 상황에 따라서는 환상구조를 가진 헤인즈 전위의 최종 생성물인 N-치환 2-아미노-2-데옥시-D-글루코피라노오스(N-substituted 2-amino-2-deoxy-D-glucopyranose)가 형성된다.

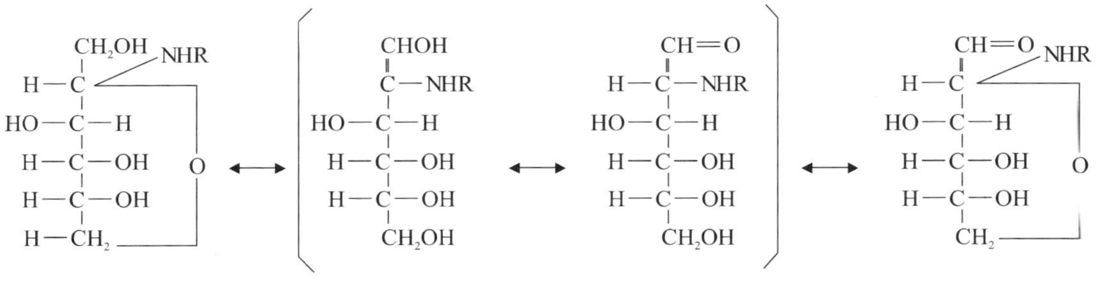

D-프럭토실아민
(D-fructosylamine)

에놀형
(enol form)

케토형
(keto form)

D-글루코실아민
(D-fglucosylamine)

[그림 11-6] 아마도리 전위(Amadori-rearrangement)와 대조적인 헤인즈 전위(Heynes rearrangement)를 단순화시킨 반응기구(反應機構).
D-프럭토실아민(N-substituted 2-amino-2-deoxy-D-frutopyranose)은 그 환상구조가 개환(開環)된 후, 직선상 분자(a linear molecule)가 여러 과정을 거쳐 D-글루코실아민의 진선분자(N-substituted 2-amino-2-deoxy-D-glucose)의 에놀, 케토 형의 호변이성체들(enol, keto tautomers)로 존재하다가 상황에 따라 계속 마이얄 반응에 진입하거나 헤인즈 전위의 최종 생성물인 D-글루코아민(D-glucosylamine, 즉 N-substituted 2-amino-2-deoxy-D- glucopyranose)이 된다.

아마도리 전위에서는 N-치환 글라이코실아민(N-substituted glycosylamine)이 N-치환 프럭토실아민(N-substituted fructoslyamine)으로 되는 전위(轉位)인 반면에 헤인즈 전위는 그와 반대로 N-치환 프럭토실아민이 N-치환 글라이코실아민으로 전위되는 반응으로 요약할 수 있으며, 두 전위 모두 그 중간 과정에 활성이 큰 케토형, 에놀형으로 공존하는 호변이성체들(互變異性體, tautomers)을 중간체들(中間體들, intermediates)도 갖고 있는 공통점이 있다.

중간기

중간기(intermediate stage)에 들어서면, 아마도리 전위 생성물들의 분해와 함께 산화(oxidation)도 계속 진행되면서 산화된 당들의 분해가 가속화된다. 그리고 산화생성물들로부터 각종의 환상 화합물들(cyclic compounds)과 레덕톤류(reductones) 등도 형성되기 시작한다.

3-데옥시오존의 형성 중간기의 첫 단계는 아마도리 전위 생성물들의 분해와 동시에 당 부분(sugar part)의 산화에 의한 3-데옥시오존(3-deoxyosone)의 형성 과정이다. 전술한 바 있는 글라이코실아민(D-glycosylamine)이 아마도리 전위에 의해서 케토오스아민(D-ketoseamine)을 거쳐서 다시 분해되어 3-데옥시오존을 형성한다.

한편 이 3-데옥시오존을 포도당의 유도체로 볼 수 있을 때는 3-데옥시오술로오즈(3-deoxyosulose)라고도 불려진다. 또한 펜토오스(pentose)가 이상과 같은 경로를 밟고 산화되었을 때는 흔히 3-데옥시펜토존(3-deoxypentosone)이라고 불려진다.

불포화-3,4-다이데옥시오존의 형성 이상의 3-데옥시오존(3-deoxyosone)은 계속 산화되어 불포화-3,4-다이데옥시오존(unsaturated-3,4-dideoxyosone)을 형성한다.

이 불포화-3,4-다이데옥시오존(unsaturated-3,4-dideoxyosone)의 에놀형(enol form)은 그 자체가 레덕톤류(reductones)에 속하는 당의 산화생성물로서 그 반응성(reactivity)은 매우 크다.

한편 이상의 아마도리 전위 생성물들의 분해와 3-데옥시오존(3-deoxyosone) 및 불포화-3,4-다이데옥시오존(unsaturated-3,4-dideoxyosone)의 형성기구(mechanism)는 확실하지는 않으나 대체로 그림 11-7과 같은 과정을 생각할 수 있다.

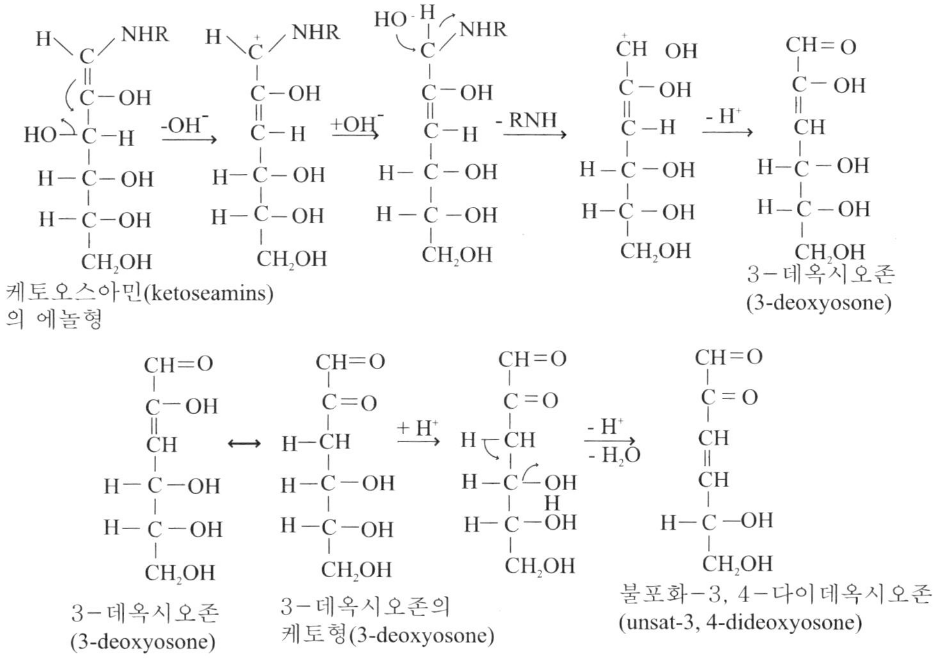

케토오스아민(ketoseamins)의 에놀형 $\xrightarrow{-OH^-}$ $\xrightarrow{+OH^-}$ $\xrightarrow{-RNH}$ $\xrightarrow{-H^+}$ 3-데옥시오존(3-deoxyosone)

3-데옥시오존(3-deoxyosone) ⟷ 3-데옥시오존의 케토형(3-deoxyosone) $\xrightarrow{+H^+}$ $\xrightarrow[-H_2O]{-H^+}$ 불포화-3, 4-다이데옥시오존(unsat-3, 4-dideoxyosone)

[그림 11-7] 마이얄 반응의 중간기(intermediate stage) 주요한 단계들 중 일부 단계의 추정적인 경로.

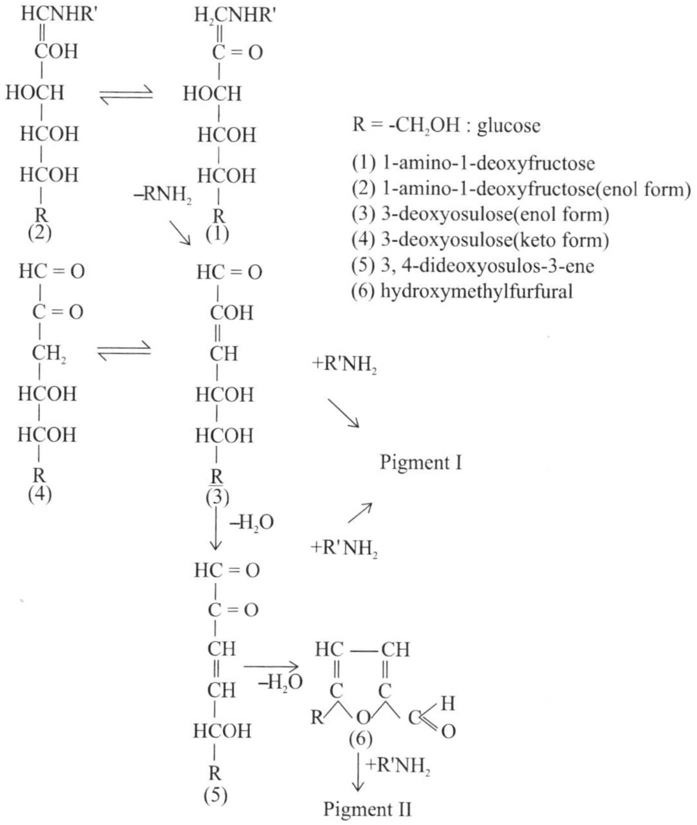
R = -CH₂OH : glucose
(1) 1-amino-1-deoxyfructose
(2) 1-amino-1-deoxyfructose(enol form)
(3) 3-deoxyosulose(enol form)
(4) 3-deoxyosulose(keto form)
(5) 3, 4-dideoxyosulos-3-ene
(6) hydroxymethylfurfural
-RNH₂
+R'NH₂
-H₂O
Pigment I
Pigment II

[그림 11-8] 색소들의 형성 과정에 있어서의 중간 생성체들(intermediates).
Reynolds, T. M., 1965, *Advances in Food Research*, 14, 187.

레이놀즈(Reynolds, T. M., 1965)는 마이얄 갈색화 반응(Maillard browning reaction)의 이상과 같은 여러 변화 과정들을 그림 11-8과 같이 표시하고 있다. 전술한 대로 포도당에서 형성된 3-데옥시오존(3-deoxyosone)은 3-데옥시오술로오즈(3-deoxyosulose)라고도 불리며, 한편 해당되는 불포화-3,4-다이데옥시오존(unsaturated-3,4-dideoxyosone)은 3,4-다이데옥시오술로오즈-3-엔(3,4-dideoxyosulose-3-ene)이라고도 불려진다.

그리고 레이놀즈(Reynolds, T. M., 1965)가 불포화-3,4-다이데옥시오존(unsaturated-3,4-dideoxyosone)이 분자 내의 축합반응(internal condensation reaction)을 통해서, 마이얄 반응의 진행 정도의 가장 적당한 척도(尺度, indicator)로 오래 전부터 사용되어 온 5-하이드록시메틸 훌후랄(5-hydroxymethyl furfural, 5-HMF)을 형성하는 것으로 생각하고 있는 것은 매우 흥미롭다(그림 11-8 참조).

실제로 불포화-3,4-다이데옥시오존의 구조와 각 기능 그룹들의 위치, 그 반응성 등과 5-HMF의 구조와 각 기능 그룹들의 위치 등을 세밀히 검토할 때, 불포화-3,4-다이데옥시오존이 자체의 축합반응을 통해서 5-HMF를 형성한다고 보는 것은 타당한 견해라고 생각된다. 또한 불포화-3,4-다이데옥시오존의 형성 시기와 5-HMF의 형성 시기도 잘 맞는 것 같다.

하이드록시메틸 훌후랄 등의 환상물질의 형성 중간기의 두 번째 단계에서 형성된 불포화-3,4-다이데옥시오존(unsaturated-3,4-dideoxyosone)은 반응성이 크며, 곧 5-하이드록시메틸-2-훌후랄

(5-hydroxymethyl-2-furfural, 5-HMF)로 대표되는 각종의 환상 화합물들(cyclic compounds)을 형성한다. 이상의 환상 화합물들이 형성되는 과정에 대해서는 확실하지 않으나 대체로 그림 11-9와 같은 기구(mechanism)를 생각할 수 있다.

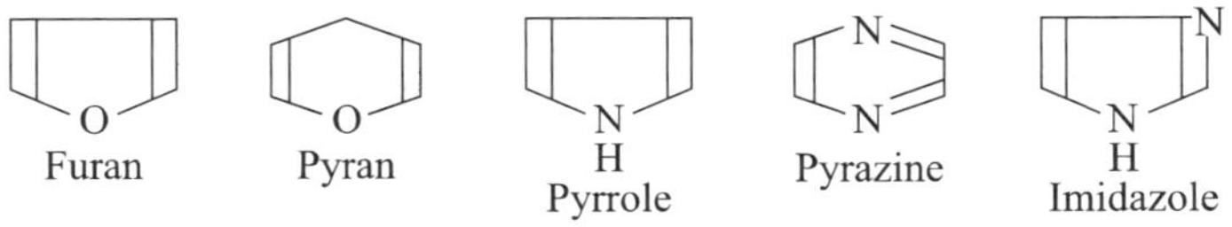

Furan　Pyran　Pyrrole　Pyrazine　Imidazole

마이얄 반응에서 형성되는 것으로 생각되는 각종의 환상 화합물들(heterocyclic compounds)의 기본적인 구조(Stewart, T. F., 1969 참고문헌 참조).

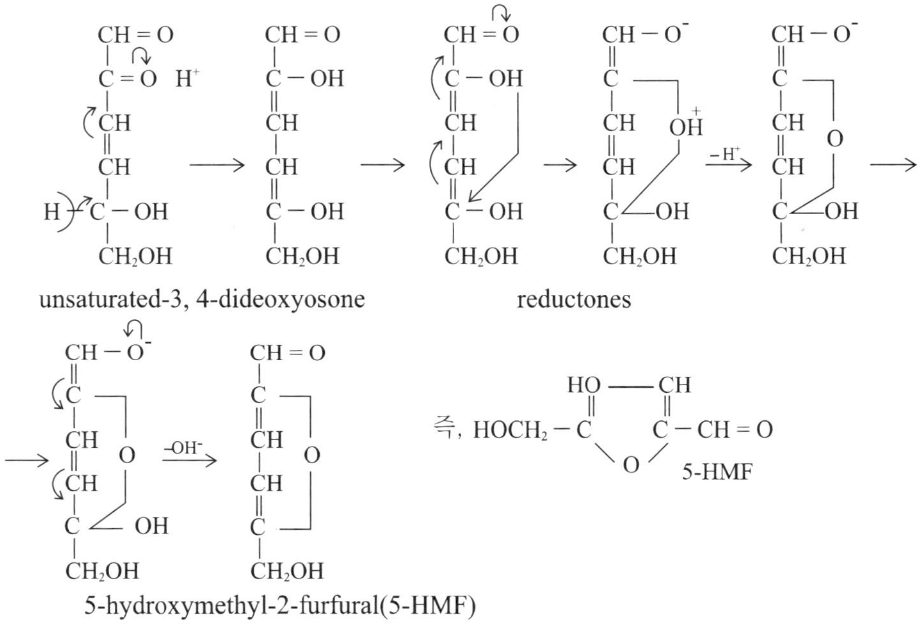

unsaturated-3, 4-dideoxyosone　　reductones

즉, HOCH$_2$ – C(=CH–CH=)C – CH = O (5-HMF)

5-hydroxymethyl-2-furfural(5-HMF)

[그림 11-9] 마이얄 반응의 중간 단계에서 HMF의 형성 과정.

한편 카토와 후지마키들(kato, H. and Fujimaki, M., 1968)은 펜토오스의 마이얄 반응의 경우, 불포화-3,4-다이데옥시오존에 해당되는 3,4-다이데옥시펜토술로오스-3-엔(3,4-dideoxypentosulos-3-ene)은 일단 아미노 화합물들(amino compounds)과 결합하여 질소배당체(N-substituted glycoside)의 형태로서 헤테로환상 화합물들(heterocyclic compounds), 예로서 파이롤-2-알데하이드의 유도체(N-substituted pyrrole-2-aldehyde)를 형성하는 사실을 보고하고 있다(그림 11-10 참조).

레덕톤의 형성　전술한 바와 같이 3,4-다이데옥시오술로오즈-3-엔(3,4-dideoxyosulose-3-ene)과 같은 불포화-3,4-다이데옥시오존(unsaturated-3,4-dideoxyosone)의 에놀형(enol form)들은 그 자체를 레덕톤류(reductons)로 볼 수 있다.

레덕톤류(reductones)는 원래 트리오스 레덕톤(triose reductone)에 국한하여 주어진 명칭이었으나, 근래에 와서는 첫째로 그 분자 내에 엔-다이올(ene-diol) 또는 이와 유사한 특성을 가진 엔-다이올(ene-diol)의 비닐 동족그룹(vinylogs, 즉 vinyl homologous groups)이나 타이올-에놀(thiol-enol), 엔-

아미놀(ene-aminol), 엔-다이아민(ene-diamine) 등의 그룹들(groups)을 함유하고 있는 화합물들, 둘째로는 인도페놀 화합물들을 환원할 수 있는 성질, 즉 환원력을 가진 특성, 예로서 2,6-dichlorophenolindophenol의 산화형(oxidized form, 청색)을 환원형(reduced form, 무색)으로 환원할 수 있는 인도페놀 환원 물질들(indophenol reducing substances)에 대한 총칭(general name)으로 사용되고 있다.

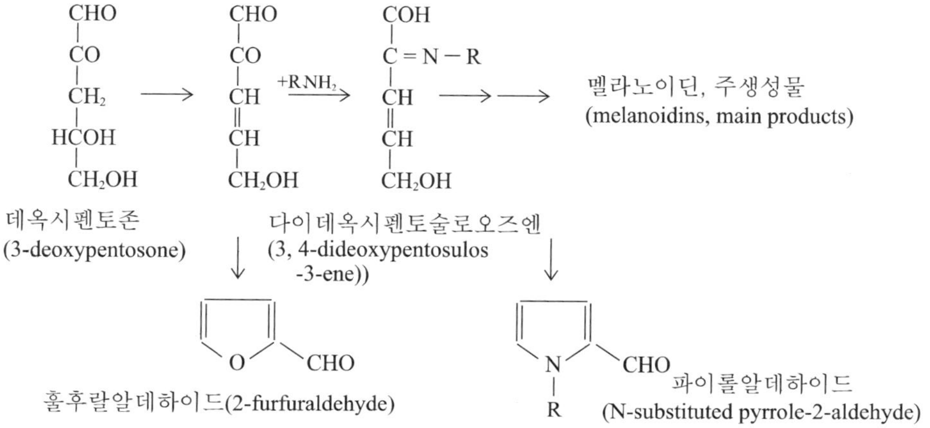

CHO–CO–CH_2–HCOH–CH_2OH → CHO–CO–CH=CH–CH_2OH $\xrightarrow{+RNH_2}$ COH–C=N–R–CH=CH–CH_2OH → → 멜라노이딘, 주생성물 (melanoidins, main products)

데옥시펜토존 (3-deoxypentosone)

다이데옥시펜토술로오즈엔 (3, 4-dideoxypentosulos -3-ene))

↓ 훌후랄알데하이드(2-furfuraldehyde) (O, CHO)

↓ 파이롤알데하이드 (N-substituted pyrrole-2-aldehyde) (N, R, CHO)

[그림 11-10] 데옥시펜토존(3-deoxypentosone)과 아미노 화합물로부터 멜라노이딘, 훌후랄알데하이드, 파이롤알데하이드류의 형성 과정.
Kato, H. and Hujimaki, M., 1968, *J. Food Science*, 33, 445.

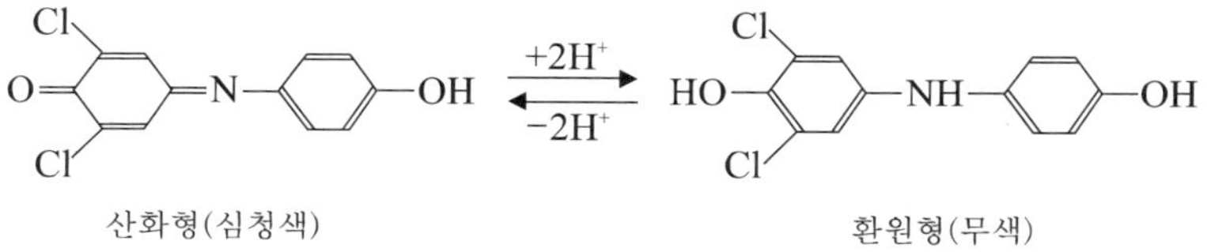

Cl, Cl, O=, =N–, –OH $\underset{-2H^+}{\overset{+2H^+}{\rightleftarrows}}$ HO–, Cl, Cl, –NH–, –OH

산화형(심청색) 환원형(무색)

2,6-다이클로로페놀인도페놀 또는 더 간단히 2,6-다이클로로인도페놀(2,6-dichlorophenolindophenol or 2,6-dichloroindophenol)은 레덕톤의 하나(a reductone)인 아스콜빌산(L-ascorbic acid, vitamin C)의 정량에 오래전부터 사용되어 왔다. 산성 용액에서는 산화형의 색깔은 심청색(deep blue)에서 적자색(red-videt)으로 되는데, 환원되면 다시 무색이 된다.

이상과 같은 레덕톤(reductones)들 중에서 가장 잘 알려진 예로는 아스콜빈산(ascorbic acid)이 있으며, 이들 레덕톤은 환원성(reducing property)과 함께 반응성이 매우 큰 것이 특징이다(그림 11-11 참조).

마이얄 반응의 중간 단계에서는 전술한 불포화-3,4-다이데옥시오존(unsaturated-3,4-dideoxyosone)을 비롯하여 각종의 반응성이 큰 레덕톤들이 형성되는 사실이 알려져 있다.

예로서 포도당과 같은 헥소오스들에서는 다이하이드록시뮤코닌산(α, α'-dihydroxymuconic acid)과 같은 레덕톤의 존재가 확인되고 있으며, 또한 5-HMF가 분해되어 레뷸리닌산(levulinic acid)이 형성되는 사실이 알려져 있으나, 이 레뷸리닌산도 레덕톤의 하나로 볼 수 있다. 그림 11-12 는 이와 같은 일부 레덕톤들의 형성 과정을 보여주는 그림이다.

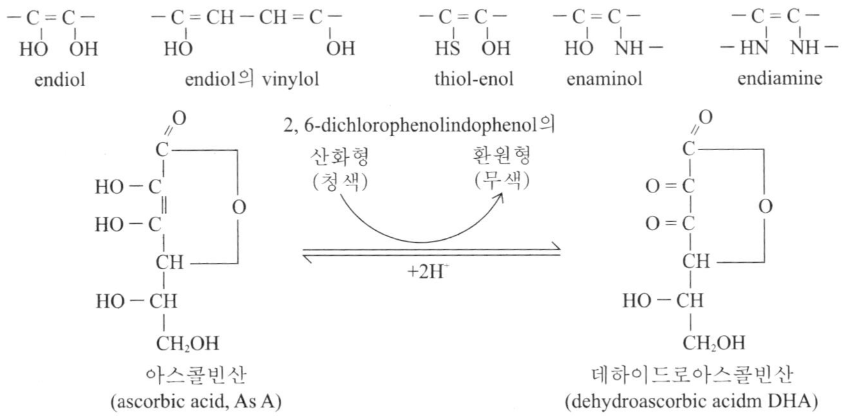

$-C=C-$ (HO, OH) endiol　$-C=CH-CH=C-$ (HO, OH) endiol의 vinylol　$-C=C-$ (HS, OH) thiol-enol　$-C=C-$ (HO, NH−) enaminol　$-C=C-$ (−HN, NH−) endiamine

아스콜빈산 (ascorbic acid, As A) ⇌ 데하이드로아스콜빈산 (dehydroascorbic acidm DHA)

2, 6-dichlorophenolindophenol의 산화형 (청색) → 환원형 (무색), +2H⁺

[그림 11-11] 레덕톤류(reductones)의 구조상의 특징.

한편, 호지(Hodge, J. E., 1953)에 의하면, 불포화-3,4-다이데옥시오존(unsaturated-3,4-dideoxyosone)과 같은 당류의 산화생성물들은 수용액에서는 5-HMF와 같은 환상 화합물들(cyclic compounds)을 주로 형성하며, 건조 식품류 속에서와 같은 건조 상태에서는 주로 레덕톤들을 형성한다고 하나 확실하지는 않다.

산화생성물의 분열 중간 단계에서 형성된 산화생성물들, 특히 각종 레덕톤류(reductones)와, 앞에서 말한 일부 환상 화합물들(cyclic compounds)은 계속 산화되고 분열(fragmentation)되어, 탄소수가 적은, 따라서 분자량이 적고 휘발성이 큰 산화분해 생성물들(oxidative degradation products)을 형성한다.

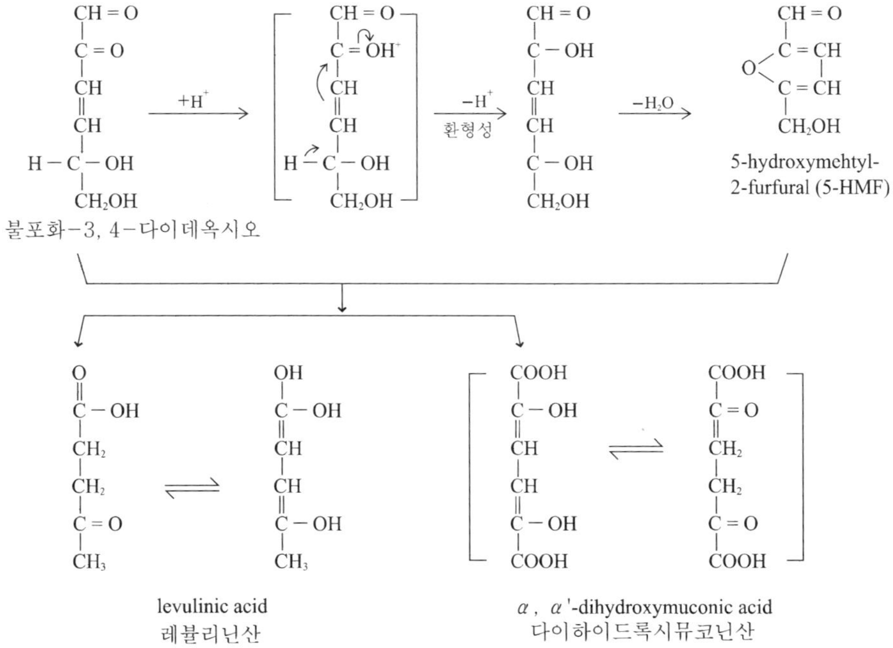

불포화-3, 4-다이데옥시오 → $+H^+$ → $-H^+$ 환형성 → $-H_2O$ → 5-hydroxymehtyl-2-furfural (5-HMF)

levulinic acid 레불리닌산 ⇌ 　α, α'-dihydroxymuconic acid 다이하이드록시뮤코닌산

[그림 11-12] 마이얄 반응의 중간 단계에서의 레덕톤류(reductones)의 형성.

이들의 일부로는 글라이콜알데하이드(glycolaldehyde), 메틸글라이옥살(methylglyoxal), 다이아세틸(diacetyl), 아세토인(acetoin), 아세톨(acetol), 다이하이드록시아세톤(dihydroxyacetone), 아세트알데하이드(acetaldehyde), 글라이옥살(glyoxal) 등이 알려져 있다(그림 11-13 참조)

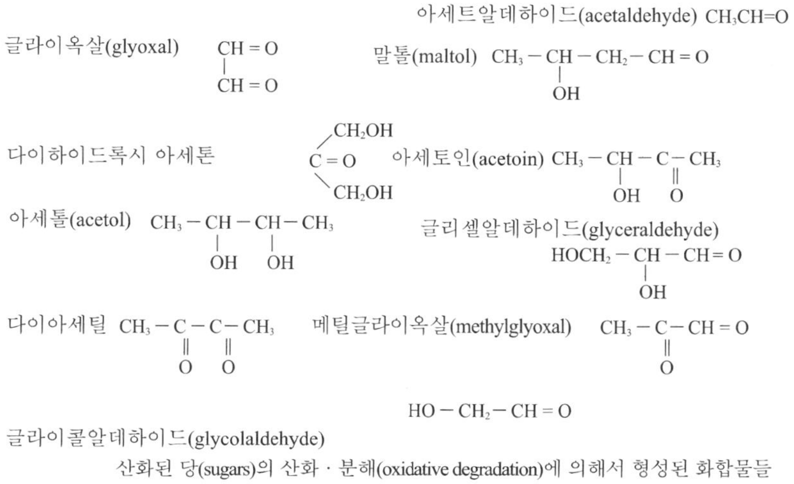

아세트알데하이드(acetaldehyde) $CH_3CH=O$

글라이옥살(glyoxal) $CH=O$ | $CH=O$

말톨(maltol) $CH_3-CH(OH)-CH_2-CH=O$

다이하이드록시 아세톤 $(CH_2OH)_2C=O$

아세토인(acetoin) $CH_3-CH(OH)-C(=O)-CH_3$

아세톨(acetol) $CH_3-CH(OH)-CH(OH)-CH_3$

글리셀알데하이드(glyceraldehyde) $HOCH_2-CH(OH)-CH=O$

다이아세틸 $CH_3-C(=O)-C(=O)-CH_3$

메틸글라이옥살(methylglyoxal) $CH_3-C(=O)-CH=O$

$HO-CH_2-CH=O$

글라이콜알데하이드(glycolaldehyde)

산화된 당(sugars)의 산화 · 분해(oxidative degradation)에 의해서 형성된 화합물들

산화된 당(sugars)의 산화·분해(oxidative degradation)에 의해서 형성된 화합물들

[그림 11-13] 마이얄 반응의 중간 단계의 일부.

전술한 대로 이 산화분해 생성물들은 대부분이 휘발성 카아보닐 화합물들(volatile carbonyl compounds)로서 갈색화가 진행되고 있는 식품의 특유한 냄새에 중요한 기여를 하고 있는 사실이 점차 밝혀지고 있다. 한편 이들 분해생성물들의 일부는 마이얄 갈색화 반응의 최종 단계(final stage)의 여러 반응에 참여하게 된다.

최종 단계

최종 단계(the final stage)에 들어서면 중간 단계에서 형성된 레덕톤류(reductones), 훌후랄류(furfurals), 후란류(furan), 파이롤류(pyrrole) 등의 유도체들, 각종 산화분해 생성물들(oxidative degradation products) 사이의 상호 반응들, 예로서 알돌형 축합반응(aldol-type condensation reaction) 등과 같은 축합·중합반응들이 일어난다.

한편 스트렉커형의 반응(Strecker-type reaction)에 의해서 탄산가스(CO_2 gas)의 발생과 알데하이드류(aldehydes)가 형성된다. 이와 같은 여러 반응들과 특히 축합·중합반응들에 의해서 갈색으로 착색된 질소화합물들(heterocyclic nitrogen compounds)인 멜라노이딘(melanoidin) 색소들이 형성된다. 최종 단계에서 일어나는 이상의 반응들을 분류하여 설명하면 다음과 같다.

알돌형의 축합반응 중간 단계에서 레덕톤류(reductones)의 분열(fragmentation)에 의해서 활성이 매우 강한 카아보닐 화합물들이 형성되는 사실에 대해서는 이미 언급한 바 있다. 이들 카아보닐 화합물들(carbonyl compounds) 중 그 α-위치(α-position)에 수소를 가진 화합물들은 알돌형의 축합반응(aldol-type condensation reaction)을 일으키며, 점차 분자량이 큰 불포화 축합생성물들(unsaturated condensation products)을 형성한다.

실제 마이얄 반응의 중간기(the intermediate stage)에서 형성된 대부분의 카아보닐 화합물들은 α-수소(α-hydrogen)를 갖고 있으며, 따라서 알돌형 축합반응에 들어갈 수 있다(그림 11-14 참조).

$$HOCH_2CH{=}O \quad + \quad CH_3CH=O \longrightarrow HOCH_2\underset{OH}{CH}-CH_2CH{=}O \xrightarrow{-H_2O} HOCH_2CH{=}CHCH{=}O$$

글라이콜알-데하이드 아세트알-데하이드

알돌축합생성물들(aldol condensation products)

α-수소(α-hydrogen)를 가진 카아보닐 화합물들은 알돌축합을 일으킨다.

[그림 11-14] 마이얄 반응의 최종 단계의 일부 알돌축합반응(aldol condensation).

여기서 형성된 축합반응생성물들은 다시 아미노 화합물들(amino compounds)과 계속 축합반응을 일으키며, 그 분자량은 계속 증대할 것으로 생각된다.

스트렉커 반응 마이얄 반응(Maillard reaction)의 후반기에 가서는 상당량의 탄산가스(CO_2 gas)의 발생과 함께 새로운 알데하이드류, 특히 당류(sugars)의 분해생성물로는 설명될 수 없으며, 아미노산들(amino acids)의 분해에 의해서만 형성되는 것으로 설명되는 알데하이드류의 형성량이 두드러지게 증가하는 사실이 알려져 있다.

이상의 탄산가스 발생이나 아미노산의 분해에 기인되는 알데하이드들의 형성은 당류의 산화생성물과 아미노산과의 상호작용, 즉 스트렉커 반응(Strecker reaction)에 의한 것으로 생각되고 있다.

즉, 마이얄 반응의 최종 단계에서는 여러 활성 카아보닐 화합물들(active carbonyl compounds), 예로서 불포화-3,4-다이데옥시오존(unsaturated-3,4-dideoxyosone)은 아미노산, 또는 아미노 화합물들(amino compounds)과 스트렉커 반응에 의해서 축합된 후 탈탄산(decarboxylation) 과정을 거쳐서 역시 활성이 큰 엔아미놀류(enaminols)와 알데하이드류(aldehydes)를 형성한다(그림 11-15 참조).

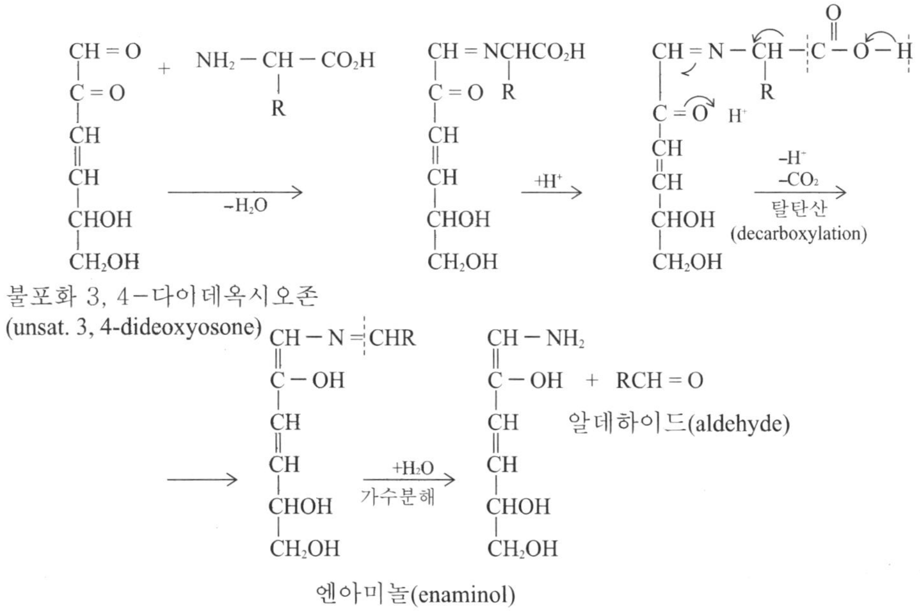

CH=O / C=O / CH / ‖ / CH / CHOH / CH_2OH + $NH_2-CH(R)-CO_2H$ $\xrightarrow{-H_2O}$ CH=NCH(R)CO_2H / C=O / CH ‖ CH / CHOH / CH_2OH $\xrightarrow{+H^+}$ CH=N−CH(R)−C(=O)−O−H / C=O H^+ / CH ‖ CH / CHOH / CH_2OH $\xrightarrow[\text{탈탄산 (decarboxylation)}]{-H^+,\ -CO_2}$

불포화 3, 4-다이데옥시오존
(unsat. 3, 4-dideoxyosone)

$\longrightarrow$ CH−N=CHR / ‖ C−OH / CH ‖ CH / CHOH / CH_2OH $\xrightarrow[\text{가수분해}]{+H_2O}$ $CH-NH_2$ / ‖ C−OH / CH ‖ CH / CHOH / CH_2OH + RCH=O 알데하이드(aldehyde)

엔아미놀(enaminol)

[그림 11-15] 마이얄 반응의 최종 단계의 일부. 스트렉커 반응(Strecker reaction).

엔아미놀류(ene-aminols)는 그 자체가 활성이 큰 일종의 레덕톤류이며, 계속 여러 최종 반응들에 참여한다. 한편 형성된 알데하이드류는 계속 다른 반응에 참여하거나 그 식품의 특유한 향미에 기여하게 된다.

멜라노이딘 색소의 형성 5-하이드록시메틸 훌후랄(5-hydroxymethyl-2-furfural), 후란(furan), 파이롤(pyrrole) 등의 유도체들, 레덕톤류, 알돌형 축합반응의 축합생성물들(condensation products), 특히 아미노 화합물들과 결합상태에 있는 이들 화합물들, 스트렉커형 반응의 생성물들은 모두 활성이 큰 화합물들이므로 쉽게 상호반응을 일으켜 분자량이 큰 중합체들이 계속 형성된다.

즉 한편으로는 산화, 분열에 의해서 휘발성 저분자량의 카아보닐 화합물들이 형성되는 가운데 다른 한편으로는 분자량이 큰 중합체들이 동시에 형성된다. 이들 중합체들은 그 분자 내에 질소(nitrogen)를 함유하고 있으며, 불포화도(degree of unsaturation)가 매우 큰, 갈색으로 착색된, 그리고 경우에 따라 강한 형광성(fluorescence)을 가진 중합체들로서, 보통 멜라노이딘 색소들(melanoidin pigments)이라고 불려진다. 이에 의해 마이얄 갈색화 반응(Maillard browning reaction)은 그 최종 단계에서 매우 강하게 갈색으로 착색된다.

멜라노이딘 색소들(melanoidin pigments) 자체에 관한 연구는 비교적 일찍이 시작되었음에도 불구하고(Maillard, L. C. 1912), 1950년대, 1960년대 초반까지는 자세한 화학구조에 대해서 확실히 알려져 있지 않았었다(한 예, Danehy, J. P. and Pigman, W. W., 1951).

마킨네이들(Mackiney, G. *et al.*, 1941)은 갈색의 건조된 살구(dried apricots)에서 전체 건조 중량의 5~7%에 달하는 갈색 색소들(brown pigments)을 추출하였다. 이 물질들은 불용성이며, 그 실험식(empirical formula)은 $C_{17}H_{19}O_9N$으로 표시될 수 있었다고 한다(Reynolds, T. M., 1963 참조).

한편 언더우드들(Underwood, J. C. *et al.*, 1961)은 풍당 시럽(maple syrup)에서 갈색 색소를 분리하여 그 실험식이 $C_{18}H_{27}O_{12}N$으로 표시될 수 있었음을 보고하고 있다(Reynolds, T. M., 1963).

많은 멜라노이딘 색소들은 강한 환원성을 갖고 있으며, 또한 전술한 바 있듯이 많은 연구자들에 의해서 식용유지류(edible fats and oils)에 대해서 항산화 작용(抗酸化作用, antioxidant activity)을 가진 사실이 알려져 왔다(Houlihan, C. H. and Ho, C. T., 1985; 제14장 참조).

아놀디들(Arnoldi, A. *et al.*, 1997)은 마이얄 반응이 비교적 초기에 형성되는 것으로 알려진, 그리고 궁극적으로는 고분자 갈색 색소인 멜라노이딘류(melanoidines)의 일부 구조를 형성하게 되는 것으로 생각되는 저분자량의 착색 생성물들(low-molecular weight, colored Maillard reaction products, MRPs)에 대해서 그 구조를 조사한 바 있다.

문헌상에 이미 보고된 저분자량, 착색 마이얄 반응생성물들(MRPs)은 대개 두 개 내지는 세 개의 환들(rings)로 구성되어 있으며, 환의 구성 원자들로 탄소 원자 외에 산소나 질소 원자들이 가끔 들어 있으며, 이중결합 그룹들(double bond groups)도 자주 발견되었다고 하나 그 구조에 대해서는 확실히 규명되지 못한 듯하다(Arnoldi, A. *et al.*, 1997 참조).

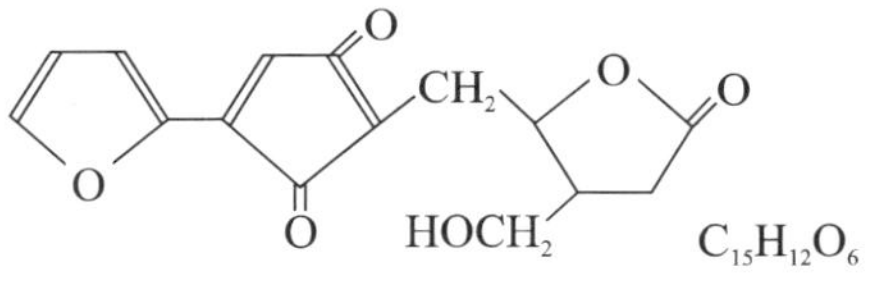

O, CH_2, O, O, O, O, $HOCH_2$, $C_{15}H_{12}O_6$

아놀디들(Anoldi, A. et al., 1997)에 의해서 자일로오스-글라이신 마이얄 반응생성물로 처음으로 분리, 구조가 확인된 3개환을 가진 착색 생성물의 구조.

아놀디들은 자일로오스(D-xylose)와 라이신(L-lysine)의 마이야 시스템을 1시간 환류(還流, refluxing), 가열한 후 형성된 세 개의 환으로 구성된 착색 생성물들(MRPs)을 분리, 정제한 후 그 구조를 확정하고 보고한 바 있다(그림 11-00 참조).

이들은 저분자량 착색 마이야 반응생성물의 구조를 HPLC 분리, MS 분석, UV 분광분석, NMR 분석, 특히 NMR 분석(heteronuclear two-dimensional analysis for ^1H-^{13}C correlations)을 사용하여 구조를 확정했다고 한다. 이들은 또한 자일로오스-글라이신 모델 시스템에서 또 다른 세 개의 환을 가진 반응생성물이 분리된 사실에도 언급하고 있다(Nursten, H. E. and O'Reilly, R., 1983, 1986; Arnoldi, A. *et al*, 1997 참조).

한편, 트렛슬들(Tressel, R., Wondrak, G. T., Garbe, L-A., Krüger, R. P., and Rewicki, D., 1998a)은 2-데옥시라이보오스(2-deoxyribose)와 메틸아민(methylamine)의 마이야 반응생성물들(Maillard reaction products, MRPs) 중에서 활성이 매우 큰, 멜라노이딘 색소들(melanoidines)의 기본 구성단위들의 하나로서 또는 이 MRP들 중의 중간 중합체들(oligomers or intermediate polymers)로서 또는 아마도 최종 멜라노이딘류의 일부를 구성할 것으로 생각되는 여러 MRP들을 추출, 분리하여 그 구조들을 밝히고 있다.

그 중 일부의 생성물들을 극히 간단히 소개하면 단체(monomer)인 N-methyl-2-(hydroxymethyl) pyrrole(Ⅰ), 이중체인 bis(N-methyl-2-pyrrole)methane(Ⅱ), 삼중체인 N-methyl-2,5-bis(N-methyl-2-pyrrolmethyl)pyrrole(Ⅲ), 그리고 (Ⅰ)의 구성단위가 6개까지 중합된 올리고머(Ⅳ, n=6까지의 oligomer들, 그림 11-16 참조), 12개까지 중합된 Ⅳ의 불포화형들(V, 즉 n=12까지의 dehydro-oligomer들) 등을 들 수 있다. 이들은 모두 파이롤 유도체들로 볼 수 있으나, 자연에 존재하는 멜라노이딘 색소들과 유사한 성질과 구조를 가진 중합체들을 형성하는 것으로 생각된다.

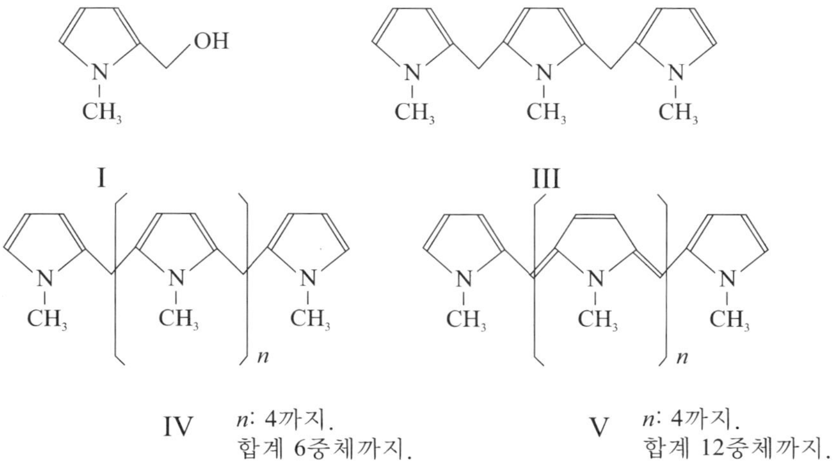

OH
N
CH_3
I

N N N
CH_3 CH_3 CH_3
III

N N N
CH_3 CH_3 CH_3
n
IV *n*: 4까지.
합계 6중체까지.

N N N
CH_3 CH_3 CH_3
n
V *n*: 4까지.
합계 12중체까지.

[그림 11-16] 2-데옥시라이보오스와 메틸아민의 마이야 반응에서 형성된, 자연에 존재하는 멜라노이딘 색소들과 유사한 성질과 구조를 가진 중합체들을 형성할 것으로 생각되는 마이야 반응생성물들인 파이롤 유도체들(본문 참조)
출처: Tressel, R., *et al*. 1998a.

트렛슬들(Tressel, R. *et al*., 1998b; 참여 연구자들 1998a에 Garbe, L.-A. 추가.)은 계속 펜토오스 또는 헥소오스가 참여하는 마이야 반응의 생성물들(MRPs) 중에서 N-치환 파이롤류(N-substituted pyrroles, Ⅰ), 2-후랄데하이드(2-furaldehyde, Ⅱ), N-치환 2-포밀파이롤류(N-substituted 2-fomylpyrroles)(Ⅲ)들은 N-메틸파이롤(N-methylpyrrol)과 N-메틸-2-포밀파이롤(N-methyl-2-formylpyrrole)과 중합·축합반응, N-(2-메톡시카아보닐에틸)파이롤[N-(2-methoxy carbonyl ethyl)pyrrol]과 N-(2-메톡시카아보닐에틸)-2-포밀파이롤[N-(2-methoxy carbonylethyl)-2-formylpyrrole] 또는 2-포밀후란(2-formylfuran) 등의 반응 시스템들에서의 중합·축합반응에서 매우 놀라운 반응성(extraordinary polycondensation reactivity)을 보였으며, 20℃에서 수소 이온(proton) 촉매 하에서 전자의 중합·축합반응에서는 새로운 착색 중합체들이 형성되었는데 새로운, 멜라노이딘과 유사한 성질, 구조를 가진 중합체(重合體, polymers)들 이었다고 한다.

지금까지 설명해 온 중합체들은 자연 멜라노이딘 색소들의 분자구조의 일부들, 즉 일부 영역들(領域들, Adistinctive domains or substructures)을 나타낸다고 생각하고 있다.

트렛슬들은 지금까지 연구해 온 멜라노이딘 색소들과 그 구조가 유사하면서도 비교적 간단한 중합체들과 이상의 중합, 축합 반응성이 큰 구성성분들의 특성들을 고려해서 자연 멜라노이딘 색소의 하나의 모델 구조를 제안하고 있다.

한편, 호프만(Hofmann, T., 1998a)은 펜토오스류(pentoses)와 알라닌(L-alanine)의 10 : 1 비율의 혼합 수용액을 가열했을 때 노란 색깔을 가진 마이얄 반응생성물들(Maillard reaction products, MRPs)을 분리, 검출하고 그 구조를 규명했으며, 일부 MRP들에 대해서는 그 형성 과정까지도 규명하고 있다. 이 중의 하나가 그림 11-17에서 Ⅰ로 표시된 노란 색깔의 후라논(furanone) 또는 파이롤(pyrrole)의 유도체로 볼 수 있는 Ⅰ, 즉, (S)-4-hydroxy-5-methyl-2-[N-(1′-carboxyethyl)-pyrrole-2-methylidene]-2H-fran-3-one이다.

호프만(Hofmann, T., 1998b)은 또한 후란-2-카아복살데하이드(furan-2-carloxaldehyde)와 L-알라닌 또는 L-프롤린의 마이얄 반응생성물들을 분리, 그 성질들과 구조를 조사한 바 있다. L-프롤린(L-proline)이 아미노산으로 사용되었을 때는 가열한 마이얄 반응액에서 강한 노란 색깔을 가진 반응생성물들이 얻어졌으나, L-알라닌과 함께 가열한 마이얄 반응액에서는 새로운 빨간색의 반응생성물들이 얻어졌다고 한다.

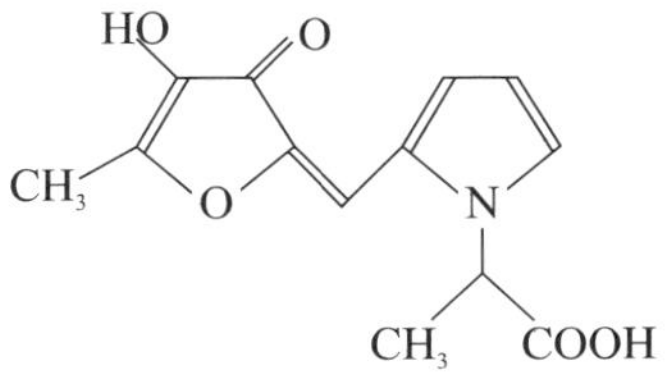

HO O CH3 O N CH3 COOH

I

O O CHO O N O H COOH CH3

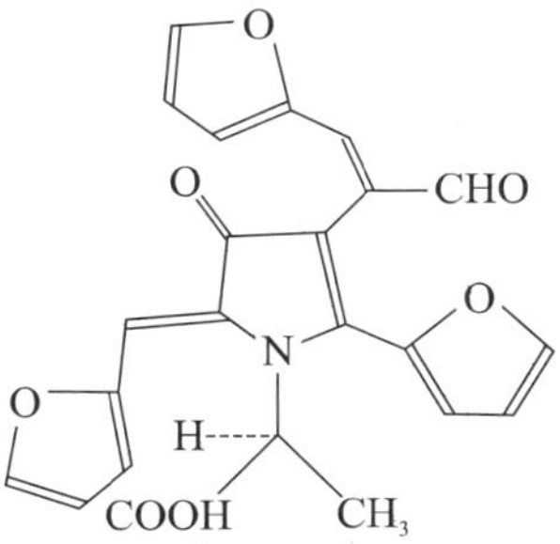

II

[그림 11-17] Ⅰ은 펜토오스류(pentoses)와 L-알라닌(L-alanine)의 10 : 1 혼합 용액의 마이얄 반응생성물로서 추출, 분리된 노란색의 착색 화합물로서 후라논 유도체(furanone derivatives)의 한 예이며, Ⅱ는 후란-2-카아복살데하이드와 L-알라닌 또는 L-프롤린(L-proline)의 마이얄 반응생성물로서 추출, 분리된 빨간색의 파이롤리논 유도체들(pyrrolinone derivatives)의 한 예이다.
출처: Ⅰ. Hofmann, T.. 1998a. Ⅱ, Hofmann, T., 1998b.

이 빨간색의 반응생성물들은 그림 11-17의 Ⅱ로 표시된 N-(1-ethenyl)-2(Z)-2-(furylmethylene)-4(E)-(1-formyl-2-furyl-1-ethenyl)-5-(2-furyl)-3(2H)-pyrrolinone과 이 입체이성체이다. 즉 두 개의 이성체(isomers)관계에 있는 파이롤리논 유도체들(pyrrolinone derivatives)이다.

호프만(Hofmann, T., 1998c)은 또한 포도당(D-glucose)과 알라닌(L-alanine) 또는 글라이신(glycine)의 혼합 용액을 가열했을 때 형성되는 착색 마이얄 반응생성물들(colored MRPs)의 분자량은 대부분의 경우 1,000달톤(dalton, Da, 질량 단위, 과거의 분자량과 수치상 동일함) 이하였다고 한다. 착색된 중합체들의 분자량이 3,000 이상의 경우는 그 비율로 볼 때 흔적(trace) 정도라고 한다. 그리고 일반 식품류를 조리할 때나 가공 식품류에 착색된 고분자 반응생성물들이 형성되는 일은 일부 특수한 경우를 제외하고는 가능성이 적다고 한다.

그러나 단백질들과 당류 사이의 마이얄 반응, 예로서 우유 단백질 카세인(casein)과 환원당류 사이의 마이얄 반응에 있어서는 당류나 산화, 분해된 당류 생성물들에 의해서 야기된 단백질, 즉 여기서는 카세인 분자들이 중합화(重合化, oligomerization)할 경우에 마이얄 반응생성물들의 분자량이 갑자기 증가할 수 있다고 한다.

앞에서 말한 카세인(casein)과 포도당(D-glucose)의 마이얄 반응에서는 43% 이상의 마이얄 반응생성물들은 그 분자량이 100,000 이상인 원래 카세인 분자들의 5중체들(pentamers) 또는 그 이상의 중합도(重合度)를 가진 올리고 중합체들(oligomers)의 형태로 존재한다고 한다.

이와 같은 예는 마이얄 반응에서 형성되는 멜라노이딘 색소들의 형성 과정이 반응 성분들의 특성, 반응 조건들에 의해서 그 형성 과정이 다양하며, 획일적이 아님을 시사하는 것이다.

한편 호프만들(Hofmann, T.. Bors, W. and Stettmaier, K., 1999)은 마이얄 반응은 꼭 고온에서만 반응 시스템의 갈색화가 일어나는 것이 아니라 37℃의 인체 내에서도 잘 진행된다는 사실을 강조하고 있다.

즉, 이들은 37℃의 인체 내에서도 고도로 진행된 카아보닐-아미노기 반응의 결과 형성된 갈색화 반응 생성물들(advanced glycation end products, AGE products)이 인체 조직의 여러 곳(in various human tissues)에서 볼 수 있으며, 예로서 헤모글로빈 내부에서, 안구(眼球)의 렌즈의 단백질들(in lens proteins of the human eyes)에서 쉽게 발견된다. 그리고 이들 마이얄 반응의 고도 진행 형성물들(AGE products)의 농도는 연령(age), 당뇨병 환자들의 경우 그 증세의 진행도(severity of diabetes)와 관련이 있는 것으로 생각되고 있다.

또한 이상과 같은 당류와 단백질 분자들의 유리 아미노 그룹들(free amino groups)을 통한 마이얄 갈색화 반응은 생체 내에서뿐만 아니라, 각종 식품류에서도 널리 일어나고 있으며, 이렇게 형성된 착색 중합체들, 즉 멜라노이딘류에서 유리 라디칼들(free radicals)의 존재와 활동이 검출된 사실들이 계속 보고되고 있다.

따라서 호프만들(Hofmann, T. *et al.*, 1999)은 우유의 알뷰민(milk albumin)과 마이얄 반응에 참여한 각종 환원당류의 산화, 분해(oxidative degradation)에서 쉽게 형성되는 글라이콜알데하이드(glycolaldehyde, HO - $CH_2CH{=}O$)의 수용액을 가열할 때 형성되는 오렌지색 - 갈색의 멜라노이딘류(melanoidines)에 대해서 EPR 스펙트러메타(electron paramagnetic resonance spectrometer)를 이용한 스펙트럼 분석을 실시한 결과 단백질 분자와 결합한 1,4-비스 (5-아미노-5카아복시-1-펜틸) 피라지늄 라디칼 양이온[1,4-bis-(5-amino-5-carboxy-1-pentyl)pyrazinium radical cation, CROSSPY]

의 존재가 확인되었다고 한다.

이 라디칼 양이온(CROSSPY)은 종전에는 알려지지 않았던, 단백질 분자들의 횡적 결합(cross-linked)을 주도해서 단백질 분자들의 이중체 형성(dimerization)을 가져오는(즉, 여기서 설명한 기능 또는 그런 기능 그룹을 CROSSPY라고 Hoffmann들은 표현하고 있다), 아미노산에서 만들어진 라디칼 양이온(free radical cation)이라고 할 수 있다(그림 11-18 참조).

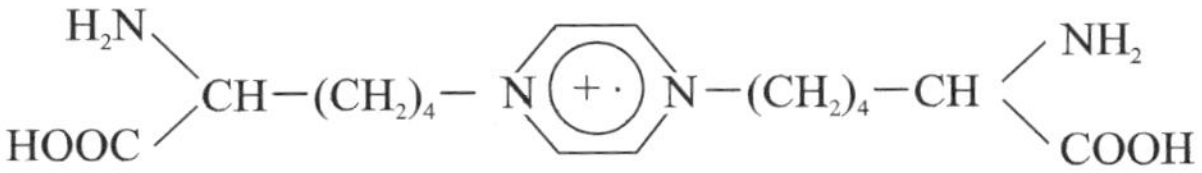

H_2N ＼ / NH_2
CH−$(CH_2)_4$− N(+·)N −$(CH_2)_4$−CH
HOOC / ＼ COOH

[그림 11-18] 식품류 또는 생체 내에서의 마이얄 반응을 촉진해 주는 단백질 분자들 사이의 횡적 결합을 주도하는 아미노산(protein-cross linking amino acid)에서 쉽게 형성되는 1,4-bis(5-amino- 5-carboxy- 1-pentyl)pyrazinium radical cation, (CROSSPY)의 구조.
출처: Hofmann, T. *et al.*, 1999.

이들은 우유의 알뷰민과 글라이콜알데하이드 사이의 마이얄 갈색화 반응은 비교적 낮은 온도에서도 급격하게 진행되었으므로, 인체와 같은 생체 내에서 실제 일어날 가능성이 큰 것으로 보고 있다.

이들은 계속해서 고도의 갈색화가 진행되는 구운 빵의 외피(bread crust), 볶은 코코아(roasted cocoa), 볶은 커피콩(roasted coffee beans) 등을 EPR 스펙트럼 분석법으로 조사한 결과, 매우 강력한 피라지늄 라디칼 양이온의 존재가 검출되었으며, 그 라디칼의 형태는 이상의 식품들 중의 단백질들과 결합된 형태와 같았다고 설명하고 있다.

마이얄 반응에 영향을 주는 요인들

마이얄 반응에 영향을 주는 요인(要因)들에 대해서 포괄적으로, 간결하게 설명하는 일은 첫째로 마이얄 반응의 여러 국면(aspect)들에 대해서 과거보다는 더 본격적인 여러 연구들이 진행 중인 현시점에서 어떤 만족스러운 설명을 한다는 것은 어려우며, 둘째로 마이얄 반응의 어떤 국면을 다루고 있는지에 따라서 설명의 중점도 달라질 수 있을 것이다.

여기서는 다만 일반적인 마이얄 반응의 진행 과정에 있어서 온도, 수분 함량, pH, 당의 종류, 아미노산들의 종류, 반응물질들의 농도 등에 대해서 극히 간단하게 설명하고자 한다.

온도의 영향 마이얄 반응의 속도에 가장 큰 영향을 주는 요인(factor)은 아마도 온도일 것이다. 슈타트맨들(Stadtman, F. H. *et al.*, 1952)에 의하면, 포도당(농도 2.4M), 글라이신(glycine, 농도 1M)의 혼합 용액을 100℃에서 2시간 가열했을 때 일어난 갈색 정도는 같은 혼합 용액을 56.5℃에서 250시간 후에 도달하는 갈색 정도와 동일하였다고 보고하고 있다.

한편, 김들(Kim, Y. N. *et al.*, 1982)은 0.05M의 포도당과 알지닌(alginine)의 혼합 용액에서는 100℃까지는 Q_{10}이 2.12, 온도가 100℃를 넘을 때에는 이보다 더 빨리 진행되었다고 보고하고 있다. 반응속도는 반응물질들(reactants)의 성질에 크게 의존하는 듯하다. 일반적으로 마이얄 갈색화 반응의 실온에서의 온도계수(temperature coefficient) Q_{10}은 보통 3 정도로 생각되고 있다.

한편 한 마이얄 반응에 적용되는 온도는 그 마이얄 반응의 반응속도뿐만 아니라, 반응 과정, 아마도 반응기구에도 영향을 주어서 반응생성물들의 종류나 그 조성에 영향을 줄 수 있는 점에도 유의할 필요가 있다.

슈들(Shu, C. K. *et al.*, 1994)은 포도당과 수산화암모늄(NH_4OH) 사이의 75~150℃에서의 마이야 반응에서 낮은 쪽의 온도에서 진행된 마이야 반응의 경우, 주요 생성물은 이미다졸(imidazole)이었으나, 높은 쪽 온도에서 진행된 마이야 반응의 경우, 그 주요 생성물들은 알킬피라진류와 하이드록시알킬피라진류(alkyl-pyrazines and hydroxyalkyl pyrazines)였다고 한다. 이들은 고온에서의 마이야 반응의 경우, 포도당의 산화, 분해의 결과 형성된 글리세르알데하이드(glyceraldehyde)에서 하이드록시메틸다이하이드로피라진이 형성된 후, 이 화합물에서 다시 2-하이드록시메틸피라진(2- hydroxymethylpyrazine)과 메틸피라진(methylpyrazine)이 형성되는 것으로 설명하고 있다.

수분의 영향 수용액의 형태로 있는 경우는 물론, 고체 식품의 경우에도 그 속에 존재하는 수분 함량은 마이야 갈색화 반응에 큰 영향을 준다.

제1장에서 이미 언급했듯이 고체 식품의 경우 그 수분 함량이 1% 이하에서도 갈색화 반응은 계속 진행되는 사실이 알려져 있다. 한편 갈색화 반응속도는 수분의 함량이 커질수록 급증하나 일반적으로 수분활성도(water activity)는 0.6에서 0.8 사이에서 최대치(maximum value)를 가진 후 다시 감소하는 경향을 갖는다. 이와 같은 갈색화 반응속도의 감소는 수분 증가에 의한 반응물질의 희석효과(dilution effect)에 따른 것으로 생각되고 있다.

pH의 영향 pH는 일반적으로 갈색화 반응속도뿐만 아니라, 그 반응 과정에도 큰 영향을 준다. 언더우드들(Underwood, J. C. ; Reynolds, T. M., 1963 참조)은 자일로오스와 글라이신 또는 알라닌(alanine)의 혼합 용액에서의 마이야 반응에 있어서는, 일반적으로 pH 1에서 3 사이에서 갈색화 반응의 속도가 가장 느렸으며, pH가 알칼리성 쪽으로 기울어질수록 그 속도는 커졌다고 한다. 이들의 결과에 의하면, 갈색화 반응속도의 크기의 순서는 다음과 같다.

$$\text{pH } 6.5\sim8.5 \ > \ \text{pH } 3\sim5 \ > \ \text{pH } 1\sim2$$

많은 연구자들에 의하면, 마이야 반응의 속도는 pH가 10이 될 때까지는 계속 증가한다고 하나 우리가 먹는 모든 형태의 식품에서 그 pH가 7보다 알칼리성인 경우는 일부 가공 식품들의 경우를 제외하고는 드물다.

렌들(Renn, P. T. and Sath, S. K., 1997)은 D-포도당과 L-류우신(L-leucine)의 각각 2 : 1, 1 : 1, 1 : 2의 몰비율(molar ratio)의 수용액을 pH 7~10, 온도 100℃와 122.5℃(후자의 경우 오토클레이브 장치 사용)에서 반응시켜서, 각 조건들과 이 마이야 반응의 속도 사이의 관계(상관관계)를 조사하고 있다.

이들에 의하면, pH 9~10에서 100℃의 가열 온도에서의 갈색화(brown color development)는 L-류우신 함량의 과잉상태의 조건에서 가장 빨리 진행되었으며, 122.5℃에서는 D-포도당의 손실이 역시 L-류우신의 함량이 과잉상태였을 때 가장 컸었다고 한다. 이들은 결론적으로 반응온도와 초기 pH는 D-포도당의 손실과 뚜렷한 관련(각각 $\gamma=1.00$ 및 $\gamma=0.85$)이 있었다고 설명하고 있다.

한편, 아잔두즈들(Ajandouz, E. H. and Puigserver, A., 1999)은 D-포도당과 성인에 대한 필수 아미노산들(essential amino acids for adults)로 알려진 8개의 아미노산에서 L-아이소류신을 제외한 필수 아미노산들 중 L-라이신(L-lysine), L-메싸이오닌(L-methionine), L-쓰레오닌(L-threonine)들과의 각각 0.05M 혼합 용액을 pH 4, 6, 8, 10, 12에서 100℃로 가열하면서, 각 마이야 반응 용액들의 갈색화 진행 정도(development of the brown color)를 시간에 따라(120분 계속) 420nm에서의 흡광도(absorbance at 420nm)로 표시하고 있다(그림 11-19 참조).

가장 갈색화가 빨리 진행된 D-포도당과 L-라이신으로 구성된 마이야 반응 용액의 경우 pH 12.0, 10.0, 8.0, 6.0에서의 갈색화 진행 정도는 그림 11-19와 같았다고 한다. 즉, pH가 4.0에서 12.0으로 증가함에 따라 갈색화 반응은 급격히 진행되었음을 잘 알 수 있다. D-포도당과 L-메싸이오닌의 경우나, D-포도당과 L-쓰레오닌의 경우에는 갈색화 진행 정도는 L-라이신의 경우와 비교해서 훨씬 느렸으나, pH가 4.0에서 12.0으로 증가함에 따라 갈색화의 진행속도는 급속도로 증가했었다고 한다.

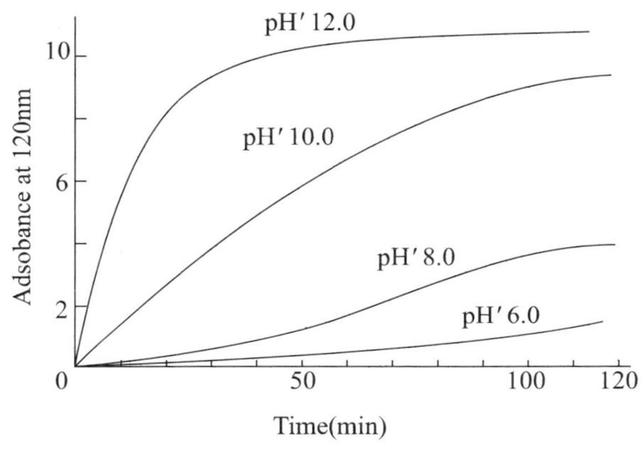

[그림 11-19] D-포도당 0.05M과 L-라이신 0.05M의 마이야 반응액을 온도 100℃, pH 4.0 ~ pH 12.0에서 가열했을 때의 시간에 따른 갈색화의 진행정도(420nm에서의 흡광도, absorbance at 420nm)를 표시한 그림. 갈색화가 거의 일어나지 않았던 pH 4.0의 경우는 제외하고 있음.
출처 : Ajandouz, E. H. and Puigserver, A., 1999.

당의 종류 일반적으로 설탕보다는 헥소오스류, 펜토오스류와 같은 환원성 단당류의 경우에 그 갈색화 속도가 크며, 헥소오스류와 펜토오스류의 경우에는 라이보오스(D-ribose), 자일로오스(D-xylose), 아라비노오스(L-arabinose) 등 펜토오스류의 갈색화 속도가 월등하게 더 큰 사실이 알려져 있다.

펜토오스류 중에서는 라이보오스가 갈색화 반응을 가장 잘 일으키는 것으로 생각되고 있다.

펜토오스류 > 헥소오스류 > 설탕

한편 양들(Yang, R. and Shin, D. B., 1980)은 마이야 갈색화 반응의 색깔은 당류와 아미노산의 몰농도가 1 : 1일 때 가장 강했으며, 당류의 종류에 따른 색깔의 강도(intensity)의 크기 순서는 다음과 같다고 보고하고 있다.

자일로오스 > 아라비노오스 > 프럭토오스 > 포도당

아미노산의 종류 마이야 갈색화 반응(Maillard browning reaction)의 속도에 미치는 아미노산들(amino acids)의 종류별 영향은 아직 확실하게 알려져 있지 않은 것 같다. 다만 알라닌(alanine, 즉 α-alanine), β-알라닌(β-alanine)의 경우에는 β-알라닌의 반응속도가 더 크다고 일려져 있다.

한편 α-, β- 및 γ-아미노뷰티린산(α-, β- and γ-aminobutyric acid)의 반응속도는 아미노기(amino group)가 γ- 위치에 있을 때 가장 크며, β- 위치의 경우 그 다음, 그리고 α- 위치에 있을 때 가장 적은 사실이 알려져 있다.

이와 같은 사실은 아미노산의 아미노 그룹이 유기산 그룹(carboxyl group)보다 멀리 떨어져 있을수록 입체적(立體的)으로 당류 또는 당류 유도체들의 카아보닐 그룹과의 접근이 용이하며, 반응하기 쉬워지기 때문인 것으로 설명되고 있다. 실제로 라이신(lysine), 알지닌(arginine) 등의 염기성 아미노산들 분자의 끝에 있는 아미노기는 반응성이 크며, 중성(中性, neutral) 아미노산들보다는 유기산기가 없는 아민 화합물들의 반응성이 더 큰 사실이 알려져 있다.

이와 관련해서 앞에서 말한 아잔두즈들(Ajandouz, E. H. and Puigserver, A., 1999)은 100℃, pH 7.5에서 D-포도당 0.05M과 필수 아미노산인 L-라이신(L-lysine), L-트립토펜(L-tryptophen), L-페닐알라닌(L-phenylalanine), L-베일린(L-valine), L-류우신(L-leucine), L-메싸이오닌(L-methionine), L-쓰레오닌(L-threonine) 등의 각각 0.05M 같은 농도의 수용액(equimolar solution)의 가열 시간(min)에 따른 갈색화 진행 정도(development of the brown color)를 표시하기 위해, 420nm의 흡광도(absorbance at 420nm)로 표시한 도표(그림 11-20)를 제시하고 있다. 이 이외에도 이들은 D-포도당 0.05M 용액 단독의 경우 100℃, pH 7.5에서의 시간에 따른 갈색화 진행 정도도 함께 조사하였다(그림 11-20 참조).

이들의 실험 결과에 따르면, D-포도당과 L-라이신과의 마이얄 반응시 그 갈색화가 가장 컸으며, 그 다음 L-트립토펜, L-페닐알라닌, L-류우신, L-메싸이오닌, L-쓰레오닌의 순서였었다고 한다. L-쓰레오닌과 D-포도당의 마이얄 반응에 의한 갈색화는 D-포도당의 단독적인 갈색화, 즉 캬라멜화 반응(caramelization reaction)의 경우와 거의 비슷했던 것으로 나타나고 있다.

한편 이상의 D-포도당과의 마이얄 반응에서 그 반응성이 가장 컸던 아미노산부터 순서대로 적으면 다음과 같다.

L-라이신 ≫ L-트립토펜 ≫ L-페닐알라닌 > L-베일린, L-류우신, L-메싸이오닌 > L-쓰레오닌, D-포도당

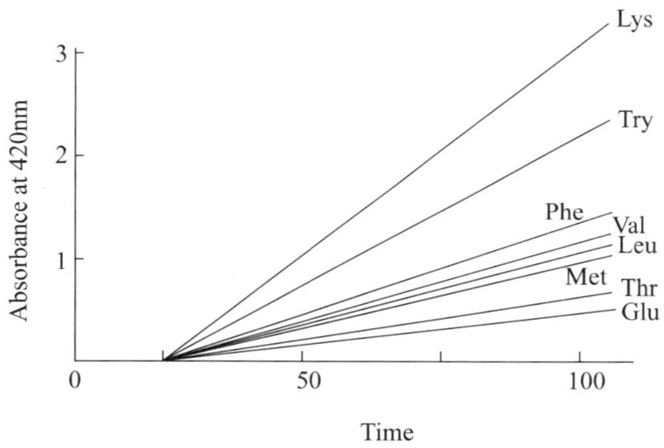

[그림 11-20] 100℃, pH 7.5의 조건 하에서 포도당 단독(0.05M)과 D-포도당과 필수 아미노산들 L-라이신(Lys), L-트립토펜(Try), L-페닐알라닌(Phe), L-베일린(Val), L-류우신(Leu), L-메싸이오닌(L-Met), L-쓰레오닌(Thr) 등의 각각 0.05M 동농도 수용액의 가열 시간(Time, min)에 따른 갈색화 진행 정도(420nm의 흡광도, Absorbance로 표시). 초기 20분 전후의 유도기간(induction periods, 또는 lag times)에 유의. Glu는 D-포도당임. 출처: Ajandouz, E. H. and Puigserver, A., 1999.

또한 이상의 모든 갈색화 반응이 시작될 때 18~24분의 유도기간(induction periods, 또는 lag times)이 관찰되었다는 점에 대해서는 특별히 유의할 필요가 있는 것 같다. pH가 중성 영역, 즉 pH 7 전후에서는 이상의 갈색화 반응은 전술한 유도기간을 거친 후, 의사 영차 반응속도(pseudo-zero-order kinetics)를 가졌으며, 그 반면에 D-포도당이나 L-아미노산의 마이얄 반응 중의 손실(loss)은 모든 pH 영역에서 제1차 반응속도 식에 따르지 않았다고 한다.

한편 이상의 마이얄 반응에서 pH가 8.0 이상, 특히 pH가 10.0 이상인 경우에는 D-포도당은 L-아미노산들보다 더 빠른 속도로 분해되었다고 한다. 아잔두즈들(Ajandouz, E. H. and Puigserver, A., 1999)은 D-포도당 단독의 갈색화 반응, 즉 다음에 설명하게 될 캬라멜 반응(caramelization reaction)은 pH가 10.0 이상에서는 비교적 빠른 속도로 활발하게 일어날 수 있으므로(그림 11-21 참조) 알칼리 처리 등으로 주변 pH가 알칼리성이 되기 쉬운 가공 식품류의 경우 급속한 갈색화의 진행에는 마이얄 갈색화 반응의 진행 이외에 D-포도당과 같은 당류의 캬라멜화 반응의 영향도 고려해야 할 것으로 생각하고 있다.

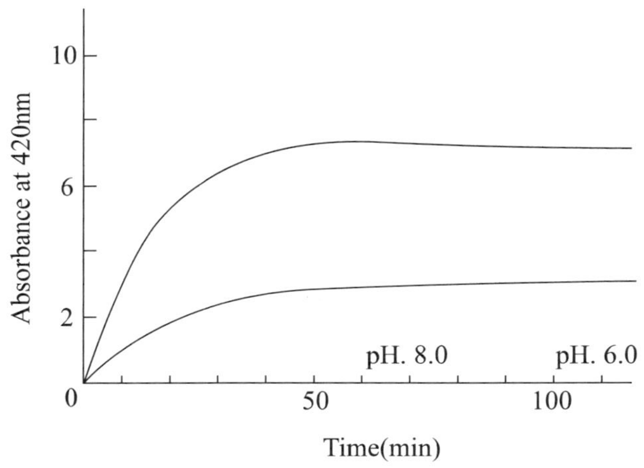

[그림 11-21] D-포도당 0.05M 단독 용액을 온도 100℃, pH 4.0~pH 12.0에서 가열했을 때의 시간에 따른 갈색화의 진행 정도(absorbance at 420nm)를 표시한 그림. pH 4.0의 경우는 제외됨.
출처 : Ajandouz, E. H. and Puigserver, A., 1999.

$$Y = K \times [S][A]^2[T]^2$$

K : 속도항수(rate constant)

[S] : 환원당의 농도

[A] : 유리 아미노기(amino acid end-group)를 가진 질소화합물의 농도

반응물질의 농도 엘리스(Ellis, G. P., 1959)에 의하면, 마이얄 갈색화 반응에 의해서 형성되는 갈색 색소의 양 Y는 온도가 일정할 때는 환원당(reducing sugar)의 농도 [S]에 비례하고, 유리 아미노기(amino acid end-group)를 가진 질소화합물(nitrogen compound)의 농도 [A]와 경과시간 [T]의 제곱에 각각 비례한다고 한다. 즉 형성된 갈색 색소의 양 Y는 다음과 같은 식에 의해서 표시된다는 것이다.

캬라멜화 반응

본래의 캬라멜(caramelization)이라는 용어(用語)는 본문 제5장의 설탕의 가열에 의한 변화, 캬라멜화에서 설명한 바와 같이 각종의 가당 가공식품류(加糖 加工食品類), 특히 캔디류(candies) 등의 당과류(糖菓類)의 주요 성분이 되는 설탕(sucrose)은 융점(보통 185℃ 정도) 이상에서 용융되며 융점는 설탕이 함유하고 있는 미량의 수분 함량에 따라 그 융점이 민감하게 변화하며 수분 함량이 커질수록 융점은 내려간다. 보통 시판되고 있는 설탕은 180~183℃ 전후에서 용융되기 시작한다. 계속되는 가열에 의해서 열분해 반응(thermal degradation), 열축합 중합반응(thermal condensation) 등이 계속되어 점차로 심하게 착색(着色, 황갈색→흑갈색)된 캬라멜류(caramels)로 알려진 중합체들을 형성하는 과정을 지칭하여 왔다.

한편 실제적으로 캔디류 등 당과류를 만들 때는 물엿(포도당, 맥아당, 말토올리고당류와 덱스트린 등을 포함)이 또 하나의 주요 원료가 되고, 가열 온도는 115~150℃ 정도의 온도가 사용되는 것으로 알려져 있다(본문 제6장, p. 395 참조).

그러나 여기서 주로 설명하고자 하는 캬라멜화 갈색화 반응은 포도당 등 환원당, 그리고 일반 당류의 수용액에서의 또는 충분한 수분 함량 아래 상온(常溫) 또는 100℃를 크게 넘지 않은 시스템(system)에서의 당류만의 갈색화 반응(nonamino-carboxyl reaction)의 반응기구와 반응생성물들을 다루고자 하고 있다. 포도당 단독의 0.05M 용액의 갈색화가 포도당 수용액과 일부 아미노산 존재하(각각 0.5M씩 함유하는 동농도 혼합 용액들)의 경우와 갈색화의 정도가 거의 비슷한 사실에 대해서는 이미 언급한 바가 있다.

한편 본래의 캬라멜화에서 일어나는 반응기구나 반응생성물들이 저온에서 서서히 일어나는 갈색화 반응들에서도 영향을 주고 있는 사실은 인정하지 않을 수 없을 것으로 생각된다.

그리고 간장이나 된장의 색깔은 주로 마이얄 갈색화 반응에 기인된 것으로 믿어지고 있으나, 이 캬라멜화에 의한 착색(着色)에도 어느 정도는 기여하고 있을 것이다. 또한 캬라멜화 반응에서 형성되는 각종 가열 분해물들에 의한 색깔뿐만 아니라 향기나 맛에 대한 기여도 무시할 수는 없다.

월터들(Walter, B. H. *et al.*, 1968)에 의하면, 설탕(sucrose)의 가열 분해(pyrolysis, 즉 thermal degradation)에 의해서 형성되는 휘발성 물질들로서 아세톤(acetone), γ-부티롤락톤(γ-butyrolactone) 등의 락톤류, 훌후랄(furfural)을 비롯한 각종 훌후랄의 유도체들, 2-아세토후란(2-acetofuran)과 같은 후란 유도체들, 2-부타논(2-butanone)과 같은 케톤류, 초산(acetic acid), 페놀(phenol) 등이 검출되었다고 한다(표 11-3 참조).

이와 같은 휘발성 성분들은 그 대부분이 설탕을 산으로 가수분해할 때(acid hydrolysis) 형성되는 화합물들이기도 하기 때문에, 이상의 물질들은 설탕을 가수분해할 때 함께 일어나는 일부 부차적 반응들(side reaction)과 비슷한 과정들에 의해서 형성되는 것이 아닌가 생각되고 있다.

한편, 로한(Rohan, T. A., 1970)은 당류의 휘발성 자연분해 생성물들과 그 향미, 즉 맛과 냄새들을 조사한 후 표 11-4과 같이 표시하고 있다.

이들 당류의 자연분해 또는 비교적 저온(예 30~40℃)에서의 분해 형성물들의 종류는 고온에서의 캬라멜화 갈색화 반응의 결과 형성되는 화합물들과 거의 비슷하다. 이상과 같은 당 분해 형성물들의 매우 다양한 맛과 냄새에 비추어볼 때, 당류를 많이 함유한 식품들의 가공 중 형성되는 향미들이 캬라멜화 갈색화 반응의 결과 형성된 많은 당 분해 생성물들의 향미에 의해서 크게 영향 받을 것임은 자명하다.

표 11-3 가열된 포도당(250℃)의 휘발성 성분에서 검출된 화합물들1).

후란(furan) 2-메틸후란(2-methylfuran)	4-하이드록시-2-펜텐노인산, γ-락톤 (4-hydroxy-2-pectenoic acid, gamma lactone)
다이아세틸(diacetyl, butadione) 훌후랄(2-furaldehyde, furfural)	1-(2-훌릴)-프로팬-1,2-다이온 (1-(2-furyl)-propane-1,2-dione)
2-아세틸후란(2-acetylfuran 5-메틸-2-훌랄데하이드 (5-methyl-2-furaldehyde)	3-메틸사이클로펜틴-1,2-다이온 (3-methylcyclopentane-1,2-dione) 초산(acetic acid)
	페놀(phenol)

1) Gas-liquid chromatography 및 mass spectrophotometry의 두 방법에 의해서 확인된 것에만 국한.
Walter, B. H. and Fagerson, I. S. 1968. *J. Food Science*, 33, 294.

표 11-4 당류의 휘발성 자연분해 생성물(volatile spontaneous degradation products)의 냄새와 맛.

당의 자연분해	냄새	맛
의산(formic acid)	쏘는 듯한 냄새(stinging)	신맛(sour)
초산(acetic acid)	쏘는 듯한 냄새(stinging)	신맛(sour)
유산(lactic acid)	무(none)	신맛(sour)
피루빈산(pyruvic acid)	식초냄새(acetic)	신맛(sour)
레뷸리닌산(levulinic acid)	무(none)	신맛(sour)
홈알데하이드(formaldehyde)	질식시키는 듯한 냄새(suffocating)	—
아세트알데하이드(acetaldehyde)	질식시키는 듯한 냄새(suffocating)	—
글라이콜알데하이드(glycolaldehyde)	무(none)	단맛(sweet)
글라이옥살(glyoxal)	자극적 냄새(pungent)	단맛(sweet)
락트알데하이드(lactaldehyde)	무(none)	쓴맛(bitter)
다이하이드록시아세톤(dihydroxyacetone)		단맛(sweet)
다이아세틸(diacetyl)	버터 냄새(buttery)	자극적인 맛(sweet)
훌후릴 알콜(furfuryl alcohol)	꽃 또는 과실냄새(fragrant, fruit)	쓴맛(bitter)
4-하이드록시-2,5-다이메틸-3(2H)-후라논	캬라멜 냄새(caramel)	따끔한 맛(burning)
(4-hydroxy-2,5-dimethyl-3(2H)-furanone)	탄 파인애플(burnt pineapple)	단맛(sweet)
말톨(maltol)	꽃향기, 캬라멜(fragrant, caramel)	쓴맛(bitter) 단맛(sweet)

Rohan, T. A. 1970. *Food Technol.*, 24, 1220.

캬라멜화 반응의 기구

캬라멜화 반응의 기구(mechanism)는 많은 연구에도 불구하고 아직 명백하게 규명되고 있지는 않다. 그러나 현재까지의 연구 결과들에 의하면, 캬라멜화 반응은 일반적으로 다음과 같은 여러 단계로 구성되어 있는 것으로 생각된다. 즉 당류는 가수분해 되어 일단 헥소오스, 펜토오스 등의 환원당이 된 후,

1. 로브리 드 브륀-알버다 반 에켄수타인 전위(Lobry de Bruyn-Alberda van Eckenstein rearrangement)를 거쳐,

2. 마이얄 반응에 있어서와 같은 여러 산화생성물들이 형성된 후, 하이드록시메틸 훌후랄(hydroxy methylfurfural), 후란(furan) 등의 유도체들이 형성되며,
3. 한편 이상의 산화생성물들은 계속 산화되어 레불리닌산(levulinic acid), 락톤류(lactones), 휘발성 카아보닐 화합물들(volatile carbonyl compounds)도 형성하며,
4. 이상의 여러 화합물들의 상호작용에 의해서 축합, 중합반응 등이 일어나 갈색으로 착색된 휴민물질들(humin substances)이 최종적으로 형성되는 여러 단계들이 있다.

로브리 드 브륀-알버다 반 에켄수타인 전위 로브리 드 브륀-알버다 반 에켄수타인 전위(Lobry de Bruyn-Alberda van Eckenstein rearrangement)는 마이얄 갈색화 반응(Maillard browning reaction)에 있어서의 아마도리 전위(Amadori-rearrangement)와 여러 면에서 대조적인 반응이며, 아마도리 전위가 마이얄 반응 전체의 관문(關門)이 되는 것과 마찬가지로 이 로브리 드 브륀-알버다 반 에켄수타인 전위는 캬라멜화 갈색화 반응(caramelization browning reaction)의 관문이 되는 매우 중요한 반응이다.

한편 아마도리 전위가 글라이코실아민(glycosylamine)을 대응하는 케토오스아민(corresponding ketoseamine)으로 전위시키며, 이 과정에서 엔-다이올 시스템(ene-diol system)을 가진, 반응성이 매우 강한 중간체(a highly reactive intermediate with an ene-diol system)가 형성되는 전위인 것처럼, 캐러멜화 반응의 초기 단계에 일어나는 로브리 드 브륀-알버다 반 에켄수타인 전위는 알칼리성 또는 피리딘(pyridine)과 같은 수소 이온(proton, H^+)에 강한 친화력(親和力)을 가진 염기성 화합물(basic compound)의 존재 하에 D-알도오스의 수용액에서 일단 반응성이 큰, 엔다이올 시스템을 가진 중간체(highly reactive intermediate)가 다시 수소 원자의 위치 이동에 따라 해당하는 D-케토오스(D-ketose)와 D-알도오스의 C_2- 위치(두 번째 탄소원자)의 입체 이성체인 L-알도오스(L-aldose, C_2-epimer)를 가역적 반응들(reversible reaction)을 통해서 형성하는, 전체적으로 볼 때 가역적인 3-방향의 전위(reversible three-way rearrangement)라고 할 수 있다(그림 11-22 참조).

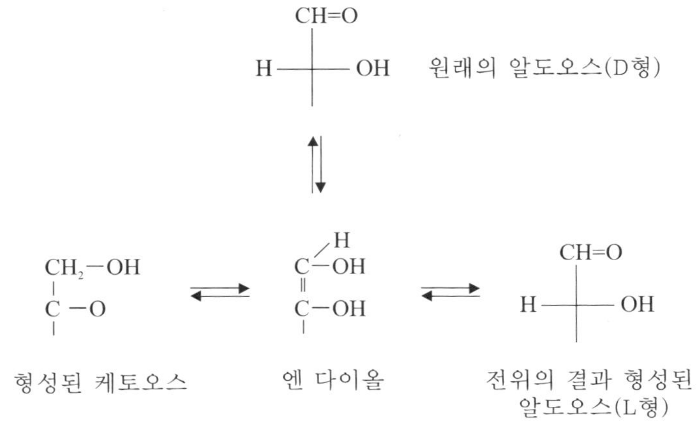

CH=O
H—┼—OH 원래의 알도오스(D형)

⇅

CH_2-OH / C −O ⇄ C(H)−OH ‖ C−OH ⇄ CH=O / H—┼—OH

형성된 케토오스 / 엔 다이올 / 전위의 결과 형성된 알도오스(L형)

[그림 11-22] 로브리 드 브륀-알버다 반 에켄수타인 전위.

이 전위는 한 알도오스에서 대응하는 케토오스(the corresponding ketose)가 형성되는 전위(轉位, rearragement)로서, 이 전위의 중심이 엔-다이올 시스템을 가진, 활성이 큰 중간체라는 점들은 아마도리 전위가 글라이코실아민(a glycosylamine)이 대응하는 케토오스아민(the corresponding ketoseamine)을 형성하는 점, 그리고 아마도리 전위의 중심이 역시 엔-다이올 시스템을 가진 활성이 큰 중간체라는 점들과 매우 흡사하다.

원래의 D-알도오스는 알칼리성 수용액 또는 피리딘(pyridine) 같은 염기성 화합물(a basic compound) 존재 하에서는 일단 중간체인 엔-다이올(intermediate ene-diol)을 경우해서, 해당하는 케토오스(a corresponding ketose)와 C_2 입체 이성체(a C_2-epimer)인 해당하는 L형의 알도오스(a corresponding L-aldose)를 형성하는 가역적인 3-방향의 전위(reversible three-way rearrangement)이다. 그러나 알도오스에서 대응하는 케토오스(a corresponding ketose)가 형성되며, 전위의 중심 중간체가 활성이 큰 엔-다이올(ene-diol)이라는 점에서 아마도리 전위와 매우 흡사하다.

산화생성물들 및 하이드록시메틸 훌후랄 및 그 유도체들의 형성 앞에서 말한 전위에 의해서 형성된 케토오스는 대체로 마이얄 반응의 중간 단계에서와 같은 여러 과정들, 즉 D-포도당 또는 D-과당의 경우 활성이 큰 C_1, C_2 위치에 엔다이올 시스템을 가진 에놀형(enol form)의 중간체를 거쳐, 다시 3-데옥시오존을 거쳐서 5-하이드록시메틸-2-훌후랄(5-hydroxymethyl-2-furfural, 5-HMF), 또는 이와 유사한 훌후랄 유도체들(furfurals)을 형성한다.

다만 이상과 같은 여러 과정들은 아민 화합물들에 의해서 활성화(activate)되는 마이얄 반응의 경우와 같이 쉽게 일어나지 않으며, 지속적인 가열 또는 아주 장기간의 자연 방치 등에 의해서만 가능하다. 만레이들(Manley, C. H. and Fagerson, I. S., 1970)은 이상의 5-HMF 형성 과정을 그림 11-23과 같이 설명하고 있다.

레덕톤, 후란, 레불리닌산, 락톤류의 형성 이와 같이 형성된 훌후랄 유도체들은 케토오스(ketose)의 산화생성물들(oxidation products)과 함께 더욱 산화되어 레덕톤류(reductones), 후란 유도체들(furan derivatives), 레불리닌산(levulinic acid), 락톤류(lactones), 예로서 α- 또는 β-안젤리카 락톤류(α- or β-angelica lactones) 등을 형성한다.

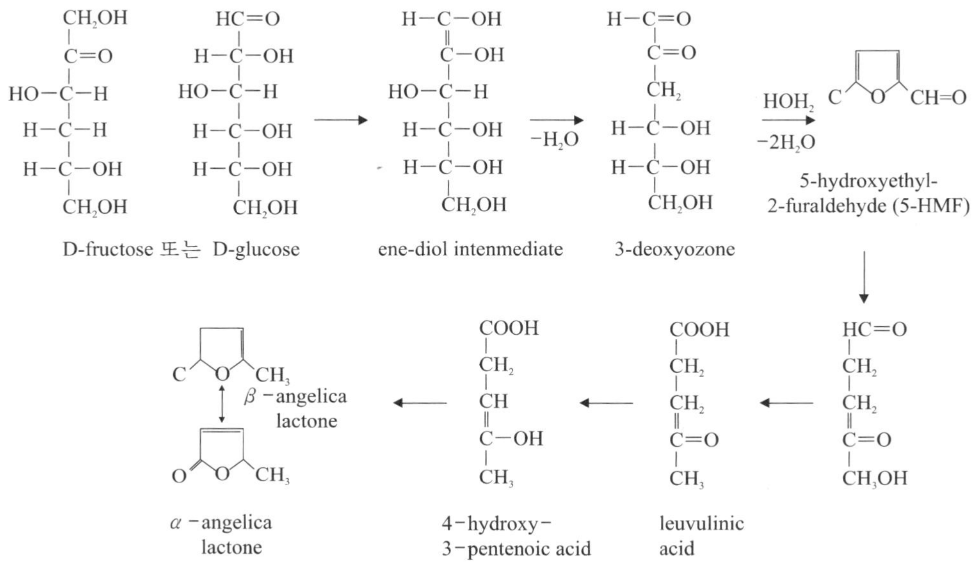

D-fructose 또는 D-glucose → ene-diol intenmediate → ($-H_2O$) 3-deoxyozone → (HOH, $-2H_2O$) 5-hydroxyethyl-2-furaldehyde (5-HMF) → leuvulinic acid → 4-hydroxy-3-pentenoic acid → β-angelica lactone / α-angelica lactone

[그림 11-23] 당류(sugars)에서 5-HMF, 레불리닌산(levulinic acid), 안젤리카 락톤류(angelica lactones)들이 형성되는 기구(mechanism)를 표시한 그림.
Manley, C. H. and Hagerson, I. S., 1970, *J. Food Science*, 35, 289.

앞에서 말한 만레이들(Manley, C. H. *et al.*, 1970)은 당류에서부터의 이상과 같은 레불리닌산, 락톤류의 형성 과정을 그림 11-23과 같이 설명하고 있다.

산화생성물들의 분해물질들의 형성 일부 케토오스들의 산화생성물들이나 훌후랄 유도체들, 레덕톤류 등은 계속 산화, 분해(degradation), 분열(fragmentation) 등에 의해서 탄소 수가 더 적은, 즉 분자량이 더 적은 휘발성 카아보닐 화합물들(volatile carbonyl compounds)을 형성한다.

이상과 같은 분열물질들의 예로서는 의산(formic acid), 초산(acetic acid), 피루빈산(pyruvic acid), 아세트알데하이드(acetaldehyde), 폼알데하이드(formaldehyde), 글라이옥살(glyoxal) 등이 있으며(그림 11-14 참조), 이들이 식품의 향미에 대해서 큰 영향을 미치는 사실에 대해서는 이미 언급한 바 있다.

휴민 물질들의 형성 전술한 바와 같은 레덕톤류, 훌후랄 유도체들, 락톤류, 카아보닐 화합물들의 분해 또는 분열생성물들은 매우 반응성이 큰 화합물들이며, 이들은 쉽게 축합(condensation) 또는 중합반응(polymerization)에 의해서 흑색 또는 흑갈색의 휴민 물질들(humins or humic substances)을 형성하게 된다. 이 휴민 물질들의 본질에 대해서는 아직 연구가 진행 중이며, 확실하게 알려진 바 없다.

한편, 토양(soil) 중의 부식토는 휴머스(humus)로 불려 왔으며, 흑갈색의 유기색소들(organic pigments)로써 휴민 물질들(humic substances) 또는 휴민산(humic acid)이 다량 함유되어 있으며, 이상의 성분들은 식물체(植物體)의 낙엽 등의 부식물에서 형성되는 사실이 알려져 있다. 캬라멜화 갈색화 반응에서 얻어지는 휴민 물질들과 형태, 성질이 매우 유사하나 자세한 것은 아직 잘 알려져 있지 않다.

식품 중의 하이드록시메틸 훌후랄(HMF)의 의의

전술한 대로 하이드록시메틸 훌후랄(HMF)은 환원당류(reducing sugar)의 캬라멜화 즉, 마이야 반응의 중간 단계에서 형성되는 반응성이 매우 큰 화합물이며, 일반적으로 온도가 높을수록 이 HMF의 형성량도 많아진다.

한편 훌후랄 자체도 매우 반응성이 강하며, 실온에서도 공기와 접촉된 상태에서는 쉽게 자동산화(autoxidation)에 의해서 산화, 중합되어 흑갈색 또는 흑색의 착색물질(着色物質)들을 만드는 사실이 알려져 있다.

따라서 HMF 등의 형성은 곧 실제로 착색반응(着色反應)을 가져오는 갈색화 반응의 최종 단계가 다가섰음을 의미한다고 볼 수 있다. 이상과 같은 이유로 일부 당 함량이 큰 식품들, 특히 가공식품들에 있어서는 그 속에 함유된 HMF의 함량을 측정함으로써 그 식품의 저장 중의 품질을 검토, 평가하기도 한다.

루우들(Luh, B. S. *et al.*, 1966)은 배 퓨레이(pear purée)의 통조림에서 저장 온도, 저장 일수와 HMF의 형성량 사이의 관계를 조사한 바 있다. 이들은 저장 온도가 0~25℃ 사이에서는 HMF의 형성량은 거의 무시할 수 있을 만큼 미미했으나, 저장 온도가 30~37℃에서는 저장 일수가 늘어남에 따라 HMF의 형성량이 상당히 증가했음을 보여주고 있다(그림 11-24 참조).

한편 루우들(Luh, B. S. *et al.*, 1966)은 HMF의 형성량을 토마토 페이스트 통조림(canned tomato paste)의 저장 중의 품질표시요인(food quality indicator)의 하나로서 사용할 것을 제안하고 있다.

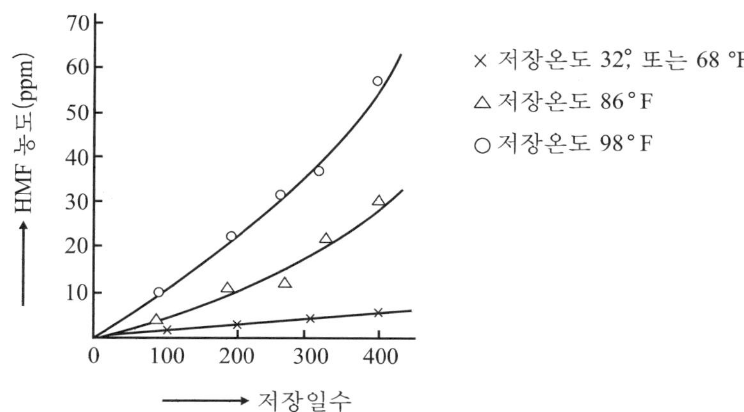

[그림 11-24] 배 퓨레이 통조림(canned pear purée)의 HMF 함량(ppm)과 저장 온도 및 저장 일수 사이의 관계.
Luh, B. S. and Sioud, F. B., 1966, *Food Technol.*, 20, 1952.

유기산 또는 그 염들 존재하의 캬러멜화 반응

환원당들(reducing sugars)은 유기산들 또는 유기산들의 염들이 함께 존재할 때는 환원당 단독으로 갈색화가 진행되는 경우보다 더 쉽게, 더 빨리 갈색화가 일어나는 사실이 전부터 알려져 왔다(Livingston, G. E., 1953 ; Lewis, V. M. *et al.*, 1949 ; Reynolds, T. M., 1965 참조, 또한 Ahn, M. S., 1984 참조). 그렇다고 마이얄 반응과 같이 쉽게 일어나지 않음은 물론이다.

한 연구에 의하면, 포도당의 캬라멜화 반응의 경우, 여기에 초산 소다(sodium acetate), 수산 소다(sodium oxalate), 젖산 소다(sodium lactate) 또는 후말산 소다(sodium fumarate) 등이 첨가될 때는 그 갈색화 반응이 현저히 촉진되기는 하나 글라이신(glycine)과 같은 아미노 화합물들(amino compounds)을 첨가하였을 때와 같이 크게 촉진되지는 않았다고 한다(그림 11-25 참조).

레이놀즈(Reynolds, T. M., 1965)는 "비효소 갈색화 반응의 화학의 제2편"(Chemistry of Nonenzymatic Browning Ⅱ)에서 -"비효소 갈색화 반응의 화학의 제1편"(Chemistry of Nonenzymatic Browning Ⅰ)은 역시 레이놀즈가 집필하고, 1963년에 이미 같은 학술지에 발표하고 있다(Reynolds, T. M., 1963). - 당류에 대한 유기산들의 작용에 대해서 매우 흥미 있는 설명을 하고 있다.

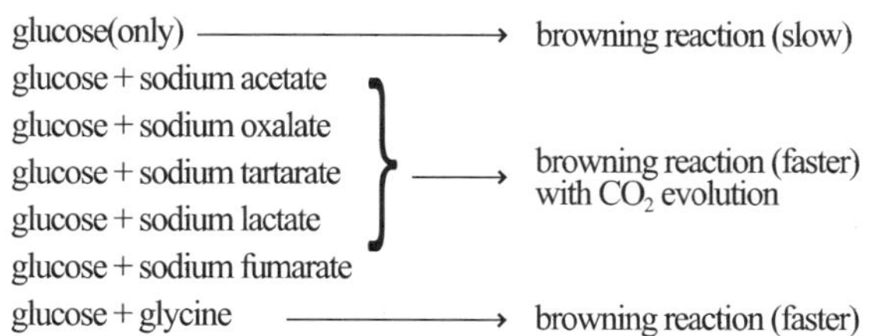

[그림 11-25] 여러 형태의 비효소 갈색화 반응에서의 반응 속도의 비교.

즉, 당류들을 비교적 높은 온도에서 수용액의 상태로 가열하면, 아미노산들이 함께 참여하는 마이얄 갈색화 반응들의 경우처럼 급속한 색깔의 변화는 없으나, 서서히 갈색화가 일어나지만(소위 캬라멜화 반응, caramelization), 이 때 유기산이나 그 염들과 함께 수용액 상태에서 가열하면, 마이얄 반응의 경우 같지는 않지만 당류 단독으로 가열할 때 보다 갈색화가 촉진되는 사실들을 실험을 통해서 확인하고 있다.

레이놀즈들(Reynolds)은 이와 같은 지방산이나 그 염들의 촉진작용을 당류들이 Lobry de Bruyn - Alberda van Eckenstein 전위과정에서 유기산이나 그 염들은 이상의 과정을 거쳐, 당류들에서 아세트알데하이드(acetaldehyde, $CH_3CH=0$), 프로피온알데하이드(propionaldehyde, $CH_3CH_2CH=0$), 그리고 활성이 큰 크로톤알데하이드(crotonaldehyde, $CH_3CH=CHCH=0$) 또는 하이드록시메틸훌후랄(hydroxymethyl furfural) 등의 형성을 촉진함으로써 갈색화를 촉진하는 것으로 설명하고 있다.

유기산 또는 유기산의 염 존재 하에서의 갈색화 반응에 있어서 특이한 점은 갈색화의 진행 중 상당한 양의 탄산가스(CO_2 gas)가 발생되는 사실이다. 이 탄산가스의 발생기구(mechanism)에 대해서는 확실히 알려져 있지 않다.

아스콜빈산의 산화에 의한 갈색화 반응

원래 채소나 과실류 속에 풍부하게 존재하는, 이전에는 주로 비타민 C로 불렸던 아스콜빈산(ascorbic acid)은 인체의 하루 소요량(daily requirement)이 다른 종류의 비타민에 비해서 엄청나게 큰(우리나라 남자의 경우, 10세 이상 - 75세 이상도 포함 - 70mg, 여자의 경우 10세 이상 - 75세 이상도 포함 - 도 역시 70mg이어서, 나이아신 최고 18mg, α-토코페놀 최고 10mg 등을 제외하면 다른 비타민들의 권장량이 최고 2mg을 넘지 못함. 한국인 영양 권장량 제7차 개정판, 2000), 중요한 수용성 비타민의 하나이기도 하다.

이 아스콜빈산은 각종 식품류와 일반 가공식품류뿐만 아니라 인체 내의 지방질 조직이나 지방질 성분의 산화를 억제해 주는 가장 중요한 자연 항산화제들(natural antioxidants)의 하나로서, 그리고 특히 효과적인 항갈색화제(anti-browning agent)로서 과즙, 그리고 과실, 채소 등의 건조 제품들, 냉동 제품들과 통조림 제품들, 그리고 감자튀김(potato chip) 등의 갈색화 방지를 위해서, 심지어는 맥주(beer)의 지나친 갈색화의 억제 등을 위해서 널리 사용되어 왔다.

그러나 첨가된 아스콜빈산의 전부가 일단 비가역적(非可逆的)으로 산화된 후에는 이상과 같은 항갈색화제 또는 항산화제로서의 기능은 완전히 상실되고 만다. 그 뿐 아니라 아스콜빈산의 산화가 비가역적 산화생성물들(irreversibly oxidation products)로 되었을 경우, 예로서 여건이 좋을 때는 본래의 아스콜빈산으로 가역적으로 환원이 가능한 데하이드로아스콜빈산(dehydroascorbic acid, DHA)에서 한 단계 더 산화된 다이케토굴로닌산(2,3-dikero-L-gulonic acid, 2,3-DKG) 등의 경우에는 그 자체가 새로운 갈색화 반응(browning reaction)을 주도하는 사실이 널리 알려져 있다.

이 갈색화 과정은 신선한 과실, 채소류 등에 있어서는 이와 같은 과실, 채소류 조직 중에 존재하는 아스콜빈산 산화효소들(ascorbic acid oxidases)에 의해서 촉진되나, 효소 불활성화(enzyme inactivation)를 위한 전처리(pre-treatment)를 실시한 일반 가공식품들에 있어서는 비효소 갈색화(non-enzymatic browning)가 일어난다.

이 아스콜빈산의 산화에 의한 비효소 갈색화 반응(non-enzymatic browning reaction)은 아스콜빈산 함량이 큰 감귤류(citrus fruits)의 가공품들, 예로서 오렌지즙이나 분말 오렌지 등에 있어서는 그 품질에 결정적인 영향도 줄 수 있는 매우 중요한 갈색화 반응이다.

아스콜빈산의 산화에 의한 갈색화 반응의 기구

아스콜빈산의 산화(ascorbic acid oxidation)에 의한 갈색화 반응의 기구(mechanism)는 여러 연구자들에 의해서 연구되어 왔으나 아직 확실하지는 않다.

다만 이와 같은 아스콜빈산의 산화에 의해서 형성된 산화생성물들 내지는 갈색화 반응 생성물들은 마이얄 반응(Maillard reaction)이나 캬라멜화 반응(caramelization reaction)에 의해서 형성되는 화합물들과는 다르며, 따라서 아스콜빈산의 산화에 의한 갈색화 반응은 독자적인 형태의 갈색화 과정을 거쳐나가는 것으로 생각되고 있다. 아스콜빈산 산화에 의한 갈색화 반응의 기구로는 현재로서 다음과 같은 경로가 가장 유력시되고 있다.

즉, 아스콜빈산(AsA)은 먼저 산화되어 데하이드로아스콜빈산(dehydroascorbic acid, DHA)이 된다. 이 데하이드로아스콜빈산(DHA)이 형성되는 과정은 가역적인 과정(reversible process)이다. 따라서 생체(living organisms) 내에서는 적당한 조건 하에서 데하이드로아스콜빈산은 쉽게 다시 아스콜빈산으로 환원(還元)될 수 있다(그림 11-26 참조)

데하이드로아스콜빈산은 다시 비가역적(irreversible)으로 산화되어, 일단 2,3-다이케토굴로닌산(2,3-diketogulonic acid)이 형성되었다가 다이케토산의 케토형(keto form) 또는 에놀형(enol form)이 탈탄산과정(decarboxylation)을 거쳐서 자일로존(L-xylosone) 또는 3-데옥시펜토존(3-deoxypentosone)을 형성한다. 이와 같은 중간 산화 생성체들은 계속 여러 과정을 거쳐서 훌후랄 유도치들(furfural derivatives) 또는 다이하이드록시테트론 유도체들(5-methyl-3,4-dihydroxytetron)과 같은 락톤류(lactones)를 형성한다(그림 11-27 참조).

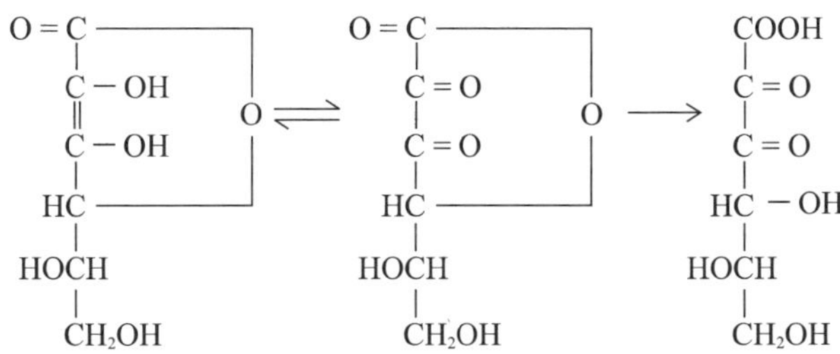

(I) 아스콜빈산 (II) 데하이드로아스콜빈산(dehydroascorbic acid)
(III) 다이케토굴로닌산(2, 3-diketo-L-gulonic acid)

[그림 11-26] 아스콜빈산의 산화 과정(ascorbic acid oxidation)의 초기 단계.

여기서 형성된 여러 중간 생성체들은 아미노 화합물들과 함께 Maillard형의 갈색화 반응(Maillard-type browning reaction)을 일으키거나, 그 자체로서 중합 또는 축합반응을 거쳐서 갈색으로 착색된 물질들, 즉 갈색색소들(brown pigments)을 형성한다.

한편 레이놀즈(Reynolds, T. M., 1965)는 아스콜빈산의 산화과정에서 형성되는 산화생성물들로서 자일로존(L-xylosone), 트리하이드록시펜테노인산(2,3,4-trihydroxypent-2-enoic acid), 이 펜테노인산의 락톤형(lactone form), 쓰레오닌산(L-threonic acid) 등을 들고 있다(그림 11-27 참조).

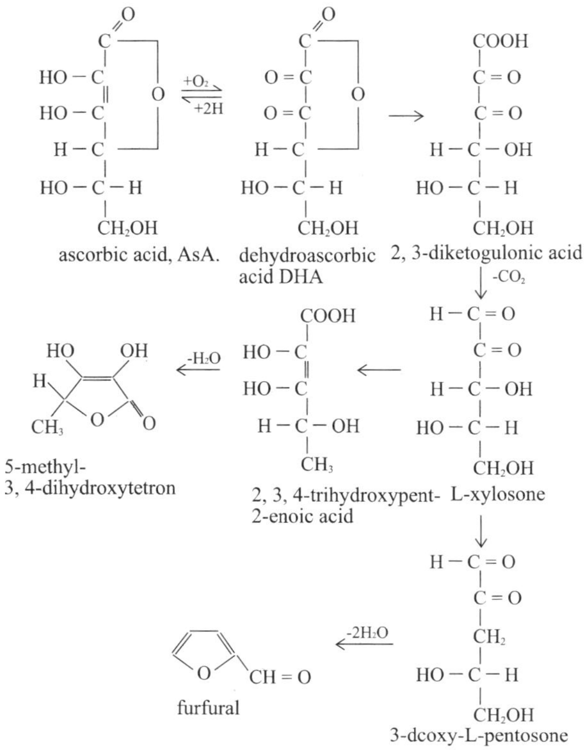

[그림 11-27] 아스콜빈산(AsA)의 산화 과정과 그 생성물들.

그리고 아스콜빈산의 산화에 의한 갈색화에 있어서 주요 중간 생성체들(principal intermediates)의 하나인 2,3-다이케토굴로닌산(2,3-dikero-L-gulonic acid, 즉 2,3-DKG)과 이 산의 유도체들도 유리 아미노산들과 직접 결합하여 빨간색 내지는 갈색의 복합체를 형성하는 사실이 알려져 있다. 이 빨간색 또는 갈색의 복합체들은 계속되는 갈색화 반응 중 스트렉커형의 반응(Strecker-type reaction)에 의해서 탈탄산반응(decarboxylation)과 함께 알데하이드류를 형성하며 동시에 빨간색 또는 갈색의 복합체들은 더 짙은 색깔을 가진 착색 물질들로 변한다고 한다.

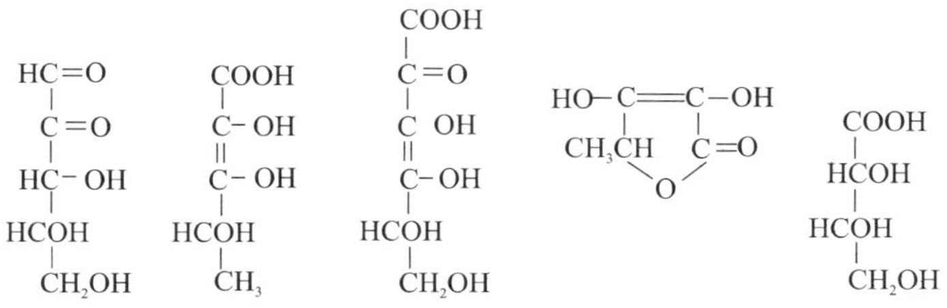

[그림 11-28] 아스콜빈산의 산화과정(ascorbic acid oxidation)에서 형성되는 산화물들 : (I) 자일로존 (L-xylosone 또는 L-pentosulose), (II) 트리하이드록시펜테노인산 (2,3,4-trihydroxypent- 2-enoic acid), (III) 2,3-다이케토굴로닌산 (2,3-dikerogulonic acid, enol form), (IV) 트리하이드록시펜테노인산의 락톤형 (lactone of 2,3,4-trihydroxypent-2-enoic acid), (V) 쓰레오닌산(L-threonic acid). Reynolds, T. M., 1965, *Advances in Food Research*, 14, 233.

산패된 유지, 지방질들과 아미노산, 단백질 사이의 갈색화 반응

레이놀즈(Reynolds, T. M., 1965)는 비효소 갈색화 반응에 관한 레뷰(review)의 지방질류가 관여된 반응들 항목에서 산화된 기름들의 갈색화(the browning of oxidized oils)와 산화된 지방질들과 단백질류의 반응들(the reaction of oxidized lipids and proteins)로 나누어 설명하고 있다.

산화된 기름들의 갈색화의 예로서는 고도불포화지방산들(polyunsaturated fatty acids)의 함량이 상대적으로 큰 것으로 알려진 어유(fish oil)들이 심하게 산화된 경우를 들고 있다. 이런 경우 어유의 색깔은 쇠가 녹슬 때 그 녹의 빛과 같다는 뜻으로 쇳녹 색깔이 된다(rusting) 또는 적갈색이 됐다(reddening)는 등의 표현이 합당한 색깔이 된다. 이와 같은 상태의 어유들이 그 품질에 대해서 제대로 좋은 평가를 받을 수는 없을 것이다. 이와 유사한 예로서 식물성 건성유들(drying oils)을 페인트들과 같이 널빤지 등에 도포(塗布)했을 때 얼마 있다가 일어나는 표면에서의 노란색 또는 갈색의 피막(film formation)이 생긴다.

이상의 예들은 그 구성 지방산들의 산화, 즉 자동산화(autoxidation)의 결과 형성된 각종 산화생성물들 중 특히 카아보닐 화합물들의 상호반응(相互反應, interaction) 결과 일어나는 사실을 알 수 있다. 어유의 경우처럼 단백질류나 아미노산들이 있을 때는 이들과의 반응 결과로 볼 수 있다.

노나카(Nonaka, J., 1957 ; Reynolds, T. M., 1965 참조)는 어유의 변색, 즉 갈색화를 규명하는 가운데 자동산화(自動酸化, autoxidation)된 어유는 암모니아나 다른 아민류가 존재할 때는 갈색화가 일어났으나, 다른 무기염류나 일부 유기물질들이 존재할 때도 갈색화가 일어났다고 한다.

갈색화된 어유들을 분별증류(分別蒸溜)로 여러 부분들로 분리했을 때 갈색 물질들은 언제나 산화된 지방산들과 함께 존재했다고 한다. 산화 지방산들에 존재하는 질소는 반복되는 정제과정을 통해서 감소시킬 수 있었으나, 갈색의 색깔은 그대로 유지되었었다고 한다.

노나카는 이상의 실험 결과들에 따라 암모니아는 이들 어유의 갈색화에 있어서 촉매작용을 하고 있다고 생각하게 되었다. 그 가장 중요한 근거는 앞에서 말한 대로 산화된 지방산들 구획의 질소 함량은 계속 감소해도 색깔의 강도는 이와 비례해서 감소하지 않았던 실험 결과에 대한 해석에 있는 것 같다.

올콧트(Olcott, H. S., 1962 ; Reynolds, T. M., 1965 참조)는 어유에서 불순물들을 세심하게 제거한 후 산화시켰을 때는 물과 같이 투명한 색깔을 유지했으나, 이 산화된 기름에 암모니아를 첨가했을 때는 갈색으로 변했다고 한다. 그러나 이 실험에서는 암모니아나 아민류뿐만 아니라 그 이외의 갈색화를 촉진할 가능성이 있는 성분들마저 제거했기 때문에 이 문제가 해결된 것은 아닌 것 같다.

정제된 식용유도 심하게 산패될 때는, 예로서 튀김유와 같은 경우 갈색화가 일어날 수 있다. 또한 정제된 기름에 형성된 각종 산화 생성물들이 독자적인 갈색화 물질들을 형성할 수도 있을 것이다. 한편 식물성 건성유(drying oils)의 경우에도 비슷한 문제들에 당면하고 있는 것 같다.

오닐(O'Neil, L. A. *et al.*, 1962 ; Reynolds, T. M., 1965 참조)은 오래되어 갈색으로 변한 건성유들의 피막(皮膜, film)에서 0.04~0.4%의 질소분이 검출되었다고 보고한 바 있다. 오닐들은 자동산화된 아마인유(linseed oil)에 대해서 암모니아 처리 전과 첨가 후의 적외선 분석 결과들에서 암모니아를 첨가한 기름에서는 암모니아와 1,4-다이케톤(1,4-diketone)의 축합반응으로 형성된 것으로 추정되는 파이롤환들(pyrrole rings)의 존재를 보고하고 있다. 그러나 프리벳트들(Privett, O. S. *et al.*, 1961 ; Reynolds, T. M., 1965 참조)은 암모니아의 존재는 갈색화가 일어나는 시기를 앞당길지는 도르나 피막의 갈색화에 필수적인 조건은 아니라는 견해를 밝히고 있다.

결론적으로 자동산화에 의해서 형성된 산화생성물들, 그 중에서도 카아보닐 화합물들의 계속된 산화, 분해(oxidative degradation)의 결과 형성된 저분자량의 다기능 카아보닐 화합물들(multifunctional complex carbonyl compounds)들이, 예로서 중합반응(polymerization) 등을 통해서 중심적 역할을 하고 있는 가능성도 있다.

한편 타펠(Tappel, A. L., 1955 ; Reynolds, T. M., 1965 참조)은 산화된 지방질을 어떤 단백질의 수용액에서 함께 유화(乳化, emulsify)했을 때 갈색의 물질들이 형성된 사실들에 대해서 아미노 카아보닐 반응(amino-carbonyl reaction)의 결과 형성된 것으로 생각했으나 그 당시에는 직접적인 증거는 얻지 못했다고 한다.

나라얀과 쿠메로우들(Narayan, K. A. and Kummerow, F. A., 1963 ; Reynolds, T. M., 1965 참조)은 달걀 알부민 (egg albumin)과 산화된 지방질 사이에서 형성된 갈색 물질들은 알부민과 지방질 사이의 공유결합(共有結合, covalent bond)을 통한 결합에 의해서 형성된 것은 아니었다고 한다.

특히 위의 실험은 작은 단백질 분자들의 표면에 있는 아미노 그룹들이 활성이 큰 다기능 카아보닐 화합물들-그것이 당의 산화분해에 의해서 형성되었거나 지방산의 산화에 의해서 형성되었거나-예로서 글라이옥살(glyoxal, $O = CH - CH_2 \_ CH = O$), 글라이콜알데하이드(glycolaldehyde, $HOCH_2CH = O$) 등에 의한 단백질의 글라이케이션(protein glycation)에 의한 단백질 분자의 중합(oligomerization)과 갈색화(browning)에 있어서 호프만의 연구들(Hofmann, T., 1998a, 1998b, and 1998c), 그리고 많은 고 단백질 식품들 중의 아미노산들의 결합 양식에 대해서는 무엇인가 호프만들의 연구들(Hofmann, T., *et al*., 1999a and 1999b)이 시사하는 바 - 예로서 라디칼 반응(a free radical reaction)의 결과인 가능성 등 - 가 아주 크다고 생각된다.

또한 자동산화된 어유들(fish oils)이나 식물성 건성유들의 갈색화(browning)는 이상의 기름들의 구성 지방산들의 자동산화에 의해서 형성된 활성 카아보닐 화합물들 사이에서 일어나는 갈색화 반응이란 점에서 당류의 갈색화 반응, 즉 저온에서의 캬라멜화(caramelization)와 본질적으로 같다고 볼 수 있다.

한편 산화된 유지와 아미노산, 단백질들의 반응, 즉 갈색화는 산화된 지방질들에서 형성된 카아보닐 화합물들과 아미노산이나 단백질들의 아미노 그룹 사이의 반응, 다시 말해서 아미노-카아보닐 반응(amino-carbonyl reaction)이므로 본질적으로는 마이얄 반응(Maillard reaction)과 같다고 결론지을 수 있을 것이다. 다만 이 마이얄 반응이 이온 반응이나 공유결합을 통한 반응이 아니라 라디칼 반응을 통해서 진행되는 과정들임은 고려해야 할 것이다.

리포후신 또는 세로이드들 오래 전부터 생체 시스템 내에는 생체조직들의 노화 과정(aging process)에서 형성되는 것으로 알려진 리포후신(lipofuscin, 脂褐素) 또는 세로이드(ceroid) 등의 이름을 가진 중합체 색소들(polymer pigments)의 존재가 알려져 왔다.

모니에들(Monnier, V. M. *et al*., 1990)에 의하면, 이와 같은 갈색 색소들은 노화된 신경세포들(aging neurons), 역시 노화된 심장 근육세포들(aging cardiac myocytes) 등에서 주로 발견되고 있으며, 생체 내에서 구성 지방질들의 자동산화(lipid peroxidation)의 결과 형성된 카아보닐 화합물들이 주변에 존재하는 단백질 분자들의 유리 아미노 그룹들과 마이얄 반응을 통해서 형성되는 것으로 알려져 있으나, 그 구체적인 형성 과정들과 구조들에 대해서는 아직 충분하게 알려져 있지는 않다.

이와 같은 중합체 색소들의 형성과 장기간에 걸친 조직 내부의 축적 등은 생체 내의 원활한 신진대사 과정들과 각 부위(部位)들의 정상적인 기능 수행 등의 장해 요인들이 될 것으로 생각되어 왔다.

그 뿐만 아니라 이와 같은 생체 내에서의 지방질과 그 구성 지방산들의 자동산화 결과 형성된 카아보닐 화합물들과 주변의 단백질 분자들 사이의 마이얄 반응으로 갈색 중합체들이 형성되고 누적되는 과정들은 곧 그 생체가 노화 과정(aging process)을 겪고 있는 사실을 나타낸다고 할 수 있다.

지방산 산화생성물들과 아미노산, 단백질들의 반응 한편, 나카무라(Nakamura, T., 1985, 그림 11-29 참조)는 시판되는 아마인유(commercial linseed oil)를 정제하여, 암소에게 섭취시켜 그 체내에서 40℃에서 7일간 자동산화된 후 형성된 산화생성물들을 분리, 추출하였다.

이때 사용된 아마인유의 리놀레닌산(linoleninic acid, $C_{18:3}$)과 리놀레인산(linoleic acid, $C_{18:2}$)의 함량비율은 각각 62%와 18%였다고 한다.

산화생성물들은 HPLC법과 TLC법(thin-layer chromatography)으로 분리한 후 글라이신의 수용액에 의해서 급속하게 빨간 색소들을 형성하는 성분들(red pigment-forming substances)을 분리, 정제한 후 IR 스펙트로메터를 사용한 분광분석법(IR spectrometer), NMR법(nuclear magnetic resonance spectrometry), GLC법(gas-liquid chromatography), GLC-MS법(GLC-mass spectrometry) 등을 이용하여 세 가지 형태의 화합물들 중의 한 화합물의 구조를 확정 보고하고 있다. 나머지 두 개의 화합물들은 이번에 확정된 화합물의 입체 이성체들로 생각하고 있다.

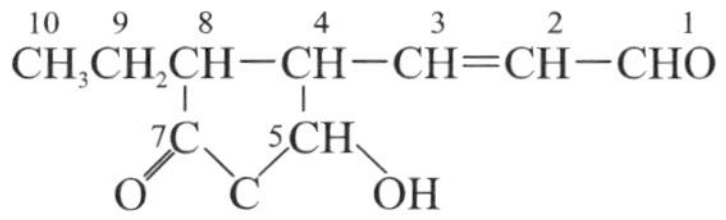

10 9 8 4 3 2 1
$CH_3CH_2CH-CH-CH=CH-CHO$
7C 5CH
O C OH

[그림 11-29] 자동산화된 아마인유의 산화생성물들의 TLC 판(TLC-plate)의 여러 스포트(spots) 중 글라이신 용액 분무(spray)로 분홍색(pink color)으로 변한 스포트에서 정제한 다기능 환상 카아보닐 화합물(a multifunctional cyclic carbonyl compound)인 반응성이 극히 강한 3-(2-ethyl- 5-hydroxy-3-oxoocyclopentanyl)-2-propenal의 입체이성체(R1) (stereoisomer, R1).
출처 : Nakamura, T., 1985. *Lipuds*, 20(3), 180~186.

확정된 화합물은 3-(2-ethyl-5-hydroxy-3-oxocyclopentyl)-2-propenal의 입체이성체(R1)이였다. 이 산화생성물인 카아보닐 화합물은 케토 그룹 한 개, 알데하이드 그룹 한 개, 수산기 한 개, 이중결합 한 개를 가진 앞에서 말한 다기능성 카아보닐 화합물들에 속하는 다기능성 환상 카아보닐 화합물(multifunctional cyclic carbonyl compound)이었다고 한다.

한편, 글라이신과의 반응에 대해서는 TLC 판(plate)에 분리된 여러 분획들 중 글라이신 용액을 분무(spray)하여 분홍색으로 변하는 스포트들(spots)을 나타내는 분획들을 조사하고 있다(그림 11-29 참조).

한편 나카무라들(Nakamura, T., *et al.*, 1998)은 한 생체조직 내의 구성 지방산들의 산화생성물들과 역시 주변에 존재하는 단백질 분자들의 유리 아미노기 사이의 갈색화로 형성되는 노화 색소들(age pigment)로 알려진 리포후신(lipofuscin) 또는 세로이드(ceroid)들의 형성 과정의 규명을 유념하면서 앞에서 말한 다기능 환상 카아보닐 화합물들의 하나인 3-(2-ethyl-5-hydroxy-3-oxocyclopentyl)-2-propenal의 입체 이성체(R1)와 여러 아미노산들과의 반응을 조사한 바 있다. 다기능 환상 카아보닐 화합물들은 리놀레닌산의 메틸에스터(methyl linolenate)의 산화생성물에서 분리, 정제했으며, 거의 모든 α -아미노산들과의 반응을 조사하고 있다.

빨간색으로 착색된 반응생성물들은 중성 pH에서 거의 모든 α -아미노산들과 β -알라닌 등, 그리고 글라이신의 펩타이드류에서 형성되었으나 아마이드류, 아민류에서는 형성되지 않았다고 한다.

착색 반응은 지방산의 산화생성물들의 농도보다는 아미노산들의 농도가 컸을 때 더 많이 형성되었다고 한다. 빨간 색깔을 가진 반응 생성물들의 형성 기구는 당류 또는 아스콜빈산과 아미노산들 사이의 일반적 마이얄 반응의 경우와 다른 특성들을 가진 것으로 생각하고 있다.

한편 히달고들(Hidalgo, F. J. *et al.*, 1999)은 소의 혈청 알부민(bovine serum albumin, BSA)을 2.5mg/2.5mL씩 각각 10mM의 라이보오스(D-ribose, RI), 그리고 10mM의 리놀레인산의 메틸에스터의 하이드로퍼록사이드류(the hydroperoxides of methyl ester of linoleic acid, HPs) 또는 리놀레인산의 메틸에스터의 제2차 산화생성물들(the secondary oxidation products of methyl ester of linoleic acid, SPs)의 현탁액에 첨가하여 pH 4~10, 온도 25~120℃에서 24시간 반응시킨 후 형성된 갈색화 반응 생성물들을 분리, 정제하여, 두 그룹들에서 얻은 갈색화 반응 생성물들(첫째 그룹 BSA-RI, 둘째 그룹 BSA-HPs 또는 BSA-SPs)의 여러 특성을 조사한 바 있다.

이들에 의하면, 이 두 그룹의 반응생성물들은 대체로 비슷한 색깔, 아미노산의 감소율, 파이롤환(pyrrole rings)의 형성, 즉 pyrrolyzation 등에 있어서 비슷한 변화를 보였다고 한다. 그러나 25~50℃에서의 반응에서는 지방산의 제2차 산화생성물들(SPs)이 라이보오스(RI)의 경우보다 갈색화, 아미노산 손실, 파이롤환 형성(pyrrolyzation) 등에서 더 급격하게 변화한 반면, 80~120℃에서는 라이보오스(RI)의 경우 더 큰 변화를 보였으며 pH의 변화는 두 그룹의 갈색화에 비슷한 영향을 주었다고 한다.

이상과 같은 결과들에서 이들(Hidalgo, F. J. *et al.*, 1999)은 이상의 두 경우, 다 같이 비슷한 특성과 구조들을 가진 멜라노이딘 색소들이 형성되는 것으로 생각하고 있는데, 형성된 색소들에서 얻은 흡광 및 형광 스펙트럼 자료(absorbance and fluoresce data)들이 매우 유사한 점, 소위 에릿히 시약(Ehrich reagent)에 대한 이들 색소들의 반응물질들의 흡광 스펙트럼들(absorbance spectra)이 매우 높은 유사성을 가졌던 사실 등을 들고 있다.

결론적으로 이상의 두 형태의 갈색화 반응이 기본적으로 아미노-카아보닐 갈색화 반응이며, 그 진행 또는 갈색 색소들의 형성 기구들(the mechanisms of formation)도 비슷한 것으로 생각하고 있다. 그리고 탄수화물들과 아미노산이나 단백질들을 함유한 식품들의 지방질 함량이 클 때는 이상의 두 형태의 갈색화 과정이 함께 일어날 수도 있으며, 예로서 훈제되거나 소금 절임한 고등어들(smoked or salted mackerels)을 건조할 경우, 특히 그늘진 빈터에서 그냥 건조할 경우, 지방질의 산화생성물들에 의한 갈색화가 전체적인 건어류(乾魚類, dried fish)의 색깔변화에 더 큰 영향을 주고 있을지도 모른다고 설명하고 있다.

한편, 지방질 또는 지방산들의 산화생성물들과 아미노산 또는 단백질들과의 갈색화 반응의 진행 또는 색소 형성 과정이 종전의 핫지의 도식(Hodge's scheme, Hodge, J., 1953)에서 대표되는 기구(mechanism)를 통해서 이루어지는지에 대해서는 앞으로 더 깊이 연구해야 할 매우 중요한 과제라고 생각된다.

여러 식품 중에서의 비효소 갈색화 반응의 실례

빵을 굽는 과정과 갈색화 반응 포메란츠들(Pomeranz, Y. J. *et al.*, 1962)에 의하면, 빵과 특히 당함량이 큰 쿠키류(cookies), 케이크류(cakes) 등의 껍질의 갈색화 또는 노란색은 주로 이상의 빵 또는 빵과자류의 성분으로 존재하는 환원당들(reducing sugars)과 아미노산들(amino acids) 사이에 일어나는 마이얄 반응에 기인된다고 한다.

한편, 그리피트들(Griffith, T. and Johnson, J. A., 1957)도 쿠키류(cookies)에 포도당 5%를 더 첨가해서 구울 때는 그 색깔이 더 갈색으로 되는 사실을 보고한 바 있다(제14장 문헌 참조).

감자튀김 등의 감자 가공품들의 색깔과 갈색화 반응 감자에는 소량의 포도당을 주로 하는 환원당들과 설탕 등이 함유되어 있으며, 이 환원당들은 감자튀김 조각(fried potato chip)을 비롯한 감자 가공 제품들의 갈색화(browning)의 원인이 되고 있다고 한다(Brown, H. D., 1960 ; Sullivan, J. F. *et al.*, 1974).

약간의 갈색화는 감자튀김의 경우에는 그 특유한 색깔을 주므로 오히려 바람직하나, 감자의 환원당 함량이 0.5%를 넘을 때는 과도한 갈색화가 일어나며, 바람직하지 않다고 한다(Brown, H. D., 1960). 한편, 일부 연구자들은 환원당 함량이 0.2% 이상이 되어도 바람직하지 않다고 한다(Talburt, W. F. and Smith, O., 1967, *"Potato Processing"*, Avi Pub. Co. 참조)

탈버어트들(Talburt, W. F. and Smith, O., 1967)에 의하면 감자튀김을 만드는 온도에서는, 감자 속의 설탕 또는 환원당들은 그 속의 아미노산들과 반응하여 마이얄 반응을 일으킨다.

원료 감자 속의 설탕 및 환원당의 함량과 감자튀김의 색깔 사이에는 0.983이란 높은 상관관계가 있다고 한다. 한편 다른 연구들의 결과를 볼 때는 감자 가공제품들의 갈색 정도는 전체 당 함량이나 설탕 함량보다는 환원당 함량에 의해서 더 크게 영향을 받는 듯하다고 한다.

감자의 환원당 함량은 감자의 품종(variety)과 감자의 저장 온도에 의해서 결정되며, 그 함량은 저장 온도가 10℃ 이하에서는 증가하지만, 21℃ 이상에서는 감소한다고 한다. 감자의 당 함량이 0.5%를 넘을 경우에는 튀긴 후의 감자튀김의 과도한 갈색화를 방지하기 위해서 튀기기 전의 감자 조각(potato slices)을 80~90℃로 유지된 물에 1분간 담가 당분을 뺀 후(leaching)에 튀김을 만드는 데 사용하는 것이 통례가 되고 있다고 한다(위의 *"Potato Processing"*의 Chapt. 10. Potato Chip 참조).

토마토케첩의 갈색화 반응 루우(Luh, B. S., 1964)에 의하면, 통조림 된 토마토케첩에서의 색깔 변화(color degradation)는 환원당과 아미노 화합물들에 의한 마이얄 반응, 환원당과 유기산과의 상호작용에 의한 갈색화 반응, 캬라멜화 갈색화 반응 등에 기인된다고 한다. 각종 토마토 가공 제품이나 딸기잼과 같은 과실 잼류(fruit jams)의 제조, 저장 과정에서 색깔의 질적 저하(color deterioration), 특히 적절하지 못한 가공, 저장 과정 중의 과도한 갈색화 반응의 진행에 의한 색깔의 질적 저하는 관능검사(organoleptic test)에 의해서 쉽게 인식될 수 있을 뿐만 아니라, 먼셀 색상계(色相計, Munsell color disc) 등을 사용할 때는 정확하게 알아낼 수 있다고 한다(Ranganna, S., 1977).

커피콩을 볶는 과정에서의 비효소 갈색화 반응 커피콩을 볶는 과정에서도 마이얄 반응이 일어난다고 한다. 즉 커피콩을 볶는 과정에서 커피에 함유된 아미노산들 중 알지닌(arginine), 시스테인(cysteine), 라이신(lysine), 그리고 세아린(serine) 등은 급속하게 소실되는 한편 커피 콩 속에 함유되어 있는 설탕(sucrose)과 기타 당류의 함량도 급격하게 감소되는 사실이 알려져 있다(그림 11-30 참조).

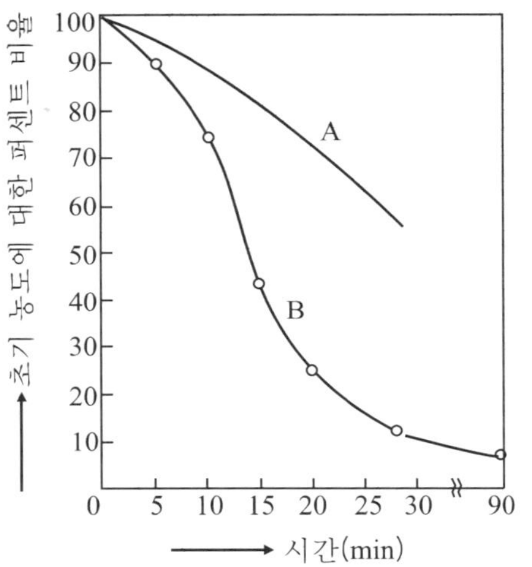

[그림 11-30] 코코아 콩(cocoa beans)의 볶는 과정에서의 환원당과 아미노산들의 파괴.
Mills, F. D., Baker, B. G., and Hodge, J. E., 1969, *J. Agr. Food Chem.*, 17, 723.

분말 오렌지 등에서의 비효소 갈색화 반응 오렌지의 과즙(果汁), 즉 오렌지 주스(orange juice) 등의 건조분말(dehydrated powder)도 오래 저장하는 동안에 비효소 갈색화 반응(non-enzymatic browning reaction)을 일으키는 사실에 대해서는 이미 언급한 바 있다.

이 비효소 갈색화 반응의 주요 원인 성분들은 분말 오렌지 속의 과당(fructose)과 아스콜빈산(ascorbic acid)의 산화생성물들로 생각되고 있다. 아스콜빈산의 수용액을 가열하면 각종의 분해생성물들(degradation products)이 형성되나, 이 분해생성물들은 분말로 된 감귤류 제품들(citrus powder)의 저장 중 일어나는 비효소 갈색화 반응의 결과 형성되는 물질들과 대부분 같다는 사실이 알려져 있다.

한편 아스콜빈산의 수용액을 가열할 때 형성되는 분해생성물들로서는 훌후랄(furfural), 훌후릴 알콜(furfuryl alcohol), 2-후로인산(2-furoic acid) 등과 같은 후란의 유도체들(furan derivatives), γ-뷰티롤락톤(γ -butyrolactone)과 같은 락톤류(lactones), 그리고 3-하이드록시-2-파이론(3-hydroxy-2- pyrone)과 같은 파이롤 유도체들(pyrrole derivatives)이 알려져 있다.

효소에 의한 갈색화 반응

채소나 과실을 박피(剝皮, peeling)하거나, 더 나아가서 세단(細斷), 마쇄할 때는 그 채소나 과실의 박피된 표면이나 세단물(細斷物)들의 표면 또는 마쇄물에 급속도로 갈색화가 일어나며, 이와 같은 변화는 채소류나 과실류의 가공 중에 그 최종 제품들의 품질에 큰 영향을 주는 매우 중요한 사항이므로 오래 전부터 많은 연구들의 대상이 되어 왔다. 예로서 린데트(Lindet, M., 1895), 온슬로우(Onslow, M. W., 1919), 센트 졸지(Szent-Gyorgyi, A., 1931), 죠슬린과 폰팅(Joslyn, M. A. and Ponting, J. D., 1951) 등은 이와 같은 갈색화 반응을 주도하는 효소들, 기질들(substrates), 그리고 이들 갈색화 반응의 기구(reaction mechanisms) 등에 대해서 다른 많은 연구자들과 함께 연구를 계속하면서 이 효소에 의한 갈색화의 근본 원인의 규명과 대비책에 노력해 왔다. 그 결과로 많은 사실들이 규명되어 왔으며, 효소에 의한 갈색화 반응의 대체적인 윤곽도 잡혀지기 시작하고 있다(Joslyn,

M. A. and Ponting, J. D., 1951 참조).

즉 앞에서 말한 죠슬린과 폰팅(Joslyn, M. A. and Ponting, J. D., 1951)에 의하면, 과즙에서의 효소에 의한 갈색화(browning)에 대해서 처음으로 명시적(明示的)으로 언급한 사람은 린데트(Lindet, M., 1895)로서, 그의 논문에서 사과로 만든 사이다(cider)의 갈색화는 사이다 속에 함유된 탄닌류가 사과 조직(apple tissue)에서 들어온 락케이스와 같은 효소(laccase-like enzyme)에 의해서 산화되기 때문일 것이라고 했다.

그 후 온슬로우(Onslow, M. W., 1919~1924)는 일부 과실류에 상처가 생겼을 때, 갈색화가 일어나는 문제에 대해서 폭넓게 연구를 계속하여, 이상의 과실류가 특정된 효소들과 카테콜(catechol)과 같은 올토-다이하이드록시-벤젠그룹(ortho-dihydroxybenzene group)을 가진 페놀 화합물들(phenolic compounds)을 함유한 사실을 밝혀냈으며, 또한 갈색화는 페놀 옥시데이스(phenol oxidase)에 의해서 크게 촉진되었으나, 파록시데이스(peroxidase)에는 페놀옥시데이스와 같은 큰 촉진 효과는 없음을 밝히고 있다.

한편, 센트 졸지(Szent-Gyorgyi, A., 1925~1931)도 감자의 갈색화에 대한 폴리페놀 옥시데이스(polyphenol oxidase)의 작용을 규명했으며, 온슬로우(Onslow, M. W. 1919)처럼 사과나 바나나들과 같이 아스콜빈산의 함량을 상대적으로 적은 데 반해서 폴리페놀 옥시데이스의 함량은 상대적으로 큰, 따라서 찌르거나 상처가 나면 아주 쉽게 갈색화를 일으키는 과실류나 채소류 등의 그룹과, 그 반대로 아스콜빈산의 함량은 상대적으로 크며, 폴리페놀 옥시데이스의 함량은 그 반대로 상대적으로 적은, 따라서 자르거나 상처를 내도 쉽게 갈색화가 일어나지 않은 과실류나 채소류, 한 예로서 감귤류와 같은 과실류나 채소류의 그룹으로 나눌 수 있다고 설명하고 있다.

물론 죠슬린과 폰팅(Joslyn, M. A. and Ponting, J. D., 1951)들은 1950년대에 과실류나 채소류의 폴리페놀 옥시데이스에 의한 갈색화 반응의 특성과 그 억제 방법 등을 위해서, 그리고 전술한 훌륭한 레뷰 등을 통해서 공헌해 왔다.

이 효소에 의한 갈색화 반응(enzymatic browning reaction)은 지금은 폴리페놀 옥시데이스(polyphenol oxidase)에 의한 폴리페놀류의 산화(polyphenol oxidation)와 이와 본질적으로는 같은 타이로시네이스(tyrosinase)에 의한 타이로신(tyrosine)과 같은 일부 페놀 화합물들의 산화에 의한 갈색화 반응으로 분류할 수 있다.

그러나 실제적으로 가장 중요한 것은 일부 효소들에 의한 폴리페놀류의 산화에 의한 갈색화 반응이라는 점이다.

이 이외에 아스콜빈산 산화효소(ascorbic acid oxidase)에 의한 아스콜빈산의 산화에 의한 갈색화가 있으나 그 전체 과정에 대해서는 아직 확실히 알려져 있지 않으며, 또한 이와 같은 아스콜빈산의 산화에 의한 갈색화가 중요시되는 식품들은 아스콜빈산의 함량이 극히 큰 감귤류(citrus fruits) 등의 일부 식품에 국한된다.

더욱이 감귤류의 가공 식품들은 어떤 형태로 가공되었던 간에 그 속의 효소들은 일단 불활성화된 상태에 있으므로, 이들 감귤류의 가공품들(citrus products)에서 중요한 갈색화 반응은 효소의 참여 없이 일어나는 아스콜빈산 산화에 의한 갈색화 반응이다. 따라서 여기서는 효소가 참여하는 아스콜빈산 산화에 의한 갈색화 반응은 고려하지 않기로 한다.

일반적으로 이상의 효소에 의한 갈색화(enzymatic browning)는 그 본질상 이미 고온에서 가열 처리된 가공 식품들이나 저장 식품들에서는 원칙적으로 일어나기 힘들다.

한편, 이들 건조식품, 냉동식품, 통조림 식품 등에서는 효소에 의한 갈색화는 가공 과정 중 여러 가지 형태의 전처리(pre-treatment)를 포함한 열처리(heat treatment)에 의해서 효소들이 불활성화(enzyme inactivation)되기 전에 일어난다.

그러나 보통 채소나 과실류에 있어서는 가공(processing)에 앞서, 또는 가공 과정 중의 초기의 블랜칭 과정(blanching process) 등에 의해서 이와 같은 효소에 의한 갈색화 반응(enzymatic browning reaction)은 실질적으로 억제될 수 있다.

폴리페놀 옥시데이스에 의한 갈색화 반응

효소에 의한 갈색화 반응 중에서 가장 중요한 것은 앞에서 말한 대로 이 폴리페놀 옥시데이스에 의한 갈색화 반응이다. 과거에는 이 효소에 의한 갈색화 반응에서, 폴리페놀 옥시데이스(polyphenol oxidase)에 못지않게 파록시데이스(peroxidase)도 중요한 역할을 하는 것으로 믿어져 왔었다.

파록시데이스는 캬테콜(catechol)이나 캬테콜 유도체들과 같은 산소 수용체(oxygen acceptor)가 존재하는 조건하에서 과산화수소(H_2O_2)가 분해되는 과정에 대해서 촉매작용을 한다.

$$H_2O_2 + \text{(catechol: OH, OH)} \xrightarrow{\text{파로키시데이스}} 2H_2O + \text{(o-quinone: O, O)}$$

그러나 과산화수소(hydrogen peroxide, H_2O_2)는 식물조직에는 매우 해로우며, 과산화수소는 형성되는 즉시 식물조직 내에 존재하는 캬탈레이스(catalase) 등에 의해서 분해되어 생체조직 내에 존재할 수 없다는 점과 근래에 와서 폴리페놀 옥시데이스(polyphenol oxidase), 파록시데이스(peroxidase)의 갈색화 반응에 있어서의 작용에 대한 직접적인 연구의 결과, 채소나 과실류에 있어서의 효소에 의한 갈색화 반응은 실질적으로 폴리페놀 옥시데이스의 작용에 의한 사실이 명백해지고 있다.

갈색화 반응의 기구

이 폴리페놀 옥시데이스(polyphenol oxidase)는 캬테콜(catechol) 또는 캬테콜 유도체들, 예로서 클로로제닌산(chlorogenic acid) 등이 공기 중의 산소에 의해서 키논(quinone) 또는 키논 유도체들로 산화되는 반응을 촉진하여 준다(그림 11-31 참조).

이와 같이 해서 형성된 키논 내지는 키논 유도체들은 활성이 매우 크며, 계속 산화, 중합 또는 축합되어서 최종적으로는 멜라닌 색소들(melanin pigments), 또는 이와 유사한 갈색 내지는 흑색의 색소들을 형성한다. 이와 같이 활성이 큰 키논 유도체들에서 멜라닌 색소들(melanin pigments)이 형성되는 과정은 급속도로 진행되며, 또한 그 과정이 매우 복잡하고 다양하기 때문에 1900년대 중반기까지는 멜라닌 색소들의 조성이나, 특히 그 형성 기구 등에 대해서는 잘 알려져 있지 않았으나(예를 들어 Joslyn, M. A. and Ponting, J. D., 1951 참조), 근래에 와서 이상의 갈색 중합체들인 멜라닌 색소들의 조성이나 그 형성 기구 등에 대해서 많은 사실들이 여러 연구들을 통해서 밝혀지고 있다.

캬테콜(catechol) + $\frac{1}{2}O_2$ $\xrightarrow[\text{폴리페놀 옥시데이스}]{-H_2O}$ 키논(quinone) ⟶ 계속 더 산화, 중합 또는 축합 멜라닌 색소(melanin pigments)의 형성

클로로제닌산(chlorogenic acid) + $\frac{1}{2}O_2$ $\xrightarrow[\text{폴리페놀레이스}]{-H_2O}$

[그림 11-31] 폴리페놀 옥시데이스에 의한 캬테콜(catechol), 클로로제닌산(chlorogenic acid)의 산화 과정.

폴리페놀 옥시데이스의 성질들

이 폴리페놀의 산화(polyphenol oxidation)에 의한 갈색화 반응에 참여하는 효소들은 앞에서 말한 대로 폴리페놀 옥시데이스(polyphenol oxidase, EC 1. 10. 3. 1.), 페놀레이스(phenolase), 폴리페놀레이스(polyphenolase), 또는 다이페놀 옥시데이스(diphenol oxidase) 등의 이름으로 알려져 있는 효소들로서, 모두 구리를 함유하고 있는 산화효소들(copper-containing oxidizing enzymes)에 속하는 효소들이다.

서로 다른 식물조직들(plant tissues)에서 얻어지는 폴리페놀 옥시데이스들(polyphenol oxidases)은 그 성질들이 완전히 동일하지는 않으며, 특히 이 효소들이 작용하는 기질들의 종류도 효소의 출처에 따라 다른 경우가 많으며(species specific), 이 성질은 매우 중요하므로 곧 다음의 "폴리페놀 옥시데이스의 기질"에 관한 항목에서 계속 설명하겠다.

일반적으로 사과에서 추출된 이 효소들은 pH 5.8~6.8에서 최고의 활력(maximum activity)을 가지며, 한편 이에 대해서 사과에서 추출된 파록시데이스(peroxidase)는 pH 4.5~5.0에서 최고의 활력을 갖는다고 한다(그림 11-32 참조).

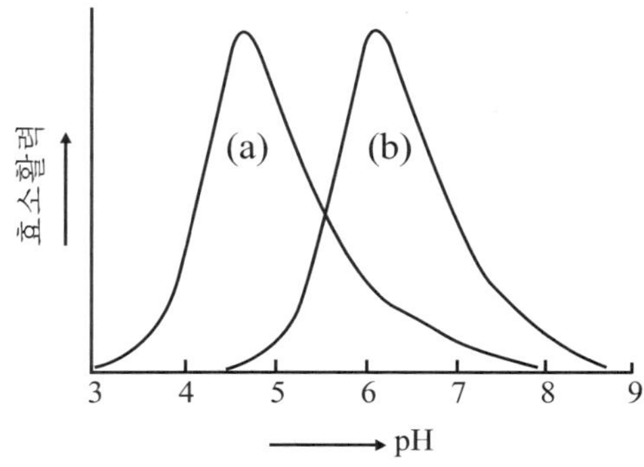

(a) 파록시데이스(peroxidase)의 pH에 의한 활력의 변동
(b) 폴리페놀 옥시데이스(polyphenol oxidase)의 pH에 의한 활력의 변동

[그림 11-32] 사과에서 추출한 폴리페놀 옥시데이스와 파록시데이스의 활성과 pH의 관계. Reys, P. and Luh, B. S. 1960. *Food Yechnol.*, 14, 570.

이 효소들은 구리 이온(copper ions)에 의해서 활성화(activate)되며, 반대로 염소 이온(Cl^- ion)은 이 효소들에 대해서 억제 작용을 갖는다고 한다. 한편, 찬과 양들(Chan, H. T. and Yang, Y., 1971)은 북아메리카 토산(土産)인 잼, 젤리, 과즙음료 등의 원료로 사용되는 넌출 월귤 열매인 크란베리(cranberry)에서 폴리페놀 옥시데이스(polyphenol oxidase), 파록시데이스(peroxidase), 캬탈레이스(catalase) 등의 효소들을 추출하여 그 최적(optimum) pH를 측정하고 있다. 이들의 조사 결과에 의하면, 폴리페놀 옥시데이스, 파록시데이스 및 캬탈레이스의 최적 pH는 각각 6.5, 5.7 및 5.8이었다고 한다.

폴리페놀 옥시데이스의 기질

사과, 오렌지, 사탕무 등의 과실들이나 채소류, 또는 차(tea)에서 추출한 폴리페놀 옥시데이스(polyphenol oxidase)의 성질들, 특히 그 작용상의 특이성(特異性, 즉 species specificity)에 대해서는 널리 연구되어 왔다.

특히 브뤼머와 로우들(Bruemmer, J. H. and Roe, B., 1970)의 연구는 이 점에 있어서 매우 시사적(示唆的)이며, 중요하다. 즉 이들은 오렌지에서 추출된 폴리페놀 옥시데이스(polyphenol oxidase, EC 1. 10. 3. 1. 및 EC 1. 10. 3. 2.)는 상당히 광범위한 종류의 기질들의 산화에 참여하는 사실을 밝혀냈다. 이들의 연구에 의하면, 이상의 폴리페놀 옥시데이스는 다이하이드록시페닐알라닌(dihydroxyphenylalanine, DOPA), 피로갈롤(pyrogallol), 캬테콜(catechol), 파라-하이드록시벤젠(*p*-hydroxybenzene) 등에 특히 잘 작용한다고 한다. 한편 이들 효소가 잘 작용하는 기질들과 잘 작용하지 않는 기질들의 종류는 표 11-5와 같다.

브뤼머와 로우들(Broemmer, J. H. and Roe, B., 1970)이 추출, 정제한 폴리페놀 옥시데이스(polyphenol oxidase)는 표 1-4에서 알 수 있듯이 캬테콜 옥시데이스(catechol oxidase 또는 catecholase, EC 1. 10. 3. 1. *o*-diphenol : O_2 oxidoreductase)의 활성과 락케이스(laccase, EC 1. 10. 3. 2. *p*-diphenol : O_2 oxidoreductase)의 활성, 즉 각각 캬테콜(1,2-dihydroxybenzene)을 올토-벤조키논(ortho- or 1,2-benzoquinone)으로, 그리고 파라-다이페놀 또는 파라-하이드록논(para- or 1,4-diphenol, 즉 para- or 1,4-benzoquinone)을 *p*- 또는 1,4-벤조키논(*p*- or 1,4-benzoquinone)으로 공기 중의 산소를 수용체(受容體)로 사용하여 이상의 폴리 또는 다이페놀의 수산기(-OH 그룹)의 수소를 제거하는 과정에 참여하고 있다.

일반적으로 채소류나 과실류에 존재하는 추출되는 모든 폴리페놀 옥시데이스들이 한 특정 기질에 대해서 다 같은 식으로 작용하지는 않으며, 그 출처에 따라 특유한 선택성을 가진 사실들(species speficity)을 가진 사실에 대해서, 다시 유의하길 바라며, 표 11-5의 결과는 이상의 사실을 확연히 보여주고 있다.

이와 같은 사실은 이 분야의 연구들이 계속됨으로써 더 명확해지고 있다. 이전에는 폴리페놀 옥시데이스(polyphenol oxidase)의 작용은 캬테콜(catechol)에서 캬테콜키논(catechol quinone)이 형성되는 과정에 관여하는 캬테콜레이스로서의 작용(catecholase activity)만을 중요시하는 경향이 컸었다.

그러나 폴리페놀 옥시데이스(EC 1.10.3.1)는 근래에 와서는 대부분의 경우 후술하는 타이로시네이스(EC 1.14.18.1)의 작용도 공유하는 사실이 밝혀지고 있다. 따라서 폴리페놀 옥시데이스의 작용은 제1단계에서는 크레솔레이스(cresolase, EC 1.14.18.1)의 효소작용, 즉 그림 11-33의 상단(上段)의 모노페놀 유도체(여기서 R-가 CH_3-인 경우 크레솔, cresol,라고 부른다)가 올토-(ortho-, 탄소 2번) 또는 파라-(para-, 탄소 4번) 위치에 수산기(-OH)를 새로이 도입하여 다이페놀(diphenol) 유도체가 되는 과정에 참여하며 제2단계에서 이 다이페놀유도체가 공기 중의 산소(O_2)를 수용체(acceptors)로 하는 탈수소산화반응(a redox reaction)을 통해서 *o*- 또는 *p*-키논(*o*- or *p*-quinone)을 형성하는 과정에 참여한다. 즉 제2단계에서는 캬테콜레이스(EC 1.10.3.1., O_2 oxidoreductase)의 작용을 행하여 *o*- 또는 *p*-캬테콜키논 유도페들의 형성에 촉매작용을 행한다.

표 11-5 오렌지에서 추출한 다이페놀 옥시데이스(diphenol oxdiase), 즉 폴리페놀 옥시데이스의 기질 선택성(substrate specificity)

기질의 통속명	학술명	μ liters O2/min./ mg protein
도오파(DOPA)	3-(3,4-dihydroxyphenyl)-alanine	7.0
피로갈롤(pyrogallol)	1,2,3-trihydroxybenzene	4.6
캬테콜(catechol)	1,2-dihydroxybenzene	4.0
파라-하이드록논(p-hydroquinone)	1,4-dihydroxybenzene	4.5
호모바닐린산(homovanillic acidl)	4-hydroxy-3-methoxyphenylacetic acid	1.4
3-메톡시타이라민(3-methoxytyramine)	4-hydroxy-3-methoxyphenylethlamine	0.34
헤스페레틴(hesperetin)	3′, 5,7-thihydroxy-4-methoxyflavanone	0.56
헤스페리딘(hesperidin)	hesperitin-7-rutinoside	0.56
캬테틴(catechin)	3,5,7,3′,4′-pentahydroxyflavan	2.7
클로로제닌산(chlorogenic acid)	3-(3,4-dihydroxycinnamoly)-quinic acid	0.81
쿠어세틴(quercetin)	5,7,3′,4′-tetrahydroxyflavanone	1.3
레졸시놀(resorcinol)	1,3-dihydroxybenzene	0
L-타이로신(L-tyrosine)	3-(4-hydroxyphenyl)-alanine	0
나린진(naringin)	naringenin-7-neohesperidoside	0
파라-페닐렌다이아민(p-phenylenediamine)	1,4-diaminobenzene	0
비타민 K5(Vitamin K5)	4-amino-2-methyl-1-naphthol	0

Bruemmer, J. H. and Roe, B. 1970. *J. Food Science*, 35, 118.

한편, 곧 언급하게 될 타이로시네이스(tyrosinase)는 위에 설명한 제1단계와 제2단계의 과정을 수행할 수 있는 활성을 가진 효소이며, 전술한 대로 많은 폴리페놀 옥시데이스는 타이로시네이스와 같은 능력을 가진 사실이 널리 알려지고 있다.

실제로 효소에 의한 갈색화 반응은 이렇게 형성된 캬테콜 키논들이 곧바로 갈색으로 착색된 중합체들을 형성하게 됨으로서 일어남으로, 많은 폴리페놀 옥시데이스들이 타이로시네이스의 작용도 갖고 있다는 사실은 어떤 면에서는 당연하다고 볼 수 있다.

한편 다음 항목에서 설명할 타이로시네이스(tyrosinase)는 그 물리적, 화학적 구조 등이 폴리페놀 옥시데이스와 유사하나 타이로신(tyrosine)과 같은 모노페놀기(monophenol group)를 가진, 즉 모노페놀 유도체들의 경우에도 이 모노페놀의 올토(ortho) 또는 파라(para) 위치에 수산기(- OH 그룹)를 도입시켜 캬테콜과 같은 다이페놀 유도체들로 산화하는 작용, 즉 크레솔레이스(cresolase, EC 1.14.18.1., monophenol monooxygenase)의 작용을 통해서 모노페놀 유도체(tyrosine)에서 다이페놀 또는 캬테콜 유도체로 일단 형성하도록 한 후 계속 타이로시네이스는 캬테콜레이스(catecholase, EC 1.10.3.1. *o*-diphenol oxygen oxidoreductase)와 같이 작용하여 *o*-다이페놀을 *o*-키논들(*o*-quinone)의 형성을, 그리고 곧바로 갈색화 반응의 급속한 진행을 가져온다.

제1단계

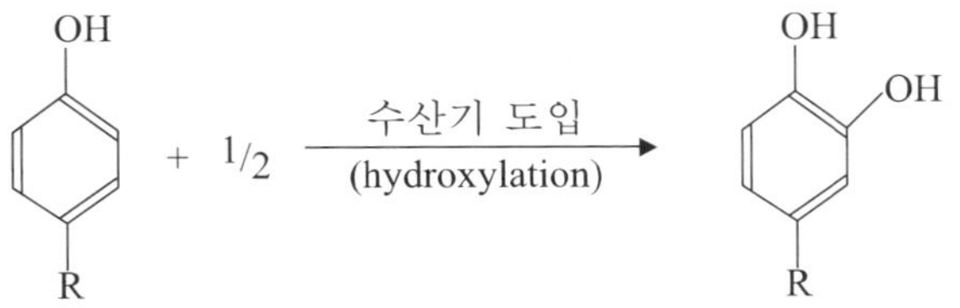

OH ... + 1/2 —수산기 도입 (hydroxylation)→ OH, OH ... R

폴리페놀 옥시데이스는 먼저 클레솔레이스 처럼 모노페놀 유도체의
o-, p-위치에 한 개의 수산기를 도입하는데 참여.

제2단계

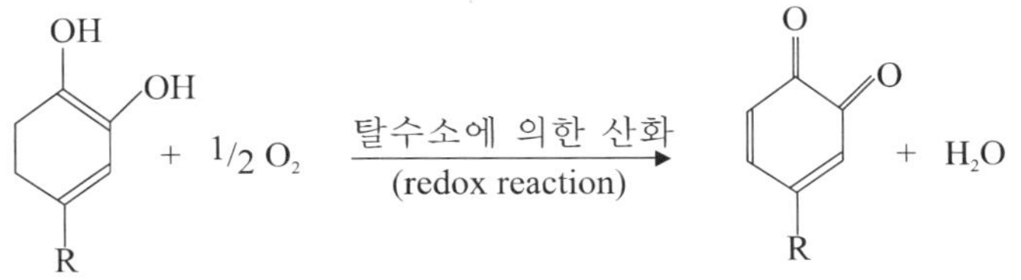

OH, OH ... R + $^1/_2\ O_2$ —탈수소에 의한 산화 (redox reaction)→ O, O ... R + H_2O

폴리에놀 옥시데이스는 다시 캬테콜레이스 처럼 형성된 다이페놀
유도체들을 o- 또는 p-키논으로 산화시키는 과정에 참여한다.

[그림 11-33] 폴리페놀레이스(polyphenolase)의 2단계로 설명할 수 있는 효소 작용에 관한 설명.

브륌머와 로우들(Bruemmer, J. H. and Roe, B., 1970)이 추출한 폴리페놀 옥시데이스는 캬테콜레이스의 활성(catecholase activity)은 있으나 크레솔레이스의 활성(cresolase activity)은 없었던 것을 이들의 실험 결과에서 알 수 있다. 에스킨(Eskin, N. A. M., 1990)도 그의 저서에서 망고(mango), 앵두(cherry), 바나나(banana), 배(pear)와 같은 과실류에서 추출한 폴리페놀 옥시데이스들이 앞에서 말한 크레솔레이스의 활성(cresolase activity), 즉 모노페놀레이스의 활성(monophenolase activity)이 결여되었었다는 연구 결과들을 소개하고 있다.

그러나 현재로서는 많은 연구들이 폴리페놀 옥시데이스가 타이로시네이스처럼 크레솔레이스의 활성(cresolase activity)과 캬테콜레이스의 활성(catecholase activity)을 함께 갖고 있으며, 따라서 폴리페놀 옥시데이스(polyphenol oxidase)와 타이로시네이스(tyrosinase)는 실질적으로 같은 기능들을 가진 효소들, 즉 같은 효소들로 보는 경우가 많은 것 같다. 그러나 지금껏 여러 번 강조해 왔듯이 이들 효소는 출처에 따라 특이성(特異性)이 다를 수 있는(species specificity) 점에 유의해야 한다.

이상의 과실류나 채소류에서 추출되는 폴리페놀 옥시데이스들의 특이성까지 고려할 때는 일반적으로 이들 효소는 두 가지 종류의 반응에 촉매작용을 하는데 첫 번째는 수산기를 한 개만 가진 모노페놀 유도체들(monophenols)에 또 하나의 수산기를 올토(ortho) 또는 파라(para) 위치에 도입하는 반응에 작용하는 효소 크레솔레이스(cresolase, EC 1.14.18.1., monophenol monooxygenase)의 작용을, 그리고 두 번째로는 이렇게 형성된 다이페놀 유도체들(diphenols)이 두 개의 수산기가 가진 수소 원자들을 공기 중의 산소 분자들을 수용체로 해서 제거하여 해당하는 올토- 또는 파라-키논(o- or p-quinone)을 형성하는 과정에 참여하는 캬테콜레이스(catecholase, EC 1.10.3.1. o-diphenol : O2 oxidoreductase)와 동일한 작용을 하는 것으로 에스킨(Eskin, N. A. M., 1990)은 설명하고 있다.

따라서 근래에 와서 많은 연구 논문들은, 따라서 많은 연구자들은 폴리페놀 옥시데이스와 타이로시네이스(tyrosinase)를 거의 같은 효소로 생각하고 있는 점에 대해서 다시 부언(附言)해 둔다.

한편 앞에서 말한 브륌머와 로우들(Bruemmer, J. H. and Roe, B., 1970)에 의하면 대부분의 폴리페놀 옥시데이스는 한 수산기(- OH)에 대해서 올토(ortho) 또는 파라(para) 위치에 수산기 대신에 아미노기(amino group, - NH_2)가 치환된 페놀 유도체들에 대해서도 작용하나, 오렌지에서 추출한 폴리페놀 옥시데이스는 한 수산기가 아미노기(- NH_2)로 치환된 페놀 유도체들에는 작용하지 않았으나 메톡실기(methoxyl group, - OCH_3)와 치환된 페놀 유도체들에 대해서는 작용하는 특이성을 갖고 있었다고 한다(표 11-5 및 아래의 그림 참조).

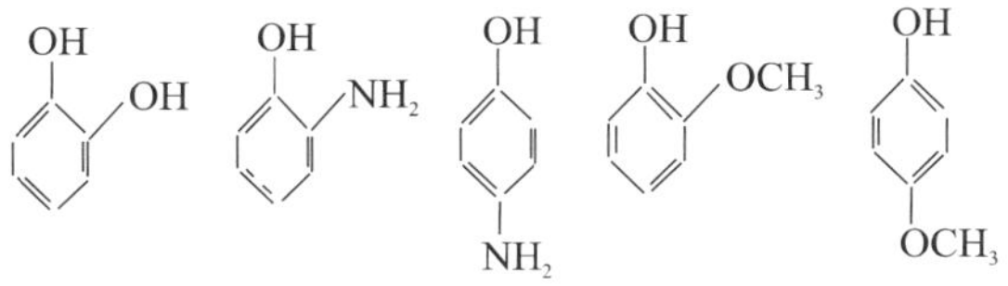

OH OH OH NH₂ OH NH₂ OH OCH₃ OH OCH₃

한편 사과에 존재하는 폴리페놀 옥시데이스의 주요 기질들(major substrates)로서는 클로로제닌산(chlorogenic acid), 에피캬테킨(I-epicatechin) 등이 알려져 있으며, 이 이외에도 쿠어세틴(quercetin), 하이퍼린(hyperin), 아이소쿠어세틴(isoquercetin), 아비큘라린(avicularin), 쿠어세틴-3-자일로사이드(quercetin-3-xyloside), 루우틴(rutin), 쿠마릴키닌산(p-coumaryquinic acid), 기타 구조가 복잡한 류우코안소시아닌류(leucoanthocyanins) 등이 보고되고 있다.

한편 배에는 알부틴(arbutin, 즉 p-hydroxyphenyl-β-D-glucoside)이 함유되어 있으나, 이 알부틴은 폴리페놀 옥시데이스에 의해서 적갈색의 착색물질(reddish-brown pigments)을 형성하는 사실이 알려져 있다. 이 알부틴은 쉽게 가수분해 되어 키놀(quinol)을 형성하나, 이 키놀도 쉽게 산화되어 벤조키논(benzoquinone)을 거쳐서 갈색 물질을 형성한다.

타이로시네이스에 의한 갈색화 반응

전술한 바와 같이 타이로시네이스(tyrosinase)에 의한 타이로신(tyrosine)의 산화에 따른 갈색화 반응도 일부 채소류나 과실류의 갈색화에 있어서는 중요할 뿐만 아니라, 생체 내에서 갈색 또는 흑갈색의 멜라닌 색소들(melanin pigments)이 형성되는 과정에서도 중요하다.

타이로시네이스들은 폴리페놀 옥시데이스들과 같이 분자 내에 구리를 함유하고 있는 산화 효소들(copper containing enzymes)의 하나로서, 폴리페놀 옥시데이스와 그 작용이 매우 유사하다고 생각되어 왔으나, 현재는 대부분의 경우 동일한 효소들로 생각되고 있는 사실에 대해서는 이미 설명한 바와 같다. 즉 이 타이로시네이스들은 수산기(-OH)를 하나만 갖고 있는 타이로신과 같은 모노페놀 유도체들(monophenol derivatives)이 수산기(-OH)를 두 개 가진 캬테콜 유도체들과 같은 다이페놀 유도체들(o- or p-diphenol derivatives)로 만드는 과정과 그 다음에 일어나는 다이페놀 유도체들이 키논 유도체들로 산화시키는 과정에 참여하는 사실에 대해서도 이미 언급한 바 있다.

한편 타이로시네이스는 과거에는 이상의 두 단계의 과정 중 첫째 단계의 과정, 즉 모노페놀 유도체들에 작용하는 과정에 중점을 두어 모노페놀 옥시데이스(monophenol oxidase)라고 불리기도 했으나, 일단 다이페놀 유도체, 즉 캬테콜 유도체들이 형성된 이후의 이 효소의 작용은 폴리페놀 옥시데이스의 경우와 같다.

폴리페놀 옥시데이스의 경우에는 이상의 두 단계의 과정 중의 둘째 단계의 과정, 즉 다이페놀 유도체들(diphenol derivatives)이 o- 또는 p-키논 유도체들(o- or p-quinone derivatives)로 산화되는 과정에서 촉매작용을 하는 사실에 중점을 두어, 이전에는 역시 다이페놀 옥시데이스(diphenol oxidase)

라고 불리기도 했다.

타이로시네이스에 의한 갈색화 반응의 또 하나의 중요한 특징은 이 갈색화 반응의 주요 중간 생성체들의 구조와 그 진행 과정이 비교적 자세하게, 그리고 비교적 확실하게 알려져 있다는 점이다(Chichester, C. O., 1976, "The Chemistry of Plant Pigments", Academic Press 참조).

또한 많은 중간 생성체들이 생체 내에서 매우 중요한 생리작용(physiological action)을 갖고 있는 물질들이란 점도 주목할 만하다.

채소나 과실류의 경우에도, 예로서 생감자의 갈색화에 있어서도, 이 효소에 의한 갈색화는 매우 중요하다. 감자 등에 함유된 아미노산들(amino acids) 중의 하나인 타이로신(tyrosine)은 이 효소 존재 하에 급속하게 산화되어 첫 번째 산화 생성물로서 다이하이드록시페닐알라닌(dihydroxyphenylalanine, DOPA)과 이 DOPA의 산화 생성물인 올토-키논 페닐알라닌(o-quinone phenylalanine, DOPA-quinone) 등의 산화 과정들을 거쳐서 소위 도파크롬(dopachrome)으로 알려진 빨간색의 5,6-키논-인돌-2-카아복실린산(5,6-quinone-indole-2-carboxylic acid)을 형성한다. 이 중간 생성체는 다시 갈색의 인돌-5,6-키논(indole-5,6-quinone), 자색(purple)의 아직 그 구조가 확실하게 알려져 있지 않은 멜라노크롬(melanochrome) 등을 거쳐서 계속 축합, 중합 반응을 통해서 최종적으로 검은색의 멜라닌 색소들(melanin pigments)을 형성한다.

이 갈색화 과정은 앞에서 말한 대로 그 경로가 비교적 확실하게 규명되고 있으며, 주요 중간 생성체들(intermediates)의 구조도 확실히 규명되고 있다(그림 11-34 참조).

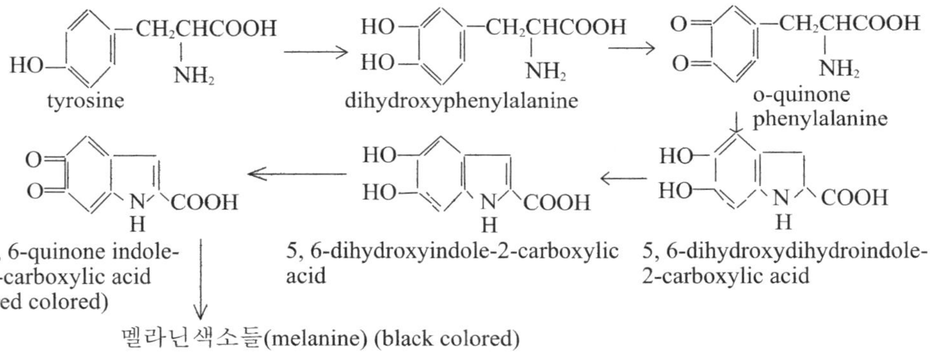

HO—(C₆H₄)—$CH_2CHCOOH$ (NH_2) → HO, HO—(C₆H₃)—$CH_2CHCOOH$ (NH_2) → O=, O=(C₆H₃)—$CH_2CHCOOH$ (NH_2)

tyrosine — dihydroxyphenylalanine — o-quinone phenylalanine

↓

5, 6-dihydroxydihydroindole-2-carboxylic acid → 5, 6-dihydroxyindole-2-carboxylic acid → 5, 6-quinone indole-2-carboxylic acid (red colored)

↓

멜라닌색소들(melanine) (black colored)

[그림 11-34] 타이로시네이스(tyrosinase)에 의한 타이로신(tyrosine)의 산화, 중합, 축합 과정.

한편 브뤼머와 로우들(Bruemmer, J. H. and Roe, B., 1970)은 오렌지에서 추출한 타이로시네이스, 즉 도파 옥시데이스(tyrosinase, DOPA oxidase)의 pH에 대한 안정도(stability), 열에 대한 안정도를 조사하여, pH 7~8, 그리고 온도 0~30℃ 사이에서 가장 안정했으며, pH 7~8, 온도 75℃에서 5분간 가열하면 완전히 불활성화(不活性化)된 사실을 보고하고 있다(표 11-6 참조).

홍차 제조시의 폴리페놀 옥시데이스에 의한 갈색화 반응

효소에 의한 갈색화 반응(enzymatic browning reaction)이 실제로 응용되고 있는 가장 좋은 예의 하나로서는 신선한 차의 잎(fresh tea leaves)에서 홍차(black tea)를 제조하는 과정이 있다. 이 신선한 차 잎에서 홍차가 제조되는 과정에 대해서는 비교적 잘 연구되어 있는 듯하다.

표 11-6 오렌지에서 추출한 도파 옥시데이스(DOPA oxidase)1)의 pH 및 열에 대한 안정성.

pH 변화에 대한 안정도(stabillity), pH 7=100		온도에 대한 안정도(stabillity), (pH 7~8) 0℃=100	
pH[2)]	DOPA oxidase % activity	온도[3)]	DOPA oxidase % activity
9	94	0	100
8	100	30	94
7	100	50	55
6	94	70	6
5	87	75	0
4	25		
3	12		

1) 부분적으로 정제된 효소용액 2) 30℃에서 5분 줌 3) 각 온도에서 5분 가열
Bruemmer, J. H. and Roe, B. 1970. *J. Food Science*, 35, 118.

우선 이 신선한 차 잎에서 홍차(紅茶)가 제조되는 과정이 효소에 의한 갈색화 반응(enzymatic browning reaction)에 의해서 1차적인 영향을 받는다는 사실은 신선한 차 잎에서 녹차(green tea)를 만드는 과정과 비교함으로써 잘 알 수 있다.

즉 녹차는 신선한 차 잎을 과압수증기(過壓水蒸氣), 즉 100℃ 이상의 온도의 수증기로 대략 20~25초 동안 쪄준 후 55~60℃에서 단계적으로 수분을 건조시켜서 만든다. 따라서 녹차의 경우에는, 차 잎 속의 효소들의 불활성화(inactivation)에 의해서, 녹차의 색깔과 홍차의 색깔을 비교하여 볼 때 쉽게 알 수 있듯이, 녹차의 경우에는 갈색화 반응이 효과적으로 억제된다.

한편 신선한 차 잎에서 홍차를 제조하는 과정은 먼저 준비 단계로서 위조(萎凋, withering) 과정, 유념(柔捻) 과정 등으로 된 위조, 유념, 파열 단계(the withering, rubbing, and rupuring stage)를 거친다. 유념에 의해서 차 잎 속의 세포들의 파괴와 세포 내용물들의 누출에 따라 효소들의 작용이 원활하게 진행되기 쉬운 상태가 된다. 그 다음 크기가 고르지 않은 마쇄된 차 잎 편을 체로 균일하게 한 후 발효 단계(the fermentation stage)로서 25℃ 전후에서 3시간가량 발효시켜 홍차를 만든 후, 90℃ 정도의 고온에서 마지막으로 건조 과정을 거치게 된다.

홍차를 제조하는 과정 중의 첫 단계, 즉 예비 건조 단계인 위조 단계(withering stage)에서는 유리 아미노산들 중 류우신(leucine), 아이소류우신(isoleucine), 세아린(serine), 글루타민산(glutamic acid), 글루타민(glutamine), 쓰레오닌(threonine), 페닐알라닌(phenylalanine), 테아닌(theanine, 즉 5-N-ethylglutamine) 등의 함량들이 급격하게 감소한다.

한편, 최종 단계, 즉 건조 단계(the drying stage)에서는 유리 아미노산들의 전반적인 감소가 일어난다고 한다.

본래 차의 종류는 이미 설명한 바 있는 발효 과정 중의 효소들에 의한 갈색화 반응을 차를 제조하는 초기 단계에 과압수증기(즉 100℃ 이상의 온도의 수증기)를 사용함으로서 효소들을 불활성화하여 발효 또는 효소들에 의한 갈색화 반응을 완전히 차단한 후 건조시켜서 만든, 잎들의 색깔, 즉 초록색과 향기를 그대로 갖고 있는 녹차(綠茶, green tea), 그리고 충분한 발효 과정, 따라서 충분한 효소들에 의한 갈색화를 거친 짙은 흑색깔과 특유한 향기를 갖게 된 홍차(紅茶, black tea) 그리고 이 이외(以外)에 발효 과정과 효소들에 의한 갈색화가 진행되는 과정에서 중도에서 멈추게 하여 만든, 따라서 그 색깔은 녹갈색(綠褐色, greenish brown)이고 그 향기도 녹차와 같은 향기의 일부를 그대로

갖고 있는 녹차와 홍차의 중간에 위치하는 우롱차(烏龍茶, oolong tea)와 홍차(紅茶)의 세 가지 종류로 크게 분류된다.

엑볼그-오토들(Ekborg-Otto, K. H. *et al*., 1997)은 홍차나 우롱차 등의 제조 과정에서 사용되는, 효소들에 의한 갈색화를 포함하는 발효 과정은 녹차나 우롱차의 경우에는 차 잎에서 미생물들이 검출될지도 모르나, 홍차나 우롱차의 발효 과정은 외부에서 들어온 미생물들이 만들어 낸 체외효소들(exoenzymes)에 의해서 일어나는 것이 아니라 거의 전적으로 차 잎 자체가 그 구성 세포들 내에 갖고 있는 세포내 효소들(endoenzymes)의 외부 확산에 의해서 이루어지는 점을 확인하고 있다.

효소들에 의한 갈색화 반응이 가장 활발하게 일어날 것으로 생각되는 발효 단계에서는 캬테킨류(catechins) 또는 갈로캬테킨류(gallocatechins) 등과 같은 폴리페놀 화합물들의 함량은 산화, 중합 반응에 의해서 급속도로 감소한다.

즉 이와 같은 폴리페놀 화합물들의 산화, 중합 과정 중 테아플라빈(theaflavin), 테아루비진류(thearubigins)와 같은 홍차 특유의 오렌지색 또는 빨간색의 색소들(orange-red pigments), 또는 기타의 갈색 색소들이 급격하게 형성되는 것으로 알려져 있다.

한편, 이 발효 단계에서 역시 그 함량이 급속도로 감소하는 유리 아미노산들의 일부가 차의 향기를 구성하는 중요한 휘발성 카아보닐 화합물들(volatile carbonyl compounds)로 되는 것은 거의 틀림없는 사실이다. 일부 아미노산들은 발효 단계에서 그 일부가 알데하이드류(aldehydes)로 전환되나 이 전환은 스트렉커형의 반응(Strecker type reaction)에 의한 것으로 생각되고 있다.

한편, 코우들(Co, H. *et al*., 1970)은 한 신선한 차 잎의 대표적인 발효체계(a model fermentation system)에서 신선한 차에 함유되었던 베일린(valine), 아이소류우신(isoleucine), 페닐알라닌(phenylalanine) 등에서 스트렉커형 반응에 의해서 형성된 것으로 생각되는 여러 화합물들이 검출된 사실을 보고하고 있다(표 11-7 참조).

표 11-7 신선한 차 잎의 호모제네이트(green-tea-leaf homogenates)와 각종 14-C 아미노산을 사용한 모델 발효 시스템(model fermentation system)1) 속에 형성된 휘발성 카아보닐 화합물들(volatile carbonyl compounds).

아미노산(14C-amino acid)	휘발성 물질(volatile 14C-products)
베일린(valine)	아이소뷰타날(isobutanal)
아이소류우신(isoleucine)	2-메틸뷰타날(2-methylbutanal)
류우신(leucine)	아이소발렐알데하이드(isovaleraldehyde)
페닐알라닌(phenylalanine)	페닐아세트알데하이드(phenylacetaldehyde)
아스파틴산(aspartic acid)	
글루타민산(glutamic acid)	
글루타민(glutamine)	
알지닌(arginine)	
쓰레오닌(threonine)	
세아린(serine)	
테아닌(theanine, 5-N-ethylgutamine)	

1) 신선한 차의 잎(tea leaves) 16g에 64ml의 완충염액(0.1M, pH 5.4, citrate-phospate buffer)을 가한 후 0℃에서 마쇄(3분), 여기에 14-C-아미노산 1μ C를 가하여 30분간 발효시킨 후 형성된 휘발성 물질들을 분석.

Co, H. and Sanderson, G. W. 1970. *J. Food Science*, 35, 165.

이들에 의하면, 먼저 캬테콜 유도체들(catechol derivatives)의 구조를 가진 일부 플라바놀류(flavanols)는 폴리페놀 옥시데이스 또는 타이로시네이스 그리고 캬테콜 옥시데이스(catechol oxidase)와 같은 다이페놀 옥시데이스(diphenol oxidase)들에 의해서 o-키논 유도체들(o-quinone derivatives)이 산화된 플라바놀류(oxidized flavanols)를 형성한 후 계속 산화, 중합하여 테아플라빈(theaflavin), 테아루비진류(thearuvigins)와 같은 특이한 여러 색깔의 색소들(colored pigments)을 형성한다.

산화된 플라바놀류의 일부는 자신은 플라바놀류로 다시 환원하면서 아스콜빈산의 일부를 산화해서 데하이드로아스콜빈산을 만든다.

찻잎에 존재하는 일부 유리된 아미노산들은 산화된 플라바놀류(oxidized flavanols) 또는 산화된 아스콜빈산, 즉 데하이드로아스콜빈산(dehydroascorbic acid)과 스트렉커 반응(Strecker reaction)을 통해서 유리 아미노산들의 탈탄산반응(decarboxylation)을 유발하여, 탄산가스(CO_2)의 형성과 함께 특유한 향기 성분들인 휘발성 카아보닐 화합물들, 예로서 휘발성 알데하이드류를 형성한다. 한편, 아스콜빈산 산화의 결과 형성된 데하이드로아스콜빈산은 계속 산화, 분해, 그리고 중합 반응 등을 통해 착색 물질들(colored products)을 형성한다고 설명하고 있다(그림 11-35 참조).

갈색화 반응의 억제

전술한 바와 같이 갈색화 반응의 억제는 대부분의 식품들의 가공 전후 또는 저장 중의 품질 저하(quality deterioration)를 막는 데 있어서 매우 중요한 과제가 되고 있다.

비효소 갈색화 반응과 효소에 의한 갈색화 반응은 그 기구가 근본적으로 다르기 때문에 억제 방법 등에 있어서도 크게 다른 점도 있으나, 본질적으로는 다 같이 산화 과정이 근본적인 과정이 되고 있으므로 공통적으로 사용되고 있는 방법들도 의외로 많다.

따라서 여기서는 이상의 두 종류의 갈색화 반응의 억제에 사용되고 있는 방법들에 대해서 함께 설명해 나가도록 한다. 이에 앞서 「마이얄 반응에 영향을 주는 요인들」과 「여러 식품 중에서의 비효소 갈색화 반응의 실례」의 두 항목 등의 부분들을 다시 한 번 참고해 주기를 바란다.

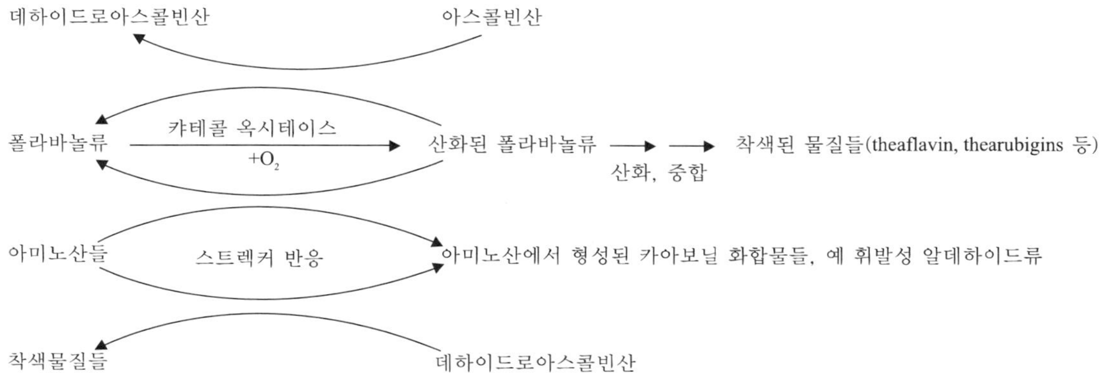

[그림 11-35] 홍차의 발효 단계(fermentation stage)에서 아미노산에서 알데하이드(aldehyde)가 형성되는 과정과 차의 플라바놀(tea flavanol) 또는 아스콜빈산(ascorbic acid)이 산화되는 과정들 사이의 관계를 표시한 그림.
Co, H. and Sanderson, G. W., 1970, *J. Food Science*, 35, 163.

효소에 의한 갈색화 반응인 경우 효소의 작용을 억제하는 방법

이 효소의 작용을 억제하는 방법으로서는 효소들을 직접 불활성화(inactivate)시키는 방법과 효소의 최적 조건들(optimum conditions)을 변동시켜서, 효소들의 활성을 간접적으로 억제하는 방법 등을 생각할 수 있다.

효소의 불활성화 효소들은 단백질로 구성되고 있으므로, 가열에 의해서 쉽게 불활성화(inactivation)된다. 실제로 거의 대부분의 과실류나 채소류는 가공(procrssing)에 앞서서 여러 형태의 예비 가열 처리와 이와 비슷한 효과를 갖는 전처리들, 예로서 블랜칭 처리(blanching) 등을 받는다.

최적 조건의 변동 모든 효소들은 그 효소들이 가장 효율적으로 작용할 수 있는 일정한 pH 범위, 온도 범위, 기타의 최적 조건들(optimum conditions)이 있다.

폴리페놀 옥시데이스(polyphenol oxidase)의 경우, 이 최적 pH는 일반적으로 5.8~6.8이다. 따라서 가능하다면 해당같은 산을 가함으로써 산성으로 변동시키거나, 식품 자체를 낮은 온도에 둠으로써 효소 작용을 억제할 수 있다.

다만 낮은 온도에 둘 경우에는 효소 작용은 -10℃까지도 효과적으로 계속되므로 식품의 온도를 -10℃ 이하로 유지해야 한다.

한편, 염소 이온(Cl- ion)이나 아황산가스(SO_2 gas) 등의 존재는 효소의 작용을 현저히 억제해 준다.

특히 폴리페놀 옥시데이스(polyphenol oxidase)의 작용은 각종의 유기산(organic acids)이나 무기산(mineral acids), 소금 등에 의해서 상당히 억제된다(그림 11-36 참조). 다만 실제로 사용되는 소금의 농도는 1% 내외이므로 그 억제 작용은 불충분한 경우도 많다.

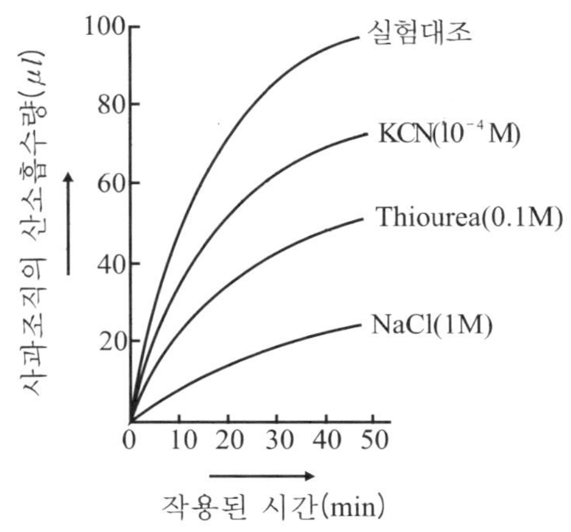

[그림 11-36] 사과의 폴리페놀 옥시데이스(polyphenol oxidase)에 대한 여러 억제 물질들 (inhibitory agents)의 작용. 30℃에서 pH 4.8, 기질(substrate)은 카테콜 (catechol) 수용액임.
中村敏雄 등(Nakamura, T. et al.).1967. "食品의 變色과 그 化學", 光琳書院, 東京.

비효소 및 효소에 의한 갈색화 반응의 경우 산소의 제거

효소에 의한 갈색화 반응이거나, 효소에 의하지 않은 갈색화 반응이거나, 산소가 존재하지 않으면 갈색화 또는 최소한 갈색화 반응의 중요한 부분을 차지하는 산화반응과정들은 원칙적으로 일어나기 힘들 것은 자명하다.

따라서 갈색화 반응은 기밀하게 밀폐된 용기들(hermetically sealed containers)에 식품을 넣어서 공기를 제거하거나, 공기 대신에 탄산가스 그 보다는 질소가스 등으로 대체함으로써 갈색화 반응을 효과적으로 억제할 수가 있다.

한편 제대로 만들어진 통조림이나 병조림의 윗부분(head space)에도 무시할 수 없는 양의 잔존 공기, 즉 잔존 산소(residual oxygen)가 존재하며, 또한 신선한 동식물 조직에는 그 속에 존재하는 호흡가스류(respiration gases)를 효율적으로 블랜칭 과정(blanching process)을 통해서 제거하지 않는 한 상당량의 산소가 용해되어 있다는 사실도 유의해야 할 점이다.

옥시 브란(Oxy Bran)이라는 상품명을 가진 제품이 오래전에 개발된 일이 있었으며 그 주성분은 글루코오스 옥시데이스(glucose oxidase), 캬탈레이스(catalase)와 포도당의 혼합물로서 밀폐된 용기 내에서 산소를 제거하는 데 사용되어 온 산소제거제(oxygen scavenger)이다.

이 혼합물은 마치 포장된 건조제(packeted desiccant)처럼 포장(packet)되어 사용된다. 1970년대 후반부터는 표면적을 넓히고 산화되기 쉬운 상태로 만든 특수한 철가루(iron powder) 등을 투과성이 매우 낮은 합성수지 봉지(packet)에 포장하여 위와 비슷한 목적으로 사용하는 일이 시도되어 왔다(Ma, S. J. and Kim, D. H., 1980). 위의 두 가지 방법들은 액상 식품에는 사용할 수 없다.

비효소 및 효소에 의한 갈색화 반응의 경우 환원성 물질의 첨가

갈색화 반응은 본질적으로는 산화 과정이 주요 과정들이 되고 있으므로, 환원성 물질들의 존재는 갈색화 반응을 억제하여 줄 수 있을 것이다.

실제적으로 갈색화 억제에 사용되어 온 환원성 물질들(reducing substances)로서는 아황산가스(SO_2 gas), SH 화합물들(sulfhydryl compounds), 아스콜빈산(ascorbic acid), 주석염들(stannous salts) 등이 있다. 물론 이 환원성 물질들을 첨가하는 여러 방법들 중 각종 과실류와 채소류에 대해서 최근까지 가장 널리 사용되어 온 방법들 중의 하나는 아황산가스 또는 아황산염 용액에 의한 처리법이다.

근래에 와서 이상의 방법들 중의 일부는 인체에 대한 안전성(安全性, safety evaluation)에 관한 문제들 때문에 재검토되고 있으며, 그 사용도 점차 엄격하게 제한되어 가고 있다. 한편 이상의 방법들에 대해서 설명하면 다음과 같다.

아황산가스 또는 아황산염 용액에 의한 처리법 이 아황산가스는 강한 표백 작용(bleaching power)을 갖고 있을 뿐만 아니라, 효소 작용도 효과적으로 억제하여 준다. 보통 사과, 무화과(無花果, figs), 살구 등의 건조 과실류(dried fruits)를 만들기 위한 건조 또는 건조 과실류의 저장 중, 그리고 감자 등과 일부 채소류의 건조 또는 저장 중의 갈색화를 억제하기 위해서 건조 또는 저장에 앞서 그 조직을 아황산가스(SO_2 gas)에 노출시킨다(Joslyn, M. A. and Braverman, J. B. S., 1954).

한편 아황산(亞黃酸, sulfurous acid, $H_2S_2O_3$, 또는 무수아황산 sulfur dioxide, SO_2, b.p. - 10℃, 따라서 상온 또는 실온에서는 기체로 존재함)과 그 염들(sulfites)인 아황산 소듐, 칼륨염들(sodium or potassium sulfites, Na_2-or K_2SO_3), 소듐 또는 칼륨 바이설파이트들(sodium or potassium bisulfites, NaH- or $KHSO_3$), 그리고 메타비스설파이트들(sodium or potassium metabissulfites, $Na_2S_2O_5$) 등이 알려져 있는데, 이들은 효소에 의한 갈색화 반응, 특히 타이로시네이스(tyrosinase)에 의한 갈색화 반

응, 그리고 마이얄 (갈색화) 반응에 대해서 매우 효과적인 갈색화 억제 작용을 갖고 있는 것으로 널리 알려져 왔다.

이들은 효과적인 갈색화-억제작용 이외에도 미생물의 성장을 강력하게 억제하며, 그 작용은 곰팡이류, 세균류에 대해서 강하게 작용하는 반면에 효모들에게는 덜 강하게 작용해서 포도주 발효의 전체 과정에서 곰팡이나 잡균류(즉 유해균류)의 성장을 억제하고, 갈색화를 억제하기 위해서 포도주(wine) 제조시 널리 사용되어 왔다.

한편, 아황산 염들은 타이로신의 갈색화 촉진작용을 효과적으로 억제하는 사실이 오래 전부터 잘 알려져 왔으며, 박피 감자들(peeled potatoes)의 흰색을 유지하고 흑갈색으로 갈변(browning)되는 것을 억제하기 위해 역시 오래 전부터 널리 사용되어 왔다.

아황산가스는 그 농도를 조절하기 어렵고, 또 가스 자체는 매우 강한 부식성(corrosiveness)과 독성을 갖고 있기 때문에 그 대신 조절과 취급이 훨씬 용이한 아황산염(sulfite salts)의 용액에 과실이나 채소의 조직을 침지(浸漬)하는 경우가 있다.

보통 사용되는 아황산염들로서는 메타비스황산염(Na_2 or K_2 metabissulfites, Na_2 or $K_2S_2O_5$)이 선호되지만, 그 외에도 산성 아황산소다(sodium bisulfite, $NaHSO_3$), 아황산소다(sodium sulfite, Na_2SO_3) 등이 사용되고 있다(Joslyn, M. A. and Braverman, J. B. S., 1954).

마아카키스들(Markakis, M. *et al*., 1965)은 폴리페놀 옥시데이스(polyphenol oxidase)의 작용은 0.0005M의 아황산소다(NaHSO3) 용액에 의해서도 약 60분이면 그 활력이 25%로 감소되었으며, 120분이면 완전히 그 활력이 소실되는 사실을 보고하고 있다(그림 11-37 참조).

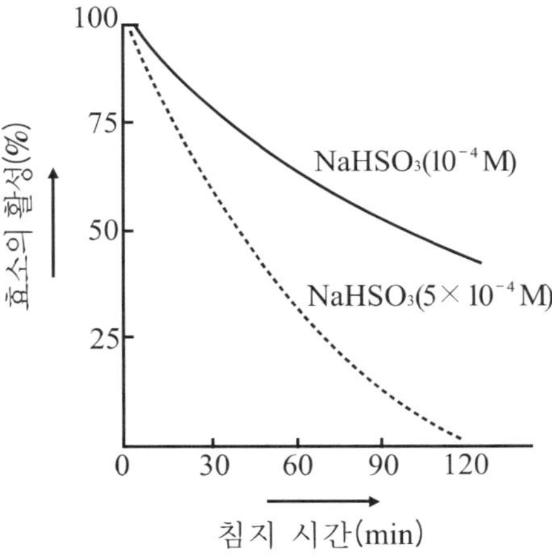

[그림 11-37] 설파이팅(sulfiting)에 의한 폴리페놀 옥시데이스(polyphenol oxidase)의 활성(activity)의 감소.
Markakis, M. *et al*., 1965, *J. Food Science*, 30, 753.

이상의 아황산염들(sulfites)과 아황산(sulfur dioxide, SO_2)들은 우리나라에서는 특정 식품들에 사용할 수 있는 표백제들(bleaching agents)로서, 지정된 식품들에 대해서 규정된 농도에서 그 사용이 허용되고 있다.

일부 예를 들어 보면, 메타중아황산의 소듐 또는 칼륨염들(sodium or potassium metabissulfites, Na_2^- or $K_2S_2O_5$)은 당밀, 물엿 등에 0.3g/kg 미만, 아황산나트륨, 즉 소듐 설파이트(sodium sulfite,

Na_2SO_3)는 과실주에 0.35g/kg, 산성 아황산나트륨(sodium bisulfite, $NaHSO_3$)은 설탕에 0.02g/kg, 참깨, 두류, 서류, 과실류, 채소류와 그 단순 가공품들, 0.03g/kg, 차아황산나트륨(sodium hyposulfite, $Na_2S_2O_4$)의 경우에는 그 사용 식품류와 그 농도는 아황산 또는 산성 아황산나트륨에 준(準)한다고 한다. 한편 아황산(sulfur dioxide), 즉 아황산가스(SO_2)는 건조 과실류(건포도 제외)에 2g/kg까지 사용할 수 있다(식품첨가물 공전, 1994 : 문범수, 1999 참조).

일본에서도 아황산나트륨(Na_2SO_3, E 221), 차아황산나트륨($Na_2S_2O_4$, E 221), 아황산(SO_2, E 220). 파이로아황산 칼륨($K_2S_2O_5$, E 224), 파이로아황산 나트륨($Na_2K_2S_2O_5$, E 223) 등이 표백제를 목적으로 하는 식품 첨가물(food additives)로서 사용대상 식품과 사용허용 기준제한 하에 사용이 허용되고 있다. 여기서 이상의 첨가물들의 화학분자식에 이어 표시한 기호와 수치는 유럽 공동체(EC)에서 사용하고 있는 등록번호, 즉 EC 번호들이다(大森義仁 등, 1988 참조).

한편 미국에서는 오래 전부터 아황산염들(sulfites)과 아황산(SO_2 gas)들은 이상의 화합물들이 효소에 의한 갈색화 뿐만 아니라, 마이얄 갈색화 반응의 진행에 대해서도 가장 효과적인 억제 물질들인 동시에 곰팡이류, 유해 세균류 등에 대해서 선택적으로 강한 억제작용을 갖는 특성 때문에, 포도주 제조 업계에서는 현재까지 계속 사용하고 있다. 이와 같은 사정은 일부 과실류, 채소류, 서류, 특히 감자류의 가공업계에서도 거의 같다.

한편, 아황산과 대부분의 아황산염류(sulfites)는 1982년에 다시 GRAS 목록품들로 미국의 식품 및 의약품 관리국(Food and Drug Administration, FDA)에 의해서 승인할 것이(이상의 첨가물들은 1959년에 GRAS 목록품들로 등록되었었다고 함)제안되었으나, 1980년대 전반에, 아황산이나 아황산염류로 처리한 식품들을 섭취한 사람들 중의 천식환자(asthmatics)들의 일부가 발작을 일으킨 사례들과 심각한 과민증의 발생 가능성에 대한 보고들을 접수한 FDA는 1986년에 우선 날로(raw state) 소비되거나 판매되는 채소나 과실류(감자류 나중에 제외)에 사용을 금지하고, 위의 제안을 취소하고 그 사용 문제를 더 검토하기로 했었다(A Scientific Status Summary, IFT., 1986 ; Taylor, S. L. *et al*., 1986 ; Eskin, N. A. M., 1990 ; 이서래, 1999 참조).

브로디(Brody, T., 1999)는 아황산이나 아황산염의 섭취에 의해서 천식 발작을 일으킨 천식환자들은 체내의 아황산염 산화효소(sulfite oxidase)의 함유 농도가 정상인에 비해서 매우 낮았을 것으로 생각하고 있다. 천식환자들에게 천식 발작을 일으키게 하는 아황산염의 혈중 농도는 3.0mg이나, 이 효소(sulfite oxidase)들의 활동이 부족할 때는 혈액 중에 아황산염의 농도가 쉽게 임계 농도를 넘을 것이 예상된다고 한다.

한편 혈액 중의 아황산염은 이 효소들에 의해서 쉽게 설페이트염, 즉 황산염(SO_4^{-2}의 염)으로 산화된다고 한다. 브로디(Brody, T., 1999)는 또한 아황산염들이 싸이아민(thiamine, 비타민 B_1)을 함유한 식품류, 예로서 육류에 첨가될 경우에는 함유되고 있는 피리미딘 환(a pyrimidine ring)과 싸이아졸 환(a thiazale ring)을 이어주고 있는 $-CH_2-$ 그룹에 작용하여 두 개의 화합물들로 분리시킴으로써 비타민 B_1을 파괴한다고 설명하고 있다.

이와 같은 사실은 오래 전부터 잘 알려져 있었으며, 아황산이나 아황산염들은 싸이아민, 즉 비타민 B_1을 함유하고 있는 식품들에는 사용이 이미 금지되어 왔었다.

한편 미국 식품 및 의약품 관리국(FDA)에서는 1988년에 이상의 아황산이나 아황산염들을 사용할 수 있는 식품류, 사용 기준량 등 매우 제한적인 규정들을 제안했었다. 그 중 주요 항목들을 간단히 설명하면 다음과 같다.

즉 우선, 이상의 아황산과 아황산염의 사용 허용량을 0.05% 이하로 제한하였으며, 앞에서 말한 대로 인체에 비타민 B_1을 공급해 주는 식품류, 예로서 육류 등의 식품들과 별다른 가공 과정을 거치지 않고 사람들이 섭취할 가능성이 큰, 신선한 채소나 과실류에 대한 사용이(감자의 경우만 제외) 모두 금지되었다.

그러나 다른 많은 식품류, 예로서 건조 과실류, 각종 즉석 스프류, 포도주류, 그리고 신선한 새우들에 대해서는 그 사용이 종전대로 허용되었다. 그리고 전술한 대로 아황산 또는 아황산염을 10ppm, 즉 0.01% 이상 함유하는 가공 식품들의 경우, 이상과 같은 사실을 명시한 라벨(label)이나 상표를 포장지에 사용하도록 규정하고 있다(A Scientific Status Summary, IFT., 1993 ; Linder, M. C., 1991 참조).

린제이(Lindsay, R. C., 1996)는 건조 과실류 제조 과정에서 가공 직후의 아황산(sulfur dioxide)의 농도는 가끔 2000ppm 이상 되는 경우도 있으나, 대부분의 경우 그보다 훨씬 낮은 농도로 생각되는 이유는 아황산의 농도가 500ppm을 넘으면 쉽게 느껴지는 불쾌한 냄새와 맛(noticeably disagreeable flavor)을 갖게 되며, 또한 그 농도가 상당히 높다고 해도 계속 휘발되거나, 식품 내의 다른 성분들과 반응하여 없어지는 기회가 많기 때문이라고 설명하고 있다.

SH 화합물들 파인애플(pineapple)에 함유된 어떤 특정한 SH 화합물들은 파인애플의 갈색화를 억제한다는 사실이 알려지고 있다. 한편 시스테인(cysteine), 글루타싸이온(glutathione)을 비롯한 일부 설프하이드릴 화합물들(sulfhydryl compounds), 즉 SH 화합물들은 효소에 의한 갈색화(enzymatic browning)를 억제하여 주는 사실이 알려져 왔다.

이와 같은 설프하이드릴 화합물들의 갈색화 억제 작용은 일반적으로 클로로제닌산(chlorogenic acid), 타이로신(tyrosine), 또는 3,4-다이하이드록시페닐알라닌(3,4-dihydroxyphenylalanine, DOPA) 등이 산화되어 형성하는 키논류(quinones)와 부가 반응물들(addition products)을 형성하여 산화가 더 이상 진행하는 것을 억제하여 주는데 있다고 한다.

실제로 시스테인은 산화된 클로로제닌산(oxidized chlorogenic acid)과 결합하여 매우 엷은 황색의 착색 물질을 형성하는 사실이 알려지고 있다.

무네타들(Muneta, P. and Walradt, J., 1968)은 0.1M의 도파 기질(substrate, DOPA)에 0.1M의 시스테인 용액 0.4mL를 첨가할 때, 효소에 의한 산화속도, 따라서 갈색화 속도가 현저히 억제되었음을 보고하고 있다(그림 11-38 참조).

주석 이온 주석 이온(stannous ion, Sn^{2+})은 강한 환원력을 갖고 있으며, 갈색화를 억제하기는 하나 이와 같은 목적으로 특별히 식품에 첨가되는 일은 없다.

다만 일반 통조림 식품에서는 그 용기에서 녹아 나오는 상당량의 주석 이온(대략 150ppm 이하)을 함유하고 있으며, 이 주석 이온들은 통조림통 내부의 식품에서 일어날 수 있는 비효소 갈색화 반응에 의한 변색(discoloration)을 효과적으로 억제하여 주는 것으로 생각되고 있다.

금속 이온의 제거 한편, 금속 이온들 중 제1철 이온과 제2철 이온들(ferrous ion 및 ferric ion, Fe^{2+} 및 Fe^{3+} ion)은 다 같이 폴리페놀 화합물들(polyphenol compounds)을 대표하는 탄닌류(tannins)와 직접 청색 내지는 흑갈색의 복합체를 형성할 뿐만 아니라, 비효소 갈색화 반응을 촉진하여 준다고 한다.

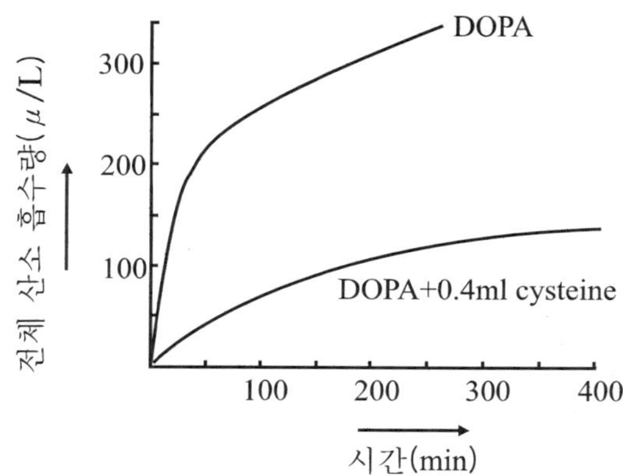

[그림 11-38] DOPA 기질(substrate)에 시스테인(cysteine)을 첨가할 때 기질의 산화속도(즉 산소 흡수 속도)에 미치는 영향
Muneta, P. and Walradt, J., 1968, *J. Food Science*, 33, 607.

구리 이온들(copper ion)도 철 이온들과 마찬가지로 페놀 화합물들과 흑갈색의 복합체를 만들거나 비효소 갈색화 반응을 촉진시켜 주며, 한편 니켈 이온(nickel ion)은 별 영향을 주지 않는다고 한다.

특히 폴리페놀 옥시데이스(polyphenol oxidase)나 타이로시네이스(tyrosinase)는 그 효소 자체가 구리(copper)를 함유하고 있는 효소들이며, 구리 이온의 존재가 이들 효소의 작용을 활성화시켜주는 사실에 대해서는 이미 언급한 바 있다.

이상의 금속 이온들 중 갈색화 반응을 촉진시켜 주는 금속 이온들을 금속 제거제(metal scavenger)를 사용하여 제거함으로써 갈색화 반응을 어느 정도 억제할 수가 있다.

붕산 및 붕산염

폴리페놀 옥시데이스(polyphenol oxidase)는 기질의 캬테콜 부분(catechol moiety), 즉 올토-다이하이드록시 그룹(ortho-dihydroxy group)에 작용하므로, 이 올토-다이하이드록시 그룹과 동시에 에스터 결합을 형성하는 붕산(boric acid)과 그 염들(borates)은 이 두 개의 수산기를 효소들이 이용할 수 없게 함으로써 효소 작용을 억제한다.

붕산이나 붕산염은 그 독성(toxicity) 때문에 식품들에 실제로 사용될 가능성은 없으나, 폴리페놀 옥시데이스의 작용을 이론적으로 연구하는 데는 도움이 될 수 있을 것이다(Bedrosian, K., Nelson, A. I. and Steinberg, M. P., 1960).

갈색화 반응에 있어서 아스콜빈산의 첨가

아스콜빈산(ascorbic acid)은 전술한 바와 같이 항갈색화제들(antibrowning agents)의 대표적 존재로써 매우 효과적이나, 그 작용은 단순하지 않으며, 매우 다양한 듯하다(Bauernfeind, J. C. and Pinkert, D. M., 1970, Advances in Food Research, 18, 219 ; Seib, P. A. and Tolbert, B. M., 1982 ; IFT, Scientific Status Summary, 1993 참조).

죠슬린들(Joslyn, M. A. *et al*., 1948)은 과실 조직에서는 그 속에 존재하는 아스콜빈산의 거의 전부가 데하이드로아스콜빈산(dehydroascorbic acid, DHA)으로 산화될 때까지는 갈색화 반응이 일어나지 않은 사실을 지적하고 있다. 또한 손상된 과실 조직(injured fruit tissues)에서의 아스콜빈산의 손실(loss)의 대부분은 과실 조직 내의 폴리페놀 옥시데이스(polyphenol oxidase)의 작용에 의해서 폴리페놀 화합물들이 해당되는 키논 화합물들(quinone compounds)로 산화될 때 일어난다고 한다(Bauernfeind, J. C., 1953 참조).

손상된 과실 조직에서는 대부분의 아스콜빈산이 산화에 의해서 손실되었기 때문에 폴리페놀 옥시데이스에 의해서 형성된 키논류(quinones)는 아스콜빈산의 환원작용을 받지 못하며, 따라서 곧 계속 산화, 중합되어 갈색의 최종 생성물들(dark-colored end products)을 형성하게 된다.

한편, 바우언파인드들(Bauernfeind, J. C. and Pinkert, D. M., 1970)은 식품 가공 중에 첨가된 아스콜빈산(food processing with added ascorbic acid)이라는 레뷰(a review in, Advances in Food Research, 18, p.220~304, 1970)에서 사과에서 추출하고 부분적으로 정제한 폴리페놀 옥시데이스와 캬테콜 기질(catechol substrate)의 혼합물의 갈색화 반응에 앞서서 첨가된 아스콜빈산의 효과에 대한 폰팅(Ponting, J. D.)의 실험 예와 이에 대한 폰팅의 견해(Ponting, J. D., 1954)를 소개하고 있다.

폰팅에 의하면 실험에 앞서 첨가된 아스콜빈산은 캬테콜에서 형성된 o-키논(ortho-quinone)을 일단 세미키논(semiquinone)으로 환원시키며, 이 세미퀴논이 폴리페놀 옥시데이스의 갈색화 반응에 대한 촉매작용을 억제한다고 설명하고 있다. 또한 이 세미퀴논은 함께 존재하는 아스콜빈산에 의해서 다시 캬테콜로 환원될 수 있다고 설명하고 있다.

그림 11-39는 아스콜빈산이 존재하는 동안, 즉 세미키논이 존재하는 동안 폴리페놀 옥시데이스의 작용은 억제되나 세미키논이 상실되면 갈색화 반응은 이때 또 다시 계속되며 다시 아스콜빈산이 첨가되면 위에서 일어나는 과정을 반복하는 사실을 보여주고 있으며, 아스콜빈산이 폴리페놀 옥시데이스에 대해서 어떤 영구적인 손상을 주어서 불활성화(inactivation)시키는 것은 아니라고 설명하고 있다.

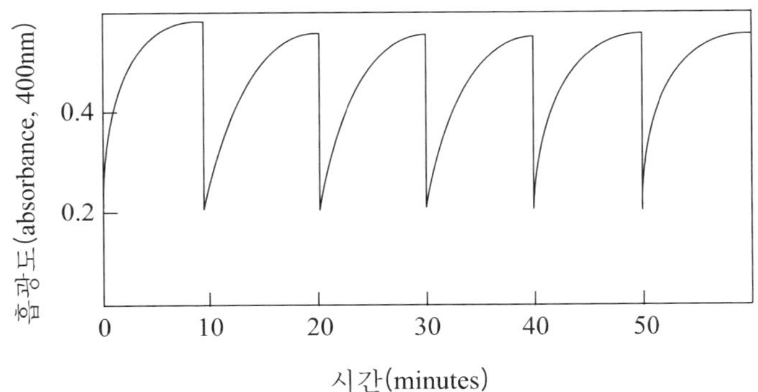

[그림 11-39] 아스콜빈산의 효소에 의한 갈색화 억제 효과. 특히 산화 생성물(갈색)을 환원하여 갈색화를 억제해 주는 효과를 보여 주는 실험 예 : 0.1mL의 사과의 폴리페놀 옥시데이스의 부분적 정제액+10mL의 0.1M 캬테콜 용액을 0.1M의 초산염 완충액(acrtate buffer)에 넣은, 효소/기질 용액(pH 5.0)에 매 10분마다 0.05mg의 아스콜빈산을 0.05mL의 물에 녹여서 첨가했을 때의 전체 용액의 400nm에서의 흡광도(Absorbance)의 변화를 보여주는 곡선.
Ponting, J. D., 1954, *J. Am. Chem. Soc.*, 76, 662.

한편 루우들(Luh, B. S. *et al.*, 1962)에 의하면 아스콜빈산은 냉동과실(冷凍果實) 저장에 널리 사용되어 왔으며, 이 아스콜빈산은 과실 조직 내에 용해되어 있는 산소를 급속히 흡수하고, 산화 생성물들을 환원시키며, 또한 폴리페놀 옥시데이스의 기질이 될 수 있는 물질들을 환원 상태에 둔다고 한다.

그러나 아스콜빈산은 항갈색산화제(抗褐色酸化制)로서 뿐만 아니라, 항산화제, 금속 제거제(metal scavenger), 밀가루 또는 빵의 품질 개량제(improver), 맥주나 포도주의 품질 개선제, 육류의 색깔 안정제 등으로 점차로 그 응용범위가 넓어지고 있는 실정이다(Bauernfeind, J. C. and Pinkert, D. M., 1970 참조).

우선 갈색화 반응에 있어서의 아스콜빈산의 작용에 대해서 좀 더 자세히 설명한 후, 식품 분야에 관련된 아스콜빈산의 유익하고, 특유한 가능들에 대해서 간단히 설명하고자 한다.

아스콜빈산이 비타민 C로서, 성인 1인당 매일 70mg 정도가 필요한 사실에 대해서는 이 장(章)의 중간 부분에서 이미 설명한 바가 있다.

아스콜빈산의 작용 보오렌스타인(Borenstein, B., 1965 또한 그림 11-40 참조)은 아스콜빈산의 식품 중에서의 항산화제(antioxidant) 내지는 항갈색화제(antibrowning agent)로서의 작용을 다음 세 가지로 들고 있다.

1. 산소를 제거하여, 즉 산소 제거제(oxygen scavenger)로서 작용하여, 식품 성분 중 산화에 예민한 성분들의 산화를 억제해 준다.
2. 한 식품체계(食品體系, food system)의 산화-환원 전위차(redox-potential)를 환원영역(reducing range)으로 옮겨 놓는다.
3. 바람직하지 않은 산화 생성물들을 환원한다.

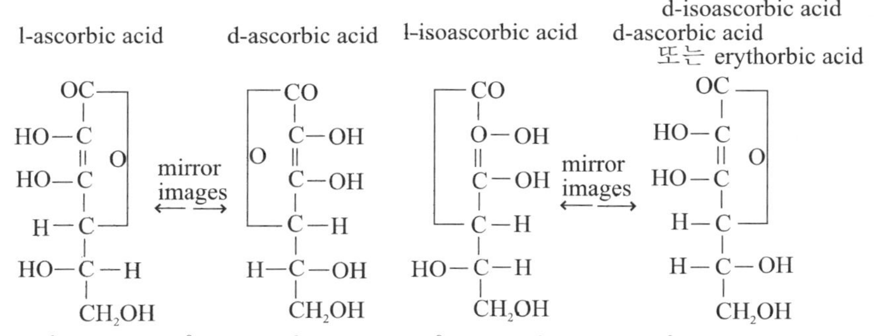

[그림 11-40] 아스콜빈산(l-ascorbic acid)과 이와 함께 항산화제, 항갈색화제 등으로 사용되고 있는 에리쏘오빈산(erythorbic acid)의 상호간의 관계를 표시하는 구조식. Borenstein, B. 1965. *Food Technol.*, 19, 1719.

아스콜빈산과 저렴한 가격 때문에 이 아스콜빈산의 대체품으로써 가끔 사용되고 있는 에리쏘오빈산을 비교할 때, 비타민 C로서의 활력은 에리쏘오빈산의 경우에는 아스콜빈산 활력의 약 5%에 불과하며, 그 항산화력이나 항갈색화제(antibrowning agent)로서의 작용도 아스콜빈산보다 훨씬 못하다. 한편 표 11-8에서 알 수 있듯이 아스콜빈산은 산소를 흡수, 즉 산소와 결합하여 산소를 제거하는 힘, 즉 산소 제거제(oxygen scavenger)로서의 작용이 에리쏘오빈산보다 훨씬 크다.

한편, 레이즈들(Reys, P. *et al.*, 1962)에 의하면, 냉동된 복숭아에 아스콜빈산과 에리쏘오빈산을 별도로 각각 동일량 첨가하여 30일 간 저장한 후 그 갈색화 속도를 측정하였더니 그 속도는 거의 동일하였다고 한다. 다만 이와 같은 상황에서 아스콜빈산은 안정(stable)하였으나, 에리쏘오빈산은 불안정하여 아스콜빈산보다 30~50% 더 빨리 산화, 파괴되었다고 한다.

일반적으로 이와 같은 물질들은 자신이 산화, 파괴되면 갈색화를 억제할 힘을 상실하여 갈색화는 곧 시작되므로, 에리쏘오빈산을 첨가하였을 경우에는 아스콜빈산을 첨가하였을 경우보다 갈색화가 더 빨리 시작됨을 의미한다.

표 11-8 453g(1파운드)에 300mg의 비율로 여러 항산화제를 첨가한 세 가지 품종의 사과 통조림(apple cans)의 상부 공간(head space)의 산소량과 이 통조림 속의 사과에 남아 있는 아스콜빈산(ascorbic acid)의 함량.

사과의 품종	코오틀랜드(Coryland)		마킨토스(McIntosh)		델리샤스Delicious)	
첨가된 항산화제의 종류	상부공간의 산소량 (Vol, %)	사과조직에 남아있는 아스콜빈산 또는 에리쏘오빈산 (mg %)	상부공간의 산소량 (Vol, %)	사과조직에 남아있는 아스콜빈산 또는 에리쏘오빈산 (mg %)	상부공간의 산소량 (Vol, %)	사과조직에 남아있는 아스콜빈산 또는 에리쏘오빈산 (mg %)
아스콜빈산(ascorbic acid)	0.33	23.48	0.40	18.83	0.63	24.55
에리쏘오빈산(erythorbic acid)	2.60	8.26	2.88	3.61	1.86	9.12
에리쏘오빈산 소오다(sodium erythorbate)	2.61	7.50	2.73	4.34	2.12	8.76
실험대조(control)	12.05	1.75	10.84	0.75	11.34	2.75

여기서 Vol.% = 상부공간의 부피 / 전체공간의 부피 × 100, mg% = 100g의 시료 중에 첨가된 항산화제의 mg수로 표시한 잔류량(殘留量).

Borenstein, B. 1965. *Food Technol.*, 19, 1720.

호오프(Hope, G. W., 1961, Food Technol., 15, 548)는 사과 통조림을 제조할 때, 사과 조직에서 공기, 따라서 산소를 미리 제거하지 않을 때는 통조림을 제조한 후, 그 통조림의 상부공간(the head space)의 전체 용적의 10~20%에 해당하는 산소가 존재하게 되며, 이 산소는 갈색화반응 뿐만 아니라, 통조림통의 부식 등 여러 가지 나쁜 결과들을 가져오는 사실을 확인하였다.

실제로 사과 453g(1파운드)에 대해서 아스콜빈산을 300mg을 첨가하였을 때는 사과의 갈색화가 억제되었을 뿐만 아니라, 상부공간에 남아 있는 산소의 양도 대폭 감소되어 용기의 아마도 잔존 산소가 주도하는 산화(酸化)에 의한 부식(corrosion)도 억제되었다고 한다.

한편 아이소아스콜빈산(isoascorbic acid, 즉 erythorbic acid)과 그 소듐염들의 첨가도 과육의 표면의 갈색화는 효율적으로 억제하였다고 한다.

이상의 결과와 이보다 나중에 실시된 보오렌스타인(Borenstein, B., 1965)의 실험 결과들, 그리고 기타의 많은 연구 결과들을 볼 때, 아스콜빈산은 산소를 매우 효과적으로 흡수, 제거함으로써 산화에 의해서 일어나거나, 촉진되는 갈색화 반응과 같은 바람직하지 않은 변화들을 역시 효과적으로 억제하는 것으로 생각된다.

이론적으로는 15.7mg의 아스콜빈산(ascorbic acid, As.A)은 1mL의 산소와 과부족 없이 결합, 산소를 흡수한다. 이것은 3.3mg의 아스콜빈산이 1mL의 공기 중의 산소와 과부족 없이 결합, 즉 완전히 흡수한다는 뜻이다. 여러 가지 실제 실험 결과들도 이와 같은 양적 관계가 잘 성립함을 보여 주고 있다고 한다(Bauernfeind, J. C., 1953).

앞에서 말한 대로 바우언파인드들(Bauernfeind, J. C. and Pinkert, D. M., 1970)은 그들의 레뷰에서 아스콜빈산이 여러 종류의 가공 식품들의 품질을 유지 또는 향상시키는 데 사용되어 온, 다양한, 그리고 유익한 응용 예들을 소개하고 있다. 그 중 일부를 간단히 소개하면 다음과 같다.

맥주 제조 과정에서　1950년대 이후 아스콜빈산은 양조업계(brewing industry)에서 맥주 제조 과정 중에 당면하는 공기 중의 산소에 의한 맥주 내의 여러 성분들의 산화에 의한 여러 가지 형태의 품질 저하 등을 덜하기 위해서 산소 제거제, 그러므로 항산화제로 사용되기 시작한 후 현재에 이르고 있다.

아스콜빈산의 첨가는 냉각시 일어나는(chill) 맥주의 불투명성 또는 흐림(haze), 그리고 맥주 성분들의 산화에 의한 흐림(haze)을 경감시키는 데 큰 효과가 있다고 한다.

또한 아스콜빈산의 첨가는 탄닌류의 산화, 중합의 진행(進行)을 억제하고, 맥주 내의 탄닌, 단백질로 구성된 교질상태의 안정성을 개선한다고 한다. 또한 아스콜빈산은 산소가 관련되는 효소, 비효소 갈색화 반응들을 억제함으로, 그 사이의 관계를 잘 조절하여 그 후의 갈색화를 적절한 상태로 유지하는 데도 도움을 줄 것으로 생각된다.

실제로 아스콜빈산의 첨가는 맥주의 흐림, 또는 혼탁도(混濁度, turbidity)와 갈색(brown color)의 조절을 통해서 그 품질의 유지 또는 향상에 기여하고 있다고 생각된다.

포도주 제조 과정에서　아스콜빈산의 첨가는 제조 중의 포도주들의 맛, 향기, 투명성(clarity) 등에 좋은 효과를 갖다 주는 것으로 널리 알려져 왔으며, 1liter의 포도주에 25~100mg의 아스콜빈산이 존재할 때는 포도주의 전체적인 산화-환원 전위차(redox-potential)를 안정된 상태로 유지하는 데 도움을 준다고 한다(Gerutti, G., 1956, Bauernfeind, J. C. and Pinkert, D. M., 1970 참조).

한편 포도주 제조에 현재 제한적으로 사용되고 있는 아황산(SO_2)과 아스콜빈산의 산소에 대한 반응을 비교해 보면 아스콜빈산이 더 쉽게 산화, 즉 산소와 결합하며, 결합하는 산소의 양도 아황산의 2배가량 된다. 아스콜빈산이 공존 할 때의 또 하나의 이점은 아스콜빈산이 함께 존재하면 철(Fe)이나 구리(Cu)가 함께 존재하거나 존재하지 않아도 아황산의 산화 속도, 즉 산소와 결합하는 속도는 10배가 증가한다고 하는 점이다(Kielhöfer, E and Würdig, G., 1958, Bauernfeind, J. C. and Pinkert, D. M., 1970 참조).

이미 언급한 바 있으나, 포도주의 색깔이나 혼탁도(turbidity)는 그 품질에 중대한 영향을 주는 요인들이지만, 이 문제에 대한 아스콜빈산의 바람직한 효과들은 본질적으로는 맥주의 경우와 비슷한 작용들에 의한 것으로 생각된다.

유지 가공품류 또는 생체 지방질류의 항산화제로서　아스콜빈산은 오래 전부터 자연 항산화제들(naturally occurring antioxidants)의 하나로서 식용유지류, 식용 지방질 식품들에 널리 사용되어 왔다. 아스콜빈산의 유용성(油溶性)을 개선하기 위해서 아스콜빈산과 팔미틴산(palmitic acid)의 에스터, 아스코빌 팔미테이트(ascorbyl palmitate, AP)도 함께 사용되어 왔다.

특히 일부 지방질 식품들, 즉 그 지방질 성분들과 수분이 유탁액(乳濁液, emulsions)의 형태로 존재하는 경우에는 아스콜빈산은 그 경계면(interface between water and oil phases)에서 효과적인 항산화 작용을 발휘하는 사실이 알려져 있다.

한편, 아스콜빈산은 생체의 지방질 조직을 보호하는데, 또는 생체 내에서 또 하나의 중요한 자연항산체인 토코페놀류의 항산화 작용을 계속 유지하는데 중요한 역할을 하고 있는 것으로 알려져 왔다.

좀 더 자세한 설명은 본문 제14장의 자연 항산화제 항목의 해당된 설명과 바우언파인드들(Bauernfeind, J. C. and Pinkert, D. M., 1970)의 레뷰 중에서 지방질 보호를 위한 시너어지트들(Synergists in Fat Protection)과 낙농제품류의 산화억제작용(Oxidation Inhibition in Dairy Products) 등의 항목들을 참고해주기 바란다.

육류의 색깔 안정제로서 전술한 바 있는 바우언파인드들(Bauernfeind, J. C. and Pinkert, D. M., 1970)에 의하면 신선한 육류나 절임한 육류(both fresh and cured meats)의 전형적인 빨간색은 적절한 농도의 아스콜빈산 용액을 살포하거나, 절임 국물에 침지(浸漬)시킬 때는 일정 기간 안정된 상태(stabilized state)를 유지한다고 한다.

예로서 신선한 육류를 필름(film)으로 포장해서 냉동하기 전에 아스콜빈산 0.02~0.1% 용액으로 처리한 후 포장하거나, 육류 600g에 아스콜빈산의 소듐염을 1.8g의 비율로 직접 살포 처리하고 냉동할 때는 6주간 정도 원래의 좋은 색깔이 유지되었다는 보고들을 인용하고 있다. 그러나 장기 저장 시의 효과에 대해서는 의문시하고 있다.

한편, 절임 육류의 경우, 절임 국물에 아스콜빈산의 소듐염을 첨가할 때는 아스콜빈산이 산화질소(nitric oxide, NO)의 형성을 촉진시킴으로써 절임 육류의 특유한 짙은 빨간색의 색소인 산화질소 또는 나이트로소마이요글로빈(nitric oxide or nitrosomyoglobin, NO-myoglobin)의 형성을 촉진시켜준다고 한다. 그리고 아스콜빈산이나 그 소듐염이 첨가된 절임 육류의 경우, 육류 내의 산화질소 마이오글로빈은 냉장 저장 중에도 안정성(stability)을 유지한다고 한다.

한편, 절임 국물 중의 아스콜빈산의 농도는 300~400ppm으로 유지되어야 하며, 농도가 더 커지면 부작용에 의해서 역효과가 일어날 가능성이 있다고 한다(본문 제2장 식품의 색깔 중 절임된 육류 부분 참조).

어류의 산패(酸敗, oxidative rancidity) 억제작용 1960년대에 들어서서 각종 생선류의 살고기를 장기 저장할 경우, 생선류에 함유된 불포화지방질들(unsaturated fats)의 산화(oxidation)에 의한 산패(酸敗, oxidative rancidity)의 발생에 따른 갈색화(browning), 정상적이 아닌 냄새, 맛(off-flavor)의 발생에 아스콜빈산의 처리 또는 첨가가 극히 효과적인 사실이 알려진 이후 이와 같은 산패억제를 위해서 아스콜빈산을 이용한 처리방법들이 계속 사용되어 왔다(Zipser, M. W. and Watts, B. M., 1961, Bauernfeind, J. C. and Pinkert, D. M., 1970 참조).

이와 같이 불포화지방질들(unsaturated fats)의 함량과 그 비중이 큰 어류의 경우에는 산패(oxidative rancidity)가 일반 육류들의 경우와는 달리 급속도로 진행될 것이 예상되나, 이 이외에도 어류의 살코기 안에는 담수어나 바다고기(fresh-water or marine fish)에 관계없이 각종 효소들의 작용에 의해서 흰 살코기의 황변(黃變, yellowing or rusting)도 동시에 일어난다고 한다.

아스콜빈산은 소듐 카아복실메틸셀룰로오스(sodium carboxymethylcellulose, CMC)와 같은 점조제(粘稠劑, thickener)와 함께 점조한 수용액으로 만든 후에 살코기 표면에 도포(塗布)하는 경우도 보고되고 있으나, 대개는 아스콜빈산의 1~2% 용액에 침지하여 주면, 살코기 표면에 대략 0.1% 가량의 아스콜빈산이 흡수된다고 한다. 청어(fresh-water herring)의 경우, 2%의 아스콜빈산 용액에 45초간 침지 처리한 다음 냉동 저장했을 때, 이런 처리를 받지 않았을 경우의 저장 수명은 3개월이었으나 침지 처리 후 그 저장 수명은 7개월로 연장되었다고 한다(Greig, R. A. and Flieman, G., 1965, Bauernfeind, J. C. and Pinkert, D. M., 1970 참조).

한편, 포획 후 얼음 저장 또는 냉동 저장할 때, 멜라닌 색소들(melanin pigments)로 된 검은 띠들이나 반점들(black bands or spots)을 동체에 나타내는 검은 새우류(melanotic shrimp)의 띠들이나 반점들은 체내의 타이로시네이스(tyrosinase)가 산소 존재 하에 타이로신이나 다이하이드록시페닐알라닌(dihydroxyphenylalanine) 등에 작용하여 멜라닌 색소들을 형성하기 때문에 일어나는 것으로 알려져 있다. 이와 같은 검은 반점 등의 발생은 이 종류의 새우들을 포획한 후, 1%의 아스콜빈산과 구연산(citric acid)의 혼합 용액에 담근 후, 얼음 냉장(ice-storage)한다면 이와 같은 처리를 하지 않고 얼음 냉장 또는 냉동 저장하는 경우에 비해서 8일 간 그 저장기간을 연장할 수 있었다고 한다. 이와 유사한, 아스콜빈산과 구연산 혼합 용액에 침지하여 멜라닌화(melanolysis)를 연기하는 방법들도 보고되고 있다(Bailey, M. E. and Fieger, E. A., 1954 ; Bauernfeind, J. C. and Pinkert, D. M., 1970 참조).

이 이외에도 아스콜빈산 산화효소(ascorbic acid oxidase)의 작용을 받은 데하이드로아스콜빈산(dehydroascorbic acid, DHA)의 산화력을 이용한 제빵용 반죽 개선제(bread dough improver)로서 욜겐센(Jorgensen, H., 1935 ; Bauernfeind, J. C., and Pinkert, D. M., 1970 참조)이 비슷한 작용을 가진 브롬산칼륨($KBrO_3$)의 작용을 연구하던 도중에 우연히 알게 된 후 효모에 의한 발효 과정을 거치지 않은 고속도 빵 제조용 반죽 품질 개선제로서 꾸준히 개발되어 왔다.

빵 반죽 과정은 콜레이우드 빵 제조법(Chorlaywood Bread Process, CBP)으로 알려졌으며, 밀가루, 물, 다른 재료 성분들과 아스콜빈산으로 된 반죽을 고속(high speed)으로 혼합하는 과정을 골자로 하고 있다(Bauernfeind, J. C. and Pinkert, D. M. 1970 그리고 Coultate, T. P., 1989 참조).

이 방법으로 만든 빵들은 효모로 발효하는 과정이 생략되었기 때문에 향미(flavor)는 다소 떨어지나 그 외의 거의 모든 점에서, 그리고 시간이 크게 절약된다는 점에서 현재까지도 최소한 영국과 미국 두 나라를 포함한 유럽의 여러 나라에서 호평을 받고 있다다(Bauernfeind, J. C. and Pinkert, D. M. 1970 그리고 Coultate, T. P., 1989.).

참고문헌

Adachi, Y., Ukai, N. and Kosuag, S., 1971, Studies on Browning Mechanism of Tomato Products, Part. 3, The Separation and Determination of Reductions in Tomato Products, *Nihon Shyokuhin Kogyo Gakukaishi*, 18(10), 1.

Adhikari, H. R. and Tappel, A. L., 1973, Fluorescent Products in a Glucose-Glycine Browning Reaction, *J. Food Sci.*, 38, 486.

Ajandouz, E. H. and Puigserver, A. 1999. Nonenzymatic Browning Reaction of Essential Amino Acids: Effect of pH on Caramelization and Maillard Reaction Kinetics. *J. Agric. Food Chem.*, 47(5), 1786~1793.

Anet, E. F. L. J., 1964, 3-Deoxyglycosuloses(3-Deoxyglycosones) and the Degradation of Carbohydrates, *Advances in Carbohydrate Chem.*, 19, 181.

Ahn, M. S., 1984, *"Effects of Reaction Temperature, Time, and Presence of Organic Acids or Their Salts on the Antioxidant Activity of Caramelization Mixtures"*, Ph. D. Thesis, Graduate School, Korea

University, Seoul, Korea.

Arnoldi, A. *et al.* 1997. New Colored Compounds from the Maillard Reaction between Xylose and Lysine. *J. Agric. Food Chem.*, 45(3), 650~655.

Ashoor, S. H. and Zent, J. B. 1984. Maillard Browning of Common Amino Acids and Sugars. *J. Food Sci.*, 49, 1206.

Bailey, M. E. 1983. The Maillard Reaction and Meat Flavor in *"The Maillard Reaction in Foods and Nutrition,"* Ed. by Waller, G. R. and Feather, M. S., American Chemical Society, Washington, D.C.

Bauernfeind, J. C. 1953. The Use of Ascorbic Acid in Processing Foods. *Advances in Food Research*, 4, 359~409.

Bauernfeind, J. C. and Pinkert, D. M. 1970. Food Processing with Added Ascorbic Acid in *Advances in Food Research*, 18, 220~304.

Beckel, R. W. and Waller, G. R. 1983. Antioxidative Arginine-Xylose Maillard Reaction Products: Condition for Synthesis. *J. Food Sci.*, 48, 996.

Bedrosian, K., Steinberg, M. P., and Nelson, A. I. 1960. Effect of Borates and Other Inhibitors on Enzymatic Browning in Apple Tissue. Ⅱ. Mechanism. *Food Technol.,* 14, 480.

Benzing-Purdie, L. M., Ripmeester, J. A., and Ratcliffe, C. I. 1985. Effect of Temperature on Maillard Reaction Products. *J. Agric. Food Chem.*, 33, 31.

Beveridge, T. and Harrison, J. E. 1984. Nonenzymatic Browning in Pear Juice Concentrate at Elevated Temperatures. *J. Food Sci.*, 49, 1335.

Bookwalter, G. N. and Kwolek, W. F. 1981. Predicting Protein Quality of Corn-Soy-Milk Blends after Nonenzymatic Browning. *J. Food Sci.*, 46, 711.

El-Boyomi, M. A. and Frieden, E. 1957. A Spectrophotomatric Method for the Determination of the Catecholase Activity of Tyrosinase and Some of its Application. 1957. *J. Am. Chem. Sco.*, 79, 4854.

Brown, H. D. 1960. Problems of the Potato Chip Industry. Processing and Technology. *Advances in Food Research*, 10, 191.

Bruemmer, Joseph H. and Roe, Bongwoo, 1970. Enzymic Oxidation of Simple Diphenols and Flavonoids by Orange Juice Extracts. *J. Food Science*, 35, 116.

Burton, H. S., McWeeny, D. J., and Bialtcliffe, D. O. 1962. Development of Chromophores in the Carbonyl-Amino System. *Nature*, 196, 40.

Burton, H. S., McWeeny, D. J., and Biltcluffe, D. O. 1963. Non-Enzymatic Browning. Development of Chromophores in the Glucose-Glycine and Sucrose-Glycine Systems. *J. Food Sci.*, 28, 631.

Cerami, A. 1994. The Role of the Maillard Reaction in Vivo. in *"Maillard Reactions in Chemistry, Food. and Health,"* edited by Labuza, T.P., Reineccius, G. A., Monnier, V., O'Brien, J., and Baynes, J., The Royal Society of Chemistry, Thomas Graham House, Cambridge England.

Cerrutti, P., Resnik, S. L., Seldes, A., and Fontan, C. F. 1985. Kinetics of Deteriorative Reactions in Model Food Systems of High Water Activity: Glucose Loss, 5-Hydroxymethylfurfural Accumulation and Fluorescence Development Due to Nonenzymatic Browning. *J. Food Sci.*, 50, 627.

Chan, H. T. and Yang, Y. 1971. Identification and Characterization of Somer Oxidizing Enzymes of the McFarlin Cranberry. *J. Food Science*, 36, 169.

Chichester, C. O., Stadtman, F. H., and , MacKinney, G., 1952. On the Products of the Maillard Reaction. *J. Am. Chem. Soc.*, 74, 3418.

Chung, Y. S. and Kim, D. H. 1968. Quality Changes of Food during Processing and upon Storage. Part 6. Effects of Sucrose and Sodium Chloride on the Quality of Canned Tomato Juice. *Report Army Research and Testing Lab.* (*Korea*), 7, 16.

Clark, A. V. and Tannenbaum, S. R. 1970. Isolation and Characterization of Pigments from Protein Carbonyl Browning Systems. *J. Agr. Food Chem.*, 18, 891.

Co, H. and Sanderson, G. W. 1970. Biochemistry of Tea Fermentation, Conversion of Amino Acids to Black Tea Aroma Constituents. *J. Food Science*, 35, 160.

Cole, S. J. 1967. The Maillard Reaction in Food Products. Carbon Dioxide Production. *J. Food Science,* 32, 245.

Constantindes, S. M. and Bedford, C. L. 1967. Multiple Forms of Phenol Oxidase. *J. Food Science*, 32, 446.

Coultate, T. P. 1989. Ascorbic Acid in Bread-making in *"Food, the Chemistry of Its Components,"* Second Edition, p.122~124, The Royal Society of Chemistry, Burlington House, London.

Craig, J. C. Jr., Acets, N. C., and Della Monica, E. S. 1961. Occurrence of 5-Hydroxymethylfurfural in Vaccum Foam Dried Whole Milk and Its Relatation to Processing and Storage. *J. Daiey Sci.*, 44, 1827~1835.

Danehy, J. P. and Pigman, W. W. 1951. Reactions between Sugars and Nitrogenous Compounds and Their Relationship to Certain Food Problems. *Advances in Food Research*, 3, 241.

Della Monica, E. S. *et al.* 1968. Error in the Analysis of Hydroxymethylfurfural in Processed Milk. *J. Dairy Sci.*, 51, 352.

Dugan, L. R., Jr., Brokow, C. H., and Kramer, A. 1964. Qualiy Control in Processing Foods. *Food Technol*, 18, 1319.

Eskin, N. A. M. 1990. *"Biochemistry of Foods,"* Second edition, Academic Press, INC, SanDiego, Califonia, U.S.A.

Ellis, G. P. 1959. The Maillard Reaction, *Advances in Carbohydrate Chem.*, 14, 63.

Eopechino, A. A. and Leeder, J. G. 1969. Flavor Modifications Produced in Ice Creaam Mix Made with Corn Syrup. Ⅰ. Occurrence of Syrup Flavor, Flavor Maskings, and Browning Reaction. *Food Technol.*, 23, 1215.

Evans, C. D., Moser, H. A., Cooney P. M., and Hodge, J. E. 1958. Amino-Hexose-Reductones as Antioxidants. 1. Vegetable Oils, *J. Am. Oil Chem. Soc.*, 35, 84.

Fagerson, L. S. 1969. Thermal Degradation of Carbohydrates. A Review. *J. Agr. Food Chem.*, 17, 747.

Feather, M. S. and Nelson, D. 1984. Maillard Polymers Derived from D-Glucose, D-Fructose, 5-(Hydroxymethyl)-2-Furaldehyde. and Glycine and Methionine. *J. Agric. Food Chem.*, 32, 1428.

Feretti, A., Flanagan, V. P., and Ruth, J. M. 1970. Non-enzymatic Browning in a Lactose-Casein Model System. *J. Agr. Food Chem.*, 18, 13.

Feretti, Aldo and Flanagan V. P. 1971. The Lactose-Casein(Maillard) Browning System. Volatile Components. *J. Agr. Food Chem.*, 19, 245.

Fors. Susan. 1983. Sensory Properties of Volatile Maillard Reaction Products and Related Compounds: A Literature Review in *"The Maillard Reaction in Foods and Nutrition,"* Edited by Waller, G. R. and Feather, M. S., American Chemical Society, Washington, D.C.

Freedom, L. and Francis, F. J. 1984. Effect of Ascorbic Acid on Color of Jellies. *J. Food Sci.*, 49, 1212.

Gehman, H. and Osman, E. M. 1954. The Chemistry of the Sugar-Sulfite Reaction and its Relationship to Food Problems. *Advances in Food Research*, 5, 53.

Glennie, C. W. 1981. Preharvest Changes in Polyphenols, Peroxidase, and Polyphenol Oxidase in Sorghum Grain. *J. Agric. Food Chem.*, 29, 33.

Golan-Goldhirsh, A. and Whitaker, J. R. 1984. Effect of Ascorbic Acid, Sodium Bisulfite, and Thiol Compounds on Mushroom Polyphenol Oxidase. *J. Agric. Food Chem.*, 32, 1003.

Habib, A. T. and Brown, H. R. 1957. Role of Reducing Sugars and Amino Acids in the Browning of Potato Chips. *Food Technol.*, 11, 85.

Halim, D. H. and Montgomery, M. W. 1978. Polyphenol Oxidase of D'Anjou Pears. *J. Food Sci.*, 43, 603.

Handa, A. and Kuroda, N. 1999. Functional Improvements in Dried Egg White through the Maillard Reaction. *J. Agric. Food Chem.*, 47(5), 1845~1850.

Hasegawa, S. and Maier, V. P. 1980. Polyphenol Oxidase of Dates. *J. Agric. Food Chem.*, 28, 891.

Hashiba, H. 1982. The Browning Reaction of Amadori Compounds Derived from Various Sugars. *Agric. Biol. Chem.(Japan)*, 42(2), 547.

Haugaard, G., Tumerman, L., and Silvestri, H. 1951. A Study on the Reaction of Aldoses and Amino Acids. *J. Am. Chem. Soc.*, 73(10), 4594.

Hawkins, W. W., Leonard, V. G., and Armstrong, J. E. 1961. A Technical Note. Effectivencess of Ascorbic Acid in Preventing the Darkening of Oil-Blanched French-Fried Potatoes. *Food Technol.*, 15, 410.

Haworth, W. H. and Jones, W. F. H. 1944. Conversion of Sucrose into Furan Compounds. 1. 5-Hydroxymethylfurfuraldehyde and Some Derivatives. *J. Chem. Soc.*, 66, 667.

Hayashi, T. and Shibamoto, T. 1985. Analysis of Methyl Glyoxzl in Foods and Beverages. *J. Agric. Food Chem.*, 33, 1090.

Henze, R. E. 1956. Inhibition of Enzymatic Browning of Chlorogenic Acid Solutions with Cysteine and Glutathion, *Science*, 123, 1174.

Hiramoto, K. *et al.* 1994. DNA Breaking by Maullard Products of Glucose-Amino Acid Mixtures Formed in an Aqueous System. *J. Agric. Food Chem.*, 42(3), 689~694.

Hodge, J. E. 1953. Dehydrated Foods: Chemistry of Browning Reaction in Model Systems. *J. Agric. Food Chem.*, 1, 928.

Hodge, J. E. 1967. Origin of Flavor in Foods: Non-enzymatic Browning Reactions, in *"Chemistry and Physiolgy of Flavors,"* ed. by Schultz, H.W., p.465, Avi Publishing Co. Inc., Westport, Conn.

Hodge, J. E. and Rist, C. E. 1953. The Amadori Rearrangement under New Conditions and its Significance for Non-enzymatic Browning Reactions, *J. Am. Chem. Soc.*, 75, 316.

Hoffmann, T. 1998a. Identification of Novel Colored Compounds Containing Pyrrole and Pyrrolidone Structures Formed by Maillard Reactions of Pentoses and Primary Amino Acids. *J. Agric. Food Chem.*, 46(10), 3902~3911.

Hofmann, T. 1998b. Characterization of the Chemical Structure of Novel Colored Maillard Reactions Products from Furan-2-Carboxaldehyde and Amino Acids. 46(3), 932~940.

Hofmann, T. 1998c. Studies on the Relationship between Molecular Weight and the Color Potency of Fractions Obtained by Thermal Treatment of Glucose/Amino Acid and Glucose/Protein Solutions by Using Ultracentrifugation and Color Dilution Techniques. *J. Agric. Food Chem.*, 46(10), 3891~3895.

Hofmann, T., Bors, W., and Stettmaier, K. 1999a. Studies on Radical Intermediates in the Early Stage of the Nonenzymatic Browning Reaction of Carbohydrates and Amino Acids. *J. Agric. Food Chem.*, 47(2), 379~390.

Hofmann, T., Bors, W., and Stettmaier, K. 1999b. Radical-Assisted Melanoidine Formation during Thermal Processing of Foods as well as under Physiologcal Conditions. *J. Agric. Food Chem.*, 47(2), 391~396.

Hwang, C. I. and Kim, D. H. 1973. The Antioxidant Activity of Some Extracts from Various Stages of a Maillard Type Browning Reaction Mixture. *Korean J. Food Sci. and Technol.*, 5(2), 84.

Interesse, F. S., Ruggiero, P., Lamparelli, F., and D'Avella, G. 1982. Studies on the Phenolase Enzymatic Systems in Durum Wheat. *J. Agric. Food Chem.*, 30, 1198.

Johnson, R. R., Alford, E. D., and Kinzer, G. W. 1969. Formation of Sucrose Pyrolysis Products. *J. Agr. Food Chem.*, 17, 22.

Joslyn, M. A. and Ponting, J. D. 1951. Enzyme-Catalyzed Oxidative Browning of Fruit Products. *Advances in Food Research*, 3, 1.

Joslyn, M. A. and Braverman, J. B. S. 1954. The Chemistry and Technology of the Pretreatment and Preservation of Fruits and Vegetable Products with Sulfur Dioxide and Sulfites. *Advances in Food Research*, 5, 97.

Kahn, V. 1976. Effect of Some Phenolic Compounds on the Oxidation of 4-Methyl-Catechol Catalyzed by Avocado Polyphenol Oxidase. *J. Food Sci.*, 41, 1011.

Kamada, H. and Nakao, M. 1961. Browning Reaction of Amino Acid-Sugar Solution in Severe Condition. *J. Utilization of Agricultural Products* (*Japan*), 8, 75.

鎌田榮基, 片山復. 1965."食品의 色,"光琳書院, 東京.

Kamada, H., Ebine, H., and Nakano, M. 1962. Browning Reaction of Soybean Products. Part 13. Color Formation of"Miso" during Brewing. *J. Food science and Technol.* (*Japan*), 9, 233.

Kanner, J., Harel, S., and Ben-Shalom, N. 1981. Ascobate Oxidase in Mature Orange Peel. *J. Food Sci.*, 46, 1407.

Kanner, J., Harel, S., Fishbein, Y., and Shalom, P. 1981. Furfural Accumulation in Stored Orange Juice Concentrates. *J. Agric. Food Chem.*, 29, 948.

Karel, M. and Lapuza, T. P. 1968. Non-enzymatic Browning in Model Systems Containing Sucrose. *J. Agr. Food Chem.*, 16, 717.

Karel, M. *et al.* 1968. Non-enzymatic Browning in Model Systems Containing Sucrose. *J. Agr. Food Chem.*, 16, 717.

Kato, H. 1960. Studies on Browning Reactions between Sugars and Amino Compounds. Part Ⅴ. Isolation and Characterization of New Carbonyl Compounds 3-Deoxyosones Formed from N-Glycosides and their Significance for Browning Reaction. *J. Agr. Chem. Soc.* (*Japan*), 24, 1.

Kato, H. 1962. Chemical Studies on Amino-Carbonyl Reaction. Part Ⅰ. Isolation of 3-Deoxypentosone and 3-Deoxyhexosones Formed by Browning Degradation of N-Glycosides. *Agr. Biol. Chem.* (*Japan*), 26, 187.

Kato, H. 1963. Chemical Studies on Amino-Carbonyl Reaction. Part Ⅱ. Identification of D-Glucosone Formed by Oxidative Browning Degradation of N-Glucosides. *Agr. Biol. Chem.* (*Japan*), 27, 461.

Kato, H. 1963. Studies on Browning Mechanisms of Soybean Products. Ⅲ. Roles of 3-Dexyosones and Furfurals for Darkening of Pasteurized Soy-Sauce. *Agr. Biol. Chem.* (*Japan*), 27, 433.

Kato, H. and Fujimaki, M. 1968. Formation of N-Substituted Pyrrole-2-aldehydes in the Browning Reaction between D-Xylose and Amino Acids. *J. of Food Science*, 33, 445~449.

Kawamura, S. *et al.* 1967. Effect on Sugars of Steaming the Soybeans as the First Process for Preparing Miso. *J. Food Science and Technol.* (*Japan*), 14, 535.

Kawamura, S. 1983. Seventy Years of the Maillard Reaction in *"The Maillard Reaction in Foods and Nutrition,"* edited by Waller, G. R. and Feather, M. S., ACS Symposium Series 215, American Chemical Society, Washington, D.C., U.S.A.

Keeney, M. *et al.* 1959. Detection of Intermediate Compounds in the Early Stage of Browning Reaction in Milk Products. *J. Dairy Sci.*, 42. 945~960.

Kim, Y. N., Kim, C. M., Han, K. W., and Oh, S. K. 1982. Effect of Temperature on Amino-Carbonyl Reaction. *Korean J. Nutrition and Food*, 1(11), 51.

Koehler, P. E. *et al.* 1970. Factors Affecting the Formation of Pyrazine Compounds in Sugar-Amine Reactions. *J. Agr. Food Chem.*, 18, 895.

Kurata, T., Wakabayashi, H., and Sakurai, Y. 1967. Degradation of L-Ascorbic Acid and Mechanism of Non-enzymatic Browning Reaction. Part. 1. Browning Reactivities of L-Ascorbic Acid and of Dehydro-L-Ascorbic Acid. *Agr. Biol. Chem.* (*Japan*), 31(1), 101.

Labuza, T. P. 1994. Interpreting the Complexity of the Kinetics of the Maillard Reaction in *"Maillard Reactions* in *Chemistry, Food and Health,"* edited by Labuza, T. P., Reineccius, G. A., Monnier, V., O'Brien, J., and Baynes, J., The Royal Society of Chemistry, Thomas Graham House, Cambridge, England.

Lane, M. J. and Nursten, H. E. 1983. The Variety of Odors Produced in Maillard Systems and How they are Influenced by Reaction Conditions *"The Maillard Reaction in Food and Nutrition,"* Edited by Waller, G. R. and Feather, M. S., American Chemical Society, Wasington, D.C.

Langer, E. H. *et al.* 1967. Isolation and Characterization of Ether Soluble Sugar-Amino Acid Interaction Products. *J. Food Science*, 32, 495.

Lee, C. M., Sherr, B., and Koh, Y. N. 1984. Evaluation of Kinetic Parameters for a Glucose-Lysine Maillard Reaction. *J. Agric. Food Chem.*, 32, 379.

Lee, S. W. 1971. Physico-Chemical Studies in the Seed Browning in Mature Green Peppers Stored at Low-Temperature. (Part 1). Changes in Between-Step Metabolites and Substrates in the Seed Browning Effect. *Korean J. Food Sci. and Technol.*, 3(1), 29.

Lee, Y. H. *et al.* 1968. Influence des Produits de Reaction de Maillard sur la Fermentation Alcoolique. *J. Korean Agr. Chem. Soc.*, 10, 39.

Lips, H. J. 1951. Effects of Heat Treatment on the Stability of Lard. *J. Am. Oil Chem. Soc.*, 28, 58.

Lipton, S. H. *et al.* 1971. N-(1-Furacyl)-Glycine. A Furan Amino Acid Derived from Frucrose-Glycine. *J. Agr. Food Chem.*, 19, 125.

Livingston, G. E. 1953. Malic Acid-Fructose Reaction. *J. Am. Chem. Soc.*, 75, 1342.

Luh, B. S. *et al.* 1958. Objective Criteria for Storage Changes in Tomato Paste. *Food Technol.*, 12, 347.

Luh, B. S. *et al.* 1964. Factors Influencing Storage Stability of Canned Tomato Paste. *Food Technol.*, 18, 561.

Luh, B. S. *et al.* 1967. Polyphenolic Compounds in Canned Cling Peaches. *J. Food Science*, 32, 251.

MacKinney, G. and Little, A. C. 1962. *"Color of Foods,"* Avi Pub. Co. Inc., Westport, CT., U.S.A.

Manley, C. H. and Fagerson, I.S. 1970. *J. Food Science,* 35, 289.

Marcy, J. E. and Rouseff, R. L. 1984. High-Perfomance Liquid Chromatographic Determination of Furfural in Orange Juice. *J. Agric. Food Chem.*, 32, 979.

Matsuda, T., Kato, Y., Watanabe, K., and Nakamura, R. 1985. Immunological Properties of Proteins Glycosylated Through Maillard Reaction: β -Lactoglobulin-Lactose and Ovalbumin-Glucose Systems. *J. Food Sci.*, 50, 618.

McWeeny, D. J. *et al.* 1969. The Maillard Reaction and Its inhibition by Sulfite. *J. Food Science*, 34, 641.

Metcalf, R. L. 1973. A Century of DDT. *J. Agric. Food Chem.*, 21(4), 511~519.

Mills, F. D. *et al.* 1969. Amadori Compounds as Non-volatile Flavor Precursors in Processed Foods, *J. Agr. Food Chem.*, 17, 1723.

Mijares, R. M., Park, G. L., Nelson, D. B., and Mclver, R. C. 1986. HPLC Analysis of HMF in Orange Juice. *J. Food Sci.*, 51(3), 843.

Moll, N., Gross, B., Vinh, T., and Moll, M. 1982. A Fully Automated High-Performance Liquid Chromatographic Procedure for Isolation and Purification of Amadori Compounds. *J. Agric. Food Chem.*, 30, 782.

Monnier, V. M. 1989. Toward a Maillard Reaction Theory of Aging. in *"The Maillard Reaction in Aging, Diabetes, and Nutrition,"* edited by Baynes, J. W. and Monnier, V. M., ALAN R. LISS, INC., New York.

Monnier, V. M. *et al.* 1990. The Maillard Reaction as a Basis for a Theory of Aging. in *"The Maillard Reaction in Food Processing, Human Nutrition and Physiology,"* edited by Finot, P. A., Aeschbacker, H. U. Hurrel, R. F. and Liardom, R., Birkhäuser Verlag, Basel, Switzerland.

Motai, H. and Inoue, S. 1974. The Color of Miso. *J. Agricultural Chem.* (*Japan*), 48(11), 579.

Muneta, P. *et al.* 1968. Cysteine Inhibition of Enzymatic Blackening with Polyphenol Oxidase from

Potatoes. *J. Food Science*, 33, 606.

中林敏雄 등. 1967. "食品의 變色과 그 化學," 光琳書院, 東京.

Nafisi, K. and Markakis, P. 1983. Inhibition of Sugar-Amine Browning by Aspartic and Glutamic Acids. *J. Agric. Food Chem.*, 31, 1115.

Nam, S. S. and Lee-Kim, M. S. 1984. Browning Pattern and Pigment of Glucose.Glycine Model Systems. *Korean J. Food Sci. and Technol.*, 16(2), 218.

Namiki, M. and Hayashi, T. 1975. Development of Novel Free Radicals during the Amino-Carbonyl Reaction of Sugars with Amino Acids. *J. Agric. Food Chem.*, 23(3), 487~491.

Namiki, M. and Hayashi, T. 1983. A New Mechanism of the Maillard Reaction Involving Sugar Fragmentation and Free Radical Formation in *"The Maillard Reaction in Foods and Nutrition,"* edited by Waller, G.R. and Feather, M. S., ACS Symposium Series 215, American Chemical Societry, Washington, D.C.

Namiki, M. 1988. Chemistry of Maillard Reactions: Recent Studies on the Browning Reaction Mechanism and the Development of Antioxidants and Mutagens. *Advances in Food Research*, 32, 115~184.

Nakamura, T. 1985. Red Pigment-Forming Substances from Autoxidized Linolenate: Identification of Prostaglandin-like Substances. *Lipids*, 20(3), 180~186.

Nakamura, T. and Hama, Y. 1988. Prostaglandin-like Substances, Precursors of Red Pigment, Formed during Autoxidation of Methyl Arachidonate. *J. Agric. Food Chem.*, 36(1), 15~18.

Nakamura, T. *et al.* 1998. A New Red Coloration Induced by Oxidized Lipids with Amino Acids. *J. Agric. Food Chem.*, 46(4), 1316~1320.

Nelson, J. M. *et al.* 1994. Tyrosinase. *Advances in Enzymology*, 4, 99.

Newth, F. H. 1951. The Formation of Furan Compounds from Hexoses. *Advances in Carbohydrate Chemistry*, 6, 83.

Öste, R. *et al.* 1983. Effect of a Glucose-Lysine Reaction Mixture on Protein and Carbohydrate Digestion and Absorption in *"The Maillard Reaction in Foods and Nutrition,"* Edited by Waller, G. R. and Feather, M. S., American Chemical Society, Washington, D.C.

Öste, R. E., Dahlqvist, A., Sjostrom, H., Noren, O., and Miller, R. 1986. Effect of Maillard Reaction Products on Protein Digestion. In Vitro Studies. *J. Agric. Food Chem.*, 34, 355.

Overby, L. R. and Frost, D. V. 1950. The Effects of Heat on the Nutritive Value of Protein Hydrolysates with Dextrose. *J. Nutrition*, 46, 539.

Palombo, R., Gertler, A., and Saguy, I. 1984. A Simplified Method for Determination of Browning in Dairy Powders. *J. Food Sci.*, 49, 1609.

Pangborn, R. M. *et al.* 1964. Storage Stability of Tomato Ketchup with Various Sweetness, *Food Technol.*, 18, 576.

Park, E. Y. and Luh, B. S. 1985. Polyphenol Oxidase of Kiwifruit. *J. Food Sci.*, 50, 678.

Pfeilsticker, K. and Pöeung, S. 1982. Charakterisierung der L-Ascorbinsäureoxidase(EC 1.10.3.3.) aus Weizenmehl. *Z. Lebensm. Unters. Forsch*, 174, 306.

Pintauro, S. J., Page, G. V., Solberg, M., Lee, T. C., and Chichester, C. O. 1980. Absence of Mutagenic Response from Extracts of Maillard Browned Egg Albumin. *J. Food Sci.*, 45, 1442.

Pomerantz, Y. *et al.* 1962. Effects of Various Sugars on Browning. *J. Food Science,* 27, 350.

Powrie, W. D., Wu, C. H., Rosin, M. P., and Stich, H. F. 1981. Clastogenic and Mutagenic Activities of Maillard Reaction Model Systems. *J. Food Sci.*, 46, 1443.

Ranganna, S. and Setty, L. 1968. Nonenzymatic Discoloration in Dried Cabbage. Ascorbic Acid-Amino Acid Interactions, *J. Agric. Food Chem.*, 16, 529.

Ranganna, S. 1977. *"Manual of Analysis of Fruit and Vegetable Products,"* Tata McGraw-Hill Pub. Co. Ltd., New Delhi.

Renn, P. T. and Sathe, S. 1997. Effect of pH, Temparature, and Reaction Molar Ratio on L-Leucine and D-Glucose Maillard Browning Reaction in Aqueous System. *J. Agric. Food Chem.*, 45(10), 3782~3787.

Resnik, S. and Chirife, J. 1979. Effect of Moisture Content and Temperature on Some Aspects of Nonenzymatic Browning in Dehydrated Apple. *J. Food Sci.*, 44(2), 601.

Reyes, P. *et al.* 1960. Characteristics of Browning Enzymes in Fay Elberta Free Stone Peaches. *Food Technol.*, 14, 570.

Reyes, P. *et al.* 1962. Ascorbic and Isoascorbic Acids as Antioxidants for Frozen Free Stone Peaches. *Food Technol.*, 16, 116.

Reyes, F. R., Poocharoen, B., and Wrolstad, R. E. 1982. Maillard Browning Reaction of Sugar-Glycine Model Systems: Changes in Sugar Concentration, Color and Appearance. *J. Food Sci.*, 47, 1376.

Reynolds, T. M. 1963. Chemistry of Non-enzymatic Browning. 1. The Reaction between Aldose and Amines. *Advances in Food Research*, 12, 1.

Reynolds, T. M. 1965. Chemistry of Non-enzymatic Browning, Ⅱ. *Advances in Food Research*, 14, 167.

Rivas, Nio. *et al.* 1968. Polyphenolic Compounds in Canned Tomato Pastes, *J. Food Science*, 33, 358.

Roberts, R. L. and Lloyd, R. V. 1997. Free Radical Formation from Secondary Amines in the Maillard Reaction. *J. Agric. Foord Chem.*, 45(7), 2413~2418.

Rohan, T. A. 1970. *Food Technol.*, 24, 1220.

Ross, F. A. 1948. Deterioration of Processed Potatoes, *Advances in Food Research*, 1, 257.

櫻井芳人 편. 1966."食品保藏,"朝倉書店, 東京.

Saeki, H. 1997. Preparation of Neoglycoprotein from Carp Myofibrillar Protein by Maillard Reaction with Glucose: Biochemical Properties and Emulsifying. in *J. Agric. Food Chem.* 45(3), 680~684.

Rubenthaler, G., Pomeranz, Y., and Finney, K. F. 1963. Effects of Sugars and Certain Amino Acids on Bread Characteristics. *Cereal Chem.*, 41, 658.

Schaller, D. R. *et al.* 1970. Polyphenols in Montmorency Cherries. *J. Food Science*, 35, 762.

Sciancalepore, V. and Longone, V. 1984, Polyphenol Oxidase Activity and Browning in Green Olives, *J. Agric. Food Chem.*, 32, 320.

Sciancalepore, V. 1985. Enzymatic Browning in Five Olive Varieties. *J. Food Sci.*, 50, 1194.

Seib, P. A. and Tolbert, B. M. (editors). 1982. *"Ascorb Acid: Chemistry, Metabolism, and Uses,"* Advances in Chemistry Series 200, American Chemical Society, Washington, D.C., U.S.A.

Shibamoto, T., Nishimura, O., and Mihara, S. 1981. Mutagenicity of Products Obtained from a Maltol-Ammonia Browning Model System. *J. Agric. Food Chem.*, 29, 643.

Schultz, H. W., ed. 1967. *"The Chemistry and Physiology of Flavors,"* Avi Publishing Co. Inc., Westport. Conn.

Shibasaki, K. *et al.* 1970. Studies on the Aroma of Miso. Part 1. On Volatile Carbonyl Compounds. *J. Food Scienc and Technol.* (*Japan*), 17, 193.

Schwimmer, S. 1953. Enzyme Systems of the White Potato. *J. Agr. Food Chem.*, 1, 1063.

Scott, Don. 1953. Glucose Conversion in Preparation of Albumen Solids by Glucose Oxidase-Catalase System Food Stabilization. *J. Agr. Food Chem.*, 1, 727.

Scott, Don, 1958. Enzymatic Oxygen Removal from Packaged Foods. *Food Technol.*, 12, 7.

Shannon, C. T. *et al.* 1967. Apple Polyphenol Oxidase Activity in Relation to Various Phenolic Compounds. *J. Food Science*, 32, 479.

Shaw, P. E. *et al.* 1968. Base-Catalyzed Fructose Degradation and its Relation to Non-enzymatic Browning. *J. Agr. Food Chem.*, 16, 979.

Shaw, P. E. *et al.* 1969. Base Catalyzed Sucrose Degradation Studies. *J. Agr Food Chem.*, 17, 907.
Shaw, P. E. *et al.* 1969. Taste Evaluation of Nonenzymatic Browning Compounds from Orange Powder and Use of Inhibitors. *J. Agr. Food Chem.*, 18, 343.
Shu, C. K. 1998. Pyrazine Formation from Amino Acids and Reducing Sugars, a Pathway other than Strecker Degradation. *J. Agric. Food Chem.*, 46(4), 1515~1517.
한국식품공업협회 1996 한국식품첨가물공전 문범수 1999. 식품첨가물 개정판 제6장 표백제 수학사, 서초3동. 서초구 서울.
Sioud, F. B. *et al.* 1966. Polyphenolic Compounds in Pear Purée. *Food Technol.*, 20, 534.
Smith, R. C. *et al.* 1983. Polyphenol Oxidase System in Red Delicious Apples. *J. Food Sci.*, 48, 1879.
Spingarn, N. E. and Garvie, C. T. 1979. Formation of Mutagens in Sugar-Ammonia Model Systems, *J. Agric. Food Chem.*, 27(6), 1319.
Speck, J. C. Jr. 1958. The Lobry De Bruyn-Alberda Van Ekenstein Transformation, *Advances in Carbohydrate Chemistry*, 13, 63.
Spingarn, N. E., Garvie-Gould, C. T., and Slocum, L. A. 1983. Formation of Mutagens in Sugar-Amino Acid Model Systems. *J. Agric. Food Chem.*, 31, 301.
Song, P. S. *et al.* 1966. Kinetic Behavior and Mechanism of Inhibition in the Maillard Reaction. 1. Kinetic Behavior of the Reaction between D-Glucose and Glycine. *J. Food Science*, 31, 906.
Song, P. S. *et al.* 1967. Kinetic Behavior and Mechanism of Inhibition in the Maillard Reaction. Ⅳ. Mechanism of Inhibition. *J. Food Science*, 32, 107.
Stadtman, E. R. 1948. Non-enzymic Browning in Fruit Products. Advances *in Food Research*, 1, 325.
Stadtman, F. H., Chichester, C. O., and MacKinney, G. 1952. Carbon Dioxide Production in the Browning Reaction. *J. Am. Chem. Soc.*, 74, 3194.
Stahl, W. H. 1962. The Chemistry of Tea and Tea Manufacturing. *Advances in Food Research*, 11, 201.
Stewart, T. F. 1969. *"A Survey of the Chemistry of Amino Acid-Reducing Sugar Reactions in Relation to Aroma Production,"* Scientific and Technical Survey No. 61, The British Food Manufacturing Industries Research Association.
Sugisawa, H. 1966. The Thermal Degradation of Sugars. Ⅱ. The Volatile Decomposition Products of Glucose Caramel. *J. Food Science*, 31, 381.
Sullivan, J. F., Konstance, R. P., Calhoun, M. J., Talley, F. B., Cording, J. Jr., and Sullivan, J. F. *et al.* 1974. Flavor and Storage Stability of Explosion-Puffed Potatoes: Nonenzymatic Browning. *J. Food Sci.*, 39, 58.
Sweeney, J. P. 1969. Enzymic Browning and Free Tyrosine in Potatoes as Affected by Level of Treatment with Pentachloronitrobenzene. *J. Agr. Food Chem.*, 17, 1412.
Talley, E. A. *et al.* 1968. New Quantitative Approach to the Study of Non-enzymatic Browning. *J. Agr. Food Chem.*, 16, 262.
Tanaka, M., Lee, T. C., and Chichester, C. O. 1975. Effect of Browning on Chemical Properties of Egg of Albumin. *Agric. Biol. Chem.* (*Japan*), 39(4), 863.
Tatum, J. H. *et al.* 1967. Some Compounds Formed during Non-enzymatic Browning of Orange Powder. *J. Agr. Food Chem.*, 15, 773.
Tatum, J. H. *et al.* 1969. Degradation Products from Ascorbic Acid. *J. Agr. Food Chem.*, 17, 38.
Täufel, K. and Iwanisky, H. 1952. *Biochem, Z*, 323, 299. through Hodge, J. E. 1953. *J. Agr. Food Chem.*, 1, 933.
Thompson, L. U. *et al.* 1971. Effect of Freezing on oxidation of L-Ascorbic Acid. *J. Agr. Food Chem.*, 19, 121.
Toribio, J. L. and Lozano, J. E. 1984. Nonenzymatic Browning in Apple Juice Concentrated during Storage. *J. Food Sci.*, 49, 889.

Toribio, J. L. and Lozano, J. E. 1986. Heat Induced Browning of Clarified Apple Juice at High Temperatures. *J. Food Sci.*, 51(1), 172.

Tressl, R., Guenewald, K. G., Kersten, E., and Rewicki, D. 1985. Formation of Pyrroles and Tetrahydroindolizin-6-ones as Hydroxyproline-Specific Maillard Products from Glucose and Rhamnose. *J. Agric. Food Chem.*, 33, 1137.

Tressl, R., Rewicki, D., Helak, B., and Kampershroer, H. 1985. Formation of Pyrrolidines and Piperidines on Heating L-Proline with Reducing Sugars. *J. Agric. Food Chem.*, 33, 924.

Tressel, R., Wondrak, G. T., Krüger, R. P., and Rewicki, D. 1998a. New Melanoidin-like Maillard Polymers from 2-Deoxypentose. *J. Agric. Food Chem.*, 46(1), 104~110.

Tressel, R., Wondrak, G. T., Garbe, L.-A., Krüger, R. P., and Rewicki, D. 1998b. Pentoses and Hexoses as Sources of New Melanoidin-like Maillard Polymers. *J. Agric. Food Chem.*, 46(5), 1765~1776.

Tsen, C. C., Ready, P. R. K., El-Samahy, S. K., and Gehke, C. W. 1983. Effect of the Maillard Browning Reaction on the Nutritive Value of Breads and Pizza Crusts in *"The Maillard Reaction in Foods and Nutrition,"* Edited by Waller, G. R. and Feather, M. S., American Chemical Society, Washington, D.C.

Tucker, B. W. *et al.* 1983. Loss of Available Lysine in Protein in a model Maillard Reaction System in *"The MAillard Reaction in Foods and Nutrition,"* Edited by Waller, G. R. and Feather, M. S., American Chemical Society, Washington, D.C.

Walter, W. M. Jr., and Purcell, A. E., 1980. Effect of Substrate Levels and Polyphenol Oxidase Activity on Darkening in Sweet Potato Cultivars. *J. Agric. Food Chem.*, 28, 941.

Walter, R. H. *et al.* 1968. Volatile Compounds from Heated Glucose. *J. Food Science*, 33, 294.

Wolfrom, M. L. *et al.* 1948. Chemical Interaction of Amino Acids and Sugars. Ⅲ. The Conversion of D-Glucose to 5-Hydroxymethyl-2-furfuraldehyde. *J. Am. Chem. Soc.*, 70, 514.

Wolfrom, M. L. *et al.* 1953. Chemical Interaction of Amino Acids and Sugars. Ⅵ. The Repeating Unit on Browning Polymers. *J. Am. Chem. Soc.*, 75, 1013.

Yamaguchi, N. *et al.* 1967. Studies on the Browning Reaction Products Yielded by Reducing Sugars and Amino Acid. *J. Food Science and Technol.* (*Japan*), 14, 110.

Yamaguchi, N. *et al.* 1970. Studies on Browning Products from Reducing Sugars and Amino Acids. Part 10. Fractionation of Browning Reaction Products on Sephadex Column and Antioxidant Activity of the Fractionated Material. *J. Food Science and Technol.* (*Japan*), 17, 136.

Yamaguchi, Y. *et al.* 1961. The Role of 5-Hydroxymethylfurfuraldehyde in Melanoidine Formed in Heated Glucose Solution. *Bull. Chem. Soc.* (*Japan*), 64, 551.

Yang, R. and Shin, D. B. 1980. A Study on the Amino-Carbonyl Reaction. *Korean J. Food Sci. and Technol.*, 12(2), 88.

八木一文, 秋谷年見. 1967. "食品の 酸化と えの 防上," 光琳書院, 東京.

Yen, G. C. and Li, J. D. 1992. Influence of the Reaction Conditions on the Antimatagenic Effect of Maillard Reaction Products Derived from Xylose and Lysine. *J. Agric. Fooc CHem.*, 40, 1034~1037.

Yen, G. C., Chau, C. F., and Li, J. D. 1993. Isolation and Characterization of the Most Antimutagenic Maillard Reaction Products Derived from Xylose and Lysine. *J. Agric. Food Chem.*, 41(5), 771~776.

Yen, G. C. and Hsieh, P. P. 1994. Possible Mechanisms of Antimutagenic Effect of Maillard Reaction Products Prepared from Xylose and Lysine. *J. Agric. Food CHem.*, 42(1), 133~137.

Yokotsuka, T. 1961. Aroma and Flavor of Japanese Soy Sauce. *Advances in Food Research*, 10, 75.

Yokotsuka, T. *et al.* 1967. Flavoring Substances in Shoyu. XXⅦ. Production of 4-Ethyl Guaiacol during the Shoyu Fermentation and its Role for Shoyu Flavor. J. Agr. Chem. Soc. (*Japan*), 41, 442~447.

Zipser, M. W. and Watts, B.M. 1961. Lipid Oxidation in Heat-Sterilized Beef. *Food Technol.*, 15(10), 445.

Chapter 12 지방질

지방질(lipids)은 탄수화물, 단백질들과 함께 식품 중의 가장 중요한 성분의 하나이다. 지방질은 영양학적, 생리학적으로도 매우 중요할 뿐만 아니라, 각종 식품에 특유하며 풍부한 풍미를 부여하며, 또한 이와 같은 식물들의 가공, 저장 중에도 기능적으로(functionally) 매우 중요한 역할을 담당하고 있다.

일반적으로 지방질에 대해서는 종래로부터 어떤 뚜렷한 정의(定義)없이 지칭되어 왔기 때문에 지방질(脂肪質, lipids)로 알려진 물질들이 구체적으로 어떤 것을 가리키느냐에 대해서는 여러 가지 의견도 많으며, 또 완전한 정의(definition)도 없다.

본 장에서는 로번(Lovern, J. A., 1955)이 인용한 블로아(Bloor, W. R., 1925)에 의한 정의를 대체적으로 따르기로 한다. 블로아는 지방질을 다음과 같이 정의하고 있으며, 이 정의는 여러 연구자들에 의해서 널리 인용되어 왔다. 즉 지방질이란

1. 물에 녹지 않으며, 소위 유용성 또는 지용성 용매들(油溶性 또는 脂溶性 溶媒, fat solvents)로 알려져 있는 다이에틸 에텔(diethyl ether), 석유 에텔(petroleum ether), 아세톤(acetone), 클로로포름(chloroform, $CHCl_3$), 벤젠(benzene, C_6H_6), 이황화탄소(carbone disulfide, CS_2), 사염화탄소(carbon tetrachloride, CCl_4) 등에 잘 녹는 물질들이며,
2. 실제로 지방산의 에스터(fatty acid ester)로 존재하거나, 지방산의 에스터를 형성할 수 있는 물질들로서.
3. 생체(living organisms)에 의해서 이용(utilization)될 수 있는 물질들이라는 것이다.

위의 지방질로서의 조건들은 모두 엄밀한 것이 못되며, 이상의 정의(definition)에 맞지 않는 예외적인 실례들도 많다.

예로서 세 번째의 조건은 지방질에서 파라핀류(paraffins)와 같은 석유 계통의 탄화수소들(petroleum hydrocarbons)을 지방질의 범위에서 제거할 목적으로 설정된 듯하다. 그러나 현재에 있어서는 이와 같은 탄화수소들이 일부 미생물들(microorganisms)에 의해서 이용될 수 있는 사실이 널리 알려져 있다.

한편 일부 탄화수소들, 예를 들어 스퀘일렌(squalene), 카로티노이드 색소들(carotinoid pigments)은 분명히 탄화수소에 속하는 물질들인데도 불구하고 항상 지방질과 함께 추출되므로 지방질에 포함시키는 것이 관례가 되고 있다. 일부 연구자들, 예로서 하나한(Hanahan, R. J., 1960)은 지방질을 고급지방산들(higher fatty acids)과 알콜의 에스터, 또는 이와 밀접한 관련을 가진 물질들로 엄격히 그 범위를 제한하여 정의하고 있다.

이 경우 고급지방산과 알콜의 에스터는 단순 지방질(simple lipids), 그 외에 질소, 인(phosphorus) 등을 그 성분으로 함께 함유한 지방질들은 복합 지방질(complex lipids)이라고 한다.

한편 "Lipid Biochemistry"의 저자들, 구어와 하우드들(Gurr, M. I. and Harwood, J. L., 1991)은 지방질(lipid 또는 lipide, lipoid)은 물에는 녹지 않으나 클로로포름(chloroform), 탄화수소류(hydrocarbons), 또는 일부의 알콜류 등의 비극성 용매류(非極性 溶媒類, non-polar solvents)에 녹는 공통성을 가진, 화학적으로는 그 구성이나 구조가 다양한 한 그룹의 물질들(a heterogeneous group of substances)로 정의하고 있는 반면에 각 주요 지방질의 구조와 명칭, 그 기능 등에 대해서 미리 대략의 설명을 정의와 함께 하고 있다.

지방질의 분류

지방질은 그 구조가 비교적 간단한 지방산들(fatty acids), 이 지방산들이 트리글리세라이드류(triglycerides) 또는 더 적합한 명칭으로 알려진 트리아실글리세롤류(triacylglycerols), 즉 일반적으로 유지류(fats and oils)로 널리 알려진 화합물들로 부터 그 구조가 매우 복잡한, 여러 종류의 화합물들을 포함하고 있기 때문에, 그 구조나 성질에 따라서 크게 분류하는 것이 관례이다.

일반적으로 사용되고 있는 분류 방법(classification methods)들은 지방질을 알칼리에 의해서 가수분해 되는 지방질, 즉 검화될 수 있는 지방질들(saponifiable lipids)과 알칼리에 의해서 가수분해 되지 않는 지방질, 즉 검화될 수 없는 지방질들(unsaponifiable lipids)로 분류하는 방법이다.

검화될 수 있는 지방질(saponifiable lipids)은 보통 다시 유지류(fats and oils), 즉 트리아실글리세롤류-가끔 중성 지방질(neutral lipids)로 불리기도 한다. 왁스류(waxes), 인지방질류(phospholipids) 등으로 분류되며, 검화될 수 없는 지방질들(unsaponifiable lipids)은 다시 스테롤류(sterols), 스퀘일렌 등의 탄화수소들과 비타민 A를 비롯한 유용성(油溶性) 비타민류(oil-soluble vitamins)를 포함한 일부 탄화수소들(hydrocarbons), 카로틴류(carotenes)를 비롯한 일부 유용성 색소들(oil-soluble pigments)로 분류된다. 이 이외에도 지방질과 단백질의 복합체인 리포프로테인(lipoprotein), 프로테오리피드(proteolipids) 등이 있다. 일반적으로 리포프로테인은 그 용해 특성(solubility characteristics)이 단백질에 가까운, 즉, 물에 녹는 단백질과 지방질의 복합체를 말하며, 한편 프로테오리피드들(proteolipids)은 그 용해 특성이 지방질에 가까운, 즉 유용성을 가진 복합체로 정하고 있으나, 그 사이의 구분은 뚜렷하지는 않다.

한편, 당류(sugars) 또는 더 넓게 탄수화물들(carbohydrates)과 결합된 구조를 가진 글라이코리피드류(당지방질류, glycolipids) 등도 생체 내 또는 식품류에 존재한다.

일부 글라이코리피드류에 대해서는 이 (제12장)의 후반에서, 일부 리포프로테인류에 대해서는 다음 제13장에서 간단히 설명하기로 한다.

이상의 분류를 요약하면 다음과 같다. 즉

검화될 수 있는 지방질(saponifiable lipids)

1. 유지 또는 중성 지방질(fats and oils or neutral lipids)
2. 왁스류(waxes)
3. 인지방질(phospholipids)

검화될 수 없는 지방질(unsaponifiable lipids)

1. 스테롤류(sterols),
2. 일부 탄화수소들(hydrocarbons),
3. 일부 유용성 색소들(oil-soluble pigments)

한편 앞에서 말한 바 있는 블로아(Bloor, W. R., 1920)는 지방질을 다음과 같이 분류하고 있다.

단순 지방질(simple lipids)

1. 유지와 왁스류

복합 지방질(complex lipids)

1. 인지방질
2, 글라이코 지방질(glycolipids), 즉 세레브로사이드류(cerebrosides)
3. 아미노 지방질(aminolipids) 또는 설포 지방질(sulfolipids)

유도 지방질(derived lipids)

유도 지방질은 단순 지방질 또는 복합 지방질이 가수분해 되어 형성된 성분들을 말하며, 대개 다음과 같은 것이 여기에 속한다.

1. 지방산들(fatty acids)
2. 고급 알콜류(fatty alcohols, sterols, vitamin A)
3. 각종 탄화수소 화합물들(aliphatic hydrocarbons, squalene, carotenes)
4. 비타민 D, E, K류

검화될 수 있는 지방질들

유지, 즉 중성 지방질

앞에서 말한 대로 지방질은 다양한 성분들을 포함하고 있으며, 실제로 생체(生體)에 고루 분포되고 있으면서 생체 내에서 생리학적으로 또는 영양학적으로 중요한 역할을 하고 있으나, 식용으로서, 또는 식품 가공 상 가장 많이 사용되고 있는 지방질 성분들, 따라서 식품 화학적으로 가장 중요한 지방질 성분들은 유지류(fats and oils), 즉 중성 지방질들(neutral lipids)이다.

이 유지류는 식용뿐만 아니라, 비누 제조, 페인트 제조, 계면활성제(surface active agents) 등의 제조 등 화학 공업에 있어서도 중요하며, 막대한 양이 해마다 사용되고 있다. 또한 근래에 와서는 유지들의 장점을 살리는, 주로 비식용(非食用)적인 사용 범위가 계속 늘어나고 있다. 그 중 일부는 이미 실제로 오래 전부터 사용되어 왔으며(예: 자동차 diesel유 대신), 일부는 거의 전면적인 사용 단계에 이르고 있다(예: 신물의 인쇄용 페인트 용매 등). 이들의 구체적인 예들에 대해서는 본 장의 끝에 수록, 설명하였다.

이와 같은 용도에 사용되는 유지류와 식용에 사용되는 유지류의 기본적인 화학구조는 같으나 그 세부적인 화학적, 물리적 성질들은 다소 다르기 마련이다.

본 장에서는 공업용 유지류에 대해서는 최근의 일부 특수한 경우를 제외하고는 생략하기로 하고, 식용 유지류에 국한하여 논의하기로 하였다. 따라서 식용 유지류(食用 油脂類, edible fats and oils)라고 부르지 않고 그대로 유지류로 표현하는 경우가 많은 사실에 양해해 주길 부탁한다.

유지의 정의 유지류(fats and oils)는 종전에는 지방산(fatty acids)과 글리세롤(glycerol)의 에스터들, 즉 트리글리세라이드들(triglycerides)의 혼합물이라고 정의되어 왔으나, 현재로서는 트리아실글리세롤들(triacylglycerols)의 혼합물이란 정의가 더 선호되고 있다.

유지는 흔히 실온(room temperature)에서 고체인 경우 「fats」라는 말로 표현되며, 액체인 경우에는 「oils」이라는 말로 표현되기도 하나 이것은 물리적 성질의 차이, 즉 융점의 차이에서 오는 외관상의 차이에 관련된 관행적(慣行的)인 구별이며, 보통 각종 지방산들의 트리아실글리세롤류의 혼합물이라는 화학적 본질에 있어서는 마찬가지이다.

일반적으로 식물성 유지는 실온에서 액체의 경우가 많으며, 동물성 유지의 경우에는 대개 고체이기 때문에 식물성유(vegetable oils), 동물성 지방(animal fats) 등으로 구별하여 사용되기도 한다.

유지의 조리 상의 역할 식용 유지류(edible fats and oils)나 지방질 식품들(fatty foods) 속의 지방질은 탄수화물, 단백질과 함께 주요 영양소들(principal nutrients)의 하나이다. 이 유지와 기타의 지방질은 인체 내에서 에너지원(energy source)으로서, 생체, 즉 인체의 중요한 구성 성분들의 하나로서, 그리고 여러 가지 필수 영양소들(essential nutrients)의 출처(source)로서 중요한 이외에도, 다음과 같은 조리 상의 중요한 역할들을 갖고 있다. 즉

1. 유지나 지방질, 예로서 버터(butter), 참기름, 올리브유(olive oil)와 같이 음식물에 그 특유한 향미(flavor)를 부여하는 기본적인 역할 이외에도
2. 식품들을 가열할 때나 튀김 식품들(deep-fried foods)을 만들 때 사용된다. 특히 간편하게 먹을 수 있는 여러 가지 형태의 튀김 식품들(deep-fried foods)이 널리 사용됨에 따라 식용 유지의 수요와 그 중요성이 급격하게 증대되어 왔다.
3. 일부 식용 유지들은 향미를 부여하는 이외에도 쇼트닝(shortening)으로서 그 기능(functions)상 빵, 케이크, 비스킷 등과 같은 밀가루로 반죽하여 구어서 만든 식품들(bakery products)에 필수 성분들로서 사용되어 왔다.

한편 이상의 식용 유지나 유지 제품들은 쉽게 알아볼 수 있기 때문에 가시적(可視的)인 지방질들(visible fats)이라고도 불려진다. 이에 반해서 육류(14~45%), 달걀노른자(31~32%), 땅콩류(40~50%), 라면(16~18%), 감자튀김이나 도넛(35~45%) 등에 함유된 유지류 내지는 지방질들은 쉽게 알아볼 수 없기 때문에 비가시적(非可視的)인 지방질들(invisible fats)로 알려져 있다. 우리가 섭취하는 지방질 양에는 이 두 가지 지방질 양이 모두 고려되어야 함은 물론이다.

식용 유지의 구성, 출처, 그 종류와 성질 등은 매우 중요하므로 나중에 자세하게 설명하기로 하고, 먼저 유지의 주된 구성 성분인 지방산들에 대해서 먼저 설명하기로 한다.

지 방 산

유지류는 지방산들(fatty acids)의 트리아실글리세롤류(triacylglycerols), 즉 트리글리세라이드류의 혼합물이며, 그 성분은 지방산들과 글리세롤(glycerol)이다. 따라서 서로 다른 종류의 유지의 특성들은 공통적인 구성 성분인 글리세롤이 아니라, 그 구성 지방산들의 성질들의 차이에 의해서 정해진다. 또한 트리아실글리세롤류의 혼합물들에서 그 화학구조가 서로 다른 트리아실글리세롤들을 완전히 분리하는 일은 그 동안 진정으로 급속한 발전을 거듭해 온 현재의 각종 분리 기술에도 불구하고 아직은 힘든 일이 되고 있다.

그 반면에 유지를 구성하고 있는 지방산들의 종류와 그 조성(composition) 등은 후술하는 여러 방법들을 통해서 비교적 정밀하게 조사할 수 있기 때문에, 유지의 연구에 있어서 그 구성 지방산들의 조성과 성질의 규명은 필수적인 과정이 되고 있다. 따라서 여기서는 유지 자체의 성질을 논의하기 전에 먼저 지방산의 성질에 대해서 언급하기로 한다.

지방산의 정의 거의 대부분의 지방질과 모든 유지류의 주성분인 지방산들은 자연에 존재하는 트리아실글리세롤류, 또는 자연에 존재하는 지방질들을 가수분해할 때 얻어지는 유기산들(organic acids)로써「대개의 경우, 탄소 수가 네 개 이상의, 가지가 없는, 즉 직선상(straight chain)의, 카아복실 그룹을 하나만 가진 유기산들(monocarboxylic acids)」이라고 정의할 수 있다.

한 유지를 가수분해하면, 수많은 지방산들이 형성된다. 이와 같은 유지의 구성 지방산들 중 그 함량이 전체 지방산 함량의 10% 이상을 차지할 경우에는 주요 지방산(major fatty acids)이라고 부르며, 그 함량이 10% 이하의 경우에는 부차적 지방산(minor fatty acids)이라고 부르기도 한다.

자연 유지 또는 지방질들에 존재하는 지방산의 성질

많은 종류의 지방산들이 자연(自然)에서 산출되는 유지류나 지방질들의 구성 성분으로서 발견되고 있다. 이들을 그 구조상의 특징에 따라 분류할 때, 그 분자 내 탄화수소로 된 사슬 부분(hydrocarbon chain part)에 이중결합(二重結合, double bond)의 존재유무는 그 지방산의 물리적 성질, 화학적 성질, 생리학적 또는 영양학적인 성질 등에 가장 큰 영향을 미치는 경우가 많으므로, 지방산들을 우선 이중결합을 가지고 있지 않은 포화지방산들(飽和脂肪酸, saturated fatty acids)과 이중결합을 가진 불포화지방산들(不飽和脂肪酸, unsaturated fatty acids)로, 크게 두 종류로 분류한 후 필요에 따라 다시 세분화해나가는 것이 바람직하다.

포화지방산들 유지류나 지방질들을 구성하고 있는 포화지방산들(saturated fatty acids)에서 탄소 수가 한 개인 의산(蟻酸, formic acid, HCOOH)은 거의 존재하지 않으며, 탄소 수가 두 개인 초산(acetic acid, CH_3COOH)은 그 존재가 확인되는 경우가 있으나 그 성질은 이미 잘 알려져 있으며, 프로피온산(propionic acid, C_3)의 경우 그 존재가 발견된 경우가 거의 없으므로, 일반적으로 생략되는 경우가 많다.

한편 탄소 수가 4개에서부터 24개에 달하는 직선상의 모노카아복실린산(straight chain monocarboxylic acid)으로서(표 12-1 참조), 종래에는 우수(even number)의 탄소 수를 가진 지방산들만이 자연에 존재하는 것으로 믿어져 왔으나, 기수(odd number)의 탄소 수를 가진 지방산들도 양적(量的)

으로는 미미하나, 자연에 존재하는 유지나 지방질의 구성 성분들로서 여러 개가 발견되고 있다.

지방질이나 유지류에서 실질적으로 가장 탄소 수가 적은 지방산(the lowest homolog of fatty acids)인 뷰티린산(butyric acid, C_4)은 여러 식품 유지 중 특히 우유 지방(milk fat)의 부차적인 구성 지방산(a minor fatty acid)으로서, 비등점이 162℃인 무색의 액체상의 지방산이다. 물에는 잘 녹으며, 특히 수증기로 증류되기 쉽다. 이 뷰티린산의 가장 큰 특징은 강한 부패취, 즉 썩은 듯 한 냄새에 있다.

캅로인산(caproic acid, C_6)과 캅릴린산(caprylic acid, C_8)은 실온에서 액체상이며, 한편 캅린산(capric acid, C_{10})은 실온에서 반고체(semi-solid)이다. 이상의 지방산들은 모두 수증기로 증류될 수 있는 지방산들이며, 모두 염소(라틴어 caper=goat)가 풍기는 것과 같은 강한 불쾌한 냄새를 갖고 있다. 역시 우유 지방의 부차적 지방산들이다.

이상의 네 가지 지방산들은 모두 수증기 증류(steam distillation)에 의해서 다른 지방산들과 분리되어 정량할 수 있는 공통점을 갖고 있으며, 우유(milk)의 지방질을 구성하는 대표적인 부차적 지방산들(minor fatty acids)이다. 또한 그 융점들도 인체의 체온보다 낮아서 소화, 흡수에는 지장이 없으며, 지방산들로서는 물에 제한적으로나마 녹는점도 다른 지방산들과 구별되므로, 소위 저급 포화지방산들(lower saturated fatty acids)로 알려져 있다. 이들은 특유하고 강한 불쾌취(unpleasant smell)를 갖고 있으나, 메틸에스터들을 비롯하여 에스터의 형태로 존재할 때는 그 냄새가 크게 다르다는 점에 유의할 필요가 있다. 이런 사정은 농도가 매우 낮을 때, 그리고 다른 냄새 성분들과 함께 있을 때도 적용될 수 있다.

표 12-1 대표적인 포화지방산들.

포화지방산의 이름	융점	구조	학술명
뷰티린산(butyric acid)	-8℃	$CH_3(CH_2)_2COOH$	n-butanoic acid
캅로인산(caproic acid)	-4	$CH_3(CH_2)_4COOH$	n-hexanoic
캅릴린산(caprylic acid)	16	$CH_3(CH_2)_6COOH$	n-octanoic
캅린산(capric acid)	31.3	$CH_3(CH_2)_8COOH$	n-decanoic
로오린산(lauric acid)	43.5	$CH_3(CH_2)_{10}COOH$	n-dodecanoic
미리스틴산(myristic acid)	54.4	$CH_3(CH_2)_{12}COOH$	n-tetradecanoic
팔미틴산(palmitic acid)	62.9	$CH_3(CH_2)_{14}COOH$	n-hexadecanoic
스테아린산(stearic acid)	69.6	$CH_3(CH_2)_{16}COOH$	n-octadecanoic
아라키딘산(arachidic acid)	75.4	$CH_3(CH_2)_{18}COOH$	n-eicosanoic
베헤닌산(behenic acid)	80.0	$CH_3(CH_2)_{20}COOH$	n-docosanoic
리그노세린산(lignoceric acid)	84.2	$CH_3(CH_2)_{22}COOH$	n-tetracosanoic
세로틴산(cerotic acid)	87.7	$CH_3(CH_2)_{24}COOH$	n-hexacosacoic
몬타닌산(montanic acid)	90.9	$CH_3(CH_2)_{26}COOH$	n-octacosanoic
멜리신산(melissic acid)	93.6	$CH_3(CH_2)_{28}COOH$	n-tricontanoic

Hilditch, T. P., 1956. "*The Chemical Constitution of Natural Fats*," 3rd ed., p.487, Chapman and Hall Ltd., London.

한편, 로오린산(lauric acid, C_{12})은 실온에서 고체인 지방산으로서(m. p. 43.6℃), 끓는 물에도 거의 녹지 않는다. 이 로오린산(lauric acid, C_{12})은 융점들이 높아서 상온에서 고체로 존재하며, 물에 녹지 않는 고급 포화지방산들(higher saturated fatty acids)과 저급 포화지방산들의 경계선에 있는 지방산으로 볼 수 있다. 나중에 설명하는 코코넛 야자유(coconut oil)와 팜 야자씨 기름(palm kernel oil)의 주성분(전체 지방산의 48~51%)이 되는 지방산이다. 이와 같은 기름들에서 발견되는 미리스틴산(myristic acid, C_{14})은 실온에서 고체이며, 물에는 전혀 녹지 않는다.

팔미틴산(palmitic acid, C_{16})과 스테아린산(stearic acid, C_{18})은 각종 식용 유지류에 주요 지방산들(major fatty acids)로 존재하는 중요한 지방산들이다.

베헤닌산(behenic acid, C_{22})과 리그노세린산(lignoceric acid, C_{24})은 땅콩기름(peanut oil)의 부차적인 지방산들로서(C_{24}, 2.3% ; C28, 0.8 ;) 존재한다. 세로틴산(cerotic acid, C_{26})은 각종 왁스류, 예로서 밀납(beeswax)의 구성 지방산이다.

한편 예외적인 존재로 생각되고 있는 기수(odd number)의 탄소 수를 가진 지방산들의 예로서는 돌고래(dolphin)의 지방에서 얻어지는 아이소발레린산(isovaleric acid)이 있다. 이 지방산은 탄소 수가 다섯 개인 지방산이다.

$$\begin{matrix} CH_3 \\ CH_3 \end{matrix} \rangle CH - CH_2 - C$$

아이소발렌린산

또한 사람의 결핵균(human tubercle bacilli, 즉 *Mycobacterium tuberculosis*)에서 추출되는 지방질, 즉 세균 지방질(bacterial lipids)에서도 탄소 수가 기수, 즉 홀수(odd number)인 몇 개의 지방산들이 발견되고 있다.

그 중 대표적인 것은 튜버큘로스테아린산(tuberculostearic acid)이며, 이 지방산은 탄소 10번의 위치에 메틸기(methyl group)가 달린 스테아린산의 유도체(10-methylstearic acid)로 볼 수 있는 탄소 수가 기수인 19개이다.

$$CH_3(CH_2)_7 - \underset{\displaystyle CH_3}{\underset{|}{CH}} - (CH_2)_8 - COOH$$

튜버큘로스테아린산, 즉 10-메틸스테아린산

불포화지방산들 자연에 존재하는 지방산들은 그 분자 속의 탄소 사슬(carbon chain)에 이중결합(double bond), 드물게는 삼중결합(三重結合, triple bond)을 가진 불포화지방산들(不飽和脂肪酸, unsaturated fatty acids)과 이상과 같은 불포화 결합이 없는 포화지방산들(saturated fatty acids)로 크게 분류된다.

한편 식용 유지류나 지방질들을 구성하고 있는 불포화지방산들의 존재는 그 유지류나 지방질들의 물리적, 화학적, 생리학적 성질들에 큰 영향을 주며, 그 영향은 포화지방산들의 경우보다 더 크다고 생각될 때가 더 많으므로 이와 같은 분류는 여러 가지 의미에서 매우 중요하다.

불포화지방산들(unsaturated fatty acids)은 앞에서 말한 대로 이중결합들(double bond)과 삼중결합들(triple bond)을 가진 것으로 다시 분류할 수 있으며, 특히 이중결합을 가진 불포화지방산들 중에서 그 분자 내에 이중결합의 수가 3개 이상인 경우 고도불포화지방산들(polyunsaturated fatty acids, PUFAs)로 불리는 경우가 많다.

삼중결합을 가진 지방산들, 소위 아세틸레닌산들(acetylenic acids)도 자연에 존재하는 사실이 알려져 있으나, 식용 유지류나 지방질류의 경우, 그 존재는 거의 알려져 있지 않다. 식용 유지류나 지방질류에서 발견되는 대표적인 불포화지방산들의 예는 표 12-2와 같다.

식용 유지류나 지방질들을 구성하고 있는 불포화지방산들 중 가장 대표적인 것으로는 올레인산(oleic acid)이 있다. 이 불포화지방산은 탄소 수가 18개이며, 9번 탄소에 이중결합이 하나 있다.

지방산의 분자 내에 이중결합이 하나 있을 때마다, 시스형(cis form)과 트란스형(trans form) 두 개의 입체 이성체(geometrical isomers)들이 있을 가능성이 있다. 예로서 올레인산의 이중결합은 시스형이나, 이와 입체 이성체 관계에 있는 엘라이딘산(elaidic acid)은 트란스형이다.

이 엘라이딘산은 자연에는 거의 존재하지 않으나, 올레인산을 황(sulfur)이나 셀레늄(selenium) 존재 하에서 가열할 때 일부가 엘라이딘산으로 전환되어 두 입체 이성체들은 평형을 이루게 된다.

한편 리놀레인산(linoleic acid)은 탄소 수가 18개이며, 9, 12의 위치에 두 개의 이중결합이 있으며, 리놀레닌산(linolenic acid)은 역시 탄소 수가 18개의 지방산이며, 이중결합은 9, 12, 15의 위치에 세 개가 있는, 고도불포화지방산들(polyunsaturated fatty acids)의 하나이며, 전술한 바 있는 리놀레인산, 곧 나오는 역시 고도불포화지방산들(PUFAs)의 하나인 아라키도닌산(arachidonic acid)과 함께, 제13장 후반「유지의 영양」에서 설명하게 될 필수지방산들(essential fatty acids)의 대표적인 것이다(표 12-2 참조).

표 12-2 대표적인 불포화지방산들.

팔밑올레인산(palmitoleic acid)	$CH_3(CH_2)_5CH = CH(CH_2)_7COOH$ (cis)	[0.5℃]
올레인산(oleic acid)	$CH_3(CH_2)_7CH = CH(CH_2)_7COOH$ (cis)	[13℃]
엘라이딘산(elaidic acid)	$CH_3(CH_2)_7CH = CH(CH_2)_7COOH$ (trans)	[44℃]
리놀레인산(linoleic acid)	$CH_3(CH_2)_4CH = CHCH_2CH = CH(CH_2)_7COOH$ (cis, cis)	[-5.8℃]
리놀레닌산(linolenic acid)	$CH_3CH_2CH = CHCH_2CH = CHCH_2CH = CH(CH_2)_7COOH$ (cis, cis, cis)	[-11℃]
아라키도닌산(arachidonic acid)	$CH_3(CH_2)_4(CH = CHCH_2)_4CH_2CH_2COOH$ (cis, cis, cis, cis)	[-49.5℃]
리카닌산(licanic acid)	$CH_3(CH_2)_3CH = CHCH = CHCH = CH(CH2)_4C(=O) = CH_2CH_2COOH$	[75℃]
엘레오스테아린산(eleostearic acid)	$CH_3(CH_2)_3CH = CHCH = CHCH = CH(CH_2)_7COOH$ (cis, trans, trans)	[49℃]
리시놀레인산(ricinoleic acid)	$CH_3(CH_2)_5CH(OH)\text{-}CH_2\text{-}CH = CH\text{-}(CH_2)_7COOH$	[4℃]
에루신산(erucic acid)	$CH_3(CH_2)_7CH = CH(CH_2)_{11}COOH$	[33.5℃]

Hilditch, T. P., 1965. "*The Chemical Constitution of Natural Fats*," 3rd ed., p.491~p.540, Chapman and Hall, Ltd., London.

그 외에 전체 탄소 수는 20개이며, 5, 8, 11, 14의 위치에 이중결합에 네 개가 있는 아라키도닌산(arachidonic acid) 등이 있다. 이상의 리놀레인산, 리놀레닌산과 아라키도닌산이 가진 이중결합은 올레인산의 경우와 마찬가지로 모두가 시스(CIS-)형이라는 매우 특이(特異)한 특징을 갖고 있다.

또한 이중결합을 두 개 이상 가진 방금 언급한 지방산들의 경우, 하나도 예외 없이 모든 이중결합들이 더 안정된 공액형 이중결합(conjugated double bond systems)을 갖고 있지 않고, 독립형 이중결합(isolated double bond systems)을 갖고 있는 점도 주목할 만하다. 그러나 일부 다른 지방산들에서는 이중결합들이 공액형(conjugated form)으로 있는 경우도 있다. 예로서 이중결합을 세 개나 갖고 있는, 자연에도 존재하는 엘레오스테아린산(eleostearic acid,9, 11, 13-octadecatrienoic acid)과 리카닌산(licanic acid, 4-keto-9. 11, 13-octadecatrienoic acid)의 이중결합은 공액 이중결합(conjugated double bond systems)으로 되어 있다.

한편 나자식물 또는 구과식물(裸子植物 또는 球果植物, Gymnosperm plant)의 종자 기름(seed oil)에서, 1982년에 타카기와 이타바시들(Takagi, T. and Itabashi, Y., 1982 ; Wolff, R. L. and Marpeau, A. M., 1997 참조)에 의해서 탄소 5번과 6번에 걸친 이중결합을 가진 지방산들의 존재, 즉 소위 Δ5-불포화지방산들(Δ5-olefinic acids)의 존재가 확인된 후, 세계의 많은 나라에서 자기 나라의 침엽수들의 종자 또는 씨에서 분리한 Δ5-불포화지방산들의 종류, 그 함량, 분류학적인 의의(taxonomical significance), 기타의 성질들의 연구가 활발해지고 있다.

울프들(Wolff, R. L. and Marpeau, A. M., 1997)은 식용 종자들(edible seeds)을 생산하는 솔나무(nut pine)의 한 품종인 *Pinus cembroidas edulis*의 종자들에서 기름 성분을 분리, 정제한 후 분석하여 미국 지역에서는 처음으로 Δ5-불포화지방산들의 존재를 확인하고, 그 구조를 결정한 바 있다.

껍질을 벗긴 종자, 즉 잣(pine nuts)들은 대략 64%(w/w)의 기름을 함유하고 있었으며, 전체 지방산 함량에 대한 올레인산과 리놀레인산의 함량은 각각 47%와 41%였으나, 포화지방산들의 전체 함량은 10%에 불과했다고 한다. Δ5-불포화지방산들의 함량은 그간 침엽수들(conffer trees)의 열매들에 대해서 보고된 함량에 비해서 예외적으로 적었으며, Δ5, 9 $C_{18:2}$ 지방산 0.1%, Δ5, 9, 12 $C_{18:3}$ 지방산 0.4%, Δ5, 11, 14 $C_{20:3}$ 지방산 0.3%였다고 한다.

울프들(Wolff, R. L. *et al.*, 1998)은 해변가에 널리 분포된 솔나무(marine pine, 즉 *Pinus pinaster*)의 종자유에는 피놀레닌산(pinolenic acid, Δ5, 9, 12-18 : 3 지방산)과 시아도닌산(sciadonic acid, Δ5, 11, 14-20 : 3 지방산)을 각각 7% 가량 함유하고 있는데, 실험쥐의 먹이에 *Pinus pinaster*의 종자유를 5%(w/w) 가량 첨가하여 4주간 사육했을 때, 실험쥐의 혈청(血淸, blood serum)의 트리아실글리세롤의 함량이 40%, VLDL(very-low density lipoprotein)의 함량이 21% 가량 감소된 사실에 주목하고(피놀레인산과 시아도닌산을 올레인산으로 대체한 먹이로 사육한 실험쥐의 경우와 비교했음), 이상과 같은 혈청 중성 지방질 농도나, 밀도가 아주 낮은 리포프로테인 농도(VLDL-lipoprotein concentration)의 감소는 피놀레인산과 시아도닌산들의 작용으로 생각하고 있다.

이들은 *Pinus pinaster*의 종자유의 이상과 같은 중성 지방질 또는 VLDL-리포프로테인의 농도를 강하(降下)시키는 효과를 *Pinus koraiensis*(Korean pine tree)의 종자유(15%의 피놀레닌산 함유)의 경우와 비교했는데, *Pinus pinaster* 품종의 종자유의 강하 작용이 더 강력했으며, 이런 사실에 의해서 이상의 중성 지방질과 VLDL-리포프로테인의 농도 강하 작용은 피놀레닌산보다 시아도닌산(sciadonic acid)이 더 강력한 것으로 보고 있다.

이들은 또한 전 세계적인 각종 소나무 품종의 종자유(種子油)의 지방산 분석과 같은 화학적인 체계적 분석 방법(chemosystematization)의 결과들은 식물학적인 분석 결과들에 입각한 계통적인 식물 분류(taxonomical analysis)의 결과들을 잘 뒷받침 해주고 있다고 설명하고 있다.

울프들(Wolff, R. Gymonosperm)에 속하는 은행나무 종자유(Ginkgo biloba seed oils)의 지방산 조성에 대해서 재조사한 결과, 여러 개의 메틸렌기(polymethylene group)들에 의해서 격리된 옥타데카다이에노인산(polymethylene-interrupted octadecadienoic acid)과 아이코사다이에노인산(eicosadienoic acid) 등의 형태를 가진 $\Delta 5, 9 - C_{18:2}$, $\Delta 5, 11 - C_{18:2}$, 지방산들 그리고 $\Delta 5, 11 - C_{20:2}$의 구조를 가진 지방산들을 분리, 확인한 바 있다.

이들은 또한 이상의 지방산들이 시스-바세닌산(cis-vaccenic acid, $\Delta 11\text{-}C_{18:1}$ acid)을 기질로 해서 나자식물(裸子植物, Gymonosperm)의 특유한 $\Delta 5$-탈수소효소들($\Delta 5$-desaturases)의 작용에 의해서 형성되는 것으로 보고 있다.

또한 은행나무 종자유들 중에서 추출한 $\Delta 5$-올레핀산들의 분류학상의 의의(taxonomical significances)에 대해서 여러 모로 시사해 주고 있는 것 같다.

지방산 중에는 그 분자 내에 수산기(-OH group)나 케톤기(keto group)를 가진 것도 있다. 예로서 피마자유(castor oil)의 주성분(전체 지방산의 80~85%)을 이루고 있는 리시놀레인산(ricinoleic acid, 12-hydroxy-9-octadecenoic acid)은 12번의 탄소 위치에 수산기(-OH)를 하나 갖고 있다(표 12-2 참조). 이와 같은 관계로 피마자유는 여러 식물유 중에서 에틸 알콜(ethyl alcohol)에 잘 녹으며, 석유 에텔에 잘 녹지 않는 유일한 유지로 알려져 있으며, 또한 그 점도(viscosity)도 여러 유지 중에서 가장 크다(제9장 p. 493, 표 9-1 참조).

지방산 중에는 그 분자 내에 수산기(-OH group)나 케톤기(keto group)를 가진 것도 있다. 예로서, 피마자유(castor oil)의 주성분(전체 지방산의 80~85%)을 이루고 있는 리시놀레인산(ricinoleic acid, 12-hydroxy-9-octadecenoic acid)은 12번의 탄소위치에 수산기(-OH)를 하나 갖고 있다(표 12-2 참조). 이와 같은 관계로 피마자유는 여러 식물유 중에서 알콜(ethyl alcohol)에 잘 녹으며, 석유 에텔에 잘 녹지 않는 유일한 유지로 알려져 있으며, 또한 그 점도도 여러 유지 중 가장 크다(제9장p. 493, 표 9-1 참조).

한편 오이티시카 기름(oiticica oil)의 주성분이 되고 있는 리카닌산(licanic acid, 4-keto-9,11,13-octadecatrienoic acid)은 앞에서 말한 대로 세 개의 공액형의 이중결합(conjugated double bond) 이외에 탄소 4번의 위치에 케톤기(keto group)를 갖고 있다(표 12-2 참조).

또한 식물(*Vernonia anthalmintica*)의 종자유(seed oil)의 주요 지방산인 버놀린산(vernolic acid, cis-12,13-epoxy-cis-9,10-octadecenoic acid 또는 간단히 12,13-epoxyoleic acid)은 소위 에폭시산(epoxy acid)으로서, 그 탄소 번호 12와 13 사이에 에폭시 그룹(epoxy group)을 갖고 있다.

한편 시디키들(Siddiqui, S. F. *et al.*, 1984)은 같은 식물속(*Vermola genus*)에 속하는 식물종(*Vermola volkameriaefolia*)의 종자는 약 20%(w/w)의 기름을 함유하고 있는데, 그 구성 지방산들 중 63.5%가 버놀린산(Vernolic acid) 이었다고 보고하고 있다.

$$CH_3 - (CH_2)_4 - \underset{\diagdown\, O \,\diagup}{CH - CH} - CH_2 - CH = CH - (CH_2)_7 - COOH$$

버놀린산(vernolic acid, 12,13-epoxyoleic acid)

실제 자연에 존재하는 유지나 지방질 중 수산기나 케톤기를 가진 지방산들, 즉 하이드록시산(hydroxy acids)이나 케톤산(ketonic acids)들의 수효는 많지 않으며, 더구나 에폭시산들(epoxy acids)은 매우 드물다.

그러나 많은 유지나 지방산들은 서서히 산화(oxidation)될 때, 특히 그 구성 지방산들이 자동산화(autoxidation)될 때는 이상과 같은 수산기나 케톤기를 가진 산들이 형성된다.

극히 드문 일이지만 자연에 존재하는 유지나 지방질의 성분들로서 존재하는 지방산들 중 삼중결합(triple bond)을 가진 것들이 있다.

아아노오드(Arnaud, A.)에 의해서 1892년에 처음으로 보고된 타리린산(tariric acid)은 과테말라(Guatemala) 토산의 나무 피크람니아 타리리(Picramnia tariri)의 씨에서 얻은 기름에 함유되어 있는 지방산으로서 삼중결합을 가진 지방산이다.

이 타리린산은 융점이 50℃이며, 다음과 같은 구조를 갖고 있는 것으로 알려져 있다.

$$CH_3-(CH_2)_{10}-C\equiv C-(CH_2)_4-COOH$$

타리린산(tariric acid, octadec-6-ynoinc acid)

또 하나의 삼중결합을 가진 지방산, 즉 아세틸렌산(acetylenic acid)의 예로서는 곰팡이 노카디아 아시도필러스(*Nocardia acidophilus*)가 생산하는, 항생물질(antibiotics)의 일종인 마이코마이신(mycomycin)이 있다. 이 마이코마이신의 구조는 다음과 같다.

$$HC\equiv C-C\equiv \overset{10}{C}-CH=C=\overset{7}{C}H-\overset{H}{C}=\overset{H}{C}-\underset{H}{\overset{H}{C}}=C-\overset{3}{C}H_2-COOH$$

cis H trans

마이코마이신(mycomycin)

이 마이코마이신은 삼중결합, 즉 공액형 삼중결합(conjugated triple bond)과 공액형 이중결합을 각각 하나씩 갖고 있다. 그리고 이 지방산은 그 탄소 수가 13개이며, 그 수가 기수(odd number)라는 점에서도 주목할 만하다.

어떤 지방산들은 그 분자 내에 환상구조(cyclic structure)를 갖고 있다. 예를 들면, 대풍자유(chaulmoogra oil)의 가수분해에 의해서 얻어지는 쵸올무우그린산(chaulmoogric acid), 하이드노카아핀산(hydnocarpic acid)과 고오린산(gorlic acid) 등은 모두 사이클로펜틸 환(cyclopentyl ring)을 가진, 탄소 수가 각각 18, 16 및 18개의 불포화지방산들이다(그림 12-1 참조).

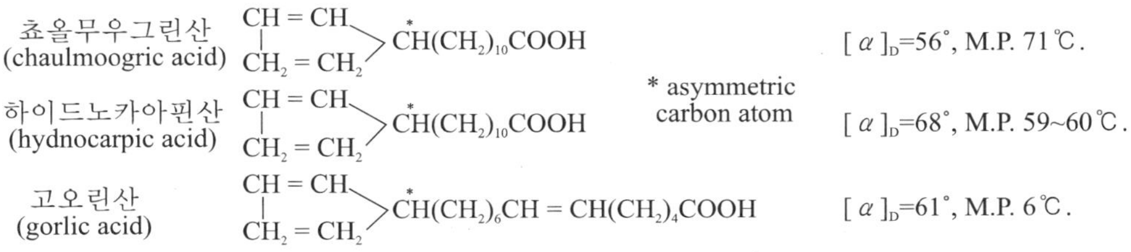

쵸올무우그린산 (chaulmoogric acid): $\begin{matrix}CH=CH\\ |\\ CH_2=CH_2\end{matrix}\Big>\overset{*}{C}H(CH_2)_{10}COOH$ $[\alpha]_D$=56°, M.P. 71℃.

하이드노카아핀산 (hydnocarpic acid): $\begin{matrix}CH=CH\\ |\\ CH_2=CH_2\end{matrix}\Big>\overset{*}{C}H(CH_2)_{10}COOH$ $[\alpha]_D$=68°, M.P. 59~60℃.

고오린산 (gorlic acid): $\begin{matrix}CH=CH\\ |\\ CH_2=CH_2\end{matrix}\Big>\overset{*}{C}H(CH_2)_6CH=CH(CH_2)_4COOH$ $[\alpha]_D$=61°, M.P. 6℃.

* asymmetric carbon atom

[그림 12-1] 환상구조(cyclic structure)를 가진 지방산들.

그 외에도 사이클로프로페닐 환(cyclopropenyl ring)을 가진 지방산들이 자연에 존재하는 사실이 알려져 있다.

예로써 케이폭씨 기름(kapok seed oil)에서는 탄소 수가 18개이며, 사이클로프로페닐 환(cyclopropenyl ring)을 가진 말발린산(malvalic acid, 2-octyl-1-cyclopropene-1-heptanoic acid)이 발견되고 있다. 한편 벽오동과에 속하는 스텔큘리아 페티다(*Sterculia foetida*)의 씨에서 추출되는 기름의 구성 지방산 중의 대략 35%에 달하는 스텔큘린산(sterculic acid, 2-octyl-1-cyclopropene-1-octanoic acid, C_{18})도 역시 사이클로프로페닐 환을 가진 지방산이다.

한편 젖산균(lactobacilli)의 지방질에서 얻어지는 락토밧실린산(lactobacillic acid, 2-hexyl-1-cyclopropene-1-decanoic acid, C_{18})은 사이클로프로페닐 환(cyclopropenyl ring)을 가진 지방산이다.

말발린산(malvalic acid), 스텔큘린산(sterculic acid)과 락토밧실린산(lactobacillic acid)의 구조는 다음과 같다.

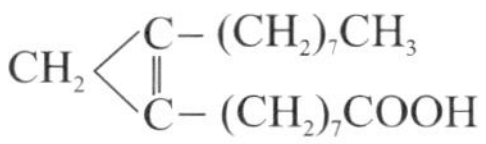

$$CH_2 \left\langle \begin{array}{l} C-(CH_2)_7CH_3 \\ \| \\ C-(CH_2)_7COOH \end{array} \right.$$

스텔큘린산

$$CH_2 \left\langle \begin{array}{l} CH-(CH_2)_7CH_3 \\ | \\ CH-(CH_2)_9COOH \end{array} \right.$$

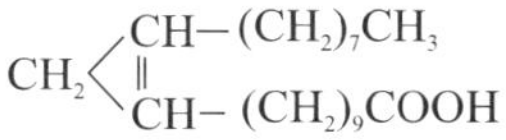

락토밧실린산

일반적으로 환상 지방산들(cyclic fatty acids), 특히 사이클로프로펜환(cyclopropen ring)을 가진 지방산들(cyclopropen fatty acids)은 생체에 매우 나쁜 영향을 주는 사실이 알려져 왔다.

예로서 말발린산을 함유하고 있는 케이폭씨 기름(kapok seed oil)을 쥐에게 먹였더니 이 기름의 섭취량이 전체 섭취 칼로리의 40% 이상에 해당하는 경우에는 18일 만에 모두 죽었으며, 그 함량이 적을 때도 쥐의 성장 속도(growth rate)가 크게 억제되었다고 한다.

그리고 스텔큘린산을 함유하고 있는 스텔큘리아 페티다(*Sterculia foetida*) 씨의 기름을 5%, 또는 그 이상 함유한 먹이를 쥐에게 먹였더니 쥐는 모두 죽었으며, 이 기름의 양이 5%보다 적은 경우에도 성장 속도는 매우 불량하였다고 한다. 이상의 기름의 섭취에 의한 죽음(death)에 이르는 증세들은 비타민 B 부족증(vitamin B deficiency)에서 볼 수 있는 증세와 비슷하였다고 한다.

한편, 피리독사인(pyridoxine), 판토텐산(pantothenic acid), 바이오틴(biotin) 등의 비타민 B들이 쥐의 먹이에 보충되었을 때도 쥐는 죽지 않았으나 성장 속도는 계속 억제되었다고 한다.

또한 파샤와 아마드들(Pasha, M. K. and Ahmad, F., 1992)은 이상의 사이클로프로펜 지방산들(cyclopropene fatty acids)이 이미 1976년에 신후버들(Sinhuber, R. O. *et al.*, 1976)에 의해서 발암성 물질들(carcinogens)임이 밝혀졌으며, 그 작용은 스텔큘린산이 말발린산보다 강력한 것으로 1985년에 포로우스키들(Paulowski, et al., 1985)에 의해서 밝혀진 사실들에 대해서 언급하고 있다. 파샤와 아마드들은 앞에서 말한 스텔큘리아 페티다(Sterculia foetida)의 씨에서 추출되는 기름의 구성 지방산들 중 스텔큘린산과 말발린산의 함량은 각각 전체 지방산 함량의 53~59%와 13~19%였다고 한다. 이들은 또한 같은 시료들의 경우에도 추출 방법에 따라 얻어지는 추출량들이 다소 변경될 수 있다고 부언하고 있다(Pasha, , M. K. and Ahmad, F., 1992 참조).

한편 구어와 하우드들(Gurr, M. I. and Harwood, J. L., 1991 참조)은 우리가 일반적으로 식용유로 널리 사용하는 유지류에서 사이클로프로펜 지방산들이 문제가 되는 기름들 중 가장 중요한 기름은 면실유(cotton seed oil)로서, 조제유의 경우에는 그 함량이 0.6~1.2%, 정제된 기름의 경우에는

0.1~0.5% 가량 된다고 한다. 그러나 실제적으로는 마가린의 원료로, 조리용 기름으로, 샐러드드레싱(salad dressing) 등에 계속 사용되고, 섭취된다고 해도 그 정도의 사용량과 섭취량으로는 실질적인 해는 없다고 설명하고 있다.

이들은 그러나 실제적인 해는 없을지 모르나 이들 사이클로프로펜 지방산들이 생체 내의 각종 막류(membranes)의 바른 지방산 조성을 유지하는 데 중요한 역할을 하고 있는 사실을 지적하고 있다. 예로서 스텔큘린산(sterculic acid)은 동물의 경우, 이들의 생체 내에서 스테아린산(stearic acid)을 올레인산(oleic acid)으로 전환시키는 과정을 억제하는 사실이 알려져 있다고 한다(Gurr, M. I. and Harwood, J. L., 1991 참조).

올레인산-엘라이딘산의 이성화 앞에서 말한 대로 올레인산과 엘라이딘산(elaidic acid)은 기하학적 이성체들(geometrical isomers)의 관계에 있다. 실온에서 액체상인 올레인산은 시스형(cis-form)을 갖고 있으며, 고체상인 엘라이딘산은 트란스형(trans-form)이다.

시스형인 올레인산을 헬륨(helium) 존재 하에서 셀레늄(selenium), 황(sulfur), 또는 일부 질소 화합물들과 같은 촉매 존재 하에서 220℃로 가열하면, 전체 올레인산의 2/3가 트란스형인 엘라이딘산으로 이성화(isomerize)되며, 평형(equilibrium)에 도달한다.

이 반응은 그림에서 볼 수 있듯이 가역적 반응(reversible reaction)이며, 엘라이딘산을 같은 조건 하에서 가열하여도 같은 결과가 얻어진다.

$$\begin{matrix} CH_3-(CH_2)_7-C-H \\ \| \\ HOOC-(CH_2)_7-C-H \end{matrix} \quad \underset{\substack{1.\ He\ 존재하 \\ 2.\ Se\ 촉매존재하 \\ 3.\ 200℃로\ 가열}}{\rightleftharpoons} \quad \begin{matrix} CH_3-(CH_2)_7-C-H \\ \| \\ H-C-(CH_2)_7-COOH \end{matrix}$$

올레인산 M.P. 14℃ 33% — 엘라이딘산 M.P. 44℃ 67%

이 이성화의 속도는 촉매가 셀레늄(selenium)인 경우에는 촉매의 농도가 증가함에 따라(0.05%에서 0.2% 정도) 증가한다는 사실이 알려져 있다.

각종 식용 유지류의 지방산 조성

한편 우리의 식생활과 밀접한 관련을 가진, 대표적이고 중요한 식용 유지류의 지방산 조성(fatty acid composition)을 보면 표 12-3과 12-4와 같다.

이상의 표들을 검토하면, 일부 예외적인 경우를 제외한 대부분의 식용 유지류의 경우, 올레인산(oleic acid), 리놀레인산(linoleic acid), 팔미틴산(palmitic acid), 그리고 스테아린산(stearic acid)이 거의 언제나 주요 지방산으로 존재함을 알 수 있다.

이상의 표들에서 식물성유의 경우, 낙화생유, 대두유, 재래식(在來式)의 평지씨 기름(rapeseed oil)을 제외하면, 상기의 네 개의 지방산의 함량은 97%에서 100%에 달함을 알 수 있다.

대두유의 경우에는 상기의 네 가지의 지방산의 총합은 94%이며, 이 이외에 리놀레닌산(linolenic acid)이 5% 가량 함유되고 있다. 한편 낙화생유, 즉 땅콩기름의 경우, 이상의 네 가지 지방산의 함량의 총합은 94%이며, 그 외에 아라키딘산(arachidic acid, $CH_3(CH_2)_{18}COOH$) 함량이 3%나 된다. 땅콩기름에 베헤닌산과 리그노세린산들이 함유된 사실에 대해서는 이미 언급한 바 있다.

표 12-3 식용 식물성유를 구성하고 있는 지방산의 중량 퍼센트(%).

구성하고 있는 지방산 (fatty acid)의 종류	옥수수 기름(corn oil)	면실유 (cotton seed oil)	올리브유 (olive oil)	낙화생유 (peanut oil)	대두유 (soybean oil)	평지씨 기름 (rapeseed oil)
뷰티린산(butyric acid)						
캬프로인산(caproic acid)						
미리스틴산(myristic acid)		0.5			0.1	0.5
팔미틴산(palmitic acid)	8	21	9	7	8	2
스테아린산(stearic acid)	3	2	3	4	4	0.9
올레인산(oleic acid)	46	29	82	60	28	18
리놀레인산(linoleic acid)	42	45	6	22	54	22
아라키딘산(arachidic acid)	0.6	0.2		3	0.6	0.5
리놀레닌산(linolenic acid)		2			5	
리시놀레인산(ricinoleic acid)						
리그노세린산(lignoceric acid)	0.4	0.3		2		1
팔미틴, 스테아린, 올레인, 리놀레인산의 합계	99	97	100	93	94	42.9

Triebold, H. O. and Aurand, L. W. 1963. "*Food Composition and Analysis*," rev. ed., p.113, D. Van Nostrand Co., Inc., New York.

표 12-4 동물성 지방질을 구성하고 있는 지방산의 중량 퍼센트(%).

구성하고 있는 지방산(fatty acid)의 종류	돼지기름 (lard)	쇠기름 (beef tallow)	버터기름 (butter fat)	정어리기름 (sardine)
뷰티린산(butyric acid)			3	
캅로인산(caproic acid)			1	
미리스틴산(myristic acid)	1	3	11	5
팔미틴산(palmitic acid)	28	29	25	14
스테아린산(stearic acid)	13	20	9	3
올레인산(oleic acid)	4	42	33	10
리놀레인산(linoleic acid)	6	2	4	15
아라키딘산(arachidic acid)		0.8		
리놀레닌산(linolenic acid)	0.8	0.5		
팔미틴산, 스테아린산, 올레인산, 리놀레인산의 합계	93	93	71	42

Triebold, H. O. and Aurand, L. W., 1963. "*Food Composition and Analysis*," rev. ed., p.113, D. Van Nostrand Co., Inc., New York.

한편, 평지씨 기름, 즉 유채유(油菜油)의 경우, 종래에는 이상의 네 가지 지방산 함량의 합계는 42.9%이며, 이 기름에는 특수하게 에루신산(erucic acid)의 함량이 51%나 되었다. 이 에루신산(erucic acid)은 탄소 수가 22개이며, 한 개의 이중결합을 탄소 13번에 가진 불포화지방산으로서 인체에 대해서는 확실치 않으나, 실험동물들에는 심장질환을 일으키는 사실이 알려져 왔다. 근래에 와서 꾸준한 종자개량(種子改良)을 통해서 에루신산의 함량과, 그 독성이 분명히 알려져 있는 글루코시놀레이트류(glucosinolates)의 함량이 낮은 종자들과 기름이 개발되어 왔다.

이 캐나다(Canada)에서 개발된 저 에루신산 평지씨 또는 유채유(Canadian oil low acid, 즉 Canola oil)는 근래에 와서는 글루코시놀레이트류(glucosinolates)의 함량도 매우 낮은 것이 개발되고 있다. 이 새 기름, 즉 카놀라유(Canola oil)의 에루신산 함량은 1% 미만이며, 그 대신 올레인산이 약 60%, 리놀레인산과 리놀레닌산의 함량이 각각 23%와 8% 가량 된다. 한편 캐나다에서 정부가 아니라 캐나다 서부지역 종자유 협회(Westen Canadian Oilseeds Crushers Association)에서 정한 카놀라유의 규격, 즉 에루신산의 함량이 2% 이하, 글루코시놀레이트류의 함량이 30micromoles/100g oil 이하라는 규격이 현재 사용되고 있다.

한편 코코넛 야자유(coconut oil)와 팜 야자씨 기름(palm kernel oil)은 실온보다 낮은 온도에서는 고체로 존재하는 식물성유로서 불포화도(degree of unsaturation)가 모두 매우 낮은 기름들이기 때문에(요오드가가 각각 8과 20 정도), 산패에 대해서 안정하며, 과자류 등의 장기간 판매용 가공 식품류 제조에 널리 사용되고 있다. 이와 같은 특이한 성질들은 이상의 기름들에 48~50% 가량 함유된 포화지방산인 로오린산(lauric acid, C_{12})의 영향에 기인한다. 한편 이상의 기름을 사용하여 만든 가공식품들의 경우 가수분해에 의해서 로오린산이 극소량 유리될 경우가 있는데 이때 비누 냄새와 같은 이취(異臭, off-flavor)를 발생하는 사실이 알려져 있다.

식물성 식용 유지류의 분류 정제된 유지류(refined fats and oils)는 그 자체로서, 또는 복잡한 조리, 가공 과정에 한 원료 성분들로 다양한 식용 유지류가 사용되어 왔다. 이들 유지류의 많은 특성들이 그 유지류를 구성하고 있는 주요 구성 지방산들에 의해서 크게 영향 받는 사실은 바로 위의 예로서도 이해할 수 있다.

동물성 지방들(animal fats)의 경우, 위와 같은 목적으로 사용되는 식용 유지류로서는 그 종류가 제한되어 있어서 특별히 분류할 필요가 없을 수 있으나, 식물성 유지류의 경우에는 위와 같은 목적으로 사용되는 유지류의 종류가 많고 다양하기 때문에, 그 주요 구성 지방산들에 의해서 분류하고 있으며, 이와 같은 분류는 각 그룹에 속하는 유지들의 공통된 특성을 잘 나타내 준다. 이상의 분류법은 다음과 같다.

1. 로오린산유(lauric acid oils) : 코코넛 야자유, 팜 야자씨 기름
2. 고도 포화지방산유(high saturated oils) : 코코아 버터(cocoa butter), 팜 야자유(palm oil)
3. 올레인산/리놀레인산유 : 올리브유, 낙화생유, 옥수수기름, 참깨 기름, 면실유, 해바라기 기름, 잇꽃 기름(sufflower oil)
4. 리놀레인산/리놀레닌산유 : 대두유, 아마인유(linseed oil)
5. 에루신산유 : 재래의 평지씨 기름, 겨자씨 기름(mustard seed oil)

한편 실제적으로 가장 중요한 동물성 지방인 돼지기름(lard)과 쇠기름(beef tallow)에서는 다 같이 올레인산의 함량이 가장 크며(각각 44%), 그 다음이 팔미틴산(27%, 29%)과 스테아린산(14, 19%)으로서 이 세 가지 지방산들의 합계는 돼지기름의 경우 85%, 쇠기름의 경우 92%나 된다.

이상의 설명에서 예측할 수 있듯이 돼지기름(lard)은 쇠기름(beef tallow)보다 융점이 다소 낮으며(33~46℃, 쇠기름 48℃), 유연성이 있고, 특유한 풍미(flavor)도 있어서 선호되는 경우가 많다. 동물성 지방 중 특이한 것으로는 우유 지방으로서, 저급 지방산(lower fatty acid)인 뷰티린산(butyric acid)이 3%, 캅로인산(caproic acid)이 1%, 캅릴린산(caprylic acid)이 1%, 로오린산(lauric acid)이

3%, 미리스틴산(myristic acid)이 11% 가량 함유되고 있다.

어유(fish oil)의 하나인 정어리 기름에는 팔밑올레인산(palmitoleic acid)이 12%나 존재하며, 그 외에 탄소 수가 20개, 22개인 불포화지방산들의 함량이 각각 22%와 19%나 된다.

식용유로는 사용되지 않기 때문에 이상의 표들에 나오지 않았던 피마자유(castor oil)의 경우에는 스테아린산, 올레인산과 리놀레인산의 함량은 각각 0.3%, 8% 및 3.6% 정도밖에 안 되나, 그 외에 특이하게 리시놀레인산(ricinoleic acid)이 87.8%나 함유되고 있다.

또한 이상의 유지류에 존재하는 모든 주요한 지방산들의 탄소 수(carbon number)가 우수(偶數, even number)인 사실도 주목할 만하며, 여기에 대해서 이미 언급한 바 있다.

한편 일부 특유한 향미를 갖고 있는 저급 포화지방산들과 정제가 불충분할 때 향미가 문제가 되는 고급 포화지방산들의 향미를 표 12-5에 표시하였다. 고급지방산들의 경우, 정제한 것은 산화되어 산패취가 발생하지 않는 한 무미무취(無味無臭)하다고 볼 수 있다.

표 12-5 일부 지방산들의 풍미 특성.

지방산	향미의 특성(flavor character)	융점(MP)	비등점(BP)
의산, 포민산(formic acid, C1)	신맛(acidic), 코를 찌르는(pungent)		
초산(acetic acid, C2)	신맛, 코를 찌르는		
프로피온산(propinic acid, C3)	신맛, 코를 찌르는, 산패취(rancid)		
뷰티린산(butyric acid, C4)	신맛, 산패취	-7.9℃	162℃
카프로인산(caproic acid, C6)	땀냄새(sweaty), 염소냄새(goaty)	-3.2	206
카프릴린산(caprylic acid, C8)	산패취	16.3	239
카프린산(capric acid, C10)	밀랍 같은(waxy)	31.3	269
로오린산(lawric acid, C12)	짐승 기름 같은, 쇠기름 같은(tallowy)	43.9	
미리스틴산(myristic acid, C14)	비누 같은(soapy), 마분지 같은(cardbord)	54.4	
팔미틴산(palmitic acid, C16)	비누 같은	62.9	

Ohloff, G. and Thomas, A. F. (editors), 1971. "*Gustation and Olfaction,*" Academic Press, Inc, New York.

유지, 즉 지방산의 트리아실글리세롤, 즉 트리글리세라이드

유지의 구성 지방산들 유지를 구성하고 있는 대표적인 지방산들의 종류와 그 성질들에 대해서는 이미 언급한 바 있다. 또 유지의 구성 지방산들이 주요 지방산들(major fatty acids)과 부차적 지방산들(minor fatty acids)들로 구분(區分)될 수 있다는 점, 그리고 팔미틴산(palmitic acid), 스테아린산(stearic acid), 올레인산(oleic acid)과 리놀레인산(linoleic acid)들이 대부분의 유지류에서 주요 구성 지방산들이 되는 양적으로 가장 중요한 지방산들이라는 점에 대해서도 이미 언급한 바 있다.

코우완(Cowan, J. C., 1953)은 일찍이 전 세계의 시장에서 판매되고 있는 유지류 총량의 34%가 리놀레인산, 29%가 팔미틴산, 7%가 로오린산(lauric acid), 6%가 리놀레닌산(linolenic acid), 3%가 스테아린산(stearic acid)으로 추정한 바 있다.

트리아실글리세롤의 구조적 특징과 명칭

유지 분자는 글리세롤(glycerol) 한 분자 속의 세 개의 수산기들(-OH group)과 세 분자의 지방산들이 각각 결합하여 형성된 에스터(ester)이며, 세 개의 지방산들의 종류가 모두 같은 경우에는 단순 트리아실글리세롤류(simple triacylglycerols), 두 가지 이상의 경우에는 혼합 트리아실글리세롤류(mixed triacylglycerols)라고 불려진다.

종전에는 간단히 글리세롤 양단의 수산기(-OH)의 위치는 보통 α-위치(α-position), 중간의 위치는 β-위치(β-position)로 표시하여 사용해 왔다. 그러나 근래에 와서 그림의 β-위치의 탄소가 비대칭 탄소 원자(an asymmetric carbon atom)인 경우에 대해서 논의되어 왔다. 이런 경우 이와 같은 비대칭 탄소(원자)는 비대칭의 중심 또는 카이랄리티의 중심(center of asymmetry or chirality)이 되어, 그 결과 경상 이성체들(鏡像 異性體, 또는 左右同像 異性體, mirror-image isomers or enantiomers)을 갖게 된다. 여기에 대한 간단한 설명과 이에 따른 명칭법은 곧 설명하기로 한다.

한편 α, β-위치를 사용하는 명칭은 아실글리세롤들이 이상의 경상 이성체들의 영향이 없거나(achiral), 내부적으로 서로 상쇄되는(racernic) 화합물들의 경우에만 상용할 수 있다(Gunstone, E. D. and Norris, F. A., 1983 참조).

α-위치의 수산기는 제1급 알콜(primary alcohol)의 성질을 갖고 있으며, 한편 β-위치의 수산기는 제2급 알콜(secondary alcohol)의 성질을 갖고 있기 때문에, α-위치의 수산기와 β-위치의 수산기들의 성질은 엄밀한 의미에서 같다고 볼 수는 없다.

$$\begin{array}{ll} \alpha' & CH_2 - OH \\ & | \\ \beta & CH - OH \\ & | \\ \alpha & CH_2 - OH \end{array}$$

일반적으로 양단의 위치는 한쪽을 알파(α)로 정할 때 또 한쪽의 위치는 보통 α-프라임(α')으로 표시되나, 여기에 존재하는 수산기는 모두 제1급 알콜의 성질을 갖고 있으며, 따라서 경상 이성체들의 영향을 생각하지 않는다면 동등(同等)하다고 볼 수 있다.

한편 글리세롤과 한 개의 지방산이 결합되어 형성된 모노아실글리세롤(monoacylglycerol)의 경우, 같은 지방산기(fatty acyl residue)가 α-위치(또는 α')에 있느냐, β-위치에 있느냐에 따라, 엄밀하게는 두 개의, 그 성질이 다른 위치 이성체(position isomers)들이 얻어진다.

$$\begin{array}{lcl} CH_2-OH & \quad & CH_2-OH \\ | & & | \\ CH-OH & & CH_2-OCOR \\ | & & | \\ CH_2-OCOR & & CH_2-OH \end{array}$$

α-모노아실글리세롤 β-모노아실글리세롤

전술한 대로 글리세롤 분자의 특수한 구조로 인해서 그림 12-2의 모노아실글리세롤(II) 또는 (III)과 같은 경우, 탄소 2번(중간에 위치한 탄소)은 비대칭 탄소 원자(asymmetric carbon atom)가 되어, 경상(鏡像) 또는 좌우동상(左右同像) 이성체(mirror-image isomers or enantiomers)를 갖는 가능성이 생긴다. 이상과 같은 이성체들이 형성되는 경우의 명명법으로는, 당류의 경우 널리 사용되어 온 핏셔 투영법(Fischer projection method)과 그보다 더 체계적인 R, S법이 있으나, 여러 가지 불편한 점

들이 있어서, 아실글리세롤류에만 적용토록 한, 소위 sn 규약(stereospecific numbering convention)이 전부터 사용되어 오고 있다.

이 방법은 글리세롤 분자의 두 번째, 즉 중간의 탄소 원자와 결합한 수산기(-OH)가 항상 왼쪽에 위치한 구조식에서, 위에서부터 1, 2, 3번의 수산기의 위치를 sn 규약에 의한 위치로 정하고 명명(命名)하는 방법이다.

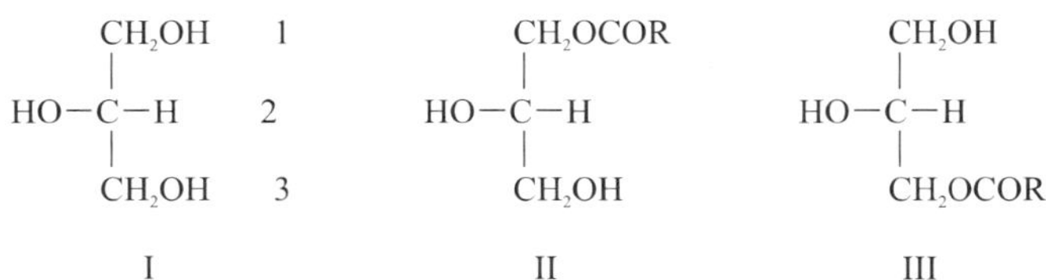

[그림 12-2] 아실글리세롤들의 명칭은 소위 sn 규약(stereospecific numbering convention)이 현재 널리 사용되고 있다. 즉 글리세롤 분자(I)의 중간(두 번째) 탄소(원자)에 결합된 —OH기가 항상 왼쪽에 위치하게 한 후, 위에서부터 1, 2, 3의 위치로 정할 때, sn 기호를 붙여준다. 즉, 모노아실글리세롤(II)는 1-모노아실-sn-글리세롤, 모노아실글리세롤(III)은 3-모노아실-sn-글리세롤이 된다. 한편 모노아실글리세롤(II)의 탄소 2번의 —OH기가 왼쪽에서 오른쪽으로 위치하게 된다면, 모노아실글리세롤(II)의 경상 이성체(the mirror-image isomers 즉 the enantiomer)가 형성되는데 모노아실글리세롤(III)이 바로 그것이다. 자세한 것은 본문을 참조하기 바란다.

예로서 그림 12-2의 모노아실글리세롤(II)와 (III)은 각각 1-모노아실-sn-글리세롤, 3-모노아실-sn-글리세롤이 된다. 한편, 모노아실글리세롤(II)의 탄소(원자) 2번의 -OH기가 왼쪽이 아니고 오른쪽에 있을 경우, 이 화합물은 모노아실글리세롤(II), 즉 1-모노아실-sn-글리세롤의 경상 이성체(鏡像異性體, mirror-image isomer, 즉 enantiomer)가 되며, 이 이성체는 잘 보면 바로 모노아실글리세롤(III), 즉 3-모노아실-sn-글리세롤임을 알 수 있게 된다.

한편 그림 12-2에서와 같이 지방산기(fatty acyl, 즉 acyl group)가 구체적인 지방산을 표시할 때는 그 지방산의 일반명(common name)의 끝의 -ic을 -oyl로 바꾸어 쓴다. 예로서 모노아실글리세롤(II)의 지방산기(ROC-)의 기본이 되는 지방산(RCOOH)이 각각 팔미틴산(palmitic acid), 올레인산(oleic acid), 스테아린산(stearic acid), 리놀레인산(linoleic acid)인 경우에는 1-모노팔미토일, 1-모노올레오일, 1-모노스테아로일, 1-모노리놀레오일-sn-글리세롤(1-monopalmitoyl, 1-monooleoyl, 1-monostearoyl, 1-monolinoleoyl-sn-glycerol) 등으로 불려진다.

또한 sn 규약에 의한 명명법(命名法)에서는 탄소(원자) 2번의 -OH기가 항상 왼쪽에 가도록 한 후 1, 2, 3의 순서대로 명명하는 기본 규정이 잘 지켜지는 것이 가장 중요한 것 같다.

비대칭 탄소 원자를 그 분자 내에 가진 화합물들 중에는 광학적 활성(optical activity)을 갖고 있는 경우가 많다. 그 가장 좋은 예가 *D, L*-형의 환원 당류의 선광성(optical rotatory power)이다.

그러나 트리아실글리세롤들의 경우, 그 분자 내에 비대칭 탄소 원자가 존재함에도 불구하고 광학적 활성(optical activity)은 없는 사실이 알려져 있어서 광학적 이성체들(optical isomers)이라는 개념이 합당한 것인지 문제를 제기한 학자들도 있다(Beyer, H. and Walter, W., 1996 참조).

한편 건스톤과 노리스들(Gunstone, F, D. and Norris, F. A., 1983)은 많은 글리세롤의 지방산의 에스터들, 그 중에서도 트리아실글리세롤들(triacylglycerols, TAGs)은 측정하기 힘들 정도의 아주 약한 광학적 선관성(optical rotation)의 측정 이외에 매우 높은 수준의 입체적 구조 선택성을 가진 효소들(enzymes with very high stereospecificity)에 의한 가수분해나, 핵자기 공명 측정장치(nuclear magnetic resonance spectrometer)를 이용한 분석 등을 실시할 필요성에 대해서 언급하고 있다.

실제로 일반 화학반응과 달리 일부 트리아실글리세롤류의 가수분해 효소인 라이페이스류(lipases)의 경우, 매우 높은 입체 구조 선택성(very high stereospecificity)을 갖는 것으로 오래 전부터 알려져 있다. 여기에 대해서는 나중에 다시 설명하기로 한다.

트리아실글리세롤류의 위치 이성체

유지 분자는 한 개의 글리세롤(glycerol) 분자 속의 세 개의 수산기들(- OH group)과 세 분자의 지방산들이 결합하여 형성된 에스터(ester)이며, 세 개의 지방산의 종루가 모두 같은 경우에는 단순 트리아실글리세롤류(simple triacylglycerol), 그 구성 지방산의 종류가 두 가지 이상의 경우에는 혼합 트리아실글리세롤류(mixed triacylglycerol)이라고 불려진다.

일반적으로 식용유지 속의 구성 지방산의 수가 많은 경우에는 여러 가지 종류의 트리아실글리세롤류(triacylglycerol, 즉 TAGs)의 존재가 가능하며, 또 실제로 많은 수의 서로 다른 트리아실글리세롤류(TAGs)가 한 유지에서 발견되고 있다.

지금 가장 간단한 가상적(假想的)인 예로서 어떤 유지가 올레인산과 팔미틴산 두 종류의 지방산으로만 구성되어 있다면, 이론적으로는 다음과 같은 종류의 트리아실글리세롤들이 가능할 것이다.

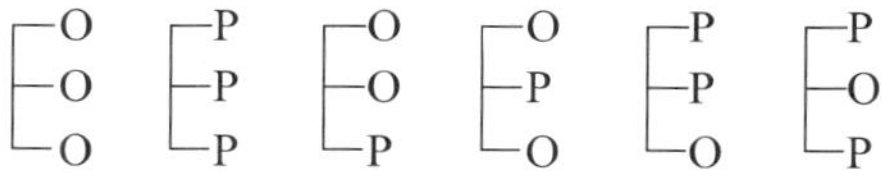

1.	2.	3.	4.	5.	6.
O	P	O	O	P	P
O	P	O	P	P	O
O	P	P	O	O	P

O : 올레인산기(oleic acid residue)
P : 팔미틴산기(palmitic acid residue)
E : 글리세롤기(glycerol residue)

위 그림에서 1과 2는 각각 단순 트리아실글리세롤류로서 1은 트리올레인(triolein), 2는 트리팔미틴(tripalmitin)으로도 불리고 있다. 한편 3과 4의 경우, 또는 5와 6의 경우에는 그 분자식은 비록 똑같이 표시되겠으나, 구성 지방산들이 결합된 위치가 다르므로 위치 이성체들(position isomers)의 관계가 된다.

이상의 논의에서는 전술한 바 있는 트리아실글리세롤들의 두 번째 탄소 원자가 비대칭 탄소 원자(asymmetric carbon atom)가 됨으로써 일어나는 경상 이성체들의 관계(mirror-image isomerism 또는 enantiomorphysm)에 대해서는 고려하지 않고 논의하기로 한다.

유지류 구성 지방산의 수와 가능한 트리아실글리세롤들의 수

한 유지의 구성 지방산의 수가 3개인 경우에는 서로 구조가 다른, 가능한 트리아실글리세롤의 수는 18개가 된다. 이 중에서 위치 이성체들(position isomers)의 관계에 있는 트리아실글리세롤들의 경우, 같은 것으로 취급할 때는 그 수는 10종류가 된다.

지금 올레인산, 팔미틴산, 스테아린산 등의 세 개의 지방산들로 구성된 유지를 생각할 때, 이 유지 속의 가능한 구성 트리아실글리세롤의 종류는 다음과 같이 표시될 수 있을 것이다. 즉

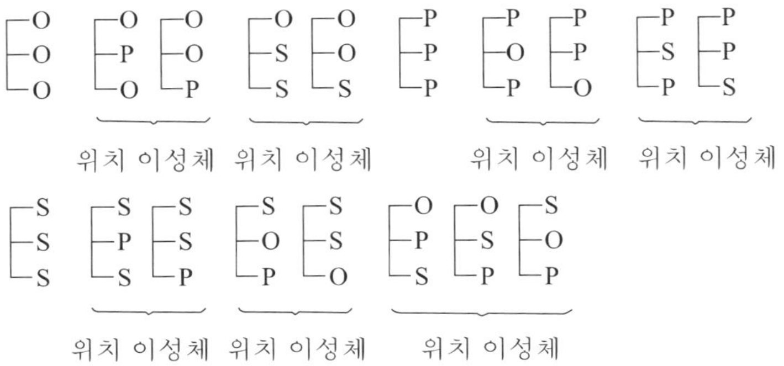

O O O | O P O, O O P (위치 이성체) | O S S, O O S (위치 이성체) | P P P | P O P, P P O (위치 이성체) | P S P, P P S (위치 이성체)

S S S | S P S, S S P (위치 이성체) | S O P, S S O (위치 이성체) | O P S, O S P, S O P (위치 이성체)

O : 올레인산기(oleic acid residue)
P : 팔미틴산기(palmitic acid residue)
E : 글리세롤기(glycerol residue)

일반적으로 한 유지가 n개의 서로 다른 지방산들로 구성되어 있을 때, 가능한 구성 트리아실글리세롤들의 총 종류 수 N_1은 수학적으로 다음과 같은 식에 의해 표시된다.

$$N_1 = \frac{1}{2}(n^3 + n^2)$$

한편, 위치 이성체들(position isomers)을 고려하지 않는 경우, 즉 위치 이성체들을 같은 것으로 생각할 때는 가능한 트리아실글리세롤의 총 종류 수 N_0는 다음과 같은 식에 의해 표시된다.

$$N_0 = \frac{1}{6}(n)(n+1)(n+2)$$

한 유지의 구성 지방산들의 수가 4개인 경우, 가능한 트리아실글리세롤들의 총 종류 수는 40종류이며, 위치 이성체(position isomers)들을 고려하지 않는 경우에는 20종류가 된다.

같은 식으로 구성 지방산들의 수가 20개인 경우, 가능한 트리아실글리세롤들의 총 종류 수는 4,200이 되며, 한편 위치 이성체를 고려하지 않을 경우에는 1,540종류가 된다.

한편, 다음의 표 12-6은 구성 지방산들의 수와 가능한 트리아실글리세롤들의 종류 수를 앞에서 말한 수식에 의해서 계산하여 만든 표이다.

표 12-6 한 유지 속의 구성 지방산의 수와 트리아실글리세롤의 종류 수

위치 이성체(position isomers)를 고려할 때									
구성 지방산의 수	4	5	6	7	8	9	10	11	20
트리글리세라이드의 수	40	75	126	196	288	405	550	726	4,200
위치 이성체를 고려하지 않을 때									
구성 지방산의 수	4	5	6	7	8	9	10	11	20
트리글리세라이드의 수	20	35	56	84	120	165	220	286	1,540

한 유지의 구성 지방산들의 수는 일반적으로 매우 많으므로, 보통 식용 유지들은 매우 많은 수의 서로 다른 트리아실글리세롤들의 혼합물로 보아야 하며 실제로도 그러하다.

유지 분자 속의 지방산들의 분포

유지 분자를 구성하고 있는 지방산들을 모두 분리하고, 식별(identify)하고, 그 성질을 규명하는 것도 쉬운 일이 아니나, 유지 자체를 구성하고 있는 수많은 트리아실글리세롤들을 분리하고, 식별하는 일은 더욱 어려우며, 아직 만족스러운 분리 방법들이 확립되어 가고 있는 중 이다.

유지류를 구성하고 있는 트리아실글리세롤의 종류와 그 양적 관계는 종래에는 저온(low temperature)에서 분별 결정시키는 방법(fractional crystallization)이 사용되어 왔으며, 근래에 와서는 박막 크로마토그래피(thin-layer chromatography)를 포함한 각종 크로마토그래피법들의 병용, 또는 고온 가스-액체 크로마토그래피(high temperature gas-liquid chromatography)를 이용한 분리 방법이 시도되고 있으나, 아직 고도의 효율성을 가진 방법은 없는 듯하다(Christie, W. W., 1982).

한편 건스톤과 노리스들(Gunstone, E. D. and Norris, F. A., 1983)은 그들 저서의 "*제2장 지방산과 지방질들의 분리와 추출*" 부분에서 지방산들의 분별 증류(fractional distillation)와 분별 결정(fractional crystallization)을 이용한 방법들을, 그리고 나중에 설명할 포화지방산들, 이중결합 한 개를 가진˙불포화지방산들(monoenoic acids), 여러 개를 가진 불포화지방산들, 그리고 직선상 지방산들(straight-chain acids)과 가지가 있거나 환상 지방산들(branched or cyclic acids)의 분리에 이용될 수 있는 요소와의 부가물(附加物, urea adducts)의 형성에 대한 이용성(易容性)을 이용한 요소를 이용한 분별법(the urea-adducts fractionation method) 등을 먼저 간결하게 설명하고 있다.·

이들은 계속해서 실리카(silica, $SiO_2 \cdot nH_2O$)를 이용한 칼럼(column) 또는 박막(thin-layer) 양식의 흡착 크로마토그래피법(adsorption chromatography)에 언급하고 있다. 여기서 초산은(silver nitrate)을 함유한 실리카(silica)를 지지체(supporter)로 이용한 흡착 크로마토그래피법이 불포화지방산들, 특히 시스형과 트란스형의 올레핀 화합물들(olefinic compounds)의 경우 시스형의 올레핀 화합물들이 트란스형의 경우보다 은 이온들(silver ions)과의 상호 친화력이 더 강한 점을 이용하여 분리가 가능한 점에 대해서 언급하고 있다. 이 방법은 일부 지방질들의 분리에도 사용할 수 있다고 한다.

이들은 또한 고성능 액체 크로마토그래피법(high performance chromatographic method), 즉 HPLC법에 간단히 언급하고 가스-액체 크로마토그래피(high temperature gas-liquid chromatography), 즉 GLC법에 대해서도 설명하고 있다.

이상의 두 방법들은 모두 극히 효율이 크고 지방산들이나, 일반 지방질들에 널리 사용되며, 전자의 경우 자연 추출물(natural mixture)에서 20~30분으로 10g 정도의 99% 순도 특정 에스터를 얻을 수 있으며, 후자의 경우 μg에서 mg 단위의 지방산들이나 지방질들을 분리할 수 있다고 설명하고 있다. 그리고 마지막으로 올레인산과 그 에스터, 리놀레인산과 그 에스터, α-리놀레닌산(α-3,6,9-리놀레닌산, 제13장, p. 748 참조)과 그 에스터, 아라키도닌산의 분리 방법들을 설명하고 있다.

한편, 크리스티(Christie, W. W., 1998)는 그 동안 지방산들의 구조 분석에 관해서 여러 번 그간의 실험 방법들과 그 성과들에 관해서 논문들을 통해서 발표해 왔으며, 여기서는 종래의 지방산의 메틸에스터 대신 피콜리닐(picolinyl, 3-hydroxymethylpyridinyl) 에스터 또는 4,4-다이메틸옥사졸린(DMOX) 유도체를 사용하는 방법들의 장점들과 기타의 부수적인 질량분광분석장치의 이용 방법들, 그리고 은 이온 박막 크로마토그래피(silver-ion thin-layer chromatography), 역상(逆相) HPLC(reversed-phase HPLC법) 등을 참고문헌 61종과 함께 설명하고 있다.

피콜리닐에스터는 유리 지방산에서 만들어야 하며, GLC 칼럼(GLC column)의 유지 온도가 메틸에스터보다 50℃나 더 높았어야 했으며, 따라서 비극성 상(非極性 相, non-polar phase)에서 분리되어야 했기 때문에, 종래에는 그 분리 능력(resolution power)이 좋지 않았으나, 근래에 새로운, 극성에 잘 견디는 칼럼의 개발에 의해서 분리 능력이 크게 개선되었다고 한다.

한편, DMOX 유도체들은 2-아미노-2-메틸-1-프로파놀(2-amino-1-methyl-1-propanol)을 메틸 에스터들이나, 시료 지방질들에 180℃에서 18시간 반응시켜서(N_2 중에서) 간단히 만들 수 있으며, 그 휘발성은 거의 메틸 에스터의 경우와 같아서 메틸 에스터의 경우처럼 GC 칼럼을 사용할 수 있으며 또한 분해능도 좋다고 한다. 이상의 피콜리닐에스터와 DMOX 유도체들은 세부적으로는 서로 장단점들이 있어서 서로 완전히 상보적(complementary)이라고 한다.

그러나 질량분광분석시 메틸 에스터들의 경우와 달리 이온화가 피콜리닌 그룹 또는 DMOX 그룹의 질소 원자에 집중되어, 메틸 에스터들의 경우처럼 탄화수소 측쇄(aliphatic or alkyl side chains)에 있는 이중결합의 이성화에 의한 임의적인 이중결합들의 이동이 없으며, 여러 개의 이온 그룹들로 분해될 때, 원형, 예로서 이중결합의 원 위치를 그대로 유지한 구조 분석에 극히 도움을 주는 이온 그룹들로 분해되는 큰 장점들이 있어서, 현재는 GLC/MS 분석시 이상의 형태들로 만든 후 분석하는 방법들이 선호되고 있다.

구조 분석을 위해서는 반대로 원래의 골격 구조를 확실하게 하기 위해서, 분해되어 이온화 될 이중결합들을 미리 제거하기 위해서, 수소를 첨가하여 불포화 결합들을 포화 결합(saturated bonds)으로 만드는 과정도 필요하다고 한다.

한편, 한 구조 분석을 위해서 시료 지방산이나 지방질을 촉매(catalyst) 하에 중수소 가스(deuterium gas)와 반응시키거나 염화 중수소(deuterium chloride)와 소듐 보로중수소(sodium borodeuride)를 직접 반응시켜서 시료 분자 내의 한 특정 위치의 수소를 중수소(Deuterium, D)로 표식(marker)하는 방법(deuteration)도 효과적이라고 한다. 또한 질량분광분석기로 분석할 때, 각 이온 그룹의 질량에서 어떤 그룹에 중수소가 들어있는지를 분석함으로써 전체 구조 분석에 도움을 줄 수 있다고 한다.

한편, 역상(逆相) HPLC(reversed-phase HPLC)법은 실온에서도 사용될 수 있는 비교적 조건이 온화한 분리 방법이며, 분리능(separation)은 시료 분자의 사슬 길이(chain length)와 불포화도(degree of unsaturation)에 달려 있으며, 한 개의 이중결합은 두 개의 메틸렌 그룹(methylene groups)들, 즉 $-CH_2CH_2-$에 해당한다고 한다. 지방산들의 피콜리닐 에스터들을 정제에도 사용될 수 있는 방법이며, 극성 이동상(polar mobile phase)에 있는 피콜리닐 에스터들의 질소 원자들과 고정상(固定相, stationary phase)의 사일라놀 그룹(silanol groups)들의 상호 견인력(attraction)을 제거하기 위해서, 새로운 고정상을 사용한, 분리능이 더 높은 역상 HPLC가 개발되어 있다. DMOX 유도체들의 경우는 메틸 에스터들의 경우와 거의 조건들이 같다. 수은 이온 HPLC는 종래부터 사용되어 온 수은 이온 크로마토그래피의 방법들보다 더 효율 있게, 더 순도 높은 성분들을 얻는 데 사용되고 있다.

한 유지에서 구성 지방산들이 구성 트리아실글리세롤들 개개의 분자 구성에 어떻게 참여하고 있는가에 대해서, 다시 말해서 한 유지의 유지 분자들 속의 구성 지방산들의 분포 상태(distribution pattern)에 대해서는 현재 두 가지의 학설(theory)과 이 두 학설을 절충한 학설 등이 있다.

롱네커(Longnecker, H. E., 1941), 마틸과 노리스(Mattil, K. F. and Norris, F. A., 1947) 등에 의해서 제안된 무작위 분포설(random distribution theory), 힐딧치(Hilditich, T. P., 1949)에 의해서 제

안된 균일 분포설(even distribution theory), 그리고 두어츄크들(Doerschuk, A. P. and Daubert, B. F., 1948)에 의해서 제안된 부분적 무작위 분포설(partial random distribution theory) 등이 있다 (Cowan, J. C. and Carter, H. E., 1953 참조).

무작위 분포설 무작위 분포설(無作爲 分布說, random distribution theory)은 트리아실글리세롤의 글리세롤기(glycerol residue)와 에스터(ester)를 형성하는 지방산들은 글리세롤기에 무작위적(at random)으로 들어가며, 형성되는 트리아실글리세롤의 종류와 양, 즉 전체 트리아실글리세롤의 양에 대한 비율은 질량작용의 법칙(law of mass action)에 의해서 지배된다는 것이다.

따라서 무작위 분포설에 의한 유지 속의 각종 트리아실글리세롤의 분포는 글리세롤과 유지 속의 각 지방산의 % 함량과 같은 비율로 존재하는 해당되는 지방산들을 촉매 존재 하에 함께, 모든 구성 트리아실글리세롤류(TAGs)의 융점들보다 높은 온도에서 에스터 교환 반응(interesterification)을 일으켰을 때, 형성되는 트리아실글리세롤들의 종류와 분포와 같을 것이다.

나중에 설명하는 바와 같이 트리아실글리세롤의 지방산기(fatty acyl residue)는 가열할 때, 특히 특정 촉매, 예로서 소듐 에톡사이드(sodium ethoxide)나 수산화 제1주석(stannous hydroxide)과 같은 촉매 존재 하에서 가열할 때는 비교적 자유로이 이동하는 것으로 알려져 있다.

따라서 한 유지 내의 구성 트리아실글리세롤 속의 지방산들이 어떤 상태로 분포되어 있던지 간에 위에서와 같이 가열될 때는, 그 유지를 구성하는 트리아실글리세롤들 중의 지방산들은 무작위 분포 상태(random distribution pattern)를 갖게 된다. 예로서 한 유지의 구성 지방산들이 한 포화지방산 S 몰%(mole percent)와 한 불포화지방산 U몰%(mole percent)로 구성되어 있다고 가정한다.

이때 무작위 분포설에 의해서 형성될 수 있는 구성 트리아실글리세롤의 몰% 농도는 다음 식으로 표시된다. 한편, 몰% 농도의 정의는 아래 수식들 밑에 있다.

$$1S^3+3S^2U+3SU^2+1U^3$$

즉, 형성될 수 있는 완전한 포화 트리아실글리세롤과 완전한 불포화 트리아실글리세롤의 몰%는 각각

$$\frac{1S^3}{1S^3+3S^2U+3SU^2+1U^3}\times 100 \quad \text{및}$$

$$\frac{1U^3}{1S^3+3S^2U+3SU^2+1U^3}\times 100$$

으로 표시된다. 두 개의 불포화지방산과 한 개의 포화지방산으로 구성된 트리아실글리세롤의 몰%, 두 개의 포화지방산과 한 개의 불포화지방산으로 구성된 트리아실글리세롤의 몰%는 각각 아래의 수식에 의해서 표시된다.

$$\frac{3SU^2}{1S^3+3S^2U+3SU^2+1U^3}\times 100 \quad \text{및}$$

$$\frac{3S^2U}{1S^3+3S^2U+3SU^2+1U^3}\times 100$$

여기서 몰%(mole percent)는 각각의 구성 성분들의 몰수(molar concentration, mole/L)의 퍼센트 비율을 말한다. 즉 몰 비율(molar fraction)을 100배한 수치이다.

균일 분포설 한편 한 유지(油脂)를 구성하고 있는 트리아실글리세롤들(TAGs) 중의 지방산기들의 분포는 모든 지방산기들이 모든 트리아실글리세롤들에 균일하게 분포되고 있다는 가설이다.

이 학설에 따르면, 한 지방산의 함량이 전체 지방산 함량의 1/3이상이 되지 못하는 경우에는, 이 지방산이 구성 지방산으로서 두 개 또는 세 개가 포함된 트리아실글리세롤들은 존재하지 않게 된다.

그 후의 많은 실험 결과들은 이상의 학설은 자연에서 얻어지는 유지들의 지방산기 또는 지방산들의 실제 분포와 모순되며, 따라서 실제의 상황들을 잘 설명하지 못한 사실들이 밝혀짐에 따라 1960년 이후에는 무작위 분포설을 위해서 사용된 여러 실험들에서 얻은 실험적 사실들을 더 잘 설명할 수 있는 학설들의 개발에 노력이 집중되어 왔다.

1,3 무작위, 2 무작위 분포설 반더왈(Vänder Wal, R. J., 1960 ; Vander Wal, R. J., 1964 참조)을 중심으로 여러 연구자들에 의해서 발전되어 온 1,3 무작위, 2 무작위 분포설(1,3 random, 2 random distribution theory)은 첫째로 식물이나 동물이 체내에서 유지를, 즉 트리아실글리세롤들을 생합성할 때, 먼저 글리세롤의 sn 1과 3의 위치에 무작위적으로 지방산기들이 결합한다는 것이다. 이 지방산기들은 도표나 그림에서는 보통 포화지방산기들(saturated fatty acyl groups, RCO - , 또는 acyloxy groups, RCOO -)은 S로, 불포화지방산기들(unsaturated fatty acyl groups, 또는 acyloxy groups)은 U로 표시된다. 경우에 따라서는 지방산들(saturated or unsaturated acids) 자체를 뜻할 때도 있다.

두 번째로는 sn-2의 위치에서 에스터 결합을 하는 지방산들, 즉 지방산기(fatty acyl groups)은 sn-1과 sn-3의 위치에 무작위적으로 에스터 결합한 아실 그룹들과는 다른 지방산기들이 역시 무작위적으로 결합한다는 것이다. 이 두 번째 부분의 조건은 지금까지 트리아실글리세롤류의 분석 결과 얻은 실험적 사실을 그대로 수용한 조건이다.

반더왈(Vander Wal)들은 이상의 가설에 입각하여, 돼지기름, 닭기름, 쥐의 지방(rat fat), 아마인유(linseed oil), 코코아 버터(cocoa butter) 등의 유지들 중의 *SSS, SUS, SSU, USU, UUS, UUU*(왼쪽부터 sn-1, 2, 3에 결합된 지방산기의 분자종을 표시, sn-2의 *S, U*의 종류는 sn-1과 sn-3의 분자종과 다른 분자종에 속한다)로 표시된 분자종(molecular families)의 분포를 위의 1,3 무작위, 2 무작위설에 입각한 계산치와 실제로 유지를 분석한 수치를 표 12-7처럼 발표하고 있다.

한편, 반더왈(Vander Wal, J. R., 1964 참조)들은 sn-1 및 sn-3 위치의 포화지방산기 또는 불포화지방산기의 분포가 엄격한 무작위 분포를 가진 경우와, 같은 양의 포화 및 불포화지방산기들이 불균형하게 분포되었을 경우의 *SSS, SUS, SSU, USU, UUS, UUU*의 분포를 계산한 수치와 실제 유지류에서 분석한 수치들을 발표한 바 있다.

원래 합계 여섯 개의 동물성과 식물성 유지류에 대해서 발표하고 있으나, 여기서는 그 중에서 동물성 유지의 예로서 돼지기름(lard)과 식물성 유지의 경우 코코아 유지(cocoa butter) 두 가지 예들을 원래의 표(Vander Wal, R. J., 1964 참조)에서 표 12-8에 옮겼다.

한편 반더왈(Vander Wal, R. J., 1964)은 식물성 또는 동물성 유지들 중의 각 구성 트리아실글리세롤들(the component triacylglycerols) 중의 지방산기들(fatty acyl groups, RCO - , 또는 acyloxy

표 12-7 일부 유지류의 실제 분석을 통한 분자종(分子種, molecular families)들의 분석치들과 1,3 무작위, 2 무작위 분포설에 근거를 둔 계산치들의 비교

일부 유지의 종류(Fat)	분자종들 (mol/%)					
	SSS	SUS	SSU	USU	UUS	UUU
돼지 기름(lard)						
실제 분석치	8	0	29	36	15	12
1,3 random 2 random 학설에 따른 계산치	6	2	29	36	12	15
닭 기름(chiken fat)						
실제 분석치	3	10	9	12	38	28
위 학설에 따른 계산치	3	10	10	9	36	32
쥐 기름(rat fat)						
실제 분석치	2	4	3	6	33	52
위 학설에 따른 계산치	1	4	5	9	30	52
아마인유(linseed oil)						
실제 분석치	0	0	0	4	22	74
위 학설에 따른 계산치	0	1	0	2	20	76
코코아 버터(cocoa butter)						
실제 분석치	5	66	7	3	20	1
위 학설에 따른 계산치	5	69	2	0	22	2

여기서 U,S는 각각 분자종(分子種)의 구성 불포화 및 포화 acyloxy 기(RCOO-)를 나타낸다.
Vander Wal, R. J., 1964. "*Advances in Lipid Research,*" Vol. 2., Chapt.1, p.7.

표 12-8 시료 유지 분자들의 양단, 즉 C1, C3 위치의 지방산기들이 완전한 무작위 분포를 가졌을 때와 그렇지 못했을 경우의 1,3 무작위, 2 무작위 분포설에 의한 분포와 실제로 측정한 분포의 비교

유지류의 종류	포화 및 불포화 지방산기들의 위치와 함량				분자종(分子種)들의 구성, %중량					
	지방산의 종류	C1	C2	C3	SSS	SUS	SSU	USU	UUS	UUU
돼지 기름	S	28.4	71	28.4	6	2	29	36	12	12
	U	71.6	29	71.6						
	S	14.2	91	42.6	4	2	32	35	13	14
	U	85.8	29	57.4						
	S	0	71	56.8	0	0	40	31	17	13
	U	100	29	43.2						
실제 분석치					8	0	29	36	15	12
코코아 버터	S	86.1	7	86.1	5	69	2	0	22	2
	U	13.9	93	13.9						
	S	79.2	7	93.1	5	69	2	0	23	1
	U	20.8	93	6.9						
	S	72.2	7	100	5	67	2	0	26	0
	U	27.8	93	0						
실제 분석치					5	66	7	3	20	1

U, S의 기호에 대해서는 표 12-6의 경우와 같으며, C1, C3의 위치의 지방산기들의 분포가 크게 불균일하게 되었을 때의 각 분자종들의 분포와 함께 계산치들이 나와 있으며, 각 기름에 대한 항목의 최하단에는 실제 분석치들이 나와 있다. 표 12-6과 달리 닭 및 쥐의 기름에 대한 항목은 지면상 생략했다. 그 결과는 위의 경우와 거의 같다. 양해를 바란다.
Vander Wal, J. R., 1964. *Advances in Lipid Research*, Vol. 2, Chapt 1, p.8

groups, RCOO -)의 분포에 관한 1,3 무작위, 2 무작위 분포설(1,3 random, 2 random distribution theory)의 가장 기본적인 조건들 중 첫 번째는 *SSS, SUS, SSU, USU, UUS, UUU*로 표시되는 분자

종(分子種, molecular families)들의 분포는 확률(probability)의 이론(理論)에 기초를 두고 예측할 수 있으며, 한 분자종에서도 개개의 트리아실글리세롤의 분포가 같은 식으로 예측할 수 있어야 한다는 것이었다.

두 번째로 강조한 조건은 *S*와 *U*로 표시되는 분자들의 글리세롤 분자 내에서 각 위치의 분포는 기본적으로 무작위적이며, 어떤 분포설이라도 이 조건에 근거해야 하며, 그러면서 실제적 사실들, 즉 실제로 측정한 분석치들을 뒷받침하는 정당성(validity)을 가져야 한다는 것이었다.

세 번째로는 어떤 분포설도 한 유지를 구성하는 유지 분자들 개개의 상태나 그 취급 방식에서는 식물성 유지의 경우나 동물성 유지들의 경우나 원칙적으로 동일한 상태이며, 확률론(確率論)적으로도 동일하게 다루어져야 한다는 것이었다. 그러나 나중에 설명하겠지만 이 조건 또는 가정에는 문제가 있었던 것 같다.

이상과 같은 기본적인 조건들과 함께 반더왈(Vander Wal, R. J., 1964)은 또 하나의 중요한 조건 또는 가정으로서 다는 아니지만, 대부분의 자연에 존재하는 (식용) 유지류의 경우, 글리세롤의 sn-2의 위치, 즉 C_2의 위치에 결합된 지방산기(acyloxy groups, RCOO -)들은 sn-1,3, 즉 C_1과 C_2의 위치에 결합된 지방산기들의 종류와 다른 종류의 지방산기들이라는, 많은 실험들을 통해서 축적된 사실이, 즉 조건이 식물성 또는 동물성 유지들의 각 구성 트리아실글리세롤들의 지방산기들(acyloxy groups, RCOO -)의 분포에 관한 설명, 즉 학설에 포함되어야 한다고 설명하고 있다.

이상의 조건 또는 가설들을 근거로 한 1,3 무작위, 2 무작위 분포설(the 1,3 random, 2 random distribution theory)은 그 형성 과정들이 원칙적으로 합리적이며, 무엇보다도 그 당시로서는 이 학설에 의해서 얻은 분포 예측치들이 실제 실험치들과 가장 잘 일치되는 학설로 평가되었었다.

그러나 식물성 유지들이나 동물성 유지들이 형성되는 과정에서는 외적 조건들이 큰 영향을 주는 것으로 알려져 왔다. 우선 식물성 유지들이나 동물성 유지들 중의 각 구성 분자들의 지방산 분포들은 우선 분류학적으로 그 종류에 따라 어떤 일정한 범위 내지는 양식을 갖고 있는 것으로 생각되고 있다(Rozenaal, A., 1992 참조).

일반적으로 식물유들의 분포는 보통 1,3 무작위, 2 무작위 분포설에 적용되며, sn-1과 sn-3의 위치에는 포화지방산들 또는 장쇄의, 이중결합을 하나 가진 불포화지방산들이 결합되어 있는 반면에, sn-2의 위치에는 포화지방산들은 거의 없으며, 실질적으로 불포화지방산들로 구성되고 있다고 한다(표 12-7 및 12-8 참조). 로젠나알(Rozenaal, A., 1992 참조)은 결론적으로 자연에서 산출되는 유지류는 무작위 분포에 의해서 전적으로 형성된 트리아실글리세롤 조성(a random triacylglycerol composition)을 갖고 있지 않다고 결론짓고 있다.

그 동안 각종 식물성 및 동물성 유지의 분자 구성에 관한 여러 이론적 연구와 함께, 연구 대상이 되어 온 유지들의 분자 구성과 각종 분자종의 지방산 구성에 대한 체계적인 분석 방법들도 급속하게 발전되어 왔다.

그 중에서 가장 기본적이고 널리 사용되어 온 방법으로 브롯커호프(Brocherhoff, H., 1967 ; Christie, W. W., 1982 참조)의 트리아실글리세롤류의 입체 구조 분석법(steressprcific analysis of triacylglycerols)이다(그림 12-3 참조). 이 방법은 두 번의 합성 과정, 두 번의 효소분해 과정, 두 번의 TLC 분리 과정, 다섯 번의 에스터 교환 과정, 다섯 번의 GLC 분석 과정 등으로 형성된 방법으로 일관성 있고 신뢰성 있는 결과들을 주는, 가장 잘 사용되는 방법으로 평가되어 왔다(Gunstone, E. D. and Norris, F. A., 1983).

I Diacylglycerol　　II 1, 2, 2, 3-diacyl-sn-glycerols　　III 1, 2, 2, 3-diacyl-sn-phosphotidylcholeine 및 이성체

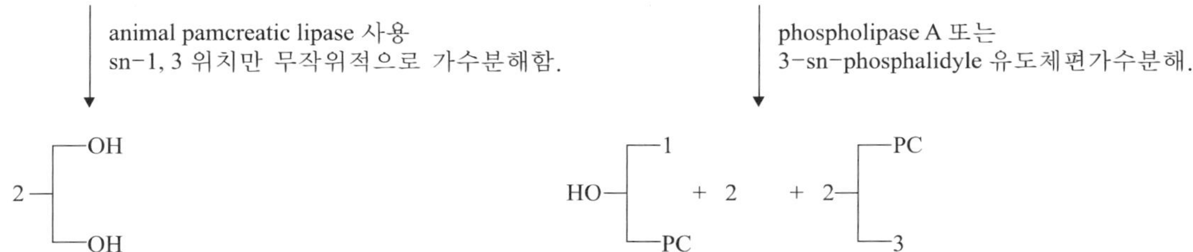

VI 2-monoacy-sn-glcerol.　　VI 1-모노아실-sn-포수파티딜 유도체,
유리 지방산 및 이성체들.

[그림 12-3] 브롯커호프(Brocherhoff, H., 1967 ; Christie, W. W., 1982 참조)의 유지 분자 분석법. 글리세롤을 나타내는 수직형의 작대의 상, 중, 하에 있는 번호 1,2,3은 각각 sn-1,2,3의 위치에 결합하고 있는 지방산기(acyloxy groups, RCOO—)를 나타낸다. EtMgBr(ethylmagnesium bromide, the Grignard reagent)는 유지분자(I)의 sn-1,3의 지방산 그룹과 반응한 후 그 중의 sn-1이나 sn-3의 지방산기를 가수분해한다(II). 이상의 1,2 또는 2,3-diacyl-sn-glucerol들에 phosphorylcholine의 유도체 또는 phosphatidy-lphenol를 작용시키면, 1,2-diacyl-sn-phosphatidylcholine 또는 phenol들과 그 이성체들(III)이 생긴다. 여기에 phospholipase A를 작용시키면, 1-monoacyl-an-phosphatidylcholine, sn-2 위치에서 분리된 free fatty acid, 가수분해작용을 받지 않은 이성체들이 남게 된다(Ⅳ). 이상의 성분들을 신속하게 TLC법으로 분리, 정제하여 동정(同定)한 후 그 생성량들을 측정하므로서 sn-1,2,3에 원래 결합했었던 지방산의 종류와 그 농도(mol percent)도 알 수 있게 된다. 한편, 동물의 췌장에서 추출, 정제한 라이페이스를 시료(試料)에 일정한 조건들 아래서 가수분해 시키면 2-monoacyl-sn-glycerol을 그 가수분해 생성물로 얻을 수 있으며, GLC법으로 sn-2에 결합했던 지방산의 종류와 농도를 알아낼 수 있다고 한다(Ⅴ). 자세한 것은 본문과 인용문헌들을 참조하기 바란다. 이상의 두 방법들 즉 Grignard시약을 사용한 방법과 animal pancreatic lipase를 이용한 방법은 그 실험 목적, 그 실험 목적이 가진 이론들, 실제적인 결과들에 있어서 서로 상호 보완적인 특징이 뛰어난 이점이 매우 강하다.

이 방법은 한 트리아실글리세롤의 sn-1, 2, 3의 위치에 결합한 지방산의 종류와 그 농도(mol %)를 측정하기 위하여 그리니얄 시약(Grignard reagent)을 조사 중인 트리아실글리세롤 시료에 잠시 반응시키고 sn-1, 2, 3의 위치에 결합하고 있는 지방산의 에스터 결합을 무작위적으로 가수분해한 후, 박막 크로마토그래피법(thin-layer chromatography, TLC)으로 가수분해물들을 분리하고, 다이아실글리세롤류(diacylglycerols)를 분리한다(그림 12-3의 I에서 II에의 경과).

이렇게 형성된 다이아실글리세롤류에 페닐다이아클로로포스페이트(phenyldichlorophosphate, PPH) 또는 포스포릴콜린(phosphorycholine, PC)을 반응시키면, 포스파티딜페놀 유도체들(phosphotidylphenol derivatives) 또는 포스파티딜콜린 유도체들(phosphotidylcholine derivatives)이 형성된다. 이상의 PPH 또는 PC의 기호들을 종합하여 PX로 표시하였다(그림 12-3 참조). 본래는 페닐다이클로로포스페

이트를 사용해 왔으나, 현재는 포스포릴콜린(phosphorycholine)도 함께 같은 목적에 널리 사용된다고 한다(Ⅱ→Ⅲ 과정).

이렇게 형성된 포스파티딜페놀 또는 포스파티딜콜린 유도체들에, 정제된 포스포라이페이스 A (phospholipase A)를 작용시키면, sn-3-포스파티딜페놀(sn-3-phosphotidylphenol) 또는 sn-3-포스파티딜콜린들만 가수분해 되므로, 효소 작용에서 가수분해 되는 것은 1,2-다이아실-sn-포스파티딜페놀 또는 포스파티딜콜린들로서 1-모노아실-sn-포스파티딜 유도체들과 유리 지방산(sn-2 위치에 있던), 그리고 포스포라이페이스 A의 작용을 받지 않던 2,3-다이아실-sn-포스파티딜페놀 또는 포스파티딜콜린 등의 혼합물이 함께 형성된다. 이상과 같은 화합물들은 비극성 용매를 사용하여, 낮은 온도에서 가급적 신속하게 TLC법(thin-layer chromatography)으로 분리한 후 정제하여, sn-1, 2, 3의 위치에 결합하고 있던 지방산의 종류와 농도(mole percent) 측정에 사용해야 한다고 한다.

한편 시료 트리아실글리세롤의 일정량에 완충 용액(a buffer solution), 염화칼슘 용액, 특히 시료의 미셀 형성(micelle formation)을 돕기 위해 담즙산(bile acid) 등 각각 일정량을 가하여, 40℃에서 잘 혼합시켜준 후, 동물의 췌장에서 추출, 정제한 라이페이스(pancreatic lipase) 일정량을 첨가하고, 2~4분 반응시켜, 원하는 정도의 가수분해가 진행되었을 때 반응을 멈춘 후, 효소 작용을 알콜을 첨가하여 불활성화시킨 후, 실리카젤 G를 사용한 TLC로 가수분해 생성물들을 분리, 추출하여, 시료의 가수분해에 의해서 형성된 2-모노아실-sn-글리세롤 분획을 확보한 후, 최종적으로는 그 구성 지방산들의 종류와 퍼센트 몰농도(mole percent)를 분석할 수 있었다고 한다(그림 12-3의 Ⅰ→Ⅴ의 과정).

이상과 같이 해서 얻은 sn-2의 위치에 결합되었던 지방산의 종류와 그 농도에 관한 자료는 지금까지 설명한 브롯커호프의 분석법의 결과들을 보완해줄 것으로 생각된다. 더 자세한 사항들은 크리스티(Christie, W. W., 1982)의 유지 분석(lipid analysis)에 관한 전문서의 최신판을 찾아 참고해주길 바란다.

트리아실글리세롤의 분자내 및 분자간 지방산기의 이동

트리아실글리세롤, 다이아실글리세롤, 또는 모노아실글리세롤을 형성하고 있는 지방산기(fatty acyl groups, RCO-)는 어떤 경우든지 한 글리세롤 분자내의 특정 위치에만 반영구적(半永久的)으로 고정된 것은 아니며, 외부에서 적절한 에너지가 공급될 때는 쉽게 이동(migrate)할 수 있다. 특히 유지의 온도가 상승할 때, 그리고 소듐 에톡사이드(sodium ethoxide, C_2H_5ONa) 등의 촉매가 존재할 때는 그 이동은 활발해지고 더 쉬워진다.

이 지방산기의 이동은 크게 세 가지 형태로 분류될 수 있다. 즉 동일한 분자 내에서의 지방산기의 이동 내지는 상호 교환(intramolecular ester interchange 또는intraesterification), 그리고 트리아실글리세롤 분자와 알콜 분자, 또는 트리아실글리세롤 분자들 사이에서 일어나는 지방산기의 이동, 즉 두 개의 유사한 형태의 분자들 간의 에스터 교환(intermolecular ester interchange 또는 interesterification) 등이다.

즉 이 분자간 에스터 교환 반응(interesterification)은 한 지방산의 에스터에서 그 구성 지방산기(fatty acyl group)가 분리되어 알콜 분자와 새로운 에스터를 형성하거나(alcoholysis), 다른 에스터의 지방산기와 교환되는(ester interchange) 과정을 총괄하여 말한다고 할 수 있다.

아실글리세롤 분자에서 지방산기의 β-위치에서 α-위치로의 전위 β-모노아실글리세롤(β

-monoacylglycerol)처럼 β-위치에 결합되고 있는 지방산기(fatty acyl group)는 α-모노아실글리세롤처럼 α-위치에 있는 지방산기에 비해서 열역학적(熱力學的, thermodynamically)으로 매우 불안정하며, 쉽게 그 지방산기는 β-위치에서 α-위치로 이동(migrate), 즉 전위(rearrangement)를 하게 된다.

$$\begin{array}{l} CH_2-OH \\ | \\ CH-OCOR \\ | \\ CH_2OH \end{array} \longrightarrow \begin{array}{l} CH_2-OH \\ | \\ CH-OH \\ | \\ CH_2-OCOR \end{array}$$

β-모노아실글리세롤 α-모노아실글리세롤

똑같이 해서 α, β-다이아실글리세롤(α, β-diacylglycerol)의 경우에도 β-위치에 있는 지방산기(fatty acyl group)는 α′-위치에 이동, 즉 전위를 하게 된다.

$$\begin{array}{l} CH_2-OH \\ | \\ CH-OCOR_1 \\ | \\ CH_2-OCOR_2 \end{array} \longrightarrow \begin{array}{l} CH_2-OCOR_1 \\ | \\ CH-OH \\ | \\ CH_2-OCOR_2 \end{array}$$

α, β-모노다이아실글리세롤 α, α′-모노다이아실글리세롤

일반적으로 특정한 β-모노아실글리세롤이나 α, β-다이아실글리세롤의 합성을 의도(意圖)할 때, 종종 α-모노아실글리세롤이나 α, α′-다이아실글리세롤을 그 대신에 얻게 되는 경우가 많으며, β-모노아실글리세롤이나 α, β-다이아실글리세롤들은 특수한 방법을 사용하지 않고서는 만들 수 없다. 이런 경우에도 α-위치가 비어 있는 한, β-위치에 결합된 아실 그룹의 자유로운 이동이 어떤 방법으로 억제되어 있지 않은 한, α-위치로의 최소한 부분적 이동(migrate)을 막기는 힘든 경우가 많다.

알콜리시스 트리아실글리세롤을 알콜과 함께 염산, 황산, 소듐 메톡사이드(sodium mrthoxide, CH_3ONa), 특히 보론 트리플루오라이드(boron trifluoride, BF_3)와 같은 촉매 존재 하에서 가열하면, 트리아실글리세롤의 지방산기는 이 알콜과 새로 에스터를 형성하며, 주로 글리세롤이 남게 된다.

이와 같이 트리아실글리세롤의 지방산기가 글리세롤과의 에스터 결합을 풀고 새로 첨가된 알콜과 새로운 에스터를 형성하는 과정을 알콜리시스(alcoholysis)라고 부른다. 다음의 예와 같이 사용되는 알콜이 메탄올(methanol)일 경우, 이 분자간 에스터 교환반응(interesterification)은 메탄올리시스(methanolysis)라고 하며, 알콜리시스 중 실제적으로 가장 중요하다.

$$\begin{array}{l} CH_2-COOR_1 \\ | \\ CH-COOR_2 \\ | \\ CH_2-COOR_3 \end{array} + 3CH_3OH \underset{\text{촉매}}{\rightleftarrows} \begin{array}{l} CH_2-OH \\ | \\ CH-OH \\ | \\ CH_2-OH \end{array} + \begin{array}{l} R_1COOCH_3 \\ R_2COOCH_3 \\ R_3COOCH_3 \end{array}$$

한 유지의 구성 지방산들의 분리(isolation), 식별(identification)에는 분별 증류법(fractional distillation), 향류 분배법(counter-current distillation), 각종 크로마토그래피법, 특히 가스-액체 크로마토그래피법(gas-liquid chromatography) 등이 사용되나, 이때 사용되는 시료 중의 지방산들은 유리된 지방산(free fatty acids)의 형태보다는 메틸 에스터의 형태가 더 지용성 용매들(fat solvents)과 친화력(affinity)이 더 크고, 즉 더 잘 용해하며, 메틸 에스터들의 비등점들이 전체적으로 더 낮기 때문에

가스-액체 크로마토그래피 장치에서의 분리, 검출 등에 더 편리하다. 이와 같은 지방산의 메틸 에스터들(methyl esters)은 종래에는 유지를 일단 알칼리로 가수분해한 후, 형성된 알칼리염을 다시 산으로 가수분해하여 지방산들을 분리함 후 다시 메틸 에스터를 만들었다.

그러나 이 메탄올리시스(methanolysis)는 이와 같은 간접적인 과정을 밟고 형성되는 메틸 에스터들에 비해 거의 1단계(one step)로 메틸 알콜의 에스터가 형성되므로 소요되는 노력이나 시간의 절약과 지방산과 지방산 에스터들의 손실이 극소화(極小化)된다. 종래 지방산의 메틸 에스터화 과정에 관한 반응식을 쓰면 다음과 같다. 즉

제1단계

$$\begin{matrix} CH_2OCOR_1 \\ | \\ CHOCOR_2 + 3NaOH \\ | \\ CH_2OCOR_3 \end{matrix} \longrightarrow \begin{matrix} CH_2OH \\ | \\ CHOH \\ | \\ CH_2OH \end{matrix} + \begin{matrix} R_1COONa \\ R_2COONa \\ R_3COONa \end{matrix}$$

$$\begin{matrix} R_1COONa \\ R_2COONa + 3H_2SO_4 \\ R_3COONa \end{matrix} \longrightarrow \begin{matrix} R_1COONa \\ | \\ R_2COONa + 3NaHSO_4 \\ | \\ R_3COONa \end{matrix}$$

제2단계

$$\begin{matrix} R_1COONa \\ R_2COONa + 3CH_3OH \\ R_3COONa \end{matrix} \xrightarrow{H^+} \begin{matrix} R_1COOCH_3 \\ | \\ R_2COOCH_3 + 3H_2O \\ | \\ R_1COOCH_3 \end{matrix}$$

와 같은 2단계(two steps)를 거쳐서 만들어졌다.

이 방법은 적어도 세 개의 과정을 밟아야 하므로 형성된 메틸 에스터들의 수량의 감소, 조작상의 잘못에 의한 오류(error)가 있을 가능성이 크다. 따라서 분자간 에스터 교환 반응(interesterification)의 하나인 메탄올리시스에 의해서 1단계로 에스터들을 만드는 것보다 못하다.

실제에 있어서는 메틸 에스터들로 만들려는 유지를 충분한 양의 메틸 알콜에 녹인 후 적당한 촉매, 예로서 보론 트리흘루오라이드(boron trifluoride, BF_3) 존재 하에 가열함으로써 이루어진다. 모리슨과 스미스들(Morrison, W. R. and Smith, L. M., 1946)에 의하면, 한 유지의 구성 지방산의 메틸 에스터들은 그 유지를 보론 트리흘루오라이드(BF_3)의 메틸알콜 용액(메틸알콜 1L에 140g의 BF_3를 녹인 용액)에 녹인 후, 30분가량 가열함으로써 얻을 수 있다고 한다.

실제로 보론 트리흘루오라이드를 사용하여 시료 정제유지(試料 精製油脂)에서 직접 메틸 에스터들(methyl esters)을 만드는 방법과 이 메틸 에스터들을 사용하여 가스 크로마토그래피법을 이용해서 시료 유지 중의 구성 지방산들의 함량 또는 그 조성(composition)을 알아내는 방법들은, 현재 모두 공정법(AOAC-IUPAC Boron Trifluoride Method, AOAC-IUPAC Gas Chromatographic Method, 1985)으로 제정(制定)되고 있다.

한편 아크맨(Ackman, R. G., 1998)에 의하면 종전에 유지 또는 지방질 시료에서 지방산들의 메틸 에스터들(fatty acid methyl esters, FAMEs)을 만드는 대부분의 공정법(公定法)들은 보론 트리흘루오라이드(BF_3)법(boron trifluoride method)으로 알려진 방법들이 모두 시료를 NaOH나 소듐 메톡사이드($NaOCH_3$)의 알콜 용액에서 가열하는 검화 단계(sponification)와 보론 트리흘루오라이드의 메탄올 용액(BF_3 in MeOH)에서 반응시키는 단계로 되어 있는데, 첫 번째의 검화 단계(sponification step)라는

표현은 잘못된 것으로 설명하고 있다. 즉 시료 중 대부분의 지방산들은 이 단계에서 매우 빠른 속도로 메탄올리시스, 즉 지방산기의 에스터 교환(interesterification, 여기서는 transeserification이란 표현이 더 적절함)이 일어나서 메틸 에스터들로 변하므로 검화 단계가 아니라고 한다.

그러나 이 단계에서는 시료 중의 유리 지방산들이나, 이 과정에서 새로 생긴 유리 지방산들의 에스터화는 일어나지 않으며, 제2단계에서 보론 트리흘루오라이드의 메탄올 용액으로 서서히 메틸 에스터화가 일어난다고 한다. 일반적으로 여러 공정법들에서는 제2단계의 반응 시간이 수 분간으로 되어 있는데, 아크맨(Ackman, R. G., 1998)은 이상의 유리 지방산들이 메틸 에스터화 단계에서 완전히 메틸 에스터화하는 데는 반응 시간을 30분 정도로 연장할 필요가 있다고 설명하고 있다.

에스터 교환반응 이 에스터 교환반응(ester interchange)은 분자 간 에스터 교환반응(interesterification)에서 가장 중요한 부분이며, 실제 분자간 에스터 교환반응이란 용어는 좁은 의미에서는 이 에스터 교환반응을 의미한다.

전술한 바와 같이 유지를 소듐 메톡사이드(sodium mrthoxide, CH3ONa)와 같은 촉매 존재 하에서 가열한다면, 유지는 마치 글리세롤과, 그 유지를 구성하고 있는 똑같은 종류와 양의 지방산들을 함께 섞어서 가열하는 것과 같은 효과를 가져오며, 그 유지 속의 트리아실글리세롤들 중의 지방산의 분포는 무작위 분포 상태(random distribution pattern)를 하게 된다.

일반적으로 촉매의 사용 없이 또는 촉매 존재 하에 가열된 유지에서는 글리세롤과 결합된 지방산기(fatty acyl group)는 자유로이 다른 유지 분자들, 즉 트리아실글리세롤 분자들 사이를 이동(migration)하여 무작위적으로 에스터 교환 반응을 통해서 새로운 에스터 결합을 형성한다.

이상과 같은 분자간 에스터 교환 반응(ester interchange)은 식품 공업계에서 자주 이용하는 매우 중요한 반응들의 하나이며, 그 응용 예도 많다.

예로서 면실유(cotton seed oil)의 경우, 액체인 면실유는 촉매 존재 하의 가열에 의해서 에스터 교환 반응이 일어나 면실유의 성질의 변화를 가져와 반고체(semi-solid)의 기름으로 된다.

$$\text{면실유 (액체)} \xrightarrow[\text{가열}]{} \text{무작위 분포상태가 된 반고체의 면실유 (randomly rearranged semi-solid oil)}$$

이 반고체 면실유는 수소첨가(hydrogenation)를 하지 않고도 면실유에 수소첨가를 하여 그 융점(melting point)을 높인 것과 같은 효과를 가져온 셈이 되며, 따라서 그대로 쇼트닝(shortening)으로 사용될 수 있다.

한편 산더어스(Sanders, J. H., 1959)에 의하면, 쇼트닝(shortening)으로 사용되는 돼지기름에서 볼 수 있는 반투명성(transluscence)은 팔미틴산, 스테아린산과 한 개의 불포화지방산으로 구성된 트리아실글리세롤, 즉 UPS(U=unsaturated, P=palmitic, S=stearic acid residue)의 함량과 밀접한 관련이 있다고 한다.

산더어스에 의하면, 이 돼지기름을 에스터 교환시키면, 그 속의 지방산기(fatty acyl group)의 분포는 무작위적 분포(random distribution)를 하게 되어 돼지기름 속의 UPS 함량은 급속하게 감소된다고 한다. 따라서 전체적으로 볼 때, 원래의 돼지기름보다 고체 성분의 함량이 적은, 즉 연한 기름이 형성된다고 한다(그림 12-4 참조).

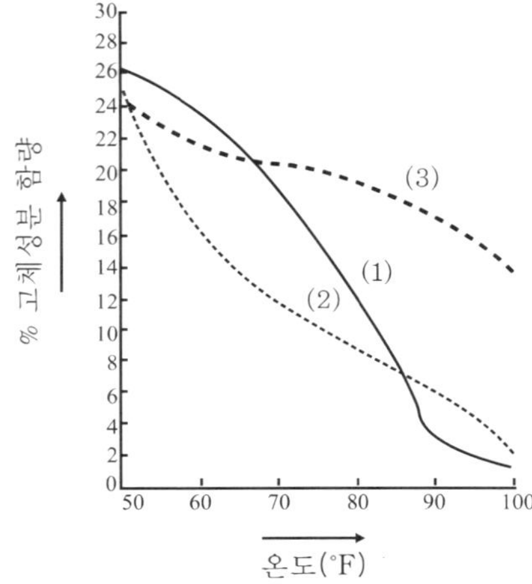

[그림 12-4] 분자간 에스터화 반응(interesterification)에 의한 변화 : 고체 성분 함량과 온도 사이의 관계에 변화가 일어남
Sanders, J. H., 1959, *Food Technol.*, 13, 41.

원래의 돼지기름은 그 기름을 융점에서, 다시 말해서 일부가 녹기 시작한 상태로 유지하면서 에스터 교환시키면 융점이 높은 UPS는 결정(crystals)으로서 반응 시스템에서 제거되므로 반응 평형(reaction equilibrium)은 UPS를 더 많이 형성하는 방향으로 이동하며, UPS 함량이 큰, 따라서 동일 온도에서 고체 성분이 더 많은, 더 단단한 돼지기름을 얻게 된다고 한다.

이와 같이 해서 얻은 돼지기름은 지향성(指向性) 분자간 에스터 교환(directed interesterification)된 유지라고 부르며, 단순한 분자간 에스터화, 즉 에스터 교환시킨 유지와 구별하여 준다.

조제 유지류 또는 지방질류 임들(Lim, K. H. and Kim, M. A., 1993)은 시판중인 라아드(lard)의 일부에 28% CH_3ONa 메탄올 용액(28% sodium ethoxide solution of methanol)을 0.5%의 비율로 첨가한 후, 85℃에서 30분간 분자간 에스터 교환 반응(interesterification)을 통해서 무작위화(randomization) 처리한 후, 용매를 추출, 제거 후 다시 탈색, 탈취 과정을 거쳐 정제하였다.

그리고 원래의 라아드(lard)와 무작위화한 라아드(randomized, 즉 interesterifiedlard)들의 5℃에서 50℃ 사이에서 고체 지방 함량 비율(solid fat index, SFI)의 변화, 조밀도(consistency), 크림 형성 능력(creaming power), 크림의 성질, 크림에 대한 관능검사, 이상의 유지들의 지방산 조성, 트리아실글리세롤의 조성 등을 조사하였다.

그 결과 무작위 라아드의 고체 지방 함량 비율(SFI)의 변화 폭은 33~16℃로 시판 라아드의 30~16℃보다 다소 변화 폭은 컸으나, SFC의 변화는 더 원활했으며, 온도 상승에 따른 조밀도의 변화도 완만했다고 한다. 형성된 크림은 원래의 라아드보다 점성(viscosity)과 굳기(firmness)에서 더 우수했으나, 조직감(texture feeling), 광택(polish), 용해도(solubility)에서 다소 떨어졌다고 한다.

한편, 자연 라아드의 경우, 그 트리아실글리세롤의 26%는 SPU(stearic-palmitic-monounsaturated)로 되어 있었으나, 무작위화한 라아드의 경우 3.4%로 격감했었다고 한다. 또한 라아드의 구성 트리아실글리세롤(TAG)로서 결정 성장(結晶成長)을 촉진하며, 크림 형성 능력을 저하시키는 S_2U(stearic-stearic-monounsaturated)의 함량은 무작위화 이전과 거의 동일했었다고 보고하고 있다.

한편 하오만(Hauman, B. F., 1994)에 의하면, 에스터 교환 반응에 의해서 형성된 반고체 지방

(semi-solid fats)들은 수소첨가(hydrogenation)에 의해서 얻은 반고체 지방들의 경우와 달리, 트란스 산들(trans acids)의 함량이 거의 0 이었다고 한다. 하오만(Hauman)은 이런 이유 때문에 30%의 팜유(palm oil), 30%의 팜스테아린(palm stearin), 40%의 팜씨 기름(palm seed oil) 등을 혼합, 무작위화(randomization, 즉 interesterification)해서 트란스 산들의 함량이 0인 무작위화된 기름 27.5%, 고도불포화 지방산들(polyunsaturated fatty acids, PUFAs)의 함량이 큰 식물유 72.5%를 혼합(blending)하여 원하는 고체 지방 지수(solid fat index)를 가지고 트란스 산이 없는 기름이 독일에서 특허(patent) 받은 사례를 소개하고 있다. 이 사례는 곧 설명하게 될 조제(調製) 유지류 또는 지방질류(structured lipids 또는 tailor-made fats and oils or lipids) 등의 하나의 예로 볼 수 있다.

조제 유지류와 라이페이스류 1990년대에 들어서 종래 식물성 식용유들(edible plant oils)의 주원료인 각종 두류(豆類)에 존재하는 트리아실글리세롤들(TAGs)의 가수분해를 촉진하여 식용 유지류의 수율(收率)을 낮추고, 유리 지방산들을 생산하여 식용 유지류의 정제(refining)를 어렵게 했던 효소 라이페이스들(lipases, 제14장 p. 803 참조)이 트리아실글리세롤류의 가수분해 과정에서 매우 다양한 선택성(specificity)을 가진 사실들이 계속 알려짐에 따라, 전술한 조제 유지류 또는 지방질들의 제조에 사용되기 시작하였다.

퀸란과 무어들(Quinlan, P. and Moore, S., 1993)은 "라이페이스류에 의한 트리아실글리세롤류의 특성 변경(Modification of triacylglycerols by lipases)"이라는 논문에서, sn-1, 3 위치들에 선택적으로 작용하는 라이페이스들(sn-1,3-specific lipases)의 반응 양식을 소개하고, 실제로 산업적으로 사용할 때의 공정의 설계(process design), 반응 조절 과정(process control), 일관 작업 공정(downstream processing) 등을 설명하였다. 그 응용 예로서 포화지방산들, 특히 탄소 수 16개 이상의 포화지방산들이 sn-1, 3 위치에 있을 때, 인체에 잘 흡수되지 않으나 sn-2에 동일 지방산들이 존재할 때는 우유처럼 유아들도 쉽게 소화시킬 수 있다는 점을 이용하여, 트리팔미틴(tripalmitin, palmitic acid, C_{16})에 불포화지방산들을 라이페이스 존재 하에 반응시켜서(acidolysis), 모유의 조성(human milks composition)과 유사하고 소화성(消化性)이 매우 좋은 조제(調製) 유지(structured lipids)들을 순 식물성 원료들에서 만든 실례를 소개하고 있다.

이들은 종전의 조제 유지류(structured lipid)를 만드는 방법들과 라이페이스들을 이용한 방법들을 비교할 때, 라이페이스들의 특이한 선택성을 이용한 후자의 방법이 무작위화를 바탕으로 하는 전자의 경우보다 더 다양한 조제 유지류의 생산이 가능하며, 제조 과정 중의 조정(調整, control) 범위가 훨씬 다양하고 넓다는 점이 있다고 설명하고 있다.

조제 유지류에 사용될 수 있는 라이페이스류의 선택 라이페이스류(lipases, E. C. 3. 1. 1. 3.)는 주로 아실글리세롤류(acylglycerols), 즉 글리세롤의 지방산 에스터들의 가수분해(hydrolysis) 또는 그 역반응(reverse reaction)에 촉매 작용을 하는 효소들로서 식물체, 동물체, 각종 미생물체 등에 널리 분포되고 있다.

동물체의 경우, 췌장에서 분비되는 췌장 라이페이스류(pancreatic lipases) 이외에도 설측(舌側) 조직(lingual tissues), 인두(咽頭) 조직(pharygeal tissues) 등에서 분비되는 라이페이스류 그리고 위(胃) 라이페이스류(gastric lipases) 등이 알려져 있다. 식물체와 특히 미생물체들에서 얻어지는 라이페이스들 중에는 특이한 선택성(specificity)을 가진 것이 많이 발견되어 왔다.

빌레뉴브들(Villeneuve, P. and Foglia, T. A., 1997)은 "라이페이스의 선택성들(lipase specificities)"이란 논문에서, 라이페이스류의 출처와 그 선택성에 대해서 다음과 같이 분류하여 설명하고 있다. 즉 표 12-9에 수록된 것처럼

1. 기질에 대한 선택성(substrate specificities)에 따라 각각 모노아실글리세롤들(monoacylglycerols), 모노아실글리세롤과 다이아실글리세롤들(mono-and diacylglycerols)에, 그리고 트리아실글리세롤들(triacylglycerols)에만 작용하는 라이페이스들,
2. 특정 위치에 대한 선택성(regiospecificities)에 따라, sn-1과 sn-3 위치를 선택하는 라이페이스들(1,3-regioselective lipases)과 sn-2 위치만 선택하는 것들(sn-2-egioselective lipases),
3. 기질로 사용되는 지방산기에 대한 선택성(fatty acylspecificities)에 따라, 각각 단쇄 지방산들(short-chain fatty acyl), 시스-9-불포화지방산들(cis-9-unsaturated fatty acids), 장쇄 불포화지방산들(long-chain-unsaturated fatty acids)에만 작용하는 라이페이스들,
4. 특정 입체 구조에 대한 선택성(stereospecificities)에 따라, 각각 sn-1 입체 구조 선택성(sn-1 stereospecific)과 sn-3 입체 구조 선택성(sn-3 stereospecific)만을 가진 라이페이스들로 분류하고, 끝으로
5. 전혀 선택성을 갖고 있지 않은 라이페이스들(nonspecific lipases)로 분류되는 라이페이스류들을 들고 있다.

표 12-9 라이페이스류의 분류와 이들의 성택성에 대한 일부 예들

Specificity	Lipases의 출처	References[1)]
Substrate specific		1
Monoacylglycerols	Rat adipose tissees	19
Mono-and diacylglycerols	*Penicillium camenbertii*	18
Triacylglycerols	*Penicillium sp.*	20
Regiospecific		
1,3-Regioselective	*Aspergillus niger*	22
	Rhyzopus arrhizus	21
	Muco miehei	59
sn-2-Regioselective	*Candida antarctica*	23
Nonspecific		
	Penicillium expansum	24
	Aspergillus sp	25
	Pseudomonas cepacia	35
Fatty acyl specific		
Short-chain fatty acid(FA)	*Penicillium rogueforli*	27
	Premature infant gastric	28
cis-9 Unsaturated FA	*Geotricum candidum*	26
Long-chain unsaturated FA	*Botrytis cinera*	30
Stereospecific		
sn-1 Stereospecific	*Humicola lanuginosa*	23
	Pseudomonus aeruginosa	23
sn-3 Stereospecific	*Fusarium solani cutinase*	23
	Rabbit gastric	50

Source: Villeneuve, P. and Foglia, T. A., 1997

1) Reference의 번호는 위 저자들 논문 중의 참고문헌들의 번호임.

특이한 선택성을 가진 라이페이스들은 거의 전부가 미생물들에서 분리, 추출되고 있으며, 그 외로는 쥐의 지방 조직(rat adipose tissues)에서 분리한 기질 선택성(substrate specificity)인 라이페이스들, 조산아(早産兒)의 위에서 발견된 라이페이스들(premature infant gastric lipases)로서 기질로 사용되는 지방산기들의 종류에 선택성(fattyacyl specificities)을 가진 라이페이스들, 그리고 집토끼의 위(rabbit gastric)에서 발견된 입체 구조에 대한 선택성(stereospecificity)을 가진 라이페이스들이 표 12-9에 수록되어 있다.

실제로 우리에게 잘 알려져 있는, 이미 본문 여러 곳에서 설명한 인체 내 췌장에서 분비되는 췌장 라이페이스들(pancreatic lipases)과 각종 두류(豆類)에서 얻어지는 라이페이스류의 대부분은 sn-1,3 위치를 선택하는 라이페이스들(1,3-Fregioselective lipases)이다.

한편, 간디(Gandhi, N. N., 1997)는 "라이페이스의 응용 예들(Applications of Lipase)"이라는 220여 편의 문헌을 수록한 레뷰(a review)에서, 라이페이스들은 다른 효소들과 비교할 수 없을 정도의 광범위한 기질 선택성(substrate specificity)을 갖고 있어서, 거의 무한한 응용에 관한 잠재력(applications potential that is literally boundless)을 갖고 있다고 설명하고 있다.

라이페이스류의 응용 범위는 조제 유지류(structured lipids)뿐만 아니라, 의약품류(pharmaceuticals), 화장품류(cosmetics), 피혁 제품류(leather), 세척제류(detergents), 향료류(perfumery), 진단 또는 진료용 의약품류(medical diagnostic)와 기타의 유기 합성 재료류(organic synthesis materials) 등의 생산에 이용할 수 있을 정도로 넓다고 설명하고 있다.

간디는 또한 라이페이스류들이 참여하는 반응들의 유형을 가수분해(hydrolysis)와 합성(synthesis)의 두 그룹들로 분류하여, 주로 유지류의 가수분해에 관련된 기본 반응식들과 조제 유지 제품류(taylor-made fat and oil products)의 합성과 관련된 기본 반응식들을 다음과 같이 제시하고 있다.

I. 가수분해(hydrolysis)

$$RCOOR' + H_2O \rightleftharpoons RCOOH + R'OH \quad (1)$$

II. 합성(synthesis)

1. 에스터화(esterification)

$$RCOOH + R'OH \rightleftharpoons RCOOR' + H_2O \quad (2)$$

2. 분자간 에스터 교환(interesterification)

$$RCOOR' + R''COOR''' \rightleftharpoons RCOOR''' + R''COOR' \quad (3)$$

3. 알콜리시스(alcoholysis)

$$RCOOR' + R''OH \rightleftharpoons RCOOR'' + R'OH \quad (4)$$

4. 아시돌리시스(acidolysis)

$$RCOOR' + R''COOR' \rightleftharpoons R''COOR' + RCOOH \quad (5)$$

식용 유지류의 분해나 합성에서, 종래의 공업적인 방법, 즉 더 물리적, 화학적인 방법들에 비해서, 라이페이스들을 이용하는 방법들이 더 온화한 조건들로 더 효율적으로 반응을 진행시킬 수 있으며, 또한 그 단계적인 과정의 콘트롤(control) 즉, 조정, 관리 등도 더 정밀하게 조절할 수 있는 사실에 대해서는 이미 언급한 바 있다.

간디(Gandhi, N. N., 1997)도 올리브유(olive oil)나 코코넛 야자유(coconut oil)를 무기산(mineral acid)으로 글리세롤과 지방산들로 가수분해할 때, 3000~5000kN/m^2(=0.1 Newton/cm^2=0.145 p.s.i =0.00987 atm)의 압력 하에 250℃ 이상의 온도가 보통 사용되며, 2시간 후 96~98%의 유지류가 분해된다고 한다. 이 경우 고온에 의한 부반응들(side reaction), 공급 에너지의 비용, 부식성 산들(corrsive acids)의 처리 등 많은 문제들이 수반된다. 라이페이스를 이용한 가수분해의 경우, 상압(常壓) 및 40~60℃의 온도에서, 더 좋은 색깔과 향기, 그리고 순도가 더 좋은 지방산들과 글리세롤을 얻을 수 있다고 한다. 그리고 여러 가지의 부수적이고 경제적인 절약도 가능하다고 한다.

한편 조제 유지류(structured lipids)와 라이페이스류의 이용에 관한 더 전문화된 기본적인 논의에 대해서는, 아코오와 민(Akoh, C. C. and Min, D. B., 1998)이 편집한 전문서 "식품 지방질들(Food Lipids)"의 제23장 지방질의 생명공학(Lipid Biotechnology by Weete, J. D., 1998), 제24장 미생물들의 라이페이스들(Microbial Lipids by Weete, J. D., 1998), 제25장 효소를 이용한 분자간 에스터 교환반응(Enzymatic Interesterification by Willis, W. M. and Marangoni, A. G., 1998), 제26장 조제(調製) 지방질 및 유지류(Structured Lipids by Akoh, C. C., 1998) 등을 우선 참고하여 주기 바란다.

식품에 사용되는 합성 지방산 유도체들

모노아실글리세롤 한 유지, 즉 트리아실글리세롤류의 혼합물에 그 양의 2배에서 3배 정도의 과잉(excess) 글리세롤(glycerol)을 가하여 분자간 에스터화(interesterification)시킬 때는 트리아실글리세롤 중의 일부 지방산기(fatty acyl group)는 글리세롤 분자와 새로 에스터 결합을 형성하게 되며, 그 결과 모노, 다이, 트리아실글리세롤들(mono, di, triacylglycerols)의 혼합물이 형성된다.

이 혼합물 중의 모노아실글리세롤(monoacylglycerol)의 함량은 보통 40%를 넘지 않는다. 이 혼합물은 보통 시중에서 「모노글리세라이드」의 이름으로 판매되고 있으며, 그대로도 식용 유화제(食用 乳化劑, food emulsifier)로서 인조 버터, 즉 마가린(margarine)이나 아이스크림 등에 사용될 뿐만 아니라, 쇼트닝(shortening)에 혼합되어 빵, 케이크류(bakery products) 등의 제조 시에도 사용된다.

한편 순수한 모노글리세라이드, 즉 모노아실글리세롤은 이상의 혼합물을 분자 증류(molecular distillation)함으로써 비교적 용이하게 얻을 수 있다.

표 12-10은 이상의 에스터 교환 반응(ester interchange)의 결과 얻어진 모노, 다이, 트리아실글리세롤들의 혼합물을 분자 증류할 때, 각 온도 및 압력 아래에서 증류되는 성분들의 전체 혼합물에 대한 비율, 그리고 각 증류 성분 중의 모노아실글리세롤의 퍼센트 비율을 보여주고 있다.

예로서 압력 0.04mmHg 이하에서, 148 내지 153℃의 온도에서 증류되는 유출분(溜出分)의 전체량에 대한 비율은 10.0%이며, 이 유출 성분 중의 모노아실글리세롤의 함량은 97% 가량이 된다.

가공식품 제조시 사용되는 이 모노아실글리세롤은 여러 가지 유용한 작용을 한다. 예로서 빵 제조시에 사용되는 쇼트닝(shortening)에 소량의 모노아실글리세롤을 첨가, 혼합하여 줌으로써, 빵 부피의 증가(volume increase)를 크게 도울 수 있다.

한편 보일(Boyle, E., 1997)은 모노글리세라이드 또는 모노아실글리세롤은 유지류, 즉 트리아실글리세롤들의 혼합물에 글리세롤을 가한 후 180~220℃의 비교적 고온에서 무기 촉매(inorganic catalyst) 존재 하에 가열하면 열과 촉매의 작용에 의해서 글리세롤리시스(glycerolysis)로 볼 수 있는 아실기의 이동(즉 transesterification)에 의해서 모노-및 다이아실글리세롤들과 반응하지 않던 트리아실글리세롤류, 그리고 모노, 다이아실글리세롤들의 재합성(resynthesis)에 의해서 형성된 트리아실글리세롤 등이 형성된다고 한다.

표 12-10 분자간 에스터 교환 반응의 결과 얻어진 모노, 다이, 트리아실글리세롤들(mono, di, tri-acylglycerols)의 혼합물의 분자 증류 성분

증류구분	온도(℃) (temperature)	압력(mmHg) (pressure)	유출량(%) (distillate)	유출분 중의 모노아실글리세롤 (monoacylglycerol)의 함량 %
1	80~140	0.0018	5.2	67
2	140~142	0.0016	4.8	84
3	142~148	0.011	9.2	93
4	148~153	0.04	10.0	97
5	153~168	0.04	9.9	94
6	168~200	0.04	10.0	23
7	200~206	0.04	9.9	12
잔사(residue)	-	-	39.6	1
합　계	-	-	98.6	41

小森三郎, 1965. "새로운 油脂化學技術," p.94, 朝倉書店, 東京

정제하기 전의 반응 생성물들에는 다이글리세라이드류의 함량도 많기 때문에 시중에서 가끔 모노-다이글리세라이드류(mono-diglycerides)라고도 불려 왔으며, 한편 분자 증류법(molecular distillation method)으로 정제한 증류된 모노글리세라이드는 다이- 또는 트리글리세라이드들의 함량이 극히 적으므로 증류된 모노글세라이드류(distilled monoglycerides)로 불려 왔다고 한다.

한편, 이상의 모노-다이글리세라이드류와 증류, 정제된 모노글리세라이드류의 구성성분들의 비율들은 각각 다음과 같다고 한다. 즉 모노-다이글리세라이드류의 경우 1(3)-모노글리세라이드 30~37%, 2-모노글리세라이드 2~8%, 다이글리세라이드 42%, 트리글리세라이드 12%였으며, 그 반면에 분자 증류법으로 정제한 증류된 모노글리세라이드의 경우, 1(3)-모노글리세라이드 80.4~90%, 2-모노글리세라이드 4.7~17.0%, 다이글리세라이드 3.6%, 트리글리세라이드 0.7%였다는 연구 결과를 들고 있다. 1(3)-모노글리세라이드, 즉 1(3)-모노아실글리세롤들과 함께 형성되는 2-모노아실글리세롤들은 1(3)-모노아실글리세롤들과의 상호전환반응(interconversion)을 통해서 항상 소량이나마 함께 존재하며, 반응 온도가 높아짐에 따라 그 비율은 조금씩 증가한다고 한다.

라이페이스들을 이용한 모노아실글리세롤의 생산에서, 트리아실글리세롤들과 글리세롤 사이의 아실기의 이동(transesterification or glycerolysis) 또는 지방산과 글리세롤의 에스터화(esterification)의 방법들을 모두 사용할 수 있다고 한다.

또한 보일(Boyle, E., 1997)에 의하면, 모노아실글리세롤들은 소위 액정(液晶, liquid crystals)의 형태로 존재한다고 한다. 즉 모노아실글리세롤의 α- 또는 β- 결정들을 서서히 가열하면, 각각 일정한 온도에서 용융해서 첫 단계에서는 백탁(白濁)된 점조(粘凋)한 액체가 된 후, 계속 가열하여 온도를 높이면, 등방성(等方性, isotropic)인 일반적인 액체가 된다.

한편, 바로 위에서와 같이 초기(初期)에 일어난 백탁된, 점조한 액체, 즉 중간상(中間相)에서는 광학적인 이방성(異方性, anisotropicity)이 인정되며, 유리 전이점(glass transition temperature, Tg)에서 분자 배열이 풀어지고, 융점(melting point)에서 분자배향(分子配向)이 없어지는 형태를 액정(liquid crystals)이라고 부른다.

보일(Boyle, E., 1997)은 모노아실글리세롤들의 경우, 이상의 중간상(mesophases)에서는 앞에서 말한 α-결정의 젤상(α-crystalline gel phase), 즉 액정상태와 라메라 구조(lamella structure)를 가진 상(相,

phase)이 케이크나 빵 케이크류(cake and batter)의 만족스러운 부피 증가 효과를 준다고 한다.

즉 장쇄 포화지방산들(long chain saturated fatty acids)로 구성된 모노아실글리세롤들은 액정 젤 중간체(in the liquid crystalline gel mesophases)의 형태일 때, 빵, 케이크류의 반죽 내 전분 분자들과 가장 효과적으로 복합체를 형성할 수 있다고 한다.

또한 거품이 많이 나는 크림(whipping cream)의 경우처럼 거품을 많이 만들(aeration) 필요가 있을 때도, 이상의 목적으로 사용되는 모노아실글리세롤은 액정 젤의 상태(crystalline gel mesophase state)에 있어야 한다고 한다.

한편 보일(Boyle, E., 1997)은 조제(調製) 유지류(structured lipids)로서 sn-2-모노아실글리세롤의 형태로 된 아이코사펜타에노인산(eicosapentaenoic acid, EPA) 또는 도코사헥사에노인산(docosahexaenoic acid, DHA)을 sn-2 위치에 도입한 모노아실글리세롤들의 개발이 고려되고 있는 사실에도 언급하고 있다.

이상의 지방산들도 유리 지방산의 형태로 사용하는 것은 여러 가지 문제들이 있는데다가 그 흡수율도 낮으며, 적합하지 않다고 한다. 모노아실글리세롤들은 일반 트리아실글리세롤들과는 다른 경로를 통해서 인체에 흡수되는데, 이 흡수, 소화 경로(pathway)의 주요 효소들은 정상적인 지방질 및 유지류 흡수를 위해서는 sn-2-모노아실글리세롤이 필요하다고 한다. 따라서 DHA나 EPA들이 함께 있어야 할 모노아실글리세롤의 형태는 1(3)-모노아실글리세롤들이 아니라 sn-2-모노아실글리세롤의 형태라야 만족스러운 체내 흡수가 기대된다고 한다.

그림 12-5에서 볼 수 있듯이 빵에 사용되는 쇼트닝에 5% 내외, 또는 그 이상의 모노글리세라이드나 정제된 순수한 모노글리세라이드, 즉 모노아실글리세롤을 첨가함으로써 모노아실글리세롤을 첨가하지 않는 쇼트닝을 그대로 사용하는 경우에 비해서, 빵의 부피를 12~15% 가량 증가시킬 수 있다고 한다. 이 빵의 부피 증가율(%)과 빵 제조시에 사용된 쇼트닝 중의 모노아실글리세롤의 % 함량은 모노아실글리세롤 함량 7% 미만의 경우에는 거의 비례 관계를 갖는다고 한다.

모노아실글리세롤류도 유지(fats and oils) 또는 지방산들(fatty acids)과 마찬가지로 동질이상 현상(同質異像 現像), 즉 폴리모오피즘(polymorphism)을 보여주며, 무정형 이외에 α, β', β의 세 가지의 결정 형태로 존재한다(표 12-11과 제13장 참조 또한 표 12 - 11중의 모노글리세라이드는 모노아실글리세롤을 뜻한다.).

모노아실글리세롤의 β-형은 친수성(hydrophilic properties)이 약하며, 물에 분산(disperse)되기 어렵기 때문에, 계면활성제(界面活性劑, surface active agents)로서는 가치가 적은 반면에, α-형은 친수성이 있고 물에 잘 분산되며 빵, 케이크류, 분말 과즙 등의 첨가 유화제로서 특히 효과적인 사실에 대해서는 이미 설명한 바 있다.

표 12-11 일부 모노아실글리세롤들(monoacylglycerol)의 α-, β'- 및 β-형의 결정의 융점들(melting point)

모노글리세라이드의 종류	융점(melting points) (℃)		
	α-형	β'-형	β-형
팔미탄산(palmitic acid>의 모노글리세라이드	66.5	74	77
스테아린산(stearic acid)의 모노글리세라이드	74	79	81

小森三郎. 1965. "새로운 油脂化學技術," p.95, 朝倉書店, 東京.

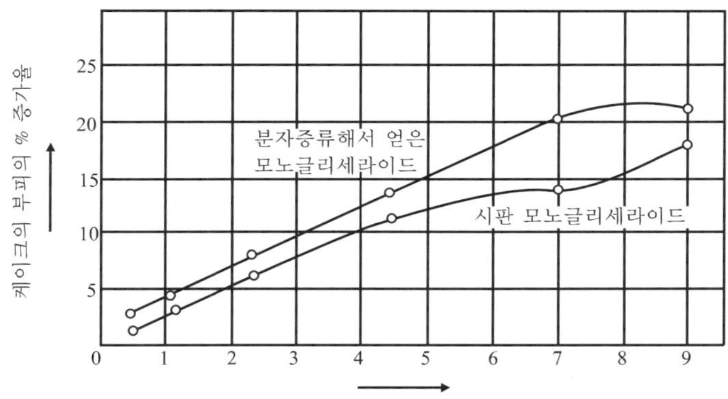

[그림 12-5] 케이크 제조시에 사용되는 쇼트닝에 첨가된 시판 모노아실글리세롤의 양과 제품 케이크의 부피 사이의 관계를 표시한 그림.
小森三郎, 1965. "새로운 油脂化學技術." p.94, 朝倉書店, 東京.

α-형은 용융된 모노아실글리세롤을 급랭하여 얻을 수 있으나, β-형은 그 용액을 서서히 냉각하여 결정화(crystallize)시킴으로써 얻어질 수 있다.

α-형과 β-형을 볼 때 β-형이 더 안정하며, 따라서 α-형은 서서히 β-형으로 변화하여 가며, 계면활성제로서의 효과는 점차로 감소된다고 한다.

한편, 스테아린산의 모노아실글리세롤과 1,2-프로필렌 글라이콜(1,2-propylene glycol)의 스테아린산의 모노에스터(monoester)의 1 : 1의 혼합물에서는 모노아실글리세롤은 α-형에서 β-형으로 쉽게 이성화(異性化)하지 않기 때문에 계면활성제로서 특히 잘 사용된다고 한다.

계면활성제 두 액체가 혼합될 때, 두 액체가 동일 종류가 아닌 경우에는 계면(界面, interface 또는 surface)을 형성하게 되고 장력(張力, tension)이 형성된다. 즉 계면 자유 에너지(surface free energy)가 작용하게 된다. 이와 같이 계면에 작용하게 되는 계면 자유 에너지 W는 다음 식에 의해서 표시된다.

$$W = r \cdot \Delta A$$

여기서 r은 계면장력(interfacial 또는 surface tension, 단위 : dyne/cm)이며, ΔA는 계면 면적의 증가(increase in the interface 또는 surface area, 단위 : cm^2)이다. (표 12-12 참조).

표 12-12 혼합액체에서의 계면장력(surface tension, unit: dyne/cm)

물/사염화탄소(CCl4)	45.0	물/ 옥틸알콜(octyl alcohol)	8.5
물/벤젠(benzene)	35.0	물/카프릴린산(caprylic acid)	8.2
물/클로로포름(chlroform)	32.8	물/올리브유(olive oil)	22.9
물/올레인산(oleic acid)	15.6	물/물	0

이 혼합 액체들의 체계(system)는 열역학적으로는 계면자유에너지가 감소하는 방향이 바로 체계가 안정화되는 방향이 된다. 계면활성제들(surface active agents)은 이와 같은 계면 자유 에너지 또는 계면장력을 크게 감소시켜 줌으로써, 이상의 혼합 액체 체계를 안정화시켜 주는 물질들이라고 할

수 있다. 이 계면활성제들은 그 작용 또는 용도에 따라서 유화제(emulsifiers), 침윤제(浸潤劑, wetting agents), 청정제(淸淨劑, detergents)들 등으로 불리고 있다.

계면활성제는 일반적으로 그 분자 내에 친수성 그룹(hydrophilic groups)이나 친유성 그룹(lipophilic groups), 또는 두 가지를 함께 갖고 있으나, 분자 전체로서도 친수성이나 친유성으로 기울어지는 경향이 있다.

이와 같은 계면활성제들의 친수성과 친유성의 균형 척도로서 그리핀(Griffin, W. C., 1949)은 HLB(hydrophilic-lipophilic-balance)를 고안했었다. 즉, HLB가 0~10인 계면활성제는 친유성이고, 반면에 10~18인 경우에는 친수성이다. 예로서 HLB 9~12의 계면활성제들은 O/W형의 에멀전(emulsion)에 대한 계면활성제, 즉 유화제(emulsifier)로서 적합하며, HLB 3~6의 계면활성제들은 W/O형의 에멀전에 대한 유화제로서 적합하다.

아세틸화 모노 및 다이아실글리세롤류 근래에 와서 종전에는 아세틸모노글리세라이드류(acetylmonoglycerides)로 널리 알려졌던 아세틸화 모노 및 다이아실글리세롤류(acetylated mono- and diacylglycerols, acetem)가 인체에 전혀 무해(harmless)한 유화제로써 뿐만 아니라, 피복제(被覆劑) 또는 피막제(被膜劑, coating agents)로서도 널리 사용되기 시작하고 있다.

이 아세틸화 모노 및 다이아실글리세롤류는 고급지방산과 초산(acetic acid)의 혼합 트리아실글리세롤류(mixed triacylglycerols)로서 보통 한 개의 지방산과 두 개의 초산기가 글리세롤기(glycerol residue)에 들어 있다.

그러나 부분적으로 아세틸화된 모노글리세롤류(partially acetylated monoglycerols)의 경우에는 한 개의 고급지방산과 0~2개까지의 초산기(acetyl group)가 존재하는 각종의 아세틸화된 아실글리세롤의 혼합물들이 된다. 한편 모노아실글리세롤류(monoacylglycerols)를 생산하는 과정에서 함께 형성된 다이아실글리세롤류(diacylglycerols)를 제거하지 않고 그대로 아세틸화(acetylation)할 때는 두 개의 고급지방산들과 한 개의 아세틸기(acetyl group)로 구성된 아세틸화된 다이아실글리세롤류(acetylated diacylglycerols)가 함께 형성된다.

식품들을 위한 유화제(food emulsifier)로 사용할 때는 소량의 아세틸화된 다이아실글리세롤류(acetylated diacylglycerols)의 존재는 별 문제가 되지 않으므로 그대로 사용하는 것이 통례이다(그림 12-6 참조).

만일 순도가 높은 모노아실글리세롤, 즉 모노글리세라이드의 미결합(未結合) 상태의 모든 수산기(-OH)의 반이 아세틸화되어 있을 때는 50% 아세틸 모노글리세라이드, 70%의 수산기가 아세틸화되어 있을 경우에는 70% 아세틸 모노글리세라이드라고 불려진다. 이 아세틸화 모노글리세라이드류, 즉 아세틸화 모노아실글리세롤류는 해당하는 모노아실글리세롤류와는 달리 특이하게 안정된 α-결정형(α-crystalline form)을 가지고 있으며, 실온에서도 수년간이나 그 결정 형태를 유지한다고 한다. 즉 장기 저장에 대해서 특출한 안정성을 가지고 있다.

또 하나의 매우 중요한 특성은 이 아세틸화된 모노아실글리세롤류는 엷은, 투명하고 가소성(plasticity)을 가진 유연한 피막(thin, transparent, flexible films)을 형성하며, 그 유연성은 -30℃까지 상실되지 않는다는 점이다.

이 얇은 피막의 수증기 투과성은 셀룰로오스 아세테이트(cellulose acetate)보다 적으며, 폴리스타이렌(polystyrene), 에틸셀룰로오스(ethylcellulose) 등보다 약간 크다. 한편, 탄산가스에 대한 투과성은 에틸셀룰로오스보다는 적으며, 폴리에틸렌(polyethylene), 폴리스타이렌(polystyrene)과 비슷하다고 한다. 산소에 대한 투과성은 폴리에틸렌, 폴리비닐클로라이드(polyvinyl chloride, PVC), 폴리프로필렌(polypropylene)보다 적다고 한다.

$$\begin{array}{l} CH_2-COOR_1 \\ | \\ CH-COOR_2 \\ | \\ CH_2-COOR_3 \end{array} + 3CH_3OH \underset{\text{촉매}}{\rightleftharpoons} \begin{array}{l} CH_2-OH \\ | \\ CH-OH \\ | \\ CH_2-OH \end{array} + \begin{array}{l} R_1COOCH_3 \\ R_2COOCH_3 \\ R_3COOCH_3 \end{array}$$

[그림 12-6] 특별하게 정제하지 않고 만든 모노아실글리세롤류(즉 다이아실글리세롤류도 소량 함유한)를 아세틸화하였을 때 형성되는 아세틸화 모노아실글리세롤류(acetylated monoacylglycerols)의 예(I, II)와 아세틸화 다이아실글리세롤류(acetylated diacylglycerols)의 예(III). 결국 위의 부분적으로 정제한 모노아실글리세롤류의 아세틸화는 아세틸화된 모노 및 다이아실글리세롤류(acetylated mono- and diacylglycerols)의 혼합물로 볼 수 있다. 여기서 $C_{17}H_{35}CO-$ 스테아로일 기(stearoyl group), CH_3CO- 아세토일 기(acetoyl group)임.

이상의 아세틸화된 모노아실글리세롤류나 아세틸화된 모노 및 다이아실글리세롤류는 모노아실글리세롤류를 무수초산(acetic anhydride)으로 직접 아세틸화(acetylation)하거나, 트리아실글리세롤류(TAGs, 즉 TGs)와 트리아세틴(triacetin)을 에스터 교환 반응시켜서 만들 수 있다고 한다.

지방산과 젖산의 에스터 지방산(fatty acid)과 젖산(lactic acid)의 에스터 등에는 여러 가지 종류가 있으며, 식품 유화제(food emulsifiers)로서 널리 사용되고 있다.

예로서 젖산(lactic acid)과 지방산들, 또는 지방산 아실 클로라이드(fatty acyl chloride)들, 한 예로서 스테아로일 클로라이드(stearoyl chloride)를 혼합하여 반응시켜서 얻어지는 2-스테아로일 젖산(2-stearoyl lactic acid), 또는 이와 유사한 젖산 유도체들의 칼슘염들은 흡습성이 없는 안정(安定)된 분말상의 화합물들로 식품 유화제들로서 사용되고 있다고 한다(그림 12-7의 상단 참조).

한편 스테아린산이나 팔미틴산과 같은 지방산들과 젖산(lactic acid) 및 글리세롤(glycerol)을 함께 가열하여 반응시키면, 글리세롤 락토팔미테이트(glycerol lactopalmitate), 글리세롤 락토스테아레이트(glycerol lactostearate)와 같은 에스터가 형성되는데, 이들도 유화제로서 식품에 널리 사용되고 있다(그림 12-7의 하단 참조).

한편 이와 같은 글리세롤 락토 에스터류(glycerol lacto-esters of fatty acids)는 결합하는 지방산의 종류와 지방산 한 분자와 결합하느냐, 두 분자와 결합하느냐에 따라 여러 가지 종류가 가능하다. 이 글리세롤 락토 에스터류는 일반적으로 친유성 계면활성제, 즉 친유성 유화제로서 사용되나 앞에서 말한 모노글리세라이드류(monoglycerides)나 다이글리세라이드류보다는 친수성이 약간 강하다고 한다.

자당 지방산 에스터 자당(설탕, 즉 sucrose)은 그 분자 내에 여러 개의 수산기들(-OH)이 있어서 지방산들을 비롯한 여러 유기산들과 다양한 에스터들을 형성할 수 있다.

1956년 오시포브들(Osipov, L. *et al.*, 1956)에 의해서 자당(설탕) 모노지방산에 에스터류(sucrose monofatty acid ester)가 합성된 후 이와 유사한 유화제들에 대한 연구가 계속 활발하였다.

이 자당 모노지방산 에스터들은 다이메틸 폼아마이드(dimethyl formamide, DMF)에 자당 즉, 설탕과 지방산을 녹인 후, 특정한 조건 하에서 가열 반응시켜서 얻는다.

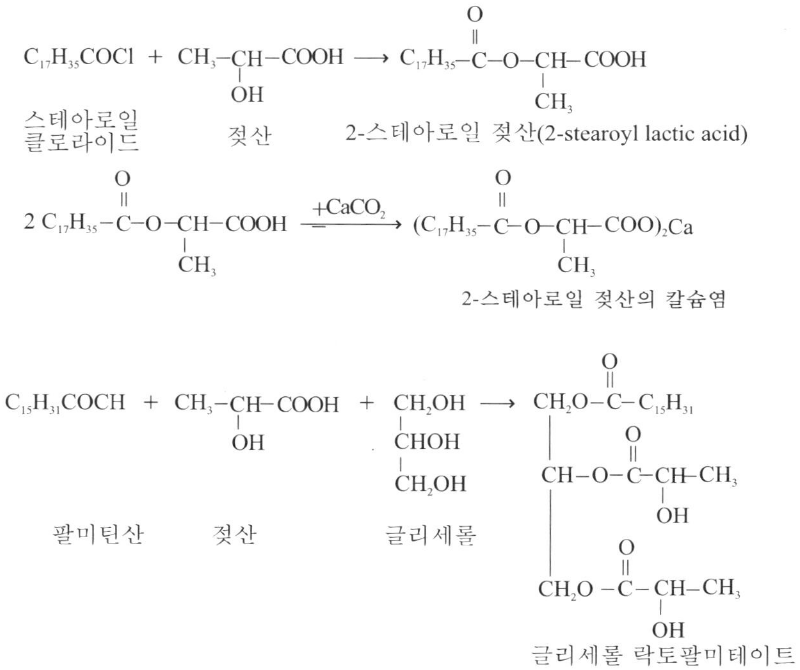

$$C_{17}H_{35}COCl + CH_3-\underset{\underset{OH}{|}}{CH}-COOH \longrightarrow C_{17}H_{35}-\overset{\overset{O}{\|}}{C}-O-\underset{\underset{CH_3}{|}}{CH}-COOH$$

스테아로일 클로라이드 / 젖산 / 2-스테아로일 젖산(2-stearoyl lactic acid)

$$2\,C_{17}H_{35}-\overset{\overset{O}{\|}}{C}-O-\underset{\underset{CH_3}{|}}{CH}-COOH \xrightarrow{+CaCO_2} (C_{17}H_{35}-\overset{\overset{O}{\|}}{C}-O-\underset{\underset{CH_3}{|}}{CH}-COO)_2Ca$$

2-스테아로일 젖산의 칼슘염

$$C_{15}H_{31}COCH + CH_3-\underset{\underset{OH}{|}}{CH}-COOH + \begin{matrix} CH_2OH \\ | \\ CHOH \\ | \\ CH_2OH \end{matrix} \longrightarrow \begin{matrix} CH_2O-\overset{\overset{O}{\|}}{C}-C_{15}H_{31} \\ | \\ CH-O-\overset{\overset{O}{\|}}{C}-\underset{\underset{OH}{|}}{CH}-CH_3 \\ | \\ CH_2O-\overset{\overset{O}{\|}}{C}-\underset{\underset{OH}{|}}{CH}-CH_3 \end{matrix}$$

팔미틴산 / 젖산 / 글리세롤 / 글리세롤 락토팔미테이트

[그림 12-7] 글리세롤 락토팔미테이트의 구조

자당 모노지방산 에스터들은 계면활성 작용(surface activity)을 갖고 있으며, HLB가 높은, 즉 친수성이 매우 강한 비이온성 계면활성제류(non-ionic surface agent)이다. 한편 설탕 모노지방산에 에스터는 무미, 무독(non-toxic)하기 때문에 주로 O/W형의 에멀전(emulsion)에 대한 식품 유화제로서 국내에서도 널리 사용되고 있다.

포도당 지방산 에스터 한편 설탕 대신에 메틸-α-D-글루코사이드(methyl-α-D-glucoside)를 사용하여 만든 메틸글루코사이드 모노지방산 에스터(methyl-α-D-glucoside monofatty acid ester)도 자당 지방산 에스터와 같이 유화제(emulsifier), 또는 수용화 촉진제(水溶化 促進劑, water solubilizing agent) 등으로 사용되고 있다.

소오비탄 지방산 에스터류 이 소오비탄 지방산 에스터, 즉 소오비탄 에스터(sorbitan ester)는 포도당을 고압하에서 환원(high pressure reduction)하여 얻은 당알콜인 소오비톨(sorbitol)과 지방산을 1 : 1의 비율로 알칼리 촉매 하에서 230~250℃로 가열 반응시켜서 얻어지는 에스터이다.

한편 소오비톨 분자 상단(上端)의 $-CH_2OH$의 탄소를 1번으로 하여 위에서부터 순서대로 번호를 매길 때, 2번 탄소의 -OH기와 6번 탄소의 -OH기에서 물 한 분자가 빠져서 -O- 결합이 형성되어 만들어진 2,6-소오비탄 에스터와 3번 탄소의 -OH와 6번 탄소의 -OH기 사이에서 탈수(脫水)되어, 형성된 3,6-소오비탄 에스터가 형성된다.

위에서 설명한 가열 반응에서는 이상의 소위 소오비탄 에스터류(sorbitan esters) 이외에도 소오비톨 부분에서 물 한 분자가 더 빠져서 형성된 소오바이트 에스터류(sorbite esters)도 함께 얻어진다(그림 12-8 참조).

한편 공업용으로 만들어진 소오비탄(sorbitan) 또는 그 지방산 에스터, 즉 소오비탄 에스터류의 경우, 탄소와 결합한 -OH의 위치를 지금까지 설명한 것과 정반대로 하면, 2,6-소오비탄 에스터는 1,5-소오비탄 에스터, 3,6-소오비탄 에스터는 1,4-소오비탄 에스터가 된다. 공업용 명칭으로는 보통 이와 같이 부른다.

이 소오비탄 에스터류로서 시중에 시판되고 있는 것에 스팬(Span) 등의 상품들이 있다. 이 소오비탄 에스터류의 HLB는 대체로 2~9, 즉 친유성이며, 따라서 물에는 분산되거나 용해되어 투명한 용액을 만들지는 않는다. 이 소오비탄 에스터류는 독성이 매우 낮기 때문에 식품 유화제로써 국내에서 사용이 허용되고 있으며, 일반적으로 W/O형 유화제로 사용되고 있다.

소오비탄 에스터의 수용성을 증가시키기 위해서 소오비탄 에스터류의 환(ring)에 있는 유리 수산기들(-OH groups)에 에틸렌 옥사이드(ethylene oxide)를 부가 반응(附加反應)시켜서 만든 계면활성제들(surface active agents, surfactants)의 하나가 시중에서 트윈(Tween) 등의 이름으로 판매되고 있다(그림 12-9 참조).

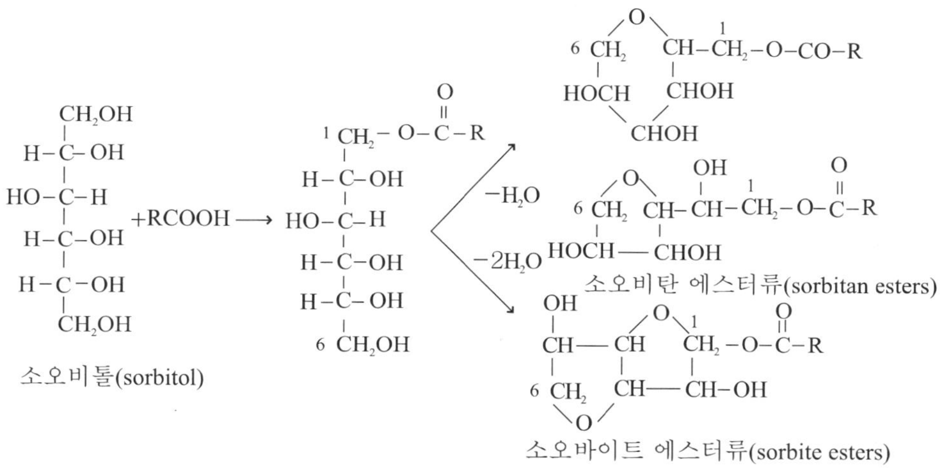

[그림 12-8] 소오비탄 에스터류(sorbitan esters)와 소오바이트 에스터류(sorbite esters).

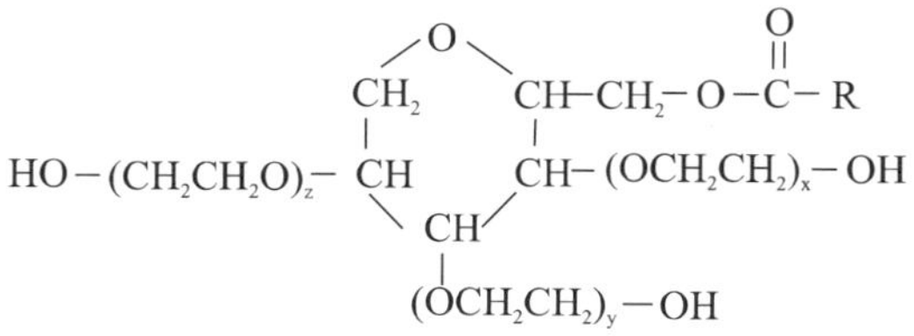

소오비탄 에스터(sorbitan ester)에 에틸렌 옥사이드(ethlylene oxide)를 부가 반응 시켜서 얻은 폴리옥시에틸렌소오비탄 에스터(polyoxyethylene sorbitan esters).

[그림 12-9] 폴리옥시에틸렌 소오비탄 에스터류(polyoxyethylene sorbitan esters)의 구조.

소오비탄 에스터 분자 중에 많은 수의 에틸렌 옥사이드 분자들이 들어간 관계로 그 HLB는 10 이상으로 친수성이 강하며, O/W형 에멀전의 유화제로 사용되고 있다.

소오비탄 에스터류는 전술한 바와 같이 우리나라를 비롯하여 미국, 영국, 일본 등에서 식품 유화제(food emulsifier)로서 그 사용이 허용되고 있다.

한편 그 에틸렌 옥사이드 부가물들(ethylene oxide addition products)도 일반적으로 독성이 크지는 않다. 그러나 극히 일부, 예로서 폴리옥시에틸렌 소오비탄-20 모노로오레이트(polyoxyethylene sorbitan-20 monolaurate) 등이 엄격한 규제 하에 식품들에 대해서 그 사용이 허용되고 있다. 한편 트윈(Tween) 등은 식품 유화제로서는 사용이 허용되고 있지 않다.

식용유지 대체품들(食用油脂 代替品, fat replacers) 근래에 와서, 각종 식용 지방질류(脂肪質類)의 소비량이 급증하고 있는 많은 나라에서는 지방질들, 특히 포화지방질들(saturated fats or lipids)의 과다 섭취(excessive intake)가 인체에 미치는 악영향들을 고려해서 1인당 하루 지방질, 즉 유지 소비량을 전체 열량 소비량(total calorie intake)의 30% 내외로 줄이도록 노력하여 왔다.

이상과 같은 목적을 위해서 사용될 수 있는 방법 중의 하나가 일반적으로 선호하는 지방질 성분들과 비슷한 기능들(functions)을 가질 뿐만 아니라, 그 맛과 느낌에서도 소비자들에게 위화감(違和感)을 주지 않으면서 그 열량이 일반 식용유지류, 즉 지방질류보다 훨씬 적은 식용유지 대체품들(fat replacers)의 개발과 응용이 연구되어 왔다.

1990년대 초부터 개발되어 온 식용유지 대체품들(fat replacers)로는 설탕의 폴리에스터인 올레스트라(olestra), 글리세롤의 프로폭실 에스터(esterified propoxylated glycerol, EPG), 메틸 글루코오스 폴리에스터(methyl glucose polyester), 즉 메틸 글루코사이드 폴리에스터(methyl glucoside polyester), 소오비톨 폴리에스터(sorbitol polyester), 트레할로오스 폴리에스터(trehalose polyester), 라피노오스 지방산 폴리에스터(raffinose fatty acid polyester), 다이알킬 다이헥사데실팔로네이트(dialkyl dihexadecylmalonate, DDM), 소오비톨 지방산 에스터(sorbitol fatty acid esters) 등이 알려져 왔다(*Inform*, 4(11), 1232~1235, 1993 참조).

한편 식용유지 대체품들(fat replacers 또는 fat substituters)은 그 화학적 구성으로 보아서 가장 중요한 주성분들의 종류에 따라 그 주성분이 지방질(lipid)인 "지방질 근거 식용유지 대체품들(lipid-based fat replacers or substituters)", "탄수화물 근거 식용유지 대체품들(protein-based fat substituters)" 등으로 구분하는 경우도 있다.

아코(Akoh, C. C., 1998 참조)는 "지방질 근거 식용유지 대체품들(lipid-based fat replacer)"로 올레스트라(Olestra, 상품명)와 올레안(Olean, 상품명), "탄수화물 근거 식용유지 대체품(carbohydrate-based fat replacer)"으로서 말토덱스트린(maltodextrin), "단백질 근거 식용유지 대체품들" 로서 심플레스(Simplesse, 상표명) 등을 들고 있다.

이 중 올레스트라는 지방질 근거 식용유지 대체품들(lipid-based fat replacers)의 하나이며, 앞에서 말한 자당 지방산 폴리에스터(sucrose fatty acid polyester)에 속하는 화합물들로서, 한 설탕 분자 내에서 설탕 분자 내의 수산기(-OH)와 에스터 결합하고 있는 지방산의 수는 6~8개 정도라고 한다(그림 12-10 참조).

조금 전에 언급한 아코(Akoh, C. C., 1998 참조)를 비롯한 여러 연구자들에 의하면, 올레스트라는 거의 가수분해 되지 않으며, 따라서 인체 내에서 흡수되지도 않기 때문에 그 열량 섭취량은 거의 0인 것으로 알려져 있으나, 그 성질들은 실제 식용 유지들과 비슷하며, 가열 조리, 튀김유로서 사용할 수 있는 것으로 알려져 있다고 한다.

미국의 프로크터, 감블사(Procter & Gamble′ s Company)에서 고안된 이 유지 대체품은 처음에는 의약용으로, 그 다음 단계에서는 식용유, 쇼트닝 등의 대체품으로, 그리고 1990년 이후에는 스낵식품들(savory snacks)에 사용될 식용유지 대체품으로 미국 식품 의약품 관리국(Food and Drug

Administration)에 사용을 신청한 후, 1996년 이후 스낵 식품들(예로서 소금 뿌린 스낵 식품, savory snacks)에 사용할 식용유지 대체품으로 승인 받은 후 현재에 이르고 있다(*Inform*, November, 1992 ; *Inform*, September, 1998 ; *Chemistry & Engineering,* 현재 *Chemical and Engineering News*, April 27, 1997 ; *Food Technology*, March, 1998 ; Akoh, C. C., 1998 등 참조).

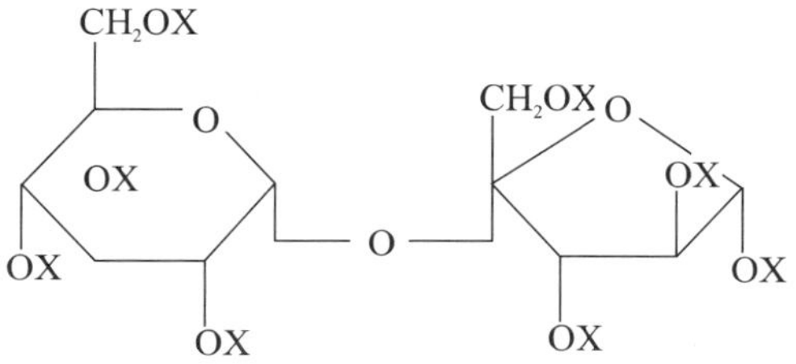

Olestra 또는 Olean

[그림 12-10] 위의 올레스트라는 Procter & Gambles 회사에서 개발한 후 1996년에 미국의 식품 의약품 관리국(FDA)에 사용허가를 신청하여, 상표에 복통(abdominal crampings)을 일으킬 가능성을 명시 후 사용이 허용되었으나 1998년에 지방질 대체품임을 표시할 수 있으며 1996년의 표시사항들은 삭제되어 현재 여러 식품류에 비교적 널리 사용되고 있다. 이 올레스트라는 sucrose fatty acyl polyester로서 X로 표시한 부분에 지방신기(acyl group)가 치환되며, 보통 한 분자에 지방산기 6~8개 결합하고 있으며 이들 지방산기들 때문에 사람 몸에서 가수분해 되지 않으며, 따라서 전혀 흡수되지 않고 체외로 나오며 따라서 그 열량값은 없다고 한다. 자세한 것은 아래 문헌들 참조하기 바란다.
C. C. Akok, 1998 및 INFORM, 1998, Sepember, p.894 참조.

한편 이상의 지방질 대체품들은 지방질 근거 식용유지 대체품들(lipid-based fat replacers)의 한 종류이기는 하나, 그 구조로 볼 때 실질적으로 조립 유지류(structured lipids)에 속하는 트리아실글리세롤들(triacylglycerols 또는 triglycerides)중 그 구조의 1과 3에 위치하는 수용성(水溶性)을 가진 탄소 수 6~10인 중간 정도의 지방산 그룹들(fatty acyl groups)이 위치하고, 중간의 2 위치에는 탄소 수가 16~18 이상인 장쇄(長鎖)의 수용성이 없는 그룹들을 주체로 하는 트리아실글리세롤류, 즉 트리글리세라이드류의 활용이 연구되어 왔다. 특히 초콜릿(chocolate)과 그 응용 제품들의 구성 유지인 코코아 버터(cocoa butter)와 구조나 성질이 비슷하며, 그 용도도 코코아 버터나 팜 야자씨 기름(pal, seed oil)을 대체할 수 있는 것으로 오래전부터 알려져 왔다.

당초에는 중간 정도 길이의 지방산 그룹으로 된 트리아실글리세롤류(medium chain triacylglycerols, MCT)의 하나로서 트리아실 그룹 위치의 1과 3에 탄소 수가 각각 6과 8인 캬프리린산(caprylic acid)과 캬프린산(capric acid)들이 결합하고, 2번 위치에는 탄소 수가 22개의 포화지방산 즉, $CH_3(CH_2)_{20}COOH$인 비헤닌산(behenic acid)이 결합된 캬프레닌(caprenin, caprocaprylbehenic acid triacylglycerol)이 개발되었다.

이 캬프레닌은 주로 저칼로리, 저지방 초콜릿 제조 등에 사용되고 있다고 한다. 캬프레닌 분자들의 sn-1과 3의 위치에 결합된 지방산들은 인체 내에서 기수분해 된 후 완전히 소화 흡수되어 에너지원이 되나, 모두 그 탄소 수가 8, 10인 지방산들이며, 한편 분자들의 sn-2의 위치가 됨으로, 결합된 비헤닌산(behenic acid, $C_{22:0}$)은 완전히 유용성(油溶性)이고, 융점도 81~82℃로 인체 내에서 일부만이 소화 흡수된다고 한다. 그러나 캬프레닌은 일반 식용유지와 비교할 때 그 발생 열량은 이들 정상적인 식용유지류의 대략 55%, 즉 1g의 캬프레닌이 만들어내는 열량은 일반 식용유지 9kcal/g에 비해서 5kcal/g 정도로 알려져 있다.

한편 그 조성이나 기본적인 원리는 앞에서 말한 캬프레닌(caprenin)과 유사하나 조립된 지방질, 즉 유지 분자들(structured lipids or fat molecules)의 sn-1과 3의 위치에는 기본적으로 초산(acetic acid, $C_{2:0}$), 프로피온산(propionic acid, $C_{3:0}$), 뷰티린산(butyric acid, $C_{4:0}$)그룹들이, sn-2 위치에는 대체로 탄소 수 16, 18인 주로 포화지방산들, 예로서 스테아린산(stearic acid, $C_{18:0}$) 등이 결합된 조립 식용유지(structured fat and oil)를 말한다. 이 식용유지 대체품은 초산, 프로피온산, 뷰티린산 등의 트리아실글리세롤(triacylglycerol)들과 고도로 수소 첨가한 식물성 유지들(highly hydrogenated vegetable oils)을 에스터 상호 교환(interesterification)하여 얻은 제품이다. 장쇄 지방산의 종류, 단쇄 지방산들(short chain fatty acids)의 비율, 조성 등은 형성될 조립 식용유지들(structured fat and oils)의 사용 목적에 따라 변동된다고 하였다.

따라서 최종적으로 형성된 조립 식용 유지들의 조성도 제조시 조건에 따라 다르나 단쇄 지방산 그룹들과 최소한 한 개 이상의 장쇄 지방산들로 구성되어 있다는 점에서는 같은 특징을 갖고 있으므로, 살라트림(Salatrim, short and long acyltriglycerides, 즉 acyltriglycerol molecules)들이라고 명명되어 왔다(Smith, R. E. *et al.*, 1994 참조). 이들이 인체에 소화 흡수되었을 때는 대체로 5kcal/g 정도의 열량을 발생하는 것으로 알려져 있다. 이 점은 캬프레닌의 경우와 같다.

이 살라트림 또는 살라트림 그룹(Salatrim family)은 1994년 미국 나비스코 식품 그룹(Nabisco Food Group, U.S.A.)에서 개발되어, 현재 FDA에 의해서 식용 지방질 대체품으로서의 사용이 허용되고 있다. 사용상 가장 중요한 점 중의 하나는 튀김할 목적으로 사용할 수 없을 뿐만 아니라, 고온 처리가 필요한 식품들에도 사용할 수 없다는 점이다. 첫 번째로 개발된 살라트림은 베네팟트 I(Benefat I)로 알려진, 각종 당과류(confectionery)에서 코코아 버터(cocoa butter)의 대체품으로 사용되는, 융점이 낮은 것이었다고 한다(Akoh, C., 1998).

한편 단백질 근거 식용유지 대체품(protein-based fat replacer), 즉 단백질을 이용한 식용유지 대체품들 중 가장 잘 알려진 심플레스(Simplesse)는 유장 단백질 농축물(milk whey protein concentrate)을 가열하여, 미세입자화(微細粒子化) 과정을 거쳐서 가열 응고시킨, 변형(變形)이 가능한 미세입자들(microscopic coagulated round deformable particles)이다.

이 심플레스(Simplesse)는 입안에서의 촉감(觸感, mouth feel)과 조직(texture)의 느낌이 일반 식용유지와 비슷하다고 한다. 심플레스는 미국의 Nutra Sweet Kelco 회사에서 개발되어 1990년에는 냉동 디저트 식품류(frozen desert products), 1994년에는 치즈, 요구르트, 각종 크림, 기타 튀김 과정(frying process)을 거치지 않은 식품류, 예로서 마가린류, 스프류(soups) 등에 미국 식품 의약품 관리국(FDA)에서 그 사용이 허용되고 있다고 한다.

현재는 달걀, 대두 단백질, 밀 단백질에서도 유사한 제품들이 만들어지고 있으며, 튀김 과정에는 쓸 수 없으나 일반 레톨트 살균 과정(retorting), 초고온 살균 과정(ultra-high temperature processing)에 견딜 수 있는 제품들도 흔하다고 한다(Chemical and Engineering News, April 21, 1997, 그리고 특히 Akoh, C. C., Vol. 52, No. 3., 1998 등 참조).

탄수화물을 근거로 한, 즉 탄수화물을 이용한 식용유지 대체품들(carbohydrate-based fat replacer)로는 말토덱스트린류(maltodextrins)가 있다. 포도당의 여러 중합체들의 혼합물들이나, 그 중합도는 평균 20 정도라고 한다. 이들 대체품은 식품들에 부피(bulk)와 실체감(實體感, bulk)을 주며, 그 외 점성, 수분 조절 능력, 그리고 특히 미끄러운 입안 느낌(smooth mouth feel)을 준다고 한다. 마가린류, 크림류, 구운 빵, 케이크류(baked goods), 가공 육류(processed meats)에 사용이 허용되고 있으며, 실제로 널리 사용되고 있다.

말토덱스트린류와 유사한 작용을 가진 폴리덱스트로오즈류(polydextroses)는 포도당, 소오비톨, 젖산(lactic acid) 등의 중합체로서 이용 열량이 1kcal/g이라는 특징을 갖고 있다.

근래에 와서 귀리(oats)의 겨(bran) 중 전분을 함유하고 있는 부분을 분리하고 다시 효소로 부분적 가수분해를 통해서 얻은 식용유지 대체품인 오트림(Oatrim)이 개발되어 사용되고 있다. 오트림은 무수분말(anhydrous powder) 또는 함수(含水) 젤(gel)의 형태로 사용되고 있으나, 그 이용 칼로리는 전자의 경우 4kcal/g, 후자의 경우 1kcal/g라고 한다. 오트림은 그 입안에서의 감촉(mouth feel)이 식용유지와 매우 흡사한 장점을 갖고 있다고 한다. 더 자세한 것은 앞에서 말한 문헌류와 최근의 전문서적, 문헌류를 참고하기 바란다.

왁스류

왁스류(waxes)는 글리세롤 대신에 탄소 수가 16~36개 정도인 고급지방 알콜류(higher monohydric aliphatic alcohols) 또는 스테롤류(sterols)와 탄소 수가 24~36개 정도인 고급지방산들(higher aliphatic acids)의 에스터들로 구성된, 검화될 수 있는 지방질들로 정의(definition)할 수 있으며, 일반적으로 그 출처(source)에 따라서 크게 식물성 왁스들과 동물성 왁스들로 분류된다.

그러나 실제적 또는 실용적인 정의(practical definition)로서 사람의 체온 정도에서는 녹지 않으며, 그 융점이 물의 끓는 온도 이하이며 물에 녹지 않는 유용성 물질들로 정의되는 경우도 있다.

예로서 파라핀 왁스(paraffin wax)가 있는데, 이것은 고체 탄화수소 화합물들 또는 이들의 혼합물들이다. 두 번째 종류로서 바로 위에서 정의한 바와 같은 지방질, 즉 검화될 수 있는 지방질로서, 사람 체온 이상의 온도에서 액체로 되는 지방질, 그리고 마지막 종류로서 물리적인 특성의 일부는 위의 두 종류와 비슷한 점이 있기는 하나 사용 용도에 따라 합성된 폴리에틸렌 글라이콜류(polyethylene glycols)의 상품으로서의 카아보왁스(Carbowax) 등이 있다.

식물성 왁스류

식물성 왁스류 중 대표적인 것으로는 다음과 같은 것들이 있다.

카아노오바 왁스 카아노오바 왁스(carnauba wax)는 식물 코펠니카 세리페라(*Copernica cerifera*)의 잎 표면에서 삼출(exudate)되는 왁스로서 융점이 높은(m. p. 83~90℃), 매우 딱딱하고 광택(光澤)이 나는 표면을 가진 엷은 노란색의 왁스이며, 식품 이외의 여러 용도가 많다. 이 왁스는 에텔(ether), 끓인 알콜 또는 가성소다(NaOH)에 녹는다.

그 구성 지방산들과 구성 알콜류로서는 다음과 같은 것이 알려져 있다.

멜리실 알콜(melissyl alcohol 또는 myricyl alcohol) :

$$CH_3(CH_2)_{28}CH_2OH$$

카아노오빌 알콜(carnaubyl alcohol) :

$$CH_3(CH_2)_{22}CH_2OH$$

세로틴산(cerotic acid) :

$$CH_3(CH_2)_{24}COOH$$

따라서 카아노오바 왁스의 성분으로는 카아노오빌 세로테이트(carnaubyl cerotate),

$$CH_3(CH_2)_{24}COOC_{24}H_{49}$$

등을 들 수 있다. 이 왁스는 밀납(bees wax)의 대체품으로서 식품에서보다는 전기 절연체, 구두약, 가죽 등의 광택을 내는 데 사용되고 있다.

칸델릴라 왁스 칸델릴라 왁스(*candelilla* wax)는 칸델릴라 관목(*Candelilla* shrub)의 잎이나 줄기를 덮고 있는 왁스(coating wax)로서 이 식물을 끓는 물속에 담가 떠오르는 왁스를 채집, 정제하여 얻는다.

그 융점은 대략 67 내지 70℃이며, 노란색, 갈색의 반투명(半透明)한 왁스로서 그 구성 성분이나 용도는 대체로 카아노오바 왁스와 유사하다.

자팬 왁스 자팬 왁스(Japan wax)는 옻나무(Japanese sumac : *Rhus vernicifera*)의 열매를 물에 끓여서 추출한 왁스이며, 엷은 노란색을 가진 융점이 53℃인 고체 왁스이다.

동물성 왁스류

동물성 왁스류로서는 다음과 같은 것이 있다.

밀납 밀납(bees wax)은 물론 꿀벌 집에서 얻어지며, 노란색 또는 회색의 색깔을 갖고 있으나 정제된 것은 거의 백색이다. 그 융점은 62 내지 65℃이다.

밀납의 주요 성분들로는 미리실 팔미테이트(myricyl palmitate, $C_{15}H_{31}COOC_{30}H_{61}$) 등이 있으며, 탄소 수 C_{24}에서 C_{34}까지의 지방산들과 탄소 수 C_{24}에서 C_{34}까지의 고급(高級) 알콜류의 에스터들로 구성되어 있다.

이들 알콜과 지방산들 중 일부 중요한 것은 다음과 같다.

멜리실 알콜(melissyl 또는 myricyl alcohol) :

$$C_{30}H_{61}OH, \text{ 즉 } CH_3(CH_2)_{28}CH_2OH$$

세로틴산(cerotic acid, 즉 n-hexacosanoic acid) :

$$CH_3(CH_2)_{24}COOH$$

멜리신산(melissic acid) :

$$CH_3(CH_2)_{28}COOH$$

이 밀납은 가구(家具)나 바닥용 왁스, 왁스 종이(wax paper) 등에 사용된다.

경납 경납(supermaceti)은 말향고래 기름(sperm whale oil), 특히 그 머리 기름(sperm head oil)에 존재하는 왁스로서, 그 융점은 41 내지 46℃이다.

이 왁스의 주요 성분들은 세틸 알콜(cetyl alcohol, $C_{16}H_{33}OH$), 그리고 세틸 팔미테이트(cetyl palmitate, $C_{15}H_{31}COOC_{16}H_{33}$)와 같은 팔미틴산, 스테아린산, 미리스틴산 등의 고급지방산들과 고급 알콜 에스터들이며 비누, 화장품, 고약(膏藥) 등의 기제(base), 유화제의 원료 등으로 사용된다.

셸락 왁스 셸락 왁스(shellac wax)는 곤충(*Laccifer lacca*)에서 분비되는 왁스이며 다음과 같은 고급 알콜과 고급지방산들의 에스터들로 구성되고 있다. 융점은 115~120℃로서, 융점(M. p.)이 비교적 높은 왁스이다.

셀릴 알콜(ceryl alcohol, $CH_3C_{24}H_{49}CH_2OH$)
라놀릴 알콜(lanolyl alcohol)
세로틴산(cerotic acid, $CH_3(CH_2)_{28}CH_2OH$)
라노세린산(lanoceric acid)

라놀린 양모(羊毛, raw wool)에는 소위 양모 기름(wool fat)으로 알려진 끈기 있는 기름 성분이 함유되고 있는데, 이 왁스 성분을 정제한 것이 소위 라놀린(lanolin)이다. 이 라놀린의 95%는 왁스 성분으로 되어 있으며, 한편 왁스 성분을 구성하고 있는 지방산들의 대부분은 직선상(straight chain)이 아닌 가지, 즉 분지 지방산들(branched chain fatty acids)인 특이한 사실이 알려져 있다.

라놀린은 매우 강한 유화 작용을 갖고 있으며, 의약품 재료도 이용되고 있다.

인지방질

인지방질들(phospholipids)은 유지류, 왁스류와 함께 지방질 중의 검화될 수 있는 부분(saponifiable portion)을 형성하고 있다. 이 인지방질들은 전에 언급하였듯이 가수분해에 의해서 지방산들(fatty acids), 알콜류(alcohols) 이외에 질소 화합물들(nitrogenous compounds), 인산(phosphoric acid, H_3PO_4) 또는 당류(sugars) 등이 생성되므로 복합 지방질류(compound lipids)의 대표적인 예로 볼 수 있다.

인지방질들은 아직 정제(精製)가 안 된 각종 식물성 식용유들(crude vegetable oils)에 널리 함유되고 있으나, 특히 조제(粗製) 대두유(crude soybean oil)에 그 함량이 크며, 옥수수기름, 면실유, 낙화생유 등에도 그 함량이 크다. 한편 조제 동물성 지방(crude animal fats)에는 그 함량은 크지 않다(표 12-13 참조).

표 12-13 각종 조제 식용유들의 인지방질 함량(%)

대두유	3.2~1.1	참깨기름	0.1
옥수수기름	2.0~1.0	평지씨기름	0.1
밀배종유	2.0~0.08	버터	1.4~0.6
면실유	0.9~0.7	쇠기름	0.07
미강유	0.9~0.7	돼지기름	0.05
낙화생유	0.4~0.3	양기름	0.01

Swern, D., 1964. "*Bailey's Industrial Oil Fat Products*," 3rd ed., p30, Interscice Publishes, New York.

인지방질들의 함량이 특이하게 많은 것으로는 달걀노른자(egg yolk)가 있으며, 달걀노른자 전체 중량의 20% 정도가 인지방질이다.

한편, 인체의 각 조직 중에서도 뇌(brain), 척추(spinal cord), 간(liver), 심장 등에 그 함량이 특이하게 많아 전체 중량의 각각 31%, 11~16%, 10%와 7%에 달하며, 생리학적으로도 매우 중요한 지방질의 하나임을 알 수 있다.

실제로 생체 내의 세포막들을 비롯한 막조직(膜組織, membrane tissues)의 가장 중요한 구성 물질들이 바로 이 인지방질들(phospholipids)이며, 따라서 식품류의 한 성분으로서 외부에서 생체들 그리고 무엇보다도 인체 내부에 간단(間斷) 없이 공급되어져야 할 아마도 가장 중요한 필수 성분들이기도 하다.

인지방질류는 나중에 더 자세히 설명하게 되겠지만, 강한 친유성(hydrophobicity)을 가진, 탄소 수가 많은 고급지방산들과 친수성(hydrophilicity)이 강한 인산기(phosphate groups)나 카아복실 또는 아미노기(carboxyl or amino groups)들이 대체적으로 분자들의 양단(兩端)에 위치하고 있어서, 그 배치(配置) 또는 배열(配列, arrangement)에 따라 수용성 물질들의 수용액 형태로의 이동(transfer)을 차단 또는 허용하는 조절 작용들 또는 조절 능력들이 클 것으로 예상되기도 한다.

한편 여기에 속하는 지방질들은 그 구조상의 특징에 따라서 다시 몇 가지로 세분되나, 그 중에서 가장 간단한 것은 글리세로인산(glycerophosphoric acid)이다.

글리세로인산, 즉 sn-글리세롤-3-인산에스터

글리세로인산, 즉 sn-글리세롤-3-인산에스터의 구조와 성질 글리세롤에 인산(H_3PO_4) 한 분자가 에스터 결합을 통해서 결합할 때, 종전의 방식대로 설명한다면 α-, β-, α'- 위치에 있는 글리세롤의 수산기와 에스터 결합을 한 α-, β-, α'-글리세로인산(α-, β-, α'-glycerophosphoric acid)의 3개의 위치 이성체가 가능하다.

여기서 α-와 α'-글리세로인산들의 경우에는 2번의 탄소, 즉 그림 12-11에서 *표를 붙인 탄소는 비대칭성 탄소(an asymmetric carbon atom)가 되기 때문에 경상동체 이성체(鏡狀同體 異性體들, the mirror-image isomers, 즉 enantiomers)를 갖게 되며, 광학적 활성(optical activity)을 가질 때는 광학적 이성체(optical isomers)를 갖게 된다.

현재까지 위의 세 개의 이성체들 중 자연에서 그 존재가 확인된 것은 α-글리세로인산의 한 쪽의 광학 이성체뿐인 것으로 알려져 있다.

한편 이상의 광학적 이성체의 문제에 대해서, 종전에는 당류의 경우처럼 중간, 즉 2번 탄소에 결합하고, 수산기(-OH group)가 오른쪽인 경우를 D-형, 왼쪽의 경우는 L-형으로 규정하는 핏셔 투영법(Fischer projection method)의 방식을 따라왔다. 실제로 자연에 존재하는 α-글리세로인산은 L-형의 구조를 갖고 있으며, 그 비선광도(比旋光度, specific rotation)는 $[\alpha]_D = -1.45°$로 알려져 있다. β-글리세로인산은 비대칭 탄소 원자를 갖고 있지 않기 때문에 광학적 이성체가 없으며, 자연에서도 아직 그 존재가 확인된 일도 없고 α-글리세로인산의 이성화(isomerization by rearrangement)에 의해서 형성되는 것으로 알려지고 있다(그림 12-12 참조).

현재는 글리세로인산도 전술한 sn 규약(stereospecific numbering system or convention)에 따라 앞에서 말한, 자연에서 발견되는 L-(-)-α-글리세로인산은 sn-글리세롤-3-인산에스터(sn-glycerol-3-phosphate)로 불리고 있다.

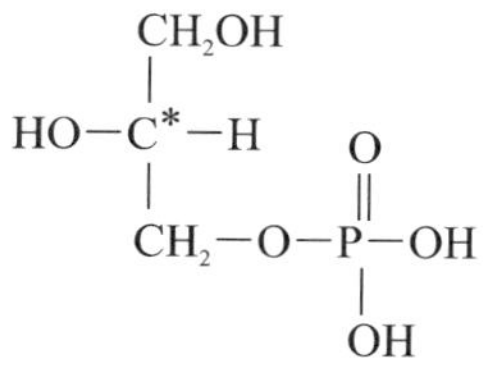

```
    CH2OH                                  CH2OH
    |                                      |
HO—C*—H     O                          HO—C*—H     O
    |       ‖                              |       ‖
    CH2—O—P—OH                             CH2—O—P—OH
            |                                      |
            OH                                     OH
```

L-(-)- α -글리세로인산 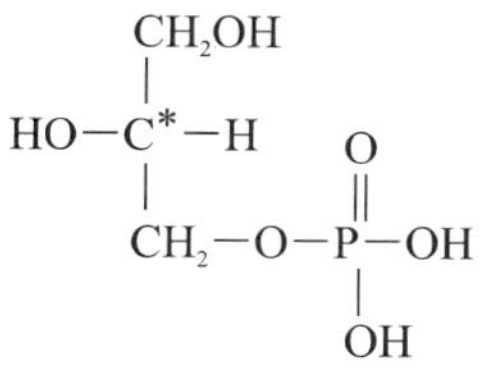　　　　　　　　Sn-글리세롤 3-인산 에스터

[그림 12-11] 글리세롤에 인산(燐酸) 한 분자가 에스터 결합을 할 때 형성될 수 있는 세 개의 위치 이성체들(α-, β-, α'-glycerophosphoric acid) 중 유일하게 자연에 존재하는 것이 알려진 L-(-)-α-글리세로인산(왼쪽)과 이에 해당하는 sn 규약에 의한 이름 sn-글리세롤3-인산에스터(sn-glycerol-3-phosphate, 오른쪽). 2번 탄소의 *표(asferik 표)는 이 탄소가 비대칭성 탄소원자(an asymmetric carbon)라는 표시임.

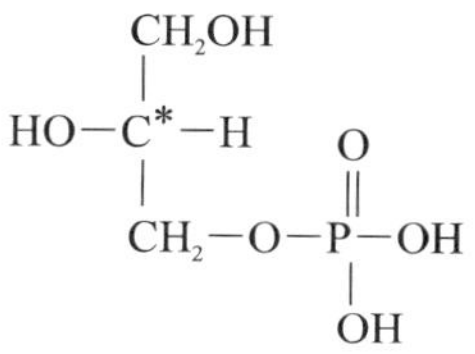

```
    CH2OH                                  O      CH2OH
    |                                      ‖      |
HO—C*—H     O                          HO—P—O—C—H
    |       ‖                              ‖      |
    CH2—O—P—OH                             OH     CH2OH
            |
            OH
```

Sn-글리세롤 3-인산 에스터 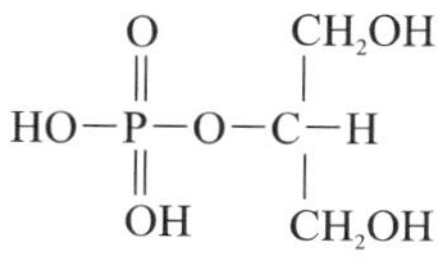　　　　　　　　Sn-글리세롤 2-인산 에스터

```
    CH2OH                              CH2OH
    |                                  |                    OH     CH2OH
HO—C*—H     O      산       HO      O— CH       산          |      |
    |       ‖     ⇄            \  /    |        ⇄      HO—P—O—C—H
    CH2—O—P—OH   알칼리          P      |       알칼리       ‖      |
            |                  //  \    |                   O      CH2OH
            OH               O      O— CH2
```

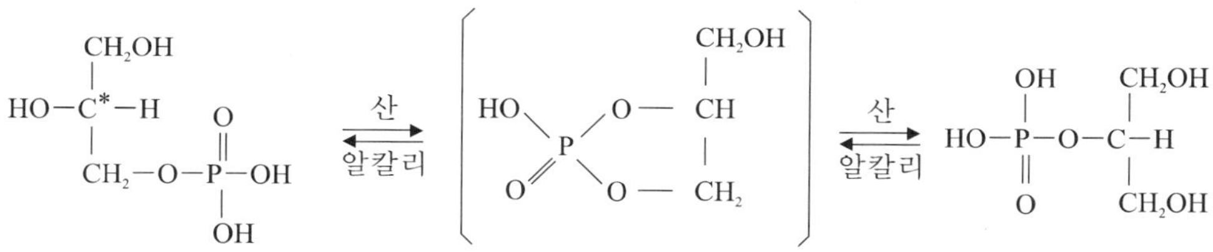

[그림 12-12] 종전에 α-글리세로인산(α-glycerophosphoric acid)으로 알려져 온 sn-글리세롤 3-인산에스터(sn-glycerol 3-phosphate)와 β-글리세로인산(β-glycerophosphoric acid)으로 알려져 온 sn-글리세롤 2-인산에스터 sn-glycerol 2-phosphate, (각각 상단의 왼쪽과 오른쪽에 표시되어 있음)들은 용액의 pH에 따라 한 형태에서 중간체인 환상 다이에스터의 형태를 거쳐, 인산기(phosphate groups)의 이동, 즉 전위가 일어나며, 광학적 활성이 없는 2-인산에스터가 활성을 가진 3-인산에스터가 될 때는 그 중의 1/2이 구조에 반전(inversion)이 일어나 라세믹 혼합물(racemic mixture)을 만든다.

α-글리세로인산, 즉 sn-글리세롤-3-인산에스터, 또는 β-글리세로인산, 즉 sn-글리세롤-2-인산에스터의 수용액에서는 인산기(phosphoric group)는 α-위치에서 β-위치로, 또는 β-위치에서 α-위치로 가역적으로 이동(reversible migration)하며, 그 용액은 종국에 가서는 α-글리세로인산과 β-글리세로인산들의 평형 혼합물 용액(an equilibrium mixture)을 형성한다. 이 평형 혼합물 용액 속에서의 α-형과 β-형의 비율은 그 평형 혼합물 용액의 pH에 의해서 결정된다.

일반적으로 산(acid)은 평형(equilibrium)이 β-형 쪽에서 α-형 쪽으로 이동하는 것을 촉진하여 주며, 그 반면에 알칼리는 평형이 α-형 쪽에서 β-형 쪽으로 이동하는 것을 촉진하여 준다. 즉 pH가 산성인 경우에는 α-형이 73%, β-형이 27%인 평형 혼합물 용액(an equilibrium mixture)을 얻게 된다.

이상과 같은 α-, β-형 사이의 전위(轉位, rearrangement)가 일어나는 기구(mechanism)에 대해서는 이 두 이성체 사이의 전위에 있어서, 이 두 형 사이에 그림 12-12와 같은 환상(環狀) 다이에스터

(cyclic diester)가 중간체(intermediate)로 존재함으로써 α-, β-형 사이의 전위가 원활하게 이루어지는 것으로 생각되고 있다(그림 12-12 참조).

한편, pH가 산성인 경우, α-형과 β-형의 평형(equilibrium)은 β--형 쪽에서 α-형 쪽으로 이동하게 되는데, 앞에서 말한 대로 73%의 α-형, 즉 sn-글리세롤 3-인산에스터(sn-glycerol-3-phosphate)가 일단 β-형, 즉 sn-글리세롤 2-인산에스터(sn-glycerol-2-phosphate)의 전위, 즉 중간체인 환상 다이에스터(intermediate cyclic diester)의 형태를 거쳐서 형성될 3-인산에스터들의 정확하게 1/2은 그 구조에 반전(inversion)이 일어난다고 한다.

즉, 산성에서는 평형 용액에 존재하는 3-인산에스터의 1/2은 원래의 비선광도를, 나머지 1/2은 원래의 선광성과 정반대의 활성을 가진 광학적 이성체들의 동량 혼합물, 즉 라세미 혼합물(racemic mixture)이 형성되는 사실이 알려져 왔다(Davenport, J. B. and Forgerty, A. C., 1971). 한편 sn-글리세롤 3-인산에스터와 sn-글리세롤 2-인산에스터는 크로마토그래피법으로 분리가 가능하다고 한다.

광학적 활성(optical activity)을 가진, 전술한 α-글리세로인산, 즉 sn-글리세롤 3-인산에스터(sn-glycerol 3-phosphate)는 자연에 존재하는 지방질 성분들, 예로서 곧 설명하게 될 포스파티딘산들(phosphatidic acids), 포스파티딘산의 여러 유도체들(derivatives)의 기본적인 구조의 중심에 위치하고 있으며, 또한 전술한 대로 광학적인 활성(optical activity)을 갖고 있으되, 종전의 핏셔 투영법(Fischer projection method)에 따르면, 아마도 모두 L-형의 구조를 갖고 있는 것으로 생각되고 있다.

한편 β-글리세로인산, 즉 sn-글리세롤 2-인산에스터(sn-glycerol 2-phosphate)가 지방질 성분으로서 자연에 존재하는지의 여부에 대해서는 확실하지 않다.

한편 이 글리세로인산의 에스터 결합은 비교적 강하며, 가수분해에 의해서 잘 분해되지 않는다.

포스파티딘산과 그 에스터들

포스파티딘산의 구조 α-글리세로인산, 즉 sn-글리세롤-3-인산에스터(sn-glycerol-3-phosphate)의 글리세롤기(glycerol radical) 중 유리 상태로 있는 두 개의 -OH기들이 모두 어떤 지방산들과 에스터 결합을 형성할 때는 여기에 형성된 에스터, 즉 1,2-다이아실-sn-글리세롤-3-인산 에스터(1,2-diacyl-sn-glycerol-3-phosphate)는 포스파티딘산(phosphatidic acid)이라고 불려진다.

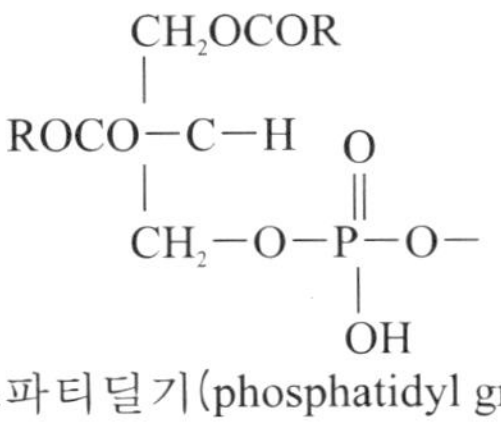

```
          CH2OCOR
          |
   ROCO—C—H      O
          |       ||
          CH2—O—P—O—
                  |
                  OH
```

포스파티딜기(phosphatidyl grou)

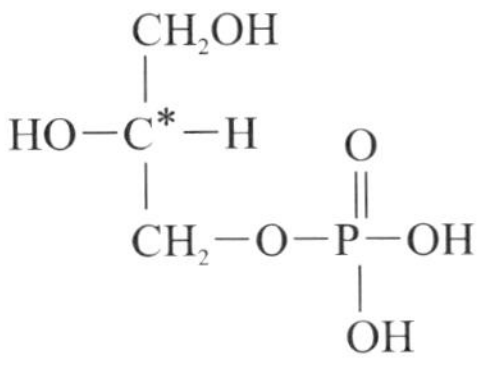

```
     CH2OH                  CH2OCOR               CH2OCOR
     |                      |                     |
HO—C*—H      O       ROCO—C—H      O       ROCO—C—H
     |        ||            |       ||            |
     CH2—O—P—OH             CH2—O—P—OH            CH2OCOR
              |                     |
              OH                    OH
```

Sn-글리세롤 3-인산 에스터 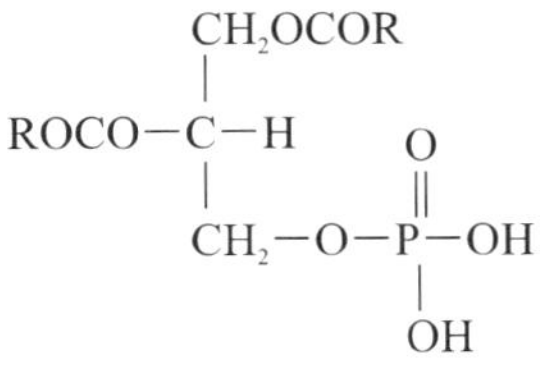 　　　포스파티딘산 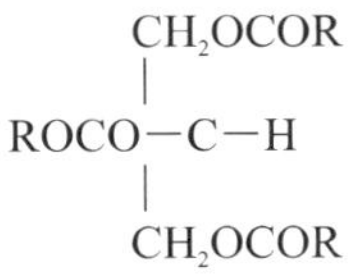 　　　트리아실글리세롤

[그림 12-13] sn-글리세롤 3-인산에스터, 포스파티딘산, 그리고 트리아실글리세롤의 구조상의 유사성.

따라서, 이 포스파티딘산의 구조는 유지 분자, 즉 트리아실글리세롤(triacylglycerol, TAGs)이나 sn-글리세롤-3-인산 에스터, 즉 β-글리세로인산의 구조들과 매우 밀접한 관련을 갖고 있다(그림 12-13 참조).

포스파티딘산은 에스터의 형태로 식물 또는 동물 조직들(plant and animal tissues)에 널리 분포되고 있으며, 식품 화학상 중요한 여러 유도체들(derivatives)이 자연 식품들에 널리 존재한다. 한편 이 포스파티딘산들은 염(salts)의 형태로 심장조직(heart muscle tissues), 밀기울(wheat germ) 등에 존재하는 사실이 알려져 있으나, 그 함량은 거기에 함유된 전체 인지방질류(phospholipids)의 0.5~2.0% 정도로 추정되고 있다.

카디오리핀 카디오리핀(cardiolipin), 즉 다이포스파티딜글리세롤(diphosphastidylglycerol)은 소의 심장조직 추출물(beef heart muscle tissues extract)에 존재하는 인지방질 중의 한 성분으로서 사람을 비롯한 포유동물들의 인지방질 중에 소량 함유되고 있으나, 심근조직들(heart muscle tissues)의 경우 10%를 넘는 경우도 있다고 한다.

카디오리핀은 포유동물들의 경우, 포스파티딜글리세롤(phosphastidylglycerol)에 효소 작용을 통해서 또 하나의 포스파티딜 그룹(another phosphastidyl group)이 에스터 결합을 통해서 결합하여 형성된 것으로 알려져 있다.

한편 카디오리핀의 포스파티딜 그룹을 구성하고 있는 지방산들로서는 보통 올레인산 또는 리놀레인산과 기타 고도의 불포화지방산들(polyunsaturated fatty acids, PUFAs)로 알려져 있다(그림 12-14 참조).

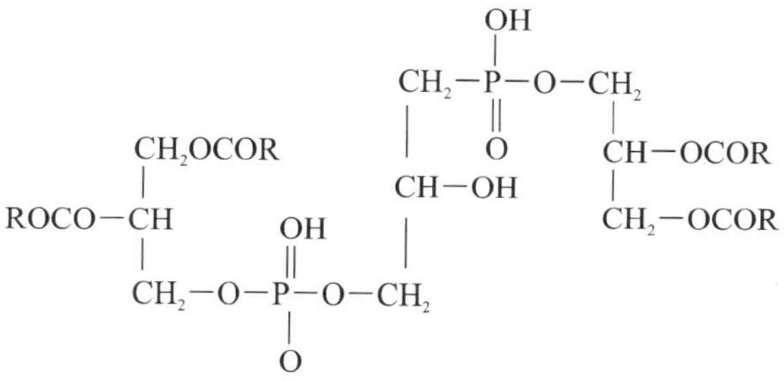

OH
$CH_2-P-O-CH_2$
O
CH_2OCOR $CH-OCOR$
$CH-OH$
$ROCO-CH$ OH CH_2-OCOR
$CH_2-O-P-O-CH_2$
O

[그림 12-14] 카디오리핀(cardiolipin), 즉 다이포스파티딜글리세롤(diphosphastidylglycerol)의 구조. 중앙의 글리세롤 분자에 양쪽의 포스파티딘산이 에스터 결합으로 연결된 구조를 갖고 있다.

포스파티딜 에스터류

포스파티딘산의 에스터류, 즉 포스파티딜 에스터류(phosphastidyl esters)로서는 그 중에서 가장 중요한 레시틴(lecithin)을 비롯한 몇 가지 에스터류가 자연에 존재하며, 이들은 자연 식품들 중의 인지방질로서 매우 중요하다.

이 포스파티딘산의 에스터류로서 대표적인 것으로는 다음과 같은 것들이 있다.

레시틴, 즉 포스파티딜콜린 식물성 유지, 특히 대두유와 같은 종자유(seed oils)의 조제유(crude oils)에는 표 12-13에서 추측할 수 있듯이 상당한 양의 이 레시틴(lecithin), 즉 포스파티딜콜린(phosphotidylcholine), sn 규약에 의한 명칭이 1,2-다이아실-sn-글리세롤-3-포스포콜린(1,2-diacyl-sn-glycerol-3-phosphocholine)이 함유되고 있으며, 인체에 대한 각종 인지방질 구성 성분들의 공급원으로서 매우 중요하다.

한편 이 레시틴은, 원래 레시틴(lecithin)이라는 이름이 그리스어의 lekithos, 즉 yolk of an egg에서 나왔듯이 달걀의 노른자(egg yolk)에 많은 양이 존재하며, 그 외에도 여러 동물조직 내의 인지방질들의 한 성분으로서 널리 존재한다.

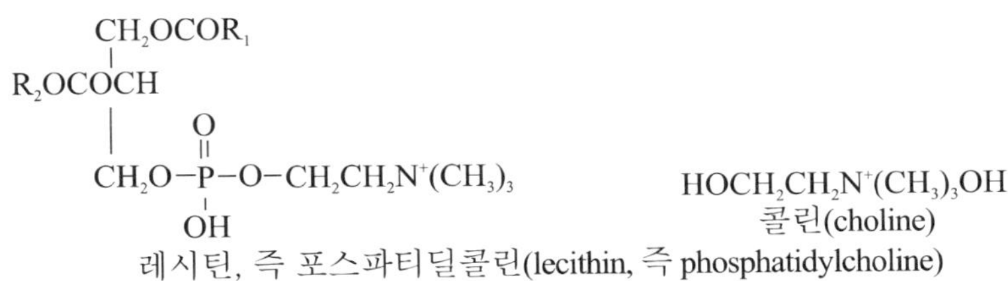

레시틴, 즉 포스파티딜콜린(lecithin, 즉 phosphatidylcholine)

레시틴은 공기와 접촉될 때는 쉽게 자동 산화되어 노란색 또는 갈색으로 변하는, 왁스상의 물질(yellow waxy substance)로서, 에텔, 클로로포름($CHCl_3$), 뜨거운 알콜 등에 잘 녹으나, 매우 특이하게도 아세톤(acetone)에는 거의 녹지 않는다.

레시틴은 위의 구조식에서도 알 수 있듯이 양성물질(兩性物質, amphoteric substance)이며, 강한 유화 작용(emulsifying action)을 갖고 있기 때문에, 여러 지방질 식품들, 예로서 마가린(margarine)이나 초콜렛(chocolate), 아이스크림 등과 기타의 유제품(乳製品)들 등에 유화제(emulsifier)로서 널리 사용되고 있다.

세팔린류, 즉 포스파티딜세아린 및 에탄올아민 포스파티딘산(phosphatidic acid)의 또 다른 형태의 에스터로서 세팔린류(cephalins)가 있다.

이 세팔린류로 불리는 인지방질에는 포스파티딜세아린(phosphotidylserine), 즉 1,2-다이아실-sn-글리세롤-3-포스포-L-세아린(1,2-diacyl-sn-glycerol-3-phospho-L-serine)과 포스파티딜에탄올아민(phosphotidylethanolamine), 즉 1,2-다이아실-sn-글리세롤-3-포스포에탄올아민(1,2-diacyl-sn-glycerol-3-phosphoethanolamine)의 두 종류가 있다.

이 두 포스파티딜 에스터들의 성질은 레시틴과 매우 유사하다. 이 중 포스파티딜에탄올아민은 1884년에 튜디컴(Thudichum, L. J. W., 1829~1901)에 의해서 처음으로 분리되어, 그 구조와 성질이 연구되었다. 세팔린이라는 이름이 그리스어 kephale, 즉 head에서 나온 것으로 알 수 있듯이 여러 동물조직 중에서도 특히 뇌조직들(brain tissues)에서 얻어지는 인지방질의 주요 성분들의 하나이다. 한편 또 하나의 세팔린인 포스파티딜세아린은 1914년에 다른 연구자에 의해서 분리, 연구되었다(그림 12-15 참조)

튜디컴은 독일 Hessen 지방 태생이고 Giessen, Heidelberg 대학에서 화학과 의학을 전공했으며, 1853년 이후에는 영국 런던의 한 병원에서 뇌 지방질들, 따라서 뇌 신경세포 구성 지방질들을 평생 연구했으며, 이상의 분야들을 세계에서 처음으로 연구하기 시작한 사람으로 널리 알려져 있다.(山天民夫, 1981年. "糖脂肪質 物話, 講談社, 東京"참조).

$$
\begin{array}{l}
CH_2OCOR_1 \\
R_2OCOCH \\
CH_2-O-\overset{O}{\overset{\|}{P}}-O-CH_2CHCOOH \\
\qquad\quad O^- \qquad\qquad {}^{+}NH_3
\end{array}
\qquad
\begin{array}{l}
HOCH_2CHCOOH \\
\qquad\quad NH_2
\end{array}
$$

세팔린 즉, 포스파티딜세아린(cephalin, 즉 phosphatidylserine)

$$
\begin{array}{l}
CH_2OCOR_1 \\
R_2OCOCH \\
CH-O-\overset{O}{\overset{\|}{P}}-O-CH_2CH_2-N^{+}H_3 \\
\qquad\quad O^-
\end{array}
\qquad
HO-CH_2CH_2-NH_2
$$

세팔린 즉, 포스파티딜에타놀아민(cephalin, 즉 phosphatidylethanolamine)

[그림 12-15] 세팔린에 속하는 포스파티딜세아린과 포스파티딜에탄올아민의 구조들.

세팔린류도 역시 조제 대두유(crude soybean oil)를 정제할 때, 부산물로 얻어지며 에텔, 뜨거운 알콜 등에는 잘 녹으나, 아세톤(acetone)에는 녹지 않는 매우 특이한 성질을 갖고 있다.

포스파티딜이노시톨류, 즉 포스포이노시타이드류 또 다른 형태의 포스파티딘산(phosphatidic acid)의 에스터로서 포스파티딜이노시톨류(phosphotidylinositols)가 있다. 종전에는 포스포이노시타이드류(phosphoinositides)로도 불려 왔으나, 포스파티딘산의 에스터류라는 점을 고려할 때, 전자의 명칭, 즉 포스파티딜이노시톨류가 더 적절한 것으로 생각된다.

이노시톨(inositol, hexahydrocyclohexane)은 여섯 개의 -OH기를 갖고 있으며, 따라서 9개의 입체 이성체들이 가능하나, 실제 자연계에 존재하는 것은 메조 또는 마이요이노시톨(mezo or my-oinositol)이다(본문 제5장 이노시톨 항목, p. 334 참조), 또한 마이요이노시톨의 수산기는 그 위치에 따라 번호를 붙여서 구별할 수 있다. 보통 마이요이노시톨의 포스파티딜 에스터는 3-sn-포스파티딜이노시톨(3-sn-phosphotidylinositol)로 표시한다. 한편 자연에는 이노시톨의 4의 위치, 그리고 4와 5의 위치에 인산과 에스터 결합을 한, 3-sn-포스파티딜이노시톨, 1′,4′-다이포스페이트 외 1′,4′,5′-트라이포스페이트가 자연에 존재하는 사실이 알려져 왔다.

$$
\begin{array}{l}
CH_2OCOR \\
CHOCOR \\
CH_2-O-\overset{O}{\overset{\|}{P}}-O-C_6H_6(OH)_5 \\
\qquad\quad OH
\end{array}
$$

포스파티딜 이노시톨, 또는 모노포스포이노시타이드

$$
\begin{array}{l}
\qquad\quad OH \\
\qquad\quad CH \\
HO-CH \quad CH-O-\overset{O}{\overset{\|}{P}}-O-CH_2 \\
\qquad\qquad\qquad\quad OH \quad CHOCOR \\
HO-CH \quad CH-OH \qquad\; CH_2OCOR \\
\qquad\quad CH \\
O-\overset{O}{\overset{\|}{P}}-O-CH_2 \\
\quad HO \qquad CHOCOR \\
\qquad\qquad CH_2OCOR
\end{array}
$$

다이포스포이노시타이드(diphosphoinositide)

이상의 포스파티딜이노시톨류, 즉 포스포이노시타이드류는 동물의 간, 뇌, 심장 근육조직이나 대두, 밀의 배아(wheat germ) 등의 식물조직에서 얻어진 인지방질 속에 포스파티딜 에스터류와 함께 존재한다.

한편 포스파티딜이노시톨류(phosphotidylinositols), 즉 모노포스포이노시타이드(monophosphoinositide)는 전술한 대로 간, 뇌, 심장 근육조직과 같은 동물조직이나 대두, 밀의 배아와 같은 식물조직 외에 달걀노른자와 효모(yeasts) 등에서도 그 존재가 확인되고 있다. 가수분해 되면 인산(H_3PO_4), 마이요이노시톨(myoinositol 또는 mezoinositol), 글리세롤과 두 분자의 지방산들이 형성된다.

주요 지방산들로는 스테아린산, 팔미틴산, 올레인산, 리놀레인산, 아라키도닌산 등이 있으며, 특히 리놀레인산과 스테아린산의 함량이 크다고 한다.

라이서포스파티딜 에스터류

종전에 라이서포스파타이드류(lysophosphatides)는 현재는 라이서포스파티딜 에스터류(lysophosphatidyl esters)로 알려져 있으며, 포스파타이드류, 즉 포스파티딜 에스터류(phosphatidyl esters)의 부분적 가수분해, 구체적으로는 이들이 갖고 있는 두 개의 지방산기들(acyl groups) 중의 하나가 가수분해에 의해서 제거된 나머지 부분들에 대한 명칭이다.

이상의 라이서포스파티딜 에스터들은 자연 식품들 중에서도 발견된다. 예로서 라이서포스파티딜 에스터들 중의 하나인 보통 라이서레시틴(lysolecithin)으로 알려진 라이서포스파티딜콜린(lysophosphatidylcholine)은 쌀이나 기타의 곡류에 독성 성분(a toxic substance)으로 극미량 존재하기도 한다.

인지방질의 지방산과 글리세롤(glycerol)의 에스터 결합을 가수분해하는 포스포라이페이스들(phospholipases) 중에는 포스포라이페이스 A_1, A_2, C 등이 있으며, 이 외에도 인산과 염기 성분들(nitrogen bases)과의 에스터 결합을 가수분해하는 포스포라이페이스 D가 있다.

이상의 포스포라이페이스들(phospholipase A_1, A_2, C, D)이 각각 선택적으로 가수분해하는 에스터 결합은 그림 12-16와 같다.

한편 포스포라이페이스 A_1, A_2는 곰팡이, 세균, 엿기름 등에서, C는 동물조직, D는 식물조직에서 추출되고 있다.

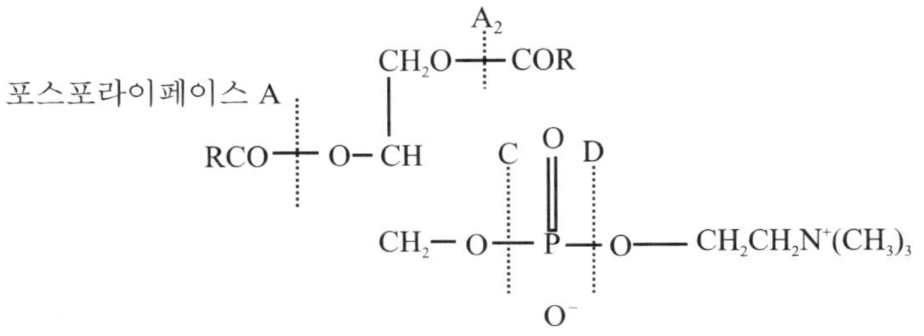

A_2
CH_2O ⋮ COR
포스포라이페이스 A
RCO ⋮ O–CH
C O D
CH_2–O ⋮ P ⋮ O— $CH_2CH_2N^+(CH_3)_3$
O^-

[그림 12-16] 포스포라이페이스 A_1, A_2, C, D 등이 그 가수분해에 참여하는 레시틴(lecithin), 즉 3-sn-포스파티딜콜린(3-sn-phosphotidylcholine)의 가수분해에 관여하는 분자내의 에스터 결합의 위치. 이 그림은 일반적으로 다른 포스파티딜 에스터들에도 그대로 적용된다. 자세한 것은 본문 참조. 점선부분들이 가수분해 되는 위치들 임.

포스포라이페스 A_1은 레시틴, 즉 포스파티딜 콜린과 같은 글리세로지방산 에스터의 탄소 1번(C_1)의 지방산기(the acyl group)의 가수분해에 참여하는 효소들(EC 3.1.1.32)이며, 포스포라이페이스 A_2

는 포스파티틸 콜린(lecithim)의 탄소 2번(C_2)의 지방산기(the acyl group)를 가수분해하는 효소들(EC 3.1.1.4)이다. 일찍부터 알려진, 독사의 독액(snake venom)에 존재하는 효소들은 여기에 속한다.

이전부터 사용되어 온 포스포라이페이스 B는 라이서레시틴(lysolecithin)의 지방산기(the acyl group)의 가수분해하여, 포스포콜린(phosphocholine)과 지방산(a fatty acid)을 형성하는 효소들(EC 3.1.1.5, 즉 lysophospholipase)로 현재도 정의(定義)되고 있다.

종래 포스포라이페이스 B로 알려진 효소들은 포스포라이페이스 A_1과 A_2의 작용, 즉 레시틴류로 알려진 포스파티딜 에스터들의 sn-1-, sn-2-의 지방산기들(acyl groups)을 가수분해한다. 그러나 이 효소가 실재(實在)하는지에 대해서는 많은 의문이 제기되어 왔다. 건스톤과 노리스들(Gunstone, E. D. and Norris, F. A., 1983)은 아마도 포스포라이페이스 A_1, A_2들의 혼합체로 보고 있다.

한편, 포스포라이페이스 C는 그 대부분이 주로 레시틴에 작용해 콜린·인산 에스터와 1,2-다이아실글리세롤을 형성하는 효소들(EC 3.1.4.3)과 일부 이노시톨유도체들에 작용하는 효소들(EC 3.1.4.10)로 되어 있다. 포스포라이페이스 D는 레시틴, 즉 포스파티딜콜린(phosphatidylcholine)의 인산기(the phosphate group)와 콜린과의 결합을 가수분해하여 포스파타이드(a phosphatide)와 콜린(choline)을 형성하는 효소들(EC 3.1.4.4)을 말한다.

이들 포스포라이페이스들은 임계 미셀 형성 농도(the critical micelle concentration) 이하의 인지방질의 농도에서는 그 활성이 낮으나, 미셀 형성 농도 이상의 농도에서는 그 활성이 매우 강하며, 인지방질들의 미셀들이나 인지방질들이 참여한 이중체막(phospholipid membrane in double layers) 등의 가수분해에 도움을 주는 소화 효소들(digestive enzymes)인 것으로 생각되고 있다(Gurr, M. I. and Harwood, J. L., 1991 참조).

한편 전술한 바 있는 독사의 독액(snake venom)에 존재하는 효소 레시티네이스 A_2(lecithinase A_2)는 포스포라이페이스 A_2에 속하며, 레시틴, 즉 3-sn-포스파티딜콜린과 같은 포스파티딜 에스터들의 β-위치, 즉 sn-2-의 위치에 결합되어 있는 지방산을 가수분해시킴으로써 라이서포스파티딜 에스터들의 하나인 3-sn-라이서포스파티딜콜린을 형성한다(그림 12-17 참조).

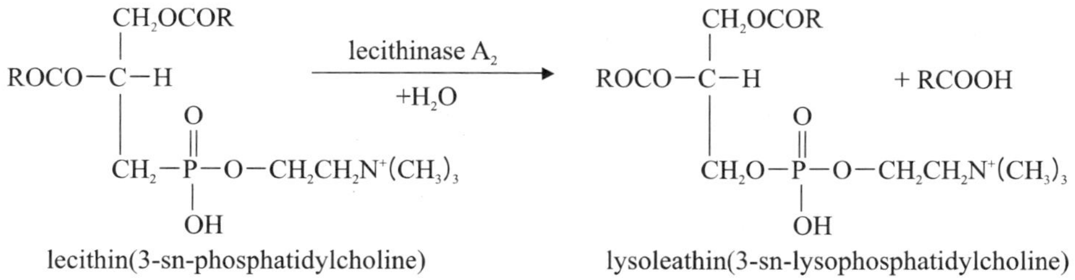

$$\begin{array}{c} CH_2OCOR \\ | \\ ROCO-C-H \\ | \qquad O \\ | \qquad \| \\ CH_2-P-O-CH_2CH_2N^+(CH_3)_3 \\ | \\ OH \end{array} \xrightarrow[+H_2O]{\text{lecithinase } A_2} \begin{array}{c} CH_2OCOR \\ | \\ ROCO-C-H \\ | \qquad O \\ | \qquad \| \\ CH_2O-P-O-CH_2CH_2N^+(CH_3)_3 \\ | \\ OH \end{array} + RCOOH$$

lecithin(3-sn-phosphatidylcholine) lysoleathin(3-sn-lysophosphatidylcholine)

[그림 12-17] 레시티네이스 A_2가 참여한 레시틴의 가수분해에 의한 라이서레시틴과 지방산의 형성과정

이 3-sn-라이서포스파티딜콜린을 비롯한 라이서포스파티딜 에스터들은 강력한 용혈(溶血) 작용(hemolytic action), 즉 혈액을 구성하고 있는 적혈구들(赤血球, red blood cells)을 분해시켜서 혈액의 응고를 강력하게 막는 능력을 갖고 있는 것으로 알려져 있다.

플라즈말로젠들 플라즈말로젠들(plasmalogens)은 기본적으로 트리아실글리세롤들(triacylglycerols)의 sn-1의 위치가 지방산 그룹이 아니라, 사슬이 긴 알콜들(long-chain alcohols)과 에텔 결합(ether bonds)을 통해서 결합한 경우, 그리고, 탄소 1번과 2번 사이에 이중결합을 가진, 역시 사슬이 긴 알케닐

알콜류(long-chain alkenyl alcohols)와 에텔 결합(ether bonds)을 통해서 결합한, 아실글리세롤의 유도체들을 들 수 있다.

그리고 그 외에도 포스파티딜콜린(3-sn-phosphotidylcholine) 또는 포스파티딜에탄올아민(phosphatidylethanolamine)의 sn-1-의 위치의 지방산기(acyl groups)가 각각 사슬이 긴 알콜들(long-chain alcohols) 또는 탄소 1번과 2번 사이에 이중결합을 가진, 사슬이 긴 알콜들(long-chain alkenyl alcohols)과 에텔 결합(ether bonds)을 통해서 결합한, 포스파티딜 에스터의 유도체들로 볼 수 있는 "에텔 인 지방질"들이 있다. 플라즈말로젠들(plasmalogens)은 마지막의 이중결합을 가진 알케닐 그룹(alkenyl group)과 sn-1-의 위치에서 에텔 결합을 가진 포스파티딜 에스터의 유도체를 말한다.

한편 플라즈말로젠들(plasmalogens)의 sn-1-의 위치에 있는 알케닐 그룹(alkenyl group, 즉 탄소 1번과 2번 사이에 이중결합이 있는 지방산 구조)는 생체 내에서 원래 알킬기(포화지방산기)로 결합된 형태에서 혼합 기능 산화 효소들(mixed function oxidases)의 작용에 의해서 탈수소과정(dehydrogenation)을 통해서 형성된다(그림 12-18 참조).

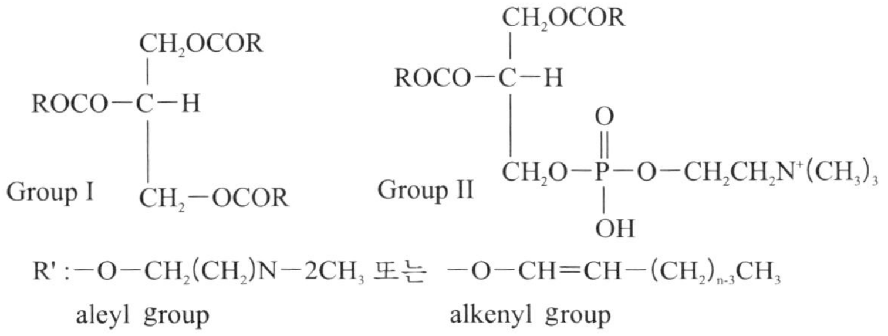

Group I: CH_2OCOR / $ROCO-C-H$ / CH_2-OCOR

Group II: CH_2OCOR / $ROCO-C-H$ / $CH_2O-P(=O)(OH)-O-CH_2CH_2N^+(CH_3)_3$

R' : $-O-CH_2(CH_2)N-2CH_3$ 또는 $-O-CH=CH-(CH_2)_{n-3}CH_3$

aleyl group / alkenyl group

[그림 12-18] 플로말로젠들은 3-sn-트리아실글리세롤의 유도체들(Group Ⅰ)과 3-sn-포스파티딜 에스터의 유도체들(Group Ⅱ)의 두 종류가 있다. 그러나 두 종류 다 같이 sn-1의 —OH 기가 지방산 그룹과 에스터 결합으로 연결되어 있지 않으며 R′에서 표시한 알킬그룹 또는 알케닐 그룹으로 표시된 고급지방산 알콜(long-chain fatty alcohols)들과 에텔 결합을 통해서 결합된 매우 특이(特異)한 구조를 갖고 있다. 따라서 플라즈말로젠류는 에텔 결합을 가진 트리아실글리세롤들과 에텔 결합을 가진 (둘 다 1-sn 위치에서) 두개의 그룹들로, 즉 에텔 지방질(ether liqids)과 에텔인 지방질(ether phospho liquids)들로 분류할 수 있다. 한편 알케닐기를 가진 지방산들은 생체내의 여러 효소들의 작용으로 지방산들의 1,2번 탄소(지방산기 제외)들에서 탈수소과정(dehydrogenation)을 통해서 형성되는 것으로 생각되고 있다.

건스톤과 노리스들(Gunstone, E. D. and Norris, F. A., 1983)에 의하면, 이상의 에텔 지방질(the ether lipids)들이 당초 생체의 혈액에서 얻어졌으며, 묽은 산(acid)으로 가수분해할 때, 이중결합을 가진 알콜과 에텔 결합을 하고 있는 비닐에텔 그룹들(vinylether groups)을 가진 트리아실글리세롤이나 포스파티딜 에스터의 유도체들과 같이 사슬이 긴 알데하이드류(long-chain aldehydes)가 형성되었기 때문에 위와 같은 이름이 생겼었다고 한다.

실제로 이상의 플라즈말로젠들이 가수분해될 때는 지방산들 대신에 팔미틱 알데하이드(palmitic aldehyde), 스테아릭 알데하이드(stearic aldehyde) 또는 올레익 알데하이드(oleic aldehyde) 등의 고급지방산들의 알데하이드류(higher fatty aldehydes)가 형성되는 점이 큰 특징이 된다.

이 플라즈말로젠들은 근육, 특히 심장근육에서 얻어지는 인지방질(phospholipids)에 널리 함유되고 있다. 한편, 구성 질소 화합물들(the component nitrogeneous bases)로서는 에탄올아민(ethanolamine), 세아린(serine), 콜린(choline) 등이 발견되고 있다.

하나한(Hanahan, D. J., 1960)은 일찍이 여러 가지 실험 결과 등에서 플라즈말로젠류를 산으로 가수분해할 때, 장쇄 알데하이드류(long-chain aldehydes)가 다량 형성되는 것은 그 분자 내에 모노비닐 에텔 구조(monovinylether structure)를 가진 분자들이 존재하기 때문인 것으로 주장했었다. 그 후의 여러 연구 결과들은 이와 같은 견해를 뒷받침하고 있다.

한편 플라즈말로젠의 구조가 이상과 같다고 할 때, 이 지방질의 제1차적 특징은 에텔 결합(ether linkage)에 있으므로, 이미 언급한 바와 같이 에텔 지방질들(ether lipids)로도 알려지고 있으며, 근래에 와서 그 자세한 구조도 점차 더 확실하게 밝혀지고 있다.

한 예로서 구어와 하워드들(Gurr, M. I. and Harwood, J. L., 1991)은 앞에서 말한 하나한(Hanahan, D. J.)의 그룹이 혈소판 활성화 인자(血小板 活性化 因子, a platelet activating factor, RAF)로 알려진 생물학적 활성 인 지방질들(biologically active phospholipids)로서 처음으로 플라즈말로젠류(plasmalogens)에 속하는 1-O-알킬-2-아세틸-sn-글리세롤-3-포스포콜린(1-O-alkyl-2-acetyl-sn-glycerol-3-phosphocholine)을 분리하고, 그 구조를 확정한 사실에 대해서 언급하고 있다(그림 12-19 참조).

일반적으로 1-O-알킬-2-아세틸-sn-글리세롤-3-포스포콜린들은 혈관의 내부 조직(the inner tissues of blood vessels), 백혈구들(leucocytes), 기타의 다양한 세포막들에 존재하며, 일단 이들 활성화 물질들이 방출될 때는, 혈소판의 집합체들의 형성(the aggregation of blood platelets)을 촉진하며, 또한 혈관 내부의 팽창(dialation of blood vessels)을 일으킨다고 한다. 이 에텔 인 지방질들(ether phospholipids)의 sn-2-의 위치에 결합하고 있는 아세틸 그룹들(acetyl groups, CH_3CO-)은 고급지방산기(higher fatty acyl groups)와 결합된 경우와 달리, 물에 대한 용해성을 크게 함으로써 수용성의 환경에서의 활성에 도움을 준다고 한다. 그림 12-19은 이상에서 설명한, 혈소판활성화인자로 적용하는 에텔 인지방질들의 구조를 나타내고 있다.

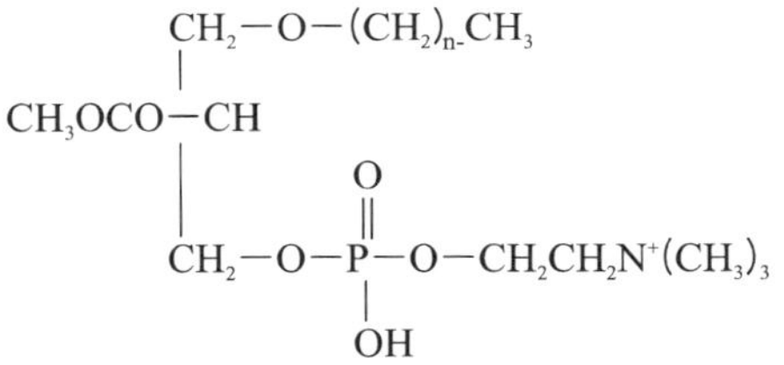

$$
\begin{array}{l}
\qquad\qquad\quad CH_2-O-(CH_2)_{n}CH_3 \\
\qquad\qquad\quad | \\
CH_3OCO-CH \\
\qquad\qquad\quad |\qquad\quad O \\
\qquad\qquad\quad |\qquad\quad \| \\
\qquad\qquad\quad CH_2-O-P-O-CH_2CH_2N^+(CH_3)_3 \\
\qquad\qquad\qquad\qquad\quad | \\
\qquad\qquad\qquad\qquad\quad OH
\end{array}
$$

[그림 12-19] 혈소판 활성화 인자(血小板 活性化 因子, platelet activating factor)로 알려진, 플라즈말로젠류(plasmalogens)에 속하는 1-O-알킬-2-아세틸-sn-글리세롤-3-포스포콜린들(1-O-alkyl-2-acetyl- sn-glycerol-3-phosphocholine)의 구조.

스핀고지방질

스핀고사인(sphingosine)으로 알려진 화합물을 함유하고 있는, 튜디컴(Thudichum, L. J. W., 1884)에 의해서 처음으로 검출되고 연구된, 다음과 같은 한 그룹의 지방질들을 카아터들(Carter, H. E. *et al*., 1947; Cowan, J. C. and Carter, H. E., 1953 참조)이 처음으로 스핀고지방질(sphingolipids)이라 부르기 시작했다.

한편, 아래의 스핀고사인의 구조에서 탄소 4, 5번에 걸쳐 이중결합이 없으며, 탄소 4번이 -CH-OH, 탄소 5번이 $-CH_2-$ 의 형태의 구조를 가진 파이토스핀고사인(phytosphingosine)들이 식물체에서 발견되고 있다. 그리고 스핀고사인 또는 파이토스핀고사인의 탄소 2번의 아미노 그룹($-NH_2$)이 지방산(RCOOH)과 아마이드 결합(amide bond, -CONH-)을 통해서 연결된 유도체들, 즉 $-NH_2$ 그룹 대신 RCONH- 그룹을 가진 스핀고사인 또는 파이토스핀고사인의 유도체들은 다 같이 세라마이드들(ceramides)로 불리고 있다.

또한 스핀고사인에서 형성된 세라마이드(ceramide)의 탄소 1번의 수산기($-CH_2OH$)는 동물들의 인지방질들의 경우, 포스포릴콜린(phosphorycholine) 또는 포스포릴에탄올아민(phosphorylethanolamine)과 인산 에스터(phosphate ester)의 형태를 통해서, 에스터 결합을 한 것이 존재하며, 이들은 스핀고마이엘린(sphingomyelin)으로 알려져 있다. 그리고 이상의 화합물들도 모두 스핀고지방질들로 분류된다.

이 스핀고지방질은 동물조직, 그 중에서도 뇌 신경조직 중의 지방질 성분들로 존재하며 다른 인지방질들과 함께 신경조직, 특히 뇌 신경조직들의 화학적 조성과 기능(brain chemistry)에 깊이 참여하고 있는 것으로 믿어지고 있다(Needham, J., 1971, "*The Chemistry of Life*", Cambridge University Press 참조).

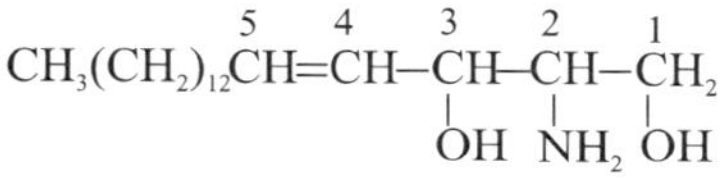

$$\underset{}{CH_3(CH_2)_{12}}\overset{5}{C}H=\overset{4}{C}H-\underset{OH}{\overset{3}{C}H}-\underset{NH_2}{\overset{2}{C}H}-\underset{OH}{\overset{1}{C}H_2}$$

스핀고사인(sphingosine) 즉,
(1, 3-dihydroxy-2-amino-octadecene-4)

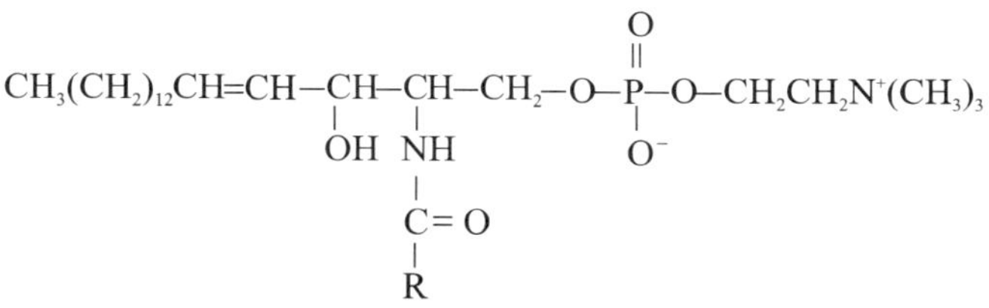

$$CH_3(CH_2)_{12}CH=CH-\underset{OH}{CH}-\underset{NH-C(=O)-R}{CH}-CH_2-O-\underset{O^-}{\overset{O}{\overset{\|}{P}}}-O-CH_2CH_2N^+(CH_3)_3$$

스핀고마이엘린(sphingomyelin)

실제로 이 스핀고지방질들과 나중에 설명할 세레브로사이드류는 신경과 특히 뇌 신경조직들의 화학적 조성과 기능에 대한 연구의 일환으로 튜디컴(Thudichum, L. J. W., 1884)에 의해서 처음으로 연구되기 시작했음은 이미 언급한 바 있다.

이 스핀고지방질은 인산기(phosphate group)를 가진 인 지방질들(phospholipids)과 인산기를 포함하고 있지 않은, 따라서 인 지방질이 아닌 지방질들(non-phosphatide lipids)로 분류된다.

인 지방질의 형태를 가진 스핀고지방질

스핀고마이엘린 인 지방질의 형태를 가진 스핀고지방질들(sphingolipids) 중 가장 대표적인 것이 앞에서 말한 스핀고마이엘린(sphingomyelin)이다. 한편 스핀고마이엘린의 구조와 포스파티딜 에스터류의 하나인 포스파티딜콜린의 구조를 비교하면 아래와 같다.

이 스핀고마이엘린을 가수분해하면, 한 분자의 스핀고사인(sphingosine), 한 분자의 지방산과 한 분자의 포스포릴콜린(phosphorycholine)이 형성되며, 그 구조는 여러 모로 레시틴(lecithin)과 유사하다.

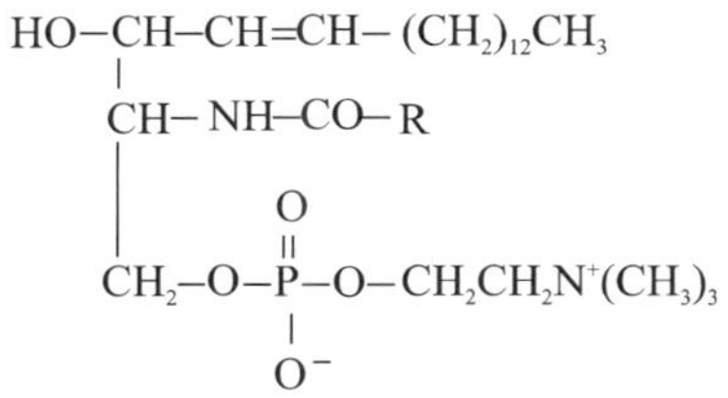

$$
\begin{array}{l}
HO-CH-CH{=}CH-(CH_2)_{12}CH_3 \\
\quad\ \ | \\
\quad CH-NH-CO-R \\
\quad\ \ | \qquad\qquad O \\
\quad\ \ | \qquad\qquad \| \\
\quad CH_2-O-P-O-CH_2CH_2N^+(CH_3)_3 \\
\qquad\qquad\quad\ \ | \\
\qquad\qquad\quad O^-
\end{array}
\qquad
\begin{array}{l}
CH_2-OCOR \\
\ \ | \\
CH-OCOR \\
\ \ | \qquad\qquad O \\
\ \ | \qquad\qquad \| \\
CH_2-O-P-O-CH_2CH_2N^+(CH_3)_3 \\
\qquad\qquad\ \ | \\
\qquad\qquad O^-
\end{array}
$$

스핀고마이엘린 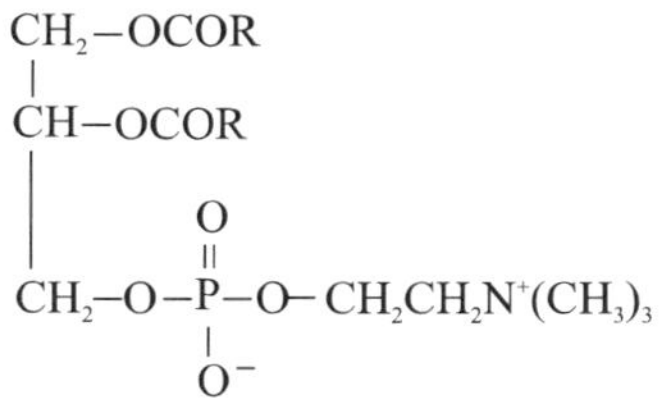　　　　　레시틴

한편, 이 스핀고마이엘린이라는 이름은 한 종류의 구조를 공유(共有)하는 단일체의 화합물들에 대한 명칭이 아니라 여러 개의 비슷한 구조들을 가진 화합물들의 그룹에 대해서 주어진 이름이다. 스핀고마이엘린에서 발견되는 지방산들은 리그노세린산(lignoceric acid)을 주로 하는 다음과 같은 지방산들이다.

리그노세린산(lignoceric acid, C_{24}, 포화지방산)
나보닌산(nervonic acid, C_{24}, C_{15}에 이중결합)
스테아린산(stearic acid, C_{18}, 포화지방산)
팔미틴산(palmitic acid, C_{16}, 포화지방산)

인 지방질이 아닌 당 스핀고지방질들, 즉 글라이코지방질류

세레브로사이드류　세레브로사이드류(cerebrosides)는 그 분자내의 스핀고사인(sphingosine)의 탄소 2번의 아미노기(amino group)가 특징 있는 장쇄 지방산들(long-chain fatty acids)과 아마이드 결합(amide linkage, -CONH-) 을 한, 세라마이드류(ceramides)의 탄소 1번의 수산기(- OH)가 β-D-갈락토오스 또는 β-D-포도당의 각각 탄소 1번의 수산기와 에텔 결합을 한 구조를 갖고 있으며, 인산기(phosphate group)는 분자 내에 존재하지 않는다.

따라서 세레브로사이드류는 후술하는, 세라마이드류와 β-D-포도당, β-D-갈락토오스, 그 유도체 등으로 구성된 올리고당류, 그리고 이 올리고당류에 결합한 N-아세틸아미노당 등으로 구성된 갼글리오사이드류(gangliosides) - 역시 인산기는 존재하지 않는다 - 와 함께 당 스핀고지방질류(glycosphingolipids)를 구성한다. 이들은 간단히 글리코지방질들(glycolipids), 또는 당지방질류(糖脂肪質類)로 불리기도 한다.

이 세레브로사이드류는 동물의 뇌, 비장(spleen) 등의 조직의 지방질에서 얻어진다.

이 세레브로사이드류도 튜디컴(Thudichum, L. J. W., 1884)에 의해서 처음으로 실험동물들의 뇌 추출물에서 발견되었다. 그 이름도 뇌에서 추출된 사실과 뇌에 존재하는 지방질들의 성분들임을 시사하고 있다(cerebro-, Latin어로 뇌, 대뇌를 뜻함).

세레브로사이드를 가수분해하면 스핀고사인, 지방산과 헥소오스(hexose) 등이 형성되며, 그 전체 구조는 다음과 같다.

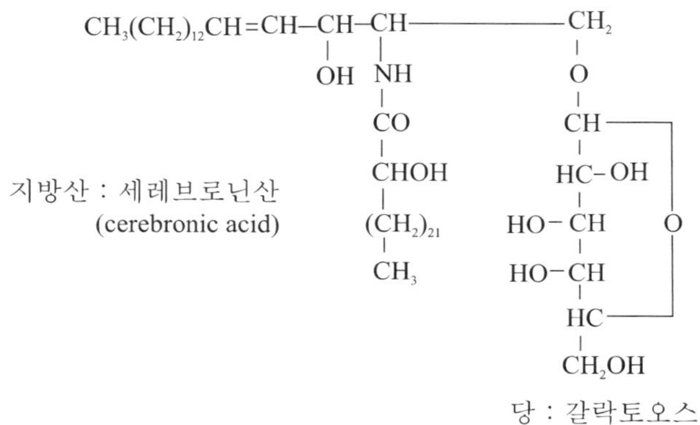

세레브로사이드들을 구성하고 있는 당은 주로 갈락토오스(D-galactose)이며, 가끔 포도당(D- glucose)인 경우도 있다.

세레브로사이드류의 종류 세레브로사이드류는 그 구성 지방산들의 종류에 따라 다시 다음의 네 가지 종류로 세분된다.

1. 케라신(kerasin)
   구성 지방산이 C_{24}인 포화지방산 리그노세린산(lignoceric acid, $CH_3(CH_2)_{22}COOH$)인 경우
2. 프레노신(phrenosin)
   구성 지방산이 탄소 수가 24개의 α-하이드록시산(α-hydeoxy acid)인 세레브로닌산(cerebronicacid, $CH_3(CH_2)_{21}CHOHCOOH$)인 경우
3. 나본(nervon)
   구성 지방산이 탄소 수가 24개이며, 탄소 15번에 이중결합을 가진 불포화지방산인 나보닌산(nervonic acid, $CH_3(CH_2)_7CH=CH(CH_2)_{13}COOH$)인 경우
4. 옥시나본(oxynervon)
   구성 지방산이 나보닌산(nervonic acid)의 α-하이드록시 유도체인 옥시나보닌산(oxynervonic acid, $CH_3(CH_2)_7CH=CH(CH_2)_{12}CHOHCOOH$)인 경우 등이다.

갼글리오사이드류 세레브로사이드류(cerebrosides)와 비슷한 지방질로서 첫째로 그 분자 내에 인산 그룹(phosphosphoric acid group)이 구성 성분으로 들어 있지 않고 그 대신 스핀고사인이 장쇄 지방산과 아마이드 결합(amide linkage)을 한 세라마이드(ceramide)에 각종 당류 중의 특정 당류가 결합된 당 스핀고지방질류(glycosphingolipids) 또는 간단히 당지방질들(glycolipids)에 속하는 화합물들이다.

둘째로 이 당지방질들은 세레브로사이드류(cerebrosides)와 같이 신경 조직의 신경절세포들(ganglion cells)의 세포막 등에 널리 분포되어 있어서 그 이름 붙은 것으로 보인다. 이 갼글리오사이드류는 고등동물들의 경우, 세레브로사이드류처럼 뇌에 널리 분포되고 있으며, 뇌의 회백질(灰白質, grey matter)에 주로 집중되어 있다(ganglio- 희랍어로 신경절을 의미함).

갼글리오사이드류의 거의 대부분의 경우, 그 중심 구성 성분은 우선 세레브로사이드류의 기본 구조에서 이미 표시한 세라마이드(ceramide)와 에텔 결합(ether linkage)을 한, 갈락토오스(galactose) 대신에

글루코오스, 갈락토오스로 이어진 올리고당(oligosaccharide)의 두 번째의 갈락토오스의 탄소 3번의 수산기(-OH)가 사이알린산(sialic acid)의 탄소 2번의 수산기와 에텔 결합을 통해서 결합한 비인산(非燐酸), 당 스핀고사인지방질 또는 간단히 당지방질이다. 세라마이드(ceramide)를 구성하는 지방질들의 경우, 스테아린산이 가장 많으며, 그 함량은 고등동물의 뇌에 대략 70~95%로 알려져 있다.

이상의 갼글리오사이드류의 또 하나의 중요한 구성 성분은 포도당, 갈락토오스로 이어진 올리고당의 두 번째의 갈락토오스의 탄소 3번의 수산기와 자신의 탄소 2번의 수산기의 에텔 결합을 통해서 결합된 사이알린산(sialic acid)인 것이다. 이 사이알린산은 이미 자세히 설명한 바 있는 탄소 수가 9개인 뉴유라미닌산(neuraminic acid)의 분자 중의 아미노기(- NH_2 group)가 아세틸화 된 N-아세틸뉴우라미닌산(N-acetylneuraminic acid)이며, 이 탄소 수가 9개인 산성 당(acidic sugar)은 사이알린산(sialic acid)으로 알려진 산들 중의 하나이며, 갼글리오사이드류의 중요한 구성 성분이 되고 있다.

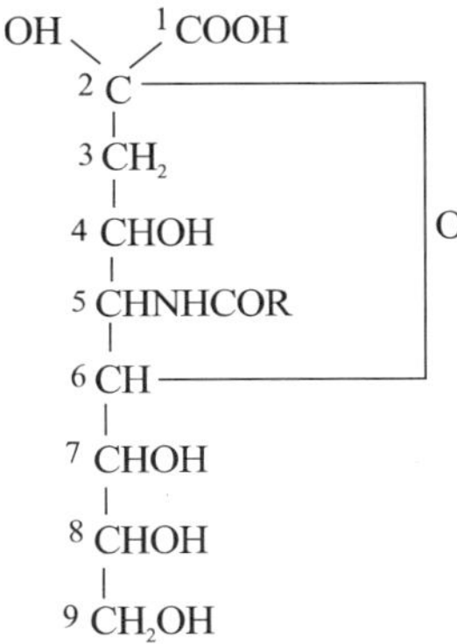

사이알린산(sialic acids)의 하나인 N－아세틸뉴우라민산(N-acetylneuraminic acid)

한편 갼글리오사이드류는 한 개의 세라마이드(ceramide), 가장 보편적인 구성 올리고당류로서 포도당(4←1)-갈락토오스(4←1)-N-아세틸갈락토사민-(3←1)-갈락토오스로 된 그룹과, 여기서 첫 번째 포도당에 이어진 갈락토오스와 결합한 사이알린산 등이 기본 구성 성분들이나 이 이외에도 이 올리고당 그룹에 사이알린산이 두 개가 결합한 갼글리어사이드, 이미 결합된 사이알린산에 8←2 위치에서 다른 사이알린산의 결합 형태 등(monosialogangliosides, disialogangliosides, trisialogangliosides)이 알려져 있다.

따라서 갼글리오사이드류를 가수분해하면, 한 분자의 지방산, 한 분자의 스핀고사인, 1~3개의 뉴유라미닌산, 대략 4개 정도까지의 갈락토오스(galactose), 포도당, N-아세틸갈락토사민들이 생성되는 한 그룹의 지질이다.

갼글리오사이드류의 자세한 구조들에 대해서는 아직 확실히 알려져 있지 않다.

검화되지 않는 지방질들

검화되지 않는 지방질들(unsaponifiable lipids) 중에서 직접적인 지방산의 에스터들로 볼 수 있는 것은 거의 없으며, 따라서 이상의 지방질들은 유도 지방질들(derived lipids)이라고도 불려진다.

여기에 속하는 지방질들은 지방산이나 지방질 중에서 식품화학상 가장 중요한, 지방산들의 트리아실글리세롤들(triacylglycerols, TAGs)의 혼합물인 유지류(fats and oils)와 그 구조나 성질이 전혀 다르며, 어떤 의미에서는 함께 논의하는 것이 부자연스러울 정도이다. 그러나 유용성(oil-soluble)이기 때문에 식품들 중에서는 검화될 수 있는 지방질들, 즉 유지류나 기타의 지방산들의 에스터들과 언제나 함께 존재하며, 따라서 그런 의미에서 지방질류에 함께 분류하고 있다.

스테롤류

스테롤류(sterols)와 그 에스터류는 지금까지 언급하여 온 검화될 수 있는 지방질들(saponifiable lipids)과는 전혀 구조가 다른 물질들이나, 물에는 잘 녹지 않는 대신에 지용성 용매들(脂溶性 溶媒, fat solvents)에는 아주 잘 녹는, 뚜렷한 생리적 작용(physiological activity)을 가진 중요한 것들이 많다.

이 스테롤류는 스테로이드(steroid)로 알려진 그림 12-20과 같은 기본적 구조를 가진 다양한, 그러나 모두 독특한 생리 작용을 가진 화합물들 중의 한 그룹을 형성하고 있다.

스테롤류의 일반적인 구조는 그림 12-20과 같으며, 탄소 3번에 수산기(- OH)를 가진 것이 가장 중요한 특징이다. 한편, 스테롤류는 구조상의 특징에 따라 환상 알콜(cyclic alcohols)로 볼 수도 있다.

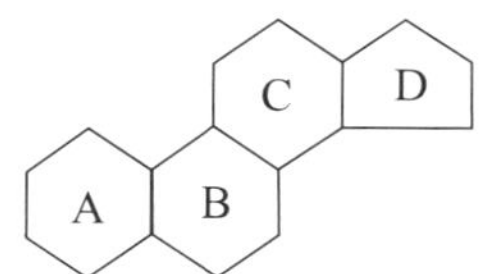

융합 링 시스템 : 사이클로펜타노퍼하이드로페난트렌
(a condensed ring system : cyclopentanoperhydrophenanthrene)

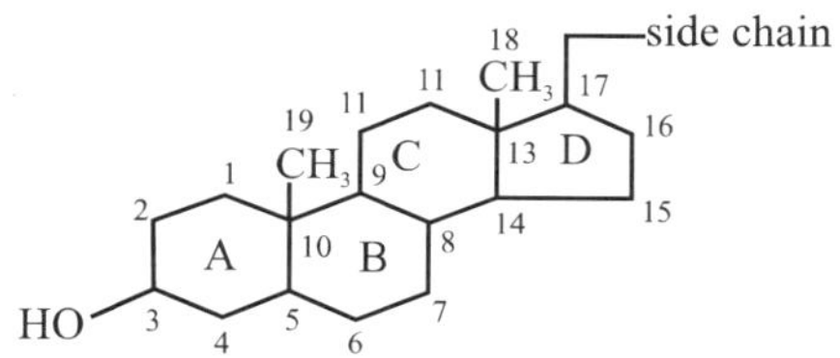

[그림 12-20] 스테롤류(sterols)의 일반적인 구조. 스테롤류의 가장 중요한 특징은 탄소 3번에 수산기(—OH)가 있다는 사실이다.

스테롤류의 반응

스테롤류(sterols)는 일반적으로 다음과 같은 특징 있는 반응들을 일으킨다.

리버어맨-버어처드 정색 반응 리버어맨-버어처드 정색 반응(Liebermann-Burchard color reaction)은 스테롤류의 일반적인 반응으로서, 스테롤의 시료(sample)를 무수 초산(anhydrous acetic acid)에 용해시켜서 냉각한 후, 몇 방울의 농황산(conc. H_2SO_4)을 가하면, 스테롤류가 존재할 때는, 용액의 색깔은 먼저 자색이 되고, 곧 청색 또는 녹색으로 변하며 일부 테르펜류(terpenes)에서도 일어 날 수 있다.

디지토닌 침전반응 스테롤류 중에서 3번의 탄소에 결합하고 있는 수산기(- OH)가 β-형(β

-form, 즉 equatorial type)인 스테롤류(거의 대부분의 잘 알려진 스테롤들은 여기에 속한다)는 알칼로이드류(alkaloids)에 속하는 디지토닌(digitonin)과 함께 침전반응을 일으킨다.

이 디지토닌 침전반응(digitonide reaction)은 매우 예민하며, 정성적(qualitative)인 목적뿐만 아니라 정량적(quantitative)인 목적을 위한, 스테롤류의 분리와 정제에도 이용된다.

스테롤류는 알콜 용액에서 디지토닌과 보통 백색의 결정성인 부가 화합물(a crystalline addition compound), 즉 스테롤 디지토나이드(sterol digitonide)를 형성한다.

스테롤류의 분류

스테롤류는 그 종류가 많으나, 우선 그 출처에 따라 크게 동물성 지방질에서 얻어지는 동물성 스테롤류(zoosterols), 식물성 지방질에서 얻어지는 식물성 스테롤류(phytosterols)와 미생물의 지방질에서 얻어지는 미생물 스테롤류(mycosterols)로 분류된다. 이들 스테롤류 중 가장 대표적인 스테롤들에 대해서 간단히 설명하면 다음과 같다.

동물성 스테롤류

콜레스테롤 콜레스테롤(cholesterol)은 고등동물들의 근육 조직, 뇌 조직, 신경 조직, 담즙, 혈액, 그리고 일반 지방질에 널리 분포되고 있다.

예로서 동물 지방질(animal fats)에는 0.1% 내지 0.4% 정도, 어유(fish oils)에는 1% 내지 1.5% 정도 함유되고 있다. 구체적인 예로서, 쇠고기나 돼지고기 속의 콜레스테롤 함량은 보통 58~65mg/100g 정도이다. 이상의 콜레스테롤 중 6% 정도가 에스터의 형태로 존재한다.

한편, 크리체브스키들(Kritchevsky, D. *et al.*, 1967)의 연구에 의하면, 어류를 비롯한 해산물의 지방질에 존재하는 스테롤 중 가장 함량이 많은 것이 콜레스테롤이라고 한다. 즉 이들의 조사에 의하면, 대구, 대구무리, 연어, 새우, 바닷가재 등에 있어서는 전체 스테롤 함량의 90% 이상이 콜레스테롤이며, 한편 굴의 경우에는 41%, 가리비와 대합조개 등의 경우에는 각각 26%와 37% 정도라고 한다. 이들이 조사한 해산물 속의 콜레스테롤 함량은 표 12-14와 같다.

표 12-14 각종 해산물들 중의 콜레스테롤 함량들(cholesterol contents) (mg/100g)

시료(sample)	Kritchevsky, D. et, al.(1967)	Phil, et al. (1952)	Achard, et al. (1934)	Thompson (1964)
굴(oyster)	150	-	215	37~58
대구(의 일종)(haddock)	90	64	-	-
대구무리(pollock)	75	-	-	-
연어(salmon)	95	57	25	-
새우(shrimp)	200	226	116	157
바다가재(lobster)	170	208	-	-
대합조개(clam)	190	-	-	82
가리비(scallop)	175	-	-	60
게(crab)	140	-	-	52~98

Kritchevsky, D., Tepper, S. A., Di Tullo, N. W. and Holmes, W. L. 1976. *J Food Science*, 32, 64.

콜레스테롤의 분자식은 $C_{27}H_{45}OH$이며, 그 분자 구조는 그림 12-21와 같다. 한편 콜레스테롤의 탄소 3번에 있는 수산기(-OH)는 β-형(β -OH, equatorial)이다. 콜레스테롤은 그 융점이 149℃인, 백색의 결정으로서 존재하며, 물에는 녹지 않으나 에텔, 클로로포름($CHCl_3$), 벤젠, 이황화탄소(carbon disulfide, CS_2) 등과 같은 소위 지용성(脂溶性) 용매들에는 잘 녹는다. 에탄올(ethanol)에는 실온(17℃)에서는 100mL에 대해서 약 1g밖에 녹지 않으나, 비등점(b.p.) 바로 아래인 78℃의 에탄올에서는 11g 정도가 녹는다. 이 콜레스테롤은 광학적으로 활성이 있으며, 에텔 용액에서의 비선광도(specific rotation)는 $[\alpha]_D = -31.6°$이다.

한편 인체의 혈액에서는 상당량, 즉 성인(adult)의 경우, 100mL에 대해서 200mg 정도의 콜레스테롤이 함유되고 있으며, 그 중 73% 정도는 올레인산, 또는 팔미틴산의 에스터의 형태로, 나머지 27%는 유리 상태(free state)로 존재한다. 인체의 혈액 중의 콜레스테롤은 거의 언제나 리포프로테인(lipoprotein)과 결합한 형태로 존재한다.

인체에 존재하는 콜레스테롤의 총량은 상당한 양에 달한다. 예로서 77kg의 체중을 가진 성인은 그 체내에 대략 250g 정도의 콜레스테롤을 갖고 있다고 한다. 이와 같은 다량의 콜레스테롤은 일부는 자기(自己) 체내에서의 생합성(biosynthesis)에 의해서, 일부는 동물성 지방질 식품들을 섭취할 때 얻어지는 것으로 생각된다.

콜레스테롤은 인지방질, 당지방질들과 함께 체내 각종 조직 내의 세포들의 세포막을 형성하는 구성 성분으로 존재하며, 특히 신경 조직들의 마이엘린들(myelins), 즉 수초(髓鞘)들을 구성하는 지방질의 한 성분으로 존재한다.

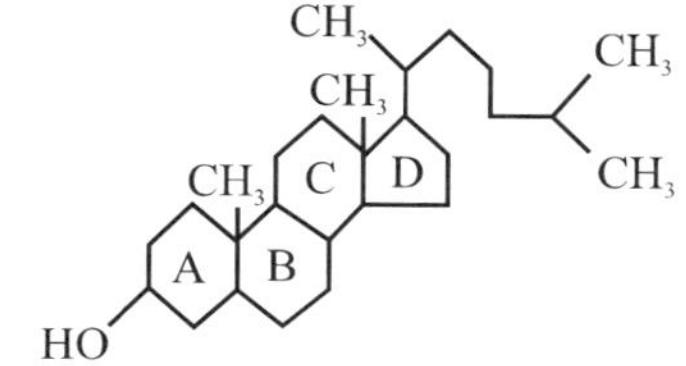

콜레스테롤(cholesterol)의 구조.

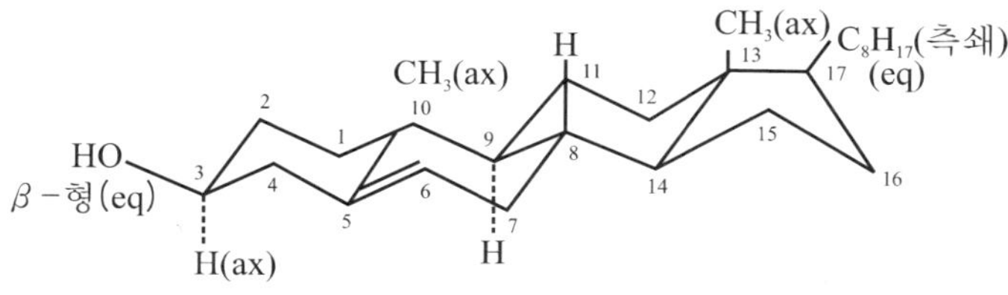

[그림 12-21] 콜레스테롤의 입체적 구조(configuration) : 탄소 3번에 있는 수산기(—OH)가 수평면에 대해서 위쪽으로 향하고 있다. 즉 β-형이다.

그러나 인체에서의 콜레스테롤의 신진대사 과정이 병적(pathological)인 상태가 될 경우, 콜레스테롤이 과도하게 혈관벽에 축적하게 되기 때문에 혈액 중의 콜레스테롤 농도, 따라서 각종 식품 중의 콜레스테롤 함량은 영양학적으로나, 의학적(醫學的)으로 매우 중요한 문제가 되고 있다. 콜레스테롤은 세포 내의 보편적인 성분이나 각종 스테로이드, 호르몬류와 비타민 D 합성에 이용되기도 한다.

한편 콜레스테롤은 앞에서 말한 대로 다른 대표적인 스테롤류와 마찬가지로 탄소 3번의 수산기가 β-형이기 때문에 디지토닌 반응(digitonide reaction)을 일으킨다.

콜레스테롤에 대한 이 반응은 매우 예민하며, 에탄올 1mL에 녹아 있는 콜레스테롤의 함량이 0.1mg인 경우에도 검출될 수 있다. 이때 형성된 알콜에 녹지 않는 콜레스테롤 디지토나이드(cholesterol digitonide)의 무게를 측정함으로써 원래 있었던 콜레스테롤의 양을 구할 수 있다.

$$\text{콜레스테롤} + \text{디지토닌} \rightarrow \text{콜레스테롤 디지토나이드} \downarrow$$
$$\text{콜레스테롤 디지토나이드의 무게} \times 0.2431 = \text{콜레스테롤의 무게}$$

식물성 스테롤

사이토스테롤류　식물성 스테롤류, 즉 파이토스테롤류(phytosterols) 중의 대표적인 것으로는 사이토스테롤류(sitosterols ; 그리스어 sitos＝grain, 즉 곡류에서 나왔음)가 있다.

이 스테롤들은 고등식물들의 대표적인 스테롤들로서 밀의 배종유(wheat germ oil)에서 처음 유리되었다. 이 사이토스테롤들에는 실제로는 α1-, α2-, α3-, β- 와 γ-사이토스테롤들이 알려져 있다.

이 중에서 β-사이토스테롤(sitosterol)은 밀의 배종유뿐만 아니라, 옥수수기름, 기타의 식물성 유들에 널리 분포되고 있다.

그 분자식은 $C_{29}H_{49}OH$, 융점은 137.5℃, 비선광도(specific rotation)는 에텔 용액에서 $[\alpha]_D = -26.7°$이다.

그 성질은 콜레스테롤과 매우 유사하나, 콜레스테롤과 초산과의 에스터(cholesterol acetate)의 융점이 114℃인데 반해서, β-사이토스테롤과 초산과의 에스터(sitosterol acetate)의 융점은 125℃ 정도이기 때문에 두 스테롤들을 쉽게 구별할 수 있다.

이 β-사이토스테롤과 관련된 식품화학상의 한 응용 예로서는 한 유지가 동물성 유지인지 식물성 유지인지를 확인하는 방법이 될 수 있을 것이다.

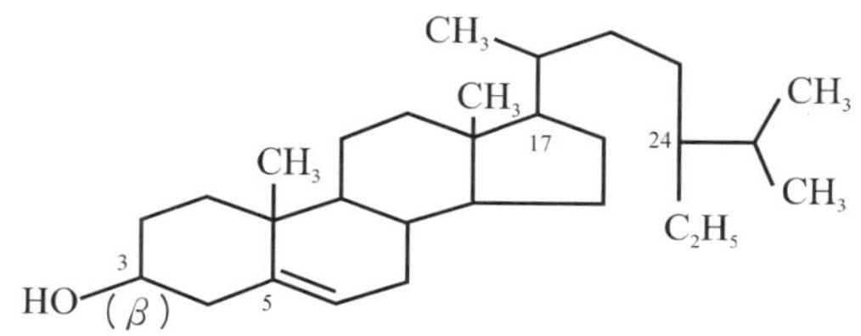

β-사이토스테롤(β-sitosterol)의 구조.

한편, 쇼오뮬러(Schormüler, J., 1974)는 그의 저서(Lehrbuch der Lebemsmittelchemie, 2. Auflage, Springer-Verlag, Berlin, 1974. s.70) 에서 식물성 유들에도 소량의 콜레스테롤, 전체 스테롤 함량의 5~10%의 콜레스테롤이 함유된 사실이 수년전부터 알려져 왔다고 언급하고 있다. 그러나 동물성 유지들에 식물성 스테롤들(phytosterols)이 검출된 일은 없다고 한다. 그 후의 여러 연구들의 결과 주요 식물성 유들에 콜레스테롤이 대략 0.5mg/kg 정도 함유되어 있다고 한다.(Belitz, H. D. and Grosch, W., 1992, English edition, 1999) 그러나 그 함량들의 차이가 너무나 크기 때문에 이상의 확인법에 큰 영향을 주리라고는 생각되지 않는다.

한편 고어든과 밀러들(Gordon, M. H. and Miller, L. A. D., 1997)은 식물성유들에 함유된 스테롤류 중에서 유리형은 정제 과정에서 손실이 많으나, 에스터형은 매우 안정하고 정제 과정에서 손실이 적다고 한다.

고어든과 밀러들은 여러 종류의 식물유들(various vegetable oils)의 에스터형 스테롤류의 함량과 스테롤류의 종류를 HPLC법과 GLC법으로 조사한 바 있다. 여기서 에스터형 스테롤이란, 물론 스테롤의 탄소 3번의 위치의 수산기(-OH)가 아세틸화(acetylation, CH_3COO-)된 형태를 말한다.

이상의 조사의 결과, 이들은 스테롤 에스터의 함량이 4000mg/kg인 식물유들로서 옥수수기름, 평지씨 기름(rapeseed oil), 그 함량이 2000~1400kg인 식물유들로서 해바라기 기름(sunflower oil), 고올레인산 해바라기 기름(high-oleic sunflower oil), 에스터 함량이 1200mg/kg 이하의 식물유들로서 잇꽃 기름(safflower oil), 대두유, 면실유, 땅콩기름, 올리브유, 팜 야자유(palm oil) 등을 들고 있다.

이들은 또한 식물유들의 경우, 에스터형의 식물성 스테롤류의 분포는 어떤 식물유의 원료가 되는 식물체의 품종에 기인한 변화들보다는, 원료가 서로 다른 식물유들 사이의 에스터형 스테롤류의 분포의 차이가 훨씬 더 큰 사실을 확인했으며, 이 사실을 이용해서 원료가 서로 다른 식물유들의 혼합유, 예로서 평지씨 기름과 옥수수유의 혼합 사실, 정도 등을 알아내는 검출 내지는 검정 방법의 개발·발전이 유망하다고 설명하고 있다.

일반적으로 한 유지가 식물성 유지인지 동물성 유지인지 알고자 할 때는 우선 그 유지 속에 콜레스테롤이나 β-사이토스테롤이 미량이나마 함유되고 있는지의 여부를 조사하는 것도 한 방법이 된다.

고어든과 밀러들의 논문이 발표된 다음 해, 부류루와 피이빗히들(Brühl, W. and Fiebig, H.-S., 1998)의 "Sterol Composition of Vegetable Oils"라는 제목의 통신(通信)이 같은 학회지에 발표되었다. 여기서 이들은 고어든과 밀러들의 Tables 5. Mean Sterol composition(%) and Content(mg/kg) in Vegetable Oils 중의 다음의 기름들 중의 brassicasterol의 함량에 대해서 To our astonishment, brassicasterol content for safflower(5.4%), ground nut(3.6%), and cottonseed oils(2.9%) are given "The occurrence of such brassical contents in safflower, ground nut, or cottonseed oils does not comply with any sterol compositions, reported in the literature."라고 발표하고 있다.

그러나 이상의 함량이 한 기름의 스테롤 함량의 % 비율을 나타낸다고 할 때, 실험 중의 착오, 또는 계산상의 착오라고 간단히 단정하기는 힘들 것 같다.

한편, 고어든들이 제안하고 있는 식별 또는 판별 방법의 개발은, 이 방안이 어디까지나 경험적 방법(an empirical method)이기 때문에 어떤 결과 또는 사실을 잘 설명할 수 있고, 예측할 수 있다면, 그런대로 유용한 방법이 될 가능성은 있다고 본다.

근래에 와서, 부라시카스테롤을 중심으로 한 일부 스테롤들이 식물성장 촉진작용(예로서 식물종자들의 세포막 또는 세포벽의 형성을 촉진시켜주는)을 가진 일종의 식물성장 촉진 물질들(cell membrane or cell wall growth compounds)이 작용하는 것으로 생각되고 있는 것 같다.(Adam, G. and Marquardt, V. "Phytochem.," 25, 1787, 1986; 우원식, "천연물화학 연구법," p.200~202, 서울대학교, 출판부, 서울, 1996). 이상의 사실은 한 식물체들의 한 예로서 부라사카스테롤 함량들은 시기에 따라서 크게 다를 수도 있을 가능성이 크다고 생각된다.

스티그마스테롤　스티그마스테롤(stigmasterol)은 또 하나의 대표적인 식물성 스테롤로서 미강유(rice bran oil), 옥수수유(corn oil), 대두유(soybean oil), 팜 야자유(palm oil) 등에 널리 분포되고 있다. 한편 앞에서 말한 β-사이토스테롤은 측쇄의 이중결합이 개환 된 스티그마스테롤, 즉 22-다이하이드로스티그마스테롤(22-dihydrostigmasterol)로 볼 수 있다.

그 분자식은 $C_{29}H_{47}OH$이며, 융점은 169℃ 내지 170℃, 클로로포름($CHCl_3$)에서의 비선광도(specific rotation)는 $[\alpha]_D = -45.0°$이다. 다이에틸에틸(diethyl ether), 벤젠, 클로로포름 등 지용성 용매들에는 잘 녹고, 에탄올, 아세톤에도 녹으나, 물에는 녹지 않는다.

스티그마스테롤(stigmasterol)의 구조.

미생물 스테롤

엘고스테롤 엘고스테롤(ergosterol)은 각종 곰팡이, 효모들, 그리고 클로렐라(chlorela), 각종 버섯류 등에서 얻어지는 가장 대표적인 미생물 스테롤(a mycosterols)이다.

그 분자식은 $C_{28}H_{43}OH$이며, 융점은 168℃이나 그 결정은 한 분자당 평균 1.5분자의 결정수를 포함한다. 무수 결정을 얻고자 하는 노력은 모두 실패한 것 같다. 클로로포름 용액에서 20℃에서의 비선광도(specific rotation)는 $[\alpha]_D = -135°$이다(Merck Index, 1989).

엘고스테롤에 자외선(ultra-violet ray)이 조사되면, 그 B환이 쉽게 개열(開裂, ring opening)되는 동시에, A환에 반전(反轉, inversion)이 일어나서 A환의 3 위치의 수산기(-OH)는 α-형에서 β-형이 되면서, 중간 생성체(anintermediate)인 프레비타민 D_2가 형성된다.

한편 프레비타민 D들이 생체의 피부에서 실제로 열이성화(熱異性化)에 의해 비타민 D들이 형성되는 지의 문제는 1970년 후반에 실험동물들을 사용한 여러 실험들을 통해서 실제로 그와 같은 이성화가 일어나는 사실이 확증되고 있다고 한다(Shimazono, N. and Yurugi, S., 1980 참조). 또한 프레비타민 D_2를 비롯한 프레비타민들은 그 형태상의 특징에 따라 코일형(coil form)으로 알려진 반면에, 비타민 D_2를 비롯한 비타민류는 리니어형(linear form)을 가진 것으로 알려져 있다.

한편 엘고스테롤은 자외선 조사에 의해서 쉽게 비타민 D_2가 될 수 있음으로, 엘고스테롤 자신도 비타민 D의 선구 물질(precursor), 즉 프로비타민 D(provitamin D)로 불리고 있다.(그림 12-22).

한편 동물 체내에 존재하는, 특히 대구(cod), 참치(tuna)의 간유류(肝油類, liver oils) 등에 많이 함유된 7-데하이드로콜레스테롤(7-dehydrocholesterol)도 자외선을 조사 받으면 역시 B환이 개열되는 동시에 A환에 반전이 일어나면서 중간체인 프레비타민 D_3(previtamin D_3)가 형성된다. 이 프레비타민 D_3는 앞에서 말한 프레비타민 D_2의 경우처럼 곧 열 이성화(熱異性化, thermal isomerization)를 통하서, 비타민 D들 중에서 가장 활성이 큰 것으로 알려진 비타민 D_3로 이성화한다. 비타민 D_2가 칼시페롤(calciferol) 또는 엘고칼시페롤(ergocalciferol) 등으로 알려져 있는 것처럼 비타민 D_3는 콜레칼시페롤(cholecalciferol) 또는 간단히 칼시올(calciol)이라는 이름으로도 알려져 있다. 7-데하이드로콜레스테롤이 프레비타민 D_3를 거쳐서 비타민 D_3를 형성하는 과정은 그림 12-23과 같다.

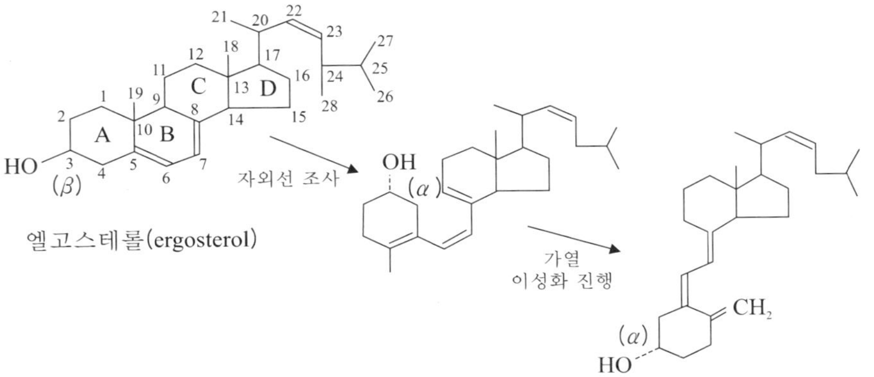

21 20 22 23 27 12 18 17 11 16 24 25 C 13 D 26 1 19 9 2 8 28 15 14 A 10 B HO 3 4 5 7 (β) 6 자외선 조사 OH (α) 가열 이성화 진행 CH₂ (α) HO

엘고스테롤(ergosterol)

[그림 12-22] 프레비타민(previtamin)의 하나인 엘고스테롤(ergosterol)에 자외선(U.V. ray)을 조사(照射)하면, 엘고스테롤의 B-환(B-ring)의 탄소 8번과 9번 사이에서 개환(開環)되어 동시에 A환의 구조의 반전(反轉)이 일어나 3번 탄소에 결합된 수산기(—OH)의 결합의 형태는 β-형에서 α-형이 된 중간체(an intermediate)인 프레비타민 D_2가 형성된다. 그러나 이 프레비타민 D_2는 계속되는 가열에 의한 이성화(異性化, heat isomerization)에 의해서 비타민 D_2가 곧 형성하게 된다. 그림 중 중간의 화합물은 중간체인 프레비타민 D_2, 오른쪽의 가열 이성화의 진행으로 형성된 비타민 D_2를 표시하고 있다.

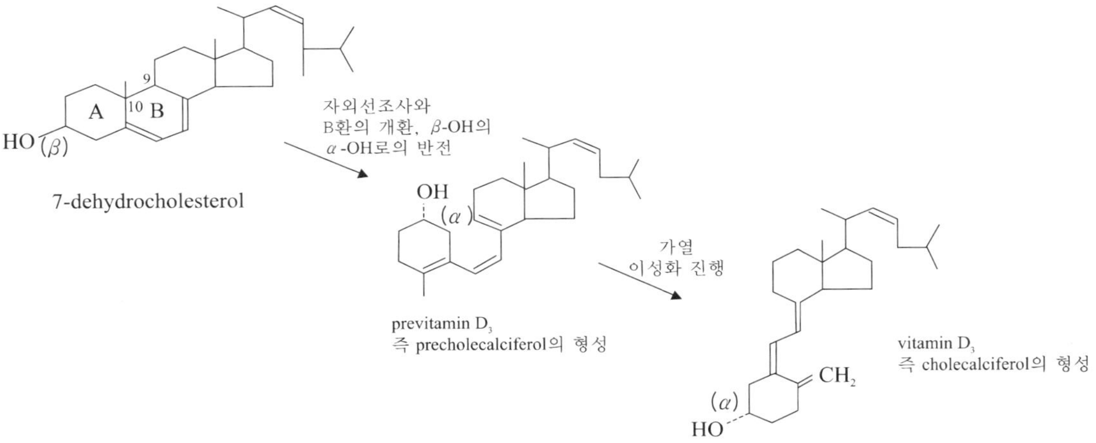

9 A 10 B HO (β) 자외선조사와 B환의 개환, β-OH의 α-OH로의 반전 OH (α) 가열 이성화 진행

7-dehydrocholesterol

previtamin D_3
즉 precholecalciferol의 형성

CH₂ (α) HO

vitamin D_3
즉 cholecalciferol의 형성

[그림 12-23] 7-데하이드로콜레스테롤, 프레비타민 D_3, 비타민 D_3의 구조 사이의 관계(본문참조).

엘고스테롤의 또 하나의 유도체로 볼 수 있는 22,23-다이하이드로엘고스테롤(22,23-dihydroergosterol)도 자외선 조사를 받을 때는 역시 개환(開環, ring opening)과 반전(inversion) 과정을 거쳐 프레비타민 D_4가 형성되었다가, 열 이성화에 의해서 비타민 D_4가 형성된다(그림 12-24 참조). 따라서 이들 스테롤들은 모두 프레비타민 D들(previtamin Ds)라고 부를 수 있다.

프레비타민 D들이 자외선 조사를 받고 비타민 D가 될 때 일반적으로 2단계의 과정을 거치는 것으로 생각되고 있다.

예로서 7-데하이드로콜레스테롤(7-dehydrocholesterol)에 자외선을 조사하면, 첫 번째 단계로 B환이 개환(開環, ring opening)되는 동시에 A환에 반전(反轉, inversion)이 일어나면서 프레비타민 D_3(previtamin D_3)가 형성되며, 이때 탄소 3번의 위치에 있던 수산기(-OH)는 β-형(β-form, 즉 equatorial form)에서 α-형(α -form, 즉 axial form)으로 바뀐다.

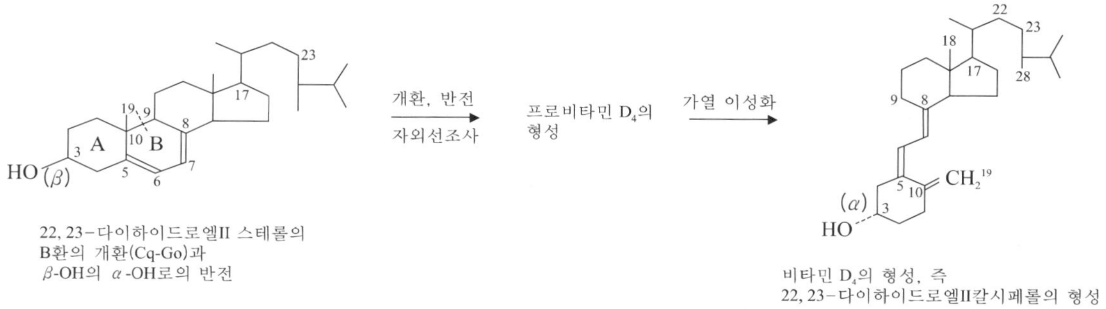

22, 23-다이하이드로엘II 스테롤의 B환의 개환(Cq-Go)과 β-OH의 α-OH로의 반전

개환, 반전 / 자외선조사 → 프로비타민 D_4의 형성 → 가열 이성화 →

비타민 D_4의 형성, 즉 22, 23-다이하이드로엘II칼시페롤의 형성

[그림 12-24] 또 하나의 프로비타민인 22,23-다이하이드로엘고스테롤가 자외선 조사를 받으면, B환의 개열, 반전이 일어나면서 프레비타민 D_4가 형성되나, 곧 열 이성화에 의해서 비타민 D_4, 즉 22,23-다이하이드로엘고칼시페롤이 형성된다.

다음 이 프레비타민 D_3는 열이성화(熱異性化, thermal isomerization), 즉 주변으로부터 약간의 열 에너지의 공급을 받아, 분자 내의 구성 원자 그룹들의 재배치(intermolecular rearrangement)와 입체 구조(molecular configuration)의 변화, 즉 프레비타민 D_3의 코일형(coil form)이 더 안정된 리니어형(linear form)으로 변화하는 제2단계를 거쳐서 최종적으로 비타민 D_3가 형성된다(그림 12-23 참조).

전술한 비타민 D_3의 경우뿐만 아니라 비타민 D_2나 D_4들의 경우에도 원래 탄소 3번의 위치에 있던 수산기(-OH)는 β-형에서 α-형으로 그 입체 구조가 바뀌어 진다. 따라서 비타민 D류는 디지토닌 첨가 반응(digitonide reaction)을 일으키지 않는다.

한편 비타민 D_1에 해당되는 특정된 화합물은 존재하지 않으며, 비타민 D_2와 D_3의 혼합물에 대해서 D_1이란 이름이 잘못 사용되어 온 것으로 알려져 있다.

성인(adult)의 하루 비타민 D 섭취 추천량은 대체로 400 IU(International Unit, 즉 국제단위) 또는 비타민 D_3로서 10μ g 정도라고 하나, 우리나라의 경우에는 남자나 여자 다 같이 하루 권장량으로 영아 0~4개월 5μ g, 5~12개월 10μ g, 소아 1~9세 10μ g, 청소년 및 성인 17~19세 10μ g, 20~49세 5μ g, 50~75세 이상10μ g, 임산부, 수유부(授乳婦) 다 같이 5μ g 등으로 정하고 있다. 1 IU(국제단위, International Unit)는 비타민 D_3를 기준으로 할 때, 1 IU=0.025μ g으로 정하고 있다. 따라서 하루 10μ g의 섭취량은 400 IU에 해당한다(DeLuca, H. F., 1978 ; FAO 한국협회, 식품영양위원회, 2000, "한국인 영양권장량" 참조). 비타민D_2인 엘고칼시페롤(ergocalciferol), 비타민D_3인 콜레칼시페롤(cholecalciferol) 등의 칼시페롤(calciferol)라는 이름은 인체의 뼈의 중요한 구성성분인 칼슘을 연상시키는 이름들이고 인체의 뼈의 성장촉진, 기능강화와 관련된 비타민들임을 잘 나타내고 있다. 이 비타민이 결핍되면 뼈의 연화(softening of bones)로 특징지어지는 구루병(rickets)에 걸리기 쉽게 됨은 잘 알려진 사실이다.

한편 비타민 D들은 전형적인 유용성(油溶性) 비타민들로서 쉽게 체외에 배설되지 않고, 체내에 축적되는 경향이 크다. 따라서 과량의 비타민 D가 체내에 축적될 때에는 독성 성분으로 작용하는 사실이 알려져 왔으므로, 특히 유의할 필요가 있다.

탄화수소들

다른 지방질 성분들과 함께 얻어지며(보통 전체 지방질의 0.1~1.0%), 지방질과 관련성이 깊은 일부 탄화수소들(hydrocarbons)이 관례상 지방질에 분류되는 데 대해서는 이미 언급한 바 있다. 이들 탄화수소들은 물론 검화되지 않는 지방질들(unsaponifiable lipids)에 속한다.

단순한 탄화수소들

스쿠알렌 스쿠알렌(squalene : 라틴어 squalus = sea fish, 바다 고기)은 상어의 간유(shark liver oil)에서 처음으로 분리된 탄화수소로서 어유(fish oil)에 흔히 섞여서 나온다.

일찍이 쓰지모토(Tsujimoto, M., 1916), 챕맨(Chapmann, A. C., 1917) 등에 의해서 연구되어 왔으며, 카아러와 헬펜스타인들(Karrer, P. and Helfenstein, A., 1931)에 의해서 그 구조가 확인되었다(桑田, 1956 ; 安田, 1970 참조).

스쿠알렌(squalene)은 분자식이 $C_{30}H_{50}$로 표시되며, 6개의 아이소프렌 단위들(isoprene units)이 연결되어 형성된 탄화수소, 즉 트리터어펜(triterpene)이다(그림 12-25 참조).

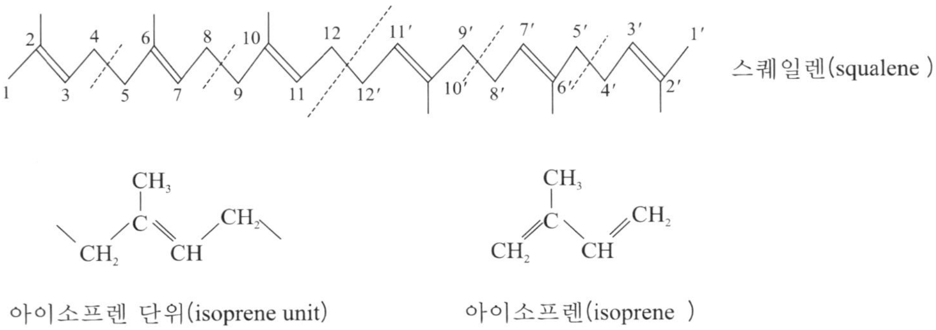

스쿠알렌(squalene)

CH_3, C, CH_2, CH_2, CH

아이소프렌 단위(isoprene unit)

CH_3, C, CH_2, CH_2, CH

아이소프렌(isoprene)

[그림 12-25] 스쿠알렌의 구조와 그 구성단위 아이소프렌의 구조.

스쿠알렌은 콜레스테롤과 같은 스테로이드 화합물들(steroid compounds)의 기본적인 선구 물질(precursor)로 알려져 있다.

한편 스쿠알렌은 그 이름에서 받는 인상과는 달리 올리브유(olive oil, 106~708mg/100g), 옥수수유(28mg/100g), 대두유(11mg/100g), 미강유(332mg/100g) 등 각종 식물성유 등에도 널리 분포되고 있는 사실이 알려져 있다(Williams, K. A., 1966).

복잡한 탄화수소들

비타민 K류 토코페롤류와 구조가 유사한, 지용성(fat soluble)이며 불검화 지방질류(unsaponifiable lipids)에 속하는 비교적 복잡한 구조를 가진 탄화수소들로서 비타민 K류가 있다.

처음 담(Dam, H.)에 의해서 1929년에 실험동물(닭)의 지방질 중에 출혈을 억제하는 미량의 물질(항출혈 인자)이 존재하는 사실이 알려진 후, 역시 담 등에 의해서 1935년에 그 성분이 혈액의 응고를 억제하는 성분임을 확인한 후, 혈액의 응고(Koagulation, coagulation)와 관련된 비타민(coagulation vitamin)이라는 뜻으로 비타민 K라고 명명되었다(Shimazono, N. and Yurugi, S., 1980 참조). 이 비타민 K는 앞에서 말한 대로 항출혈성 인자(antihemorrhagic factor)라고도 불리며, 이 비타민의 섭취가 부족할 때는 혈액의 응고 시간이 길어지며, 응고하기도 어려워, 출혈이 잘 멈추지 않게 된다.

이 비타민은 키논(quinone)의 하나인 나프톡논(naphthoquinone)과 파이톨(phytol)의 융합체로 볼 수 있는 구조를 가지고 있다.

한편, 이 비타민 K에는 여러 개의 동족체(homologous series)가 있는 사실이 그 후에 알려졌다. 예로서 비타민 K_1은 알팔파(alphalpha)나 기타의 녹엽 식물들(green plants)에서 추출된 지방질에서, 비타민 K_2는 처음에는 부패된 어류에서 추출된 지방질에서 분리되었으나, 그 후 광범위한 종류의 세균들이 체내에서 만들어내는 것으로 알려져 있다.

인체의 간에서 n이 7에서 9까지의 비타민 K_2, 즉 MK7, MK8, MK9 등의 존재가 확인되고 있으나 그 출처에 대해서는 확실하지 않다. 아마도 세균들이 생산한 것을 흡수한 것 같다. 실제로 인체의 간에 존재하는 비타민 K류의 10%는 채소류나 기타의 식품류에서 얻은 비타민 K_1이며, 나머지 90%는 장(腸) 내의 세균들이 합성한 비타민 K_2류(menaquinones)로 알려져 있다(한국영양학회, 한국인 영양권장량, 제7차 개정, 2000년 참조).

한편 옥수수의 털에서는 메나다이온(menadione)으로 알려져 있는 비타민 K_3가 유리되었으며, 이 비타민 K_3의 환원형(reduced form)인 메나다이올(menadiol)은 비타민 K_4로 알려져 있다.

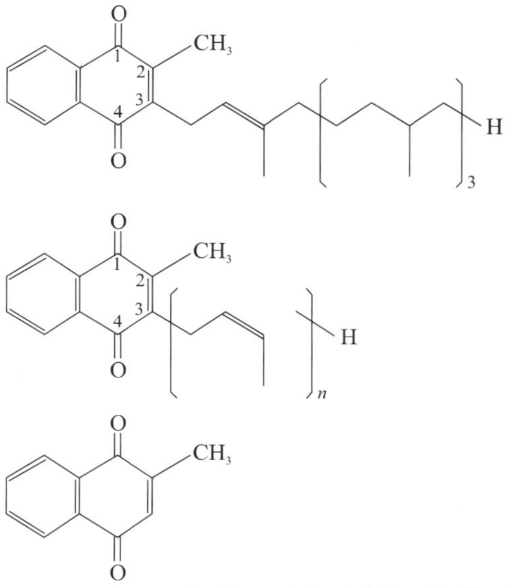

비타민 K_1, 2-methyl-3phytyl-1,4−nahthoquinone
또는 phylloquinone

비타민 K_2, n=5, 6에서 9, 13까지
2-methyl-3qarnesyldigeranyl-1,4−nephthoquinone
또는 menaquinone

비타민 K_3, menadione, 즉 2-methyl-1,4−naphthoquinone

[그림 12-26] 비타민 K들 중 비타민 K_1, K_2 그리고 K_3등의 분자구조식들.

비타민 K_5의 염산염(2-methyl-4-amino-1-naphtol·HCl)은 미생물들의 성장을 억제하여 주며, 따라서 여러 가공식품들의 저장수명(shelf-life)을 연장하고, 또한 술의 저장 중의 제2차적인 발효(secondary fermentation)를 효과적으로 억제하는 사실이 알려져 있다.

한편 이 비타민 K_5를 방부제(preservative)로 사용할 때는 사용된 식품을 빨간색으로 착색시키는 수가 있어서 그 사용처에 자연히 제한이 가해진다고 하나, 현재 우리나라를 비롯한 대다수의 나라에서는 그 사용이 금지되고 있다.

비타민 K들은 열에는 비교적 강하나 알칼리 또는 광선조사(light irradiation)에 대해서는 약하다. 비타민 K_1, K_2들은 지방 또는 지용성 용매들에는 잘 녹으나 물에는 녹지 않는다. 한편, 비타민 K_3, K_4 등은 알콜에는 잘 녹으나 물에는 잘 녹지 않는다. 또한 비타민 K_5는 물에는 녹지 않으나, 그 염산염은 물에 잘 녹는다.

토코페롤류

간유(liver)와 밀의 배종유(wheat germ oil), 그리고 조제(粗製) 팜유(crude palm oil)를 비롯한 많은 조제 식물유들의 지방질 성분 중 검화되지 않은 지방질 부분에서는 비타민 E(vitamin E)로 알려진 토코페롤류(tocopherols)가 분리되고 있다.

이 비타민 E로 알려진 지용성(脂溶性) 성분은 1922년에 에반스(Evans, H. M.)에 의해서, 실험쥐의 불임증세(不姙症勢, antisterilty)를 방지하는 성분으로서 밀 배아유(胚芽油)에서 처음으로 발견되었으며, 그 후 이 성분(因子, 즉 factor)은 토코페롤(tocopherol)로 명명되었다. 여기서 toco는 그리스어로 출산(出産), 분만(分娩, child birth)을, pherein은 운반하다(to bear, carry)를, ol은 수산기를 가진 화합물이라는 뜻을 나타낸다. 그 후 에반스들에 의해서, α- 및 β-토코페롤들이 분리된 후 이 비타민 E에 관한 연구는 급속히 발전되어 왔다.

토코페롤류(tocopherols)는 근래에 와서 연구가 활발해진, 그 구조나 성질들이 토페롤류와 매우 유사한 토코트라이에올류(tocotrienols)와 함께, 식물계나 동물계에 널리 분포되고 있으며, 다 같이 알파, 베타, 감마, 델타(α, β, γ, δ)의 동족체들(homologs)이 각각 알려져 있다.

이들은 다 같이 활성에 차이는 있으나 비타민 E의 작용을 갖고 있다. 이들은 비타민 E로서의 작용과 함께 인체를 비롯한 생체 내에서, 주로 지방질 성분들의 산화(酸化, oxidation, 생체 내에서의 산화는 특히 peroxidation이라는 용어가 사용된다)에 의한 손상들(damages)을 억제해주는 항산화제(antioxidants)들로서의 작용도 비타민 E 활력에 못지않게 중요하다. 여기에 대해서는 "제14장 유지의 산패"에서 별도로 설명하고 있으므로 참고하기 바란다.

한편 옥수수(whole corn), 밀(whole wheat), 귀리(whole oats), 쌀(whole rice) 속의 α-토코페롤의 함량은 각 시료 100g에 대해서 각각 1.53, 0.87, 1.54 및 0.35mg 내외로 보고된 바 있다. 물론 그 함량은 품종, 수확기(收穫期, time of harvest), 수확 후의 안정도(stability)에 따라 다소 변동이 있다. 또한 제분(milling)이나 도정(搗精, polishing) 과정에 의해서 그 함량은 대폭 감소하며, 경우에 따라서는 90%가 손실되는 경우도 있다.

식물유들 속의 각종 토코페롤류(α, γ, δ-tocopherols)의 함량은 표 12-15와 같다. 여러 토코페롤 중 α-형과 γ-형의 함량이 특히 많으며, 이 α-형과 γ-형의 함량을 합한 것은 대체로 한 유지 중의 전체 토코페롤 함량의 반 이상을 점유하고 있다.

표 12-15 여러 식물유들(vegetable oils) 중의 각 토코페롤류(tocopherols)의 함량

식물유의 종류	토코페롤(tocopherol)의 종류			
	알파(α) (mg/100g)	감마(γ) (mg/100g)	델타(δ) (mg/100g)	전체 (mg/100g)
밀의 배종유(wheat germ)	192	-	-	274
대두유	20	98	50	168
옥수수유	13	89	-	102
미강유(rice bran oil)	58	33	-	91
면실유	41	36	9	86
야자유	30	26	-	56
아주까리유	-	-	-	50
낙화생유	13	14	7	34

Blank, E. C. ed., 1955. "*Handbook of Food and Agriculture*," p.592, Reinhold Publishing Corp.

한편 동물성 지방질들 중의 토코페롤류의 함량은 식물성 유지들의 경우에 비하면 훨씬 적으며, 돼지기름, 쇠기름, 우유 지방 중의 토코페롤 함량은 식물성 유지류 중의 함량의 1/10 내지는 1/100 정도에 불과하다(표 12-16 참조).

표 12-16 각종 동물성 및 식물성 유지류 중의 전체 토코페롤(total tocopherol)의 % 함량

유지의 종류	전 토코페롤 함량, %(total tocopherols)
돼지기름(lard)	0.0005~0.0029
쇠기름(beet tallow)	0.001
우유지방(milk fat)	0.002~0.004
팜야자유(palm oil)	0.002~0.05
올리브유(olive oil)	0.003~0.03
옥수수기름(corn oil)	0.1~0.25
평지씨 기름(rapeseed oil)	0.05
대두유(soybean oil)	0.09~0.28
밀배종유(wheat germ oil)	0.175~0.55
피마자유(castor oil)	0.07
미강유(rice bran oil)	0.11
아마인유(linseed oil)	0.05~0.1
면실유(cotton seed oil)	0.08~0.1

原田一郎, 1968. "油脂化學의 知識." p.110, 辛書房, 東京.

토코페롤의 구조를 이해하는 데 가장 좋은 방법 중의 하나는 토코페롤류의 기본적인 구조를 크로만(chroman, 즉 benzo-2,3-dihydropyran)으로 생각하고 토코페롤의 동족체들(tocopherol homologs)을 크로만의 6의 위치에 수산기(-OH)가 있는 6-크로마놀(6-chromanol)의 유도체로 보는 방법이다.

이 경우 α-토코페롤은 2의 위치에 메틸 그룹과 또 하나의 긴 측쇄(long side chain), 즉 4′, 8′, 12′에 세 개의 메틸기를 가진 탄소 수 13개의 알킬 그룹 측쇄(4′,8′,12′-trimethyltridecyl group)와 5, 7, 8의 위치에 각각 한 개씩의 메틸 그룹을 갖고 있으므로, 그 구조는 2,5,7,8-tetramethyl-2-(4′,8′,12′-trimethyltridecyl)-6-chromanol이 된다.

그러나 실제적으로는 토코페롤류의 경우, α-토코페롤의 동족체들은 R_1-, R_2-, R_3-의 치환기들이 모두 H-인 경우의 구조체의 화학명(化學名)을 토콜(tocol)로 하고, α-, β-, γ-, δ-토코페롤의 화학명을 토콜의 유도체로서 명명하고 있다. 토코페롤의 기본 구조와 일반명, 기호, 화학명 등은 그림 12-28과 표 12-27을 참고하기 바란다.

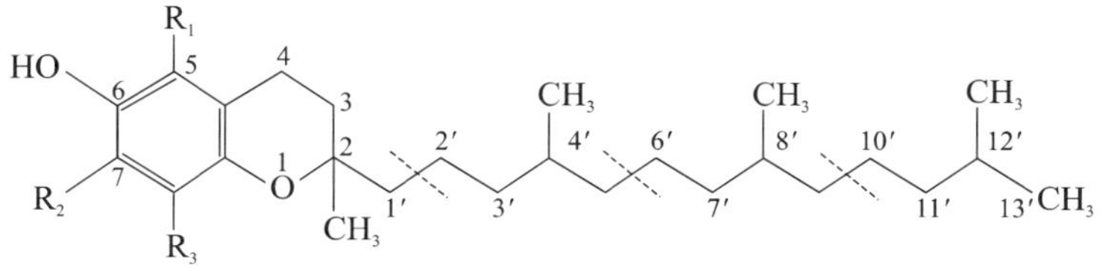

토코페롤 동족체들(tocopherol homologs)의 구조

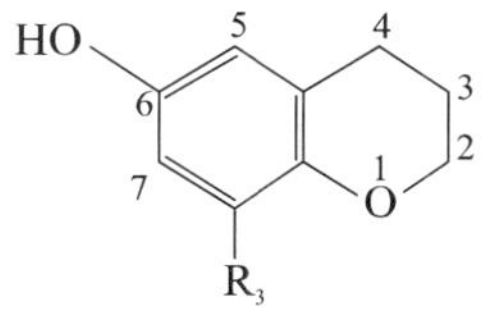

6-크로마놀(6-chromanol)

[그림 12-27] 각각의 동족체, 즉 6-크로마놀 유도체가 갖고 있는 R_1, R_2, R_3의 치환기들(substitutent groups)의 종류와 각각의 토코페롤 동족체의 명칭과 구조는 표 12-15를 참조하기 바란다. 한편, α-, β-, γ-, δ-토코페롤은 가끔 간단히 α-, β-, γ-, δ-T로 표시되기도 한다.

한편 토코페롤류와 대응하는 α-, β-, γ-, δ-토코트라이에놀(α-, β-, γ-, δ-tocotrienol) 등이 알려져 있다. 토코페롤 동족체들(tocopherol homologs, α-T, β-T, γ-T, δ-T)과 토코트라이에놀 동족체들(tocotrienol homologs, α-T_3, β-T_3, γ-T_3, δ-T_3) 사이의 구조상의 유일한 차이점은 토코트라이에놀들의 구조에서 탄소 2번에 결합된 긴 측쇄들(long side chains)이 토코페롤들의 측쇄들의 경우와 달리 3′-4′, 7′-8′, 그리고 11′-12′ 사이에 각각 이중결합이 있어서, 합계 세 개의 이중결합을 가진 점이다. 따라서 측쇄는 4′,8′,12′-trimethyltridecyl 그룹 대신에, 4′,8′,12′-trimethyl-3′,7′,11′-tridecatrienyl 그룹이 된다.

표 12-17 상단에는 α-토코페롤의 동족체들, 하단에는 α-토코트라이에놀 동족체들의 이름

일반명과 기호	R_1-	R_2-	R_3-	화학명(토콜유도체로서)
α-토코페롤 α-T	CH_3	CH_3	CH_3	5,7,8-트리메틸토콜
β-토코페롤 β-T	CH_3	H	CH_3	5,8-다이메틸토콜
γ-토코페롤 γ-T	H	CH_3	CH_3	7,8-다이메틸토콜
δ-토코페롤 δ-T	H	H	CH_3	8-메틸토콜

화학명의 경우, R_1-, R_2-, R_3- 이 모두 H-인 화합물, 즉 토콜(Tocol)의 유도체로 보아서 명명한다.

일반명과 기호	R_1-	R_2-	R_3-	화학명(토코트라이에놀유도체로서)
α-토코트라이에놀 α-T_3	CH_3-	CH_3-	CH_3-	5,7,8-트리메틸토코트라이에놀
β-토코페롤 β-T_3	CH_3-	H-	CH_3-	5, 8-다이메틸토코트라이에놀
γ-토코페롤 γ-T_3	H-	CH_3-	CH_3-	7, 8-다이메틸토코트라이에놀
δ-토코페롤 δ-T_3	H-	H-	CH_3-	8-메틸토코트라이에놀

화학명은 R_1-, R_2-. R_3-이 모두 H-인 화합물, 즉 토코트라이에놀(tocotrienol)의 유도체로 보아서 명명한다.
Shimagono, N. and Yurugi, S., 1980.

한편 토코트라이에놀 동족체들의 경우에도, R_1-, R_2-, R_3-가 모두 H-인 화합물의 경우, 토코트라이에놀(tocotrienol)이라는 화학명이 사용되고, 토코트라이에놀의 동족체들은 그 유도체로서 화학명이 붙여진다. 예로서 α-토코페롤의 화학명은 5,7,8-트리메틸토코트라이에놀(5,7,8-trimethyltocotrienol)이다. 그리고 이들의 기호로서 각각 α-T, α-T_3가 사용된다(그림 12-27 및 표 12-17 참조).

토코페롤의 구조를 볼 때, 6-크로마놀 환(6-chromanol ring)의 탄소 2번과 측쇄들(the long side chains)의 탄소 4′ 번과 8′ 번들이 비대칭성 탄소(asymmetric carbon)이어서 경상 이성체들(mirror-image isomers), 즉 광학 이성체들(optical isomers)이 존재할 가능성이 있다.

그러나 α-토코페롤의 경우, 자연에 실제로 존재하는 것은 RS 규약(RS 또는 CIP system, Beyer, H. and Walter, W., 1996 참조)에 따를 때, RRR-α-토코페롤(Fischer 투영 규약에 따르면 *d*-α-토코페롤)뿐이다. 한편 합성에 의해서 만들어진 α-토코페롤의 경우, 그 반은 RRR형이고, 나머지 반은 SRR형(정확하게는 2S, 4′R, 8′R형, 즉 *l*-α-토코페롤)의 혼합물, 즉 라세미 혼합물(racemic mixture)이 얻어지며, *dl*-α-토코페롤로도 알려져 있다.

RRR-α-토코페롤(*d*-α-토코페롤)의 생물학적(즉 비타민 E로서의) 활력(biological activity)과 비교할 때, 라세미 혼합물, 즉 *dl*-α-토코페롤의 활력은 다소 낮으나(70% 정도), 그래도 다른 토코페롤 동족체들과 비교하면 월등히 크다.

한편 우리나라에서의 비타민 E의 하루 1인당 섭취 권장량은 영아 0~4개월의 경우, 3mg α-TE, 영아 5~11개월의 경우 4mg α-TE, 소아 1~3세의 경우 5mg α-TE, 소아 4~6세의 경우, 6mg α-TE, 소

아 7~9세의 경우, 7mg α-TE, 남자 및 여자 12세의 경우, 8mg α-TE이다.

여기서 1mg α-TE(α -tocopherol equivalent)는 천연 RRR-α-토코페롤(즉 d-α-토코페롤) 1mg이 갖는 비타민 E 활력과 동일한 활력을 의미한다고 한다. 성인 남자 및 여자의 경우, 13~75세 이상 모두 10mg α-TE이며, 임산부는 전반기 10mg, 후반기 2mg을 더 가해서 12mg α-TE, 수유기에는 3mg을 더 가해서 13mg α-TE로 정하고 있다.

또한 β-토코페롤(mg), γ-토코페롤(mg), α-토코트라이에올(mg)들의 활력은 각각 0.5, 0.1, 0.3을 곱하여 계산하면 된다고 한다(한국 식품영양학회, 한국인 영양권장량, 제7차 개정판, 2000년 참조).

이상의 토코페롤들의 식품화학에서 또 하나의 중요한 의의(意義)는 이 토코페롤들이 식물성 유지류 동물성 지방질에 대해서 자연 항산화제들(natural antioxidants)로서, 이상의 식용 유지류의 산패(rancidity)를 억제하여 준다.

그리고 최근의 여러 연구들의 결과들에 의하면, 아마도 생체 내에서도(in vivo) 그 구성 지방질 성분들의 산패(peroxidation)에 의한 손상을 억제하거나 일중항 산소($^1O_2$)를 제거하는데, 그리고 무엇보다도 이상과 같은 생체 내에서의 각종 중요 지방질 성분들의 손상과 파괴를 가져오는 산화과정들(peroxidation processes)을 주도하는 활성 라디칼들(active free radicals)을 사전에 제거하는 데(one of the most powerful free radical scavengers) 큰 기여를 하고 있다는 점일 것이다. 이 토코페롤의 항산화제로서의 작용에 대해서는 나중에 "제14장 유지의 산패"에서 다시 논의하겠다.

카로티노이드 색소들과 비타민 A

불검화 지방질들(unsaponifiable lipids)의 한 중요한 성분으로서 카로티노이드(carotenoids)에 속하는 색소들(pigments)과 이와 그 구조상 관련이 매우 깊은 비타민 A들이 있다.

카로티노이드에 속하는 색소들은 대개가 과실, 채소 등의 자연식품들에 존재하는 지용성인 색소들(oil-soluble pigments)로서 그 종류는 매우 많다. 이 색소들의 자세한 내용은 "제2장 식품의 색깔"을 참조하여 주길 바란다.

비타민 A

카로티노이드에 속하는 화합물들은 대체로 한 개 또는 두 개의 요논환(ionone ring)을 그 분자 내에 갖고 있다.

α-요논환(α-ionone ring)

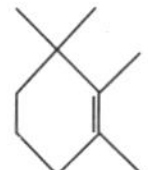

β-요논환(β-ionone ring)

곧 설명하듯이, 비타민A에는 네 종류가 있는데 모두 그 분자내에 β-요논환이 꼭 있어야 한다.

이미 제2장 중의 카로티노이드 색소들의 항목들, 특히 카로틴류(carotenes)에서 언급한 바와 같이, 갊은 녹엽채소류(綠葉野菜類, green leaf vegetables)에 널리 함유된 카로틴류, 예로서 α-, β-, γ-카로틴류는 각각 최소한 한 개의 요논환(ionone ring)을 갖고 있다. 특히 β-카로틴의 경우, 그 분자의 양단에 요논환을 두 개나 갖고 있으므로, 이런 채소류를 섭취하면 생체 내에서 그 중심부에 있는 이중결합이 산화되어 α-, β-, γ-카로틴들의 경우 각각 한 개, 두 개, 한 개의 레티날(retinal), 즉 비타민 A_1 알데하이드를 형성한다. 또한 이상의 비타민 A_1은 대구 간유(cod liver oil)나 넙치 무리, 즉 북해산의 가자미의 간유(halibut liver oil)에도 풍부히 함유된 것으로 알려져 있다(표 12-18 참조).

비타민 A는 맥컬럼(Mccollum, E. V.)에 의해서 1913년에 우유에 함유된 성장인자(成長因子, growth factor)로서 처음으로 분리되어, 지용성 A(fat-soluble A)로 명명되었으나, 1920년에 드러몬드(Drummond, J. C.)에 의해서 다시 비타민 A(vitamin A)로 명명되었다고 한다.

표 12-18 각종 식품 중의 비타민 A의 분포 상태

식품의 종류	비타민 A의 분포상태
간(liver), 당근, 시금치, 고구마, 김	100그램 중 10,000 IU정도
정어리, 버터, 치즈, 채소류	100그램 중 3.000~5,000 IU정도
달걀, 토마토, 감귤류, 황도, 호박, 청완두	100그램 중 1,000 IU정도
분유, 연유, 어류, 채소, 과실류	100그램 중 300~500 IU정도

IU단위에 대해서는 곧 설명하게 됨.

그 후 비타민 A의 자세한 종류와 구조들이 연구되기 시작했으며, 현재는 비타민 A_1 알콜(vitamin A_1 alcohol), 즉 레티놀$_1$(retinol$_1$), 비타민 A_1 알데하이드(vitamin A_1 aldehyde), 즉 레티날$_1$(retinal$_1$), 그리고 비타민 A_2 알콜, 즉 3-데하이드로레티놀(3-dehydroretinol) 또는 레티놀$_2$(retinol$_2$), 비타민 A_2 알데하이드(vitamin A_2 aldehyde), 즉 3-데하이드로레티날(3-dehydroretinal) 또는 레티날$_2$(retinal$_2$) 등이 알려져 있다. 이들은 모두 비타민 A의 작용을 갖고 있다.

비타민 A_1은 바다 고기의 간유(fish liver oil), 버터(butter) 등에 널리 분포되고 있는 반면에, 비타민 A_2는 일부 담수어(淡水魚)의 지방질 성분으로 그 분포가 극히 제한되어 있다.

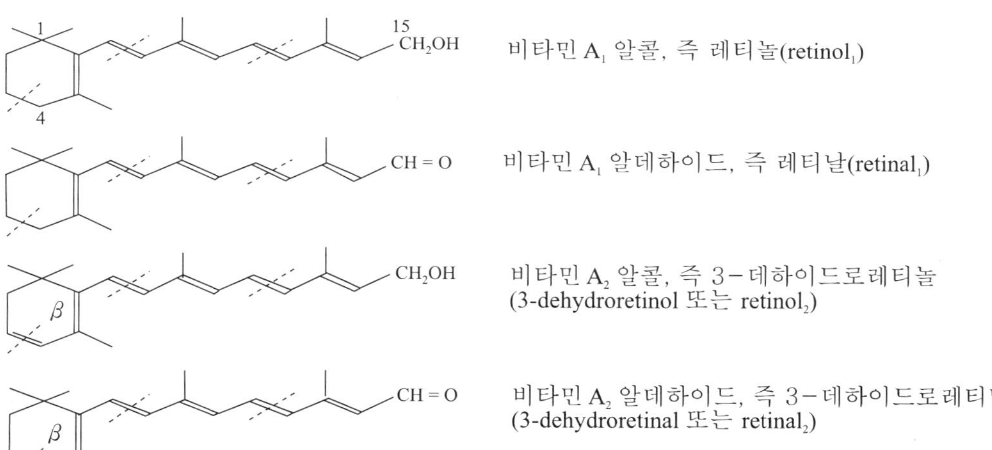

[그림12-28] 비타민 A는 정확하게는 비타민A_1 알콜(Vitamin A_1 alcohol), 즉 레티놀1(retinol1) 그리고 그 산화형인 비타민 A_1 알데하이드(Vitamin A_1 aldehyde), 즉 레티날1(retinal1), 한편 비타민A_2 알콜(Vitamin A_2 alcohol), 즉 레티놀2(retinol2) 그리고 그 산화형인 비타민 A_2 알데하이드(Vitamin A_2 aldehyde), 즉 레티날2(retinal2) 등이 있다. 비타민 A로서 가장 활력이 큰 것은 비타민 A_1 알콜, 즉 레티놀이다. 식품들 중에서는 고추, 파프리카들, 각종 과실류, 녹엽채소류, 우유 등에 비타민 A의 선구물질들(precursors)로 알려져 있는 각종의 카로틴류와 그 유도체들이 비교적 풍부하게 함유되고 있다.(이 부분 본문의 제2장 식품의 색깔 중의 카로티노이드의 항목을 참고하기 바란다.)

이 비타민 A는 눈의 망막(網膜), 즉 레티나(retina)에의 감광작용(感光作用, photoreception)에 중요한 역할을 하고 있으며, 그 화학적, 생리학적 작용과 의의에 대해서는 월드(Wald, G., 1953) 등의 훌륭한 연구가 있다(Wald, G., 1968, The Molecular Basis of Visual Excitation, *Nature*, 219(5156), 800~807 및 그 참고문헌에 수록 문헌 참조).

비타민 A는 저온에서는 담황색(淡黃色) 침상결정(針狀結晶)이나, 실온에서는 보통 유상(oil)이며, 물에는 물론 전혀 녹지 않으나, 지방질 또는 지용성 용매들(fat solvents)에는 잘 녹는다.

비타민 A는 산화(oxidation)에 대해서는 매우 약하나, 공기가 없는 곳에서는 120℃로 가열하여도 변화를 일으키지 않는다. 비타민 A는 산(acids)이나 알칼리(alkalies)에 대해서는 저항이 크다.

비타민 A의 성인(成人) 하루 1인당 필요량 또는 권장량은 그 동안 세계적으로도 우리나라의 경우에도 많은 변천이 있었으나, 현재 우리나라의 1인당 비타민 A 섭취 권장량은 영아(嬰兒, 젖먹이) 0~4개월 350 RE(Retinol Equivalent), 영아 5~11개월 350 RE, 소아 1~3세 350 RE, 소아 4~6세 400 RE, 소아 7~9세 500 RE, 남지 10~12세 600 RE, 남자 13~75세 이상 700 RE, 여자 10~12세 600 RE, 여자 13~75세 이상 700 RE이며, 임신기 전반은 그대로 700 RE이나, 임신기 후반에는 800 RE, 즉 100 RE 더 섭취할 것을, 수유기에는 350 RE 더해서 1050 RE를 섭취할 것을 권장하고 있다(한국 식품영양학회, "*한국인 영양권장량*", 제7차 개정판, 2000년 참조).

한편 FAO와 WHO(1967)는 식품들의 비타민 A의 활성도를 표시하는데 있어서, 종래의 국제단위(International Unit I.U) 대신에 레티놀 당량(retinol equivalent, R.E.) 또는 μg(무게)로 표시했었다. 미국의 경우, 1980년 이후부터 R.E.만을 사용하고 있으며, 우리나라에서는 1985년부터 R.E.만을 사용하고 있다.(한국식품영양학회, 2000 참조.)

또한 한 식품의 총 비타민 A의 활성도는 레티놀과 그 관련 화합물들 그리고 기타 비타민 A의 활성도를 가진 β-카로틴, 기타 카로티노이드류의 흡수율과 레티놀로 전환되는 이용률 등이 고려되어야 하는데, FAO - WHO(1967)는

$$\text{R.E.} = \mu\text{g 레티놀} + \mu\text{g } \beta-\text{카로틴} \times \frac{1}{6} + \mu\text{g 기타 이용된 카로티노이드류} \times \frac{1}{12}$$

라는 계산법을 제시하고 있다(한국식품영양학회, 2000, "한국인 영양권장량" 참조).

그리고 다음과 같은 각 단위들 사이의 기본적인 관계들이 제시되고 있다.

$$\begin{aligned}\text{R.E.} &= 1\ \mu\text{g 레티놀} = 6\ \mu\text{g } \beta-\text{카로틴} = 12\ \mu\text{g 기타 카로티노이드} \\ &= 3.33\ \text{레티놀 I.U} = 10\ \beta-\text{카로틴 I.U}\end{aligned}$$

또한 각종 식품 중의 비타민 A의 분포상태를 본 표 12-18은 비타민 A, 따라서 전체 비타민 A의 활성을 레티놀$_1$(retinol$_1$)로 표시한 레티놀 I.U.(International Unit)로 표시하고 10,000I.U./100g 그룹, 3,000~5,000 I.U./100g 그룹, 1,000 I.U./100g 그룹과 300~500 I.U./100g 그룹으로 분류하여 표시하고 있다.

전술한 "한국인 영양권장량", 제 7차 개정판(한국영양학회, 2000년)의 부록 Ⅲ의 식품영양가표에는 2.932종의 각종 식품들의 비타민 A의 함량을 R.E.로, 그리고 레티놀 β-카로틴의 함량들을 μg로 표시하고 있다. 일부 비타민 A 활성이 큰 식품들의 종류는 표 12-18의 경우와 거의 같다.

한편 일본의 종합지질과학(鹿山 光 編, "綜合脂質科學", 恒星村厚生閣, 東京 1989年)의 p.234~235(비타민 A의 定量과 食品中의 分布)에서 (四訂 日本食品標準成分表, 1982年)에 발표된 동물성 식품(8종), 식물성 식품(11종)에 대해서 레티놀 I.U.로 비타민 A 활성을 표시하고 있다. 저자는 동물성 식품들로서는 간(liver), 뱀장어, 버터, 달걀노른자, 일부 해조류, 당근, 시금치 등 빨간색, 녹색이 짙은 채소류, 자두(plum), 살구(apricot), 망고(mango) 등을 들고 있다. 고추는 표에 들어 있으나 별 언급은 없었다. 고추 이외에도 호박, 들깻잎 등에 대해서 언급이 없었다.

베릿쓰와 그롯슈(Belitz, H.-D. and Grosch, H)의 영어판 책("Food Chemisty" Translation from the Second German Edition, 1984, Springer-Verlag, Berlin, 1987)의 p.308~309의 Table 6.4.의 일부 식품들의 비타민 함량에서는 8항목으로 분류된 58종 식품들의 비타민 A 활력을 가진 카로티노이드류의 100g당의 mg수 또는 비타민 A의 mg로서 표시하고 있다.

여기에 나온 분석치들도 이미 언급한 두개의 문헌들에 기재된 수치들과 대체로 매우 유사한 결과를 표시하고 있다. 여기서도 버터의 카로티노이드류의 mg 수나 비타민 A의 함량은 우유나 모유보다 많으며, 여러 가공과정을 거치는 치즈의 경우에도 우유와 비슷했다. 달걀에서 비타민 A의 분포는 노른자에 집중되고 있음을 쉽게 이해한다.

한편 모든 식품들 중에서(3개의 자료들), 비타민 A의 활성이 큰 것은 사람이 먹을 수 있는 간들(livers), 예로서 송아지, 돼지, 양, 닭 등의 간들 그리고 식품류에 속하지 않을지도 모르나, 대구 간유(cod liver oil) 이었다. 그리고 옥수수를 제외한 곡류에서는 만족스러운 비타민 A활력을 가진 성분들을 구할 수 없을 것이라는 사실 이었다.

첫 번째 자료에서는 빨간 색깔이 짙은 고추의 비타민 A 활력이 매우 강했으며, 이 경우 신선한 것이나 오래 건조된 것이나 같았다는 데 주목할 만하다. 따라서 고추가 들어가는 음식들은 고추가루의 첨가에 의해서 그 비타민 A 활성이 크게 증가하는 듯하다. 또 하나의 예로서 김치의 비타민 A 활성은 배추 자체보다 훨씬 컸으며, 밀가루 자체는 비타민 A 활성이 거의 없었으나, 그 가공품인 라면의 경우, 그 활성은 크게 향상되었었다.

과실의 경우뿐만 아니라, 호박이나 고구마의 경우, 비타민 A 활성이 컸었는데, 카로틴 색소들의 비타민 A 활성에 의한 것으로 본다. 생선류, 즉 어류의 경우에도 연어(salmon)나 송어(trout)들은 비타민 A 활성성분들이 다른 어류에 비해서 다소 좋았는데, 이것도 그 색깔과 관련된 것 같다.

끝으로 의외로 많은 가공식품들의 비타민 A 활성이 원료가 된 식품들의 경우보다 큰 경우가 많았었다. 따라서 가공과정이 모든 비타민들의 활성들을 감소시키는 것은 아닌 것 같다.

각종 식품들에 함유된 지방질들

우리가 먹고 있는 식품들 중에는 비록 그 양에는 큰 차이가 있겠으나 지방질 성분이 함유되지 않은 것은 거의 없다.

그 중에서도 우리나라 국민들에게 특히 관련이 깊거나, 반대로 소비량은 많으나 다소 생소한 일부 식품들 중의 지방질 성분들의 분포상태와 그 종류를 보면 다음과 같다.

곡류 속의 지방질

곡류에 함유된 지방질은 비교적 추출되기 쉬운 상태로 존재하는 유리형 지방질들(free lipids) 그리고 곡류 내의 다른 성분들, 예로서 탄수화물들이나 단백질들과 강하게 결합되고 있으며 추출하기 어려운 형태로 있는 결합성 지방질들(bound lipids)로 구성되고 있다.

백미, 즉 흰쌀 자체는 대략 0.5% 내지 1%의 쉽게 추출될 수 있는 유리형의 지방질(free lipids)을 함유하고 있다. 한편 미강(米糠), 즉 겨(rice bran)에도 상당량의 유지가 함유되고 있으며, 겨의 전체 무게의 9%에서 14%에 해당되는 미강유가 얻어진다. 대표적인 식물성유의 원료가 되고 있는 종자류(oilseeds)의 유지 함유량과 직접 관계되는 착유율은 표 12-19와 같다.

표 12-19 일부 식물성유의 % 착유율(% extraction)

원료	한국	일본	세계평균	원료	한국	일본	세계평균
고추씨	17.7	-	-	대두	15.0	18	17
유채	34.5	35	35	면실	10.7	16	16
들깨	35.8	-	-	피마자	39.0	45	45
참깨	42.9	47	45	미강	9.1	14	14

한국산업은행 조사부, 1965. 한국의 산업, 상권.

쌀의 경우, 가장 바깥을 둘러싸고 있는 섬유질의 외피(外皮) 또는 껍질(hull 또는 쓸모가 없는 껍질이란 뜻으로 husk)까지 포함시켜서 그 구조를 본다면, 먼저 섬유질의 껍질(hull or husk, 전체의 2 0% w/w), 그 다음이 현미(玄米, brown rice)의 누런 색깔의 다섯 개 층(외부에서부터 pericarp, seed coat, micellus, aleurone layer)으로 된 소위 겨(bran), 그 내부에 우리가 먹는 백미(白米)에 해당하는 전분 입자와 단백질로 된 배유(胚乳, endosperm, 전체의 70%), 그리고 배유의 아랫부분에 달린 배종(胚種) 또는 배아(胚芽) 등으로 구성되고 있다. 이 배종은 소위 精白米(polished rice)의 경우에는 거의 완전히 제거되나, 그 외의 백미(白米)에는 일부가 배유(endosperm)와 함께 남는 것으로 알려져 있다. 이렇게 단계적으로 제거된 배종과 겨들이 미강(米糠), 즉 쌀겨(rice bran)를 구성하고 있으며, 겨 전체의 10%를 이루고 있다.

한편 미강(rice bran)은 대략 15%의 단백질, 18%의 유지류, 50%의 탄수화물, 그리고 7% 가량의 섬유질(fiber)로 되어 있다(Orthoeffer, F. T., 1996 참조). 표 12-19에서 우리나라에서 미강(rice bran)의 착유율(% extraction)은 9.1%로서 일본이나 세계 평균의 14%에 비해서 낮은 것은 아마도 원료 미강의 불충분한 전처리(pre-treatment)와 착유 시기가 너무 늦기 때문인 것 같다.

한편 오토에퍼어(Orthoeffer, F. T., 1996)에 의하면 쌀을 정제하는 과정에서 미강의 구조가 파괴되면서 활성이 큰 가수분해 효소 라이페이스가 파괴된 미강에 존재하는 기름에 혼합되어 % 유리 지방산 함량(% free fatty acid content)이 급증된다고 한다.

오토에퍼어(Orthoeffer, F. T., 1996)에 의하면, 쌀 정곡 과정을 거쳐서 얻어진 미강에서 곧바로 얻은 조미강유(粗米糠油, crude rice bran oil)의 % 유리 지방산 함량은 30 이하이나, 하루 방치할 때마다 % 유리 지방산 함량은 5씩 증가하고 한편 유리 지방산 함량이 많아질수록 정제 미강유의 수율은 감소하였다고 한다. 미강유의 경우 조제유에서 정제유를 만드는 과정에서 수율(收率, yield)의 감소율은 대체로 18~22%로 추정되고 있다. 그러나 현미를 다시 백미로 도정(polishing)하기 전에 적절한 수분 존재 하에 100℃ 이상의 온도에서 가열한 후, 다시 수분 함량을 7~8%로 감소시킴으로써 라이페이스의 작용을 억제하는 방법도 있다고 한다.

오토에퍼어(Orthoeffer, F. T., 1996)는 헥산(n-hexane)으로 미강에서 미강유를 추출하는 방법에 대하여도 언급하고 있다. 미강에서 미강유를 20℃에서 추출할 때는 50℃에서 추출하는 경우에 비해서 수율은 낮으나, 함께 추출되는 왁스(waxes)의 양도 적고 기름의 품질도 중성 지방질들의 함량이 커서 더 우수하다고 한다.

국내에서는 과거에 쌀을 정제한 직후 얻은 미강에서 수 시간 사이에 여기에 함유된 유지 성분의 % 유리 지방산 함량(% free fatty acid content)은 25 내지 30에 도달하므로 일반적으로 미강에서는 품질이 높은 식용 유지를 얻기가 매우 힘들었었다. 그러나 근래에 와서 헥산(hexane)을 이용한 용매 추출법(solvent extraction)의 개발과 발전으로 이 어려운 점을 잘 극복하고 있다.

표 12-20 왁스를 제거한 미강유와 왁스를 제거하지 않은 미강유의 여러 성질들

미강유(rice oil)의 성질	왁스(wax)를 제거하지 않은 기름	왁스를 제거한 기름
불용성 불순물(insoluble impurities, %)	1.0	0.15
아세톤 불용성 물질(acetone insolubles, %)	3.0	0.10
유리지방산(free fatty acid, %)	4.0	2.0
요오도가(iodine value)	100~105	100~105
감화가(saponification value)	180~190	180~190
불감화물의 퍼센트 함량(unsaponifiable matter, %)	4.0	2.2
색깔(color, gardner scale)	12.0	10.5
α-토코페롤 함량, mg/100g(alpha-tocopherol)	68.8	58.5
전 토코페롤 함량, mg/100g(total tocopherol)	114.0	122.0

Lynn, L., Steen, G. J. and Anderson, R. M., 1965. *Food Technol.*, 22, 48.

한편 미강유 중의 왁스(waxes) 제거처리를 한 것과 왁스 제거처리를 하지 않은 기름들의 성질 차이에 대해서는 린들(Lynn, L., et al., 1968)에 의해서 표 12-20과 같은 성분들이 보고되고 있다. 이들이 발표한 결과를 보면, 특히 토코페롤류(tocopherols)의 함량이 비교적 큰 것이 눈에 띤다. 또한 미강유의 요오드가(iodine value)는 100 내지 105 정도 올레인산/리놀레인산 그룹에 속함을 알 수 있다.

한편 그 구성 지방산들 중 가장 함량이 큰 지방산은 올레인산으로서 43.6% 내지 44.0%에 달한다. 한편 리놀레인산(linoleic acid)의 함량은 35.5% 내지 36.6%로서 이상의 두 지방산의 합계는 79.1%에 달한다.

표 12-21 정제 미강유(rice bran oil)의 구성 지방산 퍼센트 함량

구성 지방산의 종류	정제 미강유 (bleached, deodorized)	정제 미강유 (bleached, winterized, deodorized)
미리스틴산(myristic acid, C14)	0.37%	0.49%
팔미틴산(palmitic acid, C16)	14.70	13.80
스테아린산(stearic acid, C18)	2.00	2.01
올레인산(oleic acid, C18)	44.00	43.60
리놀레인산(linoleic acid, C18)	33.50	36.60
리놀레닌산(linolenic acid, C18)	2.69	1.77
아라킨산(arachic acid, C20)	1.10	0.91

Lynn, L., Steen, G. J., and Anderson, R. M., 1968. *Food Technol.*, 22, 48.

한편 신들(Shin, D. H. and Chung, J. K., 1998)은 국내에서 얻은 쌀겨에서 쌀눈 분리기를 사용하여 분리한 쌀눈(rice germ)을 세척 후 바로 80℃에서 6시간 건조한 후, 에텔로 추출, 여과하여 얻은 쌀눈에서 추출한 기름과 신한 현미유(주식회사)에서 얻은 조제 미강유, 정제 미강유와 함께 그 지방산 조성과 40℃와 60℃에서의 저장 안정성 등을 조사하고 있다.

이들은 쌀눈에서 추출한 기름(rice germ oil)의 주요 구성 지방산들은 리놀레인산(linoleic acid)과 올레인산(oleic acid)으로서 각각 39.8과 34.7%였으며, 정제 미강유(refined rice germ oil)의 경우에는 각각 38.1과 40.1%였다고 보고하고 있다. 이들은 국내에서 발표된 미강유들의 이상의 두 주요 구성 지방산들의 합계 함량으로서 각각 84%와 73%를 들고 있다(Ryu, C. H. and Chergh, H. S., 1980 ; Ahn, T. H. *et al.*, 1984).

한편 쌀눈에서 얻은 기름과 정제 미강유의 저장 안정성은 대체로 좋았으나, 조제 미강유에 비해서는 안정성이 다소 떨어졌는데, 이는 원래 쌀겨에 포함되었던 항산화 작용을 가진 γ-오리자놀(γ-oryzanol)과 토코페롤류들이 제거되었기 때문인 것으로 설명하고 있다.

한편 전술한 오토에퍼어(Orthoeffer, F. T., 1996)는 조제 미강유(crude rice bran oil)의 구성 지방질 성분들을 검화될 수 있는 지방질류와 검화될 수 없는 지방질류로 나눈 다음, 구성 지방질 성분들을 더 세분화하여 전체량에 대한 중량비(重量比) 퍼센트 비율을 제시하고 있다(표 12-22 참조). 여기서 비검화 지방질의 경우에는 전체 지방질 양에 대한 비율 4.2%에 대한 상대적 % 비율로 표시하고 있으므로 토코페롤의 전체 지방량에 대한 비율은 4.2×0.01이 된다. 예로서 조제 미강유 100g에 대해서는 42mg이 된다.

표 12-22 조제 미강유의 구성 지방질 성분들

구성 지방질 성분들	퍼센트 조성(w/w)
검화될 수 있는 지방질들(saponifiable lipids)	90~96
중성 지방질들(neutral lipids)	88~89
트리아실글리세롤들(triacylglycerols)	83~86
다이아실글리세롤들(diacylglycerols)	3~4
모노아실글리세롤들(monoacylglycerols)	6~9
유리 지방신들(free fatty acids)	2~4
왁스들(waxes)	3~4
당지방들(glycolipids)	6~7
인지방들(phospholipids)	4~5
검화될 수 없는 지방질들(unsaponifiable lipids)	4.2
식물성 스테롤들(phytosterols)	43[1)]
스테롤 에스터들(sterol esters)	10
트리터어펜 알콜들(triterpene alcohols)	28
탄화수소물(hydrocarbons)	10
토코페롤들(tocopherols)	1

1) 아래 칸의 수치들은 비검화 지방질의 함량(4.2%)에 대한 퍼센트 비율을 나타내는데 유의.
Orthoeffer, F. T., Food Technology, December, 1996.

오토에퍼어(Orthoeffer, F. T., 1996)는 실험쥐를 사용한 실험에서 미강유 또는 미강유의 불검화성분들(unsaponiables)이 실험쥐들의 혈청 콜레스테롤(serum cholesterol)의 함량을 크게 감소시키며, 그 감소량은 고밀도 리포프로테인(high density lipoprotein, HDL)이 아니라 더 유해하다고 생각되는 저밀도 리포프로테인들(low density lipoprotein, LDL와 very low density lipoprotein, VLDL)의 함량을 크게 감소시킨 실험예(Sharma and Rukumi, 1987)와 미강유의 불검화물들에서 얻은 오리자놀(Oryzanol)이 미강유의 콜레스테롤 농도 억제작용에 기여하고 있는 사실을 밝혀낸 실험(Orthoeffer and Nicolsi, 1993.) 등 이 방면에 대한 귀중한 실험예들을 소개하고 있다.

γ-오리자놀류는 조제 미강유의 경우 2%가량 함유되고 있으나 정제과정을 거칠 때 마다 그 함량은 감소되어 정제된 미강유의 경우, 그 함량은 0.1%정도라고 한다. 이 외에도 γ-오리자놀류는 항산화작용(antionudant acturty)을 가진 사실도 여러 연구들을 통해서 잘 알려져 있다.

한편, 다스들(Das, P. K. *et al.*, 1998)은 먼저, γ-오리자놀류는 1954년에 카비코와 쓰치야마들에 의해서 미강유에서 처음으로 추출되었으며, γ-오리자놀류가 식물성 스테롤류(phytosterols) 및 트리터어펜 알콜류(triterpene alcohols)와 페룰린산(ferulic acid)의 에스터들의 혼합물임을 밝힌 사실에 대해서 언급하고 있다. 다스들은 또한 γ-오리자놀류가 혈액 중의 혈소판의 응고(platelet aggregation)를 억제하는 작용과, 항산화작용(antioxidant activity)을 가진 사실들을 많은 문헌들을 통해서 설명하고 있다.

다스들은 미강유를 정제할 때 부산물(a by-product)로 얻어지는 미강 산성유(rice bran oil)에서 유리지방산을 제거한 후, 알카리로 가수분해할 때 얻어진 침전물(the reseeltant residue)에 물을 가하면 음이온성 미셀 집합체(anionic micellar aggregates)가 형성되는데, 이때 칼슘염을 가하면 이상의 집합체들에 회합(會合)되어 있었던 γ-오리자놀류(the aggregates associated γ-oryzanols)가 침전하게 된다고 한다. 이 침전물에서 γ-오리자놀류를 에틸 아세테이트(ethyl acetate)로 추출, 고순도의 γ-오리자놀류를 비교적 쉽게 얻을 수 있다고 한다.

이들은 또한 HPLC법을 사용하여 γ-오리자놀류의 각각의 구성 화합물들을 분리한 후, 질량분광분석법(mass spectrometry)으로 개개의 γ-오리자놀류 화합물들의 구조를 밝히고 있다. 즉, 이들은 미강유 정제시의 부산물인 미강 산성유(rice bran acid oil)에서 cycloratenyl ferulate, 24-methyllenecycloartancyl ferulate, campesteryl ferulate, β-sitosteryl ferulate, cycloartanyl ferulate 등을 분리, 확인하고 있다.(그림12-29 참조).

아래의 구조식에서 R=H인 경우 바로 페롤린산(ferulic acid)을 나타낸다. γ-오리자놀류(γ-oryzanols)는 페롤린산과 식물성 스테롤류(phytosterols, Ⅰ) 또는 트리터어펜 알콜류(triturpene alcohols, Ⅱ)와의 에스터들로 알려져 있다.

현재까지 여러 문헌들에 보고된 γ-오리자놀류들로서는 R-OH가 다음과 같은 식물성 스테롤들(phytostels)의 경우, campersterol, camperstanol, Δ7-camperstanol, β-sitosterol, stigmasterol, Δ7-stigmasterol 등이 있으며, 또한 R-OH가 다음과 같은 트리터어펜 알콜류(triturpene alcohols)의 경우, cycloartenol, cycloartanol, 24-methylcycloartanol 등이 있다.

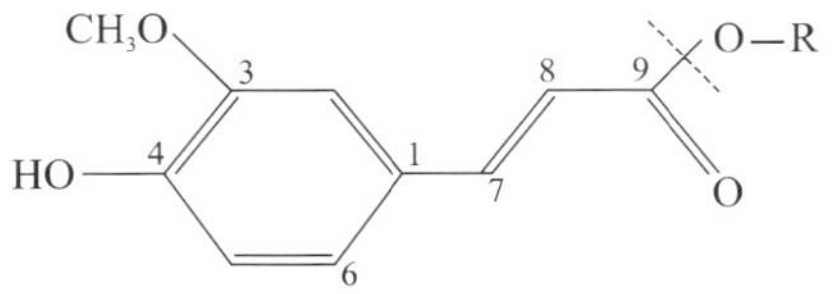

[그림 12-29] 미강에서 분리, 추출된 γ-오리자놀류(γ-oryganols)에 속하는 화합물로 발표된 페룰린산의 에스터들(esters of ferulic acid).
Das, P. K. *et. al.*, 1998 및 Xu, Z. and Godber, J. S., 1999.(본문참조).

츄와 고드버들(Xu, Z. and Godber, J. S., 1999)은 시료준비용 고성능 액체 크로매토그라피 법(a preparative high performance liquid chromatographic, HPLC, method)으로 순도가 높은 γ-오리자놀류 시료를 얻은 후, 역상(逆相) HPLC법 (a reuerse-phase HPLC method)을 사용하여 10개의 분획(fractions)을 얻어, GC / MS법(gas chromatography/ mass spectrn metry)으로 γ-오리자놀류의 10개의 구성성분들의 분자구조를 확정하고 보고한 바 있다. 즉 이들은 γ-오리자놀류의 구성 페룰린산 에스터들로서, Δ^7-stigmastenyl ferulate, stigmasteryl ferulate, cycloarteryl ferulate, 24-metylenecycloartancyl ferulate, Δ^7-campestenyl ferulate, campesteryl ferulate, Δ^7-sitostenyl ferulate, campestenyl ferulate, sitostanyl ferulate, sitosteryl ferulate등 10개의 화합물들이다. 이들은 이상의 10개의 화합물들 중 cycloartennyl ferulate, 24-methylenecycloartanyl ferulate와, compesteryl ferulate의 3개가 γ -오리자놀의 주요 구성 화합물들이라고 설명하고 있다.(그림 12-29 참조).

참고문헌

Alfin-Slater, R. B. and Morris, R. S. 1963. Vitamin E and Lipid Metabolism, *Advances in Lipid Research*, 1, 183.

Allen, R. R., 1968. Hydrogenation Research, *J. Am. Oil Chem. Soc.*, 63(10), 1328.

Baltes, J., 1975. "*Gewinnung und Verarbeitung von Nahrungsfetten* ," Verlag Paul Parey, Berlin.

Bangham, A. D., 1963. Physical Structure and Behavior of Lipid Enzymes, *Advances in Lipid Research*, 1, 65. Academic Press Inc., New York.

Banigo, E. Q. I., Ogunlesi, A., and Ofi, O., 1977. Manufacture of Palm Kernel Oil Using the Traditional Coconut Oil Processing System, *J. Am. Oil Chem. Soc.*, 54(2), 593.

Bansal, J. D. and deMan, J. M., 1982, Effect of Hydrogenation on the Chemical Composition of Canola Oil, *J. Food Science.*, 47, 1338.

Bate-Smith, E. C., Morris, T. N., 1952, "*Food Science*", Cambridge Univ. Press, Cambridge, England.

Bean, G. A. 1974, Phytosterols. *Advances in Lipid Research*, 11, 193. Academic Press Inc., New York.

Berger, K., 1986. Palm Oil Products : Why and How to Use Them. *Food Technol.*, 40(9), 72.

Blanck, F. C., ed. 1955, "*Handbook of Food and Agriculture*", Reinhold Publishing Corp., New York.

Boggess, T. S. Jr. *et al.*, 1967. Changes in Lipid Composition of Sweet Potatoes as Affected by Controlled Storage. *J. Food Science*, 23, 554.

Boggess, T. S. Jr. *et al.*, 1970. Lipid and Other Composition Changes in 9 Varieties of Sweet Potatoes during Storage, *J. Food Science*, 35, 306.

Boyle, E., 1997. Monoglycerides in Food Systems: Current and Future Uses. *Food Technol.*, 51(8), 52~60.

Buck, J. S., Walker, C. E. and Pierce, M. M., 1986. Evaluation of Sucrose Esters in Ice Cream, *J. Food Science.*, 51(2), 489.

Bushway, R. J., 1986. Determination of α - and β -Carotene in Some Raw Fruits and Vegetables by High-Performance Liquid Chromatography. *J. Agric. Food Chem.*, 34, 409.

Bussey, D. M., Ryan, T. C., Gray, J. I., and Zabik, M. E. 1981, Fractionation and Characterization of Edible Tallow. *J. Food Science.*, 46, 526.

Byrdwell, W. C., 1998. APCI(Atmosphetic Pressure Chemical Ionization)-MS(Mass Spectrometry) for Lipid Analysis. 1998. *Inform*, 9(10), 986~997.

Chang, S. S. *et al.*, 1963. Chemical Reactions Involved in the Catalytic Hydrogenation of Oils, I.

Characteristics of the Volatile By-products. *J. Am. Oil Chem. Soc.*, 40, 721.

Chicoye, E. *et al.*, 1968. Photoxidation of Cholesterol in Spray-Dried Egg Yolk upon Irradiation, *J. Food Science*, 33, 581.

Choi, K. Y. and Ko, Y. S., 1979. Studies on the Constituents of Korean Plant Edible Oils and Fats. Part. 3. Studies on the Oil Soluble Constituents of Sunflower Seed, *Korean J. Nutrition*, 12(2), 75.

Christie, W. W., 1982. "Lipid Analysis," 2nd edition, Pergamon Press, Hamburg.

Christie, W. W., 1998. A Review. Gas Chromatography-Mass Spectrometry Methods for Structural Analysis of Fatty Acids. *Lipids*, 3(4), 343~353.

Chung, T. M. *et al.*, 1968. Analysis of Fatty Acid in Rice Bran Oil by Gas Chromatography. *J Korean Agr. Chem. Soc.*, 9, 29.

Cocks, L. V. *et al.*, 1966. "Laboratory Handbook for Oil and Fat Analysts," Academic Press, New York.

Coleman, M. H., 1963. The Structural Investigation of Natural Fats. Advances *in Lipid Research*, 1, 2. Academic Press Inc., New York.

Combs, D. L., 1985. Processing for Industrial Fatty Acids-1. *J. Am. Oil Chem. Soc.*, 62(2), 327.

Cowan, J. C. and Carter, H. E., 1953. Lipids in "*Organic Chemistry*," Vol.3, p. 236, ed. by Gilman, H., John Wiley and Sons, Inc., New York.

Daun, J. K., 1986. Erucic Acid Levels in Western Canadian Canola and Rapeseed. *J. Am. Oil Chem. Soc.*, 63(3), 321.

Davenport, J. B. and Forgerty, A. C., 1971. Chapt. 15 in "*Biochemistry and Methodology of Lipids*," Edited by Johnson, A. R. and Davenport, J. B., John Wiely and Sons, Inc., New York.

Das, P. Kumar. *et al.*, 1998. Isolation of γ -Oryzanol through Calcium Ion Induced Precipitation of Anionic Micellar Aggregates. *J Agric, Food Chem.*, 46(8), 3073~3080.

Defence, E., 1985. Fractionation of Palm Oil. *J. Am. Oil. Chem. Soc.*, 62(2), 376.

Diosady, L. L., 1982. Chemical Degumming of Canola Oil. *J. Am. Oil. Chem. Soc.*, 59(7), 313.

Duran, O. S. *et. al.*, 1963. Microdetermination of Long Chain Carboxylic Acids by Transesterification with Boron Trifluoride. *Anal. Chem.*, 35, 370.

Eckley, E. W., 1954. "*Vegetable Fats and Oils*," Reinhold Publishing Corp., New York.

Ebeler, S. E. and Walker, C. E., 1984. Effects of Various Sucrose Fatty Acid Ester Emulsifiers on High-Ratio White Layer Cakes. *J. Food Science*, 49, 380.

Eisenbergs, S. and Levy, R. I., 1975 Lipoprotein Metabolism. *Advances in Lipid Research*, 13, 2.

Fats and Oils News., 1985. World Fats and Oils Report. *J. Am. Oil Chem. Soc.*, 62(8), 1166.

Fats and Oils News., 1986. The Margarine Market in the EEC. *J. Am. Oil. Chem. Soc.*, 63(6), 727.

Fedeli, E. and Jacini, G., 1971. Lipid Composition of Vegetable Oils. *Advances in Lipid Research*, 10, 144. Academic Press Inc., New York.

Fisher, L. R., Mitchell, E. E. and Parker, N. S., 1985. Interfacial Tensions of Commercial Vegetable Oils with Water. *J. Food Science*, 50, 1201.

Fomuso, L. B. and Akoh, C. C., 1998. Structured Lipids: Lipase-Catalyzed Interesterification of Tricaproin and Trilinolein. *J. Am. Oil Chem. Soc.*, 75(3), 405~410.

Foster, C. H. and Cross, E. B., 1984. Separation of Tocopherol Homologues by Selective Deacylation and Chromatography. *J. Am. Oil Chem. Soc.*, 61(9), 1461.

Fourcans, B. and Jain, M. K., 1974. Role of Phospholipids in Transport and Enzymic Reactions in *Advances in Lipid Research*, 12, 148. Academic Press Inc., New York.

Freedman, B., Butterfield, R. O. and Pryde, E. H., 1986. Transesterification Kinetics of Soybean Oil. *J. Am. Oil Chem. Soc.*, 63(10), 1375.

Fuji, S., Kitani, K. and Noda, M. 1982. The Sphingolipid in *Agaricus Bisporus. Agric. Biol. Chem.(Japan).*, 46(6), 1717.

Fujino, Y., 1982. Fundamental Research on the Lipids of Agricultural Products. *Nippon Nogeikagaku kaishi*, 56(5), 353.

舟橋三郎 · 原一郎 · 山天民夫 編. 1970. "脂質 1," 共立出版株式會社, 東京.

Gandhi, N. N., 1997. Applications of Lipase. *J. Am. Oil Chem. Soc.*, 74(6), 621~634.

Gegiou, D. and Staphylakis, K., 1985. Detection of Cocoa Butter Equivalents in Chocolate. *J. Am. Oil Chem. Soc.*, 62(2), 1047.

Goh, S. H., Khor, H. T., and Gee, P. T. 1982. Phospholipids of Palm Oil(*Elaeis Guineensis*). *J. Am. Oil Chen. Soc.*, 59(7), 296

Goh, S. H., Choo, Y. M., and Ong, S. H. 1985. Minor Constituents of Palm Oil. *J. Am. Oil Chen. Soc.*, 62(2), 237

Gordon, M. H. and Miller, L. A. D., 1997 Development of Steryl ester Analysis for the Detection of Admixtures of Vegetable Oils. *J. Agric. Food Chem.*, 7(5), 505~510.

Grandgirard, A., Sebedio, J. L. and Fleury, J. 1984. Geometrical Isomerization of Linolenic Acid during Heat Treatment of Vegetable Oils. *J. Am. Oil Chem. Soc.*, 61(10), 1563

Grothues, B. G. M., 1985. Hydrogenation of Palm and Lauric Oils. *J. Am. Oil Chem. Soc.,* 62(2), 390.

Gunstone, F. D. and Norris, F. A. 1983, "*Lipids in Foods : Chemistry, Biochemistry and Technology*," Pergamon Press, New York.

Gurr, M. I. and James, A. T., 1971. "*Lipid Biochemistry: An Introduction*, " Champman and Hall Ltd., London.

Haighton, A. J., 1976. Blending, Chilling, and Tempering of Margarines and Shortening. *J. am. Oil Chem, Soc.*, 53(6), 397.

Halvarson, H. and Ovist, O., 1974. A Methold to Determine the Monoglyceride Content in Fats and Oils. *J. am. Oil Chem, Soc.,* 51(4), 162.

Hanad, N. *et al.* 1965. Influence of Monoglycerides on Gelling of Canned Beans and Starch Extracted. form Beans. *Food Technol.*, 19. 226.

Hanahan, D. J., 1960. "*Lipid Chemistry*," John Wiley and Sons Inc., New York.

原田一郎. 1968. "油脂化學의 知識," 新書房, 東京.

Harrel, F. C. and Dirks, B. M., Chapt. 14 Cereals and Cereal Products especially on Rice (p.434~437) in the "*Handbook of Food and Agriculture*" above.

Harrow, B. and Mazur, A., 1962. "*Biochemistry*," 8th ed., W. B. Saunders Co., Philadelphia.

Hawthorne, J. N. and Kemp, P., 1964. The Brain Phosphoinositides. *Advances in Lipid Research*, 2, 127.

Hemavathy, J. and Prabhaker, J. V. 1987. Lipid Composition of Rice (*Oryzasativa* L.) Bran. *J. Am. Oil Chem. Soc.*, 64(7), 1016~1019.

Herting D. D. *et al.*, Alpha-Tocopherol Content of Ceral Grains and Processed Cereals. *J. Agr. Food Chem.*, 17, 785.

Highlands, M. E. *et al.*, 1954. Observations on the Lipid Constituents of White Potatoes. *Am. Potato J.*, 36, 353.

Hilditch, T. P., 1956. "*The Chemical Consitution of Natural Fats*," 3rd ed., Chapman and Hall Ltd., Londong.

Honig, D. H. *et al.*, 1969 Lipids of Defatted Soybean Flakes. Extraction and Characterization, *Food Technol.*, 23, 803.

Horstein, I. *et al.*, 1967. Composition of Lipids in Some Beef Muscles. *J. Food Science*, 32, 650.

Hurst, W. J. and Martin, R. A. Jr. 1984. The Analysis of Phospholipids in Soy Lecithin by HPLC. *J. Am. Oil Chem. Soc.*, 61(9), 1462.

Hustedt, H. H., 1976. Interesterification of Edible Oils. *J. Am. Oil Chem. Soc.*, 53(6), 390.

Ignacio, L. F. Jr., 1985. The biotechnology of Oilseed Crops *J. Am. Oil Chem. Soc.*, 62(2), 204.

James, A. T. 1985. The Biotechnology of Oilseed Crops *J. Am. Oil Chem. Soc.*, 62(2), 204.

Jamieson, George S., 1943.. "*Vegetable Fats and Oils*", 2nd ed., Reinhold Publishing Corp., New York.

Kawada, T. *et al.*, 1966. Chemical Reactions Involved in the Catalytic Hydrogenation of Oils. Ⅲ. Further Identification of Volatile By-products. *J. Am. Oil Chem. Soc.*, 43, 237.

桑田勉, 1956. "改稿 油脂化學," 岩波書店, 東京.

Kim, D. H., 1982. Edible Fats and Oils in Korea : A Brief Report. *J. Am. Oil Chem. Soc.*, 59(6)m 411A.

Kim, J. S. 1969. The Darkening Effect of Phytosterylferulate on Rice Bran Oil, *J. Korean Chem. Soc.*, 13, 325.

Knopp, F. *et al.*, 1966. The Non-saponifiable Constituents of Lettuece. *J. Food Science*, 33, 159.

Ko, Y. S., Chang, Y. K. and Lee, H. J., 1979. Studies on the Constituents of Korean Plant Edible Oils and Fats. Part. 2. Triglyceride Composition of Cottonseed, Soybean, Sesame, Perilla, Corn, and Rapeseed Oils by HPLC. *Korean J. Nutrition*, 12(1), 43.

Krazynowek, J., Wiggin, K. and Donahue, P. 1982. Cholesterol and Fatty Acid Content in Three Species of Crab Found in the Northwest Athlantic. *J. Food Science*,, 47, 1025.

Kritchevsky, D. *et al.*, 1967. The Sterols of Seafood, *J. Food Science,* 32, 64.

Krog, N., 1977. Functions of Emulsifiers in Food Systems *J. Am. Oil Chem. Soc.*, 54(3), 124.

Kunau, W. H. and Holman, R. T.(editors). 1977. "*Polyunsaturated Fatty Acids*," The American Oil Chemists' Society, Champaign, IL, U.S.A.

Laning S. J., 1985. Chemical Interesterification of Palm, Palm Kernel, and Coconut Oils. *J. Am. Oil Chem. Soc.*, 62(2), 400.

Lauridsen, J. B., 1976.. Food Emulsifiers: Surface Activity, Edibility, Manufacture, Composition and Application. *J. Am. Oil Chem. Soc.*, 53(6), 400.

Lee, D. S. et al., 1964. A Note on Fat Extraction Method, *J. Korean Agr. Chem.*, 5, 59.

Lee, E. H., 1965. The Seasonal Variations of the Oil Content and Vitamin A Distribution of Mackerel Caught in Korea. *J. Korean Agr. Chem. Soc.*, 6, 15.

Lim, H. K. and Kim, M. A. 1993. Effect of Interesterification for Increasing Creaming Power in Lard. *Korean J. Food Science and Technol.*, 25(6), 730~735.

Lin, P. M. and Leeder, J. G. 1974. Mechanism of Emulsifier Action in an Ice Cream System. *J. Food Science*, 39, 108.

Ling, Edgar R., 1963. "*Dairy Chemistry*," 3rd ed., Vol. 1, Chapman and Hall Ltd., London

List, G. R., Emken, E. A., Kwolek, W. F., Simpson, T. D., and Dutton, H. J., 1977. Zero trans Margarines: Preparation, Structure, and Properties of Interesterified Soybean Oil-Soy Trisaturated Blends, *J. Am. Oil Chem. Soc.*, 54(10), 408.

Looney, R. E., 1975.. Oils and Fats in "*Chemical Technology : An Encyclopedic Treatment*," Volume ⅤⅢ., edited by Codd, L. W. *et al.* Barnes and Boble Books, New York.

Lough, A. K. 1964. The Production of Methoxy Substituted Fatty Acids as Artifacts during the Esterification of Unsaturated Fatty Acids with Methanol Containing Boron Trifluoride. *Biochem. J.*, 90, 40.

Lovern, J. A., 1955. "*The Chemistry of Lipids of Biochemical Significance*," Methum and Co. Ltd., London.

Luce, Gerald T., 1967. Acetylated Monoglycerides as Coating for Selected Foods. *Food Technol.*, 21, 1462.

Lynn, L., Steen, G. J. and Anderson, R. M., 1968. New Rice Oils. *Food Technol.*, 22, 1250.

Lyon, C. K., 1972 Sesame : Current Knowledge of Composition and Use. *J. Am. Oil Chem. Soc.*, 49(4), 245.

Manes, J. D., Fluckiger, H. B. and Schneider, D. L., 1972. Chromatographic Analysis of Vitamin K_1: Application to Infant Formula Products *J. Am. Oil Chem. Soc.*, 20(6), 1130.

Marshal, D. L. and Bullerman, L. B., 1986. Antimicrobial Activity of Sucrose Fatty Acid Ester Emulsifiers. *J. Food Science*, 51(2), 193.

Metcalf, L. D., Schmitz, A. A. and Relka, J. R., 1966. Rapid Preparation of Fatty Acid Esters from Lipids for Gas Chromatographic Analysis. *Analytical Chemistry*, 38(3), 514.

Mielke, S., 1985. Present and Future Position of Palm and Palm Kernel Oils in World Supply and Trade. *J. Am. Oil Chem. Soc.*, 62(2), 193.

Morrison, W. R. *et al.*, 1964. Preparation of Fatty Acid Methyl Esters and Dimethyl Acetals from Lipids with Boron Trifluoride-methanol. *J. Lipid Research*, 5, 600. Academic Press Inc., New York

Moruzz, G. *et al.*, 1969. Studies on Compounds and Individual Lipids of Wheat Germ. *J. Food Science*, 34, 581.

Nagao, A. and Yamazaki, M., 1983. Lipid of Sunflower Seeds Produced in Japan. *J. Am. Oil Chem. Soc.*, 60(9), 1654.

Nair, P. P., 1966. Quantilative Methods for the Study of Vitamin D. *Advances in Lipid Research*, 4, 227. Academic Press Inc., New York.

Nicoll, A., Miller, N. E. and Lewis, B., 1980. High-Density Lipoprotein Metabolism in *Advances in Lipid Research*, 17, 54. Academic Press Inc., New York

Orthoeffer, F. T., 1996. Rice Bran Oil: Healthy Lipid Source. *Food Technol.*, December, 62~64.

Osipov, L. et al., 1956. Sucrose Monofatty Acid Ester. *Ind. Eng. Chem.*, 48, 1459.

Oto, S., 1970. Lecithin J. *Japan Oil Chem. Soc.*, 19, 276.

Pease, J. J., 1985. Confectionery Fats from Palm and Lauric Oil. *J. Am. Oil. Chem. Soc.*, 62(2), 426.

Perkins, E. G(editor). 1975. "*Analysis of Lipids and Lipoproteins*." Am. Oil Chem. Society, Champaign, IL.

Phillips, F. C., Erdahl, W. L. and Privett, O. S., 1982. Quantitative Analysis of Lipid Classes by Liquid Pomeranz, Y. *et al.*, 1966. Lipid in Wheat from Various Classes and Varieties. *J. Am. Oil Chem. Soc.*, 43, 511.

Popjak, G. 1977. Research on Biosynthesis of Fatty Acids, Triglycerides, Squalene, and Cholesterol. *J. Am. Oil Chem. Soc.*, 54(8), 647A.

Price, P. B., 1975. Lipids of Seven Cereal Grains. *J. Am. Oil Chem. Soc.*, 52(12), 490.

Pryde, E. H.(editor). 1979. "*Fatty Acids* ," The American Oil Chemists'Society, Champaign, IL., U.S.A.

Qunlan, P. and Stephen, M., 1993. Modification of Triglycerides by Lipases : Process Technology and Its Application to the Production of Nutritionally Improved Fats. *Inform*, 4(5), 580~585.

Tu, C. *et al.*, 1967. Free and Esterified Cholesterol Content of Animal Muscles and Meat Products *J. Food Science*, 32, 30.

Ralston, A. W. 1948. "Fatty Acid and Their Derivatives," John Wiley and Sons, inc., New York.

Ramesey, R. B. and Nicholas, H. J. 1972. Brain Lipids in *Advances In Lipid Research*, 10, 144. Academic Press Inc., New York

Reddi, P. B. et al. 1948. Rice Bran Oil. I. Oil Obtained by Solvent Extraction. *J. Am Oil Chem. Soc.*, 25, 206.

Renkonen, O., 1967. The individual Molecular \Species of Polar Lipids. *Advances in Lipid Research*, 5, 329. Academic Press Inc., New York

Ro, I. Y. and Jeong, H. S., 1980. Studies on the Sterols of Sesame Oil Sold in Markets and Used in

Restaurants. *Korean J. Nutrition*, 13(4), 159.

Rozenaal, A., 1992. Interesterification of Oils and Fats. Inform. 3(1), 1232~12378.

Ryan, T. C. and Gray, J. I., 1984. Distribution of Cholesterol in Fractionated Beef Tallow. *J. Food Science.*, 49, 1390.

Sagitani, H. 1981. Marking Homogeneous and Fine Droplet O/W Emulsions Using Nonionic Surfactants, *J. Am. Oil Chem. Soc.*, 58(6), 738.

Schneider, D. L. *et al.*, 1968. Effect of Sterculia foetida Oil on Weanling Rat Growth and Survivial, *J. Agr. Food Chem.*, 16, 1022.

Shaw, R, 1966. The Polyunsaturated Fatty Acids of Microoranisms. *Advances in Lipid Research*, 4, 107. Academic Press Inc., New York

Shin, J. D., 1968. Studies on Utilization of Agricultural Waste Products. Part 3. Separation of phytin from Dafatte Rice Bran. *J. Korean Agr. Chem. Soc.*, 9, 71.

Shin, J. D., 1968. Studies on the Analysis of Phytin by the Chelatometric Method. *J. Korean Agr. Chem. Soc.*, 10, 1.

Smith, E. B., 1974. The relationship between Plasma and Tissue Lipids in Human Atherosclerosis. *Advances in Lipid Research*, 12, 1. Academic Press Inc., New York

Smith, M. E., 1967, The Methabolism of Myelin Lipids, *Advances in Lipid Research*, 5, 241.

Soumanou, M. M. *et al.*, 1997. Synthesis of Structured Triglycerides from Peanut Oil with Immobilized Lipase. *J. Am. Oil Chem. Soc.* 74(4), 427~433.

Soumanou, *et al.*, 1998. Two-Step Enzymatic Reaction for the synthesis of Pure Structured Triacylglycerides. *J. Am. Oil Chem. Soc.*, 75(6), 703~710.

Sreenivasan, B. 1978. Interesterification of Fats. *J. Am. Oil Chem. Soc.*, 55(11), 796.

Sullivan, F., 1980. Sunflower Oil Processing from Crude to Salad Oil. *J. Am. Oil Chem. Soc.*, 57(11), 845A.

Swern, D.(editor). 1964. "*Bailey's Industrial Oil and Fat Products*," Third edition, Interscience Publishers, New York.

Swift, C. E. et al., 1950. Rice Bran Oil, V., The Stability and Processihng Characteristics of Some Rice Bran Oil. *J. Am. Oil Chem. Soc.*, 27, 14.

Syväoja, E. L., Piironen, V., Varo, P., Koivistoinen, P., and Salminen, K., 1986. Tocopherols and Tocotrienols in Finnish Foods : Oils and Fats. *J. Am. Oil Chem. Soc.*, 63(3), 328.

Taira, H. and Chang, W. L., 1986. Lipid Content and Fatty Acid Composition of Indica and Japonica Types of Nonglutinous Brown Rice. *J. Agric. Food Chem.*, 34, 542.

Tall, A. R. and Small, D. M., 1980. Body Cholesterol Removal : Role of Plasma High-Density Lipoprotein. *Advance in Lipid Research*, 17, 2. Academic Press Inc., New York.

Terrell, R. N. *et al.*, 1967. Fatty Acid Composition of Bovine Subcutaneous Fat Depots Determined by Gas-Liquid Chromatography. *J. Food Science*, 32, 516.

Totani, Y., Pretorius, H. E. and du Plesis, L. M., 1982. Extraction of Phospholipids from Plant Oils and Colorimetric Determination of Total Phosphorus. *J. Am. Oil Chem. Soc.*, 59(4), 162.

Tsuda, S., 1970. Glyceride Composition of Natural Fat. *J. Japan Oil Chem. Soc.*, 19, 56.

VanderWal, R. J., 1964. Triglyceride Structure. *Advance in Lipid Research*, 2, 1. Academic Press Inc., New York.

Vasishtha, A. K. et al., 1969. Prevention of Hydrogenated Flavor during Trace Hydrogenation of Butter Oil. *Food Technol.*, 23, 244.

Villeneuve, P. and Foglia, T. A., 1997. Lipase Specificities : Potential Application in Lipid Bioconversions. *Inform*, 8(6), 640~650.

Willeneuve, P. and Foglia, T. A., 1998. Synthesis of Polyfunctional Glycerol Esters : Lipase-Catalyzed Esterification of Glycerol with Diesters. *J. Am. Oil Chem. Soc.*, 75(11), 1545~1549.

Wald, G., 1968. Die molekulare Basis des Sehvorgangs(Nobel Vortrag). *Angewandte Chemie*, 80, 875.

Wiegandt, H., 1971. Glycosphigolipids. *Advances in Lipid Research*, 9, 249. Academic Press Inc., New York.

Williams, K. A., 1966. "*Oils, Fats and Fatty Foods*," 4th ed., J. and A. Churchill Ltd., London.

Wills, E. D., 1965. Lipases. *Advances in Lipid Research*, 3, 197. Academic Press Inc., New York.

Wolff, R. L., Combe, N. A. and Entressangles, B., 1985. Modification of Alkenyl Chain Profile in Plasmalogens of Rat Heart Mitochondria by Dietary Trielaidin. *Lipids*, 20(6), 367.

Wolff, R. L. and Marpeau, A. M., 1997. ⊿5-Olefinic Acids in the Edible Seeds of Nut Pines(*Pinus Cembroides edulis*) from the United States. 1997. *J. Am. Oil Chem. Soc.*, 74(5), 613~614.

Wolff, R. L. *et al.*, 1998. Fatty Acids of the Seeds from Pine Species of the *Ponderosa-Banksiana* and *Halepensis* Sections. The Peculiar Taxonomic Position of *Pinus Pinaster*. 1998. *J. Am. Oil Chem. Soc.*, 75(1), 45~50.

Wolff, R. L. *et al.*, 1998. The Seed Fatty Acid Composition and the Distribution of ⊿5-Olefinic Acids in the Triacylglycerols of Some Taxaceae(*Taxus* and *Torreya*). *J. Am. Oil Chem Soc.*, 75(11), 1637~1641.

Wolff, R. L., 1999. Letter to the Editor. The Phylozenic Significance of Sciadonic(all-cis 5, 11, 14-20:3) Acid in Gymnosperms and Its Quantitative Significance in Land Plants. *J. Am. Oil Chem. Soc.*, 76(12), 1515~1516.

Wolff, R. L. *et al.*, 1999. Reinvestigation of the Polymethylene Interrupted 18:2 and 20:2 Acids of *Ginkgo biloba* Seed Lipids. *J. Am. Oil Chem. Soc.*, 76(2), 273~276.

安田守雄. 1970. 第1章 歷史, "脂質 1", 舟橋三郎 等 編, 共立出版株式會社, 東京

Xu, Z. and Grober, J. S., 1999. Purification and Identification of Components of γ -Oryzanol in rice Bran Oil. *J. Agric Food Chem.*, 47(7), 2724~2728.

Yoon, S. H. and Rhee, J. S., 1982. Composition of Waxes from Crude Rice Bran Oil. *J. Am. Oil Chem. Soc.*, 59(12), 561.

Young, F. V. K., 1985. Interchangeability of Fats and Oils. *J. Am. Oil Chem. Soc.*, 62(2), 372.

Chapter 13 유지의 물리적 · 화학적 성질 및 쇼트닝으로서의 역할과 영향

앞에서 말한 대로 유지의 조성(composition of fats and oils)은 식물성 유지의 경우에는 품종(variety), 토양(soil), 기후(climate) 등의 영향을 받으며, 한편 동물성 지방의 경우에는 동물의 종자(breed), 사료(feed)의 종류, 영양 관계(nutrition), 계절(season) 등의 영향도 크게 받기 때문에 개별적인 차이(individual difference)도 크다. 즉 개별적인 다양성(individual variability)도 인정된다. 그러나 한편으로는 동물이나 식물의 종류나 품종 등에 따라 대체로 특징 있는 조성(composition)을 유지한다. 즉 개별간의 공통성(individual uniformity)도 부인할 수 있다.

한 유지의 성질들은 크게 그 외형적(外形的)인 성질, 즉 물리적인 성질(physical properties)과 내형적(內形的)인 성질, 즉 화학적인 성질(Chemical properties)로 분류할 수 있을 것이다. 그러나 일부 유지류나 지방산들은 생화학적으로 또는 영양학적으로 매우 중요하므로 화학적 성질들과 함께 설명하는 것이 바람직한 것 같다. 따라서 본 장에서는 위의 취지도 포함해서 두 개 분야로 대별하여 차례로 논의하기로 한다.

유지의 물리적 성질

융 점

유지는 여러 트리아실글리세롤류(triacylglycerols, TAGs)의 혼합물들(mixtures)이므로 다른 순수한 화합물들과 같이 일정한 온도에서 예민하게 용융(熔融), 즉 고체 상태에서 액체 상태로 변하지 않으며, 넓은 범위의 온도에서 녹는다. 따라서 그 융점(melting point)은 매우 명료(不明瞭)하지 않다.

유지 및 지방산의 동질다형 현상 이상과 같이 유지의 융점이 불명료한 이유는, 첫째로는 전술한 대로 원래 유지가 각각 그 화학 구조, 따라서 그 성질이 다른 많은 수의 트리아실글리세롤류들의 혼합물이라는 데 있으며, 둘째로는 트리아실글리세롤들이 동질이상 현상(同質異像 現像) 내지는 동질다형 현상(同質多形 現像, polymorphism)을 나타내기 때문이다.

이 동질다형 현상, 즉 폴리모오피즘(polymorphism)이란 단일 화합물이 두 개 이상의 결정형(crystalline forms)을 갖는 현상을 말하며, 따라서 그 융점도 그 결정형에 따라 다르다. 이와 같은 동질다형 현상은 트리아실글리세롤 분자뿐만 아니라, 모노아실글리세롤이나 지방산 분자들도 나타난다.

그러므로 유지에 있어서는

1. 그 유지를 구성하고 있는 여러 트리아실글리세롤 분자들이 각각 고유의 융점을 가질 뿐만 아니라,
2. 동일 트리아실글리세롤 분자라 하더라도 그 결정형에 따라 고유의 융점을 나타내기 때문에 유지의 융점은 예민하지 않으며, 또 예민할 수도 없다.

모든 구성 트리아실글리세롤 분자들의 화학 구조가 동일하며, 또 그 구성 트리아실글리세롤 분자들이 한 종류의 지방산으로만 형성된 단순 트리아실글리세롤(simple triacylglycerol)들로만 형성된 유지, 예로서 트리스테아린(tristearin)의 경우에는 무정형(amorphous type), 유리형(vitreous type), 또는 감마-형(γ-form) 등으로 알려져 온, 그리고 현재는 대체로 α-형으로 알려진 형태 이외에, 베타-프라임, 베타-형(α-, β'-, β-form)으로 알려진 결정형들(crystalline forms)을 갖고 있음이 알려져 있다(표 13-1 참조).

표 13-1 각종 단순 트리아실글리세롤들(simple triacylglycerols)의 무정형과 세 가지 결정형의 융점.

단순 트리아실글리세롤들의 종류	무정형 또는 유리형 (vitreous form)1)	α-결정형	β'-결정형	β-결정형
트리캅린(tricaprin, C_{10})	-15℃	18℃	-	31.5℃
트리로오린(trilaurin, C_{12})	15	35	-	46.4
트리미리스틴(trimyristin, C_{14})	33	46.5	54.5	57
트리팔미틴(tripalmitin, C_{16})	45	56	63.5	65.5
트리스테아린(tristearin, C_{18})	54.5	65	70.0	72
트리올레인(triolein, C_{18})	-32	-12	-	4.9
트리엘라이딘(trielaidin, C_{18})	15.5	37	-	42
트리에루신(trierucin, C_{22})	6	17	25	30
트리리놀레인(trilinolein, C_{18})	-43~-47	-27~-29	-	-10.5

1) 무정형은 가끔 γ-형으로도 표시된다.

Hilditch, T. P. 1956. "*The Chemical constitution of Natural Fats*," 3rd ed., P.555~558, Chapman and Hall Ltd., London.

트리스테아린 형태의 변화와 이에 따르는 융점의 변화를 보면 다음과 같다.

알파 형(α-form) 무정형(amorphous type), 유리형(vitreous type), 또는 감마-형(γ-form) 등으로 과거에 잘못 불려 진 이 α-형은 액체상(liquid)으로 있는 트리스테아린을 갑자기 냉각함으로써 얻어지는, 그 융점이 54.5℃인 동질다형체(polymorphs)의 하나이다.

α-결정체를 구성하는 기본 단위(the unit cell, the smallest repetitive unit)의 X-선 회절도에서 분석한 단격자간 거리(the short spacing)는 4.15nm로 알려져 있으며, 이상의 구성단위의 결정 내에서의 충전 양식, 즉 결정계(結晶系, crystal system)는 육방계(六方系, hexagonal system)에 속하는 것으

로 알려져 있다.

α-형은 일반적으로 열역학적으로 불안정한 형태(meta-stable form)로 생각되고 있으며, 서서히 가열하면 그 융점에서 녹은 후 다시 구성 트리아실글리세롤 분자들의 재배치가 일어나 더 안정된 β'-형의 구조를 갖게 된다. 이와 같은 변화는 α-형의 동질다형체(polymorphs)를 그대로 정치하여 두어도 서서히, 그리고 자연적으로 더 안정된 형태인 β'-형의 결정형으로 분자의 재배치(rearrangement)가 일어난다. 서서히 가열하여도 γ-형은 더 안정된 α-형으로 옮겨진다.

베타-프라임 형(β'-form) β'-형(β'-form)의 결정은 전술한 대로 α-형의 트리스테아린을 정치(靜置)하거나, α-형을 54.5℃ 이상으로 서서히 가열함으로써 형성된다. α-형의 결정을 서서히 가열하면 트리스테아린은 일단 녹아서 액체상으로 되었다가 분자의 재배치(rearrangement)가 일어나 곧 고체화(solidify)되면서 그 융점이 65℃인 베타-프라임 형(β'-form)으로 알려진 더 안정된 동질다형체(同質多形體, polymorph)를 형성한다.

이 β'-형은 X-선 회절도 분석(X-ray diffraction analysis)에 따르면, 3.80Å과 4.20Å의 두 개의 단격자선(短格子線, the short spacing lines), 즉 단격자간 거리(the short spacing)를 주며, 그 적외선 흡광 스펙트럼(the infrared absorption spectrum)에서 720cm^{-1} 영역에 이중선 또는 이중항(doublet)을 나타내는 결정 형태를 가지며, 이상의 동질다형체(polymorph)의 최소 기본단위(the unit cell)들의 충전 양식(the packing type), 즉 결정계(the crystal system)는 삼사계(三斜系, triclinic system)에 속하는 것으로 알려져 있다.

β'-형의 최소 기본단위(the unit cell or subcell)의 장격자(長格子, the long spacing)는 단격자들(the short spacing)이 형성하는 면에 대해서 일정한 각도를 갖고 경사(傾斜, angle of tilt)를 가진 형태(a tilted form)를 갖고 있다. 이 β'-형을 서서히 가열하면 일단 녹은 후 세 개의 동질다형체들 중 가장 열역학적으로 안정된 형태(the most thermodynamically stable form)인 β-형으로 재배치(rearrangement) 되고 냉각되어 고체가 될 때 β-형의 다형체가 된다.

베타 형(β-form) β-형(β-form)은 트리아실글리세롤류(TAGs), 특히 트리스테아린(tristearin)과 같은 모노아시드 트리아실글리세롤류(monoacid triacylglycerols)의 경우, 전술한 대로 세 개의 동질다형체들 중 그 융점이 가장 높으며, 또한 열역학적으로 가장 안정된 형태인 것으로 알려져 있다. β'-형을 서서히 가열한 후 냉각될 때도 분자들의 재배치에 따라 형성되기도 하나, 경우에 따라서는 α-형을 정치(靜置)하는 동안에 지용성 용매(fat solvents)들을 사용하여 결정화(solvent crystallization)할 때도 형성된다고 한다.

그 최소 기본단위(the unit cell or subcell)의 단격자간 거리(the short spacing)는 0.46Å과 0.36~0.39Å이며, 그 장격자(the long spacing)는 β'-형의 경우처럼 최소 기본 단위(the unit cell)의 단격자들(the short spacing)이 형성하는 평면에 대해서 경사된 형태(a tilted form)를 갖고 있다고 한다. 이 β-형의 기본 단위들의 공간(space)을 점유하는, 또는 충전되는 양식(spatial packing arrangements or packing type), 즉 결정계는 사방계(斜方系, orthorhombic system)에 속한다고 한다. 한편 적외선 흡수 스펙트럼(infrared absorption spectrum)은 717nm에서 단선(simple band)을 나타낸다.

한편 완전히 액체 상태인 단순 트리아실글리세롤(simple triacylglycerols), 즉 모노아시드 트리아실글리세롤(monoacid triacylglycerols)에 속하는 트리스테아린(tristearin)을 급격하게 냉각하면 α-형의 동질다형체(polymorph)가 형성된다. 이 α-형을 계속적으로 서서히 가열하면, α-형의 융점(melting point, M.P.)인 54.5℃에서 일단 다시 녹게 된다.

여기서 계속 가열하게 되면, 구성 분자들의 재배치가 다시 일어나 65℃의 융점을 가진 β'-형의 동질다형체가 형성된다. 그러나 여기서 가열이 더 계속되어 온도가 상승할 때는 형성된 β'-형의 고체는 다시 녹아서 β-형의 융점인 72℃에서 다시 분자들의 재배치가 일어나 β-형의 고체가 형성된다. β-형의 융점 이상의 온도에서는 완전한 액체상(liquid phase)의 트리스테아린으로 존재하게 된다. 특히 모노아시드 트리아실글리세롤의 경우, 예로서 트리스테아린의 경우, 그 동질다형체들의 안정도(stability)는 대체로

$$\alpha \quad < \quad \beta' \quad < \quad \beta$$

의 순이며, 실제로는 항상 더 낮은 안정성을 가진 결정형에서 더 높은 안정성을 가진 결정형의 방향으로 일방적(一方的)으로 그 결정형이 재배치(rearrangement)되는 소위 단일 방향성(單一 方向性, monotropism)을 나타낸다고 한다.

유지의 가소성

유지의 가소성(可塑性, plasticity)은 버터, 마가린, 초콜렛 등과 같은 과자류에 있어서는 매우 중요하며, 또 바람직한 성질이다.

가소성이란 간단히 말해서, 고체가 적당한 조건 하에서는 외부에서의 힘에 대해서 이상적인 강체(剛體) 또는 완전 탄성체(彈性體)로 작용하지 않으며, 어느 한도 내에서 파괴되지 않고 외부의 힘에 따라 연속적으로 또 영구적(永久的)으로 변형(變形)될 수 있는 성질이라 말할 수 있다(제9장 참조). 버터나 마가린 등을 사용할 때와 같은 성질이 바람직함은 더 말할 나위도 없다.

한 유지는 그 구성 트리아실글리세롤들(triacylglycerol, TAGs)이 모두 고체 상태로 존재할 어떤 특정된 낮은 온도 이하에서는 완전한 고체로 존재하며, 반대로 아주 높은 어떤 특정된 온도 이상에서는 그 구성 트리아실글리세롤들이 모두 액체로 존재하기 때문에 그 유지는 완전한 액체로 존재한다.

만일 완전 고체 상태로 있는 유지의 온도를 올려주면, 그 구성 트리아실글리세롤 분자들의 일부는 액체화되기 때문에 연화(softening)가 일어나며, 반고체(srmi-solid)의 성질을 가지며, 또 가소성을 갖게 된다. 어떤 온도에서는 액체로 된 유지 분자와 고체로 있는 유지 분자의 비율이 어떤 한계 비율을 갖게 되며, 유지는 유체(fluid)의 성질을 갖게 되며 흐르기 시작한다.

반대로 어떤 온도에서는 유지는 유동성을 완전히 잃고 딱딱하고 부스러지기 쉬운 상태가 된다. 즉 가소성을 잃게 된다. 이상의 관계는 다음과 같이 표시될 수 있을 것이다.

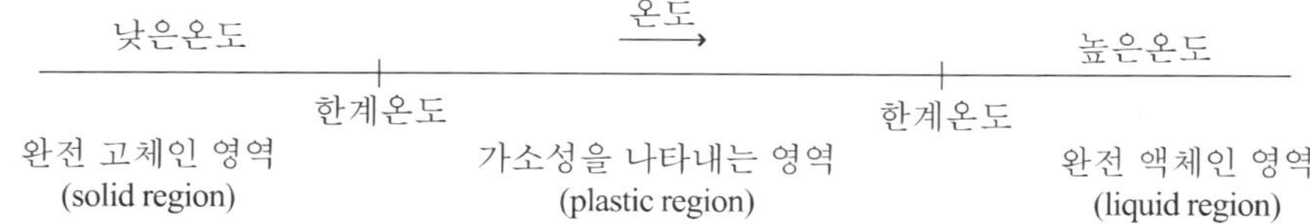

이상과 같은 가소성(可塑性)이 가장 중요한 요인이 되고 있는 식품류 중, 전술한 버터나 마가린(margarine), 쇼트닝(shortening) 등 이외에도 당과류(糖菓類)에 사용되는 유지류가 있다. 초콜렛

(chocolate) 등 - 우유 초콜렛 등 포함 - 과 코코아(cocoa) 등은 볶은 코코아콩(roasted cocoa beans)을 마쇄해서 얻은 초콜렛 액(chocolate liquid)에서 코코아 유지(cocoa fat or butter)를 추출한 후, 건조시킨 초콜렛 분말과 코코아 버터, 설탕, 우유, 기타의 향미료 등을 원료로 만든 당과류라고 할 수 있다. 코코아의 경우에는 코코아 분말 제조시, 코코아 유지의 함량을 여러 단계로 조절해서 만들며, 별도로 코코아 유지를 사용하지는 않는 것 같다.

슈클라(Shukla, V. K. S., 1997)는 초콜렛에 관한 레뷰에서, 초콜렛은 기본 원료는 앞에서 말한 초콜렛 액, 코코아 버터와 설탕이라고 설명하고 밀크 초콜렛(milk chocolates)의 경우, 우유 지방 덩어리, 분유 등이 함께 사용된다고 설명하고 있다. 이 중 가장 중요하고 가장 비싼 원료는 코코아 버터라고 한다.

이 코코아 버터의 지방산 조성은 팔미틴산(palmitic acid, $C_{16:0}$) 24~26%, 스테아린산(stearic acid, $C_{18:0}$) 33~37%, 올레인산(oleic acid, $C_{18:1}$) 33~37%, 리놀레인산(linoleic acid, $C_{18:2}$) 2.6~4.0%, 아라키딘산(arachidic acid, $C_{20:0}$) 1.0~1.1%이나, 코코아 버터의 전체 구성 트리아실글리세롤류 중의 대략 75% 이상이(많은 문헌들은 80% 이상으로 보고하고 있다), sn-2 위치에 올레인산이 결합되어 있으며, 전체 트리아실글리세롤들의 20%는 실온에서 액체 상태로 존재하며, 코코아 버터 자체는 32~35℃에서 녹는다고 한다. 이 마지막의 코코아 버터가 아주 좁은 온도범위 내에서, 즉 32~35℃에서 녹는다는 점은 코코아 버터를 이용하는 데 있어서 가장 기본적인 기능으로 생각되고 있다.

이와 같은 특성과 함께, 다이아실글리세롤들의 함량이 낮은 점, 가공 중에 안정된 결정 형태를 갖는 특성들이 지적되고 있다.

한편 코코아 버터의 구성 트리아실글리세롤류도 동질다형체 현상(polymorphism)을 일으키나 이미 설명한 바 있는 단일방향성(單一方向性, monotropism)을 나타낸다. 따라서 가공 과정에서 냉각 온도의 조절 등 조절 단계 또는 과정(tempering), 세심한 저장 조건의 조절 등으로 안정된 결정형 상태(아마도 β-결정형 상태)를 유지할 수 있다. 이 세심한 조절이 실패할 때는 초콜렛 등 제품의 표면에 작은 유지 결정들이 쌓여서 흰색 또는 회색의 외관을 나타내는 현상, 즉 blooming이 일어난다. 너무 일찍 형성된 결정들이 표면에 떠올라서 생기는 것으로 추정되고 있다.

슈클라(Shukla, V. K. S., 1997)에 의하면, 말레이시아(Malaysia)산 코코아 버터는 blooming을 잘 일으키지 않는 특성을 갖고 있으며, 인도나 스리랑카(Sri Lanka)산 코코아 버터들도 이에 따르나, 브라질(Brazil)산 코코아 버터는 blooming을 잘 일으킨다고 한다. 이런 경우 말레이시아 산 코코아 버터를 섞어서 사용하면 blooming이 일어나는 것을 억제해 주고, 제품들의 딱딱함(堅度)도 개선된다고 한다.

한편 코코아 버터는 고체 유지 성분과 액체 유지 성분들로 분별(fractionation)할 수 있다. 이렇게 얻은 고체 성분, 즉 코코아 버터 스테아린(cocoa butter stearin)은 올레인산(O), 스테아린산(S), 팔미틴산(P)으로 된 트리아실글리세롤 POP, POS와 SOS로 되어 있어서 실온에서 액체상의 트리아실글리세롤들이 제거되었기 때문에 그 결정성이 강하고 융점 영역(melting range)이 매우 좁으며, 용융열(heat of fusion)이 크다. 또한 매우 단단해서, 연하다고 생각되는 원료 코코아 버터에 5~10% 가량 첨가하면 더 단단하고 blooming을 잘 일으키지 않는 초콜렛을 만들 수 있다.

초콜렛 제품들(various types of chocolate products)의 품질 평가면에서 가장 큰 문제들 중의 하나가 되고 있는 원료 코코아 버터(cocoa butter)가 원인이 되어 형성되는 가시적인(visual) 품질 저하와 실제 텍스쳐상(textural)의 품질 저하 현상은 재료 유지의 불룸 현상(fat bloom)으로 알려져 왔다. 이 불룸은 현재로서는 코코아 버터의 동질다형체들의 전이 과정(轉移 過程, transition process)에 직접 관련되어 있다는 학설(polymorphic transition theory)이 현재로서는 유력하다.

윌리들(Willie, R. L. and Lutton, E. S., 1966)은 X-선 간섭 분광 분석법(X-ray diffraction spectroscopy)을 통해 코코아 버터의 동질다형체로서 6개의 형태들의 존재를 설명하고, 이들을 I, II, III, IV, V, VI의 기호로 표시하고 있다. 이 중 I, II는 대체로 α-형에, III. IV는 β'-형에, 그리고 V와 VI은 β-형에 해당한다. 이들은 동질다형체 V에서 VI으로의 전이(transition), 즉 재배치(rearrangement)가 - 아마도 너무 급격한 재배치가 - 불룸 현상을 가져오는 것으로 설명하고 있다. 이상의 새로 만든 초콜렛 제품들을 높은 온도나, 수시로 변동하는 온도에서 저장할 경우, 불룸 현상이 자주 관찰되는 반면에, 낮은 일정한 온도에서 저장할 때는 동질다형체 V에서 VI으로의 변화는 억제되며, 따라서 불룸의 발생도 억제된다고 한다.

그러나 브릭넬들(Bricknell, J. and Hartel, R. W., 1998)은 무정형 당(amorphous sugar)과 코코아 버터 등의 원료로 만든 초콜렛 제품들에서 $_{\beta}$V에서 $_{\beta}$VI(앞에서 말한 동질다형체 V, VI을 나타냄)으로의 전이가 있었음에도 불룸 현상이 일어나지 않았으며, 따라서 불룸 현상의 발생의 원인은 코코아 버터의 결정형의 전이(polymorphic transition)와 관련된 것이 아니라, 함께 사용한 당(sugar)의 미세결정(微細結晶)의 형태의 변화에 의해서 일어난다고 설명하고 있다.

유지의 과냉되는 경향 유지, 즉 트리아실글리세롤류는 과냉(過冷, supercool)되는 성질을 갖고 있다. 일반적으로 유지는 그 융점보다 낮은 온도에서도 액체로 남아 있는 경향이 있으며, 이 성질은 유지류나 유지 제품들의 융해 현상을 복잡하게 만들어 주고 있다. 예로서 버터나 마가린 또는 초코렛들은 더운 여름에 기온이 높으면 녹게 되나, 일단 녹은 후에는 다시 기온이 내려가도 좀처럼 굳어지지 않는 과냉현상을 보인다.

유지의 융점과 그 문제점

유지의 융점은 일정하지 않으며, 또 예민하지도 않기 때문에 다른 화합물들의 경우와 같이 그 융점을 측정하여 유지의 종류를 확실하게 식별(identify)하는 일은 거의 불가능하다. 따라서 이 융점 측정에 대신 되는 여러 가지 경험적인 방법들(empirical methods)이 고안되어 왔다.

한편, 구태여 유지의 융점을 사용할 때는 융점을 일단 투명융점(透明融點)과 상승융점(上昇融點)으로 나누어서 사용한다. 즉 유지를 녹인 후 내경 1mm 정도의 양쪽이 개방된 모세관에 넣어 냉각하여 고체화한 후, 다시 열을 가하여 녹기 시작할 때부터 완전히 녹아서 투명하게 될 때까지의 온도를 의미하는 것이 투명융점(open-tube melting point라고도 불리며, 온도 범위가 넓다)이다. 그리고 모세관 속의 고체 상태의 유지 시료가 온도 상승에 따라 연화(軟化)되어 움직일 때의 온도를 상승융점이라고 한다.

한편 투명융점 측정법은 공정법(公定法, official method)으로서, 미국에서는 완전융점(complete melting point) 또는 투명융점(clear point)의 측정 방법, 즉 미국 유지화학자협회(Americal Oil Chemist's Society, AOCS)에서 제정한 측정 방법 AOCS Cc-1-25가 제정되어 있다. 여기서 투명융점은 투명하고 탁한 점이 없어지는 온도로 정해지고 있다.

연화점

연화점(softening point)은 모세관(capillary tubes)에 들은 고체 상태의 유지가 연화되면서 부피가 팽창되어 모세관 속에서 상승되는 온도를 말한다.

한 유지의 연화점(軟化點)은 경험을 통해서 얻은 수치(empirical value)로서 재현성(再現性, reproducibility)도 적으며, 또 모든 유지에 적용되지도 않는다. 따라서 이미 사용되어 온 일부 유지류의 식별(identification)에만 경험적으로 사용되고 있다.

이 방법은 연화점을 측정하고자 하는 유지를 모세관에 넣은 후 얼음물(0℃)에서 하룻밤을 두고 평형(equilibrium)에 이르게 한 후, 물이 든 비커(beaker) 속에서 서서히 가열하여 시료유지가 연화되면서 부피의 팽창으로 모세관 내부에서 위로 올라가는 온도를 정하여 얻는다.

이 연화점의 측정법도 미국에서는 앞에서 말한 학술협회(AOCS)의 공정법으로서(AOCS Cc-3-25) 제정되었다. 이 방법은 또한 개방 모세관법(open capillary tube method)으로도 널리 알려져 있다. 이 연화점은 영국에서는 슬립융점(slip point), 독일에서는 상승융점(rise melting point) 등으로 불리고 있다(DeMan, J. M., *et al.*, 1983 참조).

활동점

활동점(slipping point)도 상승점(上昇點, rising point)의 하나이며, 역시 경험적인 융점으로서 재현성은 낮다. 이 활동점은 놋쇠로 만든 원주(brass cylinder) 속에 담은 시료유지 가열에 의한 부피의 팽창에 따라 위로 미끄러져 올라갈 때(slip)의 온도이다.

이 활동점(滑動點)은

1. 유지를 제조 또는 정제하는 과정에서 유지에 들어간 공기의 양
2. 유지의 조성(composition) 등에 관련된다.

이 활동점은 연화점과 마찬가지로 일부 유지, 예로서 버터, 쇼트닝들의 식별에 경험적으로 사용된다. 이상의 활동점 또는 활동 융점에 대해서도 AOCS 공정법으로서 Cc-4-25가 제정되어 있다.

낙하구 융점

이 숏트 융점 또는 낙하구(落下球) 융점도 일부 유지의 식별에 사용되는 경험적인 수치이다. 이 숏트 융점은 고체화된 유지의 상부 표면에 납으로 만든 작은 포환(small lead shot)을 올려놓고 일정한 속도로 온도를 상승시킬 때, 유지의 연화(軟化)에 따라 납으로 만든 포환(砲丸)이 아래로 내려 가라앉을 때의 온도를 말한다.

이 낙하구 융점(falling ball melting point) 또는 숏트융점(shot melting point)도 일부 유지들의 식별에 사용되는 경험적인 융점 측정법이며, 근본적으로는 유지류의 온도 상승에 따른 연화(軟化, softening)에 근거를 둔 방법이나, 이미 설명한 연화점 또는 연화 융점과의 혼동을 피해서 낙하구 융점이라는 이름이 사용되고 있다.

본래의 숏트 융점 측정법으로는 유럽에서 널리 사용되어 온 우베로오데 낙하 융점 측정법(Ubbelohde dropping point method)이 널리 알려져 있으나, 거의 전자동화(全自動化) 장치(the Mettler FP-3 unit)를 사용해서 측정할 수도 있다.

이 자동 장치를 사용하면, 정밀도(精密度, precision)도 우수하며, 특히 연화점 측정법에서 얻은 결과들과 함께 재현성(再現性, reproducibility)이 높은 결과들을 얻을 수 있다고 한다(DeMan, J. M., *et al*., 1983 참조). 그 외에도 장기 사용시, 마모가 우려되는 납으로 된 쇼트(shot, 砲丸) 대신 강철제의 볼 베어링(steel ball-bearing)을 사용하는 등의 개선 방법들이 시도되어 왔다.

비중

유지류의 비중(specific gravity)은 완전히 액체상인 경우 또는 완전히 고체상인 경우에는 비교적 일정한 수치를 준다. 그러나 여러 식용유지들 사이의 비중의 차이가 별로 크지 않기 때문에 실제적인 이용가치는 별로 없다.

한편 반고체로 존재하는 유지류에 있어서는 그 구성 트리아실글리세롤 분자들의 결정 형태가 다르며, 또는 부분적으로는 액체상의 분자들이 함께 존재하여 그 부피도 온도에 따라 변화할 것이므로 정확한 수치는 얻을 수 없다.

유지의 비중은 보통 25℃에서 측정하나, 융점이 높은 고체 유지의 경우에는 40℃ 또는 60℃에서 측정하는 수도 있다. 유지의 비중은 일반적으로

1. 지방산기(fatty acid residue)의 길이가 길어질수록 감소하며,
2. 불포화도(degree of unsaturation), 즉 불포화지방산의 함량이 클수록 증가한다.

한편 같은 유지의 경우 고체상 유지와 액체상 유지의 비중 차이가 크기 때문에 한 유지 속의 고체성분과 액체 성분의 비율을 결정하는 데도 사용된다. 대표적인 유지의 비중은 표 13-2와 같다.

표 13-2 대표적인 유지류의 비중(15℃에서).

유지의 종류	비중	유지의 종류	비중
쇠기름(beef tallow)	0.895	팜 야자유(palm oil)	0.924
버터기름(butter fat)	0.907~0.912 $^{40}/_{15}$	낙화생유(peanut oil)	0.914~0.926
피마자유(castor oil)	0.960~0.967	참기름(sesame oil)	0.919 $^{25}/_{25}$
코코넛 야자유(coconut oil)	0.926	대두유(soybean oil)	0.924~0.927
옥수수유(corn oil)	0.921~0.928	평지씨 기름(rapeseed oil)	0.913~0.917
면실유(cotton seed oil)	0.917~0.918 $^{25}/_{25}$	해바라기기름(sunflower oil)	0.924~0.926
아마인유(linseed oil)	0.930~0.938	돼지기름(lard oil)	0.934~0.938
올리브유(olive oil)	0.915~0.920	간유(cod liver oil)	0.922~0.931

Hodgeman, C. D. ed. 1957. "*Handbook of Chemistry and Physics*," 39th ed., p.1404~1408, Chemical Rubber Pub. Co., Ohio.

반고체 유지류의 팽창과 고체지방지수

실온 부근에서 가소성을 가진 식용유지들, 즉 고체 부분과 액체 부분의 혼합물로 존재하는 유지류의 경우에는 어떤 특정된 온도에서 액체 부분과 고체 부분의 비율은 매우 중요하다.

일반적으로 한 고체 유지의 동일 온도에서 일부 고체 성분이 용융해서 액체 성분으로 변할 때의 부피 팽창을 다일레이션(dilation, 팽창)이라고 부른다. 이 다일레이션은 실제적으로는 일정 온도에서의 25g의 반고체 유지의 용융에 의한 부피 팽창을 말하며, 보통 팽창계(dilatometer)에 의해서 측정된다.

보통 10℃에서 50℃ 사이의 온도 범위 내의 경우, 반고체 유지에 있어서는 그 속의 유지 분자들은 액체상이나 고체상에 관계없이 온도가 1℃ 상승할 때마다 팽창계수는 모두 0.00085mL/g으로 같다고 볼 수 있으며, 모든 유지 분자들은 그 종류에 관계없이 1g의 고체가 액체로 될 때는 언제나 0.1mL의 부피가 팽창하는 것으로 알려져 있다. 따라서, 유지의 온도가 상승될 때, 각 온도에서의 실제 팽창된 부피를 팽창계로 측정한다면, 위의 두 가지 관계에 의해서 각 온도에서의 고체 성분과 액체 성분의 퍼센트 비율을 알 수 있다.

한 반고체 유지의 각 온도에서의 고체 성분의 퍼센트 비율을 그 온도에서의 고체 지방 지수(solid fat index, SFI) 또는 고체 함량 지수(solid content index, SCI)라고 부른다. 한 반고체 유지의 특정 온도에서의 고체 성분의 비율은, 그 유지를 실제로 사용하는 데 있어서 매우 중요함은 제14장이나 이 장에서 이미 여러 번 언급한 바 있다. 이런 연구에 있어서 지금까지 설명한, 종전부터 사용되어 온 팽창계(dilatometer)를 사용하는 방법(dilatometry)은 중요한 역할을 해왔었다.

그러나 핵자기 공명장치를 사용한 방법들(nuclear magnetic resonance spectrometric method)이 이상의 문제 해결에 사용되기 시작한 이후 장족의 발전이 이루어져 왔다.

이 핵자기 공명장치를 이용한 방법들의 기본 원리는 반고체 유지의 구성 트리아실글리세롤류의 각 탄소 골격(eachcarbon skelton)의 특정 탄소에 결합된 수소가 액체 상태의 환경에 존재하는지, 고체 상태의 환경에 존재하는지를 알 수 있는 데 있다.

핵자기 공명현상이 1946년에 퍼어셀과 블롯흐들(Purcell and Bloch, Beyer, H. and Walter, W., 영역판, 1996 참조)에 의해서 발견된 후, 광역 프로톤 핵자기공명장치(wide-line proton nuclear magnetic resonance spectrometer)를 사용해서 가소성 유지류의 고체 성분들과 액체 성분들의 비율을 조사하는 연구들이 1960년대 초부터 이뤄져왔다(Chapman, D., 1965 참조).

그 후로는 순간 파동식 프로톤 핵자기공명장치(pulsed proton nuclear magnetic resonance spectrometer)를 사용하는 방법들이 사용되어 왔다. 건스톤과 노리스들(Gunstone, E. D. and Norris, F. A., 1983)에 의하면, 먼저 유지 시료 중의 모든 프로톤(proton, $^{1}H^{+}$)의 수를 측정한 후, 70μ s(microseconds) 후에 곧 바로 액체 환경(liquid environment)에 존재하는 프로톤의 수를 측정하고 이 측정 결과에서 시료 중의 고체 성분과 액체 성분의 함량을 측정한다는 것이다.

즉 이 방법은 시료 중의 고체 환경에 존재하는 프로톤, 즉 수소들의 횡적자화(橫的磁化, transversal magnetization)의 쇠퇴(衰退, decay)가 액체 환경 하에 있는 수소의 경우(100μ s 정도)보다 훨씬 빨리(10μ s 정도) 일어나는 사실을 이용하는 방법이라고 설명하고 있다.

이미 언급한 바와 같이 한 유지의 각 온도에서의 고체 성분의 퍼센트 비율을 그 온도에서의 고체 지방 지수(solid fat index) 또는 고체 함량 지수(solid content index)라고 하며, 온도와 고체지방지수(固體脂肪指數) 사이의 관계를 나타낸 곡선을 고체지방지수 곡선(solid fat index curve)이라 부르고 버터, 마가린, 쇼트닝, 기타의 반고체 유지의 물리적 상태를 연구하는 데 매우 중요하다. 그림 13-1의 곡선은 이와 같은 곡선의 한 예이다.

굴절률

유지의 굴절률(refractive index, R. I.)은 그 측정 방법이 간단하고, 신속하고 정확하며, 또한 정밀성이 큰 결과를 주기 때문에 액체상의 유지 식별(identification)에 있어서 매우 유용한 물리적 성질이다. 굴절률은 온도에 의해서 현저히 변화하므로 일정한 온도에서 측정할 필요가 있다. 유지의 굴절률은 일반적으로

1. 유지 분자들의 지방산기(fatty acid group)의 탄소 수가 증가함에 따라 증가하며, 또한
2. 불포화도가 클수록, 즉 이중결합의 수가 많을수록 증가한다.

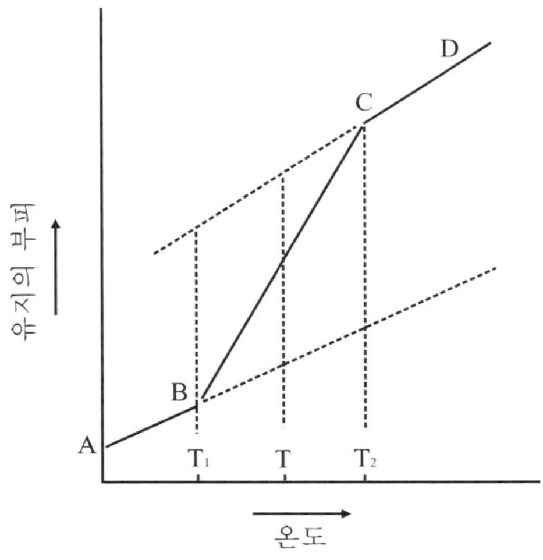

[그림 13-1] 가소성 지방(plastic fats)에 대한 온도-부피 곡선(dilatometric curve).
A~B : 100% 고체, B~C : 고체와 액체가 혼합된 상태, C~D : 100% 액체, 이상과 같은 곡선 내지는 관계식에 따라 T_1~T_2 사이, 예로서 온도 T℃에서의 고체와 액체 부분의 비율, 즉 고체지방지수(solid fat index)를 알아낼 수 있다.
Braun, W. Q., 1955, *J. Am. Oil Chem. Soc.*, 32(11), 633

따라서, 굴절률은 불포화도가 큰 유지, 예를 들면, 어유(fish oils) 등을 수소첨가(hydrogenation)할 때 불포화도의 감소를 알아내는 데에도 잘 이용된다.

실제 굴절률을 측정할 때는 한 방울의 유지로도 측정할 수 있는, 아베 굴절계(Abbe refractometer)가 추천되고 있다. 굴절률은 온도에 의해서 변화하므로 측정시 시료의 온도가 일정해야 하며, 또한 측정 시에 사용한 온도를 표시해야 한다. 한편 사용되는 광선은 보통 나트륨에서 방사되는 589.3nm(sodium emission-line 589.3nm)의 소위 D-라인(D-line)이 사용되나, 일반 굴절계도 임의의 백색광을 사용해도 자동적으로 보정(補正)되게 되어 있다.

앞에서 말한 아베 굴절계의 경우, 굴절률의 측정 범위는 보통 1.3000에서 1.7000이나, 0.001까지는 직접 읽고, 0.0001단위는 추정할 수 있다. 굴절계의 정확도는 증류수(distilled water)의 10, 20, 30, 40℃에서의 굴절률들과 비교해서 검증할 수 있다. 증류수의 10, 20, 30, 40℃에서의 굴절률은 나트륨 D-라인을 사용할 때, 각각 N_D^{10} 1.3337, N_D^{20} 1.3330, N_D^{30} 1.3320, N_D^{40} 1.3307이다.(Furnis, B. S. et al., 1989 참조)

대표적인 유지류의 25℃에서의 굴절률을 표 13-3에 표시하였다. 같은 종류의 식용유나 지방 등의 굴절률은 측정 온도, 사용 광선, 유지류 원료의 품종, 지방산과 트리아실글리세롤류의 조성, 정제 정도 등에 영향을 받는다. 한 종류의 유지 굴절률은 실제 관련 문헌들이나, 개개의 식용유지류 물리적, 화학적 성질들에 대해서 상세히, 개별적으로 기술하고 있는 전문 단행본들(예로서 阿部英雄監修, "油脂·油糧 핸드북", 辛書房, 東京, 1988)을 참고하는 것이 좋다고 생각한다.

한편 쿠우플랜드들(Coupland, J. N. and McClements, D. J., 1997)은 20℃에서 물과 해바라기기름, 옥수수기름, 올리브유, 채종 또는 평지씨 기름, 면실유, 땅콩기름, 팜유(palm oil), 잇꽃 기름(safflower oil), 대두유들의 밀도(density, ρ), 점도(viscosity, η), 단열팽창계수(adiabatic expansion coefficient, B), 열전도도(thermal conductivity, τ), 상압하 비열(specific feat at constant pressure, C_P), 초음파속도(ultrasonic velocity, C), 초음파 감소계수(ultrasonic attenuation coefficient, α) 등을 가급적으로 실제로 측정하고 있다.

그 다음에 전체 60여 개의 문헌들에 발표된 이상의 물리적 변수들(physical parameters) 중 이미 전부터 사용되어 온 물리적 변수들과 온도 사이의 관계를 나타내는 경험적인 관계식들(empirical equations)을 사용하여, 특정 온도범위 내에서 이상의 물리적 변수들의 근사치들을 산정(算定)하여 함께 수록하고, 동시에 새로 개발한, 온도와 물리적 변수 사이의 경험식들을 보고한 바 있다.

표 13-3 대표적인 유지류의 굴절률(refractive index)(25℃에서).

유지의 종류	굴절률	유지의 종류	굴절률
쇠기름(beef tallow)		팜 야자유(palm oil)	1.4603~1.4639
버터기름(butter fat)	1.455~1.4578	낙화생유(peanut oil)	1.4620~1.4653
피마자유(castor oil)	1.4771	참기름(sesame oil)	1.4704~1.4717
코코넛 야자유(coconut oil)	1.4477~1.4495	대두유(soybean oil)	1.4723~1.4756
옥수수유(corn oil)	1.4733	평지씨 기름(rapeseed oil)	1.4649~1.4721
면실유(cotton seed oil)	1.4743~1.475225o	해바라기기름(sunflower oil)	1.4659~1.4721
아마인유(linseed oil)	1.4797~1.4802	돼지기름(lard oil)	1.4607
올리브유(olive oil)	1.4657~1.4667	간유(cod liver oil)	1.4758~1.4783
동유(tung oil)	1.515~1.520	경유(whale oil)	1.4679~1.4724

Hodgeman, C. D. ed. 1957. "*Handbook of Chemistry and Physics,*" 39th ed., p.1406~1410, Chemical Rubber Pub. Co., Ohio.

발연점

유지를 가열할 때 유지의 표면에서 엷은 푸른 연기(thin blue smoke)가 발생할 때의 온도를 그 유지의 발연점(smoke point)이라고 한다. 이 발연점(發煙點)은 측정 절차(experimental procedure)를 엄격하게 표준화할 때는 비교적 재현성(reproducibility)이 있는 결과를 준다. 보통 발연점은 ASTM법(Method of the American Society for Testing Materials)에 규정된 절차(ASTM D 92~33) 등에 따라 실시된다.

발연점에서 발생되는 연기(fumes)는 고온으로 유지를 가열할 때 유지의 분해(decomposition) 결과 형성되는 것으로서, 이 연기들이 이와 같은 유지를 사용해서 만든 식품들, 예로서 튀김 식품들(deep-fried foods)에 흡수되면 나쁜 맛이나 나쁜 냄새(off-flavors)를 가져오므로 가능한 한, 발연점이 높은 유지를 사용함이 바람직하다.

$$\text{식용유지} \xrightarrow[\text{고온에서의 분해}]{} \text{눈에 보이는 푸른 연기(visible fumes)}$$

발연점에 영향을 주는 요인들(factors)로서는 다음과 같은 것이 있다. 즉

1. 유리 지방산의 함량(free fatty acid content)

유리 지방산 함량은 발연점에 매우 큰 영향을 준다. 한 예로서 유리 지방산의 함량이 0.92%인 한 올리브유(olive oil)의 발연점은 175℃ 이었으나, 만일 그 유리 지방산 함량을 0.03%까지 줄여주었을 때, 그 올리브유의 발연점은 234℃나 되어 발연점이 60℃나 상승되었다고 한다(표 13-4 참조).

일반적으로 유지는 튀김(frying) 등에 사용을 거듭할수록 그 유리 지방산의 함량이 증가하여 발연점은 점차 내려가게 된다.

표 13-4 일부 식용유지의 유리 지방산 함량(free fatty acid content)과 그 발연점(smoke point)과의 관계

식용유지의 종류	유리 지방산 함량 (free fatty acid as % oleic)	발연점 (smoke points)
웨손 면실유(cotton seed oil, Wesson)	0.07%	233℃
콩팥 둘레의 지방으로 된 고급 돼지기름(leaf lard)	0.15	221
상당히 많이 사용된 돼지기름(a much used lard)	0.61	190
올리브유(olive oil)	0.92	175
낙화생유(peanut oil)	1.10	162
낙화생유(peanut oil)	1.64	149
코코넛 야자유(coconut oil)	1.90	138
버터유지(butter fat)	0.28	208
5시간 가열한 후의 고급 돼지기름(leaf lard heated 5 hrs.)	0.34	207

Lowe, Belle. 1955 "*Experimental Cookery*," 4th ed., p.521, John Wiley and Sons Inc., New York

2. 노출된 유지의 표면적

공기에 노출된 유지의 표면적(exposed surface area)이 증가할수록, 발연점은 내려간다는 사실이 알려져 있다.

3. 식품류에 묻혀 들어온 미세한 입자상의 물질들의 존재

외부에서 들어오는 미세한 입자상의 물질들(foreign particles)이 유지 속에 많이 개재할수록 발연점은 내려간다. 튀김 등에 사용되는 유지는 그 성질상 밀가루와 같은 외부에서 들어온 미세한 입자들이 축적되는 경향이 클 것이며, 따라서 이들 입자상의 물질들을 제거하지 않으면 유지류의 산화분해, 가수분해 등이 촉진되어 발연점은 급속하게 내려간다.

전술한 바와 같이 이 발연점에서 발생하는 연기들(fumes)은 기름 속에 있는 식품, 예로서 튀김 식품들(deep-fried food products)에 흡수되어 나쁜 냄새와 맛을 부여하므로 발연점을 내리는 요인들은 되도록 제거함이 바람직하다.

인화점

유지에서 발생되는 증기(fumes)가 공기와 섞여서 발화하는 온도를 인화점(flash point)이라고 한다. 일반적으로 발연점이 높은 유지들은 인화점(引火點)도 높다.

연소점

유지가 계속적인 연소(continuous combustion)를 지속하는 온도를 연소점(fire point)이라고 한다. 이 연소점은 유지의 발연점(smoke point), 인화점(flash point)들이 높을수록 대개 높다. 일반적으로

발연점, 인화점, 그리고 연소점(燃燒點)들은 유지의

1. 정제 정도
2. 순도
3. 그 유지의 내력
4. 그 유지의 유리 지방산의 함량

등의 요인들(factors)에 의해서 현저히 영향을 받는다. 일부 유지류의 발연점, 인화점 및 연소점은 표 13-5와 같다.

표 13-5 각종 유지의 발연점(smoke point), 인화점(flash point)과 연소점(fire point).

식용유지의 종류	발연점 (smoke points)	인화점 (flash points)	연소점 (fire points)
정제 피마자유(castor oil, refined)	200℃	298℃	335℃
조제 옥수수유(corn oil, crude)	178	294	346
정제 옥수수유(corn oil, refined)	227	326	359
정제 아마인유(linseed oil, refined)	163	287	353
조제 올리브유(olive oil, virgin)	199	321	361
조제 엑스펠라추출 대두유(crude, expeller, soybean oil)	181	296	351
조제 용매추출 대두유(crude, extracted, soybean oil)	210	317	354

Meyer, L. H., 1960. "*Food Chemistry*," p.27, Reinhold Pub. Corp., New York.

혼탁점

유지의 또 하나의 경험적인 성질로서 혼탁점(turbidity point)이 있다. 이 혼탁점은 측정하고자 하는 유지와 그 유지에 대해서 제한된 용해도(limited solubility)를 가진 적당한 용매의 혼합물을 먼저 가열해서 완전한 용액으로 한 후 온도를 서서히 내리면서 최초로 그 용액에 혼탁(turbidity)을 볼 수 있을 때의 온도로서 정한다. 이 혼탁점(混濁點)은 일부의 식용유지의 식별 또는 한 식용유지의 혼합, 변조(adulteration)를 알아내는 데 유용(有用)하다.

이 혼탁점의 측정 방법에는 위와 같은 조작에 사용되는 용매로서 어떤 용매를 사용하느냐에 따라 여러 방법이 있으나 모두 경험적 방법들(empirical tests)이다.

1. 발렌타 테스트

이 발렌타 테스트(Valenta test)에서는 혼탁점 측정에 사용하는 용매로서 빙초산(glacial acetic acid)이 사용된다. 그러나 빙초산의 경우 순수한 것을 얻기 힘들며, 또한 빙초산에 소량의 수분이 들어가도 큰 오차가 생길 수 있는 결점이 있다.

2. 크리스머 테스트

이 크리스머 테스트(Crismer test)에서는 이상의 결점을 극복하기 위하여 용매로서 메틸알코올이 사용된다.

3. 프라이아 웨스톤 테스트

이 프라이아 웨스톤 테스트(Fryer and Weston test)에서는 92% 에틸알코올과 8% 아밀알코올(amyl alcohol)의 혼합 용액이 사용된다.

타이터 테스트

이 방법은 유지를 식별하기 위해서 사용하기 시작한 여러 경험적 방법들(empirical tests) 중 가장 오래된 것 중의 하나이다. 변조(變造)된 유지의 경우에는 쓸 수 없으나 변조되지 않은 자연에서 얻어진 유지의 경우 그 식별에 사용된다. 한편 그 실험 조건을 엄격하게 해야 하며 현재는 주로 공정법(official test, AOCS Method Cc 12~59)에 준하는 방법들이 사용되고 있다. 즉 시료 유지를 일정한 조건 하에서 검화(saponification)시켜서 지방산들의 알칼리염, 대부분의 경우 칼륨염을 얻은 다음 다시 산으로 지방산들을 유리시키고 가열하여 유상(油狀)의 지방산들의 혼합물을 분리한다. 이 분리된 지방산들의 혼합물을 뜨거운 물로 씻은 후 130℃에서 건조하여 다시 서서히 냉각시킨다. 이때 지방산들의 일부가 고체화(solidify)하면서 그 융해열(latent heat of fusion)을 발생하기 때문에 그 지방산들의 혼합물의 온도는 그대로 유지되거나 약간 상승한다. 이때의 온도를 측정하며 이를 타이터 온도(Titer temperature) 또는 타이터 수(Titer Number) 또는 간단히 타이터(Titer)라고 부른다. 즉 유지를 검화하여 얻은 지방산들의 혼합물의 응고점(凝固點, congeal point)이라고 할 수 있다.

한편 그롬폰(Grompone, M. A., 1984)은 우루과이(Uruguay)산 쇠기름(beef tallow)의 시료 60여 종의 타이터 온도(℃)와 시료 쇠기름의 주요 구성 지방산들의 함량과 조성 등 사이의 관계를 조사한 바 있다. 주요 구성 지방산들로는 팔미틴산(palmitic acid, $C_{16:0}$)이 20~30%, 팔미토올레인산(palmitoleic acid, $C_{16:1}$)이 3~10%, 스테아린산(stearic acid, $C_{18:0}$)이 9~34%, 올레인산(oleic acid, $C_{18:1}$)이 32~52%였다고 한다. 그리고 이상의 쇠기름 시료들의 타이터 온도 분포는 37.3~47.6℃ 이었다고 한다.

이들 시료들의 타이터 온도는 그 쇠기름 중의 스테아린산 함량/올레인산 함량의 비율에 크게 의존했으며, 이 비율이 클수록 타이터 온도도 높았었다고 보고하고 있다.

유지의 화학적 성질들

유지에는 그 식별(identification), 순도(purity)의 조사, 변조(adulteration)의 검출 등의 목적에 사용될 수 있는 유용하고도 중요한 여러 화학적 성질들이 있으며, 이들 중 대표적인 것을 순서대로 설명하면 다음과 같다.

검화가

이 검화가 또는 비누화 값(saponification number 또는 saponification value)은 유지 1g을 검화 또는 비누화(saponify) 하는데 필요한 수산화칼륨(KOH)의 밀리그램수(number of milligrams)로서 표시된다.

보통 검화가는 일정한 무게의 유지시료를 일정량의 KOH로 가수분해 시킨 다음, 과잉으로 남은 KOH를 염산(HCl)과 같은 산으로 적정(titration)하여 시료를 가수분해하는 데 사용된 KOH의 양을 알고, 여기서 다시 1g당의 시료를 가수분해하는데 소요된 KOH의 양을 알아낸다. 즉 검화가는 다음 식으로 계산된다.

$$
\begin{array}{lcl}
CH_2OCOR_1 & & CH_2OH \qquad R_1COOK \\
| & & | \\
CHOCOR_2 \; + 3\,KOH & \rightarrow & CH\,OH \quad + \; 3\,R_2COOK \\
| & & | \\
CH_2OCOR_3 & & CH_2OH \qquad R_3COOK
\end{array}
$$

$$
\text{검화가} = \frac{[(\text{ml}\times \text{N KOH}) - (\text{ml}\times \text{N HCL})]\times 56.1}{\text{시료의 그램수}}
$$

한편, 1g 분자량의 유지(유지는 일반적으로 여러 트리아실글리세롤 분자들의 혼합물이므로 그 분자량은 혼합물의 평균 분자량을 의미한다)를 가수분해하는 데는 3g 분자량의 KOH, 즉

$$56.1\text{g} \times 3 = 168.3\text{g} \;\; \text{또는} \;\; 168{,}300\text{mg}$$

168.3g의 KOH가 필요하므로 1g의 시료유지를 가수분해하는데 필요한 KOH의 밀리그램수(즉 검화가)는 다음 식으로 표시될 수 있다.

1g 분자의 유지 : 168,300=1g의 유지 : 검화가

1g 분자량이란 바로 유지의 평균 분자량을 나타내므로

평균 분자량 × 검화가 =168,300

의 관계식이 성립한다.

이 식에서 검화가가 클수록 평균 분자량은 적다는 사실, 즉 유지 분자들을 구성하고 있는 지방산들의 평균적인 탄소의 길이가 짧은 사실을 알 수 있다. 예로서 탄소 수가 22개나 되는 에루신산(erucic acid)의 함량이 51%나 되는 재래종의 평지씨 기름 또는 채종유(rapeseed oil)의 경우, 그 검화가는 168~179로서 매우 낮다. 한편 쇠기름이나 돼지기름의 검화가는 각각 196 내지 200, 193 내지 198이며, 올리브유는 185 내지 196이다.

이에 반해서 저급 지방산(lower fatty acids)의 함량이 큰 우유 지방, 즉 버터기름(butter fat)의 검화가는 210 내지 230, 탄소 수가 12개의 포화지방산인 로오린산(lauric acid)의 함량이 40~52% 가량이나 되는 로오린산유 그룹(lauric acid oil group)에 속하는 코코넛 야자유(coconut oil)의 경우에는 253 내지 260이나 되며, 팜 야자씨 기름(palm kernel oil)의 경우에는 245~255나 된다.

일부 대표적인 유지의 검화가는 표 13-6과 같다.

표 13-6 대표적인 유지의 검화가(saponification number).

유지의 종류	검화가	유지의 종류	검화가
쇠기름(beef tallow)	196~120	팜 야자유(palm oil)	200~205
버터기름(butter fat)	210~230	낙화생유(peanut oil)	186~194
피마자유(castor oil)	175~183	참기름(sesame oil)	188~193
코코넛 야자유(coconut oil)	253.4~262	대두유(soybean oil)	189~193.5
옥수수유(corn oil)	187~193	평지씨 기름(rapeseed oil)	168~179
면실유(cotton seed oil)	194~196	해바라기기름(sunflower oil)	188~193
아마인유(linseed oil)	188~195	돼지기름(lard oil)	193~198

올리브유(olive oil)	185~196	간유(cod liver oil)	171~189
동유(tung oil)	190~197	고래 기름(whale oil)	160~202

Hodgeman, C. D. ed. 1957. "*Handbook of Chemistry and Physics*," 39th ed., p.1405~1409, Chemical Rubber Pub. Co., Ohio.

아세틸가와 하이드록실가

아세틸가(acetyl value)는 한 유지 속에 존재하는 구성 지방산들이 가진 수산기의 함량, 즉 하이드록시지방산들이 가진 수산기(-OH group)의 함량을 나타내는 척도로 널리 사용되어 왔다.

그러나 아세틸가의 정의는 아세틸화 된 유지 시료(acetylated fat or oil sample) 1g과 결합한 초산(acetic acid)을 KOH 규정 용액으로 중화(中和)할 때, 소요되는 KOH의 밀리그램수(number of KOH milligrams)로 정의되고 있다. 한편 이 화학가(化學價, chemical value)와 밀접한 관련이 있는 하이드록실가(hydroxyl value)는 유지시료(fat or oil sample) 1g이 아세틸화(acetylation)에 의해서 흡수하는 초산의 양을 KOH 규정 용액으로 중화할 때 소요되는 KOH의 밀리그램수로 정의되고 있다. 아세틸가의 경우, 소요되는 KOH의 양은 초산과의 중화에 소비되는 양 이외에, 1g의 아세틸화 된 유지를 검화(saponify)하는 데도 미량이나마 소요되므로, 근래에 와서 한 유지가 갖고 있는 수산기(-OH group) 함량은 후자의 하이드록실가(hydroxyl value)가 더 직접적인 척도로 볼 수 있다는 견해가 지배적으로 되고 있다.

따라서 여기서는 하이드록실가에 대해서 주로 설명하기로 한다. 다행히도 하이드록실가와 아세틸가 사이에는 일정한 관계식이 성립하고 있으므로, 두 수치 사이의 관계는 쉽게 전환(轉換)이 가능하다.

정확하게 칭량한 유지 시료를 역시 정확한 양의 무수 초산(acetic anhydride)과 피리딘(pyridine)의 혼합액에 넣어서 가열, 반응시킨 후 반응이 완결되었다고 생각될 때 물을 가하여 남아 있는 무수 초산을 완전히 분해시킨다. 이 혼합액에 부타놀(n-butanol)을 가하여 균질한 용액으로 한 후, KOH 규정 에탄올 용액(ethanol KOH solution)으로 적정한다. 다음 시료 없이 동일한 실험을 실시(소위 blank test)하여 그 차로써 아세틸화에 사용된 무수 초산의 소비량을 알 수 있다. 그리고 시료를 함유하고 있으나 무수 초산을 사용하지 않은 동일한 실험을 통해서 유리 지방산가(free fatty acid value)를 얻을 수 있다(그림 13-2 참조).

즉,

$$\text{하이드록실가} = \frac{56.1 \times T(V_o - V)}{m} + AV$$

여기서, 56.1 = KOH의 분자량

T = KOH 표준용액의 normality

V_0 = blank test에서 소비된 KOH 규정용액(KOH ethanolic solution)의 mL수

V = 실제 실험에서 소비된 KOH 규정용액(KOH ethanolic solution)의 mL수

m = g으로 표시된 질량

AV = 사용한 시료의 유리지방산가(free fatty acid value)

의 식으로 계산할 수 있다.

제1단계

$$
\begin{array}{l}
\qquad\qquad\qquad\qquad\qquad\qquad\qquad\qquad\quad OH \\
\qquad\qquad\qquad\qquad\qquad\qquad\qquad\qquad\quad | \\
\qquad\quad CH_2OCO-(CH_2)-CH=CH-CH_2-CH-(CH_2)-CH_3 \\
\qquad\quad | \\
ROCO-CH \\
\qquad\quad | \\
\qquad\quad CH_2OCOR
\end{array}
$$

무수초산과 피리딘 혼합물에 시료를 넣고 가열한다. →

$$
\begin{array}{l}
\qquad\qquad\qquad\qquad\qquad\qquad\qquad\qquad\quad OCOCH_3 \\
\qquad\qquad\qquad\qquad\qquad\qquad\qquad\qquad\quad | \\
\qquad\quad CH_2OCO-(CH_2)_7-CH=CH-CH_2-CH-(CH_2)_5=CH_3 \\
\qquad\quad | \\
ROCO-CH \\
\qquad\quad | \\
\qquad\quad CH_2OCOR
\end{array}
$$

다시 물을 가열하여 가열 → 아세틸화 후 남은 무수초산은 전부 초산(CH_3COOH)이 된다.

제2단계

$$
\begin{array}{l}
\qquad\qquad\qquad\qquad\qquad\qquad\qquad\qquad\quad OCOCH_3 \\
\qquad\qquad\qquad\qquad\qquad\qquad\qquad\qquad\quad | \\
\qquad\quad CH_2OCO-(CH_2)_7-CH=CH-CH_2-CH-(CH_2)_5=CH_3 \\
\qquad\quad | \\
ROCO-CH \\
\qquad\quad | \\
\qquad\quad CH_2OCOR
\end{array}
$$

+KOH의 에타놀 규정 용액 —적정→ 남아 있는 CH_3COOH를 중화시킨다.

시료를 사용한 실험에서 KOH 규정용액의 적정량(滴定量, titration number) V를 구한다. 시료를 제외한 실험(blank test)에서 KOH용액의 적정량을 V_0를 구한다. 무수초산을 제외한, 시료가 사용된 실험에서 유리지방산가(AV)를 구한다.

[그림 13-2] 하이드록실가(hydroxyl value)를 측정하고자 하는 유지시료를 제1단계에서 정확하게 칭량하고 과잉의 무수초산을 정확히 칭량한 후, 피리딘(pyridine)에 넣어주고, 여기에 시료유지를 넣고 가열하여, 아세틸화가 일어나도록 한다. 반응 후 남은 무수초산은 물을 가하여 다시 가열하여 모두 초산으로 만든다. 제2단계에서, 이상의 혼합용액에 부타놀(n-butanol)을 가하여 균질한 용액으로 만든 후, KOH의 규정 에탄올 용액(ethanol KOH solution)으로, 남은 초산을 중화시킨다. 이를 V로 한다. 다음, 같은 실험을 유지시료 없이 행한다. 이때 적정량을 V_0로 한다. 그 다음 다시 같은 실험을, 이번에는 무수초산을 사용하지 않고 실시한다. 이때의 적정량(滴定量, titration number)은 유리지방산가(free fatty acid value, AV)를 나타낸다. 하이드록실가와 아세틸가는 본문의 계산식과 전환식에 의해서 구할 수 있다.

전술한 대로, 아세틸가와 하이드록실가는 밀접하게 관련된 화학치들(chemical value)이기 때문에 그 수치가 20 이하일 때는, 상호 교환해서 사용해도 별 문제가 없으나, 그 수치가 20 이상이 될 때는, 다음과 같은 전환식(the conversion equation)을 꼭 사용하도록 요구되고 있다. 즉 하이드록실가(hydroxyl value)를 H로 표시할 때, 아세틸가(acetyl value)와의 관계는 다음 전환식으로 표시된다(Hamilton, R. J. and Rossel, J. B., 1986 참조). 즉

$$\text{아세틸가} = H(1 + 0.00075 \times H)$$

한편, 하이드록실가에 대한 공정법으로서는 AOCS Cd 4-40, IUPAC 2, 241, BS 684 : Section 2.9 등이 있으나, 그 기본 과정은 거의 동일하다.

일부 유지의 아세틸가는 표 13-7과 같다.

표 13-7 대표적인 유지의 아세틸가(acetyl value).

유지의 종류	아세틸가	유지의 종류	아세틸가
쇠기름(beef tallow)	2.7~8.6	팜 야자유(palm oil)	15.7
버터기름(butter fat)	1.9~8.6	낙화생유(peanut oil)	3.5
피마자유(castor oil)	146~150.5	참기름(sesame oil)	-
코코넛 야자유(coconut oil)	2.3~6.9	대두유(soybean oil)	4.9
옥수수유(corn oil)	7.5~11.5	평지씨 기름(rapeseed oil)	14.75
면실유(cotton seed oil)	21~25	해바라기기름(sunflower oil)	-
아마인유(linseed oil)	-	돼지기름(lard oil)	-
올리브유(olive oil)	10.5	간유(cod liver oil)	1.15
동유(tung oil)	-	경유(whale oil)	11~23

Hodgeman, C. D. ed. 1957. "*Handbook of Chemistry and Physics*," 39th ed., p.1406~1410, Chemical Rubber Pub. Co., Ohio.

요오드가

요오드가(iodine value or number) 또는 요오드값은 한 유지의 불포화도(degree of unsaturation)를 표시하여 주는 척도이며, 대체로 특정 유지의 항수(constant)로 볼 수 있다.

이 요오드가는 종래 요오도가(沃度價)로도 불려 왔으며, 100g의 유지가 흡수하는 요오드(iodine, I_2)의 그램 수로서 표시된다. 일부 유지의 요오드가(iodine value)는 표 13-8과 같다.

일반적으로 불포화도(不飽和度, degree of unsaturation)는 유지의 구성 지방산의 성질을 어느 정도 말해 주며, 따라서 요오드가에 따라 유지의 성질은 크게 달라질 수 있다. 그러므로 유지를 요오드가에 따라 분류하는 경우가 많다. 이와 같은 분류 방법은 페인트(paint) 원료 유지 등의 공업 유지류(industrial fats and oils)에서도 매우 유용하다.

표 13-8 대표적인 유지의 요오드가(iodine value).

유지의 종류	요오도가	유지의 종류	요오도가
쇠기름(beef tallow)	35.4~42.3	팜 야자유(palm oil)	49.2~58.9
버터기름(butter fat)	26~28	낙화생유(peanut oil)	88~98
피마자유(castor oil)	84	참기름(sesame oil)	103~117
코코넛 야자유(coconut oil)	6.2~10	대두유(soybean oil)	122~134
옥수수유(corn oil)	111~128	평지씨 기름(rapeseed oil)	94~105
면실유(cotton seed oil)	103~111.3	해바라기기름(sunflower oil)	129~136
아마인유(linseed oil)	175~202	돼지기름(lard oil)	62.5~79
올리브유(olive oil)	79~88	간유(cod liver oil)	137~166
동유(tung oil)	163~171	경유(whale oil)	90~146

Hodgeman, C. D. ed. 1957. "*Handbook of Chemistry and Physics*," 39th ed., p.1405~1411, Chemical Rubber Pub. Co., Ohio.

예로서 팔둔(Pardun, H., 1969)은 일반 유지들을 요오드가(iodine value)가 140 이상인 경우에는 건성유(乾性油, drying oils)로, 100 이상 140 사이의 경우에는 반건성유(semi-drying oils)로, 한편 100 이하의 경우에는 비건성유(non-drying oils)로 분류하고 있다.

건성유, 반건성유, 비건성유에 속하는 유지들의 일부 예들을 들면 다음과 같다.

1. 건성유(drying oils)
   아마인유, 들깨기름(perilla oil, 185~206), 대마유(hempseed oil, 145~166), 호도기름(walnut oil, 140~153), 동유(ting oil, 145~175), 정어리기름(163~195) 등
2. 반건성유(semi-drying oils)
   참기름, 대두유, 미강유(100~110), 평지씨 기름(채종유), 면실유, 해바라기 기름 등
3. 비건성유(non-drying oils)
   올리브유, 우유 유지, 돼지기름, 쇠기름, 낙화생유, 코코넛 야자유(81), 카카오 버터(cacao butter, 32~42), 팜 야자씨 기름(14~22) 등.

요오드가(iodine value)를 측정하는 데 있어서는, 이중결합에 요오드(iodine, I_2)가 실제로는 부가반응(addition reaction)을 잘 일으키지 않으므로 특별한 방법을 쓸 필요가 있다. 즉, 이와 같은 방법들 중 가장 널리 알려진 것으로는 와이스 공정법(Wijs Official AOCS and AOAC methods)과 하너스 공정법(Hanus Official AOAC method) 등이 있다.

13g의 요오드를 1000mL의 빙초산(glacial acetic acid)에 녹인 후, 요오드의 양보다 약간 더 적은 양의 염소 가스(Cl_2 gas)를 넣어 주거나, 그 대신에 삼염화요오드(iodine trichloride) 8g과 9g의 요오드를 혼합하여 주거나 또는 19g의 일염화요오드(iodine monochloride)와 미량의 요오드를 1000mL의 빙초산과 사염화탄소(CCl_4)의 혼합 용액(7 : 3)에 녹인 것을 와이스 용액(Wijs solution)이라고 한다.

$$-CH=CH- + I_2 \longrightarrow -\underset{\displaystyle I}{\underset{|}{CH}}-\overset{\displaystyle I}{\overset{|}{CH}}-$$

이와 같은 용액 안에서는 유지의 이중결합에는 I_2 대신에 반응성이 더 강한 ICl(iodine monochloride)가 부가반응을 일으킨다. 일정한 양의 와이스 용액을 시료유지와 반응시키면 ICl이 쉽게 부가반응을 일으키게 되는데, 이 경우 남은 와이스 용액 안의 ICl은 KI 용액을 넣어줄 때는 I_2를 유리하게 된다. 이렇게 얻어진 요오드(I_2)는 싸이오황산 소오다(sodium thiosulfate, $Na_2S_2O_3$)의 표준용액으로 적정하여 그 양을 알아낸다. 이렇게 하여, 반응에 사용된 일정량의 와이스 용액 중의 ICl의 양(해당되는 I_2의 양은 쉽게 알아낼 수 있다)과 남은 요오드의 양의 차이에서 유지에 흡수된 요오드의 양을 산출할 수 있다.

이중결합이 하나만 있는 지방산, 예로서 올레인산(oleic acid)의 경우, 그 분자량은 282이며, 요오드(I_2)의 분자량은 254이므로, 100g의 올레인산에 흡수될 수 있는 요오드의 양은 90g이 되며, 따라서 올레인산의 요오드가(iodine value)는 이론적으로는 90이 된다. 그러나 실제의 측정 결과는 이에 미달하며, 85 정도가 된다.

이와 같은 경향은 한 유지 분자의 구성 지방산의 이중결합 수가 많아질수록 현저해진다. 즉 요오드의 부가반응 속도(the rate of addition reaction)는 급속히 느려지며, 또 불완전하게 된다. 예로서 리놀레닌산(linolenic acid)의 경우에는 이론적인 계산에 의한 요오드가, 즉 이론치(theoretical value)는 273이나, 실제 측정되는 요오드가는 223 정도밖에 안 된다.

이상의 예로서 알 수 있듯이, 분자구조가 복잡하고 이중결합의 수가 많아질 때는 요오드의 부가반응은 그 속도가 매우 느려지며, 또한 정량적(stoichiometric)으로 진행되지 않는 점에 대해서 유의할 필요가 있다.

로단가

로단가(rhodan value) 또는 싸이오시아노젠가(thiocyanogen value)도 유지의 불포화도(degree of unsaturation)를 나타내는 하나의 척도이다. 이 로단가는 유지 100g에 부가(附加, addition)하는 로단, 즉 싸이오시아노젠[rhodan or thiocyanogen, $(SCN)_2$]의 양을 당량(當量, equivalent)의 요오드(iodine equivalent)의 그램 수로 환산하여 표시한 것이다.

한편 이 로단, 즉 싸이오시아노젠[(SCN)2]과 부가 반응(addition reaction)을 일으키는 이중결합은 매우 선택적(selective)이며, 이 점이 요오드의 부가 반응과는 다른 점이다. 예로서 올레인산의 경우에는 1몰(mol)의 올레인산의 이중결합에는 요오드나 싸이오시아노젠이나 다 같이 1몰(mol)이 부가 반응을 일으키기 때문에 요오드가와 로단가는 같다.

그러나 리놀레인산(linoleic acid)의 경우에는 요오드(I_2)가 2몰 부가하는 데 비해서 싸이오시아노젠은 1몰만이 부가한다. 한편 리놀레닌산(linolenic acid)의 경우에는 요오드가 3몰 부가하는 데 비해서 싸이오시아노젠은 2몰이 부가될 뿐이다.

이와 같은 특징은 한 유지 속의 올레인산, 리놀레인산, 그리고 리놀레닌산의 함량을 조사하는 데 이용될 수 있다. 한 예로서 올레인산과 리놀레인산의 혼합물이 있을 때, 그 요오드가(iodine value)와 로단가(rhodan value)를 알고 있다면, 이 혼합물 속의 올레인산과 리놀레인산의 각각의 함량을 계산에 의해서 알 수 있다.

헥사브로마이드가

헥사브로마이드가(hexabromide value)는 한 유지를 검화(saponify)한 후, 여기서 얻은 지방산 100g에 브롬 또는 취소(bromine)를 부가반응(附加反應)시켜 이때 형성된 취소(臭素)의 부가생성물(addition products) 중 에텔(ether)에 녹지 않는 부분의 무게를 그램 수로 표시한 것이다. 여기서 에텔에 녹지 않는 부가물의 무게란 헥사브로모스테아린산(hexabromostearic acid)과 같은 헥사브로모지방산들(hexabromofatty acids)의 무게를 나타낸다.

이 헥사브로마이드가(hexabromide value)는 한 유지의 리놀레인산(linoleic acid)의 함량과 비례한다는 사실이 알려져 있다. 따라서 리놀레인산 함량이 크고, 그 함량이 비교적 일정한 아마인유(linseed oil)나 대두유(soybean oil)의 감정 또는 순도(purity) 결정 등에 사용된다.

산 가

산가(acid value)는 유리지방산가(free fatty acid value)라고도 불리며, 1g의 유지 중에 존재하는 유리지방산을 중화하는데 필요한 KOH의 밀리그램수(number of milligrams)로서 표시된다. 보통 일정한 양의 유지시료(an oil sample)를 에탄올에 녹인 후 페놀프탈레인(phenolphthalein)을 지시약으로 해서 0.5N 또는 0.1N의 KOH 규정(規定) 용액으로 적정(滴定, titration)하여 얻는다.

이 산가는 한 유지의 고유의 특성은 아니며 유지 분자들의 가수분해에 의해서 형성된 유리 지방산 함량의 척도이다. 따라서 정제되지 않거나 정제 상태가 불량한 유지류나, 오래 사용되거나 저장된 유지류의 경우 그 수치가 높으며, 정제가 잘 된 유지류의 경우일수록 그 수치가 낮기 때문에 이 산가 또는 유리 지방산가(free fatty acid value)는 유지류의 품질(quality) 또는 유지류의 내력(history of a fat or oil)을 표시하여 주는 중요한 척도가 된다. 그 반면에 유지의 종류를 식별하는 데는 사용할 수 없다.

일부 유지류의 산가는 표 13-9와 같다.

표 13-9 대표적인 유지의 산가(acid value)

유지의 종류	산가	유지의 종류	산가
쇠기름(beef tallow)	0.25	팜 야자유(palm oil)	10
버터기름(butter fat)	0.45~35.4	낙화생유(peanut oil)	0.8
피마자유(castor oil)	0.12~0.80	참기름(sesame oil)	9.8
코코넛 야자유(coconut oil)	2.5~10.0	대두유(soybean oil)	0.3~1.8
옥수수유(corn oil)	1.37~20.2	평지씨 기름(rapeseed oil)	0.36~1.0
면실유(cotton seed oil)	0.06~0.9	해바라기기름(sunflower oil)	11.2
아마인유(linseed oil)	1.0~3.5	돼지기름(lard oil)	1.56
올리브유(olive oil)	0.3~1.0	간유(cod liver oil)	5.6
동유(tung oil)	2.0	경유(whale oil)	1.9

Hodgeman, C. D. ed. 1957. "*Handbook of Chemistry and Physics*," 39th ed., p.1406~1410, Chemical Rubber Pub. Co., Ohio.

때에 따라서 그 속의 유리지방산이 모두 올레인산인 것으로 가정하여 올레인산(oleic acid)으로 표시된 % 유리지방산 함량(% free fatty acid content calculated as oleic)을 사용하는 경우가 있다.

KOH 1몰(mol)은 올레인산(oleic acid) 1몰과 과부족 없이 중화되므로

$$\begin{aligned}&CH_3(CH_2)_7CH = CH_3(CH_2)_7COOH + KOH\\&\quad \rightarrow CH_3(CH_2)_7CH = CH(CH_2)_7COOK + H_2O\end{aligned}$$

KOH 56,100밀리그램이 올레인산 282.46그램과 과부족 없이 결합하는 셈이 된다. 즉 1밀리그램의의 KOH는 282.46/56,100 그램의 올레인산에 해당한다. 따라서 산가를 A라고 하면, 유지 1g 속의 올레인산으로 표시된 유리 지방산 함량은

$$A \times \frac{282.46}{56,100} \text{그램}$$

이 된다. 그러므로 산가와 올레인산으로 표시된 % 유리 지방산 함량과의 관계는

$$\text{올레인산으로 표시된 \% 유리지방산 함량} = \frac{A \times 282.46}{56,100} \times 100$$

이며, 따라서

$$\text{올레인산으로 표시된 \% 유리지방산 함량} = \text{산가} \times 0.5034$$

이 된다.

보통 올레인산으로 표시된 % 유리지방산 함량은 산가(acid value)의 1/2로 보면 대체로 큰 착오가 없다. 한편 % 유리지방산 함량을 계산할 때는 일반적으로 올레인산을 기준으로 하나, 팜 야자유(palm oil)의 경우에는 로오린산(lauric acid)을, 피마자유(castor oil)의 경우에는 리시놀레인산(ricinoleic acid)을, 평지씨 기름(rapeseed oil)의 경우에는 에루신산(erucic acid)을 기준으로 할 때도 있다.

라이카아트-마이슬가

라이카아트-마이슬가(Reichert-Meissl number)는 한 유지 속의 휘발성이고 수용성인 지방산들(volatile, soluble fatty acids)의 함량을 표시하는 하나의 척도이다.

이 라이카아트-마이슬가는 5그램의 유지 시료에 함유되고 있는 휘발성이 있으며, 수용성인 지방산들을 중화(neutralize)하는 데 필요한 0.1N의 표준 알칼리의 mL수로서 표시된다. 여기서 휘발성이 있으며, 수용성인 지방산들이란 주로 뷰티린산(butyric acid, C_4)과 카프로인산(caproic acid, C_6) 등을 지칭한다.

라이카아트-마이슬가를 결정하는 과정을 도시(圖示)하면 그림 13-3과 같다.

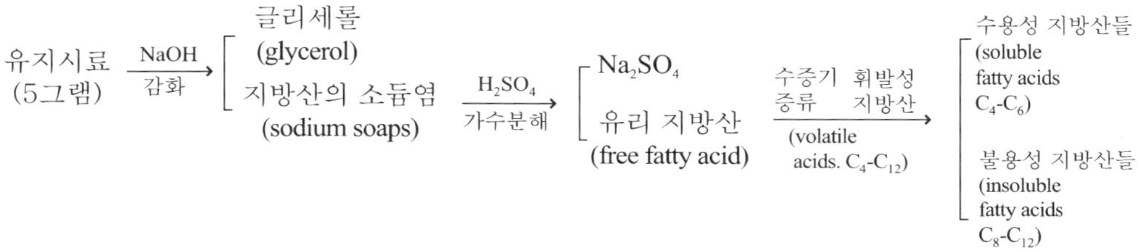

유지시료 (5그램) —NaOH 감화→ [글리세롤 (glycerol) / 지방산의 소듐염 (sodium soaps)] —H_2SO_4 가수분해→ [Na_2SO_4 / 유리 지방산 (free fatty acid)] —수증기 증류 휘발성 지방산 (volatile acids. C_4-C_{12})→ [수용성 지방산들 (soluble fatty acids C_4-C_6) / 불용성 지방산들 (insoluble fatty acids C_8-C_{12})]

[그림 13-3] 라이카아트-마이슬가(Reichert-Meissl number)의 측정 과정.

한편 라이카아트-마이슬가 측정법에 의해서 측정되는 휘발성 지방산들의 양은 측정 방법과 측정 조건에 따라 다소 달라질 수 있으며, 따라서 이 라이카아트-마이슬가도 경험치(empirical value)의 하나라는 점에 유의해야 한다.

폴렌스케가

폴렌스케가(Polenske number)는 한 유지 속의 휘발성은 있으나, 물에 녹지 않는 지방산들의 함량을 표시하는 척도이다.

휘발성이나 물에 녹지 않는 지방산들(volatile, insoluble fatty acids)이란 구체적으로는 카프릴린산(caprylic acid, C_8), 카프린산(capric acid, C_{10})과 로오린산(lauric acid, C_{12})들을 말한다.

이 폴렌스케가(Polenske number)는 5g의 한 유지시료(an oil sample)를 검화(saponify)한 후 얻어지는 휘발성의 물에 녹지 않는 지방산들을 중화하는데 필요한 0.1N 표준 알칼리의 mL수로서 표시된다(그림 13-3 참조). 이 폴렌스케가도 라이카아트-마이슬가와 마찬가지로 경험치이다.

킬슈너가

킬슈너가(Kirschner value)는 유지시료의 구성 지방산들 중의 뷰티린산(butyric acid, C_4)의 함량을 표시하는 척도이다.

라이카아트-마이슬가(Reichert-Meissl number)를 측정하는데 사용된 절차를 통해서 얻은 휘발성이며 수용성인 지방산들 중에서 뷰티린산의 Ag염(silver salt)은 수용성이나 다른 휘발성, 수용성 지방산들, 즉 주로 카프로인산의 Ag염들은 불용성(water-insoluble)인 점을 이용하여 뷰티린산 함량을 측정한다.

즉 먼저 라이카아트-마이슬가 측정에 사용한 증류액(Reichert-Meissl distillate)을 100mL 취하여 0.1N $Ba(OH)_2$로 적정한다. 다음, 여기에 0.3g 가량의 $AgSO_4$의 분말을 가하여 준 후 뷰티린산의 Ag염(silver butyrate) 이외의 모든 불용성인 Ag염을 여과하여 제거한다.

이때 얻어진 여액(filtrate)을 산으로 산성화(acidify)하여 Ag염을 다시 유리 뷰티린산(free butyric acid)의 형태로 한 후, 수증기 증류(steam distillation)하여 증류되어 나오는 뷰티린산을 0.1N $Ba(OH)_2$ 용액으로 적정한다. 여기서

A : 두 번째의 증류액(distillate)을 중화하는 데 필요한 0.1N의 $Ba(OH)_2$의 mL 수

B : 첫 번째의 증류액, 즉 라이카아트-마이슬가 측정시 얻은 증류액(Reichert-Meissl distillate) 100mL를 중화하는 데 필요한 0.1N의 $Ba(OH)_2$의 mL 수

라고 하면, 킬슈너가(Kirschner value)는 다음 식에서 얻어진다. 즉

$$\text{칼슈너가} = \frac{A \times 121(100+B)}{10,000}$$

한편 이상의 킬슈너가를 산출하는데 사용되는 계산식의 형성 근거에 대해서는, 다음 책(Woodman, A. G., 1941, "*Food Analysis*", 4th edition, McGraw-Hill Book Co., Inc.의 p.235) 또는 기타의 식품 분석에 관한 전문 서적들을 찾아주기 바란다.

라이카아트-마이슬가, 폴렌스케가, 킬슈너가 사이의 관계

이상의 모든 값들은 탄소 수가 4개에서 12개까지의 지방산들의 함량과 관계된 것이므로 저급지방산의 함량이 큰 유지들은 이 값들이 크나, 기타 대부분의 유지에 있어서는 라이카아트-마이슬가(Reichert-Meissl number)는 1.0 이하, 폴렌스케가(Polenske number)는 0.5 이하이며, 킬슈너가(Kirschner value)는 이보다 더 적다.

이와 같은 값들이 다른 유지류에 비해 뛰어나게 큰 것은 우유 지방, 즉 버터기름(milk fat)으로 만든 버터(butter)의 라이카아트-마이슬가는 보통 24~25 정도가 된다.

한편 우유 지방 외에 이 라이카아트-마이슬가(Reichert-Meissl number)가 1.0 이상인 식용유지들로서는 코코넛 야자유(coconut oil)와 팜 야자씨 기름(palm kernel oil)의 두 가지를 제외하면 별로 없다. 팜 야자씨 기름은 5 내지 7 정도의 라이카아트-마이슬가를 가지고 있으며, 폴렌스케가는 버터의 경우 2.0 내지 4.0인데 비해, 팜 야자씨 기름(palm kernel oil)의 경우에는 10 내지 12에 달한다.

한편 킬슈너가(Kirschner value)는 버터기름(butter fat)의 경우에는 20 내지 26이나, 코코넛 야자유(coconut oil)에서는 1.0~2.0 내외, 팜 야자씨 기름의 경우에는 0.5~1.0 정도, 그리고 대부분의 기타 유지에 있어서는 0.2 내지 0.1 이하이다.

이상의 결과를 보아서 알 수 있듯이 킬슈너가나 라이카아트-마이슬가는 버터의 순도(purity)나 변조(adulteration) 여부를 식별하는데 매우 유익하다. 일부 유지의 라이카아트-마이슬가(Reichert-Meissl number), 폴렌스케가(Polenske number), 및 킬슈너가(Kirschner value)는 표 13-10과 같다.

표 13-10 일부 식용유지의 라이카아트-마이슬가, 폴렌스케가, 및 킬슈너가

유지의 종류	라이카아트-마이슬가 (Reichert-Meissl Number)	폴렌스케가 (Polenske Number)	킬슈너가 (Kirschner value)
쇠기름(beef tallow)	-	-	-
버터기름(butter fat)	22~34	2~4	20~26
코코넛 야자유(coconut oil)	6~8	14~18	1~2
올리브유(olive oil)	0.6~1.5	-	-
팜 야자유(palm oil)	0.2~0.4	0.2~0.6	-
야자씨 유(plam kernel oil)	5~7	10~12	0.5~1.0
참기름(sesame oil)	1.1~1.2	-	-

과산화물가, TBA가, 및 카아보닐가

지금까지 설명한 유지의 화학적 항수들(chemical constants) 중 산가(acid value)를 제외한 항수들은 대체로 유지의 고유 성질에 기인된 항수들로 볼 수 있으며, 유지의 식별(identification) 등에 매우 유용하다.

한편 산가, 즉 유리 지방산가를 비롯한 과산화물가(peroxide value), TBA가, 카아보닐가(carbonyl value), 그리고 어느 정도는 요오드가(iodine value)도 유지의 산화에 의해서 변화하는 화학적 성질들이며, 유지의 산화(oxidation) 진행상태 등을 알아내는데 도움이 되므로 유지 연구에 있어서 매우 중요하다.

그러나 이와 같은 성질들은 요오드가를 제외하면 유지류의 산화에 의한 변화들과 깊은 관련이 있는 것들이므로 제14장에서 유지의 산화에 대해서 논의할 때 별도로 설명하기로 한다.

유지의 쇼트닝으로서의 역할

빵, 케이크, 비스킷, 과자류와 같이 그 조직(texture)이 바삭바삭하고 잘 부스러지기 쉬우며, 또한 발효과정(leavening process)이나 화학팽창제(baking powder)에 의해서 탄산가스가 발생하며 부피가 부풀어 올라오는, 구어서 만든 식품들(baked products) 등에 있어서 일부 유지류는 필수적인 성분들이며, 상당한 양이 사용되고 있다.

즉 빵류에서는 애당초에는 버터의 대용품(a substitute)으로 프랑스에서 개발된 마가린(19세기 말), 돼지기름(lard), 역시 19세기 후반부터 미국 등지에서 이상과 같은 목적을 위해서 사용된 돼지기름의 대용품으로 사용하게 된 각종의 반고체 유지들, 예로서 각종 식물유를 수소첨가(hydrogenation)하여 만든 반고체 유지들이 쇼트닝(shortening)이라는 이름으로 사용되기 시작하였다.

이와 같은 쇼트닝으로 사용되는 유지류는 중량으로서 대략 1%, 그러나 부드러운 조직(texture)이 필요한 케이크류나 비스킷류에 있어서는 10% 내지 30%까지 사용된다.

이와 같은 식품들에 있어서 유지류는

1. 비스킷류나 과자류에 맛을 주는 역할과
2. 이와 같은 밀가루 제품의 조직(texture)에 부드럽고 바삭바삭하며 부스러지기 쉬운 성질을 주고,
3. 빵류나 케이크류의 발효 과정(leavening process)이나 화학팽창제의 작용이 시작될 때 이들 빵류나 케이크류의 부피가 크게 팽창되는 것을 돕는 역할을 한다.

후자들 즉 2, 3항(項)에서 설명한 작용들은 궁극적으로는 이상의 유지가 밀가루 반죽 속에 원래 존재하는 지방질과 함께 밀가루 입자들(flour particles)의 표면을 덮어주는 작용과 관계되는 것으로 생각되고 있다.

한편 이와 같이 밀가루 제품의 조직을 부스러지기 쉽게 하는 작용은 쇼오튼(shorten = to make flaky or crisp)이라는 말로 표현되어 왔으며, 이러한 작용을 가진 유지들은 전술한 바와 같이 이전에는 라아드 컴파운드(lard compound) 등의 이름으로 부르기도 했으나, 지금은 쇼트닝(shortening) 또는 복합 조리용 유지(compound cooking fat) 등의 이름으로 불려지고 있다. 복합 조리용 유지라는 이름이 시사하여 주듯이 최근에는 이 쇼트닝은 본래의 목적과는 다른 많은 목적들을 위해서 사용되고 있다(Gunstone, E. D. and Norris, F. A., 1983).

여기에 대해서 베일리(Bailey, A. B., 1951 ; Swern, D., 1964의 책의 p 273 참조)는 가소성 쇼트닝(plastic shortening)이란 다른 식품 성분들과 쉽게 혼합되거나, 바르기 쉽거나 또는 반죽(dough) 속에 잘 섞이는 순수한 지방질이라고 정의하고 있다.

비스킷류, 과자류의 조직을 부드럽고 부스러지기 쉽게 하는 역할

비스킷류(biscuits), 웨이퍼어류(waffers) 등의 식품에 있어서 유지의 주요한 역할의 하나는 주로 밀가루, 따라서 그 주성분인 전분 입자들(starch granules)과 단백질 성분인 글루텐(gluten) 또는 글루텐층들(layers), 그리고 물로 되어 있는 반죽의 여러 층들(layers) 사이에 들어감으로써 전분 입자들과 글루텐으로 된 층들이 연속적인 질긴 매트릭스(tough matrix)를 형성하는 것을 방지하여 주는 데 있다(그림 13-4 참조).

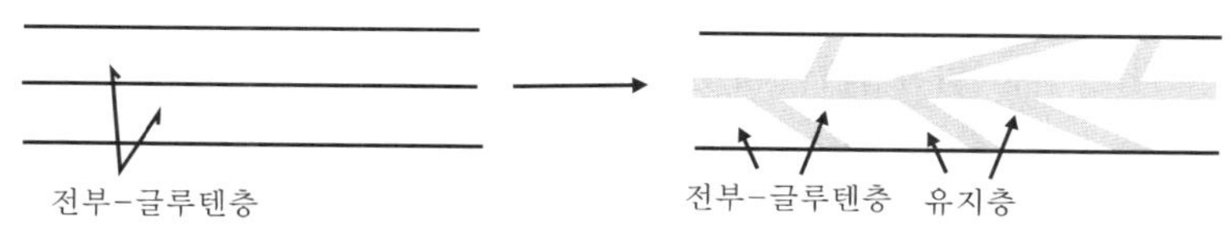

a. 전분-글루텐층은 연속적으로 연결되어 있어서 질긴 성질을 강하게 나타낸다.

b. 전분-글루텐층은 미끄러운 유지층들에 의해서 단절되어 있어서 부스러지기 쉬운 성질(flakiness)을 나타낸다.

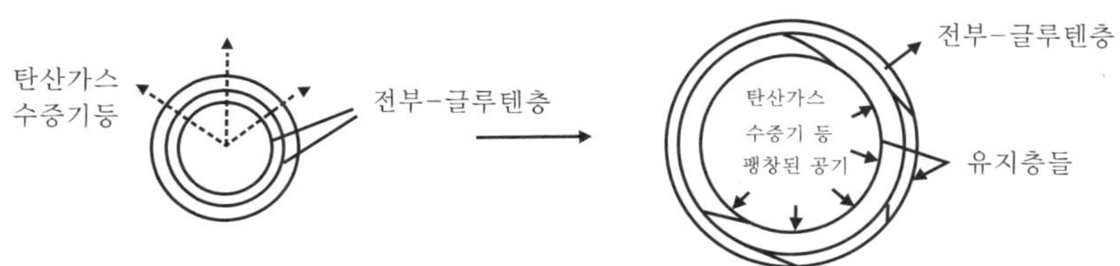

a'. 내부에 발생한 탄산가스나 수증기는 전분-글루텐층을 쉽게 통과하여 밖으로 새기 때문에 입자는 팽창되지 않는다.

b'. 전분-글루텐층의 내외부는 유지층으로 덮히고, 또 그 속에도 유지층이 존재하여 발생된 탄산가스나 수증기는 쉽게 밖으로 새어나가지 못하기 때문에 입자는 크게 팽창된다.

[그림 13-4] 비스킷, 빵, 케이크류에 속하는 유지의 역할.

따라서 이와 같은 반죽으로 만든 비스킷들은 유지를 사용하지 않고 만든 밀가루 제품들과 같이 질기지 않으며, 쇼트닝으로 사용된 유지는 밀가루 속의 전분 입자들, 글루텐, 물 등으로 구성된 각 층들(layers) 사이에 들어가서 불연속적인 매트릭스(discontinuous matrix)를 형성함으로써 쉽게 부스러질 수 있는 성질(flakiness)을 부여한다. 또한 이와 같은 매트릭스의 표면을 덮고 있는 유지의 막은 부드러운 느낌을 준다.

빵류나 케이크류의 부피를 크게 하여 주는 역할

빵류나 케이크류의 반죽에 있어서 발효과정(leavening process)이나 화학팽창제(baking powder)의 작용에 의해서 발생하는 탄산가스(CO_2 gas), 빵류, 케이크를 구울 때 발생하는 수증기 등에 대해서 전분 입자들이나 글루텐의 층들(layers)은 완전하게 기밀(air-tight)하지 못하며, 틈새를 통해서 탄산가스(CO_2)나 수증기를 투과시켜 준다. 그리고 이와 같은 반죽(dough)을 구울 때는 온도의 상승에 따라 탄산가스나 수증기뿐만 아니라 반죽 안의 공기도 급격하게 팽창된다.

그러나 온도의 상승에 따라 전분 입자들의 팽창과 호화(gelatinization)가 일어나며, 반죽 속의 수분은 전분의 팽창과 호화 때문에 전분입자 쪽으로 이동하게 되며, 글루텐층에서는 탈수와 가열에 의해서 변성(denaturation)과 형태가 위축 내지는 축소된다. 이와 같은 변화가 너무 급격하게 일어날 때는 내부에서 형성된 여러 기체들이 틈새 사이에서 새어나가는 것을 돕는다.

그러나 유지, 특히 전분입자, 글루텐, 물로 된 층의 표면에 퍼지게 될 반고체상의 유지, 즉 가소성의 유지(plastic fats), 다시 말해서 쇼트닝으로서의 작용이 큰 유지가 밀가루 반죽에 잘 혼합되어 있을 때는 반죽하는 과정에서 효과적인 공기 혼입(aeration)과 공기 혼입에 의한 수많은 작은 공기 세포들(air cells)의 형성을 촉진하게 된다.

또한 이 유지는 반죽 속에 원래 존재하던 지방질 성분들과 잘 융합, 즉 서로 녹아 들어가서 전분입자들과 글루텐으로 된 층들(starch and gluten layers)의 표면과 특히 틈새 사이에 들어가서 틈새를 막아주게 된다. 따라서 전분 입자들과 글루텐으로 구성된 층들 속에서 탄산가스나 수증기가 형성되었을 때는 이와 같은 기체들(gas 또는 vapor)의 투과를 더 어렵게 하므로 반죽은 계속 팽창되어 그 결과 반죽의 부피는 증가하게 된다(그림 13-4 참조).

또한 이와 같은 가소성을 가진 유지, 즉 쇼트닝의 존재는 반죽 속에서의 굽는 과정(baking process) 중 전분 입자들의 호화(gelatinization)와 글루텐 성분의 탈수(dehydration)와 변성(denaturation)에 의해서 일어나는 반죽 속의 매트릭스(matrix)의 급격한 변화를 억제하여 주는 것으로 알려져 있다. 이와 같은 변화의 억제는 역시 반죽의 부피 증가에 기여하게 된다.

실제적인 예로서 포메란츠들(Pomeranz, Y., *et al.*, 1965)은 100그램의 강력분(hard winter wheat flour)으로 빵을 만들 때 그 부피는 802cc 정도였으나, 여기에 0.5~3.0그램의 식물유로 만든 쇼트닝(shortening)을 첨가하여 줌으로써 빵의 부피를 948cc로 증가시킬 수 있었음을 보고하고 있다.

이상의 실험에서 빵의 부피(loaf volume)는 쇼트닝 함량이 3그램, 즉 3%에 이르기까지는 대체로 쇼트닝의 첨가량이 증가함에 따라 증가하였으나, 쇼트닝의 함량이 3%를 넘었을 때는 빵 부피의 증가율은 감소되었다고 한다(표 13-11 참조).

한편 실온에서 액체(liquid)로 있는 유지는 빵의 부피(loaf volume)를 별로 증가시키지 않으나, 융점이 높은 유지를 상기의 유지에 혼합하여 사용할 때는 빵의 부피가 크게 증가되는 사실이 여러 연구들을 통해서 확인되고 있으며, 이 사실은 매우 중요하다. 이와 관련해서 쇼트닝으로서 사용되는 식용유지가 모두 가소성을 가진 반고체 유지들임은 이미 여러 번 강조한 바 있다.

표 13-11 빵의 부피(loaf volume)에 영향을 주는 밀가루 반죽에 가해진 식물성 쇼트닝(vegetable shortening)의 양(100g의 밀가루 중의 그램 수).

식물성 쇼트닝(vegetable shortening)의 양(g)	만들어진 빵의 부피(loaf of volume)(cc)
0	802
0.5	890
1.5	923
3.0	948
4.5	955

Pomeranz, Y., Rubenthaler, G. and Finney, K. F., 1965. *Food Technol.*, 19, 1725.

이와 같은 사실은 여러 연구자들에 의해서 그 이유가 설명되어 왔었다(Baker and Mize, 1942). 이들에 의하면 융점이 높은 유지 성분들은 반죽하는 과정(mixing) 또는 발효(fermentation)하는 과정에서 단백질과 결합(bound)하지 않고 남아 있다가 오븐(oven)에서 빵을 구울 때 녹으면서 빵 부피를 증가시키는데 어떤 도움을 주며, 또 그 세포 조직(cell structure)을 강화시켜주는 듯 하다고 한다.

또한 반죽 속에 섞여 들어간 반고체 유지들은 발효과정(leavening process)이나 빵을 굽는 과정(baking process)의 초기에 글루텐층의 표면이나 틈새 사이에 있는 전분 입자들을 액상 유지의 경우보다 더 잘 덮어주고, 막아주는 것으로 생각하고 있다.

일반적으로 쇼트닝(shortening)으로 사용되는 유지는 반죽하는 과정에서 그 중의 0.2% 내지 1% 내외의 유지가 반죽된 밀가루의 단백질(flour protein)과 결합되게 된다. 물론 밀가루의 단백질 함량이 클수록 단백질과 결합하게 되는, 즉 결합 상태에 있는 지방질(bound lipid)의 비율도 커진다.

한편 빵을 굽는 과정(baking process)에서는 첨가된 유지의 1/3 내지 1/2의 양이 빵의 단백질과 결합하게 되나, 실제로 결합 하고 있는 지방질(bound lipid)의 양은 주로 밀가루의 단백질, 즉 주로 글루텐(gluten)의 양과 질에 관련된다.

밀가루에 원래 함유되어 있는 지방질의 종류와 제빵시의 역할 오래 전부터 쇼트닝을 사용하지 않아도 빵을 제조하는 과정, 즉 반죽 과정과 빵을 굽는 과정에서 빵의 부피가 크게 증가하는 사실이 알려져 왔다. 이상의 빵 반죽과 굽는 과정들에 대한 더 자세한 연구가 본격화되면서, 빵 제조에 사용되는 밀가루에 함유된 대략 1.5% 정도의 지방질들의 종류, 성질들과 이 지방질들의 제빵시의 역할 등에 대한 자세한 연구들이 오늘날까지 계속되어 왔으며, 앞으로도 계속될 것으로 생각된다(예로서 LeMeste, M. and Davidou, S. 그리고 Ross, A. S. and MacRichie, F.들의 논문들 ; Gaonkar, A. G., 1995 참조). 이상의 지방질들의 역할들은 모두 밀가루의 탄수화물들, 단백질들, 지방질들과 물이 형성하는 복잡한 시스템 내에서의 변화와 관계가 있는 듯하다.

포메란츠(Pomeranz, Y., 1991)들은 일찍이 굽는 빵에 사용되는 반죽(dough)의 원료가 되는 밀가루의 지방질 함량은 대체로 전체 밀가루의 대략 1.5% 정도이며, 이상의 지방질들을 구성하는 성분들은 석유 에텔(petroleum ether)로 추출할 수 있는, 전체 지방질들의 대략 70% 를 점유하는 유리지방질들(free lipids)과 물로 포화된 부타놀(water-saturated butanol)로 추출되는, 전체 지방질들의 약 30%를 점유하는 결합형 지방질들(bound lipids)로 우선 분류하고 있다.

한편 이상의 밀가루 속의 지방질들을 그 화학적 성질들로 분류할 때는, 전체 지방질들의 반은 트리아실글리세롤류, 다이- 또는 모노아시글리세롤류, 유리 지방산들, 스테롤류와 탄화수소류 등의 소위 비극성 지방질류(非極性 脂肪質類, nonpolar lipids)이며, 나머지 반은 당지방질류(糖脂肪質類, glycolipids)가 주가 되는, 인지방질류, 아세틸화된 인지방질류(acetylated phospholipids) 등으로 구성된 극성 지방질류(極性 脂肪質類, polar lipids)로 형성되고 있다고 한다.

앞에서 말한 결합형 지방질류(bound lipids)의 대략 70% 정도가 극성 지방질들 중의 당지방질류와 소량의 인지방질류로 형성되어 있는 것으로 알려져 있다.

포메란츠(Pomeranz, Y., 1991)는 밀가루 지방질들 중 극성 지방질류(polar lipids)의 주성분을 형성하고 있는 당지방질들(glycolipids)이야말로 밀가루를 반죽하여 구운 빵들의 부피의 증가, 만들어진 빵들의 내부의 조직과 촉감(crumb grain)의 향상, 그리고 만들어진 빵의 신선도(freshness)를 유지하는데 필수적인 지방질 성분들로 생각하고 있는 것 같다.

앞에서 잠시 언급한 새로 첨가한 쇼트닝들이 원래 존재하는 비장질 성분들과 잘 융합하여, 반죽과정과 굽는 과정에서, 형성된 공기 세포들(air cells)의 표면의 틈새를 메워주는 작용은 주로 이 당지방질과의 상호작용의 결과로 생각할 수 있다. 실제로 합성 또는 자연 당지방질들(synthetic or natural glycolipids)을 반죽에 첨가하여 빵을 구울 때는 바로 위에서 설명한 부피의 증가. 빵 내부의 조직과 촉감의 향상, 신선도의 유지 등을 가져왔다고 한다(Pomeranz, Y., 1991 참조).

가소성 유지의 쇼트닝으로서의 성질들

각종 가소성 유지류의 쇼트닝으로서의 작용에 대해서 다시 요약하면 다음과 같다. 즉

1. 쇼트닝을 사용해서 만든 각종 빵 제품들(bakery products)에서 전술한 바와 같이 부스러지기 쉬운 성질(shortness)과 부드러움 또는 유연성(tenderness)을 준다.
2. 쇼트닝은 이상과 같은 제품들을 굽기 전의 반죽(dough) 속에서의 효과적인 공기혼입(aeration)을 크게 도와준다. 즉 반죽에 들어간 쇼트닝은 빵을 굽는 과정 (baking process)에서 탄산가스, 수증기가 팽창할 때 그 근거가 되는 공기세포들(air cells)의 형성을 가능하게 한다.

   이 사실은 공기세포들의 초기의 형성과정에서 쇼트닝이 관여할 때, 공기나 수증기 또는 탄산가스의 투과를 강하게 억제하여 주는, 액체 상태가 아닌 반고체 상태를 잘 유지하여 공기 세포들의 형태 유지와 팽창에 중요한 기여를 하는 것으로 생각된다. 한편 반죽(dough) 속에서 가해진 쇼트닝이 공기를 흡수하는 특성은 크리밍 능력(creaming ability)으로 표현할 수 있다. 각종 빵 제품들의 성질에 따라, 반죽 속에서 요구되는 크리이밍 능력은 크게 다르나, 어떤 경우에도 최소한의 공기가 흡수되어 공기세포들(air cells)이 형성되지 않는 한, 발효나 빵을 굽는 과정에서와 같은 부피의 팽창은 불가능하다는 사실이 알려져 있다.
3. 쇼트닝의 사용은 빵 제품의 향미(flavor)와 영양가를 결과적으로 증가시켜 준다.

쇼트닝으로서의 효과의 비교 쇼트닝의 성능 내지는 효과의 크기는 보통 어떤 엄격하고 일정한 절차에 따라 만들어진 비스킷을 일정한 조건하에서 부스러뜨리는 데 소비한 힘으로 표시되며, 보통 이와 같은 목적을 위해서 고안된 쇼트 메터(short meter)가 사용된다.

여기서 얻어진 결과들은 무론 경험적인(empirical) 결과들이며, 그 수치들은 사용하는 방법이나 기계 장치에 따라서 달라진다. 많은 실험들을 통해, 여러 가소성 유지류 중에서는 대체로 잘 정제된 돼지기름(refined lard)의 쇼트닝 효과가 일반적으로 가장 우수한 사실이 확립되고 있다.

쇼트닝의 종류 쇼트닝은 그 조성(composition), 사용되는 목적에 의해서 분류될 뿐만 아니라,

가소성의 폭(plastic range)에 따라 가소성의 폭이 아주 넓은 것, 아주 좁은 것, 그 중간 정도인 것 등으로 분류되고, 또한 그렇게 사용되고 있다.

보통 쇼트닝이나 이와 같은 목적으로 사용되는 마가린(margarine)의 경우, 그 고체 지방 지수(solid fat index, SFI)가 실온에서 15~25%일 때 매우 쓰기 편하다고 한다. 또한 고체지방 지수가 40~50% 이상이 되면, 거의 가소성(plasticity)을 상실하여 사용하기가 매우 어려워지며, 한편 고체지방 지수가 5% 이하인 경우에는 너무 연해서 역시 사용하기가 어렵다고 한다.

버터와 마가린

마가린, 즉 인조 버터의 소비가 근래에 와서 급격하게 증가하고 있다.

예로서 마틸(Mattil, K. F. ; Swern, C. D., 1964의 책의 p.331 참조)의 조사에 의하면, 미국에서의 마가린(margarine)의 소비량은 1900년 초부터 계속 증가하여 1900년 초 1인당 1kg 정도의 소비량이 1950년대에는 1인당 연간 8kg으로 증가하였다고 한다.

한편 버터의 소비량은 계속 감소되고 있으며, 1900년 초 20kg 내외였던 버터의 소비량은 1950년대에는 9kg 내외로 감소되었으며, 근래에 와서 이와 같은 경향은 더 심화되고 있다. 1984년도의 버터의 전세계 총생산량은 660만 톤이었으며(Fats and Oils News, 1985), 한편 같은 해의 마가린의 전세계 총생상량은 813만 톤으로 집계되고 있다(Fats and Oils News, 1986).

마가린은 우유에서 마든 버터와 같이 영양가가 충분하지 않으므로, 비타민 A, 비타민 D를 포함하는 여러 영양소들에 의해서 강화(enrichment)된다.

한편 미국 등에서는 마가린뿐만 아니라, 농축유(evaporated milk), 균질화유(homogenized milk)의 경우에도 대부분의 경우 비타민 D가 강화되고 있으며, 이 비타민 D의 강화로 말미암아 구루병(rickets)의 발생률이 매우 효과적으로 억제되어 온 것으로 알려져 있다.

식용유지들의 융점과 그 흡수율

식용유지 또는 지방질 식품류의 형태로 섭취되는 유지 성분들은 체내에 흡수되어 에너지원(energy source)이 된다.

유지 1그램은 대체로 9.4kcal의 열량을 생상하나, 유지의 체내에서의 이용률은 100%는 아니며, 대략 95% 정도가 이용되는 것으로 추정되고 있다. 따라서 유지 1g을 섭취하였을 때 이용될 수 있는 열량은 약 9kcal 정도가 된다.

$$9.40\text{kcal/g} \times 0.95 = 8.9\text{kcal/g}$$

이상의 기본적인 사항에 대해서 다시 독자들에게 주의를 환기하고 여기서는 인체가 섭취한 유지류, 특히 반고체(semisolid), 즉 지금까지 설명한 쇼트닝류를 포함한 가소성 유지류(可塑性 油脂類, plastic fats)의 융점과 그 인체에 대한 흡수율 사이의 관계를 설명하고자 한다.

일단 섭취된 유지류의 체내에서의 분해, 흡수 등의 생화학적 과정들은 해당하는 전문서들이나 문헌들을 참고해주기 바란다.

지방질은 앞에서 말한 바와 같이 에너지원으로 이용되는 이외에도

1. 위(stomach)에서 천천히 장(intestines)으로 옮겨지기 때문에 소화 작용을 억제하고, 그 반면에

2. 공복감, 즉 배고픈 느낌이 일어날 때까지의 시간을 연장하여 주는 등의 효과를 갖고 있다. 한편 한 유지의 소화율(digestibility)은 주로 그 유지의 융점(melting point)에 의해서 좌우된다(표 13-12 참조).

표 13-12 유지의 융점(melting point)과 그 소화율(digestibility).

유지의 종류	융점	소화율(%)
트리스테아린(tristearin)	60℃	14~9%
트리스테아린과 편도유(almond oil)의 혼합물	55	89.4
양기름 I (mutton fat I)	50~51	90.8
양기름 II (mutton fat II)	49	92.6
돼지기름(lard)	43	97.4
베이컨기름(bacon fat)	34	97.2
거위기름(goose fat)	25	97.5
올리브유(olive oil)	액체	97.7

Hughes, O., 1962. "*Introductory Foods*," 4th ed., p.285, McMillan Co., New York.

융점이 43℃ 이하의 유지나 지방질 식품 속의 유지 성분들은 그 소화율에 있어서 별 차이가 없으며, 대략 97% 내지 93%의 소화율을 갖고 있다(표 13-12 참조).

한편 융점이 49℃에서 55℃ 사이에 있는 유지나 유지 성분들은 융점이 43℃ 이하의 유지들처럼 잘 소화되지 않으며, 융점이 60℃ 이상인 유지나 유지 성분들은 거의 소화되지 않는다(표 13-12 참조).

융점이 높은 유지들의 소화율이 이처럼 낮은 이유는 체내에서 이 유지들이 액체로 존재할 수 없기 때문에, 물이나 소화액에 의해서 유화(emulsify)되기가 어려워져서 라이페이스(lipase)와 같은 유지분해 효소들에 의한 가수분해가 어려우며, 그 직접적인 결과로 흡수도 억제되기 때문이다.

한편 머어텐(Merten, H. L., 1970)에 의하면 일부 지방산과 단순 트리아실글리세롤들의 퍼센트 소화율은 표 13-13과 같다고 한다.

표 13-13 지방산들(fatty acids)과 일부 트리아실글리세롤들(triacylglycerols)의 퍼센트 소화율.

종류	탄소원자의 수	소화율(%)
뷰티릭산(butyric acid)	4	100
캅로인산(caproic acid)	6	100
캅리산(capric acid)	10	100
로오린산(lauric acid)	12	86
미리스틴산(myristic acid)	14	64
팔미틴산(palmitic acid)	16	39
스테아린산(stearic acid)	18	23
올레인산(oleic acid)	18	84
베헤닌산(behenic acid)	22	7
에루신산(erucic acid)	22	51
트리올레인(triolein)	-	90
트리리놀레인(trilinolein)	-	97
트리에루신(trierucin)	-	63
트리팔미틴(tripalmitin)	-	22

Merten, H. L., 1970. *J. Agr. Food Chem.*, 18, 1003.

필수 지방산

버어들(Burr, G. O. and Burr, M. M., 1929와 1930)은 일찍이 흰쥐에 지방질이 전혀 안 들은 먹이를 오랫동안 계속 주면 성장(growth)이 불량해지며, 인상미(鱗狀尾), 탈모(脫毛) 등과 같은 증세를 일으키게 되나 이와 같은 증세들은 그 먹이에 돼지기름(lard)을 섞어 줌으로써 소실된다는 사실을 통해서 밝혀냈으며, 더 나아가서 돼지기름 속의 유효성분이 리놀레인산(linoleic acid)임을 확인했었다.

그리고 곧이어 γ-리놀레닌산(γ-linolenic acid, 18 : 3n - 6, 동물 체내에서 리놀레인산에서 아라키도닌산으로 전환되는 도중 형성되며, 또한 일부 식물체, 예로서 보오리지(Borage, 한 식물체 이름) 종자유 등에도 함유되고 있다고 함. 보통 리놀레닌산으로 부를 때는 α-리놀레닌산, 18 : 3n - 3을 말하며, 그 필수 지방산으로서의 작용은 극히 약한 것으로 알려져 있다)과 아라키도닌산(arachidonic acid)도 똑같은 작용을 갖고 있음이 밝혀졌다.

이상 세 개의 지방산들은 인체의 경우에도 똑같이 중요하며, 비타민 F로도 알려져 왔으나, 비타민 F의 호칭은 현재 비타민 B 그룹에 속하는 물질들을 위해서 그 사용이 보류되고 있기도 해서 필수 지방산들의 명칭이 가장 적절한 듯하다(Gurr, M. J. and Harwood, J. L., 1991 참조)(그림 13-5 참조).

동물체들은 그 동안의 진화과정에서 탄소 9번(-COOH의 탄소를 1번으로 할 때)보다 기준 카아복실기(carboxyl group, 즉 -COOH)에 가까운 탄소와 인접된 탄소들에서 탈수소(dehydrogenation)시켜, 이중결합을 도입하는 생체 내에서의 반응에 관여하는 효소들, 예로서 $\Delta 6$ 탈수소효소, $\Delta 5$ 탈수소효소, $\Delta 4$ 탈수소효소($\Delta 6$, $\Delta 5$, $\Delta 4$-desaturases)들을 갖고 있으나, 식물체들처럼 탄소 9번 위치보다 더 먼(-COOH 기준), 탄소 12번, 15번과 그 인접 탄소들에서 수소를 제거하여, 이중결합을 도입하는 데 관여하는 효소체계들은 갖고 있지 않다.

$$CH_3(CH_2)_4CH = CHCH_2CH = CH(CH_2)_7COOH$$

리놀레인산(linoleic acid), 즉 cis, cis-9, 12-octadecadienoic acid

$$CH_3CH_2CH = CHCH_2CH = CHCH_2CH = CH(CH_2)_7COOH$$

리놀레닌산(linolenic acid), 즉 cis, cis, cis-9,12-octadecatrienoic acid

$$CH_3(CH_2)_4(CH = CHCH_2)_4CH_2CH_2COOH$$

아라키도닌산(arachidonic acid), 즉 cis, cis, cis, cis-5,8,11,14-eicosatetraenoic acid

[그림 13-5] 필수 지방산들(essential fatty acids, 이전의 vitamin F factor)의 구조와 명칭들.

따라서 동물들은 리놀레인산, 리놀레닌산(α-linolenic acid) 등을 자기 체내에서 만들 수 없기 때문에 식물체가 만든, 이상과 같은 지방산들, 그렇지 않으면, 식물체가 만든 지방산들을 축적한 동물 지방질류에서 구하지 않으면 정상적인 성장과 개체유지, 활동 등을 할 수 없으므로, 필수 지방산들이라는 표현은 매우 적절하다.

그리고 또 하나의 중요한 사항은 인체를 비롯한 동물 체내에서는 위에서 설명한 바와 같은 이유로 탄소 9번보다 지방산기를 기준으로, 더 먼 위치에 있는 이중결합의 위치를 임의로 바꾸는 일은 완전히 불가능하다는 점이다. 즉 동물체내에서는 이중결합의 형성, 그리고 탄소 사슬의 연장 등은 탄소 9번보다 탄소 번호가 작을 때만 가능하다.

한편 카아복실기(-COOH)를 기준으로 하지 않고, 그 반대로 메틸기(CH_3-)에서 번호를 붙일 때는,

올레인산 그룹(n-9 group)은 w-9 그룹으로, 리놀레인산 그룹(n-12 group)은 w-6 그룹, 리놀레닌산 그룹(α -linolenic acid의 경우, 즉 n-15 group)은 w-3 그룹으로 부를 수 있다. 지방산의 탄소사슬의 증가(elongation of carbon chain length)가 있을 경우에는 후자의 호칭이 더 이해하기 쉬울 때가 많다.

한편 올레인산의 경우, 한 개의 이중결합의 위치는 지방산기(carboxyl group)를 기점으로 할 때는 9번, 즉 n=9로 표시되나, 메틸기(terminal methyl group, 최단 CH_3-)를 기점으로 할 때도 9번, 즉 w=9가 된다. 똑같이 해서 리놀레인산의 경우에는 n=9, 12 또는 w=6, 9로 표시된다. 같은 식으로 α-리놀레닌산(보통 리놀레닌산)의 이중결합의 위치는 n=9, 12, 15 또는 w=3, 6, 9가 되며(γ-리놀레닌산의 경우 n=6, 9, 12 또는 w=6, 9, 12), 아라키도닌산의 경우에는 n=5, 8, 11, 14 또는 w=6, 9, 12, 15로 표시된다.

한편 필수 지방산들의 구조상의 가장 기본적인 특징은 그 분자 내에 반드시 w=6, 9로 표시되는 이중결합 체계를 갖고 있다는 점에 있다. 그리고 장쇄 불포화지방산들(long chain unsaturated fatty acids)을 w-9 그룹, w-6 그룹과 w-3 그룹의 세 그룹으로 다시 나눌 수 있다.

현재까지의 연구결과들에 의하면, 올레인산(oleic acid)은 생체(living body) 내에서는 아세틸 CoA(acetyl CoA)와 말로닐 CoA(malonyl CoA)에 의해서 팔미틴산(palmitic acid, $C_{16:0}$), 스테아린산(stearic acid, $C_{18:0}$)이 형성된 다음, 이 스테아린산에서 탈수소반응(dehydrogenation reaction)을 통해서 형성되는 것으로 알려져 있다(그림 13-6 참조).

$$CH_3\overset{O}{\overset{\|}{C}}-SCoA + 7\cdot HOOC-CH_2\overset{O}{\overset{\|}{C}}-SCoA + 14\cdot H^+ + 14\cdot NADPH \longrightarrow$$

$$CH_3(CH_2)_{14}COOH + 7\cdot CO_2 + 8\cdot CoASH + 14\cdot NADP^+ + 6\cdot H_2O$$

$$\underset{\text{팔미틴산}}{CH_3(CH_2)_{14}COOH} \underset{}{\overset{+C_2}{\rightleftharpoons}} \underset{\text{스테아린산}}{CH_3(CH_2)_{16}COOH} \rightleftharpoons \underset{\text{올레인산}}{CH_3(CH_2)_7CH=CH(CH_2)_7COOH}$$

[그림 13-6] 생체 내에서 아세틸 CoA와 말로닐 CoA에서 팔미틴산, 스테아린산을 거쳐서 올레인산이 형성되는 과정.

한편 이보다 이중결합이 더 많은 리놀레인산(linoleic acid) 또는 리놀레닌산(linolenic acid)은 앞에서 말한 대로 올레인산이나 기타 지방산들로부터 직접 전환(轉換)될 수 없다. 즉 이상의 두 개의 불포화지방산들은 인체 내에서 합성될 수 없으며, 따라서 외부에서 공급되어야 한다.

한편 아라키도닌산(arachidonic acid)은 인체 내에서 리놀레인산으로부터 직접 전환되는 사실이 알려져 있다. 이상과 같은 각종 필수 지방산들의 생체 내에서의 변화는 그림 13-7과 같다.

그림 13-7에서도, 그리고 이미 설명한 바 있듯이 사람을 비롯한 동물체에서는 그 체내에서 생합성(biosynthesis)을 통해서 얻은 올레인산(oleic acid, 18 : 1 n-9)을 기준으로 할 때, 식물체들, 조류(algae) 등과 달리 탄소 번호 9번(-COOH 그룹의 탄소를 1번으로, 반대쪽 끝 CH_3-를 향해서 번호를 메길 때 9번)보다 탄소 번호가 큰 메틸렌 그룹(-CH_2-)의 수소를 제거하는, 따라서 이중결합을 형성하게 하는 효소 시스템, 즉 탈수소효소(desaturase), 보조효소들(coenzymes), 보조인자들(cofactors)을 긴 진화 과정 중에 형성할 능력을 상실한 것으로 알려져 있다.

따라서 올레인산($C_{18:1}$)에서 리놀레인산($C_{18:2}$) 또는 리놀레닌산(C18 : 3)으로의 탈수소반응은 그림 13-7의 1의 경우처럼, 식물체나 조류에서만 가능하며, 리놀레인산(linoleic acid, $C_{18:2}$ all cis n-6, 9 또는 $C_{18:2}$ all cis w-6, 9), α-리놀레닌산(α -linolenic acid, $C_{18:3}$ all cis n-9, 12, 15 또는 $C_{18:3}$ all cis w-3, 6, 9)은 식물체, 즉 식물성 유지류의 섭취를 통해서만 얻을 수 있다. 따라서 리놀레인산과 α-리놀레닌산은 인체에 대해서 필수 지방산이 된다.

또한 사람은 각종 식품들을 통해서 얻은 위의 두 필수 지방산들 이외에도 외부에서 섭취한 리놀레인산에서 그림 13-7의 2에서와 같이, γ-리놀레닌산(γ-linolenic acid, C18 : 3 all cis n-6, 9, 12 또는 all cis w-6, 9, 12), 아이코사트라이에노인산(eicosatrienoic acid, C20 : 3 all cis n-8, 11, 14 또는 all cis w-6, 9, 12)들을 거쳐 아라키도닌산(arachidonic acid, $C_{20:4}$ all cis n-5, 8, 11, 14 또는 $C_{20:4}$ all cis w-6, 9, 12, 15)을 형성한다.

이 아라키도닌산은 다음에 설명할 프로스타글린딘류(prostaglandins) 등과 같은 생체 내, 즉 인체 내에서 중요한 생리작용을 가진 활성물질들(physiologically active substances)의 선구물질(the precursor)로서 매우 중요하며, 필수 지방산의 하나이다.

한편 α-리놀레닌산($C_{18:3}$ n-9, 12, 15 또는 w-3, 6, 9)과 γ-리놀레닌산($C_{18:3}$ n-6, 9, 12 또는 ω-6, 9, 12)은 서로 이성체(isomers)의 관계에 있으며, α-리놀레닌산은 아마인유(linseed oil) 등의 건성유들(drying oils)에, γ-리놀레닌산은 달맞이꽃과(Evening-rose Family, 科)의 식물들의 종자들과 그 녹엽(green leaves)에, 그리고 이들을 섭취한 가축류에서 얻은 육류에도 존재한다. γ-리놀레닌산은 리놀레닌산에서 형성되어, 아라키도닌산을 형성한다는 뜻에서 필수 지방산으로 볼 수 있다.

한편 α-리놀레닌산($C_{18:3}$ n-9, 12, 15 또는 w-3, 6, 9)은 식물체 내 또는 조류(algae) 내에서는 옥타데카테트라에노인산(octatetraenoic acid, $C1_{8:4}$ ω-3, 6, 9, 12)을 거쳐서, 또 하나 그룹의, 전술한 아라키도닌산에서 형성된, 생리적 작용을 가진 프로스타글란딘류(prostagladins)와는 거의 정반대의 생리적 작용을 갖고 있는 것으로 알려진 아이코사펜타에노인산(eicosapentaenoic acid, $C_{20:5}$ n-5, 8, 11, 14, 17 또는 ω-3, 6, 9, 12, 15, 또는 단순히 EPA)을 형성한다. 아라키도닌산과 아이코사펜타에노인산(EPA)은 모두 구성 탄소 수가 20개의 화합물들(eicosanoids)이므로, 일반적으로 아이코사노이드류(eicosanoids)라고도 한다.

이들 중 아라키도닌산은 ω-6 그룹을 대표하는, 아이코사펜타에노인산은 ω-3 그룹을 대표하는 아이코사노이드들로서, ω-6 그룹과 ω-3 그룹의 생리 작용들은 대체로 상호 견제적인 것도 흥미롭다.

한편 필수 지방산들은 식물체에서만 얻어지는, 인체를 비롯한 생체류의 성장(growth), 생식(reproduction)과 건강을 유지하는데 필요한 지방산들로 정의되고 있다(Gurr, M. I. and Harwood J. L., 1991), 한편 이들 지방산의 작용 중, 아이코사노이드류의 작용과 분리되어 생각할 수 있는, 독자적인 작용들 - 예로서 피부의 열화(劣化), 어떤 기능 장애 등 - 이 있는지는 아직 확실하지 않다.

사람의 경우, 성인(成人) 하루의 필수 지방산의 필요량은 국제식량농업기구/국제보건기구의 공동 연구에 의하면(Gurr, M. I., 1984), 하루의 섭취 칼로리의 1~3%(리놀레인산으로서) 정도 추정하고 있다.

우리나라 남자 성인(20~49세)의 하루 칼로리 섭취량은 대략 2,500kcal이므로(한국영양학과, 2000), 이 섭취 칼로리의 1~3%를 리놀레인산으로 표시할 때는 2.8~8.4g에 해당한다. 즉 특별한 경우(여성의 임신, 수유기 등)를 제외할 때는 우리나라 성인들 하루 필수 지방산 소요량은 대체로 리놀레인산으로 3g 이상으로 볼 수 있다.

1. 식물체 내에서

올레인산 ($C_{18:1}$) ←(−2H, △탈수소효소)→ 리놀레인산 ($C_{18:2}$) ←(+C_2 −2H, △탈수소효소)→ α−리놀레인산 ($C_{18:3}$)

ω − 9	ω − 6, 9,	ω − 3, 6, 9
n − 9	n − 9, 12	n − 9, 12, 15

이상의 지방산들은 올레인산의 경우처럼, ω -9 또는 n-9에 이중결합을 갖고 있음으로 ω -9 또는 n-9 계열(系列, series)의 지방산들로 볼 수 있다.

2. 섭취한 음식물들을 통해서, 사람의 경우

리놀레인산 ($C_{18:1}$) ←(−2H, △12⁻)→ γ−리놀레닌산 ($C_{18:2}$) ←(+C_2)→ 아이코사트라이에노인산($C_{20:3}$) ←(−2H, △5⁻ 탈수소효소)→ 아라키도닌산($C_{20:4}$)

ω − 6, 9	ω − 6, 9, 12	ω − 6, 9, 12	ω − 6, 9, 12, 15
n − 6, 9	n − 6, 9, 12	n − 8, 11, 14	n − 5, 9, 11, 14

이상의 지방산들은 ω -6의 위치에 이중결합을 갖고 있음으로 ω -6 계열의 지방산들 또는 n-6에 이중결합을 갖고 있는 리놀레인산에서 생체내 전환(bionterconversion)에 의해서 형성됨으로 n-6 계열로 부른다.

3. 식물체 또는 조류 내에서

α−리놀레인산 ($C_{18:3}$) ←(−2H, △6⁻ 탈수소효소)→ 옥타데카테트라에노인산 ($C_{18:4}$) ←(+C_2 −2H, △5⁻ 탈수소효소)→ 아이코사펜타에노인산($C_{20:5}$)

ω − 3, 6, 9	ω − 6, 9, 12	ω −3, 6, 9, 12, 15
n − 9, 12, 15	n − 6, 9, 12, 15	n − 5, 8 11, 14, 17

이상의 지방산들은 모두 ω -3의 위치에 이중결합을 갖고 있기 때문에 ω -3 계열의 지방산들 또는 α -리놀레닌산에서 생체내 전환에 의해서 형성됨으로 n-3 계열의 지방산들로 부른다.

[그림 13-7] 각종 필수 및 중요 지방산들의 생체 내에서의 신진대사에 의한 전환과정들(biointe-rconversion processes). 이상과 같은 과정들은 생체세포 내의 핵(nucleus) 주위를 둘러싸고 있는, 라이보좀들(ribosomes)이 틀어박혀 있는, 따라서 거친 형태를 가진 세포질망상구조(rough endoplasmic reticulum)에 연결된, 매끄러운 세포질망상구조(rough endoplasmic reticulum)에서 일어난다. 또한, 실제의 지방질들의 전환과정들(biointerconversion processes)은 그림 13-7 같은 유리지방산들의 형태가 아니라, 지방산들의 활성화된 형태(activated forms), 최소한 그림 13-6의 경우처럼 아세틸 CoA에 의해서 활성화된 형태들을 갖추고, 여러 반응들에 참여한다. 한편, −2H로 표시한 탈수소(dehydrogenation)를 통한 이중결합의 도입은, Δ5, Δ6, Δ12, Δ15-탈수소효소들(예 Δ5-desaturase 등)을 중심으로 하는 효소, 보조효소, 보조인자(cofactors) 등의 복합체에 의해서, +C_2로 표시한 지방산들의 탄소 골격 연장은 해당 지방산들의 아세틸 CoA들과 말로닐 CoA(malonyl CoA)들이 지방산 탄소골격연장 효소시스템(fatty acid elongation enzyme system)의 작용을 통해서 이뤄진다. 그림 13-7 중 사람의 체내에서 형성된 ω-9 계열에 속하는 아라키도닌산($C_{18:4}$), 식물체나 조류에서 만들어지는 ω-3 계열의 아이코사펜타에노인산(eicosapentaenoic acid, EPA, $C_{20:5}$)들은 특유한, 그리고 중요한 생리적 작용들을 가진, 탄소 수가 20인 소위 아이코사노이드류(eicosanoids)의 선구불질(precursor) 또는 아이코사노이드(an eicosanoid)인 동시에 다른 아이코사노이드류의 선구물질로서 중요하다. 리놀레인산, 리놀레닌산, 아라키도닌산들의 필수 지방산으로서의 중요성도 결국 여기에 있다고 할 수 있다.

근래에 와서 이상의 필수 지방산의 섭취량에 대해서, 성인 하루의 적정한 칼로리 섭취량을 2500kcal로 할 때, 적절한 지방질 섭취량은 그 20%, 즉 500kcal 또는 56그램이며, 그 지방질의 고도불포화지방산(polyunsaturated fatty acid, P), 단일불포화지방산(monounsaturated fatty acid, M), 포화지방산(saturated fatty acid, S)의 적정 구성비율, 즉 P/M/S 비율이 1:1:1일 때 가장 적절하다고 설명하고 있다(한국인 영양권장량, 제7차 개정판, 2000년, 한국영약학회, p49~51 참조).

고도불포화지방산들(리놀레인산, 레놀레닌산 등)중의 반이 필수 지방산들의 주 형성 지방산이 리놀레인산(linoleic acid)이라고 할 때 그 양은 대략 9그램 정도가 된다.

섭취전과 후의 손실, 특히 섭취 후에 일어날 수 있는 여러 활동(예로서 칼로리 원으로 사용) 등을 고려해도 충분한 양이라고 생각된다. 그러나 필요한 또는 적정한 필수지방산의 하루의 양을 알아내는 문제와는 별개의 문제인 것 같다.

한편 근래에 와서 현재까지 논의된 필수 지방산들은 아라키도닌산을 비롯하여 모두 근본적으로는 리놀레인산에서 형성되므로 필수 지방산을 리놀레인산으로 국한시키는 견해가 점차 퍼져가고 있다.

프로스타글란딘류

폰 오일러(Von Euler)는 1934년에 사람의 전립선(前立腺, prosta gland)에서 형성되는 극미량의 산성(acidic)인 지방질 성분이 자궁 근육의 수축(contraction of uterus muscle), 혈압 강하(lowering of blood pressure) 등의 생리적 작용을 일으키는 사실을 확인하고, 이 호르몬(hormone)과 같은 작용을 하는 극미량 성분을 프로스타글란딘(prostaglandin)이라고 명명하였다.

그 후 버어그스트롬(Bergstrom, S.)은 1958년에 프로스타글란딘 E_1(PGE_1)과 프로스타글란딘 $F_{1\alpha}$ ($PGF_{1\alpha}$)의 두 프로스타글란딘들의 결정을 유리하였으며, 이들에 의해서 프로스타글란딘류는 프로스타글란딘 E 계열(PGE_s)과 프로스타글란딘 F 계열(PGF_s)로 분류하였다. 그러나 그 후 계속해서 프로스타글란딘 A 계열(PGA_s), 프로스타글란딘 B 계열(PGB_s) 등, 그리고 수많은 유사한 구조를 갖고 있는 생리적 활성 관련 화합물들(physiologically active related compounds)이 발견되어 왔다.

프로스타글란딘류의 기본 구조 지금까지 설명한 프로스타글란딘류는 그 종류가 매우 다양하듯이 그 구조도 다양하나, 다음의 프로스타글란딘 E_1(PGE_1)의 구조에서 볼 수 있듯이 「일반적으로, 탄소 원자 다섯 개로 된 환(ring)을 한 개 포함하는 탄소 수 20개로 구성된 지방산」이라고 정의 내지는 특징지을 수 있는 구조를 갖고 있다.

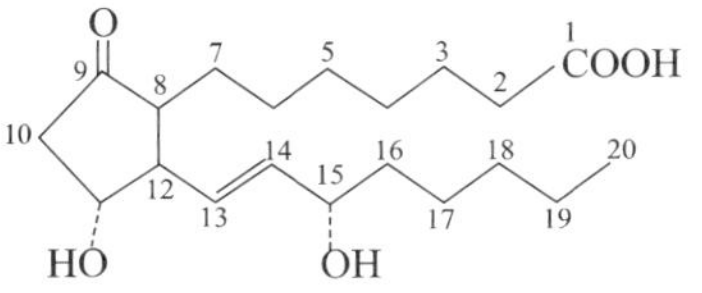

프로스타글라딘E_1(PGE_1)의 구조

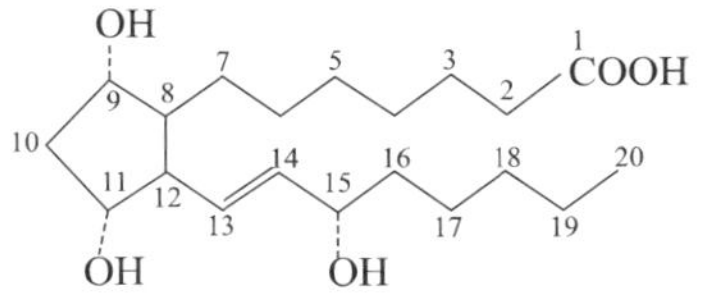

프로스타글라딘$E_{1\alpha}$($PGE_{1\alpha}$)의 구조

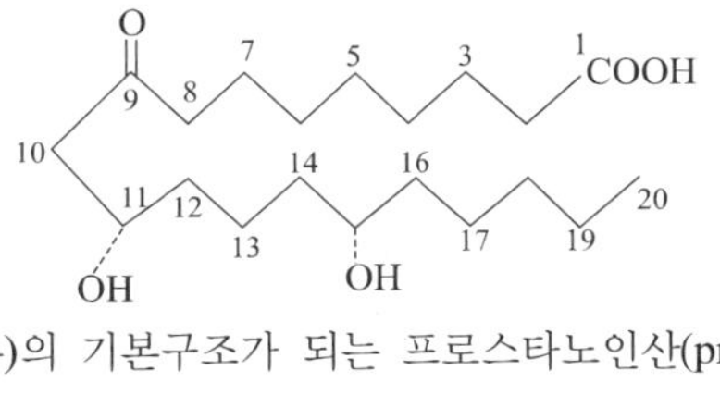

프로스타글란딘류(PG류)의 기본구조가 되는 프로스타노인산(prostanoic acid)의 구조.

한편 프로스타글란딘 E 계열과 프로스타글란딘 F 계열의 구조상의 가장 중요한 차이점은 E 계열의 탄소 9번의 카아보닐 그룹(carbonyl group)이 F 계열에서 수산기(hydroxyl group, equatorial)로 되어 있다는 점이다.

프로스타글란딘류의 기본적인 골격 구조(the basic skeletal structure)를 나타내는 지방산으로 프로스타노인산(prostanoic acid, cyclic C_{20} acid)이 있다. 따라서 모든 프로스타글란딘류는 프로스타노인산의 유도체로서 그 구조를 구체적으로 표시할 수 있다.

일반적으로 프로스타노인산류의 이중결합은 탄소 13, 14번의 이중결합만 트란스형(E형), 나머지 이중결합들은 시스형(Z형)인 사실이 알려져 있다.

예로서 $C_{20:3}$, Δ8, 11, 14의 구조를 가진 아이코사노이드(eicosanoid)에서 형성된 PG_1은 13-14번에 트란스형의 이중결합(13t) 하나만을, $C_{20:34}$ Δ5, 8, 11, 14의 구조를 가진 아이코사노이드에서 형성된 PG_2의 경우, 5c, 13t의 두 개의 이중결합을, C_{20} : 5, Δ8, 11, 14, 17의 구조를 가진 아이코사노이드에서 형성된 PG_3의 경우 5c, 13t, 17c의 세 개의 이중결합을 가지고 있다(Gunstone, F. D. and Norris, F. A,, 1983 및 Gurr, M. I. and Harwood J. L., 1991 참조).

프로스타글란딘류와 필수 지방산과의 관계 전술한 바와 같이 필수 지방산의 인체를 비롯한 생체 내에서의 가장 중요한 역할들의 하나는 안정된 각종 생체막들의 형성에 필수적인 구성성분들이라는 사실 이외에, 이상과 같은 생리학적으로 활성이 큰 프로스타글란딘류의 형성에 있다. 예로서 리놀레인산의 생체 내 대사과정(代謝過程)에서 형성되는 다이호모-γ-리놀레닌산(dihomo-γ-linolenic acid, ω-9 계열)에서는 프로스타글란딘 E_1과 $F_{1\alpha}$(PGE_1과 $PGF_{1\alpha}$)들이, 아라키도닌산(arachidonic acid, ω-6 계열)에서는 프로스타글란딘 E_2와 $F_{2\alpha}$(PGE_2와 $PGF_{2\alpha}$)들이, 아이코사펜타에노인산(eicosapentaenoic acid, $C_{20:5}$ Δ5, 8, 11, 14, 17 또는 ω-3, 6, 9, 12, 15, w-3 계열)에서는 프로스타글란딘 E_3와 $F_{3\alpha}$(PGE_2와 $PGF_{2\alpha}$)들이 형성되는 사실이 알려져 있다(그림 3-7과 13-8 참조).

아이코사노이드류의 생체 내에서의 변화와 역할들 과거에 일부 프로스타글란딘류의 작용으로서 인체를 비롯한 일부 동물들 체내의 평활근(平滑筋, smooth muscle)의 수축, 혈관의 확장, 혈압의 강하(降下), 혈소판의 응집(platelet aggregation)의 억제를 일으키며, 한편 또 다른 종류의 프로스타글란딘류는 이와 정반대의 생리 작용을 갖고 있는 것으로 알려져 왔다.

그러나 이상과 같은 작용들과 기타 많은 프로스타글란딘류의 작용으로 알려져 온, 특유한 생체 내에서의 생리 작용들은 실은 프로스타글란딘류의 선구 물질들인 아이코사노이드류(eicosanoids)인, 예로서 아라키도닌산(arachidonic acid, ω-6 계열, $C_{20:4}$ Δ5, 8, 11, 14) 또는 아이코사펜타에노인산(eicosapentaenoic acid, ω-3 계열, $C_{20:5}$ Δ5, 8, 11, 14, 17), 즉 EPA 등이 생체 내의 각종 효소들의 작용을 받아서 형성하는 프로스타글란딘류를 포함하는 각종 아이코사노이드류의 작용들임이 점차 밝혀지고 있다.

이상의 특유한 생리적 작용들을 나타내는 아이코사노이드류(eicosanoids)는 호르몬류(hormones)와 소위 화학신호 전달 물질들(chemical messenger compounds)의 중간적인 성격을 가진 물질들이란 뜻에서 오오타코이드류(autacoids)의 하나로 분류되어 왔다.

실제적으로 이상의 아이코사노이드류(eicosanoids)는 일반 호르몬류(hormones)와 같이 특정 기관들(specific organs)에서 생산되어, 혈액을 통해서 생체 내의 여러 부위들, 여러 장소들에 전달되어 일정 기간 동안 그 작용을 유지하는 것이 아니라, 국부적으로 생산되며, 이들의 거의 대부분이 선구 물질들(precursor)의 산화 생성물들(oxidation products), 즉 여러 퇴행성 과정(catabolic processes)에 형성된 물질이므로, 형성된 일부 부위에서 호르몬류와 유사한 작용을 단기적으로 나타낸 후에 곧 소비되는 국부적 호르몬류(local hormones)로 표현할 수 있다.

구어와 하웃드들(Gurr, M. I. and Harwood J. L., 1991 참조)은 주요한 생리적 활성을 가진 프로스타글란딘류의 생체 내의 혈중 농도는 대략 10^{-10}몰(mol. concentration) 정도이며, 곧 분해되기 때문에 국부적으로만 작용한다고 설명하고 있다.

한편 앞에서 말한 바와 같이 탄소 수가 20개인, 아이코사노이드류(eicosanoids)의 선구 물질들(precursor)로 알려진, 일부 직선상의 지방산들, 예로서 아라키도닌산(arachidonic acid, ω-6 계열, $C_{20:4}$)이나 아이코사펜타에노인산(eicosapentaenoic acid, ω-3 계열, $C_{20:5}$) 등은 인체를 비롯한 일부 포유동물 체내에서, 각종 효소들의 존재 하에 산화과정들(oxidation processes)을 주로 하는 분해, 소멸 과정들(catabolic processes)을 거치는 과정 중에 각종의 생리적 활성을 가진 아이코사노이드류를 형성하는 사실이 계속 밝혀져 왔다.

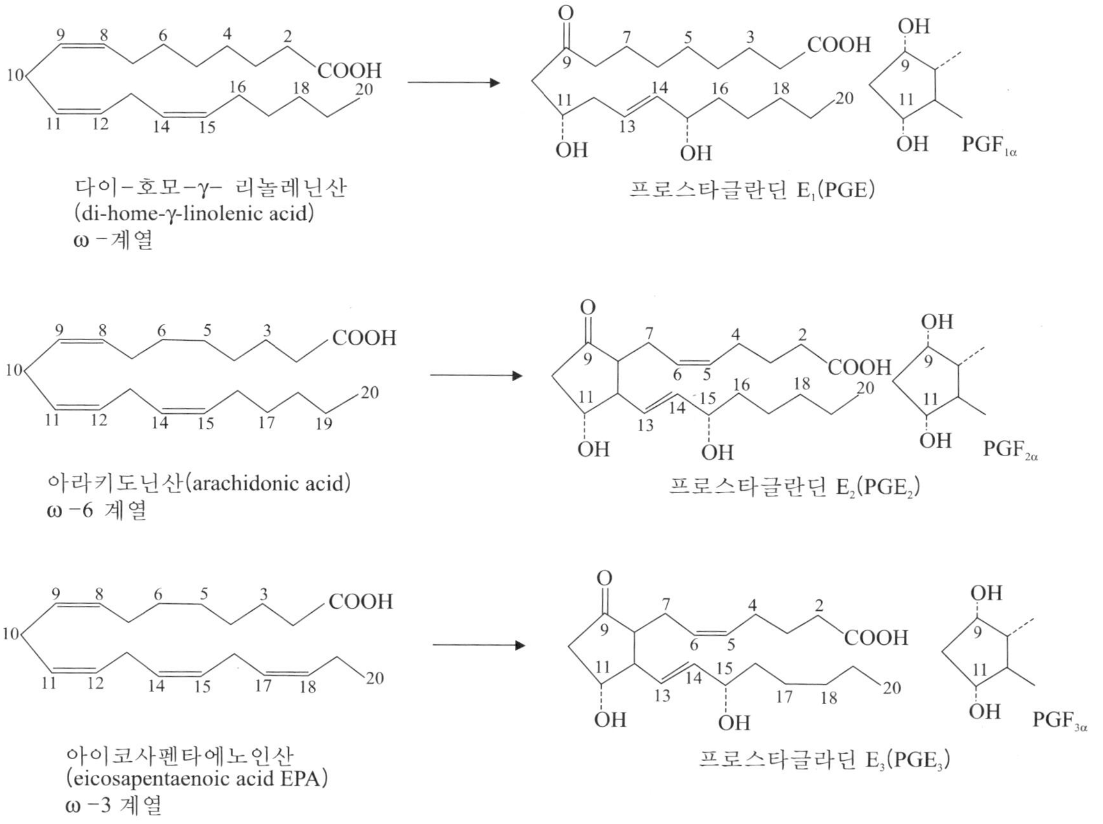

다이-호모-γ- 리놀레닌산
(di-home-γ-linolenic acid)
ω-계열

프로스타글란딘 E_1(PGE) PGF$_{1\alpha}$

아라키도닌산(arachidonic acid)
ω-6 계열

프로스타글란딘 E_2(PGE_2) PGF$_{2\alpha}$

아이코사펜타에노인산
(eicosapentaenoic acid EPA)
ω-3 계열

프로스타글라딘 E_3(PGE_3) PGF$_{3\alpha}$

[그림 13-8] 필수 지방산 또는 그 신진대사 과정 생성지방산들로부터 각종 프로스타글란딘류들이 형성되는 3단계의 주요 경로들.

한 예로서, 사람의 경우 대표적인 필수 지방산으로 알려진 아라키도닌산은 섭취한 리놀레인산, 리놀레닌산, 체내 생체막의 주요 구성 성분인 인지방질(phospholipids), 기타 지방질 성분들에서 얻어지는 여러 종류의 아이코사노이드류의 선구물질(precursor of various eicosanoids)로 널리 알려져 왔다(그림 13-9의 그림과 설명을 참고해 주기 바란다).

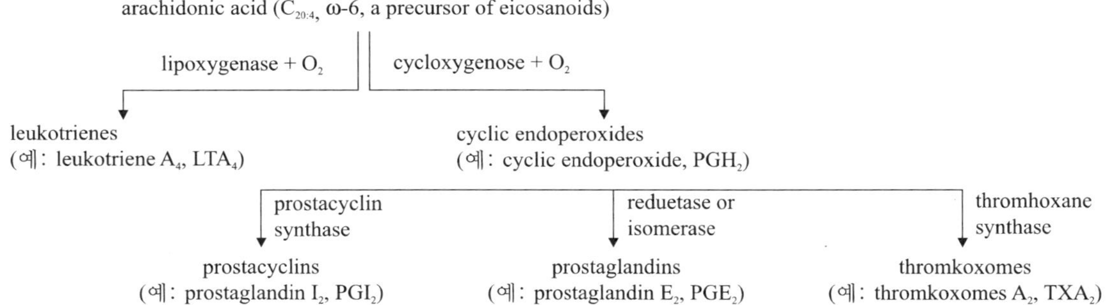

[그림 13-9] 인체를 비롯한 일부 포유 동물류의 생체 내에서, 여러 가지 경로로 형성된 ω −6 계열의 필수 지방산인 아라키도닌산(arachidonic acid)은 효소 lipoxygenase 존재 하에 산화되어, 생리학적으로 활성을 가진 아이코사노이드류에 속하는 류코트라이엔류(leukot-rienes)를 형성한다. 또한 아라키도닌산은 효소 cyclooxygenase 존재 하에 산화되어, 환상(環狀) 엔도파록사이드류(cyclic endoparoxides)를 형성하는데, 이 과산화물은 다시 각각 효소 prostacyclin synthetase, reductase 또는 isomerase, thromloxane synthetase 등의 존재 하에 역시 생리학적으로 활성을 가진 아이코사노이드류(physiologically active eicosanoids)인 프로스타사이클린류(prostacyclins), 프로스타글란딘류(prostaglandins), 트럼복산류(thromboxanes) 등을 형성한다.

이 아라키도닌산은 인체를 비롯한 일부 포유 동물류의 체내에서는, 효소 리폭시제네이스(enzyme lipoxygenase) 존재 하에서는 산소 분자와 결합하면서 류코트라이엔류(leukotrienes)를 형성한다. 먼저 형성되는 류코트라이엔 A_4(leukotriene A_4, LTA_4)는 각종 효소들의 존재 하에 다시 류코트라이엔 B_4(leukotriene B_4, LTB_4), 류코트라이엔 C_4 및 D_4(LTC_4, LTD_4) 등을 형성한다.

류코트라이엔 B_4는 체내의 백혈구 활성화 작용(白血球 活性化 作用)을 갖고 있으며, 한편 류코트라이엔 C_4와 류코트라이엔 D_4는 기관지 및 폐(肺, lungs)의 말초기도(末梢氣道)에 대해서 강한 수축활성(收縮活性)을 가진 사실이 알려져 있다.

한편 아라키도닌산은 인체나 일부 포유동물의 체내에서는 사이클로옥시제네이스(cyclooxygenase) 존재 하에 산소 분자와 결합하여, 일단 환상(環狀) 엔도파록사이드류, 한 예로서 환상 엔도파록사이드(cyclic endoperoxide, PGH_2)를 형성한다.

이상의 환상 엔도파록사이드들(cyclic endoperoxides)은 프로스타사이클린 신테테이스(prostacyclin synthase, general name, 즉 한 그룹에 속하는 효소들의 일반명)의 존재 하에 그 구조가 바뀌어져, 프로스타글란딘 I_2(prostaglandin I_2, PGI_2)와 같은 프로스타사이클린류(prostacyclins)를 형성한다. 여기서 짐작할 수 있듯이 프로스타사이클린류는 프로스타글란딘 I 계열에 속하는 화합물들을 지칭하며, 따라서 프로스타사이클린류는 프로스타글란딘류 중의 일부 화합물들이라고 할 수 있다.

예로서 프로스타글란딘 I_2는 단순히 프로스타사이클린으로, 프로스타글란딘 I3은 17-프로스타사이클린으로 알려져 있다. 또한 프로스타사이클린(PGI_2)은 아라키도닌산에서 얻어지며, 17-프로스타사이클린은 아이코사펜타에노인산(EPA, ω-3 계열)에서 얻어진다.

프로스타사이클린(PGI_2)과 7-프로스타사이클린(PGI_3)은 다 같이 매우 강력한 혈소판 응고 저해 작용(血小板 凝固 沮害 作用, strong anti-platelet aggregating activity)을 갖고 있는 것으로 알려져 있다.

아라키도닌산에서 형성된 환상 엔도파록사이드(cyclic endoperoxide, PGH_2)는 리덕테이스(reductase), 경우에 따라서는 아이소머레이스(isomerase) 존재 하에 구조가 다소 변경되어, 프로스타글란딘 E_2(prostaglandin E_2, PGE_2)와 같은 프로스타글란딘류(prostaglandins)가 형성된다. 이상의 프로스타글란딘 E_2는 체내에서는 신장(kidney)에서 주로 생산되며, 반이뇨작용(反利尿作用)을 하는 호르몬들(anti-diuretic hormones)의 활동을 억제하는 것으로 알려져 있다.

환상 엔도파록사이드(cyclic endoperoxide, PGH_2)는 효소 트럼복산 신테이스(thromboxane synthase, a general name임)의 존재 하에 트럼복산 A_2(thromboxanes A_2, TXA_2)와 같은 트럼복산류(thromboxanes)를 형성한다.

이 트럼복산류는, 프로스타사이클린류(prostacyclins)가 주로 혈관 내벽(blood vessel walls)에서 만들어지는데 반하여, 혈액내 혈소판(platelet)에서 만들어지는 것으로 알려져 있으며, 구어와 하웃드들(Gurr, M. I. and Harwood J. L., 1991)에 의하면, 프로스타사이클린류가 혈소판 응집작용(platelet aggregation)을 억제하는데 반해서, 트럼복산 A_2는 혈소판 응집작용을 촉진해 주며, 프로스타사이클린류가 동맥 혈관벽(arterial wall)의 이완(relaxation)을 가져오는데 반해서, 트럼복산류는 동맥 혈관벽의 수축을, 프로스타사이클린류가 혈소판에 결합한 환상 AMP(cyclic AMP)의 농도를 증가시키는 반면에, 트럼복산류는 그 농도를 감소시키며, 프로스타사이클린류가 결과적으로 혈압을 저하시키는 작용을 하는데 비해, 트럼복산류는 혈압을 상승시키는 작용을 하며, 결과적으로 프로스타사이클린류의 체내에서의 생리작용은 트럼복산류의 경우에 정반대라고 설명하고 있다.

한편 ω-3 계열의 아이코사펜타에노인산(EPA)에서 얻어진 트럼복산 A_3는 아라키도닌산에서 얻어지는 트럼복산 A_2와 같은 강한 혈소판 응집 작용은 없는 것으로 알려져 있다.

아이코사펜타에노인산(EPA)과 도코사헥사에노인산(DHA) 아이코사펜타에노인산(eicosapentaenoic acid, $C_{20:4}$ Δ 5, 8, 11, 14, 17, ω-3 계열)에 대해서는 그 자체가 아이코사노이드의 하나이며, 이와 같은 장쇄 불포화지방산류(long chain polyunsaturated fatty acids, LCPUFAs, 여기서는 EPA)를 만드는, 해조류를 먹이로 하고 있는 어류들의 경우, 전체 구성 지방산들에 대해서 태평양산 멸치(Pacific anchovy) 18%, 대구(codfish) 9%, 고등어(mackerel) 8%, 청어(herring) 3~5%, 담수어들(freshwater fish) 5~13%(w/w)의 EPA를 함유하고 있는 것으로 보고되고 있다(Hauman, B. F., 1997 참조).

인체의 경우, 이상의 어류를 조리해서 먹거나, 다른 음식물들을 통해서 α-리놀레닌산(α-linolenic acid, $C_{20:3}$ Δ 5, 9, 12, ω-3 계열)을 섭취할 때 인체 내에 아이코사펜타노인산(EPA)이 축적되거나 형성된다.

이 아이코사펜타에노인산은 아라키도닌산(arachidonic acid, $C_{20:4}$ Δ 5, 8, 11, 14)의 경우처럼, 각종의 프로스타글란딘류와 그 유도체들, 예로서 프로스타글란딘 E_3는(PGE_3), Δ17-프로스타사이클린(PGI_3), 트럼복산 A_3 등을 형성한다.

인체를 비롯한 일부 포유동물의 경우에는, 체내에 흡수된 EPA는 체내의 각종 효소 시스템들의 도움을 받아서, 그 일부는 도코사헥사에노인산(docodahexaenoic acid, DHA, $C_{22:6}$ Δ 4, 7, 13, 16,

19, ω-3 계열)을 형성하는 사실이 알려져 있다.

해조류를 먹이로 하는 어류들도 아마도 다른 경로를 통해서 이 DHA를 형성하며, 많을 때는 전체 체내 지방산들에 대한 중량비 %(w/w %)로써 10% 이상 함유하는 경우도 있다고 한다.

전술한 레뷰(review)에서는 정어리(sardine)의 DHA 함량을 9~13%, 태평양산 멸치(Pacific anchovy) 11%, 고등어(mackerel) 8%, 대구(codfish) 3%, 청어(herring) 2~3%, 담수어들(freshwater fish) 1~5% 등으로 각종 어류의 일반적인 DHA 함량을 보고하고 있다(Hauman, B. F., 1997 참조).

위의 문헌에는 이 외에도 각종 생물체들의 α-리놀레닌산(α -linolenic acid, $C_{18:3}$ ω-3 계열)의 대체적인 함량도 수록하고 있다. 즉 담수어류 1~6%, 바다 즉 해양(海洋)어류 1%, 그리고 아마인유(linseed oil) 45~60%, 녹채류(green leaves) 56%, 평지씨 기름, 즉 유채유(油菜油, repressed oil) 10~11% 등이다.

한편 1998년에는 카놀라유(Canola oil, 6.4~14.1%, w/w), 호두유(walnut oil, 13~14%), 대두유(soybean oil, 5.5~9.5%), 들깨기름(perilla oil, 44~64%) 등 24 여종의 식물성유들의 전체 지방산 함량 중의 α-리놀레닌산의 중량비 % 함량들을 발표되고 있다(Hauman, B. F., 1998 참조).

앞으로 계속 이상과 같은 식량 자원들 중의 α-리놀레닌산, EPA, DHA 등의 지방산들의 더 정밀한 함량 실측치(實測値)들이 계속 발표될 것으로 생각되나, 이상과 같이 이미 발표된 수치들도 우리들에게 극히 일반적인 함량들의 규모를 추정 생각하는데 도움이 될 것으로 생각된다.

한편 구어와 하웃드들(Gurr, M. I. and Harwood J. L., 1991)에 의하면, 사람을 비롯한 여러 포유동물들의 경우, 출산 전후의 시기(the prenatal period)에 형성되거나 축적된 필수 지방산(EFA)과 그 유도체들은 이들의 뇌의 성장(the growth of brain)에 사용되며, 이들 구성 지방산의 50%는 20 : 4, ω-6, 22 : 4, ω-6, 22 : 4, ω-6, 22 : 5, ω-6, 그리고 22 : 6, ω-3 등의 장쇄 불포화지방산들(long chain polyunsaturated fatty acids, LCPUFAs)이었다고 한다.

이들은 또한 유아와 포유동물 새끼들의 뇌를 구성하고 있는 인지방질들(brain phospholipids)의 성분들의 공통된, 하나의 특출한 특징은 사람을 비롯한 여러 포유동물의 종류(species)나, 섭취하고 있는 식품류 또는 먹이들(diet)에 관계없이, 이들 성분들의 조성(組成)에 놀라울 정도의 일관성(a remarkable consistency)이 있었으며, 선구 물질들로 사용될 필수 지방산들(the precursor EFAs)의 함량이 매우 낮은 반면에(18 : 2, ω-6, 0.1~1.5%, 그리고 18 : 3, ω-3, 0.1~1.0%), 아라키도닌산(20 : 4, ω-6)과 도코사헥사에노인산(DHA, 22 : 6, ω-3)들의 함량이 각각 8~17%와 13~29%로서, 모든 종류의 관련된 포유동물들의 지배적인 구성 지방산들이었다고 설명하고 있다.

한편 사람의 경우, 출산 직후부터는 유아의 신진대사 과정은 모유나 모유 대체품(즉 우유)에서 받은 지방질을 비롯한 영양분들을 통해서 시작된다. 사람의 젖에는 상당히 많은 장쇄 불포화지방산들(LCPUFAs)이 함유되어 있어서, 뇌와 신경조직(brain and nervous tissues)의 발달이 계속된다고 한다. 우유와 같은 대체품의 경우에도 유아들은 뇌와 신경조직의 발달에 필요한 성분들을 만들어내는 융통성(flexibility) 또는 가소성(plasticity)을 갖고 있는 것 같다. 초기의 모유 사용 권장, 우유 지방질의 구성개선과 EPA, DHA의 보강, 임산부의 EPA, DHA, 필수 지방산류의 적절한 양의 섭취권장 등은 이미 널리 실천되고 있다.

DHA는 뇌 조직 중에서도 뇌피질(腦皮質)의 시나프스막들(synaps membranes), 눈의 광수용체(光受容體) 등에 집중적으로 분포되고 있으며, 중추신경조직(中樞神經組織)의 형성시 DHA의 함량이 급증하는 사실들이 보고되고 있다. 한편 DHA도 EPA와 유사한 항혈전 작용(抗血栓作用, anti-platelet aggregating activity), 혈중 지방질 저하 작용(血中 脂肪質 低下 作用) 등을 갖고 있는 것으로 알려져 왔다.

EPA와 특히 DHA의 생리적 작용을 중심으로 다각적인 연구들이 90년대에 이르러 점차로 가속되기 시작했고, 90년대 후반에 들어 많은 논문들이 발표되어 왔으며, 이에 대한 레뷰들도 많이 발표되어 왔다.

이 중에서도 1995년에 ISSFA(International Society for the Study of Fatty Acids and Lipids)가 제2차 국제학술대회(the 2nd International Congress)에서 12개 분야에 대해서, 학술대회 강의(the plenary lectures)를 포함해서 58 여종의 논문들이 발표되었으며, 이들 논문들은 1996년에 Society of American Oil Chemits에서 발간하는 Lipids의 Supplement로 발간되었었다.

1998년에는 제3차 국제학술대회가 역시 18개 분야에 대해서 학술대회 강의(plenary lectures)까지 포함 대략 120개의 논문들이 발표되었으며, 이들은 모두 1999년도의 학술지 Lipids의 Supplement로 발간되었다.

한편 뉴우톤(Newton, I., 1997)은 1996년 1월에 열린「영양 및 질병 예방에 있어서의 고도불포화지방산류」라는 제목 아래 열린, 국제학술회의(The International Conference on Highly Unsaturated Fatty Acids in Nutrition and Disease Prevention)에 참석한 후, 이 국제회의에서 발표되고, 논의된 사항들(topics)에 대해서 학술지 Inform에 보고한 바 있다.

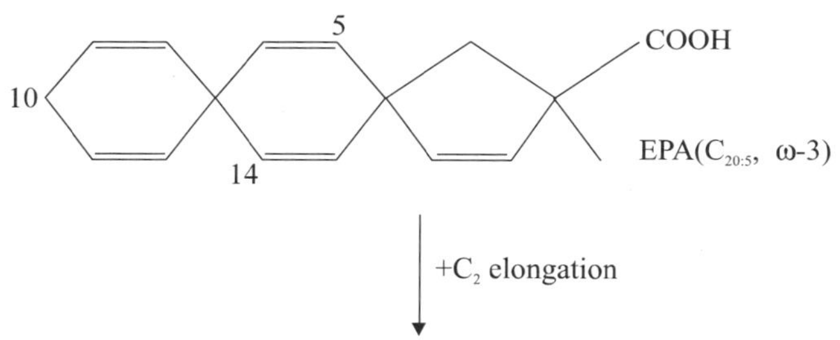

+C_2 elongation

Docosapentaenoic acid, DPA($C_{22:5}$, ω-3)

△4 desaturase

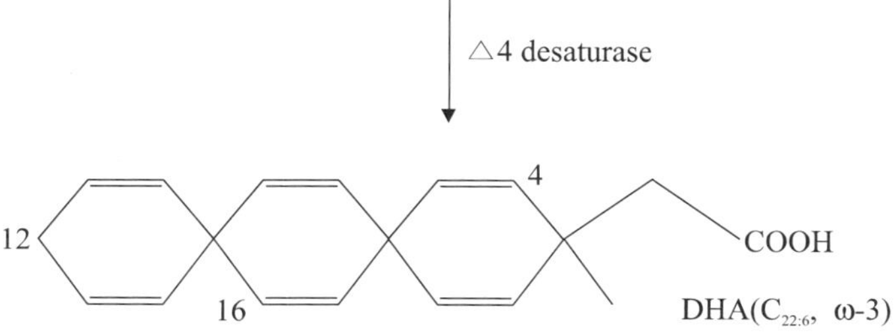

[그림 13-10] 어류 또는 α-리놀레닌산, EPA 등을 함유한 식료품류 또는 먹이류를 섭취한 인체 또는 일부 포유동물들의 체내에서 EPA의 일부가 탄소골격 2개의 연장과정과 탄소 4,5번에 이중결합을 도입하는 과정을 통해서 DHA가 형성되는 과정.

이 학술대회에서 논의된 고도불포화지방산들이란 주로 n-3(즉 ω-3) 장쇄 고도불포화지방산들(ω-3 long chain polyunsaturated fatty acids, ω-3 LCPUFAs)이었으며, 특히 근래에 와서 그 특이한 생리적 작용들로 주목을 끌어온 DHA(2 : 6, ω-3 계열)의 생리적 작용들, 또는 더 구체화된 인체의 각종 질병들 또는 이상의 질병들의 예방과 관련된 약리작용들(pharmaceutical activities)에 관한 연구들, 그리고 출산 전후의 유아들과, 성장기의 유아들에 대한 DHA의 영양학적 의의들이 큰 비중을 차지했던 것 같다.

뉴우톤은 이 국제회의에서 DHA를 비롯한 장쇄 고도불포화지방산들이 만성관절 류마티스(rheumatoid arthritis) 증상의 경감(輕減), 일부 피부 염증들, 그리고 고혈압(hypertension)과 아테롬성 동맥경화증(atherosclerosis), 고지방질혈증(高脂肪質血症, hyperlipidemia), 심장부정맥증(心臟不整脈症) 등의 심장 및 혈관 질환(cardiovascular disease)의 증상들의 경감, 그리고 그 예방에 매우 중요한 역할을 하고 있음을 여러 연구들을 통해서 강조되었음을 지적하고 있다.

이 국제회의에서 깁니 교수들(Gibney, M. and Newton, I., 1997 참조)은 ω-3 장쇄 고도불포화지방산들의 관상동맥(冠狀動脈)과 관련된 질환들(coronary heart diseases, CHD)에 대한 예방 효과는 ω-3 지방산들이 혈액 내의 화이브리노젠(fibrinogen)의 농도를 감소시켜 혈전(血栓, blood clotting)의 위험을 감소시키며, 또한 동맥혈관 내벽에 염증(inflammation)을 일으키는 요인들을 제거하며, 그 반면에 동맥혈관의 수축, 따라서 혈전을 촉진시키는 트럼복산들의 생산을 억제하며, 동맥혈관의 확장(dilatation of blood vessels)을 강력히 촉진하는 일산화질소(nitric oxide, NO)의 형성량을 증가시키며, 끝으로 세포의 증식을 가져오는 강력한 세포 성장 작용을 가진 혈소판 활성물질들(platelet activating factors)의 작용을 감소시킨다고 한다.

ω-3 지방산들의 하나, 하나의 작용들은 그 자체로는 강력하지 않더라도, 전체적으로, 종합적으로 볼 때는 그 누적적인 효과들(cumulative effects)은 관상동맥과 관련된 질환(CHD)의 위험을 크게 줄일 수 있다고 설명하고 있다.

그리고 이상의 국제회의에 이어서 열린「유아의 영양에 있어서의 고도불포화지방산들(The PUFA in Infant Nutrition)」이라는 제목 하에 열린, 논문 발표와 토론들을 통해서 결론적으로 유아들의 출산 전후와 출산 후의 이상의 고도불포화지방산들, 특히 ω-3 장쇄 고도불포화지방산들의 뇌의 발전(neurodevelopment)과 시각의 향사(visual outcomes) 등에 대해서 고도 수준의 연속적인 연구(high-quality continuing research)가 꼭 필요하다는 데 의견을 같이 했으며, 현재 보편적으로 받아들여지고 있는, 유아들의 출산 전후와 출산 후의 성장 초기에 있어서, DHA와 같은 장쇄 고도불포화지방산들(LCPUFAs)의 결핍들(deficiencies)은 유아들의 그 후의 정상적인 발육, 성장(normal development)을 억제할 수 있다는 기본적인 사실에 대해서도 회의에서 보고된, 여러 연구 사례들(case studies)을 통해서 다시 확인할 기회를 가졌었다고 보고하고 있다(Newton, I., 1997 참조).

근래에 와서는, 전술한 학술회의나 학술 전문지들을 통해서 알 수 있듯이, 이상의 DHA를 비롯한 장쇄 고도불포화지방산들(LCPUFAs)의 생체 내의 세포들의 성장 또는 그 반대로, 조절된 세포 조직 내의 세포들의 사멸과 사멸된 세포들의 조직적인 해체, 즉 아폽토시스(apoptosis)와 관련된 상황들, 인체를 비롯한 생체들의 면역체계들(immune systems)에 대한 작용들, 특히 자기면역 증상들(autoimmune diseases)과의 관계, 사람의 경우 노후에 잘 일어나는 각종 퇴행성 질환들(various degenerative diseases such as Alzheimer's disease, and other dementia)과의 관계, 이상의 DHA와 기타의 LCPUFAs들의 약리적 작용들을 이용하기 위해서, 즉 특정 약리 작용을 가진 식품들의 성분들을 의약품들(pharmaceuticals)로 이용하기 위해서, 미생물 배양 등을 통해서, 값싸게 대량으로 생산하는 방법들(Hauman, B. F., 1998 참조), 그리고 산화되기 쉬운 이들 성분을 안정된 형태로, 예로서 미세캡슐(microcapsules)의 형태로 장기 저장하는 방법 등이 연구, 개발되고 있다.

한편 로트슈타인들(Rotstein, N. P. *et al*., 1999)은 실험에 사용된 여러 산들 중 DHA만이 눈의 망막 광수용세포들(網膜, 光受容細胞, retina photoreceptor cells)의 배양기(culture)에 있는 세포들의 아폽토시스(apoptosis)의 발생을 억제하는 사실을 밝혀냈었다.

그리고 계속해서 DHA의 첨가는 단백질 옵신(protein opsin)의 형성을 촉진했을 뿐만 아니라, 이렇게 형성된 로돕신(rhodopsin)들이 자리 잡을 망막상의 원반상 망조직들(the disk-membranes)을 적시에 형성하여, 이 원반상 망조직(原盤狀 網組織)들에 새로 형성된 관수용 세포들이 그 특성에 따라, 제자리에 있게 되는 것을 가능하게 하고 있다고 보고하고 있다.

그리고 벤 라만들(Venkatraman, J. T. *et al*., 1994)은 일찍이 생체 내에서의 여러 자기면역 질환들(autoimmune diseases)은 그 생체 내의 각종의 항산화 효소들이 체내 여러 조직들의 산화과정들을 통한, 파괴 또는 손상을 막아내는 능력 상실(the loss of efficient antioxidant defense systems)의 결과라고 하고 있다.

자기면역에 대한 저항력이 선천적으로 약한 실험쥐들 중 한 그룹에는 ω-3 장쇄 고도불포화지방산을, 또 다른 그룹에는 ω-6 장쇄 고도불포화지방산을 먹이에 첨가하여 사육한 결과, ω-3 장쇄 고도불포화지방산을 섭취한 실험쥐들의 각종 항산화효소들(antioxidant enzymes)의 농도나 활력이 더 컸으며, 그 실험쥐들의 평균 수명(average life span)도 월등하게 연장되었다고 보고하고 있다.

또한 펠난데스들(Fernandes, G. *et al*., 1996)은 유전적으로 낭창, 즉 피부 결핵에 걸리기 쉬운 쥐들의 먹이에 각각 어유(fish oil, ω-3 지방산 함유)와 옥수수유(corn oil, ω-6 지방산 함유)를 첨가한 후, 자기면역의 결과 형성될 낭창의 발생 유무를 조사한 바 있다.

그 결과 ω-3 지방산이 첨가된 먹이를 먹은 쥐들은 낭창을 잘 일으키지 않았는데, 이 결과는 체내에 들어간 ω-3 지방산들이 아폽토시스(apoptosis, programmed cell death)를 더 활발히 촉진함으로써 임파 기관들(lymphoid organs) 내부의 조직들에 자기 몸의 성분들에 과민한 면역세포들(self-reactive immune cells)이 축적되는 것을 억제하여, 자기면역에 의한 질환들(autoimmune diseases)을 조절해 준 결과로 설명하고 있다.

한편 사람이 하루에 섭취해야 할 ω-6 필수지방산들과 ω-3 장쇄 고도불포화지방산들의 추천량은 각국마다, 각 공공기관들마다 다르다고 한다(Hauman, B. F., 1998 참조). 한 예로서 영국의 영양재단의 조사기관(The British Nutrition Foundation, Task Force, 1992)은 EPA는 하루에 한 사람이 섭취하는 전 에너지 섭취량의 0.5~2%, DHA는 하루 전 에너지 섭취량의 0.5%. 그리고 ω-6 필수지방산들과 ω-3 장쇄 고도불포화지방산들의 비율로서 6 : 1로 정하고 있다(Hauman, B. F., 1998 참조).

트란스 지방산과 공액이중결합을 가진 지방산들

자연에서 형성되는 불포화지방산들(unsaturated fatty acids)의 이중결합은 극히 드문 일부의 예외들을 제외하고서는 탄소-탄소 원자들 간의 이중결합이 형성하는 평면(平面, plane)에 대해서 상(上), 하(下)의 양 공간들(空間, spaces) 중 이중결합을 형성하는 두 개의 탄소원자들의 더 복잡한 치환기들(substituent groups)이 한쪽 공간에 편재(偏在)하는, 따라서 가장 공간 점유율이 적은, 부담이 적은 수소원자들이 또 다른 공간에 존재하는 시스(cis)형의 구조를 갖고 있다. 열역학적으로 볼 때는 수소 원자들과 더 복잡한 구조를 가진 치환기들로 구성된 이중결합의 경우 상하공간에 더 균형 있게 분포되고 있는 트란스 구조(trans structure)는 시스 구조(cis structure)보다 당연히 더 안정하다.

다만 트란스, 시스형 간의 이성화(isomerization)가 일어나려면 어떤 활성화 에너지(activation energy)를 얻어 전이상태(transition state)를 거쳐야만 가능하다. 이와 같은 에너지는 가장 쉽게는 가열에 의해서 공급될 수 있다.

한편 두 개의 이중결합들이 메틸렌 그룹(methylene group, $-CH_2-$)에 의해서 격리된 시스템보다는 이중결합들이 직접 연결된 형태, 즉 공액이중결합 시스템(a conjugated double bond system)을 가진 경우가 열역학적으로 더 안정된 형태이다. 자연에서 형성되는 이중결합 시스템들은 일부 예외를 제외하면 메틸렌 그룹으로 차단된 이중결합 시스템들이다. 전술한 바와 같은 이중결합 시스템들이 공액이중결합 시스템들(conjugated double bond systems)로 이성화하려면 시스-트란스 이성화의 경우처럼 외부에서 활성화 에너지가 공급되어야 한다.

그리고 가열 등에 의해서 한 지방산이 가진 시스형의 이중결합이 그 기하학적 이성체(geometrical isomer)인 트란스형으로 이성화되었을 때 트란스 지방산(trans fatty acid) 또는 더 간단히 트란스 산(trans acid)이라고 부른다. 식용유지 업계(edible fat and oil industry)에서는, 대두유와 같은 리놀레닌산(linolenic acid, $C_{18:3}$ Δ 9, 12, 15, ω-3 계열)이 소량이라도 함유된 리놀레닌산의 산화에 의한 품질 저하를 방지하기 위해서 수소첨가 과정을 통해서 제거하여 왔다. 그러나 트란스 산은 마가린(margarine) 제조를 위해서 원료 식용유에 수소첨가(hydrogenation)하여 경화유(硬化油, hardened hydrogenated oils)를 만들 때의 가열과정 등에서 형성되는 것 같다. 이와 같은 수소첨가 경화유를 원료로 사용한 마가린들의 구성 지방산들 전체량에 대한 트란스 산의 % 중량비(w/w)는 많을 때는 전체의 15%에 달할 수도 있다고 한다.

미국에서의 버터와 마가린의 연간 국민 1인당 평균 소비량을 1950~1990년까지 살펴보면, 1950년에는 각각 4.9kg과 2.8kg, 1960년대에는 3.4kg과 4.3kg, 1970년대에는 2.4kg과 5.0kg, 1985년에는 2.0kg과 5.2kg, 1990년에는 2.0kg과 5.0kg으로 마가린의 소비량이 월등히 크다. 마가린의 경우 전체 소비량의 15%가 제빵용으로 사용되는 점을 고려하더라도 마가린의 소비량은 버터의 소비량의 배가 넘는다(Ensminger, A. H. *et al.*, 1995 참조).

한편 1980년대 후반의 전 세계의 자연 버터의 연간 생산량은 대략 660만톤(M/T, 1985년), 813만톤(1986년)이나 되어 그 동안 계속해서 사용되어 온 실적에 비추어 볼 때 트란스 산들, 특히 주요 트란스 산들 중의 하나인 이중결합을 하나 가진 트란스 지방산들(trans monosaturated fatty acids)이 HDL 콜레스테롤(high density lipoprotein cholesterol)의 함량을 낮추는 작용이 있어서, 인체에 좋다고 할 수는 없으나 그 효과는 포화지방산의 경우보다 낮으며(Ronald, P. *et al.*, 1998), 따라서 과용(過用)하지 않는다면 별 문제는 없을 것으로 생각되어 왔다. 위에서 언급한 트란스 지방산들 중에서는 탄소수가 18개인 트란스 올레인산($C_{18:1}$, trans Δ9)의 경우 HDL 콜레스테롤(혈액 중에서의 그 기본 성질 또는 작용에 대해서는 곧 설명함)의 함량을 낮추는 작용이 가장 강하다고 한다.

또 하나의 트란스 산이 관련된 문제로서 경화유를 얻기 위해서 수소첨가하는 과정에서 원료 식물유(예로서 대두유)에 함유되어 있던 리놀레닌산(linolenic acid, $C_{18:3}$ Δ 9, 12, 15, ω-3 계열)은 리놀레인산(linoleic acid, $C_{18:2}$ Δ 9, 12, ω-3 계열) 이외에도 이중결합의 위치가 Δ 9, 15, 또는 Δ 10, 14 등으로 이동한 아이소리놀레인산들(isolinoleic acids)이 형성되며, 리놀레인산의 경우도 Δ 9, 12의 이중결합에서 트란스화가 일어나, 아라키도닌산(arachidonic acid, $C_{20:4}$ Δ 5, 8, 11, 14)으로 쉽게 전환하기 어렵다는 문제이다.

리놀레인산의 $\Delta 9$와 $\Delta 12$의 위치의 이중결합들은 cis/cis에서 cis/trans, trans/cis, trans/trans의 구조를 가진 트란스 리놀레인산들(trans linoleic acids)이 형성되는데, 본래의 리노레인산이 체내에서 아라키도닌산으로 전환되는 비율을 100%로 할 때, 이상의 트란스 올레인산들의 아라키도닌산으로의 전환율은 각각 33, 12, 1.4%로, 그 전환율이 크게 떨어진다고 한다(Niiya, I., 1989 참조).

한편 리스트들(List, G. R. *et al.*, 1995)은 수소첨가하여 완전히 이중결합을 없앤 포화 대두유(soybean trisaturated와 일반 식용대두유(soybean oil)를 20 : 80의 비율로 혼합하여 0.3%의 소듐 에톡사이드(sodium ethoxide)를 촉매로 진공 하에 100℃에서 에스터 교환 반응(interesterification)을 통하여 반고체화한 대두유 마가린과 스프렛드(spread, 마가린보다 더 연함)를 만들어 그 굳기나 기타의 성질들을 조사하였다.

그 결과는 완전히 포화시킨 대두유나 일반 대두유와 완전 포화 대두유를 20 : 80의 비율로 혼합해서 만든 혼합유나 둘 다 만족스러운 물리적 특성들을 갖고 있었다고 한다. 포화 대두유의 트란스 산 함량은 13.2%였으며, 에스터 교환에서 얻은 제품들의 트란스 함량은 0.3%였다고 한다.

박들(Park, C. S. and Yoon, K. R., 1998)은 대두유의 정제 과정 중 탈취 과정(진공 하에 1~2시간 220~280℃의 열에 노출됨)에서 형성되는 트란스 산의 함량을 CG/MS법으로 분리, 정량한 바 있다.

이들이 분리 검출한 트란스 산들은 리놀레닌산의 이성체들로서 cis-9, cis-12, trans-15 ; trans-9, cis-12, cis-15 ; cis-9, trans-12, cis-15들과 리놀레인산의 이성체들로서는 cis-9, trans-12 ; trans-9, cis-12들이었다고 한다.

이상의 실험에 사용한 정제 대두유들의 트란스 산 함량은 1.8~5.7%였으며, 트란스 산의 형성을 최소화하는 탈취 공정(deordorization process)의 조건들(이 시험의 경우)로서 240℃에서 2시간, 250℃에서 1시간을 보고한 바 있다.

전에 언급하지 않았으나 우리가 섭취하게 될 트란스 산은 식품 가공 또는 정제 공정 중에 형성되는 경우 외에도 반추동물들(ruminants)의 반추위(rumen)에 들어간 이들 포유동물의 먹이가 소화되는 과정 중 이곳에 기생하는 미생물들이 만든 트란스 산이 이들의 지방 조직, 젖(예로서 우유 등)의 지방에 들어가게 되므로 우유, 우유에서 만든 버터 등, 그리고 육류의 지방 조직에서 유래된 트란스 산을 우리는 섭취하게 된다.

레트들(Leth, T., et al., 1998)은 덴마크산의 39종류의 쇠고기(beef), 20종류의 송아지 고기(veal), 34종류의 양고기(lamb)의 전체 지방산 중의 트란스 산의 함량을 조사한 바 있다.

이들에 의하면 시스형 모노 불포화지방산(cis-monosaturated fatty acids)의 전체 지방산 함량에 대한 구성비율은 쇠고기, 송아지고기, 양고기의 경우, 전체 지방산 100g에 대해서 각각 49g, 45g과 38g이였으며, 트란스 올레인산(oleic acid, $C_{18:1}$)은 각각 2.1g, 4.0g과 4.5g, 트란스 팔미토올레인산(palmitoleic acid, $C_{16:1}$ 지방산의 경우 0.24g, 0.14g과 0.79g이었다고 한다.

한편 공액 리놀레인산(conjugated linoleic acid, CLA)에 대한 연구도 1990년대, 특히 1990년대 후반부터 많은 연구자들에 의해서 여러 분야(물론 지방질과 관련된)에 대해서 여러 관점들을 통해서 활발하게 연구되어 왔다.

한편 공액 리놀레인산, 즉 CLA는 여러 학자들에 의해서 옥타데카다이에노인산(octadecadienoic acid)의 기하학적(geometrical) 및 위치(positional) 이성체들(isomers)에 대한 일반명(generic name)

으로 정의되고 있다.

CLA는 넓게는 공액 이중결합을 가진 옥타데카다이에노인산으로서 그 이중결합들이 리놀레인산(linoleic acid, $C_{18:2}$, all cis Δ 9, 12)의 경우와는 위치나 그 기하학적 구조(즉 cis 또는 trans의 구조)가 다른 이성체들(isomers)을 모두 지칭한다.

그러나 자연식품류나 가공 식품류에 함유된 CLA들 중 가장 함량도 많으며, 중요한 것은 공액 리놀레인산(conjugated linoleic acid, 즉 CLA)의 이성체들 중에서 $C_{18:2}$ cis Δ9, trans Δ11 이성체(9c,11*t*-18 : 2 isomer)로서, 이 이성체는 생물학적, 즉 생리학적 활성을 가진 이성체(physiologically active isomer)로 지목되어 왔다(Ma, D. W. L. *et al.*, 1999 참조).

이 점에 대해서는 더 신중한 견해를 가진 연구자들도 많은 것 같다(예 Sehat, N. *et al.*, 1998). 또한 일반 자연식품들이나 가공 식품들의 CLA의 분포나 그 함량을 볼 때, 대부분의 경우 9c,11*t* 이성체가 아마도 가장 중요한 CLA이며, 다른 이성체들의 함량은 극히 적기 때문에 CLA라고 할 때는 주로 9c,11t 이성체를 지칭하는 경우도 많다.

CLA의 생리학적 작용들로서는 오래 전부터 항암작용(抗癌作用)들이 보고되어 왔으며, 이 항암작용들은 CLA의 생체 내에서의 항산화 작용의 결과로 설명되어 왔다. 그러나 1990년대 후반에 들어서, CLA의 항산화 작용(antioxidant activity)을 부정하는 듯한 실험 예들이 계속 발표되었다.

예로서 첸들(Chen, Z. Y. *et al.*, 1997)은 이상의 CLA의 항산화 작용 유무에 대한 서로 상반된 실험 결과들을 다시 정리하기 위해서 CLA와 CLA의 메틸 에스터의 항산화 작용을 90℃로 유지된 카놀라유(Canola oil)의 밀폐 용기 중의 해드 스패이스에 있는 공기 중의 산소 소비 테스트(head space oxygen consumption test)를 실시하여 CLA 또는 CLA 메틸 에스터들을 함유한 기질들과 실험대조용 기질들(control substrates)의 해드 스패이스의 산소 소질 속도(rate of the loss of oxygen in a head space)를 측정한 바 있다.

그 결과 CLA와 그 메틸 에스터는 항산화 작용이 없었으며 - 항산화 작용이 있다. 해드 스패이스의 공기 중의 산소의 손실은 억제될 것이다 - CLA나 CLA 메틸 에스터의 함량이 0.1~1.0%(w/w)에서는 산화촉진제들(prooxidant)로 작용했다고 한다. 위에서 사용한 실험 방법은 항산화 작용을 확인하는 여러 방법들 중 이론적으로, 그리고 실제적으로도 가장 효과적인 방법들의 하나로 생각되어 왔다.

이들은 CLA가 유지류 속에서는 항산화제로 작용하지 않는다(not an antioxidant in fats and oils)고 결론짓고 있다. 이들이 사용한 CLA와 CLA 메틸 에스터는 시스 Δ9, 트란스 Δ11과 트란스 Δ9, 시스 Δ11이 40.3%, 트란스 Δ10, 시스 Δ12와 시스 Δ10, 트란스 Δ12가 43.9%, 시스 Δ10, 시스 Δ12가 12.4%, 기타 합계 98.7% CLA와 CLA 메틸 에스터들이 함유되어 있는 제품들을 실험에 사용했다고 한다.

한편 장들(Jiang, J. and Kamal-Eldin, A., 1998)은 메틸렌블루(methylene-blue)를 감광체(感光體, photosensitizer)로 하는 감광체에 의한 산화(photosensitized oxidation, 제14장 해당 항목 참조)에서 CLA와 리놀레인산의 메틸 에스터들의 감광체에 의한 산화를 조사한 바 있다.

이들에 의하면, CLA의 메틸 에스터의 산화에 의한 파괴, 소실은 리놀레인산의 메틸 에스터의 경우보다 낮았으며, 하이드로파록사이드(hydroperoxide) 형성율도 더 낮았으나 산화형의 메틸렌블루를 더 강력하게 환원시켜서 무색의 환원형으로 만들었다고 한다.

CLA의 경우 분자간의 이성화(interisomerization)가 활발히 일어났다고 한다. 결국 이들은 CLA의 감광체에 의한 산화시에 분자간 이성화로 일중항 산소($^1O_2$)들의 제거에 참여하는 이성체들이 형성되는 가능성을 생각하고 있는 것 같다. 일반적으로 일중항 산소는 특히 생체 내에서 강력한 산화제로서 작용하며, 일부 발암성 물질들을 형성하는 것으로 알려져 왔다.

한편 CLA의 생리적 작용들과 이와 같은 작용들의 기구(mechanisms) 규명에 관심이 깊고 실제 이와 같은 연구에 종사하는 학자들이나 연구자들이 그 성과를 발표하고 토론하고, 의견을 교환하는 모임(CLA Forum)이 근래 미국의 대학, 연구기관들을 중심으로 2, 3년 간격으로 열려져 왔다.

1997년에는 위스콘신 대학교(University of Wisconsin)에서 열렸으며, 그 결과들은 각 전문회지(journals)에 발표되고 있으나 회의 진행과 주제들은 *Inform*의 Vol. 9, No. 1, p. 69(1998)에 소개되고 있으므로 참고하기 바란다.

제목별로 보면, CLA의 항암작용(anticarcinogenicity)과 관련해서 CLA가 실험 동물의 종양 형성을 억제하는 사실이 언급되고 있으며, 특히 벨러리들(Belurey, M. *et al.*, 1998)은 음식물에 첨가된 1~1.5%의 CLA는 포볼 에스터류(phorbol esters)에 의해서 촉징되는 피부 종양발생(skin tumorigenesis)을 억제했는데, 이는 섭취된 CLA가 리놀레인산의 신진대사 과정에 개입하여 아이코사노이드류(즉 프로스타글란딘류)의 합성을 조절(modulate)하기 때문인 것으로 추정하고 있다.

CLA의 항아테롬성 동맥경화증(antiatherogenicity)에 관련되어, 니콜로시(Nicolosi, N., 1998)는 실험쥐들(hamsters)을 사용한 실험에서 리놀레인산은 혈청 콜레스테롤과 트리아실글리세롤들의 함량을 감소시키는 데 보다 더 효과적이었으나, 동맥혈관 내벽에 부착한 플라크들(plaques on arterial walls)의 양을 줄이는 데는 CLA가 리놀레인산의 5배의 효과가 있었다고 한다.

근래에 와서 여러 실험동물들에 대해서 실험한 결과들은 먹이에 첨가한 CLA가 체내 지방질 함량을 줄이고, 단백질 함량을 증가시키는 작용이 있는 사실이 확인되고 있다. 사람의 경우에도 3개월간의 예비 실험에서 20명의 건강한 지원자들에게 하루 3.6g의 CLA를 음식물과 함께 섭취하게 했을 때 지방질 함량이 21.3%에서 17%로 가량 감소했다고 하며 이와 같은 실험들은 계속되고 있다.

또한 CLA는 여러 생체들 내에서 마이크로파지류(macrophages, 大食細胞들)의 사이토카인류(cytokines, 원형질막, plasma membrane에 존재하는 접수체들, receptors, 과 결합한 후 세포분열, 세포분화 등을 촉진하는 것으로 알려져 있다.) 생산을 하향 조절함으로써, 근육 세포들의 퇴행성 변화(muscle degeneration, 즉 catabolism)를 억제하여 주는 것으로 알려져 있다.

일반적으로 CLA는 체내의 면역 시스템들(immune systems)의 여러 부위(部位)에서의 면역작용들에 대해 부분적으로나마 그 작용들을 하향 조절하는 조절작용(modulating activity)을 나타내는 것으로 알려져 있다.

한편, 미국 유지화학자 협회(Am. Oil Chem. Soc.)에서 발간하는 전문지 *Inform*(Health and Nutrition News, *Inform*, Vol. 9, No. 8, p. 784, 1998)에서는 벨러리들(Belurey, M. *et al.*, 1998)의 실험쥐를 사용한 성인 발병성 당뇨병(成人 發病性 糖尿病, adult-onset diabetes)에 대한 새로 개발된 당뇨병의 치료제 TZD(thiazolidinediones)와 CLA의 작용에 대한 실험 결과들을 보고하고 있다.

성인 발병성 당뇨병은 제2형 당뇨병(Type II diabetes) 또는 비인슐린 의존성 당뇨병(noninsulin-dependent diabetes)으로도 알려져 있으며, 여러 형태의 당뇨병 중 근래에 와서 세계적으로 가장 흔한 형태의 당뇨병으로 알려져 있다.

이 형태의 당뇨병은 체내에서 인슐린을 효과적으로 이용할 수 없어서 혈당(blood sugar)이 혈액 내에 축적되어 신장 장애(kidney problems)를 잘 대처하지 못할 때 수족(手足) 말단(末端)의 절제(切除), 실명(失明), 여러 관상동맥증들(coronary heart diseases), 졸중(卒中, strokes) 등을 가져온다고 한다.

앞에서 말한 벨러리들(Belurey, M., *et al.*, 1998)은 비대해진 쥐들(obese rats)과 유전자 조작에 의해서 사람과 같이 성인 발병성 당뇨병에 걸리기 쉬운 체질을 가진 실험쥐들(glucose-intolerant Zucker diabetic fatty rats)을 사용하여 그 먹이에 CLA 또는 TZD를 첨가하여 실험한 바 있다.

그 결과 이들 실험쥐에 대한 성인 발병성 당뇨병의 예방 또는 억제 효과는 CLA의 경우, TZD의 경우와 비슷할 정도로 효과적이었으나, CLA를 사용한 비대한 쥐들의 경우 실험대조 쥐들의 경우에 비해서 체내 지방이 10% 감소되었으며, 후자의 경우(glucose-intolerant Zucker diabetic fatty rats) 체내 지방이 25%나 감소했었다고 한다.

CLA의 이상과 같은 부차적 효과들은 더 주목할 만하다. 이들은 인체에 대한 성인 발병성 당뇨병, 즉 제2형 당뇨병에 대한 CLA의 효과에 대한 연구를 곧 시작할 것으로 전해지고 있다. 한편 CLA의 분리, 분석, 검출, 정량 등에 관한 최근의 연구 결과들에 대한 더 상세한 상황들에 대해서는 전문 서적 또는 직접 학술지들을 참고하기 바란다.

혈청 내 콜레스테롤과 각종 심장 및 혈관 질환들

근래에 와서 지방질 섭취량이 많은 여러 나라 국민들 사이에서는 각종 심장 및 순환기 질환들(cardiovascular diseases)에 의한 사망률이 월등히 높아진 사실들을 심각하게 다루고 있다.

예로서 1971년도 미국의 전체 질병에 의한 사망자의 반수 이상이 각종의 심장 및 순환기 질환들에 의해서 사망한 사실이 알려져 있다(Whitney, E. S. and Hamilton, E. M. N., 1977, 이 책의 제1장 참고문헌 참조). 이와 같은 미국의 사정은 지금도 같은 것으로 보인다(Brody, T., 1999 참조).

한편 우리나라의 경우에는 1999년도 인구 10만 명에 대해서 남녀 각 연령층을 망라한 각 질병별 사망자 수는 뇌혈관질환 72.9명, 심장질환 39.1명, 운수사고 26.3명, 만성하기도질환 16.8명, 간질환 23.5명, 고혈압성질환 8.9명, 당뇨병 21.8명, 자살 16.1명, 만성하기도염 13.7명이다. 여기서 뇌혈관질환과 심장질환에 의한 사망률은 10만 명당 112명이었으며, 위암, 폐암, 간암 등의 암계통의 병들을 종합적으로 부르는 악성 신생물로 표시하면 114.7명이 된다. 따라서 우리나라에서도 심장 및 순환기 질환들(cardiovascular diseases)이 전체 사망 원인의 가장 큰 원인들 중의 두 번째가 되고 있음을 알 수 있다(다음 페이지의 “2002년 사망원인 통계연보,” 통계청 참고).

이와 같은 심장 및 순환기 질환들은 주로 혈관 내부에서 일어나는 아테로스클레로시스(atherosclerosis)에 그 원인이 있는 사실이 알려져 있다. 이 혈관 내부에서 일어나는 퇴행성 변화류(degenerative changes)는 주로 동맥혈관(動脈血管) 내부에 매우 연한, 플레이크류(plaques)로 알려진 지방질을 주성분으로 하는 물질들이 축적됨으로써 일어나며, 결과적으로 혈액의 순환을 어렵게 하고 또한 동맥혈관의 탄력성(elasticity)을 잃게 한다.

이와 같은 변화가 진행되면 동맥혈관은 종국에 가서 혈관 내벽에 축적된 플레이크 등의 퇴행성 분해 물질들이나 혈액 내 응고물들(blood clots)에 의해서 막히게 되는데, 심장 자체에 산소와 영양분들을 한시도 쉬지 않고 공급하고 있는 심장의 관상동맥(heart coronary artery)이 이렇게 막히게 되면, 관상동맥 경색증(coronary occlusion 또는 myocardial infarction) 또는 관상동맥 혈전증(coronary thrombosis) 등 일반적으로 심장마비(heart failures, heart attacks)로 알려진 증상을 가져온다.

이상과 비슷한 현상이 뇌의 동맥혈관에서 일어날 때는, 뇌혈관의 파열(破裂)에 의한 뇌일혈(腦溢血, cerebral hemorrhage) 또는 뇌의 동맥혈관의 경색 또는 뇌동맥혈관의 혈전증(cerebral thrombosis) 등 일반적으로 뇌졸중(腦卒中, stroke)으로 불리는 매우 중대한 사태를 가져오게 된다.

한편 2001년도의 우리나라 사람들의 전체 평균(남녀, 노소, 지역 등을 생각하지 않은 총평균 인구 10만 명당 사망자 수로 봄.) 사인(死因)을 큰 순서대로 볼 때(괄호 안에는 인구 10만 명 당 사망자의 평균수를 표시함.), 악성 신생물, 암종류(123.5) 뇌혈관질환(73.8, 간질환(22.3), 운수사고(21.0), 심장질환(34.2), 당뇨병(23.8), 자살(15.5), 고혈압성 질환(10.2), 호흡기결핵(6.3) 등이다(사망원인 통계연보, 2000년, p. 29, 통계청, 2002년 10월 발행. 참고).

전술한 플레이크들(plaques)은 주로 지방질로 되어 있으나, 그 중에서도 콜레스테롤의 함량이 특히 큰 사실이 분석 결과 알려져 왔다. 또한 플레이크들의 형성은 혈액 중의 콜레스테롤의 농도, 즉 혈청 콜레스테롤(serum cholesterol)의 농도와 직접 관계가 있는 사실도 알려져 있다.

일반적으로 혈액 내의 콜레스테롤의 함량은 혈청(blood serum)에 함유된 직접적인 콜레스테롤의 함량과 리포프로테인(lipoprotein)의 구성 성분의 형태로 존재하는 콜레스테롤의 함량을 말한다.

혈액을 잠시 정치하여 응고시킨 후 위에 뜨는 담황색의 혈장(血漿, blood serum)에서 얻은 콜레스테롤의 함량과 아래에 응고된 혈장(血漿, blood plasma)에서 얻은 콜레스테롤의 함량은 엄밀하게는 그 수치가 같지는 않으나, 보통 두 개의 콜레스테롤 함량들이 같이 사용되고 있다. 위에서 간접적인 형태로 존재하는 콜레스테롤 리포프로테인의 구성 성분으로 존재한다고 했으나, 더 단적으로 말하면 혈액에 존재하는 두 종류의 리포프로테인들 중 저밀도(低密度) 리포프로테인(low-density lipoprotein, LDL)에 함유된 콜레스테롤들을 말한다.

보통 성인의 혈액 중의 혈청 콜레스테롤의 농도가 240mg/100mL인 경우, 특히 그 중의 저밀도 리포프로테인(LDL)의 농도가 160mg/100mL 이상인 경우, 아테롬성 동맥경화증(atherosclerosis)을 비롯한 각종의 심장 및 혈관 질환들(cardiovascular diseases), 또는 심장 관상동맥 질환들(coronary heart diseases)의 위험성이 커진다고 한다.

한편 번(Byrne, K. P., 1991)은 혈액 내의 콜레스테롤의 농도가 160mg/100mL, 그 LDL에 함유된 콜레스테롤(LDL cholesterol) 함량이 100mg/100mL의 경우, 각종 심장 및 혈관 질환들의 위험성이 극히 낮으며(ideal), 콜레스테롤 농도가 160~200mg/100mL, 그리고 그 LDL-콜레스테롤 농도가 100~130mg/100mL일 때 낮으며(acceptable), 콜레스테롤 농도가 200~240mg/100mL, 그리고 LDL-콜레스테롤 농도가 130~160mg/100mL일 때, 경계 구역(borderline), 콜레스테롤 농도가 240mg/ 100mL, 그리고 HDL-콜레스테롤 농도가 160mg/100mL 이상인 경우, 그 증가에 따라 위험률은 급속히 증가한다는 자료를 제시하고 있다.

이상의 자료는 구체적이고 보편적인 자료로는 사용할 수 없을지 모르나, 혈액 내 콜레스테롤 함량, LDL-콜레스테롤 함량과 각종의 심장, 혈관 질환들의 발생률 사이의 관계는 확실히 설명할 수 있다.

즉, 혈액 콜레스테롤 또는 LDL-콜레스테롤 농도의 증가는 이상의 각종 질환들에 걸릴 위험성을 크게 증가시킨다는 사실을 잘 설명하고 있다.

저밀도 리포프로테인과 고밀도 리포프로테인

일반적으로 리포프로테인들(lipoproteins)은 지방질과 특정 단백질 성분들이 공유결합(共有結合,

covalent bond) 또는 비공유결합(non-covalent bond)으로 형성된 복합체들(complexes)이다.

이 리포프로테인들은 콜레스테롤, 콜레스테롤 에스터류, 트리아실글리세롤류(triacylglycerols, TAGs), 인지방질류(phospholipids) 등의 지방질 성분들의 소수성(疏水性) 그룹들(hydropholic groups)이 복합체(複合體)들의 내부에서 결합하고 있고, 외부에는 친수성(親水性) 그룹들(hydrophilic groups)이 배치되고 있어서, 신체 내의 여러 기관(器官)들의 혈관 내의 혈액 내 또는 신체조직(tissues) 내에서 소수성 지방질 성분들의 원활한 이동을 가능하게 해주고 있다.

리포프로테인들에는 여러 가지 종류가 있으나 가장 중요한 분류 방법(the most important classification method)은 밀도(density)의 차이를 이용한 분류 방법이며, 밀도가 가장 낮은 리포프로테인 그룹으로 카일로마이크론들(chylomicrons)을 들 수 있다.

이 카일로마이크론들의 밀도는 보통 1.006 이하로 알려졌으며, 대략 84% 가량이 중성 지방질(neutral fats), 즉 트리아실글리세롤들로 구성된, 체내에 흡수된 지방질류의 운반체로 생각할 수 있는 복합체들로 그 추정 분자량이 대략 10^7kDa(kilodalton)의 아주 큰 리포프로테인들이다.

밀도(密度, density)는 보통 gram/cm^3 등으로 표시하나, 경우에 따라서는 비중(比重, specific gravity)이 사용되는 경우도 있다. 이 경우 같은 부피(volume)의 4℃의 물의 질량 즉 0.99997gram/cm^3과의 비율(따라서 무명수, 단위가 붙지 않는다)로 표시할 때도 있다.

한편 그 밀도가 1.006~1.063g/cm^3인 리포프로테인류는 저밀도 리포프로테인류(low-density lipoprotein, LDLs)로 알려져 왔으나, 이 리포프로테인류와 저밀도 리포프로테인류(law density lipoproteins, LDLs)로 다시 분류하는 경우가 많다.

VLDLs의 밀도는 일반적으로 1.006~1,018, LDLs의 경우 1.019~1.063으로 알려져 있으며, 그 밀도의 차이는 구성 지방질.성분들과 단백질 성분들의 비율의 차이와 지방질 성분들의 종류의 차이에서 일어난다.

VLDLs의 경우 그 단백질 함량은 전체의 10% 정도인데, LDLs의 경우 전체의 대략 25% 정도로 알려져 있다. 한편 LDLs의 지방질 성분들 중 콜레스테롤과 콜레스테롤 에스터류의 함량은 50% 내외이며, VLDLs의 경우 그 함량은 상대적으로 더 큰 것으로 생각된다.

그리고 그 밀도가 1.064~1.21g/cm^3 사이의 리포프로테인들은 고밀도 리포프로테인류(high-density lipoproteins, HDLs), 그 밀도가 1.21g/cm^3 이상인 리포프로테인류는 초고밀도 리포프로테인류(very high-density lipoprotein, VHDLs)로 불리고 있다(Hatch, F. and Lees, R. S., 1968, Advances in Lipid Research, 6.1 참조).

이상의 크게 분류한 두 종류의 리포프러테인들의 조성은 현저히 다르며, LDL의 경우 콜레스테롤과 그 에스터의 함량이 큰 데 비해서, HDL의 경우 콜레스테롤과 그 에스터의 함량이 비교적 적은 특징을 갖고 있다. 두 종류의 리포프로테인들의 구성 지방질 성분들의 조성은 다음의 표 13-14와 같다.

표 13-14 저밀도 리포프로테인과 고밀도 리포프로테인의 구성 지방질 성분 조성률.

	밀도	콜레스테롤 및 그 에스터류	인지방질	트리글리세라이드류	단백질
저밀도 리포프로테인(LDL)	0.93~1.03	13~46%	13~20%	12~60%	5~22%
고밀도 리포프로테인(HLDK)	1.08~1.20	3.3~22	24~28	4~5	50~60

Hatch, F. and Lees, R. S., 1968. *Advances in Lipid Research*, 6, 1.

혈청 콜레스테롤 농도와 혈청 리포프테인 농도

성인 남자의 경우 혈청 리포프로테인 농도는 저밀도 리포프로테인의 경우에는 대략 300~700mg/100mL, 고밀도 리포프로테인의 경우에는 200~400mg/100mL(혈청, 즉 혈액) 정도인 것으로 알려져 있다. 전술한 바와 같이 혈액 중의 콜레스테롤 농도는 저밀도 리포프로테인의 농도가 증가함에 따라 크게 증가하며, 고밀도 리포프로테인의 농도에는 거의 영향을 주지 않는 사실이 알려져 왔다.

한편 저밀도 리포프로테인(LDL)의 혈청 내 농도, 따라서 혈액 중의 농도는 우리가 섭취하는 식품 중의 콜레스테롤의 농도에 의해서도 영향을 받으나, 무엇보다 섭취하는 지방질의 종류에 의해서 가장 큰 영향을 받는다고 한다. 즉 포화지방산들의 함량이 큰 지방질들(saturated lipids)을 섭취하면 혈액 중의 LDL의 수준을 크게 증가시켜 주는 반면에 불포화지방산들의 함량이 큰 지방질들(unsaturated lipids)을 섭취하면 혈액 중의 LDL의 수준을 낮추거나 최소한 증가시키지 않는 사실이 알려져 있다.

또한 혈청 콜레스테롤의 농도는 LDL이나 HDL의 농도 이외에도, 우리가 섭취하는 음식물들 중의 소금의 양, 설탕의 양, 섬유질 성분들의 양(섬유질 성분들의 양이 너무 낮을 때는 콜레스테롤 농도가 증가한다고 한다) 등도 영향을 주는 사실이 알려져 있다.

이 중에서 소금, 즉 식염 또는 염분을 과다하게 섭취할 때는 고혈압을 가져오며, 인체의 경우 고혈압 증상들의 전체의 90%는 특정한 원인을 규명하지 못하고 있는 본태성 고혈압(本態性 高血壓)으로 분류되고 있다. 그러나 이 중의 60%는 소금의 과다섭취의 결과 일어나는 것으로 추정되고 있다(Koyanagi, T., 1994 참조).

소금을 과다하게 섭취하면 그 섭취한 소금의 일부가 소듐 이온의 형태로 혈관 내의 혈액에 들어올 때 많은 수화수(水和水, hydrated water)들과 함께 들어오게 되므로 혈액의 용량이 증가하고, 혈액 내벽, 특히 심장의 동맥은 더 높은 압력, 즉 고혈압 상태가 되며, 이와 같은 상태는 특히 심장의 기능, 신장의 기능(functions of kidneys) 등의 장애를 가져오게 된다.

또한 혈관 내에서의 지속적인 고혈압 상태는 혈관 내벽의 강한 지속적인 신장(伸張, stretching) 상태를 가져옴으로써, 혈관 내벽의 상처를 주게 되며, 이와 같은 상처들은 콜레스테롤류와 기타 지방질 성분들, 전술한 플레이크들의 부착과 혈관 내벽의 점진적인 확대, 즉 아테롬성 혈관경화증(atherosclerosis) 등을 가져오는 것으로 알려져 왔다.

한편 설탕(sucrose)을 비롯한 당류(sugars)의 과다섭취는, 정기적으로는 각종 당뇨병(diabetes) 등의 원인이 될 뿐만 아니라, 혈당(血糖, blood sugars)의 농도를 실제로 증가시켜 혈액 내에 존재하는 각종 리포프로테인류(lipoproteins)의 아미노기에 결합하여 소위 아미노-카아보닐 반응(amino-carbonyl reaction 또는 glycation)을 유발하여 혈액 내의 혈전(血栓, blood coagulation) 물질들의 형성을 유발하는 것으로 알려지고 있다.

또한 섭취한 식품들에 함유된 콜레스테롤과 그 에스터류도 이미 설명한 리포프로테인류, 특히 저밀도 리포프로테인류(low-density lipoprotein, LDLs)를 형성하여 인체에 해로운 작용을 하게 된다.

한편 우리가 곡류 식품들(cereal food products)을 통해서 항상 섭취하게 되는 식이섬유질(dietary fibers)은 일반적으로 인체 내에서 생산되는 효소들에 의해서 분해되지 않으나 체내의 소장(小腸, small intestine), 대장(大腸, large intestine), 직장(直腸, colon)에 기생(寄生)하는 각종 세균들이 분비하는 효소들에 의해서 간접적으로 분해되는 경우가 많은 펙틴류(pectins), 카라기난류(carrageenans), 일부 헥미셀룰로오스류(some hemicelluloses) 등과 같은 수용성 식이섬유질들(soluble dietary fibers)과 셀룰로오스류, 리그닌류(lignins) 등과 같은 불용성 식이섬유질들로 크게 분류된다.

여기서 수용성이라고 해도 그 분자량이 클 때는 점착성이 강한 친수성 콜로이드 용액들(viscous hydrophilic colloidal solutions)을 형성한다는 뜻이 되겠다.

수용성이나 불용성 식이섬유들은 다 같이 혈액 내의 콜레스테롤들과 콜레스테롤 에스터류의 농도를 감소시키는 사실이 알려져 있어서 동맥혈관의 경화(硬化)를 억제하는 효과가 큰 것으로 알려져 왔다.

특히 펙틴류와 같은 수용성 식이섬유질들(soluble dietary fibers)은 그 효과가 아주 큰 것으로 알려져 있있다. 또한 소장, 대장, 직장 등의 소화 기관 내에서 섭취한 음식물들 중의 콜레스테롤이나 그 에스터류와 결합하거나 그 주위를 둘러싸서 체내로의 흡수를 억제할 뿐만 아니라, 소화기 내에 분비된 담즙산들(bile acids)이 체내에 재흡수 되는 과정을 위와 비슷한 작용으로 억제하여 체내에 존재하는 콜레스테롤, 콜레스테롤 에스터류의 농도를 저하시켜, 결국, 혈중 콜레스테롤 농도를 감소시키는 것으로 설명되고 있다.

한편 식이섬유질들, 특히 수용성 식이섬유질들의 경우, 섭취한 음식물 중의 당류(糖類)의 흡수를 지연시켜, 혈액 중의 당류농도의 급격한 상승의 억제와, 당뇨병(糖尿病, diabetes)의 발생을 억제함으로써 간접적인 동맥경화의 억제 작용을 나타내는 것으로 알려져 있다. 그러나 여기서 유의할 점은 혈청 콜레스테롤은 그 중의 상당한 양이 생체 내에서, 즉 인체 내에서 형성된다는 점이다.

또한 심장 및 순환기 질환들의 발생에 중요한 역할을 하는 혈청 또는 혈액 콜레스테롤 농도 등은 위에서 설명한 바와 같은 관계 이외에도 다른 여러 요인들, 예로서 유전, 고혈압, 흡연, 체중 과다(excessive body weight) 또는 비만(obesity), 운동 부족 등에 의해서도 영향을 받는 사실에 유의할 필요가 있다.

그 이외에도 정신적인 스트레스(stress)도 심장 및 순환기 질환들(cardiovascular diseases)의 중요한 원인들의 하나인 사실이 오래 전부터 알려져 왔었다. 사람이 정신적 또는 인체에 유해한 스트레스들(stresses)을 받을 때는 뇌하수체 전엽선(腦下垂體 前葉腺, anterior pituitary gland)에서 부신피질자극 호르몬(adrenocorticotrophic hormone, ACTH)의 분비를 조절하는 호르몬이 부신피질(副腎皮質, adrenal cortex, 신체 내 신장의 바로 윗부분에 위치하고 있음)에 전달된다. 이에 따라 부신피질에서는 아드레날린류(adrenalins), 즉 에피네피린(epinephyrine)으로 대표되는 부신피질 호르몬류(adrenalcorticotrophic hormones, ACTHs)를 혈액을 통해서 신체 각 부위에 보내진다.

이 아드레날린들의 인체 내에서의 작용은 심장박동수와 심장수축력(心臟收縮力)의 증대, 동맥혈액 중의 당 농도와 젖산(乳酸, lactic acid) 농도의 증가, 근육(筋肉, muscle) 중의 글리코겐(glycogen)의 감소 등이 알려져 있다.

한편 부신피질의 내부, 즉 부신수질(副腎髓質)에서는 아드레날린처럼 정신적 자극이 아니라 육체적인 자극, 즉 스트레스를 받을 때 놀아드레날린(noradrenalin), 또는 놀에피네피린(norepinephyrine)으로 알려진 부신피질 호르몬(ACTH)을 생산, 분비하는데 이 놀아드레날린은 혈관과 주변의 근육을 수축시켜 장시간 혈압을 상승시키는 작용을 한다.

아드레날린이나 놀아드레날린들은 에너지원이 되는 당류가 모두 소비될 때는 근육을 구성하고 있는 단백질들을 분해해서 필요한 에너지를 얻고자함으로 강력한 정신적, 육체적인 스트레스와 특히 이러한 스트레스 상태의 지속 또는 반복은 혈관의 손상, 혈관을 보호하고 있는 근육 조직을 파손시키며 이와 같은 혈관 내부 또는 외부의 파손은 이들 호르몬들의 혈압 상승 효과들과 함께 동맥경화증, 특히 아테롬성 동맥경화증(atherosclerosis)의 직접적 또는 간접적 발생의 주요 원인이 되고 있는 것으로 알려져 왔다.

그러므로 정신적 또는 육체적 스트레스들을 가급적 피하는 일, 또는 해소하는 일, 여러 긴장들을 푸는 일 등도 위에서 설명한 심장 및 순환기 질환들을 예방하는 중요한 사항들로 생각되고 있다.

참고문헌

Acton, J. C. and Saffle, R. L., 1971, Stability of Oil-In-Water Emulsions, 2, Effects of Oil Phase Volume, Stability Test, Viscosity, Type of Oil and Protein Additive, *J. Food Science.*, 36, 111.

Adhikari, S., Dasgupta, J., Chakrabarty, M. M. and Bhattacharyya, D. K., 1982, Fractionation of Inrteresterified Fats for the Preparation of Plastic Fats, *Fette. Seifen. Anstrichmittel*, 84(5), 185.

Allen, R. R., 1955, Determination of Unsaturation, *J. Am. Oil Chem. Soc.*, 32(11), 671.

Am. Oil Chem. Society, 1964, "*AOCS Official and Tentative Method*", Second edition, Am. Oil Chemists' Society, Champaign, IL, U.S.A.

安哲, 1981, 油脂製品의 規格과 評價, 食品科學, 14(3), 30.

Arya, S. S. *et al.*, 1969, Refractive Index as an Objective Method for Evaluation of Rancidity in Edible Oils and Fats, *J. Am. Oil Chem. Soc.*, 46, 28.

Assoc. of Official Analytical Chemists, 1980, "*Official Methods of Analysis*", 13th edition, Association of Official Analytical Chemists, Washington, D.C.

Baker, J. C. *et al.*, 1942, The Relation of Fats to Texture, Crumb, and Volume in Bread, *Cereal Chem.*, 19, 84.

Baker, Doris, 1964, A. Calorimetric Method for determining Free Fatty Acids in Vegetable Oils, *J. Am. Oil Chem. Soc.*, 41, 21.

Barnes, P. J., 1983, "*Lipids in Cereal Technology*", Academic Press, New York.

Bowers, R. H., 1978, Rapid Calculation of Solid Fat Index Values from Dilatometer Readings, *J. Am. Oil Chem. Soc.*, 55(3), 350

Braun, W. Q., 1955, Dilatometric Measurements, *J. Am. Oil Chem. Soc.*, 32(11), 633.

Burley, R. W., 1971, Lipoproteins in "*Biochemistry and Methodology in Lipids*", Edited by Johnson, A. R. and Davenport, J. B., John Wiley and Sons, Inc., New York.

Burr, G. O. and Burr, M. M., 1930, On the Nature and Role of the Fatty Acids Essential in Nutrition, *J. Biol. Chem.*, 86, 587.

Campbell, A. M. *et al.*, 1967, Lipid of Raw and Cooked Ground Beef and Pork, *J. Food Science.*, 32, 143.

Carroll, K. K., 1986, Biological Effects of Fish Oils in Relation to Chronic Diseases, *Lipids*, 21(12), 731.

Chang, I. *et al.*, 1952, The Fatty Acids Content of Meat and Poultry before and after Cooking, *J. Am. Oil Chem. Soc.*, 29, 334.

Charley, H., 1970, "*Food Science*", John Wiley and Sons, Inc., New York.

Chiu, C. *et al.*, 1958, Lipid Binding in Wheat Flours Varying in Breadmaking Potential, *Food Technol.*, 22, 1157.

Chiu, C. *et al.* 1967. Lipid in Wheat Kernels of Varying Size, *J. Food Science.* 32, 422.

Chung, R. A. *et al.* 1965. Fatty Acid Composition of Tissues of Pigs Fed Whole Peanuts, *J. Food*

Science. 30, 632.

Cookson, M. A. *et al*. 1956. The Role of Lipids in Baking Ⅲ. Some Breadmaking and Other Properties of Defatted Flour and of Lipids. *J. Sci Food Agr.,* 7, 72.

Cookson, M. A. *et al*. 1957. The Role of Lipids in Baking Ⅳ. Some Further Properties of Flour Lipids and Defatted Flour. *J. Sci Food Agr.,* 8, 105.

Cottyn, B. G. *et al*. 1968. Rapid Method for the Gas-Chromatographic Determination of Volatile Fatty Acids in Rumen Fluid. *J. Agi. Food Chem.,* 16, 105.

Cox, H. E. and Pearson, D. 1962. "*The Chemical Analysis of Foods,*" Chemical Publishing Co. Inc., New York.

Daftary, R. D. *et al*. 1968. Functional Bread-Making Properties of Wheat Flour Lipids. 2. The Role of Flour Lipid Fractions in Bread Making. *Food Technol.,* 22, 327.

DeMan, J. M. 1983. Consistency of Fats: A Review, *J. Am. Oil Chem. Soc.,* 60(1), 82.

Earle, F. R. McGuire, T. A., Mallan, J., Bagby, M. O., and Wolff, I. A. 1960. Search for New Industrial Oil. Ⅱ. Oil with High Iodine Values. *J. Am. Oil Chem. Soc.,* 37(1), 48.

Eckley, E. W. 1954. "*Vegetable Fats and Oils,*" Reinhold Publishing Corp., New York.

Garti, N., Schlichter, J., and Sarig, S. 1986. Effect of Food Emulsifiers on Poltmorphic Transitions of Cocoa Butter. *J. Am. Oil Chem. Soc.,* 63(2), 230.

Gegiou, D. and Staphylakis, K. 1985. Detection of Cocoa Butter Equivalents in Chocolate. *J. Am. Oil Chem. Soc.,* 62(6), 1047.

Ginter, E. 1978. Marginal Vitamin C Deficiency, Lipid Metabolism, and Atherogenesis in *Advances in Lipid Research,* 16, 167.

Gunstone, F. D. and Norris, F. A. 1983. Chapter 18 Margarines and Shortenings in "*ipids in foods: Chemistry, Biochemistry, and Technology,*" Pergamon Press Ltd, London.

Gunstone, F. D. Harwood, J. L., and Padly, F. B.(Editors). 1986. "*The Lipid Handbook,*" Chapman and Hall, London.

Gurr, M. I. and James, A. T. 1975. "*Lipid Biochemistry: An Introduction,*" Second edition, Chapman and Hall Ltd., London.

Gurr, M. I. 1984. "*Role of Fats in Food and Nutrition,*" Elsevier Applied Science Publishers Ltd., London.

Hagemann, J. W. and Rothfus, J. A. 1983. Polymorphism and Transformation Energetics of Saturated Monoacid Triglycerides from Differential Scanning Calorimetry and Theoretical Modeling. *J. Am. Oil Chem. Soc.,* 60(6), 1123.

Haighton, A. J. 1976. Blending, Chilling and Tempering of Margarines and Shortening. *J. Am. Oil Chem. Soc.,* 53(6), 397.

Hartnett, D. I. 1977. Cake Shortenings. *J. Am. Oil Chem. Soc.,* 54(12), 557.

Hatch, F. T. and Lees, S. L. 1968. Practical Methods for Plasma Lipoprotein Analysis *Advancess in Lipid Research,* 6, 11.

Hilditch, T. P. 1956. "*The Chemical Constitution of Natural Fats,*" 3rd ed., Chapmen and Hall Ltd., London.

Jacobson, M. B. 1958. "*The Chemical Analysis of Food and Food Products,*" 3rd ed., D. Van Nostrand Co. Inc., Princeton, N.J.

Jain, M. K. and White, H. B.Ⅲ. 1977. Long Range Order in Biomembrane in *Advances in Lipid*

Research, 15, 1.

Jamieson, G. S. 1943. *"Vegetable Fats and Oils,"* 2nd ed., Reinhold Publishing Corp., New York.

Johnson, J. A. *et al.* 1966. Chemistry of Bread Flour in *"Flavor Chemistry,"* ed. by Gould, R. E., American Chemical Society, Washington, D.C.

Johnson, O. C. *et al.* 1954. Studies on the Nutritional and Physiological Effect of Thermally Oxidized Oils. *J. Am. Oil Chem. Soc.,* 34, 594.

Jones, R. J. 1974. Role of Dietary Fat in Health. *J. Am. Oil Chem. Soc.,* 51(6), 251.

Joslyn, M. A. ed. 1970. *"Methods in Food Analysis,"* 2nd ed., Academic Press, Inc., New York.

Kaunitz, H. *et al.* 1956. Biological Effects of the Polmeric Residues Isolated from Autoxidized Fats. *J. Am. Oil Chem. Soc.,* 33, 630.

Kaunitz, H. *et al.* 1964. Nutritional Effects of Dihydroxystearic Acid in Rats. *J. Am. Oil Chem. Soc.,* 41, 50.

Kaykaty, M., Weiss, G., and Barbalas, M. 1986. Metabolism of the Synthetic Prostaglandin Alfaprostol in the Cow. *J. Agric. Food Chem.,* 34(4), 688.

Keane, M. W. *et al.* 1959. Biologcal and Chemical Studies on Commercial Frying Oils. *J. Nutrition.* 68, 57.

Keijbets, M. J. H., Ebbenhorst-Seller, G., and Ruisch, J 1985. Suitability of Hydrogenated Soybean Oil for Prefrying of Deep-Frozen French Fries. *J. Am. Oil Chem. Soc.,* 62(4), 720.

Kinsella, J. E. 1986. Food Components with Potential Therapeutic Benefits: The n-3 Polyunsaturated Fatty Acids of Fish Oils. *Food Technol.,* 41(2), 89.

桑田勉. 1956. "改稿 油脂化學," 岩波書店, 東京.

Kunau, W. H. and Holman, R. T.(Editors). 1977. *"Polyunsaturated Fatty Acids,"* The American Oil Chemists' Society, Champaign, IL, U.S.A.

Kwon, D. Y. and Rhee, J. S. 1986. A Simple and Rapid Colorimetric Method for Determination of Free Fatty Acids for Lipase Assay. *J. Am. Oil Chem. Soc.,* 63(1), 89.

Lee, D. S. *et al.* 1964. A Note on Fat Extraction Method. *J. Korean Agr. Chem. Soc.,* 5, 59.

Lee, E. H., Oh, K. S., Ahn, C. B., Chung, Y. H., Kim, J. S., and Lee, S. K. 1986. Seasonal Variations in Lipids and Fatty Acid Composition of Sardine, Sardinops Melanostica. *Korean J. Food Sci. and Technol.,* 18(3), 245.

Lehninger, Aalbert L. 1953. From Fat to Energy. *J. Agr. Food Chem.,* 1, 1194.

Leung, H. K., Anderson, G. R., and Norr, P. J. 1985. Rapid Determination of Total and Solid Fat Contents in Chocolate Products by Pulsed Nuclear Magnetic Resonance. *J. Food Sci.,* 50, 942.

Little, R. C. 1981. Problems in Understanding the Interaction of Surfactant, Oil and Water. *J. Am. Oil Chem. Soc.,* 58(6), 734.

Lowe, Belle. 1955. *"Experimental Cookery,"* 4th ed., John Wiley and Sons. Inc., New York.

Lowe, B. *et al.* 1958. The Free Fatt Acid Content and Smoke Point of Some Fats. *J. Home Econ.,* 50, 778.

Matano, K. 1970. Toxicity of Oxidized and Heated Fats. *J. Japan Oil Chem. Soc.,* 19, 197.

Matsui, N. 1970. A Look at Bakery and Confectioner's Fats. *J. Japan Oil Chem. Soc.,* 19, 218.

Matsui, N. 1954. Studies on the Toxicity of Fish Oils. *J. Biochem.,* 41, 481.

Mattil, K. F., 1959. The Visible Fats in Our Diet, *Food Technol.,* 13, 46.

McDaniel, M. R. *et al.* 1969. Influence of Free Fatty Acids on Sweet Cream Butter Flavor. *J. Food*

Science, 34, 251.

Mecham, D. K. 1964. *"Wheat Chemistry and Technology,"* American Association Cereal Chem., Minneapolis Minn.

Mills, B. L. and van de Voort, F. R. 1981. Determination of Solid Fat Index of Fats and Oils Using the Anton Paar Density Meter. *J. Am. Oil Chem. Soc.,* 58(5), 618.

Mounts, T. L. 1981. Chemical and Physical Effects of Processing Fats and Oils. *J. Am. Oil Chem. Soc.,* 58(1), 51A.

Nakamura, R., Fukano, T., and Taniguchi, M. 1982. Heat-Induced Gelation of Han's Egg Yolk Low Density Lipoprotein(LDL) Dispersion. *J. food Sci.,* 47, 1449.

Nakamura, T. 1986. Prostaglendin-Like Substances Formed during Autoxidation of Methyl Linolenate. *Lipids,* 21(9), 553.

中澤君 著. 1979. "마가린, 쇼트닝, 라아드 : 可塑性 油脂의 모든 것," 光琳株式會社, 東京.

小原哲二郎 編. 1981. "食用油脂와 그 加工,"建帛 社, 東京.

Nicoll, A., Miller, N. E., and Lewis, B. 1980. High-Density Lipoprotein Metabolism in *Advances in Lipid Research,* 17, 54.

Pomeranz, Y. *et al*. 1965. Polar vs. Non-Polar Wheat Flour Lipids in Bread-Making. *Food Technol.,* 19, 1725.

溫永坤. 1981. Shortening의 特性과 品質向上 効果. 食品科學, 14(2), 42.

Perkins, E. G(editor). 1975. *"Analysis of Lipids and Lipoproteins,"* Am. Oil Chem. Society, Champaign, IL.

Pomeranz, Y. *et al*. 1965. Studies on the Mechanism of the Bread-Improving Effect of Lipids. *Food Technol.,* 20, 1485.

Pomeranz, Y. *et al*. 1966. Effects of Lipids on Bread Baked from Flours Varying Widely in Bread-Making Potentialities. *Food Technol.,* 20, 1225.

Pomeranz, Y. *et al*. 1968. Evaluation of Factors Affecting Lipid Binding in Wheat Flours. *J. Agr. Food Chem.,* 16, 974.

Pomeranz, Y. *et al*. 1968. Natural and Modified Phospholipids Effects on Bread Quality. *Food Technol.,* 22, 897.

Pomeranz, Y. *et al*. 1968. Functional Bread-Making Properties of Wheat Flour Lipids. 1. Reconstitution Studies and Properties of Defatted Flours. *Food Technol.,* 22, 324.

Popov, A. *et al*. 1966. Rapid Method for the Determination of the Fats. *Nahrung,* 10, 45.

Pryde, E. H.(Editor). 1979. *"Fatty Acids",* The American Oil Chemists' Society, Champaign, IL. U.S.A.

Riemenschneider, R. W. 1955. Determination of Triglyceride Composition of Fats. *J. Am. Oil Chem. Soc.,* 32(11), 678.

Roberts, S. M. and Newton, R. F. 1980. Prostaglandins-Potentially Useful Clinical Drugs for 1980s in *"Fats and Oils : Chemistry and Technology,"* Edited by Hamilton, R. J. and Bhati, A., Applid Science Publishers Ltd., London.

Rodeghier, A. A. 1955. Determination of Impurities in Fats and Oils. *J. Am. Oil Chem. Soc.,* 32(11), 578.

Sato, K. and Suzuki, M. 1986. Solvent Crystallization of α,β-and γ-Polymorphs of Oleic Acid. *J. Am. Oil Chem. Soc.,* 63(10), 1356.

Schuler, G. A. *et al*. 1971. Fatty Acid Composition of Lipid from Broilers Fed Saturated and

Unsaturated Fats, *J. Food Science.,* 36, 431.

Schultz, H. W. ed. 1962. *"Lipids and Their Oxidation",* Avi Publishing Co. Inc., Westport, Conn.

Scott Blair, G. W. 1953. Rheology of Milk, Cream, Ice-cream Mixes and Similar Products, in *"Food stuffs: Their Plasticity, Fluidity, and Consistency,"* Edited by Scott Blair, G. W., North-Holland Pub., Company, Amsterdam.

Shimamura, U. 1970. Problems on Deep Frying Shortenings. *J. Japan Oil Chem. Soc.,* 19, 232.

Slover, H. T., Lanza, E., and Thompson, R. H. Jr. 1980. Lipids in Fast Foods. *J. Food Sci.,* 45(6), 1583.

Smith, E. B. 1974. The Relationship between Plasma and Tissue Lipids in Human Atherosclerosis in *Advances in Lipid Research,* 12, 1.

Smith, Horace L. Jr. 1970. Heat Transfer in Hot Fat Cooking. *Food Technol.,* 14, 84.

Smith, H. M. 1955. Melting Point, Solidification, and Consistency. *J. Am. Oil Chem. Soc.,* 32(11), 593.

Starr, P. 1978. Atherosclerosis, Hypothroism, and Thyroid Hormone Therapy in *Advances in Lipid Research,* 16, 245.

Subramanian, C. S. and Mead, J. F. 1986. A Relationship between Essential Fatty Acid and Vitamin E Deficiency. *Lipid.* 21(9), 603.

Sugai, M. *et al.* 1962. The Effect of Heated Fat on the Carcinogenic Activity of 2-Acetylaminofluorene a. *Cancer Res.,* 22, 510.

Sugsao, M., Ishida, T., and Ide, T. 1986. Effects of Various Polyunsaturated Fatty Acids on Blood Cholesterol and Eicosanoids in Rats. *Agric. Biol. Chem.(Japan),* 50(9), 2335.

Sugano, M. *et al.* 1986. Effect of Mold Oil Containing γ-Linolenic Acid on the Blood Cholesterol and Eicosanoid Levels in Rars. *Agric. Biol. Chem.(Japan),* 50(10), 2483.

Suzuki, M. and Ogaki, T. 1985. Crystallization and Transformatiom Mechanism of α,β- and γ-Polymorphs of Ultra-Pure Oleic Acid. *J. Am. Oil Chem. Soc.,* 62(11), 1600.

Swerm, D(editor). 1964. *"Bailey's Industrial Oil and Fat Products,"* Third edition, Interscience Publishers, New York.

Tall, A. R. and Small, D. M. 1980. Body Cholesterol Removal: Role and Plasma High-Density Lipoprotein in *Advances in Lipid Research,* 17, 2.

Tocher, D. R. and Sargent, J. R. 1984. Analyses of Lipids and Fatty Acids in Ripe Rose of Some Northwest European Marine Fish. *Lipid,* 19(7), 492.

Trieboled, H. O. and Aurand, L. W. 1963. *"Food Composition and Analysis,"* D. Van Nostrand Co. Inc., Princeton, N.J.

Ushijima, K. 1970. Margarine and Shortening for Cakes and Breads. *J. Japan Oil Chem. Soc.,* 19, 255.

van Den Enden, J. C., Rossell, J. B., Vermaas, L. F., and Waddington, D. 1982. Determination of the Solid Fat Content of Hard Confectionery Butters. *J. Am. Oil Chem. Soc.,* 59(10), 433.

Watanabe, H. 1970. Mayonnaise. *J. Japan Oil Chem. Soc.,* 19, 249.

Weiss, T. J. 1983. *"Food Oils and Their Uses,"* Second Edition, Avi Publishing Co. Inc., Westport, CT, U.S.A.

Williams, K. A. 1966. *"Oils, Fats and Fatty Foods,"* 4th ed., J. and A Churchill Ltd., London.

Woerful, J. B. *et al.* 1958. Blending and Measuremant of the Properties of Shortening. *Food Technol.,* 12, 674.

Wolf, R. B., Kleiman, R., and England, R. E. 1983. New Sources of γ-Linoleic Acid. *J. Am. Oil Chem.*

Soc., 60(11), 1858.

Woodman, A. G. 1944. *"Food Analysis",* 4th edition, McGraw-Hill Book Co., Inc., New York.

柳原昌一. 1984. "食用加工油脂의 知識," 幸書房, 東京.

安田耕作 · 福永良一郎 · 松井宣. 1979. "油脂製品의 知識," 幸書房, 東京.

Yoshimatsu, E. 1970. The Relation of Fat and Oil to Cookery. *J. Japan Oil Chem. Soc.,* 19, 111.

Zabik, M. E. 1962. Correlation of Smoke Point to Free Fatty Acid Content in Measuring Fat Deterioration from Consecutive Heatings. *Food Technol.,* 16, 111.

Chapter 14 유지의 산패

식용유지류의 산패와 그 분류

식용유지(edible fats and oils)나 지방질 식품들(fatty foods, 즉 지방질 함량이 큰 식품들)에 있어서, 산패(酸敗, rancidity)라는 용어는 원래 라틴어의 "악취가 나는" 또는 "썩은 냄새가 나는(stinking)"이란 뜻의 rancidus라는 말에서 유래되었으며, 식품화학에서는 일반적으로 유지류나 식품들 중의 지방질 성분에서 일어나는 어떤 비정상적인 불쾌한 냄새와 맛의 발생과 그 발전(off-flavor development)에 사용되어 왔다.

식용유지나 지방질 식품 등에 있어서 가장 중요한 품질의 저하(quality deterioration)는 이 유지나 지방질 성분의 산패에 기인되는 경우가 많으며, 따라서 식용유지류(앞으로는 특별한 경우를 제외하고는 유지류로 표시함)의 산패현상(rancidity development)은 식품화학적으로도 여러 면에서 매우 중요하다.

유지나 지방질 식품 중의 지방질 성분의 산패(rancidity)는 그 원인에 따라 대체로 다음과 같이 분류된다. 즉

1. 유지 또는 지방질 식품이 외부의 바람직하지 않은 냄새를 흡수(absorption of foreign odors)하는 경우
2. 유지 또는 지방질 성분의 가수분해에 의해서 산패되는 경우, 즉 가수분해에 의한 산패 (hydrolytic rancidity)
3. 유지 또는 지방질 성분의 산화에 의한 산패(oxidative rancidity)

등으로 분류된다.

한편 일부 유지 중에는 외부에서 냄새를 흡수하지도 않고, 또 가수분해나 산화가 심하게 일어나지도 않는데도 비정상적인 냄새, 즉 이취(異臭, off-flavor)를 품게 되는 경우가 있다. 예로서 대두유(soybean oil)의 경우에는 정제한 후 얼마 있다가 다시 정제하기 전에 가졌던 것과 비슷한 풀 냄새, 비린내를 갖는 경우가 가끔 있으며, 이와 같은 현상은 변향(變香, flavor reversion)으로 알려져 있다. 이 변향은 본질적으로는 산화에 의한 산패(oxidative rancidity)에 속하나, 여러 가지 특유한 점들이 있어서 관례상 별도로 다루어져 온 경우가 많았다.

냄새의 흡수

유지나 지방질 식품들(fatty foods)이 외부의 여러 휘발성 물질들, 즉 여러 냄새들을 잘 흡수하는 사실은 오래 전부터 잘 알려져 왔다. 예로서 달걀노른자, 우유, 육류 등과 같은 식품들에 함유된 지방질 성분들은 포장 재료나, 주위의 냄새들을 흡수하기 쉬우며, 경우에 따라서는 조리(cooking)된 후에도 외부에서 흡수한 냄새들을 그대로 가질 때가 있다. 이와 같은 경우에도 본래의 냄새와는 다른 비정상적인 냄새(off-flavor)를 가졌다는 의미에서 산패라고 말할 수 있다.

한편 이와 같은 식용유지류가 외부, 주변의 냄새 성분들을 잘 흡수하는 성질은 불가리아(Bulgaria) 등지에서 장미유(the oil of roses, the attar 또는 otto of roses)를 제조하는데 옛날부터 사용되어 왔다. 근래에 와서 향수(香水), 향유와 고급 화장품 등의 귀중한 원료로 사용되고 있는 이 장미유는 용매추출법(4,000 kg의 장미에서 1kg이 얻어짐), 수증기 증류법, 온침법(溫浸法) 등에 의해서 주로 만들어지나 옛부터 내려온 독특한 방법으로 앙플레라아지(enfleurage)법이 있다.

이 방법은 밀폐된 창고에 장미꽃을 쌓아 넣고, 복판에 잘 정제된 돼지기름(lard)과 같은 무색, 무미, 무취의 기름을 얇게 깔아서 장기간 방치하여, 정제된 기름으로 하여금 장미의 향기 성분들을 흡수케 하는 방법이다.

이상의 예들은 식용유지나 지방질 식품들의 지방질 성분이 주변의 냄새, 즉 주변의 휘발 성분들을 얼마나 잘 흡수하는가를 나타내는 하나의 좋은 예이다.

가수분해에 의한 산패

이 가수분해에 의한 산패(hydrolytic rancidity)는 보통

1. 유지의 구성 성분인 트리아실글리세롤들(triacylglycerols, TAGs)이 수분(moisture, 또는 water)과 접촉함으로써 일어나는 화학적인 가수분해(chemical hydrolysis)에 의한 산패와
2. 이상의 트리아실글리세롤들이 동식물의 조직 중에 존재하는, 지방질 즉 유지 가수분해 효소인 라이페이스(lipase)와 같은 효소에 의해서 촉진되는, 효소에 의한 가수분해(enzymatic hydrolysis)에 의한 산패로 다시 세분된다.

그러나 이 모든 가수분해 과정들은 본질적으로는 아래와 같은 화학반응식에 의해서 설명됨은 말할 나위도 없다.

이상의 가수분해에 의한 산패(hydrolytic rancidity)는 수분 함량이 크거나 수분과의 접촉 기회가 큰 식품들과 가공품들의 경우 매우 중요하다. 이와 같은 예로는 우유와 유제품(乳製品)들이 있다.

링(Ling, E. R., 1963, 제14장 참고문헌 참조)에 의하면, 우유의 지방질 함량은 평균 3.6% 정도, 그리고 평균 수분 함량은 87% 내지 88%라고 한다. 따라서 우유는 다량의 물속에 소량의 지방질이 분산된 에멀전, 즉 유탁액(oil-in-water type emulsion)으로 볼 수 있다.

$$\begin{array}{l} CH_2OCOR_1 \\ | \\ CH_2OCOR_2 \\ | \\ CH_2OCOR_3 \end{array} + 3H_2O \xrightarrow[\text{2. 존재하에 가수분해}]{\text{1. 또는}} \begin{array}{l} CH_2OH \\ | \\ CHOH \\ | \\ CH_2OH \end{array} + \begin{array}{l} R_1COOH \\ R_2COOH \\ R_3COOH \end{array}$$

1. 라이페이스
2. 산 또는 알칼리

유탁액(乳濁液)에서는 물과 접촉되는 지방구들(脂肪球, fat globules)의 표면적은 매우 클 것이며, 가수분해가 일어나기 쉬운 여건에 놓여 있기 때문에, 다른 식용유지나 지방질 식품들에 비해서 특히 가수분해에 의한 산패(hydrolytic rancidity)가 중요하게 된다.

이와 같은 설명은 그 제품 속에 수분이 15% 내지 16% 가량 함유되고 있는 버터(butter)나, 30% 내지 40% 가량의 수분을 함유하고 있는 치즈(cheese) 등과 같은 낙농제품들(dairy products)에도 적용된다.

우유와 유제품들의 경우에는 이상의 식품들이 함유하고 있는 지방질 성분들(milk fat 또는 butter fat)이 다른 동물성 지방이나 식물성유들과는 달리 비결합(非結合) 상태에서는 냄새가 고약하고 휘발성이 큰 저급 지방산들(lower fatty acids)의 함량이 큰 점에서도 특이하며, 중요하다.

저급 지방산들(lower fatty acids), 즉 탄소 수가 적은 저분자량의 지방산일수록 휘발성도 클 뿐만 아니라, 그 냄새가 고약하고 강한 사실에 대해서는 이미 언급한 바 있다. 저급 유리 지방산 중에서도 그 냄새가 가장 고약한 지방산은 뷰티린산(butyric acid, $C_{4:0}$)이며, 그 다음은 캅로인산(caproic acid, $C_{6:0}$)이다.

어떤 연구자의 연구 결과에 의하면 뷰티린산의 냄새는 불과 80ppm의 농도에서도 쉽게 알아낼 수 있다고 한다. 따라서 상당량의 뷰티린산이 구성 지방산이 되고 있는 우유나 낙농제품 등에서는 앞에서 말한 대로 가수분해에 의한 산패(hydrolytic rancidity)가 가장 큰 문제 중의 하나가 된다(제12장 p. 630 참조). 그러므로 이와 같은 가수분해에 의한 산패는 낙농산업(dairy industry)이나 이 낙농산업을 뒷받침하여 주고 있는 낙농화학(dairy chemistry)에 있어서 특히 중요한 과제가 되고 있다.

한편 수분 함량은 비록 크지 않아도 유지 성분과 수분이 접촉할 표면적이 아주 큰 가공 식품들에 있어서는 공기 중의 산소에 의한 산패뿐만 아니라, 가수분해에 의한 산패도 중요한 문제가 된다. 예로서 비스킷(biscuits)들은 이와 같은 표면적이 큰, 다공질(多孔質, porous)의 구조를 가진 유지함유 식품들이며, 이와 같은 비스킷류에서는 로오린산(lauric acid, $C_{12:0}$)의 함량이 매우 큰 소위 로오린산 유지류(lauric acid oils)의 하나인 코코넛 야자유(coconut oil)나 팜 야자씨 기름(palm kernel oil) 등을 사용하기 때문에 가수분해에 의한 산패는 특히 중요하다.

한편 김들(Kim, M. A., *et al*., 1985)은 역시 다공질의 구조를 갖고 있으며, 16% 가량의 튀김유를 함유하고 있는 라면을 장기간 저장할 때, 수분 함량이 2.7%보다 적을 때는 공기 중의 산소에 의한 산패가 급격하게 일어나고, 수분 함량이 8.5% 이상, 특히 그 수분 함량이 11.5%에서는 가수분해에 의한 산패가 급격하게 일어났다고 보고하고 있다. 그리고 이 경우에 가수분해에 의한 산패취(rancid flavor)는 공기 중의 산소에 의한 산패취보다 훨씬 강력하였다고 한다.

일부 식물성유들(vegetable oils), 예로서 미강유(rice bran oil), 팜 야자유(palm oil)나 올리브유(olive oil) 등에 있어서는 착유할 때, 식물체 조직들의 파괴에 의해서 혼입되어 들어오는 유지류 가수분해 효소인 라이페이스(lipase)의 활동이 매우 강하며, 따라서 조제유들(粗製油類, crude oils) 속의 유리 지방산 함량들이 매우 높다.

어유들(fish oils)에 있어서도 어류가 사는 온도보다 약간 높은 온도에서 활성이 높은 어류 체내 조직에 존재하는 라이페이스들의 활력이 매우 강하기 때문에 조제 어유류(crude fish oils)나 어육 조직에서의 지방질 성분들의 가수분해에 의한 산패는 매우 활발하다.

한편 이상의 가수분해로 인해서 형성된 유리 지방산들이 존재하는 매개체(medium)의 영향에 대해서도 고려할 필요가 있다.

포오스(Forss, D. A., 1969)에 의하면, 일반적으로 식물성유류(vegetable oils) 속에서는 전술한 바와 같은 지방산들의 냄새는 뷰티린산이 가장 강하고, 캅로인산, 캅릴린산(caprylic acid, $C_{8:0}$)과 캅린산(capric acid, $C_{10:0}$), 로오린산(lauric acid, $C_{12:0}$)의 순서로 약해지나, 수용액에서는 뷰티린산, 캅로인산, 캅릴린산과 로오린산의 냄새의 강도에는 큰 차이가 없다고 한다.

일부 미생물들은 라이페이스(lipase) 등의 효소들을 형성, 분비하는 사실이 알려져 있다. 이들 미생물이 번식하는 식품류에 있어서는 가수분해에 의한 산패는 물론, 산화에 의한 산패도 촉진되는 사실이 알려져 있다(Forss, D. A., 1969, *J. Agr. Food Chem.*, 17(4), 683 참조).

산화에 의한 산패

산화에 의한 산패(oxidative rancidity)는 유지류나 지방질 식품류 중의 지방질 성분들, 즉 지방산 그룹들이 공기 중의 산소를 자연적으로 흡수하고 반응함으로써 발단(發端), 즉 시작되는 산패이다.

이 산패는 저장 또는 가공과정에 있는 유지류나 지방질 식품들과 공기 사이에 접촉이 있는 한, 정도의 차이는 있겠으나 다 같이 일어날 수 있는 산패이며, 또한 그 안의 잔존 공기를 완전히 제거한 병조림이나 통조림 등의 일부 특수한 형태의 가공 식품들을 제외하고서는 공기와의 접촉은 피할 수 없는 것이기 때문에 전자의 두 가지 형태의 산패에 비해서 훨씬 더 보편적이고 중요하다.

따라서, 일반적으로 식용유지나 지방질 식품들에 있어서의 산패라면 거의 대부분의 경우 이 산화에 의한 산패를 말한다.

산화에 의한 산패의 분류

산화에 의한 산패(oxidative rancidity)를 일으키는 과정은 대체로

1. 유지류 또는 지방질 성분들이 실온(room temperature) 또는 주위 환경의 온도(ambient temperature), 또는 그보다 약간 더 높은 온도에서 자연발생적(spontaneously)으로 흡수한 산소와 계속 반응함으로써 일어나는, 그 본질이 활성 라디칼 연쇄반응(free radical chain reactions)으로 특징지어지는 소위 자동산화 과정(autoxidation processes)과
2. 유지류 또는 유지류가 중요한 구성 성분이 되고 있는 시스템 등에서 광선의 조사(照射)를 받아서 활성화된 감광체(感光體, photosensitizer)와 공기 중의 산소분자들(oxygen molecules)과의 상호작용 결과 형성된 극히 활성이 강한 일중항(상태)의 산소분자(singlet state oxygen molecule)에 의한 유지류 또는 지방질 성분들의 산화과정, 즉 감광체에 의한 산화(photosensitized oxidation) 또는 일중항 산소(一重項 酸素, $^1O_2$)에 의한 산화와
3. 대략 140℃와 200℃ 사이의 비교적 높은 온도로 가열된 유지류에서 가속된 자동산화와 고온에

서의 산화 및 가열반응 등이 복합적으로 일어나는 가열산화 과정(加熱酸化過程, thermal oxidation processes)

등의 세 가지의 기본적인 형태로 나눌 수 있다.

일반 유지류나 지방질 식품들은 단시일의 가공 처리과정을 제외하면 대체로 실온 부근 또는 그보다 다소 낮거나 높은 온도에서 장기간 저장되는 경우가 많기 때문에 자동산화 과정은 특히 중요하다.

한편 가열산화 과정(a thermal oxidation process)은 튀김에 사용되는 기름이나, 튀김 식품들(deep-fried foods)과 같이 고온에서 가열산화 중인 튀김유를 15%에서 40%까지 함유하고 있는 소위 튀김식품류로 알려진 지방질 식품들에 있어서 특히 고려되어야 할 산화 과정이다.

유지류를 산소 존재 없이, 비교적 높은 온도에서 가열할 때도 구성 유지 성분들의 가열분해(pyrolysis)나 중합(polymerization) 등으로 대표되는 여러 복잡한 반응들이 일어나며, 유지류의 물리적, 화학적 성질 등에 현저한 변화들이 일어난다. 이상과 같은 변화들은 모두 유지류 자체의 성질들에 변화를 일으킴으로써 그 유지류 자체나 그 유지류를 함유한 지방질 식품들의 품질(quality)과 영양가(nutritional value)에도 대부분의 경우 바람직하지 않은 변화들을 가져온다.

유지의 자동산화

일찍이 워타즈(Waters, W. A., 1953)는 자동산화(autoxidation)를 「연소(combustion)와 같이 고온에서 반응속도의 조절이 어려운 상황에서 급속도로 일어나는 산화과정(oxidation process)과 대조가 되는, 비교적 낮은 온도에서 공기 중의 산소에 의해서 서서히 일어나는 산화」라고 정의하고 있다.

원래 자동산화는 유지에만 국한된 것도 아니며, 또 유기 물질들(organic substances)에만 국한된 것도 아니다. 극단적인 예로서 못이 녹 슬게 되는 현상도 자동산화 과정이다.

이와 같은 실온(room temperature) 또는 주위 환경의 온도(the ambient temperature)에서 유기물질 또는 일부 무기물질들의 공기 중의 산소와의 접촉면에서 초기에는 거의 감지할 수 없는 반응의 시작, 즉 자동산화의 시작은 대기 중의 산소(the atmospheric oxygen), 즉 분자상의 산소(molecular oxygen, O_2)가 실제로는 라디칼 상태(free radical)로 존재하는데 그 근본적인 이유가 있다.

공기 중 또는 대기 중의 산소 분자들은 라디칼 형태로 존재하므로 적절한 조건이 구비되면 언제나 유리 라디칼 반응(free radical reaction)을 일으킬 수 있다. 다만 대기 중의 일반적인 산소분자들의 라디칼로서의 반응성(reactivity)은 낮다. 즉 다시 말해서 안정성이 크며, 더구나 대기 중에서는 라디칼로서의 활성이 없는 질소와 혼합 상태에 있기 때문에 그 반응성은 크게 장애를 받고 있는 상태이다.

이와 같은 안정된 라디칼로서 산소(대기 중의)와 같이 반응성이 약한 라디칼로 존재하면서, 인체에서의 작용의 중요성이 새로이 인식되기 시작한 라디칼로서는 일산화질소(nitrogen monoxide, nitric oxide, NO)가 있다(Nielson, D. L. and Cox, M. M., 2000 등 참조).

유지류 또는 지방질 식품류의 자동산화, 즉 대기 중의 산소에 의한 산화(the oxidation of fats and oils by atmospheric oxygen)는 오래 전부터 이상과 같은 이유로 유리 라디칼 반응(free radical reaction)에 의한 것으로 생각되어 왔었다.

그 구체적인 반응기구(反應機構, reaction mechanism)의 해명(解明)에는 1940년대 초기 고무 제품류(원료 고무는 이중결합을 가진 유기 화합물들의 복잡한 고분자 화합물로 볼 수 있음)의 노화(老化,

aging, 즉 산화)와 노화방지(즉 산화억제)를 주로 연구하고 있던 영국 고무(제품) 제조업자 연구협회(British Rubber Producers Research Association)에서 일하고 있던 퍼머(Farmer, E. H., *et al.*, 1942~1943)를 대표로 하는 여러 연구자들의 올레핀 화합물들(olefinic compounds), 특히 유지류의 주요 구성 지방산들의 에스터인 올레인산(oleic acid), 리놀레인산(linoleic acid), 리놀레닌산(linolenic acid) 등의 메틸 또는 에틸 에스터들에 대한 여러 실험을 하였다. 이들 실험결과들을 통해서 공기 중의 산소는 이중결합을 가진 지방산들, 즉 불포화지방산들(不飽和脂肪酸, unsaturated fatty acids)과 선택적으로 반응하여 감압증류(distillation under reduced pressure)하여 분리할 수 있을 만큼의, 잠정적인 안정성(metastable)을 가진 과산화물(peroxide)에 속하는 하이드로파록사이드들(hydroperoxides)을 형성, 축적하는 사실을 밝혀냈다.

이상의 지방산의 에스터들에서 형성된 이 중간 생성체들(metastable intermediates)은 흡수한 산소량만큼 형성되며, 무미, 무색, 무취(odorless, colorless, tasteless)의 불안정한 액체 화합물들이나, 계속 대기 중의 산소와 반응하여, 즉 계속 산화되어 제2차 산화생성물들(secondary oxidation products) 내지는 최종 산화생성물들(final oxidation products)을 형성하는 사실이 알려졌다.

이들은 곧 대기 중의 산소는 불포화지방산의 에스터들의 이중결합에 요오드 부가반응 때처럼 이온반응(ionic reaction)을 통해서 이중결합 자체와 결합하는 것이 아니라(제13장, p. 734, 요오드값, iodine value 참조), 이중결합 바로 옆의 위치(알릴 위치, allylic position)에 있는 탄소 원자가 활성화되어 형성된 알릴 라디칼과 라디칼 반응(free radical reaction)을 통해서 중간체인 하이드로파록사이드들을 형성하며, 그 후 계속되는 산화 반응들도 유리 라디칼 반응을 통해서 진행되는 사실을 처음으로 확립하였다.

건스톤(Gunstone, E. D., 1984)은 불포화지방산의 산화에 관한 레뷰(a review)에서, 파머들의 위에서와 같은 연구들의 결과들과 그 해석들이 그 당시 기존의 견해들을 타파한 매우 참신하고 충격적인 것이었다고 회상하고 있다.

1930년대 말에서 1940년대에 걸쳐 발전된 크리이지(Criegee, R.), 훅크(Hock, H.), 그리고 특히 파머(Farmer, E. H.)들과 그의 공동 연구자들이 기초를 닦은 불포화지방산들의 산화에 관한, 즉 자동산화(autoxidation)에 관한 유리 라디칼 반응설(free radical reaction theory)은 그 후 많은 새로운 연구결과들이 반영되고 변천되어 왔으나, 그 기본적인 골격은 그 후의 많은 연구자들(일부 예를 들면, Water, W. A., 1953 ; Frankel, E. N., 1998)에 의해서 유지되어 왔다.

일반적으로 유지류의 산소흡수속도(rate of oxygen absorption)는 처음 어느 일정기간 동안은 매우 적으며, 그 속도도 거의 일정하나, 이 특정 기간이 지난 후에는 유지류의 산소 흡수 속도는 급격하게 증가한다.

유지가 흡수한 산소는 유지의 산화에 소비된다. 즉 유지의 산화생성물들(oxidation products)의 형성에 소비된다. 이 산화생성물들의 양은 유지가 흡수하는 산소의 양에 의해서 결정되므로 유지의 산소 흡수 속도가 커짐에 따라 증가한다.

이 유지류의 초기 산화생성물들(oxidation products)은 유지분자들과는 물론 다른 물리적, 화학적 성질들을 갖고 있으며, 따라서 이와 같은 산화 생성물들의 양이 급증함에 따라 유지류의 물리적, 화학적 성질들(physical and chemical properties)도 급격하게 변화하게 된다.

한편 이와 같은 물리적, 화학적 성질들의 변화들과 함께 유지류의 냄새나 맛과 같은 관능적 요인들(organoleptic factors)에도 변화가 일어난다. 일반적으로 유지류의 산소 흡수 속도가 급증하는 시점을 지난 후 곧 그 유지류의 산패(rancidity)가 일어난다.

이온반응과 유리 라디칼 반응의 특징들

지금까지 이 책에서 다루어 온 대부분의 화학반응들은 그 본질에 있어서 이온반응(ionic reaction), 즉 모든 반응이 특정 이온들(ionic species)을 통해서 이루어지는 반응이었다.

화학반응은 경우에 따라서는 또 하나의 두드러지게 다른 특징들을 가진 반응체들(reactants), 즉 유리 라디칼들(free radicals)을 통해서 이루어지며, 이 경우 유리 라디칼 반응(free radical reactions)이라고 불려진다.

이상의 두 가지 화학반응들의 기본적 양식 사이에는 일반적으로 다음과 같은 서로 다른 특징들을 볼 수 있다.

첫째로, 이온반응에 참여하는 이온들은 분자 내의 이온결합의 해리(dissociation of ionic bond, 즉 ionization), 다시 말해서 분자 내의 결합의 불균일한 균열(heterolytic cleavage)에 의해서 형성되는 반면에, 라디칼 반응에 참여하는 유리 라디칼은 분자 내의 공유결합(covalent bond)의 균일한 분열(homoytic cleavage)에 의해서 형성된다.

따라서, 이온반응에서 일어나는 불균일한 분열은 항상 전자의 수가 하나 더 많아진 음이온(anion)과 전자의 수 하나가 더 적어진 양이온(cation)이 형성되며, 한편 라디칼 반응의 경우에는 공유결합의 균일한 분열에 의해서 두 개의 라디칼들이 형성된다.

$$R : X \rightarrow R + X : , \quad \text{즉 } R^{+} + X^{-}$$

$$R : X \rightarrow R\cdot + X\cdot$$

둘째로, 이온반응은 분자들의 이온화를 쉽게 하여 주는 용매들(solvents), 즉 유전항수(誘電恒數 , dielectric constant)가 큰 용매들, 다시 말해서 물과 같은 극성 용매들(極性溶媒들, polar solvents)에서 잘 일어나는 반면에, 라디칼 반응은 분자의 균일한 분열을 용이하게 해주는 유전항수(誘電恒數 , dielectric constant)가 낮은 비극성 용매들(non-polar solvents)에서 잘 일어나나, 충분한 활성화가 가능한 경우에는 유전항수가 높은 용매에서도 일어날 수가 있다(유전항수에 대해서는 제1장 p. 6 참조).

셋째로, 이온반응들에서 형성되는 이온들의 농도나 종류에 영향을 주는, 따라서 이들 반응의 속도와 방향(courses of direction)까지 바꿀 수 있는 산(acid)이나 알칼리(base) 등의 존재는 라디칼 반응에서는 아무런 영향을 주지 않는다.

넷째로, 이온반응들에서 각종 광선의 조사(irradiation)는 일부 특수한 경우를 제외하고는 이들 반응의 속도나 그 방향에 거의 영향을 주지 않는데 반하여, 한 유리 라디칼 반응에서의 광선의 조사는 그 체계(體系) 내의 분자들의 공유결합의 균일한 분열(homoytic cleavage)을 촉진시키기 때문에, 대개의 경우 그 반응 속도의 급격한 증가를 가져온다. 또한 경우에 따라서는 새로운 형태의 균일한 분열을 가져옴으로써 새로운 형태의 라디칼 반응을 시작하게 할 수도 있다.

다섯째로, 이온반응들은 일반적으로 단계적으로 일어나는 반응들(stepwise reactions)인데 반하여, 유리 라디칼 반응들은 일반적으로 초기, 전파, 종결 반응으로 구성되고 있으되, 전파 반응이 가장 중심이 되는 연쇄 반응들(chain reactions)로 특징지어지는 반응들이라고 할 수 있다.

이 유리 라디칼 연쇄 반응들(free radical chain reactions)에서 가장 중요한 전파 반응(propagation reaction)에서, 즉 실질적인 연쇄 반응에서 이상의 반응을 끌고 나가는 활성화된 유리 라디칼들(major activated free radicals)의 수가 연쇄 반응의 한 주기(each cycle)마다 감소한다면 이 유리 라디칼 반응은 곧 종식 될 것이다.

이와 반대로 대기 중의 산소에 의한 지방질 또는 식용 유지류의 산화와 같이 기본적으로 열의 형태로 에너지를 발생하는 반응, 즉 발열반응(exothermic reaction)인 경우에는 그 전파반응 또는 실질적인 연쇄 반응의 한 주기마다 주요 활성화 라디칼의 수가 크게 증가하면 앞에서 말한 연소현상(combustion process)과 같은 현상이 일어날 것이며, 주요 활성화 라디칼의 수가 걷잡을 수 없이 증가할 때는 폭발(explosion)과 같은 상황을 생각할 수 있다.

그러나 주요 활성화 라디칼들의 수가 전파 반응의 한 주기마다 통제가 가능한(온도 조절에 의한 공급 열에너지의 조정 등으로), 즉 공급 열에너지가 점진적으로 증가하는 경우에는 중간 생성체들(intermediates)의 축적과 중간 생성체들의 계속, 산화, 분해 또는 라디칼들 사이의 중합(重合, polymerization) 등으로 종결 반응을 맞이하게 될 수도 있다.

이상과 같은 상태의 반응들은, 일반적으로 정상상태 반응(定常狀態 反應, stationary state reaction)으로 불리고 있으며, 따라서 위와 같은 유리 라디칼 연쇄 반응은 정상상태 유리 라디칼 연쇄 반응(a stationary state free radical chain reaction)이 된다. 실제로 유지의 자동산화는 전형적인 정상상태의 유리 라디칼 연쇄 반응의 좋은 예이다.

유지의 자동산화 기구의 전반적인 개관

그러나 이 식용 유지나 지방질 성분들 중에는 공기 중의 산소와 연쇄 반응을 일으킬, 식용 유지나 지방질 성분들에서 직접 활성화된 라디칼들이 형성되는 초기 반응이 선행되어야 한다.

이와 같이 활성화된 라디칼이 형성되는 기간은 일반적으로 유도기간(誘導期間, an induction period)으로서, 유지류나 지방산 에스터들의 자동산화가 유리 라디칼 연쇄 반응에 의해서 일어나는 사실들이 실험을 통해서 확립되기 훨씬 전부터 여러 실험들 또는 실험적 사실들 등을 통해서 널리 알려져 왔다.

그리고 그 다음 단계로 이상의 유도기간 중에 형성된 활성 라디칼들에 의해서 촉발되는, 활성화된 유지 분자들 또는 지방산 에스터들과 공기 중의 산소 사이에 연쇄 반응들 즉 앞에서 말한 정상상태의 연쇄 반응들이 이어지게 된다.

이 정상상태의 연쇄 반응은 이어서 기질 분자들(substrate molecules)의 점진적인 감소와 활성 라디칼들의 상대적인 증가에 따라 활성 라디칼들 사이의 상호반응들이 한층 더 활발해지며, 결과적으로 이상의 정상상태의 연쇄 반응의 속도는 점차 줄어들게 되는 최종 단계(the final phase)에 들어서게 되며, 결국 이상의 연쇄 반응들은 끝나게 된다.

그러나 유지, 지방질 성분들의 전체적인 산화는 이상의 정상상태의 연쇄 반응의 결과 형성되고 축적된 중간 생성체들(intermediates)인 하이드로파록사이드류(hydroperoxides, ROOH)의 계속된 산화와 분해 등의 진행에 따라 안정된 최종 또는 제2차 산화 생성물들(the stable final or secondary oxidation products)을 형성하게 된다.

자동산화의 기구

유지 분자가 공기 중의 산소와 반응하여 산화생성물들(oxidation products)을 형성하는 자동산화 과정에 대한 기구(mechanism), 즉 자동산화의 기구(mechanism of autoxidation)에 대해서는 종래에는 엥글러-밧하 학설(Engler-Bach theory, 1897~1900) 등에 의해서 다음과 같이 설명되어 왔다.

이와 같은 설명은 불포화도가 큰 유지일수록 자동산화가 활발하게 일어나는 사실을 잘 설명하여 주고 있다. 그러나 자동산화가 진행됨에 따라 산소와 결합되어 있지 않는 이중결합(free double bond)의 수는 감소되어야 하며, 따라서 자동산화가 진행됨에 따라 여기에 비례해서 그 유지의 요오드가(iodine value)에는 상당한 감소가 일어나야 할 것이다.

$$R_2C{=}CR_2 + O_2 \xrightarrow{\text{부가반응}} R_2C{=}CR_2(O{=}O)$$

유지분자 → 몰옥사이드(moloxide 또는 epidioxide)

$$R_2C{-}CR_2(O{-}O) \xrightarrow{\text{산화, 분해}} R_2C{=}O \quad R_2C{=}O$$

케톤 또는 기다의 산화생성물들

유지의 자동산화에 관한 엥글러-밧하설(Engler-Bach theory)

그러나 지금까지의 실험 결과들은 산소의 흡수 속도가 증가하여도 이와 같은 요오드가의 급격한 감소가 일어나지 않는다는 사실이 밝혀져 왔으며, 따라서 이상의 실험적 학설은 사실과 잘 일치되지 않음이 알려지게 되었다.

그 후 크리이지들(Criegee, Pilz and Flyare, 1939), 혹크들(Hock and Newirth, 1939), 그리고 특히 파머(Farmer, 1942), 서톤(Sutton, 1944) 등의 많은 연구자들에 의해서 자동산화 되고 있는 유지를 비롯한 여러 불포화 화합물들(unsaturated compounds)에 있어서는 대부분의 경우, 산소는 이상의 불포화 화합물들의 분자 내의 이중결합에 직접 결합되는 것이 아니고, 이상의 불포화 화합물들 내의, 예로서 유지류의 경우에는 유지 분자들 속의 지방산들의 알릴 위치(allylic position)로 알려진 위치에서 산소와 선택적으로 결합한다는 실험적 사실이 확인되어 왔다(Waters, W. A., 1953 참조).

현재까지의 수많은 실험 결과들은 이와 같은 사실에 대해서 만족스럽게 설명하고 있으며, 또 이와 같은 설명은 현재의 유기화학적 이론에 의해서 뒷받침되고 있다.

이 학설에 의하면, 이중결합을 가진 유지 분자들은 그 유지 중에 존재하는, 또는 새로이 형성된 자유 라디칼들(free radicals)과의 상호반응에 의해서 자신들은 일단 알릴 라디칼들(allyl radicals)을 형성한다고 한다. 이 알릴 라디칼들은 공명에 의해서 어느 정도 안정화(resonance stabilization)되어 있으나, 곧 공기 중의 분자상 산소(molecular oxygen, O_2)와 결합하여 새로운 라디칼, 즉 파록시 라디칼(peroxy radical)을 형성한다.

이 파록시 라디칼들은 활성이 매우 크며 곧 다른 유지 분자들, 즉 다른 이중결합을 가진 유지 분자들과 상호반응을 일으켜, 다른 분자들의 알릴 위치(allylic position)에 있는 수소 원자를 받아서(즉 소위 hydrogen abstraction에 의해서), 파록시 라디칼 자신은 비교적 안정된 자동산화 과정의 주요 중간 산화

생성체(the major intermediate oxidation product)인 하이드로파록사이드(hydroperoxide)가 된다는 것이다.

1 $R\cdot + -CH_2-CH{=}CH- \longrightarrow RH + -\dot{C}H-CH{=}CH-$

유지 속의 어떤 라디칼 — 유지분자 — 안정화된 화합물 — 알릴라디칼(allyl radical)

$\left[\ -\underset{\cdot}{C}H_2-CH{=}CH- \longleftrightarrow -CH{=}CH-\underset{\cdot}{C}H-\ \right]$

공명에 의한 알킬라디칼의 안정화

2 $-\underset{\cdot}{C}H-CH{=}CH- + \cdot O-O\cdot \longrightarrow -\underset{\underset{O-O\cdot}{|}}{C}H-CH{=}CH-$

분자상의 산소와의 결합 — 파록시 라디칼

3 $-CH_2-CH{=}CH- + -\underset{\underset{O-O\cdot}{|}}{C}H-CH{=}CH- \longrightarrow -\underset{\cdot}{C}H-CH{=}CH- + -\underset{\underset{O-OH}{|}}{C}H-CH{=}CH-$

또 다른 유지분자 — 새로운 알리라디칼 — 하이드로파록사이드(hydroperoxide)

유지의 자동산화에 있어서 각종 라디칼들(radicals)과 하이드로파록사이드(hydroperoxide)의 형성

한편 자신의 알릴 위치에 있던 수소 원자를 파록시 라디칼(peroxy radical)에 준 유지분자들은 그 자신이 알릴 라디칼(allyl radical)이 되어서 다시 위에서 설명한 일련의 반응에 참여하여, 그 자신도 하이드로파록사이드가 된다.

이상의 일련의 변화를 반응식으로 표시하면 그림 14-1과 같다.

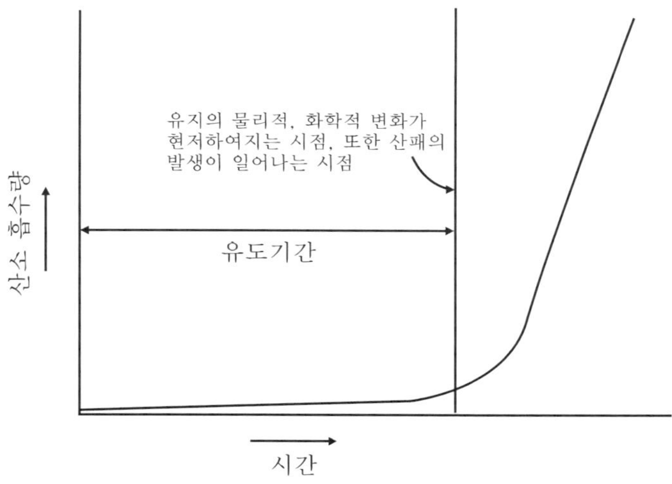

[그림 14-1] 유지의 산소흡수속도(rate of oxygen uptake).

한편 이와 같은 유지 분자들의 알릴 위치(allylic position)의 특이성은 이중결합(double bond) 다음의 위치에 있으며, 여러 가지의 전자분포 상태(electron distribution pattern)에 의해서 공명 안정화(resonance stabilization)할 수 있다는 알릴 위치와 공통된 특징을 가진 일부 벤질 화합물들(benzyl compounds)의 자동산화 과정에서 그 예를 발견할 수 있다.

알릴 위치와 극히 유사한 벤질 위치에 활성화된 수소 원자들을 가진 큐멘(cumene)과 테트랄린(tetralin)들은 각각 쉽게 자동산화 되어, 중간 생성체에 해당하는 하이드로파록사이드류를 만든 후, 계속 산화되어, 아세톤(acetone)과 테트랄론(tetralone)들을 만드는 사실이 알려져 있다.

cumene —(air, blown / at 125℃)→ cumene hydroperoxide —(계속 산화)→ phenol + acetone ($(CH_3)_2C=O$)

tetralin —(air, blown / at 70℃)→ tetralin hydroperoxide —(계속 산화)→ tetralone

이상의 반응 등에서 알 수 있듯이 자동산화 과정들(autoxidation processes)은 그 본질이 라디칼 반응(radical reaction)이며, 원칙적으로 산소 한 분자가 흡수될 때마다 하이드로파록사이드 한 분자가 형성되며, 또 하이드로파록사이드 한 분자가 형성될 때마다, 한 유지 분자에서 새로이 알릴 라디칼 한 분자가 형성되어 다른 분자상의 산소 한 분자와 결합하고, 결국 한 분자의 하이드로파록사이드가 형성되는 과정을 반복함으로써 결국 연쇄 반응을 반복하게 된다.

따라서, 이상의 자동산화 과정은 다른 여러 유리 라디칼 연쇄 반응(free radical chain reaction)들과 마찬가지로

1. 초기 반응(initiation reaction)
2. 전파 반응(propagation reaction)
3. 종결 반응(termination reaction)

으로 구성되고 있음을 알 수 있다.

이상에서 설명한 바와 같은 메틸, 에틸 에스터 등의 단순 에스터류로 대표되는 유지류, 각종 지방질 성분들의 공기 중의 산소 분자들 사이에 일어나는 초기 단계에 유발되는 정상상태의 유리 라디칼 연쇄 반응(the stationary state free radical chain reaction)들의 개요(槪要)를 그림으로 묘사한다면 바로 그림 14-2와 같은 것이다.

초기 반응은 유지 분자들을 활성화시켜서 공기 중의 산소와 라디칼 연쇄 반응을 촉발시키는 활성 라디칼들을 형성하게 하는 반응으로, 즉 반응 기질들이 기본적인 안정성은 유지하나, 외부에서 공급해주는 열, 방사선, 기계 에너지, 각종 촉매물질들, 예로서 금속 및 금속 이온들 등은 라디칼 형성을 촉진해주는 것으로 알려져 왔다.

한편 여러 기질들은 특정한 조건에서 일정한 유도기간을 갖는 사실들이 오래 전부터 알려져 왔으나, 그 확실한 이론적인 뒷받침은 아직 없으며, 다분히 경험적(empirical)이다. 한편 유지류의 경우, 극미량의 산화 촉진제들이나, 나중에 설명할 항산화제들(antioxidants)의 존재는 그 기질의 유도기간에 큰 영향을 줄 수 있다. 또한 초기에 형성된 과산화물들(peroxides 또는 hydroperoxides)의 분해 생성물들이 산화 촉진제로 작용할 수 있다.

1. 초기반응

R : R ⟶ R· + R
가열 에너지, 기계 에너지,
광 에너지

M· + R : H ⟶ M : H + R·
금속이온

ROOH ⟶ RO· + ·OH
하이드로파록사이드
감광체 산화과정에서 형성된 것 포함.

R· + R'H ⟶ R'H· + ·R

R· + ·O−O· ⟶ R−O−O·
파록시라디칼(peroxy radical)

2. 연쇄반응

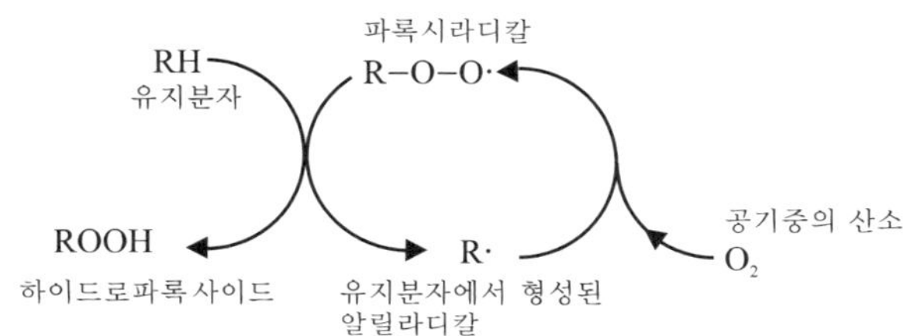

3. 종결반응

R· + R'· ⟶ R : R'

ROO· + R'· ⟶ ROO : R'

[그림 14-2] 자동산화과정 중 하이드로파록사이드들(hydroperoxide)의 형성 과정.

정상상태의 유리 라디칼 연쇄반응 또는 전파 반응 등에서는 유지 분자들이 전술한 바와 같은 과정을 거쳐서 공기 중의 분자상의 산소(molecular oxygen)와 직접 결합하면서 연쇄 반응을 일으켜 계속 중간 산화 생성체인 하이드로파록사이드들을 형성한다. 유지의 자동산화 과정의 처음의 얼마 도안은 하이드로파록사이드의 생성 속도(the rate of formation)는 그 분해 속도(the rate of decomposition)보다 크므로 그 양은 어느 수준까지는 급격히 증가한다.

종결 반응들(termination reactions)에 있어서는 연쇄 반응의 일부 생성물들(연쇄반응의 전부가 아님을 유의해야 할 것이다)인 활성이 큰 각종 라디칼들(reactive radicals)이 서로 결합을 하여 이중체(dimers), 삼중체(trimers) 등의 중합체들(polymers)을 형성하며, 여기에 참여하여 형성된 중합체들은 이미 라디칼이 아니므로 연쇄반응 체계(chain reaction systems)에서 제거된다.

한편 이와 같은 중합체들(polymers)의 형성은 자동산화 과정의 말기에 가서 두드러지게 되는 활발해지는 사실에 유의할 필요가 있다. 이상의 중합체들의 형성은 식용 유지나 지방질 성분들의 점도를 크게 증가시키며, 또한 인체 내에서의 소화, 흡수가 어려워지므로 영양학적으로도 큰 영향을 주게 된다.

한편 자동산화 과정(an autoxidation process)에서 중간 산화생성체들(intermediate oxidation products)로서 형성되는 하이드로파록사이드들은 어느 정도의 안정성을 가진 제1차 산화생성물들(the primary oxidation products), 즉 중간 생성체들(intermediate oxidation products)로서 잠시 동안은 한 반응체계(reaction system) 내에서 형성, 축적되며, 또한 실제로 분리, 정제하기도 했었다(Farmer, E. H. and Sutton, D. A., 1943 참조).

ROOH —(계속 산화 분해)→ ROH
하이드로파록사이드,
즉 중간 생성체

ROH
R−CH=O
$R(R')C=O$
R−C(=O)−OH
카아보닐 화합물들(carbonyl compounds)과 각종 중합체들, 즉 자동산화의 최종생성체들

R−R'
ROOR'
ROOR'OOR"

유지의 자동산화에 있어서 최종 산화생성물들(the final oxidation products)

이상의 제1차 산화생성물들 또는 중간 생성체들인 각종 하이드로파록사이드류는 계속해서 공기 중의 산소에 의해서 산화되어, 보통 자동산화가 진행되는 조건 하에서는 더 산화가 진행되기 어려운 알코올류, 알데하이드, 케톤류, 그리고 유리 지방산과 그 에스터들을 포함하는 산화생성물들과 앞에서 말한 각종 중합체들을 형성한다(위 반응식 참조).

물론 이상의 최종 산화생성물들도 더 과도한 조건 하에서는 궁극적으로는 탄산가스(carbon dioxide)와 물을 형성한다. 이런 일들을 모두 참고할 때는 전술한 산화생성물들은 제2차 산화생성물들(secondary oxidation products)이라고 하는 것이 더 적절할지 모른다. 이상에서 예를 들은 제2차 산화생성물들 중 알데하이드나 케톤류는 휘발성인 저분자량 화합물들이 많으며, 유지류나 지방질 성분들의 냄새나 향기에 영향을 크게 주며, 그 자체들의 반응성도 강하며 검출되기도 쉽기 때문에 휘발성 카아보닐 화합물들(volatile carbonyl compounds)로 널리 알려져 왔다.

한편 이상의 유지류나 지방질 성분들의 초기에 일어나는, 지금까지 설명한 정상상태의 유리 라디칼 연쇄 반응들과 그 후의 변화를 기질들의 시간 경과에 따른 여러 변수들(變數, variables) 사이의 관계로 표시한 것이 그림 14-3과 14-4들이다.

근래에 와서 가스-액체 크로마토그래피를 비롯한 각종 크로마토그래피 분리법들(various chromatographic separation techniques)과 질량분광분석기(mass spectrometers)를 비롯한 각종 구조 동정법들(various structural identification methods)에 의한 자동산화 과정에서 형성된 제1차 산화생성물 또는 중간 생성체들이 하이드로파록사이드류의 구조와 성질, 그리고 이 중간 생성체들의 계속적인 산화의 결과 형성되는 휘발성 카아보닐 화합물들을 비롯한 제2차 산화생성체들의 종류와 성질, 그리고 그 형성량과 분포(distribution)가 많은, 지속적인 연구들의 결과 밝혀져 왔다.

그리고 이상과 같은 실험 결과들을 통해서 중간 생성체들이 각종 하이드로파록사이드들의 형성 과정의 기구들(the mechanism of further oxidation of individual hydroperoxides)나 제2차 산화생성물들의 형성 과정의 기구들도 밝혀져 왔으며, 식용 유지나 지방질 성분들의 주요 구성 지방산들(에스터의 형태로서)의 경우 이상과 같은 계속되는 산화과정들이 거의 모두 밝혀진 상태로 볼 수 있다.

이 책에서는 이 중 가장 보편적인 올레인산, 리놀레인산과, 리놀레닌산 에스터들의 경우만 주로 설명해 나가기로 한다.

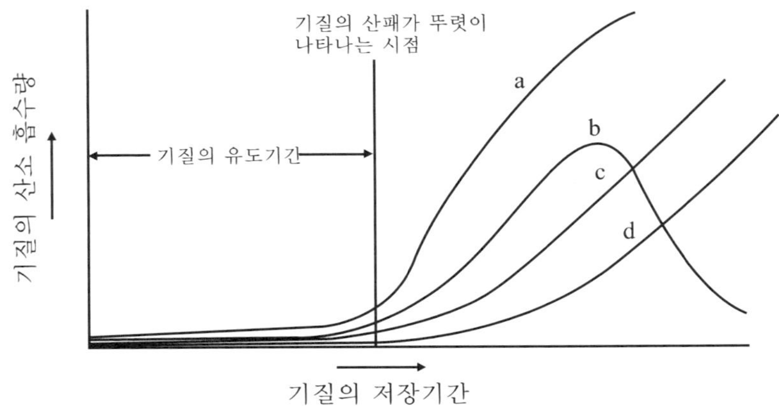

a. 산소의 흡수량(O_2 uptake)을 나타내는 곡선,
b. 자동산화 과정의 제1차 산화생성물인 하이드로퍼록사이드(hydroperoxide)의 생성량을 나타내는 곡선.
c. 최종 산화생성물인 카아보닐 화합물들(carbonyl compounds)의 생성량을 나타내는 곡선,
d. 점도(viscosity)의 증가를 나타내는 곡선.

[그림 14-3] 유지의 자동산화 과정을 나타내는 곡선들.

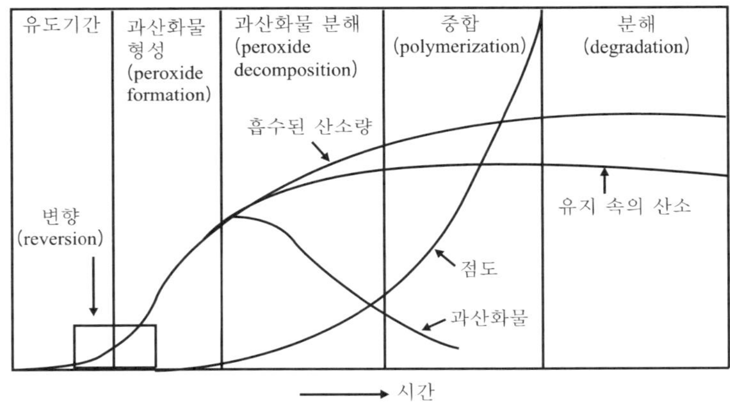

[그림 14-4] 유지의 산화 단계(stages of oxidation).
Perkins, E. G., 1967, *Food Technol.*, 21, 611.

일반 식용 유지나 지방질 성분들 중의 뷰티릭산 등의 저급 포화지방산들, 로오릭산, 팔미틱산, 스테아릭산 등 분자 내의 탄화수소 사슬들(hydrocarbon chains)에 이중결합을 갖고 있지 않은 포화지방산(saturated fatty acid)들의 에스터들은 정상적인 저장이나 가공 온도에서는 자동산화를 거의 일으키지 않는 것으로 알려져 있으며, 따라서 포화지방산의 에스터들의 공기 중의 산소에 의한 산화는 별도 항목을 만들어, 예로서 고온에서의 가열산화(thermal oxidation) 등에서 설명하기로 한다.

한편 보편적인, 즉 상기의 몇 불포화지방산들의 에스터들의 자동산화 과정에서 하이드로퍼록사이드류를 형성하는 기구들과 이상의 중간 생성체들이 계속 산화되어 제2차 산화생성물들을 형성하는 기구들에 대해서 간략하게 설명하기로 한다.

그러나 그 전에 지금까지 설명해 온 정상상태의 유리 라디칼들의 연쇄반응에 대해서 극히 간단히, 가장 단순화된 반응속도론적인 설명을 제시하기로 한다.

불포화지방산 에스터들의 자동산화의 여러 단계에서의 반응속도들

파머, 볼랜드와 이들의 공동 연구자들(Farmer, E. H., Bolland, J. L. and coworkers)이 리놀레인산의 에틸 에스터(ethyl linoleate)와 기타의 불포화지방산들의 에스터들에 적용한 자동산화 과정의 기본적인 세 개의 단계들은 다음과 같은 6개의 반응속도식으로 표시할 수 있다고 한다(Uri, N., 1961 참조).

Initiation reaction(초기 반응)

$$\text{Initiation} \xrightarrow{k_i} \text{free radicals}, R\cdot \tag{1}$$

Chain or propagation reaction(연쇄 반응)

$$R\cdot + O_2 \xrightarrow{k_o} RO_2\cdot \tag{2}$$

$$RO_2\cdot + RH \xrightarrow{k_p} ROOH + R\cdot \tag{3}$$

Termination reaction(종결 반응)

$$R_2\cdot + RO_2\cdot \xrightarrow{k_t} \tag{4}$$

$$R_2\cdot + RO\cdot \xrightarrow{k_{t'}} \text{products} \tag{5}$$

$$R\cdot + RO\cdot \xrightarrow{k_{t''}} \tag{6}$$

이상의 6개의 반응속도식들 중 첫 번째의 초기반응 과정의 반응식(1)이 일분자 반응(unimolecular reaction)인 것을 제외하고는 모두 이분자 반응(bimolecular reactions)들로 되어 있다. 한편 각 반응속도식의 반응속도 상수(reaction rate constant)들은 k_i, k_o, k_p, k_t, $k_{t'}$, $k_{t''}$ 등으로 보통 표시된다. 다만 여기서 식 (1)의 R·의 형성 속도는 $r_i = k_i \times [R\cdot]$로 표시했다.

또한 초기 반응식 (1) 또는 연쇄 반응식 (3)에서 형성된 활성 또는 유리 라디칼들은 대기 중의 산소와 매우 빠른 속도로 결합하여 파록시 라디칼(peroxy radical, $RO_2\cdot$)을 형성하는 사실이 알려져 있으며, 따라서 일반적인 환경, 즉 대기 중의 산소 분압(the partial pressure of oxygen)이 100mmHg보다 클 때는 종결 반응은 (4)의 반응에 의해서 실질적으로 진행되며, (5), (6)의 반응들은 잘 일어나지 않는 것으로 생각할 수 있는 사실이 여러 실험들을 통해서 알려져 왔다(Karel, M., 1992 참조).

또한 이상의 반응들이 정상상태(正常狀態, stationary state)의 유리 라디칼 연쇄 반응(free radical chain reaction)에 의해서 진행된다면, (1) 그리고 특히 (3)의 반응에 의해서 형성된 유리 라디칼의 형성속도 d[R·]/dt와 파록시 라디칼(peroxy radical, $RO_2\cdot$)의 형성속도 $d[RO_2\cdot]/dt$가 다 같이 0이어야 한다는 것을 의미한다. 즉 다음과 같은 관계가 성립해야 한다.

$$d[R\cdot]/dt = d[R_2\cdot]/dt = 0 \tag{1)'}$$

또한 이 정상상태의 유리 라디칼 연쇄반응에서의 하이드로파록사이드의 형성속도 d[ROOH]/dt는 산소의 소비 또는 소실속도 $-d[O_2]/dt$와 같아야 한다.

$$[\mathrm{ROOH}]/\mathrm{d}t = -\,\mathrm{d}[\mathrm{O_2}]/\mathrm{d}t \qquad (2)'$$

그리고 d[R・]/dt와 d[RO_2・]/dt를 (1), (2), (3), (4), (5) 식에서 구하면

$$\mathrm{d}[\mathrm{R}\cdot]/\mathrm{d}t = r_{\mathrm{i}} - k_0[\mathrm{R}\cdot][\mathrm{O_2}] + k_{\mathrm{p}}[\mathrm{RO_2}\cdot][\mathrm{RH}] \qquad (3)'$$

$$\mathrm{d}[\mathrm{RO_2}\cdot]/\mathrm{d}t = k_0[\mathrm{R}\cdot][\mathrm{O_2}] - k_{\mathrm{p}}[\mathrm{RO_2}\cdot][\mathrm{RH}] - k_{\mathrm{t}}[\mathrm{RO_2}\cdot]^2 \qquad (4)'$$

가 된다. 다시 (1)'의 식에 (3)', (4)' 식을 대입하고 난 후 정리하면

$$r_{\mathrm{i}} - k_{\mathrm{t}}[\mathrm{RO_2}\cdot]^2 = 0 \qquad (5)'$$

위와 같은 (5)'식을 얻을 수 있다.

한편 반응속도식 (3)에서 d[ROOH]/dt를 구하면

$$\mathrm{d}[\mathrm{ROOH}]/\mathrm{d}t = k_0[\mathrm{RO_2}\cdot][\mathrm{RH}] \qquad (6)'$$

위에서와 같은 (6)'식을 얻을 수 있으며, (5)'식에서 얻은 [RO_2・]=$(r_i/k_t)^{1/2}$를 다시 (6)'식에 대입하고 다시 (2)'식의 관계를 고려하면

$$\mathrm{d}[\mathrm{ROOH}]/\mathrm{d}t = -\,\mathrm{d}[\mathrm{O_2}]/\mathrm{d}t = (r_{\mathrm{i}}/k_{\mathrm{t}})^{1/2} \times k_{\mathrm{p}}[\mathrm{RH}] \qquad (7)'$$

(7)'식을 얻을 수 있다.

최종적으로 얻은 (7)'식은 실제 실험들을 통해서 하이드로파록사이드의 형성속도나, 산소의 소비 내지는 소실속도가 기질 RH, 즉 리놀레인산의 에틸 에스터의 농도에 대해서 1차 반응속도(first order reaction rate)의 관계를 유지하는 것으로 생각되고 있다.

또한 광선 조사에 의해서 촉진되는 초기 반응처럼 넓은 범위에서 초기반응 속도가 변화하는 그런 초기 반응들의 경우 초기반응속도 r_i의 영향을 분명히 받게 되는 사실들이 밝혀져 왔으며, (7)'의 관계식의 정당성이 증명되고 있다.

지금까지 설명한 것과 달리, 한 반응시스템(a reaction system)의 산소 분압이 100mmHg보다 크게 감소될 때는 전술한 반응속도식 중의 종결반응 가운데 (5) 및 (6) 식의 관계를 고려해야 할 필요성이 생기며, 모든 형태의 종결반응 방식을 고려한 반응속도식도 고안되고 또한 실제로 사용되어 왔으나 이와 같은 사항들에 대해서는 독자들이 독자적으로 공부해 주기 바란다(Uri, N., 1961 ; Karel, P., 1992 ; Al-Malaika, S., 1993 ; Frankel, E. N., 1998 등 참조).

한편 α, α'-아조비스아이소뷰티로나이트릴(α, α'-azobisisobutyronitrile, AIBN)로 대표되는 많은 활성 라디칼 형성화합물들은 광선 조사 또는 가열에 의해서 쉽게 활성 라디칼(active free radials)을 형성한다. 특히 AIBN으로 대표되는 아조 화합물들(azo-compounds)은 그 활성 라디칼 형성율이 온도에 따라 거의 일정하며 이들 AIBN 등의 아조 화합물들은 가열에 의해서 분해될 때 형성하는 질소(가스)의 양을 정밀하게 정량 할 수 있어서 AIBN 등의 분해율 또는 라디칼의 형성율을 계산할 수 있는 장점이 있다.

다만 사용되는 기질들의 성질에 따라서 형성된 라디칼들을 기질에 용해해 들어오는 산소 분자들과의 결합을 통한 파록시 라디칼들(peroxy radical, $RO_2\cdot$)의 형성이 방해되는 사실, 즉 케이지 효과(cage effects)를 수반하는 사실이 알려져 있다.

예로서 보통 불포화지방산 에스터들의 기질들의 경우 AIBN을 이용할 때 이상과 같은 케이지 효과를 받지 않고 산소 분자와 원활하게 결합하는 라디칼들의 비율은 65% 정도라고 한다.

$$CH_3-\underset{\underset{C\equiv N}{|}}{\overset{\overset{CH_3}{|}}{C}}-N=N-\underset{\underset{C\equiv N}{|}}{\overset{\overset{CH_3}{|}}{C}}-CH_3 \xrightarrow[\text{가열}]{} 2CH_3-\underset{\underset{C\equiv N}{|}}{\overset{\overset{CH_3}{|}}{C}}\cdot + N_2\uparrow$$

분해시 형성된 질소 가스

α, α′−azobisisobutryronitrile
AIBN

isobutryronitrile
Tradicals

이상의 AIBN 등의 활성 라디칼 생성화합물들도 전술한 광선조사(light irradiation)의 경우와 함께 유지류의 자동산화 그리고 곧 설명하게 될 항산화제(antioxidants)들의 작용 등을 반응속도론적으로 연구하는데 큰 도움을 주고 있다(Chan, H. W. S., 1987 ; Frankel, E. N., 1998 등 참조).

일부 주요 불포화지방산 에스터들의 자동산화 과정

전술한 대로 엥글러-밧하(Engler-Back theory, 1897~1900)에 이어 크리이지들(crieagee, R., Pilz, H. and Flygate, H., 1939) 퍼마들(Farmer, E. H. and Sundra lingam, A., 1942) 그리고 퍼마와 서튼들(Farmer, E. H. and Sutton, D. A., 1973, 1946) 등은 유지류에 포함된 올레핀 화합물들과 공기 중의 산소와의 반응은 올레핀 화합물들의 이중결합 옆의 알릴 위치(allylic position)에 산소분자, 즉 산소 라디칼들이 결합하여 하이드로퍼록사이드들이 형성되는 라디칼 반응(a free radical chain reaction)임을 설명하였다.

그 후 제2차 세계대전 후에는 세계 여러 나라들 그 중에도 미국의 미네소타 주립대학교, 호멜 연구소(the Hormel Institute), 미국 농림부 소속의 북부지역 연구센터(the Northern Regional Research Center., USDA; 아마도 대두, 옥수수 등의 주요 산지들의 중심에 위치하고 있는 것도 그 이유의 하나일 것임) 등과 북·남미의 여러 대학과 연구소들, 유럽과 아프리카 그리고 아시아의 여러 주요 대학과 연구소들에서 계속 이상의 분야들의 연구들이 발전되어 왔다(예 Simic, M. G. and Karel, M., 1980 ; Frankel, E. N., 1984 ; Min, D. B. and Smouse, T. H., 1985 ; Chan, H. W. S., 1987 ; Min, D. B. and Smouse, T. H., 1989 ; Frankel, E. N., 1988 ; Akoh, C. C. and Min, D. B., 1998, 그리고 그 개정판 Akoh, C. C. and Min, D. B., 2002 등 참조).

그러나 여기서는 식용 유지나 지방질 성분들 중 가장 중요하고 기본적인 불포화지방산의 에스터들로 볼 수 있는 올레인산, 리놀레인산, 리놀레닌산의 메틸 또는 에틸 에스터들의 하이드로파록사이드류의 형성과정의 화학반응 기구들을 먼저 간략하게 설명한 후 이들 제1차 산화생성물들이 계속 산화, 분해 또는 중합되어 제2차 산화생성물들을 형성하는 과정들에 관련된 화학반응들과 최종 생성물들에 대해서 설명하기로 한다.

올레인산 에스터의 경우　올레인산 에스터들의 경우, 활성 라디칼($R\cdot$ 또는 $RO_2\cdot$)에 의해서 수소 원자가 전자 하나와 함께 올레인산의 구조에서 제거되는 수소 원자는 이중결합을 형성하는 탄소와 직접 결합하고 있는 수소가 아니라 이중결합을 형성하고 있는 탄소 바로 다음 위치, 즉 알릴 위치(allylic position)에 있는 탄소와 결합하고 있는 수소라는 사실은 이미 설명한 바 있다. 이상과 같은 수소 원자의 제거는 hydrogen abstraction으로도 잘 알려져 있으며, 연쇄반응을 일으키는 기질(a substrate)이 형성한 활성 라디칼들을 공급하는 계기가 된다.

한편 이상의 형성된 알릴 라디칼들은, 벤젠의 경우처럼 이중결합을 형성하는 전자들이 함께 비국제화(非局制化, delocalization)되어, 다시 전이(轉移) 또는 전이 상태(transition states)를 거쳐서 네 개의 이성체들의 관계(isomeric relation)를 갖고 있는 하이드로파록사이드들, 즉 9-cis-8-OOH, 9-cis-11-OOH, 8-trans-10-OOH, 10-trans-9-OOH들을 형성하는 사실이 알려져 왔다.

이중 8-OOH(Δ^9 cis)와 11-OOH(Δ^9 cis)들은 전체적인 분포(分布)를 볼 때 외곽(外廓)에 위치하고 있으므로 외곽 하이드로파록사이드들(outer hydroperoxides), 상대적으로 중심부(中心部)에 위치하고 있는 9-OOH(Δ^{10} trans)와 10-OOH(Δ^8 trans)들은 내부 하이드로파록사이드들(inner hydroperoxides)로 알려지고 있다(그림 14-5 참조).

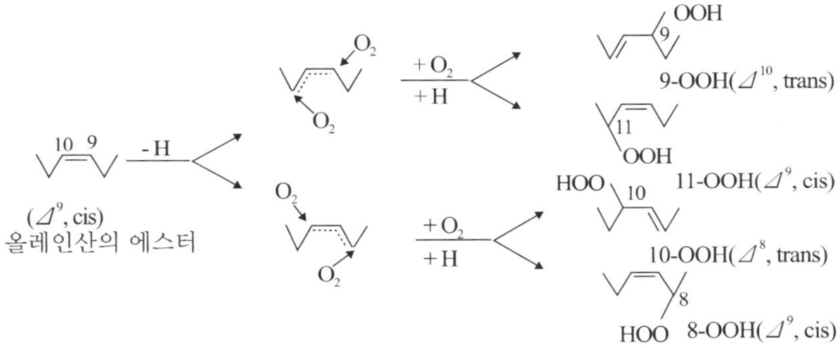

[그림 14-5] 올레인산의 메틸 에스터(methyl oleate)가 자동산화 될 때 실제로 검출, 확인된 네 개의 하이드로파록사이드들이 형성되는 반응 과정.
여기서 O_2는 대기 중의 산소, RO_2 ·(peroxy radical), R·(자동산화 초기 단계에 형성된 활성 라디칼), ROOH는 형성된 하이드로파록사이드, → 표는 전자의 비국제화(非局制化, delocalization)를 나타냄.

리놀레인산 에스터의 경우 리놀레인산 에스터(methyl linoleate)의 자동산화에 앞서 리놀레인산(linoleic acid, $C_{18:2}$ $\Delta^{9,13}$ cis, cis)의 구조를 살펴보면, 탄소 9~13번 사이의 구조가 펜타다이엔-1,4(pentadiene-1,4, $CH_2 = CH - CH_2 - CH = CH_2$)의 구조를 갖고 있음을 곧 알 수 있다(그림 14-6 참조).

한편 리놀레인산은 펜타다이에닐 그룹(pentadienyl group)을 갖고 있는데, 이 그룹의 중심, 리놀레인산의 경우 탄소 11번은 9-10번에 걸친 이중결합뿐만 아니라, 11-12번에 걸친 이중결합에 대해서도 소위 알릴 위치(allylic position)에 있다. 즉 리놀레인산의 탄소 번호 11번의 메틸렌 그룹(methylene group, $-CH_2-$)은 양쪽의 이중결합에 대해서 알릴 위치, 소위 호모알릴 위치(homoallylic position)에 있어서 이중(二重)으로 활성화된 상태로 볼 수 있다.

따라서 자동산화 초기에 위의 예에서와 같이 활성화된 지방산 에스터들의 라디칼들(initiator radicals)은 탄소 11번의 메틸렌 그룹들과 탈수소반응(hydrogen abstraction)을 통해서 탄소 11번에 유리 라디칼들이 선택적으로 형성된다. 이 라디칼들은 양측(兩側)의 이중결합들을 형성하고 있는 전자들과 비국제화(非局制化, delocalization)를 일으켜 더 안정된 형태를 취하려고 한다.

리놀레닌산의 에스터 → (-H) → 활성 라디칼 천이상태(transition state) → ($+O_2$, $+H$) → 9-OOH (50%), 13-OOH (50%)

[그림 14-6] 리놀레인산의 메틸 에스터(methyl linoleate)의 자동산화의 경우 리놀레인산의 에스터의 탄소 11번이 좌우 양쪽의 이중결합(Δ^9, Δ^{13})에 대해서 가 같이 알릴 위치(homoallylic position)에 있으며, 그 특이성이 상승효과를 가져와 그 후의 탈수소반응(hydrogen abstraction)은 11번의 탄소에 결합된 수소에서만 일어난다. 즉 탈수소과정에서 형성되는 라디칼은 1-라디칼뿐이다. 이 라디칼은 양쪽의 이중결합(Δ^9, Δ^{12})을 구성하는 전자들과 비국제화(delocalization)를 일으키나 실제로 산소 원자와 결합하는 위치는 입자 장애가 가장 적은 양끝의 위치, 즉 탄소 9번과 13번이 라디칼 형태일 때 결합하여 각각 9,13-파록시라디칼(9,13-peroxyradicals)을 형성한 후 다시 기질(substrate) 분자들과 탈수소반응을 통해서 9-OOH($\Delta^{9,12}$ trans, cis), 13-OOH($\Delta^{9,11}$ cis, trans) 등을 형성한다. 괄호 안은 상대적인 형성량을 13-OOH, 9-OOH의 모든 입체 이성체들을 포함한 평균적 수치들이다.

한편 대기 중의 산소 분자는 이상의 펜타다이에닐 시스템들(pentadienyl systems)의 9번과 13번에 선택적으로 9- 및 13-파록시라디칼들을 형성한 후 기질 분자들, 즉 옆에 있는 리놀리에이트 분자들의 탄소 11번의 메틸렌 그룹들과 탈수소 교환반응(hydrogen abstraction)을 통해서 9- 및 13-하이드로파록사이드들을 형성한다.

이상의 9-OOH와 13-OOH들의 형성량의 상대적 비율들은 온도, 기타 상황에 따른 변동을 고려한 평균적 형성량들로서 각각 50%이다(Frankel, E. N., 1984 참조).

그러나 근래에 와서 HPLC와 ^{13}C-NMR 등의 분석기기들을 이용한 연구들에 따르면, 9-OOH와 13-OOH들의 경우 다 같이 낮은 온도에서는 cis, trans가 trans, trans 입체 이성체들보다 다소 형성량들이 크게 측정되나 온도가 상승할수록 열역학적 안정성(thermodynamic stability)이 더 좋은 trans, trans 이성체(異性體)들의 형성량들이 점차 증가하여 cis, trans 이성체들의 형성량들을 넘는다고 하며, 이와 같은 이성체들의 형성량들은 펜타다이에닐 라디칼(pentadienyl radicals)들이 산소분자들과 결합하기 전에 원래의 cis, cis 구조에서 cis, trans 또는 trans, cis, 또는 trans, trans 구조로 변화한 상태에서 산소분자들과 결합하기 때문으로 설명되고 있다(Frankel, E. N., 1984 참조).

리놀레닌산 에스터의 경우 리놀레닌산 에스터(methyl linolenate)의 자동산화 과정에 대해서 설명하기에 앞서, 리놀레닌산(linolenic acid, $C_{18:3}$ $\Delta^{9,12,15}$ all cis)의 구조를 살펴보면, 탄소 9~13번과 12~16번 사이의 구조들이 바로 전에 설명한 리놀레인산(linoleic acid, $C_{18:2}$ $\Delta^{9,13}$ cis, cis)의 탄소 9~13번과 똑같은 구조를 갖고 있음을 알 수 있다.

즉 초기의 탈수소(hydrogen abstraction) 반응들을 통한, 기질분자들(substrate moleculaes)에서 형성되는 라디칼들은 리놀레인산의 에스터의 경우와 같은 이유로 각각 탄소 11번 및 14번 라디칼의 두 종류가 형성된다. 이상의 두 라디칼들은 리놀레인산 에스터의 경우처럼 양쪽의 이중결합을 구성하는 전자들과 비국제화를 통해서 더 안정된 형태를 취하려고 한다. 이때 공기 중의 산소 분자와의 결합들은 전자의 경우, 입체 장애가 가장 적은 탄소 9, 13번, 후자의 경우 12, 16번에 결합하여 네 종류의 파록시라디칼들(9-, 13- 및 12-, 16-peroxyradicals) 형성되고, 곧 옆에 있는 기질 분자들인 리놀레인산 에스터 분자들과 탈수소 교환 반응(hydrogen abstraction)을 통해서 중간체들인 9-OOH($\Delta^{10,\ 12,\ 15}$ trans, cis, cis), 12-OOH($\Delta^{9,\ 13,\ 15}$ cis, trans, cis), 13-OOH($\Delta^{9,\ 11,\ 15}$ cis, trans, cis), 16-OOH($\Delta^{9,\ 12,\ 14}$ cis, cis, trans)가 형성된다. 이 경우 올레인산의 에스터(methyl oleate)에서처럼 12-OOH와 3-OOH들은 내부 위치 하이드로파록사이드들(inner hydroperoxides), 한편 9-OOH와 16-OOH들은 외곽 위치 하이드로파록사이드들(outer hydroperoxides)이 된다.

프란켈들(Frankel, E. N., *et al*., 1977, Frankel, E. N., 1984 참조)은 온도 25℃, 40℃, 60℃, 80℃와 여러 산화 상태(과산화물가들)에서의 이상의 하이드로파록사이드류의 상대적 형성량들을 GC/MS 분석을 통해서 조사한 결과를 표로 제시하고 있다.

즉 25℃와 80℃에서의 각 하이드로파록사이드들의 상대적 형성량의 비율은 9-OOH의 경우 34.2%, 12-OOH의 경우 10.1~11.1%, 13-OOH의 경우 10.8~11.5%, 16-OOH의 경우 48.6~44.3%로서 자동산화 조건, 특히 온도에 따라서, 상대적인 형성량(%)에 다소 변동이 있음을 알 수 있다.

한편 프란켈(Frankel, E. N., 1984 참조)은 여러 조건 하에서 얻어진 상대적 형성량(%)의 평균치로서 9-OOH, 12-OOH, 13-OOH, 16-OOH의 경우 각각 30%, 12%, 12%, 46%로 발표하고 있다(그림 14-7 참조).

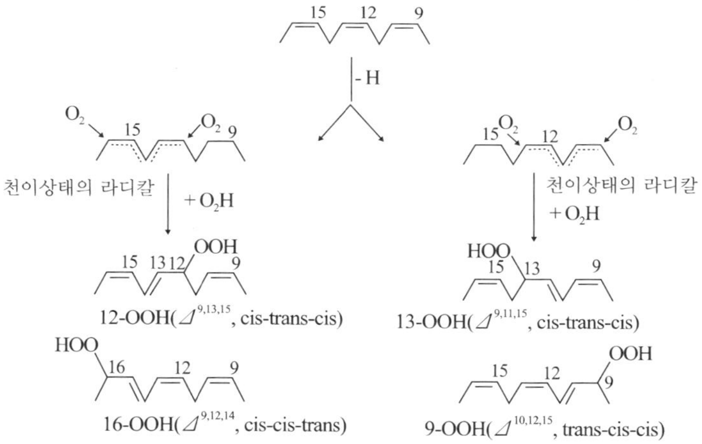

15 12 9
- H
O_2 15 O_2 9
$15\ O_2$ 12 O_2
천이상태의 라디칼 + O_2H
천이상태의 라디칼 + O_2H
OOH 15 13 12 9
HOO 15 13 9
12-OOH($\Delta^{9,13,15}$, cis-trans-cis)
13-OOH($\Delta^{9,11,15}$, cis-trans-cis)
HOO 16 12 9
OOH 15 12 9
16-OOH($\Delta^{9,12,14}$, cis-cis-trans)
9-OOH($\Delta^{10,12,15}$, trans-cis-cis)

[그림 14-7] 리놀레닌산의 메틸 에스터(methyl linolenate)의 자동산화의 경우에는 초기의 활성 유리 라디칼들(R•, RO_2•)에 의한 탈수소반응(hydrogen abstraction)에 의해서 유리 라디칼들이 형성될 때, 리놀레닌산 에스터의 탄소 9~13번 구조와 탄소 12~16번의 구조가 다 같이 앞에서 말한 리놀레인산의 탄소 9~13번의 구조와 동일하므로 탈수소반응에 의한 유리 라디칼 형성은 탄소 11번과 앞에서 말한 리놀레인산의 경우처럼 양쪽의 이중결합을 형성하고 있는 전자들과 함께 비국제화(非局制化, delocalization) 현상을 일으키며, 산소 분자와 결합할 때는 이 시스템들 중 입체 장애가 가장 적은 형태를 가진 하이드로파록사이드류를 취하게 된다. 이렇게 해서 네 개의 하이드로파록사이드들(9-OOH, 12-OOH, 13-OOH, 16-OOH)이 형성되나 내부에 위치한 12,13-OOH보다는 입체 장애가 더 적은 외곽 하이드로파록사이드들(outer hydroperoxides)인 9-OOH와 16-OOH의 형성량이 더 크다. 한편 같은 외곽 하이드로파록사이드들 중 16-OOH는 9-OOH보다 입체 장애 효과 외에도 —COOR, CH_3— 등의 영향도 함께 받아서인지 그 형성량이 현저히 더 많다.

그러나 나중에 언급하듯이, 이상의 환상 파록사이드들 중에서도 특히 16-하이드로파록시-에피다이옥사이드는 그 탄소 골격(carbon skeleton) 중 탄소 12-13번, 15-16번의 분해에 의해서 다량의 말론알데하이드(malonaldehyde, O = CH - CH_2 - CH=O)가 형성되는 사실이 알려져 있다.

[그림 14-8] 리놀레닌산의 내부 위치 하이드로파록사이드들(12-, 13-OOH)의 내부 1,3-환형성 반응(1,3-cyclization)과 새로운 9-, 16-OOH, 즉 9-cyclic peroxide hydroperoxide, 16-cyclic peroxide hydroperoxide가 형성되는 과정. 16-peroxy radical은 계속 분해되는 부반응들(side reactions)을 통해서 말론알데하이드(malonaldehyde)를 형성하기도 한다.

또한 16-라디칼의 경우, 탄소 골격 9, 10, 11, 12번의 전자 분포(電子 分布)가 바뀌어져, 탄소 16번의 전자와 12번의 전자 사이에 결합이 새로 형성되는 동시에 탄소 10~11번에 트란스형의 이중결합이 새로 형성되고 9번의 위치는 라디칼 형태를 갖고 있다가 이중환(二重環)을 가진 9-하이드로파록사이드가 형성되기도 한다.

이 이중환을 가진 과산화물(過酸化物, peroxides)에서 다시 9-바이사이클로엔도파록사이드(9-bicycloendoperoxide)와 그 위치 이성체인 11-바이사이클로엔도파록사이드(11-bicycloendoperoxide) 등이 형성된다(Frankel, E. N., 1980, 1984 참조).

이상과 같은 12-OOH에서 9-환상 과산화물 파록사이드, 13-OOH에서 16-환상 과산화물 파록사이드들(13, 16-cyclic peroxide hydroperoxides)이 형성되는 사실, 13-OOH의 경우, 이상과 같은 과정의 도중에 멀론알데하이드가 형성되는 과정 등은 2-, 13-OOH들과 같은 내부 위치 하이드로파록사이드들(inner hydroperoxides)의 상대적인 형성량이 9-, 16-OOH들과 같은 외곽 하이드로파록사이드들(outer hydroperoxides)의 상대적 형성량에 비해서 현저히 적은 사실을 잘 설명해 주고 있다.

한편 올레인산 에스터의 자동산화에서 볼 수 있듯이 외곽 위치들(outer positions)이 내부 위치들(inner positions)보다 여러 화학적 결합 반응에서 입체적 장애(立體的 障碍)가 더 적은 사실들도 이상과 같은 불균형된 형성량을 나타내는 또 하나의 원인으로 생각할 수 있을 것이다.

일반적으로 각종 불포화지방산 에스터들의 경우, 외곽 하이드로파록사이드류(outer hydroperoxides) 중에서는 카복실 그룹(carboxyl group, - COOR)에 가까운 경우보다 메틸 그룹(methyl group, CH_3 -)에 가까울수록 하이드로파록사이드류의 상대적 형성량이 큰 경향이 있다. 이와 같은 사실은 두 외곽 위치의 입체적 장애 효과(the effect of steric hindrance) 외에도 카아복실 그룹의 전자 흡인효과(電子 吸引効果, electron withdrawing effect)와 메틸 그룹(methyl group, CH_3-)의 전자 공여효과(電子 供與効果, electron releasing effect)들도 관여하고 있는 가능성도 고려할 수 있다.

유리 라디칼 형성과 이에 따른 전자들의 비극화(非極化, delocalization)는 전자밀도(electron density)가 높을수록 더 쉽게 이루어지는 것으로 생각되고 있다.

이상의 자동산화를 받는 불포화지방산들의 변화들, 특히 리놀레인산, 리놀레닌산 등의 소위 고도불포화지방산들(高度飽和脂肪酸類, polyunsaturated fatty acids, PUFAs)이 주성분 또는 중요한 성분들이 되고 있는 유지류(油脂類, fats and oils)나 기타 지방질 성분들이 식품가공 과정에서 150~200℃ 정도의 온도에서 공기 중의 산소에 의해서 산화되는 가열산화(加熱酸化, thermal oxidation)를 받는 경우에 흔히 볼 수 있다(Pokorny, J., 1989 참조).

가열산화는 반응이 크게 촉진된 유리 라디칼 반응으로 볼 수 있으나, 중간체인 하이드로파록사이드류의 산화, 분해에 의한 제2차 또는 최종 산화 생성물들의 형성이 단순한 자동산화 과정의 경우보다 훨씬 급속도로 일어난다.

전에도 설명한 것처럼 라디칼 반응 속도는 급속적으로 크게 증가하는데 비해서, 기질들이 흡수하는 대기 중의 산소량은 이에 따라가지 못하므로 산소 원자들을 함유한 이중체, 삼중체 등의 중합체들(polymers)의 함량이 커진다.

또한 유지를 고온에서 가열할 때 기질 분자들 사이의 이중결합을 통한 공유결합(共有結合)을 통한 중합반응(polymerization), 지방산 에스터 결합의 분해, 이중결합 전후의 탄소-탄소의 분해 등의 비라디칼 반응(non-radical reaction)도 함께 활발하게 일어나는 사실에 유의해야 한다.

한편 근래에 와서는 식물체들(Gardner, H. W., 1989) 또는 동물체들(Gurr, M. I. and Harwood, J. L., 1991 등 참조)의 리폭시제네이스(lipoxygenase)를 한 예로 여러 효소들을 통해서 생체 내에서 이루어지는 라디칼 반응들을 식물체들의 그 특유한 향기 성분의 형성과 관련해서 동물체 내에서는 아라키도닌산(arachidonic acid, $C_{20:4}$ $\Delta^{5,\ 8,\ 11,\ 14}$ all cis), 아이코사펜타에노인산(eicosapentaenoic acid, $C_{20:4}$ $\Delta^{5,\ 8,\ 11,\ 14,\ 17}$ all cis) 등의 C_{20} 고도불포화지방산들의 리폭시제네이스(lipoxygenase), 사이클로옥시제네이스(cyclooxygenase) 등이 관여하는 자동산화 과정을 통해서 아이코사노이드류(eicosanoids)로 알려진 각종 생물학적 활성 물질들, 예로서 각종 프로스타글란딘류(prostaglandin E1, prostaglandin F1α 등) 등이 형성되는 경로가 밝혀졌으며 계속 연구가 진척되고 있다.

또한 유지류, 지방질 성분들에 대한 강한 각종 방사선 조사(irradiation)는 유리 라디칼 연쇄 반응을 유발시키는 방법으로 볼 수 있으므로, 초기 활성 라디칼들(initiators)이 형성되면 곧 빠른 속도로 자동산화가 일어난다. 강한 방사선이 조사될 때는 가장 활성이 큰, 따라서 생체에 해로운 하이드록시 라디칼들(hydroxy radicals, ·OH)도 형성되는 것으로 알려져 있다.

이상의, 극히 간단하게 묘사한 변화들은 지방질 성분들의 유리 라디칼 연쇄 반응들에 의한 산화, 즉 자동산화로 궁극적으로는 설명되어야 할 변화들이므로 각 해당 항목들에 당면 할 때 간단히 설명해 나가기로 한다.

하이드로파록사이드류의 계속적인 산화 · 분해와 제2차 산화 생성물들의 형성 기구

근래에 와서 그 동안의 많은 연구자들의 노력으로 자동산화 과정 중에 중간 생성체들인 잠정적인 안정성을 가진(metastable) 하이드로파록사이드류의 시간 경과에 따른 계속된 산화, 분해, 중합체 형성 등의 과정들과, 이때 형성되는 제2차(secondary) 또는 최종 산화 생성물들(final oxidation products, 상대적인 표현임. 탄수화물, 탄화수소 화합물들의 최종 산화생성물은 이산화탄소 임)의 기본적이고 일반적인 종류들에 대해서는 잘 설명할 수 있게 되었으며, 이상과 같은 노력은 그 범위가 점차 확대되면서 현재도 계속되고 있다.

현재까지 알려진, 앞에서 말한 바와 같은 기본적인 불포화지방산들, 즉 올레인산, 리놀레인산, 리놀레닌산의 에스터들이 형성한 하이드로파록사이드류의 계속된 산화·분해 외에 그 결과 형성된 제2차 산화생성물들에 대해서 이상의 산화·분해 과정과 제2차 산화생성물들의 형성과정 중 기본적이고 공통된 반응기구(reaction mechanism)에 역점을 두고 설명하기로 한다.

유지나 지방질 성분류의 자동산화(autoxidation)의 특징을 대표하는 유리 라디칼 연쇄반응(free radical chain reaction)과 나중에 설명할 감광체에 의한 산화(photosensitized oxidation)에서 형성되는 하이드로파록사이드들의 형성기구(mechanisms of formation)는 완전히 다르다.

따라서 감광체(感光體)에 의한 산화는 앞으로 별도로 간단히 설명하기로 한다.

그러나 일단 형성된 하이드로파록사이드류의 산화·분해 과정과 그 결과 형성된 제2차 산화생성물들의 종류는, 같은 자동산화 반응기구들에 의해서 형성되기 때문에 대략 같은 종류들인 것으로 생각된다.

한편 자동산화 후기에 형성되는 각종의 중합체들의 종류들이나 형성 기구(본문 참조)들은 온도에 대해서 민감하여 온도가 상승할수록 그 형성량이나 종류들은 급증한다. 그 뿐만 아니라 온도가 상승하면, 모든 불포화지방산(예로서 위에 들은 리놀레인산, 리놀레닌산 에스터들 포함)들의 고립 이중결합 체계(isolated double bond systems)들은 점차 열역학적으로 더 안정된 공액 이중결합 체계(共軛二重結合 體系, conjugated double bond systems)들로 이성화하며, 공액 이중결합 체계들이 형성되기 시작하면, 나중에 설명할 디일즈-알더어 반응(Diels-Alder reaction)으로 알려진 공유결합 반응(covalent bond reaction)에 속하는 중합결합들이 활발해진다.

하이드로파록사이드류의 산화 · 분해의 기구

전술한 각종 지방산 에스터들의 산화·분해의 기구(機構)들, 그리고 산화·분해 후 곧 일어날 제2차 산화생성물들의 형성 기구에 관한 과정들을 올레인산의 에스터(methyl oleate)의 경우를 대표적인 예로서 설명하면 다음과 같다.

올레인산의 에스터의 자동산화의 경우, 8-, 9-, 10-, 11-OOH(hydroperoxide, ROOH)가 대략, 평균해서 27, 23, 23, 27%의 비율로 형성되는 사실에 대해서는 이미 언급한 바 있다. 자동산화 중의 이상과 같은 하이드로파록사이드류의 산화·분해 기구, 각종 제2차 산화생성물들의 형성 기구들은 일반적으로 동일한 기구에 따라 형성되는 사실이 여러 실험들을 통해서 잘 알려져 왔으므로(Frankel, E. N., *et al*., 1981 ; Frankel, E. N., 1985 ; Nawar, W. W., 1985 참조), 우선 리놀레인산의 에스터의 자동산화 과정에서 형성된 8-OOH의 산화·분해 과정과 제2차 산화생성물들의 형성 과정들을 한 대표적인 예로 설명한다.

중간 생성체(one of the intermediate oxidation products)의 하나인 하이드로파록사이드 8-OOH의 경우, 산화·분해의 첫 번째 과정은 하이드로파록시 그룹(hydroperoxy group ; R - O - O - H)의 두 산소 원자들 사이의 결합이 균등분열(均等分裂, homolytic cleavage)을 통해서 알콕시 라디칼(RO·)과 하이드록시 라디칼(·OH)의 두 개의 불안정한, 즉 매우 활성이 큰 라디칼들로 분열하게 된다. 한편 8-OOH의 경우에는 올레인산의 메틸 에스터 구조를 그대로 유지하고 있는 알콕시 라디칼(RO·)이

8-알콕시 라디칼의 양쪽, 즉 탄소 7-8번 또는 탄소 8-9번 사이에서 분열이 일어나게 된다.

그 다음에 이와 같은 하이드로파록사이드에서 파록실 그룹이 하이드록시 라디칼(・OH)과 알콕시 라디칼(alkoxy radical)로 균등분열이 일어난 후 알콕시 그룹(R - O・)의 양쪽에서 각각 역시 균등분열(homolytic cleavage)을 통해서 각각 두 개의 라디칼들을 형성하는 과정은 β-절단 또는 β-전단(專斷, β-scission)으로 명명되어 왔다.

한 알콕실 그룹에 대해서 좌우 양쪽에서 β-전단 또는 β-절단(切斷, β-scission)이 가능하며 또한 실제로 일어나므로 여러 연구자들에 의해서(Frankel, E. N., 1985 ; Grosch, W., 1987 ; Frankel, E. N., 1988 참조), 이중결합에서 먼 쪽의 위치에서 절단되는 경우를 A형 절단(type A β-scission), 그 반대의 위치, 즉 이중결합에 더 가까운 위치에서의 절단을 B형 절단(type B β-scission)으로 불려 왔다.

이렇게 형성된 활성 라디칼들(앞에서 말한 수산 라디칼 ・O - H도 포함)은 활성 라디칼들 사이의 결합에 의한 새로운 공유결합의 형성, 탈수소 교환반응(hydrogen abstraction) 등을 통한 비라디칼 화합물들(the formation of non-radical compounds), 그리고 여러 가지 형태의 이성화(異性化, isomerization) 등에 의한, 상대적으로 더 안정된 화합물들의 형성들 또는 아마도 가장 활성이 큰 라디칼들의 대표적인 존재인 하이드록시 라디칼(hydroxy radical, HO・) 등과의 결합에 의한 알코올류의 형성과 그 이성화에 의한 각종 카아보닐 화합물들(carbonyl compounds)의 형성의 결과 다양한 제2차 산화생성물들이 형성되는 사실이 밝혀져 왔다(그림 14-9 참조).

전술한 대로 올레인산 에스터의 자동산화 중 유리 라디칼 연쇄반응(free radical chain reaction)의 결과 형성되는 네 개의 하이드로파록사이드들은 8-, 9-, 10-과 11-OOH의 네 종류이며, 이들은 계속 산화, 분해된다.

그리고 나중에 설명하게 될 감광체에 의한 산화(photosensitized oxidation, 본장 참조)의 경우에는 9-, 10-OOH의 두 종류의 하이드로파록사이드들만이 형성된다고 한다.

8-OOH의 경우

$CH_3-(CH_2)_7-CH=CH \mid CH \mid (CH_2)_6-CO_2Me$

B | A

+ HO・

A : $CH_3-(CH_2)_7-CH=CH-CH=O$ + $CH_3-(CH_2)_5-CO_2Me$

2-Undecenal   Methyl heptanoate

B : $CH_3-(CH_3)_7-CH_2-CH=O$ + $O=CH-(CH_2)_6-CO_2Me$

Decanal   Methyl 8-oxooctanoate

[그림 14-9] 올레인산의 에스터의 자동산화 중 형성된 네 개의 하이드로파록사이드들 중의 하나인 8-OOH의 파록시 그룹(—OOH)이 계속된 산화・분해 초기에 균등분열(homolytic cleavage)의 결과 8-알콕시 라디칼(alkoxy radical)을 형성한다. 이 알콕시 라디칼은 곧 라디칼을 형성하는 탄소의 지방산기(carboxyl group)에 가까운 쪽과 메틸 그룹(terminal methyl group)에 가까운 쪽의 탄소-탄소 사이의 균등 분열, 즉 A형 및 B형의 소위 베타 전단(A and B type β-scission)이 일어나면서 각각 두 개씩의 분해 라디칼들이 형성되며, 이상의 네 개의 라디칼들은 상호간의 라디칼 반응과 이성화를 통해서 전체 탄소 수가 줄어든 휘발성 카아보닐 화합물(volatile carbonyl compounds)을 포함한 제2차 산화 생성물들을 형성한다.

한편 자동산화에 의해서 형성되는 8-, 9-,10, 11-과 12-OOH의 상대적인 형성량들은 각각 27, 23, 23, 27%이며, 감광체에 의한 산화의 경우, 9-, 10-OOH의 상대적 형성량은 각각 50%이였었다고 한다(Selke, E. *et al.*, 1978: Frankel, E. N., 1981 참조).

한편, 올레인산에서 형성된 8-, 9-, 11-OOH의 전술한 β전단(專斷, β-scission)과 이 때 형성되는 제2차 산화생성물들은 그림 14-10과 같았다고 한다(Frankel, E. N. 참조).

한편 리놀레인산의 에스터의 경우에는 올레인산의 에스터의 경우와 달리 라디칼을 형성할 때, 매우 특이(特異)한 이중결합 시스템인 소위 펜타다이엔 시스템(pentadiene system, $-CH_2=CH-CH_2-CH=CH-$)을 쉽게 형성하기 때문에 주로 9-OOH와 13-OOH 만을 형성하며 그 비율들은 48~55% 정도, 즉 각각 거의 50%씩 형성된다고 한다(Frankel, E. N., 1980 참조).

9-OOH의 경우

$$CH_3-(CH_3)_4-CH=CH-CH=CH-\overset{9}{C}H(O\cdot)-CH_2-(CH_2)_6-CO_2Me$$

A : $CH_3-(CH_2)_4-CH=CH-CH=CH-CH=O$ (2,4-Decadienal) + $CH_3-(CH_2)_6-CO_2Me$ (Methyl octanoate)

B : $CH_3-(CH_2)_4-CH=CH-CH_2-CH=O$ (3-Nonenal) + $O=CH-CH_2-(CH_2)_6-CO_2Me$ (Methyl 9-oxononanoate)

10-OOH의 경우

$$CH_3-(CH_2)_4-CH=CH-CH_2-\overset{10}{C}H(O\cdot)-CH=CH-(CH_2)_6-CO_2Me$$

A : $CH_3-(CH_2)_4-CH=CH-CH_2-CH=O$ (3-Nonenal) + $O=CH-CH_2-(CH_2)_6-CO_2Me$ (Methyl 9-oxononanoate)

B : $CH_3-(CH_2)_4-CH=CH-CH_3$ (2-Octene) + $O=CH-CH=CH-(CH_2)_6-CO_2Me$ (Methyl 10-oxo-8-decenoate)

12-OOH의 경우

$$CH_3-(CH_2)_3-CH=CH-\overset{12}{C}H(O\cdot)-CH_2-CH=CH-(CH_2)_6-CO_2Me$$

A : $CH_3-(CH_2)_3-CH=CH-CH=O$ (2-Heptenal) + $CH_3-CH=CH-(CH_2)_6-CO_2Me$ (Methyl 9-undecenoate)

B : $CH_3-(CH_2)_3-CH_2-CH=O$ (Hexanal) + $O=CH-CH_2-CH=CH-(CH_2)_7-CO_2Me$ (Methyl 12-oxo-9-decenoate)

13-OOH의 경우

$$CH_3-(CH_2)_3-CH_2-\overset{13}{C}H(O\cdot)-CH=CH-CH=CH-(CH_2)_7-CO_2Me$$

A : $CH_3-(CH_3)_3-CH_2-CH=O$ (Hexanal) + $O=CH-CH_2-CH=CH-(CH_2)_7-CO_2Me$ (Methyl 12-oxo-9-decenoate)

B : $CH_3-(CH_2)_3-CH_3$ (Pentane) + $O=CH-CH=CH-CH=CH-(CH_2)_7-CO_2Me$ (Methyl 13-oxo-9,11-tridecadienoate)

[그림 14-10] 자동산화 또는 감광체에 의한 산화에서 형성된 각종 하이드로파록시 환상 파록사이드류(環狀過酸化物)의 알콕시 라디칼(alkoxy radical), A, B형의 β-절단을 거쳐서 형성된 제2차 산화 생성물들의 형성 과정의 한 예로서, 메틸 리놀레네이트에서 형성된 9-하이드로파록시 환상 파록사이드의 경우.

전술한 대로 리놀레닌산의 에스터의 경우에는 자동산화, 그리고 감광체에 의한 산화에서도 각종 하이드로파록시 환상 파록사이드류(hydroperoxy cyclic peroxides)가 형성되나 이 경우에도 알콕시 라디칼들의 형성과 A, B형의 β-절단, 형성된 라디칼들의 다양한 반응 등을 통해서 각종의 제2차 산화생성물들이 형성된다.

한 예로서 리놀레닌산의 메틸 에스터의 자동산화에서 형성된 9-하이드로파록시 환상 파록사이드(9-hydroperoxy cyclic peroxide) 또는 감광체에 의한 산화에서 형성된, 동일한 환상 파록사이드(環狀過酸化物, 즉 9-hydroperoxy cyclic peroxide)는 역시 그림 14-10에서와 같이 알콕시 라디칼들의 형태를 거쳐 A, B형의 β-절단의 결과, 헥사날(hexanal), 2-헵테날(2-heptenal), 메틸 옥타노에이트(methyl octanoate), 메틸 9-옥소나노에이트(methyl 9-oxonanoate), 2-옥텐-2-온(2-octene-2-one), 메틸 10-옥소-8-데세노에이트(methyl 10-oxo-8-decenoate) 등이 형성되는 것으로 알려져 있다(Frankel, E. N., 1985 참조).

이중결합의 수와 자동산화의 속도

유지의 자동산화 속도(rate of autoxidation)가 그 불포화도(degree of unsaturation), 즉 이중결합의 수에 의해서 크게 영향 받는 사실은 자동산화의 기구(mechanism)에 비추어 볼 때 극히 당연하다. 일찍이 스터어톤(Stirton, J. A., *et al*., 1945 참조)은 실제 실험을 통해서 리놀레닌산(linolenic acid), 리놀레인산(linoleic acid), 올레인산(oleic acid), 스테아린산(stearic acid) 등의 메틸 에스터들(methyl esters)을 100℃에서 자동산화 시켰을 때 각각의 지방산의 메틸 에스터들의 산화 속도 크기 비율을 이들 에스터 1kg이 1g의 공기 중의 산소를 흡수하는 데 소요한 시간의 길이(단위 : 분수, number of minutes)에서 산출한 결과 179 : 114 : 11 : 1의 비율로 표시될 수 있다고 보고한 바 있다.

또한 이들(Stirton, J. A., *et al*., 1945 참조)은 각종 불포화지방산 에스터들의 자동산화에 대한 용이도(容易度, easiness) 또는 자동산화에 대한 저항성(resistance)을 이들의 실제 산화 속도뿐만 아니라, 원래의 불포화도(不飽和度)를 나타내는 이들 에스터들의 초기의 요오드가(iodine value)로 예측했었다. 실제로 요오드가가 큰 유지일수록 일반적으로 그 산화 속도는 크며, 이 사실은 위에서 언급한 불포화지방산들(polyunsaturated fatty acids)의 자동산화 속도의 비교에서도 알 수 있다.

그러나 언제나 이와 같은 관계가 성립되는 것은 아니다. 예로서 올레인산의 메틸 에스터(methyl oleate) 그리고 이와 동일한 요오드가를 가진 메틸 리놀레네이트(methyl linolenate)와 메틸 스테아레이트(methyl stearate) 혼합물의 산화 속도를 비교하여 보면, 스테아린산의 에스터에 리놀레인산 에스터를 혼합한 혼합유가 올레인산 에스터 단독의 경우보다 그 산화 속도가 6배 이상 컸었음을 보고하고 있다.

한편 유리 라디칼들(free radicals)의 형성을 촉진하여 주는 요인들은 일반적으로 자동산화(autoxidation)의 속도를 촉진하여 준다. 이는 자동산화의 기구를 생각할 때 꼭 고려할 사항들이다.

한편 유지류나 특히 지방산 에스터들이 어떤 용매(solvent)에 녹아 있는 경우, 용매 분자들이 유지나 지방산 에스터의 분자를 둘러싸서, 자동산화 초기에 알콕시 라디칼(alkoxy radical, RO・)과 수산라디칼(•OH)들이 형성되어도 주위 상황에 따라서는 일부 라디칼들은 용액 내를 자유로이 확산(diffusion)해서 다음 단계의 반응에 들어가지 못하고 다시 재결합(recombination)하는 경우가 많다고 한다. 이런 경우 이 용매는 자동산화 초기의 유리 라디칼 연쇄반응을 억제하는 결과가 된다.

이상과 같은 용매의 작용, 즉 용매분자들이 유지나 지방산 에스터 분자들의 주위를 둘러쌈으로써 일어나는 효과를 용매 케이징 효과(solvent caging effect)라고 부른다. 이 효과는 용매의 점성(viscosity)과 같은 물리적인 것 또는 용매의 극성(polarity)에 따른 균등분열(homolytic cleavage)에 의한 활성 라디칼의 형성에 대한 영향 등 여러 가지 요인들이 생각되고 있다(Gardner, H. W., 1987 참조).

유지의 자동산화 반응과 그 에너지 관계

자동산화과정(autoxidation process)에 있어서, 초기 반응(the initiation reaction)을 일으키는 라디칼들(initiators)이 나중에 설명할 감광체에 의한 산화(photosensitized oxidation), 기질(基質, substrate)에 흔적량 남아 있던 금속의 촉매 작용 등의 작용들에 의해서 형성된 과산화물들의 분해에 의한 것으로 생각될 때는, 가드너(Gardner, H. W., 1987)는 산소-산소(- O - O -) 간의 결합의 허리 에너지(bond dissociation energy) 44kcal/mol 이외에도 균등분열(homolytic cleavage)을 가져오기 위해서 약간 더 많은 에너지가 필요하다고 설명하고 있다.

한편 이(이규완, 1998)는 각종 탄화수소 화합물들(RH)과 공기 중의 산소(O_2)의 궁극적인 반응, 변화 과정을 다음과 같이 표시할 때, 공급해야 할 에너지는 탄화수소 화합물들의 성질에 따라 다르나 대략 60, 40, 35kcal/mol 정도라고 한다.

$$RH + O_2 \rightarrow R\cdot + \cdot OOH$$

즉 일반 포화 탄화수소들은 60kcal/mol 정도이나, 알릴 그룹(allyl group), 벤질 그룹(benzyl group, $C_6H_5CH_2$ -) 등을 가진 경우, 내부 전자들의 비국제화(比局際化, delocalization)에 의해 외부에서 공급해야 할 에너지는 35, 36kcal/mol 정도로 감소한다고 한다.

이와 같은 외부로부터의 에너지 공여는 나중에 설명하는(감광체에 의한 산화 참조) 스핀 보존의 원칙(the principle of spin conservation)에서 생기는 스핀 장애(spin barrier)를 극복하기 위한 것으로 생각되고 있다.

이미 설명한 바 있는 레놀레인산의 메틸 에스터의 반응속도론적인 연구로 대표되는 불포화지방산 에스터들의 기본적인 자동산화과정 중에 초기반응(the initiation reaction)을 제외한 유리 라디칼 연쇄반응(free radical chain reactions)의 나머지 연쇄 반응들(chain 또는 propagation reactions), 종결반응(termination reactions)은 전체적으로 발열반응(endothermic reaction)임이 알려져 있다. 그리고 이상의 반응들을 구성하는 과정들, 즉 p. 789의 그림에서 (2), (3), (4), (6) 등으로 표시되는 각 과정 중에 활성화 에너지(activation energy)가 가장 큰 (3)의 과정, 즉·

$$RO_2\cdot + RH \rightarrow ROOH + R\cdot$$

의 과정의 활성화 에너지는 4.5kcal/mol 정도로 발열 반응이며, 초기 반응을 제외한 전체 과정의 반응 속도를 결정하는 과정(rate-determining reaction)이기도 하다.

참고로 (2), (4), (6)으로 표시된 과정의 활성화 에너지는 각각 0, 0.4, 그리고 2.6kcal/mol로 알려져 있다(Uri, N., 1961 참조).

한편 일반 식용 유지나 지방질 성분들의 자동산화 초기 반응을 유도하는 활성 유리 라디칼들의 하나로서 오래전부터 여러 가지 원인들에 의해서 형성된 각종 하이드로파록사이드류(ROOHs)의 분해로 형성된 라디칼들의 작용이 인정되어 왔다.

이와 같은 자동산화 초기에 여러 원인들에 의해서 형성된 하이드로파록사이드류의 산화·분해 과정에 대해서 종전부터첫째로 단분자 분해과정(monomolecular decomposition process)과 둘째로 이분자 분해과정(bimolecular decomposition process) 등이 생각되어 왔다.

1. 단분자 분해과정

$$ROOH \rightarrow RO \cdot + \cdot OH$$

2. 이분자 분해 과정

$$2\,ROOH \rightarrow ROO \cdot + RO \cdot + H_2O$$

열역학적인 견지(thermodynamic view-point)에 의하면 이분자 분해과정이 더 일어나기 쉬울 것으로 생각되나, 기질들의 성질에도 영향을 받을 것으로 생각된다.

한 예로서 한 기질 중에 형성된 하이드로파록사이드의 농도가 적을수록 단분자 분해를, 반대로 농도가 커질수록 이분자 분해에 의한 라디칼 형성이 유리해질 것이다. 또한 이 기질 중에 흔적량의 전이, 즉 천이금속(遷移金屬, transition metal)이 존재할 때는 그 분해는 이분자 분해에 의해서 진행될 것이다.

효소에 의해서 촉진되는 자동산화 과정

이 효소에 의해서 촉진되는 자동산화 과정은 식물성(植物性) 또는 동물성(動物性) 식품 원료들, 그리고 효소 불활성화 처리(주로 가열에 의한 효소 불활성화 처리)가 불충분한 가공 식품류의 품질 저하에 영향을, 어떤 경우에는 큰 영향을, 주기 때문에 매우 중요하다.

이상과 같은 효소에 의해 촉진되는 자동산화 과정은 종래에는 고도 불포화지방산들, 예로서 리놀레인산(linoleic acid)이나 특히 리놀레닌산(linolenic acid)을 함유하고 있는 유지류, 가장 잘 알려진 유지로서 대두유(soybean oil) 등을 정제 후 저장 중에 초기에 형성되는 자동산화에 의한 산패취(酸敗臭, rancid flavor)와 기타의 비정상적인 냄새, 즉 이취(異臭, off-flavor) 발생을 일으키는 것으로 알려져 왔다.

대두유를 비롯한 일부 고도 불포화지방산류의 함량이 큰 식용유지류의 정제 후 저장 초기에 발생하는 비정상적인 냄새의 발생은 이상과 같은 유지류를 사용해서 만든 가공 식품류의 품질에 큰 손상을 주며, 과거에는 그 형성 원인과 그 원인이 되는 냄새 성분들, 그리고 그 방지 또는 제거 방법 등이 큰 문제였으나 지금은 완전히 규명되어 해결되고 있다.

한편 이 효소에 의해서 촉진되는 자동산화 과정은 이와 같은 효소류들과 이 효소들이 작용할 수 있는 유지류 또는 지방질 성분들을 함유한 대두(soybean)를 주성분의 하나로 하는 가공식품류에서 문제가 되어 왔었다.

이와 같은 식물체 내에서 일어나는 리폭시제네이스의 대사과정은 보통 리폭시제네이스 대사 과정(lipoxygenase pathway, LOX pathway)으로 알려져 왔으며, 근래에 와서 많은 채소류나 과실류의 특유한 향기 성분들의 많은 것들이 식물체 내의 지방산을 비롯한 지방질 성분들이 그 식물체 내의 일부 효소들의 신진대사 과정에서 형성되는 사실이 계속 알려져 왔으며, 따라서 식물체 내 지방질 성분들의 대사 과정과 채소, 과실류의 특유한 향기 또는 냄새 사이의 관련과 그 규명이 이 분야의 중요한 과제가 되어 왔으며, 이상의 대사 과정들 중의 기본적인 과정은 전술한 리폭시제네이스 대사 과정(lipoxygenase metabolic pathway)이 된다(Gardner, H. W., 1989 참조).

한편 생체 내에서, 특히 동물체 내에서 그 조직 내에 존재하는 파록시데이스들(peroxideses)을 주로 하는 산화 효소들이 헴 화합물들(heme compounds), 각종 금속 이온들(metallic ions), 형성된 직후의 과산화수소(H_2O_2), 또는 나중에 설명할 기타의 활성화 산소화합물들(active oxygen species)과 함께 지방질 성분들을 산화하여 산화생성물들을 형성하는 경우도 많으나 이 경우는 과산화 과정(a peroxidation process)으로 표시하여 자동산화 과정(an autoxidation process)과 구별된다.

리폭시제네이스의 작용 이전에는 리폭시데이스(lipoxydase)로 알려져 온 이 리폭시제네이스(lipoxygenase, E. C., 1. 13. 11. 12., linoleate : oxygen oxidoreductase)는 대두를 비롯한 많은 식물들의 조직에 존재하며, 그 속에 존재하는 불포화지방질(unsaturated lipids)의 자동산화 과정에 있어서, 연속적이며 서로 관련된 일련의 반응들의 결과로 일어나는 중요한 초기 반응에 대해서 촉매작용(catalytic action)을 하는, 철 함유 산화효소들(iron-containing oxidizing enzymes)의 한 그룹임이 알려져 있다.

근래에 와서 이 효소작용은 대두, 각종의 대두 제품들(soybean products), 기타의 두류와 두류 제품들, 대두유를 비롯한 일부 식물성유, 곡류, 밀가루 등과 이들 가공품들의 변향(flavor reversion)의 발생, 카로틴류(carotenes)와 비타민류의 산화, 파괴에 깊은 관계가 있는 사실이 점차 밝혀져 왔다.

한편 이와 같은 리폭시제네이스가 관여하는 자동산화 과정(autoxidation processes)에서 이 효소는 극히 낮은 온도에서도 그 활성을 유지한다고 한다.

듀간(Dugan, L. R., Jr., 1961)은 리폭시데이스(lipoxydase), 즉 리폭시제네이스가 촉매 작용을 하는 자동산화 과정에 대해서 그림 14-11과 같은 반응과정들을 제안한 바 있다.

$$\mathrm{RH + lipoxidase \rightarrow RH\text{-}lipoxidase}$$
$$\mathrm{RH\text{-}lipoxidase + O_2 \rightarrow RH\text{-}O_2\text{-}lipoxidase}$$
$$\mathrm{RH\text{-}O_2\text{-}lipoxidase \rightarrow (R\cdot + \cdot OOH)\text{-}lipoxidase}$$
$$\mathrm{(R\cdot + \cdot OOH)\text{-}lipoxidase \rightarrow (ROOH)\text{-}lipoxidase}$$
$$\mathrm{(ROOH)\text{-}lipoxidase \rightarrow ROOH + lipoxidase}$$

RH : 불포화 지방질(unsaturated lipid)
ROOH : 과산화물들(peroxides)

[그림 14-11] 리폭시데이스에 의한 불포화지방질의 자동산화(autoxidation) 과정.
Dugan, L. R., Jr., 1961, *Food Technol.*, 15, 12.

이 리폭시제네이스가 참여하는 자동산화 과정의 중요한 특징들 중의 하나는 리폭시제네이스가 참여하는 하이드로파록사이드 형성과정에서는 그 활성화 에너지(activation energy)가 불과 4.3kcal/mol 정도로 낮다는 사실이다.

참고로 라이페이스(lipase)에 의한 지방산 에스터의 가수분해에 있어서의 활성화 에너지는 4.2kcal/mol, 캬탈레이스(catalase)에 의한 과산화수소(H_2O_2)의 분해에 있어서는 5.0kcal/mol이며, 한편 설탕(자당, sucrose)의 β-프럭토시데이스(β-fructosidase)에 의한 가수분해, 즉 전화(轉化, inversion)에 있어서의 활성화 에너지는 11.5kcal/mol로 추정되고 있다.

리폭시제네이스의 작용기구 전술한 대로 리폭시제네이스의 작용이 여러 가지 형태의 식품들의 품질에 큰 영향을 주는 사실이 오래전부터 밝혀짐에 따라 이 작용에 대해서 그 동안 많은 연구가 집중되어 왔으며, 그 결과 그 작용 기구에 대해서도 많은 것이 알려져 왔다(Gardner, H. W. 1980. Chapt. 25 Lipid Enzymes: Lipases, Lipaxygenases, and Hydroperoxidases in "Autoxidation in Food and Biological Systems," edated by Simic, M. G. and Karel, M., Pleneum Press, New York and London; Reineccius, G. A.,1985; Min, D. B. *et al*, 1989; Gardner, H. W., 1989 참조).

즉 이 리폭시제네이스는 각종 식물체들 중에서도 특히 대두나 완두콩과 같은 두류(豆類, legumes) 등에서 그 작용이 활발한 것으로 알려져 왔다. 대두에서 추출되는 리폭시제네이스에는 LOX-1, -2, -3 등으로 알려진 세 종류의 아이소자임들(isozymes)들, 즉 촉매 하는 기질들의 기본적인 구조는 동일하나, 형성될 수 있는 이성체들(isomers) 중의 한 종류만을 만들려는 성질, 다시 말해서 위치 선택성(regiospecificity), 최적 pH를 비롯한 최적 조건들(optimal conditions), 효소 자체의 미세구조, 분자량 등이 다른 효소들의 존재가 확인되어 왔다. 이 중 가장 대표적인 LOX-1, 즉 리폭시제네이스-1의 경우, 분자량은 102,000 정도이며, 그 최적 pH(optimum pH는 9.5라는 사실이 알려져 있으며(Chism, G. W., 1985 그리고 Gardner, H. W., 1985 참조), 이 이외에도 그 함량은 훨씬 적으나 LOX-4의 존재도 알려지고 있다(Zhuang, H. and Hildebrand, D. 2002. "*Food Lipids*" Second Edition, edited by Akoh, C. C. and Min, D. B., Marcel Dekker, Inc., New York, p.434).

이 효소들의 작용은 선택성이 매우 강하다. 즉 반응체계 내에 유리 또는 결합 상태에 있는 리놀레인산(linoleic acid), 리놀레닌산(linolenic acid)과 아라키도닌산(arachidonic acid) 등의, 불포화지방산들 중에서 시스, 시스-1,4-펜타다이엔 그룹(cis, cis-1,4-pentadiene group)을 갖고 있는 불포화지방산들에만 작용하여, 이들 기질들이 자동산화 되어 해당되는 하이드로파록사이드류(hydroperoxides)가 형성되는 과정에 대해서 주로 선택적으로 촉매작용을 하는 것으로 생각되어 왔다(그림 14-12 참조).

이와 같이 형성된 하이드로파록사이드들은 효소에 의해서 또는 효소가 관여하지 않는 여러 경로들을 통하여 계속 산화되어 특이한 냄새를 가진 휘발성 카아보닐 화합물들(volatile carbonyl compounds)을 비롯한 각종 카아보닐 화합물들(carbonyl compounds)을 형성한다.

예로서 대두를 찬물에서 마쇄할 때는 그 결과로 생기는 두유(豆乳, soy milk)에서 콩 비린내(beany flavor)가 발생하나, 이 콩 비린내를 내는 성분들은 콩을 마쇄할 때 유리되는 리폭시제네이스에 의해서 주도(主導)되는 자동산화 과정에 의해서 형성된 휘발성 카아보닐 화합물들인 사실이 확인되고 있다.

그러나 대두를 뜨거운 물에서 마쇄할 때는 이와 같은 비정상적인 냄새(off flavor)가 형성되지 않는데, 이 사실은 마쇄할 때 유리되는 리폭시제네이스가 이 때 발생하는 열에 의해서 불활성화(不活性化)되어 자동산화 반응을 주도하지 않기 때문인 것으로 설명되고 있다.

한편 이상의 자동산화과정 중의 하이드로파록사이드들의 형성과정, 다시 말해서 리폭시제네이스가 참여하는 하이드로파록사이드의 형성과정은 앞에서 말한 대로 극히 낮은 온도에서도 진행되며, 다만 반응체계(reaction system), 예를 들어서 채소류나 두류와 같은 식품들의 완전한 동결(complete freezing)에 의해서만, 즉 그 속의 지방질 성분들의 확산(diffusion)이 억제되는 온도 아래에서만, 리폭시제네이스가 참여하는 자동산화의 속도는 효과적으로 억제된다고 한다.

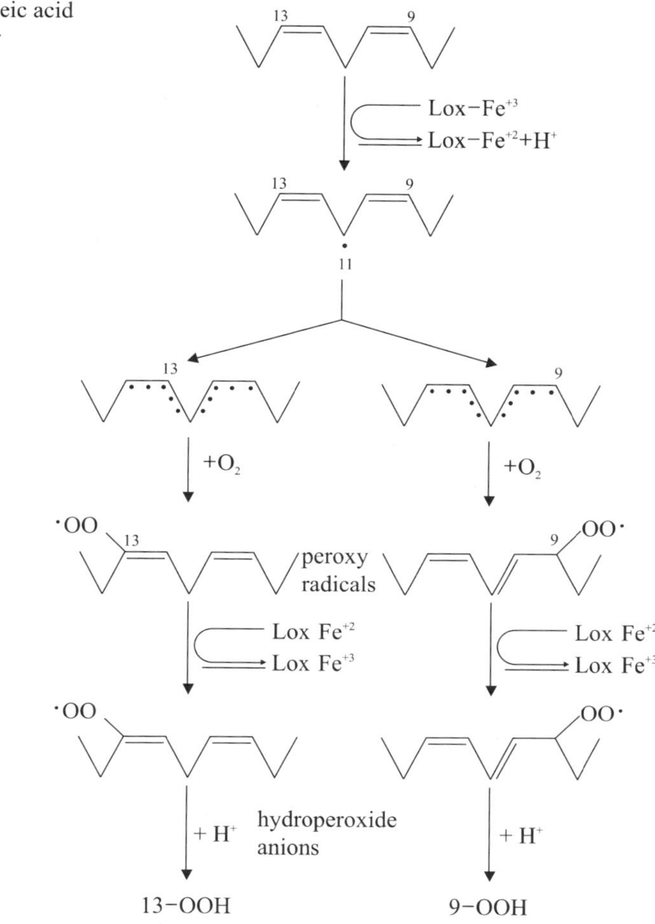

[그림 14-12] 리폭시제네이스(lipoxygenase, LOX)들에 의해서 촉진되는 식물체 지방질 성분의 자동산화과정(LOX pathway)은 식물성 유지류, 식물체, 이들의 가공품류의 향기 또는 냄새에 영향을 주어 그 품질의 저하를 일으킨다. 이 효소들은 리놀레인산, 리놀레닌산 등의 1,4-펜타다이엔 구조 또는 1,4-펜타다이엔 구조를 두 개로 구성된 호모알릴릭 구조에 작용하게 된다. 리폭시제네이스는 철 원자(Fe atom)를 한 개 함유하고 있으며, 위 그림의 산화 과정에서와 같이 산화형(LOX Fe^{+3}), 환원형(LOX Fe^{2+})으로 존재하여 고도불포화지방산의 에스터들의 자동산화를 촉진하게 된다.

하이드로파록사이드 라이에이스의 작용 한편 여러 연구자들에 의해서 대두에는 자동산화 과정 중 형성된 중간 산화생성체들(intermediate oxidation products)인 하이드로파록사이드류(hydroperoxides)의 분해과정을 촉진해 주는 효소인 리포하이드로파록시데이스(lipohydroperoxidase)가 존재하는 사실이 보고되어 왔다.

이 효소는 지금은 하이드로파록사이드 라이에이스(hydroperoxide lyase)라는 이름으로 더 잘 알려져 있다. 이 효소는 많은 식물체에 널리 분포되고 있으나 식물체의 종류에 따라 그 분자량, 최적 pH, 그리고 기질 등은 그 출처에 따라 다소 다른 듯하다(species specific). 또한 이 효소의 특이한 점은 세포막, 클로로플라스트 또는 엽록체(葉綠體, chloroplast), 즉 세포 내의 엽록체 등에 결합 상태로 존재한다는 점이다.

이 효소는 리폭시제네이스(lipoxygenase)의 작용에 의해서 불포화지방산들에서 형성된 하이드로파록사이드 그룹(hydroperoxide group)을 중심으로 한, 탄소-탄소 결합(C - C bond)들의 균일 분열(homolytic cleavage)을 통해서 휘발성 카아보닐 화합물들 또는 카아보닐 그룹을 가진, 탄소 수가 줄어든 지방산들을 형성하는 과정에 대해서 촉매 작용을 하는 것으로 알려져 있다. 더 자세한 것은 다음 문헌들을 참고해 주기 바란다(Gardner, H. W., 1980; Zhuang, H., *et al.*, 2002).

방사선 조사와 유지의 산화

이온화 방사선에 대한 내성(耐性, resistance)은 일반적으로 하등생물체들(lower forms of living organisms)일수록 급격하게 커지는 특이한 경향을 갖고 있다. 예로서 사람의 경우에는 일시에 300에서 500래드(rad)의 방사선 조사량(放射線 繰絲量, radiation dose)을 받을 때 치명적(致命的, fatal)이 된다.

그러나 미생물들의 경우, 예로서 보튤리넘 식중독(Botulism, botulinum food poisoning)을 일으키는 클로스트리듐 보튤리넘(*Clostridium botulinum*)균의 경우 그 균의 수를 10분의 1로 감소시키는데 필요한 방사선 조사량 D_M(decimal reduction dose for microorganisms)은 0.37Mrad(megarad, 메가레드, mega = 10^6×)로 알려져 있다.

따라서 방사선 조사만으로 이 균의 수를 인체(人體)에 대해서 안전한 상태로까지 줄이려면 보통 그 수를 10^{-12}까지 줄일 필요가 있는 것으로 생각되어 왔으며, 보튤리넘균의 식품에 존재하는 수를 1×10^{12}분의 1로 줄일 수 있는 방사선 조사량은 0.37Mrad × 12 = 4.4Mrad < 4.5Mrad 이므로 대략 4.5메가랫드(Mrad)로 알려져 있다.

한편 식품 중의 각종 효소들의 작용을 불활성화시키는 데는 더 많은 조사량이 필요하다. 일반적으로 효소의 활성을 10분의 1로 줄이는 데 소요되는 조사량 D_E(decimal reduction dose for enzyme) 보통 5Mrad이며, 효소의 만족스러운 불활성화를 위해서는 5Mrad × 4 = 20Mrad라는 엄청난 조사량이 필요하다.

따라서, 식품 중의 미생물들의 완전 살균이나, 효소들의 완전 불활성화를 방사선 조사에만 의존하는 방안은 방사선 조사량이 너무 과중하여 피조사(被照射) 식품들(irradiated foods)을 구성하고 있는 여러 종류의 분자들의 비정상적으로 격렬한 균등 분열(均等 分裂, violent homolytic cleavages)을 유발하여, 그 결과, 형성된 각종 활성 유리 라디칼들(very active free radicals)을 통한 급격한 산화(oxidation)가 진행되는 사실이 널리 알려져 왔으며, 따라서 이상의 목적들을 위한 이온화 방사선 조사(ionizing irradiation)는 부적당한 것으로 생각되어 왔다. 이와 같은 이온화 방사선 조사는 개개의 식품 중의 여러 성분들에 큰 영향을 주나, 특히 식용 유지나 지방질 성분 등의 경우 그 영향은 훨씬 더 커서 이들의 변패(deterioration)를 크게 촉진하는 사실이 알려져 왔다.

불포화지방산들이나 그 에스터들을 산소 존재 하에서 이온화 방사선(ionizing radiations)에 노출시키면, 전체 산화과정에서 자동산화(autoxidation)의 경우와 매우 유사한 연쇄반응들(chain reactions)이 유발된다.

예로서 치포올트와 미즈노들(Chipault, J. R. and Mizuno, G. R., 1966)은 산소 존재 하에서 지방질에 고에너지 이온화 방사선(high energy ionizing radiation)을 조사할 때는 상당량의 과산화물들(peroxides)과 카아보닐 화합물들(carbonyl compounds)이 형성되며, 또한 항산화제들을 첨가할 경우에도 이들 항산화제의 파괴가 급속도로 일어나는 사실도 확인하고 있다. 그리고 이 경우 향미

(flavor)나 기타의 물리적, 화학적 변화들은 형성된 과산화물들이나 카아보닐 화합물들의 양과는 연관(correlate)지을 수 없었다고 한다.

따라서 고에너지 이온화 방사선 조사는 정상적인 자동산화(autoxidation)의 경우보다, 더 큰 농도의 유리 라디칼들(free radicals)을 형성하며, 이 라디칼들은 정상적인 자동산화 과정의 경우와 다른, 더 짧은 연쇄반응들(shorter chain reaction)을 일으키며, 향미(香味, flavor) 등의 급격한 품질저하를 일으키는 것으로 알려졌으며, 이에 따라 많은 유지 또는 지방질 함유 식품들의 일반적인 효소작용 억제, 유해 미생물들의 증식 억제 등을 위한 방사선 조사법의 사용, 특히 그 단독 사용에 대해서는 부정적인 견해들이 지배적이었다.

근래에 와서 방사선 조사 방법은 식품 중의 미생물들, 특히 세균류보다 방사선 조사에 약한 효모, 곰팡이류의 효과적인 억제, 아메바의 포낭(amoebic cysts), 선모충(trichina)과 같은 기생충, 각종 곤충류(insects)와 같은 방사선 조사에는 약하나, 식품 저장에는 해가 되는 생물체들의 제거에 역점이 두어져 가고 있다. 또한 감자와 같은 일부 식품들의 발아(sprouting) 억제에도 효과적이므로 이 방면의 이용도 시도되어 왔으며, 현재 실용화되고 있다.

특히 국제식량농업기구(FAO), 세계보건기구(WHO)와 국제원자력위원회(IAEA)의 공동 전문위원회에서 1980년에 방사선 조사량이 10kGy 이하의 경우에는 조사된 식품들에 어떤 독성 작용도 가져오지 않는다는 결론을 내린 후, 세계 각국에서 곡류, 밀가루, 채소류, 과실류, 어류 등의 저장 기간 연장을 위해서 실용화의 확대를 서두르고 있다.

1kGy, 즉 1kilogray(킬로그레이)는 100kilorad(킬로래드), 즉 0.1Mrad와 같으므로, 10kGy의 방사선 조사량은 1Mrad에 해당된다.

감광체에 의한 산화

순수한 유지나 비교적 그 성분이 단순한 지방질로 구성된 체계가 아니고 클로로필류(chlorophylls)나 카로틴류(carotenes)가 완전히 제거되어 있지 않은 식물성유나 식물체의 지방질 성분들, 헤모글로빈(hemoglobin)이나 마이요글로빈(myoglobin) 또는 이상의 색소들의 산화, 가열 등의 결과 형성된 각종 헴(heme)화합물들, 포오피린류(porphyrins)가 존재하는 육류나 육류 가공품들 속의 지방질의 산화의 경우, 앞에서 말한 바 있는 정상적인 자동산화에 의해서 설명할 수 없는 경우가 있다.

위에서 언급한 식용 유지나 지방질 성분들과 달리, 충분한 정제과정(精製過程)을 거친 식용 유지나 지방질 성분들에 대한 백열등 광선 또는 자외선 광선 등의 조사는 초기과정(initiation reactions)에서의 활성 라디칼들의 형성을 촉진시킴으로써 자동산화(autoxidation)의 전체적인 반응 속도를 촉진시키는 사실이 오래 전부터 알려져 왔었다.

이 경우 이상과 같은 광선의 조사(light irradiation)를 중단하면 원래의, 즉 광선조사 전의 반응속도로 다시 되돌아가게 되어, 자동산화의 반응기구 연구, 나중에 설명할 항산화제들(antioxidants)의 작용기구 등의 연구에 사용되어 왔다. 그리고 이와 같은 광촉진(光促進) 자동산화는 광화학적 자동산화(photochemical autoxidation)라는 이름이 사용되어 왔었다(Livingston, R., 1961 참조).

그러나 근래에 와서는 광분해성, 즉 광선촉진 자동산화(photolytic autoxidation)라는 용어가 일반적으로 사용되고 있으나(Frankel, E. N., 1985 참조), 직접적인 광조사에 의한 산화(direct photoxidation)로 표시되는 경우도 있다(Chan, H. W. -S., 1989 참조).

한편 근래에 와서 서두에서 간단히 언급한 바와 같은 광선의 조사(light irradiation)에 의해서 쉽게 활성화될 수 있는 일부 자연 또는 합성 색소들, 예로서 클로로필류 등이 미량이나마 함께 존재하는 유지나 지방질 성분 등에서는 이와 같은 광선 조사에 의해서 그 자체가 크게 활성화된 화합물, 즉 감광체(感光體, photosrnsirizer)가 다시 유지 내의 산소 분자를 활성화하여 이 활성화된, 보통 산소 분자종(分子種, molecular species)보다 반응성이 월등히 큰 또 다른 산소 분자종이 유지나 지방질 성분의 산화를 주도하는 사실이 밝혀져 왔다.

이 활성화된 산소 분자종은 여기상태(勵起狀態, excited state)에 있는 일중항(상태)의 산소분자(excited singlet state oxygen molecule)로써 일중항 산소(一重項 酸素, singlet state oxygen)로 불리며, $^1O_2$로 표시된다. 한편 보통 우리가 말하는 산소는 정상상태(正常狀態)에 있는 삼중항(三重項, triplet state)의 산소 분자들로 삼중항(상태) 산소(三重項 酸素, triplet state oxygen)로 불리며, $^3O_2$로 표시된다.

따라서 감광체에 의한 산화과정이란 실제적으로는 이 일중항 산소(singlet state oxygen)에 의한 산화 과정이라고 할 수 있다.

산소 분자종의 구조와 그 특성

산소 분자의 종류는 전체적으로 10여 종이 넘는 것으로 알려져 왔으나 식용유지류나 식품들 중의 지방질 성분들의 산화(oxidation)와 관련된 분자종(分子種, molecular species)은 앞에서 말한 유지류나 지방질 성분들의 자동산화를 가져오는, 우리가 사는 대기 중의 산소(oxygen)를 구성하는, 공기(air)의 대략 1/5을 점유하는 소위 대기 중의 산소(atmospheric oxygen), 즉 $^3\Sigma_g^-$의 기호로 표시되는 기저상태의 삼중항 산소(基底狀態 三重項 酸素, ground state triplet oxygen, 보통 $^3O_2$로도 표시)와 감광체에 의한 산화(photosensitized oxidation)와 직접 관련된 여기상태의 일중항 산소(勵起狀態 一重項 酸素, excited state singlet oxygen) 분자종(分子種)에 속하는 각각 $^1\Sigma_g^+$와 $^1\Delta_g$로 표시되는 일중항 산소들이다. 이 중 전자(前者)의 $^1\Sigma_g^+$로 표시되는 산소종은 이상의 두 종류의 여기상태의 일중항 산소 중에 전자, 즉 $^1\Sigma_g^+$는 후자(後者)의 $^1\Delta_g$보다 여기된 에너지 수준(excites energy level)이 더 높으며, 따라서 그 반응성이 더 크고 형성되는 즉시로 그 에너지를 각종의 광선(light irradiation)으로 방출하거나, 반응 등을 통해서 여기 에너지 수준이 더 낮은 또 하나의 여기상태 일중항 산소($^1\Delta_g$, 보통 간단히 $^1O_2$로 표시함) 또는 기저상태의 일중항 산소($^3\Sigma_g^-$, 보통 $^3O_2$ 또는 O_2로 표시함)로 에너지 수준의 축퇴(縮退, degeneration) 즉 하강(下降)이 일어난다.

그리고 이와 같은 에너지 수준의 축퇴는 매우 신속하게 진행되어 예로서 물, 유기 용매들(organic solvents)과 같은 액상(液相, liquid phase)에서는 이 여기상태의 일중항 산소($^1\Sigma_g^-$)의 반감 수명(反減壽命, half-life)은 대략 평균해서 10억분의 1초(1nonasecond, 1×10^{-9}second)로 알려지고 있다(나중에 나오는 표 참조). 즉 형성 즉시 에너지를 방출, 축퇴(degenerate)하므로 감광체에 의한 산화(photosensitized oxidation)는 실질적으로는 $^1\Delta_g$ 또는 간단히 $^1O_2$로 표시되는 여기상태의 일중항 산소에 의해서 시작되는 산화라고 단적(端的)으로 표현할 수 있을 것이다.

물론 나중에 설명하듯이, 감광체에 의한 산화를 통해서 형성된 파록시 라디칼(peroxy radical, ROO•) 등의 유리 라디칼(free radicals)들은 감광체에 의한 산화의 시작 후 연쇄반응을 통해서 계속 형성된 유리 라디칼들을 통해 자동산화 과정이 유발될 수 있을 것이다.

실제로 "감광체에 의한 산화"란 용어 대신에 "일중항 산소에 의한 산화"(singlet oxygen oxidation)라는 용어가 사용되는 경우도 많으며, 식품화학 분야에서는 더 적절한 경우가 많다(Min, D. B., *et al.*, 1989).

한편 이상의 세 종류의 산소 분자종(molecular species)들의 구조와 특징 등은 분자궤도론(molecular orbital theory)에 따라서, 이상의 분자종들 내부의 두 개의 산소 원자들(two oxygen atoms)의 각각 16개씩의 전자(電子, electrons)들의 결합 상태로서 어느 정도 설명이 가능하다. 만약 이상의 산소 분자종들의 32개의 전자들의 각 궤도에서의 결합 상태와 그 특징들을 전자들의 스핀 방향(spin direction)까지 포함하여 자세히 설명하고 있으나(Min, D. B., *et al.*, 1989 ; Wong, D. W. -S., 1989 ; Min, D. B., 1998 ; Min, D. B. and Boff, J. M., 2002 특히 Min, D. B. *et al.*, 1989), 여기서는 한 줄의 기호로서 표시하기로 한다.

이 중 가장 중요한 것은 분자궤도 중 제일 외곽의 궤도(the outermost orbitals) 전자들의 분포 상태임은 두 말할 나위도 없다. 전술한 기저 상태의 삼중항 산소 분자 $^3\Sigma_g^-$, $^3O_2$ 또는 O_2의 32개의 전자 중에서 5개의 결합성 분자궤도들(five bonding molecular orbitals)과 5개의 비결합성 분자궤도들(five antibonding molecular orbitals), 합계 10개의 산소 분자궤도들에 참여하고 있는 전자는 16개가 된다. 이 10개의 분자궤도들에 배치된 전자들(아래의 도식의 괄호 바깥의 오른쪽 위의 작은 아라비아 숫자는 그 수를 나타낸다)은 왼쪽부터 가장 에너지 상태가 낮은, 분자 중심부에 위치한 것으로 생각되는 궤도를 나타내는 기호로부터 순서대로 적어 최외각 궤도(the outermost orbitals)까지 적어가면 아래와 같이 된다.

$$(1s\sigma)^2(1s\sigma*)^2(2s\sigma)^2(2s\sigma*)^2(2p\sigma)^2(2p_x\pi)^2(2p_y\pi)^2(2p_x\pi*)^1(2p_y\pi*)^1(2p\sigma*)^0$$

여기서 *표는 비결합성 궤도임을 나타낸다.

한편, 두 종류의 여기상태의 일중항 산소종인 $^1\Sigma_g^+$와 $^1\Delta_g$(또는 간단히 $^1O_2$)의 분자궤도들은 실제적인 최고 점유궤도(the highest occupied molecular orbital, HOMO), 즉 $2p_x\pi*$와 $2p_y\pi*$ 궤도의 전자들의 분포와 전자들의 스핀 방향(spin direction)이 앞에서 말한 기저상태의 삼중항 산소분자, 즉 $^3\Sigma_g^-$(또는 $^3O_2$, O_2)의 경우와 서로 다를 뿐, 다른 분자궤도들과 그 전자 분포는 실질적으로 같은 것으로 알려져 있다.

즉 기저상태의 삼중항 산소의 경우, $2p_x\pi*$와 $2p_y\pi*$의 궤도에는 스핀 방향이 서로 같은 전자가 각각 한 개씩 존재하며, 일중항 산소 $^1\Sigma_g^+$의 경우, $2p_x\pi*$와 $2p_y\pi*$ 궤도에 스핀 방향이 같은 전자들이 각각 한 개씩, 일중항 산소 $^1\Delta_g$(또는 $^1O_2$)의 경우에는 이상의 두 궤도 중에 스핀 방향이 상반(相反)되는 전자들 두 개가 함께 들어가 있는, 즉 점유하고 있는 분포를 갖고 있다.

삼중항 산소의 경우, 두 개의 최외각 궤도에 스핀 방향이 서로 같은 전자들이 들어 있어서, 음 전하(陰電荷, -)를 가진 전자들의 상호 반발력(mutual repulsive force)의 영향이 크게 감소되는 반면에, 같은 스핀 방향을 가진 원거리에 있는 두 전자들의 스핀으로 형성되는 자장에 의한 상호 반발력은 크지 않아서 그 안정성이 유지되는 것 같다.

한편 $^1\Sigma_g^-$로 표시되는 여기상태의 일중항 산소의 경우, 서로 다른 두 개의 궤도에 들어간 전자들의 스핀 방향이 같기 때문에, 각각의 자장에 기인되는 상호 반발력은 큰 것으로 생각되며, 이 사실은 그 높은 에너지 수준에 반영되고 있다. $^1\Sigma_g^+$ 일중항 산소는 기저상태의 삼중항 산소보다 에너지 수준이 37.5kcal/mol 또는 157kjoule/mol 가량 더 높으며, 그 수명(life time), 즉 평균 수명은 액상에서 대략 10억 분의 1초(1nanosecond) 정도로 알려져 있다.

반면에 $^1\Delta_g$로 표시되는 일중항 산소, 즉 $^1O_2$ 분자는 앞에서 말한 두 개의 궤도, $2p_x\pi^*$와 $2p_y\pi^*$ 중의 한 궤도에, 스핀 방향이 서로 다른 전자들 두 개가 함께 들어 있는 분포를 갖고 있다. 전자 두 개가 동일한 궤도에 함께 들어있기 때문에, 상호 반발력 또는 척력(斥力)이 작용하는 것으로 생각된다. 그러나 한 궤도에 있는 두 전자들의 스핀 방향이 서로 반대이기 때문에, 스핀에 유래된 자장에 의한 상호 반발력은 상쇄되는 것으로 생각된다.

이 일중항 산소 $^1\Delta_g$는 기저상태의 삼중항 산소보다 에너지 수준이 22.5kcal/mol 또는 94kjoule/mol 가량 높으며, 이 산소 분자종의 수명(life time)은 액상(液相, liquid phase)에서 1000 분의 1초(1millisecond) 정도로 알려져 있다(이상 표 14-1과 거기에 표시된 문헌 참조 바람).

표 14-1 감광체에 의한 산화에 참여하는 산소종의 일부 특성들.

전체전자 배치상태	π^*2p_x, π^*2p_y 의 전자배치	상대적인 에너지 수준 kcal / mole	수명(life time, second)	
			기상 (gas phase)	액상 (liquid phase)
$^1\Sigma g^+$	↑ ↓	37.5	7-12	10^{-9}
$^1\Delta g$	↑↓ —	22.5	2700	10^{-3}
$^3\Sigma g^-$	↑ ↑	0	∞	∞

a) 수명 또는 평균수명(life time)은 반응이 1차반응의 경우에는 τ 로 표시되며 τ =1 / k로 정의되나 기타의 경우는 정확히 정의하기 어렵다. k는 반응속도항수. 여기서는 life time은 τ 로 정의되고 있다(저자 주).

한편 실제적으로 식용유지류나 가공 식품류의 유지, 지방질 성분들의 감광체에 의한 산화(photosensitized oxidation)를 실질적으로 주도하고 있는 $^1\Delta_g$, 일중항 산소(또는 $^1O_2$)는 표 14-1에서 알 수 있듯이 $2p_y\pi^*$ 궤도에 전자가 없으며, 두 개의 전자들이 모두 $2p_x\pi^*$ 궤도에 존재하므로, 분자구조상 전자밀도(electron density)가 매우 낮은 부분이 형성된다.

즉 $^1\Delta_g$ 일중항 산소 분자는 다른 두 개의 분자종들과 달리 국부적(局部的)으로 전자 밀도가 매우 낮은, 마치 양이온(positive ion or cation)과 같이 주변의 화합물들의 전자 밀도가 높은, 한 예로서 이중결합(二重結合, double bond)과 결합 내지는 반응하고자 하는 경향, 다시 말해서 강한 친전자성(親電子性)을 가진 화합물(nucleophilic compound)로서 작용하게 된다. 단적(端的)으로 $^1\Delta_g$ 일중항 산소는 거의 양이온(a positive ion)과 같이 행동한다.

따라서, $^1\Delta_g$ 일중항 산소의 불포화지방산의 에스터들의 이중결합과의 반응 양식이나 반응 속도, 그리고 형성되는 하이드로파록사이드들의 종류는 자동산화 과정의 유리 라디칼 연쇄 반응의 경우와 달라진다.

한 예로서 그 반응속도에 대해서, 리놀레인산의 메틸 에스터(methyl linoleate)에 대한 $^1\Delta_g$ 일중항 산소의 반응속도는 보통 자동산화의 경우의 1500배 이상이라고 프란켈(Frankel, E. N., 1984)은 설명한 바 있다. 그리고 자동산화의 경우처럼 이중결합에 대해서 알릴 위치(allylic position)에서 라디칼 반응이 시작되는 것이 아니라 이중결합 자체에 양이온의 경우처럼 친전자 반응(nucleophilic reaction)을 일으키는 사실을 다시 부언해 둔다.

감광체의 종류와 감광체에 의한 산화의 반응기구

지금까지 알려져 온 감광체(感光體, photosensitizer)의 종류는 매우 다양하다. 그 중 일부를 예를 들어 보면, 화학염료(化學染料, chemical dyes)의 원료가 되는 안쓰라센(anthracene), 키논류(quinones), 화학염료인 에리쓰로사인(erythrosine), 메틸렌블루(methylene-blue), 식용 유지류나 지방질 식품 중에 미량 남아 있는 클로로필류(chlorophylls), 페오파이틴 등과 같은 클로로필류의 산화 생성물들, 라이보플라빈(riboflavin), 마이요글로빈과 헤모글로빈 그리고 이들의 산화 생성물들인 각종 헴 화합물들(various heme compounds) 등 다양하다.

한편 산소 분자들의 경우와 달리 거의 대부분의 유기화합물들(organic compounds)의 경우, 가장 안정된 상태는 기저상태의 일중항 화합물들(ground state singlet compounds)의 형태이다. 오히려 대기 중의 산소는 쌍라디칼(biradical)의 형태를 가진 일종의 라디칼 화합물인 데 기저상태의 삼중항의 분자종(ground state triplet molecular form)의 형태를 가진 비교적 안정된 화합물이라는 사실이 특별한 것이다.

또한 이상에서 인용한 감광체로 작용하는 화합물들은 모두 기저상태의 일중항의 형태를 갖고 있으며, 따라서 기저상태의 일중항 감광체(基底狀態의 一重項 感光體, ground state singlet sensitizer, 보통 ^{1}Sen으로 표시됨)로 불리고 있다.

이들이 햇빛, 자외선 등의 조사(照射, irradiation)를 받으면 그 광 에너지(light energy)의 일부를 흡수하여 여기상태의 일중항 감광체(勵起狀態 一重項 感光體, excited state singlet sensitizer, 보통 ^{1}Sen*로 표시됨)를 형성한다.

이 여기상태의 일중항 감광체 ^{1}Sen*는 반응 체계 내의 여러 교차(交叉)되는 작은 반응들(intersystem crossing, 간략하게 ISC)을 통해서 일부 에너지를 소비하여, 더 낮은 에너지 수준을 가진 여기상태 삼중항의 감광체(勵起狀態 三重項 感光體, excited state triplet sensitizer, 보통 ^{3}Sen*로 표시됨)가 되거나, 형광(螢光, fluorescent light)의 형태로 여기 에너지, 즉 여기상태로 만든 에너지를 방출(放出)하여 원래의 기저상태의 일중항의 감광체(original ground state singlet sensitizer, ^{1}Sen)로 되돌아간다. 여기상태의 일중항 감광체, 즉 ^{1}Sen*는 매우 불안정 상태이며, 시스템 내 교차반응, 즉 ISC에 관여하지 않을 때는 곧바로 다중도(多重度, multiplicity)를 변화시키지 않고, 즉 일중항(singlet)의 구조를 유지한 채 빠른 속도로 형광의 형태로 여기 에너지를 방출하여 원래 기저상태의 감광체로 되돌아간다.

한편 여기상태의 일중항 감광체, 즉 ^{1}Sen*가 시스템 내 교차 반응을 거쳐서 형성된 여기상태의 삼중항의 감광체, ^{3}Sen*는 ^{1}Sen*보다는 상대적으로 더 안정된 형태이며, 주변에 있는 기질들 예로서 불포화지방산의 에스터들 또는 이 시스템에 흡수되어 들어온 대기 중의 산소, 즉 기저상태의 삼중항 산소, $^3O_2$ 또는 더 간단히 O_2 등과 상호반응을 일으키지 않을 때는 서서히 인광(燐光, phosphorescent light)을 방출하면서 다중도(multiplicity)가 다른 - - 삼중항(triplet)에서 일중항(singlet)으로 바뀜 - - 기저상태의 일중항의 감광체(ground state singlet sensitizer, ^{1}Sen)로 되돌아간다. 이상의 관계를 요약하면 그림 14-13과 같다.

$$^{1}Sen \quad + \quad hv \xrightarrow[\text{(UV or visible light)}]{} {}^{1}Sen^{*}$$

$$^{1}Sen^{*} \xrightarrow[\text{(fluorescent light)}]{} {}^{1}Sen \quad + \quad hv$$

$$^{1}Sen^{*} \xrightarrow[\text{(phosphorescent light)}]{} {}^{3}Sen^{*} \quad + \quad hv$$

[그림 14-13] 식용유지류와 가공식품류의 지방질 성분들과 관련된 감광체들의 기저상태, 여기상태, 그리고 다시 기저상태로의 변화.

감광체에 의한 산화의 반응 기구와 종류

감광체에 의한 산화의 반응기구와 그 종류는 일반적으로 여기상태의 삼중항의 감광체, ^{3}Sen*가 한 시스템 내의 기질들과 일단 반응하여 수소 내지는 전자교환반응(hydrogen or electron transfer)을 통해서 활성 복합체들(activated complex)을 형성한 후 시스템 내에 흡수된 기저상태의 삼중항 산소, 즉 대기 중의 산소와 반응하여 하이드로파록사이드들(hydroperoxides)을 형성하게 되는 소위 제1형(Type Ⅰ)으로 알려진 기구와 여기상태의 삼중항의 감광체 ^{3}Sen*가 시스템 내에 흡수되어 들어온 공기 중의 산소 $^3O_2$와 먼저 반응하여 공기 중의 산소를 여기상태의 일중항 산소 $^1\Delta_g$, 즉 $^1O_2$를 형성하여 이 일중항 산소가 하이드로파록사이드들의 형성을 주도하는 소위 제2형(Type Ⅱ)으로 알려진 기구가 있다.

아래에 설명하는 여기상태의 삼중항의 감광체 ^{3}Sen*가 액상의 기질, 예로서 특정용매(溶媒, a specific solvent)에 녹아 있는 대기 중의 산소, 또는 그 기질자체가 액상(液相, liquid phase, 즉 liquid state)은 아니지만 여기에 흡수되어 들어온 대기 중의 산소(atmospheric oxygen), 즉 기저상태의 삼중항 산소($^3O_2$, 즉 O_2)와 상호 반응하여, 이 산소를 여기상태의 이중항 산소($^1\Delta_g$ 또는 $^1O_2$)로 활성화시키는, 다시 말해서 여기상태의 삼중항의 감광체 ^{3}Sen*이 기저상태의, 용해 또는 흡수되어 들어온 공기 중의 산소를 여기상태로 에너지 수준을 높이는 동시에 자신은 기저상태의 일중항의 감광체로 축퇴(縮退, degenerate), 즉 되돌아가게 되는 제 I 형의 감광체에 의한 산화(Type Ⅰ photosensitized oxidation)의 예이다.

한편 이렇게 형성된 일중항 산소 $^1O_2$는 앞에서 말한 대로 기저상태의 삼중항 산소 $^3O_2$ 또는 O_2는 라디칼의 형태(실제로는 이중 라디칼들(bi- 또는 diradicals)의 산소 원자들 사이의 결합의 힘은 이중결합과 일중결합의 중간으로 생각되고 있다)로 존재하며, 다른 유리 라디칼(예로서 - CH = CH - CH -)들과 쉽게 결합한다.

그러나 일중항 산소인 $^1\Delta_g$ 또는 $^1O_2$는 앞에서 말한 대로 최외각 분자궤도 두 개 중의 한 궤도에만 전자 두 개가 차지하고 있고, 나머지 궤도에는 전자가 존재하지 않고 있어서 양이온(cation, + 이온)은 아니나 양이온과 같이 주변의 화합물들 또는 기질들의 전자 밀도가 큰 부분(예로서 불포화지방산의 이중결합)과 선택적으로 반응하게 된다.

식용유지류나 가공식품의 지방질 성분들을 구성하는 불포화지방산의 에스터들은 자동산화와 그 구조들이 크게 다른 하이드로파록사이드들을 형성한다. 그리고 이때의 일중항 산소의 반응 속도는 자동산화에서 하이드로파록사이드류를 형성하는 삼중항 산소 $^3O_2$, 즉 O_2 경우의 1,500배 이상으로 생각되고 있다는 견해에 대해서는 이미 언급한 바 있다.

불포화지방산 에스터와 일중항 산소의 반응

앞서 설명한 바와 같은 반응 기구를 거쳐서 형성된 일중항 산소 $^1\Delta_g$, 즉 $^1O_2$는 이중결합을 가진 화합물들의 구조와 그 성질 등에 따라 (1) 1,3-환 형성 부가반응(1,3-cycloaddition reaction), (2) 일중항 산소에 의한 “엔” 부가 반응($^1O_2$ “ene” addition reaction), 그리고 공액 이중결합 시스템(conjugated double bond sysrem)을 가진 화합물들과의 (3) 1,4-환 형성 부가반응(1,4-cycloaddition reaction) 등이 알려져 있으나(Frimer, A. A., 1983 참조), 식용유지류나 가공 식품류의 지방질 성분 등을 구성하는 불포화지방산의 에스터들과 일중항 산소 $^1O_2$ 사이의 반응은 주로 두 번째의 일중항 산소의 “엔” 부가 반응으로 알려지는 반응 기구를 통해서 파록사이드류(ROOH)를 형성하는 것으로 알려져 있다.

$$^3\text{Sen} \quad + \quad \text{RH} \longrightarrow \cdot\,\text{SenH} - \text{R}\,\cdot$$

$$\cdot\,\text{SenH} - \text{R}\,\cdot \quad + \quad {}^3\text{O}_2 \longrightarrow {}^1\text{Sen} \quad + \quad \text{ROOH}$$

[그림 14-14] 여기상태의 삼중항 감광체 ^{3}Sen*가 먼저 기질(基質)인 불포화지방산의 에스터 RH와 반응하여 이중 라디칼 복합체 ·Sen H—R·을 형성한 후 삼중항 산소 $^3O_2$와 반응하여 하이드로파록사이드 ROOH를 형성하는 제1형의 반응 기구와 ^{3}Sen*가 먼저 산소 $^3O_2$와 반응, 에너지 교환 반응을 통해서 일중항 산소 $^1O_2$가 형성되는 동시에 ^{3}Sen*는 기저상태의 일중항 감광체가 형성된 후 일중항 산소 $^1O_2$는 기질, 즉 불포화지방산의 에스터의 이중결합과 선택적으로 반응하여(nucleophilic reaction), 자동산화의 경우와 위치 이성체가 되는 하이드로파록사이드류를 형성하는 제2형의 반응 기구가 있다. 식용유지류나 가공 식품류의 경우, 참여하는 감광체의 종류, 산소의 농도, 기질의 종류 등을 통해서 고찰할 때 감광체에 의한 산화는 거의 모든 경우 제2형에 의해서 진행될 것이 예상되며, 또한 실제로 그렇다.

올레인산 및 리놀레인산의 메틸 에스터들(methyl oleate와 linoleate) 기질의 광선 조사(光線 照射, photoirradiation) 결과(이 과정은 이미 설명한 바 있음) 형성된 여기된 삼중항의 감광체와 기질에 흡수된 산소($^3O_2$) 사이의 반응 결과 형성된 일중항 산소 $^1O_2$와 이들 기질분자 내의 이중결합과의 반응, 즉 제2형의 감광체에 의한 산화(type II photosensitized oxidation)가 일중항 산소의 “엔” 부가 반응을 통해서 하이드로파록사이드류(hydroperoxides, ROOH)를 형성하는 과정은 그림 14-15와 같다. 여기서 감광체는 메탄올에 용해한 메틸렌블루(methylene-blue)가 첨가된 기질들의 메탄올 용액에서 0℃에서 진행되었다고 한다.

이때 형성된 하이드로파록사이드류의 종류와 전체 형성량에 대한 퍼센트 비율(% ratio)은 자동산화의 경우와 분명히 다른 사실을 알 수 있다(본문 p. 794 참조). 즉 올레인산 에스터의 경우에는 형성된 하이드로파록사이드들의 종류와 % 함량은 각각 9-OOH(Δ^{10} trans) 48%와 10-OOH(Δ^{8} trans) 52%였으며, 한편 리놀레인산의 에스터의 경우 9-OOH($\Delta^{10,12}$ trans, cis) 32%, 10-OOH($\Delta^{8,12}$ trans, cis) 17%, 12-OOH($\Delta^{9,13}$ cis, trans) 17%, 13-OOH($\Delta^{9,11}$ cis, trans) 34%였었다고 한다(그림 14-15 참조).

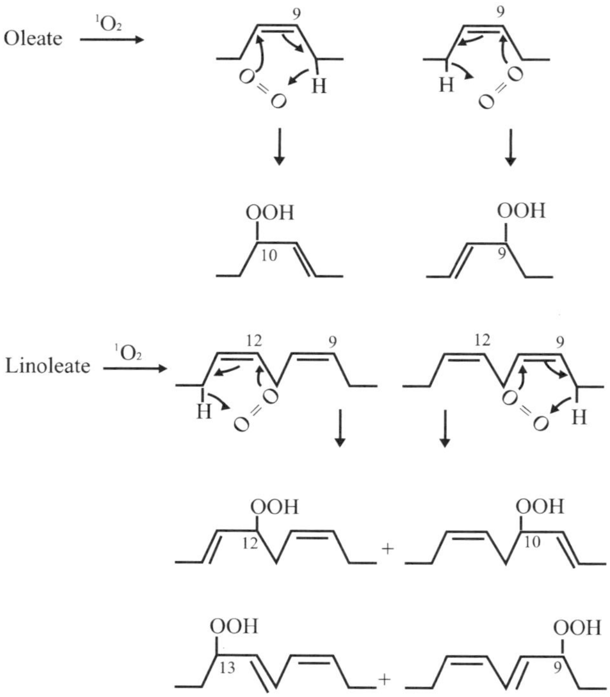

Oleate $\xrightarrow{^1O_2}$

9 9

H H

OOH OOH

10 9

Linoleate $\xrightarrow{^1O_2}$

12 9 12 9

H H

OOH OOH

12 + 10

OOH OOH

13 + 9

[그림 14-15] 올레인산과 리놀레인산의 에스터들(esters)의 제2형의 감광체에 의한 산화(type II photosensitized oxidation)에서 강한 친전자성(electeophilic property)를 가진 여기상태의 일중항 산소(excited state singlet oxygen, $^1\Delta_g$ 또는 $^1O_2$)가 전자 밀도가 큰 이중결합의 각각의 양쪽 끝에서 "엔" 부가 반응($1O_2$ "ene" addition reaction)을 통해서 하이드로파록사이드들(ROOH)을 형성하는 과정.
괄호 안의 숫자는 이상의 일중항 산소의 "엔" 부가 반응의 결과 형성된 각 하이드로파록사이드의 전체 형성량에 대한 퍼센트 비율(출처 Frankel, E. N., 1980, 1984).

감광체에 의한 산화에서 형성되는 내부 하이드로파록사이드들(inner hydroperoxides)과 외부 하이드로파록사이드들(outer hydroperoxides)의 % 함량을 리놀레인산 에스터의 경우를 예로 볼 때, 외부 하이드로파록사이드들인 9-OOH, 13-OOH의 형성량이 각각 32%와 34%로서, 내부 하이드로파록사이드들인 10-OOH와 12-OOH의 형성량이 각각 17%인 경우에 비해 월등히 그 형성량이 많은 사실을 알 수 있다. 이 사실은 일중항의 활성화된 산소분자($^1O_2$)가 이중결합에 접근할 때, 또는 반응할 때 입체적인 장애(steric hindrance)가 큰 요인(要因)으로 작용하며, 지방산 에스터들의 카아복실 그룹에 가까운 위치와 메틸 그룹(CH_3 -)에 가까운 위치를 비교할 때 올레인산 에스터나 리놀레인산 에스터의 경우 다 같이 전자(電子)를 내주는 성질을 가진 메틸 그룹(electron releasing CH_3 - group)에 가까운 위치일수록 전자(electrons)를 끌어들이는 성질이 강한 카아복실 그룹(electron withdrawing carboxyl group)에 가까운 위치보다 하이드로파록사이드들의 형성량이 크게 나타나고 있다(올레인산의 에스터의 경우 10-OOH 52%, 9-OOH 48%, 리놀레인산 에스터의 경우 13-OOH 34%, 9-OOH 32%).

이상의 결과를 볼 때 입체 장애 효과나 전자 밀도와 관련된 미묘한 작용들은 자동산화의 경우와 거의 똑같이 작용하는 것으로 보인다.

한편 리놀레닌산(linolenic acid, 18 : 3)이나 아라키도닌산(arachidonic acid, 20 : 4)과 같은 고도불포화지방산들(polyunsaturated fatty acids, PUFAs)의 에스터들에서도 대체로 비슷한 과정을 거쳐서 하이드로파록사이드류를 형성하는 것으로 알려져 있다. 그러나 고도불포화지방산의 에스터들의 경우, 자동산화의 경우처럼 환상 파록시 하이드로파록사이드류(cyclic peroxy hydroperoxides)와 같은 환상 파록사이드류의 형성과 분해 등이 일어나 최종 하이드로파록사이드류의 형성량 등은 함께 일어나는 복잡한 형성, 분해과정 등을 잘 나타내지 못하고 있는 것 같다(Frankel, E. N., 1998, PUFA 전반에 관해서; Terao, J. and Matsushita, S., 1981, arachidonic acid의 경우에 대해서 참조).

감광체에 의한 산화 때 형성된 하이드로파록사이드류의 산화 · 분해

이상과 같은 감광체에 의한 산화 때 형성되는 하이드로파록사이드류의 종류는 자동산화에 의해서 형성되는 하이드로파록사이드류와 대부분의 경우 동일하지 않으며 이성체(isomers) 간의 관계에 있는 경우가 대부분이나

1. 파록시 라디칼(RCOO ·)들이 계속되는 라디칼 반응들을 거쳐서 알콕시 라디칼 (RCO ·)들을 형성한 후
2. 이 알콕시 라디칼(alkoxy radical)들 양쪽의 탄소-탄소 결합들이 계속되는 라디칼 반응들을 통해서 절단(切斷)되는, 소위 β-전단(剪斷, β-fission)을 통해서, A형 또는 B형의 β-전단(A-type or B-type β-fission) 라디칼들이 형성된 후
3. 곧바로 다른 활성 유리 라디칼들(other active free radicals)과의 상호반응(interactions)을 통해서 제2차 산화 생성물들(secondary oxidation products)을 형성하며

결국 하이드로파록사이드류, 즉 이들 파록시 라디칼들(RCOO ·)의 반응양식은 자동산화의 경우와 같아진다.

감광체에 의한 산화에 대한 소거제

감광체에 의한 산화의 경우에도 일단 형성된 하이드로파록사이드류의 분해에 의해서 파록시 라디칼(peroxy radical, ROO ·)과 같은 활성 유리 라디칼들(active free radicals)이 형성된 후에는 자동산화와 같은 유리 라디칼 연쇄반응(free radical chain reaction)이 유발될 수 있으며, 이 경우에는 나중에 설명할 소위 항산화제들(antioxidants)이 유리 라디칼 연쇄 반응에 작용하여 산화 속도를 늦출 수 있다.

그러나 감광체에 의한 산화 시에는, 감광체에 광선이 조사된 결과 전술한 경로로 형성된 여기상태의 삼중항의 감광체(^{3}Sen*)에 직접 작용하여 기조상태의 일중항의 감광체(^{1}Sen)로 되돌려주는 화합물들이 알려져 왔으며, 또한 여기상태의 삼중항의 감광체(^{3}Sen*)와 기질에 흡수된 공기 중의 기저상태 삼중항의 산소($^3O_2$)와의 상호반응, 즉 소위 제2형의 반응에 의해서 형성된 일중항 산소(singlet oxygen, $^1\Delta_g$ 또는 $^1O_2$)와 반응하여 일중항 산소를 기저상태의 산소로 되돌려주는 화합물들의 존재도 알려져 왔다.

일중항 산소 소거제 한편 식용유지류나 식용유지류를 주요 성분의 하나로 함유하고 있는 다양한 가공식품류, 그리고 일부 식품 원료들의 구성 지방질 성분들의 감광체에 의한 산화는 이미 언급한 바와 같이, 제2형의 반응(type II reaction)을 통해서 형성된 일중항 산소(singlet oxygen, $^1O_2$)에 의해서 일어나는 사실이 알려져 왔다.

그러나 많은 식용유지류나 신선한 식품류에는 이렇게 형성된 일중항 산소를 기저상태의 삼중항 산소($^3O_2$, 즉 O_2)로 상호반응을 통해서 만드는 카로틴류(carotenes)나 토코페롤류(tocopherols)와 같은 소거제들(消去劑, quenchers)이 알려져 왔다.

이들은 감광체에 의한 산화에서 제2형의 반응을 통해서 형성되는 여기상태의 일중항 산소(excited state singlet oxygen)인 $^1\Delta_g$, 즉 $^1O_2$와 반응하여, 기저상태의 삼중항 산소(ground state triplet oxygen), 즉 대기 중의 산소(O_2)로 바꿔주므로, 일중항 산소 소거제(一重項 酸素 消去劑, singlet oxygen quenchers or $^1O_2$-quenchers)라고 불리고 있다.

여러 유지류와 가공식품류, 일부 지방질 성분들의 감광체에 의한 산화, 따라서 일중항 산소의 작용에 대해서 가장 대표적이고 또한 효과적인 소거제들, 즉 일중항 산소 소거제로서는 이상의 식품류에 비교적 널리 분포되어 있는 전술한 바 있는 카로틴류와 토코페롤류를 들 수 있다.

베타-카로틴(β-carotene)으로 대표되는 카로틴류의 일중항 산소 소거제로서의 작용은 매우 효과적인 것으로 알려져 있으며, 10^{-4}M의 농도에서도 일중항 산소를 효과적으로 소거하며, 베타-카로틴 한 분자는 상황에 따라서 다르나 대체로 250개에서 1,000개의 일중항 산소를 소거하는 사실이 알려져 있다(Foote, C. S. and Denny, R. W., 1968 참조).

한편 와너들(Warner, K. and Frankel, E. N., 1987)은 대두유에 1~2ppm의 베타-카로틴을 첨가해도 광선 조사 하에 있는 대두유의 산화 안정성이 크게 향상되었다고 한다.

소거제의 작용은 소거제 분자의 기본적인 구조를 유지하면서 일중항 산소와의 에너지이전(energy transfer)을 통해서 일중항 산소를 삼중항 산소로 바꾸는 대신, 소거제 자체가 기저상태의 일중항 소거제(^1Q)에서 여기상태의 삼중항 소거제($^3Q^*$)로 된 후 그 에너지를 서서히 방출하여 다시 기저상태의 일중항 소거제가 되는 물리적인 소거 방식(physical quenching)과 소거제가 일중항 산소와 실제로 화학 반응을 일으킨 후, 안정된 화합물들을 만드는 화학적 소거 방식(chemical quenching)이 있다.

$$^1\beta-carotene+{}^1O_2 \rightarrow {}^3\beta-carotene+{}^3O_2$$
$$^3\beta-carotene \rightarrow {}^1\beta-carotene+energy$$

예로서 토코페롤류 중 대표적인 알파-토코페롤류(α-tocopherol)는 나중에 설명할, 자동산화에 대해서 억제 작용을 나타내는 소위 항산화제(抗酸化劑, antioxidants)의 하나로서 유리 라디칼 연쇄 반응을 일으키는 활성 유리 라디칼들(active free radicals)을 제거하는 물질(free radical scavenger)로서 탁월한 능력을 갖고 있는 사실이 널리 알려지고 있으나 감광체에 의한 산화에서도 앞에서 말한 카로틴류와 함께 일중항 산소 소거제($^1O_2$-quencher)로서도 잘 알려져 왔다. 그러나 일중항 산소 소거제로서의 효율 또는 능력은 베타-카로틴(β-carotene)을 비롯한 카로틴류만 못한 것으로 알려져 있다.

알파-토코페롤의 경우 물리적 소거방식(物理的 消去方式, physical quenching)으로 일중항 산소를 소거하나, 경우에 따라서는 일중항 산소와 직접 화학반응을 일으켜, 일중항 산소를 소거하는 화학적 소거방식(化學的 消去方式)을 취하는 경우도 알려져 있다(Yamauchi, R. and Matsushita, S., 1979 참조).

알파-토코페롤이 물리적 소거방식을 취하느냐 화학적 소거방식을 취하느냐는 상황에 따라 다르며, 일반적으로 용매의 극성이 큰 경우, 예로서 메탄올에서의 반응에서 물리적 방식과 화학적 방식의 반응 속도를 비교할 때 14 : 1로 물리적 소거방식이 더 쉽게 진행되며, 비극성 용매들(non-polar solvents)에서는 그 비율이 대략 120 : 1로서 거의 물리적 소거방식에 의해서 진행되는 것으로 알려져 있다(Clough, R. L., *et al.*, 1979 참조).

물리적인 소거방식이라도 베타-카로틴의 경우와 같은 에너지 이전기구(energy transfer mechanism)가 아니라, 소거제가 일단 일중항 산소와 전이(轉移) 또는 천이상태(遷移 狀態, transition state)의, 일중항 산소가 마이너스 전하(negative charge), 소거제가 플러스 전하(positive charge)로 결합된 이온 결합성인, 전체적으로 일중항의 복합체(singlet ionic complex)를 형성한 후, 반응 시스템 내의 여러 상호반응들(intersystem crossing, ISC)을 거친 후 전체적으로 삼중항의 복합체(triplet complex)로 에너지 수준이 내려간(degeneration) 다음에 다시 복합체가 삼중항 산소($^3O_2$)와 원래의 일중항의 소거제로 분리하는 전하 이전기구(charge transfer mechanism)를 통해서 일중항 산소가 소거된다(Gorman, A., *et al.*, 1984 참조). 즉

$$Q^1 + {}^1O_2 \rightarrow {}^1\left[Q^+ - O_2^-\right] \rightarrow {}^3\left[Q^+ - O_2^-\right] \rightarrow {}^1Q + {}^3O_2$$

여기서 ^1Q는 일중항의 소거제, $^1[Q+ - O_2^-]$와 $^3[Q+ - O_2^-]$들은 각각 일중항과 삼중항의 복합체들이다.

한편 감광체에 의한 산화에 있어서 주요 소거제들(quenchers)에 대한 더 자세하고, 포괄적인 설명에 대해서는 다음 문헌을 참고하기 바란다(Min, D. B., *et al.*, 1989).

잘 정제된 식용유의 경우, 그 속에 함유된 클로로필류(chlorophylls)와 같은 감광체들(photosensitizers)에 의해서 일중항 산소가 형성될 수 있으나, 한편 이와 같은 식용유에 함께 함유된 카로텐류, 토코페롤류와 같은 일중항 산소 소거제들(singlet oxygen quenchers)에 의해서 효과적으로 불활성화, 즉 제거되는 것으로 생각된다.

육류 지방질과 헴 화합물들

한편 육류나 육류가공품 등에 있어서는 냉동상태(frozen state)에서도 산패(rancidity)가 매우 용이하게 일어난다. 그 까닭은 이와 같은 육류나 여러 종류의 육류 가공품들 중에서 효소 불활성 처리에도 불구하고 아직 그 활성을 유지하고 있는 리폭시제네이스(lipoxygenase)와 같은 효소들의 작용 이외에도 지방질 성분들의 자동산화나 앞에서 설명한 감광체에 의한 산화를 촉진하여 주는 성분들이 함께 존재하기 때문이다.

왓트들(Watts, B. M., *et al.*, 1954)은 냉동 저장 중인 육류, 즉 동물조직 속의 지방질의 산패를 촉진시켜 주는 물질들로서 헴 화합물들(heme compounds)을 들고 있다.

타펠(Tappel, A. L., 1953)도 이와 같은 냉동 저장 중인 육류조직 중에는 리폭시제네이스(lipoxygenase)가 실질적으로 존재하지 않으며, 따라서 헴 화합물들, 예로서 헤마틴들(hematins, 또는 그 산화물들)이 냉동 저장 중인 육류조직류의 지방질 성분들의 산패를 촉진시켜 준다는 왓트들의

견해를 지지하고 있다.

즉 육류나 특히 육류 가공품들의 경우, 앞에 전술한 헤마틴들(ferriprotoporphyrin hydroxide, 육류 중의 전체 헴 화합물들의 거의 95%를 차지하는 마이요글로빈의 산화에 의해서 형성된 메트마이요글로빈의 단백질 globin 이 변성 denaturation 되어 형성된 저분자량 헴 화합물들의 하나, 제2장 참조)과 이상의 육류들의 가열처리, 특히 반복되는 마쇄(grinding) 등의 물리적인 처리로 저분자량 헴 화합물들(low-molecular weight heme compounds)에서 분리되어 나오는 철분(iron, Fe)들은 낮은 온도에서 저장 중인 육류나 육류 가공품들의 지방질 성분의 자동산화를 크게 촉진시켜 주는 것으로 알려져 왔다.

한편 타펠(Tappel, A. L., 1961)에 의하면, 이상의 저분자량 헴 화합물들은 육류조직 내의 지방질 성분들의 초기의 자동산화에 의해서 형성된 하이드로파록사이드류(hydroperoxides, ROOHs)의 분해과정을 촉진하는 것을 뜻한다고 한다.

그러나 효소 리폭시제네이스(lipoxygenase 또는 간단히 LOX, EC 1. 13. 11. 12, 이전에는 리폭시데이스, lipoxidase, 등의 이름으로도 알려져 있었음. 나중에 설명할 변향, 즉 냄새의 복귀, flavor reversion, 의 항목 참조)의 경우처럼 이중결합의 형태에 특별한 선택성(selectivity)은 없으며, 일반적인 자동산화의 초기단계의 하이드로파록사이드류의 분해에 의한 활성 라디칼들의 형성을 촉진한다고 한다.

타펠(Tappel, A. L., 1961)에 의하면, 올레인산($C_{18:1}$), 리놀레인산($C_{18:2}$), 리놀레닌산($C_{18:3}$)의 메틸 에스터들을 0℃에서 각각 0.02M 이상의 불포화지방산의 에스터들에 2×10^{-5}M의 헴 화합물인 헤민(hemin)을 첨가했을 때, 각 기질용액들의 시간당 흡수된 산소의 mL수로 표시한 산화 속도(oxidation rate)는 각각 0.06, 0.18, 0.36mL O_2/hr로서, 리놀레인 에스터는 올레인산 에스터의 대략 3배, 리놀레닌산 에스터는 올레인산 에스터의 대략 6배의 산화속도로 자동산화 되었다고 한다.

또한 리놀레인산 에스터에 대한 헤모글로빈과 사이토크롬 C(cytochrome C)의 촉매 작용에 대한 온도의 영향을 측정하여 그 활성화 에너지(activation energy)를 산출했을 때 불과 3.3kcal/mol이었다고 한다. 타펠은 리놀레인산의 메틸 에스터들의 자연발생적인 자동산화과정(autocatalysis), 대두에서 추출한 리폭시제네이스(soybean lipoxygenase, pH 9.0)의 최적 조건에서 리놀레인산 메틸 에스터의 산화에 대한 활성화 에너지, 같은 식으로 밀의 리폭시제네이스(wheat lipoxygenase, pH 7.0), 헤마틴 화합물들(hematin compounds), 즉 저분자량의 산화형(Fe^{3+}를 함유한) 헴 화합물들(low-molecular weight heme compounds)의 활성화 에너지들은 각각 15.2, 4.3, 6.5(LOX-1, 2, 3의 경우)및 3.3kcal/g•mol로 발표하고 있다. 그리고 저분자 산화형 헴 화합물들의 활성화 에너지가 불과 3.3kcal/mol로서 매우 강력한 촉매 작용을 하는 사실을 강조하고 있다. 이와 관련해서 본 장(章)의 앞부분에서 이미 언급한 바 있는 유지의 자동산화 반응과 그 에너지 관계로 표시한 항목을 참고하기 바란다.

또한 여러 헴 화합물들(heme compounds) 중에서도 실질적으로 불포화지방질(unsaturated lipids)의 자동산화 과정에 활발하게 참여하는 화합물들은 제2철 헤모크로모젠(ferric hemochromogen)이며, 제1철 산화질소 헤모크로모젠(ferrous nitric oxide hemochromogen)은 아니라는 점을 특히 유의해야 한다.

육류 조직 속의 지방질의 자동산화(autoxidation)가 헴 화합물들 중의 제2철 이온(ferric ion, Fe^{3+})

에 의해서 촉진된다는 견해는 여러 연구자들에 의해서 지지 받아 왔다.

예로서 리놀레인산(linoleic acid)의 자동산화에 있어서, 메트헤모글로빈(methemoglobin)은 이 자동산화를 강하게 촉진시켜 주었으나, 옥시헤모글로빈(oxyhemoglobin)의 경우에는 그 촉매작용이 전자의 경우보다 훨씬 약했다고 보고되고 있다.

한편 마이요글로빈(myoglobin), 헤모글로빈(hemoglobin)과 그 산화 또는 가열 생성물들, 예로서 헴 화합물들, 포오피린들은 모두 감광체(sensitizer)로 작용할 수 있으므로, 감광체에 의한 산화 과정도 동시에 일어날 수 있다. 또한 감광체에 의한 산화 과정 초기에 형성된 하이드로파록사이드들의 빠르게 진행되는 분해에 의한 활성 라디칼들의 형성은 매우 이른 시기에 정상적인 자동산화 과정을 크게 촉진시킬 수도 있을 것이며, 이와 같은 상황 등에 대비가 없었던 과거에는 실제적으로 그런 상황들이 많이 발생한 것으로 알려져 있다. 여기에 대해서는 변향(flavor reversion)에 관한 항목에서 곧 설명하기로 한다.

한편 육류나 각종 육류 가공품들에는 저분자량 산화형 헴 화합물들(low-molecular weight oxidized heme compounds)에서 분리되어 나오는 철분 또는 철 이온들, 또는 원래 육류 중에 함유되어 있던 철분 또는 철 이온들이 존재하며, 이들도 자동산화에 대해서 강력한 촉매작용을 하는 사실이 알려져 왔다.

이상의 철분 또는 철 이온(산화형의 Fe^{3+})의 촉매작용 등에 대해서는 앞으로 변향(flavor reversion), 그리고 특히 산화 촉진 요인(酸化 促進 要因, prooxidant factor) 등의 산화 촉진제(prooxidants)의 항목에서 설명하고 있기 때문에 여기서는 기본적인 사항들에 대해서만 간단히 설명하기로 한다.

첫째로 유지류나 지방질 성분 등에 존재하는 금속, 금속의 산화물, 금속염들 중 소위 전이 또는 천이 금속류(transition metals)에 속하는 철(Fe), 구리(Cu), 코발트(Co), 니켈(Ni), 아연(Zn), 알미늄(Al), 주석(Sn) 등은 이상의 기질들의 자동산화 속도(the rate of autoxidation)을 증가시키는 사실이 알려져 왔다. 이상의 금속과 그 산화물 또는 염류 등은 물과 유지류 또는 지방질 성분들의 혼합 시스템 등에서 그 경계면들(interfaces)을 통해서 산화 촉진작용을 나타내는 것으로 알려져 있다.

이상의 전이금속들(transition metals)의 산화 촉진작용의 크기에 대해서는 여러 연구결과들이 알려져 있으나 나중에 더 자세히 설명하기로 하고, 일반적으로는 구리(Cu)의 산화 촉진작용이 가장 강력하며, 그 다음이 철(Fe), 그리고 알미늄(Al)이나 주석(Sn) 등의 경우에는 구리나 철보다 훨씬 약하다고 알고 있으면 될 것 같다.

그리고 육류 가공품의 지방질 성분들의 경우, 전이금속의 산화촉진 작용은 그 촉진 작용의 크기나 분포, 즉 상대적인 함량 등으로 볼 때 철(Fe)의 작용이 실제적으로는 가장 중요하다고 생각된다.

한편 정제된 식용유지류의 경우에는 대부분의 저분자량 헴 화합물류나 철(Fe)을 비롯한 각종의 전이금속들은 정유(精油, oil refining)의 여러 정제 과정을 통해서 제거되나, 이와 같은 여러 공정에서 철제 기구류 또는 기계류가 사용되는 경우, 이들 기계, 기구류에서 오염되는 경우도 중요하다고 한다(Flider, F. J. and Orhoefer, F. T., 1981 참조).

한편 철(Fe), 구리(Cu), 니켈(Ni) 등의 전이금속들은 유지류나 지방질 성분들의 불포화지방산 에스터류의 초기 산화과정에서 형성된 하이드로파록사이드들(hydroperoxides, ROOHs)이 알콕시 라디칼들(alkoxy radicals, RO・)과 파록시 라디칼(peroxy radical, ROO・) 등으로 분해되는 과정을 촉진하는 사실이 알려지고 있다.

이와 같은 자동산화 초기에 형성된, 하이드로파록사이드들은 환원형의 2가의 제1철 이온(ferrous ion, Fe^{2+})에 의해서, 다음과 같은 분해(decomposition)가 촉진된다.

$$ROOH + Fe^{2+} \rightarrow RO\cdot + OH^{-} + Fe^{3+} \quad (1)$$

그러나 파록사이드 분해에 참여함으로서 형성된 3가의 제2철 이온(ferrous ion, Fe^{3+})은 곧 다른 하이드로파록사이드와 반응하여 이를 분해시키면서 자신은 원래의 2가의 제1철 이온(ferric ion, Fe^{2+})으로 되돌아가는 사실이 알려져 있다.

$$ROOH + Fe^{3+} \rightarrow ROO\cdot + H^{-} + Fe^{2+} \quad (2)$$

여기서 (1) 및 (2) 식의 좌우변을 합한 후 좌우변의 같은 항목들을 소거해 나가면 다음 식을 얻을 수 있다(단 $H^{+} + OH^{-}$는 당연히 H_2O로 표시함).

$$2ROOH \rightarrow ROO\cdot + RO\cdot + H_2O \quad (3)$$

여기서 얻은 (3) 식은 환원형의 2가의 제1철 이온(ferrous ion, Fe^{2+})이 자동산화 초기에 형성된 하이드로파록사이드 두 개의 분자에 작용하여 유리 라디칼 연쇄 반응(free radical chain reaction)을 더 촉진시켜 주는 활성 라디칼들(active free radicals)인 알콕시 라디칼(alkoxy radical, RO·)과 파록시 라디칼(peroxy radical, ROO·)들을 형성하는 과정을 잘 설명해 주고 있다.

한편 식용유지류의 주된 지방산 에스터들의 자동산화 반응과 그 에너지 관계와 효소에 의해서 촉진되는 자동산화과정 등의 항목에서 여러 반응들의 활성화 에너지들에 대해서 간단히 비교한 바 있다.

이상의 항목들에서 설명한, 각 반응의 활성화 에너지들이 바로 위에서 설명한 2가의 제1철 이온(ferrous ion, Fe^{2+})이 자동산화 초기에 형성된 파록사이드 두 분자들의 분해과정(bimolecular decomposition)을 가져오는데 불과 3.3kcal/mol 정도의 활성화 에너지로도 충분하다는 사실은, 유지류나 육류 및 육류 가공품류의 지방질 성분들의 자동산화에 의한 산패발생(rancidity development)에 2가의 제1철 이온 또는 3가의 제2철 이온의 존재에 의해서 얼마나 큰 영향을 주는 지를 잘 보여주고 있다.

생물체 내에서의 몇 가지 기본적인 과정들

식용유지의 정제과정(refining process)과는 달리 육류나 육류 가공품류의 산화과정들은 실제 살고 있는 생물체, 즉 식물체들과 동물체들에서 일어나고 있던, 효소에 의해서 촉진되는 산화과정들의 일부 시스템들이 그대로 이어가고 있는 일면이 엿보이고 있다.

식물체들의 경우, 트리아실글리세롤(triacylglycerols 또는 종전의 triglycerides) 그리고 그 유도체들의 에스터 결합을 분해하는 라이페이스들(lipases)과 불포화지방산의 에스터들의 산화에 관여해서 하이드로파록사이드류(ROOHs)의 형성을 촉진시켜주는 리폭시제네이스류(lipoxygenase), 형성된 하이드로파록사이드류의 분해를 촉진시켜주는 하이드로파록사이드 라이에이스들(hydroperoxide lyases)이 관여하고 있다. 그리고 이상의 과정들에서 형성된 중간체들(intermediate products)의 이성화(異性化, isomerization)에 관여하는 여러 종류의 이성화 효소들(isomerases)의 존재와 그 구조 및 작용들이 널리 알려지기 시작하는 과정에 있다.

한편 대부분의 경우 이상과 같은 효소들의 작용은 식물체에서 얻은 식용 유지들과 이 유지들을 사용한 가공식품류에서는 이상의 효소시스템들은 완전히 불활성화(inactivation)되거나, 거의 완전히 억제되고 있다. 일부 유지류나 그 가공품류에서는 변향(flavor reversion)이 문제되어 왔으나, 여기에 대해서는 곧이어 변향에 관한 항목에서 설명하기로 한다.

한편 앞에서 말한 육류와 육류 가공품들 안의 유지류나 지방질 성분들의 산화를 촉진하는 마이요글로빈, 헤모글로빈, 그리고 일부 산화효소들(oxidizing enzymes)과 그 산화형성물들(oxidation products), 또는 원래 존재했거나, 이들 효소 또는 효소 복합체들의 분해 물질들에서 형성된 철, 구리 등과 같은 전이금속들(transition metals)의 작용에 대해서는 오래 전부터 단지 식품으로서의 품질(quality) 유지 내지는 향상이라는 관점에서뿐만 아니라, 이상의 효소 또는 효소 복합체들의 종류, 구조, 성질들이 인체에 존재하는 해당 효소들의 경우와 매우 유사하므로, 이상의 효소 또는 효소 복합체들의 시스템의 특유한 작용들과 그 의도하는 목적들도 유사하지 않겠느냐는 관점에서 그 중요성이 더 인식되기 시작하고 있다.

즉 이상의 각종 산화 효소들의 체내에서의 주된 작용은 체내에 형성된 하이드로파록사이드류의 분해를 촉진시켜 활성 라디칼류를 형성하는, 기본적으로는 자기분해 과정들(catabolic processes)인데, 이 과정들을 개개의 생체가 자신의 통합성(統合性, integrity)을 유지하는 데 어떻게 통제하고 있는지에 대해서, 그리고 생체 내의 활성 유리 라디칼들은 잠재적인 암 유발 물질들, 즉 발암 물질들을 활성화할 수 있는데, 이런 과정들은 어떻게 통제(統制 control)하고 있는지 등에 대해서, 특히 후자의 문제는 사람들의 경우를 생각할 때 극히 중요하며, 따라서 이런 관점에서 근래에 와서 연구들이 활발해지고 있다.

생체 내 산화반응들 생체 내에서의 지방질 물질들의 산화에서 세포막(cell membrane)과 같은 생체막(生體膜, biological membrane) 내의 효소들에 의해서 촉진되는 산화는 지금까지 설명해 온 자동산화(autoxidation)와 구별되므로, 생체 내의 효소들에 의한 산화(peroxidation)라는 표현 중이 세포막이란 용어 대신에 생명체라는 것을 강조하기 위해서 생체막(生體膜, biomembrane 또는 biological membrane)이라는 표현을 쓰는 경우도 많다(Mead, J. F., *et al.*, 1980 ; George, J. D. and Ziegler, D. M., 1980 참조).

한편 이상의 생체막에서 발견되는 지방질 성분의 산화를 촉진하는 효소 또는 효소 복합체들은 경우에 따라서는 생촉매들(生觸媒, biocatalysts)로 불리기도 하며, 전술한 생체 내의 효소들에 의한 산화(peroxidation)는 생촉매들에 의한 산화(oxidation of biocatalysts)로 표현되는 경우도 있다.

타펠(Tappel, A. L., 1962)은 지방질 성분들의 생체 내의 효소들에 의한 산화(lipid peroxidation)의 가장 뚜렷한 예로서 헤마틴 화합물들(hematin compounds)과 리폭시데이스(lipoxidase), 즉 리폭시제네이스들에 의한 산화를 들고 있다.

그리고 동물체의 경우 왓트(Watt, B. M., 1962)는 1950~1960년대의 연구를 회고하면서, 실험동물을 사용한 지방질의 산화 연구에서 초기에는 동물들의 지방조직 중 지방 세포들(fat cells)로 구성된 지방조직(adipose tissues)에서 채취한 지방질 성분을 가지고 무심코 7년간이나 연구를 계속하다가, 근육 조직 중의 지방질 성분의 산화를 연구하기 시작하자, 그 지방질 성분의 구성이나 산화 형태가 크게 다른 데에 놀랐으며, 또한 그 동안의 발전이 빠른데 놀랐다고 설명하고 있다. 추측컨대 전자는 자동산화적인 측면이 컸는데 비해서, 후자의 경우 생체 내의 효소들에 의한 산화(peroxidation)로서의 측면이 컸던 것 같다.

인체 내에서의 몇 가지 기본적인 효소들에 의한 산화반응과 그 방어기구들 근래에 와서 생체 특히 인체 내에서의 효소들에 의한 산화 반응들이 인체의 전반적인 건강상태에 해로운 영향을 미치는 여러 사실들과 이에 대응하는 인체 내의 방어기구들(defense mechanisms)에 대해서 자세히 알려지기 시작하면서 국내외에 비상한 관심과 함께 점차로 이 문제들에 관한 연구들이 이루어지고 있다.

이상과 같은 문제들이 인체의 정상적 발육과 건강 유지에 거의 필수적인 사실들이 밝혀지고 있기 때문에 식품화학 분야에서 다루어져야 하는 지의 타당성과 관계없이 몇 가지 중요하고 기본적인, 인체에 유해한 산화 생성물들을 형성하는 반응들과 인체 내에서 이와 같은 유해 산화생성물들의 제거에 도움이 되는 반응들, 즉 인체 내 방어기구들(self-defense mechanisms)을 극히 간단히 설명하기로 했다.

첫 번째로 인체 내부는 일반적으로 70% 이상의 수분과 탄수화물, 단백질, 지방질의 저분자량 또는 고분자량 화합물들의 복잡한 교질 상태의 졸(sol) 또는 젤(gel) 시스템으로 볼 수 있는데, 이와 같은 시스템에서도 이온 반응(ionic reaction)과 함께 유리 라디칼 반응(free radical reaction)이 예상한 것보다 비교적 더 쉽게 진행되고 있는 사실을 오래 전부터 알게 되었었다.

그 가장 좋은 예가 체내의 각 부위 또는 시스템에 흡수 또는 용해된 기저상태의 삼중항 산소는 그 자체의 특이한 전자 배치의 결과, 전자 한 개를 가역적으로 매우 쉽게 흡수하여 부의 전하(負電荷, negatively charged)를 가진 라디칼을 쉽게 형성한다.

이 - 전하를 가진 라디칼은 수퍼옥사이드 아나이온(superoxide anion) 또는 수퍼옥사이드 라디칼(superoxide radical)로 불리고 있다.

$$\cdot O-O\cdot\ (^3O_2) + e \rightarrow \ \cdot O-O^-\ (\text{즉 } O_2^-\cdot) \tag{1}$$

삼중항 산소 전자 수퍼옥사이드 아나이온 또는 라디칼

이 수퍼옥사이드 아나이온 또는 수퍼옥사이드 라디칼은 그 자체로서는 인체에 큰 해를 주지 않지만 그대로 방치해 두면 여러 종류의 반응들에 참여하여 인체에 해로운 산화화합물들, 예로서 과산화수소(H_2O_2) 또는 하이드로파록시 라디칼(HO·) 등의 형성에 참여하므로 정상적인, 즉 건강한 체내에는 이 수퍼옥사이드 라디칼 제거 효소 시스템이 언제나 활발히 작동하고 있다.

$$2O_2^-\cdot + 2H^- \rightarrow H_2O_2 + O_2 \tag{2}$$

수퍼옥사이드 아나이온($2O_2^-\cdot$)을 수소 이온 존재 하에 수퍼옥사이드디스뮤테이스(superoxide dismutase, SOD)로 분해시키면, 두 분자의 $O_2^-\cdot$와 두 개의 수소 이온에서 한 개의 과산화수소(hydrogen peroxide)와 한 분자의 삼중항 산소($^3O_2$)가 형성된다. 인체에 유해한 과산화수소는 과산화수소 분해 효소인 캬탈레이스(catalase)를 사용하거나, 글루타싸이온(glutathione, 환원형, GSH) 두 분자를 글루타싸이온 파록시데이스(glutathione peroxidase, GSH Px)와 함께 한 분자의 과산화수소와 작용시키면, 한 분자의 물과 두 분자의 글루타싸이온과 산화형인 글루타싸이온 다이설퍼이드

(GSSG)가 형성된다. 즉 다음의 (3) 및 (4) 식에서 표시한 반응들이다.

$$2H_2O_2 \xrightarrow{\text{catalase}} 2H_2O_2 + O_2 \tag{3}$$

$$H_2O_2 + 2GSH \xrightarrow{\text{GSHPx}} H_2O + GSSG \tag{4}$$

체내에 형성된 과산화수소(H_2O_2)를 즉시 앞에서 말한 캬탈레이스 또는 글루타싸이온 파록시데이스(glutathione peroxidase, GSH Px)와 글루타싸이온(GSH) 등에 의해서 물의 형태로 소거하지 않은 경우에는, 생체 내에 존재하는 가장 활성이 크며, 가장 산화력이 크며, 따라서 가장 유해한 라디칼로 알려진 하이드록시 라디칼(hydroxy radical, HO・)의 형성을 가져온다. 과산화수소에서 하이드록시 라디칼이 형성되는 과정은 여러 경로가 있으나 다음 세 경로들이 널리 알려져 있다.

가장 잘 알려져 있는 경로 중의 하나는 시스템 내, 즉 생체조직 내에 존재하는 환원형의 철 이온 Fe^{2+}(ferrous ion)에서 전자 하나를 공여(供與) 받아, 수산 이온(hydroxide ion, HO^-)과 하이드록실 라디칼(hydroxyl radical, HO・)을 형성하는 반응, 즉 펜톤 반응(Fenton reaction)으로 널리 알려진 반응이다.

$$H_2O_2 + Fe^{2+} \longrightarrow Fe^{3+} + HO^- + HO\cdot \tag{5}$$

한편 체내의 캬탈레이스 또는 글루타싸이온 파록시데이스 시스템을 통한 과산화수소의 제거 시스템들이 잘 작동이 되지 않았을 경우에는 같은 시스템 내에 존재하는 수퍼옥사이드 아나이온 즉 수퍼옥사이드 라디칼(superoxide anion, O_2^-・)은 주변에 있는 산화형의 제이철 이온(ferric ion, Fe^{3+})에 자신이 가진 전자들 중의 한 개를 공여하여 환원형의 철 이온(ferrous ion, Fe^{2+})으로 만든 후, 과산화수소를 분해시켜 자기는 $^3O_2$로 되면서 수산 이온(HO^-)과 하이드록실 라디칼(HO・)을 만든다.

$$H_2O_2 + O_2^-\cdot \text{—Fe}\longrightarrow HO^- + HO\cdot + O_2 \tag{6}$$

이상과 같이 수퍼옥사이드 아나이온(O_2^-・)은 인체나 기타 생체에 가장 해로운 하이드록시 라디칼들의 형성까지 간접적으로 관여하는 등 많은 인체에 해로운 반응들(the cascade of harmful reactions)을 단계적으로 유발하므로 그 소거는 매우 중요하다.

수퍼옥사이드 아나이온 또는 라디칼(O_2^-・)은 전술한 대로 하이드록시 라디칼(HO・)과 같은 인체를 비롯한 생체들의 세포막과 기타의 각종 생체막들(biomembranes)에 손상을 가져올 뿐만 아니라, 성장과 생존에 필수적인 기능(機能)들의 정상적인 수행을 어렵게 만든다. 즉 소위 산화 스트레스(oxidative stress)를 유발한다.

또한 하이드록시 라디칼들과 같은 활성이 극단적으로 강한 라디칼류의 경우, 발암성 물질들을 활성화시키거나, DNA 등의 핵산들의 기능에 손상을 가져오게 한다.

이런 의미에서 수퍼옥사이드 아나이온(O_2^-・)을 제거해 주는 수퍼옥사이드 디스뮤테이스(superoxide dismutase, SOD), 과산화수소의 분해를 촉진해 주는 캬탈레이스(catalase)나 글루타싸이온 파록시데이스(glutathione peroxidase, GSH Px)와 글루타싸이온(glutathione, GSH)들의 환원시스템 등은 인체를 비롯한 생체들에 대한 가장 효과적인 자기방어 기구들(self-defense mechanisms)의 한 예로 볼 수 있다. 그리고 수퍼옥사이드 디스뮤테이스(SOD), 카탈레이스, 글루타싸이온 파록시데이스 등은 각각의 기질의 계속되는 산화의 진행을 억제해 주고 있기 때문에 항산화효소들(抗酸化酵素, antioxidant enzymes)라고 볼 수 있다.

한편 생체 내의 효소들에 의한 산화(peroxidation)에 대해서는 이상과 같은 여러 과정들이 사람의 건강유지와 질병억제라는 문제들과 값은 관련이 있음이 계속 밝혀짐에 따라, 근래에 와서 더 많은 연구들이 행해지고 있다. 이 방면에 관심이 큰 독자들은 전문적인 문헌들 이외에 시믹과 카렐 등(Simic, M. G. and Karel, M., editors, 1980 ; Robinson, D. S., 1987 ; Packer, L. and Glazer, A. N., editors, 1993 ; Ahmad, S., editors, 1995 ; Halliwell, B. and Gutteridge, J. M. C., editors, 1998 ; Frankel, E. N., 1998)의 전공 서적들을 참고해 주기 바란다.

변향, 즉 냄새의 복귀현상

일부의 특정한 식용유지들의 경우, 산패(rancidity)가 발생하기 훨씬 전에 뚜렷한 냄새의 변화를 가져올 때가 있다. 예로서 원래 풀 냄새(grassy flavor), 또는 콩 비린내(beany flavor)를 가졌던 조제(組製) 대두유(crude soybean oil)를 탈취(deodorization) 등의 정제 과정들에 의해서 특유한, 불쾌한 냄새를 제거한 후에도 이 기름을 잠시 저장하는 동안 다시 풀 냄새나 콩 비린내를 되찾게 되는 경우가 있다. 이와 같은 냄새는 비록 본질적으로는 자동산화 과정의 결과 형성된다 하더라도 산패의 결과 발생되는 냄새와는 뚜렷이 구별되며, 또한 산패가 발생되기 훨씬 이전에 일어난다는 점에서 자동산화에 의한 냄새의 발생과는 구별되고 있다.

한 예로서 대두유의 경우 그 과산화물가(peroxide value, 곧 설명할 유지류의 산화측정법 참조)가 미처 수 밀리당량(meq/kg)도 안 되는 시기에 뚜렷한 풀 냄새나 콩 비린내를 갖게 되며, 이때 발생되는 냄새는 산패의 냄새(rancidity flavor)와도 뚜렷이 구별된다(본 장의 앞부분의 그림 14-4 참조).

이상과 같은 냄새의 발생 내지는 변화는 정제(精製)하기 전의 유지의 본래의 냄새와 비슷한 냄새를 갖는다는 의미에서 냄새의 복귀(flavor reversion), 또는 단순히 변향(變香)이라고 불리고 있다. 일부 유지들에 있어서는 이와 같은 변향이 일어날 때 단순히 원래의 냄새에 되돌아간다기보다는 새로운 냄새를 갖는 경우가 있다.

이와 같이 변향을 잘 일으키는 유지들로는 대두유와 아마인유(linseed oil)를 들 수 있다. 이 외에 평지씨 기름(repressed oil), 해바라기씨 기름(sunflower oil), 잇꽃 기름(safflower oil), 팜 야자유(palm oil), 탈취한 일부 어유류(deodorized marine oil), 돼지 그리고 소, 양과 같은 동물의 지방질들(lard, tallows) 등이 알려져 있다.

변향과 산패와의 관계

전술한 대로 변향(flavor reversion)도 산패(rancidity), 즉 산화에 의한 산패(oxidative rancidity)와 마찬가지로 결국에는 유지의 자동산화의 결과 형성되는 것으로 생각되고 있다. 또한 장기간 공기 속에 노출되었거나, 공기 중에서 가열된 유지에서 발생되기 쉽다.

그러나 변향취(reversion flavor)가 산패취(rancid flavor)와 뚜렷이 구별되는 점, 산패의 발생에 훨씬 앞서서 일어나는 점, 그리고 산패되기 쉬운 일부 유지들, 예로서 옥수수기름 등에서는 변향이 잘 일어나지 않는 점들을 고려할 때, 변향의 형성기구(formation mechanism)는 일반적인 산화에 의한 산패 기구와는 뭔가 다른 점이 있는 것으로 생각되어 왔다.

변향의 형성 기구, 리놀레닌산-아이소리놀레인산 학설

변향이 일어나는 기구(mechanism)에 대해서는 아직 확실하게 확립된 학설은 없는 것 같다. 그러나 일부 연구자들은 변향의 기구를 설명하기 위하여 리놀레닌산-아이소리놀레인산 학설(linolenic-isolinoleic acid theory)을 제안하여 왔다(Cowan, J. C. and Evans, C. D., 1962 참조). 이 학설은 변향의 주가 되는 원인이 유지 속에 유리 지방산 또는 그 에스터 등의 형태로 존재하는 리놀레닌산(linolenic acid)과 그 유도체(誘道體)로 볼 수 있는 아이소리놀레인산(isolinoleic acid)의 산화생성물들에 기인된다는 것이다.

그 근거로서 연구자들은 다음과 같은 점들을 들고 있다. 즉

1. 리놀레닌산(linolenic acid)의 함량이 큰 유지들은 변향을 일으키기 쉬운 점
2. 변향을 일으키지 않는 옥수수기름의 리놀레닌산 함량을 인위적으로 증가시키면 쉽게 변향을 일으키게 되는 점
3. 리놀레닌산의 함량이 큰 대두유나 아마인유(linseed oil)는 특별하게 변향을 일으키기 쉬운 점
4. 이 아마인유에 수소첨가(hydrogenation)를 하여 얻은 유지류에서는 변향되는 경향이 그 속에 함유된 아이소리놀레인산의 함량과 직접 관계되는 점(그림 14-16 참조).
5. 아이소리놀레인산들만으로 만들어진 트리아실글리세롤(triacylglycerol)인 트리아이소리놀레이트(triisolinoleate)가 주성분이 된 농축 혼합물은 특히 변향을 일으키기 쉽다는 점
6. 근래에 와서 대두유의 주요 변향 성분으로서 3-시스-헥세날(3-cis-hexenal), 2,4-헵타다이에날(2,4-heptadienal), 2,4-데카다이에날(2,4-decadienal), 에틸비닐 케톤(ethylvinyl ketone), 2-펜틸 후란(2-pentyl furan) 등이 여러 학자들에 의해서 확인되고 있으며, 2-펜틸 후란(리놀레인산에서)을 제외하면, 모두 리놀레닌산의 산화생성물들이라는 점 등이다.

$$\mathrm{CH_3-CH_2-CH{=}\overset{15}{C}H-CH_2-CH{=}\overset{12}{C}H-CH_2-CH{=}\overset{9}{C}H-(CH_2)_7COOCH_3}$$

리놀레닌산의 메틸 에스터(methyl linolenate)

$$\xrightarrow[\text{수소첨가}]{H_2} \quad \mathrm{CH_3CH_2CH_2-CH{=}\overset{14}{C}H(CH_2)_4CH{=}\overset{8}{C}H(CH_2)_6COOCH_3}$$

$$\mathrm{CH_3CH_2CH_2{=}\overset{15}{C}H(CH_2)_4CH{=}\overset{9}{C}H(CH_2)_7COOCH_3}$$

$$\mathrm{CH_3CH_2CH_2CH{=}\overset{14}{C}H(CH_2)_2CH{=}\overset{10}{C}H(CH_2)_8COOCH_3}$$

아이소리놀레닌산의 메틸 에스터들 (methyl isolinoleates)

[그림 14-16] 리놀레닌산 에스터의 수소첨가에 의한 아이소리놀레인산 에스터들의 형성. 리놀레닌산 에스터에서 형성된 리놀레인산의 이성체들 중 탄소 12번의 이중결합만 없어진 이성체들을 특히 아이소리놀레인산들이라고 부른다. 이 이성체들 중 12번의 이중결합만 없어지고 탄소 9번과 15번의 이중결합들은 그대로 있는 아이소리놀레인산 에스터의 이성체는 제1형(Type I)으로 탄소 9번 또는 15번의 이중결합들의 위치가 변동된 이성체들은 제2형(Type II)들로 분류된다. 변향은 리놀레인산 에스터와 함께 아이소리놀레인산의 에스터들, 특히 제1형의 아이소리놀레인산 에스터의 초기의 산화 결과 일어나는 것으로 생각되고 있다(본문 참조).

한편 변향을 일으키는 지방산으로서는 대두유에 함유된 불포화지방산인 리놀레닌산(linolenic acid)이 그 원인 성분이라는 주장이 더키(Durkee, M. M., 1936)에 의해서 처음 제안되었다(Smouse, T. H., 1979 참조). 또한 코완과 에반스들(Cowan, J. C. and Evans, C. D., 1962 참조)은 더키의 경우보다 더 직접적인 실험을 통해서 리놀레닌산이 대두유의 변향의 주원인임을 증명한 더톤(Dutton, H. J., *et al*., 1951)의 실험을 소개하고 있다.

레몬들(Lemon, H. W., *et al*., 1945)은 대두유처럼 변향을 잘 일으키는 아마인유(linseed oil)를 수소 첨가할 때, 이 기름 중의 리놀레닌산($C_{18:3}$ $\Delta^{9,12,15}$ all cis)의 탄소 번호 12번과 13번 사이의 이중결합이 제거된, 리놀레인산($C_{18:2}$ $\Delta^{9,12}$ all cis)의 이성체들, 즉 아이소리놀레인산들(isolinoleic acids)도 수소 첨가된 아마인유 혹은 대두유의 변향의 주요 성분들이라고 설명한 바 있다.

또한 레몬들은 전술한 아이소리놀레인산들 중 탄소 9번과 15번의 이중결합들은 그대로 유지하고 있는 아이소리놀레인산($C_{18:2}$ $\Delta^{9,15}$ cis, cis)을 제1형(Type I), 나머지 탄소 9번이나 15번의 이중결합의 위치가 변동된 - - 그러나 탄소 12번의 이중결합이 없어진 - - 아이소리놀레인산들(isolinoleic acids)을 제2형(Type II) 분류하고 있다. 그리고 더 나아가서 분류하고 수소첨가 된 대두유나 아마인유의 변향은 주로 제1형의 아이소리놀레인산에 의한다고 설명하고 있다(Smouse, T. H., 1985 참조).

케플러(Keppler, J. G., 1977)는 이상의 지방산 또는 그 에스터들의 산화의 결과 형성되는 변향 성분들의 일부는 $CH_3CH_2CH{=}CH$ - 그룹(terminal butene group)을 가진 휘발성 알데하이드들(volatile aldehydes)로 추정하고 있다.

코완과 에반스들(Cowan, J. C. and Evans, C. D., 1962)은 일찍이 변향 성분들은 위에서 설명한 리놀레닌산, 아이소리놀레인산들의 $CH_3CH_2CH = CHCH_2$ - 그룹(terminal pentene group) 부분의 산화에서 형성된 산화생성물들(oxidation products)이라고 시사한 바 있다.

그리고 일부 변향 성분들은 이상의 리놀레닌산, 아이소리놀레인산들의 초기 산화에서 형성된 산화 중합체들(oxidative products)의 그 후의 계속된 산화 분해의 결과에서 형성되는 사실들이 알려져 왔다(Smouse, T. H., 1979 및 1985 참조).

한편 리놀레닌산과 아이소리놀레인산들을 함유하는 유지류나 지방질 성분들의 일반적인 자동산화(autoxidation)과정에 앞서서 일어나는 변향의 원인이 되는 초기의 자동산화의 발생에 대한 이유는, 이전에는 설명하기 어려운 사항이었으나, 현재는 감광체에 의한 산화, 흔적량의 또는 정제시 제거하지 못했던 전이금속류(transition metals), 특히 철(Fe)이나 구리(Cu) 등의 산화촉진제 작용에 의한 산화 등으로 생각되고 있다.

또한 앞에 또한 전술한 바 있는 산화·분해도 생각할 수 있다. 특히 감광체에 의한 산화, 즉 그 초기 단계에서 광선 조사로 여기(勵起, exited)된 자연 색소들의 작용의 결과 형성된 일중항 산소(singlet oxygen)의 작용에 의해서 하이드로파록사이드들(hydroperoxides)이 형성된 후 계속 산화되어 여러 카아보닐 화합물들(carbonyl compounds)을 형성하게 된다. 이 카아보닐 화합물들은 일반적으로 휘발성을 갖고 있으며, 이 중에서 위에서 언급한 또는 계속 설명하게 될 일부 화합물들이 이와 같은 유지에 특유한 변향취(reversion flavor)를 부여하는 것으로 설명되고 있다.

실제 검출된 변향 성분들의 종류 변향된 유지들을 수증기 증류(steam distillation)하여 얻은 휘발성 카아보닐 화합물들로서는 헵테날[heptenal, $CH_3(CH_2)_3CH{=}CH$ - $CH{=}O$], 다이프로필 케톤[di-n-propyl ketone, $CH_3CH_2CH_2COCH_2CH_2CH_3$], 말레인산의 무수물(maleic anhydride), 데카다이

에날-2,4(decadienal-2,4, $CH_3(CH_2)_4CH=CH-CH=CH-CH=O$), 아세트알데하이드(acetaldehyde, $CH_3CH=O$), 에틸비닐 케톤(ethylvinyl ketone, $CH_3CH_2COCH=CH_2$) 등이 알려지고 있다.

대두(soybean) 자체의 비린내(green bean odor) 성분에 대해서는 이미 간단히 언급한 바 있다. 예로서 마티크들(Mattick, L. R. and Hand, D. B., 1969)에 의하면, 대두 자체의 비린내의 주성분은 에틸비닐 케톤(ethylvinyl ketone)이며, 다른 알데하이드나 케톤들도 많이 존재하나 이 에틸비닐 케톤의 냄새가 가장 뚜렷하며 강하다고 한다. 이 케톤은 아마도 대두의 지방질 중의 주요 성분인 리놀레닌산(linolenic acid)의 산화의 결과 형성되는 듯 하다고 한다. 이들은 리놀레닌산에서 이 케톤이 형성되는 과정에 대해서 그림 14-17과 같은 과정을 추정하고 있다.

리놀레닌산

$$CH_3CH_2-CH=CH-CH_2-CH=CH-CH_2-CH=CH-(CH_2)_7-C(=O)-O-R$$

$$\downarrow [O]$$

$$CH_3CH_2-CH=CH-CH_2-\dot{C}H=CH=CH-CH=CH-(CH_2)_7-C(=O)-O-R$$

$$\downarrow [O]$$

$$CH_3CH_2-CH=CH-CH_2-\underset{O-OH}{\underset{|}{CH}}-CH=CH-CH=CH-(CH_2)_7-C(=O)-O-R$$

$$\downarrow$$

$$CH_3CH_2-CH=CH-\dot{C}H_2 \leftarrow\rightarrow CH_3CH_2-\dot{C}H-CH=CH_2$$

$$\downarrow [O]$$

$$CH_3CH_2-\underset{O-OH}{CH}-CH=CH_2$$

$$\downarrow +H_2O$$

$$CH_3CH_2-\underset{O}{\underset{\|}{C}}-CH=CH_2$$

[그림 14-17] 대두의 비린 냄새(green bean odor)의 주성분인 에틸비닐 케톤(ethylvinyl ketone)의 리놀레닌산(linolenic acid)부터의 형성 과정.
Mattick, L. R. and Hand, D. B., 1969, *J. Agr. Food Chem.*, 17, 15.

한편 이들은 대두유의 자동산화(autoxidation)의 초기 단계에 형성되는 나쁜 냄새(off-flavor)의 주성분은 펜타날(pentanal, $CH_3CH_2CH_2CH_2CH=O$)과 에틸비닐 케톤(ethylvinyl ketone, $CH_3CH_2COCH=CH_2$)이라는 보고를 고려할 때, 대두유의 변향(flavor reversion)을 일으키는 성분과 대두 자체의 비린내 성분이 다 같이 에틸비닐 케톤(ethylvinyl ketone)이라는 점은 이 케톤(ketone)의 변향(變香, flavor reversion) 문제에 있어서의 중요성을 보여주고 있다고 주장하고 있다.

한편 벵쏜들(Bengtsson, B. L., *et al.*, 1967)은 완두(豌豆, peas)의 수확 후(post-harvest), 또는 냉동 저장 중에 발생되는 비정상적인 냄새(off-flavor)는 이들 완두에 함유된 유지 성분들의 산화에 의해서 형성된 휘발성 물질들(volatiles), 예로서 리놀레인산의 산화 결과 형성되는 헥사날(hexanal) 등에 의한 것으로 생각하고 있다. 호프맨(Hoffman, G., 1961)은 대두유에서 변향으로 말미암아 형성되는 콩 비린내(beany flavor)의 주요 성분으로서 앞에서 말한 바 있는 3-시스-헥세날(3-cis-hexenal)을 들고 있다.

한편 창들(Chang, S. S., *et al.*, 1966)은 변향된 여러 종류의 기름들에서 비정상적인 냄새의 성분으로서 2-펜틸 후란(2-pentyl furan)을 분리하였으며, 이 화합물은 1 내지 10ppm의 농도에서도 인식될 수 있는 강한 특유한 냄새를 가졌으므로, 이 화합물이 바로 변향될 때 형성되는 콩 비린내의 주요 구성 성분으로 추정되어 왔다(Smouse, T. H., 1985 참조). 이 2-펜틸 후란(2-pentyl furan)은 리놀레닌산 또는 아이소리놀레인산들에서 형성되는 것이 아니라 리놀레인산($C_{18:2}$ $\Delta^{9,12}$ cis, cis)의 초기 산화를 통해서 형성되는 점에서도 특이하다. 이 2-펜틸 후란은 에스터형의 리놀레인산(예로서 methyl linoleate)의 탄소 9, 10번의 이중결합의 9번 위치에 일중항 산소($^1O_2$)가 부가반응(附加反應, addition reaction)을 일으켜서 형성된 9-OOH(9-hydroperoxide)에서 다시 형성된 9-알콕시 라디칼(9-RO·)의 B형의 β-절단(Type B β-scission)을 통해서 생긴 중간체 라디칼의 환 형성반응(cyclization)을 통해서 형성되는 사실이 알려져 있다(Ho, C. T. and Cje, Q., 1994 참조).

변향의 억제

변향의 주요 원인은 리놀레닌산 또는 아이소리놀레인산 에스터들의 극히 초기 산화(oxidation)의 결과로 일어나므로, 변향의 발생과정은 유지 자체의 성질, 예로서 리놀레닌산 함량 등과 온도에 의해서 크게 영향을 받으며, 또한 자외선(ultraviolet ray) 등과 같은 광선조사, 또는 금속이나 자연 색소들의 존재에 의해서 촉진된다. 이제 각각의 요인들(factors)에 대해서 설명해 보면 다음과 같다.

유지의 성질, 즉 그 조성과 내력 전술한 대로 유지 속의 리놀레닌산이나 아이소 리놀레인산들은 초기의 산화에 의해서 변향의 주원인이 되는 것으로 알려진 각종 카아보닐 화합물들을 형성하므로, 이상의 지방산들의 함량이 큰 유지일수록 변향이 일어나기 쉬울 것이다.

참고로 대두유, 아마인유(linseed oil)와 들깨기름(perilla oil)의 리놀레닌산의 함량은 각각 2~10, 35~67, 44~70% 정도이며, 한편 옥수수기름(corn oil)의 리놀레닌산 함량은 0.6% 정도로 알려져 있다.

많은 연구자들에 의해서, 리놀레닌산이나 아이소리놀레인산 이외에도 여러 가지 경로로 형성된 산화생성물들이 유지에 남게 되었을 때, 그리고 식용유지 정제시 남아 있던 인지방질(phospholipids) 등이 변향에 기여하는 사실이 알려져 있다. 또한 일중항 산소($^1O_2$) 형성에 관여하는 클로로필과 같은 감광체들이나 일중항 산소 제거제로 작용하는 카로틴류의 존재도 큰 영향을 줄 것이다. 따라서 이상의 유지들을 정제(refining)했을 당시의 상황, 정제 정도 등도 변향 발생에 큰 영향을 준다.

온도의 영향 유지의 저장 온도는 변향이 발생하는 시기에 매우 큰 영향을 준다. 5℃의 저장 온도에서 암소에 저장된 대두유(soybean oil)는 수개월 동안 변향을 일으키지 않으나, 실온에서 저장된 대두유는 10 내지 14일 후에 변향을 일으켰다는 보고 예가 있다. 따라서 변향을 억제하는 하나의 효과적인 방법은 기름의 저장 온도(storage temperature)를 가급적 낮은 온도로 유지하는 일이다.

광선의 조사 변향을 촉진하는 광선(light)의 종류로서는 자외선(ultraviolet ray)과 가시광선(可視光線)의 청자색(靑瓷色) 부분(blue-violet region in the visible light)의 광선들이다. 따라서 변향을 억제하는데 있어서는 이와 같은 광선들(파장, wave length, 325~460μ m)이 식용유지류나 지방질 식품류에 조사되지 않게 함은 물론, 일반 가시광선(可視光線, visible light)도 직접 조사되지 않도록 암소(暗所, dark place)에 저장하는 것이 바람직하다.

금속염의 존재유무 각종 금속염들(metallic salts)은 변향을 촉진한다. 이 금속염들 중에서도 구리, 철, 코발트(cobalt), 크롬(chromium)과 아연(zinc) 등은 특히 그 촉진작용이 강하다. 한편 알루미늄(aluminium), 주석(tin)과 니켈(nickel) 등의 촉진작용은 그다지 강하지 않다고 한다.

따라서 변향을 억제하는 또 하나의 효과적인 방법은 나중에 설명하게 될 구연산(citric acid) 또는 소오비톨(sorbitol)과 같은 적당한 금속 제거제(metal scavenger)를 사용하여 기름에 오염되고 있는 미량의 금속을 제거하는데 있다. 특히 앞에서 말한 구연산은 여러 모로 탁월한 식용유지류의 금속 제거제로 사용되어 왔다. 그리고 한 가지 당연한 방법은 유지에 이와 같은 금속이 오염되지 않도록 미리 주의하는 일일 것이다.

유지의 가열 변화

유지를 산소의 공급이 전혀 없는 상황에서 가열할 때(non-oxidative heating)에도 여러 가지 특기할 만한 화학변화들이 일어난다. 유지를 공기 존재 없이 가열할 때 일어나는 변화들을 열거하면 다음과 같다.

(1) 유지 내 에스터 결합의 가수분해
(2) 이중결합의 공액화(double bond conjugation)
(3) 중합반응(polymerization)
(4) 유지 내의 C - C 결합들의 분열에 의한 분자의 분해(degradation of carbon-carbon linkages)
(5) 탈수소반응(dehydrogenation)
(6) 탈수반응(脫水反應, dehydration)
(7) 탈탄산반응(脫炭酸反應, decarboxylation)
(8) 탈수소 및 환 형성반응(脫水素 및 環 形成反應, dehydrocyclization)
(9) 방향족 화합물들의 형성(芳香族 化合物 形成, aromatization)

등이다.

이상의 산소 공급 없이 가열할 때의 변화들(changes during non-oxidative heating) 중에서 특히 140℃에서 200℃ 전후, 다시 말해서 튀김(deep-frying)할 때 사용되는 가열 온도 범위 내에서 일어나는 중요한 반응들은 다음과 같다.

유리 지방산의 형성 유리 지방산(free fatty acid)들은 수분이 존재할 때는 물론, 수분이 존재하지 않을 때도 형성되며, 유지분자들의 경우에도 트리아실글리세롤(triacylglycerol)에서 다이아실글리세롤(diacylglycerol), 다시 모노아실글리세롤(monoacylglycerol), 지방산(fatty acid)과 글리세롤(glycerol)의 순서대로 단계적으로 가수분해가 진행된다.

이와 같은 무수 상태에서의 에스터 결합의 분해는 탄소수가 적은 지방산들(shorter chain fatty acids)이나 불포화지방산들(unsaturated fatty acids)의 함량이 큰 유지일수록 잘 일어난다.

노와(Nawar, W. W., 1969)에 의하면, 같은 양의 C_4, C_8, C_{12}-지방산들로 구성된 유지(A)를 200℃에서 3시간 가열하였을 경우, 각 지방산 중에서 에스터 결합이 분해된 지방산의 % 비율은 각각 54.2, 31.6 및 27.2%였으며, 한편 같은 양의 C_{12}, C_{14}, C_{18}-지방산들로 구성된 유지(B)를, 위와 동일한 조건 하에서 가열하였을 경우, 에스터 결합이 분해된 지방산의 비율은 각각 18.0, 14.0 및 16.6%였다고 한다(표 14-2). 이상의 결과에서도 탄소수가 적은 지방산의 에스터 결합일수록 더 쉽게 분해됨을 알 수 있다.

표 14-2 200℃에서 3시간 가열된 랜덤 트리아실글리세롤들(random triacylglycerols)1)의 에스터 결합의 분해와 에스터 결합이 분해된 지방산의 종류.

유지 A(triglycerides A)		유지 B(triglycerides B)	
구성 지방산의 탄소 수	% 에스터 결합 분해	구성 지방산의 탄소 수	% 에스터 결합 분해
C_4, : 이중결합 없음	54.2	C_{14}, : 이중결합 없음	18.0
C_8, : 이중결합 없음	31.6	C_{16}, : 이중결합 없음	14.0
C_{12} : 이중결합 없음	27.2	C_{18} : 이중결합 한 개	16.6

1) 그 구성 지방산들이 무작위적으로 분포되고 있는 유지(triglycerides with random distribution pattern)를 말한다.
Nawar, W. W. 1969. *J. Agr. Food Chem.*, 17, 19.

수분이 존재하지 않는 경우의 에스터 결합(ester bond)의 분해에 대해서, 노와(Nawar, W. W., 1969)는 지방산기(carboxyl group)에 대해서 β-위치(β-position)에 수소를 가진 지방산의 에스터들이 먼저 여섯 개의 구성원자들 사이에 구성된 킬레이트 환(chelate ring)을 형성한 후 유리 지방산과 올레핀(olefin)들로 열분해 된다고 설명하고 있다(그림 14-18 참조).

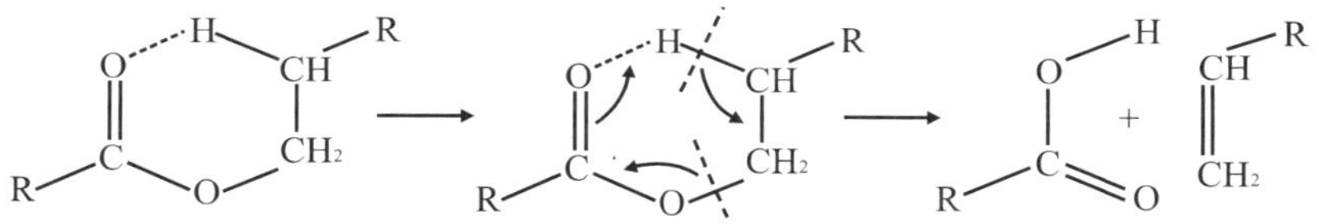

[그림 14-18] 수분이 존재하지 않는 상태에서 지방산의 에스터들(fatty acid ester)을 가열할 때, 유리 지방산들(free fatty acids)과 올레핀들(olefins)이 형성되는 과정.
Nawar, W. W., 1969, *J. Agr. Food Chem.*, 17, 18.

트리아실글리세롤들(triacylglycerol), 즉 유지의 경우에는 위에서 설명한 바와 같은 열분해 과정 이외에도 지방산의 무수물들(anhydrides), 즉 락톤류(lactones)와 케톤류들과 같은 카아보닐 화합물들이 형성되는 수도 있다고 한다(그림 14-19 참조).

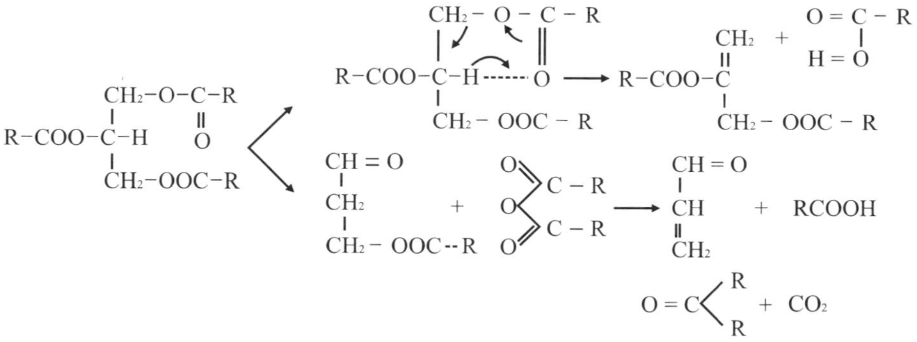

[그림 14-19] 수분이 존재하지 않는 상태에서 트리아실글리세롤(triacylglycerol)을 산소 공급 없이 가열하였을 때 일어나는 여러 과정들과 그 분해 생성물들(decomposition products).
Nawar, W. W., 1969, *J. Agr. Food Chem.*, 17, 19.

탄소-탄소 결합의 분열에 의한 라디칼 반응 한편 불포화지방산의 에스터들의 경우, 지방산들의 골격을 형성하고 있는 탄소와 탄소 사이의 공유결합들(the skeletal carbon-carbon covalent bonds)은, 상대적으로 높은 온도에서의 가열에 의해서 본래 강하게 결합하고 있는 이중결합들(double bonds)의 바로 옆의 결합이 활성화되어, 균등분열(homoytic cleavage)을 통해서 각각 두 개의 라디칼들을 형성할 수 있게 된다.

이와 같은 균등 분열은 가열 온도, 그리고 이중결합의 옆 위치에 있는 공유결합 자체의 성질 등에 의해서 크게 영향 받을 것이다. 또한 이와 같은 균등 분열은 이중결합의 좌우에서 다 같이 일어날 수 있으므로, 한 지방산(의 에스터)에서 각각 두 개씩의 라디칼들 합계 네 개의 라디칼들의 형성이 가능하다. 그러나 실제의 형성량은 여러 조건들이 복합적으로 작용하므로 계산량과 똑같지는 않다(그림 14-20 참조).

$$CH_3-(CH_2)_6-CH_2 \overset{a}{\vdots} CH=CH \overset{b}{\vdots} CH_2(CH_2)_6-COOCH_3$$

$$CH_3-(CH_2)_6-CH_2\cdot \quad + \quad \cdot CH=CH-(CH_2)_7-COOCH_3$$

$$CH_3-(CH_2)_6-CH_2-CH=CH\cdot \quad + \quad \cdot CH_2-(CH_2)_6-COOCH_3$$

[그림 14-20] 메틸 올레이트(methyl oleate)를 가열할 때 형성되는 자유 라디칼들(free radicals). Nawar, W. W., 1969, *J. Agr. Food Chem.*, 17, 20.

한편 이들 유지의 산소 용해도는 가열에 의해서 급격하게 감소하며, 특히 산소 공급이 없는 가열에서는 형성된 라디칼들 사이의 상호반응이 진행될 것이다.

그러나 어떤 이유든지 간에 흔적량의 산소가 유지 내에 존재할 때는 이상의 라디칼들은 매우 활성이 크므로, 탈수소반응(脫水素反應, hydrogen abstraction reaction) 등에 의해서 각종 카아보닐 화합물들, 탄소 수가 적은 불포화지방산의 에스터들, 유리 지방산, 락톤류 등이 형성된다. 이상의 라디칼들의 재결합(recombination)에 의한 중합체(重合體)들의 형성에 대해서, 노와(Nawar, W. W., 1985)는 공기 차단 하에 불포화지방산의 에스터들을 고온에서 가열할 때, 파록시 그룹(- O - O -) 또는 에텔 그룹(- O -) 등을 통하지 않고, 직접 탄소 골격 원자들(skeletal carbon atoms, - C - C -)을 통한, 산소비함유 중합체들이 형성되었다고 한다.

즉 올레인산 에스터들의 경우에는 이중결합을 그 분자 내에 갖고 있는 비환상 이중체(非環狀 二重體)들이 형성되었으며, 한편 리놀레인산의 에스터들의 경우에는 무환 트라이엔 이중체(無環 三個二重結合 二重體, acylic triene dimer), 단환 다이엔 이중체(單環 二個二重結合 二重體, monocyclic diene dimer), 이환 모노엔 이중체(二環 一個二重結合 二重體, bicyclic monoene dimer), 삼환 포화 이중체(三環 飽和 二重體, tricyclic saturated dimer) 등 다양한 중합체들이 형성되었었다고 보고한 바 있다.

한편 이상의 내용과 유사한, 그러나 더 최근의 자세한 설명은 다음의 전문서적(Frankel, E. N., 1998, 제11장, p. 230~233)을 참고해 주기 바란다. 또한 자동산화과정 중의 연쇄반응(chain reactions) 등을 유발(induce)할 수 있을 것이다.

가열중합반응　유지류의 산소 공급이 없는 상태에서의 가열에 의한 변화들 중 특히 중요한, 아마도 가장 중요한 변화는 중합반응(polymerization)에 의한 이중체(dimers), 삼중체(trimers)들 등의 중합체들의 형성이며, 이와 같은 가열중합 반응들은 아마인유, 대두유와 같은 불포화도가 큰 유지에 있어서 특히 잘 일어난다. 이 가열에 의한 중합반응(thermal polymerization)은 전술한 바와 같은 유리 라디칼들의 재결합(recombination)에 의해서 일어날 수도 있다.

그러나 유지의 가열중합 반응은 주로 디일즈-알더어 부가반응(Diels-Alder addition reaction), 더 정확히 호칭하면, 디일즈-알더어 "엔" 부가반응(Diels-Alder "ene"thermal polymerization)을 통한 비산화 가열중합반응(non-oxidative thermal polymerization)에 의해서 진행되는 것으로 생각되고 있다(Perkins, E. G., 1960, Food Technol., 14, 511 참조).

즉 유지들의 구성 리놀레인산(linoleic acid), 리놀레닌산(linolenic acid) 속의 이중결합 체계들은 가열에 의해서 열역학적으로(thermodynamically) 더 안정된 형태로 점차 재배치(rearrangement)된다. 즉 그 분자 속의 독립 이중결합체계(isolated double bond system)는 공액 이중결합체계(conjugated double bond system)를 갖게 된다.

한편 공액 이중결합을 가진 유지 분자들은 다른 유지 분자들의 이중결합과 디일즈-알더어 부가반응을 일으키며(그림 14-21 참조), 이와 같은 부가반응은 이중결합을 가진 유지 분자들과 공액 이중결합을 가진 유지 분자들 사이에 계속 일어날 수 있으므로, 이중체(dimers)뿐만 아니라, 삼중체(trimers), 사중체(tetramers)를 거쳐서 계속 분자량이 더 증가한 중합체들(polymers)을 형성할 수도 있다.

유지의 가열산화

요오도가와 비공액 이중결합의 감소

한편 존슨과 크메로우들(Johnson, O. C. and Kummerow, F. A., 1957)은 식용유지의 가열산화(thermal oxidation) 중에 일어나는 여러 화학적 변화를 연구하여 그 결과를 보고하고 있다. 이들이 실험에 사용한 기름은 옥수수기름(corn oil)으로서 올레인산/리놀레인산유(oleic acid/linoleic acid oil) 그룹의 기름에 속하며, 팔미틴산(palmitic acid, C18 : 0), 올레인산(oleic acid, C18 : 1), 리놀레인산(linoleic acid, C18 : 2)이 각각 구성 지방산의 8, 46, 42%를 점하는(본문 p. 793~794 참조)기름으로서, 정제유의 경우 그 발연점(smoke point)은 227℃, 인화점(flash point)은 326℃, 연소점(fire point)은 359℃이다.

이들에 의하면 실험에 사용한 옥수수기름(corn oil)은 200℃에서의 가열산화에 의해 그 전체 불포화도(degree of unsaturation)는 24시간 사이에 서서히 감소(요오드가로 해서 대략 130에서 110mmol/kg oil 정도로)했으나, 기름 속의 불포화지방산 중의 공액 이중결합(conjugated double bonds)을 가진 지방산의 비율은 증가하였으며, 한편 비공액 이중결합(non-conjugated double bonds)을 가진 지방산의 비율은 상대적으로 감소하였다고 한다(그림 14-21 참조). 한편 가열산화 중에 불포화 카아보닐 화합물들(unsaturated carbonyl compounds)이 형성되었으며, 또한 다양한 분자량의 수산기를 가진 화합물들(hydroxylated compounds)이 형성되었다고 한다.

한편 퍼어킨스(Perkins, E. G., 1967)는 이상의 가열산화된 유지류에서 일어난 주요한 변화들에 대해서 총괄적인 설명을 시도하고 있다.

I. 비산화 가열반응시 리놀레인산 에스터의 두 개의 이중결합의 공액화(共軛化)

$$\overset{}{CH_3(CH_2)_4} - \overset{13}{CH} = \overset{12}{CH} - CH_2 - \overset{10}{CH} = \overset{9}{CH} - (CH_2)_7COOC_2H_5 \xrightarrow{\text{공액화}}$$

$$CH_3(CH_2)_5 - \overset{12'}{CH} = \overset{11'}{CH} - \overset{10'}{CH} = \overset{9'}{CH} - (CH_2)_7COOC_2H_5 \text{ or}$$

$$CH_3(CH_2)_4 - \overset{13'}{CH} = \overset{12'}{CH} - \overset{11'}{CH} = \overset{10'}{CH} - (CH_2)_8COOC_2H_5$$

II. 리놀레인산 에스터에서 형성된 공액화된 이성체들의 디일즈-알더어 "엔" 중합반응. 설명을 간명하게 하기 위해 공액화된 이중결합을 가진 이성체로서는 위에서 표시한 것만 사용함.

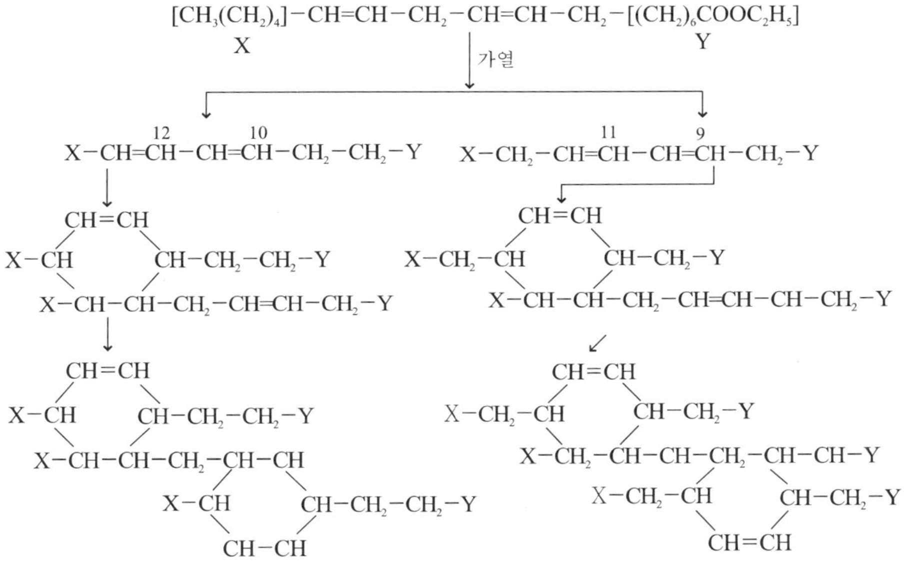

$[CH_3(CH_2)_4]-CH=CH-CH_2-CH=CH-CH_2-[(CH_2)_6COOC_2H_5]$

X, Y

↓ 가열

$X-\overset{12}{CH}=CH-\overset{10}{CH}=CH-CH_2-CH_2-Y$ $X-CH_2-\overset{11}{CH}=CH-CH=\overset{9}{CH}-CH_2-Y$

CH=CH
X-CH CH-CH_2-CH_2-Y
X-CH-CH-CH_2-CH=CH-CH_2-Y

CH=CH
X-CH_2-CH CH-CH_2-Y
X-CH-CH-CH_2-CH=CH-CH-CH_2-Y

CH=CH
X-CH CH-CH_2-CH_2-Y
X-CH-CH-CH_2-CH-CH
X-CH CH-CH_2-CH_2-Y
CH-CH

CH=CH
X-CH_2-CH CH-CH_2-Y
X-CH_2-CH-CH-CH_2-CH-CH-Y
X-CH_2-CH CH-CH_2-Y
CH=CH

리놀레인산 에스터의 메틸렌 그룹을 사이에 둔 이중결합 체계(methylene-interrupted double bond system)의 가열반응 중의 공액화(共軛化, conjugation)에 의해서 형성된 이성체들의 일즈-알더어 "엔" 중합반응에 의해서 형성된 이성체(dimer)의 한 예. 즉 공액 이중결합을 가진 이성체(I의 오른쪽)의 다이엔(diene), 즉 —CH=CH—CH=CH—에 대해서 다른 리놀레인산 에스터 또는 이성체들의 이중결합(—CH=CH—)은 공액 이중결합에 강한 친화력을 갖고 있으며, 쉽게 결합하는 성질을 갖고 있어서, 즉 dienophile로서의 성질을 갖고 있어서 쉽게 환을 형성하며 결합한다(II의 상단의 그림). 이렇게 형성된 이중체 내의 이중결합들($\Delta 10$ 또는 $\Delta 9'$)은 계속해서 다른 공액 이중결합 시스템과 계속 중합할 수 있다.

[그림 14-21] 고도불포화지방산 에스터들의 비산화 가열중합반응들(non-oxidative thermal polymerization) 중 가장 중요한 디일즈-알더어 "엔" 중합반응(Diels-Alder "ene" polymerization)의 한 예.

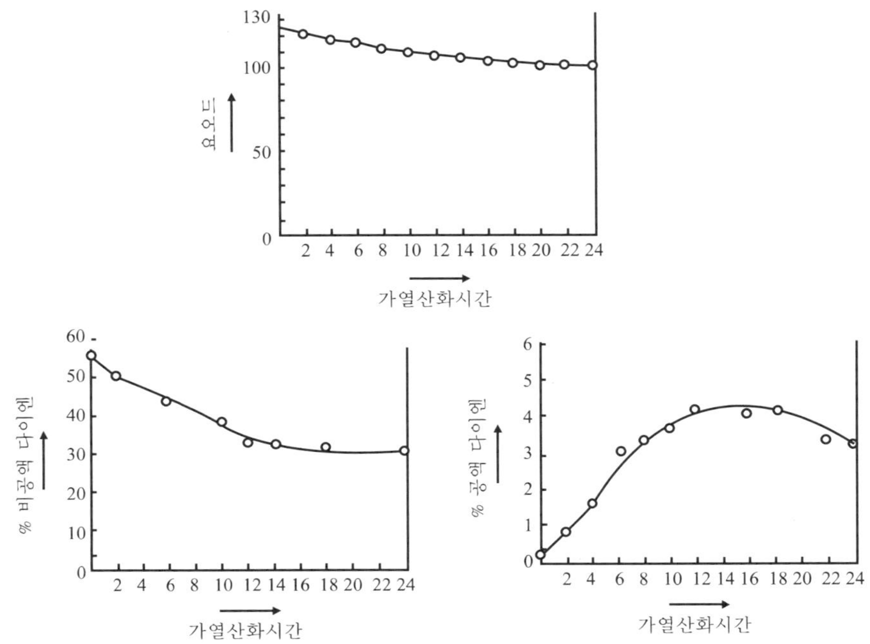

[그림 14-22] 옥수수기름(corn oil)을 가열산화(thermal oxidation)할 때 일어나는 여러 화학변화들 Johnson, O. C. and Kummerow, F. A., 1957, *J. Am Oil Chem. Soc.*, 34, 407.

산 가

한 정제 대두유를 사용하여 튀김할 때와 거의 동일한 조건들을 설정하고, 유리 지방산 함량의 증가에 대한 튀김유의 공기 접촉면적과 가열산화 온도(加熱酸化 溫度)의 영향을 조사한 유기(Yuki., 1967)의 연구 결과는 그림 14-23와 같다.

이 실험 결과에서 공기 접촉 면적보다는 가열산화 온도가 산가(酸價), 즉 유리 지방산 함량에 대해서는 더 결정적인 영향을 주고 있는 사실을 알 수 있다.

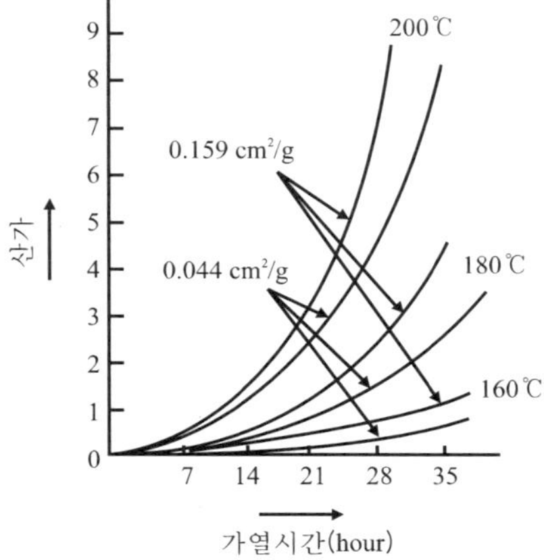

[그림 14-23] 가열산화 중인 대두유의 산가(酸價)에 대한 가열 온도와 공기 접촉 면적의 영향(湯木悅, 1967, 油化學(日本), 16, 499).

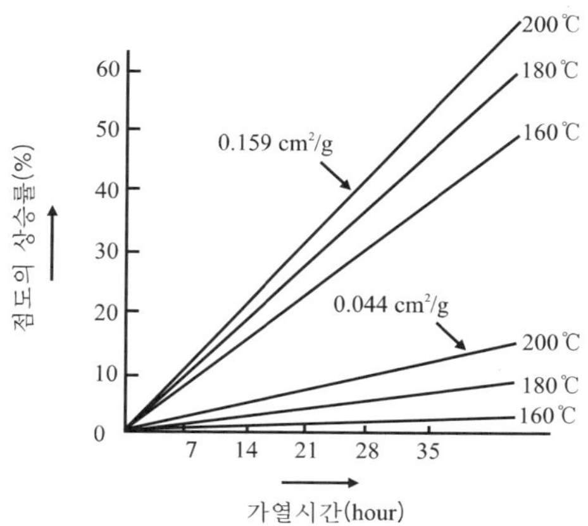

[그림 14-24] 가열산화 중인 대두유의 점도 상승률(%)에 대한 가열 온도와 공기 접촉 면적의 영향
湯木悅, 1967, 油化學(日本), 16, 499.

점 도

한편 같은 조건 하에 있는 대두유의 점도에 대해서는 가열산화 온도보다는 공기 접촉 면적이 더 결정적인 요인이 되는 사실을 그림 14-24을 통해서 알 수 있다.

지속성 발포성

튀김할 때는 튀김할 식품 중의 수분의 증발 등에 의해서 일시적으로 발포현상(發泡現象, foaming)이 일어나나 곧 가라앉게 된다. 그러나 같은 기름을 계속 사용할 때는 발포는 계속되며, 튀김할 식품과 고온으로 가열된 튀김유와의 직접적인 접촉을 통한 열전달(熱傳達, direct heat transfer)이 차단되기 때문에, 튀김식품들의 튀김 상태가 불량해진다. 이와 같은 상태를 지속성 발포현상(持續性 發泡現象)이라고 부르며, 이런 현상이 계속되면 튀김 식품들에 충분한 열전달도 안 되고, 따라서 효과적인 조리나 수분 제거도 불가능하게 된다.

이상과 같은 지속성 발포현상에 대해서는 여러 가지 원인들이 생각되고 있다.

첫째로는, 가열산화 중에 형성되는 각종의 중합체들의 형성과 그 축적의 결과들과 관련이 있는 것으로 알려져 있다. 이와 같은 각종 중합체들은 튀김유의 점도를 증가시키며, 수증기나 공기 등이 외부로 급속하게 발산(發散)하는 것을 억제할 것으로 생각된다.

둘째로는, 튀김유 내의 이미 존재하거나 튀김 식품들에서 옮겨져 오는 여러 성분들 중 특히 인지방질들(phospholipids)의 함량과도 관계가 있으며, 그 함량이 커질수록 발포성은 증가한다고 본다.

즉 인지방질 분자들의 친수성(親水性) 부분(hydrophilic part, 예로서 콜린 그룹, choline group)은 거품들의 계면(界面) 에너지(surface energy)를 감소시켜 거품(foam)을 형성하며, 그 안정성에도 도움을 줄 것으로 생각된다. 인지방질류는 일반적으로 강한 유화작용(乳化 作用, emulsifying activity)을 갖고 있는 사실은 잘 알려져 있다.

셋째로, 기름 중에 이미 존재하거나, 옮겨져 온 고무질 물질들(gum substances)도 대체로 인지방질의 경우와 유사한 이유로, 지속적 발포현상에 기여하는 것으로 알려져 있다.

이상의 지속적 발포현상은 다이메틸 폴리사일록산류(dimethyl polysiloxanes, Freeman, I. P., *et al.*, 1973)와 같은 액상의 실리콘 화합물을 소량, 튀김유류의 표면에 띄우게 함으로써 억제할 수 있는 사실이 알려져 있다(Rhee, J. S., 1978).

일반적으로 실리콘유(silicone oils or silicones)로도 알려진 폴리다이메틸 사일록산류(polydimethyl siloxanes), 즉 전술한 다이메틸 폴리사일록산류(dimethyl polysiloxanes)는 프리맨들(Freeman, I. P., *et al.*, 1973)에 의해서 식용유에 대략 5ppm 정도 첨가할 때는 식용유의 표면에 단일 분자막(monomolecular layer)을 형성하여 공기 중의 산소가 식용유에 용해되는 것을 막으며, 따라서 항산화제로 작용하는 사실을 발표한 바 있다.

이 실리콘유류(silicone oils)는 또한 튀김유들, 특히 각종 중합체류가 이미 형성된 튀김유들에 첨가될 때는 계면 에너지(interfacial surface energy)를 증가시켜 결과적으로 거품(foam)의 형성과 거품의 안정성을 어렵게 만들기 때문에 항발포제(抗發泡劑, antifoam agent)로 널리 사용되어 왔다.

예로서 쇼트닝(shortening)을 사용하여 튀김할 때, 쇼트닝의 발포현상을 튀김유 사용 횟수로 말할 때는 5~10배 정도 더 연장해 준다고 한다(Weiss, T. J., 1983 참조).

발연점의 저하

튀김유를 계속 사용할 때는 튀김유의 발연점(smoke point)은 계속 낮아지며, 유리 지방산 함량은 계속 증가하여 이에 따라 발연점이 급격하게 저하되는 사실에 대해서는 이미 언급한 바 있다. 이와 같이 발연점이 낮아진 튀김유에서 발생하는 연기가 튀김식품류에 흡착되어 그 향미에 나쁜 영향을 주는 것은 자명한 이치이다.

요소와 지방산의 부가 생성물

요소(尿素, urea)는 단독으로는 정사면체(正四面體, tetragonal form)의 결정을 형성한다. 그러나 탄소 수가 비교적 많은 직선상(linear or non-branched)의 탄화수소들(炭化水素, aliphatic compounds), 예로서 옥틸 알코올(n-octyl alcohol) 등이 함께 존재할 때는 요소는 여섯 개의 분자들이 한 단위(unit cell)가 되어 길이가 11.1Å, 직경이 8.2Å의 프리즘형 육방주(hexagonal prisms)의 연속체를 형성하게 된다. 그리고 전술한 화합물들의 경우, 분자들이 이 육방주(六方柱) 연속체 내부의 공동(內部空洞, inner cavity)에 들어가게 되는 매우 특이한 부가생성물들(addition products)을 형성하는 사실이 널리 알려져 왔다(그림 14-25 참조).

요소는 탄소-탄소 사슬(carbon-carbon chains)이 아주 짧지 않은 거의 모든 포화 및 불포화지방산들, 그 지방산들의 메틸 에스터들, 유지류에서 분해되어 나온 유리 지방산들과도 이와 같은 부가생성물들을 형성하며, 이들은 일반적으로 요소 부가생성물들(尿素 附加 生成物, urea adducts)로 알려지고 있다.

$$\mathrm{M} \cdot \text{요소} + \mathrm{N} \cdot \text{지방} \rightleftharpoons \text{요소}_{\mathrm{M}} \cdot \text{지방산}_{\mathrm{N}}$$

이상의 부가반응에 있어서 포화지방산들은 그 분자 내에 이중결합이 없기 때문에 이중결합에 의한 분자쇄(分子鎖, molecular chain)에 굴곡(屈曲)이 없어서, 분자 구조에 굴곡을 가진 불포화지방산들보다 더 쉽게 부가반응을 일으키며, 더 안정된 부가생성물을 형성한다. 한편 포화지방산의 경우에는 탄소 수가 더 많은 지방산일수록 그 형성속도도 크며, 또한 형성된 복합체의 안정성도 크다.

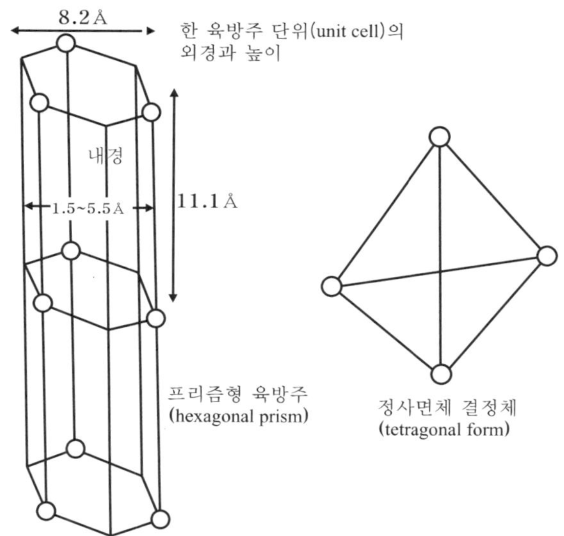

[그림 14-25] 요소(urea)는 단독으로는 정사면체의 결정형을 가지나 고급 지방산 또는 고급 알코올 등과 함께 있을 때는 프리즘형의 육방주(hexagonal prisms)의 부가생성물(addition product 또는 adduct)을 형성한다.

불포화지방산들의 경우에는 이중결합 자체가 지방산의 부피를 크게 하므로(요소 분자들이 형성하는 육방주체에 들어갈 수 있는 분자의 유효 직경은 4~6Å 정도로 추정되고 있다) 이중결합의 수가 적을수록 그 형성 속도도 빠르며, 형성된 복합체의 안정성도 크다. 예로서 올레인산은 리놀레인산, 리놀레닌산보다 더 빨리, 더 안정된 부가 생성물을 형성한다.

한편 지방산 또는 지방산 에스터들의 가열중합반응(thermal polymerization reaction), 또는 가열산화반응(thermal oxidation reaction) 등의 결과 형성된 이상의 가열산화된 지방산들 또는 이들의 이중체, 삼중체 등의 중합체들(polymers)은 요소와 부가 반응물들(urea adducts)을 형성하지 않는다

따라서 가열중합 내지는 가열산화된 지방산 또는 지방산 에스터 중의 요소와 부가물을 형성하지 않는 지방산들(non-urea adduct forming fatty acids, NAFA)의 전체 지방산 함량에 대한 비율은 열중합 또는 가열산화된 지방산 또는 에스터들 중의 중합체들(polymerized products)의 비율을 보여주는 것으로 생각되고 있으며, 특히 가열산화된 식용유지류의 물리적, 화학적, 그리고 영양학적인 변화들 그리고 특히 그 품질저하(quality deterioration)의 중요한 척도로 사용되고 있다.

요소 분별법

요소 부가생성물들(urea adducts)을 분별(分別, fractionation)하는 방법은 튀김에 사용된 식용유지류의 전체적인 품질저하(영양 가치의 감소 등 포함)를 조사하는 방법으로 사용되고 있는 이외에도 건스톤과 노리스들(Gunstone, E. D. and Norris, F. A., 1983)은 지방산, 지방산 에스터들, 그리고 이들의 혼합체로 볼 수 있는 유지류, 특히 식용유지류를 분별(fractionate)하고 분리, 정제(isolate)하는 효과적인 방법들의 하나로 요소 분별법(尿素 分別法, urea fractionation)에 대해서 간결하게 설명하고 있다.

이들에 의하면 이 방법은 첫 번째로 유지류 또는 지방산, 지방산 에스터들 중의 가지가 있는 지방산 에스터들(branched-chain acids or ester)과 환상 지방산 에스터들(cyclic compounds) 등과 직쇄

상의 지방산, 지방산 에스터들을 분리하는 데 사용할 수 있다고 한다.

두 번째로 이 요소 분별법(urea fractionation)은 유지류나 지방산 또는 지방산 에스터류에서 순수한 올레인산, 리놀레인산, 리놀레닌산의 메틸 에스터들을 각각 분리, 정제하는 데 사용되는 하나의 중요한 방법이 되고 있다고 한다.

이들은 요소 부가생성물들이 식용유지류나 지방산 또는 지방산 에스터들의 혼합물은 요소(urea)와 함께 뜨거운 메탄올-에탄올 혼합 용액(hot methanol-ethanol mixture, 에스터의 경우) 또는 뜨거운 메탄올 용액(methanol, 지방산의 형태의 경우)에 녹인 후 각각 0℃ 또는 실온에서 부가생성물들이 결정화(結晶化)되는 것을 기다렸다가 그 결정, 즉 요소 부가생성물과 모액(母液, mother liquid)을 분리 했었다. 지방산(또는 지방산 에스터)의 분석에 사용되는 실제의, 더 구체적인 요소 부가생성물 제법(a standardized method for urea adduct preparation)에 대해서는 크리스티(Christie, W. W., 1982)의 전문서를 참고해 주길 바란다.

튀김의 목적과 사용되는 기름의 변화

튀김을 만들 때 일어나는 물리적, 화학적 변화들로서는 다음과 같은 것들이 있다.

첫째로, 매우 효과적인 고온처리와 열교환을 통해서 자연적이고 신선한 상태(natural raw state)에 있는 식품들을 조리된 상태(cooked state)의, 미생물학적으로 더 위생적(衛生的)인 식품들로 변화시키며,

둘째로, 이들 식품에서 수분을 급격하게 제거하며, 튀김 전보다는 더 먹기 편하고 저장성도 향상된, 그리고 단시간 내에 바람직한 향미(desirable flavor)를 부여하는 동시에 식품들 중의 지방질 함량이 크게 증가된 고열량 식품들(high calorie foods)이 된다.

예로서 튀김한 감자 조각(potato chip)의 경우, 83%의 수분을 함유하고 있는 원료 감자의 수분은 거의 제거된 반면 전체 무게의 38% 내지 42%의 튀김 유지가 식품들 안에 흡수된다.

한편 이와 같은 튀김(deep-fat frying)에 사용되는 유지들은 고온에서 가열되기 때문에 그 손상(damage)이 비교적 크며, 쉽게 못 쓰게 되는 사실은 유지들의 가열산화(thermal oxidation)에서 설명한 여러 변화들에 비추어 당연하다고 볼 수 있다.

튀김에 사용되는 기름에서 일어나는 주요한 변화들로는 이미 자세히 설명한 바와 같이

1. 에스터 결합의 가수분해(the hydrolysis of ester linkages)의 진행과 산가(acid value)의 증가
2. 형성된 하이드로파록사이드류의 계속 산화·분해에 따른 휘발성 카아보닐 화합물들의 형성(the formation of volatile carbonyl compounds from thermal-oxidative decomposition of hydroperoxides)
3. 각종 중합 반응들(polymerizations by Diels-Alder reaction and by free radicals)의 진행, 그리고 점도(apparent viscosity)의 증가
4. 극성 산화생성물들의 형성(the formation of polar oxidized products)과 그 함량의 증가
5. 향미(flavor)의 변화
6. 변색(discoloration)과 갈색화(browning)의 진행

등을 들 수 있다.

신선한 정제 유지류는 보통 0.1% 이하의 유리 지방산(free fatty acid)을 함유하고 있으나, 튀김에 오래 사용된 기름들의 경우에는 이미 설명한 바와 같은 이유들에 의해서 유리 지방산 함량이 5%에

달할 수도 있으며, 이 유리 지방산은 튀김 식품들(deep-fried products)의 향미에 크게 나쁜 영향을 주는 이외에도 산화를 촉진시키며 발연점(smoke point)을 급속하게 낮추는 등의 바람직하지 않은 여러 작용들을 가져오는 사실에 대해서는 이미 설명한 바 있다.

톰슨들(Thompson, J. A., *et al.*, 1967)에 의하면, 튀김에 사용되는 유지류의 품질 저하(quality deterioration)는 그 유지류의 불포화도(degree of unsaturation)도 중요하나, 그에 못지않게, 그 유지류의 사용방법에 의해서 크게 영향을 받는다고 한다.

프라이팬 기름 일부 식용 유지를 포함하는 유지류는 페인트류(paints)나 니스류(varnishes)의 원료로도 사용되어 왔다. 이들은 건조할 때는 얇은 막(thin-film)을 형성하여, 공기 중의 산화에 노출된 상태에서 자동산화 되어 중합체들을 형성하고 피막을 형성하게 된다. 원래는 불포화도(不飽和度, degree of unsaturation)가 높을수록 피막형성이 잘 되어, 불포화도가 너무 커서 식용에 적합하지 않은 유지류(아마인유, linseed oil, 동유, 桐油, tung oil)부터 가장 불포화도가 큰 식용유(대두유, soybean oil, 일단 가열 처리한 대두유, boiled soybean oil) 등이 촉매류와 함께 사용되어 왔다.

이 경우 유지류의 얇은 막의 산화(thin-film oxidation)는 대체로 실온에서 비교적 긴 시간에 걸쳐 일어난다. 한편 달걀을 프라이팬 표면에 기름을 치고, 즉 넓은 철판에 얇게 식용유를 깔고, 달걀 등을 부칠 때는 철판 위에 깔린 식용유도 얇은 막으로서 산화(thin-film oxidation)를 거치나, 이 경우에는 200℃ 가까운 또는 그 이상의 온도에서 단시간 가열되며, 산화가 전자들의 경우와 달리 급속도로 일어나게 된다.

또한 사용하는 식용 유지들은 모두 포화지방산의 에스터들이 주성분이 되는, 융점이 상대적으로 높은, 산화에 대해서 내성(耐性, resistance)이 큰 버터(butters), 마가린(margarines), 쇼트닝류(shortenings), 라아드, 즉 돼지기름(lard), 수소첨가 즉 경화(硬化) 대두유 등이 사용된다.

여기서는 식품류의 급속한 가열조리에 사용되는 식용유지류의 얇은 막의 산화(thin-film oxidation), 더 정확하게는 얇은 막의 가열산화(thin-film thermal oxidation)를 프라이팬 튀김(pan frying)으로 간단히 표현하는 경우가 많아서 전술한 바와 같은 실제 사용 시의 혼돈을 피하기 위해서 프라이팬 튀김 또는 팬 튀김으로 표시하기로 했다.

오래전부터 한 유지를 얇은 막으로 펴서 공기와 접촉시키면, 산화속도가 증가하는 사실이 알려져 왔으나, 정제된 면실유를 유리판 위에 얇은 막으로 75℃에서 산화시킬 때, 그 두께가 10mg/cm^2 이상일 때는 산화속도가 거의 일정했다고 한다. 그러나 유지의 양이 10mg/cm^{2}에서 1mg/cm^{2}로 감소할 때는 그 산화속도는 급격히 증가했으며, 16시간 후 과산화물가 1600에 달했다고 한다.

사용 유지류의 양이 계속 감소할 때는 그 산화속도는 다시 감소하여, 1mg/cm^2 때의 1600에서, 0.1mg/cm^{2}에서는 과산화물가(peroxide value)가 대략 700 정도가 되었다고 한다(Togashi, H. J., *et al.*, 1961 ; Koch, R. B., 1962의 논문 참조).

한편 포콜니(Pokorny, J., 1989)는 처음 형성된 하이드로파록시사이드류는 튀김온도(frying temperatures)에서는 매우 불안정해서, 그 과산화물가가 20mval/kg(mval = milliequivalent = 1/2millimole)을 넘는 일은 극히 드물지만, 팬 튀김의 경우 매우 높아질 수도 있다고 설명하고 있다(Pokorny, J., 1989).

튀김 식품들의 향미로 대표되는 품질과 튀김유의 사용기간 포콜니(Pokorny, J., 1989)를 비롯한 많은 연구자들은 양질의 시판 튀김유들(commercial frying oils)의 향미(香味, flavor)는 사용 초기에는 무미(無味), 무취(無臭, bland)하나 곧 각 튀김유에 특유한, 튀김 향미(typical, desirable fried flavor)를 갖게 되며, 상당한 기간 동일한, 바람직한 향기를 유지하다가 튀김유의 사용기간 또는 사용회수가 길어짐에 따라 그 특유한 향미를 점차 잃어가고 그 반대로 바람직하지 않은 향미가 강해지는 마지막 단계에 이른다고 설명하고 있다.

한편 튀김식품들도 튀김과정에서 이상과 같은 향미성분들을 수시로 흡수하므로, 최소한 튀김식품들의 향미(flavor)도 튀김유의 변화에 대체로 대응하는 변화를 할 것으로 생각된다.

그러나 튀김식품들의 경우 그 전체 품질(whole quality)은 향미가 큰 비중을 차지하기는 하나 다른 요인들, 예로서 바삭바삭한 특성(crispness), 즙이 많은 느낌(juiciness), 색깔(color) 등도 그 품질평가의 중요한 요인들이 되는 경우가 많다. 앞에서 말한 포콜니(Pokorny, J., 1989)는 경화 식물성기름들(硬化 野菜油類, hydrogenated vegetable oils)로 도넛(doughnuts)을 튀겼을 때, 사용된 경화 식물성기름들의 사용시간의 증가에 따른 극성생성물들(極性生成物類, polar products)의 퍼센트 함량과 향미(사용한 튀김유)의 관능검사 결과에서 사용 후 그 품질평가가 급격히 상승(上昇)하여 장기간 가장 높은 품질평가를 받은 후 어떤 시기에 그 평가가, 따라서 그 품질이 급격히 떨어지는 사실을 실증하고 있다. 이와 같은 향미에 대한 평가점수들의 감소는 극성생성물의 퍼센트 함량이 10% 정도에서 시작되고, 20%, 특히 25%일 때 급격한 감소를 보이고 있다.

이와 관련해서 포콜니(Pokorny, J., 1989)는 감자튀김(french frying)의 경우, 튀김유는 그 극성 생성물의 퍼센트 함량(% polar products)이 20%가 되면 사용 중이였던 기름을 새 기름으로 교체하도록 하고, 극성생성물의 % 함량이 25% 이상이면 폐기할 것을 권장한 푸메롤 등(Poumeyrol, G., 1986 ; Pokorny, J., 1989 참조)의 의견들을 인용하고 있다.

한편 블루멘털(Blumenthal, M. M., 1991)은 전문 학회지의 튀김유의 화학과 기술(chemistry and technology of deep-dat frying)에 관한 특집(overview, *Food Technology*, February, 1991)에 기고한 여섯 명의 전문학자 또는 연구자들의 한 사람으로서 그의 논문에 그림 14-26와 같은 튀김유 품질곡선(frying oil quality curve)을 설명하고 있다. 블루멘털은 튀김과정을 이상적인 상태에서 볼 때는 튀김유에 의한 가열은 튀김될 식품 중의 급속한 수분 제거와 수분 제거에 따른 튀김될 식품의 가열산화 중인 튀김유의 흡수로 볼 수 있다고 보고 있으며, 튀김 중인 식품의 가장 큰 변화는 가열산화 중

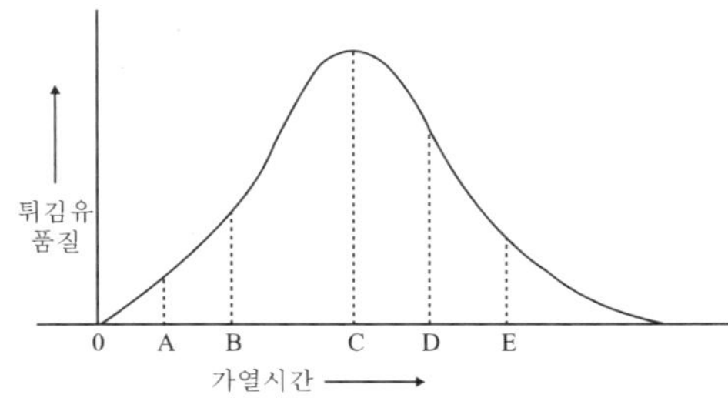

[그림 14-26] 가열시간, 즉 사용시간에 따른 튀김유(frying oil)의 품질의 변화를 표시한 곡선. 그 변화는 다섯 개의 단계 내지는 국면(局面, phases)으로 표시될 수 있다. 즉 O~A 영역은 사용개시 단계(break-in phase), A~B 영역은 신선한 품질보유 단계(fresh phase), B~C 영역은 최대 품질보유 단계(optimum phase), C~D 영역은 품질저하 시작단계(degrading phase), D~E 영역은 품질 급격저하 단계(runaway phase)이다. 한편 튀김 식품들의 품질은 튀김유의 품질, 즉 품질의 변화와 매우 밀접한 관련이 있다. Blumenthal, M. M., *Food Technology*, 45(2), 68, 1991.

인 튀김유의 변화로 보고 있다. 이 사실은 튀김 식품의 가장 중요한 품질 변화는 이론적으로는 그 튀김식품이 흡수한 튀김유의 품질 변화에 의해서 설명된다는 것이다.

블루멘털(Blumenthal, M. M., 1991)은 그가 제안한 튀김유 품질곡선(frying oil quality curve)에서 튀김유의 품질(그의 그림에서는 간단히 식품 품질, food quality,로 표시하고 있는데, 그 이유에 대해서는 이미 설명한 바 있다)과 튀김유의 가열시간(heating time) 사이의 관계를 다음과 같은 다섯 개의 단계들(phases)로 나눠서, 튀김유가 겪는 품질저하 과정들(degradation processes)을 설명하고 있다. 예로서, 대상 튀김식품이 감자튀김일 경우에는

1. 사용개시 단계(the break-in phase) 흰색 제품
   날 것(raw), 튀김 중심부의 전분은 젤라틴화 되어 있지 않음 ; 조리된 향미 없음 ; 표면이 바삭바삭하지 않음(no crisping of the surface) ; 튀김 감자의 기름 흡수 거의 없음.
2. 신선한 품질보유 단계(the fresh phase)
   감자튀김의 말단 다소 갈색화 ; 부분적으로 조리된 상태(partially cooked) ; 표면이 바삭바삭함 ; 튀김유의 흡수량 증가.
3. 최대 품질보유 단계(the optimum phase)
   황금색-갈색(golden-brown color) ; 바삭바삭함, 단단한 표면 ; 구미 당기는(delicious) 튀김감자와 튀김유의 향미 ; 중심까지 완전히 조리된 상태 ; 튀김유 흡수량 가장 적절한 상태(the optimal absorption).
4. 품질저하 단계(the degrading phase)
   암갈색 또는 암갈색 부분이 섞인 표면들 ; 튀김유의 과잉흡수 상태(excessive oil pick up) ; 감자튀김이 고루 단단하지 않음(products moving toward limpness) ; 표면의 경화(case-hardening of surface).
5. 품질 급격저하 단계(the runaway phase)
   암갈색(dark)이고 표면이 경화됨(dark, case-hardened surface) ; 기름기가 지나친 튀김(excessively oily product) ; 비정상적인 냄새와 맛(off-flavors), 특히 탄내와 맛(burned flavor)이 두드러짐.

바로 위에서 설명한, 잘게 썰어서 만든 감자 재료를 사용하여 튀김했을 때의 감자튀김과 튀김유의 사용시간에 따른 튀김유와 감자튀김들의 품질변화는, 도넛(doughnuts)을 튀겼을 때의 튀김유의 사용시간에 따른 품질 저하와 튀겨진 도넛의 품질 사이의 관계를 조사한, 포콜니(Pokorny, J., 1989)의 실험결과들과 기본적으로는 같은 경향을 보이고 있다.

또한 사용한 튀김유의 품질 변화는 만들어진 튀김식품들의 품질변화의 가장 중요한 요인들의 하나로 생각되고 있는 점도 거의 같다고 생각된다. 이상의 두 연구자들뿐만 아니라, 많은 연구자들이 연구와 실험들을 통해서 거의 비슷한 견해를 표시하여 왔다.

포화지방산의 산화

식용유지류를 볼 때 식물유는 일부 기름들을 제외하고는 그 조성에 있어서 포화지방산보다 불포화지방산들의 함량이 훨씬 많다. 예로서 일반적인 식물유들의 경우, 대두유의 불포화지방산의 % 함량은 일반적으로 86.2%(리놀레인산 54.4%), 면실유 70.5%(리놀레인산 52.7%), 옥수수유(리놀레인산

58.7%), 해바라기 기름 89.7%(리놀레인산 75.4%), 땅콩기름 85.7%(올레인산 51.0%), 잇꽃 기름(safflower oil) 91.4%(리놀레인산 77.7%), 올리브유 79.8%(올레인산 61.9%), 평지씨 기름(repressed oil) 94%(에루신산 45.6%), 저(低) 에루신산 평지씨 기름 93.8%(올레인산 59.1%) 등이다.

한편 팜유의 불포화지방산의 함량은 48.1%(팔미틴산 46.8%), 코코넛 야자유(coconut oil) 8.5%(로오린산 48.2%), 팜 야자씨 기름(palm kernel oil) 15.8%(로오린산 50.9%), 코코아 버터(cocoa butter) 40%(올레인산 36.5%, 스테아린산 34.5%)로서 불포화지방산보다는 포화지방산의 % 함량이 높다.

육류 지방질들(meat fats)의 경우, 가장 용도가 넓고 대표적인 라아드(lard), 즉 돼지기름의 경우 그 불포화지방산의 % 함량은 42.5%(올레인산 42.9%), 쇠기름(beef tallow) 51.5%(올레인산 44.0%) 등이다(Weiss, T. J., 1983 참조).

버터 제조에 사용되는 우유의 경우 그 지방산 조성은 대체로 60%를 넘는 포화지방산들(탄소수 4~10, 9.2%, 탄소수 12~18, 51.9%)과 30%를 약간 넘는 불포화지방산들(팔미틴산 2.7%, 올레인산 27.8%, 리놀레인산 1.4%), 그리고 기타의 지방질 성분들로 되어 있는 것으로 알려져 있다. 마가린류(margarines)도 그 용도를 고려하여 포화지방산들의 함량이 큰 식물유나 그 경화유들의 혼합체가 사용되고 있다.

한편 돼지기름 등의 대체 기름으로 널리 사용되고 있는 쇼트닝(shortening)류도 그 산화 안정성을 고려하여 많은 포화지방산들을 함유한 각종 유지류나 강화유들이 그 원료로 사용되고 있다. 한편 어유류(fish oils)는 그 조성에 있어서 불포화지방산들의 상대적 함량이 월등히 많다.

이상과 같은 관계로 이미 그 산화과정에 대해서 널리 연구되어 온 불포화지방산들의 산화에 대한 이해와 함께 포화지방산 또는 포화지방산의 에스터들의 산화와 그 기구(the mechanism of oxidation)에 대한 연구가 계속되어 왔다.

현재까지의 여러 연구들을 통해서 포화지방산과 그 에스터들은 이들 유지 분자들을 활성화하는 특별한 수단을 사용하지 않는 한, 단순히 가열만으로는 대체로 180℃ 이상의 지속적인 고온이 아니면 산화가 잘 일어나지 않는다고 한다(Nawar, W. W., 1985). 그러나 그보다 가열 온도가 크게 상승될 때는 포화지방산과 그 에스터들도 산화분해 생성물들과 중합체들을 형성하는 사실도 여러 연구자들에 의해서 확인되어 왔다.

이와 같은 사실을 설명하기 위해서, 라마나탄들(Ramanathan, V., *et al.*, 1959)은 일찍이 포화지방산의 에스터들을 200℃ 이상으로 가열할 때 일부 유지분자들의 탄소-탄소 사슬(carbon-carbon chain)에서 라디칼 반응을 통하여 이중결합이 도입된 후 산화가 진행될 것이라는 견해를 발표한 바 있다.

지금까지 유지의 자동산화(autoxidation)는 이미 본 장의 앞부분에서 설명한 바와 같이, 파머들(Farmer, E. H., *et al.*, 1942)과 많은 연구자들에 의해서 한 유지 속의 구성 불포화지방산들(unsaturated fatty acids)의 이중결합들과 직접 관련된, 한 특징 있는 구조에 의해서 설명되어 왔었다. 즉 한 유지의 자동산화는 그 구성 유지분자들 속에 존재하는 이중결합들이 활성이 큰 알릴 라디칼들(allyl radicals)을 연쇄적으로 형성함으로써 하이드로파록사이드류가 축적되고, 계속 산화·분해물들 또는 산화 중합체들을 형성하는 과정으로 설명되어 왔다. 포화지방산(saturated fatty acids)에서도 알릴 라디칼은 아니라 할지라도 다른 어떤 형태의, 공기 중의 분자상의 산소(molecular oxygen)와 결합할 수 있는 라디칼들을 형성함으로써, 그 산화가 진행될 것으로 기대해 왔으나 아직 확실한 학술적 설명은 없는 것 같다.

실제로 그 구성 지방산들의 많은 부분이 포화지방산들로 구성된 포화지방질들(saturated lipids)은 산화에 대한 안정성(stability) 또는 내성(耐性, resistance)이 매우 강한 사실은 경험이나 실험들을 통해서도 널리 알려져 왔으며, 앞에서 말한 대로 이중결합이 없는 포화지방산들이나 그 에스터들은 80~90℃ 이상의 온도에서 계속 가열되지 않는 한 잘 산화되지 않는다. 그러나 열 에너지 등 계속 외부에서 에너지가 공급될 때는 포화지방산 또는 그 에스터들도 산화(oxidation)되며, 특히 가열 에너지(thermal energy)나 광 에너지(light energy)가 충분히 공급될 때는 불포화지방산의 경우와 같이 용이하게 산화되지는 않으나, 가열산화가 진행되는 사실이 실험적으로 입증되고 있다.

한 예로서, 김(Kim, J. H., 1989)은 시약용으로 정제된 트리스테아린(refined tristearin)이 든 8개의 시료 그룹을 90℃로 조절된 항온조(thermostat, in dark)에 두고 또 하나의 8개의 시료 그룹을 자외선 램프(ultraviolet lamp, wave length 253.7nm)로 조사하면서(light intensity 100Lux, light energy 471.42kJ/mol) 역시 90℃에서 8일 간 저장하면서 각 실험군에서 매일 시료를 꺼내 과산화물가(peroxide value), 산가(acid value), 카아보닐가(carbonyl value), IR 스펙트럼의 변화 등을 조사한 바 있다.

그는 결론적으로 90℃의 암소에 둔 트리스테아린의 경우 8일 이후에도 화학 측정치들에는 변화가 없었으나, 자외선 조사를 받은 트리스테아린의 화학 측정치들은 실험일수(日數)에 따라 꾸준히 증가했으며, 자외선 조사에 의해서 산화가 계속된다고 보고하고 있다. 그러나 함께 실시한 조사를 통해서, 이상의 산화과정에서 트리스테아린에 이중결합이 형성된 징조는 없었다고 한다.

이에 앞서 김(Kim, J. H., 1988)은 스테아린산, 팔미틴산, 트리스테아린, 트리팔미틴들을 90℃에서 가열 산화했을 때 스테아린산(stearic acid), 팔미틴산(palmitic acid)들은 과산화물가, 카아보닐가 등이 증가하여 산화되었음이 실증되었으나, 트리스테아린, 트리팔미틴들은 9일 간 90℃의 산화 중 거의 변화가 없었다고 한다.

김은 또한 스테아린산 메틸 에스터의 150℃에서의 산화에서 여러 개의 카아보닐 화합물들과 산화중합체들의 형성을 확인했으나, 이중결합의 형성에 대해서는 부정적으로 보고 있다.

포화지방산 에스터들의 고온에서의 가열산화 시 산가(acid value), 과산화물가(peroxide value)의 초기의 증가와 곧 이어진 과산화물가의 감소, 카아보닐가(carbonyl value)의 증가, 점성(apparent viscosity)의 증가 그리고 극성 화합물들(the content of polar compounds)의 증가는 포화지방산들의 급속한 산화분해물들(the oxidation products, 즉 oxidative decomposition products)의 형성, 특히 카아보닐 화합물들(carbonyl compounds)의 형성, 그리고 각종 가열 중합체들, 가열산화 중합체들의 형성이 일어나고 있음을 시사하고 있다.

특히 포화지방산의 에스터류, 포화지방산의 트리아실글리세롤류(triacylglycerols, 즉 triglycerides)는 그 자체로서도 여러 종류의 가열산화 반응에 참여하나 트리아실글리세롤의 열분해의 결과 형성된 유리 포화지방산들이 더 쉽게 가열산화 반응에 참여하는 것 같다고 설명하고 있다.

노워(Nawar, W. W., 1985)에 의하면 탄소 수 6~16의 포화지방산으로 구성된 트리아실글리세롤들(즉 트리글리세라이드들, 예 트리팔미틴, tripalmitin)을 공기 중에서 180℃와 250℃에서 한 시간 가열 산화시켰을 때 형성되는 산화분해물들과 산화중합체들(물론 가열분해물들, thermalytic products, 과 가열 중합체들, thermal polymerization products 등 포함)의 종류를 다음과 같이 설명하고 있다.

즉 이상의 모든 트리아실글리세롤들의 가열 산화에서 가장 많은 양이 검출된 산화분해 생성물들은 우선 각각의 포화지방산 에스터의 가수분해 결과 형성된 해당하는 포화지방산들이었으며(Nawar, W. W., 1984), 산화생성물들로서는 해당하는 지방산의 전체 탄소 수를 n으로 할 때 C_{n-1} 메틸 케톤(methyl ketone)이 형성된 카아보닐 화합물들 중 그 형성량이 일반적으로 가장 컸으며, C_{n-2} 메틸 케톤도 많은 양이 형성되었으나, C_{n-3} 메틸 케톤의 형성량은 전자들에 비하면 크지 않았다고 한다. 이들 메틸 케톤류의 형성량은 함께 형성되는 포화지방산에서 함께 형성되는 포화알데하이드들(alkanals)의 형성량보다 더 많았다고 한다.

한편 해당하는 지방산에서 형성된 락톤류 중에서는 C_n-락톤(Cn-lactone)이 가장 그 형성량이 많았다고 한다. 그리고 락톤류의 형태를 볼 때는 해당하는 포화지방산의 전체 탄소 수 n과 같은 수의 탄소를 가진, 즉 C_n의 델타-락톤(C_n-δ -lactone)이었으며, 기타의 락톤류, 예로서 감마-락톤(γ -lactone)들의 형성량은 상대적으로 매우 적었다고 한다(Nawar, W. W., 1985).

포화지방산 에스터 또는 포화지방산의 가열분해 기구 포화지방산의 에스터 또는 포화지방산 등의 가열산화, 즉 가열분해 형성물들(decomposition products of thermal oxidation)이 형성되는 기구(機構, mechanism)에 대한 확립된 포괄적인 학설은 아직 없는 것 같다. 한편 노워(Nawar, W. W., 1985)는 여러 연구자들의 실험 결과들을 고찰할 때 포화지방산과 그 에스터들의 가열산화는 포화지방산이 라디칼을 형성하고 여기에 공기 중의 산소 분자가 결합하여 모노하이드로파록사이드류(monohydroperoxide)를 형성하는데서 시작하는 것으로 일반적으로 생각되어 왔다고 설명하고 있다.

그리고 라디칼 또는 모노하이드로파록사이드류가 형성되는 위치는 여러 연구자들의 포화지방산 또는 그 에스터들의 가열산화에서, 이상의 포화지빙산(또는 에스터들)의 주요 산화분해 생성물들의 탄소 수가 원래의 포화지방산(parent saturated)의 탄소 수(C_n)와 동일하거나(C_n) 아주 가까운 탄소 수(C_{n-1}, C_{n-2},C_{n-3})를 갖고 있던 실험 결과에 따라 모체가 되는 포화지방산의 카아복실 그룹(carboxyl groups, -COOH)에 대해서 α-, β- 또는 γ-위치에서 선택적으로 라디칼 형성, 공기 중의 산소와 결합하여 파록시라디칼의 형성, 수소와 결합 파록사이드를 형성한 후 다시 α-, β- 또는 γ-알콕시 라디칼(α-, β-, γ-alkoxy radical)을 형성한 후 A-형 또는 B-형의 베타-절단(A-type or B-type β-scission)을 통해서 여러 종류의 산화 분해 생성물들(decomposition products of thermal oxidation)이 형성되는 것으로 알려져 있다(Nawar, W. W., 1985).

모체 포화지방산의 α-위치에서 이상과 같은 변화들이 일어날 때, 즉 α-산화과정(α -oxidation)이 일어날 때는 C_{n-1} 포화지방산(C_{n-1} acid), C_{n-2} alkane(탄소 수가 두 개 적은 포화탄화수소), C_{n-1} alkanal(탄소 수가 하나 적은 포화알데하이드) 등이 주로 형성되며, β-위치에서 산화, 분해가 진행될 때, 즉 β-산화 과정(β-oxidation)이 일어날 때는 C_{n-3} alkane(탄소 수가 세 개 적은 포화탄화수소), C_{n-2} alkanal(탄소 수가 두 개 적은 포화알데하이드), C_{n-1} methyl ketone(탄소 수가 하나 적은 메틸 케톤) 등이 주로 생기며, γ-위치에서 산화, 분해가 진행될 때는, 즉 γ-산화 과정(γ-oxidation)이 일어날 때는 C_{n-4} alkane, C_{n-3} alkanal과 C_{n-2} methyl ketone 등이 주로 형성된다(그림 14-27의 그림과 설명 참조).

한편 지금까지의 여러 실험 결과들 중에는 연구자들의 견해가 상이한 결과들이나 아직 만족스러운 기구의 설명이 안 된 실험 결과들도 많으며, 더 많은 실험과 연구가 필요한 것 같다.

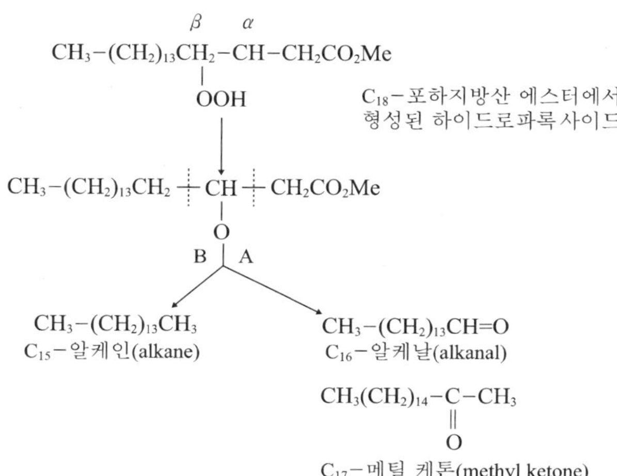

[그림 14-27] 포화지방산 또는 그 에스터들의 경우 카아복실 그룹(carboxyl groups, —COOH, —COOR)의 강한 주변 전자들을 잡아당기는 특성(electron-withdrawing property)의 영향으로 지방산의 탄소 사슬(carbon chain)의 다른 탄소 원자와 결합한 수소들보다는 카아복실 그룹에 대해서 α-, β-, γ-위치에 있는 수소가 떨어져 나가 라디칼을 형성할 가능성이 더 크다고 생각된다. 본 그림은 150℃ 이상에서의 공기 중에서의 가열 산화의 결과 형성된 산화분해 생성물들의 일부 분해 생성물들의 형성 기구를 설명한 그림이다(Nawar, W. W., 1985를 참조하기 바란다). 참고로 생체 내에서의 포화지방산의 효소들에 의한 산화 분해는 카아복실 그룹에서 β-위치가 순서대로 산화분해되는 소위 β-oxidation을 거쳐서 아세틸 CoA가 형성되어 지방산의 잠재에너지는 일단 화학에너지로 축적된다.

비극성 중합체(non-polar polymers)와 극성 중합체(polar polymers)들이 포화지방산 또는 그 에스터들의 가열산화에서 형성되며, 이와 같은 중합체들은 불포화지방산과 그 에스터들의 경우처럼 고온에서 가열될 때 형성되는 중합체들(non-oxidation polymers)이 함께 형성되며 그 형성 과정은 불포화지방산의 경우와 유사한 경우가 많다.

이와 관련해서 산소 존재 없이, 예로서 진공 하에서 고온에서 가열할 때 포화지방산과 그 에스터들에서 가열분해 생성물들(thermolytic decomposition products)이 형성되는 사실이 알려져 있다.

그림 14-27 끝에 간단히 언급한 바와 같이 생체 내의 포화지방산은 각종 효소들과 코엔자임 A(CoA) 등에 의해서 단계적인 β-산화(β-oxidation)에 의해서 고화학에너지(high chemical energy)의 축적물인 아세틸 CoA가 형성되는 사실은 관련된 사항은 아니나 흥미 있는 사실이라고 생각된다.

유지류의 산패 측정 방법

전술한 바와 같이 식용 유지나 지방질 식품 등에서 산패가 일어나는 시기는 이들의 산소 흡수속도(the rate of oxygen uptake)가 급격하게 증가하는 시기이며, 이 시기는 또한 하이드로파록사이드들(hydroperoxides)의 형성 속도가 급증하는 시기, 또는 카아보닐 화합물(carbonyl compound)의 형성 속도가 급증하는 시기와 대략 일치된다.

따라서 산패가 발생하는 시기는 관능검사들(organoleptic tests)에 의해서 시료들의 실제적인 산패를 알아내는 주관적인 방법들(subjective tests) 이외에도 산소의 흡수속도, 하이드로파록사이드의 생성량, 카아보닐 화합물의 생성량 등을 수시로 측정하여, 여기서 얻은 시간-형성량 곡선들에서 형성량들이 급격히 증가하는 시기들을 추정할 수 있다. 현재 사용되고 있는 산패 측정방법들 중 정량적인 방법들(quantitative methods)의 대부분은 모두 이상의 관계들을 이용한 화학적 방법들(chemicals methods)이다.

한편 식용 유지나 지방질 식품들(fatty foods) 속의 지방질 성분들의 산패가 발생할 때까지의 시기, 즉 유도기간(誘導期間, induction period)은 실온(room temperature)에서는 수개월에 달하는 것이 보통이므로, 대개는 실온보다 높은 온도에 저장하거나, 공기나 산소를 일정한 속도로 주입하거나, 광선을 조사(irradiation)하여 자동산화과정(autoxidation process)을 촉진시켜 줌으로써, 단축된 유도기간(shortened induction period)을 측정하는 경우도 있다.

이와 같은 방법들은 보통 가속된 저장수명 측정법(accelerated shelf-life test, ASLT)으로 알려져 있는 방법에 속하며, 여러 유지들 사이 혹은 한 유지의 특정한 상태, 예로서 산화촉진제들(prooxidants)이나 항산화제들(antioxidants) 등이 여러 농도로 존재할 때의 상대적인 산화 안정성 등을 비교할 때 유용한 방법이다.

이상의 테스트의 결과에서 실제 저장 조건에서의 저장 수명을 추정하고자 할 때에는 변화시킨 요인들, 예로서 저장 온도의 상승 등의 효과에 대해 미리 연구해 둘 필요가 있다(Kim, D. H. and Park, H. K., 1985). 그러므로 실험에 사용할 온도는 실제의 저장 온도에 가까운 온도로 하는 것이 더 실제 상황에 가까운 결과를 준다는 것은 물론이다.

한편 나중에 설명할 항산화제(antioxidants)나 산화촉진제(prooxidants)의 효과를 알고자 할 때는 이와 같은 물질들을 첨가한 유지들과 비교에 사용되는 동일한 조건 하에 있는 표준 유지의 유도기간들(induction periods)의 상대적인 길이를 비교함으로써 어느 정도 추정할 수 있다. 따라서 이와 같은 경우에는 비교적 높은 온도에서 일정한 속도로 공기(산소)를 주입하여 주는 상태에 시료 유지류나 표준 유지 시료를 두어, 가속된 자동산화(acceptilated autoxidation)의 결과로 얻어진 단축된 유도기간들을 비교할 수도 있다.

한편 이와 같은 방법들은 앞에서 말한 대로 각종 항산화제나 산화 촉진제들의 효과를 비교적 단시간에 비교할 수 있는 장점이 있다(Rossel, J. B., 1983). 이들 방법에서 저장 온도, 공기 주입 속도 등의 여러 조건들이 표준화(standardize)된다면, 비교적 높은 재현성(reproducibility)을 기대할 수 있다(Hamilton, R. J. and Rossel, J. B., 1986 참조).

일부 연구자들에 의해서 개발된 스위프트 유지안정도 테스트(Swift stability test)는 그 동안 널리 사용되어 왔으며, 공적인 측정방법(official test)으로 인정되고 있다. 즉 이 방법은 현재는 A.O.M.법(active oxygen method)으로 더 널리 알려져 있다. 이 외에도 실베스터 테스트(Sylvester test), FIRA-아스텔 장치(FIRA-Astel apparatus)를 사용한 방법(Rossel, J. B., 1983), 란시매트 장치(Rancimat apparatus)를 사용한 방법(Laubli, M. W. and Bruttel, P. A., 1986) 등이 널리 알려져 왔다.

이제 식용 유지나 지방질 식품중의 지방질 성분들의 산패를 측정하는 여러 방법들 중 대표적인 방법들에 대해서 순서대로 설명하면 다음과 같다.

이상의 산패 측정법들에 대해서는 로셀(Rossel, J. B., 1983, 1986)의 논문들, 그레이(Gray, J. I., 1978)의 레뷰(review), 1985년의 논문(Gray, J. I., 1985), 민과 김의 논문(Min, D. B. and Kim, J. G., 1985), 레이네시어스(Reineccius, G. A., 1985)의 논문, 와너(Warner, K., 1985)의 논문, 로버즈들(Roberts, K., *et al.*, 1988)의 레뷰, 유지류의 분석(Analysis of Oils and Fats)에 관한 하밀톤과 로셀의

전문서(Hamilton, R. J. and Rossel, J. B., 1986), 알렌과 하밀톤들(Allen, J. C. and Hamilton, R. J., 1994)의 전문서(Rancidity in Foods), 프란켈(Frankel, E. N., 1998)의 전문서(Lipid Oxidation) 등을 참고해 주기 바란다.

한편 현재까지 사용되어 온 산패측정방법들(methods for measurement of degree of rancidity)에는 오래 전부터 인간의 감각기관들(sensory organs)에 의지하는 관능검사법(organoleptic evaluation or subjective evaluation methods, 본문 제3장 식품의 맛, p. 154 참조)과 산패 중인 식품 또는 식품성분들의 물리적, 화학적 변화들을 추적하여 평가하는 방법들(physicochemical evaluation methods)로 크게 분류할 수 있다.

전자는 주관적 방법(subjective method), 후자는 객관적 방법(objective method)으로 볼 수 있으며, 실험대상 식품의 구성, 형태 등에 따라 사용 범위가 달라질 수 있다. 일반적으로 실험대상 식품의 구성과 구조, 형태가 복잡하고 산패 중인 유지류의 분리가 어렵거나 부분적인 손상을 가져올 때는 전자의 방법이 더 간단하고 효과적일지도 모른다. 반대로 식품 중의 산패 중인 유지류의 추출이 비교적 쉽고, 그 손상이 거의 없을 때는 평가의 근거가 되는 자료들(data)은 일반적으로 그 정밀도(precision)와 재현성(reproducibility)에서, 그리고 거의 대부분의 경우, 그 간편성, 즉 시간과 인력소비, 기타 경제성에서 뛰어나다.

근래에 와서 가스 크로마토그래피 장치의 계속되는 획기적인 분리 능력의 향상과 분리된 성분들의 검출, 정제 기술의 향상 그리고 특히 산패 중의 유지류의 향기 내지는 냄새를 구성하는 각종 휘발성 카아보닐 화합물들(volatile carbonyl compounds)의 분리, 정량(定量) 기술의 급격한 발전에 따라 관능검사법에 의한 평가들의 결과들과 이상의 휘발성 카아보닐 화합물의 함량 사이의 관계들이 주목받아 왔다.

예로서 와너(Warner, K., 1985)는 우선 식용유지류의 산패취(rancid flavor) 묘사에 사용된 용어들의 임의성(任意性)과 다양성에서 일어나는 문제들, 관능검사 평가원들이 인식하고 있는 향미의 강도(flavor intensity)를 일정한 기준으로 정하는 문제들에 대한 논의를 계속하여 왔다.

한편 와너는 미국 유지화학자협회(American Oil Chemists' Society, AOCS)에서 공정법(公定法, official method)으로 채택한 AOCS 향미 품질등급표(香味 品質等級表, AOCS flavor quality scale)와 AOCS 향미강도표(香味强度表, AOCS flavor intensity scale)를 설명하고 있다(Warner, K., 1985 ; Waltking, E., 1982 참조). AOCS 향미 명칭 및 표준화위원회(AOCS flavor Nomenclature and Standard Commitee)에서 1979년에 대두유, 옥수수기름, 수소첨가 대두유 등의 향기 성분에 대한 AOCS 향미 품질등급표에서 얻은 평점들과 이상의 유지들의 가스 크로마토그래피법으로 추출한 휘발 성분들의 함량 사이에는 높은 상관관계가 있었으며, 또한 대두유에 대한 전술한 향미 강도표에서 얻은 평점들은 가스 크로마토그래피법으로 추출한 휘발성분들의 함량과 매우 높은 상관관계가 있었다고 설명하고 있다(Warner, K., 1985 참조, 또한 표 14-3과 14-4 참조).

오븐 테스트 샤알 오븐 테스트(Schaal oven test)라고도 불리고 있는 이 방법은 빵, 케이크류, 튀김류와 같은, 그 내부 성분들의 화학적 변화를 부수하지 않고서는 그 유지 성분을 추출하기가 어렵거나, 관능검사(organoleptic test)에 의한 산패의 측정 이외에는 적당한 측정방법을 사용하기가 어려운 지방질 식품들에 있어서의 산패의 발생(rancidity development)을 검출하는 데, 즉 그 유도기간(induction period)을 추정하는데 사용된다.

표 14-3 미국 유지화학자협회(American Oil Chemists' Society, AOCS)에서 공정법(official method)으로 채택한 AOCS 향미 품질 등급표.

AOCS 향미 품질 등급표(AOCS Flavor Quality Scale)	
향미등급(flavor grade)	향미의 묘사(desorption of flavor)
10 (Excellant)	Completely bland
9 (Good)	Trace of flavor but not recognizable
8	Nutty, sweet, bitter, corny
7 (Fair)	Beany, hydrogenated, popcorn, bacony
6	Oxidized, musty, weedy, burnt, grassy
5 (Poor)	Raw, reverty, rubbery, watermelon, bitter
4	Rancid, painty
3 (Very poor)	Fishy, buggy
2	Intensive objectionable flavor
1	Repulsive

표 14-4 미국 유지화학자협회(American Oil Chemists' Society, AOCS)에서 공정법(official method)으로 채택한 AOCS 향미 품질강도표.

AOCS 향미 강도표(AOCS Flavor Intensity Scale)	
향미등급(flavor grade)	향미의 강도(flavor Intensity)
10	Bland
9	Trace
8	Faint
7	Slight
6	Mild
5	Moderate
4	Definite
3	Sttong
2	Very sttong
1	Extreme

이 방법은 산패의 발생, 또는 그 유도 기간을 측정하고자 하는 지방질 식품을 접시(shallow trays)에 담고, 보통 60℃ 또는 63℃(140°F 또는 145°F), 경우에 따라서는 이보다 높거나 낮은 어떤 임의의 온도를 유지하고 있는 오븐(a constant temperature oven)에 넣어서 수시로 관능검사(organoleptic test)를 통해서 산패의 발생을 알아내고, 그 유도기간을 추정하는, 가속된 저장수명 측정법(ASLT)의 일종으로 볼 수 있는 방법이다.

한편 산패의 발생, 산패의 정도는 주관적 방법인 관능검사법(organoleptic tests)을 이용하여 측정할 수 있으나, 객관적인 방법, 즉 화학적 방법인 과산화물가 측정법(peroxide determination)을 사용하여 측정할 수도 있다.

물리적 방법

크로마토그래피법 근래에 와서 가스 크로마토그래피 장치의 분리능(分離能, ability for separation)이 급격하게 개선되었으며(휘발성 성분들을 10ppb, 10 parts per billion, 즉 1g의 시료에 대해서 1ng, nanogram 1×10^{-9}g 수준으로까지 검출 가능) 질량분광분석기(mass-spectrometer)로 동정(同定)이 가능해져서, 유지류의 산패취를 형성하는 여러 휘발성 화합물들 중에 단일화합물의 함량 변화로서 산패의 발생 또는 진행 정도를 추정하는 방법들이 개발되고 있다.

산패 발생 또는 진행 정도를 나타내는 단일 휘발성 카아보닐 화합물들로서는 리놀레인산의 자동산화에서 형성되는 것으로 알려진 펜테인(pentane)의 형성량을 이용한 실험(Evans, C. D., *et al.*, 1969), 역시 리놀레인산의 산화 결과 형성되는 것으로 알려진 헥사날(hexanal)의 형성량(Fritsch, C. W. and Gale, J. A., 1977 ; Warner, K., *et al.*, 1978 ; Jacobson, J. A., *et al.*, 1989) 또는 역시 리놀레인산의 자동산화 때 앞에서 말한 펜테인, 헥사날, 2,4-헵테날(2,4-heptenal) 등과 함께 주요 산화생성물들의 하나로 형성되는 2,4-데카다이에날(2,4-decadienal)의 형성량(Min, D. B., 1981)을 사용한 실험 등을 비롯하여 많은 연구들이 발표되어 왔다.

한편 전술한 바 있는 와너들(Warner, K., *et al.*, 1978)의 면실유, 대두유, 땅콩기름 등의 저장 중의 향미 평점(評點)들과 헥사날(hexanal)의 형성량 사이의 높은 상관관계(correlation) 제이콥슨들(Jacobson, J. A., *et al.*, 1989)은 조리된 돼지고기의 헥사날 함량(hexanal contest), 관능검사의 평점들(sensory scores), 나중에 설명할 TBA가(thiobarbituric acid value) 사이의 관계를 조사하여 이들 사이에 직선 관계가, 즉 높은 상관관계가 성립했으며, 헥사날 함량과 TBA가 사이의 상관관계 계수는 0.995였다고 하는 샤히디들(Shahidi, F., *et al.*, 1987)의 실험결과를 소개하고 있다.

산소 흡수량 측정법 산패의 발생 또는 유도기간을 측정하는 하나의 직접적인 방법은 식용 유지나 지방질 식품 기질들의 시간 경과에 따른 산소 흡수량을 측정하는 방법으로서, 콰스트와 카렐(Quast, D. G. and Karel, M., 1972)들 37℃로 조절된 밀폐된 용기에서 시료(마쇄된 감자튀김, powdered potato chip)의 산소 흡수량(단위 cm^3 O_2 at STP/g, STP＝standard temperature and pressure, i.e., 25℃ and 760mmHg)을 측정한 실험이 잘 알려져 있다.

한편, 블란켄쉽들(Blankenship, B. R., *et al.*, 1973)은 ASTM(American Society for Testing Materials)법 D525에서 규정한, 휘발유가 자동산화될 때 형성하는 고무질 물질(gums)의 양을 측정하는 산소 봄베법(oxygen bomb method, OBM)을 그대로 땅콩기름 또는 땅콩 가공품 중의 지방질 성분의 자동산화에 의한, 시간경과에 따른 산소 흡수량을 측정하여 그 결과들을 후술하는 AOM의 결과와 비교한 바 있다. 이들에 의하면, 이상의 소위 산소 봄베법(oxygen bomb method, OBM)은 AOM(active oxygen method)보다 더 정밀하며, 더 응용 범위가 넓다고 보고하고 있다.

로셀(Rossel, J. B., 1983)도 밀폐된 용기에 0.1~1.0g의 정확하게 칭량한 유지 시료를 넣고 100℃의 온도에서 진탕(shaking)하면서, 유지시료의 산화에 의해서 밀폐된 용기 내의 공기 중의 산소의 소비량을 시간의 경과에 따라 측정하는 실베스터 테스트(Sylvester test)에 대해서 설명하고 있다.

이 실베스터 테스트는 곧 영국의 식품산업계의 협동 연구기관인 레더햇드 식품산업계 협동연구기관(Leatherhead Food Research Association) 소속 연구소에서 전자동화되어 아스텔 회사(Astell Company)에서 제작, 판매되어 왔으며, 이 FIRA-Astell 장치로 알려진 측정 장치는 영국을 비롯한 유럽 여러 나라에 널리 사용되어 왔다.

증량법 역사적으로 볼 때, 식용유지의 산화의 진행정도 또는 산패의 발생 시기를 알아내는 데 가장 먼저 사용된 방법들 중의 하나는 아마도 산화 중에 유지 시료들이 산소를 흡수하는 과정에서 일어나는, 중량의 증가를 측정하는 중량법(重量法, gravimetric methods)이었을 것이다.

과거에는 이 방법이 산화진행에 따른 휘발성 산화생성물들의 형성과 그 손실에 대해서 정확히 측정할 수 없는 결점 때문에 그 사용이 제약되어 왔으나, 올콧트와 아인셋트들(Olcott, H. S. and Einset, E., 1958a and 1958b)의 실험 결과들은 휘발성 산화생성물들에 의한 손실이 일어나기 전의, 시간의 경과에 따른 산소 흡수량의 증가에 따른 중량증가 곡선이 산소흡수량 곡선과 비교해서 아무 손색이 없는 깨끗하고 예민한 곡선을 주기 때문에, 현재도 가끔 산화진행 또는 산패발생 시기의 측정에 사용되고 있다.

특히 고온에서의 시료 유지의 시간에 따른 중량의 변화는, 산소흡수량이 매우 적은, 즉 중량의 증가가 거의 없는 시기(phase I), 중량의 급속한 증가가 계속되는 시기(phase II)를 거쳐 중량의 증가나 감소가 없는 정점(頂点, plateau)을 거쳐, 중량의 감소가 계속되는 시기(phase III)에 들어서는 것으로 알려졌으며, 산패가 시작하는 시점이나 산패의 정도는 phase I과 phase II에서 확실히 규명할 수 있는 사실이 확립되면서 중량법(gravimetric methods) 또는 가열중량법(加熱重量法, thermogravimetric methods)이 개발되어 왔으며, 거의 전자동화된 가열중량 측정 장치를 사용한 가열중량 분석법(thermogravimetric analysis, TGA)의 결과들이 보고되고 있다(Mikula, M. and Khayat, M., 1985).

화학적 방법

과산화물가 측정법 식용유지 또는 지방질 식품 등에 존재하는 과산화물들(peroxides)의 함량 또는 과산화물의 형성 속도를 측정함으로써, 산패의 발생을 검출하거나 유도기간의 길이를 측정하는 방법이 오랫동안 사용되어 왔었다.

일반적으로 유지 시료들 속의 과산화물의 함량은 과산화물가(過酸化物?, peroxide value)로 표시된다. 이 과산화물가는 1kg의 유지시료에 함유된 과산화물들(peroxides)의 밀리 몰수(number of millimoles), 또는 밀리당량(number of milliequivalents)으로써 표시된다.

보통 리이의 방법(Lea method ; Lea, C. H., 1931), 또는 윌러의 방법(Wheeler method ; Wheeler, D. H., 1932) 등의 정량적인 방법들과 이상의 방법들을 반미량 분석(semi-micro analysis)에 적용할 수 있도록 한, 리이멘슈너이더의 방법(Riemenschneider, R. W., *et al.*, 1943), 또는 런드버어그들의 방법(Lundberg, W. O. and Chipault, J. H., 1947) 등이 알려져 왔으나(Blanck, F. C., 1955 참조), 실제로는 이상의 방법들을 발전시킨 공정법들(公定法, official methods), 예로서 AOCS, AOAC 또는 IUPAC 공정법 등이 주로 사용되고 있다.

이상의 방법들은 실험 조건에 의해서 크게 영향을 받는 경험적인 방법들(empirical method)이나, 실험 조건들을 일정하게 해 줄 때는 높은 정확성을 유지하며, 그 재현성(reproducibility)도 극히 높다.

이상의 방법들은 모두가 유지시료를 초산 또는 클로로포름-초산의 혼합용액($CHCl_3$-CH_3COOH mixture)과 같은 산성(acidic)이며, 지용성(fat-soluble)인 용매에 용해시킨 후, 질소 또는 탄산가스 아래서 요오드칼륨(potassium iodide)을 용해시켜서 여기서 형성된 요오드 이온(iodide ion, I^-)을 용해된 유지시료 중의 과산화물과 반응시켜 요오드(I_2)로 산화시킨다.

그리고 이때 형성된 요오드(iodine, I_2)를 싸이오황산 소다(sodium thiosulfate, $Na_2S_2O_3$)의 표준용액으로 적정(titration)하여, 싸이오황산 소다의 표준용액의 소비량에서부터 시료유지 중의 과산화물들(peroxides)의 함량을 계산한다. 이상의 반응에서 일어나는 변화는 다음과 같다.

$$ROOH + 2H^- + 2H^+ \rightarrow ROH + I_2 + H_2O$$

과산화물(peroxide)

$$I_2 + 2Na_2S_2O_3 \rightarrow 2NaI + Na_2S_4O_6$$

싸이오황산 소다

결과적으로 과산화물 1몰(mole)은 싸이오황산 소다 2몰에 해당하므로, 과산화물 1몰은 2당량(equivalent)에 해당되며, 따라서 밀리몰로 표시된 과산화물가(peroxide value in mmole/kg)는 밀리당량으로 표시된 과산화물가(peroxide value in mmole/kg)의 반이 된다. 즉 1 POV meq/kg = 2 POVmmole/kg이 된다.

한편 이와 같은 과산화물가에서 측정되는 과산화물은 주로 하이드로파록사이드들(hydroperoxideS)이나 이 이외의 형태의 과산화물들도 함께 포함될 수 있는 점도 유의해야 한다.

과산화물가의 변화를 통해서 산패의 발생을 알고자 하는 방법에 있어서 하나의 결점은 그림 14-3에서 볼 수 있듯이 하이드로파록사이드들의 함량이 자동산화의 진행에 따라 일단 최고치(the maximum values)에 도달된 후 다시 감소하기 때문에, 산패가 발생한 지 오래된, 따라서 장기간 자동산화가 진행된 유지나 지방질 식품들의 과산화물가들(peroxide values)은 의외로 낮을 때가 있다는 점이다.

각종 식용 유지나 지방질 식품들의 유도기간(the induction period)은 실제로 산패가 발생하는 과산화물가에 도달하는 기간으로 정하는 것이 원칙이나, 일부 식품회사에서는 더 엄격한 품질 관리를 위해서 그 회사에서 취급하고 있는 식용유지나 지방질 식품들의 과산화물가가 어떤 일정한 수준의, 어떤 임의적인 과산화물가 - 산패가 시작하는 경우의 과산화물가보다 낮은 수치 - 에 도달하는 데 소요되는 기간(시간수로 표시)으로서 표시하는 경우가 많다.

한편 유도기간은 한 유지에서 산패가 발생될 때까지에 소요되는 시간으로 정의되나, 실제 산패가 발생하는 유지의 과산화물가(peroxide value)는 유지의 종류와 그 저장 상태 등에 따라 크게 다르다.

일반적으로 식물성 유지들의 경우에는 대체로 과산화물가가 60 내지는 100밀리당량/kg에 도달하는데 걸린 시간을 유도기간으로 정하며, 한편 동물성 지방의 경우에는 그 과산화물가가 20 내지 40 밀리당량/kg이 되는데 소요되는 시간을 그 유도기간으로 정하고 있다(Riemenschneider, R. W., 1955 ; Blanck, F. C., 1955, "*Handbook of Food and Agriculture*" 참조).

이와 같은 견해는 라그나아손과 라보자들(Ragnarsson, J. O. and Labuza, T. P., 1977)에 의해서도 표명된 바 있다. 이들에 의하면, 곧 설명할 AOM(active oxygen method)으로 과산화물가를 측정할 때 사용되는 식용유지류의 산패에 이르는 시기에 대한 관능검사에 의한 평가(organoleptic evaluation)는 개개의 유지의 특성에 따라 다르지만, 일반적으로 동물성 유지인 라아드(lard)인 경우, 그 과산화물가가 20meq/kg 이상이 되면 산패가 시작된 것으로 볼 수 있으며, 한편 자주 사용되는 식물성기름들(vegetable oils)의 경우에는, 산패가 시작되는 과산화물가는 100meq/kg 이상으로 일반적으로 생각되어 왔다고 언급하고 있다(또한 Gray, J. J., 1985 참조).

로셀(Rossell, J. B., 1983)은 정제 직후의 식용유지의 경우, 그 과산화물가는 1밀리당량/kg이어야 하며, 한편 이런 정제 유지들은 그 과산화물가가 10밀리당 량/kg까지는 별 문제없이 저장, 사용할 수 있다고 주장하고 있다.

A.O.M. A.O.M.(the active oxygen method)은 전술한 대로 가속된 자동산화과정(an accelerated autoxidation process)을 유지시료에 유발시켜서 단축된 유도기간을 측정, 비교하는 방법이다. 산패의 발생 또는 유도기간의 결정은 시료 유지의 과산화물가(peroxide value)의 변화를 측정함으로써, 이 자료에 의해서 추정한다.

실제 방법은 유지 시료를 98℃의 온도에 유지하면서, 2.33mL/sec의 속도로 공기를 시료 속에 주입하면서 자동산화를 촉진시킨다. 이 방법에 의하면 보통 유지의 경우 산패가 발생되는 데 소요되는 기간, 즉 유도기간은 10시간 내외가 된다.

한편 이 방법은 스위프트 유지 안정도 테스트(Swift stability test)에서 유래되었으며, 가속된 저장수명 테스트(accelerated shelf-life test, ASLT)의 하나라는 사실에 대해서는 이미 언급한 바 있다.

기타의 과산화물가 측정방법 이상의 과산화물가 측정법들(methods of peroxide value determination)은 AOM을 제외하고는 자동화된 분석방법들(automatized analytical methods)로 측정하기 힘들며, 따라서 많은 유지 시료를 일시에 취급하기 어렵다는 결점이 있다. 그러나 최근에 와서 유지류의 자동산화에 의해서 형성된 과산화물들(peroxides)이 초록색의 제1철 싸이오시아네이트[ferrous thiocyanate, $Fe(SCN)_2$]를 빨간색의 제2철 싸이오시아네이트[ferric thiocyanate, $Fe(SCN)_3$]로 산화시키는 사실을 이용한 비색법(比色法, calorimetry)에 의한 과산화물가 측정법이 개발되고 있다.

이 방법에 의하면, 각종 식품류에서 추출된 유지들의 과산화물가는 반자동적(semi-automatically)으로 신속하게 측정할 수가 있다고 한다.

카아보닐 화합물의 함량을 측정하는 방법 유지류의 자동산화과정(autoxidation processes)의 최종 산화생성물인 카아보닐 화합물들(carbonyl compounds)의 형성량은 자동산화의 최종 산화분해 생성물들의 양을 나타낸다고 볼 수 있기 때문에, 그 자동산화의 과정이 150℃ 이상에서 계속적으로 가열되는 등의 심한 가열산화 등을 받지 않는 한 중간 산화생성체들(intermediate oxidation products)인 과산화물들의 형성량의 경우와 같은 자동산화 과정이 지속되는 동안에 일단 최고치에 도달하였다가 다시 감소되는 일은 없다.

따라서 오랫동안 산화된 유지일수록 카아보닐 화합물들의 함량은 계속 증가한다. 그러나 실제에 있어서는 형성된 카아보닐 화합물들의 일부가 휘발성을 갖고 있기 때문에 형성된 카아보닐 화합물들의 일부가 상실될 가능성이 있는 사실에 대해서는 유의해야 할 것이다.

크라이스 테스트 크라이스 테스트(Kreis test)는 유지의 산패발생을 알아내는 방법으로서는 가장 역사가 오래된(1902년) 방법들 중의 하나이다. 그러나 이 방법은 주로 산패의 발생 여부에 대한 정성적인 테스트(qualitative test)에만 사용된다.

이 테스트는 유지류가 산패된 결과 형성된 카아보닐 화합물들 중의 일부 화합물들의 염산(HCl) 산성(酸性) 하에서 플로로글루시놀, 즉 1,3,5-트리하이드록시벤젠(phloroglucinol or 1,3,5-trihydroxybenzene)과 복합체(complex)를 형성하여 빨간색의 정색반응(呈色反應)을 일으키는 사실에 근거를 두고 있다(Pardun, H., 1969 참조).

정색반응을 일으키는 성분은 카아보닐 화합물들 중의 주로 에피하이드린 알데하이드(epihydrin aldehyde), 즉 2,3-에폭시프로파날(2,3-epoxy propanal)임이 알려져 있다.

OH

HO OH

플로로글루시놀(phloroglucinol)

$CH_2-CH-CH=O$

O

에피하이드린 알데하이드(epihydrin aldehyde)

어떤 유지시료(an oil sample)가 이 정색반응의 결과 노란색 또는 오렌지색의 색깔을 보였을 때는 그 유지는 산패되었다고 생각되지는 않으며, 빨간색 또는 진한 분홍색으로 정색되어야 그 반응이 양성(positive), 즉 산패가 일어난 것으로 판정한다.

산패 과정 중에 있는 시료유지 속의 이상의 알데하이드들의 양과 산패의 진행 상황과의 관계, 정색의 강도(intensity)와 산패의 진행 정도와의 관계는 아직 확실하지 않으며, 따라서 이 크라이스 테스트(Kreis test)의 정량적인 방법(quantitative method)으로서의 신뢰도는 높지 못하며 따라서 정량적(定量的, quantitative)으로는 사용하지 않고 있다.

TBA법 TBA법(thiobarbituric acid method)도 역시 산화된 유지에 형성된 특정 카아보닐 화합물들의 하나인 말론알데하이드(malonaldehyde)가 2-싸이오바아비츄린산(2-thiobarbituric acid)과 빨간색의 복합체(a red complex)를 형성하며, 이 빨간색의 강도(intensity)는 말론알데하이드의 형성량, 따라서 일반적으로 유지의 산패도(degree of rancidity)와 밀접한 관계를 갖고 있다는 데 근거를 두고 있다(Sinnhuber, R. O., *et al.*, 1958).

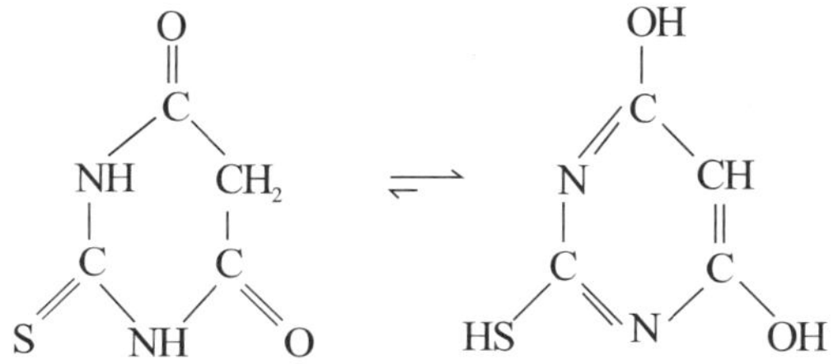

O

C

NH CH_2 ⇌ N CH

C C C C

S NH O HS N OH

케토형(keto form) 에놀형(enol form)

2-싸이오바비츄린산(2-thiobarbituric acid)의 구조

유지나 지방질 식품들의 정량적인 산패측정에 실제로 사용되고 있는 터너법(Turner method)에 의하면, 5g의 시료를 잘 마쇄한 후 5mL의 삼염화초산(trichloroacetic acid, CCl_3COOH)과 0.01M의 TBA의 초산용액 10mL를 가하여 97~99℃에서 30분간 끓인 다음 냉각하여 상층(upper layer)에 떠있는 유지들을 제거한다.

수용액층(aqueous layer)에 있는 TBA-말론알데하이드 복합체를 15mL의 아이소아밀 알코올(i-soamyl alcohol, 10mL)과 피리딘(pyridine, 5mL)의 혼합용액으로 추출한 후, 538nm의 파장(wave length)에서 비색계(比色計, colorimeter)로 그 흡수 강도(absorption intensity)를 측정한다(Turner, E. W., *et al.*, 1954, *J. Am. Oil Chem. Soc.*, 8, 326 참조)(그림 14-28 참조).

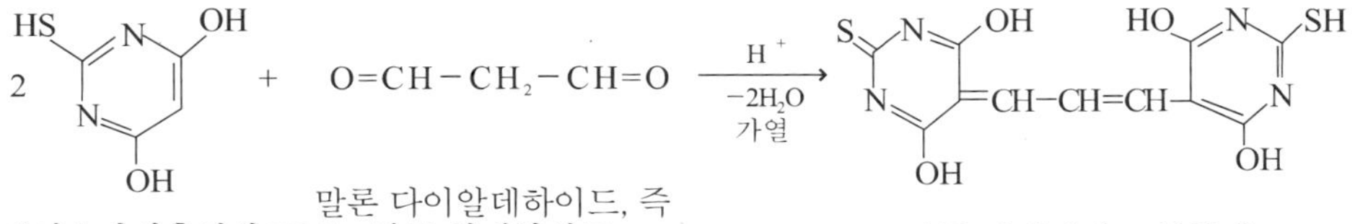

$$2\ \text{2-싸이오바비츄린산(TBA)} + O{=}CH-CH_2-CH{=}O \xrightarrow[-2H_2O,\ \text{가열}]{H^+} \text{TBA-말론 알데하이드 복합체}$$

말론 다이알데하이드, 즉 말론 알데하이드

[그림 14-28] TBA-말론알데하이드 복합체의 형성과정.

산패된 유지나 지방질 식품들 중의 지방질 성분들에 함유된 말론알데하이드의 양은 이 유지나 지방질 식품들의 지방질 성분에 함유된 말론알데하이드와 TBA 복합체의 일정한 파장(538nm)에서의 흡수강도(吸收强度, absorption intensity)를, 순수한 말론알데하이드 일정량과 TBA를 반응시켜서 얻은 TBA-말론알데하이드의 표준용액의 동일 파장에서의 흡수 강도와 비교함으로써 산출할 수 있다.

한편 순수한 말론알데하이드는 테트라에톡시프로판(tetraethoxypropane)을 산으로 가수분해함으로써 쉽게 얻을 수 있다.

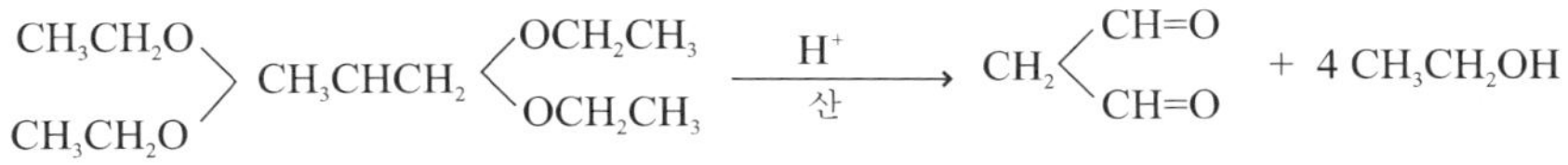

$$(CH_3CH_2O)_2CHCH_2CH(OCH_2CH_3)_2 \xrightarrow[\text{산}]{H^+} CH_2(CH{=}O)_2 + 4\ CH_3CH_2OH$$

테트라에톡시프로판(tetraethoxypropane), 즉 TEP 말론 알데하이드(malonaldehyde)

TBA가 TBA가(TBA number)는 1kg의 유지 또는 지방질 성분 등에 함유된 말론알데하이드(malonaldehyde)의 밀리그램(mg)수로 정의되며, 과산화물가(peroxide value, PV 또는 POV)의 경우와 마찬가지로 유지의 산패도(the degree of rancidity)를 정량적으로 나타내는 데 사용된다.

TBA가는 과산화물가와 같은 높은 재현성을 갖고 있지 않으며, 나중에 설명하는 바와 같이 유지의 지방산의 조성에 크게 영향 받는다. 또한 일부 아미노산들이나 당류 등이 그 정색반응(color reaction)에 간섭하는 사실도 알려져 있다. 그러나 같은 시료 유지에 국한시킬 때, 산패가 진행됨에 따라 그 값은 계속 증가하며, 과산화물가의 경우처럼 산화가 고도로 진행됨에 따라 그 값이 다시 감소되는 일은 없다.

TBA법의 문제점들 이 방법의 근거가 되는 정색반응은 전술한 대로 산패된 유지나 지방질 식품 속에 말론알데하이드의 양에 관계되며, 이 알데하이드는 유지의 자동산화의 결과 생성되는 것이므로 일반적으로 시료의 불포화도(the degree of unsaturation)가 클수록 정색반응이 빨리 일어남은 자명하다.

그러나 TBA와 정색반응을 일으키는 카아보닐 화합물들은 말론알데하이드에만 국한된 것은 아닌 듯하다. 예로서 제이콥즈(Jscobs, M. B., 1958, "*Chemical Analysis of Food and Food Products*", Van Nostrand Co.)는 싸이오바아비츄린산이 펜토잔류(pentosans)의 분해의 결과 형성된 훌후랄(furfural)이나 메틸훌후랄(methylfurfural)들과 노란색의 복합체, 즉 훌후랄말로닐 싸이오유레아(furfuralmalonyl thiourea)를 만들며, 이와 같은 반응은 펜토잔류의 정량에 오래전부터 이용되어 온 사실에 언급하고 있다. 이런 사실은 당류(sugars)의 가수분해 또는 가열 분해 생성물들이 싸이오바아비츄린산과 착색복합체들을 형성할 수 있음을 말한다.

한편 유지류를 구성하고 있는 지방산들의 자동산화의 결과 형성되는 많은 종류의 알데하이드류가 싸이오바아비츄린산과 착색복합체를 형성하는 사실도 오래전부터 널리 알려져 왔다. 예로서 곡류나 육류의 산화에 의한 산패(oxidative rancidity)를 측정하기 위해서 TBA법이 사용될 때는 TBA-말론알데하이드 복합체에 의한 532~535nm에서의 정상적인 빨간색의 최고 흡광도(absorption maximum)를 가질 뿐만 아니라, 450 내지 460nm(즉 노란색 내지는 오렌지색)에서도 또 하나의 최고 흡수대를 표시할 때가 많다고 한다.

일부 연구자들에 의하면, 글라이콜알데하이드(glycolaldehyde), 글리셀알데하이드(glyceraldehyde), 다이하이드록시아세톤(dihydroxyacetone) 등은 TBA와 반응할 때, 455nm에서 최고 흡광도(absorption maximum)를 갖고 있는 노란색의 복합체들을 형성하기 때문에, 일부 식품들 중의 말론알데하이드(malonaldehyde)를 정량할 때 종종 잘못된 결과를 줄 때가 있다고 한다.

신휴버들(Sinnhuber, R. O., *et al.*, 1962)도 건조 햄(dehydrated ham)의 산화에 의한 산패의 정도를 측정하기 위해서 TBA를 작용시킬 때는 532~535nm뿐만 아니라, 450~460nm의 파장(wave length)에 걸쳐 또 하나의 흡광대(absorption spectrum)를 나타냈음을 보고하고 있다(그림 14-29 참조).

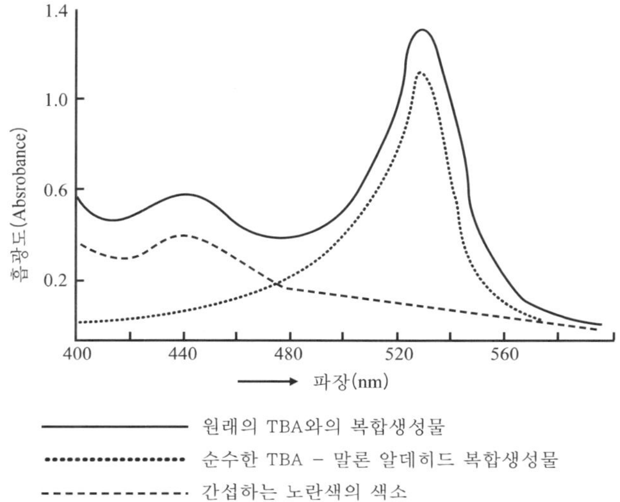

[그림 14-29] 건조 햄(dehydrated hams) 속의 TBA와의 복합물들의 흡수 스펙트럼들(absorption spectra).
Yu, T. C. and Sinnhuber, R. O., 1962, *Food Technol.*, 16, 117.

한편 머큐즈들(Marcuse, R. and Johansson, L., 1973)에 의하면 불포화지방산의 자동산화 결과 형성되는 포화알데하이드류인 알카날류(alkanals)와 불포화알데하이드류인 알케날류(alkenals) 등은 모두 TBA와 반응하여 450nm에 최고 흡광대를 가진 노란색 복합체들을 형성했으나, 불포화알데하이드류 중 공액 이중결합(conjugated double bond system)을 가진 2,4-알카다이에날류(2,4-alkadienals)만이 말론알데하이드-TBA 복합체의 최고 흡광대와 같은 530nm에서의 최고 흡광대를 갖는 빨간색의 복합체를 형성하였다고 한다.

이상과 같은 실험적 결과들이 늘어남에 따라, TBA와 정색반응을 일으켜 530nm에서 최고 흡광대를 나타내는 말론알데하이드, 2,4-데카다이에날, 기타의 공액 이중결합을 가진 알데하이드류, 이외에

450nm에서 최고 흡광대를 나타내는 유지 또는 지방질 성분들의 산화 생성물들은 근래에 와서 TBA 활성 물질들(TBA-reactive substances, TBARS)로 불리고 있으며, 넓은 의미에서 TBA와 반응을 일으키는 유지류 또는 지방질 성분류의 산화생성물들로 간주하는 경우가 많다.

한편 코스기와 키크가와들(Kosugi, H. and Kikugawa, K., 1985 및 1986)은 포화알데하이드류(1-butanal, 1-hexanal, 1-heptanal)를 질소(N_2) 하에서 TBA와 반응시켰을 때, 최고 흡광도 450nm 전후의 노란색을 가진 TBA와의 복합체들을 형성하지 않았으나, 공기 중에서 이상의 포화알데하이드류를 15%의 초산용액(15% AcOH)에서 가열했을 때, 최고 흡광도가 455nm인, 즉 노란색의 복합체를 형성했으며, 이상의 용액들을 계속 공기에서 산화시켰을 때는 532nm의 최고 흡광도를 가진, 즉 빨간색의 복합체들이 형성된 사실을 보고하고 있다. 이 사실은 TBA 정색 반응의 기구(mechanism)와 그 측정 절차 등에 대해서 더 많은 연구가 필요함을 시사하고 있다.

근래에 와서 피클과 쿠메로우(Pikul, J. and Kummerow, F. A., 1991)들은 지방질 성분들 중 인지방질들(phospholipids)의 가열산화의 결과 형성된 TBA와 정색반응을 일으키는, 즉 반응하는 성분들(thiobarbituric acid reactive substances, TBARS)을 조사한 결과 포스파티딜콜린(phosphotidylcholine)과 포스파티딜에탄올아민(phosphotidylethanolamine)들이 전체 인지방질에서 형성된 TBARS 성분들의 77%에서 90%를 점유했었다고 한다. 한편 포스파티딜이노시톨(phosphotidylinositols)과 포스파티딜세어린(phosphotidylserine)들은 전체 TBARS 성분의 17~21%를 점유하고 있었다고 한다.

이상의 결과로 볼 때, 육류나 육류 가공품들 중의 각각의 전체 지방질 성분들에 대한 TBA법 측정에서는 인지방질들 중의 여러 성분들이 그 측정 결과에 상당한 영향을 주는 것 같다.

TBA법은 절임육류(cured meats)와 같은 가공식품 등의 산패도 측정에 특히 널리 사용되어 왔다. 그러나 그 응용 범위에는 제한이 있다. 예로서 절임육류(cured meats) 중에 존재하는 아질산염들(nitrites)은 그 육류의 TBA가를 상당히 감소시키며, 따라서 이와 같은 육류의 경우에는 TBA가는 산패(rancidity)의 정확한 척도가 되지 못하는 사실이 알려져 있다.

왓츠와 짚저어들(Zipser, M. W., *et al.*, 1962)은 아질산염이 존재하는 지방질 식품들의 TBA가를 측정하고자 할 때는 이 아질산염들을 설파닐아마이드(sulfanilamide)와 반응시켜서 다이아조늄염(diazonium salt)의 형태로 제거한 후, TBA가를 측정할 것을 제안하고 있다.

카아보닐 정량법 유지류나 지방질 식품들의 산화에 의해서 형성되는 카아보닐 화합물들 중 특정한 성분을 정량하는 대신, 형성된 카아보닐 화합물들의 전체 양을 정량하고자 하는 시도가 오래 전부터 이루어져 왔었다.

이와 같은 방법들 중의 하나로서 카아보닐 화합물들과 하이드록실아민(hydroxylamine, NH_2OH)을 반응시키는 여러 방법들이 알려져 왔으나, 그 결합반응들이 부가물들(adducts)을 형성하는 방향으로 일방적으로 진행되지 않는 문제점들이 지적되어 왔다(Pardun, H., 1969 참조).

한편 카아보닐 화합물들과 2,4-다이나이트로페닐하이드라진을 반응시키는 방법으로는 라핀과 클라아크들(Lappin, G. E. and Clark, L. C., 1951)과 헤니크들(Henick, A. S., *et al.*, 1954)이 개발한 방법들이 있다(Pardun, H., 1969 참조). 그 중의 한 방법인 라핀-클라아크법(Lappin-Clark method)에 대해서 간단히 설명하면 다음과 같다.

이 방법은 유지류나 지방질들의 자동산화 과정에서 형성된 전체 카아보닐 화합물들을 2,4-다이나이트로페닐하이드라진(2,4-dinitrophenylhydrazine)과 반응시켜서, 그 복합체 내지는 부가물(adducts)

인 2,4-다이나이트로페닐하이드라존의 유도체들(2,4-dinitrophenylhydrazone derivatives)의 미세한 결정들로 변환시킨 후, 이들 미세결정 상태의 유도체들을 분리하여 수산화칼륨(KOH) 용액을 가하여 용해시킨 후 430~460nm에서의 흡광도(absorbance)를 측정하여 카아보닐 화합물의 질량을 정량하고자 하는 방법이다.

앞에서 말한 대로 이 방법은 유지나 지방질 식품 중의 지방질 성분들의 자동산화 과정에 의해서 형성된 카아보닐 화합물들 중의 어느 특정한 화합물에 의거하는 것이 아니라 전체 카아보닐 화합물의 양을 정량하고자 하는 방법이므로 이론적으로는 매우 타당한 방법이다.

그러나 실제 문제로서는 이와 같은 카아보닐 화합물들(carbonyl compounds)과 2,4-다이나이트로페닐하이드라진과의 반응은 본질적으로 가역적 반응(reversible reaction)이며, 따라서 2,4-다이나이트로페닐하이드라존 유도체의 형성 반응은 완결되지 않으며, 그 평형(equilibrium)도 주위 조건에 크게 좌우되는 중대한 결점을 갖고 있다. 그러므로 이 방법은 아직 정확하고, 정밀도가 높은 방법으로는 인정되지 않고 있다. 그러나 이상과 같은 결점만 제거된다면 앞으로 매우 유망한 산패도(degree of rancidity)를 측정하는 방법이 될 수 있을 것이다.

R−CH=O

R, R' >C = O

자동 산화과정에서 형성된 카아보닐 화합물들

H_2NHN−(벤젠고리, NO_2)−NO_2

2, 4−다이니트로페닐하이드라진

$\overset{H^+}{\rightleftharpoons}$

R−CH=H·NH−(벤젠고리, NO_2)−NO_2

R, R' >CH=H·NH−(벤젠고리, NO_2)−NO_2

2, 4−다이니트로페닐하이드라존

휘발성 카아보닐 화합물 정량법 이미 산패 측정 방법들 중 물리적 방법들의 첫 예로서 크로마토그래피 장치를 이용한 휘발성 카아보닐 화합물들(volatile carbonyl compounds) 중의 특정 화합물들의 정량법들에 대해서는 간단히 설명해 왔으므로 휘발성 카아보닐 화합물 정량법에 대한 항목만 설치하고 설명하는 것은 여기서 생략하였다. 앞에서 말한 부분과 이미 함께 언급한 논문들과 전문 서적들을 참고하기 바란다.

아니시딘가 아니시딘가는 홈들(Holm, U., *et al.*, 1957)이 개정한 식용 유지나 지방질 성분들이 자동산화의 결과 형성한 과산화물들의 계속 산화분해에 의해서 생긴 제2차 산화생성물들 중 α, β-불포화알데하이드류(α, β-unsaturated aldehydes), 즉 2-알케날류(a-alkenals)가 벤지딘(benzidine)과 정색반응을 일으키는 사실을 이용한 산패측정법(benzidine test)을 1972년에 벤지딘이 발암성 물질로 알려짐에 따라 아니시딘(p-anisidine, p-methyl aniline)으로 바꾸고 개발한 방법이다(Holm, U., 1972).

이 아니시딘 테스트(anisidine test)에 사용되는 아니시딘가(anisidine value)는 1g의 시료와 일정량의 용매(isooctane)와 아니시딘 시약(reagent)의 혼합 용액 100mL가 반응하여 형성한 색깔을 1cm의 셀(cell)을 사용하여 350nm의 파장에서 측정한 흡광도(absorbance)의 100배로 정의되고 있다(List, G. R., *et al.*, 1974 참조).

또한 알케날류와 아니시딘(p-anisidine) 사이에 일어나는 착색된 반응 생성물들(colored condensation products)의 형성 과정에 대해서도 알려져 있다(Robards, K., *et al.*, 1988). 여러 연구자들은 이 아니시딘 테스트가 과도(過度)하게 산화된 유지들을 다시 부분적으로 정제하여 과산화물가(peroxide value)도 낮으며, 산패취도 제거한 경우에도 원래의 산패 정도를 측정할 수 있는 유용한 방법으로 생각하고 있다(Pardun, H., 1969 ; Rossel, B., 1983 ; Robards, K., *et al.*, 1988 참조).

한편 김들(Kim, D. H. and Maeng, Y. S., 1985)은 시판되는 대두유, 채종유, 옥배유, 미강유들을 185℃에서 가열산화시켰을 때 과산화물가나 TBA가는 가열시간과 관련지을 수 없었으나, 아니시딘가와 가열시간 사이에는 이상의 기름들의 경우 그 상관관계 계수들이 각각 0.9134, 0.9679, 0.9674, 0.8859 등으로 비교적 높은 상관관계를 보여주었다고 보고하고 있다.

석유 에텔 불용성 산화 지방산 함량 일반적으로 튀김유들과 같이 고온에서 가열산화되는 식용유들의 품질을 알아내는, 특히 과도하게 사용된 튀김유들(abused frying oils)을 확인할 수 있는 화학적인 검증법들은 많지 않다.

가열산화의 경우 자동산화의 경우와 전혀 다른 변화들 중 가장 두드러진 변화들의 하나가 가열, 산화에 의해서 형성된 여러 특징들을 가진 중합체들의 형성이다. 이와 같은 사실을 이용한 방법으로 석유 에텔 불용성 산화지방산 함량(petroleum ether insoluble oxidized fatty acid content)이 있으며, 사용한 시료에 대한 퍼센트 중량비(%, w/w)로 표시된다(Billck, G., *et al.*, 1978). 실제의 실험은 보통 아네스들의 방법(Arness, M., *et al.*, 1977)이 사용되어 왔다.

즉 일정량의 시료를 KOH의 에탄올 용액으로 검화(saponification)한 후 형성된 비누 용액을 HCl로 산성화(acidify)시켜, 유리되어 나오는 각종 지방산들을 다이에틸 에텔로 추출한다. 이상의 추출액에서 다이에틸 에텔을 완전히 제거해서 얻은 추출물을 다시 끓은 석유 에텔(boiling petroleum ether)로 녹이며, 계속 녹지 않은 부분만을 따로 분리하여 석유 에텔을 제거한 후 그 무게를 칭량한다. 이 칭량한 중량의 사용한 시료의 중량의 % 비율(%, w/w)이 석유 에텔 불용성 지방산 함량이 된다.

한편 독일 유지연구자협회(Deutsche Gesellschaft fur Fettwissenschaft, DGF)에서는 1973년에 (1) 만일 냄새와 맛이 분명히 변화하여, 도저히 받아들일 수 없는 경우, (2) 관능검사의 결과가 분명하지 않을 때는 석유 에텔 불용성 산화지방산 함량이 전체 지방산 함량의 0.7% 이상이고 동시에 발연점(smoke point)이 170℃ 이하인 경우, (3) 석유 에텔 불용성 산화 지방산 함량이 1.0응 이상의 경우에는 다 같이 조사 중인 기름의 품질이 계속 사용할 수 없을(unacceptable) 정도로 저하된 것으로 판정한다고 제안한 바 있다(Billck, G., *et al.*, 1978 참조).

AOM의 전 자동화와 랜시맷트법 과산화물가 측정법과 관련해서 그 가속된 저장수명측정법(accelerated shelf-life test, ASLT)의 하나로 생각되는 이미 설명한 바 있는 AOM(active oxygen method 또는 Swift test)도 과산화물가 측정 과정을 자동화하지 못하였었다.

그러나 그 후 많은 연구자들이 AOM의 전자동화(全自動化)에 노력하여 왔다. 예로서 데만들은 과산화물들의 계속적인 산화에서 형성되는 유기산들에 의한 급격한 전도도(傳導度)의 변화, 특히 의산(formic acid)에 의한 전도도의 변화에 착안하여 전 자동화된 AOM(automated active oxygen method)의 개발에 노력하여 왔다(de Man, J. M. and de Man, L., 1984 ; de Man, J. M., *et al.*, 1987).

또한 팔둔과 크롤들(Pardun, H. and Kroll, E., 1972), 그리고 하도른과 췰혀들(Hadorn, H. and Zürcher, K., 1974)은 유지 시료에서 형성되는 산화 생성물들을 증류수에 흡수시켜 그 전도도(conductivity)의 변화에서 산화의 진행(유도기간 포함)을 전 자동식으로 알 수 있는 방법을 개발하여, 소위 메트롬랜시 맷트 617(Metrohm rancimat 617)로 알려진 전자동식 AOM이 실제 사용되기 시작했다(Laubli, M. W. and Bruntel, P. A., 1986). 현재는 그 개량형인 메트롬 랜시팻트 679(Metrohm rancimat 679) 등이 여러 연구소에서 사용되어 왔다.

산화 촉진 요인과 산화촉진제

일반적으로 유지류나 지방질 성분들의 산화속도를 증가시켜 주는 물질들이나 이와 같은 기능을 가진 요인들(factors)은 산화촉진 요인들 또는 산화촉진제들(酸化促進劑類, proxidants)로 불려 왔으며, 보통 금속 또는 금속 이온들(metallic ions), 일부 화학물질들, 감광체(photosensitizers)로 작용하는 각종 색소들, 각종 광선들과 자외선, X-선, 방사선 등, 저장 온도의 상승, 열에너지를 비롯한 각종 에너지의 공급, 각종 촉매작용 등이 여기에 속한다. 한편 유지류나 지방질 성분들을 구성하고 있는 유지류 중에 미량 존재하는 잔류 과산화물들(residual trace peroxides), 자동산화 초기에, 특히 감광체에 의한 산화(photosensitized oxidation)에 의해서 형성된 과산화물들, 유리 지방산들(free fatty acids)도 여기에 포함된다.

이상의 산화 촉진 요인들과 산화 촉진제들은 유지나 지방질 식품 중의 지방질 성분들의 산화 속도를 촉진시키므로, 유지나 지방질 식품의 산패(rancidity) 발생 시기도 단축시킨다. 즉 그 유도 기간(誘導 期間, induction period)도 단축된다. 따라서 한 유지나 지방질 식품의 지방질 성분의 유도 기간(induction period)을 단축시키는 물질이나 요인(factor)들을 산화 촉진제 또는 산화 촉진 요인으로 정의할 수도 있다.

저장 또는 가열 온도 유지나 지방질의 산화는 전술한 대로 저장 또는 가열 온도 상승에 의해서 크게 촉진된다. 그 온도계수(temperature coefficient, Q_{10})는 박(Park, H. K.)의 연구에 의하던, 시판 대두유, 옥수수기름, 채종유, 잇꽃 기름(safflower oil), 팜유(palm oil)와 돼지기름(lard)의 경우, 25°에서 180℃ 사이의 과산화물가 측정결과에 의거할 때, 25℃의 2.7~2.0에서 185℃의 1.6~1.4로서 저장 온도가 높아질수록 점진적으로 감소하는 추세를 보여주었으며, 일반적인 경우에는 대체로 2 정도로 볼 수 있을 것으로 보고하고 있다(Park, H. K., 1991 참조).

금속 또는 금속 이온 산화촉진제들(proxidants)로 알려진 금속 또는 금속 이온들로서는 구리(copper), 철(iron), 니켈(nickel), 주석(tin), 코발트(cobalt), 망간(manganese) 등과 그 이온들이 있다.

이와 같은 금속 또는 금속 이온들은 대체로 유지의 자동산화 과정의 제1단계에서 형성된 하이드로파록사이드류(hydroperoxides)와 같은 과산화물들의 분해(decomposition)를 강력하게 촉진함으로써 유리 라디칼들(free radicals)의 형성을 쉽게 하며, 그 결과로서 자동산화 과정 중의 연쇄 반응들(chain reactions)을 활발하게 하여 주는 것으로 알려져 있다.

일반적으로 금속 또는 금속 이온들의 산화 상태(oxidation stste)의 변화가 전자(電子) 한 개의 출입으로 이루어질 수 있는 금속들 즉 전이(轉移) 또는 천이 금속들(遷移 金屬, transition metals)에 속하는 금속들이나 그 이온들의 경우, 유지류의 산화를 촉진하게 된다.

이상의 금속 또는 금속 이온들의 작용으로서는 자동산화 초기 단계에서 각종 유리 라디칼들(free radicals)의 형성을 촉진하거나 하이드로파록사이드들의 분해를 촉진시켜 주는 경우를 생각할 수 있다. 즉 금속 또는 금속 이온들의 작용으로서는 다음과 같은 경우들을 생각할 수 있다.

$$M^{2+} + R:H \rightarrow M^{+} + R\cdot + H^{+}$$

유리 라디칼 수소 이온

$$M^{+} + O_2 \rightarrow M^{2+} + O_2^{-}$$

수퍼옥사이드 아나이온(superoxide anion)

$$^{3}O_2 \xrightarrow[\text{감광체, 금속 이온}]{\text{광선}} {}^{1}O_2$$

삼중항 산소 일중항 산소

한편 금속 또는 금속 이온들은 다음과 같은 하이드로파록사이드류의 분해도 촉진시켜 주는 것으로 알려지고 있다.

$$M^{2+} + ROOH \rightarrow M^{+} + ROO\cdot + H^{+}$$

하이드로파록사이드 파록시 라디칼 수소 이온

$$M^{2+} + ROOH \rightarrow M^{3+} + RO\cdot + OH^{-}$$

알콕시 라디칼 수산 이온

그러므로 금속 또는 금속 이온들은 하이드로파록사이드류나 기타의 과산화물들의 형성속도, 따라서 카아보닐 화합물들의 형성 속도를 증가시키며, 결과적으로는 유지류나 지방질 성분들의 산패 발생시기를 앞당기게 된다. 다시 말해서 금속 또는 금속 이온은 이상의 기질들의 유도 기간을 단축시킨다.

표 14-5들은 돼지기름에 각종 금속을 미량 첨가할 때 돼지기름의 유도기간(induction period)이 크게 단축됨을 보여주고 있다. 동일 금속 내지는 금속 이온의 경우에는 일반적으로 그 농도가 클수록 산화촉진 작용은 증가한다.

한편 금속 산화촉진제들(metal proxidants)의 산화촉진 작용(proxidant activity)의 크기 순서에 대한 에마뉴엘들(Emanuel, N. M. and Lyaskovskaya, Yu. N., 1967)이 모은 자료들을 종합한 결과는 대체로 다음과 같다.

$$Cu > Mn > Fe > Ni > Zn$$

잡살리스와 벡크들(Zapsalis, C. and Beck, R. A., 1985)은 산화촉진 작용을 가진 모든 금속들 중에서 0.1ppm 이하에서도 산화를 촉진하는 구리(Cu)의 작용을 필두로 하여 철(Fe), 망간(Mn), 크롬(Cr), 니켈(Ni), 바나듐(V, vanadium), 아연(Zn), 알루미늄(Al, aluminum) 등이 여러 상황에서 산화촉진 작용을 나타낸다고 설명하고 있다.

한편 골든(Gordon, M. H., 1990)은 98℃에서 유지된 돼지기름(lard)의 저장기간(keeping time)을 반감(半減)시키는데 필요했던 구리(Cu)를 비롯한 천이 또는 전이금속들(transition metals)의 최소 첨가 농도(ppm)를 발표하고 있다. 가장 강력한 산화촉진 작용을 표시한 금속은 역시 구리(0.05)였다고 한다. 한편 실험에 사용된 전이금속들의 종류와 그 농도를 순서대로 적으면 다음과 같다.

표 14-5 돼지기름(lard)의 산화안정성(stability against oxidation)에 대한 금속의 영향.

기름 속에 든 금속의 종류		그 농도	기름의 안정도1)
콘트롤(control), 돼지기름 A		0 ppm	7.0시간
구 리(copper)	Cu	10	0.3
구 리		5	0.3
구 리		1	0.4
구 리		0.5	0.5
구 리		0.3	0.5
구 리		0.2	0.8
구 리		0.1	3.2
철(iron)	Fe	20	0.3
철		10	0.3
철		5	0.3
철		3	0.3
철		2	0.4
철		1	0.5
콘트롤(control), 돼지기름 B		0	6.0
니 켈(nikel)	Ni	20	1.0
니 켓		10	1.0
니 켈		4	1.0
주 석(tin)	Sn	20	1.0
주 석		10	3.0

1) A.O.M.법에 의함.

Blanck, F. C. ed., 1955, "*Handbook of Food and Agriculture.*,"p.266, Reinhold Pub. Corp., New york.

즉, 망간(Mn) 0.6, 철(Fe) 0.6, 크롬(Cr) 1.2, 니켈(Ni) 2.2, 바나듐(V) 3.0, 아연(Zn) 19.6, 알루미늄(Al) 50.0 등이다.

소금 및 기타의 염류 일부 연구자들은 육류 중에 함유되고 있는 소금은 산화촉진 효과를 갖고 있다고 한다. 한 예로서 김들(Kim, T. W., *et al.*, 1975)은 라면(deep-fried noodle)을 만들기 전에 그 원료면(原料緬)에 소금(NaCl)을 각각 1.0, 2.0, 2.5, 3.0과 4.0%씩 첨가한 후, 쇠기름(beef tallow)으로 140℃에서 90초 튀겨서 라면 제품을 만든 다음, 45℃에서 저장하면서 첨가한 소금의 효과를 조사한 바 있다. 그 결과 첨가한 소금은 산화촉진 작용을 보였으며, 그 촉진 작용은 농도에 비례하지는 않았으나 첨가량이 클수록 컸었다고 한다.

한편 킹과 보슈들(King, A. J. and Bosch, N., 1990)은 칠면조 고기에 첨가한 소금(NaCl)과 염화칼륨(KCl)의 작용을 조사한 바 있다. 이들에 의하면, 각각 2%의 농도에서는 염화칼륨보다 염화나트륨(NaCl)의 산화 촉진작용이 더 컸었다고 한다. 이들은 또한 소금(NaCl)의 산화 촉진작용이 소금에 보통 미량 오염된 금속류, 특히 철분의 작용에 기인할 것이라는 살릭들의 견해(Salik, A. M., *et al.*, 1986)에 대해서 의문을 제기하고 있다(King, A. J. and Bosch, N., 1990 참조).

이와 관련해서 칸너들(Kanner, J., *et al.*, 1991)은 육류의 지방질 성분들에 대한 소금의 산화 촉진작용은 지방질 조직 내의 성분들과 결합 상태에 있는 철(bound iron)을 소금에서 형성된 나트륨 이온(sodium ion)이 대체함으로써, 결합 상태에 있는 철(bound iron)을 유리 상태의 철 이온(free iron ion)의 형태로 지방질 성분들 쪽으로 내보냄으로써 지방질의 산화를 촉진하도록 해준다고 설명하고 있다.

소금 및 기타의 염류는 지금까지의 여러 실험들을 통해서 산화촉진 작용이 있음이 실증되고 있으나, 그 산화촉진 작용의 기구(機構, mechanism)에 대해서는 더 많은 연구가 필요한 것 같다.

광선의 조사 광선의 조사(照射, irradiation)에 의해서 반응계(反應系)에 있는 분자들이 광양자(光陽子, photon)의 에너지를 흡수할 때, 이 흡수에너지의 크기는 다음 식에 의해서 정해짐은 주지의 사실이다.

$$E = h\nu$$

E＝광양자(光陽子)의 에너지
h＝플랜크 상수(Planck's constant)
ν＝광선의 진동수 내지는 주파수(frequency), 즉 광선의 파장의 역수(逆數)

따라서, 단파장(shorter wave length)의 광선의 조사(照射)의 경우일수록 반응계 내의 분자는 더 큰 에너지를 흡수하게 되며, 분자의 공유결합의 분해(homolytic cleavage)에 의한 활성 라디칼의 형성(즉 photolysis)이나, 감광체에 의한 산화는 더욱 촉진된다. 실제로 단파장의 파장일수록 유지에 대해서 현저한 산화 촉진 작용들을 나타낸다.

예로서 베이트-스미스들(Bate-Smith, E. C. and Morris, T. N., 1952, "*Food Science*", Cambridge University Press)은 자외선과 400nm에서 500nm까지의 가시광선(可視光線), 즉 청색(靑色), 자색(紫色)의 가시광선은 식용유지에 대해서 강한 산화 촉진 작용을 갖고 있다고 말하고 있다.

한편 라트케들(Radtke, R., *et al*., 1970)은 383nm, 458nm, 509nm, 577nm 및 635nm의 단색광선(monochromatic light)을 식용 대두유에 조사하여 실험한 결과, 그 산화촉진 작용은 조사강도(irradiation intensity)나 조명강도(illumination intensity)보다는 조사 광선의 파장(wave length)에 의해서 더 큰 영향을 받으며, 단파장의 광선일수록 그 촉매 작용이 강하였다고 말하고 있다.

한편 직사 일사광선(直射 日射光線, direct sunlight)이나, 살균에 사용되는 자외등, 즉 살균등은 물론, 조명에 사용되는 형광등, 백열등의 광선들도 유지의 산화를 현저하게 촉진시켜 준다. 예로서 김과 구들(Kim, D. H. and Koo, J. H., 1971)은 그들의 실험에서, 암소(dark place)에 둔 식용 대두유의 유도기간(이 실험에서는 기질들의 과산화물가가 15mmole/kg oil이 되는데 소요되는 시간)은 198일이었으나, 직사 일사광선 20왓트(watt)의 살균등(ultraviolet light), 20왓트 형광등(fluorescent light), 20왓트 백열등(incandescent light) 등에 매일 7시간씩 조사된 시료 대두유의 유도기간은 각각 6일, 52일, 119일 및 166일이었다고 보고하고 있다.

또한 일광, 즉 일사광선의 경우에는 직사광선뿐만 아니라, 간접적인 산란광선(散亂光線, scattered light)의 경우에도 상당한 산화 촉진작용을 갖고 있는 사실이 실험을 통해서 널리 알려져 있다(예 Okada, Y. and Ishida, K. L., 1968 참조).

수 분 일반적으로 유지 또는 유지 성분들 중의 극미량의 수분은 유리 라디칼들(free radicals)의 출처(source)로서, 즉 그 공급원으로 작용함으로써 자동산화 과정의 초기반응(initiation reaction)을 촉진시켜 준다. 즉 산화촉진제로 작용한다고 한다.

한 예로서 압착한 귀리(oat flakes)는 그 수분 함량이 10% 정도로 유지되었을 때는 다른 조건들이 저장 상태인 경우에는 그 저장 수명(shelf life)은 8개월이나 되지만, 그 수분 함량이 6% 이하, 즉 2 내지 6%인 경우에는 같은 저장 상태에서 그 저장 수명은 2주일도 안 된다고 한다(Karel, M., 1980).

한편 상당한 양의 유지를 함유하고 있는 일부 식품들, 특히 건조식품류에 있어서는 그 식품의 수분 함량이 BET 단분자막 형성 수분함량(BET monomolecular layer moisture content) 또는 그보다 다소 많은 경우에 유지의 산화 속도는 가장 낮으며, 그 반면에 식품의 수분함량이 이 수분함량보다 적을 때는 그 유지 성분의 산화 속도는 급격히 증가하는 사실이 알려져 있다. 그리고 이와 같은 상황은 본서 제1장 끝의 그림 1-19의 수분활성도와 해당 식품의 안정도 사이의 관계를 나타낸 도표(food stability/water activity diagram)에 적절히 표시되고 있다.

그러나 비록 이상의 도표가 식품의 수분 활성도와 식품 중의 지방질 성분의 산화속도 사이의 관계를 이해하는데 결과적으로는 유용하다 할지라도 지방질 성분의 산화 속도라는 반응속도론에 의거한 개념 내지는 성질(kinetic property)과 수분 활성도라는 열역학적인 평형함수(thermodynamic equilibrium function)를 마치 같은 개념에서 형성된 변수(variable)와 함수(function)와 같이 다루고 있다는 지적도 있다(Frankel, E. N., 1998).

프란켈(Frankel, E. N., 1998)은 이상의 모순을 해결하기 위하여 지방질 성분과 탄수화물들 다른 성분들로 구성된 교질 상태의 시스템(colloidal system)에서 수분은 가소제(可塑劑, plasticizer)로 작용하며, 지방질 성분의 산화 속도를 이 교질 시스템의 유리 전이 온도(glass transition temperature, *Tg*)의 변화에 따른 고무질 상태(rubbery state)와 유리 상태(glassy state)에서의 지방질 성분의 상태와 관련시켜서 설명하고자 하는 유리 전이 학설(a glass transition theory)을 소개하고 있다.

한편 많은 건조 식품류의 경우 이들 중의 수분 함량이 과도하게 커질 때는 가수분해에 의한 이상취(異狀臭, off-flavor)의 발생이 중요한 문제가 될 수 있다.

유리 지방산 유지나 지방질 식품들 속에 존재하는 유리 지방산들(free fatty acids)은 그 자체의 존재가 유지나 지방질 식품의 품질 저하(quality deterioration)의 직접 원인이 될 뿐만 아니라, 유지나 유지 성분의 자동산화 과정을 촉진하여 주는 사실이 알려져 왔다.

한 예로서 미야시타와 타카기들(Miyashita, K. and Takagi, T., 1986)은 올레인산, 리놀레인산, 리놀레닌산과 이들의 메틸 에스터들(methyl oleate, linoleate, linolenate)을 각각 50℃에서 자동산화시켰을 때 유리 지방산들의 산화 속도가 해당하는 메틸 에스터의 경우보다 더 컸었다고 한다. 이들은 별도로 리놀레인산의 에스터, 그리고 대두유에 각각 0.5%씩의 스테아린산(stearic acid)을 첨가하고, 50℃에서 자동산화 시켰을 때 스테아린산은 리놀레인산의 에스터와 대두유에 대해서 산화촉진제(a proxidant)로 작용했으며, 그 산화촉진 작용은 스테아린산의 농도가 클수록 더 컸다고 한다.

스테아린산 자체는 50℃에서는 산화되지 않으므로 이들은 스테아린산의 카아복실 그룹(carboxyl group, -COOH)이 산화촉진 작용의 원인이 되었던 것으로 설명하고 있다.

한편 미스트리와 민들(Mistry, B. S. and Min, D. B., 1987)은 스테아린산, 올레인산, 리놀레인산들이 대두유에서 다 같이 산화촉진 작용을 보인 사실을 실제 실험들을 통해서 확인했으며, 또한 이들의 산화촉진 작용들에 큰 차이가 없었던 사실로 미루어봐서, 이상의 지방산들의 산화 촉진 작용은 이 지방산들이 가진 카아복실 그룹(carboxyl group, -COOH)에 의한 것으로 결론짓고 있다.

민과 정들(Min, D. B. and Jung, M. Y., 1989)은 유리 지방산과 그 에스터들, 모노 및 다이아실글리세롤류(mono- and diacylglycerols), 인지방질들, 그리고 산화된 트리아실글리세롤류(oxidized triacylglycerols, Yoon, S. H. and Min, D. B., 1987) 등의 대두유에 대한 산화 촉진 작용을 직접 실험들을 통해서, 또는 문헌들을 통해서 조사한 바 있다. 이들에 의하면 이상의 화합물들은 모두 산화촉진제로 작용하는 것으로 알려져 있다.

또한 이들(Yoon, S. H., Jung, M. Y., and Min, D. B., 1988)은 가열산화된 트리아실글리세롤류(thermally oxidized triacylglycerols)의 경우를 예로 들어 이상과 같은 가열산화된 화합물들은 이들이 첨가된 기름, 예로서 대두유 내에서는 그 친수성과 친유성 때문에, 산화 중 실험 유지와의 공기의 계면(interface)에 집중되어, 이 계면에 형성된 휘발성 산화생성물들과 계면에서의 공기 중의 산소의 제거과정 등을 다 같이 가속시킴으로써 산화촉진제로 작용한다고 설명하고 있다. 이와 같은 설명은 유리 지방산, 에스터들의 경우에도 적용될 수 있을 것 같다(Min, D. B. and Jung, M. Y., 1989 참조).

항산화 요인과 항산화제

산화촉진제(proxidant) 또는 산화촉진 요인들과는 정반대로 유지류나 지방질 성분들의 산화 속도를 억제하여 주는 물질들이나 요인들(factor)은 일반적으로 항산화제(抗酸化劑, antioxidants) 또는 항산화 요인(抗酸化 要因) 등으로 알려져 왔다. 원래 항산화제란 용어는 유독히 식용 유지나 식품 중의 지방질 성분들의 자동산화 또는 산패 억제에 관련된 용어는 아니며(Ranney, M. W., 1979 참조), 일반적으로 어떤 자동산화되기 쉬운 물질들, 예로서 천연 및 합성 고무류, 올레핀 화합물의 함량이 큰 자동차, 항공기 연료, 합성수지류, 비누류 등의 자동산화의 속도를 억제하여 주는 물질들에 대해서도 오래 전부터 항산화제라는 말이 사용되어 왔다.

그러나 본 장에서는 식용유지류나 식품류 중의 지방질 성분들의 산화를 억제하여 주는 물질들로 국한시키기로 한다. 유지류의 산화 속도가 억제되면, 산패의 발생(rancidity development)을 가져올 시간, 즉 유도기간(induction period)도 필연적으로 연장되므로 항산화제란 유도기간을 연장하는 물질들이라고 정의(定義)할 수도 있다.

이와 같은 정의는 정당한 것이다. 그러나 자동산화의 기구, 앞서 언급했던 반응속도론(reaction kinetics)적으로 분석한 자동산화(autoxidation)의 기구(mechanism)에 따른다면, 유도기간의 길이는 자동산화의 초기단계(initiation)에서의 유리 라디칼들의 형성에, 자동산화의 속도는 유리 라디칼 연쇄반응 단계(free radical chain reaction stage)에서의 유리 라디칼들의 증가에 직접적으로 관련되어 있다. 그 동안의 연구들은 많은 산화억제 물질들의 경우, 유리 라디칼 연쇄반응 단계에서 이 연쇄 반응에 참여하는 유리 라디칼들을 제거하는, 또는 유리 라디칼들의 작용을 제거하는 물질들로서, 즉 유리 라디칼 소거 물질들(free radical scavengers)로서 작용하는 사실이 알려져 왔으며, 따라서 이와 같은 작용을 하는 물질들을 엄격한 의미에서의 항산화제들(antioxidants)이라고 말할 수 있다.

항산화제의 작용과 그 특성

항산화제의 기본적 작용 바로 위에서 설명한 유리 라디칼 소거제(消去劑)로 작용하는 항산화제(antioxidants)들은 일반적으로 자동산화 과정의 제1 초기단계(initiation stage)인 유리 라디칼 형성단계가 아니라, 그 다음의 단계인 유리 라디칼 연쇄-반응 단계(free radical-chain reaction stage)에서 활성 유리 라디칼들(active free radicals)의 활동을 효과적으로 제거하여 하이드로파록사이드 내지는 기타의 과산화물들의 형성속도(rate of formation)를 억제하나, 일단 형성된 중간 산화생성체들(the intermediate oxidation products)인 하이드로파록사이드 내지는 기타의 과산화물들이 분해되어 최종 산화생성물들(the final oxidation products)인 카아보닐 화합물들이나 유기산들을 형성하는 과정에는 일반적으로 관여하지 않는다는 사실이 실험적으로 알려져 있다.

즉 항산화제는 하이드로파록사이드나 기타의 과산화물들(peroxides)의 형성 속도는 효과적으로 억제하나, 그 분해 속도 또는 카아보닐 화합물 등의 형성 속도에 대해서는 억제 작용이 없다는 것이다. 따라서 항산화제는 이미 산화가 상당히 진전된 식용 유지나 식품 중의 지방질 성분에 대해서는 별로 그 효과를 기대할 수 없다.

한편 항산화제들의 구체적인 항산화 작용기구(作用機構)에 대해서 설명하기 전에 항산화제들의 종류에 대해서 극히 간단히 다시 설명할 필요가 있다고 생각한다. 실제로 자동산화의 반응속도론(reaction kinetics)을 통해서 그 작용을 설명할 수 있는 항산화제들, 즉 자동산화 과정에서 활성 유리 라디칼들을 소거, 즉 제거하는 작용을 하는(free radical scavengers) 항산화제들은 일반적으로 제1차 항산화제(primary antioxidant)로 불리며, 반면에 구연산(citric acid), 각종 인산들(various forms of phosphoric acid)과 인산염류(phosphates)들과 같이 유지나 지방질 성분들에 대해서 산화촉진 작용을 하는 전이금속류와 결합(chelation)하여 유지나 지방질 성분들의 자동산화를 간접적으로 억제하는 제2차 항산화제(secondary antioxidant) 등으로 분류하는 경우가 많다. 후자의 경우 자신들이 유지류의 자동산화 과정에 직접 억제 작용을 행사하는 것이 아니라 오염된 금속들에 의한 제1차 항산화제들의 효과가 저하되는 것을 막아주기 때문에 시너어지스트들(synergists)이 라고도 불리기도 한다.

이 자리에서는 제1차 항산화제들, 즉 자동산화를 촉진하는 활성 유리 라디칼들을 소거하는 작용을 하는 항산화제들의 유지류의 자동산화 과정에서의 작용을 자동산화 과정 중에 각 단계에 관련된 반응속도식들을 사용하여(자동산화 과정은 일반적으로 6단계의 반응속도식으로 구성되고 있다. 본 장의 자동산화의 기구 참조) 설명하겠다.

오래 전부터 불포화지방산의 에스터들의 자동산화 과정에서 항산화제는 초기단계, 즉 초기 단계의 반응속도식 1(본 장 자동산화의 기구 참조) 또는 유리 라디칼 연쇄반응 단계(반응속도식 3)에 참여하여 유리 라디칼들의 형성 속도를 억제함으로써 전체 자동산화의 속도를 억제하는 것으로 생각해 왔으나, 항산화제가 반응속도식 1에 참여하는지 또는 반응속도식 3에 참여하는지에 대해서는 확실하게 규명하지 못했었다.

그러나 볼랜드와 텐 헤이브들(Bolland, J. L. and ten Have, P., 1947)은 리놀레인산의 에틸 에스터(ethyl linoleate)의 자동산화에서 하이드로퀴논(hydroquinone)을 항산화제로 사용한 실험을 통해서, 이 항산화제의 작용은 유리 라디칼 연쇄 반응의 진행 단계, 즉 반응속도식 3의 단계에서 형성된 파록시라디칼($RO_2\cdot$)들과 선택적으로 결합하여, 결과적으로 반응속도식 3의 반응 속도를 억제함으로써 전체 자동산화 과정의 속도를 억제하는 사실을 실험적으로 실증했었다(그림 14-30 참조).

이와 같은 실험 결과와 여기서 얻게 된 결론은 유리(Uri, N., 1961), 그리고 그 후의 연구자들(예로서 Nawar, W. W., 1985 ; Frankel, E. N., 1998)에 의해서 확인되어 왔다.

다만, 프란켈은 높은 온도에서의 산화(thermal oxidation)의 경우에는 가열산화 중인 기질에 대한 공기 중의 산소의 공급량이 급감(急減)되므로 그림 14-30에서 (1)로 표시된 반응이 더 중요해질 수 있다고 설명하고 있다(Frankel, E. N., 1998).

Ⅰ. 초기반응 또는 개시반응

$$\mathrm{RH} \xrightarrow{k_i} \mathrm{R\cdot}$$

Ⅱ. 연쇄반응 또는 전파반응

$$\mathrm{R\cdot + O_2} \xrightarrow{k_o} \mathrm{RO_2\cdot}$$
$$\mathrm{RO_2\cdot + RH} \xrightarrow{k_p} \mathrm{ROOH + R\cdot}$$
$$\mathrm{RO_2\cdot + RO_2\cdot} \xrightarrow{k_t} \text{products}$$

항산화제(AH)가 첨가된 경우

$$\mathrm{RO_2\cdot + AH} \xrightarrow{k_a} \text{products}$$
$$\mathrm{R\cdot + AH} \xrightarrow{k_a'} \text{products}$$

[그림 14-30] 여기서 (1)은 자동산화의 반응속도식 1. 즉 초기단계(initiation step)에서 형성된 활성 라디칼 R·과 항산화제 AH의 반응을 통해서 R·은 본래의 화합물 RH로, 항산화제는 비교적 안정된 항산화제 라디칼 A·이 형성된다. 그리고 이 반응의 속도 항수(reaction rate)는 ka'이다. 한편 (2)는 자동산화의 반응속도식 3에서 형성된 RO_2·이 항산화제 AH와 반응하여 비교적 안정된 하이드로파록사이드 RO_2H와 항산화제 라디칼 A·이 형성되는 과정을 나타내고 있으며, ka는 (2)의 반응식의 속도 항수이다. 볼랜드와 텐 헤이브들은 실제적으로 일어난 반응은 (1)이 아니고 (2)의 반응이었음을 실제 실험을 통해서 증명한 바 있다.
Bolland, J. L. and ten Have, P., 1947 등 참조.

항산화제의 특징 항산화제의 사용이 필수적인 물질들은 앞에서 말한 대로 천연 및 합성 고무 및 고무 제품류, 합성수지류, 각종 연료 등 그 범위가 매우 넓으나 새삼스럽게 강조하지 않도록 본서 제1장에 논의하고 있는 유지류나 가공식품류의 지방질 성분들을 식용을 목적으로 하고 있으며, 따라서 여기서 다루는 항산화제들은 식용에 적합한, 그 안정성(safety)에 대해서 확실하게 검증되고 있는 식품류에 사용이 허용된 항산화제들이다. 즉 식품 항산화제들(食品 抗酸化劑, food antioxidants)만을 다룬다(본 서 제18장 식품 첨가물 해당 항목 참조 바람).

두 번째로는 항산화제로서 그 구조가 안정된 것, 특히 높은 온도에서도 안정된 구조를 유지할 수 있는 특성을 가진 것들이 바람직하다. 일반적으로 벤젠 핵(benzene 核)에 한 개, 두 개, 경우에 따라서는 세 개 이상의 수산기들(hydroxyl groups)을 가진 폴리페놀(polyphenols)들 중에 뛰어난 항산화 작용을 가진 화합물들이 알려져 왔다.

예로서 유리(Uri, N., 1961)는 수산기를 분자 내에 다섯 개나 갖고 있는, 뛰어난 항산화 작용을 나타낸 폴리페놀류(polyphenols), 즉 3,7,8,2′,5′-페타하이드록시플라본들(3,7,8,2′,5′-pentahydroxyflavones)과 3,5,8,3′,4′-펜타하이드록시플라본들(3,5,8,3′,4′-pentahydroxyflavones) 등의 강력한 항산화작용에 대해서 상세하게 언급하고 있다. 이들은 활성 라디칼들에 수산기(-OH group)의 수소를 공여(供與)하여 라디칼의 형태를 소거, 즉 없애면서 자신들은 더 안정된 라디칼의 형태를 유지하며, 이러한 과정을 반복할 수 있는, 구조적인 안정성을 유지할 수 있는 것 같다.

한편 곧 설명하게 될, 대표적인 자연 항산화제들(natural antioxidants)인 토코페롤류(tocopherols)는 그 동족체들(同族體, homologs)로 α-, β-, γ-, δ-토코페롤들이 알려져 있으나, 이 중 유리 라디칼 소거 능력(ability of free radical scavenging)이 가장 강한 동족체는 α-토코페롤로 알려져 있다.

α-토코페롤은 일반적으로 식품 항산화제로 사용할 수 있는 항산화제들 중에서는 유리 라디칼 소거 능력이 가장 뛰어난 항산화제로 알려져 있으나(Burton, G. W. and Ingold, K., 1981), 실제 항산화제로서 사용할 때는 그 자신의 안정성(stability)이 γ-, δ-토코페롤들의 경우보다 못한 경우가 많으며, 쉽게 항산화 능력(antioxidant activity)을 잃는 경우가 있기 때문에 γ- 또는 δ-토코페롤들이 더 효과적으로 판정되는 경우가 많다.

세 번째로 항산화제 자체의 구조에 따른 극성(極性, polarity)의 유무도 실제적인 항산화제로서의 사용 시 큰 영향을 줄 수 있다. 예로서 한 항산화제가 강한 친유성(親油性, lipophilic property)과 함께 국부적으로 강한 친수성(親水性, hydrophilic property)을 가질 때는 그 분자는 극성을 갖게 된다. 반대로 전체 구조가 친유성이 강하거나, 반대로 친수성이 지배적인 경우에는 극성은 별 문제가 되지 않는다. 앞에서 말한 토코페롤류(tocopherols)와 나중에 설명할 BHT, BHA로 알려진 항산화제들은 강한 친유성을 갖고 있으며, 물론 물에는 잘 녹지 않는다. 한편 아스콜빈산은 강한 친수성을 갖고 있으며, 기름에는 녹지 않는다. 한편 토코페롤에 친수성을 가진 카아복실 그룹을 결합해서 만든 트롤로크스 C, 아스콜빈산에 친유성인 팔미틴산을 도입해서 기름에도 다소 녹을 수 있게 한 아스코빌 팔미테이트(ascorbyl palmitate, AP), 그리고 프로필 갈레이트(propyl gallate, PG)와 터어시어리뷰틸 하이드로퀴논(tertiarybutyl hydroquinone, TBHQ) 등은 친유성과 친수성을 함께 가진 극성 항산화제들(polar antioxidants)이다.

이전에는 친유성 항산화제들은 대량생산 식용유지류(bulk oils)에서, 아스콜빈산까지 포함한 극성 항산화제들은 기름과 물의 에멀전(oil-in-water emulsion)에서 가장 효과적으로 항산화 효과를 나타내는 것으로 생각되어 왔으나, 1980년대에 들어서서 실제 실험결과들이 축적됨에 따라 그렇지 않다는 사실이 알려지기 시작했다.

프란켈들(Frankel, E. N., *et al.*, 1994)에 의하면, 항산화제들의 항산화 효과는 이 항산화제들의, 식용유지류(bulk oils, 즉 대량생산 시판유들(市販油類)로서 부피에 대한 표면적의 비율(표면적/부피)을 적게 한 상태의 유지류라는 뜻)의 경우에는 공기와 가름의 경계면(air-oil interface)에서, 한편 기름과 물의 에멀전에서는 기름과 물의 경계면(oil-water interface)과의 친화력(their affinities)에 의해서 설명된다고 한다.

즉 포터들(Porter, W. L., *et al.*, 1989)은 극성 항산화제들(polar antioxidants)은 비극성 유지류(nonpolar lipids)에서 더 효과적이며, 반면에 비극성 항산화제들(non-polar antioxidants)은 극성을 가진 에멀전(polar lipid emulsions)에서 더 효과적이라는 사실을 확인했으며, 이와 같은 결과들은 일견(一見) 모순된 것 같이 보이지만 실제 많은 실험들을 통해서 확인한 결과들로서 전문가들 사이에서는 극성의 모순(polar paradox)으로 알려지고 있다고 한다(Frankel, E. N., *et al.*, 1994 참조).

한편 각각의 항산화제를 실제 사용할 때, 기술적으로 미리 고려해야 개개의 항산화제의 특성들은 더 많겠으나 전문자료에 맡기고 여기서는 이만 간단히 끝내도록 한다.

항산화제의 안정성 지금까지 설명해 온 항산화제들의 활성 유리 라디칼 소거제(a free radical scavenger)로서의 작용은 거의 대부분의 경우, 항산화제들이 쉽게 공여할 수 있는 수소 원자(프로톤,

proton)들을 활성 유리 라디칼들에게 넘겨줌으로써 활성 유리 라디칼들을 비라디칼 화합물들(non-radical compounds)로 전환시키는 반면에 자신들은 안정된 비라디칼류(non-radicals)의 형태를 갖거나 반응성이 약한 라디칼들의 형태를 취하고 있다가 여러 반응들을 통해서 서서히 비라디칼 화합물들로 변화하는 데 있다.

만일 항산화제 AH가 파록시 라디칼(RO_2·에 수소를 공여하여 비라디칼 화합물인 RO_2H가 형성되어 RO_2·에 의한 연쇄 반응이 차단되었다 해도 이때 형성된 항산화제 라디칼 A·의 활성이 RO_2·에 버금간다면 활성 유리 라디칼 소거제로서의 효과는 기대할 수 없다. 그리고 항산화제 라디칼 A·은 유리 라디칼로서의 반응성이 약할 뿐만 아니라, 그 화학적 또는 구조적인 안정성이 커야 한다. 항산화제 라디칼이 어떤 극렬한 화학 반응을 야기한다든지 항산화제 라디칼의 산화, 분해 물질들이 산화 촉진제들로 작용한다면 항산화제로서의 의미는 별로 없다.

많은 효과적인 항산화제들은 모노-, 다이-, 폴리페놀(mono-, di-, polyphenol)의 페놀화합물들의 형태를 갖고 있는 것이 많은데, 이런 항산화제들의 경우 수소를 공여한 후의 항산화제 A·은 페놀그룹(phenol group), 즉 벤젠핵(benzene nucleus)을 구성하는 전자들과 함께 비국제화(非局制化, delocalization)를 통해서 그 전체 에너지 수준을 내림으로써 안정화를 가져올 수 있음은 이미 주지의 사실이다.

또한 내부 전자들의 비국제화(比國際化, delocalization)는 여러 형태의 공명화(共鳴化, resonance)를 통해서 안정화된 형태들(resonance stabilized forms)을 취함으로써 공명화 에너지 수준 안정화(resonance energy stabilization)를 가져오는 사실도 잘 알려져 왔다.

이상과 같은 항산화제 라디칼들의 안정화는 동일 폴리페놀들이 수소 공여를 반복하여 항산화 작용의 효율을 크게 늘릴 수 있도록 하고 있는 사실들도 이미 알려져 있다.

한편 페놀 유도체가 아닌 화합물들에서도 대부분의 경우에도 위와 거의 같은 식으로 그 효과들을 설명할 수 있는 많은 사실들에 대해서 이미 언급한 바 있다. 그 한 예로서 아스콜빈산(ascorbic acid)과 그 유도체(ascorbyl palmitate) 등을 들 수 있다.

다음의 그림은 항산화제 라디칼이 항산화제들의 특이한 구조에 의해서 벤젠핵들(benzene nucleus)의 전자들과 함께 전자들의 비국제화가 가능하게 되고, 이 비국제화에 의해서 형성되는 공명에 의한 안정화(resonance stabilization)에 의해서 항산화제 라디칼들의 안정성이 증진되는 사실을 표시한 그림이다.

여기서 한 가지 유의할 점은 이 두 항산화제, 즉 페놀계 항산화제(phenolic antioxidants)의 대표적인 예인 하이드로퀴논(hydroquinone)과 아민계 항산화제(amine antioxidants)의 대표적인 예인 다이페닐아민(diphenylamine)은 모두가 효과적인 항산화제들이기는 하나 그 독성 때문에 식용유지류 또는 지방질 식품류에는 그 사용이 허용되고 있지 않다는 점이다.

1. ROO· + HO—⟨benzene⟩—OH —hydrogen·abstraction→ ROOH + ·O—⟨benzene⟩—OH

활성 라디칼 항산화제 (diphenylamine) 안정화된 화합물 항산화제 라디칼

O—⟨ring⟩—OH ⟷ O=⟨ring⟩—OH ⟷ O=⟨ring⟩—OH ⟷ O=⟨ring⟩—OH

공명에 의해서 안정화된 항산화제 라디칼
(resonnance stabilized antioxidant radical)

2. ROO· + (diphenylamine) NH → (hydrogen abstraction) ROOH + N· radical

활성 라디칼 항산화제 안정화된 화합물 항산화제 라디칼

공명에 의해서 안정화된 항산화제 라디칼

즉 하이드로퀴논은 비식용 유지들(non-edible fats and oils)의, 다이페닐아민은 고무제품 등의 항산화제들로서 널리 사용되고 있다.

식품 항산화제들의 종류

앞에서 말한 대로 항산화제란 넓은 의미에 있어서는 산화를 억제하여 주는 물질들을 말하므로 본래의 유지나 지방질들의 자동산화를 억제하여 주는 물질들 이외에도 여러 가지의 간접적인 작용을 통해서 산화를 억제하여 주는 물질들도 생각할 수 있으며, 또한 이들도 항산화제에 포함시킬 수도 있을 것이다.

한편 각종 실험들, 특히 동물 실험들을 통해서 그 독성(toxicity)이 없거나 매우 낮아서 식용 유지류나 유지 함유 가공식품류 등에 일정한 규정 하에 사용이 허용되고 있는 항산화제들을 식품 항산화제들(food antioxidants)이라고 한다.

스코트(Scott, D., 1958)는 식품 항산화제류의 종류를 표 14-6과 같이 페놀계 항산화제류(phenolics), 금속 제거제들(sequestrants), 환원제들(reducing agents), 산소 소거제들(specific O_2 scanvengers) 등으로 분류하고 있다.

표 14-6 식품 항산화제들의 종류(types of antioxidants).

항산화제의 종류(types)	예(example)	적용되는 식품(application)
페놀계 항산화제들(phenolics)	BHA, BHT, NDGA	유지류(fats and oils)
금속제거제(sequestrants)	구연산(citric acid),	유지류(fats and oils)
환원제들(reducing agents)	아스콜빈산(ascorbic acid)	함수식품들(aqueous products)
산소 제거제(specific O_2 scavenger)	아스콜빈산(ascorbic acid) 펌코자임(Fermcozyme)[1]	유지류, 함수식품들, 건조식품들

그러나 본 장에서는 항산화제를 항산화제의 작용 기구에서 설명한 바와 같은 작용 기구를 가진 물질들로 국한시키고, 기타의 산화억제 작용을 나타내는 물질들에 대해서는 별도로 설명하기로 한다.

일반적으로 식품 항산화제들(food antioxidants)은 식용 유지류나 지방질 식품류 중에 자연 성분들의 하나로서 원래 존재하는 소위 자연 항산화제들(naturally occurring antioxidants)과 어떤 식용유지류나 지방질 식품류의 지방질 성분의 산화를 억제하기 위한 목적으로, 즉 이들 식품류의 저장성(keeping quality)을 개선하기 위한 목적으로 첨가되는 소위 합성 항산화제들(synthetic antioxidants)로 크게 분류할 수 있을 것이다.

자연 항산화제

자연 항산화제들(naturally occurring antioxidants)은 주로 채소류, 과실류, 곡류, 그리고 이러한 식물체류에서 얻은 식물성 유지류, 그 외에도 각종 향신료(spices), 차류(예로서 녹차류, green teas), 약초류(herbs) 등, 일부 어류나 육류 등에 자연적으로 존재하는 경우가 많으며, 동물성 지방질 속의 함량은 대체로 낮다.

식물성 유지들이 동물성 지방들에 비해서 그 불포화도(degree of unsaturation)가 훨씬 큰데도 불구하고 산화에 대한 안정성이 그 구성 지방산들의 조성(組成)에서 기대되는 것보다 일반적으로 더 좋은 이유들 중의 하나는 여기에 있을 것이다.

또한 많은 식물성 유지류의 경우, 조제유들(粗製油, crude oils)이 그의 정제유(refined oils) 보다 산패(rancidity)에 대한 안정성이 더 좋을 때가 있다. 이것은 조제유류 중에서 불순물들과 함께 존재하던 자연 항산화제들이 정제과정(refining process) 도중에 제거되는데 그 원인이 있는 듯하다.

대표적인 자연 항산화제들로서는 다음과 같은 것들이 있다.

세사몰 세사몰(sesamol)은 참깨기름(sesame oil)에 존재하는 자연 항산화제들의 하나이다. 참기름의 산패에 대한 뛰어난 안정성(stability)은 참기름에 이와 같은 항산화제들이 존재하는 데도 그 원인이 있을 것이다.

리욘(Lyon, C. K., 1972)의 연구에 의하면, 보통 새 참기름에는 세사민(sesamin)이 0.4~1.1%, 세사몰린(sesamolin)이 0.3~0.6% 가량 함유되고 있다. 그러나 막상 항산화 작용을 가진 세사몰(sesamol)은 흔적량(trace amount)이 검출될 뿐이지만, 참기름을 저장하는 과정에서 일어나는 세사민이나 세사몰린의 가수분해에 의해서 이 세사몰이 차츰 형성된다고 한다. 세사민, 세사몰린과 세사몰의 구조는 그림 14-31과 같다.

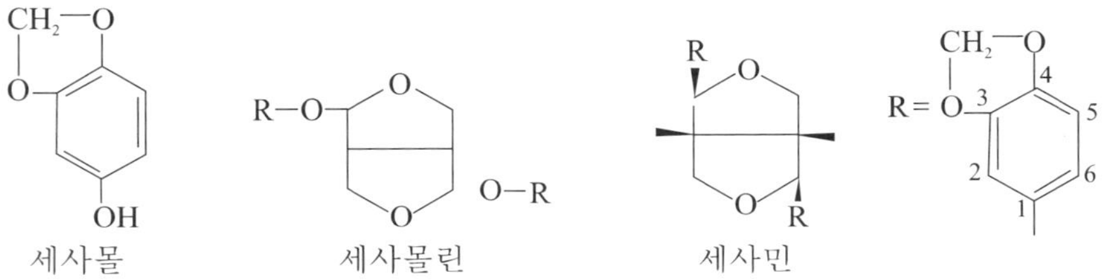

세사몰 세사몰린 세사민 R= (3,4-methylenedioxyphenyl; CH_2—O)

[그림 14-31] 참기름(sesame oil) 중의 자연 항산화 성분들.
Lyon, C. K., 1972, *J. Am. Oil Chem. Soc.*, 49(4), 245.

한편 키쿠가와들(Kikugawa, K., *et al.*, 1990)에 의하면, 참기름 중의 세사몰은 쉽게 중합하여 이중체(二重體, sesamol dimer)를 형성하나, 이 세사몰의 이중체도 세사몰 자체에 못지않은 강력한 항산화 작용을 갖고 있다고 한다.

놀-다이하이드로구아이아레틴산(NDGA) 놀-다이하이드로구아이아레틴산(nor-dihydroguairetic acid, NDGA)은 미국 남서부(南西部) 지방의 사막 지대에서 흔히 볼 수 있는 식물(Larrea divaricata)에서 추출되는 성분으로서, 런드버어그들(Lundberg, W. O., *et al.*, 1944)에 의해서 개발된 페놀계 식품 항산화제로서 미국에서 사용되어 왔다. 그 효과는 면실유에서나, 특히 동물성 유지류, 예로서 돼지기름 등에서 BHA나 BHT보다 더 큰 것으로 알려져 왔다(Riemenschneider, R. W., 1955).

현재는 그 독성 때문에 사용이 전면적으로 금지되고 있다.

고시폴 면실(cotton seed)에는 상당한 양의 고시폴(gossypol)이 함유되어 있으며, 따라서 조제 면실유(crude cotton seed oil)에도 상당량이 존재한다.

이 고시폴은 비교적 강력한 항산화 작용을 갖고 있는 물질로 알려져 있으나, 그 반면에 독성(toxicity)이 매우 강한 물질이기 때문에 그 항산화 작용에도 불구하고 면실유를 정제할 때 반드시 제거되어야 한다. 그 구조와 독성 작용에 대해서는 제17장 독성 물질들에서 논의하기로 한다.

대두 속의 항산화 성분들 근래에 와서 대두와 각종 대두 가공품들(Pratt, D. E., 1972 ; Pratt, D. E. and Birac, P. M., 1979)뿐만 아니라, 기타의 여러 두류(Rhee, K. S., *et al*., 1981)에서 폴리페놀 화합물에 속하는 항산화 성분들이 검출되어 왔으며, 따라서 이와 같은 소위 종자식품류(種子食品類, seed foods)에 존재하는 항산화 화합물들에 대해서 많은 사실들이 알려져 왔다.

대두 중의 항산화 성분들로는 그림 14-32에서 볼 수 있는 제니스테인(genistein), 다이제인(daidzein), 글리시테인(glycitein) 등의 폴리페놀 화합물들이 알려져 있다.

한편 인도네시아의 고유 발효 식품인 템페(tempeh) 중의 항산화 성분으로서 나임들(Naim, M., *et al*., 1976)에 의해서 6,7,4′-트리하이드록시아이소플라본(6,7,4′-trihydroxyisoflavone)이 보고되고 있다(*J. Agric. Food Chem*., 24, 1174 참조).

한편 프랏트(Pratt, D. E., 1980)는 앞에서 말한 대두에서 추출한 아이소플라본류에 속하는 항산화 성분들, 즉 다이제인, 제니스테인, 글리시테인들과 6,7,4′-트리하이드록시아이소플라본, 플라보노이드 색소들(flavonoid pigments)의 하나인 쿠어세틴(quercetin, 3,5,7,3‘,4’-pentahydroxyflavone) 등의 항산화제들을 정제된 리놀레인산(20mg)과 β-카로틴(1.0mg)의 유화액(乳化液, emulsion, 50mL 증류수 +200mg Tween 200mg, 50℃ 유지)에서 각각의 상대적인 항산화 작용(antioxidant effects)을 조사한 바 있다.

프랏트에 의하면, 이상의 아이소플라본들과 퀴세틴(quercetin), 즉 폴리페놀들(polyphenols)의 항산화 작용의 크기의 순서는

6,7,4′-트리하이드록시아이소플라본(6,7,4′-trihydroxyisoflavone) ≧ 퀴세틴(quercetin)
≫ 제니스테인(genistein) > 다이제인(didzein) > 글리시테인(glycitein)

이었다고 한다. 즉 일반적으로 수산기(-OH)의 수가 많을수록 더 강한 항산화 작용을 나타내는 경향이 있으며, 폴리페놀류의 경우의 이러한 경향에 대해서는 이미 언급한 바 있다.

구아이약 수지 구아이약 수지(gum guaiac)는 서인도 제도(West Indies) 토산의 상록수(Guaiacum officinalis)에서 얻어지는 수지상 분비물(樹脂狀 分泌物, resinous secretion)로서 1933년에 처음으로 식용 유지에 대한 항산화제로서의 사용이 제안되었다.

이 수지는 단일 물질이 아니며, 그 구성 성분들로서는 구아이아콜(guaiacol)을 주로 하는, 구아이야레틴산(guaiaretic acid), 구아이야코닌산(guaiaconic acid) 등과 이와 구조가 비슷한 여러 페놀 화합물들(phenolic compounds)이 있으며, 따라서 구아이약 수지의 항산화 작용도 위에서 말한 여러 페놀 화합물들의 항산화력에 기인한다.

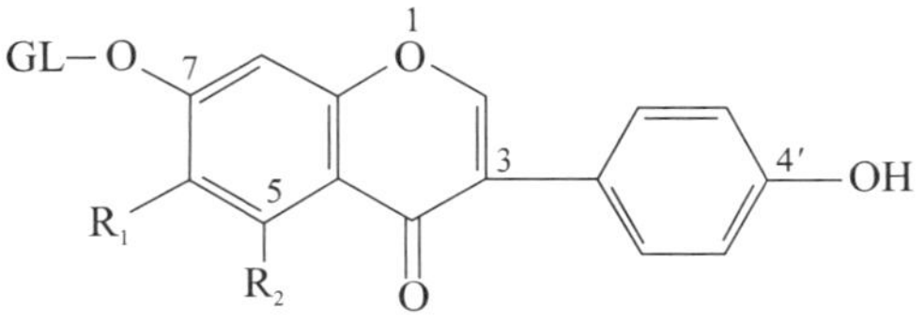

GL−O, 7, 1, O, 3, 4′, OH, R_1, 5, R_2, O

Genistein 7-O-Glucoside, R_1=H, R_2=OH
Daidzein 7-O-Glucoside, R_1=H, R_2=H
Glycitein 7-O-Glucoside, R_1=OCH_3, R_2=H

[그림 14-32] 대두(soybean)에서 추출된 항산화 성분(抗酸化 性分)들인 아이소플라본 유도체 다이제인(daidzein), 제니스테인(genistein), 글리시테인(glycitein)들과 그 배당체들(配糖體, glucosides)인 다이진(daizin), 제니스틴(genistin), 글리시틴(glycitin) 등의 구조
Pratt, D. E., 1980 또한 Pratt, D. E. and Birac, P. M., 1979, *J. Food Science.*, 44, 1720 참조.

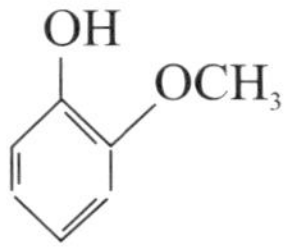

OH, OCH_3

구아이야콜(guaiacol)

이 수지(樹脂, resin)는 미국에서, 식용유지에 대한 항산화제로서 그 사용이 처음으로 허용된 항산화제 중의 하나이나, 현재는 더 효과적인 페놀계 합성 황산화제들에 의해서 대체되고 있다.

그 항산화력은 약하다. 그러나 이 구아이약 수지의 항산화제로서의 한 가지 장점은 이 항산화제를 첨가한 유지를 사용해서 만든 여러 식품들, 예로서 튀김 식품들이나 비스킷(bisquits) 등의 유지 성분들에서도 그 항산화 작용을 그대로 유지한다는 점, 즉 이행성(移行性, carry-through property)을 가지고 있다는 점이다.

레시틴 항산화제로서 사용되는 상업용 레시틴(lecithin)은 인지방질들(phospholipids)의 하나인 포스파티딜 콜린(phosphotidyl choline)만을 말하는 것은 아니고, 대두유(soybean oil), 옥수수유(corn oil) 등을 제조, 정제할 때 부산물(副産物)로 얻어지는 각종 인지방질들의 혼합물을 말하는 것으로, 실제로는 레시틴(lecithin), 세팔린류(cephalins), 당류(sugars), 스테롤류(sterols), 여러 색소들(pigments) 등을 함께 함유하고 있다.

이 중에서도 항산화 작용을 나타내는 유효 성분들은 주로 이 혼합물들 중에 소량 함유되고 있는 토코페롤류(tocopherols)에 의한 것으로 생각되어 왔다. 한편 이상의 혼합물, 즉 상업용 레시틴의 항산화 작용의 일부는 순수한 레시틴(lecithin, 즉 phosphotidyl choline)과 결합한 인산기들(phosphoric acid groups)의 산성 시너어지스트(acid synergist), 즉 금속제거제(metal scavenger)로서의 작용에 기인된 바 크다. 이와 같은 산성 시너어지스트로서의 작용은 세팔린들(cephalins)도 갖고 있다.

토코페롤류 안데레그와 넬슨들(Anderegg, L. T. and Nelson, V. E., 1926), 마틸(Mattil, H. A., 1927) 등은 일찍이 밀의 배종유(wheat germ oil)를 동물성 유지류 또는 지방들(animal fats), 예로서 돼지기름(lard)에 첨가할 때는 동물성 유지류, 즉 여기서는 돼지기름의 산패의 발생(rancidity development)이 효과적으로 억제되는 사실을 발견하였으며, 곧이어 옥수수의 배종유(corn germ oil), 면실유(cotton seed oil), 야자유(palm oil) 등을 동물성 유지류에 첨가했을 때에도 이들 동물성 유지류의 산화 안정성(oxidative stability)을 증가시키는 사실이 알려져 왔다.

한편 마틸(Matril, H. A.)들은 1920년대 초기에 실험쥐를 전유(全乳, whole milk)로 키울 때는 실험쥐들은 건강하게 자라지만, 번식(繁殖)하지 않게 되는 사실을 발견했으며, 1922년경에는 에반스(Evans, H. M.)들에 의해서 정상적인 번식을 위해서는 실험쥐들의 먹이에 어떤 미지(未知)의 지용성(脂溶性, fat soluble)의 성분이 필요한 사실을 밝혀낸 후, 1929년에 에반스와 비숍들(Evans, H. M. and Bishop, K. S., 1929)에 의해서 일부 실험동물의 불임증(不姙症)을 예방해주는 비타민, 즉 항불임성 비타민(antisterility vitamin)으로서 이 성분은 곧이어 비타민 E로 명명되었었다.

1930년대에 들어 올콧트와 마틸들(Olcott, H. S. and Matril, H. A., 1931)은 식물성유(植物性油)들에 널리 분포되고 있는 항산화 물질들이 비타민 E와 구조상 밀접한 관련이 있음을 밝힌 후, 이 항산화 작용(antioxidant activity)과 항불임 작용(抗不妊 作用, antisterility activity)을 가진 지용성 인자들(fat soluble factors)의 분리, 정제, 구조 결정과 특성에 관한 연구를 계속하여, α-, β-, γ-, δ-토코페롤들(α-, β-, γ-, δ-tocopherols, toco child + pher bearing + ol), 그리고 그 구조와 성질들이 토코페롤류와 비슷한 토코트라이에놀류(α-, β-, γ-, δ-tocotrienols) 등을 밝혀내었다(그림 14-33 참조).

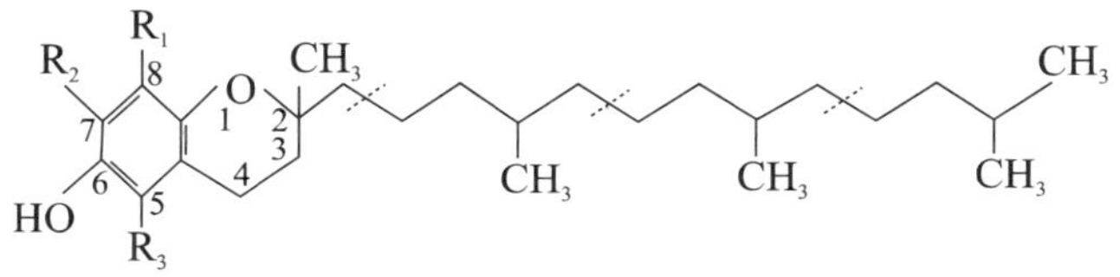

R_1, R_2, R_3, HO, CH_3, CH_3, CH_3, CH_3, CH_3

트리알킬하이드로키논 (trialkylhydroquinone) 파이톨 (phytol)

토코페롤의 일반식

[그림 14-33] 중요한 천연 항산화제인 토코페놀들과 토코트라이에놀들의 분자 구조식.

토코페롤들을 많은 종자유(seed oils), 곡류, 채소류의 조직에 분포되어 있을 뿐만 아니라, 비록 그 양은 식물 조직들의 경우보다 일반적으로 적으나 동물 조직들(animal tissues)에서도 발견되고 있다. 예로서 돼지기름의 경우 이 토코페롤류는 거의 유일하게 함유된 자연 항산화제들로서 대략 10 내지 30ppm 정도가 함유되어 있다.

최근에는 어류(fishes)에서도 α-토코페롤을 주로 하는 토코페롤류가 100g의 육류 중에 0.2~0.5mg 가량 함유되고 있는 사실이 알려지고 있다(Syvaoja, E. L., *et al.*, 1985, *J. Am. Oil Chem. Soc.*, 62, 1245 참조, 또한 본문 제12장 지방질 p. 699의 그림 12-27 참조).

한편 대부분 식물유들의 토코페롤 함량들은 대략 300 내지 1,000ppm 정도에 달한다(표 14-7 참조).

이 토코페롤들의 항산화력은 일부 페놀계 합성 항산화제들의 경우와 비교하면 상당히 약한 편이나, 앞에서 말한 대로 동식물체에 매우 널리 분포되고 있다.

한편 인체를 포함하는 여러 생체들 내부의 많은 중요한 조직들의 구성지방질 성분들의 자동산화를 억제하고, 또한 광선조사(光線照射)와 감광체에 의해서 형성된 활성 일중항 산소(活性 一重項 酸素, singlet oxygen)들과 기타의 활성 유리 라디칼들의 제거에 극히 효과적인 점들, 그리고 비타민 E로

표 14-7 각종 식품류 중의 종류별 전체 토코페롤류 함랑들(단위 mg/100g).

유지의 종류	전 토코페롤 함량 % (total tocopherol content)
돼지기름	0.0005 ~ 0.0029
쇠기름	0.001
우유기름	0.002 ~ 0.004
팜야자유	0.002 ~ 0.05
올리브유	0.003 ~ 0.03
옥수수기름	0.1 ~ 0.25
평지씨기름	0.05
대두유	0.09 ~ 0.28
밀배종유	0.175 ~ 0.55
피마자유	0.07
미강유	0.11
아마인유	0.05 ~ 0.1
면실유	0.08 ~ 0.1

서 영양학적으로나 생리학적으로 중요하다는 점 등을 생각할 때, 많은 폴리페놀 항산화제들(polyphenols antioxidants), 글루타싸이온(glutathione)과 같은 체내의 환원성 성분들, 소위 항산화효소(antioxidant enzymes, 예 superoxide dismutase SOD)들과 공존하는 환경에서 아스콜빈산(ascorbic acid, 즉 vitamin C)과 함께 생체 내에서 가장 중요한 생체 내에서의 항산화제들(biological antioxidants)의 하나라고 볼 수 있을 것이다.

과거에는 토코페롤 동족체들과 토코트라이에놀 동족체들(tocopherol and tocotrienol homologs)의 구조들 사이에 혼선이 있었으나, 그 후 분리, 구조 결정에 사용할 수 있는 방법과 분석기계 등에 장족의 발전이 있었으며, 지금은 앞에서 말한 대로 α-, β-, γ-, δ-토코페롤들(α-, β-, γ-, δ-tocopherols)들과 α-, β-, γ-, δ-토코트라이에놀류(α-, β-, γ-, δ-tocotrienols)들 - 각각 α-, β-, γ-, δ-T 및 α-, β-, γ-, δ-T3의 가호가 사용되고 있음 - 이 존재하는 것으로 생각되고 있다.

한편 아래의 그림 14-34에서 설명한 바와 같이, 토코페롤 동족체들은 모두가 2,4,7′의 위치에 부제탄소 원자(asymmetric carbon atoms)를 갖고 있어서 한 동족체에 대해서 2^3, 즉 8개의 입체구조 이성체들(stereoisomers)이 가능하다. 그러나 토코페롤의 모든 동족체들은 2,4′,7′의 부제탄소들의 입체구조가 R로 표시될 수 있는 RRR 또는 위치까지 포함해서 2D, 4'D, 7'D의 구조를 가진 사실이 알려져 있다.

그리고 비타민 E로 사용되는 합성 α-토코페롤(synthetic α -tocotrienol)은 2-DL, 4′D, 7′-D의 구조(여기서 2-DL은 2-D와 2-L이 반씩 혼합된 상태를 말한다)로 표시되며, 이전에는 d,l-토코페롤, (±)-토코페롤 등으로 알려져 왔다. 현재는 all-rac-α-tocotrienol 또는 [dl]-α-tocotrienol 등의 명칭이 추천되고 있다고 한다(Kamal-Eldin, A. and Appelqvist, L., 1996).

그러나 α-토코트라이에놀 동족체들(α-, β-, γ-, δ-tocotrienols)의 경우에는 부제탄소 원자는 2의 위치에만 존재하므로 토코트라이에놀 동족체의 경우, 각각 R 및 S형의 입체적 이성체를 가질 뿐이나, 측쇄의 3′,7′의 위치에 시스(cis), 트란스(trans)의 기하학적 이성체들(geometric isomers)이 가능하므로 α-, β-, γ-, δ-토코트라이에놀(α-, β-, γ-, δ--tocotrienol 또는 T_3)들의 각각 하나의 동족체(homolog)

에 대해서 두 개의 입체 구조에 따른 이성체들, 즉 2D- 또는 2R-와 2L- 또는 2S- 이성체들, 각각의 입체 구조 이성체들에 대해서 4개의 기하학적 이성체들(geometrical isomers)이 가능하다.

결국 한 동족체, 예로서 α-토코트라이에놀의 경우 전체적으로 8개의 이성체들이 가능하게 된다 (Kamel-Eldin, A. and Appelqirist, L., 1996).

α-Tocopherol (α-T) —(RO_2 → RO_2H)→ α-T radical —($RO_2\cdot$ → RO_2H)→ α-T quinone methine —(+ H_2O)→ α-T quinone

[그림 14-34] α-토코페롤(α-tocopherol, α-T)의 구조는 입체구조 이성체들(stereoisomers) 각각 R, S형을 형성하는 세 개의 부제탄소 원자들(asymmetric carbon atoms)을 2,4′,7′의 위치를 갖고 있기 때문에 2^3, 즉 8개의 입체구조 이성체들이 가능하나, 실제 자연에 존재하는 α-토코페롤뿐만 아니라, β-, γ-, δ-토코페롤들도 모두 RRR, 즉 2D, 4′D, 8′D의 구조를 갖고 있다.

비타민 E 작용과 항산화 작용 토코페롤들이 유지류 또는 지방질 식품류의 유지 성분들에 대해서 항산화 작용을 갖고 있음이 밝혀진 이후로 토코페롤의 생체내에서의 비타민 E로서의 작용도 궁극적으로는 그 항산화 작용에 의한 것이 아니겠느냐는 가능성이 논의되어 왔었다.

이와 같은 견해에 의하면 비타민 E, 즉 토코페롤류는 생체 조직들(living tissues) 중의, 생물학적으로 중요한 불포화지방산들(biologically important unsaturated lipids)이 자동산화에 의해서 산화, 파괴되는 것을 방지하는데 기여하고 있다는 것이다.

예로서 비타민 E 결핍증은 동물체에 그 동물의 종류에 따라 여러 가지의 증세들을 나타내는데, 그 중의 어떤 증세는 마치 그 동물이 과도하게 산패된 지방질을 함유한 먹이를 계속 섭취했을 때와 비슷한 증세를 나타낸다고 한다.

그리고 각종 합성 항산화제들(synthetic antioxidants)을 실험동물에 먹임으로써 비타민 E의 필요량을 줄일 수 있다든지, 또 일부의 비타민 E 결핍 증세들(symptoms of vitamin E deficiency)이 토코페롤류와 그 구조가 전혀 다른 항산화제들의 섭취에 의해서 해소될 수 있는 사실들이 보고되어 왔다(Tappel, A. I., 1962 ; Zapsalis, C. and Anderle Beck, 1985 참조).

그러나 토코페롤의 비타민 E로서의 작용이 생체 내에서의 그 항산화 작용에 의한다는 견해는 현재로서는 더 많은 연구가 필요한 듯하다.

특히 여러 토코페롤들의 생체내에서의 비타민 E로서의 활력(activity)과 그 항산화력(antioxidant activity)의 크기 사이의 관계가 잘 설명되고 있지 않다. 한 예로서 리이(Lea, C. H., 1960)는 오래 전에 다이메틸 토코페롤(dimethyl tocopherol), 즉 β- 및 γ-토코페롤(β-, γ-tocopherols)들은 α-토코페롤

(α-tocopherol)의 20% 내지는 40%의 비타민 E 활력을 갖고 있으나, 모노메틸 토코페롤(monomethyl tocopherol), 즉 δ-토코페롤(δ -tocopherol)은 불과 5% 이하의 비타민 E 활력을 갖고 있는 사실을 밝혀냈었다.

그러나 1948년에 그리이원과 도오버어트들(Griewahn, J. and Daubert, B. F., 1948)의 실험 결과(그림 14-35 참조)에 의하면, 100℃의 돼지기름에서 가열시간에 따른 과산화물가(peroxide value)의 변화에서 얻은 토코페롤 동족체들(tocopherol homologs, 즉 α-, β-, γ-, δ-tocopherols)의 항산화 작용의 크기의 순서는

델타 > 감마 > 베타 > 알파

이었다고 보고되고 있다. 이상과 같은 실험실(in vitro)에서의 토코페롤 동족체들의 항산화 작용의 크기의 순서는 생체 시스템(in vitro)에서의 항산화 작용 또는 비타민 E 활력 등을 연구하는 데 매우 중요한 실험적 결과이므로 1980년대에 실러드들(Cillard, J. and Cillard, P., 1980)에 의해서 반복 검증 받았으며, 위에 설명한 결과들이 재차 확인된 바 있다.

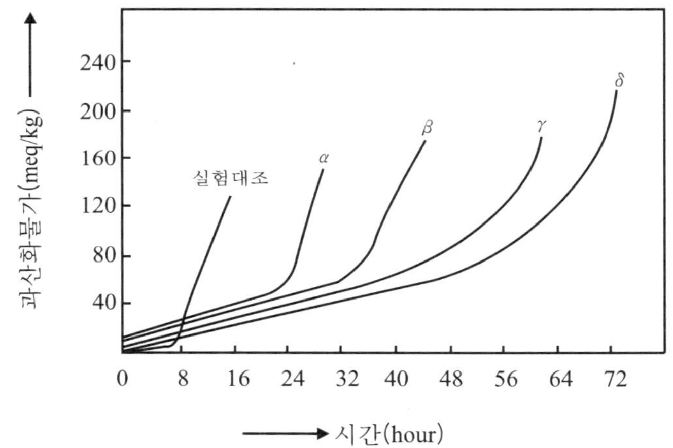

[그림 14-35] **토코페롤 동족체들의 항산화 작용(돼지기름, 100℃에서 실험).**
Griewahn, J., Daubert, B. F., 1948, *J. Am. Oil Chem. Soc.*, 25, 26.

이상의 토코페롤 동족체들(homologs)의 항산화력 크기의 순서들이 이들 토코페롤들의 비타민 E로서의 활력의 크기의 순서들과 정반대가 되는, 이와 같은 실험 사실들은 많은 연구자들에 의해서 뒷받침되고 있다.

한편 리이(Lea, C. H., 1960)는 자동산화의 온도가 낮은 경우, 그리고 사용한 기질의 불포화도(degree of unsaturation)가 큰 경우, 그리고 이들 토코페롤 동족체들의 항산화 작용을 유도기간이 완전히 끝나기 전에 측정할 경우에는, 이상의 토코페롤 동족체들의 상대적인 항산화력 크기의 순서는 대부분의 문헌들에 발표된 순서와는 정반대가 되며, 비타민 E로서의 활력의 크기의 순서와 일치되었다고 설명하고 있다(Lea, C. H., 1960 ; "*Lipids and Their Oxidation*", edited by Schultz, H. W., Day, E. A. and Sinnhuber, R. O., AVI Pub. Co., Inc., p.257, 1962 참조).

한편 일부 토코페롤들과 토코트라이에놀들의 비타민 E로서의 생물학적 활성(biological activity)

의 상호간의 상대적인 비교는 all-rac-α-토코페롤, 즉 *d,l*-α-토코페롤의 탄소 6번에 있는 수산기(-OH group)가 초산(acetic acid, CH_3COOH)과 결합하여 형성된 *d,l*-α-토코페릴 아세테이트(*d,l*-α-tocopheryl acetate)의 비타민 E 활력(vitamin E activity) 100으로 하여 비교되고 있다. 이렇게 해서 얻은 상대적인 활력들은 *d*-α-토코페롤, *d*-β-토코페롤, *d*-γ-토코페롤, *d*-δ-토코페롤들의 경우, 각각 149, 60, 11, <1이 되며, 한편 d-α-토코트라이에올, *d*-β-토코트라이에올의 경우에는 각각 29, 5로, 그리고 *d*-α-토코페릴 아세테이트의 경우 136, *d,l*-α-토코페롤 자체의 경우 110으로 보고되고 있다(大木道則 등 편집, 化學辭典, 化學同人社, 東京, 1994 참조).

앞에서 말한 바 있는 카말-엘딘과 아펠퀴스트들(Kamel-Eldin, A. and Appelquist, L., 1996)은 토코페롤 및 토코트라이에놀 동족체들의 비타민 E 활력을 d-α-토코페릴 아세테이트(d-α-tocopheryl acetate, 2R,4'R,8'R)의 비타민 E 활력을 100으로 할 때, *d*-α-토코페롤, *d*-β-토코페롤, *d*-γ-토코페롤, *d*-δ-토코페롤들의 비타민 E 활력을 각각 100, 50, 10, 3으로, *d*-α-토코트라이에올과 *d*-β-토코트라이에놀의 활력을 각각 30, 5로 표시한 1993년에 발표한 VERIS(Vitamin E Research and Information Service)의 자료를 인용하고 있다.

그리고 비타민 E의 활력을 나타내는 국제단위(International Unit, IU)의 1단위는 all-rac-, 즉 *d,l*-α-토코페릴 아세테이트 1mg의 활력으로 규정되고 있다. 따라서 천연 α-토코페릴 아세테이트, 즉 *d*-α-토코페릴 아세테이트(2R,4'R,8'R) 1mg의 국제단위는 1.36 IU가 된다.

α-토코페롤들의 항산화 작용기구 α-토코페롤을 대표로 하는 토코페롤들은 식용유지나 지방질 성분들의 자동산화에서는 전형적인 항산화제로서 매우 효과적인 유리 라디칼 소거제들(effective free radical scavengers)로 작용하는 사실이 알려져 왔으며, 이들 중에서도 α-토코페롤은 가장 효과적인 유리 라디칼 소거작용을 가진 사실이 널리 알려져 왔다(Burton, G. W. and Ingold, K. I., 1981).

α-토코페롤의 유지류나 지방질 성분들의 자동산화 중의 유리 라디칼 소거제(free radical scavenger)로서의 작용에 대해서, 키쿠가와들(Kikugawa, K., *et al*., 1990)은 유지류의 자동산화 과정의 초기에 형성된 파록시 라디칼(peroxy radical, $RO_2\cdot$)에 수소(proton)를 공여하여 일시적으로 안정된 하이드로파록사이드(meta-stable hydroperoxide, ROOH)를 형성하여 연쇄 반응(chain reaction)을 차단하는 동시에 자신은 전자들의 비국제화(delocalization) 또는 공명(共鳴)에 의한 안정화(resonance stabilization) 등을 통해서 상대적으로 더 안정된 라디칼 즉 α-토코페록시라디칼(α-tocopheroxyl radical)를 유지하다가 바로 설명한 바와 같은 파록시 라디칼 소거 반응을 다시 반복한 후 α-토코페롤 퀴논 메싸인(α-tocopherol quinone methine)을 형성한 후 곧 α-토코페롤 퀴논(α-tocopherol quinone)을 형성하는 것으로 설명하고 있다(그림 14-36 참조).

한편 카말-엘딘과 아펠퀴스트들(Kamel-Eldin, A. and Appelquiist, L., 1996)은 이상의 과정에 대하여 다양한 산화 생성물들을 포함한 자세한 작용기구들(reaction mechanisms)을 자세히 소개하고 있으나, 이상의 반응들의 기본적인 기구는 거의 같다고 생각된다. 한편, 이들은 γ-토코페롤 경우의 자동산화 중의 작용 기구에 대해서도 도표로서 자세한 설명을 시도하고 있다.

앞에서 말한 바 있으나 α-토코페롤의 항산화 작용은 실험실에서 실험할 경우(in vitro)에는 그 농도와 용매의 종류에 의해서 크게 영향을 받으며, 실러드들(Cillard, J., *et al*., 1980)은 α-토코페롤의 농도가 5×10^{-3}mole/mol linoleic acid에 가까워짐에 따라 그 항산화 작용은 급속도로 감소했으며,

5×10^{-3}mole/mol linoleic acid 이상에서는 산화촉진제들(proxidants)로 작용했었다고 한다. 이들은 또한 이와 같은 고농도에서의 산화촉진 작용은 수용액 시스템(aqueous system)에서 더 쉽게 볼 수 있었다고 한다.

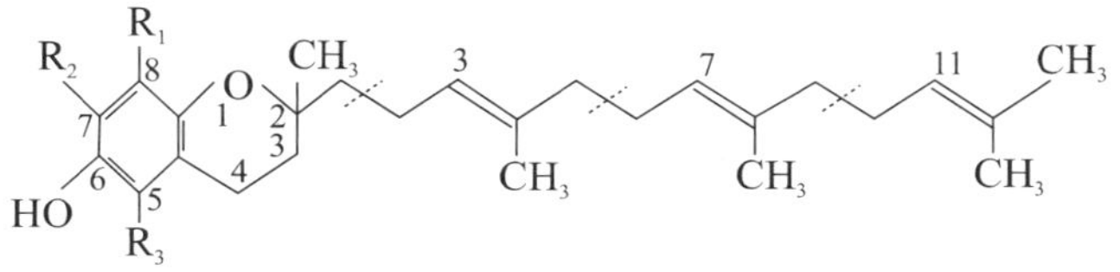

토코트라이에놀의 구조식

[그림 14-36] α-토코페롤은 탄소 6번의 —OH기의 수소를 활성 유리 라디칼인 파록시 라디칼 RO2·에 주어 하이드로파록사이드 ROOH를 만들면서 자신은 α-토코페록실 라디칼(α-tocopheroyl radical)이 된다. 이 라디칼은 전자의 비국제화(delocalization) 또는 공명에 의해서 다소 안정화되나(resonance stabilization) 그림처럼 계속 수소를 공격하여 α-토코페롤 퀴논(α-tocopherol quinone)을 형성하거나 다른 라디칼 반응에 관여한 후 사종의 산화 생성물들을 형성하게 된다.
Kikugawa, K., *et al.*, 1990 및 Kamal-Eldin, A. and Appelqirist, L., 1996 등 참조.

퍼크허스트들(Parkhurst, R. M., *et al.*, 1968)도 α-토코페롤과 그 동족체들의 돼지기름에서의 항산화 효과는 첨가량이 250μ g/g 시료 이상으로 증가할 때는 거의 상실되었다고 한다. 특히 α-토코페롤의 경우, 그 자체의 구조적 불안정성(예로서 쉽게 산화되는 등)이 문제가 되는 것 같다.

토코페롤 동족체(同族體, homologs)들은 감광체에 의한 산화(photosensitized oxidation)에서 일중항 산소($^1O_2$ quencher)에 대한 효과적인 소거제로 알려져 있으며, 이 경우의 각 동족체의 소거효과(消去效果, quencher effect)의 크기는 각각 $\alpha > \beta > \gamma > \delta$로 알려져 있다(Gram, C. W., *et al.*, 1972).

아스콜빈산과 그 유도체 아스콜빈산(ascorbic acid), 즉 비타민 C는 영양학적으로 중요할 뿐만 아니라, 식용유지류, 가공식품류들에 대한 식품 항산화제들(food antioxidants), 그리고 밀가루 반죽 개선제(flour dough improver, Coultate, T. P., 1989 참조)로서도 중요하다. 이 아스콜빈산의 항갈색화제(antibrowning agent)로서의 작용과 그 특유한 산소 흡수 작용(oxygen venging activity, 아스콜빈산 3.3mg은 1mL의 공기 중의 산소를 완전히 흡수 제거한다)에 대해서는 이미 제11장 갈색화 반응에서 논의한 바 있다.

식용유지류에서의 아스콜빈산의 항산화 작용의 일부는 이미 설명한 산소 제거제로서의 작용 이외에도 구연산(citric acid)이나 인산(phosphoric acid, H_3PO_4)들의 경우처럼, 강력한 산화 촉진제(proxidant)인 금속과 금속 이온들에 대한 효과적인 금속 제거제(metal scavenger)로서의 작용에도 기인하는 듯하다.

한편 근래에 와서 아스콜빈산이 수용액 중에서의 산소와의 반응에서 유리 활성 라디칼(active free radical)의 형태를 취하는 사실이 밝혀지고 있다. 따라서 아스콜빈산이나 아스콜빈산의 지방산 에스터, 예로서 팔미틴산(palmitic acid, $C_{16:0}$)과의 에스터, 즉 아스코빌 팔미테이트(ascorbyl palmitate, AP)와 같은 유지류에 대한 용해도를 개선한 아스콜빈산의 유도체들은 수용액과 기름의 에멀전(emulsion) 또는 식용유지류의 자동산화를 억제하는 경우 페놀계 항산화제의 경우와 비슷한 작용 기구(reaction mechanism)에 의해서 억제되는 것으로 생각되고 있다.

또한 이와 같은 아스콜빈산에서 수소제거 반응(hydrogen abstraction)에 의해서 유리 라디칼, 즉 아스콜빌 라디칼(ascorbyl radical)이 실제 형성되며, 광범하게 사실은 생체(living body)내에서 일어나고 있는 각종의 퇴행성(退行性) 라디칼 반응들(degenerative free radical reactions)의 억제에 있어서 아스콜빈산의 역할에 대해서 시사하는 바가 크다.

유지나 유탁액(emulsion) 등의 경우 유지 성분들의 용해도를 증가시키기 위해서 아스콜빈산의 고급 에스터, 예를 들면, 팔미틴산(palmitic acid)의 에스터들이 사용되고 있다.

대부분의 포유동물들은 아스콜빈산을 체내에서 합성할 수 있으나 인체는 그런 능력을 갖고 있지 않으며, 따라서 식품류를 통해 섭취해야 한다.

아스콜빈산은 1912년 이후 런던의 리스터연구소(Lister Institute, London)에서 괴혈병(scurvy)의 예방 및 치료에 특효를 가진 라임 열매의 즙(lime juice) 속에 미량의, 환원성이 강한, 수용성인 항괴혈병 성분(an antiscurbutic factor)이 존재하는 사실은 밝혀낸 후 이 성분은 비타민 C로 명명되었으며, 그 후 많은 연구자들의 노력으로 이 성분의 구조가 확립되고 항괴혈병 산(antiscurvic acid)이란 뜻에서 아스콜빈산(ascorbic acid)이란 명칭이 제정되었다고 한다(Davis, M. B., Austin, J. and Partridge, D. A., 1991 참조)(그림 14-37 참조).

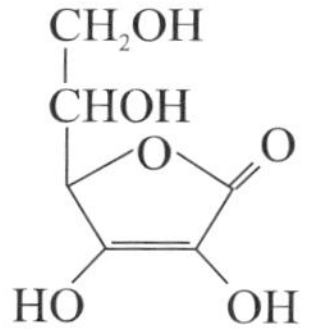

CH_2OH
CHOH
O O
HO OH

아스콜빈산의 구조식

[그림 14-37] 자연에 존재하는, 그리고 비타민 C의 작용, 즉 항괴혈 작용(antiscorbutic action)과 항산화 작용 및 산소 흡수 작용을 가진 아스콜빈산은 ℓ-아스콜빈산이다. l-아스콜빈산의 탄소 2번과 3번의 엔다이올 구조(enediol structure or system)는 ℓ-아스콜빈산의 강한 산성(acidity)과 강한 환원력(reducing power)을 부여해준다고 한다. ℓ-아스콜빈산은 탄소 4번과 5번이 부제 탄소(asymmetric carbon)들이므로 각각 두 개씩 전체로 네 개의 광학 이성체들(optical isomers)이 가능하나 탄소 4번의 광학 또는 입체 이성체인 d-아스콜빈산은 자연에 존재하지 않는 듯하다. 탄소 5번의 광학 또는 입체 이성체인 d-iso 아스콜빈산, 즉 에리쏘오빈산(erythorbic acid)은 비교적 쉽게 합성되어 약간의 항산화력과 환원력을 갖고 있어서 종래에는 L-아스콜빈산의 대체품으로 사용되어 왔으나 L-아스콜빈산의 생산 기술이 급발전하고 있어서 이 에리쏘오빈산의 사용은 급격히 감소되는 추세에 있다. L-아스콜빌 팔미테이트는 l-아스콜빈산의 유용성(油溶性)을 증가시키기 위해서 개발되었으며, 현재 널리 사용되고 있다. 이상의 L-아스콜빈산과 그 이성체들의 핏셔 투영 구조식(Fischer projection formulas)과 일부 성질들에 대해서는 11장의 그림 11-28과 해당 항목을 참고하기 바란다.

한편 이 아스콜빈산이 항산화작용뿐만 아니라, 여러 특이하고 유용한 성질들을 갖고 있음은 이미 언급한 바 있으나, 더 깊이 연구하기를 원하는 사람은 다음의 전문 서적(Seib, P. A. and Tolbert, B. M., 1982)을 비롯한 그 이후의 전문 서적들을 참고하기 바란다.

아스콜빈산의 항산화 작용에 관한 연구로서는 지금부터 60여 년 전에 고럼빅과 마틸들(Golumbic, G. and Mattil, H. A., 1941 ; Chipault, J. R., 1962 참조)의 실험 등이 있다.

이들 액체 상태로 유지된 돼지기름에 0.1, 0.2, 0.4%의 아스콜빈산을 넣어서 실험대조 기질들

(controls)과 그 유도기간의 길이를 비교한 결과들에 의하면, 0.1%에서는 미약한 항산화 작용이 관찰되었으나 0.4% 첨가한 돼지기름의 경우 그 유도기간은 39시간으로서 실험대조 돼지기름의 19시간에 비해 2배 이상이었음을 보고하고 있다.

아스콜빈산은 에텔(diethyl ether), 식용유지류(edible fats and oils)에는 전혀 녹지 않는다. 이들은 또한 돼지기름에 0.04%의 β-토코페롤을 첨가했을 때 그 유도 기간은 169시간(실험 대조 기름의 경우 21시간)이었으나, 이상의 β-토코페롤(0.04%)과 0.1%의 아스콜빈산을 첨가(녹지 않음)했을 때는 그 유도기간은 268시간(실험 대조 21시간)이었다는 실험결과를 보고하고 있다. 이상의 실험결과들은 매우 중요한 내용들을 포함하고 있다고 생각된다.

한편 이미 언급한 바 있는 연구에서 프란켈들(Frankel, E. N., *et al.*, 1994)은 α-토코페롤이나 아스코빌 팔미테이트(ascorbyl palmitate) 등의 친유성(親油性, lipophilicity) 또는 친유성이 보강된 항산화제들과 α-트로록스 C(α-Trolox C)나 아스콜빈산과 같은 친수성(親水性, hydrophilicity)이 보강되었거나 친수성인 항산화제들의 항산화작용들의 크기를 자연 토코페롤류를 제거한, 표면적이 상대적으로 적은 상태(in bulk state)의 정제 옥수수기름, 그리고 10%의 이상의 기름을 물에 잘 혼합한 에멀전 상태(smulsion state)에서, 공액 이중결합을 가진 하이드로파록사이드류(conjugated diene hydroperoxides)와 헥사날(hexanal)의 형성량을 일정 저장기간(day)마다 실험대조의 경우와 비교함으로써 산화 정도 내지는 항산화력을 측정하였다. 이때 기질들의 저장온도는 60℃이었다.

이와 같은 실험의 결과, 친유성인 α-토코페롤과 아스코빌 팔미테이트 등의 항산화작용은 순 옥수수기름(bulk oil)에서보다는 에멀전 시스템(10% oil-in-water emulsion system)에서 더 효과적이었으며, 그 반면에 트로록스 C(Trolox C) 그리고 아스콜빈산과 같은 친수성인 항산화제들(hydrophilic antioxidants)은 에멀전 시스템보다는 순 옥수수기름(bulk oil)에서 그 항산화효과들이 더 컸었다고 한다.

특히 기름에 전혀 녹지 않은 아스콜빈산이 순수한, 표면적을 작게 되도록 하여 저장한 기름(bulk oil)에 대해서 의외로 강력한 항산화력을 나타낸 사실을 강조하고 있다.

이미 간단히 설명한 바 있는 항산화제들의 극성(極性, polarity)에 관한 일견(一見) 모순된 것 같은 사실, 즉 극성을 가진 항산화제들(polar antioxidants)은 일반적으로 비극성 지방질들(nonpolar lipids)에서 더 효과적이며, 한편 비극성 항산화제들(nonpolar antioxidants)은 극성 지방질 에멀전(polar lipids emulsions)에서 더 효과적이라는 소위 항산화제들의 극성의 모순 "polar paradox"설(說)이 사실임이 여러 실험들을 통해서 뒷받침되고 있는 것 같다. 여기서 극성(polar)은 더 구체적으로 친수성(hydrophilic), 비극성(nonpolar)은 친유성(lipophilic)이라는 말로 바꿀 수 있을 것이다.

한편 앞에서 말한 고럼빅과 마틸들(Golumbic, G. and Mattil, H. A., 1941) 또는 프란켈들(Frankel, E. N., *et al.*, 1994)의 연구들은 다 같이 아스콜빈산의 첨가가 α-토코페롤 또는 β-토코페롤의 항산화 작용을 크게 증가시키고 있음을 보여주고 있다.

뢸리거(Löliger, J., 1989)는 생체내에서(in vitro)의 토코페롤의 항산화 작용에 대한 아스콜빈산의 상승 작용(相乘 作用, synergist action)으로서 생체조직 내 반응성 파록시 라디칼들을 제거함으로써 생체조직 내의 조직액들을 고도불포화지방산들로부터 생성되는 활성 라디칼들의 독성 작용을 제거하는(detoxify)과정을 제시한 타펠의 독성제거 구도(the detoxification schema for polyunsaturated fatty acid radical oxidation products)를 소개하고 있다(Tappel, A. L., *Geriatrics*, 23, 97, 1968 또한 그림 14-38 참조).

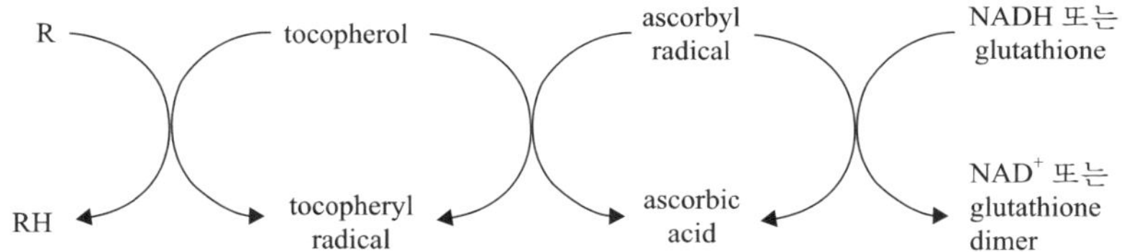

[그림 14-38] 비타민 E, 즉 토코페롤과 비타민 C, 즉 아스콜빈산이 지방질 성분, 특히 고도불포화지방산(polyunsaturated fatty acid, PUFA)의 에스터의 자동산화에서 형성된 활성 라디칼들의 소거 작용에서 보여주고 있는 상보 관계(complementary relation)를 나타내고 있는 그림.
Loliger, J., 1989 및 Bermond, P., 1990.

뢸리거(Löliger, J., 1989)는 그림 14-38의 구도에서 토코페롤과 아스콜빈산의 역할들은 ESR-분광분석법(전자스핀 공명분석법, electron spin resonance spectroscopy)을 사용하여 조사한 결과, 먼저 아스콜빈산(실험에는 아스콜빈산의 팔미테이트 에스터가 사용되었음)의 라디칼이 포착되었으며, 아스콜빈산의 농도는 급격하게 감소했으나, 이 단계가 끝난 후 토코페롤들에서 형성된 라디칼들이 관측되었다고 한다. 즉 아스콜빈산들은 토코페롤류의 형태가 정상 즉 환원상태를 유지하도록 스스로가 계속 산화되었었다는 이야기이다.

뢸리거는 실험대조(control)와 함께, 토코페롤, 아스콜빈산 등을 기질인 어유(fish oil)에 각각 첨가한 일 성분 시스템들(one component systems), 토코페롤과 아스콜빈산, 그리고 토코페롤과 인지방질(phospholipid) 등을 각각 기질인 어유에 첨가한 이 성분 시스템들(binary component systems), 그리고 토코페롤과 아스콜빈산 및 인지방질을 함께 기질인 어유(fish oil)에 첨가한 삼 성분 시스템들(ternary component systems)의 산화에 대한 안정성을 조사한 바, 일성분 시스템(一成分 體系)들보다는 이성분 시스템(二成分 體系)들이, 이상의 시스템들보다는 삼성분 시스템(三成分 體系)이 월등히 강하고 효과적인 안정성을 유지한 사실을 보고하고 있다.

따라서 그림 14-38과 같은 시스템, 즉 토코페롤, 아스콜빈산, NADH-NAD$^+$ 또는 2 glutathione-glutathione dimer와 같은 삼중(三重) 또는 삼원(三元) 성분 시스템들(ternary component systems)은 매우 효과적인 기질의 산화에 대한 억제 작용을 상당히 장시간 지속할 수 있을 것으로 생각되고 있다.

그리고 제3기의 성분들로서는 NADH-NAD$^+$ 또는 2 glutathione-glutathione dimer들 대신 인지방질류(phospholipid), 특히 실제 생체조직 내에 있는 인지방질을 사용할 때도 큰 산화억제 작용을 나타내는 사실이 이미 실험을 통해서 입증된 바 있다.

한편 버몬드(Bermond, P., 1990)도 1980년대 이후의 이상의 문지들 즉 현상들과 관련된 많은 연구들을 조사하여, 유지류나 지방질 성분들을 구성하는 불포화지방산들의 자동산화에서, 아스콜빈산이 이들 불포화지방산들의 형성된 활성 라디칼들을 소거함으로써 생체조직의 경우에도 조직 내에서 일어나는 유리 라디칼 반응을 미리 억제한다고 설명하고 있다.

또한 실험실에서나 생체조직 내에서 토코페롤과 아스콜빈산이 함께 존재할 때는, 유리 라디칼 소거제(free radical scavenger)로 작용하는 토코페롤이 자신이 라디칼로 되었을 때 아스콜빈산이 토코페롤 라디칼을 다시 이전의 정상적인 구조를 가진 토코페롤로 환원시켜 준다.

한편, 산화된 아스콜빈산은 NADH-NAD$^+$ 또는 2분자의 glutathione-glutathione dimer 또는 생체조직 내의 여러 산화-환원 시스템들 또는 인지방질들(phospholipids) 등의 작용으로 환원되어, 다시 토코페롤의 재생 활동을 계속하는 것으로 생각되고 있다(Loliger, J., 1989 ; Bermond, P., 1990 참조).

아스콜빈산은 구리(Cu) 또는 철(Fe)과 같은 금속의 이온들이 존재하는 유지류나 특히 생체조직들에서는 산화촉진제(prooxidant)로 작용하는 경우가 보고되고 있다.

제2구리 이온(cupric ion, Cu^{2+} ion)은 낮은 농도에서도 아스콜빈산 자체를 산화시켜 결국 아스콜빈산을 산화 촉진제로 만든다. 한편 아스콜빈산이 철 이온과 함께 있을 때는 아스콜빈산의 철 이온을 제1철 이온(ferrous ion, Fe^{2+} ion)으로 환원시켜, 형성된 하이드로파록사이드들의 파괴를 통해서 결과적으로는 산화 촉진제로 작용한다. 그러나 아스콜빈산의 농도가 클 때는 활성 라디칼들을 제거함으로써 항산화제로 작용한다고 한다(Scarpa, M., *et al.*, 1983과 Kanner, J. and Mendel, H., 1977 ; Decker, E. A. and Hultin, H. O., 1992 참조).

일부 향신료와 향신유 일부 향신료들(spices)과 향신유들(spice oils)도 항산화 작용을 갖고 있는 사실이 오래전부터 알려져 왔었다. 대부분의 경우, 그 항산화력은 미약하나, 로즈매리(rosemary), 실비아, 세이지(sage)들은 상당한 항산화력을 갖고 있다는 사실들이 보고되고 있다.

한편 합성 항산화제의 사용에 관한 규제가 엄격해짐에 따라 자연 항산화제에 대한 연구가 근래에 와서 다시 활발해지고 있다.

특히 1980년대에 들어서 로즈매리(rosemary, Rosmarinus officinalis L.)의 잎에서 강력한 항산화력을 가진 환상 다이터어핀(a cyclic diterpene)과 o-다이페놀 유도체가 융합한 형태(a cyclic diterpene o-diphenol)를 가진 카아노솔(carnosol)이 우들(Wu, J. W., *et al.*, 1982)에 의해서 추출, 정제되었으며, 그 항산화력은 돼지기름에서 BHT(나중에 설명함)에 필적할 만큼 강력했다고 한다.

이나타니들(Inatani, R. N., *et al.*, 1982)도 로즈마리의 잎에서 강력한 항산화 작용을 가진 로스매놀(rosmanol)을 추출하였다. 계속된 연구를 통해서 이 로스매놀은 돼지기름에 0.02% 사용했을 경우 나중에 설명할 강력한 합성 식용 항산화제들인 BHA나 BHT보다 더 효과적이었다고 한다.

그 후 후리한들(Houlihan, C. H., *et al.*, 1984 및 Houlihan, C. M., *et al.*, 1985)은 역시 로즈마리 잎에서 역시 강력한 항산화 작용을 갖고 있는 사실이 밝혀진 로즈매리퀴논(rosmariquinone)과 로즈매리다이페놀(rosmaridiphenol)들을 추출하고 그 구조를 밝히고 있다(그림 14-39 참조).

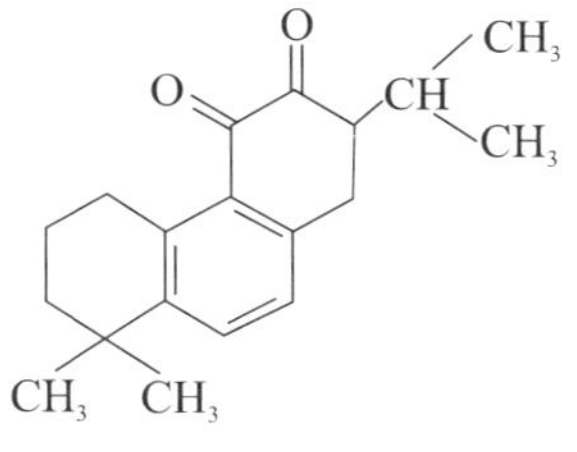

O O CH CH₃ CH₃ CH₃ CH₃

로스메리키논

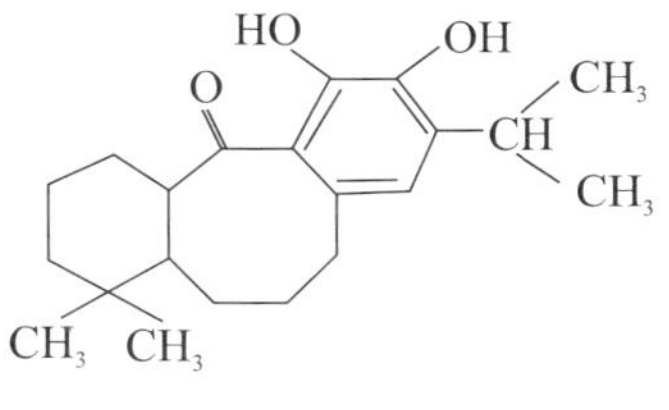

HO OH O CH CH₃ CH₃ CH₃ CH₃

로스메리다이페놀

[그림 14-39] 로즈매리의 잎들(rosemary leaves)에서 추출된 강한 항산화 작용을 가진 성분들의 분자구조들.
Houlihan, C. H., *et al.*, 1984 및 Houlihan, C. M., *et al.*, 1985.

이상과 같은 자연 항산화제들에 대해서 하우멘(Hauman, B. F., 1990)의 레뷰와 기타의 전문서적들(예로서 Houlihan, C. M. and Houlihan, C. T., 1985)을 참고해 주기 바란다.

한편 각각의 분리, 정제된 상기의 항산화 작용을 가진 화합물들이 아니고 로즈매리 잎 추출물의 항산화 작용을 직접 이용하고자 하는 경우, 이에 대한 연구, 개발 초기에는 추출액, 추출물 분말들이 착색(녹색)되어 있고 특유한 냄새가 있어서 식용유지류나 가공식품류에 사용하기 힘들었으나, 현재는 무색, 무미, 무취(無臭) 상태로 정제된 추출 분말 등이 사용되고 있다.

과실류, 채소류, 각종 차류, 포도주류 특히 적색 포도주류 이들 식품들 전체 식품성분들에 대한 절대적 또는 엄밀한 의미에서의 함량에 아니라 자연 항산화제들의 함량만을 기준으로 한 상대적인 의미에서의 공통된 주성분들은 안토시아닌류, 플라본류와 같은 구조가 단순한 또는 구조가 상대적으로 복잡한 폴리페놀류(polyphenols)를 다량 함유하고 있다는 점이다.

많은 폴리페놀들이 강한 항산화 작용을 갖고 있으며, 인체조직 내에서 형성되는 인체에 해로운 활성 라디칼을 제거하는데 큰 도움을 주는 사실이 알려져 왔다. 물론 상기의 식품들 중 많은 것은 폴리페놀류와 함께 역시 항산화 작용을 갖고 있는 아스콜빈산과 카로틴류(carotenes)를 상당한 량 함유하고 있는 경우가 많다.

왕들(Wang, H., *et al*., 1997)은 각종 포도류, 딸기류, 앵두, 옥수수, 살구, 고구마 등에 함유되어 있던 14종의 안토시아닌류와 그 아글리콘류(aglycones)에 대해서 AAPH(2,2‘-azo-bis-(2-aminopropane) dihydrochloride)의 일정량을 라디칼들의 공급원으로, 파이코에리쓰린(phycoerythrin)을 형광 발생제로 사용하여 각각 일정량의 AAPH와 안토시아닌 추출액과 파이코에리쓰린의 혼합 용액의 형광 강도를 측정하고 실험 대조로는 트로록스 C(Troloxy C)를 사용하였다.

위와 같은 과정에서 AAPH의 첨가로 일시에 형성된 활성 라디칼의 일부는 함께 첨가된 안토시아닌들의 농도와 활력에 따라 제거되고(radical scavenging activity에 의해서) 남은 라디칼들은 혼합액 중의 산소와 결합한 후 파이코에리쓰린과 결합하여 형광성을 잃게 된다.

즉 이상의 혼합 용액의 안토시아닌의 활성 라디칼 제거작용이 크면, 파이코에리쓰린과 결합하는 라디칼들의 양은 감소하고 형광의 강도는 급격하게 감소할 것이다. 왕들은 이와 같은 원리를 이용한 자동적인 산소 라디칼 흡수능력(automated oxygen radical absorbance capacity, ORAC) 측정법을 사용하여 쿠로메닌(kuromanin, cyanidin 3-glucoside)이 가장 강력한 라디칼 소거 능력을, 페라고닌(pelargonin)이 가장 약한 라디칼 소거 능력을 보였다고 한다.

한편 벤지와 체토들(Benzie, IF. F. and Szeto, Y. T., 1999)은 녹차(green tea), 우롱차(Oolong tea)와 홍차(black tea)들의 실험실(in vitro)에서의 항산화 효과들을 비교하기 위해서 각각 5g의 차를 100mL의 끓는 물에 두었다가, 침출 되는 차의 주성분인 폴리페놀류를 추출하여, 제2철 이온과 트리피리딕트라이아진(tripyridyltriazine)의 복합체와 반응시켜 끓인 차 중에 폴리페놀들이 제1철 이온(Fe^{3+})들을 환원시켜서, 청색의 Fe^{2+} 이온들을 593nm에서의 흡광도(absorbance)로 측정하였다. 즉 1g의 차 시료에서 형성된 폴리페놀의 양과 이상의 폴리페놀 중의 항산화 성분들 몇 μ mol이 제1철 이온(Fe^{3+})을 청색의 제2철 이온으로 환원시킬 수 있는지 검증하는 방법(ferric reducing/antioxidant power assay, 즉 FRAP assay)으로 한 컵의 차에서 형성된 폴리페놀들 중에서, 시료의 Fe^{3+}의 색깔을 Fe^{2+}의 색깔, 즉 특유한 청색으로 환원할 수 있는 폴리페놀의 양을 조사한 바 있다.

이들에 의하면, 합계 25여종의 각종 차들 중 녹차들은 272~1144μ mol/g, 우롱차들의 경우 232~532μ mol/g, 홍차들의 경우 132~654μ mol/g이었으며, 이상과 같은 결과에서 한 컵의 보통정도의 농도를 가진 차들이 가진 항산화 효과는 대략 150mg의 아스콜빈산과 거의 같은 정도의 항산화 효과를 갖는 것으로 추정하고 있다.

사토들(Sato, M., *et al.*, 1996)은 그들의 논문의 서문에서, 미국의 NTC(National Research Council)에서 1989년에 발간한 보고에 세계 보건 기구(WHO)에서 주도한 비교연구들 중에 프랑스인들과 미국인들의 심장의 관상동맥 질환들(冠狀動脈 疾患類, coronary heart diseases)에 의한 사망률(mortality)과 질병상태(疾病狀態, morbidity) 등에 현저한 차이들이 지적되었었다고 인용하고 있다.

이들은 또한 르노들(Renaud and de Lorgeril, 1992)이 다변수 분석(multivalent analyses) 등의 결과 해당하는 프랑스인들과 미국인들의 일상 식이(diet)에서 위에서 설명한 현상, 즉 양국인의 일상 식이의 종류와 양이 거의 같은데도 프랑스인들이 관상 심장질환들에 의한 사망률이나 질병상태 또는 질병률이 낮은 현상, 소위 French paradox로 알려진 현상을 설명할 수 있는 유일한 차이점은 프랑스인의 포도주의 소비량이 더 컸다는 사실이었다는 논문을 인용하고 있다. 그 이후 각종 포도주류의 성분들과 그 작용에 대한 연구가 활발해졌다.

사토들(Sato, M., *et al.*, 1996)은 31종의 포도주에 대해서 먼저 그 폴리페놀류의 함량을 조사하여, 적색 포도주(red wine)에서는 735.9~2858ppm이었으며, 백색 포도주(white wine)에서는 259.4~720.5ppm이었다고 보고하고 있다.

한편 이들 각 포도주에 함유되고 있는 폴리페놀들의 포도주 내의 수퍼옥사이드 라디칼(superoxide radical, O_2^-•)의 소거 능력(superoxide radical scavenging potentials)을 알기 위해서 먼저 일정량의 증류수와 하이포잔씬-잔씬 산화효소(hypoxanthine-xanthine oxidase), 그리고 기타 소량 반응의 진행 촉진에 필요한 보조 첨가물들을 넣고 40초 후에 전자-스핀 공명분석기(electron-spin resonance spectrometer)로 수퍼옥사이드 라디칼들에 의한 신호강도(superoxide signal intensity)를 측정하고, 보정(補正, calibration) 과정을 거친 후 그 항산화 작용들의 상대적 강도(relative intensity, RI)를 먼저 구하였다.

그 다음 위의 과정에서 증류수 대신에 각각 50μL의 포도주 시료를 사용하여 그 시료에 함유된 폴리페놀류에 의한 수퍼옥사이드 라디칼의 신호 강도의 감소 상황을 측정하고, 각종 농도의 수퍼옥사이드 디스뮤테이스(superoxide dismutase, SOD)를 사용한 시스템의 수퍼옥사이드 라디칼의 신호 강도와 비교하여(각각 3회씩 실험), 수퍼옥사이드 라디칼 소거능력(superoxide radical scavenging activity, SOSA value)을 측정하였다.

여기서 1mg의 순수한 SOD(superoxide dismutase)은 소거능력을 SOSA값 3500 단위에 해당한다고 한다. 이들에 의하면, 백색 포도주들의 SOSA값은 39.3~215.9units/mL의 분포를 갖고 있었으나, 적색 포도주들의 경우, 그 SOSA값은 409~1189.1units/mL로서 백색 포도주들의 대략 5~10배 정도였다고 한다.

이들은 또한 시료로 사용한 포도주들의 수퍼옥사이드 라디칼 소거 능력과 이상의 포도주들의 색깔 사이의 상관관계는 $\gamma=0.7517$, 수퍼옥사이드 라디칼 소거 능력과 포도주들의 폴리페놀 함량 사이의 상관관계는 $\gamma=0.9908$로서 표시할 수 있었다고 한다.

한편 파퀘이들(Paquay, J. B. G., *et al.*, 1997)은 산화질소 라디칼(nitric oxide radical, NO・)과 수퍼옥사이드 라디칼(O_2^-・)의 결합으로 형성되는 파록시나이트리이트($ONOO^-$)는 체내에서 저밀도 리포프로테인(low density lipoprotein, LDL)을 산화시켜 아테롬성 동맥경화증을 유발하나, 포도주들, 특히 적색 포도주들은 이 파록시나이트리이트(peroxynitrite)를 효과적으로 소거하는 사실을 속보(rapid communication)를 통해서 발표하고 있다.

또한 1990년대에 들어서서는 포도주에 포도나무들(grapevines)에서 형성된 파이토알렉신들(phytoalexins)의 하나인 레즈베라트롤(resveratrol, trans-3,5,4′-trihydroxystibene)이 함유된 사실이 확인된 후, 이 레즈베라트롤의 인체에 대한 효과가 연구되어 왔다. 이 레즈베라트롤의 함량은 적색 포도주들의 경우 0.5~10mg/L로서 많은 양은 아니나 실험실의 실험에서 인체 내의 저밀도 리포프로테인(LDL)의 산화, 혈액 내의 혈소판(血小板, platelet)의 응고(aggregation)를 억제하는 효과들이 발표되고 있다.

쟌데트들(Jeandet, P., *et al.*, 1995)은 HPLC법과 GC-MS법을 사용하여, 마쇄된 백색 포도들 그리고 적색 포도들로 만든 포도주들에서는 각각 1.84와 1.20, 그리고 0.81과 0.30mg/L의 트란스와 시스 레즈베라트롤을, 마쇄되지 않은 적색 및 백색 포도들로 만든 포도주들의 경우, 각각 0.17, 0.06과 0.09, 0.03mg/L의 트란스와 시스 레즈베라트롤의 함량을 측정하였으나, 포도주들에 존재하는 레즈베라트롤은 거의가 트란스형이고 시스형은 약간 검출할 수 있을 정도라는 종래의 정설(定說)이 맞지 않았음을 보고하고 있다.

한편 트렐라와 워터하우스들(Trela, B. C. and Waterhouse, A. L., 1996)은 앞에서 말한 트란스 레즈베라트롤의 인체 내에서의 관상 심장동맥질환들을 억제하는 실험 예들, 혈소판의 응고(platelet aggregation)의 억제한 실험 예들, 간(肝)에서의 지방산화를 억제한 실험 예들과 함께, 트란스 및 시스 레즈베라트롤들의 정확한 자외선에 대한 에탄올 용액 내에서의 몰 흡광계수(molar absorptivities) 등을 보고하고 있다.

이들은 순수한 트란스-레즈베라트롤은 염기성이 아주 강한 완충액이 아닌 경우에는, 광선에서 차단된 상태면 수개월 동안 안정된 상태를 유지하나, 시스-레즈베라트롤은 광선이 완전히 차단된 상태에서도 그 pH가 거의 중성(pH 7)을 유지하는 조건에서만 안정성을 유지할 수 있었다고 한다.

근래에 와서는 과실류, 채소류, 향신료류, 약초류의 항산화 성분들의 항암성(anticarcinogenic activity) 내지는 항돌연변이성(抗突然變異性, antimutagenicity)을 다룬 논문들이 급격히 증가하고 있다. 이들 중의 몇 가지 논문들의 극히 간단한 내용 소개를 하면 다음과 같다.

허토구들(Hertog, M. G. L., *et al.*, 1992)은 화란, 즉 네덜란드의 일반 시장에서 구입한 28종의 채소류와 9종의 과실류에 대해서 항암작용을 갖고 있다고 생각되는 쿠어세틴(quercetin), 켐페롤(kaempferol), 미리세틴(myricetin), 루테올린(luteolin), 아피제닌(apigenin) 등의 플라본 화합물들의 분포와 그 역학적 평가(力學的 評價, epidemiological evaluation)를 하였다.

허토구들(Hertog, M. G. L., *et al.*, 1993)은 1993년에는 차의 침출액(tea infusions), 포도주류와 각종 과실즙류 중의 잠재적인 항암성을 가진 플라보노이드들의 함량(the content of potentially anticarcinogenic flavonoids)을 조사하였다.

한편 사메지마들(Samejima, S., *et al.*, 1995)은 일상식에서 조리 중에 형성되는 발암 물질(a carcinogen)dls Tryp-P-2에 대한 일부 향신료들, 즉 박하(peppermint), 샐비어 잎(sage), 백리향 잎(thyme) 등에 함유되고 있는 강력한 항돌연변이 물질(a strong antimutagen)인 류테올린(luteolin)의 작용에 대하여 실험하고, 류테올린의 강력한 항돌연변이성(antimutagenicity)을 증명하고 있다.

마이얄 갈색화 반응생성물의 항산화작용 마이얄 갈색화반응 생성물(Maillard reaction products, MRPs) 중의 일부 화합물들이 항산화 작용을 갖고 있는 사실은 오래 전부터 잘 알려져 있었다.

예로서 립스(Lips, H. J., 1951)는 가열처리 받은 돼지기름이, 이런 처리를 받지 않은 돼지기름보다 산화에 대한 안정성이 더 우수한 실험 결과에 대해서, 돼지기름에 미량 남아 있던 당류와 아미노산들이 가열에 의한 마이야 반응의 결과 형성된 일부 생성물들(MRPs)의 항산화 작용에 의한 것으로 설명하고 있다.

그리피트와 존슨들(Griffith, T. and Johnson, J. A., 1957)도 포도당(D-glucose)을 5%만큼 더 첨가한 사탕 쿠키들(sugar cookies)을 제조하여 저장할 때, 그 안의 지방질 성분의 저장 중의 산화에 대한 안정성이 크게 증가한 실험 결과를 보고하고 있다. 또한 앤더슨들(Anderson, R. H., *et al.*, 1963)은 곡류들을 볶거나(roasted), 고압에서 튀긴(puffed) 경우, 이렇게 가공한 곡류들 중의 지방질 성분들의 산화에 대한 안정성이 크게 증진한 사실을 보고하고 있다.

그 후의 많은 연구들은 아미노산과 당류의 혼합 용액을 고온에서(100℃ 또는 그 이상) 가열할 때 마이야 반응의 비교적 초기 생성물들인 레덕톤류 또는 하이드록시레덕톤류(reductones or hydroxyreductones), 중간 단계에서 형성되는 저분자, 휘발성 훌후랄 또는 후란 유도체들(low-molecular weight furfural or furan derivatives), 그리고 최종 단계에서 형성되는 고분자, 불용성인 멜라노이딘 색소들(high-molecular weight, insoluble melanoidin pigments) 등이 모두 항산화 효과를 가진 사실이 많은 연구자들에 의해서 연구되었다(예로서 Cooney, P. N., *et al.*, 1958 ; Evans, C. D., *et al.*, 1958 ; Kirigaya, N., *et al.*, 1968 ; Rhee, C. and Kim, D. H., 1975 ; Park, C. K. and Kim, D. H., 1983 ; Macku, C. and Shibamoto, T., 1991 ; Eiserich, J. P., *et al.*, 1992).

근래에 와서 주목되고 있는 마이야 반응생성물들(Maillard reaction products, MRPs)로서는 마이야 반응의 중간 단계에서 형성되는, 저분자량이며 따라서 휘발성인, 또한 탄소원자들 이외의 원소들의 원자 또는 원자들과 함께 환(環)을 형성하고 있는 화합물들(low-molecular weight volatile heterocyclic compounds)들 중에 발견되는 항산화 화합물들이다.

맛쿠와 시바모토들(Macku, C. and Shibamoto, T., 1991)은 옥수수기름과 글라이신(*l*-glycine)이 들은 밀폐 용기를 가열했을 때 형성되는 1-메틸파이롤(1-methylpyrrole)이 항산화 작용을 갖고 있음을 보고한 바 있다.

한편 아이제릿크들(Eiserich, J. P., *et al.*, 1992)은 L-시스테인과 D-포도당의 마이야 반응액에서 항산화력을 가진, 저분자량(低分子量)의 휘발성 헤테로환 화합물들(volatile, heterocyclic antioxidant compounds)로 싸이아졸류(thiazoles), 옥사졸류(oxazoles)와 후라논류(furanones)를 검출하고 있다.

이 후라논류 중에는 제4장 냄새에서 파인애플과 파인애플-통조림, 그리고 기타의 많은 과실류와 그 가공품들의 강한 달콤한 향미(flavor)를 가진 2,5-다이메틸-4-하이드록시-3(2H)-후라논(2,5-dimethyl-4-hydroxy-3(2H)-furanone, DMHF)가 검출되고 있으며(제4장 p. 255 및 p. 285~286 참조), 비교적 강한 라디칼 소거제(a free radical scavenger)로 작용하는 사실이 알려져 왔다.

아이제릿크들은 이상의 DMHF의 라디칼 소거 기구(mechanism)를 그림 14-40와 같이 설명하고 있다. DMHF와 트리메틸옥사졸(trimethyloxazole), 트리메틸싸이아졸(trimethylthiazole)의 탄소 5번의 위치를 볼 때 DMHF의 탄소 5번의 위치가 친전자성이 강하기 때문에 가장 쉽게, 빨리 유리 라디칼과 결합한다고 설명하고 있다. DMHF의 이름이 너무 길기 때문에 근래에는 후라니올(furaneol)이라는 이름이 함께 사용되고 있다.

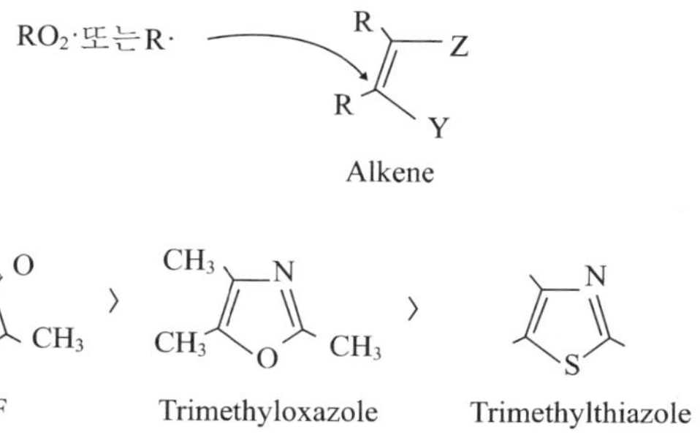

RO₂· 또는 R· → Alkene

DMHF 〉 Trimethyloxazole 〉 Trimethylthiazole

[그림 14-40] 위 알켄(alkene)의 친전자성 치환기(親電子性 置換基, electron-withdrawing substitutes) Y, Z 사이의 이중결합에 유리 라디칼(R·)은 쉽게 부가반응을 일으켜 결과적으로 활성 라디칼(R·)은 제거된다. 이상의 부가반응의 속도는 위 그림 중의 항산화 작용의 크기의 순서와 일치한다.
Eiserich, J. P., *et al.*, 1992.

한편 가장 대표적인, 상쾌하고 매우 좋은 향미를 가진, 휘발성 향미 성분으로 바닐린(vanillin, 4-hydroxy-3-methoxybenzaldehyde)이 있으나, 이 바닐린도 미국에서는 거품내는 데 사용하는 크림(whipped cream), 아이스크림 원료 조합물(ice cream mix)에 적합한 항산화제로 1950년부터 사용되어 왔었다고 한다(Chipault, J. R., 1962).

앞에서 말한 DMHF, 즉 후라니올(franeol)에서 다이메틸 그룹들에 앞서 하이드록실 그룹을 먼저 쓰면 즉, 그 화학명을 다음과 같이 2,5-dimethyl-4-hydroxy-3(2H)-furanone→4-hydroxy-2,5-dimethyl-3(2H)-furanone으로 순서를 바꾸면, DMHF는 HDMF가 된다.

아무튼, 코가들(Koga, T., *et al.*, 1998)은 과실들의 자연 향기 성분들인 이 HDMF, 즉 DMHF 그리고 HEMF(4-hydroxy-2-ethyl-5-methyl-3(2H)-furanone)들을 리놀레인산의 에멀전에서 AMVN에 의해서 유발된 자동산화의 경우, 그 항산화 작용은 아스콜빈산보다 약했으나, 생체조직을 직접 사용한, 역시 AMVN에 의해서 유발된 자동산화(in vivo oxidation, 즉 peroxidation)에서는 이상의 두 화합물들이 아스콜빈산보다 상대적으로 더 효과적이었다는 흥미 있는 연구 결과들을 소개하고 있다.

합성 항산화제

합성 항산화제들(synthetic antioxidants)은 그 구조에 따라 다시 페놀계 항산화제들(phenolic antioxidants), 아민계 항산화제들(amine antioxidants)과 황계 항산화제들(sulfide antioxidants)로 세분할 수 있다. 이들 중에서 식용유지류나 지방질 식품들에 사용될 수 있는 주로 페놀계 항산화제들 중의 일부이며, 아민계 및 황계 항산화제들은 그 독성(toxicity)이나 특유한 냄새들 때문에 식품 항산화제(food antioxidants)로서 그 사용이 허용되고 있는 것은 거의 없다.

이들은 대체로 공업용 유지류, 고무 제품류, 합성수지 제품류, 자동차 및 항공기용 연료들을 비롯한 각종 연료류(fuels) 등에 항산화제로서 상상외로 광범위하게 사용되고 있다.

한편 대표적인 합성 항산화제들로서 식품류에 사용되고 있는 것은 다음과 같은 것들이 있다.

프로필 갈레이트 보통 PG로 통용되고 있는 이 프로필 갈레이트(propyl gallate, PG)는 사발리츠카와 보엠들(Sabalitschka and Boehm, 1941)에 의해서 식용유지류의 항산화제로 그 사용이 제안된 페놀계 항산화제들(phenolic antioxidants)의 하나이며, 1947년에 미국에서는 처음으로 식품 항산화제(a food antioxidant)로서 그 사용이 허용되었다.

프로필 갈레이트는 갈린산, 즉 몰식자산(沒食子酸, gallic acid)의 프로필알코올 에스터(propyl ester)이나, 갈린산의 유기산기(carboxyl group)에 에스터 결합을 하고 있는 알코올의 탄소 수가 커질수록 항산화 작용의 크기와 열에 대한 안정성(heat stability)이 커진다고 한다.

OH OH OH $COOC_3H_7$
OH OH OH COOR

프로필 갈레이트(propyl gallate)

그 항산화 작용은 식용유지류나 지방질 식품들에 사용될 수 있는 항산화제들 중에서 비교적 강력한 편에 들어간다. 또한 이 프로필 갈레이트는 소위 극성 항산화제(a polar antioxidant)로서 약간의 수용성(water solubility)을 갖고 있기 때문에, 수분 함량이 큰 지방질 식품들에도 사용할 수가 있는 장점이 있으나, 그 항산화 작용은 지방질 성분에 흡수된 분자들에 의해서만 일어난다.

한편 그 결점으로서는 다른 일부 페놀계 항산화제들(phenolic antioxidants)과 마찬가지로 수분 존재 하에서, 철 이온(iron ion)이 존재할 때는 이들과 상호 반응을 일으켜, 청색 또는 녹색으로 착색된다는 점이다. 예로서 달걀노른자나 육류 제품들에 사용하면, 청색 또는 녹색으로 식품이 착색되는 경우가 많다.

또 하나의 결점은, 이 항산화제를 첨가한 유지를 사용하여 만든 가공 식품들에 그 항산화 작용이 옮겨지지 않는다는 점이다. 즉 이행성(移行性, carry through property)을 갖고 있지 않는다는 점이다.

한편, 프로필 갈레이트의 50% 치사량(50% lethal rate, LD50)으로 표시한 독성(毒性, toxicity)은 LD_{50}=3.8g/kg 쥐 체중으로 알려져 있다(표 14-8 참조).

그리고 식품 첨가물들에 관한 국제 식량기구와 세계 보건기구들이 구성한 합동전문가위원회(Joint FAO/WHO Expert Committee on Food Additives, JECFA)는 1986년에 프로필 갈레이트에 대해서 평생 동안의 1인당 하루 섭취 허용량(Acceptable Daily Intake, ADI)을 0~2.5mg/kg 체중으로 정하고 있다(Barlow, S. W., 1990). ADI는 인체 체중을 1kg 단위로 해서, 한 식품첨가물을 일생 동안, 매일 섭취해도 아무런 해(害)도 가져오지 않는 섭취량을 mg/kg 체중으로 표시한 수치이다.

에틸 프로토카테츄에이트 보통 EP로 알려진 이 에틸 프로토카테츄에이트(ethyl protocatechuate, EP)도 역시 페놀계 황산화제 중의 하나이며, 프로토카테츄인산(protocatechuic acid), 즉 3,4-다이하이드록시벤조인산(3,4-dihydroxybenzoic acid)의 에틸 에스터(ethyl ester)이다.

그 항산화력은 올레인산의 메틸 에스터(methyl ester)의 경우, 나중에 설명하는 2-BHA보다 훨씬 약한 사실이 알려져 있다(Kwachi, T. and Yamaguhi, T., 1980 참조). 이 항산화제는 식용 유지류나 버터(butter) 등에 사용되고 있다.

우리나라에서도 그 사용이 허용되어 왔으나 실제로 이용되는 일은 많지 않다. 한편 그 독성은 다른 페놀계 항산화제들(나중에 설명함)에 비해서 약하며, 실험쥐에 대한 50% 치사율, LD_{50}은 8.0g/kg 쥐 체중으로 알려져 있다. 또한 그 사용 허용량은 대체로 0.05% 정도이다.

표 14-8 우리나라에서 그 사용이 허용되고 있는 항산화제들.

항산화제	사용되는 식품의 종류	사용량	독성
BHT(butylated hydroxytoluene)	식용유지, 쇼트닝, 버터, 크래커 등의 유지식품, 어류염장품, 어류냉동품의 침지액	0.02 % 이하 0.1 % 이하	LD_{50}=1.70-1.97 g/kg 쥐의 체중 ADI=0-0.5 mg/kg [2]
BHA(butylated hydroxyanisole)	껌(chewing gum), 식용유지, 유지제품, 어류염장품, 어류냉동품의 침지액	0.075 % 0.02 % 이하 0.10 %	LD_{50}=4.13 g/kg 쥐의 체중 ADI=0-0.5 mg/kg
TBHQ(teriary-butylhydroquinone)	식용유지, 유지제품들	0.02 % 이하	LD_{50}=0.7-1.0 g/kg [1] 쥐의 체중 ADI=0-0.2 mg/kg
PG(propyl gallate)	식용유지, 유지제품들		LD_{50}=3.8 g/kg 쥐의 체중
아이소아밀 갈레이트 (isoamyl gallate)	식용유지, 유지제품들, 어류냉동품의 침지액	0.01 % 0.10 %	LD_{50}=1.28-1.85 g/kg 쥐의 체중
EP(ethyl protocatechuate)	식용유지, 버터 등		LD_{50}=8.0 g/kg 쥐의 체중
아스콜빈산의 나트륨염 (sodium L-ascorbate)	햄, 소세지 등 비타민 C강화제		

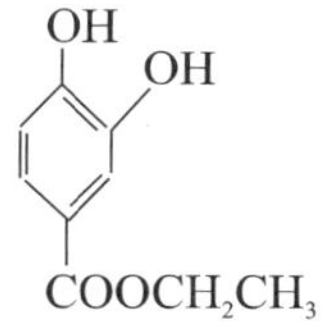

OH
OH
$COOCH_2CH_3$

에틸 프로토카테츄에이트(ethyl protocatechuate)

뷰틸화 하이드록시아니솔 보통 BHA로 알려진 이 뷰틸화 하이드록시아니솔들(butylated hydroxyanisoles, BHA)은 원래 섬유제품들(petroleum products)을 위한 항산화제로서 개발되었으나(Rosenwald, R. H. and Chenicek, J. A., 1943 ; Chipault, J. R., 1962 참조), 이 뷰틸화 하이드록시아니솔들(BHA)은 1948년에 미국 육류연구재단(American Meat Institute)에 의해서 식용유지, 식품류 중의 지방질 성분 등에 대한 식품 항산화제로서의 사용이 제안되었고(Kraybill, H. R., *et al.*, 1948), 그 다음 해에는 크레이빌들(Kraybill, H. R., *et al.*, 1949 ; Chipault, J. R., 1962, 그리고 Riemenschneider, E. W., 1955 참조)에 의해서 뷰틸화 하이드록시아니솔들의 여러 성질들, 그 항산화 효과들, 상호간 또는 다른 항산화제들과의 상승작용 등의 연구 결과들이 발표되었다고 한다.

나중에 설명하는 소위 BHT와 함께 가장 널리 사용되고 있는, 매우 효과적인 페놀계 합성 식품 항산화제이다. 시판되고 있는 식품 항산화제로서의 BHA는 주로 두 개의 이성체들, 즉 2-터어시아리뷰틸-4-하이드록시아니솔(2-tertiarybutyl-4-hydroxyanisoles)과 3-터어시아리뷰틸-4-하이드록시아니솔(3-tertiarybutyl-4-hydroxyanisoles)의 두 종류의 이성체들(isomers)의 대략 1 : 9의 비율의 혼합물(mixture)로 알려져 있다.

한편 2-BHA로도 표시된 이성체의 항산화력과 3-BHA로도 표시된 이성체의 항산화 작용들을 비교할 때 여러 실험결과들이 발표된 바 있으나, 후자의 3-BHA가 전자의 2-BHA보다 많은 유지류에서 더 강한 항산화 가진 것으로 알려져 있다. 또한 2-BHA와 3-BHA는 상호간 상승작용(synergist effect)을 갖고 있어서, 일반 식품 항산화제인 2- 및 3-BHA들의 1 : 9 혼합물의 항산화 효과는 순수한 3-BHA의 항산화 효과와 큰 차이가 없다고 한다(Chipault, J. R., 1962). 그 분자량은 180 정도이고 융점은 50~52℃의 백색의 결정으로서, 이 BHA는 나중에 설명하는 BHT와 함께 전형적인 비극성 항산화제들(nonpolar antioxidants)로써 유지류나 유지 용매들(fat solvents)에는 잘 녹으나 물에는 거의 녹지 않는다.

그러나 이 페놀계 항산화제는 역시 나중에 설명하는 BHT와 함께 그 낮은 융점들 때문에 휘발성이 크고, 특히 수증기 증류(steam distillation)되기 쉬우나, 지금까지의 실제 실험 예들은 예상과는 달리 아주 훌륭한 이행성(移行性, carry through property)을 가진 사실이 밝혀지고 있다. BHA는 자연 항산화제들, 예로서 토코페롤류가 남아 있을 가능성이 큰 식물유들보다는 고도로 정제된 기름들, 특히 정제된 돼지기름 등에 매우 효과적인 것으로 알려져 왔다.

BHA는 BHT와 상보적(相補的)인 상승 작용을 갖고 있으며, 프로필 갈레이트들과도 역시 상승 작용을 나타낸다고 한다.

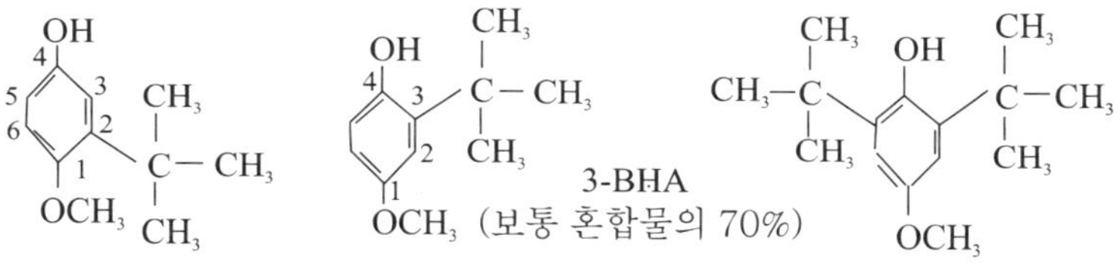

OH, 4, 3, 5, 6, 2, 1, CH_3, C−CH_3, OCH_3, CH_3
2-tertiarybutyl-
4-hydroxyanisole

OH, CH_3, 4, 3, C−CH_3, 2, CH_3, 1, OCH_3
3-BHA
(보통 혼합물의 70%)
3-tertiarybutyl-
4-hydroxyanisole

CH_3, OH, CH_3, CH_3−C, C−CH_3, CH_3, CH_3, OCH_3
3, 5-ditertiarybutyl-
4-hydroxyanisole

BHA isner 구조

BHA는 무색이고 무미(tasteless), 보통 사용 농도에서 무취(odorless)라고 한다. 페놀계 항산화제들의 특성으로서 수분과 철 또는 철 이온의 농도가 클 때는 정색(呈色, coloration)이 일어날 수 있으나, 일반적으로 보통 상황에서 그 농도가 크지 않을 때는 별 문제가 없다고 한다. 특히 구연산(citric acid), 인산(phosphoric acid)을 시너지스트들(synergists)로 함께 사용할 때는 철 또는 철 이온이 킬레이트(chelate) 화합물을 만들기 때문에 이상과 같은 정색 현상은 거의 없다고 한다.

한편 BHA의 독성은 LD_{50}=4.13g/kg 실험쥐 체중으로 알려져 있다(그림 14-7 참조). 그리고 1989년에 JECFA, 즉 식품 첨가물들에 관한 국제 식량기구와 세계 보건기구 합동전문가 위원회가 정한 ADI는 0~0.5mg/kg 인체 체중으로 알려져 있다(Barlow, S. M., 1990 참조).

우리나라에서도 그 사용이 허용되어 널리 사용되고 있으며 그 사용량은 용도에 따라 다르나, 대체로 0.1% 이하이다.

뷰틸화 하이드록시톨루엔 보통 BHT로 알려진 이 뷰틸화 하이드록시톨루엔(butylated hydroxytoluene, BHT) 역시 원래는 석유 제품(石油 製品)들에 대한 항산화제(Stevens, D. R. and Gruse, W. A., 1940 ; Chipault, J. R., 1962 참조), 그리고 그 후에는 고무 제품들의 항산화제(Stillson, G. H., 1947 ; Chipault, J. R., 1962 참조)로도 계속 사용되어 왔다.

한편 1954년부터 미국에서는 식용유지에 대한 항산화제, 즉 식품항산화제(Dugan, L. R., Jr., et al., 1954 ; Chipault, J. R., 1962 참조)로 사용되기 시작했다. 이 BHT는 BHA와 함께 가장 널리 사용되고 있는 페놀계 합성식품 항산화제들(phenolic, synthetic food antioxidants)의 하나이다.

시판(市販)되고 있는 식품항산화제로서의 BHA는 2,6-다이-터어시아리뷰틸-4-메틸페놀(2,6-di-tertiarybutyl-4-methylphenol) 또는 2,6-다이-터어시아리뷰틸-p-하이드록시톨루엔(2,6-di-tert-butyl-phydroxytoluene)으로 알려진 백색의 융점이 70℃인 결정 분말이며, 물에는 녹지 않으나, 사용유지류(fats and oils)나 기타의 유지류를 잘 녹이는 소위 유지류 용매들(fat solvents)에는 잘 녹는다고 한다.

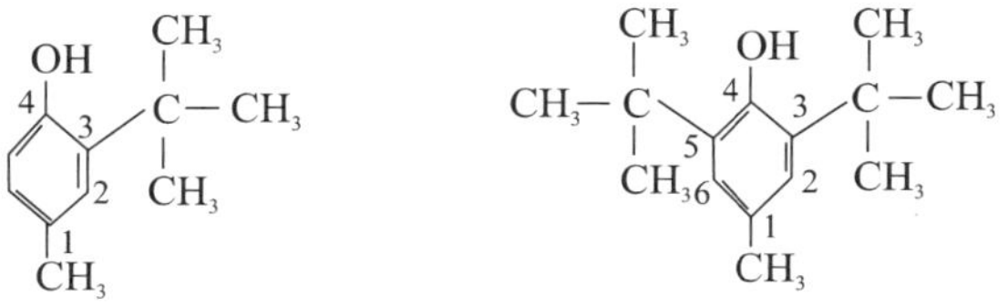

3-tertiaryl-4-hydroxytoluene　　3, 5-ditertiarybutyl-4-hydroxytoluene(BHT)

BHT, 즉 2,6-di-tert-butyl-p-hydroxytoluene

듀간들(Dugan, L. R., Jr., *et al.*, 1954 ; Chipault, J. R., 1962 참조)의 실험 결과들을 보면, 돼지기름의 A.O.M. 안정도 테스트(A.O.M. stability test)에서 실험대조용 기름의 유도기간이 11시간인데 비해서, 각각 0.005, 0.01, 0.02%의 BHT를 첨가한 돼지기름들의 유도기간(induction periods)은 각각 36, 53, 64시간이었다고 한다. 한편 0.02%의 BHA를 첨가한 경우, 그 유도기간은 54시간으로 기록되어 있어서 BHT의 항산화 작용은 BHA의 경우와 매우 비슷한 것으로 알려져 있다.

또한 위의 실험에서 BHT 0.005%와 BHA 0.010%를 혼합하여 사용했을 경우, 그 유도기간은 80시간, BHT 0.010%와 BHA 0.010%를 혼합하여 사용했을 경우, 그 유도기간은 102시간이 되어, BHT와 BHA는 서로 효과적인 상승작용(相乘作用, synergistic effect)을 나타내는 사실을 보여주고 있다. 이와 같은 사실에 대해서는 BHA의 항목에서 이미 언급한 바 있다. 그 외에도 엄밀하게 말해서, BHA나 BHT가 가장 효과적인 항산화 작용을 나타내는 식용 유지류나 지방류의 종류는 서로 같지는 않을 것이다. 따라서 일반적인 식용 유지류나 지방질 식품류, 예로서 버터나 라이드(laid) 등에 항산화제로서 함께 사용할 때는 상보적인 상승효과(相補的 相承効果, complementary synergistic effect)를 식용유지류나 지방질 식품들에 대해서 줄 수 있을 것이다.

예로서 이전에 시판되었었던 미국 이스트맨 회사(Eastman Chemical Products, Co.)에서 제조했던 테노크스 IV(Tenox IV)라는 복합 항산화제는 BHA 10%, BHT 10%, PG 6%, 구연산(citric acid) 6%를 프로필렌 글라이콜(propylene glycol), 또는 글리세릴 모노올리에이트(glyceryl monooleate) 등에 녹인 것이다.

이 BHT는 상당한 이행성(carry through property)을 갖고 있는 사실이 알려지고 있다. 한 예로서 돼지기름, 즉 라아드(lard)를 쇼트닝(shortening)으로 사용해서 만든 밀가루 반죽으로 만든 케이크류(pastry), 단맛이 없는, 얇고 딱딱한 비스킷(biscuit)의 일종인 크래커(cracker), 그리고 얇게 썰어 만든 감자튀김(potato chip)들을 실험대조용과 각각 0.01%의 BHA와 BHT를 라아드에 넣어서 만든 후, 모든 제품들을 63℃에서 저장하여 그 유도 기간을 측정한 실험예가 있다.

그 결과들은 각 제품들의 자동산화가 억제되어 정상상태를 유지한 기간이 케이크류(pastry)의 경우, 실험대조구는 4회 실험 평균이 6.4일, 0.01% BHA 첨가구의 경우, 49.8일, 0.01% BHT 첨가구의 경우 30.3일, 크래커의 경우, 각각 6.1일, 38.3일, 33.5일, 감자튀김의 경우, 2.4일, 29.8일과 16.6일로써, BHT의 이행성은 BHA의 경우처럼 아주 효과적이지는 안 않지만, 그래도 상당한 이행성을 갖고 있는 것으로 밝혀졌으며(Dugan, L. R., Jr., *et al.*, 1954 ; Chipault, J. R., 1962 참조), 현재도 대체로 BHT의 이행성에 대해서는 이상과 같이 생각되고 있는 것 같다.

이 BHT는 우리나라에서도 그 사용이 허용되고 있으며, 그 사용량은 사용 목적에 따라 다르나, 대체로 0.1% 이하이다. 이 항산화제, 즉 BHT의 독성은 실험쥐에 대한 50% 치사량 LD_{50}= 1.70~1.97g/kg 실험쥐 체중(표 14-8 참조)으로서 다소의 독성을 갖고 있으나, 정상적인 사용 범위 내에서는 크게 문제되지 않는다고 한다.

한편 JECFA(앞에서 언급)는 1989년에는 BHA와 같은 ADI를 일단 BHT에도 적용했으나, 그 후 더 검토하기 위해서 종전의, 즉 1987년에 잠시 정한 BHT에 대한 ADI, 즉 0~0.125g/kg 체중으로 정해지고 있다(Barlow, S. M., 1990 참조).

지금까지 설명하여 온 항산화제들의 항산화력의 비교 결과는 앞에서 말한 바와 같이 대상이 되는 식용유지의 종류, 자동산화의 조건 등에 따라 다를 수 있다. 그 한 예를 들면 표 14-9와 같다.

표 14-9 각종 항산화제의 면실유, 돼지기름의 안정도에 대한 영향

항산화제의 종류	면실유의 안정도		돼지기름의 안정도	
	농도 0.1%	0.05%	농도 0.01[1)]	0.01[2)]
콘트롤, 즉 실험대조(control)	9시간	9.1시간	4.1시간	5.0시간
α-토코페롤(α-tocopherol)	7.6	7.1	17.0	18.5
γ-토코페롤(γ-tocopherol)	9.0	8.3	19.3	30.3
레시신(lecithin)	10.6	11.3	4.8	5.5
NDGA(nordihydroguairetic acid)	10.0	18.7	50.0	62.5
구아이약 수지(gum guaiac)	6.6	8.5	3.4	4.5
하이드록논(hydroquinone)	9.3	35.0	65.0	70.0
세사몰(sesamol)	8.8	15.5	30.8	38.5
PG(propyl gallate)	15.8	54.9	43.8	47.5
BHA(butylated hydroxyanisole)	6.6	7.3	19.3	31.0
BHT(di-tert.-butyl-p-cresol)	9.4	14.6	22.7	26.5

1) 20Meq/kg를 유도기간의 종료시기로 했음.
2) 100Meq/kg를 유도기간의 종료시기로 했음. 안정도는 AOM법에 의함.
Blanck, F.C. ed., 1955., "*Handboor of Food and Agriculture,*"p. 255, Reingold Pub. Corp., New Youk.

BHA와 BHT의 특수한 성질 근래에 와서 일부 페놀계 항산화제들, 예로서 BHA와 TBHQ(나중에 설명함), 특히 BHA가 상당한 항미생물 작용(antimicrobial activity)을 갖고 있는 사실이 알려지고 있다(Eubanks, V. L. and Beuchat, L. R., 1982 ; Lin, C. C. S. and Fung, D. Y. C., 1983). 그러나 이와 같은 항산화제는 물 또는 일반적인 수용액에서는 녹지 않기 때문에 실제 방부제류(preservative)로 사용될 가능성은 거의 없다.

한편 BHA나 BHT가 실험동물들에 대해서 항암작용(anticarcinogenic activity)을 갖고 있는 사실

이 오래 전부터 알려져 왔으며, 근래에 와서 많은 연구자들에 의해서 확인되고 있다(Draper, H. H. and Bird, R. P., 1984 ; Frankel, E. N., 1984 참조).

이와 같은 항산화제들의 항암작용이 이들의 항산화작용에 의한 것인지에 대해서는 더 많은 연구들이 필요할 것 같다. 그러나 많은 항산화제들, 특히 자연 식품항산화제들을 포함하는, 채소류, 과실류, 두류, 곡류, 향신류(spices), 약초류(herbs), 각종 차류(teas)에서 추출된 여러 종류의 항산화 성분들, 예로서 다양한 종류의 폴리페놀 화합물들(polyphenol compounds)로 대표되는 각종 항산화성분들이 인체를 비롯한 많은 생체들에서 발생하는 돌연변이(mutagenesis), 암(cancers), 그리고 부분적인 노쇠(老衰) 현상들(gerontological changes) 등의 예방 또는 억제에 효과적인 사실에 대해서 많은 실험들과 논의들이 발표되어 왔으며(예 Simic, M. G. and Karel, M. editors, 1980, "Autoxidation in Food and Biological Systems"의 Biolochemical systems, Biological systems 등의 표제들 안의 논문들 참조), 또한 많은 이 분야들에 관한 논문들이 계속 여러 학술 잡지들에 발표되고 있다.

한편 이상의 항산화제들 또는 항산화 성분들이 생체내에서 일부 돌연변이, 암 발생 등과 역시 일부 노쇠 현상 등의 원인이 되는 것으로 생각되는 생체내에서의 여러 종류의 퇴행성(退行性)인 유리 라디칼 반응들(some degenerative in vivo free radical reactions)에서 유리 라디칼들을 제거하는 물질들(in vivo free radical scavengers)로서 작용한다는 견해가 근래에 와서 널리 논의되어 왔다.

이 문제와 관련해서 프란켈(Frankel, E. N., 1984)은 생체내에서의 지방질들의 산화(lipid peroxidation)가 생체 조직막의 파괴(disruption of biological membranes), 효소들의 불활성화와 단백질들의 손상, 산화의 결과 파손된 조직막들에서 노화 색소들의 형성(formation of aged pigments) 등과 관련되었음을 문헌들을 통해서 설명하고 있다. 프란켈은 또한 체내에 형성된 유리 라디칼들(free radicals)이 발암 과정(carcinogenesis) 전에 화학적 발암성 물질들(chemical carcinogenic agents)을 더 활성화된 상태(more active forms)로 만들어내는 많은 실험 예들을 설명하고 있으며, 이상의 많은 연구들을 통해서 유리 라디칼들의 형성을 촉진하는 요인들(예로서 환원성 물질들이나 항산화제들의 존재)은 다 같이 암의 발생 여부에 큰 영향을 준다고 설명하고 있다.

그리고 생체 내에서의 지방질 성분들의 산화(lipid peroxidation)의 억제기구(biological defense-mechanisms)로서 항산화제들의 존재와 작용 이외에 파록시데이스(peroxidase), 캬탈레이스(catalase), 수퍼옥사이드 디스뮤테이스(superoxide dismutase, SOD)들의 작용을 통해서 지방질 성분들의 산화를 촉진하는 활성화된 산소(activated oxygen)를 제거하는 기구라고 설명하고 있다.

여기서 생각할 수 있는 활성화된 산소란 체내에서 발생한 것이기 때문에 광선의 조사가 필요한 일중항 산소(singlet oxygen, $^1O_2$)는 아니고, 체내에서 산소 분자들이 쉽게 전자를 흡수하여 수퍼옥사이드 아나이온(superoxide anion) 또는 수퍼옥사이드 라디칼(superoxide radical, $O_2^- \cdot$)을 형성하게 되는데, 이 수퍼옥사이드 라디칼($O_2^- \cdot$)을 그대로 방치해 두면 빠른 속도로 여러 활성 라디칼들 중에서 가장 강력한 활성 라디칼로 생각되고 있는 하이드록시 라디칼(hydroxy radical, $HO \cdot$)이나 과산화수소(hydrogen peroxide, H_2O_2)와 같은 강력한 산화제(oxidizing agent)를 형성하는 사실에 대해서는 이미 본장의 앞부분 항산화 효소시스템(antioxidant enzyme systems)에 대한 설명을 참고해 주길 바란다.

BHA 및 BHT의 특수한 용도 곡류, 특히 곡류 가공제품들의 저장수명(shelf life)은 BHA 또는 BHT에 의해서 매우 효과적으로 연장될 수 있으며, 이들은 곡류 가공업자들이 가장 널리 사용하고 있는 항산화제들이다. 이 두 항산화제는 미국 등에서는 곡류 가공제품, 특히 팽화(膨化) 곡류가공품(puffed cereal products or breakfast cereals)에 대해서 단독으로, 또는 혼합물로서 대체로 50ppm의 농도까지 그 사용이 허용되고 있다.

그러나 BHA나 BHT들은 이미 설명한 바와 같이 그 휘발성이 크기 때문에, 즉 승화(昇華, sublimation)되기 쉽기 때문에 이상의 가공품들 표면에 분무(spray) 또는 직접 도포(塗布)의 방법 등으로 첨가할 때는, 이런 처리를 받은 제품들 속의 BHA나 BHT 등의 함량은 급격하게 감소되며(약 90%가 가공 과정에서 소실된다고 한다), 따라서 이상의 방법들은 효과적이 아니다.

그 대신에 제품에다가 이들 항산화제의 유탁액(oil emulsion)을 분무(spray)하는 방법이 널리 사용되고 있다. 이렇게 하면 이들 성분의 휘발에 의한 손실은 다소 방지할 수 있으나 그 실시 방법이 매우 힘들며, 더구나 제품에 균일하게 분포되기 어려운 결점이 생긴다.

한편 이들 제품을 싸는 포장 재료 내부에 붙인 왁스 종이(waxed paper)에 이상의 항산화제들을 함유시키는 방법이 1960년대에 들어서서 널리 사용되고 있다. 왁스 종이에 함유된 항산화제는 저장 중에 왁스종이에서 제품으로 매우 효과적으로 이동되는 사실은 실험적으로 확립되고 있다.

예로서 콜드웰(Caldwell, E. F., 1964)은 각각 0.7%와 1.6%의 BHT를 함유시킨 왁스 종이(waxed paper)를 이용해서 곡류 가공 제품(breakfast cereals)을 포장하였을 때, 저장 시간의 경과에 따라 대부분의 왁스 종이에 함유되었던 BHT가 곡류 가공 제품들에 효과적으로 이동하는 사실을 실험적으로 밝히고 있다.

이 실험에 의하면, 왁스 종이에 BHT를 함유시켰을 때 12주, 즉 84일 후에는 대략 전체 BHT 함량의 80%가 곡류 제품으로 이동했다고 한다(그림 14-41 참조).

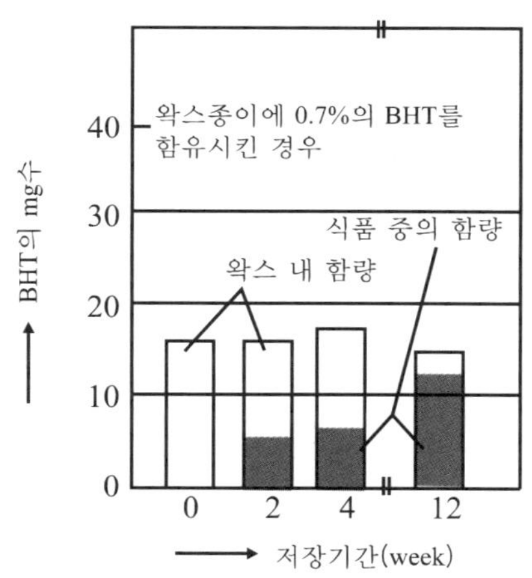

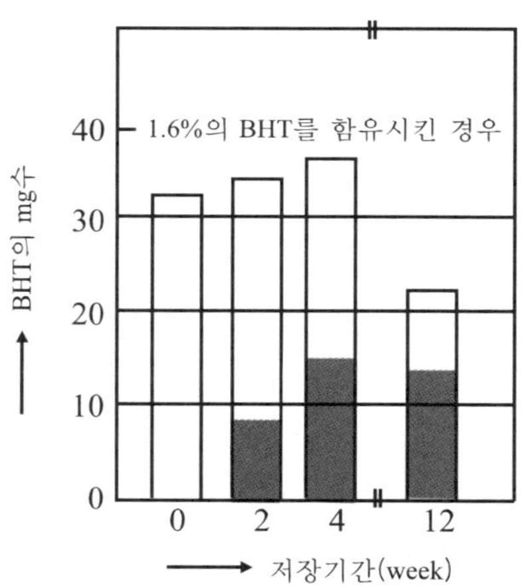

[그림 14-41] 내부 포장지(왁스 종이, waxed paper)에 함유시킨 BHT가 시간의 경과에 따라 포장지 속에 있는 곡류 제품에 이동되는 상황. 사선 부분은 제품으로 이동된 BHT의 양. Caldwell, E. F., 1964, *Food Technol.*, 18, 383.

터어시아리뷰틸 하이드로퀴논 1960년대 말부터 불포화지방산의 함량이 큰 식물성 유지들이나 어유들(fish oils) 등에 대한 페놀계 합성 항산화제로서 터어시아리뷰틸 하이드로퀴논(tertiarybutyl hydroquinone, TBHQ)이 매우 효과적인 사실이 일부 연구자들에 의해서 알려지기 시작했다. 예로서 샤어윈들(Sherwin, E. R., 1967 ; Sherwin, E. R.and Luckadoo, B. M., 1970 ; Sherwin, E. R.,

1976)에 의해서 일반 식용유지류에 대해서, 그 중에서도 특히 불포화도가 큰 식물성유나 어유(fish oils) 등에 대해서 우수한 항산화 작용을 가진 사실이 밝혀졌었다.

이 TBHQ는 미국에서는 1972년에 그 효과와 독성 등에 대해서 충분히 검토가 된 후, 합성 식품 항산화제로 그 사용이 허가되었다.

그 분자량은 166.2, 그 융점은 대략 126℃이며, 일반적으로 흰색의 결정성 물질로 존재한다. BHA나 BHT들과는 달리 극성 구조(polar structure)를 갖고 있으며, 따라서 물에 약간 녹는 대신에 유지류나 유지 용매류(fat solutions)에 대해서는 BHA나 BHT와 같이 잘 녹지 않는다.

불포화도가 큰 식용유나 어유 등보다는 불포화도가 낮은 돼지기름에서 그 항산화 작용은 BHA나 BHT와 큰 차이는 없는 것 같다. 그러나 그 이행성은 BHA나 BHT에 비해서 비교할 수 없을 만큼 낮다. 불포화도가 동물성 지방(animal fats)들의 경우보다 높은 대두유를 비롯한 일반 식물유들에 대해서도 BHA나 BHT, 경우에 따라서는 PG보다 더 강한 항산화 효과를 갖고 있다고 한다.

TBHQ가 BHA나 BHT와 같은 페놀계 합성식품 항산화제들이 갖고 있지 않는 두 개의 장점들의 하나가 불포화도가 큰 유지류에 대해서 항산화 효과가 더 좋다는 점이라면, 나머지 하나는 BHA나 BHT와 달리 튀김유에 사용될 때도 튀김유의 품질을 잘 유지하면서, 그 자신의 항산화 작용도 그대로 유지하는 점이다.

벅크(Buck, D. F., 1981)는 TBHQ는 페놀계 식품 항산화제들 중 아마도 가장 좋은 튀김유용 항산화제라고 설명하고 있다. 실제로 로들(Rho, K. L., *et al.*, 1986)은 라면(instant noodle) 제조에 사용한 팜유(palm oil)에 TBHQ 200ppm을 첨가했을 때, 라면의 저장 수명(shelf life)이 3배로 연장된 예를 보고하고 있다.

그 독성은 대체로 BHA와 BHT의 중간 정도로 생각되고 있으며, 1976년에는 미국과 브라질에서만 사용이 허용되었으나(Sherwin, E. R., 1976), 현재는 우리나라에서도 그 사용이 허용되고 있다. 그 사용 농도는 단독 또는 다른 식품 항산화제와의 합계량으로 0.02%, 즉 200ppm 이하에서는 인체에 대해서 안전한 것으로 생각되고 있다(Astill, B. D., *et al.*, 1975 참조). TBHQ에 대한 ADI(Acceptable Daily Intake)는 BHT의 경우에 설명한 것과 똑같은 경위를 거쳐, 1987년에 0~0.2mg/kg 체중으로 정해진 바 있다(Barlow, S. M., 1990 참조).

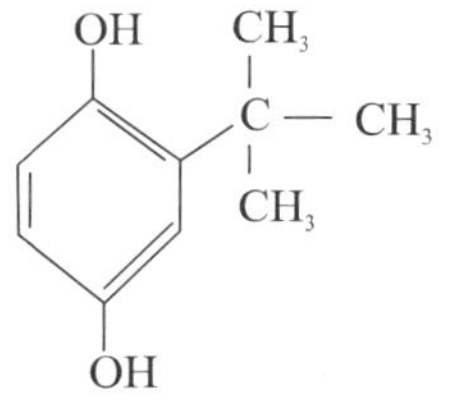

OH　CH_3

$C - CH_3$

CH_3

OH

터어시아리뷰틸 하이드로키논(tertiarybutyl hydroquinone, TBHQ)

싸이오다이프로피온산과 그 알킬 에스터류 식용유지에 사용되고 있는 항산화제 중 페놀계 항산화제(phenolic antioxidants)가 아닌 유일한 항산화제로는 이 싸이오다이프로피온산(thiodipropionic acid)과 그 로오릴 및 스테아릴 에스터류(lauryl and stearyl esters)가 있으나 그 특유한 냄새 때문에 식용유지나 가공 식품에는 사용되고 있지 않다.

기타의 개발 중인 합성 식품 항산화제들

합성 중합체 항산화제들 앞에서 말한 PG, BHA, BHT나 TBHQ들은 매우 효과적인 합성 식품 항산화제들(synthetic food antioxidants)로서, 현재까지 오랜 세월 동안 식용유지류나 각종 가공 식품류에 널리 사용되어 왔다. 그러나 식품 첨가물들의 단기, 특히 장기 섭취에 의한 인체에 대한 유해 작용에 대한 검토가 점차 강화되고 있어서, 항산화 효과는 그대로 유지하면서 인체에 대한 독성 효과, 특히 장기 독성 효과가 상대적으로 더 적은 식품 항산화제들의 개발이 요구되어 왔다. 특히 항산화 효과가 큰, 오랫동안 아무런 해 없이 섭취해 온 각종 식품류, 향신료, 약초류에서, 위에서 설명한 바와 같은 항산화 성분들의 개발에 많은 노력이 집중되어 왔으며, 현재도 많은 노력이 이루어지고 있다.

후리아와 벨란카들(Furia, T. E. and Bellanca, N., 1976)은 유용성이나 물에는 전혀 녹지 않으며, 따라서 인체에 전혀 흡수되지 않은 채 배설되지만, 식용유지류 등에 대해서 항산화 작용을 가진 폴리하이드록시페놀 중합체들(polyhydroxyphenol polymers)에 대해서 보고한 바 있다(그림 14-42 참조).

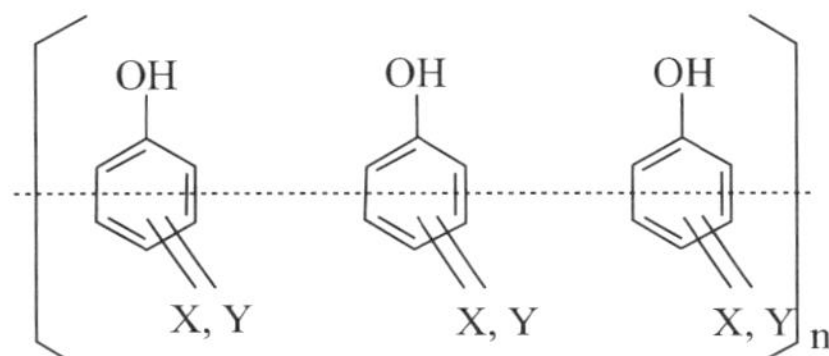

X, Y = Hydrogen, alkyl, alkoxyl, etc

[그림 14-42] 유용성이나 비수용성이고 인체에 흡수되지 않은 중합체 항산화제(oil-soluble, water-insoluble, non-absorbable polymer antioxidants)의 한 그룹인 폴리하이드록시페놀 중합체들(polyhydroxyphenol polymers, mol. wt., 760~67,000)(Furia, T. E. and Bellanca, N., 1976).

한편 이케다와 후크즈미들(Ikeda, N. and Fukuzumi, K., 1976, 1977)도 항산화 작용을 가진, 식용유지류에는 녹으나 물에는 녹지 않는, 그리고 인체에는 거의 흡수되지 않는 중합체들(oil-soluble, but water-insoluble, non-absorbable polymer antioxidants)로서 일부 이온-교환 수지들(ion-exchange resins)과 에틸렌이민 중합체들(ethyleneimine polymers)을 소개하고 있다.

또한 후리아와 벨란카들(Furia, T. E. and Bellanca, N., 1976)의 실험에서는 폴리하이드록시페놀 중합체(polyhydroxyphenol polymer)들 중에서 그 분자량이 760인 구획(AO I), 7,300인 구획(AO II)과 67,000인 구획(AO III) 등으로 분리해서 실험에 사용하고 있다.

이들 폴리하이드록시페놀 중합체들 중 AO I, AO II와 AO III들의 항산화 작용을 BHA, BHT들을 대조용 항산화제들로 하여 각각 200ppm씩, 그리고 구연산을 각각 200ppm씩을 더 첨가한 시료들을 면실유-대두유 혼합 기질에서, AOM(active oxygen method)을 사용하여 측정, 비교한 항산화 작용의 크기의 순서는 아래와 같았다고 한다.

$$\text{AO III} \gg \text{AO II} > \text{AO I} > \text{BHA} > \text{BHT}$$

또한 이상의 세 종류의 중합체 항산화제들과 TBHQ의 항산화 작용들을 위와 같은 조건, 즉 각각 200ppm+구연산 200ppm을 대두유 기질에서 AOM으로 측정, 비교한 결과는

$$AO\,\mathrm{I} \gg AO\,\mathrm{II} > AO\,\mathrm{III} > TBHQ$$

의 순서였다고 한다.

한편 표준 실험쥐들에 ^{14}C가 함유된 TBHQ와 이상의 중합 항산화제들(^{14}C-labeled TBHQ and AO I, AO II, AO III)을 경구적(經口的)으로 복용시킨 후, 신체 내의 잔존율을 측정한 결과, TBHQ의 복용량 경우, 그 중에서 88.3%, AO I, AO II, AO III들의 경우, 각각 1.5%, 0.44%, 0.34%가 잔류했었음을 확인했다고 한다.

이상과 같은 결과들은, 인체의 경우에도 인체의 소화기관을 거쳐서 체외로 배설되는 과정에서 여러 분해 효소들의 작용을 비롯한 각종의 소화 작용들에 의해서, 중합 항산화제들 또는 그 분해 생성물들이 일시적이라 해도 체내에 흡수될 가능성을 배제할 수는 없다. 따라서 이와 같은 체내 잔류물들의 인체 내에서의 작용이 규명되지 않는 한, 자유로이 사용하기 어렵다는 문제가 생긴다.

현재 사용되고 있는 합성 식품 항산화제들이 30, 40년의 긴 기간을 실제로 식품 항산화제로서 사용되어 온 사실들을 생각할 때 더욱 그러하다.

아무튼 현재 사용 중인 합성 항산화제들을 대체할 수 있는, 새로운 합성 식품 항산화제들의 개발을 위해, 여러 가지 다양한 연구들이 실행되어 온 사실들을 한 예로 들어 소개했었다.

식품 항산화제의 분류와 시너어지스트들

항산화제들의 분류 이미 본 장(제14장)의 식품 항산화제들의 항목에서 소개한 스콧트(Scott, D., 1958)는 식품 항산화제들의 종류를 그들의 기능에 따라 페놀계 항산화제들(phenolic antioxidants), 금속 제거제들(sequestrants), 환원제들(reducing agents), 특정 산소 제거제들(specific O_2 scanvengers)로 분류하여 그 예들과 적용 대상이 되는 식품의 종류 등은 표(표 14-6, 본문 p. 567)서 간단히 설명하고 있다.

이상의 스콧트(Scott, D.)의 표에서 페놀계 항산화제들(phenolics, phenolic antioxidants)로 분류된 식품 항산화제들은 BHA, BHT, NDGA(현재 사용금지) 등이나 TBHQ와 같은 페놀계 항산화제들의 기본적인 작용은 유지류나 지방질 성분들의 자동산화 과정, 즉 유리 라디칼 연쇄 반응(free radical chain reaction)을 이어나가는 활성 라디칼들(active free radicals)에 전자와 프로톤(수소 원자)을 공급하여 활성 라디칼들을 제거하는 작용(free radical scavenging activity)으로 확립되어 왔다.

따라서 이상의 항산화제들은 유리 라디칼 소거제들(free radical scavengers)로 널리 불려 왔다. 한편 토코페롤류, 일부 토코트라이에올류, 아스콜빈산, 그리고 이들의 유도체들인 트롤록스-C(Trolox-C), 아스콜빌 팔미테이트(ascorbyl palmitate, AP)들도 유리 라디칼 소거제들로 알려져 있다.

많은 연구자들은 앞에서 말한 유리 라디칼 소거제들(free radical scavengers)을 제1차적인 항산화제들(the primary antioxidants)로, 기타의 산화 억제 작용을 나타내는 항산화제들은 제2차적인 항산화제들(the secondary antioxidants)로 분류해왔으나 엄밀히 분류해 보면 같지 않은 경우가 많다.

예로서 건스톤과 노리스들(Gunstone, E. D. and Norris, F. A., 1983)은 유리 라디칼 소거제들로 작용하는 항산화제들을 제1차적 항산화제들로, 금속 제거제들로 작용하는 구연산(citric acid)과 같은

유기산들을 시너지스트 항산화제들(synergistic antioxidants)로 분류하고 있으며, 한편 콧하와 로셀들(Kochhar, S. P. and Rossel, J. B., 1990)은 유리 라디칼 소거제들(free radical scavengers)을 제1차 항산화제들(primary antioxidants)로 그리고 싸이오다이프로피온산(thiodipropionic acid) 등의 하이드로파록사이드들(hydroperoxides)을 분해하여 안정한 최종 생산물들(stable end products)을 만드는 형태의 항산화제들을 제2차 항산화제들(secondary antioxidants)로 분류하고, 여기에 산소 흡수제들(oxygen scavengers), 전술한 구연산, 일부 아미노산들, EDTA(ethylenediaminetetraacetic acid) 등의 구리, 철 등의 금속 이온들과 결합하여 이들의 산화촉진 작용을 억제하는 킬레이트제들(chelating agents) 또는 금속 제거제들(sequestrants) 등으로 분류하고 있다.

이상의 경우들과는 달리, 포터(Porter, W. L., 1980)는 유리 라디칼 소거제들(free radical scavengers)로서 작용하는 항산화제들을 제1차 항산화제들(primary antioxidants)로, 그 외의 작용들에 의해서 유지류 등의 자동산화를 억제하거나, 그 억제에 기여하는 물질들을 제2차 항산화제들(secondary antioxidants)로 명쾌하게 분류한 바 있다.

한편 라이셰(Reische, D. W., 2002)도 대체로 포터(Porter, W. L., 1980)와 같은 취지로 항산화제들을 제1차 항산화제들(primary antioxidants)과 제2차 항산화제들(secondary antioxidants)로 분류하고, 제2차 항산화제들의 종류, 즉 항목들로서 킬레이터들(chelators), 산소 제거제들(oxygen scavengers), 환원제들(reducing agents), 그리고 일중항 산소 소거제들(singlet oxygen quenchers)을 들고 있다. 항산화제들의 분류에서는 앞에서 말한 포터(Porter, W. L., 1980)의 견해가 가장 단순하고, 명쾌하다고 생각된다.

시너어지스트들 넓게 얘기해서 시너어지스트(a synergist)란 그 시너어지스트가 어떤 특정 물질 또는 물질들에 대해서 시너어지즘(synergism), 즉 일반적으로 상승효과(相乘效果)로 표현되는 작용을 하는 물질 또는 화합물이라고 정의할 수 있을 것이다.

한편 시너어지즘(synergism)이란, 한 화합물 또는 물질이 그 자체로서는 어떤 특정한 효과를 갖고 있지 않거나, 일반적으로 미약한 효과를 갖고 있는 데도, 다른 뚜렷한 효과를 화합물이나 물질, 또는 화합물들이나 물질들과 함께 존재함으로써 부가적 효과(附加的 效果, additive effect) 이상의 효과 또는 효과들을 가져오는 현상이라고 할 수 있다. Synergism이라는 말 자체는 협동(協同) 또는 상조(相助)를 의미하는 working together를 뜻하는 말에서 유래되었으므로, 상승효과로 표현할 경우, 특히 한자로 표현할 때는 오해가 생길 수 있으나, 이런 점을 충분히 이해하면서, 시너어지스트 효과를 편의상 상승효과로 표시하여 왔다.

같은 제1차 항산화제들(primary antioxidants)이며 페놀계 합성식품 항산화제들인 2-BHA와 BHT 사이에, 그리고 BHA나 BHT와 TBHQ 사이에 매우 강한 상승효과가 있는 사실들에 대해서는 이미 언급한 바 있다.

그러나 식품 항산화제들과 관련해서, 오래 전부터 그 상승작용들이 널리 알려져 왔으며, 실제로 사용되어 온 시너어지스트들의 대부분은 구연산(citric acid), 주석산(tartaric acid), 파이틴산(phytic acid) 등과 같은 유기산들(organic acids), 인산(phosphoric acid), 아스콜빈산, 각종 인지방질들(phospholipids), 그리고 에틸렌다이아민테트라초산(ethylenediaminetetraacetic acid, EDTA), 일부 유기산들의 유도체들로 볼 수 있는 화합물들이다.

또한 정제 식용유지류까지도 포함한 일반 식용유지류는 미량 또는 극미량의, 주로 철, 구리 등의 전이금속들(轉移金屬, transition metals)과 킬레이트 결합(chelating), 즉 배위 결합(配位 結合, coordinate-bonding)을 통해서 이상의 유지류의 자동산화, 즉 유리 라디칼 연쇄반응에 대한 이상의 금속들의 촉매작용(catalytic action)을 억제함으로써, 제1차 항산화제들에 대한 철, 구리 등에 의한 방해작용을 효과적으로 제거한다.

실제로 구리, 철 등이 극미량이라도 함께 존재할 때는 제1차 항산화제들의 작용이 크게 감소되는 사실이 널리 알려져 왔기 때문에, 이상의 시너어지스트들의 병용은 중요하다.

앞에서 말한 대로, 이상의 금속 또는 금속 이온 제거제들(metal or metallic ion scavengers)은 기본적으로 산(acid) 또는 그 유도체들로 볼 수 있는 화합물들이기 때문에, 일반적으로 산성(酸性)의 시너어지스트들(acidic synergists)로 알려져 왔다. 이들의 효과에 대해서는 1950년 초부터 많은 연구결과들이 발표되어 왔다. 표 14-10은 그 한 예이다.

표 14-10 보통 마요네즈(즉, control myonnaise)와 펌코자임에 의해서 안정화된 마요네즈(fermcozyme-treated mayonnaise)의 색깔, 과산화물가, 관능검사상의 성질의 차이.

저장시간 달수 (months)	관능검사상의 성질 (organoleptic)		색깔 (color)		과산화물가(peroxide value) m.mole/kg(평균치)	
	실험대조 (control)	펌코자임 처리된 것 (fermcozyme treated)	실험대조 (control)	펌코자임 처리된 것 (fermcozyme treated)	실험대조 (control)	펌코자임 처리된 것 (fermcozyme treated)
0	+	+	+	+	0.2	0.2
2	+	+	+	+		
3	-	+	+	+	6.2	0.2
4	-	+	-	+		
5	-	+	-	+		
6	--	+	--	+	14.6	0.8

관능검사상의 성질 : + 신선한 상태, - 약간 산패된 상태, -- 산패된 상태

색깔 : + 강한 노란색, - 엷은 노란색, -- 매우 엷은 노란색

Scott, Don. 1958. *Food Technol.*, 12(7), 7-17.

여러 산성 시너어지스트들 중에서도 구연산(citric acid)은 특히 효과적으로 구리(Cu), 철(Fe) 등의 전이금속들(轉移金屬, transition metals)과 결합하여, 이상의 금속들의 산화 촉매작용을 억제하는 사실이 오래 전부터 알려져 왔으며, 일부 유럽의 정유(精油) 회사들에서는 1930년대부터, 미국의 회사들은 1940년대 후반부터 정제유들, 특히 정제 대두유의 변향(flavor reversion)을 억제하기 위하서 이상의 산성 시너어지스트들을 첨가하여 왔었다.

이상의 주요한 작용이 킬레이터들(chelators or chelating agents), 즉 저장 초기에 발생하는 식용유지류의 산화를 촉진하는 이상의 금속들 또는 금속 이온들과의 킬레이팅(chelating, 또는 배위 결합)을 통해 이들의 산화 촉진작용을 억제하는 사실에 대해서는 이미 본 장 변향(flavor reversion)의 항목에서 언급한 바 있다(Cowan, C. D. and Evans, C. D., 1962 참조).

한편 인산(phosphoric acid)과 그 염류들도 산성 시너어지스트로서 널리 사용되어 왔으나 구연산의 경우처럼 가열된 식용유지류에서도 시너어지스트로서의 기능을 유지하는 능력은 없으며, 오히려 가열된 유지류의 착색(着色, coloring) 또는 중합(polymerization)을 유발하는 등의 결점이 있다고 한다.

그러나 중합 인산의 염류(sodium polyphosphate), 한 예로서 트리폴리인산의 소듐염(sodium tripolyphosphate)은 가열 조리된 육류의 지방질 성분들의 산화를 효과적으로 억제하여 준다는 사실도 널리 알려져 있다. 특히 트리폴리인산의 소듐염(sodium tripolyphosphate)은 상당한 산화 억제작용을 갖고 있는 것으로 알려져 있으나, 이것은 그 자체의 항산화 작용(antioxidant activity)이 아니라 산화 촉진제로 작용하고 있는 금속들의 제거, 즉 금속제거제(metal scavenger)로서의 작용으로 생각되고 있다.

톰슨(Thomson, J. E., 1964)에 의하면, 가열 조리된 닭고기를 5℃에서 저장할 때, 트리폴리인산의 소듐염(sodium tripolyphosphate)의 6.5% 용액에 침지 처리를 했던 닭고기는 일주일 후에도 그 향미에 거의 아무런 변화가 없었으며, 그 TBA가도 1 정도였다고 한다. 그러나 이와 같은 침지 처리(沈漬處理)를 하지 않은 채, 같은 조건에서 저장된 닭고기의 경우에는 일주일 후에는 상당한 이취(off-flavor)가 발생하였으며, 그 TBA가도 6까지 상승되었다고 한다(여기서 TBA가는 수치가 낮을수록 우수함을 나타낸다).

밀폐된 용기에서 산소를 제거하는 일

산화에 의한 산패(oxidative rancidity)는 결국은 공기 중의 산소를, 유지나 지방질 식품들이 흡수함으로써 일어나는 자동산화(autoxidation), 즉 초기에 형성된 활성 라디칼들에 의해서 촉발된 유리 라디칼 연쇄반응들(free radical chain reactions)의 결과 형성된 안정성이 적은 하이드로파록사이드류(meta-stable hydroperoxides)의 계속 산화, 분해 또는 중합 등에 의해서 일어나는 것이므로, 공기와의 접촉을 억제하거나, 산화에 소비될 산소를 제거하여 주면 산화는 원천적으로 일어나지 않을 것이다.

따라서 유지의 산패를 억제하는 하나의 방법은 산소, 즉 공기가 존재하지 않는 환경에 식용유지류나 지방질 식품들 또는 그 가공 식품들을 저장하는 방법이다.

보통 이와 같은 목적을 위해서는 공기가 통하지 않도록 밀폐된 용기의 상부 공간(head space)의 공기를 제거하거나, 다른 불활성 가스(inert gas), 예로서 질소 등과 대체하는 방법들이 있다.

그러나 호프맨(Hoffman, M. L., 1966)에 의하면, 식용유지류나 지방질 식품들 또는 그 가공 식품들 내부에는 상당량의 산소가 용해되어 있기 때문에 단지 용기의 상부 공간의 공기만을 제거하는 것으로는 불충분하며, 완전한 산화억제를 위해서는 식용유지류나 지방질 식품류 등에 녹아 있는 공기, 즉 산소도 제거할 필요가 있다고 한다.

글루코오스 옥시데이스를 이용한 산소 제거법 밀폐된 용기 내의 산소를 제거하는 방법으로서는 물리적인 방법으로 공기를 제거하여 진공(vacuum) 상태에 가깝게 하거나, 다른 불활성 가스(inert gas)로 대체하는 방법 이외에도, 특정한 산화 효소들(oxidizing enzymes)을 적당한 기질들(substrates)에 혼합하여 기질들의 산화를 촉진시킴으로써 산소를 제거하는 산소 제거 체계(oxygen scavenger system)의 사용 등이 있다.

예로서 스코트(Scott, D., 1958)는 이와 같은 산소 제거 체계(oxygen scavenger system)의 한 예로 특정 곰팡이의 균사(mold mycelium)에서 추출된 글루코오스 옥시데이스(glucose oxidase)와 카탈레이스(catalase)의 혼합물로서 구성된 펌코자임(Fermcozyme)이라는 제품을 시판한 적이 있다(표 14-3 및 14-11 참조, 그림 14-43 참조).

표 14-11 보통 마요네즈(즉 control mayonnaise)와 펌코자임에 의해서 안정화된 마요네즈(Fermcozyme-treated mayonnaise)의 색깔, 과산화물가, 관능 검사상의 성질의 차이.

저장시간 달수(months)	관능검사상의 성질 (organoleptic)		색깔(color)		과산화물가(peroxide value) m.mole / kg(평균치)	
	실험대조 (control)	펌코자임 처리된 것 (Fermcozyme treated)	실험대조 (control)	펌코자임 처리된 것 (Fermcozyme treated)	실험대조 (control)	펌코자임 처리된 것 (Fermcozyme treated)
0	+	+	+	+	0.2	0.2
2	+	+	+	+		
3	−	+	+	+	6.2	0.2
4	−	+	−	+		
5	−	+	−	+		
6	−−	+	−−	+	14.6	0.8

광능검사상의 성질 ; + 신선한 상태, − 약간 산패된 상태, −−산패된 상태
색깔 ; + 강한 노란색, −엷은 노란색, −− 매우 엷은 노란색
Scott, Don. 1958. Food Technol., 12(7), 7-17.

$$2\ \text{포도당}(CH{=}O-H\!-\!C\!-\!OH-HO\!-\!C\!-\!H-H\!-\!C\!-\!OH-H\!-\!C\!-\!OH-CH_2OH) + 2H_2O + 2O_2 \xrightarrow{\text{glucose oxidase}} 2\ \text{글루코닌산(gluconic acid)}(COOH-H\!-\!C\!-\!OH-HO\!-\!C\!-\!H-H\!-\!C\!-\!OH-H\!-\!C\!-\!OH-CH_2OH) + 2H_2O_2$$

$$2H_2O_2 \xrightarrow{\text{catalase}} 2H_2O + O_2$$

[그림 14-43] 글루코오스 옥시데이스를 이용한 산소 제거법.

산소를 제거하고자 하는 밀폐된 용기 속에 이 펌코자임을 소량의 포도당과 함께 별도로 포장하여 넣어주면, 그림 14-43과 같은 화학 반응의 진행과 함께 포도당은 밀폐된 용기 안에 남은 산소와 결합하여, 즉 산화되어 글루코닌산(gluconic acid)이 되는 동시에, 밀폐된 용기 속의 산소는 제거되며, 따라서 그 용기 속의 유지류나 지방질 식품들의 산패는 억제된다.

스코트는 마요네즈(mayonnaise)를 펌코자임(Fermcozyme)으로 처리하였을 때, 관능 검사상의 성질들(organoleptic properties), 즉 냄새, 맛, 색깔 등이 잘 유지되며, 또 그 과산화물가의 증가도 억제되는 사실을 실험적으로 확인하고 있다(표 14-11 참조).

활성화된 철분을 이용하는 방법 분말 상태로 하여 그 표면적을 넓혀, 산화되기 쉽게 한 철분(Fe-powder)을 사용하여 밀폐된 용기 내의 잔존 산소를 제거하고자 하는 방법이 오래 전부터 시도되어 왔다(Zimmerman, P. L., *et al.*, 1974 참조).

이와 같이 미세입자화(微細粒子化)하여, 표면적을 크게 늘인 활성화된 철분은 용기 내의 식품류와 혼합되는 일을 방지하기 위해서, 가스들은 통과하나 철분은 통과하지 못하는 작은 주머니에 넣어서 사용된다.

플라스틱 필름 포장 재료의 내가스 투과성(耐 gas 透過性)이 개선(改善), 즉 크게 억제됨에 따라 이 형태의 산소 제거제의 사용이 포장 라면(Ma, S. J. and Kim, D. H., 1980) 또는 포장 감자튀김(Ko, K. H. and Kim, D. H., 1980) 등에 대하여 검토된 바 있다. 그러나 이상에서 열거한 방법들은 액체상의 식품들의 밀폐 용기에 대해서는 사용하기 어렵다.

한편 아스콜빈산(ascorbic acid)의 경우에는 자연 식품항산화제들의 항목에서 이미 설명한 바와 같이, 제1차 항산화제(primary antioxidant), 즉 유리 라디칼 소거제(free radical scavenger)로서도 작용하는 사실이 잘 알려져 있다.

그 이외에도 제11장의 마이얄 반응(Maillard reaction)의 항목에서 설명한 바와 같이 환원제(還元劑, reducing agent)로서의 사용도 가능하다.

그리고 아스콜빈산은 공기 중의 산소를 아주 잘 흡수하며, 역시 제11장의 효소에 의한 갈색화반응(enzymatic browning reaction)의 항목 끝에서 이미 설명한 방법으로 과실류의 당조림 통조림 등에서 통조림통의 상부 공간(head space)의 공기제거 과정에서, 완전히 제거되지 않았던 잔류 공기 중의 산소, 또는 통조림 될 과실류의 조직(tissue) 등에 녹아 있었던 산소 등을 제거하기 위해서 아스콜빈산을 첨가하는 방법이 오래 전부터 계속 사용되어 왔었다.

통조림을 만드는 과정에서 아스콜빈산을 첨가하여, 밀폐용기들의 내부의 상부의 내용물에 녹아있는, 또는 상부 공간(head space)에 남아 있는 산소를 아스콜빈산의 첨가로 흡수, 제거하는 방법도 오래 전부터 사용되어 왔다.

한편 3.3mg의 아스콜빈산은 1mL의 공기 중에 존재하는 산소를 제거 또는 흡수하는 양으로 계산되어 왔으며, 실제로 아스콜빈산은 이와 같은 과정에서, 거의 이론치(理論値)에 가까운 공기 중의 산소를 제거하는 것으로 알려져 왔다.

참고문헌

Adams, D. M. and Brawley, T. G., 1981, Factors Influencing the Heat Resistance of a Heat-Resistant Lipase of Pseudomonas, *J. Food Science.*, 46, 673.

Alfin-Slator, R. B., *et al.*, 1963, Vitamin E and Lipd Metabolism, *Advances in Lipid Research*, 1, 183.

Al-Obaidy, H. M. and Siddiqi, A. M., 1981, Inhibition of Bread Bean Lipoxygenase, *J. Food Science.*, 46, 597.

Allen, J. C. and Hamilton, R. J., 1983, "*Rancidity in Foods*", Applied Science Publishers, London.

Am. Oil Chem. Soc., 1971, "*Official and Tentative Methods of the AOCS*", Third edition, Volumes I and II, American Oil Chemists Society, Champaign, Illinois, U.S.A.

Amano, R., 1968, Oxidative Rancidity of Fats and Oils, II. The Thiobarbituric Acid Reaction of Autoxidized Methyl Linoleate and its Products, *Shokuhin Eiseigaku Zasshi* (*Japan*), 9, 19.

Artman, N. R., 1969, The Chemical and Biological Properties of Heated and Oxidized Fats, *Advances in Lipid Research*, 7, 245.

Asakawa, T. and Matsushita, S., 1978, Colorimetric Determination of Peroxide Value with Potassium Iodide Silica Gel Reaheat, *J. Am. Oil Chem. Soc.*, 55, 619.

Asap, T. and Augustin, M. A., 1986, Effect of TBHQ on Quality Characteristics of RBD Olein during Frying, *J. Am. Oil Chem. Soc.*, 63(9), 1169.

Astill, B. D., Terhaar, C. J., Krasavage, W. J., Wolf, G. L., Roudabush, R. L., Fassett, D. W., and

Morgareidge, K., 1975, Safety Evaluation and Biochemical Bahavior of Monotertiarybutylhydroquinne, *J. Am. Oil Chem. Soc.*, 52(2), 53.

Baker, D. L., *et al.*, 1958, Antioxidant in Malt and Malt Sprouts, *Food Technol.*, 12, 33.

Barmore, M. A., 1958, Objective Tests of Quality in Wheat and Wheat products, *Food Technol.*, 12, 291.

Bauernfeind, J. C., 1953, The Use of Ascorbic Acid on Processing Foods, *Advances in Lipid Research*, 4, 359.

Baumann, L. A., *et al.*, 1967, An Evaluation of the Oxidative and Flavor Stability of Stored Soybean Oils, *J. Am. Oil Chem. Soc.*, 44, 663.

Begemann, P. H., *et al.*, 1968, Structure of Four Methyl Linolenate Diperoxides, *J. Agr. Food Chem.*, 16, 679.

Bengtsson, B. L. *et al.* 1967. Hexanal and Ethanal Fermentation in Peas in Relation to Off-flavor Development. *Food Technol.*, 21, 478.

Bentzer, R. W. 1953. Antioxidants for Food Papers. *Modern Packaging*. 27, 141.

Bernheim, F. *et al.* 1949. The Reaction between Thiobarbituric Acid and the Autoxidation Products of Certain Lipids. *J. Biol. Chem.*, 174, 257.

Bieri, J. G. 1984. Sources and Consumption of Antioxidants in the Diet. *J. Am. Oil Chem. Soc.*, 61(12),

Birdsall, J. J. *et al.* 1958. Effects of Light on Homogenized Whole Milk and Some Fortified Milk Products. *Food Technol.*, 12, 670.

Bishov, S. J. *et al.* 1960. Oxidation of Fat in Model Systems Related to Dehydrated Food. Ⅱ., Composition of Dispersed Lipid Compounds and Their Effect on Oxidation Rates. *J. Food Science*, 16, 198.

Bishov, S. J. *et al.* 1967. Fat Quality and Stability in Dehydrated Proteinaceous Food Mixes. *Food Technol.*, 21, 466.

Blanck, F. C. ed. 1955. "*Handbook of Food and Agriculture*," Reinhold Publishing Corp., New York.

Blankenship, B. P., Holaday, C. E., Barnes, P. C. Jr., and Pearson, J. L. 1973. Comparison of Oxygen Bomb Method to Other Methods for Measuring Oxidative Stability of Peanuts and Peanut Products. *J. Am. Oil Chem. Soc.*, 50(9), 377.

Blumental, M. M. 1991. A New Look at the Chemistry and Physics of Deep-fat Frying. *Food Technol.*, 45, 68.

Borenstein, B. 1965. The Comparative Properties of Ascorbic Acid and Erythoribic Acid. *Food Technol.*, 19, 1719.

Borthakur, A. and Ramadoss, C. 1986. Aerobic Formation of Keto Diene from Linoleic Acid Catalyzed by One of the Two Forms of Lipoxygenase Isolated from Bengal Gram(Cicer arietinum). *J. Agric. Food Chem.*, 34, 1016.

Branen, A. L. 1975. Toxicology and Biochemistry of Butylated Hydroxyanisole and Butylated Hydroxytoluene, *J. Am. Oil Chem. Soc.*, 52(2), 59.

Brodnitz, Michael, H. 1968. Autoxidation of Saturated Fatty Acids. A Review. *J. Agr. Food Chem.*, 16, 994.

Brown, H. D. 1960. Problems of Potato Chip Industry and Technology. Frying Fats. *Advances in Food Research*, 10, 194.

Bunnell, R. H. *et al.* 1968. Alpha-Tocopherol Content of Feedstuffs. *J. Agr. Food Chem.*, 16, 659.

Burkharldt, H. J. *et al.* 1970. A Quantitative Evaluation of Color Problem in Safflower Oils. *J. Am. Oil Chem. Soc.*, 47, 219.

Buziassy, C. *et al.* 1968. Specificity in Thermal Hydrolysis of Triglycerides. *J. Food Science*, 33, 305.

Caldironi, H. A. and Bazan, N. G. 1982. Effect of Antioxidants on Malonaldehyde Production and Fatty Acid Composition in Pieces of Bovine Muscle and Adipose Tissue Stored Fresh and Frozen. *J. Food*

Sci., 47, 1329.

Caldwell, E. F. *et al.* 1955. Application of the Thiobarbturic Acid Test to Cereal and Baket Products. *Food Technol.*, 9, 185.

Caldwell, E. F. *et al.* 1958. Antioxidant Treatment of Paperboard for Increased Shelf-life of Packaged Dry Cereals. *Food Technol.*, 12, 589.

Caldwell, E. F. *et al.* 1964. Package Treatment Versus Direct Application as a Means of Incorporating BHT in Shredded Breakfast Cereals. *Food Technol.*, 18, 383.

Carlin, G. T. *et al.* 1954. Some Factors Affecting the Decomposition of Frying Fats, *Food Technol.*, 8, 161.

Carlson, B. L. and Tabacch, M. H. 1986. Frying Oil Deterioration and Vitamin Loss During Foodservice Operation. *J. Food Sci.*, 51(1), 218.

Chang, H. K. and Sung, N. E. 1972. Studies on the Storage of Fat-Containing Foods(1), Effect of Storage Factors on the Rancidity of Fried Instant Noodle. *Korean J. Food Sci. and Technol.*, 4(1), 18.

Chang, S. S. *et al.* 1966. Isolation and Identification of 2-Pentylfuran as Contributing to the Reversion Flavor of Soybean Oil. *Chem. and Ind.*, 1926.

Chang, S. S. 1967. Chemistry and Technology of Deep Fat Frying. An Introduction. *Food Technol.*, 21, 33.

Chen, A. O. and Whitaker, J. R. 1986. Purification and Characterization of a Lipoxygenase from Immature English Peas. *J. Agric. Food Chem.*, 34, 202.

Chen, S. L. *et al.* 1968. Autoxidation of Extractable Color Pigments in Chili Pepper with Special Reference to Ethoxyquin Treatment. *J. Food Science*, 33, 274.

Chipault, J. R. and Mizuno, G. R. 1966. Effect of Ionizing Radiation on Antioxidnts in Fats. *J. Agric. Food Chme*. 14(3), 223.

Chipault, J. R. and Mizuno, G R. 1966. Effect of Ionizing Radiation on Stability of Fats. *J. Agric. Food Chem.* 14(3), 225.

Chipault, J. R., *et al.* 1971. Lipid Autoxidation in Freeze-Dried Meats. *J. Agr. Food Chem.*, 19, 495.

Chism, G. W. 1985. Soy Lipoxygenase in "*Flavor Chemistry of Fats and Oils*," Edited by Min, D. B. and Smouse, T. H., American Oil Chemists Society, U.S.A.

Cho, S. Y. *et al.* 1987. Autoxidation of Ethyl Eicosapentaenoate and Docosahexaenoate. *J. Am. Oil Chem. Soc.*, 64(8), 876.

Choe, S. Y. and Yang, K. H. 1981. Effects of Butylated Hydroxytoluene(BHT) on the Liver Excretory Function in Rats. *Korean J. Biochem*, 14(1), 43.

Chow, C. K. and Gairola, G. C. 1984. Influence of Dietary Vitamin E and Selenium on Metabolic Activation of Chemicals to Mutagens. *J. Agric. Food Chem.*, 32, 443.

Cillard, J. and Cillard, P. 1986. Inhibitors of the Prooxidant Activity of α-Tocopherol. *J. Am. Oil Chem. Soc.*, 63(9), 1165.

Cosgrave, J. P., Church, D. F., and Pryor, W. A. 1987. The Kinetics of the Autoxidation of Polyunsaturated Fatty Acid., *Lipids*, 22(5), 299.

Cowan, J. C. 1965. Advances in Research on the Flavor Stability of Edible Soybean Oil. A Review. *Food Technol.*, 19, 1413.

Crawfors, D. L. *et al.* 1967. Reaction of Malonaldehyde with Protein. *J. Food Science*, 32, 332.

Crnjar, E. D., Witchwoot, A. and Nawar, W. W. 1981. Thermal Oxidation of a Series of Saturated Triacylglycerols. *J. Agric, Food Chem.*, 29, 39.

Dahle, L. K., Hill, E. G., and Holman, R. T. 1962. The Thiobarbituric Acid Reaction and the Autoxidations of Polyunsaturated Fatty Acid Methyl Esters. *Archives of Biochemistry and biophysics*, 98, 253.

Daubert, B. F. *et al.* 1953. Reversion Problems in Edible Fats. *Advances in Food Research*, 4, 185.
De La Mar, R. R. *et al.* 1969. Carotenoid Degradation in Bleached Paprika. *J. Food Science*, 34, 287.
Deobald, H. J. *et al.* 1964. The Effect of Temperature, Antioxidant, and Oxygen on the Stability of Precooked Dehydrated Sweet Potato Flakes. *Food Technol.*, 18, 739.
Deobald, H. J. *et al.* 1964. The Effect of Antioxidants and Synergists on the Stability of Precooked Dehydrated Sweet Potato Flakes. *Food Technol.*, 18, 1970.
Dimick, P. S. *et al.* 1970. Poultry Products Quality. 2. Storage Time-Temperature Effects on Carbonyl Composition of Cooked Turkey and Chicken Skin Fractions. *J. Food Science*, 35, 186.
Dornseifer, T. P. and Powers, J. J. 1965. Volatile Consituents of Potato Chips and Changes during Storage, *Food Technol.*, 19, 887.
Draper, W. M. and Crosby, D. G. 1983. Photochemical Generation of Superoxide Radical Anion in Water, *J. Agric. Food Chem.*, 31, 734.
Draper, H. H. and Bird, R. P. 1984. Antioxidants and Cancer. *J. Agric. Food Chem.*, 32, 433.
Dugan, L. R. and Kraybill, H. R. 1956. Tocopherols as Carry-Through Antioxidants. *J. Am. Oil Chem. Soc.*, 33, 527.
Dugan, L. R. Jr. 1961. Development and Inhibition of Oxidative Rancidity in Foods. *Food Technol.*, 15, 10.
Dubravic, M. F. *et al.* 1969. Effects of High-Energy Radiation on the Lipids of Fish. *J. Agr. Food chem.*, 17, 639.
Dziedzic, S. Z. and Hudson, B. J. F. 1984. Phosphatidyl Ethanolamine as a Synergist for Primary Antioxidants in Edible Oils. *J. Am. Oil Chem. Soc.*, 61(6), 1042.
Dziezak, J. D. 1986. Preservatives: Antioxidants. The Ultimate Answer to Oxidation. *Food Technol.*, 40(9), 94.
Eiserich, J. P., Macku, C., and Shibamoto, T. 1992. Volatile Antioxidants Formed from an L-cysteine/D-glucose Maillard Model System. *J. Agric, Food Chem.*, 40(10), 1982.
Ellickson, B. E. *et al.* 1958. Use of a Light-Screening Agent for Retarding Oxidation of Processed Cheese. *Food Technol.*, 12, 577.
Ellis, R. *et al.* 1959. Paper Chromatography of 2,4-Dinitrophenylhydrazones. Estimation of 2-Alkanone, n-Alkanal, Alk-2-enal, and Alk-2,4-dienal Derivaives, *Anal. Chem.*, 31, 1997.
Ellis, R., Gaddis, A. M., and Currie, G. T. 1961. Carbonyls in Oxidizing Fat. Ⅳ. The Role of Various Fatty Acid Components in Carbonyl Generation. *J. Food Sci.*, 26, 131.
Ellis, R. *et al.* 1966. Carbonyls in Oxidizing Fat. Ⅸ. Aldehydes Isolated from Autoxidized Methyl Arachidonate. *J. Food Science*, 31, 191.
Ellis, R. *et al.* 1968. Carbonyls in Oxidizing Fat. Ⅱ. The Effect of the Prooxidant Activty of Sodium Chloride on Pork Tissue. *J. Food Science*, 33, 555.
Ellis, R. *et al.* 1970. Chloride Effect on Autoxidation of the Lard Component of a Gel. *J. Food Science(activity)*, 35, 52.
Emanuel, N. M. and Lyaskovskaya, Yu. N. 1967. "*The Inhivition of Fat Oxidation Processes*," Trnaslated by Allen, K. A., Pergamon Press, London.
Endo, Y., Usuki, R., and Kaneda, T. 1984. Prooxidant Activites of Chlorophylls and Their Decomposition Products on the Photooxidation of Methyl Linoleate. *J. Am. Oil Chem. Soc.*, 61(4), 781.
Endo, Y., Usuki, R., and Kaneda, T. 1985. Antioxidant Effects of Chlorophyll and Pheophytin on the Autoxidation of Oils in the Dark. Ⅰ. Comparison of the Inhivitory Effects. *J. Am. Oil Chem. Soc.*, 62(9), 1375.
Endo, Y., Usuki, R., and Kaneda, T. 1985. Antioxidant Effects of Chlorophyll and pheophytin on the

Autoxidation of Oils in the Dark. Ⅱ. The Mechanism of Antioxidative Action of Chlorophyll. *J. Am. Oil Chem., Soc.*, 62(9), 1387.

Endres, J. G. *et al.* 1962. Thermal Oxidation of Synthetic Triglycerides. *J. Am. Oil Chem. Soc.*, 39, 118.

Erikson, C. E. 1967. Pea Lipoxidase, Distribution of Enzyme and Substrate in Green Peas. *J. Food Science*, 32, 438.

Erikson, C. E. 1968. Alcohol : NAD Oxidoreductase (E.C.H.I.I) from Peas. *J. Food Science*, 33, 525.

Etenmiller, R. R. *et al.* 1970. Production and Properties of Penicillum roqueforti Lipase *J. Food Science*, 35, 130.

Eubanks, V. L. and Beuchat, L. R. 1982. Effects of Antioxidants on Growth, Sporulation, and Pseudomycelium Production by *Saccharomyces Cerevisiae. J. Food Sci.*, 47, 1717.

Evans, C. D. *et al.* 1960. Effect of Autoxidation Prior to Deodorization on Oxidative and Flavor Stability of Soybean Oil. *J. Am. Chem. Soc.*, 37, 452~456.

Fats and Oils News. 1986. Antioxidants Safety Examined. *J. Am. Oil Chem. Soc.* 63(6), 724.

Farber, Lioner, *et al.* 1961. Studies on the Evaluation of Freshness and on the Estimation of the Storage Life of Raw Fishery Products, *Food Technol.*, 15, 191.

Frankel, E. N. 1980. Chapt.9 Analytical Methods Used in Study of Autoxidation process in "*Autoxidation in Food and Biological System*", Edited by Simic, M. G and Karel, M., Plenum Press, New York.

Frankel, E. N., Neff, W. E., and Selke, E. 1981. Analysis of Autoxidized Fats by Gas Chromatography-Mass Spectrometry: Ⅶ. Volatile Thermal Decomposition Products of Pure Hydroperoxides from Autoxidized and Photosensitized Oxidized Methyl Oleate, Linoleate, and Linolenate. *Lipids*. 16(5), 279.

Frankel, E. N. 1984. Lipid Oxidation: Mechanisms, Products and Biological Significance. *J. Am. Oil Chem. Soc.*, 61(12), 1908.

Frankel, E. N. 1985. Chemistry of Autoxidation: Mechanism, Products and Flavor Significanc in "*Flavor Chemistry of Fats and Oils,*" Edited by Min, D. B. and Smouse, T. H., American Oil Chemists Society, U.S.A.

Freeman, L. P., Padley, F. B., and Sheppard, W. L. 1973. Use of Silicones in Frying Oils. *J. Am. Oil Chem. Soc.*, 50(4), 101.

Frimer, A. A. 1983. Chapt.7 Singlet Oxygen in Peroxide Chemistry in "*The Chemistry of peroxides*", Edited by Patai, S., John Wiley and Sons, Ltd., New York.

Fritsch, C. W. and Gale, J. A. 1977. Hexanal as a Measure of Rancidity in Low Fat Foods. *J. Am. Oil Chem. Soc.*, 54(6), 225.

Fritsch, C. W., Egberg, D. C., and Magnuson, J. S. 1979. Changes in Dielectric Constant as a Measure of Frying Oil Deterioration. *J. Am. Oil Chem. Soc.*, 56(8), 746.

Fritsch, C. W. 1981. Measurements of Frying Fat Deterioration: A Brief Review. *J. Am. Oil Chem. Soc.*, 58(3), 272.

Forss, D. A. 1969. Role of Lipids in Flavors. *J. Agric. Food Chem.* 17(4), 681.

Fukuba, H. 1952. Studies on Lipoxidase. 2., Distribution of Lipoxidase in Plants and Microorganism. *J. Agr. Chem. Soc.(Japan)*, 26, 167.

Fukuda, Y., Osawa, T., and Namiki, M. 1981. Antioxidants in Seame Seed. *Nippon Shokuhin Kogyo Gakkaishi,* 21(8), 461.

Furia, T. E. and Bellanca, N. 1976. Development of New, Nonabsorbable Polymeric Antioxidants for Use in Foods. *J. Am. Oil Chem. Soc.*, 53(4), 132.

Geddes, W. F. *et al.* 1958. The Chemistry, Microbiology and Physics of Grain Storage. *Food Technol.*, 12, 7.

Gardner, H. W. 1979. Lipid Hydroperoxide Reactivity with Proteins and Amino Acids: A Review. *J. Agric. Food Chem.*, 27(2), 220.

Gray, J. I. 1978. Measurement of Lipid Oxidation: A Review. *J. Am. Oil Chem. Soc.*, 55, 539.

Green, B. E. *et al.* 1966. Lipid Oxidation in Irradiated Cooked Beef. *Food Technol.*, 20, 1087.

Greene, B. E. 1969. Lipid Oxidation and Pigment Changes in Raw Beef. *J. Food Science*, 34, 110.

Griewahn, J., and Daubert, B. F. 1948. J. Am. Oil Chem. Soc., 25, 26 in Chapt.12 Antioxidants for Use in Foods by Chipault, J. R. in "*Autoxidation and Antioxidants*", Vol. Ⅱ, Edited by Lundberg, W. O., John Wiley and Sons, Inc., New York.

Guardia, E. J. *et al.* 1967. Influence of Water Binders on the Activity and Thermal Inactivation of Lipase. *J. Agr. Food Chem.*, 15, 412.

Gunstone, F. D. and Norris, F. A. 1983. "*Lipids in Foods: Chemistry, Biochemistry and Technology*," Pergamon Press Ltd., Oxford, England.

Gunstone, F. D. 1984. Reaction of Oxygen and Unsaturated Fatty Acids. *J. Am. Oil Chem. Soc.*, 61(2), 441.

Gwo, Y. Y., Flick, G. J. Jr. and Dupuy, H. P. 1985. Effect of Ascorbyl Palmitate on the Quality of Frying Fats for Deep Frying Operations. *J. Am. Oil Chem. Soc.*, 62(12), 1666.

Gyoorgy, P. 1964. Antioxidants Isolated from Fermented Soybeans(Tempeh). *Nature*, 203, 870.

Hall, J. L. *et al.* 1962. Counter-effect of Sodium Chloride and Sage on Development of Peroxide in Frozen Stored Sausage. *Food Technol.*, 16, 102.

Hamilton, R. J. and Rossel, J. B. (Editors). 1986. "*Analysis of Oils and Fats*," Elsevier Applied Science Publishers. Ltd., London.

Hannah, F. D. 1962. Antioxidant Losses from Stabilized Cereal Products. *Ceral Sci. Today*. 7(3), 78.

原田一郎 (Harada Ichiro). 1968. "油脂化學の 知識" 幸書房 , 東京(一般)

Harrison, D. L. *et al.* 1962. The Effect of an Antioxidant in the Pig Ration on the Storage Life of Pork and Lard. *Food Technol.*, 16, 127.

Haugham, D. F. 1960. Control of Oxidative Changes in Irradiated Hams. *Food Technol.*, 14, 170.

Hawkins, H. W. *et al.* 1961. Effectveness of Ascorbic Acid in Preventing the Darkening of Oil-blanched French-Fried Potatores. *Food Technol.*, 15, 410.

Hearne, J. F. 1964. Long Term Storage of Foods. *Food Technol.*, 18, 318.

Heatway, D. E. 1966. Metabolism of Hindered Phenolic Ahtioxidants. *Advances in Food Research*, 15, 1.

Heidelbaugh, N. D. *et al.* 1971. Effects of Model System Composition on Autoxidation of Methyl Linolate. *J. Agr. Food Chem.*, 19, 140.

Henick, A. S., Benca, M. F., and Mitchell, J. H. Jr. 1954. Estimating Carbonyl Compounds in Rancid Fats and Foods. *J. Am. Oil Chem. Soc.*, 31(3), 88 .

Hildebrand, D. F. and Hymowitz, T. 1982. Carotene and Chlorophyll Bleaching by Soybeans with and without Seed Lipoxygenase-1. *J. Agric. Food Chem.*, 30, 705.

Hine, J. 1956. "*Physical Organic Chemistry*", McGraw-Hill Book Co., Inc., New York.

Hoffman, G. 1961. 3-Cis-Hexenal. the green Reversion Flavor of Soybean Oil. *J. Am. Oil Chem. Soc.*, 38, 1.

Hoffman, G. 1962. Vegetable Oils in "*Symposium on Foods: Lipids and Their Oxidation*," p.219, ed. by Schultz, H. W., Av Publishing Co. Inc.,

Holman, R. T. *et al.* 1945. Spectrophotometric Studies of the Oxidation of Fats. Ⅰ. Oleic Acid, Ethyl Oleate, and Elaidic Acid. *J. Am. Chem, Soc.*, 67, 1285.

Holman, R. T. 1945. Spectrophotometric Studies of The Oxidation of Fats. Ⅱ. The Oxidation of Dienoic Fatty Acids. *J. Am. Chem. Soc.*, 67, 1386.

Holman, R. T. *et al.* 1945. Spectrophotometric Studies of the Oxidation fo Fats. Ⅲ. Ultraviolet Absorption

Spectra of Oxidized Octadecatrienoic Acids. *J. Am. Chem. Soc.*, 67, 1390.

Hope, G. W. 1961. The Use or Antioxidants in Canning Apple Halves. *Food Technol.*, 15, 548.

Horwitz, W. (Editor). 1980. "*Official Methods of Analysis*" 13th edition. The Association of Official Analytical Chemists, Washington, D. C., U.S.A.

Houlihan, C. M., Ho, C. T., and Chang, S. S. 1984. Elucidation of the Chemical Structure of a Novel Antioxidant, Rosemaridiphenol, Isolated from Rosemary. *J. Am. Oil Chem. Soc.*, 61(6), 1036.

Houlihan, C. M. and Ho, C. T. 1985. Chapt. 6 Natural Antioxidants, In "*Flavor Chemistry of Fats and Oils*" Edited by Min, D. B. and Smouse, T. H., American Oil Chemists Society, U.S.A.

Houlihan, C. M., Ho, C. T., and Chang, S. S. 1985. The Structure of Rosmari quinone-A New Antioxidant Isolated from Rosemainus officinalis L., *J. Am. Oil Chem., Soc.*, 62(1), 96.

Huffaker, J. E. 1982. Tertiary-Butyl Hydroquinone Treatment for Crude Palm Oils. *J. Am. Oil Chem. Soc.*, 59(9), 381.

Hung, S. S. O. and Slinger, S. J. 1981. Studies of Chemical Methods for Assessing Oxidative Quality and Storage Stability of Feeding Oils. *J. Am. Oil Chem. Soc.*, 58(7), 785.

Ikeda, N. and Fukuzumi, K. 1976. Ion Exchange Resins and Ethyleneimine Polymer as Antioxidants: 1. Activity and Mechanism. *J. Am. Oil Chem. Soc.*, 53(10), 618.

Ikeda, N. and Fukuzumi, K. 1977. Ion Exchange Resins and Ethyleneimine Polymer. *J. Am. Oil Chem. Soc.*, 54(9), 355.

Izaki, Y., Yoshikawa, S., and Uchiyama, M. 1984. Effect of Ingestion of Thermally Oxidized Frying Oil on Peroxidative Criteria in Rats. *Lipids*, 19(5), 324.

Jackson, H. W., Mirmira, G. K., and Wagner, W. M. 1986. Oxidative Oil Stability Using Volatiles Methodology. *J. Am. Oil Chem. Soc.*, 63(1), 117.

Jacobson, G. A. 1967. Quality Control of Commercial Deep Fat Frying. *Food Technol.* 21, 147.

Jaiv, P. K. *et al.* 1970. Determination of the Extent of Rancidity of Soybean Oil by Gas-Chromateography Compared with Peroxide Value. *J. Am. Oil Chem. Soc.*, 47, 121.

Johnson, O. C. *et al.* 1957. Chemical Changes which Take Place in an Edible Oil during Thermal Oxidation. *J. Am. Oil Chem. Soc.*, 34, 407.

Kato, A. 1970. On the Flavor Compounds in Oils and Fats. *J. Japan Oil Chem. Soc.*, 19, 104.

Kaunitz, H. *et al.* 1959. Influence of Feeding Fractionated Esters of Autoxidized Lard and Cottonseed Oil on Growth, Thirst, Organ Weights and liver Lipids of Rats. *J. Am. Oil Chem. Soc.*, 36, 611.

Kaunitz, H. 1967. Nutritional Aspects of Thermally Oxidized Fats and Oils. *Food Technol.*, 21, 278.

Ke, P. J., Nash, D. M., and Ackman, R. G. 1977. Mackerel Skin Lipids as an Unsaturated Fat Model System for the Determination of Antioxidative Potency of TBHQ and other Antioxidant Compound. *J. Am. Oil Chem. Soc.*, 54(10), 417.

Keane, K. W. *et al.* 1959. Biological and Chemical Studies on Commercial Frying Oils. *J. Nutrition*, 68, 57.

Kemp, James D. *et al.* 1961. The Effect of Smoking and Smoking Temperatures on the Shrinkage, Rancidity Development, Keeping Quality, and Palatibility of Dry-Cured Ham. *Food Technol.*, 15, 267.

Kensaston, C. B. *et al.* 1955. Comparison of Methods for Determining Fatty Acid Oxidation Produced by Ultraviolet Irradiation. *J. Am. Oil Chem. Soc.*, 32, 33.

Kikugawa, K., Arai, M., and Kurechi, T. 1983. Participation of Sesamol in Stability of Sesame Oil. *J. Am. Oil Chem. Soc.*, 60(8), 1528.

Kikugawa, K., Kunugi, A., and Kurechi, T. 1990. Chapt. 3 Chemistry and Implications of Degradation of Phenolic Antioxidants in "*Food Antioxidants*", Edited by Hudson, B. J. F., Elsevier Applied Science,

London.

Kim, D. H. 1966. 자동산화(Autoxidation), 항산화제(Antioxidants) 및 항산화작용(Antioxidant Activity)에 대하여. A Review, *Progress in Chemistry and Chemical Industry(Korea Univ.)*, 6, 140.

Kim, D. H. and Koo, J. H. 1971. Effect of Sunlight, Incandescent, Fluorescent and Ultraviolet Light on the Oxidation of Edible Soybean Oil. *Korean J. Food Science and Technol.*, 3, 178.

Kim, D. H. and Kummerow, F. A. 1962. The Antioxidant Activity of 3, 5-Di-tert.-buyl-4-hydroxybenzyl Derivatives. *J. Am. Oil Chem. Soc.*, 39, 150.

Kim, D H. and Ko, K. H. 1980. Effects of BHA Treatment and Iron-powder Oxygen Scavengers on the Rancidity Development of Potato Chips. *Theses Collection of College of Agriculture*, 20, 95. College of Agriculture, Korea University, Seoul, Korea.

Kim, D. H. and Cho, K. H. 1981. Antioxidant Activity of Ethanol and Petroleum Ether Extracts of Soy Koji, Soy Mash, and Defatted Soybean Meal in an Oil and an Oil-Water Emulsion Systems. *Theses Collection of College of Agriculture*, 21, 63, College of Agriculture, Korea University, Seoul, Korea.

김동훈, 1981. 油脂의 自動酸化와 그 防止, 食品化學, 14(3), 17.

Kim, D. H. and Lee, B. Y. 1983. Some Physico-Chemical Properties and the Dimer Content of Various Frying Oils Used Commeercially. *Theses Collection of College of Agriculture*, 24, 129, College of Agriculture, Korea University, Seoul, Korea.

Kim, D. H. and Maeung, Y. S. 1984. Relationship between Rancidity Development and Changes of Physico-Chemical Characteristics of Commercial Deep Fat Frying Oils during Thermal Oxidation. *Theses Collection of College of Agriculture*, 24, 101, College of Agriculture, Korea University, Seoul, Korea.

Kim, D. H. and Kim, M. A. 1985. Effects of Relative Humidity on the Stability of Deep-Fried Noodle Determined by Hexanel Contents and Sensory Evaluation. *Theses Collection of Agriculture College*, College of Agriculture, Korea University, Seoul, Korea.

Kim, D. H. and Park, H. K. 1985. Temperature Coefficients of the Autoxidation of Some Commercial Vegetable Oils with or without Antioxidants. *Theses Collection of College of Agriculture*, 25, 153. College of Agriculture, Korea University, Seoul, Korea.

김동훈. 1988. "식품화학", 전정증보판, 탐구당, 서울.

Kim, E. A., Jeong, T. M., Kim, H. J., and Park, J. O. 1978. A Study on the Heated Edible Oils(Ⅱ), Flow Properties and Changes of Fatty Acid Compositions on the Rice Bran Oil. *Korean J. of Nutrition*, 11(1), 33.

Kim, H. K., Lee-Kim, Y. C., and Lee, K. Y. 1979. Effects of Storage Conditons on Rancidity of Perila and Sesame Oils. *Korean J. of Nutrition*, 12(1), 51.

Kim, I. S. and Grosch, W. 1981. Partial Purtification and Properties of a Hydroperoxide Lyase from Fruits of Pear. *J. Agric. Food Chem.* 29, 1220.

Kim, Y. J. 1988. "*Physico-Chemical Characteristics of Saturated Fatty Acids and Their Esters during Oxidation.*" Ph. D. Thesis, Graduate School, Korea University, Seoul, Korea.

Kim, Y. M. 1977. A Study on Utilization of Frying Oil at Home and its Rancidity. *J. of Korean Home Economi Association*, 15(4), 13.

Kiritsakis, A. 1985. Studies in Photoxidation of Olive Oil. *J. Am. Oil Chem. Soc.*, 62(5),

Kosugi, H. and Kikugawa, K. 1985. Thiobarbituric Acid Reaction of Aldehydes and Oxidized Lipids in Glacial Acetic Acid. *Lipids*, 20(12), 915.

Kosuga, H. and Kikugawa, K. 1986. Reaction of Thiobarbituric Acid with Saturated Aldehydes, *Lipids*, 21, 537.

Kramer, R. E. 1985. Antioxidants in Clove. *J. Am. Oil Chem. Soc.*, 62(1), 111.

Knowles, R. E. *et al.* 1968. Stabilization of Carotenoids by Ethoxyquin in Harvested Fresh Alfalfa, *J. Agr. Food Chem.*, 16, 985.

Kuhn, H. *et al.* 1959. Action of Ionizing Radiation on Fat. Formation of Peroxide during UV-radiation of Fats *Fette. Seifen. Anstrichemittel.*, 61, 860.

Kuwahara. M. *et al.* 1971. Antioxidant Effect of Natural Vitamin E for Lard Used for Frying Instant Ramen. Part 1. *J. Food Science Technol.(Japan)*, 18, 64.

Kwon, T. W. *et al.* 1965. Reactivity of Malonaldehyde with Food Constituents, *J. Food Science*. 30, 308.

Laakso, S. 1982. Immobilized Lipoxygenase in Continuous Production of Fatty Acid Hydroperoxides. *Lipids*, 17(10),, 667.

Lappin, G. E. and Clark, L. C. 1951. Colorimetric method for Determination of Traces of Carbonyl Compounds. *Analytical Chemistry*, 23(3), 541.

Latz, H. W. *et al.* 1969. Luminescence Analysis of Food Antioxidants Determination of Propyl Gallate in Lard. *J. Agr. Food Chem.*, 17, 352.

Laubji, M. W. and Bruttel, P. A. 1986. Determination of the Oxidative Stability of Fats and Oils: Comparison between the Active Oxygen Method (AOCS Cd 12~57) and the Rancimat Method. *J. Am. Oil Chem. Soc.*, 63(6), 792.

Lease, L. G. *et al.* 1956. Effect of Fat-Soluble Amtioxidant on the Stability of Red Color of Peppers. *Food Technol.,* 10, 403.

Lea, C. H. 1959. Some Biological Aspects of Fat Deterioration. *Food Technol.*, 13, 33.

Lee, E. H. *et al.* 1965. On the Effect of Boiled-Dried Anchovy Treatment with BHA from Deterioration Due to the Oxidation of Oil. *J. Korean Agr. Chem. Soc.*, 6, 25.

Lee, F. A. 1954. Chemical Changes Taking place in the Crude Lipids during the Storage of Frozen Raw Vegetables. *Food Research*, 19, 515.

Lee, H. S. and Kim, D. H. 1979. Variation of Antioxidant Retention and Some Properties of Soybean Oil during Simulated Frying Operations. *Korean J. Food Sci. and Technol.*, 11(2), 86.

Lee, T. Y. et al. 1959. Studies on the Carotene Stabilizing Antioxidants Occurring in Soybean Fermented Food. 1. Bulletin. *Scientific Research Institute(Korea)*, 4, 174.

Lime, Burce J. 1969. Autoxidation of Fatty Acids, Lipids, and Carotenes of Freeze-dried Avocado Salad. *Food Technol.*, 23, 569.

Liu, Hsiao-Ping. 1970. Catalysts of Lipid Peroxidation in Meats. 1. Linoleate Peroxidation Catalyzed by Met-Mb or Fe(Ⅱ)-EDTA. *J. Food Science*, 35, 590.

Liu, Hsiao-Ping. 1970. Catalysts of Lipid Peroxidation in Meats. 2. Linoleate Oxidation Catalyzed by Tissue Homogenates. *J. Food Science*, 35, 593.

Lin, C. C. S. and Fung, D. Y. C. 1983. Effect of BHA, BHT, TBHQ and PG on Growth and Toxigenesis of Selected Aspergilli. *J. Food Sci.*, 48, 576.

Lin, Hsiao-Ping. 1970. Catalysts of Lipid Peroxidation in Meats. 3. Catalysts of Oxidative Rancidity in Meats. *J. Food Science*, 35, 596.

Livingston, A. L. *et al.* 1969. Stability of α-Tocopherol during Alfalfa Dehydration and Storage. *J. Agr. Food Chem.*, 16, 492.

Loeb, J. R. *et al.* 1949. Rice Bran Oil. Ⅳ-Storage of the Bran as it Affects Hydrolysis of the Oil. *J. Am. Oil Chem. Soc.*, 26, 738.

Loeliger, J. 1989. Chapt. 17 Natural Antioxidants for the Stabilization of Foods in "*Flavor Chemistry of Lipid Foods*", Edited by Min, D. B. and Smouse, T. H. Am. Oil Chemists' Society, Champaign, Ill,

U.S.A.

Lowe, Belle. 1955. "*Experimental Cookery.*" 4th ed., John Wiley and Sons, Inc., New York.

Ludy, J. M., Gray, J. I., Harte, B. R., and Ryan, T. C. 1986. Photoxidation of Cholesterol in Butter, *J. Food Sci.*, 51(4), 904.

Luck, H. *et al*. 1966. Untersuchugen über die Entstehung von Kohlenwasserstoffen in UV-bestrahlten Fettesauren and Fettesaure-Estern. *Fette. Seifen. Anstrichmittel*, 68, 1030.

Luck, H., and Kuhn, R. 1963. Effect of Ionizing Radiation on Fats. Ⅳ. Cis-trans Isomerization and Double Bond Displacement. *Nahrung*, 7, 199.

Luckadoo, B. M. and Sherwin, E. R. 1972. Tertiary Butylhydroquinone as Antioxidant for Crude Sunflower Seed Oil. *J. Am. Oil Chem. Soc.*, 49(2), 95.

Lundberg, W. O. and Chipault, J. R. 1947. The Oxidation of Methyl Linoleate at Various Temperatures. *J. Am. Chem. Soc.*, 69, 833.

Lundberg, W. O. ed. 1961. "*Autoxidation and Antioxidants*," Vol. 1. and Ⅱ., John Wiley and Sons, Inc., New York.

Ma, C. R., Lee-Kim, Y. C., and Kim, H. S. 1978. Studies on the Degree of Oxidation of the Heated Corn Oil and the Fried Foods. *Korean J. of Nutrition*, 11(2), 44.

Ma, S. J. and Kim, D. H. 1980. Effects of an In-Package Oxygen Scavenger on the Stability of Deep-fried Instant Noodle, *Korean J. Food Sci. and Technol.*, 12(4), 229.

Marbrouk, A. M. *et al*. 1960. A Kinetic Study of the Autoxidation of Methyl Linoleate and Linoleic Acid Emulsions in the Presence of Sodium Chloride. *J. Am. Oil Chem. Soc.*, 37, 486.

Mackinney, G. *et al*. 1958. Carotenoid Stability in Stored Dehydrated Carrots. *Food Technol.*, 12, 164.

Maier, V. P. *et al*. 1959.. Rate Studies of Unsaturated Fatty Acid Oxidation Catalyzed by Hematin Compounds. *J. Am. Oil Chem. Soc.*, 36, 8.

Maloney, J. F. *et al*. 1966. Autoxidation of Methyl Linoleate in Freeze-Dried Model Systems. Ⅰ. Effect of Water on the Auto-Catalyzed Oxidation. *J. Food Science*, 31, 878.

Marcuse, R. and Johansson, L. 1973. Studies on the TBA Test for Rancidity Grading: Ⅱ. TBA Reactivity of Different Aldehyde Classes. *J. Am. Oil Chem. Soc.*, 50, 387.

Martin, S. E. and Schillaci, M. 1984. Inhibitory Effects of Selenium on Mutagenicity. *J. Agric. Food Chem.*, 32, 426.

Mashino, F. *et al*. 1960. Spectrophotometric Determination of Malonaldehyde in Aqueous Solution, *Nippon Kagaku Zashi.*, 81, 434.

Masuyama, S. 1970. Natural Antioxidants. *J. Japan Oil Chem. Soc.*, 19, 159.

Matsutami, Y. 1967. Reaction of UV-light Irradiated Sausage with TBA. *Eiyo to Shokuryo*, 19, 351.

Mattil, K. F. 1962. Antioxidants in "*Chemical and Biological Hazards in Food*," p. 61, ed, by Ayres, J. C., Iowa State Univ. Press, Ames, Iowa.

Melnick, D. *et al*. 1958. Composition and Control of Potato Chip Fring Oils in Continuing Commercial Use. *J. Am. Oil Chem. Soc.*, 35, 271.

Melton, S. L. 1983. Methodology for Following Lipid Oxidation in Muscle Foods. *Food Technol.*, 37(7), 105.

Meltzer, J. B., Frankel, E. N., Bessler, T. R., and Perkins, E. G. 1981. Analysis of Thermally Abused Soybean Oils for Cyclic Monomers. *J. Am. Oil Chem. Soc.*, 58(7), 779.

Mensah, T. A., Ho, C T., and Chang, S. S. 1986. Products Identified from Photosensitized Oxidation of Selected Furanoid Flavor Compounds. *J. Agric. Food Chem.*, 34, 336.

Meydani, M., Macauley, J. B., and Blumberg, J. B. 1986. Influence of Dietary Vitamin E, Selenium and

Age on Regional Distribution of α-Tocopherol in the Rat Brain. *Lipids*. 21(12), 786.

Milner, J. A. 1984. Selenium and the Transplantable Tumor. *J. Agric. Food Chem.*, 32, 436.

Mikula, M. and Khayat. A. 1985. Reaction Conditions for Measuring Oxidative Stability of Oils by Thermogravimetric Analysis. *J. Am. Oil Chem. Soc.*, 62(12), 1694.

Min, D. B. and Wen, Jye. 1983. Qualitative and Quantitative Effects of Antioxidants on the Flavor Stability of Oil. *J. Food Sci.*, 48, 1172.

Min, D. B. and Smouse, T. H. (Editors). 1985. "*Flavor chemistry of Fats and Oils*," American Oil Chemists Society, U.S.A.

Min, D. B. 1981. Correlation of Sensory Evaluation and Instrumental Gas Chromatographic Analysis of Edible Oils. *J. Food Sci.*, 46, 1453.

Miyashita, K. and Takagi, T. 1986. Study on the Oxidative Rate and Proxidant Activity of Free Fatty Acids. *J. Am. Oil Chem. Soc.*, 63(10), 1380.

Mondy, Nell. Ⅰ. *et al.* 1963. The Effect of Storage on the Total Lipids and the Fatty Acid Composition of Potatoes. *J. Agr. Food Chem.*, 11, 328.

Moser, H. A. *et al.* 1966. The Stability of Soybean Oil, Effect of Time and Temp. *J. Am. Oil Chem. Soc.*, 43, 632.

Mounts, T. L. 1979. Odor Considerations in the Use of Frying Oils. *J. Am. Oil Chem. Soc.*, 56(7), 659.

Mills, F. *et al.* 1958. The Effect of Sodium Ascorbate and Sodium Isoascorbate on the Quality of Frnakfurters. *Food Technol.*, 12, 311.

Nawar, W. W. 1969. Thermal Degradation of Lipids A Review. *J. Agr. Food Chem.*, 17(1), 18.

Nawer, W. W. *et al.* 1969. Recovery and Measurement of Volatiles from Lipid Hydrocarbons in Irradiated Fats. *J. Agr. Food Chem.*, 17, 645.

Nawer, W. W. 1985. Chapt. 2 Chemistry of Thermal Oxidation of Lipids in "*Flavor Chemistry of Fats and Oils*" Edited by Min, D. B. and Smouse, T. H., American Oil Chemists' Society, U.S.A.

Nishida, T. *et al.* 1960. Interaction of Serum Lipoproteins with Hydroperoxide of Methyl Linoliate. *J. Lipid Res.*, 1, 450.

O' Brien, P. J. 1984. Lipid Peroxide Catalyzed Chemical Carcinogenesis. *J. Am. Oil Chem. Soc.*, 61(12), 1904.

Ota, S. 1970. Stability of Edible Fats and Oils. *J. Japan Oil Chem. Soc.*, 19, 118.

Palmateer, R. E. *et al.* 1960. An Accelerated Oxidation Method for the Estimation of the Storage Life of Frozen Seafoods. *Food Technol.*, 14, 528.

Pardun, H. 1969. Analyse der Fette und Fettegleistoffe in "*Handbuch der Levensmittelchemie*," Schormuller, J. (Gesamtredaktion), Band TV., Fette und Lipoide (Lipids), Springer-Verlag, Berlin.

Pascal, G. 1974. Physiological and Metabolic Effect of Antioxidant Food Additives, *World Review of Nutrition and Dietetics*, 19, 237.

Perkins, E. G. and Kummerow, F. A. 1959. The Nutritional Effect of Polymers Isolated from Thermally Oxidized Corn Oil. *J. Nutrition*, 68, 101.

Perkins, E. G. 1960. Nutritional and Chemical Changes Occuring in Heated Fats. a Review. *Food Technol.*, 14(10), 508.

Perkins, E. G. *et al.* 1965. Heated Fats. Ⅳ. Chemical Changes in Fat Subjected to Deep Fat Frying Process: Cottonseed Oil., *J. Am. Oil Chem. Soc.*, 42, 782.

Perkins, E. G. 1967. Formation of Non-Volatile Decomposition Products in Heated Fats and Oils, *Food Technol.*, 21(4), 611.

Philips, M. A. *et al.* 1957. Determination of 2,6-Di-tert,-butyl-p-cresol in Edible Fats by Ultraviolet

Spectrometry. *J. Agr. Food Chem*, 5, 379.

Pinsky, A. *et al.* 1971. Lipoxygenase Content and Antioxidant Activity of Some Fruits and Vegetables. *J. Food Science*, 36, 571.

Pikul, J., Leszczynski, E. E., and Kummerow, F. A. 1984. Relative Role of Phospholipids, Triacyl-glycerols, and Cholesterol Esters on Malonaldehyde Formation in Fat Extracted from Chicken Meat. *J. Food Sci.*, 49, 704.

Pippen, E. L. *et al.* 1969. Origin and Nature of Aroma in Fat of Cooked Poultry. *J. Food Science*, 34, 436.

Pohle, W. D. *et al.* 1964. Relationship of PV and TBA Value to Development of Undersirable Flavor Characteristic in Fats. *J. Am. Oil Chem. Soc.*, 41, 649.

Pons, W. A. Jr. *et al.* 1953. Gossypol in Cottonseed: Influence of Variety of Cottonseed and Enviornment. *J. Agr. Food Chem.*, 1, 1115.

Popov, A. 1917. A Rapid Method for Evaluation the Effect of Light on the Oxidation of Fats. Ⅱ. Fluorescent Light Apparatus. *Nahrung*, 11(5), 429.

Pratt, D. E., 1972. Water Soluble Antioxidant Activity in Soybeans. *J. Food Sci.*, 37, 322.

Pratt, D. E. and Birac, P. M. 1979. Source of Antioxidant Activity of Soybeans and Soy Products. *J. Food Sci.*, 44, 1720.

Pratt, D. E. 1985. Natural Antioxidants of Soybean in "*Flavor Chemistry of Fats and Oils*" Edited by Min, D. B. and Smouse, T. H., American Oil Chemists Society, U.S.A.

Privett, O. S. *et al.* 1961. Yellowing of Oil Films. *J. Am. Oil Chem. Soc.*, 38, 22.

Privett, D. S. *et al.* 1962. The Inital Stages of Autoxidation. *J. Am. Oil Chem. Soc.*, 39, 465.

Purcell, A. E. *et al.* 1968. Autoxidation of Carotenes in Dehydrated Sweet Potato Elakes Using ^{14}C-β-Carotene, *J. Agr. Food Chem.*, 16, 650.

Radtke, R., Smit, P., and Heiss. R. 1970. Influence of Light of Varying Intensity and Wavelengths on the Oxidative Deterioration of Edible Oils. Ⅱ. *Fette. Seifen. Anstrichmittel*, 72, 497.

Ramanujam, S. 1965. Modified Method for the Estimation of Peroxide Value of Fats and Oil. *Indian J. Food Technol.*, 3, 336.

Ramsey, C. B. *et al.* 1964. Ranco Method for Determining Rancidity in Rendered Pork Fat. *Food Technol.*, 18, 105.

Ranney, M. W. 1979. "*Antioxidants-Recent Developments*," Noyes Data Corporation, Park Ridge, New Jersey.

Rawls, H. Ralph. *et al.* 1970. A Possible Role for Singlet Oxygen in the Initiation of Autoxidation. *J. Am. Oil Chem. Soc.*, 47, 121.

Reyes, Philips. *et al.* 1962. Ascorbic and Isoascorbic Acids as Antioxidants for Frozen Freestone Peaches. *Food Technol.*, 16, 116.

Reynolds, P. A. and Klein, B. P. 1982. Purification and Characterization of a Type-1 Lipoxygenase from Pea Seeds. *J. Agric. Food Chem.*, 30, 1157.

Rhee, J. S. 1978. Effect of Methyl Silicone, TBHQ and BHA/BHT on Frying and Storage Stabilities of the Vegetable Salad Oil in High Density Polyethylene Bottles. *Korean J. Food Sci. and Technol.*, 10(2), 250.

Rhee, K. S., Terrell, R. N., Quintanilla, M., and Vanderzant, C. 1983. Effect of Addition of Chloride Salts on Rancidity of Ground Pork Inoculated with a *Moraxella or a Lactobacillus Species*. *J. Food Sci.*, 48, 302.

Rhee, K. S., Zirrin, Y. A., and Rhee, K. C. 1981. Antioxidant Activity of Methanolic Extracts of Various Oilseed Protein Ingredients. *J. Food Sci*, 46, 75.

Rho, K. L., Seib, P. A., Chung, O. K., and Chung, D. S. 1986. Relation of Rancidity in Deep-Fried Instant Noodles(Ramyon). *J. Am. Oil Chem. Soc.*, 63(2), 251.

Robertson, C. J. 1967. Chemistry and Technology of Deep Fat Frying. The Practice of Deep Fat Frying. *Food Technol.*, 21, 34.

Rossel, J. B. 1983. Chapt. 2. Measurement of Rancidity in "*Rancidity in Foods*," Edited by Allen, J. C. and Hamilton, R. J., Applied Science Publishers, London.

Rust, M. E. *et al.* 1960. The Effect of Method of Care on the Frying Life of Fat. *Food Technol.*, 14, 605.

Sanders, J. H. 1959. Processing of Food Fats. A Review. *Food Technol.*, 13, 41.

Sattar, A., DeMan, J. M., and Alexander, J. C. 1976. Stability of Edible Oils and Fats to Fluoresent Light. *J. Am. Oil Chem. Soc.*, 53(7), 473.

Schultz, H. W. ed. 1962. "*Sumposium on Foods: Lipids and Their Oxidation*," Avi Publishing Co. Inc. Westport, Conn.

Schultz, J. R. *et al.* 1968. Co-dried Carbohydrates Effect on the Performance of Egg Yolk Solids. *J. Food Science*, 33, 507.

Scott, W. E. *et al.* 1966. Effect of Storage Temperature on the Stability of Trivernolin. *J. Am. Oil Chem. Soc.*, 43, 55.

Seals, R. G. *et al.* 1970. Some Carbonyl Flavor Compounds of Oxidized Soybean and Linseed Oil, *J. Am. Oil. Chem. Soc.*, 47, 278.

Selke, E., Frnakel,, E. N. and Neff, W. E. 1978. Thermal Decomposition of Methyl Oleate Hydroperoxides and Identification of Volatile Components by Gas Chromatography-Mass Spectrometry. *Lipids*, 13, 511.

Shelef, L. A. and Liang, P. 1982. Antibacterial Effects of Butylated hydroxyanisole(BHA) Against Bacillus Species. *J. Food Sci.*, 47, 796.

Sherwin, E. R. *et al.* 1967. Tertiarybutylhydroquinone. An Antioxidant of Fats and Oils and Fat Containing Foods. *Food Technol.*, 21, 912.

Sherwin, E. R. 1978. Oxidation and Antioxidants in Fat and Oil Proessing. *J. Am. Oil Chem. Soc.*, 55, 809.

Shin, A. J. and Kim, D. H. 1985. A Mechanism for the Hydroperoxide Decomposition in a Soybean Oil during Thermal Oxidation. *Korean J. Food Sci. and Technol.*, 17(2), 71.

Shin, A. J. and Kim, D. H. 1985. Studies on Thermal Oxidation of Soybean Oil: Changes in Some Rheological Properties of a Soybean oil during Thermal lOxidation. *Korean J. Food Sci. and Technol.*, 17(3), 141.

Shmigelsky, S. *et al.* 1964. The Effect of Several Different BHT Treatments on Post-Storage Acceptance of a Shredded Oat Cereal. *Food Technol.*, 18, 129.

Sddiqui, A. M. *et al.* 1957. Comparison of Some Lipoxidases and Their Mechanism of Action. *J. Am. Oil Chem. Soc.*, 34, 529.

Sims, R. J. and Stahl, H. D. 1970. Thermal and Oxidative Deterioration of Frying Fats. *The Bakers Digest, October*, 50.

Sinnhuber, R. O. *et al.* 1958. 2-Thiobarbituric Acid Method for the Measurement of Rancidity in Fishery Products, Ⅱ The Quantitative Determination of Malonaldehyde. *Food Technol.*, 12, 9.

Shinhuber, R. E. *et al.* 1958. Characterization of the Red Pigment Formed in the 2-Thiobaribituric Acid Determination of Oxidative Rancidity. *Food Research*, 23, 626.

Smith, J. L. *et al.* 1968. Action of Microorganisms on the Peroxides and Carbonyls of Rancid Fat. *J. Food Science*, 33, 93.

Smits, P. *et al.* 1970. Über den Einfluz von Licht verschiedener intenstat und Wellenlangenbereichteauf den oxydative Verderb von Speisolen. I., *Fette. Seifen. Anstrichmittel*, 72, 490.

Smouse, T. H. *et al.* 1967. A Systematic Characterization of the Reversion Flavor. *J. Am. Oil Chem. Soc.*, 44, 509.

Smouse, T. H. 1985. Flavor Reversion of Soybean Oil in "*Flavor Chemistry of Fats and Oils*," Edited by Min, D. B. and Smouse, T. H., American Oil Chemists Society, U.S.A.

Snyder, H. E. 1973. A Simple Technique for Inhibiting Production of Green, Beany Flavor in Soybeans. *Korean J. Food Sci. and Technol.*, 5(1), 33.

Sowbhagys, C. M. and Bhattacharya, K. R. 1976. Lipid Autoxidation in Rice. *J. Food Sci.*, 41, 1018.

Starkovich, J. A. 1969. Semi-automated Thiocyante Method for Determining Peroxide Values of Lipids. *J. Food Science*, 34, 194.

St. Angelo, A. J., Kuck, J. C., and Ory, R. L. 1979. Role of Lipoxygenase and Lipid Oxidation in Quality of Oilseeds. *J. Agric. Food Chem.*, 27(2), 229.

Stucky, B. N. 1955. Increasing Shelf Life of Cereals with Phenolic Antioxidants, *Food Technol.*, 9, 585.

Swarthout, D. M. *et al.* 1958. Effect of Moisture and Antioxidant Treatment on Shelled English Walnuts. *Food Technol.*, 12, 599.

Swern, D. (Editor). 1964. "*Bailey's Industrial Oil and Fat Products*," Third edition, Interscience Publishers, a Division of John Wiley & Sons Inc., New York.

Tappel, A. L. *et al.* 1961. Unsaturated Lipid Peroxidation Catalized by Hematin Compounds and Its Inhibition by Vitamin E. *J. Am. Oil Chem. Soc.*, 38, 5.

Tarladgis, B. G. *et al.* 1959. Antioxidants in Irradiated Cooked Pork. *Food Technol.*, 13, 635.

Tarladgis, B. G. *et al.* 1960. A Distillation Method for the Quantitative Determination of Malonaldehyde in Rancid Foods. *J. Am. Oil Chem. Soc.*, 37, 44.

Technical Sheet, Eastman Chemical Products, Inc. 1966. Antioxidant sand Iron Scavegers. *Food Technol.*, 24, 592.

Thomson, J. E. 1964. Effect of Polyphosphates on Oxidative Deterioation of Commercially Cooked Fryer Chickens. *Food Technol.*, 18, 1805.

Thomson, J. A. *et al.* 1967. a Limited Survey of Fats and Oils Commercially Used for Deep Fat Frying. *Food Technol.*, 21, 405.

Thomson, J. W. and Sherwin, E. R. 1965. Investigation of Antioxidants for Polyunsaturated Edible Oils. *J. Am. Oil Chem. Soc.*, 43(12), 683.

Thompson, H. J. 1984. Selenium as an Anticarcinogen. *J. Agric. Food Chem.* 32, 422.

Tjhio, K. H. *et al.* 1969. Autoxidation of Methyl Linoleate in Freeze-Dried Model Systems. 4. Effect of Metals and of Histidine in the Absence of Water. *J. Food Science*, 34, 540.

Uri, N. 1961. Chapt. 4 Mechanism of Autoxidation in "*Autoxidation and Antioxidants*", Vol, Ⅱ., Edited by Lundberg, W. O., John Wiley and Sons, Inc., New York.

Waltking, A. E. 1982. Progress Report of the AOCS Flavor Nomenclature and Standards Committee. *J. Am. Oil Chem. Soc.*, 59(2), 116A.

Warner, C. R., Daniels, D. H., Lin, F. S. D., Joe, F. L. Jr. and Fazio, T. 1986. Fate of Antioxidants and Autioxidant-Derived Products in Deep-Fat Frying and Cookie Baking. *J. Agric. Food Chem.*, 34(1), 1.

Warner, K. 1985. Chapt. 11 Sensory Evaluation of Flavor Quality of Oils in "*Flavor Chemistry of Fats and Oils*", Edited by Min, D. B. and Smouse, T. H., Am. Oil Chemists' Society, Champaign, Ⅲ. U.S.A.

Waters, W. A. 1953. Oxidation Process in "*Organic Chemistry*," Vol. Ⅳ, ed by Gilman, H., John Wiley and Sons Co. Inc., New York.

Watts, B. M. *et al.* 1954. Oxidative Rancidity and Discoloration in Meat. *Advances in Food Research*, 5, 1.

Whittern, C. C., Miller, E. E., and Pratt, D. E. 1984. Cottonseed Flavonoids as Lipid Antioxidants. *J. Am.*

Oil Chem. Soc., 61(1), 1075.

Wilkens, W. F. *et al.* 1967. Effect of Processing Method on Oxidative Off-flavors of Soybean Milk., *Food Technol.*, 21, 1631.

Williams, N. S. and Harris, N. D. 1983. Antioxidant Activity in Dried Orange. *J. Food Sci.*, 48, 644.

Williams, J. C., Field, R. A., Miller, G. J., and Welke, R. A., 1983. Evaluation of TBA Methods for Determination of Lipid Oxidation in Red Meat from Four Species. *J. Food Sci.*, 48, 1776.

Wilson, R. B. 1976. Lipid Peroxidation and Atherosclerosis. Critical Reviews in Food Science and Nutrition, June, 325.

Witting, L. A. 1975. Vitamin E as a Food Additive. *J. Am. Oil Chem. Soc.*, 52(2), 64.

Witchwoot, A., Crnjar, E. D., and Nawar, W. W. 1981. Influence of Polyunsaturation on Thermal Decomposition of Saturated Triacylgycerols. *J. Agric. Food Chem.*, 29, 192.

Witte, V. C. *et al.* 1979. A New Extractin Method for Determining 2-Thiobarbituric Acid Values of Pork and Beef during Storage. *J. Food Science*, 35, 582.

Woo, A. H. and Lindsay, R. C. 1983. Statistical Correlation of Quantitative Intensity Assessments and Individual Free Fatty Acid Measurement for Routine Detection. *J. Food Sci.*, 48, 1761.

Yamamoto, Y., Niki, E., and Kamiya, Y. 1982. Oxidation of Lipids: Ⅲ. Oxidation of Methyl Linoleate in Solution. *Lipids*, 17(12), 870.

Yang, K. S., Yu, J. H., Hwang, J. I., and Yang Ryung. 1974. Synergistic Effect of Citric Acid on Antioxidant Property of red Pepper. *Korean J. Food Sci. and Technol.*, 6(4), 193.

Yim, K. Y. 1980. Effect of Metal Ions on the Rancidity of Soybean Oil. *J. of Korean Home Economics Association*, 18(1), 41.

Yoon, S H. *et al.* 1987. Evaluation of Physicochemical Changes in Cooking Oil during Heating. *J. Am.Oil Chem. Soc.*, 64(6), 870.

Wu, P. F and Nawar, W. W. 1986. A technique for Monitoring the Quality of Used Frying Oils. *J. Am Oil Chem. Soc.*, 63(10), 1363.

Younathan, M. T. *et al.* 1960. Oxidation of Tissue Lipids in Cooked Pork. *Food Research*, 25, 358.

Yu, T. C. *et al.* 1962. Removal of Interfering Pigments in Determining Malonaldehyde by the 2-Thiobarbituric Acid Reaction. *Food Technol.*, 16, 115.

Yu, T. C. *et al.* 1966. An Improved 2-Thiobarbituric Acid(TBA) for the Measurement of Autoxidation in Fish Oils. *J. Am. Oil Chem. Soc.*, 44, 256.

Yuck, E. 1970. Some Problems in Frying Fats. *J. Japan Oil Chem. Soc.*, 19, 128.

Zaehringer, W. V. *et al.* 1959, Effect of Tocopherol Supplementation of Swine Rations on the Storage Life of Frozen Pork. *Food Technol.*, 13, 313.

Zipser, M. W, *et al.* 1961. Lipid Oxidation in Heat-Sterilized Beef. *Food Technol.*, 15, 445.

Zipser, M. W. *et al.* 1962. A Modified 2-Thiobarbituric Acid(TBA) Method for the Determination of Malonaldehyde in Cured Meats. *Food Technol.*, 16, 102.

Zirlin, A. *et al.* 1969. Oxidation Effects in a Freeze-Dried Gelatin-Methyl Linoleate System. *J. Food Science*, 34, 160.

Chapter 15 단백질과 아미노산

1800년대 중반에 리이비히 (Liebig, J. V., 1803~1873)는 모든 식품은 살(근육)을 형성하는 식품들(flesh-forming foods)인 질소함유 식품들(nitrogenous foods)과 열을 만들어 내는 식품들(heat-generating foods)인 비질소함유 식품들(non-nitrogenous foods)로 분류하였다.

여기서 말하는 살을 형성하는 식품들이란 소위 단백질 식품들을 가리킴은 자명하다.

단백질의 정의

단백질 식품들의 주성분들인 구성 단백질들의 종류와 그 성질들, 그리고 영양가 등에 대해서 논의하기 전에 단백질에 대해서 정의(定義)할 필요가 있다.

즉 단백질(蛋白質, protein)이란 동식물체의 여러 구조들(structures) 효소들을 비롯한 일정한 형태를 가진 기타의 작은 소구조물들(tiny structures)의 가장 중요한 구성성분들의 하나인 동시에 동식물들이 생체(living body)로서의 기능을 수행하는데 여러 가지 중요한 역할을 맡고 있는 물질들의 주요 구성성분들이며, 화학적으로는 수많은 여러 종류의 아미노산들(amino acids)이 펩타이드 결합(peptide bond)을 통해서 결합된 고분자 화합물들이라고 말할 수 있다.

그러나 이들 단백질은 그 독자적인 기능을 수행하기 위해서 아미노산들 이외에 당질, 인지방질들과 밀접하게 결합한 상태로 존재하는 경우도 많다.

실제로 단백질(protein)이란 말은 벨첼리우스(Berzelius, J. J., 1779~1848)에 의해 사용되기 시작했으며, 희랍어 즉 그리스어(Greek)의 「첫 번째의, 또는 가장 중요한(protos, proteios = first, primary, of the first rank)」이란 뜻의 말에서 유래되었다.

한편 아미노산들은 모두 그 분자 내에 아미노기(amino group)나 이미노기(imino group)를 반드시 갖고 있으므로 이 단백질의 가장 기본적인 특징은 질소함유 고분자 화합물들(nitrogen-containing polymeric compounds)이라는 점이라 할 수 있다.

자연 단백질들을 구성하는 아미노산들의 종류

1800년대 초부터 단백질들을 구성하는 아미노산들(amino acids)의 구조와 성질들이 많은 연구자들에 의해서 발견, 연구되어 왔다. 그러나 1960년대에 들어서서 분자생물학(molecular biology)을 비롯한 생명과학분야들(Bioscience fields)에 종사하는 연구자들의 계속된 노력으로 모든 생명체들의 특정된 DNA들(deoxyribonucleic acids)에 존재하는 연속적 또는 단속적으로 표시된 유전자 정보들(genetic informations)은 DNA, 즉 폴리뉴클레오타이드 사슬(polynucleotide chain)에 결합되어 있는 아데닌(adenine), 구아닌(guanine), 싸이민(thymine), 사이토신(cytosine) 등 염기류의 배열을 통해서 전달되는 사실을 알게 되었다.

한편 특정 생체 내에 존재하는 단백질들은 이상과 같은 DNA의 염기류 배열에 내장된 전체적 또는 단속적인 정보들, 즉 유전자 정보(genetic information)가 일단 특정한 RNA(ribonucleic acids)들에 그대로 전사(轉寫, transcription)되어 메신저-RNA(messenger-RNA, m-RNA)의 전구체들(前驅體, precursors)이 형성되는 사실도 밝혀졌다. 이 경우 DNA의 싸이민(thymine)은 RNA에 전사(轉寫, transcription)될 때는 우라실(uracil)로 전사 된다.

그 다음 이 메신저-RNA의 전구체 앞부분 5′-말단에 단백질 합성의 시작을 알리는 소위 캡 구조(cap structure)와, 끝의 뉴클레오타이드(nucleotide)의 3′-말단에 합성의 종료를 표시하는 폴리 A 측쇄(poly A side chain)가 연결된다.

그리고 세 번째로 원래의 DNA 상의 염기류의 배열로 구성된 단백질 합성과 관련이 없는 배열부분들, 즉 인트론들(introns)이 제거되고 관련 있는 부분들, 즉 엑시손들(exisons)이 순서대로 재결합하는 스플라이싱(splicing)으로 알려진 소위 전사 후의 여러 과정(processing)들을 거쳐서 메신저-RNA들이 형성된다. 이상과 같은 과정들은 각종 효소들의 도움을 받아서 이루어짐은 물론이다.

이상의 과정은 진화가 앞선 진핵 세포류(眞核細胞, eukarayotic cells)에서만 일어나며, 더 간단한 구조를 가진 원핵 세포류(原核細胞, prokaryotic cells)에는 이상과 같은 여러 과정들이 없는 것으로 알려졌다.

한편 이상의 특정 m-RNA는 특정 DNA가 존재하는 핵(unclears)에서 유전자의 염기류 배열에 의해서 정해진 정보를 단백질을 구성하는 아미노산 결합의 아미노산들의 지정된 순서를 번역(飜譯, translation)하고 그 결과 알아낸 정보, 즉 아미노산의 배열 순서에 따라 단백질 또는 그 중간체 폴리펩타이드(polypeptide)를 합성(合成)하는, 두 개의 과정을 나타내는 부분들(subunits)로 구성된 라이보좀(ribosome)으로 이동하게 된다.

또한 생체 내에서 단백질들의 구조를 형성하는 각각의 아미노산에 대응하는 염기류(鹽基類)의 배열 단위는 원칙적으로 3개의 염기류 사슬(chain)이 1개의 아미노산에 해당하며, 이상과 같은 염기류의 연결체의 배열은 코돈(codon)으로 알려져 있다.

실제로 인체를 비롯한 생체들의 단백질 형성 유전자들의 염기류의 배열 분석결과들, 자연 단백질들의 구성 아미노산들의 분석결과들 그리고 코돈과 관련된 그동안 축적된 여러 이론적인 연구결과들은 생체가 단백질들을 형성할 때 20종의 아미노산들에 대한 코돈이 사용되는 사실을 밝혀내었다.

m-RNA에 존재하는 네 종류의 염기류 아데닌(A), 구아닌(G), 우라실(U), 사이토신(C), 즉 A, G, U, C에 대해서 4종류가 첫 번째, 두 번째, 그리고 세 번째 순서로 결합할 수 있으므로, 3개의 염기들이 배열된 코돈(codon)의 총 수는 4×4×4=64, 즉 64개의 코돈이 가능하다. 이 중 UAA, UAG, UGA의 3개의 코돈(codon)들은 대응하는 아미노산에 관한 정보들을 갖고 있지 않으며, 단백질 또는 폴리펩타이드(polypeptide)의 합성 작업의 정지 신호들로 사용되고 있는 것 같다고 한다.

따라서, 단백질 또는 폴리펩타이드 합성에서 사용되는 아미노산과 대응하는 정보를 가진 코돈들은 실제로 61개가 된다. 그러나 이 중에서 메싸이오닌(methionine)을 표시하는 코돈 AUG는 동시에 이상의 단백질들의 합성의 개시를 나타내는 신호로서도 사용되는 사실도 알려져 있다.

아무튼 20종의 아미노산들에 대응하는 코돈(codon)들이 61개 있다는 사실은 한 개의 아미노산에 대해서 여러 개의 코돈이 존재함을 의미한다.

DNA의 단백질 또는 폴리펩타이드들의 형성에 관한 유전자 정보(genetic information)를 전사한 m-RNA의 염기류의 단위, 즉 코돈(codon)들이 표시한 아미노산의 종류 사이의 관계는 소위 유전 암호표(遺傳 暗號表)로서 널리 알려져 있다. 여기서 보면 아미노산 세어린(serine)을 의미하는 코돈의 수는 6개가 된다. 한편 알라닌(alanine), 쓰레오닌(threonine) 등은 각각 1개의 코돈을 갖고 있을 뿐이다.

한편 한 DNA 사슬의 염기류의 특정한 배열은 m-RNA 사슬의 특정한, 상보적(相補的, complementary)인 염기류들의 친화력(親和力)에 의해서 전사(transcription)가 이루어지나, m-RNA의 코돈(codon), 즉 3개씩의 염기류는 아미노산들과 어떤 양식으로든 상보적인 친화력을 갖고 있지 않기 때문에 m-RNA의 코돈에 담겨진 정보가, 즉 생체의 DNA의 유전자 정보가 원하는 아미노산으로 구성된 단백질 합성에 엄밀하게 적용되려면 코돈의 정보, 즉 원하는 아미노산 구성을 가진 단백질 또는 폴리펩타이드 등으로, 즉 소위 번역해 주는 또는 번역 기능을 가진 아답터(adaptor)가 필요하며, 이와 같은 아답터의 존재와 작용이 일찍 예견되어 왔었다고 한다.

실제로 이와 같은 아답터(an adaptor)로 작용하는 트랜스퍼-RNA(transfer-RNA, t-RNA)의 존재와 작용이 밝혀졌다. 이 t-RNA는 진핵세포들의 경우, 대략 80개 정도의 뉴클레오타이드류로 구성되어 있으며, 한 줄의 뉴클레오타이드의 말단의 염기 3′의 위치가 아미노산과 결합할 수 있게 되어 있다. 전체로는 세 곳의 루프(three loops)들을 가진 이중 나선(double helical) 구조를 갖고 있다. 아미노산과 3′의 위치에서 결합할, 앞에서 말한 말단 뉴클레오타이드 염기의 위치와 반대쪽의, 가장 멀리 위치한 루프(loop)의 끝에는 m-RNA의 첫 번째 코돈과 상보적인 안티코돈(complementary anticodon)을 갖고 있다.

t-RNA의 종류는 50여 종류가 있어서 m-RNA의 어떤 코돈에 대해서도 상보적인 대응을 할 수 있는 안티코돈을 가진 것이 있다. 이상의 안티코돈(anticodon)을 가진 t-RNA는 이 안티코돈에 상보적으로 대응하는 코돈(codon)이 표시하는 아미노산과 미리 결합하여, 아미노아실-t-RNA(aminoacyl t-RNA)를 형성하는데, 이때 결합에너지원으로 ATP가 사용되며, 이상의 결합은 아미노아실-t-RNA 합성 효소(aminoacyl t-RNA synthetase)의 촉매작용에 의해서 이루어진다. ATP의 에너지의 일부는 아미노아실기와 t-RNA의 펩타이드 결합 형성시 사용된다.

한편 실제 단백질 또는 폴리펩타이드(polypeptide) 합성은 진핵세포들의 경우, 세포 내의 단백질 합성 또는 형성 장소인 라이보좀(ribosome) 내에서 이루어진다. 라이보좀 입자들은 보통 상부의 큰 구성단위들(large subunits)들과 작은 구성단위들(small subunits)로 되어 있는데, 먼저 m-RNA가 작은 구성단위 내부에 고정된다.

그 다음 큰 구성단위에 들어온 활성화된, 여러 종류의 아미노산들과 각각 결합된 아미노아실-t-RNA들 중에서 안티코돈이 m-RNA의 코돈과 상보 관계에 있는, 즉 해당하는 안티코돈(anticodon)과 결합하게 되고, 동시에 큰 구성단위들(large subunits)은 아미노아실-t-RNA를 둘러싸게 된다.

라이보좀의 작은 단위들에 결합된 m-RNA의 코돈에 대해서, 상응하는 안티코돈을 가진 아미노아실-t-RNA는 이 t-RNA가 합성을 개시할 첫 t-RNA의 경우, 중앙의 위치로 이동하게 되며, m-RNA의 코돈에 따라 다음 아미노아실-t-RNA를 맞이하게 된다. 처음의 t-RNA가 들어선 위치는 자신이 가진 아미노산을 다음에 들어온 t-RNA의 아미노산에 넘겨주는 자리에 있기 때문에 펩티딜-t-RNA 결합 부위(peptidyl-t-RNA bonding site), 즉 P 부위로 알려졌으며, 다음 아미노아실-t-RNA가 결합한 장소는 아미노아실-t-RNA 결합부위(aminoacyl t-RNA bonding site), 즉 A 부위로 알려져 있다.

여기서 P 부위의 아미노아실-t-RNA의 아미노산은 B 부위의 아미노아실-t-RNA의 아미노산과 펩타이드 결합을 하게 되고, P 부위에 있는 t-RNA는 라이보좀 밖으로 나가게 된다. 한편 A 부위에 있는 두 개의 아미노산을 갖고 있는 t-RNA는 B 부위로 이동하게 되고, 다시 새로운 m-RNA의 코돈에 상응하는 안티코돈을 가진 아미노아실-t-RNA가 A 부위에 자리 잡게 된다. 이상과 같은 과정은 m-RNA의 코돈에 따라 아미노산의 순서대로 펩타이드 결합을 계속하게 되고 m-RNA의 코돈이 모두 판독되거나 전사(轉寫) 신호가 판독될 때까지 계속된다. 즉 m-RNA에 전사된 정보에 따라 단백질 또는 폴리펩타이드가 형성된다.

물론 실제 과정은 더 복잡하고 아직 설명이 안 된 부분들이 많은 사실들에 대해서 언급할 필요는 없을 것이다. 그러나 생체 내에서의 단백질 또는 폴리펩타이드류의 합성이 유전자 정보에 따라, 또한 거의 같은 기구에 따라 형성되고 있으며, 그와 같은 기구들에는 매우 치밀하고 엄정한 자기 정정(自己 訂正) 기구들이 반드시 함께 가동되고 있는 것으로 생각되고 있다.

또 하나의 유전과학자들 또는 생명과학자들이 현재까지 실험적 사실로 밝혀 온 대원칙(大原則)은 DNA의 염기류 배열에 따른 유전자 정보들, 즉 m-RNA, t-RNA 등을 통해서 형성된 폴리펩타이드류 또는 단백질들 중의 아미노산의 배열의 순서는 항상 유전자 정보로 전달된 대로 유지되고 있으며, 이상과 같은 전달 방식이 현재까지 역행되지 않는다는 것이다.

한편, 생체들이 만드는 단백질들을 구성하고 있는 20종의 아미노산들의 이름과 약호(略號)들은 다음의 표 15-1 및 표 15-2와 같다. 각 아미노산의 구조는 아미노산들의 측쇄(側鎖, side chains)들의 특성에 따라 분류된다고 설명한, 각 항목을 참고하기 바란다.

Met+lnit.와 Val+lnit는 단백질 즉, 폴리펩타이드류의 형성개시(開始, inition)를 나타내는 코돈들이나 일단 형성개시 중의 경우에는 methionine, valine의 코돈으로 작용한다.

한편, UAA, UAG, UGA는 폴리펩타이드류의 합성의 종지(終止, termination)를 나타내는 암호(code)로 알려져 있다. 따라서 20여종의 아미노산들을 표시하는 코돈의 수는 4×4×4-3 즉 61개로 생각되고 있다.

표 15-1 DNA에서 m-RNA로 전사(transcribe)된 유전 암호(genetic code).

		코돈(codon)을 구성하는 3개염기체의 중간염기(second base)의 배열								
		U		C		A		G		
코돈의 첫번째염기(first base)의 배열	U	UUU		UCU		UAU	Tyr	UGU	Cys	U
		UUC	Phe	UCC	Ser	UAC		UGC		C
		UUA	Leu	UCA		UAA	Term.	UGA	Term.	A
		UUG		UCG		UAG		UGG	Trip	G
	C	CUU		CCU		CAU	His	CGU		U
		CUC	Leu	CCC	Pro	CAC		CGC	Arg	C
		CUA		CCA		CAA	Gln	CGA		A
		CUG		CCG		CAG		CGG		G
	A	AUU	Ile	ACU		AAU	Asn	AGU	Ser	U
		AUC		ACC	Thr	AAC		AGC		C
		AUA	Met+lnit	ACA		AAA	Lys	AGA	Arg	A
		AUG		ACG		AAG		AGG		G
	G	GUU		GCU		GAU	Asp	GGU		U
		GUC	Val	GCC	Ala	GAC		GGC	Gly	C
		GUA		GCA		GAA	Glu	GGA		A
		GUG	Val+lnit.	GCG		GAG		GGG		G
										코돈의 마지막 염기(third base)의 배열

표 15-2 자연 식품 단백질들을 구성하고 있는 20종의 아미노산들.

지방족 아미노산			산성아미노산		
글라이신(glycine)	Gly	G	아스페틴산(aspartic acid)	Asp	A
알라닌(alanine)	Ala	A	글루타민산(glutamic acid)	Glu	E
베일린(valine)	Val	V	아스피리진(asparagine)	Asn	N
류우신(leucine)	Leu	L	글루타민(glutamine)	Gln	Q
아이소류우신(isoleucine)	Ile	I	염기성 아미노산		
방향족 아미노산			라이신(lysine)	Lys	K
페닐알라닌(phenylalanine)	Phe	P	알지닌(arginine)	Arg	R
타이로신(tyrosine)	Tyr	Y	히스티딘(histidine)	His	H
트립토펜(tryptophan)	Trp	W	아미노산		
하이드록시 아미노산			프롤린(proline)	Pro	P
세어린(serine)	Ser	S	유황 아미노산		
쓰레오닌(threornine)	Thr	T	시스테인(cysteine)	Cys	C
			메싸이오닌(methionine)	Met	M

α-탄소 원자와 결합하고 있는 측쇄들(side chains, R-)의 성질에 의한 분류와 두 종류의 약호(略號)들.

자연 단백질 구성 아미노산들의 구조

자연 단백질들을 구성하고 있는 아미노산들은 나중에 설명하는 바와 같이 20종(표 15-2 참조)임이 밝혀져 있다. 따라서 식품 단백질들을 구성하거나 여기서 얻어지는 아미노산들의 종류도 20종이다. 다만 인체를 비롯한 생체 내에는 여러 목적을 위해서 형성된 이들의 유도체들로 볼 수 있는 아미노산들도 존재한다.

이상의 아미노산들의 구조는 그 분자를 구성하는 탄소 원자들 중 가장 기본적인 구조적 기능 그룹(the basic, structural functional group)인 카아복실 그룹(carboxyl group, -COOH)과 결합하고 있는 탄소 원자, 즉 α-탄소 원자(α-carbon atom)에 한 개의 수소 원자(- H), 역시 한 개의 측쇄(側鎖, side chain), 그리고 한 개의 또 하나의 기능 그룹인 α-아미노 그룹(α -amino group, α-NH_2)이 결합하고 있는 구조를 갖고 있다.

그러나 20종의 아미노산중의 하나인 글라이신(glycine)의 경우, 한 개의 측쇄가 실제로는 한 개의 수소 원자이므로, 한 개의 탄소 원자의 네 개의 공유결합 중 두 개가 수소 원자들로 형성되며, 한편 프롤린(proline)의 경우에는 피롤리딘(pyrolidine)의 이미노 그룹(imino group, - NH -)이 α-아미노 그룹을, 그 바로 옆, 즉 2번의 탄소 원자가 α-탄소 원자로 작용하고 있다(본문 글라이신 및 프롤린 항목들 참조).

측쇄들은 그 자체로서 뚜렷한 소수성(疏水性, hydropholic property) 또는 친수성(親水性, hydrophilic property)을 나타내며 전체적으로 α-아미노산들의 성질에 중요한 영향을 미칠 뿐만 아니라, 일부 아미노산들의 경우, 측쇄에 있는 - SH 그룹에 의한 - S - S - 결합의 형성 또는 수소결합(hydrogen bond)을 형성하는 경우 등 이상의 아미노산들의 성질들에 여러 변화들을 가져올 수도 있다.

한편 글라이신(glycine)을 제외한 이상의 아미노산들은 α-탄소 원자들이 모두 네 개의 서로 다른 원자 또는 원자 그룹들과 결합하고 있어서, 소위 비대칭 탄소원자(asymmetric carbon atom)로 존재하며, 따라서 경상 이성체들(鏡像 異性體, mirror-image isomers, 즉 enantiomers)을 갖고 있다.

그리고 그 절대 구조는 이전에는 주로 핏셔 투영시스템(Fischer projection system)이 사용되어 왔으며(그림 15-1 참조), 자연 단백질들을 구성하는 α-아미노산들의 경우, 모두 L-α-아미노산임이 밝혀지고 있다.

앞에서 말한 핏셔 투영시스템은 19세기 말에 제안되었으며, 지금까지 사용되어 왔으나, 20세기 후반에 일부 학자들이 비대칭 탄소 원자(asymmetric carbon atom)에 결합된 원자 또는 원자 그룹들을 미리 제정한 규칙에 따라서 그 중요성을 정한 후 비대칭 탄소 원자를 중심에 둔 정사면체(正四面體, tetragonal)에서 가장 중요성이 적은 그룹이 위치한 정사면체의 정점(頂點)을 뒤에 두고 나머지 앞으로 나온 세 개의 정점들에서 가장 중요한 것부터 그 중요도(重要度) 순으로 원을 그릴 때, 그 방향이 시계바늘과 움직임이 같은 방향일 때는(clockwise) (R)-형(R-form ; 라틴어 오른쪽 rectus → right), 시계바늘의 회전 방향과 반대일 때는(anti-clockwise) (S)-형(S-form ; 라틴어 왼쪽 sinister → left)으로 정하는 RS 시스템이 개발되어, 이상의 규칙들이 점차 정밀해짐에 따라, 한 화합물에 비대칭 탄소 원자들의 수가 여러 개 있을 때도 사용할 수 있게 되었다.

```
      COOH                    COOH
       |                       |
  H - C - NH2            NH2 - C - H
       |                       |
      CH3                     CH3

  D(-)-alanine           D(+)-alanine
```

[그림 15-1] 핏셔 투영법(Fischer projection system)을 사용한 alanine의 경상 또는 광학 이성체들(mirror-image or optical isomers)의 그림. alanine의 —COOH 그룹을 위로, 측쇄(—R)를 아래로 할 때 —NH_2 그룹이 오른쪽에 올 때는 D-계열(D-series), 왼쪽에 위치할 때는 L-계열에 속하는 것으로 정해진다. 원래 D-계열은 그 용액이 편광면(偏光面)을 오른쪽(Latin dextro→right)으 로 돌리는 이성체, L-계열은 왼쪽(Latin laevo → left)으로 돌리는 이성체를 뜻했으나, D, L-계열은 핏셔 투영법에 의해서 정해지고 실제의 선광성(편광면을 돌리는 성질들)은 오른쪽일 때 (+), 왼쪽일 때 (-)로 표시된다. 자연 단백질 분해에서 얻어지는 alanine은 L(+)-alanine이다.

단백질을 구성하고 있는 α-아미노산들 중 간단한 구조를 가진 알라닌에 대해서 그림으로 설명하면 그림 15-2와 같다. 여기 예에 나온 알라닌(alanine)뿐만 아니라, 기타의 모든 α-아미노산들은 모두가 RS 시스템을 사용할 때 (R)형으로 표시된다(그림 15-2와 설명 등 참고하기 바람).

자연 단백질 구성 아미노산들의 측쇄의 성질

전술한 바와 같이 자연 단백질 구성 아미노산들은 α-탄소 원자(α -carbon atom)에 한 개의 수소원자(- H), 이미 언급한 바와 같이 단 하나의 예외로서 글라이신(glycine)의 경우에는 두 개의 수소원자들이, 그리고 한 개의 아미노 그룹(- NH_2), 이 경우에도 하나의 예외로서 프롤린(proline)의 경우는 이미노 그룹(imino group, - NH -)이, 그리고 α -탄소 원자의 네 번째의 공유결합(covalent bond)으로서 여러 종류의 측쇄들(側鎖, side chains)이 결합하고 있어서, 이 측쇄들이 이상의 아미노산들에게 다양성을 부여하고 있다.

α-탄소 원자에 결합된 - NH_2 그룹과 - COOH 그룹들은 그 자체가 염기(鹽基, base) 또는 산(酸, acid)으로서 분자간(分子間, intermolecular), 경우에 따라서는 분자내(分子內, intramolecular)에서 산-알칼리 중화 반응(neutralization reaction)을 일으켜 염(鹽, salt)을 형성할 뿐만 아니라, 각각 반응성이 큰 기능 그룹들(functional groups)로서 여러 반응들에 참여할 수 있다. 그 중의 한 예가 아미노산들 사이의 분자간의 탈수반응(脫水反應, dehydration reaction)에 의한 축합 반응(condensation reaction)의 결과들로서 다이펩타이드(dipeptide), 트리펩타이드(tripeptide), 폴리펩타이드(polypeptide), 단백질(protein) 등의 형성이 있다.

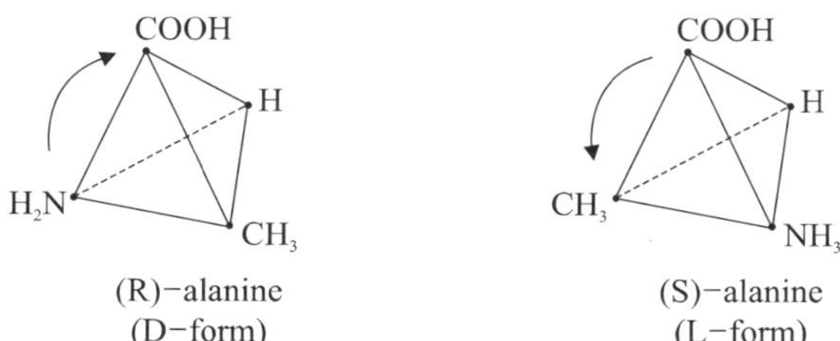

[그림 15-2] 자연 단백질류에서 얻어지는 20여종의 α-아미노산들의 α-탄소 원자들은 α-글라이신(α-glycine)의 경우를 제외하고는 모두 비대칭 탄소 원자들이며, 경상 또는 광학 이성체들을 갖고 있으나 자연 단백질에서 얻어지는 19종의 α-아미노산들의 경우 핏셔 투영법으로 표시할 때는 모두 D-형으로 존재하는 사실에 대해서는 이미 언급한 바 있다. 한편 RS법 또는 CIP법(RS or CIP system)으로 이상의 관계를 표시할 때 α-탄소 원자에 달린 네 개의 서로 다른 그룹들의 RS법 규정에 따른 우선순위 즉, 중요성(priorities)의 순서는 NH_2 > COOH > CH_3 > H라고 한다. 이상의 α-아미노산들의 경우 $NH_2 \rightarrow$ COOH의 배열순서의 방향이 시계바늘 방향(clockwise direction)이므로 규정에 따라 (S)형으로 정해지며, 핏셔 투영법에서 정한 L-형과 같다(Walter, W., 1996 참조).

이상의 과정은 생체 내(in vivo)에서는 펩티데이스류(peptidases)로 알려진 효소들에 의해서 촉진된다. 펩티데이스류는 일반적으로 이상과 같은 축합, 즉 합성과 함께 가수분해에도 관여하므로 펩타이드 결합·가수분해 효소류로도 알려져 있다.

일반적으로 결합한 아미노산들의 수가 10개 이하는, 올리고펩타이드류(oligopeptides), 50개 정도까지는 폴리펩타이드류(polypeptides), 50개 이상의 경우에는 단백질류(proteins)로 분류하는 경우도 있다.

일반적으로 그 분자량이 10,000 이상일 때 단백질로 불리고 있으므로, 대체로 비슷한 척도가 사용되고 있다고 할 수 있다. 또한 한 폴리펩타이드의 한쪽 끝이 유리 아미노기인 경우 N- 또는 아미노-말단(N- or amino-terminal), 카아복실기의 경우 C- 또는 카아복실-말단(C- or carboxyl-terminal) 등으로 불려진다. 폴리펩타이드류를 한쪽 끝에서 순서대로 가수분해하는 펩티다이스들은 엑소펩티데이스류(exopeptidases)로 알려져 있는데, 이 경우 N-말단에서 가수분해하는 엑소펩티데이스류와 C-말단에서 가수분해를 시작하는 엑소펩티데이스류가 존재하기 때문에 이상의 구별은 필요하다.

α-아미노산의 기능기는 $-NH_2$ 그룹과 -COOH 그룹 이외에 측쇄에도 기능기를 가진 경우가 있다. 예로서 측쇄에 있는 -SH 그룹(sulfhydryl group)들은 분자간 반응시 산화형의 -S-S- 결합을 형성할 수 있으며, 상황에 따라서는 -SH 그룹들로 되돌아갈 때도 있다. 이 경우 -CONH- 결합 외에 또 하나의 결합이 가능하게 된다. 이 이외에도 측쇄 -R의 친수성(hydrophilic property) 또는 소수성(hydropholic property)도 그 아미노산 자신에 대해서, 펩타이드류를 형성했을 때는 그 펩타이드류의 성질에 대해서 큰 영향을 행사할 수도 있다.

이제 식품류 중에 존재하는 아미노산들을 측쇄(側鎖, side chain, -R)의 종류에 따라 분류(分類)해서 설명하면 다음과 같다.

지방족 아미노산

지방족 아미노산들(aliphatic amino acids)에 속하는 아미노산들로는 다음과 같은 것이 있다.

글라이신 글라이신(glycine, glycocoll, 또는 aminoacetic acid)은 아미노산들 중에서 가장 간단한 구조를 갖고 있으며, 앞에서 말한 대로 α-탄소 원자가 비대칭형이 아니기 때문에, 광학적 이성체(optical isomers)들을 갖지 않는 유일한 아미노산이다.

$$NH_2CH_2COOH$$

글라이신(glycine)

이 아미노산은 물에는 잘 녹으나, 알코올류에는 잘 녹지 않으며, 에텔에는 거의 녹지 않는다.

글라이신은 백색의 결정으로서 232℃ 내지 236℃에서 분해(decomposition)되며, 이 아미노산의 한 가지 특이한 성질은 매우 강한 단맛을 가지고 있다는 점이다. 10% 농도 수준에서는 설탕 용액의 45% 정도의 단맛을 갖고 있으나, 농도가 커짐에 따라 그 상대 감미도(relative sweetness)는 점차 감소한다.

일반 식품 단백질들 중의 글라이신의 퍼센트 함량이 1%를 넘는 경우는 많지 않다. 그러나 알부미노이드류(albuminoids)에 속하는 젤라틴은 매우 특이하게 글라이신의 함량이 전체 아미노산 함량의 25.5%나 된다. 또한 이것은 사탕수수(sugar cane) 등의 단백질 성분의 주요 아미노산이기도 하나, 실제로는 젤라틴(gelatin)을 알칼리로 가수분해하여 얻는다.

알라닌 L-알라닌(L-alanine, L-α-aminopropionic acid)은 물에는 잘 녹으나, 알코올류에는 잘 녹지 않으며, 에텔에도 거의 녹지 않는다. L-알라닌은 백색의 결정이며, 297℃에서 분해된다.

이 알라닌은 식품 단백질류에 비교적 골고루 분포되어 있으나, 특히 달걀 알부민(egg albumin), 옥수수의 제인(maize zein), 젤라틴 등에 그 함량이 크며, 각각 8.1, 9.8과 8.7% 가량 함유되고 있다.

견사(silk)의 단백질인 피브로인(silk fibroin)은 약 25%의 알라닌을 함유하고 있으며, 견사나 젤라틴을 알칼리로 가수분해(alkaline hydrolysis)하여 얻는다.

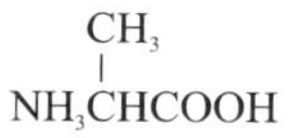

$$\begin{array}{c} CH_3 \\ | \\ NH_3CHCOOH \end{array}$$

L알라닌(L-alanine)

베일린 L-베일린(L-valine, L-α-aminovaleric acid)은 물에는 잘 녹으나, 알코올류에는 잘 녹지 않으며, 에텔에도 거의 녹지 않으며 백색의 결정으로 293℃에서 분해된다.

이 베일린은 다음 제16장에서 자세히 설명할 필수 아미노산들(essential amino acids)의 하나이다.

이 베일린은 식품 단백질류에 일반적으로 고루 분포되고 있으나, 밀의 단백질 알부민(albumin)에 속하는 에데스틴(edestin)에는 6.2%, 특히 우유의 카세인(casein)에 그 함량이 크며, 6.7% 가량 함유되어 있다.

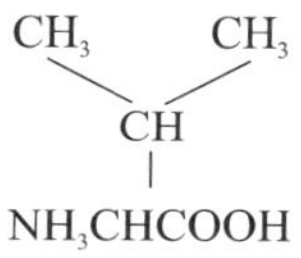

$$\begin{array}{c} CH_3 \quad\quad CH_3 \\ \diagdown \quad \diagup \\ CH \\ | \\ NH_3CHCOOH \end{array}$$

L−베일린(L−valine)

류우신 L-류우신(L-leucine, L-α-aminoisocaproic acid)은 물에는 약간 녹으나, 알코올루에는 거의 녹지 않으며, 에텔에도 녹지 않는다. L-류우신은 백색의 결정으로 295℃에서 분해되며 필수 아미노산들(essential amino acids)의 하나로서 중요한 아미노산이다.

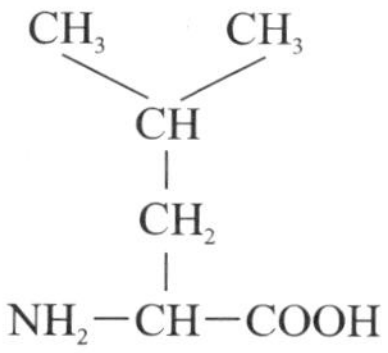

$$\begin{array}{c} CH_3 \quad\quad CH_3 \\ \diagdown \quad \diagup \\ CH \\ | \\ CH_2 \\ | \\ NH_2-CH-COOH \end{array}$$

L−류우신(L−leucine)

이 류우신은 달걀 알부민(egg albumin), 우유의 알부민인 락트알부민(lactalbumin), 두류(豆類) 속의 레규멜린(legumelin), 류우코신(leucosin) 등에 비교적 함량이 크며, 각각 10.7%, 14.0%, 9.6%, 11.3% 가량 함유되고 있다. 그 외에도 옥수수의 제인(maize zein)에는 25.0%, 우유의 카세인(cow casein), 달걀의 오보비텔린(ovovitellin) 등에 각각 9.7%와 9.9%가량 함유되고 있으며, 또한 육류 단백질에도 대략 10.0% 내외가 함유되고 있다.

이 아미노산은 밀과 같은 곡류에 함유된 알부민들(albumins)의 하나인 에데스틴(edestin), 옥수수에 함유된 단백질 프롤라민류(prolamins)의 하나인 제인(zein) 등과 같은 단백질들을 가수분해함으로써 얻을 수 있다.

아이소류우신 L-아이소류우신(L-isoleucine, L-α-amino-β-methylvaleric acid)은 물에는 약간

녹으나 알코올류에는 거의 녹지 않으며, 에텔에도 녹지 않는다.

이 L-아이소류우신은 쓴맛을 갖고 있으며, 또한 283℃ 내지 284℃에서 분해되는 필수 아미노산들의 하나로서 중요하다. 이 아미노산도 전술한 L-류우신 처럼 에데스틴, 제인(zein) 등의 단백질들을 가수분해함으로써 얻어진다.

CH_3
|
CH_2

$CH-CH_3$
|
$NH_3-CH-COOH$

L-아이소류우신(L-isoleucine)

방향족 아미노산

방향족(芳香族) 아미노산들(aromatic amino acids)로서는 다음과 같은 것이 있다.

페닐알라닌 L-페닐알라닌(L-phenylalanine, L-α-amino-β-phenylpropionic acid)은 농축된 수용액에서는 판상(板狀, plates) 또는 엽상(葉狀, leaflets)의 결정으로, 한편 묽은 수용액애서부터는 그 수화물(水和物, hydrate)인 침상 결정(needles)으로 얻어진다. 물에는 약간 녹으나 알코올류와 에텔에는 녹지 않으며 283℃에서 분해된다.

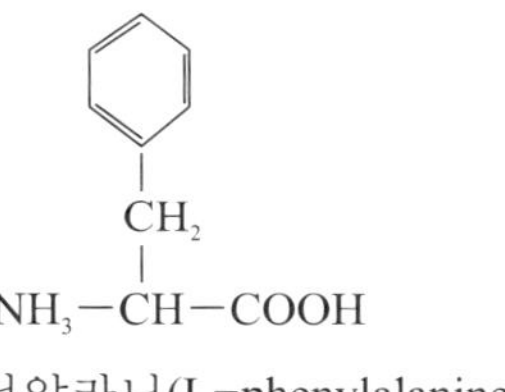

L-페닐알라닌(L-phenylalanine)

이 아미노산은 각종 식품 단백질들에 고루 분포되고 있으나, 달걀 알부민(ovalbumin), 두류 속의 비지닌(viginin), 옥수수의 제인, 우유의 카세인 등에는 비교적 그 함량이 크며, 각각 5.1%, 5.3%, 7.6%, 3.9%를 함유하고 있다.

이 아미노산도 필수 아미노산의 하나이며, 앞에서 말한 바와 같은 오브알부민(ovalbumin), 비지닌(viginin), 제인, 피브린(fibrin) 등과 같은 단백질을 가수분해함으로써 얻어진다.

타이로신 L-타이로신(L-tyrosine, L-α-amino-β-(phydroxyphenyl)-propionic acid)는 물이나 알코올류에는 거의 녹지 않으며, 에텔에는 전혀 녹지 않는다. L-타이로신은 백색의 결정이며, 295℃에서 분해된다.

이 아미노산은 식품 단백질들에 널리 분포되어 있으나, 특히 곡류 중의 에데스틴(edestin), 밀의 글루테닌(glutenin), 옥수수의 글루텔린(glutelin), 우유의 카세인 등에 함량이 많으며, 전체 아미노산의 대략 5% 정도 함유되어 있다.

이 아미노산은 제11장의 「효소에 의한 갈색화반응」에서 설명한 바와 같이 타이로시네이스(tyrosinase)에 의해서 쉽게 갈색화 되며, 또한 아주 쉽게 계속 산화되는 특성을 가지고 있다. 카세인과 같은 단백질의 가수분해에 의해서 얻을 수가 있다.

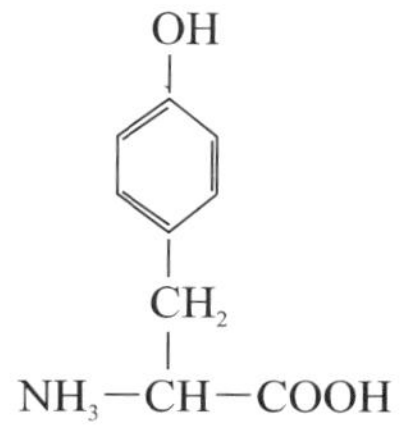

OH
|
(benzene ring)
|
CH_2
|
$NH_3-CH-COOH$

L-타이로신(L-tyrosine)

트립토펜 L-트립토펜(L-tryptophan, L-α-amino-3-indolepropionic acid 또는 L-2-amino-3-indoylpropionic acid, 학술명)은 알코올류에는 거의 녹지 않으며, 에텔에는 전혀 녹지 않는다. L-트립토펜은 백색의 결정이며, 280℃ 내지 285℃에서 분해된다.

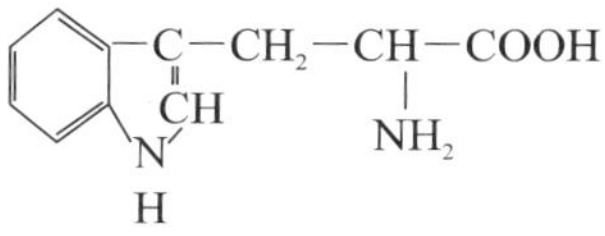

$-C-CH_2-CH-COOH$
$\ \ \ \ \|\ \ \ \ \ \ \ \ \ \ \ \ \ \ |$
$\ \ \ CH\ \ \ \ \ \ \ \ \ NH_2$
N
H

L-트립토펜(L-tryptophan)

이 아미노산은 알칼리 용액에서는 안정하나, 강산(strong acid)에 의해서 쉽게 분해된다.

이 L-트립토펜은 필수 아미노산들의 하나로서 중요한 아미노산이다. 여러 단백질들에 널리 분포되고 있으나 그 함량은 어느 경우에도 크지 않다. 다만 달걀흰자의 알부민(egg albumin), 우유의 락트알부민(lactalbumin) 등에는 그 함량이 비교적 크며, 각각 전체 아미노산 함량의 3.6%와 3.0% 가량이 된다.

하이드록시 아미노산

분자 내의 기본 탄소원자 사슬구조(carbon chain skeleton)에 수산기(-OH group)를 갖고 있는, 이 하이드록시 아미노산들(hydroxyamino acids)로는 다음과 같은 것이 있다.

세린 L-세린(L-serine, L-α-amino-β-hydroxypropionic acid)은 물에 비교적 잘 녹으나, 알코올류와 에텔에는 녹지 않는다. L-세린은 무색의 결정이며, 228℃에서 분해된다.

$$HOCH_2-\underset{NH_2}{\underset{|}{CH}}-COOH \xrightarrow[\text{알칼리 가수분해}]{\text{가수분해, 특히}} O=\overset{CH_3}{\overset{|}{C}}-COOH + NH_3$$

L-세린 (L-serine) L-피루빈산 (L-pyruvic acid)

식품단백질들 중의 함량은 일반적으로 크지 않으며, 우유의 경우, 그 락트알부민(lactalbumin)에 전체 아미노산 함량의 1.76% 가량 함유되고 있으며 견사(silk) 등의 가수분해에 의해서 얻어진다.

쓰레오닌 L-쓰레오닌(L-threonine, L-α-amino-β-hydroxybutyric acid)은 무색의 결정으로 얻어

지며, 물에 잘 녹는다. L-쓰레오닌은 255℃ 내지 257℃에서 가열 분해된다.

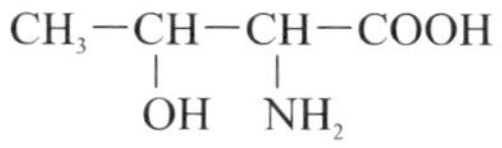

$$\begin{array}{l} CH_3-\underset{\displaystyle OH}{\underset{|}{CH}}-\underset{\displaystyle NH_2}{\underset{|}{CH}}-COOH \end{array}$$

L-쓰레오닌(L-threonine)

이 아미노산은 필수 아미노산의 하나이며, 카세인과 같은 단백질의 가수분해로 얻을 수 있다.

산성 아미노산

그 분자 내에 한 개의 α-아미노기(- NH_2)와 한 개의 α-유기산기(- COOH) 이외에, 또 한 개의 유기산기 또는 아마이드기(amide group, - $CONH_2$)를 가진 아미노산들로서 산성(acidic)인 특성이 강한 이 산성 아미노산들(acidic amino acids)로서는 다음과 같은 것이 있다.

아스파틴산 L-아스파틴산(L-aspartic acid, L-α-aminosuccinic acid)은 물에는 다소 녹으나, 알코올류에는 거의 녹지 않으며, 에텔에는 전혀 녹지 않는다. L-아스파틴산은 무색의 결정으로 얻어지며, 그 융점은 251℃이다. 한편 그 등전점(等電點, isoelectric point)은 pH 2.98로 알려져 있다.

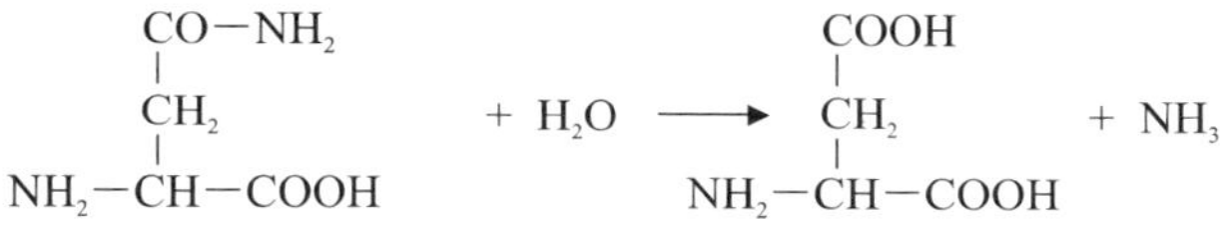

$$\begin{array}{c} CO-NH_2 \\ | \\ CH_2 \\ | \\ NH_2-CH-COOH \end{array} + H_2O \longrightarrow \begin{array}{c} COOH \\ | \\ CH_2 \\ | \\ NH_2-CH-COOH \end{array} + NH_3$$

아스파라진(asparagine) 아스파틴산(aspartic acid)

이 아미노산은 각종 식품 단백질류에 고루 분포되고 있으나, 특히 우유의 락트알부민, 밀이나 기타 곡류의 에데스틴(edestin), 대두의 글리시닌(glycinin) 등에 그 함량이 크며, 전체 아미노산 함량의 각각 9.3%, 10.2%와 9.4%나 된다. 이 아미노산은 사탕무에서 얻어진 당밀(sugar beet molasses)에서도 얻을 수 있다.

글루타민산 L-글루타민산(L-glutamic acid, L-α-aminoglutamic acid)은 무색의 결정으로, 200℃에서 승화(昇華)하며, 247℃ 내지 249℃에서 분해한다. 이 아미노산은 물에는 녹으나, 알코올류와 에텔에는 거의 녹지 않으며, 그 등전점(等電點, isoelectric point, 용액의 +, − 전하가 0인 pH)은 pH 3.01로 알려져 있다.

묽은 알칼리에는 잘 녹으나, 아세톤(acetone), 찬 빙초산(cold glacial acetic acid) 등에는 녹지 않는다.

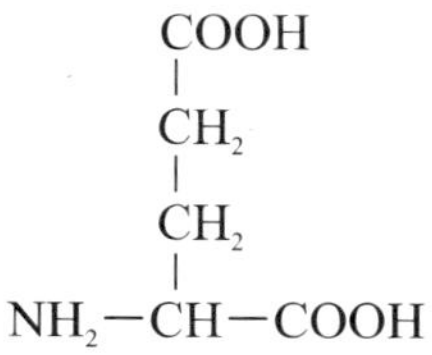

$$\begin{array}{c} COOH \\ | \\ CH_2 \\ | \\ CH_2 \\ | \\ NH_2-CH-COOH \end{array}$$

글루타민산(L-glutamic acid)

이 아미노산은 편도(almond) 속의 글로불린 단백질(globulin) 인 아만딘(amandin)에는 전체 아미노산 함량의 23.1%, 밀의 글루테닌(glutenin)에는 26.49%, 역시 밀의 글리아딘(gliadin)에는 43.7%, 보리의 홀데인(hordein)에는 43.2%, 라이 보리(rye)의 프롤라민(prolamine)에는 38.0%, 옥수수의 제인의 경우 31.3%, 우유의 카세인의 경우 전체 아미노산 함량의 21.8%나 함유되고 있다고 한다. 따라서 이 아미노산은 곡류 단백질들(cereal proteins)을 가수분해함으로써 얻을 수가 있다.

특히 밀 단백질의 한 성분인 글루테닌, 글리아딘들의 가수분해에 의해서 20% 내지 45%의 글루타민산이 형성된다고 한다.

아스파라진과 글루타민 과거에는 L-아스파라진(L-asparagine)과 L-글루타민(L-glutamine)은 자연 단백질들을 구성하는 L-아스파틴산(L-aspartic acid) 또는 L-글루타민산(L-glutamic acid)에서 부차적(副次的)으로 유도되는 아미노산의 유도체들로 생각되어 왔으나, 현재는 자연 식품단백질들을 구성하는 20여종의 아미노산들에 이상의 L-아스파틴산과 L-글루타민산의 아마이드들(amides)도 함께 포함해서 논의하는 경우도 많다. 한편 이상의 두 개의 α-L-아미노산들은 인체에 대한 필수 아미노산은 아니다.

L(+)-아스파라진(L(+)- 또는 L-β-asparagine, mono-amide of L-α-aspartic acid)은 아스파라가스(asparagus, Asparagus officinalis)에서 처음으로 추출된 아미노산의 유도체로 알려져 왔으나, 실제로는 대두(大豆) 등의 콩과식물(lezuminosae)의 종자들에도 널리 분포되고 있다고 한다.

L-β-아스파라진은 보통 수화물(monohydrate)로서 존재하며, 그 융점은 234~235℃라고 한다.

L-β-아스파라진은 알코올류, 에텔, 벤젠 등에는 거의 녹지 않으며, 산(acids), 알칼리(alkalies) 용액들에는 잘 녹는다고 한다. L-β-아스파라진은 236℃ 이상에서는 분해된다고 한다.

한편 L-글루타민(L-glutamic acid 5-amide)은 보통 불투명(opaque)한 침상 결정(針狀 結晶)으로 얻어지며, 역시 물에는 약간 녹으나, 알코올류나 에텔 등에는 녹지 않는다고 한다. 한편. L-글루타민은 185℃ 내지 186℃에서 녹는다.

전술한 대로 이상의 두 아마이드들(amides)은 여러 식물 조직들, 특히 사탕무의 뿌리 등에 풍부하게 존재한다.

L-아스파라진과 L-글루타민의 성질들 중, 서로 다른 성질들로 널리 알려진 것으로는 두 아마이드들(amides)의 수용액들을 각각 가열할 때, 글루타민은 쉽게 피롤리돈 카아복실산(pyrrolidone carboxylic acid, PCA)으로 전환되나, 아스파라진은 전혀 변화하지 않는다는 성질을 들 수 있다.

$$\begin{array}{c} CH_2-CO-NH_2 \\ | \\ CH_2 \\ | \\ NH_2-CH-COOH \end{array} \xrightarrow{H_2O} \begin{array}{c} CO-CH_2 \\ |\qquad | \\ |\quad CH_2 \\ |\qquad | \\ NH-CH-COOH \end{array} + NH_3$$

글루타민(glutamic) 피롤리돈 카아복실산(pyrrolidone carboxylic acid)

염기성 아미노산

앞에서 말한 L-글루타민산 또는 L-아스파틴산들과는 대조적으로 한 분자 내에 한 개의 유기산기(-COOH)와 함께 두 개 또는 두 개 이상의 아미노기(-NH_2), 혹은 이미노기(-NH-)를 갖고 있기 때문에 전체적으로 염기성(鹽基性)을 띤 이 염기성 α-L-아미노산들(basic α -L-amino acids)로는 다음과 같은 것이 잘 알려져 있다.

라이신 L-라이신(L-lysine, L-α, ε-diaminocaproic acid)은 백색의 결정이며, 물에는 잘 녹으나 알코올류에는 잘 녹지 않으며, 에텔에는 전혀 녹지 않는다. 그 등전점(等電點, isoelectric point)은 9.47로 알려져 있으며 224℃에서 분해된다.

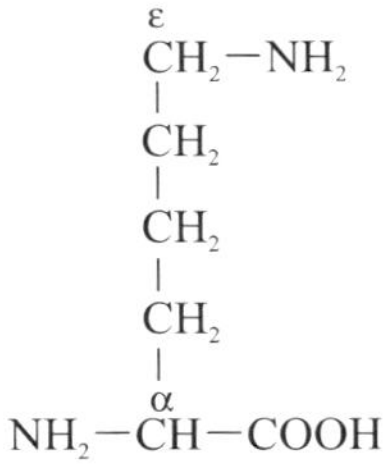

$$\begin{array}{c} \overset{\varepsilon}{C}H_2-NH_2 \\ | \\ CH_2 \\ | \\ CH_2 \\ | \\ CH_2 \\ | \\ NH_2-\overset{\alpha}{C}H-COOH \end{array}$$

L-라이신(L-lysine)

이 L-라이신은 자연 단백질, 따라서 식품 단백질류 중의 중요한 필수아미노산인 동시에 사람들, 특히 과거로부터 주로 식물성 식품류에 크게 의존해 왔던 우리나라 국민들에게는 1960년대 초기까지는 그 섭취량이 가장 부족했던 가장 중요한 필수아미노산들의 하나였다. 이 L-라이신은 일반 곡류 단백질들, 그리고 무엇보다도 특히 동물성 단백질들의 분해에 의해서 얻어진다.

이 아미노산은 그 염기성(basicity) 때문에 피크린산(picric acid, 2,4,6-trinitrophenol)과 결합하여 매우 용해도가 낮은 복합체를 형성하는 특성을 갖고 있으며, 이 성질은 라이신의 분리, 정제 등에 이용되고 있다.

한편 이 L-라이신은 우유의 락트알부민(lactalbumin)에 그 전체 아미노산 함량의 9.1, 달걀흰자 알부민(egg albumin)에는 3.6%, 대두의 글리시닌(glycinin)에는 9.1%, 역시 두류 단백질인 레구민(legumin), 파세올린(phaseolin), 비실린(vicillin) 등에는 각각 5.0, 4.6, 5.4% 가량이 함유되고 있다. 또한 우유 단백질의 하나인 카세인에는 6.3% 가량 함유되고 있으며, 특히 쇠고기, 돼지고기, 닭고기, 새우 등의 단백질에는 각각 7.6, 7.2, 7.4, 7.6%의 비교적 많은 양이 함유되어 있다.

알지닌 L-알지닌(L-arginine, L-α-amino-δ-guanidivaleric acid)은 수용액에서는 두 개의 결정수 분자들(結晶水 分子, hydrated molecules)을 함유하고 있는 프리즘(prism)형의 결정을 형성한다. L-알지닌은 물에는 잘 녹으나, 알코올류나 에텔 등에는 잘 녹지 않으며, 가열하면 235℃에서 분해되며 등전점은 pH 10.76으로 알려져 있다.

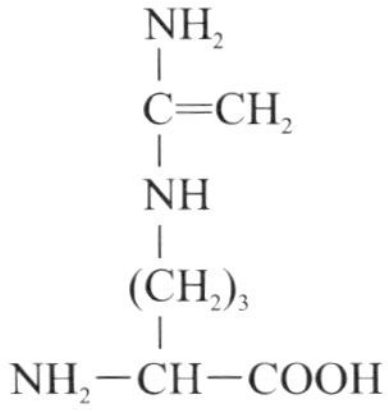

$$\begin{array}{c} NH_2 \\ | \\ C=CH_2 \\ | \\ NH \\ | \\ (CH_2)_3 \\ | \\ NH_2-CH-COOH \end{array}$$

L-알지닌(L-arginine)

L-알지닌은 편도의 아만딘(amandin), 밀의 에데스틴(edestin), 대두의 글리시딘, 완두와 같은 두류의 레구민(legumin), 비실린(vicillin) 등, 그리고 젤라틴(gelatin) 등에 그 함량이 비교적 많으며, 전술한 단백질들의 아미노산 함량은 각각 11.8, 15.8, 8.1, 11.7, 8.9%와 8.2% 가량 된다. 또한 앞에서 말한 육류 단백질들에도 각각 6.3%에서 7.5% 가량 함유되고 있다.

이 아미노산은 젤라틴을 가수분해함으로써 얻을 수 있으며, 청어의 정액(sperm)에서 얻어지는 쿨페인(culpeine)을 포함한 일부 프로타민류(protamins)를 가수분해할 때는 전체 아미노산 함량의 80% 내지 90%에 해당되는 알지닌을 얻을 수 있다.

한편 L-알지닌은 식품단백질류의 구성 아미노산의 하나이며, 필수아미노산에 포함되지는 않으나, 유아기(幼兒期)에 부족하기 쉬운 아미노산으로서 일부 전문가들은 유아기에 국한하여 필수아미노산으로 보는 경우도 있다.

히스티딘 L-히스티딘(L-histidine, L-α-amino-imidazolepropionic acid)은 무색의 결정으로 얻어지며, 물에는 잘 녹으나, 알코올류나 에텔 등에는 거의 녹지 않는다. L-히스티딘은 277℃에서 분해하며, 등전점은 pH 7.64로 알려져 있다.

이 L-히스티딘은 각종의 식품 단백질에 골고루 분포되고 있으나 그 함량은 크지 않다. 밀의 에데스틴의 경우에는 그 전체 아미노산 함량의 대략 4.0%, 두류 단백질인 비지닌(viginin)에는 3.1%, 밀의 글리아딘(gliadin)에는 대략 3.4% 가량 함유되어 있다.

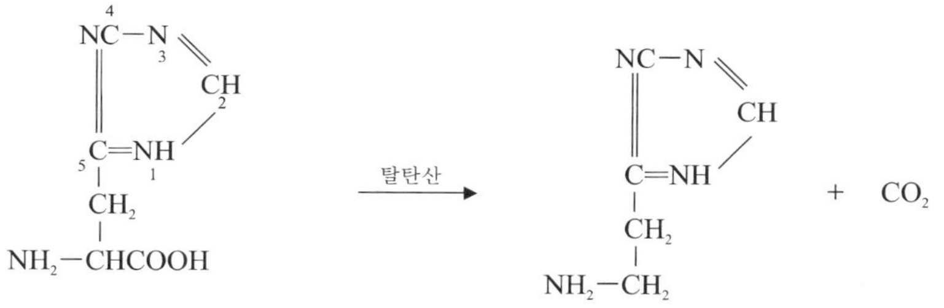

L-히스티딘(L-histidine) —탈탄산→ 히스타민(histamine) + CO_2

L-히스티딘(L-histidine)도 자연 단백질들인 식품 단백질의 구성 아미노산들의 하나이다. L-히스티딘은 사람의 경우 필수아미노산의 하나로 대부분의 연구자들에 의해서 분류되고 있다. 이 아미노산은 앞에서 말한 L-알지닌의 경우와 같이 사람의 경우 그 초기의 성장과정, 즉 유아기의 성장과정에서 섭취가 부족되기 쉬운 필수아미노산으로 알려져 왔다.

이 히스티딘은 탈탄산 반응(decarboxylation)에 의해서 히스타민(histamine)이 형성된다. 이 히스타민은 많은 동물 조직들에 존재하며, 강력한 혈관 확장작용(vasodilating activuty)을 하나, 혈관의 수축, 이완 운동에 불규칙성을 가져오기 쉽다고 한다. 실제로 생체들의 관상동맥(coronary arteries)을 수축하여 결과적으로 혈압을 상승시키게 된다(Klassen, C. D., 1996 ; 또한 제17장 p. 1056참조).

함황 아미노산

그 분자 내에 -SH기(sulfhydryl group)와 같은 황 원자를 함유한 치환기(置換基, substitute groups)를 가진 함황 아미노산들(sulfur-containing amino acids)로는 다음과 같은 것이 있다.

시스타인 L-시스타인(L-cystine, dicysteine or β, β'-dithiodialanine)은 무색 또는 황백색의 결정이며, 물이나 알코올에는 잘 녹으나, 에텔에는 녹지 않는다. 융점은 152℃ 내지 153℃이며, 등전점은 pH 6.06이다. 이 아미노산은 시스테인(cysteine)의 산화형(oxidized form)으로 볼 수 있다.

$$2\ \begin{array}{c} CH_2SH \\ | \\ NH_2CHCOOH \end{array} \xrightarrow{\text{산화}} \begin{array}{ccc} CH_2 - S - S - CH_2 & \\ | \qquad\qquad\quad | \\ NH_2CHCOOH \quad NH_2CH_2COOH \end{array}$$

시스테인(cysteine) 시스타인(cystine)

단백질 또는 폴리펩타이드류의 사슬들(chain structures)은 참여하고 있는 시스테인들(cysteines)을 그 -SH 그룹들의 위치가 근접해 있으면 쉽게 산화되어 -S-S- 결합을 공유하는 시스타인(cystine)을 형성하여 나중에 설명할 입체 구조들을 형성한다. 그러나 이상의 시스타인의 -S-S- 결합들은 쉽게 환원되어 두 개의 시스테인 분자들로 되돌아갈 수 있다.

이 L-시스테인은 식품 단백질류에 고루 분포되어 있기는 하나, 그 함량은 많지 않다. 다만 우유의 락트알부민, 밀의 글루테닌과 글리아딘 등의 단백질들에는 그 함량이 비교적 큰 편이나, 전체 아미노산에 대한 시스타인의 퍼센트 함량을 각각 2.56%, 1.80%, 2.1%이다.

모발(毛髮)에 존재하는 케라틴(keratin)과 같은 경질 단백질들(scleroproteins)에는 이 아미노산의 함량이 크다. 예로서 사람의 머리카락을 구성하고 있는 케라틴(keratin)은 12% 가량의 시스타인을 함유하고 있다.

시스테인 L-시스테인(L-cysteine, L-2-amino-3-mercaptopropionic acid)은 L-시스타인이 환원되어 얻어진 아미노산이다. L-시스테인은 무색의 결정이며, 물, 수산화암모늄(NH_4OH) 용액, 초산 등에 잘 녹으며, 에텔, 아세톤, 벤젠(benzene) 등에는 녹지 않는다. 그 염산염의 융점은 175℃ 내지 178℃이며, 등전점은 pH 4.44이다.

가수분해, 특히 알칼리로 가수분해 될 때에는 쉽게 산화되어 시스타인이 된다.

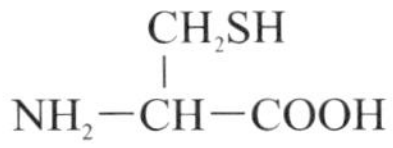

$$\begin{array}{c} CH_2SH \\ | \\ NH_2-CH-COOH \end{array}$$

L-시스테인(L-cysteine)

메싸이오닌 L-메싸이오닌(L-methionine, L-α-amino-γ-methylthiobutyric acid)은 같은 함황 아미노산인 사스타인과는 달리 알칼리에 의해서 쉽게 파괴, 즉 분해되지 않는다.

L-메싸이오닌은 자연에 널리 분포되고 있으며, 특히 카세인의 가수분해에 의해서 얻어진다.

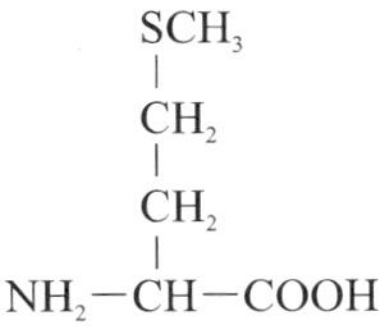

$$\begin{array}{c} SCH_3 \\ | \\ CH_2 \\ | \\ CH_2 \\ | \\ NH_2-CH-COOH \end{array} \qquad \begin{array}{c} CH_3 \\ | \\ NH=S=O \\ | \\ CH_2 \\ | \\ NH_2-CH-COOH \end{array}$$

메싸이오닌(L-methionine) 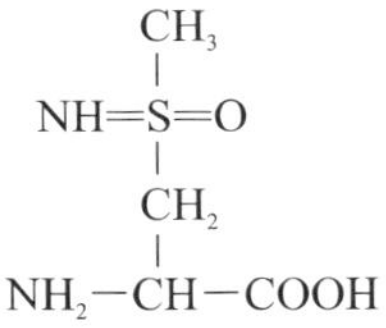 메싸이오닌 설폭시민(methionine sulfoximine)

이 L-메싸이오닌은 자연 단백질들, 따라서 식품 단백질들의 구성 아미노산들 중의 하나인 동시에 사람에 대한 필수 아미노산의 하나로서 매우 중요한 아미노산이다.

과거에는 밀가루를 화학적으로 단기간에 숙성(熟成, aging)시키기 위해서, 일부 해외의 제분 회사들이 삼염화질소(nitrogen trichloride, NCl_3)를 사용한 일이 있었으나, 이런 경우 밀가루에 함유된 일부 단백질들이 분해되면서 생성된 L-메싸이오닌들이 위의 삼염화질소와 반응하여 인체에 대해서 매우 독성이 강한 메싸이오닌 설폭시민(methionine sulfoximine)을 형성하는 사실이 밝혀진 후, 그 사용이 즉시 금지된 일이 있다.

이미노산

α-아미노기(α-amino group) 대신에 α-이미노기(α -imino group)를 가진 이미노산들(imino acids)로서, 그 구조와 성질, 기능 등이 실질적으로 L-α-아미노산들과 같으며 여기에 포함된 L-α-이미노산들로서 프롤린(proline)과 하이드록시프롤린(hydroxyproline)이 있다.

프롤린 L-프롤린(L-proline, L-pyrrolidine-2-carboxylic acid)은 무색의 결정으로서 물과 알코올류, 특히 에탄올에 잘 녹으며, 에텔에는 녹지 않는다. 실제로 이 프롤린은 자연 단백질들을 가수분해해서 얻어지는 아미노산들 중에서 알코올류에 녹는 유일한 아미노산이다. 이 아미노산, 즉 더 정확하게는 이미노산은 220℃ 내지 222℃ 사이에서 분해되며, 등전점은 pH 6.03으로 알려져 있다.

L-프롤린은 각종 식품 단백질에 고루 분포되어 있으나, 특히 밀의 단백질인 글리아딘(gliadin), 보리의 홀데인(hordein), 라이 보리의 프롤라민(prolamine), 옥수수의 제인(zein), 알부미노이드(albuminoid)에 속하는 젤라틴(gelatin) 등에 함량이 크다. 한편 전체 아미노산의 함량에 대한 퍼센트 함량은 각각 13.2%, 13.7%, 9.8%, 9.0%와 9.5% 정도로 알려져 있다.

이 아미노산은 식품단백질들의 구성 아미노산들의 하나임이 밝혀져 왔으며, 생체의 구조, 골격 등을 형성하는 단백질들의 중요한 구성 아미노산들의 하나이나, 사람에 대한 필수아미노산은 아니다.

```
CH2 — CH2
 |      |
CH2    CH2 — COOH
   \   /
    N
    H
```

L-프롤린(L-proline)

하이드록시프롤린 L-하이드록시프롤린(L-hydroxyproline, L-4-hydroxypyrrolidine-2-carboxylic acid)은 무색의 결정이다. 물에 잘 녹으며, 알코올류에도 약간 녹으나 에텔에는 녹지 않는다. 이 아미노산의 융점은 270℃이며 등전점(pI)은 pH 5.8로 알려져 있다.

```
HO — CH — CH2
      |     |
     CH2   CH — COOH
       \   /
        N
        H
```

L-하이드록시프롤린(L-hydoxyproline)

이 단백질은 널리 분포되고 있지는 않으며, 일부 단백질들에서만 발견된다. 특히 젤라틴(gelatin)에는 그 함량이 많으며, 전체 아미노산 함량의 14%에 달한다.

전술한 젤라틴과 같은 단백질들의 가수분해에 의해서 얻어진다.

L-하이드록시프롤린은 자연 단백질들의 구성 아미노산들로 알려진 20종의 L-아미노산들(소위 coded L-α-amino acids 또는 primary amino acids)에 포함되어 있지 않은, 소수의 L-α-아미노산들(소위 non-coded L-α-amino acids 또는 derived amino acids)에 속한다.

그럼에도 불구하고 앞에서 말한 L-프롤린과 함께 알부미노이드(albuminoid)에 속하는 동물들의 구조 단백질들(structural proteins)의 하나인 콜라젠(collagen)에는 전체 구성 아미노산들의 1/4 가량이 프롤린과 하이드록시프롤린들로 구성되고 있다.

스미트들(Smith, A. D., *et al.*, 1999)에 의하면 이 콜라젠에 존재하는 전체 프롤린류의 약 50%가 주로 4-하이드록시프롤린과 소량의 그 이성체인 3-하이드록시프롤린으로 수산화(水酸化, hydroxylation). 즉, -OH-기(基)와 결합되어 있다고 한다.

이들에 의하면, 프롤린의 효소 작용에 의한 수산화, 즉 -OH 그룹의 도입(導入, introduction)은 콜라젠의 생합성(生合成, biosynthesis)을 위해서 필요한 폴리펩타이드의 사슬들(polypeptide chains)이 성장을 계속하기 위해서 여러 라이보좀들(ribosomes) 안에 머물고 있는 동안에 이미 일어난다고 한다. 즉 콜라젠을 형성하는 폴리펩타이드들이 형성되고 있는 라이보좀들 내부에서 이들이 떨어져 나가기 전에 프롤린의 주로 4번 위치에서, 효소에 의한 하이드록시프롤린의 형성이 이뤄지며, 그 형성량은 원래의 프롤린 양의 50%에 달한다는 것이다.

기타의 아미노산들

베타-알라닌 β-알라닌(β-alanine, β-aminopropionic acid)은 아미노기(amino group)가 β-위치에 있는, 생체 내 또는 일부 식품류에 그 존재가 확인된, 아미노 그룹이 α-위치(α-position)에 있지 않은 아미노산들 중 가장 대표적인 β-아미노산이며, 글라이신(glycine)의 경우처럼 비대칭 탄소 원자가 없기 때문에 입체 또는 광학 이성체들(stereo- or optical isomers)은 존재하지 않는다.

이 β-알라닌은 자연 단백질류, 따라서 식품 단백질류의 구성 아미노산은 아니다. 그러나 소의 근육 중의 비단백질 질소 화합물들(non-protein nitrogeous compounds, NPNs)의 주요 성분들의 하나인 카아노신(carnosine)은 β-알라닐히스티딘(β-alanylhistidine)으로서 다이펩타이드(dipeptide)의 구조를 갖고 있으며, 또 하나의 비단백질 질소 화합물인 안세아린(anserine)은 β-알라닐-1-메틸히스티딘(β-alanyl-1-methylhistidine)으로서 역시 β-알라닌을 함유한 다이펩타이드이다.

또한 β-알라닌은 생체 내의 비타민 B 복합체들(vitamin B complexes) 중의 수용성 비타민류의 하나인 판토텐산(pantothenic acid)의 주요 구성 성분이며, 따라서 coenzyme A의 구성 성분으로 볼 수 있다.

이 β-알라닌은 물에 잘 녹으며, 알코올류에는 약간 녹고, 에텔에는 녹지 않는다. 백색의 프리즘(prosm)형의 결정을 갖고 있으며, 198℃에서 분해된다.

$$NH_2CH_2CH_2COOH$$

β-알라닌(β -alanine)

3,5-다이요오도타이로신 L-3,5-다이요오도타이로신(L-3,5-di-iodotyrosine)은 L-타이로신의 β-위치 또는 4번 위치의 탄소 원자에 결합된 4′-하이드록시페닐 그룹(4′-hydroxyphenyl group)의 3′과 5′의 위치들이 각각 한 개의 요오드 그룹(-I group), 즉 요오드 원자로 치환되어 형성된, 근본적으로 L-타이로신의 유도체로 볼 수 있는 아미노산 유도체라고 할 수 있다.

이 타이로신의 유도체는 해양 생물(海洋 生物, marine organisms)이나 포유동물의 갑상선(甲狀腺, thyroid gland)에서 분비되는 중요한 갑상선 호르몬(thyroid hormones)의 하나로서 다음에 설명할 싸이록신(thyroxine) 등과 함께 존재한다.

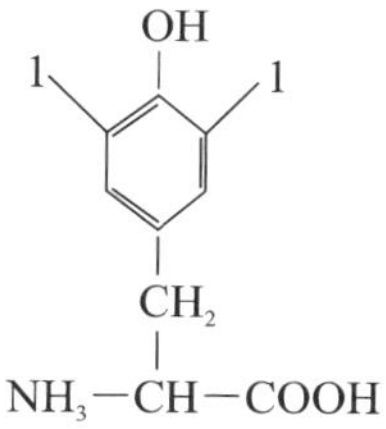

OH
1 1
CH_2
$NH_3-CH-COOH$

3, 5-다이요오도타이로신(diiodotyrosine)

싸이록신 싸이록신(thyroxine, 4-(4-hydroxy-3,5-di-iodoophenoxy)-3,5-di-iodoophenylalanine 또는 3,5,3′5′-tetraiodothreonine)은 전술한 갑상선 호르몬들(thyroid hormones)의 대표적인 것으로 알려져 있다.

한편 싸이록신의 두 개의 페닐 그룹들(phenyl groups)의 3,5,3'5'의 위치에 있는 요오드 그룹들(iodo groups), 즉 요오드 원자들이 없는 화합물은 싸이로닌(thyronine)으로 알려져 있는데, 갑상선 호르몬의 작용이 전혀 없는 사실이 알려져 있다. 이 사실에 미루어 보아서 갑상선 호르몬으로서의 작용에 요오드 원자들의 존재가 매우 중요한 사실을 알 수 있다.

싸이록신은 정상적으로 인체에 공급될 때는, 인체의 신진대사와 육체적인 성장을 위해서 필수적이라고 한다. 더 자세한 설명은 다음의 3,5,3′-트리요오드싸이로닌의 경우와 함께 하기로 한다.

3,5,3′-트리요오드싸이로닌 3,5,3′-트리요오드싸이로닌(3,5,3′-triiodothyronine)은 싸이록신의 유도체로 볼 수 있으며, 역시 갑상선 조직에서 발견되는 갑상선 호르몬의 하나이다. 그 작용은 앞에서 말한 싸이록신보다 5배나 강력하다고 한다.

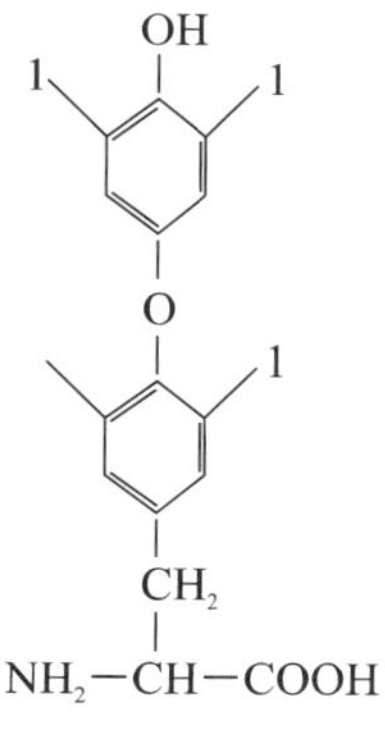

OH
1 1
O
1
CH_2
$NH_2-CH-COOH$

싸이록신(thyroxine)

이 갑상선 호르몬들은 생체 내에서는 글로불린 단백질의 하나인 싸이로글로불린(thyroglobulin)의 구성 성분으로 존재하나, 수시로 분배되어 혈액을 통해서 체내의 여러 조직들에 전달되어 호르몬 작용을 갖는 것으로 알려져 있다.

이상의 호르몬들의 주요 작용은 체내의 기본적인 신진대사 속도(basal metabolic rate), 성장 속도, 체내에서의 산소 소비 속도 등을 촉진하는 것으로 알려져 있다.

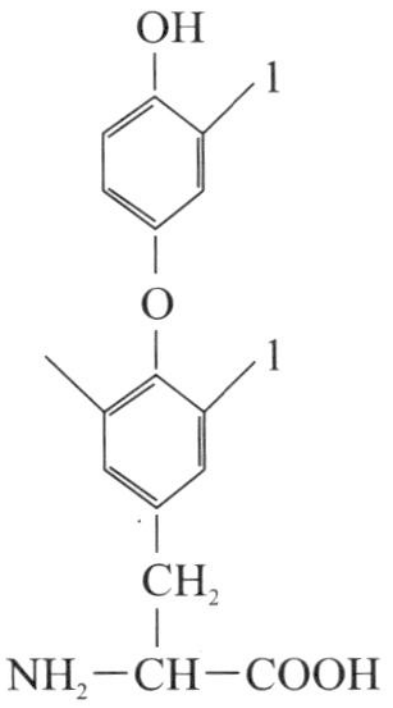

3, 5, 3′-트리요오도싸이로닌(triodothyronine)

이상의 호르몬들의 형성이 방해되면, 하이포싸이로이디즘(hypothyroidism)을 유발하며, 기본적 신진대사 속도, 성장 속도, 산소 소비 속도를 저하시키며 또한 갑상선종(甲狀腺腫, goiter)을 유발한다.

평지씨(repressed)와 같은 겨자과(Crucifer plant family) 식물들의 종자들의 주요 성분의 하나인 글라이코시놀레이트들(glycosynolates)이 갑상선 호르몬의 형성을 억제함으로써 갑상선종을 유발하는 경우가 있는 사실에 대해서는 제17장 「식품 속의 독성물질들」에서 자세히 설명하기로 한다.

단백질의 분류

앞에서 말한 바와 같이 자연 단백질들은 여러 종류의 자연 단백질 구성 아미노산들이 펩타이드 결합을 통하여 각각 하나의 유전자 정보에 따라서 형성된 폴리펩타이드류 또는 폴리펩타이드류의 결합체들로 볼 수 있는, 분자량이 10,000 정도 이상의 거대분자들(macromolecules)이라고 할 수 있다.

그리고 이와 같은 자연 단백질들, 즉 식품류나 식품 원료들과 관련이 깊은 단백질들을 포함하는 단백질들에 대한 내부적 또는 외부적인 구조와 성질들에 대해서 현재와 같이 체계적으로 깊이, 또는 널리 연구되기 전부터, 식품분야를 비롯한 화학, 물리, 생물학 분야의 기초적 연구들이나, 실제적인 가공에 종사하는 연구자들이나 기술자들에 의해서, 오래 전부터 편의상(便宜上) 그 출처(sources), 화학적, 물리적 성질들의 차이, 예로서 특정된 용매(solvent)들에 대한 용해도(solubility)의 차이, 그 구조상의 특징 등 그리고 미각적(味覺的), 위생적, 경제적인 여러 관점들에 따라 여러 가지로 분류되어 왔다.

이상의 분류 체계들에 대해서 극히 간단히 설명하면 다음과 같다.

출처에 의한 분류

일반적으로 단백질들은 그것이 식물체에서 얻어졌느냐 동물체에서 얻어졌느냐에 따라, 식물성 단백질들(plant proteins)과 동물성 단백질들(animal proteins)로 분류되는 경우가 많으며 그것은 다시 다음과 같이 세분된다. 즉

식물성 단백질

1. 곡류 단백질(cereal proteins)
2. 두과 식물 단백질(legume proteins)

동물성 단백질

1. 육류 단백질(animal proteins)
2. 달걀 단백질(egg proteins)
3. 우유 단백질(milk proteins)

등이다.

용해도에 따른 분류

단백질들은 또한 앞에서 말한 바와 같이 특정 용매 또는 용액에 대한 용해도에 따라 종래 다음과 같이 분류하여 왔다. 즉

1. 알부민류(albumins)
   물과 염 용액(salt solutions)에 녹는 단백질들
2. 글로불린류(globulins)
   물에는 잘 녹지 않으나, 염 용액에는 잘 녹는 단백질들
3. 프롤라민류(prolamines)
   70~80% 에탄올(ethanol)에는 녹으나, 물이나 무수 에탄올(absolute ethanol) 등에는 잘 녹지 않는 단백질들
4. 글루텔린류(glutelins)
   이상의 용액, 용매들에는 녹지 않으나, 산(acid)이나 알칼리(alkali)에 잘 녹는 단백질들
5. 스클레로프로테인류(scleroproteins)
   일체의 수용액에는 녹지 않는 단백질로서 경성(硬性) 단백질이라고도 불려진다.

조성에 따른 분류

한편 단백질들은 그 조성(組成, composition)에 따라,

1. 단순 단백질들(simple proteins)
   아미노산들로만 구성되어 있는 단백질들
2. 복합 단백질들(conjugated proteins)
   분해(decomposition)될 때 아미노산들이나, 아미노산들로만 구성되어 있는 단순 단백질 이외에 이와 전혀 성질이 다른 어떤 다른 구성 성분들(prothetic groups)과 함께 형성된 단백질들
3. 유도 단백질들(derived proteins)
   이상의 단순 단백질들이나 복합 단백질들이 가열이나 산, 알칼리의 작용에 의해서 다소 그 구조가 변경된 단백질들(modified proteins) 또는 단백질 유도체들(protein derivatives)

의 세 가지로 나눠진다.

한편 이상 세 가지의 단백질들은 조성, 그리고 산, 알칼리, 염 용액, 유기 용매 등에 대한 용해도의 차이 또는 그 구조상의 특징 등에 의해서 다시 다음과 같이 세분화 된다.

단순 단백질

단순 단백질들(simple proteins)은 특정 용매(specific solvent)에 대한 용해도에 따라 다시 다음과 같은 종류로 분류한다.

알부민류 알부민류(albumins)는 물 또는 묽은 염 용액(salt solution)에 잘 녹으며, 또한 가열에 의해서 응고(heat-coagulate)된다.

한편 염 용액의 경우, 염 농도가 커지면 결정으로 석출(析出, salting out) 된다.

이 알부민에 속하는 식물성 단백질들로서는 맥류(麥類), 즉 보리(barley), 밀(wheat), 호밀(rye) 등에 함유되고 있는 류우코신(leucosin)과 두류에 함유된 레구멜린(legumelin) 등이 있다.

한편 여기에 속하는 동물성 단백질들로서는 육류 단백질 중의 마이요젠(myogen), 우유 단백질 중의 락트알부민(lactalbumin), 달걀흰자 단백질 중의 오브알부민(ovalbumin) 등이 있다.

글로불린류 글로불린류(globulins)는 물에는 잘 녹지 않으나, 중성 염(neutral salts)의 묽은 용액에 녹는 것들이 많다. 가열에 의해서 응고(heat-coagulate)하며, 황산암모늄($(NH_4)_2SO_4$)의 반포화 용액(half-saturated solution)에 의해서 침전된다.

여기에 속하는 단백질들로서는 대두 중의 레구민(legumin)과 비실린(vicillin), 특히 강낭콩 중의 파시올린(phaseolin)과 콘파세올린(conphaseolin), 그리고 낙화생 중의 아라킨(arachin)과 콘아라킨(conarachin), 호밀 중의 아베날린(avenalin), 옥수수 중의 메이신(maysin), 감자 중의 튜베린(tuberin) 등과 같이 곡류나 두류의 저장 단백질들(reserve proteins)로서 널리 분포되고 있다.

한편 육류 단백질 중의 마이요신(myosin), 우유 단백질 중의 락토알부민(lactolbumin), 달걀 단백질 중의 오보글로불린(ovoglobulin), 그리고 동물 혈액 중의 각종의 혈청 글로불린류(serum globulins) 등 동물성 단백질도 여기에 속한다.

글루텔린류 글루텔린류(glutelins)는 물, 중성 염류(neutral salts)의 용액, 에탄올 수용액, 무수 에탄올 등에는 잘 녹지 않으나, 알칼리 용액에는 잘 녹는다. 이 글루텔린류는 주로 식물성 식품류, 특히 곡류에 널리 분포되고 있다. 예로서, 쌀 중의 오라이제닌(oryzenin), 밀 중의 글루테닌(glutenin) 등은 이 글루텔린류에 속한다.

프롤라민류 프롤라민류(prolamins)는 물 또는 중성염 용액에는 녹지 않으나, 70% 내지 80%의 에탄올에는 잘 녹는다. 그리고 그 산성 성분들(acid components) 때문에 알칼리 용액에도 잘 녹으며, 주로 식물성 식품들에만 분포되어 있다. 예로서 보리 중의 홀데인(hordein), 밀 또는 호밀 중의 글리아딘(gliadin), 옥수수 중의 제인(zein) 등이 여기에 속한다.

히스톤류 히스톤류(histones)는 물에 녹으며, 알지닌(arginine)이나 라이신(lysine)들과 같은 염기성 아미노산들의 함량이 크기 때문에 산성 용액(acidic solution)에도 잘 녹는다. 가열하여도 응고하지 않으나, 알칼리 용액에 의해서 침전된다.

예로서 적혈구, 즉 헤모글로빈(hemoglobin)의 단백질인 글로빈(globin), 동물체의 선상조직(線狀組織, glandular tissues)에서 핵산들(nucleic acids)과 결합되고 있는 단백질들, 예로서 흉선(胸線, thymus gland) 중의 단백질 성분인 싸이머스히스톤(thymushistone), 고등어의 이리, 즉 정액에 존재하는 스콤브린(scombrine), 상어의 정액에 존재하는 스튜린(sturin) 등이 여기에 속한다.

프로타민류 프로타민류(protamins)는 알지닌(arginine), 히스티딘(histidine), 라이신(lysine) 등의 염기성 아미노산들의 함량이 큰, 강한 염기성 단백질이며, 물 또는 묽은 산에 녹는다.

연어의 이리, 즉 정액에 존재하는 살민(salmine), 청어의 정액에 존재하는 클페인(culpein), 고등어의 정액에 존재하는 스콤브린(scombrine), 상어의 정액에 존재하는 스튜린(sturin) 등이 있다.

히스톤류(histones)와 마찬가지로 동물 체내에서 주로 핵산과 결합된 핵산 단백질류(nucleoproteins)의 형태로 존재하기 때문에, 역시 동물성 식품류에서만 발견된다.

알부미노이드류 알부미노이드류(albuminoids)는 스크렐로프로테인류(scleroproteins), 즉 경성 단백질이라고도 불리며, 앞에서 말한 바와 같은 단백질들과는 달리, 산, 알칼리, 유기용매들의 작용이나, 소화 효소들의 작용에 대해서 저항이 매우 크다.

그러나 일부 알부미노이드류는 강산들(strong acids)이나 효소들의 작용에 의해서 서서히 분해된다. 이 단백질들도 동물체에만 존재하며, 동물체의 골격조직, 연골조직(cartilage tissues)을 포함하는 결체조직들(connective tissues), 표피(skins), 모발 등을 형성하고 있다.

여기에 속하는 단백질들로서는 표피, 모발, 뿔 등의 주성분을 이루고 있는 케라틴(keratin), 인대 조직들(elastic tissues), 혈관 등을 형성하고 있는 엘라스틴(elastin), 골격, 연골 조직을 포함하는 결체조직들을 구성하고 있는 콜라젠(collagen), 콘드린(chondrin) 등이 있다.

복합 단백질

전술한 바와 같이 이 복합 단백질들(conjugated proteins)은 단순 단백질과 비단백질 성분(prothetic group)으로 구성된 것이나, 그 결합된 비단백질 성분들이 어떤 것인가에 의해서 다시 다음 다섯 가지로 세분된다.

핵단백질류 핵단백질들(nucleoproteins)은 단순 단백질들과 핵산들(nucleic acids)로 구성된 복합 단백질이다. 즉 비단백질 성분으로서는 데옥시라이보핵산(deoxyribonucleic acid, DNA)과 라이보 핵산(ribonucleic acid, RNA) 등이 있으며, 단순 단백질들로서는 앞에서 말한 히스톤류(histones), 프로타민류(protamin) 등이 있다.

이 핵단백질들은 동식물들의 세포핵(細胞核)들의 주성분들이며, 동물체의 장기(organs), 특히 흉선(thymus gland), 정액, 식물체에 배아(germ), 효모, 세균 등에 그 함량이 크다.

당 단백질류 당 단백질들(glycoproteins)은 종래에는 뮤코프로테인류(mucoproteins)로 알려져 왔으며, 단순 단백질과 뮤코폴리삭카라이드들(mucopolysaccharides)과 같은 각종의 탄수화물들이 결합되어 형성된 복합 단백질들이다. 이 단백질들은 물 또는 염류 용액에는 잘 녹지 않으나, 알칼리 용액에는 녹는다.

이 단백질들은 주로 동물체에서 발견되며, 동물 조직의 점액, 소화액 중의 뮤신(mucin), 혈청(blood serum), 결체조직 중의 뮤코이드(mucoid), 달걀흰자 중의 오보뮤신(ovomucin)과 오보뮤코이드(ovomucoid) 등이 여기에 속한다.

한편 식물성 식품류 중에서는 일부 서류(薯類)와 곡류의 점액 물질(粘液 物質)들 중에서만 발견된다.

인 단백질류 인 단백질들(phosphoproteins)은 단순 단백질들과, 핵산들(nucleic acids)을 제외한 인 화합물들(phosphoric compounds), 그 중에서도 주로 인산(H_3PO_4)과 결합되어 형성된 복합 단백질들이다.

이 단백질들은 글로불린(globulin)들과 마찬가지로, 산성 단백질들(acidic proteins)로서 묽은 알칼리 용액에 녹으며, 자연에서는 이 단백질들은 종종 칼슘염의 형태로 존재하는 경우가 많다.

우유에 존재하는 카세인 달걀노른자 속에 존재하는 오보비텔린(ovovitellin), 즉 리포비텔리닌(lipovitellinin) 등이 여기에 속한다.

리포프로테인류, 즉 지방 단백질류 리포프로테인류(lipoproteins), 즉 지방 단백질들은 단순 단백질들과 각종 지방질들이 결합되어 형성된 복합 단백질들이라고 할 수 있다.

단백질들과 지방질들이 결합되어 형성된 복합체들로서는 이 지방 단백질들 이외에도 프로테오리피드류(proteolipids)가 있다. 이 프로테오리피드류와 리포프로테인류, 즉 지방 단백질들과의 구별은 뚜렷하지 못하다. 그러나 가장 크게 다른 점은 이들의 용해도의 성질들이 크게 다른 점에 있다.

예로서 프로테오리피드들(proteolipids)은 물에는 전혀 용해(solubilize)되지 않으며, 그 대신 유기용매류(organic solvents)에는 잘 녹는다. 한편 리포프로테인들, 즉 지방 단백질들은 물에는 비교적 잘 녹으나 유기용매류에는 잘 녹지 않는다.

앞에서 말한 인 단백질들(phosphoproteins)의 하나인 오보비텔린(ovovitellin)은 리포비텔린(lipovitellinin)으로도 알려져 있으며, 약 22% 내지 30%의 지방질들(lipids)을 함유하고 있는 지방단백질, 즉 리포프로테인으로 분류될 수 있는 복합 단백질이다.

달걀노른자에는 이 외에도 앞에서 언급한 인 지방질인 동시에 지방 단백질의 하나인 리포비텔리닌(lipovitellinin)이 함유되어 있다.

한편 사람의 혈장(血漿, blood plasma), 혈청(血清, blood serum) 등에 존재하는 소위 저밀도 리포프로테인류(low density lipoproteins, LDL, 제13장 참조)의 하나인 β-리포프로테인(β-lipoprotein)은 77%, 말의 혈청(blood serum)에서 발견되는 리포프로테인인 C.A.M.은 약 41%의 지방질을 함유하고 있다.

크로모프로테인류, 즉 색소 단백질류 크로모프로테인류(chromoproteins)는 각종 색소들(pigments)과 단순 단백질들이 결합되어 형성된 복합 단백질들이다.

여기에 속하는 단백질들의 예로는 헤모글로빈류(hemoglobins), 하등 동물들의 혈액 중에 존재하는 헤모시아닌류(hemocyanins), 육류조직 중의 색소인 마이요글로빈류(myoglobins), 동식물의 호흡효소들의 하나인 사이토크롬류(cytochromes), 동식물체의 조직 중의 각종 효소들, 예로서 캬탈레이스(catalase), 파록시데이스(peroxidase), 폴리페놀 옥시데이스(polyphenol oxidase), 싸이로시네이스(tyrosinase) 등은 모두 이 단백질들에 속한다.

이 이외에도 일부 비타민류나 클로로필류, 카로티노이드류(carotrenoid)에 속하는 색소들도 동식물 조직 내에서는 단백질과 결합한 상태로 존재하는 경우가 많은 것으로 생각되고 있다.

예로서, 플라보프로테인류(flavoproteins)는 비타민 B_2, 즉 라이보플라빈(ribboflavin)과 단순 단백질들이 결합되어 형성된 색소 단백질들이다.

금속 단백질류 금속 단백질들(metalloproteins)은 금속(철, 구리, 아연 등)을 함유하고 있는 각종 화합물들과 단순 단백질들로 구성된 복합 단백질들이다.

앞에서 말한 색소 단백질들의 비단백질 성분들(prosthetic groups)을 구성하고 있는 많은 화합물들 중에는 그 분자 내에 이상의 금속들(Fe, Cu, Zn 등)을 함유한 것이 많으므로, 많은 색소 단백질들은 곧 금속 단백질들로도 분류된다.

앞에서 말한 색소 단백질들 중 헤모글로빈, 마이요글로빈, 헤모시아닌류 등이나 사이토크롬류, 캬탈레이스, 폴리페놀 옥시데이스, 싸이로시네이스 등의 산화 효소들(oxidizing enzymes)은 금속 단백질들(metalloproteins)의 좋은 예들이다.

유도 단백질

이 유도 단백질들(誘導 蛋白質, derived proteins)은 자연에 존재하는 단백질들(native proteins)이 산, 알칼리, 기타의 화학 물질들의 작용, 또는 효소작용 등에 의해서 변성(變性, denaturation)된 단백질들이며, 보통 그 변성의 정도에 따라 다음 두 가지로 세분된다.

제1차 유도 단백질

제1차 유도 단백질들(the first derived proteins)은 산, 알칼리, 기타의 화학 물질들, 효소작용, 가열 등에 의해서 자연 단백질들(native proteins)의 구조에 약간의 변화가 일어나 불용성이 된 것으로서, 가끔 프로테안류(proteans)라고도 불려진다. 그 중에서 중요한 것들에 대해서 설명하면 다음과 같다.

젤라틴 젤라틴(gelatin)은 단순 단백질들(simple proteins)의 하나이며, 경성(硬性)단백질들(scleroproteins)에 속하는 콜라젠(collagen)을 물, 묽은 산 또는 묽은 알칼리로 끓임으로써 콜라젠의 부분적 가수분해(partial hydrolysis)에 의해서 얻어지는 대표적인 유도 단백질들의 하나이다. 뜨거운 물에는 녹으나, 찬물에는 녹지 않는다.

이 젤라틴(gelatin)은 친수성 콜로이드들(hydrophilic colloids)을 형성하는 물질들의 대표적인 예이며, 따라서 그와 같은 성질 때문에 여러 가지 자연 식품들이나 가공 식품들의 성분으로서도 매우 중요하다. 그 성질에 대해서는 나중에 다시 논의하기로 한다.

프로테안류 프로테안들(proteans)은 원래 물에 잘 녹던 자연 단백질들(native proteins)이 산, 알칼리, 또는 가열 등의 작용에 의해서 물에 녹지 않게 된 유도 단백질들(insoluble derived proteins)을 말한다.

따라서 중요한 사실은, 많은 가공식품들 중의 단백질 성분들의 일부는 이와 같은 프로테안(protean)의 형태로 존재할 것이 예상된다는 사실이다.

메타프로테인류 메타프로테인들(metaproteins)은 묽은 산 또는 알칼리의 작용에 의해서 다소 그 구조가 바뀐, 변성된 글로불린류 또는 알부민류(denatured globulins or albumins)와 같은 유도 단백질들을 말한다.

응고된 단백질 응고된 단백질들(coagulated proteins)이란 다음과 같은 과정들을 통해서 변성, 응고(凝固)된 글로불린류 또는 알부민류(coagulated globulins or albumins)를 주로 말한다.

그 과정들이란

1. 가열(heating)
2. 자외선 조사(ultraviolet light irradiation)
3. 기계적인 교반(mechanical stirring)
4. 알코올과 같은 유기용매들(organic solvents)이나 기타의 화학물질들의 작용

등을 포함한 여러 과정들을 말한다.

이상과 같은 응고된 단백질들(coagulated proteins)은 물, 염류용액들(salt solutions), 묽은 알칼리 등에 잘 녹지 않는다.

제2차 유도 단백질

제2차 유도 단백질(the secondary derived proteins)은 자연 단백질들이 산, 알칼리, 기타의 화학물질들의 작용, 그리고 가열 등에 의해서 그 가수분해의 진행 정도나, 이에 따른 구조나 성질상의 변화가 더 진행된 것으로서, 그 변화의 진행정도나, 특히 가수분해의 진행정도(the degree of hydrolysis)에 따라 프로테오스류(proteoses), 펩톤류(peptones), 그리고 펩타이드류(peptides) 등으로 구별된다.

그 중 중요한 것에 대해서 설명하면 다음과 같다.

제1차 프로테오스류 제1차 프로테오스류(the primary proteoses)는 일반 자연 단백질들(native proteins)의 초기의 가수분해 생성물들이라고 생각할 수 있다. 한편 이들은 물에 녹으며, 가열에 의해서도 응고되지 않는다. 그러나 황산암모늄 $(NH_4)_2SO_4$의 반포화 용액(半飽和 溶液, half-saturated solution)에 의해서 침전된다.

제2차 프로테오스류 제2차 프로테오스류(the secondary proteoses)는 자연 단백질들의 가수분해가 더 진행되었을 때 형성되는 가수분해 생성물들로서, 그 분자량은 제1차 프로테오스류보다 더 적다. 한편 이들은 물에 잘 녹으며, 가열에 의해서도 응고되지 않는다. 역시 포화된 황산암모늄 용액에 의해서 침전된다.

펩톤류 펩톤류(peptones)는 이상의 프로테오스들보다 그 분자량이 더 적은 단백질 분해 생성물들이다. 포화된 황산암모늄 용액에 의해서 침전되지 않으나, 무수 에탄올(anhydrous ethanol)이나 탄닌산(tannic acid)에 의해서 침전된다.

펩타이드류 펩타이드류(peptides)는 단백질의 가수분해가 가장 많이 진행된, 분자량이 가장 적은 유도 단백질들(derived proteins)이다. 이 펩타이드류는 단백질의 궁극적인 구성단위인 아미노산이 펩타이드 결합(peptide linkage)을 통해서 여러 개가 결합하여 형성된 것이다.

단백질의 구조에 의한 분류

지금까지 소개해 온 분류 방법들은 모두 오랫동안의 연구와 경험을 통해서 얻어진 것이며, 과거에는 유용하게 이용되어 왔다. 그러나 그 후 단백질의 크기와 형태, 식품화학상 중요하다고 생각되는 반응성(reactivity)들과 물리적 성질들(physical properties)을 고려한, 특히 구조상의 특징에 근거를 둔 분류법(classification method)이 곧 제안되었었다(Bate-Smith, E. C. and Morris, T. N., 1952). 그러나 이 분류 방법은 아직 완전히 체계화되어 있지 않으며, 이상과 같은 의도에도 불구하고 단백

질의 식품 화학적인 연구에 어느 정도 기여할 것인지 의문시되어 왔으나 현재는 식품화학적 연구와 그 이용 내지는 응용 등에 있어서 필수적이고 기본적인, 또는 새로 개발된 지식들을 학계와 산업계에 공급하여 왔다.

이 방법에 의하면, 단백질들은 그 구조와 형태에 따라 크게 섬유상 단백질(fibrous protein)과 구상(球狀) 단백질(globular or corpuscular protein)로 분류된다.

이 섬유상 단백질들은 다시 물, 묽은 산, 묽은 알칼리에 잘 녹는 단백질들과 녹지 않는 단백질들로 세분된다. 수용성인 섬유상 단백질들(soluble fibrous proteins)에는 젤라틴(gelatin), 마이요신(myosin), 피브리노젠(fibrinogen), 오보글로뷸린(ovoglobulin), 카세인의 소듐염(sodium caseinate), 제인(zein), 글리아딘(gliadin) 등이 들어간다. 한편 불용성인 섬유상 단백질들(insoluble fibrous proteins)로서는 털(wool), 머리카락(hair), 뿔(horn), 견사(silk), 표피(skin) 중의 콜라젠(collagen) 등이 있다.

섬유상 단백질들은 다시 탄성 단백질들(elastic proteins)과 비탄성 단백질들(non-elastic proteins)로 분류될 수 있다. 탄성(彈性)을 가진 단백질들로는 케라틴(keratin) 등이 있으며, 비탄성 단백질로는 콜라젠 등이, 그리고 그 중간적인 성질을 가진 단백질들로서는 마이요신(myosin) 등이 있다.

구상 단백질들(globular proteins)로서는 달걀의 오브알부민(ovalbumin), 우유 속의 락트알부민(lactalbumin), 인슐린(insulin), 헤모글로빈 등, 그리고 혈액 중의 혈청 글로뷸린류(serum globulins), 각종의 혈청 리포프로테인류(serum lipoproteins) 등이 있다. 본 장의 그림15-1에 표시된 단백질들은 대부분의 경우 구상 단백질들이다.

단백질들의 성질들

단백질들의 원소 조성

단백질들의 각 원소들(elements)의 퍼센트 구성 비율(% composition)을 보면 대략 표 15-3과 같다.

표 15-3 일부 대표적인 단백질들의 원소 구성(elementary composition).

	탄소(C) %	수소(H) %	질소(N) %	산소(O) %	유황(S) %	철(Fe) %	인(P) %
카세인(casein)	53.13	7.06	15.78	22.37	0.80	-	0.86
에데스틴(edestin)	51.50	7.02	18.69	21.91	0.88	-	-
달걀 알부민(egg albumin)	52.75	7.10	15.51	23.02	0.616	-	-
글리아딘(gladin)	52.72	6.86	17.66	21.73	1.027	-	-
락트알부민(lactalbumin)	52.19	7.18	15.77	23.13	1.73	-	-
레규민(legumin)	51.72	6.95	18.04	22.91	0.385	-	-
류우코신(leucosin)	53.02	6.84	16.80	22.06	1.28	-	-
마이요신(myosin)	52.82	7.11	16.67	22.03	1.27	-	-
오보비텔린(ovovitellin)	51.56	7.12	16.23	23.24	1.028	-	0.82
옥시헤모글로빈(oxyhemoglobin)	54.64	7.09	17.38	20.16	0.39	0.335	-
제인(zein)	55.23	7.26	16.13	20.78	0.60	-	-

Sherman, H. C. 1952. "*Chemistry of Food and Nutrition*," 8th ed., p52, Mac Millan Co., New York.

이와 같은 결과를 탄수화물들이나 지방질들의 원소 구성성분과 비교해 보면, 무엇보다 질소(nitrogen) 원소가 필수 구성 성분으로서, 반드시 존재하는 사실이 가장 특징적이며, 그 함량도 매우 크다. 또한 그 함량은 16% 정도를 중심으로 하여 더 많거나 적은 경우가 있기는 하나, 질소 함량들이 평균 16% 정도로 대체로 비슷한 양이 함유된 점이 탄수화물이나 지방질들과 뚜렷이 다르다.

실제적으로 한 식품 중의 단백질 함량을 정량하는 경우, 그 식품 중의 단백질은 대략 자기 중량(건조 중량)의 16% 내외의 질소를 함유하고 있는 것으로 오래전부터 경험적으로 알려져 왔다.

따라서 먼저 그 단백질 함량을 알고자하는 식품 시료(a food sample)의 질소 퍼센트 함량을 킬다알 질소 정량법(Kjeldahl nitrogen determination method) 등으로 구한 다음에 그 함량이 a %였다면,

$$a \times \frac{100}{16},\ \text{즉}\ a \times 6.25$$

의 계산식으로 그 식품시료 속에 함유된 전체 단백질들의 대략의 퍼센트 함량을 산출할 수 있다.

이 6.25라는 계수는 질소 계수(窒素 係數)라고 불리기도 하며, 한 식품의 질소 함량에서 그 속에 함유된 단백질의 함량을 추산하는 데 사용되고 있다.

그러나 엄밀하게는 같은 종류의 식품들로 되어 있는 식품 그룹들(food groups)에 속하는 식품들의 경우에는 그 구성단백질의 종류나 함량의 비율이 비슷하기 때문에 그 질소의 퍼센트 함량은 대략 비슷하나, 식품의 종류가 달라지면 그 퍼센트 함량, 따라서 그 질소 계수도 약간씩 달라진다.

한 식품시료의 단백질 함량은 보통 질소 함량의 분석 결과 얻어진 퍼센트 질소 함량에 국제식량농업기구(Food and Agriculture Organization, U. N.)에서 작성, 발표한 국제적인 사용을 위한 식품 성분표(Food Composition Tables for International Use, Washington, D. C., 1949)에 표시된 해당되는 질소 계수를 곱하여 얻는 것이 통례이다.

이 조단백질(組蛋白質) 함량(crude protein content)을 산출하기 위해서 사용하는 이상의 질소 계수는 또한 우리나라 보건사회부령으로 정한 일반성분시험법(1969년 10월) 중의 조단백질 함량측정법에서도 똑같이 사용되고 있다(표 15-4 참조).

표 15-4 식품 중의 조단백질의 함량(crude protein content)을 산출하기 위해서 사용되는 질소 계수.

식품의 종류	질소계수
밀가루 하등품, 경질 및 연질, 94~100% extraction	5.83
밀가루 중등품, 경질 및 연질, 93~88% extraction	5.70
보리, 호밀, 귀리	5.83
쌀	5.95
메밀	6.31
국수, 마카로니, 스파게티	5.70
낙화생(땅콩)	5.46
대두 및 대두 제품	5.71
밤, 호두, 참깨	5.30
호박, 수박 및 해바라기의 종자	5.40
우유 및 유제품	6.38
상기 이외의 식품 및 일반사료	6.25

"*Food Composition Tables for Interational Use*," F.A.O., Washington, D.C., 1949

위에서 언급한 킬다알(Kjeldahl) 질소 정량법은 덴마크의 농화학자 킬다알(Johan Kjeldahl)에 의해서 1883년에 개발된 방법으로, 그 후 많은 개량을 거쳐서 전 세계적으로 널리 사용되어 왔다. 근래에는 거의 자동화되고 있다. 한 예로 20개의 시료들을 1시간 내에 정량할 수 있는 장치 등이 소개되고 있다(Pomeranz, Y. and Meloan, C. E., 1994 참조).

한편 홈과 박들(Home, D. J. and Park, H., 1993)은 이 킬다알 질소 정량법은 비교적 시간이 걸리고, 힘이 드는 방법이기는 하나, 정밀도(精密度, degree of precision)가 매우 높으며, 시료 중의 단백질 함량과 질소 함량 사이의 정확한 관계가 알려져 있을 때는, 아주 높은 정확성을 가진, 다른 단백질 정량법(定量法)들의 기준이 되는 방법(an extremely accurate reference method)으로 생각하고 있다.

단백질의 분자량

대부분의 단백질들은 변성(denaturation)됨이 없이 순수한 상태로 정제하기가 매우 어렵다. 현재로서도 단백질 분자 구조들의 급속한 규명과 구성 아미노산들의 정확한 종류, 숫자, 결합방식 등에 대해서 종전과는 달리 급속하게 많은 단백질들에 대해서 규명되어 오고 있다. 그러나 단백질들의 화학적, 물리적 구조들이 워낙 복잡하기 때문에 현재까지도 일부 단백질들의 경우 그 분자 구조도 밝혀져 있지 않으며, 그 분자량도 추정된 분자량에 지나지 않는 경우가 많다.

단백질의 분자량 측정에는

1. 화학적 분석법(chemical analysis methods)
2. 삼투압 측정에 의한 분자량 결정법(osmotic pressure methods)
3. 전기 영동 현상(electrophoresis methods)을 이용한 방법
4. 단백질 교질 용액의 광 산란 현상(light scattering)을 이용한 방법
5. 초고속도 원심 분리기(ultracentrifuge apparatus)를 사용하여 단백질의 침강 속도 (sedimentation velocity)를 측정하고 그 분자량을 측정하는 여러 가지 방식의 침강법

등과 기타의 여러 방법들이 사용되어 왔으며, 현재도 새로운 방법들이 모색되고 있다.

단백질 중 화학분석에 의해서 그 분자량을 정할 수 있는 경우는 많지 않다. 그러나 헤모글로빈(hemoglobin)은 이 방법으로 분자량을 정할 수 있었던 하나의 좋은 예가 된다. 즉, 헤모글로빈의 최저 분자식(minimal molecular formula)은 $C_{738}H_{1166}O_{208}FeN_{203}$임이 구성원소 분석의 결과 밝혀졌으며, 한편 헤모글로빈 속의 철(Fe) 함량은 0.34%이다.

그러므로 헤모글로빈의 최저 분자량(the minimal molecular weight)은

$$\text{최저 분자량} = \frac{\text{그 원소의 원자량}}{\text{단백질 중의 한 원소의 \% 함량}} \times 100$$

으로 표시되며, 이 경우에는

$$\text{최저분자량} = \frac{55.9}{0.34} \times 100 = 16{,}440$$

이 된다.

헤모글로빈 한 분자 속에 실제로 들어 있는 철 원자(iron atom)의 수는 다음과 같은 헤모글로빈과

산소 분자 사이의 반응과정을 표시한 식에서 쉽게 추정된다. 즉

$$Hb + 4O_2 \rightleftharpoons Hb \cdot 4O_2$$

옥시헤모글로빈
(oxyhemoglobin)

$$Hb(n \cdot Fe^{2+}) + 4O_2 \rightleftharpoons Hb(n \cdot Fe^{3+}) + 4O_1^{2} \cdot$$

메트헤모글로빈 (methemoglobin)　수퍼옥사이드 아나이온 (superoxide anion)

이상의 관계식에서 Hb, 즉 헤모글로빈에는 4개의 철 원자들이 함유되고 있음을 알 수 있으며, 따라서 헤모글로빈의 실제 분자량은 최저 분자량의 4배로 대략 65,800임을 알 수 있다.

대표적인 단백질들의 분자량을 보면 표 15-5와 같으며, 한편 각종의 분자량 측정법 등으로 결정한 일부 단백질들의 분자량은 표 15-6과 같다. 이들의 분자량은 14,000에서 수백만에 달하며 다양하다.

표 15-5 일부 대표적인 단백질의 분자량.

단백질의 종류	분자량
락트알부민(lactalbumin)	17,500
트립신(trypsin)	24,000
글리아딘(gliadin)	27,000
제인(zein)	35,000
β-락토글로불린(β-lactoglobulin)	35,400
인슐린(insulin)	38,000
달걀 알부민(egg albumin)	42,000
헤모글로빈(hemoglobin)	68,000
혈청 글로뷸린(serum globulin)	167,000
유리에이스(urease)	480,000

Braverman, J. B. S. 1963. "*The Biochemistry of Foods*," p,128, Elsevier Publishing Co., New York.

표 15-6 각종의 분자량 측정법으로 추정한 일부 단백질들의 분자량.

	삼투압법 (osmotic Presure)	광 산란법 (light scattering)	침강 평형법 (sedimentation equilbrium)	침강속도 확산법 (sedimentation velocity diffusion)
라이보뉴클레이스(ribonuclease)	-	-	14,000	12,700
사이토크롬C(horse cytochrome C)	-	-	-	13,200
마이요글로빈(horse muscle)	-	-	17,500	16,900
라이조자임(egg white lysozyme)	17,500	14,800	-	14,000
카이모트리스프시노젠(beef chymotrypsinogen)	-	26,000	-	24,200
베타-락토글로뷸린(milk β -lactoglobulin)	38,000	35,700	38,500	41,500
달걀 알부민(egg whige albumin)	44,000	45,700	40,500	44,000
혈청 알부민(horse serum albumin)	73,000	76,600	68,000	70,000
헤모글로빈(horse erythrocytes)	67,000	-	68,000	68,000
캬탈레이스(horse liver catalase)	-	-	-	225,000
에데스틴(hamp seed edestin)	-	335,000	-	310,000
히브리노젠(beef plasma fibrinogen)	-	340,000	-	330,000
헤모시아닌(hemocyanin)	-	6,340,000	6,700,000	8,910,000

Fruton, J. S. and Simmonds, S. 1958. "*General Biochemistry*," 2nd ed., p,42, John Wiley and Sons, Inc., New York.

단백질 분자들은 그 크기의 차원(次元, dimension)이 대략 10μ 내지 70μ 정도이며, 한편 그 형태를 볼 때 섬유상 단백질들과 구상 단백질들로 나눠질 수 있음은 이미 언급한 바 있다(그림 15-3 참조).

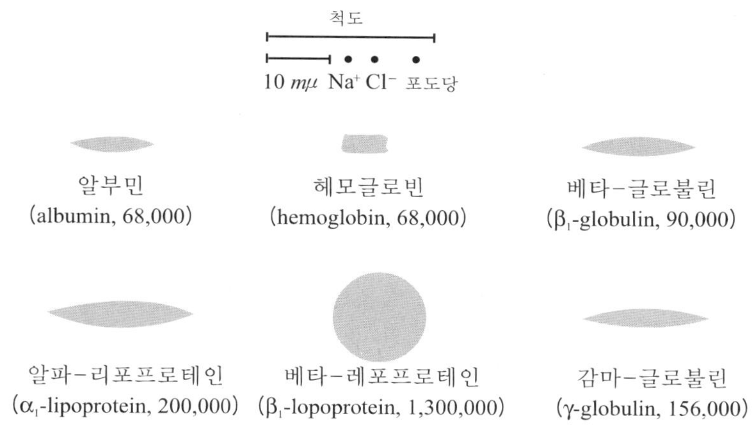

피브리노젠
(fivrinogen, 68,000)

[그림 15-3] 일부 단백질의 크기와 분자량
Fruton, J. S. and Simmonds, S., 1958, "*General Biochemistry*", 2nd ed., p. 150, John Wiley and Sons, Inc., New York

단백질들의 중요한 성질들 중의 하나는 일부 단백질들은 매우 큰 분자량의 거대 분자들(巨大 分子, macromolecules)로 존재하며, 물에 녹을 때, 더 정확하게는 분산(分散, disperse 또는 solubilize)될 때는 콜로이드 용액(colloidal solution)을 형성한다는 사실이다.

단백질의 여러 성질들

단백질의 기본적 구조

단백질은 아미노산들이 펩타이드 결합(peptide linkage)을 통해서 결합된 고분자 중합체들(high molecular-weight polymer)이며, 자연 단백질들(natural proteins)을 구성하고 있는 아미노산들은 앞에서 말한 바와 같이 20종이며, 모두가 α-위치에 아미노기(α-amino group)나 이미노기(α-imino group)를 가진 α-아미노산들(α-amino acids)이다.

그리고 바로 아래에 표시한 α-아미노산의 기본 구조식에서 볼 수 있듯이 글라이신(glycine)을 제외한 α-아미노산은 비대칭성 탄소(asymmetric carbon atom)를 갖고 있으므로 광학적(光學的)으로 활성을 가지고 있으며, 따라서 경상 이성체들(鏡像 異性體, mirror-image isomers), 즉 광학 이성체들(optical isomers)인 L형과 D형의 존재가 가능하다. 그러나 일반 식품류에서 발견되는 단백질들, 즉 자연 단백질들을 구성하고 있는 아미노산들은 모두 L형인 L-α-아미노산들이다.

```
      O
     //
    O — OH                 C — OH
    |                      |
NH₂—C*—H               H—C*—NH₂
    |                      |
    R                      R
```

L-α-아미노산(L-α-amino acid) D-α-아미노산(D-α-amino acid)

제1차 구조 단백질들의 가장 기본적인 구조는 특정한 순서에 따라 한 아미노산과 다음 아미노산의 아미노기(amino group)와 카아복실기(carboxyl group)가 펩타이드 결합을 통해서 계속 연결, 즉 중합되어 있다는 점이다.

이상의 펩타이드 결합들(peptide linkages)은 공유결합(covalent bond)의 성질을 갖고 있으며, 모든 단백질 분자들을 구성하고 있는 가장 기본적인 구조, 즉 제1차 구조(the primary structure)로 알려져 있다.

각 단백질의 제1차 구조를 확실하게 알기 위해서는 단백질을 구성하고 있는 펩타이드 결합을 통해서 서로 연결되어 있는 아미노산의 종류와 이 아미노산들의 연결 순서(amino acid sequence)를 규명할 필요가 있다.

```
        O        |          O   |          O   |   |            O
        ||       |          ||  |          ||  |   |            ||
R—C— C—|—NH—CH— C —|—NH—CH— C —|——|—NH—CH—C— OH
  |              |      |       |      |       |   |       |
  NH₂            |      R₁      |      R₂      |   |       Rₙ
```

펩타이드 결합

이와 같은 구성 아미노산들의 종류와 그 펩타이드 결합들의 순서는 화학시약, 효소들을 사용한 면밀한 단계적인 가수분해(stepwise hydrolysis)와 가수분해 생성물들에 대해서 각종 크로마토그래피 분리법등을 사용하여 정성적(定性的)으로, 또는 정량적(定量的)으로 조사하여 왔다.

이상과 같은 실험연구들의 결과 제1차 구조가 비교적 잘 연구되어 온 단백질들로는 인슐린(insulin, 아미노산 51개로 구성되어 있음), 라이보뉴클레이스(ribonuclease, 124개의 구성 아미노산), 사이토크롬 C(cytochrome C, 104개의 구성 아미노산), 라이조자임(lysozyme, 129개의 구성 아미노산), 카이모트립시노젠(chymotrypsinogen, 246개의 구성 아미노산), 헤모글로빈(hemoglobin, 141개의 구성 아미노산 등으로 된 두 단위들과, 146개의 구성 아미노산으로 등으로 된 역시 두 단위들, 합계 547개의 구성 아미노산으로 되어 있음, 사람의 경우) 등이 있다(그림 15-4 참조). 현재는 표 15-3에 표시한 단백질들과 많은 다른 중요한 단백질들의 거의 대부분의 아미노산의 종류와 그 결합 순서, 그리고 그 전체적인 입체 구조들이 계속 밝혀지고 있다.

제2차 구조 그러나 단백질 분자들의 기본적인 입체 구조들은 그 분자 내에서 펩타이드 결합들로 연결되고 있는 아미노산 분자들 사이의 제2차적인 결합인 수소결합(hydrogen bond)에 의해서 형성되며, 이와 같은 수소결합으로 형성된 구조들을 그 단백질 분자의 제2차 구조(secondary structure)라고 부른다.

제2차 결합의 중심적 결합은 포오링과 코오레이들(pauling, L. and Corey, R. B., 1951 ; Koppel,

K. D., 1966 참조)에 의해서, 한 아미노산 분자의 C = O 그룹과 인접된 다른 아미노산의 - NH - 그룹 사이의 수소결합들이 매우 중요한 역할을 하고 있는 것이 밝혀졌다.

Val - Leu - Ser - Glu - Gly - Glu - Trp - Gln - Leu - Val - Leu - His - Val - Trp - Ala - Lys -
1 2 3 4 5 6 7 8 9 10 11 12 13 14 15 16
Val - Glu - Ala - Asp - Val - Ala - Gly - His - Gly - Gln - Asp - Ile - Leu - Ile - Arg - Leu -
17 18 19 20 21 22 23 24 25 26 27 28 29 30 31 32
Phe - Lys - Ser - His - Pro - Glu - Thr - Leu - Glu - Lys - Phe - Asp - Arg - Phe - Lys - His -
33 34 35 36 37 38 39 40 41 42 43 44 45 46 47 48
Leu - Lys - Thr - Glu - Ala - Glu - Met - Lys - Ala - Ser - Glu - Asp - Leu - Lys - Lys - His -
49 50 51 52 53 54 55 56 57 58 59 60 61 62 63 64
Gly - Val - Thr - Val - Leu - Thr - Ala - Leu - Gly - Ala - Ile - Leu - Lys - Lys - Lys - Gly -
65 66 67 68 69 70 71 72 73 74 75 76 77 78 79 80
His - His - Glu - Ala - Glu - Leu - Lys - Pro - Leu - Ala - Gln - Ser - His - Ala - Thr - Lys -
81 82 83 84 85 86 87 88 89 90 91 92 93 94 95 96
His - Lys - Ile - Pro - Ile - Lys - Tyr - Leu - Glu - Phe - Ile - Ser - Glu - Ala - Ile - Ile -
97 98 99 100 101 102 103 104 105 106 107 108 109 110 111 112
His - Val - Leu - His - Ser - Arg - His - Pro - Gly - Asn - Phe - Gly - Ala - Asp - Ala - Gln -
113 114 115 116 117 118 119 120 121 122 123 124 125 126 127 128
Gly - Ala - Met - Asn - Lys - Ala - Leu - Glu - Leu - Phe - Arg - Lys - Asp - Ile - Ala - Ala -
129 130 131 132 133 134 135 136 137 138 139 140 141 142 143 144
Lys - Tyr - Lys - Glu - Leu - Gly - Tyr - Gln - Gly -
145 146 147 148 149 150 151 152 153

[그림 15-4] 단백질의 제1차 구조(primary structure)의 예. 말향 고래(sperm whale)의 마이요글로빈(myoglobin) 단백질 부분의 아미노산의 연결순서(amino acid sequence)를 표시한 그림
Jakubke, H. D. and Jeschkeit, H., 1977, "*Amino Acids, Peptides and Proteins*", Akademie-Verlag, Berlin.

각종 단백질들의 폴리펩타이드들의 결합양식은 나선상(螺旋狀, helical)으로 시계바늘 방향(α-) 또는 그 반대방향(β-)으로, 어떤 경사도(傾斜度) 또는 구배(勾配, pitch), 한 바퀴 회전할 때 앞으로 나가는 거리 등에 따라 여러 양식들을 생각할 수 있다. 즉 여러 나선형 중 가장 많으며, 중요한 알파-나선형(α-helical form)은 오른쪽으로 돌면서 앞에 또는 위로 나가는 1회전에 평균 3.6개의 구성 아미노산들이 이동하며, 또 1회전에 5.4 Å 또는 국제단위(SI unit)로 0.54nm씩 앞으로 또는 위로 이동하게 된다.

이 α-나선형의 경우, 나선의 내부는 매우 좁기 때문에 구성 아미노산의 측쇄들(side chains)은 내부에 위치할 수 없으며, 모두 외부에 위치하는 것으로 알려져 있다.

한편 이와 같은 2차 결합 구조체들의 형태 유지에 도움을 주고 있는 횡적 결합(cross-linkage)으로서의 수소결합들의 평균적인 결합 강도(bond strength)는 약 6kcal/mole 정도이며, 공유결합(covalent bond)으로 볼 수 있는 - S - S - 결합(disulfide bond)은 50kcal/mole 정도로 알려져 있다(Dickerson, R. E. and Geis, I., 1969 참조).

이미 언급한 바 있는 섬유상 단백질들과 구상 단백질들의 형태적인 차이는 이상의 α-나선형(α-helical form)을 형성하고 있는 단백질들의 폴리펩타이드 사슬(polypeptide chains)이 유연하더라도 α-나선형을 유지할 때는 섬유상 단백질로 분류되나, 그 폴리펩타이드 사슬들이 굴곡, 즉 구부러지게 되면, 그리고 여러 군데에서 크게 굴곡(屈曲) 또는 굴절(屈折)하게 되면, 결국 구상 단백질들을 형성하는 것으로 알려져 있다.

단백질 분자들의 구성 아미노산들 사이의 제2차 구조로서 α -나선형 구조 다음으로 중요한 구조는 여러 줄기의 폴리펩타이드들이 α-나선형의 경우와 달리 2차원적(2次元的)으로, 즉 평면을 형성하고 있는 제2차 구조 양식이 있다.

이 제2차 구조는 베타-주름판(β-pleated sheet) 또는 베타판(β-sheet)을 구성하고 있는 단백질의 폴리펩타이드들의 기저부(基底部)의 말단 카아복실 그룹(carboxyl group terminal, 즉 C-terminal)과 선단부(先端部)의 말단 아미노 그룹(amino group terminal, 즉 N-terminal)의 방향으로, 각 결합 원자들 사이의 결합 각도가 180°는 아니므로 주름이 형성된다.

이상의 폴리펩타이드 분자들은 자체 내에서 수소결합들(intra-molecular hydrogen bonds)을 갖고 있을 뿐만 아니라, 서로 인접한 폴리펩타이드 분자들 상호간에도 분자간 수소결합들(inter-molecular hydrogen bonds)을 형성하여 베타-주름판(β-pleated sheets)들을 유지한다.

각 폴리펩타이드 분자들의 C-와 N-말단의 방향들이 같은 때는 평행(parallel) β-주름판(β-pleated sheet), 교차로(alternatively) 선단(先端)의 말단 그룹이 N-말단과 C-말단으로 바뀌지는 경우에는 반평행(反平行) β-주름판(antiparallel β-pleated sheet)으로 부른다. 자연 단백질들 중 β-주름판의 제2차 구조를 가진 경우, 양쪽의 형태가 실제로 존재하는 사실이 알려져 왔다.

단백질들의 제2차 구조에서 α-나선형과 β-주름판에 이어 중요한 것으로는 콜라젠의 세 개의 나선형 분자들이 상호간 다시 나선형으로 결합하여 슈퍼 나선형(super helical form)을 형성한 삼중 나선 분자들(triplet helical molecules)의 형태가 있으며, 이것은 트로포콜라젠(tropocollagen)으로 불리고 있다.

이 트로포콜라젠은 실질적으로는 단백질 콜라젠을 의미하며, 그 구성 아미노산들의 전체 함량의 33% 정도가 글라이신(glycine), 18% 가량이 프롤린(proline)과 하이드록시프롤린(4-hydroxyproline)으로 구성되고 있으며, 내부 수소결합(intra hydrogen bond)과 분자 외부에서 강력한 소수성(疏水性, hydropholicity)을 나타내는 프롤린 등의 작용에 의해서 매우 강한 항신장력(抗伸張力)을 갖고 있는 등 전체적으로 매우 강인(强靭)한 특성을 갖고 있다.

이상의 수소결합과 같은 제2차 결합들과 지금까지 자주 언급해 온 주요 공유결합(covalent bond) - CONH - 에 의해서 형성된 제1차 구조등의 상호작용들에 의해서 형성된 구조들, 즉 α-나선형(α -helical form)의 폴리펩타이드류 또는 단백질 분자들의 입체적 구조들(conformation)의 기본적 양식은 그림 15-5와 같다.

제3차 구조　한편, 대부분의 단백질 분자들의 실제적인 형태들은 모두 입체적 구조를 갖고 있다. 즉 단백질 분자들은 제1차 및 제2차 구조들(the primary and secondary structures)을 실질적으로 구성하고 있는 폴리펩타이드류(polypeptides), 예로서 α-나선형(α-helical form)의 폴리펩타이드의 주사슬들(polypeptide main chains), 그리고 평행형(平行形) 또는 역평행형(逆平行形)의 베타-주름 평판들(parallel or antiparallel β-pleated sheets)의 주 사슬들(main chains)이 제1형 또는 제2형의 베타-회전체들(Type I or Type II β-turns)을 연결고리로 연결된 구조를 갖고 있다.

이와 같은 제3차 구조를 갖고 있는 단백질 분자들은 앞에서 말한 제1차 또는 제2차 구조들(the primary and secondary structures)과는 달리 3차원의 입체적 구조를 하고 있으며, 이상의 구조 또는 형태는 여러 종류의 비공유결합(非共有結合, non-covalent bond)들에 의해서 보강되고 있다.

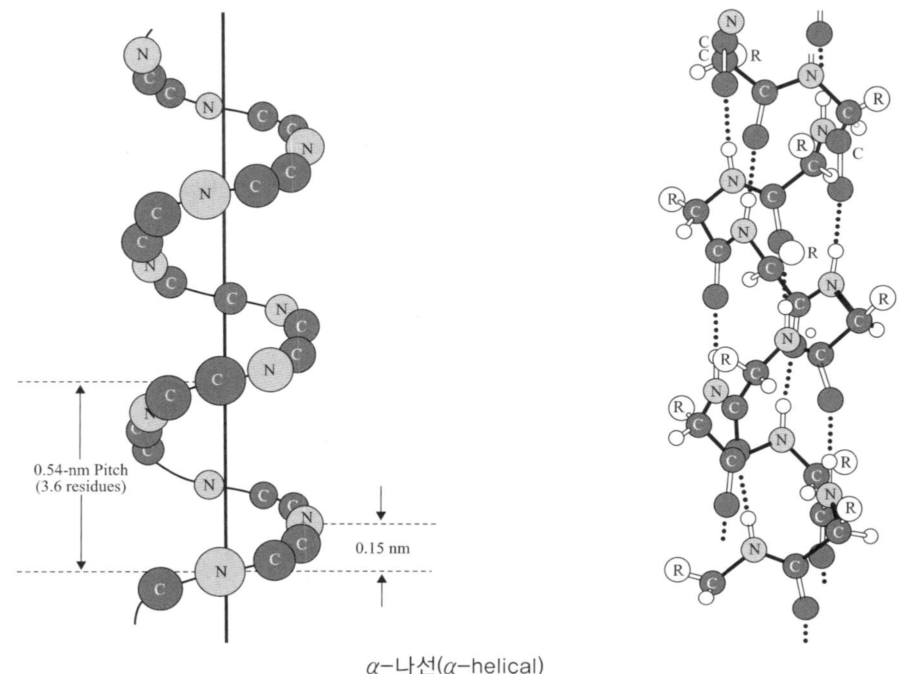

α-나선(α-helical)

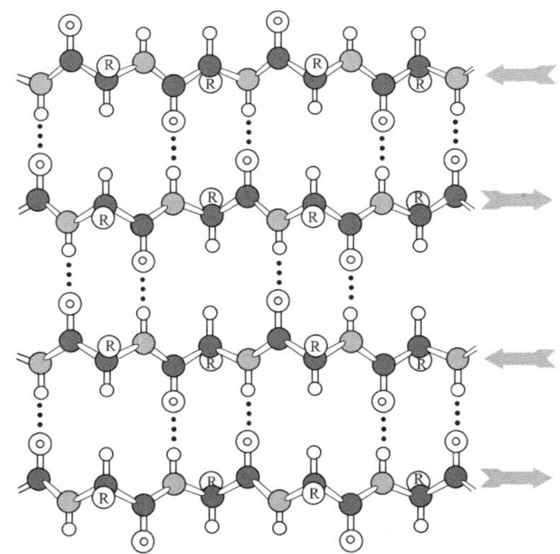

역평행 β-주름판 (antiparallel β-pleated sheet, β-sheet)

[그림 15-5] α-L-아미노산들의 중합체인 자연 단백질들의 폴리펩타이드 결합들 사이의 분자내(intramolecular), 분자간(intermolecular) 수소결합들에 의해서 형성되는 기본적인 2차 구조들인 α-나선, 평행 또는 역평행 β-주름판, 하단에는 역평행 β-주름판에서 인접한 N 말단에서(말단으로 위치한 (N→C)와 이와 반대에 위치한 (C←N) 두 분자들의 내부 수소결합들(하단 그림의 두 분자들 사이의 점선 …, 한편 두 분자들이 각각 외부쪽으로 향한 점선들은 이들 분자의 위, 아래 분자들과의 수소결합을 나타냄. —CONH— 결합은 한 평면에 있으나 α-탄소의 $-NH_2$, —COOH 그룹은 각각 서로 각도가 다른 평면을 형성하므로 주름을 형성하게 된다.
Robert, K. M., Daryl, K. G., Peter, A. M., Victor, W. R., 2000, Harper' s Biochemistry, McGraw-Hill.

주요한 비공유결합형의 결합들로서는 폴리펩타이드 주 사슬(polypeptide main chains)을 구성하고 있는 산성 및 염기성 아미노산들의 카아복실 그룹(-COO-)과 아미노 그룹(-NH_3^+) 사이에서 볼 수 있는 이온결합들(ionic bonds), 이미 제2차 구조에서 설명한 바 있는 수소결합들(hydrogen bonds), 구성 아미노산들의 α-탄소에 연결된 탄화수소 측쇄들(側鎖들, side chains), 예로서 페닐알라닌(phenylalanine), 류우신(leucine), 아이소류우신(isoleucine), 베일린(valine), 알라닌(alanine) 등의 구성 아미노산들의 탄화수소 측쇄들(hydrocarbon side chains) 사이에 형성되는 여러 소수성 결

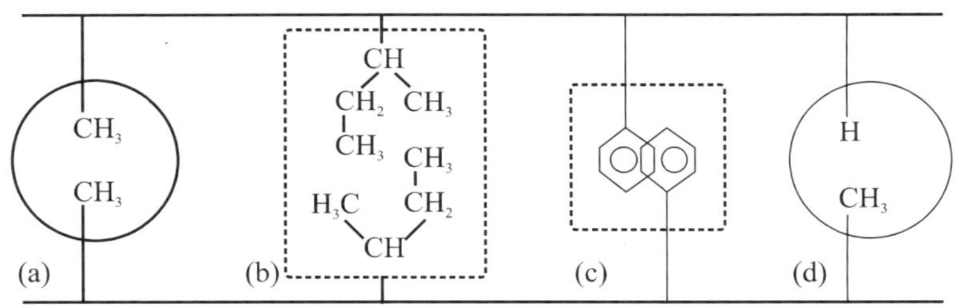

여러 가지의 수소성 결합(hydrophobic bond)의 형태들

합들(疏水性 結合들, various types of hydrophobic bonds, 위 그림 참조), 그리고 근접된 구성 아미노산 분자들 사이에 작용하는 반 데르 바알스의 힘(van der Waals force) 등을 들 수 있다.

단백질 분자들의 이상과 같은 재3차 구조들은 대부분의 경우, 베타-밴드(β-bend) 또는 베타-턴(β-turn)으로 알려진 4개의 구성단위, 즉 구성 아미노산들을 한 단위로 한 구조를 갖고 있으며, 1번과 4번(단위가 여러 개인 경우 n번과 $n+1$번)의 구성 아미노산들의 각각의 NH- 그룹과 -C=O 그룹 사이에 수소결합이 되어 있어서 여기에, 즉 1번과 4번(또는 n번과 $n+3$번)에 이어지는 폴리펩타이드 사슬은 180° 굴절하게 된다. 이때 서로 같은 방향을 갖는 베타-밴드(β-bend) 또는 베타-턴(β-turn)은 제1형 베타-밴드 또는 베타-턴(Type I β-bend or β-turn)으로 알려져 있으며, 이 제1형 β-밴드에 의해서 형성되는 형태가 머리핀(hairn pin)처럼 되기 때문에 머리핀 밴드 또는 턴으로 불리고 있다. 제2형의 β-밴드 또는 β-턴은 서로 어긋나는 방향으로 폴리펩타이드와 같은 형태를 갖게 하기 때문에, 교차 밴드 또는 교차 턴(crossover bend or turn)으로 불리고 있다. 실제 일어나는 형태는 대체로 60% 이상이 제1형 β-밴드, 30% 정도가 제2형 β-밴드, 나머지는 특수한 그 이외의, 즉 기타(其他)의 β-밴드들과의 결합체로 알려져 있다.

이상의 제3차 구조의 결과 형성되는 단백질들의 3차원의 구조들로서는 앞에서 말한 바 있는 섬유상 구조(fibrous structure)와 구상(球狀) 구조(globular 또는 corpuscular structure) 등이 있다.

구상 구조의 경우, 폴리펩타이드들의 사슬이 앞에서 말한 β-밴드 또는 β-턴, 특히 제1형의 β-밴드 의해서 굴절된 형태를 가질 수 있어서, 구상(球狀)의 원형(原形)을 형성하기 쉬운 사실에 대해서는 이미 언급한 바 있다.

그러나 이상의 각종 β-밴드는 급격한 형태들의 변형(變形)을 위해서, 섬유상 구조를 가진 단백질들에서도 널리 사용되고 있다.

또 하나 유의할 점은 이상의 단백질들의 구성 폴리펩타이드류도 그 구조를 세밀히 볼 때는 결정성(結晶性, crystallinty)이 뚜렷한 영역과 비결정성 영역(amorphous regions)들을 함께 갖고 있다는 점이다.

딕커손들(Dickerson, R. E. and Geis, I., 1969)은 땡벌(bumble-bee)의 일종(Bombyx mori)인 벌들이 만든 누에고치에서 얻은 견사(絹絲) 단백질의 경우, 전체의 60% 정도가 결정 상태로 존재하고 있으며, 이 사실은 이 견사 단백질을 구성하고 있는 한 줄, 한 줄의 폴리펩타이드 분자들의 사슬들이 결정 영역(crystalline region)과 불규칙 영역(non-crystalline region)을 교차로 되풀이하면서 뻗어나가고 있다고 설명하고 있다.

이들은 양모(羊毛, wool)의 단백질의 주요 제3차 구조는 α-나선형(α-helical form)이며, 동물류의 가죽이나 건(腱) 등을 구성하는 콜라젠(collagen)의 경우에는 삼중 나선(triplet helical form)인데 비해서, 견사들(silk)의 경우에는 β-역평행성 주름판(β-antiparallel pleated sheets)이 주요 제3차 구조라고 설명하고 있으며, 견사 내지는 견직물(絹織物)들의 유연(柔軟)하면서도 매우 강한 성질의 근원을 이상에서 설명한 구조상의 특징에서 설명하고 있다.

즉 이들(Dickerson, R. E. and Geis, I., 1969)은 견섬유(絹纖維)의 물리적 성질을 그 구조 내부의 결합 양식에 따라서, 제1차 구조를 형성하는 아마이드 공유결합(- CONH - covalent bond), 제2차 구조를 형성하는 수소결합(hydrogen bond), 제3차 구조를 형성하는 반 데르 바알스의 힘(van der Waals force), 그리고 앞에서 말한 결정성 영역들과 비결정성 영역들의 영향 등을 들고 있다.

한편 단백질의 입체 구조(conformation), 즉 제3차 구조를 안정화시키는 데는 구성 아미노산들의 α-탄소 원자들에 결합하고 있는, 알킬 그룹들(alkyl groups)과 같은 측쇄들(side chains)의 소수성(疏水性, hydrophobicity)이 매우 중요한 역할을 하는 사실이 알려져 있다. 이와 같은 소수성 그룹들이 근접해 있을 때는 소위 소수성 결합(hydrophobic bond)으로 알려진 매우 약한 결합을 하는 사실이 알려져 있다.

코플(Kopple, K. D., 1966)에 의하면, 다음과 같은 반응을 가정할 때, 개개의 소수성 결합(疏水性結合)의 결합 에너지는 1~2kcal/mol 정도라고 한다.

$$n\left[\mathrm{hydrocarbon}(H_2O)_x\right] \rightleftharpoons (\mathrm{hydrocarbon})_n + n \cdot x \cdot H_2O$$

소수성 결합들은 매우 약하기는 하나, 단백질들처럼 L-α-아미노산들의 주요 구성단위로 하고 있는 폴리펩타이드들로 형성된 거대 분자들(macromolecules)에서는 소수성 측쇄들을 가진 구성 아미노산들의 수가 많아서 무시할 수 없다.

이 소수성 결합의 본질은 주로 반 데르 바알스의 힘(van der Waals force)으로 알려져 있으나, 수용액의 경우에는 소수성 그룹들과 물 사이에 형성된 분산계(分散系, colloidal dispersion), 즉 분산시스템 내부에 있는 소수성 그룹들 사이의 결합에 의해서 계면 자유 에너지(interface or surface free energy)를 감소시킴으로써, 이 분산시스템 전체가 더 안정된 시스템으로 계속 변화하도록 작용하고 있는 것으로 생각되고 있다. 즉 소수성 그룹들끼리 접근하여 소수성 그룹들과 물 사이의 계면 에너지가 감소되고 이에 따라 분산 시스템이 안정화 되는 것은 수용액에 분산된 단백질 분자들을 구성하고 있는 소수성 아미노산들의 가장 중요한 역할의 하나로 생각되고 있다(그림 15-6 참조).

제4차 구조 앞에서 말한 제3차 구조들을 통해서 안정된 입체구조를 가진 같은 구조 또는 서로 다른 구조를 가진 폴리펩타이드 분자들이 비공유결합 또는 다이설파이드 결합(disulfide bonds) 등을 통해서 각 구성 폴리펩타이드 분자들의 내부 구조에 전혀 영향을 주지 않고 쉽게 결합 또는 해리하여, 한 특정한 구조와 기능을 가진 다중체 분자들(多重體 分子, multimeric molecules)을 형성할 때, 그 구성 폴리펩타이드들은 보통 기본 구성단위(基本 構成單位, subunits)로 불려진다.

그리고 이와 같은 구성단위들의 결합을 통한 특정된 구조와 기능을 가진 다중체의 형성과 그 구조는 앞에서 설명해 온 구조들과 다르며, 더 복잡한 구조이기 때문에 제4차 구조(the quaternary structure)로 불리고 있다.

한 다중체(多重體)를 구성하는 구성단위들(subunits)의 구조와 기능이 같은 때는 이들은 프로토머(protomers)들로 불리기도 하며, 이 경우 다중체는 올리고머 분자들(oligomeric molecules)로 불리기도 한다.

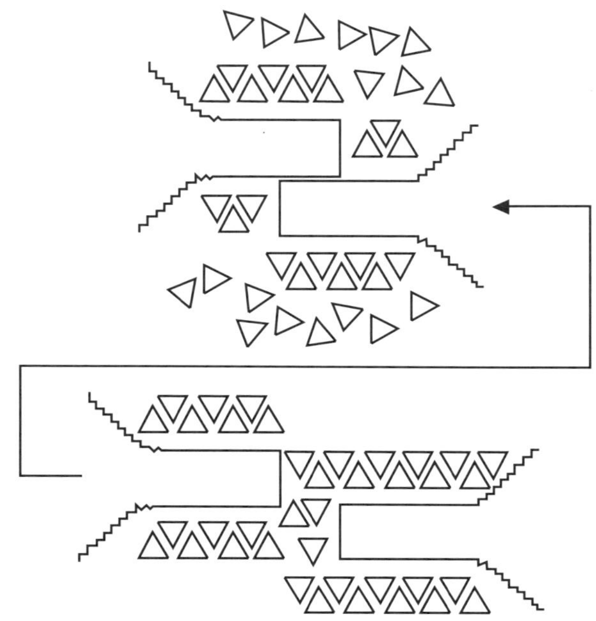

[그림 15-6] 소수성 결합(hydrophobic bond)의 형성 세모꼴은 물 분자를 나타낸다. 본문의 설명 이외에도 소수성기가 서로 접근함에 따라 그 사이의 물 분자들은 밀려나가고 본래 수용액에서는 불리한, 펩타이드 결합들 사이의 수소결합은 강화되고 단백질의 제2차적 구조는 더 안정화 된다.
Kopple, K. D., 1966 참조.

이상의 제4차원 구조를 통해서, 네 개의 구성단위들(subunits)이 형성하고 있는 다중체들(multimeric molecules)의 가장 좋은 예의 하나로는 본문 제2장 p. 133에서 설명한 헤모글로빈(hemoglobin)의 예가 있다(또한 본 장 p. 947 참조).

단백질의 전기적 성질과 등전점

단백질을 구성하고 있는 아미노산들 중의 상당수는 아미노기나 카아복실기를 두 개 이상 가진 산성 아미노산들(acidic amino acids)이나, 염기성 아미노산들(basic amino acids)이 많이 포함되어 있기 때문에, 한 단백질 분자 내에는 상당수의 유리 아미노기, 또는 유리 카아복실기들(free amino groups, or free carboxyl groups)이 존재하기 마련이다. 따라서 단백질들 자체도 이들을 구성하고 있는 아미노산들과 마찬가지로 양성 물질들(兩性 物質, amphoteric substances)이며, 또한 양성(兩性) 이온(zwitter ions)들로 작용한다.

이상의 특성 때문에 단백질은 일반적으로 수소이온 농도가 큰 경우, 즉 산성용액들(acidic solutios)에서는 다가(多價)의 양이온(polyvalent cation)으로, 수산이온 농도(OH^- concentration)가 큰 경우, 즉 염기성용액(basic solution)에서는 다가 음이온(polyvalent anion)으로 행동하는 특징을 갖고 있다.

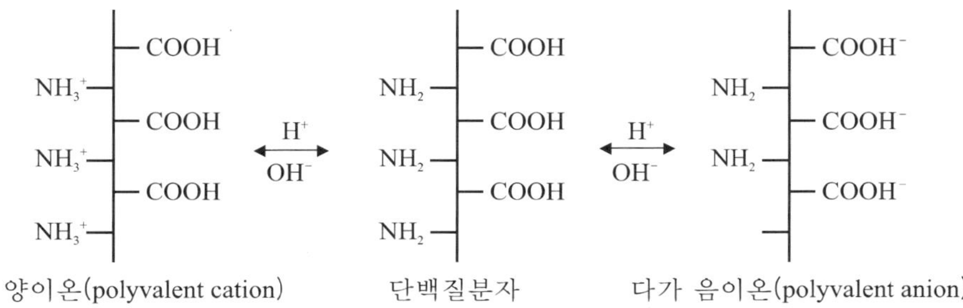

이와 같은 단백질들의 특징은 곧 단백질들의 가수분해 생성물들인 펩타이드류나 아미노산들의 전기영동성(電氣泳動性, electrophoretic property)을 설명하여 준다(그림 15-7 참조). 또한 이와 같은 다가이온들로서의 성질과 작용들은 단백질들로 하여금 완충 작용(緩衝 作用, buffering action)을 할 수 있도록 해준다.

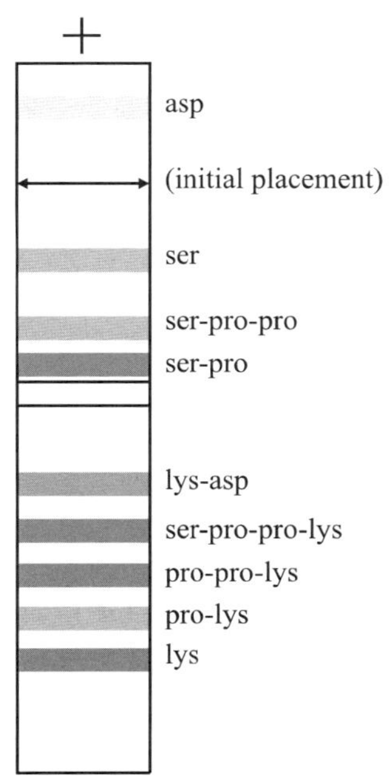

[그림 15-7] 한 펩타이드를 계속 부분적으로 가수분해하여 얻은 저급 펩타이드류와 아미노산들을 전기영동법으로 분리한(electrophoretic separation) 예.
Kopple, K. D., 1966, "*Peptides and Amino Acids*", W. A. Benjamin, Inc. New York.

한편 어떤 적당한 수소이온 농도, 즉 pH에서는 모든 단백질들은 그 분자 내의 양의 하전(陽荷電, positive charge)과 음의 하전(negative charge)이 완전히 중화되어 전기적으로 중성으로 될 수 있으며, 이때의 pH를 그 단백질의 등전점(等電點, isoelectric point)이라고 부른다.

일반적으로 이 등전점(IP)에서는 단백질들은 침전 또는 석출(析出)되기 가장 쉬우며, 따라서 단백질들의 분리, 정제 과정에서 이와 같은 등전점이 잘 이용된다.

단백질의 정색 반응과 이를 이용한 정량법들

단백질은 이를 구성하고 있는 아미노산들의 종류, 또는 아미노산들을 연결하여 주고 있는 폴리펩타이드 결합(polypeptide linkage) 등에 의해서 여러 가지 정색반응들(呈色 反應, color reactions)을 일으킨다. 단백질들의 여러 정색반응들을 극히 간단히 열거하면 다음과 같다(표 15-7 참조).

표 15-7 단백질의 정성적 검출(qualitative detection)에 사용되는 정색반응들.

반응의 종류	방법	반응하는 성분들	정색시의 색깔
비유렛트 (Biuret)	강한 알칼리성 용액을 묽은 $CuSO_4$ 용액과 반응시킨다.	단백질 중의 펩타이드 결합	자색(violet)
밀론 (Millon)	단백질 용액을 $Hg(NO_3)_2$와 conc. H_2SO_4로 가열한다.	타이로신 (tyrosine)	적갈색(brownishred)의 침전
포올리 (Pauly)	단백질의 알칼리성 용액을 diazo-benzene sulfonic acid와 가열한다.	타이로신과 히스티딘 (histidine)	빨간색(산을 가할 때는 노란색으로 변함)
홉킨스-콜 (Hopkins-Cole)	glyoxylic acid와 단백질 용액을 혼합한 후 conc. H_2SO_4를 가해서 경계면을 만든다.	트립토펜 (tryptophan)	경계면에 자색의 환(a violet ring)
사카구찌 (Sakaguchi)	알칼리성에서 α -naphthol용액과 hypobromite를 가해 준다.	알지닌 (arginine)	빨간색
잔소프로테인 (Xanto-protein)	conc. HNO_3를 가해 준다.	타이로신 알지닌	노란색(알칼리를 가했을 때는 오렌지색으로 변함)

Jakubke, H. D. and Jeschkeit, H. 1977. "*Amino Acids, Peptides and Proteins : An Introduction,*" Revised edition, Akademie-Verlag, Berlin.

비유렛트 반응 비유렛트 반응(Biuret reaction)은 보통 사중체들(四重體, tetrapolypeptides) 이상의 폴리펩타이드류, 즉 네 개 이상의 펩타이드 결합을 가진 폴리펩타이드류(polypeptides)와 단백질 등에서 일어나는 정색반응(呈色反應, color reaction)이다.

이 반응은 단백질 용액에 1 내지 2N의 가성소다(NaOH) 용액을 가하여, 여기에 1% 황산구리 용액($CuSO_4$ solution)을 한두 방울 가해 줄 때 일어나는 정색반응으로, 그 혼합용액은 청자색(青紫色, blue-violet)으로 된다. 이 반응은 경험적(empirical)이기는 하나, 비색 정량법(colorimetric quantitative method)으로서 단백질 정량에 자주 이용된다. 이때 반응액의 540nm에서의 흡광도(吸光度, absorbance)를 측정한다.

잔토프로테인 반응 잔토프로테인 반응(Xanthoproteic reaction)은 단백질 용액에 진한 질산(conc. HNO_3)을 여러 방울 가하면 백색 침전이 생기며, 다시 이를 가열하면 녹아서 황색으로 정색되는 반응을 말한다.

이 반응은 단백질을 구성하고 있는 페닐알라닌(phenylalanine), 타이로신(tyrosine), 트립토판(tryptophan)들과 같은 소위 방향족 아미노산들(aromatic amino acids)의 존재에 기인하는 것으로 알려지고 있다.

밀론 반응 밀론 반응(Millon reaction)은 단백질 용액에 밀론 시약(Millon's reagent)을 가할 때 일어나는 정색반응으로서 백색 침전을 형성하며 가열하면 빨간색이 된다.

이 반응은 단백질 속에 페놀기(phenol group)를 가진 아미노산인 타이로신의 산화에 의해서 일어난다. 따라서 타이로신을 함유하고 있지 않은, 즉 타이로신이 구성 아미노산이 아닌 콜라젠(collagen), 젤라틴, 그리고 일부 케라틴(keratin)류에서는 이 정색반응은 일어나지 않는다고 한다.

홉킨스-콜 반응 홉킨스-콜 반응(Hopkins-Cole reaction)은 아담키빗츠 반응(Adamkievits reaction)이라고도 불리며, 시험하고자 하는 단백질에 트립토판이 함유되고 있을 때 일어난다.

단백질 용액에 글라이옥살산(glyoxalic acid, O = CH - COOH), 또는 무수 초산(anhydrous acetic acid)을 가한 후, 다시 진한 황산(conc. H_2SO_4)을 가할 때, 그 경계면에서 일어나는 정색반응으로서, 적자색의 환(reddish purple ring)이 형성된다.

이 반응은 앞에서 말한 대로 트립토펜을 함유한, 즉 트립토판이 구성 아미노산으로 존재하는 단백질들에서만 일어나므로 콜라젠, 젤라틴, 에데스틴(edestin), 견사 피브로인(silk fibroin) 등의 단백질에서는 반응이 일어나지 않는다.

휠림-로우리 정색반응과 이를 이용한 정량법 원래 20세기 초기부터 시료 중의 페놀류(phenols)의 함량을 정량하는 방법으로서 인 몰리브덴산(phosphomolybdic acid, $H_2M_0O_4$)과 인 텅스텐산(phosphotungstic acid, H_2WO_4) 등을 주성분으로 하는 휠린-시오칼토 시약(Folin-Ciocalteau reagent, 1927)이 사용되어 왔다. 이상의 산들은 시료 중의 페놀류, 즉 단백질 시료 중의 타이로신(tyrosin), 트립토판 등의 페놀계 아미노산들에 의해서 청색(青色, blue color)을 가진 인 몰리브덴 블루(phosphomolybdic blue) 또는 인 텅스텐 블루(phosphotungstic blue)를 형성함으로 이 정색반응(color reaction)을 이용하여, 비교적 간단하게 정밀도가 큰 정량법으로 사용되어 왔으나, 단백질의 종류가 달라지면, 그 시료에 함유된 이상의 환원성 페놀계 아미노산들의 함량이 달라짐으로, 단백질 함량을 측정하는데 큰 결점으로 생각되어 왔다.

그 후, 로우리(Lowry, O. H., 1951)는 비유렛트 정색반응(Biuret color reaction)의 장점을 의에서 설명한 한 방법에 도입하여 10㎍의 시료에서도 정밀도가 큰, 그리고 단백질의 종류에 영향받지 않은 로우리 정량법(Lowry quantitative method) 또는 휠린-로우리 정량법(Folin-Lowry quantitative method)을 확립하였다. 이 방법의 요점은 휠린-시오칼토 시약(Folin-Ciocalteau regent)을 첨가하기 전에, 단백질 시료를 황산동(coppar sulgate, $CuSO_4$), 주석산의 소듐, 칼륨염(sodium potassum tartarate)과 가성소다(NaOH)의 알칼리 용액에서 시료를 가수분해하면서, 가수분해 된 저급 폴리펩타이드류, 즉 비유렛트류가 구리 양이온(Cu^{2+})들과 배위 복합체(配位 複合體, coordination complexes)들을 형성하면서 휠린-시오칼토 시약과의 산화, 환원 반응이 크게 촉진되어, 더 예민하고 강력한 정색반응이, 결과적으로 일어나는 사실이 알려져 왔다.

실제로 휠린-로우리 정색반응을 이용한 로우리의 정량법(Lowry quantitative method)은 킬다알 정량법(kjeldahl method) 보다 더 간편하면서도, 더 예민하고 정밀도가 높은 방법으로 알려지고 있다.

한편, Holme, D. J.와 Peck, Hazel(1993)의 전문서적들이 있다(본장 참고문헌).

황 반응 황 반응(Sulfur reaction)은 단백질 용액에 40%의 가성 소오다를 가하여 2분간 끓인 후, 초산연(lead acetate, CH_3COOPb)의 용액을 가할 때, 흑색의 황화염(lead sulfide)의 침전이 형성되는 반응을 말한다.

이 반응은 시스테인(cysteine), 또는 시스타인(cystine)과 같은 함황 아미노산을 함유하고 있는 단백질에서 볼 수 있다. 그러나 함황 아미노산(Sulfur-containing amino acid)의 하나인 메싸이오닌(methionine)을 함유하고 있는 단백질류에서는 이와 같은 반응은 일어나지 않는다.

사카구찌 반응 사카구찌 반응(Sakaguchi reaction)은 본래는 구아니딘 그룹(guanidine group)의 존재를 확인하는데 사용되었으며, 구아니딘 그룹을 가진 알지닌(arginine), 그리고 알지닌이 구성단위가 되어있는 단백질들의 검출, 확인에 이용되어 왔다. 이 반응은 시료 단백질 용액 2 내지 3ml를 가성 소오다(NaOH)로 알칼리성으로 한 후 여기에 0.1%의 α -나프톨(α -naphthol)의 70% 에탄올 용액(H_2O : E_tOH = 30 : 70) 소량과 차아염소산 소오다(sodium hypochlorite, NaOCl)의 5% 수용액 소량을 가할 때 일어나는 빨간색의 정색반응이다.

이 반응은 단백질 중의 구성 아미노산의 하나인 알지닌(arginine)의 구아니딘기(guanidine group, H_2N-C(=NH)-NH-)에 기인하며, 따라서 알지닌을 함유한 단백질에서만 일어난다.

한편, 다음의 표 15-8은 각종 단백질들의 정성적인 검출 또는 정량에 이용되는 일부 정색반응들(color reactions)의 특징들을 요약한 것이다.

표 15-8 단백질의 정성적 검출(qualitative detection)에 사용되는 정색반응들.

반응의 종류	방법	반응하는 성분들	정색시의 색깔
비유렛트 (Biuret)	강한 알칼리성 용액을 묽은 $CuSO_4$ 용액과 반응시킨다.	단백질 중의 펩타이드 결합	자색(violet)
밀론 (Millon)	단백질 용액을 $Hg(NO_3)_2$와 conc. H_2SO_4로 가열한다.	타이로신 (tyrosine)	적갈색(brownishred)의 침전
포올리 (Pauly)	단백질의 알칼리성 용액을 diazo-benzene sulfonic acid와 가열한다.	타이로신과 히스티딘 (histidine)	빨간색(산을 가할 때는 노란색으로 변함)
홉킨스-콜 (Hopkins-Cole)	glyoxylic acid와 단백질 용액을 혼합한 후 conc. H_2SO_4를 가해서 경계면을 만든다.	트립토펜 (tryptophan)	경계면에 자색의 환(a violet ring)
사카구찌 (Sakaguchi)	알카리성에서 α -naphthol용액과 hypobromite를 가해 준다.	알지닌 (arginine)	빨간색
잔소프로테인 (Xanto-protein)	conc. HNO_3를 가해 준다.	타이로신 알지닌	노란색(알칼리를 가했을 때는 오렌지색으로 변함)

Jakubke, H. D. and Jeschkeit, H. 1977. "*Amino Acids, Peptides and Proteins : An Introduction,*" Revised edition, Akademie-Verlag, Berlin.

닌하이드린 반응 닌하이드린 반응(Ninhrdrin reaction)은 α -아미노기(α -amino group)를 가진 화합물이 나타내는 정색반응(呈色反應)이며, 따라서 단백질들뿐만 아니라, 유리 아미노산, 이미노산(imino acid)으로 구성된 펩타이드류, 그 외에도 아민류(amines) 또는 암모니아(ammonia) 등까지도 이와 같은 반응을 한다.

단백질, 폴레펩타이드 또는 아미노산 등의 시료를 닌하이드린(ninhrdrin), 즉 인데인-1,2,3-트라이온(indane-1,2,3-trione)의 가수물(加水物, hydrate)의 용액과 함께 끓이면, 그 용액은 자색(紫色, violet color)으로 정색한다. 이 닌하이드린 정색반응은 pH가 중성(中性)인 여건에서 진행시켜야 한다.

단백질의 변성

단백질의 변성　동식물 조직 속에 존재하는 자연 그대로의 단백질류, 조리 또는 가공 전의 식품원료 중의 식품단백질류를 포함하는 자연 단백질류(native proteins)는 그 구성 아미노산들이 제1차적인 결합들(primary linkage)인 펩타이드 결합에 의한 제1차 구조(the primary structure) 중의 -C=O 그룹과 -NH- 그룹의 분자 내에서의 수소결합(intra-molecular hydrogen bonds)으로 α-나선형의 구조들(α-helical forms)을, 그리고 분자간 수소결합들(inter-molecular hydrogen bonds)을 통한 β-주름판의 구조들(β-pleated sheets) 등의 제2차 구조(the secondary structures)를 형성하고 있다.

그러나 각 단백질 분자들의 특유한 입체적 형태들(conformations)은 각 단백질 분자 내에 존재하는 수많은 유리 아미노 그룹들(free amino groups), 또는 카복실 그룹들(free carboxyl group)에 의해서 분자간의 이온결합(salt bridge), 또는 설프하이드릴기들(sulfhydryl groups) 사이에서 볼 수 있는 -S-S- 결합 등의 여러 3차적인 결합들에 의해서 형성된 입체적인 제3차 구조(the tertiary structure)이다.

그러나 제1차 구조들을 형성하는 기본적인 펩타이드 결합들(-CONH- linkages)을 제외한 제2 또는 3차 구조들과 다중체 분자들(多重體 分子, multimeric molecules)이 형성하는 제4차 구조들(the quaternary structures) 등은 가열(heating)을 비롯한 물리적인 작용, 또는 산, 알칼리와 같은 화학적인 작용에 의해서 해리(dissociation), 재결합(recombinations) 등이 일어나며 그 작용이 심할 경우에는 고유의 구조가 변형되는 경우도 많다.

이와 같은 외부의 작용들이 점차 심해짐에 따라 자연 단백질(native protein)의 기본적인 결합인 펩타이드 결합(peptide linkage)을 제외한 부수적인 결합들의 중첩(重疊)된 부분의 풀어짐(unfolding), 나선형(helical form) 형태들의 풀어짐(unfolding) 또는 재결합(再結合, recombination), 풀어진 부분들의 새로운 회합(會合, association) 등의 여러 변화들이 비가역적(非可逆的)으로 일어나, 분자들의 형태가 바뀌어 지며, 응고, 침전 등이 일어나는 동시에 그 자연 단백질들의 생물학적인 특성과 작용(biological nature and activity) 등이 상실되는 현상을 일반적으로 단백질의 변성(變性, denaturation)이라고 한다.

단백질 변성 요인들　이상과 같은 자연 단백질들의 변성을 가져오는 요인들로서는 물리적인 요인들(physical denaturing agents)과 화학적 요인들(chemical denaturing agents)이 있다.

물리적인 요인들로서는 무엇보다 먼저 가열(heating)을 들 수 있다. 또한 냉동, 동결(freezing)도 변성을 일으킨다. 그 외에 교반(stirring), 고압(high pressure) 등의 외부로부터의 강한 기계적인 힘들(mechanical force)도 변성을 일으킨다. 예로서 달걀의 흰자를 저어서 거품(foam)을 형성시킬 때는 거품을 형성하는 단백질 성분들에서 쉽게 변성이 일어난다.

한편 자외선의 조사(ultraviolet ray illumination), 마이크로파의 조사(microwave illumination) 등도 변성을 가져온다. 이상의 모든 물리적 요인들은 모두가 식품류의 조리와 가공 등에 널리 사용되어 온 식품 단백질류에 큰 영향을 가져오는 요인들이라는 점에서 매우 중요하다.

그리고 그 중에서도 가장 중요한 요인은 두 말 할 것도 없이, 가열일 것이다. 그리고 이상의 요인들이 가져오는 단백질들의 변성들이 식품단백질들을 함유하고 있는 식품들의 품질들이나 영양가에 얼마나 나쁜 영향을 주느냐 라는 점에도 유의할 필요가 있다.

한편 근래에 와서(주로 1900년대 중반 이후), 고압(高壓, high pressure)에 의한 단백질류의 변성을 이용한 광범위한 연구들이 계속 활발해 지고 있으며, 실제로 식품 가공 분야에 응용되어 가고 있다. 여기에 대해서는 나중에 다시 설명하기로 한다.

변성의 화학적인 요인들로서는 먼저 강산들(strong acids) 또는 강알칼리들(strong alkalies)을 들 수 있다. 이 경우 그 작용이 너무 강하거나 장기적일 때는 단백질 분자 자체의, 즉 제1차 구조의 가수분해(hydrolysis)를 가져올 수도 있다. 강산의 경우, 가수분해를 일으키기 쉬운 염산이나 황산과 같은 무기산들(mineral acids) 이외에 탄닌산(tannic acid), 피크린산(picric acid), 포스포몰리브덴산(phosphomolybdic acid), 트리클로로 초산(trichloroacetic acid) 등도 단백질의 변성들, 예로서 응고(凝固, coagulation)와 침전(沈澱, precipitation) 등을 일으킨다.

식품 원료나 식품 자체에 알칼리류가 조리, 가공에 사용되는 경우는 곡류 등에서 외피를 용해 제거하거(lye peeling)나 콩류의 조직 연화(softening of texture), 일부 고무 성분들이나 알칼로이드 성분들의 추출, 제거 등 그 외에는 거의 없다. 이상과 같은 사용예들도 식품단백질류의 변성시키나 변성 자체가 결코 목적이 될 수 없다.

한편 식품류, 식품소재들에서 어떤 기능성분(functional ingredients)들을 추출하기 위해서 알칼리가 사용되는 경우는 여러 예들이 있다. 젤라틴 제조 과정, 카세인 제조 과정 등이 그 예이다.

많은 유기 용매들(organic solvents), 예로서 각종 알코올류나 특히 설포살리실린산(sulfosalycylic acid) 등은 단백질 분자들 내의 수소결합들에 작용하여 변성을 일으킨다. 또한 염 용액들(salt solutions), 특히 중금속 염류(salts of heavy metals)의 용액들도 자연 단백질류에 변성, 응고를 일으킨다. 이것은 납(Pb^{+}), 수은(Hg^{2+})과 같은 중금속 이온들이 자연 단백질류의 수소결합이나 - SH 그룹에 작용하여 변성, 응고(coagulation)를 일으키는 것으로 생각되고 있다. 한편, 많은 계면활성제들(surface active agents)도 단백질 내부의 수소결합들에 작용하여 변성을 일으키는 사실이 알려져 있다.

변성시 일어나는 변화들 전에도 언급하였듯이 식품 단백질들(food proteins)을 포함하는 모든 자연에 존재하는 단백질들(native proteins)은 그 정도의 차이는 있으나, 일부는 결정체 영역들(結晶體 領域들, crystalline regions)과 비결정체 영역들(非結晶體 領域들, non-crystalline regions)로 구성되고 있으며, 또한 일부 단백질들은 구형(球形, globular forms)으로, 한편 다른 단백질들은 섬유상(fibrous forms)으로 존재한다.

이와 같은 자연 단백질들은 수소결합, 반 델 바알스의 힘(van der Waals force) 등을 통해서 물 분자와 느슨하게 또는 강하게 결합(hydration)하고 있다.

앞에서 말한 각종의 변성을 일으키는 요인들(denaturing agents)이 매우 약하게(mild) 또는 극히 짧은 시간 작용될 때는 이상의 자연 단백질의 제2차적, 제3차적 결합의 해리(dissociation), 재결합(recombination), 수화상태(hydration state)의 변화 등이 잠시 동안만 일어난다. 즉 분자 내부의 중첩된 구조가 펴지며(unfolding), 감겨진 분자구조는 풀어지게(uncoiling)되나, 이와 같은 변성 요인들을 제거해주면 점차 원래의 형태를 갖게 된다. 이와 같은 변성은 가역적 변성(reversible denaturation)이라고 부르며, 일반적으로는 해당 단백질들이 원래 갖고 있던 어떤 특정된 생물학적 특성과 기능을 다시 갖게 됨을 의미한다.

변성을 일으키는 요인들의 작용이 강하거나 지속적일 때는 분자 내부구조 중의 일부 중첩된 부분들의 펴짐과 일부 분자들의 내부 구조의 일부를 형성하고 있는 나선상의 형태들(helical forms)이 풀어지는 과정 등의 변화들이 계속 진행되어 결국, 응고, 침전 등과 같은 비가역적인 변성(irreversible denaturation)이 일어나게 된다. 이 경우 이 자연 단백질들의 생물학적 특성은 파괴되고, 그 특정 기능들도 잃게 된다(그림 15-8 참조).

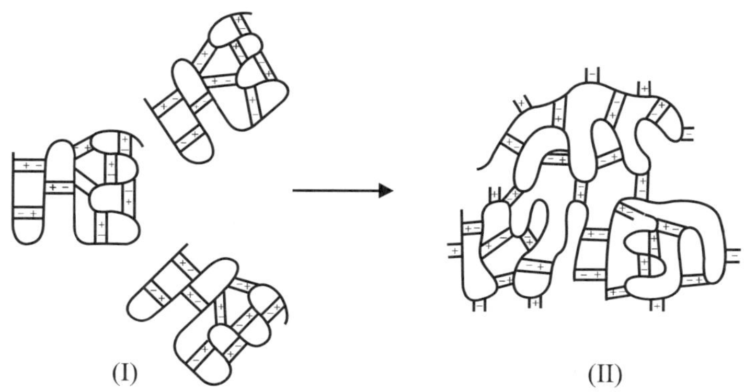

(I) (II)

단백질 분자(I) 내부의 이온결합(salt bridge) 변성에 의해 분자간 결합을 형성하며, 동시에 기능기의 노출이 급격히 증가한다(II). - S - S - 결합의 경우도 똑같이 설명될 수 있다

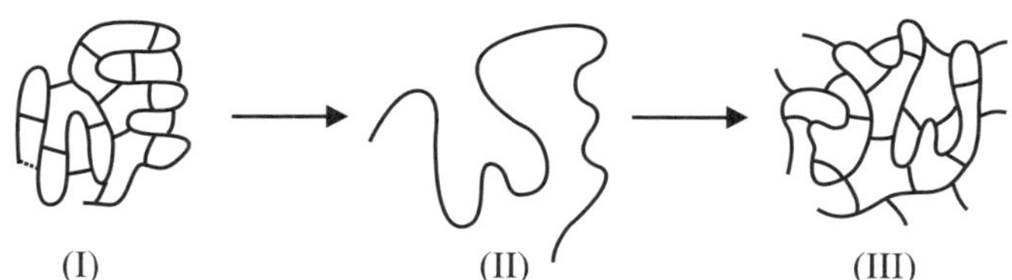

(I) (II) (III)

단백질의 변성과정 : 단백질 분자(I)는 여러 변성요인들에 의해서 일단 분자 내부구조가 풀어진(unfolding) 후(II), 다시 아래의 그림에서 표시된 식으로 재결합하게 되며, 한편 많은 기능기가 외부로 노출하게 된다(III).

[그림 15-8] 단백질 분자들(I) 내부의 이온결합들(intra-molecular salt bridge)이 산 또는 알칼리 등에 의해서 변성(變性, denaturation)되어 새로이 분자간 이온결합(inter-molecular salt bridge)으로 재편성(再編成, rearrange) 되면서, 동시에 분자 내부에 있던 많은 수의 기능 그룹들(機能基, functional groups)이 분자들의 표면에 나타나게 된다. 위와 유사한 변화로서, -S-S-, 즉 다이설파이드 가교(架橋, disulfide cross-linkage)에 의한 분자 내 가교들(intra-molecular cross-linking)이 아스콜빈산(ascorbic acid, 즉 vitamin C)과 같은 환원성 물질들(reducing compounds)에 의해서, 일단 분자 내 구조가 풀어진(unfolding) 후(그림의 I에서 II로의 변화), 다시 분자 내의 재가교(inter-molecular cross-linking)를 통해서 더 느슨한 형태의 분자 내 재결합(intra-molecular cross-linking)들이 일어난다(II에서 III). 이 경우, 많은 -S-S- 결합들의 변성의 결과 형성된 내부에, 더 느슨하게 가교된 -S-S-결합들이 분자들의 표면으로 나오게 된다.

이와 같은 자연 단백질 분자들의 내부 구조의 펴짐과 풀어짐에는 수소결합과 이온결합(salt bridge) 등의 해리와 재결합, - SH 그룹 또는 - S - S - 그룹의 해리와 재결합 등이 아주 큰 역할을 담당한다. 즉 변성 초기 이상과 같은 여러 반응 그룹들(reactive groups)의 노출에 의해서 단백질의 반응성이 더 커지며, 특히 표면에 노출된 활성 반응기들 수가 증가하고 이들 반응기들(reactive groups)의 무질서한(disordered) 재결합에 의한 응고(coagulation), 침전(precipitation) 등이 일어나는 한편 용해도의 변화, 점도(viscosity)의 증가, 등전점(isoelectric point)의 변화 등이 나타난다. 또한 이와 같은 변화들은 자연 단백질 분자의 형태를 단백질 분해효소들(proteolytic enzymes)의 작용을 더 받기 쉽거나 반대로 더 어려운 상태로 만든다.

두류나 육류와 같은 단백질 식품들을 날 것으로 그대로 섭취하는 경우는 극히 드물며, 대개의 경우 가열 조리되거나 가열 가공되기 때문에 우리가 섭취하는 육류를 비롯한 가공 식품들이나 조리 식품들 속에 존재하는 단백질들은 주로 부분적으로 변성된 단백질들(partially denatured proteins)이다. 따라서 그 영양가나 소화율(digestibility)도 원래의 자연 단백질들과는 다소 다를 것이 예상된다. 이 문제는 매우 중요한 문제이므로 나중에 제16장에서 다시 논의하기로 한다.

고압을 통한 자연 단백질류의 변성 이미 간단히 설명하였듯이 자연 단백질류, 예로서 동물성이나 식물성 식품류의 구성 성분들로 존재하는 식품 단백질들(food proteins)이나, 이상의 식품들 속에 존재하는 각종 효소류(enzymes), 미생물류(microorganisms)를 구성하는 단백질류에 대해서 고압(高壓, high pressure), 특히 매우 높은 정수압(静水壓, hydrostatic pressure)을 가하면 단백질들은 변성에 의한 젤화(교질화, gelatinization) 또는 응고(coagulation) 작용들이 촉진된다. 그리고 효소들도 고압에 의한 변성으로 효소작용이 파괴, 실활된다. 효소류의 본체(本體)는 단백질류, 즉 형태가 단백질-보효소(補酵素) 복합체(複合體)의 형태인 홀로효소들(holoenzymes)의 경우에도 단백질 부분들(apoenzyme parts)의 비중(比重)은 대단히 크다.

한편 그 구조가 더 복잡한 미생물들 중 많은 세균들의 경우, 고압에 의한 변성에 의해서 세균들의 세포벽, 세포막들의 파괴에 의해서 그 세균들의 활동이 정지되는 사실들이 보고되어 왔다. 그러나 고압에 의해서 세포벽, 세포막들의 파괴가 여의치 않아서, 이들 세균들의 활동이 저하되지 않는 경우에는, 고압 하에 잠시 둔 후, 갑자기 압력을 감소시키면서 세포벽, 세포막들 내외의 커다란 압력차에 의한 세포벽, 세포막들의 파손(破損, damages), 즉 세포들의 내부 구조에 손상을 입혀, 그 활동을 정지시키는 방법들이 성공적으로 실시되고 있다.

이들 미생물들(原核生物들, procaryotes)은 세포막들 이외에 이들 세포막을 보강(補强)해 주는 주로 단백질들과 탄수화물들로 구성된 세포벽(proteoglycan cell wall)으로 다시 싸여 있으며 이 세포벽(細胞壁, cell wall)의 구성과 강도는 세균의 종류에 따라 다르다.

이상과 같은 취지의 연구들은 연구에 사용할 고압 장치(高壓 裝置), 즉 정수압(hydrostatic pressure)을 사용한 고압 장치가 개발, 사용되기 시작한 1900년대, 특히 1900년대 후반부터 활발하기 시작했으며, 실제적인 고압을 이용한 효소작용들의 억제, 세균들의 활동 억제, 변성을 이용한 젤 형성의 강화, 응고 촉진 등의 과정들의 공업화가 1900년대 말부터 시도되어 왔다.

근래에 보고되고 있는 연구들에 대해서 극히 간단하게 소개하기 전에, 이 분야의 연구에 사용되는 압력(壓力)의 단위에 대해 설명하면 다음과 같다.

가장 널리 사용되고 있는 압력 단위는 국제단위 시스템(International System of Unit, SI 또는 SI Unit) 중의 압력 단위인 파스칼(Pascal) 즉 Pa이며, $1Pa = 1Newton/m^2$에 해당한다.

뉴턴(Newton)은 힘(force)의 국제단위 시스템(SI)의 단위로서, 질량 1kg의 물체에 작용해서 $1m/s^2$

의 가속도를 생기게 하는 힘 또는 CGS 시스템으로서 10^5다인(dyne)의 힘에 해당한다고 한다.

또한 $10^3 \times Pa = 1 \times kPa$, 그리고 $10^6 \times Pa = MPa$ 등이, 압력이 클 때는 Pa 대신에 사용된다. 따라서 760mmHg = 1atm = 0.101325MPa, 1000psi = 6.89476MPa가 된다.

최들(Choi, E. M., *et al.*, 1998)은 김치 숙성(熟成) 후, 저장 중의 연부(軟腐, softening spoilage)를 억제하는 목적으로, 배추(Chinese cabbage)에서 폴리갈락트유로네이스(polygalacturoase)들을 추출한 후, 이 효소의 최적 pH인 5.5, 30℃, 200~800MPa에서 1분간 저온 항압 수압기(低溫 恒壓 水壓機, cold Isostatic Press)를 사용하여 가압처리를 끝낸 후, 그 결과를 조사한 결과, 이상의 효소들은 200MPa, 1분간의 고압 처리에 의해서 기질들과 작용하는 능력을 급격하게 상실했다고 한다.

이들에 의하면, 고압처리를 받은 효소들은 변성에 의해서, 나선형 구조(random coil structure)에서 규칙성을 가진, 용융된 듯 한 구형 구조(ordered molten globule-like structure)로 변하여 기질과 작용하는 능력을 급격히 상실한 것으로 설명하고 있다.

위메이스들(Weemaes, C., *et al.*, 1998)은 사과, 아보카도(avocados), 포도, 배, 살구(plums) 등에서 추출한 폴리페놀 옥시데이스(polyphenol oxidase, PPO)들의 pH 6~7에서의 고압에 대한 안정성(stability)을 조사한 바 있다.

이 효소들(PPOs)의 불활성화(inactivation)는 사과, 포도, 배들의 경우, 25℃에서 각각 600, 700, 800과 900MPa에서 안정성의 감소가 있었다고 한다. 이들은 고압을 적용할 때 온도의 효과도 함께 조사하고 있다.

한편 손과 리들(Sohn, K. H. and Lee,H. J., 1998)은 그 단단한 세포벽(cell wall)과 세포막 때문에 고압에 의한 불활성화에 대한 저항이 큰 것으로 알려진 밧실러스 섭틸리스(Bacillus subtilis)의 포자들(胞子, spores)의 불활성화, 즉 파괴를 압력과 온도를 변수로 해서 조사한 바 있다.

이들에 의하면, 6×10^6CFU/mL의 밧실러스 섭틸리스균의 포자들은 80℃의 온도, 800MPa의 고압에서, 20분간 처리했을 때, 모든 포자들이 완전히 불활성화 되었다고 보고하고 있다. 이들에 의하면 포자들의 파괴, 즉 불활성화는 세포벽, 세포막의 파괴에 기인한다고 한다.

하야카와들(Hayakawa, I., *et al.*, 1998)은 내열성이 매우 강한 것으로 알려진 특정 밧실러스균의 포자들(heat tolerant spores of Bacillus stearothermophilus IFO 12550) 10^4CFU/mL를 각각 95℃에서 6분, 85℃에서는 11분, 75℃에서는 17분간, 200MPa의 고압에 노출시킨 후, 곧바로 압력을 갑자기 제거함으로써, 이상의 100℃, 1기압(atm)에서 3000분간 가열하여야 완전히 불활성화 되는 포자들을 완전히 불활성화 시켰다고 보고하고 있다.

이들에 의하면 압력 50PMa 이상, 온도 75℃ 이상에서는, 포자의 피막(spore coat)을 통한 수분의 삼투성(滲透性, permeability)이 계속 증가되며, 급속하게 감압(rapid decompression)되면 포자들 자체의 기계적인 파괴와 붕괴(mechanical disintegration)가 일어나는 것으로 설명하고 있다.

주우크들(Zook, C. D., *et al.*, 1999)은 오렌지 및 사과 주스에서 추출한 효모(Saccharomyces cerevisiae)의 지낭포자들(ascospores)의 pH 3.5~5.0, 농도 $0.5 \sim 1.0 \times 10^6$/mL에서 고압처리 할 때의 D값(D-values ; 특정 고압처리 압력에서 생존하고 있는 균의 수가 1/10로 감소하는데 소요된 시간)과 Z값(Z-value ; 특정시간 내, 균들의 활동이 완전히 불활성화하는 비율이 10배로 증가하는데 필요한 압력의 상승값)을 조사하여, 각각 500MPa에서의 D값은 8초, Z값은 115MPa, 300MPa에서의 D값은 10.8분, Z값은 121MPa이였음을 보고하고 있다.

탕웡체이들(Tangwongchai, R., *et al.*, 2000.)은 대두의 리폭시제네이스(lipoxygenase)의 여러 조건하에서의 고압처리를 통한 불활성화(不活性化)를 조사한 바 있다.

이상의 리폭시제네이스의 효소작용은 알칼리성보다 산성에 더 예민했으나, 600MPa에서 20분간 고압처리 했을 때는, pH 9의 조건에서도 완전히 불활성화 되었다고 한다. 그리고 토마토에서 추출한 정제처리를 거치지 않은 리폭시제네이스의 경우, 400MPa에서 10분간 고압처리 했을 때, 그 효소작용이 현저히 감소했으며, 600MPa의 고압처리를 했을 때는, 완전히 비가역적(irreversible)으로 불활성화 되었다고 한다.

한편 야메티들(Iametti, S., *et al.*, 1999)은 달걀 흰자위(egg albumen, 즉 egg white)에 800MPa에서 10분간까지의 여러 조건하에서의 고압처리를 실시하여, 그 결과를 보고하고 있다.

이들은 달걀 흰자위에 고압처리를 실시하기 전에, 설탕(sucrose) 또는 소금(NaCl)을 첨가한 후, 고압처리 했을 때는 불용성(不溶性, insolubilization)의 발생 또는 젤 형성(gel formation)을 다 같이 방지했다고 한다.

또한 고압 처리를 실시 한 후에는 달걀 흰자위 중의 트립신(trypsin)에 의해서 가수분해 되는 경향이 급격하게 증가했다고 한다. 그러나 달걀의 노화(egg aging)의 징표가 되는 오브알부민(ovalbumin)의 S-형(S-form)은 고압처리 후의 시료들에서는 발견되지 않았다고 보고하고 있다.

프레스타모들(Prestamo, G., *et al.*, 2000)은 아시아에서 일반적으로 토후(Tofu), 즉 두부로 알려진 대두의 식물성 단백질 식품들(soybean vegetable protein products)을 5℃, 400MPa에서, 5, 30, 45분의 고온처리를 실시한 후에 이와 함께 미생물학적인 분석들과 감각적 또는 관능적인 평가들 그리고 구조적인 분석과 평가물 등(microbial analysis, sensorial and structural evaluations)을 실시한 결과, 고압처리를 받은, 이상의 두부들의 세균분포나 활동 상태는 마치 저온살균(低溫殺菌, pasteurization) 처리 받은 것 같았으며, 감각적, 즉 관능검사의 결과들도 식용상품으로서 소비자들이 받아들일 수 있는 품질을 갖고 있었다고 한다. 한편 고압처리 된 두부를 냉동상태에서 주사형 전자현미경(cryoscanning electron microscope)으로 사진들을 얻어, 여기서 그 구조를 조사한 결과, 고압처리에 의해서 더 단단한 구조(more compact structure)를 갖게 된 것으로 판명되었다고 한다.

한편 렛드와드들(Angsupanich, K., Eddie, M. and Ledward, D. A., 1999)은 칠면조(turkey)와 대구(cod)에서 각각 근원섬유 단백질(筋原纖維 蛋白質, myofibrillar proteins)과 이상의 근원섬유 단백질류의 대략 60%를 점유(占有)하는 마이요신들(myosins)을 추출한 후, pH 7 전후에서 800MPa에서 20분간 고압처리한 후, 그 변성된 구조 변화들을 시차주사 열량측정법(示差走査 熱量測定法, differential scanning calorimetry, DSC)과 전기영동법(電氣泳動法, electrophoretic method)을 사용하여, 고압처리에 의한 변성(denaturation)을 조사하고, 가열처리(50℃) 했을 때에 일어나는 변성 기구(mechanism)와의 차이 등에 대해서 논의하고 있다.

이들에 의하면 마이요신의 경우, 고압처리에 의해서 새로운 수소결합들이 형성되어 그 젤의 구조(myosin gel structure)는 더 안정화되고, 또한 이 안정화 된 구조는 부차적(副次的)인 -S-S- 결합(desulfide bonds)에 의해서 더 보강되었다고 한다.

한편 칠면조의 마이요신은 대구의 마이요신보다 더 안정화 되었으나, 고압 적용시 젤의 안정화의 기구는 대구의 경우와 같았다고 한다.

또한 대구에서 추출한 근원섬유 단백질류는 50℃에서 가열처리한 단백질류보다 더 단단했는데,

이 사실은 가압에 의해서 열에 약한 수소결합들로 형성된 구조들(heat labile hydrogen-bonded structures)이 새로 형성되었으나, 가열 처리할 때 주로 -S-S- 결합들(desulfide bonds)과 소수성 그룹들의 상호작용들(hydrophobic interactions)이 새로 형성된 약한 구조들을 대체했기 때문이라고 설명하고 있다.

한편 근래에 와서, 특히 1900년대 말부터 계속해서 단백질이 주요 구성 성분들로 존재하는 효소류, 세균류, 효모류, 세균류 또는 효모류의 내열성 포자류 또는 그 보호막들(protective coatings) 등을 고압으로 처리하거나, 고압처리 후 급속한 압력제거(rapid decompression)로 파괴시켜서, 그 활력을 억제 또는 정지시키는 일들과 관련된 연구들이 활발해지고 있다. 이상과 같은 고압처리는 가열처리(heat treatment)가 적절하지 않을 경우 효과적일 것이다.

또한 이상의 고압처리(high pressure treatment)는 단백질들, 폴리펩타이드류, 경우에 따라서는 고분자 탄수화물들(high molecular weight carbohydrate polymers)이 형성하는 다양한 젤들(gels)의 성질들을 변화시켜, 젤화를 촉진하면서 더 안정된 젤 상태로 만들거나, 그 반대로 응고(coagulation), 침전시키는 작용을 할 때가 있어서, 앞으로 실제의 식품가공(food processing) 분야에서 여러 용도로 응용될 가능성이 크다.

참고문헌

赤堀 西郎 및 水島三一郎, 1957, "蛋白質化學", 第1卷~第5卷, 共立出版社, 東京

Anderson, C. B. and Witter, L. D., 1982, Water Binding Capacity of 22-Amino Acids from Water Activity 0.33 to 0.95, *J. Food Sci.*, 47, 1952.

Angsupanich, K., Eddie, M. and Ledward, D. A., 1999. Effect of High Pressure on the Myofibrillar Proteins of Cod and Turkey Muscle, J.Agric.Food Chen., 47(1), 92~99

Arnold, S. H. and Brown, W. D., 1978, Histamine Toxicity from Fish Products, *Advances in Food Research*, 24, 113.

Bate-Smith, E. C. and Morris, T. N., 1952, "*Food Science*", Cambridge University Press, Cambridge England.

Bender, A. C., 1965, "*Dictionary of Nutrition and Food Technology*", 2nd ed., Butteworth Inc., Washington, D. C.

Braverman, J. B. S., 1963, "*The Biochemistry of Foods*", Elsevier Publishing Co., London.

Byun, S. M., *et al.*, 1966, Studies on the Protein of Korean Soybeans, Part 2, Paper Electrophoresis of the Proteins of Korean Soybeans, *J. Korean Agr. Chem. Soc.*, 7, 85.

Choi, E. M., *et al.*, 1998. Effect of High Pressure Treatment on Polygalacturonase from Chinese Cabbage, J.Food sci. Biotech. 8(3), 197~203

Cox, H. E. and Pearson, D., 1962, "*The Chemical Analysis of Food*", Chemical Publishing Co., Inc., New York.

Dutson, T. R. and Orcutt, M. W., 1984, Chemical Changes in Proteins Produced by Thermal Processing, *J. Chemical Education*, 61(4), 303.

Feeney, R. E., *et al.*, 1960, Protein Chemistry and Food Research, *Advances in Food Research*, 10, 23.

Fox, Sidney, W., *et al.*, 1958, Introduction to Protein Chemistry, John Wiley and Sons, Inc., New York.

Fruton, J. S. and Simmonds, S., 1958, "*Biochemistry*", 2nd ed., John Wiley and Sons, Inc., New York.

Harrow, B. and Mazur, A., 1958, "*Biochemistry*", 8th ed., W. B. Saunders Co., Philadelphia.

Hayakawa, I., *et al*., 1998. Mechanism of Inactivation of Heat Tolerant Spores of Baccillus Stearo thermofillus IFO 12550 by Rapid Decomposition, J. of Food Sci., 63(3), 371~374

Hegg, P. O., 1982, Conditions for the Formation of Heat-Induced Gels of Some Globular Food Proteins, *J. Food Sci*., 47, 1241.

Hofmann, K. and Hamm, R., 1978, Sulfhydryl and Disulfide Groups in Meats, Advances *in Food Research*, 24, 1.

Iametti, S., *et al*., 1999. Charaterization of High-Pressure-Treated Egg Albumen, J. Agric, Food Chem., 47(9), 3611~3616

Jakubke, H. D. and Jeschkeit, H., 1977, "*Amino Acids, Peptides and Proteins - An Introduction*", Revised edition, Akademie - Verlag, Berlin, English Language Edition Published in 1977 by MacMillan Press, Ltd, New York.

Joslyn, M. A., *et al*., 1970, "*Method in Food Analysis*", 2nd ed., Academic Press, Inc., New York.

Karel, M., 1973, Symposium : Protein Interaction in Biosystems, Protein-Lipid Interaction, *J. Food Sci*., 38, 756.

Khayat, A., Redenz, P. K., and Gorman, L. A. 1982. Quantitative Determination of Amino Acids in Food by High-Pressure Liquid Chromatography. *Food Technol*., 36(6), 46.

Kitabatake, M. and Doi, E. 1982. Surface Tension and Foaming of Protein Solutions. *J. Food Sci*., 47, 1218.

Kopple, K. D. 1966. "*Peptides and Amino Acids*," W. A. Benjamin, Inc., New York.

Lee, K. Y. *et al*. 1960. Determination of Amino Acid Composition of Several Beans by Ion Exchange Chromatography. *Bulletin Scientific Research Institute(Korea)*, 5, 119.

Lowe, Belle. 1955. "*Experimental Cookery*," 4th ed., John Wiley and Son, Inc., New york.

Malney, C. H. *et al*. 1970. Major Volatile Neutral and Acid Compounds of Hydrolyzed Soy Protein. *Food Technol*., 35, 286.

Markakis, P. *et al*. 1969. The Presence and Origin of 2-Pyrrolidone-5-carboxylic Acid in Processed Concord Grape Juice and Its Concentrate. *Food Technol*., 23, 1463.

Oser, B. L. (Editor). 1965. "*Hawk's Physiological Chemistry*," Fourteenth edition, TATA McGraw-Hill Publishing Co. Ltd., New York.

Pace, C. N. 1983. Protein Conformations and Their Stability. *J. Am. Oil Chem. Soc*., 60(5), 970.

Pomeranz, Y. 1985. Chapt. Proteins: General. in "*Functional Properties of Food Components*," Academic Press, Inc., New York.

Prestamo, G., *et al*., 2000. Soybean Vegetable Protein(Tofu) Preserved with High Pressure, J. Agric. Food Chem., 48(7) 2943~2947

Robert, K. M., Daryl, K. G., Peter, A. M., Victor, W. R., 2000, Harper's Biochemistry, McGraw-Hill, International Edition.

Satterlee, L. D. *et al*. 1967. A Procedure for Gas Chromatographic Analysis of Free Amino Acids in Meats. *J. Food Technol*., 32, 682.

Shultz, H. W. ed. 1964. "*Protein and Their Reactions*," Avi Publishing Co. Inc., Wesport, Conn.

Scopes, R. K. 1982. "*Protein Purification-Principles and Practice*," Springer-Verlag, New York and Berlin.

Sherman, H. C. 1946. "*Chemistry of Food and Nutrition,*" 8th ed., McMillan Co., New York.

Sharon, Nathan. 1969. The Bacterial Cell Wall in Scientific American 220, 92.

Shenouda. S. Y. K. 1980. Theories of Protein Denaturation During Frozen Fish Storage of Fish Flesh. *Advances in Food Research*, 26. 275.

Sohn, K. H. and Lee, H. J., 1998. Effect of High Pressure Treatment on the Quality and Storage of kimchi,

International J. of Food Sci. and Technol., 33, 359~365

Tangwongchai, R., *et al.*, 2000. R., D.A. Leward J.M.Ames, 2000, Effect of High-Pressure Treatment on Lipoxigenase Activity, J. Agric. Food Chem,. 48(7), 2896~2902

Tiemstra, R.J. 1968. Degradation of Gelation. *Food Technol.*, 22, 1151.

Triebold, H. O. and Aurand, L. W. 1963. "*Food Composition and Analysis*," D. Van Nostrand Co. Inc., Princeton, N.J.

Vanderzant, C. *et al.* 1961. Comparison of Kieldahl, Steam-Distillation, Lye-Binding and Formol Titration Methods for Determining Protein Content of Milk. *Food Technol.*, 15, 223.

Virupaksha, T. K. *et al.* 1968. Studies on the Protein Content and Amino Acid Composition of Some Varieties of Grain Sorghum. *J. Agr. Food Chem.*, 16, 199.

Weemaes, C., *et al.*, 1998. Activity, Electrophoretic Characteristics and Heat Inactivation of Polyphenol oxidases from Apples, Avocados, Grapes, Pears and Plum, Lebensmittel-Wissenschaft und Technologie, 31(1), 44~49

Whitaker, J. R. and Tannenbaum, S. R. 1977. "*Food Proteins*," Avi Publishing Co. Inc., Westport, Connecticut, U.S.A.

Zook, C. D., *et al.*, 1999. High Pressure Inactivation Kinetics of Saccharomyces Cerevisiae Ascospores in Orange and Apple Juice, J. Food Sci., 64(3), 533~535

Chapter 16 식품 단백질

식품 단백질의 품질

필수아미노산

실험동물들의 정상적인 성장을 위해서는, 특정한 아미노산들이 외부에서 공급되어야 한다는 실험결과들에 관한 연구는 일찌기 오즈본과 멘델 들(Osborne, T. B. and Nendel, L. B., 1911~1924)에 의해서 시작되었고, 로우즈들(Rose, W. C. and co-workers, 1931~1935)에 의해서 대성(大成)되었다.

로우즈(Rose, W. C., 1938)는 정상적으로 성장 중인 실험쥐에 자연 단백질 대신에 특정한 아미노산 10가지의 혼합물을 줄 때는 그 실험쥐는 정상적인 성장을 지속하였으나, 이 10가지의 아미노산들 중 한 가지라도 빠진 경우에는 그 정상적인 성장이 지속되지 않았던 사실을 발견하였다.

이 10가지의 아미노산들은 실험쥐들의 정상적인 성장에 꼭 필요한 아미노산들이라는 뜻에서 필수아미노산들(essential amino acids)로 알려져 왔다. 즉, 필수아미노산이란 어떤 생체(生體)에 있어서 그 생체의 체내에서 합성될 수 없거나, 그 합성속도(rate of synthesis)가 수요(需要)속도에 비해서 너무 느리기 때문에 외부에서 반드시 공급해 줄 필요가 있는 아미노산들이라고 말할 수 있다.

사람에서의 필수아미노산의 종류 그리고 로오즈 (Rose, W. C.,1957) 등에 의해서 발표된 자료들을 근거로 한, 보통 성인남자(adult man) 한 사람이 하루에 필요로 하는 필수아미노산들의 소요량은 표 16-1과 같다(또한 Sherman, H. C., 1946 ; White, A. *et al.* ,1954 참조).

표 16-1 사람에게 필요한 필수아미노산(essential amino acids)의 종류

필수아미노산의 종류	하루의 필요량(gm/day)	트립토펜의 필요량을 1로 할 때의 비율	전체 필요량에 대한 % 비율
류우신(leucine)	1.10	4.4	17.3%
페닐알라닌(phenylalanine)	1.10	4.4	17.3
메싸이오닌(methionine)	1.10	4.4	17.3
라이신(lysine)	0.80	3.2	12.6
베일린(valine)	0.80	3.2	12.6
아이소류오신(isoleucine)	0.70	2.8	11.0
쓰레오닌(threonine)	0.50	2.0	7.9
트립토펜(tryptophan)	0.25	1.0	4.0

Flodin, N.W. 1953. *J. Agr. Food Chem.*, 1, 222.

식품 단백질의 필수아미노산 조성과 그 품질 기준

한편 사람의 경우, 필수아미노산들(essential or indispensable amino acids)에 대한 그 동안의 영양학적 연구들 그리고 이상의 필수아미노산들의 인체 내에서의 신진대사과정들에 대해서 더 많은 실험적 사실들이 알려져 왔다. 특히 전술한 8개의 필수아미노산들 이외에도 히스티딘(histidine)과 알지닌(arginine)의 두 아미노산들은 성인들(adults)의 경우 충분한 양이 합성되나, 어린이들에게는 필수적인 것 즉 필수아미노산들로 생각되고 있다. 이와 같은 관계로 이상의 히스티딘과 알지닌을 어린이들의 경우에는 정상적인 성장을 위한 필수아미노산들로 볼 수 있다는 단서를 부치고 필수아미노산에 포함시키는 경우가 있다.

한편 알지닌은 성인의 경우 요소사이클 (the Urea cycle)을 통해서 필요한 양이 공급된다고 한다. 그러나 히스티딘의 경우에는 헤모글로빈 기타의 인체 내의 단백질 또는 구성단백질들의 분해에 의해서 일부 공급이 된다고 하나(Rotinson, D. S., 1987, p.121), 1985년 FAO/WHO/UNU에서 히스티딘을 필수아미노산에 새로 포함시킨 바 있다. 따라서 많은 간행물들에서는 필수아미노산으로서 종래의 8개에 새로 하나 추가해서 9개로 표시하는 경우가 많으며, 히스티딘과 알지닌을 준 필수아미노산들로 필수아미노산에 포함시키는 경우도 있다.

한편 인체에서 사용되는 필수아미노산 메싸이오닌(methionine)의 필요량은 식품들을 섭취했을 때 얻어진 시스테인(cystein), 시스타인(cystine) 등의 양 만큼 섭취량을 줄일 수 있기 때문에 메싸이오닌의 필요량은 섭취되는 시스테인, 시스타인 등 황 함유 아미노산의 양과 함께 고려되어야 한다.

그리고 인체에 필요한 타이로신(tyrosine)은 필수아미노산 페닐알라닌(phenylalanine)에서 만들어지나, 식품들을 섭취할 때 타이로신이 함께 섭취되는 경우에는 인체의 페닐알라닌의 필요량은 그만큼 주릴 수 있게 된다. 따라서 메싸이오닌이나 페닐알라닌의 필요량에 대해서는 근래에 와서 메싸이오닌+시스테인/시스타인, 즉 메싸이오닌+황함 아미노산들, 또는 페닐알라닌+타이로신 등으로 표시하는 것이 보통이다.

다시 말해서 과거에 사용된 표 16-1은 현재는 표 16-2와 같이 표시되고 있다. (FAO/WHO/UNU,

Energy and protein requirements, Report of a Joint FAO/WHO/UNU Expert Consultation. World Health Organisation Technical Report Seres 724, WHO, Geneve ; Robrinson, D. S., Food Biochemisry and Nutritional Value, John Wiley & Sons lnc, New York(1987) p.134).

이상의 식품단백질 중의 필수아미노산들은 개별적으로 그 함량이 큰 것도 중요하나, 체내에 요구되는 양의 비율에 따라 동시에 섭취되어야 가장 큰 효율을 나타낸다. 만일 섭취된 필수아미노산의 양이나 비율이 표 16-1 또는 표 16-2 등에서 표시된 양이나 비율과 크게 다를 때는 섭취된 아미노산들의 효율은 대체로 섭취된 필수아미노산들 중에서 섭취량이 가장 적은 아미노산의 양을 기준으로 그 효과가 정해진다. 한편, 전체적인 효과를 정해주는 가장 섭취량이 적은 필수아미노산으로부터 순서대로 제일 제한 아미노산(the first limiting amino acid), 제이 제한 아미노산(the second limiting amino acid) 등으로 부른다. 그러나 일반적으로는 제일 제한 아미노산만으로 전체적인 효과를 비교하는 경우가 많으며, 이 경우에는 간단히 제한 아미노산으로 불리는 경우가 많다.

다시 말해서 이 제한 아미노산은 동시에 흡수된 필수아미노산들의 이용률(利用率)을 결정하여 준다. 식품 속에 함유된 단백질, 즉 식품단백질들(food proteins)에 분포되고 있는 여러 필수아미노산들 중에 그 함량이 가장 적으며, 그 비율이 가장 낮은 아미노산은 보통 트립토펜(tryptophan)이 되는 경우가 많으며, 따라서 트립토펜이 제한 아미노산 또는 제일 제한 아미노산이 되는 경우가 많다.

한편, 식품단백질의 영양가를 생각할 때 그 식품단백질의 소화율(digestibility)도 중요하나, 일부 섬유상 식품단백질들(fibrous food proteins)의 경우를 제외하면, 그 소화율들은 대체로 비슷한 사실(식물성의 경우 대체로 85%내의, 동물성의 경우 90%이상)이 알려져 있으므로, 그보다는 필수아미노산의 함량과 그 비율 등, 즉 그 분포들(distributions)이 더욱 중요하다.

1957년에 단백질 필요량에 관한 FAO 위원회(FAO Committee on Protein Requirements)는 영양가가 높은 대표적인 식품단백질들의 하나인 우유 단백질(milk protein)을 기준으로 하여, 가장 균형이 잡혀 있다고 생각되는 필수아미노산의 이상적인 분포도(the ideal amino acid pattern), 또는 기준 아미노산 분포도(the reference amino acid pattern)를 정하였다.

이 분포도는 트립토펜의 함량을 기준으로 한 것이며, 그 후 트립토펜 이외의 필수아미노산들, 예로서 라이신 등의 함량을 기준으로 하는 제안도 나왔었다. 현재에 있어서는 어느 특정 아미노산을 기준으로 하거나, 또는 실제로 존재하지 않는 어떤 이상적(ideal)인 필수아미노산의 분포도(amino acid pattern)를 생각하는 대신에 필수아미노산 함량 1g에 대한 각 필수아미노산의 함량의 mg 수를 그대로 표시하여 사용하는 경향이 크다.

이와 같은 원칙 아래 1957년에 FAO 위원회에서 제정한 이상적인 필수아미노산 분포도 속의 각 필수아미노산들의 전체 필수아미노산 1g에 대한 함량을 산출하여 보면, 그 분포도에 가장 가까운 실제로 존재하는 단백질은 달걀 단백질(전체 달걀, 즉 whole egg protein)이 된다. 따라서, 실제 존재하지 않는 어떤 이상적인 필수아미노산의 분포도(the ideal amino acid pattern)를 제정하는 대신에 여기에 가장 가까운 아미노산 분포도 (새로운 원칙에 의해서 산출된)를 가진 달걀 단백질에 함유된 전체 필수아미노산 1g에 대한 각 필수아미노산의 mg 수로 표시된 분포도가 흔히 새로운 기준 아미노산의 분포도(new reference amino acid pattern)로 사용되기 시작하였다.

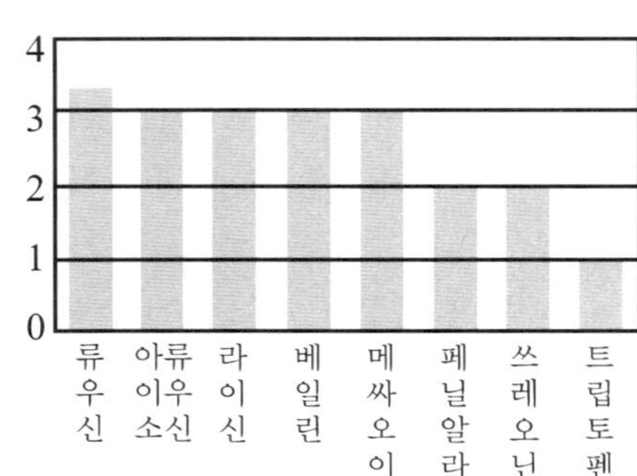

[그림 16-1] 트립토펜(tryptophan)의 필요량과 비교한 경우, 각 필수아미노산 필요량의 이상적 분포도(ideal pattern)
Altschul, A. M., 1965. "*Proteins, Their Chemistry and Politics*". Basic Books, Inc., New York.

이 새로운 기준 필수아미노산의 분포도는 1965년에 국제 농업식량기구(FAO)와 세계보건기구(WHO)의 합동위원회에서 정식으로 채택되어 현재 사용되고 있다. 1957년에 제정된 이상적 기준 분포도가 우유 단백질의 필수아미노산 조성(composition)을 기준으로 하였으며, 따라서 이와 유사한데 비해서, 1965년에 제정된 필수아미노산의 기준분포도는 달걀 단백질의 필수아미노산의 분포를 기준으로 하였으며, 따라서 그 기준 아미노산의 분포도는 달걀 단백질의 필수아미노산 분포도와 비슷한 것이 그 특징이다(표 16-2 참조).

표 16-2 1965년에 FAO/WHO가 제정한 기준 필수아미노산 분포도(reference amino acid pattern). (총 필수아미노산 1g에 대한 각 필수아미노산의 mg)

필수아미노산	FAO/WHO 기준 필수아미노산 분포도(mg수)	우유 단백질의 필수아미노산 분포도(mg수)	달걀 단백질의 필수아미노산 분포도(mg수)
아이소류우신(isoleucine)	134	127	129
류우신(leucine)	152	169	172
페닐알라닌(phenylalanine)	134	155	125
메싸이오닌(methionine)	71	48	61
쓰레오닌(threonine)	89	91	99
트립토펜(tryptophan)	45	28	31
베일린(valine)	134	137	141

神立誠, 編 . 1971. "蛋白質의 知識", p.134 幸書房, 東京.

한편, 이와 같은 필수아미노산의 기준 분포도에 대해서는 여러 연구자들이 계속 연구, 검토해 왔다. 이상과 같은 연구와 검토 결과를 토대로 국제 식량농업기구와 세계보건기구의 합동전문위원회(Joint FAO/WHO Ad Hoc Expert Committee)는 1973년에 다시 인체에 필요한 단백질과 필수아미노산 섭취량 그리고 필수아미노산의 기준분포도를 제정, 발표하였다. 즉, 유아(幼兒), 10~12세 어린이와 성인남자의 하루 필요 단백질량 및 필요 필수아미노산량(각각 체중 1kg에 대한 g 및 mg 수)은 표 16-3과 같다.

표 16-3 1973년에 FAO/WHO가 재정한 단백질 및 필수아미노산의 인체 필요량

	유아	10~12세 어린이	성인남자
단백질 섭취량 g/kg[1])	1.85	0.80	0.57
아이소류우신 mg/kg[2])	70	30	10
류우신(leucine)	161	45	14
라이신(lysine)	103	60	12
메싸이오닌+시스테인	58	27	13
페닐알라닌+타이로신	125	27	14
쓰레오닌(threonine)	87	35	7
트립토판(tryptophan)	17	4	4
베일린(valine)	93	33	10

1) 단백질의 인체 필요량의 경우, 체중 kg당의 단백질 g
2) 필수아미노산 인체 필요량의 경우, 체중 kg당의 필수아미노산의 mg
Joint FAO/WHO Ad Hoc Expert Committee, 1973. "*Energy and Protein Requirementss,*" FAO Nutrition Meetings Report Series No. 52, FAO, Rome.

표 16-4 사람의 필수아미노산 필요량(mg/kg체중/하루)에 대한 FAO/WHO/UNU 추천량

필수아미노산 (essential amino acids) (mg/g 단백질)	보행전 유아 (infants)	취학 전 아동 (preschool child 2–5years)	취학아동 (school child 10–12years)	성인(adluts)
히스티딘(histidine)	26	(19)	(19)	16
아이소류우신(isoleucine)	46	8	28	13
류우신(leucine)	93	66	44	19
라이신(lysine)	66	58	44	16
메싸이오닌+시스타인(methionine+cystine)	42	25	22	17
페닐알라닌+타이로신(phenyalanine+tyrosine)	72	63	22	19
쓰레오닌(treonine)	43	34	28	9
트립토펜(tryptophan)	17	11	9	5
베일린(valine)	55	35	25	13
합계(total)	460	339	241	127

출처 : FAO/WHO/UNU, 1985. UNU=United National University
괄호( )안의 수치는 미확정 수치들.
각 연령그룹(age group)에 대한 단백질 : 섭취량의 안전수준(safe level)은 성인의 경우 0.75g/kg체중, 취학아동(10~12세)의 경우 0.99g/kg, 취학 전 아동(2~5)세의 경우 1.10g/kg 임.

한편, 유아, 10~12세 어린이와 성인 남자의 필수아미노산의 기준분포도(the reference amino acid patterns)는 표 16-4와 같다. 이상의 필수아미노산 분포도들(the ideal amino acid patterns)에 비교적 가까운 필수아미노산 조성(essenial amino acid composition)을 가진 우유, 달걀 육류 등의 단백질들은 일반적으로 고품질 또는 양질의 단백질들(high quality proteins)로 불리고 있다.

한편, 필수아미노산들이 절대적으로 함량이 적거나, 그 분포상태가 균형 잡혀 있지 않는 식품단백질, 예로서 젤라틴(gelatin), 또는 대부분의 식물성 단백질들(vegetable proteins)은 일반적으로 저품질 단백질들(low quality proteins)로 불리고 있다.

사람이 필요로 하는 필수아미노산들의 종류와 하루에 필요한 양, 그리고 이상의 필수아미노산들

의 가장 적절한 비율의 제정(制定), 그리고 기준이 되는 아미노산들의 분포도의 검토와 더 합리적인 분포도의 확립 등에 많은 노력을 기울여 왔다. 근래에 와서 지금까지의 여러 결과들에 대해서 많은 문제들이 제기되어 왔다. 그 중에 중요한 것들을 간단히 들면, 첫째로 유아와 성인들이 필수로 하는 아미노산의 종류나 그 양들이 상대적으로 같지 않다는 사실이 계속 여러 실험들을 통해서 알려져 왔다는 사실이고, 두 번째로는 과거의 필수아미노산의 기준 분포가 실제로 존재하는 우유의 단백질(1957년), 달걀 단백질(1965년, 1973년) 등을 기준으로 하여 왔으나 이상의 결과들은 그 근거가 되는 실험 결과들의 많은 부분이 간접적인 동물실험의 결과들이라는 점들이다.

한편 이상의 여러 문제점들을 하나씩 해결해나가기 위해서 유아의 경우에는 모유(human milk)를 잠정적으로 단백질 평가기준으로 하여 왔다. 그러나 사람의 경우에도 이유기(the weaning period)를 지나면 모유 외의 식품 중의 단백질에 의존하게 된다. 사람의 경우 우유나 달걀의 단백질 중 어느 하나가 평가 기준이 되어야 한다는 당위성은 없으므로, 고품질 단백질들(우유, 달걀, 육류 등)로 규정하고 있다. 모유의 규범적인, 즉 표준적인 필수아미노산의 함량과 그 조성 등에 대해서는 더 객관적인 연구가 필요한 것 같다.

현재로서는 1985년에 국제식량기구(FAO)와 세계보건기구(WHO), 그리고 국제 연합대학교(UNU)의 전문가회의(Expert Cosultation)에서 작성한 사람의 필수아미노산 필요량에 대한 FAO/WHO/UNU의 추천량 등이 발표되어 참고 또는 사용되고 있다(표 16-3참조).

단백질 품질의 결정

단백질의 품질을 표시하여 주는 지표들(指標, indices)과 이를 결정하여 주는 방법들은 여러 가지가 있으나, 실제의 실험동물의 성장과정을 통해서 평가하는 생물학적 방법들(biological methods)과 식품단백질을 구성하고 있는 일반 아미노산들, 필수아미노산들의 함량과 그 분포를 화학적 분석을 통해서 알아내고 이 자료와 기준 필수아미노산의 필요량, 분포와 비교해서 그 품질을 추정하는 화학적 방법들(chemical mehtods)로 크게 분류된다.

생물학적 방법들

일반적으로 단백질의 품질, 즉 영양가(nutritional value)는 주로 흰쥐(albino rat)와 같은 실험동물들, 경우에 따라서는 인체에, 일정한 양의 순수한 단백질들을 먹이나, 사람의 경우에는 일상식에 넣어서 섭취시킨 후, 체중증가 등의 성장반응(growth response)을 검토하여 그 단백질의 품질들을 정한다. 이와 같은 성장반응은 실험동물들의 체중 증가율, 체내외의 질소평형(nitrogen balance) 등으로서 측정한다.

한편, 이 성장반응은 대략 다음과 같은 요인들에 의해서 좌우된다. 즉,

1. 전체 아미노산들의 양과 그 조성
2. 그 단백질에 함유되고 있는 각 필수아미노산들의 함량과 그 비율
3. 실험동물의 경우, 실험 실시 전의 영양상태
4. 단백질의 소화율
5. 단백질의 소화속도

등이다.

단백질 효율비(Protein Efficiency Ratio, PER)란, 그 품질을 평가 또는 비교하고자 하는 단백질을 이유기(weaning period, 실험쥐의 경우 3주와 4주 사이에 있는 어린 것들)에 있는 실험동물들에 일정기간 동안 매일 일정량 일정한 양식으로 먹인 후, 그 체중 증가율을 소비된 단백질량으로 나누어 얻은 수치(values)를 말한다. 즉, 단백질 효율비는 다음의 식에 의해서 산출된다.

$$\mathrm{PER} = \frac{\text{이유기의 실험동물의 체중 증가량(g 수)}}{\text{단백질 섭취량(g 수)}} \times 100$$

이 단백질 효율비는 단백질의 품질을 평가하기 위해서 1919년에 오즈본들(Osborne, T. B. *et al.*, 1919)에 의해서 그 개념이 도입된 이후, 단백질의 품질을 평가하는 데 유용한 평가방법의 하나로서 널리 사용되어 왔었다.

근래에 와서, 단백질 효율비를 측정하는 데 있어서 기준(reference)으로 사용될 표준단백질(예; Animal Nutrition Research Council reference casein, 즉 ANRC reference casein)을 정하고, 이 표준 단백질의 단백질 효율비와 비교하는 방법이 널리 사용되고 있다. 즉, 모든 실험 조건을 표준화한 후 전체먹이(diets)의 10%가 그 품질을 평가하고자 하는 단백질이 되도록 조절하여 단백질 효율비를 구하는 공정법(A.O.A.C. Official Method 43. 212)이 제정되어 사용되고 있다.

잔센들(Jansen, G. R. *et al.*, 1966)에 의하면, 성장 중인 어린이들이 필요로 하는 아미노산 분포도와 성장 중인 실험쥐가 필요로 하는 아미노산 분포도는 우연하게도 대개는 비슷하기 때문에, 한 식품단백질의 품질을 조사할 때는 실험쥐에 대한 성장 실험의 결과를 성장 중인 어린이들에게 대한 지침(guide)으로서 사용되기도 한다.

생물가 일반적으로 고품질 단백질(high quality proteins)을 섭취하였을 때 이 단백질은 체내 단백질의 합성에 크게 이용되므로 체내에 남게 되는 단백질의 양이 많으며, 저품질 단백질(low quality protein)을 섭취하였을 때는 필수아미노산의 분포(distribution pattern)가 잘 맞지 않든지, 그 절대량이 부족하기 때문에 그 이용률은 낮으며, 따라서 체내에서 소화, 흡수되지 않고 변(feces)으로 배설되는 단백질들의 양이 많아진다.

생물가(biological value, BV)는 실험동물이 섭취한 단백질 총량에 대한, 이 중에 소화되어 체내에 흡수된 단백질(absorbed protein) 중 체내 단백질(body protein)로 실제로 이용된 단백질의 %비율을 말한다고 할 수 있다. 다만 단백질을 섭취하지 않아도 뇨(urine)나 변(feces) 중에는 체내 단백질의 신진대사(新陳代謝)의 결과 체외로 배설 될 질소화합물들이 항상 포함되므로, 단백질을 전혀 섭취하지 않았을 때에도 배설물로서 어느 정도의 양의 질소분이 체외로 나가는가를 미리 알아둘 필요가 있으며, 또한 실제로 조사되고 있다.

따라서, 생물가(biological value, BV)는 다음과 같이 정의된다.

$$\text{생물가(BV)} = \frac{\text{체내에 유지된 질소분}}{\text{체내에 흡수된 질소분}} \times 100$$

체내에 유지된 질소분 = 흡수된 질소분-(단백질 식품을 섭취할 때의 요(尿) 중의 질소분-단백질이 함유되지 않은 식품을 섭취할 때의 요 중의 질소분)

체내에 흡수된 질소분 = 섭취된 질소분-(단백질 식품을 섭취할 때 변 중의 질소분-단백질이 함유되

지 않은 식품을 섭취할 때의 변 중의 질소분)
을 말한다.

소화율 소화율(true digestibility, D)은 섭취된 질소분에 대한 변의 형태로 배설(excrete)되지 않는 질소분, 즉 체내에 흡수된 단백질의 %비율이다. 다만 여기서는 섭취된 단백질에서 뿐만 아니라 원래 체내에 존재하는 질소분(endogenous nitrogen)에서 배설되는 질소분도 고려하여야 한다고 한다.

이와 같은 성질의 배설되는 질소분의 크기는 전술한 대로 단백질을 전혀 함유하고 있지 않는 먹이를 사용하였을 때 실험동물의 배설물에서 얻어지는 질소분을 정함으로써 알 수 있다.

정미 단백질 이용률 정미 단백질 이용률(net protein utilization, NPU)은 생물가(BV)가 단백질의 소화율을 고려하지 않는 결점을 시정한 것이다.

즉, 정미 단백질 이용률(NPU)은 일반적으로 다음과 같이 표시된다.

$$\mathrm{NPU} = \frac{\text{체내에 유지된 질소분}}{\text{섭취된 질소분}} \times 100$$

한편, 단백질의 생물가(BV)는 흡수된 질소분(absorbed nitrogen) 중에서 체내 단백질(body protein)의 형성에 이용된 질소분의 %비율로 정의되므로, 생물가, 정미 단백질 이용률 그리고 소화율 사이의 관계는 다음 식으로 표시된다.

$$\mathrm{NPU} = \text{생물가}(\mathrm{BV}) \times \text{소화율}(\mathrm{D})$$

화학적 방법들

화학가 화학가(chemical score)는 그 품질을 평가하고자 하는 단백질에 함유된 필수아미노산들을 기준 단백질의 필수아미노산 조성(the refernce essential amino acid pattern)과 비교하여 그 함량이 가장 적은 아미노산, 즉 제한 필수아미노산(the limiting essential amino acid)을 구하고 이 제한 필수아미노산에 대해서 시료 단백질에 함유된 함량과 기준 단백질에 함유된 함량의 비율을 %로 표시한 것이다.

단백가 단백가(protein score)는 단백질 시료 중의 제한 필수아미노산의 함량과 FAO/WHO가 1957년에 제정한 이상적인 표준단백질(the reference protein)에 해당되는 필수아미노산(the limiting essential amino acid)의 함량과의 %비율로 표시한 것이다.

아미노산가 아미노산가(amino acid score)는 단백질 시료 중의 제한 아미노산의 함량을 FAO/WHO가 1973년에 제정한 기준 필수아미노산 분포 중의 해당 필수아미노산의 함량에 대한 %비율로 표시한 것이다.

필수아미노산 지수 필수아미노산 지수(the essential amino acid index, EAA Inedx)는 단백질의 품질을 평가하는데 있어서 제한 필수아미노산과 같은 특정 필수아미노산의 함량에만 의존하지 않고 전체 필수아미노산들의 개개의 양적인 관계도 고려해야 한다는 생각을 참작한 하나의 지수(指數, index)이다. 이 필수아미노산 지수(EAA Index)는 다음과 같이 표시된다.

$$\text{필수아미노산 지수} = \sqrt[n]{\frac{100\times a}{a'}\times\frac{100\times b}{b'}\times\frac{100\times c}{c'}\cdots}$$

여기서 a, b, c, …는 어떤 식품 단백질 속의 각 필수아미노산의 % 함량이며, 한편 a′, b′, c′, …는 달걀 단백질 속에 해당하는 필수아미노산들의 % 함량이다.

단백질의 적정 섭취량

인체의 단백질 섭취량의 결정에 있어서 고려되어야 할 점은

1. 개인적인 편차(individual difference)
2. 섭취되는 단백질의 종류의 차이(variety difference) 등이다.

단백질 섭취량의 결정에 있어서 개인적인 편차는 중요하다. 인체는 부족한 단백질의 양을 다양한 신진대사 과정들을 통해서 스스로 조절해 나아가는 힘이, 과거에 생각했던 것보다는 훨씬 능률적인 사실이 알려져 왔다. 따라서 단백질 절대량이 부족하거나 양질의 단백질들의 양이 부족한 경우에도, 모발(hairs), 피부, 소화기관의 점성물질들(intestinal mucus), 소화효소(digestive enzymes) 등과 같은 소모성 단백질(expendable proteins)의 합성속도를 줄여서라도 긴요한 단백질 합성에 대처할 능력이 있음이 알려져 왔다.

이와 같은 경우에는 단백질 부족증세(hypoproteinemia)가 장기간에 걸쳐 명백하게 나타나지는 않는다. 그러나 발육 중에 있는 특히 유아, 아동들 그리고 청소년, 임산부, 노인 등에 있어서도 충분한 양의 단백질, 특히 양질의 단백질이 요구되는 사실에 대해서는 명심해둘 필요가 있다.

단백질 필요량(protein requirement)은 이상의 여러 점들을 고려한 끝에 대체로 0.8~1.0g/kg 체중/하루가 표준이 되어 왔으며, 이 수치는 1974년 미국의 국가연구회의 식품영양 전문위원회(Food and Nutrition Research Council)에서 제정, 추천된 단백질 섭취량(Recommended Dietary Allowances)의 기본이 되어 왔다.

한편, 1989년에 제정, 발표된 하루 단백질 권장량은 남자성인 25~50세(체중 79kg), 50세 이상(체중 77kg)에 경우 다같이 63g, 여자성인 25~50세(체중 63kg), 50세 이상(체중 65kg)의 경우, 다같이 50g으로 되어 있다. 또한 임산부, 수유부(6개월), 수유부(12개월)의 경우, 그 단백질 필요량은 각각 60, 65와 62g으로서 대략 20%이상 더 많은 양이 추천되고 있다.

한편, 국제농업식량기구(FAO)의 한국협회 식품영양위원회(1980)에서 제정, 추천된 단백질 섭취량은 남자성인 20~49세, 50~64세, 65세 이상의 세 연령 그룹의 경우 다 같이 하루 75g이였으며, 여자성인 20~29세, 50~64세, 65세 이상의 그룹에서도 다같이 65g으로 되어 있다.

우리나라에서도 개인적인 차이에 의한 단백질 소요량의 적정 섭취량 문제가 검토되어 왔다. 예로서, 위에서 언급한 위원회는 13세에서 15세까지의 발육도상에 있는 남자들은 하루 85g, 여자들은 75g의 단백질 섭취를 추천하고 있으며, 또 임신 후반기와 수유기(lactation period)에 있는 여성들에게는 하루 70g의 단백질의 기본 섭취량 이외에, 각각 30g의 주로 동물성 단백질의 보충 섭취를 추천하고 있다.

한편 우리나라에서는 1985년 FAO/WHO/UNU 전문가 심의회의 권고에 따라 1995년 한국영양학

회의 한국인 영양권장량 개정위원회가 1995년에 종래의 요인가산법 대신에 더 신뢰성이 큰 것으로 알려진 질소균형법에 따른 자료를 통해서 우리나라 사람들의 성별, 연령별, 사항별로 하루 단백질 권장량을 발표한 바 있다. 이 중 남자성인 20~64세(체중 64~67kg), 65세 이상(체중 64~60kg), 여자성인 20~64세(체중 53~57kg), 65세 이상(체중 51~54kg) 등의 하루의 단백질 소요량을 성인 남자의 경우 20~64세 하루 75g, 65세 이상 70g, 성인 여자의 경우 20~65세 이상 모두 60g으로 정하고 발표한 바 있다(한국영양학회, 한국인 영양권장량, 제6차 개정판, 1995).

또한 노인, 임산부, 수유부, 영유아, 어린이 및 사춘기 청소년의 단백질 소요량에 대해서 추가하는 일이 권장될 때는 그 추가 권장량 등을 세부적으로 설명하고 있다.

노인의 권장량은 계산치보다 높게 책정되었음을 강조하고 있다. 임산부(妊産婦)의 경우 임신 전기간을 통해 매일 15g을 가산할 것을, 수유부(授乳婦)의 경우 전기간을 통해서 하루 20g을 가산할 것을 권장하고 있다. 한편 영, 유아, 아동의 경우 서구 각국과 일본의 중간치를 택했다고 한다. 즉 0~4개월의 영아(嬰兒)는 하루 20g, 5~11개월의 영아의 경우 25g, 1~3세 유아(乳兒)는 30g, 4~6세 및 7~9세의 아동(兒童)의 경우 각각 40 및 50g, 남자 10~12세, 13~15세, 16~19세의 청소년의 경우 각각 60, 70 및 80g, 여자 10~12세, 13~15세, 16~19세의 청소년의 경우 각각 60, 65 및 65g을 섭취할 것을 권장하고 있다(한국영양학회, 한국인 영양권장량, 제6차 개정판, 1995).

일상식에 있어서의 고품질 단백질의 추천비율

일상식(daily diet)에서 섭취하는 전체 단백질 중 바람직한 고품질 단백질의 비율들은 경우에 따라 약간씩 다르다.

영양학자들이 주장하는 섭취 단백질 내의 바람직한 고품질 단백질의 비율들을 여러 경우에 따라 분류하면 다음과 같다.

1. 일반 성인에 있어서는 섭취되는 전체 단백질의 반 이상이 고품질 단백질들, 즉 동물성 단백질임이 바람직하다.
2. 치료를 받고 있는 환자들의 일상식(therapeutic diets), 또는 급속한 회복이나 성장이 요청되고 있는 사람들의 경우에는, 섭취되는 전체 단백질들의 1/2 내지는 2/3가 동물성 단백질임이 바람직하다.
3. 급속한 발육(發育)을 계속하고 있는 소년기(childhood)와 청년기(adolescence)의 사람들에게는 섭취하는 전체 단백질들의 2/3 내지는 3/4이 동물성 단백질임이 바람직하다.
4. 임신기(penancy), 수유기(lactation)에 있는 여성들에게는 섭취하는 전체 단백질들의 1/2 내지 2/3가 동물성 단백질임이 바람직하다.
5. 노년기 사람들(aged people)에 있어서도 충분한 양의 동물성 단백질 섭취가 바람직하다.

단백질 품질과 실제 섭취량

사람에 있어서 신체성장(growth)과 특히 그 유지(maintenance)에 필요한 단백질들이라 함은 현존하는 신체 내부의 각 조직들(tissues), 머리카락, 피부 등의 신진대사, 노쇠에 의한 폐기, 손실 등에 걸맞은 새로운 조직들의 합성 등에 필요한 단백질 소요량을 말한다.

한편, 정제된 쌀(정백미, polished rice)과 밀가루(white flour) 100g 속의 제한 아미노산(the limiting amino acid)의 하나인 라이신(lysine)의 함량은 각각 0.22g과 0.22~0.25g(박력분과 강력분의 경우)임으로 정제된 쌀과 밀가루의 단백질 소화율을 85%로 가정하고 성인 1인당 하루의 이론적인 라이신의 필요량을 0.80g으로 가정할 때는 (표 16-1 참조), 하루에 필요한 정제된 쌀이나 밀가루의 단백질 함량은 다음 식에 의해서 각각 428g과 428~376g이 된다.

$$\frac{0.80g}{0.22} \times \frac{100}{0.85} = 428g$$

$$\frac{0.80g}{0.22 \sim 0.25} \times \frac{100}{0.85} = 428 \sim 376g$$

즉, 하루 428g의 정백미, 또는 428~376g의 정제된 밀가루를 섭취하면 되는 계산이 나온다. 그러나 실제로 만족스러운 성장을 유지하기 위해서는 이론치(the theoretical values)보다 훨씬 많은 양들, 대부분의 경우 이론치보다 70%가량 더 많은 양들이 예상되고 있으므로, 정백미 또는 정제된 밀가루들의 필요량은 전자의 경우 728g, 후자의 경우 각각 728g과 639g이 된다.

한편, 섭취하는 단백질의 질이 좋을수록 섭취량이 적어도 같은 효과를 내며, 반대로 단백질의 품질이 낮을수록 체내 단백질에 이용되는 효율도 떨어지며 많은 양이 필요하다.

또한 우리들의 일상식이(日常食餌, daily diet)에서는 정백미나 정제 밀가루 등 단일 종류의 식품에만 의존하는 경우는 우리나라에서 1960년대 이후에는 현실적으로 없어졌다고 볼 수 있다. 즉 각종의 영양가가 높은 육류, 어류, 콩류, 등의 식품들과 함께 섭취하므로 필수아미노산 라이신(lysine)도 이와 같은 식품류에서 상당량이 공급된다. 따라서 실제 하루 섭취할 정백미나 밀가루의 양은 계산된 양보다 훨씬 적은 양이 될 수 있으며, 또한 실제로 그런 추세가 계속되어 왔다.

필수아미노산의 동시 이용과 단백질 자원의 혼합원칙

여러 연구들에 의하면, 체내 조직의 합성대사과정(tissue anabolism)은 모든 필수아미노산들이 일정한 비율로 동시에 존재할 때 가장 효과적이며, 필수아미노산들을 몇 개씩 나눠 공급할 때는 일시에 공급할 때보다 그 이용률이 좋지 않다. 즉, 필수아미노산들이 효율적으로 이용되기 위해서는

1. 동시에 존재하여야 하며,
2. 필요한 균형된 비율로 존재해야 한다.

는 것이 된다(Rawrie R.A. 1970. "*Proteins as Human Food*," Avi Pub. Co. 참조).

필수아미노산의 효율적 이용을 위한 단백질 자원의 혼합사용

자연식품들에 존재하는 대부분의 저품질 단백질(low quality proteins)들에 있어서는 필수아미노산들의 절대량이 부족할 경우보다는 그 구성 균형(balance)이 잘 잡혀져 있지 않는 경우가 많다.

이와 같이 어떤 저품질 단백질에 다른 고품질 단백질을 혼합사용하거나, 특히 한 저품질 단백질에 부족한 필수아미노산들을, 이상의 필수아미노산들을 충분히 함유하고 있는 또 다른 저품질 단백질들을 혼합사용 함으로써 필수아미노산들의 불균형을 완화시켜서, 전체 단백질의 이용효율을 높이려 하

는 단백질의 혼합사용(protein complementation)의 원칙은 단백질 자원이 풍부하지 못한 나라들은 물론, 비록 현재는 양질의 단백질 공급이 원활한 나라들에서도 미래에 대비해서 계속 연구하는 일은 필수적이라고 생각된다.

이 경우 실제로 혼합사용 되는 형태는 단백질들 자체는 아니고 그런 단백질들이 주성분이 되고 있는 식품들, 예로서 곡류와 두류 등과 같은 구체적인 식품들이 됨은 물론이다.

이상의 단백질 자원의 혼합사용은 나중에 설명할 한 식품의 주요 단백질 성분의 구성 필수아미노산들 중 그 상대적 함량이 가장 취약한 필수아미노산들을 직접 첨가하여 필수아미노산들의 전체 이용효율을 높이려 하는 필수아미노산 첨가 또는 보강(essential amino acid supplementation) 방법과 목적은 비슷하나 두 방법이 사람의 생체조직에 미치는 영향은 필요한 비타민을 채소, 과실을 통해서 간접적으로 섭취할 경우와 정제(tablets)의 형태로 직접적으로 섭취할 경우에 비유할 수 있다고 본다.

한편, 이 단백질 자원의 혼합사용 등에 대해서는 로오젠버어그와 고오덴버어그들(Rosenberg. H. R. and Rodenberg, E. L., 1952)의 빵을 사용한 실험 결과와 기타의 실험 결과들에 의해서 잘 알 수 있다. 즉, 로오덴버어그들에 의하면, 흰 빵 제조에 사용되는 밀가루에 대해서 3%가량의 분말 탈지유(non-fat milk solid, NFMS)를 첨가하여, 밀가루 단백질의 제한 아미노산(the limiting amino acid)인 라이신(lysine)의 함량을 0.29%(밀가루 전량에 대한 %함량)에서 0.67%로 증가시킴으로써, 그 단백가(the Protein Score)를 100% 증가시킬 수 있었다고 한다. 그러나 라이신 함량이 0.67%를 넘는 경우에는, 단백가의 증가는 더 이상은 없었다고 한다.

한편, 플로오딘(Flodin, N. W., 1953)은 혼식(混食)에 의해서 필수아미노산들의 부족을 보충할 수 있는 예로서 표 16-5와 같은 여러 예들과 곡류나 두류의 제한 아미노산들을 강화(enrich)함으로써 얻을 수 있는 단백질 효율비(protein efficiency ratio, PER)의 증가를 설명하고 있다(표 16-8 참조).

예로서, 쌀이나 밀은 다같이 L-메싸이오닌(L-methionine)이나 L-트립토펜(L-tryptophan)의 함량은 많지만, L-라이신(L-lysine)의 함량은 부족하다. 한편, 완두나 강남콩 등과 같은 두류는 라이신은 풍부하나 L-메싸이오닌(L-methionine)과 L-트립토펜의 함량은 비교적 적으므로, 이상의 두 종류의 식품들을 혼식하면 부족한 필수아미노산들이 상호보완(相互補完) 또는 상호보충(complementation)이 된다.

한편, 곡류는 일반적으로 L-메사오닌은 풍부하나 L-라이신은 부족하며, 감자는 L-메사오닌은 부족하나 L-라이신은 풍부하므로, 서로 혼합, 즉 혼식하면 역시 상호보충의 효과를 갖는다(표 16-5 참조).

표 16-5 혼식에 의해서 필수아미노산의 부족이 상호보충(complementation)되는 예들

주식 속의 넉넉한, 또는 부족한 필수아미노산들		왼쪽에 있는 주식과 상보관계를 가진 서류나 또는 두류의 넉넉한, 또는 부족한 필수아미노산들	
쌀(rice) 밀(wheat)	+메싸이오닌(methionine) +트립토펜(tryptophan) −라이신(lysine)	완두, 강낭콩	−메싸이오닌(methionine) −트립토펜(tryptophan) +라이신(lysine)
곡류(grains)	+메싸이오닌(methionine) +트립토펜(tryptophan) −라이신(lysine)	감자(potato)	−메싸이오닌(methionine) +라이신(lysine)

옥수수(corn)	－－라이신(lysine) －－－트립토펜(tryptophan)	감자(potato)	－메싸이오닌(methionine) ＋라이신(lysine) ＋트립토펜(tryptophan)

++ : 매우 풍부한 경우, + : 풍부한 경우, -- : 매우 부족한 경우, - : 부족한 경우.
Flodin, N. W. 1953. *J. Agr. Food Chem.*, 1, 222.

부족한 필수아미노산을 직접 첨가하는 경우 한편, 페콜라들(Pecora, L. J. and Hundley, M. J., 1951)도 쌀에 그 전체량에 대해서 0.2%에 해당하는 제한 아미노산인 L-라이신을 직접 첨가했을 때, 실험동물들의 성장률에 현저한 증가가 있었다고 보고하고 있다. 이들에 의하면, 쌀의 원래의 L-라이신 함량은 0.22% 가량이므로, 0.2%의 L-라이신의 첨가에 의해서 쌀의 라이신 함량은 0.44%로 강화(enrich)된 셈이다.

표 16-6 실험쥐 사료의 단백질 중 부족한 일부 아미노산들을 보충(suplementation)시 효율비(Protein Efficiency Ratio)의 증가

실험쥐의 사료	보충된 아미노산	아미노산을 보충할 때와 보충하지 않았을 때를 비교한 단백질효율 증가율	참고
정제된 밀가루(white flour)	0.6% l-lysine	111%	Sure, B.(1948)
정제된 밀가루로 만든 빵(white bread)	3% non fat milk solid +0.2% l-lysine	70～100%	Rosenberg & Rosenberg, Sure, *B*.
옥수수 가루(corn meal)	0.2% l-lysine 0.1% l-tryptophan	73.5%	Sure, B.
정백미(white rice)	0.2% l-lysine 0.12% l-threonine	130%	Pecora and Hundley
삶은 대두(cooked soybeans)	1.27% d,l-methione	74%	Hayward & Hanfner
삶은 알라스카 완두(Alaska field peas)	13% d,l-methione	300%	Woods, Beeson & Bolin(1943)

Flodin, N. W. 1953. J. Agr. Food Chem., 1, 222.

이와 유사한 여러 실험 결과들이 표 16-8에 실려 있다. 블로크와 볼링 들(Block, R. J. and Bolling D., 1951)은 여러 가지의 비율을 가진 필수아미노산의 혼합물을 사용하여 사육시험을 해 본 결과 실험동물의 최고 성장률(the maximum growth response)을 보였을 때의 제한 필수아미노산들인 L-라이신, L-트립토펜의 비율은 5:1이었으며, L-라이신의 비율이 5보다 적었을 때는 성장속도(growth rate)의 증가는 없었다고 한다.

한편, 일부 연구자들은 어린 아이들의 성장속도에 미치는 필수아미노산들의 여러 비율을 검토한 결과, 그 양이 가장 부족하기 쉬운 제한 필수아미노산인 L-라이신, L-아이소류우신, L-트립토펜의 비율이 5 : 3 : 1의 경우 최고 성장률을 보여주었다고 한다.

필수아미노산을 직접 첨가할 경우의 문제점들 단백질 자원들을 혼합하여 서로 부족한 필수아미노산들을 상호보충(相互補充, complementation)하는 경우와는 달리, 어떤 식품단백질에 부족한 필수아미노산을 직접 첨가(supplementation)하는 방법은, 그 실천에 앞서서 충분한 사전연구, 특히

그 부작용에 대한 사전연구(事前硏究)가 필요하다는 사실이 점차 인식되어 가고 있다.

하아퍼들(Harper, A. E. and Benevenga, N. J. 1970)은 이와 같이 필수아미노산들을 직접 첨가할 때는, 경우에 따라서는 실험동물의 성장 억제를 가져오는 사실을 확인하였으며, 또한 첨가된 필수아미노산들의 양이 적절하지 않을 때는 다음과 같은 악영향들을 가져오는 사실도 지적하고 있다(1983 참조).

첫째, 체내의 아미노산들의 불균형(amino acid imbalance)에 의해 성장의 억제, 간 지방질(liver fat)의 증가가 일어나는 등 정상적인 신진대사 과정이 심하게 방해 받으며,

둘째, 류우신(leucine), 아이소류우신(isoleucine), 베일린(valine)들 사이에는 길항작용(拮抗作用)이 일어나는 사실이 알려져 있다. 즉, 이상의 아미노산들 사이에서는 체내에서 미묘한 균형이 잡혀져 있는데, 그 중 한 아미노산이 일시에 대량으로 공급될 때는 다른 아미노산들의 정상적인 신진대사 과정에 큰 장애를 가져온다는 것이다.

셋째, 특정 필수아미노산을 일시에 대량 섭취할 경우, 그 아미노산의 과잉 섭취시의 독성효과(toxicity)에 대해서도 고려해 둘 필요가 있다. 필수아미노산들에 대해서는 각종 비타민류의 경우와는 달리 부족한 경우에 일어나는 장애나, 특히 과잉 섭취할 경우의 장애작용, 즉 독성작용에 대해서는 잘 연구되어 있지 않다는 것이 현재의 일반적인 견해이다.

따라서 어떤 필수아미노산을 그 아미노산이 부족한 단백질 자원에 직접 첨가하고자 할 경우에는, 이상과 같은 문제들에 대해서 미리 해답을 얻은 후 실천해야 할 것이다.

단백질 결핍증(Kwashiokor) : 크와시오콜 아프리카 전지역에, 오래 전부터 크와시오콜(Kwashiorkor)이란 이름으로 알려진 심한 영양실조 상태가 알려져 왔다. 원래 이 크와시오콜은 남아프리카의 황금해안(Gold Cost)지방, 즉 가아나(Ghana)의 말로서 둘째 아이를 임신했을 때 첫 번째 아이가 걸리게 되는 병이란 뜻이라고 한다(Bhaqawan, N. V., 1992).

다시 말해서 이유기(離乳期) 유아의 일상식(日常食)이 모유(母乳)에서 이유식으로 옮겨 갈 때 갑작스런 단백질의 양과 질의 저하에서 일어나는 단백질 섭취량 부족에 더 해서 에너지 섭취량의 부족에 의해서 일어나는 증상에 대해서 이름 지어졌다.

그러나 남미, 인도, 인도네시아, 이탈리아, 스페인, 불란서, 중부 유럽 각지 등에서도 이와 같은 증세가 마라스머스(marasmus), 즉 소모증(消耗症)의 이름으로 오래전부터 알려져 왔었다. 이 마라스머스로 알려진, 또 하나의 단백질-칼로리 부족증(protein-energy malnutrition, PEM)은 주로 두 살 아래의 어린이들에게서 관찰되는 영양부족증으로, 전술한 크와시오콜이 급성 단백질부족증으로 특징지워지는데 비해서 이 마라스머스는 만성인 단백질 부족과 함께 섭취 칼로리의 부족에서 일어난다고 한다.

한편, 크와시오콜은 단백질 부족증이 악화된 것으로 볼 수 있으며, 혈액 내의 정상적인 단백질 성분들의 부족에 기인한, 혈관내 혈액의 혈청콜로이드 삼투압(plasma colloid osmotic pressure)의 강하(降下)에 따른 수족(手足) 부종(浮腫, edema)의 발생, 심한 복부의 팽창, 간의 비대(肥大), 모발(毛髮)의 변성, 각종 질환들에 대한 저항력의 감소, 간(liver)의 변성(變性) 등을 수반한다고 한다(Trowell, H. C., 1973, Linder, M. C., 1991 p.108, Whitney, E. N. and Rolges, S. R., 1999. p.178).

이 크와시오콜은 주로 고품질 단백질(high quailty protein)들의 섭취량 부족에 의해서 일어나는 것으로 믿어지고 있다. 1960년대 초부터 알려져 온 이 단백질 부족증은 현시점에 있어서도 전세계의

많은 나라들에서 아직 심각한 상태에서 별로 개선되지 못한 상태에 있는 듯하다.

단백질에 대한 알레르기 일부 식물성 단백질들은 특이체질(特異體質, idiosyncracy)을 가진 일부 사람들에게 알레르기(allergy)를 일으킨다. 이 알레르기 발생은 섭취한 식물성 식품에 함유된 단백질의 일부가 인체 내의 특정 항원소(抗原素, antigen), 이 경우에는 알러젠(allergen)과 상호작용하여 체내에서 항원체(antibody), 즉 리아진(reagin)의 형성을 유발하는데 있다.

이렇게 유발된 리아진은 다시 체내에서 히스타민(histamine)의 방출을 촉진하며, 그 결과로 체내에 여러 증세들을 가져오게 한다. 알레르기를 잘 일으키게 하는 식물성 단백질들을 함유한 식품들로서는 대두, 낙화생, 완두, 강낭콩, 렌즈콩(lentils) 등이 있다(본문 제17장 p. 1056 참조).

가열에 의한 단백질의 화학적인 변화

식품 중의 단백질들은 단독으로 존재하는 경우는 거의 없으며, 탄수화물들, 지방질들, 유기산들, 무기염류 등과 같은 식품성분들과 함께 존재한다.

따라서, 이들 식품을 가열, 조리하였을 때의 식품 중의 변화는 복잡하며(Dultson, T. R. *et al.* 1984 *J. Chem. Education*, 61(4), 303 참조), 대체로 다음과 같은 몇 가지 형태로 크게 분류된다.

탄수화물과 단백질과의 상호반응

아미노산의 파괴 단백질들이 탄수화물, 특히 포도당과 같은 환원당들(reducing sugars)과 함께 가열될 때는 가열 도중에 이상의 단백질들의 부분적인 가수분해에 의해서 형성된 유리 아디노산들이나, 원래 존재하던 유리 아미노산(free amino acids)들 중의, 예로서 히스티딘(L-histidine), 알지닌(L-arginine), 베일린(L-valine), 류우신(L-leucine) 등은 마이얄 반응(Maillard reaction, 제 11장 갈색화반응 참조)을 통해서 파괴된다.

$$\text{아미노산+ 포도당, 또는 기타의 환원당} \xrightarrow[\text{가열}]{} \text{아미노산의 파괴}$$

이때의 아미노산들의 파괴속도(rate of destruction)는 같지 않으며, 위에서 언급한 아미노산들의 경우, 가장 파괴되기 쉬운 아미노산부터 파괴되기 시작하는데 그 순서대로 적으면 다음과 같다.

히스티딘 > 알지닌 > 베일린 > 류우신

위의 결과에서 짐작할 수 있듯이 가열처리된 농축유(evaporated milk)의 단백질의 영양가를 신선한 전유(whole fresh milk)의 영양가와 비교하여 보면 신선한 전유(全乳)의 영양가가 훨씬 높다.

단백질 속의 아미노산의 부분적인 파괴 단백질 식품류를 가열할 때는 자체 내에 존재하거나 외부서 첨가된 조미성분류(調味成分類) 또는 식품재료에 함유된 당류, 특히 환원당류(recducing sugars)가 단백질 분자들의 유리 아미노기(free amino group)들과 쉽게 결합하게 된다.

이와 같은 단백질 내의 유리 아미노기와 외부서 들어온 당류와의 비가역적인 결합은 일반적으로 당단백질화(糖蛋白質化, glycosylation or glycotion)로 알려져 왔으며, 무엇보다도 영양가의 감소 그리고 이외에도 단백질의 2차, 3차적 구조 형성에 직접, 간접으로 관련되어 있거나, 특별한 기능

(specific functions, 예로서 효소나 핵산, nucleic acids, 등의 경우)의 상실을 초래하기 때문에 근래 많은 연구들의 대상이 되고 있다(예 Baynes, J. W. and Monniee, V. M. 1989 Chapt. Ⅲ Alterations of protien functions through the Maillard reaction and rate of the polyol pathway, Chapt. Ⅳ. Turnoves of nonenergy matically glycosylated proteins : cllinical implications in The Maillard Reaction in Aging, and Nutrition, edited by Baynes, J. W. and Monnier, V. M., Alan R. Liss, Inc, New York(1989)). and Cherrian, M. *et al*., 1994. Cherrian, M. *et al*., in Advanced glycation dependent formation of alpha- and high molecular weight aggregates in "*Maillard Rocations in Chemistry, Food and Health*", edited by Laluga, T. P., Rcineccius, G. A., Monniee, V. M., O'Brien, J. O. and Baunes, J. W., The Royal Society of Chemistry, London(1994).

단백질 식품들을 장기간 가열할 때는 다른 성분의 존재와는 관계없이 단백질의 가수분해에 의해서 부분적인 파괴가 일어난다. 이와 같은 파괴는 가열된 식품이 산성일수록 그 파괴율이 더 크다.

단백질 식품을 단시간 가열할 때 일어나는 구조적인 변화　대부분의 식품 중의 단백질들은 잠시 동안의 가열에 의해서는 정도가 심하지 않는 변성(denaturation)을 일으키게 되며 단백질 분해효소에 의한 분해작용(enzymatic action)을 받기 쉽게 된다. 그러나 이 가벼운 변성(mild denaturation)에 의해서도 단백질들의 구조는 변형되기 때문에, 효소에 의한 가수분해 작용은 완전하지 못할 수도 있다.

한 예로서 우유 속의 단백질들의 하나인 락트알부민(lactalbumin), 카세인(casein) 등은 잠시 동안의 가열에 의해서 변성되며, 이 변성된 락트알부민이나 카세인은 효소작용을 더 쉽게 받는다.

라이시노알라닌류의 형성　식품단백질들을 알칼리(alkali)를 사용하여 분리, 정제하는 과정에서 가열처리, 특히 장시간의 가열처리를 할 때는 아미노산들의 파괴와 손실 등 이외에도 알라닌(alanine)과 주요 필수아미노산인 라이신(lysine) 사이에 다이펩타이드(dipeptide)인 라이시노알라닌류(lysinoalanins)가 형성되는 사실이 알려져 있다. 이와 같은 라이시노알라닌류는 우유단백질 뿐 아니라, 각종 식물성 또는 동물성 단백질 추출물들의 정제과정 중에서도, 가령 고온에서 가열될 때도 쉽게 형성되는 사실도 알려져 왔다. 이상의 라이시노알라닌류는 단백질 소화분해 효소들의 작용을 잘 받지 않으며, 대체로 인체에 해로운 성분으로 알려져 왔다. 자세한 설명은 제17장「식품 속의 독성물질들」에서 다시 하기로 한다(본문 제17장 p. 1089 참조).

단백질의 소화율 변화　단백질들이 포도당과 같은 환원당과 함께 가열될 때는 아미노산들, 특히 필수아미노산들의 손실 이외에도 단백질 자체의 변성, 응고, 그리고 단백질들과 환원당의 상호작용에 의해서 트립신(trypsin), 파파인(papain), 펩신(pepsin), 카이모트립신(chymotrypsin) 등과 같은 단백질 분해효소들(proteolytic enzymes)의 가수분해 작용에 대해서 더 내성(耐性)이 큰 변성물질들(denatured products)이 형성됨으로써 원래의 단백질들의 소화율은 일반적으로 더 감소하게 된다.

오보뮤코이드와 같은 단백질 분해효소 억제 단백질의 불활성화

전술한 바와 같이 가열은 대부분의 경우 단백질의 영양가를 감소시키나, 경우에 따라서는 트립신(trypsin)과 같은 단백질 분해효소들(proteloytic enzymes)의 작용을 억제하여 주는 특수한 단백질들을 변성(denaturation)시켜 줌으로써 그 억제작용을 잃게 하는 경우가 있다(본 장 p. 993 참조).

이 경우, 단백질 분해효소 억제단백질들(inhibitor proteins)의 불활성화(不活性化)에 의해서 단백질의 가수분해는 더 용이하여지며, 결과적으로 소화율의 증가나 영양가의 증대를 가져온다. 예로서, 달걀은 잠시 동안 가열하면, 달걀흰자(egg white) 속의 단백질의 하나이며, 단백질 분해효소 억제단백질인 오보뮤코이드(ovomucoid)를 변성시켜주므로 단백질 성분들의 소화, 흡수율은 증가하게 된다.

한편, 날달걀은 그 흰자 속에 오보뮤코이드의 작용이 그대로 존속하므로 단백질 분해효소들의 작용은 일부 억제되며, 따라서 날달걀의 소화, 흡수는 원활치 못하다.

반숙(半熟)된 달걀에서는 그 구성단백질 성분들이 가열에 의해서 약간의 변성, 아미노산들의 파괴 등이 일어나나 단백질 분해효소 억제물질(proteolytic enzyme inhibitor)인 오보뮤코이드의 변성으로 가열파괴에 의해서 일반 단백질의 소화, 흡수율은 증대된다. 한편, 완숙(完熟)된 달걀에 있어서는 가열시간이 길기 때문에 단백질의 변성, 아미노산들의 파괴가 심하게 일어나며, 따라서 그 영양가는 오히려 떨어지게 된다. 실제로 그 영양가는 이상의 세 가지 형태의 달걀 중 가장 낮다.

식품 단백질

보통 식품 중에 존재하는 단백질은 그 출처에 따라 식물성 단백질과 동물성 단백질로 분류될 수 있다. 여기서는 식품단백질로서 대표적인 식물성 단백질들과 동물성 단백질들에 대해서 간단히 설명하기로 한다.

식물성 단백질

식물성 식품에 있어서도 단백질은 일반적으로 그 식품의 중요한 구성성분이 되고 있으며, 곡류와 특히 두류에는 상당량의 단백질들이 함유되고 있다.

한편, 채소류나 과실류에 있어서 그 단백질은 중요한 성분이기는 하나 그 함량은 극히 적다. 따라서 식물성 단백질로서 실제로 문제가 되는 것은 주로 곡류 단백질과 두류 단백질들이다.

곡류 단백질

인류의 주식(主食, staple foods)을 형성하고 있는 곡류(cereals)에는 대체로 6%에서 18% 내외의 단백질이 함유되어 있으며, 비록 그 단백질의 품질(quality), 한 예로서 그 영양가는 동물성 단백질의 경우와 비교할 때 높지는 않으나 전술한 대로 곡류는 아직도 인류의 주요 식량으로서 가장 그 생산량은 많으면서 생산가격이 싼 그리고 거의 모든 인류의 주식으로 되어 있다는 점을 감안할 때 우리 인류에게 가장 중요한 단백질 자원(protein sources)이라고 볼 수 있다. 각 주요 곡류의 단백질에 대해서 논의하면 다음과 같다.

쌀 단백질 현미(玄米)에는 7% 내지 11%의 단백질이 함유되어 있으며, 특히 배종(germ)에는 그 함량이 크다. 그러나 도정(polishing)에 의해서 외피(bran)와 배종은 거의 완전히 제거되고, 주로 배유(endosperm) 부분만 정백미(精白米, polished rice)에 남게 되므로 그 단백질 함량은 다소 감소된다.

표 16-7 일부 곡류의 전체 단백질(total protein) 중의 아미노산 구성(amino acid composition)

곡류의 종류 / 아미노산의 종류	쌀(rice)	밀(wheat)	보리(barley)	옥수수(corn)
알지닌(arginine)	7.2%	4.3%	4.6%	4.8%
히스티딘(histidine)	1.7	2.1	1.4	2.5
라이신(lysine)	3.2	2.7	2.4	2.3
트립토펜(tryptophan)	1.3	1.2	0.9	0.6
페닐알라닌(phenylalanine)	5.0	5.1	4.0	5.0
타이로신(tyrosine)	5.7	4.0	2.8	6.0
메싸이오닌(methionine)	3.0	2.5	1.0	3.1
시스테인(cysteine)	1.3	1.8	0.9	1.5
쓰레오닌(threonine)	3.8	3.3	3.0	3.7
류우신(leucine)	8.2	7.0	5.4	15.0
아이소류우신(isoleucine)	5.2	4.0	3.3	6.4
베일린(valine)	6.2	4.3	3.8	5.3
글루타민산(glutamic acid)	-	29.0	12.0	15.4
아스파틴산(aspartic acid)	-	3.8	2.5	12.5
프롤린(proline)	-	10.3	4.8	7.2
세아린(serine)	-	4.4	3.6	8.5
글라이신(glycine)	-	3.4	2.9	3.5
알라닌(alanine)	-	3.0	4.1	10.0

일반적으로 백미, 다시 말해서 보통 쌀의 단백질을 구성하고 있는 주요한 구성 단백질들의 종류와 함량은 다음과 같다. 즉

글루텔린	3.2%~5.4%
글로불린	0.9%~1.1%
프롤라민	0.3%~0.4%
알부민	0.2%~0.3%
프로테오스	약간량

이상의 수치에서 짐작할 수 있듯이 쌀 단백질의 여러 구성성분 중 가장 중요한 것은 쌀의 경우 특별히 오라이제닌(oryzenin)으로 불리고 있는 글루텔린(glutelin)으로서 전체 쌀 단백질의 약 80%가량 된다.

한편, 찹쌀과 멥쌀의 단백질을 비교할 때, 그 구성 단백질 중 오라이제닌의 함량에는 큰 차이가 있는 듯하다. 보통 찹쌀의 글루텔린 함량은 멥쌀의 함량보다 40% 내지 70% 가량이 더 많다. 그 외에도 프롤라민(prolamine)의 함량에 있어서도 찹쌀의 함량은 멥쌀의 경우와 비교하여 20% 내지 30% 가량이 더 많다. 그 외의 단백질 구성성분들의 함량에는 별차이가 없는 듯하다.

쌀을 비롯한 일부 곡류 중의 단백질을 구성하고 있는 아미노산들의 전체 구성 아미노산에 대한 % 함량은 표 16-7과 같다. 한편, 현미(玄米), 정백미(精白米)와 밀가루 단백질 중의 필수아미노산의 퍼센트 함량은 표 16-10과 같다.

일반적으로 널리 알려져 있지 않은 중요한 사실은, 쌀의 단백질 함량은 6% 내지 10%로서 비록 밀가루의 단백질 함량의 8% 내지 16%와 비교하면 그 함량은 약간 적으나, 필수아미노산들의 분포

나 그 함량들이 더 균형 잡혀져 있다는 사실이다. 예로서 라이신(lysine)의 경우, 쌀 단백질의 라이신 함량은 3.2%~3.8% 내외로서 밀가루 라이신 함량 1.9%~2.7% 내외의 경우보다 크다(표 16-8 참조). 따라서, 쌀 단백질은 밀가루 단백질보다 더 우수하다고 말할 수 있을 것이다.

표 16-8 100g의 쌀(현미, 정백미)과 밀가루 단백질들 속의 각 아미노산들의 함량(g 수)

아미노산의 종류	쌀(현미)	쌀(정백미)	밀가루
알지닌(arginine)	7.2%	-	3.9
히스티딘(histidine)	1.7	1.6	2.2
라이신(lysine)	3.2	3.8	1.9
트립토펜(tryptophan)	1.3	1.2	0.8
페닐알라닌(phenylalanine)	5.0	4.6	5.5
메싸이오닌(methionine)	3.0	2.2	2.0
쓰레오닌(threonine)	3.8	-	2.7
류우신(leucine)	8.2	8.0	7.0
아이소류우신(isoleucine)	5.2	6.0	4.2
베일린(valine)	6.2	6.2	4.1

Mosqueda-Suarez, A. 1958. *Food Technol.*, 12, 15.

표 16-9 쌀가루, 밀가루, 밀가루로 만든 빵, 쌀가루를 섞어서 만든 빵의 단백질 효율비

음식(diets)의 종류	단백질 함량(%)	단백질 효율비(protein efficiency ratio)
쌀가루(rice flour)	9.13	1.45±0.05
밀가루(wheat flour)	13.95	0.94±0.02
쌀가루와 밀가루의 혼합가루(3:7)	11.75	1.27±0.03
밀가루 빵(wheat bread)	12.73	0.87±0.03
혼합가루 빵(wheat-and-rice bread)	11.78	0.95±0.02

단백질 효율비 : 소비된 단백질 1g당의 체중증가 g 수

Mosqueda-Suarez, A. 1958. *Food Technol.*, 12, 15.

실제로 수아레즈(Mosqueda-Suarez, A., 1958)의 연구에 의하면, 밀가루의 단백질 효율비(protein efficiency ratio)는 0.94±0.02였으나, 쌀가루의 단백질 효율비는 1.45±0.05란 높은 수치를 보여 주었다고 한다(표 16-9 참조).

한편, 쌀가루보다 밀가루로 만든 빵의 단백질 효율비(0.87±0.03)가 더 낮은 사실은 주목할 만하다. 이와 같은 영양가의 감소는 밀가루에 함유 되었던 가열에 예민한 일부 필수아미노산들이 빵을 굽는 과정에서 파괴 되는데 기인되는 듯하다.

그러나 전술한 수아레즈의 연구에 의하면, 밀가루에 약 30%의 쌀가루를 섞어서 만든 빵의 경우, 1.27±0.03이란 매우 높은 단백질 효율비를 나타내고 있다.

슈아들(Sure, B. *et al.*, 1953)도 일찍이 정제된 밀가루에 쌀가루를 중량으로서 50%를 섞었을 때, 이 혼합물의 단백질 효율비는 86%나 증가하였으며, 또 쌀가루가 중량으로서 1/3 가량이 혼합되었을 때도 그 단백질 효율비가 55%가량 증가하였다고 보고하고 있다.

이들(Sure, B. *et al.*, 1953)은 또한 옥수수가루에 쌀가루를 중량으로 해서 50% 가량이 혼합되었을 때는 그 단백질 효율비가 65%나 증가되었으며, 쌀가루가 1/3 가량 혼합되었을 때는 단백질 효율비가 48%나 증가했었다고 보고하고 있다.

밀의 단백질 밀 자체의 단백질 함량은 보통 8% 내지 18%로 생각되고 있다. 단백질 함량은 품종에 따라 크게 다르며, 일반적으로 빵류제조(bread making)나 면류제조에 사용될 점탄성(粘彈性)이 고루 강한 밀가루 반죽덩어리들(strong viscoelastic dough)을 만드는데 사용되는 밀가루를 공급하는 경맥(硬麥, hard wheat)의 경우, 그 함량은 최소한 12% 또는 그 이상이다. 한편, 케이크류, 비스켓류 등의 부스러지기 쉬운 구운 과자류 제조에 사용될 점탄성이 약한 반죽(weak viscoelastic dough)을 만드는데 쓸 밀가루의 원료가 되는 연맥(軟麥, soft wheat)의 경우에는 8% 내지 10% 정도이다.

같은 밀의 경우에도 그 부위에 따라 그 밀에서 만든 밀가루의 단백질 분포는 다르다.

한 분석 결과를 보면, 배유(endosperm)의 단백질 함량이 9.6%였을 때, 배종(germ)과 외피(bran)의 단백질 함량은 각각 28.5%, 14.4%라는 수치가 보고되고 있다. 밀에서 밀가루를 만들 때, 외피와 배종은 거의 전량이 제거되므로, 밀가루 속의 단백질 함량은 다소 감소된다. 일반적으로 밀가루의 단백질 함량은 6% 내지 16%로 생각되고 있다.

이들 밀가루 속에 함유된 단백질의 구성성분들과 그 함량은

알부민	0.3%
글로불린	0.6% 내지 0.7%
프롤라민	4% 이상
글루텔린	4% 이상
프로테오스	0.3%

이다.

여기서 밀가루 중의 전체 단백질들의 대략 15% 가량 되는 알부민(albumin)과 글로불린(globulin)들은 본래 밀의 주로 배유(胚乳, endospern)의 세포질막 내의 단백질들(cytoplasmic proteins)로써 효소들(enzymes)이 주성분이 되는 물이나 묽은 염용액에 잘 녹는(soluble in water or dilute salt solutions) 단백질이나 기능(function)적인 면에서나 양적(量的)인 면에서 볼 때 그다지 중요하지 않은 것 같다.

한편, 프로테오스들(proteoses)은 밀에 원래 존재하는 자연단백질(native protins)은 분명히 아니며, 밀에서 밀가루를 만들어 내는 제분과정(製粉過程)에서 형성된, 제이차적 생성물들, 즉 유도단백질들(derived proteins)인 것으로 믿어지고 있다.

이에 반해서 밀가루 단백질 전체량의 대략 85%를 점유하는, 물에 전혀 녹지 않은 프롤라민(prolamine)에 속하는 글리아딘류(gliadins)와 글루텔린(glutelin)에 속하는 글루테닌들(glutenins)은 밀가루를 물과 함께 반죽할 때 형성되어, 소위 글루텐(gluten)의 주성분들을 이루고 있는 중요한 단백질들이다.

밀가루 반죽(dough)의 연한 성질과 점착성(粘着性)의 주요인이 되는 이상의 글리아딘류는 다 같이 프롤라민에 속한다. 프롤라민은 함황 아미노산(sulfur-containing amino acids, 예 cystein)들의 함량이 상대적으로 많은 분자량이 30,000~40,000인 구상단백질들(globular proteins), 즉 알파-, 베타-, 감마-글리아딘들(α-, β-, γ-글리아딘들)과 함황 아미노산들의 함량이 상대적으로 적고 분자량이 60,000~80,000인 구상단백질(球狀 蛋白質)인 오메가-글리아딘(ω-gliadin)으로 나누어지며 이상의 단백질 분자들은 수소결합으로 결합하고 있는 것으로 알려져 있다. 이 글리아딘들은 밀가루로 반죽을 만든 후, 전분을 제거한 물질, 즉 글루텐에서 70%의 알코올 용액으로 추출함으로써 얻을 수 있다.

한편, 밀가루 반죽에 견고성(strenght), 탄력(elasticity) 등을 주는 또 하나의 주요 글루텐(gluten)

성분인 글루테닌(glutenin)은 글루텔린(glutelin)에 속하는 단백질로서 분자량 10만 이상의 섬유상 단백질들(fibrous proteins)로 된 소단위(subunits)들이 다이설파이드 결합(disulfide bonds), 소수성 결합(hydrophobic bonds), 수소 결합(hydrogen bonds) 등의 제4차 결합을 통해서 형성된, 분자량이 수백만에 달하는 다량체(多量體) 섬유상 분자들(oligomer fibrous moleculers)로 생각되고 있다. 이 글루테닌은 글리아딘류와 달리 알코올수용액 또는 무수알코올에도 녹지 않는다.

글루텐의 역할 밀가루에 물과 당류, 쇼트닝 등의 재료를 첨가하여 반죽할 때는 글리아딘류와 글루테닌에 존재하는 함황 아미노산들, 그리고 다이설파이드 결합들 사이의 분자내, 분자 간에 이들 결합들의 재배치(reorientation), 그리고 소수결합, 수소결합 등의 재배치가 일어난다.

한편, 글루테닌, 글리아딘류 등이 서로 삼차원의 망을 형성해서 만들어진 글루텐의 삼차원의 망 조직(gluten matrix or gluten threedimensional net-work)들이 형성되어 전분입자들과 다른 성분들은 그 망조직 안에 들어가고, 쇼트닝(shortening, 가소성 식용유지)은 망 표면의 빈틈을 덮게 된다. 또한 글루텐의 삼차원의 망들 중에서 글루테닌(glutenin)은 글루텐에 견고성(solidity)과 탄력(elasticity)을 주는 반면에, 글리아딘(gliadin)은 연한 성질(softness)과 점착성(stickiness)을 부여하는 것으로 생각되고 있다.

그리고 글루텐 속의 글루테닌과 글리아딘의 비율은 밀가루로 만든 빵, 과자류의 성질에 큰 영향을 주는 것으로 생각되고 있다. 즉, 밀가루 속의 글루텐(gluten) 성분은 반죽을 만들었을 때 밀가루 속의 전분입자들(starch granules)을 결합시켜(binding) 주며, 원래 존재하거나 새로 첨가된 유지 성분과 함께 반죽에 갇혀 있는 공기, 빵을 굽는 과정에서 발생되는 탄산가스(CO_2)나 수증기(water vapor)의 누출을 방지하여 주며, 또 반죽에 어느 정도의 유동성(mobility)과 가소성(plasticity)을 부여한다.

이 가소성, 즉 임의의 압력이 가해지면 변형(deformation)이 일어나나 힘을 제거하면 어떤 일정한 형태를 유지하는 성질, 즉 영구변형을 유지하고자 하는 경향은 빵을 구울 때 매우 중요한 성질이다. 빵을 굽는 도중 전분입자들 사이에 탄산가스, 수증기의 발생과 그 팽창에 의한 힘으로 압력이 가해질 때는 이 가소성에 의해서 반죽은 부풀어 올라올 수가 있으며, 또 그 부풀어 올라온 형태가 유지될 수 있다.

글루텐의 위와 같은 작용은 글루텐(gluten)이 함유되고 있지 않는 전분과 물의 혼합물에 있어서도, 카아복시메틸 셀룰로오스(carboxymethyl cellulose), 알진산의 염 즉 알진(algin), 각종 고무질들(gums)과 대두 레시틴(soybean lecithin), 또는 글리세릴 모노스테아레이트(glyceryl monostearate, GMS) 등과 같은 계면활성제들(surface active agents)의 적당한 양이 함께 존재할 때는 밀가루 반죽(flour dogh)과 비슷한 성질을 가진 반죽을 만들 수 있으며, 또 이것을 구우면 빵과 비슷한 구조를 가진 물질을 만들 수 있다는 김들(Kim, J. C. and De Riuter, D., 1968)의 실험결과에 의해서도 증명되고 있다.

일부 연구자들에 의하면, 밀가루의 경우, 각각 70%, 80%, 85% 및 100%의 추출률들(extraction rates)을 가진 밀가루들을 사용하여 쥐의 사육실험을 실시하였던 바, 그 사료(diets)의 단백질 효율비는 추출률이 커질수록 증대하였다고 한다. 다시 말해서 정제된 밀가루 일수록 그 영양가는 낮았다는 연구결과가 된다. 한편, 밀가루에 대두가루(soybean flour)를 첨가하였을 때 단백질의 영양가가 크게 증진된다는 사실이 여러 연구결과 알려져 있다(예, Howard H. W. *et al.*, 1958).

이와 같은 추출률의 증가, 또는 대두가루 첨가에 의한 밀가루 단백질의 품질의 강화 효과(enrichment effect)는 단백질 속의 라이신 함량의 증가에 기인된다. 예로서, 구겐하임들(Guggenheim, K. G. and Friedman, N., 1960)에 의하면 밀가루에 라이신(L-lysine·HCl)과 메싸이오닌(L-methionine)을 직접 첨가하였을 때도 그 단백질의 정미 단백질 이용률(net protein utilizatio, NPU)이 현저히 증가되어 단백질 품질의 급속한 향상을 보였다고 한다.

한편, 잔센들(Jansen, G. R. *et al.*, 1966)에 의하면, 흰 빵의 단백질 효율비도 역시 라이신(0.4%)을 직접 첨가하거나, 라이신 함량이 큰 어분(fish flour)을 밀가루에 첨가하여 줌으로써 크게 증대시킬 수 있었으며, 특히 라이신과 함께 제이차적(第二次的) 제한 아미노산(the secondary limiting amino acid)이 되고 있는 쓰레오닌(L-threonine)을 함께 첨가하여 줌으로써 단백질 효율비(PER)를 증가시킬 수 있었다고 한다(표 16-10 참조).

표 16-10 여러 종류의 빵류의 실험쥐에 대한 단백질 효율비(protein dfficiency ratio)1)

사료(diets)의 종류	단백질 효율비
흰 빵(white bread)	15
빵 + 3% 어분(fish flour)	34
빵 + 6% 어분(fish flour)	47
빵 + 0.4% 라이신(L-lysine)	59
빵 + 3% 어분 + 0.3% 라이신	66
빵 + 6% 어분 + 0.2% 라이신	69
빵 + 0.4% 라이신 + 0.15% 쓰레오닌	71
ANRC casein	85

1) ANRC 카세인(Animal Nutrition Research Council casein. 즉, 표준단백질)에 대한 상대적 비율
Jansen, G. R., Hutchison, C. F., and Zanetti, M. E. 1966. *Food Technol.*, 20 233.

가열에 의한 곡류단백질의 영양가의 감소 각종의 가열처리(heat treatment)에 의해서도 곡류 단백질(cereal proteins)의 생물가(BV), 즉 영양가가 현저하게 감소하는 사실이 알려졌다.

팡보온(Pangborn, P. M., 1964)에 의하면, 곡류 단백질들의 영양가가 이와 같이 가열에 의해서 감소되는 이유는, 첫째로, 열에 대한 안정성이 적은 필수아미노산인 라이신(heat-labile lysine)의 함량이 곡류 단백질들에는 적으며, 둘째로는 곡류 중에는 이와 같은 필수아미노산들의 파괴를 촉진하는 환원당류(reducing sugars)가 상당한 양 존재하기 때문인 것으로 생각되고 있다(제 11장 마이얄 반응에 영향을 주는 요인들 중 아미노산의 종류 항목 참조). 또한 셋째로는 곡류 가공품 등에 있어서 끓인다든지, 표면이 노랗게 될 때까지 굽는다든지(baking), 또는 튀긴다든지(puffing)하는 높은 온도에서의 심한 가열조리, 또는 가공처리 과정 등이 실시되기 때문에 일부 아미노산들, 특히 필수아미노산들의 함량이 대폭 줄어들어, 전체적으로 생물가(BV)가 급격히 감소되는 것으로 생각되고 있다. 이와 같은 사실은 오래 전부터 이미 널리 알려져 온 사실들이다.

표 16-11은 여러 가지 가공처리들, 특히 가열을 수반하는 가공처리 과정 등에 의한 곡류 단백질들의 단백질 효율비(PER)의 감소 상황을 보여주고 있다. 팡보온(Pangborn, R. M., 1964)은 곡류 단백질들의 가열에 의한 영양가의 감소는, 이 곡류 가공제품들에 5%의 우유 단백질인 카세인(casein)을 첨가함으로써 어느 정도 방지할 수 있음을 밝히고 있다. 또한 3% 내지 5%의 탈지분유(non-fat milk solids, NFMS)를 곡류식품들에 첨가하여 그 곡류 식품의 라이신 함량을 40% 가량 증가시켜 줌으로써 가열을 포함한 가공처리에 의한 생물가(BV), 즉 영양가의 저하를 억제할 수 있음이 실험적으로 알려지고 있다.

한편 시이들(Shih, F. F. and Daigle, 2000)은 쌀의 단백질에 관한 연구에서 쌀, 대두에서 추출한 단백질들과 우유단백질 카세인(casein L-histidine)의 아미노산들의 퍼센트 함량을 조사한 바 있다. 이들에 의하면 쌀, 대두 단백질과 카세신의 히스티딘의 퍼센트 함량은 각각 2.05, 1.93, 2.25%, 알지닌(arginine)에는 각각 7.84, 6.59, 3.23%였으나, 라이신의 경우에는 각각 3.41, 5.58, 8.48%였다고 한다. 한편, 밀의 라이신 함량은 일반적으로 쌀의 경우보다 적은 것으로 알려져 있으므로, 라이신 함령에 있어서는 식물성 단백질들과 동물성 단백질들 사이에는 큰 격차가 있으며, 식물성 단백질에서도 곡류단백질과 두류단백질들의 라이신 함량에는 큰 차이가 있음을 알 수 있다. 한편 잔센들(Jansen G. R. *et al.*, 1964)도 곡류 가공품들의 생물가의 감소를 방지하는 하나의 방법으로서 역시 라이신 또는 라이신과 히스티딘을 첨가하는 방법들이 효과적이라고 보고한 바 있다.

대두 단백질 대두의 조성(composition)을 보면, 수분 함량이 평균 8%, 회분이 4.6%, 지방질(lipid)이 18%, 조섬유(crude fibers)가 3.5% 내외이며, 단백질 함량은 최대 50.3%에서 최저 29.6%로서 평균 40% 내외가 된다. 따라서, 대두는 전 세계적으로 가장 중요한 식용유지 자원일뿐만 아니라, 단백질 함량도 매우 큰, 각종 식품류 또는 가공식품들의 주요 원료들의 하나이다(표 16-13 참조).

표 16-11 날곡류식품(raw cereal foods)과 가열된 곡류식품들(heated cereal foods)의 단백질 효율비(protein efficiency ratio)[1)]

곡류 식품의 종류	PER
날밀(raw wheat)	1.68
노랗게 구운 밀(toasted wheat)	1.12
흰빵(white bread)	1.50
노랗게 구운 빵(toasted white bread)	1.02
빵의 껍질(bread crust)	1.01
빵의 부스러기(bread crumb)	1.52
튀긴 밀(puffed wheat)	0.60
생쌀(raw rice)	1.41
튀긴 쌀(puffed rice)	0.55
날 노란 옥수수(raw yellow corn)	1.20
노랗게 구운 옥수수후레이크(toasted cornflakes)	0.82

1) 쥐에게 11%의 단백질이 함유된 먹이를 먹였을 때 매 1g의 섭취한 단백질의 무게에 대한 체중증가의 그램수

Pangborn, R. M. 1964. *Food Technol.*, 18, 1316.

표 16-12 대두의 일반 조성(%)

	수분	회분	조지방	조섬유	조단백	펜토산	당둔
최저치	5.02	3.30	13.50	2.84	29.60	3.77	5.65
최대치	9.42	6.35	24.20	6.27	50.30	5.45	9.46
평균치	8.0	4.6	18.0	3.5	40.0	4.4	7.0

谷田澤道彦. 1951. "農産物利用學," p.277, 經營評論社, 東京.

대두 단백질의 구성성분들과 그 퍼센트 함량은 대체로 다음과 같다.

글로불린, 즉 글리시닌	84%
알부민	4%
프로테오스	4%
비단백질 질소화합물들	6%

한편, 대두 단백질의 주성분으로는 전체 단백질의 약 80% 내지 90%를 점유하고 있는 글로불린류(globulins)가 있다. 이 글로불린류는 비단 대두뿐만 아니라 완두(peas), 강낭콩(kidney beans), 땅콩(peanuts) 등의 두류(legume seeds) 단백질들의 가장 중요한 성분이다.

이 성분은 초원심분리법(超遠心分離法, ultracentrifugal method)에 의해서 다시 여러 구성성분들로 분리될 수 있다. 이 경우, 침강속도(沈降速度, sedimentation velocity)와 관련된 특성으로 볼 수 있는 침강계수(sedimintation coefficient)에 따라 여러 구성성분들로 분류되고 있으며, 침강계수가 2 근처인 2S 글로불린(2S globulins) 또는 알파-콘글리시닌(α -conglycynin), 7 근처인 7S 글로불린(7S globulins) 또는 베타- 및 감마-콘글리시닌류(β-, and γ-conglycynin), 11 근처인 11S 글로불린(11S globulins) 또는 글리시닌(glycynin), 그리고 15 근처인 15S 글로불린(15S globulins) 등으로 분류되어 왔다.

이 중 베타- 및 감마- 글리시닌으로도 알려진 7S 글로불린류와 글리시닌으로 알려진 11S 글로불린류가 특히 중요하며, 실제로 대두 단백질의 경우, 전체 글로불린류의 70% 이상이 7S 글로불린류와 11S 글로불린류로 구성되어 있는 것으로 알려져 있다. 한편, 대두의 경우의 11S 글로불린류는 물에 녹지 않으나 중성염 용액(neutral salt solution)에는 녹는다. 그러나, 대두를 마쇄할 때는 물속에 대두에 함유된 각종 염류가 함께 녹기 때문에, 이 글로불린류도 결국 물에 녹아 들어가게 된다.

한편, 이 글로불린류에는 대략 16종의 아미노산들이 함유되고 있으며, 특히 각종의 필수아미노산들이 골고루 함유되고 있어서, 식물성 단백질로서는 육류 단백질에 비교될 만큼 그 영양가가 매우 높다. 그리고 식품 단백질로서 다양한 기능성(functional properties)을 갖고 있어서, 기능성 첨가성분들(functional ingredients)로서 많은 연구가 이루어지고 있다.

한편, 대두 단백질을 구성하고 있는 이상의 글로불린류는 그 등전점(isoeloetric point, 1P)가 pH4.5～5.0로서, 약한 산성용액(weak acid sloution)에서는 침전하나, 함께 존재하는 알부민들(albumins)은 침전하지 않고 남는다. 이상의 알부민류는 가열에 의해서 응고되는(heat coagulable) 특성을 갖고 있다.

이상의 대두 단백질에 함유된 일부 알부민들은 단백질 분해효소(proteolytic enzyme)인 트립신(trypsin)의 작용을 억제하는, 즉 트립신 억제물질(trypsin inhibitor)로서 작용한다. 그 외에도 적혈구(赤血球)의 응고를 촉진하는 물질, 즉 헤마글루티닌(hemaglutinin) 등이 존재하며, 원래 소화되기 어려운 대두 단백질의 소화, 흡수를 더욱 어렵게 하여 주고 있다.

그러나, 이와 같은 대두 단백질의 소화, 흡수를 억제하여 주는 물질들은 대두의 가공처리(processing), 특히 가열(heating)을 포함하는 가공처리시, 다른 단백질 성분들과 함께 변성(denaturation)되므로, 과도하지 않는 가열처리를 포함하는 가공처리는 결과적으로 대두 단백질의 영양가를 높여주는 결과가 된다.

가열에 의한 대두 단백질의 영양가의 리오스들(Rios Iriarte, B. J. *et al.*, 1966)에 의하면 대두 단백질의 제일차적인 제한 아미노산(the first limiting amino acid)은 메싸이오닌(L-methionine)임이 확인되어 있으며(대두 단백질 100그램 중 1.2그램, 한편 쌀과 밀가루 단백질의 경우, 각각 3.8 및 1.9그램. 본문 p. 987 참조), 또 대두에 함유되고 있는 트립신 억제물질(trypsin inhibitor)들은 대두 단백질에 함유되고 있는 시스타인(cystine)의 이용을 억제하여 줌으로써, 시스타인을 제이차적인 제한 아미노산으로 만들고 있다고 한다.

적당한 가열처리(heat-treatment)는 이 트립신 억제물질들을 분활성화함으로써 대두 단백질 중의 시스타인(cystine)의 이용도가 향상되므로 제한 아미노산으로서의 의의가 없어진다.

예로서, 라이스(Rice, E. E., 1967)는 힐들(Hill, F. W. and Rennen, R., 1963)의 연구결과에서 탈지된 대두 후레이크들(defatted soybean flakes), 즉 대두가루의 경우, 전혀 가열처리를 실시하지 않는 경우에는 인체가 이용할 수 있는 열량이 1.94kcal/g이나, 이 대두가루에 적당한 가열처리, 예로서 107℃에서 각각 5분, 40분, 12분간 가열함으로써 이 대두가루의 이용할 수 있는 열량이 2.70kcal/g, 2.86kcal/g, 또는 2.42kcal/g 등으로 증가한 실험 결과를 들고 있다(표 16-13 참조).

표 16-13 탈지된 대두 후레이크(defatted soybean flake)에서 이용할 수 있는 에너지(energy)

가열처리(heat treatment)의 조건	신진대사에 이용할 수 있는 에너지 (metalolizable energy) Kcal/g soild
무처리	1.94
107℃에서 5분	2.70
107℃에서 40분	2.86
120℃에서 120분	2.42

Rice, E. E., 1967. *Food Tehnol.* 21, 259.

그러나 대두를 과도하게 가열처리할 때는 시스타인(cystine)의 급격한 파괴를 가져오며, 따라서 시스타인은 과도하게 가열된 대두 단백질들에서는 제일차적 제한 아미노산이 되며, 동시에 대두 단백질의 질소분 흡수율(nitrogen absorbability)의 감소를 가져 온다고 한다. 대두 단백질의 자원으로서 종종 대두에서 대두유(大豆油, soybean oil)를 추출한 후에 얻어지는 대두박(大豆粕) 즉, 대두가루(soybean meal)가 사용된다.

이 경우, 대두에서 대두유를 추출할 때, 특히 엑스펠러 압착과정(an expeller process)으로 대두유를 추출할 때에는 과열(over-heating)되는 경우가 많으므로, 그 속의 단백질은 시스타인(cystine), 메싸이오닌(methionine) 등이 부족한, 즉 상대적으로 영양가가 낮은 단백질이 얻어질 가능성이 있다.

두유와 두부의 형성과정 근래에 와서 양질의 단백질 식품으로 세계적인 관심의 대상이 되고 있는 두부(soybean curd)의 제조 과정은 일반적으로 다음 세 개의 기본적인 단계로 구분된다. 즉,

1. 대두 단백질을 함유하고 있는 두유(豆乳, soybean milk)의 제조과정
2. 대두유 속의 대두 단백질의 응고과정(congulation process)
3. 응고물에서 수분을 제거하는 과정

등이다(하우멘(Hauman, B. F., 1984)의 두유(soymilk)에 관한 논문 참조).

첫째의 과정에서는 대두를 물속에 4내지 5시간 침지시켜 팽윤(swelling)시킨 후, 대량의 물(더두 300g에 물 2,500ml) 속에서 대두를 마쇄한 후 걸러서 두유를 만든다.

이 두유는 여기서 설명하는 두부의 원료로서 뿐만 아니라 그 자체가 영양가 있는 음료로 볼 수 있다.

그러나 그대로는 우유의 대체품으로서는 우유에 비해서 지방질 함량이 너무 적으므로, 적당한 식물성유지를 첨가하여 지방질 함량의 상대적인 부족을 보강해 줄 필요가 있다.

이때 포화지방산의 함량은 약 60%(탄소수 10까지의 지방산 함량 약 12%, 탄소수 C_{14}~C_{18}까지의 지방산 함량 약 48%), 올레인산의 함량 약 30% 정도밖에 안 되는 영양학적으로 문제가 많은 우유지방(milk fat) 대신 포화지방산 함량, 불포화지방산 함량 그리고 필수지방산 함량 사이의 양적 관계가 적절한 식물성유들을 사용하여 개선할 수 있는 기회를 갖게 된다.

이렇게 부족한 지방 함량을 양적뿐만 아니라, 질적으로 개선한 두유(豆乳)는 품질이 우수한 단백질 성분들이 풍부할 뿐만 아니라, 우유를 소화시킬 수 없는, 즉 젖당(lactose)을 분해할 수 없는(lactose intolerance) 체질을 가진 사람들 또는 동물성 지방질의 섭취를 삼가야 할 사람들에 대한 우유의 대체품으로서 근래 주목받고 있다.

둘째 과정에서는 이 두유를 잠시 끓인 후에 80℃까지 냉각시켜, 4.5g의 황산마그네슘($MgSO_4$), 또는 7.5g의 황산칼슘($CaSO_4 \cdot 2H_2O$)을 천천히 첨가하여, 염농도를 증가시켜 대두 단백질을 석출, 응고(coagulation)될 수 있게 한다.

셋째의 과정에서는 이 응고물을 앙금(precipition)으로 갈아 앉힌 후, 물이 자유로이 스며 나오도록 나무 받침을 위에 덮고 이 위에 추(500g)를 얹어서 물을 제거한다. 일반적으로 300g의 원료에서 85%의 수분을 함유하고 있는 550 내지 600g의 두부가 얻어진다고 한다.

두부 제조과정의 여러 단계에서 가장 중요한 단계는 물론 염류(salts)의 첨가에 의한 대두 단백질의 응고과정이다. 첨가될 염류의 양이 적으면 충분히 응고되지 않으며, 염의 양이 너무 많으면 두부가 너무 딱딱해진다고 한다.

또한, 염류의 첨가속도도 중요하며, 너무 급히 첨가되면 응고가 불충분하다. 첨가될 염류의 종류도 중요하며, 황산칼슘($CaSO_4$)이 첨가되었을 때는 젤, 즉 교질상태의 앙금(gelatinous precipitate)이 얻어지나, 황산마그네슘($MgSO_4$)이 사용될 때는 대두 단백질이 거의 즉각적으로 침전된다고 한다. 일반적으로 황산칼슘을 사용하여 만든 두부는, 황산마그네슘을 첨가하여 만든 두부보다 더 연하며(softer texture), 수분 함량이 더 많다고 한다.

한편 이상의 두부제조 과정 또는 두부(soybean curd)를 이용하여 새로운 형태의 대두 단백질들을 이용한 식품류의 개발이 시도되고 있다.

대두가루를 주성분으로 하는 고단백질 식품 : CSM 그 동안 저렴하고 입수하기 쉬운 대두가루 또는 대두 단백질을 주로 하여 여러 단백질 성분들을 혼합하여 만든 고품질 단백질 식품들(high quality proteins foods)이 개발되어 사용되고 있다.

예로서, 미국 농림부에서 개발된 제2호 처방에 의한 아동 보충식용 혼합식품(Blended Product, Child Food Supplement. Formula No.2)은 미취학 아동들(pre-school children)을 위한 고단백질 보충식품으로서 단백질 19%(건조중량), 지방질 2%(건조중량), 그리고 수분 10%(최대허용치)을 함유시키고 있다.

그 성분으로서는 부분적으로 젤화된 옥수수 전분(partially gelatinized corn meal) 68%, 탈지 및 가열조리된 대두가루(defatted, toasted soy flour) 25%, 탈지분유(non-fat milk solid, NFMS) 5% 등을 함유하고 있기 때문에 일반적으로 CSM으로 알려져 있으며, 단백질 품질이 매우 낮은 옥수수가루를 주식으로 하는 중남미(中南美) 어린이들의 영양 향상을 위해서 고안되었다고 한다.

대두 단백질의 이용 대두 단백질을 비롯한 식물성 단백질들을 가공하여 좀 더 구미에 맞는 식품들을 만들고자 하는 노력은 오래 전부터 시도되어 왔으며, 가장 성공적인 예로서는 전술한 두부가 있다.

근래에 와서 대두를 비롯한 식물성 단백질들(vegetable proteins)을 알칼리로 추출한 후, 이 추출액을 마치 인조섬유(synthetic fibers)와 같이 방적장치(紡績裝置, spinnerettes)를 거쳐서, 가는 섬유상으로 응고(coagulate)시킨 후, 여기에 육류와 비슷한 색깔로 물들이고 적당한 양의 지방(fat), 향료(flavors), 조미료, 영양소들(nutrients)을 첨가한 후 조각 형태(slices), 입방체 형태(cubes), 입자 형태(granules), 덩어리 형태(bits) 등으로 성형시킨, 외관상이나 그 조직, 또는 그 맛이 육류와 거의 비슷한 인조육(人造肉)이 개발되고 실제 실용과정에 있다.

이상의 인조육 제조 공정의 개요는 그림 16-2와 같다.

또한 각종의 대두 단백질 제품들이 뛰어난 여러 기능성 때문에, 기능성 식품재료 성분들로서 널리 사용되고 있는 사실에 대해서는 이미 언급한 바 있다.

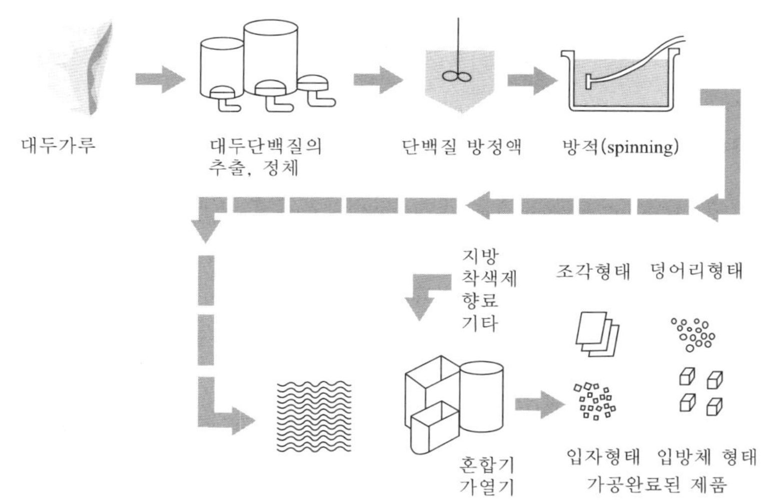

[그림 16-2] 대두단백질에서 인조육의 제조 공정.
Thulin, W. W. and Kuramoto, S. 1967. *Food Technol.*, 21, 169.

동물성 단백질

동물의 근육조직

동물조직은 근육조직(muscular tissues), 지방조직(fatty tissues), 골격조직(bone tissuues)의 세 가지 부분으로 크게 분류될 수 있다.

이 중에서 근육조직(筋肉組織)이 육류(meats)로서 식용에 사용된다. 엄격한 정의(definition)에 따르면 육류(肉類)는 소, 돼지, 양 또는 염소의 식용으로 사용되는 살코기(flesh)만을 의미한다. 그러나 일반적으로 널리 식용에 사용되는 이와 유사한 동물성 식품으로는 닭과 같은 가금류(poultry), 생선류(flsh), 갑각류(crustaceans), 조개류의 근육조직 등도 있다.

육류의 주성분은 단백질, 지방질, 무기염류(mineral salts), 유리 아미노산들(free amino acids), 비타민 B_1, 비타민 B_2, 니코티닌산(nicotinic acid), 기타의 수용성 비타민류와 수분들이다. 한편, 지방질 함량이 중간 정도인 보통 쇠고기(beef, medium fat)의 단백질 함량은 17.5%, 지방질 함량은 22.0%, 회분 1.0%, 수분 60% 정도로 알려져 있다(Desrosier, N. W., 1970).

골격근조직, 즉 육류조직 근육조직은 다시 내장조직 등을 구성하고 있는 평활근조직(平滑筋組織, smooth muscle tissues)과 심장근육조직(心臟筋肉組織, heat muscle tissues), 즉 심근조직, 그리고 일반 육류조직을 구성하고 있는 횡문근조직(橫紋筋組織, striated muscle tissues)으로 나뉘어 진다. 이중 횡문근조직은 그 끝이 뼈와 연결된 형태를 갖고 있어서 보통 골격근조직(骨格筋組織, skeletal muscle tissues)으로도 불리고 있다. 일반적으로 식용육류 즉 식육은 식용동물의 전체 근육조직의 30~40%를 차지하는 횡문근조직 즉 골격근조직을 의미한다.

한편, 육류조직은 주로 결체조직(結締組織, connective tissues)과 근육섬유조직(筋肉纖維組織, muscle fiber tissues)으로 구성되어 있다. 그리고 근육섬유조직과 함께 구성되고 있는 결체조직이나 지방질의 함량이 많아짐에 따라 영양가나 소화율도 떨어지며, 따라서 육류의 가치도 떨어짐은 두말할 것도 없다.

결체조직의 단백질

결체조직의 단백질들(connectiive tissues proteins)은 육기질 단백질들(strom proteins)로도 알려져 있으며, 육류조직의 경우에는 근육세포들을 둘러싼 근육세포막 또는 근육섬유초(sarcolemma), 근육섬유의 다발들을 둘러싼 막들, 결제조직의 일종으로 볼 수 있는 지방질 조직(adipose fatty tissues), 더 넓게는 건(tendon)조직, 표피조직, 연골조직(cartilage tissues), 뼈 조직(bone tissues) 등 생체 내에서 세포들, 체내조직들을 결합시켜 주거나, 유지하게 하는 조직이라 할 수 있다.

육류조직의 경우에는 섬유세포내의 각종 막들(membranes), 근육세포막을 비롯한 여러 종류의 근육섬유세포들을 둘러 싼 막들, 특히, 혈관, 근육섬유들 사이의 무정형 교질물질들(amorphous colloidal subrtances), 특히 근소포체(筋小胞體)로도 불리고 있는 근원섬유를 둘러싼 망상의 구조들(sarcoplasmic reticulums) 등을 형성하고 있는 콜라젠(collagen), 엘라스틴(elastin)과 레티큘린(reticulin) 등이 알려져 있다. 이 중 전체적으로 볼 때 콜라젠이 주 단백질이고, 이와 성질이 유사한 레티큘린과 함께 존재하나 이들과 성질이 다른 엘라스틴(elastin)은 탄성이 크나, 육류조직에는 함량이 결제조직 단백질 전량의 3% 정도에 불과하나 체내 맥관(脈管, 예 혈관), 인대(靭帶), 건(腱) 등에 상대적으로 함량이 많은 것으로 알려져 있다.

콜라젠 이 단백질은 결체조직에 여러 형태로 존재한다. 즉, 건(tendon)에 있는 콜라젠 분자들(분자량 대락 300,000정도)은 실제로는 폴리펩타이드(polypeptide)사슬(chain) 세 개가 삼중나선 구조(a triple helix structure)를 갖고 있으며, 직경은 1.5nm, 길이는 280~300nm 가량 된다고 한다.

이와 같은 트로포콜라젠 분자들(tropocollagen molecules)은 여러 개가 모여서 다발을 형성, 콜라젠 섬유들(collagen fibers)을 형성하고 있는 것으로 생각되고 있다.

분자와 분자 사이는 구성 아미노산들의 유리 카아복실기(-COOH)와 역시 구성 아미노산의 하나인 세아린(serine)의 유리 수산기(-OH) 사이의 에스터 결합 또는 기타의 각종 결합들을 통해서 강하게 결합되어 있는 것으로 믿어지고 있다.

이상의 불용성 콜라젠들(insoluble collagens)을 가열하면, 수용성인 젤라틴(water-soluble gelatin)을 얻게 되는데, 이는 콜라젠 섬유들을 가열할 때, 이상의 삼중나선구조(a triple helix structure)가 풀려져 펩타이드 사슬들(polypetide chains)이 용액 내에서 젤을 형성하기 때문인 것으로 생각되고 있다.

한편, 일반 결체조직에서는 콜라젠 섬유들(collagen fibers)은 자유로이 짜인 배열(arrangement)을 갖고 있으나, 질긴 표피(表皮)에서는 밀집하여 배열되고 있는 것으로 생각된다. 콜라젠은 글라이신(glycine), 프롤린(proline)과 기타의 아미노산들로 구성되어 있으며, 이중 글라이신은 전체 아미노산 함량의 약 1/3정도, 프롤린과 하이드록시프롤린도 전체 아미노산 함량의 1/4정도에 달한다. 기타의 구성 아미노산들로는 알라닌, 류우신, 베일린, 페닐알라닌, 글루타민산, 세아린 등이 있다.

엘라스틴 엘라스틴(elastin)은 콜라젠과는 달리, 그 분자구조가 무질서하게 사다리꼴로 꼬인 형태(randomly coiled structure)를 갖고 있으며, 이 엘라스틴 분자들로 구성된 노란 색깔의 엘라스틴 섬유(elastin fibers)는 외부의 힘에 대해서, 고무와 비슷한 탄력성과 다시 원래의 위치에 되돌아가는 성질, 즉 복원성(復原性)을 나타낸다. 그러나 그 강도(strength)는 콜라젠 섬유(collagen fibers)보다 약하다. 즉, 강하게 잡아당길 때는 콜라젠보다 더 쉽게 끊어진다.

엘라스틴은 콜라젠과 함께 주로 인대조직(靭帶組織, ligament tissue), 동맥혈관의 벽(walls of arteries) 등에 존재한다. 엘라스틴의 특징은 다른 단백질과는 달리, 그 분자 속에 극성(極性)을 가진 측쇄(polar side-chains)의 수가 아주 적다는 점이다. 즉, 그 음전하(negative charge)는 달걀 알부민의 경우, 10^5g에 대해서 100g mol 정도이나, 엘라스틴은 10^5g에 대해서 20g mol 정도밖에 안 된다는 점이다.

따라서, 분자들 사이의 정전력(靜電力)에 의한 결합(electrostatic attraction)의 수도 상대적으로 매우 적으며, 물에 침지할 경우에도 팽윤(swelling)이 잘 일어나지 않는다. 또한 산, 알칼리, 그리고 특정한 구조와 상태를 갖고 있는 기질들에만 작용하는 것으로 알려진 트립신(trypsin)과 같은 효소에 의한 가수분해에 대해서도 저항이 매우 크다.

엘라스틴을 구성하고 있는 아미노산 중에는 비극성 아미노산(non-polar amino acids), 즉 소수성(疏水性) 아미노산들(hydropholic amino acids)의 함량이 큰 것이 특징이다. 즉, 글라이신, 류우신, 베일린, 페닐알라닌, 프롤린, 알라닌 등의 비극성 아미노산들의 함량이 전체 구성 아미노산 함량의 90%에 달하며 그 외에 쓰레오닌, 하아드록시프롤린, 타이로신 등이 소량 함유되어 있다.

근육섬유조직의 구조

육류의 가장 중요한 구성체인 근육섬유조직(筋肉纖維組織, muscle fibers tissues)은 그 기본적인 구성단위로서 많은 수의 긴 원통형의 세포들(long cylindrical cells)로 구성되고 있으며, 이 원통형 세포들의 집합체들은 보통 근원섬유(筋源纖維, muscle fibers)로 알려져 있다. 이 개개의 근육섬유는 근섬유초(筋纖維鞘) 또는 근육섬유세포막(sarcolemma)으로 덮여져 있다.

이와 같은 근육섬유세포들은 그 사이사이에 근내막(筋內膜)으로 알려진 결체조직(connective tissues)이 있으며, 보통 직경이 10～100μ , 길이는 수 cm에서 10cm 이상이나 되는 다핵세포(多核細胞)들로 볼 수 있다. 이들 근육섬유세포들은 다시 50～150개 정도가 한 다발(a bundle)을 형성하고, 이 제일차 근육섬유속(第一次 筋肉纖維束)이 모여서 제이차 근육섬유 속을 형성하고 있는 것으로 알려져 있다.

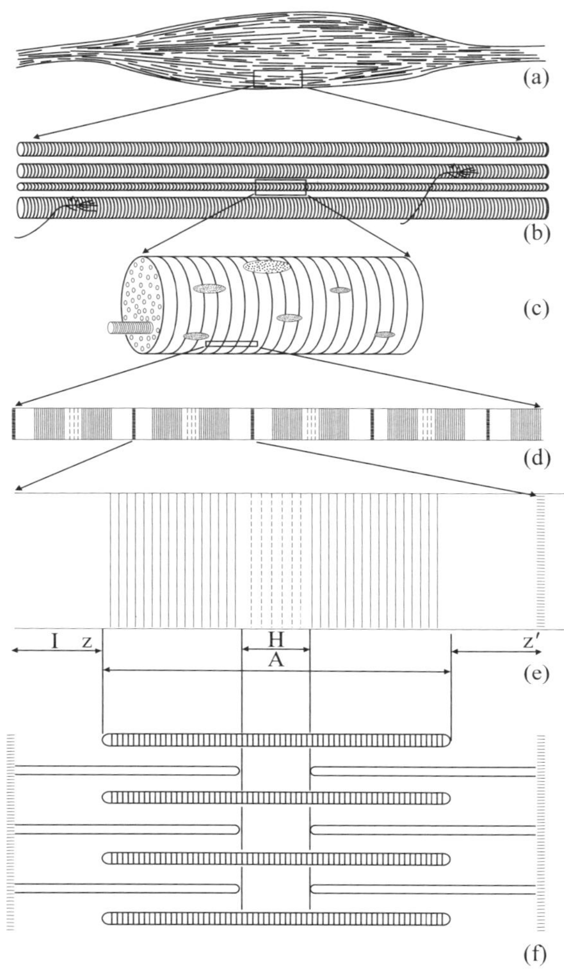

(a) 근육 섬유세포들(muscle fibers)로 구성된 근육조직
(b) 이 근육 섬유세포들의 긴 원통형의 줄모양의 구조(striation)
(c) 이상의 근육 섬유세포를 만들고 있는 근원섬유(myofibril)들
(d) 이 근원섬유는 어둡고 보이는 부분들과 밝게 보이는 부분들로 되어 있다.
(e) 이 근원섬유의 한 구성단위, 즉 한 개의 ㅣ근절(筋節, sarcomere)
(f) 이 구성단위는 얇은 단일섬유(thin flament)와 굵은 단일섬유(thick flament)로 구성되고 있다.

[그림 16-3] 근육조직(muscle tissue)의 기본적인 구조.
Charley, H. 1970. "*Food Science*," John Wiley & Sons, Inc., New York.

이상의 근육섬유들 사이의 결체조직에는 혈관들(blood vessels), 신경조직들(nerve systems), 지방조직들(adipose fatty tissues) 등이 박혀 있으며, 근육섬유 내부에는 각종의 세포내 망조직(the sarcoplasmic reticulum)과 근육섬유 세포막들의 세포 내부(內部)로의 연장(延長)부분이 얽혀져 있다. 이와 같은 세포 내부연장부와 세포내 망조직은 수축장치들(contractile elements)에 신속하게 작용하여, 전체 근육조직의 수축과 이완을 가져오게 한다.

근육섬유세포 내에는 단백질, 탄수화물, 염류와 기타의 여러 화학성분들을 함유하고 있으나, 단백질 성분들로는 근육섬유의 수축에 관련되는 성분들, 세포의 신진대사 과정에 참여하는 효소들과 이들의 작용에 참여하는 보조체계들이 존재한다.

근육섬유조직의 단백질들로는 그 기능상(機能上)의 중요성이나 양적분포(量的分布)로 볼 때, 근육섬유의 수축에 관련된 성분들이 가장 중요하나, 이와 같은 성분들의 작용은 결코 단독으로 이루어지지 않는 점에 유의해야 한다.

육류단백질들

전술한 대로 골격근조직(skeletal tissues)의 일부인 육류조직은 가장 중요한 구성성분으로서 근육섬유조직(muscle fiber tissues)이나 결체조직(connective tissues)이나 지방질조직(fat tissues)으로 이루어져 있다. 그러나 우리가 육류를 식품으로 볼 때는, 소량의 지방질 조직의 존재나 결체조직의 존재는 식품으로서의 가치를 높여주는 경우도 있을지는 모르나, 그 대상은 어디까지나 근육섬유조직이 된다.

따라서 육류 단백질들로서는 근육섬유조직의 단백질들에 중점을 두고 결체조직 단백질들과 지방질 조직에 대해서는 간단히 언급 하기로 한다.

근육섬유조직의 단백질들

근육섬유조직의 단백질들은 일반적으로 그 출처, 기능(functions), 물 또는 염용액에 대한 용해도 등에 따라서 분류되어 왔다. 우선 근육섬유세포막(muscle fiber cell wall, sarcolemma) 내부에 존재하는 세포막내 단백질들(intracellular proteins)과 근육섬유세포막 외부에 존재하는 세포막외 단백질들(intercellular proteins)로 구분된다.

근육섬유세포막내 단백질들은 다시 근육조직의 수축(收縮)을 주관하고 있는 수축기구 참여단위들(contractile elements)을 형성하며 염용액에 녹는 근원섬유형성(筋源纖維形成) 단백질들(myofibrillar proteins 또는 salt-soluble proteins)과 세포막내에서 신진대사 과정을 주관하는 효소체계들과 이들의 보조체계들로 구성된 수용성의 근형질(筋形質) 단백질들(sarcoplasmic proteins 또는 water-soluble proteins)로 구성되고 있다.

한편, 세포막외의 단백질들로는 물, 염용액에 녹지 않는 육기질(肉基質) 또는 결체조직 단백질들(stroma or connective tissues proteins 또는 insoluble proteins)이 알려져 있다.

각종 육류의 단백질은 대체로 전체 단백질 함량의 30% 정도의 근형질 단백질 (sarcoplasmic proteins), 60% 정도의 근원섬유형성 단백질(myofibrillar proteins), 그리고 극소량의 육기질 또는 결체조직 단백질(stroma or connective tissues proteins) 등으로 구성되고 있는 것으로 알려져 있다.

근육섬유세포막 내의 단백질 – 근형질 단백질들

근육섬유세포막내의 단백질들의 종류와 그 특성들은 대략 표 16-14와 같다. 이 표 중 상단(上段)은 근형질 단백질들(sarcplasmic proteins)의 특성들을, 하단(下段)은 근원섬유형성 단백질들(myofibrillar proteins)의 특성들을 표시하고 있다. 전자는 일반적으로 졸(sol)의 형태로, 후자는 일반적으로 젤(gel)의 형태로 존재하며, 세포막내 단백질의 전량을 100%로 할 때, 근형질 단백질들은 대략 32% 내외, 근원섬유형성 단백질들은 대략 68% 정도로 알려져 왔다.

표 16-14 근육섬유세포막 내의 두 종류의 단백질들의 특성들

그룹명	단백질명	등전점 (isoelectric point)	열에 대한 반응	전체 양에 대한 비율
알부민들(albumins) 물에 가용	마이요젠(myogen)	pH 6.5~6.7	열에 의해 응고	10%
	마이요알부민(myoalbumin)	pH 3.0~3.5	60℃ 이하의 온도에서도 응고	1.3%β
	글로불린 X(globulin X)	pH 5.2		21%
글로불린들 (globulins) 염용액에 가용	마이요신 복합체 (myosin complex)	pH 5.5	열에 의해 응고 60℃ 이하의 온도에서도 응고	68%

종래 사용되어 온 육류 단백질들을 염(NaCl) 용액과 황산암모늄(ammonium sulfate)의 여러 농도의 용액들에 대한 용해도에 따라, 근형질 단백질, 근원섬유형성 단백질과 육기질 단백질들을 분획(分劃, fractionation)하고 분류(分類)하는 방법들은 근래에 와서(1980년대 이후) 점차적으로 시료 육류에 특정한 용매를 사용하여 호모제나이저(homogenizer)로 균질화된 콜로이드상태(homogenates)로 만든 후, 원심분리기로 분획하는 방법들로 대체되어 왔다.

예로서 그리이저어들(Greaser, M. L. and Pearson, A. M. 1999)은 다음과 같은 방법을 설명하고 있다. 즉, 시료 육류를 그 부피의 5~10배의 저 이온강도의 완충용액(a low ionic strength buffer solution, 예로서, pH 7.0인 20mM의 인산 칼리움 용액)과 함께 호모제나이저로 교질(膠質) 현탁액(surry)을 원심분리하여 상징용액(supernatant)과 작은 입상(粒狀)의 침전물(pellet)들을 먼저 얻는다. 상징용액에 녹아있는 단백질들은 근형질 단백질들이다. 한편 침전물(pellet)은 이번에는 고 이온강도의 완충용액(a high ionic strength buffer, 예로서 pH 7.0인 1.1M 요오드 칼리움-20mM 인산 칼리움의 혼합용액)과 함께 호모제나이저로 현탁액(slurry)을 만든 후 원심분리기로 분리한다. 이때 형성된 상징용액에는 근원섬유형성 단백질들이, 침전물(pellet)에는 육기질 단백질들 분획되어 있다.

이렇게 분리한 단백질들에 대해서는 여러 방법들을 통해서 종래보다 더 정밀하게 분리되고, 그 구조나 성질들이 더 정확하게 규명되고 있다고 한다.

근형질 단백질들(sarcoplasmic proteins)

근형질 단백질들로서는 찬물로 쉽게 추출되는 마이요젠(myogen)과 글라이코젠(glycogen)의 가수분해에 관여하고 있는 효소들(oxidizing engymes), 이들 가수분해물질들을 산화하는 효소들(oridiying enzymes), 마이요글로빈, 헤모글로빈, 핵단백질들(nucleoproteins) 등이 종전부터 알려져 왔다. 이들 근형질 단백질들은 종래는 황산암모늄[$(NH_4)2SO_4$]의 용액에 대한 용해도에 따라 마이요젠, 마이요알부민(myoalbumin), 글로불린 X(globulin X) 등으로 분류되어 왔으나, 현재는 이미 설명한 바와 같은 원심분리기를 이용하는 방법으로 분리되어, 각 분리성분들의 명칭과 함량이 직접 보고되고 있다.

예로서, 글리셀알데하이드 포스페이트 데하이드로제네이스 12mg/1g(이하 mg/1g 단위생략), 알도레이스(aldolase) 6, 에놀레이스 5, 크리아티닌 카이네이스(creatinine kienase) 5, 락테이트 데하이드로제네이스(lactate dehydrogenase) 4, 포스포릴레이스(phosphorylase) 2.5, 마이요글로빈 0.1~0.2, 헤모글로빈 0.01, 글라이코젠 3~1.0mg/1g 등 이다.

또한 근육섬유세포들은 다핵세포들(多核細胞, multinucleus cells)이며, 따라서, 각종의 근소포체(筋

小胞體), 마이토콘드리아(mitochondria), 미립체(microsone)들과 세포핵(nucleus)들의 근형질 단백질들로 함유하고 있다.

근원섬유형성 단백질들

전술한 대로 근육섬유세포막내 단백질들 중에서 가장 중요한 단백질들은 근육섬유(muscle fiber)를 형성하고 있는 개개의 근육섬유세포에 존재하는 수축장치들(收縮裝置, contractile elements), 즉 근원섬유를 형성하고 있는 단백질들이다.

이 근원섬유 자신은 직경 15Å, 1500Å 정도의 굵은 단섬유(thick filament)와 직경 7Å, 길이 1000Å 정도의 가는 단섬유로 구성된 미세한 섬유다발이 된 구조를 가지고 있다.

이 상의 굵은 단섬유 본체의 주요부분을 형성하고 있는 마이요신(myosin) 분자들은 분자량이 200,000 정도인 두 개의 머리(head)와 꼬리(tail)로 표현되는 부분 등을 가진 사슬들과 그 보다는 분자량이 더 큰 네 개의 사슬들이 얽혀서 형성된 육중체들(六重體, hexamers)로서 다음에 설명할 가는 단섬유들과 마이요신 분자의 머리부분으로 된 돌기물(突起物)들을 통해서 접촉하고 있다(그림 16-5, 16-6 참조).

전체 근원섬유형성 단백질에 대한 마이요신의 함량은 40% 이상에 달하는 것으로 알려져 있다. 한편, 가는 단섬유(thin flament)는 주로 단백질 악틴(actin)과 소량의 트로포마이요신(tropomyosin) 그리고 트로포닌(troponin) 등으로 형성되어 있는 것으로 알려져 있다.

이상의 악틴, 트로포마이요신 그리고 토로포닌의 전체 근원섬유형성 단백질들에 대한 상대적인 함량은 20%와 각각 5% 정도로, 전술한 마이요신과 악틴의 함량은 60%이상, 나머지 두 단백질 함량까지 합치면 거의 75%, 즉 전체의 3/4이 된다.

악틴(actin)은 그 분자량이 40,000 정도이며, 그 형태가 구형(globular)이기 때문에 G-악틴으로도 불려진다. 이 G-악틴은 염용액에서는 쉽게 중합하여, 섬유상의 중합체(fibrous actin polymers), 즉 F-악틴을 만든다. 이 변화는 가역적(reversible)이며, G-F 변화로 알려져 있다. 오래전부터 근육조직의 수축/이완의 기본적인 과정은 간단히 말해서 악틴과 마이요신 사이의 어떤 조절된 결합/해리 과정으로 생각되어 왔다.

한편, 트로포닌(troponin)은 그 분자량이 70,000 정도인 구형 단백질로서 칼슘이온(Ca^{++})과 결합하는 트로포닌 C(troponnin C, TnC), 칼슘이온의 농도에 따라 ATPase(adenosine triphosphorylase) 활성을 억제 또는 조절하는 트로포닌 I(TnI), 트로포마이요신과 선택적으로 결합하는 트로포닌 T(TnT)의 세 개의 소단위들(subunits)로 구성되고 있다고 한다. 이 트로포닌은 전체로서 칼슘이온(Ca^{++})의 농도에 따라 수축장치(contraclile elements)의 수축/이완 과정에서 악틴에 의해서 활성화되는 마이요신의 ATPase 활성을 조절하는 것으로 알려져 있다(그림 16-6 참조).

세포막 내에서 세포질 구조를 유지시켜 주고 전체적 구조에 탄력을 부여해 주는 단백질들, 즉 세포내 골격 단백질들(cytoskeletal proteins)의 존재가 오래전부터 예상되어 왔으나 그러한 단백질들이 실존하는 사실이 확인되고 있다. 육류의 근원섬유형성 단백질들 중에도 근원섬유들(myofibrils) 내의 굵은 단일 섬유들이나 가는 단일 섬유들로 구성된 수축장치들(contractile elenents)을 근절(sarcomere)들이 이어진 Z-선(Z-line)에 연결시켜 주거나 Z-선과 Z-선 사이의 형태를 유지해주는 소위 틈 사이 세포들(gap cells)로서 전체 근원섬유형성 단백질들의 10% 정도의 세포골격 단백질들이 알려져 있다.

즉 이전에 콘넥틴(connectin)으로 알려져 있던 타이틴(titin), 스켈레틴(skeletin)으로 알려져 있던 데스민(desmin) 등이 있다. 이들의 성질은 다른 단백질들과는 달리 나중에 설명할 콜라젠(collagen)과 유사한 부분이 많다고 한다.

알파-악티닌(α-actinin)도 그 성질상 세포골격 단백질로 볼 수 있다. 이 알파-악티닌은 Z-선 구조의 주성분으로 알려져 있으며, 보통 한쪽은 악틴과 다른 한쪽은 데스민(desmin)과 결합되어 있다.

근육섬유 수축의 기구

신경신호(nerve impulse)가 신경조직을 통해서 근육섬유세포에 도달하면, 이에 호응하여 세포 내에 칼슘이온(Ca^{++})이 방출되며, 이 칼슘이온들은 전술한 가는 단섬유(thin filament)를 형성하고 있는 트로포닌과 결합한다. 이와 같은 화학반응은 트로포닌 분자들의 형태 변화를 가져오며, 또한 함께 존재하는 트로포마이오신 분자들의 위치 변화를 유발한다.

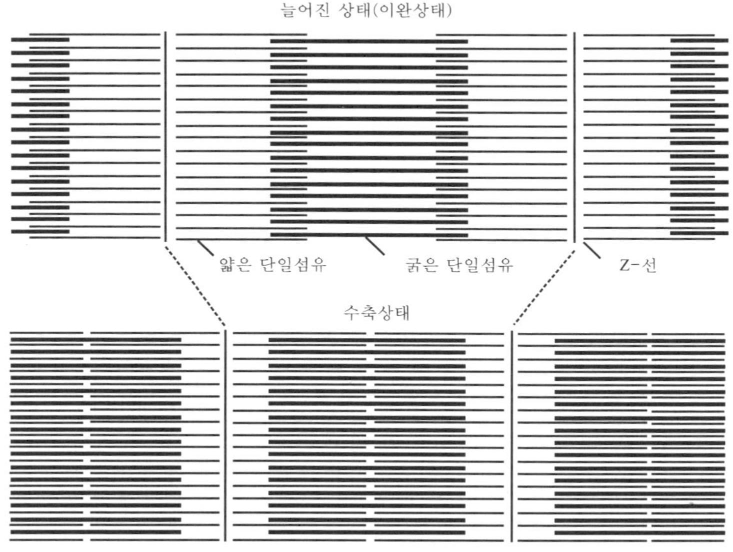

[그림 16-4] 단일섬유(thin filament)와 굵은 단일섬유(thick filament)들이 번갈아 연결되어 구성된 근원섬유(myofibril)의 구조. 한 개의 근절(筋節, sarcomere), 즉 근원섬유(myofibril)의 반복단위(repeating unit)는 그림의 Z-선(Z line)에서 다음 Z-선까지가 된다. 신경신호가 근육섬유세포에 도달하면 여러 복잡한 과정을 거쳐 이완상태(at rest, 즉 stretched)에서 얇은 단일 세포들과 굵은 단일 섬유들이 서로 반대방향으로 움직여 수축상태(contracted)로 그 구조가 잠시 변형된다.
Murray, J. M and Weber, A. 1974. The Cooperative Action of Muscle Proteins. *Scientific American*, 230, 59.

트로포마이오신들의 위치가 변함에 따라 악틴 분자들의 반응 장소들의 노출이 계속되며, 이 반응 장소에서 악틴과 아미요신-ATP 복합체는 서로 작용하게 된다. ATP는 악틴 분자들의 반응 장소에 있는 반응기 그룹들에 의해서 ADP로 분해되면서 에너지를 방출하게 된다. 한편, 이 에너지는 함께 얽혀 있는 굵은 단섬유를 구성하고 있는 마이요신 분자들, 즉 굵은 단섬유 자신을 얇은 단섬유와 서로 어긋난 방향으로 움직이게 함으로써 근육 섬유의 수축(contraction)이 이루어진다(그림 16-4,

16-5 및 16-6의 설명 참조해 주기 바람).

신경신호가 정지되면 칼슘이온은 다시 세포 내에 회수, 저장되고 트로포닌과 트로포마이요신들의 형태와 위치는 다시 원상태로 되돌아가기 시작한다. 이에 따라 악틴 분자들은 ATP를 ADP에로 분해하면서 굵은 단섬유의 마이요신 분자들의 돌기물에 에너지를 계속 공급할 수 없게 된다. 따라서 굵은 단섬유를 가는 단 섬유와 반대방향으로 움직이게 하는 힘, 다시 말해서 수축을 유지하는 힘을 잃게 된다. 즉, 근육섬유(muscle fibers)의 이완(弛緩, relaxation)이 일어나며, 다른 근육섬유조직의 움직임에 따라 완전히 원상태로 복귀하게 된다(그림 16-5 및 그림 16-6의 설명 참조해 주기 바람).

가열에 의한 근육섬유의 변화 근육섬유(muscle fibers)들을 가열할 때는 여러 가지의 물리적, 화학적 변화들이 일어난다. 예로서, 가열에 의해서 근육섬유는 수분손실(loss of moisture), 수분흡수능력(moisture holding capacity)의 상실, 산성그룹(acidic group)의 소실, 유연성의 변화(changes in tenderness) 등을 가져오는 이외에도, 그 길이나 두께의 감소를 가져온다. 일반적으로 근육 섬유를 가열할 때 일어나는, 두께나 길이 등의 축소 정도는 온도가 점차 높을수록 커진다.

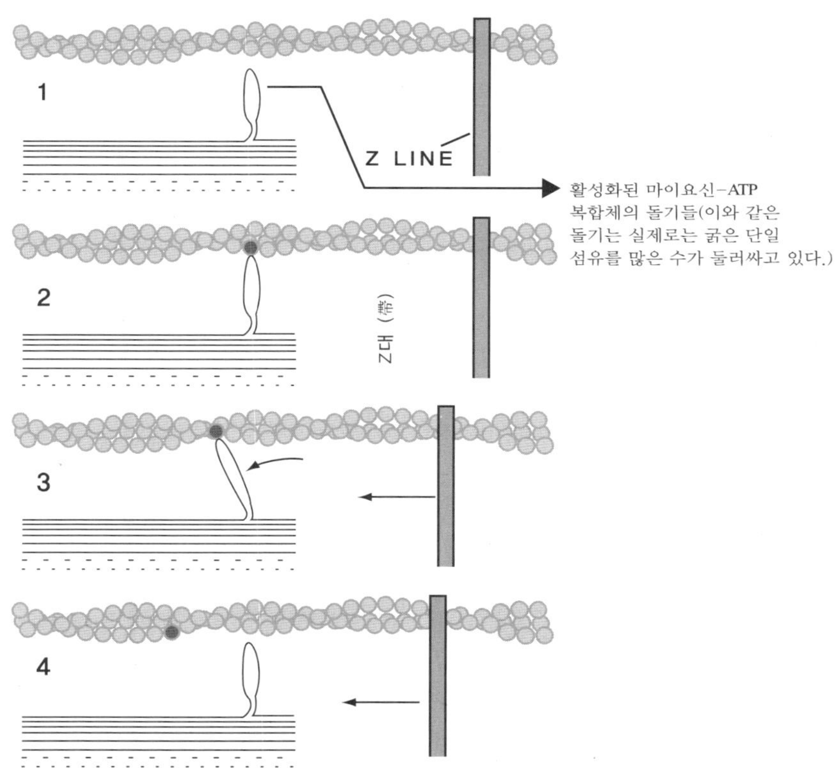

[그림 16-5] 신경신호가 근육섬유세포에 도달하며, 그 최소 구성단위인 근절(sarcomere)단위의 엷은 단일섬유(thin filament) 중의 트로포닌 성분들이 칼슘 이온을 흡수, 형태가 바뀌지면서 그중의 악틴 분자들(actin molecules)이 있는 부분이 굵은 단일섬유(thick filament)의 마이요신-ATP 복합체의 여러 돌기(突起)들과 접촉하게 된다(1 및 2), 이때 ATP가 분해되면서 에너지가 방출되고 이 에너지에 의해서 굵은 단일섬유의 돌기들은 얇은 단일섬유를 점차 화상방향으로 이동(sliding), 즉 전체를 수축시킨다. 이와 같은 상태(수축상태)가 잠시 지속된 후 다시 이완상태(relaxation state)로 돌아간다(4).
Murray, J. M. and Weber, A. 1974. *Scientific American*, 230, 61.

비단백질 수용성 물질들

육류조직을 물로 추출할 때 용해되어 나오는 성분들로서 지방질이나 단백질을 제외한 부분은 추출물들(extracts)이라고 부른다.

이 추출물들의 약 반은 Na^+, K^+, Mg^{++}, Ca^{++}, Cl^-, HCO^{3-}, PO_4^{2-}, SO_4^{2-} 등의 이온들과 그 염류(salts)로서 이 염류의 전량은 전체 근육조직의 약 1%에 달한다.

추출물들의 나머지 반은 유기물들(organic compounds)로서 이들 속에는 글라이코젠(glycogen)의 가수분해물들, 피루빈산(pyruvic acid), 젖산(lactic acid), 기타의 소위 크렙 사이클(Kreb's cycle)에서 얻어지는 중간체들(intermediates)인 각종 유기산들, 그리고 일부 가용성 단백질 분해물질들, 프로테오스류(proteoses), 펩톤류(peptones) 등을 포함하는 소위 비단백질 질소화합물들(non-protein nitrogenous substances, NPN) 등 이다. 이 외에도 추출물들에는 수용성의 여러 중요한 비타민류가 많이 함유되고 있어서 영양학적으로도 매우 중요하다.

참고로 신선한 육류(fresh muscle meat)에 존재하는 수용성 비타민들(water soluble vitamins)의 함량을 보면 대략 표 16-15와 같다.

표 16-15 신선한 육류(fresh muscle meat)의 비타민 함량

육류의 종류 / 비타민의 종류	갈비고기 (rib)	홍두께고기 (round)	요부고기 (loin)	목덜미고기 (chuck)
비타민 B_1(thiamine) mg/100g	0.07	0.08	0.01	0.08
비타민 B_2(riboflavin) mg/100g	0.15	0.17	0.13	0.17
니코틴산(nicotinic acid) mg/100g	4.2	4.7	4.6	4.5
비타민 B_6 mg/100g	0.32	0.37	-	0.38
판토텐산(pantothenic acid) mg/100g	0.41	0.0	-	-
바이오틴(biotin) mg/100g	3.4	4.6	-	-
엽산(folic acid) mg/100g	0.014	0.026	-	-
비타민 B_{12} mg/100g	2.7	2.0	-	-

Blanck, F. C. ed. 1995. "*Handbook of Food and Agriculture*," p.538, Reinhold Pub. Co., New York.

비단백질 질소화합물들

비단백질 질소화합물들(non-protein nitrogeneous compounds, NPN), 즉 보통 NPN으로 알려진 물질들은 주로 유리 아미노산들(free amino acdis)과 근육조직의 신진대사 과정의 중간생성체들(intermediates of muscle metabolism) 등으로 구성되고 있다. 보통 육류(수분 75.5%, 단백질 3.0%, 지방질 3.0%의 경우) 중의 비단백질 질소화합물들의 함량은 3.5% 정도로 알려져 있다(박기형 등, 1994).

유리 아미노산들 유리 아미노산들(free amino acids)로서는 알지닌, 히스티딘, 라이신, 시스테인(cysteine), 시스타인(cystine), 타이로신, 류우신(leucine), 프롤린, 알라닌, 글라이신 등이 알려지고 있다.

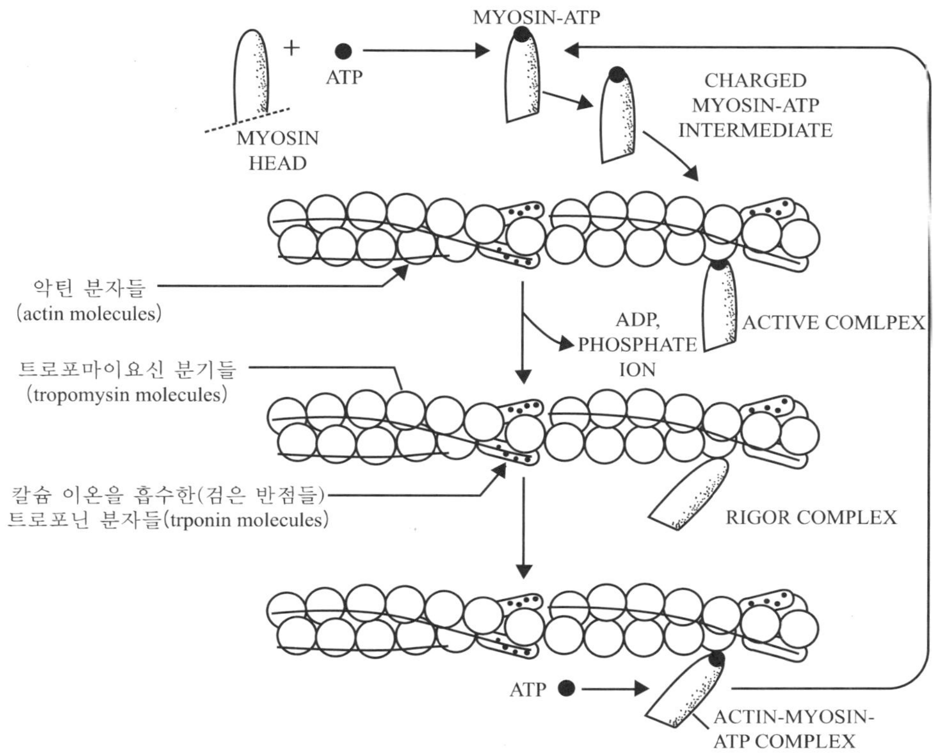

[그림 16-6] 굵은 단섬유(thick filament)의 수많은 마이요신 돌기들(myosin heads)은 ATP와 결합하여 활성화된 복합체(active complexes)를 형성한다. 이 복합체 돌기는 가는 단섬유(thin filament)들 중의 악틴분자들과 접촉하게 되며, 이때 ATP는 ADP로 가수분해 되면서 에너지가 방출되고 그림 16-5에서 설명한 바와 같은 수축작용이 일어난다. 이 수축상태는 잠시 지속되었다가 다시 이완상태로 되돌아가며, 이와 같은 과정이 반복된다(그림 16-5 참조).
Murray, J. M. and Weber, A. 1974. *Scientific Amercian*, 230, 64.

근육조직의 신진대사 과정의 중간 생성체들 근육조직의 신진대사 과정의 중간 생성체들로 알려진 화합물들로는 다음과 같은 것이 알려져 있다.

$$HN{=}C(NH_2){-}N(CH_3){-}CH_2COOH + ATP \longleftrightarrow NH{=}C(NH{-}O{-}P({=}O)(OH){-}OH){-}N(CH_3){-}CH_2{-}COOH$$

크레아틴(creatine) 포스포크레아틴(phosphocreatine)

크레아틴 크레아틴(creatine)은 소화되지 않는 질소화합물들(non-digestible nirtogen compounds)의 하나이며, 따라서 칼로리값(caloric value)은 갖고 있지 않다. 포유동물은 그 근육조직에 0.3% 내지 0.4%의 크레아틴을 함유하고 있다. 일부 크레아틴은 ATP 그리고 크레아틴 카이네이스

(creatine kinase)와 Mg^{++} 존재 하에 형성되는 포스포크레아틴(phosphocreatine)의 형태로 존재한다.

한편, 포스포크레아틴은 ATP가 갑자기 필요할 때 ATP를 만들어 주는 긴요한 ATP의 예비 자원(an effective reserve source)으로 작용하며, 근육조직에는 ATP 자체 양의 30배나 되는 양이 존재한다고 한다(Nelson, D. L. and Cox, M. M., 2000).

크레아티닌 크레아티닌(creatine)도 근육조직의 신진대사 과정의 중간생성체로 형성되며, 전술한 크레아틴(creatine)의 무수형(anhydro-form)이다. 근육조직에는 대략 0.01%가량 함유되고 있다.

$$HN{=}C(NH-)-N(CH_3)-CH_2CO$$

크레아티닌(creatinine)

$$NH_2-CH_2-CH_2-CONH-CH(COOH)-CH_2-C{=}CH \text{ (NH, N, CH ring)}$$

카아노신(carnosine)

카아노신 카아노신(carnosine)도 근육조직의 신진대사 과정에서 형성되는 다이펩타이드(dipeptied)로서 β-알라닐히스티딘(β-alanylhistidine)이다.

1980년대 말부터 카아노신이 철, 과산화수소로 활성화된 마이요글로빈(H_2O_2-activated myoglobine), 리폭시데이스(lipoxidase), 빛으로 활성화된 라이보플라빈(photoactivaetd riboflvin), 파록시 라디칼(peroxy radical), 하이드록시 라디칼(hydroxyradical radical) 등에 의해서 촉발된 육류내의 지방질 성분들의 산화를 억제하는 사실들이 보고되어 왔다(Chan, W-K. M. *et al*., 1994).

그 후 쇠고기 호모제네이트(beef homogenetes), (Lee, B. J. and Hendricks, D. G., 1997), 쇠고기 모델 시스템(beef model system)(Lee, B. J. *et al*.,1998)에서도 카아노신의 항산화작용이 보고 된 바 있다.

한편, 주유들(Zhou, S. and Decker, E. A., 1999)은 카아노신과 기타의 유사한 근육조직내 성분들의 육류조직내의 지방질 산화에서 형성되는 각종의 알데하이드류의 생성억제 작용을 조사한바 있다. 육류에 독성(toxicity)과 그 품질저하를 가져오는 제이차 산화생성물인 각종 알데하이드류의 형성을 카노사인 보다는 글루타싸이온(glutathione), 싸이옥틴산(thiocton)들이 더 효과적으로 억제했으나 이상의 두 화합물들의 육류중의 농도가 훨씬 적어서, 전체적으로는 카아노신이 더 효과적 이였다고 한다.

안세아린 안세아린(anserine)도 근육조직의 신진대사 과정에서 형성되는 다이펩타이드로서 β-알라닐-1-메틸히스티딘(β-alanyl-1-methylhistidine)이다.

$$NH_2CH_2CH_2CONH-CH(COOH)-CH_2-C{=}CH \text{ (}CH_3-N\text{, N, CH ring)}$$

안세아린(anserine)

$$R-CH(COO^-)-N(CH_3)_3$$

베테인류(betaines)

$$(CH_3)_3\overset{+}{N}-CH_2-CH(OH)-CH_2-COO^-$$

카아니틴(carnitine)

베테인류 베테인류(betaines)도 근육조직의 신진대사 과정 중 형성되는 질소화합물들로서 위에서 보는 바와 같은 일반적인 구조를 가진 염기류(bases)를 말한다.

카아니틴 카아니틴(carnitine)도 위에서 보는 바와 같은 구조를 가진, 염기성 질소화합물을 말한다.

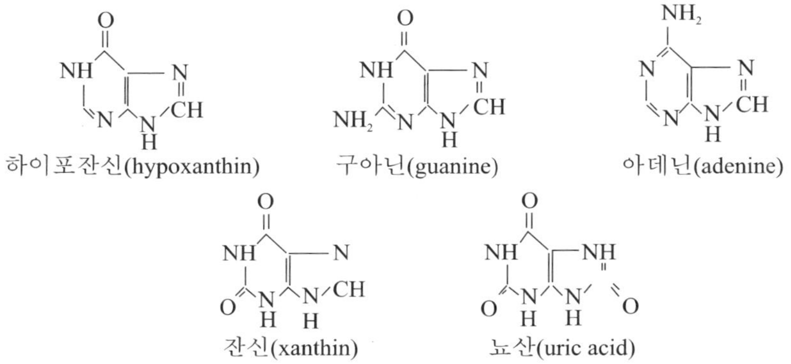

하이포잔신(hypoxanthin) 구아닌(guanine) 아데닌(adenine)

잔신(xanthin) 뇨산(uric acid)

[그림 16-7] 비단백질 질소화합물 중의 퓨린 염기류(purine bases)

퓨린 염기류 비단백질 질소화합물들(NPN)에는 근육 전체량에 대해서 0.01% 내지 0.17%에 달하는 퓨린 염기류(purine bases)로 알려진 각종 질소화합물들이 함유되고 있으며, 그 대표적인 것으로는 그림 16-7에 표시한 것들이 있다.

글루타싸이온 글루타싸이온(glutathione)은 근육조직에 존재하는 비단백질 질소화합물(NPN)로서 글루타민산(glutamic acid), 시스테인(cysteine), 글라이신(glycine) 등으로 구성된 트리펩타이드(tripeptide)이다.

$$HOOC-\underset{NH_2}{\underset{|}{CH}}-CH_2CH_2-CONH-\underset{CH_2SH}{\underset{|}{CH}}-CONH-CH_2-COOH$$

글루타싸이온(glutathione)

글루타싸이온(glutathione)은 제 14장에서 이미 설명한 바와 같이 생체 내에서 형성되는 슈퍼옥사이드 아니온 또는 라디칼(superoxide anion or radical, O_2^-)이 슈퍼옥사이드 디스뮤테이스(superoxide dismutase, SOD)의 작용으로 삼중항의 산소, 즉 일반 산소($^3O_2$)로 바뀌져 과산화수소(H_2O_2)를 형성할 때, 이 과산화수소를 글루타싸이온 퍼록시데이스(glutathione peroxidase)가 존재할 때는 물과 산소($^3O_2$)로 바꾸면서, 과산화수소를 신속하게 제거해주는 것으로 알려져 있다(제 14장 참조). 그뿐 아니라 활성이 큰 각종 파록시 라디칼들(ROO•)과 반응해서 불활성 화합물들을 만드는 사실도 잘 알려져 있다. 또한 글루타싸이온은 근육조직 내에서 단백질들의 -SH 그룹을 환원형 상태로, 마이요글로빈, 헤모글로빈의 헴(heme)부분에 결합해 있는 철을 환원형인 제1철이온(ferrous ion, Fe^{2+})의 형태로 유지하는데 도움을 주는 사실도 잘 알려져 있다. 글루타싸이온이 육류조직 내에서 구성 지방질성분들의 산화를 억제해주는 강력한 항산화제(an antioxitant)로 작용하는 사실에 대해서는 카아노신(carnosine)의 항목에서 이미 언급한 바와 매우 유사하다고 볼 수 있다.

아노신산 이노신산(inosinic acid)은 근육조직 중에 NPN 즉, 비단백질 질소화합물들의 한 성분으로 대체로 0.1% 가량 함유되고 있다.

이노신 이노신(inosine)도 근육조직 중에 존재하는 NPN의 한 성분이며, 하이포잔씬(hypoxanthin)과 라이보오스(D-ribose)로 구성되고 있다.

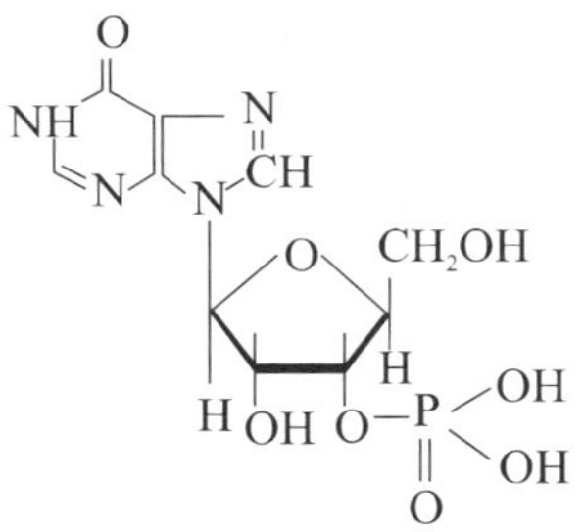

3'-이노신산(inosinic acid)

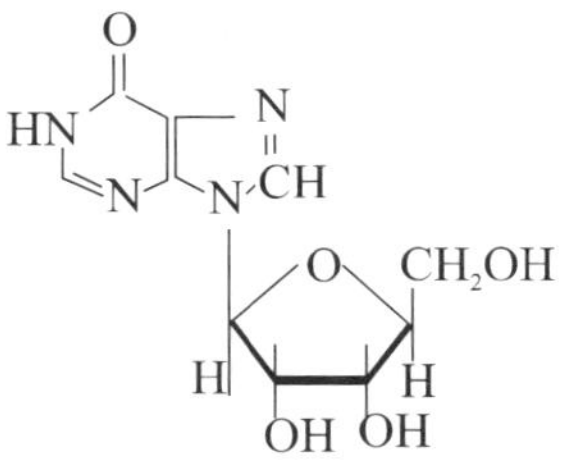

이노신(inosine)

이노신산의 근육조직, 특히 어류 근육조직에서의 변화에 대해서는 제3장의 라이보타이드류 항목(p. 221)에서 설명한 바 있다. 또한 전술한 생체 내에서의 슈퍼옥사이드 아니온(superoxide anion)형성 과정에 참여하는 사실을 제14장에서 언급한 바 있다.

아데닐린산 근육조직 중의 비단백질 질소화합물(non-protein nirtogeneous compounds, NPN) 중에는 ATP의 한 성분인 아데닐린산(adenylic acid)이 함유되고 있다.

히스타민 이상의 여러 화합물들 이외에도 극미량의 요소(urea)와 히스티딘(histidine)에서 얻어지는 쓴맛을 가진 독성물질의 하나로 볼 수 있는 히스타민(histamine)이 발견되는 경우가 있다. 이 히스타민에 대해서는 제17장 식품속의 독성물질들에서 다시 논의하기로 한다.

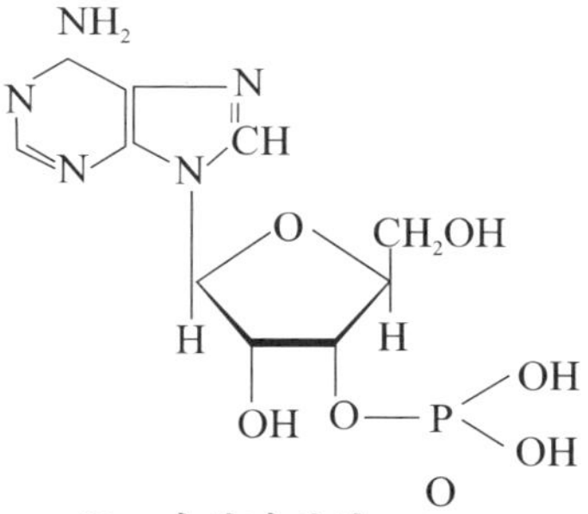

3'-아데닐린산(adenylic acid)

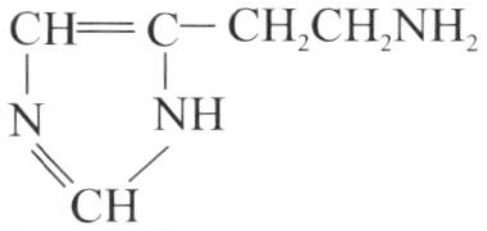

히스타민(histamine)

육류의 수분흡수능력

소세지(sausage)와 같은 단백질, 지방질과 물의 혼합으로 볼 수 없는 식품류의 경우, 일부 단백질의 층(layer)이 지방질 입자들(fat globules)을 둘러싸주어 비교적 안정된 물과 기름의 유탁액(oil in water emulsion)을 형성하여 준다. 이때 유화제(emulsifier)로 작용하는 단백질은 염용액에 녹을 수 있는 단백질들(salt-soluble proteins)임이 알려져 있다.

한편, 이들 단백질들의 유화작용의 능력(emulsifying capacity)은 염의 농도가 증가함에 따라 증가한다. 육류의 품질(quality)과 금전가치(monetary value)에 직접적으로 영향을 주는, 육류의 수분흡수

능력에 영향을 주는 요인들에 대해서 설명하면 다음과 같다.

pH의 영향 육류의 수분흡수, 유지능력(water holding capacity)은 첫째로, 육류 중 단백질의 수화현상(hydration phenomena)과 밀접한 관계를 갖고 있다. 한편, 이 육류단백질의 수화(水和)는 그 pH에 의해서 크게 영향을 받는다. 일반적으로 육류의 수분흡수능력은 육류의 정상적인 pH, 즉 pH 5.5 내외에서는 매우 낮다.

한편, 육류단백질들의 등전점(isoelectric point capacity)은 대체로 pH 5.0 정도이므로 육류의 정상적인 pH에서는 육류단백질들은 등전점에서의 성질과 비슷한 성질을 갖는다. 즉, 이 pH에서는 단백질 분자들의 전하(電荷, net cahrge)도 최저치(the minmum value)를 가지며, 수화(hydration)도 최소한으로 일어난다.

pH가 알칼리성으로 기울어지면, 육류 단백질에 존재하는 산성 그룹(acidic group)의 해리(dissociation)가 진행되어, 육류단백질의 부전하(負電荷, negative charge)는 증가된다. 따라서 육류의 수분흡수능력도 증가한다. 그렇다고 육류의 수분흡수능력이 전적으로 육류단백질의 부전하(negative charge)의 단절에 의해서 일어나는 것이 아니라 유리 극성 그룹들(free polar groups)과 물 분자들과의 회합(association)도 수분흡수 능력에 중요한 역할을 하는 듯하다.

육류의 기계적인 마쇄 육류를 마쇄하면 육류의 수분흡수능력은 증가한다. 이 사실은, 첫째로 마쇄에 의해서 육류단백질 속의 노출된(exposed) 유리 극성 그룹들(free polar groups)의 수가 급증하여 물 분자와의 회합(會合)이 새로 가능하게 되며, 둘째로는 마쇄에 의해서 물 분자들이 들어갈 수 있는 공간(space)이 새로 생기며, 접촉 표면적도 증대하기 때문에 육류의 수분흡수능력이 증가하는 것으로 생각되고 있다.

효소작용에 의한 영향 육류의 수분흡수능력은 도살(slaughter) 직후에 일단 매우 큰 수치를 보였다가, 24시간 내지는 48시간에 걸쳐서 계속 감소된다. 이것은 이 시기에 육류 중 젖산(lactic acid)의 형성에 의한 육류 pH의 산성화가 그 원인 중의 하나로 생각되고 있다.

한편, 장기간 저장될 경우에는 육류의 수분흡수능력이 증가하는 경향이 있으나, 이것은 저장 중에 단백질 분해효소들(proteolytic enzymes)의 작용에 의해서 펩타이드 결합(peptide bonds)의 가수분해가 일어나며, 따라서 유리 극성 그룹들(free polar groups), 예로서 유리 카아복실기나, 유리 아미노기 등의 수가 증가되기 때문인 것으로 믿어진다.

알칼리 및 알칼리염의 영향 알칼리 또는 알칼리염은 pH를 알칼리성 쪽으로 이동시킴으르 전술한 대로 육류 단백질의 부전하(negative charge)를 급증시키게 되어, 육류의 수분흡수능력이 증대된다.

지방질의 영향 한편, 육류에 함유되고 있는 지방질의 함량이 클 때는 일반적(一般的)으로 말해서, 상대적(相對的)으로 육류 내의 단백질 함량의 감소, 특히 육류 내의 단백질과 수분과의 비율의 감소를 가져오므로 결과적으로 육류의 수분흡수 능력은 감소된다.

각종 이온들의 영향 육류의 수화(水和, hydration)에 대한 각종 이온들의 효과는 pH에 따라 크게 변화하는 듯하다. 그러나, 일반적으로 칼슘(calcium)이나 아연(zinc) 등의 이온들은 육류의 수분유지능력(water holding capacity)을 감소시킨다고 한다.

중인산염류의 영향 알칼리나 알칼리염이 일반적으로 육류의 수분흡수능력을 증가시킴은 이미 언급한 바 있다. 실제로 육류나 육류가공품들에 대해서는 이와 같은 목적을 위해서 주로 중인산 염류(sodium polyphosphates, 예; $Na_4P_2O_7$, $Na_5P_3O_{10}$ 등)가 널리 사용되고 있다. 이와 같은 중인산 염들(polyphosphates)을 육류나 육류가공품들(meat or meat products)에 첨가했을 때 육류나 육류가공품들의 수분흡수능력은 크게 증가한다.

이 중인산염(重燐酸鹽)들에 의한 수분흡수능력의 증가에 대해서 여러 연구자들은 육류 속의 칼슘(calcium)과 중인산(polyphosphates) 사이에 복합체들이 형성되어, 이 복합체들이 강하게 수화됨으로써 육류의 수분흡수 능력이 증가된다고 생각하고 있다.

한편, 일부 연구자들은 육류나 육류가공품들에 중인산염을 첨가했을 때의 수분흡수능력의 증가가 칼슘과 중인산 복합체들의 형성에 의한 것이라는 견해에 대해서 의문을 표시하고 있다. 이들에 의하면, 육류에 함유되고 있는 칼슘의 전체량의 80%와 마그네슘(magnesium, Mg)의 20% 가량은 이미 육류단백질과 강하게 결합되어 있어서, 중인산과 결합할 수 있는 칼슘의 양은 많지 않다는 것이다. 따라서, 문제는 앞으로의 더 많은 연구들에 의해서만 해결될 문제이다.

한편, 세절기(cutter) 또는 콜로이드 밀(colloid mill) 등으로 미세하게 세질된 육류조직, 유화상태의 육류조직에 중인산염(예, sodium diphosphate)을 첨가할 때는, 단백질로부터 Ca^{++}, Mg^{++} 등의 2가 금속이온들이 분리되어 근육의 미세구조 사이의 공간들이 넓어지게 되면서 보수력(保水力), 즉 수분흡수능력 및 유지능력이 증가된다고 한다. 또한 미세 육류조직내의 분산된 지방구(脂肪球)들의 안정화(安定化)가 증가되어 미세 육류조직 전체의 안정성이 그대로 유지된다고 설명하고 있다(박형기 들, 1996).

젤라틴

젤라틴(gelatin)은 동물의 결체조직(connective tisseus) 등에 존재하는 단백질 콜라젠(collagen)을 부분적으로 가수분해하여 얻어지는 유도 단백질(derived protein)이다.

젤라틴은 친수성 콜로이드(hydrocolloid)를 형성하는 단백질 가수분해물로서 젤리(jelly)를 비롯하여 각종 가공식품들 제조시 널리 사용되어 왔으며, 실제로 식품제조, 식품가공에 사용되는 친수성 콜로이드를 형성하는 물질들의 거의 대부분이 탄수화물 중의 다당류(polysaccharides)에 속하는 친수성 고물질 물질 (hydrophilic gum substances)인데 비해서(제10장 자연 고문질 물질들 참조), 이 젤라틴은 단백질이라는 점이 특이하다.

이 젤라틴은 전술한 자연 고무질 물질들과 마찬지로 물과 함께 가열하면, 대략 30℃ 이상에서 녹아서 (solubilize), 친수성 콜로이드(hydrocolloid), 즉 친수성(親水性) 졸(hydrophilic sol)을 형성하며, 냉각될 때는 반고체(semi-solid)의 젤(gel)을 형성된다. 이 젤라틴 젤은 오랫동안 젤리를 비롯한 각종 식품류 제조에 널리 이용되어 왔으며, 아마도 이와 같은 목적으로 식품에 사용된 물질들, 즉 원료들 중 가장 오랜 역사를 가진 것의 하나일 것이다. 이에 따라 젤라틴과 젤라틴 젤 등의 성질들도 오래 전부터 널리 연구되어 왔다.

젤라틴(gelatin)은 결체조직(結締組織)의 주성분 등의 하나로서 육류원료에서 근육조직을 선별(選別)하는 과정에서 얻어진 표피(skin), 인대조직(ligament tissues), 뼈(bones) 등을 알칼리, 또는 묽은 산으로 가수분해해서 얻는다. 원료로서 뼈를 사용하는 경우에는 먼저 그 구성성분인 인산칼슘(calcium phospate) 등의 염류(salts)를 산으로 가수분해하여 제거한 후에 남은 단백질을 수산화칼슘

$[Ca(OH)_2]$으로 부분적으로 가수분해하여 얻는다. 이 가수분해에 의해서 콜라젠은 분자량이 더 적은 젤라틴으로 분해되나, 그 원래의 섬유상인 형태(fibrous form)는 그대로 유지된다. 전체적으로 품질이 조악(粗惡)한 젤라틴은 식용으로는 적당치 않으나 아교(阿膠)로서 접착제로 사용된다.

젤라틴에는 두 종류가 있으며 흔히 A형과 B형으로 불리기도 한다. A형은 산으로 처리된 콜라젠(acid-treated collagen)에서 얻어지며, 비교적 알칼리성 방향의 넓은 등전점(isoelectric point, pH 7~9)에 의해서 특징지워진다. B형은 알칼리로 처리된 콜라젠(alkali-treated collagen)에서 얻어지며, 그 등전점은 pH 4.8 내지 5.0이다.

한편 콜라젠(collagen)을 물속에서 가열하며, 콜라젠의 복합 삼중나선 구조(α -helical coiled-coil with triple helix stucture)는 온도의 상승에 따라 수축되어 어느 한계온도를 지나면 삼중나선을 형성하고 있는 폴리펩타이드의 삼중나선의 구조는 파괴되어 콜라젠의 분자구조의 규칙성은 상실되어, 무정형의 가수분해물들의 용액, 즉 젤라틴의 용액이 형성된다.

그러나 형성된 젤라틴의 교질용액은 그 온도가 내려감에 따라 분해된 펩타이드 사슬들(hydrolyged peptide chains)이 부분적으로 다시 재결합하여, 삼중나선상 구조가 재생되어 서로 얽힌, 삼차원의 망, 즉 젤라틴 젤을 형성한다. 이상의 젤라틴 젤을 탈수하면 분말, 입상 또는 다공질의 고형 젤라틴을 얻을 수 있다.

젤라틴은 다른 단백질과 마찬가지로 등전점(IP)을 중심으로 해서 산성에서는 양이온(cations)으로, 한편 알칼리성에서는 음이온(anions)으로 존재할 수 있는 양성물질(amphoteric substance)이다. 젤라틴의 분자량은 아직 확실하지 않으나 대체로 10,000 내지 100,000 정도로 추정되고 있다(Ward, A. G. and Courts, A. 1977. "*The Science amd Technology of Gelatin*," Academic Press, London 등 참조).

젤라틴 젤

젤라틴 젤(gelatin gel)은 매우 낮은 농도(0.2% 내지 0.5%)에서도 단단한 젤(firm gel)을 형성하며, 이 젤은 또한 매우 투명한 특징을 갖고 있다.

한편, 젤라틴의 콜로이드 용액의 젤 형성과정은 가역적(resuersible)이며, 젤화온도(gelation temperature)인 35℃보다 높은 온도에서는 졸(sol)의 형태로, 35℃보다 낮은 온도에서는 젤(gel)의 형태로 존재한다.

젤라틴 젤의 견고성(堅固性, rigidity)에 영향을 주는 요인들로서는 다음과 같은 것이 있다.

젤라틴의 농도 대체로 젤라틴 함량이 클수록 형성된 젤의 굳기 내지는 견고성도 강하며, 이 둘 사이의 관계는 일반적으로 다음과 같이 표현 될 수 있다고 한다.

젤의 견고성(rigidity)=K

여기서 K는 비례상수이다.

젤화온도 젤라틴 젤의 젤화온도(gelation temperature)보다 낮은 온도에서는 온도가 낮을수록 형성된 젤의 견고성은 일반적으로 증가한다.

젤라틴 분자의 분자량 일반적으로 젤형성에 사용되는 젤라틴의 분자량이 클수록 젤의 견고성도 커진다.

염의 영향 젤라틴 젤의 굳기 내지는 견고성은 첨가된, 또는 원래 존재하는 염류의 종류나 양은 실제적인 영향을 주지 않는다고 한다.

pH pH가 4.6에서 8.2 사이라면, pH의 변화는 형성된 젤라틴 젤의 견고성에 거의 아무 영향도 주지 않는다고 한다. 다만 pH가 강산성(strongly acidic)인 경우에는 젤라틴 분자들에 서서히 가수분해가 일어나며, 결과적으로 그 견고성은 감소된다고 한다.

젤라틴 젤의 용도

전술한 대로 젤라틴은 많은 식품들 또는 가공식품들에 여러 가지 목적으로 첨가, 사용된다. 그 중 몇 가지 예들을 들어 보면 다음과 같다.

1. 과자류, 특히 색깔과 맛을 갖게 된 젤들은 젤리 과자류(jellies)로서 일류급의 저칼로리 식품류(low calorie foods), 즉 섭식용 식품들(dietetic foods)로서 널리 상용되어 왔다.
2. 젤라틴은 매우 안전한 식품용 유화제(food emulsifying agents), 또는 안정제(stabillizers) 등으로 널리 사용되어 왔다.
3. 건조됨을 피하거나 억제하는 일이 바람직한 여러 식품들의 경우, 식용 가능하고 절대적으로 안전한 피막들(absolutely safe and edible coatings), 또는 글레이즈(glaze)로 되어 왔다.
4. 특수한 용법으로는 젤라틴이 탄닌들(tannins)과 불용성 복합체들을 형성하는 사실을 이용하여, 과즙류(furit jucies), 포도주를 비롯한 각종 과실주들(wines)을 장기간 저장할 때 안개 같은 불투명한 부분이 투명했던 과실주의 액체 내부에 생기는 현상(hazing)의 원인이 되는 것으로 규명된 폴리페놀 화합물들과, 특히 탄닌류를 제거하는데 사용된다. 이 항목에 대해서는 다시 자세히 설명하기로 한다.

젤라틴과 탄닌과의 반응 탄닌산(tannic acid)을 비롯한 폴리하이드록시페놀 화합물들(polyhydroxyphenolic compounds), 즉 폴리페놀류(polyphenols)로 표현되는 탄닌류(tannins)는 젤라틴을 비롯한 일부 단백질들과 상호반응(interaction)을 일으켜, 수용성 또는 불용성 복합체(soluble or insoluble complexes)를 형성한다. 즉, 과잉(excess)의 탄닌과 단백질들이 함께 존재하거나, 이 두 혼합 용액의 pH가 단백질의 등전점(isoelectric point), 또는 그 부근의 pH를 가질 때는 불용성인 복합체가 형성된다. 그러나, 그 pH가 단백질의 등전점에서 크게 벗어나거나, 탄닌의 양이 감소되면 수용성인 복합체들의 양만이 증가하게 된다.

한편, 탄닌과 단백질의 결합은 탄닌의 페놀성 수산기(phenolic hydroxyl group)들과 단백질 속에 존재하는 펩타이드 결합을 형성하고 있는 카아복실기(carboxly group)들 사이의 상호반응에 의한 것으로 생각되고 있다.

반 뷰렌들(Van Buren, J. P. and Robinson., W. B., 1969)은 젤라틴과 탄닌산의 상호반응에 의한 복합체의 형성량에 대한 탄닌산과 젤라틴의 비율 및 pH의 영향을 조사하였다. 이들에 의하면, pH 5.0에서 4.5 사이에서 이 복합체의 형성량, 즉 침전물 형성량은 최대치(the maximal value)를 보였다고 한다.

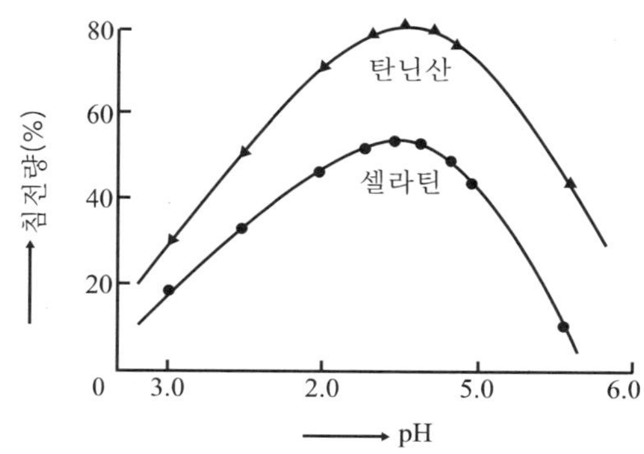

[그림 16-8] 젤라틴(gelatin)과 탄닌산(tannic acid)의 침전량(%)에 미치는 pH의 영향. 초기농도 100mg 젤라틴/100ml., 25mg 탄닌산/100ml. ▲ 침전된 탄닌산(%), ● 침전된 젤라틴(%) van Buren, J. P. and Robinson, W. B. 1969. *J. Agr. Food Chem.*, 17, 773.

그림 16-8은 탄닌산과 젤라틴(gelatin)의 수용액을 혼합했을 때 형성되는 불용성 복합체들, 즉 침전물(precipitation)의 농도의, 원래의 탄닌산과 젤라틴의 농도에 대한 비율을 보여주는 그림이다.

이와 관련해서 1980년대부터 혼탁(haze)을 일으키게 하는 폴리페놀류(haze-active polyphenols)는 혼탁을 억제하는 젤라틴 분자들의 특정한 장소들(the active sites in the gelatin molecules)에 결합하며, 그 장소는 혼탁을 일으키는 특정 폴리페놀류와 결합하는 혼탁억제 단백질들 임이 확인 된 바 있다(Siebert, K. J. *et al.*, 1996).

한편 과즙이나 맥주, 포도주 등의 폴리페놀류 중 혼탁을 일으키는 폴리페놀류와 젤라틴 분자들 중 역시 혼탁을 억제하는 작용을 가진 젤라틴 분자들(haze-active proteins) 사이의 가장 효과적인 양적 관계는 혼탁을 유발하는 폴리페놀의 양(즉 농도)에 비해서 혼탁을 억제하는 젤라틴 즉, 단백질의 양이 클 때라고 한다. 한편 혼탁을 일으키는 폴리페놀의 양이 더 클때는 위의 경우보다 덜 효과적이며, 특히 폴리페놀 분자들의 활성장소들의 총수(總數)가 젤라틴 또는 단백질 분자들의 활성장소들의 총수와 같아질 경우에는 분자들을 연결한 큰 망 조직(net-work)이 형성되어, 입사광선(入射光線)을 크게 산란(散亂)시켜, 혼탁 억제효과는 최하가 된다고 한다(Siebert, K. J., 1999).

일반적으로 탄닌(또는 탄닌산)과 젤라틴 사이의 상호반응(interaction)은 다음과 같은 식으로 표시될 수 있다.

$$\text{N 젤라틴} + \text{NM 탄닌} \rightleftharpoons (\text{젤라틴} - \text{M 탄닌})_N$$

여기서 *M*은 젤라틴 1분자와 결합하는 탄닌 분자의 평균수(average number)이며, N은 한 개의 침전 덩어리(an aggregate) 속의 젤라틴 분자 수를 표시한다. 한편, 이상의 반응이 과즙류(fruit juices)나 과실주류(果實酒) 등에서 탄닌을 침전으로 제거하는 데 있어서 실제로 널리 사용되고 있음은 이미 언급한 바 있다.

우유 단백질

전술한 바와 같이 우유는 고품질 단백질 식품들(high quality protein foods)의 대표적인 예로서 수분(약 88%)을 제외한 전체 고체성분의 25% 내지 30%에 해당하는 단백질들을 함유하고 있다(표 16-16 참조).

이 단백질들의 필수아미노산 조성(composition)은 1957년도에 제정한 이상적인(ideal) 기준 필수아미노산 분포도(reference amino acid pattern, FAO/WHO, 1957)의 기준이 되었을 만큼 그 영양가가 가장 높은 단백질들의 하나로서, 특히 라이신 등의 필수지방산들의 함량이 크다.

우유 속에 존재하는 단백질의 일부는 우유속의 지방입자들(fat globules)의 표면에 흡착(adsorb)되어 있다. 이들 우유 단백질에 대해서는 잘 연구되어 왔으나, 그 종류와 구조, 그리고 그 기능 등에는 아직 더 연구되어야 할 것들이 많다.

대부분의 우유 단백질들은 우유에서 지방질을 제거한 탈지유(脫脂乳)에도 그대로 존재한다. 이들 단백질의 종류와 전체 단백질 함량에 대한 %비율은 대체로 다음과 같다.

카세인(casein)	76~86%
락트알부민(lactalbumin)	9~18%
락토글로불린(lactoglobulin)	1.4~3.1%
프로테오스-펩톤(proteose-peptone)	2~6%
기타 질소화합물들(other nitrogeneous substances)	2.5%

한편, 우유의 주요 구성성분들의 종류와 그 함량은 표 16-16과 같다.

이제 우유 단백질의 각 주요 구성성분들에 대해서, 그 함량이 상대적으로 크고, 중요한 것부터, 설명하면 다음과 같다.

카세인 우유의 pH를 4.6부근으로 조절할 때 침전되는 단백질의 하나인 카세인류(caseins)는 전체 우유 단잭질들의 대략 80%에 달하는 우유 단백질들의 주성분이다. 카세인들의 등전점은 대체로 pH 4.6 부근으로 알려져 있다.

전술한 대로 카세인은 실제로는 매우 다양한, 서로 다른 단백질들로 구성되어 있음이 밝혀져 왔다. 가장 주된 구성 단백질로는 전체 카세인의 38% 이상을 차지하고 있으며, 칼슘 이온(Ca++ion)에 의해서 예민하게 반응하여 침전되는 α_{s1}-카세인(α_{s1}-casein), 그리고 그 분자 내에 시스테인(cysteine)을 함유하고 있는 10% 가량의 α_{s2}-카세인(α_{s2}-casein)이 있다.

그리고 전체 우유단백질의 각각 36%와 13% 정도를 점유하고 있는 β-카세인과 χ-카세인(β-casein and kappa-casein), 한편 3% 가량 함유되고 있는 γ-카세인(γ-casein) 등이다.

그러나, α_{s1}-카세인의 경우에도 폴리펩타이드 사슬(polypeptide chain) 중의 아미노산 배열에 따라 A, B, C, D의 4종이, β-카세인의 경우에는 같은 이유에 의해서 A_1, A_2, A_3, B, C, D 등의 종류가 있음이 확인되고 있으나, 그 기본적인 성질은 서로 유사한 것으로 알려져 있다.

α, β, χ, γ-카세인 등의 명칭은 원래는 각 구성 카세인들의 전기영동성(electrophoretic mobility)상의 차이에 의거한 분류(classification)에 연유한 것으로 알려져 있다(표 16-?참조).

이상의 구성단위가 되는 카세인 단백질들의 분자량은 19,000~24,000 정도이다. 그러나 이 분자들이 25~30개 정도가 집합체(aggregates)를 형성하여 미셀(micelle)의 소단위(subunits)를 형성하고, 다시 이 소단위가 모여서 구성 카세인 분자들 500~50,000개 정도로 구성된 한 단위(單位)의 미셀(micelle unit)을 형성하며, 이 미셀들이 우유 속에 존재하는 것으로 알려져 있다.

표 16-16 우유(milk)의 주성분들

성　　분	우유 성분의 평균치[1]	우유 성분의 평균치[2]
물(water)	87.3%	87.73%
지방(fat)	3.67	3.60
카세인(casein)		2.63
알부민(albumin)		0.31
글로불린(globulin)		0.11
프로테오스-펩톤(proteose-peptone)		0.13
기타 질소화합물(other nitrogeneous sub)		0.09
전 단백질(total protein)	3.42	(소합계 3.27)
젖당(lactose)	4.78	4.65
회분(ash)	0.73	0.75
합계(total)	99.90	100.00

1) Jocobs, M. B. ed. 1951. "*The Chemistry and Technology of Food Products*," 2nd ed., Interscience Publishers, New York.
2) Ling, E. R. 1963. "*Dairy Chemistry*." 3nd ed., vol. 1, p.85, p.86, Chapman and Hall Ltd., London.

이상의 미셀들의 구조와 형태 등에 관해서 소위 슬래터리와 에바드들(Slattery, C. W. and Evard, R. 1973, Whitaker, J. R. and Tannenbaum, S. R. 1977 참조)의 모형이 있으나, 더 많은 연구가 필요한 듯하다. 우유 속에 실제로 존재하는 카세인 미셀들(casein micelles, 콜로이드상 미립자들)은 대체로 그 직경이 20～600nm, 평균직경 120nm, 무게 107～109, 평균무게 108 정도의 구형(spherical form)의 부피가 큰 입자들의 형태로 존재하는 것으로 보인다.

카세인에 대한 효소 레닌의 작용이 적당한 pH에서 효소 레닌(rennin)을 작용시키면, 우유 단백질들 중 카세인 미셀, 즉 카세인 단백질들이 응고(coagulation)되는 것이 치즈 제조에 응용되고 있는 중요한 사실이다.

한편 카세인 단백질들의 응고는 그 중의 수용성인 카세인(soluble casein)이 레닌(rennin)에 의해서 역시 수용성인 파라카세인(soluble paracasein)이 되었다가 다시 파라카세인이 우유 속의 칼슘이온(calcium ion, Ca^{++})과 결합하여 물에 녹지 않는 파라카세인의 칼슘염(insoluble calcium paracaseinate)을 형성하기 때문인 것으로 생각되어 왔다.

$$\text{수용성 카세인(soluble casein)} \xrightarrow{\text{레닌 효소(rennin)}} \text{수용성 파라카세인(soluble paracasein)}$$

$$\text{파라카세인(parracasein)} + Ca^{++} \longrightarrow \text{불용성} + Ca^{++}\text{-파라카세인(insoluble paracaseinate)}$$

지금까지의 연결들도 이상의 매우 간략한 설명을 대체로 뒷받침하여 주고 있는 듯하다. 즉, 우유 중에서는 αs_1-카세인, αs_2-카세인, β-카세인, κ-카세인 분자들이 대체로 3 : 1 : 3 : 1의 비율로 이온결합 또는 소수성결합(疏水性結合, hydrophobic bond) 등을 통해서 미셀 소단위들(submicelles, or subunits)을 형성하고 있다. 한편 이 중 αs_1-카세인, β-카세인, κ-카세인이 각각 3 : 2 : 1의 비율로 구성되고 있는 것으로 알려져 있다. 이 중 αs_1-카세인, β-카세인 분자들은 각각 여러 개의 인산 에스터 그룹들(phophate ester groups)을 분자 내에 갖고 있으며, 이 인산 에스터 그룹들은 칼슘이온(Ca^{++})과 반응하여 이온 결합을 형성하며, 따라서 미셀 소단위들(submicelles)은 횡적결합(cross-king)을 통해서 전술한 바와 같은 입자들의 형태가 커져 카세인 미셀들을 형성하게 된다는 것이다.

미셀을 형성할 때 특히 강한 소수성을 가진 표면영역들(highly hydrophobic surface areas)을 가진 κ-카세인 분자들(κ-casein molecules)은 강한 소수성 영역 때문에 입자들 전체의 안정성을 위해서 입자 표면으로 위치하게 되는 경향 강하며, 따라서 카세인 미셀들의 많은 표면은 κ-카세인의 강한 소수성 영역에 의해서 덮혀지게 된다.

이 κ-카세인 분자들의 폴리펩타이드 사슬들(polypeptide cahins)의 끝의 1/3 정도의 부분은 κ-카세인 마크로펩타이드(κ -casein macropeptide)로 알려져 있으며, 끝 부분의 쓰레오닌기(the threonine residuce)는 당류(a trisaccharide residuce)와 결합한 구조를 하고 카세인 미셀들의 표면에 노출되어 있는 것으로 알려져 있다.

한편, 레닌효소는 카세인 미셀들(casein micelles)을 구성하고 있는 κ-카세인(kappa-casein)에 대해서만 선택적으로 작용하여 κ-카세인을 파라-κ-카세인(para-kappa-casein)과 κ-카세인 마크로펩타이드(κ-casein macropeptide)로 가수분해한다. 이 마크로펩타이드가 카세인 미셀에서 떨어져 나가면 결국 카세인 미셀의 표면에는 파라-κ-카세인(para-kappa-casein)이 남게 된다. 그러나 카세인 미셀에서 마크로펩타이드는 떨어져 나가면서, 이 새로 노출된 부분들을 통해서 소수성결합(hydrophobic bond)을 주로 하는 각종의 횡적결합(cross-linking)이 일어나 카세인 미셀들 사이의 삼차원의 망(three-dimensional network)이 급속하게 형성되어 반고체(semi-solid, curd)가 형성된다.

한편 우유의 pH를 4.6으로 하였을 때 침전되지 않는 단백질들은 유장 단백질(乳漿蛋白質, whey proteins)이라고 불리며, 전체 우유 단백질 중의 18% 내지는 19%가 여기에 속한다. 이 유장 단백질의 주성분들은 락토글로불린(lactoglobulin)과 락트알부민(lactalbumin) 등이다.

지방구막 단백질 지방구막(脂肪球膜) 단백질(fat globule membrane proteins)은 소의 유선(乳腺, mammary gland)에서 합성된 우유지방구들(milk fat globules)을 둘러싸고 있는 막(a unit membrane)을 구성하고 있는 단백질이라는 뜻에서 유래된 것으로 생각되고 있다. 이때 형성되는 지방구는 평균직경이 대체로 1~2㎛ 정도로 알려져 있으며, 이를 둘러싸고 있는 단일 막은 단백질, 인지방질, 콜레스테롤 등으로 구성되어 있다.

이 막은 유방세포(mammary cell)들이 지방세포들은 갖고 있지 않은 사실로 볼 때, 유방의 분비세포(mammary secretory cell)들 사이를 통과할 때, 이상의 막으로 둘러싸여고 유방 바깥으로 나오는 것으로 생각되고 있다(Guess, M. I. and Horwood, J. L., 1991).

락토글로불린 락토글로불린(lactoglobulin)은 유장 단백질들(whey proteins) 중 포화 황산마그네슘($MgSO_4$) 용액에 의해서 침전되는 단백질이며, 유우글로불린(euglobulin)과 중 슈우도글로불린(pseudoglobulin)으로 다시 세분된다.

락트알부민 락트알부민(lactalbumin)은 유장(乳漿) 단백질들(whey proteins) 중 포화 황산마그네슘 용액에 의해서 침전되지 않는 단백질 부분이다.

이상의 유장 단백질들(whey proteins)은 전술한 카세인류와는 달리 -카세인 단백질들은 100℃ 이상의 고온에서도 안정성을 유지하는 것으로 알려져 있다- 중성 pH에서는 56-58℃에서 젤화 하는 것으로 알려졌다. 그러나 유장 단백질들의 젤화온도(gelation temperature)는 그 농도가 낮아짐에 따라 높아지는 것으로 알려졌다. 유장 단백질을 영양 첨가물들(nutritional supplements) 이외에도 더 효과적으로 이용하는 방법들을 개발하는 연구들이 꾸준히 계속되고 있다.

모아(More. C. V., 1992)는 식품공업계에서는 단백질 함량이 35~75%인 유장 단백질 농축물(whey protein concentrate, WPC) 또는 단백질 함량이 90% 이상인 유장 단백질 추출물들(whey protein isolate, WPI)의 형태로 대두 단백질 추출물(soy protein isolate, SPI)들 처럼 기능성 식품소재(機能性 食品素材)로 사용되고 있다고 보고하고 있다.

이 유장 단백질 추출물(WPI)들은 실온 또는 80℃ 정도의 온도에서 젤을 형성하며, 이 젤은 많은 양의 물과 기타의 식품성분들을 쉽게 수용할 수 있을 정도로 견고하다고 한다.

쥬들(Ju, Z. Y. and KIlara, A., 1998)은 이 유장 단백질 추출물들의 젤화가 일어나는 경우, 글루코노-델타-락톤(glucono-delta-lactone, GDL)을 첨가하면, 매우 딱딱하고 견고한 젤을 만들 수 있다는 실험 결과를 발표하고 있다. 또한 유장 단백질 추출물 또는 베타-락토글로불린 등의 가식(加食) 필름(edible film)에 관한 연구들도 자주 보고되고 있다(예 Mate, J. I. and Krochta, J. M., 1996).

표 16-17 초유(colostrum)와 보통 우유(mature milk)의 단백질 성분들

우유의 종류 \ 단백질의 종류	카세인(casein)	알부민(albumin)	글로불린(globulin)	비단백질 질소
초유(colostrum)	31%	6%	55%	8%
우유(mature milk)	71	8	18	3

Meyer, I. H. 1960. "*Food Chemistry,*" p.294, Reinhold Pub. Corp., New York.

콜로스트럼, 초유 콜로스트럼(colostrum), 즉 초유(初乳)는 출산 직후 포유동물의 유선(乳腺, mammary gland)에서 처음 수일 동안 나오는 젖을 말하며, 그 후 분비되는 젖, 즉 이 경우에는 우유와는 그 조성(composition)이 현저히 다르다(표 16-17 참조).

가장 현저한 차이는 단백질들 중에 글로불린 부분(globulin fraction)들로서 우유 단백질 (milk protein)이 약 18%의 글로불린들을 함유하고 있는데 비해서, 콜로스트럼, 즉 초유는 그 단백질 전체 함량의 약 55%에 해당하는 글로불린들을 함유하고 있다는 사실이다.

한편, 이 글로불린들은 태생된 지 얼마 되지 않으며, 따라서 저항력이 약한 어린 소들을 여러 형태의 병에서부터 보호하여 주는, 모체로부터 공급되는 여러 면역체들(antibodies)을 함유하고 있는, 소위 면역체 글로불린들(immunoglobulins)인 것으로 알려져 있다.

이상의 면역 글로불린들로는 면역 글로불린 A와 G_2(imunoglobulin G_1, and G_2, 즉 Ig G_1, and Ig G_2), 면역글로불린 A와 M(imunoglobulin A and M, 즉 Ig A and Ig M) 등이 알려져 있다(그림 16-19 참조).

초유의 경우 그 함량이 가장 큰 면역 글로불린은 면역 글로불린G(Ig G) 또는 면역 글로불린A(Ig A)로서, 출산된 지 얼마 안 되는 새끼소에 침입하는 유해 세균들, 예로서 새끼소에 침입하기 쉬운 에셰리키아 콜라이(Echerichia coli) 등과 결합하여 새끼 소 체내의 백혈구(phagocytes)들의 유해(有害) 세균들의 제거작업을 돕는다고 한다.

참고로 사람의 경우, 그 초유에는 전체 단백질 함량 12g/liter의 1 내지 2g/liter가 면역 글블린A로 되어 있다고 한다(Brody, T., 1999).

한편 유와 시마자키들(Yu and Shimagaki, K.I., 1998)은 이상의 면역 단백질들의 하나로 볼 수 있는

철함유(鐵含有) 면역단백질 락토페린(lactoferrin)의 분포, 그 형태와 생리활성작용, 항균작용, 면역조절작용(immuno modulating activity), 항종양 활성(antitumoric activity) 등에 대해서 설명하고 있다. 이 면역조절 단백질의 함량은 모유의 경우, 초유에는 6~8g/liter, 상유는 2~4g/liter 이나, 우유의 경우, 초유와 시판유(市販乳)의 함량은 각각 1g/liter 내외와 00.2~0.35g/liter 라고 설명하고 있다.

또한 이들은 전술한 각종 면역 글로불린 중 사람의 초유에는 면역 글로불린A(lgA) 함량이 가장 큰 반면에, 소의 초유의 경우에는 면역 글로불린G(lgG)의 함량이 가장 크다고 설명하고 있다.

달걀 단백질

달걀은 지방질, 각종의 비타민류, 무기염들뿐만 아니라, 1965년에 제정된 필수아미노산의 기준 분포도(reference essential amino acid pattern)의 모체(母體)가 될 만큼이 고품질 단백질(high quality protein)의 주요한 자원으로서 매우 중요하다는 사실에 대해서는 이미 언급한 바 있다.

달걀 한 개의 크기는 보통 소형(small size)이 40g, 중형(meium size)이 50g, 대형(large size)이 60g, 특대형(jumbo size)이 70g 달걀 한 개(whole egg)는 표 16-18에서 볼 수 있듯이 전체 무게의 약 10%가 껍질(殼, shell)이고 나머지 90% 중 흰자가 약 60%, 노른자가 30% 정도이며, 각 부분의 조성(composition)은 표 16-18과 같다.

달걀에는 여러 가지 종류의 단백질들이 함유되고 있으나, 이 단백질들은 달걀흰자 속에 함유되고 있는 단백질들(egg white proteins)과 달걀노른자 속에 함유되고 있는 단백질들(egg yolk proteins)로 보통 분류된다.

표 16-18 달걀의 껍질, 흰자, 노른자의 구성비율과 각성분의 퍼센트 조성(평균치)

	구성 비율	수분	단백질	지방질	탄수화물	회분
달걀 껍질(egg shell)	11	1.0	4.0	0	0	95.0
달걀흰자(egg white)	58	88.0	11.0	0	0.8	0.6
달걀노른자(egg yolk)	31	49.0	17.0	33.0	0.7	1.7
달걀 전체(whole egg)	100	74.0	13.0	11.5	0.7	1.0

달걀흰자 단백질들

달걀흰자 단백질들(egg white proteins) 중 주요한 것으로는 다음과 같은 것들이 있다.

오브알부민 오브알부민(ovalbumin)은 달걀흰자 단백질의 전체함량의 54%를 차지하고 있는, 흰자 단백질의 주성분이 되는 단백질이며, 분자 내의 인(燐, phosphorus)의 함량에 따라 A_1(인원자, 즉 燐原子 두 개), A_2(인원자 한 개), A_3(인원자 없음) 등이 알려져 있다.

이 오발뷰민은 가열에 의해서 쉽게 응고될 뿐만 아니라(heat coagulable), 단백질에 변성을 가져오는 약품들(denaturing agents)에 의해서도 쉽게 변성된다.

이 단백질은 그 분자량이 45,000 정도로 추정되고 있는 구형(spherical)의 인단백질(phosphoprotein)로서 그 외에도 전체 중량의 2%에 해당하는 다당류(polysaccharides)가 함유되어 있는 점이 특이하다.

콘알부민 콘알부민(conalbumin)은 오보트란스퍼린(ovotransferrin)으로도 알려져 있으며, 전체

흰자 단백질의 13%를 차지하고 있는 단백질로서, 그 분자량은 70,000~80,000 정도로 추정되고 있는 당 단백질(糖 蛋白質, glycoprotein)이다.

이 단백질은 가열에 대해서 매우 민감(敏感)하며(heat-sensetive), 60℃에서 매우 쉽게 응고하는 사실(heat-coagulable)이 알려져 있다.

한편 이 콘알부민은 철 또는 비타민 B_{12} 등과 결합하여 복합체를 형성함으로써 이들을 불활성화(不活性化)시키는 특이한 성질을 갖고 있다. 즉, 콘알부민(conalbumin)은 그 분자 내의 아미노기(amino group), 카아복실기(carboxyl group), 아마이드기(amide group) 등을 통해서 제이철 이온(ferric ion, Fe^{+++})과 배위 결합(配位結合, coordinate bond)을 형성한다.

오보뮤코이드 오보뮤코이드(ovomucoid)는 전체 달걀흰자 단백질의 약 11%를 차지하고 있는 단백질로서 열에 의해서 응고되지 않는다. 이 오보뮤코이드는 그 분자량이 27,000 내지 29,000 정도인 당 단백질로서 그 속의 단백질성분은 전체 무게의 약 20~25%가량 되는 당류(sugars)와 결합하고 있다.

이 단백질의 가장 중요한 특성(特性)은 단백질 분해효소들(proteolytic enzyme)의 하나인 트립신의 작용을 억제하여 주는 단백질 분해효소 억제 단백질들의 하나인 트립신 억제 단백질(trypsin inhibitor)로서 작용한다는 점이다(본 장 p. 993의 단백질 분해효소 억제물질들 참조).

이와 같은 작용의 기구(mechanism)에 대해서는 확실하게 알려져 있지 않으나, 효소 트립신과 강하게 결합, 복합체(complexes)를 형성함으로써 트립신의 구조를 수정하여 그 기능을 불활성화(inactivate)시키는 것으로 믿어지고 있다.

기타의 단백질 분해효소 억제 단백질들 달걀의 흰자 단백질에는 전술한 오보뮤코이드(ovomucoid) 이외에도, 1.5% 가량 함유된 단백질 분해효소 억제 단백질(serine proteinase inhibitor protein)인 오보인히비터(ovoinhibitor)와 0.05% 가량 함유된 단백질 분해효소 억제 단백질(thiol proteinase inhibitor protein)인 피신 인히비터(ficin inhibitor) 등의 두 개의 단백질 분해효소 억제 단백질들(protease inhibitor proteins)이 함유된 사실이 알려져 있다.

라이죠자임 달걀흰자 단백질 중에 3.5% 가량 함유되고 있는 라이조자임(lysozyme)은 침(salvia), 눈물, 혈장(blood plasma), 각종 조직들(tissues) 등에도 널리 분포되고 있으며, 세균의 세포막(cell wall)을 용해(lysis) 할 수 있는 특별한 기능(機能)을 가진 단백질, 즉 효소들(enzymes)이다.

이 세균의 세포막을 용해 할 수 있는 능력을 가진 라이조자임(lysozyme)은 염기성 단백질(basic proteins)로서 히스티딘, 라이신, 알지닌 등의 염기성 아미노산 함량이 매우 큰 특징을 갖고 있다.

그 분자량은 대략 14,000 정도이며, 열에 대해서도 매우 안정하고, pH 4.5에서 100℃로 1~2분 가열해도 그 효소작용은 그대로 유지된다고 한다. 그 뿐만 아니라, 라이조자임은 일반 단백질들에게 변성(denaturation)을 일으키게 하는 약품들(denaturing agents)이나, 광선(light)의 작용에 대해서도 저항이 특이(特異)하게 강하며 매우 안정하나, 알칼리의 작용에 대해서는 불안정한 사실이 알려져 있다.

또한, 이 라이조자임(lysozyme)은 트립신, 파파인(papain) 등과 같은 단백질 분해 효소들의 작용을 거의 받지 않는 특이성(特異性)도 갖고 있다고 한다.

오보뮤신 달걀흰자 단백질의 한 성분으로서 흰자 단백질들(egg white proteins) 전체 함량의 약 3.5% 가량 함유된 것으로 알려진 이 오보뮤신(ovomucin)은, 그 분자 내에 갈락토사민(galactosamine),

황산 에스터 그룹(sulface ester group), 사이알린산(sialic acid) 등을 함유하고 있는 흰자 단백질들 중의 대표적인 당 단백질(glycoproteins) 중의 하나이며 15% 가량의 다당류(polysaccharides)를 함유하고 있다. 그리고 구성 소단위(a subunit)의 분자량이 대략 210,000 정도인 알파-뮤신(α -mucin) 그리고 다당류 함량이 50%가 넘는 것으로 추정되며 분자량이 112,000 정도인 구성 소단위(構成 小單位, subunit)가 결합하여 집합체의 형태로 존재하는 분자량 720,000 정도의 베타-오보뮤신(β -ovomucin)의 형태로 존재하는 것으로 추정되고 있다.

이 오보뮤신 분자들은 섬유상 분자들(fibrous molecules)로서 달걀흰자 중의 노른자에 가까운 쪽에 분포되고 있는 더 끈기 있고 단단한 알부민(thick albumen)에 존재하며, 분자간의 -S-S- 결합(disulfide bonds)을 통해서 불용성인 복잡하고 매우 단단한 삼차원의 중합체 구조를 갖고 있는 것으로 생각되고 있다. 이 삼차원의 중합체 구조는 시간이 경과함에 따라, 그 구조가 서서히 분해되는 것으로 알려져 있다.

즉, 이 단백질은 달걀 저장 중의 품질저하(quality deterioration), 특히 전술한 흰자 단백질 중 노른자 가까운 쪽에 분포된 단단한 알부민(thick albumen)의 연화(softening) 내지는 묽어지는 현상(thinning)에 직접적인 관계가 있는 것으로 알려져 있다.

베타-오보뮤신은 사이알린산(sialic acid)의 함량이 크므로 인플루엔자 바이러스(influenza virus)가 적혈구(赤血球, red blood cells), 즉 헤모글로빈과 교착(膠着)하는 현상(hemagglutination)을 일으키기 전에 이상의 바이러스(influenga virus)의 외곽에 존재하는 교착(膠着) 단백질(hemagglutination protein)과 베타-오보뮤신의 사이알린산이 결합함으로써 바이러스가 적혈구와 교차되는 것을 방해하여 궁극적으로 바이러스에 의한 감염을 억제하는 작용이 있다.

아비딘 아비딘(avidin)은 달걀흰자에 극히 소량 함유되고 있는 단백질이며, 그 함량은 0.06% 정도이고 분자량은 70,000 정도로 추정되고 있다.

이 단백질은 비타민의 하나인 바이오틴(biotin)과 결합하여, 생체로 하여금 이 바이오틴을 이용할 수 없는 형태로 바꾸는 특이한 성질을 갖고 있다. 이 아비딘은 자연에서 처음으로 발견된 항비타민 작용(antivitamin activity)을 가진 물질로도 알려져 왔다.

달걀노른자 단백질들

달걀노른자(卵黃, egg yolk)에 함유(含有)된 단백질들(egg yolk proteins)은 전체 노른자의 대략 17.0% 정도이며, 노른자에 함께 있는 지방질 33.0%, 탄수화물 0.7%와 회분(灰分, ashes) 즉 무기질들(minerals) 등과 함께 합하여 52% 정도이며, 나머지 수분(水分) 48%로 구성되고 있다(표 16-18 참조).

노른자 단백질들 중 전체 함량의 8-10%를 함유되어 있는, 글로불린에 분류되는 리베틴류(livetins)와 전체 함량의 12%가량 함유되고 있는 인단백질(phosphoprotein)인 포스비틴(phosvitin)을 제외하면, 나머지 전체가 거의 고밀도 리포프로테인(high demsity liprotein, HDL)인 리포비텔린(lipovitellin)과 저밀도 리포프로테인(low density lipoprotein, LDL)인 리포비텔리닌이 각각 15와 65%로 구성되고 있다. 이상의 단백질들에 대해서 설명하면 다음과 같다.

리포비텔린 리포비텔린(lipovitellin)은 노른자 중의 고밀도(高密度) 리포프로테인(high density lipoprotein, HDL)을 구성하고 있다. 이 리포비텔린은 달걀노른자를 그대로 초원심분리기(a ultracentrifuge)로 각 성분들을 분리할 때, 아래로 갈아 앉는 입상부분(the granule fraction)의 주성분들로 20% 정도의 지방질을 함유하고 있는 구상 단백질들(globular proteins)이다. 알파- 및 베타-리포비텔린들(α-and β-lipovitellins)이 알려져 있다. 이 리포비텔린의 분자량은 약 40만 정도이다. 리포비텔린들은 인지방질, 콜레스테롤과 그 에스터들, 트리아실글리세롤, 즉 트리글리세라이드 등의 지방질과 함께 약 1% 정도의 인(phosphorus, P)을 함유하고 있기 때문에 인단백질(phosphoprotein)로도 분류된다. 이 단백질은 전체 노른자 단백질의 대략 15% 가량 되며, 80%의 알코올 용액으로 추출된다.

리포비텔리닌 리포비텔리닌(lipovitellinin)은 레시틴(lecithin, 즉 phosphatidyl choline)을 주성분으로 하는 지방질을 대략 90% 가까이 함유하고 있으며, 달걀노른자 중의 저밀도 리포프로테인(low density lipoprotein LDL)의 주성분이 되는 단백질로 그 분자량이 대략 10×10^6인 LDL과 3×10인 LDL_2가 있다. 전술한 대로 지방질 함량이 크며, 초원심분리기로 분리할 때, 위의 투명한 액체부분(the supernatant plasma fraction)의 주성분으로 얻어진다. 이 리포비텔리닌은 대략 0.29% 내외의 인(P)을 함유하고 있으며, 따라서 인단백질(phosphoprotein)이기도 하다. 이 단백질은 전체 노른자 단백질에 대략 65% 정도 함유되고 있으며, 역시 80% 알코올로 추출된다.

포스비틴 포스비틴(phosvitin)은 인산 에스터 그룹들(phosphate ester groups)의 형태로 인 12%를 함유하고 있다. 인 함량은 리포비텔린이나 리포비텔리닌보다 월등히 크며, 달걀노른자의 인 함량 전체의 70% 정도가 된다. 또한 포스비틴은 아미노산 세아린(serine)의 함량이 크며, 분자내의 대부분의 인은 펩타이드 결합을 형성하고 있는 세아린들과 결합상태에 있다고 한다.

리베틴 달걀노른자 단백질에는 리베틴류(liventins)로 알려져 있는, 수용성인 글로불린에 분류되는 단백질이 함유되어 있다. 이 리베틴은 분자량의 크기에 따라 알파-, 베타-, 감마-리베틴들(α-, β-, γ-liventins-, 그 분자량은 각각 8×10^4, 4.5×10^4, 15×10^4 정도)로 다시 세분화(細分化)된다. 이 레베틴류에는 달걀노른자 중의 거의 모든 효소들이 포함되어 있다.

전술한 대로 달걀노른자 전체량의 대략 8-10% 가량 함유되어 있으며 황산 암모늄[$(NH_4)_2SO_4$]의 반포화용액(半飽和溶液)에 의해서 침전된다.

기타의 단백질들

달걀껍질(egg shell)의 내벽이나 달걀노른자 표면에는 투명한 막들(transparent membranes)이 덮혀져 있으나, 이 막의 주성분들도 단백질이며, 이 단백질은 케라틴(keratins), 뮤신(mucins) 등으로 구성되어 있는 것으로 알려져 있다.

단백질의 새로운 자원

오늘날 세계 인구 전체 수의 상당한 부분을 차지하는 사람들이 정도의 차이는 있으나 단백질 섭취 부족(protein deficiency) 상태에 있으며, 따라서 값싸고 양질인 단백질 자원들(protein source)이 발견 또는 개발되지 않는 한, 이상과 같은 실정은 점차적으로 악화될 것으로 우려되고 있다. 이와 같은 사태에 대처하기 위해서 오래 전부터 새로운 고품질 단백질 자원들을 개발하는 노력이 꾸준히 이루어져 왔다.

현재 널리 사용되고 있는 대두 단백질 농축물 또는 대두 단백질 추출물들(soybean protein concentrates, SPCs or soybean protein isolates, SPIs)을 대표로 하는 각종 종자 단백질 농축물들(concentrated seed proteins, CSPs), 어류 단백질 농축물 또는 어류 단백질 추출물들(fish protein concenrates, FPSs or fish protein isolate, FPIs)들을 그 예(例)들로 들 수 있다.

한편 시험적으로 실용화 단계에 있는 것으로는 미생물, 즉 단일세포 단백질 추출물들(single cell proteins, SCPs), 녹엽 단백질 농축물들(leaf protein concentrates, LPCs) 등이 있으나, 그 안전성(safety), 기호성(嗜好性) 등, 아직 연구할 사항들이 많은 것으로 생각되고 있다.

한편, 새로이 개발될 단백질은 무엇보다 그 생산가격이 종래의 단백질 자원들보다 싸고, 손쉽게 얻을 수 있는 것이어야 한다. 또한, 이들 단백질은 우리 인류가 현재 주식(staple foods)으로 삼고 있는 곡류에서 얻어지는 단백질들(cereal proteins)보다 품질, 즉 영양가가 비슷하거나 더 우수해야 할 것이며, 가급적이면 섭취부족 되기 쉽고 무엇보다 그 가격이 상대적으로 비싼 동물성 단백질의 조성(composition)에 가까운 것이어야 할 것이다.

한들(Han, Y.W. et al., 1971)은 현재 인류가 사용하고 있거나 실제 사용이 가능한 각종 단백질의 실질적인 가격을 조사 검토하였다(표 16-19 참조).

이들의 연구에 의하면, 동물성 단백질은 곡류 단백질보다 가격이 일반적으로 2배 내지 3배나 비싸며, 한편 현재 개발 중에 있는 여러 가지의 새로운 단백질 자원들은 품질이 우수한 데 비해서 가격은 곡류 단백질의 1/2 내지 1/3로서 극히 저렴한 점을 지적하고 있다. 이상의 연구는 오래전인 것이나, 그 기본적인 특성과 추세는 현재에도 거의 같다고 생각되며, 앞으로의 식용 단백질 자원의 확장과 성공여부는 이상과 같은 단백질들의 안정성(safetiness)과 기호성의 향상에 따른 계속적인 실용화에 있는 것으로 생각된다.

표 16-19 단백질의 상대적인 비용(본 연구 진행 당시 가격)

식품의 종류	가격(cents/lb)	단백질 함량(%)	단백질의 가격(cents/lb)
재래식인 단백질 식품들(convventional protein foods)			
밀가루	5	12	42
탈지 우유가루(skin milk powder)	15	36	43
말린 생선(fish, dried)	14	37	39
치즈	32	24	133
쇠고기	21	12	175
달걀	24	11	211
완전한 재래식이 아닌 단백질 식품들			
면실가루(cotton seed flour)	7	55	12
대두가루(soybean flour)	7	52	13
FPP(fish protein concentrate)	12.5	85	14
재래식이 아닌 단백질 식품들			
조류(algae)	3	50	6
효모(petroleum yeast)	7～12	50	14～24
효모(vegetable yeast)	10～14	50	20～28
녹엽 단백질(leaf protein)	37～47	50	74～94
세균(cellulose bacteria)	10～15	50	20～30

Han, Y. W. *et al*., 1971 *Food Technol*., 25, 130

미생물 단백질, 즉 단일세포 단백질들

미생물 단백질(microbial protein), 즉 단일세포 단백질들(single cell proteins, SCP)은 다시 미생물의 종류에 따라, 아래와 같이 분류할 수 있다.

효모 단백질(yeast protein)

곰팡이 단백질(fungi protein)

세균 단백질(bacterial protein)

조류 단백질(algae protein)

효모 단백질 오래 전부터 토룰라 효모들(torula yeasts)이 식용 효모들로서 그 사용이 연구되어 왔었다. 가장 잘 알려진 예로서 토루로프시스 유틸리스(*Torulopsis utilis*)가 있는데 이 효모는 그 특성에 따라 칸디다속(genus *Candida*)에 재분류되어, 현재는 칸디다 유틸리스(*Candida utilis*)로 알려져 있다(Snyder, H. E., 1970). 그 외에도 칸디다 토로피칼리스(*Candida tropicalis*), 삭카로마이시이즈 세레비시이(*Saccharomyces cereviciae*) 등이 식용 효모들(food yeasts)로서 그 사용이 연구되어 왔었다.

이 토룰라 효모들은 유장(milk whey), 당밀(molasses), 목재 가수분해물들(wood hydrolysates), 감자 등에서, 전분을 추출하고 남은 찌꺼기들(potato starch wastes) 등에서 배양되어 왔다.

답바(Dabbah, R., 1970)에 의하면 단백질 함량이나 비타민 함량은 전유(whole milk)로 만든 분유(dry milk)보다 오히려 많으며(표 16-20 참조), 단백질의 품질도 육류 단백질(meat protein)에 비교될 만큼 우수하나, 다만 메싸이오닌(methionine)의 함량이 적은 것이 결점이라고 한다.

표 16-20 토룰라 효모(Toula yeast), BP-단백질 농축물(BP-protein concentrate), 전유분유(dry whole milk)의 영양가 비교

성분	토룰라 효모	BP-단백질 농축물	전유 분유
단백질(proteins)	50.0%	43.6%	26.5%
탄수화물(carbohydrates)	30.0	21.9	38.0
지 방(fats)	2.0	18.5	27.0
회분(ash)	7.0	4.4	6.5
수분(moisture)	4.9	7.0	2.0
사이아민(thiamine)	150.0㎍/gm	3～16㎍/gm	3.4㎍/gm
나이야신(niacin)	500.0	180～200	7.3
바이오틴(biotin)	1.0	-	0.3
콜린(choline)	2500.0	-	862.0
코발아민(cobalamin B12)	0.003	0.11	3.9
라이보플라빈(riboflavin)	50.0	75.0	15.5
판토테닌산(pantothenic acid)	100.0	150～192	7.3
피리독사인(pyridoxine)	35.0	23.0	3.9
엽산(folic acid)	30.0	-	0.018

Dabbah, R. 1971 *Food Technol.*, 24, 659.

한편, 포메란츠(Pomeranz, Y., 1991)는 효모 단백질의 특성이 대체로 단백질 함량이 큰 대두 단백질(단백질 함량 45~55%)의 특성과 매우 비슷하다고 말하고 있다. 이 토룰라 효모들의 단백질의 경우, 독성문제, 영양학적 문제들이 계속 검토 중에 있으며, 현재로서는 널리 사용되고 있지 않다. 포메란츠는 효모 단백질을 구성하고 있는 세포막 성분들의 소화(消化)문제와 그 단백질 중 과량으로 함유되어 있는 핵산 물질들(nucleic acids)이 일으킬 수 있는 여러 영양학상의 문제점들에 대해서 주의를 환기시키고 있다. 이상의 문제들이 해결된다면, 단백질 품질이 낮은 밀가루나 기타의 곡류에 소량 혼합하여 사용할 때, 단백질의 양과 질을 보완하는 데 큰 도움을 줄 것으로 기대되고 있다.

곰팡이 단백질들

글래에 와서 일부 곰팡이들(fungi), 예로서 노카아디아(Norcardia) 등에 속하는 곰팡이들은 전술한 바와 같은 여러 폐기품들이나 찌꺼기들, 그리고 파라핀류(paraffins)를 이용하여 단백질을 만들 수 있다. 이 과정에서 증식한 곰팡이는 자신의 건조중량의 30%에서 60%에 달하는 단백질과 여러 종류의 비타민류를 자신의 몸에 함유하고 있다.

이 곰팡이 단백질들(fungi proteins)은 메싸이오닌과 트립토펜(trytophan)들의 함량이 상대적으로 적은 것이 결점이나, 기타의 아미노산들, 특히 기타의 필수아미노산들의 함량은 풍부하다(표 16-21 참조).

이 곰팡이들이 만든 단백질들을 실제로 이용하는데 있어서, 한 가지 큰 결점은 그 향미(香味)가 좋지 않다는 점이며, 따라서 현재로서는 이와 같은 결점 때문에 식품으로서의 이용가치는 낮은 듯하다.

그러나 곰팡이들에 의해서 만들어지는 일부 버섯들(mushrooms)은 특유한 좋은 향미를 가진 식품으로서 일찍부터 널리 이용되어 왔었다. 이 버섯들의 형성과정에 있어서 원료 탄수화물들의 최종 생산물인 단백질들로의 전환율(轉換率, conversion rate)은 실로 65%에 달하며, 쇠고기 형성과정에 있어서의 전환율 4%, 닭고기 등의 가금류(poultry)의 고기에 있어서의 5%, 우유의 형성과정에 있어서의 15%, 돼지고기의 경우의 20% 등과 비교할 때 월등하게 효율적인 전환수단(conversion method)으로 생각되고 있다.

따라서, 곰팡이를 버섯, 또는 그보다는 균사의 형태로 증식시킴으로써 값싼 탄수화물 자원을 일반 사람에게 받아들여질 수 있는 고품질 단백질 자원으로 효율적으로 전환(conversion)시키는 문제가 여러 연구자들에 의해서 꾸준히 연구되고 있다.

석유 단백질 1960년대 후반부터 노오말-파라핀류(pure n-paraffins), 또는 중유류(重油, heavy petroleum oils) 등과 같은 석유 화합물들에서 효모를 비롯한 각종 미생물들이 배양되어왔으며, 이와 같은 석유나 석유 제품에서 배양된 미생물들에서 추출한 단백질들은 일반적으로 석유 단백질로 알려져 있다.

그 하나의 예로서 영국에서 개발된 소위 영국 석유 단백질 농축물(British Petroleum Protein Concentrate), 즉 BP-단백질 농축물(BP-concentrate)이 있다. 이 단백질 농축물은 단백질 함량이나, 단백질들의 품질이 매우 우수할 뿐더러 각종 비타민류도 풍부하게 함유되고 있다고 한다(표 16-20 및 16-22 참조).

그러나 석유 단백질 농축물들의 독성(toxicity)에 관한 조사는 아직 진행 중에 있으며, 따라서 인체에 대한 영향에 대해서는 아직 더 많은 연구가 필요한 듯하다.

석유와 같은 탄화수소들(hydrocarbons)을 미생물들이 탄소원(carbon source)으로 사용할 수 있는 사실 자체에 대해서는 이미 오래 전부터 알려져 왔었다. 여러 문헌들에 의하면 1946년, 1948년경에는 이미 천연가스(natrual gas), 어떤 특정 탄화수소들(hydrocarbons)이 미생물의 탄소원으로 사용할 수 있음이 보고되고 있다.

표 16-21 곰팡이, 버섯, 어분 단백질의 아미노산 구성(amino acid composition) 비교(g/100g protein)

아미노산(amino acids)	FAO 기준 단백질 (reference protein, 1957)	곰팡이 단백질 (fungi protein)	버섯 단백질 (mushroom protein)	어분단백질 (fish meal protein)
알지닌(arginine)	-	4.3	7.85	5.0
히스티딘(histidine)	-	2.98	2.12	2.3
아이소류우신(isoleucine)	4.2	3.52	2.70	4.6
류우신(leucine)	4.8	4.46	5.12	7.3
라이신(lysine)	4.2	5.53	3.84	7.0
메싸이오닌(methionine)	2.2	1.6	0.90	2.6
페닐알라닌(phenyalanine)	2.8	2.5	2.51	4.0
쓰레오닌(threonine)	2.8	3.34	2.98	4.2
트립토펜(tryptophan)	1.4	0.74	0.86	1.2
베일린(valine)	4.2	4.0	3.36	5.2
시스타인(cystine)	2.0	-	-	1.0

Dabbah, R. 1970 *Food Technol.*, 24, 662.

1951년에 이르러 효모 칸디다 리폴리타카(*Candida lipolytica*)와 칸디다 트로피칼리스(*Candida tropicalis*)를 파라핀계 탄화수소들(paraffin hydrocarbons)을 탄소원으로 사용해서 배양하여 좋은 수율(yield)로 증식된 효모 세포들을 얻고 있다. 1963년에는 석유의 원유(原油)에서 이상의 미생물들을 배양할 때는 대체로 10kg의 원유에서 1kg의 석유 단백질과 9kg의 중유(heavy oils)를 얻을 수 있었으며, 이 석유 단백질에는 라이신, 쓰레오닌 등의 중요한 아미노산들의 함량이 많아 그 필수아미노산 조성(essential amino acid composition)은 동물성 단백질과 비등하며, 또한 비타민 B류의 함량도 많아 양질의 단백질들의 부족을 보충하는데 가장 효과적인 단백질 자원의 하나로 지목되어 왔었다(표 16-20 및 16-22 참조).

현재까지 석유 단백질 제조에 가장 널리 사용되고 있는 미생물들로는 전술한 칸디다 리폴리티카(*Candida lipolytica*), 칸디다 트로피칼리스(*Candida tropicalis*) 등의 효모 칸디다들과 노오카디아속(genus *Norcardia*)에 속하는 곰팡이류, 그리고 슈도모나스속(genus *Pseudomonas*)에 속하는 세균류 등이 있다.

한편 미생물에 의한 탄화수소의 탄소원(carbon sources)으로서의 이용방법은 미생물의 종류에 따라 세부적으로는 서로 다르다. 그러나 일반적으로 미생물들이 탄화수소의 산소(molecular oxygen)에 의한 산화분해(oxidative degradation)를 촉진하며, 이 산화분해 과정에서 형성된 지방산들을 미생물들이 이용하는 것으로 생각되고 있다.

즉, 탄화수소의 말단에 있는 메틸 그룹이 먼저 산화되어 일급 알코올들(primary alcohols)이 형성된 후, 이 알코올이 계속 산화되어 지방산들(fatty acids)이 형성되는 것으로 생각되고 있다.

표 16-22 여러 단백질원(different protein sources)의 아미노산 구성(amino acid composition) 비교 (gm/100g protein)

아미노산(amino acids)	FAO 기준 단백질 (reference protein)	토룰라 효모 (Tourla yeast)	육류 (meat)	밀가루로 만든 빵 (wheat bread)	우유 (milk)	BP-단백질 (BP-protein concentrate)
알지닌(arginine)	-	7.22	7.5	4.0	4.28	5.0
히스티딘(histidine)	-	2.62	2.1	2.0	2.57	2.1
아이소류우신(isoleucine)	4.2	7.50	3.3	3.5	4.28	5.3
류우신(leucine)	4.8	7.14	12.5	12.0	16.28	7.8
라이신(lysine)	4.2	8.28	8.3	2.0	7.43	7.8
메싸이오닌(methionine)	2.2	1.68	4.2	4.0	4.0	1.6
페닐알라닌(phenyalanine)	2.8	4.82	4.6	5.5	5.72	4.8
쓰레오닌(threonine)	2.8	5.16	4.6	2.5	4.57	5.4
트립토펜(tryptophan)	1.4	1.32	1.3	1.0	1.71	1.3
베일린(valine)	4.2	5.96	3.3	3.0	5.43	5.8
시스타인(cystine)	2.0	-	-	-	-	0.1

Dabbah, R. 1970 *Food Technol.*, 24, 660.

이와 같이 형성된 지방산은 β-산화과정(β-oxidation process)에 의해서 계속 산화, 분해가 진행되어, 궁극적으로는 초산(acetic acid) 유도체의 형태로 다시 미생물 자신들에게 필요한 여러 화합물들의 합성과정, 예로서 여러 아미노산들의 합성과정 등에 이용하는 듯하다(그림 16-9 참조).

끝으로 석유 단백질과 관련해서 두 가지 점을 강조할 필요가 있다고 생각한다.

첫째는 석유 단백질을 만들어 내는 미생물들에 관한 연구는 곧바로 원유 수송선, 기타의 원유 수송수단의 난파, 좌초, 파손 등에 의한 바다, 해안, 항구, 육지 시설의 대규모 원유오염의 조속한 제거 문제와 직결되어 있다는 점이다. 이와 같은 대량의 원유 유출에 의한, 광범위한 환경오염의 조속한 제거 수단으로서 이상의 석유분해 미생물들의 활용에 큰 기대가 모아지고 있다.

둘째로는 최근 유전공학(genetic engineering)의 급속한 발전이다. 즉 연구자들이 원하는 특성을 가진 미생물들의 개발연구가 유전공학의 이론적 발전과 그 응용기술의 발달, 그리고 이 분야의 경험 축적 등에 의해서 크게 촉진되고 있다는 사실이다. 이 두 번째의 상황들은 비단 석유 단백질뿐만 아니라 미생물을 이용하는 모든 분야의 과제들에게 유익하게 적용될 것임은 물론이다.

$$R-CH_2-CH_2-CH_3 \xrightarrow[\text{산화}]{O_2} R-CH_2-CH_2-CH_2-CH_2-OH \xrightarrow[\text{산화}]{O_2} R-CH_2-CH_2-CH=O$$

$$R-CH_2-CH_2-CH=O \xrightarrow[\text{산화}]{} R-CH_2-CH_2-\overset{\displaystyle O}{\overset{\|}{C}}-OH$$

$$R-CH_2-CH_2-COOH \xrightarrow[(\beta\text{-Oxidation})]{\text{산화}} R-COOH + CH_3COOH$$

[그림 16-9] 효모에 의한 n-파라핀(n-paraffin)의 산화과정.

세균 단백질들 일부 세균들, 예로서의 슈도모나스 메싸니카(*Pseudmonas methanica*)와 같은 슈도모나스속에 속하는 여러 세균들도 고품질 단백질 자원(high quality protein source)으로서의 이용이 연구되고 있다.

세균의 배양방법은 대체로 전술한 바와 같은 방법들이 사용되고 있다. 그러나, 이들 세균체의 단백질 함량은 곰팡이(40%), 효모(50%), 해조(40%) 등과는 달리 균종이나 배양 조건에 따라서 크게 다르며, 대략 47%에서 87% 정도가 된다고 한다. 포메란츠(Pomeranz, Y., 1991)도 일부 세균들이 만든 균체(bacterial SCP)의 단백질 함량이 어분(fish meal)의 경우와 매우 유사하다고 말하고 있다.

한편, 세균 단백질(bacterial proteins)에는 효모 단백질들, 그리고 대부분의 곰팡이 단백질 들에 부족한 메싸이오닌, 트립토펜, 시스테인 등의 함량도 비교적 풍부한 것이 장점이다(표 16-23 참조).

세균의 배양기(培養基)로서도 근래에 와서는 다른 미생물들의 경우와 마찬가지로 석유계 탄화수소들을 기질로 하여 배양하는 방법이 개발되고 있다. 특히, 탄소수(炭素數)가 3개(C_3)에서 20개(C_{20})까지의 순수한 노오말-파라핀(n-paraffins) 계통 탄화수소들이 이들 세균의 배양기로서 사용되고 있다고 한다.

표 16-23 단일세포 단백질(SCP)과 대두가루 단백질의 아미노산 구성(amino acids composition)의 비교(g/100g protein)

아미노산(amino acids)	FAO기준 단백질	대두가루 단백질	단일세포 단백질(single cell protein)	
			효모(yeast)제품	세균(bacteria)제품
라이신(lysine)	4.2	6.5	7.0	6.5
쓰레오닌(threonine)	2.8	4.0	3.9	4.0
메싸이오닌(methionine)	2.2	1.4	1.2	2.0
시스타인(cystine)	2.0	1.4	-	0.6
베일린(valine)	4.2	5.0	4.0	4.0
아이소류우신(isoleucine)	4.2	5.4	3.6	3.6
류우신(leucine)	4.8	7.7	5.9	5.6
페닐알라닌(phenyalanine)	2.8	5.1	3.7	2.9
트립토펜(tryptophan)	1.4	1.5	0.5	0.9

Dabbah, R. 1970 *Food Technol.*, 24, 660.

조류 단백질들 조류(algae, 藻類)를 앞으로의 식량자원으로 연구하기 시작한 것은 1940년대부터로 알려져 있다. 조류는 탄소원(a carbon source)으로서 탄산가스(CO_2)만으로 충분하며, 광합성(photosynthesis)을 통해서 자신이 필요한 당류 등을 만들어 낼 뿐 아니라, 산소(O_2)를 동시에 배출하므로 식량자원 이외에도 하수로 폐수의 산소함량을 증가시키는 데도 그 이용이 시도되어 왔었다.

또한, 1960년대 이후는 우주선(space ship)에서의 식량자원자급을 위한 연구에 조류가 널리 사용되어 왔다(Snyder, H. E., 1970). 이 경우 식량자원 생산과 함께 우주선 내의 탄산가스의 제거와 산소와 물의 공급 문제까지 함께 해결할 수 있을지는 알 수 없으나, 최소한 이상의 목적들에 확실히 큰 도움이 됨으로 지금도 기대가 크다.

식품 단백질 자원(food portein source)으로서 아마도 가장 널리 연구되어 온 조류로서는 클로렐라(*Chlorella pyrenoidosa*) 등이 있다. 이 클로렐라는 전술한 대로 탄소원(carbon source)으로서 대기중의 탄산가스(carbon dioxide)를 이용할 수 있으나 질소원(nitrogen source)은 외부에서 공급하여 주어야 한다.

건조된 클로렐라는 그 성분으로서 대략 56%의 단백질, 7.5%의 조지방질(crude fat), 18%의 탄수화물, 8%의 회분(ash), 7%의 수분, 3.1%의 조섬유(crude fibers) 등을 함유하고 있으며, 그 단백질은 FAO 기준 단백질(reference protein, 1957)과 비교할 때, 아이소류우신, 메싸이오닌, 시스테인 등의 상대적인 함량이 다소 부족하나 라이신의 함량은 많다(표 16-24 참조).

한편, 클로렐라는 바람직하지 않는 향미(flavor)를 갖고 있으며, 또 소화율(digestibility)이 좋지 않기 때문에 직접적인 식품 단백질 자원으로서 현재에는 아직 받아들여지지 않고 있다.

표 16-24 해조 단백질, 밀가루 단백질의 아미노산 구성(amino acid composition)의 비교(g/100g protein)

아미노산(amino acids)	해조 단백질 (algae protein)	FAO 기준 단백질 (reference protein)	밀가루 단백질 (wheat flour protein)
트립토펜(tryptophan)	1.04	1.4	0.8
쓰레오닌(threonine)	2.24	2.8	2.7
아이소류우신(isoleucine)	1.78	4.2	4.2
류우신(leucine)	3.55	4.8	7.0
라이신(lysine)	2.71	4.2	1.9
메싸이오닌(methionine)	0.75	2.2	1.5
시스타인(cystine)	0.24	2.0	1.9
페닐알라닌(phenyalanine)	1.99	2.8	5.5
베일린(valine)	2.67	4.2	4.5
히스티딘(histidine)	0.98	-	2.2

Dabbah, R. 1970 *Food Technol.*, 24, 660.

어류의 정의와 어류 단백질의 특성 어류 단백질 농축물들(fish protein concentrates, FPCs)과 어류 단백질 젤(fish protein gel, 즉 surimi) 등을 이용한 각종 모조 단백질 식품들(fabricated protein foods)에 대해서 설명하기 전에, 어류의 정의 와 어류 단백질들의 특성에 대해서 극히 간단히 설명하기로 한다.

어류의 정의 어류는 먼저 큰 골격구조, 즉 지느러미를 가진 물고기(finfish)와 대합(clams), 굴(oysters) 등의 연체류(軟體類) 또는 조개류(mollusks)와 새우, 게(crabs), 바닷가재(lobsters) 등의 갑각류(甲殼類, crustaceans)로 된 각(shell)을 가진 연체동물(shell fish)로 구성되어 있다.

사람들의 기호성은 서로 크게 다르나, 그 포획량이나 소비량 등은 모두 전자(前者), 즉 지느러미를 가진 생선류(finfish) 쪽이 더 큰 것은 주지의 사실이다. 따라서 어류 단백질에 관한 설명도 전자의 경우를 일반적인 예로 삼아서 설명하기로 한다.

어류 단백질 생선류의 경우에도 가식부분(可食部分, edible portion)인 육류조직(muscle tissues)의 지방질 함량은 다양하며, 지방질 함량이 전체 근육조직의 1% 이하인 대구(haddock), 가자미(sole) 등과 같은 저지방질형(lean type)과 지방질 함량이 2~3%가량 되는 연어(salmon), 송어(trout) 등과 같은 기름진, 고지방질형(fat type)으로 나눠질 수도 있다.

생선류도 육류(meats)의 경우와 비슷하게 근육조직 전체의 약 20% 가량의 육류나 달걀 단백질들의 영양가에 가까운 고품질 단백질(high quality proteins)을 함유하고 있다.

그러나 그 근육 단백질의 조성에 있어서, 근육세포외 단백질들(extracellular proteins), 즉 콜라젠 등으로 구성된 육기질 단백질들(stroma proteins)의 함량은 불과 2~4% 밖에 안 된다. 그 반면에 근육세포내 단백질들(intracellular proteins)인 근원섬유형성 단백질들(myofibrillar proteins)의 함량은 대략 65% 가량 된다. 그리고 이와 같은 근원섬유(myofibrils) 또는 이들이 다발들(bundles)을 형성하여 만들어진 근육섬유(muscle fibrils) 등에 들어 있는 근형질 또는 근장 단백질들(sarcoplasmic proteins)의 함량은 대략 30% 내외로 알려져 있다.

이와 같이 어육의 단백질 조성은 일반 육류와 같이 질기고 단단하지 않고 비교적 쉽게 그 구조가 파괴되는 사실을 잘 설명해 주고 있다.

어류 단백질 농축물 어류에 함유된 단백질들(fish proteins)은 그 함량이 대략 12~26%가량 되며, 수분을 제외한 전체 고체 성분의 80~87%에 달한다.(한국영양학회 한국영양권장량, 제6차 개정판, 식품 영양가표, 한국영양학회(1995). 한편 로빈슨(Robinson, D., 1987)은 달걀의 순수한, 즉 정확한 단백질 이용률(net protein utiligation, %.NPU)을 100으로 할 때, 쇠고기 83, 우유 75, 디생물 단백질(mycoprotein) 60, 밀가루 52, 완두콩 47인데 어류 단백질의 경우 83이었다는 실험 예를 들고 있다. 위의 영양가 평가실험의 결과가 최종적인 결과는 아닐지 모르나 어류 단백질이 극히 양질인, 특히 라이신 함량이 곡류의 대략 3배나 되는 고품질 단백질임에는 틀림없다.

어류 단백질 농축물(fish protein concentrate, FPC)의 가장 간단하고 가장 오래전부터 사용되어 온 형태는 건조 처리한 어류를 마쇄하여 분말화 시킨 어분(魚粉, fish meal)일 것이다. 이 어분은 그 품질에 따라 사람의 식량으로 또는 가축사료의 양질 단백질 보강재료(protein fortification ingredients) 등으로 사용됐으나, 곧 어류 또는 어분 중에 남은 지방질과 기타의 비단백질 성분들이 그 품질에 나쁜 영향을 주는 사실을 알게 되었다.

비단백질 성분과 일부 지방질들은 수세(水洗)과정(washig processes)에서 제거되나 잔여 지방질들은 각종 알코올류, 예로서 아이소프로필 알코올(isopropyl alcohol) 등으로 추출, 제거해야 한다. 어분 등에 남은 지방질들은 쉽게 산화되어 산패취를 발생할 뿐 아니라 산화 생성물들인 카아보닐 화합물들(carbonyl compounds)은 어육단백질에서 형성되는 아미노산들과 함께 마이얄 반응(Miallard reaction)과 비슷한 갈색화반응(browning reaction)을 유발하여, 갈색화, 아미노산들 특히 필수아미노산들의 파괴, 따라서 품질저하와 영양가 감소를 동시에 가져옴으로, 지방질 제거와 동시에 비단백질 성분들을 제거해야 한다.

이상과 같은 과정을 거친 후 다시 건조하거나, 분말화한 후 건조하여, 수분함량을 10% 미만으로 조절한 것이 어류단백질 농축물들(FPCs)이라 할 수 있다. 여러 정제, 탈지, 수분조절 과정 등을 거친 어류 단백질 농축물들은 물론 식용으로 사용된다. 1950년대 말 부터 어류 단백질 농축물의 효과적인 제법들이 발표되어 왔으나, 그 중 가장 잘 알려진 예들의 하나가 UNICEF, FAO와 MIT(메사츄세츠 공과대학)의 협동 연구 결과 만들어진 어류 단백질 농축물들(또는 식용 어분, edible fish flour and fish meal) A, B, C형들(type A, B, C) 등이다. 이들 농축물들의 제조법과 규격들은 1961년에 FAO에서 식용 어류 단백질 추출물들로서 허가 되었다.(Brody, J., 1965).

현재 사용되고 있는 농축물들은 대부분 먼저 어류를 쪄서 마쇄한 후 압착하여 수분과 일부 지방질들을 제거한 다음 아이소프로필 알코올(isopropyl alcohol), 뜨거운 물, 또는 인산염 용액으로 씻은 후 여과하여 남은 지방질을 계속 추출, 제거한 후에 이와 같은 추출용매를 증발, 제거하여 단백질 농축물을 만든다.

실제로 이 어류 단백질 농축물을 정제 후 식용으로 사용하고 있는 나라는 스웨덴(Sweden) 외에는 별로 없는 듯하다. 스웨덴에서는 빵을 만드는 밀가루에 섞어서 사용하고 있다고 한다. 그러나 어분들의 경우 그 건조제품의 단백질 함량은 80%나 되며(Pariser, E. R., 1973), 따라서 우리나라 등에도 가축에 대한 곡류사료(cereal feed)의 단백질의 양과 질을 강화시켜주기 위해 배합사료의 단백질 원료로 사용되고 있다.

어류 단백질 젤과 어류 단백질 젤 사용류 종래 주로 일본에서 사용되어 온 어류단백질 가공식품들의 하나로서 각종의 생선묵(Japanese fish sauasge 또는 Japanese fish paste, 또는 Kamaboko) 등이 점차로 전 세계적으로 널리 사용 또는 응용되기 시작했으며, 그 연구도 활발해지고 있다.

한편, 생선류를 기계적인 방법으로 잘게 썰고, 소금 용액 등으로 수세한 후, 뼈, 껍질, 내장, 피 등을 제거하여 마쇄한 후, 물로 잘 씻고 적당한 수분 함량까지 탈수하고 각종 첨가물들, 특히 적당한, 효과적인 동결방지제(凍結防止劑, a cryopectant)와 함께 냉동하여 저장한 수리미(surimi)가 수산 가공식품들이나 일반 가공식품들의 바람직한 구성 원료 성분으로 세계적으로 주목받아왔다(Lee, C. M., 1984: Lee, C. M., 1986: Lanier, T. C., 1986).

이상의 물로 잘 씻는 준비 과정에서 저장성을 저하시키는 지방질, 피(血液), 각종 색소들, 악취를 형성하는 성분들과 기능면에서 나쁜 영향을 주는 근형질 단백질들(筋形質 蛋白質, sarcoplasmic proteins)이 제거된다(Lee, C. M., 1984).

수리미는 우수한 탄력성(viscoelasticity), 영양가, 안정성과 함께 다양한 기능성 때문에, 전술한 대로 여러 수산물 모조 단백질 식품들(fabrtcated protein foods), 예로서 게(crab)의 다리 살코기와 외관, 향, 맛, 촉감 등이 비슷한 모조 단백질 식품들의 제조 원료 또는 수리미, 즉 어류 단백질 젤의 뛰어난 각종 기능성과 영양가를 이용하여 많은 다양한 가공식품들의 구성 원료로서 실제로 널리 사용되기 시작하고 있다.

수리미 특히 냉동 수리미 제품들의 원료로는 일본이나 미국 등에서는 명태(Alaska pollack) 등이 즐겨 사용되나, 한편으로는 생선의 형태나 종류 등에 제한받지 않고, 생어(生魚) 그 자체로서는 별 금전가치(monetary value)가 없는 잡어류(雜魚類)도 이용할 수 있는 이점이 있다.

그 제조 방법은 여러 방법들이 있겠으나, 일반적으로 생선류의 머리와 내장을 제거한 후, 잘 씻고 뼈를 제거하여 살코기만 남겨 둔다. 살코기의 무게에 대해서 약 7배의 물과 함께 잘 갈아주고, 마쇄물(slurry)을 가라앉게 정치(靜値)하고 위에 고인 물(supernatant)을 제거한다. 이와 같이 물로 씻는 과정을 여러 번 반복하고 마쇄된 살코기를 원심분리기로 계속 탈수(dehydration)한 후 압착하여 덩어리(fish cakes)로 만든다.

이 덩어리를 다시 마쇄한 후, 각종 향미료 등의 첨가물들(addiltives), 예로서 5%의 설탕, 포도당 또는 소오비톨(sorbitol), 2.5%의 식염, 0.2%의 중인산염(polyphosphates) 등을 가한 후, 10℃ 이하의 온도를 유지하면서 잘 혼합한 후, 성형(成形)하고 급성냉동(quick-frozen)하여 저장한다. 위의 예에서 설탕, 포도당, 소오비톨 등은 수리미에 약간의 단맛을 주는 동시에 동결방지제(cryopectants)로서의 작용도 있다.

한편 이상의 수리미, 즉 어류 단백질 젤을 이용한 각종 가공식품들은 어류 단백질 농축물(FPC)들의 경우처럼 비록 그 독성은 낮다고는 하나, 아이소프로필 알코올을 사용한 추출과정(isopropyl alcohol extraction)과 같은 화학적 과정이 그 제조과정에 없으므로, 그 제품을 받아들이는 데, 더 용이하다는 매우 큰 장점이 있다.

한편 어류 단백질 농축물의 경우나 어류 단백질 젤(fish protein gel, 즉 surimi)들의 경우나 그 제조과정 중에 반복되는 수세과정과 추출과정 등을 통해서 어류 단백질들이 정제된다. 어류를 비롯한 수산물들이 그대로 조리되어 식탁에 오를 때는, 그 수산물들이 체내에 흡수되어 가식부분(可食部分, edible portion)에 축적된 오염 화학물질들이나, 특히 중금속염들(heavy metal salts)은 제거되지 않은 체 사람체내에 그대로 들어간다.

어류 단백질 농축물들이나 수리미 등의 경우, 이와 같은 오염성분들이 체내에 흡수될 때, 그 농도가 훨씬 줄어들 가능성이 크며, 특히 수세, 추출과정에서 간단한 흡착 제거 장치를 사용한다면, 신선한 수산물들을 그대로 조리해서 섭취하는 경우보다 더 중금속 염류 등과 같은 오염성분들의 섭취량을 훨씬 더 효과적으로 줄일 수 있는 매우 큰 이점이 있을 수 있을 것이다.

표 16-25 녹엽 단백질의 아미노산 구성과 FAO 기준 아미노산 구성(1957, g/100g protein)

아미노산	녹엽 단백질	FAO 기준 단백질
아이소류우신(isoleucine)	4.5～5.5	4.2
류우신(leucine)	8.8～10.2	4.8
라이신(lysine)	5.6～7.3	4.2
메싸이오닌(methionine)	1.6～2.6	2.2
페닐알라닌(threonine)	5.5～6.8	2.8
쓰레오닌(threonine)	4.7～5.8	2.8
트립토펜(tryptophan)	1.2～2.3	1.4
타이로신(tyrosine)	3.7～4.9	2.8
베일린(valine)	5.9～6.9	4.2

Matsuura, S. 1971. J. *Food Science and Technol.(Japan)*, 18, 231.

녹엽 단백질 농축물 풀이나 잎에서 사람이 이용할 수 있는 어떤 영양성분을 화학적인 방법으로 추출할 생각은 로오즈(Lawes, J. B.)에 의해서 영국의 농업학회지에 발표된 바 있다고 한다(Pirie, N. W., 1982). 그러나 로오즈는 곧 이상과 같은 영양가가 높은 성분을 추출하는데 소요되는 비용이 너무 많이 소요되어 실용성이 없을 것이라는 점도 부언하고 있다고 한다.

이상과 같은 생각은 풀, 잎 등이 소와 같은 가축들의 좋은 사료로 사용되고 있으며, 이런 풀과 잎들이 온 세계의 초원을 덮고 있는 상황에서 어떤 영양성분, 예로서 단백질 성분, 즉 녹엽 단백질(leaf protein, LP)을 추출, 정제하여 사람들의 하나의 새로운 식량자원으로 이용할 수 있다면, 식량 자급문제 등에 크게 기여할 수 있을 것이다.

피이어리(Pirie, N. W., 1962)는 그의 논문에서 일반적인 초원에서의 녹엽(grass and leaves)의 수확 가능량을 1.5～2.5ton/hectar(1ha=10,000 평방메터) 정도로 보고 있다. 물론, 그 수확량은 토양조건, 기후조건 등에 의해서 크게 차이가 날 수 있을 것이다. 한편, 그는 말썽 많은 잡초 히야신쓰(hyacinth)의 경우, 그 수확량은 산지에 따라 다르나, 그 잎에서 추출한, 수분을 제거한 고체 성분(dry matter, DM)의 양은 10～30ton/ha 정도며, 이 고체 성분은 잎에서만 추출했을 때는 대략 30% 정도의 단백질(질소함량의 추정량 5%로 하고, 역산(逆算, 할 때의 수치)을 함유하고 있는 것으로 설명하고 있다.

녹엽 단백질 농축물(LPC), 즉 녹엽 단백질(leaf protein)은 식물의 녹엽을 마쇄하여 펄프상(pulp)으로 한 다음, 그 속의 단백질을 추출하여(녹엽에 존재하는 전체 단백질 함량의 55% 내지 75%), 그 단백질 추출액을 80℃로 급격히 가열, 응고(coagulate)시켜서 치이즈 상의 응고물(curd)을 만든다. 이 응고물은 약 60%의 수분을 함유하고 있으므로, 건조시킨 후 분쇄하여 분말로 만들어 사용한다(또한 De Fremery, D. *et al*., 1972 참조).

한편, 사람들이 소비할 LPC의 경우, 가장 중요한 사항은 그 녹엽 단백질 농축물(즉 LPC)이 함유하고 있는 클로로필류(chlorophylls)의 함량을 극소화하는 일이라고 헬난데즈들(Hernandez, T. *et al*., 1987)은 강조하고 있다. 이들은 정제가 더 잘된 고품질의 LPC를 알팔파(alfalfa)에서 얻기 위해서, 알팔파를 마쇄한 후 압착하여, 압착박(壓搾粕, press cake)과 즙(juice)으로 분리한 후, 영하 25℃에서 냉동하여, 냉동 시에 형성된 냉동상태의 반고체 성분(freeging curd)을 얻었다. 그 다음 이 반고체 성분을 원심분리기를 이용해서 위에 뜬 즙(thawed juice)을 분리시킨 다음 끓은 아이소프로필 알코올로 지방질, 각종 색소들을 추출, 제거한 후 다시 남아있는 미량의 용매(the solvent)를 수세과정을 통해서 제거하고 있다. 이렇게 용매(isopropyl alcohol)를 제거한 LPC 추출물은 다시 원심분리기로 탈수, 다시 냉동시켜서, 아이소프로필 알코올로 처리한 냉동된 반고체상(freezing curd)의 녹엽 단백질 추출물(LPC)을 얻고 있다.

이들이 행한 영양가 평가실험에서 이 녹엽 단백질 추출물의 영양가는 정제(精製) 대두 분말(soybean meal)과 비슷하거나 낮았는데, 낮게 나온 이유는 그 소화율(digestibility)이 상대적으로 약간 낮았기 때문이라고 설명하고 있다. 그 단백질의 아미노산 조성은 앞에 나와 있는 표 16-25와 같으며, 그 아미노산들의 분포, 특히 필수아미노산 라이신(lysine)의 함량이 비교적 큰 점 등을 고려할 때 그 품질은 비교적 좋은 편이다.

이와 같은 녹엽 단백질 농축물은 목초지나 야산지(野山地)들이 거의 없는 우리나라에서는 별로 중요하지 않을 수도 있을 것이다. 그러나 천연 목초지가 많고 목초자원이 큰 나라에서는 장차 중요한 단백질 자원이 될 수 있다.

한편, 1980년대 이후, 그 전부터 산견된 수생식물들(水生植物), 즉 수초(水草, aguatic plants)의 녹엽 단백질들(leaf proteins)에 대한 연구들이 꾸준히 계속되고 있다. 이들 연못가 등에서 자라나는 수초들은 그 번식력이 강한 잡초류로서 달갑지 않게 생각되어 왔으나, 여기서 추출한 단백질은 라이신(lysine) 함량이 커서, 그 추출물을 곡류 제품의 영양 강화제(强化劑)로 사용하는 목적으로 꾸준히 연구되고 있다. 예로서 듀완지들(Dewangi, A. and Matai, S., 1996)은 이들이 실험한 수초들 중 *Lemma, minor*와 *Pistia stratiotes*들에서 추출, 정제한 녹엽 단백질 농축물들을 3% 가량 밀가루에 첨가 했을 때, 이상의 밀가루로 만든 식품들의 영양가가 크게 증진된 사실을 보고하고 있다. 이들은 또한 이상의 수초들에서 얻은 LPC들을 사람들이 먹는 곡류제품들 또는 가축의 먹이 등에 첨가, 사용 수 있는지, 그 가능성 등에 대해서 검토할 것을 제안하고 있다.

참고문헌

Abe, Y., Itoh, T., and Adachi, S. 1982. Fractionation and Charatertization of Hen's Egg Yolk Phosvitin., *J. Food Science*., 47, 1903.

Alid, G., Yanez, E., Aguilera, J. M., Monckeberg, F., and Chichester, C. O. 1981. Nutritive Value of and Extrusion-Texturized Peanut Protein. *J. Food Science*., 46, 948.

Allison, James B. 1953. Dietary Proteins ; Their Function in Health and Disease. *J. Agr. Food Chem*., 1, 71.

Allison, J. B. *et al*., 1959. Dietary Protein Requirements and Problems of Supplementation. *Food Technol*., 13, 597.

Alsmeyer, R. H., Cunningham, A. E. and Happich, M. L. 1974. Equations Predict PER from Amino Acid Analysis. *Food Technol*., 28(7), 34

Altschul, A. M. 1965. "*Proteins : Their Chemistry and Politics*," Basic Book, Inc., New York, Japanese Language Edition in 1966 by Korin Sho-in Co., Ltd., Tokyo.

Am. Meat Institue Foundation. 1960. "*The Science of Meat and Meat Products*," W. H. Freeman and Company, San Francisco.

Asghar, A and Pearson, A. M. 1980. Influence of Ante-and Postmortem Treatments upon Muscle Composition and Meat Quality. *Advances in Food Research*, 26, 54.

Asghar, A. and Henrickson, R. L. 1982. Chemical, Biochemical, and Functional Charcteristics of Collagen in Food System. *Advances in Food Research*, 28, 232.

Babji, A. S., Froning, G. W. and Satterlee, L. D. 1980. Protein Nutritional Quality of Mechanically Deboned Poultry Meat as Predicted by the C-PER Assay. *J. Food Science*, 45, 441.

Bechtel, P. J. (editor). 1986. "*Muscle As Food*," Academic Press, Inc., New York.

Betschart, A. and Kinsella, J. E. 1973. Extractability and Solubility of Leaf Protein. *J. Agric. Food Chem*., 21(1), 60.

Beveridge, T., Toma, S. J. and Nakai, S. 1974. Determination of SH-and SS-Groups in Some Food Proteins Using Ellman's Reagent. *J. Food Science*, 39, 49.

Bhagawan, N. V., 1992. *"Medical Biochemistry"*, Jones and Bartlet Publishers, Boston, p30.

Bjorck, I., Noguchi, A., Asp, N. G., Chefte, J. C. and Dahlqvist, A. 1983. Protein Nutritional Value of a Biscuit Processed by Extrusion Cooking : Effects on Available Lysine. *J. Agric. Food Chem*., 31, 488.

Blanck, F. C., ed. 1955. "*Handbook of Food and Agriculture*", Reinhold Publishing Corp., New York.

Block, R. J. and Bolling, D. 1951. "*Amino Acid Composition of Proteins and Foods*", 2nd ed., C. C. Thomas Co., Springfield, Ⅲ

Block, S. S. *et al*. 1953. Mushroom myceleum : Experiments with Submerged Culture. *J. Agr. Food Chem*., 1, 890.

Bookwalter, G. N. et al. 1968. Storage Stability of Blended Food products, Formula No. 2 : A Corn Soy-Milk Food Supplement. *Food Technol*., 22, 1581.

Borton, B. J. *et al*. 1966. Emulsifying Capacities and Emulsion Stability of Dilute Meat Slurries from Various Meat Trimmings. *Food Technol*., 22, 506.

Bowers, J. A. 1969. Free Amino Acids in Porcine Muscle Aged One or 8 Days, *J. Agr. Food Chem*., 17, 902.

Bressani, R. 1965. The Use of Cottonseed Protein in Human Foods. *Food Technol*., 19, 1655.

Bressani, R. and Ellas, L. G. 1968. Processed Vergetable Protein Mixtures for Human Consumption in Developing Countries. *Advances in Food Research*, 16, 1.

Briskey, E. J. 1964. Etiological Status and Associated Studies of Pale, Soft, Exudative Porcine Musculature.

Advances in Food Research, 13, 90.

Briskey, E. J. and Fukazawa, T. 1971. Myofibrillar Proteins of Skeletal Muscle. *Advances in Food Research*, 19, 280.

Van Buren, J. P. *et al*. 1969. Formation of Complexes between Protein and Tannic Acid. *J. Agr. Chem*., 17, 772,

Burgarella, J. C., Lanier, T. C., Hamann, D. D. and Wu, M. C. 1985. Gel Strength Development During Heating of Surimi in Combination with Egg White or Whey Concentrate. *J. Food Science*, 50, 1595.

Caiozzi, M. *et al*. 1968. The Fish Protein Concentrate Story. 7. New Method of FPC Production for Food Use. *Food Technol*., 22, 758.

Calderon, P. *et al*. 1968. Factors Influencing the Formation of Precipitates and Hazes by Gelatin and Condensed and Hydrolyzable Tannins. *J. Agr. Food Chem*., 16, 478

Caliow, E. H. 1952. Meat in "*Food Science*," p.12, ed. by Bate-Smith, E. C. and Morries, T. N., Cambridge University Press, London..

Carlson, W. A. *et al*. 1958. Functional Properties of Vital Gluten. *Food Technol*., 12, 629.

Carpenter, J. A. *et al*. 1964. A Simple Method of Estimation the Emulsifying Capacity of Various Sausage Meat. *J. Food Science*, 29, 774.

Cassens, R. G. and Cooper, C. C. 1971. Red and White Muscle. *Advances in Food Research*, 19, 1.

Cassens, R. G., Marple, D. N., Jr. and Eikelenboom, G. 1973, Animal Physiology and Meat Quality. *Advances in Food Research*, 21, 71.

Catsimpoolas, N. *et al*. 1968. Immunochemical Study of Soybean Proteins. *J. Agr. Food Chem*., 16, 128.

Cerbulis, J., Woychik, J. H. and Wondoleski, M. V. 1972. Composition of Commercial Wheys. *J. Agric. Food Chem*., 20(5), 1057.

Champagnat, A. *et a*l. 1963. Biosyntheses of Protein-Vitamin Concentrates from Petroleum. *Nature*, 197, 13.

Chang, Y. O. *et al*. 1969. Influence of Various Levels of Lysine Intake on Weight Gain and Body Composition of Rats. *J. Agr. Food Chem*., 17, 48.

Cheong, T. S. *et al*. 1959. Studies on Nutritive Value of Natto and Heated Soybeans. Bulletin, *Scientific Research Institute (korea)*, 4, 41.

Choe, S. *et al*. 1970. Development of Leaf Protein Concentrates. Ⅰ. Studies on the Isolation of Leaf Protein Concentrates, *Korean J. Food Science, Technol*., 2, 9.

Choe, S. *et al*. 1970. Development of Leaf Protein Concentrates, Ⅱ., Extraction of Leaf Protein Concentrates of Some Plants Growing in Korea. *Korean J. Food Science. Technol*., 2, 17.

Choi, Y. R. Lusas, E. W. and Rhee, K. C. 1982. Effects of Acylation of Defatted Cottonseed Flour with Various Acid Anhydrides on Protein Extractability and Functional Properties of Resulting Protein Isolates. *J. Food Science*., 47, 1713.

Chung, T. S. *et al*. 1958. Enzymological Studies on the Fermented Soybean products(Ⅳ). Amino Acid Composition of Natto Proteins. Bulletin. *Scientific Research Institute (Korea)*, 3, 83.

Cooney, C. L., Rha, C. K. and Tannenbaum, S. R. 1980. Single-Cell Protein : Engineering, Economics, and Utilization in Foods. *Advances in Food Research*, 26, 1.

Cogan, Urei. *et al*. 1968. Effect of Processing Conditions on the Nutritive Value of Isolated Soybean Proteins. *J. Agr. Food Chem*., 16, 169.

Comstock, M. J.(Editor). 1982. "*Food Protein Deterioration : Mechanism and Functionality*," American Chemical Society, Washinton, D.C.

Crampton, E. W. and Lloyd, L. E. 1960. "*Fundamentals of Nutrition*," W. H. Freeman and Co., San Francisco.

Culik, R. *et al.* 1958. The Fortification of Bread with Lysine, Ⅳ., The Nutritive Value of Lysine-Supplemented Bread in Reproduction and Lactation Studies with Rats. *Food Technol.*, 12, 169.

Dabbah, Roger. 1970. Protein from Microorganisms. *Food Technol.*, 24, 659.

Dawaey, C. L. *et al.* 1968. Studies in Meat Tenderness. 4. Changes in Extractability of Myfibrillar Proteins during Meat Aging. *J. Food Science*, 33, 2.

De Fremery, D., Bickoff, E. M. and Kohler, G. O. 1972., Ori-Xan Process : Stability of Proteins and Carotenoid Pigments in Freshly Expressed Alfalfa Juice. *J. Agric. Food Chem.*, 20(6), 1155.

De Lumen, B. O. and Belo, P. S., Jr. 1981. Inhibitors of Trypsin and Chymotrypsin in Winged Bean (Psophocarpus tetragonolobus) Tubers. *J. Agric. Food Chem.*, 29, 884.

Desrosier, N. W. 1970. "*The Technology of Food Preservation*," Third edition, Avi Publishing Co., Inc., Westport, Connecticut, U.S.A.

Dxter, J. E. and Matsuo, R. R. 1980. Relationship between Durum Wheat Protein Properties and Pasta Dough Rheology and Spaghetti Cooking Quality. *J. Agric. Food Chem.*, 28, 899.

Dickerson, R. D. and Gels, I. 1969. "*The Structure and Action of Proteins*," Harper and Row, Publishers. Inc., New York. Japanese Language Edition in by Kyo-Ritzu Shuppan Co., Ltd., Tokyo.

Dutra, J. E. *et al.* 1967. Nutritional Value of Protein from a Soybean Milk Power. *J. Food Science*, 32, 592.

Ehle, S. R. *et al.* 1965. Studies on Breads Supplemented with Soy, Non-fat Dry Milk, and Lysine. I. Physical and Organoleptic Properties. *Food Technol.*, 19, 1435.

Elgedaily, A., Campbell, A. M. and Penfield, M. P. 1982. Texture of Yeast Breads Containing Soy Protein Isolates : Sensory and Objective Evaluation., *J. Food Science*, 47, 1149.

Escueta, E., Bourne, M. and Hood, L. F. 1985. Effect of Coconut Cream Addition to Soymilk on the Composition, Texture and Sensory Properties of Tofu. *J. Food Science*, 50, 887.

Essary, E. O. 1979. Moisture, Fat, Protein and Mineral Content of Mechanically Deboned Poultry Meat. *J. Food Science,* 44, 1070.

Van Etten, C. H. *et al.* 1967. Plants Seeds as Protein Sources for Food or Feed. Evaluation Based on Amino Acid Composition of 379 Species. *J. Agr. Food Chem.*, 15, 1077.

Feeney, R. E. and Hill, R. E. 1960. Protein Chemistry and Food Research. *Advances in Food Research*, 10, 23.

Feeney, R. E. and Whitaker, J. R. (Editor). 1977. "*Food Proteins : Improvement Through Chemical and Enzymatic Modification*," American Chemical Society, Washington, D.C. Japanese Language Edition in 1979 by Gaku-Kai Shuppan Center Co., Ltd., Tokyo.

Feeney, R. E. and Whitaker, J. R. (Editors). 1982. "*Modification of Proteins : Food, Nutritional, and Pharmacological Aspects*", American Chemical Society, Washington, D.C.

Feldberg, C. *et al.* 1958. The Role of Lysine in Cereal Food Products. *Food Technol.*, 12, 496.

Flodin, N. W. 1953. Amino Acids and Proteins, Their Place in Human Nutrition. *J. Agr. Food Chem*, 1, 222.

Frank, S. S. *et al.* 1969. The Use of Isolated Soybean Protein for Non-Meat Simulated Sausage Products, Frankfurter and Bologna Type. *Food Technol.*, 13, 307.

Friedman, M., Grosjean, O. K. and Zahnley, J. 1985. Carboxypeptidase Inhibition by Alkali-Treated Food Proteins. *J. Agric. Food Chem.*, 33, 208.

Fukumachi, C. *et al.* 1961. Qualification of Coagulating Reagent for Tofu Manufacture. *J. Utilization of Agricultured Product (Japan)*, 8, 129.

Fukumachi, C. *et al.* 1961. Qualification of Coagulating Reagent for Tofu Manufacture. *J. Utilization of Agricultured Product (Japan)*, 8, 181.

Garibaldi, J. A. *et al.* 1968. Heat Denaturation of the Ovomucin-Lysozyme Electrostatic Complex. A Source of Damage to the Whipping Properties of Pasteurized Egg White. *J. Food Science*, 33, 514.

Gawronsk, Thomas H. *et al.* 1967. Changes in Sulfhydryl and Disulfide Content of Chicken Muscle and the Effect of N-Ethylmaleimide. *J. Agr. Food Chem.*, 15, 781.

Goltry, S. J., Stringer, W. C. and Balwin, R. E. Sensory Evaluation of Pork Sausage Containing Textured Vegetable Protein. *J. Food Science*, 41, 973.

Guggenhein, K. *et al.* 1960. Effect of Extraction Rate of Flour and of Suppplementation with Soya Meal on the Nutritive Value of Bread Proteins. *Food Technol.*, 14, 298.

Hackler, L. R. *et al.* 1965. Effect of Heat Treatment on Nutritive Value of Soymilk Protein Fed to Weanling Rats. *J. Food Science*, 30, 723.

Hagerman, A. E. and Butler, L. G. 1980. Determination of Protein in Protein-Tannin Precipitates. *J. Agric. Food Chem.*, 28, 944.

Hagerman, A. E. and Butler, L. G. 1980. Condensed Tannin Purification and Characterization of Tannin-Associated Proteins. *J. Agric. Food Chem.*, 28, 947.

Hamm, R. 1953. Die Wasserbindung des Fleisches und ihre wirtschaftiche Bedeutung. *Deutche Lebensmittel Rundschau*, 49, 153.

Hamm, Reiner, 1960. Biochemistry of Meat Hydration. *Advances in Food Research*, 10, 355.

Han, Y. W. *et al* 1971. Single Cell Protein from Cellulosic Wastes. *Food Technol.*, 25, 130.

Hand, D. B. *et al.* 1964. Pilot-Plant Studies on Soybean Milk. *Food Technol.*, 18, 139.

Hang, Y. D. *et al.* 1967. Preparation of Soybean Cheese Using Lactic Organism. Ⅱ. Effect of Addition of Rennet Extract and Skim Milk. *Food Technol.*, 21, 1033.

Hansen, L. J. 1960. Emulsion Formation of Finely Comminuted Sausage, Food Technol., 14, 565.

Harper, A. E. 1981. Mc Colum and Directions in the Evaluation of Protein Quality. *J. Agric. Food Chem.*, 29, 429.

Harris, P. S. and Von Loesecke, H. 1960. "*Nutritional Evaluation of Food Processing*," John Wiley and Sons Inc., New York.

Hartman, G. H., Jr. *et al.* 1967. Leaf Protein Concentrate (LPC) Prepared by Spray-Drying. *J. Agr. Food Chem.*, 15, 74.

haumann, B. F. 1984. Soymilk : New Processing, Packaging Expand Markets. *J. Am. Oil Chem. Soc.*, 61(12), 1784.

Hegarty, G. R. *et al.* 1963. Studies on the Emulsifying Properties of Some Intracellular Beef Muscle Protein. *J. Food Science*, 28, 663.

Hegsted, D. M. *et al.* 1968. Determination of the Relative Nutritive Value of Proteins, Factors Affecting Precision and Validity. *J. Agr. Food Chem.*, 16, 190.

Hellendorn, E. W. 1962. Water-Binding Capacity of Meat as Affected by Phosphates. *Food Technol.*, 16, 119.

Herring, H. K. *et al.* 1969. Studies on Bovine Natural Actomycin. 2. Physico-Chemical Properties and Tenderness of Muscle. *J. Food Science*, 34, 571.

Hildebrand, D. F. and Kito, M. 1984. Role of Lipoxygenases in Soybean Protein Quality. *J Agric. Food Chem.*, 32, 815.

Hill, F. W. *et al.* 1963. Effects of Heat Treatment on the Metabolizable Energy of Soybeans and Extracted Soybean Flakes for the hen. *J. Nutrition*, 80, 375.

Hofmann, K. and Hamm, R. 1978. Sulhydryl and Disulfide Groups in Meats. *Advances in Food Research*, 24, 2.

Hori, T. 1985. Objective Measurements of the Process of Curd Formation during Rennet Treatment of Milks by the Hot Wire Method. *J. Food Science*, 50, 911.

Hokes, J. C., Mangino, M. E. and Hansen, P. M. T. 1982. A Model System for Curd Formation and Melting Properties of Calcium Caseinates. *J. Food Science*, 47, 1235.

Horwitz, W. (Editor). 1980. "*Official Methods of Analysis,*" Thirteenth edition, Protein Efficiency Ratio(PER), 43.212., Association of Official Analytical Chemists, POBox 540, Washington, D.C.

Hostetler, R. L. *et al*. 1968. Photomicrographic Studies of Dynamic Changes in Muscle Fiber Fragments. I. Effect of Various Heat Treatments on Length, Width, and Birefringence. *J. Food Science*, 33, 468.

Houston, D. V. *et al*. 1968. Redial Distribution of Protein by Solubility Classes in the Milled Rice Kernel. *J. Agr. Food Chem*., 16, 720.

Howard, H. W. *et al*. 1958. The Nutritive Value of Bread Flour Proteins as Affeced by Practical Supplementation with Lactalbumin, Non-fat-Dry Milk Solids, Soybean Proteins, Wheat Gluten and Lysine. *J. Nutrition*, 64, 151.

Hultin, H. O. 1984. Postmorterm Biochemistry of Meat and Fish. *J. Chemical Education*, 61(4), 289.

Ikeuchi, Y., Ito, T. and Fukuzawa, T. 1980. Change of Regulatory Activity of Tropomyosin and Troponin on Acto-Heavy-Mermyosin ATPase During Postmortem Storage of Muscle. *J. Food Science*, 45, 13.

Inklaar, P A. 1967. Interaction between Polyphosphates and Meat. *J. Food Science*, 32, 525.

Iwabuchi, S. and Shibasaki, K. 1982. Salt-Induced Reconstitution of β -Conglycinin from Its Thermal Dissociates. *Agric. Biol. Chem. (Japan)*, 46(6), 1488.

Iwsaki, T. 1967. A View of Rice Composition Study and Utilization research in U.S. *J. Food Science and Technol. (Japan)*, 14. 81.

Jansen, G. R. *et al*. 1965. Studies on Breads Supplemented with Soy, Non-fat Dry Milk and Lysine. Ⅱ. Nutritive Value. *Food Technol*., 19, 1439.

Jansen, G. R. *et al*. 1964. Studies of the Nutritive Loss of Supplemental Lysine in Baking. *Food Technol*., 18, 109.

Jansen, G. R. *et al*. 1964. Studies of the Nutritive Loss of Supplemental Lysine in Baking I. Loss in a Standard White Bread Containing 4% Non-fat Dry Milk. *Food Technol*., 18, 367.

Jansen, G. R. *et al*. 1966. Supplementation of Bread with Fish Flour and Amino Acids. A Comparison of Evaluation Methods. *Food Technol*., 20, 323.

Jiang, S. T. and Lee, T. C. 1985. Changes in Free Amino Acids and Protein Denaturation of Fish Muscle during Frozen Storage. *J. Agric. Food Chem*., 33, 839.

Jirgensons, B. 1962. "*Natural Organic Macromolecules*," Pergamon Press, Oxford, London.

Kabirullah, M. and Wills, R. B. H. 1983. Characterization of Sunflower Protein. *J. Agric. Food Chem* , 31, 953.

Kakade, M. L., Rackis, J. J. McGhee, J. E. and Puski, G. 1974. Determination of Trypsin Inhibitor Activity of Soy Product : A Collaborative Analysis of an Improved Procedure. *Cereal Chemistry*, 51, 376.

Kato, Y., Watanabe, K. and Sato, Y. 1981. Effect of Maillard Reaction on Some Physical Properties of Ovalbumin. *J. Food Science*, 46, 1835.

Kato, Y., Matsuda, T., Kato, N., Watanabe, K. and Nakayaman, R. 1986. Browning and Insolubilization of Ovalbumin by the Maillard Reaction with Some Aldohexoses. *J. Agric. Food. Chem*., 34, 351.

Kella, N. K. D., Barbeau, W. F. and Kinsella, J. E. 1986. Effect of Oxidative Sulfitolysis of Disulfide Bonds of Glycinin on Solubility, Surface Hydrophobicity, and in Vitro Digestibility. *J. Agric. Food Chem*., 34, 251.

Kim, S. Y. *et al*. 1967. Studies on the Changes of Protein, Peptide, and Amino Acid during natto

Preparation, *J. Korean Agr. Chem. Soc.*, 18, 11.

Kim, J. C. and De Riuter, D. 1968. Bread From Non-Wheat Flours. *Food Technol.*, 22, 867.

Kim. Z. U. 1965. Studies on Peptides during Soybean-Koji Preparation. Part Ⅱ. Amino Acid Pattern Composing Oligo-Peptides Formed during Soybean-Koji Preparation *J. Korean Agr. Chem. Soc.*, 6, 89.

Kim, Z. U. *et al.* 1966. Studies on the protein of Korean Soybeans, Part I. Chemical Composition of Korean Soybeans. *J. Korean. Agr. Chem. Soc.*, 7, 79.

Kinsella, J. E. 1971. The Chemistry of Dairy Powders with Reference to Baking. *Advances in Food Research*, 19, 147.

Knipe, C. L., Olson, D. G. and Rust, R. E. 1985. Effects of Selected Inorganic Phosphate Levels and Reduced Sodium Chloride Levels on Protein Solubility, Stability and pH of Meat Emulsion. *J. Food Science*, 50, 1010.

Knipe, C. L., Olson, D. G. and Rust. 1985. Effects of Magniesium Chloride Combined with Tetrasodium Pyrophosphate on Meat Emulsion Characteristics. *J. Food Science*, 50, 1014.

Knobl, G. M., Jr., 1967. The Fish Protein Concentrate Story. 4. World Efforts toward FPC. *Food Technol,* 21, 1108.

Knuckles, B. E., Bickoff, E. M. and Kohler, G. O. 1972. Pro-Xan Process : Methods for Increasing Protein Recovery from Alfafa. *J. Agric. Food Chem.* 20(5), 1055.

Knuckles, B. E. and Kohler, G. O. 1982. Functional Properties of Edible Protein Concentrates from Alfafa. *J. Agric. Food Chem.*, 39, 748.

Koshiyama I., Kikuchi, M., Harada, K. and Fikushima, D. 1981. 2S Globulins of Soybean Seeds. 1. Isolation and Characterization of Protein Components. *J. Agric. Food Chem.*, 29, 336.

Kotula, A. W., Twigg, G. G. and Young, E. P. 1976. Evaluation of Beef Patties Containing Soy Protein, During 12-Month Frozen Storage. *J. Food Science*, 41, 1142.

Kruggel, W. G. *et al.* 1970. Physical and Chemical Properties of Epimysial Acid-Soluble Collagen from Meats of Varying Tenderness. *J. Food Science*, 35, 106.

Kumar, R. and Horigome, T. 1986. Fractionation, Characterization, and Protein-Precipitating Capacity of the Condensed Tannins from Robinia Pseudo acacia L. Leaves. *J. Food Science*, 34, 487.

Kwolek, W. F. *et al.* 1968. Evaluation of Amounts and Pattern of Essential Amino Acids in Plant Seeds. *J. Agr. Food Chem.*, 16, 496.

Kwon T. W. *et al.* 1970. Production of Single Cell Protein on Petroleum Hydrocarbon. 1. Isolation and Selection of Hydrocarbon Utilizing Microorganiesms. *Korean J. Food Science, Technol*, 2, 56.

Laakkonen, E. 1973. Factors Affecting Tenderness During Heating of Meat. *Advances in Food Research.* 20, 257.

Lanier, T. C., Lin, T. S., Liu, Y. M. and Hamann, D. D. 1982. Heat Gelation Properties of Actomyosin and Surimi Prepared from Atlantic Croaker. *J. Food Science*, 47, 1921.

Lanier, T. C. 1986. Functional Properties of Surimi. *Food Technol.*, 40(3), 107.

Leander, R. C., Hedrick, H. B., Brown, M. F. and Wite, J. A. 1980. Comparison of Structural Changes in Bovine Longissmus and Semitendinosus Muscles During Cooking. *J. Food Science*, 45, 1.

Lee, C. H. and Rha, C. K. 1977. Thickening of Soy Protein Suspensions with Calcium. *J. of Texture Studies*, 7, 441.

Lee, C. M. 1984. Surimi Process Technology. *Food Technol.*, 38(11), 69.

Lee, C. M. 1986. Surimi Manufacturing and Fabrication of Surimi-Based Products. *Food Technol.*, 40(3), 115.

Lee. C. Y. *et al.* 1961. Determination of Amino Acids in Rice(Paldal) by Ion-Exchange Chromatography. *J.*

Korean Agr. Chem. Soc., 2, 41.

Lee. C. Y. *et al.* 1968. A Study on the Rice Protein, Fractionation of the Protein of Kroean Rice by Paper Electrophoresis. *J. Korean Agr. Chem. Soc.*, 10, 15.

Lee, K. Y. *et al.* 1960. The Amino Acid Composition of Several Edible Seaweeds. *Bulletin. Scientific Research Institute(Korea)*, 5, 129.

Lee, K. H. *et al.* 1970. Studies on the Petroleum Hydrocarbon-Utilizing Microorganism. Part 1. *J. Korean Agr. Chem. Soc.*, 13, 43.

Lee, K. H. *et al.* 1971.. Studies on the Petroleum Hydrocarbon-Utilizing Microorganism. Part 2. *J. Korean Agr. Chem. Soc.*, 14, 9.

Lei, M. G. and Reeck, G. R. 1987. Two-Dimensional Electrophoretic Analysis of the Proteins of Isolated Soybean Protein Bodies and of the Glycosylation of Soybean Proteins. *J. Agric. Food Chem*, 35, 296.

Levin, Ezra. 1959. Fish Flour and Fish Meal by Azeotropic Solvent Processing *Food Technol.*, 13, 132.

Li, E. C. Y. and Nakai, S. 1976. Effects of Tyrosine Modification on Stabilizing Ability of Kappa-Casein. *J. Food Science*, 41, 278.

Li-Chan, E., Nakai, S. and Wood D. F. 1985. Relationship Between Functional(Fat Binding, Emulsifying) and Physiological Properties of Muscle Proteins, Effects of Heating, Freezing, pH and Species. *J. Food Science*, 50, 1034.

Lin, J. C. M., Chastain, M. F. and Strength, D. R. 1986. Sensory and Nutritional Evaluation of White Bread Supplemented with Single Cell Protein from Torula Yeast (Candida utilis). *J. Food Science*, 51, 647.

Ling, Edgar R. 1963. "*Dairy Chemistry*," Chamman and Hall Ltd., London.

Lipinsky, E. S. and Litchfield, J. H. 1974. Single-Cell Protein : In Perspective. *Food Technol.*, 28(5), 16.

Litchfield, J. H. *et al.* 1963. Nutrient Content of Morel Mushroom Myceluim : Amino Acid Composition of the Protein. *J. Food Science*, 28, 741.

Lowe, Belle. 1955. "*Experimental Cookery*," 4th ed., John Wiley and Sons, Inc, New York.

Lu, J. Y., Carter, E. and Chung, R. A. 1980. Use of Calcium Salts for Soybean Curd Preparation. *J. Food Science*, 45, 32.

Lubitz, J. A. 1963. The Protein Quality, Digestibility and Composition of Algae Chlorella 71105. *J. Food Science*, 28, 299.

Madhusudhan, K. T. and Sin호, N. 1983. Studies on Linseed Proteins. *J. Agric. Food Chem.*, 31, 959.

Mahadevan, S. *et al.* 1969. Physico-Chemical Studies on the Gelation of Hens, Egg Yolk, Separation of Gelling Protein Components from Yolk Plasma. *J. Agr. Food Chem.*, 17, 767.

Marks, E. M. *et al.* 1968. The Phenomenon of Gelatin Insolubility, *Food Technol.*, 22, 1433.

Martines, W. H. *et al.* 1970. Cottonseed Protein products. Composition and Functionality. *J. Agr. Food Chem.*, 18, 961.

Martins, C. B. *et al.* 1968. Catheptic Enzymes and Meat Tenderization. I. Purification of Cathepsin D and Its Action on Actomyocin. *J. Food Science*, 33, 25.

Matthern, R. O. *et al.* 1964. Algae by Continuous Culture under High Light Intensity. *Food Technol.*, 18, 652.

Meredith, F. I. and Caster, W. O. 1984. Amino Acid Content in Selected Breakfast Cereals. *J. Food Science*, 49, 1624.

Merodio, C., Martin, M. and Sabater, B. 1983. Improved Separation of Green and Soluble Leaf Proteins by pH Shift. *J. Agric. Food Chem.*, 31, 957.

Miura, M., Yaamauchi, F., Ogawa, Y. and Shibasaki, K. 1982. Isolation and Characterization of a Proteolipid in Defatted Soybean Meals. *Agric. Biol. Chem.(Japan)*, 46(6), 1631.

Moorjani, M. N. 1970. The Fish Protein Concentrate Story. Part-12 processing of protein Enriched Wafers. *Food Technol.*, 24, 1378.

Moorjani, M. N. *et al.* 1968. Quality of Fish Protein Concentrate Prepared by Direct Extraction of Fish with Various Solvents. *Food Technol.*, 22, 1557.

Morgan, A. F. 1931. The Effect of heat upon the Biological Value of Cereal Proteins and Casein. *J. biol. Chem.*, 90, 771.

Mori, T., Nakamura, T. and Utsumi, S. 1986. Behavior of Intermolecular Bond Formation in the Late Stage of Heat-Induced Gelatin of Glycinin. *J. Agric. Food Chem.*, 34, 33.

Mosqueda-Surea, A. 1958. A New Type of Bread, Wheat-and-rice Bread. *Food Technol.*, 12, 15.

De Muelenaere, H. J. H. *et al.* 1967. Asesament of Factors Influencing Estimation of Lysine Availibility in Cereal Products. *J. Agr. Food Chem.*, 15, 310.

Murata, Kiku. *et al.* 1967. Studies on the Nutritional Value of Tempeh. *J. Food Science*, 32, 580.

Nakai, S. 1983. Structure-Function Relationships of Food Proteins with an Emphasis on the Importance of Protein Hydrophobicity. *J. Agric. Food Chem.*, 31, 676.

Nakamura, R. 1972. Effect of Inorganic Salts on the Strength of Muscle Fibers. *J. Agric. Food Chem.*, 20(6), 1167.

Nakamura, T, Utsumi, S. and Mori, T. 1984. Network Structure Formation in Thermally Induced Gelation of Glycinin. *J. Agric. Food Chem.*, 32, 349.

Nam, T. J., Choi, Y. J. and Pyeun, J. H. 1984. Thermal Stability of Israel Carp Actomyocin and its Protection by Chemical Additives. *Bull. Korean Fish. Soc.*, 17(4), 271.

Nashef, A. S. *et al.* 1977. Effects of Alkali on Proteins, Disulfides and Their Products. *J. Agric. Food Chem.*, 25(2), 245.

Natarajan, K. R. 1980. Peanut Protein Ingredients : Precipitation. Properties, and Food Uses. *Advances in Food Research*, 26, 216.

Neucere, N. J. *et al.* 1968. Effect of Organic Solvents on the Proteins Extracted from Peanuts. *J. Agr. Food Chem.*, 16, 364.

Neucere, N. J. *et al.* 1969. Effect of Rasting on the Stability of Peanut Proteins. *J. Agr. Food Chem.*, 17, 25.

Oh, H. I., Hoff, J. E. and Haff, L. A. 1985. Immobilized Condensed Tannins and Their Interactions with Proteins. *J. Food Science*, 50, 1652.

Okada, K. *et al.* 1967. Determination of Sulfhydryl and Disulfide Contents in Wheat Gluten Proteins by Amperometric Titration. *J. Agr. Chem. Soc. (Japan)*, 41, 329.

Ottenheyn, H. H. *et al.* 1970. Synthetic Amino Acids and Their Use in Fortifying Foods. *J. Agr. Food Chem.*, 18, 1010.

Pariser, E. R. 1973. Proteins of a Origin as Foods for Human Consumption. *Advances in Food Research*, 20, 189.

Park, G. S. and Park, J. R. 1986. Functional Properties of Silkworm Larvae Protein Concentrate. *Korean J. Food Science. and Technol.*, 18(3), 204.

Park, T. W. *et al.* 1959. Studies on the Soybean Mash. Part 3. Studies on the Variation of the Free Amino Acids Content in Soybean Mash during Its Fermentation. *Bulletin. Scientific Research Institute. (Korea)*. 4, 31.

Park, T. W. 1967. Reaction Conditions and Carbon Nitrogen-Balance in the Cause of Microbial Oxidation of Alkane. *J. Korean Chem., Soc.*, 13, 187.

Park, Y. *et al.* 1970. Production of Single Cell Protein on Petroleum Hydrocabon. Ⅱ. On the Growth of

Candida tropicalis KISST 359. *Korean J. Food Science, Technol.*, 2, 61.

Parman, G. K. 1968. Fortification of Cereals and Cereal products with Proteins and Amino Acids. *J. Agr. Food Chem.*, 16, 168.

Pearson, A. M. *et al.* 1965. The Emulsifying Capacity and Stability of Soy Sodium Proteinate, Potassium Caseinate, and Non-fat Dry Milk Solid. *Food Technol.*, 19, 1841.

Pecora, L. J. *et al.* 1951. Nutritional Improvement of White Polished Rice by the Addition of Lysine and Threonine. *J. Nutrition*, 44, 101.

Perlman, Frank, 1966. Food Allergy and Vegebagble Proteins. *Food Technol.*, 20, 1438.

Percival, S. S. and Schneeman, B. O. 1980. Intestinal Response to Feeding Heat Damaged Casein in Rats. *J. Food Science*, 50, 155.

Pomeranz, Y. 1968. Relation Between Chemical Composition and Bread-Making Potentialities of Wheat Flour. *Advances in Food Research*, 16, 335.

Pomeranz, Y. 1985. "*Functional Properties of Food Components*," Academic Press, Inc., New York.

Prakash, V. 1986. Effect of Sodium Chloride on the Extractability of Proteins from Sesame Seed (Sesamum indicum L.). *J. Agric. Food Chem.*, 34, 256.

Rackis, J. J. 1966. Soybean Trypsin Inhibitiors : Their Inactivation during Meal Processing. *Food Technol.*, 20, 1482.

Ranhotra, G. S., Lee, C. and Gelroth, J. A. 1980. Nutritional Characteristics of High-Protein Cookies. *J. Agric. Food Chem.*, 28, 507.

Rao, L. O., Draughon, F. A. and Melton, C. C. 1984. Sensory Characters of Thuringer Sausage Extended with Textured Soy Protein. *J. Food Science*, 49, 334.

Reiser, C. O. 1954. Food Yeast, Torula yeast from Potato Starch Waste. *J. Agr. Food Chem.*, 2, 70.

Ribbons, D. W. 1968. Potential of Microbiological Protein. *Chem. and Ind.*, 26, 867.

Rice, E. E. *et al.* 1953. The Effects of heat Upon the Nutritive Value of Protein. *Advances in Food Research*, 4, 233.

Rice, E. E. 1967. The Effect of Processing Operations on the Energy Available from Foods. *Food Technol.*, 21, 259.

Rios Iriarte, Berth J. *et al.* 1966. The Effect of Overheating on Certain Nutritional Properties of the Protein of Soybeans. *Food Technol.*, 20, 835.

Rosenberg, H. R. and Rodenburg, E. L. 1952. The Fortification of Bread with Lysine. Ⅱ. The Nutritional Value of Fortified Bread. *Arch. Biochem. Biophys.*, 37, 361.

Rosenberg, H. R. *et al.* 1957. The Improvement of the Protein Quality of White Rice by Lysine Supplementation. *J. Nutrition*, 63, 477.

Rosenberg, H. R. 1959. Supplementation of Foods with Amino Acids. *J. Agr. Food Chem.*, 7, 316.

Roy, D. N. *et al.* 1971. Evidence, Isolation, Purification and Some Properties of a Trypsin Inhibitors in Lathyurs Sativus. *J. Agr. Food Chem.*, 19, 257.

Saito, K., Watamabe, T. and Kaji, M. 1973. Food Use of Soybean 7S and 11S Proteins : Extraction and Functional Properties of Their Fractions. *J. Food Science*, 38, 1139.

Saldana, G. and Brown. H. E. 1984. Nutritional Composition of Corn and Flour Tortillas. *J. Food Science*, 49, 1202.

Satterlee, L. D., Marshall, H. F. and Tennyson, J. M. 1979. Measuring Protein Quality. *J. Am. Oil Chem. Soc.*, 56(3), 103.

Schneeman, B. O. and Dunaif, G. 1984. Nutritional and Gastrointestinal Response to Heated Nonfat Dry Milk. *J. Food Science*, 32, 477.

Schachalady. C. A. 1969. Microbilogical Protein as a Food and Feed Ingredient. *Food Manufacture*, 44, 36.

Schnell, P. G. *et al.* 1969. The Cause of Discoloration of hard Cooked Egg Rolls. *J. Food Science*, 34, 423.

Schormuller, J. 1968. The Chemistry and Biochemistry of Cheese Ripening, *Advances in Food Research*, 16, 231.

Schultz, H. W., ed. 1964. "*Proteins and Their Reactions*," Avi Publishing Co., Inc., Westport, Conn.

Scopes, R. K. 1982. "*Protein Purification : Principles and Practice*," Springer-Verlag, New York.

Scrimshaw, N. S. 1962. Protein Metabolism and Related Problems in Human Nutrition. *Food Technol.*, 16, 26.

Seideman, S. C. 1986. Methods of Expressing Collagen Characteristics and Their Relationship to Meat Tenderness and Muscle Fiber Types. *J. Food Science*, 51(2), 273.

Sgarbieri, V. C. and Whitaker, J. R. 1982. Physical, Chemical and Nutritional Properties of Common Beans (Phaseolus) Proteins. *Advances in Food Research*, 28, 94.

Shenouda, S. Y. 1980. Theories of Protein Denaturation during Frozen Storage of Fish Flesh. *Advances in Food Research*, 26, 275.

Sherman, H. C. 1946. "*chemistry of Food and Nutrition*," 8th ed., McMillan Co., New York.

Sherman. P. 1961. The Water Binding Capacity of Fresh Pork. I. The Influence of Sodium Chloride, Pyrophospate and Polyphosphate on Water Absorption. *Food Technol.*, 15, 79.

Sherman, P. 1961. The Water Binding Capacity of Fresh Pork. Ⅱ. The Influence of Phosphates on Fat Distribution in Meat Products. *Food Technol.*, 15, 87.

Shimnada, K. and Matsushita, S. 1981. Effects of Salts and Denaturation on Thermocoagulation of Proteins. *J. Agric. Food Chem.*, 29, 15.

Shimp, L. A. 1985. Process Cheese Principles. *Food Technol.*, 39(5), 63.

Smith, A. K. *et al.* 1960. Tofu from Japanese and United States Soybeans. *Food Technol.*, 14, 332.

Smith, A. K. *et al.* 1961. Food Uses and Properties of Soybean Protein I. *Food Technol.*, 15, 4.

Smith, G. A. and Friedman, M. L., 1984. Effect of Carbohydrates and Heat on the Amino Acid Composition and Chemically Available Lysine Content of Casein. *J. Food Science*, 49, 817.

Smith, L. A. *et al.* 1984. Effect of Sodium Tripolyphosphate on Physical and Sensory Properties of Beef and Pork Roasts. *J. Food Science*, 49, 1636.

Smith, P. *et al.* 1969. Determination of Isopropyl Alchol in Solid Fish Protein Concentrate by Gas-Liquid Chromatography. *J. Agr. Food Chem.*, 17, 34.

Snyder, H. E. 1970. Microbial Sources of Protein. *Advances in Food Research*, 18, 85.

Spies, Joseph R. 1968. Determination of Typtophan in Corn (Zea mays). *J. Agr. Food Chem.*, 16, 514.

Steiner, F. F. *et al.* 1969. Purification and Properties of Soybean protein Inhitibors of Proteolytic Enzymes. *J. Agr. Food Chem.*, 17, 513.

Sure, Barnett. 1952. Improvement in Whole Yellow Corn with Lysine, Tryptophan and Threonine. *J. Agr. Food Chem.*, 1, 626.

Sure, B. *et al.* 1953. Relationships between Milled Rice and Milled Flour and between Milled Rice and Milled White Corn Meal. *J. Agr. Food Chem.*, 1, 1207.

Sure, B. 1954. Protein Supplementation : Relative Nutritive Values of Proteins in Whole Wheat and Whole Rye and Effect of Amino Acid Supplements. *J. Agr. Food Chem.*, 2, 1108.

Swift, C. E. *et al.* 1960. Factors Affecting the Water Retention of Beef. Ⅱ. Variation in Some pH Determinants among Eight Muscles. *Food Technol.*, 14, 74.

Swift, C. I., *et al.* 1963. Comminuted Meat Emulsions ; Factors Affecting Meat Protein as Emulsion Stabilizers. *Food Technol.*, 17, 224.

Szczesniak, A. S. and Torgeson, K. W. 1965. Methods of Meat Texture Measurement Viewed from the Background of Factors Affecting Tenderness. *Advances in Food Research*, 14, 33.

Thulin, W. W. *et al.* 1967. Bontrae, A New Meat-Like Ingredient for Convenient Food. *Food Technol.*, 21, 168.

Tonella, M. L. F. and Yepiz, M. S. 1986. Effects of Lysine and Methionine Fortification on Dough and Bread Characteristics. *J. Food Science*, 51(3), 637.

Trautman, J. C. 1964. Fat Emulsifying Properties of Pre-Rigor and Post-Rigor Protein. *Food Technol.*, 18, 1605.

Trout, G. R. and Schmidt, G. R. 1986, Water Binding Ability of Meat Products : Effect of Fat Level. Effective Salt Concentration and Cooking Temperature. *J. Food Science*, 51(4), 1061.

Trowell, H. C. 1973. Chapt. 7. Kwashiorkor in "*Food : Readings from Scientific American*," edited by Hoff, J. E. and Janick, J., W. H. Freeman and Co., San Francisco.

Tsai, T. C. and Ockerman, H. W. 1981. Water Binding Measurement of Meat. *J. Food Science*, 46, 697.

Tsai, S. J., Lan, C. Y., Kao, C. S. and Chen, S. C. 1981. Studies on the Yield and Quality Characteristics of Tofu. *J. Food Science*, 46, 1734.

Urbanski, G. E., Wei, L. S., Nelson, A. I. and Steinberg, M. P. 1982. Rheology and Water Imbibing of Major Fractions of Soybean Beverage. *J. Food Science*, 47, 1021.

Vognarova, Irena. *et al.* 1968. Collagen and Elastin in Different Cuts of Veal and Beef. *J. Food Science*, 33, 339.

Walter, W. M. Jr., Catignani, G. L., Yow, L. L. and Proter, D. H. 1983. Protein Nutritional Value of Sweet Potato Flour. *J. Agric. Food Chem.*, 31, 947.

Wang, Hwa L. 1967. Products from Soybeans. *Food Technol.*, 21, 799.

Wang, J. C. and Kinsella, J. E. 1976. Functional Properties of Novel Proteins : Alfafa Leaf Protein. *J. Food Science*, 41, 286.

Watanabe, K., Hayakawa, S., Matsuda, T. and Nakamura, R. 1986. Combined Effect of pH and Sodium Chloride on the the Heat-Induced Aggregation of Whole Egg P;roteins. *J. Food Scienc*, 51(5), 1112.

Weeks, C. E. and King, R. L. 1985. Bioavailability of Calcium in Heat-Processed Milk. *J. Food Science*, 50, 1101.

West, R. L., Moeller, P. W., Link, B. A. and Landmann, W. A. 1974. Loss of Calcium Accumulating Ability in the Sarcoplasmic Reticulum Following Degradation by Cathepsins. *J. Food Science*, 39, 29.

Whitaker, John R. 1959. Chemical Changes Associated with Aging of Meat with Emphasis on the Protein. *Advances in Food Research*, 9, 1.

Whitaker, J. R. and Tannenbaum, S. R. (Editors). 1977. "*Food Proteins*" , Avi Publishing Co., Inc., Westport, Connecticut, U.S.A.

White, A., *et al.* 1954. "*Principles of Biochemistry*," Chapt. 19. McGraw-Hill Book Co. Inc., New York.

Wladyka, E. J. *et al.* 1968. Essential Amino Acid Composition of Chicken Meat and Drip after 30 and 90 days of Frozen Storage. *J. Food Science*, 33, 453.

Wolf, W. J. 1970. Soybean Proteins : Their Functional, Chemical and Physical Properties. *J. Agr. Food Chem.*, 18, 969.

Wolf, W. J. 1977. Physical and Chemical Properties of Soybean Proteins. *J. Am. Oil Chem. Soc.*, 54(2), 112A.

Woulf, W. J. *et al.* 1961. Food Uses and Properties of Soybean Protein, Ⅱ., Physical and Chemical Properties of Soybean Protein. *Food Technol.*, 15, 12.

Wolzak, A., Elias, L. and Bressani, R. 1981. Protein Quality of Vegetable Proteins As Determined by

Traditional Biological Methods and Rapid Chemical Assys. *J. Agric. Food Chem.*, 29, 1063.

Woodwardd, S. A. and Cotterill, O. J. 1986. Texture and Microtexture of Heat-Formed Egg White Gels. *J. Food Science*, 51(2), 333.

Woong, M. J. 1970. Technological Studies on Textural Soybean Protein. Part I. Effect of Drying Process on Gelling Properties of Soybean Protein Isolate. *Korean J. Food Science. Technol.*, 2, 49.

Wrenshall, C. L. 1960. Improvement of protein Value for Human Nutrition. F*ood Technol.*, 14, 4.

Yanez, E. *et al*. 1967. The Fish Protein Concentration Story. 6. *Food Technol.*, 21, 2604.

Yang, R. 1974. Molecular Mechanism of Muscle Movement. *Progress in Chemistry and Chemical Technology(Korea)*, 14, 212.

Yang, R., Park, H. J., Kim, Y. H., Jhin, H. S. and Shin, W. C. 1986. Comparative Biochemical Study on the Myofibrillar Proteins from Porcine Muscle, *Korean J. Food Science and Technol.*, 18(6), 443.

Yang, R., Shin, W. C., Oh, D. W., Jhin, H. S. and Kim, K. T. 1986. Thermostability of Myofibrillar Proteins from Red Muscle and White Muscle. *Korean J. Food Science and Technol.*, 18(3), 226.

Youn, J. S. et al. 1967. Studies on the Soybean Curd. Part 3. Studies on the Preparation of Freeze Dried Soybean Curd, *Rept., Army Research and Testing Lab(Korea)*, 6, 12.

Ziderman, I. and Friedman, M. 1985. Thermal and Compositional Changes of Dry Wheat Gluten-Carbohydrate Mixtures during Simulated Crust Baking. *J. Agric. Food Chem.*, 33, 1096.

Zipser, M. W. *et al*. 1967. Ascorbate and Tripolyphosphate in Cured, Cooked, Frozen Pork. *J. Agr. Food Chem.*, 15, 80.

Chapter 17 식품 속의 독성물질들

독성물질의 종류

독성물질들(toxic compounds), 즉 인체에 섭취될 때 인체에 해를 주거나 정상적인 건강상태를 유지하는 데 지장을 줄 물질들은 그 종류도 다양하며, 또한 비록 당장에 건강을 해칠 만한 양은 아니라 하더라도, 많은 식품들에 널리 분포될 수도 있으며, 또한 반복 섭취될 수도 있다.

식품 중에 독성물질로 존재하는 물질들은 대체로 다음과 같은 범주에 속한다.

즉, 첫째로는 사람들이 섭취하는 자연식품들에 원래 존재하는, 따라서 그 식품들의 하나의 정상적인 구성성분으로 생각되는 독성물질(毒性物質)들,

둘째로는 여러 자연식품, 또는 가공식품들을 저장하는 동안에 여기에 기생, 번식하는 생체들, 그 중에서도 특히 미생물들의 신진대사 과정 중에 형성된 물질들로서 독성이 있음이 판명된 여러 물질들, 즉 미생물의 독성 신진대사물들(toxic microbial metabolites), 또는 사람들에게 위해(危害)를 일으키는 성분들을 함유한 먹이들을 계절적 또는 주기적으로 섭취하여, 이런 독성성분들을 체내에 갖고 있는 어류, 조개류 등의 독성성분들, 그리고 이와 반대로 외부에서 침입하는 기타의 미생물들 또는 외부에서의 위해작용 등에 대해서 자연 생물체들이 자위수단(self defense mechanism)으로 체내에서 형성하는 항미생물 물질들(antimicrobial compounds) 등의 독성물질들,

셋째로 농산물, 채소류, 과실류의 재배과정에서 사용되는 방미제(防黴劑, fungicides), 살충제(insecticides), 살초제(herbicides), 식물 성장촉진제(plant growth hormones) 등과 같은 농약들(agricultural chemicals)이 이와 같은 농산물, 과실류, 채소류에 잔류하여 제거되지 않음으로써 인체내에 들어오게 되는 독성물질들,

넷째로 각종의 식품들을 조리 또는 가공하는 과정들, 특히 고온에서 가열하는 여러 과정과 장기 저장하는 과정 등 그리고 조리하여 섭취한 후에 체내에서 식품성분들 간 또는 식품성분과 공기 중의 산소 내지는 체내 성분들과의 상호작용의 결과 형성되는 독성물질들,

다섯째로는 항만지대(港灣地帶)나 공장지대에서 형성, 배출되는 여러 가지 폐기물들(waste products)의 불완전한 처리와 방출, 또는 공장지대나 도시지역에서 형성되는 매연(煤煙), 폐기가스, 먼지 등의 새로운 형성에 의한, 그 특정 지역(habitat)에서 일어나는 전체적인 환경오염(environmental contamination)과 이로 인해서 그곳에 사는 사람들 또는 동식물들에 대한 직접적, 또는 간접적인 오염(contamination)을 통해서 들어오는 환경오염 물질들(environmental contaminants),

여섯째로는 여러 가지 식품들을 가공처리, 포장하는 과정에서 악의적인 의도 없이 오인(誤認) 또는 기타의 우발적(accidentally)인 실수로 혼입 또는 오염된 독성물질들을 들 수 있다.

특히, 도시 주변의 다양한 산업시설들의 확장에 따른 각종 오염물질들의 확산과 축적, 농촌지역에서의 각종 농약류의 광범위하고 지속적인 사용, 식품첨가물들의 급증되는 사용량 증가추세 등은 각종 식품류에 대한 위에서 언급한 바와 같은 독성물질들에 의한 오염 문제들을 더욱 복잡하게 만들어 주고 있다.

우리들의 식품 섭취의 제 일차적인 목적이 생명과 건강의 유지에 있으므로, 이와 같은 근본 목적과 상치되는 식품 중의 독성물질들의 존재 여부와, 만일 독성물질이 존재한다면 그 독성물질의 성질에 대해서 올바른 인식을 가져야 함은 더 말할 나위도 없으며, 앞으로 이 방면에 대한 더 많은 이해와 교육, 그리고 지속적인 연구들과 국내지역들은 물론, 인접국가들, 크게는 전 세계적인 연구들과 정보교환이 반드시 있어야 할 것이다.

본 장에서는 이상의 취지에 따라 일부 대표적인 독성물질들에 대해서 간단히 설명하기로 한다.

자연식품에 원래 존재하는 독성물질들

자연식품에 원래 그 한 성분으로 존재하는 독성물질들(food toxicants)은 이를 다시 그 출처(sources)에 따라 크게 동물성 독성물질(animal toxicants)과 식물성 독성물질들(plant toxicants)의 두 종류로 분류할 수 있다.

식물성 독성물질

단백질 분해효소 억제물질들

콩과식물(legumes)의 종자들을 비롯한 일부 식물체들에는 단백질 분해효소의 활동(protease activity)을 억제하는 물질들이 존재하는 사실이 오래 전부터 잘 알려져 왔다.

예로서 대두(soybean), 완두(peas), 땅콩(peanuts), 강낭콩(kidney beans) 등의 두류(豆類, legumes), 또는 감자, 고구마 등에서 발견되는 트립신 억제물질들(trypsin inhibitors)은 그 좋은 예이다. 이 물질은 일반적으로 단백질 분해효소 억제물질들, 즉 프로테이스 억제물질들(protease inhibitors)로 알려져 있는 물질들 중의 한 예이다. 한편, 동물성 식품인 달걀의 흰자 단백질들(egg white proteins)중의 하나인 오보뮤코이드(ovomucoid)도 억제물질들 중의 하나임은 이미 설명한 바 있다.

가장 넓은 의미의 단백질 분해효소들, 즉 단백질 또는 펩타이드류의 펩타이드 결합(-CONH-결합)

을 가수분해 하는 효소들(proteolytic enzymes)은 일반적으로 프로테이스들(proteases)로 총칭되며, 이 중 단백질들을 기질로 하는 경우 프로테네이스류(protenases), 펩타이드류를 기질로 하는 경우 펩티데이스류(peptidases)로 부른다.

한편, 단백질 분해효소들(protenases)은 그 구조상의 특징들에 따라, 그 분자구조에 세린(serine)을 함유하고 있는 세린 단백질 분해효소류(serine protenases), 시스테인(cysteine)을 함유하고 있는 시스테인 단백질 분해효소류(cysteine protenases) 등으로 세분 된다.

이에 따라 단백질 분해효소 억제물질들(protenase inhibitors)도 세린 단백질 분해효소 억제물질들(serine protenase inhibitors)과 시스테인 단백질 분해효소 억제물질들(cysteine protenase inhibitors)로 세분화 된다. 한편, 세린 단백질 분해효소 억제물질들로는 그 구조가 서로 다른 두 종류의 억제물질들, 즉 쿠니츠 억제물질(the Kunitz inhibitor)와 보우맨-버크 억제물질(the Bowman- Birk inhibitor)들이 알려져 있다. 그 억제물질들은 모두 단백질이며, 쿠니츠 억제물질은 분해효소 트립신(trypsin)의 작용을, 보우맨-버크 억제물질은 트립신과 카이모트립신(trypsin and chymotrypsin)들의 작용을 억제하는 것으로 알려져 있다.

식물성 단백질 분해효소 억제물질들 중에서는 이미 언급한 바 있는 대두에 존재하는 트립신 억제물질들이 비교적 잘 연구되고 있다.

즉, 대두에는 전술한 대로 두 종류의 트립신 억제물질들 또는 단백질들(trypsin inhibitors or trypsin inhibitor proteins), 즉 쿠니츠 억제물질(the Kunitz inhibitor)과 보우맨-버크 억제물질(the Bowman-Birk inhibitor) 등이 존재하며, 이 중에서 더 잘 알려진 것은 쿠니츠 억제물질 (the Kunitz inhibitor)이다.

이 쿠니츠 억제물질은 아미노산 200개 정도가 중합되어 형성된 폴리펩타이드(polpeptide)의 구조를 갖고 있으며, 그 분자량은 21,000 정도로 추정되고 있다. 리이너(Liener, I. E., 1980)는 대두 중의 여러 동일 계통(同一系統)의 억제물질들(isoinhibitors, 즉 기본적 작용은 같으나, 분자량 등 분자특성이 서로 다소 다른 억제물질들) 중 그 분자량이 20,000 정도인 것을 쿠니츠 억제물질로 정하고 있다.

이상의 트립신 억제물질들의 생체 내에서의 작용에 대해서는 이와 같은 물질들이 단백질 분해효소의 구조를 변형시킴으로써 그 효소기능(酵素機能)을 상실케 하는 것으로 생각되고 있다. 그러나, 이 억제물질들이 실험에 사용된 동물들의 정상적인 성장(normal growth)을 억제하는 사실은 여러 실험들을 통해서 움직일 수 없는 사실로 확립되고 있다.

이상의 트립신 억제물질들은 가열처리(heat treatment)에 의해서 그 활력을 잃게 된다. 예로서, 생 대두가루(raw soybean meal)에 존재하는 트립신 억제물질들(trypsin inhibitors)의 억제 작용은 이 대두가루를 100℃에서 15분간 가열함으로써 급격하게 감소(약 1/40 정도로) 되었다고 한다.

한편, 두유(soybean milk)의 경우, 이 두유를 93℃에서 30분간 내지는 75분간 가열하거나, 121℃에서 5분간 내지는 10분간 가열함으로써 그 속의 트립신 억제물질들의 작용은 완전히 제거되었다고 한다.

근래에 와서 그 비교적 높은 영양가와 다양한 기능성(機能性, functionality), 그리고 공급의 용이성(容易性) 때문에 주목 받고 있는 대두, 대두 가루, 대두 단백질 추출물(soybean protein isolate, SPI) 등의 식품 단백질 자원으로서의 중요성에 비추어 볼 때, 이상의 억제물질들의 작용의 효과적인 제거 문제는 계속 중요한 과제로 남을 것으로 생각된다.

콩과식물 종자들, 특히 대두 사포닌

콩과식물의 종자들(legume seeds), 그 중에서도 특히 대두는 전술한 바와 같이 양질의 식물성 단백질의 출처(source)로서 높이 평가되어 왔으나, 전술한 프로테이스 억제물질들(protease inhibitors) 이외에도 사포닌(saponin) 성분들과 그 아글리콘(aglycone)인 사포제닌(sapogenin) 성분들의 유해작용이 오래 전부터 알려져 왔었다.

인체를 비롯한 생물체에 일반적으로 유해한 것으로 알려져 있으며, 물의 표면장력을(serface tension)을 낮추는 작용, 즉 계면활성 작용을 갖고 있어서 발포성(發泡性, foaming ability)을 갖고 있으며, 또한 적혈구(赤血球, red blood corpuscles) 막(membrane)의 지방질 성분에 작용하여 그 투과성(透過性)을 증진시켜 용혈작용(溶血作用, hemolysis)을 일으키는 것으로 알려진, 트리터어펜류(triterpenes), 특히 펜타사이클 형성 트리터어펜류(pentacyclic triterpernes) 또는 스테로이드류(steroids)의 배당체(配糖體, glycosides)인 사포닌류(saponis)는 식물체에 널리 분포되고 있다.

다시 말해서 사포닌류는 그 아글리콘, 즉 사포제닌들이 트리터어펜류, 특히 다섯 개의 환(ring)으로 구성된 펜타사이클릭 트리터어펜류 또는 스테로이드류이며, L-아라비노오스, D-자일로오스, L-람노오스, D-글루코오스, D-갈락토오스, D-글루쿠론산, D-갈락트유론산 등의 당류와 결합한 배당체(glycosides)의 형태로 보통 식물체내에 존재하는 것으로 알려져 있다. 나중에 설명하게 될 감자속의 솔라닌류나 토마토 속의 토마티딘 등도 실질적으로는, 즉 구조적으로는 사포닌류(sponins)에 속하는 성분들이다.

한편, 콩류 중의 대표적인 사포닌들인 대두 중의 사포닌(soybean saponin)으로는 대두 사포제놀, A, B, C, D, E(soyasapogenol A, B, C, D, E) 등 다섯 가지가 알려져 있으며, 모두가 펜타사이클형성 트리터어펜의 유도체를 그 사포제닌, 즉 아글리콘으로 하고 있다. 한편, 이 대두 사포닌들은 모두가 실험실 조건하(in vitro)에서는 강한 용혈작용(hemolytic activity)과 그 계면활성작용(surface activity)에 의한 기포성(起泡性)을 갖고 있다고 한다. 이 대두 사포닌의 용혈작용은 보통 사용되는 가열조리 과정(heat processing) 조건하에서는 거의 영향을 받지 않는다고 한다. 그러나 이 대두 사포닌이 생체 내에서도 실험실에서 보여주는 것과 같은 용혈작용을 갖는지에 대해서는 확실하지 않다.

쥐나 닭과 같은 실험동물의 사료(feed)에 대두 사포닌을 섞어서 먹여보았으나 이 실험동물들은 정상적인 성장을 계속하였으며, 이 실험동물의 혈액 속에서는 대두 사포닌(soybean saponin)을 검출하지 못하였다는 보고가 있다.

이상의 결과들로 비추어 볼 때, 보통 섭취될 정도의 소량의 대두에 함유된 사포닌(보통 0.5% 정도로 추정되고 있음)으로서는 이를 섭취한 생체에게 어떤 실질적인 유해 작용을 가져오지는 않는 듯하다.

그러나 린드너(Lindner, E., 1974)는 일부 두과식물의 종자류는 매우 강한 독성을 지닌 사포닌류를 6%나 함유한 것이 있어서, 이와 같은 종자들이 다른 콩류나 곡류에 섞여질 경우의 위험에 대해서 언급하고 있다.

아주까리씨 속의 리신, 리시닌 및 알러젠

아주까리씨(castor beans, *Ricinus communis L.*), 특히 이 씨에서 아주까리기름, 즉 피마자유(castor oil)를 짜낸 후의 깻묵(박, 粕)으로 만든 가루(flour)는 양질의 단백질 자원(protein source)임에도 불구하고 그 속에 함유된 여러 종류의 유독성분들 때문에 이용이 잘 되지않고 있다.

이 유독성분들 중에는 매우 독성은 크나, 열에 의해서 쉽게 파괴 될 수 있는(heat-labile) 리신(ricin)과 그 독성(toxicity)이 리신보다 낮은 것으로 추정되고 있는 알칼로이드 독소(alkaloid toxin)인 리시닌(ricinine), 그리고 일부 사람들에게 심한 알레르기(allergy) 증세를 유발하는 그 독성에 대해서는, 아직 확실하게 알려져 있지 않는 어떤 물질, 즉 어떤 강력한 알러젠(a powerful allergen) 등이 함유되고 있는 것으로 알려져 있다.

전술한 리신(ricin)은 비단 아주까리씨뿐만 아니라 대두를 비롯한 두류식물(legumes)의 종자들, 곡류와 서류(감자류) 등에 널리 분포되고 있는, 적혈구들(red blood cells)을 교착(膠着, agglutinate)시키는 소위 식물성 헤마글루티닌류(phytohemagglytinins, 또는 phytagglutins) 내지는 렉틴류(lectils)로 불리는 분자량 35,000 정도의 특이한 식물성 단백질들 중의 하나로 알려져 있다.

이와 유사한 독성을 가진 식물성 헤마글루티닌들은 전술한 대로 대두, 완두, 강낭콩, 렌즈콩(lentils) 등의 콩들에도 널리 존재한다. 한편, 이 리신은 아주까리기름을 유기 용매로 추출할 때는 그 깻묵(박, 粕)에 남은 용매(solvent)를 제거하는 과정(desolvetizing process)에서 제거되는 사실이 알려져 있다. 독성 알칼로이드류(toxic alkaloids)의 하나인 리시신(ricinine)은 그 양이 극소량이기 때문에 별문제가 되지 않는 것으로 생각되고 있다.

한편, 일부 사람들에게 심한 알레르기(allergy)를 유발하는 알러젠(allergen)은 그 함량도 비교적 많으며(기름을 짜낸 후의 찌꺼기에서 만든 아주까리 가루의 총 중량의 6% 내지 9% 정도에 달한다), 또한 비교적 내열성(heat resistance)이 강하기 때문에 완전히 불활성화(inactivate)시키기가 어렵다고 한다.

이 알려젠을 불활성화하기 위해서는 중량비 85/100 정도의 석회(lime)를 섞어서 140℃에서 1시간 가량 가열하거나, 이와 비교될 만한 강력한 처리(treatments) 등이 필요하다고 한다.

가지과의 감자, 토마토 속의 솔라닌, 토마틴 등의 알칼로이드류

염기성 질소함유 유기 식물추출물들(basic, nitrogeneous, organic plant extracts)의 한 그룹으로 볼 수 있는 알칼로이드류(alkaloids)는 보통 식품의 정상적인 성분으로 생각되고 있지 않으나, 많은 식물성, 또는 동물성 식품류에서 유독성분들(toxic components)로 검출되고 있다.

예로서, 감자 속에는 솔라닌(solanine)과 차코닌(chachonine) 등 그리고 나중에 설명할 감자와 함께 가지과(the solanaceae)에 속하는 토마토에는 토마틴으로 알려진 스테로이드형 알칼로이드(steroidal alkaloid)인 솔라닌의 배당체들(配糖體, glycodides)이 함유되고 있다.

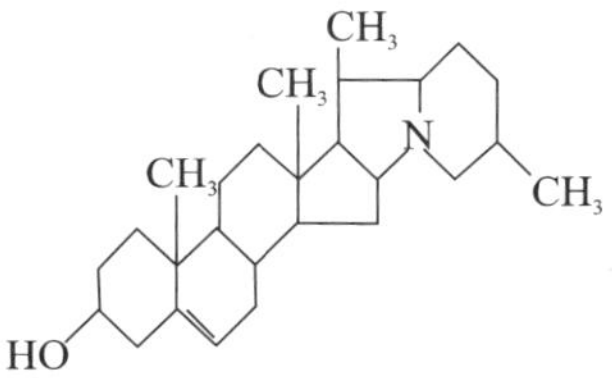

싹튼 감자에서 발견되는 유독성 알칼로이드의 한 성분, 솔라니딘(solanidine)

이상의 솔라닌이나 차코닌, 더 정확하게는 α-솔라닌이나 α-차코닌(α-solanin and α-chaconine)들은 전술한 대로 스테로이드형 알칼로이드인 솔라니딘(solanidine)을 아글리콘(aglycone)으로 하는 배당체들이며, 이 솔라니딘에 결합하고 있는 당류의 구성이 다소 다르다. 즉 α-솔라닌의 경우 L-람노오스, D-갈락토오스, D-글루코오스로 된 삼당류가 솔라니딘의 3번의 -OH 그룹 에텔 결합(ether-bond)을 통해서 배당체를 형성하고 있는 반면, α-차코닌의 경우에는 L-람노오스, D-갈락토오스, D-자일로오스로 등으로 된 삼당류와 결합되고 있다.

정상적인 감자 속에서의 이와 같은 알칼로이드류의 함량은 수 ppm밖에 안되나, 미숙한 감자의 초록색 껍질이나 저장 중에 생긴 싹(sprouts)에는 이 알칼로이드류의 농도가 매우 커서 보통 때 함량의 10배 이상이 될 때가 있다. 따라서 이와 같은 상태에 있는 감자 즉, 그 솔라닌 등의 스테로이드형 알칼로이드류(steroidal alkaloids)의 전체량이 대략 40ppm을 넘는 경우 이들 감자를 먹으면 매우 심각한 중독을 일으킬 수도 있다.

이들 α-솔라닌이나 α-차토닌 등의 스테로이드계 알카로이드류(steroidal alkaloid) 또는 가지과 식물체들(the Solanacea, the Solanum plant family)에 널리 분포되고 있는 솔라넘 알카로이드류(solanum alkaloids)는 인체를 비롯한 생체에 강력한 용혈작용을 일으키는 원형질 독소(原形質 毒素)로 알려져 왔다.

소위 솔라넘 알칼로이드류는 생체 내에서는 콜린 에스터레이스(choline esterase)의 작용을 억제함으로써 독성효과(toxic effects)를 가져오는 것으로 알려져 왔다.

또한 이상의 α-솔라닌, α-차토닌 등의 소위 솔라넘 알칼로이드류는 생체 내에서는 콜린 에스터레이스 억제물질(choline esterase inhibitor), 즉 그 생체에 존재하는 콜린 에스터레이스(choline esterase)의 작용을 억제함으로써, 특유한 독성효과(toxic effects)를 가져오는 것으로 알려져 있다.

이들의 독성성분들은 감자에 각종 광선을 조사할 때, 또는 감자가 싹틀때, 그 함량들이 급격하게 증가하는 사실이 알려져 있으며, 따라서 감자의 이런 부분들은 식용 대상에서 제거되어야 함은 물론이다. 한편, 이상의 독성성분들은 가열조리에 의해서는 그 독성이 파괴되지 않는 사실이 알려져 있다.

한편, 감자와 같은 가지과에 속하는 토마토들의 잘 익지 않은 과실 또는 과채(果菜)들의 경우에도, 솔라닌과 그 구조나 성질 등이 매우 유사한, 스테로이드형의 알칼로이드(a steroidal alkaloid)인 토마티딘(tomatidine)이 아글리콘으로서, 자일로오스, 글루코오스 분자 두 개, 그리고 갈락토오스로 구성된 사당류 분자(a tetraose molecule)와 결합한 배당체(配當體, a glycoside)인 토마틴(tomatine)의 형태로 존재한다.

따라서 잘 익지 않은 토마토들에서 검출되는, α-솔라닌과 비슷한 독성작용, 또는 생리작용을 나타내는 토마틴은 가지과의 식물체들에서 발견되는 여러 스테로이드형 알카로이드 배당체들(steroidal glycoalkaloids)의 또하나의 예로 볼 수 있다.

독성을 가진 일부 식물성 페놀 화합물들

여러 식물체에 존재하는 페놀 화합물들, 즉 식물성 페놀화합물들(plant phenols) 중의 일부는 독성을 가진 사실이 알려져 있다. 예로서 감귤류(citrus fruits), 특히 레몬즙(lemon juice)에서 미량 발견되는 아이소핌피넬린(isopimpinellin), 후로쿠우마린(furocoumarin) 등의 식물성 페놀 화합물들은 독성을 가진 사실이 알려져 있다(그림 17-1 참조).

한편, 쥐방울풀(snakeroot)을 먹은 젖소의 젖, 즉 우유는 이를 마신 사람에게 소위 우유병(milk sickness)을 일으키게 하나, 이는 이와 같은 우유 속에는 젖소가 먹은 쥐방울풀에서 옮겨진 벤조후란 톡솔(benzofuran toxol)이라는 유독성 페놀 화합물이 존재하기 때문인 것으로 생각되고 있다.

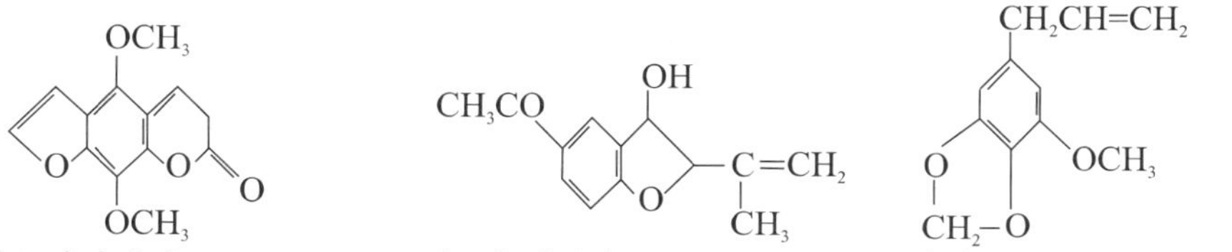

아이소핌피넬린(isopimpinellin) 벤조후란톡솔(benzofuran toxol) 미리스티신(myristicin)

[그림 17-1] 유독성 식물성 페놀 화합물들
Crosby, D. C. 1969. *J. Agr. Food Chem.*, 17, 534

또한 딜(dill), 셀러리(celery), 파아슬리(parsley), 양방풍나물(parsnip) 등의 채소 속에는 유독성 페놀 화합물의 하나인 미리스티신(myristicin)이 함유되고 있음이 알려져 있다(그림 17-1 참조). 이 미리스티신은 그 화학구조가 강력한 환각제(幻覺劑)로 알려져 있는 메스칼린(mescalin)과 유사하며, 매우 강한 환각작용(hallucinogenic action)을 갖고 있다.

면실 속의 고시폴

면실(cotton seed)에는 고시폴(gossypol)로 알려진 황색색소(yellow pigments)들에 속하는 독성물질이 존재한다. 따라서 면실에서 면실유(cotton seed oil)를 짜낼 때는 많은 양의 고시폴이 이 기름과 기름을 짜낸 후의 면실가루(cotton seed flour)에 들어가게 되며, 그 양은 어떤 연구자(Krishnamoorth, V., 1965)에 의하면, 면실가루 총 중량의 0.7%에서 1.5%에 달한다고 한다.

이 고시폴은 면실유의 경우에는 그 정제과정에서 거의 대부분이 제거되므로(잔류량 0.02% 정도) 별 문제가 없다. 그러나, 면실가루의 경우에는 이 고시폴의 존재로 말미암아 다량의 양질의 식물성 단백질을 함유하고 있음에도 불구하고(약 40% 내지 45%), 식품 내지는 사료로서의 효과적인 이용이 저해되어 왔었다.

이 고시폴(gossypol)은 그 자체가 독성물질일 뿐만 아니라, 면실 또는 면실가루 속에 함유되고 있는 필수아미노산인 라이신과 결합하여 복합체(complex)의 형태로 존재하는 성질을 갖고 있기 때문에, 생체가 이용할 수 있는 라이신(avaiable lysine)의 양을 상대적으로 감소시키는 작용도 갖고 있다. 예로서, 고시폴을 부타놀(butanol)로 추출, 제거한 면실에 있어서는 그 속의 단백질 100g에 대해서 약 4.4g의 이용할 수 있는 라이신이 존재하나, 고시폴을 제거하지 않는 보통 면실에 있어서는 그 속의 단백질 100g에 대해서 2.5g 내지는 3.8g의 이용할 수 있는 라이신이 함유되고 있다고 한다.

한편, 고시폴은 제일철 이온(ferrous ion, Fe^{++})과 쉽게 결합하여 불용성인 복합체를 형성하는 성질도 갖고 있으며(그림 17-2 참조), 이 복합체는 칼슘이 존재할 때는 쉽게 침전으로 제거되는 사실이 실험적으로 알려져 있다. 따라서 면실 또는 면실가루에 제일철염(ferrous salts), 또는 제일철염과 칼슘염을 첨가하여 고시폴을 불용성인 복합체로서 제거하거나 최소한 불활성화 시키고자 하는 연구가 시도되어 왔었다.

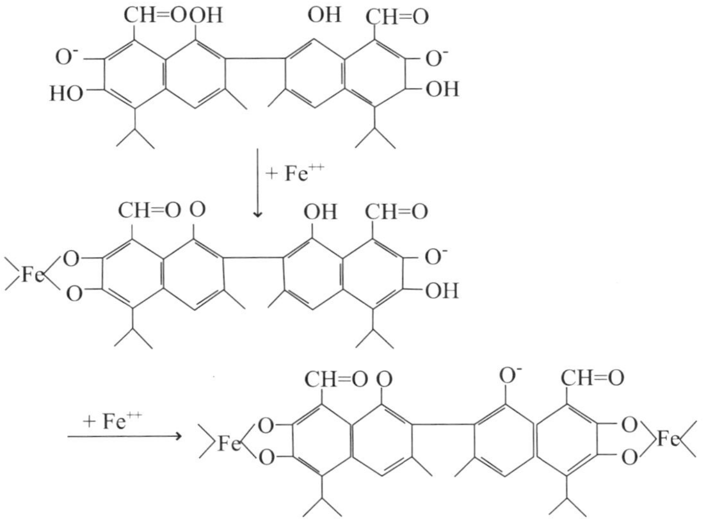

[그림 17-2] 고시폴(gossypol)과 제1철 이온과의 복합체(complex)의 형성과정.
Shidh, T. R., *et al.*, 1968. *J. Agr. Food Chem.*, 16. 210.

또한 면실의 종자개량에 의해서 고시폴의 함량을 원천적(源泉的)으로 줄이는 방법에도 큰 기대가 걸어지고 있다(Linder, E., 1974). 특히 평지씨 기름(유채유, rapeseed oil)의 경우 종자개량에 의해서 평지씨 기름이나 평지씨 가루의 획기적인 품질향상을 가져온 큰 성공에 비추어 볼 때 평지씨의 경우보다 문제가 복잡하지만 매우 고무적이다. 고시폴은 어떤 유지의 산패를 억제하는 항산화작용(antioxidant acitvity)을 갖고 있으나, 동시에 독성작용이 있기 때문에 식용 항산화제로의 활용은 생각할 수 없다. 이 사실에 대해서는 이미 제14장에서 언급한 바 있다.

한편, 면실유의 경우 고시폴의 항산화작용보다는 그 독성작용이 더 중요하며, 따라서 독성물질로서 거의 완전히 제거되어 시판되고 있다.

겨자과 식물의 갑상선종 유발물질들

겨자과(the Crucifer plant family)에 속하는 많은 채소류와 그 종자류, 예로서 양배추, 꽃양배추(cauliflower), 그 중에도 특히 부럿쎌 스프루트(Brussel sprout), 루우타베이가 순무우(rutabaga) 그리고 유채씨 또는 평지씨(rapesseeds), 겨자씨(mustard seeds) 등에 존재하며, 효소작용으로 가수분해되어 아이소싸이오시아네이트류(isothiocyanates)가 형성되고, 다시 이 아이소싸이오시아네이트들은 환상 화합물들(cyclic compounds)을 형성한다.

이 환상의 물질들 중의 하나인 (S)-5-비닐옥사졸리딘-2-싸이온[(S)-5-vinyloxazolidine-2-thione], 즉, (S)-5-vinyl-5-OZT는 고이트린(goitrin)으로도 부려지고 있으며, 갑상선종(甲狀腺腫, goiter)을 유발하는 물질들(goitrogens)의 하나이다.

이 고이트린은 생체 내의 갑상선(甲狀腺, thyroid gland)에서 요오드(idoine)의 흡수를 방해하여 갑상선 호르몬(thyroid hormones)의 형성을 억제함으로써, 갑상선 기능의 과중활동(overwork)에 의한 이상비대(異狀肥大, abnormal enlargement)를 유발, 결국 갑상선종을 일으키게 하는 것으로 알려져 있다.

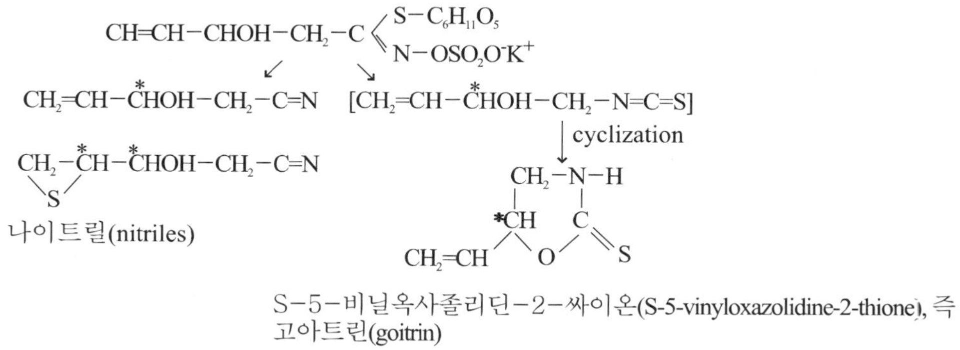

$CH=CH-CHOH-CH_2-C\langle^{S-C_6H_{11}O_5}_{N-OSO_2O^-K^+}$

$CH_2=CH-\overset{*}{C}HOH-CH_2-C\equiv N$ $[CH_2=CH-\overset{*}{C}HOH-CH_2-N=C=S]$

cyclization

$CH_2-\overset{*}{C}H-\overset{*}{C}HOH-CH_2-C\equiv N$ (CH₂ and CH bridged by S)

나이트릴(nitriles)

S-5-비닐옥사졸리딘-2-싸이온(S-5-vinyloxazolidine-2-thione), 즉 고아트린(goitrin)

[그림 17-3] 겨자과 식물(the Crucifer plant family)에 존재하는 프로고이트린(progoitrin)이 가수분해에 의해서 나이트릴(nitriles), 또는 고이트린(goitrin)이 형성되는 과정.
van Etten, C. H. *et al.*, 1969. *J. Agr. Food Chme.*, 17, 486.

한편, 고이트린, 즉 (S)-5-vinyl-5-OZT를 형성하는 글루코시놀레이트들은 프로고이트린(progoitrin)으로 알려져 있으며, 전술한 배추, 양배추, 루우타베이가 순무우, 평지씨 등을 비롯한 겨자과 식물의 잎과 종자들에 널리 분포되고 있는 것으로 알려지고 있다.

요오드(idoine)의 정상적인 섭취가 가뜩이나 쉽지 않는, 바다에서 멀리 떨어진 내륙지방(inland areas)에 살고 있는 주민들이나 가축의 경우, 이상의 겨자과에 속하는 채소류나 종자류, 그리고 특히 가축사료로서 평지씨 박(defatted rapeseed meal) 등을 계속 섭취할 때는 이와 같은 고이트린에 의한 독성작용은 매우 심각해질 수 있다.

실제로 기름을 짜낸 후의 평지씨 박, 즉 깻묵을 양질 단백질을 함유한 가축사료로 이용하고자 하는 시도는 이상과 같은 문제 때문에 국내외에서 모두 지장을 받아왔다. 그러나 근래에 와서 품종개량에 의해서 글루코시놀레이트 함량을 크게 줄이려는 시도는 이미 성공적으로 이뤄졌으며, 저에루신산 저글루코시놀레이트 평지씨 기름(low-erucic low-glucosinolate repeseed oil), 즉 카놀라우(canola oil)를 장기간의 육종개량 작업을 통해서 만들었으며, 점차 재래종 평지씨 기름과 대체되고 있다.

카놀라유는 Canadian oil low acid, 즉 can-o-l-a oil에서 유래했다고 하며, 캐나다의 유지 제조업자들의 협회에서 정한 기준은 에루신산(erucic acid)의 함량이 2%, 글루코시놀레이트(glycosinalate) 함량이 30micromoles/100g.oil 이라고 한다. 따라서 이 기름을 짜낸 후의 박(粕, defatted meal)의 글루코시놀레이트 함량도 재래종 평지씨에서 착유한 후 얻은 박에서와 같은 문제는 해소될 것으로 생각된다.

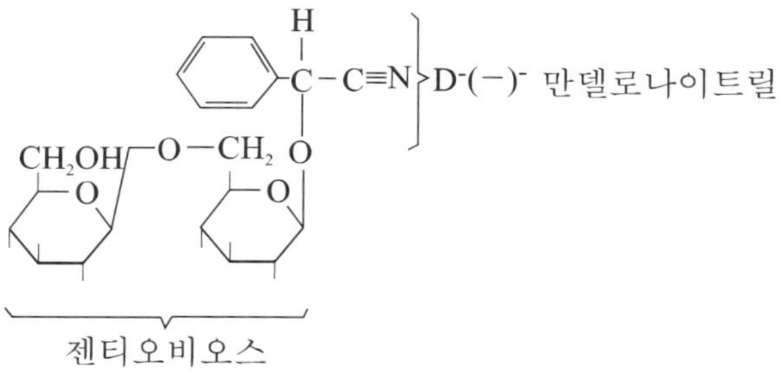

$D^-(-)^-$ 만델로나이트릴

CH_2OH — O — CH_2 O

젠티오비오스

[그림 17-4] 아미그달린(amgdalin)의 구조
Conn. E. E. 1969. *J. Agr. Food Chme.*, 17. 519

시안 배당체

한편 시안 배당체들(cyanogenic glycosides)이란 일반적으로 묽은 산, 또는 가수분해 효소들의 작용에 의해서 시안산(hydrocyanic acid, HCN), 한분자 내지는 두분자의 당류(sugars), 그리고 알데하이드 또는 케톤(andehyde or ketone)들을 형성하는 물질들을 말한다.

이와 같은 화합물들은 자연에 널리 분포되고 있으며, 그 중 일부 시안 배당체들은 식용식물(食用植物)에 비교적 널리 분포되고 있다. 만일 어떤 식물의 열매 등 특히 식용으로 사용되는 열매 속에 이상의 배당체들의 함량이 클 때는, 이 시안 배당체들(cyanogenic glycosides)이 산이나 효소 등에 의해서 가수분해되었을 때 형성되는 시안산(hydrocyanic acid, HCN)의 함량이 클 것이므로, 그 독성도 크다고 볼 수 있다.

시안산(HCN) 자체는 매우 독성이 큰 산으로서, 성인(adult human)에 대한 치사량(lethal dose)은 200mg 정도이며, 체중 1kg에 대해서 1~30mg을 섭취할 때에는, 심한 중독을 일으키는 것으로 되고 있다. 이 시안산은 생체의 호흡효소들(respiratory enzymes)에 대해서 강한 억제물질(a strong imhibitor)로서 작용한다고 한다.

이와 같은 시안산을 발생할 수 있는 식물의 종류(species)는 1,000여종 이상에 달하는 것으로 믿어지고 있으나, 이 중에서 식품들과 직접 관련이 있으며, 또 널리 알려진 것으로는 다음과 같은 것이 있다.

아미그달린 아미그달린(amygdalin)은 시안 배당체들 중에서 가장 널리 알려진 것으로 장미과(the Rosaceae)에 속하는 많은 식물들에 분포되고 있으나,. 가장 중요하고, 널리 알려져 있는 것으로 편도(almond), 특히 고편도(bitter almond)가 있다. 이 고편도에는 시안산(青酸, HCN)이 아미그달린의 형태로 100g당 250mg이나 함유하고 있는 것으로 알려져 있다(그림 17-4 참조).

이 아미그달린(amygdalin)은 만델로나이트릴(mandelonitrile), 즉 벤즈알데하이드 시아노하이드린(benzaldehyde cyanohydrin)의 β-배당체(β-glycoside)로서, 가수분해 될 때는 2몰(mol)의 포도당, 각각 1몰의 벤즈알데하이드(benzaldhyde)와 시안산(HCN)을 형성한다. 이 아미그달린의 구조는 그림 17-4와 같다.

한편, 시안 배당체들(cyanogenic glycosides)을 함유하고 있는 식물들은 대부분의 경우, 이 배당체들을 해당하는 알데하이드 또는 케톤, 당류와 시안산으로 가수분해하는 효소를 갖고 있다.

예로서, 편도(扁桃, almonds)와 고편도(bitter almond)에서 얻어지는 가수분해효소 에멀신(emulsin)은 단독으로 아미그달린(amygdalin)이나 기타의 유사한 배당체들을 상기와 같은 구성단위들로 분해한다(제 5장 p.245 및 그림 5-5 참조). 유럽에서는 편도(almond)에 잘못 혼입된 고편도에 의한 중독사례가 자주 보고되어 왔다.

듀린 곡류 중의 여러 종류의 수수류(the Sorghum genera)도 시안 배당체인 듀린(dhurrin)을 함유하고 있음이 알려져 있다. 이 듀린의 아글리콘(aglycone)은 파라하이드록시만델로나이트릴(p-hydroxymandelonitrile)이다. 한편, 이 듀린(dhurrin)의 위치 이성체(position isomer)인 지이렌(zieren)도 여러 식물체들에서 발견되고 있다(그림 17-5 참조).

수수류(sorghum plants)의 푸른 잎(green leaves)에는 시안산의 함량이 비교적 많으며, 가장 많을 때는 시안산으로서 건조중량의 0.2%에 달한다. 한편 수수류 자체도 그 속의 듀린(dhurrin)의 함량이

3% 내지 5%가 되는 수가 있다. 그러나 식용에 사용되기 전에 그 속에 존재하는 효소들에 의해서 대부분의 배당체들은 가수분해 되며, 이에 따라 시안산의 함량은 급격하게 감소되므로, 수수류를 먹고 중독을 일으키는 경우는 드물다고 한다.

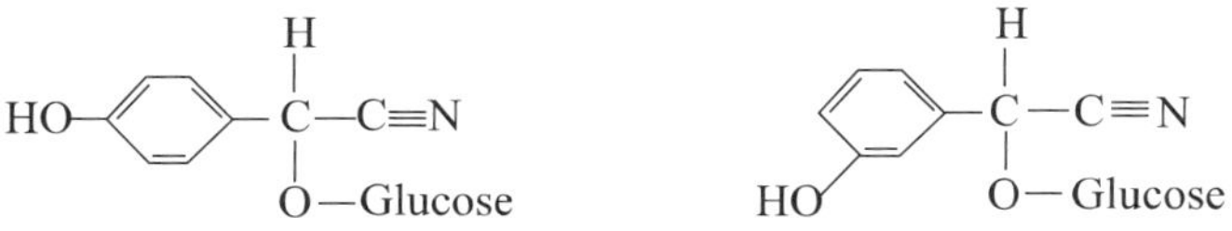

듀린(dhurrin): HO–C₆H₄–CH(O–Glucose)–C≡N

지이렌(zierin): m-HO–C₆H₄–CH(O–Glucose)–C≡N

[그림 17-5] 하이드록시만델로나이트릴의 배당체들(hydroxymandelonitrile glucosides)
Conn, E. E. 1969. *J. Agr. Food Chme.*, 17. 520.

리나마린과 로타오스트랄린 한편, 리나마린(linamarin)과 이 리나마린의 메틸 유도체(methyl-derivative, 즉 methylinamarin)로 볼 수 있는 로타오스트랄린(lotaustralin)의 두개의 시안 배당체들(cyanogenic glycosides)이 카사바(cassava), 얌(yam), 콩류, 그리고 특히 아마의 씨(linseed), 수수류 등에 널리 분포되고 있는 사실이 알려져 왔다.

이 리나린과 로타오스트랄린은 각각 아세톤 시아노하이드린(acetone cyanohydrin)과 메틸에틸케톤 시아노하이드린(methylethylketone cyanohydrin)의 배당체들이다.

리나마린(linamarin)과 그 에틸 유도체로 볼 수 있는 로타오스트랄린은 가수분해효소 리나마레이스(linamarase)에 의해서 아세톤 및 메틸에틸케톤 시아노하이드린들과 당류 등으로 가수분해 된 후, 이 아세톤과 케틸에틸케톤 시아노하이드린들은 옥시나이트릴레이스(oxynitrilase)에 의해서 다시 아세톤, 메틸에틸톤들과 시안산(HCN)으로 가수분해 되는 사실이 알려져 있다(그림 17-6 참조).

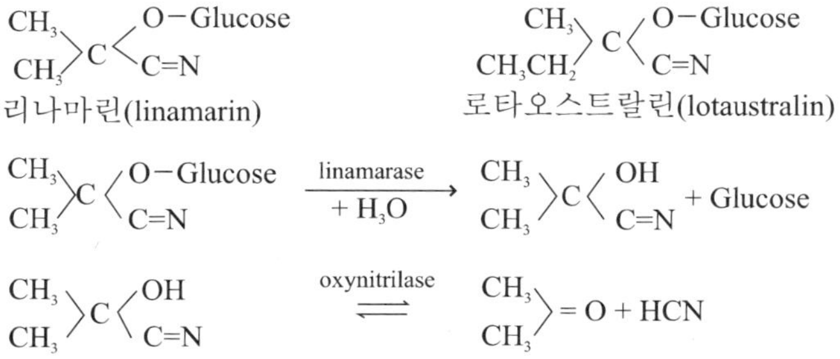

리나마린(linamarin): $(CH_3)_2C(O\text{-}Glucose)(C{\equiv}N)$

로타오스트랄린(lotaustralin): $(CH_3)(CH_3CH_2)C(O\text{-}Glucose)(C{\equiv}N)$

$$(CH_3)_2C(O\text{-}Glucose)(C{=}N) \xrightarrow[+\,H_2O]{\text{linamarase}} (CH_3)_2C(OH)(C{=}N) + Glucose$$

$$(CH_3)_2C(OH)(C{=}N) \overset{\text{oxynitrilase}}{\rightleftharpoons} (CH_3)_2C{=}O + HCN$$

[그림 17-6] 리나마린과 로타오스트랄린 및 리나마린의 리나마레에스와 옥시나에트릴레이스에 의한 가수분해 과정.
Conn, E. E. 1969. *J. Agr. Food Chme.*, 17. 521.

한편, 열대지방에서 중요한 탄수화물 자원으로 알려진 카사바(cassava 또는 tapioca)와 특히 고미 카사바(bitter cassava)에는 이상의 리나마린(linamarin)의 함량이 많은 사실이 알려져 있다. 그러나 대부분의 경우, 카사바 전분을 제조하기 전에, 이 리나마린의 함량이 특히 큰 껍질을 완전히 제거하고, 나머지 부분을 여러 시간 동안, 흐르는 물로 수세함으로써 이와 같은 시안 배당체들은 효과적으로 제거된다고 한다. 그러나 이상의 박피과정(剝皮過程)이나 수세과정이 부실한 때는 언제나 중독이 일어날 수 있다.

세네시오시스와 파이롤리지딘 및 모노크로탈린 세네시오(senecio)와 같은 잡초의 씨에 의해서 오염된, 즉 이와 같은 잡초의 씨가 혼입된 밀로 만든 여러 밀가루 식품들을 먹을 때는 종종 빵 식중독(bread poisoning)으로 알려진 식중독을 일으키는 사실이 알려져 왔다.

일반적으로 세네시오와 같은 독성 파이롤리지딘 알칼로이드들(toxic pyrrolizidine alkaloids)을 함유하고 있는 식물체를 섭취함으로써 일어나는 식중독 증세들은 세네시오시스(seneciosis)로 알려져 왔다. 이 파이롤리지딘은 사람의 경우에는 간(肝)의 기능장애를 가져오는 질병(hepatic veno-occlusive disease)을 일으키는 사실이 알려지고 있다.

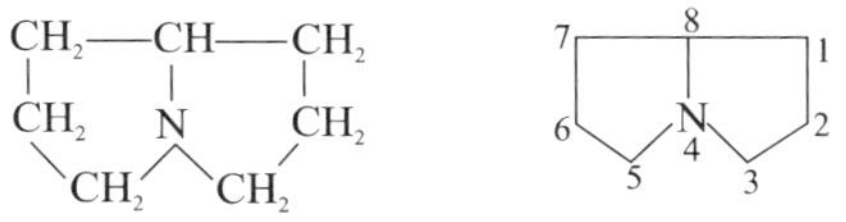

파이롤리지딘(pyrrolizidinz)의 기본구조

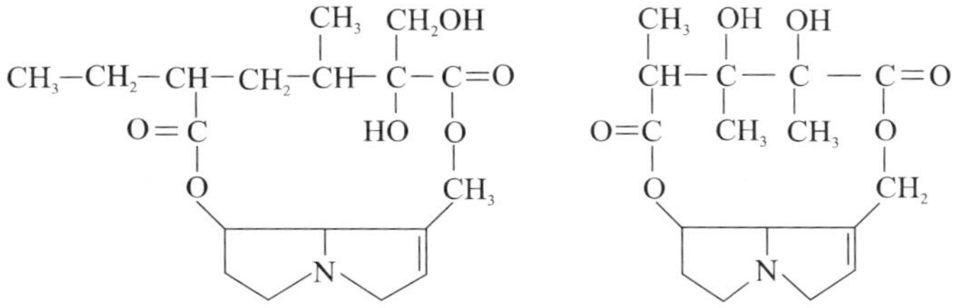

[그림 17-7] 세네시오 식물의이 독성 파이롤리지딘 알칼로이드 성분 레트로사인(retrosine) 및 크로탈라리아의 독성성분 모노크로탈린(monoctrotaline)(왼쪽)
Liener, I.E. 1969. "*Toxic Constituents of Foodstuff*", p.418

흔히 곡류에 섞여 들어오는 콩과식물에 속하는 크로탈라리아 잡초(crotalaria)의 씨들도 독성을 갖고 있으며, 그 독성성분은 역시 독성 파이롤리지딘 알칼로이드의 하나인 모노크로탈린(monocrotaline)으로 알려져 있다. 이상의 유독성 알칼로이드 화합물들의 구조는 그림 17-7의 하단(下段)의 두 개의 구조들과 같다.

해조류에 함유된 독성성분

해조류(algae)에 의한 식중독도 여러 형태들이 보고되어 왔으나, 이 식중독들은 청녹조류(bluegreen algae)에 의한 것이 많다.

가장 주목을 끌어온 이 종류에 속하는 해조류는 남아프리카 토산인 마이크로시스티스 톡시카 스테펜스(*Microcystis toxica Stephens*)로서 그 독성성분들은 일종의 알칼로이드로서 간장독소(hepatotoxin)들로 알려져 있다.

혈압증진성 아민류

근래에 와서 각종의 혈압증진성(血壓增進性) 아민류(the pressor amnies)가 여러 식품류에서 미량이나마 검출되고 있다.

예로서, 여러 과실류에서는 세로토닌(serotonin), 포도주에서는 히스타민(histamine), 바나나에서는 놀-에피네프린(nor-epinephrin), 레몬즙에서는 옥토파민(octopamine), 각종 치즈류에서는 타이라민

(tyramine)과 트립타민(tryptamine) 등의 혈압증진성 아민류가 발견되고 있다.

이 혈압증진성 아민의류 함량은 경우에 따라서는 매우 클 때도 있다. 예로서, 치즈와 같은 경우에는 그 함량은 100그램에 대해서 수십 밀리그램 내외에 달하는 경우가 있다. 그렇다고 이상의 혈압증진성 아민류의 함량이 큰 식품들을 섭취하였다고 해서, 당장 그 아민류의 전량(全量)이 신속하게 혈액 속으로 흡수되는 것은 아니다. 그러나 이와 같은 혈압증진성 아민류를 다량 함유한 식품들을 매일 습관적으로 섭취할 때는, 일부 특수한 상황에서는 매우 중대한 결과를 가져올 수도 있다.

한편, 인체 내에서 이 아민류의 산화과정에 관련된, 모노아민 옥시데이스(monoamine oxidase, MAO)의 활동이 어떤 이유로 억제될 경우에는 체내에는 상당한 양의 혈압증진성 아민들이 분해되지 않고 축적되기 때문에 심장질환(heart diseases)을 비롯한 여러 질환들을 유발할 수가 있다고 한다.

예로서, 많은 정신 안정제들(tranquilizers)은 인체 내에서 모노아민 옥시데이스의 작용을 강하게 억제하여줌으로, 이들 정신 안정제를 사용하고 있는 사람들에게는, 식품에 함유된 여러 종류의 혈압증진성 아민류(the pressor amines)는 매우 강한 작용을 가져올 수가 있다.

독성을 가진 펩타이드류와 아미노산들

일부의 펩타이드류(peptides)나 아미노산들(amino acids)도 인체에 대해서 해로운 사실이 알려져 있다. 이들 중 대표적인 것은 독버섯류(poisonous mushrooms)에서 발견되는 여러 펩타이드류(peptides), 열대성 나무의 열매 등에서 발견되는 하이포글라이신 A(hypoglycin A), 일부 들에서 발견되는 미모사인(mimosine), 각종 야생식물(野生植物)들에서 발견되는 셀레노아미노산류(selenoamino acids) 등이 있다.

펩타이드류

독버섯에 대한 전문적 지식과 경험이 풍부함에도 불구하고, 무해한 버섯으로 오인하여 독버섯을 먹는 경우가 아직도 발생하고 있으며, 이로 말미암아 치명적인 중독에 걸리는 일이 종종 있다. 이상과 같은 독버섯의 섭취에 의한 치명적인 중독의 발생건수의 95%는 아마니타속(genus Amanita) 중의 녹색종과 백색종(green and white species)에 속하는 독버섯을 섭취함으로써 일어난다고 한다.

독버섯의 독성물질 중에서 가장 중요한 것은 독성 펩타이드류(poisonous peptides)이다. 이 독성 펩타이드류는 그 구조에 따라 크게 팔로톡신류(phallotoxins)와 아마톡신류(amatoxins)로 분류된다.

팔로톡신류 팔로톡신류(the phallotoxins)는 지금까지 알려져 있던 식품 단백질의 구성 아미노산, 즉 L-형의 아미노산이 아닌 일부 D-형의 아미노산들과 보통 식품 단백질의 구성성분으로 존재하는 일반 L-형의 아미노산들이 결합되어 만들어진 일곱 개의 아미노산들로 구성된 환상 펩타이드류(cyclic heptapeptides)이다.

팔로톡신들을 구성하고 있는 아미노산들로는 알로하이드록시프롤린(L-allohydroxyproline), 프롤린(L-proline), 쓰레오닌(D-threonine), 베일린(L-valine), 에리쓰로하이드록시아스파틴산의 염(D-erythroydroxyaspartate), 페닐알라닌(L-phenylalanine), 알라닌(L-alanine) 등이 알려져 있다. 일부 팔로톡신류를 함유한 버섯들이 함유하고 있는 펩타이드류의 이름과 그 구조는 그림 17-8과 같다.

아마톡신류 아마톡신류(the amatoxins)는 여덟 개의 아미노산으로 구성되고 있는 옥타펩타이드들(octapeptides)로서 한 가지의 예외, 즉 아마눌린(amanullin)을 제외하고서는 모두 두 개의 글라이신(L-glycine), 각각 한 개의 아스파틴산(L-aspartic acid) 또는 아스파라진(L-asparagine), 하이드록시프롤린(L-hydroxyproline), 아이소류우신(L-isoleucine), 그리고 여러개의 γ-하이드록시아이소류우신(γ-hydroxyisoleucine)들로 구성되고 있다.

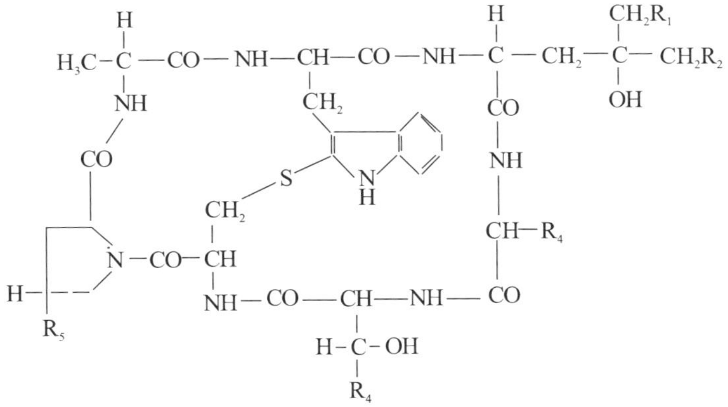

팔로톡신류(the phallotoxins)

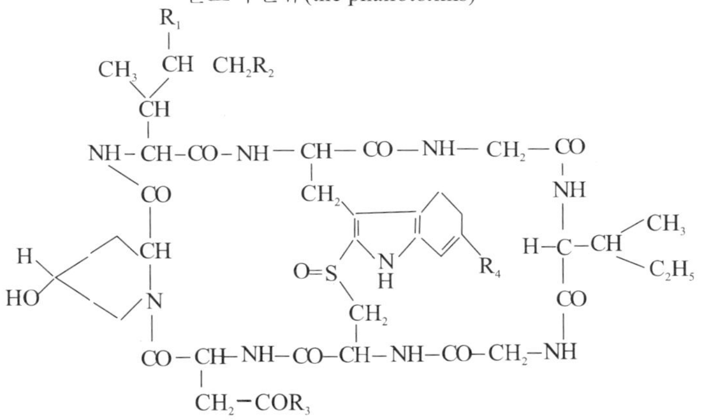

아마톡신류(the amatoxins)

명　칭	R_1	R_2	R_3	R_4	R_5
팔로이딘(phalloiden)	OH	H	CH_3	CH_3	OH
팔로인(phalloin)	H	H	CH_3	CH_3	OH
팔리신(phallisin)	OH	OH	CH_3	CH_3	OH
팔리시딘(phallicidin)	OH	H	$CH(CH_3)_2$	CO_2H	OH
팔린B(phallin B)	H	H	$CH_2C_6H_5$	CH_3	H
α -아마니틴(α -amanitin)	OH	OH	NH_2	OH	
β -아마니틴(β -amanitin)	OH	OH	OH	OH	
γ -아마니틴(γ -amanitin)	H	OH	NH_2	OH	
아마닌(amanin)	OH	OH	OH	H	
아마눌린(amanullin)	H	H	NH_3	OH	

[그림 17-8] 팔로톡신류(the phallotoxins)와 아마톡신류들(the amatoxins)에 속하는 펩타이드류의 구조와 이름.
Hylin, J. W. 1969. *J.Agr. Food Chem.*, 17. 492.

전술한 바 있는 아마눌린(amanullin)은 아마톡신류 중에서 예외적인 폴리펩타이드로서 그 분자 속에 감마(γ)-하이드록시아이소류우신을 함유하고 있지 않으며, 또한 독성(toxicity)도 갖고 있지 않다. 이상의 아마톡신류에 속하는 독성 폴리펩타이드들의 이름과 그 구조들은 그림 17-8과 같다.

한편, 아마니타속(genus Amanita)에 속하는 독버섯들은 대체로 100g에 대해서, 즉 건조중량(dry weight)으로 5g에 대해서 10mg 내외의 팔로톡신들(phallotoxins)과 14mg 내외의 아마톡신들(amatoxins)을 함유하고 있다.

이들 독성 폴리펩타이드류의 독성을 비교할 때 팔로톡신들은 일반적으로 그 작용 속도가 빠른데 비해서 아마톡신들은 그 작용 속도가 느린 특징을 갖고 있다. 한편, 독성(toxicity)은 일반적으로 아마톡신들(LD_{50}=0.2～0.4mg/kg, mice)이 팔로톡신들(LD_5=1.8～2.5mg/kg, mice)보다 훨씬 더 강하다. 한 예로서, 아마톡신류에 속하는 α-아마니틴(α-amanitin)은 팔로톡신류에 속하는 팔로이딘(phlloidin)보다 그 독성이 10배 정도가 더 강하며, 실제로 독버섯류의 주요 독성성분(the major toxin)으로서 매우 중요하다.

하이포글라이신 A 및 B 한 열대성 나무(the tropical tree *Blighia sapida*)의 열매는 카리브사람들(the Caribbean)이나 나이제리아 사람들(the Nigerian)이 즐겨서 먹는 열매이나, 미숙한 열매(unripe fruits)를 다량으로 섭취하였을 때는 식중독을 일으킬 수 있으며, 그 식중독은 혈액 중의 당량의 비정상적인 감소현상(hypoglycemia)으로 특징지워진다. 이 미숙한 열매들에는 하이포글라신 A(hypoglycin A)로 알려져 있는 2-메틸렌사이클로프로판알라닌(2-methylenecyclopropanealanine)과 하이포글라이신 B(hypoglycin B)로 알려져 있는 감마-L-글루타밀하이포글라이신(γ-L-glutamylhypoglycin) 등을 함유하고 있다.

하일린(Hylin, J. W., 1969)에 의하면, 이 물질이 생체 내에서 지방산들(fatty acids)의 β-산화과정(β-oxidation process)을 억제하는 작용을 갖고 있는 것으로 생각되고 있다(그림 17-8 참조).

미모사인 한편, 일부 콩과식물들(genera *Leucaema* and *Mimosa*)의 열매(legumes)에서는 독성을 가진 아미노산(toxic amino acid)인 미모사인(mimosine)이 발견되고 있다.

이 미모사인은 방목(放牧)된 소들에게 갑상선종(甲狀腺腫, goiter)을 유발하는 사실이 알려져 있다. 그 이유는 이 미모사인이 소의 체내에서 갑상성 호르몬들(thyroid hormones)의 합성을 억제하는 성분(goitrogens)들 중의 하나인 3,4-다이하이드록시피리딘(3,4-dihydroxypyridine)으로 분해되는 사실에 기인하는 것으로 생각되고 있으며, 다른 동물들에 대해서도 비슷한 작용을 하는 것으로 알려져 있다(그림 17-9 참조).

셀레노 아미노산들

셀레늄(selenium, Se) 함량이 큰 토양에 재배된 식물들, 또는 이와 같은 토양에 야생되는 식물들(wild plants)에 존재하는 아미노산들은 가끔 그 분자 내에 셀레늄을 포함하고 있어서 셀레노아미노산(selenoamino acids)이라고 불리고 있다.

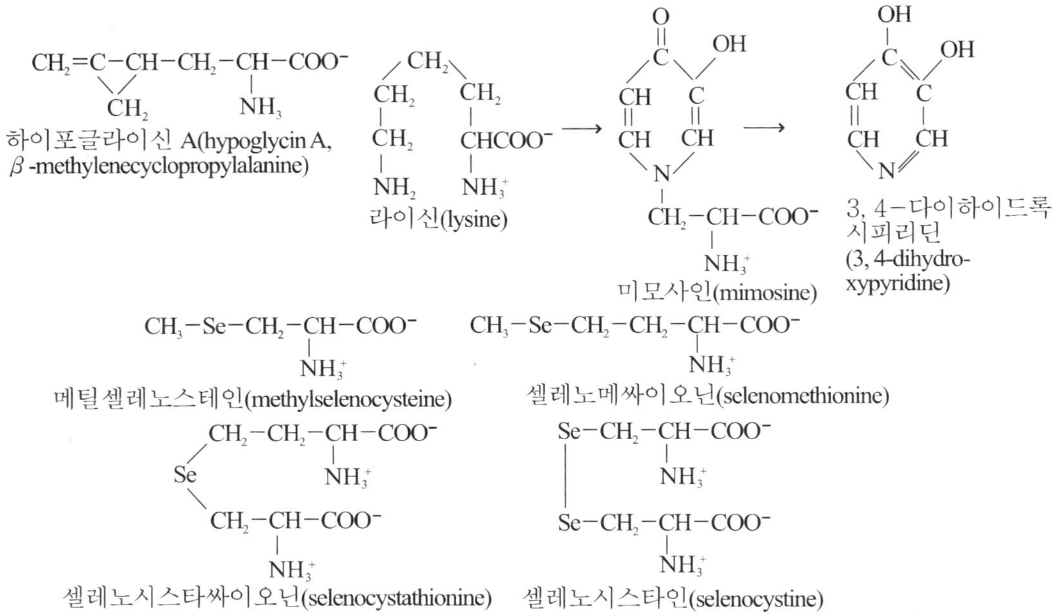

$CH_2=C-CH-CH_2-CH-COO^-$ (ring CH_2; NH_3)
하이포글라이신 A(hypoglycin A, β-methylenecyclopropylalanine)

$CH_2(CH_2)(CH_2)(NH_2)$ / CH_2-$CHCOO^-$ (NH_3^+) ⟶ 미모사인 ⟶ 3, 4-다이하이드록시피리딘
라이신(lysine)

$CH_2-CH-COO^-$ (NH_3^+)
미모사인(mimosine)

3, 4-다이하이드록시피리딘 (3, 4-dihydroxypyridine)

$CH_3-Se-CH_2-CH-COO^-$ (NH_3^+)
메틸셀레노스테인(methylselenocysteine)

$CH_3-Se-CH_2-CH_2-CH-COO^-$ (NH_3^+)
셀레노메싸이오닌(selenomethionine)

$Se(CH_2-CH_2-CH(NH_3^+)-COO^-)(CH_2-CH(NH_3^+)-COO^-)$
셀레노시스타싸이오닌(selenocystathionine)

$Se-CH_2-CH(NH_3^+)-COO^-$ / $Se-CH_2-CH(NH_3^+)-COO^-$
셀레노시스타인(selenocystine)

[그림 17-9] 독성을 가진 여러 아미노산들(toxic amino acids)의 이름과 구조.
Hylin, J. W. 1969. *J. Agr. Food Chem.*, 17, 494.

이 셀레노아미노산들은 지금까지 언급한 독성 폴리펩타이드류와는 달리 식물체 내의 단백질들의 한 성분이 될 수 있을 뿐만 아니라, 이와 같은 단백질들을 함유한 식물성 단백질을 섭취한 동물들의 체내 단백질에서도 발견되고 있다.

유리 상태에 있는 셀레노아미노산들(free selenoamino acids)로서는 셀레노메싸이오닌(selenomethione), 메틸셀레노시스테인(methylselenocysteine), 셀레노시스타싸이오닌(selenocystathione), 셀레노시스타인(selenocystine) 등이 있다. 이들 셀레노아미노산들, 또는 이와 같은 아미노산들이 함유되고 있는 단백질을 섭취함으로써 일어나는 식중독은 만성적(chronic)이며, 본질적으로는 셀레늄 중독(selenium poisoning)과 같다고 한다.

동물들, 예로서 가축들이 과다한 양의 셀레늄을 지속적으로 섭취할 때는 식중독을 일으키는 사실에 대해서는 잘 알려지고 있다. 예로서 셀레늄의 함량이 100~1,000ppm을 넘는 사료를 먹는 가축들에서는 여러 가지 신체 기능장애가 유발되며, 또한 그 함량이 25ppm 이상인 목초지에 방목된 가축들의 경우에도 빈혈, 탈모 등의 현상이 일어난다고 한다(Doull, J. *et al.*, 1980).

그러나 근래에 와서 사람을 위시로 하는 생체들에서의 셀레늄(Se)의 역할에 대해서 종전과 다른, 많은 중요한 사실들이 알려지기 시작했으며, 셀레늄은 생체들에 대해서 정상적이고 필수적인 희원소(稀元素)라고 생각되고 있다(Thompson, H. J., 1984).

사람의 경우, 하루의 셀레늄(Se)의 필요량은 100㎍ 정도로 추정되고 있다(Robinson, D. S. 1987). 미량의 셀레늄은 동물들의 번식에 필수적이며 비타민 E의 결핍증은 소량의 셀레늄의 섭취로 그 증상이 해소된다고 한다(Lindner, E., 1974). 또한 셀레늄(Se)은 생체 내에 형성된 과산화수소(H_2O_2)를 급속히 제거하는데 동원되는 글루타싸이온(glutathione)의 작용을 활성화시켜 주는 효소 글루타싸이온 파록시데이스(glutathione peroidase)의 필수 금속성분이다(Robinson, D. S., 1987).

또한 셀레늄은 7,12-다이메틸벤즈(a)안쓰라센(2,12-dimethybenz(a)anthracene, DMBA) 등과 같은 강력한 발암성 물질들에 의한 실험쥐의 유방암 발생(mammary carcinogenesis)을 효과적으로 억제하는 사실이 널리 알려져 왔다(Thompson, H. J., 1984; Martin, S. E. and Schillaci, M., 1984). 또한 뷰틸화 하이드록시아니솔(butylated hydroxyanisole, BHA)이나 뷰틸화 하이드록시 톨루엔(butylated hydrxy toluene, BHT) (Martin, S. E. and Schillaci, M., 1984)들 그리고 비타민 E(Chcw, C. K. and Gairola, G. C. 1984) 등의 항산화제들과 함께 돌연변이 유발물질들(mutagens)이나 발암성 물질들(carcinogens)의 작용을 효과적으로 억제하는 것으로 알려져 많은 주목을 받고 있다.

동물성 독성물질들

조개류의 독성물질들

많은 종류의 조개류(shell fish)가 인체에 급속한 신경마비(paralysis of nerves), 특히 호흡신경의 급속한 마비를 일으키는 매우 강력한 독성물질들을 종종 갖고 있으며, 사람들에게 심한 식중독을 일으키는 사실에 대해서는 옛날부터 널리 알려져 왔었다.

이 조개류에 의한 식중독(shell fish poisoning) 중 섭조개류(예; 캘리포니아 섭조개, California mussels)나 대합조개류(예; 알래스카 버터 대합조개, Alaska butter clams, *Saxidomus giganteus*) 등을 섭취할 때 일어나는 경우, 보통 섭조개류 식중독(mussel poisoning)이라고도 불리고 있으며, 그 독성성분들의 형성과정, 독성성분들의 화학적 성질 등에 대해서는 비교적 잘 연구되고 있다.

이 중독의 원인이 되는 독성물질들은 섭조개류나 대합조류의 체내에서 형성되는 것이 아니라, 바다 속에 부유(浮遊)하고 있는 편모조류(鞭毛藻類, marine dinoflagellates)의 하나인 발광성(發光性, luminous)인 고니올락스(Gonyaulax)의 체내에 형성된 독소(毒素)를 조개들이 이 고니올락스와 함께 먹는 데서 조개류 체내에 옮겨진다는 사실이 알려졌다.

이 편모조류 고니올락스가 부유하고 있는 바다에서는 비단 조개류뿐만 아니라 각종 어류도 이 편모조류를 섭취함으로 역시 체내에 독성을 지니게 된다고 한다. 이 독성 물질은 조개류 체내에서는 간췌장(hepatopancreas)이나 수관(siphon)에 존재하며, 열에 안정한, 그 화학식이 $C_{10}H_{17}O_4N_7 \cdot 2HCl$로 표시되는 퓨어린 염기의 유도체(a heat-stable derivative of a purine base)로서 삭시톡신(saxitoxin)으로 명명되고 있으며, 그 화학구조는 샨츠들(Schantz, E. J. *et al.*, 1975)에 의해서 1975년에 완전히 규명되었다. 이 이외에도 현재까지 네오삭시톡신(neosaxitoxin), 각종의 고니오톡신류(gonyautoxins) 등의 유사한 독성성분들이 분리 확인되고 있다.

섭조개류나 대합조개류에서 추출된 독성물질들의 일부 성질은 샨츠(Schantz, E. J. *et al.*, 1975)에 의하면, 표 17-1과 같다. 이 독성물질들은 자연에 존재하는 저분자량의 독소들(low molecular weight toxins) 중에서는 가장 독성이 강한 독소들이며, 그 중독 증세는 복어 식중독(tetrodotoxin poisoning)의 경우와 매우 유사하다.

이 독성물질들은 전술한 바와 같이 조개류의 내장에 주로 존재하며, 또 열에 비교적 안정하기 때문에 조개류를 웬만큼 씻거나 가열조리(heat-processing)하여도 잘 파괴되지 않는다.

표 17-1 대합조개의 독소(clam poison)와 섭조개의 독소(mussel poison)의 비교

여러 성질들	대합조개의 독소	섭조개의 독소
독성(toxicity)	5,500±500MU/mg	5,500±500MU/mg
비선광도(specific optical rotation)	130℃±5℃	130℃±5℃
pKa	8.3, 11.5	8.3, 11.5
N함량(N-content, Kjeldahl)	26.8%	25.9%
사카구찌 테스트(Sakaguchi test)	음성(negative)	음성
베네딕트-베레 테스트(Bentditct-Behre test)	양성(postive)	양성
잣페 테스트(Jaffe test)	양성	양성
적외선 흡수 영역(Infrared)	3,6 및 9m	3,6 및 9m
수소로 환원할 때 형성되는 물질의 독성	무독(nontoxic)	무독
확산항수(diffusion constant)	4.9×10^{-6}	4.9×10^{-6}

Schantz. E. J. 1969. *J. Agr. Food Chem.*, 17, 415.

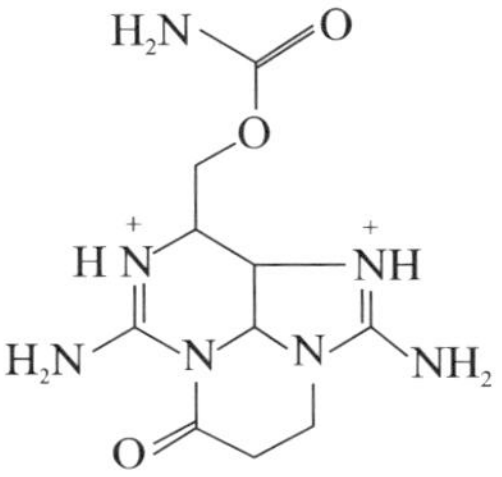

(I)

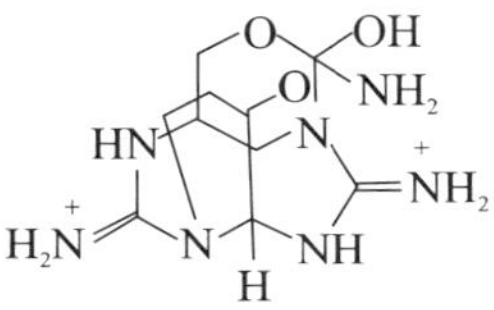

(II)

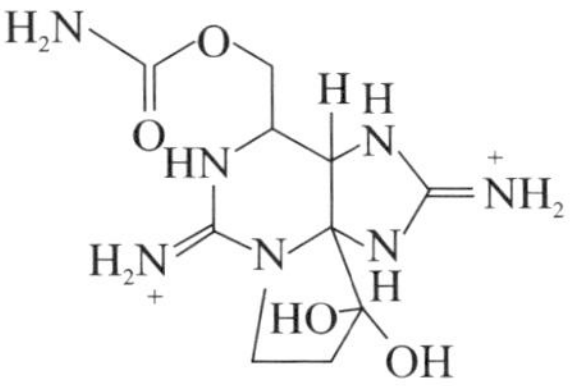

(III)

[그림 17-10] 삭시톡신(saxitoxin)은 $C_{10}H_{17}O_4N_7 \cdot 2HCl$의 결정으로 얻을 수 있다. 그 분자 구조는 종래 럿셀(Russel, F. E., 1967), 윙들(Wong, J. L. *et al.*, 1971) 등에 의해서 각각 (I), (II)가 제시되었으나, 샨츠들(Schantz, E. J. *et al*)은 그 X-선 회절도 연구(X-ray diffraction study)를 통해서(III)의 분자 구조식을 제시하고 있다.
Schnatz, E. J. *et al.* 1975. The structure of saxitoxin *J. Am. Chem. Soc.*, 97, 1238.

그러나 이 독소들의 독성을 중화(neutralize), 또는 해독시켜 줄 물질들(detoxification antidotes)이 아직 존재하지 않는다고 한다.

그 외에도 일반적으로 대합 조개류(clams), 쌍패류(ark shells), 가리비(scallops)와 굴(oysters) 등에서도 위에서 설명한 바와 비슷한 마비성 조개류 식중독(paralytic shellfish poisoning)의 발생이 가끔 보고되고 있다. 이상의 조개류의 독성성분들의 성질, 그리고 그 중독증세 등은 전술한 섭조개류 중독의 경우와 대체로 비슷한 것으로 믿어지고 있다. 즉, 이들 조개류가 독성을 가진 편모조류를 섭취하는 데서 일어나는 것으로 믿어지고 있다.

독성효과의 단위

한 물질의 독성을 검출하거나 비교하는 데 실제로 사용되고 있는 유일한 방법은 쥐나 기타의 실험동물을 사용한 생체이용 검정법(a bioassay method)이다. 특성성분들에 대한 전반적인 연구는 독성학(毒性學, toxicology)에서 다루며, 그 자체가 방대한 하나의 전문적 학문체계를 형성하고 있다.

그러나 여기서 다루고 있는 독성물질들은 첫째로 식품 중에 자연히 존재하는 독성물질들을 주로 다루고 있으며, 한편 어떤 특정한 기능(a special function)을 위해서 식품 중에 인위적으로 첨가하는 화합물들, 즉 식품첨가물들(食品添加物)은 이 장에 포함되어 있지 않다. 이들의 독성문제들, 즉 안정성 문제들은 다음의 제 18장에서 다루게 된다.

둘째로 이상의 독성성분들은 대부분이 일상식에서 널리 자주 섭취되는 식품류에 존재하는 독성성분들이 아니라 기호성(嗜好性)이나 계절적(reasonal)으로 일부 지역들에 거주하는 사람들에게 맞기 때문에 이들에 의해서 선호되는 식품류에 존재하는 독성성분들인 경우가 많으며, 대개는 함량은 미량이나, 그 독성은 강력하고 그 위해증세(危害症勢)들이 급속하게 나타나는 특징을 갖고 있다.

셋째로 이상의 독성성분들은 대부분의 경우, 인체나 기타의 생체들이 식품류나 사료를 통해서 흡수할 때 비교적 장기간(qhxhd 20~24개월)경과 후 그 독성효과를 나타내는 만성적 독성(chronic toxicity)이나, 이 보다는 더 짧은 기간(보통 3개월 정도) 경과 후 그 독성효과를 나타내는 준 만성독성(subchronic toxicity), 그리고 이상의 독성들과는 달리, 흡수(또는 섭취) 후 수분 또는 수십분 내에 그 독성효과를 나타내는 급성독성(acute toxicity)을 나타내는 독성성분들로 크게 세 가지 종류로 분류할 수 있다.

식품류 중에서 발견되는 급성 독성성분들(acute toxic compounds)의 독성효과들(toxic effects)은 종전부터 계속해서 소위 50% 치사량(lethal dose 50%, LD_{50})으로 알려진 척도(尺度)가 급성 독성물질들의 독성효과 크기의 척도로 매우 유용하게 또는 효과적으로 사용되어 왔다.

한편 식품첨가물들이나 후술하는 각종의 환경오염 독성물질들의 독성효과들에 대해서는 위의 50% 치사량(LD50) 이외에, 준 만성독성(subchronic toxicity)의 경우에는 인체나 기타 생체에 대한 유해효과 무관측 수준 또는 농도(有害效果 無觀測 水準, 또는 濃度, no observed adverse effect level, NOAEL), 즉 무효과 역가(no effect, threshold) 등의 척도들이, 한편 만성독성(chronic toxicity)의 경우에는 인체나 기타 생체의 매일 허용섭취량(acceptable daily intake, ADI)이 전술한 척도들과 함께 사용되고 있다. 이 ADI의 경우, 섭취하는 사람(또는 실험동물)의 체중 변화를 고려, 체중1kg당 하루에 허용되는 섭취량을 의미한다.

50% 치사량 어떤 물질을 실험동물에 작용시켰을 경우, 이 실험동물의 50% 이상이 어떤 목적하는 계수적 반응(計數的 反應, quantal response or all-or-nothing response)을 일으켰을 때는 사용된 양을 그 물질의 50% 유효량(effective dose 50%)이라고 하여 ED_{50}으로 표시한다.

이때 이 실험에서 목적하는 계수적 반응이 실험동물의 죽음(death)인 경우에는 50% 유효량이라는 용어 대신에 50% 치사량(lethal dose 50%)이라는 용어가 사용되며 LD_{50}으로 표시된다.

실험동물에 작용하는 방법으로는 독성물질의 경우에는 직접 먹이는 방법, 즉 경구적(經口的)인 방법(oral administration), 피하주사를 하는 방법(subcutaneous injection), 복막내(腹膜內)에 주사하는 방법(intraperitoneal injection) 등 여러 가지가 있다.

한편 독성물질에 대한 반응(response)은 동물의 종류에 따라 다를 것은 물론이며, 그 실험동물의 크기와 영양상태 등도 크게 영향을 주므로, 되도록 동일 조건을 가진 실험동물을 사용한다. LD_{50}은 실험동물들의 체중 1kg에 대한 수치를 보통 사용한다.

실험에 사용될 실험동물의 수도 가급적이면 많은 것이 바람직하다. 충분한 수의 실험동물이 사용될 경우에도 어떤 실험 결과를 일반화(generalize)하기 위해서는 이 실험 결과에 대해서 엄밀한 통계학적인 처리(statistical treatment)를 해야 함은 물론이다.

한편, 독성물질의 독성효과를 검출하거나 비교하는 실제적인 방법으로는 곧 설명하게 될 M.U. 단위(mouse unit)를 사용하는 방법이 샨츠들(Schantz, E. J., 1969)에 의해서 일찍 제안된 바 있으나, 그 후 별로 사용되어 온 것 같지는 않다.

이 M.U. 단위는 보통 독성물질의 적당한 희석용액(dilute solution)을 20g 정도의 무게를 가진 흰쥐(white mice)에 복막 내 주사(intraperitoneal injection) 하여, 그 희석액 내의 독성물질의 작용으로써 흰쥐가 15분 내에 죽을 때 희석용액 속의 독성물질의 독성효과(toxic effect)를 1 M.U.(mouse unti)로 정의한다.

전술한 바와 같은 조개류의 독성물질의 경우, 사람에 대한 치사량(lethal dose)은 대략 3,000 M.U.로 추정되고 있다. 이 독성물질 1mg은 5,500M.U.의 독성효과를 갖고 있는 것으로 추정되고 있으므로(표 17-1 참조), 이 독성물질의 치사량은 0.6mg 내외로 추정된다.

독성을 가진 어류의 알

일부 어류의 알, 즉 어란(魚卵, roes)들이 독성을 가진 사실은 동서양을 통해서 옛날부터 널리 알려진 사실이다. 현재까지 대략 10여종의 속(genera)에 속하는 어류의 알들이 독성을 가진 사실이 알려져 있다(표 17-2 참조). 그 중의 대표적인 것 몇 가지에 대해서 설명하면 다음과 같다.

표 17-2 독성의 알(poisonous roe)을 가진 어류들.

보통명(common name)	학술명(scientifin name)
동갈치의 일종(gars)	Lepisosteus spatula(Lacepede) Lepisosteus osseus(Linnaeus) Lepisosteus productus(Cope)
곤들매기류(pikes) 바아벨(barbel) 칼리핏슈류(killifishes)	Esox lucius(Linnaeus) Barbus barbues(Linnaeus) Fundulus diaphanus(Le Sueur) Fundulus heteroclitus(Linnaeus)
크리올핏슈(creolefish)	Paranthias furcifer(Valenciennes)
말씀뱅어(cabezon)	Scorpaenichthys marmoratus(Ayers)
괴도라치과의 물고기(blenny)	Stichaeus grigorjewi(Hernstein)
복어류(puffers)	Fugu rubribpes(Temmick and Schlegel) Fugu niphobles(Jordan and Snyder) Lagocephalus sceleratus(Forster) Arothron hispidus(Linnaeus) Sphaeroides maculatus(Block and Schneider)

Fuhrman, F. A. *et al.*, 1969. *J. Agr. Food Chem.*, 17. 418

테트로도톡신 동양에서는 수천년 전부터 복어(puffer fish, swell fish 또는 fugu)로 알려진 테트로돈티포오미스 목(order *Tetrodontiformis*)에 속하는 여러 종류의 물고기들이 매우 강력한 독성을 가진 사실에 대해서 주목하여 왔었다. 이 독성물질에 대한 연구는 비교적 일찍이 시작되었으며, 이 독성물질의 결정(crystals)은 테트로도톡신(tetrodotoxin, TTX)으로 명명(命名)되었으며(Tahara., 1984), 구조는 1966년에 와서 비로소 완전하게 확정되었었다(Tsuda, K., 1966).

그 분자식은 $C_{11}H_{17}N_3O_8$로 표시되며, 분자구조는 그림 17-11와 같다. 이 독소(toxin)는 현재까지 알려진 비단백질성 독소들(non-protein toxins) 중에서는 그 독성이 가장 강한 결정성 물질로 알려져 있다. 열에 대해서도 안정하며, 117℃에서 10분간 수분 존재하에 가열하여도 완전히 분해되지 않는다고 한다(Lindner, E., 1974).

이 독성성분은 신경독소(neurotoxin)로서 그 중독 증세는 전술한 마비성 조개류 독성성분들(paralytic shell poisons)의 하나인 삭시톡신(saxitoxin, STX)과 매우 유사하다고 한다.

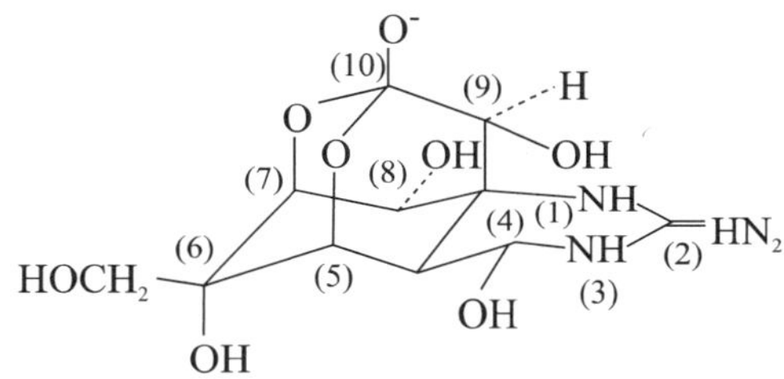

테트로도톡신(tetrodotoxin)

[그림 17-11] 테트로도톡신(tetrodotoxin)의 구조.
Fuhrman, F. A. *et al.* 1969. *J. Agr. Food Chem.*, 17, 420.

그 50% 치사량은 실험쥐의 경우, 복강 내 주사(intraperiteneal injection)로써 10mg/kg이다. 테트로도톡신 중독의 전세계(全世界)에 걸친 평균적인 사망률(average mortality rate)은 대략 60% 정도로 알려져 있으며, 한편 사람의 50% 치사량(LD_{50})은 사람에 따라 다르나 대체로 1~2mg으로 알려져 있다.

이 테트로도톡신은 복어의 알에서 뿐만 아니라, 난소(ovaries), 간(liver), 피부(skin), 그리고 경우에 따라서는 근육조직(muscle tissues)에도 분포되고 있으며, 그 분포상태는 풀맨들(Fuhrman, F. A. *et al.*, 1969)에 의하면 표 17-2과 같다.

기타의 어류 알의 독성물질 복어 외에도 일부 동갈치(gar fish)의 알에도 매우 강력한 독성물질이 함유된 사실이 알려져 있다(표 17-3 참조).

이 독성물질은 아직 확실히 연구되어 있지 않으나, 위장질환 증상들(gastrointestinal symptons)을 일으키며, 테트로도톡신(tetrodotoxin)과 전혀 다른 계통의, 분자량이 매우 큰 화합물로 생각되고 있다.

한편, 일부의 말씀뱅어(cabezon)의 알도 독성물질이 함유되어 있는 사실이 알려져 있다. 이 독성물질은 단백질성인 독성물질로서 이를 섭취한 생체의 세포증식을 억제하며, 간장(liver)과 비장(spleen)에 괴사(壞死, necrosis)를 일으킨다고 한다.

표 17-3 복어(puffer fish)의 여러 조직(tissues) 내에서의 테트로도톡신(tetrodotoxin)의 분포상태(distribution), 암복어의 신선한 조직(fresh tissues of female animals) 1g 속의 ㎍으로 표시된 대략의 농도(apporximate concentration).

복어(puffer fish)의 종류	알과 난소 (egg and ovaries)	간(liver)	피부(skin)	근육(muscle)
Fugu rubripes rubripes	100	100	1	<0.2
Fugu vermicularis porphyreus	400	200	20	1
Fugu pardalis	200	1,000	100	1
Fugu vermicularis vermicularis	400	200	100	4
Fugu ascellatus obfscurus	1,000	40	20	<0.2

Fuhrman, F. A. *et al.*, 1969. *J. Agr. Food Chem.*, 17, 419.

미생물의 독성 신진대사물들

근래에 와서 오래 전부터 알려져 온 맥각병(麥角病, ergotism)을 일으키는 독성성분들 이외에도 곡류에 번식하는 각종 미생물들(microorganisms)의 신진대사 결과 형성된 많은 독성물질들에 대해서 널리 연구되고 있다.

이와 같은 독성물질들에 관한 올바른 지식은 곡류가 아직 인류의 주식품들(主食品, staple foods)이며, 매일 많은 양들이 섭취되는 사실에 비추어 볼 때 매우 중요하다.

일부 연구자들은 곡류(cereal grains)에 번식하는 곰팡이들은 곡류를 수확하기 전에 곡류에 번식하는 곰팡이들(field fungi)과 수확 후 저장 중에 기생하는 곰팡이들(storage fungi), 그리고 곡류에서도 고도의 부패가 일어남에 따라 기생하게 되는 곰팡이들(advanced decay fungi) 등으로 분류하고 있다. 또 이와 같은 분류양식은 비단 곡류뿐만 아니라 채소류나 과실류와 같은 식품류에도 점차 확대 적용될 수 있을 것이다.

곡류의 경우, 이상 세 가지 종류의 곰팡이들 중 주로 저장 중에 기생, 번식하는 곰팡이들, 예로서 아스퍼어질러스(Aspergillus), 페니실리엄(Penicillium) 등에 속하는 곰팡이들이 형성하는 독성 신진대사물들(toxic metabolites)에 대해서 널리 연구되어 왔다.

한편, 성장(成長) 중인 채소류나 과실류에 기생하는 곰팡이류의 종류나 수는 매우 다양하다. 그리고 과실류나 채소류에 기생, 번식하는 곰팡이들이나 이 곰팡이들이 증식하면서 형성하는 신진대사물들(metabolites)에 대해서도 널리 연구되어 왔으며, 많은 신진대사물들이 독성을 갖고 있는 사실도 알려져 있다.

한편, 채소류나 과실류를 신선한(fresh) 상태로 그대로 먹는다든지, 가공(processing)할 때 위에서 설명한 바와 같은, 곰팡이들에 의해서 오염(contaminate)된 과실류나 채소류가 정상적인 채소류나 과실류에 잘못 섞여 들어갈 가능성은 언제나 존재하므로 독성 신진대사물들의 오염(contamination)은 무시할 수 없는 대단히 중요한 문제가 된다.

그러나, 곡류의 경우와 채소나 과실류의 경우를 비교하여 보면, 첫째로 곡류에 곰팡이가 기생하여 독성 신진대사물들이 형성된 경우에는 그 조사대상이 되는 엄청난 양의 곡류의 오염사실과 그 경위를 잘 알아내고 그리고 그 독성성분들을 제거하기가 매우 어려운 반면에, 곰팡이들이 기생, 번식하고 있는 과실류나 채소류의 경우에는 식별이 쉬우므로 쉽게 제거할 수 있다. 그리고 둘째로는 채소류나 과실류는 곡류와 같이 매일 다량 섭취되지 않으므로 이와 같은 독성 신진대사물들(toxic metabolites)에 의한 오염 문제의 규명은 곡류에서와 같이 심각하다고 볼 수는 없다. 현재까지 많은 수의 곰팡이들의 신진대사물들의 성질과 구조가 규명되어 왔다.

표 17-4 각종 곰팡이(fungi)에서 발견되는 독성 신진대사물들(toxic metabolites)[1)]

독성 신진대사물들(toxic metabolites)	곰팡이 균종(species)	작용하는 대상물들 (active against)
올타나리아속(genus Alternaria)에 속하는 곰팡이들의 경우		
올테닌(altenin)	A.kikuchiana	식물독소(phytotoxin)로서
텐톡신(tentoxin)	A.tenuis	식물독소(phytotoxin)로서
휴자리엄속(genus Fusarium)에 속하는 곰팡이들의 경우		
휴리오제닌(frsariogenins)	F.sporotrichiodes, F.poae	동물들
다이아세톡시서어페놀(diacetotxyscirpenol)	F.tricinctum, F.equiseti	쥐(mice), 곰팡이, 세균들
톡신(toxin, m.p. 185～188℃)	F.scirpi, F.equiseti	쥐(rat), 식물독소로서
T-2 톡신(T-2 toxin)	F.scirpi, F.tricinctum	쥐(mice), 송어(trout)
지아랄레논(zearalenone)	F.graminearum	돼지(swine), 쥐(mice, rats)
헬민소스포리엄속(genus Helminthosporium)에 속하는 곰팡이들의 경우		
오피오볼린 A(ophiobolin A)	H.oryzae, H.zizaniae	쌀(rice seedlings), 쥐(mice)
오피오볼린 B(ophiobolin B)	H.zizaniae, H.oryzae	쌀, 쥐, 곰팡이, 세균들
파이토프스오라속(genus Phytophthora)에 속하는 곰팡이들의 경우		
쿠마린(coumarin)	P.infestans	식물독소로서, 동물들
움벨리펠론(umbelliferone)	P.infestans	식물독소로서, 어류(fish)
헬니아린(herniarin)	P.infestans	어류(fish)

1) 이상의 신진대사물들의 구조는 이미 규명되었다.
Scott, P. M. and Somars, E. 1969. *J.Agr. Food Chem.*, 17, 430

그 중에서 구조와 성질이 규명된 주요한 곰팡이들의 독성 신진대사물들(toxic metabolites)을 추려 보면 표 17-4와 같다.

한편, 본 장에서는 소위 세균성 식중독(bacterial intoxication)을 일으키는 일부 세균들(예; *C.botulinum, Staphylococcus aureus* 등)이 형성하는 독소들(toxins)은 미생물학 특히, 식품미생물학(food microbiology)이나 식품 가공학(food processing)에서 자세하게 다루어지는 것이 바람직하게 생각되므로 이 책에서는 제외하기로 했다.

곡류 속의 독성 신진대사물

맥각 알칼로이드

곰팡이 클라비셉스 퍼어퓨리아(*Claviceps purpruea*)는 곡류에서 잘 번식하며, 그 중에서도 보리, 특히 라이보리(rye)에서 잘 번식한다. 이 곰팡이에 오염된 보리는 그 색깔이 흑청색(violet-black)으로 변색되고 조직(texture)이 부스러지기 쉽게 된다.

이와 같은 보리 속에는 이 곰팡이의 균핵(sclerotium)이 존재하며, 이는 보통 맥각(麥角, ergot)으로 불리고 있다. 이 맥각은 인체의 근육의 수축(muscle contraction), 특히 자궁을 수축(uterine contraction)하므로 의약품으로 사용되어 왔으나, 그 양이 많은 경우에는 경련(convulsion), 두통, 지각이상(知覺異狀), 환각(幻覺, hallucination), 정신착란, 팔, 다리의 회저(gangrene) 등을 일으키는 독성물질(poison)로 작용한다.

곰팡이로 오염된 보리 또는 라이보리로 만든 빵을 계속 섭취할 때는 맥각병(ergotism)으로 알려진 위에서 설명한 바와 같은 중독 증세를 보인다.

이 맥각의 독성성분들 중 그 주성분은 알칼로이드에 속하는 물질들로서 매각 알칼로이드들(ergot alkaloids)로 알려져 있으며, 이 매각 알칼로이드류로는 엘고메트린(ergometrine), 엘고사인(ergosine), 엘고타민(ergotamine), 엘고톡신(ergotoxine), 엘고크리스틴(ergocristine)의 다섯 개의 좌선회성(levo-rotatory)을 가진 광학적 활성 알칼로이드들(optically active alkalroids)과 이들의 우선회성 이성체들(dextro-rotatory isomers)이 알려져 있다. 이 우선회성 이성체들은 생리학적 작용(physiological action)이 좌선성 이성체들보다 약하다. 이상 열 개의 알칼로이드들 이외에 엘고톡신과 이성체 관계에 있는 프사이-엘고티닌(Ψ-ergotinine)이 맥각 알칼로이드들로서 널리 알려져 있다(표 17-5 참조).

표 17-5 맥각 알칼로이드(ergot alkaloids)의 종류.

분자식	그룹 I 좌선성(levorotatory)	그룹 II 우선성(dextrorotatory)	기타
$C_{19}H_{23}O_2N_3$	엘고메트린(ergometrine)	엘코메트리닌(ergometrinine)	프사이엘고티닌(psiergotinine)
$C_{30}H_{37}O_5N_5$	엘고사인(ergosine)	엘고사이닌(ergosinine)	
$C_{33}H_{35}O_5N_5$	엘고타민(ergotamine)	엘고타미닌(ergotaminine)	
$C_{35}H_{39}O_5N_5$	엘고톡신(ergotoxine)	엘고티닌(ergotinine)	
$C_{36}H_{39}O_5N_5$	엘고크리스틴(ergocristine)	엘고크리스티닌(ergocristinine)	

이상의 맥각 알칼로이드를 가수분해하면, 그 분해성분들로서 각종 아미노산들, 피루빈산(pyruvic acid), 암모니아, 리사아진산(lysergic acid) 등이 형성된다(표 17-6 참조). 이 리사아진산(lysergic acid)의 분자식은 $C_{16}H_{16}O_2N_2$로 표시되며, 두 개의 광학적 이성체들(optical isomers), 즉 D-형과 L-형이 존재한다(그림 17-12 참조). 이 두 이성체의 용액을 가열할 때는 또 하나의 이성체인 아이소리사아진산(isolysergic acid)으로 변하는 사실이 알려져 있다.

표 17-6 맥각 알칼로이드의 가수분해 생성물들.

맥각 알칼로이드의 종류	ergometrine ergometrinine	ergosine ergosinine	ergotamine ergotaminine	ergotoxine ergotinine
가수분해 생성물들의 종류	lysergic acid α ,β -aminopropyl	lysergic acid l-phenylalnine l-leucine pyruvic acid d-proline ammonia	lysergic acid l-phenylalnine pyruvic acid d-proline ammonia	lysergic acid dimethylpyruvic acid d-proline ammonia

가열 ⇄ 알칼리

리사아진산(lysergic acid) 아이소리사아진산(isolysergic acid)

[그림 17-12] 리시아진산 및 아이소리사아진산의 구조.

이 리사아진산은 디에틸아마이드(D-lysergic acid diethylamide)는 LSD로도 알려져 있으며, 정신병(mental disorder) 분야의 의학적 연구에 사용되고 있는 중요한 화합물이다.

아플라톡신류, 스테리그마톡신 및 기타의 DHFF, 또는 THFE 유도체들

곡류, 두류 등의 농산물, 특히 저장 중인 곡류, 두류 등의 농산물들에 기생하는 곰팡이들이 형성하는 독성 신진대사물들(toxic mold metabolites)로서는 전술한 바 있는 맥각 알칼로이드류 이외에도 아스퍼어질러스 플라버스(*Aspergillus flavus*)를 비롯한 각종 곰팡이들에 의해서 형성되는 아플라톡신류(alflatoxins), 스테리그마토시스틴(sterigmatocystin), 파라시티콜(parasiticol) 등이 있다.

1960년대 초에 영국에서 10만 마리 이상의 칠면조가 갑자기 병사하는 사건이 발생한 후 이와 같은 발병이 곰팡이에 오염된 사료에 기인되는 사실이 밝혀졌다. 1961년에는 이 병사의 원인이 사료곡류에 오염된 아스퍼어질러스 플라버스가 번식 중 만들어낸 독성 신진대사물, 즉 아플라톡신류(aflatoxins)임이 밝혀졌다.

윌슨(Wilson, B. J. 1969)은 이 아플라톡신을 형성하는 아스퍼어질러스 플라버스가 거의 전세계에 분포되고 있는, 토양에 흔히 존재하는 곰팡이(soil fungus)며, 따라서 여러 나라에서 생산되는 곡류, 두류를 비롯한 각종 농산물에 광범위하게 오염(contamination)될 가능성이 크며, 또한 그 독성(toxicity)이 매우 강하기 때문에 여러 곰팡이들의 독성 신진대사물들(toxic metabolites) 중에서도 특히 중요하다고 말하고 있다.

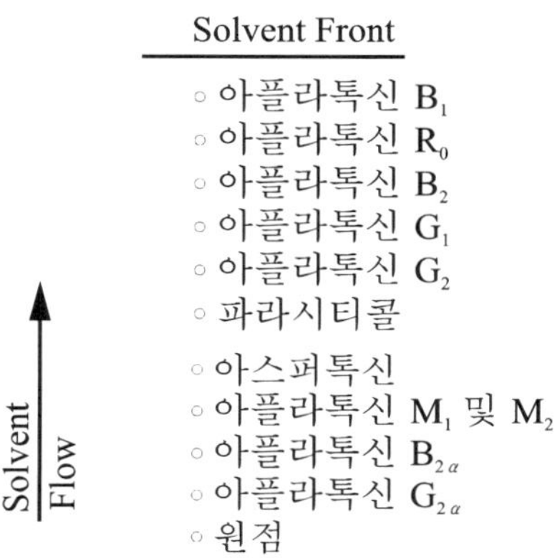

[그림 17-13] 아플라톡신을 만들어 내는 한 곰팡이의 신진대사물에 대한 thin-layer chromatography에 의한 성분 분리 결과.

Stubblefield, R. D. *et al.* 1970. *J. Agr Food Chem.*, 18, 391.

이 아플라톡신류는 대체로 아스퍼어질러스(A.flavus)와 아스퍼어질러스 파라시티커스(A. parasiticus)에 의해서 형성되는 독성이 큰 신진대사물들로 규정되고 있으며, 현재까지 여러 개의 아플라톡신들이 분리되고, 그 구조가 규명되고 있다(그림 17-14 참조).

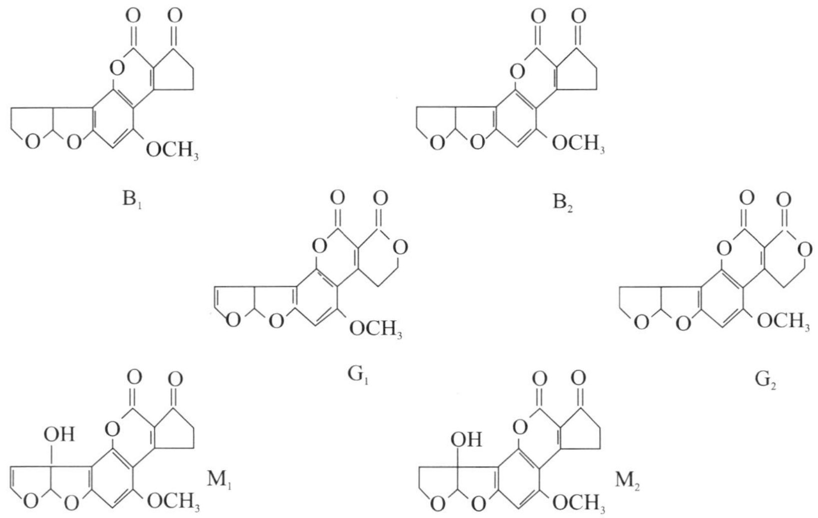

[그림 17-14] 아플라톡신 B_1, G_1의 분자구조식. B_2, G_2는 B_1, G_1는 다이하드로 유도체(dihydro derivatives)이며, M_1,는 B_1의 수산기 유도체(hydroxy derivatives)이며, M_2, M_1의 다이하이드로 유도체. B_2a와 G_2a는 B_2, G_2의 2의 위치의 수산기유도체(hydroxy derivatives)이다.
Wilson. B. J. 1969. *Food Technol.*, 23. 778.

현재까지 알려진 바로는(Rodricks, J. V., 1969; Stubblefield, R. D. *et al.*, 1970), 아플라톡신에는 아플라톡신 B_1, B_2, G_1, G_2, M_2, B_2^a, G_2a 등이 알려져 있다(그림 17-14 참조).

이 아플라톡신들은 7,8-다이아하이드로후로-[2,3-b]-후란(7,8-dihydrofuro-[2,3-b-]-furan, 즉 DHFF), 또는 2,3,7,8-테트라하이드로후로-[2,3-b]-후란(2,3,7,8-tetrahydrofuro-[2,3-b-]-furan, 즉 THFF) 구조를 그 분자구조 내에 갖고 있는 것이 그 화학구조상의 특징이다.

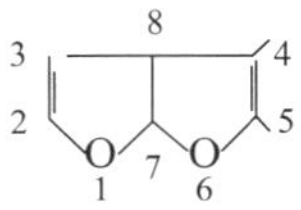
DHFF(7, 8-dihydrofuro[2, 3-b]furan)

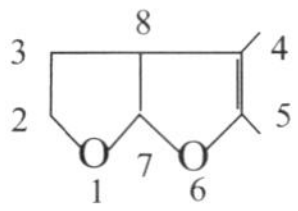
THFF(2, 3, 7, 8-tetrahydrofuro[2, 3-b]furan)

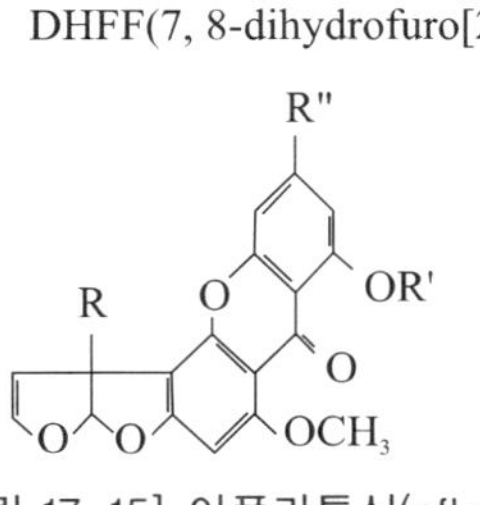

스테리그마토시스틴(sterigmatocystin)	R=R'=R"=H
6-메톡시스테리그마토시스틴(6-methoxy-)	R=R'=H R"=OCH_3
0-메틸스테리그마토시스틴(0-methyl-)	R=R"=H R'=CH_3
아스퍼어톡신(aspertoxin)	R=OH R'=CH_3 R'=H

[그림 17-15] 아플라톡신(aflatoxins), 스테리그마토시스틴들에 공통적인 DHFF, 또는 THFF 부분과 스테리그마토시스틴 유도체들(sterigmatocystin derivatives)의 화학 구조들.
Rodricks, J. 1969. *J. Agr. Food Chem.*, 17. 457.

젖소가 먹는 풀, 사료 등이 아플라톡신 B_1이나 G_1에 오염되었을 경우, 체내에 흡수된 B_1이나 G_1은 젖소의 간(liver)에서 효소작용을 통해서 그 DHFF 구조(그림 17-15 위단 참조)의 각각의 8번의 위치에 수산기(-OH)가 들어간, B_1 또는 G_1의 수산기 유도체들(hydroxyl derivatives)이 형성된 후, 우유 속에 함유되어 나온다고 한다. 따라서 이들 유도체들은 우유 독성성분들(milk toxins)로 알려져 왔으며, 그 명칭도 각각 아플라톡신 M_1, M_2로 알려져 왔다. 아플라톡신들은 일반적으로 곡류, 두류, 채소류에 오염된 경우가 대부분이나, 위와 같은 이유로 우유, 낙농제품 등에서 발견될 수도 있다고 한다.

이 아플라톡신들은 매우 강력한 간장독(liver poison)으로 알려져 있으며, 이 중에서도 아플라톡신 B_1의 독성효과가 가장 큰 것으로 생각되고 있다(예 태어난 직후의 오리새끼의 LD_{50}=18.2㎍/50g체중, 경국적으로 투여할 때).

한편, 스테리그마토시스틴(sterigmatocystin)도 아스퍼어질러스 플라버스(*Aspergillus flavus*), 아스퍼어질러스 버어시칼러(*Aspergilus versicolor*) 등의 일부 아스퍼어질러스속의 곰팡이들이 만들어내는 독성 신진대사물들의 하나로서 1964년에 처음으로 분리된 후 구조가 규명되었었다. 그 후에 스테리그마토시스틴의 유도체들(derivatives)로 생각할 수 있는 6-메톡시스테리그마토시스틴(6-methoxysterigmatocystin), 0-메틸스테리그마토시스틴(0-methylsterigmatocystin), 아스퍼어톡신(aspertoxin)들이 계속 발견되어 왔다.

이들 스테리그마토시스틴과 그 유도체들은 곰팡이에서 형성되는 독성 신진대사물들로서 그 독성은 아플라톡신류보다 대체로 낮은 듯하나 광범위하게 분포되고 있다고 한다.

이 스테리그마토시스틴과 그 유도체들 및 아스퍼어톡신의 구조는 아플라톡신류, 그 중에서도 특히 아플라톡신 B_1과 매우 유사하며, 모두 그 분자구조 내에 DHFF 구조를 갖고 있는 것이 그 특징이다(그림 17-15 참조).

이상의 독성 신진대사물들과 여러모로 유사한 독성 신진대사물인 파라시티콜(parasiticol)이 분리되어 그 구조가 규명되어 있다(그림 17-16 참조). 이 파라시티콜도 그 분자 구조 내에 DHFF 구조를 갖고 있다.

일반적으로 이상의 독성 신진대사물들(toxic metabolites)에서는 이 DHFF 구조나 THFF 구조들이 바로 그 신진대사물의 특유한 생리작용을 가져오는 부분으로 믿어지고 있다.

기타의 보충적인 설명을 위해서 표 17-8 「곡류에 번식하는 곰팡이에서 얻어지는 마이코톡신류(mycotoxins)의 구조와 그 독성」이라는 항목에서 관련된 곰팡이들과 마이코톡신들에 의한 증세, 50% 치사량(LD_{20}) 및 그 구조들에 관한 밤버어그 들(Bamburg, J. R. *et al*., 1969)의 조사결과를 그대로 수록하였다. 표 17-8을 참고하여 주기 바란다.

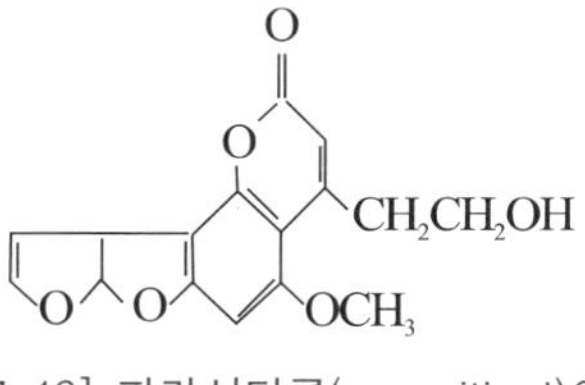

O
O
CH_2CH_2OH
O O OCH_3

[그림 17-16] 파라시티콜(parasiticol)의 구조.
Stubblefield, R. D. *et al*. 1970. *J. Agr. Food Chem*., 18. 392.

쌀 속의 독성 신진대사물들

오래 전부터 일부 곰팡이가 기생, 번식한 쌀들이 독성을 가진 사실이 알려져 왔었다. 이와 같은 쌀에 있어서의 미생물들의 번식에 의한 독성 신진대사물들(toxic metabolites)의 형성은 쌀을 주식(staple food)으로 하는 우리나라를 비롯한 아시아 각국의 국민들에게는 매우 중요한 문제가 아닐 수 없다.

쌀에 형성되는 독성 신진대사물들로서는 전술한 바와 같은 이스퍼어질러스 플라버스(*Aspergillus flavus*)에 의해서 형성되는 아플라톡신류, 스테리그마토시스틴 등과 같은 독성물질들 이외에도 페니실리엄 톡시카리엄(*Penicillium toxicarium*) 등에 의해서 형성되는 독성 신진대사물들이 발견되고 있다.

이상의 곰팡이들의 번식에 의해서 현저히 변질된 쌀은 보통 그 외관이 황색으로 변했기 때문에 황변미(黃變米, yellowed rice)로 알려지고 있으며(Kinoshita, R. and Shikata, T., 1965), 이 황변미는 실험동물들에 대해서 강한 독성작용을 나타내는 사실이 알려져 왔다.

페닐실리엄 사이트리넘(*P. citrinum*)의 경우에는 그 독성성분은 사이트리닌(citrnin)으로 알려져 있으며, 이를 섭취한 실험쥐들에게 상당히 심한 간 장해(liver damage)를 수반하는 소위 황변미병(yellowed rice desease)을 일으킨다고 한다(표 17-8 참조).

페니실리엄 아이란디컴(*P. islandicum*)에 의한 황변미의 독성 성분은 아이란디톡신(islanditoxin)과 류테오스카이린(luteoskyrin)으로 알려져 있다. 특히 황색색소(yellow pigment)이기도 한 류테오스카이린은 매우 강한 간장독소(hepatotxin)로 알려져 있으며, 그 구조도 확정되었다(표 17-7, 17-8 참조). 아이란디톡신도 역시 매우 강력한 간장독소(hepatotoxin)로 알려져 있으며, 류테오스타이린, 사이트리닌 등과 함께 황변미병의 원인이 되는 것으로 생각되고 있다.

이 외에도 쌀은 많은 곰팡이들에 의해서 오염될 기회가 있으며, 여러 독성물질들의 존재가 확인되고 있다(표 17-8 참조). 한편, 일부 연구자들은 쌀을 주식으로 여러 나라에서의 존재가 확인되고 있다(표 17-8 참조). 한편, 일부 연구자들은 쌀을 주식으로 하는 여러 나라에서의 간암(liver cancer)의 발생은 각종 곰팡이에 오염된 쌀의 섭취와 어떤 관련이 있지 않는가하는 가능성을 제기하고 있다(Pivnick, H.and Thatcher, F. S., 1968. Ayres, J. C. *et al.*, 1968 참조).

표 17-7 여러 식품에 독소를 형성하는 대표적인 미생물들과 그 작용.

독소를 형성하는 미생물들 (toxigenic microganisms)	미생물이 발견되는 식품의 종류	독소의 종류	독소의 작용
아스퍼질러스 플라버스 (A.flavus)	대두, 낙화생, 옥수수, 기타 곡류들	아플라톡신 기타	실험동물에 대한 악성 간장염(hepatitis)
휴자리움속의 균들 (genus Fusarium)	곡류들		백혈구감소증 (leukopenia)
페니실리엄 아이란디컴 (P.islandicum)	황변미(yellowed rice)	아이란디톡신 (islanditoxin)	
페니실리엄 사이트리넘 (P.citrinum)	황변미(yellowde rice)	사이트리닌 (citrinin)	
페니실리엄 사이클로피엄 (P.cyclopium)	곡류들	사이클로피아존	진전(tremor) 경풍(convulsion)

Wilson, B. J. 1969. *Food Technol.*, 23. 782.

곡류, 채소, 과실류 속의 파튤린, 페니실린산 및 기타의 독성 항생물질들

곰팡이들은 곡류뿐 아니라 과실류나 채소류에 기생, 번식하여 독성을 가진 항생물질들(toxic antibiotics)을 형성하는 사실이 알려져 왔다.

예로서, 이스퍼어질러스(*Aspergillus*)와 페니실리엄(*Penicillium*) 균종에 속하는 여러 곰팡이들은 이상의 식품들에 기생, 번식하여 파튤린(patulin, 4-hydroxy-4H-furo-[3,2-C]-pyran-2(6H)-one]과 페니실린산(penicillic acid, 3-methoxy-5-methyl-4-oxo-2, 5-hexadienoic acid) 등과 같은, 강한 독성을 가진 항생물질들(toxic antibiotics)을 형성한다(표 17-8 참조).이 파튤린(patulin)은 그람양성 및 음성균(Gram-positive and Gram-negative bacteria)에 대해서 항생작용(antibiotic action)을 갖고 있으나, 또한 실험쥐에 육종(肉腫)을 형성시키는(sarcogenic) 사실이 알려져 왔다. 한편, 페니실린산(penicillic acid)은 흰쥐에 암을 유발하는 물질, 즉 발암성 물질(carcinogen)임이 알려져 있다,

이상의 두 발암성, 즉 독성 항생물질들은 비교적 열에 대해서 안정하며, 모두 100℃에서 15분간 가열하여도 파괴되지 않고 그대로 남는다고 한다. 한편, 이 독성은 항생물질들은 식품 중에서는 식품 중의 아미노산, 특히 황을 함유하고 있는 아미노산들(sulfur-containing amino acids)과의 상호반응에 의해서 그 일부가 파괴된다고 하나 이와 같은 독성 항생물질들에 의해서 오염된 곡루, 채소류, 과실류 등은 비록 가공처리를 겪는 다고해도 일부 독성, 즉 발암성 성분들이 남을 가능성을 배제할 수 없다.

곡류, 두류, 채소류에 번식하는 곰팡이들이 만드는 마이코톡신류

현재까지 알려진 곡류나 기타의 식품들에 기생, 번식하는 곰팡이들이 형성하는 독성 신진대사물들(toxic metabolites)이나 독성 항생물질들(toxic antibiotics)을 포함하는 일체의 독성물질들은 마이코톡신신류(mycotoxins)로도 불리고 있으며, 이와 같이 마이코톡신 중의 일부 대표적인 것들의 독성증세(mycotoxicosis), 그 화학적 구조 및 50% 치사량들(LD_{50})은 표 17-8과 같다.

표 17-8 곡류(cereal grains)에 번식하는 곰팡이에서 얻어지는 마이코톡신류(mycotoxins)의 구조와 그 독성.

마이코톡신(mycotoxins)에 의한 증세(mycotoxicosis)와 관련된 미생물들	마이코톡신의 이름과 50% 치사량(LD_{50})	마이코톡신의 구조
음식물 중의 독소에 의한 백혈구의 감소증세 즉 백혈병 발생(alimentary toxic aleukemia) 휴자리엄 트리신크텀 (Fusarium tricnctum)	스포로휴자리오제닌 (sporofusariogenin)	O O OH HO
위와 같은 백혈병 클라도스포리엄 에피필럼 (Cladosporium epiphylum)	에피클라도스포린산 (epicladosporic acid)	$CH_3(CH_2)_7CH=CH(CH_2)_{13}COSH$
위와 같은 백혈병 클라도스포리엄 파지 (Cladosporium fagi)	파지클라도스포린산 (fagicladosporic acid)	$CH_3(CH_2)_9CH=CH(CH_2)_9COSH$

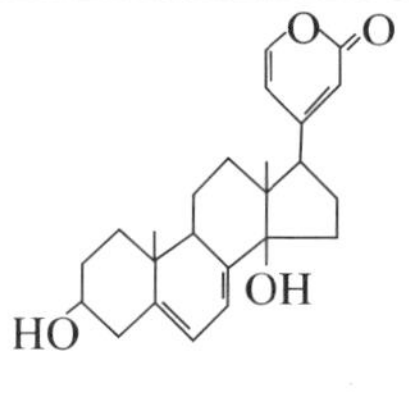

황변미병(黃變米病) (yellowed rice disease) 페니실리엄 아이란디컴 (Penicillium islandicum)	아이란디톡신(islanditoxin) 0.3mg/kg.iv-1 0.47mg/kg.sc-1 6.5mg/kg.oral-1 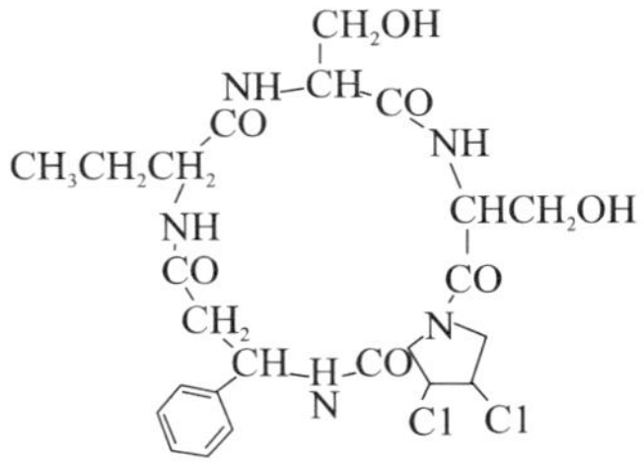
황변미병(黃變米病) 병을 일으킨 미생물, 위와 같음.	류테오스카이린(luteoskyrin) 0.6mg/kg.iv-1 147mg/kg.sc-1 221mg/kg.oral-1 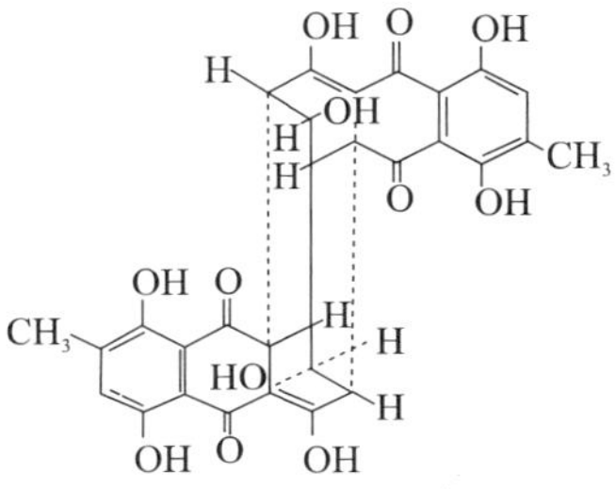
황변미병(黃變米病) 페니실리엄 류귤로섬(P.rugulosum) 페니실리엄 타아덤(P.tardum) 페니실리엄 브레니엄(P.brenneum)	류귤로신(rugulosin) 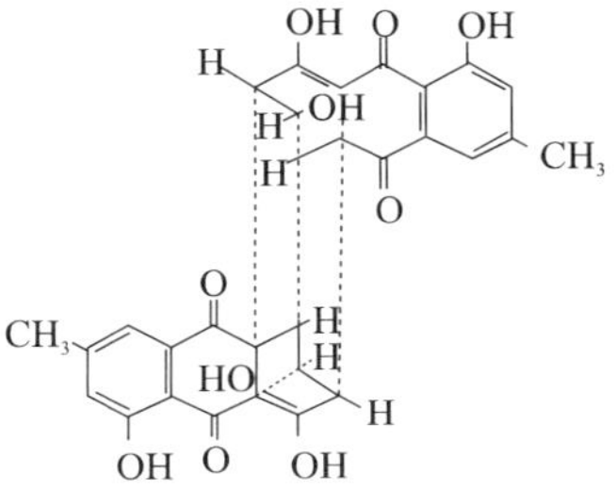
황변미병(黃變米病) 페니실리엄어티시이(P.urticae)	파튤린(patulin) 10mg/kg.sc.-1 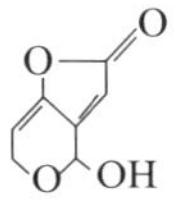
황변미병(黃變米病) 페니실리엄 시트리(P.citrium)	시트리닌(citrinin) 35mg/kg.sc.-1 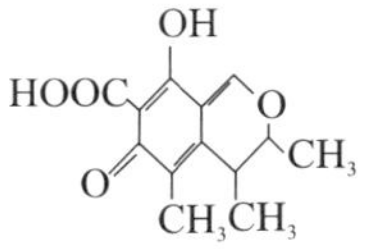
황변미병(黃變米病) 페니실리엄 노타덤(P.notatum)	잔소실린(xanthocillin) 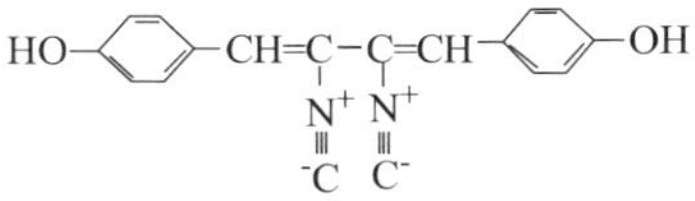
황변미병(黃變米病) 페니실리엄 시트리오비라이드 (P.citreoviride)	시트리오비리딘 (citreoviridin) 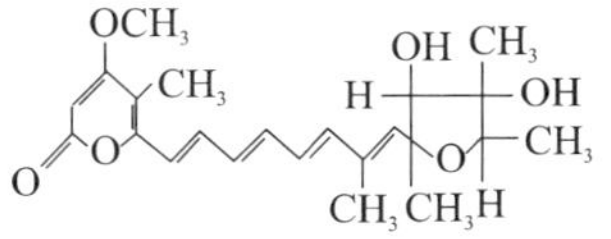
황변미병(黃變米病) 아스퍼어질러스 휴미가터스(Aspergillus fumigatus)	휴마잘린(fumagillin) 800mg/kg.sc.-1 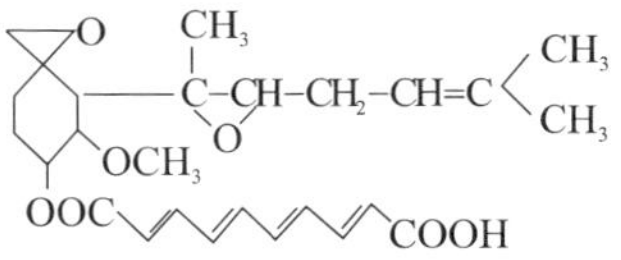
황변미병(黃變米病) 위와 같음.	글라이오톡신(gliotoxin) 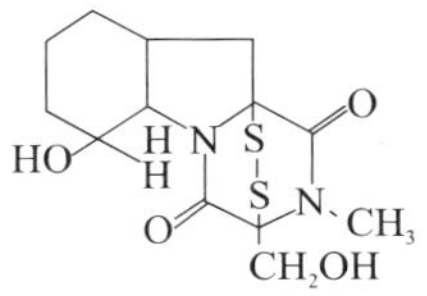

황변미병(黃變米病) 위와 같음.	헬볼린산(helvolic acid) 400mg/kg.ip.-1
황변미병(黃變米病) 아스퍼어질러스 테리어스(A.terreus)	테레인산(terreic acid) 70-120mg/kg,iv.-1
돼지의 음문 및 질염 (vulvo-vaginitis in swine) 휴자리엄 그라미네아럼 (Fusarium graminearum) 지베랄라 제이(Gibberella zeae)	제아랄레논(zearalinone)
곰팡이 슨 옥수수에 의한 중독증세 (moldy corn toxicosis) 아스퍼질러스 플라버스(A.flavus)	아플라톡신 B_1(aflatoxin) 0.36mg/kg.oral-3 5.5mg/kg.oral-2
증세, 위와 같음. 균종, 위와 같음.	아플라톡신 G_1(alfaltoxin) 0.78mg/kg.oral-3
증세, 위와 같음. 균종, 위와 같음.	아플라톡신 M_1
증세, 위와 같음. 균종, 위와 같음.	아스퍼어질린산 (aspergillic acid) 15.mg/kg.ip.-1
위와 같음. 위와 같음.	아스퍼톡신 (aspertoxin)
증세 위와 같음. 페니실리엄 사이클로피엄 (P.cyciopium)	사이클로피아조닌산 (cycolpiazonic acid)

증세, 위와 같음. 페니실리엄 류브럼 (Penicillium rubrum)	류브라톡신 B(rubratoxin) 400mg/kg.oral-1 2.6,g/kg.ip.-1 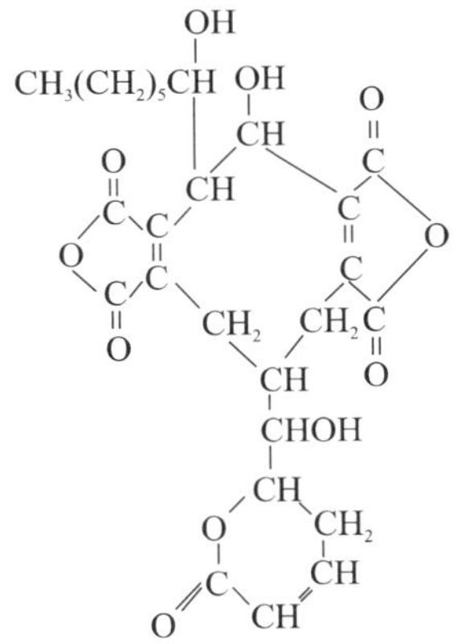
증세 위와 같음. 아스퍼어질러스 오크레이시어스 (Aspergillus ochraceus)	오크라톡신 A(ochratoxin) 0.5mg/kg.oral-3 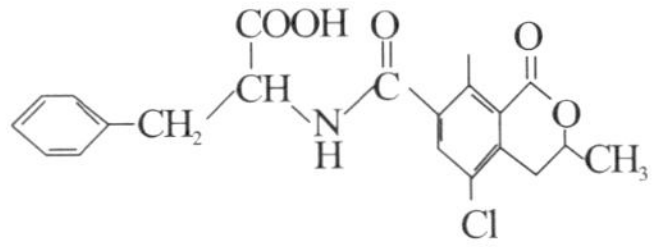
증세 위와 같음. 트라코다아마 비라이드 (Trichoderma viride)	트리코다아민(trichodernin) 300mg/kg.oral-1 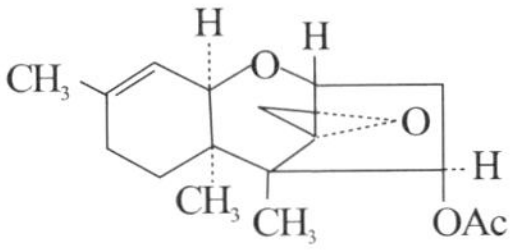
증세 위와 같음. 트리코세시엄 로우제엄 (Tricholthecium roseum)	트리코세신(trichothecin) 300mg/kg. oral-1 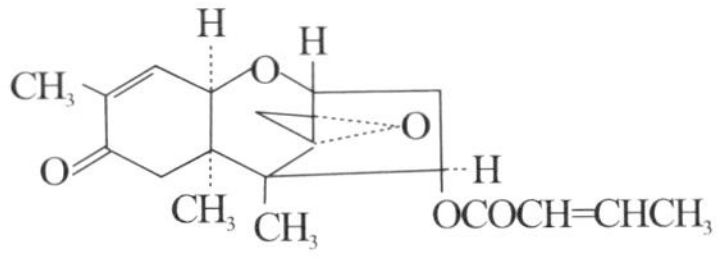
증세 위와 같음. 위와 같음.	하이드록시로제노놀락톤 (6-β -hydroxyro-senono lactone) 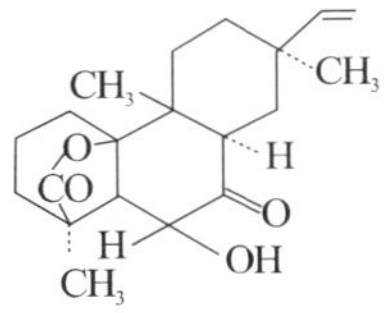
증세 위와 같음. 휴자리엄 서어파이(Fusarium scirpi, 즉 F.roseum) 휴자리엄 트리신크텀(F.tricnctum)	다이아세톡시실페놀 (diacetoxyscirpenol) 7.3mg/kg.oral-1 0.7mg/kg.ip.-1 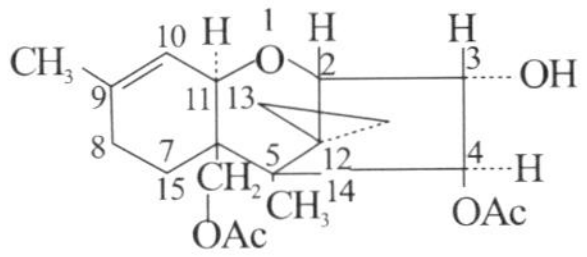
증세 위와 같음. 휴자리엄 트리신크럼(F.tricnctum)	T-2 독소(T-2 toxin) 4mg/kg.oral-2 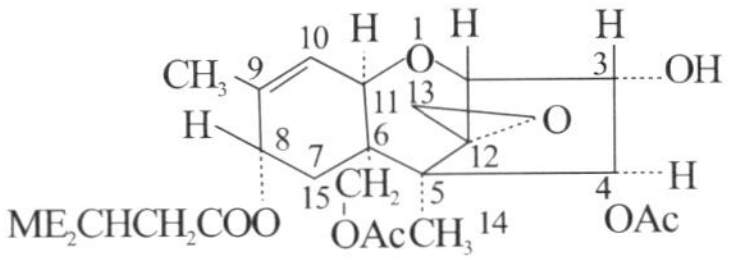
위와 같음. 위와 같음.	4-아세트아미도-4-하이드록시-2-뷰테노인산-γ -락톤 (4-acetamido-4-hydroxy-2-butenoic acid-γ -lactone.) 44mg/kg.ip.-1 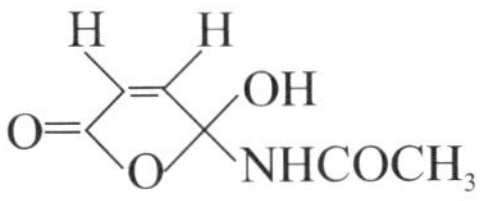

註: 50% 치사량(LD50) 결정에 있어서 oral은 경구복용(oral administration), ip.는 복강 내 주사(intraperitoneal). iv.는 정맥주사(intravenous), sc.는 피하주사(subcutaneous injection)의 생략이며, 그 다음 숫자에서 1은 새앙쥐(mice), 2는 쥐(rats), 3은 오리새끼(duckling)를 표시하는 수치임.

Bamburg, J. R. *et al*. 1969. *J. Agr. Food Chem*., 17, 444.

파이토알렉신류

많은 식물체들은 외부에서 곰팡이류(fungi or molds) 또는 해충류(害蟲類) 등의 침입을 받았을 때에는 자기보호의 수단의 하나로서, 즉 자위수단(自衛手段, self-defense mechanism)의 하나로서 이들 외침(外侵) 미생물들이나 해충류에 대해서 강력한 독성작용(toxic action)을 가진 여러 가지 다양한 화학물질들을 형성하는 사실들이 점차 널리 알려져 가고 있다. 이와 같은 성분들은 외부에서 침입하는 미생물들이나 해충류뿐 아니라 이를 섭취한 사람들은 물론이고 기타의 많은 생체들에 대해서도 강한 독성작용을 나타낸다. 이와 같은 화합물들은 일반적으로 스트레스 신진대사물들(stress metabolites), 또는 더 직설적으로 파이토알렉신류(phytoalexins=phyto=(식물체의)+alexin(해독물질))로 알려져 있다. 이 파이토알렉신류는 외부에서 부터의 미생물류 또는 해충류의 침입뿐 아니라, 기계적인 외상(外傷, mechanical injuries), 자외선 조사 등 외부에서 부터 심한 스트레스(stress)가 가해질 때도 형성되는 사실이 알려져 있다.

이포메아마론류 식품류의 경우, 가장 잘 알려진 파이토알렉신의 예는 자낭균(*Ascomycetes*) 등의 곰팡이류의 침입을 받은 고구마(*Ipomoea batatas*, sweet potato)에서 형성되는 파이토알렉신류 즉, 이포메아마론(ipomeamarone), 이포메아마로놀(ipomeamaronol), 이포메아놀류(1-and 4-ipomeanols), 이포메아마닌(ipomeamanin) 등이 알려져 있다(그림 17-17 참조). 이상의 독성성븐들은 대체로 강력한 간장 독소류(hepatotoxins)로 알려져 있으며, 또한 일부 실험동물들에 폐부종(肺浮腫, lung edema)을 일으키는 사실이 알려져 있다. 이상의 독성성분들은 고구마에 외상(mechanical injuries)을 주거나 화학약품류로 자극을 줄 때 형성된다고 한다(그림 17-17 참조).

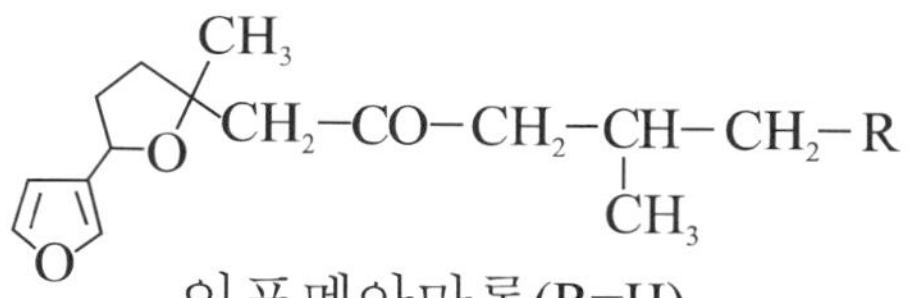

CH_3 / $CH_2-CO-CH_2-CH(CH_3)-CH_2-R$

이포메아마론(R=H)
이포메아마로놀(R=OH)

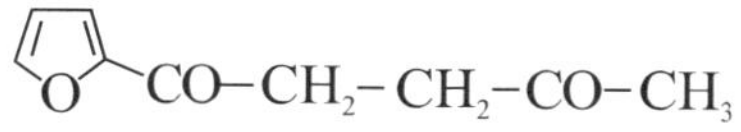

$CO-CH_2-CH_2-CO-CH_3$

이포메아마닌

$CO-CH_2-CH_2-CH(OH)-CH_3$

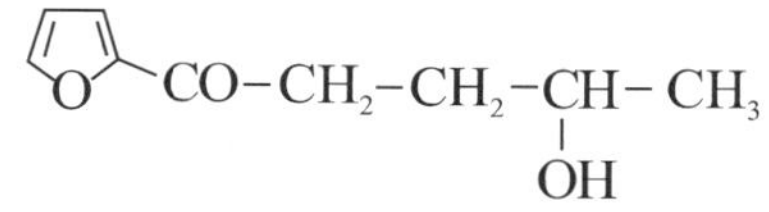

4-이포메아놀

[그림 17-17] 고구마(sweet potato, Ipomoea batatas)에 형성되는 소위 스트레스 신진대사물들(stress metabolites) 또는 파이토알렉신류(phytoalexins)로 알려진 이포메아마론(ipomeamarone), 이포메아마로놀(ipomeamaronol), 이포메아마닌(ipomeamanin), 4-이포메아놀(4-ipomeanol) 등의 분자 구조식들.
Linder, E., 1974. "*Toxikologie der Nahrungsmittel*," Georg Thieme Verlag, Stuttagrt.

레즈바라트롤류

레즈베라트롤류(resveratrols)와 그 주요 유도체들의 하나인 피시이드(piceid) 등은 포도(grape), 특히 포도즙(grape juice) 등에 함유된 파이토알렉신들로서 포도주의 긍정적인 효과들(positive effects)에 공헌하는 것으로 생각되어 많은 연구들이 이루어져 왔다.

이들 포도주나 포도즙에 함유된 레즈바라트롤류는 관상동맥 질환들(coronary artery disease)에 대한 혈소판(血小板, platelet)의 응고작용을 억제함으로서, 급성 혈소판 응고성 혈전증(血栓症, acute platelet thrombosis)과 관상동맥 질환(coronary astery disease)들의 발생을 억제하는 것으로 알려져 왔다(예 Romero-Perez, A. I. *et al.*, 1999). 이상의 파이토알렉신류(phytoalexins)는 대체로 3,5,4'-트리하이드록시스틸벤(3,5,4'-trihydroxystilbene)의 기하하적 이성체들인 시스-레즈베라트롤(cis- resveratrol, 즉 cis-3,5,4'-trihydroxystilbene)과 트란스-레즈베라트롤(trans-resveratrol), 그리고 시스- 및 트란스-레즈베라트롤 3번의 수산기(hydroxyl group)와 포도당이 결합한 배당체(配糖體)들, 즉 시스- 및 트란스-피시이드 등 네 가지가 잘 알려져 있다.

이 외에도 3,5,3',4'-테트라하이드록시스틸벤(3,5,3',4'-tetra-haydroxystilbene)의 트란스 형 이성체의 역시 3번의 수산기에 포도당이 결합한 배당체인 트란스-아스트린진(trans-astringin)이 알려져 있으며(Ribeiro de Lima, M. T. *et al.*, 1999), 또한 포도나무(grapevine)의 잎들이 미생물들의 침입이 스트레스를 받았을 때 형성하는 것으로 알려진, 레즈베라트롤의 탈수소(즉 불포화도가 강화된) 이중체(a dihydrodimer)로 볼 수 있는 트란스-ε-비니페린(trans-ε-viniferin)도 알려져 있다.

한편 땅콩 열매(peanut kernel)를 비롯한 땅콩 식물체류(the peanut plants)의 여러 곳에서 생산되는 트란스-레즈베라트롤(trans-resveratol)은 이 식물체가 만드는 스틸벤 계통 파이톨알렉신류(stilbene phytoalexins)의 대표적인 것으로 오래 전부터 알려져 왔다.

소볼레브 들(Sobolev, V. S. and cale, R. T., 1999)은 땅콩들과 그 가공품들의 트란스-레즈베라톨 함량은 개량된 고성능 HPLC법(a modified high-performance liquid chromatography)을 사용하여 분석한 바 있다. 즉 생땅콩(fresh peanuts)의 경우 그 함량은 0.01mg/g 정도 이었다고 한다.

한편 땅콩버터에는 그 함량 상당히 높아서 평균 0.32mg/g 정도였다 하며 외부자극(stress) 특히 외부로부터 곰팡이류의 침입에 대항하여 그 형성량이 급증하는 것으로 알려져 있다.

강력한 곰팡이 독소들(fungiotoxicins)로서 인체에 대해서는 혈소판의 결합과 응고작용(platelet aggregation or coagulation) 등의 억제, 심장순환기계통 질병(cardiovascular)의 억제, 항산화작용(antixoidant activiy), 돌연변이 억제작용(antimutagenic activity) 등, 포도즙, 포도주의 레즈베라트롤류의 생리작용들과 유사한 작용들을 갖고 있는 사실들이 보고되고 있다.

파이토에스트로젠류

1970년대부터 우리 주변환경에는 내분비물들, 예로서 내분비물들의 기능을 변화시킬 수 있는 화합물들(compounds capable of modulating endocrine functions)의 존재가 알려져 왔으며, 이런 화합물들은 자연에서 형성되거나, 사람들이 만들어 낸 것이며, 일반적으로 사람이나 동물들에 유해한 효과들(adverse effects)의 로서 가능성이 있다고 생각되어 왔다(Ryu, D. J. and Bullerman, L. B., 1999 참조).

한편, 에스토로젠(estrogen)이나 에스트라다이올(estradiol)들은 스테로이드계 여성 호르몬들로서 여러 기능을 갖고 있으며, 그 중의 하나가 성장촉진 작용으로 알려져 왔다.

스테로이드(steroid)에 속하지 않은 합성화합물로서 에스트로젠들과 비슷한 작용을 하는 화합물들(synthetic mon-steroid dstrogenic compounds)로서는 다이에틸스틸베스테롤(diethylstilblestrol, DES)이 있으며, 가축류의 성장증진제(成長增進劑)로 사용되어 왔으나, 식물체 내에서는 그 작용은 보통 미약하다. 그러나 미국에서는 1977년 이후 발암성 물질들로서 그 사용이 금지되고 있다. 에스트로젠과 유사한 작용을 하는 성분들, 즉 파이토에스트로젠들(phytoestrogens)의 존재가 오래전부터 알려져 왔으며, 계속 연구되고 있기는 하다.

이렇게 파이토에스트로젠류, 즉 식물 에스트로젠류가 주목받는 가장 큰 이유들의 하나는 이들의 에스트로젠으로서의 작용보다는 이들 화합물들의 특유한 생리적 작용들에 기인하는 것 같다. 한 예로서 아마씨 박(flaxseed meal)에서 추출한 파이토에스트로젠인 리그난류(the lignaans) 중의 아이소라리시레시놀(isolariciresinol)과 피노레시놀(pinosesinol)을 분리, 그 성질들을 조사한 바 있는 미이거들(Meagher, L. P. *et al.*, 1999)은 파이토에스트로젠의 하나인 리그난류의 작용에 대해서 그 항종양성(antitumorigenic property), 에스트로젠 기능, 그리고 항에스트로젠 기능(estrogenic and anti-estrogenic properties) 등에 관한 문헌들을 소개하고 있다.

한편, 파이토에스트로젠류 중, 아마도 가장 잘 알려진 것에 속하는 대두와 대두가공품들 중의 아이소플라본류(isoflavones), 그 중에서도 가장 함량이 큰 아이소플라본 배당체들(isoflavone glycosides)인 제니스틴(genistin), 다이진(daidzin), 글리시틴(glycitin) 그리고 이들과 관련된 다른 유도체들의 연구가 계속되어 왔다(예 Murphy, P. A. *et al.*, 1999;캬렛트, S. D. *et al.*, 1999). 이들 파이토에스트로젠들은 그 자체가 강력한 자연항산화제들(제 14장 p. 참조)일 뿐 아니라, 암의 발생을 억제하는 작용을 갖고 있을 가능성이 크다고 한다.

끝으로 환경호르몬들, 즉 내분비계 장애물질들(endocrine disruptors, EDs)에 관한 해설로서는 박종세들(박종세외 3인, 1998), 내분비계 장애물질들과 플라스틱 사이의 관계사항은 장애연(장애연, 1999), 이들 물질들의 환경내 동태에 대해서는 이동수(이동수, 1999) 등의 해설들을 참고해 주기 바란다. 또한 내분비계 장애물질들의 일반적 해설은 신동천(신동천, 1999), 천연식품들 중의 내분비계 장애물질에 대해서는 김희연(김희연, 1999), 식품용기 포장재료들 중의 내분비계 장애물질들에 대해서는 권기성들(권기성외 2인, 1999), 한편 내분비계 장애물질들에 대한 산업체의 대처방안은 최주섭(최주섭, 1999) 등의 해설 등을 참고해주기 바란다.

잔류 농약들

농약(pesticides)으로서 해마다 막대한 양이 사용되고 있는 살균제(gernicides), 살미제(fungicides), 살충제(insecticides), 살초제(herbicides), 살소제(rodenticides)들은 그 성질상 독성이 강할수록 일반적으로 그 효과도 클 것이다.

또한 직사광선(direct sunlight), 비, 바람 등의 외적 조건들에 의해서 쉽게 분해되지 않으며, 살포된 농작물들이나 과실류에서 쉽게 씻어지지 않는 것일수록 환영받는 경향이 있기 때문에 우발적으로 오염(adventitious contamination)되는 경우를 제외하고서라도 여러 곡류, 채소류에 장기간 동안 잔류하여 인체에 섭취되는 경우가 많다.

물론 모든 농약들이 살포한 후 분해되지 않고 높은 잔류농도(residual concentration)를 유지하는 것은 아니다. 예로서, 롤즈들(Ralls, J. W. *et al.*, 1967)에 의하면, 토마토에 살포된 다이아지논(diazinon), 또는 다이아족손(diazoxon)들은 1에이커, 즉 약 1,224평당 0.75폰드(pound/acre), 즉 약 340g이 살포되었을 때는 1시간 후에는 그 잔류농도는 13ppm이었으나 4일 후에는 0.1ppm 이하로 감소되었다고 한다.

그러나, 비록 이와 같은 농약의 잔류되는 양이 매우 적은 경우라도 인체에서의 장기적인 축적효과(cumulative effects)를 고려할 때는 그 영향은 무시될 수 없다.

특히, 많은 농약들은 비에 잘 씻겨나지 않게 하기 위해 유용성(油溶性)인 형태를 갖고 있기 때문에, 일반적으로 해당되는 수용성(水溶性)인 경우보다도 인체 조직에 더 용이하게 흡수, 축적되는 반면에 그 분해속도나 특히 체외로의 배설속도가 매우 느리며, 따라서 체내에서의 잔류 농약이나 분해물질들의 제거가 더 힘든 것이 보통이다.

세계 각국에서는 급증되는 농약의 사용에 따르는 곡류를 비롯한 농작물, 과실류에 대한 각종 농약의 잔유량의 점진적인 증가를 우려하여 신선한 식품들(즉, 농작물, 과실류 등) 속의 대표적인 농약들(살충제)의 잔류 최대 허용량(maximum tolerances for insecticide residues)을 정하고 있다.

표 17-9 세계 각국에서 각종의 신선한 식품에 허용되는 여러 농약들의 최대 허용잔류량.

농약, 여기서는 살충제의 일반명 (common name)	농약의 잔류의 최대허용량(maximum tolerances for insecticide residues)ppm						
	오스트레일리아	카나다	뉴질랜드	스위스	네덜란드	미국	소련
울드린(aldrin)	0.1	0.25	0.25	0.1	0.1	0.25	0.0
비소화합물	-	2.0	1.0	1.0	0.7	2.3	0.0
DDT	7.0	7.0	5.0	4.0	5.0	7.0	1.0
다이아지논	0.15	0.75	-	0.75	1.0	0.75	-
메틸데메톤	0.15	-	-	0.5	0.5	1.25	-
메틸파라씨온	0.15	-	-	0.75	0.5	1.0	-
파라씨온	0.15	1.0	1.0	0.75	0.5	1.0	5.0

Ayers, J. C. *et al.*, 1962 "*Chemical and Biolgical Hazards in Food,*" p.83. Iowa State Univeriety Press, Iowa.

유기 수은제들

유기 수은제들(organomercuric compounds)은 방미제(fungicides)로서 널리 사용되어 왔다. 특히, 우리나라에 있어서는 초산 페닐수은(phenylmercuric acetate)을 주로 하는 유기 수은제들이 벼의 도열병 방제에 그 효과가 탁월하기 때문에 가장 널리 사용되어 왔던 농약들 중의 하나이며, 이와 같은 사정은 이웃 일본의 경우도 마찬가지였다.

$$C_6H_5-Hg-O-\overset{\overset{O}{\|}}{C}-CH_3$$

초산페닐수은(phenylmercuric acetate)

또한 유기 수은제들은 그 안정성(stability)이 뛰어나게 높으며 잘 분해되지 않는 특성을 갖고 있다. 이와 같은 사실은 이 농약이 과거에 과용되어 온 이유들 중의 하나가 된다. 그러나 이 유기 수은제들(organomercuric compounds)의 독성은 극히 강한 편에 속하며, 유기 수은제이기 때문에 인체에 비교적 용이하게 흡수되는 반면에 그 배설 속도가 무기 수은화합물들보다 훨씬 느리므로 일부는 거의 영구적으로 축적, 잔류하게 된다. 현재는 종자 소독용(種子 消毒用) 외에는 그 사용이 전면 금지되고 있다.

일본의 호라구치(Horiguchi, H., 1979)는 유기 수은제의 일반적인 사용이 전면 금지된 이후에도 일본인의 머리카락 중의 총 수은량은 6~7ppm으로서 서구인 1~2ppm의 4~5배나 된다고 보고하고 있다. 이 축적 수은의 많은 부분이 과거의 유기 수은제들의 과용에 기인됨은 물론이다.

비소제들

살충제(insecticides)로서 널리 사용되고 있는 이 비소제들(arsenic compounds)로서는 산성 비산연(PbHAsO4), 비산 칼슘[$3Ca_3(AsI_4)_2 \cdot Ca(OH_2)$]등이 사용되고 있다. 이들 화합물은 무기화합물이며, 따라서 그 독성도 일반 비소화합물의 경우와 같다. 세계 각국에서 신선한 식품 중의 이 계통의 농약들의 잔류 허용량은 대체로 0.7 내지 2.3ppm 정도이다.

유기 인제들

유기 인 살충제들(organic phosphorus insecticides), 예로서 파라씨온(parathion), 메틸파라씨온(methylparathion), 말라씨온(malathion), 다이아지논(diazinon) 등은 1940년대 말기부터 사용되기 시작한 살충제로서 강력한 신경독(nerve poison)이다.

이 살충제들은 곤충들(insects)뿐만 아니라 사람을 비롯한 고등 동물에 대해서도 매우 신속하고 강력한 신경독으로 작용하며, 취급 잘못에 의한 피부 접촉 등에 기인된 사고가 과거에 많았다. 특히 TEPP, 파라씨온 등은 그 독성이 매우 강하며 실험쥐에 대한 50% 치사량(LD_{50})은 6mg/kg이다(표 17-10 참조). 한편, 이 유기인제들은 그 일반적인 맹독성(猛毒性)에도 불구하고 유기수은제들과는 달리 살포 후에는 비교적 쉽게 분해되어 점차 독성을 잃는 장점도 갖고 있다.

따라서 우리나라를 비롯한 많은 나라에서는 TEPP나 특히 파라씨온 등의 사용은 금지하되 독성이 이보다 낮은 메틸 파라씨온, 말라씨온 등의 유기 인제들의 사용은 허용되고 있다. 각국의 유기 인제들의 잔류 최대 허용량(maximum tolerances for incecticide fesidues)은 대체로 1.0ppm 이하이다.

유기 염소제들

살충제로 널리 사용되어 온 유기 염소제들(chlorinated organic insecticides)로서는 DDT, 즉 다이클로로다이페닐트리클로로에탄(dichlorodiphenyltrichloroethane) 메톡시클롤(methoxychlor) 등이 알려져 있으며, 이 이외에 벤젠 헥사 클로라이드(benzene hexachloride, BHC)들의 8개의 입체 이성체들(stereoisomers) 중의 하나인, 보통 린데인(lindane)으로도 알려져 온 감마-벤젠헥사클로라이드(γ-benzene hexachloride), 즉 γ -BHC도 강력한 살충제로서 과거에는 널리 사용되어 왔다. 일부 유기염소제의 명칭들은 그 화학구조들은 표 17-11과 같다.

표 17-10 유기인제들의 이름, 구조와 그 성질.

이 름	구 조	용해도	독 성 LD50,mg/kg 실험쥐
tetraethylpyrophosphate TEPP	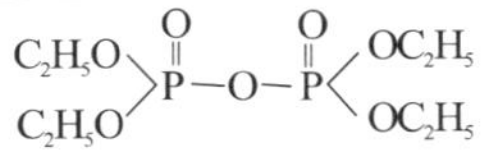 $(C_2H_5O)_2P(=O)-O-P(=O)(OC_2H_5)_2$	탄화수소계 용매를 제외한 모든 유기용매와 물에 잘 섞는다.	3
parathion	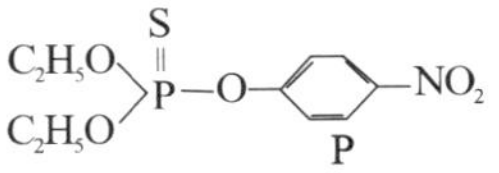 $(C_2H_5O)_2P(=S)-O-C_6H_4-NO_2$ (P)	물에 거의 녹지 않는다(20ppm). 알콜, 에텔, 식물성 및 동물성 유지에 잘 녹는다.	6
methylparathion	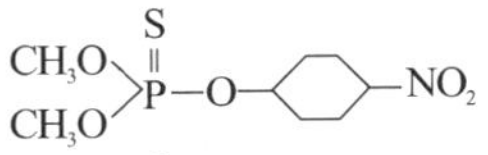 $(CH_3O)_2P(=S)-O-C_6H_4-NO_2$	parathion과 비슷함	21
ethyl para-nirophenylth-ionnobenzene phosphonate EPN	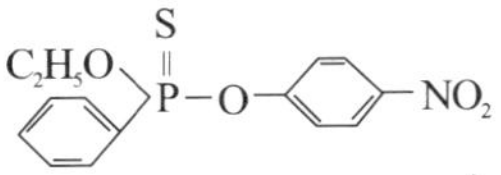 $(C_2H_5O)(C_6H_5)P(=S)-O-C_6H_4-NO_2$	-	24
malathion	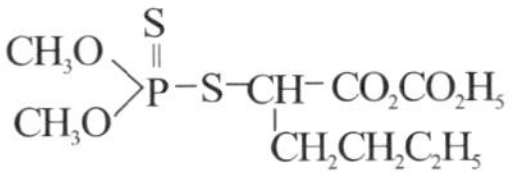 $(CH_3O)_2P(=S)-S-CH(CO_2CO_2H_5)-CH_2CH_2C_2H_5$	물에 녹지 않는다. 대부분의 극성용매(polar solvents)와 섞는다.	369
diazinon	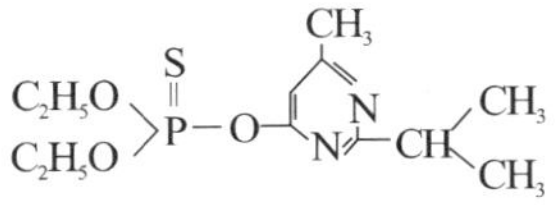 $(C_2H_5O)_2P(=S)-O-$(pyrimidine: CH_3, $CH(CH_3)_2$)	-	48

DDT 또는 린데인으로 대표되는 이상의 유기 염소제들(chorinated organic insecticides)은 일반적으로 전술한 바와 같은 유기 인제들과 같이 그 독성이 강하지는 않으나, 화학적으로 매우 안정(stable)된, 따라서 잘 분해되지 않는 특성을 갖고 있다.

그러므로 이와 같은 유기 염소제들이 채소나 과실류에 사용되는 경우, 채소류나 과실류에 남게 되는 유기 염소제들의 잔사(residue)의 영향은 무시할 수 없는 것으로 알려져 왔다.

볼드윈 들(Baldwin, R. E. *et al.*, 1968)에 의하면, 실험에 사용하기 위해서 수집된 사과에서는 DDT, DDD, DDE 등의 유기 염소 살충제들의 잔사류(insecticides residues)가 합계 3.58ppm이 검출되었으나, 세척(washing)에 의해서는 다만 그 중의 15%에 해당하는 0.53ppm의 잔사가 제거되었을 뿐이며, 세척한 후 껍질을 벗기고 심지를 제거한 후의 과육에서도 1.78ppm 즉, 처음의 양의 50%에 해당되는 잔사류(residues)가 남아 있었다고 한다.

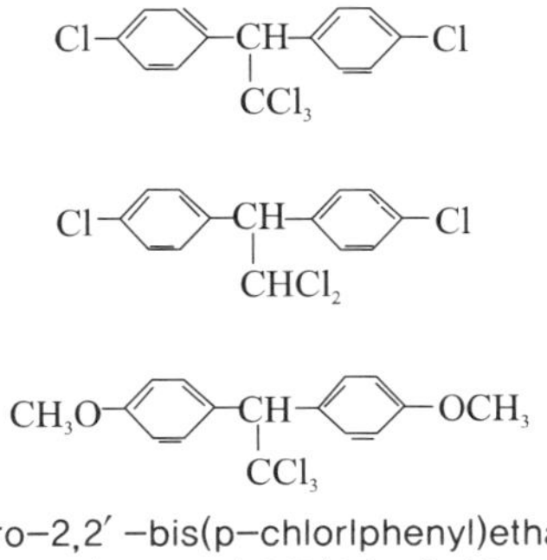

$$Cl-C_6H_4-CH(CCl_3)-C_6H_4-Cl$$

$$Cl-C_6H_4-CH(CHCl_2)-C_6H_4-Cl$$

$$CH_3O-C_6H_4-CH(CCl_3)-C_6H_4-OCH_3$$

[그림 17-18] DDT(1,1,1-trichloro-2,2′-bis(p-chlorlphenyl)ethane)의 DDE(1,1-dichlor-2,2′-bis(p-chlorophenyl)ethane),DD(1,1-dichloro-2,2-bis-(p-chlorophenyl)ethane)로의 전환.
Plimmer. J. R. *et al.* 1968. *J. Agr. Food Chem.*, 16. 595.

한편, 세척하고 껍질을 벗기고, 심지를 제거한 과육에서도 1.78ppm 즉, 처음 양의 50%에 해당되는 잔사류(residues)가 남아 있었다고 한다.

한편, 사과를 세척하고 껍질을 벗기고 심지를 뺀 과육을 물속에서 끓이거나 굽는 경우에도 유기 염소제들의 잔사량은, 이상의 가열조기 과정들(cooking processes)에 의해서 40%가 감소되었을 뿐이라고 보고하고 있다.

전술한 대로, DDT로 대표되는 유기 염소제들은 일반적인 가열과정들에 대해서는 매우 안정하며, DDT의 경우 보통 가열조리 조건에서는 DDD 또는 DDE 등으로 그 구조가 전환되며 그 이상의 분해는 쉽게 일어나지 않는다고 한다(그림 17-18 참조).

리이치들(Ritchey, S. R. *et al.*, 1967)은 사료(feed) 속에 DDT, 린데인(lindane) 등의 농약의 잔사들이 함유되었을 경우에는 이 사료를 먹고 자라난 닭의 고기에도 이들 농약의 잔사들이 발견되었을 뿐만 아니라, 굽거나 튀긴 고기들 속에서도 여전히 이들 농약의 잔사들이 발견된 사실을 보고하고 있다.

즉, 이상의 유기 염소제들은 일단 농약으로써 사용된 후에는 좀처럼 분해되지 않고, 우리 인체 내에는 물론 우리 인류를 둘러싸고 있는 환경체계(ecological system) 내에서 반영구적인 환경오염을 가져오는 이와 같은 심각한 사태를 이해, 파악하게 된 후, 우리나라를 비롯한 거의 모든 나라들에서 DDT, γ-BHC 등 유기 염소제들의 사용이 전면적으로 금지되어 왔다. 이와 같은 사정은 유기 수은제의 경우에도 그대로 적용된다.

기타의 농약들

이상의 여러 농약들 이외에도 메틸 브로마이드(methyl bromide, CH_3Br), 클로로피크린(chloropicrin, Cl_3CNO_2) 등이 훈증살균제들(fumigants)로 널리 사용되어 왔다. 따라서 훈증살균(燻蒸殺菌)을 실시한 식품들에 이상의 살균제들의 잔사가 묻혀 들어갈 가능성도 있다.

한편, 에틸렌 다이브로마이드(ethylene dibromide, EDB), 1,2-다이브로모-3-클로로프로판(1,2-dibromo-3-chloropropane, DBCP), 트리메틸렌 클로로브로마이드(trimethylene chlorobromide, TMCB) 등은 선충 구제약들(nematocidal agents)로서 사용되어 왔으나, 이 화합물들은 곧 분해되어 무기 브롬화합물들(inorganic bromides)로서 토양에 잔류하게 되며, 따라서 이와 같은 토양에서 자라나는 식물들의 브롬 함량을 증가시킨다고 한다.

성장 촉진제들과 살초제들

한편, 식물 성장호르몬류(plant growth hormones)로 알려지고 있는 옥신류(auxins) 중, 각종 자연 옥신류(naturally ocurring auxins), 한 예로서 β-인돌 초산(β-indole acetic acid, 또는 indole-3-acetic acid) 그리고 각종 합성 옥신류(synthetic auxins), 예로서 α-나프틸초산(α -naphthylacetic acid) 등 그리고 가장 널리 사용되어 온 대표적인 살초제들(herbicides)인 2,4-D(2,4-dichlorophenoxyacetic acid)와 2,4,5-T(2,4,5-trichlorophenoxyacetic acid) 등(그림 17-19 참조) 이 식품류에 으염되어 들어갈 가능성이 있다.

우드포드(Woodford, E. K., 1960)에 의하면, 쥐에 대한 2,4-D의 경구적인 급성 50% 치사량(acute oral LD50)은 375mg/kg, 한편 2,4,5-T의 경우에는 300 내지 500mg/kg, MCPA(2-methyl-4-chlorophenoxyacetic acid)의 경우에는 700mg/kg 정도라고 한다.

참고로 위와 동일한 조건하에서의 아스피린(aspirin, 해열제)의 경구적 급성 50% 치사량은 1,200mg/kg이었다고 한다(Doull, J. *et al.*, 1980 참조).

그러나 이상의 성장촉진제들과 특히 살초제들의 발암성(carcinogenic activity)과 최기형성(催奇形成, teratogenic activity)에 관한 문제들이 심각하게 논의되고 있다. 일부 살초제들은 발암성물질들(carcinogens)로 작용하며, 전술한 2,4,5-T는 두울들(Doull, J. *et al.*, 1980)에 의하면 최기형성을 갖고 있다고 한다.

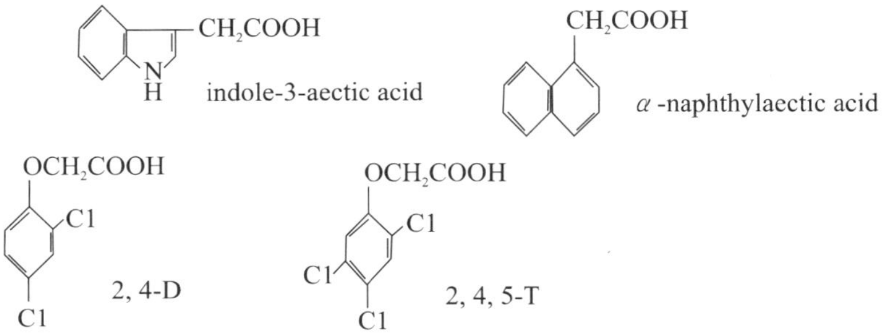

indole-3-aectic acid (CH_2COOH) α-naphthylacctic acid (CH_2COOH)

2, 4-D (OCH_2COOH, Cl, Cl) 2, 4, 5-T (OCH_2COOH, Cl, Cl, Cl)

[그림 17-19] 일부 성장 조정제들(plant growth regulators)과 살초제들(herbicides)의 구조들.

중금속 염들

일반적으로 각종 식품류, 특히 가공식품류의 경우, 그 수확, 수집, 가공, 포장 등의 과정에서 우발적으로 극히 유해(有害)한 중금속염들(heavy metal salts)이 인체에 오염될 가능성을 배제할 수는 없다.

중금속염들은 극히 미량이 인체에서 검출될 경우는 있으나, 일부의 예외들 - 예로서 일부 효소들의 구성성분들로서 - 을 제외하고서는 생체의 정상적인 구성성분들이 아니며, 생체 각부분의 세포들의 정상적인 신진대사 과정들(normal metabolic processes)에 전혀 참여하지 않을 뿐만 아니라 이와 같은 정상적인 신진대사 과정들을 급성적(acutely)으로나 만성적(chronically)으로 억제하고 저해하므로, 이 중금속들(heavy metals)이 체내에 잔류하여 최대 허용량을 넘어서 축적될 때는 일반적으로 매우 중대한 결과를 가져온다.

한편, 이 중금속염들도 무기염(inorganic salts), 또는 이온(ions)의 형태로 존재할 때는 수용성인 형태이기는 하나, 생체내의 각 기관의 구조와 그 작용들, 그리고 이들 화합물들과의 상호적 작용에 따라서는 체외로의 배설이 어려워져, 급성적 또는 만성적인 독성성분들로 작용할 수도 있을 것으로 생각된다.

그러나 유기염(有機鹽, organic salts)의 형태로 존재할 때는 대체로 이들이 지용성(fat soluble)이기 때문에 체내 지방질 성분들과 친화력(親和力, affinity)이 강하며, 지방질 성분들로 구성된 체내의 여러 중요한 조직에 흡수, 용해하게 된다. 이와 같이 용해된 유기염들은 체내 수분에 잘 용해되지 않으므로, 체외로 배출되기도 어려우며, 따라서 미량이 섭취되는 경우라도 그 섭취가 거듭될 경우에는 그 누적 내지는 축적효과들(cumulative effects)에 의해서 매우 강한 독성 작용을 나타낼 것으로 생각된다.

한편, 각종 식품류 중에서 강한 독성을 타나내는 사실이 알려진 중금속들로는 납(Pb), 카드뮴(Cd),

수은(Hg), 비소(As), 구리(Cu) 등이 있으며, 또한 그 독성은 상대적으로 약하나 식품들과 관련이 많은 금속들로서 아연(Zn)과 주석(Sn) 등이 있다. 식품들 자체 내에 함유된 경우도 있겠으나, 통조림 식품들의 경우, 그 통조림 통들(소위 tin cans)의 내부의 도금(coating)에서 상당량이 나오는 사실들에 대해서는 이미 주지의 사실이다.

납 납(Pb)은 독성이 강한 중금속이며, 대량이 일시에 섭취됨으로써 일어나는 급성중독(acute piosoning)과 소량이 장기간에 걸쳐 체내에 축적됨으로써 일어나는 만성중독(chronic poisoning)이 있으나, 대체로 급성중독을 일으키는 경우는 매우 드물다고 한다.

납, 또는 납의 화합물들은 안료(cosmetics), 도료(paints) 등에 사용되는 경우가 많으며, 따라서 이와 같은 물질들을 통해서 오염되는 경우가 과거에는 흔했다.

한편, 음료수를 수송하고 있는 수도관에 과거에는 연관들(lead pipes)을 사용하는 경우가 많았다. 이런 경우에는 연관에서 수산화염(lead hydroxide)이 형성되어 이 수산화염이 수돗물에 용출되는 경우도 있으나, 대부분의 오래된 수도관의 경우에는 그 내부 표면에 불용성인 탄산염(lead carbonate, $PbCO_3$), 황산연(lead sulfate, $PbSO_4$) 등의 얇은 막이 점차 형성되어 납의 용출은 억제되었다고 한다.

그러나 근래에는 이상과 같은 경우들보다도 납(Pb)은 수은(Hg)이나 카드뮴(Cd)들과 함께 공장폐기물, 자동차 폐기가스 등에서 방출되는 환경 오염물질들(environmetnal contaminants)의 하나로서 더 문제가 되고 있다.

납에 의한 금속 중독증세로서는 입 안에서 금속성의 미각의 감지, 입, 식도, 위(胃) 등에서 작열감(灼熱感)을 느끼는 일, 강한 위통(胃痛), 구토(vomitting) 등이라고 한다. 한편, 만성중독의 증세로서는 피로(fatigue), 체중의 감소, 소화기의 이상(異狀), 지각(知覺)의 소실, 사지의 마비, 시력장애 등이 일어난다고 한다.

한편, 포도주나 맥주 또는 기타의 곡류로 만든 양조주(예로서 위스키, whiskey) 등은 비료나 농약들이 사용된 원료들에서 만들어 지기 때문에, 각종 중금속류에 의해서 오염되어 있는 것으로 알려져 왔다. 특히 포도주의 경우, 마개를 싸고 있는 금속판(a metal plate)이 사용되고 있을 때는 이 금속판에서 용출되는 납의 양도 무시할 수 없다고 한다. 납의 경우, 토양에 따라 그 함량에는 큰 차이가 있으나, 포도주 재료인 포도의 납함량은 전술한 대로 농약, 비료 사용 또는 기타의 과정에서 오염되며, 원래 토양 자체에 함유되었던 납이 포도에 흡수되어 들어오는 일은 거의 없다고 한다.

메나들(Mena, C. M. *et al.*, 1999)은 스페인산의 포도주 70종과 기타의 주류(맥주, 위스키, 진 등) 64종의 납(lead) 함량을 발표한 바 있다. 와인의 경우, 그 납(Pb) 함량은 0~1125mg/ℓ 그리고 기타 주류의 경우 0~445mg/ℓ 이었으며, 평균치는 와인, 맥주, 위스키, 진(gin), 브랜디(brandy)의 경우, 각각 98, 41, 71, 36, 14mg/ℓ 이었다고 보고하고 있다.

카드뮴 카드뮴(cadmium, Cd)은 매우 강한 중독 작용을 가져오는 극히 독성이 큰 중금속으로 알려져 있다. 이 카드뮴에 의한 중독은 기계나 용기들, 특히 각종 식기류(食器)에 도금되어 있는 카드뮴 성분이 용출되어 식기들 속에 담아져 있는 음식물에 혼입되는 경우가 많으며, 급성중독은 드물고 대개의 경우, 만성중독이 일어난다.

중독증세로는 신장의 기능장애(kidney malfunction), 뼈의 연화(軟化)를 주로 하는 칼슘의 정상적인 신진대사(normal calcium metabolism)가 실조된다.

이 카드뮴은 전술한 바 있는 수은(mercury, Hg), 납(lead, Pb), 그리고 비소(arsenic, As) 등과 함께 독성이 아주 강한 환경 오염물질들(environmental contaminants)의 하나로서 중요하다(Kwak, H. S. and Lee, J. W., 1975 ; Wolnik, K. A. *et al.*, 1983;Wiersma, D. *et al.*, 1986 참조).

캬브레라들(Cabrera, C. *et al.*, 1992)에 의하면, 식물체들이 산업폐기물 등으로 오염된 토양에서 흡수한 카드뮴(cadmium, Cd)이 계속적으로 식물체들에 축적되는 사실이 알려져 왔다. 그 농도는 1970년대에는 0.03mg/kg 정도로서 별 문제는 없었다고 한다. 그러나 Cd이 이 지구상의 생물체 순환사슬(the earth's biological chain)에 들어오는 위험성이 해마다 꾸준히 증가하고 있어서, 1980년대 말에는 모든 채소류의 Cd 함량은 대체로 5∼100mg/g 정도로 추정되어 왔다고 한다. 한편, 이들은 스페인의 한 지방(Granada)에서 산출된 사탕수수(sugar cane), 옥수수, 감자, 완두콩(green bean) 중의 카드뮴 함량들의 측정하여, 그 평균함량이 0.54, 3.40, 0.18 및 0.24mg/g 이었으며, 한편 바나나, 상치(lettuce), 토마토의 경우에는 0.77, 5.91 및 0.51mg/g이었다고 한다. 그러나 사탕수수, 옥수수, 바나나 및 상치들의 그 최대치는 1.3, 8.6, 0.95 및 6.5mg/g이었다고 한다.

수은 식품 중의 수은(Hg)은 무기수은염류(inorganic forms of mercury), 예로서 염화수은(mercuric chloride, HgCl), 초산수은(mercuric acetate, CH_3COOHg), 또는 메틸수은(methyl mercury), 일반적으로 다이알킬수은(dialkylmercury), 페닐수은(phenylmercury, C_6H_5Hg), 페닐초산 수은(phenyl mercuric acetate, $C_6H_5HgOCOCH_3$) 등의 유기수은 화합물들(orgnomercuric compounds)의 형태로 농약류, 산업폐기물들의 형태로 토양이나 하천 또는 얕은 해저(海底) 등에 존재한다. 이와 같은 곳에 축적된 각종 수은 화합물들은 곡류, 채소류에 쉽게 옮겨지므로, 산업폐기물들 중 수은 함유 폐기물들의 철저한 관리가 요구되고 있다.

한편, 하천, 얕은 해저 등에서의 먹이 사슬을 통한 여러 생물들에 의한 농축현상(biological concentration)에 의해서 조개류, 갑각류, 어류 등의 수은 함량은 주변의 하천수들의 농도에서는 예상도 못할 만큼 고농도로 농축되는 경우가 있다고 한다.

그리고 그런 경우의 수은의 형태는 메틸수은 등의 유기수은들이였다고 한다. 1956년 일본 큐슈 쿠마토현(日本九州熊本縣)의 남단부(南端部)의 미나마타만 주변의 조개류, 어류 등을 섭취한 일본인들에 일어났던 대규모 수은 중독사건(the in evidence of mercury poisoning), 즉 미나마타병(the minamata disease)은 환경오염이 대규모의 유기수은 중독을 직접적으로 유발한 예가 된다. 이와 거의 같은 수은 중독 사건이 1964년에 역시 일본의 니이가타현의 한 하천의 하류(下流)와 근처 해저(海底)에서 잡은 어류를 섭취한 사람들에게도 일어났다고 한다. 이 경우도 하천 상류 지역에 있는 여러 공장들이 폐기한 무기 수은이 흘러내린데 그 원인이 있었으며, 이때에도 해수, 하천수의 메틸수은 농도가 고도로 생물농축된딘 상태로 섭취한 어류에서 발견되었다 한다(송형익외 4인 편, 2000; Coultate, T. P., 1989 참조).

한편 이상과 같은, 수은(Hg)의 메틸수은(methylmercury)으로의 전환 그리고 메틸수은의 생물 농축현상(biological concentration)은 미국이나 스웨덴의 호수에 살고 있는 물고기들에서 확인되었으며(낚시, 기타의 어획 금지령으로 사람들이 먹지는 않았다고 함) 한편, 큰 바다에 살고 있는 다랑어(tuma fish)체내에서도 메틸수은 이온(CH_3Hg^+)의 형태로 0.5mg/kg의 수은이 검출되었다고 한다.

미나마타병 사건의 결과, 성인은 하루 300㎍의 유기수은(organic mercruy)을 섭취하면 수은 중독 증세가 생기는 사실이 알려졌으며, 따라서 그 10분지 1인 30㎍이 안전을 유지할 수 있는 하루 최대 섭취량으로 잠정적으로 정해졌다고 한다. 이 유기수은에 대해서 어린이들은 성인들보다 더 예민하게 반응하며, 중추신경 시스템(the central nervous system)을 손상시키는 것으로 알려지고 있다 (Coultate, T. P., 1989).

비소 비소(As)는 과거에는 각종 농약류의 원료성분으로 사용되어왔으나, 지금은 그렇지 않으며, 식품류등에 대한 분포나 함량들도 다른 중금속들에 비해서 낮은 편이다. 다만 해조류, 조개류, 어류 등에서의 함량은 비교적 높다.

비소는 일반적으로 3가 또는 5가의 화합물들, 특히 산화물들, 즉 삼산화이비소(diarsenic trioxide, As_2O_3) 또는 오산화이비소(五酸化二砒素, diarsenic pentoxide, As_2O_5)의 형태로 존재할 수 있으나, 자연환경에서는 삼산화이비소의 형태로 존재한다. 이 삼산화이비소, 즉 간단하게 삼산화비소(As_2O_3)는 아비산(arsenious acid, $Aa(OH)_3$)의 무수물(antydride)로 생각되므로, 단순히 아비산으로 불릴 때가 있다. 삼산화비소는 수용액에서는 아비산으로 존재하며 산화되면 오산화이비소(diarsenic pentocide, As_2O_5)가 된다.

일반적인 독성은 삼산화비소가 더 강한 것으로 알려져 있으며, 비소의 독성은 보통 삼산화비소의 독성으로서 표시된다. 그 급성적인 독성(acute toxicity)은 전술한 납, 카드뮴, 수은들과 비슷하거나 오히려 더 강한 것으로 보인다. 자연 식품류의 분포는 위 중금속들과 비슷하거나 오히려 더 강한 것으로 보인다. 자연 식품류의 분포는 위 중금속들과 비슷하거나, 더 낮으나 어류 그리고 해조류의 비소화합물들 함량은 예외적으로 높다. 쿨테이트(Coultate, T. P., 1989)는 영국 연해에서 잡힌 참새우(prawns)에서 170mg/kg의 비소가 검출되었다고 한다. 여기서도 연안 바다(coastal waters)내부의 먹이사슬(food chains)을 통해서 일어나는 생물농축 현상(biological concentration)의 또 하나의 예를 볼 수 있다.

참고로 유럽인들의 하루 평균 비소 섭취량은 대략 0.2mg정도라고 한다. 한편, 미생물들이 비소를 섭취하면 해독하기 위하여 메틸화반응이 진행되어 메틸비산($CH_3AsO_3H_2$) 또는 다이메틸비산($(CH_3)_2AsO_2H$) 등을 만든다고 한다. 이상의 유기 비소들은 인체에 대해서는 강력한 독성성분들로 작용하며, 그 체내 자류기간도 무기형태의 비소들 보다 훨씬 길다고 한다.

한편, 이상의 비소화합물들의 독성작용의 일부는 카드뮴, 수은, 납의 이온들(cations)의 경우와 같이 일부 -SH 그룹을 가진 효소들의 -SH 그룹들과 결합하여, 이들 효소들의 해독작용들을 억제하는 것으로 알려져 있다.

비소화합물들의 경우, 우발적인 혼입에 의한 중독 발생도 가능하다. 1955년 일본에서 한 회사가 자기들이 만든 분유에 안정제로 사용한 인산염 중에 비산염(비산 나트륨, sodium arsenate)이 잘못 혼입된 채로 시판되어 대규모 유아 중독사건이 발생한 일이 있었다.

아연 아연(zinc, Zn)은 혈액, 모발 등에 상당한 양이 정상적으로도 존재하며, 성인의 경우 간(肝, liver)에 50ppm 내지는 140ppm이나 함유되고 있다고 한다.

각종 식들품 중에도 상당한 양이 함유되고 있는 것으로 알려져 있으며, 납(Pb)이나 카드뮴(Cd)과는 달리, 영양면에서도 오히려 극소량은 필요한 금속이다. 아연의 독성은 납이나 카드뮴과는 다르게 강하지는 않으나, 그 만성중독의 증세는 심한 경우에는 납중독(lead poisoning)의 경우와 유사하다고 한다.

주석 주석(tin, Sn)은 그 독성이 약한 금속으로 알려져 있다. 일반 식품들 중에서 주석의 함량이 많은 식품들의 종류로서는 전술한 대로 통조림 식품들이 있다. 통조림 식품에는 통조림통에서 용출되어 나오는 주석이 상당량이 함유되고 있다. 한 연구에 의하면, 통조림 오렌지 주스의 경우, 내부에 칠을 한 통들(lacquered cans)의 경우, 개관 직후의 주스의 주석농도는 각각 69.4ppm과 131.5ppm이였으나, 24시간 후에는 77.3ppmrhk 182.3ppm으로 급속하게 증가하였었다고 보고하고 있다(정, 1982 참고).

통조림 식품들 중에서도 주석의 용출량이 많은 편인 통조림 과실 주스(canned fruit juice)의 경우, 용출되어 나오는 주석(Sn)의 최대허용량은 미국의 경우 300ppm, 영국의 경우 250ppm, 일본의 경우 150ppm 이하로 정해지고 있다.

한편, 주석의 유기염들, 예로서 알킬화 주석 화합물들(alkylated tin compounds)은 유용성(油溶性)이며 인체에 흡수되기 때문에 매우 유해한 것으로 생각되고 있다. 알킬화 주석 화합물들은 다이(di), 트리(tri), 테트라(tetra) 등의 세 가지 치환체들이 있으나, 트리알킬 치환체 및 테트라알킬 치환체들은 그 독성이 강하며, 신경장애를 가져온다고 한다. 다이 알킬 치환체는 전자들보다는 독성이 약하다고 한다.

식품 조리, 가공 또는 저장 중에 형성되는 독성물질들

각종의 가공식품을 체조할 때는 산 또는 알칼리 처리하거나 여러 종류의 화학 첨가물들(chemical additives)을 첨가하는 수가 많으며, 대부분의 경우 100℃이상에서의 비교적 강한 가열처리(heat treatment)를 수반하는 일이 보통이다. 따라서 가공식품들 중의 여러 식품 성분들 또는 첨가물 성분들 사이의 상호반응, 혹은 여러 성분들의 가열에 의한 변화 등 각종의 화학적인 변화들이 일어날 것으로 쉽게 짐작할 수 있다.

가정에서 조리(調理)하는 경우에도, 화학 첨가물들이 덜 사용된다든지 하는, 정도의 차이는 있으나 여러 종류의 가열처리를 수반하므로 대체로 비슷한 변화들이 일어날 것으로 예상된다.

한편, 가공식품들이란 일반 조리식품들(prepared foods)의 저장수명(shelf-life 또는 storage-life)의 연장을 위해서 만들어진 조리식품류의 하나의 형태로 볼 수 있으므로, 가공식품들의 경우에는 만들어진 후 실제로 섭취될 때까지 대체로 수주 내지는 수개월의 저장기간(storage periods)을 거치는 것이 보통이다. 따라서 이 긴 저장기간 동안에 식품 성분들간의 또는 공기 중의 산소와의 상호작용, 즉 산화에 의한 변화 등이 일어날 수 있다.

한편, 종래에는 조리, 가공 또는 저장 중인 식품들의 색깔을 나쁘게 하는 식품들 중의 자연 색소들의 변화, 그리고 특히 식품들 중의 각종 비타민류(vitamins), 필수아미노산들(essential amino acids), 필수 지방산들(essential fatty acids) 등의 파괴에 의한 영양가의 감소와 같은 문제들에 주로 관심이 집중되어 왔다.

그러나 근래에 와서 이상과 같은 조리, 가공, 저장과정에서의 독성성분들(toxic by-products)의 형성에 점차 관심이 모아지고 있다. 더구나 이와 같은 성분들 중에는 분명하게 발암성물질들(carcinogens)임이 밝혀진 것들이 있다. 또한 이상과 같은 성분들이 가공 식품들 뿐만 아니라 일부 조리 중인 식품들에서도 형성되는 사실이 알려져서, 이 문제들의 중요성과 심각성이 새삼 재인식되고 있으며 이상의 독성성분들에 관한 연구도 활발해지고 있다.

한편, 멜란비들(Mellanby, E. *et al.*, 1946, 1951)은 과거에는 밀가루의 표백(漂白, bleaching)에 사용되었던 삼염화질소(nitrogentrichloride, NCl_3)로 처리한 밀가루의 제품들이 독성 실험에 사용한 개들에게 광견병(canine hysteria)과 비슷한 증세를 유발했으며, 그 원인을 조사한 결과 밀가루의 메싸이오닌(methionine)과 삼염화질소와의 상호반응의 결과 형성된 메싸이오닌 설폭시민(methionine sulfoximine)의 작용임이 밝혀진 일이 있었다(Lowe, B., 1955 참조).

한편, 과도하게 가열 또는 가열 산화된 식용유지(edible fats and oils)에는 요소와 부가반응 생성물들을 형성하지 않는 지방산들(non-urea adduct forming fatty acid, NAFA)의 함량이 점차 증가되는 사실이 알려져 왔다(본문 제14장 요소와 지방산의 부가화합물 항목 참조). 이상의 산화 지방산들의 분자량은 정상적인 지방산의 분자량보다 크며, 대체로 이중체들(dimers), 삼중체들(trimers)과 같은 중합체들(polymers)의 형태로 존재하는 것으로 추정되고 있다. 이와 같은 성분들의 함량이 큰 유지일수록 실험동물의 성장이 심하게 억제된다는 사실에 대해서는 곧 설명하겠다.

한편, 과도하게 가열 산화된 유지는 실험동물의 성장을 억제할 뿐만 아니라 그 중에 미량이기는 하나 발암성 물질로서 작용하는 화학물질들이 형성될 가능성도 있다는 사실에 대해서도 곧 설명하겠다.

현재까지 집중적으로 연구되어 온 독성성분들로서는 대체로 이제부터 설명하는 것들을 들 수 있다.

단백질 식품의 가열과정 중 형성되는 라이시노알라닌류

단백질 함량이 큰 식물체들, 특히 대두에서 알칼리(alkali)로 단백질을 추출한 후 산성용액에 섬유상으로 분출시키면, 소위 섬유상 채소 단백질들(texturizes vegetable poteins)이 형성되는데 이를 각종 식품에 영양성분 또는 기능성분들(nutritional or functional ingredients)로서 사용하고 있는 데에 대해서는 이미 언급한 바 있다. 이와 같은 단백질 추출물들의 사용은 비단 대두뿐만 아니라 단백질 함량이 큰 어류(fish)에서도 널리 이용되어 왔으며, 이미 설명한 바 있는 어류 단백질 농축물들(fish potein cocentrates)은 그 하나의 예이다.

$$-NH-\underset{\underset{NH_2}{|}}{\underset{(CH_2)_4}{\underset{|}{CH}}}-CO- \; + \; -NH-\underset{CH_2}{C}-CO \longrightarrow \quad (I)$$

$$(II) \qquad -NH-\underset{\underset{\underset{\underset{-OC-CH-NH-}{|}}{CH_2}}{\underset{|}{\underset{NH}{|}}}}{\underset{(CH_2)_4}{\underset{|}{CH}}}-CO- \xrightarrow[(HCl)]{H_2O} NH_2-\underset{\underset{\underset{\underset{NH_2-CH-COOH}{|}}{CH_2}}{\underset{|}{\underset{NH}{|}}}}{\underset{(CH_2)_4}{\underset{|}{CH}}}-COOH$$

$$(III) \qquad\qquad (IV)$$

[그림 17-20] 라이시노알라닌(lysinoalanine)의 형성 기구 : 먼저 단백질의 한 구성단위로 있는 알라닌기(alanine residue)에서 탈수소반응(dehydrogenation)이 일어나 데하이드로알라닌기(dehydroalanine residue)(I)이 형성된다. 이 데하이드로알라닌기는 옆의 단백질 중의 라이신기(lysine residue)(II)와 일단 결합된 후(III), 펩타이드 결합들의 가수분해에 의해서 라이시노알라닌(lysinoalanine, DL-α -amino-β -(-ε -N-L-lysine)-propionic acid), 즉 (IV)가 형성되는 것으로 생각되고 있다.
Sokolovsky, M. and Patchorink A. 1964. *J. Am. Chem. Soc.*, 86, 1860.

이와 같은 단백질 추출물의 제조과정 중 단백질 추출과정과 가열과정 등에서 단백질 구성 아미노산들인 라이신(lysine)과 알라닌(alanine) 사이의 상호작용에 의해서 다이펩타이드(dipeptide)인 라이시노알라닌(lysinoalanine)이 형성되는 사실이 밝혀져 왔다(Maga, J. A., 1984 참조).

이 라이시노알라닌의 형성은 최소한 가공 단백질들 중의 필수아미노산인 라이신의 함량을 상대적으로 줄이게 함으로써 영양가의 감소를 가져옴은 자명하다.

현재까지 알려진, 추출, 가열 등의 과정 중의 모체가 되는 단백질들에서 라이시노알라닌이 형성되는 과정은 다음과 같다.

이와 같은 라이시노알라닌은 그 가공과정이 덜 심한 것으로 생각되는 분유제품들(dry milk products)에서도 그 존재가 확인되고 있을 뿐만 아니라, 일반 육류의 조리과정(cooking process), 심지어는 달걀을 부치는 과정(frying process)에서도 형성되는 사실들이 계속 알려지고 있으며, 따라서 단백질 성분의 추출, 단백질 식품의 조리, 가공시 광범위하게 형성되는 것으로 믿어지고 있다.

표 17-11 가정에서 조리한 식품들(home-cooked foods), 시판 가공식품들(commercial food products) 중의 라이시노알라닌(lysinoalanine, LAL)의 함량.

식품의 종류	조리 또는 가공방법	LAL함량(㎍/g protein)
소세지(Frankfurter)	삶은 것(boiled)	없음
소세지(Frankfurter)	튀긴 것(fried)	50
소세지(Frankfurter)	오븐에서 구운 것(oven-baked)	170
소세지(Frankfurter)	숯불에서 구운 것(broiled)	150
닭고기, 넓적다리(chicken thigh)	날것(raw)	없음
닭고기, 넓적다리(chicken thigh)	마이크로 오븐에서 구운 것	200
닭고기, 넓적다리(chicken thigh)	숯불에서 구운 것	150
달걀흰자(egg white)	날 것	없음
달걀흰자(egg white)	3분간 삶은 것	140
달걀흰자(egg white)	10분간 프라이한 것(fried)	350
분유, 유아용(milk, infant)	시판 제품	330
분유, 유아용(milk, infant)	시판 제품	550
무당연유(milk, evaporaed)	시판 제품	860
가당연유(milk, condensed)	시판 제품	540
달걀흰자 분말(egg white solids)	시판 제품	1,820
카세인 칼슘염(calcium caseinate)	시판 제품	370
카세인 소듐염(sodium caseinate)	시판 제품	1,190

Sternberg, M., Kim, C. Y., and Schwende, F. J. 1975. *Science*, 190. 1992.

식품들 중, 즉 식품단백질들과 기타의 단백질 중에 존재하는 라이시노알라닌(lysinoalanine)과 유사한 화합물들의 화학, 영학학 상의 과제들에 대해서 자신의 1967년부터 1999년 사이의 연구논문 40편 등 280여 편의 논문들을 수록한 레뷰(Review; Friedman, M., 1999)의 요약에서 프리드맨은 데하이드로 알라닌(dehydroalanine)과 라이신의 상호반응에 의해서 라이시노알라닌(lysinoalanine, LAL)이 형성되는 것처럼, 데하이드로 알라닌과 시스테인(systeine) 또는 히스티딘(histidine)과의 상호반응에 의해서 란싸이오닌(lanthionine, LAN)과 히스티디노알라닌(histidinoalanine, HAL) 등도 형성될 수 있음을 지적하고 있다. 프리드맨은 LAN의 형성을 촉진하는 요인들로 고온(高溫), 높은

pH, 즉 알칼리성 pH(high pH), 긴 반응시간들을, 한편 LAN의 형성을 억제하는 여건들로는 SH-아미노산들, 생체내에 형성된 아민류(amines), 아스콜빈산, 구연산(oitric acid), 사과산(malic acid), 포도당(α-D-glucose) 등을 들고 있다.

또한 LAL, HAL과 LAN들은 어떤 가공과정 또는 열처리를 겪은 가공식품류 뿐만 아니라, 사람을 비롯한 각종의 동물체 내에서도 형성되는 사실들이 알려져 왔으며, 특히 생체내에서는 대동맥(大動脈, aorta), 뼈조직(bones), 콜라젠조직(collagen tissues), 또는 이의 상아질(齒 象牙質 , dentins), 그리고 눈의 수정체(水晶體, eye cataract) 등에 존재한다고 한다.

특히 방금 언급한, 사람을 비롯한 동물체내의 여러 기관(器官, organs)들이나 조직들(tissues)에서 발견되는 LAL과 그 유사 화합물들은 이들 생체의 노화과정(the aging process)에서 형성되는 것이 아닌가 추정되고 있다. 그리고 라이시노알라닌(LAL)의 연구에서, 가장 중요한 목적의 하나였던 독성에 대해서는 1999년 기준으로 해서 아직까지는 특별한 독성(毒性)을 찾아내지 못하고 있다고 한다.

한편 사람을 비롯한 영장류(靈長類, primates)와 설치류(rondents)의 경우에는, LAL 그리고 그 유사 화합물들의 경우에는 전체 식품단백질의 소화율(digestibility)을 저하시키며, 따라서 그 영양가는 떨어진다고 한다. 그러나 소나 양들과 같이 반추류(rumcinants)의 경우에는 그 영양가는 오히려 증가한다고 한다.

끝으로 라이시노라이신(lysinolysin)에 특별히 흥미를 갖거나, 더 자세한 사항들을 공부하고자 하는 사람은 전술한 프리드맨의 레뷰(Review)를 참고해주기 바란다.

절임육류 속의 나이트로사민류

각종 식품 중의 자연 또는 첨가성분(예로서 각종 절임 육류 가공품들의 경우)으로 존재하는 아질산염들(nitrites, KNO_2 또는 $NaNO_2$)은 식품 중의 아민류(amines) 또는 섭취 후 체내의 아민류와 반응하여 형성하는 나이트로사민류(nitrosamines)는 발암성 독성물질(carcinogens)로 밝혀짐에 따라 그 중대성이 인식되기 시작했으며, 이들의 종류, 형성과정, 독성 내지는 발암성의 크기, 그 대처방법 등에 대해서 많은 연구들이 계속 되어 왔다.

육류 가공품들, 특히 햄(ham), 베이컨(bacon), 소세지(sausage) 등의 절임육류를 가공품들의 경우에는 그 절임육류(cured meat)를 만들 때 반드시 사용하게 되는 절임용액(curing brine, pickle)에 중량으로서 0.7~1.2퍼센트에 달하는 질산염(KNO_3 또는 $NaNO_3$)을 지금까지 사용하여 왔다(본문 제2장 참조). 절임육류를 만드는 과정에서 이상의 질산염은 미생물들의 작용에 의해서 아질산염으로 환원되어 절임육류에 흡수되며, 절임육류 중의 유리 아미노산들(free amino acids)의 탈탄산(decarboxylation)의 결과 형성된 제1급 내지는 제2급 아민류(the primary and secondary amines) 와 반응하여 나이트로사민류를 형성한다. 또한 절임육류 가공품들 중의 아질산염은 이와 같은 식품을 섭취한 후 체내에서 형성된 아민류와 나이트로사민류를 형성할 수도 있을 것이다.

한편, 각종 식품들 중에 자연성분으로 존재하는 아질산염의 양은 극히 미량인 것으로 추정되고 있는 반면에, 절임육류 가공품들의 경우에는 상당한 양의 아질산염이 함유되고 있으며, 따라서 그 나이트로사민류의 함량도 무시할 수 없는 양일 것으로 생각되고 있다.

나이트로사민류의 형성과정은 다음과 같은 경로(經路)(그림 17-21 및 17-22 참조)로 설명할 수 있을 것이다. 두우들(Doull, J. *et al.*, 1980)은 실험동물에 암을 유발한 나이트로사민류로서 다이메틸나이트로사민(dimethylnitrosamine), 다이에틸나이트로사민(diethylnitrosamine), 다이뷰틸나이트로사로사민(dibutylnitrosamine), 다이케토프로필나이트로사민(diketopropylnitrosamine), 메틸아밀나이트로사민(methylamylnitrosamine), 메틸페닐나이트로사민(methylphenylnitrosamine), 나이트로소피퍼리딘(nitrosopiperidine) 등을 들고 있다.

$$\underset{\text{유리아미노산}}{R-\underset{|}{CH}(NH_2)-COOH} \xrightarrow[\text{(decarboxy lation)}]{\text{탈탄산반응}} \underset{\text{제1급 아민}}{R-CH_2-NH_2} + CO_2\uparrow$$

$$\underset{\text{제1급 아민}}{R-CH_2-NH_2} + HNO_2 \xrightarrow{\text{축합반응}} \underset{\text{N-나이트로사민}}{R-CH_2-NH\cdot NO} + H_2O$$

$$\underset{\text{다이메틸아민 (dimethylamine)}}{(CH_3)_2NH} + \underset{\text{아질산}}{HNO_2} \xrightarrow{\text{축합반응}} \underset{\text{N-다이메틸나이트로사민 (N-dimethylnitrosamine)}}{(CH_3)_2N-NO} + H_2O$$

[그림 17-21] 식품 중, 특히 가공식품 중의 아질산(nitrous acid) 또는 그 이온이 이상의 식품 중에 존재하거나 형성된 각종 아민류(amines) 또는 이상의 식품들을 섭취한 후 체내에 존재 또는 형성된 아민류와 반응해서 각종의 N-나이트로사민류(N-nitrosamines)을 형성하는 일반적인 과정(a general process).

$$\underset{\text{아질산 이온}}{2NO_2} \underset{}{\overset{2H^+}{\rightleftharpoons}} \underset{\text{아질산}}{2HNO_2} \qquad (1)$$

$$2HNO_2 \overset{\text{fast}}{\rightleftharpoons} \underset{\text{무수 아질산}}{N_2O_3} + H_2O \qquad (2)$$

$$N_2O_3 + \underset{\text{제2급 아민}}{R_2NH} \xrightarrow{\text{slow}} \underset{\text{N-나이트로사민}}{R_2NN{=}O} + HNO_2 \qquad (3)$$

$$RATE = k[\underset{\text{제2급 아민}}{R_2NH}]\times[HNO_3]^2$$

[그림 17-22] 아질산(HNO2) 또는 그 염(salts)과 각종 아민류, 즉 제1급, 제2급 아민류(the primary, secondary amines)와 반응해서 N-나이트로사민류(N-nitrosamines)가 형성되는 과정에 대한 반응기구(reaction mechanism): 전체의 반응속도를 결정하는 반응은 (3)의 반응이며, 그 반응속도는 아민의 농도 그리고 아질산의 농도의 자승(自乘)을 곱한 것에 비례한다고 한다.
Scientific Status Summary. 1987. Nitrate, Nitrite, and Nitroso Compounds in Foods. *Food Technol.*, 41(4), 127.

특히 이 중에서도 다이메틸-과 다이에틸나이트로사민들은 여러 종류의 많은 실험동물들에 대해서 강력한 발암성물질(發癌性物質)로 작용하는 점에 비추어 볼 때, 사람에게도 강력한 발암물질로 작용할 것으로 설명되고 있다. 한편 이와 같은 절임육류 가공품들 또는 생체 내의 각종 아질산염들(nitrites)과 각종 아민류(amines)의 나이트로사민 형성반응들은 자연 항산화제들인 아스콜빈산(ascorbic acid), 즉 비타민 C와 토코페롤류(tocopherols), 즉 비타민 E, 그리고 합성 항산화제인 BHA, BHT 등에 의해서 억제되는 사실이 알려져 왔다(표 17-12 참조).

이 중 아스콜빈산의 나이트로사민형성 억제작용은 많은 연구들을 통해서 확증되어 왔으며, 아주 쉽게 이해되기 때문에 특히 많은 관심을 받아왔다. 실제로 이 아스콜빈산은 이상과 같은 목적을 위해서 절임육류 제조시 절임액(curing brine)에 첨가되고 있다. 아스콜빈산은 토코페롤류와 함께 가장 중요한 자연 항산화제들로 생각되어 왔으며 이상과 같은 항산화제들의 나이트로사민형성 억제작용은 매우 중요하고 흥미롭다(한 예로 표 17-12 참조).

한편, 린드너(Lindner, E., 1974)는 아민류의 함량이 육류의 경우보다 전반적으로 더 많은 어류(fish)는 여하한 경우에도 아질산염의 사용 또는 아질산 함량이 큰 식염(최소한 0.5~0.6% 이하)의 사용을 금할 것을 권하고 있다.

식용유지 또는 지방질식품 중의 산화생성물들

일반 식용유지류를 장기간 저장할 때, 이들 유지류의 자동산화(autoxidation)를 완전히 억제한다는 것은 대기 중의 산소와 완전히 차단되어 있지 않는 한 현실적으로는 불가능하다. 한편 이들의 자동산화가 심하게 진행될 때는 과산화물들(peroxides)의 생성과 다시 이들 과산화물들의 계속적인 산화에 의해서 각종의 카아보닐 화합물들(carbonyl compounds) 등이 형성된다. 또한 제14장 유지의 산패에서 설명한 것처럼 유지의 자동산화과정에서는 불포화지방산의 이중결합의 트란스화(trans-isomerization), 비공액 결합들의 공액화(conjugation), 그리고 보통 식용유지에 함유된 필수 지방산들과 비타민 A, D, E 등의 급속한 파괴를 가져오며, 일부 유지분자들, 특히 산화된 유지분자들의 중합화(重合化, polymerization)가 일어난다.

위에서 설명한 여러 산화생성물들은 모두 정도의 차이는 있으나 인체의 정상적인 건강상태를 유지하는데는 도움이 되지 않는 사실이 알려졌으며, 또한 필수 지방산들과 각종 비타민류의 자동산화과정 중의 산화파괴에 의한 손실도 매우 중요하다.

표 17-12 튀긴 베이컨(fried bacon)들의 N-나이트로사민의 형성을 억제하여 주는 각종 화합물들의 농도와 % 억제율(% inhibition).

나이트로사민 형성 억제 물질들	억제물질의 튀긴 베이컨 속의 농도(mg/kg)	나이트로사민 형성에 대한 %억제율	
		튀긴 베이컨의 경우(%) 기름의	튀겼을 때 나온 경우(%)
아스콜빈산(ascorbic acid)	1,000	100	-
아스콜빈산과 팔미틴산의 에스터	1,000	59~87	-
(ascorbic palmitate)	500~1,000	-	70~90
아스콜빈산의 아세탈(ascorbic acid acetal)	1,000	62~88	90~98
피페라진(piperazine)	1,000	90~91	-
프로필 갈레이트(propyl gallate)	1,000	50~97	-
TBHQ(teriary-butyl hydroquinone)	500~1,000	55~64	-
α -토코페롤	500	80	-
(α -tocopherol)	500	85	-

Gray, J. I. *et al.*, 1982. Inhibition of-N-nitrosamines in bacon. *Food Tecnol.*, 36(6). 39.

식용 유지를 사용하여 만든 각종 가공식품류, 예로서 각종의 비스켓, 스낵 식품류(snack foods)의 경우에는 비록 사용된 유지량은 적으나, 이들 유지성분들이 자동산화 되기 쉬운, 표면적 넓은 얇은 피막상태(皮膜狀態)로 식품 중에 존재하는 경우가 많기 때문에 더욱 문제가 중요해진다.

특히 각종의 튀김 가공식품류(deep-fried products)의 경우에는 가열산화(thermally-oxidized)된 기름에서 튀김되기 때문에 이상의 산화생성물들의 함량도 크며, 필수 지방산과 각종 비타민류의 파괴는 더 심한데다가 제품에 흡수된 15~40%에 달하는 가열산화된 튀김유가 전술한 대로 산화되기 쉬운, 표면적이 큰, 엷은 피막상태로 있기 때문에 더욱 문제가 된다. 보통, 제조한지 수개월 이내에 유통되는 라면(deep-fried instant noodle)은 그 가장 좋은 예의 하나이다.

이상과 같은 식용유지나 지방질 식품 중의 유지성분의 산화생성물들의 독성에 대해서 간단히 설명하면 다음과 같다.

산화된 유지의 유해성분들 식용유지류나 유지 함량이 큰 식품들을 저장할 때는 유지성분의 자동산화가 진행되며, 첫째로 과산화물들(peroxides)이 형성된다. 이 과산화물들이 산화된 유지(oxdized fats)와 함께 흡수될 때는 체내 각 기관의 조직들(tissues) 중의 지방질 성분의 산화(peroxidation)를 촉진하며, 또한 섭취된 유지류나 체내 각 조직에 함유된 토코페롤류(tocopherols, vitamin E)의 산화, 파괴를 촉진하여, 비타민 E 부족증세를 유발하는 것으로 알려져 있다.

한편, 이와 같은 과산화물들의 계속 산화, 파괴의 결과 형성된 각종 카오보닐 화합물들 중의 일부는 뚜렷한 독성을 갖고 있으며, 일부는 후술하는 바와 같이 발암성 물질로 알려져 있다.

그 외에도 산더어스(Sanders, T. A. B., 1983)는 바로 앞서 설명한 바와 같은 카아보닐 화합물들의 하나인 말론알데하이드(malonaldehyde 또는 malondialdehyde)가 혈액 중의 저밀도 리포르로테인(low-density lipoprotein, 즉 LDL)들 사이의 횡적 결합(corss-linkage)을 유발하여 그 결과로 혈관 내막(內膜)에 콜레스테롤(cholesterol)울 축적하는 사실에 대해서 언급하고 있다.

또한 프란켈(Frankel, E. N., 1984)은 리놀레인산 또는 리놀레닌산의 에스터(linolate and linolenate)의 환상(環狀) 과산화물들(cyclic peroxides)의 산화·분해 결과 형성되는 말론알데하이드(malonaldehyde)는 양단(兩端)에 -CH=O 그룹을 갖고 있어서, 체내에서 각종의 중요한 효소들이나, 핵산들(DNA)의 유리 아미노그룹들과 결합하거나 횡적결합(橫的結合, cross-linking)하여, 효소들의 작용을 억제하거나 핵산들의 정상적인 활동을 해치게 하는 사실들에 대해서 언급하고 있다. 즉 말론알데하이드는 세포들의 정상적인 활동, 분열, 성장 등에 해로운 화합물들, 즉 세포독(細胞毒, cytotoxins)의 하나로 생각되고 있다(Frankel, E. N., 1998).

자동산화 중의 필수 지방산들의 과산화물 형성과정(peroxidation)은 여러 가지 유해한 결과를 가져올 것으로 예상되나, 전술한 선더어스(Sanders, T. A. B., 1983)는 혈관 내에서 혈소판(血小板, platelet)의 결집(aggregation)을 억제하며, 혈관벽(blood cell wall)의 정상상태유지(正常狀態維持)를 위해서 꼭 필요한 프로스타사이클린 PG_{12}(prostacyclin PG_{12})의 형성이 억제되는 사실에도 언급하고 있다(본문 p.608의 Allen J. C. and Hamilton, R. J., 1983 참조).

이상의 여러 가지 유해 작용에 언급했으나, 대다수의 학자들은 아직 자동산화의 비교적 초기단계에 있어서 과산화물가도 낮고 산패(rancidity)가 되었는지 냄새나 맛으로는 전혀 느끼지 못하는 정도의 산화 단계에 있는 유지류의 경우, 그 독성은 별로 문제가 되지 않는 것으로 믿고 있다.

가열산화된 유지의 독성 전술한 대로 가열산화된 유지들(thermally-oxidized fats and oils)은 과산화물들, 카아보닐 화합물들과 이들의 산화, 파괴 생성물들의 함량이 급격하게 증가하는 한편, 중합체(polymers)의 함량도 급증하게 된다.

굴(Gurr, M. I., 1984)은 가정 또는 영업소에서 정상적으로 사용되고 있는 튀김유의 중합체의 함량은 보통 10~20% 이하이나, 너무 심하게, 즉 오래 사용된 튀김유의 경우에는 50%에 달한다고 말하고 있다.

따라서, 가열산화 된 유지들을 실험동물에 섭취시켰을 때는 소화기관의 자극(irritaticn of digestive tracts), 내장기관의 비대화(organ enlargement), 성장의 억제(growth depression), 그리고 궁극적으로는 죽음에 이르는 중독현상을 보여준다고 한다.

한편, 퍼어킨스(Perkins, E. G., 1960)에 의하면 신선한 옥수수기름을 200℃에서 가열산화(thermaloxidation)시킨 후 실험쥐에 먹였을 때, 그 옥수수기름의 가열시간이 증가함에 따라 전체 지방산 중의 요소와 부가반응을 일으키지 않는 지방산들(non-urea adduct forming acids, NAFA)의 비율은 증가하였으며, 한편 실험쥐의 성장비율(growth ratio)은 이 옥수수기름의 가열시간의 증가에 따라 급격하게 감소하였음을 보고하고 있다.

한편, 가열산화된 유지들을 가수분해하여 얻은 요소와 부가반응을 일으키지 않는 지방산들(non-urea adduct forming acids)의 평균분자량은 512 이었으며, 이는 신선한 옥수수기튼의 구성 지방산들의 평균 분자량 294의 2배에 가까운 수치이다.

따라서, 요소와 부가반응을 일으키지 않는 지방산들은 최소한 이중체(dimers) 이상의 중합체들의 형태를 가지고 있는 것으로 추정되며, 가열산화된 유지가 보여 준 강한 성장억제작용(growth depression activity)은 이들 중합체의 형성에 그 원인이 있는 듯하다고 한다.

그러나 실제로 사용되고 있는 튀김용 유지(commercial frying fats and oils)는 가열, 또는 가열산화 정도가 실험(experiments)에 사용된 경우보다는 경미하기 때문에, 인체에는 적어도 외관상으로는 별 영향을 주지 않는 듯하다.

킨들(Keanne, K. W., 1959, 본문 p. 614 참조)은 정상적으로 사용되고 있는 튀김유를 실험쥐의 먹이에 전체량의 20%까지 섞어서 24일간 먹여 보았으나 별 독성효과(toxic effect)를 감지하지 못하였다고 한다.

지금까지 설명한 여러 실험결과들과 최근의 여러 연구자들의 견해를 종합하여 볼 때, 일반적으로 통용되는 정상적인 절차에 따라 기름이 사용될 경우에는 유지의 영양가에 어떤 심한 파괴가 일어나거나 독성물질들이 형성되는 것 같지는 않는 듯하다.

그러나, 과도한 가열산화, 또는 가열을 받은 유지, 한 예로서 너무 오랫동안 사용된 튀김유들(excessively abused frying oils)은 전술한 바와 같은 성장억제작용을 비롯한 독성효과(toxic effects)들을 나타낼 뿐만 아니라 발암성(carcinogenic property)까지도 갖게 되는 것으로 알려져 있다.

또한 지방질 성분의 산화에 의해서 형성된 카아보닐 화합물들, 특히 말론알데하이드(malonaldehyde)는 돌연변이 유발성(突然變異誘發性, mutagenicity)과 발암성(發癌性, carcinogenicity)을 갖고 있는 것으로 알려져 왔다(Frankel, E. N., 1984 ; Nair, V. *et al*., 1986 ; Draper, H. H. *et al*., 1986). 한편, 여러 산화과정 등에서 형성되는 과산화물들은 화학적인 원인들에 의한 암 형성과정들(chemical carcinogenesis)을 활성화시키는 것으로 알려져 있다(O'Brien, P. J., 1984).

벤조파이렌 및 기타의 다환 방향족 탄화수소들

암을 유발할 수 있는 물질들이나 요인들, 즉 발암성 물질들(carcinogens)이나 요인들로서는 각종 무기 화합물들, 각종 유기화합물들(예로서 전술한 바 있는 일부 나이트로사민류, nitrosamines), 바이러스들(viruses), 고에너지 방사선(high energy radiaton), 다환 방향족 탄화수소들(多環 芳香族 炭化水素, polycyclic aromatic hydrocarbons, PAH) 등이 있다.

이 중에서 가장 우리 인간들과 접촉이 많은 물질들의 하나가 바로 이 다환 방향족 탄화수소들(polycyclic aromatic hydrocarbons, PAH)이다. 이와 같은 다환 방향족 화합물들, 그 중에서 특히 3,4 벤조파이렌(3,4-benzopyrene, 즉 benzo(a)pyrene)은 각종 담배(cigarettes, cigars tabacos)의 연기 성분 중에서, 공장지대의 매연(煤煙)에서, 폐기가스에서, 오염된 공기(polluted air)에서 검출되어 왔었다.

그 뿐 아니라, 3,4-벤조파이렌과 이와 구조나 성질들이 유사한 다른 다환 방향족 탄화수소들은 이상과 같은 오염원들(contaminating sources)과 멀리 격리되어 있는 농촌에서 생산된 곡류나 채소류에서도 예상외로 많은 양이 검출되어 왔다(그림 17-23 참조).

이와 같은 도시나 공장지대 주변의 농촌지역에서 생산되는 곡류나 채소류의 다환 방향족 탄화수소(多環 芳香族 炭火水素, polyaromatic hydrocarbons)들의 함량은 그 장소 또는 위치에 따라 크게 다르며, 일반적으로 오염된 공기(polluted air) 속의 먼지(dust)나 매연(soot)이 축적된 결과로 생각되고 있다.

밴조(a)파이렌(benzo(a)pyrene)으로도 알려져 있는 3,4-벤조파이렌은 콜타알 핏치(coal tar pitch)에 미량(30mg/kg) 함유되고 있으며, 강력한 발암성 물질들(carcinogens)의 하나로 다년간 알려져 왔었다.

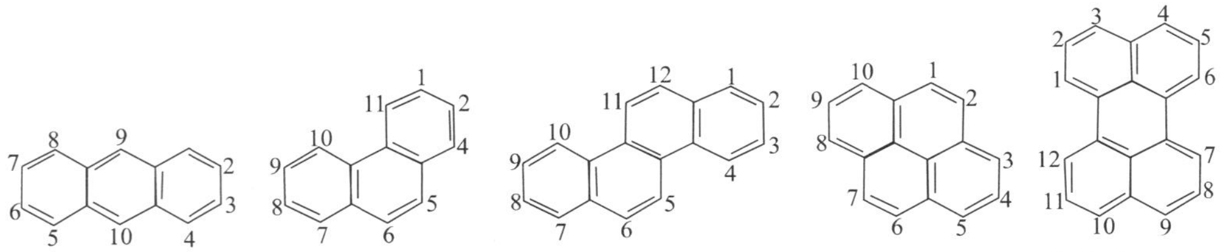

안트라센(anthracene) 페난트렌(phenanthrean) 크리신(chrysene) 파이렌(pyrene) 퍼릴렌(perylene)

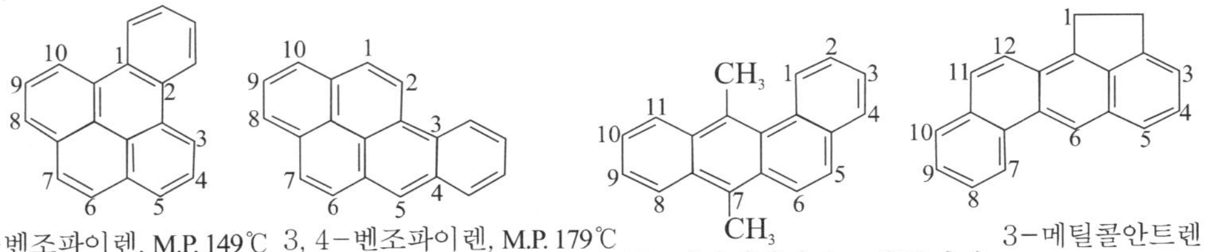

1, 2-벤조파이렌, M.P. 149℃ (1, 2-benzopyrene 또는 berzo(e)pyrene)

3, 4-벤조파이렌, M.P. 179℃ (3, 4-benzopyrene 또는 berzo(a)pyrene)

7, 12-다이메틸벤즈(a) 안트라센 (7, 12-dimethylBeng(a)anthracene)

3-메틸콜안트렌 (3-methylcholanthrene)

[그림 17-23] 발암성 물질(carcinogens)을 포함하는 일부 다환 방향족 탄화수소들(polycyclic aromatic hydrocarbons)의 구조.

한편 유사한 구조를 가진, 벤조(e)파이렌(benzo(e)pyrene)으로도 알려진 1,2-벤조파이렌(1,2-benzopyrene)은 전술한 벤조(a)파이렌 처럼 실험쥐에 피부암(skin cancer)을 유발하지는 않으나, 발암과정들(carcinogenic processes)을 유발할 수 있는 잠재성이 있는 화합물로 알려져 있다(Klassen, D. *et al*., 1996).

최소한 식품류와 관련된 다환 방향족 탄화수소들(polycyclic aromatic hydrocarbons, PAHs)의 경우, 이성체들(isomers)을 서로 구별하기 위해서, 앞의 수치-예 1,2-benzopyrene 또는 3,4-benzopyrene- 알파벳(alphabet)- 인 경우에는 각각 e-benzopyrene과 a-benzopyrene - 등이 혼용(混用)되고 있다. 그러나 근래의 추세를 보면, 수치보다는 알파벳으로 이성체들을 표시하는 경우가 점차로 많아지고 있다.

또한 같은 화합물의 구조를 표시할 때도 자세히 보지 않으면 같은 구조를 표시학 있는 사실을 쉽게 알아차리기도 힘들 경우가 있다. 그리고 한 화합물의 골격구조를 나타내는 탄소위치의 경우, 그림 17-23의 벤조(a)파이렌과 벤조(e)파이렌의 위치 번호는 파이렌(pyrene)의 위치번호며, 이 그림에서는 각각 3과 4, 1과 2의 위치에 벤젠핵(a benzene nucleus)이 결합되어 있음을 표시하고 있다. 한편 한 화합물 전체에 대한 구성탄소의 위치들은 벤조(a)파이렌의 경우에는 10.9.8의 수치는 곧바로 1,2,3의 위치가 되고, 1,2의 위치는 각각 12, 11로 표시된다. 여기서 그림의 8의 위치, 즉 벤조(a)파이렌의 3의 위치는 중요하다.

지금까지의 여러 연구에 의하면 벤조(a)파이렌이 체내에 흡수되면 체내에서는 효소 p-450 등이 작용하여, 전술한 3의 위치(그림 17-23의 8의 위치)에 수산기(-OH)가 도입되어 3-하이드록시 벤조(a)파이렌(3-hydroxybenzopyrene)이 형성된 후 글루쿠론산(glucuronic acid)과 결합하여 그 결과로 수용성(水溶性)이 되어 대부분은 곧 체외로 배설된다고 한다. 즉, 벤조(a)파이렌의 체외로의 제거에 의한 해독작용(the detoxification process)이 진행된다고 한다. 이와 같은 해독작용이 원활하게 진행되지 않을 때, 즉 p-450가 다른 종류의 효소들과 함께 작용할 때는 벤조(α)파이렌에서 곧바로 암을 유발하는 즉, 악성종양(malignant tumors)를 유발하는 진정한 발암성 물질(an ultimate carcinogen)인 벤조(α)파이렌과 7,8-다이올-9,10-에폭사이드 유도체(7,8-diol-9,10-epoxide derivative)를 형성하는 것으로 알려져 있다(Halliwell, B. and Gutteridge, J. M. C., 1999).

한편, 나무 연기(wood smoke)에서는 a-벤조파이렌(a-benzopyrene) 이외에도 e-벤조파이렌(e-benzopyrene), 크리신(chrysene), 1,2-벤조안트라센(1,2-benzoanthracene), 플루오란센(fluoranthene), 파이렌(pyrene),나프탈렌(naphthalene), 플루오렌(fluorene), 페난트렌(phenanthrene), 아세나프센(acenaphthene) 등과 그 유도체들(derivatives)이 발견되고 있다(그림 17-23 참조).

이 중의 많은 다환 방향족 탄화수소 화합물들은 강력한 발암성 작용(carcinogenic activity)을 갖고 있다는 사실, 즉 발암성 물질들(caricinogens)인 사실이 알려져 있다(표 17-13 참조).

가공 조리된 식품들, 특히 숯으로 구운 고기 속에서도 a-벤조파이렌(a-benzopyrene)을 비롯한 각종 다환 방향족 탄화수소들(polycyclic aromatic hydrocarbons)이 발견되고 있다. 또한 햄이나 소세지들(smoked hams and sausages) 등의 훈연된 육류가공품들(smoked meat products), 훈제된 어류가공품들(smoked fish products), 그리고 장기간 가열산화된 식용유지(thermally-oxidized edible fats and oils) 등에서도 다환 방향족 탄화수소들이 검출, 분리되어 왔으며, 그 구조와 성질들도 규명되어 있다(표 17-14 및 17-15 참조).

표 17-13 화학시약으로 시판되고 있는 각종 다환 방향족 탄화수소 시료들의 발암성 작용(carcinogenic activites).

다환 방향족 탄화수소 시료의 종류(commercial polycyclic aromatic hydrocarbon samples)	발암성 작용의 강도
벤조(c)페난트렌(benzo(c)phenanthrene)	+++
벤조(a)안트라센(benzo(a)anthracene)	+
크리신(chrysene)	±
7,12-다이메틸벤즈(a)안트라센(7,12-dimethylbnez(a)anth-racene)	++++
벤조(e)파이렌(benzo(a)pyrene)	−
벤조(a)파이렌(benzo(e)pyrene)	+++
3-메틸콜안트렌(3-methylcholanthrene)	++++
다이벤즈(a,h)안트라센(dibenz(a,h)anthracene)	+++
벤조(g,h,i)퍼릴리네(benzo(g,h,i)perlylene)	−

여기서 - =발암성 없음, ± =약한 발암성 또는 불확실함, + =발암성 있음, ++,+++,++++ =강한 발암성, 점차로 더 강해짐.
Fetheim, K. 1976. *J. Agric. Food Chem.*, 24(5), 978.

표 17-14 벤조(a)파이렌(benzo(a)pyrene)의 함량이 큰 것으로 알려진 각종 식품 중의 함량.

식품의 종류	평균 농도(ppb)
훈제된 후추 등이 들은 소세지(smoked hot sausage)	0.8
훈제된 햄(smoked ham)	1.0
훈제된 칠면조 기름(smoked turkey fat)	2.1
통째로 구운 돼지고기(barbecued pork)	4.5
통째로 구운 쇠고기(barbecued beef)	2.5
훈제된 송어(smoked whitefish)	4.3
훈제된 작은 대구(smoked whiting)	6.9
훈제된 황어(smoked chubs)	1.3
훈제된 소금절임 대구(smoked cod, kippered)	4.5
재사용된 조리용 기름(cooking oil, re-used)	1.4

Howard. J. W. and Fazio, T. 1969. *J. Agr. Food Chem.*, 17, 529

이 다환 방향족 탄화수소들 중에서도 소위 벤조파이렌 부분(the benzopyrene fraction)은 그 구조나 성질들이 매우 유사하기 때문에 분리와 검출 등이 과거에는 매우 어려웠었다.

이 벤즈파이렌 부분(the benzopyrene fraction)에 속하는 방향족 화합물들 중에는 별도 실험(Fretheim, K., 1976 ; 표 17-13 참조)에서 발암성 물질들(carcinogens)임이 확정된 벤조(a)파이렌(benzo(a)pyrene), 벤조(c)페난트렌(benzo(c)phenanthrene), 벤조(a)안트라센(benzo(a)anthracene), 7,12-다이메틸벤조(a)안트라센(7,12-dimethylbenzo(a)anthracene), 3-메틸콜안트렌(3-methycholanthrene), 다이벤조(a,h)안트라센(dibenzo(a,h)anthracene) 등이 포함되고 있다.

일부 식품들 속의 이 발암성 물질들 중의 하나인 벤조(a)파이렌(즉, 3,4-벤조파이렌)의 평균 함량은 표 17-14 및 표 17-15과 같다. 즉, 하워드 들(Howard, J. W. and Fazioi, T., 1969)은 훈제된 어류, 육류에 0.8에서 6.9ppb까지 함유되고 있음을 보고하고 있는 반면에 프렛트하임(Fretheim., 1976)은 햄, 소세지 등의 훈연된 육류 가공품들의 함량이 0에서 12.0ppb이었음을 보고하고 있다.

표 17-15 훈연된 각종 육류가공품(smoked meat products)들에 함유된 다환 방향족 탄화수소들의 예 (단위:ppb).

육류가공품의 종류	벤즈(a)안쓰라센 (benz(a)anthracene)	크리신 (chrysene)	벤조(a)파이렌 (benzo(a)pyrene)	벤조(g,h,i)퍼릴렌 (benzo(g,h,i)perylene)
베이컨(bacon)	0	0	0	흔적(trace)
햄(ham)	2.8	-	3.2	1.4
햄(ham)	1.3	0.5	0.7	0
햄(ham)	9.6	2.6	0.7	0
가열된 소세지(hot sausage)	0.5	1.0	0.4	0
프렌크풀터 소세지(frankfurters)	2.2	2.8	1.1	0.1
프랑스식 검은색 훈연 햄 (Frankish black smoked ham)	12.0	16.8	3.8	2.4

Frehteim, K. 1976. *J. Agric. Food Chem.*, 24(5), 977.

한편, 하워드들에 의하면 소세지들과 같이 셀룰로오스제의 케이싱(artificial cellulose casing)이 사용될 때는 벤조(a)파이렌의 함량은 다소 감소된다고 한다. 또한 케이싱(casing)을 사용하든 안하든 간에 육류 깊이 1.4내지 1.6mm보다 안의 부분은 벤조(a)파이렌에 의해서 오염되는 일은 없는 듯 하다고 한다. 한편 베이컨(bacon)의 경우에는 이 베이컨을 가열 조리할 때 스며 나오는 기름(fat dripping)에서 전체 벤조파이렌의 양의 대략 반 이상이 검출되었다고 한다. 그리고 이와 같은 다환 방향족 화합물들은 숯으로 구운 고기류(Doremire, M. E. *et al.*, 1979), 석쇠로 구운 육류 또는 육류가공품들(Larsson, B. K. *et al.*, 1983) 등에서도 검출되었다고 한다.

공장 폐수, 폐기물 등에 의한 간접오염

농작물들이나 과실류의 병충해 방제(病蟲害 防除)를 위해서 사용된 각종 농약들이 수확물에 잔류할 뿐만 아니라, 공장지역에서 형성되는 폐수나 폐기물(廢棄物) 등에 의해서 농산물, 수산물들이 오염되는 문제가 근래에 와서 점차로 심각하여지고 있다. 이 문제는 국민보건상 극히 중대한 문제로 되어 가고 있다.

한편, 환경 오염물질들(environmental contaminants)로는 첫째로, 전술한 잔류 농약들, 둘째로는 산업계에서 사용하는 각종 화학공업원료들, 그리고 이들의 유해 부산물들과 폐수, 폐기가스들, 그 중에서도 염소 화합물들과 중금속 함유 화합물들에 의한 오염, 그리고 셋째로는 전력용을 주로 하는 각종 원자로들(atomic reactors)의 안전관리의 소홀 또는 폐기물 처리의 소홀 등에 의한 방사선 물질들(radioactive materials)의 오염 등을 들을 수 있다.

이상의 환경 오염물질들은 직접 인체에 노출(exposure)되거나 흡수되는 경우도 있으나, 일단 각종 식품류에 오염되었다가 오염식품들(contaminated foods)의 섭취에 의해서 인체에 들어오는 경우가 많으며, 따라서 여기서는 주로 둘째의 경우에 해당되는 사항들에 대해서 간단히 설명하기로 한다.

이상의 환경 오염물질들은 보통 극미량이 식품들에 오염되어, 인체에 직접적으로 또는 주변 환경을 통해서 서서히 축적되며, 따라서 그 독성효과(toxic effects)도 대개는 만성적(chronically)으로 일어나는 것이 보통이다. 그러나 뜻하지 않은 오용, 우발적인 오염(adventitious contamination) 등에 의해서 일시에 큰 피해를 가져오는 경우도 적지 않다.

각종의 중금속 함유 화합물들의 오염문제

그 한 예로서는 1971년에 이라크(Iraq)에서 일어난 대규모 급성 수은중독(mercury poisoning)사건이 있다. 대략 6,000명이 급성 수은중독에 걸렸으며, 그 중 최소한 600명 이상이 사망한 것으로 알려져 있다. 이 사건은 알킬화 수은 방미제들(alkylmercury fungicides)로 소독(disinfected)된 수입 종자용 밀(수은제로 소독처리 되었음을 표시하기 위해서 특별히 분홍색으로 물들여졌었으나)을 식용 밀로 오인하고제분하여 빵을 만들어 먹은 데서 발생한 참사(慘事)였다.

한편, 만성적인 수은중독사건으로서는 1953년부터 1960년대에 걸쳐 일본 큐슈 쿠마모토현 남단의 미나마타 만(Minamata Bay) 연안에 사는 많은 주민들 특히 어민들이 그 당시 사용되고 있던 유기 수은제 농약들, 각종 산업 수은함유 공업 폐기물들, 산업 폐수 등으로 오염된 농작물이나 어패류를 섭취함으로서 일어났던 미나마타명(Minamata disease)으로 알려진 무서운 만성 수은중독증, 더 세밀하게는 알킬수은(alkylated Hg)에 의한 질환이 대규모로 발생한 예가 유명하다.

역시 일본 혼슈(本州)의 중서부에 위치한 토야마현의 산간지 카미오카(神岡)근처를 흐르고 있는 진쓰가와(神通川)유역의 거주민들 사이에 1955년경부터 신경통과 비슷한 격통(激痛)을 호소하는 원인 모르는 질병이 발생하여 큰 사회문제가 된 바 있다. 결국 1968년에 이르러 일본정부에 의해서 이 질병(속칭 이타이이타이병)이 카드뮴의 만성중독(chronic poisoning)에 의해서 신장기능 장애, 골연화증 등으로 발전되는 만성중독증임이 발표되었다. 그 원인은 상류(上流)의 타카오카지역에 있는 금속제련소에서 생긴 카드뮴에 의해서 오염된 폐수가 강의 하류의 논에 오염되어 여기서 생산되는 카드뮴으로 오염된 쌀을 주식으로 사용한 결과로 밝혀진 바 있다.

1970년에는 전 일본에서 쌀의 안전기준의 하나로 카드뮴 함량이 현미의 경우 1.0ppm미만, 백미의 경우 0.9ppm 미만으로 정해졌다고 한다. 우리나라에서도 현미의 카드뮴 함량이 1ppm 이상일 때는 재배하지 못하게 하고 쌀을 수거한 후, 폐기하도록 하고 있다(송형익외 4인., 1997).

PCB, 다이옥신류 등의 유기염소화합물들의 오염문제

린덴(lindane), DDT와 같은 유기염소 살충제들(chlorinated organic insecticides)에 관한 항목에서 이미 설명하였듯이 유기염소 화합물들(chlorinated organic compounds)은 열, 화학약품들에 대해서 매우 안정하며, 쉽게 분해되지 않는다.

특히 염소함량이 큰 유기염소 화합물들, 예로서 폴리염화바이페닐류(polychlorinated biphenyls, PCB)는 인화성도 낮고 비등점도 높기 때문에 수증기보다 열효율이 더 높은 열매체(heating medium)로 널리 사용되어 왔다. 그러나 일단 주위 환경에 오염되면 거의 분해되지 않으며, 또한 지용성(lipophilic, fat-soluble)이 크기 때문에 인체를 비롯한 가축, 어류에 장기 축적되는 사실이 알려져 있다. 한편, 만성증상(慢性症狀)으로는 빈혈, 간장비대(肝臟肥大) 등을 가져오며, 또한 심한 경우에는 발암성 물질들(carcinogens) 또는 최기형물질들(催畸形物質類, tratogens)로 작용하는 사실이 알려지고 있다.

다이옥신과 그 유도체들 원래 다이옥신(dioxin)은 다이옥산(dioxane), 즉 다이옥시사이클로헥산(disxycyclohexane)에 두개의 이중결합이 들어간 화합물들의 총칭이였다. 그러나 현재는 순수 유기화학 이외의 분야들, 예로서 농예화학, 환경화학, 생화학, 식품화학, 영양화학(aguicultieral, environmental, biological, food, nutritional chemestry) 분야에서는 바로 2,3,7,8--테트라클로로다이벤조파라다이옥신(2,3,7,8-tetrachlorodibenzopdioxin, 2,3,7,8- TCDD) 또는 더 간단히 TCDD를 의미한다. 그리고 다이옥신류라고 할 때는 이상의 2,3,7,8-TCDD와 그 유도체들을 말한다.

그렇다고해도, 본래의 다이옥신의 구조가 이상의 독성이 강한 환경오염 화합물들의 모체로 볼 수 있다는 점은 부정할 수 없다. 본래의 다이옥신, 즉 1,4- 또는 p-다이옥신의 양측의 이중결합에 벤젠핵(benzene nucleus)이 하나씩 융합 또는 결합해서 형성된 화합물이 바로 다이벤조-p-다이옥신(dibenzo-p-dioxin)이다. 이 다이벤조-p-다이옥신의 외곽 벤젠핵들의 1에서 8까지의 위치에 염화반응(chlorination)을 통해서 염소원자들이 들어올 수가 있다.

위에서 설명한 환경오염성분으로서 다이옥신, 즉 2,3,7,8-TCDD는 염화반응에서 외곽 벤젠핵들의 각각 2,3과 7,8의 위치에 네 개의 염소원자가 치환된 구조를 갖고 있다는 뜻이 된다.

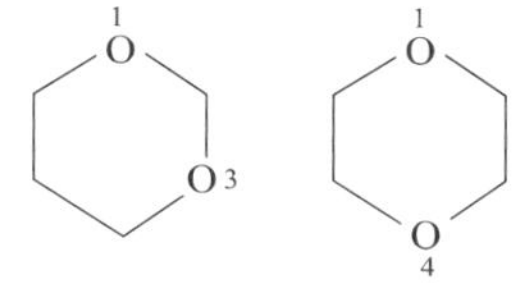

1, 3 및 1, 4-다이옥산들 (1, 3 and 1, 4-eioxanes)의 구조.

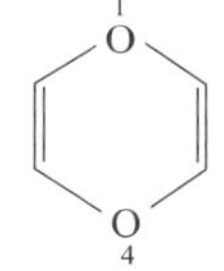

1, 4 또는 파라다이옥신 (1, 4 or p-dioxin)의 구조.

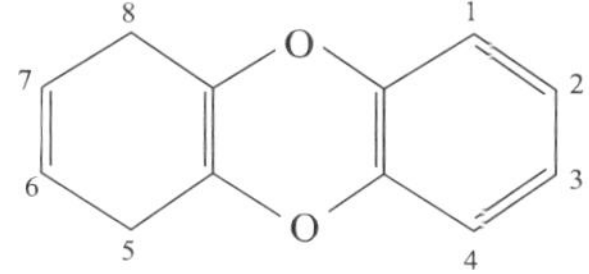

다이벤조-p-다이옥신(dibenzo-p-dioxin)의 구조와 염소원자들과 치환할 수 있는 8개의 위치들.

한편, 위의 그림 중 오른쪽의 다이벤조-p-다이옥신의 구조에서 중간에 위치한 p-다이옥신 대신에 후란(furan)이 치환된 다이벤조후란(dibenzofuran)의 외곽에 염소원자들 여러 개가 치환되어 형성된 폴리염화다이벤조후란들(polychlorinated dibenzofurans, PCDFs)의 경우도 다이옥신류와 비슷한 경로로 식품에 오염되며, 그 화학적 성질들과 독성작용들, 그 출처 등도 비슷하여 함께 다루는 경우가 많다.

한편, 다이옥신류(dioxins)의 대표적인 예로 알려진 2,3,7,8-테트라클로로다이벤조다이옥신(2,3,7,8-tetrachlorodibenzodioxin, TCDD)은 실험용 몰못트, 천축쥐(guinea pig)의 50% 치사량(LD50)이 0.6-2.5mg/kg로서 합성화합물들 중 가장 독성이 큰 화합물로 알려져 왔으나, 실험동물의 종류에 따라 그 독성효과들은 100～1000배의 차이가 있는 것으로 알려져 있다(Hanson, D. J., 1991).

이 TCDD와 그 유사 화합물들이 강력한 독성 뿐 아니라, 강력한 최기형(teratogenic) 그리고 발암성물질들(carcinogenic eompounds)임도 밝혀져 왔다. 미국에서는 1980년과 1983년에 공장폐기물들의 누출사고로 화학공장지대의 주민들이 대규모 철거하는 사건들이 있었다고 한다. 1991년 기준으로 일반인들은 하루 한 사람당 대략 1～3 picogram/kg의 TCDD류를 섭취하고 있는 것으로 추정되어, 독일, 화란(the Netherlands), 캐나다 그리고 세계보건기구(the WHO)는 하루 허용섭취량(the tolerable daily intabe, TDI)을 각각 1,4,10,10picogrem/kg/day로 제정하고 있으나, 미국의 경우에는 그 수치가 이상의 경우의 100분지 1도 안되어 재검토 중에 있는 것으로 알려져 있다(Hanson, D. J., 1991).

2,3,7,8-TCDD가 방향족 염화물들을 비롯한 방향족 할로겐화물들(halogenated aromatics) 중 가장 독성이 큰 화합물로 계속 알려져 왔다. 또한 그 함량이 피코그람 수준(picogram level)이 문제가 되어 왔음으로, 새로운 효소항체법(immuno assay method)과 그 헵텐들(heptens)의 개발이 연구되기도 했다(Sanborn, J. R., 1998).

한편, 다이옥신류는 그 구조가 유사한 독성화합물들이 함께 검출됨으로 가장 독성이 큰 2,3,7,8-TCDD의 독성을 1로 하고 다른 유사한 화합물의 독성 비율, 즉 독성 등가계수(毒性等價係數. toxicological equivalncy factor)를 사용하여 전체 독성효과를 WHO에서 TCDD로 환산, 평가한 것이 국제 독성등량(interantional toxicological equivalent to 2,3,7,8-TCDD, I-TEQ)이다.

이상의 다이옥신류는 전술한 2,4,5-T와 같은 살초제(hercides), 기타의 산업용 방향족 염화물 등의 제조공장들에서, 또는 그 산업폐기물들의 누출확산, 이들 산업 폐기물들의 연소(燃燒) 처리과정에서 형성된 공기 중 오염물들(최병석, 박정철, 1999 ; 김승도, 1999 등의 해설 참조) 그리고 하천, 해안 오염물들이 먹이사슬(food chains)을 통해서 인체에 섭취된다.

슐러들(Schuler, F. *et al.*, 1997)은 우유를 오염시키고 있는 PCDD류(polychlorinated dibenzo-p-dioxins)와 PCDF류(polychlorinated dibenzofurans) 등은 그 대부분이 이들 화합물들에 오염된 풀들(fodder)에 유래되는 것으로, 즉 이상의 독성물질들을 극소량 함유하고 있는 풀들을 이상의 우유를 분비(分泌)하는 젖소들이 먹이로서 먹는 데에 유래되는 것으로 보고하고 있다. 이들에 의하면 풀에 오염된 화합물들의 대략 35%정도가 우유에 오염, 즉 이행한다고 한다.

한편 투윈스트라들(Twinstra, L, G. M. Th. *et al.*, 1992)은 PCDD류나 PCDF류에 오염된 풀먹이를 먹은 젖소들의 우유 속에 이들 화합물의 농도는 그 농도가 반감되는 기간(the elimination half-life)이 I-TEQ에 기여가 큰 화합물들의 경우, 63~76이었다고 보고하고 있다. 실험에 사용한 젖소 세 마리 중 한 마리의 독성물질의 반감기간은 36~38일 사이였으나 이 젖소는 실험기간 중 쌍둥이 새끼를 낳아서 그 우유의 지방질 함량이 특이하게 낮았다고 한다.

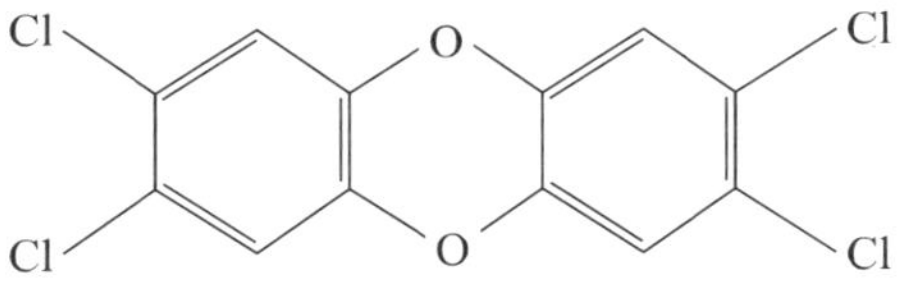

Cl Cl O Cl Cl O

다이옥신(dioxin, 2, 3, 7, 8-tetrachlorodibenzodioxin)의 분자구조

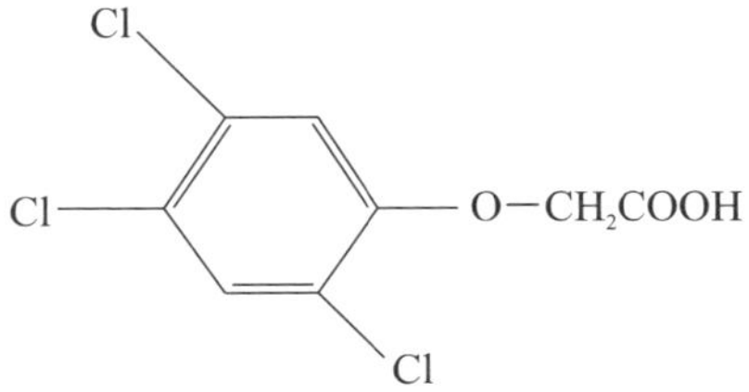

Cl Cl O−CH_2COOH Cl

2, 4, 5-T(2, 4, 5-trichlorphenoxyacetic acid)의 분자구조

기타의 환경오염 독성물질들

또한 각종 합성수지(synthetic plastic)의 원료로 널리 사용되어 온, 소위 프탈산에스터 가소제류(phthalicester plasticizers)도 환경오염 독성물질들로 알려져 왔다. 이 중에서 가장 대표적인 것으로는 다이-2-에틸헥실프탈레이트(di-2-ethylhexylphthalate, DEHP)와 다이뷰틸프탈레이트(dibutyl phthalate, DBP) 등이 있다.

중금속들의 오염문제들

중금속류(heavy metals)에 의한 중독에 대해서는 이미 언급한 바 있다. 일반적으로 중금속이라고 하면, 그 비중이 4.0이상의 금속을 말하며, 한편 1974년에 국제식량 농업기구(FAO)와 세계보건기구(WHO)가 합동으로 미국, 영국, 서독 등 13개국에서 실시한 식품에 오염된 각종의 중금속들에 대한 조사결과, 그 중요성에 따라 다음과 같이 17종의 중금속들이 보고되고 있다. 이 중에서 인체에 크게 문제가 되는 것은 Pb, Hg, Cd, As, Cu, Zn, Sn, Cr, Sb 등이며 생체에 축적되어, 만성중독(chronic toxicity)을 일으키기 쉬운 것으로서는 Hg, Cd, Pb 등이, 발암성과 관련이 있는 것으로는 As, Cr, Ni 등이 있다(Kim, O. H., 1985 ; Lee, Y. J., 1985 참조).

한편, 이상과 같은 중금속들이라 할지라도 원래 정상적인 환경 아래에 있는 토양, 하천수(河川水), 바닷물, 야생식물, 채소류, 과실류, 곡류, 각종 동물들이나 인체(人體)에서도 항상 극소량씩 존재함은 물론이다. 즉, 자연내에서 이상의 중금속들은 어느 정도의 정상 농도(正常濃度, background concentration)를 유지하고 있는 것으로 추정된다.

그러나 농약, 산업 폐기물, 폐수, 등에 새로이 형성된 오염 중금속들은 주변환경에 골고루 분산되지않고 동식물체나 어패류(fish and shellfish)에 집중 축적되는 소위 생물체내농축현상(biological cocnentration)이 일어나게 된다.

이와 같이 동식물체나 특히, 어패류에 집중되어 축적된 고농도의 중금속들은 결국 동식물체나 어패류를 사람들이 섭취할 때, 인체 내에 축적되어 종국에는 전술한 미타마타병(Minamata disease)의 경우에서와 같은 무서운 독성 만성중독(慢性中毒)을 일으키게 된다.

1980년대 설치된 세계보건기구(WHO)의 국제 화학물질 안정성 검토계획(International Program on Chemical Safety)에 따라서 환경보건기준설정 작업이 현재 진행 중에 있으며, 한편 각종 화학물질들의 점차적인 축적이 인간에 미치는 영향 등에 대해서 총괄적으로 평가하기 위한 전 세계 감시계획(Global Environmental Monitoring System) 등의 사업이 진행 중에 있다.(Kim , O. H., 1985 참조).

참고문헌

Al-Bakir, A. Y., Sachde, A. G. and Naoum, I. E. 1982. Occurrence and Stability of Trypsin Inhibitors in Iraqi Local Legumes. *J. Agric, Food Chem.*, 30, 1184.

Alfin-Slater, R. B., Aftergood, L. and Wells, P. 1975. Dietary Factors and Aflatoxin Toxicity. 1. Comparison of the Effect of Two Diets Supplemented with Aflatoxin B_1 upon Two Different Strains of Rats. *J. Am. Oil Chem. Soc.*, 52(8), 266.

Anderson, P. A. *et al.* 1984. Measurement of Lysine Damage in Proteins Heated with Gossypol. *J. Agric. Food Chem.*, 32, 1048.

Applebaum. S. W. *et al.* 1969. Saponins as Possible Factors of Resistance of Legume Seeds to the Attack of Insects. *J. Agr. Food Chem.*, 17, 618.

Ares, J. A. and Dymsza, H. A. 1982. Development and Use of A Proficiency Test Specimen for Paralytic Shellfish Poisoning. *J. Food Science*, 47, 1041.

Asao, T. *et al.* 1963. Structure of Aflatoxins. *J. Am. Chem. Soc.*, 85, 1706.

Ayres. J. C. *et al.* 1970. Mycotods for Detection in Foods. *Food Technol.*, 24, 161.

Ayres. J. C. *et al.* (Editors). 1962. "*Chemical and Biological Hazards in Food,*" Avi Pub. Co., Inc., Westport, Connecticu.

Baldwin, R. E. *et al*. 1968. DDT and Its Derivatives in Apples as Affected by Preparation Procedures : A Pilot Study. *Food Technol*., 22, 1460.

Bamburg, J. R. *et al*. 1969. Toxins from Moldy Cereals. *J. Agr. Food Chem*., 17, 443.

Beckman, H. *et al*. 1967. The Inorganic Bromide Content of Foodstuffs due to Soil Treatment, with Fumigants. *J. Food Science*, 32, 138.

Becker, R. and Lorenz, K. 1979. Saccharides in Ergot Sclerotia. *J. Agric. Food Chem*., 27(2), 460.

Behing, A. R. and Taylor, S. L. 1982. Bacterial Histamine Production as a Function of Temperature and Time of Incubation. *J. Food Science*, 47, 1311.

Bharucha, K. R., Cross, C. K. and Rubin, L. J. 1980. Long-Chanin Acetals of Ascorbic and Erythorbic Acids as Antinitrosamine Agents for Bacon. *J. Agr. Food Chem*., 28, 1274.

Bharucha, K. R., Cross, C. K. and Rubin, L. J. 1985. Ethoxyquin, Dihydroethoxyqin, and Analogues as Antinitrosamine Agents for Bacon. *J. Agric. Food Chem*., 33, 834.

Borsetti, A. P. 1980. Determination of Pentachlorophenol in Milk and Blood of Dairy Cattle. *J. Agric. Food Chem*., 28, 710.

Braden, L. M. and Carroll, K. K. 1986. Dietary Polyunsaturated Fat in Relation to Mammary Carcinogenesis in Rats. *Lipids*, 21(4), 285.

Breitbart, D. and Nawar, W. 1981. Thermal Interaction of Lysine and Triglycerides. *J. Agric. Food Chem*., 29, 1194.

Blank. Fred C., (Editors). 1955. "*Handbook of Food and Agriculture*," Reinhold Publishing Corp., New York.

Bressani, R. *et al*. 1964. All-vegetable Protein Mixures for Human Feeding. XIII. Effect of Cooking Mixtures Containing Cottonseed Flour on Free Gossypol Content. *Food Technol*., 18, 1599.

Bushway, R. J. and Ponnampalam, R. 1981. α -Chaconine and α -Solanine Content of Potato Products and Their Stability during Several Modes of Cooking. *J. Agric. Food Chem*., 29, 814.

Carlin, A. F. *et al*. 1966. Insecticide Residues and Sensory Evaluation of Canned and Frozen Snap Beans Field-Sprayed with Guthion and D.D.T. *Food Technol*., 20, 80.

Carman, A. S. Jr. *et al*. 1986. Rapid High-Performance Liquid Chromatography Determination of the Potato Glycoalkaloids α -Solanine and α -Chaconine. *J. Agric. Food Chem*., 34, 279.

Cho, C. H. *et al*. 1970. Synthess of 2,6-Dichloro-4-Nitroaniline Mercuric Acetate and Its Pharmaceutcal Effects. *J. Korean Chem. Soc*., 14, 207.

Chow, C. K. and Gairola, G. C. 1984. Influence of Dietary Vitamin E and Selenium on Metabolic Activation of Chemicals to Mutagens. J. Agr. Food Chem., 32, 443.

鄭東李 編著. 1982. "食品의 毒性," p.185. 電波科學社, 서울.

Cody, M. and Haard. N. F. 1976. Influence of Cooking on Toxic Stress Metabolites in Sweet Potato Root. *J. Food Science*, 41, 469.

Collins, G. J. and Rosen, J. D. 1981. Distribution of T-2 Toxin in Wet-Milled Corn Products. *J. Food Science,* 46, 877.

Commoner, B. *et al*. 1978. Formation of Mutagens in Beef and Beef Extract During Cooking. *Science*, 201, 913.

Conn, Eric E. 1969. Cyanogenic Glycosides. *J. Agr. Food Chem*., 17, 519.

Coon, J. M. 1970. Naturally Occuring Toxicants in Food. *Food Technol*., 23, 1041.

Corley, R. A. *et al*. 1986. Disposition of T-2 Toxin, a Trichothecene Mycotoxin, in Intravascularly Dosed Swine. *J. Agric. Food Chem*., 34, 868.

Crosby, D. G. 1969. Natural Toxic Background in Food of Man and His Animals. *J. Agr. Food Chem*., 17, 532.

Daun, J. K. 1986. Glucosinolate Levels in Western Canadian Rapeseed and Canola. *J. Am. Oil Chem. Soc*., 63(3), 639.

De Sertes, F. J. and Hollaender. 1982. "*Chemical Mutagens : Principles and Methods for Their Detection,*" Plenum Press, New York.

Dewberry, Elliot B. 1959. "*Food Poisoning,*" Leonard Hill Ltd., London.

Doull, J., Klassen, C. D. and Amdur, M. O. (Editors). 1980. "*Cassarett and Doull's Toxicology : The Basic Science of Poisons,*" Second edition. MacMillan Publishing Co., Inc., New York.

Doremire, M. E., Harmon, G. E. and Pratt, D. E. 1979. 3,4-Benzopyrene in Charcoal Grilled Meats. *J. Food Science*, 44(2), 622.

Draper, H. H. and Bird, R. P. 1984. Antioxidants and Cancer. *J. Agric. Food Chem.*, 32, 433.

Draper, H. H., McGirr, L. G. and Hadley, M. 1986. The Metabolism of Malondialdehyde. *Lipids*, 21(4), 305.

Esptein, E. *et al.* 1970. Aflatoxin Production as Affected by Enviromental Conditions. *J. Food Science*, 35, 389.

Farag, R. S., El-Leithy, M. A., Basyony, A. E. and Daw, Z. Y. 1986. Effects of Varied Substrates on Aflatoxin Production by A. Parasiticus. *J. Am. Oil Chem. Soc.*, 63(8), 1024.

Fiddler, W. *et al.* 1973. Effect of Frankfurter Cure Ingredients on N-Nitrosodimethylamine Formation an a Model System. *J. Food Science*, 38, 714.

Forgacs, Joseph. 1966. Types of Mycotoxicity Occuring in Feeds and Foods. *Food Technol.*, 20, 750.

Frnakel, E. N. 1984. Lipid Oxidation : Mechanism, Products and Biological Significance. *J. Am. Oil. Chem. Soc.*, 61(12), 1908.

Fretheim, K. 1976. Carcinogenic Polycyclic Aromatic Hydrocarbons in Norwegian Smoked Meat. *J. Agric. Food Chem.*, 24(5), 976.

Friedman, Leo. 1964. Adventitious Toxic Factors in Protein Concentrates. *Food Technol.*, 18, 1553.

Friedman, M., Levin, C. E. and Noma, A. T. 1984. Factors Governing Lysinalanine in Soy Proteins. *J. Food Science*, 49, 1282.

Friedman, M. and Noma, A. T. 1986. Formation and Analysis of Phenylethylaminoalanine in Food. *J. Agric. Food Chem.*, 34, 497.

Fuhrman, F. A. *et al.* 1969. Toxins from Eggs of Fishes and Amphibia. *J. Agr. Food Chem.*, 17, 417.

Funes, J., Young, S. and Karel, M. 1980. Changes in Lysozyme due to Reactions with Volatile Products of Peroxidiging Methyl Linoleate. *J. Agr. Food Chem.*, 28, 794.

Ganther, H. E. and Sunde, M. L. 1974. Effect of Tuna Fish and Selenium on the Toxicity of Methylmercury : A Progress Report. *J. Food Science*, 39, 1.

Gary, J. I. *et al.* 1982. Inhibition of N-Nitrosamines in Bacon. *Food Technol.*, 36(6), 39.

Gestetner, B. *et al.* 1968. Soybean Saponins. Fate of Ingested Soybean Saponins and the Physiological Aspects of Their Hemolytic Activity. *J. Agr. Food Chem.*, 16, 1031.

Goldblatt, L. A. 1977. Mycotoxins-Past, Present, and Future. *J. Am. Oil Chem. Soc.*, 54(4), 302A.

Greger, J. L. and Baier, M. 1981. Tin and Iron Content of Canned and Bottled Foods. *J. Food Science*, 46, 1751.

Harkness, C. *et al.* 1966. Food Toxins : The Problem of Mycolotoxins in Groundnuts (Peanuts) and Other Food Crops of Tropical Africa. *Food Technol.*, 20, 1166.

Harvey, D. C. and Fazio, T. 1985. Human Exposure to Nitrosamines From Food. *Food Technol.*, 39(1), 80.

Hasegawa, K. and Okamoto, N. 1980. Studies on the Gas Chromatographic Analysis of Lysinoalanine in Alkali-Treated Food Proteins. *Agric. Biol. Chem (Japan).*, 44(3), 649.

Horiguchi, H(堀口 博), 1979. "危険食品, 三共出版社, 東京.

Hotchkiss, J. H. 1981. Review of Analytical Methods for N-Nitrosamines in Foods : Analytical Methodology for Sample Preparation, Detection, Quantification, and Confirmation of N-Ntrosamines in Foods. *J. Assoc. Off. Anal. Chem.*, 64(5), 1037.

Hotchkiss, J. H., Vecchio, A. J. and Ross, H. D. 1985. N-Nitrosamine Formation in Fried-Out Bacon Fat :

Evidence for Nitrosation by Lipid-Bound Nitrite. *J. Agr. Food Chem.*, 33, 5.

Hotchikiss, J. H. and Vecchio, A. J. 1985. Nitrosamines in Fried-Out Bacon Fat and Its Use As a Cooking Oil. *Food Technol.*, 39(1), 67.

Howard, John W. *et al.* 1969. A Review of Polycyclic Aromatic Hydrocarbons in Foods. *J. Agr. Food Chem.*, 17, 527.

Huhtanen, C. N. and Feinberg, J. 1980. Sorbic Acid Inhibition of Clostridum Botulinum in Nitrite-Free Poultry Frankfurters. *J. Food Scienc*, 45, 453.

Hylin, J. W. 1969. Toxic Peptides and Amino Acids in Foods and Feeds. *J. Agr. Food Chem.*, 17, 492.

Ikediobi, C. O. and Onyike, E. 1982. Linamarase Activity and Detoxification of Cassava(Manihot esculenta) during Fermentation for Gari Production. *Agric. Biol, Chem (Japan)*, 46(6), 1667.

Ireland, P. A. and Dziedzic, S. Z. 1986. Effect of Hydrolysis on Sapogenin Relase in Soya. *J. Agric. Food Chem.*, 34, 1037.

Jenkins, W. L. *et al.* 1984. Nutritional Charateristics of Alkali-Treated Zein. *J. Agric. Food Chem.*, 32, 1035.

Ji, C. *et al.* 1986. A New N-Nitroso Compound, N-(2-Methylpropyl)-N-(1-Methyl Acetonyl) nitrosamine, in Moldy Millet and Wheat Flour. *J. Agric. Food Chem.*, 34, 628.

Johnson, M. R. 1958. Lindane Residue Changes during the Fermentation and Processing of Pickles. *Food Technol.*, 12, 281.

Joh, Y. G. and Scheuer, P. J. 1985. Similarities of Scaritoxin to Ciguatoxin on the Chromatographic Behaviors. *Korean J. Food Science. and Technol.*, 17(2), 121.

Johnson, A. E., Molyneux, R. J. and Merrill, G. B. 1985. Chemistry of Toxic Range Plants. Variation in Pyrrolizidine Alkaloid Content of Senecio, Amsinckia, and Crotalaria Species. *J. Agric. Food Chem.*, 33, 50.

Jonas-Davies, J. *et al.* 1984. Semiautomated Method for the Analysis of PSP Toxins in Shellfish. *J. Food Science*, 49, 1506.

Khan, M. A., Novak, A. F. and Rao, R. M. 1976. Reduction of Polychlorinated Biphenyls in Shrimp by Physical and Chemical Methods. *J. Food Science*, 41, 262.

Kishi, Y. *et al.* 1972. Synthetic Studies on Tetrodotoxin and Related Compounds. Ⅳ. Stereospecific Total Syntheses of D.L-Tetrodotoxin. *J. Am. Chem. Soc.*, 94, 9219.

Kim, Chanjo. *et al.* 1959. Studies on Harmful Microorganisms in Aged Rice. Part 1. On the Detection of Microbes and Its Metabolic Products. *Bulletin, Scientific Research Institute(Korea)*, 4, 64.

Kim, J. O., Song, J. C., Young, H. C. and Ha, Y. L. 1979. Investigation on Harmful Trace Elements in Some Food Additives. *Korean J. of Nutrition*, 12(3), 25.

Kim. O. H. 1985. "*A Study on the Heavy Metal Contents of Korean Salt-Fermented Fish and Shellfish Products.*" MS Thesis, Graduate School of Food and Agriculture, Korea University, Seoul, Korea.

Kim. T. J. and Park, S. J. 1981. Analytical Methods for Residual Agricultural Chemicals. *Progress in Chemistry and Chemical Industry(Korean)*, 22(6), 382.

Kimoto, W. I., Pensabene, J. W. and Fiddler, W. 1982. Isolation and Identification of N-Nitorsothiazolidine in Fried Bacon. *J. Agric. Food Chem.*, 30, 757.

Kinsoshita. R. and Shitaka, T. 1965. On Toxic Moldy Rice in "*Mycotoxins in Foodstuff*," Wogan, G. N., ed., M.I.T. Press, Cambridge, Mass.

Krisnamoorthi, V. 1965. Cottonseed Protein from Degossypolized and Glandless Seed. *Food Technol.*, 19, 1058.

Kritchevsky, D. *et al.* 1986. Calories, Fat, and Cancer. *Lipids*. 21(4), 272.

Kumar, R. and Singh, M. 1984. Tannins : Their Adverse Role in Ruminant Nutrition. *J. Agr. Food Chem.*, 32, 447.

Kwak, H. S. and Lee, J. W. 1975. Heavy Metals in the Sea of Jinhae and Masan during Winter Period. *J.*

of Oceanological Soc. of Korea, 10(1), 253.

Larsson, B. E. *et al.* 1983. Polycyclic Aromatic Hydrocarbons in Grilled Food. *J. Agr. Food Chem.*, 31, 867.

Lawrence, J. F. and Weber, D. F. 1984. Determination of Polycyclic Aromatic Hydrocarbons in Canadian Samples of Processed Vegetable and Diary Products by Liquid Chromatography with Fluorescence Detection. *J. Agr. Food Chem.*, 32, 794.

Lee, E. G. H. *et al.* 1968. Chemical Induction of Mutation or Variation in Aflatoxin-Producing Culturess of Aspergillus Flavus. *J. Food Science*, 33, 420.

Lee, D. S. *et al.* 1966. Synthesis and Insecticidal Effects of 2,2-Bis-(2-Methoxy-5-chlorophenyl)-1,1,1-Trichloroethane. *J. Korean Chem, Soc.*, 10, 149.

Lee, D. S. 1967. Studies on the Organomercury Residues in Rice Grain. 1. Mercury Residues in Rice Seeds Treated with Organomercury Fungicide. *J. Korean Agr. Chem. Soc.*, 8, 87.

Lee, D. S. 1967. Studies on the Organomercury Residues in Rice Grain. 2. Studies on the Influence of Mercury Residue According to Different Formulations. Times, and Date of the Organomercury Fungicide Application. *J. Korean Agr. Chem, Soc.*, 8, 95.

Lee, D. S. 1967. Studies on the Organomercury Residues in Rice Grain. 3. Studies on the Histopathological Changes of the Chief Organ in Rabit Influenced by PMA Adminstration and the Fate of Mecury. *J. Korean Agr. Chem. Soc.*, 8, 101.

Lee, L. S. *et al.* 1968. Appearance and Aflatoxin Content of Raw and Dry Roasted Peanut Kernels. *Food Technol.*, 22, 1131.

Lee, L. S. *et al.* 1969. Destruction of Aflatoxins in Peanuts during Dry and Oil Roasting. *J. Agr. Food Chem.*, 17, 451.

Lee, U. S. *et al.* 1987. Effect of Milling on Decontamination of Fusarium Mycotoxins Nivalenol, Deoxynivalenol, and Zeralenone in Korean Wheat. *J. Agric. Food Chem.*, 35, 126.

Lee, Y. J. 1985. "*A Study on the Contents of Some Heavy Meals and Organophosphoric Pesticide Residues in Korean Red Pepper*," MS Thesis, Graduate School of Food and Agriculture, Korea University, Seoul, Korea.

Liener, I. E. and Tomlinson, S. 1981. Heat Inactiviationof Protease Inhibitors in a Soybean Line Lacking the Kunitz Trypsin Inhibitor. *J. Food Science*, 46, 1354.

Lindner, E. 1974. "*Toxikologie der Nahrungsmittel*," Georg Thime Verlag, Stuttgart, West Germany. Jappanese Language Edition by Kodan-shya, Tokyo in 1978.

Lopez, A., Williams, H. L. and Cooler, F. W. 1986. Essential Elements and Cadmium and Lead in Fresh and Canned Peas(Pisum sativum L.). *J. Food Science*, 51(3), 604.

Luten, J. B. *et al.* 1980. Merucry and Selenium in Mariune and Freshwater Fish. *J. Food Science*, 45, 416.

Luthy, J. *et al.* 1981. Pyrrolizidine Alkaloids of Senecio alpinus L. and Their Detection in Feeding-stuffs. *J. Agric. Food Chem.*, 29, 302.

Madhyastha, M. S. and Bhat, R. V. 1984. Application of TLC Chemical Confirmatory Tests to Minicolumn Chromatography of Aflatoxins. *J. Am. Oil Chem. Soc.*, 61(5), 907.

Maga, J. A. 1984. Lysinoalanine : A Review. *J. Agric. Food Chem.*, 32(5), 955.

Marsh, P. B. *et al.* 1969. Relation of Aflatoxins in Cotton Seeds at Harvest to Fluorescene in the Fibers. *J. Agr. Food Chem.*, 17, 463.

Marsh, P. B. *et al.* 1969. Mechanism of Formation of a Fluorescence in Cotton Fiber Associated with Aflatoxins in the Seeds at Harvest. *J. Agr. Food Chem.*, 17, 468.

Martin, S. E. and Schillaci, M. 1984. Inhibitory Effects of Selenium on Mutagenicity. *J. Agr. Food Chem.*, 32, 426.

Matsushima, H. 1982. Distribution and Association Form of Polynuclear Aromatic Hydrocarbons in Sediments from Tokyo Bay. *Agric. Biol. Chem.(Japan)*, 46(6), 1489.

McFarren, E. F. *et al.* 1960. Public Health Significance of Paralytic Shellfish Poison. *Advances in Food*

Research, 10, 135.

McFarren, E. F. 1971. Assay and Control of Marine Biotoxins. *Food Technol.*, 25, 234.

Meydani, M. *et al.* 1986. Influence of Dietary Vitamin E. Selenium and Age on regional Distribution of α -Tocopherol on the Rat Brain. *Lipids*, 21(12), 786.

Milner, J. A. 1984. Selenium and the Transplantable Tumor. *J. Agric. Food Chem.*, 32, 436.

Moore, J. W. and Moore, E. A. 1976. "*Environmental Chemistry*," Academic Press, Inc., New York.

Nagy, S. and Rouseff, R. L. 1981. Lead Contents of Commercially Canned Single-Strength Orange Juice Stored at Various Temperatures. *J. Agric. Food Chem.*, 29, 889.

Nair, V. *et al.* 1986. The Chemistry of Lipid Peroxidation Metabolites : Crosslinking Reactions of Malondialdehyde. *Lipids*, 21(1), 6.

Namiki, K. *et al.* 1984. Mutagen Formation by Nitrite-Spice Reactions. *J. Agric. Food Chem.*, 32, 948.

Nartowicz, V. B. Buchanan, R. L. and Segall, S. 1979. Aflatoxin Production in Regular and Decaffeinated Coffee Beans. *J. Food Science*, 44(2). 446.

Newmark, H. L. *et al.* 1974. Stability of Ascorbate in Bacon. *Food Technol.*, 28(5), 28.

Nicollier, G. F. *et al.* 1983. Biological Activity of Dhurrin and Other Compounds from Johnson Grass (Sorghum halepense). *J. Agric. Food Chem.*, 31, 774.

Nitrite Safety Council. 1980. A Survey of Nitrosamines in Sausages and Dry-Cured Meat Products. Food Technol., 34(7), 45.

O'Brien, P. J. 1984. Lipid Peroxide Catalyzed Chemical Carcinogenesis. *J. Am. Oil Chem. Soc.*, 61(12), 1904.

Orf, J. H. and Hymowitz, T. 1979. Genetics of the Kunitz Trypsin Inhibitor : An Antinutritional Factor in Soybeans. *J. Am. Oil Chem. Soc.*, 56(8), 722.

Ough, C. S. and Corison, C. A. 1980. Measurement of Patulin in Grapes and Wines. *J. Food Science*, 45, 476.

Palmer, I. S., Herr, A. and Nelson, T. 1982. Toxicity of Selenium in Brazil Nuts to Rats. *J. Food Science*, 47, 1595.

Palmieri, S., Iori, R. and Leoni, O. 1986. Myrosinase from *Sinapis alba L* : A New Method of Purification for Glucosinolate Analyses. *J. Agric. Food Chem.*, 34, 138.

Patchornik, A. 1964. Chemical Interactions between Lysine and Dehydroalanine in Modified Bovine Pancreatic Ribonuclease. *J. Am. Chem., Soc.*, 86, 1860.

Patil, B. C. *et al.* 1971. Metabolism of Solanine and Chlorophyll in Potato Tubers as Affected by Light and Specific Chemicals. *J. Food Science*, 36, 474.

Pensabene, J. W. *et al.* 1979. Effect of Pork Belly Composition and Nitrite Level on Nitrosamine Formation in Fried Bacon. *J. Agric. Food Chem.*, 27(4), 842.

Pensabene, J. W. and Fiddler, W. 1985. Formation and Inhibition of N-Nitrosothiazolidine in Bacon. *Food Technol.*, 39(1), 91.

Perkins, D. and Toledo, R. T. 1982. Effect of Heat Treatment for Trypsin Inhibitor Activation on Physical and Functional Properties of Peanut Protein. *J. Food Science*, 47, 917.

Plimmer, J. R. *et al.* 1968. Mechanism of Conversion of DDT to DDD by Aerobacter aerogenes. *J. Agr. Food Chem.*, 16, 594, 597.

Porter, Y. W. *et al.* 1965. Fractionation and Study of Compounds in Wood Smoke. *J. Food Science*, 30, 601.

Pratt, J. J., Jr. 1970. Problem of Pesticide and Animal Matter as Non-intentional Additives. *Food Technol.*, 24, 999.

Qian, G. S. and Yang, G. C. 1984. Rapid Extraction and Detection of Aflatoxins B_1 and M_1 in Beef Liver. *J. Agric. Food Chem.*, 32, 1071.

Ralls, J. W. *et al.* 1967. Residue Levels of Diazinon and Its Transformation Products on Tomato. Spinach, and Beans. *Food Technol.*, 21, 1030.

Ramaswamy, H. N. *et al.* 1969. Metal Complexes of Grossypol. *J. Agr. Food Chem.*, 17, 1406.

Raymond, M. L. 1980. Studies Concerning the Determination of Lysinoalanine in Food Proteins. *J. Food Science*, 45, 56.

Raymond, W. D. 1966. Food Toxins : Mycotoxin Problems in the United Kingdom and the Tropics. *Food Technol.*, 20, 904.

Rhee, Ki Soon. *et al.* 1968. Polycyclic Hydrocarbon Composition of Wood Smoke. *J. Food Science.*, 33, 626.

Rhee, Ki Soon. *et al.* 1970. Benzo(a)pyrene in Smoked Meat Products. *J. Food Science*, 35, 146.

Rieman, H. and Bryan, F. L. 1979. "*Food-Borne Infections and Intoxications*," Second edition, Academic Press, Inc., New York.

Roberts, H. R. (Editor). 1981. "*Food Safety*," John Wiley and Sons, Inc., New York.

Robertson, J. A. *et al.* 1967. Preparation of Aflatoxins and Determination of Their Ultraviolet and Fluorescent Characteristics. *J. Agr. Food Chem.*, 15, 798.

Robertson, J. A. *et al.* 1970. Isolation and Structure of a Biologically Reduced Aflatoxin B_1. *J. Agr. Food Chem.*, 18, 1090.

Rodricks, J. V. 1969. Fungal Metabolities Which Contain Substituted 7,8-Dihydrofuro-[2,3-b]-furans [DHF] and 2,3,7,8-Tetrahydrofuro-[2,3-b]-furans (THFF). *J. Agr. Food Chem.*, 17, 457.

Rosen, R. T., Rosen, J. D. and Diprossimo, V. P. 1984. Confirmation of Aflatoxin B_1 and B_2 in Peanuts by Gas Chromatography/Mass Spectrometry/Selected Ion Monitoring. *J. Agric. Food Chem.*, 32, 276.

Ryan, J. J. *et al.* 1985. Chlorinated Dibenzo-p-dioxins, Chlorinated Dibenzofurants, and Pentachlorophenol in Canadian Chicken and Pork Samples. *J. Agr. Food Chem.*, 33, 1021.

Safe, S., Safe, L. and Mullin M. 1985. Polychlorinated Biphenyls :Congener-Specific Analysis of a Commercial Mixture and a Human Milk Extract. *J. Agr. Food Chem.*, 33, 24.

Scanilan, R. A. and Reyes, F. G. 1985. An Update on Analytical Techniques For N-Nitrosamines. *Food Technol.*, 39(1), 95.

Schaffner, R. M. 1981. Lead in Canned Foods. *Food Technol.*, 35(12), 60.

Schantz, E. J. 1969. Studies on Shellfish Poisons. *J. Agr. Food Chem.*, 17, 413.

Schantz, E. J. *et al.* 1975. The Structure of Saxitoxin. *J. Am. Chem. Soc.*, 97, 1238.

Schwass, D. E. and Finley, J. W. 1984. Heat and Alkaline Damage to Proteins : Racemization and Lysinoalanine Formation *J. Agr. Food Chem.*, 32, 1377.

Scientific Status Summary. 1975. Naturally Occuring Toxicants in Foods. *J. Food Science*, 40, 215.

Scientific Status Summary. 1987. Nitrate, Nitrite, and Nitroso Compounds in Foods. *Food Technol.*, 41(4), 127.

Scott, P. M. *et al.* 1969. Biologically Active Compounds from Field Fungi. *J. Agr. Food Chem.*, 17, 430.

Scott, R. M. *et al.* 1968. Stability of Patulin and Penicillic Acid in Fruit Juices and Flour. *J. Agr. Food Chem.*, 16, 483.

Scott, P. M. *et al.* 1972. Mycotoxins(Ochratoxin A, Citrinin, and Sterigamatocystin) and Toxigenic Fungi in Grains and Other Agricultural Products. *J. Agr. Food Chem.*, 20(6), 1103.

Scott, P. M. and Lawrence, G. A. 1980. Analysis of Ergot Alkaloids in Flour. *J. Agric. Food Chem.*, 28, 1258.

Scott, P. M. and Lawrence, G. A. 1982. Losses of Ergot Alkaloids during Making of Bread and Pancakes. *J. Agr. Food Chem.*, 30, 445.

Sekizawa, J. and Shibamoto, T. 1980. Mutagenicity of 2-Alkyl-N-Nitrosothiazolidines. *J. Agric. Food Chem.*, 28, 781.

Sen, N. P. 1969. Analysis and Significance of Tyramine in Foods. *J. Food Science*, 34, 22.

Sen, N. P. and Seaman, S. 1981. An Investigation into the Possible Presence of Volatile N-Nitrosamines in

Cooking Oils, Margarines, and Butter. *J. Aric. Food Chem.*, 29, 787.
Sessa, D. J. and Bietz, J. A. 1986. Toasted Soybean Flour components with Trypsin Inhibitor Activity. *J. Am. Oil Chem. Soc.*, 63(6), 784.
Shim, S. C. and Ko, H. Y. 1982. Some Observations on Phototoxic Compounds. *Progress in Chemistry and Chemical Industry(Korea)*, 22(3), 136.
Shieh, T. R. *et al.* 1968. Effect of Calcium and Phosphate Ions on the Formation of Soluble Iron Gossypol Complex. *J. Agr. Food Chem.*, 16, 208.
Singleton, V. L. *et al.* 1969. Toxicity and Related Physiological Activity of Phenolic Substances of Plant Origin. *J. Agr. Food Chem.*, 17, 497.
Skrypec, D. J. *et al.* 1985. Effect of Bacon Composition and Processing on N-Nitrosamine Formation. *Food Technol.*, 39(1), 74.
Song, M. R. and Lee, S. R. 1986. Assessment of Total dietary Intake of Some heavy Metals from Common Restaurant Meals in Seoul Area. *Korean J. Food Science. and Technol.*, 18(6), 456.
Spinelli-Gugger, A. M., Lakritz, L. and Wasserman, A. E. 1980. Effect of Processing on Amino Acid Composition and Nitrosamine Formation in Pork Belly Adipose Tissue. *J. Agr. Food Chem.*, 28, 424.
Stahl, E. 1981. Variation of Myristicin Content in Cultivated Parsnip Roots(*Pastinaca sativa ssp. sativa var. hortensis*). *J. Agric. Food Chem.*, 29, 890.
Sternberg, M., Kim C. Y. and Schwende, F. J. 1975. Lysinoalanine : Presence in Foods and Food Ingredients. *Science*, 190, 992.
Stoewsand, G. S. and Anderson, J. L. 1973. Hydrocyanic Acid in Canned Sweet Cherries, *J. Food Science*, 38, 1256.
Stubblefield, R. D. *et al.* 1970. Parasitcol. A New Metabolite from Aspergillus Parasiticus. *J. Agr. Food Chem.*, 18, 391.
Subba-Roa, R. V. and Alexander, M. 1977. Effect of Chemical Structure on the Biodegradability of 1,1,1-Trichloro-2,2-bis(p-chlorophenyl)ethane(DDT). *J. Agr. Food Chem.*, 25(2), 327.
Sunde, R. A. 1984. The Biochemistry of Selenoproteins. *J. Am. Oil Chem. Soc.*, 61(12), 1891.
Sunshine, I. (Editor). 1969. "*Handbook of Analytical Toxicity*," The Chemical Rubber Co, Cleveland, Ohio, U.S.A.
Sunzuki, T. 1961. Physico-chemical Properties and Effectiveness of Agricultural Chemicals. *Kagaku-No-Ryoiki(Japan)*, 15(6), 460.
Tanaka, Y. 1982. Trace Elements from the Viewpoint of Clinical Chemistry. *Kagaku-no-Ryoiki(Japan)*, 36(5), 356.
Tanner, F. W. and Tanner, L. P. 1953. "*Food Borne Infections and Intoxications*," 2nd edition, Garrad press, Campaign, Ilinois.
Theiler, R. F., Sato, K., Aspelund, T. G. and Miller, Af. 1981. Model System Studies on N-Nitrosamine Formation in Cured Meats : The Effect of Curing Solution Ingredients. *J. Food Science*, 46, 996.
Thompson, H. J. 1984. Selenium as an Anticarcinogen. *J. Agric. Food Chem.*, 32, 422.
Turk, J., Tur, A. and Arms, K. 1984. "*Environmental Science*," Third edition. Saunders College Publishing Co., Philadelphia.
Vecchio, A. J. *et al.* 1986. N-Nitrosamine Ingestion from Consumer-Cooked Bacon. *J. Food Science*, 51(3), 754.
Wagner, D. A. and Tannenbaum, S. R. 1985. In-Vivo Formation of N-Nitroso Compounds. *Food Technol.*, 39(1), 89.
Watts, D. A. and Brown, W. D. 1982. Histamine Formation in Abusively Stored Pacific Mackerel : Effect of CO_2-Modified Atmosphere. *J. Food Science*, 47, 1386.
Wei, C. I., Cook, D. L. and Kirk, J. R. 1985. Use of Chlorine Compounds in the Food Industry. *Food Technol.*, 39(1), 107.

White, Richard H. *et al.* 1971. Determination of Polycyclic Aromatic Hydrocarbons in Liquid Smoke Flavors. *J. Agr. Food Chem.*, 19, 143.

Wiebe, L. A. and Bjeldanes, L. F. 1981. Fusarin C, A Mutagen from Fusarium Moniliforme Grown on Corn. *J. Food Science*, 46, 1424.

Wiersma, D., van Goor, B. J. and van der Veen, N. G. 1986. Cadmium, Lead, Mercury, and Arsenic Concentrations in Crops and Corresponding Soils in the Netherlands. *J. Agric. Food Chem.*, 34, 1067.

Wilson, B. J. 1969. Mycotoxins and other Plant Poisons. *Food Technol.*, 23, 779.

Wilson, R. B. 1976. Lipid Peroxidation and Atherosclerosis. *Critical Reviews in Food Science and Nutrition, June*, 325.

Wolnik, K. A. et al. 1983. Elements in Major Raw Agricultural Crops in the United States. 1. Cadmium and Lead in Lettuce, Peanuts, Potatoes, Soubeans, Sweet Corn, and Wheat. *J. Agr. Food Chem.*, 31, 1240.

Woodward, C. and Short, D. D. 1973. Toxicity of Alkali-Treated Soyprotein in Rats. *J. Nutrition*, 103, 569.

Wood-Rethwill, J. C. and Warthesen, J. J. 1980. Lysinoalanine Determination in Proteins Using High-Pressure Liquid Chromatography. *J. Food Science*, 45(6), 1637.

Yamaguchi, T. 1982. Mutagenicity of Trioses and Methyl Glyoxal on Salmonella typhimurium. *Agric. Biol. Chem.(Japan)*, 46(3), 849.

Yamamoto, S., Wakabayashi, S. and Makita, M. 1980. Gas-Liquid Chromatographic Determination of Tyramine in Fermented Food Products. *J. AGric. Food Chem.*, 28, 790.

Yasumoto, K. 1985. The Origin of Tetrodotoxin. *Kogaku-to Seibutsu(Japan)*. 24(6), 352.

Chapter 18 식품 첨가물

실제 식생활에 있어서의 식품첨가물의 비중

일반 소비자들이 매일 어떤 종류의 식품첨가물들(food additives)을 얼마나 많이 섭취하고 있는 지에 대해서 구체적으로 조사된 일은 국내외를 통해서 아직은 많지 않은 듯하다.

일본에서는 1969년 기준으로 그 사용목적에 따라 약 360여종의 식품첨가물들의 사용이 허가되고 있는 가운데, 이 중 평균 60 내지 70여종의 식품첨가물들 매일 식탁을 통해서 일본 국민들, 특히 도시민들에게 섭취되는 것으로 추정되고 있다. 표 18-1은 일본인의 하루의 대표적인 식사 메뉴(menu)이며, 이 메뉴에 제시한 바와 같은 음식물들 속에 함유되고 있을, 여러 목적을 위해서 사용되고 있는 식품첨가물들의 대략의 종류와 섭취량을 보여주고 있다.

이상의 음식물을 통해서 섭취될 가능성이 큰, 식품첨가물들은 약 40여 종을 넘으며, 만일 이 메뉴에 오른 기본식사 외에 과자류, 커피(coffee)류, 그리고 기타의 청량음료들(beverages)을 섭취한다면 그 종류는 더욱 증가할 것이다.

한편, 일본 과학기술청 자원조사회에서 조사한 여러 자료들(1969년도)에 입각한 일본인 하루 1인당 각종 식품들의 섭취량과 여기서 산출된 1인당 하루의 각종 식품첨가물들의 평균 추정 섭취량은 표 18-2와 같다.

표 18-1 일본인의 대표적인 하루의 식사메뉴(menu)에 사용되는 여러 식품첨가물들의 종류

음식물의 종류		식품첨가물의 종류
아침	밥	방충제(피페로닐 뷰톡사이드)
	된장국	품질개량제(염화알미늄), 보존료(데하이드로 초산)
	조림	감미료, 조미료, 보존료, 착색료, 호료 등
	김	착색료
	간장	보존료(안석향산 나트륨, 파라옥시안식향산 에스터 등)
	조미료	글루타민산 나트륨, 이노신산 나트륨, 구아닐린산 나트륨 등
점심	빵	소맥분개량제(과산화벤조일, 취소산 칼륨 등), 이스트 식품 중의 각종 무기염, 팽창제(중탄산나트륨, 인산칼슘, 명반 등)
	햄	발색제(아질산 나트륨), 보존료(소오빈산 나트륨, 소오빈산), 살균료, 산화방지제(에리쏘오빈산), 착색료, 착신료
저녁	청주	보존료(살리신산), 품질 개량제(염화알미늄, 과망간산 칼륨)
	육류	발색제(아질산 나트륨)
	두부	응고제(황상칼슘), 소표제(실리콘 수지), 살균료
	건어류	산화방지제(BHA, BHT 등)
	채소절임	감미료, 착색료

日本科學技術廳資源調査會. 1969. "食品添加物의 現狀과 問題点," p.101, 大橇省 印刷局, 東京.

표 18-2 일본인 1인당 하루의 평균 식품첨가물 추정 섭취량

식품첨가물의 종류	식품첨가물의 이름		1일 하루의 평균추정 섭취량(그램수)
보존료	안식향산 및 그 염들		0.010
	살리실산		0.009
	소오빈산 및 그 염들		0.450
	데하이드로 초산 및 그 염들		0.041
	파라옥시안식향산 에스터류		0.005
	프로피온산 칼슘		0.674
살균료	2-(-2-후릴)-3-(5-니트로-2-후릴)아크릴산 아마이드		0.001
산화방지제	구아야수지		0.013
	다이뷰틸하이드록시톨루엔		0.027
	놀다이하이드로구아야레틴산		0.001
	다이뷰틸하이드록시아니솔		0.023
	프로토카테츄인산 에스터		0.007
	몰식자산 아이소아밀		0.030
	몰식자산 프로필		0.001
표백료	아황산 칼륨	SO_2잔존량으로서	0.018
	아황산 수소 나트륨		
	아황산 나트륨(결정)		
	아황산 나트륨(무수)		
	차아황산 나트륨		
	무수 아황산		
	메타중아황산 칼륨		
	아질산 칼륨	NO_2잔존량으로서	
	아질산 나트륨		
	질산 나트륨		
	질산 나트륨		

발색제	아질산 칼륨 아질산 나트륨 질산 나트륨 질산 나트륨	NO_2잔존량으로서	0.004

日本科學技術廳資源調査會. 1969. "食品添加物의 現狀과 問題点," p.101, 大藏省 印刷局, 東京.

이 표에 나온 수량은 오래된 추정조사의 결과 얻어진 것으로서 조사시일이 오래 되었으므로, 각 개인의 정확한 섭취량을 나타내지 못하고 있지만, 일본국민들의 식품첨가물들 섭취 상황을 나타내주는 하나의 대략의 척도(measure)는 될 수 있을 것이다.

이상의 자료(표 18-2)를 통해서 매일 상당량의 광범위한 종류의 식품첨가물들이 인체 내에 흡수될 가능성이 있음을 알 수 있다. 우리나라의 경우에도 그 경향이 유사한 것으로 보아 각종 식품첨가물들의 독성(toxicity)이 아주 경미하다 할지라도 그 독성의 만성적인 누적효과(cumulative effect)에 대한 충분한 검토가 있어야함을 절감하게 된다.

한편, 상기의 조사 자료에 의하면, 도시지역에 거주하는 일반 소비자들의 식품첨가물들 섭취량이 농촌지역에 사는 일반 소비자들의 섭취량의 2배 내지는 3배가 되는 사실이 아울러 밝혀지고 있다. 이와 같은 식품첨가물 섭취량의 현저한 차이는 도시 소비자들이 농촌 소비자들보다 더 많은 가공식품들을 섭취하는데 주로 그 원인이 있는 듯 하다고 한다.

우리나라의 경우에는 최근 표백제나 발색제의 섭취량이 조사(조양희, 한국보건산업진흥원, 2005) 된 바 있다. 그 결과 아황산의 일일 섭취량은 ADI의 10.7~70.9%로 안전하다고 하였으며, 보존료(18품목)와 산화방지제(10품목)의 섭취량에 따른 안전성 평가에서 다른 JECFA에서 제시한 ADI의 30% 미만으로 안전하다고 보고하였다.(최성희, 한국산업보건진흥원, 2007) 다만 안식향산의 경우 많은 음료류에 사용되므로 음료류를 다량으로 섭취하는 집단에서는 ADI를 초과할 가능성이 있다고 하였다. 또한 감미료의 일일 섭취량은 수크랄로스를 제외한 인공감미료는 ADI대비 11.71%이나 수크랄로스는 35~129%로 ADI를 초과하는 경우도 있었다고 보고하고 있다.(최성희, 한국산업보건진흥원, 2008)

이와 같이 아직은 첨가물의 섭취량이 안전선 상에 있는 것으로 보이나 일상식에서 더 많은 종류의 첨가물들이 계속 증가되는 추세가 일본은 물론, 우리나라에서도 심화되고 있는 추세에 있다. 따라서 각종 식품첨가물의 성질, 올바른 사용법, 사용한계점, 급성 및 만성 독성효과(acute and chronic toxic effects) 등에 대해서 정확한 지식을 갖는다는 것은 매우 중;요한 일이라고 생각한다.

식품첨가물의 정의

식품첨가물은 여러 가지로 정의되고 있다. 한 예로서 식품첨가물에 관한 국제식량농업기구와 세계보건기구의 합동전문위원회(Joint FAO and WHO Expert Committee on Food Additives)는 1956년에 로마에서 회합을 가진 후, 한 보고서를 발간하였다. 이 위원회는 식품첨가물을 사용하는데 있어서의 일반적인 원칙을 세우도록 요청받고 있었다.

이 위원회는 「식품첨가물이란 식품의 외관(appearance), 향미(flavor), 조직(texture), 또는 저장성(storage properties)을 향상시키기 위한 목적으로, 보통 적은 양이 식품에 의도적(意圖的, intentionally)으로 첨가되는 비영양물질들(non-nutritive substances)」이라고 정의 하였다. 이 정의에 의하면,

주로 영양가(nutritional value)를 위해서 첨가되는 비타민류와 무기질(minerals)과 같은 물질들은 이 범주에 들어가지 않는다.

한편, 미국의 국립과학학술원 및 국가연구회의 산하의 식품보호위원회(Food Protection Committee of the National Academy of Sciences-National Research Council)에서는 식품첨가물을 「생산(production), 가공(processing), 저장(storage), 또는 포장(packaging) 등의 경로를 통해서 들어오게 되는, 식품의 기본적 성분(a basic foodstuff) 이외의 물질 또는 물질들의 혼합물들로서 여기에는 우발적(accidental)인 오염물들은 포함되지 않는다」고 정의하고 있다.

우리나라에서는 식품첨가물에 대하여 식품위생법 제1장 제2조 2항에서 "'식품첨가물'이라 함은 식품을 제조·가공 또는 보존함에 있어 식품에 첨가·혼합·침윤 기타의 방법으로 사용되는 물질(기구 및 용기·포장의 살균·소독의 목적에 사용되어 간접적으로 식품에 이행될 수 있는 물질을 포함한다)을 말한다"라고 정의되어 있다.

식품첨가물이 사용되는 목적 등에 대해서는 FAO-WHO 식품첨가물에 관한 전문위원회 식품에 첨가되는 영양소들(nutrients)에 대하여 비교적 간결하나 정확하게 정의, 식품에 첨가되는 영양소들을 식품첨가물에서 제외한 데 대해서는 이론(異論)의 여지가 있을 듯하다.

미국에서의 식품첨가물의 규제

미국에서는 1906년에 제정(制定)되고, 그 후 지속된 식품 의약품법(the Food & Drug Act)이 농림부(U.S.Dept. of Agriculture, USDA)에서 관리되어 왔으나, 1931년에 이르러 위의 법을 전담할 식품의약품관리국(the Food and Drug Administration, FDA)이 창설되었었다.

원래의 법(1906)을 개선, 확대한 식품, 의약품 및 화장품법(the Food, Drug, and Cosmetic Act)이 재정되어서, 이때 식품첨가물의 범위와 정의가 확립되어 오늘날에 이르고 있다. FDA 자체는 농림부 소속에서 1953년에 보건, 교육, 복지부로 옮겨져, 현재에 이르고 있으나, 소속된 부(department)의 기능과 명칭이 다소 변경되어 보건복지사업부(the Department of Health and Human Services)로 되었다.

1954년에는 1938년에 제정된 법에 대한 일부 수정안, 즉 과실, 채소류와 기타 농산물 등이 시장(market place)에 반입된 시점에서 이들 식품 중에 잔류할 수 있는 농약의 종류와 정도를 규정하는 소위 밀러 농약 수정법안(the Miller Pesticide Amendment)이 통과 되었다. 이 수정안은 처음엔 FDA에서, 현재는 환경보호청(Environment Protection Agency, EPA)에서 주관하고 있다. 그 후 1958년에 식품첨가물들을 식품류에 포함하기 전에 그 식품첨가물의 안정성(safety)을 입증하도록 하여, 소비자들의 건강을 보호하는 목적으로, 그리고 안전한 식품첨가물들을 정당한 절차에 따라 사용을 허용함으로서 식품공업의 발전을 도모하는 목적으로, 식품첨가물 수정안(the Food Additive Amendment)이 통과되었다.

이상의 수정안에서 사용이 허용된 식품첨가물들은, 첫째는 종전부터 식품첨가물들로서의 사용이 정식으로 허용되고 사용되어 온 식품첨가물들, 그리고 둘째로는 역시 종전부터 허용 받았던, 일반적으로 안전하다고 인정된(generally recognized as safe, GRAS) 식품첨가물 목록에 들어간 첨가물들, 식품첨가물로 사용하기 위해서 사용목적, 사용대상과 범위, 안전성을 입증한 실험 자료 등을 식품, 의약품 관리국에 제출하여, 허가 받은 식품첨가물들을 포함하고 있다.

한편 이 수정안에는 농약과 색소첨가물 등에 대해서 언급 되지 않고 있다. 그러나 1960년에 색소첨가물 수정법안(the Color Additive Amendment)이 통과되어, FDA는 색소첨가물들 특정한 목적을 위해서 사용하는 것을 허용하는 권한과 그 허용량을 정하는 권한을 갖게 되었다.

1954년에 식품첨가물 수정안과 1960년에 제정된 색소첨가물 수정안은 현재도 1954년에 식품첨가물 수정안과 함께 제정된 데라니 조항(the Delaney clause)의 적용을 받고 있다. 이 조항은 발암성을 가진 첨가물들을 식품에 첨가하는 것을 금지하는 조항으로서 그 후 많은 논쟁들을 야기 시켜왔다. 끝으로 현재 사용이 허용된 식품첨가물들도 수시로 그 안전성을 재검토하도록 되어있다(Aurand, L. W. *et al.*, 1987 참조).

우리나라의 식품첨가물들의 규제

우리나라에서의 식품첨가물들 사용상의 모든 규제는 1962년 1월 21일에 공포된 후, 2008년 8월에 개정(改訂)된 식품위생법에 모든 근거를 두고 있다.

식품위생법 제2장 제7조의 기준과 규격에서는 식품첨가물에 관한 사항을 다음과 같이 다루고 있다.

① 식품의약품안전청장은 국민보건상 필요하다고 인정하는 때에는 판매를 목적으로 하는 식품 또는 식품첨가물의 제조·가공·사용·조리 및 보존의 방법에 관한 기준과 그 식품 또는 식품첨가물의 성분에 관한 규격을 정하여 고시한다. 다만, 식품첨가물중 기구 및 용기·포장의 살균·소독의 목적에 사용되어 간접적으로 식품에 이행될 수 있는 물질의 경우에는 그 성분명만을 고시할 수 있다(개정 1995. 12. 29, 1999, 5. 24, 2002. 8. 26).

② 식품의약품안전청장은 제1항의 규정에 의하여 기준과 규격이 고시되지 아니한 식품 또는 식품첨가물(식품에 직접 사용하는 화학적합성품인 첨가물을 제외한다)에 대하여는 그 제조·가공업자로 하여금 제조·가공·사용·조리 및 보존의 방법에 관한 기준과 그 성분에 관한 규격을 제출하게 하여 제18조의 규정에 의하여 지정된 식품위생검사기관의 검토를 거쳐 당해 식품 또는 식품첨가물의 기준과 규격을 한시적으로 인정할 수 있다(개정 1995. 12. 29, 1998. 2. 28, 2002. 8. 26).

③ 수출을 목적으로 하는 식품 또는 식품첨가물의 기준과 규격은 제1항 및 제2항의 규정에 불구하고 수입자가 요구하는 기준과 규격에 의할 수 있다(개정 1995. 12. 29).

④ 제1항 및 제2항의 규정에 의하여 기준과 규격이 정하여진 식품 또는 식품첨가물은 그 기준에 의하여 제조·가공·사용·조리 또는 보존하여야 하며, 그 기준과 규격에 맞지 아니하는 식품 또는 식품첨가물은 판매하거나 판매의 목적으로 제조·수입·가공·사용·조리·조정·운반·보존 또는 진열하지 못한다(개정 1995. 12. 29)고 정하고 있다.

한편 제5장 제12조의 식품등의 공전에서 식품의약품 안전청장은 제7조 제1항의 규정에 의하여 정해진 식품·식품첨가물의 기준·규격, 제9조 제1항의 규정에 의하여 정하여진 기구 및 용기·포장의 기준·규격과 제10조 제1항의 규정에 의하여 정하여진 식품등의 표시기준을 수록한 식품등의 공전을 작성·보급하여야 한다(개정 1995. 12. 29, 1999. 5. 24)고 정하고 있다.

이상의 위생법의 별표에는 원래 총 수 235개의 식품첨가물들이 수록되어 있었으나 바로 그 중의 1개(52번)가 삭제 되었으므로 실제 총 수는 234개였다. 그 후 1966년 11월 26일의 동법개정시 식용색소 9개와 두루찐, 즉 덜신(dulcin)의 사용이 다시 금지되었으나 다른 일부 식품첨가물의 사용이 새로이 허용되어 1979년 8월 당시에는 총 수가 249종이 되었었다.

한편, 식품위생법(1986년 개정법률 제3823호)의 제1장 제2조 제2항에 정의(定義)되고, 제2장 제6조에서 규정된 기준·규격이 고시된 「화학적 합성품」, 즉 우리나라에서 사용이 허용되고 있는 식품첨가물들(food additives)에 대해서는 1985년 11월에 개정 후 고시된 보건사회부고시 제 85-79호(1985년 11월 27일 개정·고시)에 수록되어 있으며, 그 총 수는 약 332여 종으로 그 동안에 계속 증가추세에 있음을 알 수 있다.

그러나 1989년 7월의 보건사회부 고시 제89-37호에서는 337종으로, 10년 사이에 88종이 증가했으며, 1995년 11월의 보건복지부 고시 제1995-51에서는 336종으로 6년 사이에 추가 또는 삭제된 식품첨가물의 수가 크게 변동하지 않았음을 알 수 있다.

2009년 4월 현재 국내외 식품첨가물 지정 품목수는 우리나라의 경우는 화학적합성품 404품목, 천연첨가물 203품목으로 총 607품목이며, 일본은 807품목(공정서수재 389품목, 기존첨가물명부[천연첨가제] 418), 미국은 1,935품목(직접첨가물에 대한 것), EU 500품목(영양강화제 113품목 포함, processing aids 미포함), Codex 1,263 품목(영양강화제 191품목, processing aids 569품목 포함)으로 되어 있다.

식품첨가물의 분류

식품첨가물들은 그 용도나 화학적 구조로 볼때 그 종류가 매우 다양하므로 어떤 원칙 또는 방법에 의해서 분류하여 두는 것이 필요하다.

한 분류방법에서는 식품첨가물들을 식품공학(food technology)상의 기능(function)에 따라 다음과 같이 분류하고 있다(Desrosier, N. W., 1970, 본문 제1장 35페이지 참조).

1. 방부제(preservatives)
   미생물에 의한 부패를 억제하는 물질들
   화학적인 품질저하(chemical deterioration)를 억제하는 물질들
   곤충들(insects)이나, 설치류(rodents)의 활동을 방지하는 화학물질들
2. 영양보충제(nutritional supplements)
   비타민류
   아미노산류
   무기염류
   칼로리 감축제(calorie reducer)류
3. 색깔 수정제(color modifiers)
   자연 착색제들(natural coloring materials)
   보증식품 색소들(certified food dyes)
   자연색소의 유도체들(derived colors)
4. 향미료(flavoring agents)
   합성 향미료들(synthetic flavoring agents)
   자연 향미료들(natural flavoring agents)
   향미 증진제들(flavor enhancer or extender)
5. 식품의 기능적 성질에 영향 주는 화학물질

교질 성질(colloidal properties)의 조절제들
경화제(firming agents)
6. 식품가공에 사용되는 화학물질
위생, 공중보건, 미관상 사용되는 물질들
불필요한 피복막(예 : 껍질, 생피, 털 등)의 제거를 용이하게 하여 주는 물질들
거품을 안 나오게 하는 물질(antiforming agents)들
킬레이트제(chelating agents)들
효모 영양소(yeast nutrients)들
7. 수분(moisture)을 조절하여 주는 화학물질
왁스류
항조해제(anticaking agents)
8. pH를 조절하여 주는 화학물질
산류
알칼리류
염류
9. 품질과 관련된 생리적 기능 조절하기 위하여 사용되는 화학물질
성숙 촉진제(ripening agents)들
10. 기타
압력 조성용 가스류(gasses, pressure dispensing)
등으로 분류된다.

한편, 전술한 바 있는 미국의 국립과학학술원 및 국립연구협의회 산하의 식품보호위원회에서는 대략 3,000여 종의 식품첨가물들을 다음과 같은 12개의 그룹(groups)으로 분류하고 있다.
즉,
1. 방부제(preservatives)
2. 항산화제(antioxidants)
3. 금속제거제(sequestrants)
4. 계면활성제(surface active agents)
5. 안정제 및 농화제(stabilizers, thickeners)
6. 표백제, 성숙제, 전분의 성질 개량제(bleaching agents, maturing agents, starch modifiers)
7. 완충염, 산, 알칼리(buffers, acids, alkalies)
8. 식품 색소(food colors)
9. 비영양성 및 특별 식이용(食餌用) 감미료(non-nutrivite and special dietary sweetners)
10. 영양 보충제(nutrient supplements)
11. 향미료(flavoring agents)
가. 인공 향미료(synthetic flavors)
나. 향신료, 약초, 정유 및 식물의 추출성분들(spices, herbs, essential oils and plant extractives)

12. 기타

이스트 식품(yeast foods), 경화제(firming agents), 조직 개량제(texturizers), 접착제(binders), 조해(潮解) 방지제(anticaking agents), 효소(enzymes) 등이다.

우리나라 식품의약품안전청에서 식품첨가물을 그 기능(機能)에 따라 화학적합성품 404품목과 천연첨가물 203품목으로 분류하고 있다. 또한 이들 각 식품첨가물들과 이 첨가물들의 구체적인 사용대상 식품, 사용량의 최대허용량 등을 규제하고 있는 용도별 식품첨가물의 규격 및 용도별 사용기준 등이 1968년 보건사회부에 의해서 공포되었으며, 그 후 여러 번 개정되어, 2009년 4월 현재 607품목으로 그 수가 증가하고 있으며, 그 내용은 본문 p. 1145의 부록 1 용도별 식품첨가물 사용기준과 같다.

한편 일본에서는 1958년에 시행된 식품위생법에 따라, 식품첨가물 중 화학적 합성품에 대해서 보건부 장관이 지정한 것만 식품에 사용하게 하고, 1960년에 식품첨가물 공정서(公定書)가 만들어 졌으나, 점차 그 필요성이 증대한, 식품첨가물에 대한 국제적인 공통성 유지를 고려하여 1995년 식품위생법을 다시 제정하였다. 즉, 식품첨가물에 대해서 일부 예외를 제외하고 천연, 합성품에 관계없이 전적으로 보건장관이 지정한 것만 사용하기로 하고, 기존에 사용되어온 첨가물들로 별도 허용하고 있다. 이상의 첨가물들은 22종류에 걸쳐 348종이, 기존에 사용되어온 그리고 계속 사용이 허용되고 있는 489종이였다(일본 식품첨가물협회, 1996). 한편 지정 첨가물의 수는 1999년에는 352종으로 증가하고 있다(Hirota, S., *et al*., 2000).

국제적으로는 FAO와 WHO의 협력기관인 국제 식품규격위원회(CAC)의 한 분과위원인 FAO/WHO 합동식품첨가물 전문위원회(Joint Expert Committee on Food Additiues, JECFA)서 가맹국(加盟國) 43개국의 식품첨가물의 규격, 기준 등의 공정화(公定化)에 노력하고 있다고 한다(송형익외 4인, 1997).

본 장(chapter)에서는 식품첨가물 전반에 대한 상세한 논의는 이 방면에 관한 전문서적에 미루기로 하고 지금까지 여러 장에서 논의될 기회가 없었거나 적었던, 그러나 비교적 중요하다고 생각되는 식품첨가물들, 즉 일부 인공식용색소들(artificial food colors), 방부제들, 화학팽창제들, 식품에 사용이 허용된 항산화제들, 킬레이트제들(chelating agents), 즉 금속제거제들(sequestrants 또는 metal scavengers) 등에 대해서만 간단히 논의하기로 한다.

다른 식품첨가물들, 예로서, 향신료, 감미료(甘味料), 호료(糊料) 등은 각각 해당되는 장(章)을 참고하여 주기 바란다.

일반적으로 안전하다고 인정된 식품첨가물들

일반적으로 식품첨가물들은 그 독성(toxicity)과 빈번한 사용에 의한 누적효과를 함께 고려하여 그 사용목적에 따라 사용 최대허용량(the maximum tolerable allowance)을 정하여 주는 것이 원칙이다. 또한 미국이나 영국을 비롯한 많은 나라들은 독성(toxicity) 또는 반대로 안전성에 따라 사용목적과 특히 사용량과 상용방법에 차등을 두고 있다.

예로서 미국의 식품의약품 관리국(Food and Drug Admministration, FDA)에서는 오랜 세월을 두고 아무 탈 없이 사용되어 왔으며, 정상적인 사용량과 사용방법을 통해서 사용될 경우에는 그 안전성이 충분하다고 판단된 식품첨가물들(food additives)에 대해서는 「일반적으로 안전하다고 인정되는 식품첨가물들(food additives generally recognized as safe, GRAS)」의 목록(GRAS list)에 수록하고, 여기에 수록된 식품첨가물들에 대해서는 사용 최대허용량(the maximum tolerance level)을 정하지 않고 자유로이 상용케 하여 왔다.

전술한 바 있는 1958년에 제정된 식품첨가물 수정법(the Food Additives Amendment)에서는 식품첨가물이란 첨가될 식품의 직접적으로나 간접적으로 한 성분이 되며, 그 식품의 제조, 충전, 가공, 조리, 처리, 포장, 운송, 저장 등의 과정(방사선 조사과정도 포함) 등을 통해서 그 식품의 특성에 영향을 주는 물질로서, 그 물질이 과학적인 훈련과 경험을 가진 전문가들에 의해서 과학적인 절차를 거쳐서 안전성이 충분히 평가된 물질들, 또는 1958년 1월 1일 전에 이미 과학적인 절차들을 거치거나 실제 경험을 통해서 식품첨가물로서 사용되어 온 물질들이라고 정의하고 있다. 한편, 신선한 농작물의 표면, 또는 내부에 존재하는 농약(a pesticide chemical), 신선한 농산물의 생산, 저장, 운송과정에서 사용된 또는 사용할 목적인 농약, 그리고 색소첨가물과 식용색소첨가물(a color additive) 등은 식품첨가물에서 제외한 바 있다. 이들은 별도로 1954년의 밀러 농약 수정법안(the Miller Pesticide Amendment), 1960년의 색소첨가물 수정법안(the color Additives Amendment)에서 다루도록 규정한 바 있다(Awrand, L.W. et al., 1987).

미들코오프(Middlekauf, R. D., 1974)에 의하면 각종 식품류에 사용되는 첨가물들의 종류는 1974년에는 미국에서는 대략 3,890종에 달하며, 이 중 950여 종이 GRAS목록에 수록된 첨가물들이고 나머지 첨가물들 중의 2,080여 종이 사용에 있어서 엄격한 법의 규제를 받고 있다고 설명하고 있다. 또한 이상의 식품첨가물 중 가장 종류가 많은 것은 향료류(flavors)로서 3,890여 종 중에 1,300여 종에 달하며, 그 수는 계속 증가 추세에 있다고 한다.

전술한 대로 미국에서는 GRAS목록에 수록된 첨가물들은 사용량이 법률적으로 제한되어 있지 않으므로 엄밀한 의미에서는 법적으로 첨가물로 취급되지도 않을 수 있는 특색을 갖고 있다. 그러나 GRAS목록에 수록된 많은 화학적 합성품들이나 자연성분들(natural ingredients)에 대한 안전성에 대해서는 그 동안 계속 문제가 제기되어 왔다. 특히 그 동안의 일반 첨가물의 안전성(food additive safety)을 조사하는 실험 방법과 분석 방법들이 발전함에 따라 종래의 식품첨가물에 대한 안전성의 재검토가 필요하게 되었다고 스미스들(Smith, M. V. and Rubis, A. M., 1981)은 설명하고 있다.

실제로 미국의 식품의약품 관리국(Food and Drug Administration, FDA)은 1969년부터 GRAS목록에 수록된 일부 안전성이 문제가 되거나 중요한 첨가물들에 대해서 안전성을 재검토하는 계획(GRAS review program)을 세워 실천에 옮기기 시작했으며, 안전성에 이상이 없는 경우, GRAS물질로 확인된 첨가물 내지는 물질로 승인되는 반면에 안전성에 문제가 있다고 판정된 경우에는 GRAS목록에서 제외하도록 되어 있다. 한편, 1981년까지 415개의 GRAS목록에 수록된 첨가물들의 안전성 재검토작업이 완료되었다.

한편, 미국의 식품의약품 관리국(FDA)은 1977년부터는 이와 같은 안전성 재검토(retospective safety assessment) 작업을 GRAS목록에 수록된 첨가물들 뿐 아니라, 미국 내에서 직접 또는 간접으로 사용되고 있는 모든 식품첨가물들에 대해서 실시하기로 하고(Smith, M. V. and Rulis, A. M., 1981), 현재도 진행 중에 있다.

인공 식용색소들

근래에 와서 식용색소들(food colors)의 사용량은 계속 증가하고 있다. 이 식용색소들의 거의 대부분은 물론 합성 식용색소들, 즉 인공 식용색소들(artificial food colors)이다. 예로서, 미국의 경우 매년 막대한 양의 자연 식용색소들(natural food colors), 즉 안나토(annato), 카아민(carmine), 캬라멜(caramel), 카로틴류(carotenes), 잔토필류(xanthophylls), 클로로필린류(chlorophyllins), 터어머리크(turmeric), 즉 심황 뿌리의 가루, 등황색 등과 같은 자연 색소들 이외에 수백만 파운드 이상의 인공 보증색소들(synthetic certified colors)이 일반식품, 청량음료 또는 약품에 사용되고 있다고 한다.

미국의 경우, 전술한 바와 같이 1938년에 식품의약품 및 화장품법(Food, Drug and Cosmetic Act)의 통과와 함께 17개의 인공 식용색소들이 더 추가 허가되었다.

그러나 1950년에 발생한 인공색소 오렌지 제1호(FD and C Orange No.1)의 과도(過度)한 사용에 의한 어린아이들의 집단 중독사건을 계기로 인공 식용색소의 사용이 전면적으로 재검토 되었다. 그 결과 식용색소 적색 제1호(FD and C Red No.1)는 간장독(hepatotoxic agent)임이 밝혀졌으며, 한편 식용색소 황색 제3호 및 제4호에서는 발암성 물질(carcinogen)로 알려진 β-나프틸아민(β-naphthylamine)이 형성되는 사실이 밝혀졌다.

그 후 미국에서는 1960년대에 식용색소 첨가물에 관한 수정조항들(the Color Additive Amendments)이 법으로서 국회를 통과되었을 당시, 종래 사용이 허용되어왔던 인공 식용색소 중 8개의 사용이 금지되었으며, 따라서 11개의 타알계 식용색소들(tar food colors)만이 그 사용이 허가되었다(표 18-3 참조).

표 18-3 미국에서 1938년 이후 그 사용이 허가된 타알계 식용색소들(tar food colors) 및 1960년 이후 그 사용이 재확인된 식용색소들

1938년 이후에 사용이 허가된 색소들	1960년에 그 사용이 다시 허용된 색소들
FD & C Red No.1	—
FD & C Red No.2	FD & C Red No.2
FD & C Red No.3	FD & C Red No.3
FD & C Red No.4	FD & C Red No.4
FD & C Red No.32	—
FD & C Orange No.1	—
FD & C Orange No.2	—
FD & C Yellow No.1	—
FD & C Yellow No.2	—
FD & C Yellow No.3	—
FD & C Yellow No.4	—
FD & C Yellow No.5	FD & C Yellow No.5
FD & C Yellow No.6	FD & C Yellow No.6
FD & C Green No.1	FD & C Green No.1
FD & C Green No.2	FD & C Green No.2
FD & C Green No.3	FD & C Green No.3
FD & C Blue No.1	FD & C Blue No.1
FD & C Blue No.2	FD & C Blue No.2
FD & C Violet No.1	FD & C Violet No.1

Ayres, J. C., Kraft, A. A., Snyder, H. E., and Walker, H. W. 1962. "*Chemical and Biological Hazards in Food,*" The Iowa State University Press.

한편, 1960년에 통과된 색소첨가물(color additives)에 대한 수정조항들(the Color Additive Amendments in 1960)은 식품의약품 관리국(FDA)이 임의의 색소 첨가물의 사용을 금지하는 경우에 그 첨가물의 유해성을 증명해야 할 의무를 면제하는 반면에 그 첨가물을 제조·판매하는 업자로 하여금 그 목적하는 사용 용도에서 그 첨가물이 안전함을 증명하는 것을 의무화하고 있다.

또한 이 수정조항들은 농작물, 가축류, 광물질 등에서 추출하여 만들어진 종전부터 사용되어 온 소위 자연색소들(natural colorants)을 제외한 인공 또는 합성 색소들(synthetic colorants)에 대해서는 식품의약품 관리국(FDA)의 인증이 있어야만 식품류에 사용할 수 있게 하였다. 그리고 식품의약품 관리국(FDA)에서 보증한 색소 첨가물들(certified FD & C colorants)에 대해서는 FDA에서 그 명칭, 즉 속명(俗名, common name) 대신 표 18-4에 기재된 바와 같은 명칭, 뿐만 아니라 그 목록도 수록하고 여기에 각 보증색소(a certified FD & C colorant)의 구체적인 사용 조건들과 특히 안전한 사용을 위한 최대 사용허용량을 규정하고 명시하도록 되어 있다.

한편 타알계 식용색소들(tar food colors)의 사용 제한과 사용 시에 있어서의 엄격한 규제는 인체에 대한 안전성을 개선하는데 크게 기여하고 있다. 그러나 그 반면에 만족스러운 색깔과 물리적, 화학적인 성질을 가진 지용성인 식용색소들(oil-soluble food colors)의 부족을 결과적으로 초래하게 되었다.

즉, 그 동안의 많은 노력에도 불구하고 종래의 타알계 식용색소들(tar food colors)에 대체할 만한 선명한 색깔과 만족스러운 물리적, 화학적 성질들을 갖춘 안전한 지용성 색소들은 아직 개발되고 있지 않는 듯하다.

미국 국립과학원(National Academy of Sciences, USA)에서 1997년에 조사한 간 2세 이상의 미국인 하루 평균 인증된 합성 식용색소(synthetic food colorants) 섭취량은 표 18-4와 같다. 또한 1986년 1월 현재 미국에서 영구적으로 또는 잠정적으로 그 사용이 허용되고 있는 식용색소들의 종류는 표 18-5 및 표 18-6과 같다.

표 18-4 1997년도 미국 국립과학원(National Academy of Sciences, USA)에서 조사한 미국인 1인 매일 평균 인증된 합성 식용색소들(certified FD & C colorants)의 섭취량[1)]

식용색소들(colorants)	하루의 평균 섭취량(average daily intake, mg)
FD & C Red No.3	24
FD & C Blue No.2	7.8
FD & C Yellow No.5	43
FD & C Green No.3	4.3
FD & C Blue No.1	16
FD & C Red No.40	100
Orange B	7.8
FD & C Yellow No.6	37
FD & C Red No.3 Lake	15
FD & C Blue No.2 Lake	3.1
FD & C Yellow No.5 Lake	22
FD & C Blue No.1 Lake	6.6
FD & C Red No.40 Lake	27
FD & C Yellow No.6 Lake	14

1) 2세 이상의 12,000명 사람들에 대한 14일간의 조사결과, 99%의 사람이 이상에서 표시한 섭취량보다 적은 양을 섭취하는 것으로, 통계학적으로 추정됨.

IFT Expert Panel on Food Safety & Nutrition. 1986. *Food Technol.*, 40(7), 51.

표 18-5 1986년 1월 현재 식품 또는 사료(feed)에 사용되는 색소첨가물로서 당국에 의한 영구적인 인증(permanent certification)이 필요없는 첨가물

색소 첨가물들	제한(restriction)
건조된 해조 분말(dried algae meal)	닭 사료에만
안나토 추출물(annato extract)	—
베타-아포-8'-카로테날(beta-apo-8'-carotenal)	15mg/lb 또는 pt(pint)
베타-카로틴(beta-carotene)	—
홍당무 분말(beet powder)	—
칸사잔신(canthaxanthin)	30mg/lb 또는 pt, 닭사료의 경우 4.4mg/kg
캬라멜(caramel)	—
당근 추출물(carrot extract)	—
코키니일 추출물, 카아민(cochineal extract, carmine)	—
옥수수 배아유(corn endosperm oil)	닭 사료에만
탈지, 볶은 후 조리가공된 면실 가루(cottonseed flour, toasted partially defatted, cooked)	—
글루콘산 제일철(ferrous gluconate)	익은 올리브 열매(ripe olive)의 착색용으로만
과즙(fruit juice)	—
포도 색소 추출물(grape color extract)	음료 제외 식품에만
포도 껍질 색소 추출물(enocianina)	비탄산, 탄산 음료, 에일(ales), 음료원료, 알코올 음료
산화철, 합성(iron oxide, synthetic)	개와 고양이 먹이에만 0.25% 이하
파프리카와 파프리카 올레어레진(paprika and paprika oleoresin)	—
라이보플라빈(ribofalvin)	—
사프론(saffron)	—
타제티즈, 아즈테크, 매리골드 분말 및 추출물(tagetes, Aztec marigold meal and extract)	닭 사료에만
이산화 타이타늄(titanium dioxide)	1% 이하
터어머리크 및 터어머리크 올레어제진 (turmeric and turmeric oleoresin)	—
울트라마린 블루(ultramarine blue)	동물 사료용의 소금 착색용으로만
채소즙(vegetable juice)	—

1) 이상의 영구적 인증이 필요없는 색소 첨가물들(color additives)은 주로 자연추출물들(natural extracts)이다.
IFT Expert Panel on Food Safety & Nutrition. 1986. *Food Technol.*, 40(7),53.

한편, 우리나라에서는 1962년에 식품위생법에 의해서 식품첨가용 착색 자료로서 타알계 식용색소들 19개와 동 클로로필린 나트륨 및 칼륨염(copper chlorophylin Na, 또는 copper chlorophyllin K), 그리고 철 클로로필린 나트륨과 그 칼륨염, 3,2-산화철(iron sesquioxide), 황산동 copper sulfate) 6개 등 합계 25개의 사용이 허용되었었다.

그 후 1966년에 이상의 타알계 식용색소들 중 9개의 사용이 금지되었으며, 식용색소들로서 사용이 허용된 색소들은 타알계 식용색소 10개(표 18-7 참조), 상기의 클로로필린계 색소 6개, 합계 16개이었다. 그러나 그 후 계속 이상의 타알계 식용색소들 중 식용색소 녹색 제1호와 제2호, 그리고 자색

제1호, 합계 3개의 색소들의 사용이 금지되었고 그 반면에 적색 제40호의 사용이 새로 허용되었기 때문에 1999년 1월 현재 우리나라에서 사용이 허용되고 있는 타알계 식용색소들의 수는 합계 8종류이다(표 18-8 참조). 따라서 1999년 1월 현재 우리나라에서 사용이 허용되고 있는 착색료(coloring matters or colorants)는 표 18-8에서 볼 수 있듯이 타알계 식용색소 8품목(식용색소 적색 2호, 적색 3호, 적색 40호, 황색 5호, 농색 3호, 청색 1호, 청색 2호) 그 레이크 형태(lakes), 즉 알미늄과 복합체형태(alminium lakes)로서 6품목(위 식용색소 8품목에서 적색 3호, 적색40호를 제외한 식용색소들의 레이크형태들), 기타 비타알계 식용색소들(non-tar food colorants) 8품목(삼이산화철, 수용성아나토, 철클로로필린 나트륨, 동 클로로필린 나트륨, 황산동, 이산화 타이타늄, 베타-카로틴, 베타-아포-8'-카로티날) 등 도합 22품목의 사용이 허용되고 있다(한국식품공업협회, 1994;양호철 및 허남철, 1999 참조).

표 18-6 1986년 1월까지 미국에서 영구적으로 또는 잠정적으로 사용이 허용되고 있는 인증된 합성 식용색소들(certified synthetic color additives)

그 사용이 영구적으로 허용된 것(permanet)	그 사용이 잠정적으로 허용된 것(provisional)
FD & C Red No.3*	FD & C Yellow No.6
FD & C Blue No.2	FD & C Yellow No.6 Lake
FD & C Yellow No.5	FD & C Red No.3 Lake
FD & C Green No.3	FD & C Blue No.1 Lake
FD & C Blue No.1	FD & C Blue No.2 Lake
FD & C Red No.40	FD & C Green No.3 Lake
FD & C Red No.40 Lake	FD & C Yellow No.5 Lake
Orange B	

1) FDA의 색소 첨가물 재검토의위원회(Color Additives Scientific Review Panel)의 결정을 기다리는 중임.
2) 소세지류(sausage and frankfurters)의 표면 또는 포장 케이스(casings)에만 사용. 150ppm 이하.
3) 계속 가공원료로 사용되지 않은 오렌지의 껍질에 사용. 2ppm 이하.
* 이 색소의 사용은 1990년 1월 30일부로 식품 의약품 관리국(FDA)에 의해서 규제되었다.
IFT Expert Panel on Food Safety & Nutrition. 1986. *Food Technol.*, 40(7), 52.

표 18-7 우리나라에서 1962년 공포된 식품 위생법상 사용이 허가된 타알계 식용색소들(coal tar food colors)과 1966년 동법 개정시 계속 사용이 허가된 타알계 식용색소들

1962년에 사용이 허가된 색소들	1966년에 사용이 재허용된 색소들
식용색소 녹색 제1호	식용색소 녹색 제1호
식용색소 녹색 제2호	식용색소 녹색 제2호
식용색소 녹색 제3호	식용색소 녹색 제3호
식용색소 등색 제1호	—
식용색소 등색 제2호	—
식용색소 자색 제1호	식용색소 자색 제1호
식용색소 적색 제1호	—
식용색소 적색 제2호	식용색소 적색 제2호
식용색소 적색 제3호	식용색소 적색 제3호
식용색소 적색 제4호	—
식용색소 적색 제5호	—
식용색소 청색 제1호	식용색소 청색 제1호

식용색소 청색 제2호	식용색소 청색 제2호
식용색소 황색 제1호	—
식용색소 황색 제2호	—
식용색소 황색 제3호	—
식용색소 황색 제4호	—
식용색소 황색 제5호	식용색소 황색 제4호
식용색소 황색 제6호	식용색소 황색 제5호

표 18-8 2005년 현재 우리나라에서 사용이 허용되고 있는 각종 식용색소, 즉 착색료들(coloring matters or colorants)

1999년 1월 현재 사용되고 있는 착색료	일반명
식용색소 적색 제2호[1]	아마란스(amaranth)
식용색소 적색 제2호 알미늄 레이크(alminium lake)[2]	
식용색소 적색 제3호[1]	에리스로사인(erythrosine)
식용색소 적색 제40호[1]	알루라 렛드(alura red)
식용색소 황색 제4호[1]	타아트라진(tartrazine)
식용색소 황색 제4호 알미늄 레이크[2]	
식용색소 황색 제5호[1]	선셋트 옐로우 FCF(snset yellow FCF)
식용색소 황색 제5호	알미늄 레이크[2]
식용색소 녹색 제3호[1]	파스트 그린 FCF(fast green FCF)
식용색소 녹색 제3호	알미늄 레이크[2]
식용색소 청색 제1호[1]	브릴리안트 블루 FCF(billiant blue FCF)
식용색소 청색 제1호	알미늄 레이크[2]
식용색소 청색 제2호[1]	인디고 카아민(indigo carmine)
식용색소 청색 제2호	알미늄 레이크[2]
삼인산화철(iron sesquioxide)	
철 클로로필린 나트륨(sodium iron chrolophilline)	
동 클로로필린 나트륨(sidium copper chlorophilline)	
황산동(copper sulface)	
이산화 티타늄(titanium dioxide)	
수용성 안나토(water soluble annato)	
베타-카로틴(β -carotene)	

1) 타알계 식용색소들(coal tar food colors)로 모두 수용성 색소들임.
2) 이상의 식용색소들과 알미늄과의 복합체들로서 물에 잘 녹지 않으며, 미세한 입자상으로써 사용된다. 수용성이나 유용성 식품이거나 관계없이 사용할 수 있는 장점이 있다.

한편, 현재 우리나라에서 사용이 허가되고 있는 타알계 식용색소들의 명칭, 화학구조를 표 18-9에 수록하였다. 전술한 대로 우리나라에서는 8개(표 18-8 참조), 미국에서도 8개(표 18-6 참조)의 타알계 색소들(단 레이크 형태를 포함하지 않을 때)이 식용색소로서 그 사용이 허용되고 있다. 이상의 색소들의 명칭, 화학구조들은 표 18-9와 같다.

식품 방부제와 소독제들

우리나라에서 보존료, 즉 방부제(preservatives)로서 1994년 기준으로 13개의 화합물들 그리고 살균제로서 4개의 화합물들의 사용이 허용되고 있다(표 18-11 및 표 18-12 그리고 식품공업협회의

1994년도 식품첨가물공전 참조).

이 중에서 살균제, 즉 소독제들(disinfectants)은 식품에 대한 직접적인 첨가는 금지되어 있으며, 다만 채소류, 과실류, 식기(食器) 등의 소독(消毒)을 위해서만 그 사용이 허용되고 있다.

우리나라에서 보존료(保存料), 즉 식품방부제(food preservatives)로서 현재 그 사용이 허용된 화합물들은 크게

1. 프로피온산과 그 염들
2. 소오빈산(sorbic acid)과 그 염들
3. 데하이드로초산(dehydroacetic acid)과 그 염들
4. 안식향산, 즉 벤졸산(benzoic acid)과 그 염들
5. 파라하이드록시벤졸산(p-hydroxybenzoic acid), 즉 파라옥시안식향산의 에스터류

등으로 크게 분류된다.

표 18-9 식품에서 사용되어 온 타알계 색소들(tar pigments)의 명칭과 구조

한국명[1)]	일본명[2)]	미국명	일반명과 화학구조
식용색소 적색2호	식용색소 적색2호	FD & C Red No.2 (사용금지)	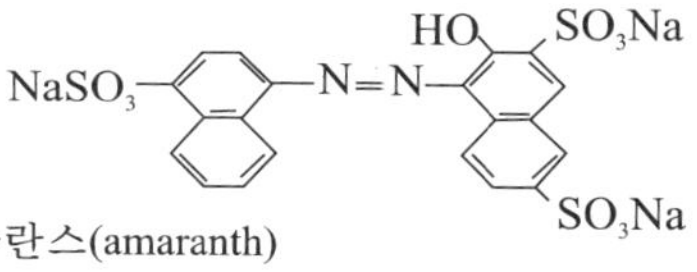 아마란스(amaranth)
식용색소 적색3호	식용색소 적색3호	FD & C Red No.3	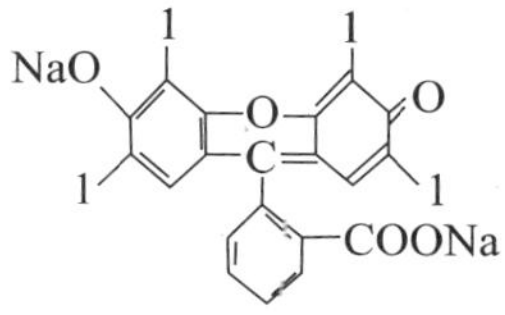 에리쓰로사인(erythrosine)
식용색소 적색40호	식용색소 -	FD & C Red No.40	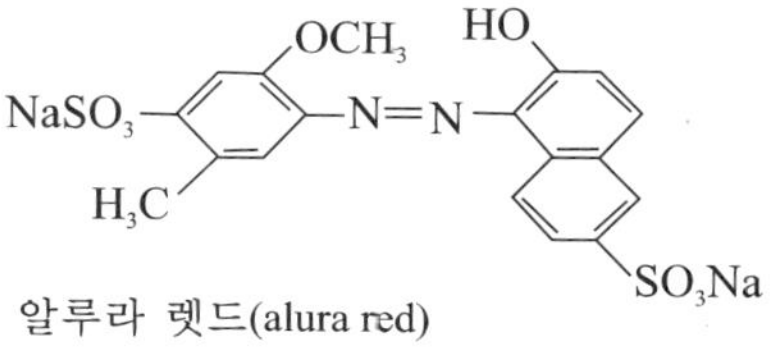 알루라 렛드(alura red)
식용색소 황색5호	식용색소 황색5호	FD & C Yellow No.6	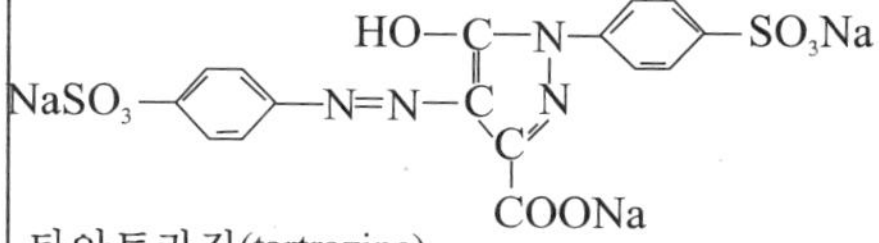 타아트라진(tartrazine)
식용색소 녹색3호	식용색소 녹색3호	FD & C Green No.3	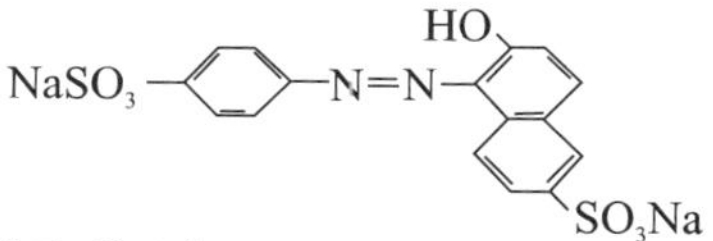 선셋트 옐로우 FCF(sunset yellow FCF)

식용색소 청색1호	식용색소 청색1호	FD & C Blue No.1	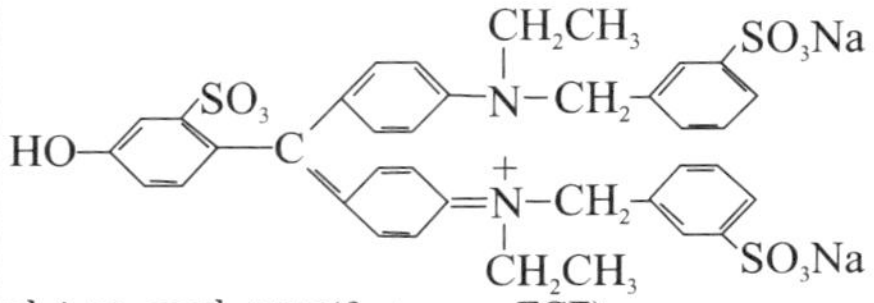 파스트 그린 FCF(fast green FCF)
식용색소 청색2호	식용색소 청색2호	FD & C Blue No.2	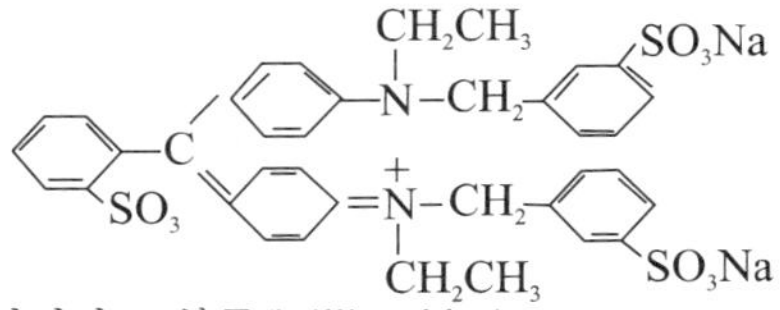 브릴리안트 블루(brilliant bluc)

1) 우리나라 식용색소들은 1986년 1월 현재 기준으로 사용이 허가된 것.
2) 일본 식용색소들은 1969년 기준으로 사용이 허가되고 있는 것(11종) 중의 일부를 표시함.

프로피온산과 그 염들

프로피온산(propionic acid)은 빵류와 생과자류의 미생물에 의한 부패, 또는 채소류의 소금절임 발효(pickle fermentation)에 있어서 각종 미생물에 의한 2차적 발효(the secondary fermentation)를 억제하는데 효과가 크며, 따라서 오래 전부터 식품방부제(food preservative)로 사용되어 왔다. 인체에 대해서는 자연에 존재하는 지방산들(fatty acids)과 마찬가지로 쉽게 신진대사(新陳代謝)되는 장점이 있으며, 따라서 그 독성(toxicity)은 매우 낮다. 실제 식품방부제로서는 프로피온산의 나트륨 및 칼슘염이 우리나라에서는 사용이 허용되고 있다(표 18-11 참조).

나트륨염은 백색의 결정으로서 물에 잘 녹는다(100g/100ml). 주로 산성 용액에서 방부력을 가지며, 곰팡이, 효모보다는 세균들에 대해서 더 강한 항균력(抗菌力)을 나타낸다고 한다.

나트륨염의 실험쥐에 대한 독성은 경구적으로 50% 치사량이 5.10g/kg, 즉 LD_{50} = 5.10g/kg 이다. 빵 또는 과자류에 프로피온산의 함량으로써 2.5g/kg의 농도, 즉 나트륨염으로써 3.24g/kg, 칼슘염으로써 3.14g/kg의 농동로 사용이 허용되고 있다. 칼슘염도 대체로 비슷한 성질을 갖고 있으며, 물에는 비교적 잘 녹는다. 쥐에 대한 독성은 경구적으로 LD_{50} = 3.34g/kg 이다. 그 사용법은 나트륨염과 같다.

소오빈산과 그 칼륨염

일반적으로 고도불포화지방산들(polyunsaturated fatty acids)은 강한 항미작용(fungistatic action)을 갖고 있는 사실이 알려져 있다.

소오빈산(sorbic acid)은 탄소 수(carbon number)가 비슷한 자연에 존재하는 다른 지방산들과 마찬가지로 인체 내에서 쉽게 신진대사 되는(metabolizable) 특징이 있다(표 18-11 참조). 이 산(acid)도 다른 산성 방부제들(acid preservatives)과 마찬가지로 산성 용액에서만 그 효력을 나타낸다.

소오빈산(sorbic acid)은 무색의 침상 결정이며, 융점은 133내지 135℃이다. 냉수에 0.16g/100ml, 뜨거운 물에 3.3g/100ml, 알콜에 13.9g/100ml 가량 녹는다. 소오빈산은 곰팡이, 효모 등의 미생물들에 대해서 다 같이 성장억제 물질로 작용하나, 그 작용은 그다지 강력하지 않다고 한다. 독성(toxicity)은 쥐에 대해서 경구적으로 LD_{50} = 10.5g/kg 이며, 어류, 식육가공품(2g/kg), 된장, 간장 및 고추장(1g/kg), 잼, 케찹, 절임류(0.5g/kg) 등에 널리 사용된다.

소오빈산의 나트륨염(sodium sorbate)은 무미, 무취의 백색결정으로서 물에 비교적 잘 녹는다(25.6g/100ml). 이 나트륨염의 방부 효과와 사용 용도는 소오빈산의 경우와 동일하다.

독성은 쥐에 대해서 경구적으로 LD_{50} = 4.97g/kg이다. 칼륨염도 무미, 무취의 백색결정으로서 물에 잘 녹는다(58.2g/100ml). 그 효과와 용도는 전자와 비슷하며 독성은 쥐에 대허서 경구적으로 LD_{50} = 5.86g/kg이다.

데하이드로초산과 그 염들

데하이드로초산과 나트륨염(dehydroacetic acid and sodium dehydroacetate)은 매우 효과적인 항미생물제들(antimicrobial agents)로 알려지고 있다(표 18-11 참조). 데하이드로초산은 거의 무미, 무취의 백색 침상 또는 판상(板狀) 결정이며, 융점(M.P.)은 109내지 112℃이다. 이것은 물에 잘 녹지 않으며, 열에 안정하나, 일사광선(sunlight)에 의해서 다소 분해된다. 세균뿐 아니라, 곰팡이, 효모들에 대해서도 강하게 작용한다.

한편, 데하이드로초산과 그 나트륨염은 지금까지 설명해 온 프로피온산, 소오빈산 그리고 후술하는 벤졸산, 즉 안식향산, 파라하이드록시벤졸산, 즉 파라옥시안식향산들과 이들의 염 또는 에스터들과 같은 다른 산성 방부제들(acid preservatives)과는 달리 pH의 변화에 의해서 그 작용이 크게 변하지는 않으나, 역시 산성용액에서 그 작용이 더 강하다.

치즈, 버터, 마가린(0.5g/kg), 청량음료(0.05g/kg), 된장, 팥앙금류(0.2g/kg), 채소류나 과실류의 소금, 간장, 식초 절임류(0.08g/kg) 등에 사용된다. 독성은 쥐에 대해서는 경구적으로 LD_{50}=1.0g/kg 이다.

데하이드로초산의 나트륨염은 백색결정이며, 무미, 무취하다. 물에는 비교적 잘 녹으며(33g/100ml), 독성은 쥐에 대해서 경구적인 경우, LD_{50} = 0.57g/kg 이다.

사용 용도는 데하이드로초산과 같다. 다만 사용량은 나트륨염으로서가 아니라 유리산(free acid)으로 계산되기 때문에, 데하이드로초산의 허용 사용량×1.24가 그 나트륨염의 허용사용량이 된다.

벤졸산, 즉 안식향산과 그 나트륨염

근래에 와서 벤졸산(benzoic acid), 즉 안식향산(安息香酸)과 그 나트륨염, 그리고 후술하는 각종의 파라하이드록시벤졸산의 에스터들(p-hydroxybenzoic acid의 esters) 즉, 파라옥시안식향산의 에스터들이 식품방부제들(food preservatives)로서 맥주, 설탕시럽, 발효음료(fermented beverages) 등에 사용되고 있다.

우리나라에서 사용이 허용된 이 계통의 방부제들로서는 벤졸산, 벤졸산의 나트륨염 그리고 후술하는 파라하이드록시벤졸산의 에스터들이다(표 18-11 참조).

벤졸산, 즉 안식향산 자체는 백색의 침상 결정이며, 융점은 121 내지 123℃이다. 찬 물에는 잘 녹지 않으며(0.4g/100ml), 뜨거운 물에는 어느 정도 녹는다(5.0g/100ml). 알콜(33g/100ml), 특히 뜨거운 알콜에는 잘 녹는다(67g/100ml).

벤졸산의 살균작용은 용액의 pH에 의해서 크게 변한다. 실제 살균력을 가진 부분은 비해리형(非解離形, undissociated form)이기 때문에 산성(acidic)일수록 그 효과는 크다. 일반적으로 pH 3에서의 벤졸산의 살균력은 pH 7.0인 용액의 경우보다 10배나 더 크다고 한다. 벤졸산의 독성은 경구적으로 토끼와 개에 대해서 다같이 LD_{50} = 2g/kg이며 용도로서는 주로 청량음료(탄산음료 제외), 간장, 된장 등에 대해서 0.6g/kg 이하의 양이 사용된다. 벤졸산의 나트륨은 백색결정 분말이며, 물에 잘 녹는다(55.6g/kg). 그 작용, 독성(toxicity), 사용 용도는 벤졸산과 대체로 같다. 다만 벤졸산보다 물에 잘 녹으므로 수용성 용액에서는 사용하기가 더 편하다.

파라하이드록시벤졸산, 즉 파라옥시안식향산의 에스터류

예로서 그 에틸, 프로필, 아이소프로필, 뷰틸과 아이소뷰틸 에스터들(ethyl, propyl, isopropyl, butyl, and isobutyl p-hydroxybenzoates)은 인체에 의해 거의 해가 없는 농도에서도 세균이나 효모, 곰팡이들의 성장을 억제하여 주는 작용을 갖고 있기 때문에 현재 우리나라와 미국, 일본 등을 비롯하여 많은 나라에서 식품 방부제(food preservatives), 즉 식품보존료(食品保存料)로서 널리 사용되고 있다.

이 중 파라하이드록시벤졸산의 에틸 에스터(ethyl ester of p-hydroxybenzoic acid)는 백색의 결정성 분말이며, 융점은 116 내지 118℃이다. 물에는 잘 녹지 않으나(0.145g/100ml) 알콜에는 잘 녹으며(33g/100ml), 또한 다른 유기용매에도 비교적 잘 녹는다.

그 효과는 부틸 에스터(butyl ester)보다는 약하며, 뷰틸 에스터의 1/3 내지는 1/6 정도라고 한다. 그 독성은 전술한 벤졸산과 그 염들에 비하면 월등히 낮으나, 뷰틸 에스터보다는 더 강하며, 경구적인 경우 실험쥐에 대해서 LD_{50} = 2.5g/kg 이다.

용도는 간장(0.25g/l), 식초(0.1g/l), 청량음료(0.1/l), 과실 소오스류(0.2g/l), 과실류와 과채류(fruit vegetables, 예; 토마토 등)의 표피(0.012g/l)의 살균, 채소류나 과채류의 간장절임, 된장절임, 소금절임(0.08g/l) 등이다.

파라하이드록시벤졸산의 뷰틸 에스터(butyl ester of p-hydroxybenzoic acid)는 실제로 노오말뷰틸 에스터(n-butyl ester), 아이소뷰틸 에스터(isobutyl ester), 제 이급 뷰틸 에스터(secondary butyl ester) 등, 세종류의 이성체들(isomers)이 있으나 모두 뷰틸 에스터로서 그 사용이 허용되고 있다.

n-뷰틸 에스터는 백색의 결정이며, 융점은 69 내지 72℃이다. 물에는 잘 녹지 않으나(0.02g/100ml), 알콜에는 매우 잘 녹으며(210g/100ml), 프로필렌 글라이콜(propylene glycol) 등의 다른 유기용매에도 비교적 잘 녹는다.

살균력은 에틸 에스터보다 훨씬 강하나 독성은 더 약한 장점을 갖고 있다. 독성은 경구적으로 쥐에 대해서 LD_{50} = 16.0g/kg 이다. 사용용도는 대체로 에틸 에스터와 같으나, 현재 우리나라에서 주류(酒類)에 대한 방부제 또는 보존료로서 그 사용이 허용되고 있는 유일한 것이라는 점은 특기할 만한다. 한편, 주류에 대한 사용량은 0.05g/kg 이다.

제이급 뷰틸 에스터(sec-butyl ester)는 백색의 결정이며, 융점은 58 내지 61℃이다. 물에는 잘 녹지 않으며(0.051g/100ml), 알콜 등의 유기용매에 잘 녹는다. 독성은 쥐에 대해서 LD_{50} = 10g/kg이며, 용도는 다른 뷰틸 에스터들과 같다.

한편, 파라하이드록시벤졸산의 프로필 에스터(propyl ester of p-hydroxybenzoic acid)는 실제로는 노오말프로필 에스터(n-propyl ester)와 아이소프로필 에스터(isopropyl ester)의 두 종류가 있으나 다 같이 사용되고 있다.

n-프로필 에스터는 백색의 결정이며, 무미, 무취하다. 융점은 95 내지 98℃이며, 물에는 잘 녹지

않으나(0.05g/100ml), 알콜 등에는 잘 녹는다. 독성과 사용용도는 아이소뷰틸 에스터의 경우와 같다.

이상의 파라하이드록시벤졸산의 에스터들은 이미 서두에서 언급하였듯이 파라벤(Parabens)이라는 이름으로도 알려져 왔다. 이 이름은 parahydroxybenzoic aicd ester의 para와 ben이 결합해서 생긴 이름이다.

표 18-10은 어떤 일정한 농도의 설탕용액(sucrose solution)을 3일간 저장할 때 효고 등의 미생물의 성장에 따라 소비되는, 즉 손실되는 설탕의 양(%로 표시)과 그 설탕용액에 이상의 파라벤(Parabens)을 150 내지 300ppm을 첨가하여 동일 조건하에서 3일간 저장할 때 일어나는 설탕의 손실양, 그리고 그 설탕용액 내에서 증식한 효모의 수를 표시하여 주고 있다. 이상의 결과에서 파라하이드록시벤졸산의 n-헵틸 에스터(n-heptyl p-hydroxybenzoate)가 가장 효과적임을 알 수 있다.

이 실험을 실시한 밧즐레이(Badgely, G.R., 1970)에 의하면, 설탕시럽에 사용되는 식품방부제(food presrvative)로서는 과거에는 보통 차아산염산 소오다(sodium hypochlorite)와 폼알데하이드(formaldehyde)의 혼합물을 첨가하였을 때에 72시간까지는 미생물의 성장이 억제되었으나, 72시간 후에는 설탕의 손실이 급격하게 증가하였다고 한다.

살리실산

종래 방부제(preservative)로서, 특히 주류(酒類)에 대한 방부제 또는 보존료로서 과거에 유독 일본과 우리나라에서만 널리 사용되어 온 살리실산(salicylic acid)은 그 독성이 다른 방부제들에 비해서 매우 강하나 독성은 더 약하여 효력이 더 우수한 방부제들이 많이 나오기 시작한 후로는 그 사용에 대해서 국내외적으로 많은 논란의 대상이 되어 왔었다. 이 살리시산의 식품 방부제로서의 사용은 우리나라에서는 1973년 1월부터, 일본에서는 1975년 7월부터 전면적으로 금지되었다.

표 18-10 설탕용액을 3일간 저장할 때 그 설탕손실, 효모 수에 미치는 일부 방부제들의 영향.

파라벤 계통의 방부제들(Parabens preservatives)	농도(ppm)	설탕의 손실 (% loss)	효모의 수 (yeast count)
실험대조(control)	—	11.0	과다하여 셈 못함
메틸 파라하이드록시벤조에이트(methyl p-hydroxybenzoate)	150	4.3	과다하여 셈 못함
메틸 파라하이드록시벤조에이트(methyl p-hydroxybenzoate)	300	3.2	과다하여 셈 못함
프로필 파라하이드록시벤조에이트(propyl p-hydroxybenzoate)	150	1.4	과다하여 셈 못함
프로필 파라하이드록시벤조에이트(propyl p-hydroxybenzoate)	300	1.2	16,000
헵틸 파라하이드록시벤조에이트(n-heptyl p-hydroxybenzoate)	150	1.1	0
헵틸 파라하이드록시벤조에이트(n-heptyl p-hydroxybenzoate)	300	0.6	0

Badgley, G. R., 1970. *Food Technol.*, 24, 138.

살리실산은 백색의 결정이며, 자극성이 있고 물에는 잘 녹지 않으나(0.2g/100ml), 뜨거운 물(6.7g/100ml), 특히 알콜에는 잘 녹는다(33g/100ml). 독성(toxicity)은 강하며, 점닥(粘膜)을 부식시킬 뿐만 아니라 피하주사(subcutaneous injection)의 경우 쥐에 대해서는 LD_{50} = 520mg/kg이며, 일시에 10g 이상 섭취할 때는 호흡곤란, 심장쇠약, 점막의 부식 등을 가져온다고 한다. 과거에는 청주, 합성청주, 과실주, 약주 등에 대해서 0.25g/l, 식초에 대해서 0.06g/l가 사용되었다.

소독제, 즉 살균료

현재 우리나라에서 소독제(消毒劑, disinfectants) 또는 살균제(bacteriocides)로서 그 사용이 허용되고 있는 화학첨가물(chemical additives)로서는 차아염소산(次亞鹽素酸)의 나트륨염(sodium hypochlorite), 표백분(bleaching powder), 고도 표백분(高度 漂白粉)으로 불리고 있는 차아염소산의 칼슘염(calcium hypochlorite), 이 염화아이소시아뉴렌산의 나트륨염(sodium dichloroisocyanurate) 등 4 품목이다.

전술한 대로 이 소독제들은 채소류, 과채류와 같은 식품들이나 식기류(food utensils), 기구류의 소독(disinfection)을 위해서 외용적(外用的)으로 사용되어야 하며, 직접 식품에 첨가할 수는 없다.

한편, 과거에 우리나라에서 살균료로 분류되었으나 실제로 식품에 첨가하여 사용되어온 니트로후란 유도체들(nitrofuran derivatives)은 일본에서 개발, 연구되어 널리 사용되어 왔으나, 그 독성(toxicity) 때문에 우리나라나 일본을 제외한 대부분의 나라에서는 처음부터 사용되지 않았었다. 한편, 우리나라에서도 1975년 7월부터 그 사용이 전면 금지되었다. 이 유도체들 중 니트로후라존(nitrofurazone, 5-nitro-2-furfural semicarbazone)은 황색의 침상결정으로 세균에 대해서는 매우 강한 살균력을 갖고 있으나 곰팡이나 효모들에 대해서는 그 작용이 약하다. 독성은 비교적 강하며, 쥐에 대해서 경구적으로 LD_{50} = 460mg/kg 이다. 과거에는 식육제품, 어육제품 등에 대해서 0.005g/kg, 신선한 어류에 대해서는 0.02g/kg이 사용되어 왔다.

한편, 니트로후릴아크릴아마이드(5-nitrofurylacryl amide)는 담황색의 결정으로 약간 쓴맛을 갖고 있다. 물에는 잘 녹지 않으나 알콜에는 녹는다. 매우 강한 살균력을 갖고 있으며 독성도 강하다. 쥐에 대해서 경구적으로 LD_{50} = 1.0g/kg 이다. 식육제품, 어육제품에 0.02g/kg, 어개류 건제품에 0.001g/kg, 팥앙금류에 0.02g/kg, 두부에 0.005g/kg이 사용되어왔었으나, 현재는 사용되고 있지 않다.

한편, 소독제들(disinfectants)로서 그 사용이 허용되었던 클로라민 B(chloramine B), 클로라민 T(chloramine T), 할라존(halazone) 등도 현재 그 사용이 금지되고 있다.

표 18-11 우리나라에서 그 사용이 허용되고 있는 방부제의 이름, 구조와 대상 식품 및 사용량의 최대한도

방부제, 즉 보존료의 이름	화학구조식	대상식품	사용량의 최대한도	비고
데하이드로 초산	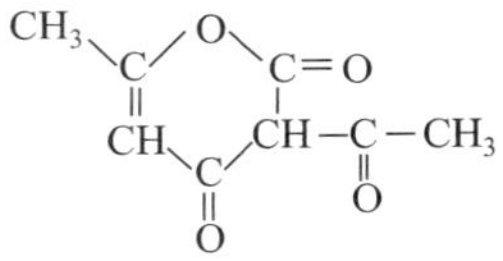 dehydroacetic acid	치즈, 버터, 마가린	데하이드로 초산으로서 0.5g/kg	
데하이드로 초산 나트륨	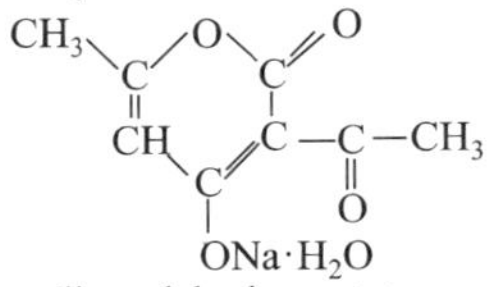 ONa·H_2O sodium dehydroacetate			
소오빈산 (E,E)-hexa-2,4-dienoic acid	$CH_3-CH=CH-CH=CH-COOH$ sorbic acid	치즈	소오빈산으로서 3g/kg 이하	
		어육연제품, 경육제품	2g/kg 이하	

		식육제품, 성게젓 피넛트 버터 가공품	
소오빈산 칼슘	$(CH_3-CH=CH-CH-COO)_2Ca$ calcium sorbate	된장 및 고추장	1g/kg 이하
벤졸산(안식향산) 벤졸산 나트륨	COOH (benzene ring) COONa (benzene ring) benzoic acid sodium benzoate		벤졸산, 즉 안식향산으로서
		청량음료(탄산을 포함한 것 제외) 및 된장	0.6g/kg 이하
파라하이드록시 벤졸산 또는	OH (benzene ring) $COOCH_2CH(CH_3)_2$ isobutyl p-hydroxy benzoate		파라하이드록시 벤졸산으로서
		간장	0.25g/l 이하
		식초	0.1g/l 이하
		청량음료(탄산을 함유한 것은 제외)	0.1g/l 이하
		과일 소스	0.2g/kg 이하
파라옥시안식향산의 에틸 에스터	OH (benzene ring) $COOCH_2CH_3$ ehtyl p-hydroxybenzoate	과일류 및 채소류 표피부분에 한함	0.012g/kg 이하
파라옥시안식향산의 아이소프로필 에스터	OH (benzene ring) $COOCH(CH_3)_2$ isopropyl p-hydroxy benzoate		
프로피온산 나트륨	(CH_3CH_2COONa) sodium propionate	빵 및 생과자	프로피온산으로서 2.5g/kg 이하
프로피온산 칼슘	$(CH_3CH_2COO)_2Ca$ calcium propionate	치즈	3g/kg 이하

표 18-12 우리나라에서 사용이 허용되고 있는 살균제의 이름, 구조와 대상식품 및 사용량의 최대한도

살균제의 이름	화학구조식	대상식품	사용량의 최대한도	비고
차아염소산 나트륨	HOCl sodium hypochlorite	참깨에 사용해서는 안된다.		
표백분	$CaOCl_2$ bleaching powder			
고도 표백분	$CaOCl_2$ calcium hypochlorite			

이염화아이소시아뉴렌산의 나트륨염	sodium dichloroisocyanutrate
에틸렌옥사이드	ethyleneoxide

차아염소산 나트륨 차아염소산(次亞鹽素酸) 나트륨(sodium hypochlorite)의 살균력은 실제로는 차아염소산(hypochlorous acid)의 비해리형(undissociated form), 즉 HOCl의 작용에 의한다. 차아염소산 나트륨은 용액 중의 수소이온(H^+ion)에 의해서 다음의 (1)식에서와 같이 차아염소산을 형성한다. 이때 수소이온 농도가 클수록, 즉 pH가 산성일수록 형성되는 차아염소산의 농도는 커진다. 이와 같이 형성된 차아염소산은 (2)식과 같이 분해되면서 강력한 산화제로 작용한다. 한편, 일부 차아염소산과 (2)식에서 형성된 염산은 서로 반응하여 (3)식에서처럼 염소(Cl2)를 형성하며, 이 염소가 결국 살균작용의 주체가 된다.

$$NaOCl + H^+ \rightleftharpoons HOCl + Na^+ \quad (1)$$

$$2HOCl \rightarrow 2HCl + O_2(\text{발생기의 산소}) \quad (2)$$

$$HOCl + HCl \rightarrow H_2O + Cl_2 \quad (3)$$

표백분 표백분(bleaching powder)에는 차아염소산 칼슘, 즉 Ca(OCl)Cl을 주성분으로 하고 여기에 염화칼슘($CaCl_2$), 수산화 칼슘, 즉 $Ca(OH)_2$ 등이 함께 함유되어 있다. 이 중 차아염소산 칼슘(calcium hypochlorite)은 수용액 중에서 물 분자에 의해서 다음 식에서와 같이 분해되어 염소(chlorine)를 발생하며, 이 염소가 표백분의 살균력의 주체가 된다.

$$Ca(OCl)Cl + H_2O \rightarrow Ca(OH)_2 + Cl_2$$

고도 표백분 고도 표백분(高度漂白紛)은 전술한 표백분보다 그 주성분인 차아염소산 칼슘(calcium hypochlorite)의 함량이 더 높기 때문에 이상과 같은 이름으로 불려지고 있다. 그 소독 작용의 기구(機構)는 위 표백분의 경우와 동일하다.

이염화아이소시아뉴렌산의 나트륨염 염화아이소시아뉴렌산의 나트륨염(sodium dichloroisocyanurate)은 근래 우리나라에서 특이하게 그 사용이 허용되고 있는 소독제 내지는 세균제로서 그 유효성분은 다음과 같은 화학분해 과정에서 형성되는 차아염소산(hypochlorous acid), 즉 HOCl이며, 결국 차아염소산에서 형성되는 염소(chlorine)이다.

이 소독제는 식기류, 각종 가공기계류, 용기 등의 소독 목적 이외에는 사용할 수 없다.

한편, 우리나라에서 1994년 이후 그 사용이 허용되고 있는 대표적인 보존료(preservatives) 및 살균료(disinfectants)의 이름, 특히 그 구조 그리고 사용 대상식품 및 사용량이 최대한도치 등은 표 18-11 및 18-12에 표시하였다.

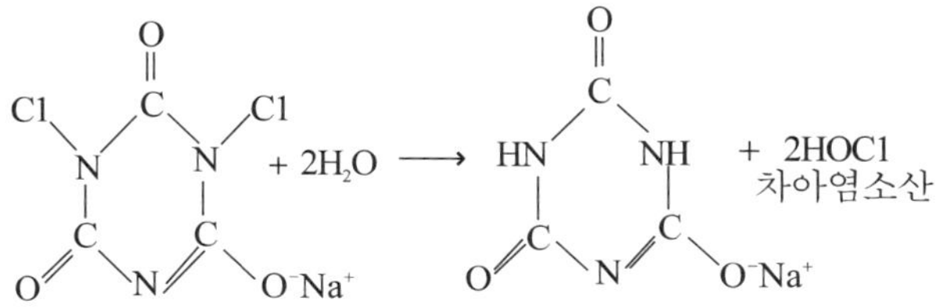

아염화아이소사이아뉴렌산의 나트륨염 + $2H_2O$ ⟶ 아이소사이아뉴렌산의 나트륨염 + 2HOCl (차아염소산)

식품방부제로서의 항생물질들

1950년대 초기에서부터 일부 항생물질들(antibiotics)을 식품저장(food preservation)에 이용하는 문제가 실험되어 왔었다. 이들 항생물질들은

첫째로는 상하기 쉬운 식품들(perishable foods)이나 냉동식품 등의 유통과정에서의 저장수명(shelf-life)을 연장하여 주는 목적으로,

둘째로는 저장 식품의 가열살균처리(a sterilization process)의 강도(强度)를 경감(輕減)해 줄 목적으로 그 사용이 시도되어 왔었다.

그러나 근래에 와서 가공식품, 저장식품의 저장수명(shelf-life)을 항생물질의 도움으로 향상시키고자 하는 당초의 목적에 대해서는 전면적인 재검토가 필요하다는 주장이 강력히 대두되어 왔다. 즉, 많은 학자와 연구자들은 이상의 방법이 가열살균(heat sterilization)이나 냉동 내지는 저온저장(low-temperature preservation)과 같은 인체에 해를 주지 않는, 기본적이고 정상적인 방법 대신에 하나의 편법(便法)으로 사용될 가능성이 있으며, 가뜩이나 식품, 특히 가공식품의 경우, 각종 첨가물들의 남용 등에 기인된 외부로부터의 오염이 심각해지고 있어서 첨가물의 사용을 가급적 억제하고자 하는 식품 안전성(food safety)에 관한 기본 원칙에 위배된다는 부정적인 입장을 취하고 있다. 또한 항생물질의 남용은 이들 항생물질들에 대한 내성(resistance)이 큰 부패균(spoilage bacteria)이나 병원균(pathogens)의 변종들(variants)의 형성을 실제로 계속 유발하고 있어서 이들 항생물질의 의약품으로서 본래의 기능을 감퇴 또는 무효화시킬 위험성도 현실적인 문제인 것으로 지적되고 있다.

따라서 현재 전세계적인 추세로 볼 때 학술적인 연구대상으로서는 흥미로우나 이미 사용된 극히 일부의 항생물질들을 제외하고는 각종 항생물질들이 식품방부제로서 새로이 사용될 가능성은 매우 낮으며 또한 바람직하지도 않은 듯하다.

클로로테트라사이클린과 옥시테트라사이클린 지금까지의 실험결과들에 의하면, 여러 항생물질들 중 클로로테트라사이클린(chlorotetracycline, CTC)과 옥시테트라사이클린(oxytetracycline, OTC)들은 냉동식품들이나 기타의 상하기 쉬운 식품들의 저장, 또는 이 식품들이 가공공장으로 운송되는 동안의 저장 수명을 연장하는 데 있어서 그 효과가 인정되어 왔었다(그림 18-1 참조).

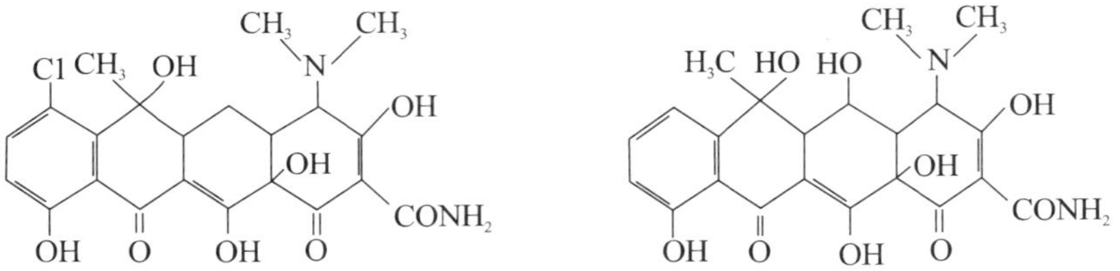

클로로테트라싸이클린(chlorotetracycline, CTC) 옥시테트라싸이클린(oxytetracycline, OTC)

[그림 18-1] 식품 방부제(food preservative)로서 잘 알려진 항생물질들(antibiotics)

일반적으로 클로로테트라사이클린(CTC), 옥시테트라사이클린(OTC), 그리고 어느 정도는 클로로마이세틴(chloromycetin)도 육류, 어류, 가금류(poultry)의 저장기간을 연장하는데 효과적임이 밝혀지고 있으며, CTC는 미국에서 가금류의 저장에, 카나다에서는 가금류와 어류의 저장에 과거에는 그 사용이 허용되어 왔었다. 그러나 우리나라, 미국을 비롯한 많은 선진국에서는 이상의 항생물질들이나 기타의 항생물질들의 사용은 일부 예외적인 경우 - 미국에서는 후술하는 나이신(nisin)의 사용이 허용되고 있다 - 를 제외하고는 원칙적으로 그 사용이 허용되고 있지 않다. 한편 이상의 세 종류의 항생물질들의 방부제로서의 효과의 크기는 대체로 다음의 순서로 생각된다.

CTC > OTC > 클로로 마이세틴

우리나라에서는 1978년 7월에 배합사료첨가용 항생물질의 사용지침이 작성되었다. 이 지침에는 배합사료에 사용할 수 있는 항생물질들의 종류와 사용상의 규정, 페니실린(penicilin), 스트렙토마이신(streptomycin), 클로람페니콜(chloramphenicol) 등의 항생물질들의 사용금지 조항, 착유(搾乳) 중인 젖소, 산란(産卵) 중의 닭의 배합사료에 대한 첨가금지 조항, 도살 전 1주일(7일)간의 항생물질 사용금지 조항 등이 규정되고 있다.

한편, 가축의 배합사료에 사용되는 경우에도 가축의 장내세균(腸內細菌)의 내성화의 증대, 병원성세균의 내성화에 의한 치료효과의 둔화, 가축 → 육류 → 사람의 경로에 따른 사람의 장내세균에 대한 내성화인자(耐性化因子)의 전달, 축산 가공식품에 옮겨진 항생물질들의 문제 등 여러 가지 심중히 다뤄져야 할 부작용(副作用) 등에 대해서 지적되고 있다. 우리나라에서는 현재 CTC, OTC 및 테트라사이클린(TC) 등 3종류 포함 10여 종류의 항생물질들의 사용은 일부 예외적인 경우 - 미국에서는 후술하는 나이신(nisin)의 사용이 허용되고 있다고 한다. 물론 이들 사료를 먹고 자란 가축에서 얻은 식육중의 잔류허용량은 엄격한 규제를 받고 있다고 한다(송형익 외 4인, 1997)

섭틸린, 나이신 및 피마리신 밧실러스 섭틸리스(Bacillus subtilis)에서 생산되는 폴리펩타이드 구조(polypeptide structure)를 갖고 있는 항생물질인 섭틸린(subtilin)은 식품 방부제로서의 가능성에 대해서 널리 연구되어 왔다. 섭틸린은 토마토 즙이 플랫트 사우와 부패(flat sour spoilage)의 억제에 효과적임이 실험적으로 알려져 있다.

한편, 나이신(nisin)은 스트렙토콕커스 락티스(Streptococcus lactis)의 많은 균주들(strains)이 분비하는 항생물질로서 폴리펩타이드 구조를 가진 물질이다. 인체 내에서는 취장 분비액(pancreatin)에 의해서 파괴되어 혈액에는 나타나지 않는다.

이와 같이 의약품에 이용(利用)될 수 있는 항생물질(medical antibiotics)로서는 전혀 효과가 없다는 점과 이 나이신의 독성이 매우 낮으며, 경구적으로 섭취되었을 때(oral administration) 실험쥐에 대한 50% 치사량(LD_{50})이 6,950mg/kg으로서 그 독성은 소금과 거의 같다는 특이한 성질 때문에 식품방부제로서의 응용이 시도되어 왔었다. 전술한 대로 나이신은 미국에서는 식품 방부제(food preservatives)로서 그 사용이 허용되고 있는 유일한 항생물질이다.

근래에 와서 곰팡이에 대해서 매우 효과가 있는 항생물질인 피마리신(pimaricin)이 주목되고 있다. 폴리엔의 구조를 가진 항생물질들(polyene fungistatic antibiotics)의 하나인 이 피다리신은 마이프로진(myprozine)으로도 알려져 있으며, 2년간에 걸친 만성 독성 연구(chronic toxicity study)의 결과 그 안전성(safety)이 확립되고 있다.

이 피마리신(pimaricin)은 포도, 오렌지, 사과와 같은 과실류에서 얻은 즙의 효모, 또는 곰팡이에 의한 부패를 억제하는데 효과적이며, 특히 높은 당농도(sugar concentration)에서도 성장할 수 있는 내삼투압성 효모나 곰팡이들(osmophilic yeasts and molds)에 의한 부패 방지에도 효과적이라고 한다. 이에 따라 식품방부제, 특히 곰팡이 또는 효모에 의한 식품 부패에 대한 방부제로서의 응용이 연구되고 있다.

항산화제들

우리나라에서 식품 첨가물로서 사용이 허용되고 있는 산화방지제들, 즉 항산화제들(antioxidants)의 이름, 구조, 사용 대상이 되는 식품들, 그리고 최대 사용허용량 등은 표 18-13과 같다. 우리나라에서는 1994년 현재 7종류의 산화방지제들의 사용이 허용되고 있는데 이 중 한 종류, 즉 에틸렌다이아민테트라초산(ethylenediaminetetraacetic acid, EDTA)의 나트륨 및 칼슘염은 엄밀하게는 항산화제(antioxidant)가 아니라 금속제거제(metal scavenger), 즉 산성 시너어지스트들(acidic synergists)의 하나이다.

한편, 항산화제 또는 산화방지제들 중에 종전에 수록되어 있던 품목들(1985년 7월 보건사회부에서 정한 용도별 식품첨가물 사용기준 참조) 중 많은 중요한 품목들이 1994년에 한국식품공업협회에서 발간한 식품첨가물 공전의 용도별 식품첨가물 사용기준표에 빠져있는 것은 이해하기 어렵다. 누락된 중요한 항산화제 또는 산화방지제들로는 "수용성 산화방지제로서 가장 널리 사용되고 있는 L-아스콜빈산(L-ascolbic acid), L-아스콜빈산 나트륨(sodium L-ascorbate)들과 지용성 항산화제 또는 산화방지제들 중 가장 널리 사용되고 있는 토코페롤류(tocopherols, α -tocopherol, mixed tocopherols)" 등이다("~"의 부분은 1996년에 간행된 일본 식품첨가물협회에서 편찬한 생활속의 식품첨가물에서 인용한 구절임). 이와 같은 사정은 미국이나 기타의 많은 선진국들의 경우와 비교해도 같다. 또한 1994년에 발간된 식품첨가물 공전에 산화방지제로 올라있는 에리쏘오빈산과 그 나트륨염은 어디까지나 아스콜빈산이나 그 염의 대체품들로서 효과나 안전성도 아스콜빈산과 그 염보다 못하다는 점도 함께 부기(附記)해둘 필요가 있다고 생각한다.

항산화제의 작용과 종류, 구조, 성질 등에대한 일반적인 설명에 대해서는 「제14장 유지의 산패」 중의 항산화제에 관한 항목(본문 p. 864)을 참조하여 주길 바란다.

화학 팽창제들

밀가루를 주성분으로 하는 빵, 과자류에 있어서 그 반죽(dough)의 팽창방법으로는, 첫째로는 효모(food yeasts)를 첨가하여 성장 중 발효에 의해서 형성되는 탄산가스의 압력에 의한 방법 즉, 효모들

(leavening agents, leaven은 yeast의 옛말임)을 사용하는 방법과 둘째로는 각종의 독성이 없는 화학 약품들(chemicals)을 작용시켜 탄산가스를 발생하게 하는 방법 즉, 팽창제들(baking powders)을 사용하는 방법이 있다.

단제식 화학팽창제 이 단제식 화학팽창제로서는 중탄산 소오다(sodium bicarbonate), 중탄산 암모늄(ammonium bicarbonate), 탄산 암모늄(ammonium carbonate), 탄산 마그네슘(magnesium carbonate) 등이 있으며, 이들은 모두 그 사용이 우리나라에서 허용되고 있다. 이 팽창제들은 빵, 과자류 속에서 60℃ 내지는 70℃로 가열되면 탄산가스 또는 탄산가스와 암모니아(ammonia)를 발생한다. 이 방법은 간단하나 탄산가스의 발생량이 적으며, 또 빵이나 과자류의 풍미(風味)에 나쁜 영향을 줄 가능성이 크다.

$$2NaHCO_3 \xrightarrow{65℃} CO_2\uparrow + H_2O + NaCO_3$$

$$2(NH_4)HCO_3 \xrightarrow{35℃\sim60℃} CO_2\uparrow + 2NH_3\uparrow + 2H_2O$$

$$(NH_4)_2CO_3 \xrightarrow{70℃} CO_2\uparrow + H_2O + 2NH_3\uparrow$$

복제식 화학팽창제 이 팽창제는 알칼리성인 중탄산 소오다(sodium bicarbonate)에 유기산류(organic acids), 산성 인산염류(acid phophates), 알미늄 복염류(complex aluminium salts) 등을 가하여 가열할 때 탄산가스 또는 탄산가스와 암모니아가 발생하도록 한 것이다.

이 방법은 전자에 비해서 약간 복잡하거나 탄산가스의 발생량이 크며, 빵과 과자류의 풍미에 악영향을 줄 가능성도 적다. 복제식 팽창제는 가열시 일시에 다량의 가스를 발생하는 속효성(涑效性) 팽창제와 가열할 때 서서히 가스를 발생하는 지효성(遲效性) 팽창제 두 종류가 있다.

표 18-13 우리나라에서 그 사용이 허용되고 있는 항산화제, 즉 산화 방지제의 이름, 구조와 대상식품 및 대상식품별 최대사용 허용량

항산화제의 이름	화학구조식	대상식품	사용량의 최대한도	비고
다이터어셔리뷰틸 하이드록시톨루엔 또는 뷰틸화 하이드록시톨루엔	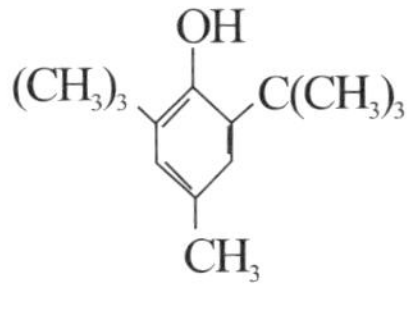 OH $(CH_3)_3$ $C(CH_3)_3$ CH_3	유지, 버터, 어개건제품, 어개염장품 어개냉동품, 경육냉동품의 침지액 껌	0.2g/kg 1g/kg 0.75g/kg	
뷰틸화 하이드록시아니솔	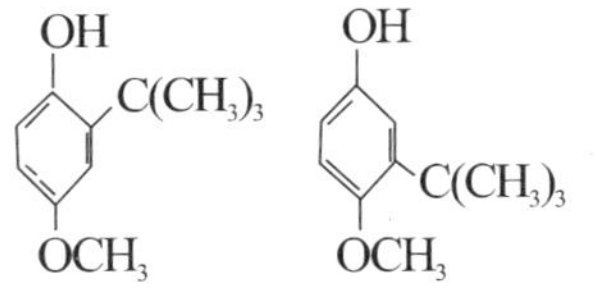 OH, $C(CH_3)_3$, OCH_3 OH, $C(CH_3)_3$, OCH_3	위와 같음 위와 같음	위와 같음 위와 같음	
몰식자산의 프로필에스터	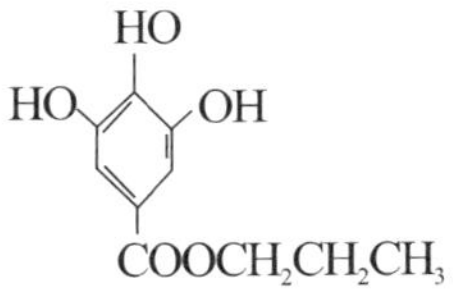 HO HO OH $COOCH_2CH_2CH_3$	유지, 버터, 어개건제품 어개연장품 어류냉동품, 경육냉동품의 침지액	0.1g/kg 1g/kg 1g/kg	

아스콜빈산	O=C–C(OH)=C(OH)–CH(O)–CH(OH)–CH_2OH	
아스콜빈산의 나트륨염	O=C–C(ONa)=C(OH)–CH(O)–CH(OH)–CH_2OH	산화방지 이외의 목적에 사용금지
아스콜빈산의 칼슘염	Ca^{++} (O=C–C(O^-)=C(O^-)–CH(O)–CH(OH)–CH_2OH)	
에리쏘오빈산 에리쏘오빈산의 나트륨염	O=C–C(OH)=C(OH)–CH(O)–CH(OH)–CH_2OH erythorbic acid	
D, L-알파-토코페롤	Dm L- α -tocopherol, vitamin E D, L-α-tocopherol, vitamin E	산화방지 이외의 목적에 사용금지
에틸렌다이아민테트라초산의 2나트륨 염	$Na^+ O^-OCCH_2$, $HOOCCH_2$ >N–CH_2–CH_2–N< CH_2COO^-Na, CH_2COOH disodium ethylenediaminetraacetate (EDTA Na2)	EDTA Na2로서 0.075g/kg 이하
에틸렌다이아민테트라초산의 칼슘 3나트륨 염	calciumdisodium ehtyenediamineteraacetate (EDTA Ca Na2)	병용시 합계량이 0.075g/kg 이하

속효성 팽창제에는 중탄산 소오다(sodium bicarbonate)에 주석산(tartaric acid), 구연산(citric acid), D-주석산 수소칼륨 또는 D-중수석산 칼륨(potassium hydrogen D-tartarate), 즉 산성 주석산 칼륨 등이 유기산, 유기산의 염류 또는 글루코노-델타-락톤(glucono-delta-lactone) 등이 함께 배합되고 있다. 한편, 지효성 팽창제의 경우에는 중탄산 소오다와 제일인산칼슘(calcium hydrogen phosphate), 산성 파이로인산 나트륨(disodium hydrogen pyrophosphate), 명반(alum), 즉 황산알미늄 칼륨(alminium patassium sulfate hydrate)과 소명반(burnt alum), 즉 위 명반에서 결정수가 제거된 것 그리고 암모늄 명반(ammonium alum), 즉 황산알미늄 암모늄(aluminium ammonium sulfate hydrate)과 소알미늄 명반(burnt ammonium alum), 즉 위의 암모늄 명반에서 결정수가 제거되는 것, 염화암모늄(ammonium chloride) 등이 함께 배합되고 있다. 이들은 모두 우리나라에서 그 사용이 허용되고 있다. 일부 복제식 팽창제에서 일어나는 반응은 다음과 같다.

$$\underset{\text{명반}}{NaAl(SO_4)_2 \cdot 12H_2O} \rightarrow Na^+ + 2SO_4^- + Al^{+++}$$

$$Al^{+++} + H_2O \rightleftharpoons H^+ + AlOH^{++}$$

$$NaHCO_3 + H^+ \rightarrow Na^+ + H_2O + CO_2 \uparrow$$

금속제거제와 EDTA 및 그와 유사한 킬레이트제류

에틸렌다이아민테트라초산(ethylenediaminetetraacetic acid, EDTA)은 흔히 EDTA로도 간단히 불리며 우리나라를 비롯한 미국 등 여러 나라에서 기본적으로는 금속제거제(metal scabenger, 즉 sequestrant) 또는 그 금속제거 또는 금속격리 작용이 후술하는 바와 같이 금속과 킬레이트(chelation 또는 chelating)하는데 있음으로 킬레이트제(chelating agent 또는 chelate)로서 여러 식품들, 특히 가공식품류에 사용되고 있다(표 18-15 참조). 국제 농업식량기구와 세계보건기구의 식품첨가물에 관한 합동전문위원회(Joint FAO/WHO Expert Committee on Food Additives, 1968)에서 정한 에틸렌다이아민초산의 허용될 수 있는 하루 섭취량(acceptable daily intake, ADI)과 기본적인 사용농도(level of use)는 각각 0~2.5mg/kg 체중과 0.01%이다.

또한 이 에틸렌다이아민초산은 그 강력한 금속결합 내지는 제거작용 때문에 납 또는 카드뮴에 의한 중독(lead or cadmium poisoning)의 치료에도 널리 사용되어 왔다(Doull, J. *et al.*, 1980). 이 EDTA의 작용은 주로 금속과의 결합, 즉 킬레이숀(chelation)에 의한 것이다. EDTA가 자체의 구 조 및 금속과 킬레이트되어 형성된 복합체(EDTA-metal complex)의 입체구조는 그림 18-2와 같다. 이 킬레이숀(chelation)은 하나의 평형과정(an equilibrium process)으로서 킬레이숀에 의한 금속복합체(a metal complex)의 형성과정은 다음과 같은 식으로 표시될 수 있다. 즉,

$$M + L \rightleftharpoons ML$$

M : 금속이온

L : 킬레이트제(a chelating agent)

ML : 금속복합체, 즉 금속-킬레이트제 복합체

이때 형성되는 금속복합체의 형성속도는 금속복합체(a metal complex)의 평형상수, 즉 안정도 항수(equilibrium constant, or stability constant)와 pH에 의해서 좌우된다.

$$K = \frac{[ML]}{[M][L]}$$

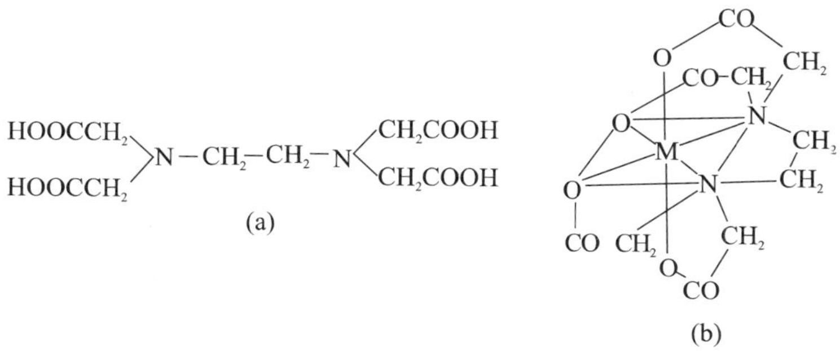

$(HOOCCH_2)_2N-CH_2-CH_2-N(CH_2COOH)_2$

(a)

(b)

[그림 18-2] (a) EDTA의 구조식 (b) EDTA-금속복합체의 구조식
Furia, T.E. 1964. *Food Technol.* 18,1874.

K, 즉 안정도 항수가 클수록 [ML], 즉 복합체의 농도, 따라서 복합체의 형태로 있는 금속의 농도 내지는 양이 커지며, 한편 양이온(cation)의 형태로 남아 있는 금속의 양은 그만큼 감소됨을 말해 준다. 식품에 사용될 수 있는 대표적인 킬레이트제의 안정도 항수는 표 18-14와 같다.

표 18-14 EDTA를 비롯한 각종 킬레이트제들(chelating agents)의 금속복합체들(metal complex)의 안정도 항수(stability constant)의 크기

킬레이트제들의 종류	Mg	Ca	Mn (2가)	Fe (2가)	Co (2가)	Zn	Cu	Ni	Fe (3가)
EDTA	8.7	10.7	14.0	14.3	16.3	16.5	18.8	18.6	25.7
구연산(citric acid)	2.8	3.5	3.4	3.2	4.4	4.5	6.1	4.8	10.9
주석산(tartaric acid)	1.2	1.7	—	—	2.1	2.4	3 2	—	—
폴리인산염(polyphosphate)	3.0	5.5	3.0	3.0	2.5	3.5	3.0	—	
과인산염(pyrophosphate)	5.7	5.0	—	—	—	8.7	6.7	5.8	
수 산(oxalic acid)	2.4	3.0	4.1	—	5.5	—	8.9	7.2	18.5
글라이신(glycine)	—	1.4	3.0	—	4.4	4.8	8.1	5.6	—
시스테인(cysteine)	—	—	—	11.0	9.1	9.9	19.4	—	—
글루타민산(glutamic acid)	1.9	1.4	2.8	4.1	4.6	5.0	7.4	5.5	—

Furia, T.E. 1964. *Food Technol.*, 18, 1974.

이 표에서 볼 수 있듯이 EDTA는 보통 식품 중에서 킬레이트제(chelating agents)로 작용하며 또 실제로 사용되고 있는 것으로 알려진 여러 종류의 산들과 그 염들, 예로서 구연산(citric acid), 구연산 나트륨(sodium citrate), 구연산 칼륨(potassium citrate), 주석산(tartaric acid), 주석산 나트륨 칼륨(sodium potassium tartarte) 등의 한 개의 수산기와 세 개의 카아복실기(citric acid) 또는 두 개의 수산기와 두 개의 카아복실기를 가진 유기산들(polycarboxylic acids 또는 polyhydroxycatboxylic acids)과 그 염들, 글루콘산 소듐, 글루콘산 칼슘(sodium gluconate, calcium gluconate) 등과 같은 다수산기 화합물들, 인산(phosphoric acid), 인산1,2,3나트륨(mono-, di-, trisodium phosphate), 인산1,2,3칼륨

(mono-, di-, tripotassium phosphate), 인산칼슘(calcium phosphate), 폴리인산 및 그 염류(tripolyphosphates, pyrophosphates, hexametaphosphates), 파이틴산(phytic acid)과 그 염들, ATP, 각종 아미노산들(예; glutamic acid, cysteine) 등에 비해서 안정도 항수(stability constant)가 훨씬 크며, 이는 어떤 시스템(system)에서 금속을 제거하는데 효과가 뛰어나게 크다는 사실을 말해 주고 있다.

이상의 킬레이트제 작용은 실질적으로 한 시스템에서 금속을 복합체의 형태로 제거하는 것이므로 금속 제거제(metal scavenger)라고도 불리는 사실은 이미 언급한 바 있다.

한편, EDTA가 한 특정 종류의 금속과 복합체를 형성하는 능력은 EDTA와 그 특정 종류의 금속이 존재하는 시스템(sytstem)의 pH에 의해서 크게 영향 받는다.

일반적으로 pH가 산성일수록 복합체를 형성하는 능력은 약화된다. 예로서, EDTA에 의한 칼슘이온의 제거는 pH8 이상에서 효과적이며, 아연(Zn^{++})의 경우에는 pH 6 이상에서 효과적이다(그림 18-3 참조).

pH 3보다 산성인 용액에서는 EDTA는 칼슘과 복합체를 형성하지 않는다. 그러나 아연, 철, 구리(copper), 비스머스(bismuth), 코발트(cobalt) 등의 중금속류(heavy metals)는 산성 용액에서도 안정된 복합체를 형성한다. 한편, pH 2.5보다 산성에서는 금속은 일반적으로 복합체를 형성하지 않는다.

EDTA의 약리학적 연구들(pharmocological studies)에 사용될 정도의 양이라면 건강상의 장애는 별로 없는 것으로 판명되고 있다. 따라서, 미국에서는 21종의 식품에 관하여 EDTA의 다이소듐염(Na_2 EDTA)과 다이소듐 칼슘염(Na_2Ca EDTA)의 사용이 허용되고 있으며(표 18-15 참조), 우리나라에서는 마요네즈, 샐러드 드레싱, 마가린에 대한 산화방지제, 즉 항산화제(실제로는 산성 시너어지스트)로서 엄격한 규제 아래 그 사용이 허용되고 있다, 한편, 미국에서 EDTA의 다이소듐염 이 외에 다이소듐 칼슘염이 사용되고 있는 것은 EDTA의 다이소듐염의 사용에 의해서 인체 내의 칼슘 성분이 지나치게 제거될 위험성을 예방하기 위한 것으로 알려져 있다.

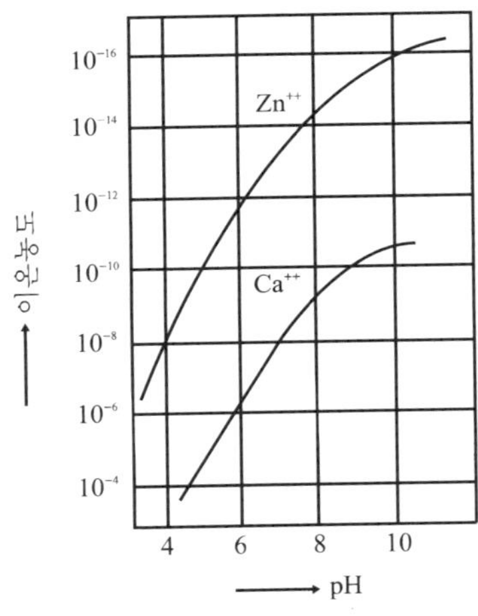

[그림 18-3] EDTA 존재하에서의 Zn^{++}, Ca^{++} 이온들의 농도에 대한 pH의 영향
Furia, T. E. 1964. *Food Technol.*, 18, 1875.

식품에 사용될 수 있는 킬레이트제들(chelating agents)로서 앞으로 기대되는, EDTA와 유사한 화합물들로는 NTA(nitrilotriacetic acid), HEDTA(n-hydroxyethenediaminetriacetic acid), DTPA(diethylenetriaminepentaacetic acid), CyDTA(1,2-cyclohexanediaminetetraacetic acid) 등이 알려지고 있으며, 이들의 식품에의 응용문제가 연구되고 있다. 그림 18-4에 이상의 킬레이트제들의 구조식을 실었다.

한편, 이상의 EDTA 염들의 실제 식품에 있어서의 성공적인 응용 예로서는 식용유지(edible fats and oils) 및 쇼트닝(shortening)에 대한 사용이 있다. 이 염들은 사용유지, 쇼트닝에 그 저장 수명(shelf-life)을 연장하기 위하여 항산화제(antioxidants)를 사용할 때 이들 항산화제들에 대한 효과적인 시너어지스트들(seynergists)로서 성공적으로 사용되어 왔었다.

표 18-15 미국에서 EDTA가 사용될 수 있는 식품들의 일부(1964년 FDA에 의해서 사용허가)

식품의 종류	용도	제한량	
		칼슘 다이소듐 EDTA	다이소듐 EDTA
분말바나나(as a dried component of ready to eat cereal)	색깔 유지를 촉진한다.	불허용	315
통조림된 탄산음료(carbonated beverages, canned)	향미 유지, 통의 부식방지, 색소의 안정도 증진	불허용	165
통조림된 대합조개(clams, cooked, canned)	색깔 유지를 촉진	340	불허용
통조림된 게(crabmeat, cooked, canned)	색깔 유지를 촉진	275	불허용
마요네즈(mayonnaise)	향신료, 향미 유지, 산패방지	75	불허용
발효된 맥아음료(fermented malt beverages)	분출(gushing)의 방지	75	불허용
올레오마가린(oleomargarine)	향미 유지 촉진	75	불허용
냉동된 흰 감자(potatoes, frozen, white)	색깔 유지 촉진	불허용	100
소오스류(sauces)	향신료 향미유지, 산패방지	75	75
통조림한 새우(shrimp, cooked, canned)	색깔 유지 촉진	250	불허용
B_{12}를 함유한 비타민 용액(vitamin solution, B_{12})	B12의 안정제	불허용	150

Furia, T. E. 1964. *Food Technol.*, 18, 1875.

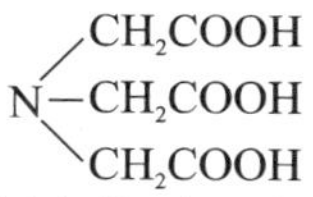

$N(CH_2COOH)_3$

NTA(nitrilotriacetic acid)

$(HOOCH_2)_2N-CH_2-CH_2-N(CH_2COOH)-CH_2-CH_2-N(CH_2COOH)_2$

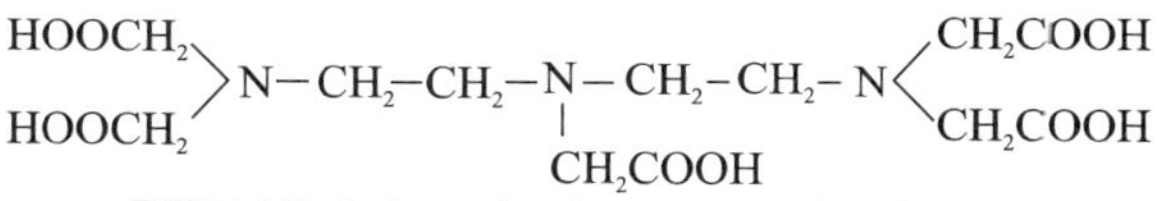

DTPA(diethylenetriaminepentaacetic acid)

$(HOOCH_2)_2N-CH_2-CH_2-N(CH_2COOH)_2$

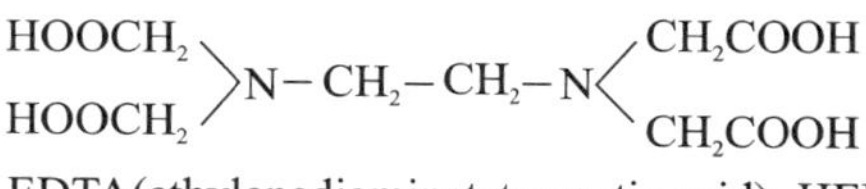

EDTA(ethylenediaminetetraacetic acid)

$(HOOCH_2)_2N-CH_2-CH_2-N(CH_2CH_2OH)(CH_2COOH)$

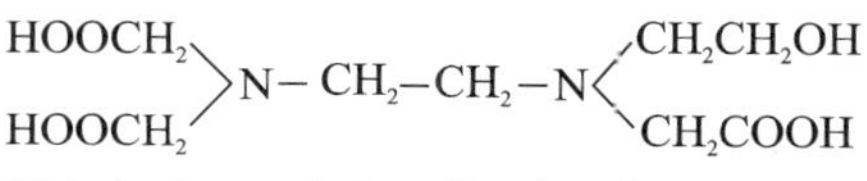

HEDTA(n-hydroxyethylenediaminetriacetic acid)

S ring with $N(CH_2COOH)_2$, $N(CH_2COOH)_2$

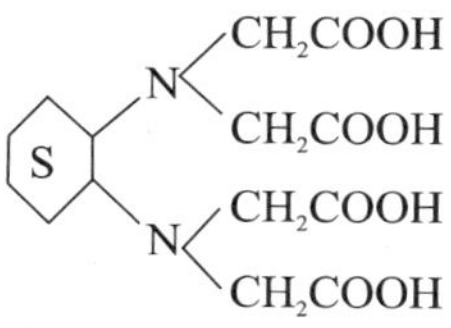

CyDAT(1, 2-cyclohexanediaminetetraacetic acid)

[그림 18-4] 각종 금속 킬레이트제(chelating agents)의 구조.

그림 18-5는 돼지기름(lard)을 항산화제 BHT로 안정화(stabilize)시켰을 때, 시너어지스트로서 구연산(citric aicd)과 Na_2 EDTA를 각각 사용하고 AOM법에 의한 돼지기름의 유도기간들(induction periods)을 측정한 결과이다. 이 그림에서 Na_2 EDTA는 구연산을 사용했을 경우보다 항산화제 BHT가 첨가된 돼지기름의 유도기간을 훨씬 더 효과적으로 연장하여 주었음을 알 수 있다.

한편, EDTA의 염들은 통조림 감자, 냉동 감자, 건조 감자, 또는 기름으로 튀긴 감자제품들(potato products)의 변색(discoloration)을 방지하는 데도 효과적이었다.

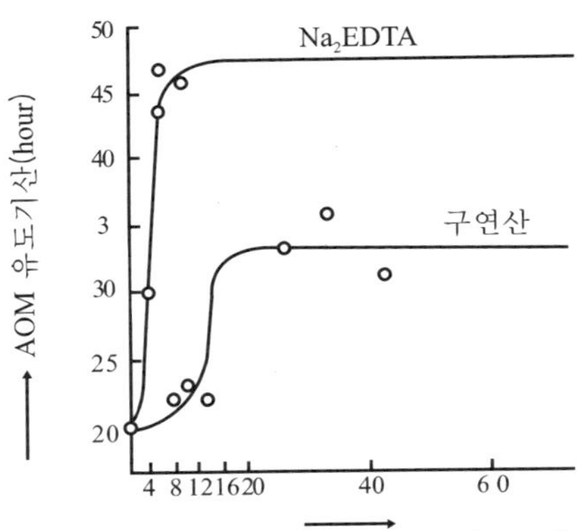

[그림 18-5] 항산화제 BHT로 안정화된 돼지기름(lard)에 대한 EDTA와 citric acid의 상승효과의 크기.
Furia, T. E. 1964. *Food Technol.*, 18, 1876.

EDTA의 염들은 이외에도 비타민류를 많이 함유한 식품들, 비타민류를 강화한 식품들의 안정화에도 효과가 있었으며 기본적인 작용은 금속의 바람직하지 않은 작용들을 차단하는 금속제거제로서의 작용에 기인한다고 하였다.

또한 EDTA의 특이한 사용방법으로는 맥주(beer)와 탄산음료(carbonated beverages)에 대한 용법이다.

맥주 속의 EDTA의 염들은 극미량(trace amount)으로도 촉매작용을 일으켜 돌연히 일어나는 가스 분출현상(gushing)의 원인이 되는 극미량의 금속들을 제거하여 줌으로써 이 현상을 효과적으로 억제하여 준다고 한다. 또한 EDTA의 염들은 이상의 음료들의 제조과정 중에 사용되는 구리로 만든 각종 장치들에서 혼입(混入)된 극미량의 구리이온들(copper ions)을 제거함으로써 구리이온의 촉매작용에 의한 산화(oxidation)를 억제하여 주며, 또 구리이온에 의한 펙틴분해효소들의 작용 억제를 완화하여 준다고 한다.

한편, 탄산음료의 경우에서도 전술한 바와 같은 돌연한 분출을 방지하여 줄 뿐만 아니라 변색(discoloration), 혼탁(turbidity)의 발생을 억제하며, 그 향미의 유지에도 효과가 있다고 한다.

용도별 식품 첨가물 사용기준

한편, 우리나라에서 사용이 허용되고 있는 각종 식품첨가물(food additives)의 종류, 첨가물들의 이름, 사용기준, 즉 대상식품들과 그 사용량의 최대한도 등은 부록과 1과 같다.

부록 1 용도별 식품첨가물 사용기준(한국식품공업협회 1994년)

첨가물의 이름	사용기준			
	대상식품	사용량의 최대한도	사용제한	비고
보존료				
데하이드로초산 데하이드로초산나트륨	데하이드로초산으로서 치즈, 버터, 마가린	0.5g/kg 이하		
소오빈산 소오빈산 칼륨	소오빈산으로서 치즈 식육제품, 경육제품 성게젓, 땅콩 버터 가공품 어육연제품, 모조치즈, 염분 8% 이하의 젓갈류	3g/kg	소오빈산 및 소오빈산-칼륨 병용시 함께 3g/kg 이하	
	된장, 고추장, 춘장, 어개건제품, 팥앙금류, 채소나 과채의 된장절임, 식초절임, 소금절임, 간장절임, 알로에즙	1g/kg 이하		
	잼, 케찹	0.5g/kg 이하		
	유산균음료(살균한 것 제외)	0.05g/kg 이하		
	파실주	0.2g/kg 이하		
안식향산 안식향산 나트륨	안식향산으로서 청량음료(두유제품, 유산균음료 제외)	0.6g/kg 이하		
	알로에즙	0.5g/kg 이하		
파라옥시안식향산 뷰틸	파라옥시안식향산으로서 간장	0.25g/ℓ 이하		
	식초	0.1g/ℓ 이하		
	청량음료(탄산음료 제외) 및 인삼음료	0.2g/ℓ 이하		
	과일소스	0.2g/ℓ 이하		
	과일(표피의 부분에 의한다) 및 과채(표피의 부분에 의한다)	0.012g/ℓ 이하		
	과실주, 약주, 탁주	0.05g/ℓ 이하		
파라옥시안식향산 에틸 파라옥시향산 프로필 파라옥시향산 이소프로필 파라옥시향산 이소뷰틸	간장 식초, 청량음료(탄산함유 제외) 및 인삼음료 과일소스	0.25g/ℓ 이하 0.1g/ℓ 이하 0.2g/ℓ 이하 0.012g/ℓ 이하		
	과일 및 과채(표비부분에 한함)	0.012g/ℓ 이하		
프로피온산 나트륨	빵 및 생과자	프로피온산으로서 2.5g/kg 이하	프로피온산 나트륨과 칼슘 병용시 함께 3g/kg 이하	
프로피온산 칼슘	치즈	3g/kg 이하		

살균제			
차아염소산 나트륨	표백분 참깨에 사용하여서는 안된다.		
고도 표백분 이염화아이소시아누렌산의 나트륨염			
산화방지제			
다이뷰틸 하이드록시톨루엔(BHT)	어패건제품, 어패연장품, 버터 및 유지	0.2g/kg 이하	왼쪽의 다른 산화방지제들과 변용시 합계 0.2g/kg 이하
뷰틸하이드록시 아니솔(BHA)	어패냉동품 및 고래냉동품에 있어서의 침지액	1g/kg 이하	왼쪽의 다른 산화방지제들과 변용시 합계 1g/kg 이하
터어셔리뷰틸 하이드로퀴논(TBHQ)	껌	0.75g/kg 이하	왼쪽의 다른 산화방지제들과 변용시 합계 0.75g/kg 이하
몰식자산 프로필(PG)	유지 및 버터		
아스코빌팔미테이트(AP) 에리쏘오빈산 에리쏘오빈산 나트륨	산화방지의 목적 이외에 사용해서는 안된다.	0.1g/kg 이하	
이·디·티에이 이나트륨(EDTA Na_2)	마요네즈, 샐러드 드레싱	0.075g/kg 이하	왼쪽의 다른 산화방지제와 함께 병용시 0.075g/kg 이하
이·디·티에이 칼슘이나트륨(EDTA Ca·Na_2)	마요제즈, 샐러드 드레싱 마가린	0.075g/kg 이하	
착색료			
식용색소 녹색 제3호 식용색소 녹색 제3호 알미늄레이크	식용색소 제3호는 면류, 단무지, 특수영양식품, 건강보조식품, 가공유, 두유, 유산균음료, 과채류음료(희석과류음료 제외), 인산제품, 목류, 젓갈류, 천연식품(식육, 어패류, 채소류, 과실류 및 그 단순가공품(탈피, 절단 등), 벌꿀, 장류, 식초,		
식용색소 적색 제3호 식용색소 적색 제40호	소스, 케찹, 잼, 고추가루, 카레, 식육제품, 어육연제품, 식용유지, 버터, 마가린, 김치류, 클로렐라, 효소식품, 다류, 식빵, 마말레이드, 우유및 유제품, 아이스크림제품류, 빙과류에 사용해서는 안된다. 그외 식용생소들(알미늄레이크들 포함)은 면류, 단무지, 특수영양식품, 건강보조식품, 가공유, 두유음료, 유산균음료, 과채류음료(희석 과채류음료 제외), 인삼제품, 묵류, 젓갈류, 천연식품(식육, 어패류, 채소류, 과실류) 및 그 단순가공품(탈피, 절단 등), 벌꿀, 장류, 식초, 소스, 케찹, 잼, 고추가류, 실고추, 후추가루, 카레, 식육제품(소세지 제외), 어육연제품(소세지 제외), 식용유지, 버터, 마가린, 김치류, 클로렐라, 효소식품, 다류, 식빵류, 마말레이드, 우유 및 유제품(아이스크림 및 가공육류는 제외)에 사용해서는 안된다.		

식용색소 적색 제2호		
식용색소 적색 제2호 알미늄레이크		
식용색소 청색 제1호		
식용색소 청색 제1호 알미늄레이크		
식용색소 청색 제2호		
식용색소 청색 제2호 알미늄레이크		
식용색소 황색 제4호		
식용색소 황색 제4호 알미늄레이크		
식용색소 황색 제5호		
식용색소 황색 제5호		
캬리멜		
삼이산화철	바나나(꼭지의 절단면), 곤약 이외의 식품에 사용해져서는 안된다.	
수용성 안나토	천연식품(식육, 어패류, 과실류) 및 그 단순가공식품(탈피, 절단 등)에 사용해서는 안된다.	
β -카로틴	천연식품 식육, 어패류, 과실류, 채소류 및, 그 단순가공품(탈피, 절단 등)에 사용해서는 안된다.	
철클로로필린 나트륨		
동클로로필린 나트륨	동으로서	
	채소류 또는 과실류의 저장품	0.1g/kg 이하
	다시마(무수물)	0.15g/kg 이하
	껌	0.05g/kg 이하
	완두콩 통조림 중의 한천	0.0004g/kg이하
파프리카 추출색소 β -아포-8'-카로테날	천연식품(식육, 어패류, 과실류, 채소류) 및 그 단순가공품(탈피, 절단 등), 고추가루, 실고추, 김치류 및 고추장에 사용해서는 안된다.	
이산화 타이타늄	식품 중량의 1% 이하	
발색제		
아질산 나트륨	아질산기(-NO2)로서의 잔존량	
	식육제품, 경육제품	0.07g/kg 이하
	어육소세지, 어육햄	0.05g/kg 이하
질산 나트륨		
질산 칼슘		
니코틴산 아마이드		
황산 제일철(무수)		
황산 제일철(결정)		
소명반(brunt alum)		

품목	사용기준	잔존량
표백제		
과산화수소	최종 식품의 완성 전에 분해 또는 제거할 것	
메타중아황산 칼륨	아황산으로서의 잔존량	
무수 아황산	당밀, 물엿	0.3g/kg 이하
	엿	0.4g/kg 이하
아황산 나트륨(무수)	포도주	0.45g/kg 이하
	천연 과즙	0.15g/kg 이하
아황산 나트륨(결정)	기타 식품	0.03g/kg 이하
	참께, 콩, 과일, 채소류 및 그 가공식품에는 사용 못함.	
치아황산 나트륨		
소맥분 개량제		
과산화 벤조일	밀가루, 압맥	0.03g/kg 이하
과황산 암모늄	밀가루	0.3g/kg 이하
브롬산 칼륨	빵제조용 밀가루, 브롬산으로서	0.03g/kg 이하
	어육연제품, 브롬산으로서	0.27g/kg 이하
	케이크 및 카스테라 제조용 밀가루	0.25g/kg 이하
염소		
스테아릴젖산 칼슘	빵, 면류 이외에는 사용금지	
스테아릴젖산 나트륨		
조미료		
5'-이노신산 나트륨		
5'-구아닐린산 나트륨		
5'-라이보뉴우클레오타이드나트륨 및 칼슘		
L-글루타민산 나트륨		
DL-알라닌		
글라이신		
DL-주석산 나트륨		
D-주석산 나트륨		
구연산 나트륨		
DL-사과산 나트륨		
호박산		
호박산 2 나트륨		
산미료		
초산		
빙초산		
구연산		
구연산(결정)		
D-주석산		
DL-주석산		
글루코노델타락톤		
젖산		
후말산		
DL-사과산		
탄산가스(이산화 탄소)		
아디핀산		

인산	
주석산	
감미료	
삭카린 나트륨	식빵, 이유식, 백설탕, 포도당, 물엿, 벌꿀 및 알사탕류에는 사용하지 못한다.
글리실리진산 2 나트륨 글리실리진산 3 나트륨	된장 및 간장 이외의 식품에 사용해서는 안된다.
D-소오비톨	
아스퍼테임	가열조리를 요하지 않는 식사대용 곡류가공품(이유식 제외), 껌, 분말 청량음료, 탄산음료, 인스탄트 커피 및 차, 식탁용 감미료 등 이외의 식품에는 사용해서는 안된다.
착향료	
1. **개별 지정품목** 계피 알데하이드 DL-멘톨 L-멘톨 바닐린 에틸 바닐린 벤즈알데하이드 벤질알콜 시트랄 초산 에틸 데실알콜 시트로네롤 제라니올 리나룰 계피알콜 유카리프톨 n-옥틸알데하이드 데카날 시트로네랄 하이드록시시트로네랄 α -아밀신나믹알데하이드 아니스알데하이드 피페로날 말톨 α -요오날 β -요오날	착향의 목적 이외에는 사용해서는 안된다.

아세트페논
파라메틸아세트페논
메틸 β -나프틸케톤
하이드록시시트로네랄 다이메틸아세탈
뷰티린산(낙산)
계피산
유우제놀
아이소유우제놀
γ -노나락톤
γ -운데카락톤
카프론산 알릴
초산 벤질
프로피온산 벤질
초산 뷰틸
뷰티린산(낙산) 뷰틸
초산 신나밀
초산 시트로넬릴
개미산(의산) 시트로넬릴
아세토초산 에틸
데카논산 에틸
헥사논산 에틸
옥타논산 에틸
아이소길초산 에틸
프로피온산 에틸
초산 제라닐
개미산(의산) 제라닐
초산 아이소아밀
뷰티린산(낙산) 아이소아밀
개미산(의산) 아이소아밀
아이소길초산 아이소아밀
프로피온산 아이소아밀
초산 페네틸
사이클로헥산프로피온산 알릴
아이소사이오시아닌산 알릴
계피산 에틸
페닐초산 에틸
페닐초산 아이소뷰틸
안트라닐산 메틸
계피산 메틸
N-메틸안트라닐산 메틸
살리실산 메틸
초산 리날릴

2. **유별 지정품목**(類別 指定品目)
락톤류
방향족 알데하이드류
방향족 알콜류
에스터류
에텔류
아이소사이오시아네이트류
인돌 및 그 유도체들
지방산류
지방산 고급 알데하이드류
지방산 고급 알콜류
지방산 고급 탄화수소류
사이오알콜류
사이오에텔류
텔펜계 탄화수소류
페놀류
페놀 에텔류
훌후랄 및 그 유도체들

팽창제

명반	빵, 과자 등	산제
소명반	빵, 과자 등	산제
소 암모늄 명반	빵, 과자 등	산제, 암모니아(NH_3)
암모늄 명반	빵, 과자 등	산제, 암모니아
염화 암모늄	비스켓, 전병 등	암모니아
D-주석산 수소 칼륨	빵, 과자 등	산제
DL-주석산 수소 칼륨	빵, 과자 등	산제
중탄산 나트륨	빵, 전병, 비스켓 등	탄산가스(CO_2)
중탄산 암모늄	비스켓, 과자 등	탄산가스, 암모니아
탄산 암모늄	비스켓, 과자 등	탄산가스, 암모니아
탄산 마그네슘	빵, 과자 등	탄산가스
산성 파이로인산 나트륨	빵, 과자 등	산제
제 1 인산 칼슘	빵, 과자, 비스켓 등	산제
글루코노 델타-락톤	케이크, 도우넛, 비스켓, 식빵 등	산제

강화제

Ⅰ. **비타민류**

비타민 A 유(油)
분말 비타민 A
유성 비타민 A
지방산 에스터
비타민 B_1 나프탈린-1,5-
다이설폰산염
비타민 B_1 나프탈린-2,6-
다이설폰산염

비타민 B_1 다이로오릴황산염
비타민 B_1 사이오시아닌산염
비타민 B_1 염산염(thiamine HCL)
비타민 B_1 질산염
비타민 B_1 페놀프탈린산염
다이벤조일 사이아민
다이벤조일 사이아민염산염
비타민 B_2(riboflavin)
비타민 B_2 인산에스터 나트륨
비타민 B_6(pyridoxine HCL)
엽산
니코티닌산
니코티닌산 아마이드
이노시톨
비타민 B_{12}
판토텐산 나트륨
비타민 C(L-ascorbic acid)
L-아스콜빈산 나트륨
아스콜빈산 팔미테이트
비타민 D_2
비타민 D_3
비타민 E(DL-α -tocopherol)
용성 비타민 P(methyl hesperidin)
바이오틴(biotin)
비타민 E 초산에스터

II. 아미노산류

L-라이신 염산염
L-베일린(valine)
L-메싸이오닌 및 DL-메싸이오닌
DL-쓰레오닌
L-쓰레오닌
L-아이소류우신
DL-트립토펜
L-트립토펜
L-페닐알라닌
L-히스티딘 염산염
L-시스테인 및 L-시스테인 염산염

III. 철제(鐵劑)

구연산 철
구연산 철 암모늄
젖산 철(ferrous lactate)

황산 제 1 철(분말, ferrous sulfate)
황산 제 1 철(결정)
인산철(ferric phosphate)
환원철
전해철(electrolysed iron)

Ⅳ. 칼슘제

구연산 칼슘
글루콘산 칼슘
수산화 칼슘
염화 칼슘
젓산 칼슘
제 1 인산 칼슘
제 2 인산 칼슘
제 3 인산 칼슘
탄산 칼슘
판토텐산 칼슘(비타민이기도 함)
황산 칼슘

Ⅴ. 기타

산화 아연
황산 아연
요오드 칼륨

유화제

글리세린 지방산 에스터
자당 지방산 에스터
소오비탄의 지방산 에스터
프로필렌글라이콜 지방산 에스터
대두인지방산(soybean phospholipids)
폴리소오베이트 20(plysorbate 20)

호료

폴리아클릴산 나트륨	일반 식품	0.2% 이하
알진산 프로필렌글라이콜	일반 식품	1% 이하
메틸 셀롤로오스		
카아복시메틸 셀롤로오스 나트륨	일반 식품	2% 이하
카아복시메틸 셀롤로오스 칼슘		
카아복시메틸 전분 나트륨		병용할 때에는 합계가
(sodium carboxymethy starch)		식품의 2% 이하
알진산 나트륨		
카세인(casein)		
카세인 나트륨		

피막제		
모오폴린 지방산염	과실류, 과채류 표피에 피막제 이외의 용도에 사용해서는 안된다.	
초산 비닐수지(polyvinyl acetate)	껌 기초제 및 과실류 또는 과채류 표피의 피막제 이외의 용도에 사용해서는 안된다.	
껌 기초제		
에스터 검 초산 비닐수지	껌 기초제 이외의 용도에 사용해서는 안된다.	
폴리뷰텐 폴리아이소뷰틸렌	껌 이외의 용도에 사용해서는 안된다.	
방충제		
에틸렌옥사이드(훈증제)	가공한 건조 천연 조미료	50ppm 이하
피페로닐 뷰톡사이드	곡류	0.024g/kg
소포제		
규소 수지	일반 식품 거품을 없에는 목적 이외에 사용해서는 안된다.	0.05g/kg 이하
용제		
글리세린 프로필렌 글라이콜		
추출제		
n-헥산(n-hexane)	식용유지를 제조할 때의 유지를 추출하는 목적 외에 사용해서는 안된다. 최종식품 완성 전에 제거하여야 한다.	
이형제(離型劑)		
유동 파라핀(liquid paraffin)	빵 빵 제조과정에서 빵반죽을 분할기에 분할할 때 및 구울 때의 이형의 목적 이외에는 사용할 수 없다.	잔존량으로서 0.1% 이하(빵 중의 잔존량)
품질 개량제		
Ⅰ. 인산염		
제 1 인산 나트륨(결정)		
제 1 인산 나트륨(무수)		
제 2 인산 나트륨(결정)		
제 2 인산 나트륨(무수)		
제 3 인산 나트륨(결정)		
제 3 인산 나트륨(무수)		
제 1 인산 칼륨		

Ⅱ. 종합 인산염, 축합 인산염 또는 파이로인산염

파이로인산염 나트륨(결정)
파이로인산염 나트륨(무수)
파이로인산염 칼륨
폴리인산염
　폴리인산염 나트륨
　폴리인산염 칼륨
메타인산염
　메타인산염 나트륨
　메타인산염 칼륨

식품제조용제(食品製造用劑) 및 기타

1. 사용기준이 없는 것

염화 마그네슘
염화 칼륨
인산(phosphoric acid)
초산 나트륨(결정)
초산 나트륨(무수)
탄산 나트륨(결정, sodium carbonate)
탄산 나트륨(무수)
제 1 인산 암모늄
제 1 인산 칼륨
제 2 인산 암모늄
제 2 인산 칼륨
제 3 인산 나트륨(결정)
제 3 인산 나트륨(무수)
황산 나트륨
황산 암모늄
탄산 칼륨(무수)
활성탄(active carbon)
구연산 칼륨

2. 사용기준이 있는 것

이온 교환 수지	최종 식품의 완성 전에 제거하여야 한다.
수산(oxalic acid)	
수산화 나트륨(sodium hydroxide)	
수산화 나트륨(결정)	
염산	
황산	
규조토(diatomaceous earth) 백도토(kaolin) 벤토나이트(bentonite) 산성 백토 탈크(talc)	식품의 제조 가공상 필요불가결한 경우 이 외에 식품에 사용하여서는 안되며, 식품 중의 잔존량은 0.5% 이하이어야 한다(두 물질을 병용할 때에는 그 합계가 0.5% 이하이어야 한다. 다만 탈크만은 껌에 사용할 때는 5%이하이어야 한다.)

염기성 알미늄 탄산 나트륨	
펄라이트(perlite)	
파이틴산	이유식 및 영양제에 사용해서는 안된다.
실리코알미산 나트륨(sodium aluminosilicate)	식품에 2% 이상 사용해서는 안된다.
아크릴아마이드 아크릴산 수지	당의 정제에 한해서 당액 1kg에 대하여 10mg 이하 사용할 것.

참고문헌

Abbey, A. *et al.* 1960. The Effectiveness of Acronize Chlorotetracycline in Poultry Presvervation Following Long Term Commercial Use. *Food Technol.*, 14, 603.

Amano, K. *et al.* 1968. Preservation of Fish Sausage with Tylosin, Furylfuramide, and Sorbic Acid. *Food Technol.*, 22, 881.

Austin, F. L. *et al.* 1968. Sinapine and Related Esters in Seed Meal of *Crambe abyssinica. J. Agr. Food Chem.*, 16, 132.

Ayres, J. C. 1959. Use of Coating Materials or Film Impregnated with CTC to Enhance Color and Storage Life of Fresh Beef. *Food Technol.*, 13, 512.

Ayres, J. C. *et al.* 1962. "*Chemical and Biological Hazards in Foods*," Iowa State Univ. Press, Ames, Iowa.

Ayres, J. C. *et al.* 1968. "*The Safety of Foods*," Avi Pub. Co., Inc., Westport, Conn.

Badgley, G. R. 1970. Sugar Industry Use for New Preservative. *Food Technol.*, 24, 138.

Baier, Willard E. 1961. Pros and Cons of Food Additives. *Food Technol.*, 15, 5.

Blank, F. C. ed. 1955. "*Handbook of Food and Agriculture*," Reinhold Publishing Corp., New York.

Bosund, I. 1962. The Action of Benzoic and Salicylic Acids on the Metabolism of Microorganisms. *Advances in Food Research*, 11, 331.

Campbell, L. L. *et al.* 1959. Subtilin and Nisin as Additives that lowers the Heat-*Process* Requirements of Canned Foods. *Food Technol.*, 13, 462.

Caspar, J. N. *et al.* 1957. Vitamin K_5 as a Preservation for Wine. *Food Technol.*, 11, 53.

조양희, 2005. 식이를 통한 식품첨가물의 섭취량 조사 - 표백제, 발색제, 한국보건산업진흥원

조양희, 2008. 식품첨가물의 섭취량 조사 - 감미료(7품목), 한국보건산업진흥원

조재선 · 조무제 · 허봉석 共著, 1984. "食品 添加物,"集賢社, 서울.

최성희, 2007. 식품첨가물 섭취량에 따른 안전성 평가 - 보존료(18품목), 산화방지제(10품목), 한국보건산업진흥원

최성희, 2008. 식품첨가물 섭취량에 따른 안전성 평가 - 감미료(7품목), 한국보건산업진흥원

Chung, M. C. *et al.* 1957. Studies on the Chemical Preservatives of Foods. Part 1. On the Synthesis of Alkyl Rhodanacetates and Alkyl β -Rhodanpropionates. *Bulletin, Scientific Research Institute(Korea)*, 2, 24.

Chung, M. C. *et al.* 1957. Studies on the Chemical Preservatives of Foods. Part 2. On the Synthesis of Alkyl p-Oxybenzoate and Alkyl 2,4-Dioxybenzoate. *Bulletin, Scientific Research Institute(Korea)*, 2, 39.

Chung, T. S. *et al.* 1957. Studies on the Chemical Preservative of Food Part 5. On the Toxicity of Alkyl Rhodanacetates and Propionates. *Bulletin, Scientific Research Institute(Korea)*, 2, 43.

Chung, T. S. *et al.* 1958. Studies on the Chemical Preservatives of Foods. Part 7. On the Antimicrobial

Activity of Alkyldihydroxybenzoates. *Bulletin, Scientific Research Institute(Korea)*, 3. 49.

Denny, C. B. *et al.* 1959. Effect of Tylosin and Heat on Spoliage Bacteria in Canned Corn and Canned Mushroom. *Food Technol.*, 13, 338.

Escanilla, O. I. *et al.* 1959. Effects of Storage and of Cooking on Chlorotetracycline Residues in Meat. *Food Technol.*, 13, 520.

Firman, M. C. *et al.* 1959. A Comparison of the Methods for Applying Acronize CTC to Beef. *Food Technol.*, 13, 529.

Francis, F. J. *et al.* 1961. Dehydroacetic Acid Treatments for Prepeeled Cubed Squash. *Food Technol.*, 15, 233.

Frank, H. A. *et al.* 1961. Prevention of Mold and Yeast Growth in Maple Sirup by Chemical Inhibitors. *Food Technol.*, 15, 1.

Fulton, K. R. 1981. Surveys of Industry on the Use of Food Additives. *Food Technol.*, 35(12), 80.

古澤 陽一(對譯). 1967. "미국 食品, 及 化粧品法," 日本食品衛生協會, 東京.

Furia, Thomas E. 1964. EDTA in Foods. *Food Technol.*, 18, 1874.

Furia, T. E. (Editor). 1972. "*Handbook of Food Additives*," Second edition, Volume Ⅰ., CRC Press, Inc., Boca Baton, Florida, U.S.A.

Furia, T. E. (Editor). 1980. "*Handbook of Food Additives*," Second edition, Volume Ⅱ., CRC Press, Inc., Boca Raton, Florida, U.S.A.

Geisman, J. R. *et al.* 1969. Distribution of Arsenic Residues by Activation Analysis. *J. Food Science*, 34, 295.

Geminder, J. J. 1959. Use of Potassium and Sodium Sorbate in Extending Shelf-Life of Smoked Fish. *Food Technol.*, 13, 459.

Goldberg. H. S. *et al.* 1953. Studies in Meat. Ⅳ. The Use of Antibiotics in Preservation of Fresh Beef. *Food Technol.*, 7, 165.

Goodwin, R. W. L. 1967. "*Chemical Additives*," Little, Brown and Co., Boston.

Gossett, P. W. and Baker, R. C. 1981. Prevention of the Green-Gray Discoloration in Cooked Liquid Whole Eggs. *J. Food Science.*, 46, 328.

Greenberg, R. A. *et al.* 1962. The Effect of Tylosin of Coagulase Positive Staphlococci in Food Products. *J. Food Science*, 27, 60.

Greenberg, R. A. *et al.* 1962. The Action of Tylosin on Spore-Forming Bacteria. *J. Food Science*, 27, 64.

Hall, L. A. 1964. Food Preservation. 4. Chemicals. 25-Years of Progress. *Food Technol.*, 18, 1377.

Hall, R. L. 1959. Flavoring Agents as Food Additives. *Food Technol.*, 13, 14.

Hall, R. L. 1960. Recent Progress in the Consideration of Flavoring Ingredients Under the Food Additives Amendment. *Food Technol.*, 14(10), 488.

Hall, R. L. and Oser, B. L. 1961. Recent Progress in the Consideration of Flavoring Ingredients Under the Food Additives Amendment. 2. GRAS Substances. *Food Technol.*, 15(12), 20.

Hall, R. L. and Oser, B. L. 1965. Recent Progress in the Consideration of Flavoring Ingredients Under the Food Additives Amendment. 3. GRAS Sbustances. *Food Technol.*, 19(2), 151.

Hall, R. L. and Oser, B. L. 1970. Recent Progress in the Consideration of Flavoring Ingredients Under the Food Additives Amendment. 4 GRAS Sbustances. *Food Technol.*, 24(5), 25.

Harris, N. E. *et al.* 1965. Protection of Cheese with Calcium Sorbate-Treated Wrappers. *Food Technol.*, 19, 656.

Harris, J. E. and Morgenroth, V. H. 1981. Toxicity Testing Guidelines and Standards : Their Role in Retrospective Safety Reviews. *Food Technol.*, 35(12), 75.

Heatway, D. E. 1966. Metabolic Fate in Animals of Hindered Phenolic Antioxidents in Relation to Their Safety Evaluation and Antioxidant Function. *Advances in Food Research.*, 15, 1.

Heinemann, B. *et al.* 1965. Use of Nisin in Processing Food Products. *Food Technol.*, 19, 512.

Hope, G. W. 1965. Temporary Preservation of Apple Juice by Preservatives and pH Adijustment. *Food Technol.*, 19, 837.

Hurst, W. J., McKim, J. M. and Martin, R. A. Jr. 1981. Determination of Tartrazine in Food Products by HPLC. *J. Food Science*, 46, 419.

Iwada, M. 1967. Application of Nisin in Food Industry. *J. Food Science and Technol. Japan.*, 14, 31.

Ives, M. and Nagler, E. M. 1960. Biological Screening Techniques for Food Additives. *Food Technol.*, 14, 10.

Jacobs, M. B. 1951. "*The Chemical Analysis of Food and Food Products*," D. Van Nostrand Co. Inc., New York.

Kawabada, T. 1968. Factors Affecting the Stability of Chlorotetracycline, Tylosin, and Furylfuramide Against Low Level of Ionizing Radiation. *J. Food Science*, 33, 110.

Kline, Oral Lee. 1962. FDA and the Food Industry Ⅱ. Science-Background of Enviroment. *Food Technol.*, 16, 62.

Klis, J. B. *et al.* 1959. The Effect of Several Antifungal Antibiotics on the Growth of Common Food Spoilage Fungi. *Food Technol.*, 13, 125.

Kraft, A. A. *et al.* 1958. Effect of Antibiotic Treatment on Storage Life of Turkeys. *Food Technol.*, 12, 660.

Lechowich, R. V. 1981. Food Ingredient Safety Evaluation. *Food Technol.*, 35(12), 69.

Lee, S. K. *et al.* 1968. Studies on the Toxic Component of Food. Part 1. Studies on the Separation and Determination of Auramine in Food. *Rept. Army Research and Testing Lab. (Korea)*, 7, 7.

Lerke, P. A. *et al.* 1961. Preservation of Fish and Shellfish by Relatively Low Doses of Beta Radiation and Antibiotics. *Food Technol.*, 15, 145.

Marmion, D. M. 1979. "*Handbook of U.S. Colorants for Foods, Drugs, and Cosmetics*," John Wiley and Sons, Ince., New York.

McVicker, R. J. *et al.* 1958. Effect of Certain Bacterial Inhibitors on Shelf-Life of Fresh Fryers. *Food Technol.*, 12, 147.

Middlekauff, R. D. 1974. Legalities Concerning Food Additives. *Food Technol.*, 28(5), 42.

Middlekauff, R. D. 1981. Food Safety Review In Congress. *Food Technol.*, 35(12), 84.

文範洙著. 1985. "食品 添加物," 改訂版, 修學社, 서울.

노정구. 1979. 미국의 식품 및 식품안전성 관련기관의 조직 및 연구내용. 食品科學, 12(2), 48.

Nury, F. S. *et al.* 1960. Preservative Effect of Some Antimicrobial. Agents on High-Moisture Dried Fruits. *Food Technol.*, 14, 113.

岡村 一弘著. 1973. "食品添加物의 使用法," 食品과 科學社, 大阪, 日本.

Oser, B. L. and Hall, R. L. 1972. Recent Progress in the Consideration of Flavoring Ingredients Under the Food Additives Amendment 5. GRAS Substances. *Food Technol.*, 26(5), 35.

Oser, B. L. and Ford, R. A. 1973. Recent Progress in the Consideration of Flavoring Ingredients Under the Food Additives Amendment 6. GRAS Substances. *Food Technol.*, 27(1), 64.

Oser, B. L. and Ford, R. A. 1973. Recent Progress in the Consideration of Flavoring Ingredients Under the Food Additives Amendment 7. GRAS Substances. *Food Technol.*, 27(11), 56.

Oser, B. L. and Ford, R. A. 1973. Recent Progress in the Consideration of Flavoring Ingredients Under the Food Additives Amendment 8. GRAS Substances. *Food Technol.*, 28(9), 76.

Oser, B. L. and Ford, R. A. 1973. Recent Progress in the Consideration of Flavoring Ingredients Under the

Food Additives Amendment 9. GRAS Substances. *Food Technol.*, 29(8), 70.

Oser, B. L. and Ford, R. A. 1973. Recent Progress in the Consideration of Flavoring Ingredients Under the Food Additives Amendment 11. GRAS Substances. *Food Technol.*, 32(2), 60.

Oser, B. L. and Ford, R. A. 1973. Recent Progress in the Consideration of Flavoring Ingredients Under the Food Additives Amendment 12. GRAS Substances. *Food Technol.*, 33(7), 65.

Oser, B. L. *et al.* 1984. Recent Progress in the Consideration of Flavoring Ingredients Under the Food Additives Amendment 13. GRAS Substances. *Food Technol.*, 32(10), 66.

Pauli, G. H. 1984. Chemistry of Food Additives. *J. of Chemical Education.*, 61(4), 332.

Phillips, A. W. *et al.* 1960. Experimental Preservation of Poultry by Chlorotetracycline and Radiation. *Food Technol.*, 14, 521.

Pratt, J. J., Jr. 1970. The Problem of Pesticide and Animal Matter as Non-Intentional Additives. *Food Technol.*, 24, 999.

Poprey, P. R. *et al.* 1968. Tolerance of Bacteria for Quanternairy Ammonium Compounds. *J. Food Science*, 33, 536.

Robinson, J. F. *et al.* 1959. Preservation of Fruit Products by Sodium Sorbate and Mild Heat. *Food Technol.*, 13, 251.

Roe, R. S. 1962. FDA and the Industry. Ⅲ. Regulations. Tolerances, and Technology, *Food Technol.*, 16, 66.

Schmidt, E. W., Jr. *et al.* 1969. Chemical Preservatives to Inhibit the Growth of Staphylococcus aureus in Synthetic Cream Pies Acidfied to pH 4.5 to 5.0. *Food Technol.*, 23, 1197.

Schultz, H. W. 1981. "*Food Law Handbook*," Avi Publishing Co., Inc., Westport, CT, U.S.A.

Scientific Status Summary, IFT Expert Panel on Food Safety and Nutrition. 1986. Sulfites as Food Ingredients. *Food Technol.*, 41(6), 47.

Scientific Status Summary, IFT Expert Panel on Food Safety and Nutrition. 1986. Food Colors. *Food Technol.*, 41(7), 49.

Scientific Status Summary, IFT Expert Panel on Food Safety and Nutrition. 1987. Use of Vitamins as Additives in Processed Foods. *Food Technol.*, 41(9), 163.

沈吉淳　洪恩渙. 1967. "衛生化學." 改正增補版, p.172, 東明社, 서울.

Sleeth, R. B. *et al.* 1960. Efficacy of Oxytetracycline for Aging Beef. *Food Technol.* 14, 98.

Smith, E. S. *et al.* 1962. Yeast Growth as Affected by Sodium Benzoate, Potasium Sorbate, and Vitamin K_5. *Food Technol.*, 161, 93.

Smith, M. V. and Rulis, A. M. 1981. FDA's GRAS Review and Priority-Based Assessment of Food Additives. *Food Technol.*, 35(12), 71.

宋亨翼 · 尹政義 · 蔡錤洙 · 李治榮 · 李雄洙 共著. 1986. "食品衛生學,"地球文化社, 서울.

Southcott, B. A. *et al.* 1958. Comparative Effectiveness of Tetracycline Antibiotics for Fish Preservation. *Food Technol.*, 12, 108.

Stern, J. A. *et al.* 1958. The Potential Application of Antibiotics in the Salmon Canning Industry. Ⅱ. Chemical and Bacteriological Evaluations. *Food Technol.*, 12, 132.

Sunshine, I (Editor). 1969. "*Handbbook of Analytical Toxicology*," Chemical Rubber Co., Cleveland, Ohio, U.S.A.

Tarr, H. L. A. *et al.* 1952. Experimental Preservation of Fish Foods with Antibiotics. *Food Technol.*, 6, 363.

Tenhet, V. *et al.* 1981. Penetration of Sodium Tripolyphosphate into Fresh and Prefrozen Peeled and Deveined Shrimp. *J. Food Science*, 46, 344.

Tomita, I. 1981. Use of Fo Kod Additives and Their Safety. *Chemistry and Industry(Japan)*, 34(5), 279.

Troller, J. A. 1967. Derivatives of Sorbic Acid as Food Preservatives. *J. Food Science*, 32, 228.

Vodoz, C. A. 1970. Intentional Food Additives in Europe. *Food Technol.*, 24, 1230.

Watada, A. E. 1986. Effects of Ethylene on the Quality of Fruits and Vegetables. *Food Technol.*, 40(5), 82.

WWeavewr, E. A. *et al.* 1957. Preservation of Apple Cider with Sodium Sorbate. *Food Technol.*, 11, 667.

Weaver, E. A. *et al.* 1964. Antibiotics and the Control of Spoliage in Canned Foods. *Food Technol.*, 18, 549.

Wei, C. I., Cook. D. L. and Kirk, J. R. 1985. Use of Chlorine Compounds in the Food Industry. *Food Technol.*, 39(1), 107.

Yang, H. Y. *et al.* 1958. Vitamin K_5 as a Food Preservatives. *Food Technol.*, 12, 501.

Yang H. Y. *et al.* 1962. The Effect of K_5 on Gas Production in Fruit Juice. *Food Technol.*, 16, 109.

Yoon, H. S. *et al.* 1957. Studies on Chemical Preservatives of Foods. Part 3. On the Synthesis of Esters of 2-Rhodanpropionic Acid. Bulletin, *Scientific Research Institute (Korea)*, 2, 35.

Yoon, H. S. *et al.* 1958. Studies on Chemical Preservatives of Foods. On the Synthesis of 3,4-Dihydroxybenzoic Acid, 2,5-Dihydroxybenzoic Acid, and Their Alkyl Esters. *Bulletin, Scientific Research Institute (Korea)*, 3, 39.

Yu, L. Z., Inoko, M. and Matsuno, T. 1984. A Gas Chromatographic Method for Rapid Determination of Food Additives in Vegetable Oils. *J. Agric. Food Chem.*, 32, 681.

Food Protection Committee, Food and Nutrition Board. National Academy of Sciences-National Research Council, Publication No. 1272. 1965. "*Chemicals Used in Food Frocessing*," National Academy of Science-National Research Council, Washington, D.C.

食品衛生法 제 1007호 (1962. 1. 21 公布)

식품위생법, 2008. 식품의약품안전청

保健社會部令 제248호(1969. 4. 15). 食品添加物中 製造, 加工, 使用에 關한 基準과 그 成分에 關한 規定.

保健社會部令 제347호(1970. 4. 13) 食品衛生法施行規則.

保健社會部 食品衛生課(1968. 7. 1). 食品添加物의 使用基準一覽表

保健社會部. 1985. "食品添加物 公典"(보건사회부 고시 제85-45호, 1985. 7. 1.), 韓國食品工業協會, 서울.

保健社會部 告示 제87-1호(1987. 1. 9). 食品等의 規格 및 基準중 一部改正.

保健社會部 告示 제87-3호(1987. 1. 30). 食品添加物 規格 및 基準중 一部改正, 食品工業, 88, 86(1987).

日本科學技術廳 資源調査會편. 1969. "食品添加物의 現狀과 問題點." 大藏省印刷局, 東京, 日本.

찾아보기

C

D

E

F

G

H

I

L

M

N

P

R

S

T

U

V

X

Δ

α

β

ㄴ

ㄷ

ㄹ

ㅁ

ㅂ

ㅅ

ㅇ

ㅈ

ㅊ

ㅋ

ㅌ

ㅍ

ㅎ